W0253634

Adolf Friedrich Fercher

Medizinische Physik

Physik für Mediziner, Pharmazeuten und Biologen

Zweite, korrigierte Auflage

SpringerWienNewYork

O. Prof. Dr. techn. Adolf Friedrich Fercher
Vorstand des Institutes für Medizinische Physik
der Universität Wien, Österreich

Satz: Thomson Press (India) Ltd., New Delhi 110 001

Graphisches Konzept: Ecke Bonk

Gedruckt auf säurefreiem, chlorfrei gebleichtem Papier – TCF
SPIN: 10704363

Mit 676 Abbildungen

ISBN 978-3-211-83252-3 ISBN 978-3-7091-7616-0 (eBook)
DOI 10.1007/978-3-7091-7616-0

Für Sonja

VORWORT

Wer aufhört,
besser werden zu wollen,
hört auf,
gut zu sein.
Nach Marie von Ebner-Eschenbach

Heilkunst und Heilkunde wurzeln tief im Irrationalen. Der Patient hat aber nicht nur Anspruch auf die so wichtige „ärztliche Urgebärde" des Handauflegens (Leupold-Kirschneck) bzw. der ärztlichen Zuwendung, sondern auch auf das Potential der modernen wissenschaftlichen Heilkunst und Heilkunde, der Medizin.

Medizin ist die Wissenschaft von gesunden und kranken Lebewesen sowie der Verhütung, Erkennung und Heilung ihrer Krankheiten. Zwar werden voraussichtlich in alle Zukunft auch empirische Methoden in der Medizin eine Rolle spielen, dennoch herrscht kein Zweifel, daß nur ein wissenschaftliches Verständnis der Prozesse, die dem gesunden und kranken Körper zugrunde liegen, eine optimale medizinische Versorgung ermöglicht.

Die naturwissenschaftliche Grundlage der modernen Medizin bilden Physik, Chemie und Biologie. Physikalische Methoden und Einsichten spielen in folgenden Zusammenhängen in der Medizin eine herausragende Rolle:

1. in der Physiologie und in der Pathologie zum Verständnis der physikalischen Funktionen des gesunden und kranken Körpers;

2. in der Biologie als Basis zum Verständnis molekularbiologischer und zellbiologischer Prozesse;

3. in der medizinischen Diagnostik zum Verständnis der Bedeutung der erhobenen bzw. gemessenen Größen. Das reicht von der Erhebung des physikalischen Status bis zu modernsten Diagnoseverfahren, wie der MR-Tomographie;

4. in der Physikalischen Medizin, wo an der Nahtstelle zwischen Therapie und Rehabilitation physikalische Methoden wie Balneotherapie, Mechanotherapie, Thermotherapie, Elektro- und Phototherapie zur Anwendung kommen;

5. zum Verständnis physikalisch bedingter Erkrankungen wie beispielsweise durch ionisierende und nichtionisierende Strahlung, durch Hitze- und Kälteeinwirkung, durch Einwirkung von elektromagnetischen Feldern und Strömen und durch Druckveränderungen beim Tauchen oder Fliegen;

6. in der Medizintechnik als Basis des sachgerechten Einsatzes sowie zum Verständnis des Gefährdungspotentials diagnostischer und therapeutischer physikalischer Verfahren. Dies gilt auch für den Einsatz schon bewährter Methoden in neuen Bereichen oder unter neuen Umständen, wo noch keine adäquaten

Erfahrungen vorliegen: Fortschritt ist mit erträglichem Risiko nur möglich, wenn die wissenschaftlichen Grundlagen bekannt sind.

Ferner ist

7. ... die Kritikfähigkeit des Arztes den Apparaten gegenüber, die er nutzt, proportional zu seinem Wissen über die einschlägigen wissenschaftlichen Grundlagen. Der Arzt benötigt allerdings nicht das Wissen des Gerätetechnikers. Seine Kompetenz ist die Wechselwirkung des Geräts mit dem menschlichen Körper. Gute Physikkenntnisse auf seiten des Mediziners sind auch Voraussetzung für eine ärztliche Beeinflussung der Entwicklungen in der Medizintechnik;

8. ... Art und Einsatz medizinischer Geräte und Methoden starkem zeitlichen Wandel unterworfen. Heute mehr denn je. Viele Geräte, die der Medizinstudent während des Studiums kennenlernt, werden bereits veraltet sein, wenn er als Arzt tätig wird. Was sich hingegen nicht ändert, sind die wissenschaftlichen Grundlagen;

9. ... die Physik wesentliche Basis unseres heutigen Weltbilds. Daran sollte auch der Mediziner teilhaben.

Echte Kompetenz bedeutet vor allem auch, daß der Student elementare Fragestellungen quantitativ lösen kann. Beispielsweise die Abschätzung des Fehlers bei der Blutdruckmessung, wenn die Manschette ein paar Zentimeter verrutscht. Oder die Abschätzung der Gesundheitsgefährdung durch ionisierende Strahlung, die Gefährdung des Gehörs durch Schall, der Augen und der Haut durch Licht oder der Knochen durch mechanische Belastungen. Medizin ist eine angewandte Wissenschaft, dies gilt umso mehr für die wissenschaftlichen Grundlagen. Diesem Umstand tragen viele durchgerechnete Beispiele und Aufgaben mit Lösungen Rechnung.

Das vorliegende Buch ist ein Lehrbuch für Hochschulanfänger. Es führt systematisch in die Grundlagen der reinen Physik ein. Die physikalischen Gesetze werden hergeleitet bzw. ihre Entstehung verdeutlicht. Die Bedeutung dieser Gesetze wird mit Hilfe der zahlreichen Beispiele erläutert. Die Medizinische Physik wird teils in speziellen Kapiteln und teils in den zahlreichen Beispielen präsentiert.

Dieses Buch ist aus der Vorlesungstätigkeit des Verfassers für Physik- und Medizinstudenten an zwei Universitäten (Essen und Wien) und aus Weiterbildungsveranstaltungen für Medizinphysiker entstanden. Als Voraussetzung genügen Kenntnisse der Schulphysik. Dem Lehrbuchcharakter entsprechend wurde jedem Kapitel eine Zusammenfassung nachgestellt, die es erlaubt, die wesentlichen Inhalte zu rekapitulieren. An die Zusammenfassung schließen sich Beispiele und Aufgaben an, die eine Überprüfung des Gelernten und eine Erprobung des Könnens erlauben. Zur Erleichterung der Handhabung beim Lernen wurde der eigentliche zugrunde liegende Stoff in Normaldruck, Zusammenfassungen, Beispiele und Aufgaben in Kleindruck ausgeführt. Der gezielten Prüfungsvorbereitung auf das deutsche Physikum dient ein Schlüssel zum Gegenstandskatalog des Instituts für medizinische Prüfungsfragen.

Die Medizinische Physik umfaßt die oben aufgelisteten Aspekte der Physik in der Medizin. Es gibt hier viele Berührungspunkte mit anderen Fächern, insbesondere mit der Physikalischen Medizin und der Biophysik. Die Unterschiede zu diesen Disziplinen sind in den Berührungspunkten naturgemäß verschwindend klein, hingegen liegen die Schwerpunkte dieser Fächer doch deutlich auseinander.

Während die Medizinische Physik den Studenten hauptsächlich mit dem physikalischen Wissen für das Studium und die ärztliche Berufsausübung vertraut macht, findet die Biophysik ihren Schwerpunkt als Grundlagenwissenschaft innerhalb der Biologie, die ihrerseits ein Grundlagenfach der Medizin ist. Schließlich liegt der Schwerpunkt der physikalischen Medizin wiederum eindeutig im Bereich der Therapie und da vor allem bei chronischen Erkrankungen und bei der Nachbehandlung.

Der Inhalt dieses Buchs geht über den im deutschen Sprachraum gelehrten Stoff der Physik für Mediziner deutlich hinaus. Es enthält auch das für Fachärzte in den entsprechenden Disziplinen erforderliche physikalische Grundwissen. Die ausführliche Behandlung vieler biophysikalischer Fragen, medizinisch-physikalischer Probleme aus der Klinik und der Unfallverhütung, sowie die Diskussion der Gefahrenpotentiale der verschiedenen physikalischen Verfahren in Diagnostik und Therapie macht das Buch außerdem zu einem für die spätere Tätigkeit nützlichen Nachschlagewerk für den Mediziner und biomedizinisch orientierten Naturwissenschaftler und wird auch manchem Medizinphysiker eine nützliche Hilfe sein.

Es bleibt mir noch die angenehme Pflicht, den Firmen Kretztechnik, Philips, Siemens und Carl Zeiss sowie Herrn Univ.-Prof. Dr. H. Pokieser, Vorstand der Universitätsklinik für Radiodiagnostik der Universität Wien, für viele zur Verfügung gestellte Bilder zu danken. Ebenso danke ich Herrn Univ.-Prof. Dr. P. Spieckermann, Vorstand des Instituts für Medizinische Physiologie der Universität Wien, für zahlreiche Anregungen und Hinweise sowie meinen Mitarbeitern Dr. Christoph Hitzenberger, Dr. Ewald Moser, Dr. Leopold Schmetterer und Dr. Ingwald Strasser für die kritische Durchsicht verschiedener Kapitel. Dem Springer-Verlag Wien, insbesondere Herrn Raimund Petri-Wieder und Herrn Frank Ch. May, danke ich für das bereitwillige Eingehen auf meine Wünsche und Herrn Ing. Edwin W. Schwarz für die sorgfältige Gestaltung und Ausführung des Drucks. Schließlich danke ich meiner Familie für das während der Arbeiten zu diesem Buch aufgebrachte Verständnis.

Für viele Hinweise auf Fehler sei stud. med. Doris M. Bergmair gedankt.

Wien, im Februar 1992 A. F. Fercher

Hinweise zur Benutzung des Buches

Der Inhalt ist in 28 KAPITEL gegliedert, die in die Kapitelgruppen

MECHANIK
WÄRMELEHRE
ELEKTRIZITÄTSLEHRE
ATOM- UND MOLEKÜLPHYSIK
KERN- UND STRAHLENPHYSIK
OPTIK

zusammengefaßt sind. Die Größe der verschiedenen Kapitel entspricht etwa deren Bedeutung für das physikalische Grundlagenwissen und ihrer Rolle in der Medizinischen Physik. Die meisten Kapitel sind noch in Abschnitte untergliedert.

Jeder Abschnitt, manchmal mehrere eng zusammengehörige Abschnitte, enthalten am Anfang eine historische Einführung und Hinweise zur medizinischen Bedeutung des nachfolgenden Stoffs. Nach der darauf folgenden Erläuterung der physikalischen Zusammenhänge folgt jeweils eine

ZUSAMMENFASSUNG,

die die wichtigsten quantitativen Zusammenhänge (mit numerierten Formeln) enthält und eine kurze Wiederholung des zuvor behandelten Stoffs erlaubt. Daran schließen sich

BEISPIELE,

an, u. zw. meist aus der medizinischen Physik, und darauf folgen

AUFGABEN,

die eine Überprüfung des Könnens des Lernenden erlauben. Lösungen der Aufgaben, ein Glossar der benutzten medizinischen Fachausdrücke sowie ein

SCHLÜSSEL ZUM DEUTSCHEN GEGENSTANDSKATALOG

finden sich im Anhang.

Zum Druck wäre noch anzumerken, daß VEKTOREN im Text durch Halbfettdruck, in den Abbildungen hingegen durch einen Pfeil über dem Größensymbol gekennzeichnet sind.

INHALTSVERZEICHNIS

TABELLENÜBERSICHT

PHYSIKALISCHE KONSTANTEN UND UMRECHNUNGSFAKTOREN

a) Konstanten

Bezeichnung	Symbol	Größe
Lichtgeschwindigkeit	c	$2{,}99792 \cdot 10^8\ \mathrm{m \cdot s^{-1}}$
Erdbeschleunigung	g	$9{,}80665\ \mathrm{m \cdot s^{-2}}$
Gravitationskonstante	γ	$6{,}6720 \cdot 10^{-11}\ \mathrm{N \cdot m^2 \cdot kg^{-2}}$
Gaskonstante	R	$8{,}3143\ \mathrm{J \cdot K^{-1} \cdot mol^{-1}}$
Boltzmann-Konstante	k	$1{,}3805 \cdot 10^{-23}\ \mathrm{J \cdot K^{-1}}$
		$8{,}6178 \cdot 10^{-5}\ \mathrm{eV \cdot K^{-1}}$
Avogadro-Konstante	N_A	$6{,}0225 \cdot 10^{23}\ \mathrm{mol^{-1}}$
Stefan-Boltzmann-Konstante	σ	$5{,}67032 \cdot 10^{-8}\ \mathrm{W \cdot m^{-2} \cdot K^{-4}}$
Faraday-Konstante	F	$9{,}6487 \cdot 10^4\ \mathrm{C \cdot mol^{-1}}$
Elektrische Elementarladung	e	$1{,}6021 \cdot 10^{-19}\ \mathrm{C}$
Dielektrizitätskonstante des Vakuums (Influenzkonstante)	ε_0	$8{,}85419 \cdot 10^{-12}\ \mathrm{A \cdot s \cdot V^{-1} \cdot m^{-1}}$
Magnetische Feldkonstante des Vakuums (Induktionskonstante)	μ_0	$1{,}25664 \cdot 10^{-6}\ \mathrm{V \cdot s \cdot A^{-1} \cdot m^{-1}}$
Plancksche Konstante	h	$6{,}6256 \cdot 10^{-34}\ \mathrm{J \cdot s}$
Elektronen-Ruhemasse	m_e	$9{,}1091 \cdot 10^{-31}\ \mathrm{kg}$
Atomare Masseneinheit	amu	$1{,}66043 \cdot 10^{-27}\ \mathrm{kg}$
Relative Atommasse des Protons	$A_R(p)$	1,007825 amu
Relative Atommasse des Neutrons	$A_R(n)$	1,008665 amu
Relative Atommasse des Elektrons	$A_R(e)$	$0{,}5486 \cdot 10^{-3}$ amu
Kernmagneton	μ_K	$5{,}0504 \cdot 10^{-27}\ \mathrm{J \cdot T^{-1}}$
Energieäquivalent der Masse 1 kg	$m \cdot c^2$	$8{,}98755 \cdot 10^{16}\ \mathrm{J}$
Energieäquivalent der Elektronenmasse	$m_e \cdot c^2$	$5{,}1101 \cdot 10^5\ \mathrm{eV}$

Numerische Konstanten:

$\pi = 3{,}1416$
$e = 2{,}7183$

b) Umrechnungsfaktoren für Einheiten

Druckeinheiten

	Pa	Torr	mm WS*	atm	bar
1 Pa =	1	0,0075	0,102	$9{,}87\cdot10^{-6}$	10^{-5}
1 Torr =	$1{,}33\cdot10^{2}$	1	13,6	$1{,}32\cdot10^{-3}$	$1{,}33\cdot10^{-3}$
1 mm WS =	9,81	$7{,}36\cdot10^{-2}$	1	$9{,}68\cdot10^{-5}$	$9{,}81\cdot10^{-5}$
1 atm =	$1{,}01\cdot10^{5}$	$7{,}6\cdot10^{2}$	$1{,}033\cdot10^{4}$	1	1,013
1 bar =	10^{5}	750	$1{,}02\cdot10^{4}$	$9{,}87\cdot10^{-1}$	1

In angelsächsichen Ländern ist im älteren Schrifttum noch die Einheit 1 psi (pound per square inch) anzutreffen:
1 psi = 6895 Pa

* = Millimeter Wassersäule

Energieeinheiten

	N·m	eV	kcal	kWh	amu
1 N·m = 1 J = 1 W·s =	1	$6{,}24\cdot10^{18}$	$2{,}39\cdot10^{-4}$	$2{,}78\cdot10^{-7}$	$6{,}7\cdot10^{9}$
1 eV =	$1{,}6\cdot10^{-19}$	1	$3{,}83\cdot10^{-23}$	$4{,}45\cdot10^{-26}$	$1{,}074\cdot10^{-9}$
1 kcal =	$4{,}19\cdot10^{3}$	$2{,}61\cdot10^{22}$	1	$1{,}16\cdot10^{-3}$	$2{,}81\cdot10^{13}$
1 kWh =	$3{,}6\cdot10^{+6}$	$2{,}25\cdot10^{25}$	$8{,}60\cdot10^{2}$	1	$2{,}41\cdot10^{16}$
1 amu ≙	$1{,}49\cdot10^{-10}$	$931\cdot10^{6}$	$3{,}56\cdot10^{-14}$	$4{,}14\cdot10^{-17}$	1

Zeit

	s	min	h	a
1 s =	1	$1{,}667\cdot10^{-2}$	$2{,}778\cdot10^{-4}$	$3{,}169\cdot10^{-8}$
1 min =	60	1	$1{,}667\cdot10^{-2}$	$1{,}901\cdot10^{-6}$
1 h =	3600	60	1	$1{,}141\cdot10^{-4}$
1 a =	$3{,}156\cdot10^{7}$	$5{,}259\cdot10^{5}$	8766	1

Strahlungsdosis und Aktivität

1 rad = 10 mGy
1 rem = 10 mSv
1 R (Röntgen) = $2{,}58\cdot10^{-4}\,\mathrm{C\cdot kg^{-1}}$
1 Ci (Curie) = $3{,}7\cdot10^{10}$ Bq

PERIODISCHES SYSTEM DER ELEMENTE

Die Angaben bedeuten:

Ordnungszahl = Protonenzahl Z
ELEMENT-SYMBOL
Relative Atommasse A_R in amu
Massendichte in $kg \cdot m^{-3}$ bei 10^5Pa
(* der häufigsten Modifikation)
Schmelzpunkt (bei festen Stoffen), bzw.
Siedepunkt (bei Gasen und Flüssigkeiten)
in °C bei 10^5Pa.

IA	IIA	IIIA	IVA	VA	VIA	VIIA	⟵	VIII	⟶	IB	IIB	IIIB	IVB	VB	VIB	VIIB	O
1 **H** 1,0079 0,0899 – 252,5																	2 **He** 4,003 0,177 – 268,6
3 **Li** 6,941 534 179	4 **Be** 9,012 1848 1278											5 **B** 10,81 2 340 2300	6 **C** 12,011 3 510* 3550	7 **N** 14,007 1,2506 – 195,8	8 **O** 15,999 1,429 – 183,0	9 **F** 18,998 1,696 – 188,14	10 **Ne** 20,179 0,8999 – 245,92
11 **Na** 22,9898 971 97,81	12 **Mg** 24,305 1738 651											13 **Al** 26,982 2 698* 660,2	14 **Si** 28,086 2 330 1410	15 **P** 30,974 1 820* 44,1	16 **S** 32,06 2 070* 112,8	17 **Cl** 35,453 3,214 – 34,6	18 **Ar** 39,948 1,7837 – 185,7
19 **K** 39,0983 862 63,65	20 **Ca** 40,08 1550 842	21 **Sc** 44,956 2 992 1539	22 **Ti** 47,88 4 540 1675	23 **V** 50,942 6 110 1890	24 **Cr** 51,996 7 190 1857	25 **Mn** 54,938 7 440* 1244	26 **Fe** 55,847 7 874 1535	27 **Co** 58,933 8 900 1495	28 **Ni** 58,69 8 900 1453	29 **Cu** 63,546 8 960 1083,0	30 **Zn** 65,38 7 133 419,4	31 **Ga** 69,72 5 907 29,78	32 **Ge** 72,59 5 323 937,4	33 **As** 74,922 5 730* 817	34 **Se** 78,96 4 790* 217	35 **Br** 79,904 3 120 58,78	36 **Kr** 83,80 3,733 – 152,30
37 **Rb** 85,4678 1 532 38,89	38 **Sr** 87,62 2540 769	39 **Y** 88,906 4 450 1495	40 **Zr** 91,22 6 530 1852	41 **Nb** 92,906 8 570 2468	42 **Mo** 95,94 10 220 2610	43 **Tc** (98) 11 500 ~ 2200	44 **Ru** 101,07 12 410 2250	45 **Rh** 102,906 12 410 1966	46 **Pd** 106,42 12 020 1552	47 **Ag** 107,868 10 500 960,8	48 **Cd** 112,41 8 650 320,9	49 **In** 114,82 7 310 156,61	50 **Sn** 118,69 7 310* 231,89	51 **Sb** 121,75 6 691 630,5	52 **Te** 127,60 6 240 449,5	53 **I** 126,905 4 930 113,5	54 **Xe** 131,29 5,887 – 107
55 **Cs** 132,9054 1 873 28,5	56 **Ba** 137,33 3500 725	57 **La** 138,906 6 170* 920	72 **Hf** 178,49 13 290 2150	73 **Ta** 180,948 16 600 2996	74 **W** 183,85 19 300 3410	75 **Re** 186,207 21 020 3180	76 **Os** 190,2 22 570 3000	77 **Ir** 192,22 22 420 2410	78 **Pt** 195,08 21 450 1769	79 **Au** 196,967 19 320 1063	80 **Hg** 200,59 13 546 356,58	81 **Tl** 204,383 11 850 303,5	82 **Pb** 207,2 11 350 327,5	83 **Bi** 208,980 9 747 271.3	84 **Po** (209) 9 320* 254	85 **At** (210) — —	86 **Rn** (222) 9,730 – 61,8
87 **Fr** (223) — —	88 **Ra** 226,025 700	89 **Ac** 227,028 10 070 1050															

Lanthaniden

58 **Ce** 140,12 6 770* 795	59 **Pr** 140,908 6 780* 935	60 **Nd** 144,24 7 000* 1024	61 **Pm** (145) — 1035	62 **Sm** 150,36 7 540* 1072	63 **Eu** 151,96 5 259 826	64 **Gd** 157,25 7 895 1312	65 **Tb** 158,925 8 272 1356	66 **Dy** 162,50 8 536 1407	67 **Ho** 164,930 8 803 1461	68 **Er** 167,26 9 051 1497	69 **Tm** 168,934 9 332 1545	70 **Yb** 173,04 6 970* 824	71 **Lu** 174,967 9 872 1652

Aktiniden

90 **Th** 232,038 ~ 11 660 ~ 1700	91 **Pa** 231,038 15 370 ~ 1230?	92 **U** 238,039 18 950 1132	93 **Np** 237,048 20 450* 640	94 **Pu** (239) 19 840 639,5	95 **Am** (243) 11 700 > 850	96 **Cm** (247) ~ 7000 —	97 **Bk** (247) — —	98 **Cf** (251) — —	99 **Es** (252) — —	100 **Fm** (257) — —	101 **Md** (258) — —	102 **No** (259) — —	103 **Lr** (260) — —

GRÖSSENSYMBOLE, EINHEITENSYMBOLE UND SONDERZEICHEN

Größensymbole (Größen, deren Vektorqualität in diesem Buch nicht berücksichtigt wird, sind als Skalare geschrieben)

a	Absorptionsvermögen (von Licht)
a	Aktivität
$\mathbf{a}$	Beschleunigung
a	Gegenstandsweite
A	Aktionskonstante
A	Fläche
A	Apertur
A	Einsteinkoeffizient der spontanen Emission
A_R	relative Atommasse
b	Beschleunigung
b	Bildweite
b	Druckamplitude
B	Beleuchtungsstärke
b	Teilchenbeweglichkeit
B	Brechkraft
$\mathbf{B}$	Magnetfeldstärke (auch: magnetische Induktion, magnetische Flußdichte)
B	Einsteinkoeffizienten der induzierten Übergänge
c	Konzentration
c	Lichtgeschwindigkeit
c	molare Wärmekapazität
c_s	spezifische Wärmekapazität
C	elektrische Kapazität
C	Wärmekapazität
$d_{1/2}$	Halbwertschichtdicke
D	Diffusionskonstante
$\mathbf{D}$	Verschiebungsdichte
D	Energiedosis
D	Dehnbarkeit
e	elektrische Elementarladung
E	Elastizitätsmodul
$\mathbf{E}$	elektrische Feldstärke
E	Energie
E	Extinktion
E_B	Bindungsenergie
f	gegenstandseitige Brennweite
f'	bildseitige Brennweite
F	Faraday-Konstante
F	Flux
$\mathbf{F}$	Kraft
$\mathbf{g}$	Erdbeschleunigung
g_I	Kern-g-Faktor
G	freie Energie
$\mathbf{G}$	Gewichtskraft
G	Konduktanz (elektrische Leitfähigkeit)
G	Schubmodul
h	Plancksches Wirkungsquantum
H	Äquivalentdosis
H	Enthalpie
$\mathbf{H}$	H-Feld (früher auch: magnetische Feldstärke)
HE	effektive Äquivalentdosis
HK	Ganzkörperdosis
HU	Hounsfield Unit
I	elektrischer Strom
$\mathbf{I}$	Kerndrehimpuls
I	Strahlungsintensität
i	Stromdichte
I_s	Spektrale Intensität
j	innere Quantenzahl
$\mathbf{j}$	Gesamtdrehimpuls
j	Diffusionsstromdichte
J	Informationsgehalt
J	Ionendosis
J	(lichttechnische) Strahlungsstärke
J	Teilchenstromdichte
J	Flächenträgheitsmoment
k	optischer Extinktionskoeffizient

k	Wellenzahl
K	Donnan-Koeffizient
K	Kerma
K	Umwandlungskonstante
K	Konversionskoeffizient (für Röntgenstrahlung)
l	Länge
l	Bahndrehimpulsquantenzahl
l	spezifische Verdampfungswärme
$\mathbf{L}$	Drehimpuls, Bahndrehimpuls
L	Energie-Transfer
L	Induktivität
L	Lichtstärke
L	linearer Energietransfer
L	Selbstinduktionskoeffizient
$\mathbf{m}$	magnetisches Dipolmoment
m	Masse
m_I	Orientierungsquantenzahl
m_e	Elektronenmasse
m_N	Neutronenmasse
m_P	Protonenmasse
$\mathbf{M}$	Drehmoment
M	Modenanzahl
M	(Mittelwert einer beliebigen Größe)
M_R	relative Molekülmasse
n	Anzahldichte
n	Brechungsindex
n	Hauptquantenzahl
n	Stoffmenge
N	Neutronenzahl
N	Teilchenzahl,
N_A	Avogadro-Konstante
p	Druck
$\mathbf{p}$	elektrisches Dipolmoment
$\mathbf{p}$	Impuls
p	magnetische Polstärke
p	Protonendichte
(p	Wahrscheinlichkeit)
P	Leistung
q	Bewertungsfaktor
Q	elektrische Ladung
Q	Qualitätsfaktor
Q	Wärmemenge
R	Resistanz (elektrischer Leitungswiderstand)
RBW	relative biologische Wirkung
R	Rydberg-Konstante
Re	Reynoldsche Zahl
S	lineares Bremsvermögen
s	gegenstandseitige Schnittweite
s'	bildseitige Schnittweite
s	optischer Streukoeffizient
$\mathbf{s}$	Weg
s	spezifische Schmelzwärme
$\mathbf{S}$	Spindrehimpuls
SA	spezifische Absorption
SAR	spezifische Absorptionsrate
SD	(optische) Strahlungsdosis
T	Periodendauer
T	Temperatur
$T_{1/2}$	Halbwertszeit
$T1$	Longitudinal-Relaxationszeit
$T2$	Transversal-Relaxationszeit
TR	Repetitionszeit
TE	Echozeit
u	Auslenkung
u	Ionenbeweglichkeit
u	chemisches Potential
U	elektrische Spannung
U	innere Energie
$\mathbf{v}$	Geschwindigkeit
v_s	Schallgeschwindigkeit
v	molares Volumen
V	Volumen
W	Arbeit
X	Blindwiderstand
X	(Newtonsche) Gegenstandsweite
X'	(Newtonsche) Bildweite
X_C	Induktanz (induktiver Widerstand)
X_L	Kapazitanz (kapazitiver Widerstand)
z	chemische Wertigkeit
Z	akustische und elektrische Impedanz
Z	Ordnungszahl des *PSE*
α	elektrochemisches Äquivalent
α	optischer Absorptionskoeffizient
α	thermischer Volumenausdehnungskoeffizient
β	Bunsenscher Löslichkeitskoeffizient
β	Temperaturkoeffizient des elektrischen Widerstands
β	Wärmeübergangskoeffizient
β_T	transversaler Abbildungsmaßstab
β_L	longitudinaler Abbildungsmaßstab
γ	Gravitationskonstante
γ	magnetogyrisches Verhältnis des Kerns
γ	Massenwirkungskoeffizient oder Massenschwächungskoeffizient
γ	Scherungswinkel
δ	chemische Verschiebung
δ	Auflösungsvermögen
ε	Dehnung
ε	Dielektrizitätskonstante
ε_0	elektrische Feldkonstante
ε_r	Dielektrizitätszahl
η	Wirkungsgrad
κ	Adiabatenexponent
λ	Wellenlänge

Λ	Wärmeleitfähigkeit
$\boldsymbol{\mu}$	elektrisches Dipolmoment (ab Kapitel 17)
μ	linearer Schwächungskoeffizient
μ	magnetische Permeabilität
μ	Molekülmasse
μ/ρ	Massenschwächungskoeffizient
μ_C/ρ	Massenschwächungskoeffizient für Compton-Effekt
μ_K	Kernmagneton
μ_N	magnetisches Moment des Neutrons
μ_P	magnetisches Moment des Protons
μ_P/ρ	Massenschwächungskoeffizient für Photoeffekt
μ_{Paar}/ρ	Massenschwächungskoeffizient für Paarbildung
μ_r	relative Permeabilität
μ_0	magnetische Feldkonstante
ν	Frequenz
ν	Teilchendichte
ν_L	Larmorfrequenz
ρ	Krümmungsradius
ρ	Massendichte
ρ	Rayleigh-Länge
ρ	Resistivität
σ	atomarer Wirkungsquerschnitt für Streuung
σ	Konduktivität
σ	Flächendichte der elektrischen Ladung
σ	mechanische Spannung
σ	Stefan-Boltzmann-Konstante
(σ	Standardabweichung einer beliebigen Größe)
τ	atomarer Wirkungsquerschnitt für Absorption
τ	thermische Relaxationszeit
τ	Scherspannung
φ	ebener Winkel
φ	elektrisches Potential
Φ	Lichtstrom
Φ	magnetischer Fluß
χ	Volumenkompressibilität
χ	elektrische Suszeptibilität
χ_m	magnetische Suszeptibilität
ω	Kreisfrequenz
Ω	Raumwinkel

Einheitensymbole

a	Jahr (annus)	Zeit
at	Atmosphäre	Zeit
A	Ampere	elektrische Stromstärke
bit	binary digit	Informationsgehalt
B	Byte	Informationsgehalt
Bq	Becquerel	Aktivität
C	Coulomb	elektrische Ladung
°C	Grad Celsius	Celsius-Temperatur
cd	Candela	Lichtstärke
Ci	Curie	Aktivität
d	Tag (dies)	Zeit
dB	Dezibel	Schallpegel
dpt	Dioptrie	Brechkraft
eV	Elektronenvolt	Elektrische Ladung
F	Farad	Kapazität
g	Gramm	Masse
Gy	Gray	Energiedosis
h	Stunde (hora)	Zeit
H	Henry	Indukivität
Hz	Hertz	Frequenz
J	Joule	Energie
K	Kelvin	absolute Temperatur
kg	Kilogramm	Masse
l	Liter	Volumen
lm	Lumen	Lichtstrom

lx	Lux	Beleuchtungsstärke
nx	Nox	Dunkelbeleuchtungsstärke
m	Meter	Länge
min	Minute	Zeit
mol	Mol	Stoffmenge
N	Newton	Kraft
Pa	Pascal	Druck
rad	Radiant	ebener Winkel
s	Sekunde	Zeit
sr	Steradiant	Raumwinkel
S	Siemens	Konduktanz
Sv	Sievert	Äquivalentdosis
T	Tesla	Magnetfeldstärke
Torr	Torr	Druck
V	Volt	elektrische Spannung, elektrisches Potential
W	Watt	Leistung
Ω	Ohm	elektrischer Widerstand

Sonderzeichen

∞	Unendlich	$\doteq$	etwa gleich
$\propto$	proportional zu	$\uparrow\uparrow$	parallel
$\perp$	normal zu	$\uparrow\downarrow$	antiparallel
$\times$	vektorielle Multiplikation	$\ulcorner$	rechter Winkel
$\leqq$	kleiner gleich	$\{x\}$	Zahlenwert von x
$<$	kleiner als	$[x]$	Einheit von x
$\ll$	sehr viel kleiner als	$\log_{10}$	dekadischer Logarithmus
$\geqq$	größer gleich	ln	natürlicher Logarithmus
$>$	größer als	$\otimes$	Richtung normal in die Zeichnungsebene
$\gg$	sehr viel größer als	$\odot$	Richtung normal aus der Zeichnungsebene
$\hat{=}$	entspricht		
$\neq$	ungleich		
$\sim$	etwa, rund		

EINLEITUNG

Zwischen Geist und Materie
vermittelt
die Mathematik.
Hugo Steinhaus

Die Physik befaßt sich mit der Beschreibung von Zuständen und Vorgängen, kurz: Phänomenen, in der Natur. Eine entscheidende Basis für die Rolle der Physik in der Naturwissenschaft ist die Allgemeingültigkeit physikalischer Gesetze: Nach heutigem Wissen gehorchen astronomische Objekte denselben Gesetzen wie die Bausteine der Materie. Pulsare erzeugen elektromagnetische Wellen nach demselben Gesetz wie Hertzsche Dipole. Die Materie ist in fernen Galaxien auf Grund derselben Gesetze aufgebaut, wie in der Milchstraße. Den Lebensvorgängen liegen dieselben Gesetze zugrunde, wie der Struktur der Atome und Moleküle.

Eine weitere Basis der Physik ist die Entdeckung des 17. und 18. Jahrhunderts, daß den vielfältigen Phänomenen in der Natur einige wenige Grundprinzipien zugrunde liegen, welche sich mit Hilfe der Mathematik kurz und prägnant ausdrücken lassen. Das mag uns heute einigermaßen vertraut sein, ist aber alles andere als selbstverständlich. Insbesondere ist es keineswegs selbstverständlich, daß sich die Naturgesetze mittels der Mathematik so vorzüglich beschreiben lassen. Schließlich ist die Mathematik eine Erfindung des menschlichen Geistes. Betrachten wir beispielsweise das Gravitationsgesetz, nach welchem die Kraft F zwischen zwei Körpern mit den Massen m_1 und m_2 proportional ist zu dem Produkt aus den zwei Massen und indirekt proportional ist zum Abstandsquadrat r^2 der beiden Massenschwerpunkte:

$$F \propto \frac{m_1 \cdot m_2}{r^2}.$$

Warum ist dieses Gesetz so einfach und enthält beispielsweise nicht irgendwelche höheren Potenzen der Massen? Wir wissen es nicht! Der bekannte Physiker Eugene Wigner hat dies die „Vernunftwidrige Effektivität der Mathematik in den Naturwissenschaften" genannt. Die Mathematik ist ein sehr effektives Werkzeug der Physik. Entsprechend dienen die ersten Abschnitte dieses Buchs auch zur Wiederholung einiger Kapitel aus der Schulmathematik.

MECHANIK

Messe alles,
und das nicht Meßbare
mache meßbar.
Galileo Galilei

Die Mechanik ist der älteste Zweig der Physik. Sie befaßt sich mit dem Gleichgewicht zwischen Kräften (Statik), mit der Bewegung von Körpern (Dynamik) und mit Verformungen an Körpern, bedingt durch die einwirkenden Kräfte (Elastomechanik). Die sogenannte klassische Mechanik, welche von I. Newton im 17. Jahrhundert begründet wurde, hat im 20. Jahrhundert zwei gravierende Verfeinerungen erfahren. Einsteins spezielle Relativitätstheorie zeigt, welche Modifikationen bei Geschwindigkeiten, die in die Nähe der Lichtgeschwindigkeit kommen, notwendig sind und die durch M. Planck begründete Quantenmechanik zeigt, in welcher Form die Gesetze der Newtonschen Mechanik im atomaren und subatomaren Bereich gelten. Es ist also keineswegs so, daß die Newtonsche Mechanik „gestürzt" oder widerlegt sei. Für die meisten Bereiche der Technik bis hin zur heutigen Raumfahrt gilt die Newtonsche Mechanik praktisch ohne Einschränkungen. Anders ist es allerdings im Bereich der Hochenergiephysik, die in Forschungszentren wie im CERN bei Genf, bei DESY in Hamburg und anderswo betrieben wird. Dort müssen die von Einstein in seiner Relativitätstheorie geschaffenen Verallgemeinerungen der Newtonschen Mechanik voll berücksichtigt werden.

Lange war die Mechanik die einzige physikalische Theorie und man glaubte, alle Naturvorgänge mechanistisch verstehen zu können (mechanistisches Weltbild). Dieser Glaube wurde erst im 19. Jahrhundert durch Maxwells Theorie der Elektrizität endgültig zerstört. Wegen der hohen Anschaulichkeit mechanischer Vorgänge blieb die Mechanik aber auch weiterhin Grundlage und Vorbild für alle danach kommenden physikalischen Erkenntnisse. Das sollte auch der Anfänger bedenken. Ein adäquates Verständnis der Elektrizitätslehre, der Atomphysik etc. ist *ohne* sicheres Beherrschen von Begriffen aus der Mechanik, wie Arbeit, Energie und Impuls, *nicht* möglich.

Die Mechanik spielt auch in der Medizin eine erhebliche Rolle. Die körperliche Haltung von Mensch und Tier wird durch ein komplexes Zusammenspiel von Knochen, Gelenken, Bändern und Muskeln gewährleistet. Bänder, Sehnen und

Knochen bilden den Mechanismus des Skeletts, sie entsprechen einfachen Maschinen auf Basis von Hebeln und Seilzügen. Die kraftproduzierenden Maschinen sind die Muskel. Hier spielen physikalische Zusammenhänge beim Verständnis bzw. bei der Verhütung von Verschleißerscheinungen und bei der Dimensionierung von Prothesen eine wichtige Rolle.

Aufgrund der spezifischen Funktionsweise der Muskel verrichten diese nicht nur bei Bewegungen, sondern auch im Haltezustand Arbeit. Die hierzu erforderliche Energie wird den Muskeln mittels energiereicher chemischer Verbindungen über den Blutkreislauf zugeführt. Letzterer bildet mit seinen Gefäßen ein hydromechanisches System, dessen Pumpe ebenfalls ein Muskel ist, das Herz. Sowohl zur Erkennung und Behandlung von gefäßbedingten Fehlfunktionen als auch für die allgemeine Kreislaufdiagnostik sind hydromechanische Aspekte ausschlaggebend.

Neben den angedeuteten inneren Kräften ist der menschliche Körper in allen Lebensumständen auch Kräften ausgesetzt, die von außen auf ihn einwirken. Während die inneren Kräfte im gesunden Körper dessen Belastungsgrenzen kaum erreichen, führen äußere Kräfte relativ häufig zu Verletzungen. Arbeitswelt, Verkehr, Sport und Kampf sind Lebensbereiche, in welchen es häufig zu mechanisch bedingten Unfällen kommt. Die häufigste Ursache der hierbei auftretenden Verletzungen sind Trägheitskräfte. Zur Analyse der bei Unfällen auftretenden Kräfte sowie zur Entwicklung von Unfallverhütungsmaßnahmen ist ein sicherer Umgang mit den Begriffen Kraft, Arbeit und Energie notwendig.

1. Kinematik und etwas Mathematik

Gegenstand der Kinematik sind Bewegungen. Dabei fragen wir zunächst noch nicht danach, durch welche Kräfte diese Bewegungen hervorgerufen werden, es geht hier lediglich um die Beschreibung von Bewegungen. Wir benutzen hierzu verschiedene physikalische Größen wie Längen, Winkel, Zeit, Geschwindigkeit und Beschleunigung. Mit diesen Größen ist auch der Anfänger weitgehend vertraut. Wir beginnen mit einer Einführung in den Größenbegriff u. zw. mit der Messung und Darstellung physikalischer Größen sowie ein paar Aspekten von Zufallsgrößen.

1.1 Größenlehre

Die Erfassung gesetzmäßiger physikalischer Zusammenhänge erfolgt durch Messen. Meßergebnisse sind physikalische Größen, beispielsweise elektrischer Strom I, elektrische Spannung U und Widerstand R, die durch Gesetze—hier das Ohmsche Gesetz

$$I = \frac{U}{R}$$

—miteinander verknüpft sind. Dabei spielen die Symbole I, U und R nicht etwa bloß die Rolle von „Platzhaltern“ für Zahlenwerte, vielmehr sind es die Größen I, U und R selbst, die diesem Gesetz gehorchen. Auf dieser Einsicht basiert die Größenlehre.

a) Physikalische Größen

Eine physikalische Größe ist entweder selbst meßbar oder durch ein Gesetz in Form einer mathematischen Beziehung mit meßbaren Größen verknüpft. Jede (skalare) physikalische Größe hat 2 Bestimmungsstücke, einen Zahlenwert und eine Einheit:

$$\text{Physikalische Größe} = \text{Zahlenwert mal Einheit.}$$

$$G = \{G\} \cdot [G].$$

Dies ist an der physikalischen Größe „Länge“ besonders leicht einzusehen. Benutzen wir für „Länge“ das Symbol l und schreiben:

$$l = 1{,}75\,\text{m}$$

beispielsweise für die Körperlänge einer Person. Der Zahlenwert ist die reine Zahl 1,75 und die Einheit ist 1 m. Es klingt zwar etwas unbeholfen, aber genau genommen müßte man sagen:

$$l = 1{,}75\,\text{mal}\,1\,\text{m}.$$

Statt dessen sagt man kurz $l = 1{,}75$ m. Die umständlichere Formulierung läßt jedoch klar erkennen, was „Messen“ bedeutet: man nimmt die Einheit (z. B. durch einen Meterstab verkörpert) und stellt fest, wie oft sie in die zu messende Größe l paßt (im vorliegenden Beispiel 1,75 mal).

Physikalische Größen sind invariant gegenüber der Wahl der Einheit. Das bedeutet in unserem Beispiel mit der Körpergröße, daß es im Prinzip gleichgültig ist, mit welcher Einheit wir die Körpergröße messen. Tun wir dies beispielsweise mit der Einheit 1 cm, dann ist das Ergebnis:

$$l = 175\,\text{mal}\,1\,\text{cm} = 175\,\text{cm}.$$

Ganz willkürlich darf man die Einheit allerdings nicht wählen: Im Interesse der allgemeinen Verständlichkeit bestehen internationale Vereinbarungen und nationale Gesetze, die die Verwendung bestimmter Einheiten, der sogenannten

SI-Einheiten

vorschreiben, s. Tabelle 1.1. „SI“ steht für „Système International d‘Unites“.

Tabelle 1.1. Basiseinheiten des Internationalen Einheitensystems (SI), festgelegt von den Generalkonferenzen für Maße und Gewichte 1960 und 1971

Teilgebiet der Physik	Basisgröße	Symbol (und Name) der SI-Einheit	
Geometrie	Länge	1 m	(Meter)
Kinematik	Zeit	1 s	(Sekunde)
Dynamik	Masse	1 kg	(Kilogramm)
Wärmelehre	Temperatur	1 K	(Kelvin)
Elektrizitätslehre	Stromstärke	1 A	(Ampere)
Molekularphysik	Stoffmenge	1 mol	(Mol)
Photometrie	Lichtstärke	1 cd	(Candela)

Man kann die verschiedenen Teilgebiete der Physik in eine Folge ordnen, die weitgehend der historischen Entwicklung dieser Wissenschaft entspricht. Jedes neu hinzu gekommene Teilgebiet hatte das Auftreten neuer Begriffe bzw. Größen zur Folge und hat mindestens eine grundsätzlich neue Einheit, eine sogenannte Basiseinheit, erforderlich gemacht. Die Tabelle 1.1 gibt einen Überblick über diese Teilgebiete und die zugehörigen Basiseinheiten.

Daneben gibt es eine Vielzahl von abgeleiteten Einheiten, die sich durch gesetzmäßige Verknüpfung der verschiedenen physikalischen Größen ergeben. Beispielsweise ist die Einheit der Geschwindigkeit v:

$$[v] = 1\,\mathrm{m \cdot s^{-1}}.$$

Ferner sind auch alle mit dem Faktor $10^{(3 \cdot n)}$ (n = ganze Zahl) gebildeten dezimalen Bruchteile und Vielfache der obigen Einheiten SI-Einheiten. Die Tabelle 1.2 gibt einen Überblick über die hierbei gebräuchlichen Abkürzungen der Zehnerpotenzen. Diese sind ohne Multiplikationszeichen unmittelbar vor das Einheitensymbol zu setzen.

b) Messung physikalischer Größen

Messen bedeutet den Zahlenwert der betreffenden Größe bestimmen, d. h. nachzusehen, wie oft die Einheit $[G]$ in die zu messende Größe G paßt:

$$\{G\} = G/[G]$$

Das kann auf direktem Wege geschehen, wie bei der Messung einer Länge mittels Meterstabs durch Abzählen, wie oft er in die zu messende Länge paßt oder auf indirektem Wege über eine andere Größe, beispielsweise bei der Längenmessung mittels Triangulation über Winkelmessungen.

Nun kann man sich leicht davon überzeugen, daß Messungen ein- und derselben Größe immer mehr oder weniger unterschiedliche Werte ergeben. Man sagt, die Meßwerte streuen. Das kann zwei grundlegend unterschiedliche Ursachen haben:

1. kann die Ursache in den immer vorliegenden Meßfehlern liegen, auch wenn diese viel kleiner sind, als die Anzeige der Meßinstrumente, weshalb sie dann oft unbemerkt bleiben. Diese Art von Meßwertstreuung kann man beispielsweise realisieren, wenn man sein Körpergewicht mittels einer Personenwaage mehrfach bestimmt (also mehrmals die Waage betritt und sie zwischendurch wieder völlig entlastet). Liest man das angezeigte Körpergewicht möglichst genau ab, stellt man unterschiedlich große Werte fest. Welcher Wert ist der richtige? Das ist ein Problem der Fehlerrechnung.

2. kann die Ursache darin liegen, daß die zu bestimmende Größe an sich schon eine gewisse Streubreite besitzt, also eine Zufallsgröße (oder Stochastik) ist. Das ist der Fall bei allen biometrischen Messungen. Beispielsweise sei, anders als vorhin, nicht die Messung an einem Individuum das Ziel, sondern die Messung der Körpergrößen aller männlichen Erwachsenen. Dann trifft man zum einen natürlich von vorneherein auf unterschiedliche Werte. Wie solche Daten zu ordnen und zu präsentieren sind, ist ein Problem der beschreibenden Statistik.

Zum anderen erhebt sich die Frage, inwieweit die meist nur an einer begrenzten Anzahl von Personen gemessenen Werte, also die an einer „Stichprobe“ erhobenen

Zahlen, tatsächlich für die zugrundeliegende „Grundgesamtheit“, hier beispielsweise alle männlichen Erwachsenen, repräsentativ sind. Das ist ein Problem der schließenden Statistik.

Bei biometrischen Messungen spielt daher auch die Auswahl einer repräsentativen Stichprobe eine wichtige Rolle. Die Stichprobe soll ja repräsentativ für die Grundgesamtheit sein. Das kann sie nun grundsätzlich nur sein, wenn jedes Element der Grundgesamtheit die gleiche Chance oder Wahrscheinlichkeit hat, von der Stichprobe erfaßt zu werden. Die zuverlässigste Methode zur Gewinnung einer repräsentativen Stichprobe besteht daher darin, die Auswahl der Stichprobe dem Zufall zu überlassen. Das ist meist nicht leicht zu erreichen. Beispielsweise läßt sich die Körpergröße männlicher Erwachsener nicht durch Messungen an Studenten gewinnen, weil in diesem Fall schon eine ganz konkrete Auswahl von Probanden vorliegt, die keineswegs für alle männlichen Erwachsenen repräsentativ sein muß.

c) Präsentation und Aussage von Meßergebnissen

Jede wiederholte Messung einer physikalischen Größe liefert aufgrund verschiedener Fehlereinflüsse unterschiedliche Werte. Dies gilt auch für sogenannte deterministische Größen, wo wir an sich einen wohldefinierten Meßwert erwarten. Außerdem sind Meßdaten vielfach, vor allem in der Biologie und in der Medizin, von vorneherein Größen mit Zufallscharakter, sogenannte stochastische Größen oder Stochastiken, die auch ohne Fehlereinflüsse schon eine gewisse Variationsbreite besitzen. Solche Meßdaten lassen sich nicht durch eine einzige Zahl befriedigend wiedergeben. Zur Beschreibung von Meßdaten stehen drei grundsätzliche Verfahren bereit:

1. Tabelle. Um eine gewisse Übersichtlichkeit zu erhalten, wird man die gemessenen Größen beispielsweise nach ihren Zahlenwerten ordnen.

2. Graphik. Die wichtigsten graphischen Darstellungen sind die Häufigkeitsverteilung (Histogramm) und die Häufigkeits-Summenverteilung. Die Darstellung kann ferner mit Hilfe von Stabdiagrammen erfolgen oder mittels eines Polygonzuges (Abb. 1.15). Zuvor ist es erforderlich, die einzelnen Meßwerte G_i nach ihren Zahlenwerten zu reihen: $G_1 < G_2 < G_3 \cdots$, sowie zu Klassen zusammenzufassen und festzustellen, wieviele Messungen auf die einzelnen Klassen entfallen. Entfallen auf die i-te von K Klassen N_i von insgesamt N Meßwerten, ist die relative Häufigkeit dieser Klasse

$$H_i = \frac{N_i}{N}.$$

Die Summe der Klassengrößen N_i ist gleich dem Umfang N der Stichprobe. Bei K Klassen ist also

$$N_1 + N_2 + \cdots + N_K = \sum_i N_i = N$$

und die Summe der Klassenhäufigkeiten ist $\sum_i H_i = 1$.

Die Häufigkeits-Summenverteilung $S(j)$ ist

$$N_1 + N_2 + \cdots + N_j = S(j) = \sum_{i \leqq j} N_i.$$

Sie gibt an, wie häufig eine Größe G auftritt, die gleich groß oder kleiner als der größte Wert in der Klasse N_j ist.

3. Kenngrößen wie Mittelwert und Standardabweichung. Der Mittelwert M einer Größe G entspricht dem, was man in der Umgangssprache als Durchschnittswert bezeichnet:

$$M = \sum_i \frac{G_i}{N}$$

G_i sind die Ergebnisse der Einzelmessungen, N ist die Gesamtzahl der Messungen (oder der Umfang der Stichprobe).

Der Mittelwert ist zwar eine sehr anschauliche Größe, er gibt jedoch nur eine unvollständige Auskunft über die Verteilung der Meßwerte. Er sagt nichts darüber aus, wie stark die Meßwerte im Einzelfall von M abweichen, also „streuen". Ein geeignetes Maß hierfür ist die Standardabweichung (manchmal auch „Streuung") σ:

$$\sigma = \sqrt{\sum_i \frac{(M - G_i)^2}{N - 1}}.$$

σ^2 kann man als Mittelwert der Quadratwerte der Abweichungen (=Varianz) der Einzelmeßwerte G_i von M auffassen. Würde man übrigens anstelle der Quadratwerte die Abweichungen $M - G_i$ selbst nehmen, ergäbe die so definierte Größe Null, wie man sich leicht durch Einsetzen von $M - G_i$ anstelle der G_i in die Gleichung 1.3 überzeugen kann (Beispiel 1.1).

In der Biometrie ist σ ein Maß für die Streuung der betreffenden Meßgröße. Bei der Messung deterministischer Größen ist σ ein Maß für die Meßunsicherheit aufgrund der zufälligen Fehler. Zufällige Fehler sind die durch mannigfaltige Störeinflüsse bedingten Fehler beim Messen. Diese Fehler sind grundsätzlich unvermeidlich, sie lassen sich durch sorgfältiges Arbeiten nur klein halten, nicht jedoch ausschalten. Zu den beim Meßvorgang entstehenden zufälligen Fehlern σ kommen noch die durch das Meßgerät bedingten Fehler τ hinzu. Die gesamte Meßunsicherheit σ_M ist—aufgrund des Gaußschen Fehler-Fortpflanzungsgesetzes, dessen Diskussion hier zu weit führen würde—gegeben durch:

$$\sigma_M = \sqrt{\sigma^2 + \tau^2}.$$

Neben den zufälligen Fehlern können auch systematische Fehler auftreten; dies sind die eigentlichen Fehler, die z. B. durch ungenaues Justieren und Kalibrieren der Meßgeräte zustande kommen. Sie sind im Gegensatz zu den zufälligen Fehlern reproduzierbar. Diese Fehler sind daher im allgemeinen schwer zu erkennen, sie rufen eine systematische Abweichung der Meßgröße in eine Richtung hervor. Ferner kennt man noch den groben Fehler, der auf grundsätzlich vermeidbaren Ursachen, wie falscher Gerätebedienung, beruht.

Entsprechend dieser Fehlerarten werden beim Messen zwei Genauigkeitsbegriffe benutzt: zum einen die Präzision oder Wiederholgenauigkeit (engl.: precision), sie wird durch σ_M quantifiziert und zum anderen die Richtigkeit (engl.: accuracy). Eine präzise Messung kann daher falsch sein, eine richtige Messung kann unpräzise sein.

d) Normalverteilung und Konfidenzintervall

In vielen wichtigen Fällen erhält man als Häufigkeitsverteilung der Meßergebnisse eine Gauß-Verteilung oder Normalverteilung. Auf eine nähere Begründung (z. B. den zentralen Grenzwertsatz) gehen wir hier jedoch nicht ein. Angedeutet sei lediglich, daß die Normalverteilung immer auftritt, wenn für das Zustandekommen der Streuung der Meßdaten viele Ursachen verantwortlich sind. Diese Normalverteilung hat die in der Abb. 1.1 dargestellte Form:

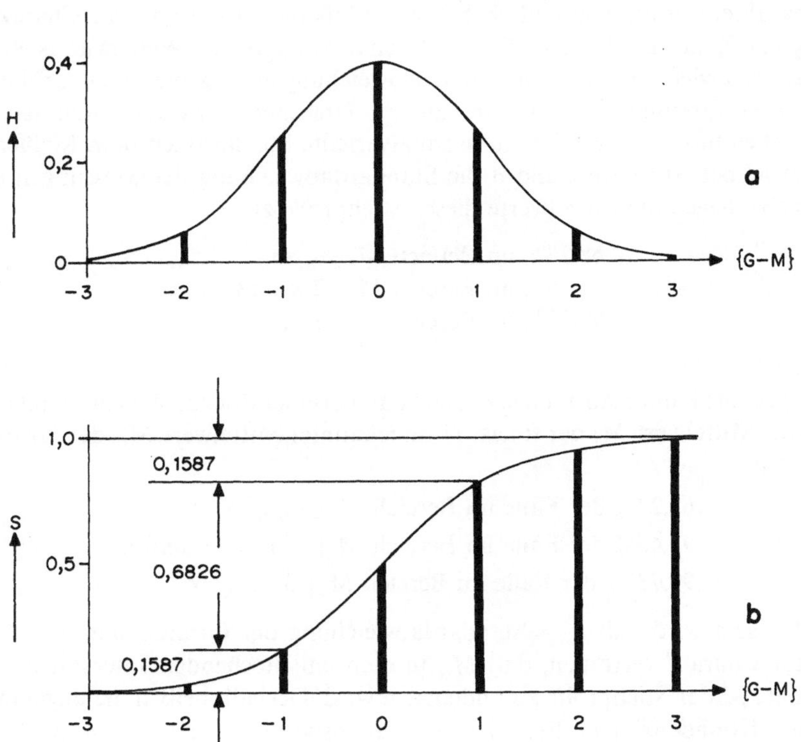

Abb. 1.1. Gauß-Verteilung oder Normalverteilung. **a** Verteilung der relativen Häufigkeit H (= vertikale Balken) der Zahlenwerte einer Größe G mit der Standardabweichung $\sigma = 1$. Am häufigsten ist der Mittelwert, d. h. $G = M$. **b** Zugehörige Summenverteilung S

Die Normalverteilung hat die analytische Form:

$$H(G) = \frac{1}{\sigma \cdot \sqrt{2 \cdot \pi}} \cdot \exp\left(\frac{-(G-M)^2}{2 \cdot \sigma^2}\right).$$

Daraus findet man ohne weiteres,

1., daß die relative Häufigkeit, mit der Abweichungen von der Größe der Standardabweichung auftreten, gleich

$$H(M \pm \sigma) = 0{,}606 \cdot H(M)$$

ist und

2., daß die relative Häufigkeit, mit der ein Meßwert im Intervall $M - \sigma \leqq G \leqq M + \sigma$ liegt,

$$S(M - \sigma \leqq G \leqq M + \sigma) = \int_{M-\sigma}^{M+\sigma} H(x) \cdot dx = 0{,}6827$$

beträgt. Es weichen also rund $100\% - 68{,}3\% = 31{,}7\%$ aller Meßwerte vom Mittelwert um mehr als eine Standardabweichung ab.

Konfidenzintervall. Mittelwert und Standardabweichung sind wichtige Größen zur Charakterisierung von fehlerbehafteten Meßergebnissen und zur Charakterisierung von Zufallsgrößen oder Stochastiken in Stichproben. Weiters ist es wichtig anzugeben, inwieferne eine beobachtete Abweichung einer gemessenen Größe eine Folge ihrer Streuung ist oder auf andere Ursachen zurückzuführen ist. Wir beschränken uns im folgenden auf normalverteilte Stochastiken bzw. Meßfehler.

Sind M der Mittelwert und σ die Standardabweichung der Messungen einer Stichprobe, liegen die Einzelwerte dieser Stichprobe zu

68,27% im Bereich $M \pm \sigma$, zu
95,45% im Bereich $M \pm 2 \cdot \sigma$ und zu
99,73% im Bereich $M \pm 3 \cdot \sigma$,

s. Abb. 1.1.

Umgekehrt kann man auch erwarten, daß bei einer Stichprobe vom Umfang N (und dem Mittelwert M) der (meist ja unbekannte) Mittelwert M_G der Grundgesamtheit in

68,27% der Fälle im Bereich $M \pm \sigma_G/\sqrt{N}$, in
95,45% der Fälle im Bereich $M \pm 2 \cdot \sigma_G/\sqrt{N}$ und in
99,73 % der Fälle im Bereich $M \pm 3 \cdot \sigma_G/\sqrt{N}$

zu finden sein wird, mit σ_G = Standardabweichung der Grundgesamtheit. Oder: Man kann darauf vertrauen, daß M_G in dem entsprechenden Intervall um den Mittelwert M der Stichprobe zu finden sein wird. Deshalb heißen die angeführten Bereiche Konfidenzintervalle oder Vertrauensbereiche, ihre Grenzen heißen Konfidenzgrenzen. Der verbleibende Prozentsatz α (31,73%, 4,55% und 0,27%) ist die relative Häufigkeit, mit der M_G außerhalb der Konfidenzintervalle liegt und wird als Irrtumswahrscheinlichkeit oder Signifikanzniveau bezeichnet; $1 - \alpha$ heißt entsprechend „statistische Sicherheit“. Näheres hierzu, insbesondere zu Signifikanztests, ist in den Lehrbüchern der Biometrie zu finden.

e) Zufallsgrößen und Wahrscheinlichkeit

Die meisten physikalischen Größen in der Medizin sind Zufallsgrößen, denen man im Gegensatz zu deterministischen Größen keinen wohldefinierten Wert zuordnen kann. Zufallsgrößen oder stochastische Größen können grundsätzlich mit Hilfe von Mittelwert und Streuung oder durch Wahrscheinlichkeits-Dichtefunktionen (WDF) beschrieben werden. Eine solche WDF ist beispielsweise der Graph von Abb. 1.1a.

Ein anderer Aspekt von Zufallsgrößen ist folgender: Man kann sich fragen, weshalb man bei zufälligen Größen überhaupt auf die Idee kommt, etwas aussagen zu können bzw. von einem Meßwert zu sprechen. Das läßt sich durch ein extremes Beispiel erläutern: Wir machen Münzwurf-Experimente, die aus einer Reihe von N Einzelversuchen bestehen. Die Münze hat zwei Seiten, nämlich Zahl (Z) und Kopf (K). Wir werfen die Münze N-mal auf und fragen nach der relativen Häufigkeit N_K/N des Ereignisses, daß die Kopfseite oben liegt: Das ist N_K-mal der Fall. Man erhält bei diesem Experiment das Ergebnis von Abb. 1.2:

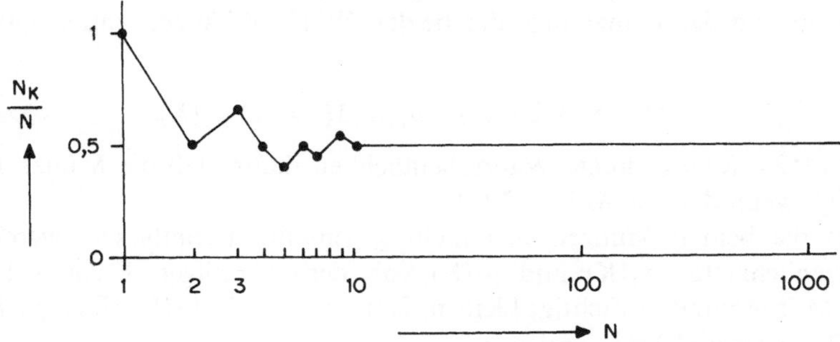

Abb. 1.2. Münzwurf. N = Gesamtzahl der Würfe, N_K = Anzahl der Ereignisse „Kopf nach oben". Für kleine N erhält man bei Wiederholung des Experiments unterschiedlich verlaufende Graphen, bei wachsendem N weicht N_K/N immer weniger von 0,5 ab

Der Quotient N_K/N strebt mit zunehmender Wurfzahl immer gegen den Grenzwert 0,5. Dies ist eine Erfahrungstatsache, sie wird auch als empirisches Gesetz der großen Zahlen bezeichnet: Einzelmessungen (–experimente) geben zufällige Ergebnisse, Reproduzierbarkeit gibt es erst bei entsprechend vielen Messungen.

Der Grenzwert, den eine relative Häufigkeit eines Ereignisses bei einer großen Zahl von Beobachtungen anstrebt, heißt Wahrscheinlichkeit p des betreffenden Ereignisses:

$$p = \lim_{N \to \infty} \frac{n}{N}$$

N = Gesamtzahl der Beobachtungen, n = Anzahl des Eintreffens des betreffenden Ereignisses.

Man kann diese Definition der Wahrscheinlichkeit auch so auffassen: p ist der Quotient aus den bei einem Experiment für das Ereignis günstigen Konstellationen gebrochen durch die Gesamtzahl der möglichen Konstellationen (wobei man allerdings gleiche Wahrscheinlichkeiten für die einzelnen Konstellationen voraussetzen muß).

Multiplikationssatz für Wahrscheinlichkeiten. Betrachten wir nun zwei Ereignisse $E1$ und $E2$ und fragen danach, mit welcher Wahrscheinlichkeit $p(E1, E2)$ diese gemeinsam auftreten. Werfen wir beispielsweise zwei Münzen $M1$ und $M2$ und fragen danach, mit welcher Wahrscheinlichkeit beide Kopf zeigen. Dies läßt sich in zwei Schritte auflösen; wir fragen zunächst nach der Wahrscheinlichkeit, daß die Münze $M1$ Kopf zeigt, ausgedrückt durch $M1 = K$; diese sei $p_1(K)$. Dann fragen wir nach der Wahrscheinlichkeit dafür, daß die Münze $M2$ Kopf zeigt ($M2 = K$), unter der Bedingung, daß die Münze $M1$ dies schon getan hat; dies sei durch $p_2(K|M1 = K)$ ausgedrückt. Multiplizieren wir nun diese Wahrscheinlichkeit mit der Wahrscheinlichkeit dafür, daß die Münze $M1$ Kopf zeigt, also $M1 = K$ ist, erhalten wir die Wahrscheinlichkeit dafür, daß beide Münzen gleichzeitig Kopf zeigen

$$p(M1 = K, M2 = K) = p_2(K|M1 = K) \cdot p_1(K).$$

$p_2(K|M1 = K)$ ist eine sogenannte bedingte Wahrscheinlichkeit. Da das Wurfergebnis nicht von der Reihenfolge der beiden Würfe abhängen kann, muß auch gelten:

$$p(M1 = K, M2 = K) = p_1(K|M2 = K) \cdot p_2(K),$$

mit $p_1(K|M2 = K)$ = bedingte Wahrscheinlichkeit dafür, daß die Münze 1 dann Kopf zeigt, wenn dies die Münze 2 tut.

Wenn die beiden Münzen sich nicht gegenseitig beeinflussen, werden die Wahrscheinlichkeiten $p_1(K)$ und $p_2(K)$ von dem jeweiligen Ereignis bei der anderen Münze unbeeinträchtigt bleiben. Dann muß $p_2(K|M1 = K) = p_2(K)$ und $p_1(K|M2 = K) = p_1(K)$ sein und

$$p(M1 = K, M2 = K) = p_1(K) \cdot p_2(K).$$

Die Wahrscheinlichkeit für das Auftreten zweier voneinander unabhängiger Ereignisse ist gleich dem Produkt der Einzelwahrscheinlichkeiten.

1.2 Längen- und Winkelmessung

Messung einer Länge bedeutet die Feststellung, wie oft eine vereinbarte Länge, die Einheit, in die zu messende Strecke paßt. Dieser Vorgang ist am anschaulichsten bei der

a) direkten Längenmessung

Man nimmt die beispielsweise durch einen Meterstab verkörperte Einheit und stellt fest, wie oft und mit welchen Bruchteilen die Einheit in die zu messende Strecke paßt. Zur Erhöhung der Meßgenauigkeit benutzt man Hilfsmittel wie Schiebelehren, Mikrometerschrauben und Interferometer (s. Kapitel 25.1). Bei sehr kleinen Meßstrecken, wie an mikroskopischen Objekten, mißt man mit Hilfe des Okularmikrometers am vergrößerten Zwischenbild des Objekts im Mikroskop.

Nicht immer ist das Meßobjekt einer direkten Längenmessung zugänglich. Dies ist der Fall einerseits bei sehr kleinen und sehr großen Meßstrecken und andererseits bei nicht zugänglichen Meßstrecken, wie beispielsweise dem Sonnendurchmesser. Dann benutzt man Methoden der indirekten Längenmessung.

Längen im atomaren Bereich, etwa die Atomabstände in Festkörpern, lassen sich aus den Beugungswinkeln der an diesen Strukturen gebeugten Röntgenstrahlen bestimmen. Sehr große Meßstrecken lassen sich mittels der Trigonometrie messen (s. Abschnitt c).

b) Winkelmessung

Ebener Winkel. Alle Winkelmaße in der Ebene beruhen auf Kreisteilungen. Teilt man den Umfang eines Kreises durch Radien in 360 gleiche Teile, erhält man als Winkel zwischen zwei benachbarten Radien die alte Winkeleinheit 1 Grad (kurz: 1°). Ein beliebiger Winkel zwischen zwei benachbarten Radien oder Richtungen kann durch Anlegen eines Winkelmessers und Abzählen der dazwischen liegenden Grade gemessen werden. Heute wird anstelle dieses veralteten Gradmaßes das Bogenmaß benutzt. Hier unterteilt man den Kreisumfang in Längen des zugehörigen Radius r und erhält so die Einheit des Winkels φ:

$$[\varphi] = 1 \text{ Radiant} = 1 \text{ rad}.$$

Der Winkel ist:

$$\varphi = l/r.$$

Die Messung des ebenen Winkels läßt sich also auf zwei Längenmessungen (l und r) zurückführen.

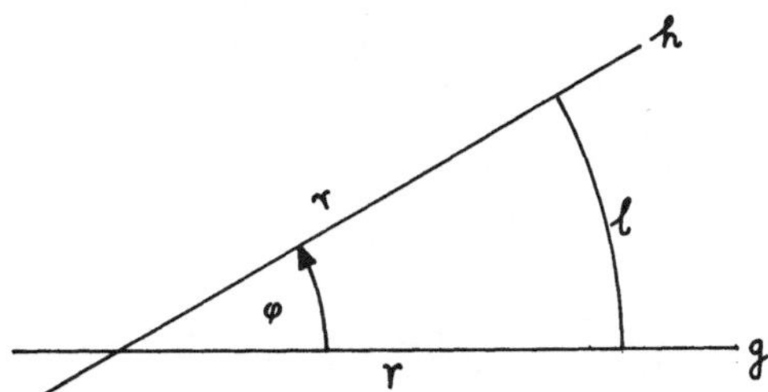

Abb. 1.3. Ebener Winkel $\varphi = l/r$ zwischen zwei Geraden g und h; r ist beliebig, φ wird gegen den Uhrzeigersinn positiv gezählt

Raumwinkel. Dieser Winkel ist in Analogie zum ebenen Winkel definiert: an die Stelle des Kreises tritt eine Kugelfläche vom Radius r und an die Stelle der Bogenlänge l tritt die Fläche A jenes Ausschnitts der Kugelfläche, der von allen den Raumwinkel Ω begrenzenden Radien begrenzt wird:

$$\Omega = \frac{A}{r^2}.$$

Dies ist—wie der ebene Winkel—ein Quotient zweier Größen mit gleicher Dimension. Die Einheit wird daher mit einem Hilfsnamen versehen:

$$[\Omega] = 1 \text{ Steradiant} = 1 \text{ sr}.$$

Zur weiteren Erläuterung siehe das Beispiel in der Abb. 1.4:

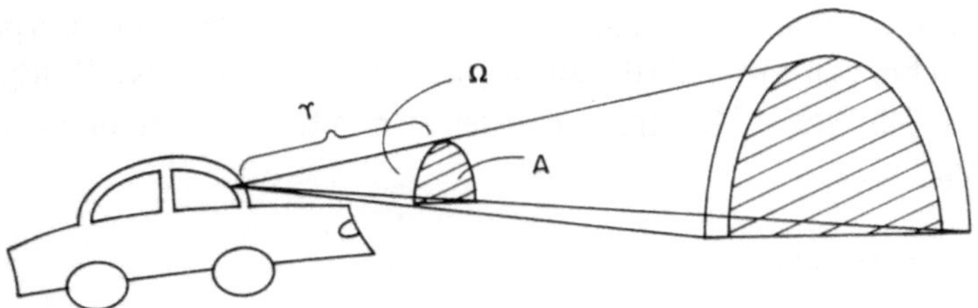

Abb. 1.4. Der Raumwinkel Ω, unter dem ein Kraftfahrer die dunkle Öffnung eines Tunnels sieht, ist $\Omega = A/r^2$. Im Augenblick der Einfahrt in den Tunnel ist $\Omega = 2 \cdot \pi$; befindet sich der Kraftfahrer weit genug im Tunnel, beträgt $\Omega = 4 \cdot \pi$, vollständige Dunkelheit umgibt ihn

c) Indirekte Längenmessung und Meterdefinition

Sehr große Meßstrecken, wie in der Landvermessung, Geodäsie und Astronomie, mißt man mit Hilfe von Triangulation und Trilateration. Bei der Triangulation werden die Winkel α und β von den Enden A und B einer Basisstrecke c bekannter Länge zu dem Zielpunkt C hin bestimmt, siehe Abb. 1.5. Aus der Winkelsumme des Dreiecks ABC erhält man den Winkel γ und mit Hilfe des Sinussatzes lassen sich die übrigen Dreieckseiten berechnen:

$$a = c \cdot \frac{\sin \alpha}{\sin \gamma}$$

und

$$b = c . \frac{\sin \beta}{\sin \gamma} .$$

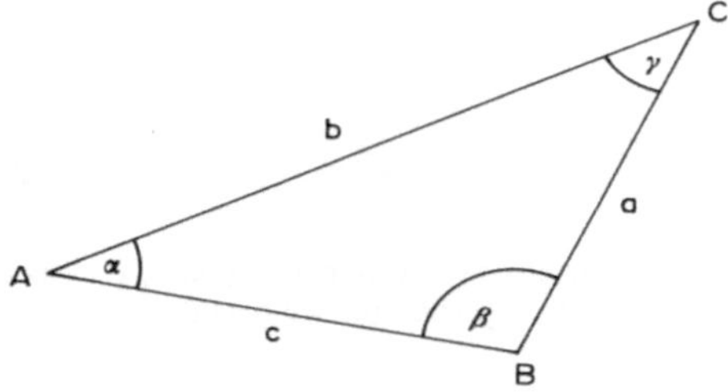

Abb. 1.5. Triangulation. Bezeichnung der Seiten und Winkel eines Dreiecks *ABC*

Die moderne Geräteentwicklung hat allerdings in der jüngsten Vergangenheit Längenmeßinstrumente zustande gebracht, die eine direkte Entfernungsmessung auch bei größen Meßstrecken ermöglichen. Diese beruhen auf Laufzeitmessungen von Licht- oder Radarimpulsen. Die trigonometrischen Verfahren können nun durch eine direkte Messung der Längen der Dreiecke abgelöst werden (Trilateration).

Meterdefinition. Die Festlegung der Längeneinheit auf 1 m (1 Meter) erfolgte 1799 durch die Französische Nationalversammlung als der 10^{-7}te Teil des Erdmeridianquadranten. Diese Einheit wurde durch einen Platinstab, den Meterprototyp, verkörpert. Später wurde auch eine auf dieser Längendefinition basierende

Masseneinheit (früher „Gewichtseinheit" genannt) definiert, nämlich als die Masse von 1 dm^3 Wasser bei 0 °C (später auf die Temperatur des Massendichtemaximums, d. i. 3,98 °C geändert). Das hierauf basierende „metrische" System wurde ab 1875 von den meisten Staaten übernommen.

Mit Fortschritten in der Präzisionsmeßtechnik hat sich die ursprüngliche Meterdefinition als unzweckmäßig herausgestellt. Seit 1983 ist 1 m als „die Länge der Strecke" definiert, „die das Licht im Vakuum während des Zeitintervalls von 1/299 792 458 s durchläuft". Man hat also die Vakuumlichtgeschwindigkeit als Naturkonstante festgelegt und definiert die Länge über die Zeit.

1.3 Koordinatensysteme

Zur Beschreibung der Bewegung eines Körpers benötigen wir einen Bezugspunkt. Eine Bewegung eines Körpers A läßt sich ja nur bezüglich eines anderen Körpers B—also relativ zu diesem—feststellen. Gäbe es im Weltraum nur einen einzigen Körper, wäre weder über seine Lage noch über seine Bewegung etwas aussagbar. (Einsteins allgemeine Relativitätstheorie zeigt sogar, daß an einem solchen Körper keinerlei Kräfte auftreten könnten; selbst eine Drehbewegung ließe sich nicht feststellen). Immer jedoch läßt sich die Lage eines Körpers A relativ zu einem anderen Körper B feststellen. An die Stelle des Körpers B kann auch ein gedachter Punkt O treten, dessen Lage bezüglich anderer Körper bekannt ist.

Die alleinige Angabe des Abstands des Körpers A von O ist nicht eindeutig. In dem dreidimensionalen Raum unserer Welt benötigen wir für eine eindeutige Lageangabe ein dreidimensionales Koordinatensystem. Hiervon gibt es mehrere. Viele Phänomene der Physik werden besonders einfach, wenn man diese in einem rechtwinkeligen oder kartesischen Koordinatensystem beschreibt (z. B. geradlinige Bewegungen). In manchen Fällen sind Polarkoordinaten (Planetenbewegung, Kreisbewegung) oder Kugelkoordinaten (Bewegung von Elektronen der Atomhülle) günstiger.

a) Kartesische Koordinaten

Zunächst legt man einen Punkt im Raum als Anfangspunkt O oder Ursprung fest. Durch diesen denkt man sich drei paarweise aufeinander senkrecht stehende Geraden, die sogenannten Koordinatenachsen. Meist bezeichnet man sie als x-, y- und z-Achse (oder Abszisse, Ordinate und Aplikade). Diese drei Koordinatenachsen legen drei Koordinatenebenen fest: die x–y-, die x–z- und die y–z-Ebene.

Erfolgt die Achsenbezeichnung in der Reihenfolge wie in der Abb. 1.6, sprechen wir von einem rechtsorientierten Koordinatensystem oder kurz Rechtssystem. Dieses kann man mit Daumen (x), Zeigefinger (y) und Mittelfinger (z) der rechten Hand nachbilden. Tut man dies mit der linken Hand, erhält man ein Linkssystem. Kehrt man eine Achse um oder spiegelt man das Koordinatensystem an einer Ebene, kehrt sich die Orientierung ebenfalls um.

Die Lage eines Punkts P läßt sich nun durch Angabe dreier Längen

$$x, y \text{ und } z$$

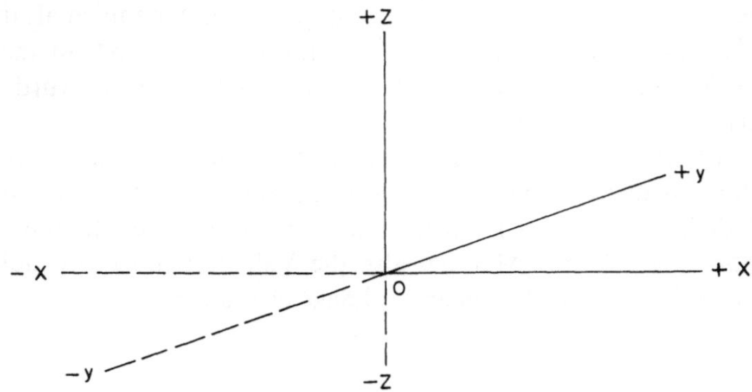

Abb. 1.6. Kartesisches Koordinatensystem, rechtsorientiert. Die negativen Koordinatenachsen sind gestrichelt gezeichnet. Der Punkt O ist der Koordinatenursprung

eindeutig angeben. Diese drei Längen heißen x-, y- bzw. z-Koordinaten des Punkts P und werden meist als Tripel in der Form (x, y, z) angegeben. Um diese Längen zu bestimmen, denkt man sich je eine Normale von P aus auf die drei Koordinatenachsen und mißt die Abstände der Schnittpunkte vom Ursprung O (Abb. 1.7). Liegen diese Längen auf den positiven Abschnitten der Koordinatenachsen, so werden sie positiv gezählt, anderenfalls negativ.

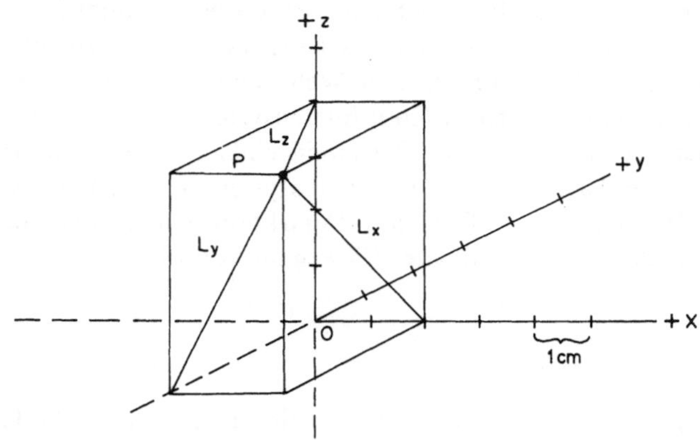

Abb. 1.7. Kartesisches Koordinatensystem. Der Punkt P hat die Koordinaten $x = 2$ cm, $y = -3$ cm, $z = 4$ cm. L_x, L_y und L_z sind die Normalen durch P auf die x-, y- bzw. z-Achse. x, y, z kann man sich auch als Kantenlängen eines zwischen P und dem Ursprung angeordneten Parallelepipeds vorstellen

Für den Anfänger etwas anschaulicher ist es, wenn er sich ein Parallelepiped mit den Kantenlängen x, y, und z vorstellt, mit einer Ecke im Ursprung und der gegenüberliegenden Ecke in P.

In vielen Fällen spielen sich Vorgänge in einer Ebene ab. Beispielsweise die Bewegung eines Kraftfahrzeugs auf ebener Straße. Wählt man die kartesischen Koordinaten so, daß die z-Achse senkrecht auf diese Ebene steht, lassen sich solche Vorgänge durch die x- und y-Koordinaten allein beschreiben. Es genügt ein

zweidimensionales kartesisches Koordinatensystem

mit den Koordinaten

$$x \text{ und } y.$$

b) Kugelkoordinaten (Polarkoordinaten im Raum)

Für viele Vorgänge ist es zweckmäßiger, Kugelkoordinaten zu benutzen. Dann wird ein beliebiger Raumpunkt P durch eine Länge und zwei Winkel festgelegt (Abb. 1.8):

$$r, \varphi \text{ und } \vartheta.$$

r ist der Abstand des Punkts P vom Ursprung O (immer positiv genommen); ϑ ist der Winkel, den die Strecke OP mit der z-Achse einschließt; φ ist der Winkel, den die Projektion der Strecke OP auf die x–y-Ebene mit der positiven x-Achse einschließt. φ wird von 0 bis $2 \cdot \pi$ gezählt, ϑ von 0 bis π.

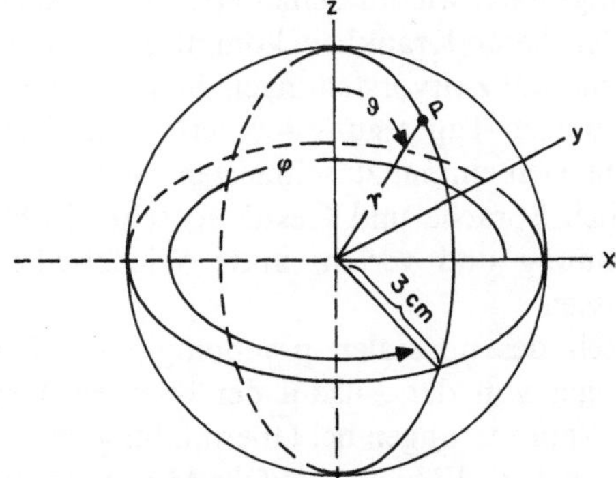

Abb. 1.8. Kugelkoordinaten. Der Punkt P hat die Koordinaten $r = 3\,\text{cm}$, $\vartheta = \pi/4$, $\varphi = 5 \cdot \pi/3$

Ist die Lage eines Punkts in Kugelkoordinaten bekannt, lassen sich daraus seine kartesischen Koordinaten berechnen und umgekehrt:

$$\begin{aligned} x &= r \cdot \sin \vartheta \cdot \cos \varphi \\ y &= r \cdot \sin \vartheta \cdot \sin \varphi \,. \\ z &= r \cdot \cos \vartheta \end{aligned}$$

In der Ebene vereinfacht sich das Kugelkoordinatensystem zu

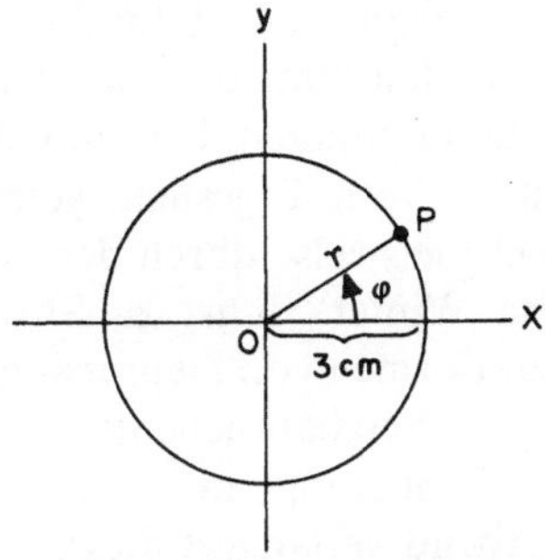

Abb. 1.9. Kreiskoordinaten (r, φ) und zweidimensionale kartesische Koordinaten (x, y) eines Punkts P. Es ist: $x = r \cdot \cos \varphi$ und $y = r \cdot \sin \varphi$

c) Kreiskoordinaten

Beispielsweise erfolgt die Bewegung einer Probe in einer Zentrifuge oder (näherungsweise) die Kurvenfahrt eines Kraftfahrzeugs entlang einer Kreisbahn. Zur Festlegung der Lage eines Punkts P genügen nun der Abstand des Punkts P vom Drehzentrum (= Ursprung O) und der Winkel φ, den die Strecke OP mit der x-Achse einschließt.

1.4 Zeitmessung

a) Zeitempfindung

Zu Beginn ein paar Worte zum Zeitempfinden. Zeit ist nicht nur in der Physik relativ. Auch subjektiv erleben wir den Zeitablauf auf recht unterschiedliche Weise, nämlich kurzweilig, langweilig, wie im Schlaf etc. Ein extremes Beispiel hierzu ist die Schlafkrankheit. Bei dieser Krankheit kommt es zu außerordentlich starken Verzerrungen der Raum- und Zeitvorstellungen. So kommt es vor, daß ein Patient, der anscheinend den ganzen Tag regungslos verharrte, eigentlich diesen ganzen Tag nur dazu benötigte, sich einmal zu schneuzen. Auch das andere Extrem wird beobachtet, daß nämlich Sprache und Gestik so schnell ablaufen, daß nur eine audiovisuelle Aufzeichnung und verlangsamte Wiedergabe den Ausdruck des Patienten verstehen lassen.

Die Geschwindigkeit des normalen psychologischen Zeiterlebens ist wahrscheinlich auch abhängig von der Anzahl der erlebten Veränderungen. Dieses Zeitmaß erfährt große Veränderungen bei Übermüdung, im Schlaf und in Rauschzuständen. Wir kennen auch die Fähigkeit, auf die Minute genau zu vorgenommener Zeit aufzuwachen. Die hier wirksame innere oder physiologische Uhr hängt wahrscheinlich mit der Geschwindigkeit des Stoffwechsels zusammen. Jedenfalls versagt sie bei groben Eingriffen in den Stoffwechsel, beispielsweise durch Hormongaben.

Zahlreiche Körperfunktionen verändern sich im 24-Stunden-Takt: Herzrhythmus, Blutdruck, Nierentätigkeit, Ausschüttung von Hormonen, Körpertemperatur u. a. Bei Mäusen scheinen sich sogar Tumorzellen bevorzugt zu bestimmten Zeiten zu teilen. Da die Periodendauer aller dieser Prozesse nicht streng, sondern nur ungefähr 24 Stunden beträgt, spricht man von einer circadianen Rhythmik. Das Uhrwerk, welches diese circadiane Rhythmik vorgibt, ist eine Gruppe von Nervenzellen, der Nucleus suprachiasmaticus; er sendet periodische Nervenimpulse aus. Die Synchronisierung dieser inneren Uhr mit dem Tagesrhythmus erfolgt anscheinend über die periodisch vom Tageslicht getroffene Netzhaut. Störungen der circadianen Rhythmik beispielsweise durch den Jet–Lag oder durch fehlende Belichtung der Netzhaut (im Winter), führt zu Störungen in der körperlichen Rhythmik und zu bestimmten Formen von Depressionen (z. B. zur „Winterdepression"). Auch der Zeitpunkt der Netzhautbelichtung spielt eine Rolle: Nach dem Aschoffschen Gesetz verkürzt Belichtung am Vormittag die subjektiv empfundene Tageslänge, Belichtung am Abend verlängert diese.

Für eine quantitative Zeitmessung ist die innere Uhr jedenfalls ungeeignet. Hierzu eignen sich nur solche Vorgänge, deren zeitlicher Ablauf nach einem gut bekannten Gesetz mit hoher Genauigkeit erfolgt, wie der Umlauf der Erde um die Sonne oder der zeitliche Zerfall radioaktiver Substanzen.

b) Zeitmessung

Zur Zeitmessung kann man alle Vorgänge nutzen, deren zeitlicher Verlauf hinreichend genau bekannt ist.

Periodische Vorgänge. Seit Jahrhunderten schon war die Sekunde ($1s$) definiert als der 86 400 ste Teil eines (mittleren) Sonnentags. Ein Sonnentag ist die Zeitdauer, die die Sonne von einem Tag zum anderen benötigt, um wieder an derselben Stelle am Himmel zu stehen. Zwei Probleme ergeben sich. Zum einen ist die Dauer eines Sonnentags über das Jahr hinweg nicht konstant. Man muß also die mittlere Dauer des Sonnentags bestimmen. Zum anderen ändert sich auch die Dauer des mittleren Sonnentags; er wird innerhalb von 100 Jahren etwa um 2 ms länger. Als Standard für die Zeiteinheit dient daher die um ein Vielfaches konstantere Periodendauer T der Infrarotstrahlung des Cäsium-Atoms. Seit der 13. Generalkonferenz für Maße und Gewichte im Jahr 1967 gilt:

$1s = 9\,192\,631\,770 \times$ der Periodendauer der beim Übergang zwischen den beiden Hyperfeinstrukturniveaus des Grundzustands von Atomen des Nuklids ^{133}Cs emittierten Strahlung.

Um mit Hilfe periodischer Vorgänge Zeitmessungen durchführen zu können, muß man die im zu messenden Zeitintervall abgelaufenen Tage oder Sekunden zählen. Das ist oft, insbesondere für historische Zeiten, nicht möglich. Hier helfen aperiodische Vorgänge weiter.

Aperiodische Vorgänge. Ein bekanntes Beispiel hierzu ist die Radiokarbonuhr. Diese Methode beruht auf dem Zerfall des Radionuklids ^{14}C, einem Isotop des normalen Kohlenstoffs ^{12}C. Nach dem Gesetz des radioaktiven Zerfalls (Gleichung 19.5) liegen zum Zeitpunkt t noch

$$N(t) = N(0) \cdot \exp(-K \cdot t)$$

Atome des radioaktiven Nuklids vor, wenn zum Zeitpunkt $t = 0$ die Anzahl $N(0)$ vorhanden war. K ist die Umwandlungskonstante. Kennt man also zu einem bestimmten Zeitpunkt—dort setzen wir $t = 0$—die vorhandene Anzahl $N(0)$ und mißt zu einem späteren Zeitpunkt $N(t)$, läßt sich die inzwischen verstrichene Zeit t aus der obigen Gleichung berechnen. Allerdings kann man nicht die jeweils vorhandenen Atome abzählen, sondern mißt die vorliegenden Aktivitäten (s. Kapitel 19).

Eine andere aperiodische Uhr nutzt das Pioneer-Raumschiff, das 1974 das Sonnensystem verlassen hat und sich durch das All bewegt. Es führt für etwaige außerirdische Wesen eine Plakette an Bord mit Angaben über den Ursprung dieses Raumschiffs. Durch Angabe der Pulsfrequenzen der 14 der Erde nächstliegenden Pulsare ist der Startzeitpunkt des Raumschiffs festgelegt, weil diese Pulsfrequenzen systematisch abnehmen.

Die SI-Einheit der Zeit ist die Sekunde:

$$[t] = 1s$$

Andere Einheiten sind: 1 Stunde = 1 hora = 1 h, 1 Tag = 1 dies = 1 d, 1 Jahr = 1 annus = 1 a.

c) Relativität der Zeit

Normalerweise können wir von einer absoluten Zeit ausgehen, deren Nullpunkt beliebig gewählt werden kann. D. h. 1 Stunde dauert heute in Wien genau so lange wie in 1 Million Jahren auf dem Mars oder vor 2000 Jahren in Rom. Streng genommen jedoch gibt es diese absolute Zeit nicht. Auch die Zeit ist nur in bezug auf ein definiertes Koordinatensystem (x-, y- und z-Koordinate!) angebbar. Das klingt zunächst etwas befremdend, läßt sich aber überraschend schnell verstehen. Man muß hierzu nur die durch das berühmte Michelson-Experiment (s. OPTIK) und andere Experimente längst unwiderlegbar bewiesene Konstanz der Lichtgeschwindigkeit c akzeptieren.

Zum Verständnis dieser Relativität der Zeit betrachten wir das Gedankenexperiment in Abb. 1.10.

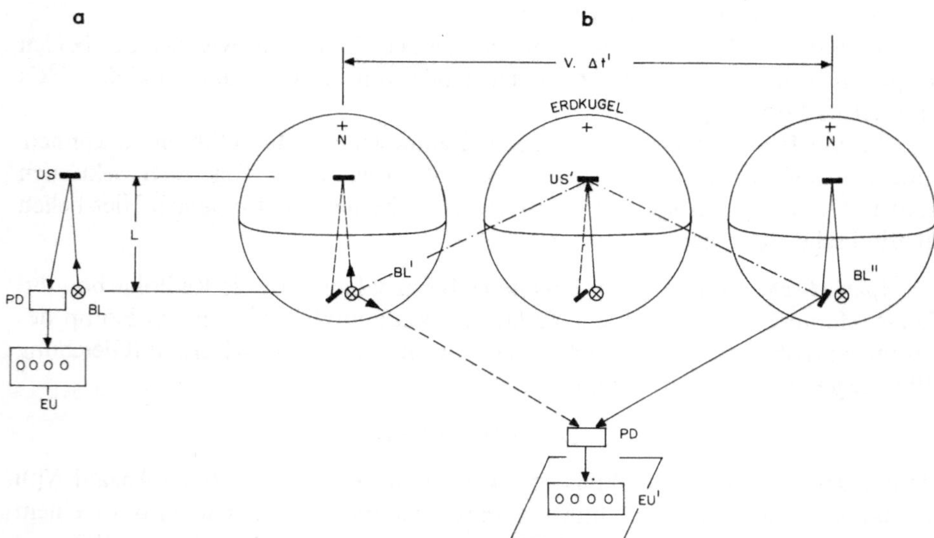

Abb. 1.10. (Gedanken-) Experiment zur Relativität der Zeit. Wir benutzen eine Meßstrecke der Länge L, bestehend aus einer Blitzlampe BL und einem Umlenkspiegel US. Diese Meßstrecke befindet sich relativ zu einem Beobachter mit der elektronischen Uhr EU und einem Photodetektor PD: **a** in Ruhe: Der von der Blitzlampe ausgehende Lichtblitz legt die Strecke $2 \cdot L$ zurück. **b** in Bewegung: Der von der Lichtquelle BL in der Position BL' ausgehende Lichtblitz wird am Umlenkspiegel in der Position US' und danach an der Lichtquelle in Position BL'' zum Beobachter hin reflektiert. Für diesen Beobachter legt das Licht die strichpunktiert eingezeichnete Meßstrecke zurück

In Teilbild a befindet sich der Beobachter mit seiner Uhr EU im selben Koordinatensystem in Ruhe wie die Meßstrecke. Wir messen die Laufzeit eines Lichtblitzes von der Blitzlampe BL über einen Umlenkspiegel US zurück zu einem Photodetektor PD. Die elektronische Uhr EU mißt die Laufzeit. Beim Auslösen des Lichtblitzes wird die Uhr gestartet und der von US zurückkommende Lichtblitz erzeugt im Photodetektor PD ein elektronisches Signal, welches die Uhr stoppt. Das gemessene

Zeitintervall Δt beträgt:

$$\Delta t = 2 \cdot \frac{L}{c}.$$

Für $L = 150\,\mathrm{m}$ gibt das etwa 1 μs.

Wir nehmen nun an, daß die Strecke L am Äquator in Nord–Süd–Richtung aufgebaut ist und die Messung von einem im Weltraum postierten Beobachter ausgeführt wird (Teilbild b). An dem Beobachter bewegt sich die Meßstrecke mit Blitzlampe BL und Umlenkspiegel US etwa mit der Umlaufgeschwindigkeit der Erde um die Sonne (ca. $30\,\mathrm{km \cdot s^{-1}}$) vorbei. Seine elektronische Uhr EU' wird durch den direkt von der Blitzlampe in der Ausgangsposition BL' kommenden Lichtblitz gestartet. Ein Teil dieses Lichtblitzes läuft durch die Meßstrecke: über den Umlenkspiegel in der Position US' zur Blitzlampe in der Position BL'', wird dort durch einen weiteren aufgestellten Spiegel zum Photodetektor PD reflektiert und stoppt die Uhr. Zur Vereinfachung können wir annehmen, daß sich der Beobachter mit seiner Uhr EU' genau in der Mitte der von der Erde während der Meßzeit $\Delta t'$ zurückgelegten Strecke befindet, so daß die Laufzeiten der Lichtsignale von BL' bzw. von BL'' zur Uhr gleich sind und somit nicht berücksichtigt zu werden brauchen.

Welches Zeitintervall $\Delta t'$ wird die Uhr EU' messen? Für diese Uhr ist ja die Laufstrecke des Lichtblitzes größer geworden, weil sich die Photozelle während der Laufzeit $\Delta t'$ mit der Umlaufgeschwindigkeit v der Erde um die Strecke $v \cdot \Delta t'$ weiter bewegt hat. Mit dem Satz des Pythagoras erhalten wir für die vom Lichtblitz zurückgelegte Laufstrecke

$$s = 2 \cdot \sqrt{L^2 + \left(v \cdot \frac{\Delta t'}{2}\right)^2}.$$

Da sich Licht jedoch auch für diesen Beobachter nur mit der Lichtgeschwindigkeit c ausbreitet, wird er ein längeres Zeitintervall messen, nämlich

$$\Delta t' = s/c$$

und nach $\Delta t'$ aufgelöst:

$$\Delta t' = \frac{2 \cdot L}{\sqrt{c^2 - v^2}};$$

Δt und $\Delta t'$ sind also unterschiedlich lang. Die Beobachter in den Fällen a und b der Abb. 1.10 messen also für denselben Vorgang unterschiedliche Zeiten. Man kann daher sagen, die beiden Uhren gehen unterschiedlich, wobei die Abweichung des Gangs der beiden Uhren voneinander von der Geschwindigkeit v, mit der sich die eine Uhr gegenüber der anderen bewegt, abhängt. Für die von den beiden Uhren gemessenen Zeiten findet man aus den obigen Gleichungen leicht:

$$\Delta t' = \frac{\Delta t}{\sqrt{1 - \left(\frac{v}{c}\right)^2}}$$

D. h. $\Delta t'$ ist größer als Δt oder: die mit der Meßstrecke mitbewegte (!) Uhr (= Fall *a*)—sie mißt Δt—geht langsamer: „Zeitdilatation". In Koordinatensystemen, die sich gegenüber einem Beobachter bewegen, läuft die Zeit langsamer als im Koordinatensystem des Beobachters.

Dieses zunächst etwas unglaubliche Ergebnis unseres Gedankenexperiments ist längst auch experimentell bestätigt worden. Einerseits in einem sehr direkten Experiment. In diesem wurde von zwei streng synchron laufenden Atomuhren die eine während längerer Zeit in einem Flugzeug transportiert, also gegenüber der zurückgelassenen bewegt. Nach Beendigung dieser Bewegung stellte man die erwartete geringe Zeitdifferenz im Gang der beiden Uhren tatsächlich fest.

Der oben auftretende Faktor $\frac{1}{\sqrt{1-\left(\frac{v}{c}\right)^2}}$ wird erst für Geschwindigkeiten v, die nicht allzu viel kleiner als die Lichtgeschwindigkeit c sind, merklich größer als Eins. Für die Weltraumfahrt heutigen Stils bildet daher auch das sogenannte Zwillingsparadoxon kein ernstes Problem. Erst wenn es Raumschiffe gibt, deren Geschwindigkeit sich der Lichtgeschwindigkeit nähert, gibt es eine merkliche Lebensverlängerung für Raumfahrer—übrigens auch nur bezüglich den auf der Erde Zurückgebliebenen. Den Raumfahrern selbst wird ihr Leben nicht länger erscheinen.

Das Phänomen der Zeitdehnung ist andererseits längst Alltag in der sogenannten Hochenergiephysik. Dort sind Geschwindigkeiten nahe an der Lichtgeschwindigkeit der Normalfall. Beispielsweise hat man an Myonen, die sich mit $v = 0{,}99995 \cdot c$ bewegen, in Übereinstimmung mit der obigen Gleichung eine etwa 100 × größere Lebensdauer gemessen. In der Hochenergiephysik ist die gesamte Einsteinsche spezielle Relativitätstheorie, zu der auch das Ergebnis des obigen Gedankenexperiments zählt, täglich benutzter und bestätigter Sachverhalt.

Es gibt also keine absolute oder für alle Koordinatensysteme gültige Zeit. Vielmehr muß die Zeit in verschieden bewegten Koordinatensystemen unterschiedlich schnell ablaufen. Für Koordinatensysteme allerdings, deren Geschwindigkeiten relativ zueinander weit unter der Lichtgeschwindigkeit bleiben, und das ist in dem in diesem Buch behandelten Stoff durchwegs der Fall, kann man eine gemeinsame (absolute) Zeit annehmen.

Ähnlich wie das Zeitmaß ändert sich auch das Längenmaß in unterschiedlich bewegten Koordinatensystemen. Besitzt ein Körper in einem Koordinatensystem, in welchem er ruht, die Länge L, mißt man von einem relativ hierzu bewegten Koordinatensystem die Länge (ohne Beweis) L':

$$L' = L \cdot \sqrt{1-\left(\frac{v}{c}\right)^2}$$

v ist die Geschwindigkeitskomponente in Richtung der Länge L. Der bewegte Körper erscheint also verkürzt: „Längenkontraktion" oder „Lorentz-Kontraktion", nach H. A. Lorentz, der diese Tatsache zuerst gefunden hat. Auch diese Erscheinung ist bei Geschwindigkeiten deutlich unter der Lichtgeschwindigkeit c nicht meßbar.

1.5 Wachstum, Stabilität und Chaos

a) Exponentielles Wachstum

Wir gehen hier noch etwas näher auf die im Zeitgesetz der radioaktiven Umwandlung auftretende Exponentialfunktion „exp" ein. Zunächst ein Wort zur Schreibweise: Statt der hier benutzten Schreibweise wird auch die mathematisch transparentere Schreibweise mit der Zahl $e = 2{,}718\,281\,828$ benutzt. Es gilt als Definition:

$$\exp(x) = e^x$$

für jedes beliebige x. Die Zahl e ist die Basis des natürlichen Logarithmus. Diese Bezeichnung rührt daher, daß es in der Natur eine ganz außerordentliche Vielfalt von Vorgängen gibt, die nach diesem Exponentialgesetz ablaufen.

Eine Exponentialfunktion tritt immer dann auf, wenn die Zu- oder Abnahme einer Größe proportional ist zum vorliegenden Wert der Größe. Das ist typisch für Wachstumsvorgänge. Bringt man beispielsweise Bakterien in eine Nährlösung, so gibt es zunächst eine Ruhephase, die „lag-Phase", bei der sich die Bakterien offenbar an die neue Umgebung anpassen; in dieser Phase wird keine Vermehrung der Zellenzahl beobachtet. Anschließend kommt es durch Zellteilung zu einem exponentiellen Wachstum; denn je mehr Zellen schon da sind, desto mehr teilen sich: Die Zunahme der Anzahl ΔN ist proportional zur Anzahl N (und zur Zeit Δt):

$$\Delta N = \lambda \cdot N \cdot \Delta t$$

λ ist die Proportionalitätskonstante; deren Größe ist abhängig von der Art der Bakterien, von der Art der Nährstofflösung, von der Temperatur und anderen Bedingungen. Diese Phase wird als „log-Phase" bezeichnet, weil der Logarithmus der Zellenzahl proportional zur Zeit zunimmt. Mit zunehmender Erschöpfung der Nährstoffe geht die Zellkultur in einen stationären Zustand über und schließlich in eine Absterbephase.

Man kann die obige Gleichung auch folgend schreiben:

$$\frac{\Delta N}{\Delta t} = \lambda \cdot N.$$

Diese Gleichung sagt aus, daß die Zuwachsgeschwindigkeit oder Zuwachsrate ($\Delta N/\Delta t$) proportional ist zur Anzahl N der jeweils vorhandenen Bakterien, was natürlich gleichbedeutend ist mit der Aussage der ursprünglichen Gleichung.

Die letzten beiden Gleichungen müssen wir noch etwas kritischer betrachten: Diese Gleichungen können nur dann mit der Wirklichkeit übereinstimmen, wenn das Zeitintervall Δt sehr klein ist. Anderenfalls kann man auf der rechten Gleichungsseite keine „jeweils vorhandene Anzahl N" angeben, weil N sich in Δt verändert. Diese Gleichungen werden also umso exakter stimmen, je kleiner das Zeitintervall Δt ist. Wir haben also differentiell kleine Intervalle dt zu betrachten und erhalten aus der letzten Gleichung:

$$\frac{dN}{dt} = \lambda \cdot N.$$

Dies ist eine Differentialgleichung der einfachsten Art. Man kann sie lösen, indem man die Variablen N und t jeweils auf eine separate Gleichungseite bringt:

$$\frac{dN}{N} = \lambda \cdot dt$$

und jede Gleichungseite integriert:

$$\int_{N=N(0)}^{N=N'} dN/N = \lambda \cdot \int_{t=0}^{t=t'} dt$$

ergibt

$$\ln(N) \Big|_{N(0)}^{N'} = \lambda \cdot t \Big|_{0}^{t'}$$

oder

$$\ln \frac{N'(t')}{N(0)} = \lambda \cdot t'.$$

Dies gibt entlogarithmiert

$$\frac{N'(t')}{N(0)} = \exp(\lambda \cdot t')$$

oder

$$N(t) = N(0) \cdot \exp(\lambda \cdot t),$$

wobei wir zuletzt die Apostrophe, die lediglich zur Kennzeichnung zusammen gehöriger N- bzw. t-Werte dienten, wieder weggelassen haben. Das Ergebnis ist eine exponentielle Zunahme von N.

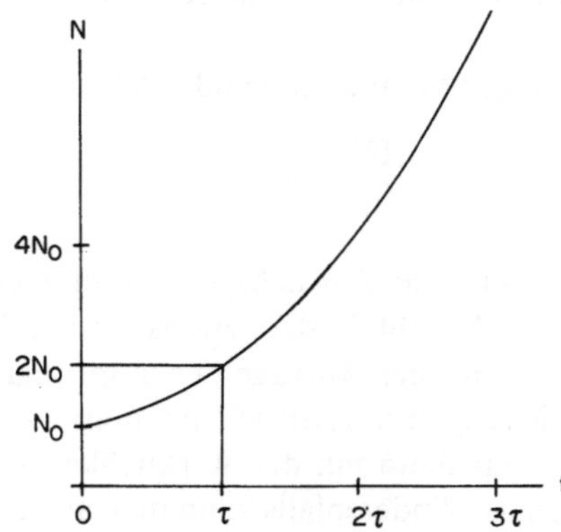

Abb. 1.11. Exponentialgesetz als Wachstumskurve. Bei sonst konstanten Bedingungen für Bakterien in einer geeigneten Nährlösung vermehren sich diese während der log-Phase exponentiell. Nach Ablauf eines charakteristischen Zeitintervalls τ hat sich ihre Zahl verdoppelt, nach Ablauf eines weiteren, gleich langen Zeitintervalls, vervierfacht etc

Während in der obigen Abbildung eine exponentielle Zunahme vorliegt, nimmt bei der radioaktiven Umwandlung beispielsweise die Anzahl der noch vorhandenen radioaktiven Atome exponentiell ab. Dies wird durch eine negative Änderungsrate, also ein Minus vor der Proportionalitätskonstanten λ, bewirkt, s. Kapitel 19.2.

b) Verhulst–Wachstum

Wir betrachten die Zunahme der Bakterien- oder Zellenzahl N nun von einem etwas anderen Standpunkt: Von Zellengeneration zu Zellengeneration vermehrt sich die Zellenzahl in der log-Phase um einen konstanten Faktor F (wenn sich alle Zellen teilen ist z. B. $F = 1$). Wir numerieren im folgenden die Generationen mit n. Dann verändert sich die Anzahl der Zellen von der n-ten Generation zur $(n+1)$-ten Generation um:

$$N(n+1) - N(n) = F \cdot N(n).$$

In dieser Form erhalten wir für positive F, wie oben, ein exponentiell zunehmendes Wachstum. Nun berücksichtigen wir, daß F im allgemeinen nicht konstant sein kann, sondern—beispielsweise durch den vorhandenen Platz bedingt—von N wie folgt abhängt:

$$F = w \cdot (N_0 - N(n)).$$

Das würde nun bedeuten, daß es beim Überschreiten von N_0 zu einer Abnahme der Zellenzahl kommt (für $N(n) > N_0$ wird $F < 0$). Es handelt sich hier also um eine negative Rückkopplung, die das anfängliche exponentielle Wachstum bremst (es gehen mehr Zellen zugrunde, als durch Teilung hinzu kommen). Dann lautet unsere Wachstumsgleichung für die $(n+1)$-te Generation:

$$N(n+1) - N(n) = w \cdot N(n) \cdot (N_0 - N(n))$$

Wir schreiben dies noch etwas um, indem wir die Gleichung auf beiden Seiten durch N_0 dividieren und $N/N_0 = X$ sowie $W = w \cdot N_0$ setzen:

$$X(n+1) = X(n) \cdot (1 + W) - W \cdot X^2(n).$$

X bezeichnen wir als Populationsgröße (sie spielt nicht nur bei Zellen eine Rolle, sondern auch bei Populationen größerer Lebewesen), W bezeichnen wir als Wachstum.

Diese Gleichung ist eine nichtlineare (wegen des X^2) Differenzen-Gleichung. Das beschriebene Populationsmodell wurde von P. F. Verhulst 1845 erstmalig untersucht. Es zeigt sehr seltsames Verhalten: je nach der Größe des Wachstums W stellt sich eine stabile Populationszahl X (bzw. N) ein, oder die Population oszilliert zwischen zwei Werten hin und her oder anscheinend regellos chaotisch: da X aber nach wie vor durch die obige Gleichung beschrieben wird, spricht man von deterministischem Chaos. Schließlich kommt es bei zu großem Wachstum W zur Katastrophe: Die Population X wird Null.

Untersucht man das Verhulst–Wachstum näher, findet man folgende Gesetzmäßigkeiten: Für Wachstumsparameter W zwischen Null und kleiner als 2 pendelt sich die Population bei $X = 1$ ein. Dieser Wert stellt einen langfristigen „Anziehungspunkt" für die Population dar. Solche Anziehungspunkte oder auch ausgedehntere Anziehungsbereiche nennt man Attraktoren. Wird W größer als 2, beginnt die Population zunächst zwischen zwei Attraktoren (im Beispiel der Abb. 1.12 bei

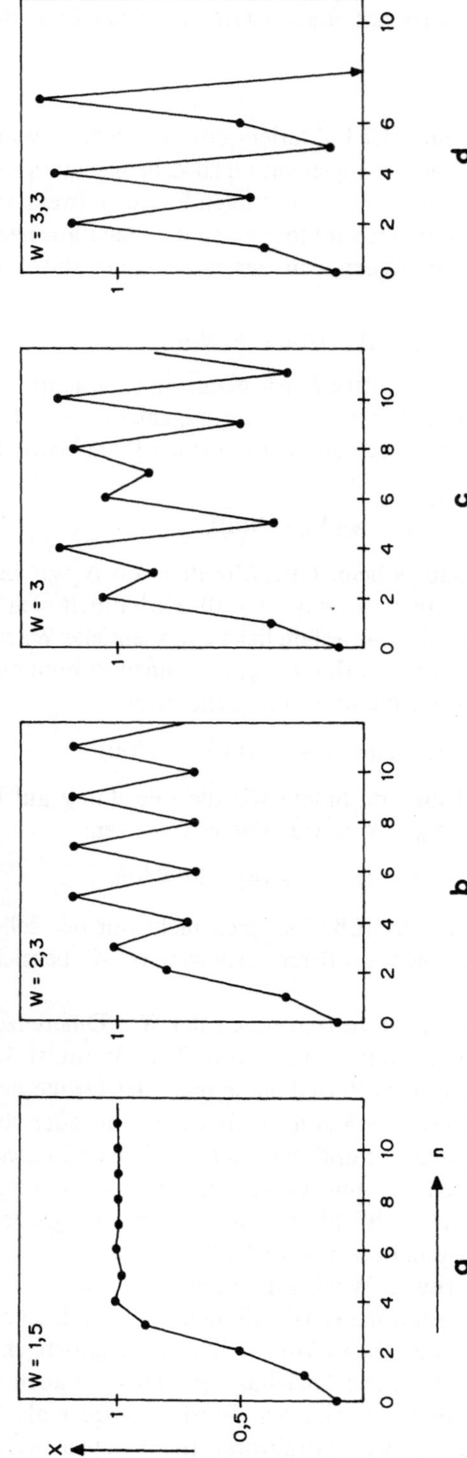

Abb. 1.12. Verhulst–Wachstumsverläufe bei verschiedenen Wachstumsparametern W. Die Population X ist über der Generationenzahl n aufgetragen. **a** $W = 1{,}5$ führt zu einer stabilen Population bei $N = N_0(X = 1)$; **b** $W = 2{,}3$ führt zu einer oszillierenden Population; **c** $W = 3$ führt zu einer chaotisch schwankenden Population; **d** $W = 3{,}3$ führt zum Untergang

$X = 1{,}18$ und $X = 0{,}69$) hin und her zu pendeln. Ab etwa $W = 2{,}57$ tritt Chaos auf: der Attraktor besitzt keinerlei Regelmäßigkeit mehr.

Wie man ferner sehen kann, ergeben bei bestimmten Werten des Wachstums W schon kleinste Veränderungen von diesem Wert völlig unterschiedliche Zeitverläufe. Das bedeutet, daß geringfügige Unterschiede im Wachstum nach einiger Zeit zu völlig unterschiedlichen Ergebnissen führen. Ähnliche Ursachen haben also völlig unähnliche Wirkungen zur Folge. Eine exakte Vorhersage ist nur mehr über hinreichend kurze Zeitintervalle möglich. Erst in den letzten Jahren hat man gelernt, daß offenbar sehr viele natürliche Abläufe, von der Populationsdynamik über soziologische Prozesse bis hin zur Wetterentwicklung, nicht für beliebige Zeitspannen einer deterministischen Beschreibung zugänglich sind.

Zusammenfassung 1.A

I. Physikalische Größen sind meßbar oder durch ein physikalisches Gesetz mit meßbaren Größen verknüpft. Jede (skalare) physikalische Größe hat 2 Bestimmungsstücke, einen Zahlenwert und eine Einheit:

Physikalische Größe = Zahlenwert mal Einheit.

$$G = \{G\} \cdot [G]. \tag{1.1}$$

Als physikalische Einheiten dürfen aufgrund internationaler Vereinbarungen und nationaler Gesetze nur die sogenannten

SI-Einheiten

benutzt werden.

Man kann die verschiedenen Teilgebiete der Physik in eine Folge ordnen, die weitgehend der historischen Entwicklung dieser Wissenschaft entspricht. Jedes neu hinzu gekommene Teilgebiet hatte das Auftreten neuer Begriffe bzw. Größen zur Folge und hat mindestens eine grundsätzlich neue Einheit, eine sogenannte Basiseinheit, erforderlich gemacht.

Aus gesetzmäßigen Verknüpfungen der verschiedenen physikalischen Größen ergeben sich aus den SI-Basiseinheiten abgeleitete Einheiten, die ebenfalls SI-Einheiten sind. Ferner sind auch alle mit den Zehnerpotenzen der Tabelle 1.2 gebildeten Einheiten SI-Einheiten.

Tabelle 1.2. Zehnerpotenz-Vorsätze für SI-Einheiten

Potenz	Vorsilbe	Abkürzung	Potenz	Vorsilbe	Abkürzung
10^{21}	Zetta	Z	10^{-1}	Dezi	d
10^{18}	Exa	E	10^{-2}	Zenti	c
10^{15}	Peta	P	10^{-3}	Milli	m
10^{12}	Tera	T	10^{-6}	Mikro	μ
10^{9}	Giga	G	10^{-9}	Nano	n
10^{6}	Mega	M	10^{-12}	Pico	p
10^{3}	Kilo	k	10^{-15}	Femto	f
10^{2}	Hekto	h	10^{-18}	Atto	a
10^{1}	Deka	da	10^{-21}	Zepto	z

Anmerkungen

1. Der Begriff der Dimension, das ist die Bezeichnung der Einheit, deckt sich nicht mit dem Begriff der Einheit, sondern drückt eine qualitative Eigenschaft einer physikalischen

Größe aus. So haben die Größen Breite b, Durchmesser d und Wegstrecke s alle die Dimension einer Länge (l), was man kurz so ausdrückt:

$$\dim b = \dim d = \dim s = \dim l.$$

2. Ein nützliches Verfahren zur Überprüfung der Richtigkeit von Gleichungen und Formeln ist die Dimensionsanalyse: Links und rechts vom Gleichheitszeichen müssen—nach ausgeführter Rechenvorschrift—nicht nur dieselben Zahlenwerte aufscheinen, sondern auch Größen mit gleicher Dimension bzw. Einheit stehen.

3. Eine Reihe wichtiger physikalischer Größen entsteht durch Quotientenbildung. Hierzu gehören auch alle auf das Volumen oder eine Fläche bezogenen Größen. Diese heißen dann „...“dichte, wobei das Bestimmungswort „...“ die Zählergröße nennt, beispielsweise „Massen“dichte $\rho = dm/dV$, gesprochen als „Masse durch Volumen“. Auf die Masse bezogene Größen heißen „spezifisch“ und auf die Stoffmenge bezogene Größen heißen „molar“.

4. Demgegenüber heißen Quotienten aus zwei Größen gleicher Dimension „Größenverhältnis“, oft auch „Verhältnisgröße“. Hierzu zählen die Winkelgrößen φ und Ω, die Dehnung ε u.a. Die Einheiten dieser Größen besitzen gelegentlich, um Verwechslungen auszuschließen, Hilfsnamen, beispielsweise $[\varphi] = 1$ rad etc.

II. Messen bedeutet, den Zahlenwert $\{G\}$ der betreffenden Größe G bestimmen:

$$\{G\} = G/[G]. \tag{1.2}$$

Streuende Meßwerte werden einerseits bedingt durch zufällige Fehler bei der Messung, damit befaßt sich die Fehlerrechnung und andererseits durch die Natur der Meßgröße, damit befaßt sich die Biometrie.

Die Präsentation bzw. Wiedergabe von Meßdaten erfolgt mittels Tabellen, Graphiken oder durch Kenngrößen wie Mittelwert und Standardabweichung (manchmal auch als „Streuung“ bezeichnet). Der Mittelwert M einer streuenden Größe G ist:

$$M = \langle G \rangle = \sum_i \frac{G_i}{N}. \tag{1.3}$$

Die G_i sind die Ergebnisse der Einzelmessungen, N ist die Gesamtzahl der Einzelmessungen oder der Umfang der Stichprobe. Das große griechische Sigma bedeutet Summierung über alle i von $i = 1$ bis $i = N$. Die Schreibweise mit den spitzen Klammern hat Vorteile, wenn mit Mittelwerten verschiedener Größen gearbeitet wird, s. z. B. Kapitel 6.3. Die Standardabweichung σ gibt ein Maß für die Abweichung der einzelnen Meßwerte G_i vom Mittelwert M:

$$\sigma = \sqrt{\sum_i \frac{(M - G_i)^2}{N - 1}}. \tag{1.4}$$

Entnimmt man der Grundgesamtheit mehrere Stichproben gleichen Umfangs und bestimmt den jeweiligen Mittelwert M, dann streuen diese Stichprobenmittel M mit

$$\sigma_M = \frac{\sigma}{\sqrt{N}}.$$

Erhöht man die Anzahl N der Einzelmessungen einer Stichprobe, wird σ_M proportional zu $\sqrt{N}$ kleiner. N-mal Messen und Mitteln erhöht also die Genauigkeit, mit der M bestimmt wird, um den Faktor $\sqrt{N}$ (= Quadratwurzelgesetz).

III. In vielen wichtigen Fällen ist die Häufigkeitsverteilung der Meßergebnisse eine Gauß-Verteilung oder Normalverteilung. Von größter praktischer Bedeutung ist die Frage, welcher Prozentsatz von Meßergebnissen vorgegebene Grenzen überschreitet oder umgekehrt, mit welcher Wahrscheinlichkeit (= statistische Sicherheit $1 - \alpha$) ein gegebener Einzelmeßwert

Tabelle 1.3. Relative Häufigkeiten verschieden großer Abweichungen der Meßwerte vom Mittelwert einer normalverteilten Meßgröße. σ = Standardabweichung. $1-\alpha$ = statistische Sicherheit

Abweichung vom Mittelwert größer als	Relative Häufigkeit solcher Meßwerte (Irrtumswahrscheinlichkeit α)
$\pm 0{,}674.\sigma$	0,50
$\pm 1{,}000.\sigma$	0,317
$\pm 1{,}645.\sigma$	0,10
$\pm 1{,}960.\sigma$	0,05
$\pm 2{,}000.\sigma$	0,046
$\pm 2{,}576.\sigma$	0,01
$\pm 3{,}000.\sigma$	0,0027
$\pm 3{,}291.\sigma$	0,001

zu der durch den Mittelwert charakterisierten Größe gehört. Für normalverteilte Meßwerte gibt die Tabelle 1.3 einen knappen Überblick.

Beispielsweise befinden sich 95% aller Meßwerte einer normalverteilten Meßgröße G_1 innerhalb eines Intervalls von $\pm 1{,}96 \cdot \sigma$ um den Mittelwert M. (Die Aussage, daß ein Einzelmeßwert der Größe $M + 2 \cdot \sigma$ nicht zur Größe G_1 gehört, sondern zu einer anderen Größe G_2, wird nur in etwa 5% aller Fälle falsch sein.)

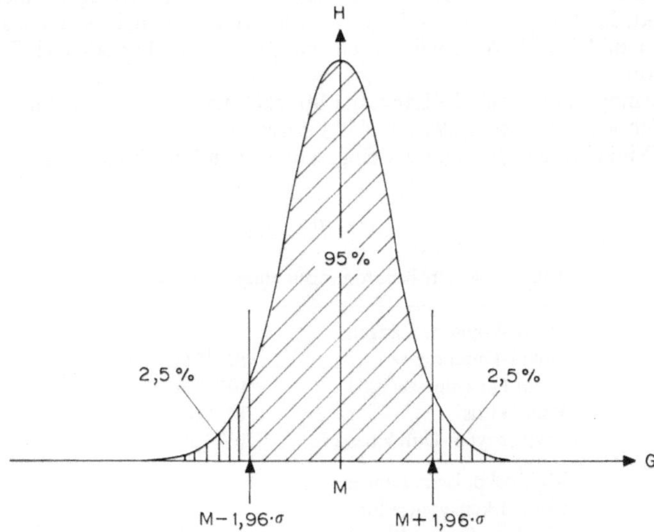

Abb. 1.13. Dichtefunktion (WDF) H der Meßergebnisse einer normalverteilten Meßgröße G. M = Mittelwert, σ = Standardabweichung. Im schräg schraffierten Bereich liegen 95% aller Meßwerte, 5% liegen außerhalb dieses Bereichs

Bei Stichproben an normalverteilten Zufallsgrößen bzw. bei Meßfehlern kann man ferner erwarten, daß der Mittelwert M_G der Grundgesamtheit in

68,27% der Fälle im Bereich $M \pm \sigma_G/\sqrt{N}$, in
95,45% der Fälle im Bereich $M \pm 2 \cdot \sigma_G/\sqrt{N}$ und in
99,73% der Fälle im Bereich $M \pm 3 \cdot \sigma_G/\sqrt{N}$

zu finden sein wird, wobei hier M = Mittelwert der Stichprobe, σ_G = Standardabweichung der Grundgesamtheit und N = Umfang der Stichprobe. Die Bereiche heißen Konfidenzintervalle, die Intervallgrenzen heißen Konfidenzgrenzen.

IV. Die meisten in der Medizin gemessenen Größen sind Zufallsgrößen. Als Wahrscheinlichkeit p für das Eintreten eines Zufallsereignisses—etwa das Auftreten eines bestimmten Meßwerts—ist der Quotient aus der Anzahl n der eingetroffenen Ereignisse gebrochen durch die Gesamzahl N der Beobachtungen (Messungen) definiert:

$$p = \lim_{N \to \infty} n/N. \tag{1.5}$$

Für das gemeinsame Auftreten zweier voneinander unabhängiger Ereignisse $E1$ und $E2$ gilt der Multiplikationssatz der Wahrscheinlichkeitsrechnung. Zunächst ist die Wahrscheinlichkeit für das gemeinsame Eintreten zweier Ereignisse $E1$ und $E2$

$$p(E1, E2) = p_2(E2|E1) \cdot p(E1) = p_1(E1|E2) \cdot p(E2) \tag{1.6}$$

mit $p_2(E2|E1)$ = (bedingte) Wahrscheinlichkeit für $E2$, wenn $E1$ bereits eingetroffen ist; analog ist $p_1(E1|E2)$ definiert. $p(E1)$ ist die Wahrscheinlichkeit für das Eintreffen des Ereignisses $E1$, $p(E2)$ die für das Eintreffen von $E2$. Für Ereignisse, die voneinander unabhängig sind, gilt

$$p(E1, E2) = p(E1) \cdot p(E2), \tag{1.7}$$

d. h. die Wahrscheinlichkeit für das Auftreten zweier voneinander unabhängiger Ereignisse $E1$ und $E2$ ist gleich dem Produkt der Einzelwahrscheinlichkeiten.

V. Gebräuchliche Methoden der Längenmessung sind das Anlegen eines Maßstabs direkt am Objekt, das Anlegen oder die Projektion des Maßstabs an bzw. auf das vergrößerte oder verkleinerte Bild des Objekts sowie verschiedene indirekte Methoden wie Triangulation und Trilateration.

Die Längeneinheit 1 m ist als „die Länge der Strecke" definiert, „die das Licht im Vakuum während des Zeitintervalls von 1/299 792 458 s durchläuft".

Der ebene Winkel ist als Quotient der eingeschlossenen Kreisbogenlänge l durch dessen Radius r

$$\varphi = l/r \tag{1.8}$$

Tabelle 1.4. Größenordnungen einiger Längen

Mikroskopische Längen:	
Quark-Durchmesser	10^{-18} m
Atom-Durchmesser	10^{-10} m
Polio-Virus	10^{-8} m
Erythrozyten-Durchmesser	10^{-5} m
Makroskopische Längen:	
Sichtbarkeitsgrenze für unbewaffnetes Auge	$4 \cdot 10^{-5}$ m
Menschliches Haar (Durchmesser)	10^{-4} m
Körpergröße Mensch	1 m
Erd-Durchmesser	10^{7} m
Astronomische Längen:	
Erdbahn-Durchmesser	10^{11} m
Galaxien-Durchmesser	10^{21} m
Weltall-Durchmesser	10^{26} m

mit der Einheit

$$[\varphi] = 1 \text{ Radiant} = 1 \text{ rad}$$

definiert und der Raumwinkel Ω als Quotient der eingeschlossenen Kugelfläche A durch das Radiusquadrat r^2:

$$\Omega = \frac{A}{r^2} \tag{1.9}$$

mit der Einheit

$$[\Omega] = 1 \text{ Steradiant} = 1 \text{ sr.}$$

VI. Im kartesischen Koordinatensystem wird ein beliebiger Raumpunkt durch Achsenabschnitte

$$x, y \text{ und } z$$

an drei geraden Koordinatenachsen, die paarweise senkrecht aufeinander stehen, festgelegt. In Kugelkoordinaten wird ein beliebiger Raumpunkt P durch eine Länge und zwei Winkel

$$r, \varphi \text{ und } \vartheta$$

festgelegt.

Die kartesischen Koordinaten eines Punkts mit den Kugelkoordinaten r, ϑ, φ sind

$$x = r \cdot \sin \vartheta \cdot \cos \varphi$$
$$y = r \cdot \sin \vartheta \cdot \sin \varphi$$
$$z = r \cdot \cos \varphi$$

In der Ebene vereinfacht sich das Kugelkoordinatensystem zu Kreiskoordinaten.

VII. Die Zeitmessung kann mittels periodischer (z. B. Erdrotation) und mittels aperiodischer Vorgänge (z. B. radioaktiver Zerfall) erfolgen. Die SI-Einheit der Zeit ist die Sekunde:

$$[t] = 1 \text{ s}$$

Andere Einheiten sind:

$$1 \text{h}, 1 \text{d}, 1 \text{a}.$$

VIII. Wachstumsvorgänge gehorchen unterschiedlichen Zeitgesetzen. Wann immer die Zu- oder Abnahme ΔN einer Größe N proportional ist zum jeweils vorliegenden Wert:

$$\Delta N = \pm \lambda \cdot N \cdot \Delta t,$$

tritt ein Exponentialgesetz auf:

$$N(t) = N(0) \cdot \exp(\pm \lambda \cdot t). \tag{1.11}$$

In vielen Fällen ist die Veränderung ΔX einer Wachstumsgröße X von der Generation n zur Generation $n+1$ jedoch nicht einfach proportional zu X, sondern proportional zu einer nichtlinearen Funktion von X; z. B. in der Form (Verhulst-Wachstum):

$$\Delta X = X(n+1) - X(n) = W \cdot (X(n) - X^2(n)) \tag{1.12}$$

X = Populationsgröße, n = Numerierung der Generationen. Dann kommt es zu sehr unterschiedlich verlaufenden Wachstumsprozessen: je nach der Größe des Wachstums W stellt sich eine stabile Größe von X ein, X oszilliert zwischen zwei Werten hin und her oder anscheinend regellos chaotisch bis hin zur Katastrophe.

Anmerkung. Das Exponentialgesetz läßt sich graphisch besonders leicht darstellen, wenn man eine logarithmische Abszisse benutzt; dies wird als halblogarithmische Darstellung bezeichnet. Der einer Exponentialfunktion entsprechende Graph ist dann eine Gerade:

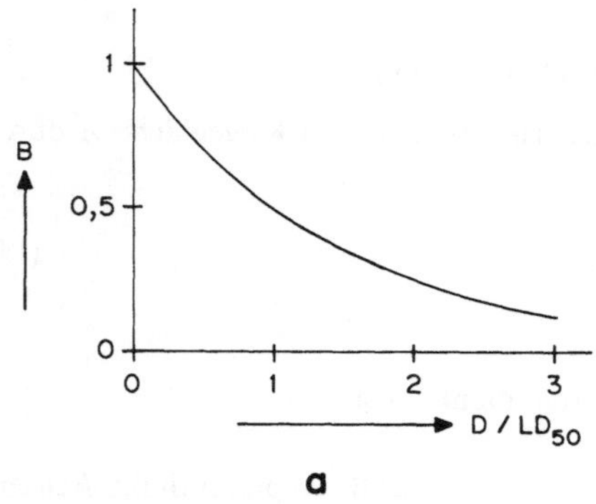

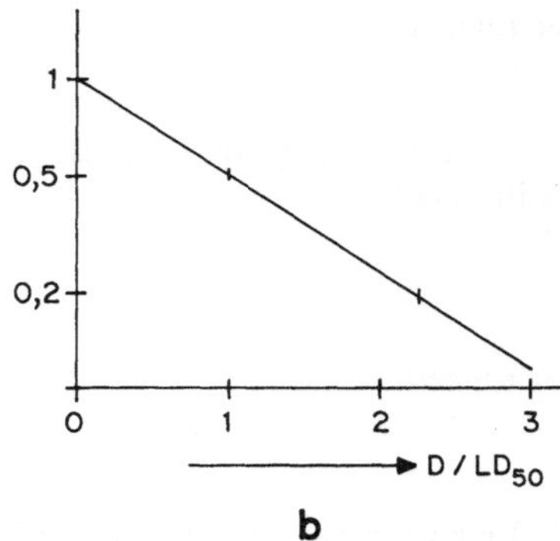

Abb. 1.14. Exponentielle Strahlendosis-Wirkungs-Beziehung bei Viren (s. Kapitel 22): **a** bei linearem Maßstab, **b** bei logarithmischem Maßstab auf der Abszisse. B = Bruchteil nichtgeschädigter Viren; D = Strahlungsdosis, LD_{50} = mittlere Letaldosis (= Dosis, die 50% der Viren inaktiviert)

Beispiel 1.1. Der Mittelwert der Abweichungen der Einzelwerte vom Mittelwert G ist Null:

$$\sum_i \frac{M - G_i}{N} = M - \sum_i \frac{G_i}{N} = M - M = 0.$$

Beispiel 1.2. Körpergrößen jugendlicher männlicher Erwachsener. Um Übersichtlichkeit zu erhalten, wird man die gemessenen Körpergrößen nach ihren Zahlenwerten geordnet aufzeichnen:

1,66 m; 1,69 m; 1,71 m; 1,73 m; 1,76 m; 1,77 m; 1,79 m; 1,79 m; 1,80 m; 1,81 m; 1,82 m; 1,82 m; 1,83 m; 1,84 m; 1,84 m; 1,85 m; 1,86 m; 1,88 m; 1,90 m; 1,91 m.

So läßt sich bereits eine gewisse Beurteilung der Meßergebnisse treffen, beispielsweise über welchen Bereich sich die gemessenen Körpergrößen verteilen (zwischen 1,66 m und 1,91 m). Auch die Durchschnittsgröße (M) läßt sich leicht ermitteln, indem man die Körpergrößen addiert und durch die Anzahl N der Probanden dividiert (nach Gleichung 1.3):

$$M = \sum_i \frac{G_i}{N} = 36{,}06\,\text{m}/20 = 1{,}803\,\text{m}.$$

Für die graphische Darstellung bilden wir Größenklassen mit einer Klassenbreite von 5 cm:

Klassenbreiten	Absolute Häufigkeit	Relative Häufigkeit
1,65 m bis < 1,70 m	2	10%
1,70 m bis < 1,75 m	2	10%
1,75 m bis < 1,80 m	4	20%
1,80 m bis < 1,85 m	7	35%
1,85 m bis < 1,90 m	3	15%
1,90 m bis < 1,95 m	2	10%

Beispiel 1.3. 95-%-Konfidenzgrenzen für die mittlere Körpergröße aufgrund einer Stichprobe an der Grundgesamtheit der im Beispiel 1.2 betrachteten jugendlichen männlichen Erwachsenen. Die Stichprobe (vom Umfang $N = 4$) hat ergeben: 1,73 m; 1,76 m; 1,83 m und 1,90 m.

Mittelwert der Stichprobe	$M = 1{,}805$ m.
Mittelwert der Grundgesamtheit	$M_G = 1{,}803$ m.
Standardabweichung der Grundgesamtheit	$\sigma_G = 0{,}0676$ m.

Die 95-%-Konfidenzgrenzen liegen bei $M \pm 1{,}96 \cdot \sigma_G/\sqrt{N} = 1{,}74$ m und 1,87 m.

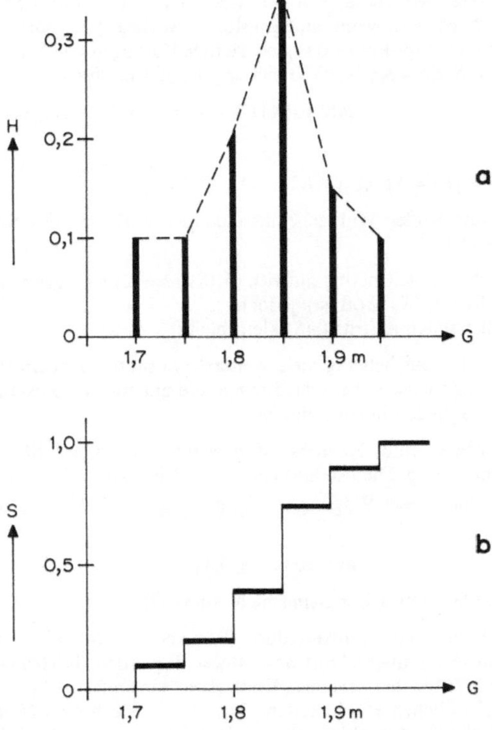

Abb. 1.15. Häufigkeitsverteilung **a** (als Stabdiagramm und als Polygonzug) und Häufigkeits-Summenverteilung **b** der Körpergrößen G von 20 männlichen jugendlichen Erwachsenen

D. h. die Wahrscheinlichkeit, daß der (hier bekannte) Mittelwert der Grundgesamtheit zwischen 1,74 m und 1,87 m liegt, ist etwa 95%; oder: Wir vertrauen zu 95% darauf, daß der Mittelwert M_G zwischen 1,74 m und 1,87 m liegt.

Beispiel 1.4. Bei der Messung der Ansprechzeit T des Lidschlußreflexes (= Zeitdauer vom Auftreten einer Blendung bis zum Verschluß des Auges durch das Lid) schätzt ein Physiologe die Standardabweichung auf $\sigma = 0{,}1$ s. Wie groß muß er seinen Stichprobenumfang N planen, damit er zu 99% darauf vertrauen kann, daß der Fehler seiner Bestimmung (Schätzung) von T nicht größer als 0,02 s wird?

Die 99-%-Konfidenzgrenzen sind $M \pm \frac{2{,}58 \cdot \sigma}{\sqrt{N}}$, also muß

$$\frac{2{,}58 \cdot \sigma}{\sqrt{N}} \leqq 0{,}02\,\text{s}$$

sein oder

$$N \geqq \left(\frac{2{,}58 \cdot \sigma}{0{,}02}\right)^2 = 166{,}4.$$

Er wird $N = 167$ wählen.

Beispiel 1.5. Gesunde Erwachsene haben (Mittelwert der Grundgesamtheit; Wiss. Tabellen, Documenta Geigy, 1975) 7000 Leukozyten je 1 μl Blut. Die Häufigkeitsverteilung entspricht dabei annähernd einer Normalverteilung mit einer Standardabweichung von $\sigma = 2140\,\mu l^{-1}$.

Der 95-%-Konfidenzbereich—er umfaßt alle Werte zwischen 2800 und 11200-wird als hämatologisch normal angesehen. Das hat zur Folge, daß rund 5% aller in Wirklichkeit gesunden Probanden als krank eingestuft werden—jedenfalls solange sich die Diagnose alleine auf die Leukozytenzahl stützt.

Beispiel 1.6. Bayessche Formel. Mit dieser Formel erhält man die Wahrscheinlichkeit $p_2(K|E1 = S)$ dafür, daß eine Krankheit K besteht, wenn ein Symptom S vorliegt (ausgedrückt durch $E1 = S$). Für den diagnostischen Wert eines Symptoms ist das gleichzeitige Vorliegen von Symptom S und Krankheit K entscheidend, also $p(E1 = S, E2 = K)$. Nach Gleichung 1.6 gilt hierfür

$$p(E1 = S, E2 = K) = p(S) \cdot p_2(K|E1 = S) = p_1(S|E2 = K) \cdot p(K)$$

woraus folgt

$$p_2(K|E1 = S) = p_1(S|E2 = K) \cdot p(K)/p(S).$$

D. h. die Krankheit tritt mit größer Wahrscheinlichkeit bei Vorliegen des Symptoms S dann auf ($p_2(K|E1 = S)$ ist groß), wenn

1. das Symptom bei dieser Krankheit häufig auftritt, ($p_1(S|E2 = K)$ also groß ist) und
2. die Krankheit häufig auftritt ($p(K)$ größ ist), jedoch
3. das Symptom an sich eher selten auftritt ($p(S)$ klein bleibt).

Diese Überlegungen lassen sich auf beliebig viele weitere Symptome ausdehnen. An sich trifft jeder Arzt unbewußt differentialdiagnostische Entscheidungen, die auf solchen Zusammenhängen beruhen, wobei dann noch Risikoabwägungen hinzu kommen.

Beispiel 1.7. Messung der Masse eines Körpers. Man wiegt den Körper 10 × und erhält z. B. als Mittelwert $m = 508{,}176\,\text{g}$ mit $\sigma = 2\,\text{g}$. Die Meßunsicherheit der benutzten Waage ist nach Herstellerangaben $\pm 5\,\text{g}$. Der Standardfehler dieser Wägung ist somit $\sqrt{(2\,\text{g})^2 + (5\,\text{g})^2} = 5{,}385\,\text{g}$ und die Masse des Körpers ist

$$m = 508{,}2\,\text{g} \pm 5{,}4\,\text{g}.$$

(Mehr als 2 Stellen der Standardabweichung sind nicht sinnvoll).

Beispiel 1.8. Bernoulli-, Poisson- und Gaußverteilung. Wir betrachten noch einmal das schon weiter oben beschriebene Münzwurf-Experiment. Dort war festgestellt worden, daß bei großen Versuchszahlen N die relative Häufigkeit N_K/N für das Ereignis „Kopf oben" einem festen Wert zustrebt. Nun fragen wir danach, welche unterschiedlichen Häufigkeiten N_K/N bei wiederholten Münzwurf-Experimenten mit unbegrenzter Wurfzahl N auftreten, also nach der „Verteilung" dieser Häufigkeiten. Machen wir N Würfe, so tritt N_K-mal das Ereignis „Kopf oben" auf und N_Z-mal das Ereignis „Zahl oben". Die Häufigkeit, mit der dies bei wiederholten Experimenten von je N Würfen auftritt, bestimmen wir als Quotient aus der Anzahl der günstigen Ereignisse (= Kopf oben) durch die Anzahl der möglichen (= Gesamtzahl der Würfe). Die Anzahl der günstigen Ereignisse ergibt sich durch Abzählen der möglichen Kombinationen von h „Köpfe oben" mit $N - h$ „Zahl oben"; macht man N Würfe, können h Köpfe in

$$\binom{N}{h} = \frac{N \cdot (N-1) \cdots (N-h+1)}{h!}$$

unterschiedlichen Reihenfolgen auftreten. Dies ist der Binomialkoeffizient, $h!$ bedeutet $1 \cdot 2 \cdot 3 \cdots h$.

Die Wahrscheinlichkeit für „Kopf oben" bei einem Einzelwurf ist $w = 1/2$. Die Wahrscheinlichkeit für eine Reihenfolge von h Köpfen (und $N - h$ Zahlen) in N Würfen ist gleich dem Produkt der Einzelwahrscheinlichkeiten:

$$w^h \cdot (1 - w)^{N-h}.$$

Also ist die Wahrscheinlichkeit für das Auftreten von h Köpfen bei N Würfen:

$$p_N(h) = \binom{N}{h} \cdot w^h \cdot (1 - w)^{N-h}.$$

Das ist die Bernoulli-Verteilung. Sie beschreibt die Häufigkeit h eines Ereignisses in Versuchen, die aus einer Reihe von N Einzelexperimenten bestehen und dessen Wahrscheinlichkeit beim Einzelexperiment w beträgt.

Abb. 1.16. Poisson-Verteilungen für die Treffer-Mittelwerte $a = 1$ **a**, $a = 2$ **b** und $a = 3$ **c**. Die Polygonzüge nehmen mit größer werdendem Mittelwert a zunehmend die Form der Gauß-Kurve (Abb. 1.1) an

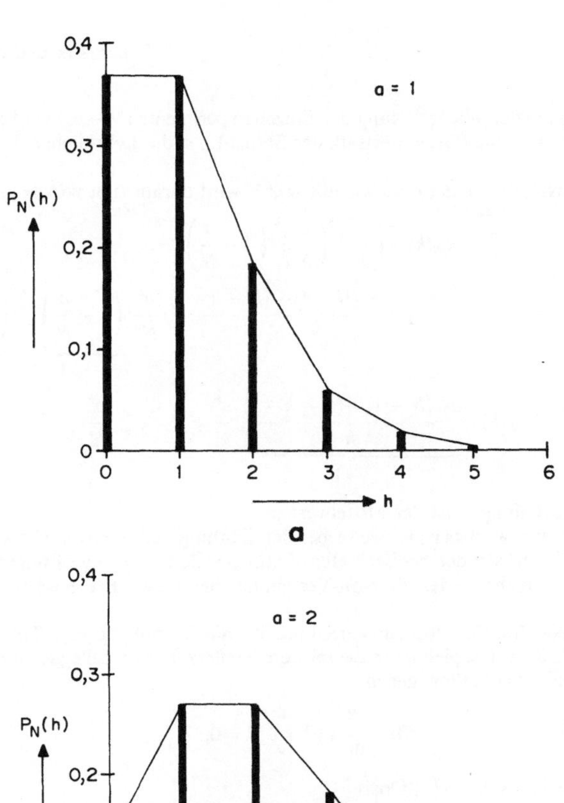
0,4
0,3
0,2
0,1
0
$P_N(h)$
a = 1
0
1
2
3
4
5
6
h
a

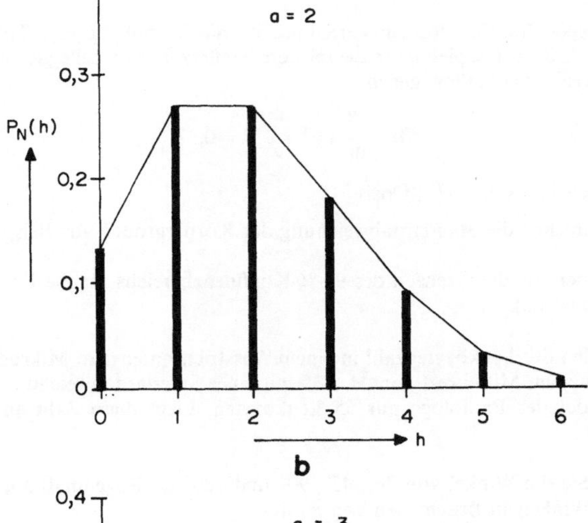
0,4
0,3
0,2
0,1
0
$P_N(h)$
a = 2
0
1
2
3
4
5
6
h
b

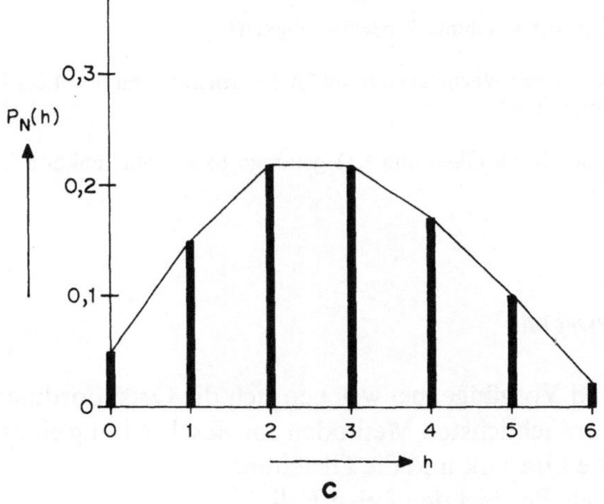
0,4
0,3
0,2
0,1
0
$P_N(h)$
a = 3
0
1
2
3
4
5
6
h
c

Im Grenzfall unbegrenzter Wiederholung der Einzel-Experimente ($N \to \infty$) wird aus der Bernoulli-Verteilung die Gauß-Verteilung (Grenzwertsatz der Statistik), s. die Lehrbücher der Wahrscheinlichkeitslehre.

Für seltene Ereignisse, das sind Ereignisse mit $w \ll 1$, wird daraus (mit $w \cdot N = a$):

$$p_N(h) = \binom{N}{h} \cdot \left(\frac{a}{N}\right)^h \cdot \left(1 - \frac{a}{N}\right)^{N-h}.$$

$$= \frac{N \cdot (N-1) \cdots (N-h+1)}{h!} \cdot \frac{a^h}{N^h} \cdot \underbrace{\left(1 - \frac{a}{N}\right)^{-h}}_{\to 1} \cdot \underbrace{\left(1 - \frac{a}{N}\right)^N}_{\to e^a}$$

für $N \to \infty$:

$$p(h) = \underbrace{\frac{N \cdot (N-1) \cdots (N-h+1)}{h}}_{\to 1} \cdot \frac{a^h}{k!} \cdot e^{-a} = e^{-a} \cdot \frac{a^h}{h!}$$

für $N \to \infty$:

Dies ist die Poisson-Verteilung. a ist der Mittelwert.

Die Poisson-Verteilung wird beispielsweise bei der Zählung radioaktiver Umwandlungsprozesse beobachtet. Hat man innerhalb der beobachteten Zeitintervalle nur wenige Ereignisse, dann verteilt sich deren Anzahl entsprechend der Poisson-Verteilung, bei vielen Ereignissen wird daraus eine Gauß-Verteilung.

Ein weiteres Beispiel für die Poisson-Verteilung ist die Verteilung von Treffern ionisierender Strahlung, s. Kapitel 22.3. Ist beispielsweise die mittlere Trefferzahl pro Zelle gleich $a = 1$, dann ist die Häufigkeit, keinen Treffer zu erhalten, gleich

$$p(0) = \frac{1^0}{0!} \cdot e^{-1} = e^{-1} = 0{,}37$$

also 37%. Dies ist die sogenannte 37%-Dosis.

Aufgabe 1.1. Man berechne die Standardabweichung der Körpergrößen aus Beispiel 1.2.

Aufgabe 1.2. Bestimmen Sie die Grenzen des 99-%-Konfidenzbereichs für die Leukozytendichte (mit den Werten aus Beispiel 1.5).

Aufgabe 1.3. Auszählen der Leukozytenzahl in einem Ausstrich unter dem Mikroskop ergab aus 100 gezählten Bildfeldern einen Mittelwert von $M = 35$ mit einer Standardabweichung $\sigma = 12{,}1$. In einem weiteren Bildfeld findet der Pathologe nur 55 Leukozyten. Liegt diese Zahl außerhalb des 95-%-Konfidenzbereichs?

Aufgabe 1.4. Geben Sie die Winkel von 30°, 45°, 90° und 180° im Bogenmaß an; drücken Sie dabei den Zahlenwert des Winkels in Bruchteilen von π aus.

Aufgabe 1.5. Wie groß ist die Vakuumlichtgeschwindigkeit?

Aufgabe 1.6. Berechnen Sie den Wachstumsverlauf für 10 Generationen ($n = 1$ bis 10) nach Gleichung 1.12 für $W = 2{,}8$; wie verläuft er?

Aufgabe 1.7. Zeichnen Sie die zu Gleichung 1.11 gehörige Exponentialfunktion für $N(0) = 10^{10}$ und $\lambda = 0{,}15\,\mathrm{h}^{-1}$.

1.6 Geradlinige Bewegung

Bewegungen sind Vorgänge, bei welchen sich die Ortskoordinate während der Zeit ändert. Die gebräuchlichsten Methoden zur Beschreibung eines Vorgangs sind die Wertetabelle, die Graphik und die Gleichung.

Betrachten wir als Beispiel den freien Fall:

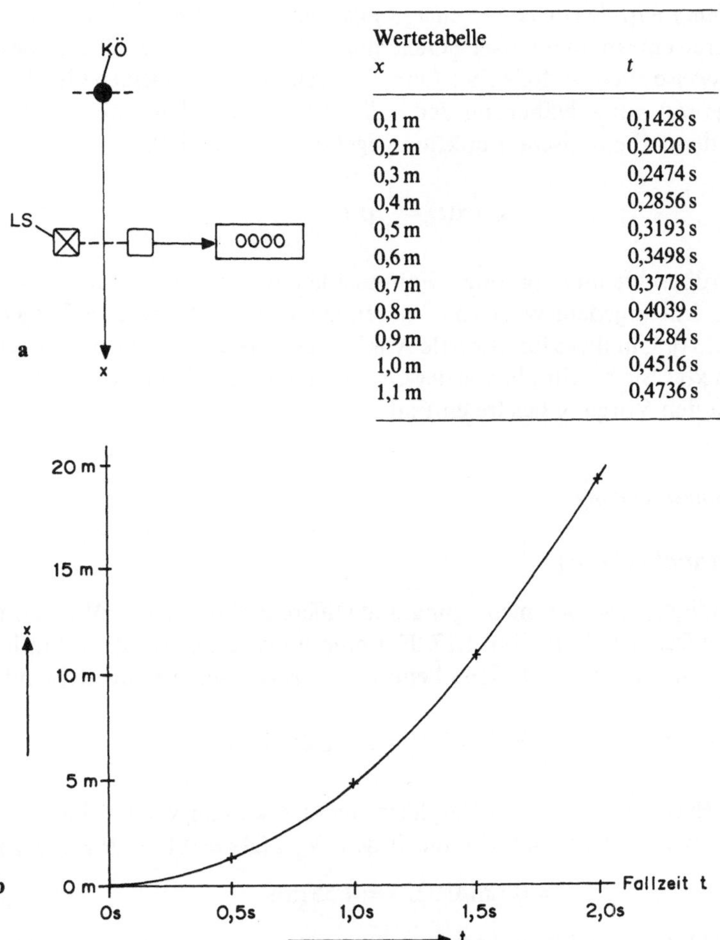

Wertetabelle

x	t
0,1 m	0,1428 s
0,2 m	0,2020 s
0,3 m	0,2474 s
0,4 m	0,2856 s
0,5 m	0,3193 s
0,6 m	0,3498 s
0,7 m	0,3778 s
0,8 m	0,4039 s
0,9 m	0,4284 s
1,0 m	0,4516 s
1,1 m	0,4736 s

Abb. 1.17a. Freier Fall. Ein Körper KÖ fällt frei nach unten. Mittels Lichtschranken LS wird die Fallzeit t für die Fallstrecken $x = 0{,}1$ m; 0,2 m etc. gemessen. **b** Graphik des freien Falls. Auf der Abszisse ist die Fallzeit t aufgetragen, auf der Ordinate die Fallstrecke x

Wertetabellen sind sehr oft die ersten Aufzeichnungen, die man bei der Untersuchung unbekannter Zusammenhänge anlegt. Man arbeitet hierbei meist nicht mehr mit Notizblock und Bleistift. Elektronische Hilfsmittel wie Analog-Digital-Wandler, Magnetbandgeräte und Transientenrecorder nehmen dem Beobachter und Experimentator diese Arbeit in sehr perfekter Weise ab. Solche Wertetabellen sind zwar die Voraussetzung zur Weiterverarbeitung der Daten im Computer, für eine Beurteilung der Meßergebnisse und zum Erkennen von Gesetzmäßigkeiten sind sie jedoch meist zu unübersichtlich. Hierzu eignen sich Graphiken sehr viel besser. Deren Herstellung erledigen heute spezielle Computer-Graphikprogramme.

Die Abb. 1.17b zeigt die zu der Wertetabelle der Abb. 1.17a gehörige *Graphik.* Sie entsteht durch Eintragen der durch die Wertepaare x und t definierten Meßpunkte und deren Verbindung durch eine glatt verlaufende Kurve.

Beschreibung mittels Gleichung oder Funktion. In der Physik lassen sich viele Vorgänge durch eine mathematische Gleichung oder durch eine Funktion beschreiben. Beispielsweise auch der freie Fall. Ohne Luftreibung—bei kleinen Geschwindigkeiten ist das mit guter Näherung der Fall—ist die zurückgelegte Fallstrecke x durch folgende mathematische Funktion gegeben (s. Kapitel 3):

$$x(t) = \frac{1}{2} \cdot g \cdot t^2;$$

g ist die Erdbeschleunigung oder Fallbeschleunigung. Die Bedeutung dieser Funktion ist, daß zu jedem Wert von t ein entsprechender Wert für x festgelegt ist (und umgekehrt). Um diese funktionale Abhängigkeit (kurz: Funktion) zu betonen, schreibt man $x(t)$. Sie beschreibt wie der Graph in Abb. 1.17b oder die Wertetabelle in Abb. 1.17a den Vorgang des freien Falls.

1.7 Infinitesimalrechnung

a) Differentialrechnung

Geschwindigkeit und Beschleunigung sind Differentialquotienten; Wir betrachten wiederum den freien Fall in Abb. 1.17. Für eine Fallstrecke von $\Delta x = 1$ m hat der Körper eine Zeitspanne von 0,4516 s benötigt. Also war seine Fallgeschwindigkeit

$$v = \frac{\Delta x}{\Delta t} = 1\,\text{m}/0{,}4516\,\text{s} = 2{,}214\,\text{m} \cdot \text{s}^{-1}.$$

Stimmt das? Betrachten wir zum Vergleich die Strecke von $x = 1$ m bis $x = 1{,}1$ m. Dort erhalten wir für die Geschwindigkeit den Wert ($\Delta x = 0{,}1$ m; $\Delta t = 0{,}022$ s):

$$v = 0{,}1\,\text{m}/0{,}022\,\text{s} = 4{,}55\,\text{m} \cdot \text{s}^{-1}.$$

Wir sehen: die Geschwindigkeit ändert sich beim freien Fall. Die eben errechneten Geschwindigkeiten nennt man

mittlere Geschwindigkeiten.

Wir bezeichnen eine solche Geschwindigkeit mit v_m, wobei v für „Geschwindigkeit" steht und der Index m an das Wort „mittlere" erinnern soll:

$$v_m = \frac{\Delta x}{\Delta t}.$$

Die mittlere Geschwindigkeit ist gleich dem Quotienten aus einer Ortskoordinatendifferenz, dem Weg Δx, gebrochen durch die zugehörige Zeitkoordinatendifferenz Δt oder kurz:

$$v_m = \text{Differenzenquotient Weg durch Zeit}$$

Wie schon festgestellt, ändert sich die Fallgeschwindigkeit laufend. Wenn wir also von der (Fall-)Geschwindigkeit sprechen, kann das nur die Geschwindigkeit zu einem Zeitpunkt sein, nicht in einem Zeitintervall. Diese momentan vorliegende

Geschwindigkeit meint der Begriff

Geschwindigkeit.

Wie bestimmt man diese (Momentan-)Geschwindigkeit? Hierzu müssen wir offenbar das Zeitintervall Δt, in welchem wir den Quotienten $\Delta x/\Delta t$ bestimmen, sehr klein werden lassen. Tatsächlich kann man Δt sogar gegen Null („infinitesimal klein") gehen lassen und erhält dennoch ein sinnvolles Resultat, wie in der Abb. 1.18 gezeigt wird:

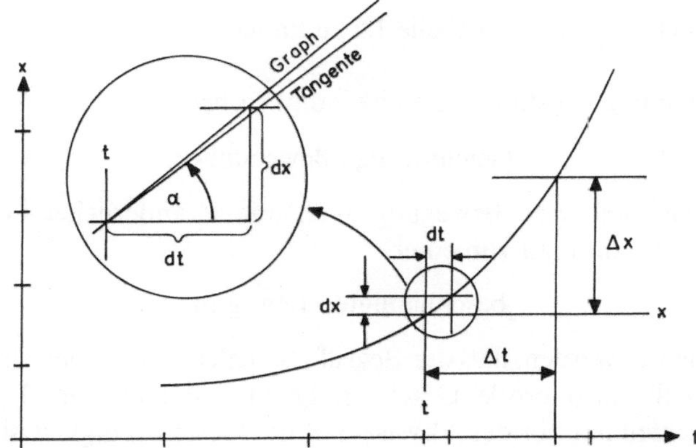

Abb. 1.18. Momentangeschwindigkeit durch Verkleinern des Zeitintervalls $\Delta t \to dt$. Der vergrößert dargestellte Ausschnitt zeigt, daß der Quotient $\frac{\Delta x}{\Delta t}$ für kleiner werdendes $\Delta t \to 0$ schließlich die Steigung $\tan\alpha = \frac{dx}{dt}$ der Tangente an den Graphen zum Zeitpunkt t ergibt

Die infinitesimal kleinen Differenzen dx und dt heißen „Differentiale" und entsprechend ist die Geschwindigkeit

$$v = \frac{dx}{dt}$$

ein Differentialquotient. SI-Einheiten von v sind:

$$[v] = 1\,\mathrm{m \cdot s^{-1}};\quad 1\,\mathrm{km \cdot h^{-1}}.$$

Wir haben in der Abb. 1.18 das

graphische Differenzieren kennengelernt; es besteht in der Bestimmung der Steigung der Tangente in dem entsprechenden Punkt des Graphen. Das in der Bildunterschrift angegebene Verfahren führt uns aber auch zur (analytischen)

Differentialrechnung. Aus der Abb. 1.18 läßt sich das „Rechenrezept" für die Momentangeschwindigkeit direkt ablesen:

$$v = \frac{dx}{dt} = \frac{x(t+\Delta t) - x(t)}{\Delta t} \text{ für } \Delta t \text{ gegen Null.}$$

Das Berechnen dieses Quotienten nennt man Differenzieren, v nennt man auch Ableitung von x nach t oder Differentialquotient Weg nach der Zeit. Wir betrachten hierzu als einfaches Beispiel die Funktion $x = b \cdot t^2 + c$:

$$x(t + \Delta t) = b \cdot (t + \Delta t)^2 + c$$

$$x(t) = b \cdot t^2 + c$$

$$v = \frac{b \cdot t^2 + 2 \cdot b \cdot t \cdot \Delta t + b \cdot (\Delta t)^2 + c - b \cdot t^2 - c}{\Delta t} \quad \text{für } \Delta t \text{ gegen Null} = 2 \cdot b \cdot t$$

Weitere Beispiele sind in der Tabelle 1.5 zu finden.

Bewegungen mit konstanter Geschwindigkeit heißen

gleichförmige Bewegungen.

Im allgemeinen kann eine Bewegung auch mit veränderlicher Geschwindigkeit erfolgen, dann spricht man von einer

beschleunigten Bewegung.

Hier muß beachtet werden, daß der Begriff „beschleunigt“ in der Umgangssprache einfach „schnell“, also große Geschwindigkeit bedeutet. Im Gegensatz hierzu bedeutet "beschleunigt“ in der Physik, daß die Geschwindigkeit sich ändert. Ein Maß für die Größe dieser Änderung ist die

Beschleunigung a.

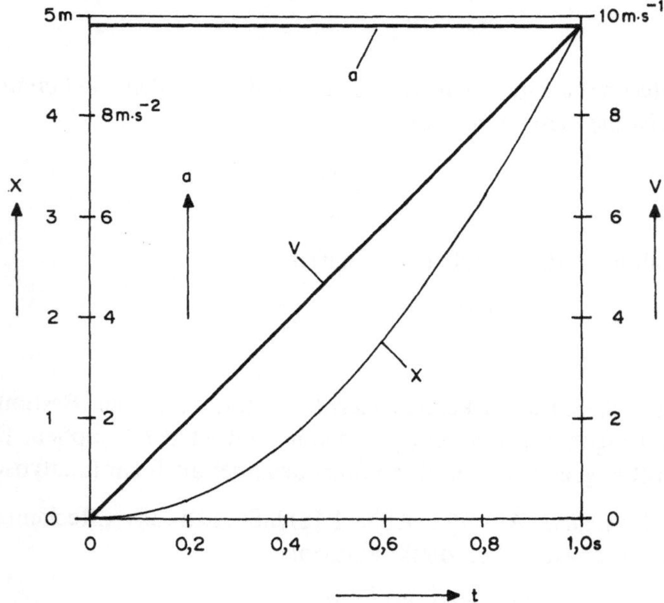

Abb. 1.19. Ort x. Geschwindigkeit v und Beschleunigung a des freien Falls

Diese ist die Änderungsgeschwindigkeit der Momentangeschwindigkeit, also

$$a = \frac{dv}{dt} = \frac{d^2x}{dt^2}$$

Das Symbol d^2x/dt^2 bedeutet zweimaliges Differenzieren von x nach t.

Die SI-Einheit von a ist

$$[a] = 1\,\text{m}\cdot\text{s}^{-2}.$$

Die Abb. 1.19 zeigt den Verlauf von v und a für den freien Fall.

Differenzieren mittels Wertetabelle erfolgt grundsätzlich ebenfalls nach dem „Rechenrezept" des analytischen Differenzierens. Allerdings kann man die Differenzen nicht kleiner machen, als sie durch die Wertetabelle vorgegeben sind. Man berechnet also genaugenommen Differenzenquotienten. Die folgende Tabelle zeigt das numerische Differenzieren anhand einer Wertetabelle des freien Falls. Man beachte, daß für die Differenzen in Zähler und Nenner zusammengehörige Wertepaare benutzt werden müssen. Das führt zu der etwas lückenhaften Ausnutzung der Tabellenwerte. Die Verwendung der endlichen Differenzen hat auch zur Folge, daß das Ergebnis, insbesondere für die Beschleunigungswerte wegen der zweimaligen Differenzenbildung, nicht sehr genau sein kann (die Beschleunigung des freien Falls ist konstant und beträgt auf 45° geographischer Breite und auf Meeresniveau $a = 9{,}80665\,\text{m}\cdot\text{s}^{-2}$).

Beispiel zum Differenzieren mittels Wertetabelle (freier Fall):

x	t	Δt	$v_m = \frac{\Delta x}{\Delta t}$	Δv	Δt	$a = \frac{\Delta v}{\Delta t}$
			Einheiten			
1 m	1 s	1 s	$1\,\text{m}\cdot\text{s}^{-1}$	$1\,\text{m}\cdot\text{s}^{-1}$	1 s	$1\,\text{m}\cdot\text{s}^{-2}$
0,1	0,1428					
0,2	0,2020	0,1046	1,912			
0,3	0,2474			0,870	0,0836	10,4
0,4	0,2856	0,0719	2,782			
0,5	0,3193			0,637	0,0642	9,92
0,6	0,3498	0,0585	3,419			
0,7	0,3778			0,534	0,541	9,87
0,8	0,4039	0,0506	3,953			
0,9	0,4284			0,472	0,0477	9,89
1,0	0,452	0,0452	4,425			
1,1	0,4736					

b) *Integralrechnung*

Integration = Umkehrung der Differentiation. Das Standardbeispiel hierzu lautet: Wie läßt sich aus dem bekannten Verlauf der Geschwindigkeit der zurückgelegte Weg ermitteln.

Auch zur Integration gibt es drei grundsätzliche Möglichkeiten: Die numerische Integration, die graphische Integration und die analytische Integration.

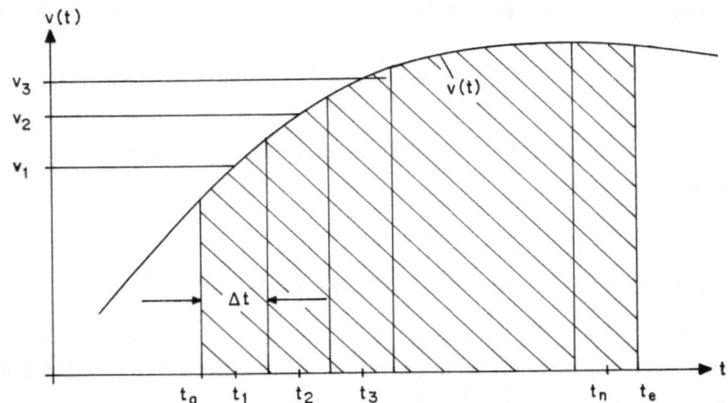

Abb. 1.20. Berechnung des im Intervall t_a bis t_e zurückgelegten Wegs s aus dem bekannten Geschwindigkeitsverlauf $v(t)$. s ist proportional zur (schraffierten) Fläche, die von dem Graphen, der t-Achse und den beiden Ordinatenlinien bei t_a und t_e begrenzt wird

Numerische Integration. Man zerlegt die Bewegung in kleine Zeitintervalle Δt und berechnet die in diesen Intervallen zurückgelegten Teilstrecken Δs mit Hilfe der jeweils in Δt vorliegenden mittleren Geschwindigkeit v_m. Die gesamte Strecke s_{ab} (von „a" nach „b") erhält man durch Summieren aller dieser Teilstrecken:

$$s_{ab} = v_1 \cdot \Delta t + v_2 \cdot \Delta t + \cdots = \sum_i v_i \cdot \Delta t$$

$\sum_i$ bedeutet „Summierung über alle Summanden $v_i \cdot \Delta t$, wobei i ein von 1 bis n laufender Index ist." Dies ist die Vorschrift für das numerische Integrieren. Die v_i-Werte müssen als Wertetabelle oder Wertedatei vorliegen.

Die einzelnen Summanden in der obigen Summe sind Teilstrecken. In der graphischen Darstellung von Abb. 1.20 sind diese Summanden näherungsweise Trapeze von der Breite Δt und der mittleren Höhe v_i. Zweierlei läßt sich daran ablesen: Zum einen werden bei Verkleinerung von Δt die vom Graphen gebildeten Trapezseiten Geraden und die Trapezflächen werden so exakt $\Delta t \cdot v_i$. Zum anderen ist die gesuchte Strecke s_{ab} in der Abb. 1.20 eine Fläche, die von dem Graphen, der t-Achse und den beiden Ordinatenlinien bei t_a und t_e begrenzt wird. (Das letztere ist für den Anfänger überraschend; wie kann eine Fläche eine Strecke darstellen?)

Graphische Integration. Dieses Verfahren basiert auf dem gerade gefundenen Zusammenhang zwischen einer Funktion, z. B. $s(t)$, und ihrem Differentialquotienten, z. B. $v(t)$. Hierzu gibt es mehrere Verfahren, auf die wir jedoch nicht eingehen. Grundsätzlich wird aber immer die von dem Graphen, der Abszisse und den beiden Ordinatenlinien begrenzte Fläche bestimmt.

Analytische Integration. Da dies die Umkehrung der Differentiation ist, haben wir nichts grundsätzlich neues hinzuzulernen. Wir müssen lediglich die sogenannte Stammfunktion zur gegebenen Funktion finden. Die Stammfunktion ist jene Funktion, die durch Differenzieren die gegebene Funktion liefert. In unserem

Bewegungsbeispiel von Abb. 1.20 ist s die Stammfunktion zu der Funktion v:

$$\text{Stammfunktion } (s) \underset{\text{Integration}}{\overset{\text{Differentiation}}{\rightleftarrows}} \text{Funktion } (v)$$

symbolisch:

$$s = \int v(t) \cdot dt$$

Dazu ein kleines Beispiel: Sei $v(t) = 2 \cdot b \cdot t$ die bekannte Funktion. Eine Stammfunktion ist dann offenbar $s(t) = b \cdot t^2$. (Wer Differenzieren kann, kann also auch Integrieren.)

Es gibt hier aber noch ein Problem: Es gibt nämlich beliebig viele zu einer Funktion passende Stammfunktionen. Man kann ja zu jeder Stammfunktion eine beliebige Konstante hinzufügen. Beispielsweise ist der Differentialquotient der Stammfunktion $s(t) = b \cdot t^2 + c$ ebenso gleich $v(t) = 2 \cdot b \cdot t$ wie im obigen Beispiel. Die Stammfunktion ist also nur bis auf eine beliebige unbekannte Konstante (c) eine Lösung unseres Problems.

Betrachten wir unser Bewegungsproblem aus Abb. 1.20 etwas näher. Wir suchen den im Zeitintervall von t_a bis t_e zurückgelegten Weg s_{ab}. Dieser ist, genau genommen:

$$\text{Weg } s \text{ zum Zeitpunkt } t_e - \text{Weg } s \text{ zum Zeitpunkt } t_a$$

oder

$$\text{Stammfunktion } v \text{ zum Zeitpunkt } t_e - \text{Stammfunktion } v \text{ zum Zeitpunkt } t_a$$

Bei dieser Subtraktion verschwindet die unbekannte Konstante c und unser Problem ist gelöst. Der von t_a bis t_e zurückgelegte Weg s_{ab} ist gleich der Differenz der Stammfunktion, berechnet für t_a und t_e:

$$\begin{aligned} s(\text{von } t_a \text{ bis } t_e) = {} & \text{Stammfunktion von } v \text{, berechnet für } t_e \\ & - \text{Stammfunktion von } v \text{, berechnet für } t_a; \end{aligned}$$

symbolisch:

$$s_{ab} = \int_{t_a}^{t_e} v(t) \cdot dt.$$

Dieses Integral heißt „bestimmtes Integral“, die Stammfunktion heißt „unbestimmtes Integral“ (wegen der unbestimmten Konstanten). Die Schreibweise deutet die Bedeutung des Integrals an und ist in Analogie zur Schreibweise der Summe beim numerischen Integrieren: Das langgezogene S bedeutet „Summierung“ über infinitesimal schmale Trapezflächen der Größe $v(t) \cdot dt$.

1.8 Vektorrechnung

Weg, Geschwindigkeit, Beschleunigung und viele andere physikalische Größen sind Vektoren. Solche Größen sind nur dann vollständig bekannt oder definiert, wenn man auch deren Richtung kennt. Das läßt sich leicht an dem Beispiel der

Bewegung eines Schiffs auf einem Strom verstehen. Die Geschwindigkeit des Schiffs gegenüber dem Ufer ergibt sich *nicht* durch einfache Addition der Geschwindigkeit des Schiffs im Wasser mit der Strömungsgeschwindigkeit, vielmehr muß die Richtung dieser beiden Geschwindigkeiten zueinander berücksichtigt werden. Im Gegensatz zu den skalaren Größen wie Zeit, Masse, Arbeit, Energie u.a. besitzen die vektoriellen Größen auch eine Richtung. Diese Eigenschaft kennzeichnen wir im folgenden durch Halbfettdruck des Größensymbols: **G**. Eine Richtungsangabe ist jedoch nur bezüglich eines Koordinatensystems möglich. Beispielsweise kann die Richtung einer Geschwindigkeit durch Angabe des Winkels definiert werden, den diese mit der positiven x-Achse einschließt:

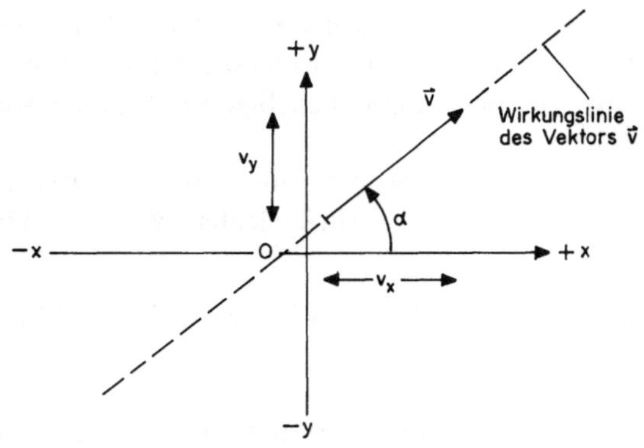

Abb. 1.21. Geschwindigkeitsvektor **v** im zweidimensionalen kartesischen Koordinatensystem. Der Vektor wird durch einen Pfeil dargestellt, dessen Spitze in Bewegungsrichtung zeigt. (Die Bezeichnung erfolgt in den Abbildungen durch einen Pfeil über dem Größensymbol.) α ist der Richtungswinkel des Vektors, die Länge des Pfeils ist ein Maß für den Betrag des Vektors

Ein Vektor ist also charakterisiert durch seine Größe, diese heißt

$$\text{Betrag des Vektors: } |\mathbf{G}| = G$$

$$\text{und seinen Richtungswinkel: } \alpha.$$

Eine andere Beschreibungsmöglichkeit ergibt sich mit Hilfe der sogenannten Komponenten eines Vektors. Dies sind die Normalprojektionen des Vektors auf die Koordinatenachsen:

$$\mathbf{G} = \mathbf{G}_x + \mathbf{G}_y.$$

$\mathbf{G}_x$ und $\mathbf{G}_y$ sind die vektoriellen Komponenten von **G**, sie haben die Richtung der x- bzw. y-Achse. Ihre Beträge sind die skalaren Vektorkomponenten

$$G_x = G \cdot \cos\alpha$$

und

$$G_y = G \cdot \sin\alpha.$$

Richtungsvektoren. Dividiert man einen Vektor **A** durch seinen Betrag A, erhält man einen neuen Vektor **a** vom Betrag 1, der mit dem ursprünglichen Vektor **A** die Richtung gemeinsam hat. Solche Vektoren werden zur Festlegung von Richtungen benutzt. Da sie den Betrag 1 haben, werden diese Vektoren auch als „Einheitsvektoren“ bezeichnet.

Eine oft anzutreffende Darstellungsweise für Vektoren benutzt die sogenannten Grund- oder Basisvektoren. Dies sind ebenfalls Vektoren vom Betrag 1, jedoch in Richtung der jeweiligen Koordinatenachse gerichtet (z. B. $\mathbf{e}_x$ parallel zur x-Achse und $\mathbf{e}_y$ parallel zur y-Achse). Dann ist ein Vektor $\mathbf{G}$ auch folgend darstellbar:

$$\mathbf{G} = G_x \cdot \mathbf{e}_x + G_y \cdot \mathbf{e}_y.$$

1.9 Kreisbewegung

Diese Bewegungsart tritt vor allem in der Technik häufig auf. Die kreisförmige Bewegung ist aber auch für das Verständnis der allgemeinen krummlinigen Bewegung wichtig, die in der belebten Natur ja sehr viel öfter auftritt als die geradlinige Bewegung. Eine allgemeine krummlinige Bewegung läßt sich nämlich durch Aneinanderreihung kreisförmiger Bewegungsbahnen beschreiben. Wir beschränken uns hier auf die

Gleichförmige Kreisbewegung. Diese erfolgt mit konstanter Winkelgeschwindigkeit $\omega = \frac{d\varphi}{dt}$, d. h. mit konstanter sogenannter Bahngeschwindigkeit

$$v_B = r \cdot \omega.$$

Dennoch tritt hier eine Beschleunigung auf. Dies sei anhand der Abb. 1.22 erklärt:

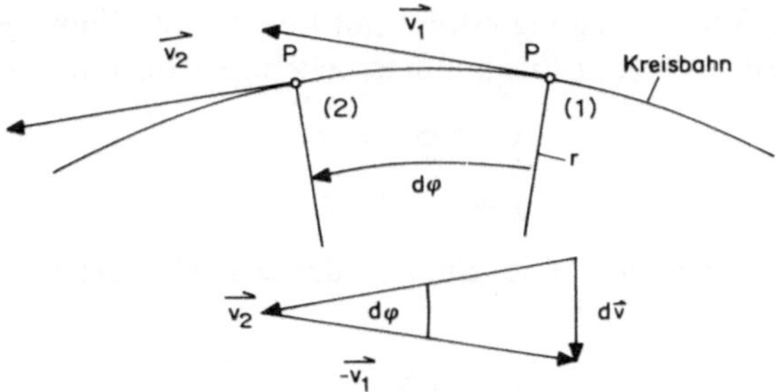

Abb. 1.22. Kreisbewegung eines Punkts P mit der Bahngeschwindigkeit $v_B = v_1 = v_2$. Die Geschwindigkeitsänderung $d\mathbf{v}$ zeigt zum Kreismittelpunkt, der Betrag dieses Vektors ist $dv = v_B \cdot d\varphi$

Die Richtung der Geschwindigkeit des Punkts P in der Kreisbahn ändert sich offensichtlich laufend: z. B. von $\mathbf{v}_1$ in der Position (1) der Abb. 1.22 nach $\mathbf{v}_2$ in der Position (2). Die vektorielle Differenz dieser zwei Geschwindigkeiten zeigt in Richtung Kreismittelpunkt. Folglich liegt eine Beschleunigung in diese Richtung vor, die sogenannte Radialbeschleunigung. Ihr Betrag ist

$$a_{\text{radial}} = dv/dt = v_B \cdot d\varphi/dt = v_B \cdot \omega = r \cdot \omega^2 = v_B^2/r$$

Die gleichförmige Kreisbewegung ist also eine beschleunigte Bewegung.

1.10 Winkelfunktionen

Eine Kreisbewegung kann auch in kartesischen Koordinaten beschrieben werden.

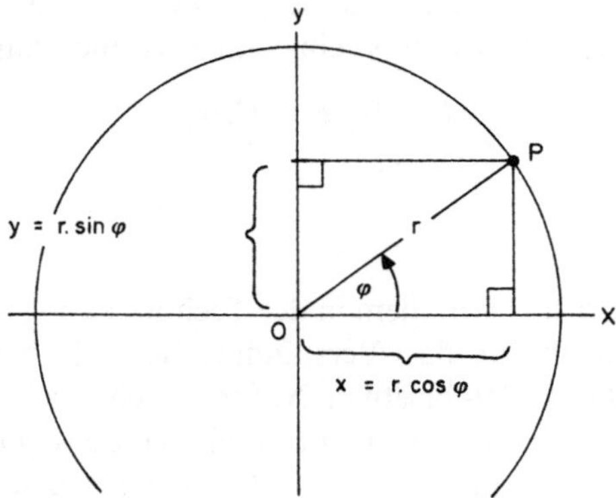

Abb. 1.23. Kreisbewegung in kartesischen Koordinaten. Die Definitionen von Sinus (sin) und Cosinus (cos) am rechtwinkligen Dreieck sind: $\sin\varphi = y/r$, $\cos\varphi = x/r$

Die x- und y-Koordinaten des Punkts P in Abb. 1.23 sind:

$$x = r \cdot \cos\varphi$$

$$y = r \cdot \sin\varphi$$

Eine gleichförmige Kreisbewegung erfolgt mit konstanter Winkelgeschwindigkeit $\omega = d\varphi/dt$. Dann ist $\varphi(t) = \omega \cdot t$ (bis auf eine beliebige Konstante) und

$$x = r \cdot \cos(\omega \cdot t)$$

$$y = r \cdot \sin(\omega \cdot t).$$

ω heißt auch Kreisfrequenz. Die Einheit der Kreisfrequenz oder Winkelgeschwindigkeit ω ist:

$$[\omega] = 1\,\mathrm{rad} \cdot \mathrm{s}^{-1}.$$

Die Frequenz dieser Kreisbewegung ist

$$\nu = \frac{\omega}{2\pi} = \frac{1}{T},$$

mit T= Periodendauer der Kreisbewegung. Die Einheit der Frequenz ν ist:

$$[\nu] = 1\,\mathrm{s}^{-1} = 1\,\mathrm{Hertz} = 1\,\mathrm{Hz}.$$

Die Geschwindigkeiten in x- und y-Richtung sind dx/dt und dy/dt oder:

$$v_x = -r \cdot \omega \cdot \sin(\omega \cdot t).$$

$$v_y = r \cdot \omega \cdot \cos(\omega \cdot t).$$

Wegen ihres harmonischen Verlaufes werden die Funktionen Cosinus und Sinus als harmonische Funktionen bezeichnet. Es gibt in Physik und Medizin allerdings auch viele Funktionen, beispielsweise den Druck im Kreislauf, die keinen so harmonischen Verlauf zeigen. Solche komplizierteren Funktionen kann man jedoch als Summe harmonischer Funktionen beschreiben. Wir betrachten hierzu lediglich ein abstraktes Beispiel, nämlich eine Rechteckfunktion (Abb. 1.24). Diese kann als Summe der folgenden harmonischen Funktionen mit zunehmender Ordnungszahl (1, 3, 5, ...) beschrieben werden:

$$\frac{4}{\pi}\cdot\left(\sin(1\cdot x)+\frac{1}{3}\cdot\sin(3\cdot x)+\frac{1}{5}\cdot\sin(5\cdot x)+\cdots\right)$$

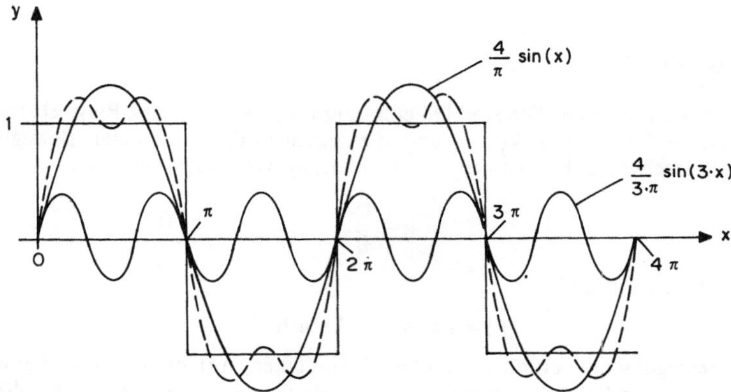

Abb. 1.24. Fourierzerlegung einer Rechteck-Funktion in harmonische Funktionen: Eingezeichnet sind die zwei niedrigsten „Harmonischen". Deren Summe ergibt bereits die gestrichelt gezeichnete Näherung an die Rechteckfunktion

Welchen Anteil die einzelnen harmonischen Funktionen an der darzustellenden Funktion haben, d. h. die Größe des Faktors vor den sin-Funktionen, findet man, indem man die betreffende harmonische Funktion mit der darzustellenden Funktion multipliziert und das entstehende Produkt entlang x summiert (integriert). Dies ist das Prinzip des Fourier-Integrals bzw. der Fourier-Zerlegung einer beliebigen Funktion in ihre harmonischen Fourier-Komponenten. Wir gehen hier darauf nicht näher ein (s. Lehrbücher zur Fourieranalyse).

Aus Abb. 1.24 läßt sich aber ein wichtiges Prinzip ablesen. Nämlich, daß den feineren Details des Kurvenverlaufs Harmonische mit höheren Frequenzen entsprechen. Soll beispielsweise eine Druckmeßeinrichtung den genauen zeitlichen Verlauf des Drucks im Kreislauf wiedergeben, muß sie insbesondere auch die höherfrequenten Druckanteile erfassen.

Die Winkelfunktionen $\sin\varphi$ und $\cos\varphi$ spielen eine herausragende Rolle bei mechanischen Schwingungen und bei allen Wellenphänomenen der Optik und Akustik. Zur Beschreibung von Wellen benötigen wir noch die folgende Eigenschaft von Funktionen: Addiert (subtrahiert) man eine Größe zum (vom) Argument der Funktion, verschiebt sich diese um den betreffenden Betrag nach rechts (links):

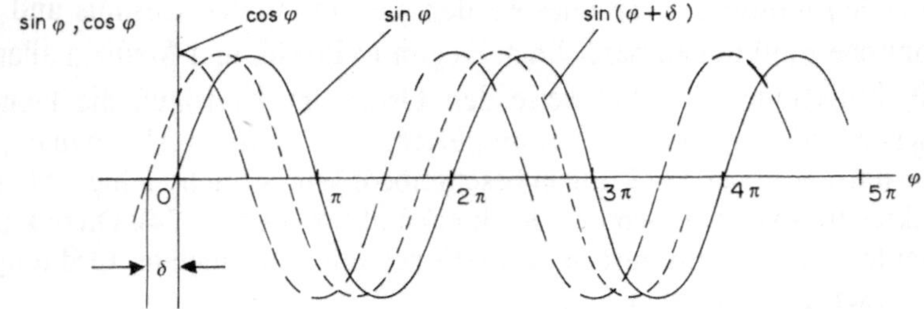

Abb. 1.25. Sinusfunktion und Cosinusfunktion. Es besteht der Zusammenhang $\cos\varphi = \sin(\varphi + \pi/2)$. Die Periodenlänge ist $2\cdot\pi$

Zusammenfassung 1.B

I. Viele physikalische Größen sind Differentialquotienten. Einfache Beispiele hierzu sind die (Momentan-) Geschwindigkeit v und die Beschleunigung a einer Bewegung. Die (Momentan-) Geschwindigkeit ist die (erste) Ableitung Weg nach der Zeit:

$$v = \frac{dx}{dt}. \tag{1.13}$$

Die SI-Einheiten von v sind:

$$[v] = 1\,\mathrm{m\cdot s^{-1}};\quad 1\,\mathrm{km\cdot h^{-1}}.$$

Erfolgt eine Bewegung mit veränderlicher Geschwindigkeit, spricht man von einer beschleunigten Bewegung. Die Beschleunigung a ist die Änderungsgeschwindigkeit der Momentangeschwindigkeit, also

$$a = \frac{dv}{dt} = \frac{d^2x}{dt^2}. \tag{1.14}$$

d^2x/dt^2 bedeutet zweimaliges Differenzieren („zweite Ableitung") von x nach t. Die SI-Einheit von a ist

$$[a] = 1\,\mathrm{m\cdot s^{-2}}.$$

Tabelle 1.5. Einfache Differentialquotienten (weitere Beispiele sowie Differentiationsregeln s. Lehrbücher der Höheren Mathematik)

$x(t)$	dx/dt	d^2x/dt^2
c (Konstante)	0	0
t^n	$n\cdot t^{(n-1)}$	$n\cdot(n-1)\cdot t^{(n-2)}$
$\exp(\alpha\cdot t)$	$\alpha\cdot\exp(\alpha\cdot t)$	$\alpha^2\cdot\exp(\alpha\cdot t)$
$\ln(t)$	$1/t$	$-1/t^2$
$\sin(t)$	$\cos(t)$	$-\sin(t)$
$\cos(t)$	$-\sin(t)$	$-\cos(t)$
$\sin(\omega\cdot t)$	$\omega\cdot\cos(\omega\cdot t)$	$-\omega^2\cdot\sin(\omega\cdot t)$
$\cos(\omega\cdot t)$	$-\omega\cdot\sin(\omega\cdot t)$	$-\omega^2\cdot\cos(\omega\cdot t)$
$\tan(t)$	$1/\cos^2(t)$	$2\cdot\tan(t)/\cos^2(t)$
$\cot(t)$	$-1/\sin^2(t)$	$2\cdot\cot(t)/\sin^2(t)$

Anmerkung. Bei Unfällen mit öffentlichen Verkehrsmitteln spielen plötzliche Bremsvorgänge eine wichtige Rolle. Zu plötzlich einsetzendes Bremsen läßt den Passagieren wenig Zeit, Halt zu suchen. Da die hierbei auftretenden Trägheitskräfte, s. Kapitel 3, proportional zur Beschleunigung sind, ist die dritte Ableitung Weg durch Zeit ein Maß für die Plötzlichkeit, mit der Bremskräfte einsetzen.

II. Die Integralrechnung ist die Umkehrung der Differentialrechnung. Hierbei spielt die sogenannte Stammfunktion des Integranden eine wichtige Rolle. Die Stammfunktion ist jene Funktion, die durch Differenzieren die gegebene Funktion (den Integranden) liefert:

$$\text{Stammfunktion}\,(s) \underset{\text{Integration}}{\overset{\text{Differentiation}}{\rightleftarrows}} \text{Integrand}\,(v)$$

$$s = \int v(t)\cdot dt \tag{1.15}$$

Die Stammfunktion ist nur bis auf eine Konstante eindeutig bestimmt; sie heißt auch „unbestimmtes Integral". Das bestimmte Integral hingegen ist gleich der

Stammfunktion an der oberen Grenze des Integrationsbereichs –
– der Stammfunktion an der unteren Grenze des Integrationsbereichs;

symbolisch:

$$s_{ab} = \int_{t_a}^{t_e} v(t)\cdot dt. \tag{1.16}$$

III. Weg, Geschwindigkeit, Beschleunigung und viele andere physikalische Größen sind Vektoren. Vektoren besitzen neben ihrer Größe (= Betrag) auch eine Richtung:

Betrag des Vektors: $|\mathbf{G}| = G$
Richtungswinkel: α

(z. B. mit der positiven x-Achse).

Die vektoriellen Komponenten $\mathbf{G}_x$ und $\mathbf{G}_y$ eines Vektors $\mathbf{G}$ sind die Normalprojektionen auf die entsprechenden Koordinatenachsen. Die Beträge dieser Vektoren sind die skalaren Komponenten

$$G_x = G\cdot\cos\alpha \text{ und } G_y = G\cdot\sin\alpha. \tag{1.17}$$

Umgekehrt ergeben sich Betrag und Richtung eines Vektors aus den Komponenten G_x und G_y zu:

$$|\mathbf{G}| = G = \sqrt{G_x^2 + G_y^2}$$
$$\alpha = \arctan\frac{G_y}{G_x} \tag{1.18}$$

Negatives Vorzeichen eines Vektors bedeutet Umkehrung der Richtung des Vektors. Addition und Subtraktion von Vektoren erfolgt durch Aneinanderreihen der Vektorpfeile so, daß der Schaft des folgenden Vektors an die Spitze des vorhergehenden Vektors angelegt

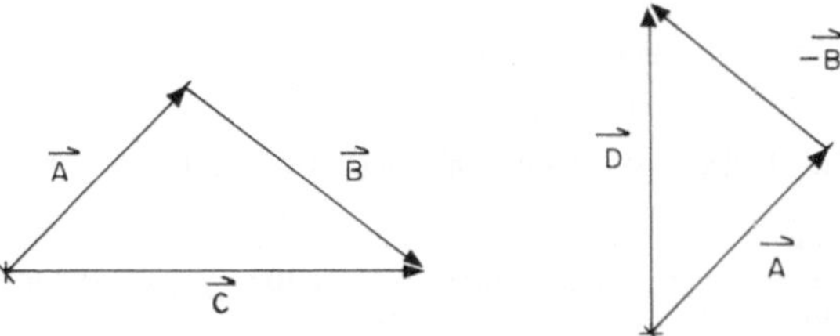

Abb. 1.26. Addition und Subtraktion von Vektoren: $\mathbf{A} + \mathbf{B} = \mathbf{C}$, $\mathbf{A} - \mathbf{B} = \mathbf{D}$

wird. Die Subtraktion kann man durch die Addition des negativ genommenen Vektors ersetzen. Das Ergebnis ist ein Vektor, der vom Schaft des ersten Vektors zur Spitze des letzten zeigt, s. Abb. 1.26. Der Null bei den skalaren Größen entspricht hier der Nullvektor. Dieser hat den Betrag Null und besitzt daher auch keine Richtung.

Weiters sind für Vektoren zwei unterschiedliche Produkte definiert: das Skalarprodukt, dessen Ergebnis eine skalare Größe ist, s. Kapitel 3.2 und das Vektorprodukt, dessen Ergebnis ein Vektor ist, s. Kapitel 2.2.

IV. Kreisbewegung. Die kartesischen Koordinaten einer Kreisbewegung sind

$$x = r \cdot \cos \varphi \tag{1.19}$$

$$y = r \cdot \sin \varphi \tag{1.20}$$

Die Winkelgeschwindigkeit der Kreisbewegung ist

$$\omega = d\varphi/dt; \tag{1.21}$$

ω heißt auch Kreisfrequenz. Die Einheit der Winkelgeschwindigkeit ω ist:

$$[\omega] = 1\,\text{rad}\cdot\text{s}^{-1}.$$

Die Frequenz dieser Kreisbewegung ist hingegen die Größe

$$\nu = \frac{\omega}{2\pi} = \frac{1}{T},$$

mit T= Periodendauer der Kreisbewegung. Die Einheit der Frequenz ν ist:

$$[\nu] = 1\,\text{s}^{-1} = 1\,\text{Hertz} = 1\,\text{Hz}.$$

Die Geschwindigkeiten in x- und y-Richtung sind dx/dt und dy/dt oder:

$$\begin{aligned} v_x &= -r\cdot\omega\cdot\sin(\omega\cdot t) \\ v_y &= r\cdot\omega\cdot\cos(\omega\cdot t) \end{aligned} \tag{1.22}$$

Die Kreisbewegung stellt bereits bei konstanter Winkelgeschwindigkeit eine beschleunigte Bewegung dar. Ihre Bahngeschwindigkeit ist

$$v_B = r\cdot\omega. \tag{1.23}$$

Die Radialbeschleunigung ist

$$a_{\text{radial}} = \frac{dv}{dt} = v_B\cdot d\varphi/dt = v_B\cdot\omega = r\cdot\omega^2 = \frac{v_B^2}{r} \tag{1.24}$$

Beispiel 1.8. Um welchen Prozentsatz ändert sich die Oberfläche $0 = 4\cdot r^2\cdot\pi$ einer Kugel, wenn der Radius um 10% zunimmt, d. h.

$$\frac{dr}{r} = 0{,}1$$

$$\frac{dO}{dr} = 8\cdot r\cdot\pi$$

$$\frac{dO}{O} = \frac{8\cdot r\cdot\pi\cdot dr}{4r^2\pi} = 2\cdot\frac{dr}{r} = 0{,}2 = 20\%.$$

Beispiel 1.9. Freier Fall, Fallzeit 10 s, Fallbeschleunigung $g = 9{,}81\,\text{m}\cdot\text{s}^{-2}$. Wie groß ist die Fallgeschwindigkeit?

$$v = \int_{0\,\text{s}}^{10\,\text{s}} g\cdot dt = (g\cdot t + \text{Konstante})\Big|_{t=0\,\text{s}}^{t=10\,\text{s}} = g\cdot 10\,\text{s} - g\cdot 0\,\text{s} = 98{,}1\,\text{m}\cdot\text{s}^{-1}.$$

Beispiel 1.10. Geschwindigkeit v beim freien Fall nach einer Fallstrecke von $h = 1$ m.

Nach Gleichung 1.14 ist

$$v = \int a \cdot dt$$

Beim freien Fall ist a eine Konstante: $a = g = 9{,}81\,\mathrm{m \cdot s^{-2}}$; also ist

$$v = a \cdot t.$$

Die beim freien Fall zurückgelegte Fallstrecke h ist daher nach Gleichung 1.13:

$$h = \int_0^t v \cdot dt' = \int_0^t a \cdot t' \cdot dt' = (a/2) \cdot t^2$$

woraus $t = \sqrt{2 \cdot h/a}$ und $v = \sqrt{2 \cdot h \cdot a} = \sqrt{2 \cdot 1\,\mathrm{m} \cdot 9{,}81\,\mathrm{m \cdot s^{-2}}} = 4{,}43\,\mathrm{m \cdot s^{-1}}$.

Beispiel 1.11. Mittelwert M von $\sin(x)$ im Intervall $0 \leqq x \leqq 2\pi$.

Mittelwertbildung bedeutet hier Summierung (Integration) der sin-Werte auf der x-Strecke von 0 bis 2π und Quotientenbildung mit 2π als Nenner:

$$M = \frac{1}{2\pi} \int_0^{2\pi} \sin(x) \cdot dx = -\frac{1}{2\pi} \cdot \cos(x) \Big|_0^{2\pi} = 0.$$

Beispiel 1.12. Mittelwert M von $\sin^2(x)$ und $\cos^2(x)$ im Interval $0 \leqq x \leqq 2\pi$.

Zunächst erhalten wir mit Hilfe eines der Additionstheoreme der Trigonometrie: $\sin^2(x) = \frac{1}{2}(1 - \cos(2x))$, was sich dann unschwer integrieren läßt:

$$M = \frac{1}{2\pi} \int_0^{2\pi} \sin^2(x) \cdot dx = \frac{1}{4\pi} \int_0^{2\pi} (1 - \cos(2x)) \cdot dx$$

$$= \frac{1}{4\pi} \cdot \left(x - \frac{1}{2} \cdot \sin(2x) \right) \Big|_0^{2\pi} = \frac{1}{2}.$$

Dasselbe Ergebnis erhalten wir für den Mittelwert von $\cos^2(x)$.

Beispiel 1.13. Bestimmung des mittleren Drucks p_M in den Arterien. Dieser ist ganz allgemein, s. Abb. 1.27:

$$p_M = \frac{1}{T} \cdot \int_0^T p(t) \cdot dt.$$

Wegen des spezifischen Verlaufs der Druck-Zeit-Kurve in den Arterien ist der mittlere Druck p_M nur für Zentralarterien etwa gleich dem arithmetischen Mittel aus systolischem und diastolischem Druck:

$$p_M = \frac{p_S + p_D}{2}.$$

In peripheren Arterien hingegen erhält man über die Integration der Druckkurve:

$$p_M = p_D + \frac{p_S - p_D}{3}.$$

Beispiel 1.14. Bestimmung der Kontraktilität des Herzmuskels aus der Ventrikeldruck-Zeit-Kurve Abb. 1.28a. Die Kontraktilität ist ein klinischer Parameter, der Aussagen über den kontraktilen oder inotropen Zustand des Herzens erlaubt. Als Maß für die Kontraktilität dient der maximale Druckanstieg im linken Herzventrikel $(dp/dt)_{max}$. Diesen erhält man aus der Druck-Zeit-Kurve durch Differentiation, s. Abb. 1.28.

Beispiel 1.15. Differentialgleichung 2. Ordnung. Solche Zusammenhänge treten bei Bewegungen auf, weil das 2. Newtonsche Gesetz die Beschleunigung enthält, die eine zweifache Ableitung der Ortskoordinate nach der Zeit ist. Beispielsweise lautet die 2. Newtonsche Gleichung für die Bewegung eines Körpers mit der Masse m unter der Wirkung einer Feder mit der Federkonstanten D:

$$-D \cdot x = m \cdot a = m \cdot \frac{d^2x}{dt^2}.$$

Diese Gleichung heißt Schwingungsgleichung (einer federnd aufgehängten Masse); sie besagt, daß x (auf der linken Seite) bis auf einen konstanten Faktor (nämlich $-D/m$) mit der 2. Ableitung von x

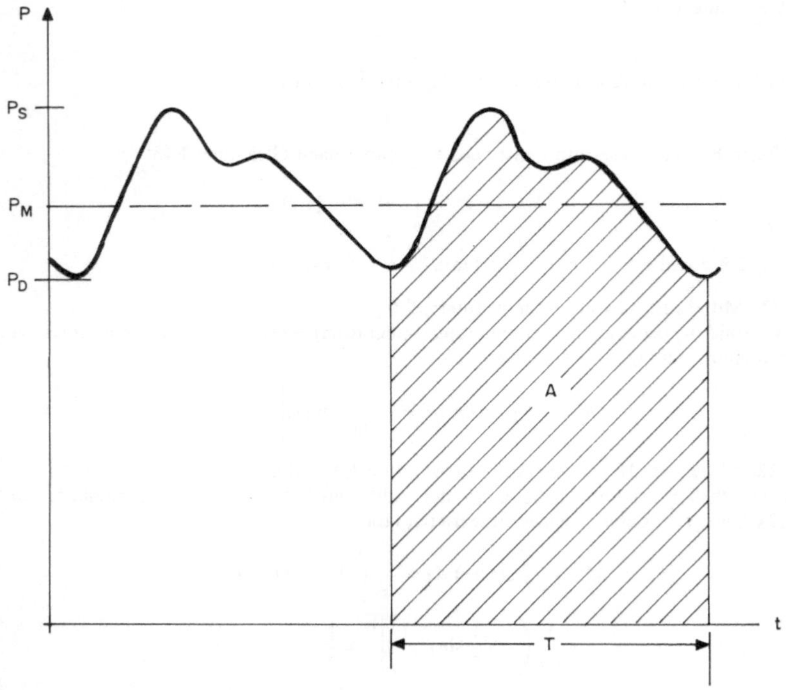

Abb. 1.27. Zur Bestimmung des mittleren Drucks p_M aus systolischem Druck p_S und diastolischem Druck p_D in Arterien: $p_M = A/T$

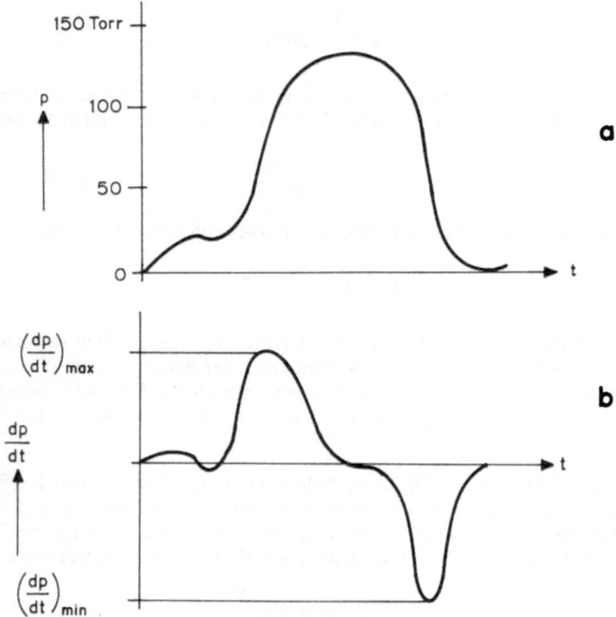

Abb. 1.28. a Ventrikeldruck-Zeit-Kurve $p(t)$ und b Differentialquotient dp/dt zur Charakterisierung der Kontraktilität des Herzmuskels (nach W. Bleifeld und Ch. W. Hamm, 1988)

nach der Zeit übereinstimmt. Ein Blick auf die Tabelle 1.5 zeigt, daß dies (ebenfalls bis auf konstante Faktoren) von den Funktionen $\exp(\omega \cdot t)$, $\cos(\omega \cdot t)$ und $\sin(\omega \cdot t)$ geleistet wird. Wir versuchen es mit der Funktion $\sin(\omega \cdot t)$, setzen diese in die obige Gleichung ein und erhalten nach Ausführen der Differentiation:

$$-D \cdot \sin(\omega \cdot t) = -m \cdot \omega^2 \cdot \sin(\omega \cdot t).$$

D. h. für $D = m \cdot \omega^2$ oder $\omega = \sqrt{\frac{D}{m}}$ ist die Funktion $x = \sin(\omega \cdot t)$ eine mögliche mathematische Lösung des 2. Newtonschen Gesetzes für die Bewegung eines Körpers unter der Einwirkung einer Federkraft. Da die x-Werte periodisch wiederkehren, handelt es sich offenbar um eine Schwingung:

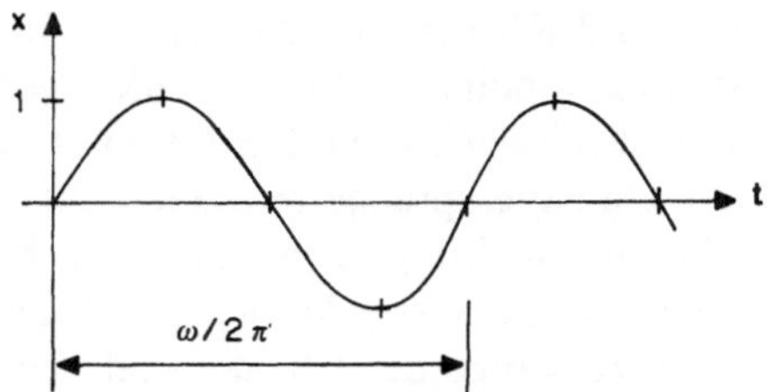

Abb. 1.29. $x = \sin(\omega \cdot t)$ als einfachster Fall einer harmonischen Schwingung eines Körpers unter der Einwirkung einer Federkraft

Beispiel 1.16. Die Geschwindigkeit $\mathbf{v}$ in der Abb. 1.21 kann auch

$$\mathbf{v} = v_x \cdot \mathbf{e}_x + v_y \cdot \mathbf{e}_y$$

geschrieben werden. Hier sind $\mathbf{e}_x$ und $\mathbf{e}_y$ Einheitsvektoren in Richtung der x- bzw. y-Achse und v_x bzw. v_y die entsprechenden (skalaren) Geschwindigkeitskomponenten.

Beispiel 1.17. Die Komponenten der in Abb. 1.21 dargestellten Geschwindigkeit ($v = 25\,\text{km} \cdot \text{h}^{-1}$) sind für $\alpha = 30°$: $v_x = v \cdot \cos(\pi/6) = 21{,}65\,\text{km} \cdot \text{h}^{-1}$ und $v_y = 12{,}5\,\text{km} \cdot \text{h}^{-1}$.

Beispiel 1.18. Bewegung eines Boots auf strömendem Wasser. Die Geschwindigkeit des Boots relativ zum Wasser sei $20\,\text{km} \cdot \text{h}^{-1}$ normal zur Strömung. Das Wasser fließe mit der Geschwindigkeit von $15\,\text{km} \cdot \text{h}^{-1}$. Daraus folgt für die Geschwindigkeit des Boots relativ zum Ufer $v = 25\,\text{km} \cdot \text{h}^{-1}$ unter einem Winkel von $\alpha = 0{,}675$.

Aufgabe 1.8. Um welchen Prozentsatz ändert sich das Volumen $V = (4/3) \cdot r^3 \cdot \pi$ einer Kugel, wenn der Kugelradius um 10% zunimmt?

Aufgabe 1.9. Berechnen Sie die mittlere Geschwindigkeit des freien Falls in der ersten Sekunde.

Aufgabe 1.10. Man berechne den Differentialquotienten für die Funktion $x = c \cdot t + \sin(t)$.

Aufgabe 1.11. Man berechne die Beschleunigungen einer Kreisbewegung $x = r \cdot \cos(\omega \cdot t)$, $y = r \cdot \sin(\omega \cdot t)$ in x- und y-Richtung.

Aufgabe 1.12. Welche Funktionen entstehen aus der Sinusfunktion $\sin(\varphi + d)$ für $d = \pi$ und für $d = 2\pi$.

Aufgabe 1.13. Berechnen Sie den Mittelwert M von $\cos(x)$ im Interval $0 \leqq x \leqq 2\pi$.

Aufgabe 1.14. Man zeige (durch Einsetzen), daß

$$x = a \cdot \sin(\omega \cdot t)$$

und

$$x = a \cdot \sin(\omega \cdot t + \varphi)$$

ebenfalls Lösungen der (Schwingungs-) Differentialgleichung von Beispiel 1.15 sind.

Aufgabe 1.15. Lösen Sie Beispiel 1.18 graphisch durch Zeichnen der entsprechenden Vektoren in geeignetem Größenmaßstab.

2. Statik

2.1 Wechselwirkungen und Bausteine der Materie

a) Wechselwirkungen

Kräfte sind das, was die Welt zusammenhält und gleichzeitig bewegt. Wir kennen heute drei („Standardmodell") grundlegende Ursachen oder Quellen von Kräften: Die Gravitation, die elektroschwache Wechselwirkung und die starke Wechselwirkung. Kräfte beschreiben die wechselseitige Wirkung zwischen Körpern oder zwischen Kraftfeldern und Körpern, deshalb spricht man von „Wechselwirkungen". Die am leichtesten verständlichen Wechselwirkungen sind die Gravitation und die elektromagnetische Wechselwirkung. Die Gravitationswechselwirkung ist die Ursache für die in der Umgangssprache mit „Gewicht" bezeichneten Kräfte. Die elektromagnetische Wechselwirkung ist verantwortlich für alle elektrischen Erscheinungen, bis hin zur Verbindung von Atomen zu Molekülen und somit auch für alle Erscheinungen und Vorgänge der Chemie und Biologie. Für Kernreaktionen, Kernspaltung und Kernfusion ist die Kernkraft oder „starke Wechselwirkung" verantwortlich. Die „schwache Wechselwirkung" schließlich bewirkt Zusammenhalt und Zerfall der schweren und mittelschweren Elementarteilchen und begegnet uns beispielsweise beim radioaktiven β-Zerfall.

Die einzelnen Wechselwirkungsarten unterscheiden sich ganz erheblich bezüglich ihrer Stärke. Beispielsweise ist die Coulombsche Abstoßung zwischen zwei Elektronen etwa um einen Faktor 10^{42} mal größer als die Anziehungskraft aufgrund der Gravitation. Für die Kraftwirkungen zwischen Elektronen untereinander, aber auch für diejenigen zwischen Elektronen und anderen elektrisch geladenen Teilchen wie Protonen, spielt die Gravitation also überhaupt keine Rolle. Hingegen ist die Gravitation die alleinige Wechselwirkung zwischen elektrisch neutralen Körpern in der makroskopischen Welt, weil die starke und die schwache Wechselwirkung nur extrem kleine Reichweiten besitzen (10^{-13} cm bzw. 10^{-16} cm).

Die elektromagnetische und die schwache Wechselwirkung konnten kürzlich auf eine gemeinsame Fundamentalkraft zurückgeführt werden; deshalb enthält das Standardmodell unserer Welt heute nur die drei fundamentalen Wechselwirkungen Gravitationskraft, starke Wechselwirkung und „elektroschwache" Wechselwirkung.

b) Gravitation und schwere Masse

Ergebnisse jahrhundertelanger Beobachtungen der Planetenbewegung führten zunächst J. Kepler (1571–1630) zur Aufstellung der nach ihm benannten Planeten-Gesetze. Hierbei handelt es sich um rein kinematische Beschreibungen der Planetenbewegung. Auf dieser Basis hat Isaac Newton 1666 das Gravitationsgesetz gefunden, nach dem die zwischen zwei Körpern wirkende Anziehungskraft F proportional ist zu dem Produkt aus den beiden Körpermassen m_1 und m_2 und indirekt proportional zu dem Quadrat des Abstands r zwischen ihren

Schwerpunkten (s. Beispiel 2.1):

$$F = \gamma \cdot m_1 \cdot m_2 / r^2.$$

Der Proportionalitätsfaktor γ heißt „Gravitationskonstante". Diese Kraft wirkt stets in Richtung der Verbindungslinie der Schwerpunkte der zwei Massen m_1 und m_2. Eine andere Richtung kann ja schon aus Symmetriegründen gar nicht infrage kommen. Was noch offen bleibt, ist die Frage, ob es sich um anziehende oder abstoßende Kräfte handelt. Im Gegensatz zu anderen Wechselwirkungsarten hat man bei der Gravitation bisher nur anziehende Kräfte beobachtet.

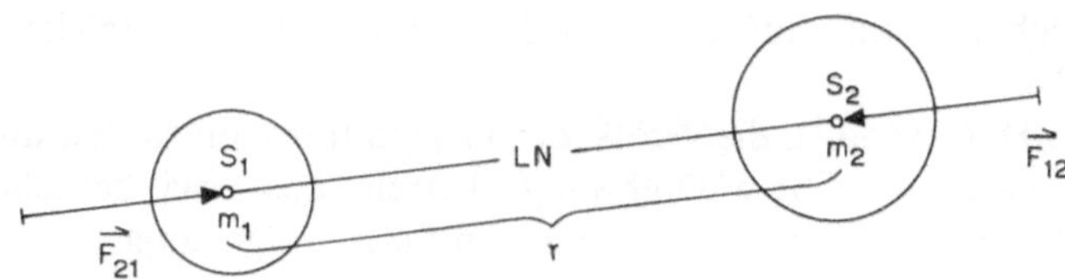

Abb. 2.1. Gravitationswechselwirkung: Zwei Körper mit den Massen m_1 und m_2 ziehen einander stets an. Die Anziehungskräfte $\mathbf{F}_{12}$ (= Kraft der Masse m_1 auf die Masse m_2) und $\mathbf{F}_{21}$ (= Kraft der Masse m_2 auf die Masse m_1) wirken entlang der Verbindungslinie *LN* der zwei Schwerpunkte S_1 und S_2 und greifen in den Schwerpunkten an

Die Erkenntnis, daß dieses aus der Planetenbewegung gefundene Gesetz tatsächlich auch für irdische Körper gilt, ist vielleicht die noch größere Leistung Newtons als das Auffinden des Gesetzes selbst.

Ungefähr um 1714 notierte Newton; „...ich verglich die Kraft, die nötig ist, um den Mond auf seiner Bahn zu halten, mit der Schwerkraft auf der Erdoberfläche und fand, daß sie recht gut zusammenstimmen". Daß also der Mond auf seiner Bahn genauso wie ein Apfel auf der Erdoberfläche von einer durch das Gravitationsgesetz beschriebenen Kraft von der Erde angezogen wird, hatte sich Newton etwa folgend überlegt. Würde der Mond von der Erde nicht angezogen, würde er sich geradeaus bewegen, entsprechend Bahn *AB* in Abb. 2.2. Das aber

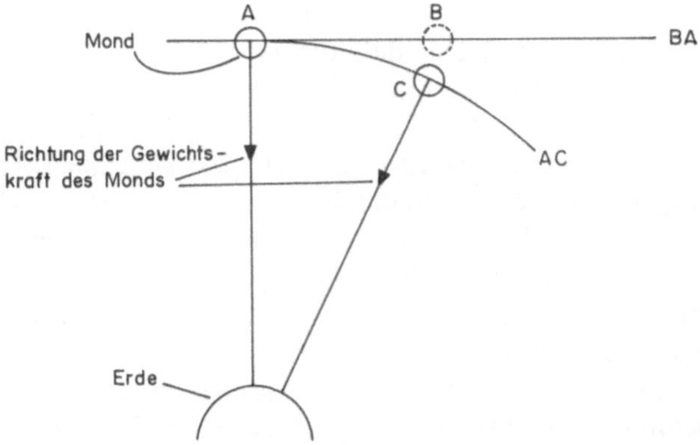

Abb. 2.2. Bewegung des Monds: entlang der Bahn *AB*, wenn keine Erdanziehung wirkt; entlang der Kreisbahn *AC* durch die Wirkung der Erdanziehung

tut er deshalb nicht, weil seine eigene Gewichtskraft den Mond während seiner Bewegung laufend in Richtung Erde fallen läßt, wodurch er eben nicht nach B sondern nach C gelangt, u. zw. entlang der Bahn AC.

Durch die Wirkung der Erdanziehung entsteht eine Kreisbahn. Newton zeigte, daß die hierzu notwendige Gewichtskraft des Monds genau durch dasselbe Gesetz gegeben ist, wie die Gewichtskraft des fallenden Apfels u. zw. unter der Voraussetzung, daß man für die jeweiligen Abstände r die Abstände der Schwerpunkte der betreffenden Körper einsetzt. Wir können diese Überlegung Newtons sehr viel kürzer ausdrücken: Der Mond bewegt sich um die Erde auf einer Kreisbahn mit einem solchen Radius r, daß die Zentrifugalkraft des Monds und die Erdanziehungskraft auf den Mond im Gleichgewicht (gleich groß) sind, s. Beispiel 2.8.

1798 hat H. Cavendish die Größe der Gravitationskonstanten mit Hilfe einer Drehwaage bestimmt. Diese Drehwaage besteht aus zwei hantelförmig angeordneten Massen, an einem dünnen Torsionsfaden aufgehängt.

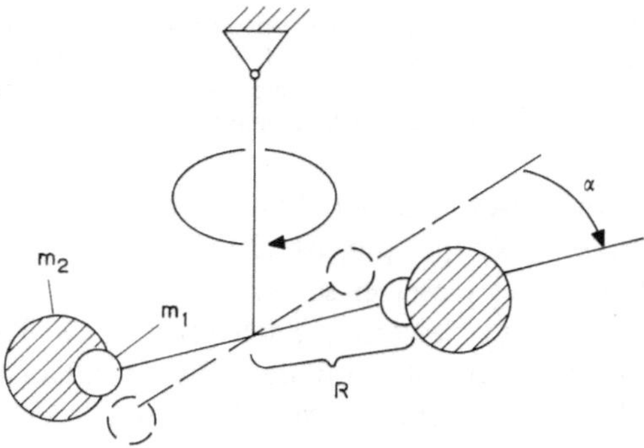

Abb. 2.3. Drehwaage zur Bestimmung der Gravitationskonstanten γ. Durch Annäherung der großen schraffiert gezeichneten Massen m_2 wird auf die drehbar aufgehängten Massen m_1 ein Drehmoment $M = 2 \cdot F \cdot R$ ausgeübt, dessen Größe aus dem Torsionswinkel α bestimmt wird ($M = D \cdot \alpha$, wobei D die Torsions- oder Drillsteifigkeit des Torsionsfadens ist). Aus der Gravitationskraft F ($= M/(2 \cdot R)$) erhält man mit dem Gravitationsgesetz schließlich $\gamma (= 6{,}674 \cdot 10^{-11}\,\mathrm{N \cdot m^2 \cdot kg^{-2}})$

Newton war bereits aufgefallen, daß die Gravitationskräfte zwischen den Himmelskörpern eigentlich dazu führen müßten, daß das Weltall zusammenstürzt. Wenn das Weltall schon immer dagewesen sein sollte, müßte dies natürlich längst passiert sein. Über diese Fragen wurde sehr viel spekuliert; auch Abweichungen vom Gravitationsgesetz wurden in Betracht gezogen. Erst die Beobachtung E. Hubble's im Jahr 1929, daß sich ferne Galaxien umso schneller von uns fort bewegen, je weiter sie von uns entfernt sind, hat dieses Problem gelöst: Das Universum dehnt sich—zumindest derzeit—aus. Daraus folgt natürlich, daß sich alle Himmelskörper früher einmal sehr viel näher gewesen sein müssen. Es spricht viel dafür, daß sich vor etwa $2 \cdot 10^{10}$ Jahren das gesamte Weltall an ein und demselben Ort befunden hat und seit dem damals erfolgten „Urknall" expandiert.

Das Gravitationsgesetz läßt übrigens nicht erkennen, welcher der beiden Körper von welchem angezogen wird. Tatsächlich ist es auch so, daß der eine den anderen mit derselben Kraft anzieht wie der andere den einen. Wollte man sich gegen diese Anziehungskraft stemmen, könnte man es in der in Abb. 2.4 angedeuteten Weise tun. Mit beiden Armen müßte man sich mit derselben Kraft gegen die Körper stemmen und nicht etwa mit geringerer Kraft auf der Seite der kleineren Masse! Analoges gilt beim Dehnen eines Expanders.

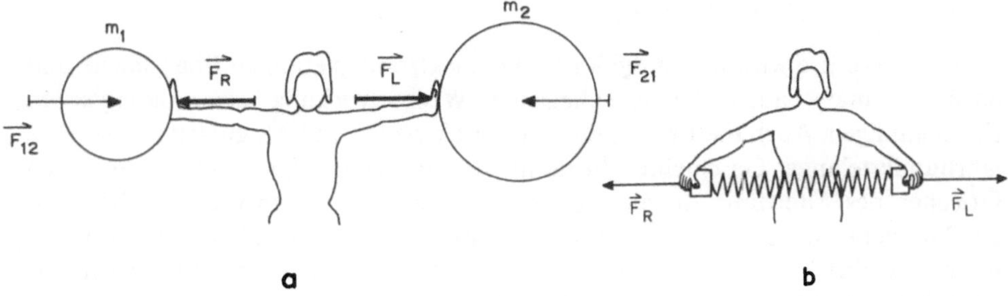

Abb. 2.4. a Um zwei einander anziehende Massen m_1 und m_2 auf konstantem Abstand zu halten, müssen mit beiden Armen Reaktionskräfte derselben Größe in jeweils entgegengesetzter Richtung erbracht werden; $\mathbf{F}_{12}$ und $\mathbf{F}_{21}$ sind die jeweiligen Aktionskräfte, $\mathbf{F}_R$ und $\mathbf{F}_L$ die von den Armen hervorgebrachten Reaktionskräfte, s. Kapitel 2.2. Das hier dargestellte Experiment ist nur im Weltraum durchführbar, auf der Erde würde die Gewichtskraft die Massen m_1 und m_2 *zu* Boden fallen lassen. **b** Hier sind $\mathbf{F}_R$ and $\mathbf{F}_L$ am Expander angreifende Aktionskräfte; auch sie sind dem Betrag nach gleich

c) Masseeinheit und (alte) Krafteinheit

Die mit dem Gravitationsgesetz eingeführte Masse m eines Körpers ist verantwortlich für die Gravitations- oder Schwerkraft. Sie heißt deshalb „schwere Masse“. Als Einheit der schweren Masse gilt die Masse des Internationalen Kilogrammprototyps, diese ist $m = 1$ kg.

Die alte Krafteinheit 1 kp beruht ebenfalls auf der Gravitation. 1 kp ist hier definiert als die Gewichtskraft (kurz: Gewicht) des internationalen Kilogrammprototyps, dessen Masse genau gleich derjenigen einer Wassermenge vom Volumen 1 dm^3 sein sollte. Diese Festlegung erfolgte 1875 im Rahmen der internationalen Konvention über Maße und Gewichte. Später hat sich allerdings herausgestellt, daß der Kilogrammprototyp—ein Platin-Iridium-Zylinder von je 39 mm Höhe und Durchmesser—größer als beabsichtigt ausgefallen war. Abgesehen von dieser Schwierigkeit hat diese Festlegung noch weitere Nachteile. So ist die Gewichtskraft eines solchen Körpers an anderen geographischen Orten, bedingt durch unterschiedlichen Abstand zum Erdmittelpunkt und verschieden große Zentrifugalkraft der Erdrotation, verschieden groß. Ferner ist das Gravitationsfeld auch an einem festen Ort zeitlich nicht stabil. Selbst in Paris drückt also der Kilogrammprototyp nicht immer mit derselben Kraft auf seine Unterlage.

Dies sind einige der Gründe, die 1960 zu einer Neudefinition der Krafteinheit führten. Seither ist international vereinbarte Einheit der Kraft die Größe 1 N (= Newton), wobei gilt:

$$1\,\text{kp} = 9{,}80665\,\text{N} \quad \text{(s. Kapitel 3.1).}$$

Die Masseeinheit 1 kg hingegen ist davon nicht betroffen, diese gilt auch heute in ihrer ursprünglichen Festlegung durch den Internationalen Kilogrammprototyp.

Die Masse m eines homogenen Körpers, also eines Körpers, der nur aus einer Stoffart besteht, ist proportional zu seinem Volumen V. Kennzeichnend für die Stoffart ist daher der Quotient aus Masse durch Volumen, die sogenannte Massendichte ρ; s. Tabelle 2.2.

d) Coulomb-Wechselwirkung

Diese Wechselwirkung ist die Basis aller elektromagnetischen Phänomene und darüber hinaus auch die grundlegende Wechselwirkung aller biologischen Erscheinungen. Auch die Erforschung von Elektrizität und Magnetismus hat eine jahrhundertelange Geschichte. Bekannt waren beide Phänomene schon den Griechen des Altertums, die auch die entsprechenden Namen prägten. Während der Magnetismus jedoch bereits im 11. Jahrhundert in China als Richtungsweiser in der Seefahrt Verwendung fand, wurden elektrische Phänomene bis weit in das 18. Jahrhundert hinein hauptsächlich für Unterhaltungszwecke benutzt.

Coulomb-Kraft. Die Erforschung der Elektrizität machte ab etwa 1600 große Fortschritte und gipfelte zunächst in dem Gesetz, das Ch. A. Coulomb 1785 folgend formulierte:

$$F_{12} = \frac{1}{4 \cdot \pi \cdot \varepsilon_0} \cdot \frac{Q_1 \cdot Q_2}{r^2}$$

Die Kraft F_{12} herrscht zwischen Körpern, die elektrische Ladungen Q_1 und Q_2 tragen und den Abstand r voneinander haben. Die Konstante ε_0 hat den Wert $8{,}85 \cdot 10^{-12}$ $\mathrm{A \cdot s \cdot V^{-1} \cdot m^{-1}}$. Der Faktor $1/(4 \cdot \pi)$ ist historisch bedingt, er könnte genau so gut mit $1/\varepsilon_0$ zu einer einzigen Konstanten zusammengefaßt sein.

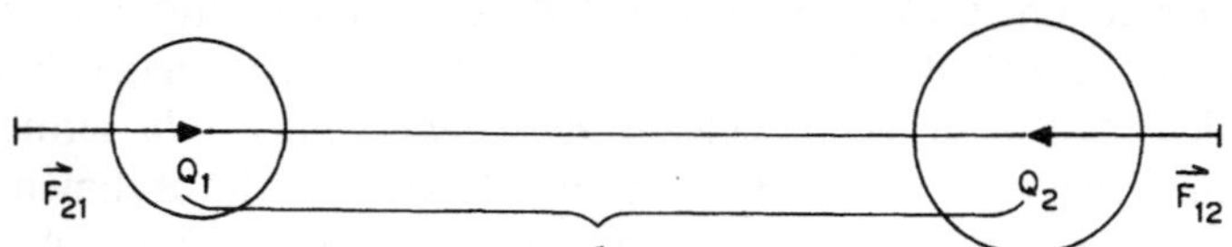

Abb. 2.5. Coulomb-Wechselwirkung: Zwischen zwei Körpern mit den Ladungen Q_1 und Q_2 wirken Kräfte $\mathbf{F}_{12}$ und $\mathbf{F}_{21}$ in Richtung der Verbindungslinie der beiden Ladungsmittelpunkte. Diese Kräfte wirken abstoßend für gleichnamige Ladungen und anziehend für ungleichnamige Ladungen

Ebenfalls auf dem Coulombschen Gesetz basieren jene Kräfte, die für die chemischen Bindungen verantwortlich sind. Besonders deutlich ist dies an der Ionenbindung und an den Van der Waalsschen Nebenvalenzbindungen zu erkennen. Damit wird deutlich, daß letztlich auch alle Wechselwirkungskräfte im Bereich der Molekularbiologie und folglich auch alle Lebensvorgänge auf der elektrischen Coulomb-Kraft beruhen.

Von besonderem Interesse sind für uns die Muskelkräfte. Diese beruhen auf der Fähigkeit der Muskelzellen, sich zu verkürzen. Viele Details dieses Vorgangs sind heute bereits bekannt. Skelettmuskel bestehen aus einzelnen Muskelfasern, diese wiederum aus einer Anzahl Fibrillen. Fibrillen ihrerseits sind aus hintereinander aufgereihten Sarkomeren aufgebaut, den elementaren Einheiten des kontraktilen Apparats. Das Sarkomer besteht aus parallel verlaufenden Filamenten, die sich aus den kontraktilen Proteinen Aktin und Myosin zusammensetzen. Die Aktin- und Myosin-Filamente überlappen sich teilweise. Nach der Gleittheorie kommt es bei der Muskelkontraktion zu einer Verbindung der Myosinköpfe mit dem Aktin und zu einer Konfigurationsänderung des Myosins, die ein Ineinandergleiten der beiden Filamente zur Folge hat. Nähere Einzelheiten s. Lehrbücher der Physiologie. Die hierzu in den Muskelzellen erforderlichen Kräfte stammen aus Nebenvalenzbindungen, die bei der Reizung der Muskelzelle aktiviert werden. Auch die Nebenvalenzbindungen beruhen auf dem Coulombgesetz, d. h. sie entstehen durch anziehende und abstoßende Kräfte zwischen elektrischen Ladungen. Muskelzellen sind übrigens nicht imstande, sich nach erfolgter Verkürzung wieder zu strecken. Hierzu ist in der Regel ein zweiter, antagonistisch wirkender Muskel notwendig. Skelettmuskel beispielsweise treten daher in der Regel als antagonistische Paare beiderseits eines Gelenks auf.

Lorentz-Kraft. Während das Coulombsche Gesetz viele Phänomene der Elektrostatik elegant erklären und verstehen läßt, ist seine Gültigkeit zur Beschreibung elektrodynamischer Phänomene nicht ohne weiteres erkennbar. Deshalb wurden noch im 19. Jahrhundert die Kräfte, die zwischen bewegten Ladungen bestehen, als andersartige Kräfte, nämlich als sogenannte magnetische Kräfte aufgefaßt und diese als von den elektrischen Kräften verschieden angenommen.

Tatsächlich aber sind die zwischen bewegten Ladungen zusätzlich zur Coulomb-Kraft auftretenden Kräfte eine Folge der bei Bewegungen auftretenden Lorentz-Kontraktion (s. Kapitel 1.4). Da dieser Zusammenhang erst sehr spät klar geworden ist und einigermaßen anspruchsvoll ist, hat man das Konzept der magnetischen Kräfte beibehalten. Wir stellen uns demnach vor, daß bewegte Ladungen, beispielsweise Ströme, zunächst ein Magnetfeld mit der Feldstärke **B** erzeugen. Bewegt sich eine Ladung Q in einem solchen Magnetfeld, wirkt auf sie die Lorentz-Kraft (s. Kapitel 13.2)

$$\mathbf{F} = Q \cdot \mathbf{v} \times \mathbf{B}.$$

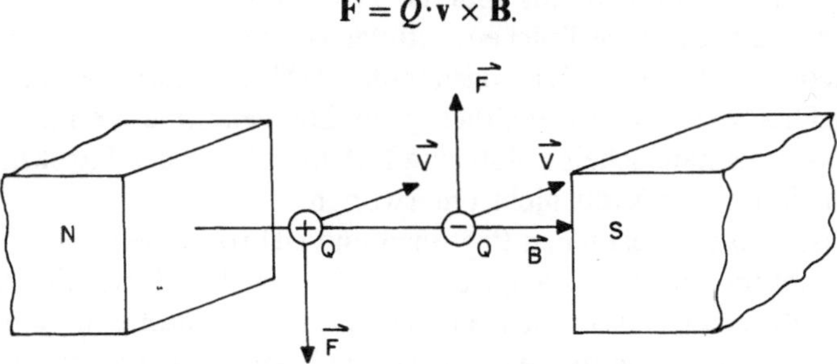

Abb. 2.6. Auf im Magnetfeld bewegte Ladungen wirkt die Lorentz-Kraft. Diese Kraft steht normal zum Magnetfeld und normal zur Bewegungsbahn der Ladungen. Für positive Ladungen Q bilden die Vektoren **v**, **B** und **F** in dieser Reihenfolge ein Rechtssystem, für negative Ladungen Q ein Linkssystem

e) Fundamentale Bausteine der Materie

Auf der Suche nach den elementaren Bausteinen dieser Welt, die ihrerseits nicht mehr aus anderen Teilen aufgebaut sein sollten, waren die Physiker 1935 bei 4

Elementarteilchen angelangt:

Proton, Neutron, Elektron und Neutrino.

In den darauffolgenden Jahren wurden allerdings weit über 100 ähnliche „Elementarteilchen" entdeckt. Durch Elektronenstreuung, also durch Beschuß von Protonen und Neutronen mit Elektronen, ähnlich wie es Geiger, Marsden und Rutherford bei ihren berühmten Streuversuchen mit α-Strahlen getan hatten (Kapitel 15.2), zeigte sich, daß diese im Innern der Protonen und Neutronen auf sehr kleine, elektrisch geladene Kerne stoßen. Damit war klar, daß es sich bei Proton und Neutron nicht um elementare, strukturlose Bausteine handeln konnte. Vielmehr war dies die experimentelle Bestätigung für die Quarktheorie von Murray Gell-Mann und George Zweig vom California Institute of Technology. Nach ihrer Theorie rührt die besagte Struktur von Proton und Neutron daher, daß diese Teilchen aus mehreren sogenannten Quarks aufgebaut sind. Als elementare Bausteine der Natur werden deshalb heute (1988) je sechs

Leptonen und Quarks

angesehen. Leptonen heißt eine Reihe relativ leichter elementarer Teilchen, zu denen auch das Elektron zählt. Quarks sind die elementaren Bausteine aller übrigen subatomaren Bestandteile der Materie, deren bekannteste Vertreter das Proton und das Neutron sind. Leptonen und Quarks lassen sich in 3 Familien einordnen, wobei jede Leptonenfamilie aus einem geladenen und einem sehr viel leichteren ungeladenen Teilchen besteht, beispielsweise aus dem Elektron und dem Elektron-Neutrino. Ebenso gehören zu jeder zugehörigen Quarkfamilie zwei Quarks, die sich durch ihre „Flavor" genannte Eigenschaft („up", „down" etc., s. Tabelle 2.3) unterscheiden. Hinzu kommen noch die entsprechenden Antiteilchen und die die vier Grundkräfte vermittelnden Teilchen Gravitonen, Photonen, intermediäre Bosonen und Gluonen.

Quarks sind nach heutigem Wissen echte Elementarteilchen, d. h. wie die Leptonen strukturlos und nicht aus anderen Teilchen zusammengesetzt. Während Leptonen auch als einzelne freie Teilchen auftreten können, sind freie einzelne Quarks bisher nicht beobachtet worden. Die sogenannte Farbkraft (starke Wechselwirkung) zwischen den Quarks ist außerordentlich groß. Die bekannte Kernkraft, die den Atomkern zusammenhält, scheint bloß eine Nebenwirkung der Farbkraft zu sein. Die Leptonen sind dieser Kraft nicht unterworfen.

Die elektrisch positiv geladenen Protonen und elektrisch neutralen Neutronen treffen wir im Atomkern an (s. Kapitel 20.1). Sie werden durch die Kräfte der starken Wechselwirkung zusammengehalten. Der dritte atomare Baustein, das negativ geladene Elektron, wird vom positiv geladenen Kern angezogen. Daß das Elektron hierbei nicht einfach auf den Kern fällt und auf dessen Oberfläche sozusagen festklebt, sondern eine eigenartige Schwingungsfigur (das sog. Orbital) um den Kern bildet, ist eines der großen Rätsel, die bei der Aufklärung der atomaren Struktur zu lösen waren; wir kommen darauf im Kapitel 17 zu sprechen. Protonen und Elektronen tragen elektrische Ladungen gleichen Betrags, nämlich je die (s. Beispiel 11.16)

$$\text{Elementarladung } e = 1{,}6 \cdot 10^{-19}\,\text{C}.$$

Normalerweise enthält die Atomhülle genau so viele Elektronen wie der Kern Protonen; dann ist das Atom elektrisch neutral. Sind in der Hülle mehr oder weniger Elektronen vorhanden als Protonen im Kern, handelt es sich um ein elektrisch geladenes Atom oder Ion.

2.2 Kräftegleichgewicht

Kräfte bewirken Verformungen und Beschleunigungen. Befinden sich die Aktionskräfte mit statischen Reaktionskräften im Gleichgewicht, treten nur Verformungen auf.

a) Statisches Kräftegleichgewicht; Aktions- und Reaktionskräfte

Ein Springer steht am Ende eines Sprungbretts und biegt dieses durch sein Körpergewicht oder, genauer ausgedrückt, durch die Gewichtskraft **G** seines Körpers. Das Sprungbrett setzt dieser Biegung einen Widerstand entgegen, den der Springer als Kraft **R** in den Fußsohlen fühlt. Da diese Kraft als Reaktion des Bretts gegen die Belastung entsteht, bezeichnet man sie als „Reaktionskraft".

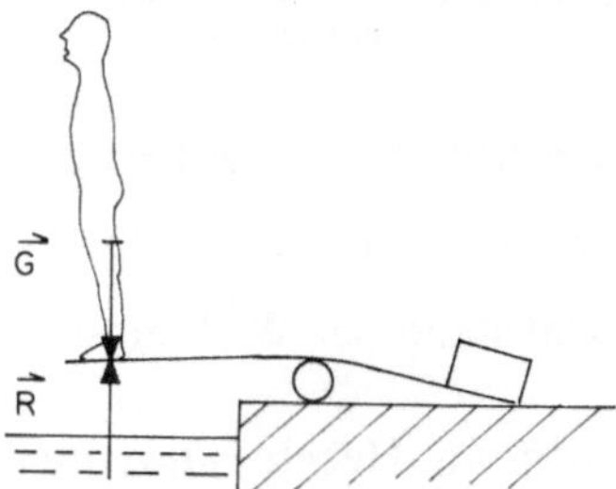

Abb. 2.7. Durch die Gewichtskraft **G** des Springers wird das Sprungbrett gebogen, bis die hierdurch erzeugte, der Gewichtskraft entgegengesetzt gerichtete Reaktionskraft **R**, dem Betrag nach gleich groß ist, wie die Gewichtskraft des Springers

Wenn der Springer das Brett betritt, biegt es sich zunächst durch. Mit zunehmender Biegung wird die Reaktionskraft **R** größer, bis sie dem Betrag nach gleich groß ist wie die „Aktionskraft" **G**. Dann herrscht statisches Gleichgewicht zwischen Reaktionskraft und Aktionskraft. Die vektorielle Summe der beiden Kräfte ist Null:

$$\mathbf{G} + \mathbf{R} = 0.$$

Da sich im Zustand des statischen Gleichgewichts die Kräfte gegenseitig aufheben, treten keinerlei Bewegungen auf. Diese Gleichgewichtsbedingung läßt sich auch auf komplexere Situationen verallgemeinern; s. Beispiel 2.2. Allgemein lautet die Bedingung für statisches Kräftegleichgewicht:

$$\sum_i \mathbf{F}_i = 0$$

d. h. die Summe aller auftretenden Kräfte muß Null sein.

b) Statisches Momentengleichgewicht

Mit Hilfe von Hebeln lassen sich Kräfte erheblich vergrößern und umgekehrt auch verkleinern. Die kraftvergrößernde Wirkung eines Hebels wird beispielsweise mit Hilfe der Brechstange genutzt.

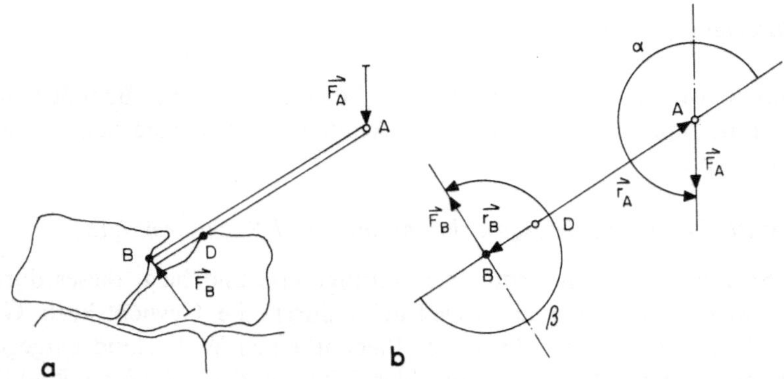

Abb. 2.8. **a** Hebelwirkung einer Brechstange. Der Auflagepunkt *D* wirkt als Drehpunkt. **b** Beschreibung der Hebelarme durch Vektoren $\mathbf{r}_A$ und $\mathbf{r}_B$. Die Wirkungslinien der Kraftvektoren sind strichpunktiert eingezeichnet

Für die Aktionskräfte in der Abb. 2.8 gilt das bekannte Hebelgesetz in der Form

$$F_A \cdot r_A \cdot \sin\alpha = F_B \cdot r_B \cdot \sin\beta,$$

da als Hebel nur der Normalabstand der Wirkungslinie der Kraft von der Drehachse wirkt.

Die Wirkung von Kräften an Hebeln und drehbaren Körpern läßt sich übersichtlicher mit Hilfe des Drehmomentbegriffs beschreiben. Das Drehmoment **M** einer Kraft **F** ist ebenfalls ein Vektor (genau genommen ein axialer Vektor). Der Betrag *M* dieses Vektors ist gleich dem Produkt aus Kraft mal Normalabstand der Kraft vom Drehpunkt: $M = F \cdot r \cdot \sin\gamma$, wobei γ der Winkel zwischen der Kraft und dem Hebelarm ist, u. zw. vom Hebelarm zur Kraft hin gemessen. Die Wirkungslinie dieses Vektors ist parallel zur Drehachse, also normal auf jene Ebene, in der Kraft **F** und Hebelarm **r** liegen. Die Richtung des Drehmomentvektors schließlich gibt den Drehsinn der Kraft **F** an und ist so vereinbart, daß man eine Drehung im Uhrzeigersinn sieht, wenn man in Richtung des Drehomentvektors blickt. In Vektorschreibweise lautet das alles kurz:

$$\mathbf{M} = \mathbf{r} \times \mathbf{F},$$

wobei **r** der vom Drehpunkt zum Angriffspunkt der Kraft **F** zeigende Vektor des Hebelarms ist. In der Abb. 2.9 ist dies alles zusammengefaßt.

Mit dem Drehmomentbegriff lautet das Hebelgesetz:

$$\mathbf{M}_A + \mathbf{M}_B = 0.$$

$\mathbf{M}_A$ ist im obigen Beispiel das Aktionsmoment und $\mathbf{M}_B$ ist das Reaktionsmoment. Sehr oft sind die Reaktionsmomente nicht durch eine einzelne Kraft verwirklicht,

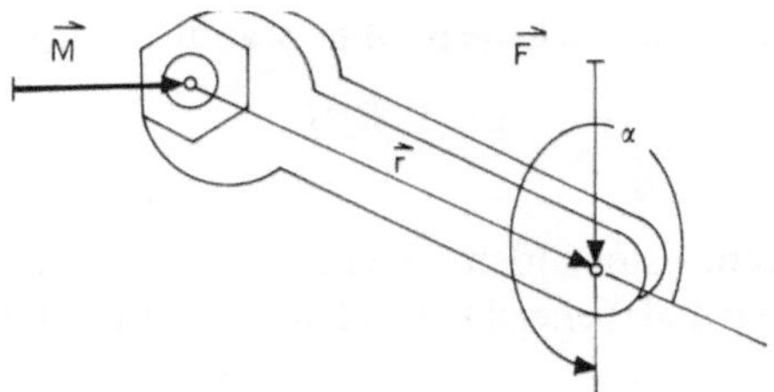

Abb. 2.9. Zur Definition des Drehmomentvektors **M** = **r** × **F**. **M** steht normal auf die durch **r** und **F** festgelegte Ebene und zeigt in Bewegungsrichtung einer Rechtsschraube. Der Betrag ist $M = F \cdot r \cdot \sin\alpha$. $r \cdot \sin\alpha$ kann als „wirksamer Hebelarm" aufgefaßt werden

sondern, (wie in der Abb. 2.9) durch kontinuierlich (am Umfang des Gewindes) verteilte Reibungskräfte. Ähnliches gilt übrigens beim Lockern von Zähnen mittels der Zahnzange.

Bei dem obigen Beispiel greift die Aktionskraft am längeren Hebelarm an. An den Gliedmaßen von Mensch und Tier wirkt die Muskelkraft in der Regel am kürzeren Hebelarm. Dadurch werden zwar größere Muskelkräfte erforderlich, zur Erzeugung von Bewegungen jedoch bedarf es dadurch entsprechend kleinerer Muskelkontraktionen; s. Beispiel 2.3.

c) *Schwerpunkt*

Die Wirkung einer Kraft auf einen ausgedehnten Körper hängt davon ab, wo diese angreift. Dies gilt auch für die Gewichtskraft eines Körpers. Deren Angriffspunkt (= Schwerpunkt) ist nur bei Körpern sehr hoher Symmetrie intuitiv angebbar, beispielsweise bei homogenen Kugeln der geometrische Mittelpunkt. Anderenfalls läßt er sich folgend finden: Legt bzw. stellt man den betreffenden Körper auf einen Hebel, erzeugt seine Gewichtskraft ein Drehmoment, dessen Größe durch eine einfache Kraftmessung bestimmbar ist.

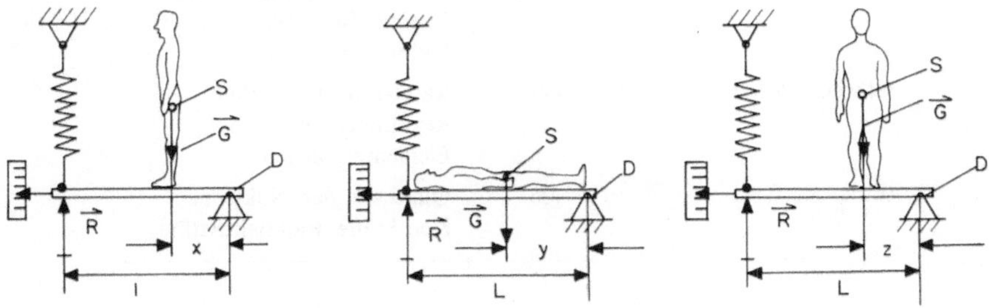

Abb. 2.10. Bestimmung der Schwerpunktlage nach der Momentenmethode. L = Hebellänge. Der Abstand x, y bzw. z des Schwerpunkts S vom Drehpunkt D ergibt sich aus dem Momentengleichgewicht. Durch die angedeuteten drei Messungen kann die Lage des Schwerpunkts S eindeutig bestimmt werden

Mit den Bezeichnungen der Abb. 2.10 lautet das Momentengleichgewicht z. B.:

$$G \cdot x - R \cdot L = 0,$$

woraus für den Abstand x des Schwerpunkts S vom Drehpunkt D

$$x = L \cdot R / G$$

folgt.

Beim ruhig aufrecht stehenden Menschen liegt der Schwerpunkt im Beckenraum in einer Vertikalebene, die durch die wichtigsten Gelenke des Körpers hindurch geht.

d) Gleichgewicht

Eine homogene Kugel mit dem Schwerpunkt im Kugelmittelpunkt befinde sich auf einer horizontalen Unterlage: Abb. 2.11, Teilbild a. Dieses Gleichgewicht heißt indifferentes Gleichgewicht, weil diese Kugel sich auch in allen benachbarten Positionen im Gleichgewicht befindet. Sie bleibt an jeder Stelle in Ruhe.

Liegt die Kugel in einer Vertiefung (Teilbild b), bleibt sie nur an der tiefsten Stelle in Ruhe. In allen anderen Positionen bewegt die Tangentialkomponente **T** der Gewichtskraft die Kugel zur tiefsten Stelle hin: stabiles Gleichgewicht. Liegt die Kugel auf einer konvexen Unterlage (Teilbild c), bleibt sie nur im höchsten Punkt im statischen Gleichgewicht: labiles Gleichgewicht. In allen anderen Punkten bewegt **T** die Kugel noch weiter weg von der Gleichgewichtsposition.

Zusammenfassung 2.A

I. Fundamentale Wechselwirkungsarten:

Tabelle 2.1. Wechselwirkungsarten

Wechselwirkung	Reichweite	Dominierende Kraft für
Gravitation	unendlich	Struktur des Weltalls, Struktur der Planeten, Natur und Technik
Elektromagn. Kraft	unendlich	Atombau, Molekülstruktur, Chemie, Biologie, Natur u. Technik
schwache Kraft	10^{-16} cm	Radioaktiver β-Zerfall, Reaktionen zwischen Elementarteilchen
starke Kraft	10^{-13} cm	Quarks in den Nukleonen, Kernkräfte, Radioaktivität

II. Das Gravitationsgesetz

$$F = \gamma \cdot \frac{m_1 \cdot m_2}{r^2} \tag{2.1}$$

wurde von I. Newton aufgrund der Keplerschen Gesetze der Planetenbewegung gefunden. γ ist die Gravitationskonstante:

$$\gamma = 6{,}674 \cdot 10^{-11}\ \mathrm{N \cdot m^2 \cdot kg^{-2}}$$

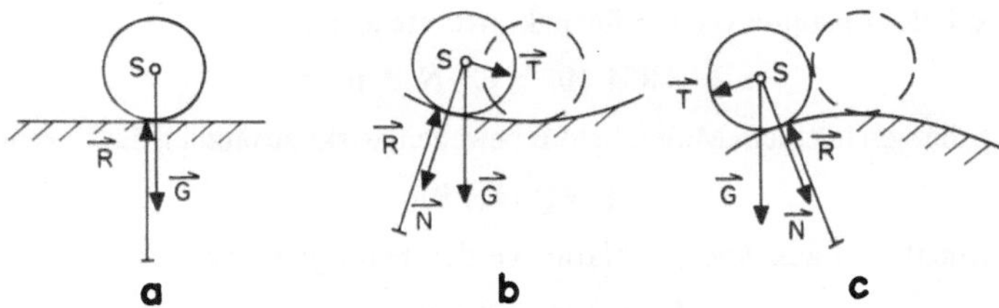

Abb. 2.11. Indifferentes (**a**) stabiles (**b**) und labiles (**c**) Gleichgewicht einer Kugel. *S* ist der Kugelschwerpunkt, **G** die Gewichtskraft der Kugel mit Normal- (**N**) und Tangentialkomponente (**T**), **R** ist die Reaktionskraft der Unterlage. Ohne Reibung kann die Reaktionskraft **R** nur normal zur Oberfläche der Kugel wirken. Die Tangentialkomponente **T** der Gewichtskraft **G** bleibt ohne statische Reaktionskraft, sie wirkt daher beschleunigend

m_1 und m_2 sind die Massen der beiden einander anziehenden Körper. Die Einheit der Masse ist die Masse des Internationalen Kilogrammprototyps, diese ist

$$[m] = 1\,\text{kg}.$$

Die Einheit der Kraft F ist seit 1960

$$[F] = 1\,\text{N}.$$

Die alte Krafteinheit ist

$$[F] = 1\,\text{kp} = 9{,}80665\,\text{N (s. Kapitel 3.1).} \tag{2.2}$$

Tabelle 2.2. Massendichten verschiedener Stoffe

Stoffart	Massendichte ρ
Luft (STP)*	$0{,}0012928\,\text{g}\cdot\text{cm}^{-3}$
CO_2 (STP)*	$0{,}0019768\,\text{g}\cdot\text{cm}^{-3}$
Wasser bei 4 °C	$1{,}0000\,\text{g}\cdot\text{cm}^{-3}$
Blutplasma	$1{,}03\,\text{g}\cdot\text{cm}^{-3}$
Blut	$1{,}06\,\text{g}\cdot\text{cm}^{-3}$
Erythrozyten	$1{,}10\,\text{g}\cdot\text{cm}^{-3}$
Knochen	$1{,}15$ bis $1{,}5\,\text{g}\cdot\text{cm}^{-3}$
Eisen	$7{,}86\,\text{g}\cdot\text{cm}^{-3}$
Messing	$8{,}5\,\text{g}\cdot\text{cm}^{-3}$
Blei	$11{,}34\,\text{g}\cdot\text{cm}^{-3}$
Hg bei 0 °C	$13{,}595\,\text{g}\cdot\text{cm}^{-3}$
Hg bei 20 °C	$13{,}546\,\text{g}\cdot\text{cm}^{-3}$

*STP = Standard Temperatur und Druck, s. Zusammenfassung 5.A

III. Zwischen elektrisch geladenen Körpern wirkt eine Kraft entsprechend dem Coulombschen Gesetz:

$$F_{12} = \frac{1}{4\cdot\pi\cdot\varepsilon_0}\cdot\frac{Q_1\cdot Q_2}{r^2} \tag{2.3}$$

Q_1 und Q_2 sind die elektrischen Ladungen der beiden Körper, r ihr gegenseitiger Abstand.

Die elektrische Feldkonstante oder Influenzkonstante ε_0 ist

$$\varepsilon_0 = 8{,}854 \cdot 10^{-12}\,\mathrm{C}^2 \cdot \mathrm{N}^{-1} \cdot \mathrm{m}^{-2}.$$

Auf Ladungen, die sich in einem Magnetfeld **B** bewegen, wirkt zusätzlich die Lorentz-Kraft:

$$\mathbf{F} = Q \cdot (\mathbf{v} \times \mathbf{B}) \tag{2.4}$$

IV. Als elementare Bausteine der Natur werden heute je sechs

Leptonen und Quarks

angesehen. Diese lassen sich in je 3 Familien ordnen. Jede Leptonenfamilie besteht aus einem geladenen und einem ungeladenen, sehr leichten Teilchen. Jede Quarkfamilie besteht aus zwei Quarks, die sich durch ihre „Flavor"-Eigenschaft („up", „down" etc.) unterscheiden. (S. auch Kapitel 20.5.)

Tabelle 2.3. Fundamentale Bausteine der Materie

Familie	1	2	3
Leptonen	Elektron	Myon	Tauon
	Elektron-Neutrino	Myon-Neutrino	Tauon-Neutrino
Quarks	up-Quark	charm-Quark	top-Quark
	down-Quark	strange-Quark	beauty-Quark

V. Statisches Gleichgewicht herrscht, wenn die vektorielle Summe aller Kräfte Null ist:

$$\sum_i \mathbf{F}_i = 0 \tag{2.5}$$

und die vektorielle Summe aller Drehmomente Null ist:

$$\sum_i \mathbf{M}_i = 0. \tag{2.6}$$

Die Gewichtskräfte ausgedehnter Körper greifen im Schwerpunkt dieser Körper an.

Beispiel 2.1. Berechnung der Erdmasse m_E aus der Gewichtskraft G einer Masse von $m = 1\,\mathrm{kg}$ auf der Erdoberfläche (Erdradius $r_E = 6{,}37 \cdot 10^6\,\mathrm{m}$).

Aus Gleichung 2.1 ist $G = 9{,}81\ \mathrm{N} = \gamma \cdot m \cdot m_E / r_E^2$, woraus $m_E = 9{,}81\,\mathrm{N} \cdot (6{,}37 \cdot 10^6\,\mathrm{m})^2 / (6{,}674 \cdot 10^{-11}\,\mathrm{N} \cdot \mathrm{m}^2 \cdot \mathrm{kg}^{-2} \cdot 1\,\mathrm{kg}) = 5{,}96 \cdot 10^{24}\,\mathrm{kg}$.

Beispiel 2.2 Wir betrachten das in der Klettertechnik benutzte Kraftdreieck und nehmen an, der Vorauskletternde sei abgestürzt und hängt nun am Karabiner in Punkt C (Abb. 2.13).

Grundsätzlich kann man mit Hilfe der Gleichgewichtsbedingung in jedem Punkt die auftretenden Kräfte bestimmen. Beginnen wir mit Punkt C: Dort wirkt—nachdem der Sturz abgebremst worden ist—die Gewichtskraft **G** des Gestürzten als Aktionskraft in vertikaler Richtung. Ferner wirken hier die Reaktionskräfte $\mathbf{R}_A$ und $\mathbf{R}_B$ der Bänder, die das Seil mit den Fixpunkten A und B verbinden. Die Beträge der Kräfte $\mathbf{R}_A$ und $\mathbf{R}_B$ sind zunächst noch unbekannt. Wir wissen nur, daß sie in Zugrichtung der Bänder wirken. Ihre Wirkungslinien A und B können wir sofort einzeichnen (Teilbild **b** in der Abb. 2.13). Der Schnittpunkt dieser Wirkungslinien legt nun auch die Größen der Reaktionskräfte $\mathbf{R}_A$ und $\mathbf{R}_B$ fest.

Beispiel 2.3. Die zum Anheben einer Masse von 10 kg mindestens notwendige Bizepskraft F_B (s. Abb. 2.14; $G_A = 20\,\mathrm{N}$, $a = 150\,\mathrm{mm}$, $b = 50\,\mathrm{mm}$, $c = 350\,\mathrm{mm}$):

Die geringste Kraft ergibt sich für etwa rechtwinklig gebeugten Arm ($\beta = \pi/2$). Die Gleichgewichtsbedingung für Drehmomente lautet:

$$\mathbf{M}_{\text{Last}} + \mathbf{M}_{\text{Unterarm}} + \mathbf{M}_{\text{Bizeps}} = 0$$

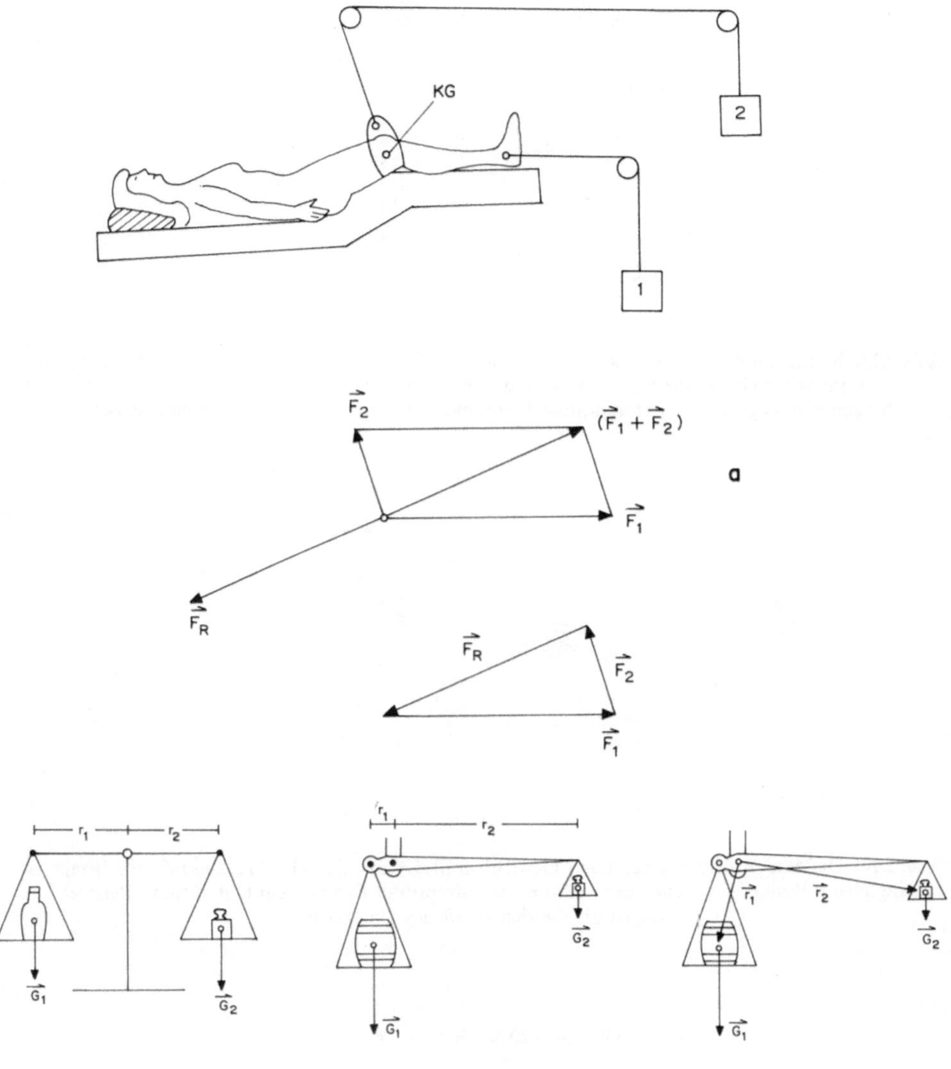

Abb. 2.12. Statisches Gleichgewicht; **a** Kräftegleichgewicht. Am Kniegelenk wirken die Kräfte $\mathbf{F}_1$ und $\mathbf{F}_2$ der Seilzüge und die Reaktionskraft $\mathbf{F}_R$ des Oberschenkels (es handelt sich um einen Skelettzug bei Oberschenkelfraktur; die auf den Oberschenkel einwirkende resultierende Aktionskraft $\mathbf{F}_1 + \mathbf{F}_2$ soll etwa in Richtung der Oberschenkelachse ziehen). Das Kräftepolygon ist geschlossen, die Kräftesumme ist Null. **b** Momentengleichgewicht. Links: das Hebelgesetz in der naivsten Form; Gleichgewicht gibt es hier dann, wenn $G_1 = G_2$, d.h. gleich große Gewichte vorliegen. Mitte: Hebelgesetz bei ungleicharmigen Hebeln: $r_1 \cdot G_1 = r_2 \cdot G_2$. Die wirksamen Hebelarme werden vom Drehpunkt zur Kraft und normal zur Wirkungslinie der Kraft gemessen. Rechts: In vektorieller Schreibweise sind $\mathbf{r}_1$ und $\mathbf{r}_2$ die Vektoren von der Drehachse zum Angriffspunkt der zugehörigen Kraft. Das Hebelgesetz lautet dann: $\sum \mathbf{M}_i = 0$, mit $\mathbf{M}_i = \mathbf{r}_i \times \mathbf{F}_i$

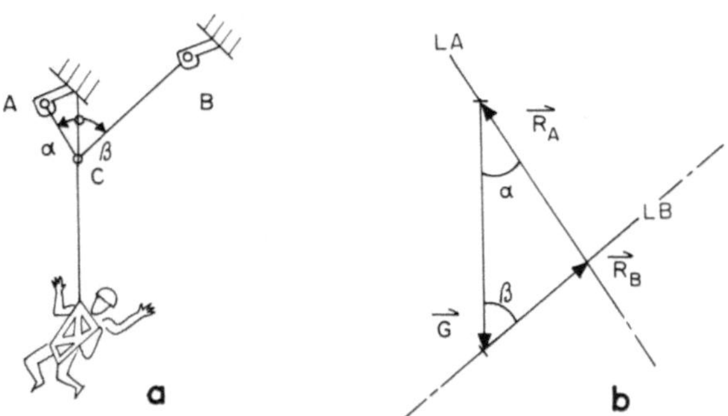

Abb. 2.13. Kräfte am Kraftdreieck: **a** *A* and *B* sind zwei Fixpunkte, z. B. zwei Haken; in *C* hängt der Gestürzte am Seil. **b** Die Kräfte $\mathbf{R}_A$ und $\mathbf{R}_B$ (mit den Wirkungslinien *LA* und *LB*) in den Bändern lassen sich nach den Regeln der Vektoraddition bestimmen: Das Kräftepolygon muß geschlossen sein

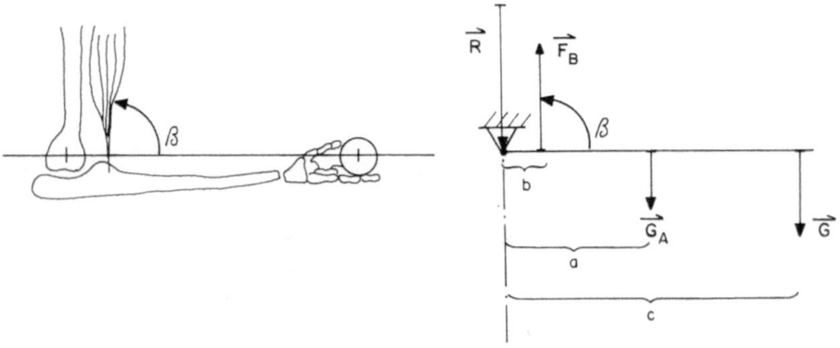

Abb. 2.14. Die zum Anheben einer Last (Gewichtskraft **G**) erforderliche Muskelkraft des Bizeps ist abhängig vom Winkel β zwischen der Richtung der Bizepskraft $\mathbf{F}_B$ und dem Unterarm (s. Beispiel 2.2). $\mathbf{G}_A$ ist die Gewichtskraft des Unterarms

oder

$$-100\,\mathrm{N}\cdot 350\,\mathrm{mm} - 20\,\mathrm{N}\cdot 150\,\mathrm{mm} + F_B\cdot 50\,\mathrm{mm} = 0,$$

woraus $F_B = 760\,\mathrm{N}$ folgt.

Beispiel 2.4. Beim Stehen muß die Wirkungslinie der Gewichtskraft des Körpers den Boden im Bereich der Standfläche treffen, d.h. im Bereich der durch die äußersten Berührungspunkte beider Füße begrenzten Fläche.

Der Schwerpunkt ist nicht nur für die Gewichtskraft von Bedeutung. Die Newtonschen Gesetze gelten für ausgedehnte Körper bezüglich des Schwerpunkts. Die Lage des Schwerpunkts des Menschen ist natürlich auch von der Körperhaltung abhängig. Dies machen sich Hochspringer bei der Fosbury-Flop-Sprungtechnik zunutze, indem sie den Schwerpunkt *unterhalb* der Latte hindurchbewegen.

Beispiel 2.5. Kräfte in den Gelenkflächen des Knies. Beim aufrechten Stehen auf beiden Beinen entfallen auf ein Kniegelenk etwa 43% der Körper-Gewichtskraft **G** (etwa 7% von **G** entfallen auf je einen Unterschenkel mit Fuß). Die Belastung der Gelenkflächen wird beim Hocken erheblich vergrößert, s. Abb. 2.15; sie erreicht dann ein Vielfaches des Werts beim Stehen.

Aus Abb. 2.15 b erhält man zunächst für die Kraft im Kniescheibenband $\mathbf{F} = 3\cdot 0{,}43\cdot \mathbf{G}$. Auf die Gelenksfläche wirkt die Summe $0{,}43\cdot \mathbf{G} + \mathbf{F}$, was dem Betrag nach hier schon mehr als $1{,}5\cdot G$ ausmacht. Je tiefer man in die Hocke geht, desto stärker wird die Gelenkfläche belastet.

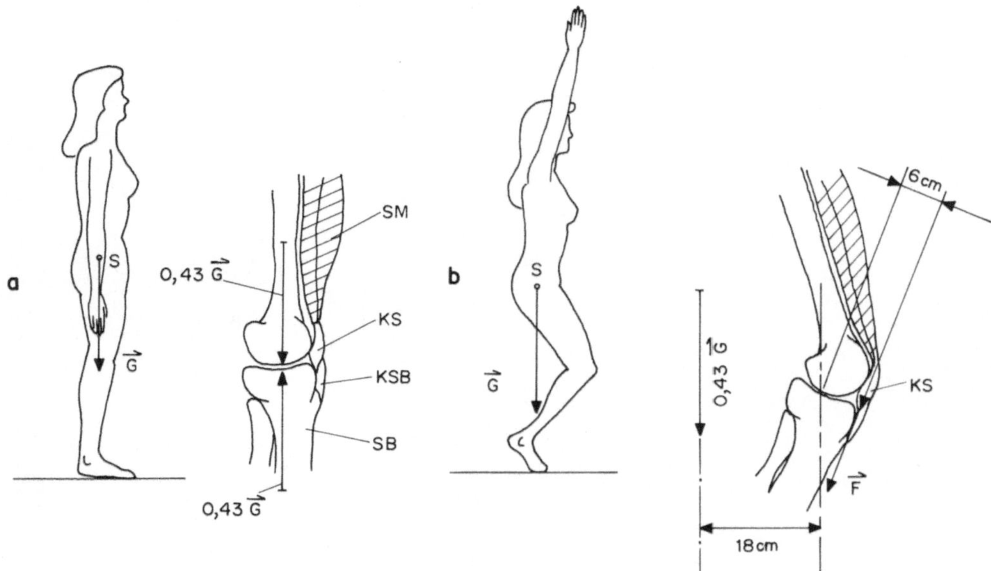

Abb. 2.15. Kräfte in den Kniegelenksflächen. SM = (insgesamt 4) Oberschenkelmuskel, KS = Kniescheibe, KSB = Kniescheibenband, SB = Schienbein; **a** beim aufrechten Stehen; **b** beim Hocken

Beispiel 2.6. Wirksame Hebelarme r_1, r_2 und r_3 (= Normalabstände der Wirkungslinien der Kräfte von der Drehachse) am Ellbogengelenk: Abb. 2.16.

Beispiel 2.7. Stehen. In der Normalstellung verläuft die Wirkungslinie der Gewichtskräfte von Kopf und Rumpf durch die Verbindungslinie der Mittelpunkte beider Hüft-, Knie- und Fußgelenke. Zwar bedarf es in dieser Stellung nur minimaler Muskelkräfte, jedoch befinden sich alle Körperteile im labilen Gleichgewicht. Diese Haltung wird daher als unangenehm empfunden. Sicherer fühlt man sich, wenn die Wirkungslinie der Gewichtskräfte der einzelnen Körperabschnitte vor der Verbindungslinie der Mittelpunkte beider Fußgelenke liegt. In diesem Zustand müssen allerdings mehrere Muskelgruppen erhebliche Kräfte aufbringen, was zu schneller Ermüdung führt.

Beispiel 2.8. Newtonsches Gravitationsgesetz. Das dritte Keplersche Gesetz lautet: „Die Quadrate der Umlaufzeiten T zweier Planeten verhalten sich wie die Kuben der großen Halbachsen r ihrer Bahnen", oder kurz:

$$\frac{r^3}{T^2} = \text{konstant} = C.$$

Für die Beschleunigung der Kreisbahn $a = \omega^2 \cdot r = 4 \cdot \pi^2 \cdot \frac{r}{T^2}$ ergibt das

$$a = 4 \cdot \pi^2 \cdot \frac{C}{r^2}$$

Also muß nach dem 2. Newtonschen Gesetz ($F = m \cdot a$, s. Kapitel 3) die Sonne einen Planeten mit der Masse m mit der Kraft

$$F = m \cdot a = 4 \cdot \pi^2 \cdot C \cdot \frac{m}{r^2}$$

anziehen. Nach dem 3. Newtonschen Gesetz muß (s. Kapitel 3) der Planet die Sonne mit einer Kraft derselben Größe (aber in entgegengesetzter Richtung) anziehen. Diese Kraft muß in Analogie zur Kraft auf den Planeten proportional zur Sonnenmasse M sein, ferner natürlich auch proportional zur

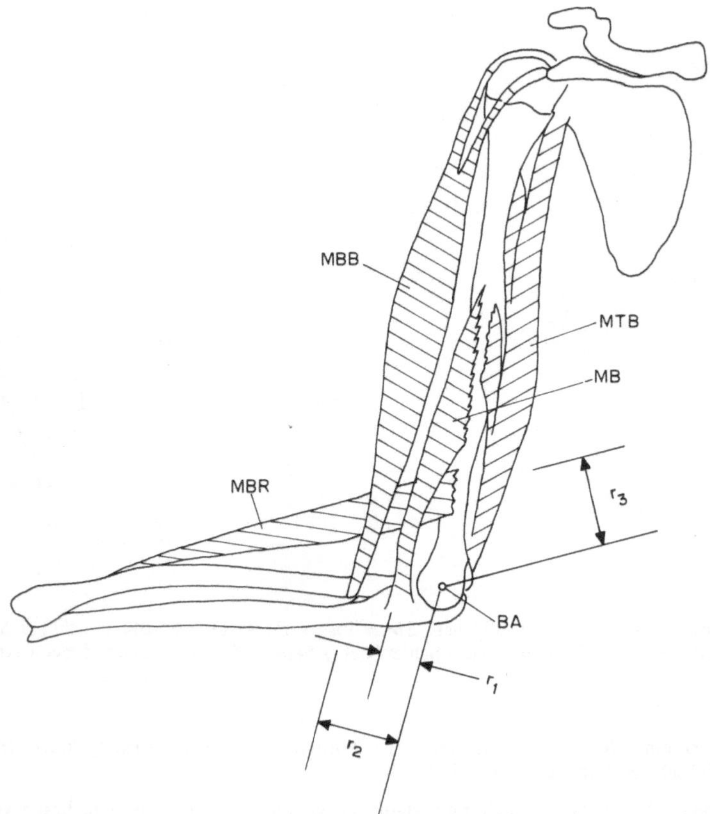

Abb. 2.16. Ellbogengelenk. MBB = Musculus biceps brachii, MBR = M. brachioradialis, MTB = M. triceps brachii, MB = M. brachialis, BA = Beugeachse des Gelenks

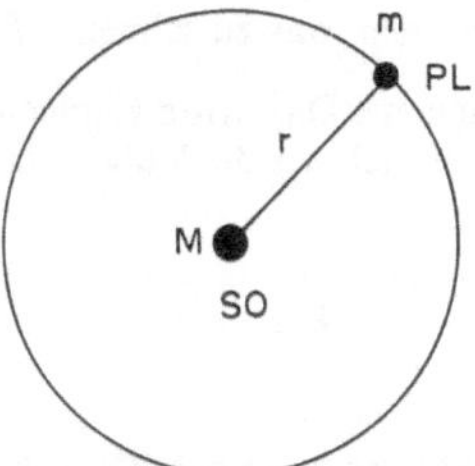

Abb. 2.17. Zur Herleitung des Newtonschen Gravitationsgesetzes aus dem 3. Keplerschen Gesetz. SO = Sonne (Masse M), PL = Planet (Masse m)

Planetenmasse m und indirekt proportional zum Abstandsquadrat r^2:

$$F = \gamma \cdot \frac{M \cdot m}{r^2}.$$

Dies ist das von Isaac Newton 1666 gefundene allgemeine Gravitationsgesetz, nach welchem die zwischen zwei Körpern wirkende Anziehungskraft F proportional ist zu dem Produkt aus den beiden Körpermassen m_1 und m_2 und indirekt proportional ist zu dem Quadrat des Abstands r zwischen ihren Schwerpunkten:

$$F = \gamma \cdot \frac{m_1 \cdot m_2}{r^2}.$$

Der Proportionalitätsfaktor γ heißt „Gravitationskonstante".

Beispiel 2.9. Vergleich der Gravitations- mit der Coulombkraft zwischen Kern und Elektron eines Wasserstoffatoms. Die elektrischen Ladungen Q von Kern und Elektron sind gleich groß u. zw. ist $Q = 1{,}6021 \cdot 10^{-19}\,\mathrm{A \cdot s}$. Die Kernmasse (= Protonenmasse) beträgt $m_H = 1{,}6725 \cdot 10^{-27}\,\mathrm{kg}$, die Elektronenmasse beträgt $m_e = 9{,}1091 \cdot 10^{-31}\,\mathrm{kg}$.

Die Gravitationskonstante ist $\gamma = 6{,}67 \cdot 10^{-11}\,\mathrm{N \cdot m^2 \cdot kg^{-2}}$ und die Influenzkonstante ist $\varepsilon_0 = 8{,}85 \cdot 10^{-12}\,\mathrm{N^{-1} \cdot m^{-2} \cdot A^2 \cdot s^2}$. Der Abstand r zwischen Kern und Elektron beträgt etwa $5 \cdot 10^{-11}\,\mathrm{m}$. Somit ist die Gravitationskraft

$$F_G = \gamma \cdot m_H \cdot m_e / r^2 = 4{,}06 \cdot 10^{-47}\,\mathrm{N}.$$

Die Coulombkraft hingegen beträgt nur

$$F_C = (1/(4 \cdot \pi \cdot \varepsilon_0)) \cdot Q^2/r^2 = 9{,}23 \cdot 10^{-8}\,\mathrm{N}.$$

Wie man sieht, kann die Gravitationskraft für den Atombau keinerlei Rolle spielen.

Aufgabe 2.1. Geostationärer Satellit. Welchen Radius R muß die Kreisbahn eines Satelliten (beliebige Masse m) haben, der auf einer Kreisbahn in der Äquatorebene so um die Erde läuft, daß er einem Beobachter auf der Erde (Erdmasse $m_E = 5{,}96 \cdot 10^{24}\,\mathrm{kg}$) feststehend erscheint. (Die Winkelgeschwindigkeit der Erde beträgt $\omega_E = 7{,}3 \cdot 10^{-5}\,\mathrm{s^{-1}}$.)

Aufgabe 2.2. Was würde passieren, wenn die Beträge der zwei Kräfte $\mathbf{F}_R$ und $\mathbf{F}_L$ in Abb. 2.4 nicht gleich groß wären?

Aufgabe 2.3. Der Haken im Fixpunkt B von Beispiel 2.2 muß die dort auftretende Reaktionskraft aufnehmen. Bestimmen Sie deren Größe für $\alpha = \beta = \pi/4$ und $G = 800\,\mathrm{N}$.

Aufgabe 2.4. Man berechne die in Beispiel 2.3 am Ellbogen auftretende Reaktionskraft $\mathbf{R}$ aus der Gleichgewichtsbedingung für die Kräfte $(\mathbf{R} + \mathbf{F}_B + \mathbf{G}_A + \mathbf{G} = 0)$.

Aufgabe 2.5. Warum konnte R im Beispiel 2.3 unberücksichtigt bleiben?

Aufgabe 2.6. Wird der Winkel zwischen der Zugrichtung der Bizepskraft $\mathbf{F}_B$ und dem Unterarm größer oder kleiner als $\pi/2$, ist die erforderliche Muskelkraft entsprechend größer. Berechnen Sie F_B für den Fall, daß der Arm deutlich gestreckt ist: $\beta = 5 \cdot \pi/6$.

2.3 Elastostatik

a) Chemische Bindung

Zusammenhalt oder Kohäsion der Moleküle und Atome fester Körper basieren grundsätzlich auf dem Coulomb-Gesetz. Dabei gibt es im einzelnen Unterschiede, die durch die Struktur der Elektronenhüllen der Atome verursacht werden, s. Kapitel 17. Für ein grundsätzliches Verständnis genügen schon relativ geringe Kenntnisse der Atomstruktur, deren wesentliche Merkmale der aus Neutronen und Protonen bestehende positiv geladene Kern und die aus negativ geladenen Elektronen bestehende Atomhülle sind.

Wir betrachten als Beispiel das Wasserstoffmolekül H_2. Dieses besteht aus zwei Protonen und zwei Elektronen. Die Elektronen können hier um beide Atomkerne ein gemeinsames σ-Orbital bilden (s. Kapitel 18). Zwischen den beiden Kernen erhöht sich dadurch die Aufenthaltswahrscheinlichkeit der Elektronen.

Die Kräftebilanz für dieses Molekül setzt sich aus folgenden Anteilen zusammen:

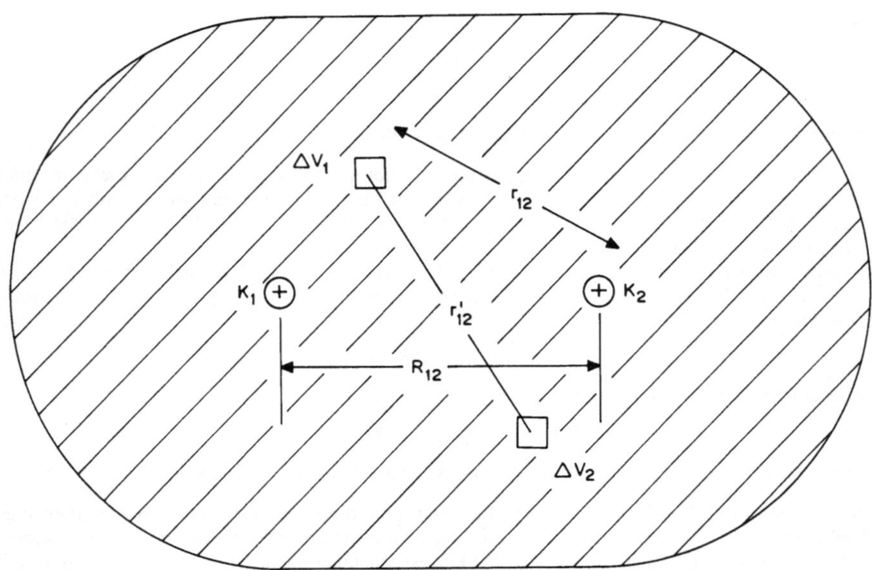

Abb. 2.18. Vereinfachtes Elektronenorbital des H_2-Moleküls (durch den Schraffierten Bereich angedeutet). Die Kerne K_1 und K_2 tragen die positiven Ladungen Q_1 und Q_2, die Volumenteile ΔV_1 und ΔV_2 des Elektronenorbitals die negativen Ladungen q_1 und q_2

1. Coulombsche Anziehungskräfte. Zwischen jeweils einem der beiden Atomkerne und allen negativen Ladungsanteilen des Elektronenorbitals, z. B.

$$\frac{1}{4\cdot\pi\cdot\varepsilon_0}\cdot\frac{q_1\cdot Q_2}{r_{12}^2}$$

2. Coulombsche Abstoßungskräfte. Zwischen den beiden Atomkernen und zwischen allen Ladungsanteilen des Elektronenorbitals:

$$\frac{1}{4\pi\varepsilon_0}\cdot\frac{Q_1\cdot Q_2}{R_{12}^2} \quad \text{bzw.} \quad \frac{1}{4\cdot\pi\cdot\varepsilon_0}\cdot\frac{q_1\cdot q_2}{r_{12}'^2}.$$

Diese Kräfte sind für alle Orbitalanteile ΔV zu summieren. Genau genommen kommt noch ein quantenmechanischer Anteil der Coulombkraft hinzu, den wir hier jedoch nicht berücksichtigen. Er verändert zwar die Zahlenwerte der auftretenden Coulombkräfte, ist jedoch für ein qualitatives Verständnis des Zustandekommens der chemischen Bindung nicht erforderlich. Da sich die Elektronenwelle zwischen den beiden Kernen konzentriert, dominiert die Coulombanziehung zwischen den zwei Elektronen und den zwei Protonen die Coulombabstoßung der beiden Protonen. Wie man sieht, spielt der zwischen den beiden Kernen befindliche Anteil der Elektronenorbitale gewissermaßen die Rolle eines Kitts, an dem die beiden Kerne kleben. Gibt die Summe aller auf die Kerne wirkenden Kräfte für einen bestimmten Kernabstand R_{12} Null, dann befinden sich die beiden Kerne im Gleichgewichtsabstand (der sogenannten Bindungslänge des Moleküls).

Der beschriebene Bindungsmechanismus tritt grundsätzlich bei allen Bindungstypen auf. Je nach Struktur der Elektronenhülle treten jedoch mehr oder weniger stark ausgeprägte Modifizierungen auf, die die entsprechenden Bindungstypen wie Atombindung, Ionenbindung und metallische Bindung zur Folge haben, s. Kapitel 18.

Hat man nun Atome aus entgegengesetzten Enden des Periodensystems der Elemente (PSE), beispielsweise Na und Cl, dann entreißt das Cl-Atom wegen seiner größeren Elektronenaffinität gewissermaßen dem Na-Atom ein Elektron. Die Folge ist, daß sich nun unterschiedlich geladene Ionen gegenüberstehen; die Raumbereiche, in denen sich die Elektronen aufhalten, sind hier fast vollständig voneinander getrennt. Man kann sich diese Bindung auch dadurch zustandegekommen denken, daß sich zwei unterschiedlich geladene Atome, (sog. Ionen, mit Ladungen Q_1 und Q_2) mit der betreffenden Coulombkraft F anziehen:

$$F = \frac{1}{4 \cdot \pi \cdot \varepsilon_0} \cdot \frac{Q_1 \cdot Q_2}{r^2}.$$

Da die Orbitale der beiden Bindungspartner Edelgaskonfiguration d. h. Kugelform besitzen, gibt es auch keinerlei Vorzugsrichtung für die Bindungskräfte.

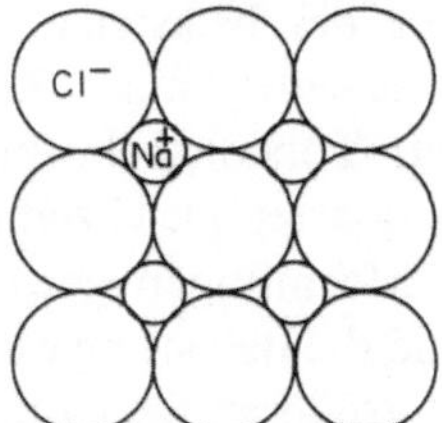

Abb. 2.19. Kochsalz-Kristall. Kohäsion durch Coulombsche Anziehung zwischen positiv geladenen Natriumkationen (Na^+) und negativ geladenen Chloranionen (Cl^-)

Als einfaches Modell eines Festkörpers kann man sich daher eine räumliche Anordnung von atomaren Kügelchen vorstellen, die untereinander durch Federkräfte verbunden sind. Wirken Druckkräfte auf den Festkörper, verkleinern sich die Abstände zwischen den Atomen. Abstoßende Coulombkräfte, in Abb. 2.20 durch die dann zusammengedrückten Federn erzeugt, wirken einer solchen Kompression entgegen. Analoges passiert bei Dehnung durch Zugkräfte. Der Festkörper erzeugt auf diese Weise Reaktionskräfte, die einer Verformung durch äußere Kräfte entgegen wirken. Auf je mehr Bindungen sich eine von außen wirkende Kraft verteilt, desto geringer werden die auftretenden Verformungen. Die Verformungen müssen ferner stoffabhängig sein, da die Kohäsions- und Abstoßungskräfte von den Atomarten, die den Körper aufbauen, abhängen.

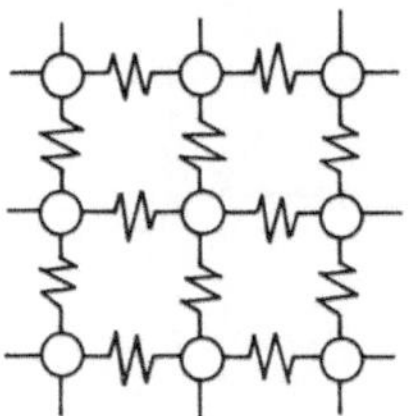

Abb. 2.20. Modell für einen Festkörper. Die Atome sind durch Kräfte miteinander verbunden, welche sich näherungsweise mit der Wirkung von Schraubenfedern vergleichen lassen

Größe und Richtung der Verformungen eines festen Körpers sollten somit abhängig von Größe und Richtung der einwirkenden Kraft, von der Stärke der Bindungskräfte des Materials und von der Größe der Querschnittsfläche, auf welche die Kraft wirkt, sein. Bei nicht zu großen Deformationen sind die Verformungen tatsächlich proportional zur Größe der Kraft F und indirekt proportional zur Querschnittsfläche A. Dies wird durch den Begriff der Spannung

$$\sigma = \frac{F}{A}$$

berücksichtigt. Die Einheit der Spannung ist

$$[\sigma] = \frac{1\,\mathrm{N}}{1\,\mathrm{m}^2} = 1\ \mathrm{Pa}\ (\text{Pascal}).$$

Die auftretenden Deformationen sind also proportional zu den betreffenden Spannungen. Die Proportionalitätskonstante ist einerseits materialabhängig, hängt aber andererseits noch von der Richtung der einwirkenden Kraft bezüglich der beanspruchten Querschnittsfläche des belasteten Körpers ab. Je nach Richtung der einwirkenden Kraft unterscheidet man Zugbeanspruchung, Druckbeanspruchung, Scherbeanspruchung, Torsionsbelastung, Biegebelastung u. a. Meist kommen mehrere dieser Belastungsarten gleichzeitig vor.

Solange die auftretenden Verformungen gewisse Maximalwerte nicht überschreiten, verschwinden sie, sobald die Belastung weg ist. In diesem Fall spricht man von *elastischer Verformung*. Bei größerer Belastung bleiben Verformungen auch nach Entlastung zurück. Man spricht dann von *plastischer Verformung*. In diesem Fall kommt es im molekularen Aufbau des Körpers zu bleibenden Veränderungen.

b) Zug- und Druckbelastung

Diese Belastungen treten am Menschen in sehr vielfältiger Weise auf. Auf Zug werden vor allem Muskelfasern, Sehnen und Bänder beansprucht. Sind diese Belastungen zu groß, kommt es beispielsweise zur bekannten Bänderdehnung, einer plastischen Verformung oder zum Bruch (Riß).

Ein wie in Abb. 2.21 einseitig festgehaltener Körper dehnt sich unter der Einwirkung einer Zugkraft **F** in Richtung der Kraft. Die auf die Anfangslänge l_0 bezogene

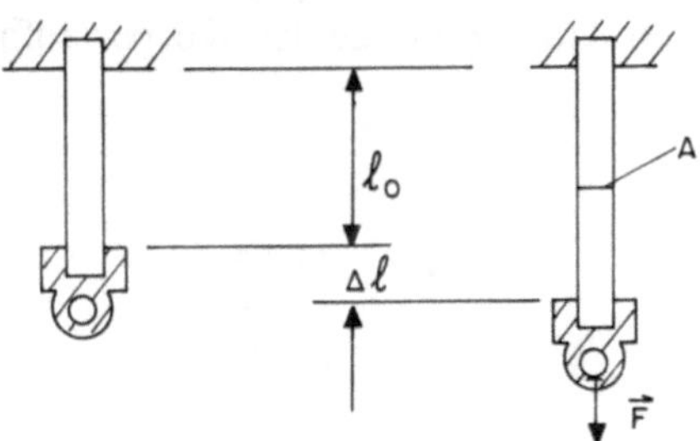

Abb. 2.21. Dehnung eines Körpers durch Einwirkung einer Zugkraft **F** normal zur Querschnittsfläche A

Längenänderung Δl heißt Dehnung ε:

$$\varepsilon = \frac{\Delta l}{l_0}.$$

Die Dehnung ε ist bei kleinen Kräften direkt proportional zur Zugspannung $\sigma = F/A$. Mit zunehmender Kraft beobachtet man je nach Material unterschiedlich ausgeprägte Abweichungen von der direkten Proportionalität zwischen Spannung σ und Dehnung ε. Entsprechend unterscheidet man zähe und plastische Stoffe von spröden. Die Abweichungen von der direkten Proportionalität sind einerseits durch den nichtlinearen Verlauf der Kohäsionskräfte bedingt und andererseits dadurch, daß es im Innern des Körpers zu Strukturänderungen kommt. An Stellen, wo der regelmäßige Aufbau gestört ist, sind die Bindungskräfte geringer, es kommt zum Abgleiten der Atome bzw. Moleküle aneinander (sogenanntes „Fließen"). In manchen Stoffen, beispielsweise bei Stahl, kommt es während des Dehnvorgangs zu einer weiteren Verfestigung, bis dann bei noch höherer Spannung der Körper reißt (σ_{Bruch}).

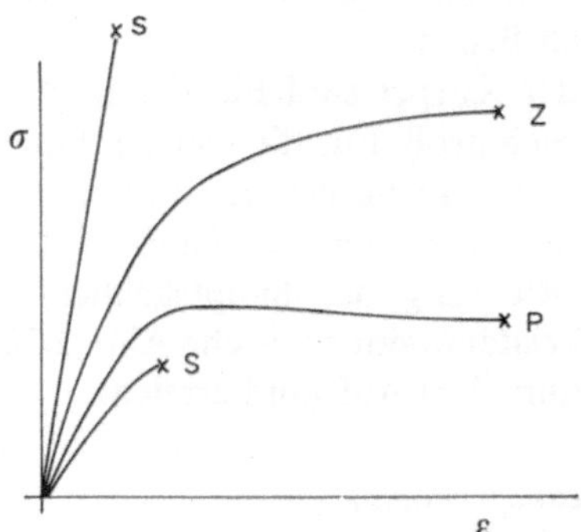

Abb. 2.22. Verlauf der Spannungs-Dehnungskurve für zähe (*Z*), plastische (*P*) und spröde (*S*) Stoffe. Bei *X* erfolgt Bruch

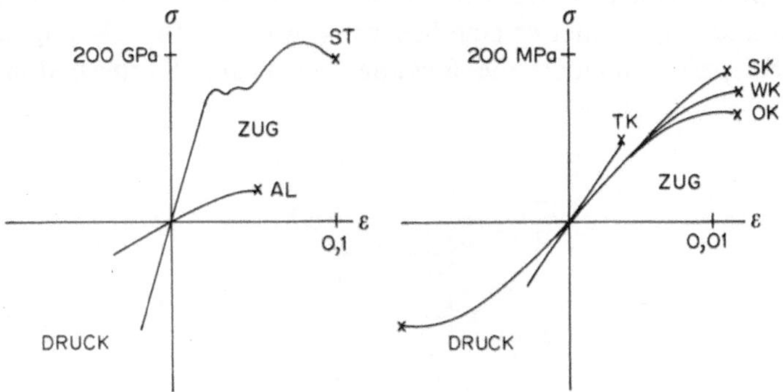

Abb. 2.23. Spannungs-Dehnungs-Diagramm verschiedener Stoffe. Im linearen (Hookeschen) Bereich ist $\sigma/\varepsilon = E$. ST = Stahl, AL = Aluminium, TK = trockener Knochen, SK = Schienbeinknochen, WK = Wadenbeinknochen, OK = Oberschenkelknochen. Bei X erfolgt Bruch

Jener Bereich, in welchem direkte Proportionalität zwischen Spannung σ und Dehnung ε herrscht, heißt Hookescher Bereich. Hier gilt das Hookesche Gesetz:

$$\varepsilon = \frac{\sigma}{E}.$$

$E = \sigma/\varepsilon$ (bzw. $d\sigma/d\varepsilon$) ist der sogenannte Elastizitätsmodul. Diese Bezeichnung ist allerdings irreführend, da sehr dehnbare Stoffe, die in der Umgangssprache als elastisch bezeichnet werden, einen kleinen Elastizitätsmodul besitzen. (In der Physiologie wird die Größe $d\sigma/d\varepsilon$ als Steifigkeit bezeichnet.) Wie man aus Tabelle 2.4 sieht, ist Knochen elastischer als Beton und letzterer bricht auch eher als Knochen. Dies ermöglicht Karate-Kämpfern die bekannten spektakulären Durchschlagskraft-Demonstrationen.

Kehrt man die Richtung der Kraft **F** in Abb. 2.21 um, spricht man von Druckbelastung oder Stauchung. Der Körper wird hierdurch verkürzt oder gestaucht. Auch hier gibt es zunächst einen linearen Bereich mit direkter Proportionalität zwischen Stauchung $\Delta l/l_0$ und Druckspannung $\sigma = F/A$, sowie anschließend mit zunehmender Druckspannung einen je nach Stoffart verschieden ausgeprägten Fließbereich und schließlich Bruch.

Bei *isotropem Aufbau* der Körper sind Elastizitätsmodul und Bruchfestigkeit für alle Kraftrichtungen gleich groß. Für die meisten biologischen Materialien ist das nur näherungsweise richtig. Diese besitzen in der Regel *anisotropen Aufbau.* Besonders ausgeprägt ist die Anisotropie bei Knochen. Die Knochenbälkchen im spongiösen Teil sind in Richtung der hauptsächlich auftretenden Zug- und Druckspannungen (bzw. -kräfte) orientiert (siehe Abb. 2.30). Auf diese Weise wird optimale Festigkeit bei minimalem Aufwand erreicht.

c) Scher- oder Schubbeanspruchung

Wie schon der Name andeutet, tritt diese Belastungsart auch beim Zerschneiden eines Körpers mittels Schere auf. Die belastende Kraft wirkt hier normal zur Körperachse.

Die Belastung eines Körpers durch eine Kraft, die normal zur Körperachse wirkt, kann im allgemeinen zwei Folgen haben: Zum einen wird sich der Körper biegen, zum anderen erleidet er eine Scherung, wie in Abb. 2.24 angedeutet. Bei schlanken Körpern dominiert die Biegung, bei dicken Körpern dominiert die Scherung.

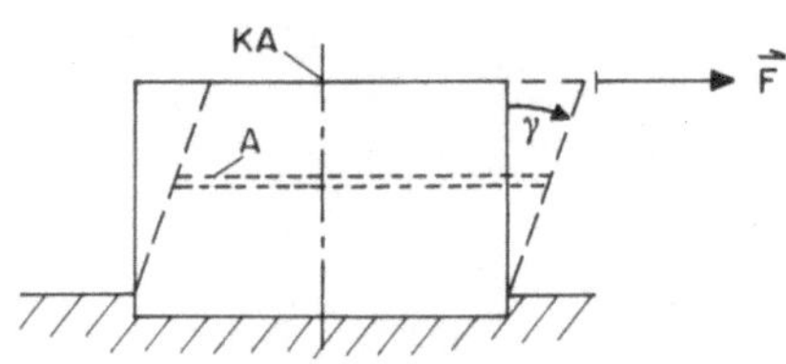

Abb. 2.24. Scherbelastung durch die Kraft $\mathbf{F} \perp KA$ (= Körperachse). Benachbarte Ebenen der Größe A gleiten aneinander ab. Die Verformung wird durch den Scherungswinkel γ charakterisiert

Bei nicht zu großer Belastung findet man auch hier direkte Proportionalität zwischen Belastung und Verformung:

$$\gamma = \frac{\tau}{G}.$$

Hier ist $\tau = F/A$ die sogenannte Scherspannung. Man beachte, daß die Kraft **F** hier tangential zur Querschnittsfläche A orientiert ist. G heißt Scher- oder Schubmodul.

d) Torsion

Diese Belastungsart ist am Menschen vor allem durch entsprechende Knochenbrüche beim Schisport bekannt geworden. Hier wirkt ein Drehmoment am belasteten Körper, weil die belastende Kraft außerhalb der Symmetrieachse des Körpers angreift. Der entsprechende Drehmomentvektor ist parallel zur Körperachse orientiert. Als vereinfachtes Modell hierzu betrachten wir einen Hohlzylinder, der an einem Ende festgehalten wird und am anderen Ende durch ein Drehmoment belastet wird.

Das in der Abb. 2.25 angedeutete Drehmoment **M** kommt durch die außerhalb der Körperachse wirkende Kraft **F** zustande. Diese in der Abbildung gestrichelt eingezeichnete Kraft bewirkt außerdem noch eine Biegung des Körpers, die wir hier jedoch außer Betracht lassen.

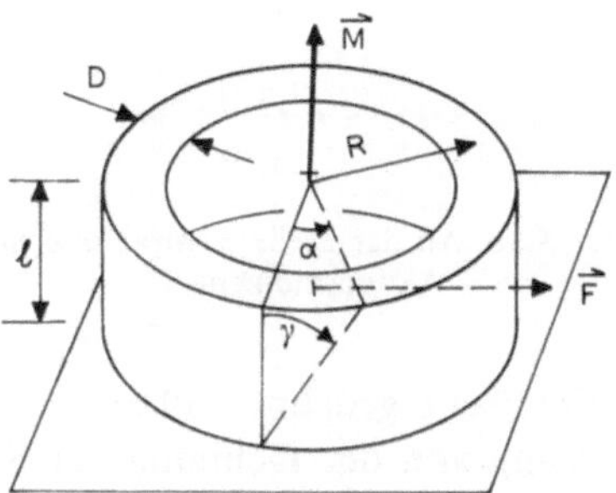

Abb. 2.25. Torsionsbelastung eines Hohlzylinders durch ein Drehmoment **M**, hervorgerufen durch die gestrichelt eingezeichnete Kraft. γ ist der Scherungwinkel. α ist der Torsionswinkel

Die Wand des Hohlzylinders in der obigen Abbildung wird durch das Drehmoment auf Scherung beansprucht. Der Scherungswinkel beträgt

$$\gamma = \frac{\tau}{G} \quad \text{mit}\, \tau = \frac{M}{R \cdot A}.$$

Mit der Querschnittsfläche $A = 2 \cdot \pi \cdot R \cdot D$ (für den Fall, daß $D \ll R$) gibt das

$$\gamma = \frac{M}{2 \cdot \pi \cdot R^2 \cdot D \cdot G}.$$

Man sieht; Je größer der Radius R ist, desto geringer sind auftretender Scherungswinkel γ (wegen R^2 im Nenner) und Torsionswinkel α. Verdoppelt man R, verdoppelt sich zwar auch die Masse des Hohlzylinders, die Festigkeit hingegen vervierfacht sich (der Scherungswinkel γ wird geviertelt). Man kann sogar bei derselben Querschnittsfläche die Widerstandsfähigkeit gegenüber Torsion erhöhen, indem man R vergrößert und D entsprechend verkleinert. Röhrenknochen beispielsweise sind daher bei gleicher Masse widerstandsfähiger gegenüber Torsion als kompakte Knochen. Eine analoge, von der Geometrie des Querschnitts und nicht bloß von der Größe der Querschnittsfläche bedingte Widerstandsfähigkeit eines Körpers liegt auch bei der Biegebelastung vor.

e) Biegung

Hier wirkt ein Drehmoment, dessen Vektor normal zur Körperachse steht. Untersuchungen, beispielsweise der an der Tibia beim Laufen auftretenden Belastungen, haben gezeigt, daß der Biegebelastung weit höhere Bedeutung zukommt, als der Druck- oder der Zugbelastung.

Wir betrachten die bei Biegebeanspruchung auftretenden Verformungen zunächst etwas näher am Beispiel eines einseitig eingespannten Stabs.

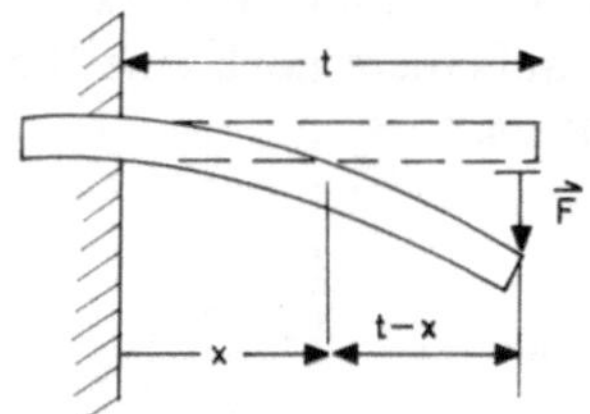

Abb. 2.26. Einseitig eingespannter Stab. An der Stelle x wirkt das Biegemoment $M = F\cdot(t - x)$ als Aktionsmoment

Der Stab wird an der Oberseite gedehnt und an der Unterseite gestaucht. In der Mitte erfolgt der Übergang von der Dehnung zur Stauchung. Dort is $\varepsilon = 0$; diese Zone ist wegen des Hookeschen Gesetzes auch frei von Spannungen und heißt deshalb neutrale Zone.

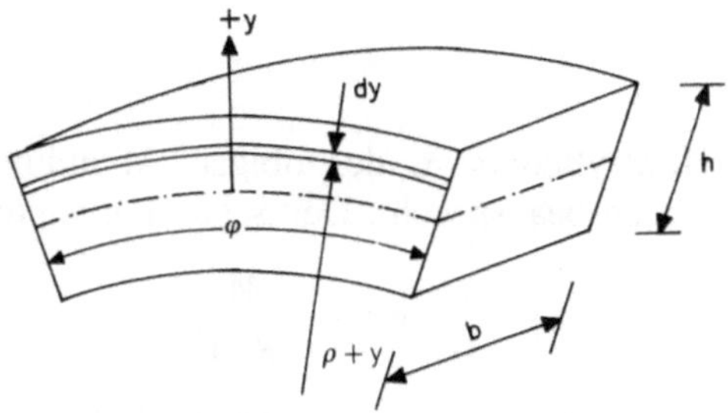

Abb. 2.27. Biegung des Stabs von Abb. 2.26 an der Stelle x. Auf der konvexen Seite erfolgt Dehnung, auf der konkaven Seite tritt Stauchung auf. ρ ist hier der Krümmungsradius der neutralen Zone. Die neutrale Zone ist durch eine strichpunktierte Linie angedeutet

Die Dehnung ε in einer Schicht im Abstand y von der neutralen Zone erhält man direkt aus den Bogenlängen:

$$\varepsilon = \frac{(\rho + y)\cdot\varphi - \rho\cdot\varphi}{\rho\cdot\varphi} = \frac{y}{\rho}.$$

Mit dem Hookeschen Gesetz erhalten wir die Spannung in dieser Schicht:

$$\sigma = \varepsilon\cdot E = \frac{y}{\rho}\cdot E.$$

Multiplikation der Spannung mit dem betreffenden Schichtquerschnitt $b\cdot dy$ (b ist die Breite des Stabs) gibt die Kraft und weitere Multiplikation mit dem Normalabstand y dieser Schicht von der neutralen Zone liefert das von der Schicht $b\cdot dy$ an der Stelle x erzeugte Drehmoment: $(y/\rho)\cdot E\cdot b\cdot y\cdot dy$. Schließlich liefert die Summierung über alle vorhandenen Schichten die Größe des (Reaktions-) Drehmoments an der Stelle x des Stabs:

$$M = \int_{-h/2}^{h/2} E\cdot\frac{b}{\rho}\cdot y^2\cdot dy = \frac{E}{\rho}\cdot b\cdot\int_{-h/2}^{h/2} y^2\cdot dy = \frac{E}{\rho}\cdot(b\cdot h^3/12) = \frac{E}{\rho}\cdot J.$$

Aus der Gleichgewichtsbedingung für die Momente

$$F\cdot(t-x) = \frac{E}{\rho}\cdot J$$

folgt noch der Krümmungsradius

$$\rho = \frac{E\cdot J}{F\cdot(t-x)}.$$

Die Größe J (sie heißt „Flächenträgheitsmoment“) gibt offenbar ein Maß für die Widerstandsfähigkeit eines Körpers gegenüber Biegebelastung: Je größer J ist, desto geringer ist die Biegung (desto größer bleibt ρ) und desto geringer sind die auftretenden Spannungen. Entscheidend hierbei ist, daß J nicht bloß durch die Querschnittsfläche des Stabs bestimmt ist, sondern durch die geometrische Form des Querschnitts entscheidend beeinflußt wird. Wegen des Faktors y^2 im Integrand haben Querschnitte, die ihren Stoff in y-Richtung möglichst weit von der neutralen Zone angeordnet haben, besonders große Biegefestigkeit. Beispielsweise läßt sich ein flacher bandartiger Stab sehr viel leichter um eine Achse parallel zur längeren Querschnittseite biegen als um eine Achse normal hierzu. Auch Rohre (und Röhrenknochen) haben dementsprechend eine größere Biegefestigkeit als runde Stäbe von gleicher Querschnittsfläche.

In unserem Beispiel (Abb. 2.26) nimmt das auf den Stab wirkende Aktionsmoment von rechts nach links zu und erreicht an der Einspannstelle bei $x = 0$ seinen größten Wert. Dem entspricht nach der obigen Gleichung eine Abnahme des Krümmungsradius von rechts nach links. Die stärkste Krümmung, d.h. der kleinste Krümmungsradius tritt bei $x = 0$ auf. Dort wird auch die Spannung am größten und erreicht den maximalen Wert an der Staboberfläche (dort hat y seinen

Maximalwert). Ein Biegebruch wird auftreten, wenn diese Spannung die Bruchspannung σ_{Bruch} des Stabmaterials überschreitet.

Zusammenfassung 2.B

Die an einem Körper durch die Einwirkung von Kräften hervorgerufenen Verformungen sind proportional zur Spannung

$$\sigma = \frac{F}{A}. \tag{2.7}$$

Die Einheit der Spannung ist

$$[\sigma] = \frac{1\text{N}}{1\text{m}^2} = 1\ \text{Pa (Pascal)}.$$

Die Proportionalitätskonstante zwischen Spannung und Verformung ist abhängig von der Richtung der einwirkenden Kraft bezüglich der beanspruchten Querschnittsfläche A des belasteten Körpers und dem Material.

Zug- und Druckbelastung erfolgen in Richtung der Körperachse: Die auf die Anfangslänge l_0 bezogene Längenänderung $\Delta l = l - l_0$ heißt Dehnung ε:

$$\varepsilon = \frac{\Delta l}{l_0}. \tag{2.8}$$

Die Dehnung ε ist im Hookeschen Bereich direkt proportional zur Zugspannung (Hookesches Gesetz):

$$\varepsilon = \frac{\sigma}{E} \tag{2.9}$$

$E = d\sigma/d\varepsilon$ heißt Elastizitätsmodul. Bei Druckbelastung wird $\varepsilon < 0$ und der Körper gestaucht.

Tabelle 2.4. Elastizitätsmodul E, Schermodul G und Bruchfestigkeit bei Dehnung und Stauchung einiger organischer und anorganischer Stoffe

Stoff	E-Modul	σ_{Bruch}		G-Modul
		Zug	Druck	
Stahl	$2\cdot10^{11}$ Pa	$2\cdot10^{10}$ Pa		$1\cdot10^{11}$ Pa
Aluminium	$6\cdot10^{10}$ Pa			$2\cdot10^{10}$ Pa
Beton	$2{,}8\cdot10^{12}$ Pa	$2{,}1\cdot10^{6}$ Pa	$2{,}1\cdot10^{7}$ Pa	
Knochen kompakt	$1{,}8\cdot10^{10}$ Pa	$1{,}2\cdot10^{8}$ Pa	$1{,}7\cdot10^{8}$ Pa	
Knochen spongiös	$8\cdot10^{7}$ Pa		$2{,}2\cdot10^{6}$ Pa	
Sehnen	$7\cdot10^{8}$ Pa	$6{,}5\cdot10^{7}$ Pa		
Eichenholz	$1\cdot10^{10}$ Pa	$1\cdot10^{8}$ Pa	$6\cdot10^{7}$ Pa	
Bandscheiben			$1{,}1\cdot10^{7}$ Pa	

Scher- oder Schubbeanspruchung erfolgt normal zur Körperachse. Der Scherungswinkel ist

$$\gamma = \frac{\tau}{G}. \tag{2.10}$$

$\tau = F/A$ ist die Scherspannung, G heißt Scher- oder Schubmodul.

Bei Torsionsbelastung wirkt ein Drehmoment **M** parallel zur Körperachse und bewirkt ebenfalls eine scherende Belastung.

Bei Biegung wirkt ein Drehmomentvektor normal zur Körperachse. Der gebogene Körper wird auf einer Seite gedehnt und an der gegenüberliegenden Seite gestaucht. Dazwischen liegt die neutrale Zone, in dieser ist $\varepsilon = 0$.

Für einen durch Biegung gekrümmten Stab (Krümmungsradius ρ) ist die Dehnung ε in einer Schicht im Abstand y von der neutralen Zone:

$$\varepsilon = \frac{y}{\rho}, \tag{2.11}$$

die Spannung ist

$$\sigma = \varepsilon \cdot E = \frac{y}{\rho} \cdot E, \tag{2.12}$$

das Biegemoment

$$M = \frac{E}{\rho} \cdot \frac{b \cdot h^3}{12} = \frac{E}{\rho} \cdot J \tag{2.13}$$

und der Krümmungsradius ρ im Abstand x von der Einspannstelle (t = Hebelarm der biegenden Kraft) ist:

$$\rho = \frac{E \cdot J}{F \cdot (t - x)}. \tag{2.14}$$

Die Größe J heißt „Flächenträgheitsmoment".

Beispiel 2.10. Stehen. Beim Stehen auf beiden Beinen übernimmt jedes Bein eine Hälfte der Gewichtskraft G des Körpers.

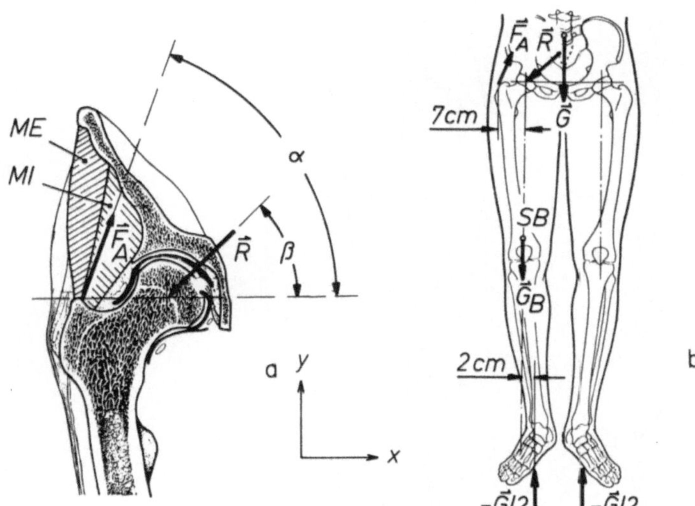

Abb. 2.28. Statik beim beidbeinigen Stehen. **a** Hüftgelenk. $\mathbf{F}_A$ = Kraft der Abduktormuskel (hauptsächlich M. glutaeus medius *ME* und *M*. glutaeus minimus MI); der Winkel α beträgt etwa 70°. **R** = Kraft vom Becken auf das Hüftgelenk. **b** Kräfte an den Beinen: neben $\mathbf{F}_A$ und **R** wirken noch die Reaktionskraft $-\mathbf{G}/2$ vom Boden her auf jedes Bein (**G** = Gewichtskraft des Körpers) und die Gewichtskraft des Beins $\mathbf{G}_B$; *SB* = Schwerpunkt des Beins

Die Kraft der Abduktormuskel $\mathbf{F}_A$ wirkt am Trochanter major in Richtung auf das Darmbein. Das Becken drückt in der Gelenkpfanne mit der Kraft **R** auf den Gelenkkopf des Oberschenkelknochens. Die Kraft **R** muß bei intaktem Gelenk normal auf die Kugelfläche des Gelenks, also in Richtung des Mittelpunkts der Kugelfläche, orientiert sein; jede Komponente tangential zur Oberfläche führt zum Abgleiten. Ferner wirken auf das Bein noch seine eigene Gewichtskraft und die Reaktionskraft vom Boden her.

Wir berechnen die Kraft der Abduktormuskel beim beidbeinigen Stehen: Da sich das Bein hier in Ruhe befindet, müssen sich alle darauf einwirkenden Kräfte und Drehmomente im Gleichgewicht befinden. Die Gleichgewichtsbedingungen für die Kraftkomponenten lauten aufgrund der Abb. 2.28:

In x-Richtung:

$$F_A \cdot \cos\alpha - R \cdot \cos\beta = 0.$$

In y-Richtung:

$$F_A \cdot \sin\alpha - R \cdot \sin\beta + \tfrac{1}{2} \cdot G - G_B = 0.$$

Wir haben hier 2 Gleichungen mit 3 Unbekannten (F_A, R und β) und können daher noch keine Lösung finden. Eine dritte Gleichung erhalten wir jedoch durch die Gleichgewichtsbedingung für die Drehmomente. Da hier keine Drehbewegung auftritt, müssen alle um einen beliebigen denkbaren Drehpunkt wirkenden Drehmomente im Gleichgewicht sein. Besonders einfach wird dieses Gleichgewicht, wenn wir einen Drehpunkt wählen, durch welchen die Wirkungslinie einer der unbekannten Kräfte zielt, weil diese Kraft dann im Momentengleichgewicht garnicht auftritt. Ein solcher Punkt ist bei unserem Problem der tatsächliche Drehpunkt des Hüftgelenks. Wir brauchen also hier die Hüftgelenkskraft **R** nicht zu berücksichtigen; die Gleichgewichtsbedingung für die Momente lautet dort:

$$\tfrac{1}{2} \cdot G \cdot 2\,\text{cm} - F_A \cdot \sin 70° \cdot 7\,\text{cm} = 0,$$

woraus zunächst

$$F_A = \tfrac{1}{2} \cdot G \cdot 2\,\text{cm}/(7\,\text{cm} \cdot \sin 70°) = 0{,}15 \cdot G.$$

Das ist also nur ein kleiner Teil der vom Bein aufgenommenen Gewichtskraft $\frac{1}{2} \cdot G$! Ferner sieht man, daß die von den Abduktormuskeln aufzubringende Kraft umso kleiner wird, je genauer sich die Fußsohle unter der Gelenkkopfmitte befindet. Im Idealfall kann F_A sogar Null werden.

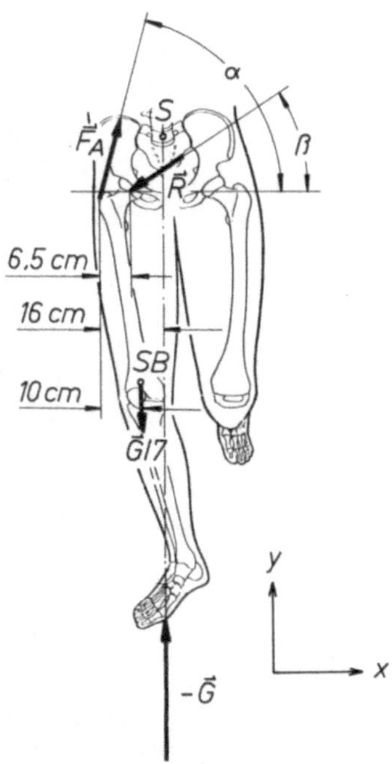

Abb. 2.29. Stehen auf einem Bein. Die Auflagefläche des Standbeins befindet sich unter dem Körperschwerpunkt S. Der Winkel α beträgt etwa 70°. Die Gewichtskraft eines Beins beträgt etwa **G**/7, SB ist der Schwerpunkt des Beins

Beispiel 2.11. Stehen auf einem Bein. Nun muß die Wirkungslinie der Körpergewichtskraft **G** durch die Auflagefläche des Standbeins gehen, ansonsten kippt man um. Vom Boden her wirkt die Reaktionskraft $-\mathbf{G}$ auf das Standbein.

Das Kräftegleichgewicht lautet:
x-Richtung:

$$F_A \cdot \cos 70° - R_x = 0$$

y-Richtung:

$$F_A \cdot \sin 70° - R_y - \tfrac{1}{7} \cdot G + G = 0.$$

Das Momentengleichgewicht ist (wiederum um die Gelenkkopfmitte):

$$G \cdot 9{,}5\,\text{cm} - F_A \cdot \sin 70° \cdot 6{,}5\,\text{cm} - \tfrac{1}{7} \cdot G \cdot 3{,}5\,\text{cm} = 0.$$

Aus dem Momentengleichgewicht erhalten wir die Kraft F_A der Abduktormuskel. Wir wollen hier aber zunächst eine qualitative Abschätzung versuchen, um zu verstehen, woher die hauptsächliche Belastung der Abduktormuskel kommt. Für eine solche Abschätzung können wir das kleine, von der Gewichtskraft des Beins verursachte Drehmoment vernachlässigen. Dann lautet das Momentengleichgewicht:

$$G \cdot 9{,}5\,\text{cm} = F_A \cdot \sin 70° \cdot 6{,}5\,\text{cm}.$$

Man sieht, daß $\mathbf{F}_A$ in erster Linie durch den Abstand der Wirkungslinie von **G** von der Gelenkkopfmitte bestimmt ist (in der Abb. 2.29 beträgt dieser Abstand 9,5 cm). $\mathbf{F}_A$ kann Null werden, wenn sich die Fußmitte unter der Gelenkkopfmitte befindet, wie beim beidfüßigen Stehen. Beim Stehen auf einem Bein hingegen muß sich die Fußmitte etwa unter der Körpermitte—nämlich unter dem Körperschwerpunkt—befinden.

Beim Gehen sind beide Beine abwechselnd tätig: während das Hangbein nach vorne schwingt, trägt das Stützbein den Körper. Nur beim Laufen treten größere dynamische Kräfte auf, die im Vergleich zu den statischen nicht vernachlässigt werden können. Für das Stützbein gelten beim Gehen daher praktisch dieselben Gleichgewichtsbedingungen, wie für das Standbein beim Stehen. Fallen die Abduktormuskel ganz oder teilweise aus, versucht der Betroffene beim Gehen instinktiv seinen Körperschwerpunkt über die Gelenkkopfmitte zu bringen („Äquilibrierungshinken").

Beispiel 2.12. Wir berechnen nun noch die Kraft F_A sowie die am Gelenkkopf auftretende Kraft R beim Gehen und Stehen auf einem Bein aus den obigen Gleichgewichtsbedingungen. Aus dem Momentengleichgewicht erhalten wir:

$$F_A = G \cdot (9{,}5\,\text{cm} - 0{,}5\,\text{cm})/(\sin 70° \cdot 6{,}5\,\text{cm}) = 1{,}5 \cdot G$$
$$R_x = F_A \cdot \cos 70° = 0{,}34 \cdot F_A = 0{,}5 \cdot G$$
$$R_y = G \cdot (1 - \tfrac{1}{7}) + 1{,}5 \cdot G \cdot \sin 70° = 2{,}27 \cdot G.$$

Wie man sieht, tritt am Gelenkkopf ein Mehrfaches der Körpergewichtskraft als Last auf. Aus den Komponenten von **R** lassen sich nach Gleichung 1.18 Richtungswinkel und Betrag des Vektors **R** bestimmen:

$$\tan\beta = R_y/R_x = 4{,}5 \text{ oder } \beta = 77{,}5°.$$
$$R = \sqrt{R_x^2 + R_y^2} = 2{,}3 \cdot G.$$

Die Richtung von **R** stimmt übrigens recht gut mit der Richtung der Knochenbälkchen in der Substantia spongiosa* des Schenkelkopfs überein (s. Abb. 2.30).

Beispiel 2.13. Verwendung eines Stocks als Gehhilfe. Dieser bewirkt eine wesentliche Entlastung des Stützbeins beim Gehen. Hierbei wird der Stock auf der *gesunden* Seite benutzt, und gleichzeitig mit dem geschädigten Bein belastet. Es ist leicht möglich, beim Gehen etwa 1/6 des Körpergewichts an einem Stock abzustützen, wobei der Stock etwa 30 cm außerhalb der Körpermitte am Boden aufgesetzt wird. Dies ermöglicht eine Verlagerung der Fußmitte um die Strecke l von der Körpermitte weg und näher hin unter die Gelenkkopfmitte.

Die Strecke l ergibt sich aus dem Momentengleichgewicht (s. Abb. 2.31)

$$\tfrac{1}{6} \cdot G \cdot 30\,\text{cm} - \tfrac{5}{6} \cdot G \cdot l = 0$$

zu

$$l = 6\,\text{cm}.$$

---

*Medizinische Fachausdrücke werden im Glossar im Anhang erklärt

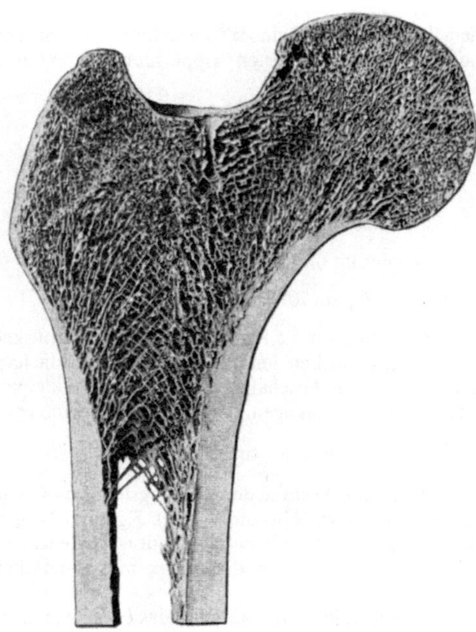

Abb. 2.30. Frontalschnitt durch den proximalen Teil des Oberschenkelknochens. Die Knochenbälkchen in der Spongiosa sind in Richtung der einwirkenden Belastungen (z. B. **R**, s. Abb. 2.28a) orientiert. Aus: Toldt-Hochstetter, Anatomischer Atlas, Urban & Schwarzenberg

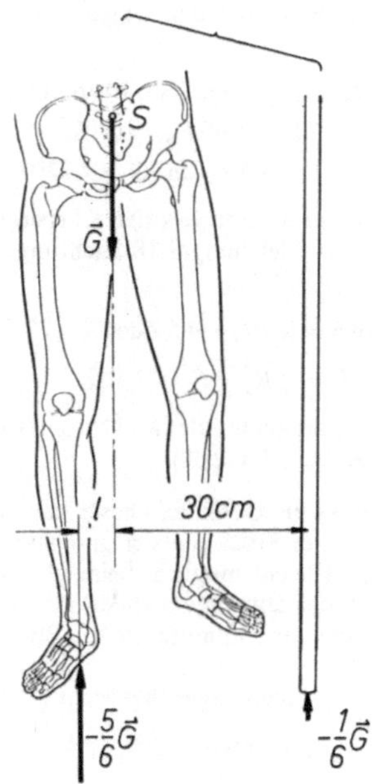

Abb. 2.31. Stock als Gehhilfe. Die Fußmitte des Stützbeins befindet sich um die Strecke l außerhalb der Körpermitte

Berechnung der Kraft im Gelenkkopf und der Kraft der Abduktormuskel bei Verwendung eines Stocks als Gehhilfe:

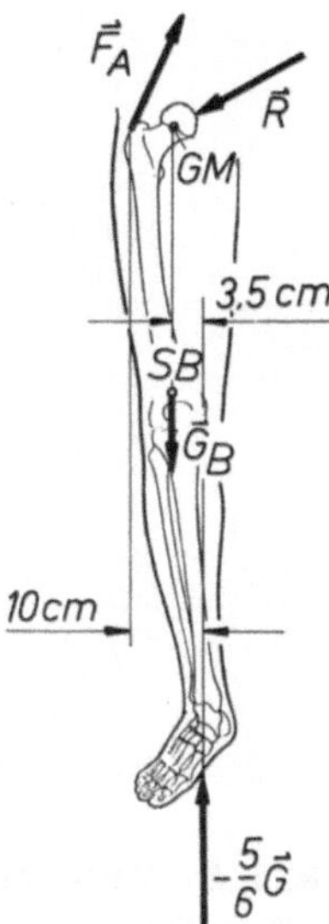

Abb. 2.32. Kräfte am Stand- oder Stützbein bei Verwendung eines Stocks als Stütze bzw. als Gehhilfe. Der Schwerpunkt des Beins *SB* befindet sich hier ungefähr unter der Gelenkkopfmitte *GM*

Gegenüber der Situation ohne Stock ist nun der Abstand der Wirkungslinie der Reaktionskraft des Bodens von der Gelenkkopfmitte deutlich kleiner (3,5 cm) geworden. Dies bedeutet eine erhebliche Verkleinerung des Hebelarms dieser Kraft. Die Reaktionskraft selbst ist hingegen nur geringfügig kleiner geworden ($\frac{5}{6}\cdot G$ anstelle G).

Aus dem Momentengleichgewicht erhalten wir

$$F_A = 0{,}48 \cdot G,$$

aus dem Kräftegleichgewicht in x-Richtung

$$R_x = 0{,}16 \cdot G$$

und aus dem Kräftegleichgewicht in y-Richtung

$$R_y = 1{,}14 \cdot G.$$

Die Kraft R vom Becken auf das Hüftgelenk ist nun

$$R = \sqrt{R_x^2 + R_y^2} = 1{,}15 \cdot G.$$

Dies zeigt die außerordentliche Wirksamkeit eines Stocks bei der Entlastung des Hüftgelenks. Die Kraft im Gelenk wird etwa halbiert und die Abduktormuskel benötigen nur mehr 1/3 der Kraft, obwohl nur 1/6 der Körpergewichtskraft am Stock abgestützt wird.

Beispiel 2.14. Statik der Wirbelsäule: Scherbelastung der Bandscheibe.

Die außerordentliche Beweglichkeit der Wirbelsäule wird durch 24 bis 25 Zwischenwirbelscheiben (Bandscheiben) zwischen den knöchernen Wirbelkörpern gewährleistet. Diese besitzen halbflüssige Gallertkerne, die von einer Hülle aus kräftigem Binde- und Knorpelgewebe umgeben sind. Da sowohl der Schwerpunkt des Kopfs als auch die Schwerpunkte des Brustkorbs und der Bauchorgane vor der Wirbelsäule liegen, müssen die jeweils darunter liegenden Wirbelsäulenabschnitte diese exzentrische Belastung durch eine Krümmung nach vorne („Lordose") ausgleichen. Die hierdurch bedingte Lage vor allem der untersten Bandscheiben schräg zur Horizontalen führt zu ungünstiger Scherbelastung.

Bei Scherbelastung der Bandscheibe wird diese ähnlich deformiert wie ein Autoreifen bei der Kurvenfahrt. Die Folge ist eine Verschiebung der zwei angrenzenden Knorpelplatten relativ zueinander

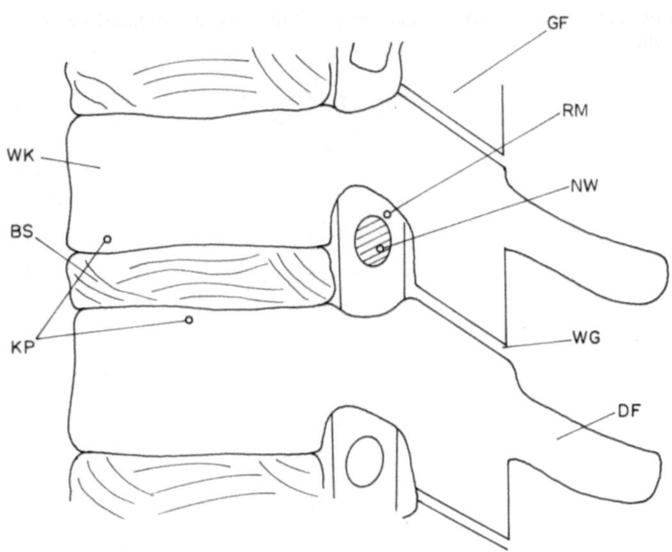

Abb. 2.33. Ausschnitt aus der Wirbelsäule. *WK* = Wirbelkörper, *BS* = Bandscheibe, *GF* = Gelenkfortsatz, *RM* = Rückenmark, *NW* = Nervenwurzel, *WG* = Wirbelgelenk, *KP* = Knorpelplatten, *DF* = Dornfortsatz

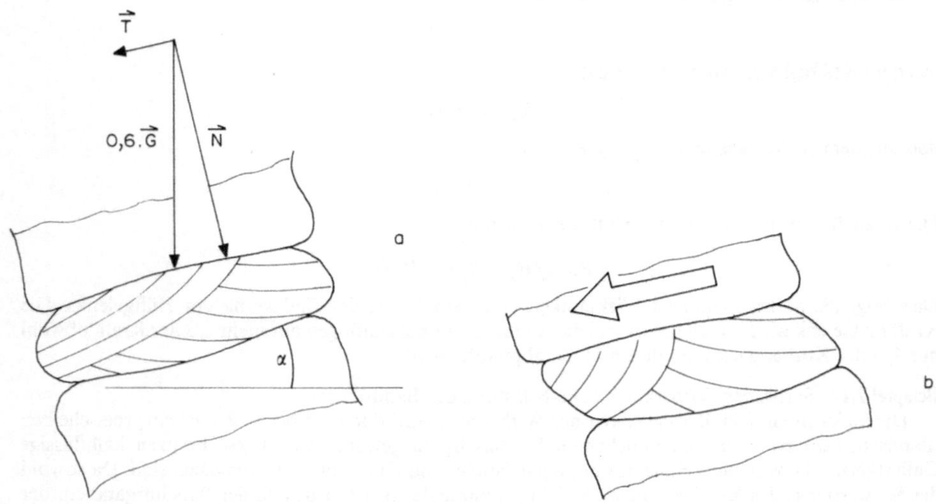

Abb. 2.34. Scherbelastung der untersten Bandscheiben. **a** Auf diese wirken etwa 60% der Körpergewichtskraft **G** in vertikaler Richtung. $0{,}6 \cdot G \cdot \cos\alpha$ drücken auf die Bandscheibe, $0{,}6 \cdot G \cdot \sin\alpha$ scheren die Bandscheibe. Beim Gesunden beträgt der Winkel α etwa 30°. Teilbild **b** deutet die durch die Scherbelastung (Scherkraft **T**) auftretende Verformung der Bandscheiben an

und zunehmender Druck auf die Gleitflächen der Gelenkfortsätze, was Schmerzen hervorruft. Bei Hohlkreuz und bei Schwangerschaft ist der Winkel α größer als 30° und die Scherbelastung entsprechend größer.

Beispiel 2.15. Bandscheibenbruch. Wir untersuchen die beim Bücken und Heben an den untersten Bandscheiben auftretenden Kräfte. Die hierbei beteiligten Muskelgruppen sind die Rückenstrecker. Diese verbinden das untere Kreuzbein und das Darmbein mit allen Lenden- sowie mit vier Brustwirbeln. Für eine grundsätzliche Abschätzung genügt es, die Wirkung der beteiligten Muskelgruppen durch die Annahme einer starren Wirbelsäule zu beschreiben, die durch die resultierende Kraft der Rückenstrecker mit dem Kreuzbein verbunden ist. Der Schwerpunkt von Kopf, Armen und Rumpf befindet sich etwa zwischen dem oberen und dem mittleren Drittel der Wirbelsäule. Die resultierende Kraft der Rückenstrecker greift etwa in diesem Schwerpunkt an und schließt mit der Achse der Wirbelsäule ungefähr einen Winkel von rund 10° ein.

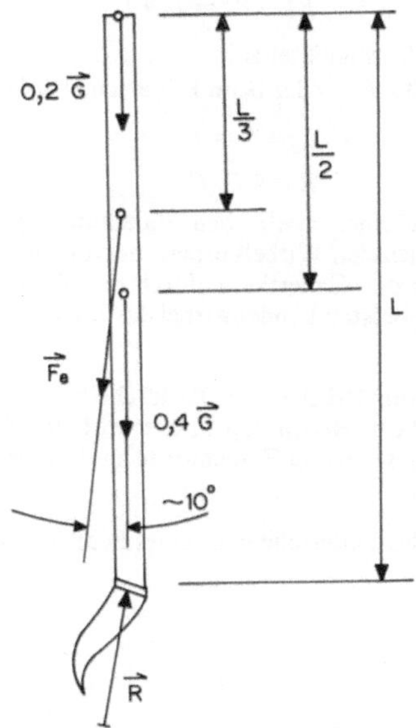

Abb. 2.35. Kräfte an der schematisch vereinfachten Wirbelsäule. Kopf und Arme belasten die Wirbelsäule mit etwa 20% des Körpergewichts **G** am oberen Ende, der Rumpf mit etwa 40% des Körpergewichts in der Mitte. $\mathbf{F}_e$ = Kraft der Rückenstrecker-Muskel (Erector spinae), **R** = Reaktionskraft vom Kreuzbein auf die Wirbelsäule

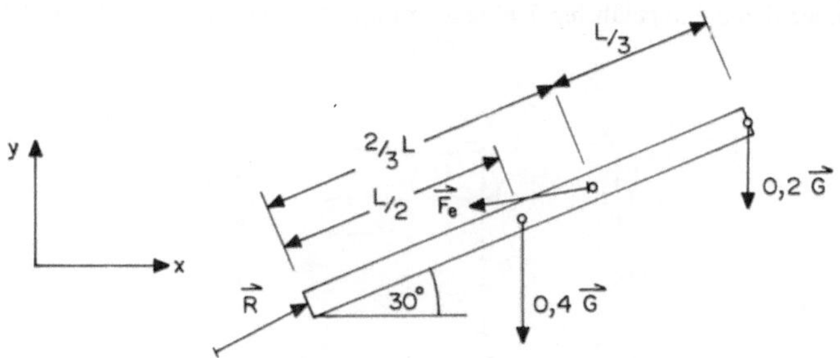

Abb. 2.36. Kräfte an der Wirbelsäule beim Bücken

Beim Bücken verändert sich die Lastverteilung an der Wirbelsäule sehr zu ungunsten der untersten Wirbel bzw. Bandscheiben:

Das Momentengleichgewicht um die Bandscheibe zwischen Kreuzbein und dem 5. Lendenwirbel lautet:

$$\tfrac{2}{3}\cdot L\cdot F_e\cdot \sin 10^\circ - L\cdot 0{,}2\cdot G\cdot \cos 30^\circ - \tfrac{1}{2}\cdot L\cdot 0{,}4\cdot G\cdot \cos 30^\circ = 0.$$

Kräftegleichgewicht in x-Richtung:

$$R_x - F_e\cdot \cos 20^\circ = 0.$$

Kräftegleichgewicht in y-Richtung:

$$R_y - F_e\cdot \sin 20^\circ - 0{,}4\cdot G - 0{,}2\cdot G = 0.$$

Aus dem Momentengleichgewicht folgt $F_e = 2{,}99\cdot G$. Ferner folgt aus den Kräftegleichgewichten:

$$R_x = 2{,}81\cdot G$$

$$R_y = 1{,}62\cdot G$$

$$R = \sqrt{R_x^2 + R_y^2} = 3{,}24\cdot G,$$

also das Mehrfache der Last beim aufrechten Stehen.

Beim Bücken mit einer Last von $0{,}2\cdot G$—oder beim Heben einer solchen Last—erhält man

$$F_e = 4{,}48\cdot G$$

$$R = 4{,}72\cdot G.$$

Diese großen Belastungen führen zu einer erheblichen Stauchung der untersten Bandscheiben. Die gestauchte Bandscheibe quillt zwischen den Wirbelkörpern hervor und drückt auf die Nervenwurzeln (Ischias). Im Extremfall kann sogar der Gallertkern durch das Bandscheibengewebe hervorquellen („Bandscheibenbruch") und ab dem obersten Lendenwirbel das Rückenmark schädigen („Querschnittslähmung").

Bemerkung. In vivo Messungen von Drücken in Bandscheiben haben gezeigt, daß der durch Anspannung der Bauchmuskulatur beim Heben von Lasten erhöhte Bauchdruck eine Entlastung der Bandscheiben bewirkt. Die oben abgeschätzten Zahlenwerte sind in diesem Fall geringfügig, maximal um etwa 20%, zu verkleinern.

Beispiel 2.16. Biegebeanspruchung des Unterschenkels eines Schiläufers beim Sturz nach hinten.

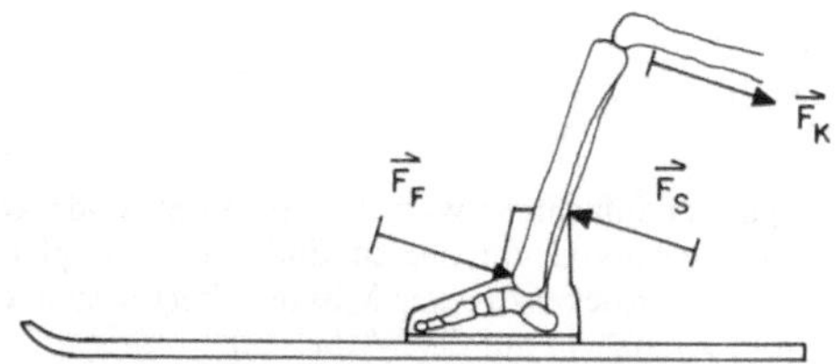

Abb. 2.37. Kräfte am Unterschenkel beim Sturz eines Schiläufers nach hinten. $\mathbf{F}_K$ = Zugkraft am Kniegelenk, $\mathbf{F}_S$ = Druckkraft am Schuhrand, $\mathbf{F}_F$ = Reaktionskraft am Fußgelenk durch den Schuh. (Im allgemeinen werden die angeführten Kräfte allerdings nicht normal zum Unterschenkel orientiert sein.)

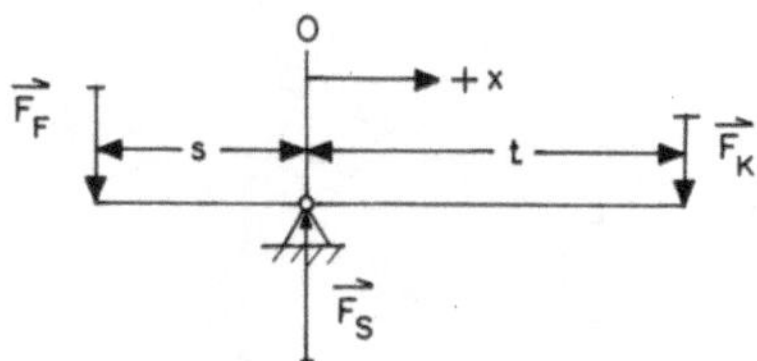

Abb. 2.38. Hebel und Kräfte am Unterschenkel beim Sturz nach hinten entsprechend Abb. 2.37

Die Kräfte am Unterschenkel sind in der Abb. 2.38 zusammen mit den wirksamen Hebellängen schematisch dargestellt. Der Unterschenkel kann in diesem Fall als zweiarmiger Hebel betrachtet werden, mit der Auflage am Schuhrand als Drehpunkt.

Das auf den Unterschenkel biegend wirkende Drehmoment M ist oberhalb des Schuhrands

$$M = F_K \cdot (t - x)$$

und unterhalb des Schuhrands

$$M = F_F \cdot (s + x).$$

Beide Drehmomente erreichen ihre Maximalwerte

$$M = F_K \cdot t = F_F \cdot s$$

am Schuhrand, d. h. bei $x = 0$. Wird die Biegefestigkeit des Unterschenkels (Schienbein plus Wadenbein) überschritten, kommt es zur bekannten Schuhrandfraktur.

Beispiel 2.17. Berechnung der maximalen erlaubten Zugkraft am Kniegelenk eines im Schischuh „eingespannten" Beins beim Sturz nach hinten, s. Abb. 2.38. Das Flächenträgheitsmoment J für Röhrenknochen ist $J = (\pi/4) \cdot (R^4 - r^4)$. Beim Schienbein ist etwa $R = 12\,\mathrm{mm}$ und $r = 7\,\mathrm{mm}$. Wir vernachlässigen das Wadenbein. t beträgt etwa 30 cm. Mit E und σ_{Bruch} aus Tabelle 2.4 erhalten wir aus Gleichung 2.12 den maximal möglichen Krümmungsradius ρ des Schienbeins (der bei $x = 0$ auftritt) und aus Gleichung 2.14 die maximal erlaubte Zugkraft F ($\hat{=}\, \mathbf{F}_K$ in Abb. 2.37) am Kniegelenk:

$$J = (\pi/4) \cdot (0{,}012^4 - 0{,}007^4) \cdot \mathrm{m}^4 = 1{,}44 \cdot 10^{-8}\,\mathrm{m}^4.$$

$$\rho = y \cdot E/\sigma_{\mathrm{Bruch}} = 0{,}012\,\mathrm{m} \cdot 1{,}8 \cdot 10^{10}\,\mathrm{Pa}/1{,}2 \cdot 10^8\,\mathrm{Pa} = 1{,}8\,\mathrm{m}.$$

$$F = E \cdot J/(\rho(t - x)) = 1{,}8 \cdot 10^{10}\,\mathrm{Pa} \cdot 1{,}44 \cdot 10^{-8}\,\mathrm{m}^4/(1{,}8\,\mathrm{m} \cdot 0{,}3\,\mathrm{m}) = 4{,}8 \cdot 10^2\,\mathrm{N}.$$

Aufgabe 2.7. Welche R Kraft wirkt beim beidbeinigen Stehen nach Abb. 2.28b auf das Hüftgelenk. Diese läßt sich unter Berücksichtigung des Ergebnisses von Beispiel 2.10 aus den Gleichgewichtsbedingungen für die Kraftkomponenten berechnen.

3. Dynamik

Zentrale Begriffe der Dynamik sind Energie und Impuls. Beide Größen haben die Eigenschaft, nicht verlierbar zu sein. Es gelten sogenannte Erhaltungssätze: Die Summe aller Energien und die Summe aller Impulse bleiben für ein abgeschlossenes System, also ein System ohne Wechselwirkungsmöglichkeit mit der Umgebung, konstant. Basis hierfür sind die Newtonschen Gesetze. Beide Erhaltungssätze sind zwar grundsätzlich bereits in diesen Gesetzen enthalten, allerdings läßt sich dies nicht ohne weiteres erkennen.

Der Energiebegriff ist der vielleicht wichtigste Begriff der modernen Naturwissenschaften. Die Zukunft der Menschheit ist wahrscheinlich von der Verfügbarkeit über Energie abhängig. Was macht Energie so bedeutend? Dreierlei: (1) Wann immer in der Natur Vorgänge ablaufen, ist dabei Energie im Spiel: Es wird Energie umgewandelt. (2) Wann immer wir über die Größe der auftretenden Energien Bescheid wissen, können wir über die zugrunde liegenden Vorgänge sehr viel—oft alles Wesentliche—aussagen, ohne weitere Details kennen zu müssen. (3) Mit Energien rechnen ist einfach: es genügt eine einfache Bilanz skalarer Größen. Dies wird noch dadurch erleichtert, daß die Summe aller Energien immer gleich groß bleibt (Energieerhaltung).

Was ist Energie? Energie läßt sich als gespeicherte Arbeit verstehen. Wird Arbeit verrichtet, verwandelt sich eine bestimmte Energieform in eine andere. Beispielsweise verwandelt sich beim Kochen elektrische Energie in Wärmeenergie. Verrichtet ein

Mensch mechanische Arbeit, beispielsweise beim Radfahren, wird chemische Energie aus Adenosintriphosphat-Molekülen durch mechanische Arbeit der Muskel in Bewegungsenergie und Wärmeenergie umgewandelt. Die hierbei erfolgenden Energieumwandlungen heißen Arbeit.

Ein Ziel dieses Kapitels ist es, Verständnis für den Begriff der mechanischen Energie zu bilden. Von da ausgehend ist es später relativ leicht, mit dem Energiebegriff in der Wärmelehre, Elektrizitätslehre, Atom- und Kernphysik umzugehen.

3.1 Newtonsche Gesetze

a) Geradlinige Bewegung

Schon Galilei hatte sich mit der Frage beschäftigt, welche Bewegung ein Körper ausführt, auf welchen keinerlei Kräfte einwirken. Aus der Beobachtung von Experimenten wie in der Abb. 3.1 formulierte er das

Trägheitsprinzip: Körper, auf welche keine (resultierenden) Kräfte wirken, bewegen sich gleichförmig (Beschleunigung $\mathbf{a} = 0$) oder beharren im Zustand der Ruhe.

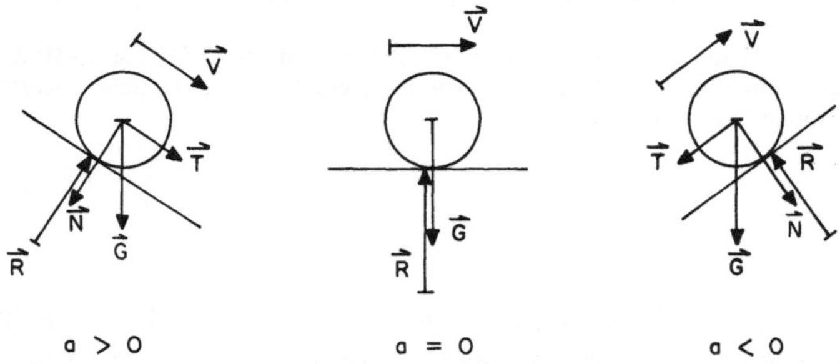

Abb. 3.1. Bewegung einer Kugel abwärts, horizontal und aufwärts. Bei der Abwärtsbewegung wird die Kugel durch die Tangentialkomponente **T** der Gewichtskraft **G** beschleunigt, bei der Aufwärtsbewegung gebremst. Bei der Bewegung auf der Horizontalen ist die Summe aller auf die Kugel wirkenden Kräfte (Gewichtskraft **G** plus Reaktionskraft **R**) Null

Dieses Prinzip ist keineswegs selbstverständlich. Es läßt sich auch nicht ohne weiteres aus einem Experiment ableiten; bleibt doch beispielsweise jede auf einer horizontalen Ebene rollende Kugel früher oder später stehen. Galilei war jedoch zutiefst überzeugt, daß die Natur einfachen Gesetzen gehorcht. Im Falle der rollenden Kugel verhüllt sozusagen die Reibung die Einfachheit des zugrunde liegenden Gesetzes, nach welchem sich die Kugel auf der Horizontalen bewegt.

Galilei starb 1642. Im selben Jahr wurde Isaac Newton geboren, der die Mechanik auf ein für die darauffolgenden 200 Jahre unverändert gültiges Fundament stellte. Nach Newton gibt es einen absoluten Raum, unveränderlich und unbeweglich. Sein Bewegungsgesetz sollte in diesem absoluten Raum und in allen Koordinatensystemen, die sich diesem Raum gegenüber mit konstanter Geschwindigkeit bewegen, sogenannten Inertialsystemen, gelten. Dieses Gesetz lautet $\mathbf{a} = \frac{\mathbf{F}}{m}$, d. h. die Beschleunigung **a**, die ein Körper der Masse *m* erfährt, wenn auf ihn die Kraft **F** einwirkt, erfolgt in Richtung dieser Kraft, ist ihrem Betrag nach proportional zum Betrag dieser Kraft und indirekt proportional zur Masse *m* des Körpers. Je größer seine Masse *m*, desto erfolgreicher widersetzt sich ein Körper offenbar einer Beschleunigung. Diese Masse heißt daher auch „träge Masse".

Newton hat diese Aussagen in zwei Gesetze zusammengefaßt:

1. *Erstes Newtonsches Gesetz oder Trägheitsprinzip*: Wirken auf einen Körper keine Kräfte, bewegt er sich geradlinig mit konstanter Geschwindigkeit oder verbleibt in Ruhe.
2. *Zweites Newtonsches Gesetz oder Aktionsprinzip*: In Intertialsystemen gilt

$$\mathbf{a} = \frac{\mathbf{F}}{m}.$$

Experimentell lassen sich diese Gesetze durch Beobachtung des freien Falls eines Körpers nachprüfen. Die hier beschleunigend wirkende Kraft ist die Gewichtskraft **G** des Körpers; diese bewirkt die konstante Fallbeschleunigung $\mathbf{a} = \mathbf{g}$.

Auf den ersten Blick scheint das 1. Newtonsche Gesetz bloß ein Sonderfall des 2. zu sein, nämlich für $\mathbf{F} = 0$. Newton hat damit jedoch ein Kriterium für ein Inertialsystem angegeben. Ein solches System läßt sich daran erkennen, daß sich in ihm Körper, auf welche keine resultierenden Kräfte einwirken, gleichförmig bewegen.

Im übrigen gibt es mehrere unterschiedliche, in sich aber richtige Interpretationen des 2. Newtonschen Gesetzes. Beispielsweise kann man das 2. Newtonsche Gesetz auch als Definition der physikalischen Größe Kraft auffassen: $\mathbf{F} = m \cdot \mathbf{a}$. Diese Interpretation ist die Grundlage für die

SI-Einheit der Kraft. Bis 1960 galt als Krafteinheit die Gewichtskraft des Internationalen Kilogrammprototyps: 1 kp. Seit 1960 gilt als Einheit der Kraft die SI-Einheit 1 N; dies ist jene Kraft, die der Masse von 1 kg eine Beschleunigung von $1\,\mathrm{m \cdot s^{-2}}$ erteilt. Aus $\mathbf{F} = m \cdot \mathbf{a}$ folgt

$$[F] = 1\,\mathrm{kg \cdot m \cdot s^{-2}} = 1\,\mathrm{N}.$$

Wir haben bereits im Zusammenhang mit Gravitation und Coulomb-Wechselwirkung festgestellt, daß Kraftwirkungen immer wechselseitig sein müssen. Mit derselben Kraft, mit der ein System A auf ein System B einwirkt (Aktionskraft), wirkt auch das System B auf das System A ein (Reaktionskraft). Dies wird ausgedrückt durch das 3. Newtonsche Gesetz:

3. *Drittes Newtonsches Gesetz oder Reaktionsprinzip*: Die Summe aus allen Aktions- und Reaktionskräften ist Null:

$$\sum_i \mathbf{F}_i = 0.$$

In der Statik haben wir dieses Gesetz bereits kennengelernt, siehe Gleichung 2.5. Dort treten statische Reaktionskräfte auf. Das 3. Newtonsche Gesetz gilt aber auch bei Bewegungen. Beispielsweise beim Abfeuern eines Gewehres. Dieselbe Kraft, die das Geschoß beschleunigt, wirkt im umgekehrter Richtung als sogenannte

Rückstoßkraft auf das Gewehr. Auf demselben Prinzip beruht der Rückstoßantrieb von Raketen. Die bei Bewegungen auftretenden Reaktionskräfte heißen dynamische Reaktionskräfte.

Die wichtigste dynamische Reaktionskraft ist die Trägheitskraft. Dies ist die Kraft **F**, die jeder Körper einer Beschleunigung **a** entgegensetzt. Ihre Größe ist entsprechend dem 2. Newtonschen Gesetz gleich $m \cdot \mathbf{a}$, ihre Richtung ist der Beschleuningung **a** entgegengesetzt:

$$\mathbf{F} = -m \cdot \mathbf{a}$$

Rein formal folgt diese Gleichung direkt aus dem 2. Newtonschen Gesetz. Die physikalische Bedeutung ist hier jedoch eine andere als die des 2. Newtonschen Gesetzes, weshalb Newton dies auch als ein separates Gesetz formuliert hat.

b) Scheinkräfte; Kreisbewegung

Üblicherweise wird eine Kreisbewegung von einem Inertialsystem aus beobachtet und beschrieben: Ein Körper mit der Masse *m* rotiere beispielsweise um den Mittelpunkt der Kreisbahn. Diese Bewegung erfolgt mit einer Radialbeschleunigung nach Gleichung 1.24.

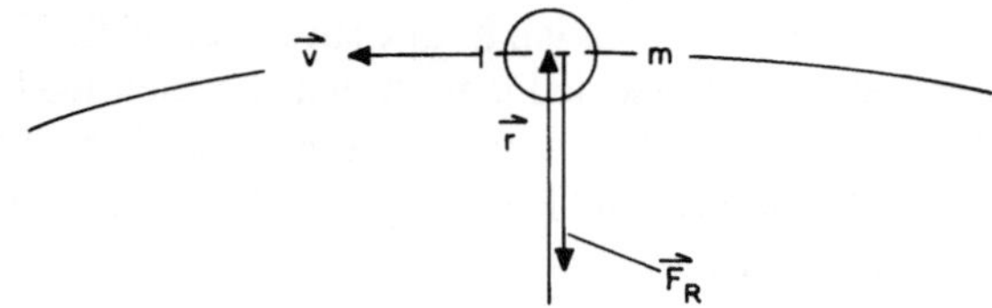

Abb. 3.2. Kreisbewegung mit Bahngeschwindigkeit **v**. Die Zentripetalkraft $\mathbf{F}_R$ ist zum Bahnmittelpunkt gerichtet, die Zentrifugalkraft entgegengesetzt. **r** ist der Ortsvektor vom Bahnmittelpunkt zum Körper

Nach dem 1. Newtonschen Gesetz kann eine solche Bewegung nur bestehen, wenn auf den Körper andauernd eine Kraft einwirkt. Diese Kraft $\mathbf{F}_R$ muß die durch die Gleichung 1.24 beschriebene Radialbeschleunigung hervorrufen und ist daher entsprechend dem 2. Newtonschen Gesetz

$$\mathbf{F}_R = m \cdot \mathbf{a}_{\text{radial}}$$

Diese Kraft heißt Radial- oder Zentripetalkraft. Sie wirkt in Richtung auf den Bahnmittelpunkt und erzwingt die Kreisbahn. Die träge Masse des Körpers widersetzt sich dieser Kraft; diese Reaktionskraft ist die Zentrifugalkraft $\mathbf{F}_Z$ mit dem Betrag:

$$F_Z = m \cdot a_{\text{radial}} = m \cdot \omega^2 \cdot r.$$

Scheinkräfte. Nun denken wir uns einen Beobachter, der mitrotiert und das Inertialsystem nicht sieht: Abb. 3.3. Er erkennt also nicht, daß sein (x–y-) Koordinatensystem kein Inertialsystem ist und genauso wie er selbst rotiert. Die an dem mitrotierenden Körper (*KÖ*) auftretende Zentrifugalkraft bleibt ihm unverständlich. Er nennt diese Kraft, für die er keine Ursache finden kann, eine „Scheinkraft“. Falls sich dieser Körper (wegen der auf ihn einwirkenden Zentrifugalkraft) in Bewegung setzt, wird die Welt für unseren Beobachter noch rätselvoller. Der Körper bewegt sich nämlich nicht geradlinig entlang der x-Achse, sondern entlang einer gekrümmten Bahn. Der mitrotierende Beobachter führt diese Abweichung von der geradlinigen Bewegung auf eine weitere Scheinkraft zurück, nämlich auf die sogenannte Corioliskraft.

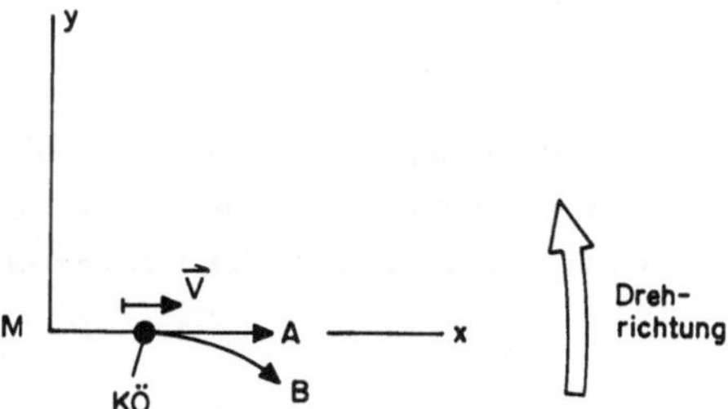

Abb. 3.3. Bewegung eines Körpers *KÖ* in einem rotierenden Koordinatensystem. Anstatt einer geradlinigen Bewegung von *M* nach *A* führt dieser Körper eine krummlinige nach *B* aus

Für einen Beobachter in einem Inertialsystem, wie dem Leser dieser Zeilen, sollte dies alles *nicht* rätselhaft sein. Der Körper bleibt, durch seine träge Masse bedingt, eben hinter der Drehbewegung zurück, wenn er sich radial von M entfernt und eilt vor, wenn er sich auf M zu bewegt.

Scheinkräfte treten auch in geradlinig beschleunigten Bezugssystemen auf. Hierzu zählen die bei allen Beschleunigungs- und Bremsvorgängen auftretenden Trägheitskräfte.

Überleben bei Beschleunigungen. Bei Beschleunigungen des menschlichen Körpers treten Trägheitskräfte auf, die zu inneren und äußeren Verletzungen und im Extremfall zum Tod führen. Meist sind Schädelverletzungen die Todesursache (in etwa 75% aller tödlichen Unfälle). Kurzfristig (einige Sekunden lang) kann der menschliche Körper Beschleunigungen bis zum Achtfachen der Erdbeschleunigung ohne Schäden ertragen. Größere Beschleunigungen führen auch ohne Schädelbruch zum Tod, beispielsweise Beschleunigungen von $50 \cdot g$ schon bei einer Einwirkungszeit ab etwa 30 ms. Die exakte Ursache hierfür ist nicht bekannt. Vermutet werden Scherspannungen am Hirnstamm.

Beim Sturz mit den Füßen voraus hat man die relativ beste Überlebenschance. Man überlebt hierbei etwa folgende Aufprallgeschwindigkeiten:

auf Wasser	$35\,\mathrm{m \cdot s^{-1}}$
auf Erdboden	$17\,\mathrm{m \cdot s^{-1}}$
auf Beton	$13\,\mathrm{m \cdot s^{-1}}$.

Bei Stürzen aus großer Höhe erreicht der menschliche Körper eine konstante Sinkgeschwindigkeit von etwa $55\,\mathrm{m \cdot s^{-1}}$, s. Beispiel 3.8.

C. W. Gadd hat aus Unfallanalysen einen empirischen Schweregrad S der Auswirkung von Beschleunigungen des Kopfs abgeleitet:

$$S = \int_0^{\Delta t} \left(\frac{a}{g}\right)^{2,5} \cdot dt.$$

Der Exponent gewichtet die hohen Beschleunigungen sehr stark. Δt ist die Aufprallzeit, also jene Zeit, während der der Kopf abgebremst wird.

Der genaue Verlauf der (Brems-) Beschleunigung a während des Aufpralls ist naturgemäß meist unbekannt. Nimmt man an, daß a während der Aufprallzeit konstant ist, was nur unter günstigsten Bedingungen der Fall sein wird, bekommt man für diese Bedingungen eine Abschätzung zu

$$S = \left(\frac{v}{\Delta t \cdot g} \right)^{2,5} \cdot \Delta t.$$

Bei $S = 1000$ s gibt es nur noch 50% Überlebenschance. Beim Boxen werden übrigens Werte bis zu $S = 400$ s erreicht. In der Abb. 3.10 ist der Verlauf des Schweregrads $S = 1000$ s in Abhängigkeit von Einwirkungsdauer Δt und g-Wert ($= a/g$) dargestellt.

3.2 Arbeit und Energie

Was ist Arbeit? Hier muß streng von der Bedeutung des Begriffs Arbeit in der Umgangssprache unterschieden werden. In der Physik ist Arbeit ein Maß für die Auswirkung von Kräften. In der Mechanik liegt eine solche offenbar nur dann vor, wenn sich der Angriffspunkt der Kraft verschiebt. Beispielsweise dadurch, daß die Kraft einen Körper verformt. Oder dadurch, daß die Kraft einen Körper bewegt.

Arbeit = Kraft in Richtung des Wegs mal Wegstrecke

$$W = \int \mathbf{F} \cdot d\mathbf{s} = \int F \cdot \cos(F, ds) \cdot ds.$$

Die SI-Einheit der mechanischen Arbeit ist das Joule (1 J):

$$[W] = [F] \cdot [s] = 1\,\mathrm{N \cdot m} = 1\,\mathrm{kg \cdot m^2 \cdot s^{-2}} = 1\,\mathrm{J}.$$

Das hier auftretende Produkt zweier Vektoren (**F** und **s**) heißt Skalarprodukt, weil das Ergebnis W eine skalare Größe ist. Falls die Kraft **F** längs des Wegs **s** konstant ist, gilt einfach

$$W = \mathbf{F} \cdot \mathbf{s}.$$

Arbeit bei Drehbewegungen: Da der Betrag M eines Drehmoments gleich dem Produkt aus einem Hebelarm r mal der normal zum Hebelarm orientierten Kraftkomponente $F_\perp$ ist, ergibt sich für „Kraft in Richtung des Wegs ($= F_\perp$) mal Weg ($= r \cdot \Delta\varphi$)“:

$$W = F_\perp \cdot r \cdot \Delta\varphi,$$

d. h. die vom Drehmoment **M** verrichtete Arbeit ist gleich Drehmoment mal Drehwinkel (hier nur skalar beschrieben):

$$W = \int M \cdot d\varphi.$$

a) Beschleunigungsarbeit

Wir betrachten zunächst die Einwirkung einer Kraft auf ein Fahrzeug etwas näher.

Es gibt hier zwei mögliche Auswirkungen: Zum einen wird das Fahrzeug aufgrund des zweiten Newtonschen Gesetzes beschleunigt. Zum anderen bewirkt die Kraft **F** auch eine Verformung, zumindest in der Umgebung ihres Angriffspunkts. Dementsprechend sprechen wir von Beschleunigungs- und Verformungsarbeit. Verformungsarbeit betrachten wir weiter unten als separaten Fall.

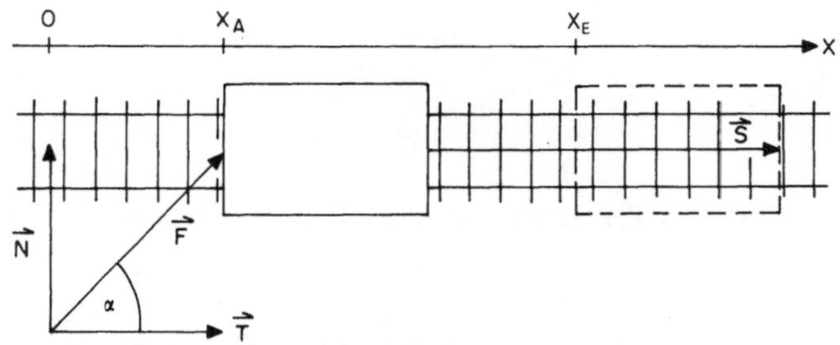

Abb. 3.4. Beschleunigung eines (Schienen-) Fahrzeugs entlang eines Wegs **s** in x-Richtung durch eine Kraft **F**. Beschleunigend wirkt nur die Tangentialkomponente **T**, die Normalkomponente **N** verformt

Die Beschleunigungsarbeit im Beispiel der Abb. 3.4 ist:

$$W = T \cdot s = F \cdot s \cdot \cos\alpha = \mathbf{F} \cdot \mathbf{s}$$

Im allgemeinen wird die Kraft **F** entlang des Wegs **s** nicht konstant sein. Dann muß die von ihr verrichtete Beschleunigungsarbeit als Summe (Integral) über Arbeitsbeträge $\mathbf{F} \cdot d\mathbf{s} = T \cdot ds$ berechnet werden. Wegen des 3. Newtonschen Gesetzes gilt für die hier auftretende dynamische Reaktionskraft (das ist die Trägheitskraft $-m \cdot a$):

$$T - m \cdot a = 0.$$

Hiermit läßt sich die von **F** an dem Fahrzeug bzw. einem Körper verrichtete Beschleunigungsarbeit berechnen:

$$W = \int_{x_A}^{x_E} T \cdot ds = \int_{v_A}^{v_E} m \cdot \frac{dv}{dt} \cdot v \cdot dt = \int_{v_A}^{v_E} m \cdot v \cdot dv = \frac{m}{2} \cdot (v_E^2 - v_A^2)$$

v_A bzw. v_E sind die Geschwindigkeiten des beschleunigten Körpers zu Beginn bzw. am Ende der Kraftwirkung.

b) Hubarbeit

Die zum Heben eines Körpers der Masse m erforderliche Kraft **F** ist dem Betrag nach gleich der Gewichtskraft $\mathbf{G} = m \cdot \mathbf{g}$ des Körpers und dieser entgegengesetzt gerichtet. Die beim Anheben des Körpers um die Höhe h verrichtete Arbeit ist daher

$$W = G \cdot h = m \cdot g \cdot h.$$

Die Hubarbeit hat eine wichtige Eigenschaft: sie ist vom Verlauf des Wegs unabhängig. Um dies zu sehen, analysieren wir den in der Abb. 3.6 dargestellten allgemeinen Hubvorgang.

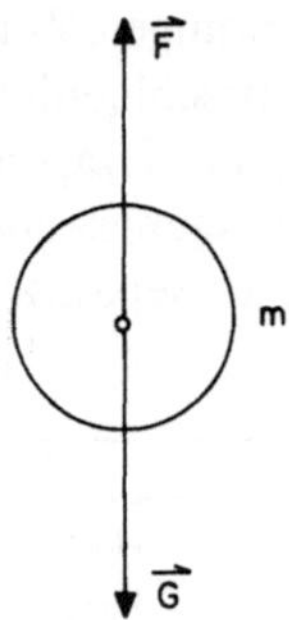

Abb. 3.5. Zur Hubarbeit an einem Körper der Masse *m*

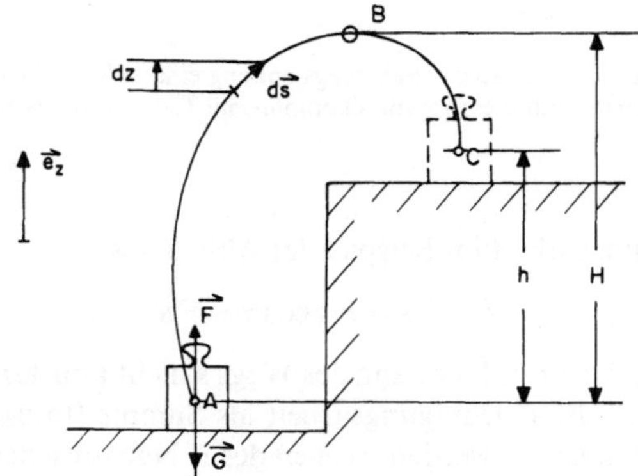

Abb. 3.6. Hubarbeit längs eines beliebigen Wegs. *dz* ist die Projektion eines Wegstücks *d***s** auf die Vertikalenrichtung $\mathbf{e}_z$

Die erforderliche Hubkraft ist

$$\mathbf{F} = -\mathbf{G} = G\cdot\mathbf{e}_z,.$$

worin $\mathbf{e}_z$ die Richtung der Vertikalen angibt. Die von **F** verrichtete Hubarbeit beim Anheben eines Körpers von der Position *A* zur Position *C* ist

$$W = \int_A^C \mathbf{F}\cdot d\mathbf{s} = \int_A^C G\cdot\mathbf{e}_z\cdot d\mathbf{s} = \int_A^C G\cdot dz.$$

Dies ist eine Summe (Integral) aus einzelnen Arbeitsbeträgen

$$G\cdot dz,$$

also aus Beträgen, bestehend aus dem Produkt aus Gewichtskraft mal Weg, projiziert auf die Vertikalenrichtung $\mathbf{e}_z$. Diese Summe ist für den Teilweg von *A* bis nach *B* gleich $G\cdot H$ und für das Wegstück von *B* nach *C* gleich

$$-G\cdot(H-h).$$

Die Summe beider, das ist die längs des Wegs von *A* bis *C* insgesamt verrichtete

Hubarbeit, ist daher

$$W = \int_A^C \mathbf{F} \cdot d\mathbf{s} = G \cdot h = m \cdot g \cdot h,$$

also unabhängig vom Verlauf des Wegs im einzelnen, nur abhängig von der Höhendifferenz h. Deshalb verkleinern die sogenannten einfachen Maschinen, wie Flaschenzug und schiefe Ebene nicht die beim Heben zu verrichtende Arbeit, sie verkleinern nur die aufzubringenden Kräfte—um den Preis längerer Wege.

c) Verformungsarbeit

Jeder reale Körper verformt sich unter der Einwirkung einer Kraft **F**, wenn auch in noch so kleinem Ausmaß. Hierbei verschiebt sich der Angriffspunkt der Kraft **F** um eine entsprechende Strecke **s**. Die hierbei von der Kraft **F** verrichtete Arbeit heißt Verformungsarbeit. Als Beispiel einer solchen Verformungsarbeit betrachten wir in Abb. 3.7 die Spannarbeit an einer Schraubenfeder.

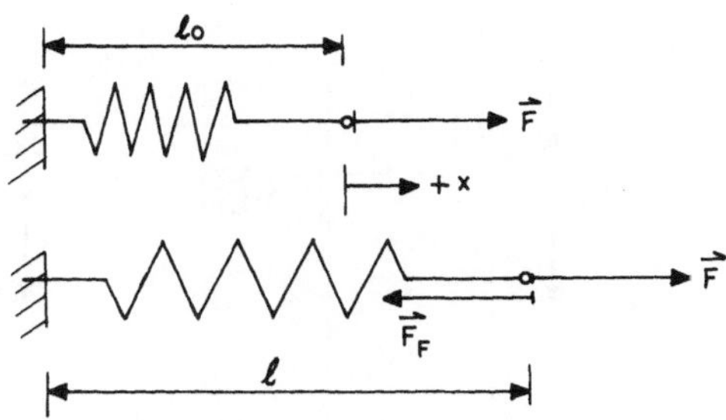

Abb. 3.7. Spannarbeit an einer Schraubenfeder. l_0 ist die Federlänge im unbelasteten Zustand, l ist die Federlänge im gedehnten Zustand

Die Aktionskraft **F** dehnt die Feder. Die als Reaktionskraft auftretende Federkraft $\mathbf{F}_F$ ist proportional zur Längenänderung $l - l_0$ und zur Federkonstanten D:

$$F_F = -D \cdot (l - l_0),$$

dies ist das Hookesche Gesetz für eine (Schrauben-) Feder.

Nach dem 3. Newtonschen Gesetz ist

$$\mathbf{F} + \mathbf{F}_F = 0$$

Daraus folgt mit der in Abb. 3.7 festgelegten x-Koordinate für die Aktionskraft $F = D \cdot x$. Da sich F längs des Wegs ändert, ist zur Berechnung der Arbeit eine Integration erforderlich. Die Spannarbeit ist somit

$$W = \int_0^{l-l_0} F \cdot dx = \int_0^{l-l_0} D \cdot x \cdot dx = (D/2) \cdot (l - l_0)^2.$$

Für andere Fälle von Verformung erhält man analoge Ausdrücke.

d) Konservative und dissipative Kräfte

Bei genauerem Hinsehen stellt man fest, daß die in den obigen Beispielen verrichtete Arbeit wiedergewonnen werden kann. Durch Abbremsen des beschleunigten Fahrzeugs mittels beispielsweise einer Schraubenfeder, gegen die man es prallen läßt, kann die Beschleunigungsarbeit wiedergewonnen werden und zum Stauchen oder Dehnen dieser Feder benutzt werden. Die an dem angehobenen Körper verrichtete Hubarbeit kann im freien Fall des Körpers diesen durch Beschleunigungsarbeit beschleunigen. Bei diesen Vorgängen wirkt immer eine Aktionskraft, welche Arbeit verrichtet, gegen eine Reaktionskraft. Da sich die Angriffspunkte beider Kräfte längs desselben Wegs bewegen, sind die von diesen beiden Kräften verrichteten Arbeiten dem Betrag nach gleich groß, haben jedoch entgegengesetztes Vorzeichen. Das bedeutet, daß die von der Aktionskraft verrichtete Arbeit zur Gänze von dem die Reaktionskraft liefernden Körper aufgenommen wird. Diese Arbeiten gehen also nicht verloren, sie können wieder benutzt werden. Diese gespeicherte Arbeit heißt

Energie.

Dies ist in der Abb. 3.8 an einigen Beispielen näher erläutert:

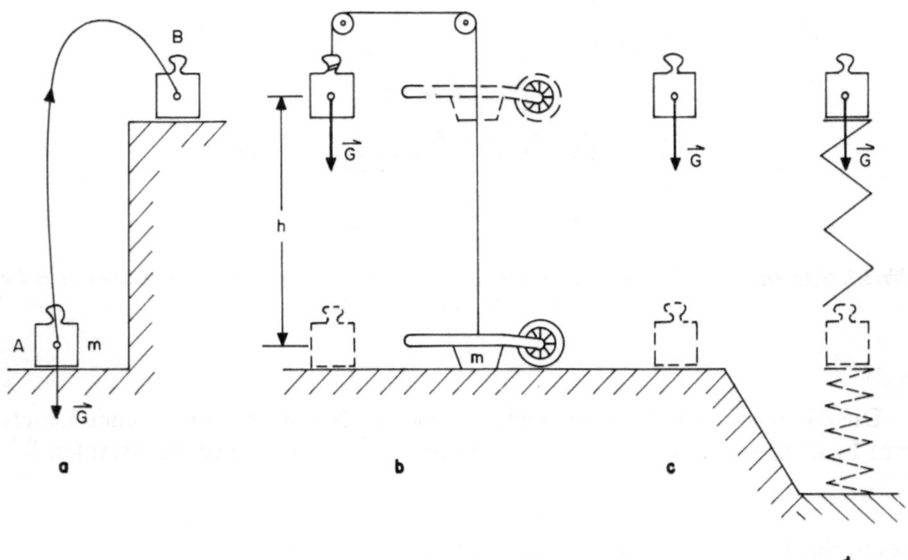

Abb. 3.8. Zur Erläuterung des Energiebegriffs. In **a** wird die potentielle Energie eines Körpers mit der Masse m durch Verrichten von Hubarbeit $W = m \cdot g \cdot h$ um diesen Betrag vergrößert. In **b** wird die potentielle Energie des angehobenen Körpers benutzt, um an einem anderen Körper Hubarbeit zu verrichten. (Das geht besonders einfach, also mit bloßen Umlenkrollen, wenn die beiden gleich große Masse haben). Schließlich (gestrichelt gezeichnete Situation) ist die potentielle Energie auf den Schubkarren übertragen. In **c** wird die potentielle Energie des angehobenen Körpers dazu benutzt, an ihm selbst Beschleunigung zu verrichten: er wird frei fallen gelassen. In **d** wird die gespeicherte Hubarbeit zum Verrichten von Verformungsarbeit an einer Feder benutzt. (Ohne weiteres wird die Feder übrigens nicht im gestauchten Zustand verharren, sondern wieder expandieren. Es tritt eine Schwingung auf, bei der laufend potentielle Energie in kinetische Energie und umgekehrt verwandelt wird.)

Die Umwandelbarkeit von Energie gilt auch für andere Vorgänge, bei welchen Kräfte Arbeit verrichten. Kräfte, wie die Federkraft und die Gewichtskraft, deren einmal verrichtete Arbeit immer wieder in mechanische Arbeit zurück verwandelt werden kann, heißen

konservative Kräfte.

Im Gegensatz hierzu gibt es Kräfte, beispielsweise die Reibungskraft, deren einmal verrichtete Arbeit nicht mehr oder nur eingeschränkt als mechanische Arbeit zur Verfügung steht. Diese heißen

dissipative Kräfte.

Auch im Falle dissipativer Kräfte geht die Arbeit nicht verloren, sie wird in Wärme (-energie) umgewandelt. Es besteht lediglich eine Einschränkung in bezug auf das Ausmaß, in welchem diese Wärmeenergie wieder in mechanische Energie zurück verwandelt werden kann (s. 2. Hauptsatz der Wärmelehre).

3.3 Energiesatz

a) Energieformen

Mechanische Arbeit kann auf unterschiedliche Weise gespeichert sein. Entsprechend unterscheidet man:

Kinetische Energie und Potentielle Energie.

Kinetische Energie E_K ist die Arbeitsfähigkeit eines Körpers aufgrund seiner Bewegung. Wie wir oben gesehen haben, beträgt diese für einen Körper der Masse m bei einer Geschwindigkeit v gleich $(m/2)\cdot v^2$. Diese Bewegungsenergie besitzt ein Körper in einem Inertialsystem, demgegenüber er sich mit der Geschwindigkeit v bewegt: (Bezüglich anderer Inertialsysteme besitzt dieser Körper eine andere kinetische Energie.)

$$E_k = \frac{m}{2}\cdot v^2.$$

Potentielle Energie E_P ist die Arbeitsfähigkeit eines Körpers aufgrund seiner Lage in einem Kraftfeld oder aufgrund seiner Form. Die potentielle Energie eines Körpers der Masse m im Schwerefeld der Erde beträgt $m\cdot g\cdot h$; dabei ist h die Höhenkoordinate dieses Körpers in dem gewählten Koordinatensystem:

$$E_P = m\cdot g\cdot h.$$

In einem anderen Koordinatensystem würde die potentielle Energie einen anderen Wert annehmen. Ähnlich wie die kinetische Energie ist also auch die potentielle Energie nur bezüglich eines festgelegten Koordinatensystems definiert. Der Nullpunkt dieses Koordinatensystems kann jedoch beliebig gewählt werden, weil letztlich nur die Differenzen der potentiellen Energien physikalisch relevant sind, s. Abb. 3.9. Die aufgrund einer elastischen Verformung in einer Feder steckende Spannarbeit

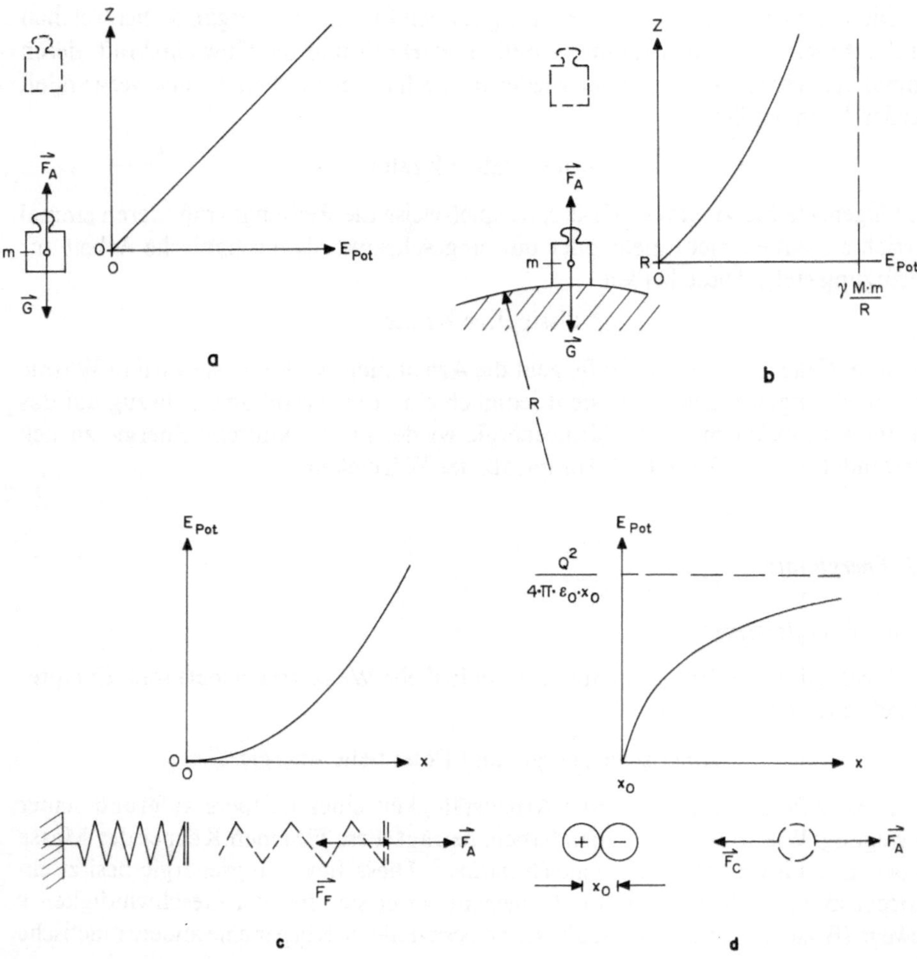

Abb. 3.9. Potentielle Energien bzw. Potentiale verschiedener konservativer Kräfte. $\mathbf{F}_A$ ist die jeweilige Aktionskraft. **a** Körper im Gravitationsfeld der Erde bei Hubhöhen $z \ll R$ (= Erdradius).

$$E_{\text{Pot}} = \int_0^z F_A \cdot dz' = \int_0^z m \cdot g \cdot dz' = m \cdot g \cdot z.$$

b Körper im Gravitationsfeld der Erde (M = Erdmasse, γ = Gravitationkonstante).

$$E_{\text{Pot}} = \int_R^z F_A \cdot dz' = \int_R^z \gamma \cdot m \cdot M/z'^2 \cdot dz' = \gamma \cdot m \cdot M\left(\frac{1}{R} - \frac{1}{z}\right)$$

c Dehnung einer Feder. Im entspannten Zustand sei das rechte Federende bei $x = 0$.

$$E_{\text{Pot}} = \int_0^x F_A \cdot dx' = \int_0^x D \cdot x' \cdot dx' = \frac{D}{2} \cdot x^2.$$

d Coulomb-Anziehung zwischen geladenen (elektrische Ladung $+Q$ und $-Q$) Körpern.

$$E_{\text{Pot}} = \int_{x_0}^x F_A \cdot dx' = \int_{x_0}^x Q^2/(4 \cdot \pi \cdot \varepsilon_0) \cdot (1/x'^2) \cdot dx' = \frac{Q^2}{4\pi\varepsilon_0}\left(\frac{1}{x_0} - \frac{1}{x}\right).$$

Man beachte, daß in den Teilbildern **a** und **b** die Ordinate, hingegen in den Teilbildern **c** und **d** die Abszisse die Wegkoordinate ist oder Energie ist:

$$E_P = \frac{D}{2} \cdot (l - l_0)^2.$$

Die der potentiellen Energie jeweils zugrunde liegenden Kräfte (Gewichtskraft **G**, Federkraft $\mathbf{F}_F$, Coulombkraft $\mathbf{F}_C$) wirken in Richtung abnehmender potentieller Energie (entgegen der Aktionskraft $\mathbf{F}_A$). Dies gilt generell. Ferner sind diese Kräfte umso größer, je steiler der Graph bezüglich der Weg-Koordinate $s(=z$ bzw. $x)$ ist, kurz:

Da $\Delta E_P = F_A \cdot \Delta s$ ist, ist der Betrag konservativer Kräfte **F**:

$$F = -\frac{\Delta E_P}{\Delta s},$$

d. h. gleich dem Gefälle oder dem Betrag des negativen Gradienten der potentiellen Energie.

b) Energieerhaltungssatz

Die in Abb. 3.8 illustrierte Tatsache, daß bei den verschiedenen Wechselwirkungen zwischen Körpern Energiebeträge nur ausgetauscht werden, jedoch keine hinzu oder weg kommen, ist der Inhalt des fundamentalen Energieerhaltungssatzes der Mechanik:

Die Summe aus allen kinetischen und potentiellen Energien
aller untereinander in Wechselwirkung stehenden Körper
ist eine Konstante.

Wir haben diesen Satz hier für konservative Kräfte gefunden. Unter Einbezug aller weiteren Energieformen (Wärmeenergie, chemische Energie u. a.) gilt er ganz allgemein und entsprechend auch für dissipative Kräfte.

Zusammenfassung 3.A

I. Die Bewegung von Körpern wird durch die Newtonschen Gesetze beschrieben:

Das 1. Newtonsche Gesetz oder Trägheitsprinzip besagt: Wirken auf einen Körper keine Kräfte, bewegt er sich geradlinig mit konstanter Geschwindigkeit.

Das 2. Newtonsche Gesetz macht eine Aussage über die von Kräften **F** an Körpern der Masse m hervorgerufenen Beschleunigungen **a**:

$$\mathbf{a} = \frac{\mathbf{F}}{m}. \tag{3.1}$$

Das 3. Newtonsche Gesetz besagt, daß die Summe aus allen Aktions- und Reaktionskräften Null ist:

$$\sum_i \mathbf{F}_i = 0. \tag{3.2}$$

Als SI-Einheit der Kraft ist seit 1960 jene Kraft definiert, die der Masse von 1 kg eine Beschleunigung von $1\ \mathrm{m \cdot s^{-2}}$ erteilt. Aus Gleichung 3.1 folgt:

$$[F] = 1\ \mathrm{kg \cdot m \cdot s^{-2}} = 1\ \mathrm{N}.$$

Die wichtigste dynamische Reaktionskraft ist die Trägheitskraft.

Anmerkung. Die am beschleunigten menschlichen Körper auftretenden Trägheitskräfte sind häufig Ursachen für Verletzungen. Als Todesursache werden meist Schädelverletzungen beobachtet. Größere Beschleunigungen a führen allerdings auch ohne Schädelbruch zum Tod. Aus Unfallanalysen wurde (von C. W. Gadd) ein empirischer Schweregrad S für die Auswirkung von Beschleunigungen am Kopf abgeleitet:

$$S = \int_0^{\Delta t} \left(\frac{a}{g}\right)^{2,5} \cdot dt.$$

Bei $S = 1000$ s beträgt die Überlebenswahrscheinlichkeit nur mehr 50%. (Diese empirische Größe hat zwar die Einheit $[S] = 1$ s, sie hat jedoch mit der physikalischen Größe Zeit nichts zu tun.)

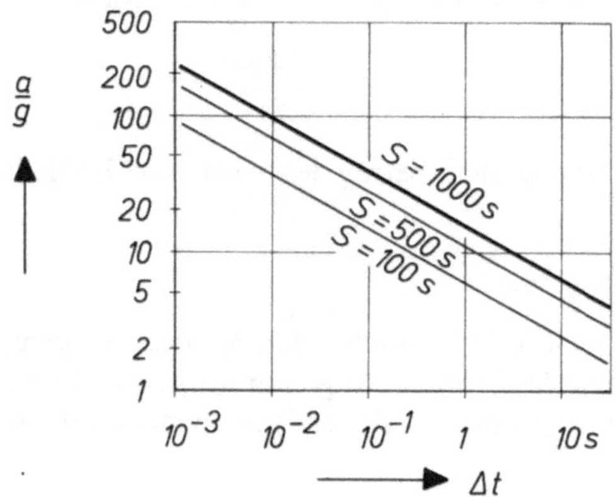

Abb. 3.10. Schweregrad S von Kopfbeschleunigungen in Abhängigkeit vom g-Wert der Beschleunigung $\left(\frac{a}{g}\right)$ und der Einwirkungsdauer Δt. Auf dem Graphen $S = 1000$ s ist die Überlebenswahrscheinlichkeit noch gleich 50%, oberhalb dieses Graphen wird sie rasch kleiner

II. Arbeit = Kraft in Richtung des Wegs mal der vom Angriffspunkt der Kraft zurückgelegten Wegstrecke (= Skalarprodukt Kraft mal Weg):

$$W = \int \mathbf{F} \cdot d\mathbf{s} = \int F \cdot \cos(F, ds) \cdot ds \tag{3.3}$$

bzw. $W = \int M \cdot d\varphi$ bei Drehbewegungen.

Daraus ergibt sich als SI-Einheit der mechanischen Arbeit:

$$[W] = [F] \cdot [s] = 1\,\mathrm{N} \cdot \mathrm{m} = 1\,\mathrm{J}.$$

Die Beschleunigungsarbeit ist:

$$W = \frac{m}{2} \cdot (v_E^2 - v_A^2) \tag{3.4}$$

v_A bzw. v_E sind die Geschwindigkeiten des beschleunigten Körpers zu Beginn bzw. am Ende der Kraftwirkung.

Die Hubarbeit ist:

$$W = m \cdot g \cdot h. \tag{3.5}$$

Die Verformungsarbeit an einer Feder mit der Federkonstanten D ist:

$$W = \frac{D}{2} \cdot (l - l_0)^2. \tag{3.6}$$

III. Energie ist gespeicherte Arbeitsfähigkeit, s. hierzu die Abb. 3.8.
Die kinetische Energie eines Körpers der Masse m bei einer Geschwindigkeit v ist:

$$E_K = \frac{m}{2} \cdot v^2. \tag{3.7}$$

Die potentielle Energie eines Körpers der Masse m im Schwerefeld der Erde beträgt:

$$E_P = m \cdot g \cdot h. \tag{3.8}$$

Die potentielle Energie einer gespannten Feder beträgt:

$$E_P = \frac{D}{2} \cdot (l - l_0)^2. \tag{3.9}$$

Konservative Kräfte sind gleich dem negativen Gefälle (allgemeiner: Gradienten) der entsprechenden potentiellen Energie:

$$F = -\frac{dE_P}{ds}, \tag{3.10}$$

Der Energieerhaltungssatz besagt, daß die Summe aller kinetischen und potentiellen Energien in einem abgeschlossenen System konstant bleibt:

$$\sum_i (E_{Ki} + E_{Pi}) = \text{konstant}. \tag{3.11}$$

Die Umwandlung einer Energieform in eine andere heißt

Arbeit.

Beispiel 3.1. Freier Fall eines Körpers der Masse m im Vakuum. Die Gewichtskraft $G = m \cdot g$ verrichtet hier die Beschleunigungsarbeit $m \cdot g \cdot h$ (h = Fallstrecke). Also ist $(m/2) \cdot v^2 = m \cdot g \cdot h$, woraus $v = \sqrt{2 \cdot g \cdot h}$, in Übereinstimmung mit dem Ergebnis von Beispiel 1.10, welches aus kinematischen Überlegungen folgte.

Beispiel 3.2. Beschleunigung eines Mittelklasse-PKW beim Anfahren. Als maximales Motordrehmoment sind $M = 145\,\text{N} \cdot \text{m}$ angegeben. Die Fahrzeugmasse beträgt $m = 950\,\text{kg}$, der Raddurchmesser $d = 56\,\text{cm}$. Als maximale Antriebskraft erhält man im 1. Gang (bei einer Übersetzung Motor: Rad wie 3,8:1):

$$F = 3{,}8 \cdot M/(d/2) = 3{,}8 \cdot 145\,\text{N} \cdot \text{m}/0{,}28\,\text{m} = 1968\,\text{N}.$$

Hieraus ergibt sich eine maximale Beschleunigung von

$$a = F/m = 1968\,\text{N}/950\,\text{kg} = 2{,}1\,\text{m} \cdot \text{s}^{-2},$$

also etwa 20% der Erdbeschleunigung.

Beispiel 3.3. Umrechnung der SI-Einheit in die alte Krafteinheit. Dazu betrachten wir einen Körper mit der Masse 1 kg. Auf diesen Körper wirkt beim freien Fall die Gewichtskraft $G = 1\,\text{kp}$ und erteilt ihm eine Beschleunigung von $9{,}80665\,\text{m} \cdot \text{s}^{-2}$. Aus $G = m \cdot g$ folgt

$$1\,\text{kp} = 9{,}80665\,\text{N}.$$

Beispiel 3.4. Kräfte beim Kugelstoßen.
Die Hand des Stoßers beschleunigt die Kugel mit der Kraft $\mathbf{F}_H$ (Aktionskraft) in Stoßrichtung. Die Kugel widersetzt sich dieser Beschleunigung durch die Trägheitskraft $\mathbf{F}_K = -m \cdot \mathbf{a}$, die der beschleunigenden Kraft dem Betrag nach gleich groß und entgegengesetzt gerichtet ist:

$$\mathbf{F}_H - m \cdot \mathbf{a} = 0.$$

Anmerkungen. 1. Anfänger sind in der Regel der Meinung, daß es wegen des 3. Newtonschen Gesetzes $\mathbf{F}_H - m \cdot \mathbf{a} = 0$ zu gar keiner Bewegung kommen kann, weil die Summe aus Aktions- und Reaktionskräften Null ist. Das ist falsch. Denn die dynamische Reaktionskraft tritt ja nur bei Beschleunigung auf. Man nennt dieses „Gleichgewicht" deshalb „dynamisches Gleichgewicht".

Abb. 3.11. Kräfte während der Stoßbewegung beim Kugelstoßen. $\mathbf{F}_H$ ist die von der stoßenden Hand aufzubringende Kraft, $\mathbf{F}_K$ ist die (dynamische) Reaktionskraft der Kugel. (Ohne Berücksichtigung der Gewichtskraft **G** der Kugel.)

2. Wir haben im obigen Beispiel die Gewichtskraft **G** der Kugel nicht berücksichtigt und wollen das hier nachholen: Das dynamische Gleichgewicht lautet somit $\mathbf{F}_H + \mathbf{F}_K + \mathbf{G} = 0$. Zur Beschleunigung der Kugel steht also nur die um die Gewichtskraft der Kugel verminderte Stoßkraft zur Verfügung.

3. Eine weitere bei Bewegungen auftretende Reaktionskraft ist die Reibungskraft. Diese bewirkt in der Regel ebenfalls eine Verminderung der zur Beschleunigung eines Körpers zur Verfügung stehenden Kräfte.

Beispiel 3.5. Untersuchungen zu Auswirkungen der Schwerelosigkeit auf den Menschen wurden in der Anfangszeit der Raumfahrt in Flugzeugen durchgeführt, die, anstatt horizontal, auf einem Kreisbogen flogen. Fluggeschwindigkeit v und Bahnradius r mußten dabei so aufeinander abgestimmt werden, daß die Zentrifugalkraft die Schwerkraft kompensierte: $m \cdot v^2/r - m \cdot g = 0$. Für eine Fluggeschwindigkeit von $v = 800\,\mathrm{km \cdot h^{-1}}$ ergibt sich hierbei ein Bahnradius von rund $r = v^2/g = 5\,\mathrm{km}$.

Beispiel 3.6. Auch ein auf der Erdoberfläche fixiertes Koordinatensystem ist ein beschleunigtes Koordinatensystem. Die von der Erdrotation hervorgerufene Zentrifugalkraft führt dazu, daß die Gewichtskraft von der geographischen Breite abhängt und von den Polen hin zum Äquator abnimmt.

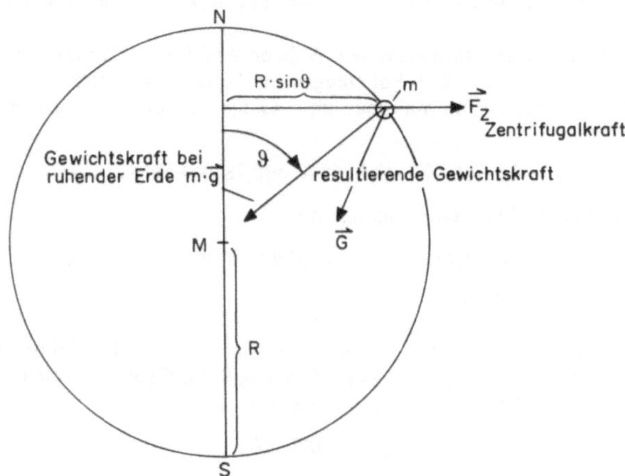

Abb. 3.12. Die Erde als beschleunigtes Koordinatensystem. Durch die Rotation der Erde wird die von der Gravitation hervorgerufene Gewichtskraft eines Körpers um die Zentrifugalkraft $\mathbf{F}_Z$ (mit dem Betrag $F_Z = m \cdot \omega^2 \cdot R \cdot \cos \vartheta$) vermindert

Beispiel 3.7. Auch die durch die Erddrehung erzeugte Corioliskraft läßt sich in ihrer Auswirkung beobachten. Sie führt beispielsweise dazu, daß die von den subtropischen Hochdruckgebieten zur äquatorialen Tiefdruckrinne wehenden Passatwinde nicht in Nord-Süd- bzw. Süd-Nord-Richtung wehen, sondern auf der nördlichen Halbkugel als NO-Passat und auf der südlichen Halbkugel als SO-Passat.

Beispiel 3.8. Freier Fall in Luft. Die Gewichtskraft G wirkt als Aktionskraft; als Reaktionskräfte wirken die Trägheitskraft $\mathbf{F} = -m \cdot \mathbf{a}$ und die Luftreibungskraft $\mathbf{R}$. Das dynamische Gleichgewicht lautet hier:

$$\mathbf{G} - \mathbf{R} - m \cdot \mathbf{a} = 0.$$

Die Luftreibungskraft **R** ist der Gewichtskraft **G** entgegengesetzt gerichtet. Ihr Betrag ist (s. Lehrbücher der Physik) $R = \frac{1}{2} \cdot \rho \cdot A \cdot v^2$, also proportional zur Massendichte ρ der Luft, zur effektiven Querschnittsfläche des Körpers A—das ist die Querschnittsfläche jener Luftmasse, die der Körper annähernd mit seiner Geschwindigkeit vor sich her schiebt—und proportional zum Quadrat der Geschwindigkeit v. Mit größer werdender Fallgeschwindigkeit nimmt also der Luftwiderstand schnell zu. Erreicht er die Größe der Gewichtskraft, wird $\mathbf{G} - \mathbf{R} = 0$ und somit wird im obigen dynamischen Gleichgewicht $\mathbf{a} = 0$; der Körper fällt mit konstanter Geschwindigkeit, d. h. er sinkt. In der Abb. 3.13 ist der ungefähre Verlauf der Fallgeschwindigkeit in Abhängigkeit von der Fallzeit dargestellt.

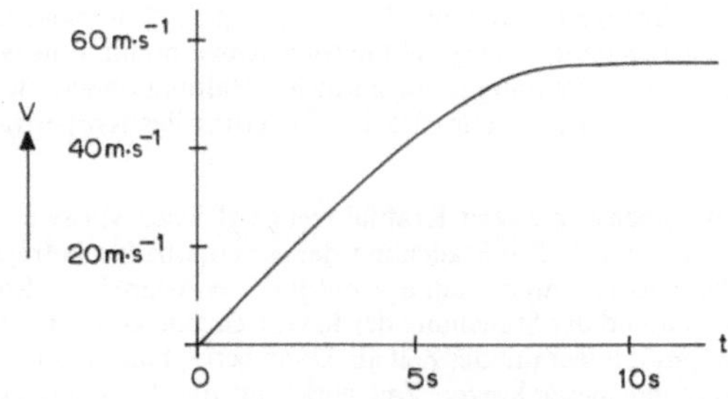

Abb. 3.13. Freier Fall eines Menschen mit 70 kg Körpermasse in Luft. (Nach R.W. Pohl, Einführung in die Physik, Springer-Verlag). Nach 5 s Fallzeit (100 m Fallstrecke) nimmt die Beschleunigung stark ab und ist nach 10 s Fallzeit Null

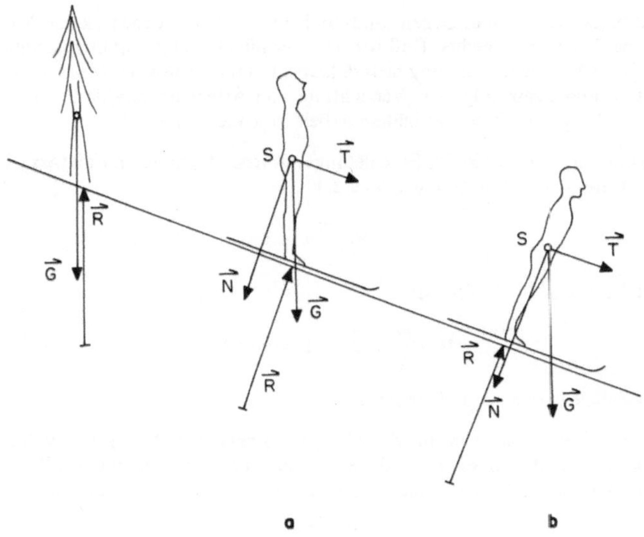

Abb. 3.14. Grundsätzliche Körperhaltung beim Schilauf am Hang. Lotrechte Körperhaltung **a** ist nur bei Stillstand sinnvoll, bei Fahrt führt diese zum Sturz nach hinten. Bei Vernachlässigung der Reibungskräfte sollte sich der Körperschwerpunkt S auf einer Normalen durch die Standflächenmitte befinden: **b** Reibung am Schi (Tiefschnee) erfordert entsprechende Rückenlage (S etwas hinter der Normalen durch die Standflächenmitte)

Beispiel 3.9. Körperhaltung beim Schilauf oder warum Schiläufer auf ihren Schiern nicht lotrecht wie die Bäume stehen dürfen. Da Bäume fest im Boden verwurzelt sind, kann die der Gewichtskraft **G** des Baums entgegen wirkende statische Reaktionskraft **R** sowohl normal als auch tangential zum Hang die erforderlichen Komponenten aufbringen: $\mathbf{R} = -\mathbf{G}$.

Für den Baum in der Abb. 3.14 gibt es stationäres Gleichgewicht: $\mathbf{G} + \mathbf{R} = 0$. Beim Schiläufer (zunächst ohne Reibung) kann die (statische) Reaktionskraft zu **G** nur eine Komponente normal zum Hang besitzen: $\mathbf{R} = -\mathbf{N}$. Die Tangentialkomponente **T** wirkt beschleunigend; die zugehörige Reaktionskraft ist die Trägheitskraft—$m{\cdot}\mathbf{a}$. Da die Wirkungslinie von **R** nicht durch den Schwerpunkt S des Schiläufers geht, tritt ein Drehmoment $\mathbf{M} = \mathbf{r} \times \mathbf{N} = -\mathbf{r} \times \mathbf{R}$ auf (**r** ist der Ortsvektor von der Standfläche des Schiläufers zu seinem Schwerpunkt), welches ihn zu Sturz bringt: Teilbild a in der Abb. 3.14. Durch geeignete Vorlage läßt sich dieses Moment ausschalten: Teilbild b. Mit zunehmendem Gleitwiderstand, beispielsweise im Tiefschnee,wird zunehmende Rückenlage erforderlich. Beschleunigend wirkt hier nur mehr die um den Gleitwiderstand verminderte Tangentialkomponente.

Natürlich fahren Schiläufer i. a. nicht mit aufrechter Körperhaltung, sondern wegen der besseren Abfederung von Geländeunebenheiten und zur Verminderung des Luftwiderstands in Hockstellung—die obigen Überlegungen gelten dann unverändert für den Schwerpunkt. Eine besondere Rolle spielt der Übergang von der Hock- und Sitzhaltung in die aufrechte Haltung und zurück bei den verschiedenen Schwungtechniken, weil hierdurch eine sehr effektive Änderung des Körperträgheitsmoments bewirkt wird.

Beispiel 3.10. Frontalzusammenstoß zweier Kraftfahrzeuge gleicher Masse mit einer Geschwindigkeit von je $v = 80\,\mathrm{km{\cdot}h^{-1}} = 22{,}2\,\mathrm{m{\cdot}s^{-1}}$. Die Stauchung der Knautschzone betrage jeweils $s = 50\,\mathrm{cm}$. Die hier auftretende Bremsbeschleunigung beträgt $a = \Delta v/\Delta t$ ($\Delta v = 80\,\mathrm{km{\cdot}h^{-1}}$). Im günstigsten Fall ist die Bremsbeschleunigung a während der Stauchung der Knautschzone konstant, d. h. die Geschwindigkeit v nimmt während des Aufpralls linear mit der Zeit ab. Dann beträgt die Aufprallzeit $\Delta t = s/(v/2) = 0{,}5\,\mathrm{m}/11{,}1\,\mathrm{m{\cdot}s^{-1}}) = 45\,\mathrm{ms}$. Während dieser kurzen Zeit wirkt auf das Fahrzeug eine Beschleunigung von $a = 22{,}2\,\mathrm{m{\cdot}s^{-1}}/45\,\mathrm{ms} = 493\,\mathrm{m{\cdot}s^{-2}}$.

Beispiel 3.11. Schweregrad S beim Frontalzusammenstoß von Beispiel 3.10. Dort tritt eine Beschleunigung von etwa $a = 50\,g$ bei einer Einwirkungszeit von 45 ms auf. Nach Abb. 3.10 liegt S nahe 1000 s. Man hat nur geringe Überlebenschancen. Ist man nicht oder nur schlecht angegurtet, verkürzt sich der Bremsweg für den Körper und erhöht die auf ihn einwirkende Beschleunigung noch weiter (s. auch Beispiel 3.24).

Beispiel 3.12. Das bloße Halten eines Gegenstands im Schwerefeld der Erde ist keine Arbeit im physikalischen Sinn. Hierbei ändert sich nichts. Daß wir dabei ermüden, hängt damit zusammen, daß es zum Halten einer ständigen Muskelanspannung bedarf. Dabei kommt es zwar im Muskel zu einer ständigen Energieumwandlung und demzufolge zur Verrichtung von Arbeit im physikalischen Sinn. Die vom Muskel nach außen abgegebene bzw. verrichtete Arbeit ist jedoch Null.

Beispiel 3.13. Berechnung der Größe der Beschleunigungsarbeit beim freien Fall (Abb. 3.8, Fall c).

Die Beschleunigungsarbeit ist nach Gleichung 3.4:

$$W = \frac{m}{2}\cdot v^2$$

v ist nach Beispiel 3.1: $v = \sqrt{2\cdot g\cdot h}$; also ist

$$W = \frac{m}{2}\cdot(\sqrt{2\cdot g\cdot h})^2 = m\cdot g\cdot h,$$

also gleich groß wie die entsprechende Hubarbeit.

Beispiel 3.14. Ein *PKW* der Masse m mit der Geschwindigkeit v rollt auf ebener Straße aus. Seine Trägheitskraft $-m\cdot a$ verrichtet Arbeit gegen die Reibungskraft R (resultierend aus Rollwiderstand und Luftwiderstand). Er kommt nach einer Strecke s zum Stehen. Nach dem 3. Newtonschen Gesetz ist

$$-m\cdot a + R = 0.$$

Die von der Trägheitskraft verrichtete Arbeit ist wie im vorhergehenden Beispiel $(m/2)\cdot v^2$. Sie steht jedoch nach Stillstand des *PKW* nicht mehr als mechanische Arbeit zur Verfügung (sie ist in Wärme umgewandelt worden; die Reibungskraft ist eine dissipative Kraft).

Beispiel 3.15. Die 1. kosmische Geschwindigkeit oder Kreisbahngeschwindigkeit ist die Geschwindigkeit eines Satelliten auf einer Kreisbahn um die Erde. Die Zentrifugalkraft muß hierfür gleich der Gewichtskraft sein:

$$\frac{m \cdot v^2}{R} = m \cdot g.$$

Hieraus folgt $v = \sqrt{R \cdot g} = 7{,}91\,\mathrm{km\,s^{-1}}$ (für Bahnradius $R = 6380\,\mathrm{km}$).

Beispiel 3.16. Die 2. kosmische Geschwindigkeit oder Fluchtgeschwindigkeit ist jene Geschwindigkeit v, die einem Körper (Masse m) auf der Erdoberfläche erteilt werden muß, um ihn beliebig weit von der Erde wegzuschleudern (bei Vernachlässigung der Luftreibung).

Wir betrachten die Energiebilanz $E_K + E_P$ dieses Körpers: Auf der Erdoberfläche ist:

$$E_K + E_P = \frac{m}{2} \cdot v^2 + C,$$

In unendlich großem Abstand von der Erde sei die Geschwindigkeit dieses Körpers Null, die potentielle Energie E_P ist um die gegen die Gravitationskraft verrichtete Arbeit W größer:

$$E_K + E_P = 0 + C + W$$

mit

$$W = \int_R^\infty \gamma \cdot m \cdot \frac{m_{\mathrm{Erde}}}{r^2} \cdot dr = \gamma \cdot m \cdot \frac{m_{\mathrm{Erde}}}{R} \quad (R \text{ ist der Erdradius}).$$

Einsetzen in die Energiebilanz gibt

$$v = \sqrt{2 \cdot \gamma \cdot m_{\mathrm{Erde}}/R} = 11{,}2\,\mathrm{km \cdot s^{-1}}.$$

Beispiel 3.17. Windkesselfunktion von Blutgefäßen. Das Ergebnis dieses etwas anspruchsvolleren Beispiels benötigen wir im Kapitel 5.

Die großen elastischen Gefäße des Kreislaufs werden während der systolischen Herzphase gedehnt und speichern dadurch potentielle Energie. Während der diastolischen Phase wird diese potentielle Energie in kinetische Energie des strömenden Bluts umgewandelt. Dies führt zu einer erheblichen Arbeitseinsparung für den Herzmuskel. Wie groß ist die in einem gedehnten Gefäß gespeicherte Energie?

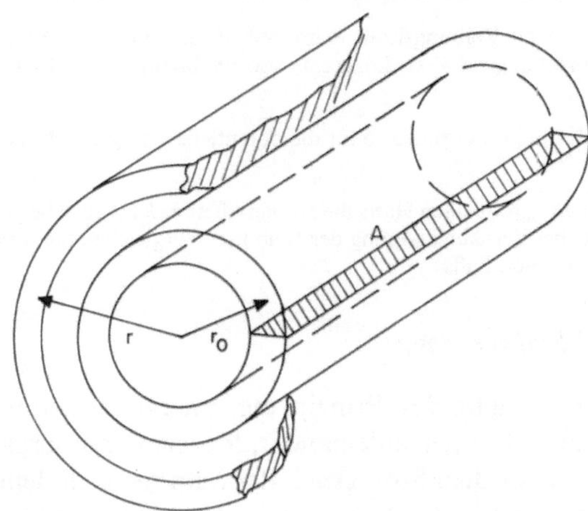

Abb. 3.15. Geometrie eines Blutgefäßes im entspannten und gedehnten Zustand. Der Gefäßumfang ist $U_0 = 2 \cdot \pi \cdot r_0$ bzw. $U = 2 \cdot \pi \cdot r$. A = Querschittsfläche der Gefäßwand

Die potentielle Energie ist $E_{\mathrm{Pot}} = \int \mathbf{F} \cdot d\mathbf{s}$. Nach dem Hookeschen Gesetz ist $F = \varepsilon \cdot E \cdot A$, wobei A hier die Querschnittfläche der Gefäßwand ist, s. Abb. 3.15. ε ist die Dehnung des Umfangs der Gefäßwand, d. h. $\varepsilon = (U - U_0)/U_0 = (r - r_0)/r_0$.

Also ist die potentielle Energie im gedehnten Zustand

$$E_{\mathrm{Pot}} = \int_{U_0}^{U} A \cdot E \cdot \varepsilon \cdot dU = \int_{r_0}^{r} A \cdot E \cdot 2 \cdot \varepsilon \cdot \pi \cdot dr = \pi \cdot A \cdot E \cdot (r - r_0)^2 / r_0$$

oder

$$E_{Pot} = r_0 \cdot \pi \cdot A \cdot E \cdot \varepsilon^2.$$

Die gespeicherte Energie ist proportional zum Quadrat der Dehnung ε. Größere Gefäße speichern bei derselben Dehnung ε größere Energiebeträge (proportional zu r_0).

Anmerkung. Im allgemeinen wird auch eine Dehnung des Gefäßes in Richtung der Gefäßachse erfolgen. Die zugehörige potentielle Energie ist in der hier berechneten nicht enthalten.

Aufgabe 3.1. Welche Kraft wirkt auf einen Fahrgast mit einer Körpermasse von 80 kg im PKW des Beispiels 3.2 beim Anfahren mit maximaler Beschleunigung ($a = 2{,}1\ \mathrm{m \cdot s^{-1}}$).

Aufgabe 3.2. Welche Kraft F ist erforderlich, einer Kugel von der Masse $m = 5$ kg eine Beschleunigung von $10\ \mathrm{m \cdot s^{-2}}$ zu erteilen.

Aufgabe 3.3. Zeichnen Sie zu dem Kugelstoßproblem von Beispiel 3.4 das Kräftepolynom der Kräfte $\mathbf{F}_H$, $\mathbf{F}_K$ und **G**.

Aufgabe 3.4. Zur Abtrennung von Viren und anderen hochmolekularen Stoffen und Partikeln aus Kulturflüssigkeiten werden Ultrazentrifugen benutzt. Die Sedimentation dieser Teilchen wird durch die Zentrifugalkraft bewirkt, die ein Vielfaches der Gewichtskraft dieser Teilchen annimmt. Bei welcher Kreisfrequenz ω tritt in einer Ultrazentrifuge auf einem Bahnradius von $r = 5$ cm eine Radialbeschleunigung vom 200000-fachen Wert (sog. g-Wert) der Erdbeschleunigung g auf? Um wievielmal größer ist die Zentrifugalkraft bei dieser Drehzahl als die Gewichtskraft des Zentrifugierguts?

Aufgabe 3.5. An den Polen beträgt die Erdbeschleunigung $g = 9{,}83218\ \mathrm{m \cdot s^{-2}}$. Berechnen Sie die am Äquator vorliegende Erdbeschleunigung unter der Annahme genauer Kugelform mit dem mittleren Erdradius von $R = 6\,367{,}5$ km.

Aufgabe 3.6. Mit welcher Kraft wird ein Fahrgast (Körpermasse $m = 80$ kg) in einem PKW beim Anfahren mit einer Beschleunigung von $a = 1\ \mathrm{m \cdot s^{-2}}$ in den Sitz gedrückt?

Aufgabe 3.7. Ein Körper mit der Masse $m = 1$ kg wird frei fallen gelassen. Die Anfangsgeschwindigkeit ist Null. Die Gewichtskraft $G = m \cdot g$ verrichtet hier Beschleunigungsarbeit längs der Fallstrecke s. Wie groß ist die Geschwindigkeit v dieses Körpers nach einer Fallstrecke von $s = 40$ m.

Aufgabe 3.8. Wie groß ist die Reibungskraft R im Beispiel 3.14 für $m = 1000$ kg, $v = 100\ \mathrm{km \cdot h^{-1}}$ und $s = 1000$ m. Zur Vereinfachung sei R als konstant, also unabhängig von der Geschwindigkeit v angenommen.

Aufgabe 3.9. Warum durfte im Beispiel 3.15 für die potentielle Energie nicht das Ergebnis aus Beispiel 3.1 benutzt werden?

Aufgabe 3.10. Ein Fahrzeug rollt einen Hang die Höhendifferenz h hinab. Wie groß ist die Geschwindigkeit am Fuß des Hangs bei Vernachlässigung der Reibung? Vergleichen Sie diese Geschwindigkeit mit der Geschwindigkeit des freien Falls.

3.4 Impulssatz und Stoßvorgänge

Bei Stoßvorgängen gibt des Prinzip der Energieerhaltung keine eindeutige Auskunft: Stoßen zwei Körper aufeinander, fordert der Energiesatz nur, daß die Summe der Energien vor dem Stoß gleich der Summe nach dem Stoß ist. Ihre vor dem Stoß vorliegende kinetische Energie könnte sich demnach nach dem Stoß auf beliebige Weise auf die beiden Stoßpartner aufteilen. Tatsächlich aber beobachtet man, daß sich die Energien bei gleichartigen Stößen immer auf gleiche Weise aufteilen.

a) Kraftstoß und Impuls

Mit Hilfe des Energiesatzes läßt sich die von einer Kraft **F** an einem Körper der Masse m bewirkte Geschwindigkeitsveränderung dann bestimmen, wenn die von **F** verrichtete Beschleunigungsarbeit bekannt ist (z. B. mittels Gleichung 3.4), wenn also **F** längs des Wegs bekannt ist. Kennt man hingegen den zeitlichen Verlauf von **F** und die Zeitdauer T der Krafteinwirkung, ergibt sich die durch **F** bewirkte Geschwindigkeitsveränderung $\Delta\mathbf{v}$ durch zeitliche Integration der Beschleunigung **a**, welche ihrerseits durch das 2. Newtonsche Gesetz gegeben ist.

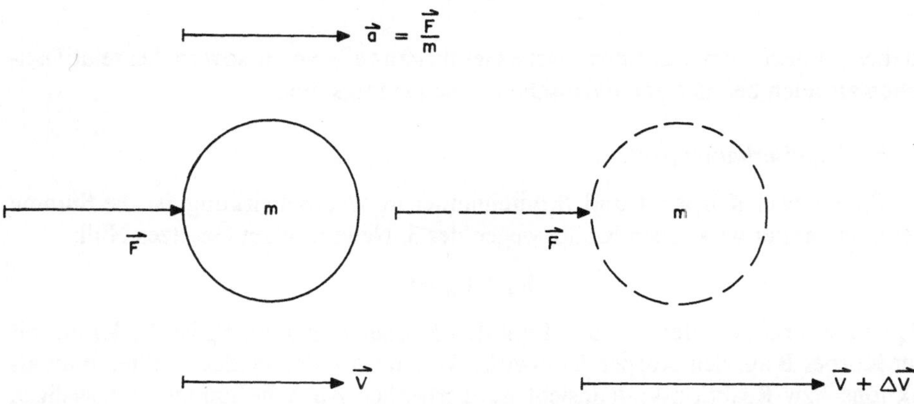

Abb. 3.16. Die Geschwindigkeitsänderung $\Delta\mathbf{v}$ durch eine während Δt wirkende Kraft **F** beträgt

$$\Delta\mathbf{v} = \frac{1}{m}\cdot\mathbf{F}\cdot\Delta t$$

Die Geschwindigkeitsänderung während eines Zeitintervalls T ist gleich dem Integral über $(F/m)\cdot dt$ oder

$$\int_0^T \mathbf{F}\cdot dt = \int_0^T m\cdot\mathbf{a}\cdot dt = \int_0^T m\cdot\frac{d\mathbf{v}}{dt}\cdot dt = \int_{v_0}^{v_T} m\cdot d\mathbf{v} = m\cdot\mathbf{v}_T - m\cdot\mathbf{v}_0$$

ist gleich der Änderung der Größe Masse m mal Geschwindigkeit **v** oder

$$\int_0^T \mathbf{F}\cdot dt = \mathbf{p}_T - \mathbf{p}_0.$$

Das Integral heißt Kraftstoß und

$$\mathbf{p} = m\cdot\mathbf{v}$$

ist der „Impuls" eines Körpers der Masse m mit der Geschwindigkeit **v**. Die Einheit des Impulses ist:

$$[\mathrm{p}] = 1\,\mathrm{kg}\cdot\mathrm{m}\cdot\mathrm{s}^{-1}.$$

Der Kraftstoß verändert den Impuls des gestoßenen Körpers:

$$\mathbf{p}_T = \mathbf{p}_0 + \int_0^T \mathbf{F}\cdot dt.$$

Dieser Zusammenhang gilt nicht nur für stoßförmige Kraftwirkungen (T klein), sondern für beliebige T.

Bemerkung. Bei sogenannten relativistischen Geschwindigkeiten, das sind Geschwindigkeiten in der Größenordnung der Lichtgeschwindigkeit, ist die Masse keine Konstante mehr. Dies kann durch eine geringfügig veränderte Schreibweise für das 2. Newtonsche Gesetz berücksichtigt werden:

$$\mathbf{F} = \frac{d\mathbf{p}}{dt}.$$

In dieser Form gilt das 2. Newtonsche Gesetz ganz allgemein, sowohl bei relativistischen als auch bei nichtrelativistischen Geschwindigkeiten.

b) Impulserhaltungssatz

Treten zwei Körper A und B miteinander in Wechselwirkung, ist die Summe der aufeinander wirkenden Kräfte wegen des 3. Newtonschen Gesetzes Null:

$$\mathbf{F}_A + \mathbf{F}_B = 0$$

$\mathbf{F}_A$ ist die Kraft, die der Körper A auf den Körper B ausübt, $\mathbf{F}_B$ ist die Kraft, mit der Körper **B** auf den Körper **A** einwirkt. Welche von den beiden Kräften man als Aktions- bzw. Reaktionskraft ansieht, ist unerheblich. Auch die Summe der jeweiligen Kraftstöße (= Kraft mal Zeitspanne T) muß Null sein, da die beiden Kräfte $\mathbf{F}_A$ und $\mathbf{F}_B$ gleich lange wirken und damit auch die Summe der zugehörigen Impulszuwächse Null sein muß:

$$(\mathbf{p}_T - \mathbf{p}_0)_A + (\mathbf{p}_T - \mathbf{p}_0)_B = 0,$$

woraus direkt der Impulserhaltungssatz für diese zwei Körper folgt:

$$(\mathbf{p}_A + \mathbf{p}_B)_T = (\mathbf{p}_A + \mathbf{p}_B)_0.$$

D. h. die Summe der Impulse der beiden Körper bleibt durch eine Wechselwirkung (Stoß) zwischen ihnen unverändert. Analoges gilt für die Wechselwirkungen mit weiteren Körpern, auch wenn diese gleichzeitig erfolgen:

In einem abgeschlossenen System beliebig bewegter Körper bleibt die Summe aller Impulse konstant;

kurz:

Der Gesamtimpuls bleibt erhalten.

Da das 3. Newtonsche Gesetz auch für dissipative Kräfte gilt, ist die Impulserhaltung auch dann gewährleistet, wenn mechanische Energie in andere Energieformen umgewandelt wird.

c) Stoßvorgänge

Sehr oft ist der menschliche Körper Stößen ausgesetzt. Etwa im Verkehr, bei Unfällen sowie in Sport und Kampf. Die hier auftretenden Kräfte führen relativ häufig zu Verletzungen. Wir beschränken uns (in den folgenden Beispielen) auf den zentralen Stoß. Dabei bewegen sich die Schwerpunkte der aufeinander stoßenden Körper auf ihrer Verbindungsgeraden. Das ist für viele reale Stoßvorgänge nur eine Näherung, reicht aber hin, die Zusammenhänge zu erkennen und die auftretenden Kräfte grob abzuschätzen.

Gilt beim Stoß der obige Energieerhaltungssatz für konservative Kräfte, spricht man vom

elastischen Stoß.

Diese Stoßart liegt im Bereich von Mikroobjekten (Molekülen, Atomen und kleineren Teilchen) sehr oft vor. Im Bereich makroskopischer Objekte ist diese Stoßart immer nur eine Näherung, da hier auch Reibungsarbeit und Verformungsarbeit auftreten. In diesem Fall spricht man vom

unelastischen Stoß.

3.5 Impulssatz bei Drehbewegungen

Das Wesentliche an Drehbewegungen läßt sich besser erkennen, wenn man die Kräfte, die diese Bewegungen hervorrufen, durch die ihnen entsprechenden Drehmomente beschreibt.

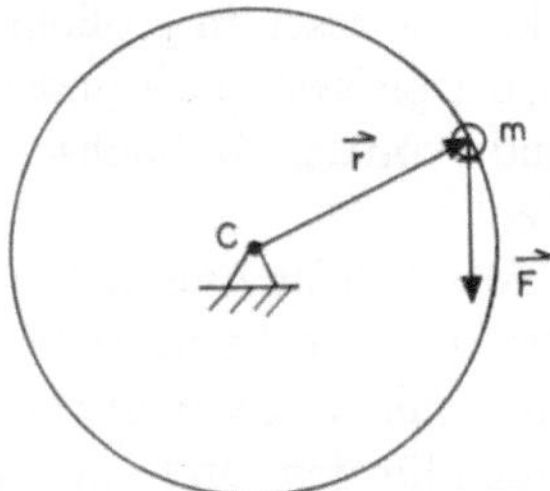

Abb. 3.17. Ein Körper der Masse m rotiert um C. Auf ihn wirkt ein Drehmoment $\mathbf{M} = \mathbf{r} \times \mathbf{F}$

Mit der im vorigen Abschnitt angeführten allgemeinen Form des 2. Newtonschen Gesetzes wird für ein Drehmoment **M**:

$$\mathbf{M} = \mathbf{r} \times \mathbf{F} = \mathbf{r} \times \left(\frac{d\mathbf{p}}{dt}\right)$$

oder

$$\mathbf{M} = \frac{d\mathbf{L}}{dt}$$

worin $\mathbf{L} = \mathbf{r} \times \mathbf{p}$, der sogenannte Drehimpuls, ein Vektor parallel zu **M** ist.

Reale Körper sind nicht punktförmig. Jedoch kann man sich jeden rotierenden Körper aus (fast) punktförmigen Elementen aufgebaut denken, die um eine Drehachse rotieren. Der Drehimpuls **L** des Körpers ist dann gleich der (vektoriellen) Summe aller elementaren Drehimpulse von der Größe $\mathbf{r}_j \times \mathbf{p}_j$:

$$\mathbf{L} = \sum_j \mathbf{r}_j \times \mathbf{p}_j = \sum_j \mathbf{r}_j \times \mathbf{v}_j \cdot m_j.$$

L wird somit parallel zur Drehachse orientiert sein, der Betrag dieses Vektors ist (mit $dp = \omega \cdot r \cdot dm$)

$$L = \int r \cdot dp = \omega \cdot \int r^2 \cdot dm = \omega \cdot I$$

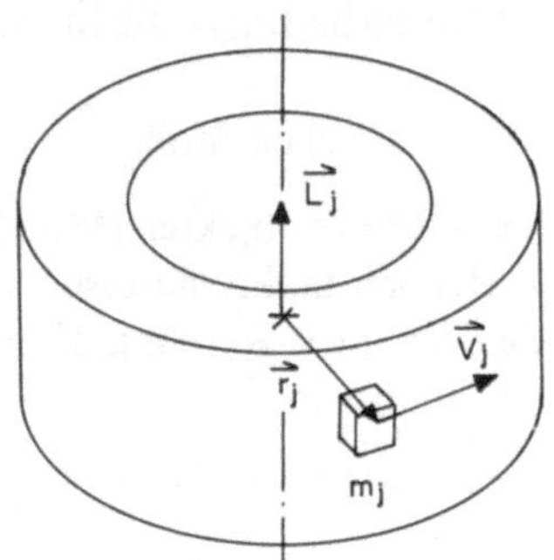

Abb. 3.18. Der Drehimpuls eines Körpers ist die Summe aller elementaren Drehimpulse $\mathbf{L}_j = \mathbf{r}_j \times \mathbf{p}_j$

I heißt Massenträgheitsmoment. Das Integral ist über das gesamte Körpervolumen auszuführen, was wir hier aber nicht im einzelnen durchführen wollen. Es genügt festzustellen, daß der Integrand r^2 Massen in großem Abstand von der Drehachse sehr stark betont. Befindet sich, beispielsweise wie in der Abb. 3.17, ein punktförmiger Körper der Masse m im Abstand r von der Drehachse, ist $I = m \cdot r^2$. Weitere Beispiele sind in der Tabelle 3.1 zu finden.

Bei der Wechselwirkung zwischen mehreren Körpern wirken jeweils zusammengehörige Aktions- und Reaktionskräfte im selben Angriffspunkt bzw. Berührungspunkt, also entsprechen ihnen auch paarweise entgegengesetzt gerichtete Drehmomente. Es muß also auch für den Drehimpuls gelten:

Die Summe aller Drehimpulse in einem abgeschlossenen System ist eine Konstante.

Dies ist der Drehimpulserhaltungssatz.

Zusammenfassung 3.B

I. Der Impuls **p** eines Körpers der Masse m mit der Geschwindigkeit **v** ist definiert als

$$\mathbf{p} = m \cdot \mathbf{v}. \tag{3.12}$$

Die Einheit des Impulses ist:

$$[p] = 1\,\mathrm{kg \cdot m \cdot s^{-1}}.$$

Ein Kraftstoß, d. i. die Einwirkung einer Kraft **F** während einer Zeitdauer T auf einen Körper, verändert dessen Impuls **p** um:

$$\Delta \mathbf{p} = \int_0^T \mathbf{F} \cdot dt \tag{3.13}$$

In einem abgeschlossenen System bleibt die Summe der Impulse aller Körper konstant (Impulserhaltungssatz):

$$\sum_i \mathbf{p}_i = \text{konstant}. \tag{3.14}$$

Bei unelastischen Stößen wird ein Teil der kinetischen Energie der Körper in Reibungsarbeit und Verformungsarbeit umgewandelt.

II. Der Drehimpuls eines punktförmigen Körpers der Masse m, der um eine Achse im Abstand $\mathbf{r}$ von dieser rotiert, ist:

$$\mathbf{L} = \mathbf{r} \times \mathbf{v} \cdot m. \tag{3.15}$$

Der Betrag des Drehimpulses eines ausgedehnten rotierenden Körpers ist

$$L = \int r \cdot dp = \omega \cdot \int r^2 \cdot dm = \omega \cdot I \tag{3.16}$$

I heißt Massenträgheitsmoment.

Wirkt auf einen drehbaren Körper ein Drehmoment $\mathbf{M}$, verändert es den Drehimpuls $\mathbf{L}$ (Newtonsches Gesetz für die Drehbewegung):

$$\mathbf{M} = \frac{d\mathbf{L}}{dt} \tag{3.17}$$

bzw.

$$\Delta \mathbf{L} = \int_0^{\Delta t} \mathbf{M} \cdot dt. \tag{3.18}$$

In einem abgeschlossenen System bleibt die Summe aller Drehimpulse unverändert (Drehimpulserhaltungssatz):

$$\sum_i \mathbf{L}_i = \text{konstant}. \tag{3.19}$$

Tabelle 3.1. Massenträgheitsmomente einiger Körper

Körper	Massenträgheitsmoment
Zylinder mit Radius R	$\frac{1}{2} \cdot m \cdot R^2$
Ring oder Zylindermantel mit Radius R	$m \cdot R^2$
Vollkugel vom Radius R	$\frac{2}{5} \cdot m \cdot R^2$
Kugelschale mit Radius R	$\frac{2}{3} \cdot m \cdot R^2$

Beispiel 3.18. Elastischer Stoß zwischen 2 Körpern mit den Massen m (Geschwindigkeit u) und M (Geschwindigkeit 0). Die Geschwindigkeiten nach dem Stoß betragen v bzw. V.

Energieerhaltung:

$$m \cdot (u^2/2) = m \cdot (v^2/2) + M \cdot (V^2/2).$$

Impulserhaltung:

$$m \cdot u = m \cdot v + M \cdot V.$$

Diese beiden Gleichungen formen wir etwas um:

$$m \cdot (u^2 - v^2) = M \cdot V^2$$
$$m \cdot (u - v) = M \cdot V,$$

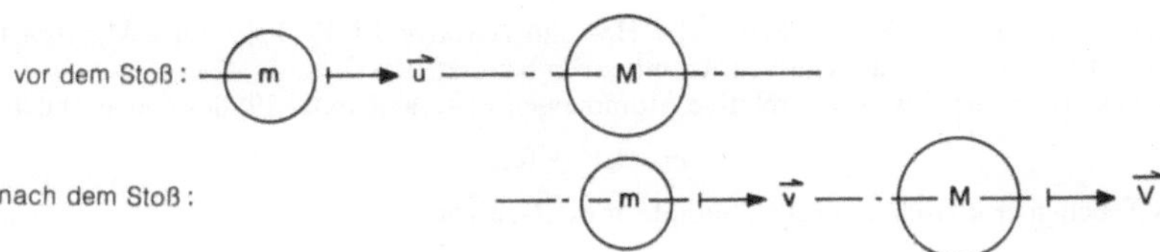

Abb. 3.19. Zentraler elastischer Stoß zwischen zwei Körpern mit den Massen m und M

dividieren die erste Gleichung durch die zweite und erhalten:

$$u + v = V.$$

Dies in die Gleichung für die Impulserhaltung eingesetzt gibt:

$$v = u \cdot \frac{m - M}{m + M} \quad \text{und} \quad V = u \cdot \frac{2 \cdot m}{m + M}.$$

Hier gibt es 3 interessante Grenzfälle.

Für $m \ll M$ folgen $v = -u$ und $V = 0$. D. h. der sehr viel leichtere stoßende Körper prallt am schwereren Körper ab, sein Impuls bleibt dem Betrag nach unverändert, die Impulsrichtung ändert sich um den Winkel π. Es erfolgt keine Energieübertragung auf den schwereren Körper. Beispiele: Tennisball gegen Hauswand; Elektronen elastisch gegen Atome; Neutronen elastisch gegen schwere Kerne.

Für $m = M$ folgen $v = 0$ und $V = u$. D. h. der stoßende Körper bleibt stehen, der gestoßene übernimmt den gesamten Impuls und die gesamte kinetische Energie des stoßenden Körpers. Beispiele: Sog. Mittelstoß beim Billard; Entdeckung der Neutronen; Moderation von Neutronen; Hammer und Meißel.

Für $M \ll m$ folgen $v = u$ und $V = 2 \cdot u$. D. h. der schwerere stoßende Körper bewegt sich mit unverminderter Geschwindigkeit weiter, während der leichte gestoßene Körper mit der doppelten Geschwindigkeit weggestoßen wird. Beispiele: Schläger gegen Ball bei allen Schlagballsportarten (der Schläger kann hier allerdings nicht allzu schwer werden, da er nach dem Schlag wieder abgebremst werden muß); α-Teilchen gegen Elektronen.

Beispiel 3.19. Vollkommen unelastischer Stoß. Hier kommt es zu bleibenden Verformungen und zur Umwandlung zumindest eines Teils der mechanischen Energien in Wärme. Als vollkommen unelastisch wird ein Stoß bezeichnet, bei welchem sich stoßender und gestoßener Körper nach dem Stoß mit gleicher Geschwindigkeit v bewegen. Der Impulserhaltungssatz lautet in diesem Fall

$$m \cdot u = (m + M) \cdot v,$$

woraus man sofort v erhält.

Beispiel 3.20. Energieverlust ΔE eines Neutrons (Masse m, Geschwindigkeit u) beim zentralen Stoß gegen einen Kern der Masse M.

Die Geschwindigkeit v des Neutrons nach einem zentralen Stoß mit einem Kern der Masse M beträgt nach Beispiel 3.18:

$$v = u \cdot (m - M)/(m + M).$$

Daraus läßt sich der Energieverlust ΔE direkt berechnen:

$$\Delta E = \frac{m}{2} \cdot u^2 - \frac{m}{2} \cdot v^2 = 4 \cdot \frac{m}{2} \cdot u^2 \cdot m \cdot M/(m + M)^2.$$

(Falls beispielsweise $M = m$, das Neutron also gegen eine anderes Neutron oder ein Proton stößt, verliert es—beim zentralen Stoß—die gesamte kinetische Energie).

Beispiel 3.21. Entdeckung des Neutrons durch J. Chadwick, 1932. Aus Vorversuchen von W. Bothe und H. Becker sowie von I. Joliot-Curie waren Existenz und Methode zur Herstellung einer noch ungeklärten Strahlung bekannt, deren Teilchen ihre Energie durch Stoß besonders gut auf Protonen, aber nicht auf Elektronen übertragen. Offenbar mußten die Teilchen dieser Strahlung elektrisch neutral sein. Chadwick vermutete daher, daß die Masse der unbekannten Teilchen ähnlich der der Protonen sein mußte. Zur Überprüfung dieser Hypothese ließ er diese unbekannten Teilchen mit He- und N-Kernen kollidieren und maß die Rückstoßenergie und damit die Geschwindigkeiten V_{He} und V_N dieser Kerne mit Hilfe einer Ionisationskammer. Nach Beispiel 3.18 ist die Geschwindigkeit V eines von einem Teilchen mit der Masse m und der Geschwindigkeit v_0 getroffenen Kerns (Masse M) gleich

$$V = v_0 \cdot 2 \cdot m/(M + m).$$

Der Quotient aus den Geschwindigkeiten der He- und N-Kerne ist $V_N/V_{He} = (m + M_{He})/(m + M_N) = (m + 4)/(m + 14)$, wenn man die relativen Atommassen benutzt.

Chadwick erhielt hieraus für die relative Atommasse ($= A_R$, s. Kapitel 19) des neuen Teilchens

$$m = 1{,}15 \pm 0{,}1.$$

Da dieses Teilchen elektrisch neutral ist, nannte er es „Neutron".

Beispiel 3.22. Springen aus der Hocke. Man vermag etwa die eigene Körpermasse plus dieselbe Masse zusätzlich aufgebürdet aus der Hocke in den Stand zu bringen. Dabei verschiebt man den Schwerpunkt von Körper und Last um H und verrichtet die Hubarbeit $2\,m\cdot g\cdot H$. Versucht man aus der Hocke—nun ohne Last—in die Höhe zu springen, steht die Hälfte dieser Arbeit, nämlich $m\cdot g\cdot H$, zur Beschleunigung zur Verfügung. Dieser Betrag wird zunächst in kinetische Energie und schließlich in potentielle Energie umgewandelt. Die Sprunghöhe beträgt also in diesem Fall genau H.

Bemerkung. Beim Hochsprung wird zusätzlich ein Teil der beim Anlauf gewonnenen kinetischen Energie benutzt. Die Umwandlung dieser kinetischen Energie der Horizontalbewegung in kinetische Energie der für den Sprung erwünschten vertikalen Bewegung gelingt ohne Hilfsmittel allerdings nur sehr unvollständig, beispielsweise durch Speicherung eines Teils dieser Energie in Form von Dehnungs- bzw. Verformungsenergie in den Sehnen und Muskeln unmittelbar vor dem Absprung (vgl. Aufgabe 3.13).

Beispiel 3.23. Faktor-2-Sturz eines Kletterers. Hierbei beträgt die Sturzhöhe das Doppelte der ausgegebenen Seillänge l_0.

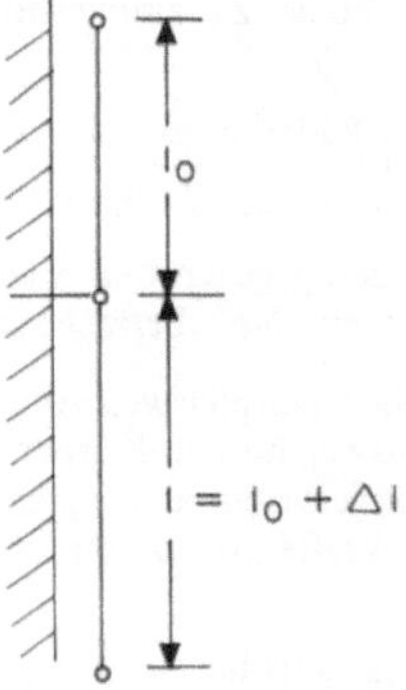

Abb. 3.20. Seillängen beim Faktor-2-Sturz eines Kletterers

G ist die Gewichtskraft des Kletterers, **F** die auf den Kletterer wirkende Fangkraft („Fangstoß“) des Seils. Während des Fangstoßes dehnt sich das Seil um

$$\Delta l = \varepsilon\cdot l_0.$$

Die Differenz der potentiellen Energien des Kletterers

$$\Delta E = (2\cdot l_0 + \Delta l)\cdot G$$

wird durch (plastische!) Dehnung des Seils in Wärme und Verformungsenergie umgewandelt. Moderne Kletterseile besitzen z. B. Bruchfestigkeiten von 17 500 N bei Bruchdehnungen von 87 %. Diesen Werten entspricht bei Voraussetzung eines linearen Kraftgesetzes $F = D\cdot(l - l_0)$ eine Federkonstante D von

$$D = \frac{17\,500\,\mathrm{N}}{0{,}87\cdot l_0}.$$

Die Energiebilanz lautet somit:

$$2\cdot l_0\cdot G + \varepsilon\cdot l_0\cdot G = \frac{D}{2}\cdot(l - l_0)^2$$

oder mit dem Kraftgesetz für das Seil $F = D\cdot(l - l_0) = D\cdot\varepsilon\cdot l_0$

$$2\cdot l_0\cdot G + F\cdot\frac{G}{D} = \frac{F^2}{2D}$$

woraus mit der Rechenregel zur Auflösung quadratischer Gleichungen

$$F = G \pm \sqrt{G^2 + 4\cdot l_0\cdot D\cdot G}.$$

Da F auch bei beliebig kurzem Seil nicht kleiner als G sein kann, gilt das Plus vor dem Wurzelzeichen:

$$F = G\cdot\left(1 + \sqrt{1 + \frac{4\cdot 17\,500\,\mathrm{N}}{0{,}87\cdot G}}\right).$$

Für $G = 800$ N folgt hieraus $F = 8863$ N. Wie man sieht, ist dieser zwar sehr harte Fangstoß (Bremsbeschleunigung etwa $11 \cdot g$) unabhängig von der Sturzhöhe $2 \cdot l_0$. Man sollte also, vorausgesetzt man stößt während des Sturzes nicht gegen irgendwelche Hindernisse, angeseilt auch sehr tiefe Stürze überleben (s. Abb. 3.10).

Beispiel 3.24. Frontalzusammenstoß zweier Kraftfahrzeuge mit $80\,\mathrm{km \cdot h^{-1}}$. Beim Frontalzusammenstoß zweier Fahrzeuge gleicher Masse m und gleicher Geschwindigkeit v ist die Summe der Impulse Null. Da ein solcher Zusammenstoß in der Regel vollkommen unelastisch erfolgt, kommen beide Fahrzeuge zum Stillstand. Bei einer Stauchung der Knautschzonen der beiden Fahrzeuge um je $s = 50$ cm beträgt der Bremsweg für eng angegurtete Personen ebenfalls 50 cm. Hierbei verrichtet der Gurt die Bremsarbeit W gegen die Trägheitskraft F des Körpers:

$$W = F \cdot s = \frac{m}{2} \cdot v^2.$$

Die mittlere Trägheitskraft F beträgt während des Zusammenstoßes für eine Person mit der Körpermasse $m = 80$ kg:

$$F = \frac{80\,\mathrm{kg}}{2} \cdot \left(\frac{80 \cdot 10^3\,\mathrm{m}}{3600\,\mathrm{s}} \right)^2 \cdot \frac{1}{0{,}5\,\mathrm{m}} = 39506\,\mathrm{N}.$$

Mit dieser Kraft wird diese Person kurzzeitig gegen den Sicherheitsgurt gedrückt. Offenbar muß es hierbei zu erheblichen Verletzungen kommen. Die Überlebenschancen sind gering (vgl. Beispiel 3.11).

Bemerkung. Ist der Gurt nur locker angelegt, beispielsweise mit einem Spiel von 20 cm in Fahrtrichtung, reduziert sich in diesem Beispiel der Bremsweg für den Körper auf 30 cm; die auf ihn einwirkende Kraft verdoppelt sich also beinahe. Analoges passiert ohne angelegten Gurt. Hinzu kommt in diesem Fall, daß die auf den Körper einwirkenden Bremskräfte vom Armaturenbrett o. ä. auf den Kopf und andere vulnerable Körperteile übertragen werden.

Nur bei eng anliegendem Gurt hat der Körper Anteil am gesamten Bremsweg der Knautschzone.

Beispiel 3.25. Kraft auf den Schädel beim Kopfballspiel.

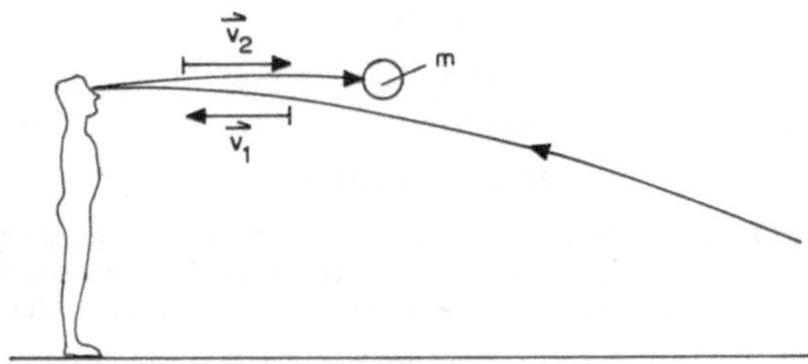

Abb. 3.21. Kraftstoß beim Kopfballspiel

Durch Filmen dieses Vorgangs wurde bei Ballgeschwindigkeiten von $v_1 = v_2 = 24\,\mathrm{m \cdot s^{-1}}$ eine Kontaktzeit des Balls mit dem Kopf von $\Delta t = 0{,}016$ s gemessen. Bei einer Ballmasse von $m = 400$ g führt dies zu einer stoßartigen Kraftwirkung auf den Schädel von

$$F = \frac{\Delta p}{\Delta t} = 2 \cdot 400\,\mathrm{g} \cdot 24\,\mathrm{m \cdot s^{-1}}/0{,}016\,\mathrm{s} = 1200\,\mathrm{N}.$$

Durch Zurückweichen mit dem Kopf im Moment des Kontakts mit dem Ball läßt sich diese Kraft übrigens erheblich verkleinern. Geschickte Sportler erreichen hierdurch eine Verminderung des Kraftstoßes auf die Hälfte (dann fällt der Ball zu Boden, anstatt zurückzuprallen).

Beispiel 3.26. Innere Geschoßballistik. Ein Geschoß der Masse m trifft mit einer Geschwindigkeit v auf einen Körper der Masse M und bleibt in ihm stecken. Beide bewegen sich danach mit der Geschwindigkeit V. Wieviel Energie wird hierbei in Verformungsenergie und Wärme umgewandelt?

Aus dem Impulssatz folgt für diesen vollkommen unelastischen Stoß $V = m \cdot v/(M + m)$. Aus dem Energiesatz folgt für den in Verformung und Wärme umgewandelten Energiebetrag $E = m \cdot v^2/2 - (m + M) \cdot V^2/2 = (m/2) \cdot v^2 \cdot M/(M + m)$.

Bemerkung. Bei oberflächlicher Betrachtung könnte man daraus den Schluß ziehen, daß für ein Projektil (Masse m) einer üblichen Handfeuerwaffe und den menschlichen Körper (Masse M) immer die gesamte kinetische Projektilenergie in Wärme und Verformung (am Schußkanal) verwandelt würde, da hier ja anscheinend $m \ll M$. Das ist insofern falsch, als für M nur jener Teil der Körpermasse berücksichtigt werden darf, der sich im Moment des Steckenbleibens des Projektils mit dessen Geschwindigkeit bewegt. Die darüber hinaus gehende kinetische Energie des Projektils wird außerhalb des Schußkanals in Wärme und Verformungsenergie umgewandelt.

Beispiel 3.27. Kurskreisel. Dieser in Flugzeugen zur Richtungsweisung eingesetzte Kreisel ist kardanisch so aufgehängt, daß durch Bewegungen des Flugzeugs (möglichst) kein Drehmoment auf ihn einwirkt. Seine Achse behält dann eine einmal eingestellte Orientierung sehr lange bei.

Beispiel 3.28. Bei der Pirouette dreht sich eine Tänzerin um ihre Körperlängsachse. Durch Veränderung der Massenverteilung bezüglich ihrer Drehachse, d.h. ihres Massenträgheitsmoments, kann sie ihre Winkelgeschwindigkeit verändern.

Beispiel 3.29. Präzessionsbewegung des Kreisels. Ein Spielkreisel sei an seiner Spitze reibungsfrei gelagert und mit seiner Symmetrieachse gegenüber der Vertikalen geneigt.

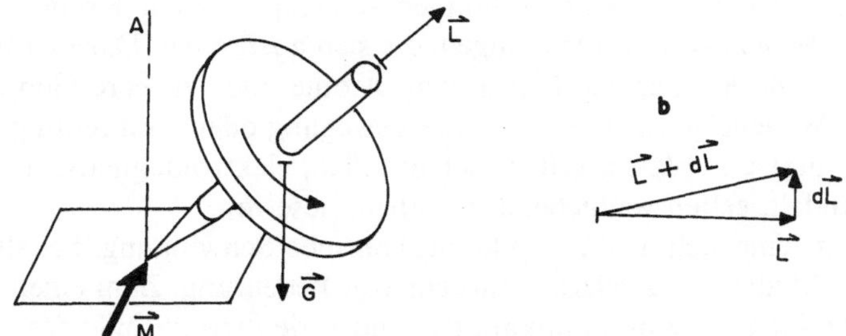

Abb. 3.22. Präzessionsbewegung eines Kreisels, **a** Seine Gewichtskraft **G** erzeugt ein Drehmoment **M**. **b** Der Drehimpuls **L** des Kreisels bekommt einen Zuwachs $d\mathbf{L}$, der normal zu **L** orientiert ist. A ist die Drehachse der Präzessionsbewegung

Das durch die Gewichtskraft des Kreisels bewirkte Drehmoment **M** verändert den Drehimpuls des Kreisels. Aus Gleichung 3.18 folgt

$$d\mathbf{L} = \mathbf{M} \cdot dt.$$

Der Vektor $d\mathbf{L}$ ist zum Vektor **L** zu addieren. Der hierbei entstehende Vektor **L** ist der Drehimpuls des Kreisels, nachdem das Moment **M** eine Zeitspanne dt auf den Kreisel eingewirkt hat. Er gibt die neue Richtung der Kreiselachse an. Offenbar bewegt sich der Kreisel so, daß er normal zu der auf ihn einwirkenden Kraft **G** senkrecht ausweicht. Diese Bewegung heißt Präzessionsbewegung. Sie erfolgt kreisförmig um die Achse A in der Abb. 3.22.

Aufgabe 3.11. Das Überschall-Verkehrsflugzeug Concorde hat voll beladen eine Masse von 119000 kg. Die vier Triebwerke entwickeln eine maximale Schubkraft von $F = 580$ kN. Um welchen Betrag kann die Concorde mit dieser Schubkraft ihre Geschwindigkeit bei Horizontalflug und konstantem Luftwiderstand von 60 kN innerhalb $\Delta t = 1$ min steigern?

Aufgabe 3.12. Welchen Bruchteil z seiner kinetischen Energie verliert ein Neutron (Masse m) beim zentralen Stoß gegen ein Deuteron (Masse $M = 2 \cdot m$)?

Aufgabe 3.13. Beim Stabhochsprung wird die kinetische Energie des Anlaufens als Verformungsenergie im Sprungstab gespeichert und steht praktisch verlustlos zur Umwandlung in potentielle Energie im Schwerefeld zur Verfügung. Die maximal erzielten Anlaufgeschwindigkeiten liegen in der Größe von $10\,\mathrm{m \cdot s^{-1}}$. Wie hoch kann ein Stabhochsprung bei dieser Anlaufgeschwindigkeit werden? Durch zusätzliches Abstoßen von der völlig gestreckten Stange wird die erreichbare Sprunghöhe übrigens noch vergrößert.

Aufgabe 3.14. Beim Faktor-1-Sturz befindet sich in der Mitte der ausgegebenen Seillänge eine Zwischensicherung, welche beim Sturz das Seil umlenkt. Wie groß ist in diesem Fall, mit den Daten aus Beispiel 3.23 ($G = 800\,\mathrm{N}$, $D = 17\,500\,N/(0{,}87 \cdot l_0)$, die Kraft des Fangstoßes? Vernachlässigen Sie die an der Zwischensicherung auftretende Seilreibung.

Aufgabe 3.15. Ein PKW kollidiert frontal mit einem anderen PKW gleicher Masse. Beide Fahrzeuge haben eine Geschwindigkeit von $40\,\mathrm{km \cdot h^{-1}}$. Die wirksame Knautschzone und damit der Bremsweg s an jedem PKW betrage 50 cm. Welche Trägheitskraft F wirkt auf eng angegurtete Personen (Masse $m = 80\,\mathrm{kg}$) in den PKW?

Aufgabe 3.16. Ein Fußgänger prallt mit dem Kopf gegen einen Laternenmast. Die Gehgeschwindigkeit betrage $1\,\mathrm{m \cdot s^{-1}}$, die Kopfmasse $m = 4\,\mathrm{kg}$. Der Kopf wird durch den Aufprall innerhalb einer Strecke von $s = 0{,}5\,\mathrm{cm}$ gestoppt. Welche Kraft wirkt an der Aufprallstelle gegen den Schädel?

4. Schwingungen und Wellen

Schwingungen und Wellen sind in der Natur sehr häufig anzutreffende Bewegungen. Nicht nur Körper können schwingen, auch Kräfte (Feldstärken) schwingen. Wellen sind Schwingungen, die sich ausbreiten. Darüberhinaus zeigen selbst materielle Körper wie Elektronen, Atome oder größere Gebilde bei ihrer Bewegung Welleneigenschaften. Für die Bewegung oder Ausbreitung von Wellen, ob es sich nun um Wasserwellen, Schallwellen, elektromagnetische oder andere Wellen handelt, gelten weitgehend dieselben Gesetze.

Schall ist eine sich ausbreitende mechanische Schwingung. Schallphänomene sind in der Medizin in zweierlei Hinsicht von Bedeutung. Zum einen ist hörbarer Schall eine wichtige Kommunikations- und Orientierungshilfe für Mensch und Tier. Dieser Hörschall überdeckt beim Menschen den Frequenzbereich von 18 Hz bis 20 kHz. Zum anderen ist Schall ein wichtiges Hilfsmittel in der medizinischen Diagnostik und Therapie. Hier kommt hauptsächlich sogenannter Ultraschall mit Frequenzen größer als 20 kHz zur Anwendung. Schall mit Frequenzen kleiner als 18 Hz heißt Infraschall. Dieser ist für den Menschen genausowenig hörbar wie Ultraschall und hat ebenfalls ausgeprägte physiologische Wirkungen.

4.1 Mechanische harmonische Schwingung

Der Mensch ist mechanischen Schwingungen vor allem in der von ihm geschaffenen technischen Umwelt ausgesetzt. Erste systematische Untersuchungen durch A. Hamilton 1918 an Arbeitern, die in Steinbrüchen mit Preßlufthämmern arbeiteten, zeigten eine typische spastische Anämie ihrer Hände. Daneben sind vor allem die auf Menschen in Kraftfahrzeugen einwirkenden Schwingungen bedeutend. Physiologische Auswirkungen auf verschiedene Körperorgane sind in erster Linie dann zu erwarten, wenn die hervorgerufenen Schwingungen bei der Resonanzfrequenz dieser Organe erfolgen, weil dann die auftretenden Amplituden besonders groß werden können.

Bereits 1761 hatte der Arzt L. Auenbrugger die Methode der Perkussion entwickelt. Dabei werden Teile des menschlichen Körpers wie der Klangkörper eines Schlaginstruments in Schwingung versetzt. Aus Intensität und Tonhöhe der Eigenschwingungen der erschütterten Gewebe wird auf Ausdehnung und Beschaffenheit der betreffenden Organe geschlossen. Für Auenbrugger war das Geräusch, das er beim Beklopfen der Patienten hörte, ein wesentlich glaubwürdigerer Hinweis auf Ursache und Verlauf einer Erkrankung, als die oft unzuverlässigen Angaben der Patienten. Allerdings hatte Auenbrugger noch sehr viel stärker als später Laennec unter den Vorurteilen seiner Zeit zu leiden, so daß seine Methode erst nach seinem Tode jene Bedeutung erlangte, die ihr zukam.

a) Frei schwingender Körper; Schwingungsenergie

Voraussetzung für das Auftreten von mechanischen Schwingungen eines Körpers sind einerseits Kräfte, die diesen Körper in einer bestimmten Position, der Ruhelage, festhalten und andererseits Kräfte, die ihn aus dieser Lage heraus drängen. Wird ein solcher Körper nur anfangs aus der Ruhelage gebracht und anschließend frei gelassen, spricht man von einer freien Schwingung. Wir untersuchen eine solche Bewegung am Beispiel des Federpendels.

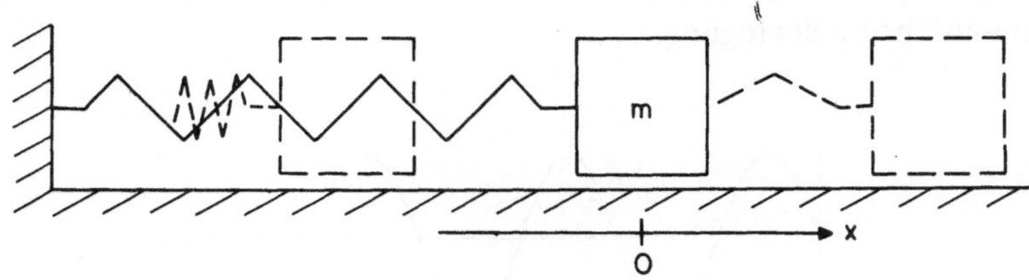

Abb. 4.1. Federpendel. Ein Körper der Masse m wird auf reibungsfreier Unterlage von Federkräften festgehalten. x ist die Auslenkung aus der Ruhelage. Befindet sich der Körper bei $x=0$, ist die Feder entspannt, bei $x<0$ ist die Feder gestaucht, bei $x>0$ ist die Feder gedehnt

Die auf den Körper wirkende Federkraft F_D ist Null, falls sich dieser bei $x=0$ befindet. Befindet er sich hingegen an einer Stelle $x \neq 0$, dann wirkt die Kraft F_D in Richtung nach $x=0$, d. h. sie drängt den Körper an die Stelle $x=0$ zurück. Wir können diese Kraft durch $F_D = -D \cdot x$ beschreiben, wobei D die Federkonstante ist.

Wie bewegt sich nun dieser Körper, nachdem er aus der Ruhelage bei $x=0$ heraus verschoben und frei gegeben wurde? Das 2. Newtonsche Gesetz lautet:

$$F_D - m \cdot \frac{d^2x}{dt^2} = 0$$

oder, da die Aktionskraft $F_D = -D \cdot x$

$$D \cdot x + m \cdot \frac{d^2x}{dt^2} = 0.$$

Eine Lösung hiervon ist uns bereits bekannt (Beispiel 1.15):

$$x = a \cdot \sin(\omega_0 \cdot t).$$

Diese Lösung besagt, daß die Auslenkung x des Körpers aus der Ruhelage den Maximalwert a besitzt und zeitlich periodisch mit der Kreisfrequenz ω_0 erfolgt. Letztere erhält man, wenn man die Lösung für x in das 2. Newtonsche Gesetz einsetzt, zu

$$\omega_0 = \sqrt{\frac{D}{m}}.$$

ω_0 ist also nur abhängig von der Körpermasse m und der Federkonstanten D. Man nennt die Frequenz

$$\nu_0 = \frac{\omega_0}{2 \cdot \pi},$$

mit welcher der Körper nach einer anfänglichen Auslenkung aus der Ruhelage von selbst schwingt, die *Eigenfrequenz* des Körpers. Jeder Körper, der aus seiner Ruhelage bei $x = 0$ ausgelenkt wird, schwingt, sich selbst überlassen, anschließend mit dieser Frequenz. Die Größe der Amplitude a ist gleich der anfänglichen Auslenkung aus der Ruhelage. Abb. 4.2 beschreibt den zeitlichen Verlauf dieser Schwingung. Wegen des harmonischen Verlaufs dieser Bewegung spricht man von einer harmonischen Schwingung.

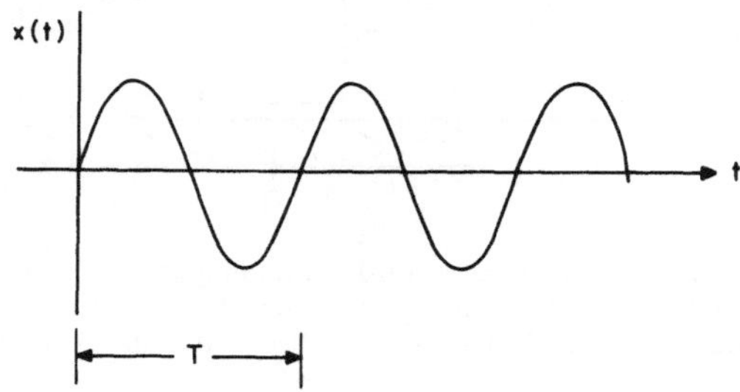

Abb. 4.2. Zeitlicher Verlauf der freien Schwingung. $\nu = \frac{1}{T}$ ist die Frequenz dieser Schwingung

Die Geschwindigkeit v dieser Schwingung ist:

$$v = \frac{dx}{dt} = a \cdot \omega_0 \cdot \cos(\omega_0 \cdot t).$$

Ihr Maximalwert ist $a \cdot \omega_0$ und tritt beim Durchgang des schwingenden Körpers durch die Ruhelage bei $x = 0$ auf.

Energie der Schwingung. Wir berechnen noch die Energie, die in dieser Schwingung steckt. Diese wird durch die anfangs den Körper aus der Ruhelage bei $x = 0$ nach $x = a$ auslenkende Aktionskraft F eingebracht. Diese Kraft verrichtet hierbei die Arbeit

$$W = \int_0^a F \cdot dx = D \cdot \frac{a^2}{2}.$$

Die in der Schwingung gespeicherte Arbeit ist also proportional zum Quadrat der

Schwingungsamplitude a. Diese Energie tritt auf zwei unterschiedliche Weisen auf, nämlich als potentielle Energie der verformten Feder und als kinetische Energie des schwingenden Körpers. Wenn der Körper sich durch die Ruhelage bei $x = 0$ hindurchbewegt, liegt diese Energie zu 100% als kinetische Energie $\left(= m \cdot a^2 \cdot \frac{\omega_0^2}{2}\right)$ vor, weil bei $x = 0$ die Feder entspannt ist. Umgekehrt liegt diese Energie in den Umkehrpunkten, wo die Geschwindigkeit $v = 0$ ist, zu 100% als potentielle Energie $(= D \cdot a^2/2)$ vor. Diese beiden Energiebeträge müssen daher gleich groß sein: $D \cdot \frac{a^2}{2} = m \cdot a^2 \cdot \frac{\omega_0^2}{2}$, woraus man unschwer die Eigenfrequenz ω_0 berechnet. Bei einer Schwingung erfolgt also eine periodische Umwandlung von kinetischer Energie in potentielle und umgekehrt.

b) Erzwungene Schwingung; Resonanz

Wirkt auf einen schwingungsfähigen Körper eine Kraft

$$F_P = F_0 \cdot \sin(\omega \cdot t)$$

periodisch ein, spricht man von einer erzwungenen Schwingung. Ein Beispiel hierzu ist eine Kinderschaukel, die periodisch angestoßen wird. Erfolgt dieses Anstoßen, wie üblich, mit der Frequenz der freien Schwingung, genügen geringe Kräfte zur Aufrechterhaltung der Schwingung oder zur Vergrößerung der Schwingungsamplitude. Erfolgt dieses Anstoßen mit anderer Frequenz, kann man zwar die Schaukel zwingen, mit dieser Frequenz zu schwingen, jedoch kommt es auch bei großem Aufwand zu keiner ansehnlichen Schwingungsamplitude.

Die Amplitude einer Schwingung ist abhängig einerseits von der Größe der auf sie einwirkenden Kraft und andererseits von deren Frequenz. Um genaueren Einblick in diese Zusammenhänge zu erhalten, betrachten wir einen einfachen schwingungsfähigen Körper. Zusätzlich berücksichtigen wir, daß ein solcher schwingender Körper Energie abgeben kann. Beispielsweise dadurch, daß er bei seiner Bewegung Reibungswiderstand erfährt oder dadurch, daß er mit anderen Körpern kollidiert. Diese Prozesse genau im einzelnen zu erfassen, ist aufwendig. Für unsere Zwecke genügt es, ganz pauschal eine Kraft anzunehmen, die dem bewegten Körper Energie entzieht, die Bewegung also bremst bzw. „dämpft". Eine vielbenutzte Vereinfachung für diesen Zweck ist eine zur Geschwindigkeit dx/dt proportionale und der Bewegungsrichtung entgegengesetzte Reibungskraft

$$F_R = -R \cdot \frac{dx}{dt}.$$

Das 2. Newtonsche Gesetz lautet hiermit:

$$F_D + F_R + F_P - m \cdot \frac{d^2x}{dt^2} = 0$$

oder

$$m \cdot \frac{d^2x}{dt^2} + D \cdot x + R \cdot \frac{dx}{dt} = F_0 \cdot \sin(\omega \cdot t).$$

Diese etwas umfangreichere Differentialgleichung läßt sich, ähnlich wie bei der freien Schwingung, mit dem Lösungsansatz

$$x = a \cdot \sin(\omega \cdot t - \varphi)$$

lösen. Den vollen Rechengang findet man beispielsweise in dem Physiklehrbuch von Dransfeld, Kienle und Vonach, Band I, Kapitel 9.

Wie man sieht, schwingt der Körper mit der Frequenz $\nu = \omega/(2 \cdot \pi)$ der auf ihn einwirkenden Kraft F_P (und nicht mit der Eigenfrequenz). Die Amplitude a hat die Größe

$$a = \frac{F_0}{\sqrt{m^2 \cdot (\omega_0^2 - \omega^2) + R^2 \cdot \omega^2}}.$$

Dieser etwas umfangreichere Ausdruck läßt sich leicht verstehen, wenn man die Größen im Nenner betrachten: Einerseits wird die Amplitude bei starker Dämpfung, also großer Reibungskonstanten R, klein. Das ist verständlich, da in diesem Fall ja dem schwingenden Körper laufend entsprechend viel Energie entzogen wird. Andererseits wird die Amplitude—bei sonst konstant gehaltenen Größen—groß, wenn die Frequenz ν der von außen einwirkenden Kraft F_P gleich der Eigenfrequenz ν_0 des Körpers wird. Diesen Fall bezeichnet man als *Resonanz*. $\nu_0 = \omega_0/(2 \cdot \pi)$ ist daher auch die *Resonanzfrequenz* (exakt nur für $R = 0$).

Dies läßt sich noch besser verstehen, wenn man die nun auch auftretende Phasenverschiebung φ der Bewegung des Körpers gegenüber der auf ihn einwirkenden Kraft F_P betrachtet:

$$\varphi = \arctan \frac{\omega \cdot R}{m \cdot (\omega_0^2 - \omega^2)}.$$

Bei sehr kleinen Frequenzen $\nu \ll \nu_0$ wird $\varphi = 0$, d. h. Kraft $F_P(t)$ und Bewegung $x(t)$ sind in Phase. Der Körper bewegt sich phasengleich mit der einwirkenden Kraft. Dies ändert sich mit zunehmender Frequenz, der Körper bleibt zunehmend hinter der Kraft zurück. Im Falle der Resonanz ist $\nu = \nu_0$; aus der obigen Gleichung erhalten wir für die Phasenverschiebung φ zwischen Kraft $F_P(t)$ und Bewegung $x(t)$ nun $\varphi = \pi/2$ und das bedeutet, daß die auslenkende Kraft F_P der Bewegung um $\pi/2$ in der Phase voreilt, s. Abb. 4.3. So kann F_P am schwingenden Körper optimal Beschleunigungsarbeit verrichten, diesem also Energie zuführen. Bei größeren Frequenzen schließlich gerät die Bewegung in Gegenphase zur einwirkenden Kraft F_P: $\varphi > \pi/2$. In dieser Situation wirkt F_P der Bewegung sogar entgegen, kann die Schwingungsamplitude daher nicht vergrößern, also dem schwingenden Körper keine Energie zuführen.

Letzteres ist z. B. auch der Grund für die Transparenz vieler Stoffe für hochfrequente elektromagnetische Strahlung: bei hinreichend hoher Frequenz gibt es keine Energieübertragung auf die schwingungsfähigen Ionen und Elektronen mehr. Deshalb vermag z. B. die „hochfrequente" Röntgen- und Gammastrahlung die Materie fast ungeschwächt zu durchdringen.

Schließlich betrachten wir noch die Abhängigkeit der Schwingungsamplitude a von der Frequenz ν der einwirkenden Kraft nach der vorletzten Gleichung

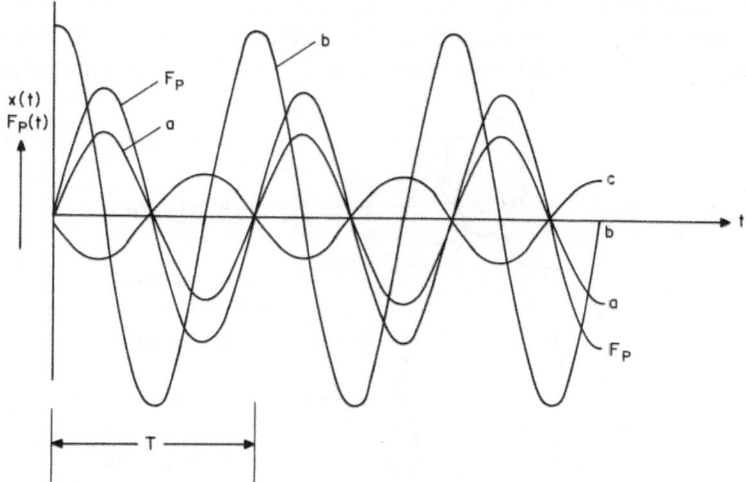

Abb. 4.3. Zeitlicher Verlauf von Auslenkung $x(t)$ und auslenkender Kraft $F_P(t)$ mit der Kreisfrequenz $\omega = 2 \cdot \pi / T$: **a** bei einer Frequenz ν weit unterhalb Resonanzfrequenz ν_0, **b** bei Resonanz $\nu = \nu_0$ und **c** bei einer Frequenz ν sehr viel größer als die Resonanzfrequenz ν_0

näher, die sogenannte Resonanzkurve. Bei Annäherung an die Resonanzfrequenz nimmt die Amplitude der Schwingung stark zu. Bei geringer Dämpfung kann a so groß werden, daß die den Körper haltende Feder zerstört wird: „Resonanzkatastrophe“. (Auch ein kleines Kind kann eine Schaukel zu sehr hohen Ausschlägen anstoßen, wenn es die Schaukel immer in der richtigen Schwingungsphase anstößt!)

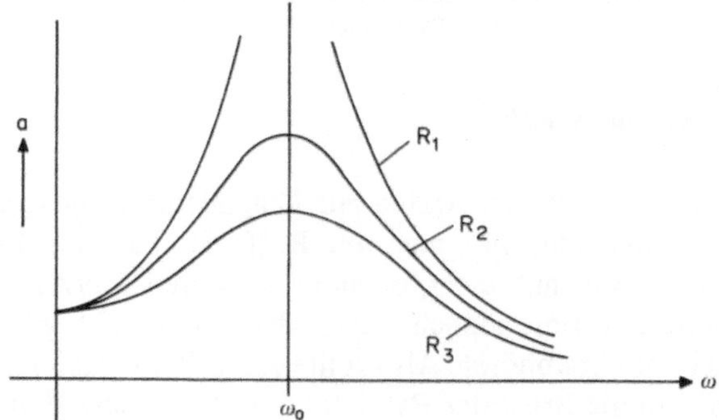

Abb. 4.4. Resonanzkurve bei verschiedenen Dämpfungen $R_3 > R_2 > R_1$. $\frac{\omega}{2 \cdot \pi}$ ist die Frequenz der einwirkenden Kraft F_P. Bei der Resonanzfrequenz $\nu_0 = \frac{\omega_0}{2\pi}$ kann die Schwingungsamplitude sehr groß werden und den schwingenden Körper zerstören („Resonanzkatastrophe“)

Man sieht, daß schwingungsfähige Gebilde bei ganz bestimmten Frequenzen, den Resonanzfrequenzen, besonders viel Energie aufnehmen können. Dies gilt auch für den menschlichen Körper bzw. seine Organe. Entsprechend treten schwingungsbedingte Beschwerden bei typischen Frequenzen auf. Diese Frequenzen sind allerdings wegen der hier vorliegenden starken Dämpfungen, s. Abb. 4.4, nicht sehr scharf ausgeprägt. Einige Beispiele hierzu sind in der Abb. 4.5 zusammengestellt.

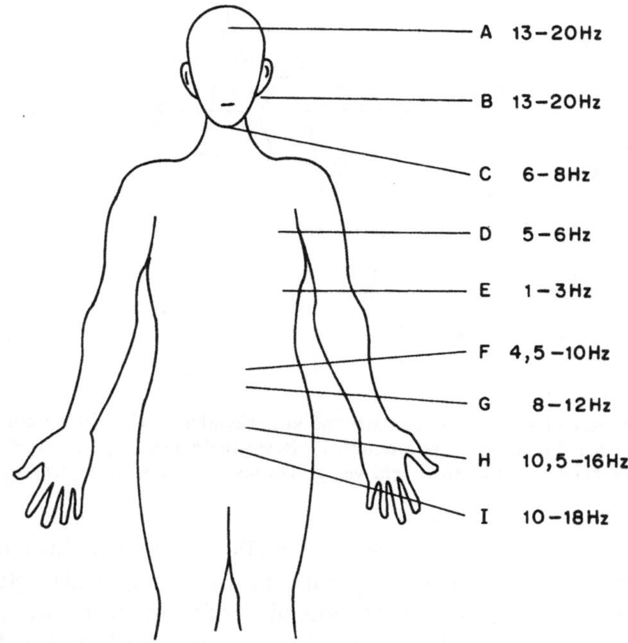

Abb. 4.5. Durch Schwingungen im angegebenen Frequenzbereich hervorgerufene Beschwerden: A Kopfschmerzen, B Sprechschwierigkeiten, C Kieferschmerzen, D Brustschmerzen, E Atembeschwerden, F Bauchschmerzen, G Kreuzschmerzen, H Defäkationsdrang, I Miktionsdrang; nach J. R. Cameron and J. G. Skofronick, 1978

4.2 Mechanische Wellen, Schall

Das erste Instrument, das bei Ärzten zur Diagnostizierung von Krankheiten allgemeine Verbreitung fand, war das von R. T. H. Laennec 1816 erfundene Stethoskop. Laennec war mit einer offenbar schweren Herzerkrankung einer Patientin konfrontiert, konnte jedoch wegen der damals gültigen Moralgesetze den Brustkorb nicht direkt abhören. Also rollte er ein Blatt Papier zu einem Rohr, hielt das eine Ende an die Brust der Patientin und das andere Ende an sein Ohr. Zu seiner eigenen Überraschung konnt er so die Herztöne besser hören, als je mit dem unmittelbar der Brust angelegten Ohr. Laennec hat diese von ihm als „mittelbare Auskultation" benannte Methode zu einer wichtigen Diagnosetechnik entwickelt. Abgesehen von Widerständen sowohl von der Seite der Patienten—nur Bader, die damaligen Chirurgen, benutzten Instrumente—als auch von der Seite der Ärzte—die Benutzung eines Instruments und einer manuellen Untersuchungstechnik wurde als eines Arztes unwürdig angesehen—machte das Stethoskop einen beispiellosen Siegeslauf. Auch heute noch gilt das aus der Tasche ragende Instrument quasi als Erkennungszeichen des Arztes. Übrigens begann damit auch das bis heute wirkende Spannungsfeld zwischen objektiven Diagnosemethoden, die den Arzt von den persönlichen Problemen des Kranken entfernen und dem subjektiven Eingehen auf den Patienten.

Laennecs große Erfolge mit dem Stethoskop waren auch auf sein offenbar außerordentlich gutes Gehör zurückzuführen. Eine weitere Objektivierung der Auskultation erfolgte erst viel später nach der Entwicklung geeigneter elektronischer Mikrophone und Verstärker durch die Phonographie. Deren Bedeutung liegt heute in der Funktionsbeurteilung des Herzens, der sogenannten Phonokardiographie. Ihr klinischer Einsatzbereich liegt zum einen in der Analyse von Herzgeräuschen für diagnostische Zwecke und zum anderen in der Dokumentation von Herzschallphänomenen, beispielsweise bei Herzoperierten zur Beurteilung des Operationsergebnisses bzw. für klinische Verlaufsbeobachtungen. Große Bedeutung besitzt die Registrierung von Körpergeräuschen in der Tokometrie zur Überwachung der Herztöne und Beurteilung des Kreislaufs des Ungeborenen sowie der Wehentätigkeit (Kardiotokographie).

Die ersten, auf Schall basierenden Diagnosemethoden nach Auenbrugger und Laennec, wurden allerdings zunächst von anderen objektiven Verfahren, allen voran der Röntgenographie, weit in den Hintergrund gedrängt. Dies änderte sich erst ab etwa 1947 durch die Entwicklung der Ultraschall-Echo-Methoden. Hierbei werden Ultraschallwellen in den Körper gesandt, um aus den Schallechos Geschwindigkeiten und Abmessungen innerer Strukturen zu messen, Struktur und Bewegung von Organen im Körperinnern abzubilden oder den pathologischen Zustand von Körpergewebe abzuschätzen. Besonders die bei hinreichend kleinen Schallintensitäten geringe Schädigungsgefahr macht den Einsatz von Ultraschallmethoden attraktiv und hat zu deren Einsatz auch in so sensiblen Bereichen wie der Gynäkologie sowie der pränatalen und neonatalen Diagnostik geführt.

Ultraschall ist jedoch nicht *per se* ungefährlich. Entscheidend ist die Dosierung. Die in diesem Kapitel dargestellten Grundlagen sollen zum Verständnis nicht nur der verschiedenen in der Medizin gebräuchlichen Ultraschallmethoden beitragen, sie bilden vielmehr auch die Basis zum Verständnis der Einwirkung von Schall auf das durchschallte Gewebe. Dies ist besonders bei der Anwendung von hohen Schallintensitäten, wie in der Ultraschalltherapie, wichtig. Aber auch die unsachgemäße Anwendung kleiner Ultraschalleistungen birgt Gefahren.

Heilwirkungen von Ultraschall bestehen hauptsächlich in der Wärmewirkung (Hyperthermie). Bei der sogenannten Diathermie werden geringe Temperaturerhöhungen erzeugt, die zu keinerlei nachweisbaren Gewebsveränderungen führen, sondern hauptsächlich eine Erhöhung der Durchblutung bewirken. Einsatzbereiche sind entzündliche und degenerative Erkrankungen wie Sportverletzungen, Gelenkserkrankungen, Morbus Bechterew und Erkrankungen des peripheren Nervensystems. (Hyperthermie auf 43 °C bis 45 °C für Zeitspannen von 30 Minuten führt zu Tumorregression und zeigt günstige synergistische Effekte mit anderen Therapien). Ein besonderer Vorteil der Ultraschallmethode besteht in der guten Dosislokalisierung. Bei hohen Schallintensitäten treten zunehmend mechanische Effekte in den Vordergrund. Zum einen negativ, als schädliche Kavitationserscheinung, zum andern positiv, wie bei der Emulsifikation der Augenlinse bei der Kataraktoperation sowie zur Zerkleinerung von Nieren- und Gallensteinen.

a) Schallgeschwindigkeit

Gegen ein Ende eines Stabs wirke eine Kraft F während einer Zeitspanne Δt. Zunächst werden die Moleküle direkt an diesem Stabende von der Kraft F in Bewegung versetzt (Abb. 4.6a) Diese wirken über die Bindungskräfte auf ihre Nachbarn und setzen diese in Bewegung und so fort. Eine solche Bewegung kann also nicht sofort den gesamten Stab erfassen. Mit welcher Geschwindigkeit breitet sich diese Störung entlang des Stabs aus?

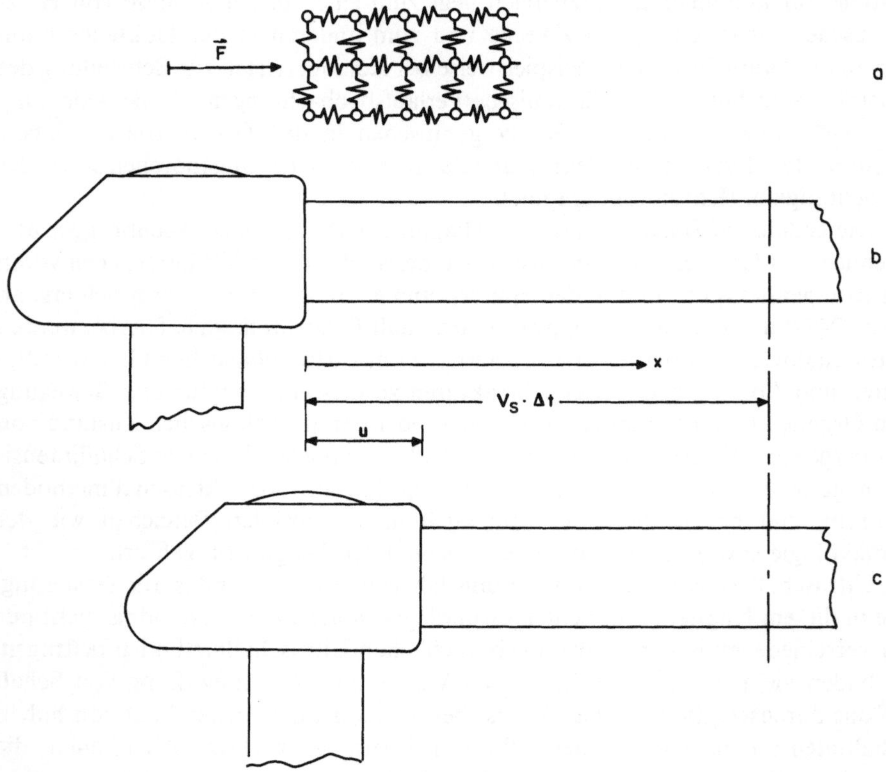

Abb. 4.6. Zur Bestimmung der Schallgeschwindigkeit. Eine mechanische Verschiebung an einem festen Körper breitet sich durch die Bindungskräfte zwischen den Molekülen aus (Teilbild **a**). Eine Kraft **F** wirkt mit konstanter Größe während eines Zeitintervalls Δt auf das eine Stabende (bei einem gewöhnlichen Hammer wird **F** im allgemeinen nicht konstant sein; für diesen Fall betrachten wir ein hinreichend kurzes Zeitintervall Δt). Innerhalb des Zeitintervalls Δt erfaßt diese mechanische Verschiebung die Stablänge $\Delta t \cdot v_s$, wobei v_s die Schallgeschwindigkeit ist. Das Stabende verschiebt sich hierbei um die „Auslenkung" (aus der Ruheposition) u (Teilbilder **b** und **c**)

Wir betrachten hierzu die Energiebilanz der Kraft F. Diese verrichtet zweierlei Arbeiten:

1. Stauchung des Stabs um die Länge Δx. Diese Arbeit erfolgt gegen die linear mit der Verschiebung des Stabendes von $x = 0$ bis $x = u$ zunehmende Hookesche Reaktionskraft F_H. Letztere ist: $F_H = E \cdot A \cdot \varepsilon = \dfrac{E \cdot A \cdot x}{v_s \cdot \Delta t}$. Die Stauchungsarbeit ist

daher:

$$W_S = \int_0^u F_H \cdot dx = \frac{E \cdot A \cdot u^2}{2 \cdot v_s \cdot \Delta t}.$$

Diese Stauchung kommt zum Stillstand, sobald die Hookesche Reaktionskraft F_H gleich groß wird, wie die stauchende Aktionskraft F. Das ist für die Auslenkung $x = u$ der Fall: $F = E \cdot A \cdot u/(v_s \cdot \Delta t)$. Also ist $W_S = F \cdot u/2$. Insgesamt jedoch verrichtet F die Arbeit $W = F \cdot u$; es verbleibt somit ein Rest von $F \cdot u/2$, der das gestauchte Stabstück beschleunigt.

2. Beschleunigungsarbeit. Die Auslenkung der Stabmoleküle nimmt vom Maximalwert u bei $x = 0$ linear ab auf den Wert 0 bei $x = v_s \cdot \Delta t$. Ebenso nimmt das Zeitintervall, in dem diese Auslenkung erfolgt, von Δt bei $x = 0$ beginnend linear ab auf den Wert 0 bei $x = u$. Am Ende des Zeitintervalls Δt bewegt sich daher das gesamte Stück der Länge $v_s \cdot \Delta t$ mit der Geschwindigkeit $\frac{u}{\Delta t}$ nach rechts. Die kinetische Energie dieser Bewegung beträgt $E_K = A \cdot v_s \cdot \Delta t \cdot \rho \cdot \frac{1}{2} \cdot (u/\Delta t)^2$ und ist nach der obigen Überlegung gleich der Stauchungsarbeit:

$$\frac{E \cdot A \cdot u^2}{2 \cdot v_s \cdot \Delta t} = A \cdot v_s \cdot \Delta t \cdot \rho \cdot \frac{1}{2} \cdot \left(\frac{u}{\Delta t}\right)^2$$

woraus man sofort die Ausbreitungsgeschwindigkeit der mechanischen Verschiebungen der Stabmoleküle erhält:

$$v_s = \sqrt{E/\rho}.$$

Dies ist die Ausbreitungsgeschwindigkeit eines Vorgangs, den man in der Akustik einen „Knacks“ nennt. Periodische Auslenkungen, also Schwingungen (= Töne), breiten sich mit gleicher Geschwindigkeit aus. Die Auslenkungen der Moleküle erfolgen in Ausbreitungsrichtung. Man spricht daher von longitudinalen Auslenkungen bzw. longitudinalen Schwingungen. v_s ist die Schallgeschwindigkeit von Longitudinalwellen und hängt von dem Elastizitätsmodul E und der Massendichte ρ, also mechanischen Eigenschaften ab. In der Tabelle 4.1 sind einige Werte angegeben.

Die Schallgeschwindigkeit in festen Stoffen hängt stark von der geometrischen Form des schalleitenden Körpers ab. Die Werte in der Tabelle 4.1 gelten für schlanke Stäbe. Außerdem treten in festen Körpern neben den Longitudinalwellen auch andere Wellenformen, beispielsweise Transversalwellen auf. Bei diesen bewegen sich die Stoffmoleküle normal zur Ausbreitungsrichtung. Die Kraftübertragung zwischen den in Ausbreitungsrichtung aufeinanderfolgenden Querschnitten erfolgt hier durch Scherspannungen. Die Schallgeschwindigkeit für Transversalwellen, durch welche der schalleitende Stoff auf Scherung beansprucht wird, ist durch $v_s = \sqrt{\frac{G}{\rho}}$ gegeben. Solche Scherungswellen entstehen beispielsweise auch bei der Reflexion von Transversalwellen, wenn diese nicht normal auf Grenzflächen treffen. In biologischem Gewebe sind Scherungswellen wesentlich schädlicher als Dehnungswellen (= Longitudinalwellen). In Fluiden ($G = 0$) mit kleiner Viskosität gibt es keine Transversalwellen. In weichen Geweben werden Scherungswellen durch innere Reibung stark gedämpft. Ihre Energie wird in Wärme oder andere Energieformen umgewandelt.

Anstelle des Stabs in der Abb. 4.6 kann man sich eine Flüssigkeits- bzw. Gassäule in einem festen Rohr vorstellen. Dem Elastizitätsmodul des festen Körpers entspricht dann die (reziproke) Volumenkompressibilität χ der Flüssigkeit bzw. $1/(p \cdot \kappa)$ für Gase (κ = Adiabatenexponent; s. Beispiel 8.9). Es ist $v_s = \sqrt{\frac{1}{\chi \cdot \rho}}$ für Flüssigkeiten und $v_s = \sqrt{\frac{\kappa \cdot p}{\rho}}$ für Gase.

Für die Medizin sind vor allem Schallgeschwindigkeiten in den verschiedenen Gewebsarten interessant. Es zeigt sich, abgesehen von der Schwierigkeit, am lebenden Menschen (*in vivo*) zu messen, bei den gemessenen Schallgeschwindigkeiten sowohl eine intraindividuelle Streuung (Schädelknochen hat eine andere Schallgeschwindigkeit als Knochen der Extremitäten desselben Individuums) als auch eine interindividuelle Streuung. Außerdem kommen noch physiologische Einflüsse hinzu (s. Tabelle 4.1).

Wir haben zur Herleitung der Schallgeschwindigkeit die Ausbreitungsgeschwindigkeit einer einzelnen Auslenkung, eines in der Akustik so genannten „Knackses", benutzt. Erzeugt eine Schallquelle eine zeitlich harmonische Auslenkung $u(t)$ einer bestimmten Frequenz, spricht man von einem Ton. Die von Musikinstrumenten erzeugten Schwingungen enthalten harmonische Auslenkungen mehrerer Frequenzen, die in einer charakteristischen Relation zueinander stehen. Man spricht dann von Klang. Auch ganz allgemeine Geräusche bestehen aus einzelnen harmonischen Schwingungen. Das zeigt die Fourieranalyse: Nach dem in der Abb. 1.24 illustrierten Prinzip läßt sich eine Folge von Knacksen als Summe verschiedener harmonischer Wellen beschreiben.

b) Kinematik von Schallwellen

Wir erzeugen nun an dem Stab in der Abb. 4.6 bei $x = 0$ anstatt eines Knackses eine harmonische Auslenkung u mit der Amplitude a und der zeitlichen Periodendauer T:

$$u(t) = a \cdot \cos \frac{2 \cdot \pi \cdot t}{T} = a \cdot \cos(\omega \cdot t).$$

Diese Auslenkung breitet sich entlang des Stabs mit der Schallgeschwindigkeit v_s aus. Dieser Vorgang ist in der Abb. 4.7 dargestellt.

Bei $x = 0$ treten die maximalen Auslenkungen $u = a$ im zeitlichen Abstand T auf. Während dieser Zeitspanne wandern diese Auslenkungsmaxima um die Strecke $\lambda = v_s \cdot T$ weiter. Also ist

$$v_s = \frac{\lambda}{T} = \lambda \cdot \nu.$$

Eine bei $x = 0$ zum Zeitpunkt t auftretende Auslenkung u trifft an einer Stelle

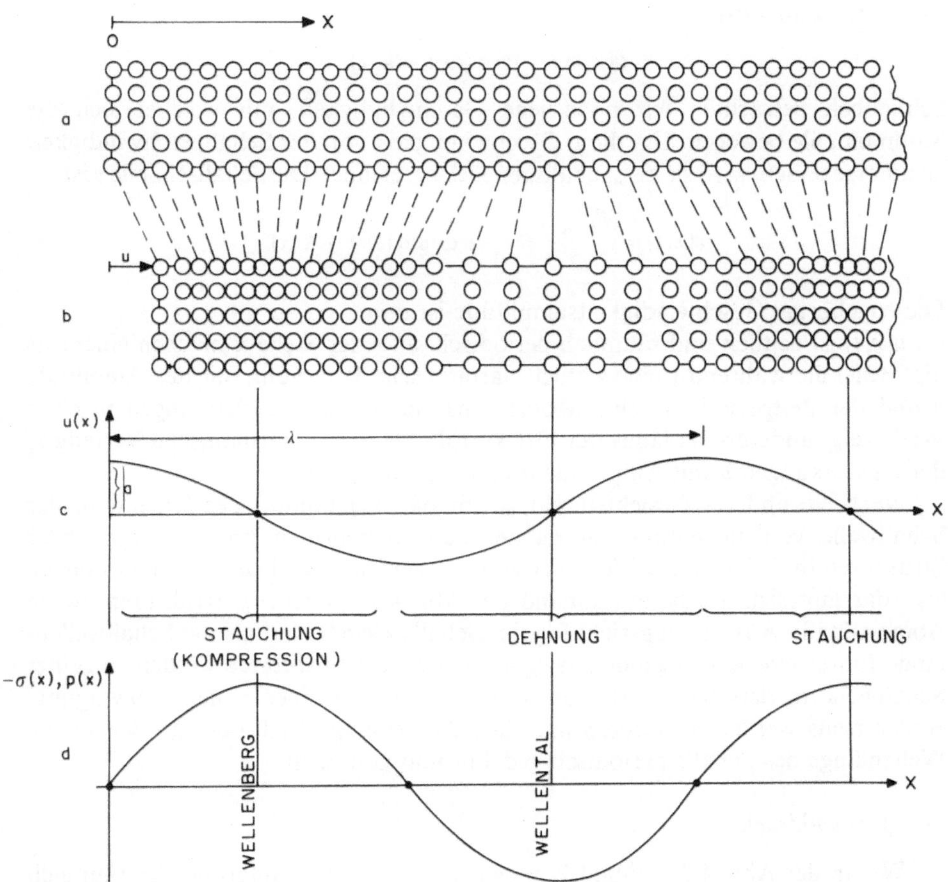

Abb. 4.7. Ausbreitung einer harmonischen Auslenkung $u(t)$. **a** Ungestörter Stab. **b** Momentaufnahme des Stabs während der Schallausbreitung. **c** Momentanzustand von $u = a \cdot \cos(\omega \cdot t - k \cdot x)$ längs des Stabs zum Zeitpunkt $t = 0$. Die räumliche Periodenlänge ist die Wellenlänge λ. a ist die Auslenkungsamplitude. **d** Momentanaufnahme der Verteilung der Spannung σ (Druck p) entlang des Stabs. Die Druckmaxima der Welle werden als „Wellenberg", die Minima als „Wellental" bezeichnet

$x = \Delta x$ eine Zeitspanne $\Delta t = \Delta x / v_s$ später ein. Der zeitliche Verlauf der Auslenkungen u an der Stelle $x = \Delta x$ erfolgt somit gegenüber jenem bei $x = 0$ um Δt verspätet:

$$u(x,t) = a \cdot \cos\left(\frac{2 \cdot \pi}{T} \cdot (t - \Delta t)\right)$$

oder

$$u(x,t) = a \cdot \cos\left(\frac{2\pi t}{T} - \frac{2\pi x}{\lambda}\right)$$

bzw. mit den üblichen Abkürzungen $\omega = \dfrac{2\pi}{T}$ (= Kreisfrequenz) und $k = \dfrac{2\pi}{\lambda}$

(= Wellenzahl) wird

$$u(x,t) = a \cdot \cos(\omega \cdot t - k \cdot x).$$

Schließlich betrachten wir noch jene Geschwindigkeit, mit welcher sich die Stoffmoleküle bewegen. Um diese Geschwindigkeit von der Schallgeschwindigkeit zu unterscheiden, wird sie als „Schallschnelle" bezeichnet. Die Schallschnelle v ist:

$$v(x,t) = \frac{du(x,t)}{dt} = -a \cdot \omega \cdot \sin(\omega \cdot t - k \cdot x).$$

Die zugehörige Geschwindigkeitsamplitude ist $a \cdot \omega$.

$u(x,t)$ ist zeitlich und räumlich periodisch: an jeder Stelle x machen einerseits die Moleküle während t eine zeitlich harmonische Bewegung mit der Amplitude a und der Zeitperiode T; eine Momentanaufnahme der Auslenkungen in einer Welle zeigt andererseits längs der Ortskoordinate x eine harmonische Verteilung der Auslenkungen u mit Amplitude a und Raumperiode λ.

Noch ein anderer Gesichtspunkt ist für das Verständnis der Kinematik der Schallwelle von Bedeutung. Betrachtet man verschieden große Körper oder Strukturen im Schallwellenfeld, so stellt man sehr unterschiedliche Einwirkungen fest (das läßt sich am besten anhand der Abb. 4.7 verstehen): Strukturen, deren Abmessung in Ausbreitungsrichtung des Schalls kleiner sind als die Schallwellenlänge, führen eine schwingende Bewegung aus. Solche Strukturen werden von einer Schallwelle in derselben Weise beansprucht wie von einer reinen Schwingung! Andererseits werden Strukturen mit einer Abmessung gleich oder größer als die Wellenlänge des Schalls periodisch gedehnt und gestaucht.

c) Schalldruck

Wie in der Abb. 4.7, Teilbild b angedeutet, kommt es aufgrund der räumlich periodischen Auslenkungen der Stabmoleküle abwechselnd zu Dehnung und Stauchung des Stabs. Die damit verbundenen Spannungen σ lassen sich aus dem Hookeschen Gesetz (Gleichung 2.9) ermitteln. Allerdings hat hier die Dehnung ε = Längenänderung/Anfangslänge entlang des Stabs unterschiedliche Werte. Deshalb kann ε jeweils nur für kleine (differentielle) Stabstücke der Länge dx bestimmt werden. Für solche Stücke ist die Längenänderung gleich der entlang dx vorliegenden Änderung du der Auslenkung u (werden alle Stabquerschnitte um dieselbe Auslenkung u verschoben, gibt es offensichtlich keine Längenänderung), also ist

$$\varepsilon = \frac{du}{dx}.$$

Somit ist

$$\sigma = \varepsilon \cdot E = E \cdot a \cdot k \cdot \sin(\omega \cdot t - k \cdot x) = -p(t,x)$$

d.h. man kann die Schallwelle auch als (Spannungs- oder) Druckwelle $p(t,x) = -b \cdot \sin(\omega \cdot t - k \cdot x)$ mit der Amplitude

$$b = E \cdot a \cdot k$$

auffassen. Die sich ausbreitende Schallwelle ist also mit einem periodischen Wechsel zwischen Überdruck ($p > 0$) und Unterdruck ($p < 0$) verbunden: Abb. 4.7, Teilbild d.

Wegen der Analogie des Zusammenhangs zwischen der Druckamplitude b und der Auslenkungsamplitude $a = \frac{b}{E \cdot k}$ mit dem Ohmschen Gesetz für den Wechselstromkreis wird die Größe $E \cdot k/\omega$ als „akustische Impedanz"

$$Z = E \cdot k/\omega$$

bezeichnet. Die Druckamplitude ist somit

$$b = a \cdot \omega \cdot Z.$$

d) Schallenergie, Schallintensität, Schallpegel und Lautstärke

Alle Schallwirkungen sind mit Energieumwandlungen verbunden. Schallenergie wird hierbei in eine andere Energieform, beispielsweise in Wärme im Gewebe oder in elektrische Energie in verschiedenen Schalldetektoren umgewandelt. Auch das menschliche und tierische Schallempfinden ist eine Funktion der Schallenergie. Schall transportiert Energie in Form der Schwingungsenergie der sich mit Schallgeschwindigkeit ausbreitenden Schwingungen. Die Geschwindigkeitsamplitude der Schwingung war oben $a \cdot \omega$. Also ist die Schwingungsenergie eines Stoffteilchens der Masse m gleich $E = m \cdot a^2 \cdot \omega^2/2$. Die auf die Masse bezogene Energie im Wellenfeld ist also gleich $E/m = a^2 \cdot \omega^2/2$.

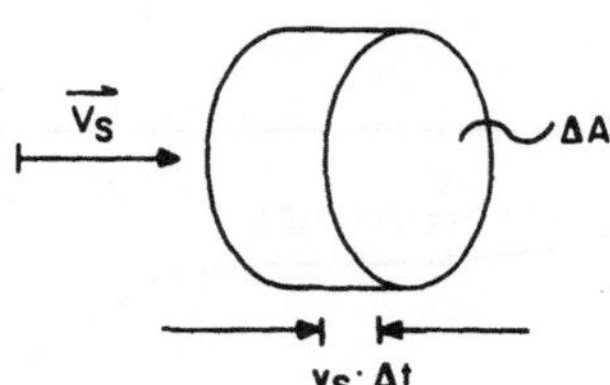

Abb. 4.8. Zur Herleitung der Energiestromdichte I. Diese ist die pro Zeit Δt und Fläche ΔA (normal zur Ausbreitungsrichtung gemessen) vom Schall transportierte Energie

Im Zylinder der Abb. 4.8 befindet sich die Stoffmasse $m = \rho \cdot V$, also enthält dieser Zylinder die Energie $\rho \cdot V \cdot a^2 \cdot \omega^2/2 = \rho \cdot a^2 \cdot \omega^2 \cdot \Delta A \cdot v_s \cdot \Delta t/2$. Diese Energie bewegt sich im Zeitintervall Δt durch die Fläche ΔA, somit ist die Energiestromdichte der Schallwelle (= Schallintensität oder Schallstärke):

$$I = \rho \cdot a^2 \cdot \omega^2 \cdot \frac{v_s}{2} = a^2 \cdot \omega^2 \cdot \frac{Z}{2}.$$

Die Intensität einer divergent auseinander laufenden Welle nimmt ab, weil sich die Schallenergie auf eine zunehmend größere Fläche verteilt. Produziert eine Schallquelle Schall mit einer Leistung P_s, dann ist die Schallintensität I im Abstand r gleich $I = \frac{P_s}{A} = \frac{P_s}{\Omega \cdot r^2}$, s. Abb. 4.9.

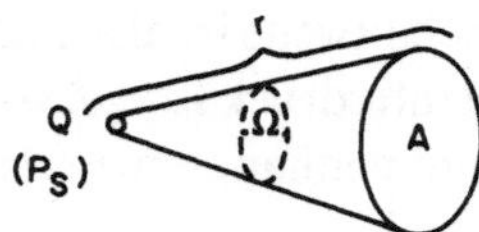

Abb. 4.9. Divergent abgestrahlter Schall verteilt sich auf eine Fläche A, die proportional zum Quadrat des Abstands r von der Quelle Q zunimmt

Hörschall. Was der Mensch als Lautstärke empfindet, ist bei festgehaltener Frequenz von der Schallintensität abhängig. Die kleinste von vielen Menschen noch wahrnehmbare Schallintensität beträgt bei einer Frequenz von $\nu = 1\,\text{kHz}$ etwa $I_0 = 10^{-12}\,\text{W}\cdot\text{m}^{-2}$. Dieser Wert heißt daher untere Hörschwelle. Schallintensitäten um $1\,\text{W}\cdot\text{m}^{-2}$ hingegen werden bereits als schmerzhaft empfunden. Das Ohr beherrscht also gut 12 Zehnerpotenzen der Schallintensitäten. Die Lautstärkeempfindung erfolgt etwa proportional zum Logarithmus der Schallintensität (Weber-Fechnersches Gesetz). Aus diesem Grunde benutzt man in der Akustik zur Beschreibung der Schallstärke einer Schallwelle anstelle der Schallintensität I eine logarithmische Größe, den Schall(intensitäts)pegel L:

$$L = \log_{10}\left(\frac{I}{I_0}\right)$$

L hat die Einheit 1. Zur Klarstellung bekommt diese Einheit noch den Hilfsnamen Bel (zu Ehren Alexander Graham Bells). Meist wird der 10-fache Betrag von L

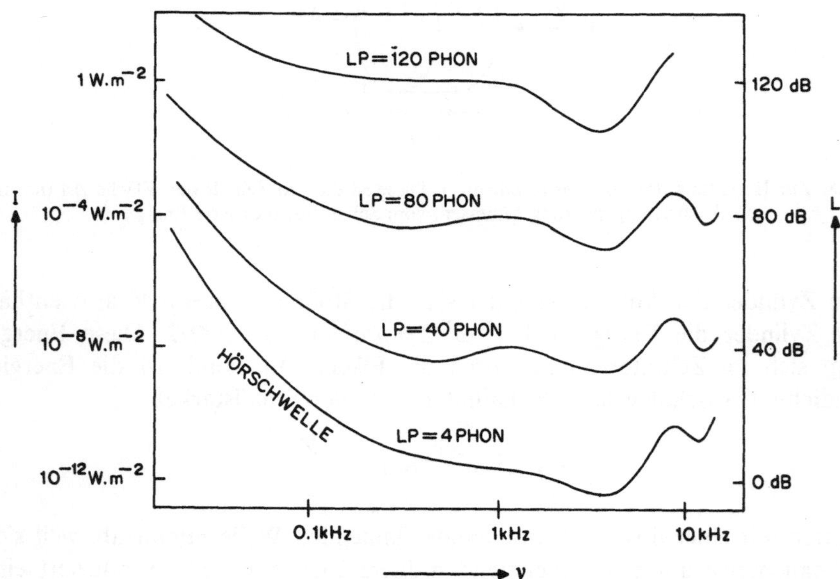

Abb. 4.10. Isophonendiagramm: Kurven gleicher Lautstärkepegel LP. Hierbei handelt es sich um Mittelwerte, die an einer großen Anzahl gesunder Jugendlicher gewonnen wurden. Bei $\nu = 1\,\text{kHz}$ stimmt die Phon-Zahl mit der dB-Zahl überein

benutzt, dann gilt

$$L = 10 \cdot \log_{10}\left(\frac{I}{I_0}\right)$$

mit der Einheit $[L] = 1$ dB (Dezibel).

Da die Empfindlichkeit des Ohrs stark frequenzabhängig ist, wird ein und dieselbe Schallintensität I bzw. ein und derselbe Schallpegel L bei verschiedenen Frequenzen unterschiedlich laut empfunden. Beispielsweise muß der Schallpegel für einen gerade noch hörbaren Signalton bei einer Frequenz von $\nu = 125$ Hz um 20 dB höher liegen, als bei $\nu = 2$ kHz. Dem trägt die physiologische Größe „Lautstärkepegel" LP (oder kurz „Lautstärke") mit der Einheit 1 Phon Rechnung. Diese Größe ist so festgelegt, daß ihre Zahlenwerte bei der Schallfrequenz $\nu = 1$ kHz gleich den Zahlenwerten des Schallpegels L (in dB gemessen) sind. Für andere Frequenzen entnimmt man die zu einem gemessenen Schallpegel L gehörende Lautstärke einem international vereinbarten Isophonendiagramm: Abb. 4.10.

Eine weitere physiologische Schallgröße ist die Lautheit. Diese Größe gibt die subjektive Lautstärkenänderung bei Veränderungen der Schallintensität an. Da man eine Verzehnfachung der (physikalischen) Schallintensität nur als Verdoppelung der Lautheit empfindet, verdoppelt sich die (in „Sone" ausgedrückte) Lautheit je 10 dB:

Dem Schallintensitätspegel	40	50	60	70	80	90	100	110	dB
entspricht eine Lautheit von	1	2	4	8	16	32	64	128	Sone.

Die maximale Empfindlichkeit hat das Durchschnittsohr bei einer Frequenz von etwa 3 kHz. Wären unsere Ohren bei niedrigen Frequenzen ebenso empfindlich, könnten wir eine ganze Reihe physiologischer Geräusche unseres Körpers hören, beispielsweise die durch den Schluß der Herzklappen hervorgerufenen Herztöne, Geräusche durch turbulente Blutströmung, Gelenksbewegungen und möglicherweise sogar die durch die Wärmebewegung der Luftmoleküle bedingten statistischen Druckschwankungen am Trommelfell.

Schallreize haben u. U. erhebliche Auswirkungen auf den Menschen. Das reicht von den seelischen Reizen der Musik bis zur Beeinflussung von Körperfunktionen, die durch das vegetative Nervensystem gesteuert werden. Darüberhinaus verursacht Schall auch Gehörschäden. Hohe Schallpegel oberhalb von etwa 85 dB bewirken bei kurzfristiger Einwirkung eine zunächst vorübergehende Absenkung der Hörschwelle (sogenannte Hörschwellenabwanderung), die in lärmfreien Pausen wieder verschwindet. Chronische Einwirkung führt zu Lärmschwerhörigkeit. Bei Schallpegeln ab etwa 120 dB kommt es zu einer mechanischen Zerstörung der Sinneszellen und des Cortischen Organs. Tabelle 4.2 gibt einen Überblick über unterschiedliche Lautstärkepegel.

Man kann sich relativ leicht gegen Schall schützen. Am einfachsten mittels Gehörschutzkapseln oder -stöpsel im äußeren Ohr. Gehörschutzhelme bedecken große Teile des knöchernen Schädels und vermindern daher auch die Knochenleitung des Schalls.

Zusammenfassung 4.A

I. Wird ein elastisch (Federkonstante D) befestigter Körper der Masse m aus der Ruhelage bei $x = 0$ gebracht und frei gelassen, kommt es zu einer freien Schwingung mit der Auslenkung (s. Beispiel 1.15 und Aufgabe 1.14):

$$x = a \cdot \sin(\omega_0 \cdot t). \tag{4.1}$$

Die (Eigen-)Frequenz dieser Schwingung beträgt

$$v_0 = \frac{1}{T_c} = \frac{\omega_0}{2\pi} = \frac{1}{2\pi} \cdot \sqrt{\frac{D}{m}} \tag{4.2}$$

mit T_0 = Periodendauer. Die Energie dieser Schwingung ist

$$E = D \cdot \frac{a^2}{2}. \tag{4.3}$$

Eine periodisch wirkende Kraft

$$F_P = F_0 \cdot \sin(\omega \cdot t) \tag{4.4}$$

erzeugt eine erzwungene Schwingung. Die Amplitude dieser Schwingung wird dann besonders groß, wenn die Frequenz v der Kraft F_P etwa gleich der Eigenfrequenz v_0 des Körpers wird, also Resonanz vorliegt.

II. Die Schallgeschwindigkeit in stabförmigen festen Körpern ist

$$v_s = \sqrt{\frac{E}{\rho}}, \tag{4.5}$$

in Flüssigkeiten

$$v_s = \sqrt{\frac{1}{\chi \cdot \rho}} \tag{4.6}$$

und in Gasen

$$v_s = \sqrt{\frac{\kappa \cdot p}{\rho}}. \tag{4.7}$$

χ ist die Volumenkompressibilität der Flüssigkeit bzw. $1/(p \cdot \kappa)$ diejenige für Gase (κ = Adiabatenexponent). In festen Körpern gibt es neben den Longitudinalwellen noch weitere Wellenarten, beispielsweise (transversale) Scherungswellen.

III. Bei Schall pflanzt sich eine Auslenkung

$$u(t) = a \cdot \cos\frac{2\pi t}{T} = a \cdot \cos(\omega \cdot t) \tag{4.8}$$

fort. Dies wird durch

$$u(t, x) = a \cdot \cos(\omega \cdot t - k \cdot x) \tag{4.9}$$

beschrieben. $\omega = \frac{2\pi}{T}$ (= Kreisfrequenz) und $k = \frac{2\pi}{\lambda}$ (= Wellenzahl).

$$\frac{du(x, t)}{dt} = -a \cdot \omega \cdot \sin(\omega \cdot t - k \cdot x) \tag{4.10}$$

ist die Schallschnelle.

Tabelle 4.1. Schallgeschwindigkeiten für Longitudinalwellen in verschiedenen Stoffen und menschlichen Geweben bzw. Substanzen (nach P. N. T. Wells, 1977)

Stoff	Schallgeschwindigkeit v_s	
Granit	20 °C	6000 $m \cdot s^{-1}$
Glas	20 °C	5300
Aluminium	20 °C	5080
Blei	20 °C	2200
Neopren Gummi	20 °C	1600
Azeton	20 °C	1190
Luft	20 °C	343
CO_2	20 °C	276
Wasser	20 °C	1480
Wasser	37 °C	1530
Physiol. Kochsalzlösung	20 °C	1502
Physiol. Kochsalzlösung	37 °C	1570
Blut		1560
Milch		1540
Fettgewebe		1460–1470
Glaskörper des Auges		1515–1535
Muskelgewebe		1550–1630
Knochen		2700–4000
Brust während Lactation		1550–1560
Brust prämenopausal		1490–1550
Brust postmenopausal		1440–1490

Für alle Wellenarten gilt (mit der entsprechenden Ausbreitungsgeschwindigkeit v):

$$v = \lambda \cdot \nu. \tag{4.11}$$

Die Dehnung ε im durchschallten Stoff ist

$$\varepsilon = \frac{du}{dx}. \tag{4.12}$$

Somit ist die Schallwelle auch als Dehnungswelle du/dx bzw. als Druckwelle $p(x, t)$ aufzufassen. Nach dem Hookeschen Gesetz ist

$$\sigma = \varepsilon \cdot E = E \cdot a \cdot k \cdot \sin(\omega \cdot t - k \cdot x) = -p(t, x) \tag{4.13}$$

mit der Druckamplitude

$$b = E \cdot a \cdot k. \tag{4.14}$$

Als akustische Impedanz ist die Größe

$$Z = E \cdot k / \omega \tag{4.15}$$

definiert (bei großer Impedanz Z ist die Auslenkungsamplitude klein). Die Druckamplitude ist somit

$$b = a \cdot \omega \cdot Z. \tag{4.16}$$

IV. Die Energiestromdichte oder Schallintensität I einer Schallwelle ist

$$I = \rho \cdot a^2 \cdot \omega^2 \cdot \frac{v_s}{2} = a^2 \cdot \omega^2 \cdot \frac{Z}{2}. \tag{4.17}$$

Die Intensität der Schallwelle, die von einer Schallquelle mit der Schalleistung P_s im Raumwinkel Ω divergent auseinander läuft, ist

$$I = \frac{P_s}{\Omega \cdot r^2}. \tag{4.18}$$

Die subjektive Lautstärkeempfindung ist bei fester Frequenz proportional zum Schall-(intensitäts)pegel L' (bzw. L):

$$L' = \log_{10} \frac{I}{I_0} \tag{4.19}$$

mit der Einheit

$$[L'] = 1 = 1\,\text{Bel}.$$

I_0 ist die untere Hörschwelle: $I_0 = 10^{-12}\,\text{W} \cdot \text{m}^{-2}$.

Meist wird der 10-fache Betrag von L' benutzt:

$$L = 10 \cdot \log_{10} \frac{I}{I_0} \tag{4.20}$$

mit der Einheit

$$[L] = 1\,\text{dB (Dezibel)}.$$

Die physiologische Größe „Lautstärkepegel“ LP (oder kurz „Lautstärke“) mit der Einheit 1 Phon berücksichtigt die Frequenzabhängigkeit der Lautstärkeempfindung. Für $\nu = 1\,\text{kHz}$ sind ihre Zahlenwerte gleich den Zahlenwerten des Schallpegels L. Für andere Frequenzen entnimmt man die zu einem gemessenen Schallpegel L gehörende Lautstärke einem international vereinbarten Isophonendiagramm: Abb. 4.10. Der Hörbereich des Menschen liegt zwischen 16 Hz (untere Hörgrenze) und 20 kHz (obere Hörgrenze). Eine weitere physiologische Schallgröße, die Lautheit (Einheitenname = Sone), gibt die subjektive Lautstärkenänderung bei Veränderungen der Schallintensität an.

Tabelle 4.2. Beispiele für Lautstärkepegel

Schmerzgrenze	130 Phon
Orchester, Beat-Musik	90 Phon
Grenze für Hörschäden	70 Phon
Unterhaltungssprache	50 Phon
ruhiger Garten	20 Phon
leises Flüstern	10 Phon
Hörschwelle	0 Phon

V. Hörschall hat auch bei niedrigen Schallintensitäten erhebliche Auswirkungen auf den Menschen. Diese reichen von bewußten seelischen Reizen bis zu unbewußten Reaktionen des vegetativen Nervensystems. Ab einem Schallpegel von etwa 120 dB kommt es zu bleibenden Gehörschäden. Lautstärkepegel ab etwa 130 Phon werden als schmerzhaft empfunden. Infraschall bzw. niederfrequente Schwingungen rufen bei bestimmten Frequenzen in verschiedenen Organen spezifische Beschwerden hervor, s. Abb. 4.5. Ultraschall zeigt in erster Linie Wärmewirkungen und mechanische Wirkungen wie Kavitation, Schallstrahlungsdruck und Phonomigration (Kapitel 4.4).

Beispiel 4.1. Geschwindigkeit v des schwingenden Körpers des Federpendels in Abb. 4.1 beim Durchgang durch die Ruhelage bei $x = 0$.

Zu ihrer Berechnung genügt es, die kinetische Energie des schwingenden Körpers beim Durchgang durch die Ruheposition bei $x = 0$ zu berechnen. Da hier die potentielle Energie Null ist, muß wegen des Energieerhaltungssatzes in diesem Moment die kinetische Energie gleich der Gesamtenergie sein: $D \cdot a^2/2 = m \cdot v^2/2$, woraus $v = a \cdot \sqrt{\frac{D}{m}}$ folgt.

Beispiel 4.2. Das Vorschwingen des Hangbeins beim Gehen haben die Gebrüder Weber (1836) als reine Pendelbewegung aufgefaßt, bei der die Muskulatur der Beine völlig untätig sein sollte (was aber nur annähernd der Fall ist). In diesem Sinne ist das Bein ein frei um das Hüftgelenk schwingendes Drehpendel. Bei dieser Gehweise sollte der Aufwand an Muskelarbeit natürlich am kleinsten sein.

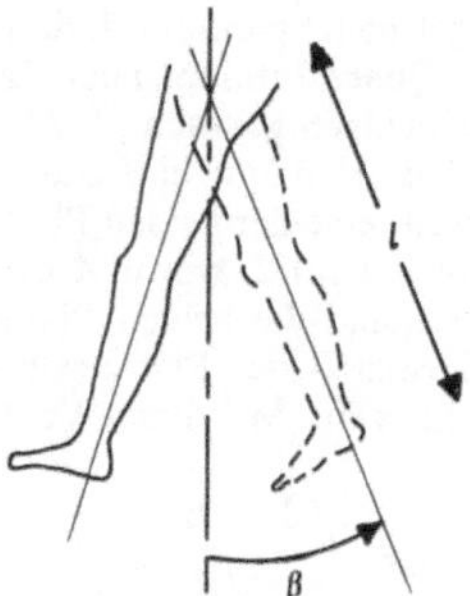

Abb. 4.11. Das Vorschwingen des Hangbeins beim Gehen kann als freie Schwingung aufgefaßt werden

Wie groß ist in diesem Fall die Gehgeschwindigkeit? Hierzu benötigen wir zunächst die Eigenfrequenz des Beins. Das 2. Newtonsche Gesetz lautet in der Form (3.17) für das schwingende Bein, das wir hier vereinfacht als homogenen Stab der Masse m und Länge l auffassen, der um sein eines Ende pendelt:

$$M = \frac{dL}{dt} = I \cdot \frac{d\omega}{dt} = I \cdot \frac{d^2\beta}{dt^2} = -m \cdot g \cdot \frac{l}{2} \cdot \sin\beta$$

Für kleine Winkel β wird diese Gleichung zu

$$m \cdot g \cdot \frac{l}{2} \cdot \beta + I \cdot \frac{d^2\beta}{dt^2} = 0$$

und hat mathematisch dieselbe Form wie die Schwingungsgleichung (Beispiel 1.15), wobei hier anstelle x der Winkel β steht; anstelle von D steht hier $m \cdot g \cdot l/2$ und anstelle von m haben wir hier das Massenträgheitsmoment $I = \frac{1}{3} \cdot m \cdot l^2$. Entsprechend erhalten wir für die Bewegung des Beins, die wir

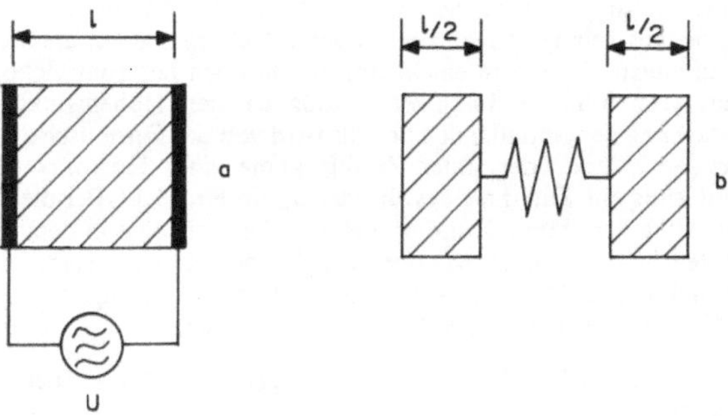

Abb. 4.12. Piezoelektrischer Schallgeber. **a** Der piezoelektrische Körper (schraffiert) ändert seine Länge l proportional zu der mittels Metallelektroden (dick gezeichnet) an ihn angelegten Spannung $U = U_0 \cdot \cos(\omega \cdot t)$. **b** Zur Abschätzung der Resonanzfrequenz kann man annehmen, daß die beiden Körperhälften gegeneinander schwingen

hier nur durch den Winkel β beschreiben

$$\beta = \beta_0 \cdot \sin(\omega_0 \cdot t)$$

und die Eigenfrequenz ν_0 der Pendelbewegung zu:

$$\nu_0 = \frac{1}{2\cdot\pi} \cdot \sqrt{m\cdot g \cdot \frac{l}{2\cdot I}} = \frac{1}{2\cdot\pi} \cdot \sqrt{\frac{3\cdot g}{2\cdot l}}.$$

Beispiel 4.3. Dickenschwingung eines piezoelektrischen Ultraschallgebers. Hier wird der reziproke piezoelektrische Effekt benutzt, der darin besteht, daß verschiedene sogenannte piezoelektrische Stoffe ihre Länge proportional zu der an sie angelegten Spannung ändern. Beim piezoelektrischen Schallgeber wird eine piezoelektrische Platte (aus z. B. Quarz, Lithiumsulfat, Bariumtitanat oder Bleizirkonat) durch Anlegen einer Wechselspannung zum Schwingen gebracht, s. Abb. 4.12.

Die Größe der Resonanzfrequenz läßt sich auf einfache Weise mit Hilfe der Gleichung 4.2 abschätzen, wenn man annimmt, daß jeweils eine der beiden Plattenhälften gegen die andere schwingt. Die Masse einer Plattenhälfte beträgt $m = A \cdot \rho \cdot l/2$, worin A die Plattenfläche, ρ ihre Massendichte und $l/2$ ihre Dicken sind. In Wirklichkeit sind die beiden Plattenhälften natürlich nicht durch eine Feder verbunden, sondern durch die Elastizität der Platte selbst. Für die Federkonstante D in der Gleichung 4.2 ist deshalb $D = A \cdot E/l$ einzusetzen. Mit dieser Vereinfachung erhält man

$$\nu_0 = \frac{\sqrt{2}}{\pi} \cdot \sqrt{\frac{E}{\rho}} \cdot \frac{1}{2 \cdot l}.$$

Der exakte Wert ist $\nu_0 = \sqrt{\frac{E}{\rho}} \cdot \frac{1}{2\cdot l}$, s. Kapitel 4.3c. Der kleinere Wert unserer Näherung rührt natürlich daher, daß wir angenommen haben, daß die vollständigen Plattenhälften gegeneinander schwingen. Tatsächlich jedoch verteilt sich die Schwingungsbewegung über die gesamte Plattendicke (vgl. Abb. 4.24).

Stimmt die Frequenz der Wechselspannung U mit der Resonanzfrequenz der Dickenschwingung überein, treten starke Schwingungsamplituden auf, der Schallgeber arbeitet dann besonders wirkungsvoll.

Beispiel 4.4. Jedes Körperorgan des Menschen hat seine charakteristische Resonanzfrequenz, deren genauer Wert von seiner Masse und den aus der Umgebung einwirkenden Dämpfungskräften abhängt, also entsprechend große interindividuelle Streuung zeigt. Eine rechnerische Erfassung gestaltet sich daher schwierig, jedoch gibt bereits eine grundsätzliche Übereinstimmung von Rechnungen an vereinfachten Modellen mit der Wirklichkeit einen wichtigen Hinweis darauf, ob die zugrunde liegenden Vorstellungen richtig sind. Solche Rechnungen zeigen beispielsweise für den Kopf Resonanzfrequenzen in der Größe von 13 Hz. Bei diesen Frequenzen werden besonders leicht Kopfschmerzen ausgelöst. Experimentelle Messungen an Lendenwirbeln geben für Schwingungen in der Vertikalen Resonanzfrequenzen um 4,5 Hz. Die bei diesen Frequenzen auftretenden großen Schwingungsamplituden können zu Degenerationserscheinungen führen, die bei Kraftfahrern an der Wirbelsäule beobachtet werden (s. auch die Abb. 4.5).

Beispiel 4.5. Schalleitung im äußeren Ohr. Schon die Ohrmuschel hat für das Hören eine wichtige Funktion: ein Teil des Schalls gelangt direkt zum äußeren Gehörgang; ein anderer Teil jedoch wird von der Ohrmuschel auf einem Umweg in einem Bogen von oben her zum Gehörgang geleitet. Der Wegunterschied beträgt etwa 6 cm. Dadurch ist es möglich, den Höhenwinkel einer Schallquelle festzustellen. Eine Verstärkung des eintreffenden Schalls wird von der Ohrmuschel nicht bewerkstelligt. Das gelingt mit Hilfe der Hände oder unter Zuhilfenahme eines Hörrohrs (oder elektronischer Hilfsmittel), s. die Erläuterung zur Zunahme des Blutdrucks im Kreislauf, Beispiel 5.32, Bemerkung 2. Mehr als 5 dB sind mit Hilfe der Hände kaum erreichbar. Die Luftsäule in dem äußeren Gehörgang (= äußeres Ohr) leitet den Schall, ähnlich wie der oben betrachtete feste Stab, von der Ohrmuschel zum Trommelfell. (Schalleitung im Mittelohr s. Beispiel 4.17). Analog erfolgt auch die Schalleitung im Stethoskop durch die Gassäule im Innern des Y-förmigen Schlauchs.

Beispiel 4.6. Wellenlänge von Hörschall in Luft (Normaldruck, 20 °C) an der unteren Hörgrenze ($\nu = 16\,\text{Hz}$, $v_s = 343\,\text{m}\cdot\text{s}^{-1}$).

$$\lambda = v_s/\nu = 343\,\text{m}\cdot\text{s}^{-1}/16\,\text{Hz} = 343\,\text{m}\cdot\text{s}^{-1}/16\,\text{s}^{-1} = 21{,}44\,\text{m}.$$

Beispiel 4.7. Zellorganellen haben i. a. Abmessungen kleiner als 10 μm. Ultraschall von einer Frequenz von 1 MHz hat in Zellwasser eine Wellenlänge von etwa 1,5 mm. Es kommt daher nur zu einer schwingenden Bewegung der Organellen einer Zelle und kaum zu Dehnungen und Stauchungen.

Beispiel 4.8. Größe der Auslenkungsamplitude a bei einer Schallintensität von $1\,\mathrm{W \cdot m^{-2}}$ in Luft ($v_s = 343\,\mathrm{m \cdot s^{-1}}$, $\rho = 1{,}3\,\mathrm{kg \cdot m^{-3}}$) und einer Schallfrequenz von $\nu = 1\,\mathrm{kHz}$.

$$a = \sqrt{2 \cdot I/(v_s \cdot \rho \cdot \omega^2)} = \sqrt{2 \cdot 1\,\mathrm{W \cdot m^{-2}}/(343\,\mathrm{m \cdot s^{-1}} \cdot 1{,}3\,\mathrm{kg \cdot m^{-3}} \cdot 4 \cdot \pi^2 \cdot 10^6\,\mathrm{s^{-2}})} = 10{,}7\,\mu\mathrm{m}.$$

Beispiel 4.9. Ein Kompressor erzeugt in einem bestimmten Abstand eine Schallintensität I_1 mit einem Schallpegel $L_1 = 10 \cdot \log_{10}(I_1/I_0) = 60\,\mathrm{dB}$. Zwei solche Kompressoren erzeugen im gleichen Abstand die doppelte Schallintensität $I_2 = 2 \cdot I_1$. Der zugehörige Schallpegel L_2 beträgt:

$$L_2 = 10 \cdot \log_{10}(2 \cdot I_1/I_0) = 10 \cdot \log_{10}(2) + 10 \cdot \log_{10}(I_1/I_0) = 3\,\mathrm{dB} + 60\,\mathrm{dB} = 63\,\mathrm{dB}.$$

Beispiel 4.10. Ein Lautsprecher strahle Schall von 1 kHz in den Raumwinkel $2 \cdot \pi$ ab. Wie groß darf seine Schalleistung P sein, wenn er ab einem Abstand von $r = 1\,\mathrm{m}$—auch bei Dauerbeschallung—keine Hörschäden hervorrufen soll.

Zunächst berechnen wir I aus $L = \log_{10}(I/I_0) = 7\,\mathrm{B}$ (Gleichung 4.19 und Tabelle 4.2):

$$I = I_0 \cdot 10^L = 10^{-12}\,\mathrm{W \cdot m^{-2}} \cdot 10^7 = 10^{-5}\,\mathrm{W \cdot m^{-2}}.$$

Ferner folgt aus $I = P/(2 \cdot \pi \cdot r^2)$

$$P = I \cdot 2 \cdot \pi \cdot r^2 = 10^{-5}\,\mathrm{W \cdot m^{-2}} \cdot 2 \cdot \pi \cdot (1\,\mathrm{m})^2 = 6{,}28 \cdot 10^{-5}\,\mathrm{W},\ \text{also nur rund } 0{,}1\,\mathrm{mW!}$$

Beispiel 4.11. Audiometrie. Zur Messung der Hörleistung werden den Ohren des Probanden beispielsweise mittels Kopfhörers bei verschiedenen Frequenzen Töne angeboten (Reinton-Audiometrie). Die Lautstärke dieser Töne wird von einem Wert unterhalb der Hörschwelle langsam erhöht, bis der Proband den Ton erstmalig hört. Aus dem Verlauf der so gewonnenen Hörschwelle in Abhängigkeit von der Frequenz (Audiogramm) gewinnt man Einsicht in die Art der Hörschädigung sowie Angaben für die erforderliche Hörhilfe.

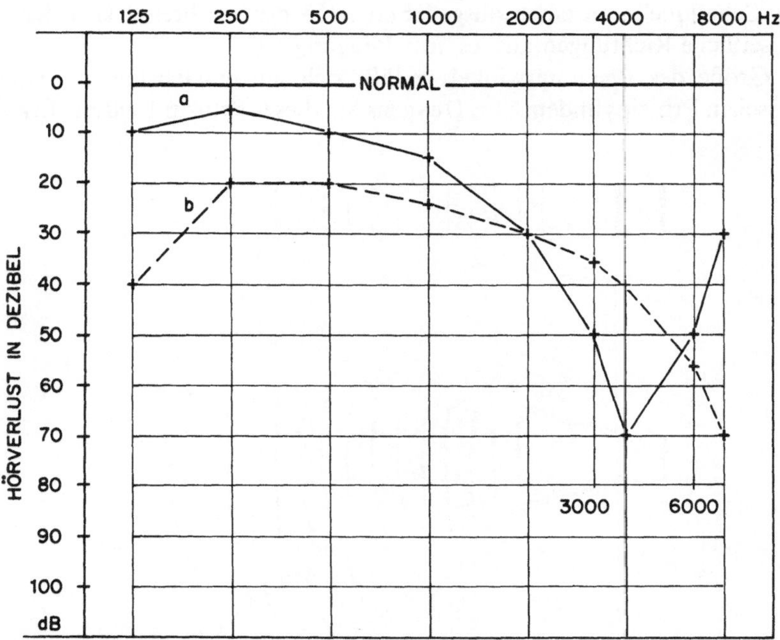

Abb. 4.13. Audiogramme. Üblicherweise wird, wie hier angedeutet, der Hörverlust in Dezibel auf der Ordinate nach unten aufgetragen. Bei Lärmschwerhörigkeit tritt eine typische Absenkung der Hörschwelle im Bereich zwischen 3 und 6 kHz auf (Graph **a**). Graph **b** ist typisch für Altersschwerhörigkeit

Aufgabe 4.1. Berechnen Sie die Amplitude der Geschwindigkeit v durch Differenzieren des Wegs $x = a \cdot \sin(\omega_0 \cdot t)$ nach der Zeit.

Aufgabe 4.2. Berechnen Sie mit Hilfe der Eigenfrequenz der Pendelbewegung des Beins aus Beispiel 4.2 die Gehgeschwindigkeit v für den Fall, daß das Hangbein beim Gehen frei nach vorne schwingt

(Beinlänge $l = 1$ m, Schrittweite $s = 0{,}8$ m). $v = 2 \cdot s \cdot \nu_0$, weil der Abstand zwischen zwei Trittstellen eines Beins der doppelten Schrittweite entspricht.

Aufgabe 4.3. Berechnen Sie die Schallintensität, die ein Lautsprecher, der mit 30 W Schalleistung betrieben wird, im Abstand von 1 m erzeugt. (Dieser Lautsprecher strahle den Schall in der Raumwinkel $2 \cdot \pi$ ab).

Aufgabe 4.4. Berechnen Sie die Auslenkungsamplitude einer Schallwelle in Wasser ($\rho = 10^3\,\mathrm{kg \cdot m^{-3}}$, $v_s = 1480\,\mathrm{m \cdot s^{-1}}$) für $I = 1\,\mathrm{W \cdot cm^{-2}}$ bei $\nu = 1$ MHz.

Aufgabe 4.5. Berechnen Sie die Wellenlänge von Hörschall in Luft (Normaldruck, 20 °C) an der oberen Hörschallgrenze.

Aufgabe 4.6. Ein Moped erzeuge im Abstand von 10 m einen Schallpegel von $L_1 = 100$ dB. Wie groß ist der Schallpegel dieses Mopeds in einer Entfernung von 40 m?

Aufgabe 4.7. In welcher Entfernung r von einem 30-Watt-Lautsprecher (Abstrahlung in $\Omega = 2 \cdot \pi \cdot st$) können Sie sicher sein, selbst bei Dauerbeschallung keine Gehörschäden zu erleiden?

4.3 Ausbreitung von Schall

a) Schallbeugung und Interferenz

Ist der den Schall leitende Körper wie in der Abb. 4.6 seitlich begrenzt, breitet sich die Schallwelle nur entlang dieses Körpers aus. Er wirkt als Wellenleiter. Legt man die Schallquelle an einen ausgedehnten Körper an, breitet sich der Schall auch in seitliche Richtungen aus, es tritt Beugung auf.

Die Größe des Beugungswinkels α läßt sich am einfachsten mit Hilfe des *Huygens*schen Prinzips finden. Chr. Huygens hat dieses Prinzip 1690 zur Erklärung

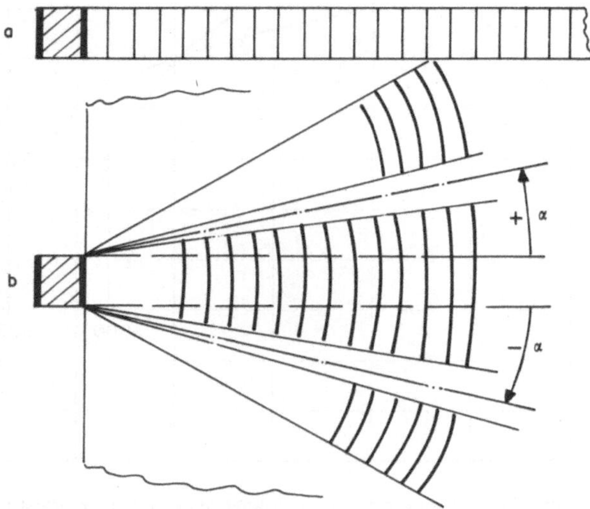

Abb. 4.14. Beugung von Schall. **a** Ein seitlich begrenzter Körper leitet den Schall gebündelt fort. Die Linien senkrecht zur Stabachse deuten Wellenberge an. Diese bewegen sich mit Schallgeschwindigkeit nach rechts. **b** Im seitlich nicht begrenzten Körper wird die Schallwelle teilweise aus der ursprünglichen Richtung abgebeugt und verbreitert sich innerhalb der Beugungswinkel $\pm\alpha$. Ferner treten seitlich noch weitere Wellen mit geringerer Intensität auf

der Ausbreitungseigenschaften von Wellen angegeben. Es gilt auch für andere Wellenarten wie Oberflächenwellen von Wasser und Lichtwellen. Nach diesem Prinzip erfolgt die Ausbreitung einer Welle so, daß jeder Punkt eines Wellenbergs dieser primär vorhandenen Welle den Ausgangspunkt einer elementaren sekundären Kugelwelle, bzw. bei Oberflächenwellen den Ausgangspunkt einer elementaren sekundären Kreiswelle bildet. Die neue Form der Welle erhält man als Einhüllende dieser elementaren Wellen.

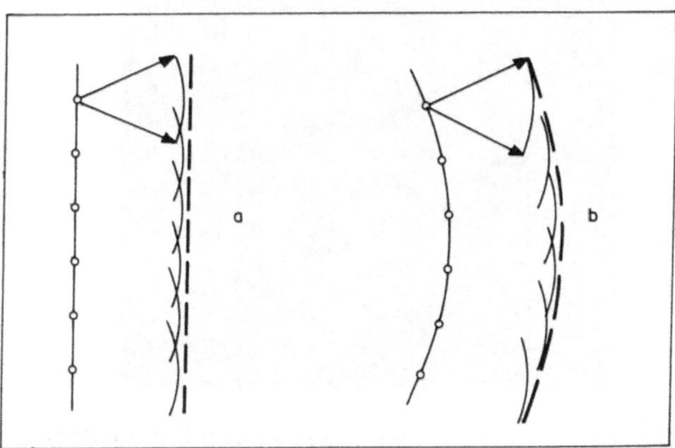

Abb. 4.15. Illustration des Huygensschen Prinzips; **a** an einem geraden Wellenberg (einer ebenen Wellenfläche), **b** rechts an einem kreisförmigen Wellenberg (sphärische Wellenfläche). Die Einhüllende der Huygensschen Elementarwellen ist gestrichelt eingezeichnet

Man könnte aufgrund des Huygensschen Prinzips zunächst vermuten, daß die elementaren Sekundärwellen zu einer Zerstreuung der primären Welle in alle Richtungen führen. Dies ist in einem homogenen Medium aber deshalb nicht der Fall, weil sich die Sekundärwellen durch Interferenz teilweise auslöschen.

Interferenz. Zur Erklärung der Beugung ist also auch das Phänomen der Interferenz maßgebend. Darunter versteht man die Tatsache, daß sich zwei Wellen, die sich überlappen, gegenseitig verstärken können—sog. konstruktive Interferenz—sowie auch gegenseitig abschwächen oder auslöschen können—sog. destruktive Interferenz. Ein Beispiel für eine solche Interferenzerscheinung ist in der Abb. 4.16 angegeben. Dort überlagern sich die von zwei Quellen Q_1 und Q_2 ausgehenden Wellen. Wo Wellenberge der einen Welle auf Wellentäler der anderen Welle treffen, heben sich die beiden Wellen gegenseitig auf: destruktive Interferenz; an den anderen Stellen gibt es konstruktive Interferenz.

A. J. Fresnel hat dies 1819 mit dem Huygensschen Prinzip kombiniert und damit Beugungserscheinungen von Wellen quantitativ erklären können. Nach diesem *Huygens-Fresnelschen Prinzip* findet man den Beugungswinkel α mit folgender Überlegung. Der Punkt P in der Abb. 4.17 liege in dem Bereich, wo (vgl. Abb. 4.14) keine Wellen mehr auftreten. Das ist dann der Fall, wenn sich dort alle von der Quelle in P eintreffenden elementaren Sekundärwellen durch destruktive Interferenz auslöschen, wenn also $\sin\alpha = \lambda/d$ ist.

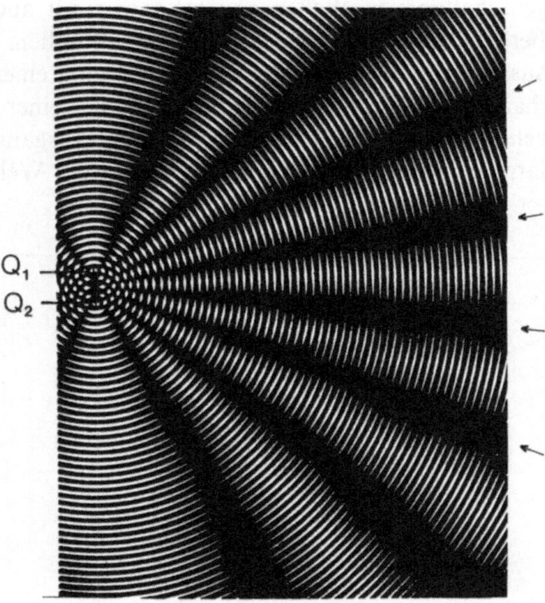

Abb. 4.16. Interferenz zweier kreisförmiger Wellen. Die Orte destruktiver Interferenz sind durch Pfeile angedeutet, dort verschwindet die Wellenbewegung

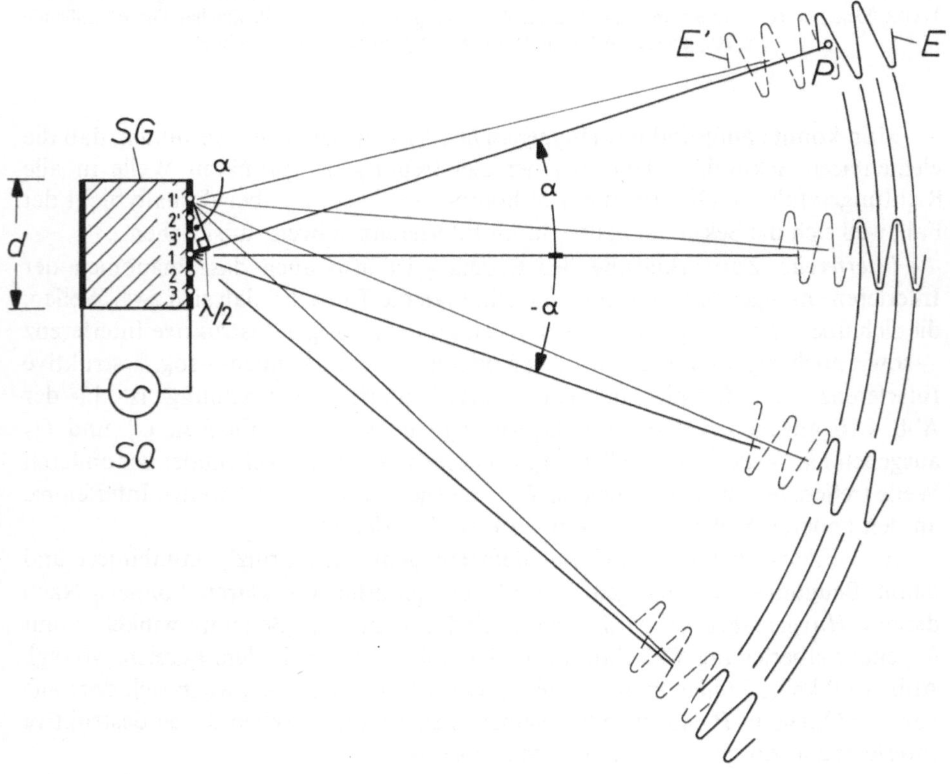

Der das Hauptbündel begrenzende Beugungswinkel α ist also

$$\alpha = \arcsin (\lambda/d).$$

Ist die Wellenlänge λ im Vergleich zu d klein, gilt näherungsweise

$$\alpha = \lambda/d.$$

Für noch größere Winkel α löschen sich die elementaren Sekundärwellen zunächst nur teilweise aus, dann wieder vollständig etc. Es tritt seitlich zum Hauptbündel i. a. eine Reihe weiterer gebeugter Wellen geringerer Intensität auf (sogenannte Nebenmaxima, s. Abb. 4.14).

Wie man sieht, hängt der Beugungswinkel α entscheidend von der Wellenlänge λ bzw. über Gleichung 4.11 von der Frequenz ν der Welle ab. Bei medizinischen (Ultra-) Schallanwendungen ist meist eine gute Lokalisierung des eingestrahlten Schalls, d. h. eine Beschränkung auf einen kleinen Raumbereich erforderlich. Dies kann grundsätzlich durch eine schmale (d klein) und gut gebündelte Welle (α klein) erreicht werden. Beides läßt sich gleichzeitig jedoch nur in Grenzen erreichen. Denn der Beugungswinkel α läßt sich bei gegebener Wellenlänge ja nur dadurch klein halten, daß man d vergleichsweise groß macht, das Schallbündel also schon an der Quelle entsprechend breit macht.

Die mit der Abb. 4.17 erläuterten sogenannten Fraunhoferschen Beugungserscheinungen treten erst in Abständen auf, die um ein Vielfaches größer als die Breite d der Schallquelle sind. In der Nähe der Schallquelle, bzw. in der Nähe eines Spalts tritt ein wesentlich komplexeres Beugungsbild auf, die sogenannte Fresnelsche Beugung. Außerdem ist das Schallbündel in der Nähe eines ebenen Schallgebers nicht divergent, sondern verläuft bis zu einem Abstand $D = d^2/\lambda$ weitgehend parallel, s. Abb. 4.18. Ferner erhält man bei kreisförmigen Öffnungen (Durchmesser d) den Beugungswinkel aus den Nullstellen einer Besselfunktion zu $\alpha = 1{,}22 \cdot \lambda/d$, s. Lehrbücher der Hochschulphysik.

Innerhalb des zylindrischen Bereichs ist die Schallintensität sehr inhomogen verteilt. Dies muß vor allem bei der Anwendung hoher Schallintensitäten in der Therapie berücksichtigt werden (etwa dadurch, daß der Schallgeber dauernd bewegt wird). Eine bessere Bündelung der Schallwellen kann durch zweierlei Maßnahmen erreicht werden: 1. durch Erhöhung der Schallfrequenz ν; dies verkleinert λ und damit den Beugungswinkel α. 2. Durch Fokussierung der Schallwelle (Beispiel 4.13).

Beugung an einem Gitter. Ein Gitter ist eine regelmäßige Anordnung von durchlässigen Öffnungen. Nach dem Huygens-Fresnelschen Prinzip breitet sich

Abb. 4.17. Zur Berechnung des Beugungswinkels α. SQ = Spannungsquelle des piezoelektrischen Schallgebers SG. In P trifft zu jeder Elementarwelle E, die von den Punkten 1, 2, 3, etc. aus der unteren Hälfte der Quelle ausgeht, eine um $\lambda/2$ verschobene Elementarwelle E', die von den Punkten 1', 2', 3', etc. ausgeht. Dort löschen sich somit alle elementaren Wellen aus. Neben dem durch die Winkel $\pm\alpha$ begrenzten Hauptbündel der gebeugten Welle findet man zu beiden Seiten, wie angedeutet, noch eine

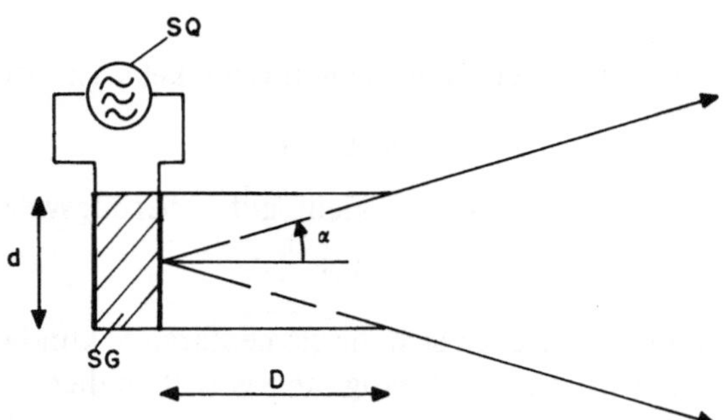

Abb. 4.18. Das Nahfeld eines kreisförmigen Schallgebers mit ebener Abstrahlungsfläche bleibt bis zu einem Abstand $D = d^2/\lambda$ annähernd zylindrisch. α ist der Beugungswinkel nach Gleichung 4.24

Schall hinter dem Gitter in jene Richtungen aus, für welche die aus den Gitteröffnungen kommenden Elementarwelle zumindest teilweise in Phase sind. Dies ist für alle Winkel α_n der Fall, für die

$$\sin \alpha_n = n \cdot \lambda / t.$$

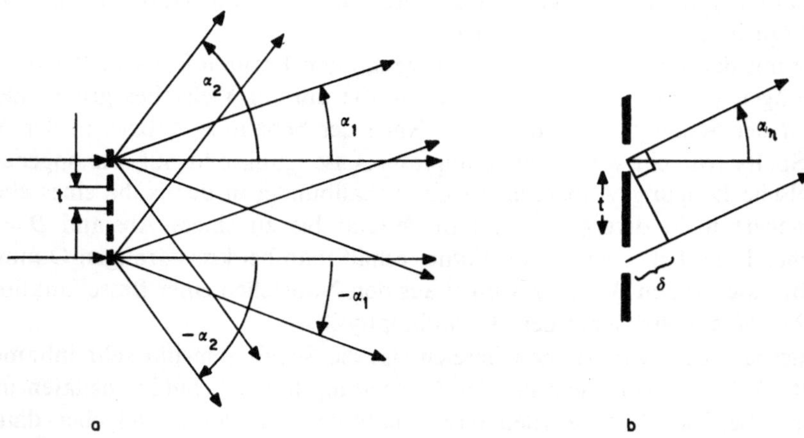

Abb. 4.19. Beugung am Gitter. **a** Unter den Winkeln α_n tritt eine Reihe von gebeugten Wellen auf, sogenannte Beugungsordnungen mit der Ordnungszahl *n*. Konstruktive Interferenz der Huygensschen Elementarwellen gibt es für solche Winkel α_n, für die $\delta = n \cdot \lambda$, $n = 0, 1, 2, \ldots$ (Teilbild **b**). Hieraus ergibt sich das Beugungsgesetz Gleichung 4.25

b) Schallreflexion und Schallbrechung

Trifft eine Schallwelle auf eine Grenzfläche zweier verschiedener Stoffe, treten i. a. eine reflektierte und eine durchgehende oder transmittierte Welle auf. Reflektierte Schallwellen oder Schallechos bilden die Basis für eine ganze Reihe von diagnostischen Verfahren in der Medizin. Wir untersuchen im folgenden zunächst, wovon die Stärke dieser Schallechos abhängt.

In der Abb. 4.20 trifft eine Welle normal auf eine Grenzfläche *GF* zwischen zwei Stoffen *A* und *B*. Direkt an der Grenzfläche müssen die Auslenkungsamplituden der Moleküle von A und B praktisch gleich groß sein. Anderenfalls reißt die Grenzfläche auf, was wir hier ausschließen. Die Auslenkungsamplitude der Moleküle in A ist gleich der Summe der Auslenkungsamplituden a_E der auf die Grenzfläche einlaufenden Welle plus der Auslenkungsamplitude a_R der reflektierten Welle:

$$a_E + (-a_R) = a_T$$

a_T ist die Auslenkungsamplitude der in den Stoff B transmittierten Welle. (Das negative Vorzeichen der Amplitude a_R der reflektierten Welle rührt daher, daß diese Welle in die negative x-Richtung läuft.)

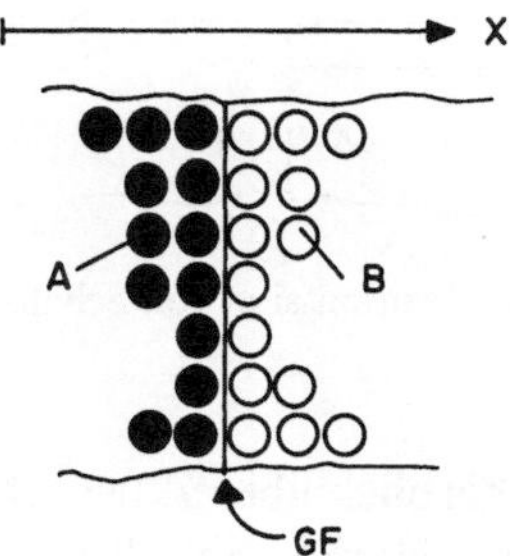

Abb. 4.20. Zur Entstehung eines Schallechos einer auf die Grenzfläche GF zweier Stoffe A und B auftreffenden Welle

Ferner muß der Schalldruck direkt an der Grenzfläche GF zu beiden Seiten gleich groß sein. Andernfalls würde ja die Druckdifferenz auf die masselose Grenzfläche wirken und (2. Newtonsches Gesetz!) zu unbegrenzt großen Beschleunigungen führen. Also gilt für die Druckamplituden

$$b_E + b_R = b_T.$$

Da Druck nach allen Seiten gleich wirkt, haben b_E und b_R dasselbe Vorzeichen. Drückt man die Druckamplituden b mit Hilfe der Gleichung 4.16 durch die betreffenden Schallimpedanzen Z und die Schallauslenkungsamplituden a aus, erhält man aus dem obigen die folgenden zwei Gleichungen:

$$a_E - a_R = a_T$$
$$a_E \cdot Z_A + a_R \cdot Z_A = a_T \cdot Z_B.$$

Aus diesen zwei Gleichungen lassen sich die Auslenkungsamplituden a_R und a_T der reflektierten und der transmittierten Welle auf elementare Weise berechnen:

$$a_R = a_E \cdot \frac{Z_B - Z_A}{Z_A + Z_B}, \qquad a_T = a_E \cdot \frac{2 \cdot Z_A}{Z_A + Z_B}$$

und mit Gleichung 4.16 wiederum die zugehörigen Druckamplituden:

$$b_R = b_E \cdot \frac{Z_B - Z_A}{Z_A + Z_B}, \qquad b_T = b_E \cdot \frac{2 \cdot Z_B}{Z_A + Z_B}$$

die akustischen Impedanzen Z. Je größer der Unterschied in den akustischen Impedanzen zweier aneinander grenzender Stoffe ist, desto größer ist die Amplitude der reflektierten Welle. Analoges gilt für die Schallintensitäten I. Mit Gleichung 4.17 erhalten wir aus den obigen Ergebnissen für die Schallintensitäten die folgenden Transmissions- und Reflexionskoeffizienten T bzw. R:

$$T = \frac{I_T}{I_E} = \frac{4 \cdot Z_A \cdot Z_B}{(Z_A + Z_B)^2}, \qquad R = \frac{I_R}{I_E} = \left(\frac{Z_A - Z_B}{Z_A + Z_B}\right)^2.$$

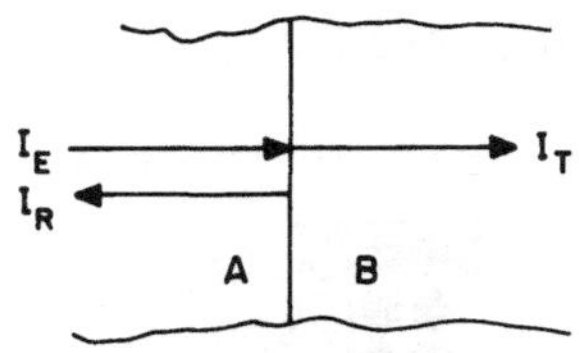

Abb. 4.21. Reflexion und Transmission von Schall. $I_R = R \cdot I_E$, $I_T = T \cdot I_E$

Die Tabelle 4.4 gibt einen Überblick über akustische Impedanzen verschiedener biologischer Stoffe. Besonders starke Schallechos sind offenbar an allen Grenzflächen mit Knochen und zur Lunge hin zu erwarten. An den Grenzflächen zu Körperhohlräumen (Luft) tritt praktisch totale Reflexion ($R = 1$, $T = 0$) auf.

Die Reflexion von Schall an Grenzflächen verschiedener akustischer Impedanzen bildet die Basis für die bildgebenden Ultraschall-Verfahren. Die einfachste Abbildungsform mittels Ultraschallverfahren stellt das A-Bild dar: An die Körperoberfläche wird ein piezoelektrischer Schallgeber angekoppelt, d. h. in engen mechanischen Kontakt mit dem Gewebe gebracht. Dieser Schallgeber produziert in Abständen von etwa 1 ms kurze Ultraschallimpulse. Nach jedem emittierten Ultraschallimpuls schaltet eine Elektronik den Piezoquarz auf Empfang und registriert die aus dem Körper zurückkommenden Schallechos. Diese Schallechos erzeugen in dem Piezoquarz durch den piezoelektrischen Effekt elektrische Spannungsimpulse, die verstärkt und dem vertikalen Ablenksystem eines Oszilloskops zugeführt werden. Auf dem Oszilloskop erhält man ein sogenanntes Amplitudenbild oder kurz „A-Bild". Dieses stellt ein eindimensionales Tiefenbild des untersuchten Körperteils dar, s. zum Beispiel Abb. 4.35.

Aufbauend auf dem Prinzip des A-Bilds wurden für die medizinische Diagnostik verschiedene zweidimensionale Bildverfahren entwickelt, s. Abb. 4.22. Beim B-Bild (von „Brightness-Modulation") wird das Echo einer Grenzfläche nicht als Amplitudenzacke, sondern als Helligkeitswert dargestellt. Durch Aneinanderreihung der von verschiedenen x-Positionen gewonnenen Schallechos auf dem Bildschirm entsteht ein zweidimensionales Schnittbild. Anstatt den Schallkopf parallel längs der x-Achse zu verschieben, bleibt er bei dem Sektorscan-Verfahren an Ort und Stelle und wird geschwenkt. Der Schallstrahl überstreicht dann ein sektorförmiges Gebiet (S in Abb. 4.22a). Dieses Verfahren ist besonders in der Kardiologie von Bedeutung, weil es einen Blick durch ein schmales Fenster zwischen den Rippen gestattet. Das M-Bild („Motion-Bild") liefert keine konventionelle Abbildung

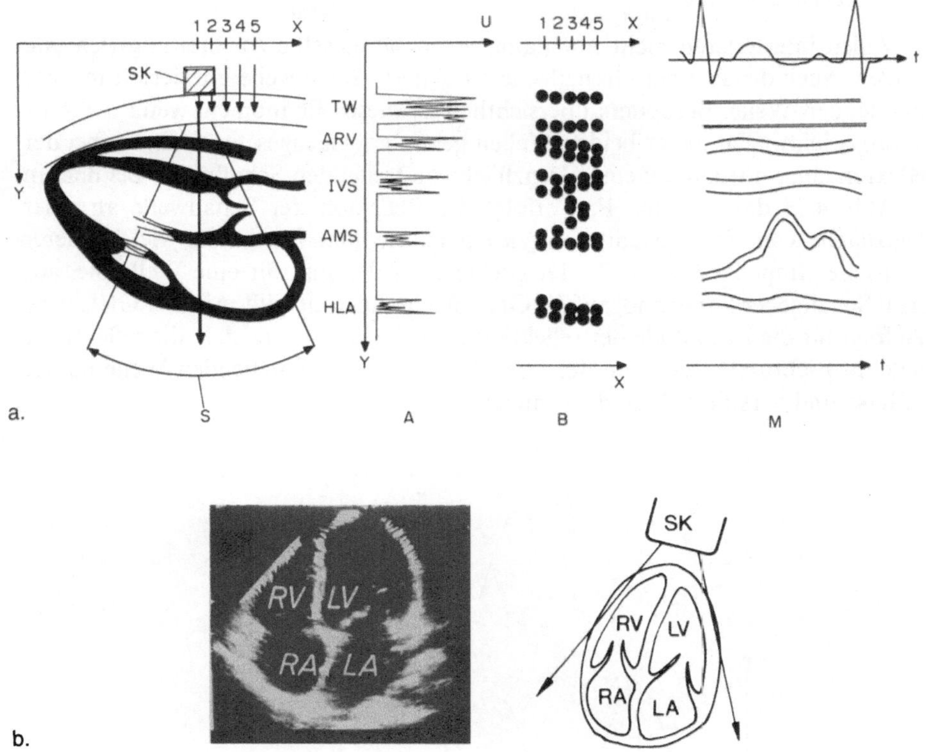

Abb. 4.22. a A-Bild, B-Bild und M-Bild bei der Durchschallung des Herzens. Links sind Struktur und Lage des Herzens hinter der Thoraxwand *TW* dargestellt. *SK* ist der Schallkopf, er emittiert kurze Schallimpulse, deren Echos in Spannungsimpulse umgewandelt werden. Das A-Bild entsteht, wenn man diese Spannungsimpulse am Bildschirm eines Oszilloskops darstellt (*ARV* = Vorderwand des rechten Ventrikels, *IVS* = interventrikuläres Septum, *AMS* = anteriores Mitralsegel, *HLA* = Hinterwand des linken Vorhofs). Das B-Bild entsteht durch Verschieben des Schallkopfs in x-Richtung und Registrierung der positionsabhängigen Schallechos in einem Bild unter Berücksichtigung der x-Koordinate. Eine Variante des B-Bilds ist das Sektorscan-Verfahren, bei dem das Schallbündel durch Schwenken des Schallkopfs (im Innern des Schallkopfgehäuses, s. Abb. 23.6) ein fächerförmiges Gebiet (*S*) überstreicht. Das M-Bild entsteht durch Aufzeichnung des zeitlichen Verlaufs der Echoorte bei fester x-Position. **b** Beispiel einer Vierkammer-Sektoraufnahme des Herzens. Apikal; der Schallkopf (= gleichzeitig Empfänger) befindet sich nahe der Herzspitze. *SK* = Schallkopf, *RV* = rechter Ventrikel, *LV* = linker Ventrikel, *RA* = rechter Vorhof, *LA* = linker Vorhof. Foto: Kretztechnik

sondern eine Aufzeichnung des zeitlichen Verlaufs der schallreflektierenden Strukturen entlang des Schallbündels.

Die obigen Ausdrücke für Transmission und Reflexion von Schall gelten für normales Auftreffen des Schalls auf die Grenzflächen. Im allgemeinen sind T und R auch noch vom Einfallswinkel des Schalls zur Grenzfläche abhängig. Dieser Fall ist nicht so sehr deshalb von Bedeutung, sondern v. a. wegen der hier entstehenden Transversalwellen, die wegen ihrer Scherwirkung für biologisches Gewebe von besonderer Schädlichkeit sind (s. z. B. A. R. Williams, 1983).

c) Stehende Wellen

Wellen interferieren nicht nur dann, wenn sie dieselbe Ausbreitungsrichtung besitzen. Auch die an einer Grenzfläche reflektierte Schallwelle interferiert mit der einlaufenden Welle. Besonders übersichtlich ist dieses Phänomen, wenn die Ausbreitungsrichtungen dieser beiden Wellen genau entgegengesetzt sind, wie bei der Reflexion einer normal auf eine Grenzfläche auftreffenden Schallwelle. Bei dem in der Abb. 4.23 dargestellten Fall erfolgt die Reflexion der Schallwelle an einer Grenzfläche von einem Medium *A* zu einem Medium *B* mit sehr viel kleinerer akustischer Impedanz: $Z_A \gg Z_B$. Dies wäre etwa der Fall für eine Welle die, aus einem Schallgeber kommend, auf die Grenzfläche zur Luft trifft. Aus der Gleichung 4.26 folgt für die Amplitude der reflektierten Welle: $a_R = -a_E$, d. h. die reflektierte Welle (in Richtung $-x$) ist an der Grenzfläche mit der einfallenden Welle immer in Phase und verstärkt diese dort immer.

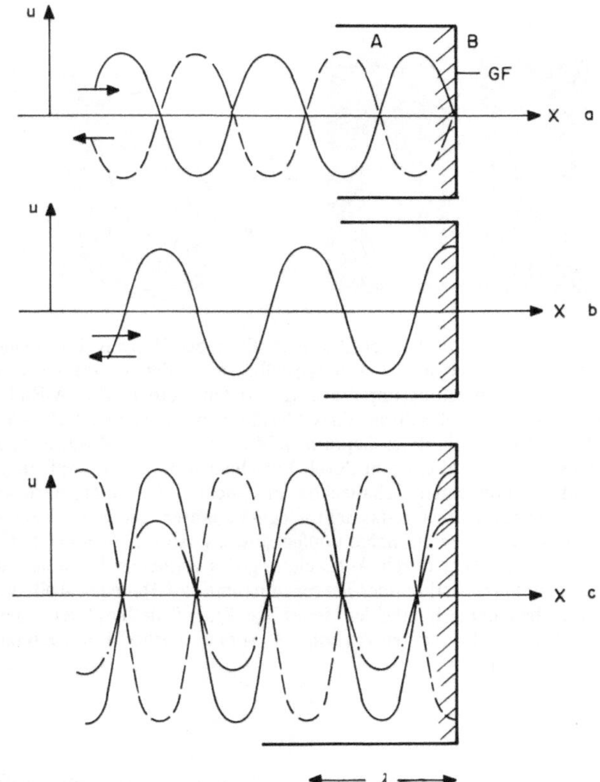

Abb. 4.23. 2 Momentaufnahmen der Reflexion einer Schallwelle im Medium *A* an der Grenzfläche *GF* zu einem Medium *B* mit sehr viel kleinerer akustischer Impedanz $Z_B \ll Z_A$. Die nach rechts gegen die Grenzfläche laufende Welle ist mit zusammenhängender Linie gezeichnet, die reflektierte, nach links laufende Welle ist im Teilbild **a** gestrichelt gezeichnet. Im Teilbild **b** sind hin- und rücklaufende Welle deckungsgleich. Die Summe aus hin- und rücklaufender Welle ist im Teilbild **c** dargestellt. Die durchgehende Linie gilt für den Fall *b*. Im Fall *a* löschen sich die beiden Wellen aus. Der im Teilbild **c** strichgepunktet dargestellte Verlauf ergibt sich zu einem zwischen a und *b* liegenden Zeitpunkt. Der gestrichelt dargestellte Verlauf tritt eine Zeitspanne $T/2$ nach dem Fall *a* auf

Das Bemerkenswerte an dieser Interferenzerscheinung ist die Tatsache, daß die Nulldurchgänge der resultierenden Welle ortsfest bleiben. Deshalb spricht man von einer stehenden Welle. In dem vorliegenden Fall befindet sich die Grenzfläche *GF* an der Stelle der Wellenberge und -täler der stehenden Welle, also dort, wo die Auslenkungen maximal sind. Auch bei Reflexion an einer Grenzfläche zu größerer akustischer Impedanz hin, tritt dieses Phänomen auf. Dann liegt die Grenzfläche *GF* am Ort der Nullstellen der stehenden Welle (weil an der Grenzfläche zur größeren akustischen Impedanz keine oder nur sehr kleine Auslenkungen auftreten können).

Stehende Wellen spielen eine große Rolle für die Erzeugung von Tönen mit Hilfe sogenannter Resonatoren. Wir haben in Beispiel 4.3 einen solchen Resonator schon kennengelernt. Dort haben wir die Frequenz, mit der er schwingt, etwas behelfsweise bestimmt. Wir können nun diesen Resonator als ein Gebilde ansehen, in welchem eine Schallwelle hin- und herläuft. Aus der Abb. 4.23 entnehmen wir, daß die Oberfläche dieses Resonators am Ort des Wellenbauchs der stehenden Welle liegen muß. Der kürzeste Resonator, der dies für $Z_A \gg Z_B$ für eine bestimmte Wellenlänge ermöglicht, hat die Länge

$$L = \lambda/2.$$

Daraus folgt für die Schwingungsfrequenz ν

$$\nu = v_s/\lambda = v_s/(2\cdot L) = \frac{1}{2\cdot L}\cdot\sqrt{\frac{E}{\rho}}.$$

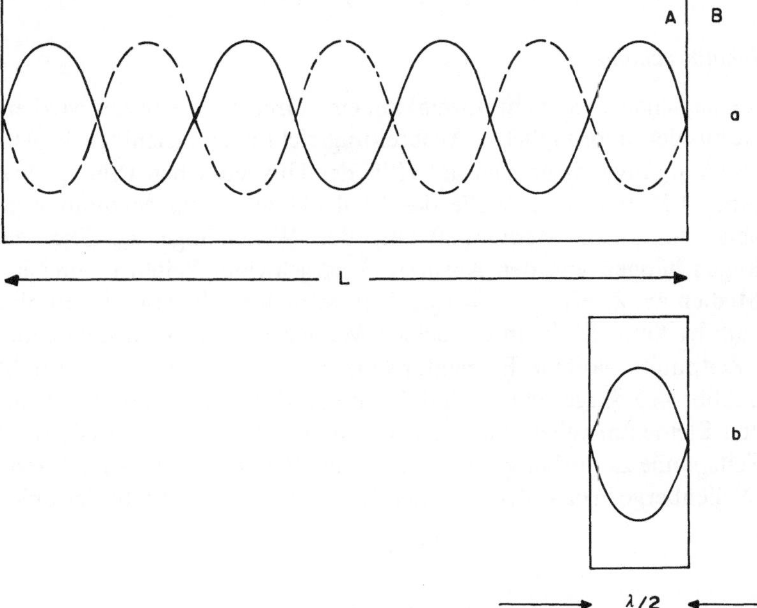

Abb. 4.24. Hin- und herlaufende Welle in einem Resonator der Länge L mit $Z_A \gg Z_B$; **a** allgemeiner Fall, **b** kleinstmögliche Länge des Resonators für die Wellenlänge λ

Ein Resonator—bzw. jeder Körper—kann nun neben dieser Schwingung niedrigster Frequenz, der sogenannten Grundschwingung, noch mit einer Reihe anderer Frequenzen schwingen. Wie die Abb. 4.24 lehrt, gibt es für einen Körper der Länge L auch Schwingungen, für welche L ein ganzzahliges Vielfaches der halben Wellenlänge der Grundschwingung beträgt. Für die Wellenlänge der Schwingung bedeutet dies $\lambda = L$, $\frac{2}{3}\cdot L$, $L/2$, $\frac{2}{5}\cdot L$ etc.; diese Schwingungen heißen Oberschwingungen.

Schwebung. Überlagert man zwei Wellen $p_1(t)$ und $p_2(t)$ mit unterschiedlichen Frequenzen ν_1 und ν_2, tritt sogenannte Schwebung auf. Es entsteht eine Summenwelle $p(t)$, die gewissermaßen zwei Frequenzen besitzt: 1. schwingt diese Welle mit einer Frequenz ν, die gleich dem arithmetischen Mittel der Frequenzen der Einzelwellen ist und 2. ist die Amplitude B dieser Summenwelle nicht konstant, sondern verändert sich mit der Kreisfrequenz $(\omega_1 - \omega_2)/2$. Dies läßt sich leicht mit Hilfe der trigonometrischen Summensätze zeigen, wobei wir hier der Einfachheit halber annehmen, daß die beiden Wellen—hier als Druckwellen geschrieben—gleich große Amplituden b haben sollen:

$$\begin{aligned} p(t) &= p_1(t) + p_2(t) = b\cdot\cos(\omega_1\cdot t) + b\cdot\cos(\omega_2\cdot t) \\ &= 2\cdot b\cdot\cos((\omega_1 - \omega_2)\cdot t/2)\cdot\cos((\omega_1 + \omega_2)\cdot t/2) \\ &= B(t)\cdot\cos\left(\frac{\omega_1 + \omega_2}{2}\cdot t\right) \end{aligned}$$

mit

$$B(t) = 2\cdot b\cdot\cos\left(\frac{\omega_1 - \omega_2}{2}\cdot t\right).$$

d) Schallbrechung

Trifft eine Schallwelle nicht normal auf eine Grenzfläche zweier Medien A und B, wird sie aus der ursprünglichen Ausbreitungsrichtung abgelenkt, d. h. gebrochen. Auch diese Vorgänge lassen sich mit Hilfe des Huygensschen Prinzips verstehen. In der Abb. 4.25 trifft eine Welle der Wellenlänge λ_A im Medium A auf eine Grenzfläche zu einem Medium B mit der Wellenlänge λ_B. Die jeweiligen Wellenlängen hängen von den Ausbreitungsgeschwindigkeiten v_A und v_B in den beiden Medien ab; $\lambda_A = v_A/\nu$, $\lambda_B = v_B/\nu$. Wir betrachten die von vier Punkten 1, 2, 3 und 4 an der Grenzfläche in die beiden Medien auslaufenden Elementarwellen. Zu dem Zeitpunkt, wo eine Elementarwelle in Punkt 4 startet—dieser Moment ist in der Abb. 4.25 dargestellt—, sind die in den Punkten 1, 2, und 3 schon früher gestarteten Elementarwellen entsprechend weiter. Z. B. ist die Welle in Punkt 1 um die Zeitspanne Δt vorher gestartet. Die Einhüllende dieser elementaren Wellen gibt die Wellenberge in den Medien A und B. Aus der Abb. 4.25 läßt sich ablesen:

$$b\cdot\sin\alpha_B = v_B\cdot\Delta t$$

und

$$b\cdot\sin\alpha_A = v_A\cdot\Delta t,$$

woraus durch Dividieren der jeweils oberen Gleichungsseite durch die untere das

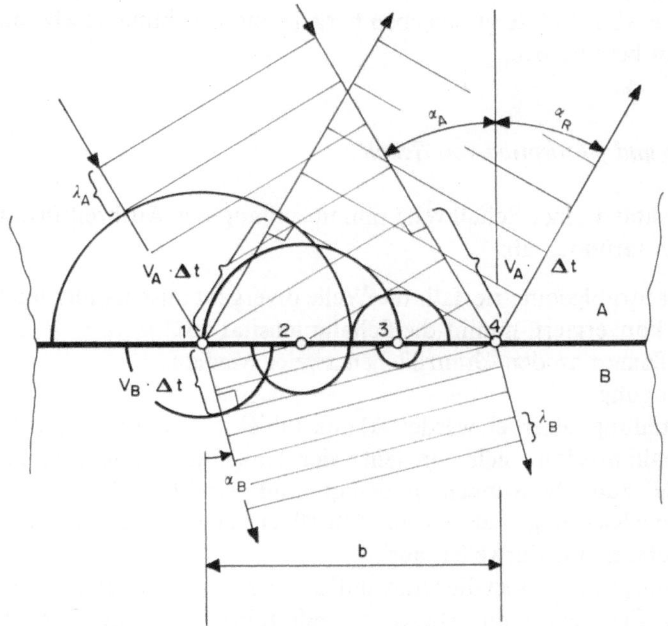

Abb. 4.25. Schallbrechung und Schallreflexion nach dem Huygensschen Prinzip. α_A ist der Einfallswinkel, α_B ist der Brechungswinkel und α_R ist der Reflexionswinkel

Brechungsgesetz folgt:

$$\sin \alpha_B / \sin \alpha_A = v_B / v_A.$$

Die Sinusse von Einfallswinkel und Brechungswinkel verhalten sich wie die Ausbreitungsgeschwindigkeiten in den betreffenden Medien.

Analog findet man das Reflexionsgesetz

$$\alpha_R = \alpha_A.$$

Zur Beschreibung der Schallausbreitung ist der Begriff des *Schallstrahls* nützlich.

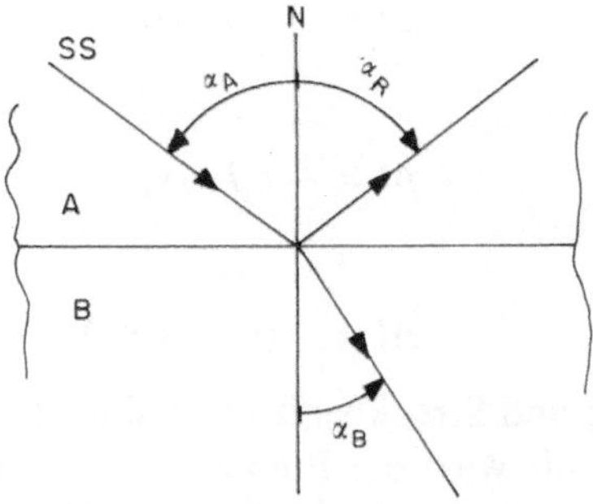

Abb. 4.26. Brechung und Reflexion eines Schallstrahls *SS* an der Grenze zweier Stoffe A und B. Die Winkelbezeichnungen haben dieselbe Bedeutung wie in der Abb. 4.25

Darunter versteht man jene Linien, längs welcher sich die Schallwelle ausbreitet. Schallstrahlen sind also immer normal zu den betreffenden Wellenflächen orientiert. Die Abb. 4.26 zeigt das eben hergeleitete Brechungsgesetz mit Hilfe der Schallstrahlen beschrieben.

4.4 Streuung und Absorption von Schall

Die Intensität I einer Schallwelle nimmt entlang der Ausbreitungsstrecke aus verschiedenen Gründen ab:

1. Wegen der Strahlgeometrie, falls die Welle divergent auseinander läuft (im Falle die Welle konvergiert, nimmt die Schallintensität zu).
2. Durch Reflexion an den Grenzflächen zweier Medien.
3. Durch Beugung.
4. Durch Streuung. Hierbei werden kleine Objekte und räumliche Strukturen, deren Schallimpedanz sich von jener der Umgebung unterscheidet, von der Schallwelle zum Schwingen angeregt und strahlen ihrerseits Schall in verschiedene Richtungen ab (von der Oberfläche einer Zelle gehen beispielsweise Huygenssche Elementarwellen aus).
5. Durch Absorption. Das ist die Umwandlung der Schwingungsenergie des Schalls in andere Energieformen. Dieser Prozeß führt u. U. auch zu bleibenden Veränderungen im schallabsorbierenden Medium.
6. Konversion der Wellenform. Hierbei handelt es sich um die Umwandlung einer Wellenart, beispielsweise einer Longitudinalwelle in eine andere, beispielsweise eine Transversalwelle. Dadurch wird der ersteren Welle zwar Energie entzogen, insgesamt jedoch bleibt die Schallenergie dadurch unverändert. Dieser bei Reflexion an Grenzflächen in allen festen und zähen Stoffen vorkommende Prozeß ist in der Medizin deshalb von Bedeutung, weil Schall-Transversalwellen für das durchschallte Gewebe von besonderer Schädlichkeit sind.

Die Intensitätsabnahme ist bei allen diesen Prozessen umso größer, je größer die jeweils vorliegende Intensität I im Schallbündel ist. Im folgenden beschränken wir uns auf Intensitätsverluste durch Streuung und Absorption. Diese Verluste sind in homogenen Stoffen proportional zu der vom Schall durchlaufenen Strecke Δx; somit ist die Abnahme der Schallintensität durch Streuung

$$\Delta I = -\sigma \cdot I \cdot \Delta x,$$

durch Absorption

$$\Delta I = -\tau \cdot I \cdot \Delta x,$$

insgesamt also

$$\Delta I = -(\tau + \sigma) \cdot I \cdot \Delta x.$$

Absorptionskoeffizient τ und Streukoeffizient σ sind stoffspezifisch; ihre Einheiten sind $[\tau] = [\sigma] = 1\,\mathrm{m}^{-1}$; oft wird die Einheit $1\,\mathrm{cm}^{-1}$ benutzt. τ ist ein Maß für die Größe der Schallabsorption, σ ein Maß für die Größe der Schallstreuung. Das

Minuszeichen berücksichtigt die Tatsache, daß die Intensität abnimmt. Da die Intensität sich längs der x-Koordinate verändert, gelten die obigen Zusammenhänge streng nur für sehr kurze Strecken Δx bzw. für differentielle Strecken dx:

$$dI = -(\tau + \sigma) \cdot I \cdot dx.$$

Diese Gleichung läßt sich integrieren, s. Kapitel 1.5:

$$I(x) = I(0) \cdot \exp(-(\tau + \sigma) \cdot x).$$

Dieses Gesetz beschreibt die Abschwächung der Schallintensität längs der Ausbreitungsstrecke x. Der Koeffizient $(\tau + \sigma)$ heißt Abschwächungs- oder Extinktionskoeffizient.

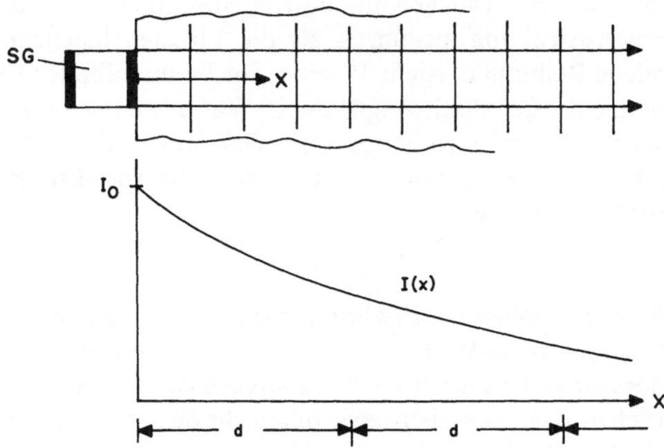

Abb. 4.27. Exponentialgesetz für den Verlauf der Schallintensität I bei Streuung und Absorption. SG = Schallgeber. Nach jeweils einer Halbwertsstrecke d hat sich die Schallintensität I halbiert

Zwischen Streuung und Absorption besteht ein erheblicher Unterschied. Der absorbierte Schall verschwindet als solcher, seine Energie findet sich in anderer Form wieder. Der gestreute Schall hingegen hat bloß seine Ausbreitungsrichtung geändert—abgesehen von dem Anteil, der in die ursprüngliche Richtung gestreut wurde. Da die gestreuten Schallwellen an Strukturen des durchschallten Stoffs entstehen, spiegeln sie auch dessen strukturelle Eigenschaften wider. Beispielsweise zeigt das hinsichtlich Schallimpedanz sehr homogene Fettgewebe deutlich weniger Schallstreuung als das heterogenere Muskelgewebe. Analog beruht die Unterscheidung der soliden von den zystischen Tumoren darauf, daß Ultraschall an dem flüssigen Inhalt von Zysten weit weniger gestreut wird und diese daher leichter durchdringt als solide Tumore. Auch die Art der räumlichen Verteilung der streuenden Strukturen spiegelt sich im gestreuten Schall wider. Haben beispielsweise die Zellen eines Gewebes eine sehr regelmäßige Anordnung, kommt es zu Beugungserscheinungen ähnlich wie bei einem Gitter. Auf dieser Basis gibt es Ansätze zur Diagnostizierung von Gewebeschäden und Gewebeentartungen.

Einige Werte für Extinktionskoeffizienten $\tau + \sigma$ und Absorptionskoeffizienten τ bei der Frequenz $\nu = 1$ MHz sind in der Tabelle 4.5 angegeben. Die wenigen bisher publizierten Werte unterliegen starken Abweichungen untereinander. Sie sind im einzelnen vom Entnahmeort, von der Gewebetemperatur und der Durchblutung abhängig und zeigen darüberhinaus auch starke interindividuelle Abweichungen.

a) Wärmewirkung

Diese beruht darauf, daß die geordnete Bewegung der Schallwelle in ungeordnete Bewegung (= Wärme) der Teilchen des durchschallten Stoffs umgewandelt wird. Beispielsweise dadurch, daß die Stoffteilchen aufgrund unterschiedlicher Bindungskräfte und Massen nicht phasengleich mit der Welle schwingen, sondern sozusagen außer Tritt kommen, so daß ungeordnete Wärmebewegung entsteht. Ähnliches passiert, wenn suspendierte Teilchen mit anderer Massendichte als der der Flüssigkeit eine andere Auslenkung ausführen als die Flüssigkeitsteilchen. Durch die hiermit verbundene Reibung entsteht Wärme. Solche und ähnliche Vorgänge, bei welchen die Energie der Schallschwingungen in Wärmeenergie umgewandelt wird, heißen thermische Relaxationsvorgänge. Die Wirksamkeit dieser Prozesse nimmt mit steigender Frequenz zu, entsprechend ist der Absorptionskoeffizient τ etwa proportional zur Schallfrequenz ν:

$$\tau \propto \nu .$$

Die meisten Gewebe erhöhen bei Erwärmung die Durchblutung. Darin dürfte die wesentlichste therapeutische Wirkung zu finden sein. Die Erwärmung des durchschallten Gewebes längs der Durchschallungsstrecke ist sehr unterschiedlich. Sie ist zunächst natürlich in jenen Geweben am größten, die den größten Absorptionskoeffizienten besitzen. Innerhalb einer Gewebsart andererseits erfolgt die stärkste Erwärmung dort, wo die meiste Schallenergie absorbiert wird, nämlich an der Eintrittstelle des Schalls in das Gewebe, s. Abb. 4.28.

Der Erfolg der Ultraschalltherapie bei Gelenkserkrankungen ist vermutlich auf die stärkere Erwärmung von Knochen wegen deren größeren Absorptionskoeffizienten zurückzuführen. Außerdem führt die relativ starke Schallreflexion an der Grenzfläche zwischen Knochen und benachbartem Muskelgewebe dazu, daß letzteres

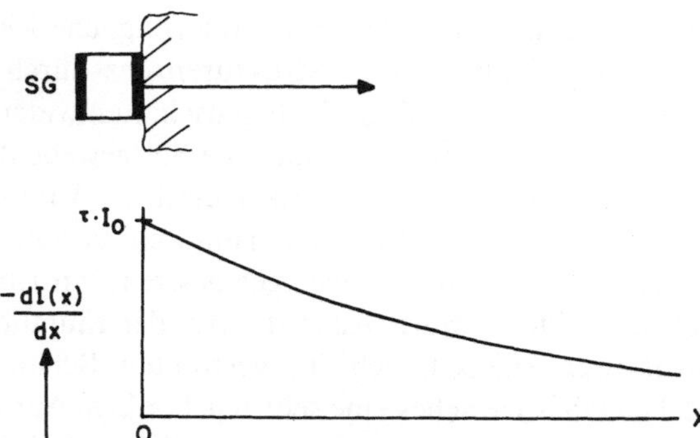

Abb. 4.28. Die vom Gewebe aufgenommene Energiestromdichte ist gleich der Abnahme $-dI/dx$ der Energiestromdichte I der Schallwelle. $-dI/dx$ ist eine mit x abnehmende Exponentialfunktion mit gleicher Halbwertsstrecke wie $I(x)$. SG = Schallgeber

stärker erwärmt wird, als vom Knochen weiter entfernte Gewebebereiche. Auf die Tatsache, daß die Erwärmung an der Eintrittstelle am größten ist, ist wahrscheinlich der bei Überdosierung von Ultraschallenergie auftretende Periostschmerz zurückzuführen. Die erwähnten Schallreflexionen haben aber auch zur Folge, daß die eingestrahlte Ultraschallenergie kaum zuverlässig dosierbar ist. Dies ist mit ein Grund dafür, daß die Bedeutung der Ultraschalltherapie in den letzten Jahren zurückgegangen ist.

Beispiel 4.25 und Aufgabe 4.16 geben eine Abschätzung der auftretenden Gewebeerwärmung. Die vom Schall hervorgerufene Erwärmung wird durch Wärmeleitung und Wärmekonvektion durch die Durchblutung an die Umgebung abgeführt. Als therapeutisch wirksam werden Gewebetemperaturen ab 40 °C angesehen; ab 45 °C muß mit unerwünschten Schädigungen gerechnet werden. Die in der Ultraschall-Physiotherapie benutzten Schallintensitäten liegen bei 3 bis 4 $W \cdot cm^{-2}$. Die Anwendung erfolgt weitgehend auf empirischer Basis. Die Dosierung wird in der Regel so gewählt, daß der Patient eine „angenehme Wärme" spürt. Bei Prickeln oder Schmerz wird die Schallintensität reduziert. Voraussetzungen für diese Vorgangsweise sind normales Empfindungsvermögen und Bewußtsein des Patienten.

Gewebeschäden aufgrund von Wärmewirkungen lassen sich histologisch nachweisen, wenn auch die beobachtbaren Veränderungen in der Gewebemorphologie je nach Gewebeart recht unterschiedlich ausfallen. Die Abb. 4.29 gibt einen Überblick über jene kleinsten Schallintensitäten bzw. zugehörigen Beschallungsdauern, welche bereits histologisch nachweisbare Schädigungen erzeugen.

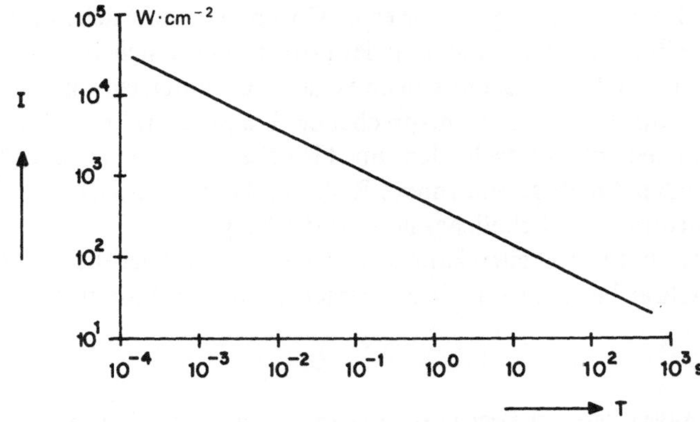

Abb. 4.29. Ungefährer Verlauf der Intensitätsschwelle für histologisch nachweisbare Schädigungen von Säugergeweben mit normalem Stoffwechsel in Abhängigkeit von der Beschallungsdauer T (nach A. R. Williams, 1983)

Bradytrophe Gewebe wie Hornhaut, Augenlinse oder Knorpel sind durch die Wärmewirkung allerdings stärker gefährdet, weil wegen des geringen Stoffwechsels ein Abtransport der entstandenen Wärme durch Konvektion ausbleibt.

b) Mechanische Wirkung

Von mechanischen Wellen sind in erster Linie auch mechanische Wirkungen zu erwarten. Schon 1878 haben Schmitt und Uhlemeyer darauf hingewiesen, daß die mechanische Zerstörung von Zellen bei hohen Ultraschallintensitäten durch den Vorgang der Kavitation erfolgt. Für die mechanischen Wirkungen auf die durchschallten Strukturen ist deren Abmessung im Vergleich zur Wellenlänge maßgebend. Objekte mit Abmessungen deutlich kleiner als die Schallwellenlänge schwingen lediglich um ihre Ruhelage, weil alle Objektteile in jedem Moment annähernd dieselbe Auslenkung u erfahren; größere Objekte hingegen erfahren periodische Dehnungen und Stauchungen, s. Abb. 4.7. Die durch die Auslenkungen u hervorgerufenen Beschleunigungen erhalten wir als Differentialquotient von Schallschnelle durch Zeit aus Gleichung 4.10:

$$-a\cdot\omega^2\cdot\cos(\omega\cdot t-k\cdot x).$$

Die Beschleunigungsamplitude ist also gleich $a\cdot\omega^2$. Die Dehnungsamplitude ist nach Gleichung 4.14 gleich $a\cdot k$. Unter Berücksichtigung der Schallintensität I nach Gleichung 4.17 erhält man für die Dehnungsamplitude $a\cdot k$, die Druckamplitude $E\cdot a\cdot k$ und die Beschleunigungsamplitude $a\cdot\omega^2$ die in der Tabelle 4.3 angegebenen Ausdrücke bzw. Werte.

Wie man sieht, sind bei den in Diagnose und Therapie gewöhnlich angewandten Schallintensitäten (Ausnahmen: Phakoemulsifikation, Ultraschallskalpell und Stoßwellenlithotripsie) die auftretenden Dehnungen und Stauchungen sehr klein. Brüche sind hierbei weder an Zellorganellen noch an Molekülen zu erwarten. Nur bei deutlich höheren Schallintensitäten jedoch werden auch solche Brüche zu erwarten sein. Bei den zumindest heute in der Medizin üblichen Schallfrequenzen von maximal etwa 100 MHz liegen vergleichsweise große Schallwellenlängen (einige 100 μm) vor. Dies hat zur Folge, daß, lange bevor es zu Chromosomenbrüchen kommen kann, die betroffene Zelle durch Schädigung der größeren Organellen zerstört wird.

Hingegen treten bereits bei niedrigen Schallintensitäten extrem große Beschleunigungswerte auf. Damit sind entsprechende Trägheitskräfte verbunden, die bei kleinsten Massedichteunterschieden im Gewebe zu unterschiedlichen Auslenkungsamplituden Anlaß geben. Innere Reibung, Wärmeentwicklung und entsprechende Absorption von Schallenergie sind die Folge.

Unterdruck in Flüssigkeiten kann je nach den in diesen gelösten oder suspendierten Stoffen schon bei relativ kleinen Werten zu dem Phänomen der Kavitation

Tabelle 4.3. a) Auslenkungs-, b) Dehnungs-, c) Beschleunigungs- und d) Schalldruckamplituden in Wasser bei einer Frequenz von 1 MHz für typische, in der Medizin gebräuchliche Schallintensitäten. Die bei der Stoßwellenlithotripsie benutzten Wellen bestehen praktisch nur aus einer Halbwelle. Deshalb sind die in der ersten Spalte angegebenen, für harmonische Wellen geltenden Ausdrücke, nicht anwendbar. (Die angegebene Druckamplitude stammt von einer experimentellen Messung)

Bei 1 MHz beträgt in H_2O	$I=10\,\mathrm{mW\cdot cm^{-2}}$ (Diagnose)	$I=3\,\mathrm{W\cdot cm^{-2}}$ (Therapie)	Lithotripter-Stoßwelle
a) $a=\sqrt{2\cdot I/Z}/\omega$	$2\cdot10^{-6}$ mm	$3{,}5\cdot10^{-5}$ mm	
b) $a\cdot k=\sqrt{2\cdot I\cdot Z}/E$	$8{,}4\cdot10^{-6}$	$14{,}7\cdot10^{-5}$	
c) $a\cdot\omega^2=\omega\cdot\sqrt{2\cdot I/Z}$	$2\cdot10^{3}\,\mathrm{m\cdot s^{-2}}$	$3{,}5\cdot10^{4}\,\mathrm{m\cdot s^{-2}}$	
d) $E\cdot a\cdot k=\sqrt{2\cdot I\cdot Z}$	$2\cdot10^{4}$ Pa	$3{,}5\cdot10^{5}$ Pa	40 MPa (!)

führen. Hierbei treten schlagartig kleine Hohlräume (Kavernen) auf, die mit dem Dampf der Flüssigkeit und/oder mit in der Flüssigkeit gelösten Gasen gefüllt sind. Solche Kavitationsbläschen entstehen bevorzugt an Grenzflächen der Flüssigkeit zu Körpern, die die Flüssigkeit begrenzen oder in der Flüssigkeit suspendiert sind. Sie können mit dem wechselnden Schalldruck oszillieren, d. h. ihre Größe periodisch verändern oder auch während der positiven Halbwelle wieder kollabieren. Dabei konzentriert sich die Oberflächenenergie (s. Kapitel 5.2) auf kleinste Volumina. Es treten extrem hohe Temperaturen und Stoßwellen auf, die zu Chromosomenbrüchen, zur Zerstörung von Zellorganellen und Zellmembranen, sowie zur Entstehung von chemischen Radikalen führen können. Die Folgen für das betroffene Gewebe sind neben den mechanischen Zerstörungen durchaus ähnlich jenen ionisierender Strahlung. Dieses Phänomen ist äußerst komplex und bei weitem noch nicht in allen Einzelheiten erforscht und verstanden. Selbst die Anwendung der in der gewöhnlichen Therapie üblichen Schallintensitäten von nur einigen $W \cdot cm^{-2}$—verschiedene Autoren haben Kavitationserscheinungen auch bei diesen Ultraschallintensitäten beobachtet—sollte jedenfalls mit besonderer Vorsicht erfolgen.

c) Dosimetrie. Belastung des Körpers durch Ultraschallstrahlung

Ziele der Dosimetrie sind einerseits die Messung der im Gewebe absorbierten Strahlungsenergie und andererseits die Ermittlung der hervorgerufenen biologischen Effekte. Da die biologischen Effekte grundsätzlich von der auf die Gewebemasse bezogenen absorbierten Energie abhängig sein müssen, bildet diese Größe—Energiedosis genannt—eine Grundgröße jeder Dosimetrie, s. z. B. Kapitel 22.1.

Während jedoch die Messung der Intensität eines Ultraschall-Bündels beispielsweise über die in einem absorbierenden Stoff erzeugte Wärme, über den Strahlungsdruck oder piezoelektrisch relativ problemlos ist, bereiten Energiedosis-Messungen bei Ultraschall erhebliche Schwierigkeiten. Einer der wichtigsten Gründe hierfür ist die Reaktion des Gewebes auf die Bestrahlung. Das Gewebe verändert nämlich seine Eigenschaften, beispielsweise die Wärmeleitfähigkeit aufgrund der durch die Bestrahlung veränderten Durchblutung. Dabei zeigen Größe und Zeitkonstanten dieser Reaktionen nicht nur große intra- und interindividuelle Streuung, sondern sind noch von weiteren Faktoren wie der Luftfeuchtigkeit, der Umgebungstemperatur und den Kreislaufparametern des Patienten abhängig. Dies hat zur Folge, daß zur Dosierung der Ultraschallenergie vielfach die (Wärme-)Empfindung des Patienten zu Hilfe genommen wird.

Es gibt Richtwerte, die angeben, in welchen Bereichen bisher keine nachteiligen Effekte durch Ultraschall nachweisbar sind. Beispielsweise stellt das „American Institute of Ultrasound in Medicine" fest, daß im niedrigen Megahertzbereich bei Schallintensitäten bis maximal $100\,mW \cdot cm^{-2}$ in Säugergeweben keinerlei biologische Effekte nachweisbar sind (nach J. P. Woodcock, 1979). Dies gilt auch für eine etwaige kumulative Wirkung, weil in diesen Bereichen die absorbierte Energie im wesentlichen als Wärme wirksam wird. Eine auf Kumulation von Schäden beruhende kumulative Strahlungsdosimetrie, wie im Falle ionisierender Strahlung, scheint daher zumindest so lange nicht erforderlich, solange bei Beschallung die bekannten Richtwerte nicht überschritten werden.

d) Schallstrahlungsdruck

Dies ist ein zur Messung von Schallintensitäten wichtiges Phänomen. Wir können diese Erscheinung mit Hilfe der Bernoulli-Gleichung (Kapitel 5.3) verstehen. In der Abb. 4.30 ist ein Schallgeber angedeutet, der eine Schallwelle aus der Flüssigkeit auf die freie Oberfläche hin abstrahlt.

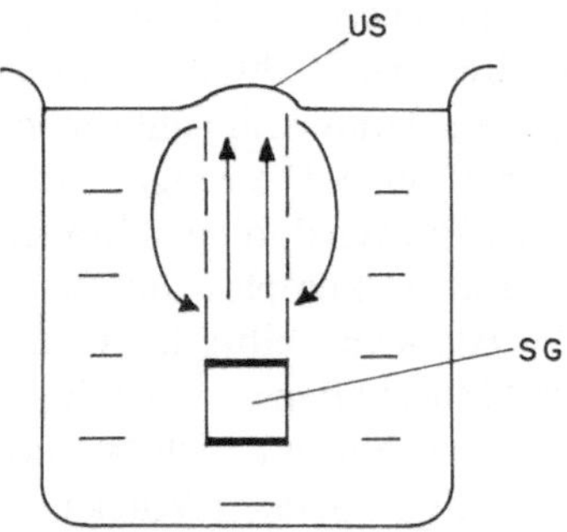

Abb. 4.30. Ultraschallsprudel *US* aufgrund des Schallstrahlungsdrucks p_s. Die Pfeile deuten die hervorgerufene Strömung an. *SG* = Schallgeber

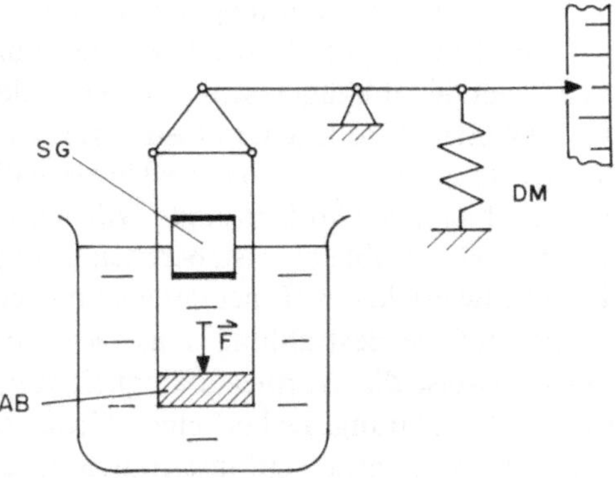

Abb. 4.31. Prinzip eines Schallintensitätsmeßgeräts auf Basis des Schallstrahlungsdrucks. *AB* ist ein möglichst perfekter Schallabsorber, beispielsweise aus Gummi, mit der Oberfläche *A*. *SG* = Schallgeber, *DM* = Dynamometer

Die Flüssigkeitsmoleküle bewegen sich in Ausbreitungsrichtung des Schalls mit der Geschwindigkeitsamplitude $a \cdot \omega$ sinusförmig hin und her. Nach der Bernoulli-Gleichung ist der in Bewegungsrichtung der Flüssigkeitsteilchen wirksame Druck um $\rho \cdot (a \cdot \omega)^2/2$ größer als der seitlich an der Schallwellengrenze wirksame Schweredruck der Flüssigkeit. Dies ist der Schallstrahlungsdruck p_s, er ist gleich der Schwingungsenergiedichte E/V der Schallwelle (s. Abschnitt 4.2d):

$$p_s = \rho \cdot a^2 \cdot \omega^2/2 = I/v_s.$$

Durch diesen Druck wird die Flüssigkeit an der Oberfläche angehoben und fließt seitlich ab, was zu dem bekannten Ultraschallsprudel führt. Man kann diese Erscheinung auch zur schnellen Funktionskontrolle von Schallgebern benutzen. Mit sehr hohen Schallintensitäten kann man einen regelrechten Springbrunnen produzieren.

Der direkte Zusammenhang zwischen Schallintensität I und Schallstrahlungsdruck p_s nach der obigen Gleichung ermöglicht eine relativ einfache Schallintensitätsmessung unabhängig von der Schallfrequenz. Dies liegt daher auch vielen Schall-Intensitätsmeßgeräten zugrunde (Abb. 4.31).

Der im Schallwellenfeld vor dem Absorber herrschende Schallstrahlungsdruck p_s übt auf diesen eine Kraft $F = p_s \cdot A = I \cdot A / v_s$ aus; F ist also proportional zur Schallintensität I und kann, wie angedeutet, mittels eines Dynamometers gemessen werden.

4.5 Dopplereffekt bei Schall

Bei der Entdeckung des nach ihm benannten Phänomens ist Christian Doppler von der Beobachtung ausgegangen, daß „ein Schiff, welches den andringenden Wellen gerade entgegen steuert, in derselben Zeit eine größere Anzahl Wellenschläge erleidet, wie eines, das ruhet oder gar sich in Richtung der Wellen mit ihnen fortbeweget". Doppler versuchte mit Hilfe dieses Phänomens Beobachtungen „Über das farbige Licht der Doppelsterne und einiger anderer Gestirne des Himmels", wie seine Abhandlung benannt ist, die er 1842 der königlich böhmischen Gesellschaft der Wissenschaften vorlegte, zu verstehen. Der Dopplereffekt spielt allerdings im Schallbereich mindestens eine so große Rolle wie in der Optik. Das Phänomen selbst, nämlich die Tatsache, daß sich die Schallfrequenz verändert, wenn sich Schallquelle oder/und Empfänger bewegen, hat schon jeder beobachtet, der sich über den Tonhöhenwechsel im Alarmsignal eines vorbeifahrenden Einsatzfahrzeugs gewundert hat. Allerdings unterscheidet sich der Dopplereffekt bei Schall von demselben Phänomen bei Licht dadurch, daß die Schallausbreitung an einen den Schall leitenden Stoff gebunden ist. Das hat zur Folge, daß die Größe des Dopplereffekts bei Schall von der Relativbewegung von Quelle bzw. Empfänger bezüglich des Schalleiters abhängt, bei Licht jedoch ist der Dopplereffekt nur von der Relativgeschwindigkeit von Quelle zu Empfänger abhängig (s. Kapitel 25.1).

In der Medizin hat das Dopplerprinzip zu einer erheblichen Ausweitung des Einsatzes von Ultraschall geführt. Dies basiert im wesentlichen auf der Messung der Blutfließgeschwindigkeit für die Kreislaufdiagnostik und für die Kreislaufüberwachung (sog. Doppler-Monitoring). Ferner lassen sich aus Änderungen der Fließgeschwindigkeit an Stenosen oder Shunts mit Hilfe der Bernoulli–Gleichung Druckgradienten berechnen und damit Aussagen über deren hämodynamische Wirksamkeit gewinnen.

Bewegter Sender. Wir betrachten zunächst den Fall des bewegten Senders: In der Abb. 4.32 a ist Q eine Schallquelle, die sich mit der gleichförmigen Geschwindigkeit v_Q nach rechts bewegt. 1, 2 und 3 sind Positionen, in welchen Q jeweils die Wellenberge (1), (2) und (3) emittiert hat. Q befindet sich in dem in der Abbildung dargestellten Moment an der Position 4, der hier emittierte Wellenberg ist noch nicht sichtbar.

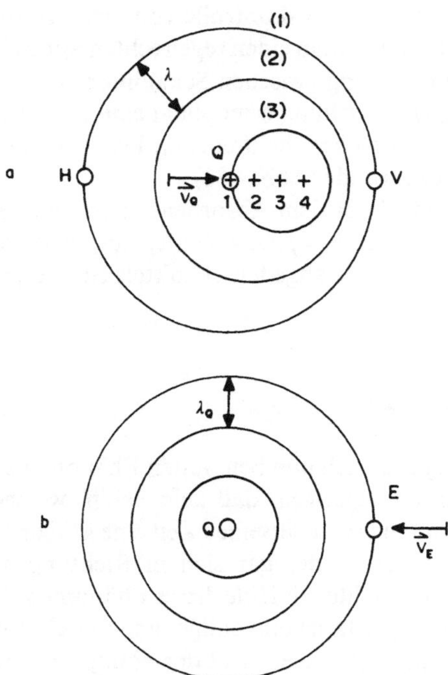

Abb. 4.32. Erläuterung des Dopplereffekts **a** bei sich bewegender Schallquelle Q. $\mathbf{v}_Q$ ist die Geschwindigkeit der Schallquelle. Die Wellenlänge λ hat je nach Ausbreitungsrichtung unterschiedliche Werte. Bei V ist $\lambda = \lambda_Q - v_Q \cdot T$, bei H ist $\lambda = \lambda_Q + v_Q \cdot T$; **b** bei bewegtem Empfänger (Geschwindigkeit $\mathbf{v}_E$)

Wie man sieht, sind hier die Abstände benachbarter Wellenberge, d. h. die Wellenlänge, abhängig von der Ausbreitungsrichtung des Schalls. An einem Empfänger V, der sich vor der bewegten Quelle Q befindet, kommen die Wellenberge in kürzeren Abständen an, als bei einem Empfänger H hinter Q. Die Abstände zweier Wellenberge ($=\lambda$) bei V sind nämlich um jene Strecke kürzer, um die Q sich während der Emission zweier Wellenberge auf V hin bewegt hat, nämlich um $v_Q \cdot T$, wobei T die Periodendauer der emittierten Schallwelle ist:

$$\lambda = \lambda_Q - v_Q \cdot T = \lambda_Q - v_Q \cdot \lambda_Q / v_s$$

λ_Q ist die Wellenlänge bei ruhender Schallquelle. V registriert also die folgende Schallfrequenz ν_V:

$$\nu_V = v_s/\lambda = \nu_0/(1 - v_Q/v_s)$$

und H:

$$\nu_H = v_s/\lambda = \nu_0/(1 + v_Q/v_s)$$

$\nu_0 = 1/T = v_s/\lambda_Q$ ist die Frequenz der Schallquelle. v_Q ist eine Geschwindigkeit in Richtung der Verbindungslinie von der Schallquelle Q zum Schallempfänger V. Falls die Wirkungslinie des Vektors $\mathbf{v}_Q$ senkrecht zu dieser Verbindungslinie orientiert ist, kommt es zu keinem Dopplereffekt, weil sich dann der Abstand von Q zum Schallempfänger nicht verändert. Es ist also bei einer beliebigen Bewegungsrichtung von Q nur die Geschwindigkeitskomponente in Richtung der Verbindungslinie von der Schallquelle zum Empfänger maßgeblich. Man beachte allerdings, daß sich auch bei geradliniger Bewegung von Q die Richtung dieser Verbindungslinie laufend verändert.

Die beim Einsatz von Ultraschall-Dopplermethoden in der Medizin relevanten Geschwindigkeiten v_Q liegen weit unterhalb der Schallgeschwindigkeit v_s. In diesem Fall lassen sich die Ausdrücke für die von den Empfängern bei V und H registrierten Frequenzen ν_E mathematisch mit Hilfe des binomischen Lehrsatzes umwandeln zu:

$$\nu_E = \nu_0 \cdot (1 \pm v_Q/v_s).$$

Das obere Vorzeichen gilt für V, das untere für H.

Bewegter Empfänger. Bei bewegtem Empfänger ist es einfacher, zuerst nach der registrierten Schallfrequenz zu fragen. In der Abb. 4.32b ist Q eine gegenüber dem schalleitenden Medium unbewegte Schallquelle, E ist ein Empfänger, der sich mit der Geschwindigkeit $\mathbf{v}_E$ auf die Schallquelle zu bewegt. Würde sich der Empfänger nicht bewegen, würde er in einer Zeitspanne Δt genau $\nu_0 \cdot \Delta t$ Wellenberge registrieren. Da er sich mit der Geschwindigkeit v_E auf die Schallquelle zu bewegt, registriert er in Δt zusätzlich $v_E \cdot \Delta t/\lambda_Q$ Wellenberge, insgesamt also innerhalb Δt: $\nu_0 \cdot \Delta t + v_E \cdot \Delta t/\lambda_Q$ Wellenberge. Die von E wahrgenommene Frequenz ν_E ist gleich dieser Anzahl, bezogen auf die Zeitspanne Δt und beträgt somit:

$$\nu_E = \nu_0 + v_E/\lambda_Q$$

bzw.

$$\nu_E = \nu_0 - v_E/\lambda_Q$$

falls sich E von Q weg bewegt. Auch hier kommt es nur auf die Geschwindigkeitskomponente bezüglich der Verbindungslinie von Q nach E an.

Zusammenfassung 4.B

I. Der Winkel für das erste Intensitätsminimum bei der Beugung von Schall der Wellenlänge λ an einer spaltförmigen Öffnung der Breite d ist durch

$$\sin\alpha = \lambda/d \tag{4.22}$$

oder

$$\alpha = \arcsin(\lambda/d) \tag{4.23}$$

gegeben. Ist die Wellenlänge λ im Vergleich zu d klein, ist näherungsweise

$$\alpha = \lambda/d \quad \text{bzw.} \quad 1{,}22 \cdot \lambda/D \tag{4.24}$$

bei kreisförmigen Öffnungen mit einem Durchmesser D.

Beidseitig zum Hauptbündel treten weitere gebeugte Wellen geringerer Intensität auf, sogenannte Nebenmaxima (s. Abb. 4.14) auf. In Spaltnähe tritt ein wesentlich komplexeres Beugungsbild auf, die sogenannte Fresnelsche Beugung.

Bei Beugung an einem Gitter gilt für den Winkel α_n der einzelnen gebeugten Wellen oder Beugungsordnungen (Ordnungszahl n):

$$\sin\alpha_n = n \cdot \lambda/t. \tag{4.25}$$

Schallreflexion tritt an Grenzflächen zwischen Medien mit unterschiedlichen akustischen Impedanzen Z_A und Z_B auf. Die Amplituden a_R der reflektierten Welle und a_T der transmittierten Welle sind:

$$a_R = a_E \cdot \frac{Z_B - Z_A}{Z_A + Z_B} \quad \text{und} \quad a_T = a_E \cdot \frac{2 \cdot Z_A}{Z_A + Z_B}. \tag{4.26}$$

Die zugehörigen Druckamplituden sind:

$$b_R = b_E \cdot \frac{Z_B - Z_A}{Z_A + Z_B} \quad \text{und} \quad b_T = b_E \cdot \frac{2 \cdot Z_B}{Z_A + Z_B}. \tag{4.27}$$

Für die Schallintensitäten ergeben sich die folgenden Transmissions- und Reflexionskoeffizienten T bzw. R:

$$T = \frac{I_T}{I_E} = \frac{4 \cdot Z_A \cdot Z_B}{(Z_A + Z_B)^2}, \qquad R = \frac{I_R}{I_E} = \left(\frac{Z_A - Z_B}{Z_A + Z_B}\right)^2. \tag{4.28}$$

Schallresonatoren sind Gebilde, in welchen durch eine hin- und herlaufende Welle eine stehende Schallwelle entsteht. Der kürzeste Resonator, der dies z. B. für $Z_A \gg Z_B$ (Abb. 4.24) ermöglicht, hat die Länge

$$L = \lambda/2. \tag{4.29}$$

Die Frequenz der Grundschwingung des Resonators ist

$$\nu_0 = v_s/\lambda = v_s/(2 \cdot L) = \frac{1}{2 \cdot L} \cdot \sqrt{E/\rho}. \tag{4.30}$$

Das ist die Frequenz der Grundschwingung. Oberschwingungen besitzen ein ganzzahliges Vielfaches der Frequenz der Grundschwingung.

Bei der Überlagerung von Wellen unterschiedlicher Frequenzen treten Schwebungen auf. Zwei Schallwellen mit (Druck-)Amplituden b und den Frequenzen ν_1 und ν_2 bilden eine neue (Druck-)Welle:

$$p(t) = B(t) \cdot \cos\left(\frac{\omega_1 + \omega_2}{2} \cdot t\right) \tag{4.31}$$

mit der Amplitude

$$B(t) = 2 \cdot b \cdot \cos\left(\frac{\omega_1 - \omega_2}{2} \cdot t\right). \tag{4.32}$$

Die Brechung von Schallwellen an der Grenzfläche zweier Medien A und B mit unterschiedlicher Schallgeschwindigkeit v_A und v_B erfolgt nach dem Brechungsgesetz:

$$\frac{\sin \alpha_A}{\sin \alpha_B} = \frac{v_A}{v_B}. \tag{4.33}$$

Tabelle 4.4. Akustische Impedanzen einiger Gewebearten (nach P. N. T. Wells, 1977)

Stoff	akustische Impedanz Z
Knochen	3,75 bis $7{,}38 \cdot 10^6$ $kg \cdot m^{-2} \cdot s^{-1}$
Muskel	1,65 bis $1{,}74 \cdot 10^6$
Leber	1,64 bis $1{,}68 \cdot 10^6$
Hirn	1,55 bis $1{,}66 \cdot 10^6$
Fett	$1{,}35 \cdot 10^6$
Blut	$1{,}62 \cdot 10^6$
Wasser	$1{,}52 \cdot 10^6$
Cornea	$1{,}54 \cdot 10^6$
Kammerwasser	$1{,}53 \cdot 10^6$
Augenlinse	$1{,}75 \cdot 10^6$
Glaskörper	$1{,}53 \cdot 10^6$
Sklera	$1{,}81 \cdot 10^6$
Lunge	$0{,}26 \cdot 10^6$
Luft	430

Tabelle 4.5 Extinktionskoeffizient $\tau + \sigma$ und Absorptionskoeffizient τ verschiedener menschlicher Gewebearten bei der Schallfrequenz $\nu = 1$ MHz. (nach P. N. T. Wells, 1977 und A. R. Williams, 1983)

	$\tau + \sigma$	τ
Wasser	0,0005 cm^{-1}	0,0005 cm^{-1}
Blut	0,03	
Leber	0,17	0,05
Hirn	0,18	0,06
Muskel	0,3	0,07
Fettgewebe	0,1	
Sehnen	0,8	0,22
Augenlinse	0,5	
Knochen, massiv	3	1
Lungengewebe	7	

Für die Schallreflexion gilt:

$$\alpha_R = \alpha_A \tag{4.34}$$

s. Abb. 4.26.

II. Die Intensität I einer Schallwelle nimmt entlang der Ausbreitungsstrecke ab durch die Strahlgeometrie, durch Reflexion, Beugung, Streuung, Absorption und durch Konversion der Wellenform.

$$I(x) = I(0) \cdot \exp(-(\tau + \sigma) \cdot x). \tag{4.35}$$

Die Einheiten von Absorptionskoeffizient τ und Streukoeffizient σ sind

$$[\tau] = [\sigma] = 1 \cdot \mathrm{m}^{-1};$$

$(\tau + \sigma)$ heißt Abschwächungs- oder Extinktionskoeffizient.

Der Absorptionskoeffizient τ ist etwa proportional zur Schallfrequenz ν:

$$\tau = \propto \nu \tag{4.36}$$

III. Die der Schallwelle entsprechenden Teilchenauslenkungen $u(x, t)$ haben einerseits von Ort zu Ort unterschiedliche Größe, was Dehnungen bzw. Stauchungen zur Folge hat; andererseits variiert $u(x, t)$ auch zeitlich, d. h. es treten Beschleunigungen und damit Trägheitskräfte auf. Dehnungen und Stauchungen bedeuten elastische Beanspruchungen des durchschallten Stoffs (Bruchgefahr und Kavitation). Die mit den Beschleunigungen verbundenen Trägheitskräfte haben zur Folge, daß sich dichtere Teilchen in fluiden Medien mit unterschiedlicher Geschwindigkeit (Schallschnelle) bewegen, was zu innerer Reibung (Erwärmung)

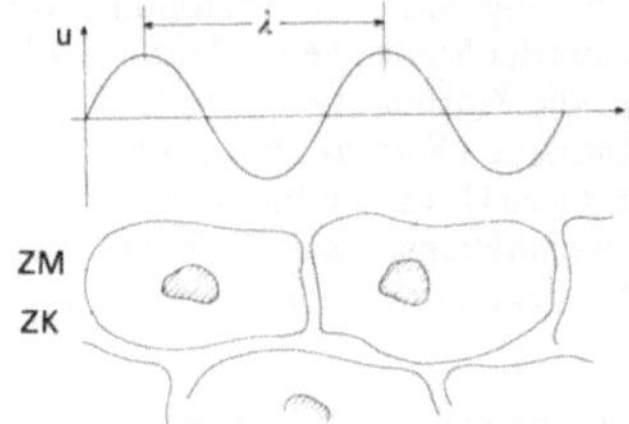

Abb. 4.33. Wellenlängenabhängige Beanspruchung von biologischen Zellen durch Schallwellen; Während der Zellkern (ZK) und kleinere Zellorganellen (Abmessungen $\ll \lambda$) hier hauptsächlich Beschleunigungen ausgesetzt sind, wird die Zellmembran gedehnt und gestaucht

Anlaß gibt. Die Größe der an Zellen auftretenden Verformungen und Beschleunigungen hängt auch von deren Größe im Vergleich zur Schallwellenlänge λ ab.

Nach Angaben des „American Institute of Ultrasound in Medicine" sind im niedrigen Megahertzbereich bei Schallintensitäten bis maximal $100\,\mathrm{mW \cdot cm^{-2}}$ in Säugergeweben keinerlei biologische Effekte nachweisbar. Eine absolute Grenze für die Schallintensität, unterhalb der Schall keinerlei schädliche Wirkungen entwickeln kann, ist nicht bekannt.

In einem Schallwellenfeld herrscht ein erhöhter Druck, der Schallstrahlungsdruck p_s:

$$p_s = \rho \cdot a^2 \cdot \omega^2/2 = I/v_s. \tag{4.37}$$

IV. Bei bewegter Schallquelle (Geschwindigkeit v_Q) und/oder bei bewegtem Schallempfänger (Geschwindigkeit v_E) unterscheidet sich die von dem Empfänger E registrierte Schallfrequenz ν_E von jener von der Quelle Q emittierten Schallfrequenz ν_Q. Die Differenz $\nu_E - \nu_Q$ wird als Dopplerfrequenz ν_D bezeichnet und beträgt für Geschwindigkeiten v_Q und $v_E \ll v_s$:

$$\nu_D = \pm \nu_Q \cdot v_Q/v_s. \quad \text{bzw.} \quad \nu_D = \pm \nu_Q \cdot v_E/v_s. \tag{4.38}$$

Das obere Vorzeichen gilt für Abstandsverkleinerung zwischen Q und E, das untere für Abstandsvergrößerung. v_Q bzw. v_E sind die Geschwindigkeitskomponenten von Q bzw. E in Richtung der Verbindungslinie $Q - E$.

Beispiel 4.12. Ein Schallgeber ($\nu = 1$ MHz) der Breite $d = 0{,}4$ cm erzeugt in Wasser ein Schallbündel. Die Breite b dieser Schallwelle nimmt entlang der Laufstrecke l zu (Abb. 4.14) und beträgt für $l = 4$ cm: $b = d + 2 \cdot l \cdot \sin\alpha = d + 2 \cdot l \cdot \lambda/d$. Die Wellenlänge λ beträgt: $\lambda = v_s/\nu = 1480\,\mathrm{m \cdot s^{-1}}/10^6\,\mathrm{s^{-1}} = 1{,}48$ mm. $b = 4 \cdot 10^{-3}\,\mathrm{m} + 2 \cdot 4 \cdot 10^{-2}\,\mathrm{m} \cdot 1{,}48 \cdot 10^{-3}\,\mathrm{m}/(4 \cdot 10^{-3}\,\mathrm{m}) = 4 \cdot 10^{-3}\,\mathrm{m} + 2{,}96 \cdot 10^{-2}\,\mathrm{m} = 3{,}36$ cm.

Beispiel 4.13. Verbesserung der Lokalisierung der Schallwelle durch fokussierenden Schallgeber. Auch hier tritt Beugung auf und bestimmt die Größe des Fokus.

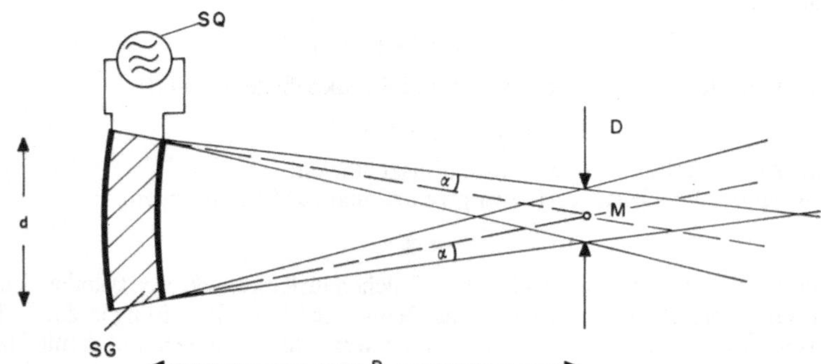

Abb. 4.34. Sphärischer fokussierender Schallgeber mit Krümmungsradius R. Die sphärischen Wellen konvergieren im Krümmungsmittelpunkt M des Schallgebers SG, SQ = Spannungsquelle. Durch Beugung entsteht ein Schallfokus mit Durchmesser $D = 2 \cdot R \cdot \lambda/d$

Beispiel 4.14. Ultraschall-Biometrie in der Ophthalmologie. Zur Dimensionierung der beispielsweise nach einer Katarakt-Operation zu implantierenden Kunststofflinse wird (u. a.) die genaue Länge des Augapfels benötigt. Diese Länge kann aus der Laufzeit eines Ultraschallimpulses bestimmt werden. Dies erfolgt mittels der A-Bild-Technik: An die Hornhautvorderseite des Auges wird ein piezoelektrischer Schallgeber angekoppelt, d. h. in mechanischen Kontakt mit der Hornhaut gebracht. Dieser Schallgeber produziert in Abständen von etwa 1 ms kurze Ultraschallimpulse, deren Echos erzeugen das Amplitudenbild oder kurz „A-Bild". Dieses stellt ein eindimensionales Tiefenbild des Auges dar, s. Abb. 4.35. Aus der Laufzeit der Schallechos lassen sich bei bekannter Schallgeschwindigkeit die zurückgelegten Strecken errechnen.

Beispiel 4.15. Wegen des Energieerhaltungssatzes muß immer

$$T + R = 1$$

gelten. Mit Hilfe der Gleichungen 4.28 kann man sich davon schnell überzeugen.

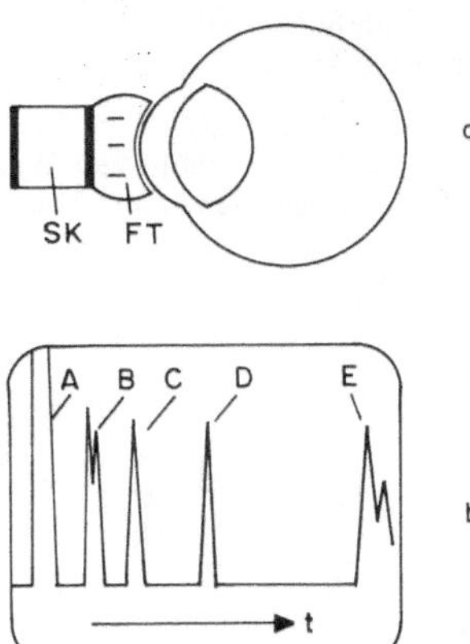

Abb. 4.35. A-Bild des Auges bei Ankopplung des Schallkopfs SK mittels eines (übertrieben groß dargestellten) Flüssigkeitstropfens FT an die Hornhaut (Teilbild **a**). Teilbild **b** zeigt das Bild auf dem Oszilloskopschirm; t ist die Zeitachse. Die einzelnen Amplitudenzacken auf dem Schirmbild haben folgende Bedeutung: A ist das sogenannte Initialecho von der Grenzfläche Schallgeber/Flüssigkeit, B ist das Doppelecho von der Hornhaut (Vorder- und Rückfläche), C und D sind die Echos von Vorder- und Rückfläche der Augenlinse. Das Echo E kommt von der Bulbusrückwand

Beispiel 4.16. Der Reflexionskoeffizient R der Schallintensität an der Grenzfläche Muskel ($Z = 1{,}7 \cdot 10^6$ $\mathrm{kg \cdot m^{-2} \cdot s^{-1}}$) zu Knochen ($Z = 6 \cdot 10^6\,\mathrm{kg \cdot m^{-2} \cdot s^{-1}}$) beträgt $R = (1{,}7 - 6)^2/(1{,}7 + 6)^2 = 31\%$. Entsprechend ist $T = 69\%$.

Beispiel 4.17. Würde der Schall vom Gehörgang direkt zum Innenohr geleitet, würde er am ovalen Fenster auf die Grenzfläche Luft/Gewebe treffen und weitgehend reflektiert werden, wir wären sozusagen schwerhörig. Dieses Problem wird vom Mittelohr dadurch gelöst, daß dort der Schall zunächst auf die dünne Membran des Trommelfells trifft. Diese dünne Membran schwingt weitgehend mit derselben Amplitude, wie die angrenzende Luft. Durch ein Hebelwerk, bestehend aus dem am Trommelfell befestigten Hammer, Amboß und Steigbügel wird diese Bewegung mit etwa um den Faktor 0,7 kleinerer Amplitude auf das Eintrittsfenster des Innenohrs übertragen. Dadurch vergrößert sich die übertragene Kraft (Hebelgesetz) etwa um den Faktor 1,3. Da dieses sogenannte ovale Fenster außerdem eine etwa um den Faktor 15 kleinere Fläche besitzt als das Trommelfell, kommt es an diesem Fenster zu einem insgesamt etwa um den Faktor 20 ($= 1{,}3 \cdot 15$) verstärkten Druck auf die Innenohrflüssigkeit. Die so zum Innenohr übertragene Schallintensität ist etwa um einen Faktor 400 größer, als ohne Mittelohr (weil die Schallintensität proportional zum Quadrat der Druckamplitude ist, s. Gleichung 4.14 und Gleichung 4.17).

Beispiel 4.18. Bei der Stimmbildung spielen Mundhöhle und Nasenhöhle die Rolle von Resonanzräumen, in welchen stehende Wellen unterschiedlicher Frequenzen auftreten. Diese Wellen werden weniger gedämpft als andere. Durch Veränderung von Volumen und Form der Mundhöhle können einzelne Töne aus dem Tongemisch, welches die von den Stimmbändern erzeugten Luftschwingungen darstellen, hervorgehoben und dadurch der Klang der Stimme verändert werden.

Beispiel 4.19. Das Endstück eines Stethoskops, welches direkt an den Körper angelegt wird, besteht aus einem glockenförmigen Hohlraum veränderlicher Größe. Dadurch ist es möglich, bestimmte Frequenzen in den Körpergeräuschen zu betonen. Das sind jene Frequenzen, für die dieser Hohlraum einen Resonator darstellt; diese werden vom Resonator besser weitergeleitet, die anderen Frequenzen werden stärker gedämpft.

Beispiel 4.20. Ein unter dem Einfallswinkel $\alpha_M = \pi/4$ ($= 45°$) vom Muskel ($v_s = 1590\,\mathrm{m \cdot s^{-1}}$) her auf die Grenzfläche zu Fettgewebe ($v_s = 1465\,\mathrm{m \cdot s^{-1}}$) auftreffendes Schallbündel tritt nach Gleichung 4.33 unter dem Winkel $\alpha_F = \arcsin(\sin(\pi/4) \cdot v_F / v_M) = \arcsin(0{,}6515) = 41°$ in das Fettgewebe ein.

Beispiel 4.21. Wenn der Brechungswinkel größer als $\pi/2$ wird, gibt es beim Übertritt von Schall von einem Medium mit kleinerer (v_A) in ein Medium mit größerer Schallgeschwindigkeit (v_B) keine gebrochene

Welle mehr; die auf die Grenzfläche einfallende Schallwelle wird vollständig reflektiert („Totalreflexion"). Der Einfallswinkel ab dem dies passiert, ist $\alpha_A = \arcsin(v_A/v_B)$.

Beispiel 4.22. Paraxiale Brennweite einer Schallinse, Abb. 4.36. Dies ist die Brennweite für achsnahe Schallstrahlen. Für solche Strahlen sind die zu berücksichtigenden Winkel so klein, daß man anstelle der Winkelfunktionen $\sin\alpha$ und $\tan\alpha$ den Winkel α benutzen kann, ohne allzu große Fehler zu machen. Das Brechungsgesetz (4.33) lautet dann: $\alpha_A/\alpha_B = v_A/v_B$.

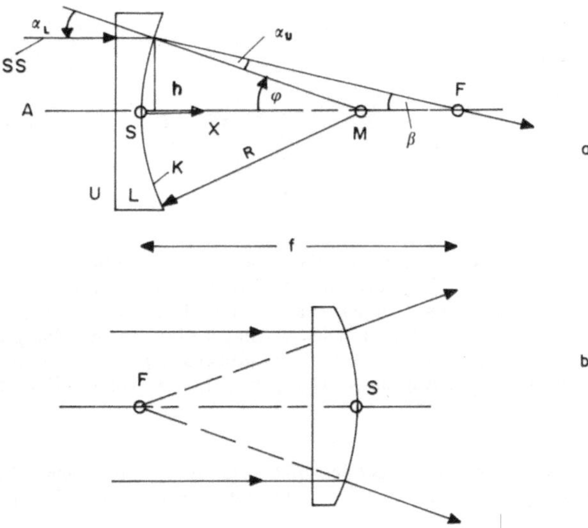

Abb. 4.36. **a** Plankonkave Schallinse L in einem Medium U. A ist die durch den Scheitelpunkt S und den Krümmungsmittelpunkt M der konkaven Kugelfläche K hindurchgehende Linsenachse. f ist die Linsenbrennweite, SS = Schallstrahl. **b** Plankonvexe Schallinse

Wir verfolgen den Verlauf eines im Abstand h parallel zur Linsenachse eintreffenden Schallstrahl SS. Da er an der Linsenvorderfläche normal auftrifft, erfolgt dort keine Brechung. Auf die konkave Fläche trifft dieser Strahl unter dem Winkel $\alpha_L(=\varphi)$. Das (paraxiale) Brechungsgesetz lautet mit den Winkelbezeichnungen der Abb. 4.36:

$$\alpha_L/\alpha_U = v_L/v_U$$

Die Linsenbrennweite f erhält man aus der folgenden rein geometrischen Betrachtung des Strahlverlaufs:

$$h/f \doteq \beta = \varphi - \alpha_U = \varphi - \varphi \cdot v_U/v_L \doteq \frac{h}{R}\cdot(1 - v_U/v_L) = \frac{h}{R}\cdot(v_L - v_U)/v_L$$

woraus

$$f = R\frac{v_L}{v_L - v_U}.$$

Wie man sieht, ist der Abstand f, unter dem paraxiale Strahlen die Linsenachse schneiden, von h unabhängig, also für alle achsparallelen Strahlen gleich groß. Alle diese Strahlen treffen also auf den Punkt F, den „Brennpunkt". f heißt „Brennweite". Ist die Schallgeschwindigkeit im Linsenmaterial v_L größer als die Schallgeschwindigkeit v_U in der Umgebung, dann liegt eine Sammellinse vor ($f > 0$). Dies ist der in der Abb. 4.36a angenommene Fall, beispielsweise bei einer Plexiglaslinse in Wasser. Ist hingegen die zweite Fläche konvex, dann liegt M links vom Koordinatenursprung in S und R wird negativ. In diesem Fall wird auch die Brennweite f negativ, F liegt nun vor der Linse. Diese Linse macht das eintreffende Schallbündel divergent (Abb. 4.36b). Dies ist beispielsweise der Fall bei der Augenlinse. Diese wirkt zwar auf Licht wie eine Sammellinse, auf Schall jedoch wirkt die Augenlinse als Zerstreuungslinse.

Beispiel 4.23. Halbwertsdistanz d von Schall. Nach der Strecke d ist $I = I_0/2 = I_0 \cdot \exp(-(\tau + \sigma) \cdot d) = I_0 \cdot \exp(\ln - 2)$, woraus $d = \ln 2/(\tau + \sigma)$.

Beispiel 4.24. Die Halbwertsdistanz d von Muskelgewebe beträgt für Ultraschall bei $\nu = 1$ MHz: $d = \ln 2/(0{,}3\,\mathrm{cm}^{-1}) = 23$ mm.

Beispiel 4.25. (Erfordert Kenntnisse aus der Wärmelehre.) Erwärmung von Lebergewebe innerhalb von 1 s bei einer Schallintensität von $I_0 = 1\,\mathrm{W \cdot cm^{-2}}$, $\nu = 1$ MHz.

Es ist (nach einer Eindringtiefe von $x = 1$ cm) $I = I_0 \cdot \exp(-\tau \cdot x) = I_0 \cdot \exp(-0{,}05\,\mathrm{cm}^{-1} \cdot 1\,\mathrm{cm}) = I_0 \cdot \exp(-0{,}05) = 0{,}95 \cdot I_0$.

Die von einer Gewebeschicht von 1 cm Dicke absorbierte Energiestromdichte beträgt $I_0 - 0{,}95 \cdot I_0 = 0{,}05 \cdot I_0 = 0{,}05\,\mathrm{W \cdot cm^{-2}}$. Innerhalb eines Strahlquerschnitts von 1 cm^2 befindet sich von dieser Schicht ein Anteil von 1 cm^3. Dieses Volumen absorbiert in 1 s die Energie von $\Delta E = 0{,}05\,\mathrm{W \cdot s}$.

Die Wärmekapazität von 1 cm^3 Lebergewebe ist etwa gleich der von 1 cm^3 Wasser, nämlich etwa $C = 4{,}2\,\mathrm{W \cdot s \cdot K^{-1}}$.

Innerhalb von 1 s steigt die Gewebetemperatur somit um etwa $\Delta T = \Delta E/C = 0{,}012$ °C und innerhalb 1 Minute um 0,7 °C.

Dies gilt streng nur, solange die vom Schall produzierte Wärme nicht durch die Durchblutung bzw. durch Wärmeleitung abtransportiert wird.

Beispiel 4.26. Phakoemulsifikation bei seniler Katarakt. Bei der Kataraktoperation wird die natürliche, trüb gewordene Augenlinse durch eine Kunststofflinse ersetzt. Das Entfernen der natürlichen Linse kann durch eine Schnittöffnung zwischen Cornea und Sclera durch Emulsifizierung der Linse mittels Ultraschalls und Absaugen der Emulsion erfolgen. Hierzu hat sich niederfrequenter Ultraschall (z. B. 23 kHz) hoher Intensität ($10^3\,\mathrm{W \cdot cm^{-2}}$) bewährt.

Beispiel 4.27. Bei der Anwendung von Ultraschall in der Chirurgie werden Schallintensitäten bis in die Größenordnung von $10^3\,\mathrm{W \cdot cm^{-2}}$ angewandt. Auch bei diesen Intensitäten scheinen thermische Effekte zu dominieren. Einsatzbereiche sind beispielsweise die Hirnchirurgie, wo mittels fokussierten Schalls räumlich begrenzte Areale ausgeschalten werden, ohne die Umgebung zu beeinträchtigen. Die bekannteste Anwendung findet sich in der Ménière Krankheit; hier werden mittels Ultraschalls gezielt thermische Schädigungen im häutigen Labyrinth des Innenohrs gesetzt.

Beispiel 4.28. Extrakorporale Stoßwellen-Lithotripsie. Nierensteine und Gallenblasensteine lassen sich in vielen Fällen ohne Operation durch Stoßwellentherapie entfernen. Hierzu werden energiereiche Stoßwellen auf die zu zertrümmernden Steine fokussiert. Solche Stoßwellen werden durch Zündung eines elektrischen Funkens in Wasser, elektrodynamisch oder piezoelektrisch erzeugt. Abb. 4.37 zeigt das Prinzip eines piezoelektrischen Lithotriptors. Auf einer Kugelkappe sind piezoelektrische Schallgeber angeordnet. Diese werden gleichzeitig durch einen starken Spannungsimpuls aktiviert. Die hierdurch erzeugte kugelförmige Stoßwelle konvergiert im Krümmungsmittelpunkt der Kugelkappe. An dieser Stelle müssen sich die zu zertrümmernden Steine befinden. Zur Anpassung der akustischen Impedanzen ist der Raum zwischen Schallgeber und Körper wassergefüllt. Abb. 4.38 zeigt den zeitlichen Verlauf des Drucks der Stoßwelle eines Lithotriptors.

Die in die Steine eindringende Stoßwelle übt erhebliche Druck- und Scherbelastungen auf diese aus. Hinzu kommen starke Kavitationsvorgänge an der Steinoberfläche. Dies dürften die Hauptmechanismen bei der Zertrümmerung der Steine sein.

Beispiel 4.29. Doppler-Velozimetrie: Messung der Fließgeschwindigkeit von Blut mittels des Dopplereffekts.

Das technische Prinzip ist in der Abb. 4.39 dargestellt. Dort ist eine Dopplersonde mittels eines Flüssigkeitstropfens an die Körperoberfläche angekoppelt. In dieser befinden sich zwei piezoelektrische Schwingkristalle, einer (Q) dient als Schallgeber, der andere (E) dient als Empfänger. Die von Q emittierte Schallwelle (Frequenz ν_Q) trifft auf Erythrozyten B des Bluts, die sich mit der Geschwindigkeit v_B bewegen. Auf letztere wirkt also Schall mit einer um die Dopplerfrequenz ν_D veränderten Schallfrequenz ν_B:

$$\nu_B = \nu_Q - \nu_D \qquad \text{mit} \qquad \nu_D = \nu_Q \cdot v_B \cdot \cos\beta / v_s.$$

Der von den Erythrozyten gestreute und vom Empfänger E registrierte Schall erfährt eine nochmalige Dopplerverschiebung, da sich das Blut gegenüber E mit v_B bewegt:

$$\nu_E = \nu_B - \nu_D = \nu_Q - 2 \cdot \nu_D.$$

Aus der leicht meßbaren Frequenzdifferenz

$$\nu_Q - \nu_E = 2 \cdot \nu_Q \cdot v_B \cdot \cos\beta / v_s$$

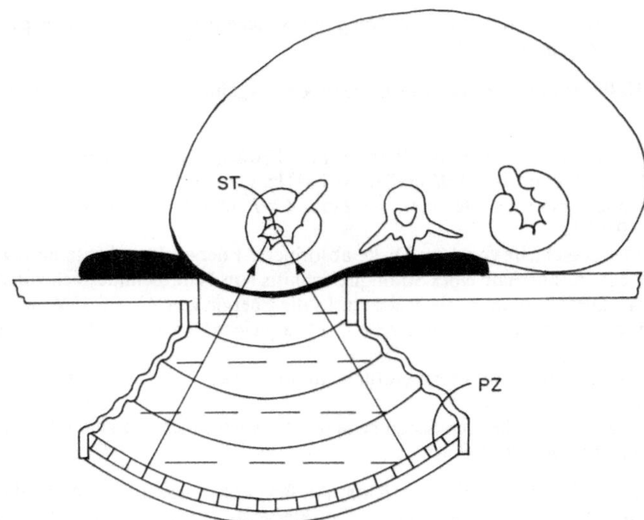

Abb. 4.37. Piezoelektrischer Lithotriptor. Eine Vielzahl piezoelektrischer Elemente *PZ* sind in Form einer Kugelkappe angeordnet. Der Patient wird so gelagert, daß sich die zu zertrümmernden Steine *ST* im Fokus des sphärischen piezokeramischen Stoßwellengenerators befinden

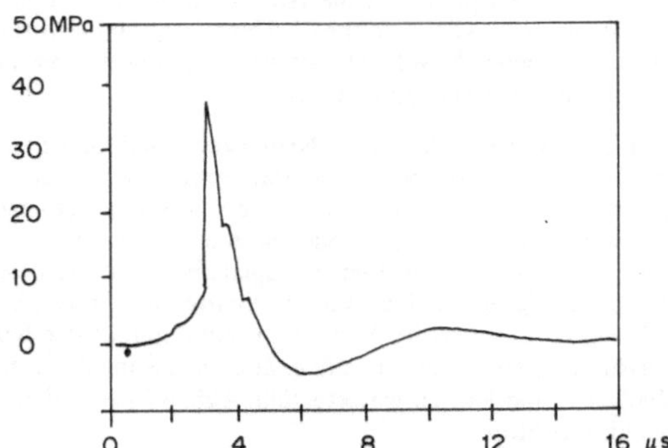

Abb. 4.38. Beispiel des zeitlichen Verlaufs der Stoßwelle eines Lithotriptors. Der Druck steigt innerhalb kürzester Zeit (etwa 30 ns) auf enorm hohe Werte (etwa 40 MPa)

des Sende- und Empfangssignals läßt sich die Fließgeschwindigkeit v_B des Bluts bestimmen:

$$v_B = (\nu_Q - \nu_E) \cdot v_s / (2 \cdot \nu_Q \cdot \cos\beta).$$

(Diese Gleichung wird in der klinischen Literatur oft als „Dopplergleichung" bezeichnet und $\nu_Q - \nu_E = 2 \cdot \nu_D$ als „Dopplerfrequenz"). Für $\beta = \pi/2$ wird $\nu_Q - \nu_E = 0$ und das Verfahren versagt.

Beispiel 4.30. Die in der Kardiologie verwendeten Sendefrequenzen ν_Q liegen im Bereich von 2 bis 5 MHz. Beträgt beispielsweise $\nu_Q = 5\,\text{MHz}$, $\beta = \pi/4$ (45°) und die Fließgeschwindigkeit $v_B = 0{,}5\,\text{m} \cdot \text{s}^{-1}$, liegt die Dopplerfrequenz bei ($v_s = 1500\,\text{m} \cdot \text{s}^{-1}$ in Blut): $\nu_D = \nu_Q \cdot v_B \cdot \cos\beta / v_s = 5 \cdot 10^6\,\text{Hz} \cdot 0{,}5\,\text{m} \cdot \text{s}^{-1} \cdot 0{,}707 / 1500\,\text{m} \cdot \text{s}^{-1} = 1{,}175\,\text{kHz}$, also im Hörbereich.

Beispiel 4.3.1. Bildgebende Ultraschallverfahren. Das in Beispiel 4.14 beschriebene A-Bild ist eindimensional und stellt daher kein Bild im üblichen Sinn dar. Es gibt lediglich die Größe der Schallechos entlang einer Linie durch das durchschallte Organ hindurch wieder. Neben der

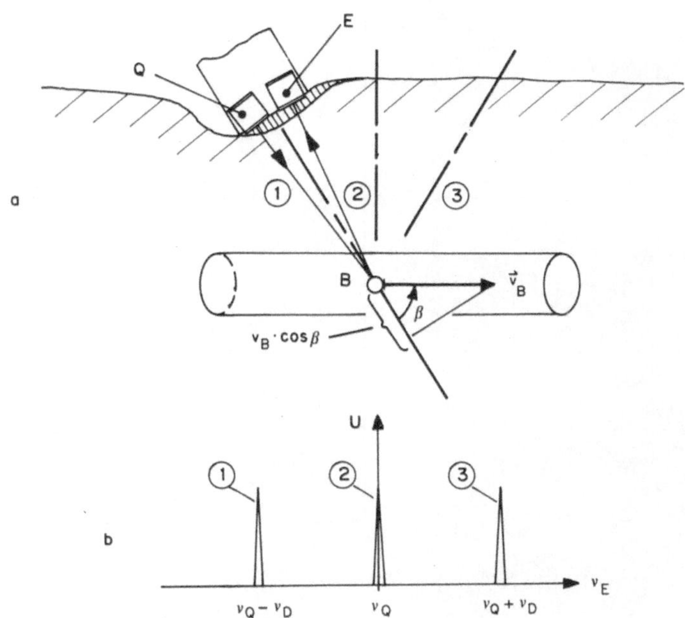

Abb. 4.39. Doppler-Velozimeter zur Messung der Fließgeschwindigkeit in Blutgefäßen. Im Schallkopf sind Sende- (Q) und Empfangskristall (E) untergebracht. Die Dopplerfrequenz ν_D ist proportional zur Geschwindigkeitskomponente in Richtung der Verbindungslinie von der Schallquelle zum Empfänger, m. a. W. zu dem Produkt aus Fließgeschwindigkeit v_B mal dem Cosinus des Winkels β zwischen der Schallbündelrichtung und der Strömungsrichtung. Je nach Orientierung des Schallbündels (Richtungen 1, 2 und 3 im Teilbild **a** relativ zur Richtung des Geschwindigkeitsvektors), besitzt des Schallecho unterschiedliche Frequenzen (Teilbild **b**, ν_D = „klinische" Dopplerfrequenz)

Ophthalmologie hat dieses Verfahren auch in der Enzephalographie zur Vermessung der intrakranialen Strukturen Anwendung gefunden.

Durch Schwenken des Schallgebers jedoch, s. Abb. 4.22, wird ein sektorförmiges B-Bild gewonnen. Durch Verschieben des Schallgebers in Richtung der Schwenkachse kann ein sogenannter Volumenscan (von „to scan" = abtasten) durchgeführt werden. Dabei werden die Ultraschallechos aus dem beschallten Volumen registriert und in einen elektronischen Volumenbildspeicher geschrieben. Anschließend können Schnittbilder unterschiedlicher Schnittebenen des beschallten Volumens dargeboten werden, s. Abb. 4.40.

Beispiel 4.32. Gallenblasen-Sonographie. Die Gallenblase enthält, wie alle flüssigkeitsgefüllten Räume im Körper, im Innern keine Grenzflächen und erscheint daher im Echogramm dunkel. Die Gallenblasenwand hingegen erscheint, je nach Füllungszustand der Blase, unterschiedlich dick. Gallensteine wiederum besitzen große Impedanzunterschiede im Vergleich zur Gallenflüssigkeit. Die Folge sind starke Reflexionen, bis hin zu vollständiger Abschattung der dahinter liegenden Bereiche. Die Abb. 4.41 zeigt dies an einem Linear-Scan-Echogramm (s. Abb. 23.6).

Beispiel 4.33. Echokardiographie. Die Echokardiographie nimmt in der kardiologischen Diagnostik eine zentrale Stellung ein, weil sie als nicht-invasive Methode beliebig oft wiederholt werden kann. Mit dem Sektorscan-Verfahren lassen sich zuverlässig die Abmessungen der einzelnen Herzkammern und die Wanddicken bestimmen, s. Abb. 4.22. Auch intrakavitäre Strukturen, wie Thromben und Tumoren, können gut dargestellt werden, ebenso die Morphologie der Herzklappen.

Das M-Bild hingegen, liefert keine Abbildung sondern eine Aufzeichnung des zeitlichen Verlaufs der schallreflektierenden Strukturen entlang des fest stehenden Schallbündels. Damit können Herzmuskelbewegungen und Bewegungen des Klappenapparats beurteilt werden.

Schließlich ermöglicht die Doppler-Ultraschall-Diagnostik die Messung der Blutgeschwindigkeit und damit den Nachweis von Klappeninsuffizienzen, s. Abb. 4.43, sowie Aorten- und Pulmonalstenosen.

a

I
II
III

b

COMBISON 330
VOLUSON
26/09/98
13:24:47
f 5.0MHz
f 5.0MHz
I
II
III

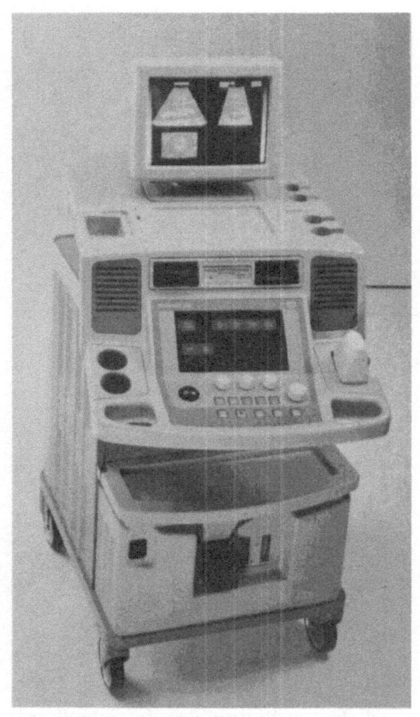

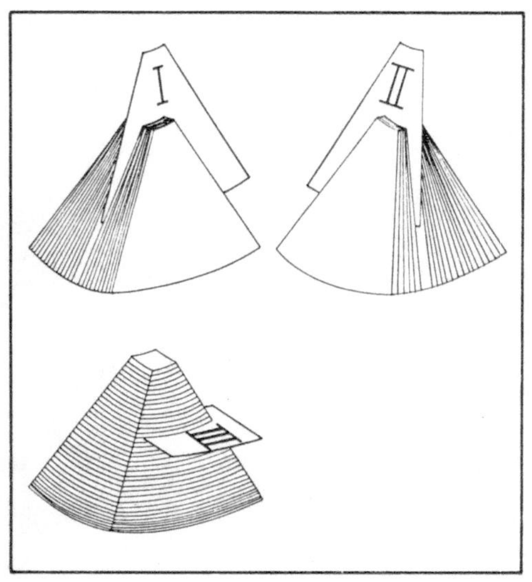

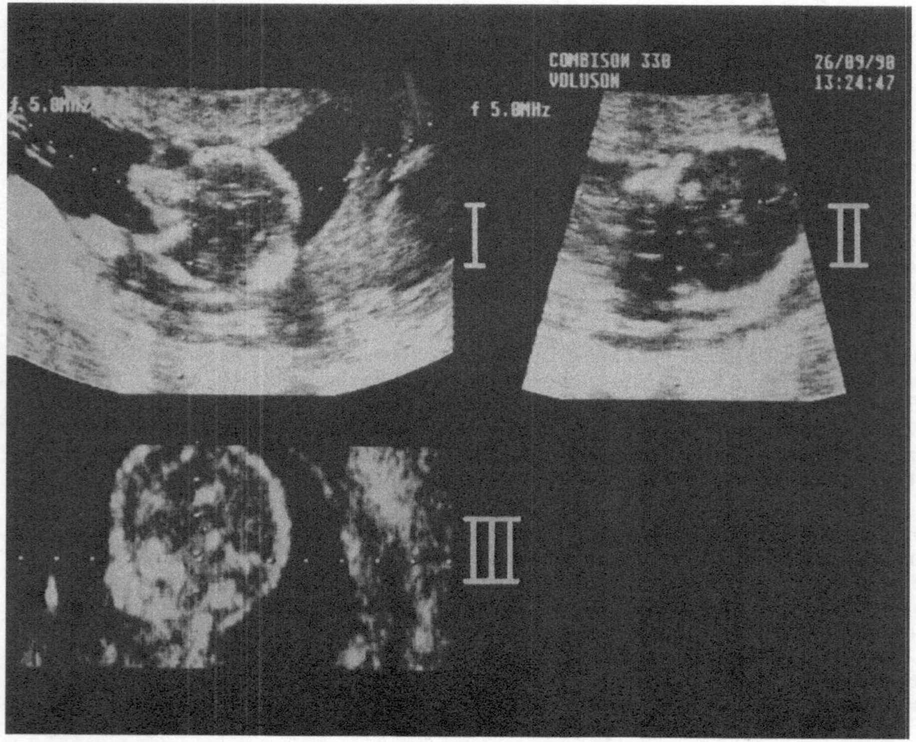

c

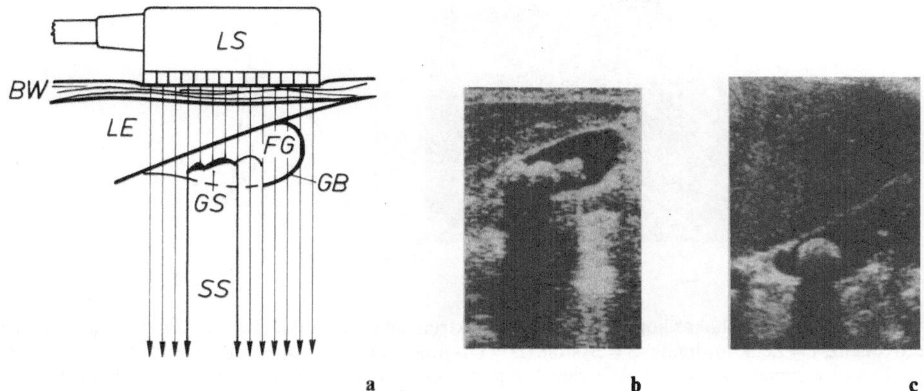

Abb. 4.41. Gallenblasen-Echogramm. B-Bild durch lineares Abtasten (Linear-Scan). **a**: *BW* = Bauchwand, *FG* = freies Gallenblasenvolumen, *GB* = Gallenblase, *GS* = Gallenblasen-Steine, *LE* = Leber, *LS* = Linear-Scanner, *SS* = Schallschatten. **b**: Echogramm mit stark schattierenden Gallensteinen. **c**: Echogramm mit einem Solitärstein im oberen Gallenblasenteil. Dieser Stein wird zu etwa 2/3 vom Schall „durchleuchtet". Dies deutet auf einen geringeren Impedanzunterschied zur Umgebung, wie er für weichere, nicht kalzifizierte Cholesterinsteine kennzeichnend ist. Fotos: G. Rettenmaier/Böblingen

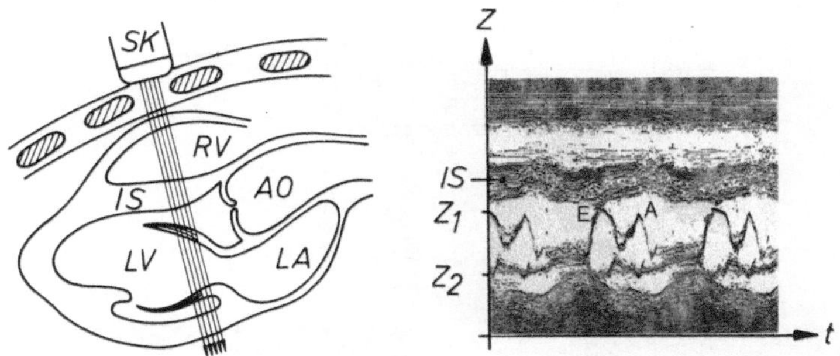

Abb. 4.42. M-Bild einer Mitralklappe. Wegen der starken Reflexion an Knochenoberflächen erfolgt die Einstrahlung des Ultraschalls durch einen der Interkostalräume (zwischen den schraffiert angedeuteten Rippen). Liegt der Schallkopf (*SK*) im Bereich des 3. bis 5. Interkostalraums, trifft der Schallstrahl fast normal auf das interventrikuläre Septum (*IS*) und dann auf das vordere und hintere Mitralsegel. Die Bewegung der beiden Segel ist etwa spiegelbildlich, wobei das hintere kleine Segel eine deutlich kleinere Amplitude aufweist. z = Ortskoordinate der beiden Klappensegel in Richtung Schallbündel, t = Zeitkoordinate der Klappenbewegung. Typisch ist der *M*-förmige Verlauf des Echos des vorderen Segels mit den zwei Öffnungsmaxima bei E(= protodiastolische Öffnungsamplitude) und A(= spätdiastolische Wiederöffnung; A-Welle). Aus dem Abstand der beiden Kurven (Z_1 und Z_2) läßt sich die Größe der Klappenöffnung ablesen (hier: $Z_1 - Z_2 = 20$ mm). *RV* = rechter Ventrikel, *LV* = linker Ventrikel, *LA* = linker Vorhof, *AO* = Aorta. Foto: Kretztechnik

◄

Abb. 4.40. Dreidimensionale Schnittbildanalyse (Tomographie) mittels Ultraschall. **a** Der im abgebildeten Gerät rechts vorne eingehängte Schallkopf führt automatisch eine ganze Reihe von benachbarten Sektor-Scans durch. **b** Es können (I) Längs-, (II) Quer- und (III) Horizontalschnitte durch das gescannte Volumen dargestellt werden. Teilbild **c** zeigt als Beispiel aus der pränatalen Diagnostik Schnittbilder eines Ungeborenen (dessen Gesicht gut zu erkennen ist). Fotos: Kretztechnik

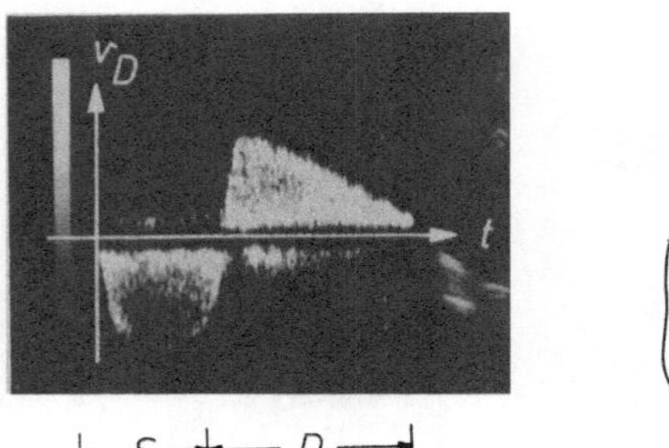

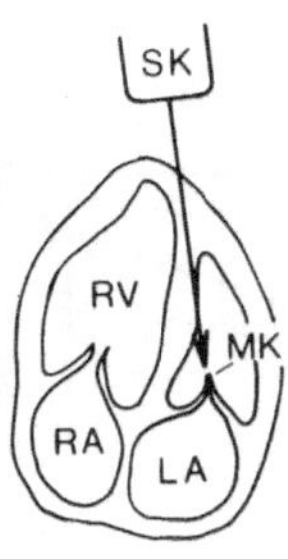

Abb. 4.43. Doppler-Echokardiographie: Dopplerspektrum einer Mitralklappen-Insuffizienz. v_D = Dopplerfrequenz, t = Zeitkoordinate, S = Systole, D = Diastole. Die Helligkeit gibt ein Maß für die Stärke des Doppler-Signals bei der betreffenden Frequenz an. Der negative Wert der Dopplerfrequenz v_D während der Systole läßt eine Insuffizienz (Undichtigkeit) der Mitralklappe erkennen. SK = Schallkopf, RV = rechter Ventrikel, RA = rechter Vorhof, LA = linker Vorhof, MK = Mitralklappe. Foto: Kretztechnik

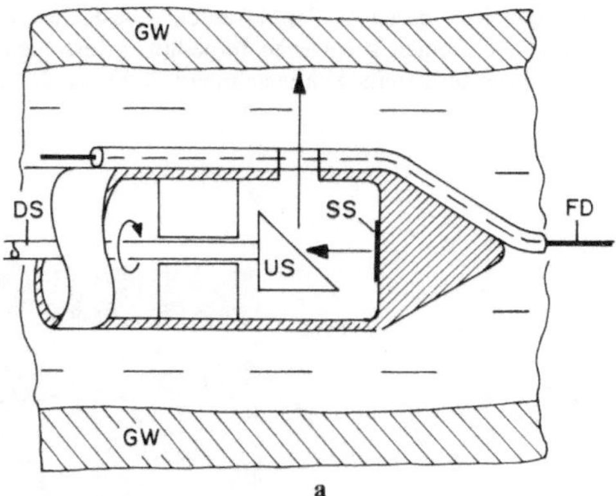

a

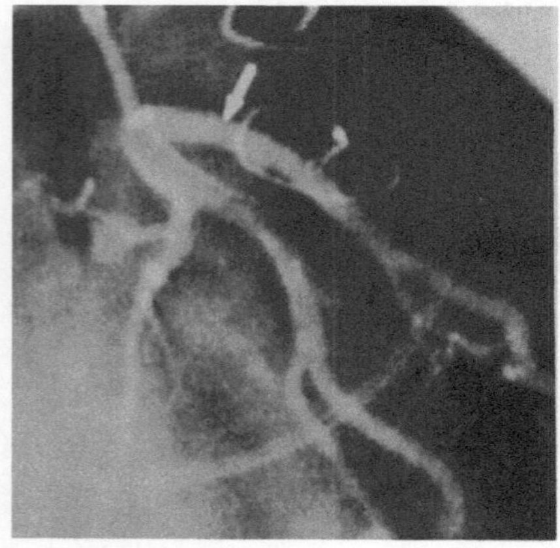

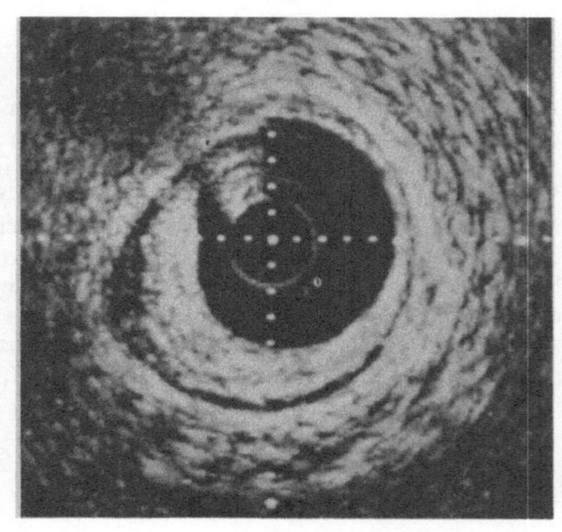

b c

Abb. 4.44. a. Intraluminaler Ultraschallkatheter (Außendurchmesser etwa 1,4 mm). FD = Führungsdraht, DS = Drehschaft für den Ultraschallspiegel US, SS = Schallsonde (v = 30 MHz), GW = Gefäßwand. **b** (Röntgen-)Angiographie einer Koronararterie. **c** Intraluminales Echobild der Koronararterie. Man erkennt eine arteriosklerotische Plaque, die etwa 30% des Gefäßquerschnitts bedeckt (und in der Angiographie, s. Pfeil, nicht sichtbar ist). Aufnahmen: CVIS/COMESA GmbH

Die Geschwindigkeit allein ist übrigens noch kein hinreichendes Maß für den Schweregrad einer Klappeninsuffizienz, weil sie alleine nichts über die auftretenden Volumenstromstärken aussagt. Hingegen hängt der Schweregrad von der Druckdifferenz zwischen den an die Klappe angrenzenden Herzräumen ab. Diese kann aus der maximalen Geschwindigkeit des Rückflusses („Rückflußjet") nach Bernoulli—s. Beispiel 5.30—berechnet werden.

Beispiel 4.34. Intraluminale Ultraschalldiagnostik. Die Entwicklung kleinster Ultraschallsonden hat deren Einsatz im Körperinnern an der Spitze von Kathetern möglich gemacht. Damit sind sogar Koronararterien einer eingehenden echographischen Untersuchung zugänglich geworden. Die Abb. 4.44 und 4.45 zeigen zwei Beispiele hierzu.

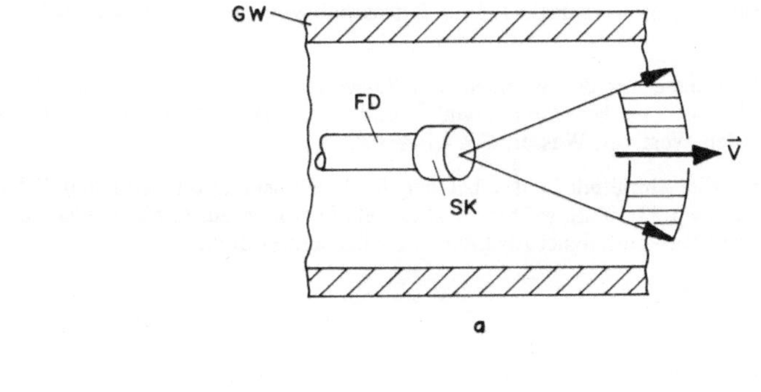

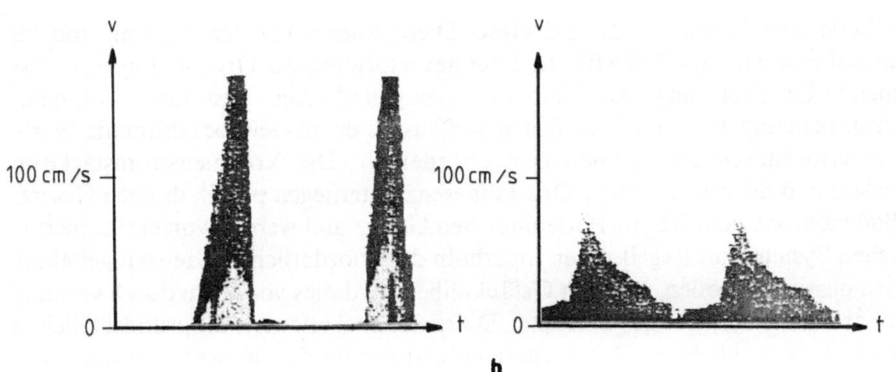

Abb. 4.45. a. Intraluminaler Dopplerschallkopf *SK* an der Spitze eines Führungsdrahts *FD* zur Messung der Strömungsgeschwindigkeit **v** in Gefäßen. *GW* = Gefäßwand. Durch die Verwendung von gepulstem Schall kann das Meßvolumen selektiv auf den horizontal schraffierten Bereich begrenzt werden; die zu früh und später eintreffenden Echos werden elektronisch ausgeblendet. **b** Strömungsgeschwindigkeiten bei einer Koronararterienstenose; links in der Stenose, Maximalgeschwindigkeit über $160\,\text{cm}\cdot\text{s}^{-1}$; rechts distal zur Stenose, Maximalgeschwindigkeit etwa $60\,\text{cm}\cdot\text{s}^{-1}$. Aufnahmen: Siemens *AG*, Medizintechnik

Aufgabe 4.8. Ein Schallgeber ($\nu = 1\,\text{MHz}$) der Breite $d = 1\,\text{cm}$ erzeugt in Wasser ein Schallbündel. Berechnen Sie die Breite b dieses Schallbündels nach einer Strecke von 4 cm.

Aufgabe 4.9. Der am Oszilloskop abgelesene zeitliche Abstand der Echos B und E aus dem Auge (s. Abb. 4.35) betrage $30\,\mu\text{s}$. Die mittlere Schallgeschwindigkeit im Auge beträgt $1600\,\text{m}\cdot\text{s}^{-1}$. Man berechne die Länge L des Augapfels.

Aufgabe 4.10. Berechnen Sie R und T für die Grenzfläche zwischen Muskel ($Z = 1{,}7\cdot 10^6\,\text{kg}\cdot\text{m}^{-2}\cdot\text{s}^{-1}$) und Fettgewebe ($Z = 1{,}35\cdot 10^6\,\text{kg}\cdot\text{m}^{-2}\cdot\text{s}^{-1}$).

Aufgabe 4.11. Um wieviele dB erhöht sich die untere Hörschwelle bei Ausfall des Mittelohrs (nach Beispiel 4.17 vermindert sich die auf das Innenohr übertragene Schallintensität um einen Faktor 400).

Aufgabe 4.12. Ein Resonator wie in Abb. 4.24 a kann mit vielen Frequenzen schwingen. Bedingung ist nur, daß an den Grenzflächen Wellenbäuche der stehenden Welle liegen. In welchem Verhältnis stehen diese Frequenzen?

Aufgabe 4.13. Berechnen Sie den Brechungswinkel für eine Schallwelle, die unter dem Einfallswinkel von 12° auf die Grenzfläche zwischen Luft ($v_s = 343\,\mathrm{m \cdot s^{-1}}$) und Muskel ($v_s = 1590\,\mathrm{m \cdot s^{-1}}$) trifft.

Aufgabe 4.14. Welche Linseneigenschaften (sammelnd oder zerstreuend) haben Luftblasen in Wasser für Schallwellen bzw. Schallstrahlen?

Aufgabe 4.15. Berechnen Sie die Halbwertsdistanz d für Ultraschall von $\nu = 1\,\mathrm{MHz}$ in Knochen (s. Beispiel 4.25).

Aufgabe 4.16. (Erfordert Kenntnisse aus der Wärmelehre.) Berechnen Sie die Erwärmung ΔT von Sehnen (Knorpel) innerhalb von 1 s bei $I = 1\,\mathrm{W \cdot cm^{-2}}$ und $\nu = 1\,\mathrm{MHz}$. Nehmen Sie für die Wärmekapazität von $1\,\mathrm{cm^3}$ den Wert von Wasser: $C = 4{,}2\,\mathrm{W \cdot s \cdot K^{-1}}$.

Aufgabe 4.17. Berechnen Sie die Amplitude a des bei der Phakoemulsifikation benutzten Schalls ($I = 10^3\,\mathrm{W \cdot cm^{-2}}$; $\nu = 23\,\mathrm{kHz}$; $Z = 1{,}53 \cdot 10^6\,\mathrm{kg \cdot m^{-2} \cdot s^{-1}}$). Diese relativ großen, zur Phakoemulsifikation erforderlichen Amplituden, werden von magnetostriktiven Schallgebern erzeugt.

5. Fluidmechanik

Fluide sind Flüssigkeiten und Gase. Diese spielen bei der Atmung und im Kreislauf eine wichtige Rolle für die Energieversorgung der Organe. Für eine ausreichende Durchblutung und damit Ernährung sind ferner bestimmte Volumenstromstärken und für den erforderlichen Stoffaustausch im Gewebe bestimmte Werte der arteriovenösen Druckdifferenzen erforderlich. Die Volumenstromstärke im Kreislauf und die arteriovenöse Druckdifferenz unterliegen physikalischen Gesetzmäßigkeiten wie dem Hagen-Poiseuilleschen Gesetz und werden von einem hierarchischen System von Regelkreisen innerhalb der erforderlichen Grenzen gehalten. Neben passiven Größen, wie dem Gefäßkaliber, wird dies vor allem durch variable Pumparbeit des Herzens gewährleistet. Dieses Kapitel erläutert die grundsätzlichen Aspekte der verschiedenen Drücke, deren Messung und Zusammenhänge mit Volumenstromstärken sowie die auftretenden Energie- bzw. Arbeitsbeträge.

Die verschiedenen physikalischen Drücke können in recht unterschiedlicher Weise die Funktion des Kreislaufs beeinflussen. So ist an der für den Flüssigkeitsaustausch zwischen dem Blut in den Kapillargefäßen und dem Gewebe maßgeblichen Druckdifferenz auch der Schweredruck beteiligt. Diese Druckdifferenz kann je nach Körperhaltung erheblich schwanken. Das Zentralnervensystem ist gegen solche Druckdifferenzschwankungen geschützt. Es ist in einem festen knöchernen Behälter, bestehend aus Schädelhöhle und Wirbelkanal untergebracht und schwimmt gewissermaßen in der Gehirn-Rückenmark-Flüssigkeit. Durch den auch in der Gehirn-Rückenmark-Flüssigkeit herrschenden Schweredruck ist die Druckdifferenz zwischen Kapillarblut und Zentralnervensystem unabhängig von der Körperhaltung.

Wirkt über längere Zeit hinweg ein Druck von mehr als etwa 30 Torr auf die Haut, kommt es zur Drucknekrose (Dekubitus). Von außen einwirkender Druck dieser Größe unterbindet die Durchblutung der Kapillargefäße. Im Gewebe reichern sich toxische Stoffwechselprodukte an, die zu einer Erhöhung der Kapillarpermeabilität mit Ödembildung und in weiterer Folge zu einer Entzündung mit einer reaktiven Hyperämie führen. Dauert die Druckeinwirkung länger als zwei bis vier Tage, kommt es zu Ischämie und Gewebsnekrose. Dekubitus tritt vor allem bei Bewegungsarmut dort auf, wo Skelettknochen nicht durch Muskulatur abgepolstert sind, wie in der Kreuzbeingegend, an den Schultern und am Trochanter major, aber auch an schlecht sitzenden Prothesen und anderen Hilfsmitteln.

Eine der häufigsten Todesursachen von Neu- und insbesondere Frühgeborenen ist das Atemnotsyndrom. Dieses wird durch den Binnendruck des Flüssigkeitsfilms auf der Oberfläche der Alveolen hervorgerufen. Ohne oberflächenaktive Substanz, dem Surfactant, ist die Oberflächenspannung in den Lungen so groß, daß ein Großteil der Alveolen kollabiert. Die Folge ist Funktionsunfähigkeit der Lunge. Bei vielen Lungenerkrankungen spielt der Binnendruck bzw. die ihm entsprechende Oberflächenspannung ebenfalls eine wichtige Rolle. Auch beim Gesunden kommt es trotz des Surfactants immer wieder zum Kollaps einzelner Alveolen. Durch (meist unbewußte) einzelne tiefere Atemzüge werden diese wieder geöffnet. Dasselbe Ziel verfolgt der Anästhesist, der bei Allgemeinanästhesie dem bewußtlosen Patienten in regelmäßigen Abständen immer wieder ein größeres Luftvolumen pumpt.

Ein anderer Bereich, in welchem der Binnendruck bzw. die zugehörige Oberflächenenergie eine wichtige Rolle spielt, ist die Therapie mittels Ultraschalls. Bei zu großen Ultraschallintensitäten im Gewebe entstehen während der negativen Druckhalbwelle in der Zellflüssigkeit Hohlräume. In deren Oberflächen sind große Beträge an Oberflächenenergie gespeichert. Während der positiven Druckhalbwelle kollabieren diese Hohlräume wieder. Hierbei wird die vorhandene Energie mit kleiner werdender Oberfläche schließlich auf wenige Moleküle konzentriert und in ungeordnete thermische Bewegung umgewandelt. Die Folge sind örtlich sehr hohe Temperaturen und Drücke (Größenordnung 1 GPa) mit entsprechend zerstörerischen Folgen für die Zellstrukturen bis hin zu Chromosomenbruch und Genveränderungen.

5.1 Bindungsarten und mechanische Eigenschaften von Stoffen

Die Materie ist aus elektrisch neutralen Atomen aufgebaut; die positive Ladung im Kern kompensiert genau die negative Ladung der Elektronenhülle. Neutrale Teilchen üben keine Kräfte aufeinander aus, der Aufbau größerer Strukturen aus neutralen Atomen bliebe so eigentlich unverständlich. Jedoch herrscht über Abmessungen gleich oder kleiner als Atomdurchmesser keine elektrische Neutralität. Im Bereich des Atomkerns beispielsweise überwiegt dessen positive Ladung, im Bereich der Atomhülle herrscht negative elektrische Ladung. Die hierdurch möglichen Kraftwirkungen sind die Ursache für die chemische Bindung.

a) Interatomare Kräfte (Atombindung)

Nähert man zwei Atome einander so weit, daß sich deren Elektronenhüllen überlappen, entsteht zwischen den beiden Atomkernen ein Bereich mit erhöhter Elektronendichte. Die zwischen jeweils einem der Kerne und dem dazwischen liegenden Bereich der überlappenden Elektronenhüllen auftretenden Coulombkräfte können eine Bindung der beiden Atome aneinander bewirken, s. die Kräftebilanz in Kapitel 2.3 (insbesondere Abb. 2.18).

Die auftretende Bindungskraft ist stark vom Abstand der Bindungspartner abhängig. Bei großem Abstand verschwindet sie naturgemäß; kommen die beiden Bindungspartner einander zu nahe, dominieren abstoßende Kräfte. Dies läßt sich durch die zugehörige potentielle Energie veranschaulichen: Abb. 5.1. Die Atome stellen sich in einem solchen Abstand ein, daß anziehende und abstoßende Kräfte im Gleichgewicht sind. Dem entspricht der Minimalwert der potentiellen Energie (s. Gleichung 3.10).

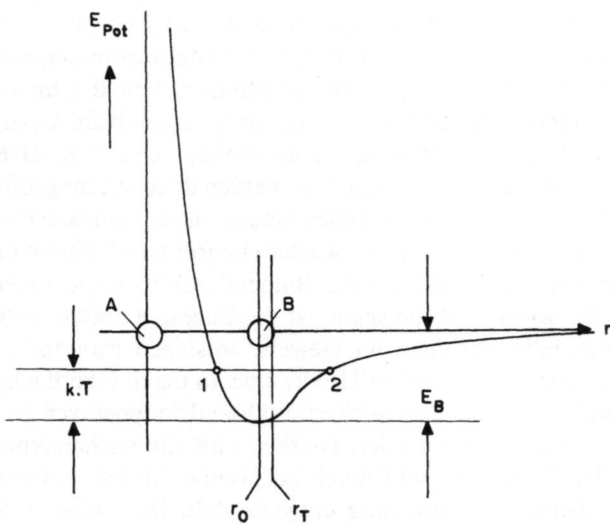

Abb. 5.1. Potentielle Energie E_{Pot} der Bindungskräfte zweier Atome A und B. E_B = Bindungsenergie. Links vom Energieminimum dominieren abstoßende, rechts davon dominieren anziehende Kräfte. r_0 ist der Gleichgewichtsabstand zwischen den beiden Atomen. (Bei Temperaturen $T > 0$ besitzen die Atome zusätzlich thermische Energie, sie schwingen dann um die Gleichgewichtslage (bei r_0) zwischen den Positionen 1 und 2, d. h. der mittlere Abstand zwischen den beiden Atomen vergößert sich auf r_T; s. auch Kapitel 6.2)

Tabelle 5.1. Energien der verschiedenen chemischen Bindungsarten

Bindungsart	Größenordnung der Bindungsenergie	Beispiel and Bindungsenergie	
Atombindungen			
homöopolar	10 eV	C—C	3,6 eV
		C=C	6,3 eV
		H_2	4,5 eV
		CO_2	11,1 eV
heteropolar	10 eV	NaCl-Molekül	3,6 eV
		HCl	4,4 eV
Molekülbindungen			
Wasserstoffbrücke	1 eV	H_2O	0,5 eV
		HCl	0,2 eV
Van der Waals	0,1 eV	Ar-Kristall	0,08 eV

Die Bindungsenergie E_B der homöopolaren Atombindung, der Ionenbindung und der metallischen Bindung liegt in der Größe einiger Elektronenvolt (eV, s. Zusammenfassung 11.A). Bei Kohlenstoff-Einfachbindungen (C—C) beispielsweise beträgt diese etwa 3,5 eV, bei C—C-Mehrfachbindungen bis etwa 10 eV. Diese hohen Bindungsenergien führen dazu, daß sich die entsprechenden Stoffe normalerweise im festen Zustand befinden.

b) Intermolekulare Kräfte (Molekülbindung)

Auch die zwischen Molekülen wirksamen Kräfte haben ihren Ursprung in inhomogenen Ladungsverteilungen u. zw. hier der Moleküle.

Wasserstoffbindung oder Wasserstoff-Brückenbindung. Diese Bindungsart beruht auf dem Vorhandensein von H-Atomen. Der Wasserstoff verliert wegen seiner geringen Kernladung sein Elektron i. a. weitgehend an elektronegativere Bindungspartner wie C, N, O oder F im Molekül. Am Ort des H-Atoms entsteht eine positive Überschußladung, welche auf die elektronegativen Atome anderer Moleküle Coulombanziehung ausübt. Es handelt sich also im wesentlichen um Coulombkräfte zwischen Dipolen. Können sich zwischen 2 Molekülen mehrere Wasserstoffbrücken ausbilden, erreicht die Stärke dieser intermolekularen Bindung die Größe von homöopolaren bzw. heteropolaren Atombindungen. Solche Bindungen spielen in der Biochemie eine herausragende Rolle, beispielsweise bei der Faltung der Aminosäurenketten der Proteine (Sekundär- und Tertiärstruktur der Proteine) oder für die Wasserstruktur. So sind für den relativ hohen Siedepunkt des Wassers die zwischen den Wassermolekülen bestehenden Wasserstoffbrückenbindungen verantwortlich.

Ferner hängt damit das anomale Verhalten der Dichte des Wassers zusammen. Die Wassermoleküldipole bilden sogenannte Assoziate oder Cluster. Das sind Komplexe aus mehreren Molekülen, die aufgrund der Wärmebewegung einem permanenten Auf- und Abbau unterworfen sind. Bei tiefen Temperaturen bilden sich bis zu acht Wassermoleküle umfassende sperrige Aggregate, die wegen ihres Raumbedarfs das spezifische Volumen bei abnehmender Temperatur erhöhen (s. auch Abschnitt 12.2 b). Bei den Flüssigkristallen führt die Assoziatbildung sogar zu makroskopisch geordneten Strukturen—erkennbar an ihren anisotropen optischen, mechanischen und elektrischen Eigenschaften.

Van der Waals-Bindung. Auch diese Bindungskräfte lassen sich weitgehend als Kräfte zwischen elektrischen Dipolen verstehen. Hierbei gibt es auch die Möglichkeit, daß ein permanentes Dipolmolekül in einem benachbarten an sich dipolfreien Molekül durch elektrische Polarisation eine dipolartige Ladungsverschiebung induziert und die Anziehung erst dadurch zustande kommt (Induktionskräfte). Schließlich gibt es noch zwischen zwei an sich dipolfreien Molekülen eine, wenn auch nur sehr schwache, Kraftwirkung. Die wegen der Elektronenbewegung auch in einem dipolfreien Atom oder Molekül kurzzeitig auftretende Dipolstruktur kann wiederum durch Polarisation auch im Nachbarn eine entsprechende Ladungsverschiebung erzeugen und zu Anziehungskräften führen (Dispersionskräfte).

Die verschiedenen Bindungsarten treten meist gleichzeitig, wenn auch mit unterschiedlichem Gewicht, auf. Bei den Molekülbindungen dominieren die Dispersions-

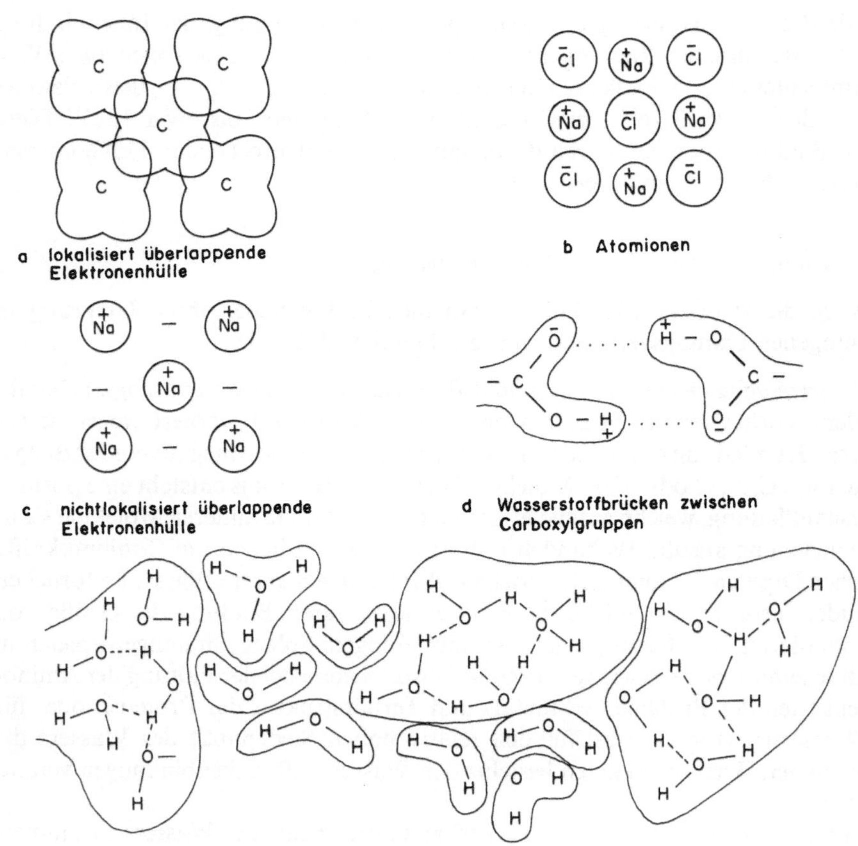

Abb. 5.2. Interatomare Bindungskräfte und intermolekulare Bindungskräfte: **a** Lokalisiert überlappende Elektronenhüllen bei der homöopolaren Atombindung. **b** Ionen der heteropolaren Atombindung. **c** Nichtlokalisierte überlappende Elektronenhüllen der metallischen Atombindung. **d** Dipolkräfte bei Wasserstoffbrücken zwischen Carboxylgruppen. **e** Dipolkräfte zwischen Assoziaten von Wassermolekülen

kräfte. Nur bei sehr kleinen Molekülen mit starker Ladungsverschiebung, wie beim Wasser, dominiert die Dipolwirkung (Wasserstoffbrücken).

5.2 *Fluidstatik*

Fluide setzen einer einwirkenden Kraft keinen nachhaltigen Widerstand entgegen. Wirkt hingegen beispielsweise eine Kraft **F** auf einen festen Körper, wird dieser solange verformt, bis die auftretende Reaktionskraft **R** sich mit der Kraft **F** im Gleichgewicht befindet: $\mathbf{F} + \mathbf{R} = 0$. Solange **F** die Bruchfestigkeit eines festen Körpers nicht überschreitet, kommt die Verformung zum Stillstand. Anders bei Fluiden: Jedes Fluid beginnt bei der geringsten Kraftwirkung zu fließen, egal wie zäh oder viskos es ist. Fluide Körper besitzen außerdem keine Formelastizität: Selbst geringste

Verformungen bleiben bei Wegnahme der einwirkenden Kraft bestehen. Die Größe der einwirkenden Kraft bestimmt nicht die Größe sondern nur die Geschwindigkeit der Verformung. Solange auf ein Fluid Kräfte einwirken, wird es verformt, d. h. es fließt. Zum Stillstand kommt das Fließen nur dann, wenn sich das Fluid in einem festen Behälter befindet.

Im Gegensatz zu Gasen besitzen Flüssigkeiten ein festes Volumen; sie füllen einen vergleichsweise größeren Behälter nur teilweise aus. Zwischen der Flüssigkeit und einem noch zusätzlich im Behälter befindlichen Dampf oder Gas bildet sich eine freie Oberfläche als Trennschicht. Gase hingegen breiten sich in einem Behälter solange aus, bis ihr Volumen gleich dem Behältervolumen ist.

Jede auf einen Körper wirkende Kraft verteilt sich auf eine gewisse Fläche. Dies muß besonders bei Fluiden berücksichtigt werden. Wirkt normal auf eine Fläche A eine auf diese verteilte Kraft F, heißt der Quotient aus dem Betrag F dieser Kraft und der Fläche A Druck p:

$$\text{Druck } p = \frac{\text{Betrag } F \text{ der Kraft}}{\text{Fläche } A\text{, auf die die Kraft normal wirkt}},$$

p ist eine skalare Größe. Die Einheit von p ist

$$[p] \mathrel{\hat{=}} \frac{1\,\mathrm{N}}{1\,\mathrm{m}^2} = 1\,\mathrm{N\cdot m^{-2}} = 1 \text{ Pascal} = 1\,\mathrm{Pa}.$$

Fluide besitzen keine Formelastizität sondern nur eine Volumenelastizität. Bei einer Druckänderung dp verändern sie ihr Volumen V um dV. Ein Maß für die Volumenelastizität ist die Kompressibilität χ:

$$\text{Kompressibilität } \chi = \frac{\text{relative Volumenänderung}}{\text{erfolgte Druckänderung}} = \frac{dV/V}{dp}.$$

Die Kompressibilität von Flüssigkeiten ist zwar rund 10 bis 100 mal so groß wie jene fester Körper, verglichen mit Gasen bei Standardbedingungen (STP, s. Zusammenfassung 5.A) ist sie jedoch um einen Faktor von etwa 10^{-6} kleiner. Deshalb kann man Flüssigkeiten oft als inkompressibel ansehen.

a) Druck durch äußere Kräfte

Die Gravitation hat nicht nur zur Folge, daß jeder Körper eine Gewichtskraft besitzt, mit der dieser auf seine Unterlage drückt. Darüberhinaus drücken natürlich auch innerhalb eines Körpers alle Teile auf die darunter liegenden. Dies ist die Ursache für den sogenannten Schweredruck. Dieser Druck spielt auch im menschlichen Körper eine wesentliche Rolle. Er nimmt beispielsweise in allen Blutgefäßen von oben nach unten in vertikaler Richtung zu. Je nach Körperhaltung kann sich dieser Druck in einzelnen Organen allerdings erheblich verändern. Blutdruckmessungen müssen daher grundsätzlich bei gleicher Körperhaltung, beispielsweise im Sitzen, und an festgelegtem Niveau, beispielsweise auf Herzhöhe, erfolgen.

Wird der Druck in einem Fluid durch eine Pumpe, einen Stempel oder auf ähnliche Weise erzeugt, sprechen wir vom Stempeldruck. Im menschlichen Kreislauf erzeugt das Herz einen solchen Druck u. zw. schwankt der während eines Herzzyklus nach Riva-Rocci am Oberarm gemessene Druck beim gesunden jugendlichen Erwachsenen zwischen ca. 120 Torr in der Systole und ca. 80 Torr in der Diastole.

Der Schweredruck p_{SW} läßt sich für inkompressible Flüssigkeiten aus einem einfachen Gedankenexperiment bestimmen: In der Abb. 5.3 ist im Teilbild a ein flüssigkeitsgefüllter Behälter dargestellt. Wir fragen nach dem Druck an der Stelle x im Abstand t unter dem Flüssigkeitsspiegel. Dazu bringen wir an dieser Stelle einen Zylinder mit einem Kolben an. Der Flüssigkeitsdruck schiebt den Kolben mit einer Kraft F gleich Flüssigkeitsdruck p mal Kolbenfläche A um die Strecke s nach außen. Dabei strömt das Volumen $V = A \cdot s$ an Flüssigkeit in den Zylinder. Hierbei verrichtet der Flüssigkeitsdruck (=Schweredruck p_{SW}) an dem Kolben die Arbeit $W = p \cdot A \cdot s$.

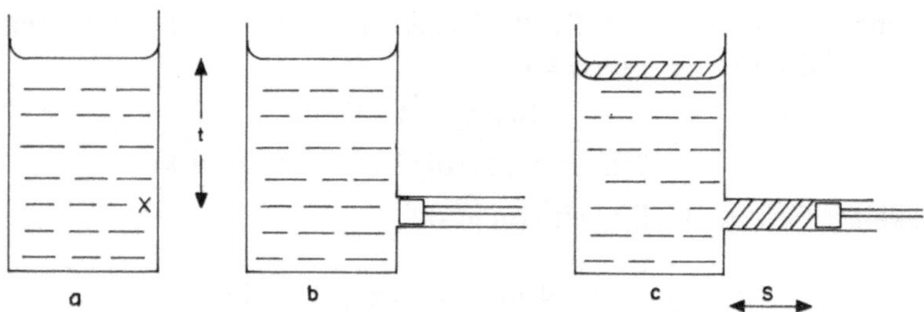

Abb. 5.3. Schweredruck p_{SW} von Fluiden. Der bei x (Teilbild **a**) herrschende Druck läßt sich aus der von diesem Druck an einem Kolben verrichteten Arbeit (Teilbilder **b** und **c**) ermitteln. Nähere Erläuterung im Text

Diese Arbeit stammt aus der potentiellen Energie E der Flüssigkeit im Behälter. Der Zustand der Flüssigkeit in den Teilbildern b and c unterscheidet sich dadurch, daß im Teilbild c ein Flüssigkeitsvolumen $V = A \cdot s$ an der Oberfläche fehlt und stattdessen ein gleich großer Volumenteil sich zusätzlich in der Tiefe t befindet. Dem entspricht eine Differenz der potentiellen Energien von $\rho \cdot V \cdot g \cdot t$. Die Energiebilanz lautet also:

$$\rho \cdot A \cdot s \cdot g \cdot t = p_{SW} \cdot A \cdot s$$

woraus sich sofort

$$p_{SW} = \rho \cdot g \cdot t$$

ergibt. Der Schweredruck an einem Punkt in einer Flüssigkeit ist somit proportional zur Massendichte ρ (Tabelle 2.2) der Flüssigkeit, zur Erdbeschleunigung g und darüberhinaus nur zur Tiefe t, in welcher sich dieser Punkt unter dem Flüssigkeitsspiegel befindet. Wir können die obigen Überlegungen natürlich für beliebige Richtungen des Zylinders anstellen und erhalten offensichtlich dasselbe Ergebnis. D. h. der Schweredruck ist nach allen Richtungen gleich groß! Der Behälterdurchmesser hat hier offenbar keine Rolle gespielt. Auch die Behälterform würde die obige Energiebilanz nicht verändern.

Der Schweredruck ist also nicht abhängig von der insgesamt über dem Meßpunkt befindlichen Fluidmasse. Dies führt zu den bekannten hydrostatischen Paradoxa; beispielsweise nimmt der Schweredruck im Kreislauf je 1 Meter Höhendifferenz um denselben Betrag zu (oder ab) wie der Schweredruck im Ozean—

abgesehen von der geringen Differenz, die durch die Unterschiede in den Massendichten von Blut und Wasser bedingt ist.

Für Gase gilt der obige Ausdruck nur für kleine t, weil deren Massendichte ρ stark druckabhängig ist, vgl. Kapitel 6.4. Ein für das Verständnis statischer Drücke und insbesondere des Atmosphärendrucks wichtiges Experiment ist der

Torricelli-Versuch. Füllt man eine an einem Ende geschlossene Glasröhre mit Quecksilber und taucht das offene Ende in ein Quecksilberbad, dann entleert sich das Rohr beim Herausziehen nicht, sondern die freie Oberfläche der Quecksilbersäule bleibt bei etwa einer Höhe von 760 mm stehen, s. Abb. 5.4. Der Grund hierfür ist

Abb. 5.4. Torricelli-Versuch. Mit diesem Versuch wurden erstmalig (1643/1644) der Luftdruck und dessen Schwankungen nachgewiesen. Das mit Quecksilber gefüllte und oben abgeschlossene Rohr entleert sich beim Aufrichten nur teilweise. Durch den am offenen Ende wirksamen Druck der Luft bleibt eine Säule mit einer Höhe h bestehen. h beträgt im Mittel 0,76 m

der auf die Öffnung der Röhre wirkende Luftdruck. Dieser ist daher gleich groß, wie der Schweredruck der 760 mm hohen Quecksilbersäule, nämlich

$$p_{SW} = \rho \cdot g \cdot h = 13595{,}1\,\mathrm{kg \cdot m^{-3}} \cdot 9{,}80665\,\mathrm{m \cdot s^{-2}} \cdot 0{,}76\,\mathrm{m} = 101\,325\,\mathrm{Pa}.$$

Auf diesen Versuch ist die heute noch in der Medizin gebräuchliche Druckeinheit 1 Torr(icelli) zurückzuführen:

$$1\,\mathrm{Torr} = \text{Druck von 1 mm Quecksilbersäule} = 133{,}3\,\mathrm{Pa}.$$

Weitere Ursachen für den Druck in Flüssigkeiten sind auf die Flüssigkeit drükkende Stempel oder Pumpen. Diese Drücke fassen wir unter dem Begriff *Stempeldruck* p_{ST} zusammen und analysieren die entstehende Druckverteilung anhand von Abb. 5.5. Dort drückt ein Stempel der Querschnittfläche A mit der Kraft F_A auf die im Behälter befindliche Flüssigkeit. Am Stempel herrscht somit der Druck $p_{ST} = F_A/A$. Der in der Flüssigkeit an einer beliebigen Stelle x herrschende Druck p_x läßt sich aus folgender Überlegung gewinnen: Wir bringen an der Stelle x wiederum einen kleinen Zylinder mit einem Kolben an. Auf diesen Kolben wirkt bei Gleichgewicht von der Flüssigkeit her die Kraft $F_B = p_x \cdot B$, wobei B die Querschnittsfläche dieses Kolbens ist. Verschiebt man nun den oberen Stempel um die Strecke s, wird hierbei das Flüssigkeitsvolumen $V = A \cdot s$ verdrängt und die Arbeit $W_A = p_{ST} \cdot A \cdot s$ verrichtet. Wegen der Inkompressibilität der Flüssigkeit wird das Volumen V in den Zylinder

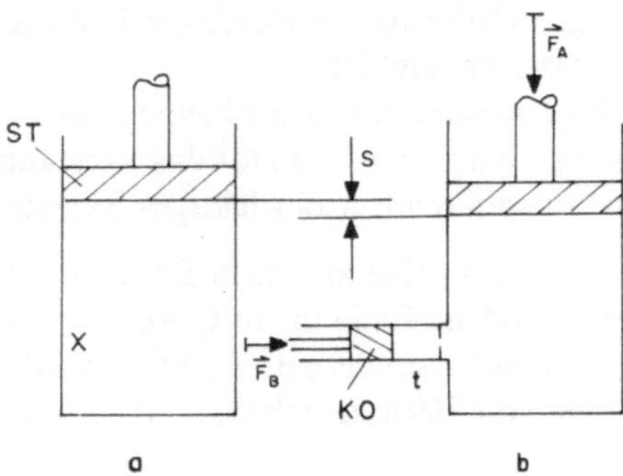

Abb. 5.5. Der vom Stempel *ST* bei *x* erzeugte Druck (Teilbild **a**) läßt sich aus einer einfachen Energiebilanz bestimmen, bei welcher man die von dem Stempel beim Hineindrücken verrichtete Arbeit mit der an dem herausgleitenden Kolben *KO* bei *x* verrichteten Arbeit vergleicht (Teilbild **b**). Näheres im Text

bei x gedrückt. Dort wird der Kolben somit um die Strecke $t = V/B$ gegen die Kraft F_B verschoben, d. h. es wird hier die Arbeit $W_B = p_x \cdot B \cdot t$ verrichtet.

Wegen des Energieerhaltungssatzes müssen die beiden Arbeiten W_A und W_B gleich groß sein: $p_{ST} \cdot A \cdot s = p_x \cdot B \cdot t$, woraus sich sofort

$$p_x = p_{ST}$$

ergibt. Da die Stelle x genauso wie die Richtung des Zylinders beliebig gewählt werden kann, ohne an dem Ergebnis was zu ändern, ist der von einem Stempel erzeugte Druck p_{ST} nicht nur nach allen Richtungen sondern auch an allen Stellen in der Flüssigkeit gleich groß. Die beiden beschriebenen Drücke treten bereits bei ruhenden Fluiden auf, ihre Summe ist der statische Druck $p = F/A + \rho \cdot g \cdot t$.

Schwimmen. Der nach unten in einem Fluid zunehmende Schweredruck ermöglicht das Schwimmen. Auf die tiefer liegenden Körperteile wird ein größerer Druck ausgeübt als auf oben liegende. Die Summe aller auf einen Körper vom Fluid einwirkenden Kräfte wird durch das Archimedische Prinzip beschrieben: Die Auftriebskraft F_A eines Körpers mit dem Volumen V ist gleich der Gewichtskraft des verdrängten Fluids:

$$F_A = \rho \cdot g \cdot V.$$

ρ ist die Massendichte des Fluids.

Auf einen Körper, der dieselbe Gewichtskraft G hat, wie das verdrängte Fluid, wirkt keine resultierende Kraft, er schwebt in dem Fluid. Ist die Gewichtskraft des Körpers kleiner, taucht er aus der Oberfläche einer Flüssigkeit auf, bis

$$F_A = G,$$

er schwimmt. Ist $G > F_A$, sinkt er.

b) Druck durch innere Kräfte

Wir betrachten zunächst einen auf einer gefetteten Fläche liegenden Wassertropfen. Dieser besitzt eine Höhe von etwa 2 Millimeter. Der Schweredruck im Tropfen nimmt von Null an der Oberfläche des Tropfens bis etwa 20 Pa am Boden zu. Der Tropfen wird außen anscheinend von einer Membran zusammengehalten, sonst müßte er auseinander fließen.

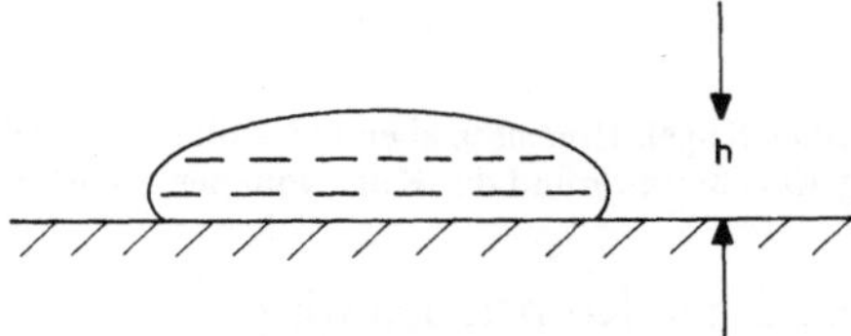

Abb. 5.6. Wassertropfen auf einer gefetteten Unterlage. Die Höhe h beträgt etwa 2 Millimeter

Tatsächlich verhält sich jede Flüssigkeit so, als würde die Oberfläche ähnlich wie eine gespannte Membran auf das Innere drücken. Dies läßt sich leicht verstehen, siehe Abb. 5.7. Im Innern einer Flüssigkeit wirken auf jedes Molekül von seinen Nachbarn her nach allen Richtungen Bindungskräfte. Die Resultierende dieser Kohäsionskräfte ist daher Null. Diese Situation ändert sich für Moleküle nahe oder an der Oberfläche. Mit zunehmender Annäherung an die Oberfläche nehmen die nach außen gerichteten Kräfte immer mehr ab. Für Moleküle direkt an der Oberfläche schließlich bleiben nur mehr nach innen gerichtete resultierende Kräfte. Diese Kräfte erzeugen im Innern der Flüssigkeit einen Druck, den Binnendruck.

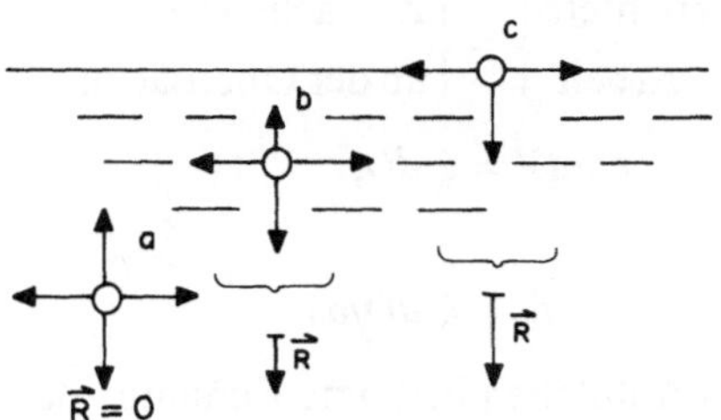

Abb. 5.7. Kohäsionskräfte und Oberflächenenergie von Flüssigkeitsmolekülen. Im Innern (**a**) ist die Resultierende $\mathbf{R} = 0$, nahe der Oberfläche (**b**) verbleibt eine nach innen gerichtete resultierende Kraft, diese hat an der Oberfläche (**c**) ihren größten Wert. Moleküle haben an der Oberfläche eine größere potentielle Energie als im Innern der Flüssigkeit

Andererseits muß, um ein Molekül an die Oberfläche zu bringen, Arbeit gegen die Kohäsionskräfte verrichtet werden, ähnlich wie die Hubarbeit beim Anheben eines Körpers gegen die Schwerkraft. Moleküle an der Oberfläche besitzen dementsprechend eine größere potentielle Energie als Moleküle im Innern. Eine Flüssigkeitsoberfläche ist immer dann im stabilen Gleichgewicht, wenn die Oberflächenenergie den kleinstmöglichen Wert besitzt. Falls nicht noch andere Kräfte auf diese Flüssigkeit einwirken, wird diese einfach aus geometrischen Gründen die Form einer Kugel annehmen. Bei Flüssigkeitskörpern, die so klein sind, daß ihre Gewichtskraft keine wesentliche Rolle spielt, wie bei kleinen Tropfen, ist dies zu sehen.

Laplacesches Gesetz. Die Größe des Binnendrucks in Flüssigkeiten läßt sich aus einer einfachen Energiebilanz bestimmen. Wir betrachten hierzu einen von einer

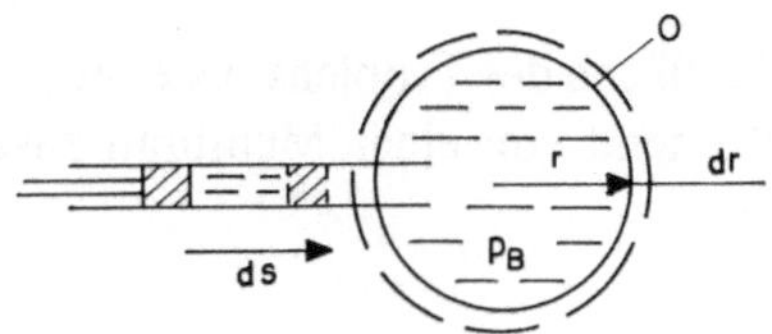

Abb. 5.8. Binnendruck p_B in einer Kugel. Hineinschieben des Kolbens vergrößert die Kugeloberfläche um den Betrag $dO = 8 \cdot r \cdot \pi \cdot dr$ und das Kugelvolumen um $dV = 4 \cdot r^2 \cdot \pi \cdot dr$

elastischen Hülle umschlossenen Körper, den wir mit Hilfe einer Spritze ein wenig aufblähen, s. Abb. 5.8. Hierbei verrichten wir die *Druckarbeit* $dW = F \cdot ds = p_B \cdot A \cdot ds = p_B \cdot dV$ gegen den Druck p_B im Innern der Kugel; A ist die Querschnittfläche des Kolbens, dV ist die Volumenzunahme der Kugel. Wo bleibt diese vom Spritzenkolben verrichtete Arbeit? Sie wird als potentielle Energie der gedehnten Hülle gespeichert, im Falle einer Flüssigkeitskugel auch ohne zusätzliche Hülle in den Molekülen, die durch das Aufblähen zusätzlich an die vergrößerte Oberfläche geschoben worden sind. Je mehr Oberfläche, desto mehr an potentieller Energie ist vorhanden. Die Größe dieser potentiellen Energie E, bezogen auf die Größe der Oberfläche O, ist charakteristisch sowohl für eine etwa vorhandene Hülle, als auch für die Flüssigkeit selbst und heißt Flächendichte der Oberflächenenergie $\zeta = E/O$.

Die Energiebilanz beim Aufblähen eines (beliebigen) Fluidkörpers lautet:

$$\left.\begin{matrix}\text{Verrichtete}\\ \text{Arbeit}\end{matrix}\right\} = \left\{\begin{matrix}\text{Zuwachs an Energie}\\ \text{an der Oberfläche}\end{matrix}\right.$$

$$p_B \cdot dV = \zeta \cdot dO,$$

woraus

$$p_B = \zeta \cdot dO/dV$$

folgt. dO ist die durch das Aufblähen bedingte Zunahme der Kugeloberfläche und ζ ist die Flächendichte der potentiellen Energie der Hülle bzw. der Oberflächenmoleküle. Wegen der Inkompressibilität der Flüssigkeit muß das vom Kolben in die Flüssigkeitskugel gedrückte Volumen gleich der Volumenzunahme dV der Kugel sein.

Für dO und dV gilt bei Kugelgeometrie:

$$\text{Volumen der Kugel: } V = \tfrac{4}{3} \cdot r^3 \cdot \pi \longrightarrow dV/dr = 4 \cdot r^2 \cdot \pi$$
$$\text{Oberfläche der Kugel: } O = 4 \cdot r^2 \cdot \pi \longrightarrow dO/dr = 8 \cdot r \cdot \pi.$$

Eine Veränderung des Kugelradius um dr führt somit zu einer

Volumenänderung um $dV = 4 \cdot r^2 \cdot \pi \cdot dr$ bzw. zu einer
Oberflächenänderung um $dO = 8 \cdot r \cdot \pi \cdot dr$.

Setzt man dies in die obige Energiebilanz ein, so erhält man für den Binnendruck oder Kohäsionsdruck:

$$p_B = 2 \cdot \zeta / r.$$

Dies ist das Laplacesche Gesetz für kugelförmige Geometrie. p_B ist der Druck, der, bedingt durch die Kohäsionskräfte der Flüssigkeitsmoleküle, im Innern einer Flüssigkeitskugel herrscht oder, bedingt durch die in einer Hülle tangential wirkende Oberflächenspannung ζ, in derem Innern. Man beachte, daß ζ nicht wie üblich als Kraft, bezogen auf eine Fläche, sondern als Kraft, bezogen auf die Länge einer gedachten Schnittlinie in der Oberfläche aufzufassen ist.

Dieses Gesetz gilt auch für elastische kugelförmige Hohlorgane, wie beispielsweise die Harnblase. Der Druck in der Harnblase ist tatsächlich innerhalb weiter Grenzen indirekt proportional zum Radius. Dies bedeutet, daß die Wandspannung ζ konstant bleibt. Der Blasenmuskel verformt sich also *plastisch*, ohne Zunahme der Spannung. (Dies ist eine allgemeine Eigenschaft glatter Muskel.)

Die stoffspezifische Flächendichte der Oberflächenenergie ζ könnte durch Radien- und Druckmessung an einer Flüssigkeitskugel bestimmt werden. Praktikabler und auch lehrreicher ist jedoch das Ring-Tensiometer. Dabei wird ein waagrecht aufgehängter Ring in die Flüssigkeit getaucht und vorsichtig herausgezogen, bis der an ihm hängende Flüssigkeitskragen (mit der Oberfläche A) abreißt. Aus der dabei verrichteten Arbeit W läßt sich die spezifische Oberflächenenergie bestimmen. Die Flächendichte der Oberflächenenergie ζ dieser Flüssigkeit ist gleich der beim Herausziehen der zylindermantel-förmigen Flüssigkeitslamelle aus der Oberfläche verrichteten Arbeit, bezogen auf die Größe der Lamellenoberfläche: $\zeta = W/A$, s. Beispiel 5.6.

Die Oberflächenspannung von Flüssigkeiten wird durch gelöste Stoffe stark beeinflußt. Läßt man beispielsweise Wasser aus einer Pipette in ein mit CO_2

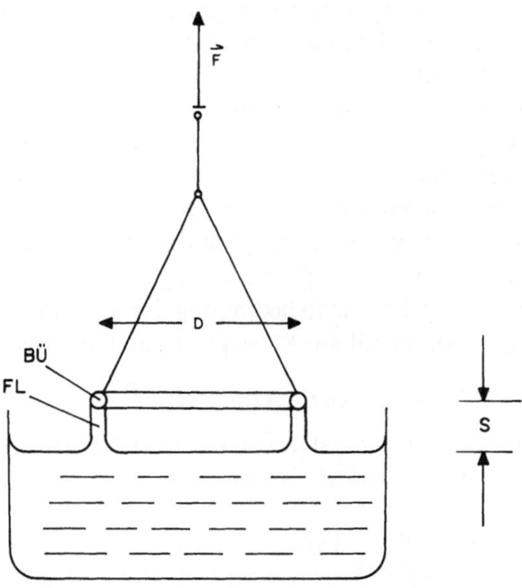

Abb. 5.9. Ring-Tensiometer-Methode zur Messung der Flächendichte der Oberflächenenergie ζ. **F** verrichtet Arbeit sowohl beim Anheben des Bügels *BÜ* gegen dessen Gewichtskraft (**G**) als auch beim Herausziehen der Flüssigkeitslamelle *FL* gegen die Kohäsionskräfte der Flüssigkeit

gefülltes Gefäß tropfen, wird die Tropfengröße erheblich vermindert, weil sich CO_2 im Wasser löst. Die Werte in Tabelle 5.2 beziehen sich auf Luft.

Ähnlich wie ein Flüssigkeitstropfen verhält sich auch eine Blase in einer Flüssigkeit. Die Energiebilanz beim Vergrößern einer Blase verläuft völlig analog wie oben für einen Flüssigkeitstropfen. In einer Blase herrscht demnach derselbe Druck wie im Tropfen gleichen Durchmessers. Der Begriff „Oberflächenspannung" wird hier besonders anschaulich. Analoges gilt auch für Schaumblasen, wobei hier wegen der doppelt großen Oberfläche (innen und außen!) der Binnendruck ebenfalls doppelt so groß ist.

Grenzflächenspannung. Wo Flüssigkeiten in Kontakt mit anderen Körpern sind, beispielsweise mit Behälterwänden, treten Adhäsionskräfte auf; diese sind die Grundlage für die Kapillarwirkung. Während die Kapillarwirkung beispielsweise den Säftestrom der Pflanzen transportiert, kommt ihr für die Blutströmung in den Kapillargefäßen offenbar keine Transportfunktion zu. Anders ist dies bei der Entnahme geringer Blutmengen mittels Glaskapillaren.

An der Gefäßwand zeigt die sonst ebene freie Oberfläche von Flüssigkeiten eine mehr oder weniger deutlich ausgeprägte Krümmung. Je nach Flüssigkeit und Wandmaterial steht die Flüssigkeit an der Gefäßwand höher oder niedriger als in der Mitte. Wasser beispielsweise in einem Glasgefäß steht an Rand höher; fettet man die Glaswand, steht das Wasser am Rand niedriger.

Dies läßt sich leicht verstehen, wenn man alle auf die Flüssigkeitsmoleküle wirksamen Kohäsions- und Adhäsionskräfte berücksichtigt. Wir hatten bereits bei der Oberflächenenergie gesehen, daß diese zu einer Spannung ζ führt, deren zugehörige Kraft tangential zur Oberfläche liegt. An den Grenzflächen zur Behälterwand wird die Größe der Oberflächenenergie von den Adhäsionskräften entscheidend mitbestimmt. Man spricht daher genauer von „Grenzflächenenergie". Diese führt ebenfalls zu einer Spannung, der Grenzflächenspannung, deren zugehörige Kraft ebenfalls tangential zur Grenzfläche liegt.

Genau genommen ist auch die freie Oberfläche einer Flüssigkeit eine Grenzfläche u. zw. zum darüberliegenden Dampf oder einem anderen Gas (Luft) hin. Auf die freie Oberfläche wirken somit an der Gefäßwand drei verschiedene Grenzflächenspannungen (die wir im folgenden als Vektoren in Richtung der zugehörigen Kräfte beschreiben): die Grenzflächenspannung $\boldsymbol{\zeta}_{FG}$ an der Grenzfläche Flüssigkeit/Gas, $\boldsymbol{\zeta}_{WF}$ an der Grenzfläche Wand/Flüssigkeit und $\boldsymbol{\zeta}_{WG}$ an der Grenzfläche Wand/Gas. Damit läßt sich nun die Gleichgewichtsbedingung der Vertikalkomponenten dieser Kräfte für ein Flüssigkeitsmolekül am Flüssigkeitsrand ausdrücken durch:

$$\zeta_{WF} - \zeta_{WG} - \zeta_{FG} \cdot \cos\beta = 0.$$

Die Horizontalkomponenten können außer Betracht bleiben; $\zeta_{FG} \cdot \sin\beta$ findet eine Reaktionskraft in der Behälterwand, für die wir uns hier nicht zu interessieren brauchen.

a) Ist $\zeta_{WF} - \zeta_{WG} > \zeta_{FG}$, gibt es keine (reelle) Lösung der obigen Gleichung für den Randwinkel β. Es ist kein Gleichgewicht möglich. In diesem Fall dominiert die Adhäsion der Flüssigkeit an die Wand. Die Flüssigkeit kriecht die Wand entlang und benetzt deren gesamte Oberfläche. Der Randwinkel β ist hier Null. Beispiel: Wasser auf Glas.

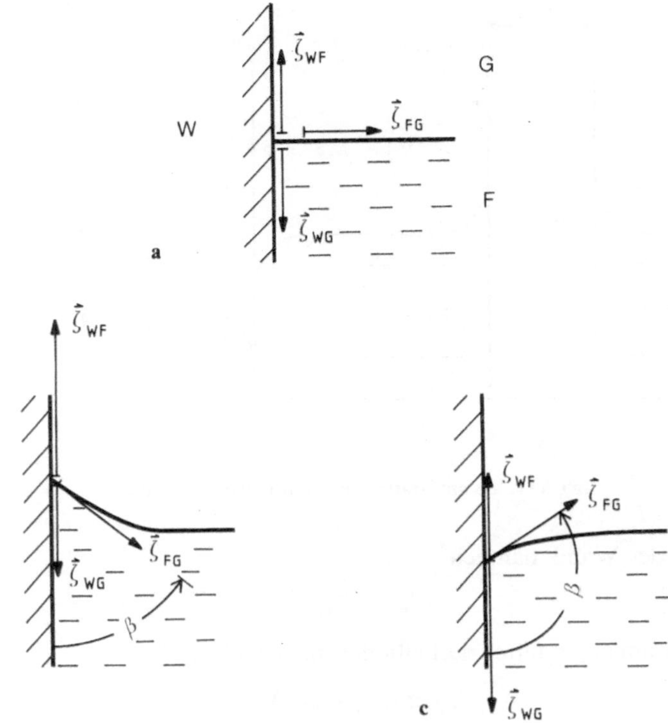

Abb. 5.10. Entstehung des Randwinkels β. W = Gefäßwand, F = Flüssigkeit, G = Gas. **a** Auf ein Flüssigkeitsmolekül am Rand der freien Oberfläche wirken die Grenzflächenspannungen ζ_{FG}, ζ_{WF} und ζ_{WG} u. zw. tangential zu den jeweiligen Grenzflächen. **b** Flüssigkeitsoberfläche bei benetzender Flüssigkeit. **c** Flüssigkeitsoberfläche bei nichtbenetzender Flüssigkeit

b) Für $0 < \zeta_{WF} - \zeta_{WG} \leqq \zeta_{FG}$ gibt es eine Lösung für den Randwinkel β: $\pi/2 > \beta \geqq 0$. Die Flüssigkeitsmoleküle steigen an der Wand so weit hinauf, bis sich Gleichgewicht zwischen den drei Grenzflächenspannungen einstellt. Die Flüssigkeit benetzt die Wand, ihre Oberfläche ist dort konkav gewölbt, s. Abb. 5.10 b).

c) Ist $\zeta_{WF} - \zeta_{WG} < 0$ dominiert die Adhäsion des Gases bzw. Dampfes. Der Randwinkel β wird größer als $\pi/2$. Die Flüssigkeit benetzt die Wand nicht, die Flüssigkeitsoberfläche wird am Rand konvex gewölbt, s. Abb. 5.10 c). Beispiel: Quecksilber in Glasbehälter.

Kapillarwirkung. Kapillaren sind Röhrchen mit so kleinem Innendurchmesser, daß die gekrümmten Randzonen der freien Oberfläche einer Flüssigkeit ineinander übergehen. Taucht man eine solche Kapillare in eine Flüssigkeit, beobachtet man bei nichtbenetzenden Flüssigkeiten eine Hemmung des Eindringens (Kapillardepression) und bei benetzenden Flüssigkeiten ein Verstärkung des Eindringens (Kapillarattraktion) der Flüssigkeit in das Innere des Röhrchens, s. Abb. 5.11.

Die Kapillarwirkung ist umso stärker ausgeprägt, je kleiner der Innendurchmesser des Röhrchens ist. Die Größe der Kapillarwirkung h läßt sich folgend bestimmen: Nach oben bzw. unten wirkt am Umfang die resultierende Grenzflächen-

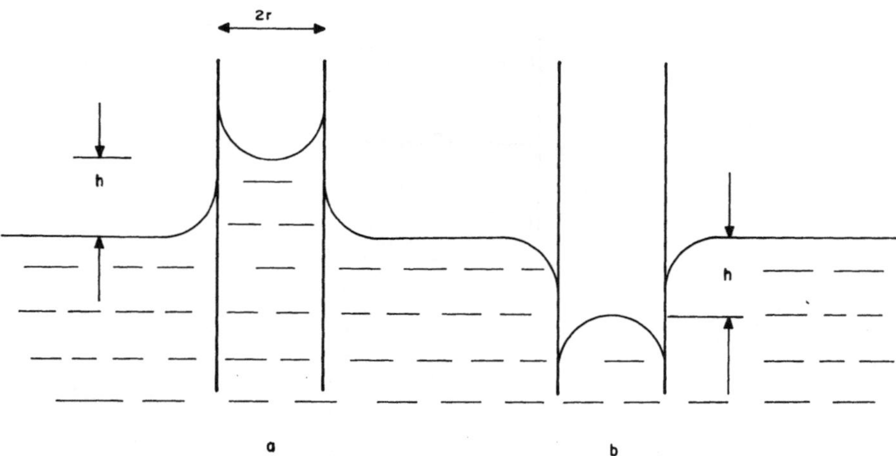

Abb. 5.11. **a** Kapillarattraktion, **b** Kapillardepression

spannung an der Wand, nämlich

$$\zeta_{WF} - \zeta_{WG}$$

Mit dem Rohrumfang multipliziert gibt das die Aktionskraft

$$2 \cdot r \cdot \pi \cdot (\zeta_{WF} - \zeta_{WG}).$$

Dieser Aktionskraft steht als Reaktionskraft die Gewichtskraft der Flüssigkeitssäule

$$r^2 \cdot \pi \cdot h \cdot \rho \cdot g$$

gegenüber. Im Gleichgewicht sind beide gleich groß; für h erhält man durch Gleichsetzen dieser beiden Kräfte:

$$h = 2 \cdot (\zeta_{WF} - \zeta_{WG})/(r \cdot \rho \cdot g).$$

h ist positiv bei benetzender Flüssigkeit und negativ bei nicht benetzender Flüssigkeit. Hierbei muß allerdings noch folgendes beachtet werden: Ist der Betrag von $\zeta_{WF} - \zeta_{WG}$ größer als ζ_{FG}, reißt die Flüssigkeitsoberfläche auf. Die maximal erreichbare Kapillarwirkung beträgt dann

$$h = 2 \cdot \zeta_{FG}/(r \cdot \rho \cdot g).$$

Bei schräg gehaltener Kapillare steigt die Flüssigkeit entsprechend weiter; eine horizontal gehaltene Kapillare füllt sich vollständig. Darauf beruht die Kapillarpipette zur Aufnahme kleiner Blutmengen.

c) Druckmessung

Direkte Druckmessung bedeutet das Anbringen von Anschlüssen wie Rohre, Kanülen oder Katheter an den zu messenden Raum, um eine Verbindung mit dem Manometer herzustellen. In der Medizin sind wegen der damit für den Patienten verbundenen erheblichen Belastung verschiedene indirekte Methoden entwickelt worden, die den Druck in einem Organ ohne direkten Zugang zu dem unter Druck stehenden Volumen messen. Die in der Augenheilkunde benutzte *Tonometrie* zur Messung des Innendruck des Auges ist ein Beispiel hierzu. Ebenso die derzeit gebräuchlichen Verfahren zur indirekten Messung des Blutdrucks mit Hilfe einer *Druckmanschette*, die über einer Arterie im proximalen Teil einer Extremität angelegt wird. Der Druck in der Manschette wird mittels eines Manometers gemessen. Zum Verständnis des Zusammenhangs des Manschettendrucks mit dem zu messenden Blutdruck sowie zur Unterscheidung der systolischen und diastolischen Druckwerte ist die Kenntnis hydrodynamischer Eigenschaften der Blutströmung erforderlich. Wir gehen dahen auf dieses von Riva-Rocci eingeführte Druckmeßverfahren erst im Anschluß an die Hydrodynamik ein (Beispiel 5.31).

U-Rohr-Manometer. Es besteht, wie schon der Name andeutet, aus einem U-förmig gebogenen Glasrohr, welches meist mit Quecksilber oder Wasser gefüllt ist. Ein Schenkel des *U* wird mit dem Behälter verbunden, dessen Druck zu messen ist.

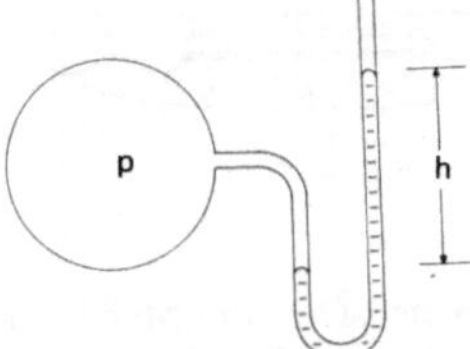

Abb. 5.12. U-Rohr-Manometer. Die Flüssigkeitssäule befindet sich im Gleichgewicht. Der auf die Flüssigkeitsoberfläche im linken Schenkel wirkende zusätzliche Druck p hat daher die Größe $p = \rho \cdot g \cdot h$, mit ρ = Massendichte der Flüssigkeit im Manometer

Mit Flüssigkeit gefüllte U-Rohr-Manometer sind zwar verläßlich und präzise in der Anzeige stationärer Drücke, jedoch sehr umständlich in der Handhabung. Schnelle Druckänderungen werden wegen der Massenträgheit der Flüssigkeit nicht oder nur verzerrt angezeigt. Diese Manometer werden daher hauptsächlich zur

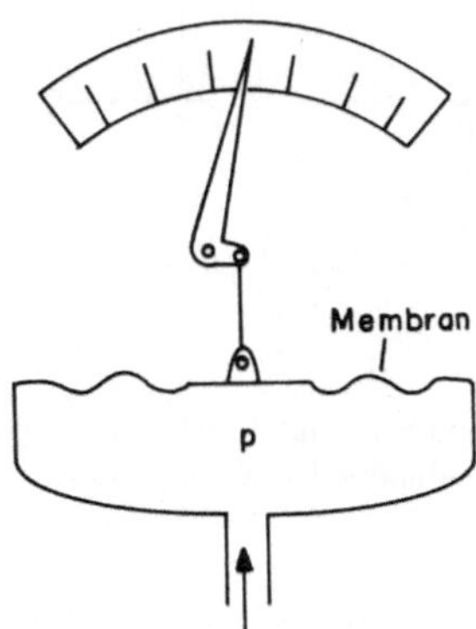

Abb. 5.13. Mechanisches Membranmanometer. Die vom Meßdruck p hervorgerufene Verschiebung der Membran bewegt den Zeiger

Kalibrierung der verschiedenen in der Druckmeßtechnik benutzten Meßgeräte und Druckwandler eingesetzt. (Druckwandler wandeln den vorliegenden Druck in eine andere—meist elektrische—Größe um, die dann angezeigt wird.)

Mechanisches Membranmanometer. Dieses besteht aus einer Meßkammer, deren eine Wand von einer elastischen Membran gebildet wird. Diese Meßkammer wird mit dem zu messenden Druckraum verbunden. Eine Druckdifferenz p gegenüber dem Außendruck dieser Meßkammer verformt diese Membran und wird von einem Zeiger angezeigt. (S. Abb. 5.13.)

Elektrisches Membranmanometer. Hier trägt die Membran die eine Platte eines Plattenkondensators. Die andere Kondensatorplatte befindet sich, isoliert angebracht, an der Außenwand des Manometers. Der Meßdruck p verändert den Plattenabstand und damit die Kapazität dieses Kondensators. Letztere wird elektrisch gemessen und gibt ein Maß für den Druck p.

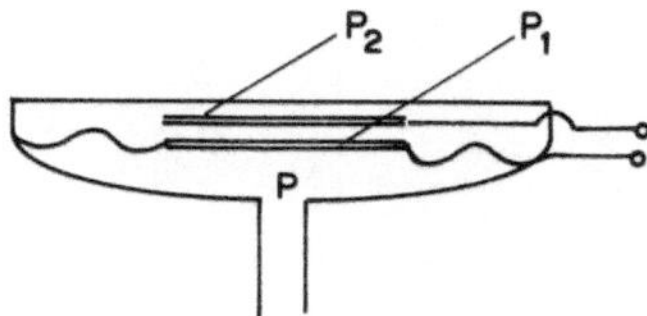

Abb. 5.14. Elektrisches Membranmanometer. Die vom Meßdruck geänderte elektrische Kapazität des aus den Platten P_1 und P_2 bestehenden Kondensators dient als indirekte Meßgröße

Membranmanometer mit elektrischen Dehnungsmeßstreifen. Hier wird die Verformung der Membran auf vier elektrische Dehnungsmeßstreifen übertragen. Die Dehnung bzw. Stauchung führt zu einer Änderung der elektrischen Widerstände der Meßstreifen, was durch eine elektrische Brückenschaltung mit hoher Empfindlichkeit und Genauigkeit gemessen wird.

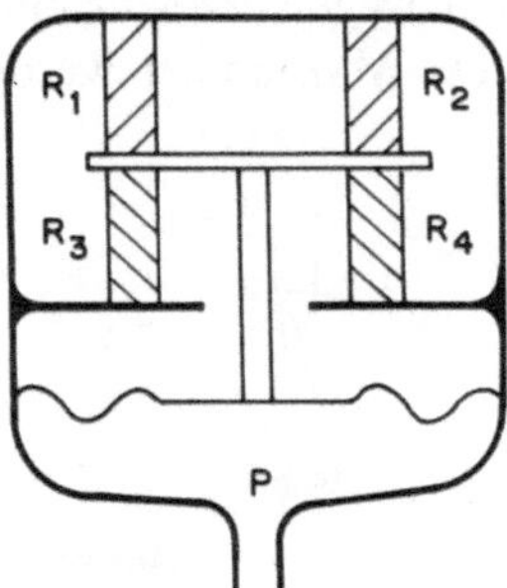

Abb. 5.15. Elektrisches Membranmanometer mit 4 Dehnungsmeßstreifen mit den elektrischen Widerständen R_1, R_2, R_3 und R_4

Eine *direkte Druckmessung* im Kreislauf ist mit Hilfe von Kanülen oder Kathetern möglich. Solche Messungen erfolgen entweder für Forschungszwecke, bei kontrollierter Blutdrucksenkung im Operationssaal, in der Intensivstation oder im Rahmen der kardiologischen Diagnostik. Bei der externen Druckmessung wird ein flüssigkeitsgefüllter Katheter durch perkutane Punktion einer größeren Arterie oder Vene zur Meßstelle geführt.

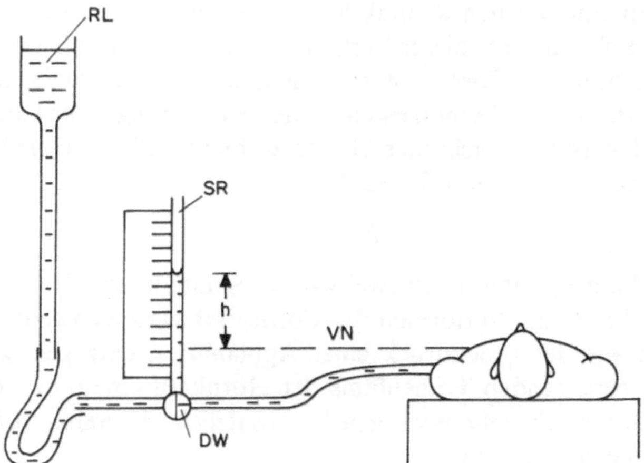

Abb. 5.16. Direkte Druckmessung mit dem Steigrohr (*SR*). Zur Registrierung des zentralen Venendrucks ist ein Katheter über die Ellenbogenvene in den rechten Vorhof des Herzens eingeführt. Abzulesen ist die Differenz *h* zwischen Steighöhe und Vorhofniveau *VN*. *DW* = Dreiwegehahn. Die Ringer-Lösung *RL* ist im einfachsten Fall eine heparinisierte isotone Kochsalzlösung. Der Blutdruck beträgt $p = \rho \cdot g \cdot h = h \cdot 10\,\mathrm{kPa \cdot m^{-1}}$ oder $= h \cdot 0{,}78\,\mathrm{Torr \cdot cm^{-1}}$. Arterielle Drücke mit dem Steigrohr direkt zu messen, ist problematisch, s. Aufgabe 5.2

Bei der direkten externen Blutdruckmessung ist das Manometer am externen Ende des Katheters angeschlossen. Nachteilig hierbei ist, daß sich der zu messende Druck durch die gesamte Flüssigkeit im Katheter bis zum Manometer fortpflanzen muß. Der Katheter wirkt hierbei etwa wie ein Windkessel. Dadurch werden vor allem schnelle Druckveränderungen ausgeglichen und nicht registriert. Um auch höherfrequente Druckverläufe, wie in der Herzdiagnostik zur Aufzeichnung intrakardialer Geräusche erforderlich, sicher registrieren zu können, benutzt man sogenannte Kathetertip-Manometer. Hier befindet sich eine kleine Drucksonde an der Spitze des Katheters, ihre elektrischen Anschlüsse werden durch den Katheter nach außen geleitet. Die notwendige Miniaturbauweise solcher Manometer erreicht man durch Ausführung der Dehnungsmeßstreifen in Halbleitertechnik.

Tonometrie: Messung des intraokulären Drucks. Die wegen der geforderten Abbildungsqualität des Auges notwendige hohe Formstabilität der Cornea wird dadurch sichergestellt, daß sie unter einem konstanten Druck von innen her steht. Dieser intraokuläre Druck entsteht aufgrund eines dynamischen Gleichgewichts zwischen der Produktion des Kammerwassers in den Ziliarzotten und seinem Abfluß durch das Trabekelwerk im Vorderkammerwinkel. Dieser Druck liegt normalerweise zwischen 10 und 22 Torr. Ist das beschriebene dynamische Gleichgewicht gestört, steigt der Augeninnendruck. Dies führt in der Regel zum Glaukom, einer häufigen Erblindungsursache in den Industrieländern.

Zur Messung des Augeninnendrucks sind mehrere indirekte Verfahren entwickelt worden. Bei der Impressionstonometrie wird von einem Druckstift mit einer bestimmten Kraft in der Cornea eine Eindellung hervorgerufen und gemessen. Bei der Applanationsmethode wird die Kraft gemessen, die zur Abflachung der Cornea beim Andrücken einer ebenen Kontaktfläche über eine festgelegte Fläche hinweg erforderlich ist. Eine Variante dieser Verfahren benutzt einen Luftstrahl zur Eindellung bzw. Abflachung der Cornea. Wir betrachten im folgenden die *Goldmannsche Applanationsmethode*. Drückt man einen ebenen Körper gegen die Cornea, so sollte zunächst nach dem Imbert-Fickschen Gesetz die hierzu erforderliche Kraft F gleich Innendruck p mal Applanationsfläche A sein:

$$F = p \cdot A.$$

In der Realität kommen aber noch zwei weitere Kräfte hinzu. Zum einen muß ein Teil der Anpreßkraft zum Verformen der Cornea selbst aufgewandt werden; diese Kraft F_C wirkt wie der Innendruck einer Applanation entgegen. Zum anderen tritt wegen des benetzenden Tränenfilms der Hornhaut eine durch die Grenzflächenspannung dieses Tränenfilms verursachte zusätzliche Anpreßkraft F_G auf. Daher lautet das Kräftegleichgewicht:

$$F + F_G = F_C + p \cdot A.$$

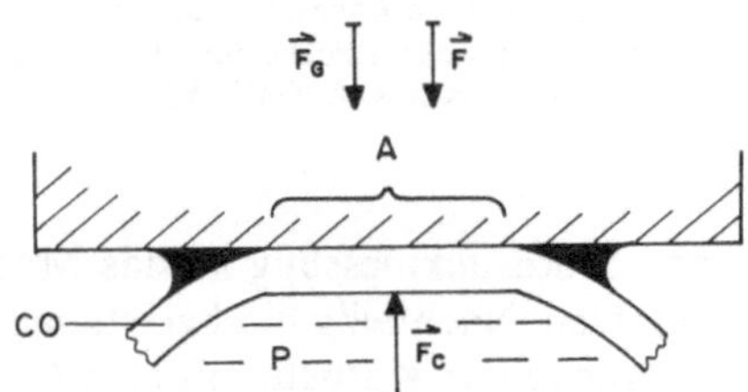

Abb. 5.17. Applanationsmethode nach Goldmann zur Messung des Augeninnendrucks. Gemessen wird F für eine Applanationsfläche A von 3,06 mm Durchmesser. Dann ist nämlich $F_G = F_C$ und der zehnfache Zahlenwert von F mit der Einheit 1 p (= 10 mN) gemessen gibt—empirisch gefunden—p in Torr) CO = Cornea

Zusammenfassung 5.A

I. Wirkt eine Kraft F auf die Oberfläche eines Fluids, erzeugt die normal auf diese Fläche orientierte Kraftkomponente F_N einen

$$\text{Druck } p = \frac{\text{Kraftkomponente normal auf die Fläche}}{\text{Fläche } A} = F_N/A. \tag{5.1}$$

Die Einheit von p ist

$$[p] = \frac{1\,\mathrm{N}}{1\,\mathrm{m}^2} = 1\,\mathrm{N \cdot m^{-2}} = 1 \text{ Pascal} = 1\,\mathrm{Pa}.$$

Weiters sind gebräuchlich:

$$1\,\mathrm{Torr} = 133{,}3\,\mathrm{Pa}$$
$$1\,\mathrm{at} = 1{,}01325 \cdot 10^5\,\mathrm{Pa}.$$

Die Kompressibilität χ von Fluiden ist:

$$\text{Kompressibilität } \chi = \frac{dV/V}{dp}. \tag{5.2}$$

Die internationalen Standardbedingungen für Fluide (Standard Temperature and Pressure; kurz: STP) sind:

$$T = 0\,°\text{C}, \qquad p = 101\,325\,\text{Pa} = 760\,\text{Torr}.$$

II. Der Schweredruck p_{SW} in einer Flüssigkeit mit der Massendichte ρ ist nach allen Richtungen gleich und nur abhängig vom vertikalen Abstand t des Meßpunkts vom Flüssigkeitsspiegel:

$$p_{SW} = \rho \cdot g \cdot t. \tag{5.3}$$

Der Stempeldruck

$$p_{ST} = F/A \tag{5.4}$$

(F = Stempelkraft, A = Kolbenfläche) ist an allen Stellen sowie nach allen Richtungen gleich groß.

Schweredruck und Stempeldruck treten bereits bei ruhenden Fluiden auf, ihre Summe ist der

$$\text{statische Druck } p = F/A + \rho \cdot g \cdot t. \tag{5.5}$$

III. Das Laplacesche Gesetz gibt für den Druck im Innern einer unter der Oberflächenspannung ζ stehenden Hülle:

$$p_B = \zeta \cdot dO/dV. \tag{5.6}$$

Das gibt für Zylindergeometrie (Radius r)

$$p_B = \zeta/r$$

und für Kugelgeometrie

$$p_B = 2 \cdot \zeta/r \tag{5.7}$$

IV. Nach dem Archimedischen Prinzip ist die Auftriebskraft $\mathbf{F}_A$ eines Körpers mit dem Volumen V und der Gewichtskraft $\mathbf{G}$ in einem Fluid mit der Massendichte ρ gleich der Gewichtskraft des verdrängten Fluids:

$$F_A = \rho \cdot g \cdot V. \tag{5.8}$$

Ist $G < F_A$ schwimmt der Körper (falls es sich bei dem Fluid um eine Flüssigkeit handelt), bei $G = F_A$ schwebt er und bei $G > F_A$ sinkt er.

Beispiel 5.1. Die Kompressibilität von Wasser beträgt $\chi = 4{,}5 \cdot 10^{-10}\,\text{Pa}^{-1}$. Um welches Volumen wird 1 Liter Meerwasser in $t = 1000$ Meter Tiefe zusammengedrückt.

$$\Delta V = V \cdot \chi \cdot \Delta p = V \cdot \chi \cdot \rho \cdot g \cdot t = 10^{-3}\,\text{m}^3 \cdot 4{,}5 \cdot 10^{-10}\,\text{Pa}^{-1} \cdot 10^3\,\text{kg} \cdot \text{m}^{-3} \cdot 9{,}81\,\text{m} \cdot \text{s}^{-2} \cdot 1000\,\text{m} = 4{,}4\,\text{cm}^3.$$

Tabelle 5.2. Oberflächenenergiedichten bzw. Oberflächenspannungen ζ einiger Flüssigkeiten in Luft

Stoff	Oberflächenenergiedichte ζ
Äthyläther bei 18 °C	$0{,}017\,\text{N} \cdot \text{m}^{-1}$
Wasser bei 80 °C	$0{,}062\,\text{N} \cdot \text{m}^{-1}$
Wasser bei 0 °C	$0{,}075\,\text{N} \cdot \text{m}^{-1}$
Quecksilber	$0{,}50\,\text{N} \cdot \text{m}^{-1}$

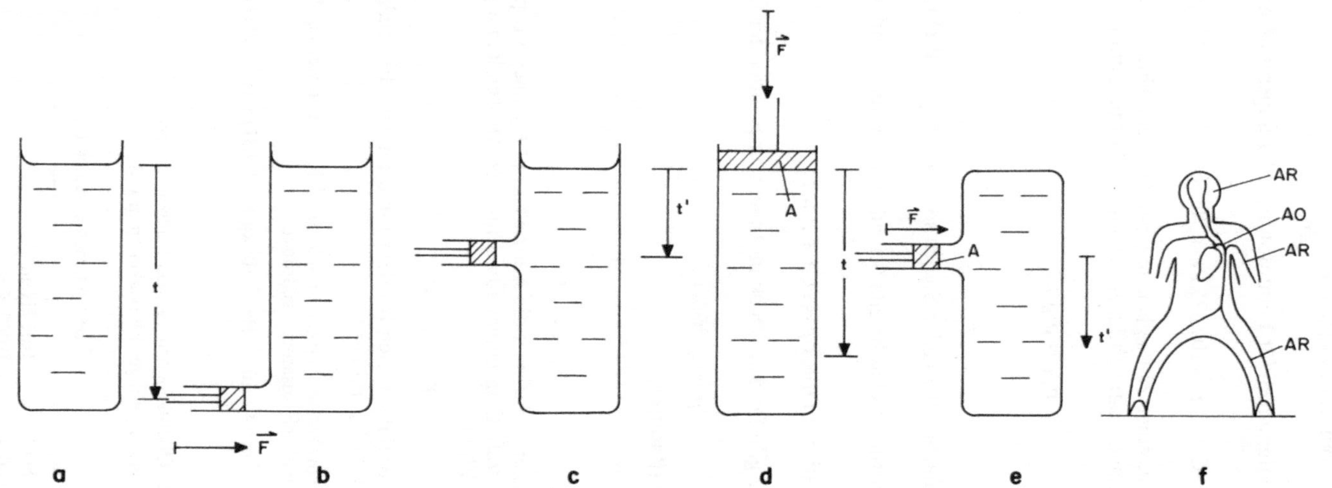

Abb. 5.18. Statischer Druck. **a** Hier herrscht nur der Schweredruck $p = \rho \cdot g \cdot t$ entsprechend dem Abstand t von der freien Oberfläche. **b** Auch hier ist der Druck $p = \rho \cdot g \cdot t$; der Stempel muß mit der Kraft $F = A \cdot \rho \cdot g \cdot t$ drücken. **c** Hier ist die Druckverteilung ebenfalls durch den Schweredruck festgelegt. Der Stempel muß mit der Kraft $F = A \cdot \rho \cdot g \cdot t'$ drücken. **d** Nun addiert sich zum Schweredruck $\rho \cdot g \cdot t$ der Stempeldruck F/A. **e** Auf der Höhe des Stempels ist $p = F/A$. Auf anderen Höhen ist $p = F/A + \rho \cdot g \cdot t'$, wobei t' vom Stempel aus nach unten positiv und nach oben negativ zu zählen ist. **f** Da die Arterien (*AR*) als kommunizierende Gefäße zu betrachten sind, liegt in ihnen dieselbe Druckverteilung wie bei **e** vor (Stempeldruck = Druck in der Aorta *AO*)—wobei wir hier den dynamischen Druck und das durch die innere Reibung bedingte Druckgefälle vernachlässigen

Beispiel 5.2. Der Schweredruck p_{SW} in den Blutgefäßen im Fuß eines aufrecht stehenden 1,80 m großen Menschen beträgt

$$p_{SW} = \rho \cdot g \cdot t = 1065\,\text{kg} \cdot \text{m}^{-3} \cdot 9{,}80665\,\text{m} \cdot \text{s}^{-2} \cdot 1{,}8\,\text{m} = 18\,799\,\text{Pa} = 138{,}7\,\text{Torr}.$$

Beispiel 5.3. Aus $p_{SW} = \rho \cdot g \cdot t$ folgt, daß Blutdruckmessungen je 1 cm Höhendifferenz der Meßstellen allein aufgrund des Schweredrucks eine Differenz von 104 Pa oder 0,78 Torr aufweisen.

Beispiel 5.4. Schiebt man den Kolben in Abb. 5.5, Teilbild b, nach innen, wird der Stempel nach oben gedrückt. Die hierbei auftretenden Kräfte F_A und F_B verhalten sich wegen des überall gleich großen Stempeldrucks wie Flächen: $F_A : F_B = A : B$. Verhalten sich also z. B. die Radien von Kolben und Stempel wie 1 : 10, dann verhalten sich die Kräfte $F_A : F_B$ wie 1 : 100, d. h. man kann bei entsprechenden Querschnittsflächen A und B mittels geringer Kräfte am Kolben riesige Kräfte am Stempel erzeugen. Dies ist die Grundlage der hydraulischen Pressen, Wagenheber und Bremsen.

Beispiel 5.5. Statischer Druck in 10 m tiefem Wasser. Zunächst wirkt hier—ähnlich wie ein Stempel—der Schweredruck der Luft auf die Wasseroberfläche; dieser beträgt (mittlerer Luftdruck) 101 325 Pa = 760 Torr = 1 Atmosphäre. Hinzu kommt noch der Schweredruck des Wassers mit

$$\rho \cdot g \cdot t = 10^3\,\text{kg} \cdot \text{m}^{-3} \cdot 9{,}80665\,\text{m} \cdot \text{s}^{-2} \cdot 10\,\text{m} = 98\,066{,}5\,\text{Pa}.$$

Der Druck in 10 m Wassertiefe beträgt insgesamt rund 2 Atmosphären.

Beispiel 5.6. Bestimmung der Oberflächenspannung von Wasser mittels des Ring-Tensiometers von Abb. 5.9: $F = 0{,}162\,\text{N}$.

Gewichtskraft G des Tensiometer-Rings = 0,154 N. Ring-Umfang $U = D \cdot \pi = 65\,\text{mm}$.

$$\zeta = W/A = \frac{(F-G) \cdot s}{2 \cdot U \cdot s} = \frac{(F-G)}{2 \cdot U} = 0{,}062\,\text{N} \cdot \text{m}^{-1}.$$

Man kann ζ auch als Kraft der Flüssigkeitslamelle pro Breite U der neu gebildeten Oberfläche auffassen. Von daher kommt die Bezeichnung „Oberflächenspannung". Abweichend jedoch vom üblichen Gebrauch des Begriffs „Spannung" als Kraft, bezogen auf eine Fläche (s. Kapitel 2.2), wird hier die Kraft auf eine Strecke bezogen!

Beispiel 5.7. Tropfengeber.

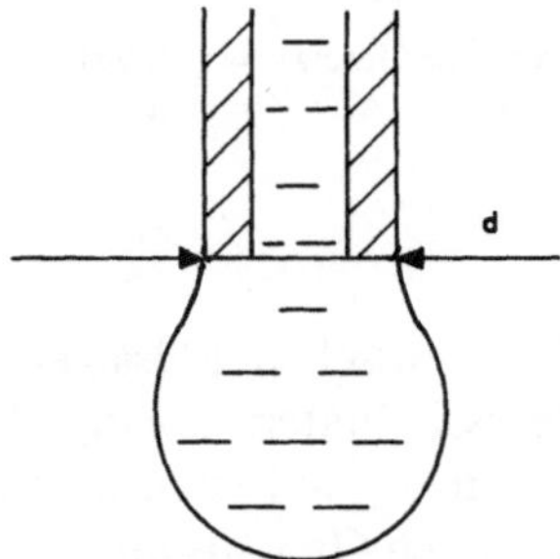

Abb. 5.19. Tropfenbildung an einer Pipettenspitze. Der Tropfen hängt am Umfang $\pi \cdot d$ der Pipette

Der Tropfen (Volumen V, Massendichte ρ) reißt ab, wenn seine Gewichtskraft G die ihn haltende Kraft überschreitet. Das geschieht zuerst an der engsten Stelle mit dem Umfang $\pi \cdot d$, sobald

$$G = \rho \cdot V \cdot g = \pi \cdot d \cdot \zeta$$

bzw. geringfügig größer wird. Die Masse $m = G/g$ des abfallenden Tropfens ist allerdings kleiner als berechnet, weil ein Teil an der Abtropffläche der Pipette hängen bleibt.

Beispiel 5.8. Entstehung eines Aneurysmas: Nach Gleichung 5.7 ist die Oberflächenspannung in einer Gefäßwand $\zeta = p \cdot r$, also bei festem Druck im Innern proportional zum Gefäßradius. Entsteht aufgrund vorhergehender Schädigungen einer Gefäßwand eine Ausbuchtung (Aneurysma), nimmt r zu, d. h. die Wandspannung steigt weiter an. Oft bleibt ein Platzen des Gefäßes nur aus, weil das umgebende Gewebe die Gefäßwand abstützt. Ein Platzen beispielsweise von Hirnarterien kann zum Hirnschlag führen.

Beispiel 5.9. Die Oberflächenenergiedichte ist von erheblicher Bedeutung für die Lungenatmung. Die Oberflächenspannung des Flüssigkeitsfilms, der die Alveolen auskleidet, beeinflußt ganz wesentlich die Gewebeelastizität der Lunge. Besäße dieser Flüssigkeitsfilm die Oberflächenenergiedichte von Wasser, würden die Alveolen (Durchmesser etwa 0,15 mm) kollabieren. Das in dieser Flüssigkeit gelöste CO_2 vermindert deren Oberflächenspannung nur unbedeutend. Vielmehr enthält dieser Flüssigkeitsfilm ein 2-Phasengemisch aus Proteinen und Lipiden, das sogenannte „Surfactant", welches in den Epithelzellen gesunder Alveolen gebildet wird. Dieses Surfactant wirkt ähnlich wie Detergentien. Die verbleibende Oberflächenspannung ist etwa um den Faktor 10 reduziert und ist anomal: d. h. sie ist abhängig von der Größe der Oberfläche; in gedehnten Alveolen ist die Wirkung reduziert.

Bei Frühgeborenen ist die Lunge noch unreif und wegen Mangels an Surfactant nicht entfaltet. Die übliche künstliche Beatmung schädigt mitunter das empfindliche Lungengewebe. Man untersucht daher auch die Möglichkeit einer Flüssigatmung, bei welcher eine gut mit Sauerstoff beladbare Flüssigkeit mit sehr geringer Oberflächenspannung die Rolle der Luft übernimmt. Bei der Flüssigkeit handelt es sich um Perfluorkohlenstoff, einer Substanz, die wegen ihrer Reaktionsträgheit das Lungengewebe schont.

Aufgabe 5.1. Bei der Messung des Blutdrucks mittels der Riva-Rocci-Manschette (s. Beispiel 5.31) ist das Meßergebnis von der Position der Manschette bzw. der Lage des Oberarms abhängig. Berechnen Sie die zu erwartende Druckdifferenz Δp für den Fall, daß die Manschette sich 10 cm höher als vorgeschrieben befindet.

Aufgabe 5.2. Welche Steighöhen h treten bei der Blutdruckmessung mit dem Steigrohr auf: a) bei der Messung eines Venendrucks von 10 Torr (z. B. in der Hohlvene), b) bei der Messung eines Arteriendrucks von 120 Torr (z. B. systolischer Druck in der Aorta).

Aufgabe 5.3. Gießt man etwas Quecksilber auf eine Unterlage, bilden sich kugelförmige Tröpfchen. Je kleiner die Tröpfchen, desto präzisere Kugelform besitzen diese. Berühren sich die Tröpfchen, vereinigen sie sich zu größeren Kugeln. Dabei ergießt sich immer der Inhalt der kleineren Tröpfchen in die größeren. Die Großen wachsen also auf Kosten der Kleinen und nicht umgekehrt. Warum?

Aufgabe 5.4. Aus Tropfengröße und Pipettenaußendurchmesser kann die Oberflächenenergiedichte einer Flüssigkeit bestimmt werden. Aus einer Volumenmessung an 100 Tropfen hat man ein Tropfenvolumen von 110 mm^3 bestimmt. Der Pipettenaußendurchmesser betrug 5 mm. Berechnen Sie die Oberflächenenergiedichte. Um welche Flüssigkeit handelt es sich?

Aufgabe 5.5. Berechnen Sie den Binnendruck p_B in einer Wasserblase von 0,15 mm Durchmesser.

Aufgabe 5.6. Man bestimme das Laplacesche Gesetz $p = \zeta \cdot dO/dV$ für Zylindergeometrie. Die Zylinderoberfläche ist $O = 2 \cdot r \cdot \pi \cdot L$, das Zylindervolumen ist $V = r^2 \cdot \pi \cdot L$.

5.3 Fluiddynamik

Der markanteste Unterschied zwischen Flüssigkeiten und Gasen besteht in deren unterschiedlichen Kompressibilitäten. Solange bei Strömungen keine Geschwindigkeiten größer als etwa 50 $m \cdot s^{-1}$ auftreten und nur Höhendifferenzen kleiner als etwa 100 m auftreten, können auch Gase als inkompressibel betrachtet werden; sie verhalten sich dann analog wie Flüssigkeiten. Dies rechtfertigt es, sie gemeinsam mit diesen als Fluide zu behandeln. Dabei gibt es allerdings eine bedeutsame Ausnahme dann, wenn sich Gas und Flüssigkeit gleichzeitig in einem Rohr bzw. Gefäß befinden. Da bei instationärer Strömung, beispielsweise im Bereich des Herzens, erhebliche Beschleunigungen am Blut auftreten, gibt es da auch entsprechend große Trägheitskräfte bzw. Drücke. Sammelt sich beispielsweise eine größere Luftmenge im Herzventrikel, wird diese wegen der großen Massenträgheit des arteriellen Bluts nicht mehr aus dem Herzen hinausbefördert. Die Folge kann Kreislaufstillstand und Tod sein (Luftembolie).

Im Gegensatz zu festen Körpern läßt sich für ein Fluid kein Schwerpunkt angeben. Entsprechend läßt sich die Bewegung eines Fluids auch nicht durch eine einzige Bahn beschreiben. Vielmehr muß man, zumindest im Prinzip, die Bewegungsbahn sämtlicher Fluidteilchen angeben. Man tut dies mit Hilfe sogenannter Bahnlinien. Diese Bahnlinien können in einer Strömung durch Einstreuen kleiner Schwebeteilchen sichtbar gemacht werden. Gibt man stattdessen für jedes Teilchen die Bewegungsrichtung durch Einheitsvektoren an, erhält man die sogenannten Stromlinien. Bei Strömungen, deren Strömungsgrößen wie Strömungsgeschwindigkeiten, Strömungsrichtungen, Drücke u. a. nur vom Ort in der Strömung abhängen, sich jedoch nicht auch zeitlich ändern, spricht man von *stationären* Strömungen. In stationären Strömungen sind Stromlinien und Bahnlinien gleich.

Die Strömung im Kreislauf des Menschen ist nur in den Kapillaren und Venen annähernd stationär. In den Arterien ändert sich die Geschwindigkeit periodisch mit dem Herzpuls und ist daher als instationär zu bezeichnen.

Bei stationärer Strömung durch Rohre mit veränderlichen Querschnitten ändern sich zwar die Abstände zwischen den Stromlinien, jedoch kreuzen sie sich nicht. Eine solche Strömung heißt *laminare* oder schlichte Strömung. Im allgemeinen können sich die Fluidteilchen in benachbarten Stromlinien mit unterschiedlichen Geschwindigkeiten bewegen. Benachbarte Fluidschichten gleiten dann aneinander, die Kohäsionskräfte zwischen den Fluidteilchen behindern dies; man spricht von innerer Reibung. Für ein erstes Verständnis der Vorgänge bei Strömungen vernachlässigt man diese innere Reibung ebenso wie Adhäsionskräfte zur Rohrwand. Dann spricht man von einem idealen, andernfalls von einem realen Fluid.

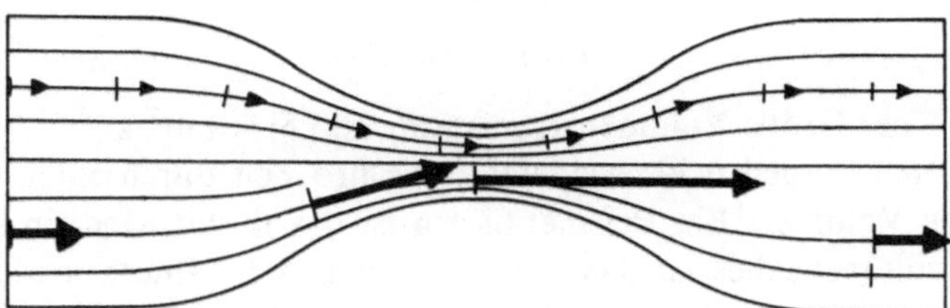

Abb. 5.20. Stromlinien und Bahnlinien einer stationären Strömung. Die kleinen Pfeile sind Einheitsvektoren der Strömungsgeschwindigkeiten, die großen dicken Pfeile sind Geschwindigkeitsvektoren

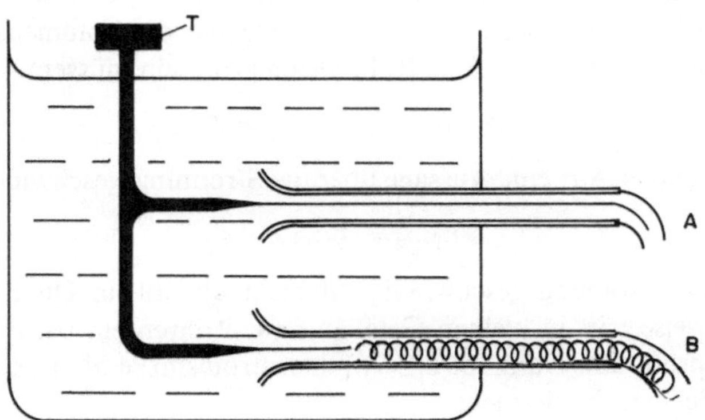

Abb. 5.21. Demonstration der zwei Strömungstypen nach O. Reynolds (1883). Laminare Strömung im Rohr *A* und turbulente Strömung im Rohr *B*. *T* ist ein Behälter mit Tinte, die als feiner Strahl dem durch die Rohre *A* bzw. *B* ausfließenden Wasser zugeführt wird

Wird die Strömungsgeschwindigkeit hinreichend groß, tritt ein neuer Strömungstyp auf, die *turbulente* Strömung. Nun lassen sich keine Stromlinien mehr angeben, vielmehr ändern die Flüssigkeitsteilchen laufend ihre Bahn. Wirbelförmige Muster treten auf, die nach kurzer Zeit wieder zerfallen und sich andernorts wieder neu bilden. Eine solche Strömung ist offenbar instationär. In Abb. 5.21 fließt Wasser durch zwei Rohre aus einem Behälter. Im Rohr B ist die Geschwindigkeit im Rohr so groß, daß turbulente Strömung auftritt. Man erkennt das daran, daß ein feiner Tintenstrahl, anfangs noch laminar in die Rohrmitte einströmend, im Rohr verwirbelt wird. Im Rohr A bleibt dieser Tintenstrahl wegen der laminaren Strömung erhalten.

Turbulente Strömung ist sehr häufig anzutreffen. Dieser sehr wichtige Strömungstyp ist Gegenstand intensiver physikalischer Forschung. Wenn im folgenden nicht ausdrücklich auf einen anderen Strömungstyp hingewiesen wird, befassen wir uns mit stationärer laminarer Strömung.

a) Kontinuität von Strömungen

Durch jeden Querschnitt eines starren Gefäßes oder Rohrs muß im Falle inkompressibler Fluide im selben Zeitintervall dt dasselbe Fluidvolumen dV hindurchtreten oder, anders ausgedrückt (*Kontinuitätsbedingung*), die Volumenstromstärke $I = dV/dt$ bleibt bei inkompressiblen Fluiden längs eines sich nicht verzweigenden starren Gefäßes konstant, s. Abb. 5.22:

$$I = \text{konstant}.$$

Die SI-Einheit der Größe Volumenstromstärke ist $[I] = 1\,\text{m}^3 \cdot \text{s}^{-1}$.

Anschaulicher ausgedrückt, bedeutet I das pro Zeit durch einen Querschnitt durchfließende Volumen. Ein Beispiel hierzu ist das in der Medizin so genannte Herzminutenvolumen; dies ist das vom Herzen pro 1 Minute in den Kreislauf gepumpte Blutvolumen und beträgt für einen Erwachsenen bei körperlicher Ruhe etwa $I = 5\,\text{l} \cdot \text{min}^{-1}$.

Für hintereinander liegende und nicht verzweigte Rohrabschnitte bedeutet die Kontinuitätsbedingung, daß die Flüssigkeit durch kleine Querschnitte entsprechend schneller fließt, als durch große, weil ja offenbar die Volumenstromstärken an irgendwelchen Stellen 1 und 2 im Rohr gleich groß sein müssen:

$$I_1 = \Delta V/\Delta t = A_1 \cdot v_1 = I_2 = A_2 \cdot v_2.$$

Hieraus erhält man sofort eine Aussage über die Strömungsgeschwindigkeiten:

$$v_1 : v_2 = A_2 : A_1.$$

Meist ist die Strömungsgeschwindigkeit nicht überall im Querschnitt gleich groß; beispielsweise tritt in kleinen Gefäßen bzw. Rohren ein parabolisches Geschwindigkeitsprofil auf. Dann ist die Volumenstromstärke als Integral über die Querschnittsfläche zu bestimmen:

$$I = \int v \cdot dA.$$

Bei Rohrverzweigungen müssen alle parallel liegenden Gefäße in die Kontinuitäts-

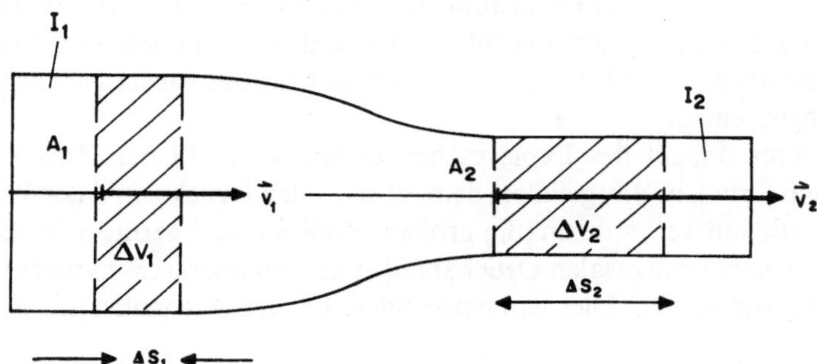

Abb. 5.22. Kontinuitätsbedingung: $\Delta V_1 = v_1 \cdot A_1 \cdot \Delta t = \Delta V_2 = v_2 \cdot A_2 \cdot \Delta t$ oder die Volumenstromstärke $I = \Delta V / \Delta t$ ist konstant

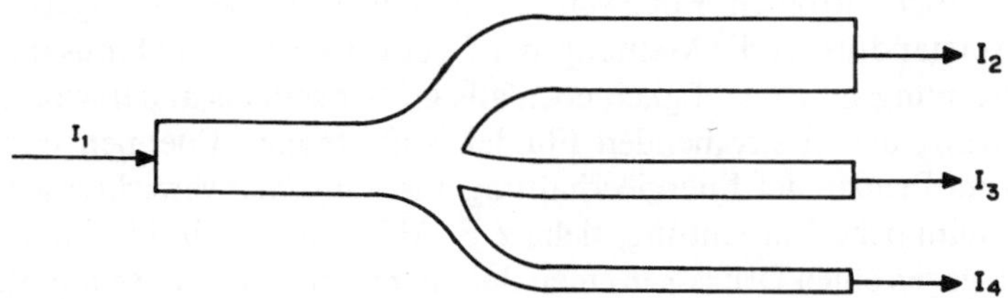

Abb. 5.23. Zur Kontinuitätsgleichung bei einer Rohrverzweigung. Bei starren Rohren muß die Summe der zufließenden gleich der Summe der abfließenden Volumenstromstärken sein

bedingung einbezogen werden. Sie lautet für das in der Abb. 5.23 dargestellte Beispiel

$$I_1 = I_2 + I_3 + I_4.$$

Solche Verzweigungen treten insbesondere im Gefäßsystem auf. Von der Aorta beginnend verzweigt sich das Gefäßsystem in Arterien, Arteriolen und schließlich in etwa 10^{10} parallel zueinander liegende Kapillargefäße. Der Gefäßdurchmesser nimmt von etwa 25 mm der Aorta bis auf etwa 7 μm in den Kapillaren ab.

Die Voraussetzungen für die Gültigkeit der Kontinuitätsbedingung sind im Kreislauf nur näherungsweise erfüllt. Das Gefäßsystem des Menschen besteht nicht aus ideal starren Gefäßen. Vielmehr enthalten die Wände der zentralen Gefäße, vor allem die der Aorta, hohe Anteile an Elastin, dem Hauptbestandteil des elastischen Bindegewebes. Die Folge ist eine entsprechende Dehnung bzw. Zunahme des Durchmessers der Aorta bei zunehmendem Blutdruck, also während der Systole. Hier gibt das Laplacesche Gesetz (Aufgabe 5.6) für den Druck p in zylindrischen Blutgefäßen bzw. Rohren (Radius r) die mechanische Spannung σ in der Gefäßwand (mit der Wanddicke d) an:

$$\sigma = p \cdot r / d.$$

Dies ist u. a. die Basis für die wichtige *Windkesselfunktion* von Aorta und Pulmonalarterie. Diese Gefäße dehnen sich während der Systole in erheblichem Maße aus. Dadurch wird die kinetische Energie des vom Herzen ausgeworfenen Bluts als potentielle Energie gespeichert und während der Diastole bei der Entleerung in die Arterien in kinetische Energie zurückverwandelt. Auf diese Weise trägt besonders die Aorta ganz erheblich zur Entlastung des Herzens bei. Bei starrer Aorta nämlich müßte das Herz das ausgeworfene Blut auf eine deutlich höhere Geschwindigkeit beschleunigen, nach Schließen der Aortenklappen würde es wieder auf Geschwindigkeit Null abgebremst.

Ein weiterer Aspekt des Laplaceschen Gesetzes betrifft den Zusammenhang zwischen dem Druck in Blutgefäßen, dem intravasalen Druck p und der Wandspannung σ: Gefäße mit verhältnismäßig großem Radius r und geringer Wanddicke d, neigen bei starkem intravasalen Druckabfall zum Kollabieren, weil sie bei Normaldruck stark gedehnt sind. Dies ist insbesondere bei den Arteriolen der Fall.

b) Druck und Energie in Strömungen

Ein sehr häufig anzutreffendes Mißverständnis im Bereich der Fluiddynamik ist die Meinung, Fluide würden immer von Orten höheren Drucks in Richtung niedrigeren Drucks strömen. Ein zweites, schon eher nur bei Anfängern anzutreffendes Mißverständnis, ist die Meinung, der Druck in einem Fluid müsse an Stellen größerer Strömungsgeschwindigkeit ebenfalls größer sein als anderswo.

Zur Klärung der in strömenden Fluiden auftretenden Energien und Drücke gehen wir vom Prinzip der Energieerhaltung aus. Zunächst verrichtet jede Pumpe oder pumpenähnliche Einrichtung, siehe z. B. Abb. 5.8, die ein bestimmtes Fluidvolumen ΔV gegen einen Druck p in einen Behälter pumpt, die uns schon bekannte

$$\text{Druckarbeit } \Delta W = p \cdot \Delta V.$$

Das Fluid wird hierbei auch beschleunigt, z. B. von Null auf die Geschwindigkeit v; die betreffende

$$\text{Beschleunigungsarbeit } \Delta W = (\Delta m/2) \cdot v^2$$

muß ebenfalls die Pumpe verrichten. Also ist die von der Pumpe (bzw. der Kolbenkraft F) verrichtete Arbeit

$$W = \int_0^{\Delta s} F \cdot ds = p \cdot \Delta V + (\Delta m/2) \cdot v^2.$$

Hierbei wurde angenommen, daß sich der Druck p in dem Behälter durch das einströmende Fluid nicht verändert. Wegen der zu verrichtenden Beschleunigungsarbeit muß der vom Kolben ausgeübte Druck $p_K = F/A$ größer sein als der Behälterdruck p.

Die Arbeit des Herzens setzt sich ebenfalls aus Druckarbeit und Beschleunigungsarbeit zusammen. Bei körperlicher Ruhe ist die Beschleunigungsarbeit vernachlässigbar, die Herzarbeit ist dann gleich der Druckarbeit, nämlich gleich Austreibungsdruck mal Schlagvolumen.

Der in der Abb. 5.8 dargestellte Apparat vermag nur einmalig ein Fluidvolumen ΔV zu pumpen. Technische Pumpen haben ebenso wie das Herz verschiedene Ventile, die es ermöglichen, den Pumpvorgang periodisch zu wiederholen. Eine solche Pumpe ist in der Abb. 5.24 skizziert.

Bernoulli-Gleichung. Durch Rohre oder Gefäße strömende Fluide verändern je nach Querschnittsfläche ihre Geschwindigkeit, also ihre kinetische Energie und

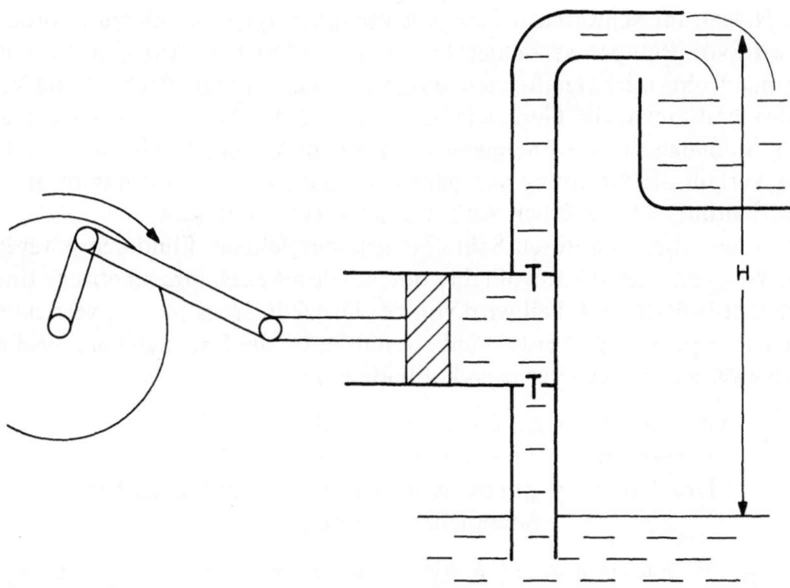

Abb. 5.24. Kolbenpumpe. Die *T*-förmigen Ventilkörper versperren den Rückfluß. Die von der Pumpe zu überwindende Höhe ist *H*

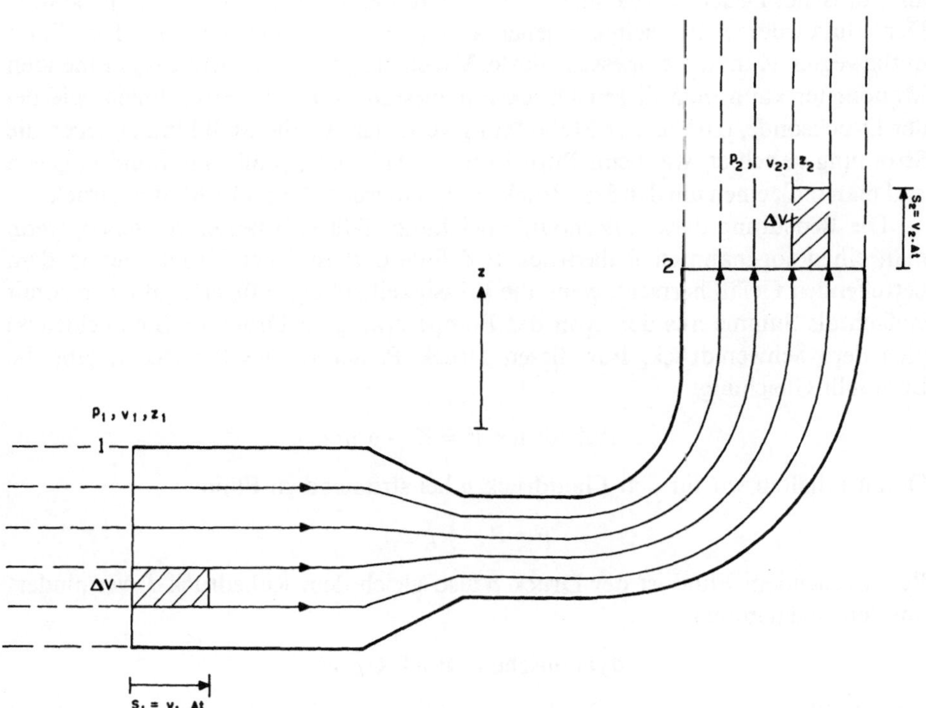

Abb. 5.25. Allgemeiner Verlauf eines Rohrabschnitts. Rohrquerschnittsfläche *A*, Geschwindigkeit *v*, Druck *p* und Niveau *z* sind am Anfang (Stelle 1) und Ende (Stelle 2) des Rohrs verschieden

je nach Niveau im Schwerefeld ihre potentielle Energie. Die hierzu erforderliche Arbeit wird von Pumpen verrichtet. In der Abb. 5.25 ist ein Ausschnitt aus einem allgemeinen Rohr- oder Gefäßsystem dargestellt. Querschnittsfläche A und Verlauf des Rohrs bestimmen die Geschwindigkeit v und das Niveau z des strömenden Fluids. Wir untersuchen die Energiebilanz in diesem Ausschnitt. Unabhängig davon, welchen Verlauf die Strömung vor oder nach diesem Abschnitt nimmt, muß der Energieerhaltungssatz natürlich auch in diesem Teil erfüllt sein.

Die in der Abb. 5.25 durch Schraffur gekennzeichnete Fluidmenge verändert auf dem Weg von 1 nach 2 sowohl ihre potentielle als auch ihre kinetische Energie. Die hierzu erforderliche Arbeit wird von der Druckdifferenz $p_1 - p_2$ verrichtet, die von einer Pumpe erzeugt werden muß. Somit lautet die Energiebilanz für die sich zwischen zwei Stromlinien bewegende Fluidmenge:

$$\underbrace{(p_1 - p_2)\cdot \Delta V}_{\text{Druckarbeit}} = \underbrace{\Delta m\cdot g\cdot (z_2 - z_1)}_{\text{Zunahme an potentieller}} + \tfrac{1}{2}\cdot \underbrace{\Delta m\cdot (v_2^2 - v_1^2)}_{\text{Zunahme an kinetischer Energie}}$$

oder: $$p_1\cdot \Delta V + \rho\cdot \Delta V\cdot g\cdot z_1 + \tfrac{1}{2}\cdot \rho\cdot \Delta V\cdot v_1^2 = p_2\cdot \Delta V + \rho\cdot \Delta V\cdot g\cdot z_2 + \tfrac{1}{2}\cdot \rho\cdot \Delta V\cdot v_2^2$$

und allgemein:

$$p + \rho\cdot g\cdot z + \tfrac{1}{2}\cdot \rho\cdot v^2 = \text{Konstante } K,$$

nach D. Bernoulli (1700–1782). Der hier auftretende Fluiddruck p wird oft auch als „statischer Druck“ bezeichnet. Das ist irreführend, weil sich das Fluid ja bewegt. Der Fluiddruck p ist vielmehr jener allseitige Druck, den ein mit dem Fluid mitbewegtes Manometer messen würde. Mit einem gegenüber dem Fluid ruhenden Manometer kann man diesen Druck nur messen, wenn die Stromlinien, wie bei der Drucksonde, parallel zur Meßöffnung verlaufen. Ist die Meßöffnung gegen die Strömung gerichtet, wie beim Pitot-Rohr, s. Abb. 5.27, prallt das Fluid dagegen und man mißt einen um den Staudruck (= dynamischer Druck) erhöhten Druck.

Die Bedeutung dieser „Bernoulli-Gleichung“ läßt sich besser verstehen, wenn man einen sogenannten Ruhedruck P definiert. P ist jener Druck, der in dem betreffenden Gefäß herrscht, wenn die Flüssigkeit ruht ($v = 0$); er ergibt sich somit einfach als Summe aus dem von der Pumpe erzeugten Druck (= Stempeldruck) plus dem Schweredruck. Für diesen Druck P, der bei $v = 0$ vorliegt, gibt die Bernoulli-Gleichung:

$$\text{Ruhedruck } P = K - \rho\cdot g\cdot z.$$

Damit erhalten wir für den Fluiddruck p bei strömendem Fluid:

$$p = P - \tfrac{1}{2}\cdot \rho\cdot v^2.$$

Bei strömendem Fluid ist der Druck p also gleich dem Ruhedruck P vermindert um den sogenannten

$$\text{dynamischen Druck } \tfrac{1}{2}\cdot \rho\cdot v^2.$$

Der Druck im strömenden Fluid ist also kleiner als im ruhenden; das erscheint unlogisch und man spricht daher vom „hydrodynamischen Paradoxon“. Dies wird in der Abb. 5.26 näher erläutert. Dort wird eine Flüssigkeit von einer Kolbenpumpe

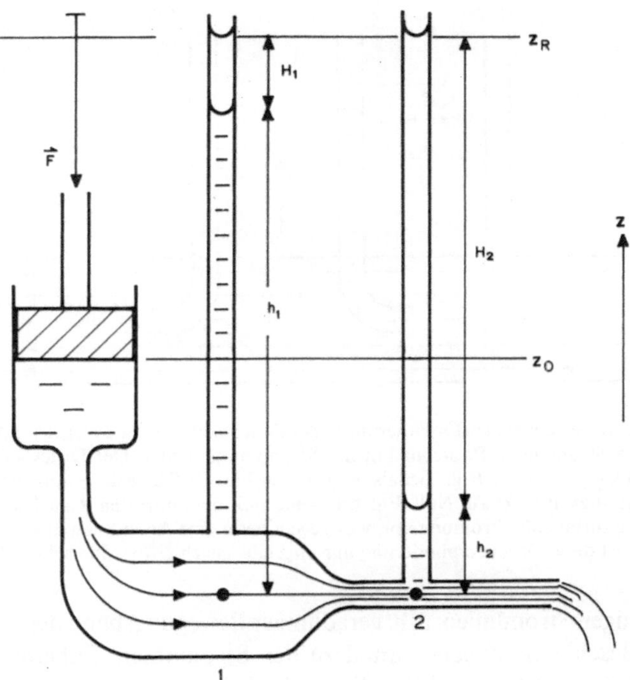

Abb. 5.26. Auswirkung des dynamischen Drucks an den Stellen 1 und 2. $z_R - z_0$ ist die Steighöhe bei ruhender Flüssigkeit, hervorgerufen durch den Stempeldruck. Die Steighöhen bei fließender Flüssigkeit sind um H_1 und H_2 vermindert, u. zw. ist $\rho \cdot g \cdot H_1 = \frac{1}{2} \cdot \rho \cdot v_1^2$ und $\rho \cdot g \cdot H_2 = \frac{1}{2} \cdot \rho \cdot v_2^2$

durch ein Rohr mit variablem Durchmesser gepumpt. An zwei Stellen wird der Druck im Rohr mit Hilfe von Steigrohren gemessen. Der an den Stellen 1 und 2 herrschende Druck p ist proportional zur jeweiligen Steighöhe h:

$$p = \rho \cdot g \cdot h.$$

Zunächst bestimmen wir den Ruhedruck P. Hierzu verschließen wir das Rohr am Ende. Denken wir uns für den Moment den Kolben der Pumpe weg, haben wir den einfachsten Fall der Fluidstatik vorliegen: kommunizierende Gefäße. Die Flüssigkeit steigt in den beiden Steigrohren bis zum Niveau z_0. Der zusätzlich vorhandene Stempeldruck läßt die Flüssigkeit in den Steigrohren jedoch bis z_R steigen. Der von der Pumpe erzeugte Druck ist also $p = \rho \cdot g \cdot (z_R - z_0)$.

Lassen wir nun die Flüssigkeit fließen, sinkt entsprechend der Bernoulli-Gleichung der Druck um den dynamischen Druck ab. Wegen der quadratischen Abhängigkeit des dynamischen Drucks von der Strömungsgeschwindigkeit ist diese Druckabsenkung am engen Rohr sehr viel stärker ausgeprägt, s. Abb. 5.26.

Der Ruhedruck P stellt sich auch dann ein, wenn man die Druckmeßvorrichtung mit der Meßfläche senkrecht zu den Stromlinien stellt, wie es beim Pitotrohr der Fall ist. Dann staut sich das Fluid vor der Meßfläche, den dort zusätzlich herrschenden Druck nennt man deshalb auch *Staudruck*, er ist gleich dem dynamischen Druck:

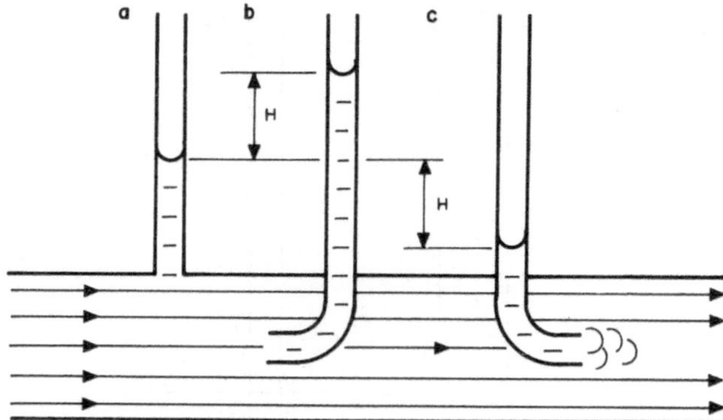

Abb. 5.27. Drücke bei verschiedenen Orientierungen der Druckmeßöffnung. **a** Drucksonde, **b** Pitot- oder Staurohr gegen die Strömung, **c** Pitotrohr mit der Strömung gerichtet. Der Druck bei **b** ist um den dynamischen Druck $\frac{1}{2}\cdot\rho\cdot v^2 = \rho\cdot g\cdot H$ größer als bei **a**; an der Eintrittsfläche des Pitotrohrs staut sich das Fluid, die Geschwindigkeit sinkt auf Null. Entsprechend mißt man dort den Ruhedruck P. Bei **c** liegt an der Meßöffnung turbulente Strömung vor, was gegenüber **a** eine Absenkung des Drucks zur Folge hat—allerdings ist diese Druckverminderung nur ungefähr gleich $\frac{1}{2}\cdot\rho\cdot v^2$ und schwankt außerdem

Bei geradlinigen Stromlinien, d. h. geradliniger Bewegungsbahn der Fluidteilchen, gibt es keine Beschleunigungen normal zu den Stromlinien. Entsprechend treten in diesem Fall normal zu den Stromlinien auch keine resultierenden Kräfte auf die Fluidteilchen und damit auch keine Druckdifferenzen auf. Der Fluiddruck p ist in diesem Fall im gesamten Querschnitt derselbe. Das ändert sich bei gekrümmten Stromlinien. Da hier selbst bei konstanter Bahngeschwindigkeit der Fluidteilchen Beschleunigungen normal zu den Stromlinien auftreten, gibt es in diesem Fall in benachbarten Stromlinien auch unterschiedliche Fluiddrücke.

c) Laminare Grenzschichtströmung

Viskosität. Versetzt man ein Fluid in einem Rohr mittels eines Kolbens in Bewegung, haben alle Fluidteilchen unmittelbar an der Kolbenoberfläche dieselbe Geschwindigkeit. Mit zunehmendem Abstand vom Kolben jedoch ändert sich dieses Bild. Es stellt sich ein für den Rohrdurchmesser und das Fluid typisches Geschwindigkeitsprofil ein. Qualitativ läßt sich das leicht verstehen: Wegen der Adhäsionskräfte werden zunächst die Fluidmoleküle an der Rohrwand gebremst. Dann muß—bei starrem Rohr und inkompressiblem Fluid (d. h. bei gültiger Kontinuitätsbedingung)—die Geschwindigkeit anderer Fluidteilchen zunehmen. Es kommt somit zu einer Absenkung der Geschwindigkeit am Rand und einer Beschleunigung der Strömung in der Mitte. Nach einer gewissen Anlaufstrecke erreicht das Fluid ein Geschwindigkeitsprofil (s. Abb. 5.28), welches sich nicht mehr ändert.

Mit zunehmendem Abstand von der Rohrwand werden die Geschwindigkeitsunterschiede benachbarter Stromlinien kleiner. Der Bereich, in welchem die Strömungsgeschwindigkeit von der Rohrwand noch erheblich beeinflußt wird, heißt Grenzschicht, die betreffende Strömung heißt Grenzschichtströmung. Für Wasser in Glasrohren und Blut in Blutgefäßen beträgt die Dicke dieser Schicht bei Strömungsgeschwindigkeiten um $1\,\mathrm{cm\cdot s^{-1}}$ etwa 3 mm.

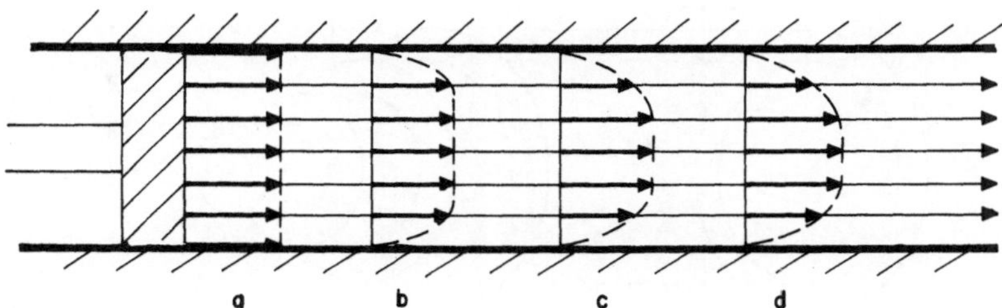

Abb. 5.28. Strömung in einem Rohr durch einen bewegten Kolben hervorgerufen. Die kurzen Pfeile sind Geschwindigkeitsvektoren der Fluidteilchen. Die gestrichelte Linie beschreibt das Geschwindigkeitsprofil. Es hat unmittelbar an dem Kolben Rechteckform: **a** Mit zunehmendem Abstand vom Kolben ändert sich dieses Profil: **b** und **c**, bis es eine für das Fluid und den Rohrdurchmesser typische Form angenommen hat und sich nicht mehr verändert: **d**

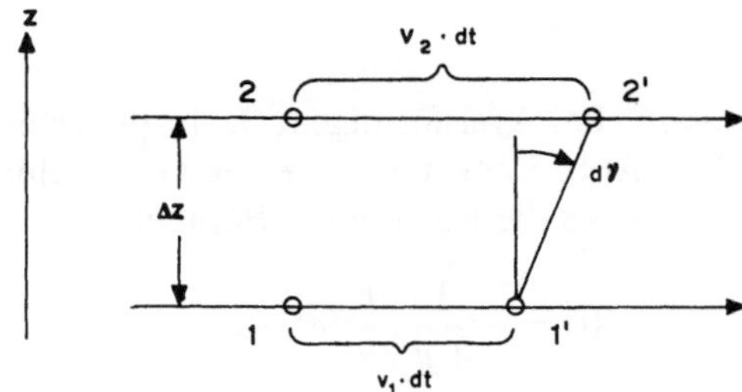

Abb. 5.29. Scherung eines Fluids in einer Grenzschichtströmung. Die Fluidteilchen 1 und 2 befinden sich auf Stromlinien im Abstand Δz mit unterschiedlichen Strömungsgeschwindigkeiten v_1 und v_2. Sie verschieben sich im Zeitintervall Δt nach 1' und 2'. Der hier auftretende Scherungswinkel ist $d\gamma = (v_2 - v_1) \cdot dt/\Delta z$

Bleibt die Strömung laminar, bewegen sich Fluidteilchen in Grenzschichtströmungen auf benachbarten Stromlinien mit unterschiedlichen Geschwindigkeiten. Das hat zur Folge, daß das Fluid einer Scherungsbelastung unterworfen wird. S. Abb. 5.29.

Die zur Scherung eines Fluids erforderliche Scherspannung τ ist im Gegensatz zu festen Körpern nicht proportional zum Scherungswinkel, sondern proportional zur Geschwindigkeit $d\gamma/dt$, mit welcher die Scherung erfolgt. $d\gamma/dt$ heißt auch Scherrate und ist gleich dem Geschwindigkeitsgefälle in der Strömung quer zur Strömungsrichtung: $d\gamma/dt = dv/dz$, siehe die Bildunterschrift zu Abb. 5.29. Also ist

$$\tau = \eta \cdot \frac{d\gamma}{dt} = \eta \cdot \frac{dv}{dz}.$$

Dies ist das Newtonsche Gesetz der Fluidreibung. Die stoffspezifische Konstante η heißt (dynamische) Viskosität oder Koeffizient der inneren Reibung. Der reziproke Wert von η heißt Fluidität ($= 1/\eta$), die auf die Massendichte ρ bezogene Viskosität ($= \eta/\rho$) heißt kinematische Viskosität, s. Tabelle 5.3.

Die Viskosität von Flüssigkeiten nimmt mit zunehmender Temperatur ab. Die Viskosität der Luft, wie auch die anderer Gase ist nicht durch Kohäsionskräfte bedingt, sondern durch deren Wärmebewegung; sie nimmt mit zunehmender Temperatur zu.

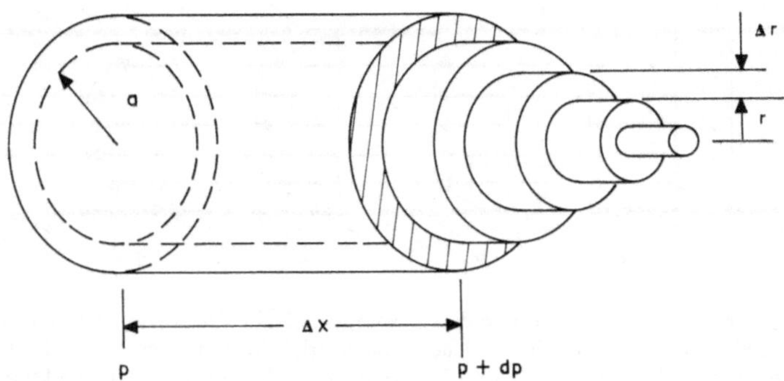

Abb. 5.30. Schichtweise Strömung durch einen Rohrabschnitt der Länge Δx mit Innenradius a. Benachbarte Flüssigkeitsschichten verschieben sich relativ zueinander; zwischen diesen Schichten tritt entsprechend dem Newtonschen Gesetz eine Scherspannung τ proportional zu dem Geschwindigkeitsgefälle dv/dr auf

Hagen-Poiseuille-Gesetz. Bei kreisförmigem Rohrquerschnitt bekommt das Geschwindigkeitsprofil (s. Abb. 5.28 c und d) einer Grenzschichtströmung nach einer bestimmten Anlaufstrecke die Form einer Parabel:

$$v(r) = -\frac{1}{4\cdot\eta}\cdot\frac{dp}{dx}\cdot(a^2 - r^2).$$

Dies erhält man aus folgender Überlegung: Bei laminarer Strömung in einem Rohr gleiten zylindermantelförmige Flüssigkeitsschichten aneinander ab. Die Scherspannung in einer zylindrischen Fläche mit Radius r und Länge Δx in dem strömenden Fluid ist

$$\tau = \frac{F}{A} = \frac{r^2\cdot\pi\cdot dp}{2\cdot r\cdot\pi\cdot dx}$$

und mit dem Newtonschen Gesetz:

$$= \eta\cdot\frac{dv}{dr}$$

oder

$$\frac{dv}{dr} = \frac{r}{2\cdot\eta}\cdot\frac{dp}{dx}$$

woraus durch Integration über r:

$$v = \frac{r^2}{4\cdot\eta}\cdot\frac{dp}{dx} + \text{Integrationskonstante } K.$$

Die Integrationskonstante erhält man aus der Bedingung, daß bei $r = a$ die Geschwindigkeit $v = 0$ sein muß, zu:

$$K = -\frac{a^2}{4\cdot\eta}\cdot\frac{dp}{dx}.$$

Somit ist die Strömungsgeschwindigkeit einer Fluidschicht im Abstand r von der

Rohrachse:

$$v = -\frac{1}{4 \cdot \eta} \cdot \frac{dp}{dx} \cdot (a^2 - r^2).$$

Das negative Vorzeichen rührt daher, daß die Strömung—bei unveränderter Höhenkoordinate—in Richtung Druckabnahme erfolgt $\left(\frac{dp}{dx} < 0\right)$. Je nach Abstand von der Strömungsmitte liegen nun unterschiedliche Geschwindigkeiten vor.

Die Volumenstromstärke I schließlich erhält man bei dem parabolischen Geschwindigkeitsprofil $v(r)$ nach der obigen Gleichung durch Integration über die Querschnittsfläche:

$$I = \int v(r) \cdot dA = \int_0^a v(r) \cdot 2 \cdot \pi \cdot r \cdot dr = \frac{\pi}{8} \cdot \frac{a^4}{\eta} \cdot \frac{dp}{dx}.$$

Für Rohrabschnitte der Länge L und konstanten Radius a ist:

$$I = \frac{\pi}{8} \cdot \frac{a^4}{\eta} \cdot \frac{\Delta p}{L}.$$

Dies ist das Gesetz von Hagen und Poiseuille für die Volumenstromstärke I bei laminarer Strömung in kreisförmigen Rohren mit Radius a und parabolischem Geschwindigkeitsprofil. Umgekehrt läßt sich aus diesem Gesetz auch jene Druckdifferenz errechnen, die erforderlich ist, eine bestimmte Volumenstromstärke I in einem Rohr aufrechtzuerhalten:

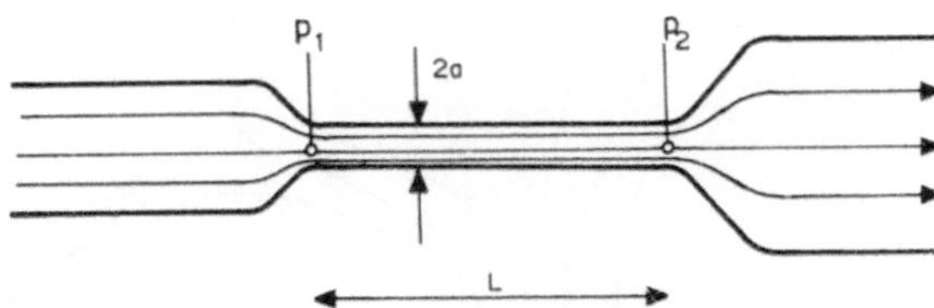

Abb. 5.31. Nach dem Gesetz von Hagen und Poiseuille ist zur Aufrechterhaltung einer Volumenstromstärke I in einem Rohr mit Radius a und Länge L bei parabolischem Geschwindigkeitsprofil die Druckdifferenz $\Delta p = p_1 - p_2 = I \cdot L \cdot (\eta / a^4) \cdot (8/\pi)$ erforderlich

Das Hagen-Poiseuille-Gesetz macht folgende markante Aussagen:

1. Mit zunehmender Viskosität η sinkt bei sonst unveränderten Bedingungen die Volumenstromstärke I.

2. Bei gleichem Druckgefälle und gleicher Viskosität ist die Volumenstromstärke I proportional zur 4. Potenz des Rohrradius. Dies ist für den Körperkreislauf von entscheidender Bedeutung; durch Änderungen des Gefäßradius (der Arteriolen) kommt es zu einer sehr wirksamen Beeinflussung der Organdurchblutung.

3. Zur Aufrechterhaltung einer Strömung von Volumenstromstärke I ist selbst bei horizontalem Verlauf des Rohrs und unverändertem Durchmesser ein

Druckgefälle dp/dx in Strömungsrichtung erforderlich. Grund hierfür ist die Viskosität oder innere Reibung. Die von dieser Druckdifferenz verrichtete Arbeit wird also als Reibungsarbeit in Wärme umgewandelt. Eine Pumpe muß zusätzlich zu dem vom Bernoulli-Gesetz angegebenen Druck auch den hierzu erforderlichen Druck aufbringen.

4. Das parabolische Geschwindigkeitsprofil hat zur Folge, daß der dynamische Druck in der Strömungsmitte maximal ist und gegen den Rand zu abfällt. Verlaufen die Stromlinien parallel, muß der Fluiddruck p quer zur Strömungsrichtung konstant sein (ansonsten würde das Fluid seine Strömungsrichtung entsprechend verändern).

Kirchhoffsche Regeln. Der in der Abb. 5.31 dargestellte Fall, daß Rohre unterschiedlicher Durchmesser aufeinander folgen, ist eher ein einfacher Sonderfall. Im Kreislauf beispielsweise liegen nicht nur Gefäße unterschiedlicher Durchmesser hintereinander, sondern auch parallel zueinander. Wie läßt sich die Volumenstromstärke in einem solchen Fall ermitteln. Hierzu hat Kirchhoff zwei an sich ziemlich selbstverständliche Regeln angegeben:

1. Kirchhoffsche Regel. Diese basiert letztlich auf der Kontinuitätsgleichung u. zw. angewandt auf den Fall von Rohr-bzw. Gefäßverzweigungen: Für starre Rohre oder Gefäße gilt, daß die Summe aller zufließenden Volumenstromstärken gleich sein muß der Summe der abfließenden:

$$\sum I_{ZU} \sim \sum I_{AB}.$$

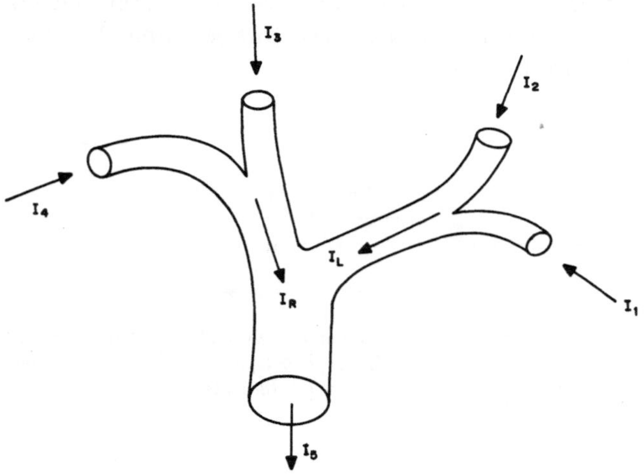

Abb. 5.32. Vereinfachte Darstellung der Mündung der Volumenströme der linken (I_1 bzw. I_2) und rechten (I_4 bzw. I_3) Schlüsselbein- und Drosselvenen in Volumenströme der linken und rechten (I_L bzw. I_R) Vena brachiocephalica sowie schließlich in die obere Hohlvene (Volumenstromstärke I_5)

Für die Volumenstromstärken der Abb. 5.32 gilt:

$$I_1 + I_2 = I_L, \quad I_3 + I_4 = I_R$$

sowie

$$I_L + I_R = I_5.$$

2. Kirchhoffsche Regel. Diese Regel sagt aus, daß der Druckabfall entlang parallel zueinander verlaufender Rohre oder Gefäße gleich groß ist. Dies ist aus der Abb. 5.33 sofort ersichtlich. Dort ist der Druckabfall in den drei angedeuteten Rohren gleich der Druckdifferenz der zwei Punkte A and B. Diese Druckdifferenz ist wegen der Allseitigkeit des Drucks für alle drei Rohre gleich groß.

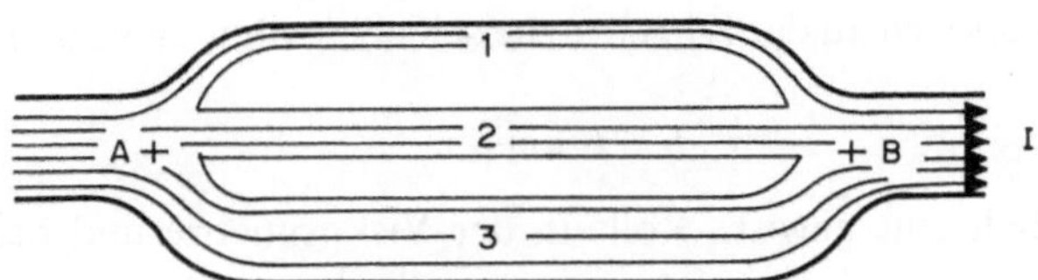

Abb. 5.33. Die Druckdifferenz ist in allen drei parallel geschalteten Rohren $\Delta p = p_A - p_B$, d. h. gleich groß

Für die gesamte Volumenstromstärke der parallel zueinander geschalteten Rohre gilt mit dem Strömungswiderstand R nach Gleichung 5.20 und der 1. Kirchhoff-Regel:

$$\begin{aligned} I &= I_1 + I_2 + I_3 = \Delta p/R_1 + \Delta p/R_2 + \Delta p/R_3 \\ &= \Delta p \cdot (1/R_1 + 1/R_2 + 1/R_3) = \Delta p/R. \end{aligned}$$

D. h. bei dieser Parallelschaltung gilt für den Gesamtwiderstand R:

$$1/R = 1/R_1 + 1/R_2 + 1/R_3.$$

Oder allgemein: Bei parallel zueinander verlaufenden Rohren ist der reziproke Wert des Gesamtwiderstands gleich der Summe der reziproken Werte der Einzelwiderstände.

Als nächstes betrachten wir eine Reihenschaltung von Rohren unterschiedlicher Innendurchmesser, wie z. B. in der Abb. 5.34 dargestellt.

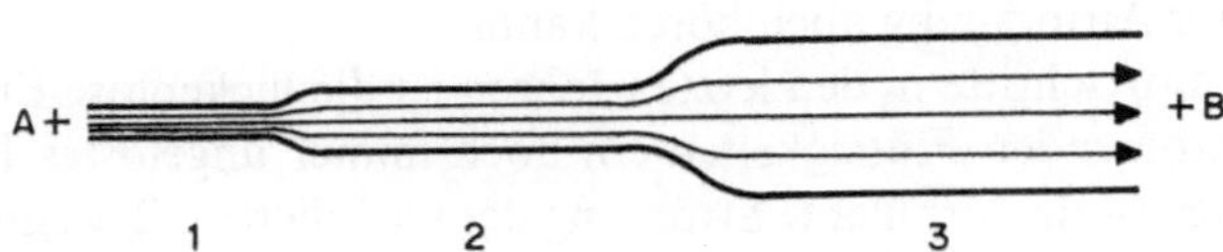

Abb. 5.34. Drei Rohre 1, 2 und 3 mit unterschiedlichen Innendurchmessern in Reihe. In allen herrscht dieselbe Volumenstromstärke I

Hier ist

$$I_1 = I_2 = I_3 = \Delta p_1/R_1 = \Delta p_2/R_2 = \Delta p_3/R_3 = I$$

woraus

$$p_A - p_B = \Delta p_1 + \Delta p_2 + \Delta p_3 = I \cdot (R_1 + R_2 + R_3)$$

oder

$$I = (p_A - p_B)/(R_1 + R_2 + R_3) = (p_A - p_B)/R.$$

D. h. der Gesamtwiderstand R einer Reihenschaltung von Rohren oder Gefäßen ist gleich der Summe der einzelnen Widerstände.

Ein Sonderfall, den wir hier ohne Nachprüfung betrachten, ist das *Stokessche Widerstandsgesetz für Kugeln.* G. G. Stokes hat 1850 den Reibungswiderstand (= Kraft F), den eine mit der Geschwindigkeit v relativ zu einem Fluid mit der Viskosität η gleichförmig bewegte Kugel mit einem Radius a erfährt, berechnet. Dieselbe Kraft wirkt natürlich auf eine ruhende Kugel in einem strömenden Fluid. In beiden Fällen muß es sich um laminare Strömung handeln, d. h. daß koaxiale Schichten des Fluids sich an der Kugel vorbeischieben, ohne sich zu mischen. Dann ist

$$F = 6 \cdot \pi \cdot \eta \cdot a \cdot v.$$

Dieses Gesetz spielt eine gewisse Rolle in der Viskosimetrie und beim Millikan-Experiment. (Die meisten Viskosimeter arbeiten allerdings mit einem engen Fallrohr, um auch sehr kleine Viskositäten messen zu können. Dann gilt ein etwas anderes Kraftgesetz.)

d) Turbulente Strömung

Laminare Strömung gibt es nur bei hinreichend kleinen Geschwindigkeiten. Bei zunehmender Geschwindigkeit erfolgt ein plötzlicher Wechsel in einen anderen Strömungszustand. O. Reynolds hat dies 1883 experimentell mit einer Apparatur ähnlich der in der Abb. 5.21 angedeuteten gezeigt. Dieser Strömungszustand ist dadurch gekennzeichnet, daß die Bahnen einzelner Fluidteilchen völlig ungeordnet verlaufen. Es sind keine allgemein gültigen Bahnlinien und keine Stromlinien mehr angebbar. Die Fluidteilchen bewegen sich auf individuell unterschiedlichen Bahnen; ihre Geschwindigkeiten sind auch bei konstantem Strömungsquerschnitt starken Schwankungen unterworfen. Man kann diese turbulente Bewegung auffassen als Überlagerung *zweier* Bewegungen, nämlich einer Bewegung in Strömungsrichtung und einer zufällig verlaufenden Bewegung mit schwankender Größe und Richtung der Geschwindigkeit. Diese zusätzliche Bewegung hat zusätzliche Reibung zur Folge. Das starke Schwanken der Geschwindigkeiten der Fluidteilchen, bzw. die damit verbundenen Beschleunigungen haben Druckschwankungen zur Folge, die man bei stärkerer Ausprägung auch hören kann.

Trotz vieler Fortschritte in den letzten Jahren ist die lückenlose Erklärung der Turbulenz in strömenden Flüssigkeiten ein noch immer ungelöstes Problem der Physik. Eigentlich ist die turbulente Strömung der natürlichere Bewegungsvorgang in einem Fluid. Sie wird auch in der Natur viel häufiger angetroffen als die laminare Strömung. Laminare Strömung, die ja nur bei ziemlich kleinen Geschwindigkeiten auftritt, erfordert eine außerordentlich regelmäßige Bewegung aller Fluidteilchen parallel zu den Gefäßwänden. Das ist nur möglich, wenn die das Fluid auf die Bahn der Stromlinien zwingenden Kräfte, nämlich die auf ein Fluidvolumen ΔV von den Nachbarteilchen her einwirkenden Reibungskräfte hinreichend viel größer sind, als die an diesem Fluidvolumen entlang der Bewegungsbahn auftretenden Trägheitskräfte.

Zur Abschätzung dieser Kräfte betrachten wir ein (würfelförmiges) Fluidvolumen $\Delta V = l^3$ in einem Rohr. l sei so gewählt, daß seine Fluidteilchen während der Zeit Δt annähernd dieselbe Bewegung ausführen. l wird somit um einen festen Faktor kleiner sein als der Rohrdurchmesser. Die Momentangeschwindigkeit dieses Fluidvolumens beträgt u, seine Geschwindigkeit kann sich über eine Strecke der Länge l total verändern, d. h. es treten Beschleunigungen b von der Größe $b = u/\Delta t = u/(l/u)$ auf. Hierzu gehören Trägheitskräfte an diesem Volumen von $m \cdot b = \rho \cdot l^3 \cdot b = \rho \cdot l^2 \cdot u^2$.

Ferner wirken auf dieses Fluidvolumen nach dem Newtonschen Gesetz (Gleichung 5.16) innere Reibungskräfte R, die dem Geschwindigkeitsgefälle, welches hier von der Größe u/l ist, und der Angriffsfläche, welche hier von der Größe l^2 ist, proportional sind:

$$R = \eta \cdot A \cdot u/l = \eta \cdot l^2 \cdot u/l = \eta \cdot u \cdot l.$$

Somit beträgt der Quotient aus den im Fluid auftretenden Trägheitskräften zu den wirkenden Reibungskräften $\rho \cdot l^2 \cdot u^2/(\eta \cdot u \cdot l) = \rho \cdot u \cdot l/\eta$. Dieser Quotient muß also ein Kriterium für das Auftreten von turbulenter Strömung sein. Allerdings besteht hier noch eine Unsicherheit darüber, wie groß im konkreten Fall die charakteristische Länge l ist. Da jedoch die Größe des Quotienten, bei welcher mit turbulenter Strömung gerechnet werden muß, ohnehin empirisch bestimmt werden muß, kann für l auch eine andere für die vorliegende Strömung charakteristische lineare Abmessung eingesetzt werden. Beispielsweise für Strömungen in Rohren der Rohrdurchmesser d. Damit erhält man die sogenannte Reynoldssche Zahl Re:

$$Re = \rho \cdot u \cdot d/\eta.$$

Jener Wert von Re, bei dem die laminare Strömung in einem Rohr beginnt instabil zu werden, also beginnt erste Abweichungen vom laminaren Strömungsmuster zu zeigen, heißt *kritische Reynoldszahl*. Ihr genauer Wert ist im Einzelfall noch abhängig von weiteren oft sehr geringfügigen Einflüssen wie der Oberflächenbeschaffenheit der Rohrinnenfläche und der Rohrkrümmung und wird ferner auch durch andere Störungen, wie Erschütterungen, beeinflußt. Er liegt für Rohre mit sanft verlaufenden Querschnittsveränderungen ohne Hindernisse in der Strombahn im allgemeinen zwischen 2000 und 4000. Bei Reynoldszahlen zwischen 2000 und 4000 kann also je nach Vorliegen geringfügiger Störungen bereits turbulente Strömung auftreten, bei Reynoldszahlen >4000 tritt in jedem Fall turbulente Strömung auf. Liegen darüberhinaus auch abrupte Querschnittsveränderungen und/oder andere Hindernisse vor, kann es zu einer erheblichen Verkleinerung der kritischen Reynoldszahl kommen.

Turbulente Strömung bedeutet zusätzlichen Reibungswiderstand und hat zur Folge, daß die Volumenstromstärke nicht mehr proportional zum Druckgefälle, sondern nur mehr etwa proportional mit der Quadratwurzel aus dem Druckgefälle steigt, u. zw. ist:

$$I \doteq \sqrt{\Delta p/R}.$$

Bemerkung. Während die Blutströmung im Kreislauf mit Ausnahme von Herz und Aorta normalerweise laminar erfolgt, steigen bei körperlicher Anstrengung die Volumenstromstärke und damit die Strömungsgeschwindigkeit des Bluts u. U. auf das über Fünffache des Normalwerts. Dann tritt auch in den großen Arterien turbulente Strömung auf. Die damit verbundenen Geräusche sind oft auch ohne Stethoskop zu hören.

e) Druckwellen in Rohren und Gefäßen

Druckwellen können sich als sogenannte Schallwellen durch das Fluid und auch durch die Rohrwand ausbreiten; deren Ausbreitungsgeschwindigkeit ist durch die

Gleichung 4.5 gegeben. Hier hingegen betrachten wir Druckwellen, die durch die Massenträgheit des Fluids und die Dehnbarkeit des Rohrs bedingt sind. In ideal starren Rohren gibt es solche Wellen nicht. Wäre beispielsweise das Gefäßsystem des Menschen ideal starr, müßte die Blutgeschwindigkeit im Kreislauf nach erfolgtem Auspressen und Schließen der Aortenklappen auf Null absinken. Ähnlich wie der Wasserfluß durch die Leitungsrohre abrupt zum Stillstand kommt, wenn man den Haupthahn plötzlich abdreht. Das Herz müßte dann bei jeder neuerlichen Systole die gesamte Blutmenge beschleunigen.

Tatsächlich jedoch verhindert die Massenträgheit des Bluts, daß während der Systole die gesamte Blutmenge beschleunigt wird. Vielmehr beschränkt sich dieser Beschleunigungsvorgang hauptsächlich auf die in die Aorta ausgepreßte Blutmenge. Diese Blutmenge erhöht das in der Aorta befindliche Blutvolumen und löst dadurch in ihr eine Drucksteigerung, den sogenannten Druckpuls aus. Der nun angestiegene Aortendruck hat zur Folge, daß Blut in die nachfolgenden Gefäße gedrückt wird, diese werden ihrerseits gedehnt und der beschriebene Ablauf wiederholt sich. Je elastischer die Aorta und die nachfolgenden Gefäße sind, desto geringer wird die jeweilige Drucksteigerung sein (Windkesselfunktion), desto langsamer wird sich diese Drucksteigerung auch ausbreiten. Für die Ausbreitungsgeschwindigkeit v_w dieser Druckwelle muß die Gleichung 4.5 gelten, wenn die Kompressibilität χ durch die Dehnbarkeit D der Gefäße ersetzt wird:

$$v_w = \sqrt{1/(\rho \cdot D)}$$

$$D = \frac{1}{\Delta p} \cdot \frac{\Delta A}{A} = 2 \cdot a/(E \cdot w)$$

$2 \cdot a$ ist der Gefäßdurchmesser, E der Elastizitätsmodul der Gefäßwand und w ist die Gefäßwanddicke. Wie man sieht, ist die Ausbreitungsgeschwindigkeit v dieser als Pulswellen bezeichneten Druckwellen abhängig von der Elastizität der Gefäße. Daher kann man aus v wichtige Rückschlüsse auf den Zustand des Gefäßsystems ziehen.

Zusammenfassung 5.B

I. Die Volumenstromstärke eines strömenden Fluids ist

$$I = \int v \cdot dA \qquad (5.9)$$

oder, bei konstanter Strömungsgeschwindigkeit im Querschnitt,

$$I = v \cdot A \qquad (5.10)$$

mit der Einheit

$$[I] = 1\,\mathrm{m}^3 \cdot \mathrm{s}^{-1}.$$

Für inkompressible Fluide in starren Rohren gilt die Kontinuitätsbedingung:

$$I = \text{konstant}. \qquad (5.11)$$

Nach dem Laplaceschen Gesetz (5.6) ist die mechanische Spannung σ in der Wand eines unter dem Druck p stehenden Rohrs (mit der Wanddicke d und dem Radius r):

$$\sigma = p \cdot r/d. \qquad (5.12)$$

II. Ein Kolben, der ein Fluidvolumen ΔV mit der Masse Δm gegen einen Druck p in

Tabelle 5.3. Viskositäten einiger Fluide

Stoff	Viskosität η
Luft	$1{,}8\cdot 10^{-5}$ Pa·s
Wasser bei 20 °C	$1{,}01\cdot 10^{-3}$
Wasser bei 0 °C	$1{,}8\cdot 10^{-3}$
Blutplasma bei 37 °C	$1{,}2\cdot 10^{-3}$
Blutserum bei 37 °C	$1{,}1\cdot 10^{-3}$
Blut bei 37 °C	$4{,}5\cdot 10^{-3}$
Glyzerin bei 20 °C	1,5
Schmieröle	10^{-2} bis 1
Harz	10^{7}

einen Behälter pumpt, verrichtet Druckarbeit und Beschleunigungsarbeit:

$$W = p\cdot \Delta V + (\Delta m/2)\cdot v^2. \tag{5.13}$$

Aus dem Energieerhaltungssatz folgt für ein laminar strömendes Fluid entlang einer Stromlinie nach Bernoulli:

$$p + \rho\cdot g\cdot z + \tfrac{1}{2}\cdot\rho\cdot v^2 = \text{Konstante}. \tag{5.14}$$

Ist P jener Druck, der in dem betreffenden Gefäß herrscht, wenn die Flüssigkeit ruht ($v = 0$), d. h. der „Ruhedruck", dann ist der Druck p im strömenden Fluid:

$$p = P - \tfrac{1}{2}\cdot\rho\cdot v^2 \tag{5.15}$$

$\tfrac{1}{2}\cdot\rho\cdot v^2$ heißt dynamischer Druck (Staudruck).

III. Reale Fluide setzen der bei laminarer Strömung auftretenden Scherung einen Widerstand entgegen. Für die Scherspannung τ gilt nach I. Newton:

$$\tau = \eta\cdot\frac{d\gamma}{dt} = \eta\cdot\frac{dv}{dz}. \tag{5.16}$$

Die Einheit von τ ist

$$[\tau] = 1\ \text{Pa}$$

und die Einheit der dynamischen Zähigkeit η ist

$$[\eta] = 1\ \text{Pa}\cdot\text{s}.$$

Bei kreisförmigem Rohrquerschnitt hat das Geschwindigkeitsprofil $v(r)$ einer Grenzschichtströmung die Form einer Parabel:

$$v(r) = -\frac{1}{4\cdot\eta}\cdot\frac{dp}{dx}\cdot(a^2 - r^2). \tag{5.17}$$

Die Volumenstromstärke I einer laminaren Grenzschichtströmung in Rohren mit kreisförmigem Querschnitt ist nach dem Hagen-Poiseuilleschen Gesetz:

$$I = \frac{\pi}{8}\cdot\frac{a^4}{\eta}\cdot\frac{\Delta p}{L}. \tag{5.18}$$

Das Hagen-Poiseuille-Gesetz kann in folgender übersichtlicherer Form geschrieben werden:

$$I = \frac{\Delta p}{R} \tag{5.19}$$

mit dem Strömungswiderstand

$$R = \frac{8 \cdot L \cdot \eta}{\pi \cdot a^4}. \tag{5.20}$$

Die 1. Kirchhoffsche Regel besagt, daß bei Verzweigungen die Summe der zufließenden Teilstromstärken gleich der Summe der abfließenden Teilstromstärken sein muß:

$$\sum I_{ZU} = \sum I_{AB}. \tag{5.21}$$

Die 2. Kirchhoffsche Regel besagt, daß sich in parallel zueinander verlaufenden Rohren oder Gefäßen die Volumenstromstärken I wie die reziproken Strömungswiderstände R verhalten:

$$I_1 : I_2 : \cdots = \frac{1}{R_1} : \frac{1}{R_2} : \cdots. \tag{5.22}$$

IV. Nach dem Stokesschen Widerstandsgesetz ist die Kraft F, die eine mit der Geschwindigkeit v relativ zu einem Fluid mit der Viskosität η gleichförmig bewegte Kugel mit einem Radius a erfährt:

$$F = 6 \cdot \pi \cdot \eta \cdot a \cdot v \tag{5.23}$$

V. Mit turbulenter Strömung muß gerechnet werden, wenn die Reynoldssche Zahl

$$Re = \rho \cdot v \cdot d / \eta \tag{5.24}$$

den kritischen Wert von 2000 überschreitet. Bei turbulenter Strömung ist die Volumenstromstärke etwa proportional zur Quadratwurzel aus dem Druckgefälle, nämlich:

$$I = \sqrt{\frac{\Delta p}{R}}. \tag{5.25}$$

VI. Die Ausbreitungsgeschwindigkeit v_w von Druckwellen, die durch die Massenträgheit des Fluids und durch die Dehnbarkeit des Rohrs bedingt sind, ist

$$v_w = \sqrt{\frac{1}{\rho \cdot D}}. \tag{5.26}$$

D ist die Dehnbarkeit des Rohrs:

$$D = \frac{1}{\Delta p} \cdot \frac{\Delta A}{A} = \frac{2 \cdot a}{E \cdot w}, \tag{5.27}$$

$2 \cdot a$ der Durchmesser, E der Elastizitätsmodul der Gefäßwand und w ist die Wanddicke.

Beispiel 5.10. Volumenstromstärke in einer Arteriole mit einem Durchmesser von $d = 40\,\mu$m und einer

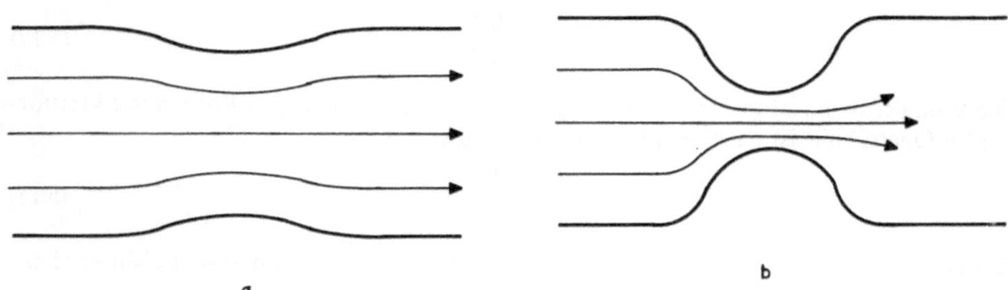

Abb. 5.35. Konzentrische Stenose mit geringer **a** und erheblicher **b** Einengung des Gefäßquerschnitts

mittleren Strömungsgeschwindigkeit von $v = 0{,}25\,\mathrm{cm \cdot s^{-1}}$:

$$I = v \cdot d^2 \cdot \pi/4 = 0{,}0025\,\mathrm{m \cdot s^{-1}} \cdot (0{,}00004\,\mathrm{m})^2 \cdot 3{,}14/4 = 3{,}14 \cdot 10^{-12}\,\mathrm{m^3 \cdot s^{-1}}.$$

Beispiel 5.11. Ein Blutgefäß sei durch eine Stenose im Innendurchmesser auf 1/4 des Durchmessers eingeengt. Das ist etwa die in der Abb. 5.35b dargestellte Situation. Um welchen Faktor ist die Strömungsgeschwindigkeit in der Stenose größer als vor oder nach der Stenose?

Wenn sich die Innendurchmesser wie 4: 1 verhalten, dann verhalten sich die Querschnittsflächen vor und in der Stenose wie 16: 1; entsprechend verhalten sich die Strömungsgeschwindigkeiten wie 1: 16, d. h. die Geschwindigkeit ist in der Stenose 16 mal so groß.

Beispiel 5.12. Bei langsam arbeitenden Pumpen kann die Beschleunigungsarbeit der Pumpe vernachlässigt werden. Wir berechnen die Leistung P der Pumpe in der Abb. 5.24 für eine Pumphöhe von $H = 10\,\mathrm{m}$ bei einer mittleren Volumenstromstärke von $I = 0{,}1\,\mathrm{m^3 \cdot s^{-1}}$. Dazu gibt es zwei Wege:

1. Die Pumpe arbeitet gegen den Druck $p = \rho \cdot g \cdot H$. Die im Zeitintervall Δt verrichtete Arbeit ΔW ist:

$$\begin{aligned}
\Delta W &= p \cdot \Delta V = p \cdot I \cdot \Delta t = \rho \cdot g \cdot H \cdot I \cdot \Delta t \\
&= 10^3\,\mathrm{kg \cdot m^{-3}} \cdot 9{,}81\,\mathrm{m \cdot s^{-2}} \cdot 10\,\mathrm{m} \cdot 0{,}1\,\mathrm{m^3 \cdot s^{-1}} \cdot \Delta t \\
&= 9{,}81 \cdot 10^3\,\mathrm{kg \cdot m^2 \cdot s^{-3}} \cdot \Delta t \\
P &= \Delta W/\Delta t = 9{,}81 \cdot 10^3\,\mathrm{kg \cdot m^2 \cdot s^{-3}}.
\end{aligned}$$

2. Die Pumpe macht Hubarbeit u. zw. im Zeitintervall Δt den Betrag $\Delta W = \Delta m \cdot g \cdot H$; $\Delta m = I \cdot \rho \cdot \Delta t$.

$$\begin{aligned}
\Delta W &= I \cdot \rho \cdot g \cdot H \cdot \Delta t \\
&= 0{,}1\,\mathrm{m^3 \cdot s^{-1}} \cdot 10^3\,\mathrm{kg \cdot m^{-3}} \cdot 9{,}81\,\mathrm{m \cdot s^{-2}} \cdot 10\,\mathrm{m} \cdot \Delta t \\
&= 9{,}81 \cdot 10^3\,\mathrm{kg \cdot m^2 \cdot s^3} \cdot /t \\
P &= \Delta W/\Delta t = 9{,}81 \cdot 10^3\,\mathrm{kg \cdot m^2 \cdot s^{-3}} = 9{,}81 \cdot 10^3\,\mathrm{N \cdot m \cdot s^{-1}} \\
&= 9{,}81\,\mathrm{kW}.
\end{aligned}$$

Beispiel 5.13. Die rechte Herzhälfte pumpt das venöse Blut durch den Lungenkreislauf, die linke Herzhälfte pumpt das arterielle Blut durch den Körperkreislauf. Wir berechnen die vom Herzen aufzubringende Pumpleistung P, d. h. die Herzarbeit bezogen auf die Zeit, für die linke Herzhälfte. Um Integrationen zu vermeiden, nehmen wir an, daß der Druck p, gegen den das Herz pumpt (der Druck in der Aorta), gleich ist dem mittleren Druck im Kreislauf eines gesunden jugendlichen Erwachsenen, d. i. 100 Torr oder $1{,}33 \cdot 10^4$ Pa. Ebenso nehmen wir als Geschwindigkeit v die mittlere sogenannte Auswurfgeschwindigkeit, d. i. für die linke Herzkammer ein Wert von $0{,}5\,\mathrm{m \cdot s^{-1}}$. Schließlich müssen wir noch die Volumenstromstärke des Kreislaufs von $I = 8{,}33 \cdot 10^{-5}\,\mathrm{m^3 \cdot s^{-1}}$ berücksichtigen.

Das im Zeitintervall Δt vom Herzen gepumpte Blutvolumen ist gleich $\Delta V = I \cdot \Delta t$ und die Masse dieses Blutes ist $\Delta m = \rho \cdot \Delta V$. Die in Δt verrichtete Herzarbeit ist

$$\begin{aligned}
W &= p \cdot \Delta V + (\rho \cdot \Delta V/2) \cdot v^2 \\
&= 1{,}333 \cdot 10^4\,\mathrm{Pa} \cdot 8{,}33 \cdot 10^{-5}\,\mathrm{m^3 \cdot s^{-1}} \cdot \Delta t \\
&\quad + 1{,}03 \cdot 10^3\,\mathrm{kg \cdot m^{-3}} \cdot 8{,}33 \cdot 10^{-5}\,\mathrm{m^3 \cdot s^{-1}} \cdot \Delta t \cdot \tfrac{1}{2} \cdot (0{,}5\,\mathrm{m \cdot s^{-1}})^2 \\
&= 11{,}1 \cdot 10^{-1}\,\mathrm{Pa \cdot m^3 \cdot s^{-1}} \cdot \Delta t + 1{,}07 \cdot 10^{-2}\,\mathrm{kg \cdot m^2 \cdot s^{-3}} \cdot \Delta t \\
&= 1{,}12\,\mathrm{Pa \cdot m^3 \cdot s^{-1}} \cdot \Delta t.
\end{aligned}$$

Wie man sieht, ist der Anteil der Beschleunigungsarbeit mit etwa 1% klein im Vergleich zur Druckarbeit. Bei körperlicher Anstrengung allerdings, kann die Auswurfgeschwindigkeit auf mehr als das Fünffache steigen. Wegen der Zunahme der Beschleunigungsarbeit mit dem Quadrat der Geschwindigkeit nimmt dann der Anteil dieser Arbeit an der gesamten Herzarbeit um das 25-fache zu.

Die Leistung des linken Herzventrikel ist mit den angenommenen Werten

$$P = \Delta W/\Delta t = 1{,}12\,\mathrm{Pa \cdot m^3 \cdot s^{-1}} = 1{,}12\,\mathrm{N \cdot m \cdot s^{-1}} = 1{,}12\,\mathrm{W},$$

also in der Größenordnung von 1 W.

Beispiel 5.14. Pitot hat 1737 das nach ihm benannte Rohr benutzt, um die Strömungsgeschwindigkeit der Seine zu messen, s. Abb. 5.36. Bei Verwendung einer Drucksonde würde sich diese bloß bis auf das Niveau der freien Oberfläche des Flusses füllen. Die Flüssigkeitssäule im Pitotrohr hingegen steigt die dem dynamischen Druck entsprechende Steighöhe h weiter. Daraus läßt sich die Strömungsgeschwindigkeit berechnen.

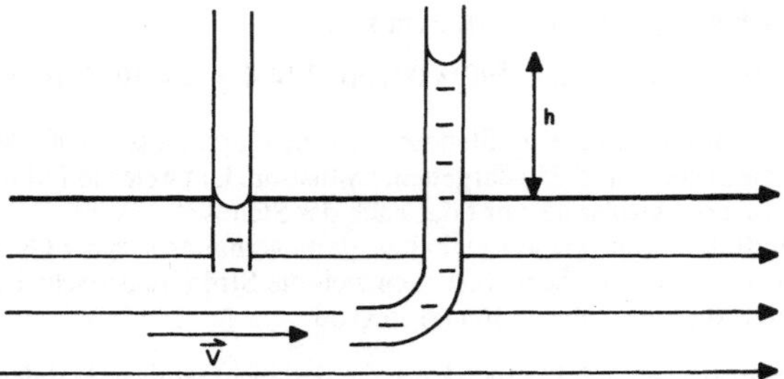

Abb. 5.36. Messung der Strömungsgeschwindigkeit v mittels Pitotrohrs. Es ist $\rho \cdot g \cdot h = \frac{1}{2} \cdot \rho \cdot v^2$

Für eine Steighöhe h von 2cm erhält man folgende Strömungsgeschwindigkeit v:

$$v = \sqrt{2 \cdot g \cdot h} = \sqrt{2 \cdot 9{,}81\,\mathrm{m \cdot s^{-2}} \cdot 0{,}02\,\mathrm{m}} = 0{,}63\,\mathrm{m \cdot s^{-1}}.$$

Zur Bestimmung der Strömungsgeschwindigkeit v in Fluiden ohne freie Oberfläche muß man zwei Drücke messen: den Fluiddruck p und den Ruhedruck $p + \frac{1}{2} \cdot \rho \cdot v^2$. Dies läßt sich sehr elegant mit dem sogenannten Staurohr erreichen. Diese Vorrichtung erlaubt beide Drücke gleichzeitig zu registrieren, s. Abb. 5.37.

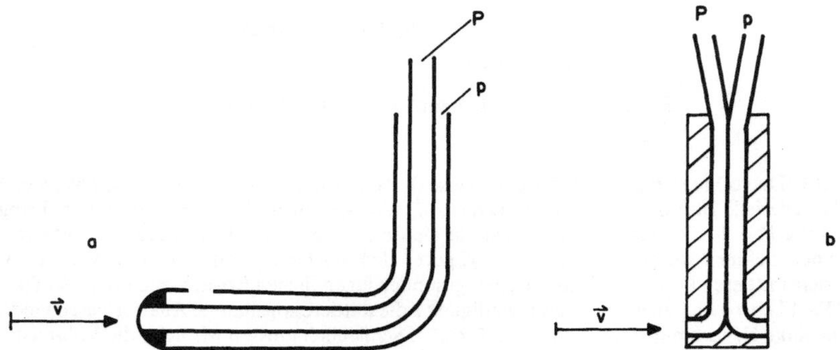

Abb. 5.37. **a** Staurohr und **b** Pitotmeter. **a** ermöglicht die gleichzeitige Messung von Fluiddruck p und Ruhedruck P. Die Differenz der beiden Drücke ist der dynamische Druck. Bei **b** allerdings ist p um fast $\rho \cdot v^2$ niedriger als P und schwankt leicht wegen der auf der Rückseite eines Hindernisses immer turbulenten Strömung

Beispiel 5.15. Blutdruckmessung mittels Kanülen oder Katheter (Abb. 5.38). Kanülen und flüssigkeitsgefüllte Katheter werden eingesetzt, um durch direkte Druckmessung genaue Druckwerte zu erhalten; s. Abb. 5.16. In der Kardiologie beispielsweise werden Katheter von großen peripheren Arterien oder Venen (Femoral-oder Kubitalgefäße) her zum Herzen geführt. Selbst das Vorführen des Katheters durch das Herz hindurch bis in die Arteria pulmonalis gehört zu den Routineverfahren in der Intensivüberwachung von Patienten. Der an der Katheterspitze an der Meßöffnung herrschende Druck wird durch die Flüssigkeit im Katheter an dessen externes Ende geleitet und dort mit den in Abschnitt 5.2 beschriebenden Verfahren gemessen. Dieser Druck ist abhängig von der Orientierung der Meßöffnung zur Strömung. Ist die Meßöffnung gegen die Strömung gerichtet, mißt man den Ruhedruck. Bei einer parallel zu den Stromlinien liegenden Meßöffnung des Katheters mißt man den Fluiddruck p. Sehr oft wird so gemessen, daß die Meßöffnung strömungsabwärts orientiert ist. Dann mißt man einen Druck gleich dem Fluiddruck p um etwa den dynamischen Druck vermindert. Da in diesem Fall um die Meßöffnung turbulente Strömung auftritt, schwankt dieser Druck mehr oder weniger stark. (Analoges gilt auch für die verschiedenen Orientierungen der Meßfläche bei Kathetertip-Manometern.)

Beispiel 5.16. Fliegen. Tragflächenquerschnitte sind so geformt, daß die Stromlinien des sie umströmenden Fluids an der Oberseite stärker zusammengedrängt werden als auf der Unterseite der Tragfläche. Dies ist wegen der Kontinuitätsbedingung gleichbedeutend damit, daß das Fluid die Tragfläche an der

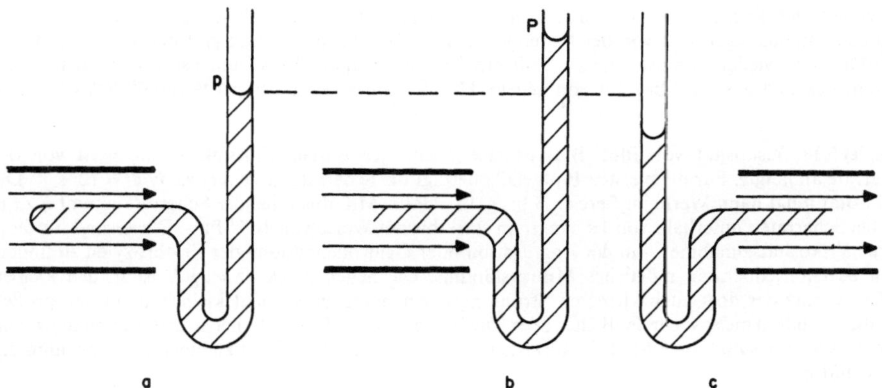

Abb. 5.38. Druckmessung mittels Kanüle bzw. Katheter. **a** Katheter mit Seitenöffnung, **b** Meßöffnung von Kanüle oder Katheter gegen die Strömung und **c** stromabwärts gerichtet. Bei **b** wird der Staudruck P, bei **a** der Fluiddruck p und bei **c** etwa der um den dynamischen Druck verminderte Fluiddruck gemessen. Die Katheterflüssigkeit ist durch Schraffur gekennzeichnet

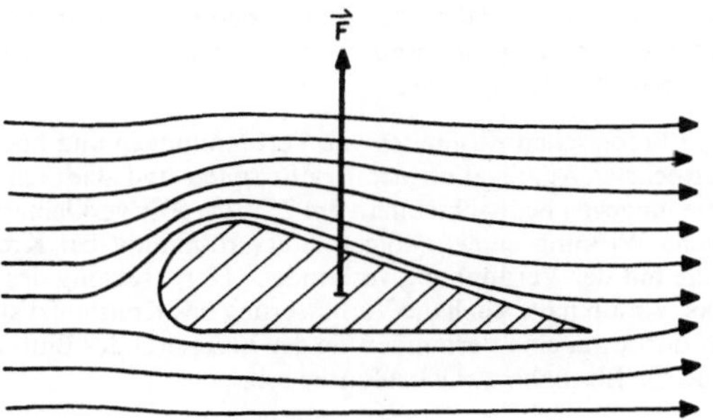

Abb. 5.39. Zur Entstehung der Auftriebskraft **F** einer Tragfläche nach Kutta-Joukowski

Oberseite schneller umströmt als an der Unterseite. Entsprechend größer ist der Fluiddruck gegen die Unterseite.

Ist v_1 die Fluidgeschwindigkeit an der Oberseite und v_2 die Fluidgeschwindigkeit an der Unterseite, dann ergibt sich für eine Tragfläche der Fläche A die folgende Auftriebskraft F:

$$F = A \cdot (p_2 - p_1) = A \cdot \tfrac{1}{2} \cdot \rho \cdot (v_1^2 - v_2^2)$$
$$= \tfrac{1}{2} \cdot A \cdot \rho \cdot \underbrace{(v_1 + v_2)}_{\sim 2 \cdot v} \cdot \underbrace{(v_1 - v_2)}_{\Delta v}$$
$$F = A \cdot \rho \cdot v \cdot \Delta v.$$

v ist die Fluggeschwindigkeit. Wie man sieht, wird die Auftriebskraft einer Tragfläche entscheidend durch Δv, also durch die Profilform bestimmt.

Beispiel 5.17. Bernoulli-Schwingungen.

1. Stimmbildung. Bei geschlossener Glottis werden die Stimmbänder durch den Thoraxdruck auseinander gedrückt. Der nun auftretende Luftstrom durch Trachea, Glottis und Rachen hat im Engpaß Glottis die größte Geschwindigkeit und damit dort den geringsten Druck. Die Glottis kann sich daher wieder schließen und der gesamte Vorgang beginnt von neuem. Die Stimmbänder führen sogenannte Bernoulli-Schwingungen aus.

2. Schnarchen. Auf dem Rücken Schlafende schnarchen. Dieses Geräusch kommt dadurch zustande, daß das Gaumensegel im Schlaf nach hinten sinkt und den Rachen einengt. Dadurch steigt an diesem Engpaß die Luftströmgeschwindigkeit und der Luftdruck sinkt. Bei offenem Mund wird das Gaumensegel durch den so entstandenen Überdruck in der Mundhöhle noch stärker nach hinten gedrückt und

verschließt den Rachen. Dadurch entsteht in der Trachea ein Unterdruck gegenüber der Nasenhöhle und das Gaumensegel wird von der hinteren Rachenwand abgehoben und gibt den Atemweg wieder frei. Die nun wieder durchströmende Luft erzeugt am Engpaß des Gaumensegels abermals einen Unterdruck und das Spiel beginnt von neuem. Hier führt das Gaumensegel Bernoulli-Schwingungen aus.

Beispiel 5.18. Viskosität von Blut. Blut ist eine Nicht-Newtonsche Flüssigkeit, d.h. η ist von der Scherrate abhängig. Für die meisten Blutgefäße beträgt die Scherrate in vivo etwa $d\gamma/dt = 10^3\,\mathrm{s}^{-1}$. Die Viskosität η hat dann Werte im Bereich 3 bis $4\cdot 10^{-3}$ Pa·s. Mit abnehmender Scherrate nimmt η zu u. zw. bei Scherraten unterhalb von $1\,\mathrm{s}^{-1}$ extrem stark bis auf Werte von 10^{-1} Pa·s. Der Grund für diese starke Viskositätszunahme ist in der Aggregation oder Geldrollenbildung der Erythrozyten zu finden. Man beachte jedoch ein mögliches Mißverständnis: Die Scherrate $dv/dz = d\gamma/dt$ ist in den kleinen Gefäßen trotz der dort auch kleineren Strömungsgeschwindigkeiten nicht kleiner als in den großen Gefäßen, sondern meist sogar deutlich größer. Die Viskosität von Blut ist ferner sehr stark abhängig vom Hämatokrit. Eine Zunahme des Hämatokrits um beispielsweise 50% führt zu einer Verdoppelung der Viskosität η.

Eine weitere Abweichung der Viskosität des Bluts im Vergleich zu Newtonschen Flüssigkeiten besteht in dem Fahraeus-Lindquist-Effekt. Dieser Effekt verkleinert in Gefäßen mit Durchmesser kleiner als 1 Millimeter die effektive Viskosität u. zw. herab bis auf den Wert des Blutplasmas. Er besteht wahrscheinlich darin, daß sich die Erythrozyten in der Gefäßmitte zusammenlagern und gewissermaßen als vom Plasma umhüllte Erythrozytenkolonne das Gefäß passieren. Vollends andersartig als bei gewöhnlichen Fluiden wird die Blutströmung in den Kapillargefäßen. Deren Durchmesser ist sogar kleiner als der Durchmesser der hindurchströmenden Erythrozyten. Von Strömen kann hier auch gar keine Rede mehr sein. Man weiß heute, daß die roten Blutkörperchen die Kapillaren passieren, indem sie wie Raupenketten hindurchwalzen. Möglicherweise steht diese Bewegungsart in Zusammenhang mit den physiologischen Aufgaben der Erythrozyten.

Beispiel 5.19. Bei vielen pathologischen Zuständen wie Verbrennungen und hoch fieberhaften Erkrankungen kommt es zu vermehrter Aggregation der Erythrozyten und dadurch zu einem Anstieg der Blutviskosität. Bei Anämie hingegen beobachtet man um 25% bis 50% verkleinerte Werte von η. Die oft frappierende therapeutische Wirkung einer mäßigen Blutverdünnung bei Kreislaufschock läßt sich dadurch verstehen, daß die mit der Verdünnung verbundene Herabsetzung des Hämatokrits das Blut trotz niedrigen Blutdrucks in Fluß hält. Auch die Verbesserung des Kreislaufzustands nach Aderlaß bei schwerer Herzinsuffizienz dürfte auf eine Verminderung der Viskosität des Bluts durch Einströmen von interstitieller Flüssigkeit in die Blutbahn zurückzuführen sein.

Beispiel 5.20. Berechnung des Gesamtgefäßwiderstands R im menschlichen Körperkreislauf bei einer mittleren Druckdifferenz zwischen Aorta und rechtem Vorhof $\Delta p = 90$ Torr und einer Volumenstromstärke von $I = 6$ Liter/Minute:

$$R = \Delta p/I = 12\cdot 10^3\,\mathrm{N\cdot m^{-2}}/(10^{-4}\,\mathrm{m^3\cdot s^{-1}}) = 1{,}2\cdot 10^8\,\mathrm{N\cdot m^{-5}\cdot s}.$$

Beispiel 5.21. Der Gesamtgefäßwiderstand stellt eine wichtige Größe für den hämodynamischen Zustand des Körperkreislaufs und mögliche therapeutische Maßnahmen bei schwerer Herzinsuffizienz dar; beispielsweise wenn der Erfolg einer Therapie mit positiv inotropen Substanzen oder Vasodilatoren beurteilt werden soll. Die Größe des pulmonalen Widerstands spielt eine wichtige Rolle bei der Bewertung von Herzfehlern, die mit pulmonaler Hypertonie einhergehen.

Beispiel 5.22. Die Arteriolen des menschlichen Kreislaufs besitzen Innendurchmesser von $20\,\mu$m bis $60\,\mu$m und Längen von wenigen Millimetern. Zur Abschätzung des Strömungswiderstands berechnen wir diesen für ein Gefäß von $30\,\mu$m Durchmesser und einer Länge von 10 mm:

$$R = (8\cdot 0{,}01\,\mathrm{m}\cdot 4{,}5\cdot 10^{-3}\,\mathrm{Pa\cdot s})/(3{,}14\cdot(0{,}000015\,\mathrm{m})^4) = 2{,}25\cdot 10^{15}\,\mathrm{kg\cdot m^{-4}\cdot s^{-1}}.$$

Bemerkung. Wegen des ungewöhnlichen Strömungsgeschehens in den Kapillargefäßen (Panzerkettenbewegung der Erythrozyten) läßt sich der Strömungswiderstand der Kapillargefäße nicht mit dem Hagen-Poiseuilleschen Gesetz berechnen.

Beispiel 5.23. Die Druckdifferenz in einem Rohr errechnet man mit dem Hagen-Poiseuilleschen Gesetz 5.19 aus $\Delta p = I\cdot R$. Für die Arteriole aus Beispiel 5.22 erhält man bei einer für sie typischen Volumenstromstärke von $I = 1{,}8\cdot 10^{-12}\,\mathrm{m^3\cdot s^{-1}}$:

$$\begin{aligned}\Delta p = I\cdot R &= 1{,}8\cdot 10^{-12}\,\mathrm{m^3\cdot s^{-1}}\cdot 2{,}25\cdot 10^{15}\,\mathrm{kg\cdot m^{-4}\cdot s^{-1}} = 4{,}05\cdot 10^3\,\mathrm{kg\cdot m^{-1}\cdot s^{-2}}\\ &= 4{,}05\cdot 10^3\,\mathrm{Pa} = 30{,}5\,\mathrm{Torr}.\end{aligned}$$

Beispiel 5.24. Druckverteilung in den großen Gefäßen beim Liegen und Stehen. Wegen der inneren Reibung des Bluts tritt in den Arterien nach dem Hagen-Poiseuille-Gesetz ein Druckgefälle in Richtung Peripherie auf. Das analoge und etwa gleich große Druckgefälle in den Venen hat entgegengesetzte Richtung. Diese Druckgefälle sind, verglichen mit dem Druckgefälle in den Arteriolen, Kapillaren und Venolen von insgesamt etwa 90 Torr, gering. Zu dieser Druckverteilung ist der Schweredruck hinzuzuaddieren. Wegen der geringen Niveauunterschiede der einzelnen Gefäße beim Liegen bleibt hier der Schweredruck vernachlässigbar klein. Beim Stehen hingegen kann der Schwerdedruck nicht vernachlässigt werden s. Abb. 5.40.

Auch den Drücken in den Venen überlagert sich der Schwerdedruck. Da der Druck im rechten Vorhof vom Herz auf Null gehalten wird, ergeben sich oberhalb dieses Niveaus negative Drücke. Die Folge ist, daß die Gesichtsvenen und meist auch die Halsvenen kollabieren.

Bemerkung. Wie man sieht, strömt das Blut beim Stehen auch von Orten niedrigen Blutdrucks in Richtung hohen Blutdrucks!

Beispiel 5.25. Wie aus Abb. 5.40 ersichtlich, kommt es beim Aufrichten des Körpers aus der Liegeposition durch den Schweredruck des Bluts zu einer erheblichen Veränderung der Druckverteilung in den Gefäßen. Damit verbunden ist eine entsprechende Änderung der Druckdifferenz Gefäß/Gewebe, d. h. des transmuralen Drucks, was wiederum den Stoffaustausch zwischen Blut und Gewebe beeinflußt. Das Zentralnervensystem (ZNS) ist dagegen geschützt. Es ist schwimmt gewissermaßen in der Gehirn-Rückenmark-Flüssigkeit, die ihrerseits von weicher und harter Gehirnhaut eingeschlossen ist, wie ein Fisch im Wasser. Diese Flüssigkeit erzeugt im Hirn-Rückenmarksgewebe einen Druck exakt gleich ihrem Schweredruck. Der transmurale Druck in den Gefäßen des Zentralnervensystems ist dadurch unabhängig von der Körperhaltung s. Abb. 5.41.

Beispiel 5.26. Spirometrie. Zur Feststellung von Belüftungsstörungen der Lunge infolge von Verengungen der Luftwege und Veränderungen in der Menge und Beschaffenheit des Bronchialsekrets werden unter verschiedenen Atembedingungen die ein- und ausgeatmeten Luftmengen gemessen. Das hierzu auch benutzte Lamellenspirometer basiert auf dem Hagen-Poiseuilleschen Gesetz.

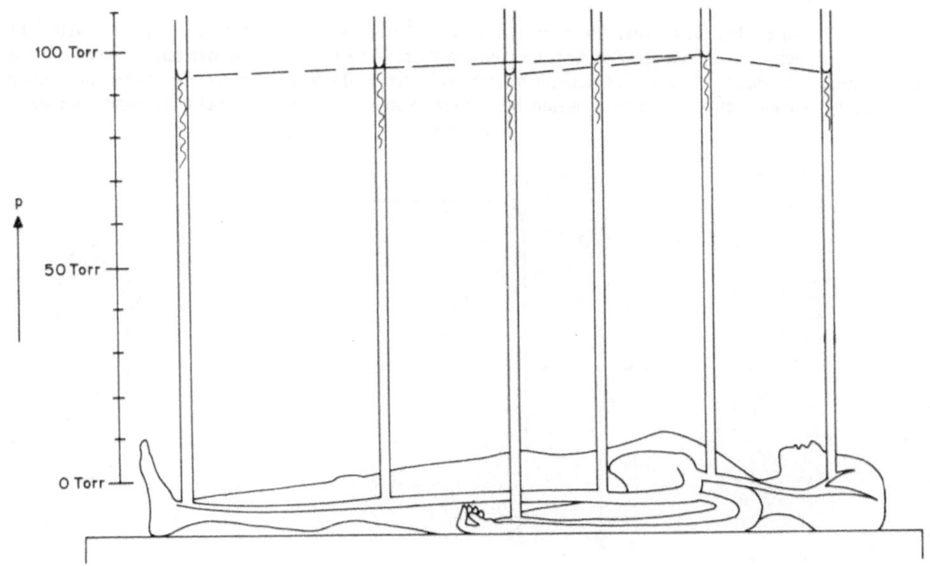

Abb. 5.40a

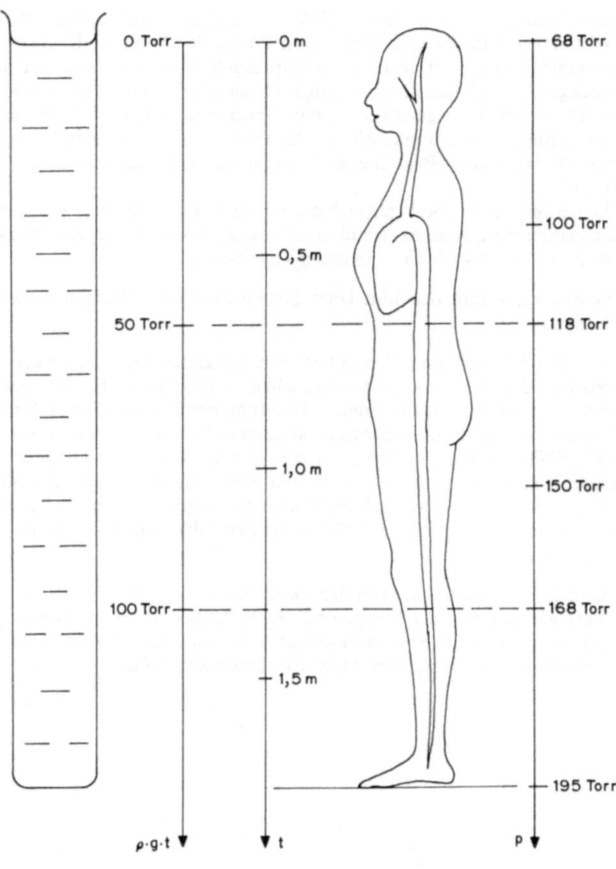

Abb. 5.40. a (Seite 219) Druckverteilung in den großen Arterien beim Liegen. Der mittlere arterielle Druck nimmt beim Liegenden von der Aorta mit einem Wert von $p = 100$ Torr in peripherer Richtung nur geringfügig ab. Er beträgt in der Fußrückenarterie bzw. in den Hohlhandbogenarterien immer noch etwa 95 Torr. **b** Druckverteilung in den Arterien beim Stehen mit dem bei **a** vernachlässigbaren Schweredruck $\rho \cdot g \cdot t$

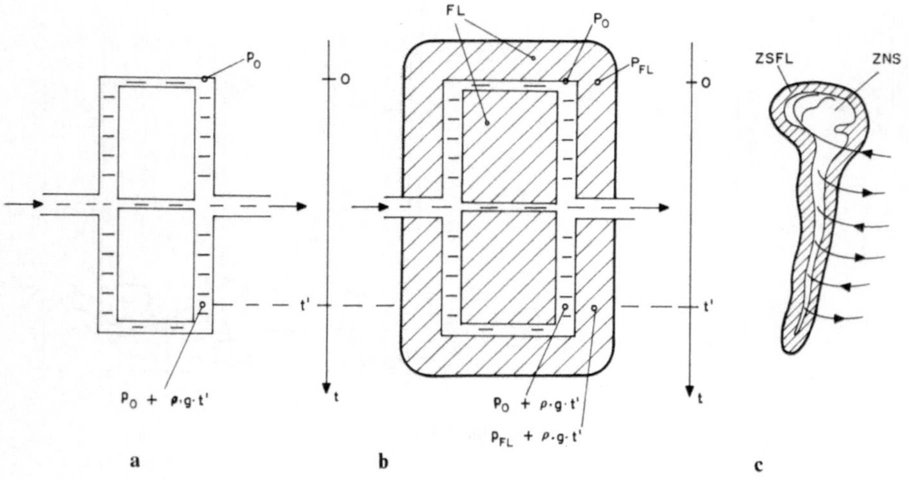

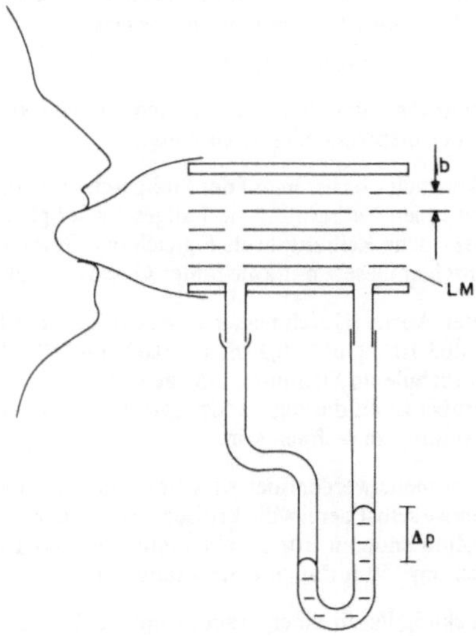

Abb. 5.42. Lamellenspirometer (schematisch). Die Lamellen *LM* bilden eine größere Anzahl von Kanälen mit rechteckförmigem Querschnitt von etwa $b = 0{,}5\,\text{mm} \times l = 50\,\text{mm}$

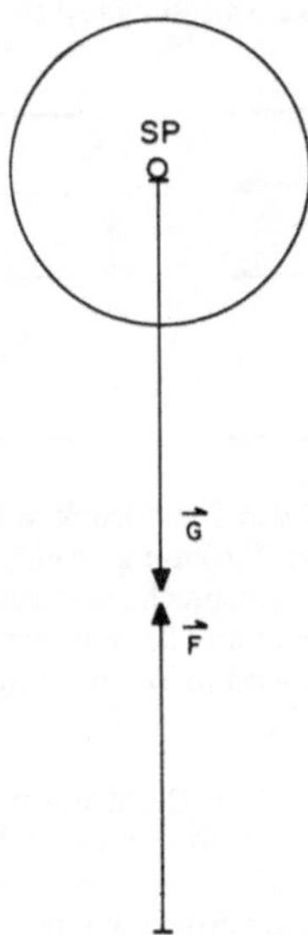

Abb. 5.43. Sinken einer Kugel in einem Fluid. Sobald die Stokessche Reibungskraft **F** dem Betrag nach gleich groß der Gewichtskraft **G** der Kugel ist, sinkt diese mit konstanter Geschwindigkeit

Abb. 5.41. Veranschaulichung der Druckverhältnisse im ZNS. **a** Die Druckdifferenz zwischen den Gefäßen und der Umgebung nimmt um den Schweredruck $\rho \cdot g \cdot t$ von oben nach unten zu. **b** Bettet man das Gefäßsystem in ein Flüssigkeitsbad *FL* mit dem Druck p_{FL} (bei $t = 0$), wird die Druckdifferenz zur Umgebung unabhängig vom Schweredruck überall gleich $p_0 - p_{FL}$. **c** Das ZNS ist in die Zerebro-Spinal-Flüssigkeit ZSFL eingebettet, wodurch sein transmuraler Druck unabhängig vom Schweredruck ist

Die Druckdifferenz Δp ist proportional zum durchströmenden Volumenstrom I. Für rechteckförmige Querschnitte lautet das Hagen-Poiseuillesche Gesetz (ohne Beweis):

$$I = b \cdot h^3 \cdot \Delta p/(12 \cdot \eta \cdot l).$$

Aus der gemessenen Druckdifferenz Δp erhält man die Volumenstromstärke $I(t)$ des Atemvorgangs und durch Integration über die Zeit die entsprechenden Atemvolumina.

Beispiel 5.27. Verschiedene Viskosimeter basieren auf der Sinkgeschwindigkeit v einer Kugel im betreffenden Fluid. Im Gegensatz zum freien Fall nimmt die Fallgeschwindigkeit hier nicht unbegrenzt zu, sondern nur so lange, bis die Stokessche Reibungskraft F gleich der Gewichtskraft G der Kugel ist. Ab da sinkt sie nach dem 2. Newtonschen Gesetz mit konstanter Geschwindigkeit.

Beispiel 5.28. Reynoldszahl in der Aorta (Durchmesser $d = 2\,\text{cm}$, mittlere Strömungsgeschwindigkeit $u = 0{,}25\,\text{m} \cdot \text{s}^{-1}$): $Re = \rho \cdot u \cdot d/\eta = 1{,}03 \cdot 10^3\,\text{kg} \cdot \text{m}^{-3} \cdot 0{,}25\,\text{m} \cdot \text{s}^{-1} \cdot 0{,}02\,\text{m}/4{,}5 \cdot 10^{-3}\,\text{N} \cdot \text{s} \cdot \text{m}^{-2} = 1144$.

Wie man sieht, kann bereits turbulente Strömung auftreten. Da die Blutgeschwindigkeit während der systolische Phase erheblich größer ist als die zugrundegelegte mittlere Geschwindigkeit, wird während dieser Phase mit turbulenter Strömung zu rechnen sein.

Beispiel 5.29. Stenose. Zwei Phänomene werden hier wirksam: Zum einen kann wegen der Einengung des Gefäßquerschnitts in der Stenose selbst bereits die kritische Reynoldszahl überschritten werden, also turbulente Strömung auftreten. Zum anderen tritt bei einer entsprechend abrupten Querschnittsveränderung schon bei Reynoldszahlen um 150 turbulente Strömung auf.

Beispiel 5.30. Messung des Druckabfalls an einer Stenose mittels Ultraschall-Doppler-Velozimetrie. Bei enger Stenose spritzt das Blut wie ein „Jet" in den nachfolgenden Gefäßabschnitt. Die dort erzeugte turbulente Strömung führt zu einem reduzierten Fluiddruck von etwa $p_3 = p_2$. Somit ist nach Bernoulli $p_1 - p_3 = \rho \cdot (v_2^2 - v_1^2)/2 \doteq \rho \cdot v_2^2/2$ (Bezeichnungen nach Abb. 5.44), da die prästenotische Geschwindigkeit v_1 im allgemeinen wesentlich geringer ist, als die im Jet. Der von der Stenose bewirkte Druckabfall läßt sich also durch eine einzige Geschwindigkeitsmessung (v_2) bestimmen (s. auch die Aufgabe 5.16).

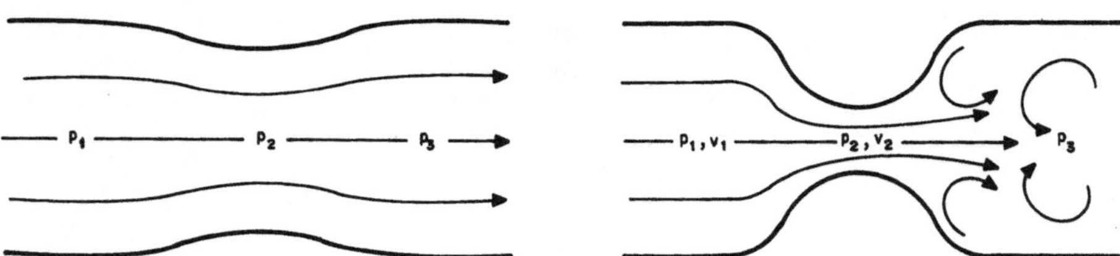

Abb. 5.44. Auswirkung einer Stenose auf den Fluiddruck: **a** Bei entsprechend geringer Einschnürung des Gefäßquerschnitts bleibt die laminare Strömung erhalten. Der Fluiddruck ist nach der Stenose unverändert ($p_3 = p_1$), in der Stenose ist er entsprechend der Bernoulli-Gleichung verkleinert $p_2 < p_1$. **b** Bei stärkerer Einschnürung tritt ein sogenannter Jet auf, der hinter der Stenose turbulente Strömung erzeugt. Die kinetische Energie dieses Jet wird in Wärme umgewandelt. Entsprechend ist $p_3 \sim p_2 < p_1$

Beispiel 5.31. Indirekte Blutdruckmessung. Eine Blutdruckmessung ohne einen Katheter in das betreffende Blutgefäß einführen zu müssen ist mittels der Manschettenmethode von Riva-Rocci möglich. Hierbei wird der Druck in einer beispielsweise um den Oberarm gelegten aufblasbaren Manschette gemessen. Durch Variation des Manschettendrucks können systolischer und diastolischer Blutdruck ermittelt werden.

Dabei wird der arterielle Blutfluß durch Aufpumpen der Manschette zunächst unterbunden. Das tritt dann ein, wenn der Manschettendruck den systolischen Druck in der Oberarmarterie erreicht oder übertrifft. Hierzu müssen neben dem Blutdruck in dem Blutgefäß noch weitere Widerstände überwunden werden: 1. die Festigkeit des Blutgefäßes selbst sowie die der umgebenden Gewebeschichten, 2. Scherkräfte zwischen dem unter der Manschette liegenden und dem angrenzenden Gewebe. Erstere gehen immer in die Messung ein. Der Einfluß der letzteren läßt sich durch hinreichend breite Manschetten klein halten.

Zur Ermittlung des diastolischen Drucks wird der Manschettendruck soweit abgesenkt, daß auch während der diastolischen Phase des Herzzyklus erstmalig keine Einengung der Arterie mehr erfolgt.

Die verschiedenen Manschettenmethoden unterscheiden sich durch die Art des Nachweises einerseits des vollständigen Verschlusses und andererseits des Verschwindens der Einschnürung der betreffenden

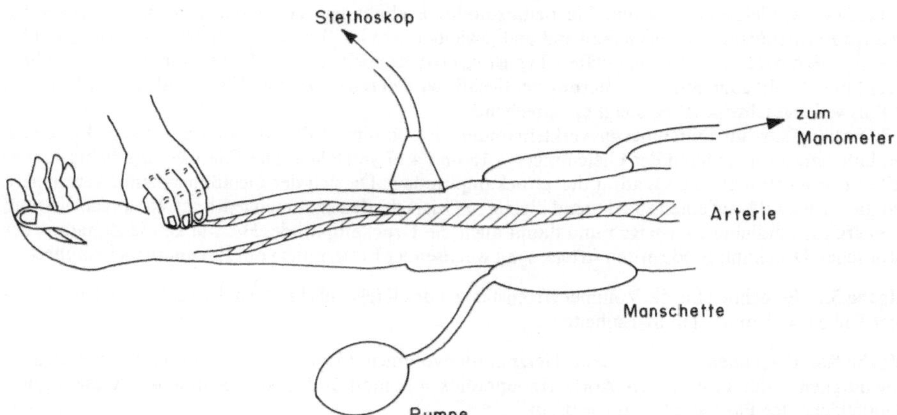

Abb. 5.45. Blutdruckmessung mittels der Manschettenmethode nach Riva-Rocci. Nachweis der Einschnürung der Arterie auskultatorisch mittels des Stethoskops oder palpatorisch durch Tasten des Pulses

Arterie. Hierzu wird der Manschettendruck, beispielsweise beginnend bei hohem Druck langsam abgesenkt. Bei der Auskultation wird das Auftreten und Verschwinden der durch die Gefäßeinschnürung erzeugten turbulenten Strömung an den mit ihr verbundenen Korotkow-Geräuschen erkannt. Das kann mittels Stethoskops erfolgen oder vollautomatisch mittels Mikrophons und entsprechender elektronischer Signalverarbeitung. Beim gesunden jugendlichen Erwachsenen betragen die beiden Drücke, auf der Höhe der Aorta, am Oberarm gemessen, etwa 120 Torr bzw. 80 Torr ($1{,}60 \cdot 10^4$ Pa bzw. $1{,}05 \cdot 10^4$ Pa).

Beispiel 5.32. Abhängigkeit der Pulswellengeschwindigkeit von den Abmessungen und elastischen Eigenschaften der Blutgefäße: Wir betrachten hierzu ein Gefäß mit einem Radius a, einer Wanddicke w und einem Elastizitätsmodul E.

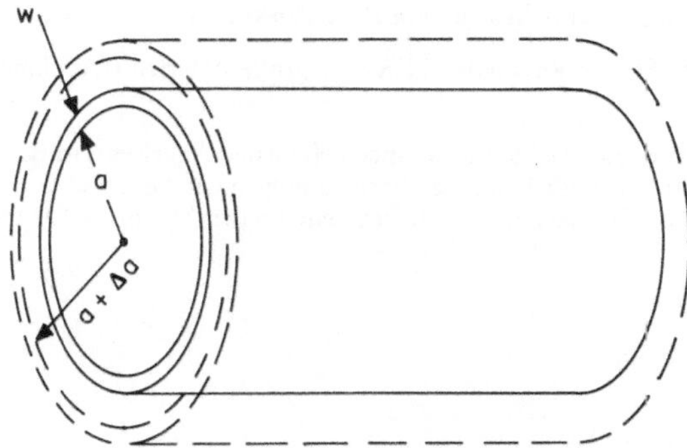

Abb. 5.46. Blutgefäß mit einem (Innen-) Durchmesser $2 \cdot a$ und einer Wandstärke w. Der Druck p in dem Gefäß vergrößert den Durchmesser von $2 \cdot a$ auf $2 \cdot (a + \Delta a)$. Der Gefäßumfang nimmt dadurch um $2 \cdot \Delta a \cdot \pi$ zu und die Gefäßquerschnittsfläche (innen) um $2 \cdot a \cdot \Delta a \cdot \pi$ ($= \Delta A$)

Aus dem Laplaceschen Gesetz erhalten wir zunächst für die Wandspannung $\sigma = p \cdot a/w$. Die Dehnung ε der Gefäßwand beträgt $\varepsilon = \Delta U/U = \Delta a/a$, U ist der Umfang.

Die Gefäßdehnbarkeit D wird damit $D = (1/p) \cdot \Delta A/A = 2 \cdot a/(w \cdot E)$ und die Pulswellengeschwindigkeit $v_w = \sqrt{w \cdot E/2 \cdot a \cdot \rho}$ (aus Gleichung 5.26). Dies ist die Moens-Korteweg-Gleichung für die Pulswellengeschwindigkeit in Blutgefäßen.

Bemerkungen. 1. Wie die Moens-Korteweg-Gleichung zeigt, ist die Pulswellengeschwindigkeit v_w von Wandstärke w, Gefäßradius a und Elastizitätsmodul E abhängig. Sie ist umso größer, je dicker bei gleichem Elastizitätsmodul die Gefäßwand und je kleiner der Gefäßradius ist. In der Aorta ist $v_w = 4$ bis $6\,\mathrm{m \cdot s^{-1}}$ in den Arterien vom muskulären Typ ist v_w etwa doppelt so groß. In den dünneren Venen liegt v_w um $1\,\mathrm{m \cdot s^{-1}}$. Mit zunehmender Alterung der Gefäße wird deren wirksamer Elastizitätsmodul E größer, die Pulswellengeschwindigkeit steigt entsprechend.

2. Entlang sich im Durchmesser verkleinernder Gefäße nimmt die Amplitude der Druckwelle zu. Dies läßt sich sofort anhand der Gleichungen 4.16 und 4.17 verstehen: Die Energiestromdichte I einer Welle ist proportional zum Quadrat der Druckamplitude b. Da sich der Gefäßquerschnitt verkleinert, wird die Druckwelle auf einen zunehmend kleineren Querschnitt zusammengedrängt, entsprechend muß die Energiestromdichte I ansteigen und damit auch die Druckamplitude. Hierauf ist die Zunahme der systolischen Druckamplitude in den Arterien mit wachsender Entfernung vom Herzen zurückzuführen.

Aufgabe 5.7. Berechnen Sie die Volumenstromstärke I des Kreislaufs für einen Erwachsenen bei körperlicher Ruhe ($= 5\,\mathrm{l \cdot min^{-1}}$) in SI-Einheiten.

Aufgabe 5.8. Berechnen Sie aus dem Herzminutenvolumen ($5\,\mathrm{l \cdot min^{-1}}$) die mittlere Strömungsgeschwindigkeit v des Bluts in der Aorta (Innenradius $= 13\,\mathrm{mm}$) und in den Kapillaren (Gesamtquerschnittsfläche der Parallelschaltung $= 0{,}3\,\mathrm{m^2}$).

Aufgabe 5.9. Auf welche Höhe H kann eine Pumpe mit einer Pumpleistung $P = 1\,\mathrm{W}$ eine Volumenstromstärke von $I = 7$ Liter/Minute unter Vernachlässigung der inneren Reibung pumpen?

Aufgabe 5.10. Berechnen Sie die Leistung P des rechten Herzventrikels. Hierzu sind noch folgende Angaben notwendig: Der mittlerer Druck, gegen den diese Herzhälfte pumpt (Pulmonalarterie), beträgt $p = 15$ Torr. Die mittlere Strömungsgeschwindigkeit beträgt $0{,}5\,\mathrm{m \cdot s^{-1}}$. Die Volumenstromstärke muß gleich der im Körperkreislauf sein (warum?).

Aufgabe 5.11. Berechnen Sie den Gesamtgefäßwiderstand R des Lungenkreislaufs für $I = 6$ Liter/Minute, Druckdifferenz $\Delta p = 8$ Torr (= mittlerer Druck in der Arteria pulmonalis, da der mittlere Druck im rechten Vorhof normalerweise vernachlässigbar klein ist).

Aufgabe 5.12. Berechnen Sie den Strömungswiderstand R einer Arterie für Blut bei 37 °C mit einem Innendurchmesser von 2 mm und einer Länge von 0,5 m.

Aufgabe 5.13. Berechnen Sie die Druckdifferenz Δp längs einer Arterie von 2 mm Innendurchmesser, einer Länge von 0,5 m und einer (typischen) Volumenstromstärke von $I = 10^{-8}\,\mathrm{m^3 \cdot s^{-1}}$ für Blut bei 37 °C.

Aufgabe 5.14. Berechnen Sie die Sinkgeschwindigkeit v einer Bleikugel (Massendichte $\rho = 11{,}34 \cdot 10^3\,\mathrm{kg \cdot m^{-3}}$) von 0,3 mm Durchmesser in Wasser von 20 °C (Viskosität $\eta = 10^{-3}\,\mathrm{Pa \cdot s}$).

Aufgabe 5.15. Berechnen Sie die Reynoldszahl Re für große Arterien (Durchmesser $d = 1\,\mathrm{cm}$, $v = 0{,}1\,\mathrm{m \cdot s^{-1}}$).

Aufgabe 5.16. Oft wird eine vereinfachte Formel (nach Hatle und Angelsen) zur Berechnung des Druckabfalls an einer Stenose benutzt, nämlich (mit den Bezeichnungen der Abb. 5.44) $p_1 - p_3 = 4 \cdot v_2^2$, wobei man das Ergebnis in Torr erhält. In welcher Einheit ist v_2 einzusetzen (1 Torr = 133 Pa)?

WÄRMELEHRE

Within a finite period of time past,
the earth must have been,
and within a finite period of time to come
the earth must again be,
unfit for the habitation of man.
(Lord William Thomson Kelvin)

Zwei Auffassungen über das Wesen der Wärme beherrschten die Physik im 19. Jahrhundert. Aus Beobachtungen des Wärmeaustauschs beim Mischen von Stoffen unterschiedlicher Temperaturen schloß man, daß Wärme die Eigenschaft einer unzerstörbaren Substanz habe. Lavoisier nannte diese Substanz Kalorikum oder Wärmestoff. Dieser Auffassung standen jedoch die Beobachtungen der Wärmeentwicklung bei Reibung, also der Wärmeentstehung aus mechanischer Arbeit, entgegen. Etwa um die Mitte des Jahrhunderts stand fest, daß die Umwandlung von mechanischer Arbeit in Wärme nach einem festen Zahlenverhältnis erfolgt. Damit war die Gültigkeit des Energieerhaltungssatzes auch für Vorgänge, die mit Wärme verbunden sind, also der 1. Hauptsatz der Thermodynamik, erwiesen. Nun begann sich die kinetische Auffassung der Wärme durchzusetzen.

Lange jedoch schon vor diesem Verständnis der Wärme war die Frage nach der Gewinnung von mechanischer Energie aus Wärme weitgehend geklärt worden. Der Anstoß hierzu war von den empirischen Beobachtungen eines James Watt und anderen erfolgt. Dazu gehörte die Beobachtung, daß bei der Gewinnung von Arbeit in einer Wärmekraftmaschine Wärme bei hoher Temperatur TH in die Maschine fließt und bei niedriger Temperatur TN wieder abgegeben wird—ähnlich wie bei einem Wasserrad das Wasser auf hohem Niveau auf das Rad geleitet wird und auf tieferem Niveau wieder abfließt. Für Sadi Carnot stand die Frage im Mittelpunkt, unter welchen Bedingungen sich ein Maximum an (mechanischer) Energie aus Wärme gewinnen ließe. Carnot zeigte bereits 1824, daß dieses Maximum grundsätzlich durch die Temperaturdifferenz $TH-TN$ festgelegt ist und nur bei sogenannter reversibler Durchführung des gesamten Vorgangs erreicht werden kann. Dies ist eine der gültigen Versionen des 2. Hauptsatzes der Thermodynamik. Es war also der zweite Hauptsatz der Thermodynamik lange vor dem ersten entdeckt.

Der menschliche Organismus ist keine Wärmekraftmaschine. Er bezieht die erforderliche Energie aus der freien Enthalpie. An die Stelle von Dampfkessel und

Dampfmaschine treten von Enzymen gesteuerte chemische Prozesse. Allerdings laufen diese Prozesse im lebenden Organismus nahezu reversibel ab, so daß der Organismus ein fast ideales thermodynamisches System darstellt. Dabei wird in den Zellen die aus dem Stoffwechsel gewonnene Energie zur Erzeugung von Verbindungen mit relativ hoher freier Enthalpie verwendet (z. B. Adenosintriphosphat). Die vom Organismus für die Lebensvorgänge benötigte Energie wird durch Abbau dieser Verbindungen in den Zellen der entsprechenden Organe gewonnen. Da diese Prozesse weitgehend spontan ablaufen, kann nur die jeweilige freie Enthalpie der Verbindungen in andere Energieformen umgewandelt werden, der Rest muß als Wärme an die Umgebung abgegeben werden.

Wärme ist eines der wichtigsten therapeutischen Instrumente der Medizin. Die Anwendung geringer Temperaturerhöhungen umfaßt den Einsatz der vom Körper selbst produzierten Wärme als auch den Einsatz künstlich zugeführter Wärmeenergie bei der Diathermie, auf Basis elektromagnetischer Wellen und Ultraschallwellen. Indikationen sind Verschleißerkrankungen und für den Einsatz der Hyperthermie Krebs.

Die Thermoregulation des Menschen hält die Körper-Kerntemperatur bei rund 37 °C fest. Diese Temperatur ermöglicht wegen der hierbei schneller ablaufenden Stoffwechselvorgänge eine größere Leistungsfähigkeit. Einer höheren Körpertemperatur stehen thermische Schädigungen der lebenswichtigen Enzyme entgegen; die Toleranzgrenze liegt je nach Einwirkungsdauer bei etwa 40 °C. Steigt die Körpertemperatur über 42 °C, kommt es zu Schock. Nur sehr primitive Lebewesen, beispielsweise die in heißen Tiefseequellen lebenden Methanbakterien, erreichen sehr viel höhere Lebenstemperaturen, nämlich bis etwa 119 °C. So hohe und noch höhere Temperaturen werden in der Therapie nur bei verschiedenen chirurgischen Verfahren, wie der Koagulation, Evaporation und Ablation auf Basis der Jouleschen Stromwärme oder beim Laserskalpell eingesetzt.

Nur etwa 1% aller Tierarten sind Warmblüter, die ihre Körpertemperatur auf einem Wert zwischen 30 und 40 °C konstant halten. Bei tiefen Umgebungstemperaturen kann erhöhte Körpertemperatur wegen des damit verbundenen Wärmeabflusses auch nachteilig sein. Einige Warmblüter begegnen dem mit Winterschlaf, bei dem sie ihren Stoffwechsel erheblich reduzieren und entsprechend die Körpertemperatur um 10 bis 20 °C absenken. Wechselwarme Tiere hingegen überleben auch deutlich tiefere Temperaturen. Die Hauptgefahr hierbei ist das Gefrieren der Zellflüssigkeit, weil die wachsenden Eiskristalle die Zellorganellen zerstören. Um das zu verhindern, haben sich in der Natur verschiedene Methoden entwickelt. So lagert beispielsweise eine Wespenart Glyzerin in die Zellen ein, wodurch der Gefrierpunkt ihrer Zellflüssigkeit auf − 17 °C abgesenkt wird. Eine analoge Problematik tritt auch bei der gekühlten Lagerung von Geweben und Organen für Transplantationszwecke auf. Die hierbei auftretenden Schäden sind sehr stark vom zeitlichen Temperaturverlauf beim Gefrieren und Auftauen abhängig.

Auch therapeutisch werden tiefe Temperaturen in der Medizin genutzt. Milderen Abkühlungen, sogenannten Kaltanwendungen, werden antiphlogistische Wirkungen zugeschrieben. Stärkere Abkühlung hat eine deutlich analgetische Wirkung bei Entzündungen. Die moderne Kaltgastherapie arbeitet mit dem Dampf flüssigen Stickstoffs bei Temperaturen von − 130 bis − 160 °C. Mit ebenso tiefen Temperaturen arbeitet die Kryochirurgie. Beispielsweise wird in der Neurochirurgie Hirngewebe durch minutenlanges Abkühlen eng umschriebener Bereiche auf etwa – 85 °C zerstört. Andere Einsatzbereiche sind die Entfernung von Warzen oder in der Ophthalmologie die Kryokoagulation beim Anheften der abgelösten Retina an das Pigmentblatt.

6. Kinetische Wärmetheorie

6.1 Temperatur

Kalt und warm sind Empfindungen des Menschen. Ihre Bedeutung scheint zunächst klar, jedoch stellt man bei genauerem Hinsehen schnell fest, daß diese Begriffe widersprüchlich sein können. Jeder kennt die Diskussionen über die Temperatur von Badewasser im Urlaub. Sie werden zu einem guten Teil durch die bei Hauttemperaturen zwischen 20 °C und 40 °C auftretende teilweise Adaptation der Temperaturempfindung hervorgerufen: die Temperaturempfindung kennt keinen festen Bezugspunkt. Unterhalb von etwa 10 °C und ab etwa 50 °C nach oben dominiert Schmerzempfindung ohne klare Unterscheidung zwischen kalt und warm. Berührung von flüssigem Stickstoff (– 196 °C) führt zur gleichen Empfindung wie Berührung von siedendem Wasser (+ 100 °C)—und hat auch ähnliche Gewebszerstörungen zur Folge. Ferner kann die Wärmeempfindung auch durch chemische Reize, beispielsweise durch Mentholeinreibung, beeinflußt werden.

a) Temperaturskalen

Die Zustände von Stoffen, die wir als kalt oder warm empfinden, bezeichnen wir als Temperatur. Für eine objektive Festlegung der Temperatur bedarf es offenbar eines objektiveren Verfahrens als der Beurteilung durch die menschliche Empfindung. Zunächst ist die Festlegung der Einheit und des Ursprungs der Temperaturskala notwendig. Dies wird durch die Definition von Fundamentalpunkten erreicht. Z. B.

Fundamentalpunkte der Celsiusskala (1742):

$$t = 0\,°\mathrm{C} = \text{Eispunkt}$$

(= Eisschmelzpunkt bei Standarddruck von $p = 101\ 325$ Pa)

$$t = 100\,°\mathrm{C} = \text{Siedepunkt von Wasser.}$$

(= Dampfpunkt bei Standarddruck)

Zur Unterteilung dieser Skala müssen reproduzierbare Vorgänge benutzt werden. Hierzu sind zunächst alle temperaturabhängigen physikalischen Größen, wie die Volumenausdehnung eines Körpers, der elektrische Widerstand von Leitern, die elektrische Berührungsspannung zweier Metalle, die Strahlungsemission eines Körpers oder der Druck eines Gases geeignet. Die auch heute noch häufig anzutreffenden Ausdehnungsthermometer sind meist mit einer Flüssigkeit (Alkohol oder Quecksilber) gefüllt. Um die insgesamt doch recht kleine Volumenausdehnung deutlich beobachten zu können, wird das die Flüssigkeit enthaltende Glasgefäß mit einem Kapillarrohr verbunden. Das Gefäß wird so weit gefüllt, daß die Flüssigkeit in das Kapillarrohr hineinragt. Dann hat eine kleine Volumenzunahme der Flüssigkeit eine entsprechend starke Verschiebung des Flüssigkeitsspiegels in der Kapillare zur Folge (vorausgesetzt, die Volumenausdehnung der Flüssigkeit ist anders als die des Glases), die leicht abgelesen werden kann.

Allerdings stellte sich heraus, daß sich keine der oben angeführten temperaturabhängigen Größen streng linear mit der Temperatur verändert. Die Skalenteilungen stimmen also zunächst nur in den Fundamentalpunkten überein, dazwischen und außerhalb dieser Bereiche gibt es mehr oder weniger große Abweichungen. Beispielsweise zeigen ein quecksilbergefülltes und ein alkoholgefülltes Thermometer bei übereinstimmender Anzeige der Fundamentalpunkte von $t = 0\,°C$ und $t = 100\,°C$ bei linearer Unterteilung im Bereich dazwischen Abweichungen bis zu etwa 2 °C.

Welches der beiden Thermometer in der Abb. 6.1 hat recht? Diese Frage ist zunächst nicht zu beantworten. Daß der genaue Wert der gemessenen Temperatur

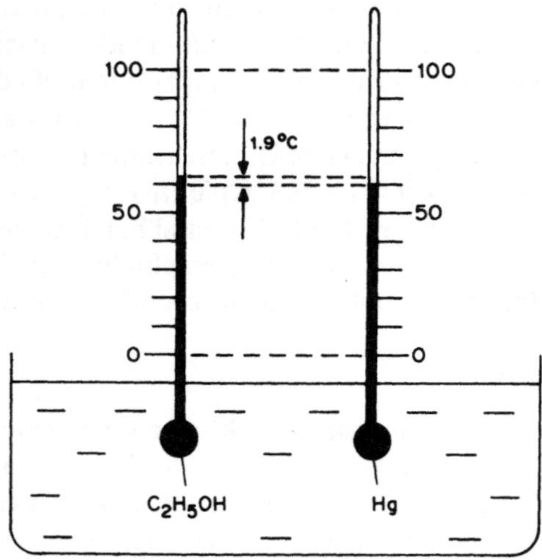

Abb. 6.1. Vergleich eines alkoholgefüllten mit einem quecksilbergefüllten Thermometer bei linearer Unterteilung. Die nichtlineare Volumenausdehnung führt dazu, daß die von diesen Thermometern gemessenen Temperaturen nur in den Fixpunkten übereinstimmen. Zwischen 0 °C und 100 °C ergeben sich maximale Unterschiede bis zu etwa 2 °C

von der benutzten Thermometersubstanz abhängt, ist jedenfalls nicht befriedigend. Es gibt aber zumindest eine Klasse von Stoffen, die übereinstimmende Temperaturwerte liefert, nämlich die idealen Gase (das sind alle Gase bei hinreichend hoher Temperatur und niedrigem Druck, s. Kapitel 6.3). Deren Volumen V gehorcht bei kleinem und konstant gehaltenem Druck in sehr weiten Temperaturbereichen dem Gay-Lussacschen Gesetz (1802)

$$V = V_0 \cdot (1 + \alpha \cdot t),$$

worin t die Celsiustemperatur ist und V_0 das Volumen bei 0 °C. $\alpha = 1/(273{,}15\,°C)$ ist der isobare (bei konstantem Druck gültige) thermische Ausdehnungskoeffizient für ideale Gase. Dieser Sachverhalt ist in der Abb. 6.2 dargestellt.

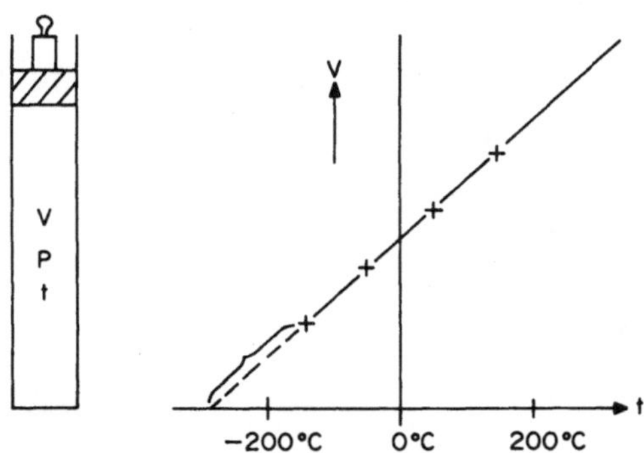

Abb. 6.2. Gay-Lussacsches Gesetz: Volumen eines idealen Gases bei konstantem Druck in Abhängigkeit von der Temperatur (hier Celsiustemperatur t). Der dargestellte lineare Zusammenhang zwischen Temperatur und Volumen findet sich bis ganz nahe an den Kondensationspunkt der verschiedenen Gase. Gestrichelter Graph = Extrapolation

Extrapoliert man den empirisch erhaltenen Zusammenhang zwischen dem Volumen eines idealen Gases und der Temperatur nach niedrigen Temperaturen hin, verschwindet das Volumen bei $t = -273{,}15\,°C$. Diese Temperatur scheint also ein *absoluter Nullpunkt* zu sein; sie bildet den Nullpunkt der internationalen Kelvin-Skala. Den Fundamentalpunkt dieser Temperaturskala bildet der Tripelpunkt des Wassers (s. Kapitel 8). Seit 1967 ist die Einheit der Temperatur international als der 273,16te Teil der Temperatur des Tripelpunkts definiert.

b) Temperaturmessung

Der erste, der die Bedeutung der Temperaturmessung für die Medizin erkannt hatte, war wahrscheinlich Sanctorius um 1612. Er benutzte ein Gasthermometer nach dem Prinzip von Beispiel 6.7 zur Körpertemperaturmessung. 1835 publizierten A. Becquerel und G. Breschet Ergebnisse ihrer Messungen der Körpertemperatur des Menschen und gaben 37 °C als Normalwert an. 1851 führte C. Wunderlich das Thermometer in die Klinik ein und machte erste Beobachtungen des Temperaturverlaufs bei Typhus. Hiermit war der Wert der Thermometrie für die medizinische Diagnostik außer Zweifel gestellt.

Das klassische Fieberthermometer ist das Quecksilberthermometer. Ein kleines Vorratsgefäß mit angeschmolzener Kapillare ist mit Quecksilber gefüllt. Das Quecksilber erfüllt die Kapillare nur teilweise, so daß temperaturbedingte Volumenänderungen wegen des kleinen Kapillarenquerschnitts große Veränderungen der Quecksilberfadenlänge in der Kapillare ergeben. Damit der dünne Quecksilberfaden gut sichtbar wird, hat die Kapillare meist dreieckförmigen Querschnitt mit abgerundeten Ecken, welche eine Zylinderlinse bilden und als Lupe wirken (Abb. 6.3).

Durch eine kleine Einschnürung am Anfang der Kapillare wird erreicht, daß der Quecksilberfaden beim Schrumpfen des Volumens dort abreißt; das Quecksilberthermometer hat dadurch die wichtige Eigenschaft eines Maximumthermometers. Vor der nächsten Messung muß das Quecksilber in das Vorratsgefäß zurückgeschüttelt werden. Da sich auch das Behälterglas temperaturabhängig ausdehnt, ist für präzise Messungen dafür zu sorgen, daß das gesamte Thermometer sich auf Meß-

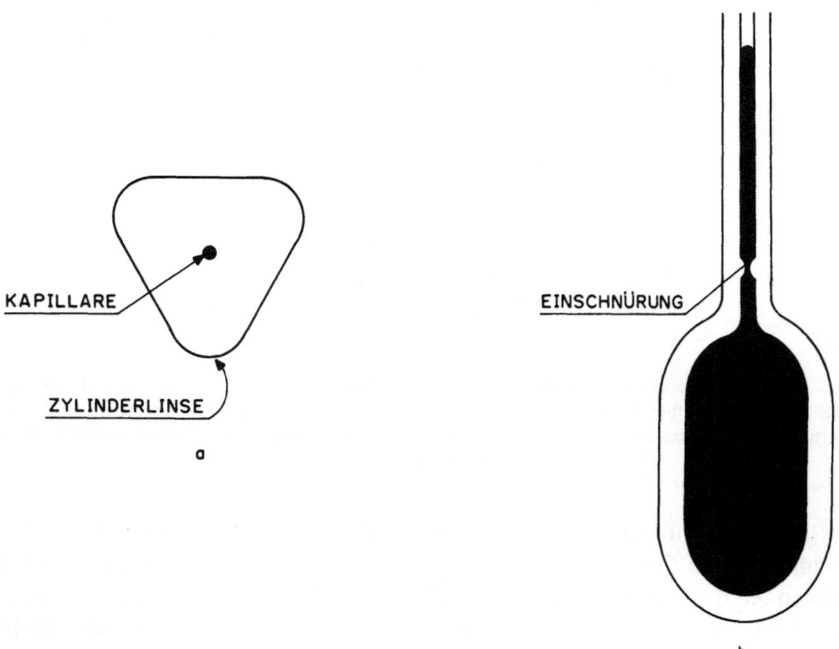

Abb. 6.3. Quecksilberthermometer. **a** Querschnitt der Kapillare, **b** Vorratsgefäß und Einschnürung der Kapillare

temperatur befindet. Jedoch genügt in der Medizin in der Regel die auch ohne diese Vorkehrung erreichbare Genauigkeit von 0,1 °C.

Widerstandsthermometer beruhen auf der Eigenschaft der Leiter und Halbleiter, ihren elektrischen Widerstand R in Abhängigkeit von der Temperatur zu verändern. Diese Änderung des Widerstands R in Abhängigkeit von der Temperatur T wird für die verschiedenen Stoffe durch den Temperaturkoeffizienten $\frac{1}{R} \cdot \frac{dR}{dT}$ angegeben. Von den metallischen Leitern zeigen die reinen Metalle die größten Temperaturkoeffizienten. Am gebräuchlichsten sind Platin und Nickel. Diese haben einen positiven Temperaturkoeffizienten, d. h. mit steigender Temperatur nimmt auch der elektrische Widerstand zu.

Bei den Halbleiter-Widerständen gibt es solche mit negativem (NTC-Widerstand, NTC-Thermistor, Heißleiter) als auch solche mit positivem (PTC-Thermistor, Kaltleiter) Temperaturkoeffizienten. Thermistoren besitzen zwar größere Temperaturkoeffizienten als Metalle, so daß Temperaturänderungen leichter nachweisbar sind, sie haben aber eine kompliziertere Abhängigkeit des Widerstands von der Temperatur als Metalle. Bei der Messung innerhalb kleiner Temperaturintervalle kommt dies jedoch nicht zum Tragen. Deshalb werden sie in den modernen Fieberthermometern eingesetzt. Die Umrechnung des mit einem speziellen Schaltkreis gemessenen elektrischen Widerstands in die zugehörige Temperatur erfolgt in einem eingebauten Rechnerchip, die Anzeige erfolgt z. B. mittels Flüssigkristalldisplays. Thermometer auf Basis der *Thermospannung* (Seebeck-Effekt), s. Kapitel 11.3.

Pyrometrie. Berührungslose Temperaturmessung ist aufgrund der Wärmestrahlung möglich. Die Basis hierzu bildet die spektrale Energieverteilung entsprechend dem Planckschen Strahlungsgesetz (s. Kapitel 7.2). Die sogenannten Gesamtstrahlungspyrometer erfassen die gesamte Verteilung der vom Meßobjekt ausgehenden Wärmestrahlung, was entsprechend aufwendig ist. Spektralpyrometer messen die Energiestromdichte der Strahlung nur in einem engen Wellenlängenbereich. Ein einfaches Beispiel hierzu ist das Glühfadenpyrometer: Hier wird die Strahlungsintensität von Quelle und Glühfaden meist bei einer Wellenlänge von 650 nm verglichen und daraus die Temperatur abgeleitet. In einem größeren Wellenlängenbereich arbeiten Bandstrahlungspyrometer. Die wichtigsten Vertreter dieser Pyrometer sind photoelektrische Detektoren wie Phototransistoren und Photoelektronenvervielfacher. Verteilungspyrometer schließlich bestimmen die Temperatur der Strahlungsquelle aus dem Verhältnis der Energiestromdichten bei zwei verschiedenen Wellenlängen und erreichen dadurch weitgehende Unabhängigkeit von dem Emissionsgrad des Strahlers. Pyrometer finden hauptsächlich zur Messung sehr hoher Temperaturen Anwendung.

Ein Temperaturmeßverfahren, welches hier etwas aus der Reihe fällt, ist die *Thermographie.* Hierbei wird mittels einer fernsehkameraähnlichen Thermographiekamera ein Temperaturbild der Körperoberfläche oder von Teilen der Oberfläche erzeugt. Dieses Verfahren beruht auf dem Stefan-Boltzmann-Gesetz, nach dem die von einem Körper emittierte Strahlungsleistungsdichte I proportional zur 4. Potenz der Oberflächentemperatur (Gleichung 7.16) ist. Da die vom menschlichen Körper entsprechend seiner Temperatur von etwa 310 K emittierte Wärmestrahlung eine Wellenlänge von etwa 10 μm besitzt, ist diese schwierig nachzuweisen. Wegen der großen Wellenlänge kann normale Glaslinsenoptik nicht verwendet werden. Man benutzt daher beispielsweise Germaniumlinsen und als Empfänger photovoltaische oder photoleitende Quecksilber-Cadmium-Tellurid-Empfänger. Heutige Thermographiesysteme vermögen immerhin Temperaturen von 0,1 °C aufzulösen und besitzen eine Meßgenauigkeit von besser als 1 °C. Da man mit diesen Geräten letztlich die Temperaturen auf der Körperoberfläche mißt, erhält man Aussagen über die Durchblutung oberflächennaher Gewebe und der Haut. Abweichungen vom Normalen können sehr unterschiedlichen Ursprungs sein, beispielsweise durch einen oberflächennahen Tumor bedingt sein, aber auch bloß Folge einer gutartigen Entzündungsreaktion der Haut sein. Besonders erfolgreich ist der Einsatz der Thermographie bei der Diagnose von Durchblutungsstörungen der unteren Extremitäten, beispielsweise bei Diabetes.

6.2 Thermische Ausdehnung von Stoffen

Die meisten Stoffe dehnen sich bei Erwärmung unter konstantem Druck aus. Der Grund hierfür ist bei festen Stoffen und Flüssigkeiten in der Unsymmetrie der Potentialkurve der Bindungskräfte (Abb. 5.1) zu finden. Die bei höheren Temperaturen stärkeren Schwingungen der Atome erfolgen um größere mittlere Abstände und führen daher zur Ausdehnung des Körpers. Die thermische Ausdehnung der Gase hingegen ist eine direkte Folge des Gasdrucks.

Ein Stab der Länge l erfährt bei Erwärmung von T_1 auf T_2 eine Längenänderung um Δl:

$$\Delta l = \beta \cdot l \cdot (T_2 - T_1)$$

β ist der lineare Ausdehnungskoeffizient, das ist der Quotient aus der Längenänderung Δl, die der Stab bei einer Temperaturerhöhung um 1 K erfährt, bezogen auf seine ursprüngliche Länge l:

$$\beta = \frac{\Delta l}{l \cdot (T_2 - T_1)}.$$

β ist nur innerhalb enger Temperaturbereiche eine Konstante.

Bei isotropen Körpern ist die lineare Ausdehnung nach allen drei Raumrichtungen gleich groß. Eine Erhöhung der Temperatur führt daher zu einer Gestalt, die der ursprünglichen ähnlich ist, d. h. alle Abmessungen sind um denselben Faktor größer geworden. Die Volumina ähnlicher Körper verhalten sich wie die dritten Potenzen der linearen Abmessungen, also ist das Volumen V_2 bei einer Temperatur $T_2 = T_1 + \Delta T$:

$$V_2 = V_1 \cdot (1 + \beta \cdot \Delta T)^3 \doteq V_1 \cdot (1 + 3 \cdot \beta \cdot \Delta T).$$

Der thermische Volumenausdehnungskoeffizient α (Tabelle 6.1) ist also für feste Stoffe gleich dem Dreifachen des linearen Ausdehnungskoeffizienten β.

Flüssige und gasförmige Körper haben keine bestimmte Form. Für Flüssigkeiten und Gase läßt sich daher nur ein räumlicher Ausdehnungskoeffizient angeben. Zu beachten ist, daß α mehr oder weniger stark von T_1 abhängt und nur innerhalb kleiner Temperaturintervalle ΔT als Konstante angesehen werden kann.

Zusammenfassung 6.A

Die Temperatur ist die Basisgröße der Wärmelehre. Die Einheit der internationalen Kelvin-Temperatur T ist

$$[T] = 1\,\text{K (Kelvin)}:$$

1 Kelvin ist der 273,16te Teil der thermodynamischen Temperatur des Tripelpunkts von Wasser (dieser liegt bei $T = 273{,}16$ K bzw. $t = +0{,}01$ °C). Die thermische Ausdehnung der Stoffe gehorcht bei konstantem Druck dem Gesetz von Amontons und Gay-Lussac:

$$V_2 = V_1 \cdot (1 + \alpha \cdot (T_2 - T_1)) \qquad (6.1)$$

α ist temperaturabhängig. Für feste Stoffe ist $\alpha = 3 \cdot \beta$; für Gase ist bei STP (s. Zusammenfassung 5.A) $\alpha = 1/273{,}15$.

Anmerkungen

1. Eine stoffunabhängige Temperatur ist mit Hilfe des Wirkungsgrads des Carnot-Kreisprozesses möglich. Darauf gehen wir nicht näher ein. Die „thermodynamische Temperatur" (-Skala) wurde so festgelegt, daß die Temperatur des Tripelpunkts von Wasser 273,16 K beträgt.

2. Der obige Schluß auf die Existenz eines absoluten Nullpunkts ist nicht unproblematisch. Bei genügend tiefen Temperaturen verflüssigt sich jedes Gas und die Extrapolation auf $V = 0$ ist fragwürdig. Dennoch ist das Ergebnis korrekt; man kann mit Hilfe thermodynamischer Überlegungen zeigen, daß die Temperatur $t = -273{,}15$ °C tatsächlich eine Grenztemperatur darstellt.

3. Die in den angelsächsischen Ländern übliche Fahrenheitskala hat die Fundamentalpunkte 32 °F (Grad Fahrenheit) beim Eispunkt und 212 °F beim Siedepunkt (Dampfpunkt von Wasser bei Normaldruck).

4. Für das praktische Messen wurden weitere Schmelz- und Siedepunkte verschiedener Substanzen als leicht realisierbare Temperatur-Fixpunkte festgelegt.

5. Zur Temperaturmessung ist es erforderlich, daß die Sonde, d. h. das Thermometer, dieselbe Temperatur annimmt, wie der zu messende Körper. Man spricht dann von „thermischem Gleichgewicht" zwischen Körper und Sonde. Thermisches Gleichgewicht ist daran zu erkennen, daß sich die thermischen Zustandsgrößen (Druck p, Volumen V und Temperatur T) nicht verändern. So gesehen ist also die Temperatur ein Maß für die Größe der Abweichung vom thermischen Gleichgewicht. Aus rein logischen Überlegungen folgt auch der

Nullte Hauptsatz der Wärmelehre (nach R. H. Fowler):

zwei Systeme, die sich im thermischen Gleichgewicht mit einem dritten befinden, befinden sich auch untereinander im thermischen Gleichgewicht.

6. Temperaturabhängigkeit von α bei Wasser. Hier zeigt sich eine besonders auffällige Abweichung vom Normalfall. Der thermische Ausdehnungskoeffizient α von Wasser ist bei Temperaturen unter 4 °C negativ, bei 4 °C Null und bei Temperaturen über 4 °C positiv. D. h. bei 4 °C hat Wasser das kleinste Volumen V bzw. die größte Massendichte $\rho = m/V$. Diese sogenannte *Anomalie des Wassers* hat wichtige Konsequenzen. Beispielsweise stellt sie sicher, daß tiefe Gewässer nie bis zum Grund zufrieren, was das Überwintern vieler Wasserbewohner sicherstellt.

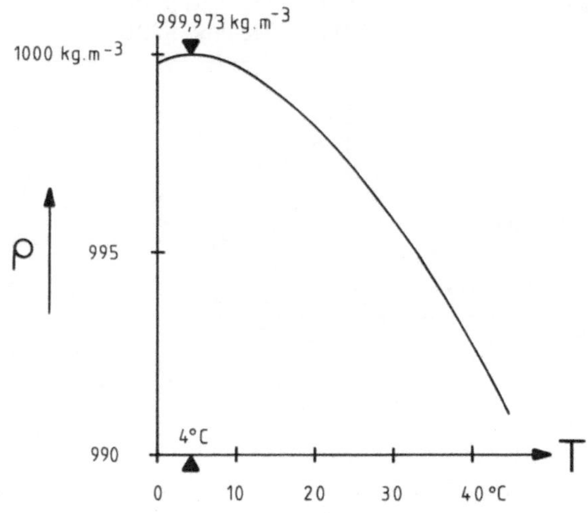

Abb. 6.4. Anomalie des Wassers. Bei $T = 4$ °C hat Wasser die größte Massendichte ρ bzw. das kleinste spezifische Volumen $1/\rho$. Unterhalb von 4 °C hat Wasser negativen Ausdehnungskoeffizienten. Beim Gefrieren nimmt die Massendichte noch weiter (auf etwa 916,8 kg·m^{-3}) ab

7. Beim Kohlendioxid liegt bereits eine merkliche Abweichung des Ausdehnungskoeffizienten gegenüber den anderen in der folgenden Tabelle 6.1 angeführten Gasen vor. Das liegt daran, daß CO_2 bei 0 °C bereits ein reales Gas ist.

Beispiel 6.1. Umrechnung der Celsius-Temperatur auf Kelvin-Temperatur: Es gilt für die Zahlenwerte $\{T\} = \{t\} + 273{,}15$.

Beispiel 6.2. Umrechnung der Fahrenheit-Temperatur auf die Celsius-Temperatur: $\{t\} = (\{t_F\} - 32)\cdot 5/9$.

Beispiel 6.3. Bimetallthermometer. Dieses beruht auf dem Unterschied der linearen Ausdehnungskoeffizienten β zweier verschiedener Metalle: Abb. 6.5.

Aufgabe 6.1. Berechnen Sie die zur Celsiustemperatur $t = 37$ °C gehörige Fahrenheittemperatur t_F.

Tabelle 6.1. Thermischer räumlicher Ausdehnungskoeffizient α einiger Stoffe. Alle Angaben für Standarddruck $p = 101\,325$ Pa. STPD = „Standard Temperature and Pressure, Dry"; s. Zusammenfassung 5.A; Dry bedeutet ohne Gehalt an Wasserdampf

Stoff	α
Pb	$8{,}7 \cdot 10^{-5}\ \mathrm{K}^{-1}$ bei 0 °C
Ni	$3{,}9 \cdot 10^{-5}\ \mathrm{K}^{-1}$ bei 0 °C
Fe	$3{,}6 \cdot 10^{-5}\ \mathrm{K}^{-1}$ bei 0 °C
Glas	$2{,}7 \cdot 10^{-5}\ \mathrm{K}^{-1}$ bei 0 °C
Invar	$0{,}6 \cdot 10^{-5}\ \mathrm{K}^{-1}$ bei 0 °C
Quarzglas	$1{,}5 \cdot 10^{-6}\ \mathrm{K}^{-1}$ bei 0 °C
Äthylalkohol	$1{,}1 \cdot 10^{-3}\ \mathrm{K}^{-1}$ von 0 °C bis 30 °C
Quecksilber	$1{,}8 \cdot 10^{-4}\ \mathrm{K}^{-1}$ von 0 °C bis 30 °C
Wasser	$-0{,}7 \cdot 10^{-4}\ \mathrm{K}^{-1}$ bei 0 °C
Wasser	0 bei 4 °C
Wasser	$0{,}9 \cdot 10^{-4}\ \mathrm{K}^{-1}$ bei 10 °C
Wasser	$0{,}2 \cdot 10^{-3}\ \mathrm{K}^{-1}$ bei 20 °C
Wasser	$7{,}5 \cdot 10^{-4}\ \mathrm{K}^{-1}$ bei 100 °C
Luft	$3{,}674 \cdot 10^{-3}\ \mathrm{K}^{-1}$ bei STPD
Wasserstoff	$3{,}662 \cdot 10^{-3}\ \mathrm{K}^{-1}$ bei STPD
Helium	$3{,}660 \cdot 10^{-3}\ \mathrm{K}^{-1}$ bei STPD
CO_2	$3{,}726 \cdot 10^{-3}\ \mathrm{K}^{-1}$ bei STPD

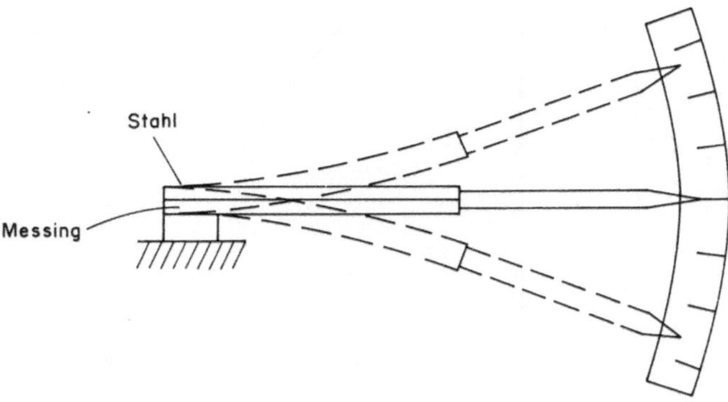

Abb. 6.5. Bimetallthermometer. Zwei durch Aufeinanderwalzen verbundene Metallstreifen, z. B. aus Messing und aus Stahl, krümmen sich in Abhängigkeit von der Temperatur, weil der lineare Ausdehnungskoeffizient β der beiden Metalle unterschiedlich groß ist. Auch als billige Thermoschalter werden solche Bimetallstreifen eingesetzt

6.3 Kinetische Gastheorie

a) Gasdruck

Entscheidende Hinweise darauf, daß es sich bei Wärme um eine besondere Art mechanischer Energie handeln könnte, stammen neben den schon erwähnten Beobachtungen an Reibungsvorgängen hauptsächlich von Überlegungen zum Zustandekommen des Gasdrucks. Im Vergleich zu Flüssigkeiten üben Gase zusätzlich zum Schweredruck einen weiteren Druck auf die Gefäßwände aus, den Gasdruck Bereits 1738 konnte Daniel Bernoulli zeigen, daß der Gasdruck in wesentlichen Zügen als Folge von elastischen Stößen frei herumfliegender Moleküle (dieser Begriff wurde allerdings erst 1811 von dem italienischen Physiker Amadeo Avogadro geprägt) erklärt werden kann. Bernoullis Überlegungen lauten etwa folgend:

Trifft ein Molekül (Masse μ, Geschwindigkeit $\mathbf{u}$ und Impuls $\mu \cdot \mathbf{u}$) gegen die Behälterwand, wird es an dieser reflektiert, s. Abb. 6.6: die Impulskomponente $\mu \cdot \mathbf{u}_y$

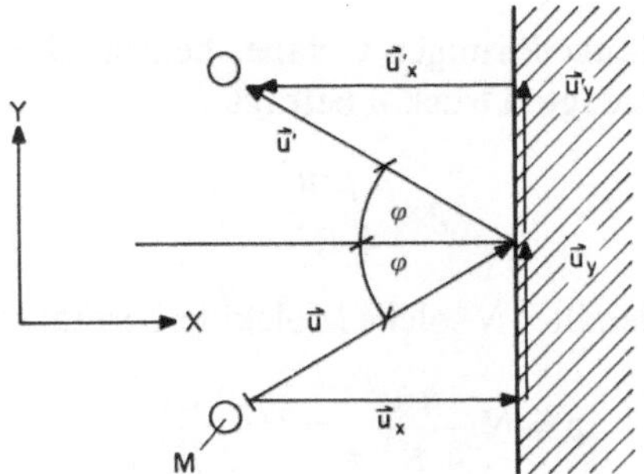

Abb. 6.6. Beim elastischen Stoß eines Moleküls M unter einem Winkel φ gegen die Behälterwand bleibt die Tangentialkomponente $\mathbf{p}_y = \mu \cdot \mathbf{u}_y$ des Impulses unverändert, die Normalkomponente $\mathbf{p}_x = \mu \cdot \mathbf{u}_x$ ändert ihr Vorzeichen

parallel zur Wand bleibt unverändert, da die Wand in y-Richtung keine Kraft auf das Molekül ausüben kann. Die Impulskomponente $\mu \cdot \mathbf{u}_x$ hingegen erfährt eine Umkehrung ihrer Richtung, da die Wandmasse sehr viel größer ist als die Molekülmasse, s. Beispiel 3.18. Dieses Molekül erteilt der Wand somit einen Kraftstoß von

$$\mu \cdot u_x - \mu \cdot u_x' = 2 \cdot \mu \cdot u_x = 2 \cdot \mu \cdot u \cdot \cos \varphi.$$

Befindet sich ein Molekül in einem hohlkugelförmigen Gefäß mit Radius R, dann vollführt es auf folgende Weise Stöße gegen die Wandung. Die zwischen zwei

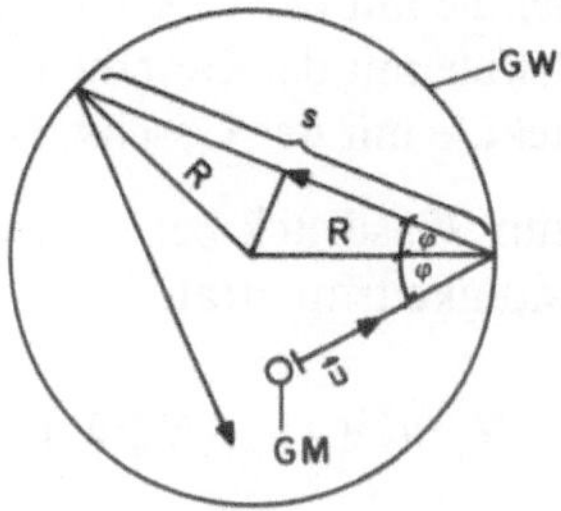

Abb. 6.7. Entstehung des Gasdrucks nach Bernoulli: Gasmoleküle GM mit der Masse μ führen elastische Stöße gegen die hohlkugelförmige Gefäßwand GW aus

Stößen zurückgelegte Wegstrecke s beträgt $s = 2 \cdot R \cdot \cos \varphi$. Die Zeitspanne Δt zwischen zwei Stößen beträgt $\Delta t = s/u$. Im Zeitintervall T erfolgen daher $T/\Delta t$ Stöße, d. h., der in T auf die Behälterwand insgesamt ausgeübte Kraftstoß $F \cdot T$ ist gleich

Anzahl der Stöße $T/\Delta t$ mal dem pro Stoß auf die Behälterwand ausgeübten Kraftstoß $2 \cdot \mu \cdot u \cdot \cos \varphi$:

$$F \cdot T = (T/\Delta t) \cdot 2 \cdot \mu \cdot u \cdot \cos \varphi = \frac{T \cdot u}{2 \cdot R \cdot \cos \varphi} \cdot 2 \cdot \mu \cdot u \cdot \cos \varphi = T \cdot \mu \cdot \frac{u^2}{R}.$$

Das gibt für die von diesem Molekül auf die Behälterwand ausgeübte Kraft F:

$$F = \frac{\mu \cdot u^2}{R}.$$

Die Oberfläche des hohlkugelförmigen Gefäßes beträgt $O = 4 \cdot R^2 \cdot \pi$, d. h. der von diesem einen Molekül erzeugte Druck p beträgt

$$p = \frac{\mu \cdot u^2}{4 \cdot R^3 \cdot \pi}.$$

Befinden sich in diesem Behälter N solche Moleküle, beträgt somit der Gasdruck p

$$p = N \cdot \frac{\mu \cdot u^2}{4 \cdot R^3 \cdot \pi} = N \cdot \frac{E_K}{2 \cdot R^3 \cdot \pi}.$$

worin E_K die kinetische Energie dieser Moleküle bedeutet. Das Volumen des als kugelförmig angenommenen Behälters beträgt $V = \frac{4}{3} \cdot R^3 \cdot \pi$. Setzt man dies oben ein, erhält man

$$p = \tfrac{1}{3} \cdot u^2 \cdot N \cdot \mu / V = \tfrac{2}{3} \cdot N \cdot \frac{E_K}{V}.$$

Wie man sieht, ist nach der kinetischen Vorstellung der Gasdruck p proportional zum Geschwindigkeitsquadrat u^2 bzw. zur kinetischen Energie E_K der Gasmoleküle. Nun kann man sicher nicht annehmen, daß sich alle Gasmoleküle mit derselben Geschwindigkeit u bewegen. Vielmehr muß man erwarten, daß sich durch Zusammenstöße untereinander sehr unterschiedliche Geschwindigkeiten einstellen. Nehmen wir also an, es gibt in dem Behälter

N_1 Moleküle mit der Geschwindigkeit u_1,
N_2 Moleküle mit der Geschwindigkeit u_2, etc. bis
N_m Moleküle mit der Geschwindigkeit u_m.

Alle diese Moleküle tragen zum Gasdruck bei u. zw. nach der obigen Gleichung entsprechend ihrem Geschwindigkeitsquadrat:

$$p = \frac{1}{3} \cdot \frac{\mu}{V} \cdot (N_1 \cdot u_1^2 + N_2 \cdot u_2^2 + \cdots + N_m \cdot u_m^2) = \frac{1}{3} \cdot \frac{\mu}{V} \cdot \sum_{i=1}^{i=m} N_i \cdot u_i^2.$$

Anstelle dieses umständlichen Ausdrucks—ohnehin kennen wir die einzelnen Werte der N_i und u_i nicht—benutzen wir hier eine *statistische Beschreibung*.

Dabei gehen wir von der Tatsache aus, daß die Geschwindigkeit eines einzelnen konkreten Moleküls wegen der vielen Zufälligkeiten bei den Zusammenstößen mit den anderen Molekülen, unbekannt ist. Das würde zunächst bedeuten, daß eine gesetzmäßige Erfassung der Auswirkung der Molekülbewegung nicht möglich ist. Man geht nun bei der statistischen Beschreibung von vorneherein davon aus, daß zwar die Geschwindigkeit eines Moleküls im einzelnen nicht angegeben werden kann, daß jedoch angegeben werden kann, mit welcher Häufigkeit jedes Molekül verschiedene mögliche Geschwindigkeiten annimmt. Betrachtet man nun die vielen Moleküle im Gasraum zu einem bestimmten Zeitpunkt, kann man diese unterschiedlichen Geschwindigkeiten und ihre Häufigkeiten, diese sind proportional zu den oben benutzten Molekülzahlen N_1, N_2 etc., grundsätzlich feststellen. Anstatt mit diesen Häufigkeiten zu rechnen—s. Beispiel 6.11—genügt es hier bereits, mit Mittelwerten zu rechnen. Der Mittelwert einer beliebigen, an diesen Molekülen gemessenen Größe X, ist (analog zur Gleichung 1.3):

$$\langle X \rangle = \frac{N_1 \cdot X_1 + N_2 \cdot X_2 + \cdots + N_m \cdot X_m}{N_1 + N_2 + \cdots + N_m}.$$

Wir rechnen im folgenden mit dem Mittelwert des Geschwindigkeitsquadrats der Moleküle:

$$\langle u^2 \rangle = \frac{N_1 \cdot u_1^2 + N_2 \cdot u_2^2 + \cdots + N_m \cdot u_m^2}{N_1 + N_2 + \cdots + N_m}.$$

Dann ist (mit $N = N_1 + N_2 + \cdots + N_m$)

$$p = \frac{1}{3} \cdot \frac{N \cdot \mu}{V} \cdot \langle u^2 \rangle = \tfrac{1}{3} \cdot \rho \cdot \langle u^2 \rangle.$$

Die Massendichte des Gases ist $\rho = N \cdot \mu / V$, die mittlere kinetische Energie eines Gasmoleküls ist $\langle E_K \rangle = \mu \cdot \langle u^2 \rangle / 2$. Man kann also auch schreiben:

$$p = \tfrac{1}{3} \cdot \rho \cdot \langle u^2 \rangle = \frac{2}{3} \cdot \frac{N}{V} \cdot \langle E_K \rangle.$$

Dies kann man als die Grundgleichungen der kinetischen Gastheorie ansehen. Sie gelten, entsprechend der Herleitung, für konstante Temperatur. Sie wurden nach Bernoulli, dessen Überlegungen allerdings zunächst in Vergessenheit gerieten, noch mehrmals, zuletzt 1856 von A. K. Krönig, hergeleitet. In diesen Gleichungen findet sich auch das schon seit dem 17. Jahrhundert bekannte, empirisch gewonnene Boyle-Mariottesche Gesetz, nach dem p/ρ bei fester Temperatur konstant ist.

b) Zustandsgleichung idealer Gase

Den Zustand eines Gases (Stoffes) charakterisieren wir durch seine sogannten thermischen Koordinaten: p (Druck), V (Volumen), T (Temperatur).

(Andere Eigenschaften, wie Farbe, elektrische Leitfähigkeit etc. beachten wir hier nicht!) Zur Herleitung der allgemeinen Zustandsgleichung für ideale Gase machen wir ein Gedankenexperiment: Wir schließen eine Gasmenge bei

$T_0 = 0\,°\text{C}$
$p_0 = 101\,325\ \text{Pa}$ und
V_0 beliebig

in einen Behälter.

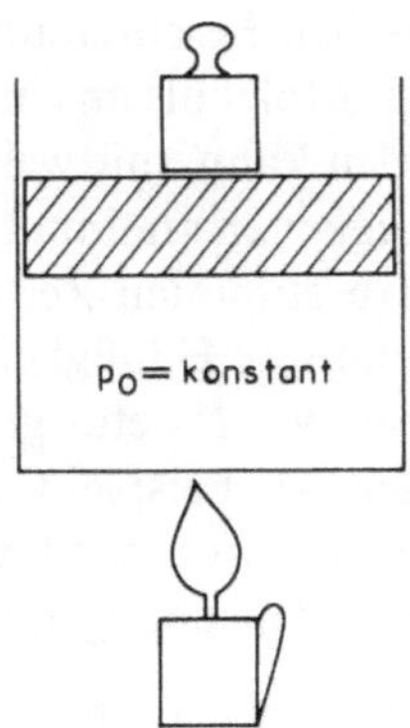

Abb. 6.8. Vorrichtung zur Erwärmung eines Gases bei konstant gehaltenem Druck $p_0 = \frac{F}{A}$ (F = Gewichtskraft von Kolben plus Gewicht. A = Kolbenfläche)

1. Erhöhen wir die Temperatur bei konstant gehaltenem Druck (p_0) von T_0 auf die beliebige Temperatur T, s. Abb. 6.8. Das Gesetz von Amontons und Gay-Lussac gibt für das sich bei T einstellende Volumen V' eines Gases:

$$p_0 = \text{konstant} \rightarrow V' = V_0 \cdot \alpha \cdot T.$$

2. Komprimieren wir das Gas bei konstant gehaltener Temperatur T, s. Abb. 6.9, auf den beliebigen Druck p, wobei sich auch V' entsprechend dem Boyle-Mariotteschen Gesetz auf V ändert:

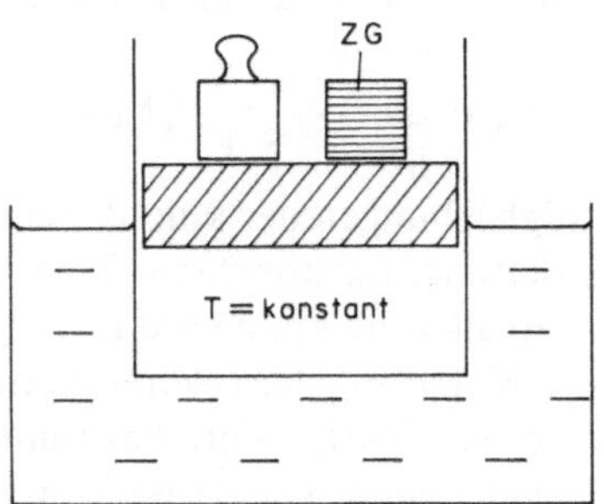

Abb. 6.9. Vorrichtung zur isothermen Kompression. Das Gasgefäß befindet sich nun in einem Wärmereservoir (dieses habe beliebig große Wärmekapazität). Das Zusatzgewicht ZG wird in kleinen Portionen aufgelegt, so daß die durch das Komprimieren entstehende Wärme laufend auf das Wärmereservoir übertragen wird und die Gastemperatur konstant bleibt

$$T = \text{konstant} \rightarrow p_0 \cdot V' = p \cdot V = p_0 \cdot V_0 \cdot \alpha \cdot T = \text{konstant}.$$

Hieraus folgt direkt, daß auch

$$p \cdot V/T = \text{eine Konstante ist } (= p_0 \cdot V_0 \cdot \alpha),$$

d. h. für beliebige Zustandsveränderungen des Gases unverändert bleibt und nur von der Gasmenge abhängen kann.

Diese Konstante können wir berechnen: Bei Standardbedingungen ist für $n = 1$ mol eines idealen Gases: $V_0 = 22{,}413 \cdot 10^{-3}\,\mathrm{m}^3$; also ist

$$\alpha \cdot p_0 \cdot V_0 = n \cdot (1/273{,}15\,\mathrm{K}) \cdot 101\,325\,\mathrm{Pa} \cdot 22{,}413 \cdot 10^{-3}\,\mathrm{m}^3/\mathrm{mol}$$
$$= n \cdot 8{,}31410\,\mathrm{kg} \cdot \mathrm{m}^2 \cdot \mathrm{s}^{-2} \cdot \mathrm{mol}^{-1} \cdot \mathrm{K}^{-1} = n \cdot R$$

woraus

$$R = 8{,}31410\,\mathrm{J} \cdot \mathrm{mol}^{-1} \cdot \mathrm{K}^{-1}$$

und

$$p \cdot V/T = n \cdot R.$$

Vergleichen wir nun dieses Ergebnis mit der Grundgleichung der kinetischen Gastheorie, so findet man aus $p \cdot V = n \cdot R \cdot T = \frac{2}{3} \cdot N \cdot \langle E_K \rangle$ oder

$$\langle E_K \rangle = \frac{3}{2} \cdot \frac{R}{N_A} \cdot T = \frac{3}{2} \cdot k \cdot T;$$

d. h. die mittlere kinetische Energie der Gasmoleküle ist proportional zur Temperatur. $k = R/N_A$ heißt Boltzmann-Konstante, $N_A = \frac{N}{n}$ ist die Avogadro-Konstante.

Zusammenfassung 6.B

Der Gasdruck ist proportional zur Teilchendichte N/V und zur mittleren kinetischen Energie $\langle E_K \rangle$ der Gasteilchen:

$$p = \tfrac{1}{3} \cdot \rho \cdot \langle u^2 \rangle = \frac{2}{3} \cdot \frac{N}{V} \cdot \langle E_K \rangle. \tag{6.2}$$

Daraus folgt

$$p \cdot V = \tfrac{2}{3} \cdot N \cdot \langle E_K \rangle.$$

$p \cdot V =$ konstant bei fest gehaltener Temperatur T.

Für die Zustandsgrößen p, V und T idealer Gase gilt bei beliebigen Veränderungen die (Clapeyronsche) Zustandsgleichung der idealen Gase:

$$p \cdot V = n \cdot R \cdot T \tag{6.3}$$

$R = 8{,}31\,\mathrm{N} \cdot \mathrm{m} \cdot \mathrm{mol}^{-1} \cdot \mathrm{K}^{-1}$ heißt molare oder allgemeine (für alle idealen Gase gültige) Gaskonstante.

Vergleicht man die Zustandsgleichung mit der Grundgleichung der kinetischen Gastheorie, so sieht man, daß die absolute Temperatur T ein Maß für die mittlere kinetische Energie $\langle E_K \rangle$ der Gasmoleküle ist:

$$\langle E_K \rangle = \tfrac{3}{2} \cdot k \cdot T \tag{6.4}$$

mit der Boltzmann-Konstanten

$$k = 1{,}3805 \cdot 10^{-23}\,\mathrm{J} \cdot \mathrm{K}^{-1}.$$

Anmerkungen

1. Die physikalische Größe Stoffmenge n ist definiert als der Quotient aus der Anzahl N der in dem betrachteten Körper vorhandenen Teilchen (Atome oder Moleküle) gebrochen durch die Avogadro-Konstante $N_A = 6{,}025 \cdot 10^{23}$/mol (auch Loschmidtsche Zahl genannt; s. Kapitel 15):

$$n = \frac{N}{N_A}. \tag{6.5}$$

Allerdings gibt diese Definition keine sinnvolle Anleitung zur Messung von n (man müßte die Teilchen abzählen!). Daher geht man folgend vor: Nach Avogadro (bzw. Loschmidt) ist die Teilchenzahl in einem Mol, dieses hat die Masse von M·1g, gleich N_A. M ist die relative Molekülmasse, bezogen auf das ^{12}C-Atom, welches definitionsgemäß die relative Molekülmasse $M = 12$ hat. Somit kann n auch durch Massen ausgedrückt werden:

$$n = \text{Stoffmasse/(relative Molekülmasse dieses Stoffs mal 1 g).}$$

Die Einheit der Größe Stoffmenge ist daher die reine Zahl 1. Zur Vermeidung von Verwechslungen mit anderen Größen bekommt n die Pseudoeinheit 1 mol:

$$[n] = 1 = 1\,\text{mol}.$$

2. Aus $n = p \cdot V/(R \cdot T)$ folgt, daß bei gleichem Druck p und gleicher Temperatur T in gleichen Volumina V verschiedener Gase gleich viele Moleküle enthalten sind (nämlich $N = n \cdot N_A$). Dies wurde bereits 1811 von Avogadro aufgrund des Verhaltens der Gase bei chemischen Prozessen ausgesprochen (Avogadrosche Regel).

3. Oft wird in der Zustandsgleichung das molare Volumen $v = V/n$ benutzt. Man erhält diese Form durch Dividieren beider Gleichungsseiten von Gleichung 6.3 durch n:

$$p \cdot v = R \cdot T. \tag{6.6}$$

Beispiel 6.4. Die Größe $\sqrt{\langle u^2 \rangle}$ kann man als mittlere Geschwindigkeit v_m der Gasmoleküle auffassen; diese ist also nach Gleichung 6.2 $v_m = \sqrt{\langle u^2 \rangle} = \sqrt{3 \cdot p/\rho}$. Bei Standardbedingungen ($T = 0\,°\text{C}$, $p = 101\,325\,\text{Pa}$) beträgt die Massendichte von Luft $\rho = 1{,}3\,\text{kg} \cdot \text{m}^{-3}$.

Daraus erhält man $v_m = \sqrt{3 \cdot 101\,325\,\text{Pa}/1{,}3\,\text{kg} \cdot \text{m}^{-3}} = 484\,\text{m} \cdot \text{s}^{-1}$.

Beispiel 6.5. In einer Gasflasche mit $V = 50$ Liter befinden sich 10 kg O_2 ($M = 32$) bei 27 °C. Wie groß ist der Druck:

$$n = N/N_A = (10\,000\,\text{g}/32\,\text{g}) \cdot \text{mol}^{-1} = 312{,}5\,\text{mol}$$

$$p = n \cdot R \cdot T/V = 312{,}5\,\text{mol} \cdot 8{,}31\,\text{N} \cdot \text{m} \cdot \text{mol}^{-1} \cdot \text{K}^{-1} \cdot 300{,}15\,\text{K}/0{,}05\,\text{m}^3 = 156 \cdot 10^5\,\text{Pa}.$$

Beispiel 6.6. Spirometrie: Zur Erfassung von Störungen der Lungenfunktion werden neben anderen Größen die Lungenvolumina gemessen, beispielsweise das Atemzugvolumen bei verschiedenen Belastungen. Solche Gasvolumina werden bei Temperaturen und Drücken gemessen, die in den Meßgeräten vorliegen. D. h. diese Volumina werden unter ATPS (= Ambient Temperature, Pressure and Saturated Vapour Pressure; also Umgebungstemperatur und -druck sowie bei Wasserdampf-Sättigungsdruck)-Bedingungen bestimmt. Gefragt ist das betreffende Gasvolumen in der Lunge, d. h. bei BTPS (= Body Temperature, Pressure and Saturated with Water Vapour; also Körpertemperatur und -druck sowie dem zugehörigen Wasserdampf-Sättigungsdruck).

Luft im Körper: T_K, p_K, V_K

Luft im Meßgerät: T_M, p_M, V_M.

Gemessen wird V_M, gefragt ist V_K. Somit ist mit Gleichung 6.3:

$$p_K \cdot V_K = n \cdot R \cdot T_K$$

$$p_M \cdot V_M = n \cdot R \cdot T_M$$

woraus $V_K = V_M \cdot (T_K/T_M) \cdot (p_M/p_K)$. Bei den meisten Spirometern ist der Druck im Gerät gleich dem Umgebungsdruck, was auch für die Luft in der Lunge zutrifft: $p_M = p_K$; jedoch sollten diese Drücke nur die Luftpartialdrücke ohne die Wasserdampfpartialdrücke enthalten, also ist

$$V_K = V_M \cdot (310\,\text{K}/T_M) \cdot (p_M - p_{SM})/(p_K - 47\,\text{Torr})$$

wobei p_{SM} der Sättigungsdampfdruck des Wassers bei T_M ist (s. Abb. 8.1).

Beispiel 6.7. Temperaturmessung mit dem Gasthermometer. Gasthermometer können in sehr weiten Temperaturbereichen eingesetzt werden. Beipielsweise mit Helium bis herab zu 1 K; nach oben bis weit über 1000 °C, wobei die obere Grenze hauptsächlich durch die Hitzebeständigkeit des Behältermaterials gegeben ist. Außerdem sind Gasthermometer sehr genau, weil die isochore Druckveränderung selbst bei tiefen Temperaturen streng proportional zur Temperaturdifferenz und unabhängig von der Temperatur ist. Diese Thermometer werden deshalb zur Kalibrierung bzw. Eichung anderer Thermometer benutzt. Zur Messung wird ein konstantes Gasvolumen V: 1. mit einem System bekannter Temperatur und 2. mit dem zu messenden System ins thermische Gleichgewicht gebracht.

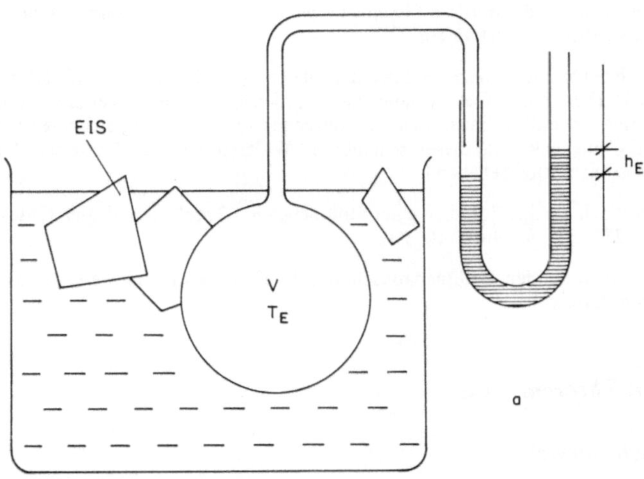

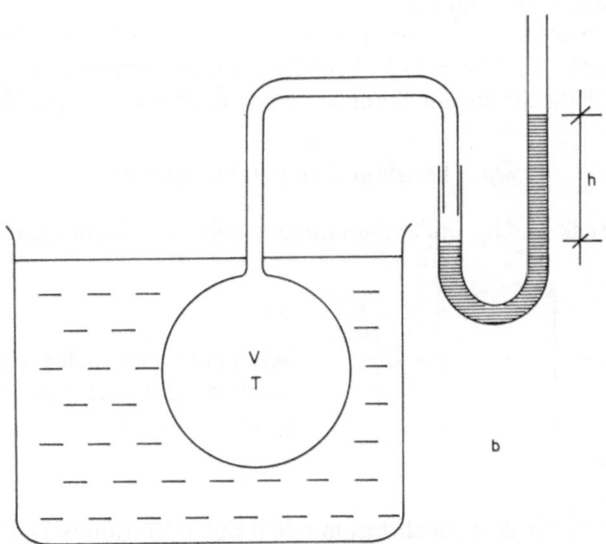

Abb. 6.10. Temperaturmessung mit dem Gasthermometer. Der Druck im Gasbehälter wird einmal für T_E (**a**) und dann für T (**b**) mittels eines U-Rohr-Manometers gemessen. Der dem Meßvolumen zugewandte Flüssigkeitsspiegel im U-Rohr wird immer an derselben Stelle gehalten, so daß das Volumen im Gasthermometer konstant bleibt

1. Zuerst wird das Gasthermometer beispielsweise in thermisches Gleichgewicht mit Eiswasser gebracht. Letzteres hat die Temperatur $T_E = 273{,}15$ K. Die Steighöhe h_E im U-Rohr wird abgelesen.
2. Nun wird das Gasthermometer in thermisches Gleichgewicht mit dem zu messenden Körper gebracht: unbekannte Temperatur T und Steighöhe h.

Aufgrund der allgemeinen Zustandsgleichung gilt, da neben V auch n unverändert bleibt:

$$p_0 \cdot V/T_0 = p \cdot V/T \text{ bzw. daraus } T = \frac{p}{p_0} \cdot T_0.$$

Aufgabe 6.2. Berechnen Sie die mittlere Geschwindigkeit v von Wasserstoffmolekülen bei Standardbedingungen (Massendichte $\rho = 0{,}09\,\text{kg}\cdot\text{m}^{-3}$).

Aufgabe 6.3. Berechnen Sie die mittlere Geschwindigkeit der N_2-Moleküle der Luft bei Zimmertemperatur ($T = 20\,°\text{C}$, $M = 28$): (Diese hohen Geschwindigkeiten wurden anfangs noch bezweifelt, weil beispielsweise leicht zu beobachten ist, daß Tabaksrauch sich durchaus nicht mit vergleichbarer Geschwindigkeit ausbreitet. Rudolf Clausius konnte diesen scheinbaren Widerspruch jedoch mit dem Hinweis auf den Diffusionsmechanismus restlos beheben.)

Aufgabe 6.4. Berechnen Sie das Volumen einer Stoffmenge $n = 2$ mol eines idealen Gases bei Standardbedingungen ($T = 273{,}15$ K, $p = 1{,}013 \cdot 10^5$ Pa).

Aufgabe 6.5. Berechnen Sie den Volumenausdehnungskoeffizienten für ideale Gase $\Delta V/V$ bei 100 °C und bei konstantem Druck.

6.4 Boltzmann-Theorem

a) Barometerformel

Bei (inkompressiblen) Flüssigkeiten ist der Schweredruck direkt proportional zur Tiefe t: $p = \rho \cdot g \cdot t$ (s. Gleichung 5.3). Bei (kompressiblen) Gasen nimmt p mit zunehmender Tiefe t ebenfalls zu. Gleichzeitig nimmt aber auch ρ zu, so daß p überproportional stark zunimmt.

Den Zusammenhang zwischen p und ρ gibt das Boyle-Mariottesche Gesetz: Für $T = $ konstant ist $p \cdot V/n = R \cdot T$ ebenfalls konstant. Ändert sich die Stoffmenge nicht, bleibt auch die Stoffmasse m konstant, d. h. auch $p \cdot V/m = p/\rho$ bleibt konstant. Daher ist

$$p/\rho = \text{konstant} = p(z)/\rho(z) = p(0)/\rho(0).$$

Den Schweredruck im Gas findet man nun mit folgender Überlegung:

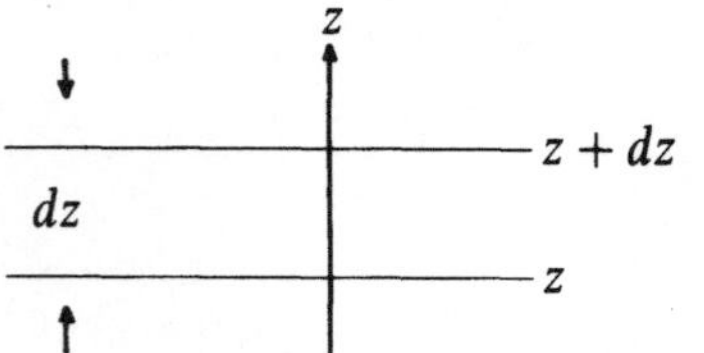

Geht man von z nach $z + dz$, nimmt der Schweredruck, ab u. zw. um $dp = -\rho(z) \cdot g \cdot dz$.

Der Rest ist Mathematik: Zunächst ist mit dem Boyle-Mariotteschen Gesetz $\rho(z) = \rho(0) \cdot p(z)/p(0)$ und $dp = -\frac{\rho(0)}{p(0)} \cdot p(z) \cdot g \cdot dz$, oder $dp/p(z) = -\frac{\rho(0)}{p(0)} \cdot g \cdot dz$, was durch Integration zu dem Exponentialgesetz der Gleichung 6.7 (Barometerformel) führt.

b) Boltzmann-Theorem

Nach der allgemeinen Gasgleichung ist $p = \frac{N}{V} \cdot k \cdot T$ oder

$$\nu = \frac{p}{k \cdot T}$$

mit $\nu = N/V$ = Teilchendichte in dem Gas bei der Temperatur T und bei dem Druck p. Somit sagt die Barometerformel (mit $\rho/p = \mu/(k \cdot T)$) auch folgendes aus:

$$\nu(z) = \nu(0) \cdot \exp\left(-\frac{\mu \cdot g \cdot z}{k \cdot T} \right)$$

d. h. die Teilchendichte $\nu(z)$ in einem Gas der Temperatur T gehorcht im Schwerefeld wie der Druck p einem Exponentialgesetz. Im Exponenten steht hierbei der Quotient aus der potentiellen Energie $\mu \cdot g \cdot z$ gebrochen durch 2/3 der mittleren kinetischen Energie (der translatorischen Bewegung) der Gasmoleküle. Analoges gilt auch für die Dichte von Aerosolen, oder die Dichte von Schwebeteilchen in Flüssigkeiten. (J. Perrin hat 1909 aus der Dichteverteilung von Latex-Kügelchen in Wasser die Boltzmann-Konstante bestimmt.)

Die Aussage der Barometerformel kann auch anders ausgedrückt werden: Die Teilchendichte ν bei $z = 0$ (potentielle Energie = C) verhält sich zur Teilchendichte ν bei $z = h$ (potentielle Energie $C + \mu \cdot g \cdot h$) wie

$$\nu(0) : \nu(h) = 1 : \exp\left(-\frac{\mu \cdot g \cdot h}{k \cdot T} \right).$$

Diese Form der Barometerformel erlaubt eine völlig neue und sehr allgemein gültige Interpretation: Hat man Teilchen, die sich untereinander im thermischen Gleichgewicht befinden (homogene Temperatur), deren Energien (oben die potentielle Energie) sich um den Energiebetrag ΔE unterscheiden, dann verhalten sich die Teilchendichten wie $1 : \exp\left(-\frac{\Delta E}{k \cdot T} \right)$.

Einige Beispiele hierzu sind:

1. Die Abhängigkeit des Dampfdrucks von der Temperatur
   ΔE = Verdampfungswärme.
2. Elektronenemission eines glühenden Körpers
   ΔE = Austrittsarbeit.
3. Polarisation und Magnetisierung (s. Magnet-Resonanz, Kapitel 20)
   ΔE = Energiedifferenz der beiden Dipolorientierungen.
4. Endotherme Reaktionen. Diese setzen zuerst an den energiereichsten Molekülen ein; daher bleiben die im Mittel energieärmeren übrig: es erfolgt Abkühlung.
5. Verdampfen: Die energiereichsten Moleküle verdampfen, die Folge ist Abkühlung.

6.5 Diffusion

Bringt man Gas in ein Gefäß, füllt dieses wegen der thermischen Molekülbewegung das zur Verfügung stehende Volumen sofort aus.

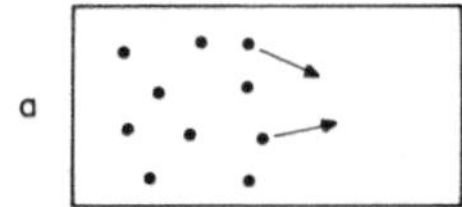

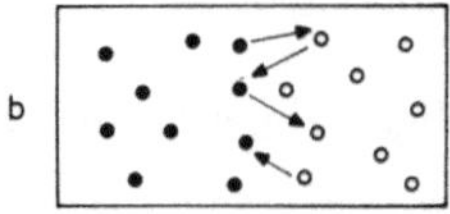

Abb. 6.11. a Gas füllt ein zur Verfügung stehendes Volumen sofort aus. **b** Auch wenn der angrenzende Raum von einem anderen Gas erfüllt ist, dringen die Gasmoleküle sofort in diesen ein

Füllt man in ein Gefäß mit einer Trennwand 2 verschiedene Gassorten und entfernt die Trennwand, dringen die Moleküle ebenfalls sofort in die angrenzenden Räume ein. Aber: Dieser Vorgang wird durch die dort schon vorhandenen Moleküle behindert (innere Reibung, Gleichung 5.23). Dieses Eindringen eines Gases oder gelösten Stoffs in andere Körper (nicht nur wie oben in Gase) heißt „Diffusion". Die Ursache hierfür ist offenbar der Konzentrationsunterschied. Bei gleichen Konzentrationen ist der Austausch in beide Richtungen gleich groß! Dann spricht man von Selbstdiffusion oder Eigendiffusion.

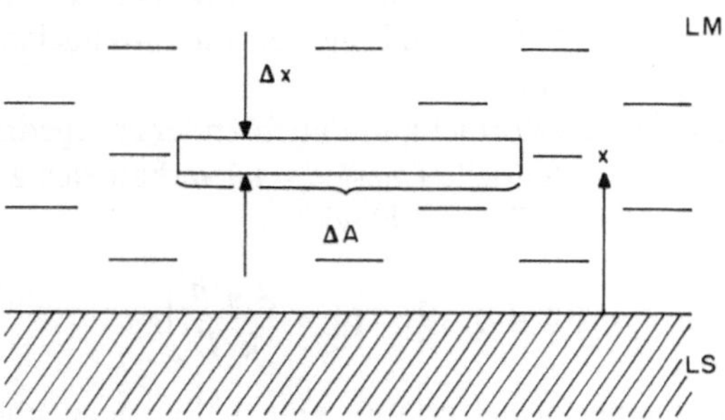

Abb. 6.12. Diffusion eines gelösten Stoffs. *LM* = Lösungsmittel, *LS* = lösbarer Stoff

Wir betrachten die Diffusion eines gelösten Stoffs in seinem Lösungsmittel näher. Grenzt ein Lösungsmittel an einen lösbaren Stoff, wird es ein Konzentrationsgefälle in der Lösung von dem Stoff zum Lösungsmittel hin geben. Die Teilchendichte $\nu = \Delta N/\Delta V$ der gelösten Moleküle wird mit zunehmender Entfernung x von der Oberfläche des lösbaren Körpers abnehmen. Wir fragen danach, wieviele gelöste Moleküle ΔN im Zeitintervall Δt sich durch die Fläche ΔA hindurch bewegen, d. h. durch ΔA diffundieren.

Auf die in einer Schicht der Dicke Δx enthaltenen gelösten Moleküle wirkt von beiden Seiten ein Druck entsprechend dem van't Hoffschen Gesetz (6.15):

$$p = (N/V) \cdot k \cdot T = \nu \cdot k \cdot T.$$

Wegen der in x-Richtung abnehmenden Teilchendichte ν wirkt auf diese Moleküle die Druckdifferenz

$$\Delta p = \nu_1 \cdot k \cdot T - \nu_2 \cdot k \cdot T = \Delta \nu \cdot k \cdot T,$$

wobei $\Delta \nu = \nu_1 - \nu_2$ die Differenz der Teilchendichten zu beiden Seiten der Schicht ist. In dieser Schicht befinden sich $\nu \cdot \Delta A \cdot \Delta x$ gelöste Moleküle. Auf ein einzelnes

Molekül wirkt somit (im zeitlichen Mittel) die Kraft

$$F = -\Delta p \cdot \Delta A / (v \cdot \Delta A \cdot \Delta x) = -\frac{1}{v} \cdot \Delta p / \Delta x$$

u. zw. in Richtung abnehmender Teilchendichte (daher das Minuszeichen).

Die Diffusionsgeschwindigkeit v_D, mit der sich die gelösten Teilchen in Richtung abnehmender Teilchendichte bewegen, ist

$$v_D = F \cdot b.$$

b ist die Beweglichkeit der Teilchen. Für kugelförmige Teilchen mit Radius a in einem Lösungsmittel mit der Zähigkeit η ist b aus dem Stokesschen Gesetz (Gleichung 5.23) direkt zu erhalten:

$$b = \frac{1}{6 \cdot \pi \cdot \eta \cdot a}.$$

Damit wird die Diffusionsstromdichte J, d. i. die Teilchenanzahl ΔN, die, bezogen auf die Zeit Δt und die Fläche ΔA, durch letztere hindurch diffundiert:

$$J = (1/\Delta A) \cdot \Delta N / \Delta t = v \cdot v_D = -D \cdot \Delta v / \Delta x; \quad D = b \cdot k \cdot T.$$

Dies ist das 1. Ficksche Gesetz (1855). D ist die Diffusionskonstante, $\Delta v / \Delta x$ ist der Gradient der Teilchendichte.

6.6 Stoffgemische

a) Gasgemische. Daltonsches Gesetz der Partialdrücke

Im Gegensatz zu Flüssigkeiten sind Gase untereinander unbeschränkt mischbar. Wie die Grundgleichung der kinetischen Gastheorie außerdem zeigt, ist der von einem Gas erzeugte Druck gegen die Behälterwand unabhängig von der Molekülsorte und nur abhängig von der mittleren kinetischen Energie der Moleküle, welche ihrerseits nur durch die Temperatur T festgelegt ist:

$$p = \frac{2}{3} \cdot \frac{N}{V} \cdot \langle E_K \rangle = n \cdot R \cdot T / V.$$

Befinden sich in einem Behälter mehrere Gassorten, ist für den Gasdruck p daher nur die Gesamtzahl der Moleküle ausschlaggebend:

$$\begin{aligned} p &= (n_1 + n_2 + \cdots) \cdot R \cdot T / V \\ &= n_1 \cdot R \cdot T / V + n_2 \cdot R \cdot T / V + \cdots \\ &= p_1 \qquad\qquad + p_2 \qquad\qquad + \cdots \end{aligned}$$

Der Gasdruck p ist gleich der Summe der Partialdrücke p_1, p_2 etc.

b) Lösungen. Osmotischer Druck

Leben findet auf der Organisationsebene der Zellen in wäßrigen Lösungen statt. Stofftransport und Energieumsatz erfolgen in Wasser. Hin- und Rücktransport der Stoffe zu und von den Zellen erfolgt über das Blut entlang der Blutgefäße durch Konvektion und quer dazu, also zwischen Blut und Zellen, durch Diffusions- und Permeationsvorgänge (= Diffusion durch Membranen). Dabei spielt die Durchlässigkeit der Membranen eine große Rolle. Die meisten im Protoplasma gelösten Proteine können die Zellmembran gar nicht oder nur schwer passieren. Die kleinen Wassermoleküle hingegen können durch Membranen relativ leicht hindurch. Die Folge solcher Teildurchlässigkeit von Membranen für Lösungsmittel ist osmotischer Druck.

Lösungen von Gasen. Für den Gasaustausch in der Lunge und im Gewebe ist die Löslichkeit dieser Gase in Wasser ausschlaggebend. Beispielsweise muß der Sauerstoff im Blutplasma bzw. in der Interstitialflüssigkeit physikalisch gelöst werden, bevor er in der Lunge zu den Erythrozyten und im Gewebe von den Erythrozyten in die Zellen gelangt.

Im Gegensatz zur praktisch beliebigen Mischbarkeit von Gasen untereinander können Gase in Flüssigkeiten (und feste Stoffe) nicht so leicht eindringen. Die Aufnahmefähigkeit einer Flüssigkeit für ein bestimmtes Gas hängt von den Wechselwirkungskräften zwischen den Gas- und Flüssigkeitsmolekülen sowie von der Temperatur ab. Dies wird durch den Bunsenschen Löslichkeitskoeffizienten β charakterisiert. Bringt man die Flüssigkeit mit dem betreffenden Gas unter dem Standarddruck $p_0 = 101\,325$ Pa so lange in Berührung, bis sich thermodynamisches Gleichgewicht einstellt, gibt β das gelöste Gasvolumen V_G bezogen auf das Volumen des Lösungsmittels V_L an:

$$\beta = \frac{V_G}{V_L}.$$

Für andere Drücke gilt das Henrysche Löslichkeitsgesetz, nach dem die Löslichkeit der Gase ihrem Druck p proportional ist:

$$V_G = V_L \cdot \beta \cdot p/p_0.$$

Bei Gasgemischen ist p der Partialdruck des betreffenden Gases.

Beim konvektiven Transport beispielsweise des Sauerstoffs von der Lunge zum Gewebe spielt die physikalische Löslichkeit allerdings nur eine untergeordnete Rolle. Die vom Hämoglobin in den Erythrozyten chemisch gebundene Sauerstoffmenge ist etwa 70-mal größer als die im Plasma physikalisch gelöste.

Lösungen fester Stoffe. Löst man Zucker oder Salz in Wasser, erhält man eine echte Lösung: der gelöste Stoff hat sich in Moleküle aufgelöst. Auch dieser Lösungsvorgang wird stark von Wechselwirkungskräften zwischen Lösungsmittelmolekülen und gelösten Molekülen bestimmt. Die dabei (meist) beobachtbare Abkühlung deutet auf energieverbrauchende Vorgänge. Kann eine Lösung keinen weiteren Stoff mehr lösen, heißt sie gesättigt. Die Sättigungsmenge nimmt in der Regel mit zunehmender Temperatur zu, jedoch gibt es auch Ausnahmen. Durch Abkühlen der Lösung oder durch Verdampfen des Lösungsmittels läßt sich der gelöste Stoff wiedergewinnen. Eine chemische Veränderung des gelöst gewesenen Stoffs ist dabei nicht erfolgt. Das gilt grundsätzlich auch für Kolloide, die in Lösung glasige Massen, sogenannte Gele, bilden, die große Mengen an Lösungsmittel enthalten, welche sich u. U. nur schwer entfernen lassen.

Osmotischer Druck. Gelöste Stoffe üben auf semipermeable Wände, das sind Wände, die für das Lösungsmittel und eventuell kleine gelöste Moleküle, nicht jedoch für alle gelösten Stoffe durchlässig sind, einen Druck aus. Man kann sich das Zustandekommen dieses Drucks nach van't Hoff in Analogie zum Gasdruck folgend vorstellen: Die im Lösungsmittel gelösten Moleküle führen, wie auch die Lösungsmittelmoleküle selbst, Wärmebewegung aus. Diese Wärmebewegung müßte grundsätzlich zu einem dem Gasdruck analogen Druck an der Oberfläche führen. Da die zwischen dem Lösungsmittel und den gelösten Molekülen wirksamen Anziehungskräfte an der Oberfläche jedoch zu einer nach innen gerichteten resultierenden Kraft führen, wird dieser Druck nicht wirksam. Das ändert sich jedoch, wenn sich eine für das Lösungsmittel, nicht aber für gelöste Moleküle durchlässige Wand oder Membran im Innern der Lösung befindet. An dieser Membran ist die vom Lösungsmittel auf die gelösten Moleküle wirksame resultierende Kraft Null und die gelösten Moleküle üben auf die Membran weitgehend dieselben Kraftstöße aus, wie ein ideales Gas gegen die Behälterwand. Auf diese Weise entsteht ein Druck gegen die semipermeable Wand, der dem Gasdruck weitgehend analog sein muß, der sogenannte osmotische Druck p_{os}:

$$p_{os} = \frac{n}{V} \cdot R \cdot T.$$

Dies ist die van't Hoffsche Gleichung. n ist die in der Lösung mit dem Volumen V gelöste Stoffmenge jener Substanzen, die die Membran nicht durchdringen können. (Stoffe, die die Membran durchdringen können, zählen hier als Lösungsmittel.)

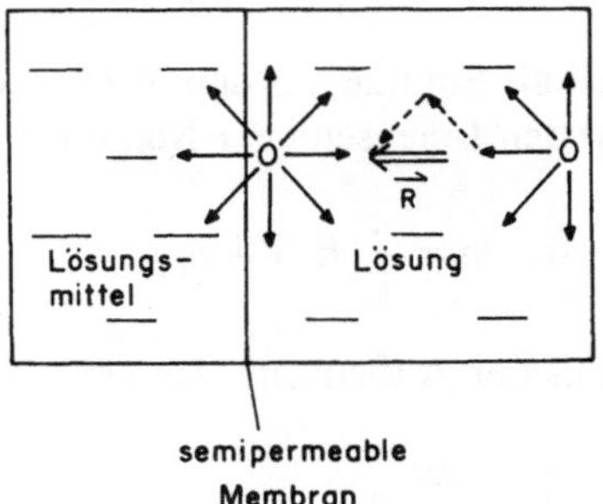

Abb. 6.13. Entstehung des osmotischen Drucks. Am Rand der Lösung wirken auf die gelösten Moleküle in das Innere gerichtete resultierende Kräfte **R**. An der semipermeablen Membran ist die Resultierende der vom Lösungsmittel auf die gelösten Moleküle wirkenden Kräfte Null. Die von den gelösten Molekülen gegen die semipermeable Wand ausgeübten Kraftstöße kommen voll zur Wirkung

Man kann den osmotischen Druck leicht messen. Beispielsweise mit der Pfefferschen Zelle: Dabei wird ein mit der semipermeablen Membran verschlossenes und mit einem Steigrohr versehenes Gefäß mit der Lösung gefüllt und in das Lösungsmittel gestellt. Da die Lösungsmittelmoleküle außen konzentrierter sind als innen, wo sie gewissermaßen durch die gelösten Moleküle verdünnt sind, diffundieren mehr

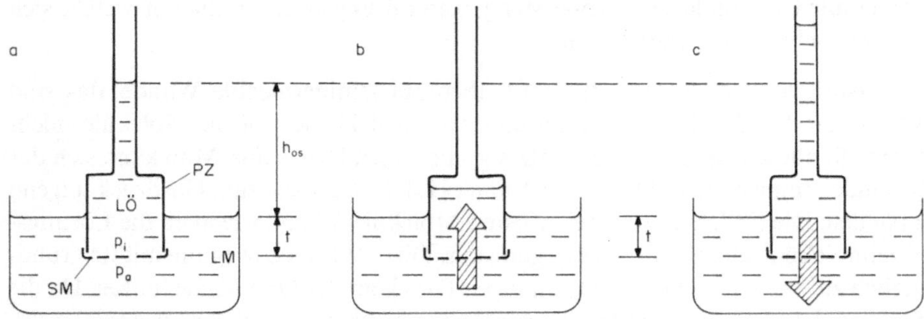

Abb. 6.14. Osmotischer Druck in der Pfefferschen Zelle (*PZ*). *LÖ* = Lösung, *LM* = Lösungsmittel, *SM* = semipermeable Membran. **a** Die Flüssigkeitssäule in der Zelle erreicht eine dem osmotischen Druck p_{OS} entsprechende Höhe $h_{OS} = p_{OS}/(\rho \cdot g)$. Dann ist der Lösungsmitteldruck p_L auf beiden Seiten der Membran gleich groß; $p_{Li} = p_{La}$. **b** Solange $h < h_{OS}$, ist auch $p_{Li} < p_{La}$ und es diffundiert Lösungsmittel in die Zelle. **c** Ist $h > h_{OS}$, diffundiert Lösungsmittel aus der Zelle heraus

Lösungsmittelmoleküle von außen hinein als von innen heraus. Dadurch nimmt der Druck auf der Innenseite der Membran um den osmotischen Druck p_{OS} zu (Abb. 6.14 a).

Die Pfeffersche Zelle ist besonders lehrreich für das Verständnis der in Lösungen auftretenden Drücke. Hier geht man—anders als bei den obigen Überlegungen zur van't Hoffschen Gleichung—besser von der folgenden Überlegung aus: An der semipermeablen Membran wirken die folgenden Drücke (innen p_i, außen p_a):

Schweredruck auf der Innenseite:

$$p_i = \rho \cdot g \cdot (t + h_{OS}).$$

Dieser Druck kann auch als Summe aus dem osmotischen Druck p_{OS} und dem Lösungsmitteldruck p_{Li} auf den Innenseite der Membran aufgefaßt werden:

$$p_i = \frac{n}{V} \cdot R \cdot T + p_{Li}.$$

Der Lösungsmitteldruck auf der Außenseite der Membran p_{La} ist gleich seinem Schweredruck:

$$p_a = p_{La} = \rho \cdot g \cdot t.$$

Das Lösungsmittel allein unterliegt somit an der Membran der Druckdifferenz

$$p_{La} - p_{Li} = \frac{n}{V} \cdot R \cdot T - \rho \cdot g \cdot h.$$

Ist der Lösungsmitteldruck außen größer als innen ($p_{La} > p_{Li}$), wird Lösungsmittel durch die Membran nach innen diffundieren u. zw. so lange, bis

$$p_{La} - p_{Li} = 0 = \frac{n}{V} \cdot R \cdot T - \rho \cdot g \cdot h_{OS}$$

bzw. $\rho \cdot g \cdot h_{os} = \frac{n}{V} \cdot R \cdot T$, d. h. der Druck gegen die Membran ist in der Zelle um den osmotischen Druck $p_{os} = \rho \cdot g \cdot h_{os} = \frac{n}{V} \cdot R \cdot T$ größer als außen.

Zusammenfassung 6.C

I. In kompressiblen Stoffen nimmt der Schweredruck mit zunehmender Höhe (Tiefe) exponentiell ab (zu):

$$p(z) = p(0) \cdot \exp\left(- \frac{\rho(0) \cdot g \cdot z}{p(0)} \right). \tag{6.7}$$

Die Anzahldichten von Teilchen, die sich untereinander im thermischen Gleichgewicht befinden und sich aufgrund irgendeines Kraftfelds in ihrer Energie um ΔE unterscheiden, verhalten sich wie

$$1 : \exp\left(- \frac{\Delta E}{k \cdot T} \right). \tag{6.8}$$

Anders ausgedrückt: Der Bruchteil $\Delta N(E)$ von Teilchen, deren Energie zwischen E und $E + \Delta E$ liegt, ist $\Delta N(E) = K \cdot \exp(-\Delta E/(k \cdot T)) \cdot \Delta E$.

Die Proportionalitätskonstante K folgt aus der Überlegung, daß die Summe aller Bruchteile $\Delta N(E)$, summiert über alle Energien von 0 bis ∞, die Gesamtzahl N_G der Teilchen ergibt:

$$N_G = \int_0^\infty K \cdot \exp(-\Delta E/(k \cdot T)) dE = K \cdot k \cdot T$$

woraus

$$K = N_G/(k \cdot T)$$

folgt.

Somit ist die Anzahl der Teilchen mit Energie zwischen E und $E + \Delta E$:

$$\Delta N = \frac{N_G}{k \cdot T} \cdot \exp\left(- \frac{\Delta E}{k \cdot T} \right) \cdot \Delta E. \tag{6.9}$$

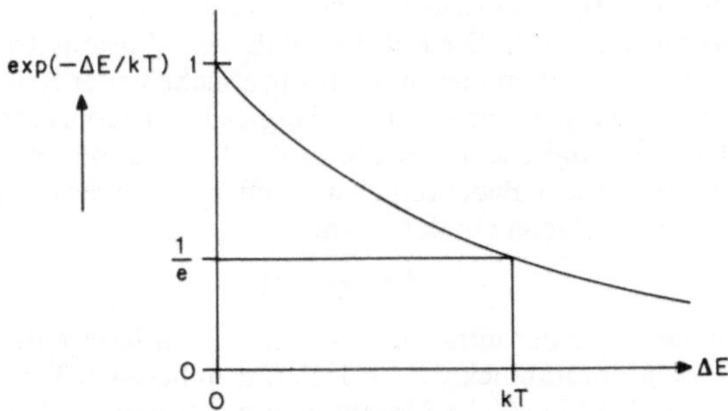

Abb. 6.15. Boltzmann-Faktor $\exp(-\Delta E/kT)$

II. Die Wärmebewegung hat einen Transport von Gasmolekülen als auch von gelösten Teilchen zur Folge. Nach dem 1. Fickschen Gesetz erfolgt der Teilchentransport durch Diffusion mit der Diffusionsstromdichte

$$J = \frac{1}{A} \cdot \frac{dN}{dt} = -D \cdot \frac{dv}{dx} \tag{6.10}$$

in Richtung abnehmender Teilchendichte ν (Konzentration). dN ist die Teilchenzahl, die durch die Fläche A im Zeitintervall dt hindurch diffundiert. $\nu = N/V$ ist die Teilchendichte. D ist die Diffusionskonstante (s. Tabelle 6.2):

$$D = b \cdot k \cdot T; \quad b = \frac{1}{6 \cdot \pi \cdot \eta \cdot a} \tag{6.11}$$

ist abhängig von der Temperatur T, der Teilchengröße (Radius a) als auch von der dynamischen Zähigkeit η der Umgebung. b ist die Teilchenbeweglichkeit. Anstelle der Diffusionsstromdichte wird vielfach der sogenannte Flux F benutzt, d. i. die Stoffmenge n bezogen auf die Zeit und die von ihr normal durchsetzte Fläche A. Dann ist

$$F = \frac{1}{A} \cdot \frac{dn}{dt} = -D \cdot \frac{dc}{dx} \tag{6.12}$$

mit $n = \dfrac{N}{N_A}$ und $c = \dfrac{\nu}{N_A} = \dfrac{n}{V}$ (Molarität).

Tabelle 6.2. Diffusionskonstanten bei Fremddiffusion (vgl. Anmerkung 1)

Stoff	Diffusionskonstante D	
O_2 in Luft	$1{,}8 \cdot 10^{-5}\,m^2 \cdot s^{-1}$	$T = 20\,°C$
O_2 in H_2O	$3{,}3 \cdot 10^{-9}$	$T = 37\,°C$
O_2 in Blutplasma	$2{,}5 \cdot 10^{-9}$	$T = 37\,°C$
NaCl in H_2O	$1 \cdot 10^{-9}$	$T = 20\,°C$
Rohrzucker in H_2O	$3 \cdot 10^{-10}$	$T = 20\,°C$

Anmerkungen

1. Auch die Moleküle eines Lösungsmittels sowie die Moleküle in einem homogenen Gas führen Wärmebewegung aus, diffundieren also. Dies nennt man Selbstdiffusion (im Gegensatz zur oben behandelten Fremddiffusion).

2. Durch den Diffusionsstrom werden i. a. die Konzentrationen ν und damit auch die Konzentrationsgradienten verändert. Die Folge ist, daß die Diffusionsstromdichte J zeitlich nicht konstant bleibt. Da Diffusion immer in Richtung abnehmender Konzentration erfolgt, kommt es nach hinreichend langer Zeit zu einem Ausgleich der Konzentrationen.

3. Diffusion erfolgt in biologischem Gewebe in der Regel durch mehrere verschiedene Medien hindurch. Von besonderer Bedeutung sind Diffusionsvorgänge an Zellmembranen. Für diese wird das 1. Ficksche Gesetz in der Form

$$J = -D \cdot \Delta c/d = -P \cdot \Delta c$$

geschrieben. Δc ist die Differenz der intra- und extrazellulären Konzentrationen des diffundierenden Stoffs, d ist die Membrandicke, P heißt Permeabilitätskoeffizient.

4. Bei der Dialyse werden künstliche Membranen mit Poren im 2 nm-Bereich benutzt, die größere Moleküle wie Eiweiße und Fette sowie Blutzellen, Bakterien und Viren, von niedrigmolekularen Teilchen wie Elektrolyten, Glukose, Harnstoff u. a. zu trennen vermögen. Z. B. bei der extrakorporalen Hämodialyse (künstliche Niere).

III. Das Daltonsche Gesetz für Gasgemische lautet:

Der Gesamtdruck = Summe der Partialdrücke

$$p = \sum_{n=1}^{m} p_i. \tag{6.13}$$

Ferner verhalten sich die Partialdrücke idealer Gase wie die Stoffmengen:

$$p_1 : p_2 : \cdots = n_1 : n_2 : \cdots .$$

D. h. man erhält den Partialdruck p_i eines Gases aus dem Gesamtdruck p aufgrund seines Stoffmengenanteils n_i an der gesamten Stoffmenge n:

$$p_i = p \cdot n_i / n. \qquad (6.14)$$

IV. Gelöste Stoffe üben auf semipermeable Wände einen osmotischen Druck p_{OS} aus:

$$p_{OS} = \frac{n}{V} \cdot R \cdot T = \frac{N}{V} \cdot k \cdot T. \qquad (6.15)$$

Das ist das van't Hoffsche Gesetz (1887). n ist die Stoffmenge des gelösten Stoffs, N die Molekülzahl des gelösten Stoffs und V das Volumen der Lösung. n/V ist die Stoffmengenkonzentration (Molarität).

Nach dem Henryschen Löslichkeitsgesetz ist das in einer Flüssigkeit gelöste Gasvolumen V_G proportional zum Partialdruck p des betreffenden Gases im angrenzenden Gasraum:

$$V_G = V_L \cdot \beta \cdot \frac{p}{p_0} \qquad (6.16)$$

V_L = Volumen des Lösungsmittels (Flüssigkeit), β = Bunsenscher Löslichkeitskoeffizient, $p_0 = 101\,325$ Pa.

Anmerkungen

1. Analog wie der Gasdruck bei idealen Gasen nicht von der Gasart abhängt, ist der osmotische Druck in idealen Lösungen unabhängig von der Art der gelösten Moleküle. Deshalb gelten im Falle mehrerer gelöster Substanzen, für welche die betreffende Membran halbdurchlässig ist, die Daltonschen Gesetze. Jedoch stimmt das van't Hoffsche Gesetz nur für ideale, d. h. stark verdünnte Lösungen. Bei größeren Konzentrationen machen sich Wechselwirkungen bemerkbar, die man durch einen sog. osmotischen Koeffizienten g berücksichtigt:

$$p_{OS} = g \cdot \frac{n}{V} \cdot R \cdot T \qquad (6.17)$$

g beträgt beispielsweise für eine 0,1 molare Kochsalzlösung (d. h. 0,1 mol NaCl in 1 l Lösung) $g = 0{,}932$. Bei Elektrolyten muß weiters berücksichtigt werden, daß diese je nach Dissoziationsgrad in der Lösung eine größere Teilchenzahl ergeben. Man unterscheidet daher zwischen der Molarität n/V (meist in der Einheit 1 mol/l gemessen) und der Osmolarität $g \cdot n/V$: Eine 0,1 molare NaCl-Lösung ist dann $2 \cdot 0{,}1 \cdot 0{,}932 = 0{,}1864$ osmolar.

Tabelle 6.3. Gehaltsangaben für Lösungen

Gehaltsangabe	Definition	Einheit
Stoffmengenkonzentration	n/Lösungsvolumen	$1\ \mathrm{mol \cdot m^{-3}}$
Molalität	n/Lösungsmittelmasse	$1\ \mathrm{mol \cdot kg^{-1}}$
Massenkonzentration	m/Lösungsvolumen	$1\ \mathrm{kg \cdot m^{-3}}$
Stoffmengenanteil	n/Stoffmenge aller gelösten Stoffe	1
Massenanteil	m/Masse aller gelösten Stoffe	1
Volumenanteil	V/Volumen aller gelösten Stoffe	1

2. Für Gehaltsangaben in Lösungen werden mehrere Größen benutzt, die in der Tabelle 6.3 zusammengestellt sind. n, m und V sind Stoffmenge, Masse und Volumen des betreffenden gelösten Stoffs.

Beispiel 6.8. Atmosphärendruck in verschiedenen Höhen. Für den mittleren Luftdruck der Erdatmosphäre auf Meeresniveau ($z = 0$) gilt: Luftdruck $p(0) = 1{,}013 \cdot 10^5$ Pa. Massendichte der Luft (bei 0 °C): $\rho(0) = 1{,}29\,\text{kg} \cdot \text{m}^{-3}$.

Damit wird:

$$\frac{\rho(0)}{p(0)} \cdot g = (1{,}29\,\text{kg} \cdot \text{m}^{-3}/(1{,}013 \cdot 10^5\,\text{Pa})) \cdot 9{,}8065\,\text{m} \cdot \text{s}^{-2} = 12{,}5 \cdot 10^{-5}\,\text{m}^{-1} = 0{,}125\,\text{km}^{-1}.$$

Also ist $p(z) = p(0) \cdot \exp(-0{,}125\,\text{km}^{-1} \cdot z)$, s. Abb. 6.16:

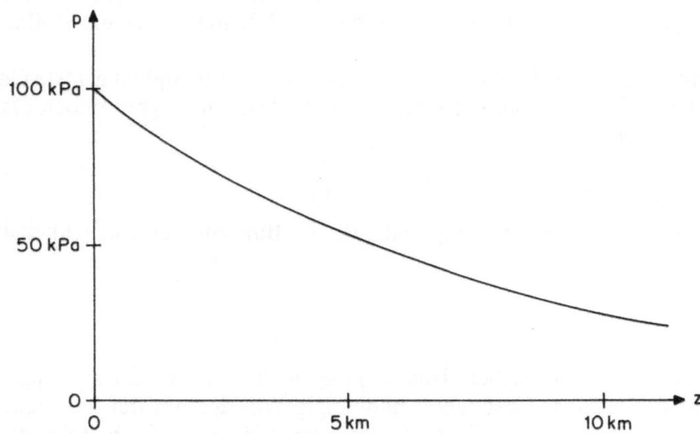

Abb. 6.16. Verlauf des Atmosphärendrucks p mit der Seehöhe z. In 5 km Seehöhe beträgt der Luftdruck nur mehr etwa 50% des Drucks auf Meeresniveau

Beispiel 6.9. Mittlerer Luftdruck auf $z = 3000$ m Seehöhe:

$$\begin{aligned} p &= 101\,325\,\text{Pa} \cdot \exp(-1{,}25 \cdot 10^{-4}\,\text{m}^{-1} \cdot z) \\ &= 101\,325\,\text{Pa} \cdot \exp(-1{,}25 \cdot 10^{-4}\,\text{m}^{-1} \cdot 3000\,\text{m}) \\ &= 101\,325\,\text{Pa} \cdot 0{,}687 = 69\,640\,\text{Pa}. \end{aligned}$$

Beispiel 6.10. *Arrhenius-Gleichung*: Temperaturabhängigkeit der Geschwindigkeit chemischer Reaktionen. Die Geschwindigkeit einer chemischen Reaktion zwischen zwei beispielsweise in Wasser gelösten Stoffen mit den Molekülen A und B ist zum einen davon abhängig, wie häufig die Bindungspartner aufgrund ihrer Wärmebewegung aufeinandertreffen; sie wird also von den Konzentrationen der gelösten Moleküle abhängen (nämlich von deren Produkt). Andererseits zeigen chemische Reaktionen auch eine ausgeprägte Temperaturabhängigkeit; diese wird durch die Arrhenius-Gleichung beschrieben. Diese Temperaturabhängigkeit rührt daher, daß nicht alle Zusammenstöße auch schon zu Reaktionen führen. Vielmehr bedarf es wegen elektrostatischer Abstoßungskräfte zwischen den Molekülen eines bestimmten Mindestbetrags an kinetischer Energie—der sogenannten Aktivierungsenergie E_A—(diese liegt meist im Bereich von 0,1 eV bis 1 eV.)

Wir berechnen die Anzahl N_{AR} von Molekülen, die diese Energie aufweisen: Dazu sind alle Teilchenanzahlen ΔN zusammenzuzählen, die nach Gleichung 6.9 zu Energien größer als E_A gehören:

$$N_{AR} = \int_{E_A}^{\infty} (N_G/(k \cdot T)) \cdot \exp(-\Delta E/(k \cdot T)) \cdot dE = N_G \cdot \exp(-E_A/(k \cdot T)).$$

Anders ausgedrückt: Der Bruchteil von Molekülen, die bei einer Temperatur T eine kinetische Energie gleich oder größer der Aktivierungsenergie E_A besitzen, ist $\exp(-E_A/(k \cdot T))$. Entsprechend ist die Reaktionsgeschwindigkeitskonstante $k_R = A \cdot \exp(-E_A/(k \cdot T))$; dies ist die Arrhenius-Gleichung. A

ist die Aktionskonstante der betreffenden chemischen Reaktion. Diese exponentielle Zunahme der chemischen Reaktionsgeschwindigkeit spiegelt sich auch in der empirisch gefundenen *van't Hoffschen Regel* wider, nach der je 10 °C Temperaturerhöhung die Geschwindigkeit chemischer Reaktionen um den Faktor 2 bis 3 steigt.

Beispiel 6.11. Maxwell-Boltzmannsche Geschwindigkeitsverteilung. Rechnet man Gleichung 6.9 auf Geschwindigkeiten um, erhält man die Maxwell-Boltzmannsche Geschwindigkeitsverteilung:

$$\Delta N = 4 \cdot N_G \cdot \sqrt{(\mu/(2 \cdot k \cdot T))^3} \cdot v^2 \cdot \exp(-\mu \cdot v^2/(2 \cdot k \cdot T)) \cdot \Delta v$$

ΔN ist die Anzahl der Moleküle mit einer Geschwindigkeit im Intervall zwischen v und $v + \Delta v$, s. Abb. 6.17.

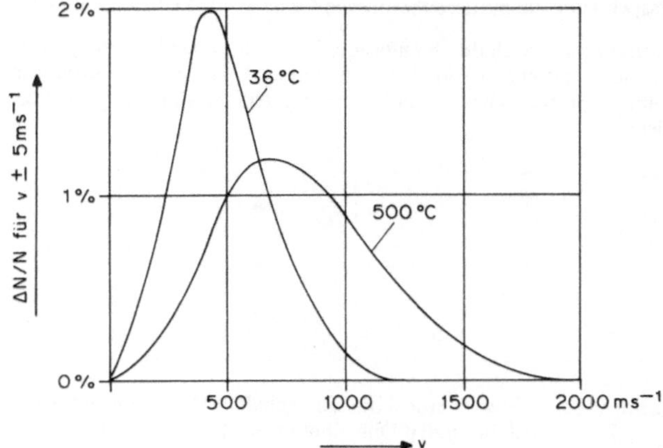

Abb. 6.17. Maxwell-Boltzmannsche Geschwindigkeitsverteilung. Auf der Ordinate ist der Prozentsatz $(\Delta N/N) \cdot 100\%$ von Stickstoff-Molekülen angegeben, deren Geschwindigkeit im Intervall $v \pm 5 \mathrm{m} \cdot \mathrm{s}^{-1}$ liegt. (Nach R. W. Pohl, Einführung in die Physik, Springer-Verlag)

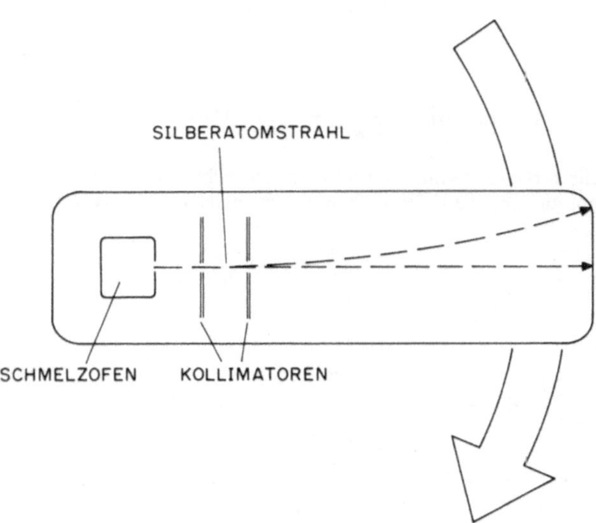

Abb. 6.18. Experimentelle Bestimmung der Geschwindigkeitsverteilung von Atomen in einem Silberatomstrahl. Durch die Rotation des evakuierten Apparats erfahren langsamere Silberatome eine stärkere Ablenkung von der Geraden als schnelle

Diese Geschwindigkeitsverteilung wurde wegen ihrer grundsätzlichen Bedeutung mehrfach experimentell nachgemessen und bestätigt. Eines dieser Experimente ist in der Abb. 6.18 skizziert.

Die in dem Schmelzofen verdampften Silberatome treten durch eine kleine Öffnung in alle Richtungen aus. Zwei Kollimatorschlitze blenden hiervon einen schmalen Strahl Silberatome aus. Durch die Rotation des Apparats erfahren alle Silberatome im Strahl eine Ablenkung (Corioliskraft !). Nur die allerschnellsten Silberatome bewegen sich annähernd geradeaus. Langsamere werden entsprechend stärker abgelenkt. Die Silberatome werden also in Abhängigkeit von ihrer Geschwindigkeit an der rechten Behälterwand kondensieren. Aus der Verteilung dieses aufgedampften Silbers läßt sich die Verteilung der Geschwindigkeiten im Silberstrahl bestimmen. Sie steht in Übereinstimmung mit der erwarteten Maxwell-Boltzmann-Verteilung.

Die Geschwindigkeiten der Wärmebewegung zeigen also ein breites Spektrum von Null bis zu Vielfachen der mittleren thermischen Geschwindigkeit. Mit zunehmender Temperatur verbreitert sich das Geschwindigkeitsspektrum; die mittlere thermische Geschwindigkeit steigt mit der Temperatur T.

Beispiel 6.12. Konzentrationsausgleich durch Diffusion: Zwei Räume sind durch eine durchlässige Wand der Dicke d und Fläche A getrennt (Abb. 6.19). Im linken Raum sei die Konzentration c_1 durch entsprechende Stoffzufuhr konstant. Die Konzentration im rechten Raum sei c_2. Anfangs ist $c_2 = c_0$. Wie ändert sich c_2 zeitlich?

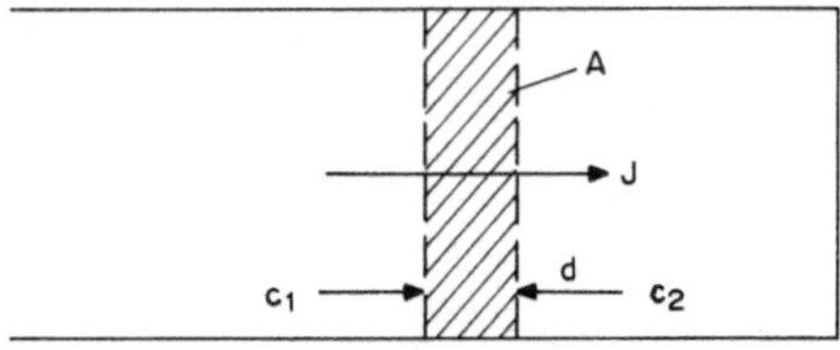

Abb. 6.19. Die Konzentration c_1 links werde konstant gehalten. Die Konzentration c_2 im rechten Raum wird durch den Diffusionsstrom $A \cdot J$ verändert

Die zeitliche Konzentrationsänderung auf der rechten Seite (Volumen V) wird durch den Diffusionsstrom $A \cdot J$ hervorgerufen:

$$V \cdot dc_2/dt = A \cdot J = -A \cdot D \cdot (c_2 - c_1)/d.$$

Diese Gleichung läßt sich nach Trennung der Variablen c_2 und t integrieren:

$$V \cdot \int_{c_0}^{c_2} \frac{dc_2'}{c_2' - c_1} = -\int_0^t \frac{A \cdot D}{d} \cdot dt$$

woraus sich

$$c_2 = c_0 \cdot \exp\left(-\frac{A \cdot D \cdot t}{V \cdot d}\right) + c_1 \cdot \left(1 - \exp\left(-\frac{A \cdot D \cdot t}{V \cdot d}\right)\right)$$

ergibt. Dieser zeitliche Verlauf der Konzentration c_2 in dem rechten Raum ist in Abb. 6.20 wiedergegeben. c_2 nähert sich asymptotisch c_1, die Diffusion kommt schließlich zum Erliegen.

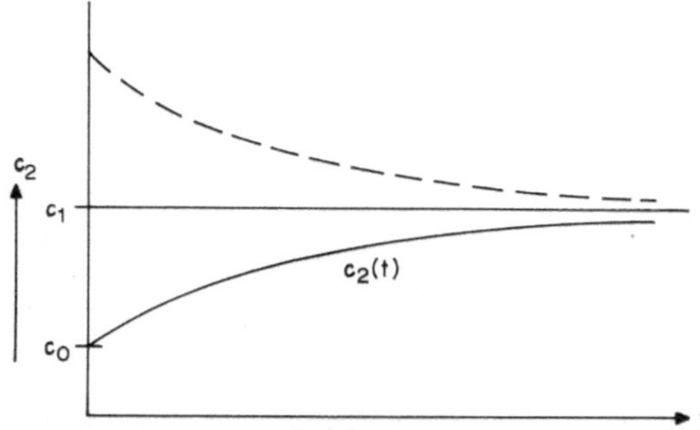

Abb. 6.20. Konzentrationsverlauf bei Diffusion. c_2 hat anfangs den Wert c_0. Die gestrichelte Kurve entspricht dem Fall, daß die Konzentration c_2 anfangs größer als c_1 war. Die Konzentration c_2 gleicht sich in beiden Fällen mit der Zeit asymptotisch der konstant gehaltenen Konzentration c_1 an

Beispiel 6.13. Sauerstoffdiffusion in den Alveolen. Die O_2-Konzentration der Luft in den Alveolen kann annähernd als konstant angesehen werden, weil der wegdiffundierende O_2 durch die Atmung nachgeliefert wird. Der O_2 diffundiert in das durch die Kapillaren strömende Blut. Dessen O_2-Konzentration steigt nach einem zeitlichen Exponentialgesetz an. Dieser Vorgang läßt sich vereinfacht durch Beispiel 6.12 beschreiben. Anstelle der in diesem Beispiel benutzten Konzentrationen $c = n/V$ können auch die Sauerstoffpartialdrücke p_S eingesetzt werden, weil $p_S = R \cdot T \cdot n_{O_2}/V = R \cdot T \cdot c_{O_2}$. In der Atemphysiologie wird die Größe $A \cdot D/d$ zur sogenannten Diffusionskapazität D_L der Lunge zusammengefaßt. Dann lautet das Ergebnis aus Beispiel 6.12, modifiziert für die Sauerstoff-Partialdrücke in der Lunge (p_1 = alveolärer, p_2 = venöser Partialdruck):

$$p_2 = p_0 \cdot \exp(-D_L \cdot t) + p_1 \cdot (1 - \exp(-D_L \cdot t)).$$

Unter pathologischen Bedingungen verkleinert sich die Diffusionskapazität D_L der Lunge; das kann durch Verkleinerung der Austauschfläche A, durch Vergrößerung des Diffusionswegs d und durch Veränderung der dynamischen Viskosität der Umgebung der diffundierenden O_2-Moleküle bedingt sein. Auch die Temperatur spielt eine Rolle: sie verändert die Molekülbeweglichkeit b direkt und über die dynamische Zähigkeit.

Beispiel 6.14. Luft besteht etwa zu 21 (Volum-)% aus Sauerstoff, zu etwa 78% aus Stickstoff und zu etwa 1% aus anderen Gasen, hauptsächlich Argon (0,934%) und CO_2 (0,033%). Der Gesamtdruck p der Luft beträgt bei Standardbedingungen 101 kPa. Daraus errechnet man den Partialdruck p_S von Sauerstoff folgend:

Für ideale Gase sind die Volumprozent gleich den Stoffmengenanteilen, d. h. der Stoffmengenanteil des Sauerstoffs ist $n_S/n = 21/100$ und somit $p_S = p \cdot n_S/n = 101\,\text{kPa} \cdot 21/100 = 21{,}2\,\text{kPa}$.

Beispiel 6.15. Partialdrücke bei der Mischung von Gasgemischen. In der Atemphysiologie tritt die Frage des Partialdrucks von Sauerstoff in einem Gemisch aus Luftvolumina mit jeweils anderen Sauerstoffpartialdrücken auf. Beispielsweise bei der Vermischung von eingeatmeter Frischluft mit dem in der Lunge und in den zuleitenden Atemwegen verbliebenen sogenannten alveolären Gasgemisch, dessen Zusammensetzung von jener der Frischluft abweicht.

Wir mischen also ein erstes Gasgemisch, bestehend aus den Gassorten 1, 2 etc., in einem Volumen V' mit den Partialdrücken p'_1, p'_2 etc., mit einem zweiten Gasgemisch in einem Volumen V'', welches die Gassorten 1, 2, etc. mit den Partialdrücken p''_1, p''_2 etc. enthält. S. Abb. 6.21.

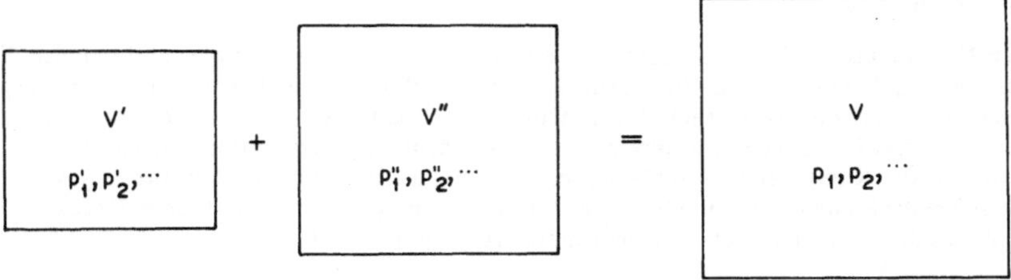

Abb. 6.21. Mischung zweier Gasgemische

Die Partialdrücke p_i der einzelnen Gassorten im großen Mischvolumen V erhält man aus ihren Stoffmengen n_i:

$$n_i = n'_i + n''_i \sim p'_i \cdot V'/(R \cdot T) + p''_i \cdot V''/(R \cdot T)$$
$$p_i = (n'_i + n''_i) \cdot R \cdot T/V = (p'_i \cdot V' + p''_i \cdot V'')/V.$$

Beispiel 6.16. Sauerstoffpartialdruck p_S in den Alveolen nach einer Inspiration. Das am Ende einer Exspiration in den Alveolen und in den Atemwegen verbleibende Gasgemisch hat ein Volumen von etwa $V_1 = 2{,}35\,\text{l}$ mit einem Sauerstoffpartialdruck von etwa $p'_S = 13{,}5\,\text{kPa}$. Dieses Gasgemisch wird bei der Inspiration (Ruhe) in der Lunge mit etwa $V_2 = 0{,}3\,\text{l}$ Frischluft mit einem Sauerstoffpartialdruck von etwa $p''_S = 20\,\text{kPa}$ vermischt (der p_S dieser Luft ist im Vergleich zum p_S der Außenluft (ca. 21.3 kPa) kleiner, weil sie im Atemtrakt wasserdampfgesättigt wird). Wir erhalten:

$$p_S = (p'_S \cdot V_1 + p''_S \cdot V_2)/(V_1 + V_2) = (13{,}5\,\text{kPa} \cdot 2{,}35 \cdot 10^{-3}\,\text{m}^3$$
$$+ 20\,\text{kPa} \cdot 0{,}3 \cdot 10^{-3}\,\text{m}^3)/2{,}65 \cdot 10^{-3}\,\text{m}^3 = 14{,}24\,\text{kPa}.$$

Beispiel 6.17. Wieviel Sauerstoff ist in $V = 1\,\text{l}$ Wasser von 20 °C ($\beta = 0{,}0284$) gelöst, welches sich mit Luft bei Standarddruck p_0 in thermodynamischem Gleichgewicht befindet.

Der Partialdruck des Sauerstoffs beträgt $p = 21$ kPa. Also befindent sich in 1 l Wasser nach Gleichung 6.16: $V = 1\,l \cdot 0{,}0284 \cdot 21/101 = 0{,}006\,l$ Sauerstoff physikalisch gelöst.

Beispiel 6.18. Atmung unter verschiedenen Luftdrücken. Für die Atmung ist in erster Linie der O_2-Partialdruck p_S ausschlaggebend. Er beträgt bei Normaldruck der Luft etwa 150 Torr und ist weitgehend proportional zum Luftdruck. Der gesunde menschliche Organismus toleriert Abweichungen nach unten bis zu etwa 30 Torr, dann treten lebensbedrohliche Störungen im ZNS auf. Diese Grenze wird in der natürlichen Atmosphäre bei etwa 7000 m Seehöhe erreicht. (Allerdings kann bereits ab etwa 3000 m der durch O_2-Mangel bedingte sogenannte Höhenrausch auftreten.) Man kann diese Grenze überschreiten, wenn man der Atemluft O_2 zugibt und damit den O_2-Partialdruck oberhalb von 50 Torr (= 7 kPa) hält. Durch Atmung von reinem Sauerstoff können so Höhen von etwa 13 bis 14 km erreicht werden.

Zunehmender Luftdruck hingegen hat natürlich auch eine Zunahme des O_2-Partialdrucks zur Folge. Hier besteht die Gefahr der O_2-Vergiftung durch zu starke O_2-Aufnahme im Blut u. zw. ab Partialdrücken von etwa 50 kPa. Man kann daher mit Hilfe von Preßluft nur bis etwa 30 m Tiefe tauchen. Hier beginnt bereits eine weitere Gefährdung durch den Stickstoff, der bei den hier auftretenden hohen Konzentrationen zum gefährlichen Tiefenrausch führt.

Eine weitere Gefährdung tritt bei zu schneller Dekompression auf. Die in der Gewebsflüssigkeit gespeicherten Gase führen bei zu schnellem Druckabfall zur Gasblasenbildung im Blut und im Gewebe und können zu Embolien Anlaß geben. Nur aus geringen Tiefen bis etwa 10 m darf sofort aufgetaucht werden, ansonsten muß das Auftauchen in Stufen unter Einhaltung von empirisch ermittelten Wartezeiten erfolgen.

Beispiel 6.19. Osmotischer Druck von $n = 1$ mol Glukose in $V = 1\,l$ Wasser bei $T = 0\,°C$. Aus Gleichung 6.15 folgt

$$p_{OS} = 1\,\text{mol} \cdot 8{,}31\,\text{J} \cdot \text{K}^{-1} \cdot \text{mol}^{-1} \cdot 273\,\text{K}/10^{-3}\,\text{m}^3 = 2268{,}6\,\text{kPa}.$$

Beispiel 6.20. Der osmotische Druck des Blutplasmas beträgt 5600 Torr = 745 kPa. Wieviele Gewichtsprozente hat eine Kochsalzlösung, die gleichen osmotischen Druck hat (isotonisch ist). Nach Gleichung 6.17 ist für NaCl

$$\begin{aligned} p_{OS} &= 2 \cdot g \cdot (n/V) \cdot R \cdot T \text{ oder} \\ n/V &= p/(R \cdot T \cdot 2 \cdot g) \\ &= 745 \cdot 10^3\,\text{Pa}/(8{,}31\,\text{J} \cdot \text{K}^{-1} \cdot \text{mol}^{-1} \cdot 310\,\text{K} \cdot 2 \cdot 0{,}932) = 155\,\text{mol} \cdot \text{m}^{-3}. \end{aligned}$$

Die Massenzahl von NaCl beträgt $M = 58{,}4$, also haben wir $m/V = 9060\,\text{g} \cdot \text{m}^{-3}$ oder etwa 0,9 Gewichtsprozent.

Beispiel 6.21. Stoffaustausch im Kapillarbett: Die Kapillaren verbinden Arteriolen und Venolen. Durch die Wand der Kapillaren findet der Stoffaustausch zwischen Blutstrom und Gewebe statt. Die Kapillarwände sind durchlässig für Wasser und kleine Moleküle wie Sauerstoff, Glukose und Elektrolyte; diese bilden zusammen sozusagen das „Lösungsmittel", in welchem die größeren Proteine gelöst sind, für die die Gefäßwand der Kapillaren undurchlässig ist. Der Fluiddruck p an der Gefäßwand ist sowohl innen als auch außen die Summe aus dem Druck des Lösungsmittels plus dem osmotischen Druck. D. h. der für den Stoffaustausch maßgebliche „Lösungsmitteldruck" p_L ist gleich Fluiddruck minus osmotischem Druck:

$$p_L = p - p_{OS}.$$

Die folgende Tabelle gibt ungefähre Werte dieser Drücke an (vor allem der interstitielle Flüssigkeitsdruck ist schwierig zu messen):

		Kapillarblut nahe Arteriole/Venole		Interstitial-Flüssigkeit
Fluiddruck	p	30 Torr	10 Torr	5 Torr
Osmotischer Druck	p_{OS}	25 Torr	25 Torr	10 Torr
Lösungsmitteldruck	$p_L = p - p_{OS}$	5 Torr	−15 Torr	−5 Torr

Es ergibt sich somit nahe der Arteriole ein Lösungsmittel-Überdruck von innen nach außen in der Größe von 10 Torr und nahe der Venole ein Überdruck von außen nach innen in der Größe von 10 Torr. Die Folge ist, daß nahe der Arteriole Lösungsmittel inklusive kleiner Moleküle, wie O_2, aus der Kapillare in den interstitiellen Raum abfließen und nahe der Venole Lösungsmittel inklusive CO_2 und Stoffwechselprodukten wieder in die Kapillare zurück fließt.

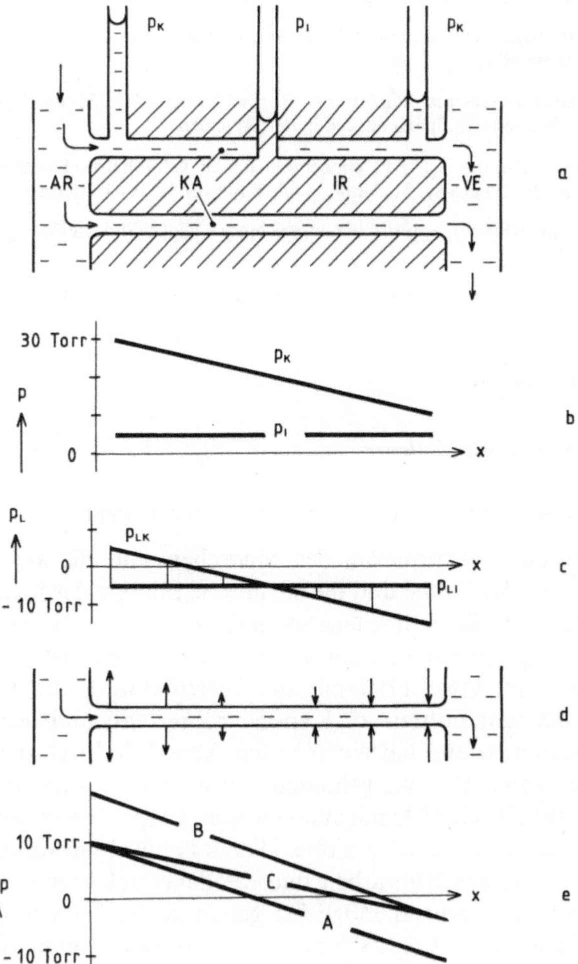

Abb. 6.22. Stoffaustausch im Kapillarbett. **a** Das Blut fließt von den Arteriolen (AR) her durch die Kapillargefäße (KA) in die Venolen (VE). p_K ist der Fluiddruck (Blutdruck) entlang der Kapillaren (x-Koordinate). Die Abnahme des Fluiddrucks p_K in den Kapillaren erfolgt nach dem Hagen-Poiseuilleschen Gesetz (Teilbild **b**); der Fluiddruck p_I im interstitiellen Raum (IR) ist konstant. Der osmotische Druck im Blut p_{OS} beträgt etwa 25 Torr. $p_{LK} = p_K - p_{OS}$ ist der Lösungsmitteldruck in den Kapillaren. Der osmotische Druck p_{OI} im interstitiellen Raum beträgt etwa 10 Torr. $p_{LI} = p_I - p_{OI}$ ist der Lösungsmitteldrucke im interstitiellen Raum. Im Teilbild **c** sind die Lösungsmitteldrücke p_{LK} und p_{LI} dargestellt. Teilbild **d**: Entsprechend der Lösungsmittel-Druckdifferenz $p_{LK} - p_{LI}$ kommt es im vorderen Abschnitt der Kapillargefäße zu einem Lösungsmittelfluß aus den Gefäßen in den interstitiellen Raum und auf der Seite der Venolen in umgekehrter Richtung, nämlich aus dem interstitiellen Raum in die Kapillargefäße hinein (die Länge der kleinen Pfeile deutet die Größe des Flüssigkeitsaustauschs entlang der Kapillare an. **e** Verlauf der Druckdifferenz $p_{LK} - p_{LI}$: A beim Gesunden (= Flüssigkeitsaustausch entsprechend **d**); Graph B: Hypoproteinämie und Graph C: Herzinsuffizienz (in diesen beiden Fällen überwiegt der Flüssigkeitsstrom in den interstitiellen Raum)

Bei Unterernährung und verschiedenen Darm- und Lebererkrankungen kommt es zu Hypoproteinämie, d. h. verminderten Plasmaproteinwerten. Die Folge ist, daß der osmotische Druck vermindert wird und mehr „Lösungsmittel" in den interstitiellen Raum fließt als umgekehrt. Es kommt zur Ödembildung (Hungerödem). Analoges passiert, wenn bei Herzinsuffizienz der venöse Druck ansteigt und es dadurch zu einer Erhöhung des „Lösungsmitteldrucks" auf der Venenseite der Kapillaren kommt.

Aufgabe 6.6. Berechnen Sie den Luftdruck auf $z = 5000$ m Seehöhe.

Aufgabe 6.7. Gesamtdruck von 3 mol Sauerstoff und 2 mol Stickstoff in einem Behälter von 22,4 Liter Volumen bei Standardbedingungen.

Aufgabe 6.8. Bei schwerer Anstrengung kann (s. Beispiel 6.16) $V_1 = 1{,}35$ l und $V_2 = 3{,}8$ l betragen. Berechnen Sie hierfür den Sauerstoffpartialdruck in den Alveolen.

Aufgabe 6.9. Berechnen Sie das in $V = 1$ l Wasser von $T = 20\,°C$ (in thermodynamischem Gleichgewicht mit Luft bei Standarddruck) gelöste Stickstoffvolumen ($\beta = 0{,}014$; N_2-Partialdruck $p = 80$ kPa).

Aufgabe 6.10. Berechnen Sie den osmotischen Druck einer 1 %igen Glukoselösung (Molekülmassenzahl $M = 180$) bei $T = 27$ K.

Aufgabe 6.11. Bei wieviel Gewichtsprozent ist eine Glukoselösung ($M = 180$) mit Blut isoton?

7. Wärme und Energie

7.1 1. Hauptsatz der Wärmelehre

a) Wärmekapazität und mechanisches Wärmeäquivalent

Die wichtigsten Wärmequellen des Menschen sind die aus der Kernfusion gespeiste Strahlung der Sonne und die chemische Energie der fossilen Brennstoffe, wobei letztere ebenfalls der Sonnenenergie entstammt. Eine eher marginale Wärmequelle, die Reibung, hat jedoch zum Verständnis der Wärme das Entscheidende beigetragen. Das hat etwa 1798 mit der Interpretation des Grafen Rumford (B. Thompson) der beim Bohren von Kanonenrohren entstandenen Wärme als Reibungswärme begonnen und hat einen ersten Abschluß durch die systematischen Untersuchungen von J. P. Joule gefunden. Nach ersten Temperaturmessungen an Wasserfällen begann Joule 1843 mit systematischen experimentellen Messungen des mechanischen Äquivalents einer Kalorie. Hierzu baute er ein Rührwerk, welches es erlaubte, die mechanische Rührarbeit und die dabei auftretende Erwärmung dem damaligen Stand entsprechend möglichst genau zu bestimmen. Die von ihm im Auftrag der British Association 1875 durchgeführte Bestimmung des mechanischen Äquivalents einer Kalorie ergab (umgerechnet in SI-Einheiten) immerhin den recht genauen Wert von 4,15 J (genauer Wert 4,1868 J). Eine Kalorie (1 cal) ist die alte Einheit der Wärmemenge; sie ist so festgelegt, daß sie 1 Gramm Wasser von der Temperatur 14,5 °C auf 15,5 °C erwärmt (da Temperaturen von 15 °C praktisch leicht realisierbar sind). Anders ausgedrückt: die spezifische (d.h. auf Masse bezogene) Wärmekapazität von Wasser ist $c_S = 1\,\mathrm{cal \cdot g^{-1} \cdot K^{-1}}$.

Allerdings war der quantitative Zusammenhang zwischen Wärme und mechanischer Arbeit schon vor Joule, nämlich 1842 von dem Heilbronner Arzt J. R. Mayer aus den Wärmekapazitäten c_P und c_V der Luft bestimmt worden (s. Beispiel 7.1).

b) Innere Energie und 1. Hauptsatz

Bei der Erwärmung von Körpern ändern sich deren thermodynamische Zustandsgrößen Druck p, Volumen V und Temperatur T. Bei bestimmten Temperaturen kommt es zusätzlich zu Änderungen der inneren Struktur des Stoffs, d. h. zu Änderungen der Phase, in der sich der Stoff befindet.

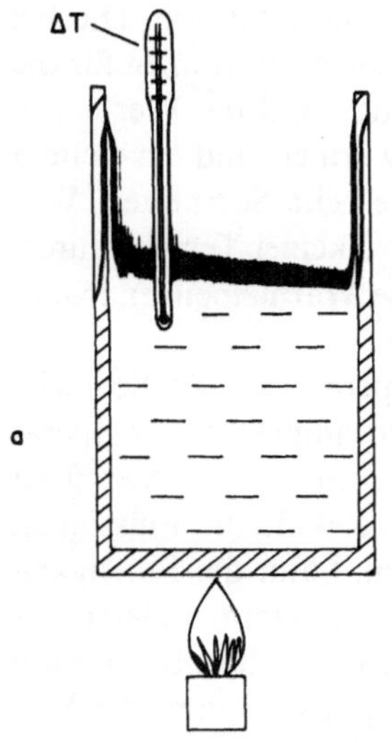

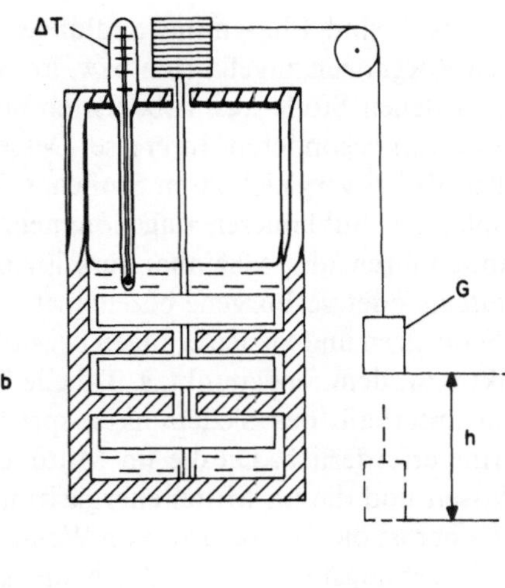

Abb. 7.1. Zwei Möglichkeiten zur Erwärmung von Wasser: **a** durch Wärmezufuhr und **b** durch Zufuhr von mechanischer Energie. **b** ist das Prinzip des Jouleschen Apparats zur Bestimmung des mechanischen Wärmeäquivalents. Die vom Gewicht *G* mit der Masse *m* verrichtete mechanische Arbeit $m \cdot g \cdot h$ führt zu einer Temperaturerhöhung im Wasser um ΔT

Die Moleküle eines Körpers können die zugeführte Wärmeenergie auf unterschiedliche Weise speichern:

als kinetische Energie
der Wärmebewegung
und/oder
als potentielle Energie
aufgrund der Bindungskräfte.

Die Summe dieser zwei Energiebeträge heißt innere Energie *U*.

Der potentielle Anteil von *U* wird bei allen Veränderungen in der Struktur der Stoffe bemerkbar, weil *U* die molekularen und atomaren Bindungszustände verändert. Hierzu gehören die folgenden Stoffumwandlungen bzw. Umwandlungswärmen:

1. feste Modifikation I ↔ feste Modifikation II
(Beispiel: Kohle ↔ Graphit)
Umwandlungswärme
2. fester Zustand ↔ flüssiger Zustand
(Beispiel: Eis ↔ Wasser)
Kristallisationswärme   Schmelzwärme
3. Fester Zustand ↔ gasförmiger Zustand
(Beispiel: Eis ↔ Wasserdampf)
Sublimationswärme
4. flüssiger Zustand ↔ gasförmiger Zustand
(Beispiel Wasser ↔ Wasserdampf)
Kondensationswärme   Verdampfungswärme
5. Stoffe A ↔ Stoffe B
(Beispiel $2C + H_2 \leftrightarrow C_2H_2$)
Bildungswärme oder Reaktionswärme

1. bis 4. sind Phasenumwandlungen, 5. ist eine chemische Reaktion. Die bei diesen Vorgängen zugeführten bzw. frei werdenden Wärmemengen können für die verschiedenen Stoffe aus Tabellen entnommen werden. Hier sind die Werte von Wasser von besonderem Interesse. Dessen Umwandlungswärmen sind bei weitem größer als bei vergleichbaren Stoffen, s. Tabelle 7.3. Da die beim Schmelzen, Verdampfen und Sublimieren aufgenommenen Wärmemengen zu keiner Temperaturerhöhung führen, also scheinbar verschwinden, hat man diese Wärmemengen früher als *latente* oder verborgene bezeichnet.

Schmelzen und Sieden erfolgen bei stoffspezifischen Temperaturen, dem Schmelzpunkt bzw. dem Siedepunkt, s. Tabelle 7.3. Erfolgt das Verdampfen bei Temperaturen unterhalb des Siedepunkts, spricht man von *Verdunsten.* Auch hierzu ist Wärme erforderlich. Da die im Mittel energiereicheren Moleküle die Flüssigkeit verlassen und die im Mittel energieärmeren zurück bleiben, kühlt die Flüssigkeit ab. Daher ist die Temperatur von Wasser in einem offenen Gefäß immer kleiner als die Umgebungstemperatur. Auch die kühlende Wirkung des Schweißes beruht hierauf. Nähert sich die Flüssigkeitstemperatur dem Siedepunkt, nimmt die Verdunstung stark zu. Flüssigkeiten, deren Siedepunkte nahe der Körpertemperatur liegen, können starke Abkühlung verursachen. Besonders effektiv ist Äthylchlorid (Siedepunkt 12,2 °C). Es wird zur lokalen Anästhetisierung durch Abkühlung („Vereisung") bei Sportverletzungen aber auch bei chirurgischen Eingriffen benutzt.

Der kinetische Anteil von U bestimmt die Temperatur: Gleichung 6.4 zeigt den Zusammenhang. Mit ihr läßt sich die für eine bestimmte Erwärmung ΔT erforderliche Wärmemenge berechnen, falls keine Phasenumwandlungen auftreten:

Für ein Molekül ist (im Mittel) die Wärmemenge

$$\Delta Q = \tfrac{3}{2} \cdot k \cdot \Delta T$$

erforderlich; für eine Stoffmenge von $n = 1$ mol daher:

$$\Delta Q = \tfrac{3}{2} \cdot k \cdot N_A \cdot \Delta T.$$

Der Proportionalitätsfaktor zwischen zugeführter Wärmemenge ΔQ und erzielter Temperaturerhöhung ΔT:

$$\Delta Q = c \cdot \Delta T$$

heißt (für $n = 1$ mol) molare Wärmekapazität c.

Je größer c ist, desto kleiner fällt die von einer gegebenen Wärmemenge ΔQ hervorgerufene Temperaturerhöhung

$$\Delta T = \Delta Q / c \text{ aus.}$$

Die molare Wärmekapazität c folgt also aus der obigen Überlegung zu:

$$c_V = \tfrac{3}{2} \cdot k \cdot N_A = \tfrac{3}{2} \cdot R.$$

(Dieser Wert gilt bei konstant gehaltenem Volumen, daher der Index V am c.)

Viele wichtige Zustandsänderungen, die nicht in einem festen Volumen stattfinden, erfolgen bei konstantem Druck. Erwärmt man einen Stoff bei konstantem Druck, wird er sich in der Regel ausdehnen. Mit dieser Volumenzunahme ist Arbeit verbunden: s. Beispiel 7.1: Der Stoff dehnt sich gegen den von außen wirkenden

Druck p aus. Beträgt die Volumenzunahme ΔV, so ist die verrichtete Volumen- oder Verdrängungsarbeit $W = p \cdot \Delta V$. Es wird also ein Teil der dem Stoff zugeführten Wärmeenergie Q in mechanische Verdrängungsarbeit W umgewandelt. Nur der verbleibende Rest erhöht die innere Energie:

$$\Delta U = Q - W.$$

Bei Flüssigkeiten und Festkörpern sind die Volumenausdehnungskoeffizienten so klein, daß man diese Verdrängungsarbeit vernachlässigen kann. Bei Gasen jedoch, sowie bei gelösten Stoffen, also bei Wärmekraftmaschinen, in der Thermochemie und Zellchemie, kann diese Verdrängungsarbeit nicht vernachlässigt werden. Die Verdampfungswärmen in der Tabelle 7.3 enthalten auch diese Verdrängungsarbeit. Deshalb bezeichnet man sie auch besser als „Verdampfungsenthalpie" (s. Abschnitt c). Ferner ist in der Tabelle 7.3 an einigen Beispielen ablesbar, daß die Wärmekapazitäten von Wasser diejenigen vergleichbarer Flüssigkeiten bei weitem übertreffen.

Der Energieerhaltungssatz der Mechanik und das mechanische Wärmeäquivalent sind starke Hinweise darauf, daß auch unter Einbeziehung der Wärme ein Gesetz von der Erhaltung der Energie existieren muß. Als erster hat diese Form des 1. Hauptsatzes J. R. Mayer 1842 ausgesprochen: Wenn eine Energiemenge irgendeiner Art bei einem Vorgang verschwindet, entsteht eine gleiche Menge einer anderen Energieart.

c) Enthalpie

Lebensprozesse finden im wesentlichen bei konstantem Druck statt. Im allgemeinen jedoch können sich bei einer Zustandsänderung sowohl das Volumen als auch der Druck verändern. Die ausgetauschte Wärmemenge führt dann nicht nur zu einer Veränderung ΔU der inneren Energie U, sondern auch zu einer Volumenarbeit

$$W = \int p \cdot dV.$$

Man hat daher die innere Energie und die Verdrängungsarbeit W zu einer neuen Größe zusammengefaßt, der Enthalpie H:

$$H = U + p \cdot V.$$

Die zugeführte Wärmemenge Q verteilt sich somit auf

die innere Energie U und
die Volumenarbeit $p \cdot V$
(letztere wird nach außen abgegeben)
Die Summe dieser Energiebeträge heißt *Enthalpie.*

Jede Stoffmenge enthält—abhängig von den thermodynamischen Koordinaten p, V, T—somit eine genau definierte Enthalpie. Sie setzt sich zusammen aus:

Enthalpie = kinetische Energie der Stoffteilchen
+ zugeführte Reaktionswärme bei der Bildung aus den chemischen Elementen
+ zugeführte Umwandlungswärme je nach Aggregatzustand
+ Verdrängungsarbeit $p \cdot V$.

Genau genommen haben die chemischen Elemente bei der Bildung von Verbindungen schon Enthalpie mitgebracht. Da es aber immer nur auf Enthalpieänderungen ankommt, kann deren Enthalpie willkürlich Null gesetzt werden. Nach internationaler Konvention ist festgelegt, daß die Enthalpie der chemischen Elemente bei 25 °C und 101 325 Pa in dem Aggregatzustand, bei dem sie stabil sind, Null gesetzt wird. Dann sind die

$$\text{Enthalpien der chemischen Verbindungen bei } 25\,°\text{C und } 101\,\text{kPa} = \\ = \text{Reaktionswärme} + p \cdot \Delta V \; (p = 101\,\text{kPa}),$$

wobei ΔV das Volumen ist, das die Verbindung gegenüber den sie aufbauenden Elementen zusätzlich besitzt.

Die so definierte Enthalpie, bezogen auf $n = 1$ mol heißt

Standardenthalpie.

d) Gleichverteilungssatz

Die molaren Wärmekapazitäten c_V und c_P sollten nach Beispiel 7.2 bei allen Gasen

$$c_V = \tfrac{3}{2} \cdot R \text{ bzw.}$$
$$c_P = \tfrac{5}{2} \cdot R$$

betragen. Tatsächlich findet man diese Werte bei den einatomigen Edelgasen, s. Tabelle 7.1.

Bei zweitatomigen (und mehratomigen) Gasen allerdings beobachtet man andere Werte. Dies findet eine sehr einfache Erklärung durch die mechanische Wärmetheorie: Einatomige Gase können Wärmeenergie als translatorische Bewegungsenergie in allen 3 orthogonalen Raumrichtungen speichern:

$$\frac{\mu}{2} \cdot \langle u^2 \rangle = \frac{\mu}{2} \cdot \langle u_x^2 \rangle + \frac{\mu}{2} \cdot \langle u_y^2 \rangle + \frac{\mu}{2} \cdot \langle u_z^2 \rangle = \tfrac{3}{2} \cdot k \cdot T.$$

Da diese voneinander unabhängig sind, d. h. die Bewegung in eine Richtung beeinflußt nicht die Bewegung in die orthogonal dazu verlaufenden Richtungen, müssen die statistischen Mittelwerte der betreffenden Geschwindigkeitsquadrate auch gleich groß sein. Auf jeden der drei Summanden entfällt somit auch dieselbe mittlere thermische Energie von $\frac{1}{2} \cdot k \cdot T$.

Moleküle zweiatomiger Gase hingegen haben die Form einer Hantel. Solche Moleküle können zusätzlich zur translatorischen Bewegung Rotationen um insge-

Tabelle 7.1. Wärmekapazitäten von Gasen

Gas	Molekülart	molare Wärmekapazität bei konstantem	
		Volumen: c_V	Druck: c_P
Edelgase	einatomig	$\frac{3}{2} \cdot R$	$\frac{5}{2} \cdot R$
H_2, O_2, N_2, CO, HCl	zweiatomig	$\frac{5}{2} \cdot R$	$\frac{7}{2} \cdot R$

samt drei zueinander orthogonale Achsen ausführen: Einmal um die Verbindungslinie zwischen den beiden Atomen sowie um die zwei orthogonal hierzu orientierten Achsen (α und β in Abb. 7.2). Allerdings würde einem Rotieren um die Verbindungslinie der beiden Atome nur ein Rotieren um ihre Schwerpunkte entsprechen. Eine solche Bewegung nimmt keine thermische Energie auf, wie an den einatomigen Moleküle zu sehen ist (natürlich ist eine solche Bewegung grundsätzlich möglich, zu ihr gehören jedoch die Energiewerte der Elektronenhülle, nicht die thermische Energie des Moleküls). Es verbleiben somit nur 2 zusätzliche Bewegungsmöglichkeiten oder Freiheitsgrade, die offenbar im Mittel je $\frac{1}{2} \cdot k \cdot T$ an thermischer Energie speichern. Dies steht in schöner Übereinstimmung mit den experimentell ermittelten Werten der molaren Wärmekapazitäten zweiatomiger Gase.

Bei sehr hohen Temperaturen beobachtet man eine weitere Steigerung der Wärmekapazitäten zweiatomiger Gase um $k \cdot T$. Nun beginnen die zwei Atome gegeneinander zu schwingen. Eine solche Schwingung besitzt kinetische und poten-

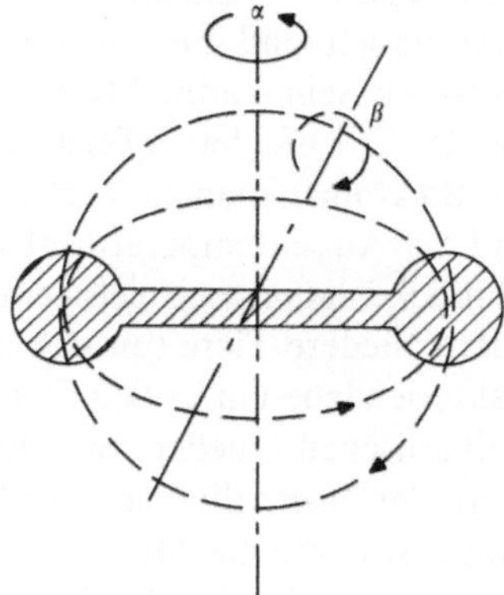

Abb. 7.2. Hantelmodell eines zweiatomigen Gasmoleküls. α und β deuten die Rotationsfreiheitsgrade an

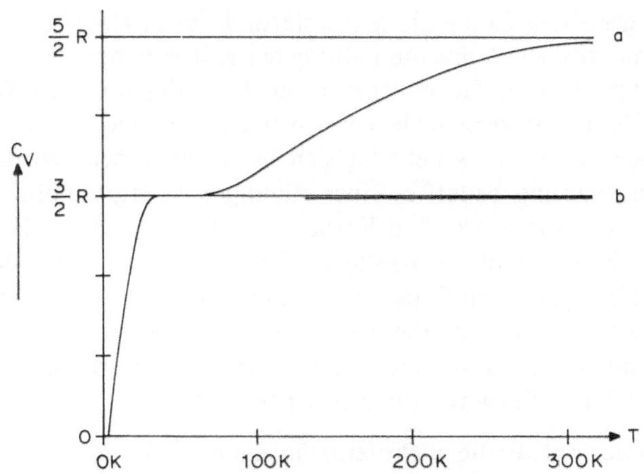

Abb. 7.3. Molare Wärmekapazität c_V von Wasserstoff **a** und Edelgasen **b** in Abhängigkeit von der Temperatur. (Nach R. W. Pohl, Einführung in die Physik, Springer-Verlag)

tielle Energieanteile, die wiederum je $\frac{1}{2} \cdot k \cdot T$ an thermischer Energie aufnehmen. Entsprechend betragen die molaren Wärmekapazitäten zweiatomiger Gase dann sogar $\frac{7}{2} \cdot R \cdot T$ bzw. $\frac{9}{2} \cdot R \cdot T$. Allerdings tritt das Phänomen auf, daß offenbar bei niedrigen Temperaturen nicht alle Freiheitsgrade in Aktion sind, bzw. einige Freiheitsgrade „eingefroren" scheinen.

Die molaren Wärmekapazitäten c_V fester Körper betragen für einatomige Stoffe durchwegs $3 \cdot R$, entsprechend den 3 Schwingungsfreiheitsgraden um die Gitterplätze der Atome. Bei chemischen Verbindungen beträgt die molare Wärmekapazität $c_V = z \cdot 3 \cdot R$, wobei z die Anzahl der Atome im Molekül ist.

e) 1. Hauptsatz der Wärmelehre beim Menschen

Die meisten Tiere und Pflanzen können nur innerhalb relativ enger Grenzen ihrer Körpertemperatur leben. Einer der Gründe hierfür ist der Umstand, daß chemische Prozesse und damit die Stoffwechselvorgänge in Zellen temperaturabhängig sind, s. Arrhenius-Gleichung (Beispiel 6.10).

Da Lebensvorgänge eine Vielzahl von aufeinander abgestimmten chemischen Reaktionen umfassen, ist verständlich, daß dies nur innerhalb mehr oder weniger enger Temperaturgrenzen möglich sein kann. Meist umfaßt dieser Bereich die Temperaturen von 10 °C bis 45 °C. Offenbar spielen auch evolutionär bedingte Anpassungen eine große Rolle. So können manche wechselwarme Tiere ihren gesamten Stoffwechsel entsprechend der Außentemperatur absenken und überdauern in Kältestarre den Winter. Stechmückenlarven beispielsweise überdauern auch wiederholtes Einfrieren und Auftauen. Niedere Tiere tun sich da naturgemäß überhaupt leichter. Einige Algen und Bakterien leben in heißen Quellen bei Temperaturen um 90 °C, Archaebakterien in vulkanischen Quellen im Mittelmeer wachsen noch bei 110 °C. Beim Menschen umfaßt der Normalbereich der Rektaltemperatur 37 °C ± 0,7 °C. Als oberste Körpertemperatur, die der Mensch noch überlebt, werden 42 °C angesehen. Unterkühlungen gegenüber ist der Körper toleranter. Erst bei etwa 26 bis 28 °C kann der Tod durch Herzflimmern eintreten.

Bei sämtlichen im Körper ablaufenden Stoffwechselvorgängen kann nur die freie Enthalpie genutzt werden. Der Rest der von der energieliefernden Reaktion zur Verfügung gestellten Enthalpie tritt aufgrund des 2. Hauptsatzes als Wärme auf. Diese Wärme wird zur Aufrechterhaltung der Körpertemperatur genutzt. Dabei steuert das Temperaturregulationszentrum im Hypothalamus die Wärmeabgabe mit Hilfe einer Reihe von verschiedenen Wärmetransportmechanismen.

Jeder lebende Organismus befindet sich in einem hohen Ordnungsgrad. Zu dessen Aufrechterhaltung bedarf es einer ständigen Energiezufuhr. Diese erfolgt bei allen Lebewesen überwiegend in Form von Nahrungsstoffen. Hierbei handelt es sich hauptsächlich um Kohlenhydrate, Fette und Proteine. Durch die Verdauung werden die Kohlenhydrate zu Glukose und anderen Monosacchariden, die Fette zu Glyzerin und Fettsäuren und die Proteine zu Aminosäuren abgebaut.

Die den Nährstoffen entnommene chemische Energie (Bindungsenergie von Molekülen der Nährstoffe) wird vom Körper benutzt

— zum Aufbau der notwendigen Proteine für die Neubildung und Reparatur von Zellen,
— zum Aufbau von Gerüstsubstanzen aus Polysacchariden,

— zur Erzeugung der Drüsensekrete,
— zur Aufrechterhaltung der Ionenkonzentrationsgradienten zwischen den Zellen und der extrazellulären Flüssigkeit,
— als Energiequelle für die Muskeltätigkeiten zur Aufrechterhaltung der Lebensfunktionen,
— als Energiequelle für andere Muskeltätigkeiten,
— zur Übertragung von Nervenimpulsen.

Normalerweise entzieht der Körper der zugeführten Nahrung bis zu 95% der enthaltenen Energie. Was hiervon nicht wie oben benutzt wird, wird gespeichert oder—durch das braune Fettgewebe—„abgefackelt". Die Energiespeicherung erfolgt hauptsächlich durch zwei Reserven:

Fett im Fettgewebe und Glykogen in den Muskelzellen und in der Leber.

Die eigentliche Verwertung der in den Nährstoffen enthaltenen Energie für die Lebensvorgänge erfolgt in den Zellen. Durch den Zellstoffwechsel wird den Nährstoffen die erforderliche Energie entzogen, gleichzeitig liefern die Nährstoffe auch das zum Aufbau der lebenswichtigen Verbindungen erforderliche Kohlenstoffskelett. Werden Verbindungen, deren Synthese Energie erfordert hat, wieder abgebaut, dann wird diese Energie ebenfalls wieder frei für andere Arbeit oder als Wärme. Die Hauptenergiequelle ist hierbei die Oxydation von Kohlenhydraten, Fettsäuren und anderen Verbindungen.

Unter *Energieumsatz* dE/dt versteht man jene Energie dE aus der chemischen Energie der Nahrungsstoffe oder der körpereigenen Energiespeicher, die der Körper, bezogen auf die Zeit dt, in andere Energieformen umwandelt. Es handelt sich also um eine Leistung. Dieser Energieumsatz ist ein wichtiges Maß zur Beurteilung der körperlichen Beanspruchung eines Menschen durch Beruf oder Sport; er ermöglicht ferner die Beurteilung der körperlichen Leistungsfähigkeit eines Menschen und ist bei der Verlaufskontrolle von Schockzuständen von Bedeutung. Eine direkte Energieumsatz-Messung würde die Messung der vom Körper abgegebenen Wärme mittels eines Kalorimeters erfordern. Meist genügt jedoch auch die mit der indirekten Messung erreichbare Genauigkeit. Die indirekte Messung beruht auf der Bestimmung der vom Körper aufgenommenen Sauerstoffmenge.

Endprodukte des mit der Energiegewinnung verbundenen Nährstoffabbaus („Verbrennung") sind letztlich im Falle von Kohlehydraten und Fetten CO_2 und H_2O, im Falle der Proteine Harnstoff $CO(NH_2)_2$ und andere N-haltige Verbindungen. Alle dabei auftretenden Verbrennungsschritte sind mit O_2-Verbrauch verbunden. Man erhält für die hauptsächlichen Nährstoffe folgende Verbrennungsenergien pro Liter O_2:

Nährstoff	spezifische Verbrennungsenergie	Verbrennungsenergie je $1\,l\,O_2$
Kohlenhydrate	$17\,kJ \cdot g^{-1}$	21 kJ
Proteine	17	19
Alkohol	30	20
Fett	40	20

d. i. im Mittel: 20 kJ je $1\,l\,O_2$ = „kalorisches Energieäquivalent".

Dies ist der „Physiologische Brennwert". Da der Organismus nicht alle Substanzen vollständig oxydiert, liegen die physikalischen Verbrennungswärmen der Nährstoffe höher. Die auf Sauerstoff bezogenen Energie-Äquivalente haben alle annähernd denselben Wert von rund $20\,kJ \cdot l^{-1}$; man kann daher die Verbrennungsrate der Nährstoffe auch aus dem spirometrisch bestimmten O_2-Verbrauch allein ermitteln.

Der Energieumsatz einer Zelle kann verschieden große Ausmaße annehmen. Der geringste Umsatz, der Erhaltungsumsatz, ist zur bloßen Erhaltung ihrer eigenen Struktur erforderlich. Zur Sicherstellung der Funktionsbereitschaft (Bereitschaftsumsatz) müssen bereits die Ionen-Konzentrationsdifferenzen stimmen, deren Aufrechterhaltung zusätzliche Energie benötigt. Schließlich steigt der Energiebedarf noch weiter, wenn die Zelle aktiv wird (Tätigkeitsumsatz).

Unter dem Begriff *Grundumsatz* wird in der Physiologie der morgens beim ruhigen Liegen bei Indifferenztemperatur und normaler Körpertemperatur gemessene Energieumsatz des Körpers bezeichnet. Er enthält neben den Tätigkeitsumsätzen der immer in Aktivität befindlichen Organe wie Gehirn, Herz, Atemmuskulatur, Leber und Nieren nur die Bereitschaftsumsätze der übrigen Zellen. Der Grundumsatz beträgt beim Gesunden

$$\frac{dE}{dt} = 60 \text{ bis } 100\,\text{W}$$

je nach Körpermasse, Alter und Geschlecht.

Verschiedene körperliche Tätigkeiten erfordern unterschiedliche zusätzliche Energiebeträge. In der Tabelle 7.2 sind einige Durchschnittswerte angegeben.

Bei sitzender Beschäftigung brauchen ein Durchschnittsmann pro Tag etwa 12 500 kJ und eine Durchschnittsfrau pro Tag etwa 9500 kJ. Ißt man mehr, vergrößert man die Fettdepots. Es ist übrigens sehr mühsam, z. B. $\frac{1}{2}$ kg Fettpolster durch Sport abzuarbeiten: s. Aufgabe 7.6.

Ein erheblicher Teil der im Körper umgesetzten Energie tritt letztlich als Wärme auf und muß abgeführt werden. Neben der bei allen Stoffwechselreaktionen auftretenden gebundenen Enthalpie wird auch die beispielsweise vom Herzen verrichtete mechanische Pumparbeit durch Reibung im Kreislauf in Wärme umgewandelt.

Tabelle 7.2. Energieumsatz bei verschiedenen Tätigkeiten

Tätigkeit	Leistung	dominierende Einflußgrößen
Schlafen	80 W	
ruhiges Sitzen und Stehen	80–180 W	
Autofahren	150 W	
Gehen	150–500 W	Körpermasse, Geschwindigkeit, Steigung
Tennisspiel	> 450 W	Körpermasse
Schwimmen	300–500 W	
Radfahren bei $20\,km \cdot h^{-1}$	> 700 W	Steigung
Treppensteigen	400–900 W	Körpermasse, Vertikalgeschwindigkeit
Radrennen	bis 1600 W	

Lediglich die vom Körper nach außen abgegebene mechanische Arbeit W bleibt davon ausgenommen. Zur Aufrechterhaltung der Körpertemperatur sind daher verschiedene Wärmetransportprozesse erforderlich.

Zusammenfassung 7.A

I. Die Wärmekapazität C eines Körpers ist jene Wärmemenge Q, die erforderlich ist, diesen Körper um $\Delta T = 1\,\mathrm{K}$ zu erwärmen. Die Wärmekapazität hängt von der Stoffart ab und ist proportional zur Körpermasse m. Um einen homogenen Körper der Masse m um die Temperaturdifferenz ΔT zu erwärmen, ist die Wärmemenge

$$Q = C \cdot \Delta T = m \cdot c_S \cdot \Delta T \tag{7.1}$$

erforderlich; c_S = spezifische Wärmekapazität.

Das mechanische Wärmeäquivalent beträgt in SI-Einheiten:

Mechanische Arbeit von 1 N·m = 1 J Wärmeenergie

(1cal = 4,1868 J)

Die Einheit der Wärmemenge Q ist

$$[Q] = 1\,\mathrm{J}.$$

Tabelle 7.3. Spezifische Wärmekapazitäten c_S einiger flüssiger Stoffe und deren latente Wärmen bei Standarddruck

Stoff	spezifische Wärmekapaz. bei T= 0°C	spezifische Schmelzwärme (Schmelzpunkt)	spezifische Verdampfungsenthalpie H_V (beim Siedepunkt)
Wasser	$4{,}1868\,\mathrm{J \cdot g^{-1} \cdot K^{-1}}$	$333{,}7\,\mathrm{J \cdot g^{-1}}$	$2256\,\mathrm{J \cdot g^{-1}}$
H_2O		(T= 0,00 °C)	(T= 100,00 °C)
dtto.			$2415\,\mathrm{J \cdot g^{-1}}$ (bei T= 36 °C)
Äthylalkohol	$2{,}386\,\mathrm{J \cdot g^{-1} \cdot K^{-1}}$	$108{,}0\,\mathrm{J \cdot g^{-1}}$	$858{,}3\,\mathrm{J \cdot g^{-1}}$
C_2H_5OH		(T= − 114,4 °C)	(T= 78,3 °C)
Schwefelkohlenstoff	$1{,}005\,\mathrm{J \cdot g^{-1} \cdot K^{-1}}$	$57{,}78\,\mathrm{J \cdot g^{-1}}$	$364{,}3\,\mathrm{J \cdot g^{-1}}$
CS_2		(T= − 111,6 °C)	T= 46,2 °C)

II. Die innere Energie U eines Körpers ist die Summe aus:

U =

Wärmeenergie:
- Kinetische Energie aller Stoffteilchen aufgrund der Wärmebewegung — Maß = Temperatur
- \+
- Potentielle Energie aller Stoffteilchen aufgrund des Aggregatzustands — latente Wärme

\+

Chemische Energie:
- Potentielle Energie aller Stoffteilchen aufgrund des chemischen Zustands

\+

+

Elektrische Energie	Potentielle Energie aller Stoffteilchen aufgrund elektrostatischer Kräfte (bei Ionen)

u. a.

III. Der 1. Hauptsatz drückt die Umwandelbarkeit von Wärmeenergie in mechanische Energie und andere Energieformen aus. Er wird in der Wärmelehre meist in der Form

$$\Delta U = Q + W \tag{7.2}$$

geschrieben. ΔU ist die Zunahme der inneren Energie eines Systems, dem die Wärmemenge Q zugeführt und an dem die mechanische Arbeit W verrichtet wird.

Bezeichnet man mit W die vom System abgegebene Arbeit, lautet der 1. Hauptsatz:

$$W = Q - \Delta U \tag{7.3}$$

d. h. die vom System verrichtete Arbeit ist gleich der zugeführten Wärme abzüglich jener Energie, die als innere Energie im System verbleibt.

Anmerkung

Die Enthalpie H eines Stoffs ist die Summe aus innerer Energie plus Verdrängungsarbeit

$$H = U + p \cdot V. \tag{7.4}$$

Die einem Stoff zugeführte Wärme Q führt zu einer Zunahme der Enthalpie H;

$$Q = \Delta H = \Delta U + p \cdot \Delta V + V \cdot \Delta p. \tag{7.5}$$

Bei isobaren Zustandsänderungen ($\Delta p = 0$) ist die ausgetauschte Energiemenge Q

$$Q = \Delta U + p \cdot \Delta V = \Delta H. \tag{7.6}$$

Tabelle 7.4. Standardenthalpien verschiedener Stoffe (für $p = 101\,325$ Pa und $T = 25$ °C)

	Standardenthalpie
Wasserstoff H_2	0 kJ/mol
Sauerstoff O_2	0
C (Graphit)	0
Wasser	– 286,0
Kohlendioxid	– 394,0
Essigsäure	– 487,4
Milchsäure	– 677,0
Äthanol	– 278,0
Glyzerin	– 666,6
Glukose	– 1280,1

IV. Bei hinreichend hohen Temperaturen verteilt sich die kinetische Energie gleichmäßig auf die vorhandenen Freiheitsgrade. Das ist das

Prinzip der statistischen Gleichverteilung.

Jeder Freiheitsgrad besitzt im Grenzfall hoher Temperatur dieselbe molare thermische Energie $\frac{1}{2} \cdot R \cdot T$. D. h. das einzelne Molekül besitzt im Mittel pro Freiheitsgrad die kinetische Energie von

$$E = \tfrac{1}{2} \cdot k \cdot T. \tag{7.7}$$

Die momentane thermische Energie kann davon erheblich abweichen, s. Maxwell-Boltzmannsche Geschwindigkeitsverteilung. Die molaren Wärmekapazitäten der Stoffe betragen ebenfalls $\frac{1}{2} \cdot R \cdot T$ je Freiheitsgrad der Stoffteilchen. Bei idealen Gasen ist

$$c_P - c_V = R. \tag{7.8}$$

Anmerkungen

1. Bei niedrigen Temperaturen verhält sich das H_2-Molekül so, als hätte es den Rotationsfreiheitsgrad gar nicht. Das ist kaum verständlich. Es ist ja für den „Hausverstand" kaum begreifbar, daß sich die hantelförmigen H_2-Moleküle bei ihren durch die Wärmebewegung bedingten Zusammenstößen nicht auch gegenseitig in Rotation versetzen sollen. Diese Diskrepanz findet erst mit der Quantenphysik eine Erklärung dahingehend, daß die kinetische Energie der Rotationen und der Schwingungen eines Moleküls quantisiert ist. Damit diese Bewegungen einsetzen, bedarf es der Übertragung bestimmter Mindestenergien.

2. Die spezifischen Wärmekapazitäten sind im Gegensatz zu den molaren für die verschiedenen Stoffe individuell verschieden. Der Grund hierfür ist natürlich die individuell unterschiedliche Molekülmasse μ. Da die Stoffmenge $n = 1$ mol eines Stoffs die Masse von M Gramm besitzt (M = Massenzahl des Molküls), sind die spezifischen Wärmen c_S allgemein: $c_S = c/(M \cdot 1\,\text{g})$; c ist die betreffende molare Wärmekapazität.

Besonders große spezifische Wärmekapazitäten haben dementsprechend die leichten Elemente, d. h. Gase wie Wasserstoff ($c_{SV} = 10{,}1\,\text{J} \cdot \text{g}^{-1} \cdot \text{K}^{-1}$) oder Flüssigkeiten wie Wasser ($c_{SV} = 4{,}18\,\text{J} \cdot \text{g}^{-1} \cdot \text{K}^{-1}$), s. Tabellen 7.1 und 7.3.

V. Der 1. Hauptsatz kann für den Menschen folgendermaßen geschrieben werden:

$$\Delta U = N + Q_Z - Q_A - W \tag{7.9}$$

ΔU = Änderung der inneren Energie des Körpers
N = dem Körper durch Nahrungsmittel zugeführte chemische Energie
Q_Z = dem Körper zugeführte Wärmeenergie
Q_A = vom Körper abgeführte Wärmeenergie
W = vom Körper abgegebene mechanische Energie.

Es ist allerdings zu berücksichtigen, daß die verschiedenen Energieformen vom Körper nicht vollständig ineinander umgewandelt werden können. So ist es beispielsweise nur in sehr engen Grenzen möglich, fehlende Nahrung (N) durch Zufuhr von Wärme (Q_Z) zu ersetzen.

Unter Energieumsatz $\frac{dE}{dt}$ versteht man jene Leistung, mit der der Körper chemische Energie der Nahrungsstoffe (N) oder der körpereigenen Energiespeicher (U) in andere Energieformen umwandelt. Dieser Energieumsatz ist ein wichtiges Maß zur Beurteilung der körperlichen Beanspruchung des Menschen.

Tabelle 7.5. Biologische Brennwerte von Nährstoffen

Nährstoff	Brennwert
Fette	$40\,\text{kJ} \cdot \text{g}^{-1}$
Kohlehydrate	$17\,\text{kJ} \cdot \text{g}^{-1}$
Glukose	$16\,\text{kJ} \cdot \text{g}^{-1}$
Eiweiße	$17\,\text{kJ} \cdot \text{g}^{-1}$
Alkohol	$30\,\text{kJ} \cdot \text{g}^{-1}$

Das kalorische Energieäquivalent beträgt im Mittel

$$20\,\text{kJ je } 1\,\text{l}\,O_2. \tag{7.10}$$

Der Grundumsatz beträgt beim Gesunden

$$\frac{dE}{dt} = 60 \text{ bis } 100\,\text{W} \tag{7.11}$$

je nach Körpermasse, Alter und Geschlecht. Verschiedene körperliche Tätigkeiten erfordern unterschiedliche zusätzliche Energiebeträge. Neben der bloßen Energie benötigt der Körper auf Dauer allerdings noch Mindestmengen einerseits sowohl an Fetten, Eiweiß und Kohlehydraten, als auch an verschiedenen Vitaminen, Salzen und Spurenelementen.

Beispiel 7.1. Berechnung des mechanischen Wärmeäquivalents nach J. R. Mayer aus den spezifischen Wärmekapazitäten der Luft. Folgende Überlegung liegt zugrunde (s. Abb. 7.4). Erwärmt man z. B. $V = 1\,\text{l}$

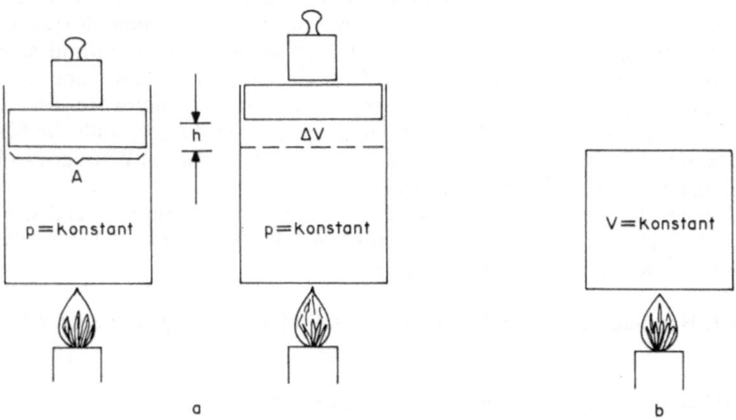

Abb. 7.4. a Isobare und **b** isochore Erwärmung eines Gases. Bei der isobaren Erwärmung wird die mechanische Arbeit $W = p \cdot \Delta V = p \cdot A \cdot h$ verrichtet

(a) bei konstant gehaltenem Druck p (spezifische Wärmekapazität c_{SP}) und
(b) bei festem Volumen V (spezifische Wärmekapazität c_{SV}) um die Temperaturdifferenz $\Delta T = 1\,\text{K}$, werden unterschiedliche Wärmemengen benötigt.

Bei (a) ist eine um ΔQ größere Wärmemenge erforderlich, weil hier gegenüber (b) noch mechanische Volumenarbeit $W = p \cdot \Delta V$ gegen den Druck p verrichtet wird. Diese zusätzliche Arbeit läßt sich auf 2 Wegen berechnen:

1. Wärmemenge $\Delta Q = (c_{SP} - c_{SV}) \cdot m \cdot \Delta T$.

$$\begin{aligned} \text{Luft } c_{SP} &= 0{,}9943\,\text{kJ} \cdot \text{kg}^{-1} \cdot \text{K}^{-1} \\ c_{SV} &= 0{,}7075\,\text{kJ} \cdot \text{kg}^{-1} \cdot \text{K}^{-1} \\ \hline c_{SP} - c_{SV} &= 0{,}2868\,\text{kJ} \cdot \text{kg}^{-1} \cdot \text{K}^{-1} \end{aligned}$$

Masse von 1 l Luft bei $T = 0\,°\text{C}$: $m = 0{,}001293\,\text{kg}$

$$\Delta Q = (c_{SP} - c_{SV}) \cdot m \cdot \Delta T = 0{,}2868\,\text{kJ} \cdot \text{kg}^{-1} \cdot \text{K}^{-1} \cdot 0{,}001293\,\text{kg} \cdot 1\,\text{K} = 0{,}0003708\,\text{kJ}.$$

2. Mechanische Arbeit $W = p \cdot \Delta V$. Ausdehnungskoeffizient von Luft (Tabelle 6.1) $\alpha = 3{,}674 \cdot 10^{-3}\,\text{K}^{-1}$.

$$W = p \cdot \alpha \cdot V \cdot \Delta T = 101\,325\,\text{Pa} \cdot 0{,}003674\,\text{K}^{-1} \cdot 10^{-3}\,\text{m}^3 \cdot 1\,\text{K} = 0{,}3722\,\text{N} \cdot \text{m}.$$

Man sieht, daß die beiden Energiebeträge in guter Übereinstimmung stehen, d. h. das mechanische Wärmeäquivalent beträgt:

$$1\,\text{N} \cdot \text{m mechanische Energie} = 1\,\text{J Wärme}.$$

Beispiel 7.2. Zusammenhang zwischen den molaren Wärmekapazitäten von Gasen und der allgemeinen Gaskonstanten R.

Die isobare Verdrängungsarbeit W folgt bei idealen Gasen aus der allgemeinen Gasgleichung $p \cdot V = n \cdot R \cdot T$: $W = p \cdot \Delta V = n \cdot R \cdot \Delta T$.

Die molare Wärmekapazität bei konstantem Druck p ist daher:

$$c_p = \Delta Q / \Delta T \cdot n = \Delta H / \Delta T \cdot n = \Delta U / \Delta T \cdot n + W / \Delta T \cdot n = \Delta U / \Delta T \cdot n + R/n.$$

Die molare Wärmekapazität bei konstantem Volumen ist:

$$c_V = \Delta U / \Delta T \cdot n.$$

Also ist

$$c_P - c_V = R \text{ oder } c_P = c_V + R = \tfrac{5}{2} \cdot R$$

(s. Tabelle 7.1).

Beispiel 7.3. Verdampfung von Wasser. Hier wird die zugeführte Wärme Q zum einen zur Änderung des Aggregatzustands verbraucht, also zur Erhöhung der inneren Energie und zum anderen zur Verrichtung der Verdrängungsarbeit $p \cdot \Delta V$ gegen den Atmosphärendruck p.

Verdampft man Wasser bei Siedetemperatur und Atmosphärendruck, entsteht aus $m = 1$ kg Wasser $V = 1{,}7\,\text{m}^3$ Dampf. Die Verdrängungsarbeit beträgt also:

$$p \cdot \Delta V = 101\,325\,\text{Pa} \cdot 1{,}7\,\text{m}^3 = 172{,}3\,\text{kJ}.$$

Beispiel 7.4. Bei der alkoholischen Gärung entstehen aus 1 mol Glukose 2 mol Äthanol und 2 mol Kohlendioxid. Bei 25 °C und 101 kPa ergibt sich folgende Enthalpiebilanz:

$$2\,\text{mol Äthanol } H = -556{,}0\,\text{kJ}$$

$$2\,\text{mol Kohlendioxid } H = -788{,}0\,\text{kJ}$$

Hiervon ist abzuziehen die Enthalpie zu Beginn dieses Prozesses:

$$1\,\text{mol Glukose } -H = 1280{,}1\,\text{kJ}$$

$$\text{verbleibt die Enthalpie } \Delta H = -63{,}9\,\text{kJ}.$$

D. h. die Enthalpie in den 2 mol Äthanol und 2 mol Kohlendioxid ist um 63,9 kJ kleiner als die Enthalpie in dem 1 mol Glukose.

Die Enthalpieänderung beträgt somit $\Delta H = -63{,}9$ kJ. Dies ist die durch die chemische Reaktion der Gärung frei gewordene Wärme. Da die Verdrängungsarbeit $p \cdot \Delta V$ für die 2 mol Kohlendioxid: (Molvolumen bei 25 °C $= 0{,}0224\,\text{m}^3 \cdot 298\,\text{K}/273\,\text{K} = 0{,}02445\,\text{m}^3$)

$$p \cdot \Delta V = 101\,325\,\text{Pa} \cdot 2 \cdot 0{,}02445\,\text{m}^3 = 4{,}95\,\text{kJ}$$

beträgt, wurde von dieser exergonen Reaktion also insgesamt der Energiebetrag von 68,85 kJ geliefert.

Beispiel 7.5. Die mittlere thermische Energie pro Freiheitsgrad bei Normaltemperatur beträgt:

$$\tfrac{1}{2} \cdot k \cdot T = 0{,}5 \cdot 8{,}617 \cdot 10^{-5}\,\text{eV} \cdot \text{K}^{-1} \cdot 273{,}16\,\text{K} = 0{,}0118\,\text{eV}.$$

Beispiel 7.6. Ein durchschnittlicher männlicher Erwachsener hat einen täglichen Energiebedarf von etwa 9200,00 kJ. Dieser Energiebedarf kann beispielsweise durch

$$9200\,\text{kJ} \cdot \text{d}^{-1} / 40\,\text{kJ} \cdot \text{g}^{-1} = 230\,\text{g Fett gedeckt werden.}$$

Beispiel 7.7. Gewichtsverlust pro Tag, wenn der Grundumsatz von angenommen 80 W mangels Nahrungsstoffen ausschließlich aus den körpereigenen Fettreserven bestritten wird. Der Energiebedarf pro Tag beträgt:

$$80\,\text{W} \cdot 24\,\text{h} \cdot 3600\,\text{s} \cdot \text{h}^{-1} = 6\,912{,}00\,\text{kJ}.$$

Zur Deckung dieses Bedarfs sind $6\,912{,}00\,\text{kJ}/40\,\text{kJ} \cdot \text{g}^{-1} = 172{,}8$ g erforderlich; dies wäre der eintretende Gewichtsverlust.

Aufgabe 7.1. Wärmemenge Q an den Bremsen beim Abbremsen eines PKW von $m = 1$ t und $v = 100\,\text{km} \cdot \text{h}^{-1}$.

Aufgabe 7.2. Berechnen Sie die zum Verdampfen von $m = 1$ kg Wasser bei Siedetemperatur und Standarddruck (= Atmosphärendruck) erforderliche innere Verdampfungswärme, d. i. die Wärmemenge, die bloß die Überwindung der Kohäsionskräfte bewirkt (s. Tabelle 7.3 und Beispiel 7.3).

Aufgabe 7.3. Berechnen Sie die pro Wassermolekül zum Verdampfen bei Siedetemperatur und Standarddruck erforderliche Energiemenge.

Aufgabe 7.4. Berechnen Sie die pro Glukosemolekül bei der alkoholischen Gärung gelieferte Energiemenge.

Aufgabe 7.5. Berechnen Sie den durch Abbau von körpereigenen Fettreserven eintretenden Gewichtsverlust bei 1-stündigem Schwimmen ($dE/dt = 400$ W).

Aufgabe 7.6. Wie lange müßten Sie Tennis ($dE/dt = 450$ W) spielen, um $\frac{1}{2}$ kg körpereigene Fettreserven abzubauen?

7.2 Wärmetransport

a) Wärmeleitung

Das Gesetz der Wärmeleitung wurde bereits 1822 von J. Fourier angegeben. Er war noch davon ausgegangen, daß Wärme ein Stoff sei, Kalorikum genannt. Dann sollte dieser Stoff, ähnlich wie ein Gas in Richtung des Konzentrationsgefälles diffundiert, sich in Richtung des Temperaturgefälles $-dT/dx$ ausbreiten, was Wärme ja auch tatsächlich tut. Wärmeleitung führt daher—so wie auch die anderen Wärmetransportprozesse—immer zur Abkühlung auf der wärmeren Seite und zu Erwärmung auf der kühleren Seite. Dadurch ändert sich das Temperaturgefälle. Man spricht dann von nichtstationärer Wärmeleitung. Einfacher und in vielen Fällen annähernd zutreffend ist die stationäre Wärmeleitung, bei welcher die Temperaturen der wärmeren und kühleren Seite konstant bleiben. Das ist natürlich nur möglich, wenn einerseits die wärmere Seite Wärmeenergie nachgeliefert bekommt und andererseits die kühlere Seite die aufgenommene Wärme abgeben kann. Ein solcher Fall liegt beim Menschen in kühler Umgebung vor.

Die Wärmeleitung *fester Stoffe* beruht weitgehend darauf, daß diese die Wärmeenergie in Form von Schwingungen ihrer Atome um die Ruhelage ähnlich wie eine Schallwelle weiterleiten. Das würde zunächst wegen der hohen Schallgeschwindigkeit zu einer sehr hohen Wärmeleitfähigkeit führen. Tatsächlich aber werden diese sich ausbreitenden Gitterwellen wegen ihrer kurzen Wellenlängen an vielen Unregelmäßigkeiten in der Gitterstruktur gestreut und reflektiert, so daß sich ein diffusionsähnliches Ausbreiten ergibt. Die allein auf diesem Mechanismus beruhende Wärmeleitfähigkeit fester Nichtmetalle ist klein im Vergleich zur Wärmeleitfähigkeit der Metalle. Nur einige sehr regelmäßig gebaute Kristalle, beispielsweise synthetischer Saphir, können so gute Wärmeleiter sein wie Metalle.

Die gute Wärmeleitung der Metalle ist ebenso wie deren gute Elektrizitätsleitung durch die weitgehend frei beweglichen Valenzelektronen der metallischen Bindung bedingt. Die Elektronen am wärmeren Ende eines Metalls diffundieren wegen ihrer größeren thermischen Energie in Gebiete mit niedrigerer Temperatur und transportieren auf diese Weise Wärmeenergie. Dieser enge Zusammenhang zwischen der thermischen und der elektrischen Leitfähigkeit findet sich in dem 1872 von Wiedemann und Franz gefundenen Gesetz wieder, nach dem der Quotient aus Wärmeleitfähigkeit durch elektrische Leitfähigkeit proportional zur Temperatur ist. Neben den Valenzelektronen wirken bei den Metallen auch die oben beschriebenen Gitterwellen an der Wärmeleitung mit, wenn auch deren Beitrag bei den reinen Metallen vernachlässigbar klein ist.

Die Wärmeleitfähigkeit von *Flüssigkeiten* ist ähnlich klein wie die von festen elektrischen Nichtleitern. Das gilt auch für Elektrolyte, weil deren elektrische Leitfähigkeit ja nicht durch Elektronen, sondern durch Ionen bedingt wird. Ein eindrucksvolles Beispiel hierfür zeigt die Abb. 7.5.

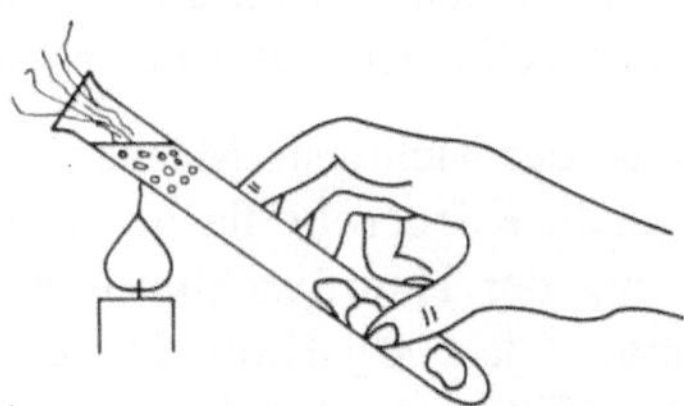

Abb. 7.5. Wegen der schlechten Wärmeleitung von Wasser kann man am Boden einer Eprouvette Eis und gleichzeitig siedendes Wasser am oberen Ende längere Zeit nebeneinander haben

Gase haben noch kleinere Wärmeleitfähigkeiten als Flüssigkeiten. Hier erfolgt der Wärmetransport durch die Gasmoleküle aufgrund ihrer thermischen Bewegung. Da die Gasmoleküle umso größere thermische Geschwindigkeiten haben, je kleiner ihre Molekülmasse ist, nimmt das Wärmeleitvermögen mit zunehmender Molekülmasse ab. Gase wie Wasserstoff und Helium besitzen daher relativ gutes Wärmeleitvermögen. Etwas ungewöhnlich erscheint auf den ersten Blick die Tatsache, daß das Wärmeleitvermögen der Gase vom Druck weitgehend unabhängig ist. Bedenkt man jedoch, daß bei abnehmendem Druck die freie Weglänge der Gasmoleküle zunimmt, wird verständlich, daß dann selbst bei abnehmender Moleküldichte der transportierte Wärmestrom konstant bleibt.

b) Konvektion und evaporativer Wärmetransport

Bei Konvektion wird die Wärme zusammen mit dem sie tragenden Stoff transportiert. Dieser Mechanismus spielt in der Natur eine hervorragende Rolle, beispielsweise bei der Wetterentstehung durch Wind- und Meeresströmung oder beim Wärmehaushalt der homoiothermen Lebewesen. Von freier Konvektion spricht man, wenn diese von selbst, aufgrund von Auftriebskräften durch die mit Temperaturunterschieden verbundenen Massendichteunterschiede, eintritt. Bei der erzwungenen Konvektion wird die Bewegung des wärmetragenden Stoffs erzwungen, beipielsweise durch die Umwälzpumpe bei der Warmwasserheizung oder durch das Herz im Kreislauf.

Freie Konvektion findet auch im Kochtopf statt: Die Wärmezufuhr am Topfboden erhitzt die Flüssigkeit dort und verkleinert dadurch deren Massendichte, sie steigt auf. Gleichzeitig sinkt von oben kältere und damit dichtere Flüssigkeit nach unten. Es entsteht ein ringförmiges Strömungssystem, eine sogenannte Konvektionszelle. Ähnliches passiert bei der Entstehung der Monsune, die vom kälteren zum wärmeren Untergrund wehen und dort aufgrund der Erwärmung aufsteigen. Einen wahrscheinlich noch entscheidenderen Einfluß auf das Klima der Erde haben die Wasserkreisläufe der Weltmeere. So sinkt im Nordatlantik und rund um die Antarktis kaltes Meereswasser zu Boden und strömt in Richtung Äquator. In den tropischen Regionen steigt es wieder auf, fließt zurück und transportiert dabei große Wärmemengen in die äquatorfernen Gebiete. Selbst im Erdmantel dürften solche Strömungssysteme existieren. Sie werden durch die Wärme des äußeren Erdkerns und durch die bei der radioaktiven Umwandlung der Isotope ^{40}K, ^{235}U, ^{238}U und ^{232}Th entstehende Wärme angetrieben. Beispielsweise dürfte der mittelozeanische Rücken von dem aufsteigenden Teil einer Konvektionszelle gebildet werden.

Erzwungene Konvektion ist der wichtigste Mechanismus für den Wärmetransport aus dem Körperinnern an die Körperoberfläche. Dabei wird die Wärmeabgabe weitgehend durch Regulierung der Hautdurchblutung geregelt u. zw. in einem Bereich von 1 bis $150\,\mathrm{ml\cdot min^{-1}}$ je 100 g Haut. Diese enorme Veränderung der Volumenstromstärke in den Gefäßnetzen der Haut wird durch eine entsprechende Herabsetzung des Strömungswiderstands erreicht. Einerseits durch Änderung der Gefäßkaliber (s. Hagen-Poiseuillesches Gesetz) und andererseits durch Öffnen und Schließen von arteriovenösen Anastomosen.

Eine weitere starke Beeinflussung des konvektiven Wärmetransports im Körper erfolgt durch das *Gegenstromprinzip* der Extremitätendurchblutung. Die großen Arterien und Venen der Extremitäten laufen weitgehend parallel und nahe beieinander. Dadurch kommt es durch Wärmeleitung zu einem Wärmetransport von den Arterien zu den Venen. Dieser Wärmekurzschluß ist vor allem in kalter Umgebung zur Aufrechterhaltung der Kerntemperatur wichtig, ist aber andererseits natürlich die Ursache für kalte Füße im Winter.

Ein Sonderfall der Konvektion ist der *evaporative Wärmetransport*. Hierbei wird an der warmen Stelle, von der die Wärme abtransportiert werden soll, eine Flüssigkeit verdampft. Die hierbei aufgenommene Verdampfungsenthalpie kann an der kalten Stelle durch Kondensieren des Dampfs wieder gewonnen werden. Darauf beruht das sogenannte Wärmerohr oder Konvektionsrohr. Analog arbeitet die Wärmeabgabe des Menschen durch Schweißbildung. Der menschliche Organismus beschränkt sich dabei allerdings auf die Abgabe der Wärme. Das hat einen entsprechenden Flüssigkeitsverlust zur Folge. Dieser Vorgang ist wegen der hohen Verdampfungswärme von Wasser sehr effektiv. Verdampfung von 1 l Wasser bei $T = 36\,°\mathrm{C}$ (= Verdunstung) entzieht dem Körper immerhin eine Wärmemenge von 2400 kJ (= Verdampfungswärme bzw. Verdampfungsenthalpie von Wasser bei $T = 36\,°\mathrm{C}$ und Standarddruck).

Neben der beschriebenen Transpiration (Perspiratio sensibilis) erfolgt ein weiterer Wärmetransport durch die sog. unmerkliche Perspiration. Diese beruht darauf, daß auch ohne Tätigkeit der Schweißdrüsen Diffusion von Wasser durch die Haut und damit Verdunstung erfolgt.

Ein weiterer Wärmetransportprozeß wird durch die Respiration (Atmung) gewährleistet. Der Flüssigkeitsverlust hierdurch beträgt etwa $\Delta m/\Delta t = 10\,\mathrm{g\cdot h^{-1}}$ und geht mit einer entsprechenden Wärmeabfuhr einher.

c) Wärmestrahlung

Wärmeleitung und Konvektion sind an Materie gebunden. Hingegen ist Wärmestrahlung auch dann möglich, wenn kein materieller Träger vorhanden ist, also beispielsweise durch das Vakuum. Von der Existenz der Wärmestrahlung

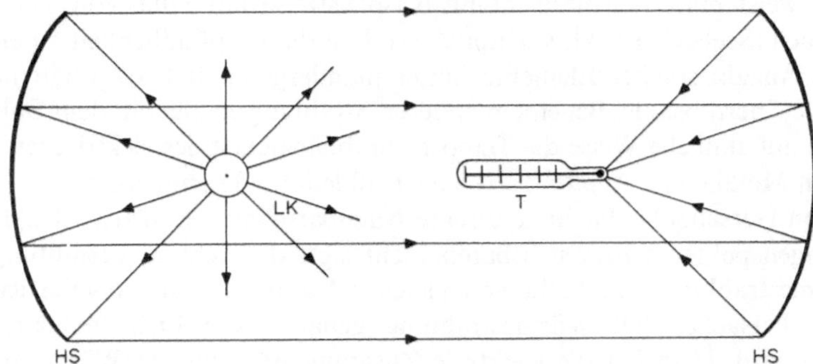

Abb. 7.6. Nachweis der von einem Körper (Lötkolben *LK*) ausgehenden Wärmestrahlung. Diese wird von den Hohlspiegeln *HS* reflektiert und erwärmt das Thermometer *T*

kann man sich durch ein einfaches Experiment überzeugen: dazu bringt man einen Lötkolben in den Brennpunkt des einen von zwei einander gegenüberstehenden Hohlspiegeln und ein Thermometer in den Brennpunkt des zweiten Hohlspiegels, s. Abb. 7.6.

Steigt die Temperatur des Lötkolbens, steigt auch die Thermometertemperatur u. zw. schon lange bevor der Lötkolben glüht, also sichtbare Strahlung abgibt. Die Wärmestrahlung ist bei diesen Temperaturen also unsichtbar. Daß es sich hierbei nicht etwa um Wärmeleitung oder Konvektion handeln kann, erkennt man unschwer daran, daß die Temperaturerhöhung am Thermometer ausbleibt, wenn man es aus dem Fokus heraus in Richtung Lötkolben bewegt. Wäre ein anderer Wärmetransportmechanismus hier merklich beteiligt, müßte die Temperatur in diesem Fall ja eher ansteigen.

Die Wärmestrahlung wurde 1800 von dem Astronomen F. W. Herschel entdeckt. Er benutzte ein Dispersionsprisma, um die Strahlung der Sonne in ihre Farb- bzw. Wellenlängenanteile (s. Kapitel 25) zu zerlegen und fand, daß am roten Ende des Spektrums eine Erwärmung stattfand, ohne daß dort Strahlung sichtbar war, s. Abb. 7.7.

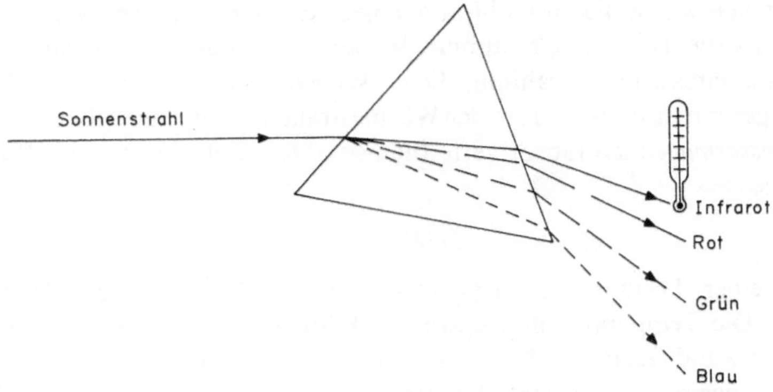

Abb. 7.7. F. W. Herschels Nachweis der Infrarotstrahlung mit Hilfe eines Dispersionsprismas. Zum Nachweis der Erwärmung benutzte er mit Wachs getränktes Filterpapier. Die Wärmestrahlung brachte das Wachs auch dort zum Schmelzen, wo keine sichtbare Strahlung auftraf

Heute weist man Wärmestrahlung beispielsweise mit Hilfe von Thermoelementen nach (Seebeck-Effekt, s. Kapitel 11). Um die Empfindlichkeit zu erhöhen, wird eine Anzahl solcher Elemente hintereinandergeschaltet; so erhält man die sogenannte Thermosäule. Bei einem anderen Strahlungsmeßgerät, dem Bolometer nutzt man auf ähnliche Weise die Temperaturabhängigkeit des elektrischen Widerstands von Metallen (s. Kapitel 12.2) oder Halbleitern (Thermistoren).

Die von Herschel beobachtete direkte Nachbarschaft der Wärmestrahlung im Wellenlängenspektrum zum sichtbaren Licht legte die richtige Vermutung nahe, daß Wärmestrahlung und Licht von gleicher Natur sind. In dieselbe Richtung weist die Tatsache, daß Wärmestrahlung genauso wie Licht reflektiert und gebrochen wird. Man hat die spektrale Zusammensetzung der Wärmestrahlung besonders in der 2. Hälfte des 19. Jahrhunderts sehr intensiv untersucht und erforscht. Als Spektralapparat, also Vorrichtung zur Zerlegung dieser Strahlung in ihr Wellenlängenspektrum, wurden neben Dispersionsprismen aus verschiedenen Materialien hauptsächlich Beugungsgitter benutzt, s. Kapitel 4.3, weil die meisten Stoffe für Wärmestrahlung größerer Wellenlängen undurchlässig sind. Eine große Rolle spielten dabei der Begriff des schwarzen Körpers und das Kirchhoffsche Gesetz der Wärmestrahlung.

Das Kirchhoffsche Gesetz der Wärmestrahlung. Wir betrachten zunächst einen Hohlraum, also das Innere eines Behälters, bei einer bestimmten Temperatur T der Behälterwände. Die Behälterwände geben durch Wärmestrahlung den Wärmestrom dQ/dt ab. Der auf die Fläche A bezogene Wärmestrom heißt Intensität der Wärmestrahlung I:

$$I = \frac{1}{A} \cdot \frac{dQ}{dt}.$$

Es handelt sich also bei I um eine Energiestromdichte. Von den Innenflächen der Behälterwände wird die Wärmestrahlung mehrmals reflektiert, sie hat also keinerlei Vorzugsrichtung. Wir bezeichnen im folgenden die Intensität der Wärmestrahlung im Hohlraum mit I_H.

Nun stellen wir in diesen Hohlraum einen schwarzen Körper, s. Abb. 7.8. Ein schwarzer Körper ist für eine bestimmte Wellenlänge λ dann ein schwarzer Körper, wenn er alle einfallende Strahlung dieser Wellenlänge absorbiert. Er absorbiert somit den gesamten Wärmestrom der Wärmestrahlung von der Wellenlänge λ. Sein *Absorptionsvermögen* $a =$ (absorbierte Intensität)/(eintreffende Intensität) ist somit gleich Eins:

$$a(\lambda) = 1.$$

Nach einer bestimmten Zeitspanne hat sich thermisches Gleichgewicht eingestellt: Die Temperatur des schwarzen Körpers ist gleich der Temperatur T der Behälterwand. Daß sich hier tatsächlich thermisches Gleichgewicht einstellt, kann man einerseits experimentell überprüfen. Andererseits jedoch muß das auch deshalb der Fall sein, weil jede sich von selbst einstellende Temperaturdifferenz die Realisierung eines perpetuum mobile 2. Art ermöglichen würde (s. Kapitel 9). Der schwarze Körper muß also nun auf seiner gesamten Oberfläche dieselbe

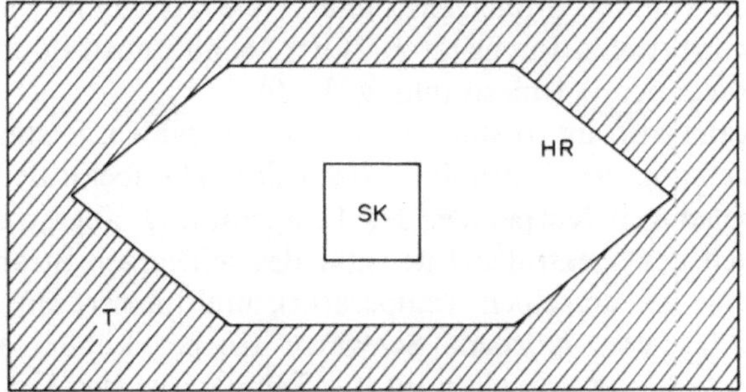

Abb. 7.8. Ein schwarzer Körper *SK* ist in einem evakuierten Hohlraum *HR* eingeschlossen. Die Hohlraumwände haben die Temperatur *T*. Es stellt sich thermisches Gleichgewicht zwischen Körper und Behälterwand ein

Strahlungsintensität emittieren wie absorbieren, andernfalls müßte sich ja seine Temperatur verändern. D. h. die spektrale Intensität $I_S(\lambda)$ der vom schwarzen Körper abgestrahlten oder emittierten Wärmestrahlung bei der Wellenlänge λ muß gleich der aus der Hohlraumstrahlung absorbierten Energiestromdichte $a(\lambda)\cdot I_H(\lambda)$ sein:

$$I_S(\lambda) = a(\lambda)\cdot I_H(\lambda) = I_H(\lambda).$$

Die spektrale Intensität des schwarzen Strahlers $I_S(\lambda)$ ist also gleich der spektralen Intensität $I_H(\lambda)$ der Hohlraumstrahlung.

Nun stellen wir einen beliebigen Körper mit dem Absorptionsvermögen $a(\lambda) \neq 1$ in den Hohlraum. Auch dieser nimmt die Temperatur T an. Wiederum muß die absorbierte Intensität $a\cdot I_H$ bei jeder Temperatur T gleich der von diesem Körper emittierten Intensität I_E der Wärmestrahlung sein:

$$I_E(\lambda) = a(\lambda)\cdot I_H(\lambda).$$

Zweierlei lernt man aus diesem Gedankenexperiment:

(1) Die spektrale Verteilung der Intensität I_S der vom schwarzen Körper emittierten Strahlung ist gleich der im Hohlraum bei derselben Temperatur herrschenden Strahlungsintensität:

$$I_S(\lambda) = I_H(\lambda)$$

Dies war die Voraussetzung zur Aufklärung der spektralen Intensitätsverteilung der Wärmestrahlung durch Max Planck.

(2) Die spektrale Intensität $I_E(\lambda)$ der von einem beliebigen Körper abgestrahlten Wärmestrahlung ist gleich einem Bruchteil der spektralen Intensität $I_S(\lambda)$ der vom schwarzen Körpers bei derselben Temperatur emittierten Wärmestrahlung. Dieser Bruchteil ist gleich dem Absorptionsvermögen $a(\lambda)$ dieses Körpers:

$$a(\lambda) = \frac{I_E(\lambda)}{I_S(\lambda)}$$

Anders formuliert: Der Quotient $I_E(\lambda)/a(\lambda)$ ist für alle Körper gleich und damit eine universelle Größe, die nur von der Temperatur und der Wellenlänge abhängen kann, nicht jedoch von den Stoffeigenschaften. Wie wir gesehen haben, ist diese Größe gleich der spektralen Intensität $I_S(\lambda)$ der Hohlraumstrahlung. Das ist das Kirchhoffsche Gesetz der Wärmestrahlung (1860).

Ein Körper kann also umso stärker Energie abstrahlen, je stärker er bei der betreffenden Wellenlänge auch Strahlung absorbiert. Die spektrale Intensität $I_E(\lambda)$ der von einem beliebigen Körper bei der Temperatur T abgestrahlten Wärmestrahlung ist gleich der spektralen Intensität des schwarzen Strahlers (oder der Hohlraumstrahlung bei derselben Temperatur), multipliziert mit dem Absorptionsvermögen $a(\lambda)$ dieses Körpers. Schwarze Körper kühlen aufgrund ihrer stärkeren Wärmestrahlung schneller auf die Temperatur der Umgebung ab als Körper, die bei den Wellenlängen der Wärmestrahlung gering absorbieren. Entsprechend erwärmen sich schwarze Körper auch schneller auf Umgebungstemperatur.

Die spektrale Verteilung der Hohlraumstrahlung oder der Strahlung schwarzer Strahler hat also universelle Bedeutung. Man hat daher diese Größe sehr genau gemessen und versucht, sie zu erklären. Als Strahlungsquelle hat man dabei Hohlraumstrahler benutzt, wie in der Abb. 7.8 skizziert. Diese wurden natürlich mit einer kleinen Öffnung versehen, damit die Strahlung auch heraus konnte. Daß ein solcher Hohlraum tatsächlich ein ausgezeichneter schwarzer Körper ist, kann man leicht erkennen, wenn man in diese kleine Öffnung blickt: sie erscheint auch dann perfekt schwarz, wenn das Wandmaterial selbst sehr hell ist, beispielsweise aus Metall.

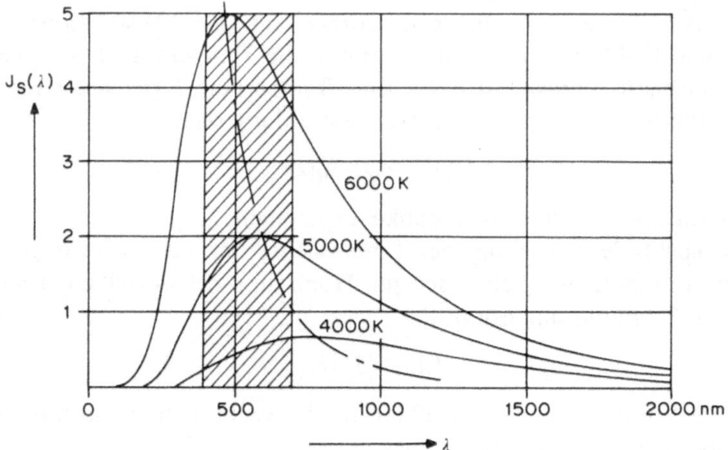

Abb. 7.9. Spektrale Verteilung der Strahldichte $J_S(\lambda)$ schwarzer Körper bzw. der Hohlraumstrahlung in relativen Einheiten bei verschiedenen Temperaturen. Die strichpunktierte Linie verbindet die Strahlungsmaxima; für deren Wellenlängen gilt das Wiensche Verschiebungsgesetz. Der sichtbare Spektralbereich ist durch Schraffur gekennzeichnet

Max Planck ist es 1900 gelungen, seine schon früher aufgestellte mathematische Formel für die in der Abb. 7.9 dargestellten Kurvenverläufe der Spektralverteilung der Strahldichte schwarzer Strahler auch physikalisch zu verstehen und zu erklären. Der Angelpunkt dieser Erklärung liegt in der Notwendigkeit anzunehmen, daß der Energieaustausch zwischen Strahlung und Behälterwand nicht kontinuierlich erfolgt, sondern in *Quanten.* Aufnahme und Abgabe von Energie durch die Strahlung und ebenso durch die Hohlraumwände sollte demnach nur in Portionen erfolgen können, die ein Vielfaches eines kleinsten Energiequantums E betragen, wobei dieses die Größe

$$E = h \cdot \nu$$

hat. ν ist die Frequenz der Wärmestrahlung und h ist eine neue Naturkonstante, die Plancksche Konstante oder das Plancksche Wirkungsquantum.

Daß die hier zum ersten Mal auftretenden Energiequanten einer Strahlung ganz allgemeine Realität sind, hat Einstein 1905 im Zusammenhang mit dem Photoeffekt (s. Kapitel 16) gezeigt. Die Plancksche Entdeckung steht am Beginn der sogenannten *Quantenphysik,* die durch viele weitere sogenannte Quantisierungen gekennzeichnet ist. Erst hierdurch war es möglich, die Struktur der Atome und der Materie überhaupt zu verstehen. Die Quantenphysik bildet zusammen mit Einsteins Relativitätstheorie das Fundament der Physik des 20. Jahrhunderts.

Die Plancksche Strahlungsformel lautet:

$$J_S(\lambda) = \frac{h \cdot c^2}{\lambda^5} \cdot \frac{1}{\exp(h \cdot c/(k \cdot T \cdot \lambda)) - 1}$$

$J_S(\lambda)$ ist die spektrale Strahldichte, d. i. die spektrale Intensität $I_S(\lambda)$ der Strahlung, bezogen auf den Raumwinkel, unter dem die Strahlung aus der Öffnung bzw. von der Oberfläche des schwarzen Körpers emittiert wird. Die spektrale Intensität in einem Punkt im Strahlungsfeld einer Quelle ist (s. Abschnitt 25.1a):

$$I_S(\lambda) = J_S(\lambda) \cdot \Omega,$$

worin Ω der Raumwinkel ist, unter dem die strahlende Fläche in dem Punkt erscheint. Einige wichtige Aspekte der Planckschen Strahlungsformel sind in der folgenden Zusammenfassung dargestellt.

Zusammenfassung 7.B

I. Wärmetransport erfolgt durch Wärmeleitung, Konvektion und Evaporation sowie durch Wärmestrahlung. Bei Wärmeleitung ist der Wärmestrom dQ/dt proportional zum negativen Temperaturgradienten $-dT/dx$, zur Querschnittsfläche A und einer stoffabhängigen Konstanten Λ, der Wärmeleitfähigkeit (s. Tabelle 7.6):

$$\frac{dQ}{dt} = -\Lambda \cdot A \cdot \frac{dT}{dx}: \tag{7.12}$$

Der Wärmestrom dQ/dt fließt immer von der wärmeren zur kühleren Stelle.

Der evaporative Wärmetransport ist wegen der hohen spezifischen Verdampfungsenthalpie H_V von Wasser (s. Tabelle 7.3) sehr effektiv. Die von der Masse m verdampften Stoffs wegtransportierte Wärmemenge Q beträgt:

$$Q = m \cdot H_V. \tag{7.13}$$

Anmerkung

Die Verdampfungsrate dm/dt und damit die Geschwindigkeit des Wärmetransports dQ/dt, also der Kühleffekt, sind indirekt proportional zur Luftfeuchtigkeit. So kann der

Tabelle 7.6. Wärmeleitfähigkeit Λ verschiedener Stoffe

	Stoff	Wärmeleitfähigkeit Λ	
Festkörper bei 20 °C	Ag	420	$J \cdot m^{-1} \cdot s^{-1} \cdot K^{-1}$
	Fe	80	
	Glas	1	
	Wolle	0,006	
	Styropor	0,00008	
Flüssigkeiten bei 20 °C	Quecksilber	8,2	
	Wasser	0,6	
	Äthylalkohol	0,17	
Gase bei STP	Wasserstoff	0,17	
	Helium	0,14	
	Luft (trocken)	0,024	
	CO_2	0,04	
	CCl_4	0,006	
Vakuum		0	
Körpergewebe	Haut	0,5	
	je nach	bis	
	Durchblutung*		
	und Feuchtigkeit	2,8	
	Muskel	0,4	
	Fett	0,2	
	Blut	0,5	
Wolle, Federn, Fell		ca. 0,025	

* Mit zunehmender Durchblutung dominiert Konvektion. Anstelle der Bezeichnung Wärmeleitfähigkeit ist hier daher die Bezeichnung „Wärmedurchgangszahl" gebräuchlich

Mensch bei 0% relativer Luftfeuchtigkeit Lufttemperaturen bis 120 °C ertragen, vorausgesetzt, er kann durch genügende Flüssigkeitsaufnahme hinreichend schwitzen und dieser Vorgang wird nicht durch die Kleidung behindert. Im Gegensatz hierzu kann man schon eine Temperatur von 48 °C bei 100% relativer Luftfeuchtigkeit nur wenige Minuten lang überleben.

II. Ein Körper *absorbiert* aus der auf ihn einfallenden Strahlung die Energiestromdichte $a(\lambda) \cdot I(\lambda)$. Aus dem Kirchhoffschen Gesetz der Wärmestrahlung folgt, daß die spektrale Intensität $I(\lambda)$ der von einem beliebigen Körper bei der Temperatur T *abgestrahlten* Wärmestrahlung gleich ist der Intensität der Wärmestrahlung auf der Oberfläche eines für die betreffende Wellenlänge schwarzen Körpers, multipliziert mit dem Absorptionsvermögen $a(\lambda)$ des Körpers bei dieser Wellenlänge:

$$I(\lambda) = a(\lambda) \cdot I_S(\lambda). \tag{7.14}$$

Ein Körper strahlt umso intensiver Energie ab, je stärker er bei der betreffenden Wellenlänge auch Strahlung absorbiert.

III. Aus der Planckschen Strahlungsformel folgt:

1. Die Wärmestrahlung umfaßt ein breites Spektrum von Wellenlängen (s. Abb. 7.9).

2. Berechnet man die gesamte von einem schwarzen Körper bei der Temperatur T abgestrahlte Energiestromdichte auf seiner Oberfläche bzw. der Öffnung des Hohlraumstrahlers aus dem Planckschen Strahlungsgesetz, d. h. das Integral

$$I_G = \int_0^\infty I_S(\lambda) \cdot d\lambda, \tag{7.15}$$

erhält man das schon früher von J. Stefan (1879) gefundene Gesetz:

$$I_G = \sigma_1 \cdot T^4, \tag{7.16}$$

$$\text{mit } \sigma_1 = 5{,}67 \cdot 10^{-8}\,\mathrm{W \cdot m^{-2} \cdot K^{-4}}$$

d. h. die Intensität der von einem schwarzen Körper abgestrahlten Wärmestrahlung ist proportional zur vierten(!) Potenz der Temperatur. Dieses Gesetz gilt streng nur für schwarze Strahler, worauf L. Boltzmann 1884 hingewiesen hat (daher *Stefan-Boltzmann*-Gesetz).

3. Die Strahlungsintensität beim Maximum (s. Abb. 7.9) ist proportional zur fünften Potenz der Temperatur T:

$$I_{\max} = \sigma_2 \cdot T^5 \tag{7.17}$$

$$(\sigma_2 = \text{Konstante}).$$

4. Das Produkt aus der Wellenlänge $\lambda_{\max}$ des Maximums und der Temperatur des schwarzen Körpers ist eine Konstante u. zw. ist

$$\lambda_{\max} \cdot T = 2898\,\mu\mathrm{m} \cdot \mathrm{K}. \tag{7.18}$$

Dies ist das *Wiensche Verschiebungsgesetz* (von W. Wien, 1893). (Mit zunehmender Temperatur wird das Licht glühender Körper „weißer".)

IV. An der Steuerung des Wärmehaushalts des Menschen sind Thermorezeptoren in zwei verschiedenen Körperbereichen beteiligt: Kaltrezeptoren in der gesamten Haut und Warmrezeptoren im Temperaturregelzentrum im vorderen Stammhirn. Thermische Behaglichkeit stellt sich beim Menschen dann ein, wenn weder die Hauttemperatur unter etwa 34 °C noch die Kerntemperatur über rund 37 °C liegt. Für einen jungen Mann in Badehose ist dies bei einer Lufttemperatur von rund 30 °C der Fall. Sinkt—bei anderen Umgebungstemperaturen—die Hauttemperatur unter 34 °C, setzt eine Stoffwechselerhöhung ein; steigt die Kerntemperatur über 37 °C, wird die Stoffwechselerhöhung rückgängig gemacht. Wenn das nicht möglich ist, setzt Schweißbildung ein.

Je nach Bekleidung und körperlicher Leistung (sowie Luftfeuchtigkeit) ändert sich jene Umgebungstemperatur, bei der *thermische Behaglichkeit* empfunden wird. Bei gegensätzlichen thermischen Bedingungen—z. B. niedrigere Lufttemperatur bei hinreichender Wärmeproduktion im Körper—kann nur ein Zustand relativer Behaglichkeit eintreten. Dabei empfindet man eine Temperatur, bei welcher sowohl die Kaltrezeptoren der Haut als auch die Warmrezeptoren im Stammhirn Nervenimpulse abgeben, als behaglicher, als die Nervenimpulse einer Rezeptorart allein.

Die Verteilung der Kaltrezeptoren über die Körperoberfläche erklärt die irritierende Kälteempfindung bei unsymmetrischer thermischer Umgebung, wie Zugluft oder kalte Wände, wohingegen Wärmestreß (abgesehen von der Wärmeverletzungsgefahr) richtungsunabhängig wahrgenommen wird.

Tabelle 7.7. Durchschnittswerte der relativen Wärmeabgabe beim Menschen (nach J. A. Pope, 1984)

Tätigkeit	Leitung u. Konvektion	Verdampfung	Respiration	Strahlung
Lesen (21 °C)	68%	10%	2%	20%
Sonnenbad (32 °C)	10%	80%	2%	8%
Wandern (−18 °C)	50%	2%	40%	8%

Beispiel 7.8. Stationäre Wärmeleitung von einem Körper mit konstant höherer Temperatur T_H zu einem Körper mit konstant niedrigerer Temperatur T_N. Bei einem homogenen (überall gleiche Wärmeleitfähigkeit) seitlich isolierten Wärmeleiter mit konstantem Querschnitt A ist das

Temperaturgefälle dT/dx eine Konstante, weil der Wärmestrom dQ/dt überall gleich groß sein muß:

$$\frac{dT}{dx} = -\frac{1}{\Lambda \cdot A} \cdot \frac{dQ}{dt} = \text{konstant},$$

d. h. der T–Graph (Graph A in Abb. 7.10) ist eine fallende Gerade.

Verliert der Wärmeleiter hingegen seitlich Wärme, ist der Wärmestrom dQ/dt und damit das Temperaturgefälle dT/dx im Leiter anfangs (links) am größten und nimmt in Wärmeausbreitungsrichtung (nach rechts hin) ab. Entsprechend ändert sich auch die Steigung dT/dx des Graphen entlang des Wärmeleiters (Graph B in Abb. 7.10).

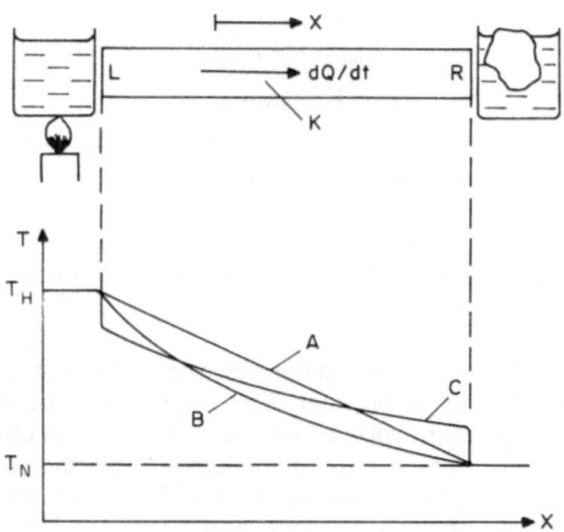

Abb. 7.10. Von einem Körper mit konstant höherer Temperatur T_H (siedendes Wasser), erfolgt Wärmeleitung durch den Körper K zu einem Körper niedrigerer Temperatur T_N (Eiswasser). Graph **A** beschreibt Temperaturverlauf bei idealer seitlicher Wärmeisolation von K, Graph **B** den Temperaturverlauf bei schlechter seitlicher Wärmeisolation von K und Graph **C** bei Berücksichtigung von Wärmeübergangswiderständen an den Kontaktstellen bei L und R

An den Berührungsstellen zweier Wärmeleiter befindet sich oft eine dünne Schicht, beispielsweise aus Luft, mit erhöhtem Wärmeleitwiderstand. Dadurch wird der Wärmeübergang u. U. erheblich behindert. Der hier stattfindende Wärmetransport beruht meist auf mehreren Mechanismen gleichzeitig und ist in der Realität daher sehr unübersichtlich. An einer solchen Übergangsstelle tritt daher eine Temperaturdifferenz ΔT auf, die man durch einen phänomenologischen Wärmeübergangskoeffizienten β beschreibt: $\Delta T = \beta \cdot dQ/dt$. Dann zeigt der Temperaturverlauf im Beispiel der Abb. 7.10 den durch den Graphen C skizzierten Verlauf.

Beispiel 7.9. Wir betrachten noch den für Fragen der Wärmeisolation wichtigen Fall, daß der Wärmestrom dQ/dt durch zwei Wärmeleiter (Querschnitte A_1 und A_2, Längen l_1 und l_2) unterschiedlicher Wärmeleitfähigkeit Λ_1 und Λ_2 fließt. Der Einfachheit halber sei nur der stationäre Fall ohne seitliche Wärmeverluste und ohne Wärmeübergangswiderstände betrachtet: Abb. 7.11.

Der Verlauf der Temperatur T entlang der Ausbreitungsstrecke des Wärmestroms $\frac{dQ}{dt}$ ist aus zwei einfachen Bedingungen zu finden:

1. muß $\frac{dQ}{dt}$ entlang der gesamten Wärmeleitstrecke gleich groß sein, d. h.

$$\frac{dQ}{dt} = -\frac{1}{R_{W1}} \cdot \left(\frac{dT}{dx}\right)_1 = -\frac{1}{R_{W2}} \cdot \left(\frac{dT}{dx}\right)_2,$$

mit den sogenannten Wärmeleitwiderständen $R_{Wi} = \frac{l_i}{\Lambda_i \cdot A_i}$.

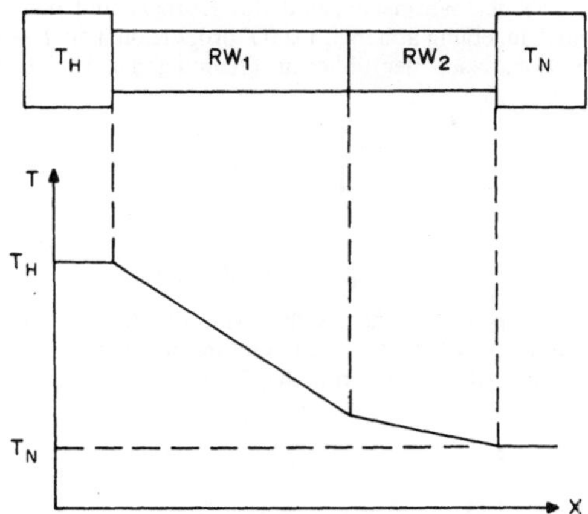

Abb. 7.11. Temperaturverteilung bei stationärer Wärmeleitung durch zwei Stoffe unterschiedlicher Wärmeleitfähigkeit Λ_1 und Λ_2 von der höheren Temperatur T_H zur niedrigeren Temperatur T_N. Das auftretende Temperaturgefälle dT/dx ist proportional zum Wärmeleitwiderstand $R_W = \frac{1}{\Lambda \cdot A}$. Nähere Erläuterung im Text

Die Temperaturgefälle an den beiden Teilstrecken verhalten sich somit wie die Wärmeleitwiderstände

$$\left(\frac{dT}{dx}\right)_1 : \left(\frac{dT}{dx}\right)_2 = R_{W1} : R_{W2}$$

2. muß die Summe der Temperaturdifferenzen an den zwei Teilstrecken $\Delta T_1 + \Delta T_2 = T_H - T_N$ sein:

$$\left(\frac{dT}{dx}\right)_1 \cdot l_1 + \left(\frac{dT}{dx}\right)_2 \cdot l_2 = T_H - T_N.$$

Aus diesen beiden Bedingungen folgt sofort die Größe der Temperaturgefälle:

$$\left(\frac{dT}{dx}\right)_1 = (T_H - T_N) \cdot \frac{R_{W1}}{(R_{W1} \cdot l_1 + R_{W2} \cdot l_2)}$$

und

$$\left(\frac{dT}{dx}\right)_2 = (T_H - T_N) \cdot \frac{R_{W2}}{(R_{W1} \cdot l_1 + R_{W2} \cdot l_2)}.$$

Beispiel 7.10. Newtonsches Abkühlungsgesetz. Nun betrachten wir den Fall der instationären Wärmeleitung. Wir interessieren uns für den zeitlichen Verlauf der Temperatur T eines Körper mit der Wärmekapazität C, der mit der Umgebung in wärmeleitendem Kontakt steht. Der Körper habe anfangs die Temperatur T_H, die Umgebung hat die Temperatur T_0. Es wird ein Wärmestrom dQ/dt von dem Körper in die Umgebung stattfinden. Dadurch wird der Körper abgekühlt, seine Temperatur sinkt, der Quotient aus Temperaturabnahme dT und der Zeit dt heißt Abkühlgeschwindigkeit dT/dt. Meist wird die Wärmekapazität der Umgebung sehr viel größer sein als die des Körpers. In diesem Fall wird die Temperatur T_0 der Umgebung konstant bleiben. Der vom Körper abgegebene Wärmestrom ist proportional zur Temperaturdifferenz $T - T_0$ zwischen Körper und Umgebung. Bei konstanter Wärmekapazität gilt dies auch für die Abkühlgeschwindigkeit:

$$\frac{dT}{dt} = -K \cdot (T - T_0)$$

K ist eine Konstante, die von der Wärmekapazität des Körpers und der Wärmeleitfähigkeit der Verbindung vom Körper zur Umgebung abhängt. Da dT proportional zu $T - T_0$ ist, folgt als Lösung für T eine Exponentialfunktion. Nach der üblichen Trennung der Variablen und anschließender Integration

$$\int_{T_H}^{T} \frac{dT'}{T' - T_0} = -\int_0^t K \cdot dt'$$

folgt:

$$T = T_0 + (T_H - T_0) \cdot \exp(-K \cdot t).$$

D. h. die Temperatur des Körpers T nähert sich asymptotisch der Umgebungstemperatur T_0, s. Abb. 7.12. Nach der Zeitspanne $\Delta t = 1/K$ ist die Temperaturdifferenz zur Umgebung auf den Bruchteil $(T_H - T_0)/e$ abgesunken; $1/K$ heißt deshalb (thermische) Relaxationszeit.

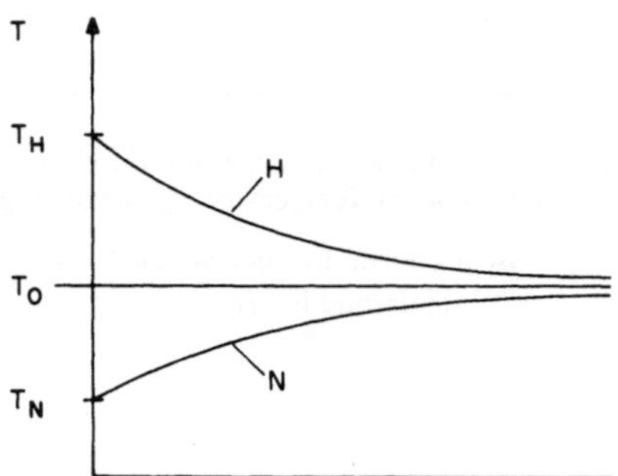

Abb. 7.12. Newtonsches Abkühlungsgesetz. Die Temperatur T eines Körpers mit der Anfangstemperatur T_H nähert sich asymptotisch der Umgebungstemperatur T_0. Dann herrscht thermisches Gleichgewicht zwischen Körper und Umgebung. Graph H gilt für Abkühlung, Graph N für Erwärmung (Aufgabe 7.7)

Beispiel 7.11. Die Verdampfungsenthalpie des Wasserdampfs in der ausgeatmeten Luft ($\Delta m/\Delta t$ etwa 10 g pro Stunde) bedeutet Wärmeabgabe. Die hierdurch bedingte mittlere, auf die Zeit bezogene Wärmeabgabe $\Delta Q/\Delta t$, beträgt:

$$\Delta Q/\Delta t = H_V \cdot \Delta m/\Delta t = 10\,\text{g} \cdot 2400\,\text{kJ} \cdot \text{kg}^{-1}/3600\,\text{s} = 6{,}7\,\text{J} \cdot \text{s}^{-1} = 6{,}7\,\text{W}.$$

Beispiel 7.12. Die Lufttemperatur in einer Sauna liegt in der Regel über der Körpertemperatur. Wärmeabgabe ist dann nur durch Verdampfen von Wasser durch Schwitzen und durch die Atmung möglich. Wir berechnen die zum Abtransport der im Körper durch den Grundumsatz von $P = 100\,\text{W}$ innerhalb $\Delta t = 1$ Stunde erzeugten Wärmemenge erforderliche Flüssigkeitsmasse m.

$$\Delta Q = P \cdot \Delta t = 100\,\text{W} \cdot 3600\,\text{s} = 360\,\text{kJ}$$

$$m = \Delta Q/H_V = 360\,\text{kJ}/2400\,\text{kJ} \cdot \text{kg}^{-1} = 0{,}15\,\text{kg}.$$

Tatsächlich muß erheblich mehr Wärme abgeführt werden, weil das Schwitzen dem Kreislauf eine ganz erhebliche Leistungssteigerung weit über den Grundumsatz hinaus abverlangt. Hinzu kommt noch die dem Körper von der heißen Luft übertragene Wärmemenge. Entsprechend größer ist auch der Flüssigkeitsverlust.

Beispiel 7.13. Auch der menschliche Körper gibt Wärme in Form von Wärmestrahlung ab. Die dominierende Wellenlänge dieser Strahlung ist nach Gleichung 7.18

$$\lambda = 2898\,\mu\text{m} \cdot \text{K}/310\,\text{K} = 9{,}35\,\mu\text{m}.$$

Beispiel 7.14. In der Thermographie wird die Oberflächentemperatur des menschlichen Körpers (oder auch anderer Objekte) bildlich dargestellt. Für einigermaßen genaue Temperaturmessung bedarf es hierbei ziemlich aufwendiger Thermographiesysteme, bestehend aus einem sogenannten Scanner und einem gekühlten Infrarot-Detektor. Zur bloß qualitativen Darstellung von Temperaturunterschieden genügt eine wärmestrahlungsempfindliche Fernsehkamera (beispielsweise mit einem pyroelektrischen Vidikon als Bildröhre), die wegen des Stefan Boltzmannschen Gesetzes Oberflächen mit höherer Temperatur heller abbildet als Gebiete mit niedrigerer Temperatur. So ist es zumindest grundsätzlich möglich, oberflächennahe Tumore zu erkennen, weil diese erhöhte Oberflächentemperaturen zur Folge haben. Allerdings war der Einsatz solcher Instrumente beispielsweise zur Früherkennung des Mammakarzinoms zunächst enttäuschend. Es gab zu viele falsch positive und falsch negative Ergebnisse (Oberflächentemperaturunterschiede kommen auch durch unterschiedliche Gefäßversorgung nahe der Oberfläche zustande). Erfolgreicher war der Einsatz der Thermographie hingegen bei der Früherkennung von Durchblutungsproblemen in den Beinen von Diabetikern und hat zu einer deutlichen Reduzierung von Amputationen geführt.

Beispiel 7.15. Abschätzung des vom unbekleideten menschlichen Körper abgestrahlten Wärmestroms: Bei der vom menschlichen Körper hauptsächlich abgestrahlten Infrarotstrahlung beträgt das Absorptionsvermögen a unabhängig von der Pigmentierung ziemlich genau 1. Wir nehmen als Körperoberfläche $A = 1{,}5\,\mathrm{m}^2$ an und berechnen den Wärmestrom dQ/dt, den der Körper (unbekleidet, Körpertemperatur 37 °C) an eine 31 °C warme Umgebung netto abstrahlt.

Hätte der Körper die Umgebungstemperatur 31 °C, wäre er mit ihr im thermischen Gleichgewicht, er würde denselben Wärmestrom abstrahlen wie auch absorbieren. Entsprechend seiner höheren Temperatur jedoch, strahlt er mehr ab. Nach dem Stefan-Boltzmann-Gesetz ist zunächst die an der Oberfläche abgestrahlte Intensität um den Betrag

$$\Delta I_G = \sigma_1 \cdot 4 \cdot T^3 \cdot \Delta T \quad \text{für} \quad \Delta T = 6\,\mathrm{K},$$

größer (aus Gleichung 7.16 durch Differenzieren nach T). Damit wird der netto an die Umgebung durch Strahlung abgegebene Wärmestrom

$$dQ/dt = A \cdot \Delta I_G = 1{,}5\,\mathrm{m}^2 \cdot 5{,}67 \cdot 10^{-8}\,\mathrm{W \cdot m^{-2} \cdot K^{-4}} \cdot 4 \cdot (307\,\mathrm{K})^3 \cdot 6\,\mathrm{K} = 60\,\mathrm{W}.$$

Das ist immerhin schon etwa 3/4 des Grundumsatzes!

Beispiel 7.16. Wir berechnen, um welchen Faktor die Intensität des Strahlungsmaximums der vom Körper abgestrahlten Wärmestrahlung bei einer Temperatursteigerung von 36 °C auf 37 °C zunimmt. Aus

$$I = \sigma_2 \cdot T^5$$

folgt

$$I(\text{bei } 37\,°\mathrm{C})/I(\text{bei } 36\,°\mathrm{C}) = 310^5/309^5 = 1{,}016.$$

Die Intensität nimmt um 1,6% zu.

Aufgabe 7.7. Wie verläuft die Temperatur-Zeit-Kurve für einen Körper, dessen Temperatur anfangs kleiner ist als die Umgebungstemperatur.

Aufgabe 7.8. Die unmerkliche Wasserverdunstung macht in unseren Breiten etwa 300 g pro Tag aus. Berechnen Sie die hiermit verbundene Wärmeabgabeleistung $\Delta Q/\Delta t$.

Aufgabe 7.9. Berechnen Sie den Flüssigkeitsverlust je 1 h beim langsamen Gehen (Wärmeleistung etwa $P = 200\,\mathrm{W}$) bei 37 °C Umgebungstemperatur.

Aufgabe 7.10. Bestimmen Sie den vom unbekleideten menschlichen Körper (Oberfläche $A = 1{,}5\,\mathrm{m}^2$) abgestrahlten Wärmestrom dQ/dt bei Umgebungstemperatur $T = 20\,°\mathrm{C}$. Bei den infrage kommenden Wellenlängen um 10 μm ist die Körperoberfläche praktisch schwarz.

Anmerkung. Die Wirkung der Bekleidung beruht darauf, daß in den Textilien und Pelzen kleine Lufträume eingeschlossen sind. Dadurch kann Wärme vom Körper im Idealfall nur per Wärmeleitung über die schlecht leitende Luft bzw. Textilstoffe abfließen. Konvektion und Wärmestrahlung werden weitgehend blockiert.

Aufgabe 7.11. Um welchen Faktor nimmt die Intensität des Strahlungsmaximums bei einer Temperatursteigerung von 27 °C auf 37 °C zu?

Aufgabe 7.12. Je nach Umgebungstemperatur (und Bekleidung) stellen sich beim Menschen unterschiedliche Oberflächentemperaturen ein. Dadurch wird die Wärmeabgabe an die Umgebung entscheidend beeinflußt. Berechnen Sie den Faktor, um den sich die Wärmeabgabe durch Strahlung durch eine Temperatursteigerung der Körperoberfläche von 30 °C auf 36 °C vergrößert (Stefan-Boltzmann!).

8. Zustände und Zustandsänderungen

8.1 Gleichgewichte zwischen Phasen

Wir schließen eine Flüssigkeit in einen Behälter ein, dessen Volumen V größer ist, als das Volumen der Flüssigkeit. Jene Moleküle, deren kinetische Energie entsprechend der Maxwell-Boltzmann-Verteilung hinreicht, den Flüssigkeitsverband zu verlassen, werden in zunächst zunehmender Zahl den über der Flüssigkeit liegenden Raum als Dampf ausfüllen. Die ungeordnete Wärmebewegung der Moleküle im Dampfraum hat andererseits zur Folge, daß diese auch wieder in die Flüssigkeit zurückkehren (kondensieren). Die Zahl der Teilchen, die, bezogen auf die Zeit, wieder in die Flüssigkeit zurückkehren, wird umso größer sein, je größer die Teilchendichte $\nu = N/V$ im Dampfraum ist. Bei einer bestimmten Teilchendichte im Dampfraum muß sich somit ein

dynamisches Gleichgewicht

einstellen, bei dem die Verdampfungsgeschwindigkeit gleich der Kondensationsgeschwindigkeit ist.

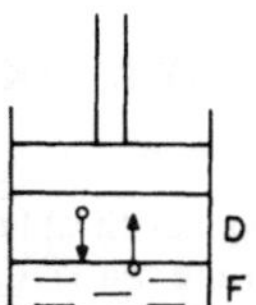

Bei Sättigungsdampfdruck p_s herrscht dynamisches Gleichgewicht: Es verlassen im zeitlichen Mittel gleich viele Moleküle die Flüssigkeit F, wie aus dem Dampf D in sie zurückkehren.

Nach der Grundgleichung der kinetischen Gastheorie ist der Druck eines Gases

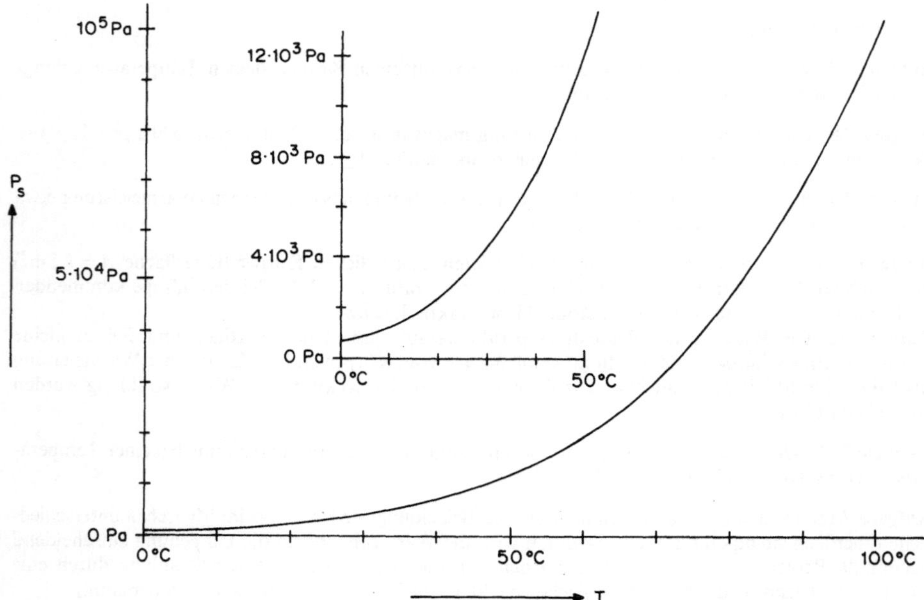

Abb. 8.1. Dampfdruckkurve (p-T-Diagramm) von Wasser zwischen 0 °C und 100 °C: Sättigungsdampfdruck p_S in Abhängigkeit von der Temperatur T

$p = \frac{2}{3} \cdot v \cdot \langle E_K \rangle$, d. h. durch Teilchendichte v und Temperatur bzw. mittlere kinetische Energie $\langle E_K \rangle$ festgelegt. Der beim dynamischen Gleichgewicht herrschende Dampfdruck heißt

Sättigungsdampfdruck p_s.

Mit steigender Temperatur steigt daher auch der Sättigungsdampfdruck p_s. Verdampfungsgeschwindigkeit und Sättigungsdampfdruck bei einer bestimmten Temperatur hängen natürlich auch von den Kohäsionskräften in der Flüssigkeit, d. h. von der zum Verdampfen erforderlichen Energie oder Wärmemenge ab. Wir werden diese Zusammenhänge hier jedoch nicht im einzelnen studieren, sondern uns mit den Ergebnissen für Wasser begnügen, s. Abb. 8.1.

Dampf und Flüssigkeit eines Stoffs befinden sich bei gegebener Temperatur T nur bei einem wohldefinierten Druck, nämlich dem Sättigungsdampfdruck, miteinander im Gleichgewicht.

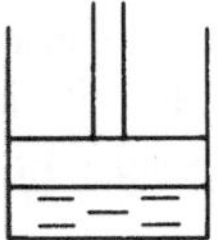

Erhöht man den Druck p bei der Temperatur T über den Sättigungsdampfdruck p_s hinaus, beispielsweise mittels eines Kolbens, s. nebenstehende Figur, verschwindet der Dampf, der Kolben sitzt auf der Flüssigkeit auf.

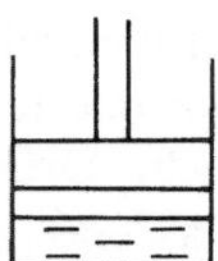

Befindet sich noch ein anderes Gas im Dampfraum, passiert folgendes: ein Teil dieses Gases wird entsprechend dem Bunsenschen Löslichkeitskoeffizienten in der Flüssigkeit gelöst (s. Kapitel 6), der Rest des Gases wird komprimiert, bis sein Partialdruck zusammen mit dem Dampfdruck p_s der Flüssigkeit bei der Temperatur T den Gesamtdruck p ergibt, s. nebenstehende Figur.

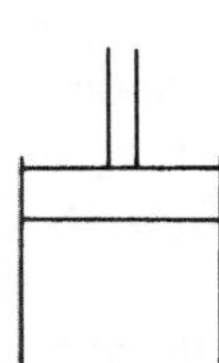

Erniedrigt man hingegen den Druck p unter den zu T gehörigen Sättigungsdampfdruck p_s und hält dabei die Temperatur T unverändert, verdampft die Flüssigkeit vollständig. Befand sich anfangs noch ein anderes Gas im Dampfraum, setzt sich p nun aus den Partialdrücken dieses Gases und dem des Dampfs entsprechend ihren Stoffmengen zusammen.

Analoge Gleichgewichte, wie das eben behandelte zwischen einer Flüssigkeit und ihrem Dampf, gibt es auch zwischen flüssigem und festem Aggregatzustand sowie zwischen festem und dampfförmigem Aggregatzustand. Außerdem können der feste und der flüssige Aggregatzustand bei vielen Stoffen noch räumlich abgegrenzte Gebiete mit einheitlichen physikalischen Eigenschaften, sogenannte Phasen enthalten. Zwischen den Phasen bestehen analoge Gleichgewichte wie zwischen den Aggregatzuständen. Der Begriff Phase ist also eine Verallgemeinerung des Begriffs Aggregatzustand; wir werden diesen Begriff im folgenden vorziehen. Von besonderem Interesse sind die Phasengleichgewichte bzw. die entsprechenden Dampfdruckkurven und die Schmelzdruckkurve von Wasser. Diese Kurven sind in Abb. 8.4 dargestellt.

8.2 Zustandsänderungen

Der Zustand eines reinen Stoffs ist bei gegebener Stoffmenge durch die drei einfachen thermodynamischen Zustandsgrößen

Druck p
Volumen V und
Temperatur T

eindeutig charakterisiert, Legt man für eine Menge n eines Stoffs Druck p und Volumen V fest, dann ist damit auch die Temperatur T festgelegt. D. h. bei dem Druck p und Volumen V kann diese Stoffmenge nur bei einer ganz bestimmten Temperatur T existieren. Verändert man diese Temperatur, verändern sich auch p und/oder V. Das bedeutet, daß zwischen den drei einfachen Zustandsgrößen p, V und T auch ein mathematischer Zusammenhang existieren muß, der es erlaubt, beispielsweise aus p und V die zugehörige Temperatur T zu berechnen. Für Temperaturen, bei welchen ein Stoff als ideales Gas existiert, haben wir diesen Zusammenhang in Form der Clapeyronschen Zustandsgleichung (6.3) bereits kennengelernt. Bei niedrigeren Temperaturen wird dieser Zusammenhang sehr kompliziert und muß für jeden Stoff experimentell ermittelt werden.

Thomas Andrews hat um 1869 eine Reihe klassischer Experimente ausgeführt, bei welchen er Druck(p)-Volumen(V)-Kurven für CO_2 bei verschiedenen Temperaturen T, sogenannte Isothermen, registrierte. Abgesehen von experimentellen Feinheiten war das Prinzip seiner Messungen sehr einfach: er komprimierte das Gas bei jeweils konstant gehaltener Temperatur auf unterschiedliche Drücke, maß das vorliegende Volumen und stellte fest, in welcher Phase das Gas vorlag. Solche Messungen wurden später an allen interessierenden Stoffen ausgeführt. Die Isothermen zeigen alle die in der Abb. 8.2 dargestellte typische Struktur, wenn auch die Zahlenwerte sehr verschieden sein können.

Bei der Aufnahme einer Isotherme, beispielsweise zur Temperatur T_0 in der Abb. 8.2, passiert folgendes: schiebt man den Kolben in den Zylinder und verkleinert dadurch das Volumen V, steigt der Druck p zunächst an. Ab V_α steigt der Druck nicht mehr. Nun beobachtet man Kondensation von Flüssigkeit. Erst wenn der gesamte Stoff bei β als Flüssigkeit vorliegt, kommt es zu (ab β) einem weiteren Druckanstieg. Nun allerdings steigt der Druck wegen der geringen Kompressibilität von Flüssigkeiten schon bei sehr kleinen Volumenveränderungen um sehr große Beträge an.

Bei sehr niedrigen Temperaturen $T <$ Tripelpunktstemperatur kommt es anstelle der Verflüssigung zur Kondensation im festen Zustand (Desublimation).

Bei Temperaturen oberhalb der sogenannten kritischen Temperatur T_K tritt keine Verflüssigung mehr auf. Der Verlauf der Isothermen weicht nahe T_K jedoch noch sehr stark von der Hyperbelform der idealen Gase ab, so daß die Gleichung 6.3 hier noch keine Gültigkeit hat.

Man hat in der Vergangenheit vielfach versucht, auch für diesen Bereich eine allgemein gültige Zustandsgleichung zu finden. Es hat dazu an die fünfzig erfolglose Versuche gegeben. Lediglich die von van der Waals angegebene Zustandsgleichung hat, obwohl sie den Kurvenverlauf nur qualitativ wiedergibt, einige Bedeutung erlangt. Da diese Gleichung Einblick in die physikalischen Umstände im Gas gewährt, wollen wir sie etwas näher betrachten. Van der Waals modifiziert die Clapeyronschen Zustandsgleichung für ideale Gase (6.6) aufgrund physikalischer Überlegungen. Die van der Waalssche Zustandsgleichung hat die Form:

$$\left(p + \frac{a}{v^2}\right)\cdot(v - b) = R \cdot T.$$

a berücksichtigt die zwischen den Gasmolekülen wirksamen Kräfte: $a > 0$ bedeutet, daß auf die Moleküle Kräfte im gleichen Sinn wirken, wie der vom Behälter ausgeübte Druck p. Es handelt sich somit um die Kohäsionskräfte zwischen den Gasmolekülen. Bei sehr hohen Drücken, wenn die Molekülabstände sehr klein werden, dominieren abstoßende Kräfte; dann wird $a < 0$.

b berücksichtigt das Eigenvolumen der Gasmoleküle, d. i. das Volumen, welches die Gasmoleküle ohne Wärmebewegung einnehmen würden. Zur Wärmebewegung

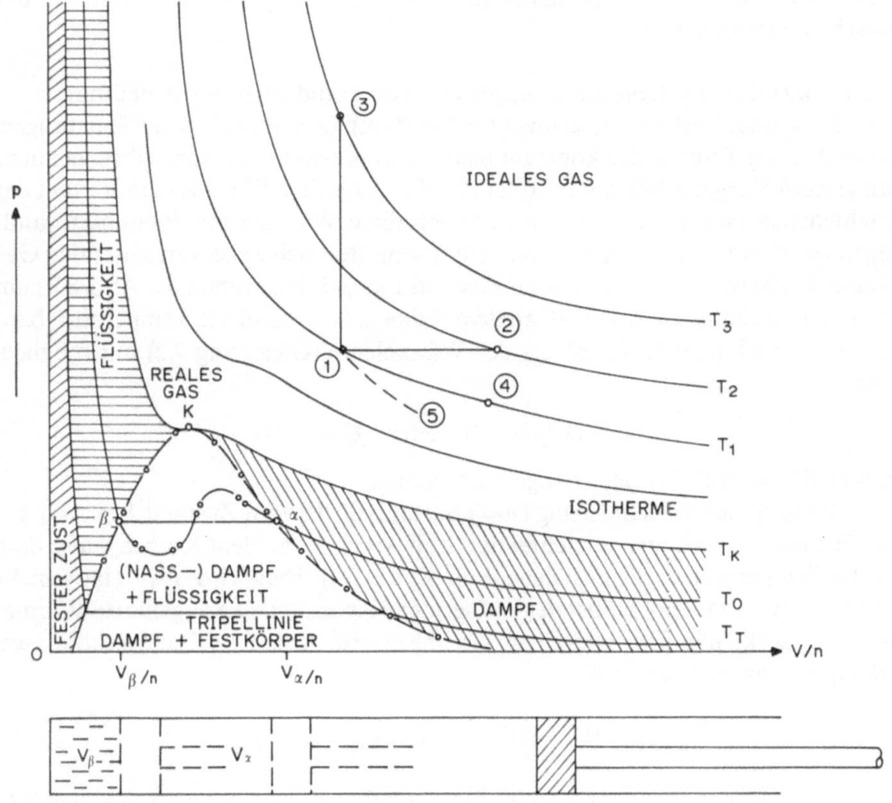

Abb. 8.2. p-V-Diagramm bzw. Isothermen eines reinen Stoffs. Auf der Abszisse ist das molare Volumen V/n, auf der Ordinate der Druck p aufgetragen. Der Zylinder unter dem p-V-Diagramm deutet das Prinzip der Andrewschen Messungen an. Innerhalb der strichpunktierten Grenzkurve liegt das Sättigungsgebiet. Hier befinden sich gesättigter Dampf und Flüssigkeit im Gleichgewicht. Weitere Erläuterungen im Text

steht dem Gas ja nur das Behältervolumen V abzüglich dieses Eigenvolumens zur Verfügung.

Die van der Waalssche Gleichung sagt für das Sättigungsgebiet den durch die doppelt gepunktete Linie angedeuteten Verlauf für die Isothermen voraus. Teile dieser Linie können auch experimentell realisiert werden. Beispielsweise kommt es beim Siedeverzug zu einer Erwärmung über den Siedepunkt, ohne daß Sieden eintritt. Man befindet sich dann auf dem doppelt punktierten Teil der Van der Waals-Isotherme nahe dem Punkt β (Abb. 8.2).

Es lassen sich grob drei Temperaturbereiche unterscheiden:

I. der Bereich der idealen Gase. Bei hinreichend hohen Temperaturen und nicht zu hohen Drücken liegt jeder Stoff als ideales Gas vor. Hier gilt die Clapeyronsche Zustandsgleichung $p \cdot V = n \cdot R \cdot T$; aus ihr folgt für konstante Temperatur: $p \cdot V =$ konstant, d. h. die zugehörigen Isothermen sind Hyperbeln.

II. der Bereich der realen Gase oberhalb der kritischen Temperatur T_K. Dort verliert die Zustandsgleichung der idealen Gase ihre Gültigkeit. Als qualitative Näherung gilt hier die van der Waalssche Gleichung: $(p + a/v^2) \cdot (v - b) = R \cdot T$.

III. der Bereich der Phasenumwandlungen bei Temperaturen unterhalb der kritischen Temperatur T_K.

Die folgenden Zustandsänderungen sind von grundsätzlicher Bedeutung:

(a) Isotherme Zustandsänderung ($T =$ konstant): Dies sind Zustandsänderungen, bei welchen die Temperatur konstant bleibt. Das passiert nicht von selbst, vielmehr muß je nach Vorgang Wärme zu- oder abgeführt werden. Wie aus dem Verlauf der verschiedenen Isothermen ablesbar, können diese Wärmen mit Phasenumwandlungen oder/und Volumenarbeit verknüpft sein. Beispielsweise verrichtet das Gas bei einer isothermen Expansion vom Zustand 1 im p-V-Diagramm der Abb. 8.2 zum Zustand 4 mechanische Arbeit W an dem Kolben. Unveränderte Temperatur, bzw. $\Delta U = 0$ ist nach dem 1. Hauptsatz der Wärmelehre (Gleichung 7.2) nur möglich, wenn

$$\Delta U = Q + W = 0 \quad \text{oder} \quad Q = -W.$$

Da hier $W < 0$, muß Wärme Q zugeführt werden.

(b) Isobare Zustandsänderung ($p =$ konstant): Z. B. vom Zustand 1 in Abb. 8.2 zum Zustand 2. Auch hier verrichtet der Stoff Arbeit W an dem Kolben; außerdem soll die Temperatur sogar ansteigen (von T_1 auf T_2). Hier wird also relativ mehr Wärme zuzuführen sein, als bei der isothermen Expansion. Die zugeführte Wärmeenergie Q deckt nämlich zum einen die abgeführte Arbeit $-W$ und erhöht zum anderen die innere Energie U:

$$Q = -W + \Delta U = \Delta H = m \cdot c_{SP} \cdot (T_2 - T_1).$$

(c) Isochore Zustandsänderung ($V =$ konstant): Z. B. vom Zustand 1 (Abb. 8.2) in den Zustand 3. Nun steht die zugeführte Wärme Q ausschließlich zur Erhöhung der inneren Energie zur Verfügung:

$$Q = \Delta U = m \cdot c_{SV} \cdot (T_3 - T_1).$$

(d) Adiabatische Zustandsänderung. Hierbei wird vorausgesetzt, daß dem Stoff weder Wärme zu- noch abgeführt wird ($Q = 0$). Das ist möglich entweder bei Vorgängen, die sehr schnell erfolgen oder bei Zustandsänderungen, die unter Wärmeisolation durchgeführt werden. Als Beispiel sei eine adiabatische Expansion vom Zustand 1 der Abb. 8.2 aus angenommen. Wie schon unter a) beschrieben, verrichtet das Gas hierbei Arbeit, also ist $W < 0$; wegen $Q = 0$ wird

$$\Delta U = W < 0,$$

d. h. das Gas kühlt ab. Die Zustandsänderung erfolgt daher etwa entlang der in Abb. 8.2 gestrichelt eingezeichneten Kurve zum Punkt 5. Diese muß steiler sein, als die benachbarten Isothermen.

(e) Polytrope Zustandsänderung: Kein Vorgang erfolgt streng so, daß jeder Wärmeaustausch mit der Umgebung ausgeschlossen werden kann. Jede reale Zustandsänderung wird also in einem gewissen Maß mit Wärmeaustausch verbunden sein. Im Extremfall—bei hinreichend langsamer Durchführung der Zustandsänderung—wird soviel Wärme Q ausgetauscht, daß die Temperatur des Gases gleich der Umgebungstemperatur bleibt, also eine isotherme Zustandsänderung erfolgt. Eine reale Zustandsänderung wird somit vom Zustand 1 in der Abb. 8.2 aus längs einer Kurve erfolgen, die zwischen der Adiabaten $1 \to 5$ und der Isothermen $1 \to 2$ liegt. Eine solche Kurve heißt Polytrope.

Adiabatische Zustandsänderung. Wir haben bereits festgestellt, daß adiabatische Zustandsänderungen entlang steilerer Kurven im p-V-Diagramm erfolgen als isotherme Zustandsänderungen. Anstelle des Gesetzes $p \cdot V =$ konstant für isotherme Zustandsänderungen gilt bei adiabatischen Zustandsänderungen das Poisson-Gesetz. Dieses erhält man folgend: In der Abb. 8.3 sind zwei Zustände A und B auf ein- und derselben (gestrichelten) Adiabatenkurve markiert. Um den betreffenden Stoff von

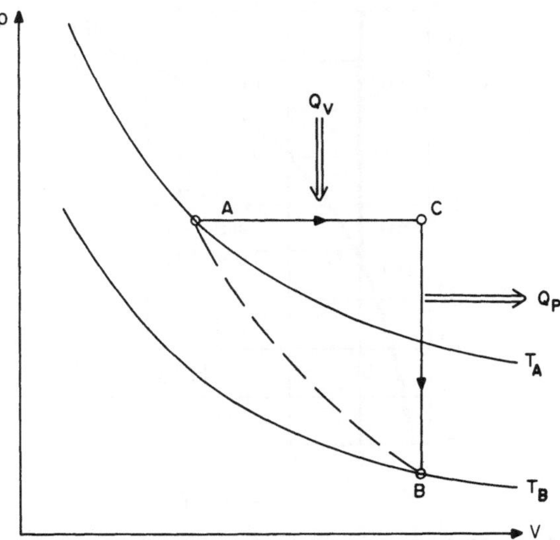

Abb. 8.3. Zur Herleitung des Poissonschen Gesetzes ersetzt man eine adiabatische Zustandsänderung von A nach B durch eine isobare Zustandsänderung von A nach C und eine anschließende isochore von C nach B

Zustand A in den Zustand B zu befördern, ist also keinerlei Wärme Q erforderlich. Wenn wir die Zustandsänderung anstatt entlang der Adiabatenkurve über den Punkt C ausführen, darf ebenfalls netto keine Wärme Q erforderlich sein. Es muß also die Summe aus der bei der isobaren Erwärmung von A nach C aufgenommenen Wärme Q_V plus der bei der isochoren Abkühlung abgegebenen Wärme Q_P gleich Null sein:

$$Q_P + Q_V = c_{SP} \cdot m \cdot \Delta T|_P + c_{SV} \cdot m \cdot \Delta T|_V = 0$$

$\Delta T|_P$ und $\Delta T|_V$ sind die jeweils bei konstantem Volumen bzw. bei konstantem Druck auftretenden Temperaturänderungen, die sich aus der allgemeinen Zustandsgleichung $p \cdot V = n \cdot R \cdot T$ berechnen lassen:

$$\Delta T|_P = \frac{p}{n \cdot R} \cdot \Delta V \quad \text{bzw.} \quad \Delta T|_V = \frac{V}{n \cdot R} \cdot \Delta P.$$

Oben eingesetzt gibt das

$$c_{SP} \cdot P \cdot \Delta V + c_{SV} \cdot V \cdot \Delta P = 0$$

oder für infinitesimal kleine $\Delta T \to dT$:

$$\frac{c_{SP}}{c_{SV}} \cdot \frac{dV}{V} + \frac{dP}{P} = 0$$

und durch Integration

$$p \cdot V^{\kappa} = \text{konstant}.$$

Dies ist das Poissonsche Gesetz für adiabatische Zustandsänderungen; $\kappa = c_{SP}/c_{SV}$ ist der sogenannte Adiabatenexponent. Setzt man $p = n \cdot R \cdot T/V$ aus der Clapeyron-

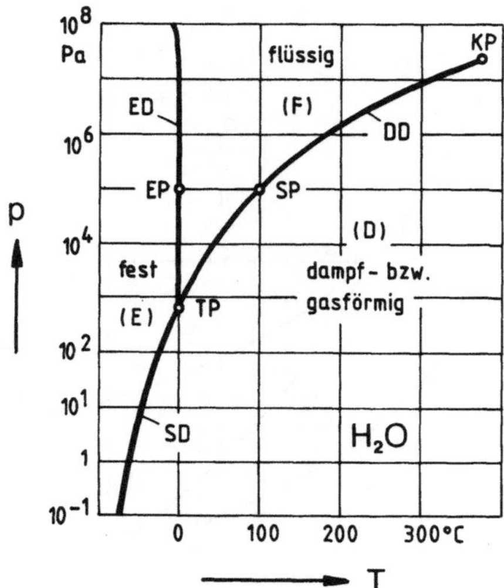

Abb. 8.4. Dampfdruckkurve DD, Schmelzdruckkurve ED und Sublimationsdruckkurve SD (nach R. W. Pohl, Einführung in die Physik, Springer-Verlag). Jeder Punkt in diesem Diagramm bedeutet einen durch die zugehörigen p- und T-Werte gekennzeichneten Zustand des Wassers. EP = Eispunkt, SP = Siedepunkt, TP = Tripelpunkt, KP = kritischer Punkt. Weitere Erläuterungen im Text

schen Gleichung in das Poissonsche Gesetz ein, erhält man eine weitere Form dieses Gesetzes:

$$T \cdot V^{\kappa-1} = \text{konstant}.$$

Zusammenfassung 8

I. p-T-Diagramm von Wasser.

Das Diagramm in Abb. 8.4 gibt Auskunft darüber, welche Phasen (fest, flüssig und dampfförmig) bei dem jeweiligen Zustand (p, T) bestehen können. Die auf den Linien liegenden Zustände sind die dynamischen Gleichgewichte zwischen den angrenzenden Phasen. Es gibt einige ausgezeichnete Punkte:

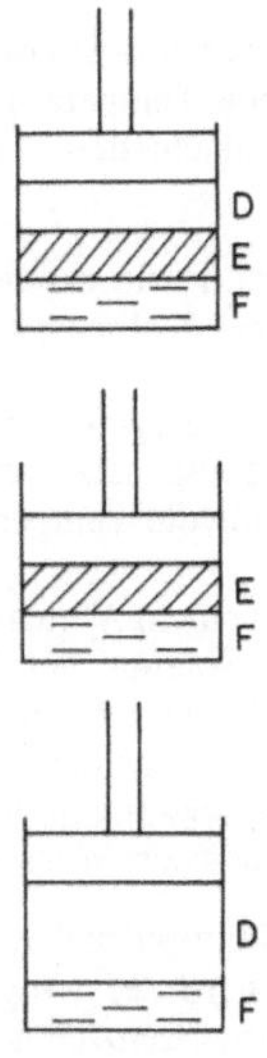

1. Tripelpunkt (TP), bei $T = 273{,}16\,\text{K}$ und $p = 610\,\text{Pa}$ sind die 3 Aggregatzustände Eis (E), Flüssigkeit (F) und Dampf (D) des Wassers gleichzeitig möglich. Dieser so ausgezeichnete Punkt bildet den Bezugspunkt der Internationalen Kelvinskala:

$$T = 0{,}01\,°\text{C} = 273{,}16\,\text{K}$$

2. Eispunkt (EP), bei $T = 273{,}15\,\text{K}$ und $p = 101\,325\,\text{Pa}$. Fundamentalpunkt 0 °C der Celsiusskala.

3. Siedepunkt (SP), bei $T = 373{,}15\,\text{K}$ und $p = 101\,325\,\text{Pa}$. Fundamentalpunkt 100 °C der Celsiusskala.

4. Kritischer Punkt (KP), bei $T = 374\,°\text{C}$ und $p = 228{,}6 \cdot 10^5\,\text{Pa}$. In diesem Punkt besitzen Dampf und Flüssigkeit dieselbe Dichte. Es gibt daher keine Grenzfläche zwischen Dampf und Flüssigkeit.

II. Im Bereich der idealen Gase gilt die Clapeyronsche Zustandsgleichung (6.3). Ihre Isothermen sind Hyperbeln $p \cdot V = \text{konstant}$. Im Bereich der realen Gase gilt die van der Waalssche Gleichung:

$$\left(p + \frac{a}{v^2}\right) \cdot (v - b) = R \cdot T. \tag{8.1}$$

Bei isobarer Verrichtung von Arbeit durch ein expandierendes Gas muß die Wärmemenge

$$Q = \Delta H = m \cdot c_{SP} \cdot (T_2 - T_1) \tag{8.2}$$

zugeführt werden. H ist die Enthalpie.

Bei isochorer Verrichtung von Arbeit muß die Wärmemenge

$$Q = \Delta U = m \cdot c_{SV} \cdot (T_2 - T_1) \tag{8.3}$$

zugeführt werden. U ist die innere Energie des Gases.

Für adiabatische Zustandsänderungen gilt das Poissonsche Gesetz:

$$p \cdot V^{\kappa} = \text{konstant} \tag{8.4}$$

$\kappa = c_{SP}/c_{SV}$ ist der Adiabatenexponent.

Beispiel 8.1. Anteil des Wasserdampfs an der Atemluft. Der Partialdruck des Wasserdampfs in den Alveolen ist gleich dem Sättigungsdampfdruck von Wasser bei 37 °C. Dieser Druck beträgt etwa 50 Torr = 6 650 Pa. Er macht also unter Normaldruck von 10^5 Pa nur rund 7% aus. In 10 km Höhe beträgt der Luftdruck nach der barometrischen Höhenformel nur mehr $2{,}5 \cdot 10^4$ Pa. Der Partialdruck des Wasserdampfs in der menschlichen Lunge beträgt dann bereits etwa 25% des Gesamtdrucks. Entsprechend verringert sich der für die Atmung entscheidende Sauerstoffpartialdruck.

Beispiel 8.2. Hygrometrie. Der Gehalt der Luft an Wasserdampf heißt *Feuchtigkeit* (auch: Feuchte), u. zw. kann man die sogenannte absolute Feuchtigkeit angeben entweder als Partialdruck des in der Luft enthaltenen Wasserdampfs oder als die Masse m des in der Luft enthaltenen Wasserdampfs bezogen auf das Volumen V, d. h. m/V. Die *relative* Feuchtigkeit hingegen ist das Verhältnis der absoluten Feuchtigkeit zu der bei derselben Temperatur möglichen maximalen absoluten Feuchtigkeit im Sättigungszustand. Diese wird in % angegeben. Bei einer Lufttemperatur von 30 °C beträgt der Sättigungsdampfdruck von Wasser etwa 4 300 Pa. Bei 50% relativer Luftfeuchtigkeit liegt somit ein Wasserdampf-Partialdruck von 2 150 Pa vor.

Wird feuchte Luft gekühlt, kommt es bei jener Temperatur, bei der der gerade vorhandene Dampfdruck gleich dem Sättigungsdruck ist, zur Kondensation. Dieser Punkt (seine Temperatur) heißt Taupunkt (Kondensationspunkt): Flüssigkeit schlägt sich nieder. Dies wird von verschiedenen Hygrometern zur Messung der Luftfeuchtigkeit benutzt.

Beispiel 8.3. Wasser kann bei $T = 20$ °C und $p = 10^5$ Pa nur in flüssiger Form existieren, s. Abb. 8.4. Erzeugt man diesen Druck in einem wassergefüllten Gefäß mit Hilfe eines Kolbens, sitzt dieser auf der Wasseroberfläche auf.

Befindet sich allerdings noch ein anderes Gas in dem Gefäß, ist ein gasgefüllter Raum zwischen dem flüssigen Wasser und dem Kolben möglich. Der Druck p in diesem Raum setzt sich dann nach dem Daltonschen Gesetz zusammen aus dem Wasserdampfpartialdruck p_S für die Temperatur T plus dem Partialdruck p_G des Gases: $p = p_S + p_G$.

Dies ist ungefähr die Situation in der freien Natur. Hier finden wir bei einem Atmosphärendruck von etwa $p = 10^5$ Pa flüssiges und dampfförmiges Wasser nebeneinander. Solange der Partialdruck des Wasserdampfs in der Luft kleiner ist, als der Sättigungsdampfdruck bei der entsprechenden Temperatur (relative Luftfeuchtigkeit < 100%), verdampft Wasser, es herrscht Schönwetter oder zumindest Niederschlagsfreiheit. Steigt—durch Druckabsenkung oder durch Temperaturrückgang in der Atmosphäre—der Partialdruck des Wassers über den Sättigungsdampfdruck, dann kondensiert Wasser, es fällt Regen.

Beispiel 8.4. Sieden bei Unterdruck. Wird der Druck bis zum Sättigungsdampfdruck abgesenkt, beginnt die Flüssigkeit heftig zu verdampfen. Die hierzu notwendige Energie wird der Umgebung entzogen: diese wird abgekühlt. Der Verdampfungsprozeß kann nun auch an inneren Grenzflächen der Flüssigkeit zu Fremdkörpern oder zur Behälterwand hin einsetzen. Die aufsteigenden Dampfblasen erzeugen die charakteristische Erscheinung des Siedens.

Beispiel 8.5. Zustandsänderung: Erwärmung von 1 kg Eis bei $p = 10^5$ Pa von $T = -10$ °C an beginnend. Zunächst steigt die Temperatur T des Eises entsprechend seiner Wärmekapazität $C = c_S \cdot m$ und der zugeführten Wärmemenge ΔQ an: $\Delta T = \Delta Q/C$ u. zw. bis zum Schmelzpunkt auf der Schmelzdruckkurve bei EP (Abb. 8.4). Bei EP hält der Temperaturanstieg so lange an, bis das gesamte Eis geschmolzen ist: man nennt den Eispunkt EP daher auch „Haltepunkt". Die zugeführte Wärmemenge erhöht hier offenbar nur den potentiellen Anteil der inneren Energie. Ist das gesamte Eis geschmolzen, erfolgt eine weitere Steigerung der Temperatur bis zum nächsten Haltepunkt, dem Siedepunkt. Erst nach vollständiger Verdampfung steigt die Temperatur weiter an. Abb. 8.5 zeigt den beschriebenen Temperaturverlauf T in Abhängigkeit von der zugeführten Wärmemenge Q.

Beispiel 8.6. Föhn. Hierbei wird aus dem Süden kommende warme, feuchte Luft an den Alpen zum Aufsteigen gezwungen. Bei diesem (näherungsweise) adiabatischen Aufsteigen kommt es wegen des mit zunehmender Höhe abnehmenden Luftdrucks zur Expansion und damit zur Abkühlung. Die in der Luft enthaltene Feuchtigkeit kondensiert und regnet zu einem großen Teil aus. Wegen der hierbei frei werdenden Kondensationswärme kühlt die Luft an der Südseite weniger aus, als es der höhenbedingten Expansion entsprechen würde. Das hat zur Folge, daß die Luft bei der nachfolgenden adiabatischen Kompression beim Absteigen an der Alpennordseite auf gleicher Höhe nicht nur trockener sondern auch wärmer ankommt.

Beispiel 8.7. Ausdehnung von Gasen ohne Verrichtung von Arbeit (sog. Drosselung): Gay-Lussac-Versuch und Joule-Thomson-Effekt.

Was passiert beim Öffnen des Ventils in Abb. 8.6? (Die Drossel verhindert nur ein zu plötzliches Einströmen des Gases und damit verbundene Arbeit W durch Verformung des leeren Behälters.) Ändert sich die Gastemperatur?

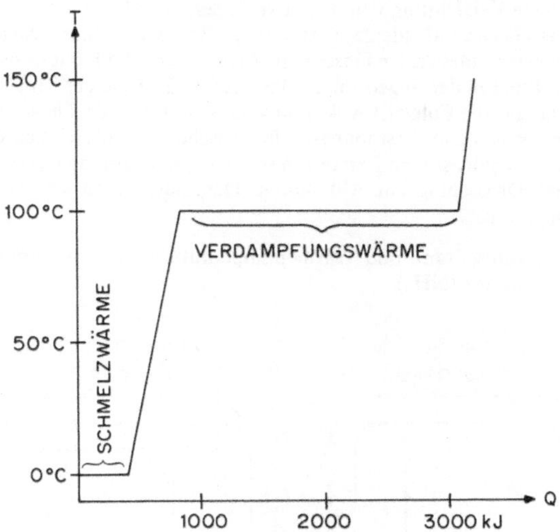

Abb. 8.5. Temperaturverlauf bei der Erwärmung von 1 kg Eis. Q ist die zugeführte Wärmemenge. Bei konstant zugeführtem Wärmestrom dQ/dt kann man die Abszisse auch als Zeitachse ansehen. In den Haltepunkten bei 0 °C und 100 °C kommt es zu einem vorübergehenden Halt beim Temperaturanstieg

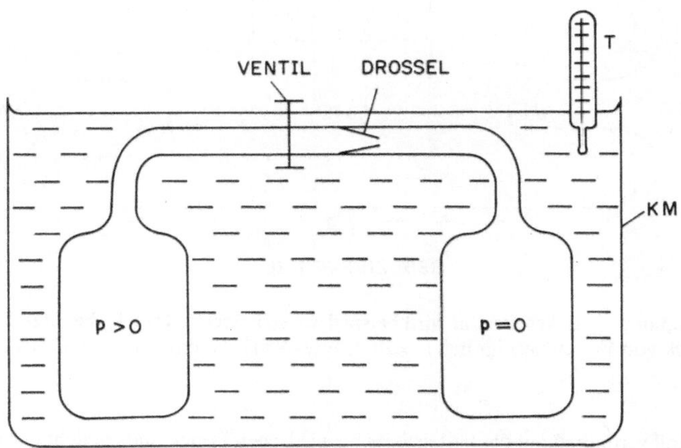

Abb. 8.6. Versuch von Gay-Lussac 1807. In einem Kalorimeter KM befinden sich zwei Gasbehälter. Einer ist mit Luft unter dem Druck p und der Temperatur T gefüllt, der andere evakuiert. Durch Öffnen des Ventils erfolgt Druckausgleich

Da hier weder Wärme zu- noch abgeführt wird, bleibt die Enthalpie des Gases unverändert:

$$\Delta H = \Delta U + W = 0.$$

Weiters wird auch keine mechanische Arbeit verrichtet, d. h. $W = 0$. Also ist

$$\Delta U = 0.$$

Es sollte also auch $\Delta T = 0$ sein und die Temperatur des Gases unverändert bleiben. Tatsächlich ist dies durch Gay-Lussac 1807 und durch spätere sorgfältigere Messungen auch festgestellt worden. (Die Wärmekapazität des Kalorimeters von Gay-Lussac war übrigens im Vergleich zu jener der Gasmenge so groß, daß selbst deutliche Veränderungen von U nicht bemerkt worden wären.)

Bei der Ausdehnung ohne Verrichtung von Arbeit verändern also Gase ihre Temperatur nicht. Das gilt jedenfalls, solange das Gas sich als ideales Gas verhält. Bei realen Gasen hingegen ist das anders: Bei der gedrosselten Expansion eines realen Gases wird Arbeit gegen die Kohäsionskräfte zwischen den Gasmolekülen verrichtet. Ein Teil der ungeordneten kinetischen Energie der Moleküle verwandelt sich dadurch in potentielle Energie: die Folge ist Abkühlung. Das ist der *Joule-Thomson-Effekt.*

Bei extrem hohen Drücken, wenn Abstoßungskräfte zwischen den Molekülen die Kohäsionskräfte übertreffen, kommt es bei der gedrosselten Expansion sogar zur Erwärmung des Gases! Normalerweise jedoch kommt es bei der Drosselung zur Abkühlung. Das macht man sich beispielsweise bei der Verflüssigung von Gasen zunutze.

Beispiel 8.8. Kompressionskühlschrank und Wärmepumpe nutzen die Verdampfungswärme z. B. von Frigen ($CHFCl_2$) oder Ammoniak (NH_3).

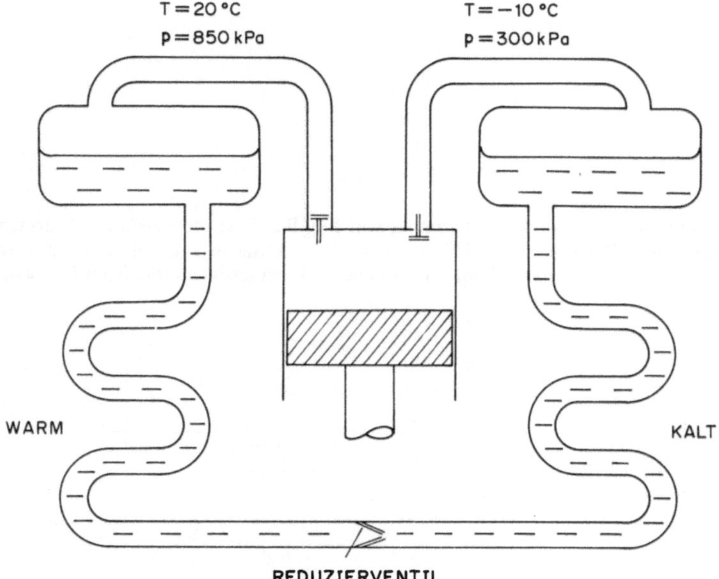

Abb. 8.7. Wärmepumpe. Als Arbeitsstoff wird beispielsweise Frigen ($CHFCl_2$) benutzt. Der Sättigungsdampfdruck von Frigen beträgt bei $T = 20\,°C$ etwa 850 kPa und bei $-10\,°C$ etwa 300 kPa

Der Arbeitsstoff verdampft auf der kalten Seite bei niedrigem Druck und entzieht der Umgebung die Verdampfungswärme. Der Kompressor verdichtet den Dampf auf den der Temperatur der warmen Seite entsprechenden Sättigungsdampfdruck. Der Arbeitsstoff kondensiert somit auf der warmen Seite. Die dabei frei werdende Kondensationswärme wird an die Umgebung abgegeben. Das Reduzierventil gewährleistet einen der geforderten Kühlleistung entsprechenden Rückfluß des Arbeitsstoffs zur kalten Seite hin. Beim Kühlschrank befindet sich die kalte Seite im Innern des Kühlschranks, die warme Seite außen. Bei der Wärmepumpe befindet sich die kalte Seite außerhalb und die warme Seite innerhalb des zu heizenden Raums.

Beispiel 8.9. Adiabatische Kompressibilität von Gasen. Die Kompressibilität ist der Quotient $\chi = (\Delta V/V)/\Delta p$. Bei adiabatischer Kompression ist $p \cdot V^{\kappa} = \text{konstant}$, woraus

$$\chi = \Delta p = \text{konst} \cdot V^{-(\kappa+1)} \cdot (-\kappa) \cdot \Delta V = p \cdot V^{-1} \cdot (-\kappa) \cdot \Delta V \text{ bzw.}$$

$$\chi = \frac{\Delta V}{V \cdot \Delta p} = -\frac{1}{p \cdot \kappa} \text{ folgt.}$$

Aufgabe 8.1. Bei welchem Gesamtdruck füllt sich die Lunge nur mehr mit Wasserdampf. Auf welcher Höhe ist dies in der Erdatmosphäre der Fall?

Aufgabe 8.2. In welcher Form existiert Wasser bei $T = -10\,°C$ und Wasserdampfpartialdruck von $p = 10^3$ Pa. Was passiert bei Absenkung des Wasserdampfpartialdrucks auf 10 Pa?

Aufgabe 8.3. Zur Kälteanästhesie wird beispielsweise im Sport gelegentlich Äthylchlorid benutzt. Dieses entzieht durch heftiges Verdampfen beim Sieden der Unterlage Wärme. Welche Werte müssen Sättigungsdampfdruck (*SDD*) und Siedetemperatur (*TS*) aufweisen.

9. 2. Hauptsatz der Wärmelehre

9.1 Umwandelbarkeit von Energie

a) Umwandlung von mechanischer Arbeit in Wärme

Nach dem 1. Hauptsatz (Gleichung 7.3) ist die von einem System abgegebene mechanische Arbeit

$$W = Q - \Delta U,$$

wobei Q die dem System zugeführte Wärme ist und ΔU die Zunahme der inneren Energie dieses Systems. Nur

$$\text{für } \Delta U = 0, \quad \text{kann } W = Q$$

sein, also mechanische Arbeit vollständig in Wärme umgewandelt werden. Eine solche vollständige Umwandlung gelingt mit der in der Abb. 9.1 dargestellten Maschine.

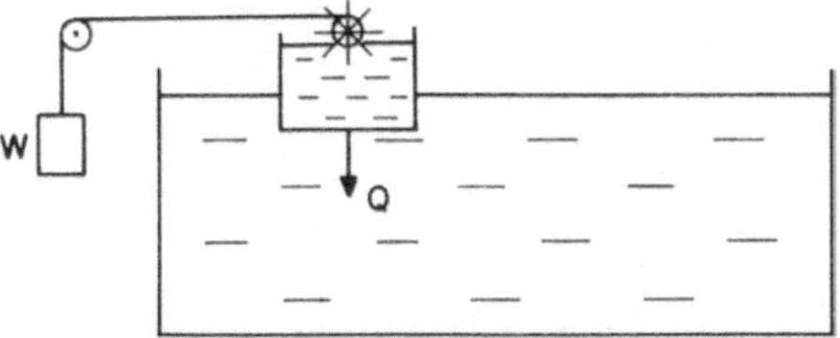

Abb. 9.1. Der kleine Behälter bildet zusammen mit dem Schaufelrad eine Maschine, die die zugeführte Arbeit W in Wärme Q verwandelt. Der große Behälter bildet ein Wärmereservoir, welches die von der Maschine erzeugte Wärme aufnimmt

Falls die Wärmekapazität des großen Behälters in der Abb. 9.1 hinreichend groß ist, steigt die Temperatur der Maschine trotz der produzierten Wärme Q nicht an und die innere Energie U der Maschine bleibt unverändert:

$$\Delta U = 0.$$

Und das kann man beliebig lange fortsetzen. Mechanische Arbeit oder Energie läßt sich also in beliebigem Maße vollständig in Wärme umwandeln.

b) Umwandlung von Wärme in mechanische Arbeit

Zur Erzeugung mechanischer Energie aus Wärme kann z. B. die isobare Expansion eines Gases benützt werden (Abb. 9.2).

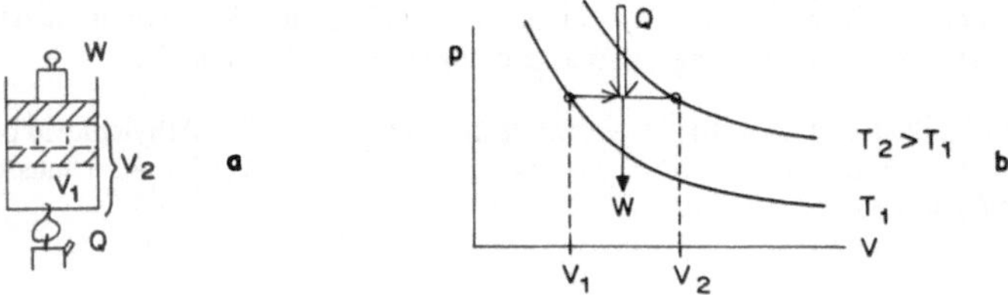

Abb. 9.2. Isobare Expansion eines Gases. **a** Durch Erwärmung des Gases in dem Zylinder durch die zugeführte Wärme Q wird der Kolben angehoben und Hubarbeit W verrichtet. **b** Wie das p-V-Diagramm zeigt, kommt es hierbei auch zu einer Temperaturzunahme des Gases von T_1 auf T_2

Wegen der hier auch erfolgenden Erhöhung der inneren Energie des Gases um $\Delta U = c_{SP} \cdot m \cdot (T_2 - T_1)$ ist keine vollständige Umwandlung der zugeführten Wärme Q in mechanische Arbeit W möglich:

$$W = Q - \Delta U.$$

Daß bei der isobaren Erwärmung eines Stoffs keine 100%-ige Unwandlung von Wärme Q in Arbeit W möglich ist, liegt offenbar daran, daß ein Teil der zugeführten Wärme, anstatt in Arbeit verwandelt zu werden, den Stoff erwärmt. Also liegt es nahe, eine isotherme Expansion eines Gases zu betrachten, wie dies in der Abb. 9.3 beschrieben ist.

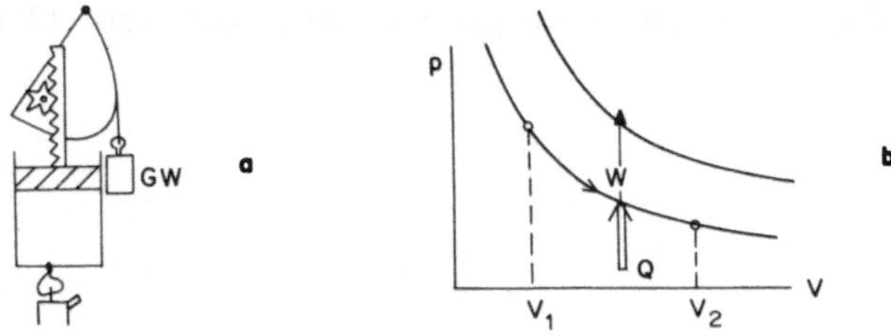

Abb. 9.3. Isotherme Expansion eines Gases. **a** Durch eine geeignete Mechanik läßt sich der zu dem jeweiligen Behältervolumen V aufgrund des Clapeyronschen Gesetzes (Graphik **b**) gehörige Druck p mit einem Gewicht GW realisieren. Die zugeführte Wärme Q wird vollständig in Arbeit W verwandelt

Nun erfolgt keine Erwärmung des Gases und nach dem 1. Hauptsatz ist daher eine vollständige Umwandlung der zugeführten Wärme Q in Arbeit W möglich:

$$W = Q.$$

Allerdings gelingt dies nur einmalig; man kann das nicht beliebig fortsetzen, es ergibt somit keine brauchbare Maschine. Eine Maschine muß (zumindest im Prinzip) beliebige Beträge von Wärme Q in Arbeit W umwandeln können.

Also versuchen wir es mit einer periodisch arbeitenden Maschine und lassen den Kolben eine periodische Auf- und Abbewegung isotherm ausführen. Das aber gibt insgesamt keine mechanische Arbeit W. Derselbe Arbeitsbetrag, der bei der Kolbenbewegung nach oben gewonnen wird, wird anschließend bei der Kompressionsbewegung nach unten wieder verbraucht: s. Abb. 9.4.

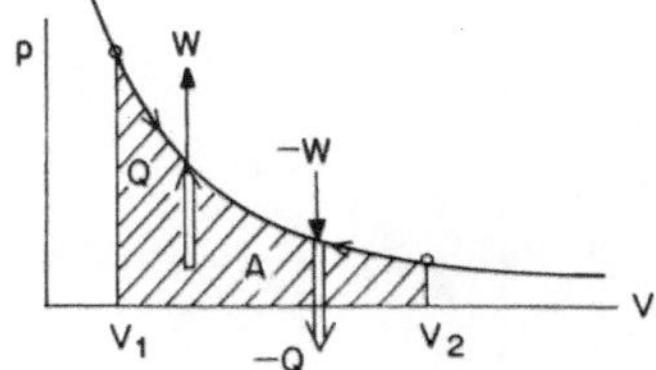

Abb. 9.4. Die Arbeit W einer isotherm periodisch arbeitenden Maschine ist proportional zu der schraffierten Fläche A zwischen der Isotherme und der Abszisse. W ist positiv bei der Expansion von V_1 nach V_2, W ist negativ bei der Kompression von V_2 nach V_1. Nach Durchlaufen einer ganzen Periode ist die Summe der auftretenden mechanischen Arbeiten W gleich Null. Auch die Summe der zu- bzw. abgeführten Wärmen Q ist Null

Die von der Maschine in Abb. 9.4 verrichtete Arbeit ist

$$W_{12} = \int_{V_1}^{V_2} p \cdot dV,$$

also proportional zu der Fläche A zwischen der Isotherme und der Abszisse. Bewegt sich der Kolben nach oben, wird diese Arbeit gewonnen, derselbe Arbeitsbetrag wird jedoch benötigt, um das Gas bei der Bewegung nach unten wiederum zu komprimieren. Eine periodische Zustandsänderung entlang ein und derselben Isotherme liefert somit netto keine mechanische Arbeit.

Also versuchen wir es nun mit zwei unterschiedlichen Isothermen: Wir lassen das Gas entlang der einen Isotherme mit der Temperatur T_2 expandieren und komprimieren es anschließend entlang einer Isothermen mit der niedrigeren Temperatur T_1. Dann gewinnen wir bei der Expansion mehr Arbeit als wir bei der Kompression investieren müssen. Der Arbeitsstoff muß nun allerdings am Ende der Expansion von der Temperatur T_2 auf die Temperatur T_1 abgekühlt und vor Beginn der Expansion auf die Temperatur T_2 wieder erwärmt werden. Auf diese Weise entsteht ein sogenannter

Kreisprozeß.

Solche Kreisprozesse sind die Grundlage aller Maschinen, die Wärme in mechanische Arbeit verwandeln. Wir betrachten im folgenden den 1824 von S. Carnot angegebenen Kreisprozeß, s. Abb. 9.5. Dieser Prozeß spielt zwar keine technische Rolle, läßt jedoch die wichtigen Zusammenhänge leicht verstehen.

Bei diesem Prozeß muß während der isothermen Expansion (a) bei der höheren Arbeitstemperatur T_2 die Wärmemenge Q_2 zugeführt werden. Der Arbeitsstoff verrichtet hierbei an dem Kolben die Arbeit W_2. W_2 wird also gewonnen. An das Ende dieser isothermen Expansion schließt sich eine adiabatische Expansion (b) des Arbeitsstoffs an. Während dieser Expansion vom Volumen V_B auf V_C erfolgt also keine Wärmezufuhr. Die hierbei abgegebene Arbeit W_E hat daher Abkühlung von der Temperatur T_2 auf T_1 zur Folge. Anschließend erfolgt isotherme Kompression (c) vom Volumen V_C auf das Volumen V_D bei der Temperatur T_1. Hierbei muß mechanische Arbeit W_1 zugeführt werden und die dadurch auftretende Erwärmung wird durch Kühlung, also Wärmeabgabe (Q_1), vermieden. Schließlich

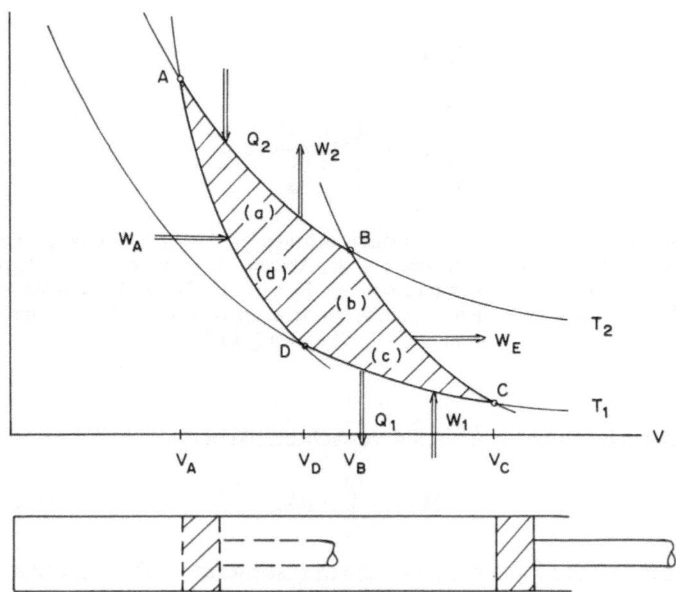

Abb. 9.5. Carnotscher Kreisprozeß: **a** isotherme Expansion, **b** adiabatische Expansion, **c** isotherme Kompression, **d** adiabatische Kompression

erfolgt bei V_D adiabatische Kompression auf V_A. Die hierzu erforderliche Arbeit ist W_A. Damit ist der Kreisprozeß geschlossen.

Die bei diesem Kreisprozeß netto gewonnene mechanische Arbeit läßt sich aufgrund unserer vorhergegangenen Überlegungen leicht angeben: Abgegeben wird die der Fläche unter den Kurvenabschnitten (a) und (b) proportionale Arbeit, investiert haben wir Arbeit proportional zur Fläche unter (c) und (d). Netto verbleibt als gewonnene Arbeit ein Anteil, der der schraffierten Fläche innerhalb des Kreisprozesses entspricht.

Wir beschäftigen uns hier nicht mit der Frage, wie ein solcher Kreisprozeß technisch realisierbar ist. In Wirklichkeit wird sich ein solcher Prozeß nur mehr oder weniger gut annähern lassen. Beispielsweise kann das Umschalten von den isothermen Vorgängen, bei welchen guter Wärmekontakt zu einer die Wärme liefernden oder aufnehmenden Vorrichtung bestehen muß, zu den adiabatischen Prozessen, wo ja keinerlei Wärmeaustausch erfolgen soll, erhebliche technische Probleme bereiten. Natürlich sind solche Fragen für die technische Realisierung von großer Bedeutung. Wir fragen hier aber nur nach der grundsätzlichen Möglichkeit der Umwandlung von Wärme in mechanische Arbeit und können diese technischen Fragen als gelöst annehmen (tatsächlich wurde eine streng nach dem Carnot-Prozeß arbeitende Maschine nie gebaut; am nächsten kommt diesem Prozeß der Stirlingsche Heißluftmotor).

Betrachten wir nun die Frage, inwieweit in dem beschriebenen Kreisprozeß Wärme in mechanische Arbeit verwandelt wird: Dazu stellen wir die Energiebilanz einer vollständigen Periode dieses Kreisprozesses auf. Für eine vollständige Periode ist $\Delta U = 0$, weil sich der Arbeitsstoff am Ende der Periode wieder in demselben

Zustand befindet, wie zu Beginn. Also lautet der 1. Hauptsatz (7.3)

$$W_1 + W_A + W_2 + W_E = Q_1 + Q_2.$$

(Zugeführte Wärmemengen und abgegebene mechanische Arbeiten werden hier positiv gezählt.) Zunächst ist festzustellen, daß die bei den adiabatischen Zustandsänderungen (b) und (d) auftretenden Arbeitsbeträge W_A und W_E gleich groß sind. Bei (b) erfolgt adiabatische Abkühlung des Arbeitsstoffs von T_2 auf T_1, bei (d) erfolgt adiabatische Erwärmung von T_1 auf T_2. Die dem Arbeitsstoff bei (b) entzogene innere Energie ist daher gleich jener, die ihm bei (d) zugeführt wird. Diese Energiebeträge entsprechen aufgrund des 1. Hauptsatzes W_E bzw. W_A, weil bei den adiabatischen Zustandsänderungen keinerlei Wärmemengen ausgetauscht werden. Es ist also

$$W_A + W_E = 0$$

und die Energiebilanz des Kreisprozesses vereinfacht sich zu:

$$W_1 + W_2 = Q_1 + Q_2.$$

Q_1 ist negativ, da dieser Energiebetrag abgegeben wird. D. h. die bei diesem Kreisprozeß netto gewonnene mechanische Arbeit $W_1 + W_2$ ist kleiner als die dem Arbeitsstoff zugeführte Wärme Q_2. Ein Teil dieser Wärme, nämlich Q_1, wird ungenutzt abgegeben. Der thermodynamische Wirkungsgrad η einer solchen Maschine, d. i. der Quotient aus der gewonnenen mechanischen Arbeit durch die zugeführte Wärmemenge, ist daher immer kleiner als 1:

$$\eta = \frac{W_1 + W_2}{Q_2} = 1 + \frac{Q_1}{Q_2} < 1.$$

Bei anderen Maschinen bzw. Kreisprozessen erhält man analoge Zusammenhänge. In jedem Fall stellt man fest, daß ein Teil der zugeführten Wärme ungenutzt abgegeben werden muß (mit Ausnahme des unrealistischen Sonderfalls, daß $T_1 = 0K$; darauf gehen wir hier jedoch nicht näher ein). Diese Wärme, nämlich Q_1, wird bei Wärmekraftwerken beispielsweise über Kühltürme an die Umwelt abgegeben, kann aber auch zur Raumheizung benutzt werden.

Der Carnotsche Kreisprozeß zeigt, daß eine vollständige Umwandlung von Wärme in mechanische Arbeit nicht möglich ist. Dies gilt auch für andere Kreisprozesse. Der Carnot-Prozeß hat noch weit über die oben beschriebenen Zusammenhänge hinaus grundsätzliche Bedeutung in der theoretischen Thermodynamik. Beispielsweise hat dieser Kreisprozeß den größtmöglichen thermischen Wirkungsgrad aller zwischen zwei festen Temperaturen arbeitenden Kreisprozesse. Auf diese weiteren Aspekte gehen wir hier nicht näher ein.

9.2 Reversible und irreversible Vorgänge; Entropieprinzip

a) Reversible Vorgänge

Reversible Vorgänge sind Vorgänge, die sich umkehren lassen, ohne irgendwo bleibende Zustandsänderungen zu verursachen.

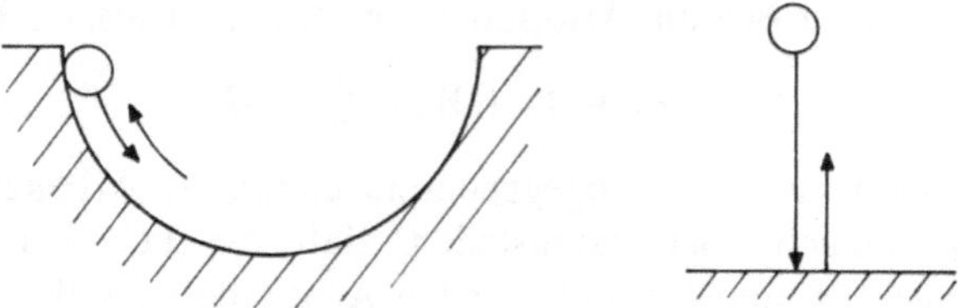

Abb. 9.6. Reversible Vorgänge der reinen Mechanik. In **a** rollt eine Walze reibungsfrei in einer zylindrischen Rinne immer wieder auf die Ausgangsposition zurück, in **b** prallt ein frei fallender Körper elastisch auf und springt auf die Ausgangsposition zurück

Alle Vorgänge der reinen Mechanik, d. i. die Mechanik ohne Wärmeentwicklung durch Reibung, sind reversibel: diese Vorgänge sind umkehrbar bzw. der Ausgangszustand ist wiederherstellbar, ohne Energie von außen zuführen zu müssen. Zwei Beispiele hierzu sind in Abb. 9.6 angedeutet. Auch alle ohne Wärmeentwicklung ablaufenden Vorgänge der reinen Elektrodynamik und der Optik sind umkehrbar, ebenso reibungsfreie quasistatische Vorgänge, bei denen zwar Wärme im Spiel ist, die auftretenden Temperaturdifferenzen jedoch Null gesetzt werden können. Ein Beispiel hierzu ist die bereits beschriebene—ideal durchgeführte—isotherme Expansion eines Gases. Das Gas befindet sich hiebei durch ideal wärmeleitenden Kontakt im thermischen Gleichgewicht mit einem Wärmereservoir.

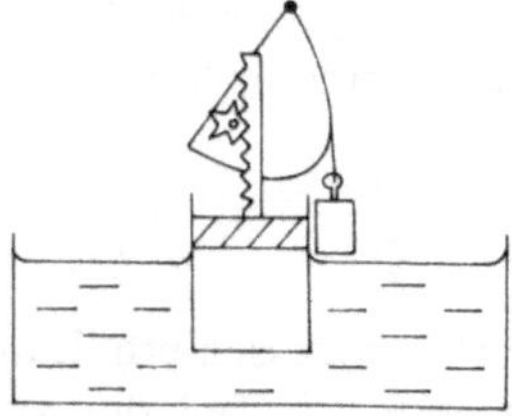

Abb. 9.7. Isotherme Expansion und Kompression eines Gases bei idealer Wärmeleitung zwischen Gas und Umgebung mit beliebig großer Wärmekapazität

Hier genügt ein beliebig kleiner Anstoß, um eine Bewegung des Kolbens in die eine oder andere Richtung einzuleiten; beispielsweise wird bei Bewegung des Kolbens nach oben die Gastemperatur absinken; dies wird jedoch sofort durch Wärmezufluß aus der Umgebung kompensiert. Der gesamte Vorgang muß allerdings sehr langsam ablaufen, um Turbulenzen im Gas zu vermeiden und um den Temperaturausgleich zu gewährleisten. Das Gas im Zylinder und die Umgebung sollen sich immer im thermischen Gleichgewicht und auf konstanter Temperatur befinden. Analoges spielt sich bei der entgegengesetzten Bewegung ab: der Ausgangszustand ist jederzeit wiederherstellbar. Einen solchen Vorgang nennt man quasistatisch, weil er aus einer Folge von Gleichgewichtszuständen besteht.

Die beschriebenen Beispiele zeigen bereits, daß reversible mechanische Vorgänge Idealisierungen sind, die bestenfalls angenähert werden können, in der makroskopischen Natur aber streng—mit Ausnahme von Tieftemperaturphänomenen—nicht auftreten. Vor allem die ständig präsente Reibung verhindert die Reversibilität vieler Vorgänge. Alle wirklich ablaufenden mechanischen Vorgänge sind irreversibel oder enthalten zumindest irreversible Anteile.

b) Irreversible Vorgänge

Mit wenigen Ausnahmen sind natürliche Vorgänge irreversibel. Auch die oben angeführten Beispiele für reversible Vorgänge sind nur unter Vernachlässigung von Reibung und auftretenden Temperaturdifferenzen als reversibel anzusehen. Irreversible Vorgänge verlaufen von selbst nur in eine Richtung und sind dadurch gekennzeichnet, daß

A. Wärme entsteht und/oder aufgrund einer endlichen Temperaturdifferenz transportiert wird und/oder sich
B. die Unordnung erhöht.

Zu A. gehören Vorgänge, bei welchen aus anderen Energieformen Wärme bzw. innere Energie entsteht, wie

bei realen Strömungen,
bei der Verformung von Körpern,
beim Stromdurchgang durch Leiter,
beim Magnetisieren von Stoffen,
bei chemischen Reaktionen,
beim freien Expandieren eines Gases und
bei der gedrosselten Entspannung
(bei den zwei letztgenannten Prozessen entsteht zunächst kinetische Energie, diese verwandelt sich anschließend in Wärme).

Zu B. gehören Vorgänge, wie

der Auf- und Abbau von Molekülen
die Diffusion von Gasen ineinander oder in andere Körper,
das Lösen eines festen Körpers im Lösungsmittel,
die Diffusion gelöster Stoffe in Lösungsmitteln und
die Osmose.

Ein gut bekanntes Beispiel für einen irreversiblen Prozeß stellt die Wärmeleitung dar: Die Wärmemenge Q wird von einem Wärmereservoir (d. i. ein Körper mit

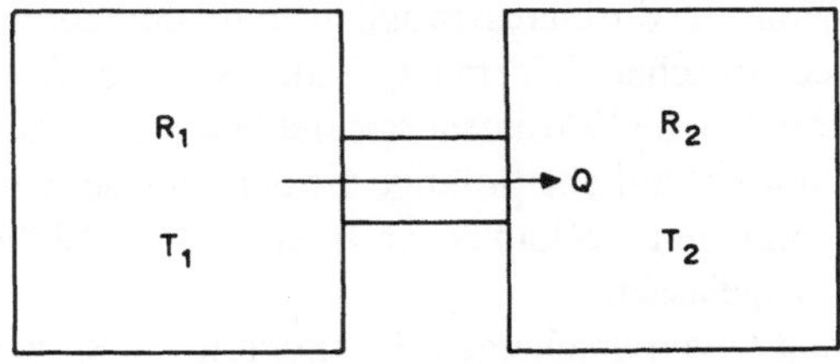

Abb. 9.8. Irreversible Wärmeleitung von einem Reservoir R_1 auf der Temperatur T_1 zu einem Reservoir R_2 auf der Temperatur T_2

so großer Wärmekapazität, daß die von ihm aufgenommenen oder abgegebenenen Wärmen keine merkliche Änderung seiner Temperatur zur Folge haben) R_1 bei der Temperatur T_1 an ein zweites Reservoir R_2 der Temperatur T_2 abgegeben. Dieser Vorgang ist ohne erhebliche Einwirkung von außen sicher nicht umkehrbar.

Ein weiteres Beispiel zu einem irreversiblen Vorgang ist die Umwandlung mechanischer Energie in Wärme wie beispielsweise durch die Joulesche Apparatur (Abb. 7.1b). Die Umkehrung dieses Vorgangs, nämlich das Anheben des Gewichts G durch Umwandlung der im Wasser befindlichen Wärme in mechanische Arbeit wird nicht beobachtet.

Wie können diese Unterschiede zwischen reversiblen und irreversiblen Vorgängen quantifiziert werden? Die Beispiele aus der reinen Mechanik würden zunächst vermuten lassen, daß das bloße Auftreten von *Wärme* bereits genügt, einen Vorgang irreversibel zu machen. Dieser Schluß trügt jedoch; wie die weiteren Beispiele gezeigt haben, gibt es auch dann Reversibilität, wenn mechanische Energie und Wärme ineinander verwandelt werden (s. Abb. 9.7).

Betrachten wir als nächstes einen zweifelsfrei irreversiblen Vorgang, nämlich die Wärmeleitung. Dieses Beispiel zeigt die große Bedeutung der auftretenden *Temperaturen*. Die naheliegende Vermutung, die Temperaturdifferenz könnte als Kriterium für die Irreversibilität dienen, wird jedoch durch den nicht umkehrbaren Vorgang bei der Wärmeerzeugung mittels des Jouleschen Apparats widerlegt. Dort wirkt offenbar keine Temperatur*differenz* mit. Außerdem ist bei der Wärmeleitung die transportierte Wärme Q wesentlich, ansonsten liegt keine Wärmeleitung vor. Als geeignetes Kriterium für die Reversibilität bzw. Irreversibilität stellt sich schließlich der Quotient aus aufgenommener oder abgegebener Wärme Q gebrochen durch die Temperatur T, bei der dies erfolgt, heraus. Diese Größe heißt *Entropie S*:

$$S = Q/T.$$

Die Beispiele 9.3 bis 9.5 illustrieren ein allgemein gültiges Gesetz: Bei irreversiblen Vorgängen nimmt die Entropie zu. Die Entropie ist ein Maß für die Irreversibilität eines Vorgangs und läßt beurteilen, ob ein Vorgang in der Natur stattfinden kann. Es gibt in der Natur nur Prozesse, bei welchen die Entropie insgesamt zunimmt oder gleichbleibt.

Eine ähnliche Aussage erlaubt ja bereits der Energieerhaltungssatz. Nach diesem sind alle jene Vorgänge möglich, bei welchen die Gesamtenergie eines abgeschlossenen Systems konstant bleibt. Allerdings sagt der Energieerhaltungssatz nichts über die Richtung eines Vorgangs aus. Beispielsweise wäre es aufgrund des Energieerhaltungssatzes durchaus möglich, daß der Joulesche Apparat zur Bestimmung des mechanischen Wärmeäquivalents (Abb. 7.1) auch umgekehrt funktioniert: daß er nämlich die Wärmeenergie des Wassers in mechanische Energie verwandelt und das Gewicht anhebt. Solange die dem Wasser entnommene Wärme gleich der daraus gewonnenen mechanischen Energie ist, wird dieser Vorgang vom Energierhaltungssatz zugelassen.

Dieses Beispiel mag trivial erscheinen. In anderen Fällen jedoch, wie etwa bei der Richtung von spontan ablaufenden chemischen Reaktionen in biologischen Zellen, läßt sich die richtige Antwort nicht mehr aufgrund unserer täglichen

Erfahrung geben. Hier benötigen wir ein objektives Maß, nämlich die Entropie, um entscheiden zu können, ob und in welche Richtung ein Vorgang abläuft.

Clausius hat den 1. und 2. Hauptsatz der Wärmelehre in die folgende kompakte Form gebracht:

„Die Energie des Weltalls ist konstant;
die Entropie des Weltalls strebt einem Maximum zu".

Mit diesem thermodynamischen Entropieprinzip lassen sich die oben unter A. aufgeführten Vorgänge verstehen. Für die unter B. aufgeführten Vorgänge benötigen wir noch die

c) Statistische Interpretation des Entropieprinzips

Wir betrachten die im Beispiel 9.4 behandelte freie Entspannung eines idealen Gases. Das Anfangsvolumen sei V_A und das Endvolumen V_E z-mal größer: $V_E = z \cdot V_A$.

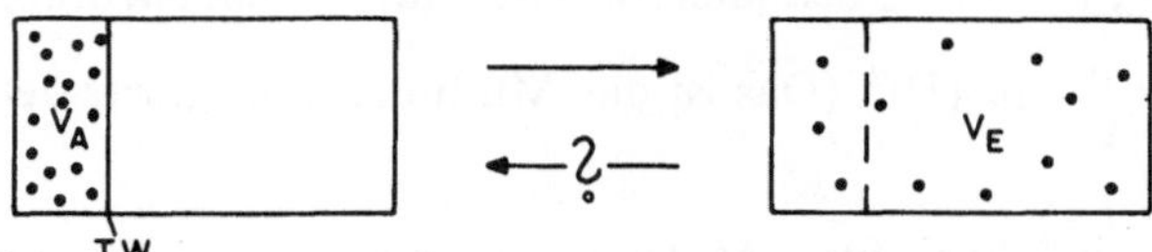

Abb. 9.9. Freie Entspannung eines Gases aus dem Volumen V_A in ein größeres Volumen V_E durch Entfernen der Trennwand TW

Erfahrungsgemäß breiten sich die Gasmoleküle aufgrund ihrer Wärmebewegung sofort auf den gesamten zur Verfügung stehenden Raum aus (d.h. die Unordnung nimmt zu). Der umgekehrte Vorgang, daß sich die Moleküle, bedingt durch ihre Wärmebewegung, zufällig wieder alle in dem kleineren Volumen V_A versammeln, wird nicht beobachtet. Diese Tatsachen lassen sich auf der Basis von Wahrscheinlichkeitsbetrachtungen verstehen: Wir vergleichen die Wahrscheinlichkeit des Zustands, daß sich alle Moleküle im Volumen V_E befinden mit jener des Zustands, bei dem sich alle Moleküle in V_A befinden:

Zustand	Wahrscheinlichkeit
alle Moleküle in V_A	p_A
alle Moleküle in V_E	p_E

Zunächst ist die Wahrscheinlichkeit $p_A(1)$ dafür, daß sich *ein* bestimmtes Molekül im kleineren Volumen V_A aufhält, zu bestimmen.

Mit Wahrscheinlichkeit meinen wir hier—wie im Kapitel 1—den Quotienten aus der Anzahl der günstigen Ereignisse gebrochen durch die Anzahl aller möglichen Ereignisse. Machen wir Stichproben, d. h. betrachten wir die Position eines Moleküls zu verschiedenen Zeitpunkten, dann liegt ein günstiges Ereignis dann vor, wenn sich dieses Molekül in V_A befindet. Andererseits muß es sich natürlich jedesmal irgendwo in V_E befinden, d. h. in diesem Fall ist die Anzahl der möglichen Ereignisse gleich der Anzahl unserer Stichproben. Wenn sich nun dieses

Molekül, wie bei der Wärmebewegung zu erwarten, völlig zufällig im Gasraum bewegt, werden diese Anzahlen einfach proportional zu den entsprechenden Volumina sein, d. h.

$$p_A(1) = V_A/V_E = \frac{1}{z}$$

und

$$p_E(1) = V_E/V_E = 1.$$

Dieses Ergebnis können wir auch so verstehen: $p_A(1)$ ist der Quotient aus der Zeitspanne t_A, die sich das Molekül bei vielen Stichproben in V_A aufhält, gebrochen durch die Gesamtdauer t dieser Stichproben: $p_A(1) = t_A/t$. Mit dieser Überlegung läßt sich auch sofort die Wahrscheinlichkeit angeben, mit welcher zwei Moleküle gleichzeitig in V_A anzutreffen sind: Während der Beobachtungszeit t befindet sich das eine Molekül die Zeitspanne t_A lang in V_A. Innerhalb dieser Zeitspanne t_A befindet sich das zweite Molekül genau den Bruchteil t_A/t ebenfalls in V_A. Daraus folgt, daß sich während einer Beobachtungszeit t beide gleichzeitig nur während der Zeitspanne $t_A \cdot t_A/t$ in V_A befinden. Bezogen auf die Beobachtungszeit t ist das der Bruchteil $\frac{t_A}{t} \cdot \frac{t_A}{t} = (p_A(1))^2$. (Das ist das Multiplikationsgesetz der Wahrscheinlichkeitslehre).

Die Wahrscheinlichkeit für 2 Moleküle gleichzeitig in V_A ist somit

$$p_A(2) = (p_A(1))^2$$

und für N Moleküle:

$$p_A(N) = (p_A(1))^N = \left(\frac{V_A}{V_E}\right)^N.$$

Man nennt $p_A(N)$ die thermodynamische Wahrscheinlichkeit des Zustands, bei dem sich alle Moleküle in V_A befinden. Da $V_A/V_E < 1$ und N in allen makroskopischen Volumina eine sehr große Zahl ist, ist die thermodynamische Wahrscheinlichkeit des Zustands, bei dem sich alle Moleküle in V_A befinden, praktisch Null (s. Beispiel 9.6). Die thermodynamische Wahrscheinlichkeit des Zustands, bei dem sich alle Moleküle in V_E befinden, ist natürlich

$$p_E(N) = \left(\frac{V_E}{V_E}\right)^N = 1.$$

Die Expansion eines Gases stellt sich hier als Übergang in einen entsprechend wahrscheinlicheren Zustand dar. Nun vergleichen wir dieses Ergebnis mit der Entropiebetrachtung zu diesem Vorgang, s. Beispiel 9.4. Dort ist

$$\Delta S = n \cdot R \cdot \ln(V_E/V_A) = N \cdot k \cdot \ln(V_E/V_A) = -N \cdot k \cdot \ln(V_A/V_E).$$

Das läßt sich mit Hilfe der thermodynamischen Wahrscheinlichkeiten und ein bißchen Mathematik folgend schreiben:

$$\Delta S = -N \cdot k \cdot \ln\left(\frac{V_A}{V_E}\right) = -k \cdot \ln\left(\frac{V_A}{V_E}\right)^N = -k \cdot \ln\left(\frac{p_A(N)}{p_E(N)}\right)$$
$$= k \cdot \ln(p_E(N)) - k \cdot \ln(p_A(N))$$

oder:

$$\ln(p_E(N)) = \ln(p_A(N)) + \Delta S/k$$

d. h. die Zunahme des Logarithmus der thermodynamischen Wahrscheinlichkeit ist proportional zur Entropieänderung ΔS. Diese fundamentale Beziehung wurde von L. Boltzmann gefunden; die Proportionalitätskonstante k trägt daher seinen Namen.

Das Prinzip von der Vermehrung der Entropie stellt sich hier als *Prinzip von der Vermehrung der Unordnung* dar: Alle von selbst bzw. spontan eintretenden Vorgänge erhöhen die Unordnung. Damit lassen sich nun auch die oben unter B. aufgeführten Vorgänge erfassen.

Das Entropieprinzip besagt also, daß jedes System, sich selbst überlassen, in den wahrscheinlichsten Zustand übergeht: Entropiezunahme bedeutet Übergang in einen wahrscheinlicheren Zustand. Der wahrscheinlichere Zustand ist der mit der größeren Unordnung. Demgegenüber befindet sich ein lebender Organismus in einem sehr hohen Ordnungszustand („Leben frißt negative Entropie"), d. h. anderswo entsteht Entropie. Leben ist daher thermodynamisch instabil.

Zusammenfassung 9

I. Die Umwandelbarkeit von Wärme in mechanische Energie wird durch die von Kelvin und Planck formulierte Form des 2. Hauptsatzes ausgedrückt:

> „Es ist nicht möglich, eine Maschine zu realisieren, die nichts anderes bewirkt, als Erzeugung mechanischer Arbeit durch Abkühlung eines Wärmespeichers".

Oder: Es gibt kein Perpetuum mobile 2. Art. Der thermodynamische Wirkungsgrad η einer solchen Maschine, d. i. der Quotient aus der gewonnenen mechanischen Arbeit durch die zugeführte Wärmemenge, ist immer kleiner als 1:

$$\eta = \frac{W_1 + W_2}{Q_2} = 1 + \frac{Q_1}{Q_2} < 1 \tag{9.1}$$

Kelvin-Plancksche Formulierung des 2. Hauptsatzes am Beispiel eines Wärmekraftwerks:

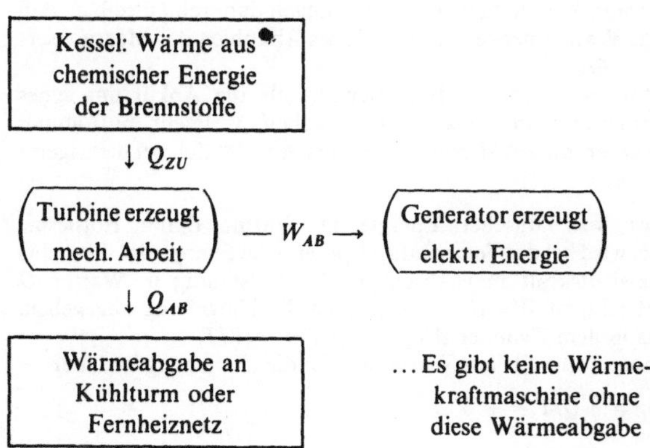

II. Natürliche Vorgänge sind meist irreversibel. Irreversible Vorgänge sind dadurch gekennzeichnet, daß Wärme entsteht und/oder aufgrund einer endlichen Temperaturdifferenz transportiert wird und/oder sich die Unordnung erhöht.

Ein Maß für die Irreversibilität von Vorgängen ist die Entropie S. Deren Änderung ΔS ist der Quotient aus der von einem System bei der Temperatur T aufgenommenen oder abgegebenen Wärmemenge Q

$$\Delta S = Q/T. \tag{9.2}$$

Bei reversiblen Vorgängen ist

$$\Delta S = 0; \tag{9.3}$$

bei irreversiblen Vorgängen nimmt die Entropie zu:

$$\Delta S > 0. \tag{9.4}$$

Reversible Vorgänge sind meist Idealisierungen. Alle mechanischen Vorgänge in der makroskopischen Natur sind irreversibel (Ausnahme: Tieftemperaturphänomene); die Entropie nimmt also fortwährend zu (Prinzip von der Vermehrung der Entropie).

Anmerkungen

1. Man kann zwar grundsätzlich die Richtung eines irreversiblen Prozesses auch umkehren. Dazu ist aber Energie erforderlich. Da es kein Perpetuum mobile 2. Art gibt, entstehen so an anderer Stelle (nämlich dort, wo die erforderliche Energie gewonnen wird) Veränderungen mit Entropiezunahme. In einem *abgeschlossenen System* gibt es daher nur Vorgänge, bei welchen die Entropie zunimmt: $\Delta S > 0$.

2. Von selbst eintretende oder *spontane Prozesse* sind solche, die zu ihrem Eintreten keinerlei Einwirkung von außen bedürfen. Man betrachtet also Vorgänge in einem abgeschlossenen System. Für solche spontan oder von selbst auftretende Vorgänge gilt daher, daß die Entropie des Systems zunimmt.

3. Q in Gleichung 9.2 ist die reversibel zu- oder abgeführte Wärme, die dieselbe Zustandsänderung herbeiführt, wie der betrachtete irreversible Prozeß.

III. Das Prinzip von der Vermehrung der Entropie ist auch ein Prinzip von der Vermehrung der Unordnung. Nach Boltzmann entspricht dem Übergang eines Systems in den Zustand mit größerer Entropie ein solcher in den Zustand größerer thermodynamischer Wahrscheinlichkeit.

$$\Delta S = k \cdot \ln(p_E(N)) - k \cdot \ln(p_A(N)) \tag{9.5}$$

oder:

$$\ln(p_E(N)) = \ln(p_A(N)) + \Delta S/k. \tag{9.6}$$

Beispiel 9.1. Wäre der 2. Hauptsatz nicht wahr, könnte man ein Schiff einfach dadurch antreiben, daß man die nach dem 1. Hauptsatz notwendige Wärmemenge Q durch bloßes Abkühlen des Meerwassers gewinnt. Das wäre ein „*Perpetuum mobile 2. Art*".

Es gibt keinen Vorgang in der Natur, der nichts anderes bewirkt als die Abkühlung eines Wärmereservoirs und die äquivalente Verrichtung einer mechanischen Arbeit. Vielmehr muß immer ein Teil der Wärme ungenutzt abgegeben werden; diese Wärmeenergie „versammelt" sich bei niedrigerer Temperatur.

Beispiel 9.2. Isotherme Umwandlung von mechanischer Energie in Wärme durch isotherme Kompression eines Gases (Abb. 9.7): Hierbei wird bei der Temperatur T potentielle Energie des Gewichts durch mechanische Arbeit $W = G \cdot h$ = Gewichtskraft mal Absenkstrecke vollständig in Wärme Q umgewandelt (da keine innere Energie entsteht, ist $W = G \cdot h = Q$) und an die Umgebung abgegeben. Also ist die Entropieänderung für das Gas in dem Zylinder $\Delta S_A = -Q/T = -W/T$.

Die Umgebung nimmt (bei derselben Temperatur T) diese Wärme auf; für die Umgebung ist daher

$$\Delta S_U = +Q/T = +W/T.$$

Für Apparat und Umgebung ist daher

$$\Delta S = \Delta S_A + \Delta S_U = 0.$$

D. h. bei diesem reversiblen Prozeß entsteht insgesamt keine Entropie.

Beispiel 9.3. Entropieänderung bei der Wärmeleitung (Abb. 9.8): Das System R_1 gibt Q ab, das System R_2 nimmt Q auf. Daher ist

$$\Delta S_1 = -Q/T_1 \quad \text{und} \quad \Delta S_2 = +Q/T_2.$$

Da $T_1 > T_2$, ist

$$\Delta S_1 + \Delta S_2 > 0.$$

Bei diesem irreversiblen Vorgang nimmt die Gesamtentropie zu.

Beispiel 9.4. Freie Entspannung eines idealen Gases (ohne Verrichtung mechanischer Arbeit) vom Anfangsvolumen V_A in ein Volumen V_E(Versuch von Gay-Lussac, Beispiel 8.7):

Da es zu keiner Wärmeabgabe an die Umgebung kommt, ist deren Entropieänderung Null. Es verbleibt die Entropieänderung im Gas, diese ist bei einer isothermen Expansion

$$\Delta S = \int_{V_A}^{V_E} \frac{dQ}{T}.$$

Für ein ideales Gas gilt bei isothermen Prozessen:
nach dem 1. Hauptsatz:

$$dQ = p \cdot dV$$

nach der Clapeyron-Gleichung:

$$T = \frac{p \cdot V}{n \cdot R}.$$

Also ist

$$\Delta S = n \cdot R \cdot \int_{V_A}^{V_E} \frac{dV}{V} = n \cdot R \cdot \ln \frac{V_E}{V_A}.$$

Falls $V_E > V_A$, ist $\Delta S > 0$.

Beispiel 9.5. Entropiezunahme beim Schmelzen von Wasser der Masse $m = 1\,\text{kg}$. Die spezifische Schmelzwärme ist $s = 3,35 \cdot 10^5\,\text{J} \cdot \text{kg}^{-1}$. Schmelztemperatur $T_S = 0\,°\text{C}$, Umgebungstemperatur T_U.

Entropieänderung des Wassers:

$$\Delta S = m \cdot s/T_S = 1\,\text{kg} \cdot 3{,}3510^5\,\text{J} \cdot \text{kg}^{-1}/273{,}15\,\text{K} = 1226\,\text{J} \cdot \text{K}^{-1}.$$

Entropieänderung der Umgebung:

$$\Delta S = -m \cdot s/T_U.$$

Änderung der Gesamtentropie:

$$\Delta S = m \cdot s/T_S - m \cdot s/T_U.$$

Falls $T_S = T_U$ möglich, ist $\Delta S = 0$; der Vorgang wäre bei sonst idealen Verhältnissen reversibel.

Beispiel 9.6. Gas bei Standardbedingungen in einem Behälter von $V_E = 1{,}23\,\text{cm}^3$ (diese krumme Zahl dient nur zur Sicherstellung eines runden Ergebnisses). Wie groß ist die thermodynamische Wahrscheinlichkeit dafür, daß sich die gesamte Gasmenge in einer Behälterhälfte versammelt:

$$N = 6{,}02 \cdot 10^{23}\,\text{mol}^{-1} \cdot 1,23/22\,400\,\text{mol} = 3{,}3 \cdot 10^{19}$$
$$z = 2$$
$$p(N) = (\tfrac{1}{2})^{3,3 \cdot 10^{19}} = 10^{-19}, \text{ also Null.}$$

(Anschaulich ausgedrückt, könnte man sagen, daß sich während einer Zeitspanne von $10^{19}\,\text{s} = 3 \cdot 10^{11}\,a$ das Gas bestenfalls 1 Sekunde lang in einer Behälterhälfte konzentrieren wird; man vergleiche hierzu das Alter des Weltalls von etwa $2 \cdot 10^{10}\,a$.)

Beispiel 9.7. Entropiezunahme beim Verdampfen von Wasser der Masse m bei $100\,°\text{C}$ (ohne Berücksichtigung der Umgebung). l ist die spezifische Verdampfungswärme bei $100\,°\text{C}$:

$$\Delta S = m \cdot l/T = m \cdot l/373{,}15\,\text{K}.$$

Die Dampfmoleküle haben größere Unordnung (thermodynamische Wahrscheinlichkeit) als die Wassermoleküle.

Beispiel 9.8. Berücksichtigen wir in dem Beispiel 9.7 die Umgebung unter der Annahme, daß diese die an das Wasser übertragene Wärme bei der Temperatur T_U abgibt, erhalten wir folgende Änderung der Gesamtentropie:

$$\Delta S = m \cdot l/T - m \cdot l/T_U.$$

Für $T = T_U$ (und konstantes Volumen) ist dieser Vorgang reversibel.

Beispiel 9.9. Erwärmung eines Stoffs der Masse m mit der spezifischen Wärmekapazität c_S von der Temperatur T_1 auf die Temperatur T_2 durch Wärmezufuhr aus der Umgebung.

Die bei der jeweils vorliegenden Temperatur T zugeführte Wärmemenge beträgt $dQ = m \cdot c_S \cdot dT$. Die Entropiezunahme (ohne Berücksichtigung der Umgebung) ist damit

$$\Delta S = \int_{T_1}^{T_2} \frac{dQ}{T} = \int_{T_1}^{T_2} m \cdot c_S \cdot \frac{dT}{T} = m \cdot c_S \ln \frac{T_2}{T_1}.$$

Für $T_2 > T_1$ ist $\Delta S > 0$; bei der (höheren) Temperatur T_2 ist die Unordnung der Wassermoleküle größer als bei T_1.

Aufgabe 9.1. Berechnen Sie die Entropieänderung bei der Erzeugung von Wärme Q aus mechanischer Arbeit W (Abb. 9.1). Vernachlässigen Sie die geringe in der eigentlichen Maschine verbleibende Wärmemenge.

Aufgabe 9.2. Der Entropiezunahme in dem obigen Beispiel 9.9 steht eine Entropieabnahme der Umgebung gegenüber. Berechnen Sie diese Entropieabnahme unter der Annahme, daß die Temperatur der Umgebung bei der Wärmeabgabe konstant gleich T_2 ist.

10. Thermodynamische Potentiale

10.1 Chemisches Potential

a) Freie Enthalpie

Hauptenergiequelle für die meisten Lebewesen ist die Oxydation von Kohlehydraten und anderen Verbindungen in den Zellen. Die dabei frei werdende Energie wird zum Aufbau von energiereichen Verbindungen wie Adenosintriphosphat (ATP) verwendet, die ihre Energie an den Orten wieder abgeben, wo diese von der Zelle benötigt werden. Beispielsweise in den kontraktilen Proteinen der Muskelfasern oder zur Synthese von Molekülen, die für die Zellteilung oder für physiologische Funktionen erforderlich sind.

Die meisten dieser Prozesse laufen spontan ab. Das ist nach dem 2. Hauptsatz der Thermodynamik nur möglich, wenn die Entropie insgesamt zunimmt. Das bedeutet, daß nicht die gesamte verfügbare Bindungsenergie des Energielieferanten für irgendwelche Prozesse zur Verfügung steht. Vielmehr muß ein Teil als Wärme abgegeben werden, damit die Gesamtentropie nicht abnimmt.

Ausschlaggebend sind nur die Entropieänderungen. Man kann daher die Entropiewerte der Stoffe im Prinzip für eine beliebige Temperatur Null setzen. Grundsätzliche Überlegungen zeigen jedoch, daß die Entropien der Stoffe am absoluten Nullpunkt Null sind. Für praktische Zwecke sind allerdings die Entropiewerte bei höheren Temperaturen nützlicher, daher werden die Entropiewerte der Stoffe für $p = 101$ kPa und $T = 25$ °C als sogenannte Standardentropien tabelliert: s. Tabelle 10.1.

Lebensprozesse laufen in der Regel isotherm-isobar ab. Damit solche Prozesse spontan, also ohne Energiezufuhr von außen ablaufen, muß Wärme an die Umgebung abgegeben werden. Dies zeigt die folgende Überlegung: Die Summe der

Entropien der beteiligten Stoffe ändere sich innerhalb des betrachteten Systems um ΔS_{sys}. Falls $\Delta S_{sys} < 0$, führt dies zu einer Entropieabnahme, was bei spontanen Prozessen ausgeschlossen ist. Wird hingegen die Wärme $Q > -\Delta S_{sys} \cdot T$ an die Umgebung abgegeben, nimmt deren Entropie zu: $\Delta S_{umg} = Q/T$. Es kommt dann insgesamt zu einer Entropiezunahme: $\Delta S_{sys} + \Delta S_{umg} > 0$ und der betreffende Prozeß ist möglich.

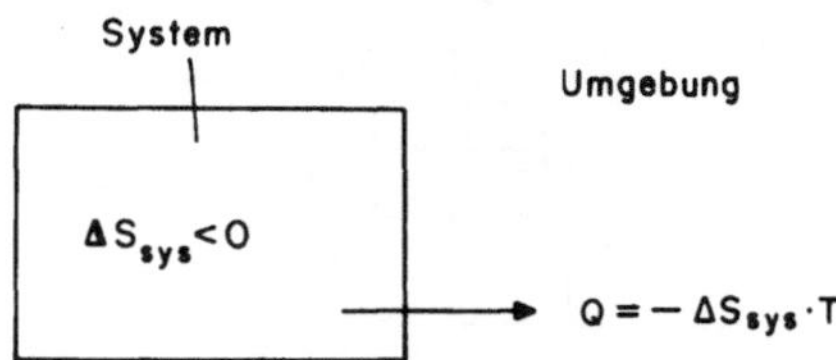

Abb. 10.1. Ändert sich die Entropie der beteiligten Stoffe des betrachteten Systems um $\Delta S_{sys} < 0$, muß bei spontan verlaufendem Prozeß Q an die Umgebung abgegeben werden

Zum Aufbau von energiereichen Verbindungen, zum Aufbau von Zellsubstanzen und zur Verrichtung von mechanischer Arbeit in Muskelzellen steht daher nicht die gesamte Enthalpiedifferenz ΔH (= Enthalpie der Reaktionsprodukte minus Enthalpie der Ausgangsprodukte) zur Verfügung, sondern maximal die Energie

$$G = \Delta H - T \cdot \Delta S,$$

mit ΔS = Differenz der Entropien der Reaktionsprodukte S_R minus die Entropien der Ausgangsprodukte S_A. G heißt daher freie Enthalpie. $T \cdot \Delta S$ muß als Wärme an die Umgebung abgegeben werden.

Bei jedem Vorgang in der Natur, bei welchem Arbeit verrichtet wird, d. h. eine gegebene Energieform in eine andere umgewandelt wird, wird die nichtnutzbare Energie $T \cdot \Delta S$ als Wärme frei. Wieviel Energie bei einer Reaktion genutzt werden kann, hängt von der Differenz der Entropien der Ausgangsstoffe S_A und der Reaktionsprodukte S_R ab. Entstehen Produkte, deren Entropie kleiner ist als die Entropie der Ausgangsstoffe, ist $\Delta S = S_R - S_A < 0$ und die nutzbare Energie $G = \Delta H - T \cdot \Delta S$ wird entsprechend verkleinert (da ΔH die Differenz der Enthalpien der Reaktionsprodukte minus die Enthalpien der Ausgangsprodukte ist, ist bei frei werdender Enthalpie $\Delta H < 0$), s. Beispiel 10.3.

Damit die freie Enthalpie G auch tatsächlich genutzt werden kann und nicht doch als Wärme frei wird, ist es nötig, daß die energieliefernden Reaktionen mit solchen gekoppelt ablaufen, die Energie benötigen. In der Zelle wird die freie Enthalpie, die auf andere Moleküle übertragen werden soll, meist von Oxydationsvorgängen geliefert. Beispielsweise wird durch Oxydation von Alkohol über mehrere enzymgesteuerte Zwischenschritte ATP gebildet.

b) Chemisches Potential in Stoffgemischen

Das chemische Potential u einer Gemischkomponente ist deren *molare* freie Enthalpie. u wird meist für eine Konzentration von $c = 1\ \mathrm{mol \cdot l^{-1}}$ bei $T = 25\ °C$ und $p = 101$ kPa als sogenanntes *chemisches Standardpotential* u_0 tabelliert. Das chemische Potential für andere Konzentrationen erhält man folgend (für isotherme Prozesse genügt es, die Veränderung der Enthalpie zu berechnen):

Zu Beginn sei in einem Behälter mit einem semipermeablen Kolben von diesem eine Lösung mit der Konzentration (Molarität) von 1 mol/Liter in das Volumen $V_0 = 1$ l eingeschlossen. Darüber befinde sich reines Lösungsmittel: s. Abb. 10.2. Der

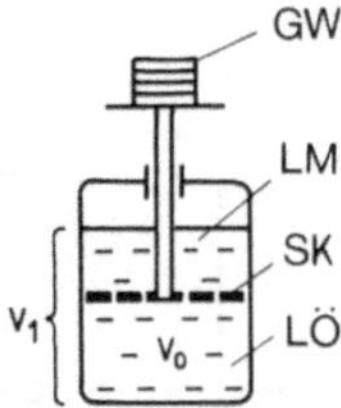

Abb. 10.2. Reversible Diffusion in einer Lösung. *GW* = Gewichte, *LM* = reines Lösungsmittel, *SK* = semipermeabler Kolben, *LÖ* = Lösung

osmotische Druck drückt den Kolben nach oben. Um diesen Prozeß reversibel ablaufen zu lassen, denkt man sich den Kolben mit einer Vielzahl sehr kleiner Gewichte belastet, die man kontinuierlich entfernt, so daß der Kolben kontinuierlich nach oben steigt. Würde man diesen Vorgang nicht reversibel durchführen, entstünde anstatt Volumenarbeit hauptsächlich Wärme. Bei reversibler Durchführung wird die Arbeit

$$W = \int p \cdot dV$$

mit $p = n \cdot R \cdot T/V$ aus dem van't Hoffschen Gesetz (6.15)

$$W = n \cdot R \cdot T \int_{V_0}^{V_1} \frac{1}{V} \cdot dV = n \cdot R \cdot T \cdot \ln \frac{V_1}{V_0}$$

verrichtet, d. h. abgegeben. Das ist im übrigen dieselbe Volumenarbeit, die ein ideales Gas verrichtet, wenn es sich von V_0 auf V_1 ausdehnt. Diese Volumenarbeit ist somit vom chemischen Potential bzw. der molaren freien Enthalpie noch abzuziehen. Es ist also die molare freie Enthalpie eines in V_1 gelösten Stoffs

$$u = u_0 - R \cdot T \cdot \ln \frac{V_1}{V_0}.$$

Anstelle des Quotienten der beiden Volumina, auf die sich die gelöste Komponente verteilt, kann auch der Quotient der entsprechenden Konzentrationen $c = n/V$ eingesetzt werden:

$$u = u_0 + R \cdot T \cdot \ln \frac{c_1}{c_0},$$

wobei u_0 das chemische Potential bei der Konzentration $c_0 = 1$ mol/l ist.

10.2 Membranpotentiale

a) Nernst-Gleichung und Donnan-Potential

In Abb. 10.3 ist eine semipermeable Membran von einer Salzlösung aus einwertigen Kationen *K* und einwertigen Anionen *A* umgeben. Das gelöste Salz *AK*

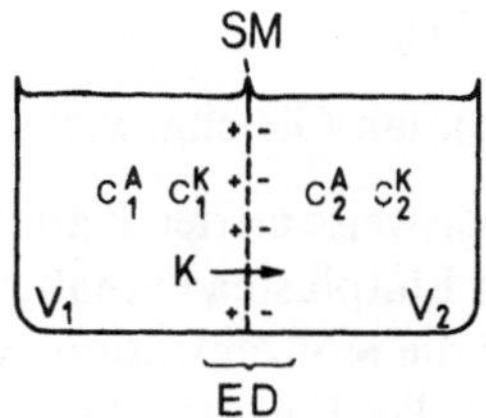

Abb. 10.3. Ionengleichgewicht an einer semipermeablen Membran *SM*, die nur für die Kationen *K* durchlässig sei (Kationenaustauschermembran). Die Konzentration der Kationen *K* sei im Teilvolumen V_1 größer als in V_2. Es kommt zur Diffusion von Kationen nach V_2 hin. Die elektrischen Potentiale ϕ_1 bzw. ϕ_2 in den beiden Teilvolumina verändern sich. An der Membran entsteht eine elektrische Doppelschicht *ED*

liege zu beiden Seiten der semipermeablen Membran in unterschiedlichen Konzentrationen vor und sei vollständig dissoziiert. Die Konzentrationen der einwertig angenommenen Ionen seien sinngemäß: c_1^K, c_2^K, c_1^A, und c_2^A. Die Membran sei durchlässig für die Kationen, jedoch undurchlässig für die Anionen.

Durch die Diffusion der Kationen kommt es zu einer Veränderung des elektrischen Potentials der beiden Teilvolumina. Wie groß ist die entstehende Potentialdifferenz? Die Antwort erhalten wir mit Hilfe des Boltzmann-Theorems Gleichung 6.8: Die Teilchendichten bzw. Konzentrationen verhalten sich wie

$$c_1 : c_2 = 1 : \exp\left(-\frac{\Delta E}{k \cdot T}\right),$$

wobei ΔE hier die Energiedifferenz aufgrund der elektrischen Potentialdifferenz $\Delta\varphi$ ist, also:

$$\Delta E = z \cdot e \cdot \Delta\varphi$$

mit $e = 1{,}6 \cdot 10^{-19}\,C$ = Ladung eines (einwertigen) Ions und z = Ladungszahl des Ions. Daraus erhält man direkt

$$\Delta\varphi = \varphi_2 - \varphi_1 = -\frac{1}{z \cdot e} \cdot k \cdot T \cdot \ln\frac{c_2}{c_1}.$$

Dies ist die Nernstsche Gleichung.

Falls die Membran für beide Ionenarten *A* und *K* durchlässig ist, ist

$$c_1^K = c_2^K$$

und

$$c_1^A = c_2^A$$

und damit $\Delta\varphi = 0$.

Donnan-Potential. Konzentrationsunterschiede von Ionen an Membranen können entweder durch aktiven Transport durch Ionenpumpen aufrecht erhalten werden, oder durch passiven Transport, wenn eine Ionenart die Membran nicht passieren kann. Das nicht permeierende Ion beeinflußt die Konzentrationen der permeablen Ionen. Wir nehmen nun an, daß die Membran für die Anionen *A* und die Kationen *K* durchlässig sei, jedoch undurchlässig für ein hochmolekulares Anion *I*. Das sich hier einstellende Gleichgewicht heißt nach F. P. Donnan, der ein solches erstmalig berechnete (1911),

Donnan-Gleichgewicht.

Dieses Gleichgewicht tritt beispielsweise an den Kapillargefäßen auf, weil die Kapillarmembran für verschiedene im Blutplasma enthaltene Anionen (Proteinate) nicht permeabel ist. Die Folge ist, daß die Konzentrationen auch der an sich permeablen Ionen in Blutplasma und interstitieller Flüssigkeit unterschiedlich sind. Eine analoge Abweichung tritt zwischen Blutplasma und Glomerulusfiltrat auf.

An Zellmembranen stellt sich für alle nicht aktiv durch Ionenpumpen transportierte Ionen ebenfalls das Donnan-Gleichgewicht ein. Werden die Ionenpumpen außer Kraft gesetzt oder gehemmt, stellt sich dieses auch für die übrigen Ionen ein. Das ist beispielsweise der Fall, wenn die Ionenpumpen durch Wirkstoffe blockiert werden oder wenn der ATP-Gehalt der Zelle erschöpft ist. Analoges passiert, wenn die Zelle bzw. ein Organ bei niedrigen Temperaturen in Protektionslösung aufbewahrt wird.

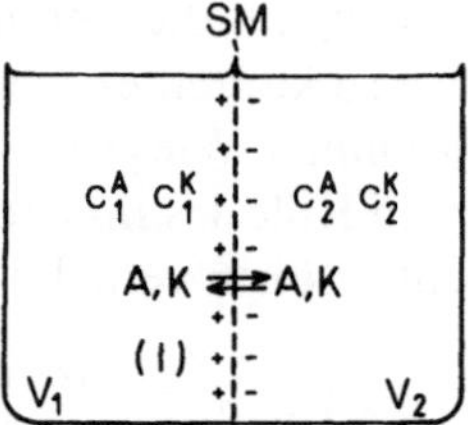

Abb. 10.4. Entstehung des Donnan-Gleichgewichts. Die semipermeable Membran *SM* ist durchlässig für Kationen *K* und Anionen *A* des Elektrolyten, jedoch undurchlässig für Anionen *I*

Für die sich hier einstellenden Ionenkonzentrationen gibt die Nernstsche Gleichung die zugehörige elektrische Potentialdifferenz (Donnan-Spannung) an der Membran bzw. zwischen den beiden Lösungshälften. Umgekehrt folgt aus der Nernstschen Gleichung für einfach geladene Ionen (für Kationen ist $z = +1$, für Anionen ist $z = -1$):

$$c_2^K : c_1^K = \exp\left(-\frac{e \cdot \Delta\varphi}{k \cdot T}\right)$$

und

$$c_2^A : c_1^A = \exp\left(\frac{e \cdot \Delta\varphi}{k \cdot T}\right)$$

woraus

$$\frac{c_2^K}{c_1^K} = \frac{c_1^A}{c_2^A} = \frac{1}{K}; \quad K = \text{Donnan-Koeffizient.}$$

Ohne das impermeable Ion *I* würden sich Anionen und Kationen mit gleicher Konzentration in V_1 und V_2 verteilen. Da *I* jedoch auf V_1 beschränkt ist, stellen sich die im folgenden durch den Donnan-Koeffizienten beschriebenen Konzentrationsverhältnisse ein.

Abgesehen von der elektrischen Doppelschicht muß in den zwei Lösungshälften elektrische Neutralität herrschen:

$$c_1^A + z_I \cdot c_I = c_1^K$$
$$c_2^A = c_2^K.$$

Hier ist z_I die Ladungszahl des nichtpermeierenden Ions. Aus dieser Neutralitätsbedingung, dem Donnan-Koeffizienten und der Donnan-Spannung können die Konzentrationen der permeablen Anionen und Kationen bestimmt werden.

Den Donnan-Koeffizienten K erhält man aus der Neutralitätsbedingung, wenn man die oberen durch die unteren Gleichungshälften dividiert:

$$\frac{1}{K} = K - c_I \cdot \frac{z_I}{c_2^K}$$

oder

$$K^2 - K \cdot c_I \cdot \frac{z_I}{c_2^K} - 1 = 0$$

woraus

$$K = \frac{c_I \cdot z_I}{2 \cdot c_2^K} + \sqrt{\left(\frac{c_I \cdot z_I}{2 \cdot c_2^K}\right)^2 + 1}.$$

Nur das positive Vorzeichen der Quadratwurzel ist physikalisch sinnvoll.

b) Membranruhepotential

Hinweis: *In Biologie und Biophysik hat sich eine unpräzise Ausdrucksweise eingebürgert, die „Potential" mit „Potentialdifferenz" = Spannung gleichsetzt. Soweit dies nicht irreführend sein kann, wird diese Ausdrucksweise hier beibehalten.*

Das Donnanpotential ist die bei passiver Zellmembran durch Diffusion sich einstellende Potentialdifferenz (!) an der Membran. Der aktive Transport von Ionen durch die verschiedenen Ionenpumpen verändert jedoch die Konzentrationen gegenüber dem Donnanzustand.

Ionenpumpen sind für eine ganze Reihe von Substanzen nachgewiesen worden. Bei der Na^+/K^+-Pumpe handelt es sich beispielsweise um ein Enzym, welches in zwei Konformationszuständen existieren kann:

(a) In einem dephosphorylierten Zustand, hierbei liegen Natriumbindungsstellen auf der Innenseite der Membran frei.

(b) Bei Phosphorylierung durch ATP werden die gebundenen Na^+-Ionen an die Außenseite der Membran transferiert, dabei verlieren die Bindungsstellen ihre Selektivität für Na^+ and binden bevorzugt K^+-Ionen. Die Na^+-Ionen können nun abdiffundieren; sobald K^+-Ionen gebunden sind, erfolgt Dephosphorylierung, das Enzym kehrt in die ursprüngliche Konformation zurück und der Zyklus beginnt von neuem. Ein weiteres aktives Transportsystem, welches auf der Spaltung energiereicher Phosphate beruht, ist der Ca^{++}-Transport im sarkoplasmatischen Retikulum der Muskelzelle.

Das Ruhepotential an der Zellmembran entsteht dadurch, daß die Ionenpumpen gegen das chemische und das elektrische Potential hohe extrazelluläre Na^+-Konzentrationen und hohe intrazelluläre K^+-Konzentrationen erzeugen. (Analoges gilt in unterschiedlichem Ausmaß auch für die Konzentrationen von Ca^{++}, Cl^- und H^+.)

Bei dem konstanten Ruhepotential müssen sich die verschiedenen Diffusionsströme der Ionen, die sogenannten Ionenfluxe, aufheben. Aus dieser Bedingung erhält man unter gewissen vereinfachenden Annahmen, wie z. B. der eines konstanten Potentialgradienten innerhalb der Membran, die Goldman-Hodgkin-Katz-Gleichung für die Ruhespannung an der Zellmembran:

$$\Delta\varphi = \frac{R \cdot T}{F} \cdot \ln \left(\frac{\sum_i P_i^A \cdot a_I^A(\text{intra}) + \sum_i P_i^K \cdot a_i^K(\text{extra})}{\sum_i P_i^A \cdot a_i^A(\text{extra}) + \sum_i P_i^K \cdot a_i^K(\text{intra})} \right)$$

F ist die Faraday-Konstante. Die P_i^A und P_i^K sind die Permeabilitätskoeffizienten (s. Kapitel 6.6) und die a_i^A und a_i^K die Aktivitäten der verschiedenen beteiligten Ionen. (Nähere Erläuterungen bei R. Glaser, 1986.)

c) Aktionspotential von Zellen

Eine Zelle kann durch unterschiedliche Reize (chemische, mechanische, thermische und elektrische) aktiviert oder erregt werden. Dabei treten je nach Reizintensität zwei grundsätzlich verschiedene Reaktionen auf. Bei geringer Reizintensität, sogenannter unterschwelliger Reizung, treten nur geringe lokale Änderungen der Membranspannung auf. Überschreitet der Reiz hingegen eine gewisse Schwelle, tritt eine charakteristische, nun weitgehend von der Reizgröße unabhängige, zeitliche Veränderung des Membranpotentials auf:

das Aktionspotential.

Die Abb. 10.5 beschreibt den zeitlichen Verlauf der hierbei an der Zellmembran auftretenden Spannungen und Ströme.

Im Ruhezustand der Zelle dominiert die Kaliumpermeabilität und damit die von der Kaliumspannungsquelle erzeugte Membranspannung. Man kann Aktionsimpulse experimentell beispielsweise dadurch auslösen, daß man die Zellmembran auf die Schwellspannung von etwa $-50\,\text{mV}$ depolarisiert. Nach Überschreiten der Schwellspannung steigt die Ionenpermeabilität der Membran sprunghaft an: dies ist die Depolarisationsphase des Aktionsimpulses. Hierbei steigt die Natriumpermeabilität schneller an als die Kaliumpermeabilität: Abb. 10.5c deutet dies an; die Folge ist, daß zunächst die Na-Spannung dominiert. Dieser Vorgang erfolgt mit positiver Rückkopplung und dadurch weitgehend selbsterhaltend: die zunehmende Depolarisierung erhöht die Membranpermeabilität (Spannungsabhängigkeit des Ionenkanals), wodurch die Depolarisation weiter beschleunigt wird. Der die Natriumpermeabilität repräsentierende Widerstand R_{Na} sinkt dadurch vorübergehend auf etwa ein Zehntel des Widerstands R_{K}, der die Kaliumpermeabilität repräsentiert. Setzen wir diese Werte in die Berechnung des Membranpotentials (Beispiele 10.9 und 10.10) ein, erhalten wir für den erregten Zustand:

$$\Delta\varphi = -55\,\text{mV}.$$

Nunmehr dominiert also die Natriumspannung, das Membranpotential ist in dieser Phase innen positiv. Die tatsächlich an Zellen gemessenen Spannungen sind allerdings etwas kleiner, was man auf die Beteiligung auch anderer Ionen zurückführt.

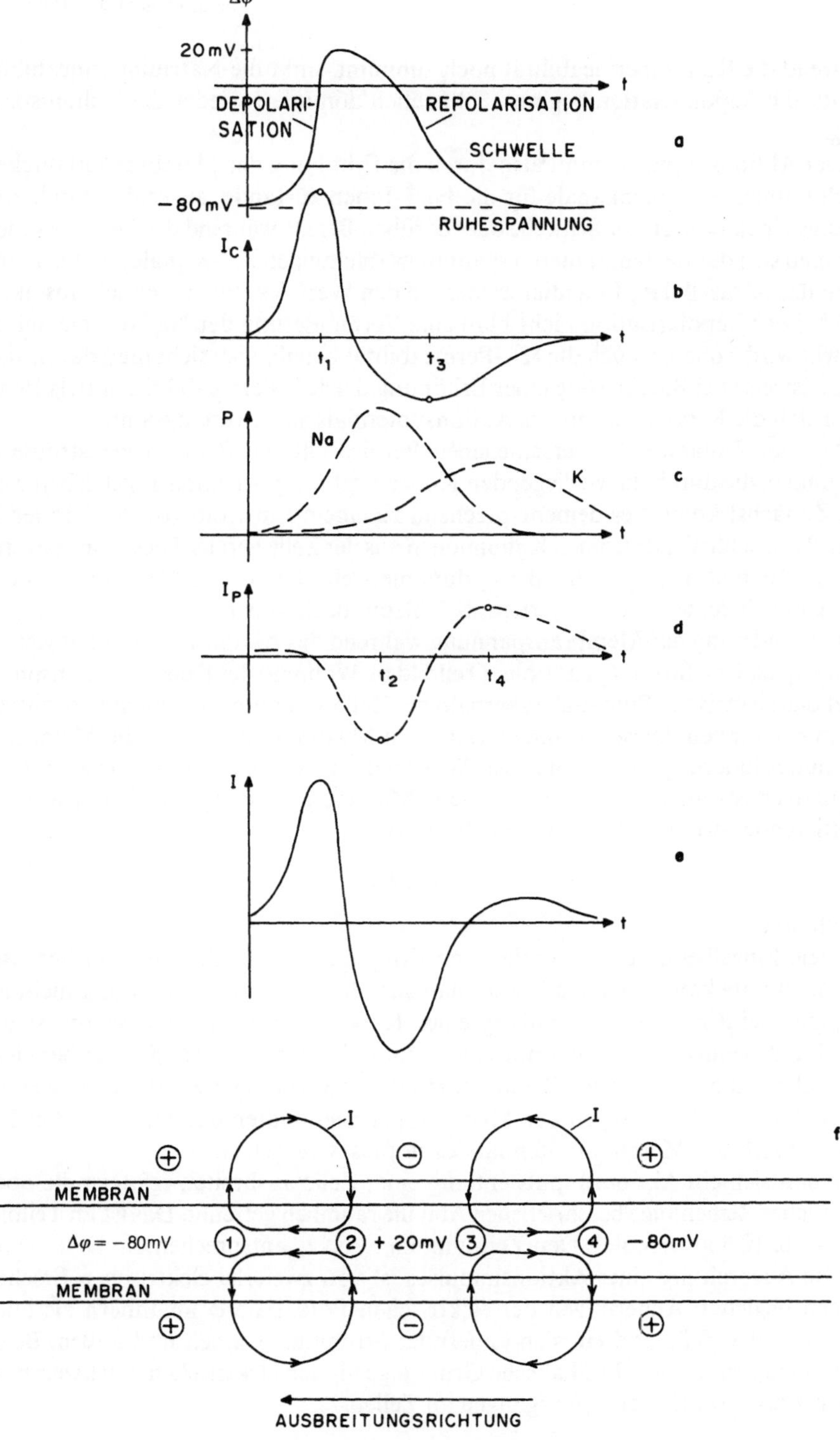

Abb. 10.5. Charakteristischer Verlauf des Aktionspotentials (Membranspannung $\Delta\varphi$), der Membranpermeabilitäten P und der damit verbundenen Ströme I. Die schaftlosen Pfeilspitzen im Teilbild f bedeuten die Stromrichtung. Nähere Erläuterung im Text

Während die Kaliumpermeabilität noch zunimmt, sinkt die Natriumpermeabilität bereits; die Repolarisation beginnt. Schließlich dominiert wieder die Kaliumspannung.

Der Aktionsimpuls kommt also durch die Erhöhung der Membranleitfähigkeit durch Öffnen der Ionenkanäle für die Na^+-Ionen zustande, ausgelöst durch eine Anfangsdepolarisation zur Schwelle oder darüber. Bereits während der Depolarisation beginnen sich die viel langsameren spannungsabhängigen K^+-Kanäle zu öffnen und lassen das intrazelluläre Potential wieder auf den Wert des Ruhepotentials absinken. Daß bei der Repolarisation nicht bloß eine Verminderung der Na^+-Permeabilität bewirkt wird, sondern auch die K^+-Permeabilität beteiligt ist, sieht man daran, daß beispielsweise bei Blockierung einer Erhöhung der K^+-Permeabilität mittels Pharmaka sich die Repolarisation des Aktionspotentials stark verlangsamt.

Mit der Zunahme der verschiedenen Permeabilitäten P sind Ionenströme I_P verbunden, die durch die vorliegenden Konzentrationsgradienten angetrieben werden. Zunächst kommt es dementsprechend zu einem Einstrom von Na^+-Ionen in die Zelle, anschließend strömen Kaliumionen aus der Zelle heraus. Diese Ionenströme sind im Teilbild d dargestellt. Bei t_2 dominiert ein Strom von Na^+-Ionen in das Innere der Zelle, bei t_4 dominiert ein K^+-Strom nach außen.

Die Änderung der Membranspannung während des Aktionsimpulses hat weiters einen kapazitiven Strom I_C zur Folge (Teilbild b). Während der Depolarisationsphase steigt das elektrische Potential außerhalb der Zelle, es kommt zu einem kapazitiven Strom nach innen. Dieser Strom erreicht sein Maximum bei t_1, wo die Membranspannungsänderung am größten ist. Während der Repolarisationsphase tritt ein kapazitiver Strom nach außen auf, sein Maximum liegt bei t_3. Der insgesamt resultierende Strom I ist die Summe der Ströme

$$I = I_P + I_C,$$

s. Teilbild e.

Viele Einzelheiten des beschriebenen Erregungsablaufs eines Aktionsimpulses sind noch unbekannt. Jedenfalls darf man sich die Erregungsausbreitung nicht als einfache Elektrizitätsleitung entlang eines Kabels vorstellen. Eher schon ist der manchmal benutzte Vergleich mit einer Zündschnur realistisch. So wie bei einer Zündschnur die angrenzende Region durch die Erwärmung gezündet wird, werden in der Zelle die Änderungen der Membranpermeabilitäten der benachbarten Regionen durch das Membranpotential des Impulses ausgelöst.

Wenn sich ein Aktionsimpuls entlang einer Zelle ausbreitet, erfolgen die oben in zeitlicher Reihenfolge beschriebenen Abläufe räumlich getrennt. Das ist im Teilbild f der Abb. 10.5 angedeutet. Den Zeitpunkten t_1 bis t_4 entsprechen die Orte (1) bis (4). Die Ausbreitung eines Aktionsimpulses ist von zweierlei elektrischen Erscheinungen begleitet: Änderungen der elektrischen Potentiale ϕ im Innern als auch außerhalb der Zelle und ein sich ändernder Stromfluß I innen und außen. Beide Phänomene bilden die physikalische Grundlage für den elektrischen Nachweis bzw. die Messung von Erregungsvorgängen an Zellen.

Refraktärität. Die Membranpermeabilität für Na^+ fällt sehr bald (nach etwa 1 ms) nach Beginn der Depolarisation wieder ab, was man als Inaktivation bezeichnet. In dieser Phase ist die Aktivierbarkeit des Na^+-Systems potentialabhängig. Bei

Potentialen, die noch 20 bis 30 mV über dem Ruhepotential liegen, läßt sich keine Depolarisation auslösen: die Zelle ist nicht aktivierbar. Erst unterhalb eines Potentials von etwa 20 mV über dem Ruhepotential wird die Zelle aktivierbar, u. zw. umso eher, je tiefer das Membranpotential liegt.

Depolarisiert man also eine Membran unmittelbar nach einem Aktionspotential, läßt sich keine Erregung auslösen. Dieser Zustand dauert etwa 1 ms und heißt absolute Refraktärität. An diese Phase schließt ein Zustand an, in dem neuerliche Aktionspotentiale nur durch sehr große Depolarisationen auslösbar sind, die relative Refraktärphase. Diese Phasen haben große Bedeutung für die Erregungsausbreitung in Zellen und Organen (s. Herzkammerflimmern, Kapitel 14.2).

Zusammenfassung 10

I. Von der Enthalpiedifferenz ΔH zwischen Ausgangs- und Endprodukt der energieliefernden Verbindungen steht zur Umwandlung in andere Energieformen als Wärme maximal die freie Energie

$$G = \Delta H - T \cdot \Delta S \tag{10.1}$$

zur Verfügung. Der Betrag $T \cdot \Delta S$ muß als Wärme an die Umgebung abgegeben werden.

Für jeden Vorgang in der Natur, bei welchem Arbeit verrichtet wird, d. h. eine gegebene Energieform in eine andere umgewandelt wird, gilt:

$$\text{Gesamtenergieumsatz} = \text{nutzbare Energie} + \text{nichtnutzbare Energie}$$

$$\Delta H = G + T \cdot \Delta S. \tag{10.2}$$

Die nichtnutzbare Energie wird als Wärme frei.

II. Das chemische Potential u einer gelösten Stoffkomponente ist dessen molare freie Enthalpie:

$$u = u_0 - R \cdot T \cdot \ln \frac{V_1}{V_0}. \tag{10.3}$$

u_0 ist das chemische Standardpotential. Dieses ist für $p = 101$ kPa, $T = 25$ °C und Konzentrationen von $c = 1$ mol/l z. B.:

Stoff	u_0
Glukoselösung	– 904 kJ/mol
Milchsäurelösung	– 530,1 kJ/mol

Anstelle des Quotienten der beiden Volumina, kann auch der Quotient der entsprechenden Konzentrationen $c = n/V$ eingesetzt werden:

$$u = u_0 + R \cdot T \cdot \ln \frac{c_1}{c_0}. \tag{10.4}$$

D. h. das chemische Potential eines gelösten Stoffs enthält neben dem chemischen Standardpotential u_0 noch einen Konzentrationsanteil.

Anmerkung

In realen Mischungen gilt das van't Hoffsche Gesetz nur, wenn man die Konzentrationen durch die sogenannten Aktivitäten a ersetzt. In idealen Lösungen stimmen die Aktivitäten a mit den Konzentrationen c überein, in realen Lösungen weichen diese mehr oder weniger voneinander ab, weil es zu Wechselwirkungen zwischen den gelösten Komponenten kommt.

Tabelle 10.1. Standardenthalpien und Standardentropien verschiedener Stoffe (für $p = 101\,325$ Pa und $T = 25\,°C$). Aus: G. Ronto u. I. Tarjan, 1989

	Standard-Enthalpie in kJ/mol	Standard-Entropie in J/(mol·K)	Freie Standard-Enthalpie in kJ/mol
Wasserstoff H_2	0	130,6	0
Sauerstoff O_2	0	205,2	0
C (Graphit)	0	5,9	0
Wasser	− 286,0	69,9	− 237,4
Kohlendioxid	− 394,0	214,0	− 394,8
Essigsäure	− 487,4	159,9	− 392,7
Milchsäure	− 677,0	192,2	− 520,4
Äthanol	− 278,0	160,8	− 175,0
Glyzerin	− 666,6	208,1	− 475,6
Glukose	− 1280,1	212,4	− 915,7

III. Die Nernst-Gleichung

$$\Delta\varphi = \varphi_2 - \varphi_1 = -\frac{1}{e}\cdot k\cdot T\cdot \ln\frac{c_2}{c_1} \tag{10.5}$$

gibt die elektrische Spannung (Potentialdifferenz) $\Delta\varphi$, die zwischen zwei angrenzenden Gebieten mit unterschiedlicher Ionenkonzentration herrscht.

Das Donnanpotential entsteht an einer Membran, die für eine Ionenart I (Ladungszahl z) impermeabel ist. Dann stellen sich auch für die Konzentrationen bzw. Aktivitäten der permeablen Ionen Konzentrationsunterschiede ein, u. zw. entsprechend dem Donnan-Koeffizienten K:

$$K = \frac{c_I\cdot z}{2\cdot c_2^K} + \sqrt{\left(\frac{c_I\cdot z}{2\cdot c_2^K}\right)^2 + 1}. \tag{10.6}$$

Die Folge ist das Auftreten einer durch die Nernst-Gleichung gegebenen elektrischen Potentialdifferenz, der Donnanspannung.

IV. In den meisten Zellen werden die Membranpotentiale durch die Ionen K^+, Na^+ und Cl^- gebildet. Dann vereinfacht sich die Goldman-Hodgkin-Katz-Gleichung für die Membranspannung zur Goldman-Gleichung:

$$\Delta\varphi = \frac{R\cdot T}{F}\cdot\ln\left(\frac{P^{Cl}\cdot a^{Cl}(\text{intra}) + P^{K}\cdot a^{K}(\text{extra}) + P^{Na}\cdot a^{Na}(\text{extra})}{P^{Cl}\cdot a^{Cl}(\text{extra}) + P^{K}\cdot a^{K}(\text{intra}) + P^{Na}\cdot a^{Na}(\text{intra})}\right). \tag{10.7}$$

Anmerkung

In der Regel dominieren K^+ intrazellulär und Na^+ extrazellulär. Die Goldmangleichung zeigt jedoch, daß nicht nur die Aktivitäten a sondern auch die Permeabilitäten P entscheidenden Einfluß auf die Membranspannung $\Delta\varphi$ haben. Ionen mit kleiner Permeabilität P oder/und kleiner Aktivität a leisten keinen entscheidenden Beitrag zum Membranpotential.

Beispiel 10.1. Entropiezunahme beim Erwärmen je $n = 1$ mol Wasser beim Druck $p = 101$ kPa von $T_A = 0\,°C$ auf $T_E = 100\,°C$. Die Wärme muß reversibel, also in kleinen Beträgen ΔQ bei steigender Temperatur $T(T_A < T_1 < T_2 < \cdots < T_E)$ zugeführt werden (spezifische Wärmekapazität $c_s = 4{,}1868$

$kJ \cdot kg^{-1} \cdot K^{-1}$, s. Tabelle 7.3):

$$\Delta S = \frac{\Delta Q_1}{T_1} + \frac{\Delta Q_2}{T_2} + \cdots = \int_{T_A}^{T_E} \frac{dQ}{T} = C \int_{T_A}^{T_E} \frac{dT}{T} = C \cdot \ln \frac{T_E}{T_A}$$

$$= m \cdot c_s \cdot \ln \frac{T_E}{T_A}$$

$$= 4{,}186\,kJ \cdot K^{-1} \cdot kg^{-1} \cdot 0{,}018\,kg \cdot mol^{-1} \cdot \ln \frac{373{,}15}{273{,}15}$$

$$= 0{,}0235\,kJ \cdot K^{-1} \cdot mol^{-1}.$$

Beispiel 10.2. Änderung der Entropie beim Verdampfen vom $m = 1$ kg Wasser beim Druck von $p = 101$ kPa: Dieser Prozeß erfolgt bei konstanter Temperatur von $T = 373{,}15$ K. Die spezifische Verdampfungswärme bei $T = 100\,°C$ beträgt $l = 2256\,kJ \cdot kg^{-1}$, s. Tabelle 7.3. Also ist

$$\Delta S = l \cdot m / T = 2256\,kJ \cdot kg^{-1} \cdot 1\,kg / 373{,}15\,K$$

$$= 6{,}06\,kJ/K.$$

Beispiel 10.3. Freie Enthalpie bei der isobar-isothermen Bildung von $n = 1$ mol Wasser von 25 °C aus Knallgas von 25 °C: Zunächst erhält man als Differenz der (Standard-) Enthalpien der Endprodukte minus Enthalpien der Ausgangsstoffe (s. Tabelle 10.1):

H von 1 mol Wasser	−286,0 kJ/mol
minus	
H von 1 mol Wasserstoff	0 kJ/mol
H von 1/2 mol Sauerstoff	0 kJ/mol
die Enthalpiedifferenz	−286,0 kJ/mol

also:

$$\Delta H = -286{,}0\,kJ,$$

d. h. die Enthalpie hat abgenommen.

Diese Differenz steht jedoch nicht zur Gänze zur Verrichtung von Arbeit, d. h. zur Umwandlung in andere Energieformen als Wärme, zur Verfügung, sondern nur die freie Enthalpie $\Delta H - T \cdot \Delta S$, der Rest, nämlich $T \cdot \Delta S$ tritt in jedem Fall als Wärme auf.

Die Entropieänderung ΔS ist die Differenz der Entropie der Endprodukte minus der Entropie der Ausgangsstoffe:

S von 1 mol Wasser	60,9 J/(mol·K)
minus	
S von 1 mol Wasserstoff	−130,6 J/(mol·K)
S von $\frac{1}{2}$ mol Sauerstoff	−102,6 J/(mol·K)
ergibt	−163,3 J/(mol·K)

also:

$$\Delta S = -163{,}3\,J/(mol \cdot K),$$

d. h. die Entropie hat um 163,3 J/K abgenommen.

Die freie Enthalpie beträgt somit

$$\Delta H - T \cdot \Delta S = -286{,}0\,kJ/mol + 298{,}15\,K \cdot 163{,}3\,J/(mol \cdot K)$$

$$= -237{,}4\,kJ/mol$$

Es muß also die Wärmemenge $T \cdot \Delta S = 48{,}6$ kJ als Wärme abgegeben werden (was kein Problem darstellt, wenn es nur um die Bildung von Wasser geht). Sollte diese Reaktion mit einer energieverbrauchenden Reaktion gekoppelt ablaufen, dann steht hierfür nur die freie Enthalpie, also der Energiebetrag 237,4 kJ zur Verfügung.

Beispiel 10.4. Glykolyse: Isothermer Glukoseabbau zu Milchsäure z. B. bei Muskeltätigkeit. Die durchschnittlichen Konzentrationen im Organismus betragen:

Glukose: $c_G = 0{,}01\ \text{mol} \cdot \text{l}^{-1}$
Milchsäure: $c_M = 0{,}002\ \text{mol} \cdot \text{l}^{-1}$.

Die chemischen Potentiale betragen in Wasser:

Glukoselösung: $u_0 = -904\ \text{kJ} \cdot \text{mol}^{-1}$ bei $c = 1\ \text{mol} \cdot \text{l}^{-1}$
Milchsäurelösung: $u_0 = -530{,}1\ \text{kJ} \cdot \text{mol}^{-1}$ bei $c = 1\ \text{mol} \cdot \text{l}^{-1}$.

Berechnung der Konzentrationsanteile an dem chemischen Potential:

Glukose: $$R \cdot T \cdot \ln \frac{c_0}{c_1} = 8{,}31\ \text{J} \cdot \text{K}^{-1} \cdot \text{mol}^{-1} \cdot 309\ \text{K} \cdot \ln(0{,}01) = -11{,}8\ \text{kJ} \cdot \text{mol}^{-1}.$$

Milchsäure: $$R \cdot T \cdot \ln \frac{c_0}{c_1} = 8{,}31\ \text{J} \cdot \text{K}^{-1} \cdot \text{mol}^{-1} \cdot 309\ \text{K} \cdot \ln(0{,}002) = -16\ \text{kJ} \cdot \text{mol}^{-1}.$$

Die chemischen Potentiale betragen also:

Glukose: $u = -915{,}8\ \text{kJ} \cdot \text{mol}^{-1}$
Milchsäure: $u = -546{,}1\ \text{kJ} \cdot \text{mol}^{-1}$.

Aus $n = 1$ mol Glukose entstehen $n = 2$ mol Milchsäure; also können daraus maximal

$$-915{,}8\ \text{kJ} \cdot \text{mol}^{-1} - 2 \cdot (-546{,}1\ \text{kJ} \cdot \text{mol}^{-1}) = 176{,}4\ \text{kJ} \cdot \text{mol}^{-1}$$

an freier Enthalpie bzw. Arbeit gewonnen werden.

Beispiel 10.5. Grenzfälle zum Donnanfaktor:

(1) $z_I = 0$: $\rightarrow K = 1$, der Elektrolyt hat in beiden Hälften gleiche Konzentrationen;

(2) $z_I = +1$: $\rightarrow$ es folgt $K > \frac{c_I}{2 \cdot c_2^K} + 1 > 1$, folglich ist

$$a_1^K > a_1^A < a_2^A$$

d. h. das impermeable Ion I verdrängt das gleich geladene permeable Ion: a_1^A wird $< a_1^K$ und erhöht gleichzeitig die Konzentration (Aktivität) der entgegengesetzt geladenen Ionen:

$$a_1^K > a_2^K.$$

Die Konzentrationen der permeablen Ionen stimmen nun in den beiden Lösungsräumen nicht mehr überein, die Folge ist das Auftreten einer elektrischen Potentialdifferenz, der Donnanspannung.

Der Donnanfaktor K ist in einem System für alle einwertigen Ionen gleich groß. Ist er für ein Ion bekannt, beispielsweise durch Bestimmung von dessen Konzentrationen in beiden Lösungsräumen, dann lassen sich die intrazellulären Konzentrationen anderer Ionen aus deren Konzentrationen in der extrazellulären Flüssigkeit berechnen.

Beispiel 10.6. Das H^+-Ion steht an Zellmembranen im Donnangleichgewicht. Das Zytoplasma enthält impermeable Proteinat-Anionen. Wir haben hier also den Fall (2) aus Beispiel 10.5 vorliegen u. zw. in dem Sinne, daß links der Membran (Abb. 10.4) der intrazelluläre und rechts davon der extrazelluläre Raum liegt. Mit $a_1^H > a_2^H$, d. h. die H-Konzentration ist intrazellulär größer als extrazellulär; anders ausgedrückt, der pH-Wert ist intrazellulär kleiner als extrazellulär.

Aktiv transportierte Ionen unterliegen natürlich nicht der Donnan-Verteilung, es sei denn, die Ionenpumpen haben ihre Tätigkeit eingestellt. Während es sich beim Donnan-Gleichgewicht um ein *thermodynamisches Gleichgewicht* handelt, spricht man bei aktiv transportierten Ionen, die unter Energieaufwand gegen ihren elektrochemischen Gradienten in die Zelle gepumpt werden und passiv, also angetrieben durch ihren elektrochemischen Gradienten wieder ausströmen, von einem *Fließgleichgewicht*.

Beispiel 10.7. Elektrolytisches Elektrodenpotential in galvanischen Elementen. Taucht man ein Metall in eine Flüssigkeit, gehen seine Moleküle bzw. Atome in Lösung. Das Besondere an den Metallen ist, daß diese, bedingt durch die metallische Bindung, als Kationen in Lösung gehen. Man kann die Tendenz, in Lösung zu gehen, durch einen Lösungsdruck beschreiben. Diesem entspricht an der Grenzfläche Metall/Flüssigkeit die Ionenkonzentration C. Die Ionenkonzentration in der Flüssigkeit sei c. Dann gibt die Nernstsche Formel die elektrische Potentialdifferenz $\Delta\varphi$ zwischen Elektrode und Lösung:

$$\Delta\varphi = \varphi_2 - \varphi_1 = -\frac{1}{e}\cdot k\cdot T\cdot \ln\frac{C}{c}.$$

Dies ist die Basis für die Stromerzeugung in den galvanischen Elementen.

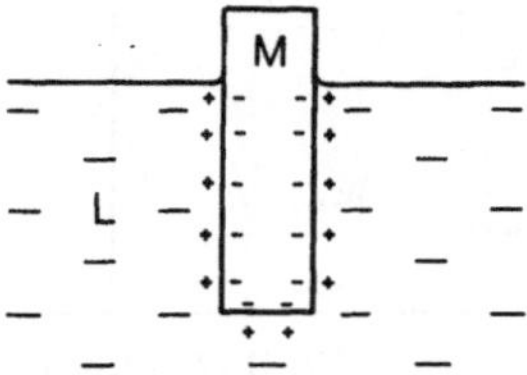

Abb. 10.6. Entstehung des elektrolytischen Potentials eines Metalls M gegen seine Lösung L. Ein galvanisches Element enthält noch ein zweites Metall in seiner Lösung, s. Kapitel 11

Beispiel 10.8. Bei der Erregung von Zellen kommt es zu erheblichen Änderungen der Membranpermeabilitäten P, wodurch die Membranspannung $\Delta\varphi$ starken Änderungen unterworfen sein kann. Dabei treten die folgenden Grenzfälle auf:

$$P^{\mathrm{K}} \gg P^{\mathrm{Na}} u\cdot P^{\mathrm{Cl}}: \quad \Delta\varphi = \frac{R\cdot T}{F}\cdot \ln\frac{a^{\mathrm{K}}(\mathrm{extern})}{a^{\mathrm{K}}(\mathrm{intern})}$$

$$P^{\mathrm{Na}} \gg P^{\mathrm{K}} u\cdot P^{\mathrm{Cl}}: \quad \Delta\varphi = \frac{R\cdot T}{F}\cdot \ln\frac{a^{\mathrm{Na}}(\mathrm{extern})}{a^{\mathrm{Na}}(\mathrm{intern})}$$

d. h. die Goldmangleichung reduziert sich auf die Nernstsche Gleichung.

Beispiel 10.9. In Nervenzellen betragen die Aktivitätsquotienten etwa:

$$a^{\mathrm{Na}}(\mathrm{extern})/a^{\mathrm{Na}}(\mathrm{intern}) = 15/1$$

$$a^{\mathrm{K}}(\mathrm{extern})/a^{\mathrm{K}}(\mathrm{intern}) = 1/30$$

Mit

$$R = 8{,}31\,\mathrm{J\cdot K^{-1}\cdot mol^{-1}},\ T = 310\,\mathrm{K},\ \text{und}\ F = 96480\,\mathrm{C\cdot mol^{-1}}$$

ist

$$R\cdot T/F = 26{,}7\,\mathrm{mV}.$$

Damit erhält man für die beiden Grenzfälle von Beispiel 10.8 folgende Membranspannungen:

$$\Delta\varphi^{K} = -90\,\mathrm{mV}$$

$$\Delta\varphi^{\mathrm{Na}} = 70\,\mathrm{mV}.$$

Die im Beispiel 10.8 angeführten Grenzfälle, bei welchen einmal die K-Permeabilität und einmal die Na-Permeabilität dominiert, lassen sich durch das Ersatzschaltbild Abb. 10.7 für die Membranspannung einer Zelle beschreiben.

Quelle für die Membranspannung $\Delta\varphi$ einer Zelle sind die chemischen Potentiale von Kalium und Natrium. Dies ist in der Abb. 10.7 durch eine Natrium-Spannungsquelle ($\Delta\varphi_{\mathrm{Na}}$) und eine entgegengesetzt gepolte (außen dominiert Na^+, innen K^+) Kaliumspannungsquelle ($\Delta\varphi_{\mathrm{K}}$) berücksichtigt. Die Widerstände R_{Na} und R_{K} repräsentieren die Membranpermeabilitäten für Na^+ bzw. K^+. Diese Widerstände sind sehr groß. Der Abbau des chemischen Potentials dauert auch ohne Nachlieferung von Ionen durch Ionenpumpen in manchen Zellen viele Stunden. C ist die elektrische Membrankapazität.

Dieses Ersatzschaltbild gibt die oben beschriebenen Grenzfälle (Beispiel 10.8) insoferne wieder, als beispielsweise bei großer Kaliumpermeabilität—dann ist R_{K} klein—das Membranpotential gleich dem Kaliumpotential wird; analoges gilt für das Natriumpotential. Bei den gewöhnlich vorliegenden Ionenpermeabilitäten einer unerregten Zelle ist die Permeabilität für Kalium etwa 100 mal größer als für Natrium.

Beispiel 10.10. Berechnung der Membranruhespannung $\Delta\varphi$. Nach der Kirchhoffschen Schleifenregel gilt für das Ersatzschaltbild:

$$I = (U_{\mathrm{K}} + U_{\mathrm{Na}})/(R_{\mathrm{K}} + R_{\mathrm{Na}})$$

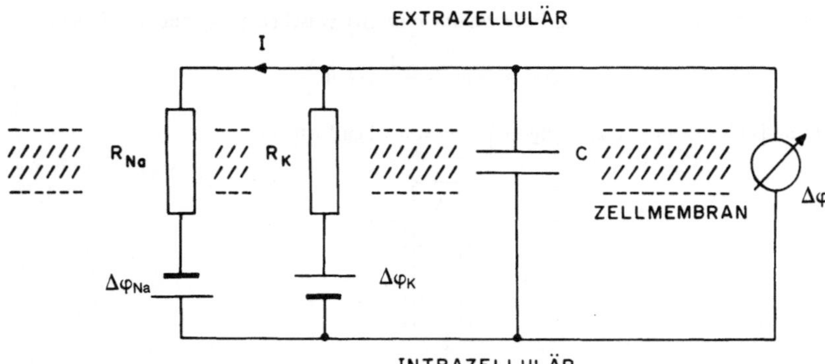

Abb. 10.7. Elektrisches Ersatzschaltbild für die Entstehung der Membranspannung $\Delta\varphi$ durch das Zusammenwirken von elektrochemischen Potentialen und Membranpermeabilitäten

und für die Membranspannung $\Delta\varphi$

$$\Delta\varphi = U_K - (U_K + U_{Na}) \cdot R_K / (R_K + R_{Na})$$

oder

$$\Delta\varphi = (U_K + U_{Na}) \cdot R_{Na} / (R_K + R_{Na}) - U_{Na}.$$

Mit den meist vorliegenden Widerstandsverhältnissen von $R_{Na} : R_K = 100:1$ wird

$$\Delta\varphi = U_K - 0{,}01 \cdot (U_K + U_{Na}) = 90\,\text{mV} - 0{,}01 \cdot 160\,\text{mV} = 88{,}4\,\text{mV},$$

d. h. die Membranspannung oder, genauer, die Membranruhespannung $\Delta\varphi$ ist also etwa gleich der Kaliumspannung U_K. Das zu dieser Membranspannung gehörende Potential ist im Zellinnern negativ und außen positiv.

Beispiel 10.11. Der beim Aktionsimpuls insgesamt die Membran durchsetzende Ionenstrom ist relativ klein: Die auf die Fläche A bezogene Kapazität C der Zellmembran beträgt etwa $10^{-2}\,\text{F} \cdot \text{m}^{-2}$. Eine Potentialveränderung von $\Delta\varphi = 0{,}1\,\text{V}$ erzeugt somit eine Ladungsdichteverschiebung von $\Delta\sigma = \Delta\varphi \cdot C/A = 10^{-3}\,\text{C} \cdot \text{m}^{-2}$. Eine Zelle von $10\,\mu\text{m}$ Durchmesser hat etwa eine Oberfläche von

$$O = 4 \cdot \pi \cdot r^2 = \pi \cdot 10^2 \cdot 10^{-12}\,\text{m}^2 = 3{,}14 \cdot 10^{-10}\,\text{m}^2.$$

Die bewegte Ladung Q hat somit die Größe

$$Q = \Delta\sigma \cdot O = 3{,}14 \cdot 10^{-13}\,\text{C}.$$

Wir schätzen den Gehalt einer Zelle an Ionen dadurch ab, daß wir annehmen, die Zelle sei von physiologischer Kochsalzlösung erfüllt und bestimmen die für diesen Fall in der Zelle befindliche Anzahl der Na^+-Ionen (bzw. deren Ladung): Das Volumen einer solchen (kugelförmig angenommenen) Zelle beträgt:

$$V = \tfrac{4}{3} \cdot \pi \cdot r^3 = \tfrac{4}{3} \cdot \pi \cdot 10^3 \cdot 10^{-18}\,\text{m}^3.$$

Physiologische Kochsalzlösung ($n/V = 155\,\text{mol} \cdot \text{m}^{-3}$) enthält $\frac{1}{2} \cdot (n/V) \cdot N_A = \frac{1}{2} \cdot 155\,\text{mol} \cdot \text{m}^{-3} \cdot 6 \cdot 10^{23}\,\text{mol}^{-1} = 465 \cdot 10^{23}\,Na^+$-Ionen je $1\,\text{m}^3$.

In einem Volumen von der Größe unserer Zelle befinden somit $465 \cdot 10^{23} \cdot \frac{4}{3} \cdot \pi \cdot 10^{-15} = 1950 \cdot 10^8\,Na^+$-Ionen bzw. die Ladung $Q = 1{,}95 \cdot 10^{11} \cdot 1{,}6 \cdot 10^{-19}\,C = 3{,}12 \cdot 10^{-8}\,\text{C}$.

Wie man sieht, beträgt die beim Aktionsimpuls permeierte Ladung nur einen verschwindenden Bruchteil der in einer Zelle vorhandenen Ladungsmenge. Die Ionenkonzentrationen der intra- und extrazellulären Flüssigkeiten werden durch Aktionspotentiale praktisch nicht verändert. Das erklärt, weshalb selbst bei Zellen, deren Ionenpumpen blockiert sind, noch lange Zeit Aktionspotentiale auftreten können. Das zeigt auch, daß man die Vorgänge der Polarisation und Depolarisation der Zelle nicht als Folge von Konzentrationsänderungen ansehen darf. Vielmehr sind dies Folgen der Permeabilitätsänderungen der Zellmembran, siehe obige Rechnung zur Kaliumspannung. Die durch die Permeabilitätsänderung sich auch einstellende Konzentrationsänderung ist bei einem einzelnen Aktionspuls vernachlässigbar klein und wird von Ionenpumpen kompensiert.

Aufgabe 10.1. Man berechne die Entropieänderung bei der Kondensation von $m = 1\,\text{kg}$ Wasserdampf bei $p = 101\,\text{kPa}$ (Kondensationswärme bei $100\,°\text{C}$ $l = 2256\,\text{kJ} \cdot \text{kg}^{-1}$).

Aufgabe 10.2. Eine Wassermenge (spezifische Wärmekapazität c_S) der Masse m und der Temperatur T_1 wird mit einer gleich großen Wassermenge der Temperatur T_2 gemischt. Man zeige, daß die Entropieänderung dabei $\Delta S = 2 \cdot m \cdot c_s \cdot \ln \frac{T_1 + T_2}{2 \cdot \sqrt{T_1 \cdot T_2}} \geqq 0$ ist. (Hierzu genügen—neben dem Ergebnis von Beispiel 10.1—elementare Kenntnisse der Logarithmenrechnung).

ELEKTRIZITÄTSLEHRE

Eine gute Theorie
ist das Praktischste,
was es gibt.
(Gustav Robert Kirchhoff)

Elektrische und magnetische Phänomene scheinen zunächst eher künstlicher Natur zu sein. Anders als im Falle mechanischer und thermischer Reize besitzt der Mensch offenbar keine Rezeptoren hierfür. Auch in der Natur schienen den frühen Forschern, sieht man von der atmosphärischen Elektrizität ab, elektrische und magnetische Wechselwirkungen keine Rolle zu spielen. Wir wissen heute, daß das Gegenteil der Fall ist: Die elektromagnetische Wechselwirkung ist die Basis für den Bau der Atome und Moleküle und somit auch für sämtliche Erscheinungen der Biologie bis hin zu Lebensvorgängen.

Die wissenschaftliche Untersuchung elektromagnetischer Phänomene begann etwa um 1600 mit der Abhandlung „De magnete" des englischen Arztes W. Gilbert. Gilbert unterschied bereits magnetische von elektrischen Erscheinungen daran, daß Magnete keiner weiteren Behandlung bedurften, um Kraftwirkungen zu zeigen, während elektrische Erscheinungen in der Regel erst durch Reibung demonstriert werden konnten. Diese Phänomene wurden in der Folge sehr eingehend untersucht. Zu den wichtigsten Ergebnissen aus dieser Zeit zählen die Entdeckung elektrischer Leiter und Nichtleiter durch S. Gray, B. Franklins Entdeckung, daß die Summe aus positiver und negativer elektrischer Ladung konstant bleibt, und das invers-quadratische Abstandsgesetz für elektrische Kräfte von Ch. Coulomb. Auch die magnetischen Kräfte konnte man weitgehend mit denselben Gesetzen quantitativ beschreiben, wenn auch die Suche nach freien magnetischen „Ladungen" erfolglos blieb. Lediglich Paare aus „positivem" (Nordpol) und „negativem" Magnetismus (Südpol) konnte man feststellen. Nachhaltige Anwendungen dieser „Elektrostatik" und „Magnetostatik" blieben jedoch zunächst aus.

Erst etwa 200 Jahre nach Gilbert gab es durch die Entdeckung der Kontaktspannung (1794) durch A. Volta und die daraus folgende Entwicklung der chemischen Stromquellen, der sogenannten *galvanischen Elemente*, entscheidende weitere Fortschritte. Zwar wurde die Reibungselektrizität zunehmend auch mittels Elektrisiermaschinen erzeugt; diese bestanden im wesentlichen aus einer mechanisch angetriebenen rotierenden Glasplatte, die, ähnlich wie die Scheibe einer Scheibenbremse durch die Bremsbacken, von beiden Seiten durch Seidenlappen gerieben wurde. Dennoch blieben die dabei erzeugten Ströme—trotz der sehr hohen erzielten Spannungen—extrem klein. Durch galvanische Elemente aber konnte ein erheblich größerer kontinuierlicher Fluß elektrischer Ladungen erzeugt und mit ihm experimentiert werden. Volta war zu seiner Entdeckung durch die Lektüre von L. Galvanis Berichten aus dem Jahre 1791 veranlaßt worden. Galvani beschreibt dort seine berühmten Experimente mit Froschschenkeln. Galvanis Auffassung, daß es sich hierbei um eine andere Art von Elektrizität handle, als bei den schon bekannten Phänomenen, hat zu einer lange anhaltenden wissenschaftlichen Kontroverse mit Volta geführt. Volta konnte schließlich zeigen, daß die Froschschenkel bei den Galvanischen Experimenten in erster Linie die Rolle eines Elektrizitätsdetektors spielten.

Weitere, vor allem für die Anwendung der Elektrizität in Medizin und Technik entscheidende Fortschritte waren im 19. Jahrhundert u. a. die Entdeckung der Verknüpfung des Magnetfelds mit dem elektrischen Strom durch H. Ch. Oersted (1820), das den Zusammenhang zwischen Strom und Spannung beschreibende Gesetz von G. S. Ohm (1826), die Entdeckung des Induktionsgesetzes durch M. Faraday (1832) und die Entdeckung der elektromagnetischen Wellen (1888) durch H. Hertz.

Die Anwendung der Elektrizität in der Medizin geht weitgehend parallel mit der wissenschaftlichen Erschließung dieses Phänomens. B. Franklin war einer der ersten, der mit statischer Reibungselektrizität Patienten behandelte (1769). Die hierbei auslösbaren Muskelzuckungen und Sinnesempfindungen haben wahrscheinlich die Anwendung bei verschiedenen Lähmungen suggeriert. Ein dauerhafter Erfolg blieb jedoch aus. Von diesen Methoden ist nichts von Bedeutung übrig geblieben.

Nachdem durch Galvanis und Voltas Entdeckungen einigermaßen leistungsfähige Stromquellen zur Verfügung standen, wurden elektrische Ströme zur Heilung verschiedener Leiden eingesetzt. Einige dieser Verfahren spielen als „Galvanisation" auch heute noch eine gewisse Rolle in der Elektrotherapie. Schließlich konnten durch Faradays Erfindung der Induktionsspule auf elegante Weise Spannungsstöße unterschiedlicher Größe und Repetitionsfrequenz erzeugt werden. Diese wurden Mitte des 19. Jahrhunderts von Duchenne de Boulogne (1861) als „Faradisation" für Therapiezwecke erstmalig eingesetzt. Die Faradisation hat heute vor allem diagnostische Bedeutung. Weitere hierdurch eingeleitete Entwicklungen führten zu den heute kaum noch wegdenkbaren Herzschrittmachern und zur Elektrodefibrillation.

Ein weiterer ganz erheblicher Fortschritt bei der Anwendung elektrischer Methoden in der Medizin wurde schließlich in den neunziger Jahren des vorigen Jahrhunderts durch A. d'Arsonval eingeleitet. Er untersuchte die Einwirkung von hochfrequentem Strom auf den menschlichen Körper und legte damit den Grundstein für die modernen Verfahren der Elektrochirurgie und Elektro-Diathermie.

Ein Sinnesorgan für elektrische und/oder magnetische Felder besitzt der Mensch nicht. In der Tierwelt dagegen hat sich bei einigen Gattungen auch die

Fähigkeit entwickelt, elektrische Felder wahrzunehmen. So sind Elektrorezeptoren bei Fischen wie dem Hai, dem Quastenflosser, dem Nilhecht und den südamerikanischen Messeraalen nachgewiesen worden. Auch Kloakentiere, wie das australische Schnabeltier und der Ameisenigel, verfügen über Elektrorezeptoren. Noch weitgehend unklar ist allerdings, woher die schwachen elektrischen Felder—ca. $0{,}1\,\mu V \cdot cm^{-1}$—kommen, die der Ameisenigel mit den in der Spitze seiner röhrenförmigen Schnauze gelegenen Rezeptoren registriert.

Nilhechte hingegen und Messeraale erzeugen in besonderen elektrischen Organen kurze Spannungsimpulse bis etwa 20 V und registrieren die entstandenen Felder in spezialisierten Sinneszellen, den Lorenzinischen Ampullen, in der Seitenlinie ihres Körpers. Diese Fische können sich aufgrund der registrierten Feldverzerrungen offenbar orientieren. Außerdem benutzen sie unterschiedliche Impulsmuster zur gegenseitigen Verständigung, z. B. bei der Partnerwerbung. Haie und Rochen erzeugen selbst keine elektrischen Spannungen, registrieren jedoch fremde elektrische Felder. Der Hai kann mit seinen Lorenzinischen Ampullen noch elektrische Felder von $0{,}01\,\mu V \cdot cm^{-1}$ wahrnehmen. Das genügt, den Pulsschlag einer im Sand vergrabenen Flunder wahrzunehmen. An Rochen konnte sogar nachgewiesen werden, daß sie die geringen Spannungen, die durch ihre Bewegung im Erdmagnetfeld induziert werden, zur Orientierung benutzen.

11. Elektrostatik

Die Anwendung der elektrostatischen Reibungselektrizität in der Medizin wurde vor allem durch B. Franklin populär, der damit Lähmungserscheinungen zu heilen versuchte. Andere Indikationen folgten. Dabei wurden zwei verschiedene Behandlungsmethoden benutzt. Beim sogenannten „elektrischen Bad“ wurde der Patient auf einen durch eine große darunterliegende Glasplatte isolierten Stuhl gesetzt. Eine Elektrode der Elektrisiermaschine wurde mit dem Erdboden und die zweite Elektrode mit der Kleidung des Patienten verbunden. Bei der sogenannten „lokalisierten Entladung“ wurde die zweite Elektrode an die erkrankte Stelle gebracht. Man hat mit diesen Verfahren die kuriosesten Leiden zu heilen versucht—leider ohne belegbare Erfolge. Dennoch erfreuten sich diese Behandlungsmethoden außerordentlicher Beliebtheit—vermutlich wegen des beeindruckenden Getues rundherum. Heute werden übrigens eher negative Auswirkungen der statischen Elektrizität auf den Menschen vermutet. Die Basis für das physikalische Verständnis dieser elektrostatischen Phänomene sind das Coulombsche Gesetz, elektrisches Feld und elektrisches Potential.

Sehr viel erfolgreicher waren die auf bioelektrischen Feldern basierenden diagnostischen Methoden.

Nachdem bereits 1856 R. A. v. Kölliker und J. Müller elektrische Potentiale an isolierten Froschherzen nachgewiesen hatten, wurde das erste Elektrokardiogramm 1887 von A. D. Waller vom linken Arm und rechten Fuß mittels eines Kapillarelektrometers aufgenommen. Als Elektroden dienten Salzlösungen, in die die linke Hand bzw. der rechte Fuß eingetaucht wurden. Bedingt durch die große Trägheit des Kapillarelektrometers wurde das EKG stark verzerrt dargestellt. Bessere

Aufzeichnungen der im mV-Bereich liegenden Spannungen gelangen 1903 Einthoven mit seinem Saitengalvanometer.

1924 entdeckte H. Berger, daß elektrische Vorgänge, die im Gehirn ablaufen, an der äußeren Kopfhaut Potentialschwankungen im μV-Bereich hervorrufen. Er veröffentlichte seine Entdeckungen, die zunächst jahrelang angezweifelt worden waren, erst 1929. Heute ist die Elektroenzephalographie eine der wichtigsten klinischen Untersuchungsmethoden in der Neurologie, Neurochirurgie, Psychiatrie und Pädiatrie. Doch sind hier noch bei weitem nicht alle Möglichkeiten erforscht.

Auch mit der Zellaktivität anderer Organe sind elektrische Potentialveränderungen verbunden. Die meisten wurden bereits im vorigen Jahrhundert an tierischen Geweben nachgewiesen. Heute werden diese Phänomene für diagnostische Zwecke in den verschiedensten Bereichen eingesetzt. Als Stichworte seien hier noch genannt: Elektromyographie, Elektrookulographie, Elektrogastrographie, Elektrokochleographie, Elektroneurographie und Elektroretinographie.

11.1 Coulombsches Gesetz

Bringt man zwei unterschiedliche Stoffe in innigen Kontakt miteinander und trennt sie anschließend, kann man beobachten, daß von ihren Oberflächen Kraftwirkungen ausgehen. Die beiden Körper sind „elektrisiert". Jeder, der sich schon einmal einen Pullover aus Kunstfasern über den Kopf gezogen hat, kennt dies. Solche Kraftwirkungen waren möglicherweise schon Thales von Milet bekannt u. zw. an Bernstein. W. Gilbert hat den griechischen Namen des Bernsteins (Elektron) zur Unterscheidung dieser Kraftwirkungen von den magnetischen benutzt.

Reibt man zwei Glasstäbe mit Wolle, so stoßen sie einander ab. Das läßt sich leicht beobachten, wenn man einen der Glasstäbe drehbar aufhängt (Abb. 11.1). Dasselbe beobachtet man mit anderen Materialien, beispielsweise mit dem Kunststoff Astralon. Nähert man den mit Wolle geriebenen Glasstab einem mit Wolle geriebenen Astralonstab, so ziehen die beiden einander an. Es gibt offenbar zwei unterschiedliche Elektrizitätsarten. Der Franzose Ch. Dufay hat diese Unterschiede der Elektrisierung bereits zu Anfang des 18. Jahrhunderts an Glas und an Harz festgestellt; er nannte sie Glas- und Harzelektrizität. Die Bezeichnung der Glaselektrizität als positiv (+) und der Harzelektrizität als negativ (−) geht auf G. Ch. Lichtenberg (1777) zurück.

Man kann den elektrisierten Zustand eines Körpers durch Berührung auch auf andere Körper übertragen. Diese fundamentale Entdeckung geht hauptsächlich auf den Engländer S. Gray zurück. Er stellte um 1711 fest, daß bei manchen Stoffen, den sogenannten Elektrizitäts*leitern*, sich die Elektrisierung sofort auf den gesamten Körper ausbreitet, während bei anderen Stoffen, den Isolatoren, die Elektrisierung auf die direkt berührten Stellen beschränkt bleibt. Das Ausbreiten bzw. die Übertragung der Elektrisierung auf andere Körper hat man auf eine Substanz zurückgeführt und diese als elektrische Ladung bezeichnet. Es sollte also positive und negative elektrische Ladungen geben.

Der Substanzcharakter der elektrischen Ladung wurde nicht zuletzt durch die Beobachtung nahegelegt, daß die bei der Elektrisierung entstandenen positiven

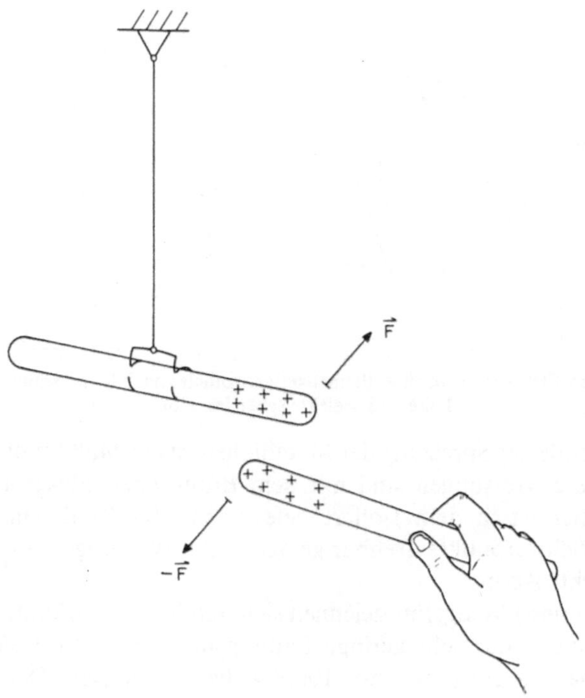

Abb. 11.1. Elektrostatische Abstoßung zweier mit Wolle geriebener Glasstäbe

und negativen Elektrizitätsmengen gleich groß sind. B. Franklin hat dies dahingehend interpretiert, daß ein Körper unter normalen Umständen gleiche Mengen an positiver und negativer Elektrizität enthält. Bei der Elektrisierung kommt es zu einer Trennung der beiden Elektrizitäten. Franklin hat dies auch experimentell nachgewiesen. Dazu stellte er zwei Versuchspersonen auf isolierende Unterlagen und ließ sie Elektrizität von einem mit einem Tuch geriebenen Glas aufnehmen. Die eine Person von dem Glas, die andere von dem Tuch. Berührten sich die beiden Personen anschließend, sprang ein Funke über und die beiden waren wieder neutralisiert, d. h. ohne Elektrisierung. Dieses hier noch mit recht schlichten Mitteln gefundene Prinzip der Ladungserhaltung gilt universell und hat auch im Bereich der Elementarteilchenphysik Gültigkeit.

Eine Bemerkung zur Ladungstrennung durch Reibung: Diese ist durch die unterschiedliche Elektronegativität verschiedener Stoffe möglich. Der Ausdruck „Reibungselektrizität", mit dem dieses Phänomen bezeichnet wird, ist allerdings irreführend. Es kommt auf innige Berührung und anschließende Trennung an. Beispielsweise kann man Paraffin einfach dadurch elektrisch aufladen, daß man es ins Wasser taucht und herauszieht. Man sollte daher besser von *„Berührungselektrizität"* sprechen.

Zur Messung der Größe der Elektrisierung konnte die mit ihr verbundene Kraftwirkung herangezogen werden. Beim Blättchen-Elektroskop Abb. 11.2a hängen an einem isoliert befestigten Metallstab zwei schmale Blattgold- oder Aluminiumfolien. Wird der Metallstab mit einem elektrisierten Körper berührt, breitet sich die elektrische Ladung auch auf die Metallfolien aus, die einander dann

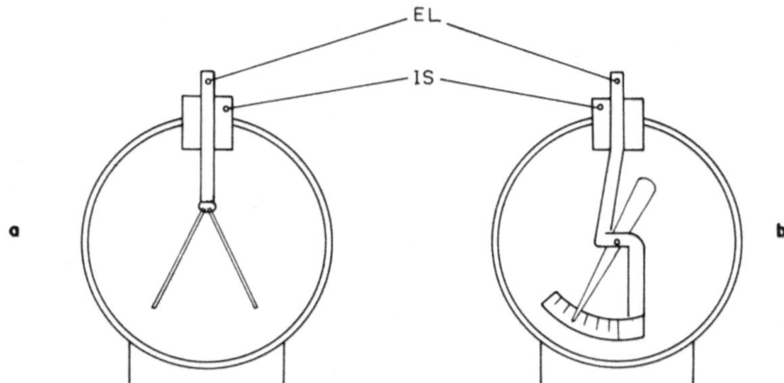

Abb. 11.2. **a** Blättchen-Elektroskop nach A. Bennet. **b** Elektrometer nach K. F. Braun. *EL* = elektrischer Leiter, *IS* = elektrischer Isolator

abstoßen. Die Größe der Spreizung der Metallfolien ist ein Maß für die aufgeflossene Ladung. Genauere Messungen sind mit dem Braunschen Elektrometer möglich (Abb. 11.2b). Hier ist in dem isoliert befestigten Metallstab ein Doppelzeiger oberhalb seines Schwerpunkts drehbar gelagert. Die Wirkungsweise ist analog der des Blättchenelektroskops.

Diese (Spannungs-) Meßgeräte zeichnen sich durch zwei markante Eigenschaften aus: (1) sie benötigen nur sehr geringe Ladungsmengen und (2), sie können nur relativ große Spannungen (von etwa 100 V aufwärts) messen. Der zweite Punkt hat zur Entwicklung empfindlicherer elektrostatischer Spannungsmesser Anlaß gegeben, auf die wir jedoch nicht näher eingehen.

Nachdem etwa um 1770 die Phänomene der Elektrostatik qualitativ weitgehend verstanden waren, konzentrierte sich das Interesse der Forscher auf die quantitativen Zusammenhänge. Eine der wichtigsten Fragen hierzu war zweifellos die nach dem Zusammenhang zwischen der Stärke der Elektrisierung, also der Ladungsmenge und den auftretenden Kräften. Natürlich hat diese Frage viele Forscher beschäftigt und ist auch, wie so oft, etwa im selben Zeitraum von mehreren Forschern, so u. a. von dem Schotten J. Robison und dem Engländer H. Cavendish, gefunden worden. Die sorgfältigsten Messungen hat jedoch Ch. A. Coulomb durchgeführt. Er entwickelte hierzu ein extrem empfindliches Meßgerät, die Drehwaage (s. Abb. 11.3). Bei diesem Gerät hängt an einem dünnen Metallfaden ein waagrechtes Hartgummistäbchen, das an einem Ende eine kleine Metallkugel $K1$ trägt und am anderen Ende ein Gegengewicht. Der Metallkugel $K1$ wird eine gleich große, elektrisch geladene Metallkugel $K2$ gegenübergestellt, u. zw. zunächst so, daß sich die beiden Kugeln berühren. Dann tragen die beiden Kugeln aus Symmetriegründen genau dieselbe elektrische Ladung und stoßen einander ab. Aus dem Torsionswinkel des Metallfadens läßt sich dann die Größe des wirkenden Drehmoments und daraus die Abstoßungskraft bestimmen. Durch Variieren der Ladungsgröße—entlädt man beispielsweise die Kugel $K2$ außerhalb des Geräts dadurch, daß man sie mit einer gleich großen Kugel in Kontakt bringt, halbiert sich die Ladung—fand Coulomb, daß die zwischen den Kugeln wirkende Kraft proportional ist zum Produkt der beiden Ladungen und invers-quadratisch proportional zu ihrem Abstand: Gleichungen 2.3 bzw. 11.1.

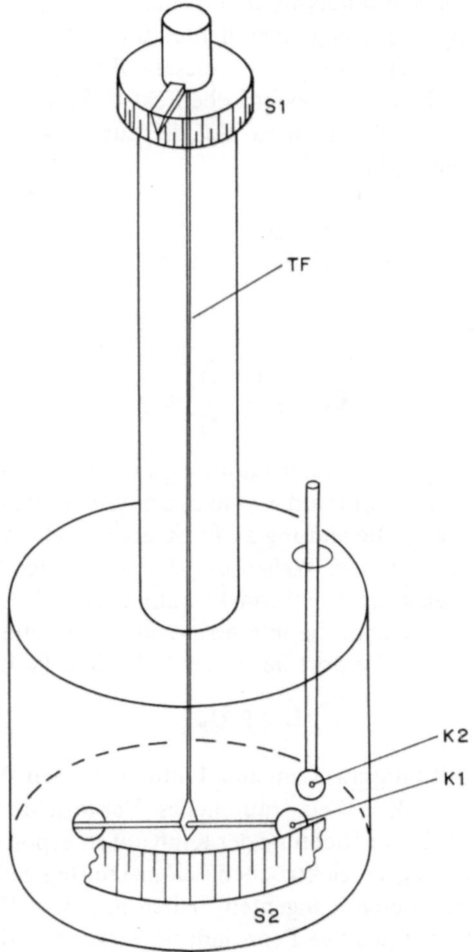

Abb. 11.3. Coulombsche Drehwaage. An einem Torsionsfaden *TF* hängt ein waagrechtes Stäbchen mit einer Metallkugel *K*1. Durch Berührung mit einer zweiten von außen geladen eingebrachten Metallkugel *K*2 wird *K*1 gleichnamig geladen. Die (abstoßende) Kraft zwischen den beiden Kugeln wird aus der Torsion des Fadens *TF* bestimmt. Die beiden angedeuteten Skalen *S*1 und *S*2 dienen zur Messung des Torsionswinkels

11.2 Elektrische Feldstärke und elektrisches Potential

a) Feldstärke und Potential von Ladungsverteilungen

Das Coulombsche Gesetz suggeriert, daß die Kraft, mit der eine Ladung auf eine andere wirkt, den dazwischen liegenden Raum überspringt—das nennt man „Fernwirkung". Aber schon die Stoffabhängigkeit der Dielektrizitätskonstante ε weist darauf hin, daß auch die physikalischen Eigenschaften des Raums, in welchem diese Kraftwirkung stattfindet, mitwirken. Dies führt zu der von Faraday formulierten sogenannten Nahewirkungstheorie—im Gegensatz zur obigen

Fernwirkungstheorie. Nach Faraday verändert eine Ladung Q_1 die Eigenschaften des diese umgebenden Raums: sie erzeugt überall im Raum eine elektrische Feldstärke $\mathbf{E}_1$. Befindet sich eine weitere Ladung Q_2 in diesem Raum, so wirkt auf diese die (Coulomb-) Kraft $\mathbf{F}_{12} = \mathbf{E}_1 \cdot Q_2$. Die elektrische Feldstärke spielt also etwa die Rolle einer „Kraft pro Ladung". Natürlich ist $\mathbf{F}_{12}$ die durch das Coulomb-Gesetz beschriebene Kraft (Gleichung 11.3):

$$\mathbf{F}_{12} = \frac{1}{4 \cdot \pi \cdot \varepsilon} \cdot \frac{Q_1 \cdot Q_2}{r_{12}^2} \cdot \mathbf{e}_{12} = \mathbf{E}_1 \cdot Q_2$$

und

$$\mathbf{E}_1 = \frac{1}{4 \cdot \pi \cdot \varepsilon} \cdot \frac{Q_1}{r_{12}^2} \cdot \mathbf{e}_{12}$$

ist die von der Ladung Q_1 am Ort der Ladung Q_2 erzeugte elektrische Feldstärke. Wie wir noch sehen werden, kommt dieser neuen physikalischen Größe tatsächlich eine immense eigenständige Bedeutung zu (z. B. als Verschiebungsstrom, Kapitel 14.1 und bei elektromagnetischen Wellen und Licht, Kapitel 25).

Zur Messung der elektrischen Feldstärke kann man sich einer „Probeladung" Q_P bedienen: Man bringt Q_P an die interessierende Stelle und mißt die auf diese Ladung wirkende Kraft $\mathbf{F}$. Die dort herrschende Feldstärke $\mathbf{E}$ ist:

$$\mathbf{E} = \mathbf{F}/Q_P.$$

Es gibt somit in jedem Raumpunkt um eine Ladung Q einen Wert für den Vektor $\mathbf{E}$: Das elektrische Feld $\mathbf{E}$ ist ein räumliches Vektorfeld. Die Richtung des elektrischen Feldvektors ist die Richtung der Kraft auf eine (positive) Probeladung.

Eine Veranschaulichung des elektrischen Felds ist mittels elektrischer Feldlinien möglich. Diese (genauer: deren Tangenten) haben in jedem Punkt im Raum die Richtung der dort auf eine positive Probeladung wirkenden Kraft. Entsprechend haben auch Feldlinien eine Richtung. Sie starten an positiven und enden an negativen Ladungen. Kennt man die Ladungen, kennt man also auch die Kräfte im elektrischen Feld und deren Richtung. Somit läßt sich der Verlauf der Feldlinien leicht bestimmen. Die Abb. 11.4 und 11.5 zeigen Beispiele hierzu.

Die Feldlinien besitzen im Gegensatz zum elektrischen Feld selbst keine physikalische Realität, wenn auch man sie „sichtbar" machen kann (Abb. 11.5). (Grundsätzlich kann man natürlich soviele Feldlinien zeichnen wie man will.) Da einerseits die Oberfläche einer Kugel um eine Ladung mit dem Quadrat des Abstands zur Ladung zu- und andererseits die Coulombkraft mit derselben Potenz abnimmt, ist die Feldliniendichte ein Maß für die relative Größe der Coulombkraft.

Ähnlich wie in der Mechanik, lassen sich auch hier viele Zusammenhänge schneller verstehen, wenn man die auftretenden Energien untersucht. Wir betrachten zunächst den einfachen Fall einer Punktladung der Größe Q_1, s. Abb. 11.6.

Um eine beliebige Ladung Q_2, die sich anfangs in Position P_2 im Abstand r_2 von der Ladung Q_1 befindet, an die Position P_1 im Abstand r_1 von Q_1 zu bringen,

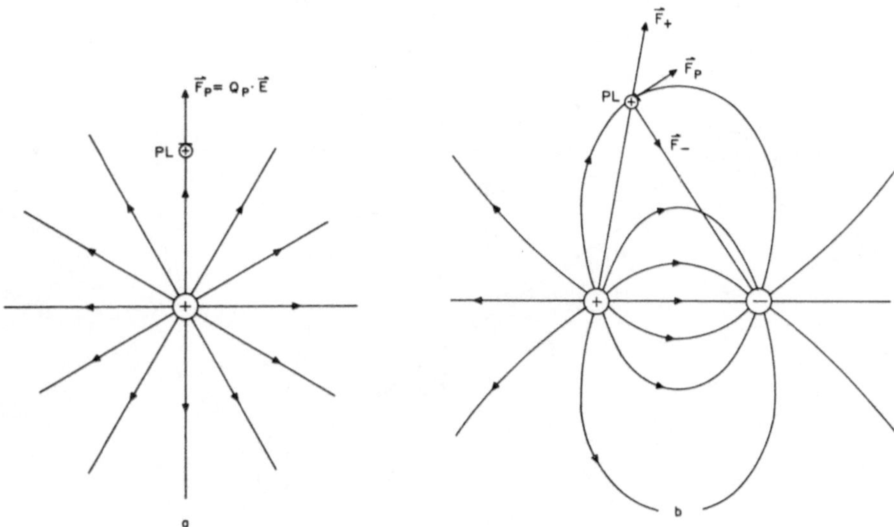

Abb. 11.4. Feldlinien eines elektrischen Monopols **a** und eines ungleichnamigen elektrischen Dipols **b** *PL* ist die Probeladung, auf diese wirkt die Coulombkraft $\mathbf{F}_P = Q_P \cdot \mathbf{E}$. Beim Dipol ist $\mathbf{F}_P$ die Resultierende aus den von den beiden Ladungen ausgehenden Coulombkräften $\mathbf{F}_+$ und $\mathbf{F}_-$. Der Verlauf der Feldlinien ergibt sich aus der Richtung von $\mathbf{F}_P$

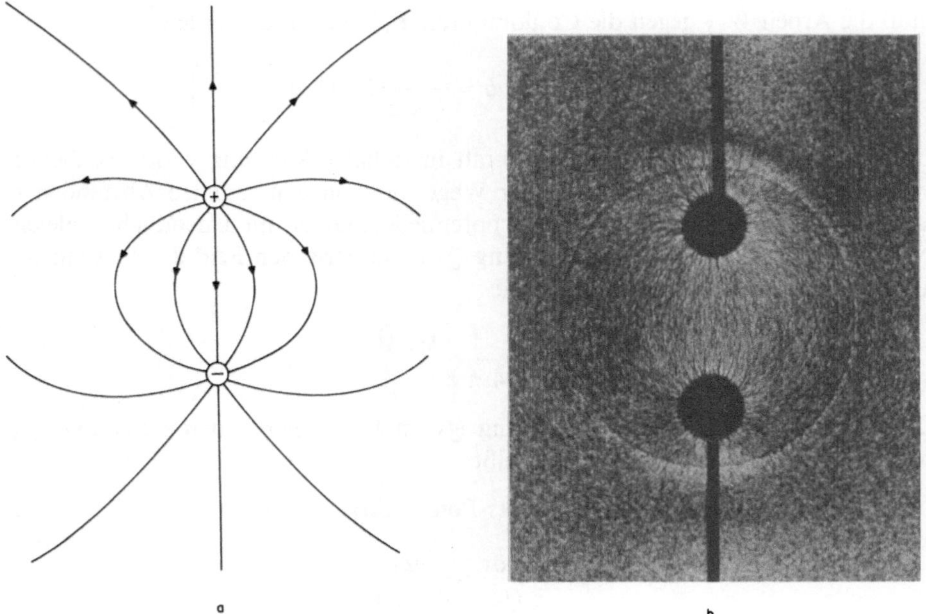

Abb. 11.5. **a** Feldlinien eines ungleichnamigen elektrischen Dipols. **b** Sichtbarmachung des elektrischen Felds mit Hilfe von Kunststoffasern. Diese richten sich in Richtung der Feldlinien aus

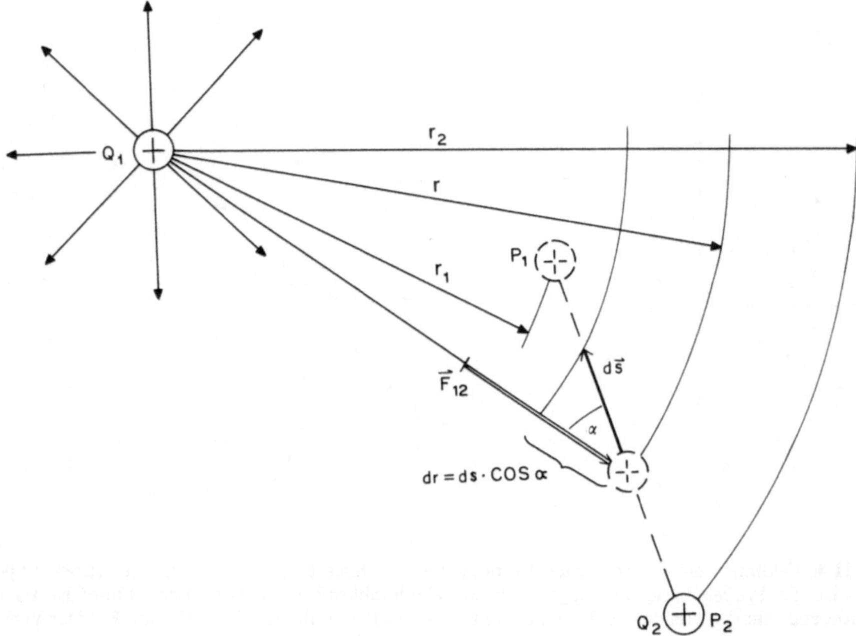

Abb. 11.6. Für die Arbeit ist nur der Weg in Richtung der Kraft maßgeblich. Beim Verschieben einer Ladung Q_2 im elektrischen Feld einer Ladung Q_1 um die Strecke $\Delta \mathbf{s}$ ist daher:

$$\Delta W = F_{12} \cdot \Delta s \cdot \cos\alpha = F_{12} \cdot \Delta r$$

muß die Arbeit W_{21} gegen die Coulombkraft F_{12} verrichtet werden:

$$W_{21} = \int_{P_2}^{P_1} \mathbf{F}_{12} \cdot d\mathbf{s} = \int_{r_1}^{r_2} F_{12} \cdot dr = \frac{1}{4 \cdot \pi \cdot \varepsilon} \cdot Q_1 \cdot Q_2 \cdot \left(\frac{1}{r_1} - \frac{1}{r_2}\right).$$

Da hier (Punktladung) die Coulombkraft in radialer Richtung wirkt, ist die zu verrichtende Arbeit entlang beliebiger Wege nur von den radialen Abständen r abhängig. Setzt man, wie üblich, die potentielle Energie im Unendlichen gleich Null (für $r_2 = \infty$), dann hat eine Ladung Q_2 im elektrischen Feld der Ladung Q_1 an der Stelle P_1 die potentielle Energie

$$E_{POT} = \frac{1}{4 \cdot \pi \cdot \varepsilon} \cdot \frac{Q_1 \cdot Q_2}{r_1}.$$

Diese potentielle Energie einer Ladung Q_2 im Feld einer anderen Ladung Q_1, bezogen auf die Ladungsgröße Q_2, heißt

elektrisches Potential φ_1:

$$\varphi_1 = \frac{E_{POT}}{Q_2} = \frac{Q_1}{4 \cdot \pi \cdot \varepsilon \cdot r_1}.$$

Auch hier sprechen wir von einem elektrischen Potential in einem Punkt, unabhängig davon, ob sich in diesem Punkt eine elektrische Ladung befindet oder nicht. Man kann daher jedem Punkt im Raum um eine Ladung nicht nur eine Feldstärke, sondern auch ein elektrisches Potential zuordnen. Alle Punkte mit gleichem elektrischen Potential bilden eine Äquipotentialfläche. Im Falle eines einzelnen punktförmigen (oder kugelförmigen) geladenen Körpers sind die Äquipotentialflächen Kugelflächen, bzw. geben als Schnittkurven der Kugelflächen mit der Zeichenebene Kreise, s. Abb. 11.7.

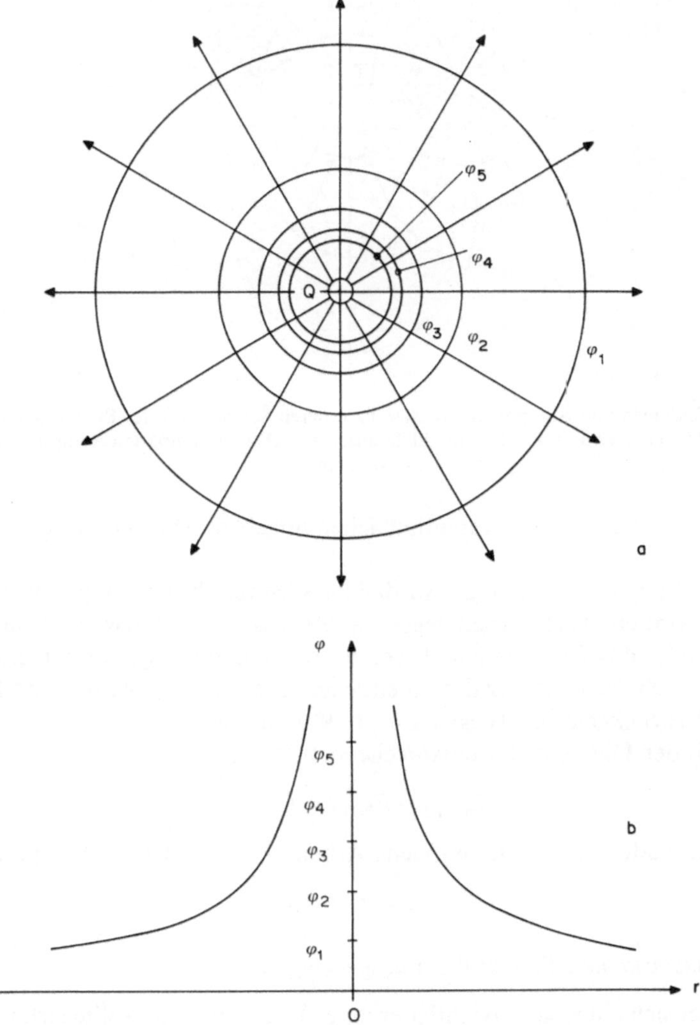

Abb. 11.7. a Feldlinien und Äquipotentialflächen, **b** Potential $\varphi(r)$ eines positiven elektrischen Monopols. Die Potentialdifferenzen der eingezeichneten benachbarten Äquipotentialflächen sind gleich groß

Verschiebt man eine Ladung in einer Äquipotentialfläche, verrichtet man keine Arbeit. Das ist nur möglich, wenn die Bewegung normal auf die Coulombkraft, also normal auf die Feldlinien, erfolgt. Feldlinien sind also normal zu Äquipotentialflächen und umgekehrt. Damit kann man bei bekanntem Feldlinienbild

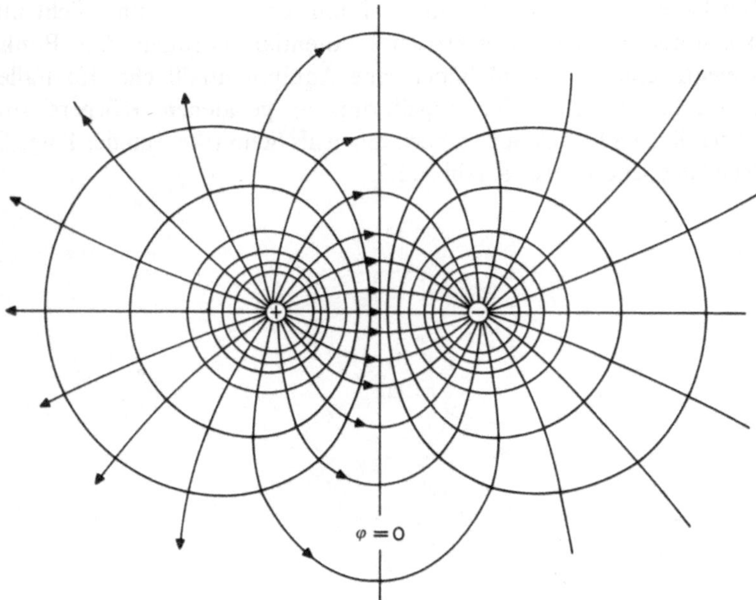

Abb. 11.8. Feldlinien und Äquipotentialflächen bzw. deren Schnitte mit der Bildebene eines ungleichnamigen elektrischen Dipols. Die Potentialdifferenzen zwischen benachbarten Äquipotentiallinien sind konstant

sofort den Verlauf der Äquipotentialflächen angeben. Abb. 11.8 zeigt ein weiteres Beispiel.

Verschiebt man eine Ladung Q so, daß ihr Weg verschiedene Äquipotentialflächen schneidet, wird entweder Arbeit gegen das elektrische Feld bzw. die Coulombkraft verrichtet oder das Feld verrichtet Arbeit an der Ladung Q. Die Größe W dieser Arbeit ist gleich der Differenz der potentiellen Energien in Anfangs- und Endpunkt des von Q zurückgelegten Wegs (Abb. 11.9) und dies ist gleich Ladung Q multipliziert mit der Differenz der entsprechenden Potentiale:

$$W = E_{\mathrm{POT}2} - E_{\mathrm{POT}1} = Q \cdot (\varphi_2 - \varphi_1).$$

Die auf die Ladungsgröße Q bezogene Arbeit W heißt elektrische Spannung U:

$$U = \varphi_2 - \varphi_1.$$

b) Feldstärke und Potential bei ausgedehnten Leitern

Befindet sich ein idealer Nichtleiter im elektrischen Feld, sollte sich am Verlauf der Feldlinien gegenüber dem materiefreien Raum nichts ändern. Daß dennoch auch Isolatoren den Verlauf der Feldlinien beeinflussen, liegt daran, daß diese auf molekularer Ebene elektrische Ladungen enthalten (s. Kapitel 11.4).

Leiter hingegen verändern den Feldverlauf massiv. Leider lassen sich Feldverlauf und Äquipotentialflächen bei ausgedehnten Leitern nicht so einfach gewinnen, wie bei starren Ladungsverteilungen. Dies liegt daran, daß die Verteilung der Ladungen auf dem Leiter nicht von vorneherein bekannt ist. Was man i. a.

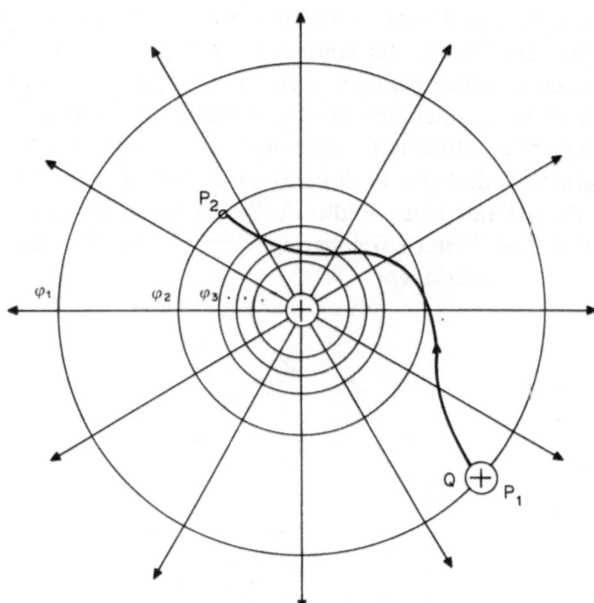

Abb. 11.9. Verschiebung einer Ladung Q im elektrischen Feld eines Monopols von der Position P_1 zur Position P_2. Dabei wird die Arbeit $Q \cdot (\varphi_2 - \varphi_1)$ verrichtet

nur kennt, sind die Form der Leiter und die elektrischen Potentiale bzw. Spannungen, die an ihnen liegen. Da Ladungen im Leiter frei beweglich sind, befinden sich alle Punkte eines Leiters, inklusive seiner Oberfläche, auf demselben elektrischen Potential. Eine exakte Bestimmung des Feldverlaufs würde die Lösung einer partiellen Differentialgleichung 2. Ordnung (Laplacesche Gleichung) für das elektrische Potential erfordern. Abgesehen davon, daß selbst dieser mathematisch aufwendige Weg nicht immer zum Ziel führt, genügt uns hier so viel Wissen, daß wir den grundsätzlichen Verlauf des elektrischen Felds bzw. Potentials verstehen und angeben können. Es gibt immerhin eine ganze Reihe von Situationen, wo der Mensch, sei es gewollt, wie bei der Elektrotherapie, oder ungewollt, wie durch die atmosphärische Elektrizität und unsere elektrifizierte Umwelt, in elektrische Felder gerät.

Bringt man einen Leiter in das elektrische Feld, kommt es im Leiterinnern zu einer Verschiebung der beweglichen Ladungen (= Influenz), wodurch i. a. auch das äußere elektrische Feld und damit der Verlauf der elektrischen Feldlinien beeinflußt werden. Bevor wir solche Fälle diskutieren, betrachten wir einen wichtigen Sonderfall, bei dem es zu keinerlei Feldveränderung kommt. In Abb. 11.8 ist ein ungleichnamiger elektrischer Dipol mit gleich großen Ladungsbeträgen Q dargestellt. Wie man sieht, bildet die Äquipotentialfläche mit dem Potential $\varphi = 0$ (s. Beispiel 11.5) genau die Symmetrieebene. Wenn wir einen Leiter mit ebener Oberfläche und mit $\varphi = 0$ auf der rechten Seite so anordnen, daß seine Oberfläche mit der Symmetrieebene zusammenfällt, hat sich am elektrischen Potential nichts geändert. Der Verlauf der Feldlinien in der linken Bildhälfte muß daher unverändert bleiben. Daraus lernen wir zweierlei: zum einen sieht man, daß die Feldlinien normal zur Oberfläche des

Leiters orientiert sind. Dies muß allerdings ganz allgemein auch für gekrümmte Leiteroberflächen gelten, weil jede Leiteroberfläche eine Äquipotentialfläche ist. Ferner erhalten wir das Prinzip der sogenannten Bildkraft: Eine Ladung Q, die sich nahe einem ebenen Leiter befindet, erzeugt ein elektrisches Feld von solcher Form, *als ob* sich spiegelbildlich zur Leiteroberfläche im Innern des Leiters eine Ladung derselben Größe, jedoch mit entgegengesetztem Vorzeichen ($-Q$) befände. Die Folge ist natürlich, daß die Ladung Q auch von dem ungeladenen Leiter angezogen wird: diese Kraft heißt Bildkraft. Sie ist einer der Gründe dafür, daß die zwar im Innern von Leitern frei beweglichen elektrischen Ladungen deren Oberfläche nicht verlassen können.

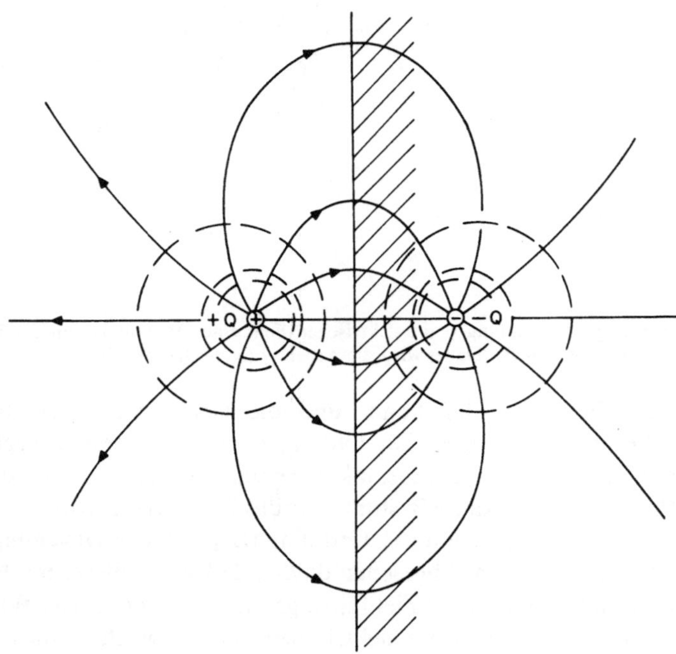

Abb. 11.10. Entstehung der Bildkraft. Eine Ladung $+Q$ vor einem Leiter (schraffiert) erzeugt in diesem eine solche Ladungsverschiebung, als befände sich eine Ladung $-Q$ spiegelbildlich zur Leiteroberfläche im Innern des Leiters

Eine sehr wichtige Leiterform ist die einer Kugel. Zum Verständnis des von ihr erzeugten elektrischen Felds gehen wir analog zur obigen Überlegung zur Bildkraft vor. (Auf einen strengen Beweis der hier skizzierten Überlegungen mit Hilfe des Gaußschen Satzes verzichten wir, weil dieser Satz den Umgang mit Volumenintegralen erfordert.) In Abb. 11.7a ist das elektrische Feld um eine Ladung Q dargestellt. Die Äquipotentialflächen sind Kugelflächen und die Feldlinien sind radial von der (positiven) Ladung Q weg orientiert. Es ist nun für das elektrische Feld gleichgültig, ob eine Äquipotentialfläche nur abstrakt existiert oder ob sie durch einen Leiter realisiert wird, der den Raum bis zu ihr ausfüllt und die Ladung Q trägt. Das ist in der Abb. 11.11 dargestellt.

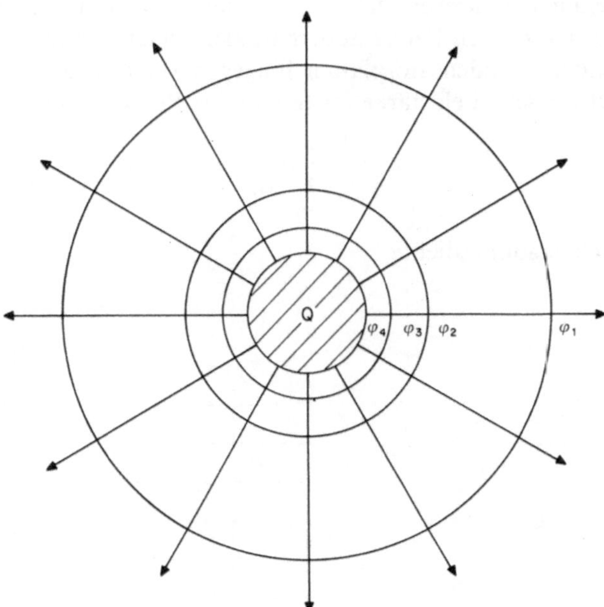

Abb. 11.11. Elektrisches Feld und Potential um einen mit Q geladenen kugelförmigen Leiter sind außerhalb des Leiters gleich wie um eine punktförmige Ladung Q derselben Größe (Abb. 11.7)

Eine weitere wichtige Anordnung von elektrisch geladenen Leitern sind zwei einander gegenüberstehende Leiterplatten, kurz Plattenkondensator genannt. Der Plattenkondensator spielt eine herausragende Rolle in Physik und Technik. In der Medizin werden solche und ähnliche Leiteranordnungen beispielsweise in der Diathermie („Kondensatorfeldmethode") benutzt. Die beiden Kondensatorplatten sind in der Regel entgegengesetzt geladen.

Betrachten wir zunächst eine einzelne positiv geladene Leiterplatte (Abb. 11.12a), bzw. das von ihr erzeugte elektrische Feld **E**. Wir erhalten **E** in einem beliebigen Punkt P, indem wir die von allen Ladungen der Platte auf eine Probeladung Q_P ausgeübten Coulombkräfte addieren. Dieser Additionsvorgang führt auf ein Flächenintgral, auf das wir hier nicht im einzelnen eingehen. Das Wesentliche sieht man aus der Abb. 11.12a: Zu jeder Ladung Q auf der Platte liegt zentralsymmetrisch um den Fußpunkt des Lots durch P eine gleiche Ladung Q'. Die von den Ladungen auf der Platte im Punkt P erzeugten Coulombkräfte sind daher so beschaffen, daß sich ihre Komponenten parallel zur Plattenebene aufheben und nur die normal zur Plattenebene orientierten Komponenten übrig bleiben. Wegen der $1/r^2$-Abhängigkeit der Coulombkräfte bleiben die Beiträge weiter entfernter Plattenladungen vernachlässigbar klein. Die elektrische Feldstärke bzw. die Feldlinien sind also normal zur Platte orientiert, was an sich auch schon aus Symmetriegründen so sein muß. Lediglich nahe dem Plattenrand werden wir mit Abweichungen hiervon rechnen müssen. Berechnet man das erwähnte Integral, erhält man: $E = \frac{1}{\varepsilon_0} \cdot Q/(2 \cdot A)$. Analoges gilt für eine negativ geladene Platte

(Abb. 11.12b). Stellt man nun zwei solche Platten einander gegenüber (Abb. 11.12c), so heben sich die elektrischen Felder außerhalb der beiden Platten auf, im Raum zwischen den beiden Kondensatorplatten hingegen verstärken sich die Felder. Folglich ist die elektrische Feldstärke im Innern des Plattenkondensators:

$$E = \frac{1}{\varepsilon_0} \cdot \frac{Q}{A} = \frac{\sigma}{\varepsilon_0}$$

$\sigma = \frac{Q}{A}$ ist die Flächenladungsdichte.

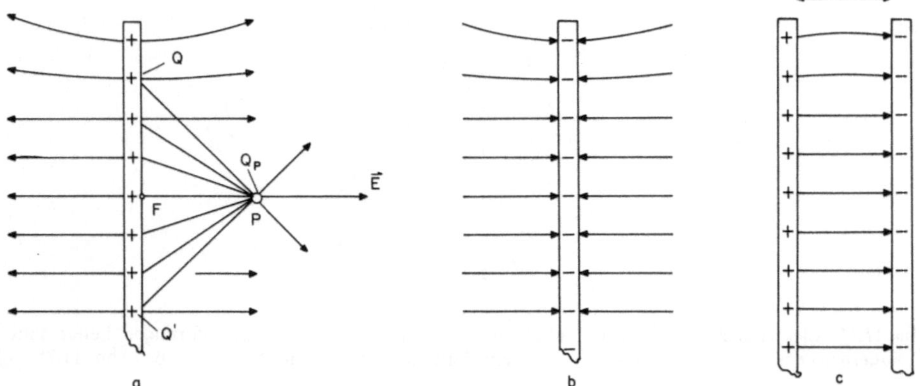

Abb. 11.12. Ein Plattenkondensator besteht aus zwei einander im Abstand d gegenüberstehenden entgegengesetzt geladenen Leiterplatten: **a** positiv geladene Platte und Kräfte auf eine Probeladung Q_P; F ist der Fußpunkt des Lots durch P (Erläuterung im Text); **b** negativ geladene Platte; **c** Plattenkondensator als Summe aus **a** plus **b**

Der Verlauf der Äquipotentialflächen ist schnell gefunden; diese verlaufen ja normal zu den Feldlinien. Außerdem müssen die Plattenoberflächen ebenfalls Äquipotentialflächen sein. Es ergibt sich das Bild der Abb. 11.13.

Den Zusammenhang zwischen der Spannung U am Kondensator und der zwischen den Platten herrschenden Feldstärke E erhält man aus folgender Überlegung: Verschiebt man im elektrischen Feld des Kondensators eine Ladung Q von der negativen zur positiven Platte, so verrichtet man dabei die Arbeit (s. Abb. 11.14)

$$\text{Kraft mal Weg} = Q \cdot E \cdot d = Q \cdot U = \text{Ladung mal Potentialdifferenz},$$

woraus sofort

$$E = U/d$$

folgt.

Zusammenfassung 11.A

I. Es gibt zwei unterschiedliche elektrische Ladungsarten: positive und negative. Für diese gilt das Prinzip der Ladungserhaltung: Um einen Körper elektrisch zu laden, muß ihm die entsprechende Ladungsmenge zugeführt oder eine gleich große Ladungsmenge der

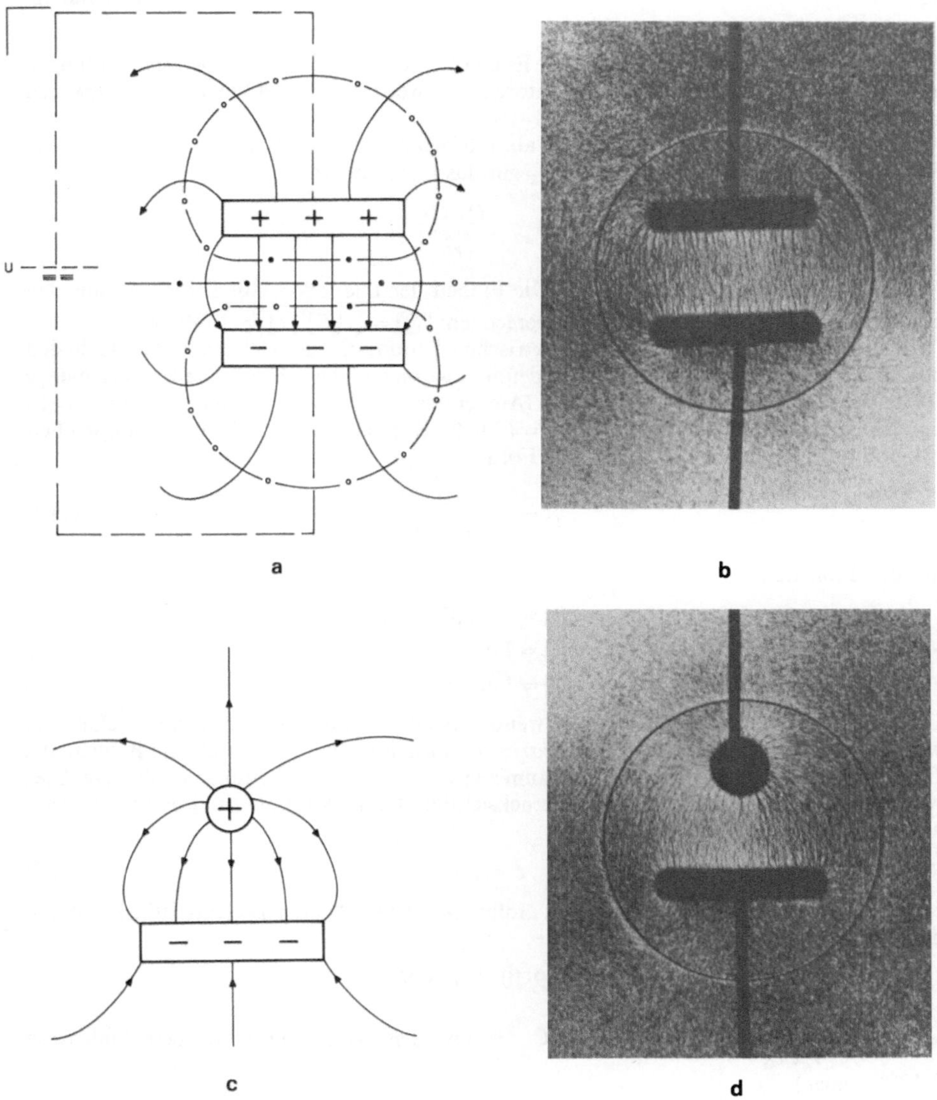

a b

c d

Abb. 11.13. **a** Feldlinien und (strichpunktiert) Äquipotentialflächen beim Plattenkondensator. Zwischen den Platten herrscht weitgehend gleiche elektrische Feldstärke, was an der konstanten Feldliniendichte erkennbar ist. Es herrscht ein sogenanntes homogenes elektrisches Feld im Gegensatz zu dem sehr inhomogenen Feld am Plattenrand und außerhalb des Kondensators. **b** Mit Hilfe von Kunststoffasern sichtbar gemachter Verlauf des elektrischen Felds des Plattenkondensators. **c** und **d** zeigen die entsprechenden Feldlinienbilder bei Knopf- und Plattenelektrode

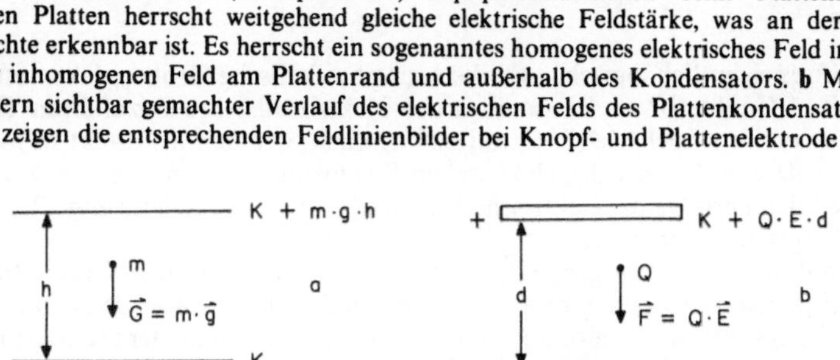

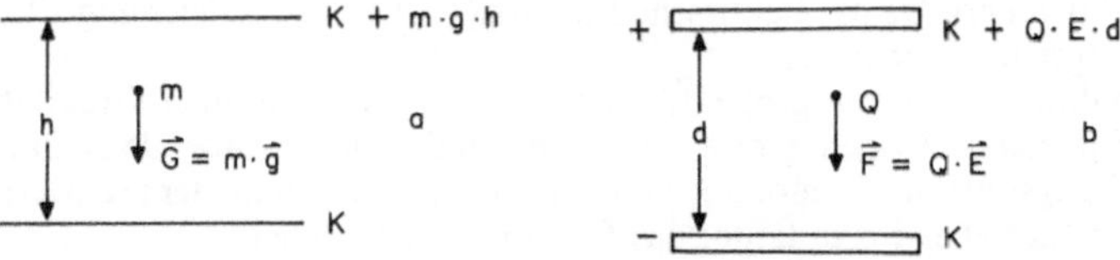

Abb. 11.14. Gegenüberstellung von potentieller Energie im Schwerefeld und im elektrischen Feld. **a** Die potentielle Energie im Schwerefeld ist oben um Kraft mal Weg $= m \cdot g \cdot h$ größer. **b** Die potentielle Energie eines elektrisch geladenen Körpers mit der Ladung Q ist an der positiven Platte um Kraft mal Weg $= Q \cdot E \cdot d$ größer

entgegengesetzten Art abgeführt werden. Es gibt Stoffe—Leiter—in welchen sich Ladungen frei bewegen können und Stoffe—Isolatoren—in welchen sich Ladungen nicht bewegen können.

Gleiche Ladungen stoßen einander ab, ungleiche ziehen einander an. Für die Kräfte F_{12} zwischen zwei Ladungen Q_1 und Q_2 gilt das Coulombsche Gesetz:

$$F_{12} = \frac{Q_1 \cdot Q_2}{r^2}$$

F_{12} heißt auch kurz „Coulombkraft". Die Einheit der Ladung Q läßt sich direkt aus den Einheiten von Kraft F und Abstand r berechnen: $[Q] = \sqrt{[F] \cdot [r]^2} = 1\,\mathrm{N}^{1/2} \cdot \mathrm{m}$.

Allerdings ist die SI-Einheit der elektrischen Ladung Q aus meßtechnischen Gründen mit Hilfe der elektrischen Stromstärke I definiert worden und ist gleich jener Ladungsmenge Q, die bei einer Stromstärke von $I = 1$ A (Ampere) innerhalb des Zeitintervalls von $\Delta t = 1$ s durch oder auf einen Körper fließt: $Q = I \cdot \Delta t$ (s. Kapitel 12). Mit dieser Ladungseinheit bekommt das Coulombsche Gesetz die Form:

$$F_{12} = \frac{1}{4 \cdot \pi \cdot \varepsilon} \cdot \frac{Q_1 \cdot Q_2}{r^2} \tag{11.1}$$

mit den Einheiten

$$[Q] = 1\,\mathrm{C}\ (\text{„Coulomb"}) = 1\,\mathrm{A} \cdot \mathrm{s}$$
$$[F] = 1\,\mathrm{N}$$
$$[r] = 1\,\mathrm{m}.$$

Der Faktor $4 \cdot \pi$ vereinfacht die Schreibweise von Formeln, die uns hier nicht beschäftigen werden. Die Konstante ε heißt *Dielektrizitätskonstante*. Ihr Wert und damit auch die Coulombkraft sind vom Material im Raum zwischen den beiden Ladungen abhängig. Dies wird durch die Dielektrizitätszahl ε_r berücksichtigt, die für Vakuum (und näherungsweise auch für Luft) den Wert 1 hat.

$$\varepsilon = \varepsilon_0 \cdot \varepsilon_r \tag{11.2}$$

ε_0 heißt *elektrische Feldkonstante* (auch: „Influenzkonstante") oder Dielektrizitätskonstante des Vakuums und hat den Wert

$$\varepsilon_0 = 8{,}85419 \cdot 10^{-12}\,\mathrm{A \cdot s \cdot V^{-1} \cdot m^{-1}}.$$

Damit wird $\frac{1}{4 \cdot \pi \cdot \varepsilon_0} = 8{,}98755 \cdot 10^9\,\mathrm{N \cdot m^2 \cdot C^{-2}}$ (wir werden im folgenden oft mit dem Zahlenwert $9 \cdot 10^9$ rechnen).

Anmerkungen

1. Hier wäre es eigentlich logischer, für die neue physikalische Größe „elektrische Ladung Q" die Einheit „1 Coulomb" als Basiseinheit der Elektrizitätslehre einzuführen. Da man es in der Elektrotechnik jedoch viel öfter mit elektrischen Strömen als direkt mit Ladungen zu tun hat, wurde eine Einheit der elektrischen Stromstärke I (1 Ampere, s. Kapitel 12.1) als Basiseinheit definiert. Da die elektrische Ladung $Q = \int I \cdot dt$ ist (Gleichung 12.1), ist damit auch die Ladungseinheit definiert.

2. Das Coulombgesetz hat große Ähnlichkeit zum Newtonschen Gravitationsgesetz. Anders als bei letzterem jedoch, gibt es hier anziehende und abstoßende Kräfte.

3. Die Wirkungslinie der Coulombkraft ist die Verbindungslinie der (Schwerpunkte der) Ladungen. In vektorieller Form lautet das Coulombgesetz daher:

$$\mathbf{F}_{12} = \frac{1}{4 \cdot \pi \cdot \varepsilon} \cdot \frac{Q_1 \cdot Q_2}{r_{12}^2} \cdot \mathbf{e}_{12} = -\mathbf{F}_{21} \tag{11.3}$$

$\mathbf{F}_{12}$ ist die Kraft, die die Ladung Q_1 auf die Ladung Q_2 ausübt; die Kraft $\mathbf{F}_{21}$, die die Ladung Q_2 auf die Ladung Q_1 ausübt, ist dem Betrag nach gleich groß wie $\mathbf{F}_{12}$, jedoch (3. Newtonsches Gesetz) entgegengesetzt gerichtet. $\mathbf{e}_{12}$ ist ein Einheitsvektor in Richtung von Q_1 nach Q_2 (s. Abb. 11.15).

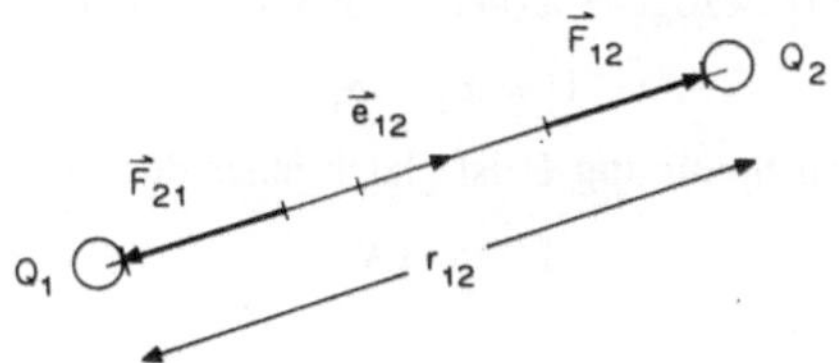

Abb. 11.15. Coulombkräfte $\mathbf{F}_{12}$ und $\mathbf{F}_{21}$ zwischen zwei Ladungen Q_1 und Q_2

4. Für die Coulombkräfte gilt das Superpositionsprinzip, d. h. daß die Kraft, mit der zwei Ladungen aufeinander wirken, durch die Anwesenheit weiterer Ladungen nicht beeinflußt wird: Bei mehreren Ladungen ergibt sich die auf eine bestimmte Ladung wirksame Kraft als vektorielle Summe aller Kräfte, die die Einzelladungen auf diese ausüben.

II. In der Umgebung jeder Ladung Q herrscht eine elektrische Feldstärke $\mathbf{E}$:

$$\mathbf{E} = \frac{\mathbf{F}}{Q_P} = \frac{1}{4\cdot\pi\cdot\varepsilon}\cdot\frac{Q}{r^2}\cdot\mathbf{e} \tag{11.4}$$

$\mathbf{F}$ ist die von der Ladung Q auf eine Probeladung Q_P ausgeübte Coulombkraft. Die elektrische Feldstärke ist somit ein Vektor. $\mathbf{e}$ ist ein Einheitsvektor in Richtung von Q nach Q_P. Die Einheit der elektrischen Feldstärke ist:

$$[E] = [F]/[Q] = 1\,\mathrm{N\cdot C^{-1}}.$$

Es gibt in jedem Raumpunkt um eine Ladung Q einen Wert für den Vektor $\mathbf{E}$:

Das elektrische Feld $\mathbf{E}$ ist ein *räumliches Vektorfeld.*

Eine Veranschaulichung des elektrischen Felds ist mittels elektrischer Feldlinien möglich.

Eine Ladung Q_2 hat im elektrischen Feld einer Ladung Q_1 im Abstand r_{12} eine potentielle Energie von:

$$E_{\mathrm{POT}} = \frac{1}{4\cdot\pi\cdot\varepsilon}\cdot\frac{Q_1\cdot Q_2}{r_{12}}. \tag{11.5}$$

Die potentielle Energie einer Ladung Q_2 im Feld anderer Ladungen Q_1, bezogen auf die Ladungsgröße Q_2, heißt

elektrisches Potential φ:

$$\varphi = \frac{E_{\mathrm{POT}}}{Q_2} = \frac{Q_1}{4\cdot\pi\cdot\varepsilon\cdot r_{12}}. \tag{11.6}$$

Das elektrische Potential ist, wie die Energie, eine skalare Größe. Das macht den Umgang mit dieser Größe besonders einfach. Die Einheit des elektrischen Potentials ist:

$$[\varphi] = [E_{\mathrm{POT}}]/[Q] = 1\,\mathrm{N\cdot m\cdot C^{-1}} = 1\,\mathrm{W\cdot s\cdot C^{-1}} = 1\,\mathrm{V}\ (1\ \mathrm{Volt}),$$

da die elektrische Einheit der Energie $1\,\mathrm{W\cdot s} = 1\,\mathrm{V\cdot A\cdot s}$ ist, s. Kapitel 12.1.

Jeder Punkt im Raum um eine Ladung hat neben einer elektrischen Feldstärke auch ein elektrisches Potential. Alle Punkte mit gleichem elektrischen Potential bilden eine

Äquipotentialfläche.

Feldlinien sind normal auf Äquipotentialflächen.

Verschiebt man eine Ladung Q im elektrischen Feld, ist die verrichtete Arbeit gleich der Differenz der potentiellen Energien in Anfangs- und Endpunkt des von Q zurückgelegten Wegs:

$$W = E_{POT2} - E_{POT1} = Q\cdot(\varphi_2 - \varphi_1). \tag{11.7}$$

Die auf die Ladungsgröße Q bezogene Arbeit W heißt elektrische Spannung U:

$$U = \varphi_2 - \varphi_1. \tag{11.8}$$

Die Einheit der elektrischen Spannung U ist gleich jener des elektrischen Potentials:

$$[U] = 1\,\mathrm{V}.$$

Anmerkungen

1. Da für Coulombkräfte das Superpositionsprinzip gilt, gilt es auch für die elektrischen Feldstärken und elektrischen Potentiale. Besonders die Berechnung von elektrischen Potentialen vereinfacht sich hierdurch, weil diese als Skalare durch einfaches skalares Summieren der Potentiale aller Ladungen berechnet werden können.

2. Das elektrische Potential (s. Beispiel 11.5), ebenso die elektrische Feldstärke (s. Beispiel 11.7) eines Dipols ist von dem Produkt aus Ladung Q des Dipols mal Abstand d der beiden Ladungen sowie von der Richtung von d abhängig. Man faßt diese Größe daher zu einem Vektor, dem sogenannten elektrischen „Dipolmoment"

$$\mathbf{p} = Q\cdot\mathbf{d} \tag{11.9}$$

zusammen. Dieser Vektor hat die Richtung der Verbindungslinie zwischen den beiden Ladungen und ist von $-$ nach $+$ gerichtet.

3. Die Energie E von Atomen und Molekülen sowie von subatomaren Teilchen wird mit der Einheit

$$[E] = 1\,\mathrm{eV} = 1\ \text{Elektronenvolt}$$

gemessen. 1 eV ist jene Arbeit, die verrichtet wird, wenn ein Teilchen mit der Elementarladung e (s. Beispiel 11.16) gegen oder in Richtung eines elektrischen Felds um eine Potentialdifferenz von $\Delta\varphi = 1\,\mathrm{V}$ bewegt wird: beispielsweise in der Abb. 11.14 ein Teilchen mit $Q = e$ von der positiven Platte zur negativen, wenn die Plattenspannung 1 V beträgt.

III. Wegen der freien Beweglichkeit der elektrischen Ladungen auf einem Leiter ist dort das elektrische Potential überall gleich groß. Befindet sich eine Ladung Q nahe der Oberfläche eines Leiters, kommt es im Leiter zu einer solchen Ladungsverschiebung, als ob sich spiegelbildlich zur Leiteroberfläche im Innern des Leiters eine Ladung derselben Größe, jedoch mit entgegengesetztem Vorzeichen ($-Q$) befindet. Die Ladung Q wird auch von dem ungeladenen Leiter angezogen. Das ist das Prinzip der Bildkraft.

Die Feldstärke des Plattenkondensators ist:

$$E = \frac{\sigma}{\varepsilon_0} \tag{11.10}$$

$\sigma = Q/A$ ist die Flächendichte der elektrischen Ladung. Aus der Energiebilanz für die Verschiebung einer Ladung Q im Feld des Plattenkondensators

$$Q\cdot E\cdot d = Q\cdot U$$

folgt

$$E = \frac{U}{d}. \tag{11.11}$$

Aus den Gleichungen 11.10 und 11.11 erhält man

$$U = \frac{Q}{C} \tag{11.12}$$

wobei C die Kapazität des Kondensators ist:

$$C = \varepsilon_0 \cdot \frac{A}{d} \tag{11.13}$$

Die Einheit der elektrischen Kapazität ist

$$[C] = 1 \cdot A \cdot s \cdot V^{-1} = 1\,C \cdot V^{-1} = 1\,F \text{ (Farad)}.$$

Beispiel 11.1. Abschätzung der bei elektrostatischen Experimenten auftretenden Ladungsmengen.

Die hier auftretenden Kräfte liegen in der Größenordnung von $F = 10^{-1}$ N bei Abständen von $r = 10^{-1}$ m. Aus diesen Werten erhält man für die Ladung Q zweier gleich geladener Körper aus Gleichung 11.1:

$$Q = \sqrt{4 \cdot \pi \cdot \varepsilon \cdot F_{12}} \cdot r = \sqrt{0{,}1113 \cdot 10^{-9} N^{-1} \cdot m^{-2} \cdot C^2 \cdot 0{,}1 N} \cdot 0{,}1\,m = 3{,}336 \cdot 10^{-7}\,C.$$

(Die SI-Einheit 1 C für die elektrische Ladung ist offenbar sehr groß).

Beispiel 11.2. Die Ladungserhaltung gilt auch bei der radioaktiven Umwandlung. Beispielsweise besitzt der Radiumkern eine positive elektrische Ladung von $Q = 88 \cdot e$, wobei die elektrische Elementarladung (s. Beispiel 11.16) $e = 1{,}6 \cdot 10^{-19}$ C beträgt. Bei der radioaktiven α-Umwandlung emittiert der Kern des Radiumatoms einen Heliumkern mit der elektrischen Ladung $Q = 2 \cdot e$. Zurück bleibt somit ein Kern mit der elektrischen Ladung $Q = 86 \cdot e$ (es handelt sich um Radon).

Beispiel 11.3. Festigkeit von Steinsalzkristall (s. Abb. 5.2 b). Die Atomabstände betragen 0,28 nm, die Ladung der Na^+ und Cl^- Ionen ist ^+e bzw. ^-e, wobei $e = 1{,}6 \cdot 10^{-19}$ C. Zwischen Na^+ und Cl^- herrscht somit nach Coulomb eine Anziehungskraft F von:

$$F = 9 \cdot 10^9\,N \cdot m^2 \cdot C^{-2} \cdot (1{,}6 \cdot 10^{-19}\,C)^2/(2{,}82 \cdot 10^{-10}\,m)^2 = 2{,}9 \cdot 10^{-9}\,N.$$

In einem Stab von 1 mm Durchmesser stehen sich etwa

$$(\pi/4) \cdot (10^{-3}\,m/2{,}82 \cdot 10^{-10}\,m)^2 = 0{,}099 \cdot 10^{17}$$

Na–Cl-Ionenpaare gegenüber. Ein solcher Stab sollte also etwa mit einer Kraft von

$$F = 2{,}9 \cdot 10^{-9}\,N \cdot 0{,}099 \cdot 10^{17} = 2{,}9 \cdot 10^6\,N$$

zusammenhalten.

So große Festigkeiten werden nur bei Kristallen beobachtet, die unter besonderen Bedingungen hergestellt werden. Normalerweise entsteht beim Wachsen eines Kristalls eine Vielzahl von Störungen in der Kristallstruktur, die seine Festigkeit ganz erheblich herabsetzen.

Beispiel 11.4. Elektrische Feldstärke E im Abstand $r = 1\,\mu m$ von einem einwertigen Ion ($Q = e$):

$$E = \frac{1}{4 \cdot \pi \cdot \varepsilon} \cdot Q/r^2 = 9 \cdot 10^9\,N \cdot m^2 \cdot C^{-2} \cdot 1{,}6 \cdot 10^{-19}\,C/10^{-12}\,m^2 = 1{,}4\,kV \cdot m^{-1}.$$

Beispiel 11.5. Potential eines ungleichnamigen elektrischen Dipols mit den Ladungen $+Q$ und $-Q$, s. Abb. 11.16.

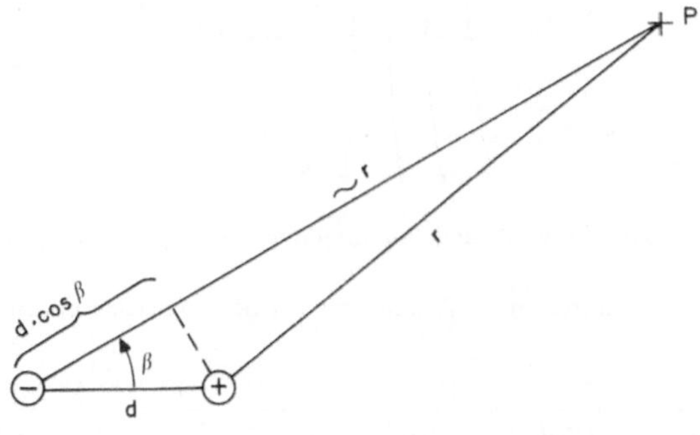

Abb. 11.16. Ungleichnamiger elektrischer Dipol. Für $r \gg d$ unterscheiden sich die Abstände eines Punktes P von den beiden Ladungen des Dipols um $d \cdot \cos\beta$

Das elektrische Potential im Punkt P beträgt:

$$\varphi(P)=\frac{1}{4\cdot\pi\cdot\varepsilon}\cdot\frac{Q}{r}-\frac{1}{4\cdot\pi\cdot\varepsilon}\cdot\frac{Q}{r+d\cdot\cos\beta}=\frac{1}{4\cdot\pi\cdot\varepsilon}\cdot\frac{Q}{r}-\frac{1}{4\cdot\pi\cdot\varepsilon}\cdot\frac{Q}{r}\cdot\frac{1}{1+\underbrace{d\cdot\cos\beta/r}_{\ll 1}}.$$

Der zweite Summand auf der rechten Gleichungsseite kann in eine binomische Reihe entwickelt werden, in der alle Glieder ab einschließlich des dritten vernachlässigt werden können. In Abständen r, die deutlich größer sind, als der Abstand d der beiden Ladungen ($r \gg d$), gibt das dann

$$\begin{aligned}\varphi(P) &= \frac{1}{4\cdot\pi\cdot\varepsilon}\cdot\frac{Q}{r}-\frac{1}{4\cdot\pi\cdot\varepsilon}\cdot\frac{Q}{r}\cdot(1-d\cdot\cos\beta/r)\\ &= \frac{1}{4\cdot\pi\cdot\varepsilon}\cdot Q\cdot d\cdot\cos\beta/r^2\\ &= \frac{1}{4\cdot\pi\cdot\varepsilon}\cdot p\cdot\cos\beta/r^2\\ &= \frac{1}{4\cdot\pi\cdot\varepsilon}\cdot\mathbf{p}\cdot\mathbf{r}/r^3,\end{aligned}$$

wobei $\mathbf{p}=Q\cdot\mathbf{d}$ der Dipolvektor und $\mathbf{r}$ ein vom Dipol nach P gerichteter Ortsvektor ist.

Beispiel 11.6. Gleichnamiger elektrischer Dipol.

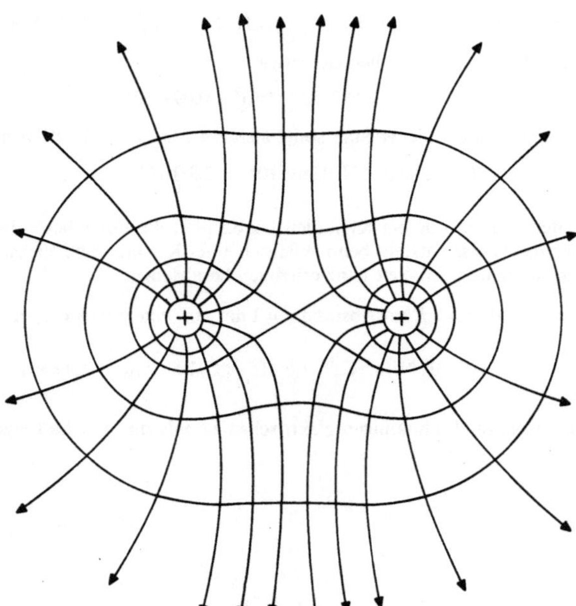

Abb. 11.17. Elektrische Feld- und Potentiallinien eines gleichnamigen Dipols

Beispiel 11.7. Elektrische Feldstärke in Entfernungen $r \gg d$ des ungleichnamigen elektrischen Dipols von Abb. 11.16.

$$E(P)=\frac{1}{4\cdot\pi\cdot\varepsilon}\cdot\frac{Q}{r^2}-\frac{1}{4\cdot\pi\cdot\varepsilon}\cdot\frac{Q}{(r+d\cdot\cos\beta)^2}=\frac{1}{4\cdot\pi\cdot\varepsilon}\cdot\frac{Q}{r^2}-\frac{1}{4\cdot\pi\cdot\varepsilon}\cdot\frac{Q}{r^2}\cdot\frac{1}{(1+\underbrace{d\cdot\cos\beta/r}_{\ll 1})^2}$$

Der zweite Summand auf der rechten Gleichungsseite kann in eine binomische Reihe entwickelt werden, von der nur die ersten beiden Glieder berücksichtigt werden müssen. Dann erhält man

$$E(P) = \frac{1}{4 \cdot \pi \cdot \varepsilon} \cdot Q/r^2(1 - (1 - 2 \cdot d \cdot \cos\beta/r))$$

$$= \frac{1}{4 \cdot \pi \cdot \varepsilon} \cdot 2 \cdot Q \cdot d \cdot \cos\beta/r^3$$

$$= \frac{1}{4 \cdot \pi \cdot \varepsilon} \cdot 2 \cdot p \cdot \frac{\cos\beta}{r^3}$$

Dieses Ergebnis ist bei der Messung biologischer Potentiale (EKG, EEG etc.) von einiger Bedeutung, vgl. Kapitel 10.2 und Beispiel 11.11.

Beispiel 11.8. Elektrische Feldstärke in der Umgebung einer Kaffeemaschine. Das elektrische Feld wird hauptsächlich von der etwa 10 cm langen Heizspirale am Wasserrohr hervorgerufen, weil dort die volle Potentialdifferenz anliegt. Diese Heizspirale kann daher näherungsweise als elektrischer Dipol angesehen werden. Wir haben hier allerdings nicht die Ladungen Q gegeben, sondern die Potentialdifferenz ($U = 220\,\text{V}$). Wir gehen daher folgend vor: Die Potentialdifferenz eines elektrischen Dipols mit den Ladungen Q im Abstand d ist:

$$U = \frac{1}{4 \cdot \pi \cdot \varepsilon} \cdot Q/d - \frac{1}{4 \cdot \pi \cdot \varepsilon} \cdot (-Q)/d = \frac{2}{4 \cdot \pi \cdot \varepsilon} \cdot Q/d.$$

Dieses Ergebnis setzen wir nun in das Resultat aus Beispiel 11.7 ein und erhalten für die Feldstärke E im Abstand r von der Kaffeemaschine

$$E(r) = U \cdot d^2 \cdot \frac{\cos\beta}{r^3}.$$

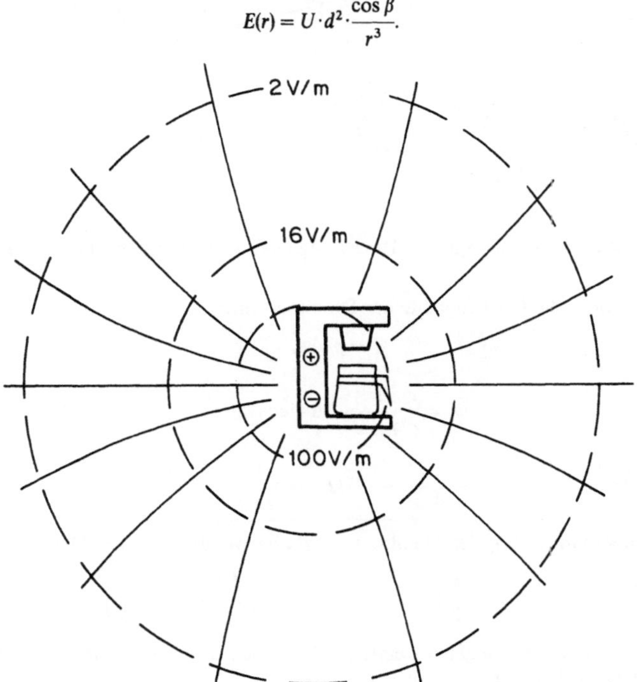

Abb. 11.18. Feldstärke in der Umgebung einer nicht abgeschirmten elektrischen Kaffeemaschine. Der hier wirksame elektrische Dipol der Heizspirale mit senkrecht orientierter Achse befindet sich im Mittelteil der Maschine. Die durchgezogenen Linien sind Äquipotentiallinien, die gestrichelten Kreise sind Orte gleicher Feldstärke E (nicht mit Feldlinien zu verwechseln). In 1 m Abstand beträgt E etwa $2\,\text{V} \cdot \text{m}^{-1}$

Beispiel 11.9. Potential einer Zelle. Im Ruhezustand der Zelle herrscht an ihrer Membran eine elektrische Spannung oder Potentialdifferenz (in der Biophysik etwas ungenau als „Ruhepotential", s. Kapitel 10.2, bezeichnet). Bei Nerven- und Muskelzellen von Warmblütern liegt diese Spannung zwischen 55 und 100 mV, wobei das Zellinnere negativ ist. Im Zellinnern herrscht also ein Überschuß an negativen, in der Umgebung ein Überschuß an positiven Ladungen. Aufgrund der zwischen ihnen wirkenden Coulombkräfte lagern sich diese Ionen an der Zellmembran an und bilden so eine das Zellinnere umhüllende Dipolschicht. Wird eine Zelle aktiv, ändert sich die Membranspannung, die Zellmembran verliert ihre elektrische Ladung oder „Polarisation". Diese Depolarisation überschreitet in der Regel sogar den ladungsneutralen Zustand und es kommt zu einem im Zellinnern positiven Potential („Überschuß" genannt). In der daran anschließenden Repolarisationsphase stellt sich das alte Ruhepotential wieder ein.

Zur Berechnung des elektrischen Potentials, welches eine Zelle in der Umgebung hervorruft, können wir demnach die Zelloberfläche als elektrische Dipolschicht ansehen. Dann ist das elektrische Potential φ in einem Punkt P in der Umgebung gleich der Summe aller Potentiale, die die einzelnen Dipole erzeugen:

$$\varphi = \sum_i \frac{1}{4\cdot\pi\cdot\varepsilon}\cdot\frac{p_i\cdot\cos\vartheta_i}{r_i^2}$$

ϑ_i ist der Winkel zwischen Dipolmoment $\mathbf{p}_i$ und der Verbindungslinie vom Dipol nach P.

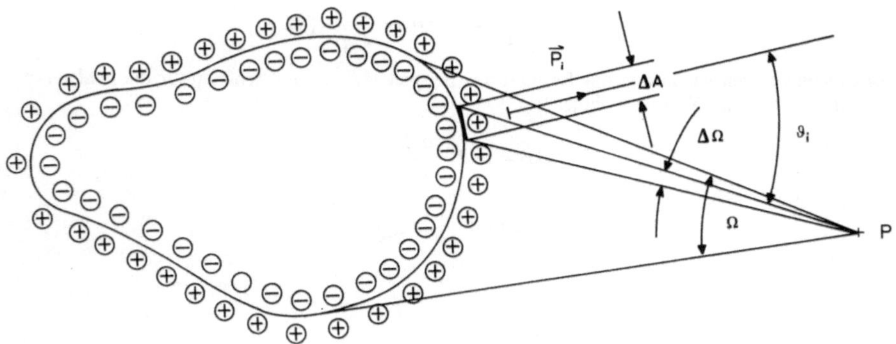

Abb. 11.19. Elektrisches Potential φ in der Umgebung einer geschlossenen elektrischen Dipolschicht

Bezeichnen wir mit T die Flächendichte der Dipolmomente:

$$T = p/\Delta A,$$

ist

$$\varphi = \sum_i \frac{1}{4\cdot\pi\cdot\varepsilon}\cdot T\cdot\Delta A\cdot\cos\vartheta_i/r^2$$

$$= \underbrace{\frac{1}{4\cdot\pi\cdot\varepsilon}\cdot T\cdot\Omega}_{\substack{P \text{ zugewandter Teil der Membran} \\ \left(-\frac{\pi}{2}<\vartheta_i<\frac{\pi}{2}\right)}} - \underbrace{\frac{1}{4\cdot\pi\cdot\varepsilon}\cdot T\cdot\Omega}_{\substack{P \text{ abgewandter Teil der Membran} \\ \left(\frac{\pi}{2}<\vartheta_i<3\cdot\frac{\pi}{2}\right).}}$$

Das elektrische Potential in der Umgebung einer geschlossenen Dipolverteilung ist also Null. Dasselbe ist der Fall bei der ruhenden Zelle.

Beispiel 11.10. Potential einer teilweise erregten Zelle. Eine teilweise aktive Zelle ist im erregten Abschnitt depolarisiert. Wir vernachlässigen hier den vergleichsweise kleinen Depolarisationsüberschuß. Die restliche, polarisierte Zelle ist sozusagen von einer Dipolhülle umgeben, die auf einer Seite offen ist. Da eine geschlossene Dipolverteilung kein elektrisches Potential in der Umgebung erzeugt (s. Beispiel 11.9), stammt das elektrische Potential einer teilweise erregten Zelle von einer umgekehrt

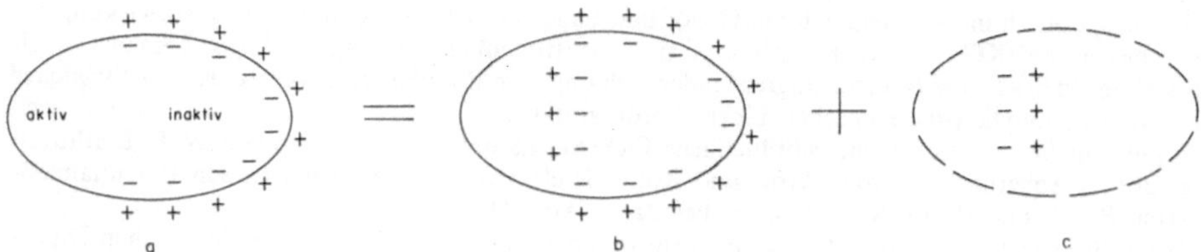

Abb. 11.20. Die Ladungsverteilung einer teilweise depolarisierten (aktiven) Zelle **a** kann als Summe einer geschlossenen Dipolverteilung **b** plus einer kleinen umgekehrt gepolten Dipolschicht **c** angesehen werden

zu jener gepolten Dipolverteilung, die die Dipolverteilung der teilerregten Zelle schließt. In diesem Sinne stellt eine teilerregte Zelle elektrisch einen Dipol dar.

Beispiel 11.11. Potential des Herzdipols und Elektrokardiogramm (EKG). Während des Erregungsablaufs im Herzmuskel werden unterschiedlich im Raum orientierte Muskelfasern erregt. Die elektrischen Dipolmomente aller Fasern kann man zu einem resultierenden Herzdipolvektor addieren. Dabei löschen sich zwar viele gegensinnig orientierte Dipolmomente aus, dennoch geben Lage und Größe des Herzdipolvektors ein Maß für Größe und Verteilung der Erregung im Herzmuskel.

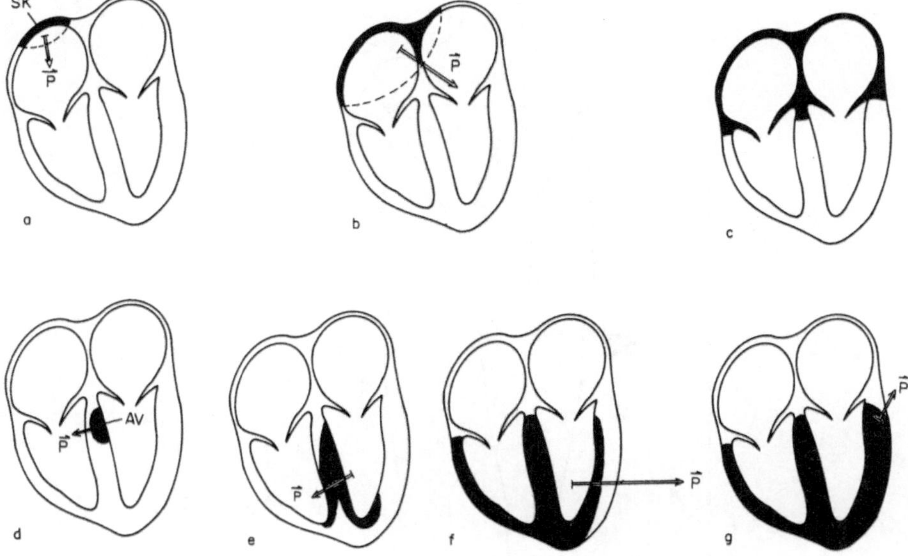

Abb. 11.21. Elektrisches Herzdipolmoment **p**. *SK* ist der Sinusknoten. Hier beginnt die Depolarisation der Muskelfasern. **a** bis **b** = Erregungsausbreitung der beiden Vorhöfe. Bei vollständiger Erregung der Vorhöfe ist deren Dipolmoment Null; **c** Etwas verzögert leitet der Atrioventrikularknoten *AV* die Erregung der Herzkammern ein: **d** bis **g**

Während der Ausbreitung der Erregung treten in der Umgebung des Herzens elektrische Potentialdifferenzen auf. Diese werden in der Elektrokardiographie mit genau festgelegten Anordnungen von Ableitungselektroden registriert und lassen kausale Rückschlüsse auf die Ursachen bei Veränderungen gegenüber dem normalen Erregungsablauf im Herzmuskel zu. Beispielsweise kommt es beim Herzinfarkt aufgrund eines Verschlusses oder einer Stenose einer Koronararterie zu einer Nekrose des betroffenen Myokardbezirks. Die nekrotischen Zellen können kein Ruhepotential mehr aufbauen. Im elektrischen Herzdipolvektor dominieren nun die Beiträge aus dem nicht betroffenen Myokardgewebe. Anders ausgedrückt: Der nun vorliegende Herzdipolvektor ist gleich dem normalen Dipolvektor minus dem Anteil des nekrotischen Bezirks. Folglich wird der Herzdipolvektor bei Infarkt in Größe und

Richtung spezifisch in Abhängigkeit von Größe und Lage der Nekrose verändert. Die Auswirkung auf das registrierte EKG ist ferner auch von der Elektrodenlage abhängig. Hinzu kommen noch Auswirkungen des an die Nekrose angrenzenden ischämischen Randbezirks. Näheres siehe Lehrbücher der Pathophysiologie bzw. klinischen Elektrokardiographie.

Es gibt mehrere verschiedene gebräuchliche Elektrodenschaltungen. Bei den von W. E. Einthoven eingeführten Ableitungen werden Arme und Beine als elektrische Zuleitungen zu den Potentialmeßpunkten P_1, P_2 und P_3 am Körperstamm benutzt, s. Abb. 11.22.

Nach Beispiel 11.5 ist das Potential in einem Punkt P in der Umgebung eines elektrischen Dipols $\varphi(P) = \frac{1}{4 \cdot \pi \cdot \varepsilon} \cdot \mathbf{p} \cdot \mathbf{r}/r^3$, wobei $\mathbf{p}$ der Dipolvektor und $\mathbf{r}$ ein Ortsvektor vom Dipol zu dem Punkt P ist.

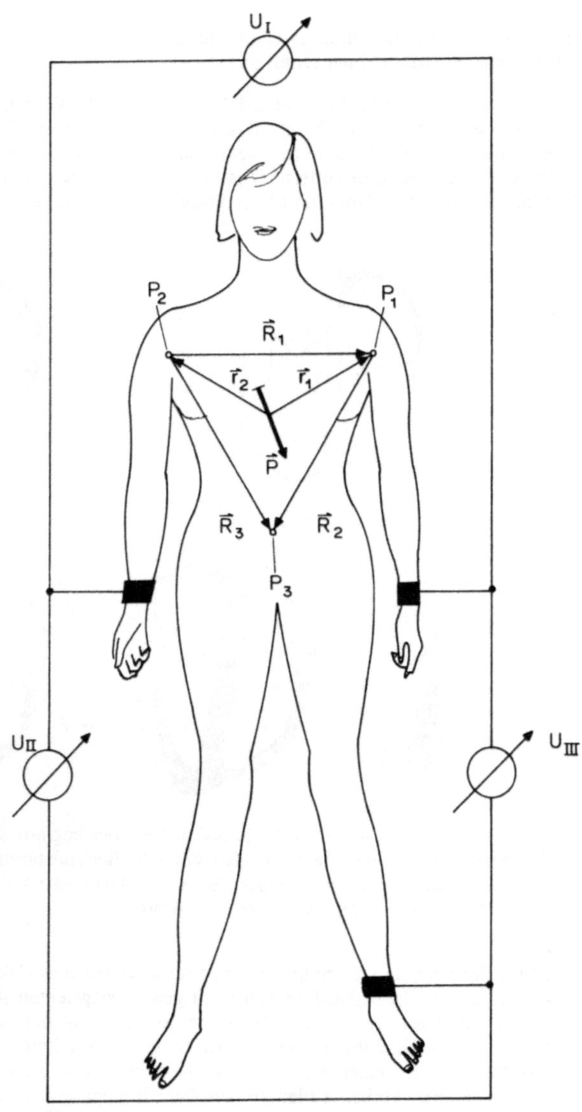

Abb. 11.22. Extremitäten-Ableitungen nach Einthoven. $U_I = \varphi(P_2) - \varphi(P_1)$, $U_{II} = \varphi(P_3) - \varphi(P_1)$, $U_{III} = \varphi(P_3) - \varphi(P_2)$

Die Potentialdifferenz zwischen den zwei Punkten P_1 und P_2 ist somit

$$U_I = \varphi(P_2) - \varphi(P_1) = \frac{1}{4 \cdot \pi \cdot \varepsilon} \cdot \mathbf{p} \cdot \frac{\mathbf{r}_2 - \mathbf{r}_1}{r^3}$$

$$= \frac{1}{4 \cdot \pi \cdot \varepsilon} \cdot \mathbf{p} \cdot \mathbf{R}_1 / r^3,$$

also proportional zur Projektion des Dipolmoments auf die Verbindungslinie $\mathbf{R}_1$ der zwei Meßpunkte P_1 und P_2. Analoges gilt für U_{II} und U_{III}.

Die drei Einthoven-Ableitungen enthalten also vom Standpunkt der Physik aus die Projektionen des elektrischen Herzdipolmoments auf die drei Verbindungslinien der Meßpunkte P_1, P_2 und P_3. Man kann daraus Größe und Richtung des Herzdipols—in der medizinischen Literatur oft „Hauptvektor" genannt—in der Frontalebene (s. folgendes Beispiel) rekonstruieren.

Die diagnostische Beurteilung erfolgt anhand der graphisch registrierten zeitlichen Spannungsverläufe von U_I, U_{II} und U_{III}, sowie der weiteren gebräuchlichen Ableitungen, d. h. anhand der sogenannten Elektrokardiogramme (EKG). Diese enthalten charakteristische Elemente, die bei den verschiedenen Ableitungstypen unterschiedliche Größe und Polarität haben, stark von der Lage der Elektroden relativ zum Herzen abhängen und außerdem noch Abhängigkeiten von Alter, Geschlecht, Körpergewicht, Anatomie des Brustkorbs und Atmungsparametern zeigen. (Ferner sind etwa 5% aller EKG atypisch.)

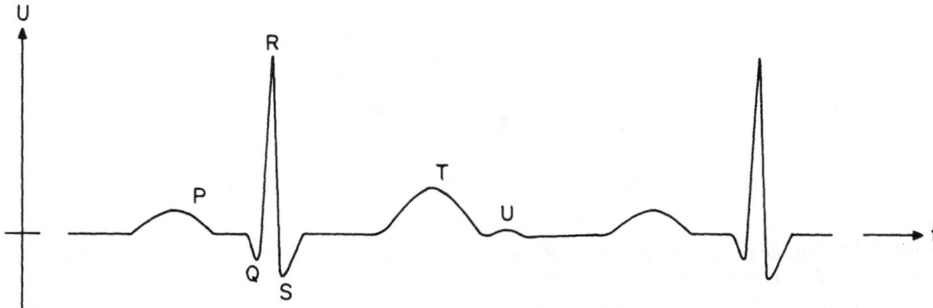

Abb. 11.23. Grundsätzlicher Verlauf und „Ausschläge" im EKG der Einthoven-Ableitungen. *P*-Welle = Erregungsausbreitung in den Vorhöfen. *PQ* = Überleitungszeit der Erregung (*AV*-Intervall). *QRS* = Erregungsausbreitung in den Herzkammern, (die *R*-Zacke tritt zwischen den Phasen *e* und *f* in Abb. 11.21 auf). *T*-Welle = Repolarisation bzw. Erregungsrückbildung des Herzmuskels. *U*-Welle = nicht endgültig geklärt (Diastole)

Beispiel 11.12. Brustwandableitungen nach Wilson. Die Einthovenschen Ableitungen liegen in der Frontalebene des Körpers. Entsprechend werden vom elektrischen Herzdipol auch nur die Projektionen in dieser Ebene gemessen. Um auch Einblick in den Verlauf der Horizontalkomponenten des elektrischen Herzdipolmoments zu bekommen, werden verschiedene Brustwandableitungen benutzt, bei welchen die Elektroden in einer etwa normal zur Körperachse liegenden Ebene liegen.

Bei den sogenannten „unipolaren" Brustwandableitungen nach Wilson wird die Potentialdifferenz zwischen sogenannten differenten Elektroden V_1 bis V_6 an der Brustwand und einer sogenannten indifferenten Sammel- oder Nullpunktselektrode gemessen. Es wird also durchaus nicht „unipolar" gemessen! Die Nullpunktselektrode entsteht durch den Zusammenschluß der drei Extremitätenelektroden über hochohmige Widerstände (von je 5 kΩ), s. Abb. 11.25.

Bei dieser Ableitungsart muß berücksichtigt werden, daß die Elektroden sehr nahe am Herzen liegen. Die oben benutzte Näherung beruhte demgegenüber darauf, daß die Abstände der Meßpunkte vom Dipol deutlich größer waren als die Ausdehnung des Dipols selbst. Dies ist hier nicht mehr erfüllt. Die Folge ist, daß die näher an den Elektroden liegenden Bezirke des Myokards stärker zur Geltung kommen. Das ist aber eine durchaus erwünschte Eigenschaft dieser Ableitungsart, weil hierdurch zusätzliche Detailinformation über den Erregungsablauf am Herzmuskel gewonnen wird. Mit einer anderen Ableitung, der Ösophagusableitung beispielsweise, bei der die Meßelektrode an einem Katheter befestigt und schrittweise durch die Speiseröhre geführt wird, erreicht man eine besonders bevorzugte Registrierung der Aktivität des linken Vorhofs. Die Beschreibung der Aktivität des Herzmuskels durch einen aus allen Muskelbezirken resultierenden Dipolvektor allein wäre ja eine sehr grobe Vereinfachung.

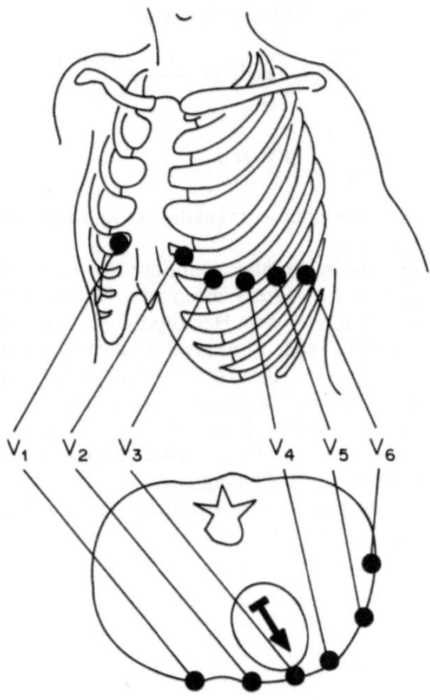

Abb. 11.24. Brustwandableitungen V_1 bis V_6 nach Wilson

Beispiel 11.13. Veränderung des EKG-Verlaufs bei Vorderwandinfarkt: Wie in der Abb. 11.26 angedeutet, kommt es an der dem Infarktgeschehen örtlich zugeordneten Ableitung zunächst zu einer starken Überhöhung der T-Welle (auch „Erstickungs-T" genannt). Die genaue Ursache ist nicht bekannt. Wahrscheinlich spielt das aus den geschädigten Muskelzellen in den Intrazellularraum austretende Kalium hier eine Rolle. Ein analoger Verlauf ist grundsätzlich bei allen Infarktlokalisationen beobachtbar, ebenso die einzelnen, während des Heilungprozesses auftretenden Kurvenverläufe. Es gibt allerdings auch atypische Verläufe.

Erwähnt sei noch, daß die in der klinischen Diagnostik routinemäßig registrierten 12 Ableitungen neben den 3 Einthovenschen Extremitätenableitungen U_I, U_{II} und U_{III} und den 6 Wilsonschen Brustableitungen V_1 bis V_6 noch 3 von E. G. Goldberger angegebene Ableitungen umfassen. Bei den Goldbergerschen Ableitungen werden jeweils zwei Extremitätenelektroden über $5\,\text{k}\Omega$-Widerstände zu einer indifferenten Nullelektrode verbunden, die dritte Elektrode dient als jeweilige Meßelektrode zur dritten Extremität. Diese Ableitungen stellen eine Ergänzung zu den Einthovenschen dar und erleichtern v. a. die Bestimmung der Lage des Herzdipols in der Frontalebene.

Beispiel 11.14. Elektrische Feldstärke an der Oberfläche einer leitenden Kugel vom Radius $R = 0{,}01\,\text{m}$ mit dem elektrischen Potential $\varphi = 100\,\text{V}$. (Wir betrachten hier nur den Betrag der Feldstärke, können also mit skalaren Größen rechnen.)

Nach Gleichung 11.4 ist

$$E = \frac{1}{4 \cdot \pi \cdot \varepsilon} \cdot \frac{Q}{R^2}$$

und nach Gleichung 11.6

$$\varphi = \frac{Q}{4 \cdot \pi \cdot \varepsilon \cdot R}.$$

Abb. 11.26. Ableitung V_3 nach Wilson; **a** Normalverlauf, **b** wenige Stunden nach Infarktbeginn, **c** Endstadium nach Jahren

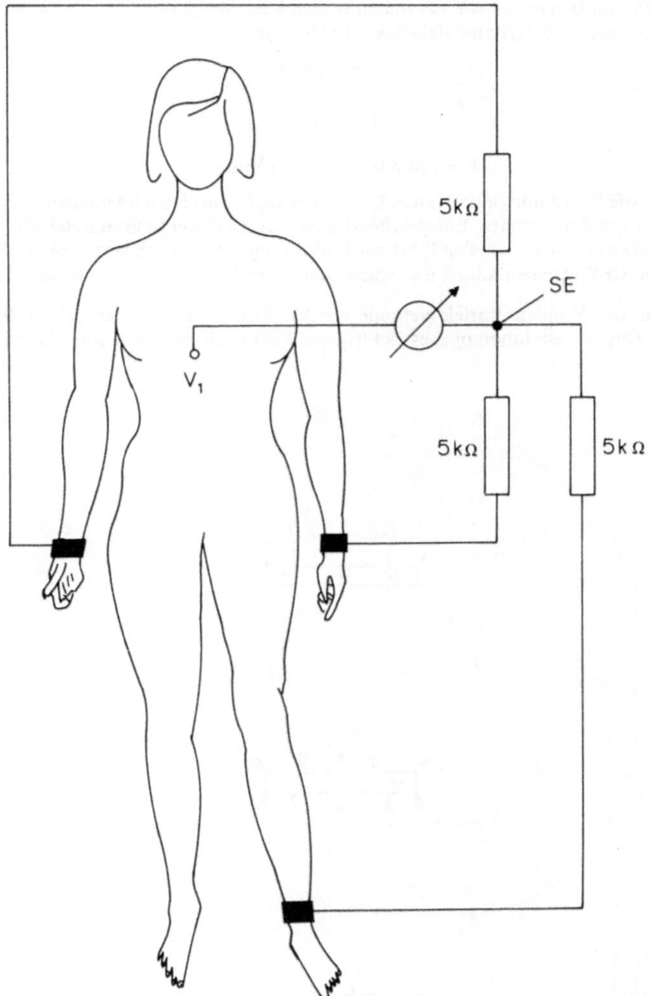

Abb. 11.25. Wilsonsche Sammelelektrode *SE* und Wilsonsche Brustwandableitungen (nur V_1 angedeutet)

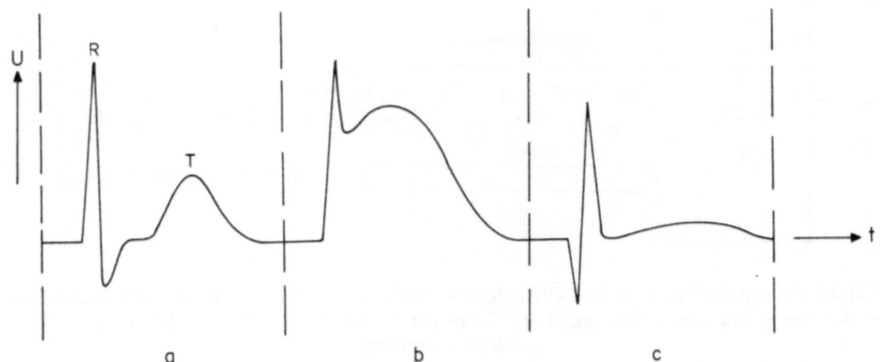

Durch Eliminieren von Q erhalten wir aus diesen beiden Gleichungen (indem wir zunächst die oberen Gleichungshälften durch die darunter stehenden dividieren):

$$E/\varphi = 1/R$$

oder

$$E = \varphi/R.$$

Das gibt

$$E = 100\,\mathrm{V}/0{,}01\,\mathrm{m} = 10\,\mathrm{kV{\cdot}m^{-1}}.$$

Man kann scharfe Ecken und Spitzen eines Leiters annähernd als Kugeloberfläche von entsprechend kleinem Krümmungsradius ansehen. Entsprechend groß wird an dieser Stelle die elektrische Feldstärke. Die große Feldstärke an solchen Stellen führt zur Ionisierung der Luft, sie wird elektrisch leitend. Dies ist das Phänomen der Spitzenentladung und spielt auch beim Blitzableiter eine wesentliche Rolle.

Beispiel 11.15. Bei der Kondensatorfeldmethode werden Kondensatorplatten mit großen Plattenabständen benutzt. Das hat ein inhomogenes elektrisches Feld auch zwischen den Platten zur Folge:

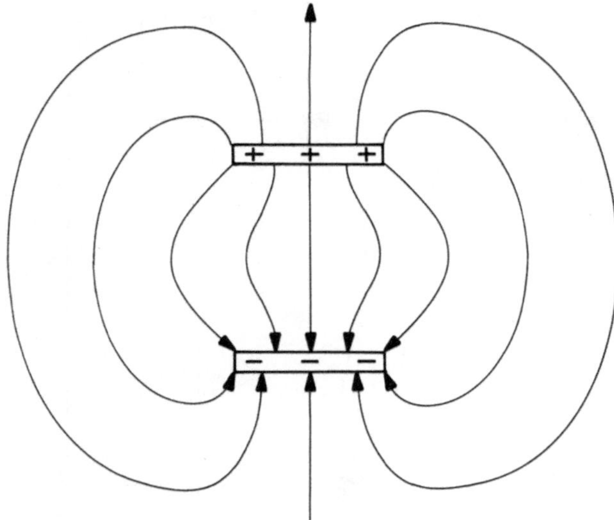

Abb. 11.27. Elektrisches Feld eines Kondensators bei großem Plattenabstand. Die größten Feldstärken herrschen unmittelbar an der Plattenoberfläche

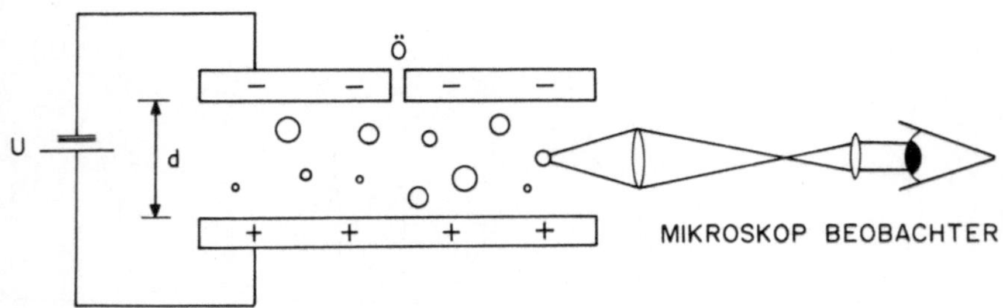

Abb. 11.28. Prinzip des Millikanschen Öltröpfchenversuchs. Durch die Öffnung $Ö$ in der oberen Platte fallen die von einem Zerstäuber gebildeten Tröpfchen in das Innere des Kondensators. U ist die angelegte Spannung

Beispiel 11.16. Millikans Öltröpfchenversuch. Mit diesem Experiment hat R. A. Millikan 1911 gezeigt, daß die elektrostatische Ladung kleiner Öltröpfchen stets ein Vielfaches einer sehr kleinen Ladung e beträgt und diese Ladung bestimmt. Dieses Experiment lieferte einen unmittelbaren Beweis für die diskrete Natur der elektrischen Ladung.

Das Prinzip dieses Versuchs besteht darin, mittels eines Zerstäubers kleine Öltröpfchen in das elektrische Feld eines Plattenkondensators zu bringen. Diese Tröpfchen sind an sich bereits durch den Zerstäubungsvorgang elektrisch aufgeladen, konnten in Millikans Experiment aber auch durch Bestrahlung mittels ionisierender Strahlung elektrisch geladen werden. Millikan beobachtete dabei mittels eines Mikroskops Größe und Steig- bzw. Sinkgeschwindigkeiten dieser Tröpfchen im elektrischen Feld des Kondensators, s. Abb. 11.28. Für positiv geladene Tröpfchen herrscht hier folgendes dynamisches Kräftegleichgewicht:

Gewichtskraft − Auftriebskraft + Coulombkraft = Stokessche Reibungskraft (Gleichung 5.23)

$$\rho_{\text{Öl}} \cdot V \cdot g - \rho_{\text{Luft}} \cdot V \cdot g + Q \cdot E = 6 \cdot \pi \cdot \eta \cdot r \cdot v$$

die ρ sind die Massendichten von Öl bzw. Luft, V ist das Tröpfchenvolumen, r der Tröpfchenradius und Q ist die Ladung des Tröpfchens; die Feldstärke ist $E = U/d$.

Trägt man die hierbei gemessenen Ladungen Q_1, Q_2, etc. in eine Ladungsskala bzw. Ladungsgerade ein, ergibt sich folgendes Bild:

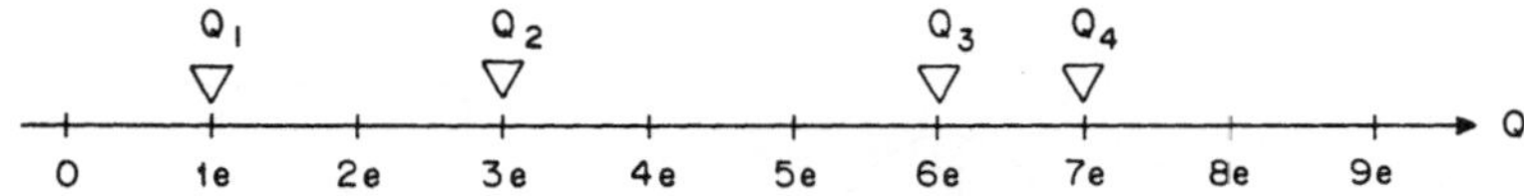

Die elektrische Ladung besitzt also offenbar ein kleinstes Quantum, nämlich die

elektrische Elementarladung $e = 1{,}60210 \cdot 10^{-19}\,\text{C}$.

Aufgabe 11.1. Berechnen Sie die Kraft, die zwei elektrische Ladungen von je $Q = 1\,\text{C}$ im Abstand von $r = 1\,\text{km}$ aufeinander ausüben.

Aufgabe 11.2. Berechnen Sie die Coulombkraft, mit der 2 Protonen (diese tragen die Ladung $Q = +e$) in einem Atomkern auseinandergetrieben werden; nehmen sie als Abstand r den Durchmesser des Atomkerns an (etwa $10^{-15}\,\text{m}$).

Aufgabe 11.3. Berechnen Sie mit Hilfe der Gleichung 11.6 das Potential in der Symmetrieebene eines ungleichnamigen Dipols mit den Ladungen $+Q$ und $-Q$ im Abstand d voneinander.

Aufgabe 11.4. Berechnen Sie die Feldstärke in Entfernungen $r \gg d$ eines ungleichnamigen elektrischen Dipols.

Aufgabe 11.5. Bestimmen Sie e aus Faraday-Konstante F und Avogadro-Zahl N_A.

Aufgabe 11.6. Bei der Kondensatorfeldmethode werden Spannungen in der Größe von $U = 1\,\text{kV}$ (Kurzwellen, Frequenz $\nu = 27{,}12\,\text{MHz}$) benutzt. Berechnen Sie die elektrische Feldstärke E für einen Plattenabstand $d = 0{,}4\,\text{m}$.

11.3 Spannungsquellen

a) Voltasche Kontaktspannung

A. Volta machte 1794 die Entdeckung, daß sich zwei verschiedene Metalle ungleichnamig elektrisch aufladen, wenn man sie erst in Kontakt miteinander bringt und anschließend trennt. Der Nachweis gelang ihm mit Kupfer und Zink. Legt man eine Kupferplatte auf eine Zinkplatte, so lädt sich die Kupferplatte negativ auf und die Zinkplatte positiv. Der Grund hierfür ist, daß die beweglichen Ladungsträger, d. h. die negativ geladenen Elektronen, s. Abschnitt 5.1, vom Ionengitter des Kupfers stärker gebunden werden als von dem Ionengitter des Zinks. Befinden sich die beiden Metalle miteinander in Kontakt, werden daher so lange Elektronen vom Zink in das Kupfer übertreten, bis die dadurch entstehende unterschiedliche elektrische Ladung der beiden Platten diesen Vorgang beendet, weil die zunehmend positiv geladene Zinkplatte die Elektronen immer stärker anzieht. An der Grenze der beiden Metalle entsteht eine sogenannte elektrische Doppelschicht aus positiven und negativen Ladungen mit einem entsprechenden elektrischen Feld. Offenbar befinden sich die Elektronen in den beiden Metallplatten auf unterschiedlichem elektrischen Potential. Die zugehörige Potentialdifferenz ist die Voltasche Kontaktspannung; sie liegt in der Größenordnung von 1 V. Beim Trennen der beiden geladenen Platten kommt es zu einer erheblichen Zunahme der Spannung (Gleichungen 11.12 und 11.13). Erst dadurch war es Volta möglich, die Kontaktspannung nachzuweisen.

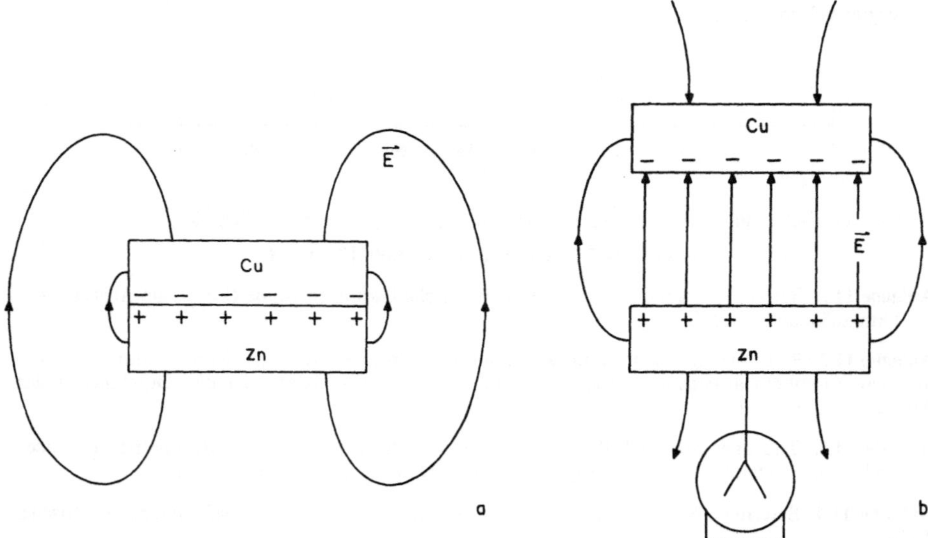

Abb. 11.29. Voltasche Kontaktspannung. **a** Elektronen wandern vom Zink in das Kupfer. Es entsteht ein elektrisches Feld zwischen den beiden Platten. **b** Durch Trennen der beiden Platten steigt die Spannung auf hohe Werte an

Betrachten wir den Vorgang der Ladungstrennung etwas näher. Die Elektronen bewegen sich auf ihrem Weg von der Zinkplatte in die Kupferplatte *gegen* die vom elektrischen Feld ausgeübte Kraft. Dies ist die Funktion jeder Spannungsquelle: Ladungsträger werden gegen das elektrische Feld bewegt. Das erfordert Energie, die je nach Spannungsquelle unterschiedlichen Ursprungs ist. Bei den galvanischen Elementen ist dies die freie Enthalpie (s. Kapitel 10). Die dabei entstehende elektrische Potentialdifferenz heißt „eingeprägte Spannung“ oder etwas unpräzise, „elektromotorische Kraft“ („EMK“).

So wie zwischen Kupfer und Zink kann man für beliebige Metallpaare und andere feste Stoffe charakteristische Kontaktspannungen feststellen, wenn auch die genaue Messung erhebliche Schwierigkeiten macht, da geringste Kontaminationen auf der Oberfläche die Kontaktspannungen erheblich beeinflussen.

Man kann die verschiedenen Stoffe in eine Reihenfolge bringen derart, daß immer das vorhergehende Glied sich bei Kontakt mit dem nachfolgenden positiv auflädt. Diese Reihe heißt Voltasche Spannungsreihe:

$$+ \text{Zn, Pb, Sn, Fe, Cu, Ag, Pt, C} -$$

Die Kontaktspannungen zwischen den einzelnen Mitgliedern dieser Reihe betragen:

$$U(\text{Zn/Pb}) = 0{,}39\ \text{V}$$
$$U(\text{Pb/Sn}) = 0{,}06\ \text{V}$$
$$U(\text{Sn/Fe}) = 0{,}30\ \text{V}$$
$$U(\text{Fe/Cu}) = 0{,}14\ \text{V}$$
$$U(\text{Cu/Ag}) = 0{,}12\ \text{V}$$
$$U(\text{Ag/Pt}) = 0{,}12\ \text{V}$$
$$U(\text{Pt/C}) = 0{,}13\ \text{V}.$$

Die Kontaktspannung zwischen zwei beliebigen Mitgliedern dieser Reihe ist immer gleich der Summe der Kontaktspannungen der dazwischen liegenden Metalle. Z. B. ist die Kontaktspannung zwischen Zn und Fe; $U(\text{Zn/Fe}) = U(\text{Zn/Pb}) + U(\text{Pb/Sn}) + U(\text{Sn/Fe})$.

Eine weitere Konsequenz der Tatsache, daß Spannungen Differenzen skalarer Potentiale sind, ist, daß (Gesetz der *Voltaschen Spannungsreihe*) in einer geschlossenen Kette metallischer Leiter gleicher Temperatur die Summe der Kontaktspannungen gleich Null ist. Oder etwas abgeändert: Die Kontaktspannung zweier Metalle ist unabhängig davon, ob sich andere Metalle zwischen ihnen befinden. Diese letztere Aussage ist deshalb von großer Wichtigkeit, weil bei der Messung elektrischer Spannungen oft verschiedene Metalle als Leiter eine Kette (den Meßkreis) bilden. Wenn beide Anschlußenden des eigentlichen spannungsmessenden Leiterabschnitts aus gleichem Metall sind, ist keine Verfälschung des Meßergebnisses zu befürchten (jedenfalls solange sich alle Metalle auf derselben Temperatur befinden).

b) Thermoelektrizität

Die Voltasche Kontaktspannung ist eine Folge der für verschiedene Metalle unterschiedlichen Austrittsarbeiten der Elektronen. Da die Elektronen auch im Innern verschiedener Metalle unterschiedliche Energien besitzen, treten sie, wenn man zwei verschiedene Metalle miteinander verschweißt oder verlötet, von dem Metall höherer Elektronenenergie in das Metall mit niedrigerer Elektronenenergie über. Das letztere wird dadurch negativ geladen, es entsteht eine elektrische Potentialdifferenz, die sogenannte innere Kontaktspannung oder *Galvani-Spannung*. In einem geschlossenen Kreis ist die Summe dieser Spannungen, aus denselben Gründen wie die Voltasche Kontaktspannung, Null. Die Galvani-Spannung läßt sich allerdings nicht ohne weiteres messen.

Die Galvani-Spannung (wie die Volta-Spannung) ist temperaturabhängig. Verlötet man z. B. einen Konstantandraht an beiden Enden mit Eisendrähten und bringt die Lötstellen auf unterschiedliche Temperaturen T_1 und T_2, mißt man eine Spannung U, die in erster Näherung zur Temperaturdifferenz der beiden Lötstellen proportional ist (Abb. 11.30):

$$U \propto T_1 - T_2$$

Dies ist der 1821 von Th. J. Seebeck entdeckte *thermoelektrische Effekt.* Er spielt eine große Rolle bei der Temperaturmessung.

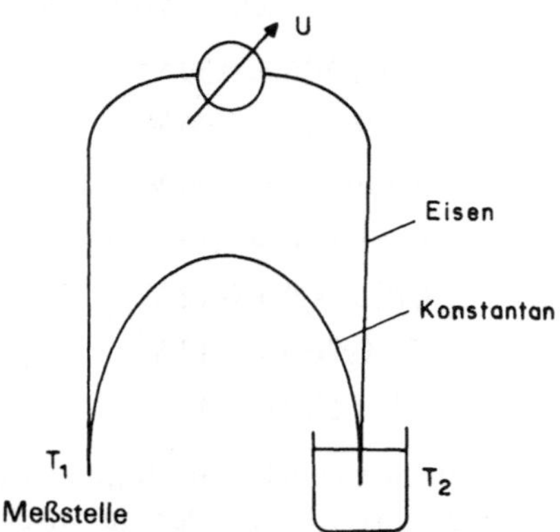

Abb. 11.30. Thermoelement aus Eisen und Konstantan. Die Lötstellen befinden sich auf den Temperaturen T_1 und T_2

Man kann die Lötstellen als spitze Nadeln mit sehr kleiner Wärmekapazität gestalten. Dann genügen geringe Wärmemengen zu ihrer Erwärmung. Es können daher entsprechend kleine Wärmemengen gemessen werden, bzw. die Temperaturen kleiner Objekte. Solche Temperatursonden werden auch eingesetzt, um den Temperaturverlauf im lebenden Organismus zu registrieren, beispielsweise bei der Krebstherapie mittels Hyperthermie.

Auch zur Messung der Intensität von Licht und Wärmestrahlung werden Thermoelemente eingesetzt. Zur Erhöhung der Empfindlichkeit wird eine größere Anzahl von Lötstellen in Reihe geschaltet. Dann addieren sich die einzelnen Spannungen. Außerdem werden die Lötstellen zur besseren Strahlungsabsorption geschwärzt. Mit diesen sogenannten *Thermosäulen* wird die Strahlungsintensität indirekt über die von ihr erzeugte Wärme gemessen.

Auch die Umkehrung des thermoelektrischen Effekts existiert. Dazu schickt man mittels einer Spannungsquelle einen Strom durch die Lötstelle. Fließt dieser Strom in Richtung des Thermostroms, kühlt die Lötstelle ab; schickt man den Strom in die entgegengesetzte Richtung, erwärmt sich die Lötstelle. Dieser Effekt wurde 1834 von *Peltier* entdeckt und nach ihm benannt.

c) Galvanische Elemente

Leiter, die dem Voltaschen Spannungsgesetz gehorchen, heißen Leiter 1. Klasse. Alle übrigen heißen Leiter 2. Klasse. Dazu gehören insbesondere elektrolytische Leiter. Für solche Leiter ist die Summe der Spannungen in einem geschlossenen Kreis im allgemeinen nicht mehr Null. Der Grund hierfür liegt darin, daß an den Kontaktstellen zu elektrolytischen Leitern Lösungsvorgänge und chemische Umsetzungen erfolgen, die die Kontaktspannungen zu den Elektrolyten je nach Elektrodenart unterschiedlich verändern.

Die zwischen Metallen und Flüssigkeiten entstehenden Potentiale hängen daher von den eingetauchten Metallen und der Zusammensetzung der Flüssigkeit bzw. deren Konzentration (und der Temperatur) ab, s. Beispiel 10.7. Ein galvanisches Element besteht aus mindestens drei Leitern, von denen wenigstens einer ein Elektrolyt bzw. Leiter 2. Klasse ist. Die in die Flüssigkeit eingetauchten Metalle heißen Elektroden.

Auch hier kann man Spannungsreihen aufstellen in dem Sinne, daß immer das vorhergehende Glied relativ zu dem nachfolgenden, beispielsweise in Wasser getaucht, sich positiv auflädt:

$$+\,\mathrm{C\,(Kohle),\ Pt,\ Ag,\ Cu,\ Fe,\ Sn,\ Pb,\ Zn,\ Al,\ Mg,\ Na}\ -$$

Bei anderen Flüssigkeiten ergibt sich naturgemäß eine andere Reihung.

Galvanische Elemente haben in der Vergangenheit eine große Rolle als Stromquellen gespielt. Das von J. F. Daniell 1836 beschriebene Element, bestehend aus einer Zinkplatte in Zinksulfat und einer Kupferplatte in Kupfersulfat, mit einer Tonwand zur Trennung der Flüssigkeiten, diente lange als Spannungseinheit; sie hieß „1 Daniell“ (= 1,09 V).

Galvanische Polarisation. Zwei gleiche Elektroden in demselben Elektrolyt können keine Spannung liefern. Es genügt allerdings schon die geringste Unsymmetrie, etwa die Verunreinigung der Oberfläche einer Elektrode, um eine geringe Spannung zu erzeugen. Eine besonders wirksame Unsymmetrie kann durch elektrochemische Veränderung einer oder beider Elektroden dadurch erzielt werden, daß man elektrischen Strom hindurchfließen läßt. Das ist manchmal erwünscht, so bei den auf elektrochemischer Polarisation beruhenden Akkumulatoren und bei elektrochemischen Verfahren der Oberflächenvergütung (z. B. Eloxal-Verfahren). Unerwünscht ist die elektrochemische Polarisation bei Meßelektroden, die in Elektrolyte eingetaucht werden, weil die Polarisationsspannungen die Meßergebnisse verfälschen. Hier greift man zu besonders gebauten polarisationsfreien Elektroden. Auch bei Elektroden, die in der Elektromedizin an den menschlichen Körper angelegt werden, sind Polarisationserscheinungen unerwünscht, weil die chemischen Prozesse an den Elektroden die Haut schädigen. Hier benutzt man etwa 1 cm dicke Zwischenlagen aus feuchten Tüchern oder spezielle Elektroden, s. Beispiel 12.27.

11.4 Materie im elektrischen Feld

a) Influenz

Befindet sich ein Leiter im elektrischen Feld, werden die beweglichen Ladungen durch die Coulombkräfte zunächst so lange verschoben, bis diese an der Oberfläche, die sie wegen der Bildkraft nicht verlassen können, anstehen. Durch diese Ladungstrennung werden zusätzliche Coulombkräfte wirksam und damit ändert sich das elektrische Feld. Die Ladungsverschiebung im Leiterinnern kommt zum Stillstand, wenn das von den verschobenen Ladungen im Leiterinnern erzeugte elektrische

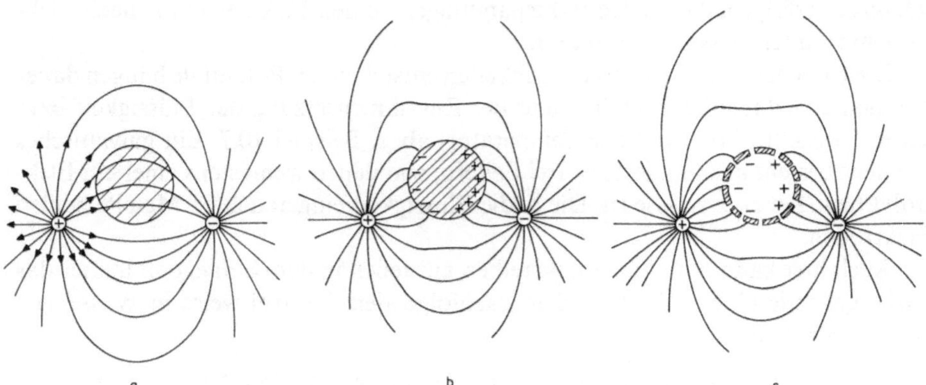

Abb. 11.31. **a** Ein idealer Nichtleiter läßt das elektrische Feld unverändert. **b** Ein Leiter verzerrt das elektrische Feld; das Leiterinnere wird feldfrei. **c** Auch das Innere eines Faraday-Käfigs ist feldfrei

Feld das von außen wirkende Feld aufhebt. Das Leiterinnere wird also feldfrei. Das hat wichtige Konsequenzen (s. Abb. 11.31).

Da sich die Ladungen, die das Feld im Leiterinnern kompensieren, auf der Leiteraußenfläche befinden, sind auch die Hohlräume von Leitern feldfrei. Wie Faraday gezeigt hat, kann der den Hohlraum umgebende Leiter auch kleine Lücken aufweisen, ja sogar aus einem Drahtnetz (Faraday-Käfig) bestehen. Solche Drahtnetze können zur Abschirmung elektrischer Felder benutzt werden. Auch die Karosserie eines Autos wirkt als Faraday-Käfig und bietet so zumindest gegen eine direkte Blitzeinwirkung Schutz.

Eine allgemeine Behandlung der quantitativen Zusammenhänge im elektrischen Feld erfordert grundsätzlich die Berücksichtigung der Vektoreigenschaft des elektrischen Felds und anderer Größen. Unser Ziel soll hier jedoch nur sein, die grundsätzlichen Zusammenhänge zu erarbeiten, die am Menschen bzw. biologischen Gewebe im elektrischen Feld auftreten. Zur quantitativen Abschätzung solcher Phänomene können wir uns auf das homogene elektrische Feld im Plattenkondensator beschränken und können alle Größen als Skalare behandeln.

In der Abb. 11.32 befindet sich ein Leiter im Feld eines Plattenkondensators. Das Leiterinnere ist nach unserer obigen Überlegung feldfrei. Wegen des Zusammenhangs $E = \sigma/\varepsilon_0$ (Gleichung 11.10) muß daher die Flächendichte der Ladungen auf der Leiteroberfläche, also die Flächendichte σ' der influenzierten Ladungen, gleich groß sein wie jene auf den Kondensatorplatten σ:

$$\sigma' = \sigma .$$

Diese influenzierte Ladungsdichte heißt auch „Verschiebungsdichte D“:

$$D = \frac{Q}{A} = \sigma' = \sigma = \varepsilon_0 \cdot E$$

Q ist die Ladung (eines Vorzeichens) auf der Leiteroberfläche A.

Durch den Leiter im Innern des Plattenkondensators steigt dessen Kapazität. Dies sieht man mit Hilfe der schon benutzten Energiebilanz für die Verschiebung

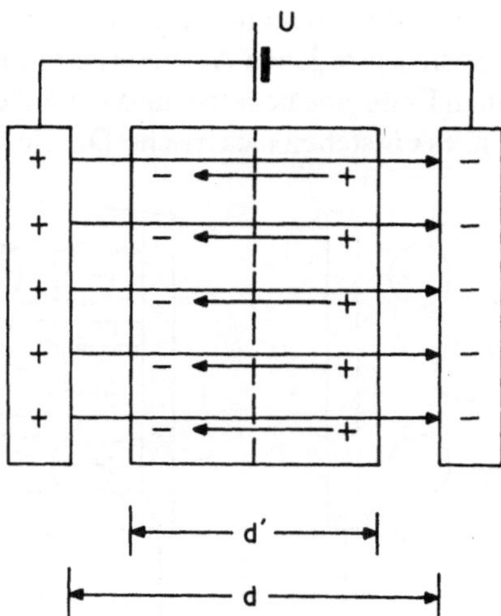

Abb. 11.32. Ladungsverschiebung durch Influenz in einem Leiter. (Die gestrichelte Linie in der Mitte des Leiters bezieht sich auf das weiter unten beschriebene Experiment mit den Faradayschen Löffeln.)

einer positiven Ladung von der negativen Platte zur positiven: der Weg, auf dem Arbeit verrichtet wird (das Leiterinnere ist feldfrei), ist nun um die Dicke d' der eingebrachten Platte kürzer geworden. Also ist nun

$$\text{Kraft} \times \text{Weg} = Q \cdot E \cdot (d - d') = Q \cdot U = \text{Ladung} \times \text{Potentialdifferenz}$$

und man erhält analog den Gleichungen 11.10 bis 11.13 für die Kapazität des Kondensators in Abb. 11.32

$$C = \varepsilon_0 \cdot \frac{A}{d - d'}.$$

Für die Kapazität ist hier die Breite der leeren Spalte maßgeblich.

Die Ladungstrennung durch Influenz läßt sich mit Hilfe der sogenannten Faradayschen Löffel sehr schön demonstrieren. Diese Faradayschen Löffel bestehen aus zwei mit isolierenden Griffen versehenen Leiterplatten. Bringt man sie im Feld eines Kondensators miteinander in Kontakt, so hat man dieselbe Situation wie oben (man denke sich die Platte im Kondensator der Abb. 11.32 an der gestrichelten Linie in zwei Hälften geteilt). Trennt man nun die beiden Platten noch im Kondensatorfeld und nimmt sie getrennt heraus, stellt man auf beiden Platten elektrische Ladungen—dem Betrag nach gleich groß, jedoch mit unterschiedlichen Vorzeichen—fest.

b) Polarisation

Auch Isolatoren zwischen den Platten eines Kondensators können dessen Kapazität erhöhen. Hier kann es zwar zu keiner Ladungsverschiebung von einer Seite des Isolators zur andern kommen, es kommt aber zu einer Ladungsverschiebung auf molekularer Ebene u. zw. kennt man zwei verschiedene Mechanismen. Bei der *Verschiebungspolarisation* kommt es durch die Kraftwirkung des elektrischen Felds zu einer Verschiebung der negativ geladenen Elektronenhüllen der Atome gegen die Feldrichtung und der positiv geladenen Atomkerne in Feldrichtung. Die Folge ist, daß diese Atome am einen Ende eine negative und am anderen Ende eine positive Überschußladung erhalten, es entstehen elektrische Dipole.

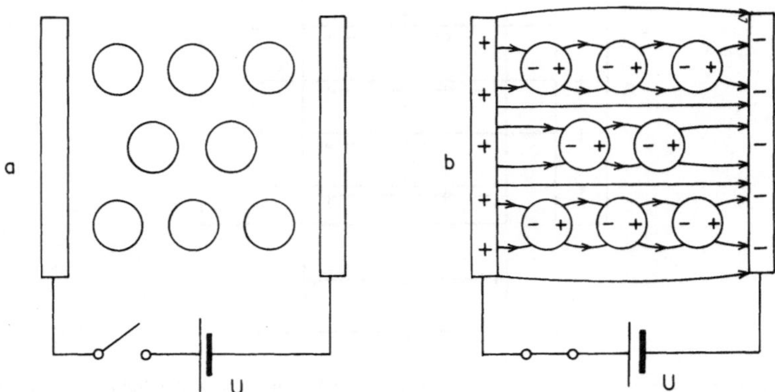

Abb. 11.33. Verschiebungspolarisation. **a** Im feldfreien Zustand fallen die Ladungsmittelpunkte von Atomkernen und Atomhüllen zusammen; die Atome sind nach außen hin ungeladen. **b** Im elektrischen Feld werden Elektronenhüllen und Atomkerne gegeneinander verschoben; es entstehen elektrische Dipole

Wenn der Isolator aus polaren Molekülen besteht, das sind Moleküle, die bereits elektrische Dipole darstellen, wie beispielsweise Wassermoleküle, kommt es außerdem zur *Orientierungspolarisation*. Ein elektrisches Feld übt nämlich auf einen elektrischen Dipol ein Drehmoment aus:

$$M = 2 \cdot F \cdot (d/2) \cdot \sin \vartheta = Q \cdot E \cdot d \cdot \sin \vartheta = p \cdot E \cdot \sin \vartheta,$$

s. Abb. 11.34. Hier ist $p = Q \cdot d$ das elektrische Dipolmoment (Gleichung 11.9).

Durch das im elektrischen Feld auf Dipole wirkende Drehmoment werden diese parallel zum elektrischen Feld orientiert. Die in der Abb. 11.35 b dargestellte Situation ist allerdings etwas unrealistisch übertrieben. Frei bewegliche Moleküle führen ja Wärmebewegung aus und diese wirkt gegen die vom elektrischen Feld

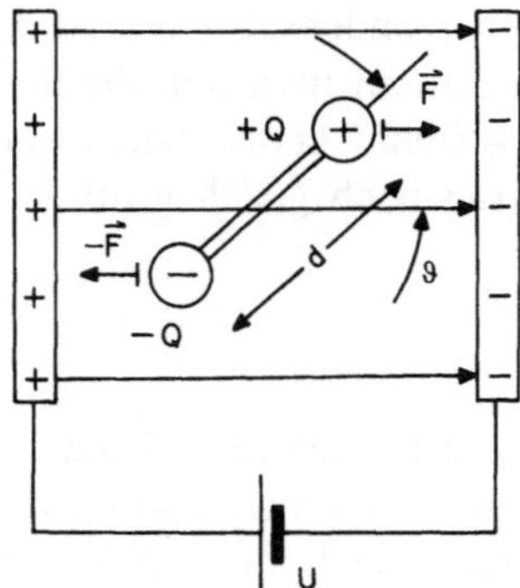

Abb. 11.34. Kräfte auf einen elektrischen Dipol im elektrischen Feld

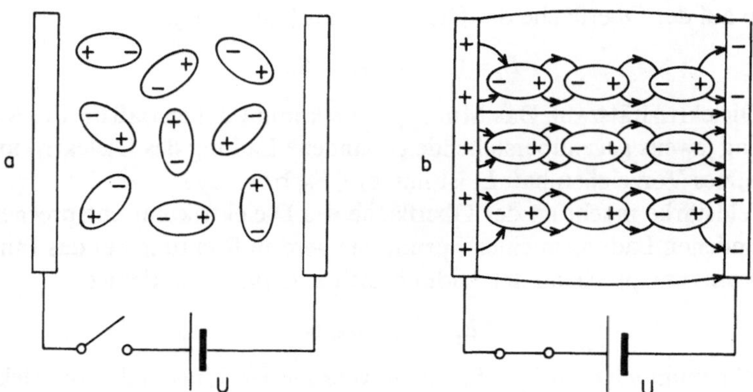

Abb. 11.35. Orientierungspolarisation. Im feldfreien Raum (**a**) zufällig orientierte polare Moleküle richten sich im elektrischen Feld aus (**b**)

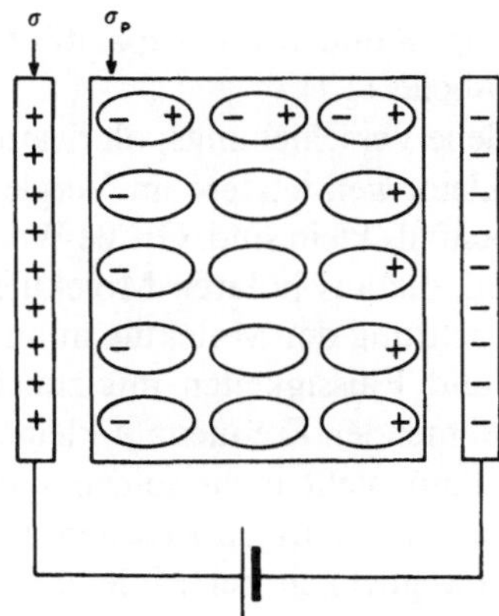

Abb. 11.36. Durch Polarisation entsteht eine Oberflächenladung mit der Dichte σ_P

hervorgerufene Ordnung. Dennoch werden sich im elektrischen Feld zu jedem Zeitpunkt mehr Moleküle in Feldrichtung orientieren, als in andere Richtungen. Da zu den verschiedenen Orientierungen der Dipole im elektrischen Feld unterschiedliche potentielle Energien gehören, ist die Verteilung auf die verschiedenen Richtungen durch das Boltzmann-Theorem gegeben. Darauf gehen wir hier jedoch nicht näher ein (s. Kapitel 20.1d).

Durch die Polarisationsvorgänge wird das elektrische Feld im Innern eines Dielektrikums verändert. Dies ist in Abb. 11.36 dargestellt: Ohne den dielektrischen Körper herrscht zwischen den beiden Kondensatorplatten die Feldstärke $E_0 = \sigma/\varepsilon_0$. Durch Polarisation entstehen im Isolator Ladungen, die im Gegensatz zu den Ladungen auf den Kondensatorplatten nicht frei beweglich sind, sondern an den Ort gebunden. Ihre Ladungsdichte sei σ_P. Die Ladungen im Innern kompensieren sich, übrig bleiben die Ladungen an den Oberflächen des Dielektrikums. Somit wird die elektrische Feldstärke E_ε im Innern des Dielektrikums von der Ladungsdichte der Kondensatorladungen (σ) plus der Ladungsdichte der gebundenen

Ladungen auf der Oberfläche des Dielektrikums (σ_P) erzeugt:

$$E_\varepsilon = (\sigma - \sigma_P)/\varepsilon_0 = E_0/\varepsilon_r$$

ε_r ist die Dielektrizitätszahl. Das Minuszeichen kommt daher, daß die der Kondensatorladung jeweils gegenüberstehende gebundene Ladung des Dielektrikums entgegengesetztes Vorzeichen hat: E_ε ist immer $< E_0$, bzw. $\varepsilon_r > 1$.

Die Feldstärke macht an der Oberfläche des Dielektrikums entsprechend den dort gebundenen Ladungen einen Sprung, sie wird in Richtung auf das Innere des Dielektrikums entsprechend der Ladungsdichte σ_P plötzlich kleiner:

$$E_\varepsilon = E_0 - \sigma_P/\varepsilon_0.$$

Das Dielektrikum verkleinert bei sonst unveränderten Umständen die elektrische Feldstärke im Kondensator um den Faktor $1/\varepsilon_r = \varepsilon_0/\varepsilon$, bzw. umgekehrt betrachtet, erhöht ein Dielektrikum die Kapazität eines Kondensators um den Faktor $\varepsilon/\varepsilon_0 = \varepsilon_r$:

$$C = Q/U = \varepsilon_r \cdot C_0$$

ε_r kann also aus Messungen der Kondensatorkapazität C_0 ohne und C mit Dielektrikum bestimmt werden (Tabelle 11.1).

Die immer auch vorhandene Verschiebungspolarisation bleibt bei den technisch realisierbaren Feldstärken klein, weil letztere im Vergleich zu den atomaren und molekularen Feldstärken ebenfalls klein sind. Große Werte erreicht die Dielektrizitätskonstante nur bei Stoffen, die aus polaren Molekülen aufgebaut sind. Da die Wärmebewegung einer Ausrichtung der Moleküle in nur eine Richtung entgegenwirkt, nimmt ε_r in Gasen und Flüssigkeiten mit zunehmender Temperatur ab. Außerdem wird ε_r mit zunehmender Frequenz ν kleiner, weil die Moleküle den schnellen Feldänderungen dann nicht mehr folgen können. Bei festen Körpern (z. B. Eis) nimmt ε_r schon bei sehr niedrigen Frequenzen ab. Andererseits erhöhen höhere Temperaturen die Beweglichkeit der Moleküle fester Körper, so daß hier ε_r mit zunehmender Temperatur zunimmt.

Auch an der Grenze zweier Dielektrika mit unterschiedlichen Dielektrizitätskonstanten ε_1 und ε_2 macht die Feldstärke einen Sprung. Dieser Feldstärkesprung wird durch die unterschiedlichen Ladungsdichten σ_1 und σ_2 der gebundenen Ladungen auf der Oberfläche der Dielektrika erzeugt. Das ist in der Abb. 11.37 angedeutet.

Die resultierende (in Abb. 11.37 positive) Flächenladungsdichte σ_0 erzeugt eine Feldstärke der Größe $E_1' = E_2' = \sigma_0/(2 \cdot \varepsilon_0)$ normal zur Grenzfläche. Der Feld-

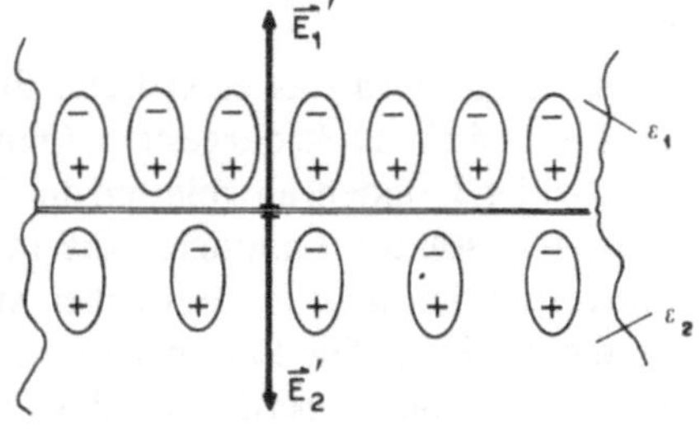

Abb. 11.37. Zwei angrenzende Medien unterschiedlicher Dielektrizitätskonstanten ε_1 und ε_2 mit resultierender positiver Ladungsdichte an der Grenzfläche erzeugen zusätzliche Feldstärken E_1' und E_2'

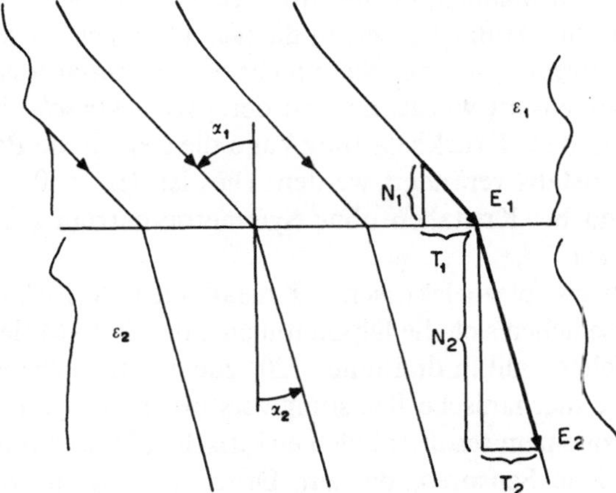

Abb. 11.38. Verlauf der elektrischen Feldlinien an der Grenze zweier Medien mit den Dielektrizitätskonstanten $\varepsilon_1 < \varepsilon_2$

stärkesprung $E'_2 - E'_1$ hat also die Größe σ_0/ε_0 und erfolgt normal zur Grenzfläche. Die Feldstärken im Innern der beiden Medien sind entsprechend den obigen Überlegungen

$$E_i = E_0/\varepsilon_{ri}, \qquad (i = 1, 2),$$

wobei hier nur Feldstärken normal zur Grenzfläche angenommen waren.

Betrachten wir nun Grenzflächen unter beliebigem Winkel zum elektrischen Feld. Hier muß berücksichtigt werden, daß der Feldstärkesprung nur in den Normalkomponenten N_1 und N_2 (s. Abb. 11.38) von **E** auftreten kann. Die Tangentialkomponenten T_1 und T_2 der elektrischen Feldstärke bleiben unverändert. Also ist

$$\tan\alpha_1 : \tan\alpha_2 = \frac{T_1}{N_1} : \frac{T_2}{N_2} = N_2 : N_1 = \varepsilon_{r1} : \varepsilon_{r2}.$$

Daraus erhält man das Brechungsgesetz für elektrische Feldlinien:

$$\frac{\tan\alpha_1}{\tan\alpha_2} = \frac{\varepsilon_{r1}}{\varepsilon_{r2}}.$$

Das elektrische Feld ändert an den Grenzflächen seine Richtung.

c) Ferroelektrizität, Pyroelektrizität und Piezoelektrizität

In vielen Kristallen, die aus elektrischen Ionen oder Dipolen (z. B. Quarz) aufgebaut sind, liegt auch ohne Einwirkung eines elektrischen Felds von außen eine Orientierung der elektrischen Dipolmomente aufgrund der Kristallstruktur vor. Dies kann die Ursache für ein auch am makroskopischen Kristall vorliegendes elektrisches Dipolmoment sein. Solche Kristalle heißen „ferroelektrische" Kristalle, sie besitzen entsprechende elektrische Ladungen an gegenüberliegenden Oberflächen. Dazu gehören beispielsweise Seignettesalze und Perowskite. Normalerweise ist die Polarisation dieser Kristalle durch freie Ladungen, die sich an seiner Oberfläche ansammeln, neutralisiert und nicht nachweisbar.

In manchen Kristallen kann man die Größe der elektrischen Polarisation durch Erwärmung verändern. Dann ist es leicht, die (geänderte) elektrische Polarisation des Kristalls nachzuweisen, solange diese nicht wieder durch freie Ladungen aus der Umgebung kompensiert wurde. Dies ist der *pyroelektrische Effekt.*

Auch durch Zug- oder Druckbelastung kann die elektrische Polarisation eines ferroelektrischen Kristalls verändert werden. Dies ist der 1880 von den Brüdern Curie entdeckte und bei Kristallen ohne Symmetriezentrum auftretende *direkte piezoelektrische Effekt.*

Allerdings muß ein piezoelektrischer Kristall nicht ferroelektrisch sein: bei Quarz beispielsweise heben sich die Dipolmomente der SiO_2-Moleküle gegenseitig auf, weil sie in gleicher Zahl in drei unter 120° zueinander stehenden Richtungen orientiert sind. Eine mechanische Belastung zerstört diese Symmetrie mehr oder weniger und führt zu einem resultierenden elektrischen Dipolmoment. Dies ist die Basis für verschiedene Sensoren, die zur Druckmessung, in Mikrofonen und Tonabnehmern, in elektrischen Oszillatoren und zur Erzeugung von Zündfunken Anwendung finden.

Auch die Umkehrung des beschriebenen direkten Effekts wurde von den Brüdern Curie gefunden: *reziproker piezoelektrischer Effekt.* Hierbei führt eine an den Kristall angelegte elektrische Spannung bzw. Feldstärke je nach Polung zu einer Stauchung bzw. Dehnung des Kristalls. Dieser Effekt findet ebenfalls in elektrischen Oszillatoren sowie bei der Herstellung von Schall, insbesondere Ultraschall, Anwendung.

Eine wichtige Voraussetzung für den piezoelektrischen Effekt, nämlich das Vorhandensein geordneter asymmetrischer Moleküle, wird auch von Bindegeweben wie Kollagen, Keratin, Elastin und den Retikulumzellen, zumindest über kleine Bereiche hinweg, erfüllt. Tatsächlich konnte Piezoelektrizität 1957 von E. Fukuda und I. Yasuda in Knochen und Sehnen auch nachgewiesen werden. Der piezoelektrische Effekt von Kollagen spielt vermutlich beim Knochenwachstum eine wichtige Rolle (s. Beispiel 13.13).

Zusammenfassung 11.B

I. Berühren zwei Körper einander, treten Berührungsspannungen auf. Sind beide Körper aus Metall, spricht man von Voltaspannung. Sind beide Körper Isolatoren, spricht man von Reibungselektrizität. Auch wenn sich Metall und Isolator berühren, gibt es *Kontaktspannungen.* Vermutlich treten dabei nicht nur Elektronen in den Isolator über, sondern auch Metallionen, getrieben durch einen Lösungsdruck. Dies erklärt das Auftreten auch negativer Aufladung von Metallen im Kontakt mit Isolatoren.

Die Voltasche Kontaktspannung ist eine Folge der für verschiedene Metalle unterschiedlichen Austrittsarbeiten der Elektronen; sie wird daher auch als *äußere Kontaktspannung* bezeichnet. Die unterschiedliche Energie der Elektronen im Innern verschiedener Metalle ist die Ursache für die *innere Kontaktspannung* oder Galvani-Spannung. Diese ist, wie die Volta-Spannung, temperaturabhängig. Verlötet man zwei verschiedene Metalle an beiden Enden und bringt die Lötstellen auf unterschiedliche Temperaturen, mißt man eine Spannung U, die in erster Näherung zur Temperaturdifferenz der beiden Lötstellen proportional ist:

$$U \propto T_1 - T_2. \tag{11.14}$$

Dies ist der *thermoelektrische Effekt.* Die Umkehrung dieses Effekts ist der *Peltier-Effekt.*

In einem geschlossenen Kreis aus wenigstens zwei Leitern 1. und einem Leiter 2. Klasse ist die Summe der elektrischen Spannungen nicht Null. Dies ist die Basis der *galvanischen Elemente.* An die Stelle zweier unterschiedlicher Leiter 1. Klasse können auch zwei durch elektrochemische Polarisation veränderte gleiche Leiter 1. Klasse treten. Darauf beruhen die verschiedenen *Akkumulatoren.*

II. Befindet sich ein Leiter im elektrischen Feld, kommt es zu einer Verschiebung der beweglichen Ladungen (Influenz), bis das Leiterinnere feldfrei ist. Darauf beruht der Faraday-Käfig. Hierdurch werden auch das äußere elektrische Feld und damit der Verlauf der elektrischen Feldlinien beeinflußt.

Die Flächendichte σ' der Ladungen auf der Oberfläche eines Leiters im homogenen Feld eines Plattenkondensators ist gleich groß wie jene auf den Kondensatorplatten σ:

$$\sigma' = \sigma. \tag{11.15}$$

Diese influenzierte Ladungsdichte heißt auch „Verschiebungsdichte D":

$$D = \frac{Q}{A} = \sigma' = \sigma = \varepsilon_0 \cdot E \tag{11.16}$$

Q ist die Ladung (eines Vorzeichens) auf der Leiteroberfläche A.

III. Befindet sich ein Isolator (Dielektrikum) im elektrischen Feld, wird die elektrische Feldstärke im Innern von der Ladungsdichte der freien Kondensatorladungen plus der Ladungsdichte der gebundenen Ladungen auf der Oberfläche des Dielektrikums erzeugt:

$$E_\varepsilon = \frac{\sigma - \sigma_P}{\varepsilon_0} = \frac{E_0}{\varepsilon_r} \tag{11.17}$$

ε_r heißt Dielektrizitätszahl.

Die Ladungsdichte der gebundenen Ladungen σ_P ist

$$\sigma_P = (\varepsilon_r - 1) \cdot \varepsilon_0 \cdot E_\varepsilon = \varepsilon_0 \cdot \chi \cdot E_\varepsilon \tag{11.18}$$

mit der elektrischen Suszeptibilität

$$\chi = \varepsilon_r - 1, \tag{11.19}$$

einer Stoffkonstanten.

Tabelle 11.1. Dielektrizitätszahlen ε_r verschiedener Stoffe bei 20 °C (mit Ausnahme des Eises) und $p = 10^5$ Pa. Der hohe Wert des Wassers gilt bis zu Frequenzen von etwa $\nu = 10^{10}$ Hz, darüber hinaus sinkt ε_r auf den Wert des Eises

Stoff	Dielektrizitätszahl ε_r
Vakuum	1
Luft	1,0006
Benzol	2,3
Eis	3 ($\nu > 10^5$ Hz) bis 100 ($\nu < 10$ Hz)
Lipide	3,5
Glas	5 bis 7
Zellmembranen	9
Wasser	80,3
Keramiken	bis > 100
Ferroelektrika	> 1000
Muskelgewebe	30 ($\nu > 10^{10}$ Hz) bis $3 \cdot 10^6$ ($\nu < 10$ Hz)

Das Dielektrikum verkleinert die elektrische Feldstärke im Kondensator um den Faktor $1/\varepsilon_r = \varepsilon_0/\varepsilon$, bzw. erhöht die Kapazität eines Kondensators um den Faktor $\varepsilon/\varepsilon_0 = \varepsilon_r$:

$$C = Q/U = \varepsilon_r \cdot C_0. \tag{11.20}$$

An der Grenzfläche zweier Dielektrika ändern die elektrischen Feldlinien ihre Richtung:

$$\frac{\tan\alpha_1}{\tan\alpha_2} = \frac{\varepsilon_{r1}}{\varepsilon_{r2}} \tag{11.21}$$

α_1 und α_2 sind die Winkel, die die Feldlinien mit der Normalen auf die Grenzfläche einschließen (s. Abb. 11.38). Dies ist das Brechungsgesetz für elektrische Feldlinien.

Beispiel 11.17. Die Kapazität der Zellmembranen spielt beim Durchgang von hochfrequentem elektrischen Strom durch Gewebe eine ausschlaggebende Rolle. Wir berechnen die Flächendichte C/A der Kapazität einer Zellmembran von $d = 6\,\text{nm}$ Dicke.

$$C/A = \varepsilon_r \cdot \varepsilon_0/d = 9 \cdot 8{,}854 \cdot 10^{-12}\,\text{C}^2 \cdot \text{N}^{-1} \cdot \text{m}^{-2}/6 \cdot 10^{-9}\,\text{m}$$
$$= 13 \cdot 10^{-3}\,\text{F} \cdot \text{m}^{-2}.$$

(Enthielte die Zellmembran nur Lipide, wäre C/A nur etwa halb so groß. Die gegenüber dem Lipidwert größere Dielektrizitätskonstante der Zellmembran wird auf eingelagerte polarisierbare Membranproteine zurückgeführt.)

Beispiel 11.18. Feldlinienverlauf beim Eintritt der Feldlinien von Luft ($\varepsilon_{r1} = 1$) in Gewebe ($\varepsilon_{r2} \gg 1$): Da $\tan\alpha_1 = \tan\alpha_2 \cdot \varepsilon_{r1}/\varepsilon_{r2} \ll 1$, ist $\alpha_1 = 0$ unabhängig von α_2, d. h. die Feldlinien verlaufen außen normal zur Gewebeoberfläche.

Beispiel 11.19. Hohlraum in einem Dielektrikum. Da sich im Gegensatz zum Leiter hier auch an der Innenseite des Hohlraums Ladungen befinden, kommt es zu keinerlei Abschirmung des elektrischen Felds, s. Abb. 11.39.

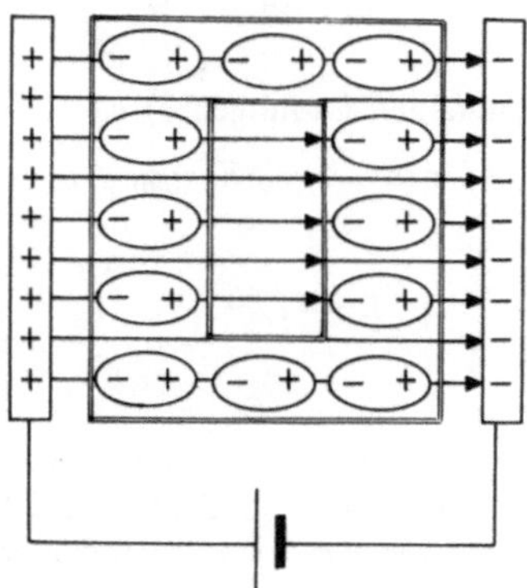

Abb. 11.39. Ein Dielektrikum schirmt ein elektrisches Feld nicht ab

Beispiel 11.20. Elektrisches Feld und Potential unter einer 110 kV Hochspannungsleitung, s. Abb. 11.40.

Wir berechnen zunächst die elektrische Feldstärke am Boden für $H = 10\,\text{m}$ und einen Leiterdurchmesser von $2 \cdot r = 2\,\text{cm}$ ohne Berücksichtigung eines darunter stehenden Menschen. Wie Abb. 11.40a andeutet, ist die Feldliniendichte und damit die elektrische Feldstärke vom Leiter zum Boden hin etwa proportional zu $1/s$. Die (zunächst noch unbekannte) Feldstärke an der Leiteroberfläche bezeichnen wir mit E_0. Dann ist E im Abstand s vom Leiter

$$E = E_0 \cdot r/s.$$

E_0 bestimmen wir aus der bekannten Potentialdifferenz U zwischen Leiter und Erde: $U = W/Q$, wobei W die Arbeit für eine Ladung Q auf dem Weg vom Leiter zur Erde ist:

$$U = \frac{W}{Q} = \frac{1}{Q} \cdot \int_r^H F \cdot ds = \frac{1}{Q} \cdot \int_r^H Q \cdot E \cdot ds = \frac{1}{Q} \cdot \int_r^H Q \cdot E_0 \cdot r \cdot \frac{ds}{s} = E_0 \cdot r \cdot \ln(H/r) = E_0 \cdot 0{,}069\,\text{m}$$

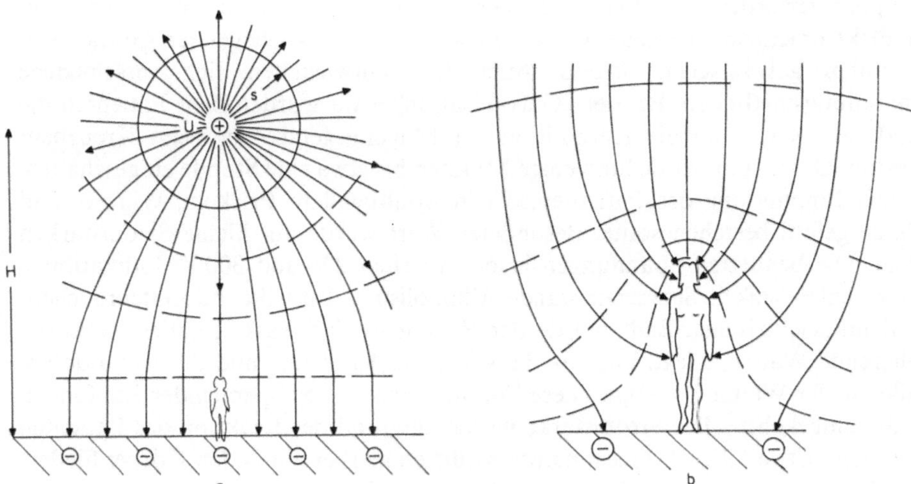

Abb. 11.40. Elektrisches Feldlinienbild einer Hochspannungsleitung. **a** Ohne Berücksichtigung des Menschen. **b** Verzerrung der Feldlinien durch den leitenden menschlichen Körper. Es kommt zu einer erheblichen Zunahme der Feldstärke am Kopf

woraus $E_0 = U/0{,}069\,\mathrm{m} = 1{,}6\,\mathrm{MV \cdot m^{-1}}$ folgt. Im Abstand $s = 10\,\mathrm{m}$ (also am Boden) beträgt die elektrische Feldstärke hier etwa $E = 1{,}6\,\mathrm{kV \cdot m^{-1}}$.

Da die Erdoberfläche eine Äquipotentialfläche darstellt, sind die Feldlinien normal zu ihr orientiert. Dadurch entsteht nahe dem Boden ein weitgehend homogenes Feld. Befindet sich ein Mensch in diesem Feld, kommt es zu einer Verzerrung des Feldlinienbilds. Da die Oberfläche des elektrisch leitenden Körpers ebenfalls eine Äquipotentialfläche darstellt, läßt sich der ungefähre Verlauf der Feldlinien schnell angeben, s. Abb. 11.40b. Die Feldliniendichte und damit die Feldstärke nehmen also am Menschen wiederum zu. Sorgfältige Berechnungen haben gezeigt, daß die Feldstärke E am Kopf des aufrecht stehenden Menschen unter einer Hochspannungsleitung um einen Faktor 15 bis 20 größer ist, als das homogene Feld in Bodennähe. Im konkreten Fall ist noch zu berücksichtigen, daß eine Hochspannungsleitung mit mehreren Leitern belegt ist. Da sich die Spannungen der drei Drehstromphasen in jedem Augenblick aufheben (s. Beispiel 13.9), wird die am Boden wirksame Feldstärke dadurch eher verkleinert. Sie verschwindet jedoch nicht, weil die Abstände zu den verschiedenen Leitungen ungleich groß sind.

Fühlbare Auswirkungen dieser großen, auf den Menschen einwirkenden Feldstärken, bestehen an der Körperoberfläche hauptsächlich in Vibrationen der elektrisch polarisierten Körperbehaarung synchron mit der Frequenz der Wechselspannung der Leitung. Im Körperinnern kommt es zu Influenz und Polarisation. Da synchron mit der Wechselspannung alternierend Ladungen beider Vorzeichen an die Körperoberfläche fließen, gibt es zum einen Stromfluß mit Wärmeentwicklung und zum anderen auch eine entsprechende zugehörige elektrische Feldstärke im Körperinnern. Für Feldstärken des unverzerrten Felds am Boden in der Größe von $20\,\mathrm{kV \cdot m^{-1}}$ geben Modellrechnungen Stromdichten von $60\,\mathrm{nA \cdot cm^{-2}}$ im Kopf, $190\,\mathrm{nA \cdot cm^{-2}}$ im Brustbereich und $2\,\mu\mathrm{A \cdot cm^{-2}}$ im Fußgelenk (selbst dieser Wert liegt unterhalb jener Schwelle, ab welcher derzeit gesicherte Beobachtungen für biologische Effekte vorliegen).

Aufgabe 11.7. Berechnen Sie die Flächendichte der Kapazität C/A zweier Metallplatten im Abstand von $d = 1\,\mathrm{mm}$ mit Luft im Zwischenraum.

12. Elektrodynamik

Die von B. Franklin und seinen Zeitgenossen benutzten Verfahren der Elektromedizin basierten im wesentlichen auf den mittels Reibungselektrizität leicht erzeugbaren hohen *Spannungen*. Mit den durch Voltas Entdeckungen verfügbar gewordenen und einigermaßen leistungsfähigen Stromquellen brach in der Elektromedizin eine neue Ära an: die Ära des aus naheliegenden Gründen so genannten galvanischen *Stroms*. Auch hier entwickelten sich verschiedene Behandlungsmethoden. Bei der „Galvanisation" etwa wurden dem Patienten die Anode am Kopf und die Kathode in der Magengegend oder beim Kreuzbein befestigt. Der Strom wurde für wenige Minuten bis etwa eine Stunde eingeschalten, je nach Empfindung des Patienten, die in wohltuendem Prickeln, Wärme- und Schauergefühl bestehen sollte. Besonderer Wert wurde auf kleine Stromstärken gelegt. Die benutzten Spannungen lagen zwischen 2 V und 300 V. Indikationen waren Schlaflosigkeit, Schmerzzustände, Alkoholismus, Eßsucht und Kettenrauchen.

Beim „elektrischen Bad" wurde der Patient in eine wassergefüllte, elektrisch isolierende Wanne gelegt. Die Anode wurde am Kopfende und die Kathode am Fußende der Wanne befestigt. Diese Polung wurde als entspannender empfunden als die umgekehrte. Die Stromstärke wurde aufgrund der Reaktion des Patienten eingestellt. Etwa 10% des Gesamtstroms dürften hierbei durch den Körper fließen. Man hat vermutet, daß es durch den elektrolytischen Ladungsträgertransport zu einem Abfließen von giftigen Metallionen und anderen Substanzen aus dem Körper kommt. Die Indikationen reichten von Debilität bis zu verschiedenen Tumorarten.

Ähnlich wie schon bei der Anwendung der Reibungselektrizität wurde hier auch lokalisiert behandelt: Eine der Elektroden wurde direkt an das erkrankte Organ gebracht und die andere an die zugehörige Innervation. Bevorzugtes Behandlungsobjekt dieser Methode waren der Kopf und die Sinnesorgane. Es wurde streng auf die Polung geachtet: Bei zentral liegender Anode sprach man von deszendierendem, bei distal liegender Anode von aszendierendem Strom.

Galvanisation, also die Durchströmung des Körpers durch kleine (Größenordnung 10 mA) Gleichströme, wird auch heute noch eingesetzt. Bei kleinen Stromstärken ist die unmittelbarste und augenfälligste Wirkung die Hyperämisierung. Einigermaßen gesichert ist auch, daß in Kathodennähe Gefäßerweiterung und Gewebeerschlaffung dominieren und in der Nähe der Anode Gefäßkontraktion, Schmerzstillung, Beruhigung und Entzündungshemmung. Der Anode wird ferner eine dämpfende und der Kathode eine steigernde Wirkung auf die motorische Erregbarkeit zugeschrieben. Der deszendierenden Polung, also Anode an der Stirn und Kathode im Nacken, wird beruhigende und schmerzstillende Wirkung auf das Zentralnervensystem zugeschrieben. Galvanisation wird ferner eingesetzt zur Linderung bei neuralgischen und myalgischen Beschwerden.

Bei den nach H. Stanger benannten hydroelektrischen Bädern wird heute fast ausschließlich deszendierende Galvanisation mit der Stromrichtung von der Nackenelektrode (= Anode) zu distal liegenden Elektroden benutzt. Durch Badezusätze wird versucht, den Stromdurchfluß durch den Badenden zu steuern: Gerbende Substanzen erhöhen den Hautwiderstand, Salze erniedrigen ihn. Indikationen sind rheumatische Erkrankungen des Bewegungsapparates und Gefäßerkrankungen. Angewandt werden Spannungen zwischen 30 V und 60 V und Stromdichten bis $1\,\mathrm{mA \cdot cm^{-2}}$ oder Ströme bis 50 mA, die noch keine Muskelkontraktionen auslösen.

Eine weitere therapeutische Anwendung galvanischen Stroms, die aus der Anfangszeit der Elektrotherapie stammt, ist—in weiter entwickelter Form—der

Defibrillator. Die damals übliche Chloroform-Narkose hatte sehr oft Herzstillstand zur Folge. Mit Batterien von bis zu 200 Zellen, also Spannungen bis zu 300 V wurden bereits in der zweiten Hälfte des 19. Jahrhunderts mit großem Erfolg Wiederbelebungen bei Herzstillstand mit Hilfe von Stromstößen durchgeführt.

Gewebselektrolyse. Schon in der ersten Hälfte des vorigen Jahrhunderts wurde von heilenden Einwirkungen des galvanischen Stroms auf Tumoren berichtet. 1959 erzielte N. V. Kolpikov mit galvanischem Strom von 20 mA bei Ratten mit Sarkom in 33% der Fälle eine vollständige Rückbildung. Die genaue Wirkungsweise ist nach wie vor ungeklärt. Elektrolytische Gewebszersetzung ist wahrscheinlich, jedoch kaum ausschließlich wirksam. An menschlichen Tumoren werden Spannungen von 2 V bis 20 V und Ströme von 0,1 bis 0,7 A benutzt. Als Elektroden kommen Platinstifte zum Einsatz. Während des Stromflusses wird bei höheren Spannungen (ab 10 V) Chlorgasgeruch als Folge der Gewebselektrolyse wahrgenommen. An der Anode kommt es, bedingt durch saure Elektrolyseprodukte, zu Gewebskoagulation und an der Kathode, bedingt durch basische Abscheidungen, zu Gewebskolliquation. Der stromdurchflossene Tumor erleidet offenbar einen Malignitätsverlust und neigt zum Übergang in eine Fibronisierung (Bildung faserartigen Bindegewebes).

Reizstromverfahren. In der Reizstromdiagnostik spielen elektrische Gleichstromimpulse heute noch eine gewisse Rolle bei der Erregbarkeitsprüfung von Nerven und Muskeln bei Lähmungserscheinungen. Bei der sogenannten direkten Prüfung wird die Muskelfaser direkt durch Anlegen der Elektroden an Muskelreizpunkten, die über dem Muskel liegen, gereizt. Bei der indirekten Prüfung werden Nervenreizpunkte benutzt, an denen der dem Muskel zugehörige Nerv oberflächlich verläuft. Ziel der diagnostischen Verfahren ist die Feststellung der Erregbarkeit von (Nerven-, Muskel- u. a.) Zellen nach Verletzungen oder bei Degenerations- und Regenerationsprozessen.

Auch für therapeutische Zwecke werden Reizstromverfahren eingesetzt. Ziele dieser Verfahren sind: Aktivierung von Muskelzellen direkt oder über die Nerven und damit die Wiedererlangung oder Erhaltung ihrer Funktion. Beispielsweise kann bei Skoliose das psychisch belastende Tragen eines Stützkorsetts durch Elektrostimulation der Rückenmuskel während des Schlafs ersetzt werden. Ein anderer Bereich, wo Elektrostimulation seit vielen Jahren eingesetzt wird, ist die Behandlung der Harninkontinenz. Weitere therapeutische Bereiche sind die Durchblutungssteigerung in Haut und Muskulatur, sowie die Schmerzstillung.

Ein weiterer Bereich der Elektrodiagnostik aus dem vorigen Jahrhundert, der auch heute noch aktuell ist, ist die Widerstands- oder Impedanzdiagnostik. Im Gleichstrombereich sind diese Verfahren allerdings wegen der Schwierigkeiten mit Polarisationserscheinungen an den Elektroden bedeutungslos geblieben.

12.1 Elektrischer Strom

a) Elektrische Leistung im Stromkreis

Unter elektrischem Strom I versteht man die Ladungsmenge dQ, die im

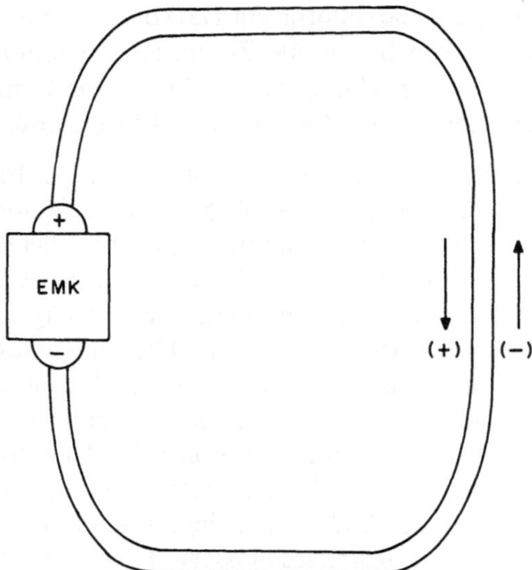

Abb. 12.1. Stromkreis. Die elektromotorische Kraft (EMK) einer Spannungsquelle treibt im Innern der Quelle Ladungen gegen die vom elektrischen Feld ausgeübte Kraft an die Elektroden. Positive (+) und negative (−) Ladungen bewegen sich im Leiter ebenso wie in der Spannungsquelle in entgegengesetzter Richtung

Zeitintervall dt durch einen Leiter fließt, bezogen auf dieses Intervall dt:

$$I = dQ/dt.$$

In der Abb. 12.1 ist eine Spannungsquelle dargestellt. Die elektromotorische Kraft dieser Spannungsquelle bewegt gegen das elektrische Feld $\mathbf{E}$ positive Ladungen zur Anode (+) und negative Ladungen zur Kathode (−). An diese beiden Elektroden sei, wie in der Abbildung angedeutet, ein Leiter angeschlossen. Das hat zur Folge, daß durch das elektrische Feld Ladungen durch den Leiter bewegt werden. Bei dieser Elektrizitätsleitung beobachtet man die Entstehung von Wärme oder anderen Energieformen in den Leitern. Woher kommt diese Energie? Bei der Bewegung einer Ladung im elektrischen Feld ist die verrichtete Arbeit gleich der Differenz der potentiellen Energien in Anfangs- und Endpunkt der Bewegung. Diese Differenz beträgt an den Elektroden einer Spannungsquelle mit der Spannung U:

$$\Delta E_{\mathrm{POT}} = Q \cdot U.$$

Fließt durch diesen Stromkreis ein Strom I, dann treibt die EMK der Spannungsquelle im Zeitintervall Δt die Ladungsmenge $I \cdot \Delta t$ auf höhere potentielle Energie und verrichtet dabei die Arbeit

$$\Delta W = I \cdot \Delta t \cdot U.$$

Bei stationärem Stromfluß bewegt sich dieselbe Ladungsmenge $I \cdot \Delta t$ im Leiter von hoher potentieller Energie zur niedrigen. Die Energiedifferenz (= Ladungsmenge mal Differenz der elektrischen Potentiale) wird während Δt im Leiter beispielsweise

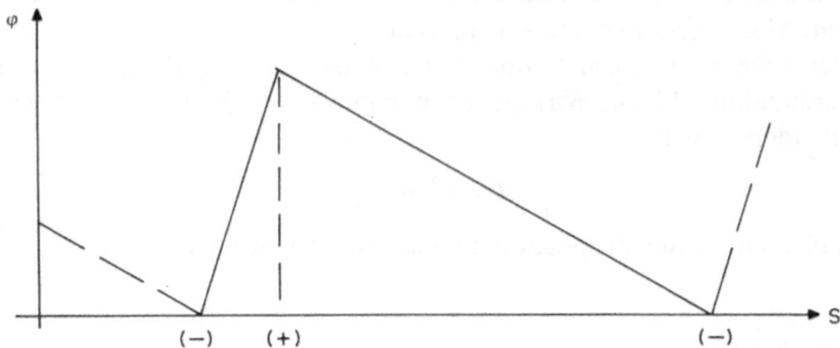

Abb. 12.2. Verlauf des elektrischen Potentials φ der Ladungsträger zwischen Anode (+) und Kathode (−) im Stromkreis von Abb. 12.1

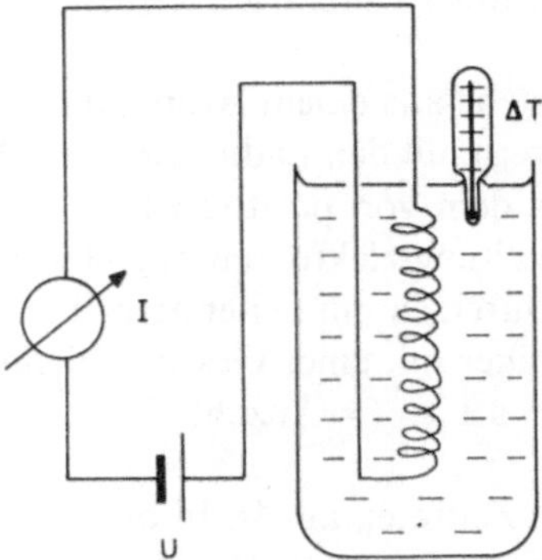

Abb. 12.3. J. P. Joulesche Messung der Stromwärmeleistung P

in Wärme umgewandelt. Die Leistung der Spannungsquelle ist somit

$$P = \frac{\Delta W}{\Delta t} = I \cdot U$$

Abbildung 12.2 beschreibt den Verlauf des elektrischen Potentials entlang des Stromkreises. Für beide Ladungsarten hat das elektrische Potential an der Anode den Maximalwert. Hingegen hat die potentielle Energie der negativen Ladungen an der Kathode ihr Maximum. Die einzelnen Ladungsträger geben ihre Energie entlang ihres Wegs durch den Leiter sukzessive ab. D. h. das elektrische Potential nimmt entlang des Leiters kontinuierlich ab. Äquipotentialflächen müssen daher senkrecht zur Leiterachse liegen, bzw. das die Ladungen bewegende elektrische Feld verläuft im Leiterinnern in Richtung des Leiters. Dies ist übrigens kein Widerspruch zu der oben in der Elektrostatik geltenden Feldfreiheit von Leitern, weil nun die Ladungen ja im Gegensatz zur Elektrostatik nicht zur Ruhe kommen.

J. P. Joule hat 1841 die Erwärmung von Wasser mittels einer stromdurchflossenen Drahtspule untersucht: siehe Abb. 12.3. Den Strom I hat er mittels eines einfachen Galvanometers, bestehend aus stromdurchflossener Spule und Kompaßnadel im Magnetfeld der Spule, gemessen.

Joule fand die vom Strom I produzierte Wärmeleistung P, gemessen an der Temperaturzunahme ΔT des Wassers, proportional zum Quadrat des Stroms und zum Drahtwiderstand R:

$$P = I^2 \cdot R.$$

(Mit SI-Einheiten ist die Proportionalitätskonstante gleich Eins, d. h. $1\ \mathrm{J \cdot s^{-1}} = 1\ \mathrm{W}$.)

b) Ohmsches Gesetz

Dieses Gesetz beschreibt den quantitativen Zusammenhang zwischen elektrischer Stromstärke I, elektrischer Spannung U und elektrischem Widerstand R. Wir benutzen zur Herleitung ein idealisiertes Modell für einen elektrischen Leiter, welches die Eigenschaften vieler wichtiger realer Leiter gut wiedergibt. Die speziellen Eigenschaften wichtiger Leiterarten werden wir weiter unten im einzelnen diskutieren.

Unser Leitermodell besteht aus einem Atomgitter und beweglichen positiven und negativen Ladungsträgern mit den Ladungen $\pm e$. (Die sehr wichtigen Metalle beispielsweise bestehen aus dem von positiven Ionen gebildeten Atomgitter und den beweglichen negativen Leitungselektronen; es gibt in Metallen keine beweglichen positiven Ladungsträger.) Durch das im Leiter herrschende elektrische Feld werden die beweglichen Ladungsträger mit einer Geschwindigkeit v bewegt. Die Anzahldichte der Ladungsträger sei n (= Anzahl Ladungsträger bezogen auf das Volumen).

Nun betrachten wir ein Zeitintervall Δt. In diesem Zeitintervall bewegen sich alle Ladungsträger um die Strecke $\Delta l = v \cdot \Delta t$; s. Abb. 12.4. In einem Leiterabschnitt dieser Länge befinden sich $A \cdot v \cdot \Delta t \cdot n$ Ladungsträger. Also bewegt sich in Δt die Ladungsmenge

$$\Delta Q = e \cdot A \cdot v \cdot \Delta t \cdot n$$

durch den Leiter, bzw. es fließt ein elektrischer Strom

$$I = \frac{\Delta Q}{\Delta t} = e \cdot A \cdot v \cdot n.$$

Nun berücksichtigen wir noch, daß wir positive und negative Ladungsträger (mit

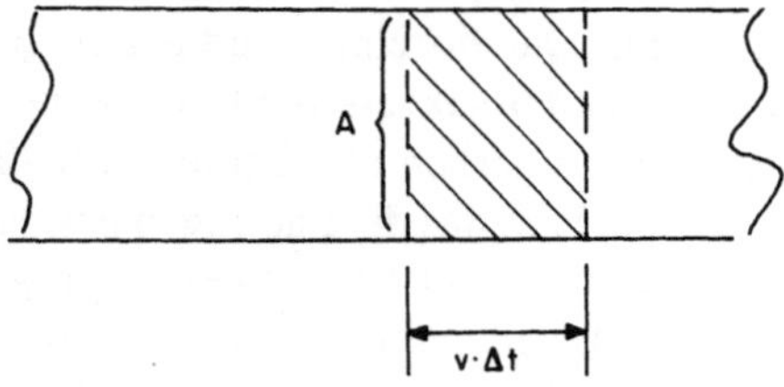

Abb. 12.4. Zur Herleitung des Ohmschen Gesetzes. A ist die Querschnittsfläche des Leiters

den Anzahldichten n_+ bzw. n_- sowie den Geschwindigkeiten v_+ und v_-) angenommen haben. Dann ist:

$$I = e \cdot A \cdot (n_+ \cdot v_+ + n_- \cdot v_-).$$

Die Geschwindigkeiten der Ladungsträger haben wir bisher als konstant angenommen. Das widerspricht eigentlich dem 2. Newtonschen Gesetz. Daher betrachten wir diese Frage etwas genauer. Zunächst müssen wir davon ausgehen, daß die Ladungsträger Wärmebewegung ausführen. Sie werden sich ähnlich wie Gasmoleküle mit großer Geschwindigkeit in zufällige Richtungen bewegen und dabei laufend mit den Gitteratomen zusammenstoßen. Gleichzeitig jedoch wirkt auf die Ladungsträger die vom elektrischen Feld ausgeübte Kraft $\pm e \cdot \mathbf{E}$. Dadurch überlagert sich der ungerichteten Wärmebewegung eine gerichtete Driftbewegung (etwa so wie ein tanzender Mückenschwarm von einem Luftzug mitgenommen wird). Da das elektrische Feld dauernd wirkt, sollte wegen des 2. Newtonschen Gesetzes die Geschwindigkeit der Driftbewegung laufend zunehmen. Dies ist jedoch nicht der Fall, weil die Ionen laufend mit den Gitteratomen zusammenstoßen, so daß sie ihre Driftbewegung immer wieder neu starten müssen. Außerdem nimmt die Kollisionsrate, also der Widerstand gegen die Driftbewegung, mit zunehmender Geschwindigkeit ebenfalls zu. Dies ist der Mechanismus der inneren Reibung der Ladungsträger im Leiter. Es wird sich also bei einer bestimmten Geschwindigkeit ein Gleichgewicht zwischen der Kraft des elektrischen Felds und der inneren Reibungskraft einstellen.

Die Geschwindigkeit dieser Driftbewegung erhält man aus folgender Überlegung: Das elektrische Feld kann die Ladungsträger nur in den Zeitintervallen zwischen zwei Kollisionen mit den Gitteratomen beschleunigen. Sind t_+ und t_- die betreffenden Zeitintervalle für die positiven bzw. negativen Ladungsträger, erfahren diese durch das elektrische Feld $\mathbf{E}$ folgende Impulszuwächse (s. Kapitel 3.4):

$$\text{Impulszuwachs} = \text{Kraft mal Zeit}$$

$$\Delta\mathbf{p} = m_\pm \cdot \Delta\mathbf{v} = \mathbf{E} \cdot (\pm e) \cdot t_\pm.$$

Daraus folgt für den Geschwindigkeitszuwachs:

$$\Delta\mathbf{v} = \mathbf{E} \cdot (\pm e) \cdot \frac{t_\pm}{m_\pm}.$$

Nur diese Geschwindigkeit bewerkstelligt einen Ladungstransport, nicht jedoch die ungerichtete Wärmebewegung! Zur Berechnung der elektrischen Stromstärke ist der Mittelwert der Geschwindigkeit, d. h. $\frac{1}{2} \cdot \Delta v$, einzusetzen:

$$I = E \cdot A \cdot e^2 \cdot \left(n_+ \cdot \frac{t_+}{m_+} + n_- \cdot \frac{t_-}{m_-} \right) \Big/ 2.$$

Schließlich benötigen wir noch den Zusammenhang zwischen E und U: Entlang des Leiters der Länge l verrichtet eine Spannungsquelle mit der Spannung U an einer Ladung e die Arbeit

$$U \cdot e \; (= \text{Differenz der potentiellen Energie})$$

oder

$$E \cdot e \cdot l \,(= \text{Kraft } E \cdot e \text{ multipliziert mit der Weglänge } l),$$

woraus $E = U/l$ folgt. Also ist

$$I = U \cdot \frac{A}{l} \cdot e^2 \cdot \left(n_+ \cdot \frac{t_+}{m_+} + n_- \cdot \frac{t_-}{m_-}\right) \cdot \frac{1}{2}$$

oder kurz

$$I = \frac{U}{R},$$

wobei in R alle vom Leiter abhängigen Parameter zusammengefaßt sind.

Dies ist das von G. S. Ohm 1826 gefundene Gesetz für den Zusammenhang zwischen Strom I, Spannung U und Widerstand R.

c) Strom und Leistung in allgemeinen Stromkreisen.

In den folgenden Schaltskizzen bedeuten:

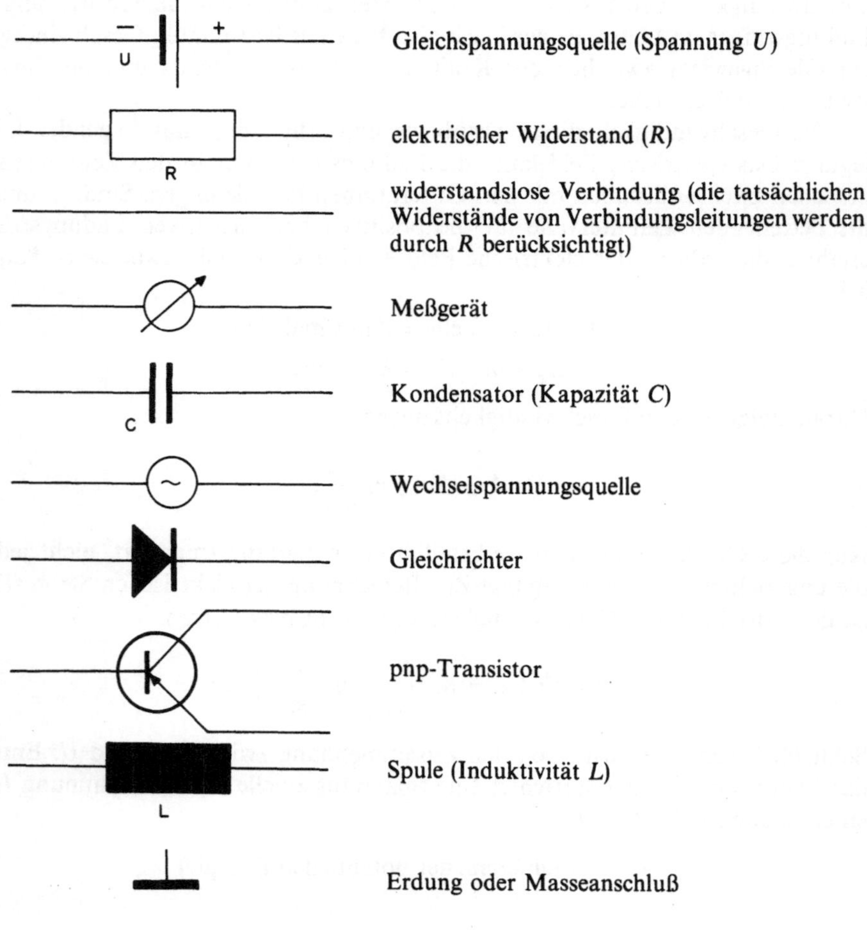

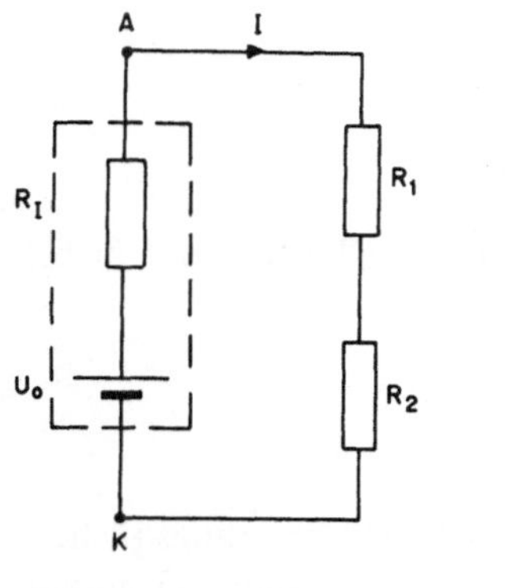

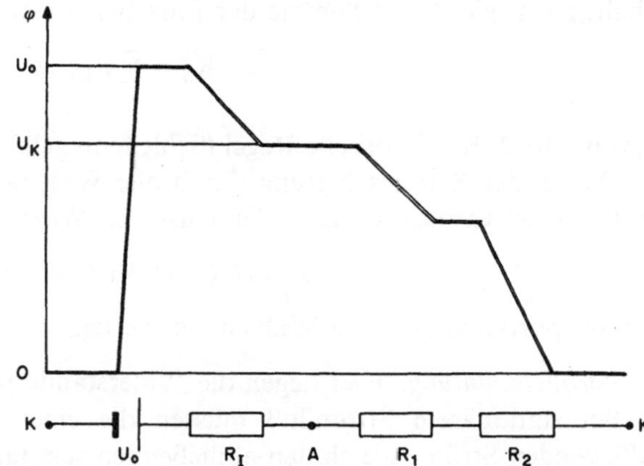

Abb. 12.5. **a** Reihenschaltung zweier Widerstände R_1 und R_2. Im gestrichelten Kasten befindet sich die Spannungsquelle. R_I ist der Innenwiderstand, U_0 ist die EMK der Spannungsquelle. A ist die Anode, K die Kathode. Die Spannung U_K zwischen A und K heißt „Klemmenspannung". **b** Verlauf des elektrischen Potentials φ entlang des Stromkreises

Reihenschaltung. Bei dieser Schaltungsart befinden sich mehrere Widerstände in einer einfachen Stromschleife.

Da jede Spannungsquelle auch aus stromleitenden Teilen besteht, besitzt sie auch selbst einen elektrischen Widerstand, den sogenannten Innenwiderstand R_I. Bei ihrer Bewegung durch die Widerstände einer Leiterschleife verlieren die Ladungsträger potentielle Energie bzw. elektrisches Potential φ; entsprechend dem Ohmschen Gesetz ist die Abnahme an elektrischem Potential an einem Widerstand R:

$$\Delta\varphi = I \cdot R.$$

Für den Stromkreis der Abb. 12.5 ist diese Potentialabnahme, auch „Spannungsabfall" genannt:

$$\Delta\varphi = I \cdot R_I + I \cdot R_1 + I \cdot R_2 = I \cdot (R_I + R_1 + R_2).$$

Da die Ladungsträger nach Durchlaufen der gesamten Schleife wieder dasselbe elektrische Potential besitzen müssen, wie zu Beginn (am selben Ort), muß die Abnahme an elektrischem Potential in den Widerständen R_I, R_1 und R_2 gleich der Zunahme an elektrischem Potential U_0 in der Spannungsquelle sein:

$$\Delta\varphi = U_0 = I \cdot (R_I + R_1 + R_2).$$

Befinden sich mehrere Widerstände R_1, R_2,... hintereinander im Stromkreis, ist die Klemmenspannung

$$U_K = I \cdot (R_1 + R_2 + \cdots),$$

d. h. in einer Stromschleife ist U_K gleich der Summe der Potentialverluste $I \cdot R_i$ an den einzelnen Widerständen R_i. Oder: Der Gesamtwiderstand R_G einer Reihenschaltung ist gleich der Summe der Einzelwiderstände R_i:

$$R_G = \sum_i R_i.$$

Dies ist die 2. Kirchhoffsche Regel (Schleifenregel).

Da bei der Reihenschaltung durch alle Widerstände derselbe Strom I fließt, ist die Stromwärmeleistung in den einzelnen Widerständen

$$P = U \cdot I = (I \cdot R) \cdot I = I^2 \cdot R,$$

d. h. proportional zu ihren Widerstandswerten.

Parallelschaltung. Hier liegen die Widerstände parallel zur Spannungsquelle.

Bei stationärem Stromfluß müssen die einer Verzweigungsstelle (Knoten) zufließenden Ströme gleich den abfließenden sein (andernfalls müßten sie sich im Knoten in nichts auflösen können):

$$\sum I_{zu} = \sum I_{ab}.$$

Dies ist die 1. Kirchhoffsche Regel (Knotenregel). Sie stellt eine verallgemeinerte Kontinuitätsbedingung dar (s. Kapitel 5.3).

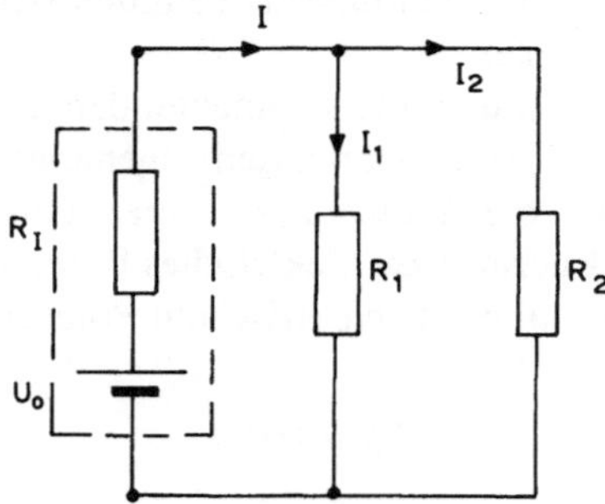

Abb. 12.6. Parallelschaltung. An allen parallel liegenden Widerständen tritt dieselbe Potentialdifferenz auf

Für die Klemmenspannung im Leiternetzwerk der Abb. 12.6 gilt somit:

$$U_K = I_1 \cdot R_1 = I_2 \cdot R_2$$

und

$$I = I_1 + I_2 = \frac{U_K}{R_1} + \frac{U_K}{R_2} = U_K\left(\frac{1}{R_1} + \frac{1}{R_2}\right) = \frac{U_K}{R_G}.$$

Hier addieren sich also die reziproken Werte der Einzelwiderstände zum reziproken Wert des Gesamtwiderstands R_G.

Da bei einer Parallelschaltung an allen Widerständen dieselbe Spannung anliegt, tritt nun in den kleinsten Widerständen die größte Stromwärmeleistung auf:

$$P = U \cdot I = U^2/R.$$

d) Strom in körperlichen Leitern

In Leitern, bei welchen die Querschnittsabmessungen im Vergleich zur Leiterlänge klein sind, ist die Bewegungsbahn der Ladungen, also der Verlauf der Stromlinien, weitgehendst klar: sie folgen der geometrischen Form. In körperlichen Stromleitern, das sind Leiter mit Querabmessungen in der Größe der Längsabmessungen, ist der Verlauf der Stromlinien nicht von vorneherein bekannt. Zu dieser Leiterklasse gehört auch der hier interessierende menschliche Körper.

Wir beschränken uns auf Leiter, in welchen die vom elektrischen Feld erzeugte Driftbewegung der Ladungen durch Kollisionen immer wieder unterbrochen wird. Hierher gehören u. a. metallische und elektrolytische Leiter. Die Ladungen werden hier vom elektrischen Feld immer wieder von Null aus erneut genau in Richtung des Felds beschleunigt. Die Stromlinien werden daher denselben Verlauf nehmen, wie die elektrischen Feldlinien. Unsere Aufgabe reduziert sich somit auf das Auffinden der elektrischen Feldlinien in körperlichen Leitern.

Im *homogenen Raum*, d. h. bei konstanter Resistivität ρ, hat das elektrische Feld dieselbe Form wie im elektrostatischen Fall (Kapitel 11): Zwei punktförmige Elektroden erzeugen ein Stromlinienbild entsprechend dem Feldlinienbild eines elektrischen Dipols (Abb. 11.5). Auch der Verlauf der Äquipotentiallinien bzw. -flächen ist dann gleich.

Besonders interessant ist der Fall, daß sich zwei gut leitende ausgedehnte Elektroden in vergleichsweise schlecht leitender Umgebung befinden (z. B. Metallelektroden im Gewebe). Hier kann man die Potentialdifferenzen auf den Elektroden gegenüber jenen der Umgebung vernachlässigen. Dann sind die Elektrodenoberflächen Äquipotentialflächen, und das Problem ist wiederum gleich dem elektrostatischen Fall:

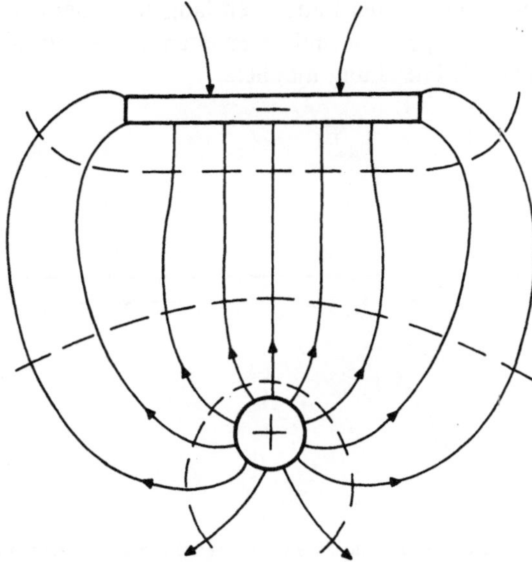

Abb. 12.7. Zwei gut leitende Elektroden in mäßig leitender Umgebung. Das Stromlinienbild ist durch die elektrischen Feldlinien gegeben. Die Elektrodenoberflächen sind Äquipotentialflächen

Im *inhomogenen Raum* erhebt sich die Frage nach dem Verlauf der Stromlinien an den Grenzflächen der Bereiche unterschiedlicher Resistivitäten. Dieser wird durch ein Brechungsgesetz für die Stromlinien gegeben. Danach verhalten sich die Tangensfunktionen der Winkel, die die Feldlinien mit den Normalen auf die Grenzflächen einschließen, umgekehrt wie die Resistivitäten:

$$\frac{\tan\alpha_1}{\tan\alpha_2} = \frac{\rho_2}{\rho_1}.$$

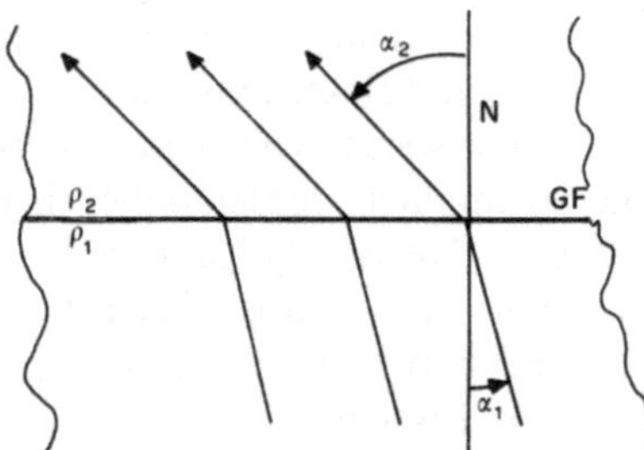

Abb. 12.8. Zum Brechungsgesetz für Stromlinien. *GF* ist die Grenzfläche zwischen zwei Bereichen mit den Resistivitäten ρ_1 und ρ_2, *N* ist die Normale auf *GF*

Dieses Gesetz folgt aus zwei Bedingungen, denen die elektrische Feldstärke **E** bzw. der Strom *I* an der Grenzfläche zwischen Leitern unterworfen sind:

1. müssen die zur Grenzfläche parallelen Feldstärkekomponenten in beiden Medien gleich groß sein:

$$E_{1\parallel} = E_{2\parallel}.$$

Andernfalls würde ein Umlauf einer Ladung entlang der in der Abb. 12.9 gestrichelt angedeuteten Bahn ein Perpetuum mobile ergeben. (Eine formalere Begründung ist mittels der 3. Maxwell-Gleichung möglich.)

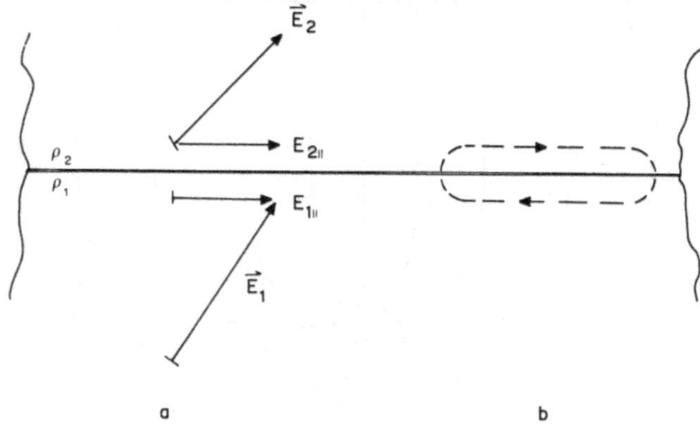

Abb. 12.9. a Elektrische Feldstärken $\mathbf{E}_1$ und $\mathbf{E}_2$ an der Grenze zweier Bereiche mit den Resistivitäten ρ_1 und ρ_2. **b** Ein vollständiger Umlauf einer Ladung entlang der gestrichelten Bahn ändert nicht die potentielle Energie dieser Ladung, falls $E_{1\parallel} = E_{2\parallel}$

Zwischen elektrischer Feldstärke und elektrischem Strom in einem Leiter gilt folgender Zusammenhang:

$$E = \frac{U}{l} = I \cdot \frac{R}{l} = \frac{I}{A} \cdot \rho.$$

$\frac{I}{A} = i$ ist die Stromdichte. $E_{1\parallel} = E_{2\parallel}$ ist somit gleichbedeutend mit $(i_1 \cdot \rho_1)_\parallel = (i_2 \cdot \rho_2)_\parallel$ oder:

$$i_1 \cdot \rho_1 \cdot \sin \alpha_1 = i_2 \cdot \rho_2 \cdot \sin \alpha_2.$$

2. muß für stationären elektrischen Strom durch die Grenzfläche eine der 1. Kirchhoffschen Regel entsprechende Kontinuitätsbedingung gelten: der einer bestimmten Fläche A' (s. Abb. 12.10) zwischen zwei Stromlinien zufließende Strom muß gleich dem abfließenden sein.

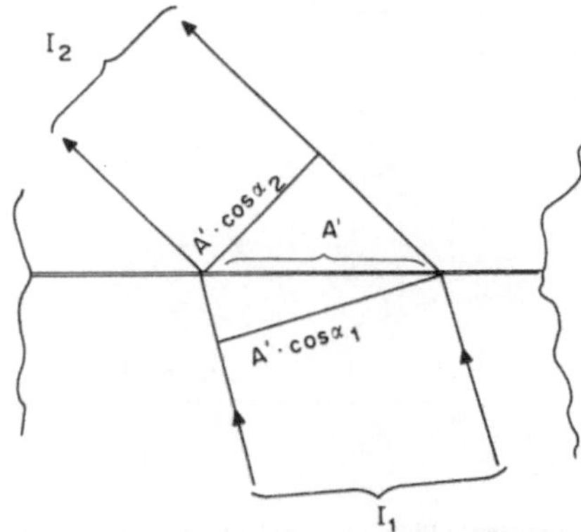

Abb. 12.10. Der zwischen zwei Stromlinien der Grenzfläche (A') zufließende Strom (I_1) muß auch abfließen (I_2)

Es muß also $I_1 = i_1 \cdot A' \cdot \cos \alpha_1 = I_2 = i_2 \cdot A' \cdot \cos \alpha_2$.

Bilden wir nun aus den jeweiligen Gleichungsseiten der Ergebnisse aus 1. und 2. Quotienten, erhalten wir

$$\frac{i_1 \cdot \rho_1 \cdot \sin \alpha_1}{i_1 \cdot A \cdot \cos \alpha_1} = \frac{i_2 \cdot \rho_2 \cdot \sin \alpha_2}{i_2 \cdot A \cdot \cos \alpha_2}$$

oder

$$\rho_1 \cdot \tan \alpha_1 = \rho_2 \cdot \tan \alpha_2,$$

das Brechungsgesetz für elektrische Stromlinien.

Am einfachsten sind die Konsequenzen dieses Brechungsgesetzes an Grenzflächen zwischen Medien mit sehr unterschiedlichen Resistivitäten zu überblicken. Für $\rho_2 \gg \rho_1$ ergibt dieses Brechungsgesetz für die Tangensfunktionen der Winkel zum Lot $\tan \alpha_2 \ll \tan \alpha_1$, s. Abb. 12.11. Die Stromlinien stehen also, vom guten Leiter her kommend, im schlechten Leiter praktisch normal auf die Grenzfläche. Entsprechend bildet die Oberfläche des guten Leiters etwa eine Äquipotentialfläche.

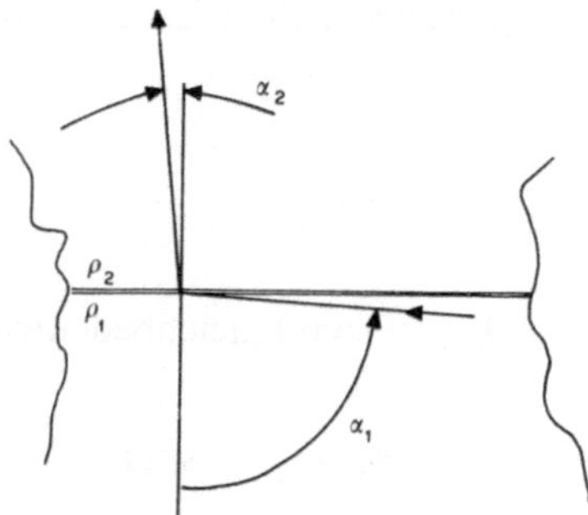

Abb. 12.11. Brechung von Stromlinien an einer Grenzfläche $\rho_2 \gg \rho_1$

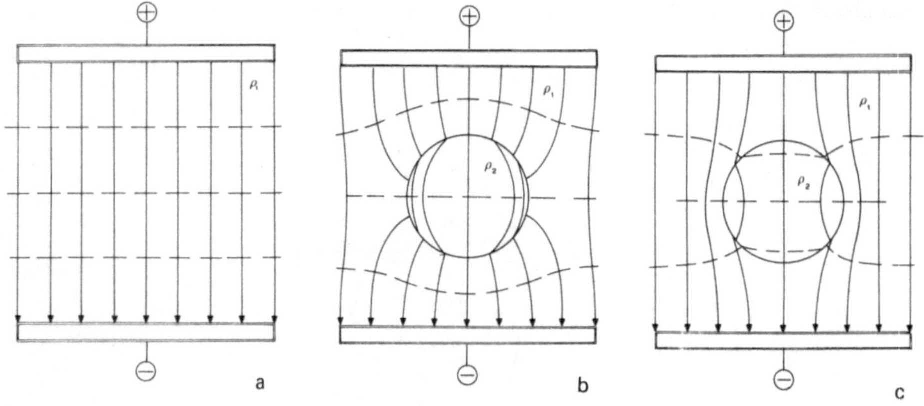

Abb. 12.12. Stromlinien und Äquipotentiallinien (gestrichelt) in inhomogenen Körpern. **a** Ein homogener Leiter mit mäßiger Resistivität ρ_1 befindet sich zwischen zwei gut leitenden ebenen Elektroden. **b** Ein zusätzlicher, sehr viel besserer Leiter mit $\rho_2 \ll \rho_1$ konzentriert die Stromlinien auf sich. **c** Ein zusätzlicher, sehr viel schlechterer Leiter $\rho_2 \gg \rho_1$ verdrängt die Stromlinien

Die Abb. 12.12 gibt die Veränderungen im Verlauf von Stromlinien wieder, wenn sich im homogenen Medium ein sehr viel schlechterer bzw. ein sehr viel besserer Leiter befindet.

Wie man aus Abb. 12.12 qualitativ ablesen kann, verändert sich die Stromdichte (= Stromliniendichte) in der Umgebung einer Inhomogenität. Beim guten Leiter kommt es an den den Elektroden zugewandten Seiten zu einer Erhöhung der Stromdichte, beim schlechten Leiter erfolgt dies seitlich.

Zusammenfassung 12.A

I. Der elektrische Strom I ist die elektrische Ladungsmenge dQ, die, bezogen auf ein Zeitintervall dt, durch einen Leiter fließt:

$$I = \frac{dQ}{dt} \quad \text{oder} \quad Q = \int I \cdot dt. \tag{12.1}$$

Das Ohmsche Gesetz besagt, daß der durch einen Leiter fließende elektrische Strom I der an seinen Enden anliegenden Potentialdifferenz U proportional und indirekt proportional zu R ist. Der Proportionalitätsfaktor R heißt elektrischer Widerstand oder Resistanz des Leiters:

$$I = E \cdot \frac{A}{\rho} = \frac{U}{R}. \quad (12.2)$$

Der elektrische Widerstand R eines Leiters ist einerseits abhängig von dessen geometrischen Abmessungen, nämlich der Länge 1 und der Querschnittsfläche A, andererseits vom Leitermaterial. Die Materialabhängigkeit wird als Resistivität (früher: spezifischer Widerstand) ρ bezeichnet. Es ist

$$R = \rho \cdot \frac{l}{A} \quad (12.3)$$

mit den Einheiten

$$[R] = 1\,\Omega\,(\text{Ohm})$$

und

$$[\rho] = 1\,\Omega \cdot \text{m}.$$

Aus dem Ohmschen Gesetz folgt eine sehr wichtige Aussage über die Potentialdifferenz U in einem Stromkreis:

$$U = R \cdot I. \quad (12.4)$$

D. h. die Potentialdifferenz U zwischen zwei Leiterpunkten ist proportional zum Strom I und dem Widerstand des zwischen den beiden Punkten liegenden Leiterstücks. Das elektrische Potential φ hat entlang eines Stromkreises an der Anode den Maximalwert und erreicht an der Kathode sein Minimum.

Die elektrische Leistung einer Spannungsquelle ist

$$P = \frac{\Delta W}{\Delta t} = U_0 \cdot I \quad (12.5)$$

mit der Einheit

$$[P] = 1\,\text{W} = 1\,\text{Watt}.$$

Die im Leiter entstehende Joulesche Stromwärmeleistung ist

$$P = I^2 \cdot R \quad (12.6)$$
$$(= U_K^2/R = U_K \cdot I)$$

und (mit SI-Einheiten)

$$1\,\text{W} \cdot \text{s} = 1\,\text{J} = 1\,\text{N} \cdot \text{m}.$$

U_0 heißt eingeprägte Spannung, Urspannung oder EMK, U_K ist die Klemmenspannung.

Anmerkungen

1. Anstelle der Resistanz R wird oft der Leitwert oder die Konduktanz $G = \frac{1}{R}$ benutzt; das Ohmsche Gesetz lautet dann $I = U \cdot G$. Entsprechend ist $\sigma = 1/\rho$ die Konduktivität. Die Einheit von G ist $[G] = 1/\Omega = 1\,\text{S} = 1$ Siemens.

2. Wenn die Resistivität, wie bei Metallen, unabhängig von der anliegenden Spannung ist, spricht man von einem ohmschen Leiter oder Widerstand. Flüssigkeiten und Gase sind i. a. keine ohmschen Widerstände. In Abbildung 12.13 ist der Verlauf des elektrischen Widerstands in Abhängigkeit von der Spannung für einen ohmschen Widerstand und für den menschlichen Körper dargestellt.

3. Die in der Tabelle 12.1 angegebenen Resistivitäten biologischer Substanzen sind keinesfalls als exakte Werte, sondern nur als Beispiele anzusehen. Es gibt eine erhebliche

Tabelle 12.1. Resistivitäten verschiedener Stoffe in der Einheit $[\rho] = 1\,\Omega\cdot\text{m}$; Metalle bei $T = 20\,°\text{C}$, Körpersubstanzen bei 37 °C und Frequenzen zwischen 20 Hz und 100 kHz. „Longitudinal“ und „transversal“ bezieht sich auf die Faserrichtung

Stoff	Resistivität ρ
Silber	$0{,}016\cdot10^{-6}$
Kupfer	$0{,}018\cdot10^{-6}$
Wolfram	$0{,}055\cdot10^{-6}$
Eisen	$0{,}100\cdot10^{-6}$
Quecksilber	$0{,}958\cdot10^{-6}$
Glas	10^{11}
Bernstein	$>10^{16}$
Trolitul (Isolierstoff)	$>10^{16}$
Urin	0,3
Intrazellulärflüssigkeit	0,6
Plasma	0,63
Zerebrospinalflüssigkeit	0,65
Extrazellulärflüssigkeit	1
Blut	1,50
Zellmembran	10^6 bis 10^9
Skelettmuskel	1,5 (longitudinal) 20 (transversal)
Herzmuskel	2,5 (longitudinal) 5,6 (transversal)
Fettgewebe	25
Nerven grau	2,8 } Mittel aus longitudinalem und transversalem Wert.
Nerven weiß	6,8 } Mittel aus longitudinalem und transversalem Wert.
Knochen	166

intra- und interindividuelle Streuung. Außerdem sind publizierte Werte oft stark vom Meßverfahren abhängig: Polarisation der Meßelektroden kann die Meßwerte stark verfälschen. Neben der Temperaturabhängigkeit wird die Resistivität bei in-vitro-Messungen auch von postmortalen Veränderungen beeinflußt; z. B. treten bei Leberzellen bereits nach 1/2 Stunde erhebliche Resistivitätsänderungen auf.

II. Für den Stromfluß in den Leitern eines verzweigten Netzwerks gelten die folgenden zwei Kirchhoffschen Regeln:

1. Die Knotenregel: An jedem Verzweigungspunkt ist die Summe der zufließenden Ströme gleich der Summe der abfließenden Ströme:

$$\sum I_{zu} = \sum I_{ab}. \tag{12.7}$$

Daraus folgt, daß sich bei der Parallelschaltung von Widerständen die reziproken Werte der einzelnen Widerstände zum reziproken Wert des Gesamtwiderstands R_G addieren:

$$\frac{1}{R_G} = \sum_i \frac{1}{R_i}. \tag{12.8}$$

2. Die Schleifenregel: In einer geschlossenen Stromschleife ist die Summe der Spannungsabfälle gleich der (Summe aller) eingeprägten Spannung(en) U_0:

$$U_0 = I\cdot R_I + \sum_i I\cdot R_i. \tag{12.9}$$

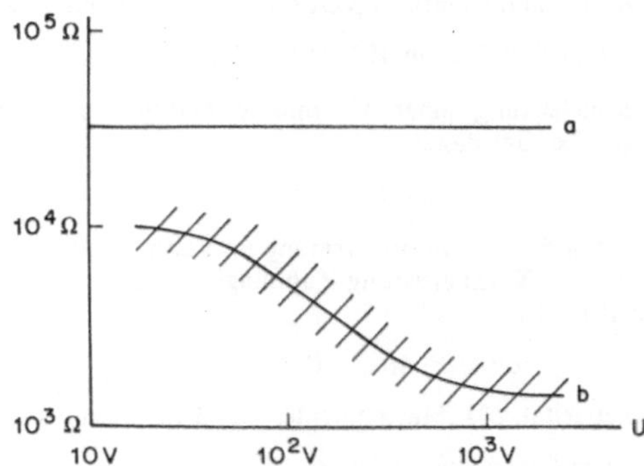

Abb. 12.13. Spannungsabhängigkeit von Widerständen. Graph **a** Ohmscher Widerstand $R = 32\,\mathrm{k}\Omega$. Graph **b** menschlicher Körper von Hand zu Hand; die Schraffur deutet die Streuung, bedingt durch unterschiedlichen Körperbau und Funktionszustand, an

Daraus folgt, daß der Gesamtwiderstand R_G einer Reihenschaltung gleich der Summe der Einzelwiderstände R_i ist:

$$R_G = \sum R_i. \tag{12.10}$$

Da bei der Reihenschaltung durch alle Widerstände derselbe Strom I fließt, ist die Stromwärmeleistung

$$P = U \cdot I = I^2 \cdot R \tag{12.11}$$

proportional zu den Widerständen. Hingegen liegt bei einer Parallelschaltung an allen Widerständen dieselbe Spannung an. Hier tritt in den kleinsten Widerständen die größte Stromwärmeleistung auf:

$$P = U \cdot I = U^2/R. \tag{12.12}$$

In körperlichen elektrolytischen (und anderen) Leitern folgt der Strom den elektrischen Feldlinien. An den Grenzflächen inhomogener Körper gilt das Brechungsgesetz für elektrische Stromlinien:

$$\frac{\tan \alpha_1}{\tan \alpha_2} = \frac{\rho_2}{\rho_1} \tag{12.13}$$

α_1 bzw. α_2 sind die Winkel der Stromlinien zu den Normalen auf die Grenzflächen. Die Folge ist, daß an Leitungsinhomogenitäten die Stromdichte (= Stromliniendichte) in der Umgebung verändert wird. Damit verändert sich auch die Verteilung der Stromwärmeleistung.

Anmerkung

Die Stromwärmeleistung allein sagt noch nichts über die Temperaturerhöhung im stromdurchflossenen Körper aus. Letztere ergibt sich erst unter Berücksichtigung der Wärmekapazität dieses Körpers. Da die Wärmekapazität das Produkt aus Massendichte mal Volumen mal spezifische Wärmekapazität (Kapitel 7.1) ist, gibt—zumindest bei gleichem Stoff—die auf das Volumen $V = A \cdot l$ des stromdurchflossenen Körpers bezogene Stromwärmeleistung P ein Maß für die Temperaturerhöhung. Diese (Stromwärme-) Leistungsdichte $\frac{P}{V}$ ist:

$$\frac{P}{V} = I^2 \cdot \frac{R}{A \cdot l} = \left(\frac{I}{A}\right)^2 \cdot \rho = i^2 \cdot \rho, \tag{12.14}$$

ist also proportional zum Quadrat der *Stromdichte* und zur Resistivität.

Beispiel 12.1. Elektrischer Widerstand R eines Kupferdrahts von 1 mm Durchmesser und 1 cm Länge:

$$R = \rho \cdot l/A = 0{,}018 \cdot 10^{-6} \Omega \cdot \text{m} \cdot 10^{-2} \text{m}/(10^{-6} \text{m}^2 \cdot \pi/4) = 0{,}023 \cdot 10^{-2} \Omega.$$

Beispiel 12.2. Die Stromwärmeleistung einer Kochplatte beträgt beispielsweise $P = 2{,}2\,\text{kW}$ (bei $U = 220\,\text{V}$). Die Stromstärke I beträgt daher:

$$I = P/U = 10\,\text{A}.$$

Beispiel 12.3. Erwärmung durch Strom. Die Erwärmung im Zeitintervall Δt (= Temperaturzunahme ΔT) ist nicht nur von der erzeugten Wärmeleistung P abhängig, sondern auch von der Wärmekapazität C des stromdurchflossenen Bereichs:

$$\Delta T = P \cdot \Delta t/C = P \cdot \Delta t/(V \cdot \rho' \cdot c_s)$$

mit c_s = spezifische Wärmekapazität, ρ' = Massendichte, $V = A \cdot l$ = Volumen.

Unter Berücksichtigung von Gleichung 12.3 wird ΔT:

a) mit Hilfe des Stroms I berechnet:

$$P = U \cdot I = I^2 \cdot R = I^2 \cdot \rho \cdot l/A$$

und

$$\Delta T = I^2 \cdot R \cdot \Delta t/C = i^2 \cdot \frac{\rho}{\rho'} \cdot \frac{\Delta t}{c_s};$$

die Erwärmung ΔT ist proportional zum Quadrat der Stromdichte $i = I/A$ und zur Resistivität ρ;

b) mittels der Spannung U berechnet:

$$P = U \cdot I = U^2/R = U^2 \cdot \frac{A}{\rho \cdot l}$$

und

$$\Delta T = \frac{U^2}{R} \cdot \frac{\Delta t}{C} = \frac{E^2}{\rho \cdot \rho'} \cdot \frac{\Delta t}{c_s}.$$

Die Erwärmung ΔT ist proportional zum Quadrat der elektrischen Feldstärke E und indirekt proportional zur Resistivität ρ.

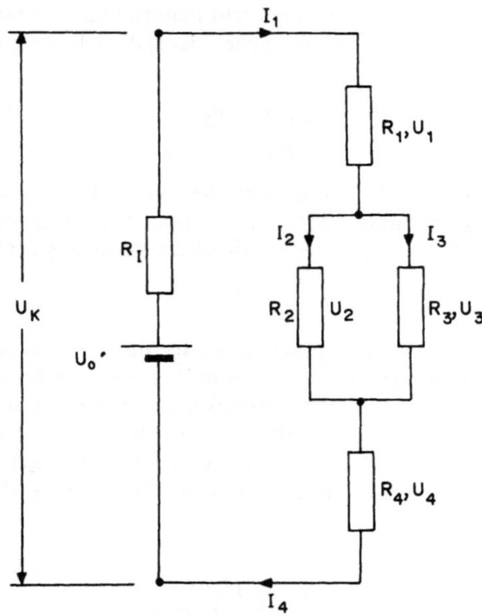

Abb. 12.14. Reihen-Parallelschaltung. $U_0 = 10\,\text{V}$; $R_I = 0{,}5\,\Omega$; $R_1 = 1\,\Omega$; $R_2 = 3\,\Omega$; $R_3 = 6\,\Omega$; $R_4 = 1{,}5\,\Omega$

Beispiel 12.4. Ströme und Spannungen in der kombinierten Reihen-Parallel-Schaltung von Abb. 12.14.

1. Kirchhoff-Regel: $I_1 = I_2 + I_3 = I_4 = I_G$

$$1/R_P = 1/R_2 + 1/R_3 = \frac{1}{3\Omega} + \frac{1}{6\Omega} = \frac{3}{6\Omega}$$

$$R_P = 2\Omega.$$

2. Kirchhoff-Regel: $U_0 = R_I \cdot I_G + U_1 + U_2 + U_4$

$$R_G = R_I + R_1 + R_P + R_4 = 0{,}5\,\Omega + 1\,\Omega + 2\,\Omega + 1{,}5\,\Omega = 5\,\Omega$$
$$I_G = I_1 = I_4 = U_0/R_G = 10\,\text{V}/5\,\Omega = 2\,\text{A}.$$
$$U_K = U_0 - I_G \cdot R_I = 10\,\text{V} - 2\,A \cdot 0{,}5\,\Omega = 9\,\text{V}.$$
$$U_1 = R_1 \cdot I_G = 1\,\Omega \cdot 2\,\text{A} = 2\,\text{V}.$$
$$U_4 = R_4 \cdot I_G = 1{,}5\,\Omega \cdot 2\,\text{A} = 3\,\text{V}.$$
$$U_2 = U_3 = U_0 - I_G \cdot R_I - U_1 - U_4 = 10\text{V} - 1\text{V} - 2\text{V} - 3\text{V} = 4\text{V}.$$
$$I_2 = U_2/R_2 = 4\,\text{V}/3\,\Omega = 1{,}33\,\text{A}.$$
$$I_3 = U_3/R_3 = 4\,\text{V}/6\,\Omega = 0{,}66\,\text{A}.$$
$$(I_2 + I_3 = I_G).$$

Beispiel 12.5. Stromwärmeleistung in einer Reihenschaltung.

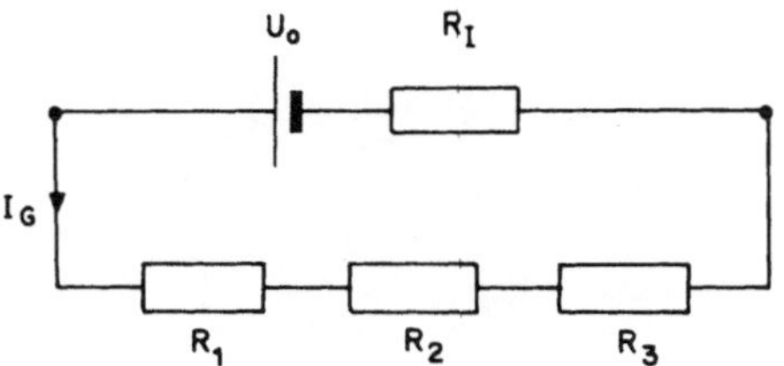

Abb. 12.15. Reihenschaltung. $U_0 = 46\,\text{V}$; $R_I = 0{,}5\,\Omega$; $R_1 = 10\,\Omega$; $R_2 = 2{,}5\,\Omega$; $R_3 = 10\,\Omega$

Da durch alle Widerstände derselbe Strom I fließt, benutzt man am besten den Ausdruck $P = I^2 \cdot R$.

$$I = U_0/(R_I + R_1 + R_2 + R_3) = 46\,\text{V}/23\,\Omega = 2\,\text{A}.$$

$P = I^2 \cdot R$. $P_I = 2\,\text{W}$; $P_1 = 40\,\text{W}$; $P_2 = 10\,\text{W}$; $P_3 = 40\,\text{W}$.

Beispiel 12.6. Kurzschluß in der Schaltung von Abb. 12.15. Bei Kurzschluß ist der äußere Widerstand gleich Null ($R_1 = R_2 = R_3 = 0\,\Omega$). Es tritt ein großer, nur durch den Innenwiderstand R_I der Stromquelle begrenzter Kurzschlußstrom I_K auf. Die Folge ist, daß die gesamte Stromwärmeleistung P_I in der Stromquelle entsteht und diese u. U. zerstört (falls die Stromquelle entsprechend leistungsfähig ist):

$$I_K = U_0/R_I = 92\,\text{A}; \quad P_I = 4\,232\,\text{W}.$$

Beispiel 12.7. Stromlinien beim Anlegen von Elektroden auf der Körperoberfläche. Wenn die Grenze zwischen Bereichen unterschiedlicher Resistivitäten entlang Feldlinien verläuft, kommt es zu keiner Brechung der Stromlinien, sie verlaufen wie im homogenen Fall, s. Abb. 12.16.

Beispiel 12.8. Stromwärmeleistung in quer durchströmten Gliedmaßen, s. Abb. 12.17. Maximale Stromwärmeleistung tritt hier in den Bereichen mit der größten Stromliniendichte auf, also an der linken Eintrittstelle und nahe am Knochen (oben und unten).

Beispiel 12.9. Elektrounfall, s. Abb. 12.18. Die bisher im Vordergrund stehende Stromwärmeleistung ist nicht die entscheidende Gefahr, sondern die durch Stromfluß im Herzen verursachte Fibrillation des Herzmuskels (s. Kapitel 14.3).

Beispiel 12.10. Ladestrom eines Kondensators. Der Schalter S werde zum Zeitpunkt $t = 0$ geschlossen. Zu diesem Zeitpunkt ist der Kondensator (Kapazität C) noch ungeladen, die an ihm anliegende Spannung U_C daher Null. Der Ladestrom wird nun nur durch den Widerstand R begrenzt. Zu einem

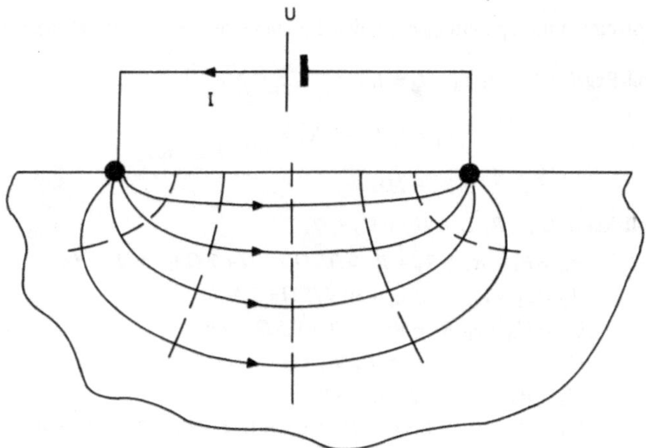

Abb. 12.16. Verlauf von Strom- und Äquipotentiallinien (gestrichelt) bei punktförmigen Elektroden an der Oberfläche eines Körpers

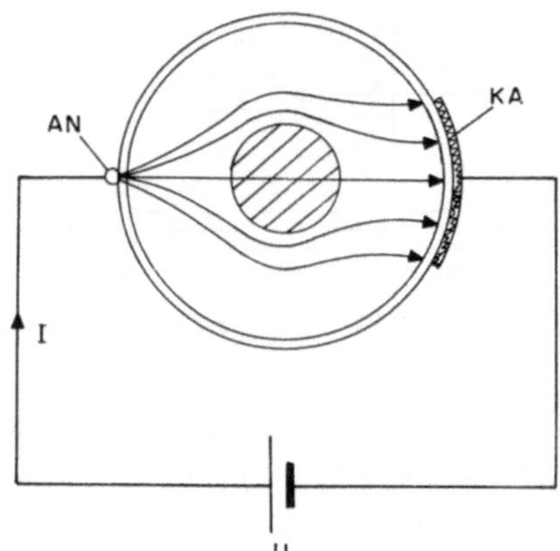

Abb. 12.17. Stromlinienbild bei quer durchströmten Gliedmaßen; Anode AN = Knopfelektrode, Kathode KA = Plattenelektrode

beliebigen Zeitpunkt t hat der Kondensator die Ladung

$$Q(t) = \int_0^t I(t') \cdot dt'$$

aufgenommen und die Spannung (s. Kapitel 11.2) U_C ist gleich $Q(t)/C$. Die 1. Kirchhoff-Regel lautet somit:

$$U + \frac{1}{C} \cdot Q(t) + I(t) \cdot R = 0.$$

Diese Gleichung wird durch Differenzieren nach der Zeit t zu einer leicht lösbaren Differentialgleichung 1. Ordnung:

$$0 + \frac{1}{C} \cdot I(t) + R \cdot \frac{dI(t)}{dt} = 0$$

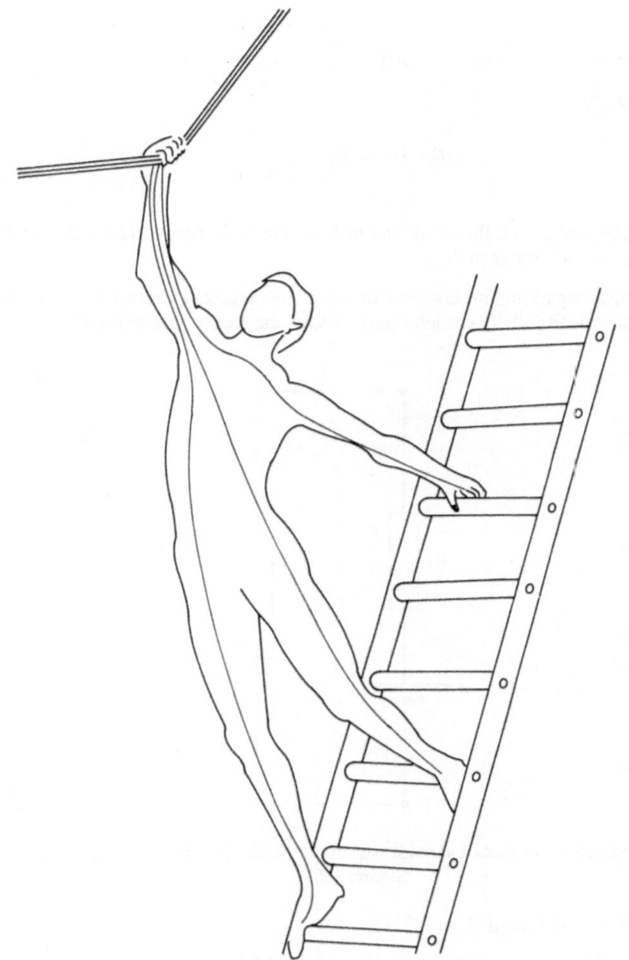

Abb. 12.18. Ungefährer Verlauf von Stromlinien durch den Körper. Hier treten die in Beispiel 12.8 und Aufgabe 12.5 betrachteten Fälle mehrmals auf

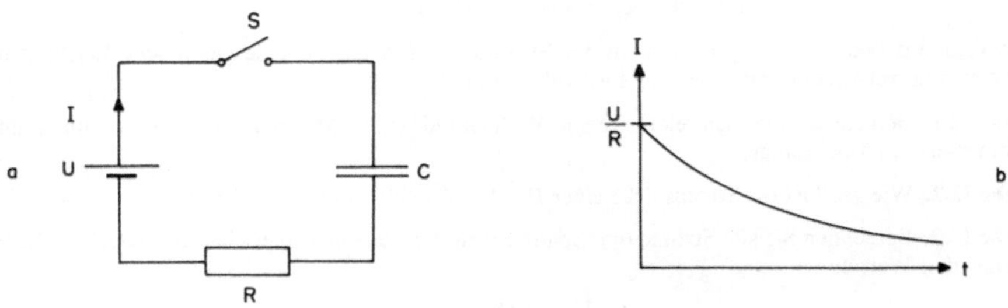

Abb. 12.19. **a** Schaltbild. **b** Zeitlicher Verlauf des Ladestroms $I(t)$ eines Kondensators

oder

$$\frac{dI}{I(t)} = -\frac{dt}{R \cdot C}$$

woraus durch Integrieren

$$I(t) = I(0) \cdot \exp\left(-\frac{t}{R \cdot C}\right)$$

folgt.

$I(0)$ ist der zum Zeitpunkt $t = 0$ fließende Strom U/R. Der zeitliche Verlauf des Ladestroms $I(t)$ ist in der Abb. 12.19 b graphisch dargestellt.

Beispiel 12.11. Leistungsanpassung im Gleichstromkreis: Bei welchem Lastwiderstand R wird die einer Quelle mit dem Innenwiderstand R_I entnehmbare elektrische Leistung maximal?

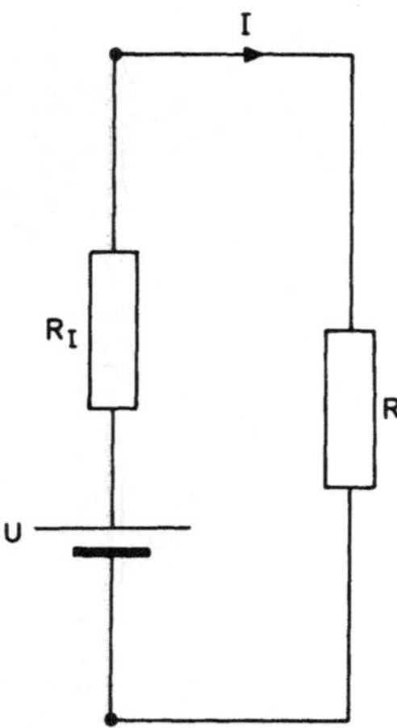

Abb. 12.20. Leistungsanpassung eines Lastwiderstands R an den Innenwiderstand R_I einer elektrischen Stromquelle

Die Leistung im Lastwiderstand R ist

$$P_R = I^2 \cdot R = (U/(R_I + R))^2 \cdot R = U^2 \cdot R/(R_I^2 + 2 \cdot R \cdot R_I + R^2)$$
$$= \frac{U^2}{4 \cdot R_I + \frac{(R_I - R)^2}{R}}.$$

Offenbar wird der Nenner des letzten Ausdrucks minimal (und damit P_R maximal), wenn

entweder $R \to \infty$, das ist aber sinnlos,
oder $R = R_I$, das ist das Ergebnis.

Dieses Ergebnis bedeutet übrigens, daß in der Stromquelle (an R_I) dieselbe elektrische Leistung in Wärmeleistung verwandelt wird, wie am Lastwiderstand R.

Aufgabe 12.1. Berechnen Sie den elektrischen Widerstand eines Muskelgewebestücks von 1 mm Durchmesser und 1 cm Länge.

Aufgabe 12.2. Wie groß ist die Stromstärke einer $P = 100$ W Glühlampe ($U = 220$ V).

Aufgabe 12.3. Berechnen Sie alle Ströme und Spannungen der Reihenparallelschaltung von Abb. 12.14 mit folgenden Werten:

$$U_0 = 12\,\text{V}$$
$$R_I = 1{,}5\,\Omega$$

$$R_1 = 3\,\Omega$$
$$R_2 = 18\,\Omega$$
$$R_3 = 6\,\Omega$$
$$R_4 = 3\,\Omega$$

Aufgabe 12.4. Berechnen Sie die Stromwärmeleistungen in den Widerständen einer Parallelschaltung nach Abb. 12.21 mit den Werten von Beispiel 12.5.

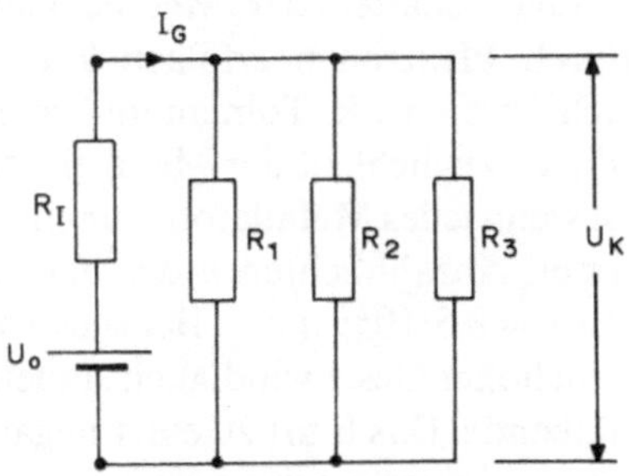

Abb. 12.21. Parallelschaltung

Aufgabe 12.5. In Längsrichtung stromdurchflossene Gliedmaßen können als Parallelschaltung von Haut, Muskelgewebe, Blutgefäßen und Knochen betrachtet werden.
In welchem Gewebe entsteht die größte Stromwärmeleistungsdichte?

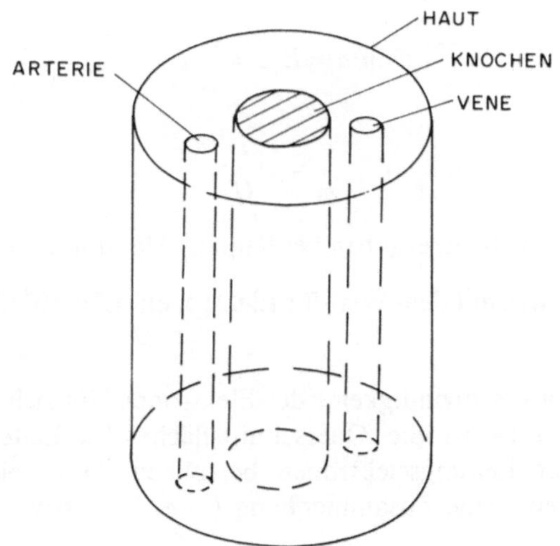

Abb. 12.22. Widerstandsmodell für Gliedmaßen bei Stromfluß in Längsrichtung

12.2 Leitungsmechanismen für elektrischen Strom

a) Metalle

Metalle sind bei Normaltemperatur die besten elektrischen Leiter ($\rho \sim 10^{-8}\,\Omega\cdot\text{m}$). Bei konstant gehaltener Temperatur sind Metalle bei den technisch realisierbaren Stromdichten streng ohmsche Leiter. Abweichend hiervon ist nur die Supraleitung.

Da bei der metallischen Stromleitung chemisch keinerlei Stofftransport nachweisbar ist, kann hier der Ladungstransport—anders als bei der elektrolytischen Leitung—nicht durch Atome erfolgen. Ausnahmen hiervon treten allerdings bei höheren Temperaturen auf, wo auch in festen Metallen eine Bewegung der Atome durch den elektrischen Strom auftritt. Ferner bewegen sich Metallatome (Ionen) in Schmelzen und in Amalgamen.

Seit dem Nachweis der Elektronen durch J. J. Thomson und E. Wiechert war aufgrund der chemischen Eigenschaften der Metalle klar, daß die metallische Elektrizitätsleitung nur durch Elektronen erfolgen konnte. Man konnte diese Vermutung auch direkt nachweisen: C. R. Tolman und seine Mitarbeiter haben in den Jahren 1916 bis 1926 die Beweglichkeit der Metallelektronen über deren träge Masse nachgewiesen. Selbst wenn jedes Metallatom nur ein einziges Valenzelektron abgibt, führt dies zu enormen Anzahldichten n der beweglichen Ladungsträger; bei Kupfer beispielsweise ist $n = 8{,}5 \cdot 10^{22}\,\mathrm{cm}^{-3}$. Bei ruckartigem Abbremsen eines Metallstücks der Länge L von hoher Geschwindigkeit stauen sich diese beweglichen Elektronen am vorderen Stabende. Das führt zu einer negativen Überschußladung am vorderen Stabende und zu einer positiven Überschußladung am hinteren Stabende. Damit verbunden ist im Leiterinnern ein elektrisches Feld E bzw. an den Leiterenden die leicht meßbare Potentialdifferenz $U = E \cdot L$. Das im Metallstück entstehende elektrische Feld bremst schließlich auch die Elektronen. Das Feld E im Leiter wird also gerade so groß werden, daß seine Kraftwirkung auf die Elektronen gleich deren Trägheitskraft wird:

$$m \cdot a = E \cdot e = \frac{U}{L} \cdot e$$

woraus

$$\frac{e}{m} = a \cdot \frac{L}{U}.$$

Die Messungen von Tolman ergaben bei Kupfer, Aluminium und Silber im Mittel $\frac{e}{m} = 1{,}5 \cdot 10^{8}\,\mathrm{C \cdot g^{-1}}$, was mit dem Wert für Elektronen ($1{,}76 \cdot 10^{8}\,\mathrm{C \cdot g^{-1}}$) befriedigend übereinstimmt.

Die mittlere Driftgeschwindigkeit v der Elektronen läßt sich für eine bestimmte Stromdichte $i = I/A$ (A ist die Querschnittsfläche des Leiters) bei bekannter Anzahldichte n der Leitungselektronen berechnen. Dazu eignet sich der im Abschnitt 12.1 b) gefundene Zusammenhang $I = e \cdot A \cdot v \cdot n$ bzw. daraus

$$v = \frac{i}{e \cdot n}.$$

Für technisch übliche maximale Stromdichten von rund $i = 500\,\mathrm{A \cdot cm^{-2}}$ folgt

$$v = \frac{5 \cdot 10^{6}\,\mathrm{A \cdot m^{-2}}}{1{,}6 \cdot 10^{-19}\,\mathrm{A \cdot s} \cdot 8{,}5 \cdot 10^{28}\,\mathrm{m^{-3}}} = 0{,}37 \cdot 10^{-3}\,\mathrm{m \cdot s^{-1}}$$

also eine relativ niedrige Geschwindigkeit. Daß die sehr leichten Elektronen trotz ständig wirkenden elektrischen Felds im Metall keine höheren Geschwindigkeiten erreichen, liegt natürlich an der inneren Reibung mit dem Atomgitter.

Mit zunehmender Temperatur der Metalle steigt deren elektrischer Widerstand. So ist der Widerstand des weißglühenden Wolfram-Glühfadens in einer Glühbirne (T etwa 2500 K) rund 10 × so groß wie im kalten Zustand. Daher ist auch der Strom unmittelbar nach dem Einschalten einer Glühbirne etwa 10 × so groß wie der Dauerstrom.

Den Grund für diese Temperaturabhängigkeit findet man in der Wärmebewegung der Metallatome, die die Elektronen auf ihrem Weg durch das Metall behindert. Mit abnehmender Temperatur sinkt entsprechend auch der elektrische Widerstand R. Allerdings erreicht R i. a. selbst bei verschwindender Temperatur nicht beliebig kleine Werte: es verbleibt ein sogenannter Restwiderstand (s. Abb. 12.23), weil die Gitterstruktur der Metalle immer Störungen aufweist. Sei es dadurch, daß Fremdatome eingebaut sind, oder dadurch, daß beim Erstarren aus der Schmelze benachbarte Bereiche nicht in einer kohärenten Gitterstruktur kristallisieren und Fehlstellen aufweisen.

Die auf die Temperaturänderung dT bezogene relative Widerstandsänderung dR/R heißt Temperaturkoeffizient β des Widerstands R:

$$\beta = \frac{1}{R} \cdot \frac{dR}{dT}.$$

β kann für kleine Temperaturänderungen als Konstante angesehen werden; dann ist der Widerstand R eines Leiters bei der (hier üblicherweise Celsius-) Temperatur t:

$$R(t) = R(0\,^\circ\mathrm{C}) \cdot (1 + \beta \cdot t).$$

β liegt für reine Metalle zwischen 1/200 und 1/300, s. Tabelle 12.3.

Da der lineare thermische Ausdehnungskoeffizient (Kapitel 6.2) der Metalle um mehr als zwei Größenordnungen kleiner ist als der Temperaturkoeffizient β des elektrischen Widerstands, ist die Temperaturabhängigkeit hauptsächlich eine Folge der Resistivitätsänderung.

Die Temperaturabhängigkeit der Resistivität wird zur Temperaturmessung benutzt. Die hierauf basierenden Widerstandsthermometer sind die genauesten Temperaturmeßinstrumente. Als Meßsonde wird beispielsweise ein in Quarz eingeschmolzener dünner Pt-Draht benutzt. Für Präzisionsmessungen ist eine Kalibrierung mittels geeigneter Fixpunkte (s. Kapitel 6.1) erforderlich.

Auch die Intensität von elektromagnetischer Strahlung kann über die Erwärmung eines strahlungsabsorbierenden Körpers gemessen werden, indem man dessen Widerstandsänderung mißt. In den sogenannten *Bolometern* werden sehr dünne geschwärzte Metallstreifen aus Platin oder anderen Metallen benutzt. Aus der sehr genau meßbaren Widerstandsänderung ergibt sich die absorbierte Energiestromdichte der Strahlung.

Supraleitung. 1911 machte H. Kamerlingh-Onnes in Leiden die faszinierende Entdeckung, daß bei manchen Metallen die Resistivität ρ unterhalb einer bestimmten Temperatur, der sogenannten Sprungtemperatur, schlagartig verschwindet, s. Abb. 12.23. Die unterhalb der Sprungtemperatur noch vorhandene Resistivität ist kaum meßbar. Sie liegt um mehr als 12 Größenordnungen unter den Restwiderständen der besten Leiter. Man kann in einer supraleitenden Schleife einen Strom induzieren, der auch nach Wegfall der Spannung noch weiter fließt.

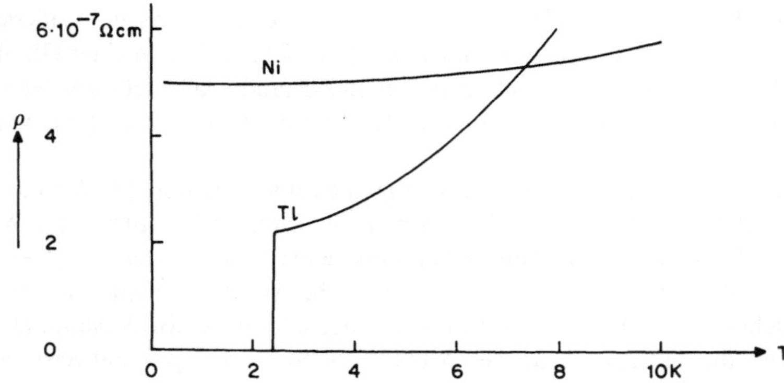

Abb. 12.23. 2 Beispiele für Resistivitäten bei tiefen Temperaturen: Nickel besitzt einen Restwiderstand, die Resistivität von Thallium verschwindet bei einer Sprungtemperatur von etwas mehr als 2 K

Die Möglichkeit der Supraleitung hängt nicht mit der Art der Metallatome zusammen, sondern mit der Gitterstruktur des Metalls. So gibt es Supraleitung auch in Verbindungen, deren Elemente selbst nicht supraleitend werden, beispielsweise in CuS. Dasselbe gilt auch für die 1986 von A. Müller und K. Bednorz entdeckten „Hochtemperatur"-Supraleiter aus Metalloxyd-Keramiken (mit gewissen Erdalkali-Zusätzen von einigen Prozent). Deren Sprungtemperaturen liegen bei etwa 35 K. Keramiken aus Yttrium-Barium-Kupferoxyd erreichen bereits Sprungtemperaturen von über 90 K. Eine Verbindung aus Thallium, Barium, Calcium, Kupfer und Sauerstoff erreicht 125 K. Die große Bedeutung dieser Hochtemperatur-Supraleiter liegt darin, daß sie mittels relativ billigen flüssigen Stickstoffs (Siedepunkt 77 K) anstelle teuren flüssigen Heliums (Siedepunkt 4 K) gekühlt werden können. Die Entwicklung ist hier jedoch noch bei weitem nicht abgeschlossen.

Bardeen, Cooper und Schriefer konnten 1957 die Supraleitung auf quantenphysikalischer Basis weitgehend erklären („BCS-Theorie"). Eine zentrale Rolle spielt hierbei die Möglichkeit, daß sich in dem Stoff mit Hilfe des Gitters der Atomrümpfe sogenannte „Cooper-Paare" bilden können. Stark verkürzt und ohne Quantenphysik könnte man das Phänomen der Supraleitung etwa folgend beschreiben: Sind zwei Elektronen noch mehrere Atomabstände voneinander entfernt, werden ihre negativen Ladungen durch die positiven Atomrümpfe kompensiert; es gibt also zunächst keine erkennbaren Kraftwirkungen zwischen den zwei Elektronen. Auf die unmittelbar benachbarten Atomrümpfe üben die Elektronen natürlich erhebliche anziehende Coulombkräfte aus, dadurch wird das Gitter der Atomrümpfe am Ort der Elektronen geringfügig gestaucht. Damit liegt aber am Ort der Elektronen eine etwas größere positive Ladungsdichte der Atomrümpfe vor, als anderswo. Diese übt auf Elektronen Coulombanziehung aus. Die Folge wird also letztlich sein, daß sich die beiden Elektronen—vermittelt durch die Atomrümpfe—anziehen. Die Deformation des Atomgitters ist nicht sehr groß, die hierdurch bewirkten Kräfte zwischen den Elektronen sind daher erst bei sehr tiefen Temperaturen, nämlich unterhalb der Sprungtemperatur, größer als die Trägheitskräfte aufgrund der thermischen Bewegung. Kommen sich die beiden

Elektronen nun auf einen Atomabstand oder weniger nahe, dominiert natürlich die Coulombabstoßung und die beiden Elektronen prallen wieder auseinander. Dann wiederholt sich das skizzierte Spiel von neuem. Auf diese Weise entstehen Paare von Elektronen, die sich immer gegenläufig bewegen, bzw. deren Impulssumme Null ist:

$$\mathbf{p}_1 + \mathbf{p}_2 = 0.$$

Ähnlich wie Stöße zwischen Wasserstoffmolekülen bei niedrigen Energien diese nicht zum Rotieren bringen (s. Kapitel 7.1), führen hier Stöße eines Elektrons mit dem Atomgitter zu keiner Veränderung des Bewegungszustands des Cooper-Paars, d. h. zu keiner Impuls- und Energieübertragung. Stöße mit dem Atomgitter finden also genau genommen gar nicht statt. Anders als die normalleitenden Elektronen geben die Cooper-Paare also keine Energie an das Atomgitter ab (und nehmen auch keine auf). Ein von außen auf beide Elektronen in dieselbe Richtung einwirkendes elektrisches Feld bewirkt hingegen sehr wohl eine entsprechende Beschleunigung des Cooper-Paars und damit Ladungstransport. Die Folge ist Supraleitung.

b) Elektrolytische Leiter

Reines Wasser ist ein sehr schlechter Leiter ($\rho = 2{,}3 \cdot 10^5\ \Omega \cdot \mathrm{m}$). Daß überhaupt eine elektrische Leitfähigkeit vorliegt, wird durch die Dissoziation $H_2O \rightarrow H^+ + OH^-$ bedingt. Bei 25 °C beträgt die H^+-Konzentration nur etwa 10^{-7} mol/l. Zusatz von 1 Gewichtsprozent NaCl vermindert die Resistivität ρ auf etwa $0{,}7\ \Omega \cdot \mathrm{m}$, was

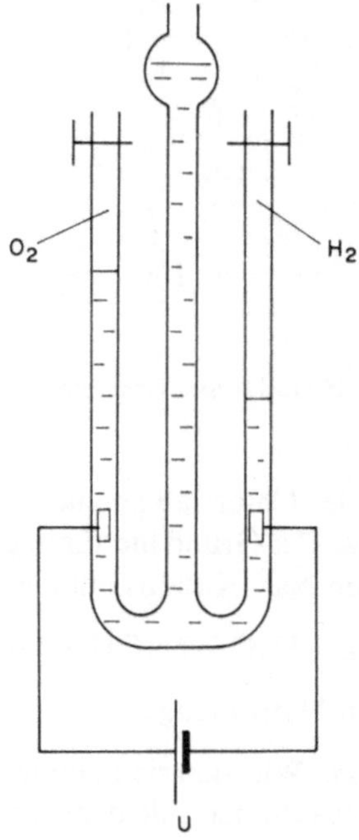

Abb. 12.24. Hofmannscher Wasserzersetzungsapparat

zwar immer noch um etwa 7 Größenordnungen über dem Wert der Metalle liegt, jedoch bereits leicht meßbare Ströme erlaubt.

Auf analoge Weise kann die Leitfähigkeit von Wasser durch Zugabe von Säuren erhöht werden; beispielweise von HCl. Nun beobachtet man an beiden Polen Gasentwicklung. An der Anode entsteht Chlor, an der Kathode Wasserstoff. Offenbar wird HCl gespalten („elektrolysiert") u. zw. in positive H^+-Kationen und negative Cl^--Anionen und durch den Stromfluß getrennt.

Von der elektrolytischen Wirkung macht beispielsweise der Hofmannsche Apparat zur elektrolytischen Zerlegung von Wasser Gebrauch (Abb. 12.24):

Zur Erhöhung der Leitfähigkeit wird das Wasser mit Schwefelsäure (H_2SO_4) angesäuert. Als Elektroden werden Platinbleche benutzt, um chemische Reaktionen zu vermeiden. Fließt Strom, werden an den Polen Sauerstoff und Wasserstoff abgeschieden. Das ist zunächst eigentlich unverständlich: wo ist das SO_4 geblieben?—Das negativ geladene SO_4^{--}-Anion wurde an der Anode durch Abgabe von Elektronen entladen. Das nunmehr reaktive SO_4 reagiert sofort mit H_2O, bildet dabei H_2SO_4 und setzt Sauerstoff frei:

$$SO_4 + H_2O \rightarrow H_2SO_4 + \tfrac{1}{2}O_2.$$

Wir betrachten als ein weiteres Beispiel den Stromfluß durch eine NaCl-Lösung:

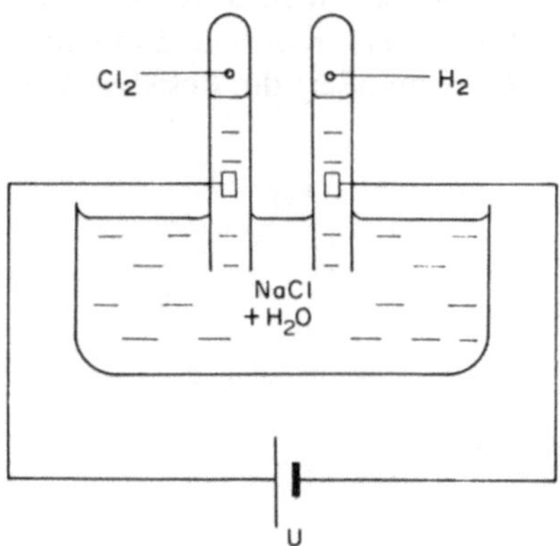

Abb. 12.25. Elektrolyse einer NaCl-Lösung

Hier wird an der Anode Chlor abgeschieden, an der Kathode jedoch Wasserstoff und nicht etwa Na. Der Grund hierfür liegt in der chemischen Reaktion des an der Kathode entladenen Na^+-Kations mit dem Lösungswasser:

$$Na + H_2O \rightarrow NaOH + \tfrac{1}{2}H_2.$$

An der Kathode entsteht also Natronlauge.

Elektrolytische Dissoziation. Wie man sieht, können je nach Art der Elektrolyte unterschiedliche chemische Reaktionen mit dem Lösungsmittel, aber u. U. auch mit den Elektroden auftreten. Die Folge ist, daß die an den Elektroden beobachtbaren Stoffe nicht identisch mit den Elektrizitätsträgern des Elektrolyten sein müssen. Das hat die Aufklärung der hier ablaufenden Prozesse nicht gerade erleichtert. Die wichtigsten Einsichten hier sind mit den Namen Faraday und Arrhenius verbunden.

S. Arrhenius hat 1887 als erster klar ausgesprochen, daß es bei gelösten Salzen, Säuren und Basen zur elektrolytischen Dissoziation kommt: demnach spalten sich die Moleküle des Elektrolyten bereits ohne elektrisches Feld in der Lösung in positive und negative Teile. Eine Säure dissoziiert in den negativ geladenen Säurerest und eine der Wertigkeit der Säure entsprechende Anzahl von Protonen, z. B.

$$HCl \rightarrow H^+ + Cl^-.$$

Salze dissoziieren in den Säurerest und das Metall bzw. einen metallähnlichen Komplex, z. B.

$$KNO_3 \rightarrow K^+ + NO_3^-$$

und Laugen spalten OH^--Ionen ab, z. B.

$$NaOH \rightarrow Na^+ + OH^-.$$

Diese geladenen Teile werden nach Faraday als „Ionen" bezeichnet, u. zw. die positiv geladenen Ionen als Kationen, da sie zur Kathode wandern und die negativen Ionen entsprechend als Anionen. Als Lösungsmittel sind neben Wasser, das sehr starke Dissoziation hervorruft, auch andere Flüssigkeiten geeignet, wie Alkohol (zeigt noch starke Dissoziation) und Benzol (nur sehr geringe Dissoziation).

Ein weiterer wichtiger Aspekt der elektrolytischen Dissoziation ist ferner, daß die Ionen chemisch inert sind: sie besitzen Edelgaskonfiguration bzw. abgeschlossene Elektronenschalen.

Faradaysche Gesetze. M. Faraday hat die Abscheidungsvorgänge einer ganzen Reihe elektrolytischer Leiter quantitativ untersucht und dabei die folgenden Gesetze gefunden.

Erstes Faradaysches Gesetz: Bei der elektrolytischen Leitung werden Stoffmassen abgeschieden, die der geflossenen elektrischen Ladung $Q = I \cdot \Delta t$ proportional sind:

$$m = \alpha \cdot I \cdot \Delta t.$$

α ist das sogenannte *elektrochemische Äquivalent* des Stoffs. Diese Größe ist stoffabhängig; sie hat beispielsweise für Silber den Wert $\alpha = 1{,}1182\,\mathrm{mg} \cdot \mathrm{C}^{-1}$. M.a.W. ein Strom von $I = 1\,\mathrm{A}$ scheidet in einer Sekunde 1,1182 mg Silber ab (so war bis 1948 die Einheit der Stromstärke international definiert).

Zweites Faradaysches Gesetz: Die durch eine bestimmte Ladung abgeschiedenen Stoffmassen verhalten sich wie die chemischen Äquivalentgewichte (= molare Masse/chemische Wertigkeit z).

Zusammen mit dem 1. Faradayschen Gesetz bedeutet das, daß sich die elektrochemischen Äquivalente wie die chemischen Äquivalentgewichte verhalten müssen. Dies ermöglicht es, die für jeden Stoff individuellen Werte von α durch eine einzige Konstante auszudrücken, nämlich durch die für das chemische Äquivalentgewicht zur Abscheidung erforderliche Ladungsmenge. Diese Ladungsmenge heißt Faraday-Konstante F. Sie kann beispielsweise aus den o. a. Werten für Silber (1-wertig: $z = 1$, molare Masse = $107{,}88\,\mathrm{g\cdot mol^{-1}}$) berechnet werden:

$$F = 107{,}88\,\mathrm{g\cdot mol^{-1}}/1{,}1182\,\mathrm{mg\cdot C^{-1}} = 96\,487\,\mathrm{C\cdot mol^{-1}}.$$

Dies ist die Ladungsmenge, die zur elektrolytischen Abscheidung der Stoffmenge $n = 1$ mol einer chemisch einwertigen Substanz erforderlich ist (für z-wertige Substanzen entsprechend $z \cdot F$).

Mit der Avogadrozahl N_A erhalten wir daraus die Ladung eines einwertigen Ions:

$$F/N_A = 96487\,\mathrm{C\cdot mol^{-1}}/6{,}0221\cdot 10^{23}\,\mathrm{mol^{-1}} = 1{,}6022\cdot 10^{-19}\,\mathrm{C}.$$

Das ist die elektrische Elementarladung e, vgl. Beispiel 11.16. Dies stellt übrigens die genaueste Möglichkeit zur Bestimmung von e dar. Jedes Ion trägt also bei der elektrolytischen Stromleitung die Ladung $z \cdot e$.

Ionenbeweglichkeit. Elektrolytische Leiter sind ohmsche Leiter: Strom I und Spannung U sind einander streng proportional. Allerdings haben die Resistivitäten ρ von elektrolytischen Leitern einen großen negativen Temperaturkoeffizienten in der Größenordnung von $\beta = -0{,}02\,°\mathrm{C}^{-1}$. Die Ursache hierfür ist v. a. die Abnahme der dynamischen Zähigkeit des Lösungsmittels. Auch der Dissoziationsgrad, also die Ladungsträgerdichte ist temperaturabhängig; er nimmt bei den meisten Elektrolyten mit zunehmender Temperatur zu. Das ohmsche Verhalten elektrolytischer Leiter wird meist dadurch verdeckt, daß es infolge chemischer Veränderungen der Elektroden zum Auftreten einer Polarisationsspannung kommt.

Die elektrolytische Leitung entspricht weitgehend dem oben bei der Herleitung des Ohmschen Gesetzes benutzten Leitungsmodell. Dort war der elektrische Strom I

$$I = e \cdot A \cdot (n_+ \cdot v_+ + n_- \cdot v_-)$$

worin v_+ und v_- die Driftgeschwindigkeiten der Kationen bzw. Anionen sind. Vergleichen wir diesen Ausdruck mit dem Ohmschen Gesetz

$$I = \frac{U}{R} = l \cdot \frac{E}{R} = l \cdot E \cdot \frac{A}{\rho \cdot l} = E \cdot \frac{A}{\rho},$$

erhalten wir für die Resistivität ρ

$$\rho = E/(e \cdot (n_+ \cdot v_+ + n_- \cdot v_-)).$$

Da der elektrolytische Leiter insgesamt neutral ist, muß

$$n_+ = n_- = n$$

und

$$\rho = \frac{1}{e \cdot n} \cdot \frac{E}{v_+ + v_-}.$$

Wie man sieht, wäre hier die Resistivität ρ von der Feldstärke E bzw. der Spannung $U = E \cdot l$ abhängig. Da dies jedoch bei einem ohmschen Leiter nicht der Fall ist, müssen offenbar die Driftgeschwindigkeiten proportional zur Feldstärke sein:

$$v_+ = u_+ \cdot E, \quad v_- = u_- \cdot E$$

(Setzt man dies in den letzten Ausdruck für ρ ein, kürzt sich E weg.) Die Größen u_+ und u_- heißen Ionenbeweglichkeiten. Diese sind unabhängig von E.

Wir betrachten im folgenden die Ionenbeweglichkeiten etwas näher und beschreiben die Bewegung eines Ions als die Bewegung einer Kugel durch eine Flüssigkeit. Das Ion wird zunächst durch die vom elektrischen Feld ausgeübte Kraft $F = z \cdot e \cdot E$ beschleunigt. Die bei der Bewegung auftretende Reibungskraft R ist durch das Stokessche Gesetz (5.23) gegeben. Die Geschwindigkeit des Ions nimmt so lange zu, bis die Summe dieser zwei Kräfte Null ist:

$$F - R = z \cdot e \cdot E - 6 \cdot \pi \cdot \eta \cdot r \cdot v = 0.$$

Daraus erhält man die Ionenbeweglichkeit u

$$u = \frac{v}{E} = \frac{z \cdot e}{6 \cdot \pi \cdot \eta \cdot r}.$$

Wie man sieht, ist die Ionenbeweglichkeit indirekt proportional zur Zähigkeit η des Lösungsmittels. Ferner ist u auch indirekt proportional zum Ionenradius r. Mißt man nun die Resistivitäten verschiedener Elektrolyte und berechnet daraus die Beweglichkeiten u, erhält man folgende Werte:

Tabelle 12.2. Gemessene Ionenbeweglichkeiten bei 18 °C in H_2O bei geringer Konzentration

Ion	u
H^+	$3{,}15 \cdot 10^{-7}\, m^2 \cdot s^{-1} \cdot V^{-1}$
Li^+	$0{,}33 \cdot 10^{-7}$
Na^+	$0{,}44 \cdot 10^{-7}$
K^+	$0{,}65 \cdot 10^{-7}$
Cs^+	$0{,}68 \cdot 10^{-7}$
OH^-	$1{,}47 \cdot 10^{-7}$
F^-	$0{,}47 \cdot 10^{-7}$
Cl^-	$0{,}66 \cdot 10^{-7}$
Br^-	$0{,}67 \cdot 10^{-7}$
J^-	$0{,}65 \cdot 10^{-7}$

Wie man aus Tabelle 12.2 sieht, nimmt die Beweglichkeit von Li^+ zu Cs^+ bzw. von F^- zu J^- zu, obwohl die Ionenradien in dieser Reihenfolge eigentlich stark zunehmen sollten (Ausnahmen: H^+ und OH^-). Die Erklärung dieser Diskrepanz liegt in der Erscheinung der *Hydratation* bzw. *Solvatation* (bei anderen Lösungsmitteln als Wasser): Die Ionen umgeben sich aufgrund Coulombscher Kräfte mit einer Hülle aus Lösungsmittelmolekülen; entweder, weil diese bereits—wie Wasser—elektrische Dipole sind und/oder durch Polarisation zu Dipolen werden.

Die Wechselwirkung zwischen Ionen und Wassermolekülen ist natürlich für die Wasserstruktur von großer Bedeutung. Man unterscheidet zwei Hydratationsbereiche: Die primäre Hydratation ist der Bereich direkter Wechselwirkung zwischen Ionen und den Wassermolekülen. Hier liegen wenige Wassermoleküle streng geordnet dicht am Ion, etwa wie in der Abb. 12.26 angedeutet. Der elektrolytisch bestimmte Ionenradius stimmt weitgehend mit dem Radius dieses Gebildes überein. In der

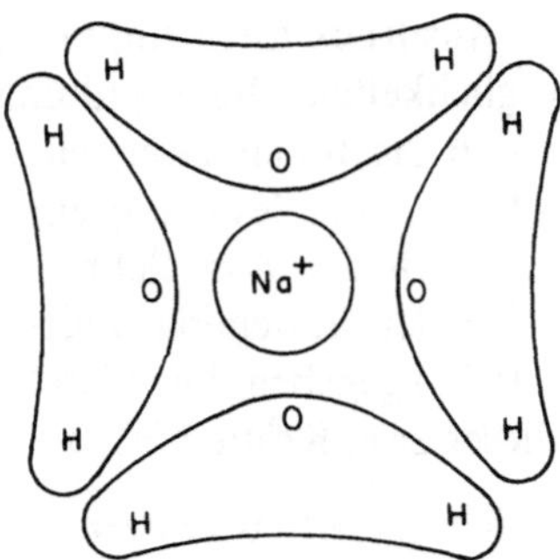

Abb. 12.26. Ebenes Modell der primären Hydratation von Na^+

außen anschließenden Zone der sekundären Hydratation sind die Coulombkräfte des Ions bereits zu schwach, um sich gegen die thermische Bewegung und die Dipol-Dipol-Anziehung der Wassermoleküle durchzusetzen, reichen jedoch aus, um die normale Wasserstruktur zu stören.

c) Elektrizitätsleitung in Kristallen und Halbleitern

Kristalle sind Festkörper, deren Bausteine—Atome oder Moleküle—in einem regelmäßigen Raumgitter angeordnet sind. Die meisten anorganischen Festkörper sind Kristalle. Die regelmäßige Anordnung der Atome ist allerdings nur bei wenigen kristallinen Stoffen, nämlich den auch in der Umgangssprache als Kristall bezeichneten Mineralien, schon an der äußeren Form erkennbar. Solche Kristalle nennt man „*Einkristalle*". Andere Stoffe, wie Metalle, sind *polykristallin*, d. h. sie bestehen aus einer Vielzahl kleiner miteinander verwachsener Kriställchen oder Kristallite.

Der jeweilige Leitungsmechanismus für elektrischen Strom hängt von der Art der chemischen Bindung zwischen den Kristallbausteinen ab. Die besten Leiter sind Metalle, weil deren Valenzelektronen im Metallgitter praktisch frei beweglich sind. Am anderen Ende der Leitfähigkeitsskala stehen die Molekülgitter organischer Kristalle, die praktisch keine elektrische Leitfähigkeit besitzen. Dazwischen liegen die Halbleiter, Kristalle mit heteropolarer und mit homöopolarer Bindung.

Kristalle mit heteropolarer Bindung. Beispiele sind salzartige Stoffe wie Steinsalz NaCl, Flußspat CaF_2, Silberchlorid AgCl und Zinkblende ZnS. Diese Stoffe sind bei Normaltemperatur gute Isolatoren. Bei höheren Temperaturen werden sie jedoch elektrisch leitend, u. zw. handelt es sich um Ionenleitung, die die Faradayschen Gesetze erfüllt. Zur Ionenleitung sind bewegliche Ionen und Lücken im Kristallgitter notwendig. Bei niedrigen Temperaturen wird die Leitfähigkeit stark vom Vorhandensein von Verunreinigungen und Kristallfehlern (Lücken) bestimmt. In diesem Bereich bezeichnet man die Leitfähigkeit daher als Störstellenleitung. Bei höheren Temperaturen entstehen zusätzliche Lücken durch die Wärmebewegung der Kristallbausteine. Dann spricht man von Eigenleitung, die nur mehr von der Kristallart und der Temperatur abhängig ist. In jedem Fall jedoch müssen durch die Wärmeenergie Ionen aus dem Kristallverband losgelöst werden. Daher nimmt die Ionenleitfähigkeit entsprechend dem Boltzmann-Theorem nach einem Exponentialgesetz zu. Erwähnt sei noch, daß diese Kristalle durch eine spezielle thermische Behandlung auch zu Elektronenleitern gemacht werden können.

Kristalle mit homöopolarer Bindung sind bei Normaltemperaturen ebenfalls gute Isolatoren. Sie werden jedoch bei Erwärmung oder durch Verunreinigungen zu Elektronenleitern und werden daher elektronische Halbleiter genannt. Das Wesentliche an diesen Halbleitern ist jedoch nicht sosehr die Größe ihrer Resistivität, sondern die ausgeprägte Beeinflußbarkeit dieser Resistivität durch verschiedenste Maßnahmen und Einwirkungen von außen.

Eigenhalbleiter. Während Ionenbindungen aufgrund der Struktur der äußeren Elektronenschalen bevorzugt zwischen Elementen der ersten und letzten Gruppen im Periodensystem der Elemente (PSE) gebildet werden, treten Atombindungen hauptsächlich zwischen gleichen Elementen und zwischen den Elementen der mittleren Gruppen im PSE auf. Prototypen hierfür sind Kristalle der 4. Gruppe des PSE: Kohlenstoff, Germanium und Silizium. Diesen fehlen vier Elektronen zu einer abgeschlossenen Elektronenschale; sie können also durch Elektronenpaarbildung bzw. Überlappung der Ladungsdichten zwischen den Atomkernen eine erhöhte Ladungsdichte und damit eine anziehende Wechselwirkung erreichen (s. Kapitel 5.1). Abb. 12.27 deutet dies an.

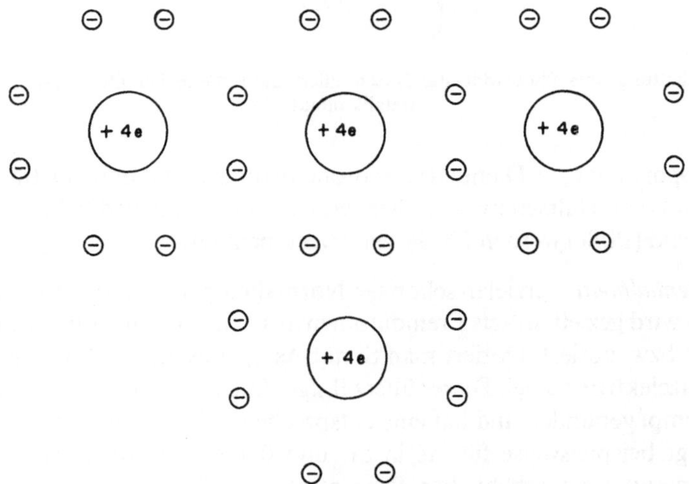

Abb. 12.27. Ebenes Modell der Atombindung für Elemente aus der 4. Gruppe des PSE. Die großen Kreise sind die Atomrümpfe, bestehend aus Kern und inneren Elektronenschalen. Sie tragen die elektrische Ladung $+4 \cdot e$

Im Gegensatz zu der metallischen Bindung sind die Valenzelektronen hier nicht frei beweglich, sondern an die benachbarten Atomrümpfe gebunden. Um sie frei beweglich zu machen, muß ihnen ein bestimmter Energiebetrag E, die Ionisierungsenergie, zugeführt werden, u. zw. ist:

bei Ge	$E = 0{,}67\,\mathrm{eV}$
Si	$E = 1{,}12\,\mathrm{eV}$
C (Diamant)	$E = 5{,}33\,\mathrm{eV}$.

Eine solche Energiezufuhr kann durch Licht (innerer Photoeffekt), die Wirkung einer elektrischen Feldstärke oder durch Wärme erfolgen. Im letzteren Falle wird die Anzahldichte n frei gewordener Elektronen proportional zum Boltzmann-Faktor. Die Folge ist eine entsprechend starke Temperaturabhängigkeit der Leitfähigkeit $1/R$ der Eigenleitung. Darauf beruht der *Thermistor.*

Die Änderung des elektrischen Widerstands von Halbleitern durch Licht wird im *Photowiderstand* zur Messung von Lichtintensitäten und Beleuchtungsstärken benutzt. In der in Abb. 12.28 angedeuteten Schaltung ist der elektrische Strom

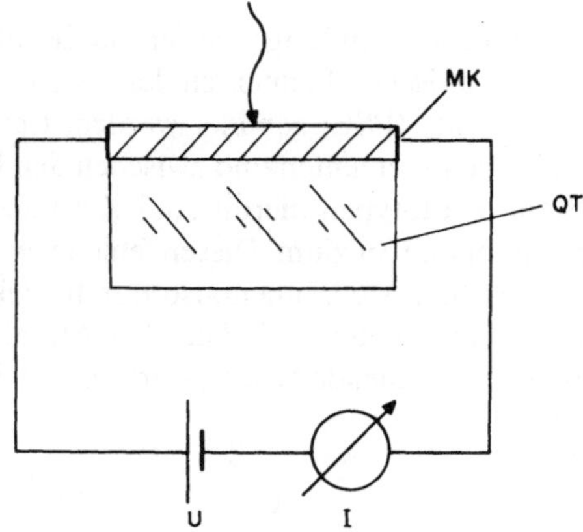

Abb. 12.28. Schaltung eines Photowiderstands (schraffiert, auf isolierendem Quarzträger QT); MK = Metallkontakt

$I = U/R$ proportional zur Dichte des Photonenstroms und damit zur Intensität im auftreffenden Licht. Halbleitermaterialien wie Cadmiumsulfid (CdS), Bleisulfid (PbS) und Bleiselenid (PbSe) werden für diesen Zweck benutzt.

Störstellenhalbleiter erzielen schon bei Normaltemperaturen gute Leitfähigkeit. Der Kristall wird gezielt mittels Fremdatomen aus benachbarten Gruppen des PSE verunreinigt bzw. dotiert. Dotiert man Si mit As, gibt es an den Einbaustellen des As ein Valenzelektron zuviel. Dieses überzählige Valenzelektron ist nur schwach an den Atomrumpf gebunden und hat eine entsprechend kleine Ionisierungsenergie E. Diese beträgt beispielsweise für As in Si rund 0,06 eV. Es wird also bereits bei Normaltemperatur ein erheblicher Prozentsatz der Fremdatome ionisiert sein. Solche Fremdatome, die schon durch die Wärmeenergie ionisiert werden können und dabei ein Elektron abgeben, nennt man *Donatoren.* Die frei gewordenen Elektronen bezeichnet man als *Leitungselektronen,* weil sie der Kraft eines elektrischen Felds folgen und einen elektrischen Strom bilden können. Der Leitungsmechanismus gleicht hier also weitgehend dem der Metalle. Da die Elektrizitätsleitung durch die negativen Leitungselektronen erfolgt, spricht man von

n-Leitung bzw. von n-Halbleitern.

Dotiert man Kristalle der 4. Gruppe mit Elementen aus der 3. Gruppe, erhält man

p-Leitung bzw. p-Halbleiter.

Nun befinden sich Atome im Kristall, beispielsweise *B* in Si, die ein Valenzelektron weniger haben als die Nachbarn. Es existiert sozusagen eine Lücke in der Valenzelektronenstruktur des Kristalls.

Hier ist Ladungstransport dadurch möglich, daß ein der Lücke benachbartes Valenzelektron in die Lücke springt. Für diesen Platzwechsel genügt ein viel niedrigerer Energiebetrag, als für die Ionisierung im Falle der Eigenleitung, weil das Elektron hierbei nicht von der Valenzelektronenstruktur getrennt wird. Ähnlich wie im Falle der *n*-Halbleiter reicht auch hier die thermische Energie bei Normaltemperatur hin, gute elektrische Leitfähigkeit zu gewährleisten. Als Folge dieses Platzwechselvorgangs entsteht eine Lücke zwischen den Si-Atomen. Einer Elektronenlücke zwischen den Si-Atomen kommt jedoch—unter Berücksichtigung der Ladung der Si-Atomrümpfe—ein positiver Ladungsüberschuß zu. Dem in der Abb. 12.29

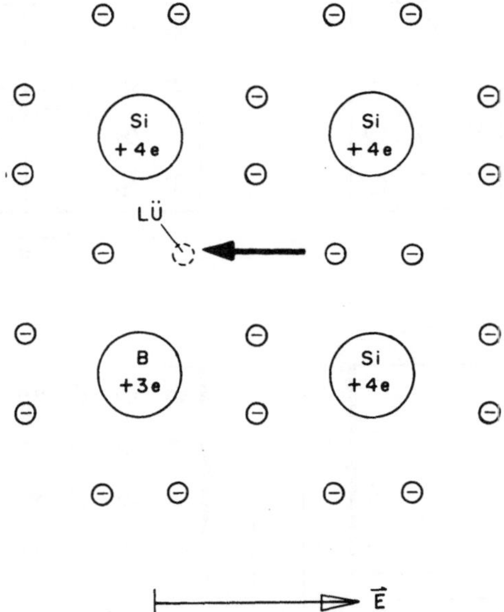

Abb. 12.29. *B* im Si-Kristall ergibt einen *p*-Halbleiter. Ein elektrisches Feld **E** veranlaßt Valenzelektronen zum Platzwechsel. *LÜ* = Elektronenlücke

nach links wandernden Elektron entspricht daher eine nach rechts wandernde positive Ladung. Was sich materiell bewegt, sind zwar Valenzelektronen, jedoch verhält sich dieser Stromleitungsmechanismus in elektrischer Hinsicht (z. B. Hall-Effekt) so, als würden positive Ladungsträger in Stromrichtung fließen. Daher die Bezeichnung „*p*"-Halbleiter bzw. „Löcherhalbleitung".

p-n-Übergang. Dieses wohl wichtigste Element der Halbleiterelektronik entsteht, wenn man einen *p*-Halbleiter mit einem *n*-Halbleiter in engen Kontakt bringt, s. Abb. 12.31.

Zunächst stehen einander an den Kontaktflächen hohe Konzentrationen von Löchern und Elektronen gegenüber. Durch Diffusion dringen Elektronen und Löcher in den jeweils benachbarten Kristall ein und neutralisieren sich dort gegenseitig. Die Folge ist einerseits eine Verarmung an beweglichen Ladungsträgern in

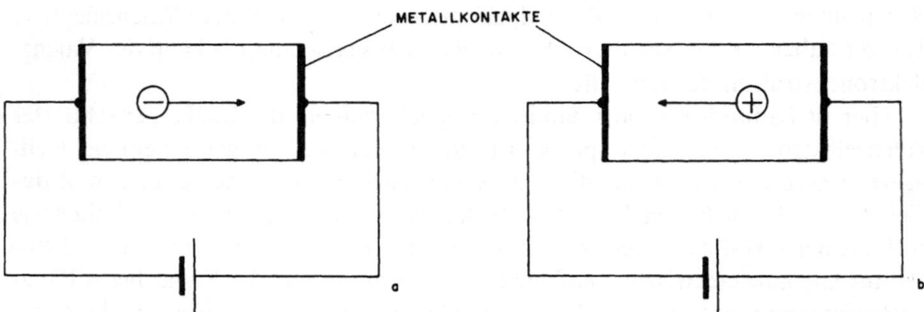

Abb. 12.30. Störstellenhalbleiter: **a** Bei n-Halbleitern erfolgt der Ladungstransport durch Elektronen. **b** Bei p-Halbleitern erfolgt der Ladungstransport durch positive Löcher

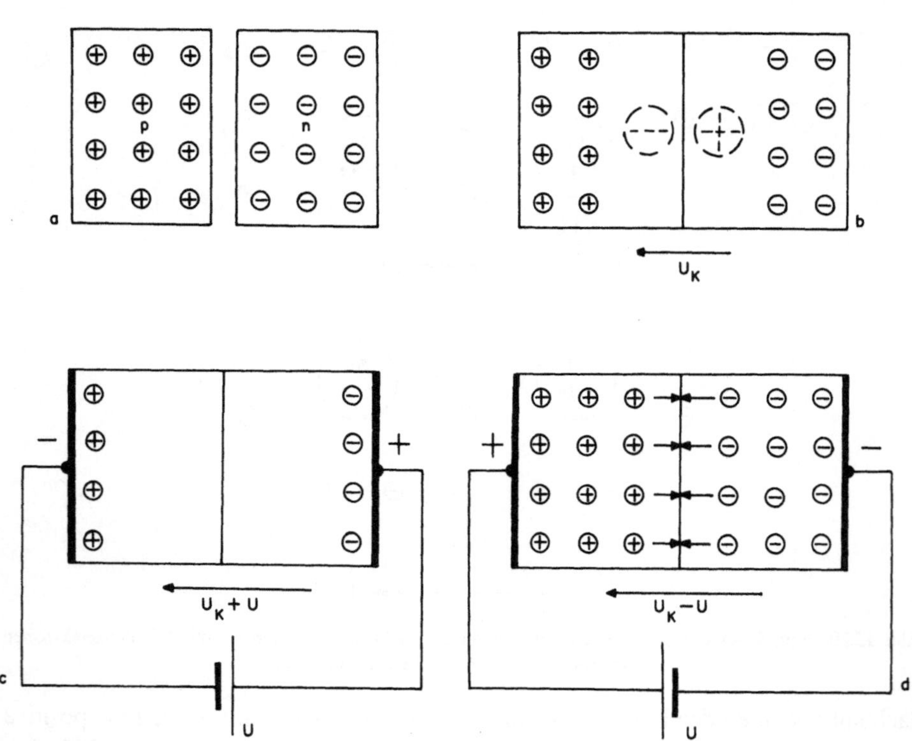

Abb. 12.31. p-n-Übergang. Angedeutet sind hier nur die Ladungen der beweglichen Ladungsträger. **a** p- und n-Halbleiter vor Kontakt. **b** p- und n-Halbleiter in Kontakt: Ladungsträgerverarmung an den Kontaktflächen durch Diffusion. Dadurch wird der p-Halbleiter negativ und der n-Halbleiter positiv geladen. Die Folge ist eine Kontaktspannung U_K. **c** Polung in Sperrichtung: die beweglichen Ladungsträger trennen sich noch weiter, übrig bleibt die vernachlässigbar kleine Eigenleitung: der p-n-Kontakt sperrt. **d** Polung in Durchlaßrichtung: in der Kontaktfläche rekombinieren Elektronen und Löcher

den Kontaktflächen; der p-n-Übergang verliert seine Leitfähigkeit, er sperrt. Andererseits werden p- und n-Halbleiter durch die Ladungsträgerdiffusion entgegengesetzt elektrisch geladen; es bildet sich eine Diffusions- oder Kontaktspannung U_K, die bei den üblichen Dotierungsdichten etwa 0,3 V bei Ge und 0,7 V bei Si beträgt.

Polt man in Richtung der Kontaktspannung, d. i. in Sperrichtung (Teilbild **c** in der Abb. 12.31), dann vergrößert sich die ladungsträgerfreie Zone, der p-n-Übergang sperrt nach wie vor. Polt man gegen die Kontaktspannung, d. h. in Durchlaßrichtung, fließen Löcher von der p-Seite her und Elektronen von der n-Seite her zur Kontaktfläche und rekombinieren dort, d. h. die ankommenden Löcher werden von den Elektronen ausgefüllt. Das ergibt problemlosen Stromfluß, sobald $U > U_K$.

d) Elektrizitätsleitung im Menschen

Wäre biologisches Gewebe eine homogene Substanz, würden zur Charakterisierung seiner elektrischen Leitfähigkeit die Resistivität ρ und die Dielektrizitätskonstante ε genügen. Daß biologisches Gewebe jedoch nicht homogen ist, sieht man — abgesehen von der mikroskopischen Anatomie des Gewebes — auch an der Resistivität ρ, die richtungsabhängig ist, s. Tabelle 12.1.

Alle Gewebe sind aus Zellen aufgebaut, die von einer etwa 6 nm dicken Zellmembran mit sehr hoher Resistivität umgeben sind. Die intrazelluläre Flüssigkeit besitzt eine Resistivität von rund 0,6 $\Omega \cdot$m, die extrazelluläre Flüssigkeit eine solche von rund 1 $\Omega \cdot m$. Die Resistivität der intakten Zellmembran hängt auch vom Zustand der penetrierenden Proteine ab. Wegen der im wesentlichen zweidimensionalen Ausdehnung der Zellmembran und ihrer inhomogenen Struktur wird ihr elektrischer Widerstand R durch die Angabe des Produkts aus R mal Membranfläche A angegeben (R erhält man im konkreten Fall durch Division dieser Größe durch die betreffende Membranfläche A). In der Literatur findet man für $R \cdot A$ Werte zwischen $10^{-2}\,\Omega \cdot \text{m}^2$ und $10\,\Omega \cdot \text{m}^2$. Wegen des großen Membranwiderstands fließt Gleichstrom praktisch nur durch den extrazellulären Raum.

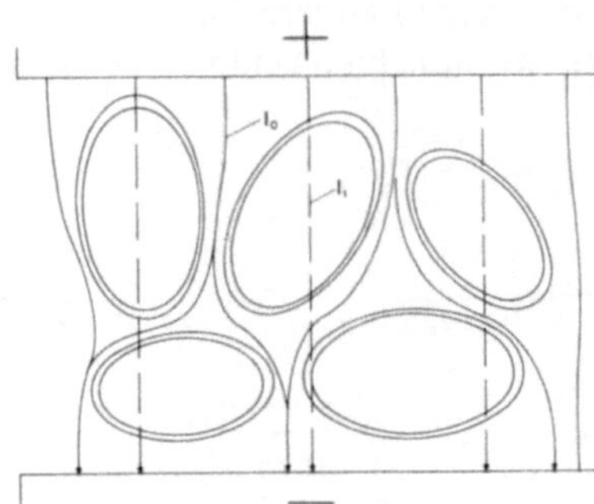

Abb. 12.32. Stromfluß durch biologisches Gewebe. Gleichstrom fließt nur durch den extrazellulären Raum. Bei Wechselstrom addiert sich zu dieser Komponente (I_0) ein mit zunehmender Frequenz größer werdender Anteil I_1 (gestrichelt) durch das Zellinnere (nach J. G. Webster, 1990)

Mit zunehmender Frequenz nimmt der kapazitive Widerstand der Zellmembran ab (Gleichung 14.4). Wegen der i. a. größeren Querschnittsfläche des intrazellulären Raums und der etwas niedrigeren Resistivität der intrazellulären Flüssigkeit beginnt damit ein Strom zu dominieren, der weitgehend unabhängig von der Zellstruktur verläuft, s. Kapitel 14.1 bzw. Abb. 14.7.

Eine besondere Rolle spielt bei allen elektromedizinischen Methoden die hohe elektrische Impedanz (Kapitel 14.1) bzw. der hohe elektrische Widerstand der Haut. Dieser ist vor allem durch das Stratum corneum (Hornschicht) bedingt. Dies ist eine

Schicht aus mehreren Lagen verhornter, hauptsächlich aus hochohmigem Keratin (hochpolymeres Molekülgitter aus Skleroproteinen) bestehender Corneozyten ohne Interzellularraum. Die Dicke beträgt rund 40 μm. Die Hautimpedanz kann bei Gleichstrom bis zu 1 MΩ für 1 cm^2 Hautfläche betragen.

Weiters ist der Hautwiderstand abhängig von der hauptsächlich vom vegetativen Nervensystem geregelten Durchblutung. Die Blutversorgung erfolgt von innen her zum einen durch das tiefe Gefäßnetz, an der Grenze zwischen Subcutis und Corium gelegen, zum anderen durch das oberflächliche Gefäßnetz unter dem Papillenkörper der Lederhaut. Diese Hautdurchblutung spielt eine wichtige Rolle für die Wärmebilanz des Körpers. Zusätzlich ist die Durchblutung durch lokale äußere mechanische und chemische Reize stark veränderbar. Ein ganz erheblicher Reiz in diesem Sinn ist natürlich auch der bei jeder Widerstandsmessung auftretende elektrische Stromfluß durch die Haut.

Der Hautwiderstand ist ganz besonders stark vom Feuchtigkeitsgrad und damit von der Tätigkeit der Schweißdrüsen abhängig, wobei die Widerstandsänderung der Haut nicht unbedingt mit dem Auftreten sichtbaren Schweißes verknüpft sein muß. Die Tätigkeit der Schweißdrüsen der Haut unterliegt neben Einflüssen der Wärmehaushaltsregelung und tageszeitlichen Schwankungen auch emotionalen Einflüssen wie Angst (Lügendetektor). Wegen des großen elektrischen Widerstands der Hornschicht treten Verbrennungen bei Stromfluß immer zuerst an der Haut auf.

In den meisten biologischen Geweben dominiert Stromleitung durch Flüssigkeiten, es handelt sich um elektrolytische Leiter. Am Stromtransport nehmen allerdings sehr unterschiedliche Ionen teil. In der Zellflüssigkeit dominieren K^+, Mg^{++} PO^{---} und verschiedene Proteinanionen, in der Interstitialflüssigkeit dominieren Na^+ und Cl^- bei weitem andere Ionen wie Ca^{++} Mg^{++} und HCO_3^-.

Die im Körper erzeugten Stromdichten sind von der Elektrodengröße abhängig:

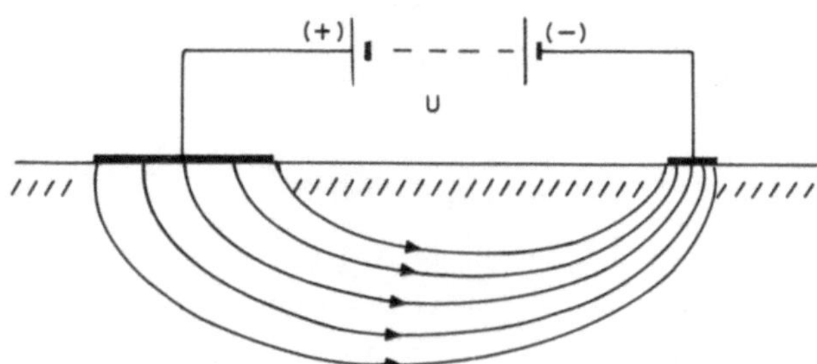

Abb. 12.33. Verlauf der Stromlinien bei oberflächlich angelegten Elektroden im Körper

Reiz- bzw. Polarisationswirkung von elektrischem Strom. Schließt man eine Spannungsquelle so an eine Zelle an, daß sich die Kathode außen befindet, wirkt sie depolarisierend, es kommt zu einer kurzzeitigen Erhöhung der Erregbarkeit. Bei entsprechend großer Stromstärke kommt es zur Erregungsauslösung. An Muskeln tritt das sogenannte Kathodenschließungszucken auf.

Liegt die Anode außen an, verstärkt sie die Polarisation, die Erregbarkeit wird herabgesetzt, man spricht von Hyperpolarisation. Nach starker Hyperpolarisation kann es beim Abschalten zu einem kurzfristigen Überschießen des Membranpotentials über den biologischen Wert hinaus kommen: eine Erregung wird ausgelöst, an

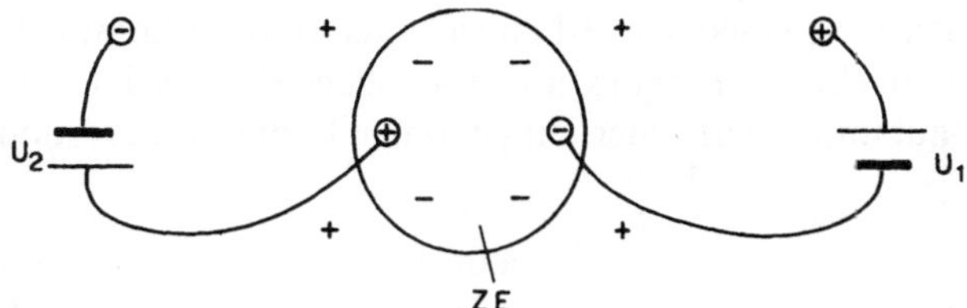

Abb. 12.34. Je nach Polung der an der Zelle ZE anliegenden Spannung kommt es zur Hyperpolarisation (durch U_1) oder zur Depolarisation (durch U_2)

Muskeln beispielsweise das sogenannte Anodenöffnungszucken. Beim Stromfluß durch den Körper treten bei konstanter Stromdichte grundsätzlich beide Phänomene gleichzeitig auf. Eine eindeutige Reaktion erreicht man durch unterschiedliche Stromdichten an gegenüberliegenden Zellenden (s. Abb. 12.33).

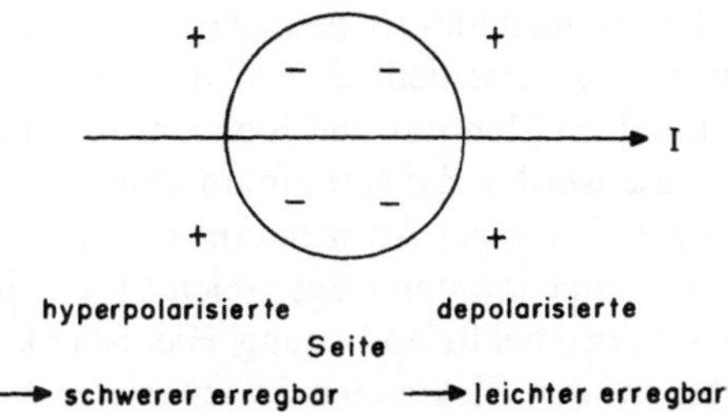

Abb. 12.35. Gleichzeitige Hyperpolarisation (linke Seite) und Depolarisation (rechte Seite) einer Zelle durch elektrischen Strom

Solange die Zelle Konzentrationsänderungen ausgleichen kann—bei kleinen Gleichströmen mit Ausnahme der Ein- und Ausschaltphasen—entsteht im Gewebe nur Joulesche Wärme. Bei größeren Stromstärken kommt es im Gewebe wie im Blut zusätzlich zu elektrolytischer Zersetzung.

Bei Wechselstrom nimmt die Depolarisationswirkung mit zunehmender Frequenz ab, weil die mit dem Stofftransport verbundenen Konzentrationsänderungen immer kleiner werden. Es verbleibt dann nur die *Wärmewirkung*. Deshalb kann man Wechselströme von hinreichend hoher Frequenz (ab etwa 100 kHz) gefahrlos durch den Körper leiten, sofern sichergestellt ist, daß nicht zu hohe Stromdichten irgendwo zu schädlicher Erwärmung führen. Beispielsweise an den Elektroden. Beim Elektroskalpell führt man diese Erwärmung hingegen bewußt durch hohe Stromdichte an der sogenannten aktiven Elektrode herbei.

e) Elektrophorese

Auch echte Lösungen an sich neutraler Moleküle, wie Proteine, ferner kolloidale und grobdisperse Systeme wie Zellsuspensionen, besitzen elektrische Leitfähigkeit. Der Grund für die Leitfähigkeit von Proteinlösungen liegt darin, daß alle Aminosäuren (= Bausteine der Proteine) eine Amino- (NH_2) und eine Carboxylgruppe (COOH) besitzen. Bei neutralem pH dissoziieren von der Carboxylgruppe H^+-Ionen ab und werden von der Aminogruppe aufgenommen. Das Aminosäuremolekül bleibt nach wie vor elektrisch neutral.

Bei nicht neutralem pH jedoch verhält sich das Aminosäuremolekül als Zwitter (-ion): in saurer Umgebung nimmt es ein zusätzliches H^+ aus der Umgebung in die COO^--Gruppe auf und in basischer Umgebung gibt die Aminogruppe das Proton (H^+) ab:

sauer	neutral	basisch
$H_3N^{\oplus}-CH(R)-C(=O)OH$	$H_3N^{\oplus}-CH(R)-C(=O)O^{\ominus}$	$H_2N-CH(R)-C(=O)O^{\ominus}$

Dies ist die Basis für wichtige Verfahren in der diagnostischen Medizin. Beispielsweise besitzen die Proteine von Körperflüssigkeiten (z. B. Blutserum) aufgrund ihrer unterschiedlichen Größe auch unterschiedliche Beweglichkeit im Lösungsmittel. Sie können daher aufgrund unterschiedlicher Wandergeschwindigkeiten im elektrischen Feld getrennt und ihre Identität und Konzentration bestimmt werden. Bei der Immun-Elektrophorese werden die getrennten Proteinfraktionen zur weiteren Unterscheidung noch zusätzlich einer Antigen-Antikörperreaktion ausgesetzt.

Bei der ursprünglichen, sogenannten trägerfreien Elektrophorese, befinden sich die zu trennenden Moleküle in einer freien Lösung. Hier ist es kaum möglich, mehrere getrennte Molekülsorten an den Elektroden zu separieren bzw. zu unterscheiden. Das gelingt jedoch, wenn man die Lösung auf einem festen Träger aufträgt. Bei der Papier-Elektrophorese wird Filterpapier als Träger benutzt. Das Filterpapier wird mit Pufferlösung (beispielsweise mit $pH > 8$) getränkt. Die zu analysierende Lösung wird als dünner Strich senkrecht zur Feldrichtung aufgetragen. Die Teilchen wandern unter der Einwirkung des elektrischen Felds E je nach Beweglichkeit u mit unterschiedlichen Geschwindigkeiten v durch das Filterpapier und trennen sich voneinander. Die Wanderungsgeschwindigkeit v der Teilchen beträgt (s. oben):

$$v = u \cdot E = z \cdot e \cdot E/(6 \cdot \pi \cdot \eta \cdot r),$$

worin z die Ladungszahl und r der Teilchenradius sind; η ist die dynamische Zähigkeit des Lösungsmittels. Durch Färben und photometrische Auswertung lassen sich die Anteile einzelner Fraktionen bestimmen. Besonders hohe Trennschärfe erreicht man mittels Stärkeblock-Elektrophorese (z. B. Haptoglobinbestimmung beim Vaterschaftsnachweis).

Auch biologische Zellen lassen sich durch Elektrophorese („Zellelektrophorese“) trennen und unterscheiden. Dies beruht (zum Teil) darauf, daß die Zelloberflächen eine relativ große Elektronegativität besitzen. Daher sind suspendierte Zellen negativ geladen und bewegen sich im elektrischen Feld je nach ihrer Ladung und Größe unterschiedlich schnell zur Anode.

Zusammenfassung 12.B

I. Der Widerstand R eines Leiters bei der Temperatur t (t ist hier die Celsius-Temperatur) ist:

$$R(t) = R(0\,°\mathrm{C}) \cdot (1 + \beta \cdot t). \qquad (12.15)$$

β ist die auf die Temperaturänderung dT bezogene relative Widerstandsänderung dR/R und heißt Temperaturkoeffizient des Widerstands R:

$$\beta = \frac{1}{R} \cdot \frac{dR}{dT}. \tag{12.16}$$

β kann für kleine Temperaturänderungen als Konstante angesehen werden.

Metallische Elektrizitätsleitung erfolgt durch Elektronen. Ihr elektrischer Widerstand steigt mit zunehmender Temperatur. Für reine Metalle liegt β zwischen 1/200 und 1/300, s. Tabelle 12.3. Die Temperaturabhängigkeit der Metalle ist hauptsächlich eine Folge der Resistivitätsänderung. Diese Temperaturabhängigkeit wird in verschiedenen Widerstandsthermometern zur Temperaturmessung benutzt. Bei manchen Metallen wird die Resistivität ρ unterhalb der sogenannten Sprungtemperatur schlagartig unmeßbar klein: Dies ist das Phänomen der Supraleitung.

Bei elektrolytischer Leitung erfolgt der Ladungstransport durch Ionen, ist also mit Stofftransport verbunden. Der in der Flüssigkeit gelöste Stoff heißt Elektrolyt. An den Elektroden bzw. mit dem Lösungsmittel kommt es zu chemischen Reaktionen, die Reaktionsprodukte werden abgeschieden. Die Ladungsmenge, die zur elektrolytischen Abscheidung der Stoffmenge $n = 1$ mol einer chemisch einwertigen Substanz erforderlich ist, heißt Faraday-Konstante F:

$$F = 96\,487\,\mathrm{C \cdot mol^{-1}}.$$

Für eine z-wertige Substanz ist diese Ladungsmenge gleich $z \cdot F$.

Die Ionenbeweglichkeit eines elektrolytischen Leiters

$$u = \frac{v}{E} \tag{12.17}$$

ist indirekt proportional zur Zähigkeit η des Lösungsmittels und indirekt proportional zum Ionenradius r. Durch Hydratation bzw. Solvatation sind die in der Lösung wirksamen Ionenradien i. a. erheblich größer als unter normalen Umständen (beispielsweise im Kristall).

Die Stromwärmeleistung P beim elektrolytischen Stromfluß ist gleich jener beim Elektronenstrom (Gleichung 12.6):

$$P = U \cdot I = I^2 \cdot R = U^2/R$$

Tabelle 12.3. Temperaturkoeffizienten β des elektrischen Widerstands

Stoff	β
Ag	$+0{,}004\,°\mathrm{C}^{-1}$
Cu	$+0{,}004$
Ta	$+0{,}0035$
Fe	$+0{,}0045$ bis $+0{,}006$
Hg	$+0{,}001$
Konstantan (Legierung aus Ni, Cu u. Zn)	0
Elektrolyte	$-0{,}02$

II. Der Leitungsmechanismus für elektrischen Strom in Kristallen hängt von der chemischen Bindung zwischen den Kristallbausteinen ab. Die besten Leiter sind Metalle, dann folgen Kristalle mit heteropolarer und mit homöopolarer Bindung und am Ende der Leitfähigkeitsskala stehen die Molekülgitter organischer Kristalle, die praktisch keine elektrische Leitfähigkeit besitzen.

Kristalle mit heteropolarer Bindung sind salzartige Stoffe; diese sind bei Normaltemperatur gute Isolatoren, werden jedoch bei höheren Temperaturen zu Ionenleitern („Ionenhalbleiter"). Kristalle mit homöopolarer Bindung sind bei Normaltemperaturen ebenfalls gute Isolatoren und werden bei Erwärmung oder durch Verunreinigungen zu Elektronenleitern („elektronische Halbleiter").

Eigenleitung elektronischer Halbleiter ist möglich, wenn ihnen die Ionisierungsenergie zugeführt wird. Dies kann durch Licht (innerer Photoeffekt, s. Kapitel 16.1), eine elektrische Feldstärke (Feldionisierung) oder durch Wärme erfolgen. Störstellenhalbleiter erzielen schon bei Normaltemperaturen gute Leitfähigkeit. Dotiert man mit Elementen aus höheren Gruppen des PSE erhält man *n*-Leitung bzw. *n*-Halbleiter, dotiert man mit Elementen aus niedrigeren Gruppen, erhält man *p*-Leitung bzw. *p*-Halbleiter.

Ein *p*-*n*-Übergang entsteht, wenn man einen *p*-Halbleiter mit einem *n*-Halbleiter in engen Kontakt bringt, s. Abb. 12.31. Polt man einen *p*-*n*-Übergang in Richtung der Kontaktspannung, sperrt er; polt man gegen die Kontaktspannung, fließen Löcher von der *p*-Seite her und Elektronen von der *n*-Seite her zur Kontaktfläche und rekombinieren dort; der *p*-*n*-Übergang leitet, sobald $U > U_K$.

III. Die meisten biologischen Gewebe sind elektrolytische Leiter. Es dominiert Stromleitung durch Flüssigkeiten. Beim Stromtransport dominieren in der Zellflüssigkeit K^+, Mg^{++}, PO_4^{---} und verschiedene Proteinanionen; in der Interstitialflüssigkeit dominieren Na^+ und Cl^-.

Alle Gewebe sind aus Zellen aufgebaut, die von einer etwa 6 nm dicken Zellmembran mit sehr hoher Resistivität umgeben sind. Die intrazelluläre Flüssigkeit besitzt eine Resistivität von rund $0{,}6\,\Omega\cdot\text{m}$, die extrazelluläre Flüssigkeit eine solche von rund $1\,\Omega\cdot\text{m}$. Das Produkt aus elektrischem Widerstand R von Zellmembranen, multipliziert mit der Membranfläche A, liegt zwischen $10^{-2}\,\Omega\cdot\text{m}^2$ und $10\,\Omega\cdot\text{m}^2$.

Gleichstrom fließt hauptsächlich durch den extrazellulären Raum. Bei Wechselstrom addiert sich zu dieser Komponente ein mit zunehmender Frequenz größer werdender Anteil durch das Zellinnere. Der hohe elektrische Widerstand der Haut ist durch das Stratum corneum (Hornschicht) bedingt. Die Hautimpedanz kann bei Gleichstrom bis zu $1\,\text{M}\Omega$ für $1\,\text{cm}^2$ Hautfläche betragen; sie ist stark von physiologischen Parametern abhängig.

Je nach Stromrichtung an der Zellmembran kommt es zur Hyperpolarisation der Zelle oder zur Depolarisation. Eindeutige Reaktionen erreicht man durch entsprechende Elektrodengestaltung und -position. Bei Wechselstrom nimmt die Depolarisationswirkung mit zunehmender Frequenz ab. Es verbleibt die Wärmewirkung.

Echte Lösungen von Proteinen sind elektrisch leitend, weil sich das Aminosäuremolekül bei nicht neutralem pH als Zwitter(-ion) verhält: in saurer Umgebung nimmt es ein zusätzliches H^+ aus der Umgebung in die Carboxylgruppe auf und in basischer Umgebung gibt die Aminogruppe ein Proton (H^+) ab. Da die Proteine von Körperflüssigkeiten (z. B. Blutserum) aufgrund ihrer unterschiedlichen Größe auch unterschiedliche Beweglichkeit im Lösungsmittel besitzen, können sie aufgrund unterschiedlicher Wandergeschwindigkeiten elektrophoretisch getrennt und in ihrer Identität und Konzentration bestimmt werden.

Beispiel 12.12. Die relative Widerstandszunahme $\Delta R/R$ von Kupfer bei der Erwärmung von 0 °C auf 100 °C beträgt:

$$R(100\,°\text{C}) = R(0\,°\text{C})\cdot(1 + \beta\cdot t)$$
$$\Delta R = R(100\,°\text{C}) - R(0\,°\text{C}) = R(0\,°\text{C})\cdot\beta\cdot t$$
$$\Delta R/R = \beta\cdot t = 0{,}004\,°\text{C}^{-1}\cdot 100\,°\text{C} = 0{,}4 = 40\%.$$

Beispiel 12.13. Abscheidung von Natronlauge beim Stromdurchgang durch eine NaCl-Lösung von $I = 1\,\text{A}$ während einer Zeitspanne $\Delta t = 1\,\text{s}$.

$$Q = I\cdot\Delta t = 1\,\text{A}\cdot\text{s} = 1\,\text{C}/(1{,}6002\cdot 10^{-19}\,\text{C/e}) = 6{,}24\cdot 10^{18}\,\text{e}.$$
$$n = 6{,}24\cdot 10^{18}/6{,}0221\cdot 10^{23}\,\text{mol}^{-1} = 1{,}04\cdot 10^{-5}\,\text{mol}.$$

Es entstehen $1{,}04\cdot 10^{-5}$ mol NaOH.

Beispiel 12.14. *Halbleiterdiode.* Dies ist das einfachste auf einem *p*-*n*-Übergang beruhende elektronische Schaltelement. Es benutzt die Gleichrichterwirkung des *p*-*n*-Übergangs. Schaltung und Kennlinie einer

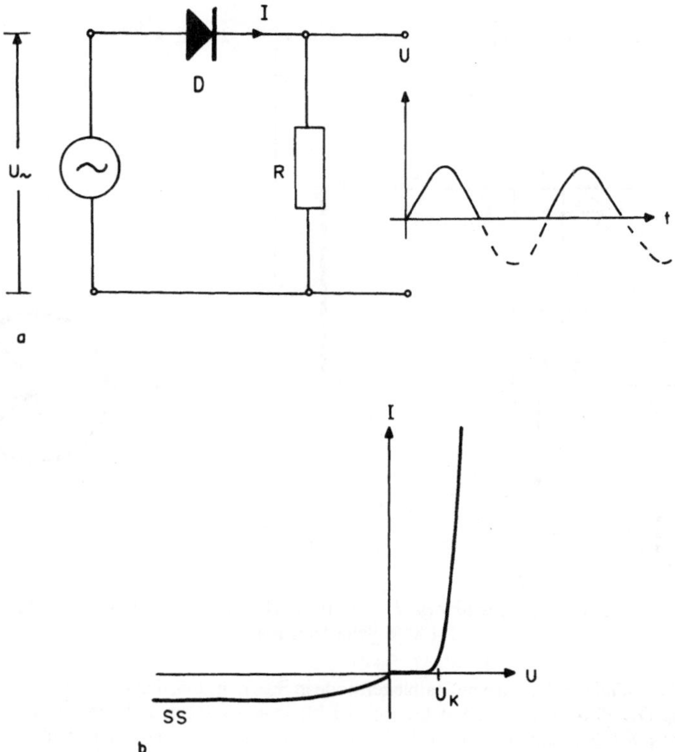

Abb. 12.36. Halbleiter-Gleichrichterdiode. **a** Schaltbild und Spannungsverlauf am Ausgang der Schaltung. D = Diode. **b** Kennlinie. SS = Graph des Sperrstroms

Halbleiterdiode sind in der Abb. 12.36 dargestellt. Da die Diode nur in Durchlaßrichtung, d. i. in der Abb. 12.36 a von links nach rechts, einen nennenswerten Strom I durchläßt (der Sperrstrom beträgt bei $U = 1$ V nur wenige nA, Durchlaßströme können in der Größenordnung von einigen A liegen), tritt am Widerstand R nur bei dieser Polung eine Spannung $U = I \cdot R$ auf. Von einer Wechselspannung U am Eingang der Diodenschaltung (links) erreichen daher nur die positiven Halbwellen den Ausgang (rechts). Die gestrichelt gezeichneten negativen Halbwellen werden von der Diode weitgehend blockiert. Sie verschwinden nicht vollständig, weil die Diode aufgrund der Eigenleitung des Halbleiters auch in Sperrichtung eine kleine Leitfähigkeit behält. Da die mittlere thermische Energie ($\frac{1}{2}k \cdot T$ pro Freiheitsgrad, s. Kapitel 7.1) bei Normaltemperatur klein im Vergleich zur Ionisierungsenergie E ist, ist die Eigenleitung erst bei höheren Temperaturen von Gewicht. Der zu diesem Sperrstrom gehörige Graph der Kennlinie ist in Abb. 12.36 b gekennzeichnet.

Bemerkt sei noch, daß es sich hier um ein elektronisches Bauelement mit einer nichtlinearen Kennlinie handelt: Der Zusammenhang zwischen I und U ist keine Gerade. Ein ohmscher Widerstand hat demgegenüber eine lineare Kennlinie, nämlich eine Gerade durch den Ursprung.

Beispiel 12.15. *Transistoren* ermöglichen die Steuerung großer Ströme und Spannungen durch vergleichsweise sehr kleine Steuerströme oder -spannungen. Man kann daher auch von Strom- bzw. Spannungsverstärkung sprechen. Wir betrachten lediglich die grundsätzliche Funktion des *p-n-p-Transistors*, s. Abb. 12.37. Dieser Transistor besitzt zwei *p-n*-Übergänge mit einem gemeinsamen *n*-Teil. Der *n*-Teil heißt Basis und besteht aus einer nur etwa 0,01 mm dicken Kristallschicht. Der linke *p*-Teil heißt Emitter und ist mit der Basis in Vorwärtsrichtung gepolt. Das hat zur Folge, daß bereits bei sehr geringen Emitterspannungen U_E ein riesiger Löcherstrom vom Emitter in die Basis fließt („emittiert wird"). Da die Basis sehr dünn ist, kann die Mehrzahl der Löcher zum Kollektor diffundieren, und der an sich in Sperrichtung gepolte Kollektor-Basis-Übergang wird leitend. Die Folge ist, daß sich Basisstrom I_B zu Kollektorstrom I_C typischerweise wie 1:100 verhält. Man kann daher mit einem sehr kleinen Basisstrom I_B einen großen Kollektorstrom I_C steuern.

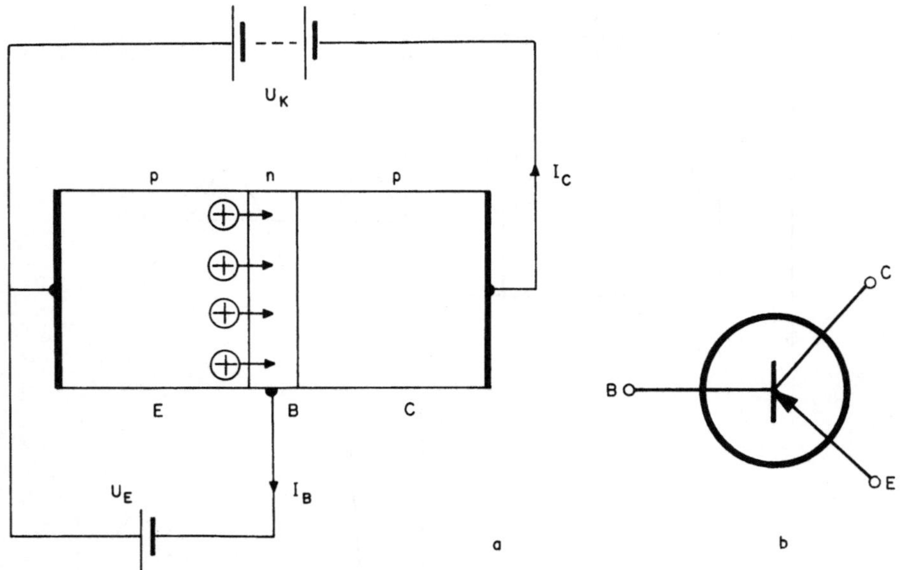

Abb. 12.37. **a** Prinzip des p-n-p-Transistors. E = Emitter, B = Basis, C = Kollektor. $I_B{:}I_C$ z. B. wie 1:100. **b** Schaltzeichen

Beispiel 12.16. *Photodiode.* Polt man eine Halbleiterdiode in Sperrichtung, fließt nur der kleine Sperrstrom der Eigenleitung. Die Photonenenergie sichtbaren Lichts liegt zwischen 2 eV und 3 eV; diese Energie reicht hin, um im p-n-Übergang zusätzliche Elektronen und Löcher zu erzeugen (innerer Photoeffekt). Der Sperrstrom I nimmt daher mit der Lichtintensität zu und ist damit ein Maß für diese.

Bei den sogenannten Lawinendioden werden im p-n-Übergang so hohe elektrische Feldstärken erzeugt, daß die frei gesetzten Elektronen durch Stoßionisation eine lawinenartige Vermehrung erfahren. Lawinendioden eignen sich daher besonders zum Nachweis sehr geringer Lichtintensitäten.

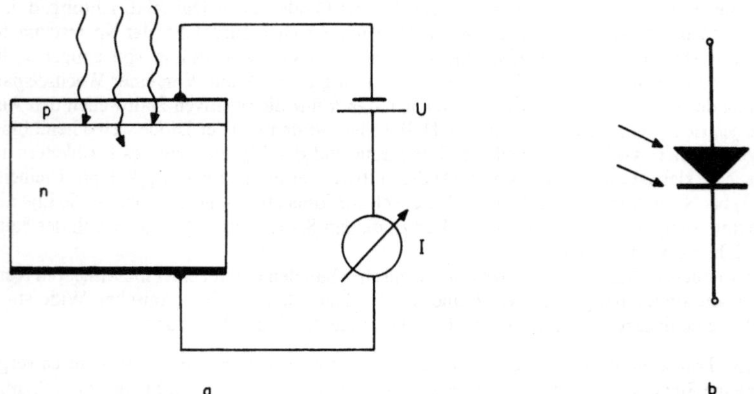

Abb. 12.38. **a** Aufbau und Schaltung einer Photodiode: Das Licht trifft durch eine dünne transparente aufgedampfte Metallelektrode und die dünne p-Schicht auf den p-n-Übergang. **b** Schaltzeichen

Beispiel 12.17. *Photozelle* (oder photovoltaischer Betrieb einer Photodiode; Solarzellen). Schließt man den äußeren Stromkreis einer Photodiode, fließt kein Strom, obwohl am p-n-Übergang die Kontakt- bzw. Diffusionsspannung U_K herrscht. Der Grund dafür ist, daß auch an allen anderen Kontaktstellen entsprechende Kontaktspannungen auftreten, die sich im Stromkreis insgesamt kompensieren, s. Kapitel

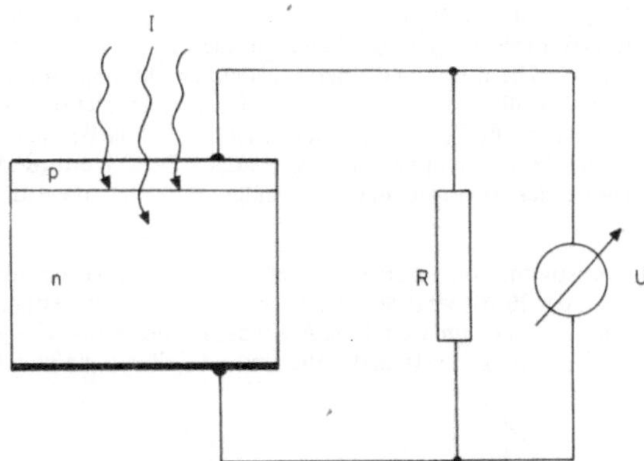

Abb. 12.39. Photovoltaischer Betrieb einer Halbleiterdiode. U ist proportional zur auftreffenden Lichtintensität I

11.3. Strahlt man jedoch Licht auf den Übergangsbereich, entstehen dort zusätzliche Elektronen und Löcher (innerer Photoeffekt), die Kontaktspannung am bestrahlten p-n-Übergang ändert sich, es kommt zu einem Stromfluß; der p-n-Übergang wirkt als Photoelement. Die Spannung U an einem Widerstand R im äußeren Stromkreis ist nun ein Maß für die Intensität des auftreffenden Lichts.

Beispiel 12.18. *Lumineszenzdiode* (Leuchtdiode). Wird eine Halbleiterdiode in Flußrichtung betrieben, kommt es an der Kontaktfläche der beiden Halbleiter zu intensiver Rekombination von Elektronen und Löchern, s. Abb. 12.31 d. Die am Stromfluß teilnehmenden Leitungselektronen besitzen eine größere Energie, als die in den Löchern befindlichen Valenzelektronen. Diese Energiedifferenz wird bei der Rekombination als Wärme oder Licht (Photon) abgegeben. Für sichtbares Licht muß die Energiedifferenz zwischen Leitungselektronen und Valenzelektronen wenigstens 2 eV (= Photonenenergie von rotem Licht) betragen.

Auch der *Halbleiterlaser* beruht auf diesem Prinzip der Lichterzeugung. Hinzu kommt allerdings noch die Wirkung eines optischen Resonators. Meist wird dieser bei Halbleiterlasern durch die verspiegelten Endflächen des Kristalls gebildet. S. auch Kapitel 26.

Beispiel 12.19. Integrierte Schaltungen: Diode in IC-Technik. Integrierte Schaltkreise (IC: Integrated Circuits) sind die Basis der Mikroelektronik. Ihr Einsatzbereich reicht vom Taschenrechner bis zur Elektronik des Herzschrittmachers. Zur Herstellung solcher Schaltkreise sind die bisher vielleicht anspruchsvollsten und umfangreichsten Fertigungsverfahren entwickelt worden. Dabei werden auf rechteckigen Kristallplättchen mit Kantenabmessungen im Millimeterbereich—den sogenannten Chips—Schaltkreise mit 10^6 und mehr Bauelementen simultan hergestellt.

Die Abb. 12.40 skizziert aus diesem Prozeß die Entstehung einer Diode: Bei a ist das Einkristallplättchen („Substrat") bereits durch thermische Oxydation bei Temperaturen um 1000 °C mit Siliziumdioxyd

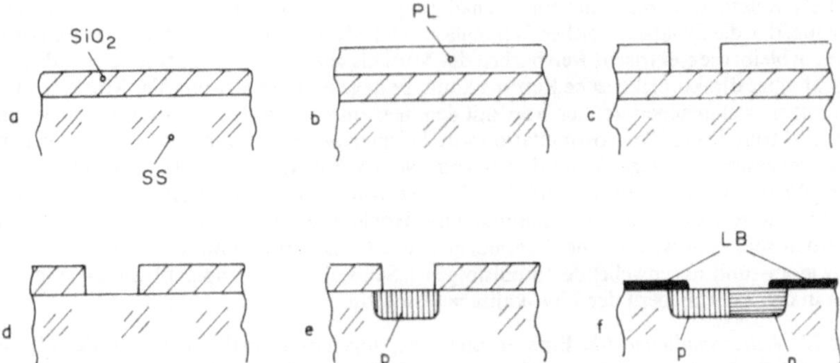

Abb. 12.40. Herstellung einer Diode (**f**) in IC-Technik mittels Photolithographie (Schritte **b** bis **d**) und Dotierung durch Diffusion (**e**). SS = Si-Substrat, PL = Photolack, LB = Leiterbahn

bedeckt. Bei b ist die SiO_2-Schicht mit Photolack beschichtet. Dieser Photolack wird mit einem geeigneten Auszug aus dem elektrischen Schaltbild belichtet; die belichteten Photolackstellen werden für spezielle Lösungsmittel löslich. Hierdurch ist die in c angedeutete Öffnung im Photolack entstanden. Durch diese Öffnung wird die Kristalloberfläche BBr_3-Dampf ausgesetzt, der dissoziiert und das kleine *B*-Atom in den Kristall diffundieren läßt. So entsteht ein kleiner *p*-leitender Bereich im Kristall: e Dieser Vorgang erfolgt gleichzeitig für alle Stellen der Schaltung, wo ein *p*-Bereich erforderlich ist. In analoger Weise erfolgen die Herstellung des angrenzenden *n*-leitenden Bereichs sowie das Aufdampfen der Leiterbahnen aus Al.

Beispiel 12.20. Gleichstromresistivität von weichem Gewebe. Diese wird wegen des hohen Membranwiderstands hauptsächlich von der Resistivität der interstitiellen Flüssigkeit bestimmt. Die Interstitialspalten von weichem Gewebe sind etwa 1 μm weit. Eine Abschätzung der Resistivität des Gewebes erhält man, wenn man es als Parallelschaltung von Interstitialraum und Zellen auffaßt: s. Abb. 12.41.

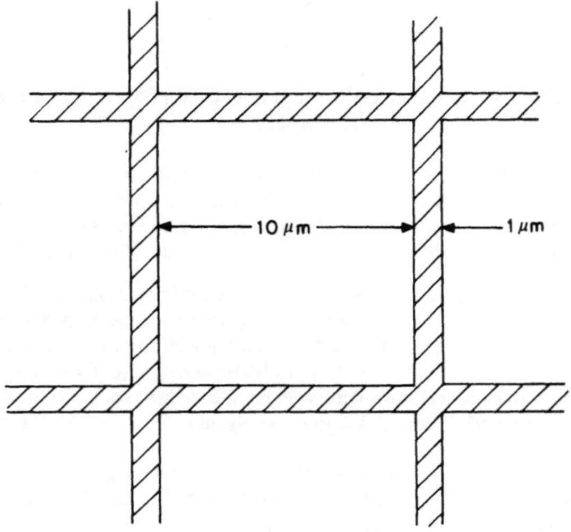

Abb. 12.41. Vereinfachte Geometrie von Interstitialraum (schraffiert) und Zellen

Bei einer Zellgröße von 10 μm beträgt der Flächenanteil der Interstitialflüssigkeit

$$4.10\,\mu m \cdot 0{,}5\,\mu m/(10\,\mu m \cdot 10\,\mu m) = \tfrac{1}{5}.$$

Die Geweberesistivität ist daher etwa 5 mal größer als die Resistivität der interstitiellen Flüssigkeit, d. h. sie beträgt etwa 10 $\Omega \cdot m$. Diese Resistivität wird allerdings je nach Anteil des Interstitialraums in den verschiedenen Gewebearten auch erheblich andere Werte annehmen können.

Beispiel 12.21. *Reizstromtherapie.* Bei einer Schädigung eines peripheren Nervs verliert u. a. die motorische Endplatte, d. i. die Synapse zwischen Nervenfaser und Muskelfaser, sehr schnell ihre Funktionsfähigkeit. Hingegen bleibt die elektrische Reizbarkeit des Muskels selbst u. U. noch Monate bis Jahre bestehen. Durch regelmäßige direkte elektrische Reizung kann die degenerative Atrophie des Muskels aufgehalten werden, damit ein sich regenerierender Nerv mit dem neu auswachsenden Neuriten auf einen funktionsfähigen Muskel trifft. Diese Elektrostimulation wird beispielsweise bei traumatisch bedingten peripheren Lähmungen eingesetzt, um eine Atrophie des vom Nerv vorübergehend nicht versorgten Muskels zu verhindern. Weitere Einsatzbereiche sind die Therapie von Blasen- und Darminkontinenz mit niederfrequentem Strom sowie die Skoliosebehandlung mit Hochfrequenzstrom. Aufgrund praktischer Erfahrungen werden sehr unterschiedliche Stromformen wie Gleichstromimpulse und unipolare Wechselströme sowie an- und abschwellende Impulsfolgen („Schwellstromtherapie") benutzt; näheres hierzu findet man in den Lehrbüchern der Physikalischen Medizin.

Beispiel 12.22. *Reizstromdiagnostik.* Eine großflächige, sogenannte inaktive Elektrode oder Neutralelektrode (meist die Anode) in Form von Platten in der Größe von 100 bis 200 cm^2 wird am Körperstamm angelegt. Als Reizelektrode werden kleinere Elektroden in der Größe von 1 bis 3 cm^2 benutzt. Damit kann man Reizpunkte mit besonders niedriger Schwelle finden. Ist das möglich, schließt man auf das

Vorhandensein eines einigermaßen funktionstüchtigen motorischen Nervs. Die diagnostische Bedeutung dieser Verfahren ist jedoch sehr gering, weil manche große Muskeln keinen eindeutigen motorischen Punkt zeigen. Bestenfalls kann man damit einen Überblick über die Ausdehnung einer Lähmung gewinnen.

Beispiel 12.23. Das *Pflügersches Zuckungsgesetz* macht eine qualitative Aussage über die zur Erzeugung von Muskelzuckungen erforderliche Reizstromgröße:

Reizstrom I

↑ KÖZ (Kathoden-Öffnungs-Zucken)
AÖZ
ASZ (Anoden-Schließungs-Zucken)
KSZ

Die Zuckungen werden durch Ein- bzw. Ausschalten von Gleichstrom oder durch Impulsstrom stimuliert. Bei Störungen beispielsweise vertauscht die Reihenfolge von Anoden-Öffnungs-Zucken AÖZ und Anoden-Schließungs-Zucken ASZ. Es gibt allerdings viele Abweichungen, die möglicherweise durch unterschiedlichen Verlauf des Stroms im Körper bedingt werden. In der klinischen Praxis spielt dieses Gesetz keine Rolle mehr.

Beispiel 12.24. Bei der sogenannten *Galvanisation* wird Gleichstrom (bis 50 mA) benutzt. Wegen der dann an der Elektrodenoberfläche auftretenden Stoffabscheidung kommt es an der Anode zu einer sauren und an der Kathode zu einer alkalischen Reaktion (durch die abgeschiedenen Na^+-Ionen; diese bilden mit Wasser NaOH). Um Hautschädigungen zu vermeiden, wird zwischen Haut und Elektroden ein $\frac{1}{2}$ cm bis 1 cm dickes feuchtes Schwammtuch gelegt.

Beispiel 12.25. *Reizstromgesetz* von J. L. Hoorweg und G. Weiss. Eine wichtige Methode der Reizstromdiagnostik ist die Bestimmung der Rheobase (Schwellstromstärke zur Auslösung einer Muskelzuckung) und der Chronaxie (erforderliche Reizzeit bei zweifacher Schwellstromstärke) der elektrischen Erregbarkeit. Ein (halb-) quantitativer Zusammenhang zwischen Schwellstromstärke I_s und Reizdauer T läßt sich auf folgende Weise gewinnen.

Um Erregung zu erreichen, muß der Reizstrom das Membranpotential (Membranspannung) bis zur Schwelle (s. Abb. 10.5) anheben. Hierzu ist eine Potentialzunahme um U_0 erforderlich. Diese Potentialanhebung wird dadurch erreicht, daß ein Reizstrom I bis zum Auslösen einer Muskelkontraktion fließt. Die hierzu erforderliche Zeitspanne heißt Reizzeit T. Reizstrom I und Reizzeit T stehen in einer gesetzmäßigen Beziehung zueinander. Der Zusammenhang zwischen Reizstrom I und Reizzeit T kann mit Hilfe der Analogie zwischen Kondensatorspannung und Membranspannung abgeschätzt werden.

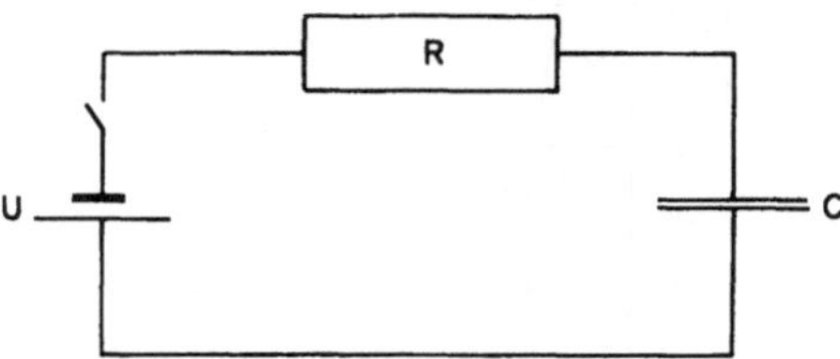

Abb. 12.42. Ersatzschaltbild einer Zelle zur Abschätzung der Reizstromstärke I in Abhängigkeit von der Reizzeit T. U ist die an der Zelle anliegende Spannung, C ist die Kapazität der Zellmembran und R ist der Widerstand der Zellflüssigkeit

Als elektrisches Ersatzschaltbild für eine Zelle benutzen wir einen Widerstand R, der den Leitungswiderstand der Zelle repräsentiert, und einen Kondensator der Kapazität C, der die Membrankapazität repräsentiert. Die Spannungsquelle sei während der Reizzeit T eingeschaltet. Der hier fließende Strom I ist der Ladestrom eines Kondensators, s. Beispiel 12.10:

$$I(t) = I_0 \cdot \exp\left(-\frac{t}{R \cdot C}\right)$$

mit $I_0 = \frac{U}{R}$.

Dann ist die während des Spannungsimpulses, d. h. in der Zeit T bewirkte Zunahme der Membranpotentialdifferenz proportional zu der auf den Membrankondensator geflossenen Ladungsmenge Q:

$$U_c = \frac{Q}{C} = \frac{1}{C} \cdot \int_0^T I(t) \cdot dt$$
$$= I_0 \cdot R \cdot \left(1 - \exp\left(-\frac{T}{R \cdot C}\right)\right).$$

Um die Schwelle der Zelle zu erreichen, ist eine Potentialzunahme um U_0 erforderlich, was bei einer Reizzeit T durch einen (Anfangs-)Ladestrom

$$I_0 = \frac{U_0}{R \cdot \left(1 - \exp\left(\frac{-T}{R \cdot C}\right)\right)}$$

erreicht wird.

Der Minimalwert von I_0, die sogenannte *Rheobase* I_r, wird für $T \to \infty$ erreicht:

$$I_r = \frac{U_0}{R}$$

oder

$$\frac{I_0}{I_r} = \frac{1}{1 - \exp\left(-\frac{T}{R \cdot C}\right)}.$$

Dies ist die Reizschwellengleichung. Sie gibt qualitativ die Abhängigkeit des Reizstroms I_0 von der Reizzeit T wieder, s. Abb. 12.43. Bemerkt sei noch, daß die bei klinischen *Chronaxie*-Bestimmungen benutzten konstanten Stromstärken in einem festen Verhältnis zu I_0 stehen, welches durch die Quotientenbildung $\frac{I_0}{I_r}$ herausfällt.

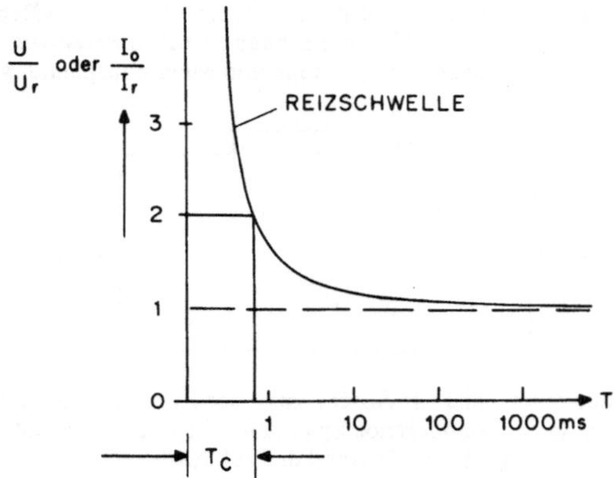

Abb. 12.43. Reizschwellenkurve für den erforderlichen Reizstrom I_0 oder die erforderliche Reizspannung U als Funktion der Einschaltdauer (Reizzeit) T. Als Maß für die Schädigung eines Muskels wird in der Klinik die Chronaxie T_c benutzt, d. i. die zur Reizauslösung erforderliche Einwirkungsdauer bei der doppelten Rheobase $2 \cdot I_r$

Beispiel 12.26. Elektrische Werte eines *Herzschrittmachers.* Wenn die verschiedenen natürlichen Taktgeber des Herzens versagen, kann die Taktfrequenz des Herzens von künstlichen elektrischen Schrittmachern aufrecht erhalten werden. Diese geben elektrische Spannungsimpulse in der Größe zwischen 2,5 V und 5 V über Elektroden an den Herzmuskel und lösen dadurch Aktionspotentiale aus. Im Prinzip besteht ein Schrittmacher aus einem Kondensator, der periodisch auf die Stimulationsspannung aufgeladen wird und sich über den Herzmuskel entlädt. Bei der unipolaren Stimulation wirkt das in den Körper implantierte Schrittmachergehäuse als Anode; bei der bipolaren Stimulation führen zwei getrennte Elektrodenleitungen zu den im Herzen liegenden Polen. Die Lage der stimulierenden Pole im Herzen hängt davon ab, welchen der natürlichen Taktgeber das Gerät zu ersetzen hat.

Aus Energiespargründen (Batterien!) und zur Schonung des Herzmuskelgewebes muß die elektrische Stimulationsenergie so gering wie möglich gewählt werden. Aus Gründen der Sicherheit darf andererseits eine bestimmte Schwelle nicht unterschritten werden. Das folgende Beispiel beschreibt eine entsprechende Abschätzung.

Nimmt man für Gewebe ohmsches Verhalten an (was nur näherungsweise erfüllt ist), dann gilt wegen des Ohmschen Gesetzes die im Beispiel 12.25 hergeleitete und in der Abb. 12.43 dargestellte Reizschwellenkurve auch für Spannungen. Ebenfalls kann man die Reizschwellengleichung anstatt für Ströme auch für Spannungen schreiben. Sie lautet für den Graphen in der Abb. 12.43 näherungsweise

$$U = U_r \cdot \left(1 + \frac{T_c}{T}\right).$$

Die Parameter U_r und T_c bestimmt man aus zwei Stimulationsmessungen; diese haben z. B. ergeben, daß eine Stimulation des Herzmuskels mit den vorgesehenen Elektroden bei einer Spannung

$$U_1 = 4\,\mathrm{V} \text{ nach einer Einwirkungsdauer von } T_1 = 0{,}15\,\mathrm{ms}$$

und bei

$$U_2 = 2\,\mathrm{V} \text{ nach einer Einwirkungsdauer von } T_2 = 0{,}45\,\mathrm{ms}$$

erfolgt. Aus

$$U_1 = U_r \cdot \left(1 + \frac{T_c}{T_1}\right)$$

und

$$U_2 = U_r \cdot \left(1 + \frac{T_c}{T_2}\right)$$

erhält man die Parameter

$$U_r = \left(U_2 \cdot \frac{T_2}{T_1} - U_1\right) \Big/ \left(\frac{T_2}{T_1} - 1\right)$$

und

$$T_c = T_1 \cdot \frac{U_1 - U_0}{U_0}$$

bzw.

$$U_r = 1\,\mathrm{V} \quad \text{und} \quad T_c = 0{,}45\,\mathrm{ms}.$$

In dieser Größenordnung liegen Chronaxiewerte für Stimulationselektroden mit etwa $10\,\mathrm{mm}^2$ Kontaktfläche. Die Spannungsrheobase, also die kleinste Spannung, die bei sehr langer Stimulationszeit gerade noch zu einer Depolarisation führt, ist hier also $U_0 = 1\,\mathrm{V}$.

Bei Schrittmachern wird meist eine 100%ige Sicherheit gewählt, d. h. man verdoppelt die vom Schrittmacher bei der gewählten Stimulationszeit T mindestens erforderliche Reizspannung. Nehmen wir an, es steht eine Schrittmacher-Ausgangsspannung von 5 V zur Verfügung. Dann muß eine Stimulationszeit T gewählt werden, bei welcher bereits $U = 2{,}5\,\mathrm{V}$ eine Reizung auslösen, d. h.

$$T = \frac{T_r}{\dfrac{U}{U_r} - 1} = 0{,}3\,\mathrm{ms}.$$

Beispiel 12.27. *Körperelektroden.* An der Übergangsstelle von der elektrolytischen Leitung im Körper zur metallischen Leitung in angelegten Elektroden kommt es zur Abscheidung von Ionen und dadurch zu chemischen Reaktionen, die zur Polarisation der Elektroden führen. Die Folge sind fluktuierende Übergangswiderstände, die Fehlsignale erzeugen, die größer sind als die bioelektrischen Spannungen. Bei stärkeren Strömen, wie bei der Galvanotherapie, kommt es an der Anode zur sogenannten Koagulationsnekrose des Gewebes, weil das Cl^--Ion dort entladen wird, wodurch es seinen Edelgascharakter verliert und chemisch aktiv wird. Das Cl reagiert mit Wasser, HCl und O_2 entstehen. Die Folge sind Säureverätzungen des Gewebes. An der Kathode reagiert das Na mit Wasser: NaOH und H_2 entstehen. Die Folge sind Laugenverätzungen bzw. Kolliquationsnekrose im Gewebe. Als einfachste Maßnahme gegen diese Gewebsschädigungen werden feuchte Frotteestoffe als Zwischenlage zwischen Haut und Metallelektrode empfohlen.

Da die Körperelektrolyte ungefähr einer 0,9%igen NaCl-Lösung entsprechen, wäre dies eigentlich der ideale Elektrolyt an der Körperoberfläche. Um kleinere Übergangswiderstände zu erzielen, benutzt man jedoch ein Gel mit 4% NaCl, was etwa der Salzkonzentration im Meerwasser entspricht. Damit hat sich die Grenzfläche Elektrolyt/Metall von der Körperoberfläche weg verlagert. An dieser Grenzfläche kann es immer noch zu Polarisationsspannungen kommen, was bei Potentialmeßverfahren unakzeptabel ist. Man benutzt daher mit AgCl oder SnCl beschichtete Elektroden, die an den chemischen Reaktionen so teilnehmen, daß Polarisation ausbleibt:

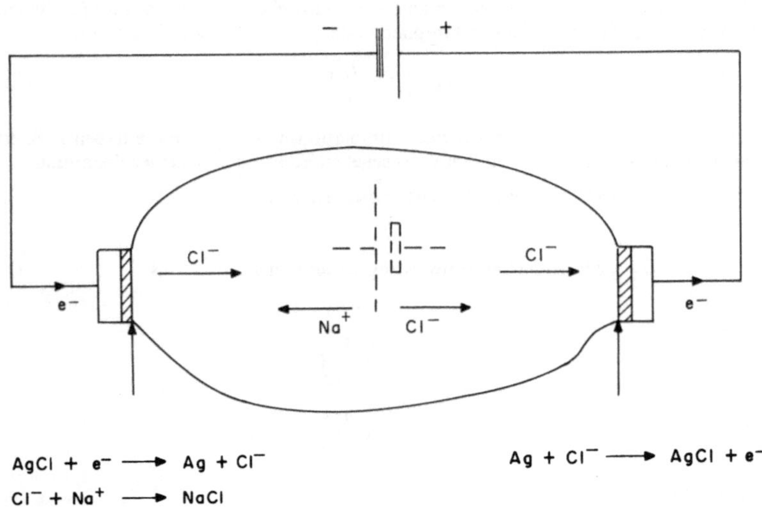

$AgCl + e^- \longrightarrow Ag + Cl^-$ $\qquad$ $Ag + Cl^- \longrightarrow AgCl + e^-$

$Cl^- + Na^+ \longrightarrow NaCl$

Abb. 12.44. AgCl-Elektroden nehmen an den chemischen Reaktionen an der Grenzfläche Metall/Elektrolyt zwar teil, verändern sich dabei jedoch nicht: An der Kathode wird AgCl ab- und an der Anode aufgebaut. An der Kathodenseite nimmt die NaCl-Konzentration im Gewebe zu. (Die gestrichelt gezeichnete Spannungsquelle deutet den Fall der Potentialmessung an. Die außen gezeichnete Spannungsquelle ist in diesem Fall durch eine Spannungsmeßvorrichtung zu ersetzen.)

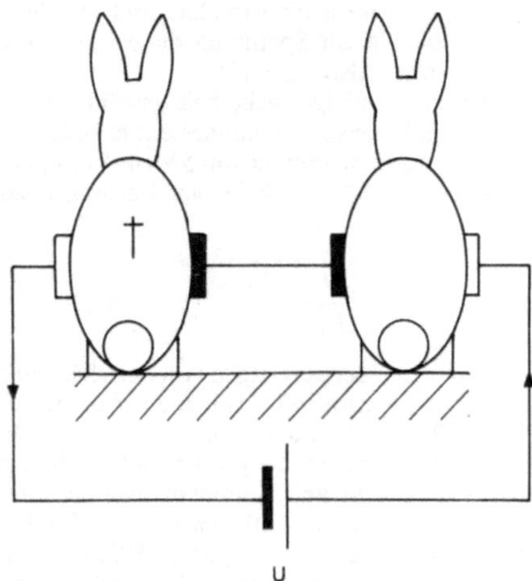

Abb. 12.45. Leducscher Kaninchenversuch mit (positiv geladenem) Strychnin. Die ausgefüllt gezeichneten Elektroden enthalten Strychnin in der Unterlage. Das linke Kaninchen stirbt an Strychninvergiftung, das rechte bleibt unversehrt

Beispiel 12.28. *Iontophorese.* Hier wird die elektrolytische Elektrizitätsleitung benutzt, um Medikamente mittels Gleichstroms durch die unverletzte Haut lokal in den Körper zu transportieren. Als Medikamente sind nur solche geeignet, die bei pH 4,5 bis 5,5 als Ionen vorliegen. Basen können über die Anode, Säuren über die Kathode appliziert werden, z. B. von der Anode her Adrenalin, Bienengift, Histamin, Procain u. a. Dazu wird die Elektrodenunterlage mit einer Lösung oder einem entsprechenden Gelpräparat getränkt. Da die Wanderungsgeschwindigkeit dieser relativ großen Moleküle sehr klein ist, bleibt ihre Eindringtiefe begrenzt. Sie werden in der Subkutis vom Blut- und Lymphstrom erfaßt und abtransportiert. Jedenfalls ist die Resorption deutlich besser als bei bloßer Einreibung des Medikaments. Da die Iontophorese elektronisch steuerbar ist, kann damit ein medikamentöses Regelsystem verwirklicht werden. Iontophorese-Pflaster mit integrierter Elektronik und Batterie können tagesrhythmische oder symptombedingte Dosierungsschemata realisieren.

Ein dramatisches Beispiel zur Iontophorese ist der Leducsche Kaninchenversuch, s. Abb. 12.45.

Aufgabe 12.6. Berechnen Sie die relative Widerstandsänderung eines Elektrolyten bei Abkühlung von 37 °C auf 20 °C.

Aufgabe 12.7. Berechnen Sie die Stoffmenge n von Wasserstoffgas (H_2), die beim Durchgang von $I = 1$ A während einer Zeitspanne von $\Delta t = 1$ s durch eine NaCl-Lösung an der Kathode abgeschieden wird.

13. Magnetismus

Das Wort „Magnetismus" stammt von der kleinasiatischen Stadt Magnesia, in deren Nähe die Griechen das Erz Magneteisenstein Fe_3O_4 fanden. Die seltsamen, von diesen Erzen ausgehenden Kraftwirkungen, haben schon sehr früh die Phantasie der Menschen beschäftigt. Natürlich wurden dem Magnetismus auch Heilkräfte zugeschrieben. Schon die Ägypter benutzten magnetische Amulette, die den japanischen Taiki-Magneten ähneln. Nach Paracelsus sollte ein Magnet alle in Unordnung geratenen Körpersäfte an sich ziehen. Der Schwabe Dr. Franz Anton Mesmer schien mit Magneten wahre Wunderheilungen vollbringen zu können. Als er 1776 merkte, daß er dieselben Erfolge hatte, wenn er mit leeren Händen seine Kreisel- und Streichelbewegungen an den Patienten ausführte, ließ er den menschlichen Körper ebenso wie seine Hände ein heilendes Fluidum ausstrahlen, was er „animalischen Magnetismus" nannte.

Die wissenschaftliche Untersuchung des Magnetismus begann erst zu Ende des 18. Jahrhunderts, und die physikalische Basis des Magnetismus wurde erst ab der Mitte des 20. Jahrhunderts zusammen mit der Atomstruktur geklärt. Während bei der Anwendung des Magnetismus in der Therapie noch grundsätzliche Fragen offen sind, zählen magnetische Diagnoseverfahren, wie die MR-Tomographie und die biomagnetische Diagnostik, zu den technisch anspruchsvollsten und medizinisch vielversprechendsten Verfahren der Gegenwart.

Einige Bakterienzellen (z. B. Aquaspirillum magnetotacticum) enthalten Magnetitkristallite. Diese Magnetosomen drehen die Bakterienzellen wie winzige Magnetnadeln in die Richtung des Nordpols des Erdmagnetfelds. Da auf der Nordhalbkugel die Magnetfeldlinien nach Norden und unten orientiert sind, bewegen sich diese Bakterien im Wasser dadurch abwärts in Richtung nahrungsreicher Sedimentschichten und weg von der Wasseroberfläche. Auf der Südhalbkugel sind diese Biomagnete umgekehrt gepolt. Ähnliche Magnetitkristallite wurden auch bei Bienen, Tauben und verschiedenen Fischen gefunden. Da diese relativ großen Tiere von den winzigen Magnetkristallen nicht passiv gedreht werden können, müßten letztere

Signale für das Gehirn produzieren. Derzeit ist noch unklar, wie. Zwar sprechen beispielsweise bei den Tauben das Pinealorgan und die Augen auf magnetische Reize in der Größenordnung des Erdmagnetfelds an, jedoch enthalten diese Organe wiederum kein magnetisches Material. Auch einige Säugetiere orientieren sich nach dem Erdmagnetfeld. Zumindest für den unter der Erde lebenden afrikanischen Hottentotten-Graumull ist dies eindeutig nachgewiesen. Ein spezielles Magnetsinnesorgan ist bisher jedoch in keinem Fall gefunden worden.

Das menschliche Auge reagiert auf magnetische Reize in der Größenordnung von 20 mT—allerdings sehr unspezifisch. Befindet sich der Kopf in einem Wechselfeld dieser Größe, sieht man bei einer Frequenz von etwa 40 Hz ein Flimmern. Die Magnetfeldstärke des Erdmagnetfelds ist mit etwa 50 μT noch um fast drei Größenordnungen kleiner.

Magnetfelder üben jedenfalls Kräfte auch auf diamagnetische Moleküle aus, die ihrerseits kein magnetisches Moment besitzen, was bei den meisten Molekülen, bedingt durch den Mechanismus der chemischen Bindung, der Fall ist. Starke Magnetfelder können offenbar in die Funktion von Zellmembranen eingreifen. Darauf deuten Einflüsse von Magnetfeldern auf die Funktion der Thymidinkinase ebenso hin wie die Tatsache, daß die membranreichen Sehzellen stärkere Magnetfelder wahrnehmen. Hier sind jedoch nach wie vor mehr Fragen offen als schlüssig beantwortet. So wird beispielsweise einerseits von krebsheilender Wirkung bestimmter Magnetfelder berichtet, andererseits werden die von gesteigerter Sonnenfleckentätigkeit ausgelösten geomagnetischen Stürme mit erhöhten Todesraten in Verbindung gebracht.

Ganz erhebliche Auswirkungen zeigen magnetische Wechselfelder auf biologisches Gewebe. Deren Wirkung beruht jedoch ausschließlich auf den Strömen, die aufgrund des Faraday-Henryschen Induktionsgesetzes im Gewebe induzierten werden. Die ersten Beobachtungen der Wärmewirkung von Hochfrequenzstrom in Gewebe wurden 1890 von J. A. d'Arsonval bei einer Frequenz von $\nu = 10\,\mathrm{kHz}$ gemacht. Diese Langwellen-Diathermie wurde später von der Kurzwellen-Diathermie verdrängt. Heute dominieren bei dieser, auch „Spulenfeldmethode" genannten Wärmetherapie Frequenzen um die 30 MHz.

Auch bei der Magnetfeldtherapie von Pseudoarthrosen und Knochenfrakturen werden vermutlich die von magnetischen Wechselfeldern induzierten Ströme wirksam. Die auch vermutete direkte Magnetfeldwirkung ist bisher nicht nachgewiesen; weder für diese Therapie noch für die verschiedenen Applikationen statischer Magnetfelder in Form der Taiki-Magnete oder mittels Magnetfolien.

13.1 Elektromagnetismus

a) Magnetische Kräfte

Natürliche und künstliche Magnete zeigen untereinander anziehende und abstoßende Kraftwirkungen. Ein stabförmiger Magnet zeigt diese Kräfte am deutlichsten an seinen Enden; diese werden als Pole bezeichnet und—historisch bedingt—als Nordpol (N) und Südpol (S) gekennzeichnet. Die Mitte eines Stabmagneten zeigt keine Kraftwirkungen, sie heißt daher neutrale Zone des Magneten, die Verbin-

N

S

dungslinie der beiden Pole heißt magnetische Achse. Wir haben also einen *magnetischen Dipol* vor uns. Teilt man den Stab in der neutralen Zone in zwei Hälften, erhält man wiederum Dipole. Selbst beliebig kleines Zerteilen bis herab zur Molekülgröße liefert immer wieder nur Dipole. Einzelne magnetische Pole (Monopole) scheint es nicht zu geben.

Ch. Coulomb hat 1784 mit seiner Drehwaage (Abb. 11.3) auch die Kräfte zwischen magnetischen Polen quantitativ untersucht und ein Gesetz ähnlich dem zwischen elektrischen Ladungen gefunden: Demnach hat die Kraft F_{12}, mit der sich zwei magnetische Pole anziehen oder abstoßen, die Richtung der Verbindungslinie der beiden Pole, ist proportional zu dem Produkt aus den beiden Polstärken p_1 und p_2 und ist indirekt proportional zum Quadrat des Abstands r_{12} der Pole. Gleichnamige Pole stoßen einander ab, ungleichnamige ziehen sich an:

$$F_{12} \propto \frac{p_1 \cdot p_2}{r_{12}^2}.$$

Analog zu den elektrischen Kräften geht man auch hier von der Existenz eines Kraftfelds aus, welches die Kraftwirkung zwischen Magnetpolen vermittelt. Entsprechend ist die von einem magnetischen Pol erzeugte Magnetfeldstärke **B**:

$$\mathbf{B} = \frac{\mathbf{F}}{p_P},$$

wobei p_P die Polstärke eines Probemagneten und **F** die auf diesen ausgeübte Kraft sind. (**B** wird in der älteren Literatur auch als „magnetische Induktion“ und „magnetische Flußdichte“ bezeichnet.)

Wie bei den elektrischen Kräften sind auch hier Feldlinien ein nützliches Hilfsmittel zur Veranschaulichung der Verteilung der magnetischen Feldstärke **B** im Raum, s. Abb. 13.1. Wegen der mathematischen Isomorphie der Coulombschen Kraftgesetze für elektrische und magnetische Kräfte gleichen die Feldlinienbilder magnetischer Dipole weitgehendst jenen der elektrischen Dipole.

Ein magnetischer Dipol erfährt im Magnetfeld unterschiedliche Kraftwirkungen, je nachdem das Feld homogen oder inhomogen ist:

Das auf einen magnetischen Dipol mit dem Polabstand **l** wirkende Drehmoment ist (s. Abb. 13.2)

$$M = B \cdot p \cdot l,$$

falls der Dipol senkrecht zu den Feldlinien orientiert ist. Bei allgemeiner Orientierung gilt

$$\mathbf{M} = p \cdot \mathbf{l} \times \mathbf{B} = \mathbf{m} \times \mathbf{B},$$

wobei **l** ein (Orts-)Vektor vom Südpol zum Nordpol des Dipols ist. In Analogie zu

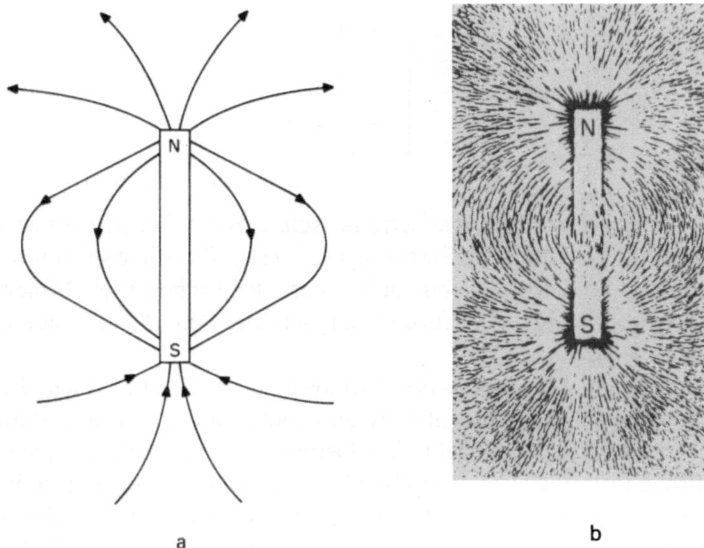

Abb. 13.1. **a** Äußerer Feldlinienverlauf bei einem Stabmagneten (die Feldlinien enden nicht an der Magnetoberfläche, sondern bilden geschlossene Linienzüge, s. Kapitel 13.8 b). Die Feldlinienrichtung ist außerhalb des Magneten von N nach S festgelegt. **b** Mit Hilfe von Eisenfeilspänen sichtbar gemachter Verlauf der Magnetfeldlinien eines permanenten Stabmagneten (aus: PSSC-Physik, Vieweg 1974)

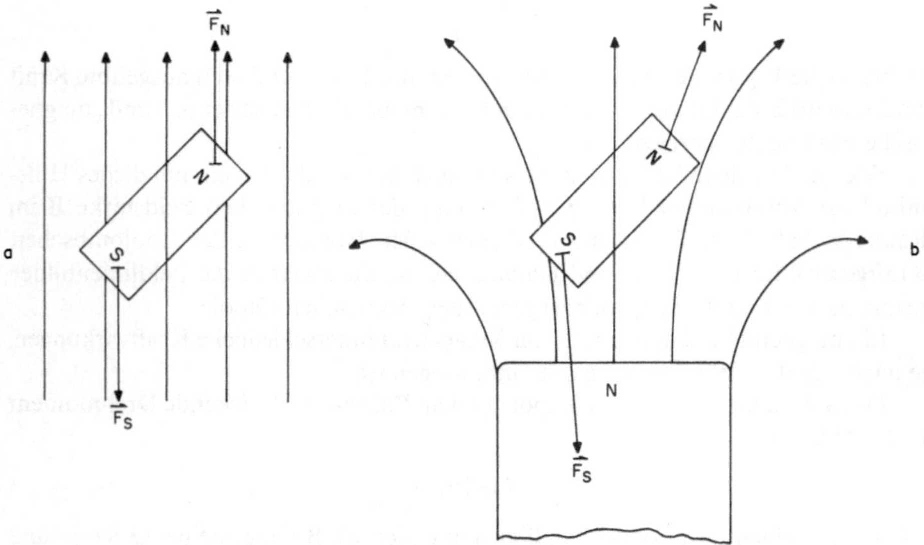

Abb. 13.2. Kräfte auf magnetische Dipole in Magnetfeldern. **a** Im homogenen Feld wirkt nur ein Drehmoment; die resultierende Kraft ist Null: $\mathbf{F}_N + \mathbf{F}_S = 0$. **b** Im inhomogenen Feld wirken ein Drehmoment und eine resultierende Kraft, da $\mathbf{F}_N + \mathbf{F}_S \neq 0$. Das Drehmoment dreht den Dipol, er wird von der resultierenden Kraft in Richtung größerer magnetischer Feldstärke gezogen

dem elektrischen Dipolmoment heißt

$$\mathfrak{m} = p \cdot \mathbf{l}$$

magnetisches Dipolmoment. **m** hat dieselbe Richtung wie **l**.

b) Magnetfeldstärke

Den entscheidenden Schritt zu einem tieferen Verständnis der magnetischen Erscheinungen tat 1820 der dänische Physiker Chr. Oersted mit der Entdeckung des Magnetfelds stromdurchflossener Leiter.

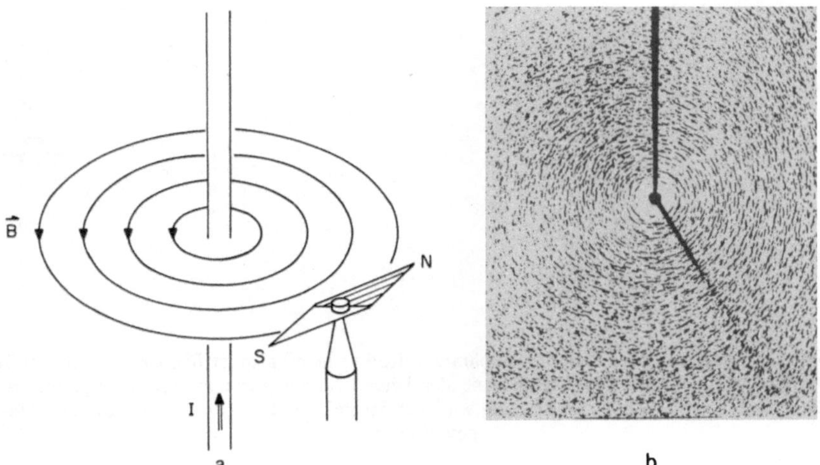

Abb. 13.3. a Oersteds Versuch zum Nachweis des magnetischen Felds eines elektrischen Stroms *I*. **b** Mit Eisenfeilspänen sichtbar gemachter Verlauf der Magnetfeldlinien (aus: PSSC-Physik, Vieweg 1974)

Ein elektrischer Strom ist von einem Magnetfeld umgeben, dessen Feldlinien in Ebenen normal zur Stromrichtung konzentrische Kreise mit der Strombahn im Zentrum bilden. Die Richtung der Feldlinien ist die Drehrichtung einer rechtsgängigen Schraube, die sich in Stromrichtung verschiebt (Maxwellsche Schraubenregel; Korkenzieherregel). Dieses rotationssymmetrische Magnetfeld war Anlaß zum Bau verschiedener elektromagnetischer Rotationsapparate, die sehr schön das Wesen des elektrisch erzeugten Magnetfelds demonstrieren, s. Abb. 13.4. Würde man einen magnetischen Monopol zur Verfügung haben und ihn in die Nähe des Leiters bringen, könnte er, den Feldlinien folgend, fortwährend um den Leiter kreisen. Mit Dipolen wird ein solcher Apparat etwas aufwendiger.

Die Apparatur in Abb. 13.4 a rotiert nicht. Offenbar ist das gegen die Uhrzeiger drehende mechanische Drehmoment M_N der Nordpole gleich groß wie das in entgegengesetzter Richtung drehende Moment M_S der Südpole:

$$M_S = p \cdot B_S \cdot r_S = M_N = p \cdot B_N \cdot r_N$$

woraus für die Stärke des Magnetfelds am Nordpol (B_N) und am Südpol (B_S) folgt:

$$B_S : B_N = r_N : r_S$$

d. h. die Magnetfeldstärke B ist indirekt proportional zum Abstand vom Leiter.

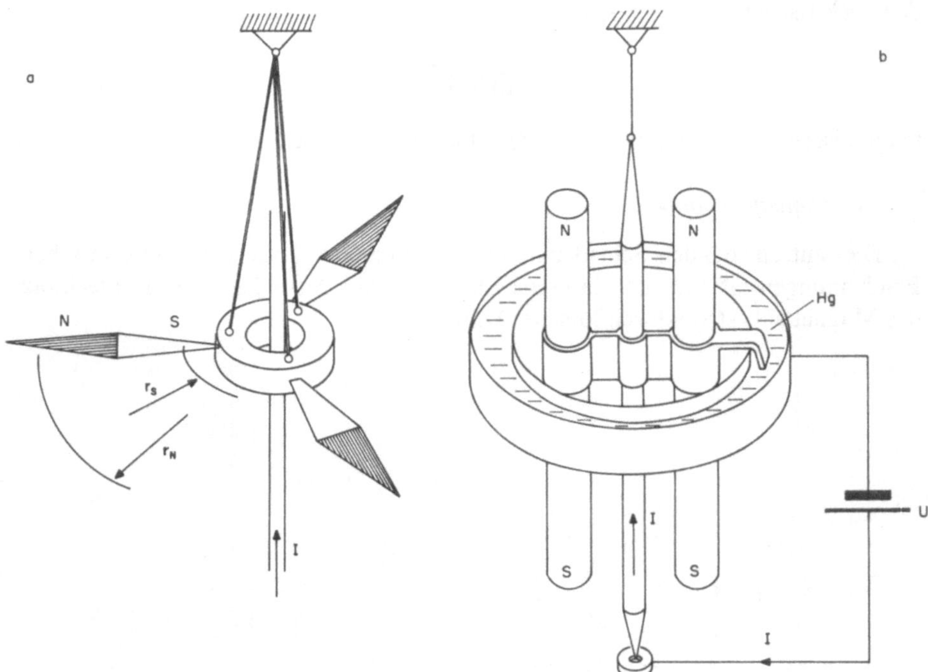

Abb. 13.4. Elektromagnetische Rotationsapparate. **a** Rotiert nicht, also ist $B \propto 1/r$ (Näheres im Text). **b** rotiert; hier befinden sich nur die Südpole der beiden Stabmagnete im rotationssymmetrischen Magnetfeld. Zur Verkleinerung der Reibung wird der Stromkreis über ein kreisringförmiges Hg-Bad geschlossen

Noch im selben Jahr, in dem Oersted seine Entdeckung mitteilte, haben P. S. Laplace, J. B. Biot und F. Savart ein Gesetz angegeben, nach welchem die Magnetfeldstärke für stromdurchflossene Leiter berechnet werden kann: Dieses Laplacesche Gesetz (auch *Biot-Savartsches* genannt), beschreibt die Entstehung des Magnetfelds **B** in der Umgebung eines stromdurchflossenen Leiters als Summe von Feldstärkebeiträgen $d\mathbf{B}$, die von Stromelementen $I \cdot d\mathbf{l}$ erzeugt werden (analog wie das elektrische Feld als Summe aller von den einzelnen Ladungen erzeugten Feldanteile entsteht):

$$d\mathbf{B} = \frac{\mu_0}{4 \cdot \pi} \cdot I \cdot d\mathbf{l} \times \frac{\mathbf{e}_r}{r^2}$$

μ_0 ist die magnetische Feldkonstante (= „Induktionskonstante“) und $\mathbf{e}_r$ ein Einheitsvektor in Richtung **r**. Der Betrag von dB ist (s. Abb. 13.5)

$$dB = \frac{\mu_0}{4 \cdot \pi} \cdot I \cdot dl \cdot \frac{\sin \vartheta}{r^2}.$$

Das Magnetfeld **B** erhält man durch Addition oder Integration aller Feldstärkebeiträge $d\mathbf{B}$, s. Beipiele 13.1 und 13.2.

Feldlinien in Ebenen normal zur Stromrichtung sind konzentrische Kreise mit der Strombahn im Zentrum. Die Richtung der Feldlinien ist durch die Rechte-

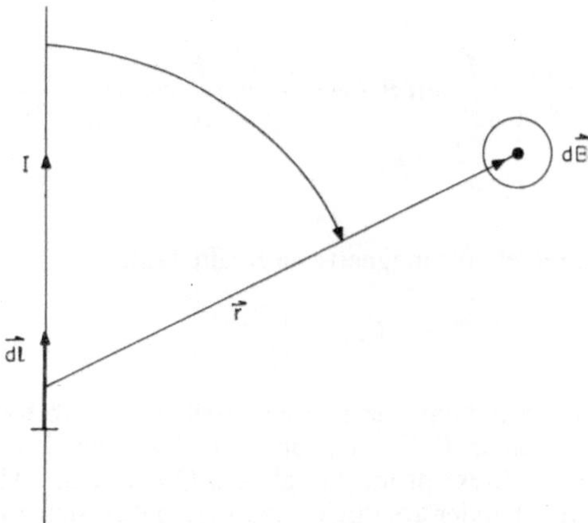

Abb. 13.5. Nach dem Laplaceschen Gesetz wird das Magnetfeld von Stromelementen $\mathbf{I}\cdot dl$ erzeugt

Hand-Regel festgelegt: Umfassen die Finger der rechten Hand den Leiter so, daß der gestreckte Daumen in die Stromrichtung zeigt, dann zeigen die Finger in Richtung des Magnetfelds.

Das Magnetfeld eines geraden Leiters in einem Punkt P im Abstand R von dem Leiter ist (s. Abb. 13.6):

$$B(P) = \frac{\mu_0}{4\cdot\pi}\cdot\int_{-\infty}^{\infty}\frac{I\cdot\sin\vartheta\cdot dl}{r^2}.$$

Von der Geometrie her bestehen folgende Relationen:

1. $\sin\vartheta = R/r$, $r = R/\sin\vartheta$ und
2. $\tan\alpha = l/R = \tan(\vartheta - \pi/2) = -\cot\vartheta$ oder $l = -R\cdot\cot\vartheta \rightarrow dl/d\vartheta = R/\sin^2(\vartheta)$;

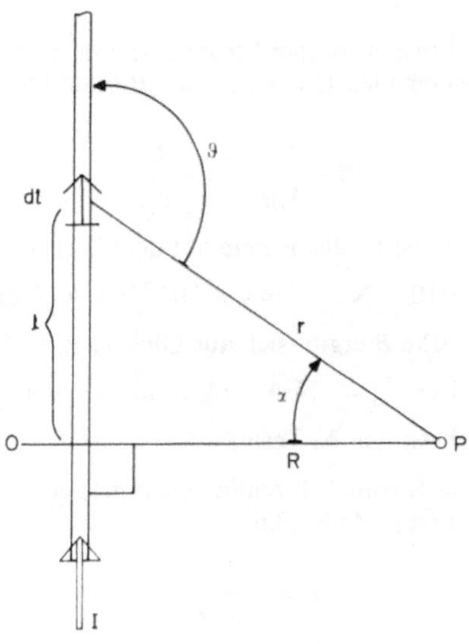

Abb. 13.6. Geometrie zum Magnetfeld eines geraden Leiters

damit wird

$$B(P) = \frac{\mu_0}{4\cdot\pi}\cdot\int_0^\pi \frac{I}{R}\cdot\sin\vartheta\cdot d\vartheta = -\mu_0\cdot\frac{I}{R}\cdot\cos\vartheta\Big|_0^\pi = \frac{\mu_0}{2\cdot\pi}\cdot\frac{I}{R}.$$

Zusammenfassung 13.A

I. Das Coulombsche Gesetz für magnetische Kräfte lautet

$$F_{12} \propto \frac{p_1\cdot p_2}{r_{12}^2}.$$

Die Kraft F_{12}, mit der sich zwei magnetische Pole anziehen oder abstoßen, hat die Richtung der Verbindungslinie der beiden Pole, ist proportional zu dem Produkt aus den beiden Polstärken p_1 und p_2 und indirekt proportional zum Quadrat des Abstands r_{12} der Pole. Gleichnamige Pole stoßen einander ab, ungleichnamige ziehen sich an.

Ein magnetischer Pol erzeugt eine Magnetfeldstärke **B**:

$$\mathbf{B} = \frac{\mathbf{F}}{p_P}, \tag{13.1}$$

p_P ist die Polstärke eines Probemagneten und **F** die auf diesen ausgeübte Kraft. Es gibt keine magnetischen Monopole. Die Feldlinienbilder magnetischer Dipole gleichen jenen der elektrischen Dipole. Im Gegensatz zu den elektrischen Feldlinien sind die magnetischen Feldlinien geschlossene Linien. Im inhomogenen Feld wirken auf einen magnetischen Dipol ein Drehmoment und eine resultierende Kraft. Im homogenen Magnetfeld wirkt auf einen magnetischen Dipol nur ein Drehmoment; es hat die Größe

$$\mathbf{M} = p\cdot\mathbf{l}\times\mathbf{B} = \mathbf{m}\times\mathbf{B}, \tag{13.2}$$

wobei **l** ein Vektor vom Südpol zum Nordpol des Dipols ist. In Analogie zu dem elektrischen Dipolmoment heißt

$$\mathbf{m} = p\cdot\mathbf{l} \tag{13.3}$$

magnetisches Dipolmoment.

II. Elektromagnetismus: Ein elektrischer Strom I ist von einem Magnetfeld **B** umgeben. Dieses Magnetfeld wird nach dem Gesetz von Laplace, Biot und Savart von Stromelementen $I\cdot d\mathbf{l}$ erzeugt:

$$d\mathbf{B} = \frac{\mu_0}{4\cdot\pi}\cdot I\cdot d\mathbf{l}\times\frac{\mathbf{e}_r}{r^2}, \tag{13.4}$$

s. Abb. 13.5. μ_0 ist die *magnetische Feldkonstante* mit dem Wert (s. Kapitel 13.2):

$$\mu_0 = 4\cdot\pi\cdot10^{-7}\,\mathrm{N}\cdot\mathrm{A}^{-2} = 4\cdot\pi\cdot10^{-7}\,\mathrm{V}\cdot\mathrm{s}\cdot\mathrm{A}^{-1}\cdot\mathrm{m}^{-1}.$$

Die Einheit der Magnetfeldstärke B ergibt sich aus Gleichung 13.4 zu:

$$[B] = [\mu_0]\cdot[I]\cdot[dl]\cdot[r^{-2}] = 1\,\mathrm{N}\cdot\mathrm{A}^{-2}\cdot\mathrm{A}\cdot\mathrm{m}\cdot\mathrm{m}^{-2} = 1\,\mathrm{N}\cdot\mathrm{A}^{-1}\cdot\mathrm{m}^{-1} = 1\,\mathrm{T}$$
$$= 1\,\text{Tesla (zu Ehren von N. Tesla).}$$

Das Magnetfeld eines vom Strom I durchflossenen geraden Leiters in einem Punkt P im Abstand R von dem Leiter ist (s. Abb. 13.6):

$$B = \frac{\mu_0}{2\cdot\pi}\cdot\frac{I}{R}. \tag{13.5}$$

Beispiel 13.1. Magnetfeld B im Abstand von 10 m von einer Hochspannungsleitung. Die Stromstärke in Hochspannungsleitungen liegt in der Größenordnung von $I = 1$ kA. Im Abstand von $R = 10$ m ergibt

Tabelle 13.1. Beispiele für Magnetfeldstärken

Quelle	B
Evozierte Hirnrindenaktivität	50 fT
Magneto-enzephalographisches Spontansignal	1 pT
Magneto-kardiographische Felder (*R*-Welle)	50 pT
Geomagnetische Feldschwankungen	100 pT
Magnetfeldschwankungen in urbaner Umgebung	10 bis 100 nT
Erdmagnetfeld	50 μT
Sonnenoberfläche	10 mT
Elektromagnete	1 bis 2 T
MR-Tomograph	bis 2 T
Elektromagnete mit supraleitenden Spulen	bis 10 T

dies eine Magnetfeldstärke von

$$B = \frac{\mu_0}{2\cdot\pi} \cdot \frac{I}{R} = 2\cdot 10^{-7}\,\mathrm{N}\cdot\mathrm{A}^{-2}\cdot 10^3\,\mathrm{A}/10\,\mathrm{m} = 2\cdot 10^{-5}\,\mathrm{N}\cdot\mathrm{A}^{-1}\cdot\mathrm{m}^{-1} = 20\,\mu T.$$

Im konkreten Fall wäre noch die Leiterbelegung der Leitung und die Belastung der einzelnen Phasen zu berücksichtigen. Die hier berechnete Magnetfeldstärke eines einzelnen Leiters kann als Abschätzung nach oben hin angesehen werden.

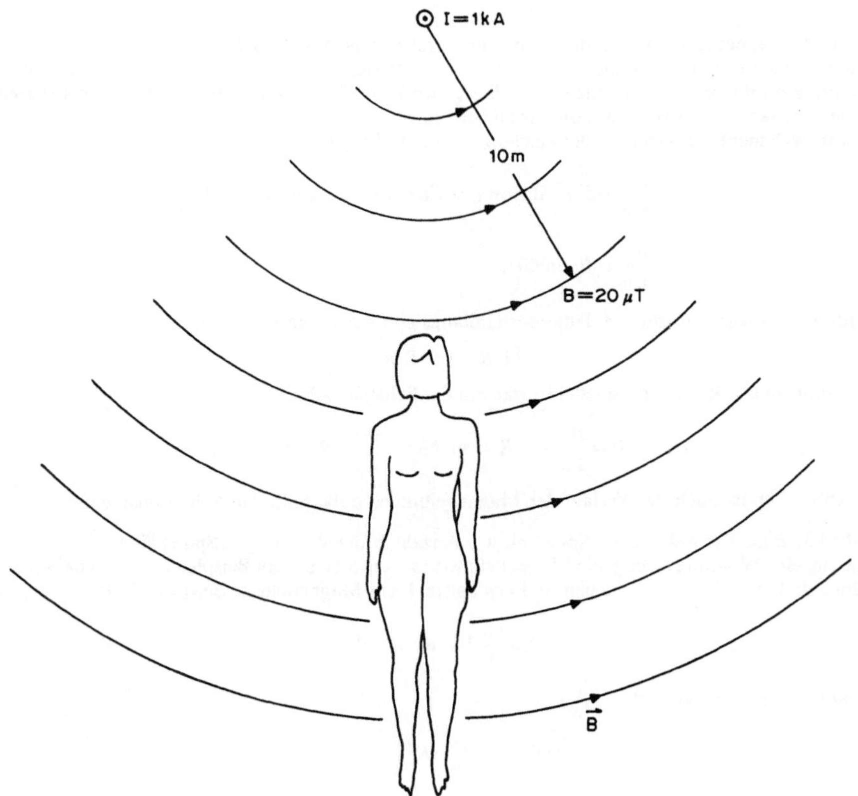

Abb. 13.7. Magnetfeld unter einer Hochspannungsleitung

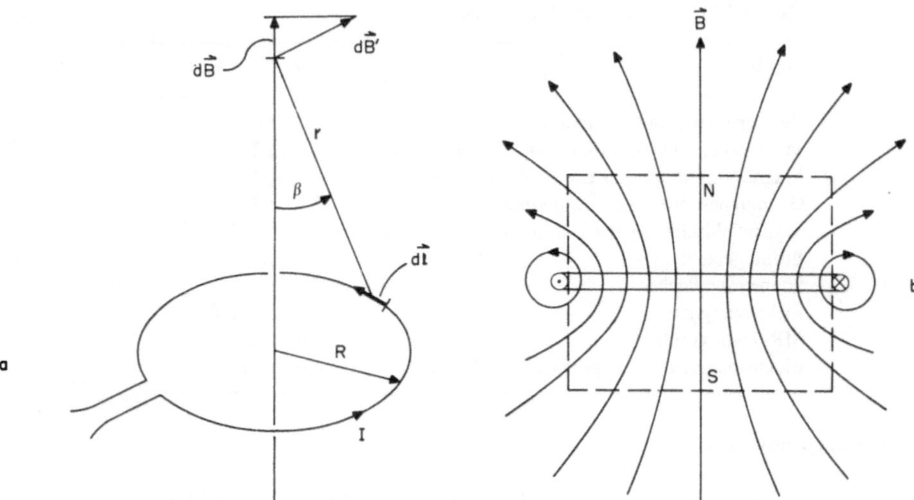

Abb. 13.8. Kreisförmige Stromschleife. **a** Geometrie zur Berechnung des Magnetfelds. **b** Die Magnetfeldlinien der Stromschleife gleichen denen eines permanenten magnetischen Dipols (gestrichelt eingezeichnet)

Beispiel 13.2. Magnetfeldstärke auf der Achse einer kreisförmigen Stromschleife.

Von der geometrischen Symmetrie her ist klar, daß sich auf der Symmetrieachse nur eine in Achsrichtung resultierende Komponente von **B** ergeben kann. Wir können uns daher von vorneherein darauf beschränken, nur diese Komponente zu berechnen.

Ein Stromelement $I \cdot dl$ liefert nach Gleichung 13.4 zum Magnetfeld einen Beitrag

$$dB' = \frac{\mu_0}{4 \cdot \pi} \cdot I \cdot dl/r^2, \text{ davon in Achsrichtung } dB = dB' \cdot \sin \beta:$$

$$dB = \frac{\mu_0}{4 \cdot \pi} \cdot I \cdot dl \cdot \sin \beta / r^2.$$

Integration der Stromelemente $I \cdot dl$ längs des Umfangs gibt I mal Umfang $2 \cdot R \cdot \pi$:

$$\int I \cdot dl = I \cdot 2 \cdot R \cdot \pi$$

somit ist (mit $\sin \beta = R/r$) die Magnetfeldstärke auf der Schleifenachse

$$B = \frac{\mu_0}{4 \cdot \pi} \cdot I \cdot 2 \cdot R \cdot \pi \cdot \sin \beta / r^2 = \frac{\mu_0}{2} \cdot I \cdot R^2 / r^3.$$

In der Abb. 13.8b ist auch der Verlauf der Magnetfeldlinien außerhalb der Achse angedeutet.

Beispiel 13.3. B auf der Achse einer Spule mit w = Anzahl N der Windungen/Spulenlänge l.

Eine einzelne Windung erzeugt ein Magnetfeld wie im vorhergehenden Beispiel. Ein Spulenabschnitt der Länge dx hat $w \cdot dx$ Stromschleifen und erzeugt in P ein Magnetfeld (s. Beispiel 13.2)

$$dB = \frac{\mu_0}{2} \cdot I \cdot w \cdot dx \cdot R^2 / r^3.$$

Die gesamte Spule erzeugt in P

$$B(P) = \frac{\mu_0}{2} \cdot I \cdot w \cdot R^2 \int_{x_1}^{x_2} \frac{1}{r^3} \cdot dx$$

und mit $\sin \alpha = R/r$, $x = R \cdot \cot \alpha$ bzw. $dx/d\alpha = -\dfrac{R}{\sin^2 \alpha}$ erhalten wir folgendes allgemeine Ergebnis:

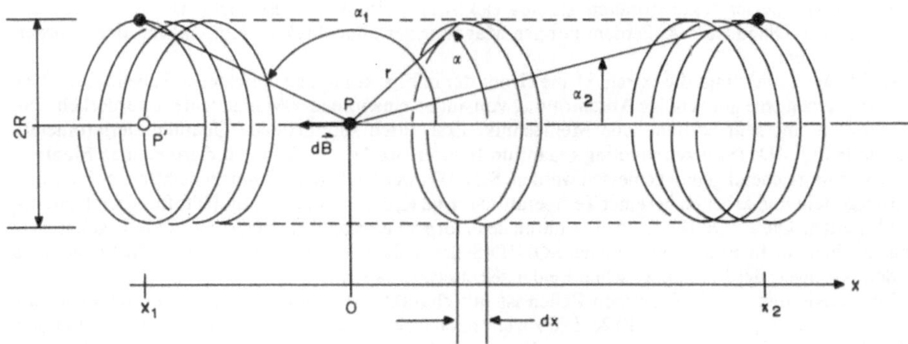

Abb. 13.9. Magnetspule

$$B(P) = -\frac{\mu_0}{2} \cdot I \cdot w \cdot \int_{\alpha_1}^{\alpha_2} \sin\alpha \cdot d\alpha = \frac{\mu_0}{2} \cdot w \cdot I \cdot (\cos\alpha_2 - \cos\alpha_1).$$

Für schlanke Spulen, also Spulen deren Länge deutlich größer ist als ihr Durchmesser, wird im Spuleninnern $\alpha_1 = \alpha_2 = 0$ und

$$B = \mu_0 \cdot w \cdot I.$$

Beispiel 13.4. *Stromdipol.* Stromdipole treten bei Polarisationsänderungen in Zellen auf, s. Abschnitt 10.2. Ein Stromdipol ist definiert als lokalisierte Bewegung von elektrischer Ladung über eine Distanz **d**, z. B. von *A* nach *B* in der Abb. 13.10. Damit der Stromkreis geschlossen wird, ist es notwendig, daß der Strom

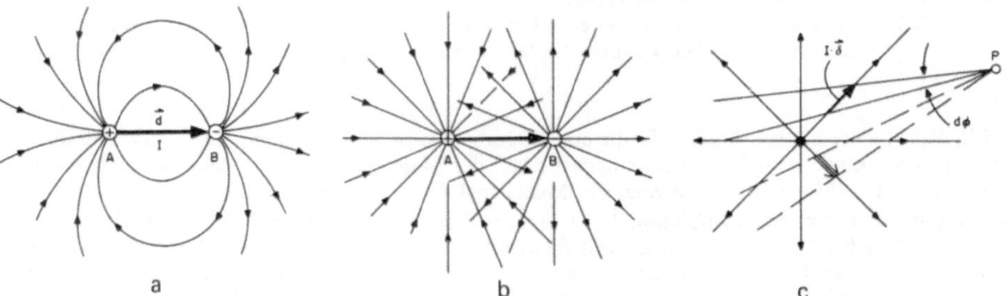

Abb. 13.10. a Stromdipol. **b** Volumenstrom des Stromdipols als Summe zweier Radialströme. **c** Der Beitrag einzelner Stromlinienelemente $I \cdot \boldsymbol{\delta}$ zum Magnetfeld ist proportional zu der normal zur Verbindungslinie nach *P* fließenden Stromkomponente

bei *B* auseinanderfließt und sich bei *A* wieder sammelt. (Das Stromlinienbild gleicht dem Kraftlinienbild eines ungleichnamigen elektrischen Dipols). Diese Strombahnen werden als Volumenstrom bezeichnet. Der gesamte Stromkreis besteht also aus dem Stromdipol und dem Volumenstrom. Das Markante an einem solchen Stromkreis ist nun, daß der Stromdipol zwar ein Magnetfeld erzeugt, nicht jedoch der Volumenstrom. Um das zu sehen, kann man den Volumenstrom als Summe eines divergierenden (von *B* aus) und eines konvergierenden Radialstroms (nach *A*) beschreiben (ähnlich wie das Feldlinienbild eines Dipols aus dem zweier Monopole entsteht). Ein solcher Radialstrom erzeugt jedoch kein Magnetfeld, weil zu jedem seiner Stromelemente $I \cdot \boldsymbol{\delta}$, welche nach dem Gesetz von Laplace, Biot und Savart einen Beitrag zum Magnetfeld liefern, aus Symmetriegründen ein entgegengesetzt orientiertes Stromelement existiert (in Abb. 13.10c gestrichelt angedeutet), welches einen entgegengesetzten Beitrag zum Magnetfeld liefert.

Beispiel 13.5. *Biomagnetische Diagnostik.* Elektrische Ströme werden neben einem elektrischen Feld auch immer von einem Magnetfeld begleitet. Da die magnetische Suszeptibilität der Körpergewebe nur unmerklich von der der umgebenden Luft abweicht, werden Magnetfelder weder im Körperinnern noch bei ihrem Austritt aus dem Körper verzerrt. Daher läßt sich aus deren Messung der zugrundeliegende

Strom sehr viel besser rekonstruieren als aus elektrischen Potentialmessungen. Darauf beruht die biomagnetische Diagnostik. Außerdem können Magnetfelder ohne direkten Kontakt mit dem Körper gemessen werden.

Nachteilig ist allerdings die extrem kleine Größe der infrage kommenden Felder, s. Tabelle 13.1. Dies macht zum einen eine aufwendige Abschirmung von außen einwirkender Magnetfelder erforderlich und zum anderen eine sehr empfindliche Meßtechnik. Erst durch supraleitende Quanteninterferometer, sogenannte SQUIDs (**S**uperconducting **Qu**antum **I**nterference **D**evice) konnten diese kleinen Magnetfeldstärken hinreichend genau gemessen werden. SQUIDs werden heute in Dünnschichttechnologie aus Niob hergestellt und arbeiten bei einer Temperatur von 4,2 K, d. h. sie müssen mit Hilfe flüssigen Heliums gekühlt werden. Diese SQUIDs werden an die an den Körper herangeführte Meßspule induktiv gekoppelt. Wir gehen hier auf die Funktionsweise des SQUID-Sensors nicht ein, sondern betrachten die Entstehung und den Nachweis der biomagnetischen Felder selbst etwas näher.

Die Aktivierung von biologischen Zellen ist mit charakteristischen elektrischen Potentialen und Strömen verbunden, s. Abschnitt 10.2c. Die zugehörigen elektrischen und magnetischen Felder können an der Körperoberfläche gemessen werden. Während jedoch die Dielektrizitätskonstanten der Körpergewebe recht unterschiedlich sind und die elektrischen Feldlinien eines Stromdipols daher erheblich verzerrt werden, treten die Magnetfelder praktisch unverzerrt aus dem Körper aus; s. Abb. 13.11.

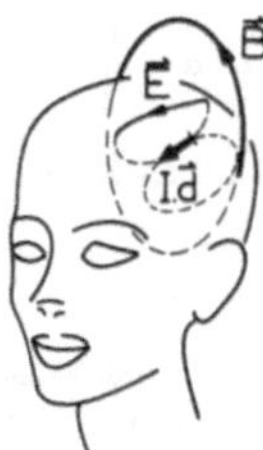

Abb. 13.11. Stromdipol $I \cdot \mathbf{d}$ einer fokalen elektrischen Hirnaktivität. Da die magnetischen Suszeptibilitäten der Körpergewebe praktisch gleich jener in Luft sind, treten die Magnetfeldlinien—im Gegensatz zu den elektrischen Feldlinien—fast unverzerrt aus dem Körper aus

Mit Hilfe mehrkanaliger Meßköpfe, die eine Vielzahl von parallel arbeitenden SQUIDs enthalten, kann der momentane zeitliche und räumliche Verlauf der Magnetfeldstärke an der Körperoberfläche gemessen werden. Abbildung 13.12 zeigt ein Mehrkanal-Biomagnetismus-System bei der Aufnahme eines Magnetokardiogramms. Abbildung 13.13 zeigt das Ergebnis einer solchen Messung am Herzen.

Falls es sich bei der zugrunde liegenden Aktivität um eine fokale—also auf einen engen Raum begrenzte—Aktivität handelt, kann man das beobachtete Magnetfeld mit Hilfe eines einzelnen Stromdipols erklären und dessen Lage und Größe aus dem gemessenen Magnetfeld ermitteln. Allerdings wird dabei nicht die—wenn auch kleine—Ausdehnung des aktiven Gebiets erfaßt. Außerdem gibt es hierzu kein eindeutiges Rekonstruktionsverfahren. Man ist vielmehr auf Iterationsverfahren angewiesen, wobei die aufgrund eines zu Beginn geschätzten Dipols berechnete Feldverteilung mit der gemessenen verglichen und durch iterative Veränderung des angenommenen Dipols die berechnete Feldverteilung an die gemessene angeglichen wird. Noch schwieriger gestaltet sich die Ermittlung von Stromdichteverteilungen, also die Bestimmung der Ausdehnung eines gestörten Bereichs, als Ursache der beobachteten Magnetfelder.

Die Abb. 13.14 zeigt Stromdipole, die die Aktivierung von Zellen im motorischen Cortex vor einer Willkürbewegung anzeigen. Die Versuchsperson versah hierbei rechtsseitige Bewegungen verschiedener

▶

Abb. 13.13. Magnetokardiogramm. **a** Sog. Grid-Darstellung. Zeitlicher Verlauf der biomagnetischen Feldstärke während eines Herzzyklus, eingetragen am (durch Kreuze markierten) Mittelpunkt der jeweiligen Meßspule. Auf Abszisse und Ordinate sind die horizontalen und vertikalen Entfernungen zu einer Markierung (*) am Brustbein in cm aufgetragen. **b** und **c** sind Isokonturkarten (Map-Darstellungen) zu **a**, dies sind Linien konstanter Magnetfeldstärke B; hier kurz vor (**b**) und nach (**c**) dem als R-Welle bezeichneten Maximalwert des Magnetfelds. Man beachte die hier im Zeitverlauf erfolgende Umkehrung der Magnetfeldrichtung. Der zugehörige Stromdipol liegt etwa unter der Grenzlinie der beiden (durch kontinuierlich und gestrichelt gezeichnete Isokonturen gekennzeichneten) räumlichen Bereiche entgegengesetzter Magnetfeldrichtung. Bilder: Siemens AG

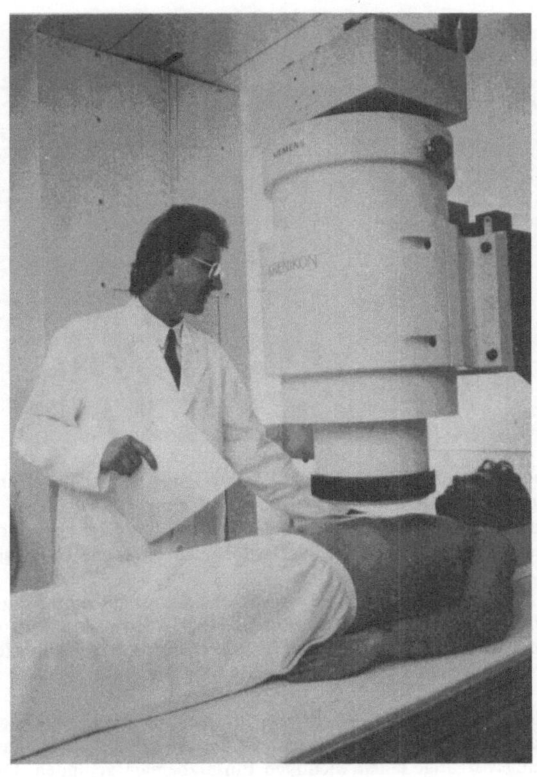

Abb. 13.12. Mehrkanal-Biomagnetismus-System bei der Aufnahme eines Magnetokardiogramms. Meßspulen und SQUIDs befinden sich in dem vertikal angeordneten zylindrischen Meßkopf. Die gesamte Apparatur befindet sich in einer gegen äußere elektromagnetische Wellen und Magnetfelder abgeschirmten Kammer aus Aluminium und Mumetall, einem weichmagnetischen Metall mit hoher magnetischer Permeabilität. Foto: Siemens AG

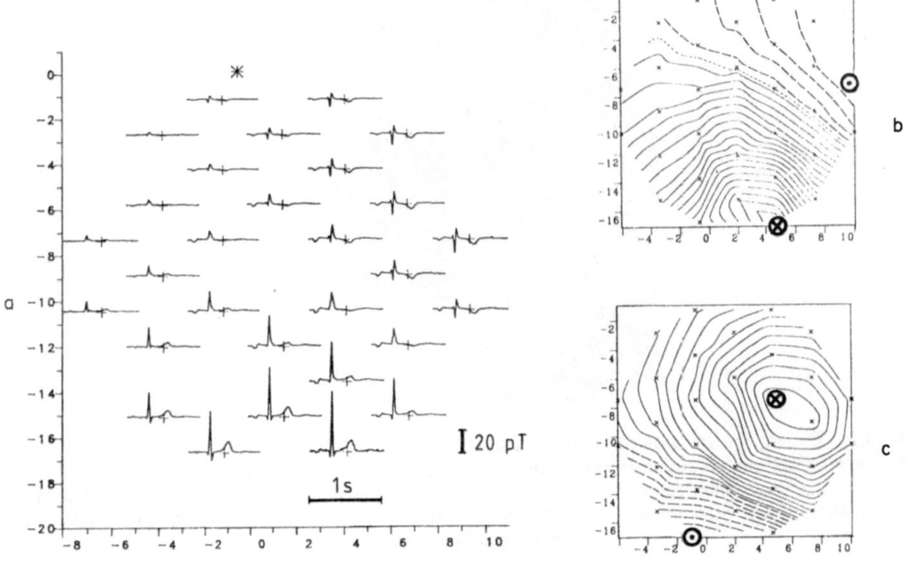

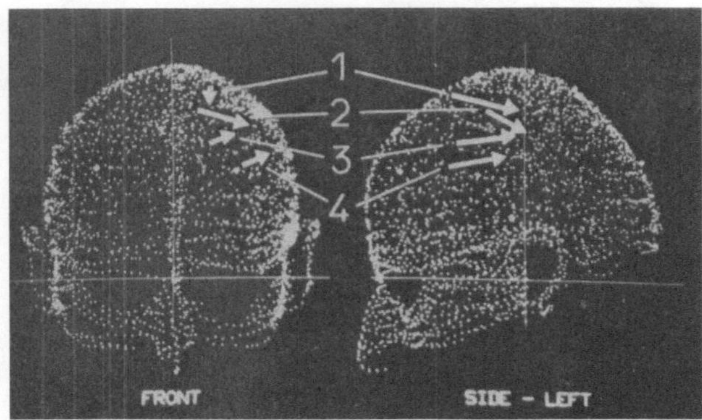

Abb. 13.14. Stromdipole im motorischen Cortex. 1 = Bewegung der rechten Hand, 2 = Bewegung des Zeigefingers, 3 = Bewegung des Kleinfingers. 4 = Mundbewegung. Die Dipole sind durch Pfeile gleicher Länge repräsentiert; die unterschiedlichen Pfeillängen im Bild sind eine Folge der Projektionen in die Frontal- bzw. Sagittalebene. Aufnahme: L. Deecke, Neurologische Universitätsklinik, Wien

Muskelgruppen. Die Stromdipole dieser Muskelgruppen sind auf der motorischen Rinde (Cortex der Regio motoria) der linken Hemisphäre lokalisiert. Bei der Aktivierung wird die Cortexoberfläche negativ und die Tiefe entsprechend positiv. Da der hier aktivierte Bereich hauptsächlich in der vorderen Wand der Zentralfurche (Sulcus centralis) liegt, ergibt sich die eingezeichnete Stromdipol-Richtung nach hinten.

Neben der grundsätzlichen Bedeutung für die Erforschung solcher physiologischer neuronaler Aktivitäten haben biomagnetische Verfahren auch in der medizinischen Diagnostik beim Nachweis pathologischer Erregungsvorgänge einen wichtigen Einsatzbereich gefunden. Dazu zählen vor allem die Lokalisierung der elektrischen Aktivität fokaler, d. h. räumlich eng begrenzter, funktioneller Hirn-Läsionen wie epileptischer Herde und transitorischer ischämischer Attacken sowie die nichtinvasive Untersuchung des Reizleitungssystems des Herzens. Typische Einsatzbereiche für die biomagnetische Diagnostik sind funktionelle Störungen ohne Vorliegen von morphologischen Läsionen. Abb. 13.15 zeigt als Beispiel aus der Kardiologie den Verlauf der Lokalisation von Stromdipolen im Herzen eines Patienten mit Parasystolie. (Eine genaue Kenntnis von Lage und Größe der fälschlicherweise erregten Gewebebereiche ist eine wichtige Voraussetzung für therapeutische Maßnahmen.)

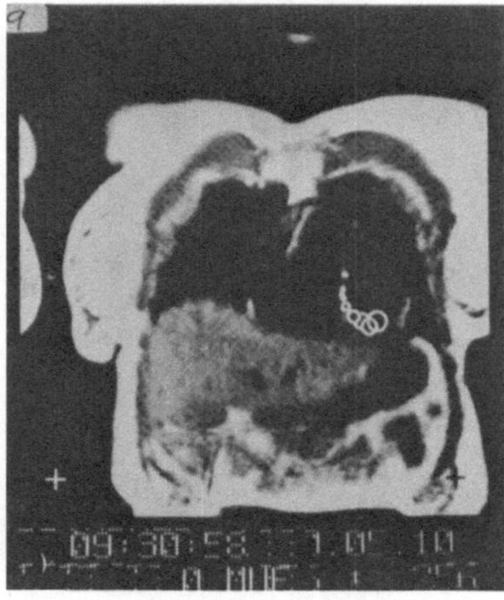

Abb. 13.15. Patient mit Parasystolie. Positionen und Größen eines fokalen Stromdipols während der ersten 50 ms einer ventrikulären Extrasystole, eingetragen im Magnetresonanz-Frontalschnittbild des Patienten. Die Lage der Stromdipole ist hier durch Kreise angedeutet, deren Durchmesser ein Maß für den Betrag des Stromdipols gibt. Aufnahme: W. Moshage und K. Bachmann, Universität Erlangen-Nürnberg

Aufgabe 13.1. Berechnen Sie die Magnetfeldstärke B im Abstand $R = 1$ m von einem 100-A-Stromleiter.

Aufgabe 13.2. Berechnen Sie mit Hilfe des allgemeinen Ergebnisses von Beispiel 13.2 die Magnetfeldstärke B in der Öffnung einer schlanken Spule (Punkt P' in Abb. 13.9).

13.2 Induktionsgesetz und Lorentzkraft

a) Induktionsgesetz

Elektrisch geladene Körper erzeugen ein elektrisches Feld. Bringt man Leiter in ein elektrisches Feld, kommt es durch Influenz zur Ladungstrennung, s. Kapitel 11.4. Elektrisch geladene Körper können also mittels des sie begleitenden elektrischen Felds wiederum elektrisch geladene Körper erzeugen. Läßt sich diese Analogie auch auf den elektrischen Strom und das ihn begleitende Magnetfeld übertragen? Damit hat sich M. Faraday 1832 mit dem Ziel der Stromerzeugung beschäftigt. Abb. 13.16 zeigt das Prinzip seines Experiments, bei dem eine primäre stromdurchflossene Leiterschleife über das von ihr erzeugte Magnetfeld auf eine sekundäre Leiterschleife einwirken konnte.

Das Ergebnis von Faradays Experiment war zunächst enttäuschend. Es floß kein Strom im sekundären Stromkreis, gleichgültig wie groß auch der Strom im

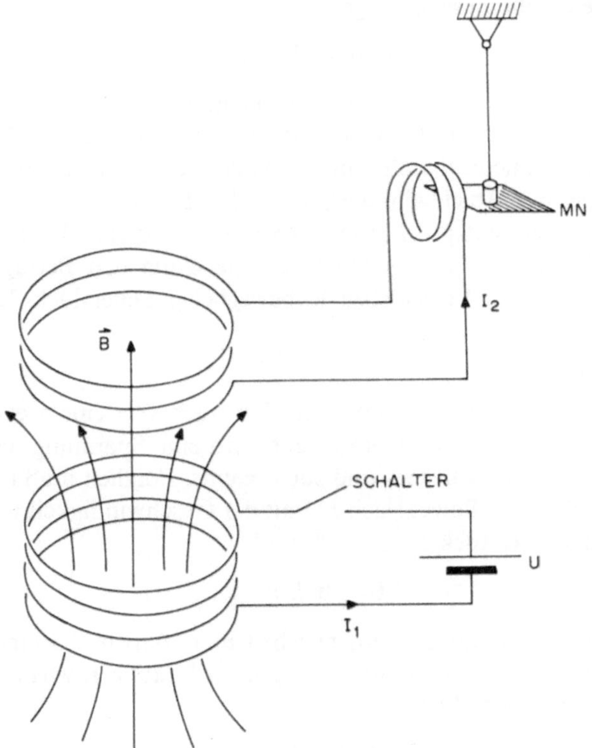

Abb. 13.16. Faradays Apparatur zur Erzeugung von elektrischem Strom in einer Sekundärspule (I_2) mit Hilfe eines magnetischen Felds, das von einer stromdurchflossenen Primärspule (I_1) erzeugt wird. Zum Nachweis des Stroms in der Sekundärspule diente die Magnetnadel MN im Feld der kleinen Spule

primären Stromkreis war. Allerdings bemerkte Faraday bald, daß immer dann, wenn der primäre Strom ein- oder ausgeschaltet wurde, im sekundären Kreis ein Stromstoß auftrat. Das was der erste Schritt zu dem gleichzeitig mit J. Henry entdeckten

Faraday-Henryschen Induktionsgesetz: Ändert sich der von einer Leiterschleife umschlossene magnetische Fluß $\phi = B \cdot A$ (die Bezeichnung „Fluß“ kommt aus der Analogie zu strömenden Fluiden; dort ist Fluß = Volumenstromstärke = Flußdichte mal Fläche), wird in der Leiterschleife eine Spannung U „induziert“:

$$U = -\frac{d\phi}{dt}.$$

Das Minuszeichen deutet darauf hin, daß die Spannung U in der vom Magnetfeld durchsetzten Leiterschleife der Flußänderung entgegenwirkt (sie kann das natürlich nur mit Hilfe eines von ihr in entsprechender Richtung erzeugten Stroms). Man kann das auch etwas allgemeiner durch die Aussage formulieren, daß physikalische Systeme einer Änderung gegenüber Widerstand leisten. Dies ist eine physikalische Tatsache von großer allgemeiner Gültigkeit. (Man überlege sich die Konsequenzen, wenn dem nicht so wäre; wenn also beispielsweise die Reibungskraft einer Bewegung nicht entgegen, sondern in Richtung der Bewegung wirkte). Im Rahmen von Induktionserscheinungen heißt diese Aussage

Lenzsche Regel.

Bei Faradays ersten Experimenten ist eine magnetische Flußänderung dadurch zustande gekommen, daß sich das vom Primärstromkreis erzeugte Magnetfeld B änderte: $\Delta\phi = A \cdot \Delta B$. Eine Flußänderung kann aber auch dadurch bewirkt werden, daß B konstant bleibt und sich A ändert, d. h. $\Delta\phi = B \cdot \Delta A$.

In Abb. 13.17 ist ein entsprechendes Experiment skizziert. Hier wird die von der sekundären Stromschleife umschlossene Fläche um den Betrag ΔA (in der Abbildung schraffiert) durch Verschieben des beweglichen Leiterstücks LS geändert.

b) Lorentzkraft

Wir betrachten die Abb. 13.17 im folgenden noch von einem etwas anderen Standpunkt. In der sekundären Stromschleife wird eine Spannung induziert, weil das Leiterstück LS bewegt wurde—und sonst nichts. Folglich muß die induzierte Spannung in LS entstehen. Bewegt sich LS mit der Geschwindigkeit v, ist $\Delta A/\Delta t = L \cdot v$ (falls $\mathbf{v}$ und das Leiterstück $LS \perp$ zu $\mathbf{B}$) und

$$U = B \cdot L \cdot v.$$

Das Auftreten der Spannung U kann nur bedeuten, daß in LS eine elektrische Feldstärke der Größe $E = U/L$ auf die beweglichen Ladungen wirkt, bzw. die auf die Ladungen wirkende Kraft ist

$$F = Q \cdot E = Q \cdot B \cdot v.$$

Hierbei wurde wieder $\mathbf{v} \perp \mathbf{B}$ vorausgesetzt.

Für die zur Induktion erforderliche Flußänderung kommt es hier offenbar nur

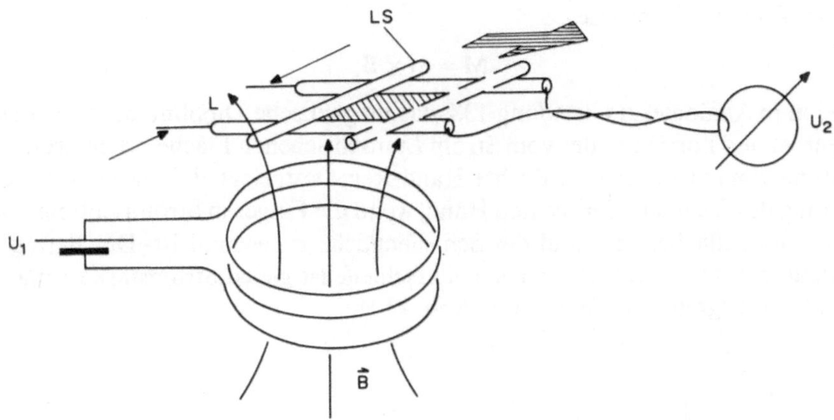

Abb. 13.17. Alternative zur Spannungsinduktion aufgrund des Faraday-Henryschen Gesetzes: Bewegung des Leiters *LS* in Pfeilrichtung

auf die Geschwindigkeitskomponente normal zur Magnetfeldrichtung an. Andere Bewegungskomponenten ändern den Fluß nicht. Daher ist die auf die Ladungen Q ausgeübte Kraft $\mathbf{F}$ im allgemeinen Fall gleich dem Vektorprodukt Geschwindigkeit $\mathbf{v}$ mal Magnetfeldstärke $\mathbf{B}$:

$$\mathbf{F} = Q \cdot \mathbf{v} \times \mathbf{B}.$$

Dies ist die Lorentzkraft. Diese Kraft übt ein Magnetfeld $\mathbf{B}$ auf Ladungen Q aus, die sich mit der Geschwindigkeit $\mathbf{v}$ bewegen. Da das Magnetfeld seinerseits von bewegten Ladungen erzeugt wird, ist die Lorentzkraft genau genommen die neben der elektrischen Coulombkraft (Gleichung 11.1) zwischen Ladungen aufgrund ihrer Bewegung zusätzlich wirksame Kraft. (Mit Hilfe der Lorentztransformationen läßt sich ganz allgemein zeigen, daß die elektrische Coulombkraft bei bewegten Ladungen noch einen der Lorentzkraft entsprechenden Anteil besitzt.) Auf eine Ladung Q wirkt also insgesamt die Kraft

$$\mathbf{F} = Q \cdot (\mathbf{E} + \mathbf{v} \times \mathbf{B}).$$

c) Magnetischer Dipol

Im Falle der Abb. 13.17 waren die Ladungen aufgrund der Bewegung des Leiters bewegt worden. Ladungen bewegen sich jedoch auch in elektrischen Strömen. Ein wichtiger Fall dieser Art ist eine stromdurchflossene drehbare Leiterschleife in einem Magnetfeld, s. Abb. 13.18. Diese Schleife hat vier Abschnitte. Auf jeden dieser Leiterabschnitte wirkt die Lorentzkraft. Auf die zwei seitlichen Abschnitte (Länge je $2 \cdot a$) wirken gleich große, entlang der Spulenachse entgegengesetzt gerichtete Kräfte, die sich aufheben. Auch die Kräfte $\mathbf{F}_1$ und $\mathbf{F}_2$ auf die parallel zur Spulenachse liegenden Leiterabschnitte sind entgegengesetzt gerichtet. Da sie jedoch nicht in einer Ebene liegen, s. Teilbild b, erzeugen sie ein Drehmoment $\mathbf{M}$ (Kraft mal Hebelarm) im Uhrzeigersinn, vom Betrag ($F_1 = F_2 = F = Q \cdot v \cdot B = I \cdot l \cdot B$):

$$M = 2 \cdot F \cdot a \cdot \sin \alpha = 2 \cdot a \cdot l \cdot I \cdot B \cdot \sin \alpha,$$

oder in Vektorschreibweise

$$\mathbf{M} = \mathbf{m} \times \mathbf{B},$$

wobei **m** in Analogie zu Gleichung 13.2 das magnetische Dipolmoment der Leiterschleife ist und normal zu der vom Strom I umschriebenen Fläche orientiert ist. Die Richtung von **m** ist durch die Rechte-Hand-Regel festgelegt, d. h. sie entspricht der Richtung des Daumens der rechten Hand, wenn die Finger in Stromrichtung zeigen und die Innenfläche der Hand der Schleifenfläche zugewandt ist. Der Betrag des magnetischen Dipolmoments einer Leiterschleife ist gleich Stromstärke I mal der vom Strom begrenzten Fläche A, s. Abb. 13.18.

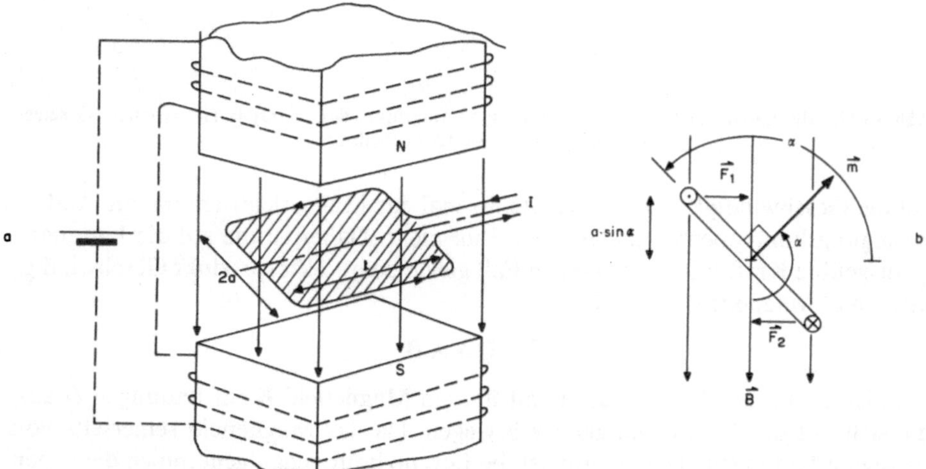

Abb. 13.18. **a** Leiterschleife im Magnetfeld, drehbar um die (strichpunktiert gezeichnete) Schleifenachse. **b** Das magnetische Dipolmoment **m** ist normal zu der vom Strom I begrenzten (schraffierten) Fläche

Eine Stromschleife erfährt also wie ein magnetischer Dipol im magnetischen Feld (s. Abb. 13.2) ein Drehmoment; sie stellt einen magnetischen Dipol dar.

d) Amperedefinition

Basis der 1960 von der 11. Internationalen Generalkonferenz für Maße und Gewichte festgelegten SI-Definition der Stromstärkeeinheit ist die Beobachtung von A. Ampère aus dem Jahre 1820, daß zwei stromdurchflossene Leiter Kräfte aufeinander ausüben. Die Größe dieser Kräfte läßt sich mit Hilfe des Laplaceschen Gesetzes und der Lorentzkraft berechnen. Das Ergebnis enthält dann die magnetische Feldkonstante μ_0. Legt man Stromstärke und Kräfte fest (was durch die SI-Definition des Ampere geschieht), folgt daraus die Größe von μ_0, wie im folgenden gezeigt wird.

Im SI ist die Einheit des elektrischen Stroms I gleich 1 Ampere (1 A); dies ist eine Basiseinheit des SI. Die SI-Definition der Einheit 1 Ampere lautet (sinngemäß): Fließt der Strom $I = 1$ A gleichsinnig durch zwei parallele Leiter im Abstand von

1 Meter voneinander, üben die beiden Leiter die Kraft von $2 \cdot 10^{-7}$ N je 1 Meter Leiterlänge aufeinander aus.

Diese Kraft läßt sich nun folgend berechnen: Das von dem einen Strom am Ort des anderen erzeugte Magnetfeld hat die Größe (mit Gleichung 13.5):

$$B = \frac{\mu_0}{2 \cdot \pi} \cdot I/r.$$

Die auf den zweiten Leiter ausgeübte Lorentzkraft ist:

$$F = Q \cdot v \cdot B = I \cdot l \cdot B = \frac{\mu_0}{2 \cdot \pi} \cdot I^2 \cdot \frac{l}{r}$$

und beträgt definitionsgemäß $2 \cdot 10^{-7}$ N:

$$2 \cdot 10^{-7}\,\mathrm{N} = \frac{\mu_0}{2 \cdot \pi} \cdot (1\mathrm{A})^2 \cdot \frac{1\mathrm{m}}{1\mathrm{m}}.$$

Daraus folgt die magnetische Feldkonstante zu

$$\mu_0 = 4 \cdot \pi \cdot 10^{-7}\,\mathrm{N} \cdot \mathrm{A}^{-2}.$$

13.3 Magnetfelder in Stoffen

1823 hat Sturgeon gezeigt, daß Eisen in einer stromdurchflossenen Spule deren magnetische Wirkung enorm steigert. Seither sind einige weitere solche „ferromagnetisch" genannten Stoffe, beispielsweise die Elemente Co, Ni und Gd sowie verschiedene Legierungen bekannt geworden. M. Faraday hat dann mit Hilfe sehr starker Magnetspulen gezeigt, daß auch andere Stoffe, wenn auch in viel geringerem Maße als die ferromagnetischen Stoffe, magnetisierbar sind, also in einem Magnetfeld selbst zu magnetischen Dipolen werden. Er hat dieses Phänomen Paramagnetismus genannt. 1846 schließlich gelang ihm noch die Entdeckung einer weiteren Magnetismusart, nämlich des noch schwächeren Diamagnetismus. Während das in ferromagnetischen und paramagnetischen Stoffen induzierte magnetische Moment parallel zum erzeugenden Magnetfeld gerichtet ist, ist das in diamagnetischen Stoffen induzierte magnetische Moment dem äußeren Feld entgegengesetzt. Während also ferromagnetische und paramagnetische Stoffe in inhomogenen Magnetfeldern von Magnetpolen angezogen werden, werden diamagnetische Stoffe abgestoßen (s. Abb. 13.19).

a) Dia- und Paramagnetismus

Die markantesten Aspekte des Magnetismus in Materie lassen sich bereits mit Hilfe des Bohrschen Atommodells verstehen (s. Kapitel 17.1). Bohr nimmt an, daß um den elektrisch positiv geladenen Kern die negativ geladenen Elektronen kreisen. Solche kreisende Elektronen stellen Kreisströme dar, die ein magnetisches Dipolmoment **m** besitzen.

Die Größe dieses Dipolmoments läßt sich leicht berechnen: Die Frequenz ν

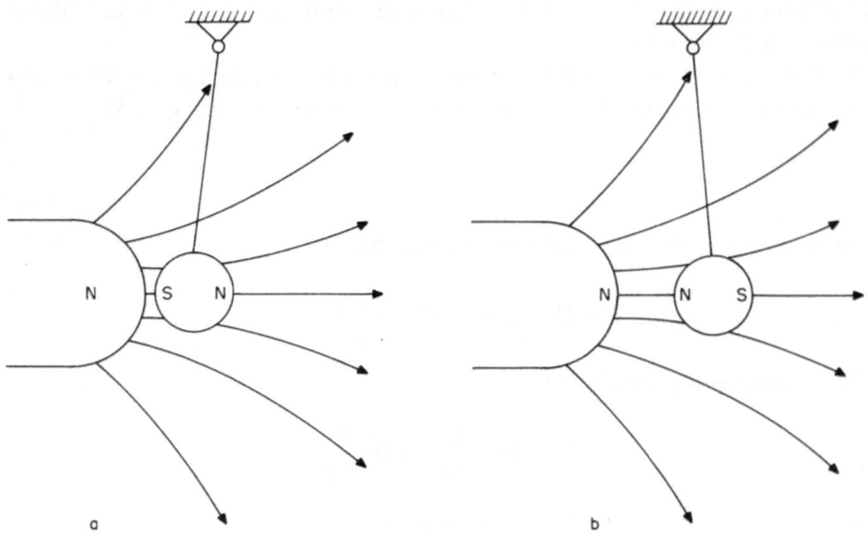

Abb. 13.19. **a** paramagnetischer und **b** diamagnetischer Stoff im Magnetfeld

der Umkreisungen um den Atomkern ist gleich Geschwindigkeit v des Elektrons gebrochen durch den Umfang der Kreisbahn:

$$\nu = \frac{v}{2 \cdot r \cdot \pi}.$$

Da das Elektron die Ladung e transportiert, entspricht dies einem atomaren Kreisstrom

$$I = e \cdot \nu.$$

mit einem magnetischen Moment

$$m = I \cdot A = I \cdot r^2 \cdot \pi = e \cdot v \cdot r/2;$$

v ist die Bahngeschwindigkeit des Elektrons und r ist sein Bahnradius. Dieses magnetische Moment heißt Bohrsches Magneton, benannt nach N. Bohr, der die Bedeutung dieser Größe für die Atomphysik als erster erkannt hat. Das auf einer Kreisbahn um den Kern kreisende Elektron hat natürlich auch einen Drehimpuls **L** (Kapitel 3.5) mit dem Betrag:

$$L = m_e \cdot r \cdot v.$$

m_e ist die Elektronenmasse. Wegen der negativen Ladung des Elektrons entspricht seiner Bewegung um den Atomkern ein elektrischer Strom in die entgegengesetzte Richtung, s. Abb. 13.20. Magnetisches (Bahn)-Moment **m** und Drehimpuls **L** sind daher entgegengesetzt gerichtet, und aus den oben angeführten Ausdrücken erhält man:

$$\mathbf{m} = -\mathbf{L} \cdot \frac{e}{2 \cdot m_e}.$$

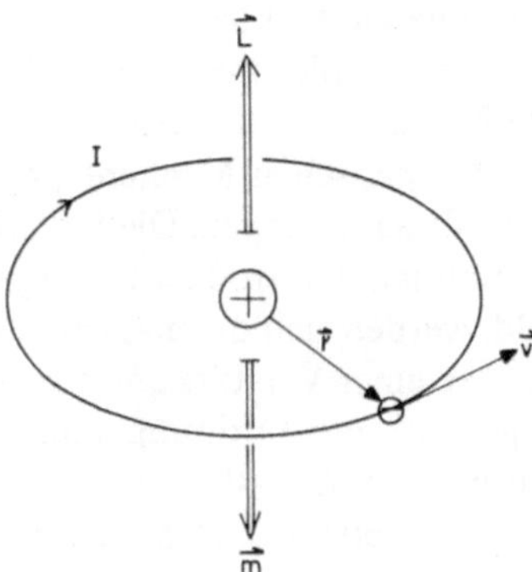

Abb. 13.20. Zusammenhang zwischen mechanischem Drehimpuls **L** eines kreisenden Elektrons und seinem magnetischen (Bahn)-Moment **m**

Die um den Kern kreisenden Elektronen stellen also magnetische Dipole dar. Hierauf beruht auch der Magnetismus der Permanentmagnete. Daher schließen sich die Magnetfeldlinien im Innern dieser Magnete (s. Abb. 13.8b).

Stellt man zwei magnetische Dipole drehbar nebeneinander, werden sie sich aufgrund der zwischen den Magnetpolen wirkenden Kräfte antiparallel einstellen, d. h. der Nordpol des einen Magneten zum Südpol des anderen und umgekehrt; sie kompensieren so ihre magnetischen Dipolmomente. Atome mit einer geraden Anzahl von Elektronen (d. h. alle Atome mit gerader Ordnungszahl) sollten daher in der Regel kein magnetisches Moment besitzen. Allerdings gibt es hier Ausnahmen, weil die räumliche Struktur der Elektronenbahnen in Wirklichkeit festliegt. Die magnetischen Dipolmomente der Atome können sich nur bei paarweiser Besetzung der Elektronenbahnen durch sich gegenläufig bewegende Elektronen aufheben.

Analoges gilt für Moleküle und Festkörper, weil sowohl die Atombindung (Elektronenpaarbildung) als auch die Ionenbindung (Bildung abgeschlossener Elektronenschalen) zu geraden Elektronenzahlen des Moleküls bzw. paarweiser Besetzung der Elektronenbahnen führt. Solche Stoffe sind diamagnetisch. Bringt man nun einen diamagnetischen Stoff in ein Magnetfeld **B**, kommt es aufgrund der Faraday-Henry-Induktion zu einer Veränderung der Elektronenbewegung um den Kern. Etwas pauschal kann man sagen, daß in der Elektronenhülle ein Strom induziert wird, der aufgrund der Lenzschen Regel ein Magnetfeld erzeugt, das dem Feld **B** entgegenwirkt, dieses also schwächt. Typische Beispiele für diamagnetische Stoffe sind Edelgase, die meisten organischen Moleküle und Ionenkristalle wie NaCl.

Anders als beim Diamagnetismus handelt es sich beim Paramagnetismus um Atome bzw. Moleküle mit einem (manchmal auch mehreren) sogenannten ungepaarten Elektron(en). Hier liegen also Elektronenhüllen vor, die ein resultierendes magnetisches Moment besitzen. Das ist zum einen der Fall bei Elementen mit ungeraden Ordnungszahlen, tritt zum anderen jedoch bei den Übergangselementen auch bei geraden Ordnungszahlen auf, da diese ihre inneren Elektronenorbitale nicht paarweise mit Elektronen besetzen (sondern so, daß der Gesamtspin maximal wird; dies besagt die quantenphysikalisch begründete Hundsche Regel). Vier solche ungepaarte Elektronen eines inneren Elektronenorbitals des Fe^{2+}-Ions sind der Grund für den Paramagnetismus, beispielsweise des Hämoglobins. Das Oxyhämoglobin hingegen ist diamagnetisch, s. Beispiel 13.15.

Normalerweise haben die magnetischen Momente, bedingt durch die Wärmebewegung, sehr unterschiedliche Orientierungen. Die Folge ist, daß die Vektorsumme der magnetischen Momente Null ist, der Stoff ist unmagnetisch. Stellt man diesen Stoff jedoch in ein Magnetfeld, werden sich die magnetischen Momente parallel zu diesem Feld stellen. Es kommt zu einer Verstärkung des Magnetfelds. Die Wärmebewegung allerdings wirkt gegen diese Ordnung und verhindert, daß sich alle Momente parallel ausrichten u. zw. umso effektiver, je höher die Temperatur des Stoffs ist: Die Größe des Paramagnetismus ist daher, im Gegensatz zum Diamagnetismus, temperaturabhängig.

b) Magnetisierung

Magnetisierung bedeutet Ausrichtung der elementaren magnetischen Dipole. Betrachtet man die zugehörigen atomaren Kreisströme (Abb. 13.21), sieht man, daß diese sich im Innern des Körpers aufheben, weil jeweils entgegengesetzt gerichtete Ströme aneinander grenzen. Es verbleiben die entlang der Oberfläche fließenden Anteile. Der Stoff verhält sich also, als wäre er eine stromdurchflossene Spule.

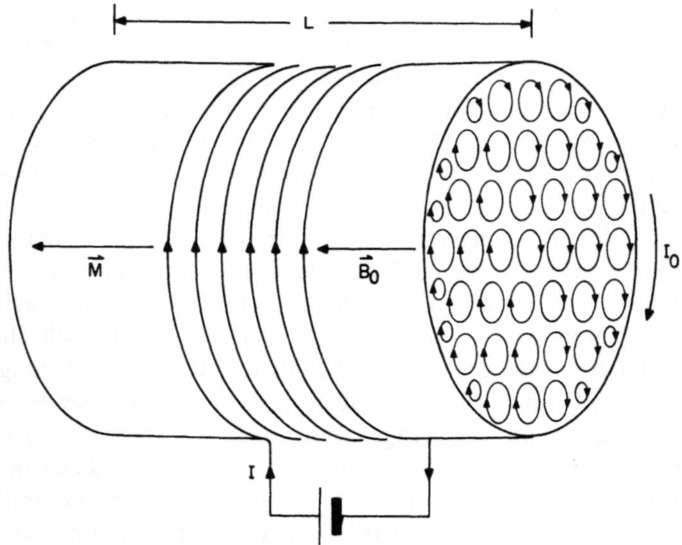

Abb. 13.21. Ein paramagnetischer Stoff wird durch ein Magnetfeld $\mathbf{B}_0$ einer vom Strom I durchflossenen Spule magnetisiert. Die elementaren Stromdipole im Stoff werden ausgerichtet. Die zugehörigen atomaren Kreisströme sind an der Endfläche rechts durch Kreise angedeutet. Die atomaren Kreisströme haben auf der Mantelfläche des Zylinders alle dieselbe Richtung und ergeben einen Oberflächenstrom I_0

Als Magnetisierung M wird das in dem Stoff erzeugte magnetische Moment, bezogen auf das Volumen V, bezeichnet:

$$M = n \cdot m,$$

mit n = Anzahldichte der Atome bzw. Moleküle, m = atomares oder molekulares magnetisches Moment.

Wir betrachten im folgenden einen sehr wichtigen Zusammenhang zwischen der Magnetisierung M und dem Oberflächenstrom I_0 des magnetisierten Stoffs. Das gesamte magnetische Dipolmoment m_{ges} des magnetisierten Körpers ist:

$$m_{ges} = M \cdot V = M \cdot A \cdot L,$$

mit A = Querschnittfläche normal zur Magnetfeldrichtung, L = Länge in Richtung von **M**. Es ist natürlich auch

$$m_{ges} = (M \cdot L) \cdot A,$$

was im Vergleich mit dem magnetischen Moment $m = I \cdot A$ eines Kreisstroms bedeutet, daß der gesamte Oberflächenstrom I_0 des magnetisierten Stoffs gleich $M \cdot L$ ist. Der auf die Länge L des Zylinders bezogene Oberflächenstrom ist also M. Daher entspricht nach Beispiel 13.3 der Magnetisierung M die Magnetfeldstärke $\mu_0 \cdot M$. Die außen angelegte Spule erzeugt ein magnetisierendes Feld $B_0 = \mu_0 \cdot w \cdot I$. Beides zusammen ergibt die Magnetfeldstärke B in dem paramagnetischen Stoff:

$$B = \mu_0 \cdot (w \cdot I + M) = B_0 + \mu_0 \cdot M.$$

Als Maß für die Magnetisierbarkeit eines Stoffs wird die Magnetisierung M, bezogen auf das magnetisierende Feld, genauer: bezogen auf B_0/μ_0, in Tabellen angegeben. Diese Größe heißt „magnetische Suszeptibilität" χ_m:

$$\chi_m = \frac{M}{B_0/\mu_0}.$$

Andere gebräuchliche Größen sind die Permeabilität μ

$$\mu = \mu_0 \cdot (1 + \chi_m)$$

und die relative Permeabilität

$$\mu_r = \mu/\mu_0 = 1 + \chi_m.$$

Die magnetischen Suszeptibilitäten einiger Stoffe sind in der Tabelle 13.2 zu finden.

Wegen der geringen Abweichung der Permeabilitäten der dia- und paramagnetischen Stoffe von den Werten in Luft und Vakuum, wird das Magnetfeld durch diese Stoffe räumlich nur geringfügig verzerrt.

c) Ferromagnetismus

Erstarrt ein paramagnetischer Stoff aus der Schmelze, können sich die atomaren bzw. molekularen Dipole gegenseitig ausrichten. Voraussetzung hierzu ist, daß die magnetischen Kräfte stärker sind als die bei der Erstarrungstemperatur durch die Wärmebewegung bedingten Kräfte. Ob das der Fall ist, hängt im einzelnen von der Stärke der magnetischen Dipole, ihren Abständen und der Erstarrungstemperatur des betreffenden Stoffs ab. Dabei können sich Dipolketten bilden, wie sie in der Abb. 13.22a bzw. b jeweils links angedeutet sind. Daneben liegende parallele Dipolketten können sich je nach relativer Lage zur schon vorhandenen parallel (a) oder antiparallel (b) orientieren.

Das in Abb. 13.22 benutzte Modell läßt die Entstehung des Ferromagnetismus grundsätzlich verstehen: Es handelt sich hierbei um eine Kristalleigenschaft; die den ferromagnetischen Kristall bildenden Atome oder Moleküle sind paramagnetisch. Inwieweit sich die elementaren magnetischen Dipole zueinander ausrichten, hängt neben den magnetischen Kräften zwischen den Dipolen auch von der Größe der ausgerichteten Bereiche ab. Mit zunehmender Größe dieser Bereiche nimmt nämlich auch das von ihnen in der Umgebung erzeugte Magnetfeld zu. Da ein Magnetfeld Energie enthält (proportional zum Quadrat der Magnetfeldstärke), können die ausgerichteten Bereiche nicht allzu groß werden.

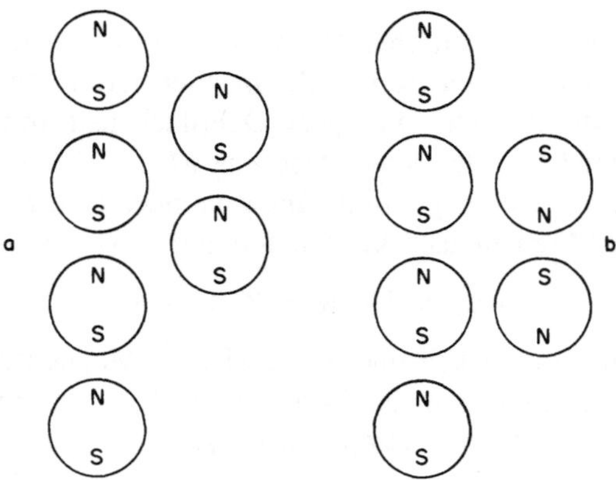

Abb. 13.22. Schematisches Modell zur Entstehung von **a** Ferromagnetismus und **b** Antiferromagnetismus

Tatsächlich beobachtet man beispielsweise in Eisen einheitlich magnetisierte Bereiche mit Abmessungen in der Größenordnung von 10^{-5} m. Diese Bereiche werden nach *P.* Weiss, der ihre Existenz schon 1907 postuliert hat, als „Weisssche Bezirke" bezeichnet. Man kann diese Bezirke auch sichtbar machen, beispielsweise im Elektronenmikroskop (weil die Lorentzkraft die Elektronen je nach Orientierung der Weissschen Bezirke unterschiedlich ablenkt).

Bringt man einen ferromagnetischen Stoff in ein Magnetfeld B_0, kommt es zu einer ganz erheblichen magnetischen Polarisation bzw. Magnetisierung. Die Weissschen Bezirke klappen sukzessive in die Richtung von B_0. Die Folge ist eine erhebliche Verstärkung des magnetisierenden Felds B_0. Wenn alle Bezirke ihr magnetisches Moment in Richtung des Magnetfelds B_0 orientiert haben, bleibt eine weitere Verstärkung aus; man spricht dann von Sättigung der Magnetisierung. Die Größe der Magnetisierung eines ferromagnetischen Stoffs läßt sich folgend messen (s. Abb. 13.23): Um einen ringförmigen Körper aus dem betreffenden Stoff wird eine felderzeugende Spule S_1 gelegt. Eine solche Spule erzeugt ein Magnetfeld B_0 wie eine schlanke Spule (s. Beispiel 13.3):

$$B_0 = \mu_0 \cdot w \cdot I_0.$$

Schaltet man einen Strom I_0 eine Zeitspanne Δt lang ein, dann entsteht ein magnetischer Fluß ϕ, der folgend gemessen werden kann. Zunächst induziert die Zunahme

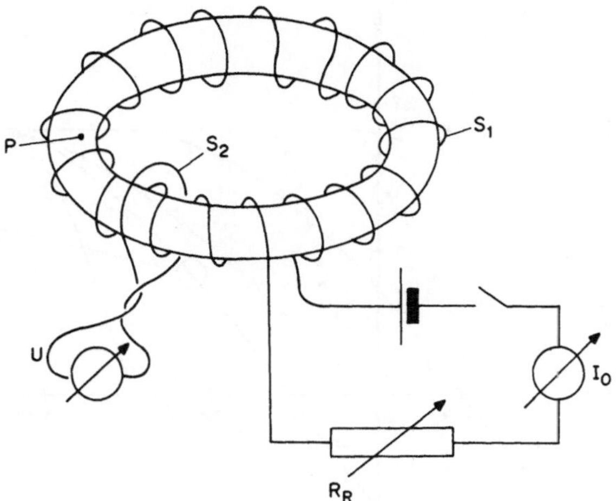

Abb. 13.23. Messung der Magnetisierung einer ferromagnetischen Stoffprobe P. Die Größe des Magnetisierungsstroms I_0 in der felderzeugenden Spule S_1 wird mittels des regelbaren Widerstands R_R eingestellt

von ϕ in einer zweiten Spule S_2 mit der Windungszahl N die Spannung

$$U = N \cdot \frac{\Delta\phi}{\Delta t},$$

mit $\phi = B \cdot A$; A ist die Querschnittsfläche des ferromagnetischen Rings und B die Magnetfeldstärke in ihm. S_2 hat den elektrischen Widerstand R; der Strom durch diese Spule ist

$$I = U/R = N \cdot \Delta\phi/(\Delta t \cdot R).$$

Also ist

$$\Delta\phi = \frac{1}{N} \cdot I \cdot \Delta t \cdot R$$

die Zunahme des magnetischen Flusses in Δt. Da ϕ zu Beginn Null war, ist der nach Δt vorliegende magnetische Fluß gleich dieser Zunahme:

$$\phi = I \cdot \Delta t \cdot \frac{R}{N},$$

bzw.

$$B = I \cdot \Delta t \cdot \frac{R}{N \cdot A}.$$

Durch Messung der gesamten durch die Spule S_2 geflossenen Ladungsmenge $Q = I \cdot \Delta t$ und Kenntnis von R, N und A läßt sich somit B bestimmen. Q hat man früher mit Hilfe sogenannter ballistischer Galvanometer gemessen; heute registriert man den zeitlichen Verlauf von I mittels rechnergesteuerter Amperemeter und bildet $I \cdot \Delta t$ bzw. bei nichtkonstantem I das Zeitintegral von $I(t)$ im Rechner. Abb. 13.24 zeigt die Abhängigkeit von B von der Größe des felderzeugenden Magnetfelds B_0.

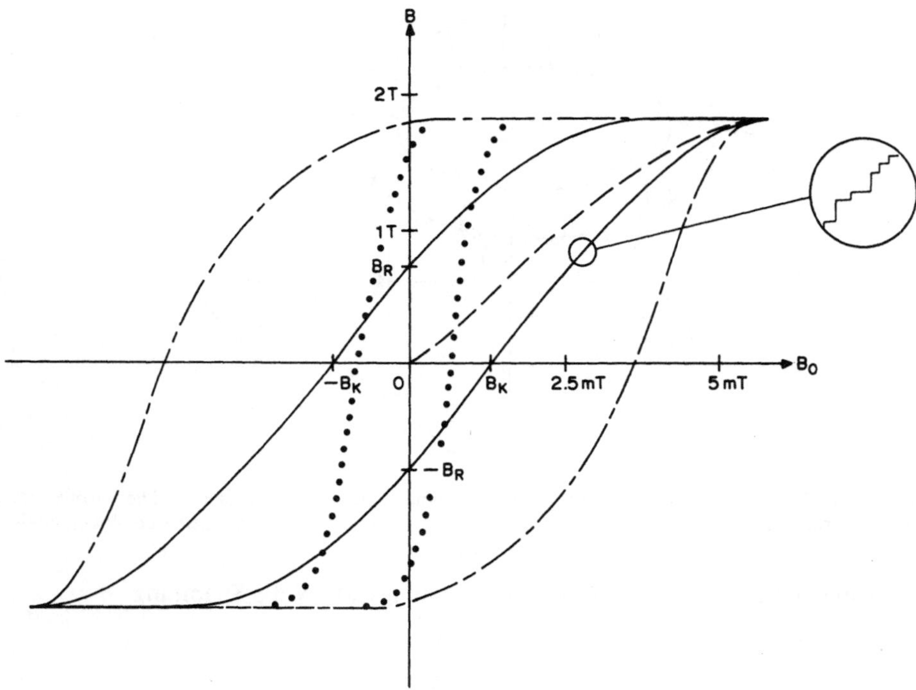

Abb. 13.24. Magnetisierungskurve einer Eisenprobe. B_R = Remanenz, B_K = Koerzitivkraft. Im vergrößert dargestellten Kurvenabschnitt sind die Barkhausensprünge zu erkennen. Strichpunktiert: magnetisch harter Stoff. Punktiert: magnetisch weicher Stoff

In der Abb. 13.24 ist auf der Abszisse die Stärke des magnetisierenden Felds $\mathbf{B}_0$ und auf der Ordinate die Stärke des induzierten Felds B aufgetragen. Wenn die Stoffprobe anfangs nicht magnetisiert war, beginnt die Magnetisierungskurve bei O (gestrichelte Kurve). Mit zunehmender Magnetisierung geht die Probe in Sättigung, d. h. B nimmt schließlich nicht mehr weiter zu (man beachte die unterschiedlichen Maßstäbe auf Abszisse und Ordinate). Das ist in der Abbildung ab etwa $B_0 = 5\,\mathrm{mT}$ der Fall. Macht man nun B_0 kleiner, nimmt zwar auch B ab, jedoch im Vergleich zur Zunahme deutlich langsamer. Daher spricht man von „Hysterese". Bei $B_0 = 0$ besteht noch eine Restmagnetisierung oder Remanenz (B_R). Um die Magnetisierung der Probe völlig wegzubekommen, muß ein Feld in entgegengesetzter Richtung angelegt werden: Erst bei $B_0 = -B_K$, der sogenannten „Koerzitivkraft", verschwindet B schließlich. Stoffe mit großer remanenter Magnetisierung und großen Koerzitivkräften ($> 10^{-2}\,\mathrm{T}$) nennt man magnetisch hart, weil sie ihre Magnetisierung erst durch starke Gegenfelder verlieren.

Der weitere Verlauf der Hystereseschleife erfolgt analog zum schon beschriebenen. Der Verlauf der Magnetisierungskurve ist unstetig. Die Magnetisierung ändert sich stufenartig. Diese Stufen werden durch das Umklappen unterschiedlich großer Weissscher Bezirke hervorgerufen (= Barkhausensprünge, nach H. Barkhausen).

d) Magnetfelder in biologischem Gewebe

Da biologisches Gewebe nur in Ausnahmefällen ferromagnetische Substanzen enthält, wird der Verlauf der Magnetfeldlinien durch dieses praktisch nicht verzerrt. Eine Kraftwirkung eines magnetischen Feldes erfolgt zunächst natürlich auf magnetische Dipole. Solche sind paramagnetische Atome und Moleküle sowie paramagnetische Kerne, die durch das Magnetfeld gegen die Wirkung der Wärmebewegung ausgerichtet werden. Die für verschiedene Orientierungen unterschiedlichen Energiewerte der Atome bzw. Kerne bilden die Basis für die Elektronen- und Kernspinresonanzverfahren. Durch die Ausrichtung der Elektronenspins besteht zumindest grundsätzlich die Möglichkeit, (bio-) chemische Reaktionen zu beeinflussen, weil die Bildung einer chemischen Atombindung auf der Bildung eines Elektronenpaars mit antiparallelen Spins basiert, s. Kapitel 18. Ob mechanische Wirkungen an dia- und paramagnetischen Zellorganellen auftreten können, ist unsicher. Natürlich kann ein Magnetfeld erhebliche Kräfte auf ferromagnetische Implantate ausüben.

Auf bewegte Gewebe wie Muskel oder auf Blut gibt es zweierlei Auswirkungen: Zum einen kommt es zur Induktion von Hallspannungen bzw. -strömen (s. Beispiel 13.16). Dieses Phänomen wird zur (invasiven) elektromagnetischen Blutflußmessung eingesetzt. Zum anderen kommt es in bewegten, elektrisch leitenden Flüssigkeiten durch die Lorentzkraft der induzierten elektrischen Ströme zu einer Erhöhung der Viskosität (Lenzsche Regel!). Wieweit diese Phänomene am Blut physiologische Effekte zeitigen, ist derzeit unklar. Immerhin kann eine Beeinträchtigung des Wohlbefindens durch Magnetfelder des Energieversorgungsnetzes nach Untersuchungen der WHO bei besonders sensiblen Personen schon ab einer Magnetfeldstärke von 100 μT auftreten.

Zusammenfassung 13.B

I. Der magnetische Fluß ist das Produkt aus Magnetfeldstärke B mal der von ihr normal durchsetzten Fläche A:

$$\phi = \int B \cdot dA \tag{13.6}$$

mit der Einheit

$$[\phi] = 1\,\mathrm{T \cdot m^2}.$$

Nach dem Faraday-Henryschen Induktionsgesetz wird in einer Leiterschleife eine Spannung U induziert, wenn sich der von dieser Schleife umschlossene magnetische Fluß ϕ ändert:

$$U = -\frac{d\phi}{dt}. \tag{13.7}$$

Das Minuszeichen bedeutet (Lenzsche Regel), daß die Spannung U der Flußänderung entgegenwirkt. Die Flußänderung $d\phi$ kann sowohl durch eine Änderung dB der Magnetfeldstärke als auch durch eine Änderung dA der umschlossenen Fläche zustande kommen.

Auch in dem Stromkreis, der das Magnetfeld erzeugt, wird eine Spannung induziert, die der dem Stromkreis eingeprägten Spannung entgegen gerichtet ist:

$$U = -N \cdot \frac{d\phi}{dt} = -L \cdot \frac{dI}{dt}. \tag{13.8}$$

N ist die Anzahl der Windungen dieses Stromkreises um das erzeugte Magnetfeld B. Der

Proportionalitätsfaktor L ist die sogenannte *Induktivität* oder der *Selbstinduktionskoeffizient* des Stromkreises. Besteht der Stromkreis aus einer schlanken Spule nach Beispiel 13.3, ist $B = \mu_0 \cdot w \cdot I$ und $\phi = R^2 \cdot \pi \cdot B$ und somit

$$L = N \cdot \frac{\phi}{I} = N \cdot \mu_0 \cdot w \cdot R^2 \cdot \pi = N^2 \cdot \mu_0 \cdot R^2 \cdot \pi / l = \mu_0 \cdot w^2 \cdot V, \tag{13.9}$$

mit V = Volumen der Spule, l ist die Spulenlänge, R der Spulenradius und $w = N/l$. L hängt also nur von der Geometrie der Spule bzw. des Stromkreises ab. Befindet sich allerdings Materie in der Spule, wird L wegen der dann auftretenden Magnetisierung auch von I abhängig (μ_0 ist dann durch die Permeabilität μ zu ersetzen). Die Einheit der Induktivität ist

$$[L] = \left[\frac{\phi}{I}\right] = 1\,\mathrm{V \cdot s/A} = 1\,\mathrm{H}\ (= 1\ \text{Henry}).$$

II. Auf eine im Magnetfeld $\mathbf{B}$ mit der Geschwindigkeit $\mathbf{v}$ bewegte Ladung wirkt die Lorentzkraft:

$$\mathbf{F} = Q \cdot \mathbf{v} \times \mathbf{B}. \tag{13.10}$$

Auf eine elektrische Ladung Q wirken insgesamt also die elektrische Coulombkraft und die Lorentzkraft:

$$\mathbf{F} = Q \cdot (\mathbf{E} + \mathbf{v} \times \mathbf{B}). \tag{13.11}$$

Die SI-Basiseinheit der Elektrizitätslehre ist 1 Ampere (1 A); die SI-Definition dieser Einheit besagt:

> Fließt der Strom $I = 1$ A gleichsinnig durch zwei parallele Leiter im Abstand von 1 Meter voneinander, üben die beiden Leiter die Kraft von $2 \cdot 10^{-7}$ N je 1 Meter Leiterlänge aufeinander aus.

Eine vom Strom I durchflossene Leiterschleife mit der Fläche A besitzt ein magnetisches Dipolmoment $\mathbf{m}$ mit dem Betrag

$$m = I \cdot A. \tag{13.12}$$

Die Einheit des magnetischen Dipolmoments ist

$$[m] = [I] \cdot [A] = 1\,\mathrm{A} \cdot 1\,\mathrm{m}^2 = 1\,\mathrm{A \cdot m^2}$$

In einem Magnetfeld $\mathbf{B}$ wirkt auf einen magnetischen Dipol mit dem Dipolmoment $\mathbf{m}$ ein Drehmoment

$$\mathbf{M} = \mathbf{m} \times \mathbf{B}. \tag{13.13}$$

Ein magnetischer Dipol erzeugt auch selbst ein Magnetfeld. Dieses Magnetfeld hat die Richtung des Dipolmoments.

III. Um den Atomkern kreisende Elektronen stellen einen Kreisstrom

$$I = e \cdot v$$

dar, mit einem magnetischen Moment

$$m = I \cdot A = I \cdot r^2 \cdot \pi = e \cdot v \cdot r/2; \tag{13.14}$$

v ist die Bahngeschwindigkeit des Elektrons und r ist sein Bahnradius. Dieses magnetische Moment heißt Bohrsches Magneton. Das um den Kern kreisende Elektron hat einen mechanischen Drehimpuls $\mathbf{L}$, der dem magnetischen (Bahn)- Moment $\mathbf{m}$ entgegengesetzt gerichtet ist:

$$\mathbf{m} = -\mathbf{L} \cdot \frac{e}{2 \cdot m_e}. \tag{13.15}$$

Atombindung (Elektronenpaarbildung) und Ionenbindung (Bildung abgeschlossener Elektronenschalen) basieren auf paarweiser Besetzung der Elektronenbahnen. Solche Stoffe sind diamagnetisch. Beispiele für diamagnetische Stoffe sind Edelgase, die meisten organischen Moleküle und Ionenkristalle. Atome bzw. Moleküle mit ungepaarten Elektronen sind paramagnetisch.

Befindet sich ein Stoff in einem Magnetfeld B_0, kommt es zur magnetischen Polarisation oder Magnetisierung. Die Magnetisierung M ist das in dem Stoff erzeugte magnetische Moment, bezogen auf das Volumen V:

$$M = n \cdot m. \tag{13.16}$$

n ist die Anzahldichte, m das magnetische Moment der atomaren Dipole. Das Magnetfeld B_0 ergibt zusammen mit der Magnetisierung die Magnetfeldstärke B in dem Stoff:

$$B = \mu_0 \cdot (w \cdot I + M) = B_0 + \mu_0 \cdot M. \tag{13.17}$$

Bei paramagnetischen Stoffen ist $B > B_0$, bei diamagnetischen Stoffen ist $B < B_0$.

Als Maß für die Magnetisierbarkeit eines Stoffs wird die magnetische Suszeptibilität χ_m benutzt:

$$\chi_m = \frac{\mu_0 \cdot M}{B_0}. \tag{13.18}$$

Weitere gebräuchliche Größen sind die Permeabilität μ

$$\mu = \frac{B}{B_0/\mu_0} = \mu_0 \cdot (1 + \chi_m) \tag{13.19}$$

und die relative Permeabilität

$$\mu_r = \frac{\mu}{\mu_0} = 1 + \chi_m. \tag{13.20}$$

Bringt man einen ferromagnetischen Stoff in ein Magnetfeld $\mathbf{B}_0$, kommt es zu einer sehr starken magnetischen Polarisation bzw. Magnetisierung, weil die bereits magnetisierten

Tabelle 13.2. Magnetische Suszeptibilitäten einiger Stoffe bei Normalbedingungen

Stoff	χ_m
Vakuum	0
Diamagnetische Stoffe:	
H_2	$-2{,}1 \cdot 10^{-9}$
N_2	$-5{,}0 \cdot 10^{-9}$
H_2O	$-7{,}2 \cdot 10^{-7}$
Na	$-2{,}4 \cdot 10^{-6}$
Cu	$-1{,}0 \cdot 10^{-5}$
Bi	$-1{,}7 \cdot 10^{-5}$
Paramagnetische Stoffe:	
Luft	$3{,}6 \cdot 10^{-7}$
O_2(!)	$1{,}9 \cdot 10^{-6}$
Mg	$1{,}2 \cdot 10^{-5}$
Al	$2{,}3 \cdot 10^{-5}$
Pt	$3{,}0 \cdot 10^{-4}$

Weissschen Bezirke sukzessive in die Richtung von $\mathbf{B}_0$ umklappen. Die Folge ist eine erhebliche Verstärkung des Magnetfelds B im Ferromagnetikum.

Mit zunehmender Stärke des magnetisierenden Felds $\mathbf{B}_0$ geht die Magnetisierung eines Ferromagnetikums in Sättigung, d. h. $\mathbf{B}$ nimmt nicht mehr weiter zu. Schaltet man $\mathbf{B}_0$ ab, verbleibt eine sogenannte Restmagnetisierung oder Remanenz. Um die Magnetisierung eines ferromagnetischen Stoffs völlig wegzubekommen, muß ein magnetisierendes Feld in entgegengesetzter Richtung angelegt werden. Seine Stärke heißt „Koerzitivkraft".

Anmerkung

Historisch bedingt wird auch zwischen einem „magnetisierenden" magnetischen Feld $\mathbf{H}$ und dem magnetischen Feld $\mathbf{B}$, „magnetische Induktion" genannt, unterschieden. Das magnetisierende Feld (oben war es das Feld B_0), wird dabei als

$$H = \frac{B_0}{\mu_0} = w \cdot I \qquad (13.21)$$

definiert. Dieses „H-Feld" wird von dem Spulenstrom hervorgerufen (sein Betrag ist für schlanke Spulen, s. Beispiel 13.3: $H = w \cdot I$), die Magnetisierung hingegen von den sogenannten „gebundenen" Oberflächenströmen (s. Abb. 13.21).

Mit dem H-Feld ist

$$B = \mu_0 \cdot (H + M). \qquad (13.22)$$

Beispiel 13.5. Induktivität einer Spule mit $N = 1000$ Windungen, $R = 20\,\text{cm}$ Radius und $l = 10\,\text{cm}$ Länge. Nach Gleichung 13.9 ist

$$L = \mu_0 \cdot N^2 \cdot R^2 \cdot \pi / l = 4 \cdot \pi \cdot 10^{-7}\,\text{N} \cdot \text{A}^{-2} \cdot 10^6 \cdot (0{,}2\,\text{m})^2 \cdot \pi / 0{,}1\,\text{m} = 1{,}58\,\text{H}.$$

Beispiel 13.6. Wirbelstrombremse und *Viskosität* leitender Flüssigkeiten im Magnetfeld. Bringt man eine rotierende Leiterscheibe in ein Magnetfeld, wird sie fast augenblicklich abgebremst, weil in dem bewegten Leiter Ströme induziert werden, deren Lorentzkräfte die Rotation entsprechend der Lenzschen Regel behindern. Darauf beruht die Wirbelstrombremse, bei der eine auf der Achse rotierende Kupferscheibe durch das Feld eines starken Elektromagneten gebremst wird.

Natürlich wird jede beliebige Bewegung eines Leiters im Magnetfeld gebremst, nicht nur eine Rotation. Da das Induktionsgesetz auch für verformbare Leiter gelten muß, wird auch die Bewegung einer leitenden Flüssigkeit in einem Magnetfeld stark behindert. So bewegt sich beispielsweise Quecksilber in einem Magnetfeld wie eine zähe Flüssigkeit. Ähnlich nimmt auch die dynamische Zähigkeit von Blut in einem Magnetfeld zu.

Beispiel 13.7. Prinzip des Gleichstrommotors. Die stromdurchflossene Leiterschleife in der Abb. 13.18 erfährt im Winkelbereich $0 < \alpha < \pi$ ein negatives Drehmoment und im Winkelbereich $\pi < \alpha < 2 \cdot \pi$ ein positives Drehmoment. Eine kontinuierliche Rotation kommt so nicht zustande. Sorgt man jedoch dafür, daß die Stromrichtung in der Spule bei $\alpha = \pi$ und bei $\alpha = 2 \cdot \pi$ jeweils umgekehrt wird, bleibt die Richtung des Drehmoments unverändert und die Spule wird kontinuierlich in eine Richtung gedreht. Der hierzu erforderliche „Stromwender" ist in Abb. 13.25a auf der Achse der Spule angedeutet. Er besteht aus zwei voneinander isolierten Schleifringhälften, an die die beiden Spulenenden angeschlossen sind. Außerdem ist hier die Spule um einen Eisenkörper gewickelt, damit sich ein starkes Magnetfeld bildet, s. Kapitel 13.3. Dieser rotierende Teil des Motors heißt „Rotor". Das Magnetfeld des „Stators", also des stehenden Teils der Maschine, wird in der Regel durch elektrische Spulen erzeugt, die um die Pole N und S gewickelt werden (in Abb. 13.25b gestrichelt angedeutet).

Beispiel 13.8. Wechselstromgenerator. Wird eine Spule in einem magnetischen Feld gedreht, wird in ihr eine Spannung induziert u. zw. je Windung entsprechend dem Induktionsgesetz $U_1 = -d\phi/dt$. Bei N Windungen liefert eine Spule die Spannung $U = N \cdot U_1$. Umfaßt eine Windung die Fläche A, dann ist der von der rotierenden Windung umschlossene Fluß ϕ gleich (s. Abb. 13.18b)

$$\phi = B \cdot A \cdot \cos\alpha = B \cdot A \cdot \cos(2 \cdot \pi \cdot \nu \cdot t)$$

mit ν = Rotationsfrequenz der Spule. Entsprechend ist die Spulenspannung U (mit $\omega = 2 \cdot \pi \cdot \nu$)

$$U = N \cdot B \cdot A \cdot \omega \cdot \sin(\omega \cdot t).$$

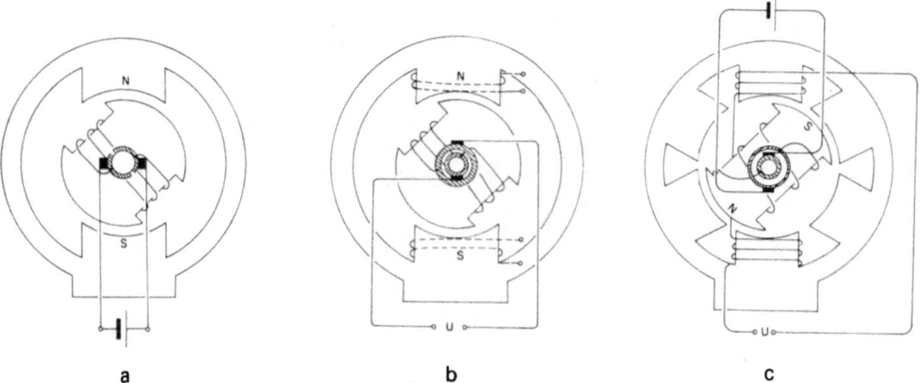

Abb. 13.25. Elektrische Maschinen. **a** Gleichstrommotor. **b** Wechselstromgenerator. Die erforderlichen Magnetfelder der Statoren werden durch Spulen an den Statorpolen (in **b** gestrichelt angedeutet) erzeugt. **c** Drehstromgenerator. Hier werden die Rollen von Stator und Rotor aus technischen Gründen vertauscht: es rotiert ein magnetisierter Rotor, der in drei gegeneinander um 120° versetzten Spulenpaaren Wechselspannungen U induziert. (Die Wicklung nur eines Spulenpaares ist angedeutet.)

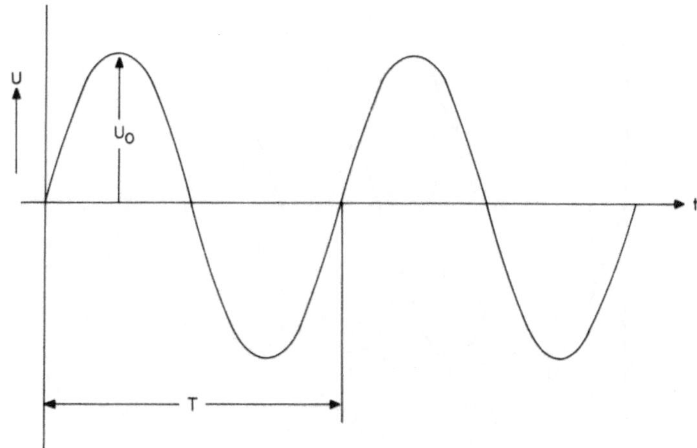

Abb. 13.26. Wechselspannung $U = U_0 \cdot \sin\left(2 \cdot \pi \cdot \frac{t}{T}\right)$, von einem Generator nach Abb. 13.25 b erzeugt

Diese Spannung kann über zwei (in Abb. 13.25 b schraffiert gezeichnete) Schleifringe von der Spule nach außen geführt werden. Abbildung 13.26 zeigt den zeitlichen Verlauf dieser Wechselspannung; sie ändert periodisch ihre Richtung.

Beispiel 13.9. Drehstromgenerator. Hier befinden sich drei gegeneinander um 120° verdrehte Spulen auf dem Stator (Abb. 13.25 c). Die in diesen drei Spulen von dem rotierenden Magnetfeld des Rotors induzierten Wechselspannungen sind dann ebenfalls um 1/3 jeder Periode, d. h. um $T/3$ gegeneinander verschoben. Wenn man je einen Anschluß dieser drei Spulen miteinander verbindet, bekommt man die in der Abb. 13.27 a skizzierte Schaltung mit vier Anschlüssen: drei sogenannten Phasen U_1, U_2 und U_3 (in der Elektrotechnik mit R, S und T bezeichnet) und den Nulleiter N. (Die Bezeichnung „Nulleiter" kommt daher, daß bei gleich starken Strömen in den drei Phasen der Strom im Nulleiter verschwindet.) Dies ist das heute allgemein übliche *öffentliche 220/380-Volt-(Dreh-)Stromnetz*.

Beispiel 13.10. Transformator. Hierbei handelt es sich um die technische Realisierung des ursprünglichen Faradayschen Induktionsapparats (Abb. 13.16) für Wechselstrom. Zwei Spulen, eine

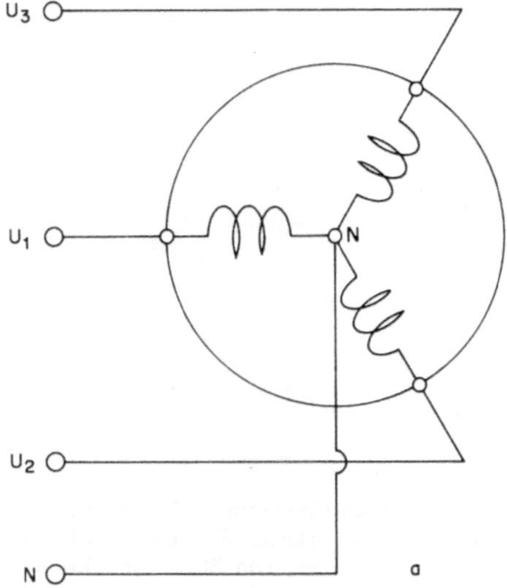

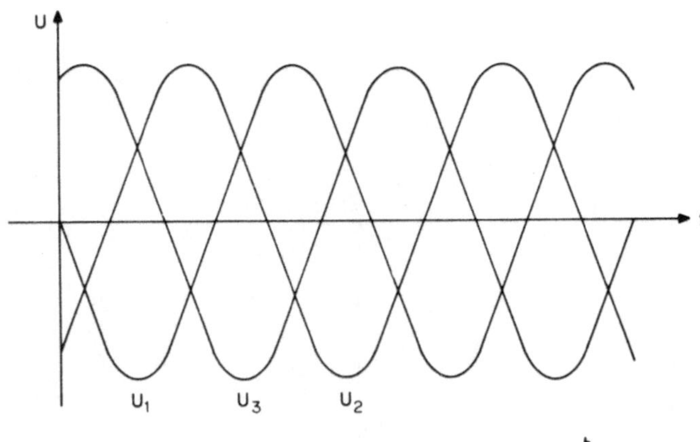

Abb. 13.27. Drehstrom. **a** Verbindung der drei Wicklungen in der sogenannten Sternschaltung. N = Nulleiter. **b** Zeitlicher Verlauf der drei Wechselspannungen U_1, U_2 und U_3 im Drehstromnetz

Primärspule und eine Sekundärspule, umschließen einen gemeinsamen magnetischen Fluß ϕ, z. B. wie in Abb. 13.28 dargestellt. Damit beide Spulen einen möglichst starken gemeinsamen magnetischen Fluß umschließen, füllt man das Spuleninnere mit einem gemeinsamen ferromagnetischen Kern.

Die grundsätzliche Funktion des Transformators läßt sich leicht verstehen, wenn man einen idealen Transformator mit vernachlässigbar kleinem Spulenwiderstand (R = 0) annimmt. Die Primärspannung $U_1 = U_0 \cdot \cos(\omega \cdot t)$ erzeugt einen durch die Primärspule fließenden Wechselstrom $I = I_0 \cdot \cos(\omega \cdot t)$. Dieser Strom erzeugt einen magnetischen Fluß ϕ. Nach dem Induktionsgesetz induziert dieser Fluß in der Primärspule (N_1 Windungen) eine der Primärspannung entgegengesetzt gerichtete Spannung U_I:

$$U_I = -N_1 \cdot \frac{d\phi}{dt}.$$

Wegen $R = 0$, wird U_I im idealen Transformator praktisch gleich groß wie U_1; es genügt ja der geringste Überschuß von U_1 über U_I, um beliebig große Ströme zu erzeugen (wegen des Minus im Induktionsgesetz sind diese beiden Wechselspannungen in Gegenphase). Dann induziert derselbe

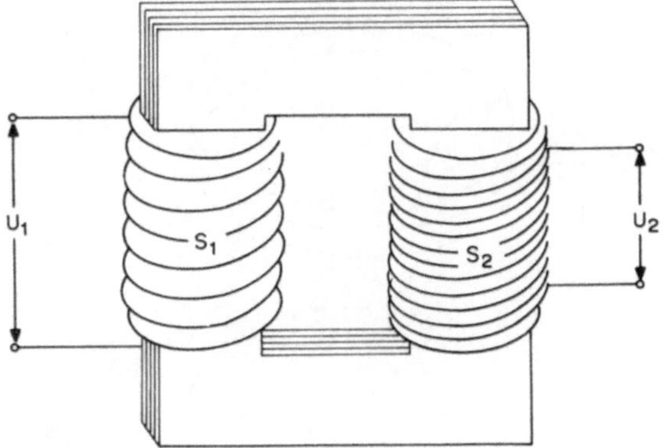

Abb. 13.28. Transformator. S_1 = Primärspule, S_2 = Sekundärspule, U_1 = Primärspannung, z. B. von Phase und Nulleiter des öffentlichen Stromnetzes. U_2 = Sekundärspannung

magnetische Fluß in der Sekundärspule die Spannung

$$U_2 = -N_2 \cdot \frac{d\phi}{dt}.$$

Die Spannungen an den beiden Wicklungen verhalten sich also wie die Windungszahlen:

$$U_1 : U_2 = -N_1 : N_2.$$

Beispiel 13.11. Betatron. Bis etwa 1940 standen für die klinische Strahlentherapie praktisch nur Röntgengeräte mit Anodenspannungen von maximal etwa 250 kV, in Ausnahmefällen bis 1 MV, zur Verfügung. Das änderte sich entscheidend durch die Entwicklung des Betatrons, dessen Prinzip schon 1928 von R. Wideroe angegeben worden ist. Damit standen sowohl energiereiche Betastrahlen hinreichender Strahlungsintensität als auch entsprechend energiereiche Röntgenstrahlen zur Verfügung.

Das Betatron ist ein Transformator, dessen Sekundärwicklung ein Elektronenstrahl ist, s. Abb. 13.29. Die Elektronen werden durch eine Spannung U bzw. durch die zugehörige elektrische Feldstärke $E = U/(2 \cdot r \cdot \pi)$ beschleunigt, die vom eingeschlossenen magnetischen Fluß ϕ längs ihrer Bahn (Radius r) induziert wird:

$$U = -\frac{d\phi}{dt} = -r^2 \cdot \pi \cdot \frac{dB}{dt}.$$

Also ist die Beschleunigung in Richtung der Elektronenbahn nach dem 2. Newtonschen Gesetz (Gleichung 3.13):

$$dp/dt = F = -e \cdot E = -e \cdot U/(2 \cdot r \cdot \pi) = e \cdot \frac{r}{2} \cdot \frac{dB}{dt}.$$

Berücksichtigt man, daß die Elektronen durch die Lorentzkraft $e \cdot v \cdot B$ auf der Kreisbahn gehalten werden müssen, d. h. Lorentzkraft = Zentrifugalkraft der Kreisbahn,

$$e \cdot v \cdot B_{\text{Bahn}} = m \cdot v^2/r = p \cdot v/r,$$

erhält man $p = e \cdot r \cdot B_{\text{Bahn}}$ oder $dp/dt = e \cdot r \cdot dB_{\text{Bahn}}/dt$. Vergleicht man die beiden Rechenergebnisse für dp/dt, erhält man die zuerst von Steenbeck gefundene Stabilitätsbedingung für die Elektronenbahn:

$$B_{\text{Bahn}} = \tfrac{1}{2} \cdot B,$$

d. h. die Magnetfeldstärke auf der Elektronenbahn muß 50% der (mittleren) Magnetfeldstärke innerhalb der Elektronenbahn betragen, was durch geeignete Formgebung der Magnetpole erreicht wird, s. Abb. 13.29 b.

Die Elektronen werden von einer Glühkathode erzeugt und mit Hilfe einer durchbohrten Anode, ähnlich wie bei der Kathodenstrahlröhre, in das Betratron injiziert. Die Beschleunigung erfolgt während des Anwachsens des von der Primärwicklung erzeugten magnetischen Flusses während einer Halbperiode der angelegten Wechselspannung. Anschließend werden die Elektronen durch ein

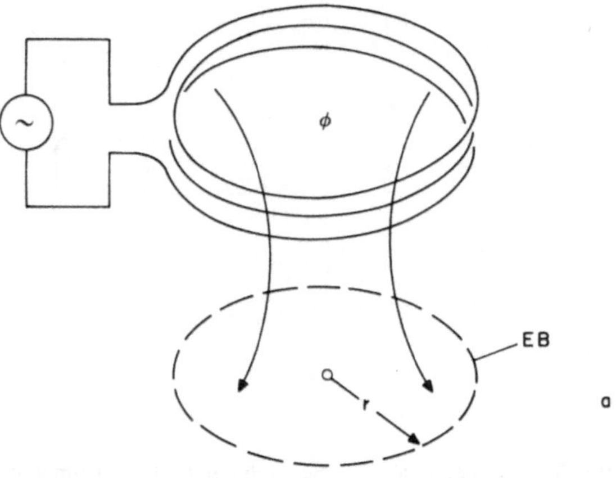

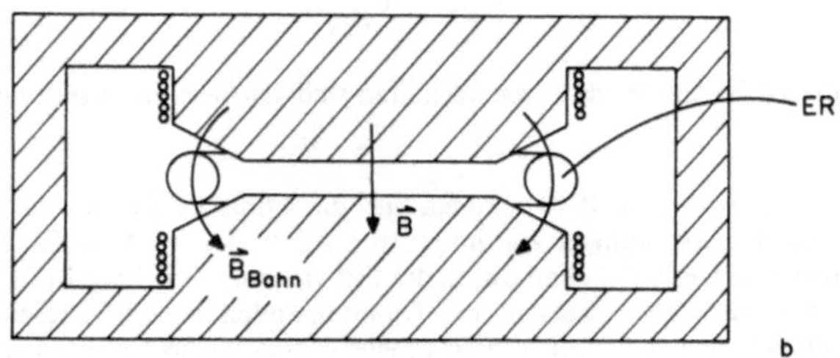

Abb. 13.29. Prinzip des Betatrons. **a** Die von Wechselstrom durchflossene Primärwicklung erzeugt einen zeitlich variierenden magnetischen Fluß ϕ. Dieser induziert in der gestrichelt gezeichneten Elektronenbahn *EB* eine Spannung *U*. **b** Die Elektronenbahn befindet sich in einem evakuierten Rohr *ER*. Das magnetische Feld $\mathbf{B}_{\text{Bahn}} = \frac{1}{2} \cdot \mathbf{B}$ hält die Elektronen auf Kreisbahn

zusätzliches Magnetfeld an der Elektronenbahn nach außen abgelenkt. Pro Halbperiode vollführen die Elektronen etwa 10^6 Umläufe und erreichen dabei Energien bis 100 MeV. Zur Erzeugung entsprechend energiereicher Röntgenstrahlung werden die Elektronen auf eine Pt- oder W-Platte („Target") gerichtet.

Beispiel 13.12. *Spulenfeld-Diathermie.* Bei diesem Verfahren zur lokalen Erwärmung von Körperteilen wird das Magnetfeld einer Hochfrequenzspule zur Energieübertragung benutzt. Die Spule wird der Körperoberfläche so angelegt, daß der magnetische Fluß den zu erwärmenden Körperteil erfüllt. Im Gewebe wird nach dem Faraday-Henryschen Gesetz eine Spannung *U* induziert, die nur von der zeitlichen Änderung des magnetischen Flusses abhängt, d. h. die induzierte Spannung ist unabhängig von der Resistivität des Gewebes. Die Erwärmung ΔT ist nach Gleichung 12.12 proportional zu U^2/R, d. h. ΔT ist dort groß, wo die Resistivität ρ klein ist. Bei der induktiven Gewebeerwärmung ist ΔT im Muskelgewebe wegen dessen etwa um eine Zehnerpotenz größerer Leitfähigkeit entsprechend größer als im Fettgewebe.

Beispiel 13.13. *Magnetfeldtherapie* von Knochenfrakturen und Pseudoarthrosen mittels magnetischer Wechselfelder. Hier wird eine über die Wärme hinausgehende Wirkung postuliert. Die Beobachtung, daß bei Wegfall einer mechanischen Stimulation Knochenatrophie und Osteoporose auftreten, legte die Vorstellung eines bioelektrischen Regelkreises nahe, der über den piezoelektrischen Effekt des Knochenkollagens und die hierdurch bewirkte elektrische Gewebereizung die Knochenbildung steuern soll. Diese elektrische Reizung versucht man, bei schlecht heilenden Knochenfrakturen offenbar mit einigem Erfolg, durch elektrische Ströme hervorzurufen. Dabei werden dem betreffenden Körperteil

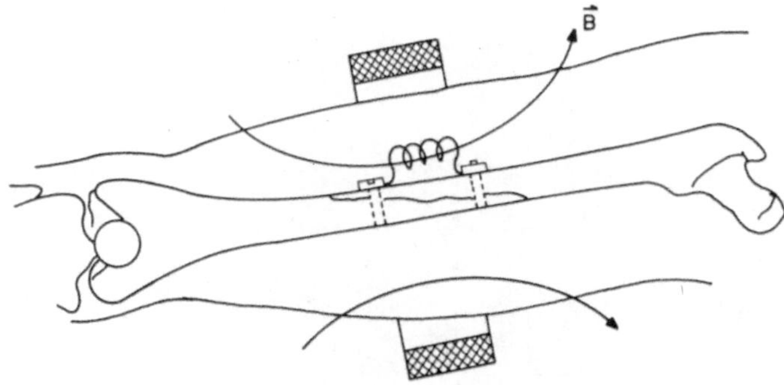

Abb. 13.30. Magnetfeldtherapie einer Knochenfraktur. Das von der äußeren Spule erzeugte magnetische Wechselfeld **B** induziert in der implantierten Spule eine Spannung, die an die Bruchstelle angelegt wird

Spulen angelegt, die von Wechselstrom durchflossen werden. Bei der operativen Frakturbehandlung wird eine Induktionsspule mittels zweier Elektroden beispielsweise an den Osteosyntheseschrauben befestigt. Das von der äußeren Spule erzeugte magnetische Wechselfeld induziert in der implantierten Spule eine Wechselspannung, die einen entsprechenden Strom zur Folge hat.

Bei der konservativen Magnetfeldtherapie entfällt die implantierte Induktionsspule. Es kommen allein die im Gewebe induzierten Spannungen bzw. Ströme zur Wirkung. Angewandt werden Frequenzen unter 50 Hz und Magnetfeldstärken um 0,5 mT.

Beispiel 13.14. Elektromagnetische Stoßwellenerzeugung für die *Lithotripsie.* Hier befindet sich eine Metallmembran vor einer flachen einlagigen, schneckenförmig gewickelten Spule. Ein durch diese Spule geschickter Stromstoß erzeugt ein rasch ansteigendes Magnetfeld B_0, welches in der Metallmembran Ströme induziert. Die induzierten Ströme erzeugen ein Magnetfeld B, welches dem Feld B_0 entgegen gerichtet ist (Lenzsche Regel). Dadurch wird die Metallmembran von der Spule abgestoßen. Im elektromagnetischen Lithotriptor grenzt die Metallmembran an eine Wassersäule und erzeugt in dieser eine Stoßwelle, die beispielsweise zur Nierensteinzertrümmerung benutzt wird.

Beispiel 13.15. Paramagnetische Substanzen. Vier ungepaarte Elektronen eines inneren Elektronenorbitals des Fe^{2+}-Ions sind der Grund für den *Paramagnetismus des Hämoglobins.* Das Oxyhämoglobin hingegen ist diamagnetisch, weil durch die Oxygenierung die Energien der inneren Elektronenorbitale des Fe^{2+}-Ions unterschiedliche Werte bekommen und die sechs Elektronen die drei niedrigeren Orbitale paarweise besetzen.

Ferner sind die organischen Radikale wegen ihres ungepaarten Elektrons paramagnetisch. Weitere bekannte Beispiele sind H, NO, NO_2 und O_2. Der *Paramagnetismus des O_2-Moleküls,* welches ja eine gerade Anzahl Elektronen besitzt, kommt dadurch zustande, daß sich die Spins der beiden Bindungselektronen parallel einstellen (s. Kapitel 18).

Beispiel 13.16. Hall-Effekt. Auf bewegte Ladungen wirkt im Magnetfeld die Lorenzkraft. In der Abb. 13.31 bewegen sich in dem schraffiert gezeichneten Leiter negative Ladungen Q mit der Geschwindigkeit $\mathbf{v}$ normal zu dem in die Zeichenebene orientierten Magnetfeld **B**. Die auf die Ladungen Q wirkende Lorentzkraft drängt diese an den oberen Leiterrand. Die Folge ist ein Mangel an negativen Ladungen im unteren Teil des Leiters—dort überwiegen nun die positiven Ladungen der ortsgebundenen Atomrümpfe—und ein Überschuß am oberen Rand—dort überwiegen die Ladungen der Leitungselektronen. Diese Ladungsverteilung hat im Innern des Leiters ein elektrisches Feld **E** zur Folge. (Man denke sich anstelle der Ladungen am oberen und unteren Leiterrand die negativ bzw. positiv geladenen Platten eines Plattenkondensators.)

Wie groß wird nun das elektrische Feld **E**. Die Antwort ergibt sich aus der folgenden Überlegung: **E** übt eine Kraft $Q\cdot\mathbf{E}$ auf die Ladungen Q aus, die jener der Lorentzkraft entgegengesetzt ist. Solange also $Q\cdot\mathbf{E}$ kleiner ist als die Lorentzkraft, werden weiter Ladungen Q an den oberen Leiterrand gedrängt und erhöhen damit **E**. Dieser Prozeß kommt erst zum Stillstand, wenn Gleichgewicht zwischen der Lorentzkraft und der Kraft des elektrischen Felds herrscht, d. h. wenn:

$$Q\cdot\mathbf{v}\times\mathbf{B}=Q\cdot\mathbf{E}$$

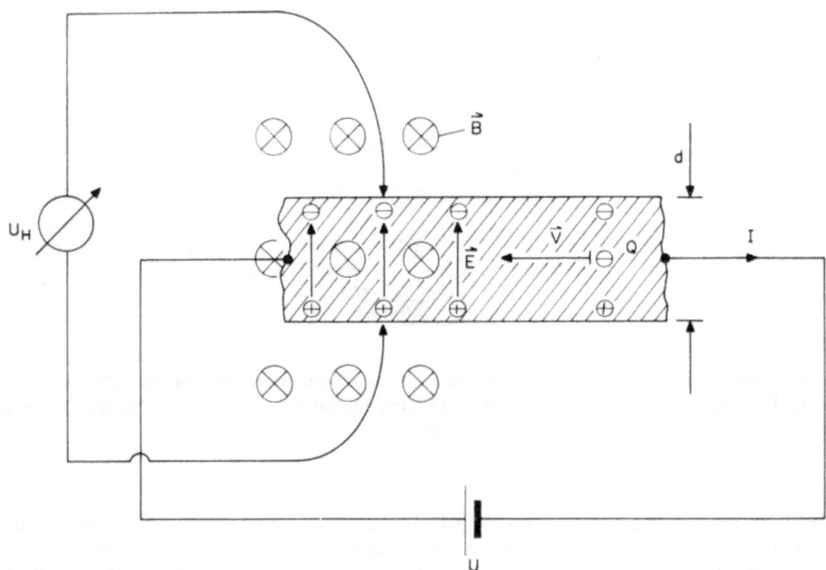

Abb. 13.31. Metallischer Leiter im Magnetfeld **B**. Die Hall-Spannung U_H kann am Leiter außen gemessen werden

oder, da **v** normal auf **B** orientiert ist:

$$Q \cdot v \cdot B = Q \cdot E,$$

woraus das

$$\text{Hall-Feld } E = v \cdot B$$

und die

$$\text{Hall-Spannung } U_H = E \cdot d = v \cdot B \cdot d$$

direkt folgen (E. H. Hall, 1879).

Dieses Phänomen hat einige Bedeutung sowohl für die Physik als auch für die Medizin. Zunächst kann man die Hall-Spannung zur Messung von Magnetfeldstärken benutzen. Ferner läßt sich aus der Polung der Hall-Spannung die Natur der Ladungsträger ablesen, d. h. man kann erkennen, ob der Stromtransport durch positive oder negative Ladungsträger erfolgt, weil diese entgegengesetzt gepolte Hall-Spannungen erzeugen. Ferner kann man die Hall-Spannung durch den Strom $I = n \cdot e \cdot A \cdot v$ ausdrücken (n = Ladungsträgerdichte, e = elektrische Elementarladung, A = Leiterquerschnittsfläche und v = wie oben die Ladungsträgergeschwindigkeit): $U_H = I \cdot B \cdot d/(n \cdot e \cdot A)$. Bei Kenntnis aller übrigen Parameter kann man die Ladungsträgerdichte n des betreffenden Leiters bestimmen.

Beispiel 13.17. Elektromagnetische *Blutflußmessung*. Für das Auftreten der Hall-Spannung ist es gleichgültig, ob die Ladungen Q durch einen elektrischen Strom bewegt werden, oder ob diese Ladungen als Bestandteil eines im Magnetfeld bewegten Leiters bewegt werden. Letzteres ist beispielsweise der Fall, wenn sich Blut im Magnetfeld bewegt. Dies ist die Basis für die elektromagnetische Blutflußmessung. Dabei werden operativ freigelegte Blutgefäße so zwischen die Pole eines Elektromagneten gebracht, daß das Blut senkrecht zum Magnetfeld **B** strömt. Dann mißt man an der Gefäßwand mit zwei Elektroden die

$$\text{Hall-Spannung } U_H = v \cdot B \cdot d,$$

aus der v berechnet werden kann. Um Polarisationseffekte zu vermeiden, wird mit einem magnetischen Wechselfeld von etwa 1 MHz gearbeitet.

Natürlich treten Hall-Spannungen auch dann auf, wenn die Blutgefäße nicht freigelegt sind und der Mensch sich in einem starken Magnetfeld aufhält. Bis zu Feldstärken von $B = 2\,\text{T}$ treten nach den gegenwärtigen Einsichten hierbei keinerlei schädliche Störungen der physiologischen Vorgänge im Körper auf. Hall-Spannungen treten darüber hinaus auch an anderen bewegten Leitern im Körper auf, beispielsweise am Herzmuskel.

Aufgabe 13.3. Man berechne die Induktivität L einer Spule mit $N = 10^4$ Windungen, einem Radius von $R = 10\,\text{cm}$ und einer Länge von $l = 5\,\text{cm}$.

Aufgabe 13.4. Ein kreisförmiger Leiter (Radius 0,5 m) schließe ein Magnetfeld $B = 0{,}1\,\text{mT}$ ein. Man berechne die in ihm induzierte maximale Spannung U_0, wenn sich das eingeschlossene Feld harmonisch mit $\nu = 50\,\text{Hz}$ ändert.

14. Wechselstrom und elektromagnetische Wellen

Mit der Faraday-Henry-Induktion war eine neue Methode zur Erzeugung hoher Spannungen gefunden worden. Die Anwendung von Stromimpulsen, die durch Induktion erzeugt werden, hat G. B. Duchenne 1872 erstmalig beschrieben. Dabei wird der (Gleich-) Stromkreis der Primärspule eines Induktors ($\hat{=}$ Transformator) periodisch unterbrochen. Die hierdurch in der Sekundärspule induzierten Spannungsimpulse bzw. der zugehörige sogenannte Faradische Strom lösen in Muskeln Zuckungen aus. Mit zunehmender Frequenz der Impulsfolge gehen diese Zuckungen in Schütteln des Muskels über und schließlich kommt es—ab einer Impulsfolgefrequenz von 30 bis 50 Hz—zu einer Muskelkontraktion, die einer willkürlichen ähnlich ist und als Tetanus bezeichnet wird.

Gesunde Muskel können entweder direkt, d. h. durch elektrische Reizung an der Eintrittstelle der motorischen Neuronen in den Muskel, oder indirekt über den zuständigen Nerv erregt werden. Je nach erfolgender Reaktion kann auf die Art der zugrundeliegenden Schädigung geschlossen werden. Beispielsweise unterbricht eine Durchtrennung eines Nerven distal des Reizpunktes die indirekte Erregbarkeit des zugehörigen Muskels. Der Einsatz dieser Methoden für diagnostische Zwecke ist allerdings begrenzt, weil geeignete Nervenreizstellen nur für wenige Muskel an der Körperoberfläche zugänglich sind. Diese Reizstromdiagnostik wurde daher weitgehend von der Elektromyographie verdrängt. Therapeutisch allerdings werden tetanisierende, d. h. anhaltende Muskelkontraktionen hervorrufende Ströme zur Kräftigung der Muskulatur in der Heilgymnastik verwendet. Ein neuer Bereich für die Elektrostimulation ist die Umwandlung sogenannter schneller Muskel in langsame für die Kardiomyoplastie. Es gelingt hierbei, schnelle, leicht ermüdende Skelettmuskel in langsame, nicht ermüdende (Herz-) Muskel umzuwandeln.

Wechselstrom hat gegenüber Gleichstrom den Vorteil, mittels Transformatoren leicht auf unterschiedlich hohe Spannungen transformiert werden zu können. Da elektrische Energie hoher Spannung mit geringen Verlusten über weite Strecken übertragen werden kann, hat man sich gegen Ende des 19. Jahrhunderts für Wechselstrom als Energieform der kommerziellen bzw. öffentlichen Energieversorgung entschieden. Das führte zu verstärktem Interesse an den physiologischen Effekten von Wechselstrom.

Pionier bei der Erforschung von physiologischen Wechselstromphänomenen im menschlichen Körper war A. d'Arsonval. Er untersuchte insbesondere die Frequenzabhängigkeit der von Wechselstrom ausgelösten Reaktionen und stellte bald fest, daß bei Hochfrequenzstrom Muskelkontraktionen und Nervenreizungen ausbleiben. Hingegen konnte die der Stromstärke entsprechende Erwärmung registriert werden. D'Arsonval hat weiters gezeigt, daß man erhebliche hochfrequente Ströme im Körper auch durch induktive und kapazitive Kopplung erzeugen kann. Zur induktiven Kopplung stellte d'Arsonval den Körper in das magnetische Feld einer großen, aus dicken Kupferdrahtwindungen bestehenden Induktionsspule. Bei der kapazitiven Kopplung bildete der Körper die eine Platte eines Plattenkondensators, die andere Platte wurde von dem Sessel gebildet, auf dem der Körper, isoliert durch ein Kissen, ruhte. Damit war die sogenannte Langwellen-Diathermie oder d'Arsonvalisation geboren. Die darauf folgenden Entwicklungen führten über noch höhere Frequenzen zur Kurzwellentherapie einerseits und andererseits über hohe Wärmeleistungen zur Elektrochirurgie.

Während also bei hinreichend hohen Frequenzen (ab etwa 100 kHz) nur mehr die Wärmewirkung des elektrischen Stroms zur Geltung kommt, ist bei niedrigen Frequenzen auch die Reizwirkung von Bedeutung. Die Reizwirkung von Wechselstrom gleicht weitgehend jener des Faradischen Stroms gleicher Frequenz. Ab Stromstärken von etwa 80 mA kommt es bei beiden Stromarten durch die Reizwirkung im Herzen zur Auslösung falscher Erregungswellen, was zum tödlichen Herzflimmern führt. Da die Reizwirkung das Unfallopfer im übrigen relativ unversehrt läßt, wird die Gefährlichkeit des elektrischen Stroms leicht unterschätzt, ja hat in der Anfangszeit der Elektrifizierung zu erheblichen Fehlschlüssen geführt.

In der Natur ist der Mensch schon immer elektromagnetischen Wellen ausgesetzt gewesen. Die Energiestromdichten dieser atmosphärisch bedingten Wellen erreichen maximal 10^{-8} bis $10^{-9}\,\mathrm{W \cdot m^{-2}}$. Der zunehmende Gebrauch hochfrequenter elektromagnetischer Felder und Wellen in der Nachrichtentechnik sowie in der Funknavigation, aber auch der Einsatz elektronischer Geräte im Haushalt, hat dazu geführt, daß die Bevölkerung zunehmend Bestrahlung mit erheblich größeren Intensitäten ausgesetzt ist. Dies hat zu ernster Besorgnis und vermehrter Beschäftigung mit den Wechselwirkungsmöglichkeiten hochfrequenter Felder und Wellen mit dem menschlichen Körper Anlaß gegeben.

Die Diskussion dreht sich dabei einerseits um die durch thermische Wechselwirkung bedingten Erwärmungsvorgänge und andererseits um bekannte sowie vermutete nichtthermische Wechselwirkungen. Die thermischen Wirkungen scheinen gut verstanden zu sein, weil man sie mit bekannten anderen thermischen Wechselwirkungen vergleichen kann. Dennoch gibt es auch hier noch offene Fragen, wie etwa das Problem des Nichtansprechens der Thermoregulation des Organismus bei der sogenannten einschleichenden Erwärmung. Nach wie vor unklar ist auch, wie weit schädliche nichtthermische Wirkungen hochfrequenter Felder und Wellen existieren. Prozesse auf Basis des (von H. Fröhlich entwickelten) Modells kohärenter Dipolschwingungen konnten bisher nicht nachgewiesen werden. Neuere Untersuchungen konzentrieren sich vor allem auf die Rolle der Zellmembran und der Ionenkanäle als Ort und Vehikel nichtthermischer Wirkungen.

14.1 Wechselstromkreis

a) Ohmsches Gesetz des Wechselstromkreises

In einem allgemeinen Wechselstromkreis gibt es neben dem elektrischen Widerstand R, hier auch „Wirkwiderstand" genannt, noch induktive und kapazitive Widerstände.

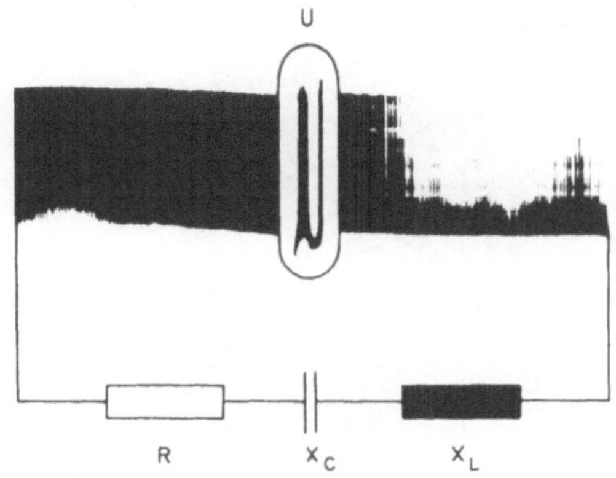

Abb. 14.1. Wechselstromkreis mit Wirkwiderstand (Resistanz) R, induktivem Widerstand (Induktanz) X_L und kapazitivem Widerstand (Kapazitanz) X_C in Reihe

Natürlich müssen auch hier die Kirchhoffschen Regeln gelten. Die Schleifenregel lautet für den in Abb. 14.1 dargestellten Stromkreis (mit den Gleichungen 12.4, 11.12 und 13.7):

$$U - R \cdot I - \frac{1}{C} \cdot \int I \cdot dt - L \cdot \frac{dI}{dt} = 0.$$

Die Minuszeichen sind dadurch bedingt, daß die einzelnen, an den Widerständen im Stromkreis auftretenden Spannungsabfälle der eingeprägten Spannung U entgegen gerichtet sind. Bringt man diese Spannungen auf die rechte Gleichungsseite, lautet die Schleifenregel:

$$U = U_R + U_C + U_L = R \cdot I + \frac{1}{C} \cdot \int I \cdot dt + L \cdot \frac{dI}{dt},$$

d. h. die eingeprägte Spannung U ist gleich der Summe der an den einzelnen Widerständen auftretenden Spannungen. Wie man sieht, ist die Spannung

U_R proportional zum Strom I

U_C proportional zur Stammfunktion des Stroms I

U_L proportional zum Differentialquotienten von I.

Für Wechselstrom $I = I_0 \cdot \sin(\omega \cdot t)$ ist die Stammfunktion $(-I_0/\omega) \cdot \cos(\omega \cdot t)$ und der Differentialquotient ist $I_0 \cdot \omega \cdot \cos(\omega \cdot t)$, bzw.

$$U_R = R \cdot I_0 \cdot \sin(\omega \cdot t),$$

$$U_C = -\frac{1}{\omega \cdot C} \cdot I_0 \cdot \cos(\omega \cdot t)$$

und

$$U_L = \omega \cdot L \cdot I_0 \cdot \cos(\omega \cdot t).$$

Abbildung 14.2 zeigt im Teilbild b den zeitlichen Verlauf von Strom und Spannungen in diesem Stromkreis. Das ist sehr unübersichtlich. Viel besser überblickt man die Spannungen und Ströme mit Hilfe von Zeigerdiagrammen. Das zugehörige Zeigerdiagramm ist im Teilbild a dargestellt. Dort sind Strom und Spannungen durch Zeiger repräsentiert, die mit der Kreisfrequenz ω um den Ursprung 0 eines x–y-Koordinatensystems rotieren. Die Zeigergröße ist die jeweilige Strom- bzw. Spannungsamplitude. Die Zeiger selbst werden durch ein Dach auf dem betreffenden Größensymbol gekennzeichnet.

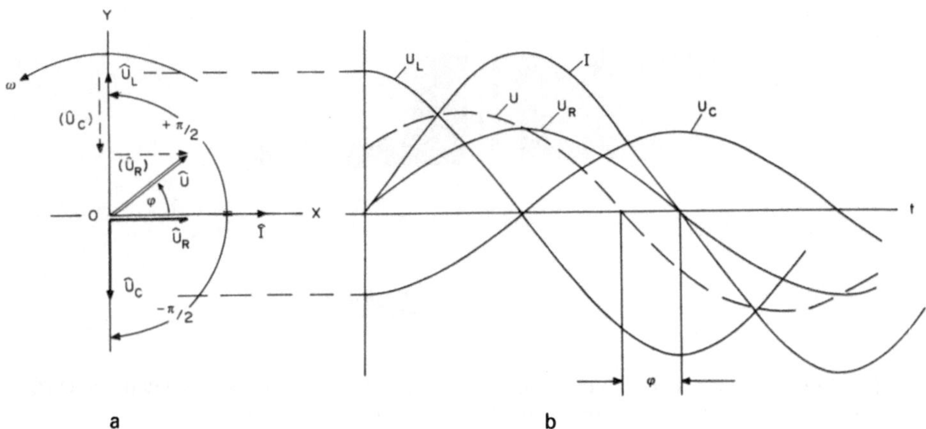

Abb. 14.2. Zeigerdiagramm **a** und Graphik **b** von Strom und Spannungen der Schaltung von Abb. 14.1. Die Zeiger sind durch ein Dach auf dem Größensymbol gekennzeichnet, die Zeigergröße ist die jeweilige Amplitude. Zwischen der Spannung U und dem Strom I tritt eine Phasenverschiebung φ auf

Die wirkliche Größe von Strom I und Spannung U ergibt sich durch Projektion der Zeiger auf die y-Ordinate. Das in Abb. 14.2a gezeichnete Zeigerdiagramm gibt den Zustand bei $t = 0$ wieder. Da sich bei $t \neq 0$ nichts wesentliches mehr tut—Strom und Spannung ändern sich lediglich nach harmonischen Zeitfunktionen, die relative Phasendifferenz untereinander bleibt unverändert—läßt das Zeigerdiagramm auch allein alles Wesentliche erkennen.

Wie man aus dem Zeigerdiagramm sieht, ist die Kondensatorspannung U_C gegenüber dem Strom I um $-\pi/2$ und die an der Spule auftretende Spannung gegenüber dem Strom I um $+\pi/2$ phasenverschoben. Dasselbe drücken natürlich auch die mathematischen Funktionen aus:

$$U_C = -\frac{1}{C}\cdot I_0\cdot\cos(\omega\cdot t) = \frac{1}{C}\cdot I_0\cdot\sin\left(\omega\cdot t - \frac{\pi}{2}\right)$$

und

$$U_L = L\cdot I_0\cdot\cos(\omega\cdot t) = L\cdot I_0\cdot\sin\left(\omega\cdot t + \frac{\pi}{2}\right).$$

(Die Spannung U_R am Wirkwiderstand R ist mit dem Strom I „in Phase".)

Aus dem Zeigerdiagramm erkennt man die folgenden wichtigen Zusammenhänge: Durch Aneinanderreihen der Spannungspfeile $\hat{U}_L$, $\hat{U}_C$ und $\hat{U}_R$ (ähnlich wie bei der Summenbildung von Vektoren), erhält man den Zeiger der Gesamtspannung $\hat{U}$ (Abb. 14.2 a). Die Amplitude U_0 der Gesamtspannung U ist die Länge des Zeigers $\hat{U}$, diese ist also:

$$\begin{aligned} U_0 &= \sqrt{(I_0\cdot\omega\cdot L - I_0/(\omega\cdot C))^2 + (I_0\cdot R)^2} \\ &= \sqrt{(\omega\cdot L - 1/(\omega\cdot C))^2 + R^2}\cdot I_0 \end{aligned}$$

oder

$$I_0 = \frac{U_0}{\sqrt{\left(\omega L - \frac{1}{\omega C}\right)^2 + R^2}}.$$

Für die Amplituden kann man das Ohmsche Gesetz in der vertrauten Form der Gleichung 12.2 schreiben:

$$I_0 = \frac{U_0}{Z}$$

u. zw. mit

$$Z = \sqrt{\left(\omega \cdot L - \frac{1}{\omega \cdot C}\right)^2 + R^2}.$$

Z heißt Scheinwiderstand oder Impedanz des Wechselstromkreises und wird oft

$$Z = \sqrt{X^2 + R^2}$$

geschrieben. Die Größe

$X = X_L - X_C$ heißt Blindwiderstand,

$X_L = \omega \cdot L$ heißt Induktanz und

$X_C = \frac{1}{\omega \cdot C}$ heißt Kapazitanz.

Zwischen der Spannung U und dem Strom I gibt es nun eine Phasendifferenz ϕ mit (s. Abb. 14.2 a):

$$\tan \phi = \frac{\omega \cdot L - \frac{1}{\omega \cdot C}}{R}$$

b) Leistung im Wechselstromkreis

Auch hier ist, wie beim Gleichstrom, die einem Stromkreis oder einem Abschnitt in diesem Stromkreis in einem Zeitintervall Δt zufließende Energie ΔW gleich der

Energie, die in Δt beim elektrisch höheren Potential ϕ_1 hineinfließt,
minus der
Energie, die in Δt beim elektrisch niedrigeren Potential ϕ_2 herausfließt:

$$\Delta W = \Delta Q \cdot \phi_1 - \Delta Q \cdot \phi_2 = I \cdot \Delta t \cdot (\phi_1 - \phi_2) = I \cdot U \cdot \Delta t.$$

D. h. die momentane elektrische Leistung ist $P = \Delta W / \Delta t = U \cdot I$. Die Energie ΔW wird im Stromkreis in andere Energieformen, beispielsweise Wärme oder mechanische Arbeit, umgesetzt.

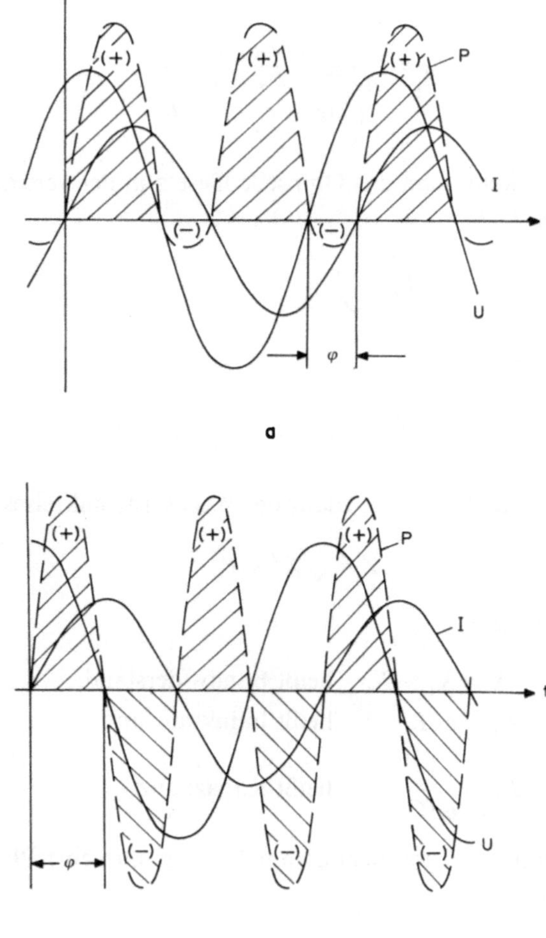

Abb. 14.3. Momentane elektrische Leistung $P(t)$ im Wechselstromkreis bei **a** einer Phasendifferenz $\phi = \pi/3$ und **b** einer Phasendifferenz $\phi = \pi/2$ zwischen Spannung U und Strom I

Wenn zwischen Spannung U und Strom I eine Phasenverschiebung ϕ vorliegt, s. Abb. 14.3, dann ist die momentane elektrische Leistung:

$$\begin{aligned} P(t) &= U \cdot I \\ &= U_0 \cdot \sin(\omega \cdot t + \phi) \cdot I_0 \cdot \sin(\omega \cdot t) \\ &= U_0 \cdot I_0 \cdot (\sin^2(\omega \cdot t) \cdot \cos \phi + \sin(\omega \cdot t) \cdot \cos(\omega \cdot t) \cdot \sin \phi). \end{aligned}$$

Dieser etwas unübersichtliche Ausdruck ist in Abb. 14.3 dargestellt. Das Markante daran ist, daß P zeitweise negativ wird, d. h. der Stromkreis sogar Leistung abgibt; sie stammt entweder aus dem magnetischen Feld einer Induktivität oder aus dem elektrischen Feld einer Kapazität. Wir betrachten dies unten etwas näher. Zunächst interessiert uns noch die im zeitlichen Mittel im Stromkreis umgesetzte elektrische Leistung.

Die zeitlich gemittelte elektrische Leistung P_M im Wechselstromkreis ist (es genügt, über eine Periode T zu mitteln):

$$P_M = \frac{1}{T} \cdot \int_0^T U \cdot I \cdot dt$$

$$= \frac{1}{T} \cdot \int_0^T U_0 \cdot I_0 \cdot (\sin^2(\omega \cdot t) \cdot \cos \phi + \sin(\omega \cdot t) \cdot \cos(\omega \cdot t) \cdot \sin \phi) \cdot dt$$

$$= \tfrac{1}{2} \cdot U_0 \cdot I_0 \cdot \cos \phi = U_{\text{eff}} \cdot I_{\text{eff}} \cdot \cos \phi$$

$$= I_{\text{eff}}^2 \cdot R = \frac{U_{\text{eff}}^2}{R}$$

mit $U_{\text{eff}} = U_0/\sqrt{2}$ und $I_{\text{eff}} = I_0/\sqrt{2}$, s. Gleichung 14.9.

Wie man sieht, ist die gemittelte elektrische Leistung im Wechselstromkreis auch von der Phasendifferenz ϕ zwischen Strom und Spannung abhängig. In einem Stromkreis beispielsweise, der nur aus einer Induktivität L besteht (R sei Null), ist $\tan \phi = \infty$ und daher $\phi = \pi/2$ bzw. $\cos \phi = 0$. Dieser Fall ist in der Abb. 14.3 b dargestellt. Die momentane elektrische Leistung P oszilliert nun zwischen gleich großen positiven und negativen Werten, die mittlere Leistung P_M ist Null. Positive Leistung P heißt hier, daß Energie von der Stromquelle in den Stromkreis abgegeben wird, negative Leistung P bedeutet, daß vom Stromkreis elektrische Energie an die Stromquelle zurück gegeben wird. Hier schwingt also Energie zwischen der Stromquelle und dem Stromkreis, also der Spule, hin und her. Die Spule speichert Energie im magnetischen Feld: wenn die Spannung U ihre Richtung umkehrt, wird ohne Spule auch der Strom seine Richtung sofort umkehren; mit Spule jedoch muß zunächst deren Magnetfeld seine Richtung umkehren. Das Magnetfeld aber induziert beim Kleinerwerden, also wenn es verschwindet, eine Spannung, die den Strom am Kleinerwerden behindert, ihn also aufrecht zu erhalten trachtet (Lenzsche Regel). Man sieht hier also sehr deutlich, daß in dem Magnetfeld Energie gespeichert ist. (Ein analoger Vorgang spielt sich übrigens ab, wenn das elektrische Feld eines Kondensators verschwindet; hier fließt Ladung, also Strom, von den Kondensatorplatten, d. h. auch im elektrischen Feld ist Energie gespeichert).

c) Verschiebungsstrom

Sich bewegende elektrische Ladungen bilden einen elektrischen Strom. Bei Gleichstrom sind dies die vom elektrischen Feld bewegten Elektronen und Ionen. Bei Wechselspannung jedoch gibt es noch weitere Möglichkeiten, nämlich eine periodische Bewegung der in den Stoffmolekülen gebundenen Ladungen: Verschiebungs- und Orientierungspolarisation. Dieser Polarisationsstrom—meist als Verschiebungsstrom bezeichnet—stellt natürlich, genauso wie der Leitungsstrom, einen elektrischen Strom dar. Tatsächlich werden in einem elektrischen Leiter beide Leitungsmechanismen gleichzeitig vorhanden sein können. Die Größe dieses Polarisationsstroms I_P läßt sich auch sofort angeben. Die durch eine Fläche A hindurch verschobene Ladungsmenge dQ ist, bezogen auf die Zeit dt (s. Gleichung 12.1):

$$I_p = \frac{dQ}{dt} = \frac{d(A \cdot \sigma_P)}{dt} = A \cdot \varepsilon_0 \cdot \chi \cdot \frac{dE}{dt}.$$

Nach dem eben Gesagten wird es in dem elektrischen Leiter der Abb. 14.4 neben dem Leitungsstrom U/R noch den Polarisationsstrom I_p geben:

$$I = \frac{U}{R} + I_p.$$

Im Isolator hingegen gibt es nur den Polarisationsstrom I_p.

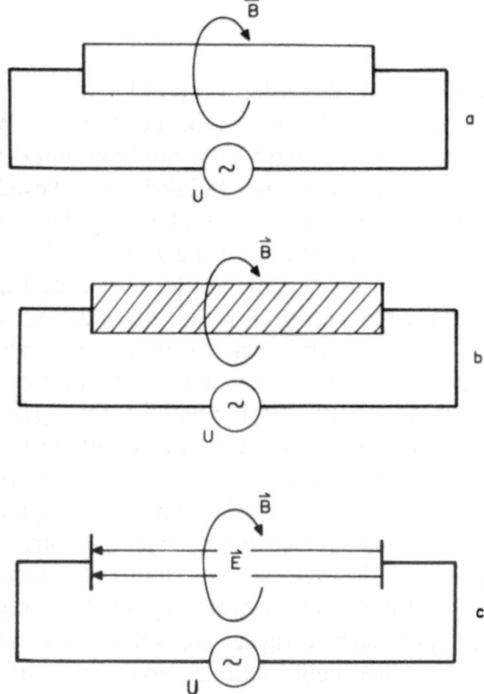

Abb. 14.4. Wechselstromkreis: **a** mit einem Leiter, **b** mit einem Isolator und **c** mit einer Vakuumstrecke. (Die Richtungen der elektrischen und magnetischen Felder ändern sich mit der Frequenz des Wechselstroms)

Beide Ströme, Polarisationsstrom und Leitungsstrom sind mit bewegten Ladungen verbunden, werden also auch von einem entsprechenden Magnetfeld umgeben sein. Im Falle des Stromkreises der Abb. 14.4 c jedoch fließt ein durch bewegte Ladungen verkörperter Strom offenbar nur in den Zuleitungen zu den zwei kondensatorähnlichen Platten. In dem zwischen den beiden Platten angenommenen Vakuum gibt es keine Ladungen. Das Überraschende ist nun, daß es auch hier ein magnetisches Feld gibt; u. zw. umschließen die zugehörigen magnetischen Feldlinien die elektrischen Feldlinien zwischen den beiden Platten so, als würde auch hier ein Strom fließen u. zw. der sogenannte Vakuumverschiebungsstrom (hier kommt es allerdings im Gegensatz zum Polarisationsstrom zu keinerlei Ladungsverschiebung; diese irreführende Bezeichnung ist historisch bedingt):

$$A \cdot \varepsilon_0 \cdot \frac{dE}{dt}.$$

Genau genommen gibt es diesen Verschiebungsstrom auch in den Fällen der Abb. 14.4 a und b; er ist jedoch um den Faktor χ kleiner (oder auch größer) als I_p.

Der Polarisationsstrom I_p trifft genauso wie der Leitungsstrom auf reibungsähnliche Hindernisse. Die Folge ist Entstehung von Wärme. (In der Technik spricht man bei Isolierstoffen von dielektrischen Verlusten.) Dieser Strom verursacht somit Wirkleistung. Da seine Amplitude aber ebenfalls proportional zum Differentialquotienten der Spannung ist, kann man sich als Ersatzschaltbild eines Leiters für den Polarisationsstrom eine Reihenschaltung aus Kondensator und Wirkwiderstand denken.

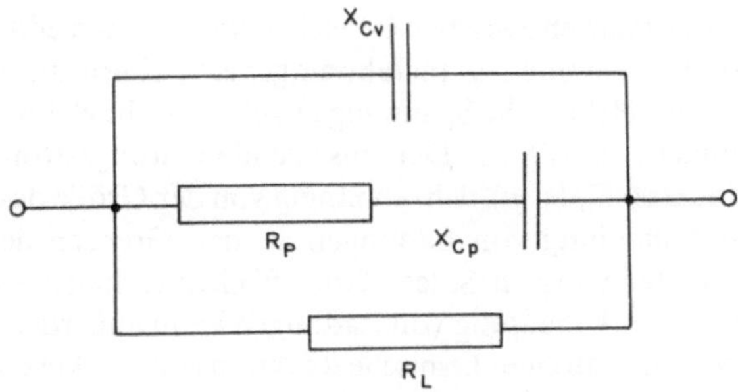

Abb. 14.5. Ersatzschaltbild für einen allgemeinen Stromleiter. Über X_{Cv} fließt der Vakuumverschiebungsstrom, über R_p und X_{Cp} fließt der Polarisationsstrom und über R_L fließt der Leitungsstrom

Skineffekt (Hauteffekt). Hochfrequente Ströme werden aus dem Innern eines Leiters an die Oberfläche gedrängt, weil das den Strom umschließende Magnetfeld im Leiterinnern eine dem Strom entgegengesetzte Spannung induziert. Die Folge ist, daß der Strom auf einen hautförmigen Bereich an der Oberfläche zusammenge-

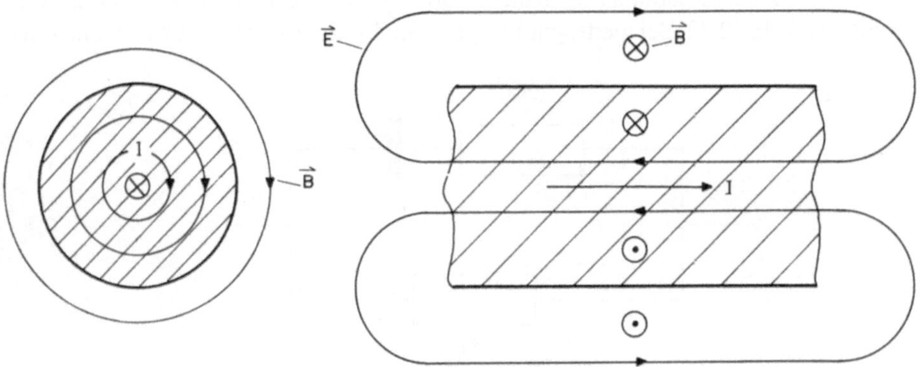

Abb. 14.6. a Querschnitt und **b** Längsschnitt durch einen stromdurchflossenen Leiter. Der Strom I im Leiter ist von einem Magnetfeld **B** umgeben. Dieses induziert im Leiter eine Gegenspannung; die zugehörige elektrische Feldstärke **E** ist im rechten Teilbild angedeutet

drängt wird. Bei sehr hohen Frequenzen kann im Leiterinnern sogar ein Strom in entgegengesetzter Richtung auftreten.

d) Wechselstrom im biologischen Gewebe

Leitungsstrom kann durch drei grundsätzlich unterschiedliche Mechanismen transportiert werden: Elektronenleitung, Ionenleitung und Löcherleitung. Auch für Polarisationsstrom gibt es mehrere Mechanismen. Neben der Verschiebungs- und Orientierungspolarisation gibt es z. B. noch die Atompolarisation oder ionische Polarisation und die ferroelektrische Polarisation. Bei der Atompolarisation handelt es sich um eine Verschiebung von Kristallionen verschiedenen Vorzeichens relativ zueinander im elektrischen Feld (Beispiel: NaCl). Dies kommt jedoch für biologische Materialien kaum in Frage. Ähnliches gilt für die ferroelektrische Polarisation.

Eine weitere Polarisationsart hingegen, die Maxwell-Wagner Polarisation, tritt vor allem auch in biologischem Gewebe auf. Hierbei handelt es sich um Ladungsanhäufungen, die an Grenzflächen zwischen Bereichen mit unterschiedlicher Resistivität ρ bzw. Dielektrizitätskonstanten ε_r in inhomogenen Leitern auftreten: Wird an einen solchen Leiter eine elektrische Spannung angelegt, ist die elektrische Feldstärke im Leiterinnern zunächst $E_\varepsilon = E_0/\varepsilon_r$. Der einsetzende Leitungsstrom ist $I = U/R = U/(l \cdot \rho/A) = E_\varepsilon/(\rho/A) = A \cdot E_0/(\varepsilon_r \cdot \rho)$, d. h. abhängig von der Größe des Produkts $\varepsilon_r \cdot \rho$. Die Folge ist eine Anhäufung von Ladungen an den Grenzen der Bereiche mit unterschiedlichen Werten von $\varepsilon_r \cdot \rho$. Solche Grenzflächen verhalten sich also ähnlich wie Kondensatoren. Eine Anhäufung von Ladungen kann außerdem das chemische Potential so weit erhöhen, daß eine chemische Reaktion eintritt. Auf diese „Warburg"-Polarisation gehen wir jedoch nicht näher ein.

Auch die Wirkung der Zellmembranen gleicht der von Kondensatoren: ein (relativ) guter Isolator, die Membran, trennt zwei gute Leiter, nämlich die intra- von der extrazellulären Flüssigkeit. Man kann die elektrische Impedanz von biologischem Gewebe deshalb näherungsweise durch eine Serien-Parallelschaltung von zwei Widerständen und einem Kondensator beschreiben.

Bei Wechselstrom im Gewebe gibt es wegen des zellulären Aufbaus eine räumliche Trennung der verschiedenen Stromarten: Leitungsstrom fließt durch die Interstitialflüssigkeit, Verschiebungsstrom fließt durch die Interstitialflüssigkeit und durch die Zellen, s. Abb. 12.32. Bei niedrigen Frequenzen dominiert der Leitungsstrom, mit

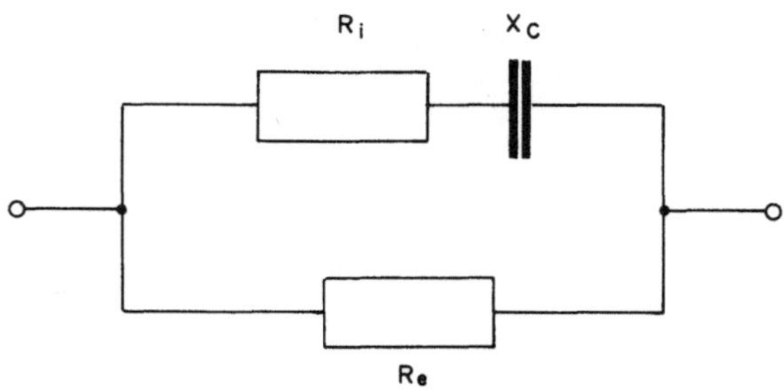

Abb. 14.7. Elektrisches Ersatzschaltbild für biologisches Gewebe. X_C = Kapazitiver Widerstand der Zellmembran bzw. Grenzschicht. R_e = Widerstand der extrazellulären Flüssigkeit. R_i = Widerstand der intrazellulären Flüssigkeit. Sowohl für R_e als auch für R_i gilt noch das Ersatzschaltbild von Abb. 14.5

zunehmender Frequenz steigt der Anteil des Verschiebungsstroms, da dieser proportional zu dU/dt und damit proportional zur Frequenz ist.

Zusammenfassung 14.A

Die einfachsten Wechselströme und Wechselspannungen verlaufen harmonisch: $I = I_0 \cdot \cos(\omega \cdot t)$ bzw. $U = U_0 \cdot \cos(\omega \cdot t)$. Diese Ströme und Spannungen wechseln ihre Richtung (Polung) mit der Frequenz $\nu = \frac{1}{T}$ bzw. Kreisfrequenz $\omega = 2 \cdot \pi \cdot \nu$. U_0 und I_0 sind die Spannungs- bzw. Stromamplituden.

Im Wechselstromkreis lautet das Ohmsche Gesetz für die Amplituden von Strom und Spannung:

$$I_0 = \frac{U_0}{Z}, \tag{14.1}$$

Z heißt Scheinwiderstand oder Impedanz des Wechselstromkreises.

Bei einer Reihenschaltung von Resistanz R, Induktanz X_L und Kapazitanz X_C ist

$$Z = \sqrt{R^2 + (X_L - X_C)^2}, \tag{14.2}$$

bei einer Parallelschaltung dieser Widerstände ist

$$\frac{1}{Z} = \sqrt{(1/R)^2 + (1/X_L - 1/X_C)^2}.$$

Die Größe

$$X_L = \omega \cdot L \quad \text{heißt Induktanz oder induktiver Widerstand,}$$

$$X_C = \frac{1}{\omega \cdot C} \quad \text{heißt Kapazitanz oder kapazitiver Widerstand,} \tag{14.4}$$

$$X = X_L - X_C \quad \text{heißt Blindwiderstand.}$$

Die Einheit dieser Größen ist:

$$[R] = [X_L] = [X_C] = 1\,\Omega.$$

Zwischen Spannung U und Strom I tritt eine Phasendifferenz ϕ mit

$$\tan\phi = \frac{U_L - U_C}{U_R} = \frac{\omega \cdot L - \frac{1}{\omega \cdot C}}{R} \tag{14.5}$$

im Falle der Reihenschaltung von R, L und C und

$$\tan\phi = R \cdot \left(\frac{1}{\omega \cdot L} - \omega \cdot C\right) \tag{14.6}$$

im Falle der Parallelschaltung von R, L und C auf.

Die zeitlich gemittelte elektrische Leistung P_M im Wechselstromkreis ist:

$$P_M = \frac{1}{T} \cdot \int_0^T U \cdot I \cdot dt = \frac{1}{2} \cdot U_0 \cdot I_0 \cdot \cos\phi = U_{\text{eff}} \cdot I_{\text{eff}} \cdot \cos\phi$$

$$= I_{\text{eff}}^2 \cdot R = \frac{U_{\text{eff}}^2}{R} \tag{14.7}$$

mit den sogenannten Effektivwerten für Strom und Spannung:

$$U_{\text{eff}} = U_0/\sqrt{2} \qquad \text{und} \qquad I_{\text{eff}} = I_0/\sqrt{2}, \tag{14.8}$$

die durch

$$U_{\text{eff}}^2 = \frac{1}{T} \cdot \int_0^T U^2 \cdot dt \quad \text{und analog für} \quad I_{\text{eff}}^2 \tag{14.9}$$

definiert sind.

Im allgemeinen gibt es in einem Leiter die folgenden Ströme:

$$\text{Leitungsstrom } I = A \cdot E/\rho = U/R$$

$$\text{Polarisationsstrom } I_p = A \cdot \chi \cdot \varepsilon_0 \cdot dE/dt \tag{14.10}$$

$$\text{Vakuumverschiebungsstrom } I_v = A \cdot \varepsilon_0 \cdot dE/dt. \tag{14.11}$$

Tabelle 14.1. Dielektrische Suszeptibilitäten χ verschiedener Stoffe (Gase bei STP)

Stoff	χ
Mica (Isolierstoff)	5
Porzellan	6
Glas	8
Benzol	1,84
Äthylalkohol	24
Wasser	78
H_2	$5 \cdot 10^{-4}$
O_2	$5 \cdot 10^{-4}$
Luft	$5{,}4 \cdot 10^{-4}$
N_2	$5{,}4 \cdot 10^{-4}$
Luft bei $p = 10$ MPa	$5{,}5 \cdot 10^{-2}$

Anmerkung

Der Vakuumverschiebungsstrom I_v ist proportional zum Differentialquotienten Spannung durch Zeit, d. h. er verhält sich wie kapazitiver Strom und verursacht keine Wirkleistung. Dieser Strom tritt beim idealen Kondensator mit Vakuum als Dielektrikum allein auf. Die im biologischen Gewebe zusätzlich auftretenden Polarisationsströme sind hingegen mit Ladungsbewegung und daher mit Wirkleistung verbunden.

Beispiel 14.1. Thomsongleichung. Für jede Reihenschaltung (Abb. 14.1) aus Induktivität L, Kapazität C und Wirkwiderstand R gibt es eine Frequenz ν_0, bei der die Impedanz Z minimal wird. Nach Gleichung 14.2 ist das dann der Fall, wenn kapazitiver und induktiver Widerstand einander gleich sind:

$$\omega_0 \cdot L = \frac{1}{\omega_0 \cdot C}$$

woraus

$$\nu_0 = \frac{1}{2\pi} \cdot \sqrt{\frac{1}{L \cdot C}}$$

oder für die Schwingungsdauer $T_0 = 1/\nu_0 = 2 \cdot \pi \cdot \sqrt{L \cdot C}$ die Thomsonsche Schwingungsgleichung folgt. Bei $\nu = \nu_0$ verschwindet der Blindwiderstand, der Strom wird nur durch R begrenzt.

Beispiel 14.2. Impedanzanpassung. Wie muß die Impedanz Z_2 eines elektrischen Geräts beschaffen sein, damit es maximalen Strom aus einer Stromquelle mit der Impedanz Z_1 entnehmen kann.

Es ist $I_0 = U_0/\sqrt{(X_1 + X_2)^2 + (R_1 + R_2)^2}$.

I_0 wird also maximal, wenn $R_2 = 0$ und $X_2 = -X_1$; das bedeutet, daß die Blindwiderstände von Verbraucher und Stromquelle von entgegengesetztem Typ sein müssen. Man vergleiche hierzu das Problem der Leistungsanpassung bei Gleichstrom (Beispiel 12.11).

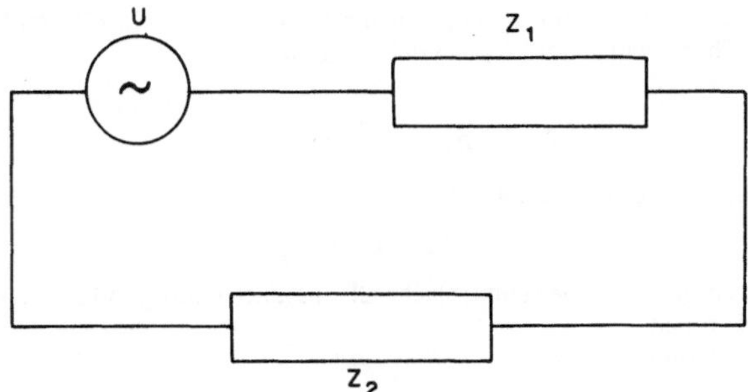

Abb. 14.8. Wechselspannungsquelle mit der Impedanz Z_1 und Verbraucher mit der Impedanz Z_2

Beispiel 14.3. TOBEC (Total Body Electrical Conductivity): Messung des Fettgehalts von Körpergewebe. Befindet sich im Magnetfeld einer stromdurchflossenen Spule Materie, treten Wirbelströme auf. Damit ist die Entstehung von Stromwärme verknüpft, und das bedeutet, daß die Spule elektrische Wirkleistung aufnimmt (die in Joulesche Stromwärme der Wirbelströme umgewandelt wird). Die von der Spule aufgenommene gemittelte elektrische Leistung ist nach Gleichung 14.7: $P_M = U_{\text{eff}} \cdot I_{\text{eff}} \cdot \cos\phi$ und verteilt sich auf Stromwärme in der Spule selbst sowie in dem Stoff im Magnetfeld. Dieses Prinzip wird zur Bestimmung des Fett- bzw. Wassergehalts von biologischem Gewebe benutzt. Die Leitfähigkeit von Körpergewebe wird weitgehend vom Ionengehalt der Gewebe determiniert, der in Fettgewebe relativ gering ist.

Beispiel 14.4. *Impedanz-Kardiographie.* Hier werden aus Änderungen der elektrischen Impedanz der Brust Herzzeitvolumen (HZV), Kontraktionsgeschwindigkeit und Kontraktilität des Herzmuskels, Schweregrad bei Herzklappeninsuffizienz und andere Funktionsparameter des Herzens bestimmt. Diese Messungen werden bei Frequenzen $\nu = 10\,\text{kHz}$ bis $100\,\text{kHz}$ ausgeführt, weil bei diesen Frequenzen Polarisationserscheinungen an den Elektroden sowie Hautimpedanzen vernachlässigt werden können. Andererseits sind die roten Blutkörperchen bei diesen Frequenzen im Vergleich zum Plasma noch als nichtleitend zu betrachten. Das hat zur Folge, daß laminar strömendes Blut wegen der Ausrichtung der Blutkörperchen in Strömungsrichtung (s. Abb. 14.9) kleinere Resistivität hat als ruhendes Blut. Den dominierenden Beitrag zur Impedanzänderung durchbluteter Organe liefern jedoch Blutvolumenänderungen.

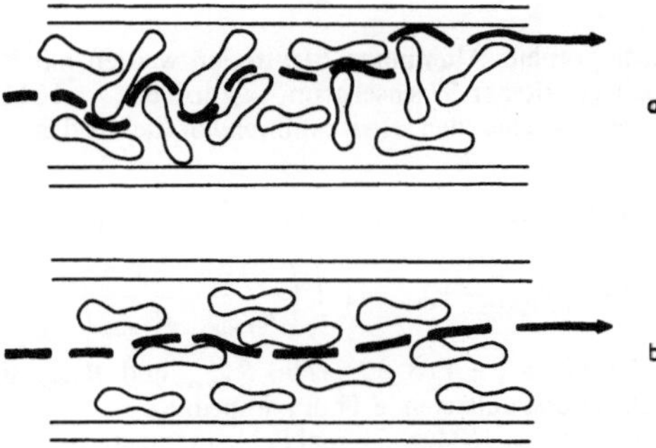

Abb. 14.9. Die Weglänge des elektrischen Stroms (gestrichelte Linie) durch das Plasma ist bei strömendem Blut **b** kürzer als bei ruhendem Blut **a**

Zur Messung der Impedanzänderung der Brust wird zur Vermeidung der Elektrodenpolarisation meist die Vier-Elektroden-Methode benutzt (Abb. 14.10). Hierbei wird je eine stromzuführende Bandelektrode um Hals und Unterkörper gelegt. Der am Thorax auftretende Spannungsabfall U wird—bei konstant gehaltenem Strom—mit Hilfe zweier zwischen den stromzuführenden Elektroden angelegten Meßelektroden gemessen. Diese Messung kann im Prinzip stromlos erfolgen, so daß Elektrodenpolarisation ausbleibt. Der stromleitende Thorax kann als Parallelschaltung aller Blutgefäße (Widerstand R_B)

und dem übrigen Gewebe (Widerstand R_G) angesehen werden (vgl. Abb. 12.22). Der Spannungsabfall U ist proportional zum Thoraxwiderstand R_T (s. Gleichung 12.8):

$$\frac{1}{R_T} = \frac{1}{R_B} + \frac{1}{R_G}.$$

Der elektrische Widerstand der Blutgefäße ist:

$$R_B = \rho \cdot l/A,$$

mit ρ = Resistivität des Bluts, A = Querschnittsfläche aller parallelen Blutgefäße; l = Länge der Blutgefäße zwischen den Meßelektroden.

Damit wird das Blutvolumen $V_B = A \cdot l = \rho \cdot l^2/R_B$ bzw.

$$V_B = \rho \cdot l^2 \left(\frac{1}{R_T} - \frac{1}{R_G} \right).$$

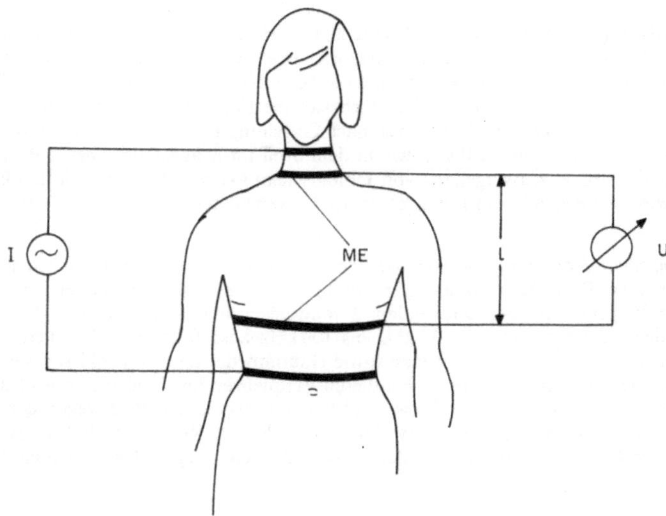

Abb. 14.10. Impendanz-Kardiographie. Aluminium-Elektroden werden mit Klebeband an Hals und Rumpf befestigt. I = konstant gehaltener Wechselstrom $< 5\,\text{mA}$ bei $\nu > 10\,\text{kHz}$. Die Meßelektroden liegen zwischen den stromzuführenden Elektroden

Das Schlagvolumen SV des Herzens ist gleich der maximalen Differenz der Blutvolumina im Thorax:

$$SV = V_{B\max} - V_{B\min} = \rho \cdot l^2 \left(\frac{1}{R_{T\min}} - \frac{1}{R_{T\max}} \right).$$

Bei $\nu = 100\,\text{kHz}$ und $T = 37{,}5\,°\text{C}$ ist $\rho = 1{,}45 \pm 2\%\,\Omega \cdot m$. $R_{T\max}$ und $R_{T\min}$ sind die maximale bzw. minimale innerhalb einer Pulsperiode auftretende Thoraximpedanz.

Das Herzzeitvolumen schließlich ist $HZV = SV$ mal Schlagfrequenz.

Beispiel 14.5. *Hochfrequenzchirurgie.* Die Basis dieser Verfahren ist die bei Hochfrequenz ausschließlich wirksame Joulesche Stromwärme. Es werden Frequenzen von etwa 500 kHz bis 1,5 MHz benutzt. Bei der am häufigsten angewandten sogenannten monopolaren Technik befindet sich der menschliche Körper bzw. das betreffende Organ einerseits über eine großflächige neutrale Elektrode (neutral bezüglich der Wärmewirkung) und andererseits über eine aktive Elektrode, die der Operateur führt, in einem Hochfrequenzstromkreis, s. Abb. 14.11.

Wir schätzen die in dem schraffierten Bereich (Dicke d, Fläche A) in der Abb. 14.11 auftretende Temperaturerhöhung ab. Die zugeführte Stromwärmeleistung P ist

$$P = I_{\text{eff}}^2 \cdot R = I_{\text{eff}}^2 \cdot \rho \cdot d/A.$$

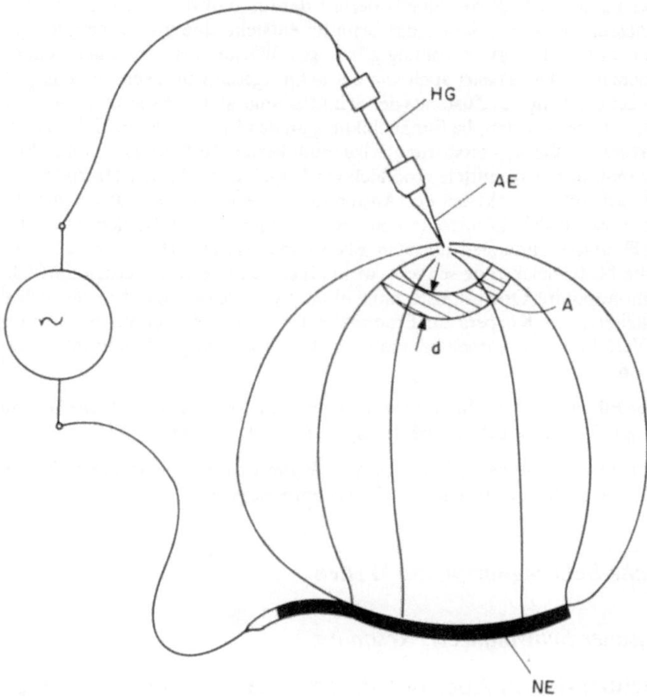

Abb. 14.11. Stromkreis in der (sogenannten monopolaren) Elektrochirurgie. Die Neutralelektrode *NE* wird beispielsweise mittels Gummibands am Körperstamm befestigt. Die aktive Elektrode *AE* hat je nach Eingriff unterschiedliche Form. *HG* = Handgriff

Die Wärmekapazität dieses Bereichs ist $C = c_s \cdot A \cdot d$, worin c_s die spezifische Wärmekapazität des Gewebes ist. Wird keine Wärme abgeführt, ist die Temperaturzunahme ΔT im Zeitintervall Δt;

$$\Delta T = I_{\text{eff}}^2 \cdot \rho \cdot d \cdot \Delta t / (c_s \cdot A^2 \cdot d) = i_{\text{eff}}^2 \cdot \rho \cdot \Delta t / c_s,$$

also proportional zum Quadrat der Stromdichte $i = I/A$. Die Temperaturzunahme wird also am Ort der größten Stromdichte, d. h. direkt an der Elektrode, am größten sein. Da A mit dem Quadrat des Abstands von der Elektrode zunimmt, nimmt ΔT mit der 4. Potenz des Abstands von der Elektrode ab. ΔT hängt ferner von der Verweildauer Δt bzw. der Führungsgeschwindigkeit der aktiven Elektrode ab.

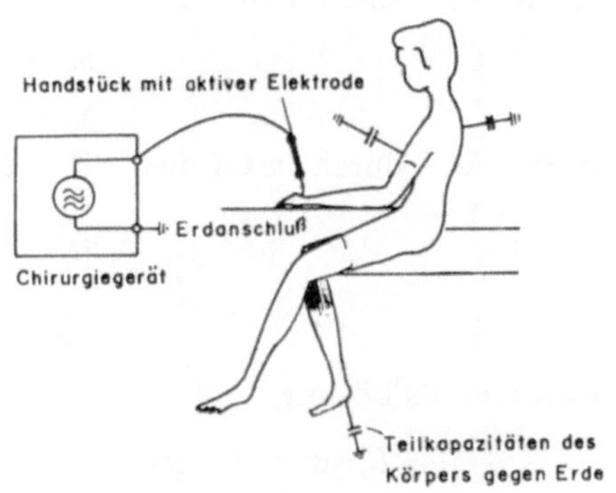

Die Schneidwirkung des Elektroskalpells beruht darauf, daß die Zellen durch die verdampfende Zellflüssigkeit platzen. An beiden Seiten des Schnitts entsteht eine koagulierte Randzone. Die Tiefe dieses Koagulationssaums ist davon abhängig, wie gut Wärme aus dem eigentlichen Schnittbereich abfließt, ist also neben der Gewebeart auch von der Schnittgeschwindigkeit abhängig.

Eine weitere Beeinflussung des Zustands der Schnittsäume ist durch die Wahl der Stromart möglich. Unmodulierter HF-Strom reduziert die Funkenbildung an den Elektroden und führt zu glatten Schnitten. Zum Verschorfen (gezielte Gewebszerstörung) wird modulierter HF-Strom mit hohen Spannungsspitzen benutzt. Tiefenkoagulation wird mittels großflächiger Kugel- oder Plattenelektroden erreicht.

Ein besonders kritischer Punkt bei der Anwendung dieser Methode ist der großflächige Sitz der Neutralelektrode. Löst sie sich, können an den verbleibenden Kontaktstellen hohe Stromdichten und damit verbunden Hautverbrennungen auftreten. Ebenso muß verhindert werden, daß sich der Stromkreis anders als über die Neutralelektrode schließt, weshalb er nicht geerdet werden darf. Das gilt nicht für die sogenannte monopolare Operationstechnik ohne Neutralelektrode, bei der sich der Stromkreis über die Teilkapazitäten des Körpers zur Erde schließt. Da hier der Verlauf des Stroms unkontrolliert bleibt, ist dieses Verfahren von vorneherein auf sehr kleine Leistungen beschränkt, etwa zum Kautern in der Zahnmedizin.

Aufgabe 14.1. Der Effektivwert der Spannung in den mitteleuropäischen elektrischen Nahversorgungsnetzen beträgt $U_{eff} = 220$ V. Berechnen Sie den Spitzenwert U_0 (= Amplitude).

Aufgabe 14.2. Für die elektrolytische Wirkung von Strom ist die transportierte elektrische Ladung Q ausschlaggebend. Wie groß ist Q für eine Wechselstromperiode T?

14.2 Elektrische Schwingungen und Wellen

a) Elektrischer Schwingkreis. Resonanz

Wir betrachten den in Abb. 14.1 dargestellten Stromkreis noch einmal, u. zw. von einem etwas anderen Standpunkt als bisher. Die Kirchhoffsche Schleifenregel lautet:

$$U = L\cdot\frac{dI}{dt} + R\cdot I + \frac{1}{C}\cdot\int I\cdot dt.$$

Mit der Wechselspannung $U = -U_0\cdot\cos(\omega\cdot t)$ beschreibt diese Gleichung eine erzwungene Schwingung, s. Kapitel 4.1. Was schwingt hier?

Differenziert man die obige Gleichung einmal nach der Zeit, erhält man

$$L\cdot\frac{d^2I}{dt^2} + R\cdot\frac{dI}{dt} + \frac{1}{C}\cdot I = U_0\cdot\omega\cdot\sin(\omega\cdot t).$$

Diese Gleichung stimmt mit der Differentialgleichung der erzwungenen mechanischen Schwingung in Kapitel 4.1 überein, wenn man

	L		m	
	I		x	
die Größen	R	durch die Größen	R	ersetzt.
	$\frac{1}{C}$		D	
	U_0		F_0	

Entsprechend erhalten wir hier als Lösung:

$$I = I_0\cdot\sin(\omega\cdot t - \varphi)$$

mit

$$I_0 = U_0 \cdot \omega / \sqrt{L^2 \cdot (\omega_0 - \omega)^2 + R^2 \cdot \omega^2}$$

und

$$\omega_0 = 1/\sqrt{L \cdot C}.$$

Im Falle die Kreisfrequenz ω der angelegten Spannung gleich ω_0 ist, liegt Resonanz vor. Der Strom I wird maximal groß; er wird nun nur durch die Resistanz R begrenzt. Die Rolle der Blindwiderstände untersuchen wir im folgenden.

Dazu betrachten wir den Resonanzfall von einer etwas anderen Seite. Nehmen wir zunächst an, der Kondensator (Abb. 14.1) sei auf die Spannung U_0 geladen, die Spannungsquelle abgeschaltet und durch einen Leiter überbrückt. Der Kondensator wird sich also entladen, und der Entladestrom I erzeugt in der Spule ein Magnetfeld B. Wenn der Kondensator entladen ist, sollte der Strom I an sich verschwinden; dem steht aber das Magnetfeld B entgegen, welches Energie gespeichert hat, s. Abschnitt 14.1b, und beim Kleinerwerden von B eine Spannung induziert, die das Kleinerwerden behindert (Lenz!). Der Strom wird also zunächst weiterfließen und den Kondensator entgegengesetzt aufladen. Der Strom könnte schließlich zum Stillstand kommen, wenn B verschwunden ist. Nun ist aber der Kondensator geladen und die gesamte im Magnetfeld gespeicherte Energie im elektrischen Feld E des Kondensators zu finden. Das beschriebene Spiel setzt sich also fort. Die maximale in B gespeicherte Energie muß jedenfalls gleich der maximalen in E gespeicherten Energie sein.

Die im Magnetfeld einer Spule gespeicherte Energie läßt sich folgend berechnen. Zunächst ist die von der Spule aufgenommene elektrische Leistung $P = U \cdot I$. In einem Zeitintervall dt wird von der Spule die elektrische Energie

$$dE = U \cdot I \cdot dt = L \cdot \frac{dI}{dt} \cdot I \cdot dt = L \cdot I \cdot dI$$

aufgenommen. Wenn der Strom I in der Spule von $I = 0$ auf den Wert I_0 zunimmt, ist die von der Spule (bzw. dem magnetischen Feld B) aufgenommene elektrische Energie E:

$$E = \int_0^{I_0} L \cdot I \cdot dI = L \cdot \frac{I_0^2}{2}.$$

Auf analoge Weise erhält man für die Energie im elektrischen Feld des Kondensators:

$$E = C \cdot \frac{U_0^2}{2}.$$

Mit $I_0 = U_0/(\omega \cdot L)$ und der Thomsonschen Schwingungsformel $\omega_0 = 1/\sqrt{L \cdot C}$ sieht man, daß die Energie im elektrischen Feld des Kondensators gleich der Energie im Magnetfeld der Spule ist:

$$C \cdot \frac{U_0^2}{2} = L \cdot \frac{I_0^2}{2}.$$

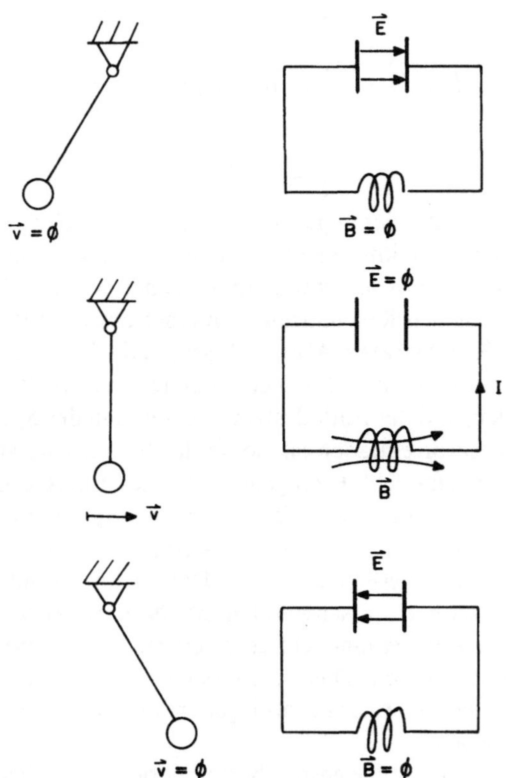

Abb. 14.13. Analogie zwischen mechanischer und elektrischer Schwingung. Der potentiellen Energie des Pendels entspricht die Energie des elektrischen Felds, der kinetischen Energie des Pendels entspricht die Energie des Magnetfelds

Der Resonanzfall zeichnet sich also, wie oben angedeutet, dadurch aus, daß die gesamte elektrische Energie zwischen Spule und Kondensator hin und her pendelt, ähnlich, wie die mechanische Energie in einem schwingenden Körper (s. Abschnitt 4.1 a) zwischen potentieller und kinetischer Energie hin und her pendelt: Abb. 14.13.

In einem praktischen elektrischen Schwingkreis gibt es immer auch eine Resistanz R. Die in R verbrauchte elektrische Energie muß dann von einer Spannungsquelle nachgeliefert werden, andernfalls nimmt die elektrische Energie im Schwingkreis ab. Man beobachtet dann eine gedämpfte elektrische Schwingung. Dem entspricht die Reibungsdämpfung beim mechanischen Pendel.

b) Elektromagnetische Wellen

Der erste Nachweis elektromagnetischer Wellen gelang 1888 Heinrich Hertz. Aus der Thomsongleichung (Beispiel 14.1) ist ersichtlich, daß die Frequenz der elektrischen Schwingungen in einem Schwingkreis mit abnehmender Induktivität L und abnehmender Kapazität C zunimmt:

$$\omega = 1/\sqrt{L \cdot C}.$$

Man kann nun den Schwingkreis (Abb. 14.1) soweit vereinfachen, daß schließlich nur die Stromschleife selbst als Spule (mit einer einzigen Windung) fungiert, die über den Vakuumverschiebungsstrom des elektrischen Felds geschlossen wird: Abb. 14.14. Sowohl L als auch C werden dadurch sehr klein. Die Folge wird eine entsprechend hohe Resonanzfrequenz sein. Einen solchen Leiter, in dem nur aufgrund seiner Eigeninduktivität L und seiner Eigenkapazität C elektrische Schwingungen ablaufen, bezeichnet man als Hertzschen Dipol oder Hertzschen Oszillator.

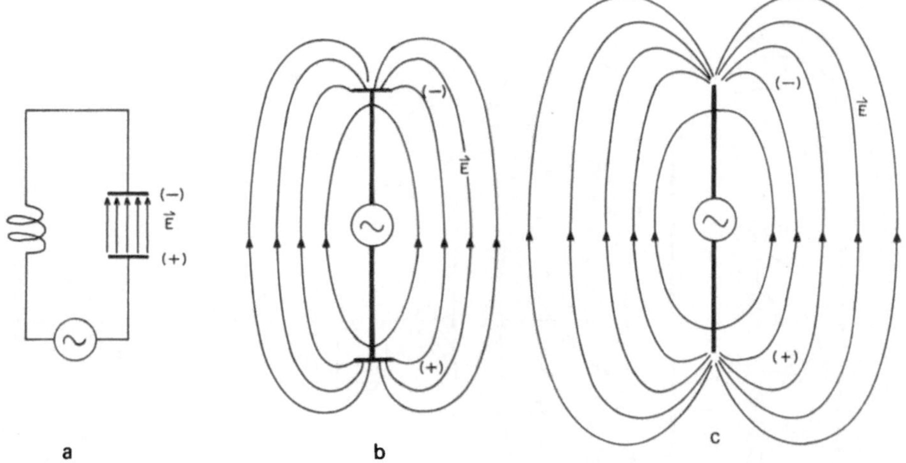

Abb. 14.14. Hertzscher Oszillator. Durch zunehmende Vereinfachung (**a** bis **c**) wird aus dem Schwingkreis ein Hertzscher Dipol. Der Stromkreis schließt sich über den Vakuumverschiebungsstrom des elektrischen Felds. Dargestellt ist der Zustand mit maximalem elektrischem Feld

In der Abb. 14.14 c ist die elektrische Schwingung in dem Augenblick dargestellt, in dem die Dipolenden maximale elektrische Ladungen tragen. Entsprechend herrscht um den Dipol das angedeutete elektrische Feld **E**. Würde dieser Ladungszustand des Dipols lang genug anhalten, würde das elektrische Feld den gesamten Raum erfüllen. Dies würde allerdings nicht augenblicklich erfolgen können, weil sich das elektrische Feld „nur" mit der Lichtgeschwindigkeit c (s. Kapitel 23) ausbreiten kann.

Nun ändert sich aber die Ladungsverteilung im schwingenden Dipol periodisch mit einer Periodendauer von $T = 2 \cdot \pi/\omega$. Innerhalb der Halbperiode $T/2$, die auf den in Abb. 14.14c dargestellten Zustand folgt, fließt—wie beim elektrischen Schwingkreis—ein Strom I vom positiven zum negativen Ende des Dipols und kehrt die Polung des Dipols um. Dieser Strom hat ein Magnetfeld zur Folge, dessen Feldlinien den Strom umschließen. Während also das eben erzeugte elektrische Feld sich noch ausbreitet, erzeugt der Hertzsche Dipol bereits ein magnetisches Feld. Auch das Magnetfeld B kann sich nur mit Lichtgeschwindigkeit ausbreiten. Übrigens: Wäre die Ausbreitungsgeschwindigkeit der elektrischen und magnetischen Feldstärken nicht endlich, könnte es gar keine elektromagnetischen Wellen geben! Der schwingende Dipol erzeugt also abwechselnd ein elektrisches

Lichtgeschwindigkeit c aus. Es ergibt sich das in Abb. 14.15 dargestellte Bild: Auf das durch die elektrischen Feldlinien 1 und 2 angedeutete elektrische Feld folgt ein Magnetfeld (Feldlinien 3 und 4), auf dieses wiederum ein elektrisches Feld (Feldlinien 5 und 6) etc.: Von dem schwingenden Dipol breitet sich eine Folge von elektrischen und magnetischen Feldstärken aus, deren Feldstärkevektoren normal zur Ausbreitungsrichtung stehen, d. h. der Hertzsche Dipol strahlt transversale elektromagnetische Wellen ab. Da der zeitliche Verlauf des Dipolstroms nach einer harmonischen (Sinus-)Funktion erfolgt, zeigen auch die Feldstärken dieser Wellen einen solchen Verlauf. Dies ist in Abb. 14.15 durch die gestrichelten Sinus-Linien angedeutet.

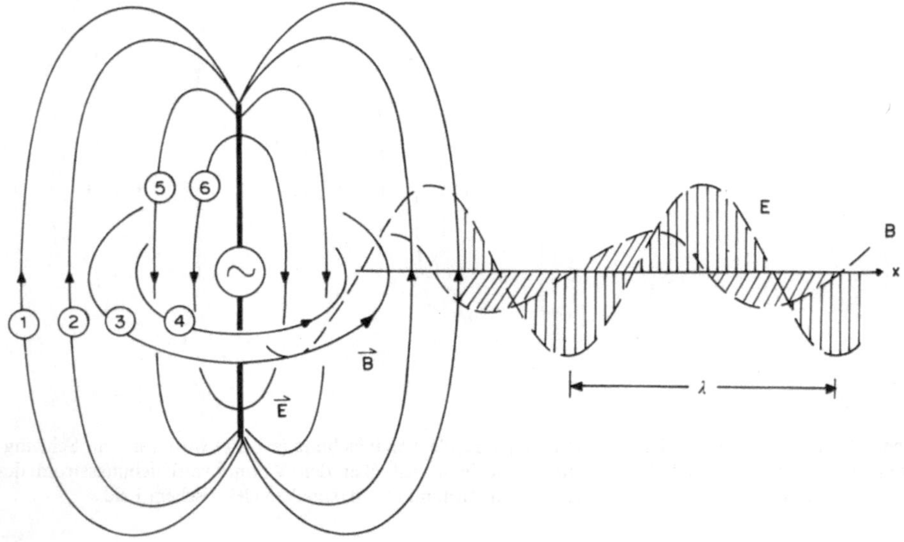

Abb. 14.15. Ein Hertzscher Dipol strahlt elektromagnetische Wellen der Wellenlänge λ ab. Die Feldstärken **E** und **B** sind normal zueinander und transversal zur Ausbreitungsrichtung orientiert. Beide Feldstärken haben harmonischen zeitlichen und räumlichen (gestrichelt angedeutet) Verlauf. Nähere Erläuterung im Text

Wie die Abb. 14.15 zeigt, ist die elektrische Feldstärke der vom Dipol abgestrahlten elektromagnetischen Welle parallel zur Dipolachse orientiert und die magnetische Feldstärke normal dazu. Die Ebene, die **E** enthält, heißt Schwingungsebene, die Ebene, in der **B** schwingt, heißt Polarisationsebene. Eine solche Orientierung der Feldstärken einer elektromagnetischen Welle heißt polarisiert, im Gegensatz zu einer unpolarisierten Welle, deren Schwingungsebene laufend ihre Lage im Raum wechselt. Man kann die Polarisation der Wellen auch direkt nachweisen: Bringt man in das Wellenfeld einen leitenden Stab mit einer Glühbirne, dann verschiebt das elektrische Feld die Ladungen im Stab, der entsprechende Strom kann am Aufleuchten der Glühbirne erkannt werden. Orientiert man diesen Stab normal zur Achse des Hertzschen Dipols, läßt sich kein elektrisches Feld nachweisen:

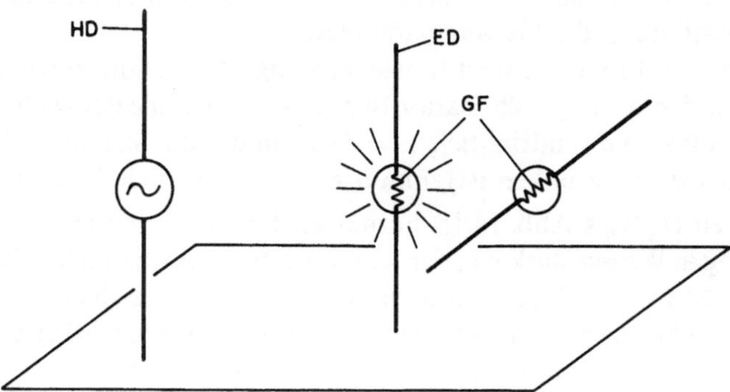

Abb. 14.16. Nachweis elektromagnetischer Wellen eines Hertzschen Dipols *HD* mittels eines Empfängerdipols *ED* (Antenne): Ist der Empfängerdipol parallel zum elektrischen Feld orientiert, wird in ihm ein elektrischer Strom erzeugt, der Glühfaden *GF* leuchtet

H. Hertz hat 1888 durch Reflexion an einer Metallwand stehende elektromagnetische Wellen erzeugt (ähnlich, wie man stehende Schallwellen erzeugt, s. Kapitel 4.3). Durch Messung des Abstands der Nulldurchgänge der stehenden Welle mittels eines Empfängerdipols ließ sich die Wellenlänge λ bestimmen. Mit der bekannten Frequenz ν dieser Wellen konnte Hertz die Ausbreitungsgeschwindigkeit c aus

$$\lambda \cdot \nu = c$$

bestimmen und erhielt $c = 3 \cdot 10^8 \, \mathrm{m \cdot s^{-1}}$, die Lichtgeschwindigkeit. Damit war ein wichtiger Hinweis darauf gefunden, daß es sich auch bei Licht um eine elektromagnetische Welle handeln sollte. Die zur Zeit bekannten elektromagnetischen Wellen überdecken einen Wellenlängenbereich von etwa 22 Größenordnungen, s. Abb. 14.17.

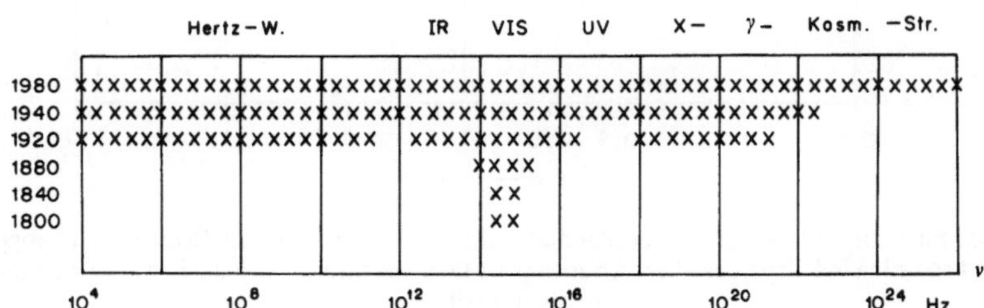

Abb. 14.17. Historische Entwicklung der Kenntnis des elektromagnetischen Spektrums von den Hertz-Wellen über infrarotes (*IR*), sichtbares (*VIS*) und ultraviolettes Licht (*UV*) zur Röntgenstrahlung (*X*), γ-Strahlung und kosmischen Strahlung. (Nach: W. Hänsel, W. Neumann; 1977.)

c) Elektromagnetische Wellen im biologischen Gewebe

Die magnetische Permeabilität von Gewebe ist etwa gleich der von Vakuum. Elektromagnetische Wellen wirken daher auf Gewebe praktisch nur durch die elektrische Feldstärke. Diese Feldstärke erzeugt über Polarisations- und Leitungsströme Joulesche Stromwärme. Entsprechend ist die im Gewebe entstehende Wärme sowohl von der elektrischen Feldstärke als auch von der Dielektrizitätskonstanten ε und der Resistivität ρ des Gewebes abhängig.

Bei sehr hohen Frequenzen ist in wasserhaltigen Substanzen wie biologischen Geweben die Orientierungspolarisation der Wassermoleküle der wichtigste dissipative Mechanismus. Die Eindringtiefe t (= Tiefe, in der die Strahlungsintensität auf den Bruchteil $1/e^2$ abgesunken ist) nimmt mit zunehmender Frequenz ν ab (etwa proportional zu $1/\sqrt{\nu}$), s. Abb. 14.18. Ferner wird die Eindringtiefe elektromagnetischer Strahlung in Wasser stark von der Konzentration gelöster Elektrolyte beeinflußt, weil diese der Strahlung durch Leitungsstrom Energie entziehen können. Gebundenes Wasser und größere Moleküle wie Proteine absorbieren stärker bei niedrigeren Frequenzen als freie Wassermoleküle.

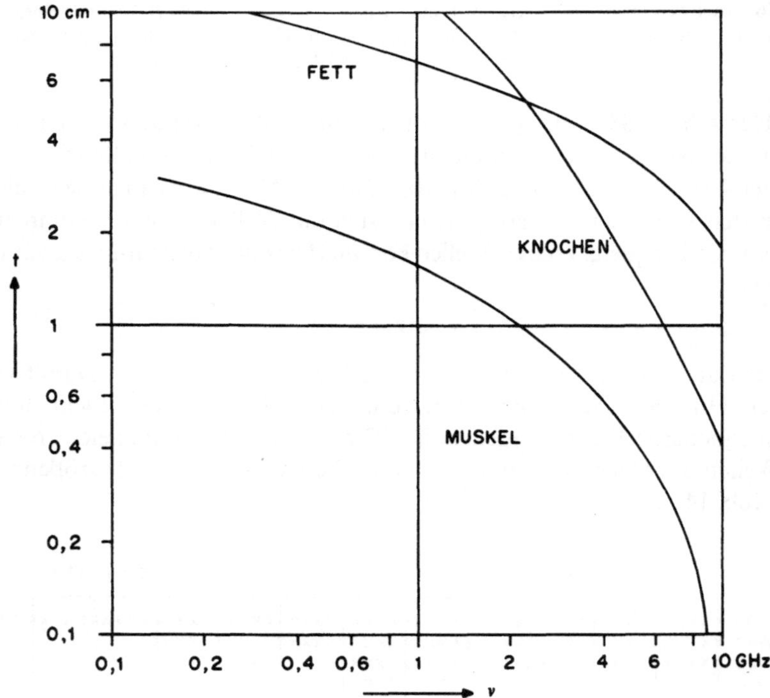

Abb. 14.18. Eindringtiefe t (Weglänge, bei der die Strahlungsintensität auf den Bruchteil $1/e^2$ abgesunken ist) von Mikrowellen in Körpergeweben. Ab etwa $\nu = 1$ GHz beschränkt sich die Erwärmung zunehmend auf die Oberfläche

Ein Maß für die von elektromagnetischer Strahlung auf biologische Körper ausgeübte Wirkung ist die absorbierte Energie E bezogen auf die Gewebemasse m. Zur Charakterisierung der absorbierten Leistung im Körper wird die spezifische Absorptionsrate SAR benutzt. Dies ist die vom Gewebe absorbierte Strahlungsleistung $P = \Delta E/\Delta t$, bezogen auf die Gewebemasse m. In einem Gewebestück mit dem Volumen $V = A \cdot d$ und der Masse $m = \rho \cdot V$ entsteht eine Joulesche Stromwärmeleistung $P = \frac{1}{2} \cdot U_0^2/R = \frac{1}{2} \cdot (E_0 \cdot d)^2/R = \frac{1}{2} \cdot E_0^2 \cdot A \cdot d \cdot \sigma$, mit σ = Konduktivität des

Gewebes. Also ist

$$SAR = P/m = \tfrac{1}{2} \cdot E_0^2 \cdot \sigma/\rho,$$

mit ρ = Massendichte des Gewebes, E_0 = elektrische Feldstärkeamplitude der Welle.

Die relative Verteilung der *SAR* im menschlichen Körper wird von mehreren grundsätzlichen Umständen beeinflußt. Zum einen hängt die *SAR* von den Wechselwirkungsmöglichkeiten der Strahlung mit dem Gewebe und zum anderen von der durch Reflexion an den Gewebegrenzen, sowie Beugung und Streuung an den Gewebestrukturen beeinflußten Verteilung im Innern des Körpers ab. Schließlich spielt auch noch die Orientierung des absorbierenden Körpers relativ zur Polarisationsebene der Strahlung eine wichtige Rolle: Maximale *SAR*-Werte treten bei Orientierung der Körperlängsachse normal zur Polarisationsebene der elektromagnetischen Welle auf.

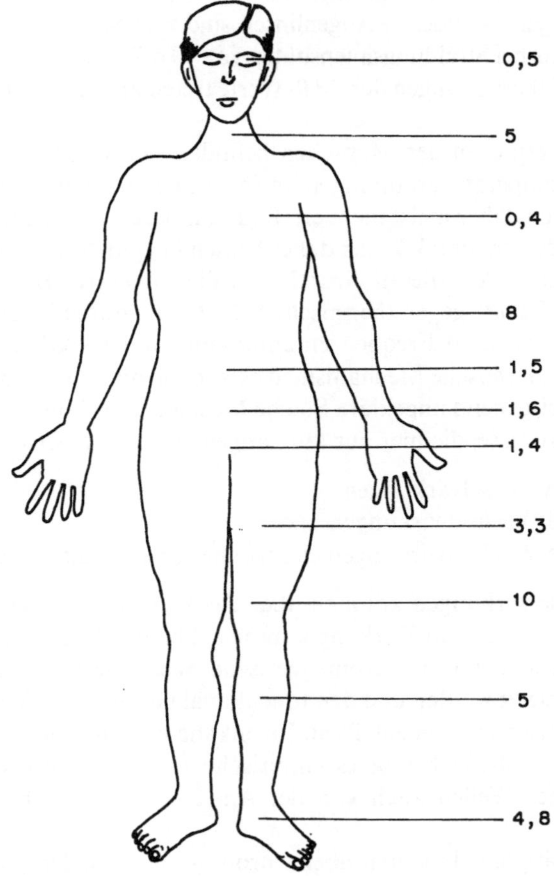

Abb. 14.19. Relative *SAR*-Werte am menschlichen Körper bei Bestrahlung mit einer Strahlungsintensität von $10\,\mathrm{mW \cdot cm^{-2}}$ und einem Verhältnis von Körpergröße zu Wellenlänge von 0,417:1, ohne Berücksichtigung unterschiedlicher Absorptionskoeffizienten verschiedener Organgewebe. Die Zahlenwerte geben die Vielfachen im Vergleich zur Ganzkörper-*SAR* an, die $(1{,}75/L) \cdot 1{,}88\,\mathrm{W \cdot kg^{-1}}$ beträgt; L ist die Körpergröße, in Metern gemessen (*SAR*-Werte aufgerundet, nach: O. P. Gandhi, 1980)

Wegen der Vielzahl von Parametern, die die *SAR* im menschlichen Körper bestimmen, läßt sich diese mit Hilfe eines geschlossenen Ausdrucks nur näherungsweise berechnen. Man hat die *SAR* für typische Körpergeometrien und Gewebestrukturen durch Modellrechnungen und experimentelle Messungen ermittelt. Die Abb. 14.19 gibt entsprechende Ergebnisse wieder.

Die größten *SAR*-Werte treten auf, wenn die Abmessungen der Körperteile von ähnlicher Größe sind, wie die Wellenlänge, weil dann, ähnlich wie im Hertzschen Dipol, elektrische Resonanzen möglich sind. (Dabei muß berücksichtigt werden, daß die Wellenlänge im Körperinnern um den Faktor $\sqrt{\varepsilon}$ kleiner ist). Ferner kommt es durch Reflexion und Brechung der Wellen zu örtlichen Überhöhungen der eingestrahlten Leistungsdichten, sogenannten „hot spots", wo bis zehnfach überhöhte Werte auftreten können. In bradytrophem Gewebe ist die Temperaturzunahme bei sonst gleicher *SAR* größer als anderswo, weil die Wärmeabfuhr durch Konvektion weitgehend fehlt. Entsprechend gefährdet sind beispielsweise Augenlinse, Sehnen, Knorpel und Blutgefäßwände. In Augenlinsen sind wärmebedingte Spannungsrisse mit Katarakt bereits bei Strahlungsintensitäten von $10\,\mathrm{mW \cdot cm^{-2}}$ beobachtet worden. Besonders starke Überhöhungen der *SAR*-Werte treten an metallischen Implantaten auf.

Die Thermorezeptoren des Menschen befinden sich in der Haut bzw. in den Schleimhäuten. Temperaturerhöhungen im Innern des Körpers werden von diesen kutanen Rezeptoren daher meist nicht erfaßt. Die inneren Thermorezeptoren sitzen im Zentralnervensystem und können daher örtlich begrenzte Temperaturerhöhungen nicht registrieren. Aus diesen Gründen ist die subjektive Hitzewahrnehmung kein zureichender Schutz gegen thermische Schädigung durch Hochfrequenzstrahlung. Dies gilt vor allem für Frequenzen unterhalb von $\nu = 1\,\mathrm{GHz}$.

Wie weit nichtthermische Mechanismen existieren, die zu biologischen Schäden führen, ist noch weitgehend ungeklärt. Solche Mechanismen können durch folgende (hypothetische) Prozesse, die hier nur kurz angedeutet seien, verwirklicht werden:

1. Resonante Wechselwirkungen,
2. nichtlineare Wechselwirkungen und
3. kooperative Wechselwirkungen elektrischer und magnetischer Felder.

Resonante Wechselwirkungen könnten über das Kanaltor–Molekül eines Ionenkanals (*KT* in Abb. 18.10) zur Wirkung kommen. Dieser Molekülteil könnte durch die periodisch einwirkende elektromagnetische Welle (wie eine Schwingtür) in Schwingungen versetzt werden und den Ionenkanal periodisch öffnen. Nichtlineare Wechselwirkungen könnten ebenfalls an Ionenkanälen auftreten, u. zw. über deren Spannungsfühler. Schließlich gibt es empirische Hinweise, daß die Auswirkung elektromagnetischer Wellen auch von der Anwesenheit statischer Magnetfelder abhängt.

Neben unbestätigten Berichten über Chromosomenschäden gibt es vor allem Berichte über teratogene Wirkungen elektromagnetischer Strahlung an trächtigen Tieren. Dem gut untersuchten Hören von Mikrowellen–Impulsen liegt jedoch nur eine Temperaturerhöhung des Hirngewebes von etwa $10^{-4}\,°\mathrm{C}$ zugrunde; diese Temperaturerhöhung erzeugt eine geringe Druckerhöhung, die in der Cochlea registriert wird. Berichte über immunologische Auswirkungen sind inzwischen wieder relativiert worden. Klare und demonstrierbare Veränderungen werden nur bei Strahlungsleistungsdichten beobachtet, die bereits merkliche Temperaturänderungen zur Folge haben.

Als Toleranzgrenze für die Belastbarkeit des gesunden Menschen durch elektromagnetische Wellen gilt eine Intensität von

$$I = 10\,\mathrm{mW \cdot cm^{-2}}.$$

Dieser Wert erhöht die vom Körper abzuführende Wärmeleistung auf das Doppelte des Grundumsatzes (ca. 80 W bei $m = 70\,\mathrm{kg}$ Körpermasse), was leicht bewältigt wird. Dieser Belastung entspricht ein mittlerer *SAR*-Wert von etwa $1{,}2\,\mathrm{W \cdot kg^{-1}}$. In der Hochfrequenzwärmetherapie werden demgegenüber *SAR*-Werte in lokal begrenzten Körperbereichen von 10 bis $50\,\mathrm{W \cdot kg^{-1}}$ angewandt. (Für Sicherheitsvorschriften werden erheblich niedrigere Werte zugrunde gelegt, weil diese auch die Sicherheit kranker Menschen und unter ungünstigen Umständen gewährleisten sollen.)

Die angeführten spezifischen Absorptionsraten können—unter den angeführten Bedingungen—dem menschlichen Körper langfristig zugemutet werden. Bei kurzfristiger Exposition kann die *SAR* erhöht werden. Der entscheidende Faktor ist die thermische Relaxationszeit τ des betreffenden Organs oder des Körpers. In dieser Zeitspanne wird die zugeführte Wärmemenge wieder abgegeben, s. Beispiel 7.10. τ beträgt für Augen beispielsweise etwa 0,1 h und für den menschlichen Körper etwa 1 h. Bei einmaliger kurzfristiger Exposition kann daher grundsätzlich die Energiemenge

$$SAR \cdot \tau = SA = \text{spezifische Absorption}$$

zugeführt werden.

14.3 *Unfälle und Schutz bei Wechselstrom*

Gleichstromunfälle sind nicht nur wegen der geringen Verwendung dieser Stromart sehr selten, sondern auch deshalb, weil Gleichstrom nur beim Ein- und Ausschalten das Herz erregen und Flimmern auslösen kann. Anders ist dies natürlich bei gepulstem bzw. moduliertem Gleichstrom, der je nach Modulationstiefe der Stromstärke der Gefährlichkeit des Wechselstroms sehr nahe kommt.

Die direkte Gefährdung des Menschen durch Elektrizität geht von der hervorgerufenen Stromstärke aus. Die zwei wichtigsten Schädigungsmechanismen sind die Auslösung des Herzflimmerns und die thermische Gewebeschädigung durch Verbrennung bzw. Koagulation. Die Schwelle für thermische Gewebsschädigungen ist (s. Beispiel 14.5) proportional zum Quadrat der Stromdichte. Die Schwelle für die Auslösung des Herzflimmerns hingegen ist, da es sich hierbei um die Auslösung eines Aktionspotentials handelt, proportional zur Stromdichte.

Lebensgefahr besteht bei Wechselstrom, sobald Stromstärken von $I = 80\,\mathrm{mA}$ oder größer durch den menschlichen Körper fließen. Bei diesen Stromstärken, die noch keinerlei Verbrennungen erkennen lassen, kommt als primäre Todesursache ausschließlich Herztod in Betracht. Da die Stromlinien beim elektrischen Kontakt an der Körperoberfläche sich über den gesamten Körperquerschnitt verteilen, wird das Herz selbst von einer noch geringeren Stromstärke betroffen. Führt man dem Herzen den Strom direkt zu, was beispielsweise durch Herzkatheter durchaus (ungewollt) passieren kann, genügen noch viel kleinere Stromstärken, um den Herztod herbeizuführen. An Hundeherzen hat man durch direkt dem Herzen anliegende Elektroden Schwellstromstärken für die Auslösung von Herzflimmern von 18 μA (Effektivwert) gemessen. Beim Menschen muß mit Werten in derselben Größenordnung gerechnet werden.

a) Berührungsspannungen und Schutzmaßnahmen

Die Übertragung elektrischer Energie vom Kraftwerk bis zum Verbraucher erfolgt wegen der Jouleschen Stromwärme bei möglichst hoher Spannung. Wirtschaftliche und technische Gesichtspunkte haben zu einem Verteilungssystem geführt, bei dem die Fernübertragung vom Kraftwerk zum Verbraucher über mehrere Spannungsstufen erfolgt. In den Kraftwerken erfolgt die Erzeugung elektrischer Energie durch Generatoren bei Spannungen zwischen 6 kV und 30 kV. Durch Transformatoren wird diese Energie für die Fernübertragung auf einige 100 kV „umgespannt" und meist durch oberirdisch geführte Freileitungen in die Verbrauchszentren transportiert. Dort wird die elektrische Energie in Umspannanlagen wieder auf niedrigere Spannungen (6 kV bis 30 kV) transformiert und so an Großverbraucher oder nach einer weiteren Umspannung in Trafostationen auf 220 V an Haushalte geliefert. Diese Elektrizitätsversorgung erfolgt in Europa fast ausschließlich mit Drehstrom bei einer Frequenz von $\nu = 50$ Hz (USA: $\nu = 60$ Hz). Gleichstrom wird nur in Sonderfällen (Straßenbahn, U-Bahn, Eisenbahn in Italien) benutzt. Eisenbahnen benutzen in Europa meist Einphasen-Wechselstrom mit einer Frequenz von $16\frac{2}{3}$ Hz.

Da praktisch bei jedem öffentlichen Drehstromnetz der Nulleiter geerdet ist, wird bei jeder Berührung eines spannungsführenden Leiters der Stromkreis geschlossen. Da weiters in ungünstigen Fällen der Körperwiderstand bis auf etwa 1 kΩ absinken kann, muß schon bei Spannungen ab etwa 50 V mit Lebensgefahr gerechnet werden. Alle spannungsführenden Teile der öffentlichen Stromversorgung sowie alle Elektrogeräte müssen daher gegen unbeabsichtigte Berührung gesichert werden. Wegen des intensiven Gebrauchs von Elektrogeräten hat es sich als erforderlich erwiesen, auch gegen das Auftreten von Berührungsspannungen an normalerweise nicht spannungsführenden Teilen durch fehlerhafte Isolation oder andere Defekte *Schutzmaßnahmen* vorzusehen. Solche Schutzmaßnahmen sind in allen Ländern Gegenstand entsprechender Sicherheitsgesetze und umfangreicher Unfallverhütungsvorschriften. Die jeweiligen Vorschriften zur Vermeidung einer direkten Berührung spannungsführender Teile sind im Gegensatz zum Schutz bei indirekter Berührung in der Regel sehr offenkundig. Wir betrachten daher im folgenden nur die grundsätzlichen Aspekte der Maßnahmen zum Schutz bei indirektem Berühren, d. h. beim Berühren von elektrisch leitenden Teilen, die nicht zum Betriebsstromkreis gehören, jedoch im Fehlerfalle unter Spannung gegen Erde stehen können, etwas näher.

In Abb. 14.20 ist die Elektrizitätsversorgung mittels Drehstroms dargestellt. Drei Phasen, in der Elektrotechnik mit R, S und T bezeichnet, und der Nulleiter N

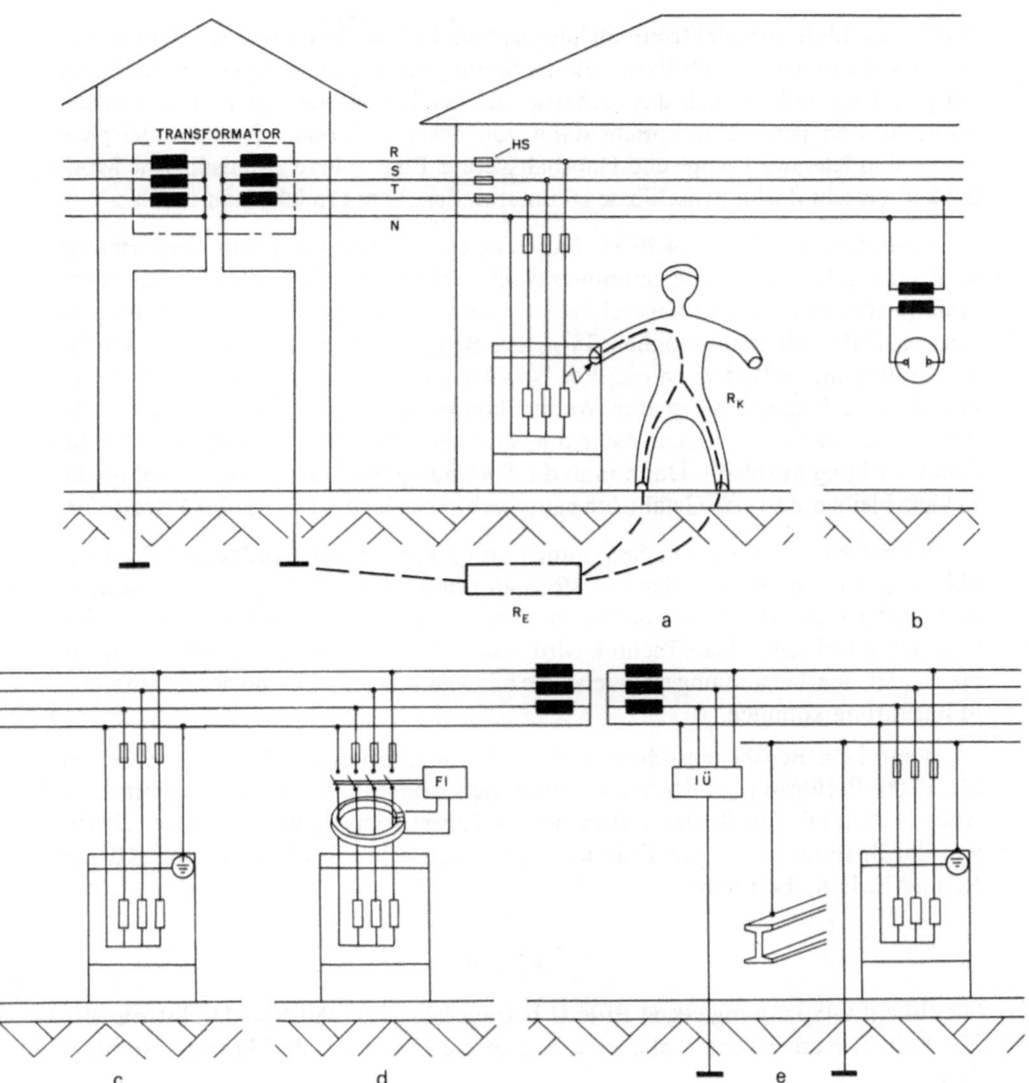

Abb. 14.20. Schutzmaßnahmen bei der Versorgung eines Endverbrauchers mit elektrischer Energie aus einem Drehstromnetz. Die Hausanschlußsicherungen *HS* und die Sicherungen der Teilstromkreise dienen zum Leitungsschutz. **a** Berührungsspannung bei Isolationsfehler; der Stromkreis schließt sich über den das Gerät berührenden Menschen und die Erde (gestrichelt angedeutet). **b** bis **e** Schutzmaßnahmen gegen Berührungsspannungen; —⊟— = Überstromsicherung, *FI* = Fehlerstrom-Schutzschalter, *IÜ* = Isolations-Überwachung; nähere Erläuterung im Text

(s. Beispiel 13.9) werden über die Hausanschlußsicherungen in das Gebäude geführt. Die Hausanschlußsicherungen dienen, genau wie die Sicherungen der Teilstromkreise innerhalb des Gebäudes, zum Schutz der Leitungen vor Überlastung bzw. Überhitzung durch zu große Ströme.

Werden Elektrogeräte ohne besondere Schutzvorkehrungen betrieben, können bei einem Isolationsfehler die leitenden Geräteteile unter Spannung stehen und über einen Erdschluß zum Elektrounfall führen (Abb. 14.20 a). Eine erste Schutzmöglichkeit besteht daher einfach darin, die Isolierung der Geräte doppelt auszuführen, beispielsweise indem auch das Gehäuse aus Isolierstoff gefertigt und hermetisch abgeschlossen wird: Man spricht dann von *Schutzisolierung*. Typische Beispiele hierzu sind Kleinwerkzeuge und Haushaltsgeräte. Eine weitere grundsätzliche Möglichkeit besteht darin, Erdschlüsse zu unterbinden. Dies erreicht man durch

Schutztrennung (Abb. 14.20 b). Durch einen sogenannten Trenntransformator wird ein von Netz und Erde getrennter (isolierter) Stromkreis geschaffen. Bei einem Isolationsfehler an einem angeschlossenen Gerät ist ein Schluß des Stromkreises über die Erde nicht mehr möglich. Typisches Beispiel hierzu sind die Steckdosen für Rasierapparate in Badezimmern. Ein Nachteil dieses Verfahrens ist natürlich der erforderliche Trenntransformator. Werden komplexere Geräte angeschlossen, reicht diese Schutzmaßnahme nicht mehr hin, weil bei mehrfachem Isolationsfehler die Schutzwirkung ausbleibt. Dann muß die Spannung des Transformators sekundär so klein bleiben, daß jede Gefährdung ausgeschlossen bleibt. Dies ist das Prinzip der

Schutzkleinspannung. Die Spannung darf 42 V, bei Kinderspielzeug 24 V, nicht überschreiten. Ferner muß der Transformator besonderen Sicherheitsbedingungen entsprechen (besonders gute Isolation und sichere galvanische Trennung von Primär- und Sekundärkreis). Diese Technik wird auch bei elektrisch beheizten Geräten zur Haut- und Haarbehandlung eingesetzt, die mit dem Körper während der Behandlung in Berührung kommen.

Wenn kein Berührungsschutz vorliegt, kann es bei einem Isolationsfehler im Gerät bei Berührung zu Stromfluß durch den menschlichen Körper kommen, s. Abb. 14.20 a. Die Größe des auftretenden Körperstroms I_K wird im wesentlichen von der Spannung U gegen Erde und dem elektrischen Widerstand von Körper R_K und Erde R_E bestimmt:

$$I_K = \frac{U}{R_K + R_E}.$$

Die (Effektiv-)Spannung gegen Erde U beträgt beim 220/380-Volt-Drehstromnetz 220 Volt. Die am Körper anliegende Spannung U_K ist die Berührungsspannung; diese ist

$$U_K = I_K \cdot R_K = U \cdot \frac{R_K}{R_K + R_E},$$

kann also bei kleinem Erdwiderstand R_E gleich der vollen Netzspannung U werden. Eine wichtige und weit verbreitete, weil preiswerte Schutzmaßnahme hiergegen ist die

Nullung. Hier werden die nicht spannungsführenden leitenden Teile der Geräte mit dem oft geerdeten Nulleiter des Drehstromnetzes verbunden; Abb. 14.20 c. (Die früher oft anzutreffende Erdung ist wegen des erforderlichen Erdungsaufwands und der heute verbreitet anzutreffenden Verwendung von Kunststoffrohren im Wasserleitungssystem nicht mehr möglich). Als Schutzorgan gegen Berührungsspannungen fungiert hier die Überstromsicherung. Tritt an genullten Geräten eine leitende Verbindung zu einer Phase auf, fließt ein großer Strom über die Fehlerstelle wie über die Sicherung und schaltet letztere ab. Nachteil dieser Schutzmethode ist vor allem, daß es bei unterbrochenem Nulleiter zu gefährlichen Spannungsverschleppungen kommen kann, d. h. daß durch ein fehlerhaftes Gerät auch an den intakten genullten Geräten gefährliche Berührungsspannungen auftreten.

Eine weitere Schutzmaßnahme gegen zu hohe Berührungsspannungen ist die

Fehlerstrom-Schutzschaltung. Hier werden die Ströme aller zu schützenden Geräte durch einen Summenstromwandler überwacht. Dazu führt man alle Leitungen, wie in der Abb. 14.20 d angedeutet, durch einen Eisenring. In dem Eisenring entsteht nach dem Gesetz von Laplace, Biot und Savart je nach Orientierung und Größe des Stroms ein Magnetfeld bzw. ein magnetischer Fluß. Bei intakten Elektrogeräten ist die Summe aller Ströme jedoch Null (s. Kirchhoffsche Knotenregel), d. h. auch der magnetische Fluß in dem Eisenring verschwindet. Schließt sich hingegen durch einen Defekt der Stromkreis teilweise über die Erde, ist die Summe der Ströme im Summenstromwandler nicht mehr Null und es tritt im Eisenring ein Magnetfeld auf. Dieses Magnetfeld induziert in einer um den Eisenring gelegten Spule eine Spannung, die die Abschaltung auslöst.

Ein ernstes Problem der Fehlerstrom-Schutzschaltung entsteht bei großen Anlagen. Kapazitive und andere geringe *Leckströme* in Geräten, die auftreten, ohne daß ein wirklicher Fehler vorliegt, addieren sich zu merklichen Strömen. Dadurch kann es bei geringer Auslösestromstärke zu Fehlabschaltungen kommen. Andererseits geht bei zu großer Auslösestromstärke die Schutzwirkung verloren.

Ein weiterer Nachteil der Fehlerstrom-Schutzschaltung ist, daß u. U. wegen eines einzigen fehlerhaften Geräts alle am selben Schutzschalter angeschlossenen Geräte abgeschaltet werden. Eine solche Schutzart ist für sensible Bereiche wie Intensivstationen oder Operationsräume, die auf hohe Betriebssicherheit angewiesen sind, nicht geeignet. Hier benutzt man das

Schutzleitungssystem. Alle zu schützenden Geräte werden von einem eigenen Generator oder Transformator mit Elektrizität versorgt und analog der Schutztrennung ein von Erde und Netz getrennter Stromkreis gebildet. Alle leitenden und nicht spannungsführenden Teile des Gebäudes und der Geräte werden mit sogenannten Schutzleitungen verbunden und geerdet; sie bilden das *Schutzsystem*, s. Abb. 14.20 e. Tritt nun ein erster Fehlkontakt eines spannungsführenden Leiters mit dem Schutzsystem auf, gibt es keine Berührungsspannung gegen Erde, weil ja dieses Netz von der Erde getrennt ist. Tritt ein zweiter Fehlkontakt auf, fließt ein Strom, der die Stromsicherung abschaltet. Um dies zu vermeiden, wird durch eine Isolationsüberwachung ständig der Widerstand des Leitungssystems gegen Erde gemessen. Sobald dieser durch einen ersten Fehlkontakt einen Mindestwert unterschreitet, wird der Fehler behoben.

Herzsonden und Herzkatheter. Von diesen geht eine besondere Gefährdung aus, weil sie etwaige Fehlströme direkt zum Herz leiten. Es genügen daher schon die in gewöhnlichen Elektrogeräten auftretenden kapazitiven Leckströme, um tödliche Herzströme hervorzurufen. Besonders kritisch ist dies dann, wenn der Patient neben dem Katheter noch mit einem weiteren Elektrogerät, beispielsweise einem

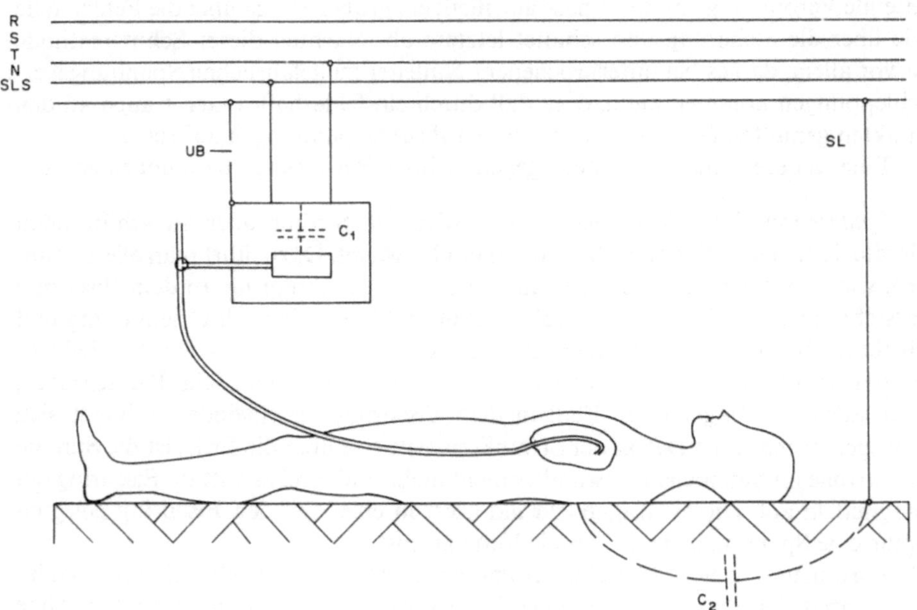

Abb. 14.21. Kapazitiver Leckstrom bei defektem Schutzleiter (Unterbrechung *UB*) aber ansonsten intaktem Druckmeßgerät. Der Stromkreis des kapazitiven Leckstroms schließt sich über die Kapazität C_1 zwischen der Elektronik des Druckmeßgeräts und dem Druckwandler, die Katheterflüssigkeit, das Herz, die Kapazität C_2 zwischen Körper und leitenden Teilen der Liege, sowie dem hierzu gehörigen Schutzleiter *SL*

Elektrokardiographen, verbunden ist, dessen Schutzleiter unterbrochen ist. Dann fließt nämlich selbst bei ansonsten intakten Geräten (!) ein tödlicher (kapazitiver) Leckstrom durch das Herz. Abb. 14.21 zeigt, wie durch eine Katheter-Drucksonde gefährliche Leckströme in das Herz geleitet werden können, sobald die Verbindung des Gerätegehäuses mit dem Schutzleitungssystem unterbrochen ist. Es ist weitgehend unklar, wieviele Unfälle in Intensivstationen durch solche Leckströme bedingt sind. Vermeiden lassen sie sich durch die Verwendung batteriegespeister Geräte und faseroptischer Übertragung der Meßsignale an die Monitoreinrichtungen.

b) Körperwiderstand

Einerseits ist der elektrische Widerstand des menschlichen Körpers individuell unterschiedlich, andererseits variiert er auch am selben Körper und Organ in Abhängigkeit vom physiologischen Funktionszustand. Ferner ist der Körperwiderstand noch von mehreren technischen Parametern wie Spannung, Frequenz und Einwirkungsdauer abhängig. In Abb. 14.22 ist die Abhängigkeit des elektrischen Körperwiderstands von der Spannung bei trockener Haut dargestellt.

Man kann sich den Körperwiderstand aus Hautwiderstand und innerem Körperwiderstand zusammengesetzt denken. Diese Aufteilung ist deshalb sinnvoll, weil sich der Hautwiderstand deutlich anders verhält als der innere Körperwiderstand. Beispielsweise ändert sich der Hautwiderstand sehr stark in Abhängigkeit von der Luftfeuchtigkeit oder durch unterschiedlich starke Durchblutung.

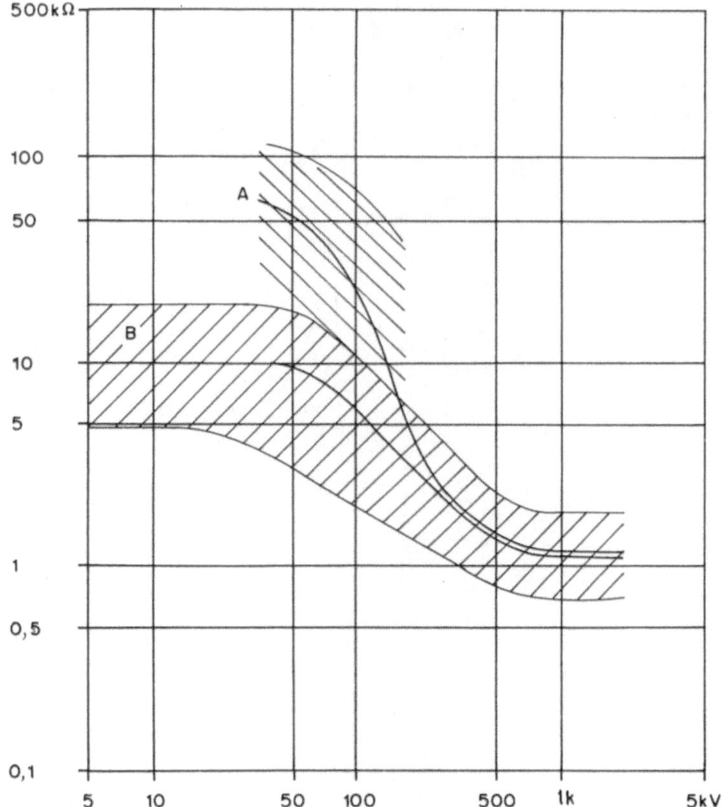

Abb. 14.22. Körperwiderstand von linker Hand zu rechter Hand in Abhängigkeit von der anliegenden Spannung. Mittelwert (durchgezogene Kurven) und Streubereich (schraffiert) für 10 cm² (A) und etwa 350 cm² (B) Elektrodenfläche (nach Freiberger, 1934)

Hautwiderstand. Dieser spielt beim Stromfluß durch den Körper eine besondere Rolle, weil er gleich von mehreren Parametern abhängt. Zunächst zeigt er große Variabilität inter- und intraindividuell. Die Stärke der Verhornung, der Feuchtigkeitsgrad, die Dichte der Schweißdrüsen und die Durchblutung sind dafür verantwortlich. Zusätzlich ist der Hautwiderstand noch von der Größe der Berührungsspannung sowie der Einwirkungsdauer abhängig u. zw. nimmt er mit zunehmender Spannung als auch mit der Dauer der Einwirkung ab. Dafür dürfte hauptsächlich die entstehende Joulesche Wärme verantwortlich sein, jedoch sind die sich in der Haut abspielenden Vorgänge sehr komplex und nicht im einzelnen bekannt. Treten durch zu starke Erwärmung an den Berührungsstellen Dampfblasen auf und/oder verschmort die Haut, steigt der Widerstand auch wieder an.

Die in der Abb. 14.22 dargestellten Körperwiderstände von Hand zu Hand gelten nur unmittelbar nach Beginn der Durchströmung. Bei 220 V Berührungsspannung sinkt der Hautwiderstand innerhalb von 3 Sekunden auf $\frac{1}{3}$ oder weniger seines Anfangswerts. Der Hautwiderstand stellt also nur innerhalb der ersten Sekunde einen gewissen Schutz dar. Er sinkt umso schneller, je höher die Berührungsspannung

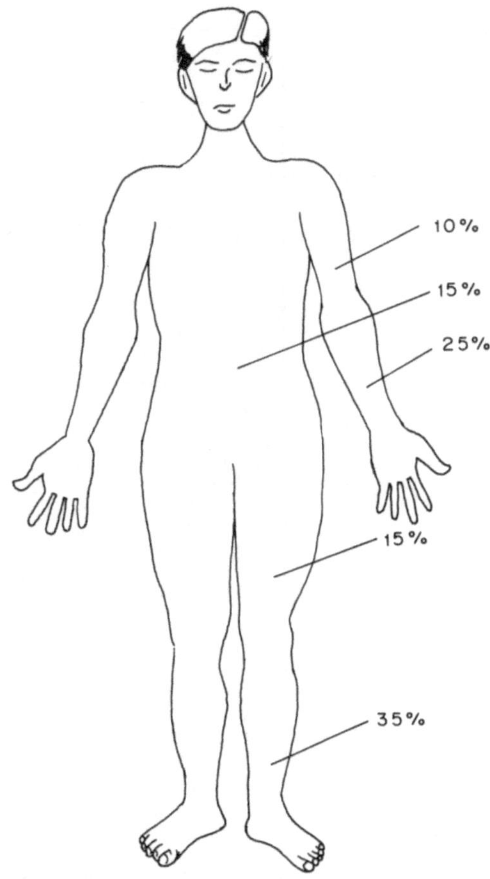

Abb. 14.23. Innere Körperwiderstände. Die angegebenen Prozentwerte beziehen sich auf einen Gesamtwert des Widerstands von der Hand zum Fuß von 1400 Ω, gemessen an der Leiche eines Erwachsenen (nach Freiberger, 1934)

ist. Bei 500 V Berührungsspannung ist der Hautwiderstand nach 3 Sekunden gegenüber dem inneren Körperwiderstand bereits vernachlässigbar klein. Bei 5 kV Berührungsspannung bricht der Hautwiderstand (gemessen an Leichenhaut) bereits nach 10 Millisekunden zusammen.

Innerer Körperwiderstand. Im Gegensatz zum Hautwiderstand ist der elektrische Widerstand der übrigen Körpergewebe—zumindest bei außen angelegten Elektroden—relativ stabil. Abb. 14.23 zeigt die ungefähre Verteilung dieser Widerstände.

c) Reizwirkung des Wechselstroms

Die Reizwirkung elektrischer Ströme geht von Potentialänderungen an Zellen aus, deren Größe von den transportierten Ladungsmengen bzw. erzeugten Konzentrationsänderungen abhängig ist. Bei Wechselstrom ist die transportierte Ladungsmenge bei einer gegebenen Stromstärke proportional zur Periodendauer T, also indirekt proportional zur Frequenz ν. Danach sollte auch die Reizwirkung von

Wechselstrom indirekt proportional zur Frequenz ν sein, was weitgehend zutrifft. Ab etwa $\nu = 100$ kHz bleiben Reizwirkungen völlig aus.

Die folgenden Angaben beziehen sich auf Wechselstrom der Frequenz $\nu = 50$ Hz: Ein Strom von 1 mA, der von Hand zu Hand durch den Körper fließt, wird von etwa 50% erwachsener männlicher Versuchspersonen wahrgenommen. Frauen merken schon etwa um 30% kleinere Stromstärken. Man hat daher 0,5 mA als Wahrnehmbarkeitsschwelle festgelegt. Bis etwa 10 mA empfindet man den Strom durch Prickeln; ein Loslassen spannungsführender Gegenstände ist nach einer Reaktionszeit von etwa 0,3 s leicht möglich. Darüber hinausgehende Stromstärken verursachen Schmerzen und können Ohnmacht auslösen; eine Selbstbefreiung aus dem Stromkreis wird schnell schwieriger. Bei Strömen > 50 mA muß mit dem Auftreten von Herzkammerflimmern gerechnet werden.

Die pathophysiologische Wirkung elektrischen Stroms wird seit vielen Jahrzehnten im Tierversuch ermittelt. Neben Hunden eignen sich hierzu besonders Schweine u. zw. aufgrund weitgehender Übereinstimmung in kardiovaskulärer und dermatologischer Hinsicht mit dem Menschen. Die Übertragung der an Schweinen und Hunden ermittelten Gefährdungsgrenzen ist dennoch nicht unproblematisch. Auf diese Weise erhaltene Resultate sind in der Abb. 14.24 zusammengestellt.

Als Sicherheitsgrenze für längere Durchströmungen (etwa 1 Sekunde) wird eine Stromstärke von $I_{eff} = 50$ mA angenommen. Daraus folgt aus Tierversuchen für

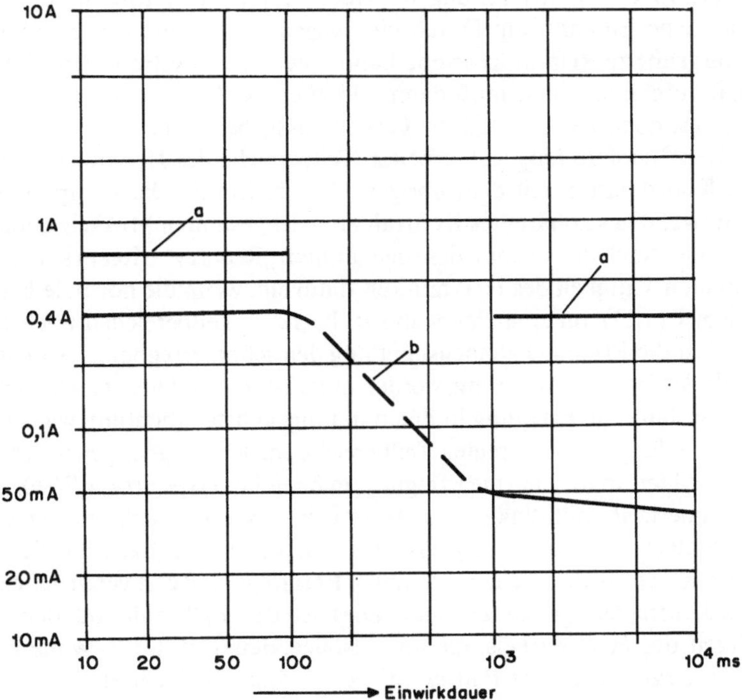

Abb. 14.24. Gefährdungsgrenzen durch elektrischen Wechselstrom ($\nu = 50$ Hz) für den Menschen. **a** 50% Wahrscheinlichkeit für Herzkammerflimmern, **b** Sicherheitsgrenze auf der Basis der Gefährdung durch $I = 50$ mA während 1 Sekunde. (Nach K. Brinkmann und H. Schaufer, 1982.)

Kurzzeitdurchströmungen (< 0,1 s) ein Wert von $I_{eff} = 400$ mA. Der Übergangsbereich zwischen 100 ms und 1 s ist mangels genauer Kenntnis der Determinanten der Flimmerschwellen nicht exakt festlegbar. Für Langzeitdurchströmungen bis 10 s und darüber muß mit einem Absinken der Sicherheitsgrenze auf etwa 40 mA und kleiner gerechnet werden.

Herzflimmern. Für den Herzmuskel gilt ein Alles-oder-Nichts-Gesetz: Eine Erregung breitet sich über alle Zellgrenzen hinweg aus, bis die letzte unerregte Muskelfaser aktiviert worden ist. Schrittmacher für die periodisch ablaufenden Pulsationen ist normalerweise der Sinusknoten. Die zeitliche und räumliche Koordination der Kontraktionen der Vorhöfe und Kammern wird durch die Erregungsausbreitung vom Sinusknoten über die Muskulatur der Vorhöfe zum Erregungsleitungssystem für die Kammern (Atrioventrikularknoten, His-Bündel und die beiden Tawara-Schenkel) und schließlich von dort über die Kammermuskulatur sichergestellt. Für die normale Herztätigkeit ist es unerläßlich, daß die Erregung immer wieder neu vom Sinusknoten ausgeht und eine Art Einbahn durchläuft. Zwar besitzen auch die dem Sinusknoten nachgeordneten Abschnitte des Erregungsleitungssystems die Fähigkeit zur autonomen Erregungsbildung, jedoch nimmt deren Frequenz mit zunehmender Entfernung vom Sinusknoten ab. Sie werden also immer von den „von oben" kommenden Erregungen überspielt.

Auch die Erregungsausbreitung im Herzmuskel selbst trifft unter normalen Umständen eine Einbahn an: Durch eine gegenüber anderen erregbaren Zellen deutlich vergrößerte Refraktärperiode kann eine Erregungsfront den Herzmuskel nur einmal durchlaufen und muß dann erlöschen, weil die zuletzt erregten Zellen schließlich nur noch von refraktärem Gewebe umgeben sind.

Beim Herzflimmern hingegen arbeiten Teilbereiche des Herzmuskels autonom und ohne Koordination mit dem übrigen Herzen. Ein für die Pumpfunktion des Herzens notwendiges kohärentes Kontrahieren des gesamten Muskels kommt nicht mehr zustande. Nach der Theorie des sogenannten „Reentry" tritt ein solcher Zerfall der kohärenten Tätigkeit des Herzmuskels dann ein, wenn die normale Erregungsfront (Beispiel 11.11) auf eine Herzwand trifft, die in Teilbereichen noch refraktär ist. Dann läuft die Erregung zunächst entlang den schon erregbaren Abschnitten in die normale Ausbreitungsrichtung; werden nun aber die anderen Teilbereiche ebenfalls erregbar, läuft die Erregung in ihnen in umgekehrter Richtung wieder zurück. Sind nun die anfangs schon erregten Teilbereiche wieder erregbar geworden, können sich Bezirke bilden, in welchen die Erregung im Kreis läuft (Reentry = Wiedereintritt). Eine koordinierte Pumptätigkeit des Herzmuskels ist dann nicht mehr möglich.

Herzflimmern kann also ausgelöst werden, wenn eine Extrasystole oder ein elektrischer Reiz so früh auf einen normalen Reiz folgt, daß erst vereinzelte Muskelareale wiedererregbar geworden sind. Dies ist der Fall während der relativen Refraktärzeit des Herzmuskels, die im aufsteigenden Teil der T-Welle des EKG (Abb. 11.23) liegt (*vulnerable Phase*). In dieser Phase sind einzelne Muskelareale durch mehr oder weniger große Reize bereits erregbar, andere noch nicht. Tatsächlich konnte Herzflimmern bei Versuchen mit Jungschweinen und Stromstärken bis $I = 9$ A (Spitzenwert) ausschließlich in der Anstiegsflanke der T-Welle ausgelöst werden. Die Unterschiede in der Erregbarkeit sind naturgemäß umso ausgeprägter, je mehr durch vorausgehende Schädigungen die Refraktärzeit in verschiedenen Muskelarealen des Herzens bereits unterschiedlich lange dauert.

Defibrillation. Kammerflimmern, egal welcher Ursache, bedeutet Kreislaufstillstand. Dauert dieser Zustand länger als 3 bis 4 Minuten, wird das Gehirn irreversibel geschädigt. Ohne Herzmassage und Mund-zu-Mund-Beatmung tritt der Tod nach wenigen Minuten ein. Durch einen starken Elektroschock am Herzen, der alle Muskelfasern zur selben Zeit kontrahieren läßt, kann sich die Herzmuskeltätigkeit wieder synchronisieren. Direkt am Herzen, also bei (operativ) geöffnetem Thorax, sind dazu Spannungen um 1000 V und Ströme um 20 A für die Dauer von etwa 5 ms erforderlich. Am ungeöffneten Brustkorb sind etwa doppelt so hohe Spannungen bzw. Ströme erforderlich (maximale Defibrillationsenergien pro Impuls liegen bei 360 J). Der hierzu benutzte Defibrillator besteht im wesentlichen aus einem Kondensator, der von einem Ladegerät aufgeladen wird: Abb. 14.25.

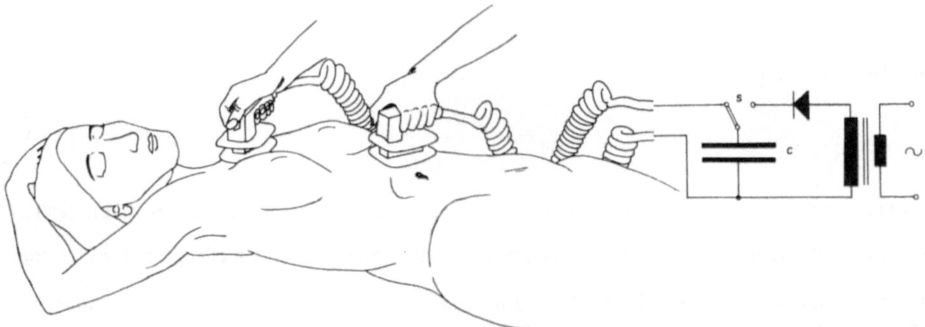

Abb. 14.25. Prinzip der Defibrillation. Der Kondensator *C* wird auf die erforderliche Spannung aufgeladen und liefert nach Umlegen des Schalters *S* den Defibrillationsstromstoß. Die Elektroden werden an gegenüberliegenden Enden der Herzachse angelegt

Im Einsatz wird der Kondensator durch Anlegen zweier großflächiger Defibrillationselektroden mit dem Herzen bzw. dem Brustkorb verbunden und entladen. Damit eine gleichzeitige Kontraktion aller Muskelfasern erfolgt, muß der Stromstoß außerhalb der vulnerablen Phase erfolgen. Dadurch gewinnt der Sinusknoten wieder seine Führungsrolle als Schrittmacher. Bei automatischen, vom gleichzeitig registrierten EKG gesteuerten Geräten, wird der Defibrillationsimpuls z. B. 20 ms nach der *R*-Zacke ausgelöst. Damit der behandelnde Arzt nicht selbst in den Stromkreis des Defibrillators gerät, sind die Elektroden mit gut isolierten Handgriffen versehen. Der großflächige Kontakt mit dem Patienten ist wichtig, um Verbrennungen an den Kontaktflächen zu vermeiden. Zur Verkleinerung des Hautwiderstands werden die Kontaktflächen mit einer elektrolytischen Flüssigkeit befeuchtet. Moderne Geräte besitzen außerdem eine elektronische Widerstandskontrolle. Heute können implantierbare Defibrillatoren lebensbedrohliche Kammerarrhythmien automatisch erkennen und mittels intrathorakaler Defibrillation beseitigen.

Zusammenfassung 14.B

I. Die maximale Energie im Magnetfeld einer Spule ist bei Wechselstrom (Stromamplitude I_0)

$$E = L \cdot \frac{I_0^2}{2} \tag{14.12}$$

und die maximale Energie im elektrischen Feld eines Kondensators ist bei einer Spannungsamplitude U_0:

$$E = C \cdot \frac{U_0^2}{2}. \tag{14.13}$$

In einem elektrischen Schwingkreis ist die maximale Energie im elektrischen Feld des Kondensators gleich der maximalen Energie im Magnetfeld der Spule:

$$C \cdot \frac{U_0^2}{2} = L \cdot \frac{I_0^2}{2}.$$

Die Resonanzfrequenz ist

$$\nu_0 = \frac{1}{2 \cdot \pi \cdot \sqrt{L \cdot C}}. \tag{14.14}$$

Ein Hertzscher Dipol mit der Resonanzfrequenz ν_0 strahlt transversale elektromagnetische Wellen der Wellenlänge $\lambda = \frac{c}{\nu_0}$ ab, die sich mit Lichtgeschwindigkeit c ausbreiten. Elektrische und magnetische Feldstärke **E** und **B** sind normal zueinander und transversal zur Ausbreitungsrichtung orientiert.

Die elektrische Feldstärke **E** der vom Dipol abgestrahlten elektromagnetischen Welle ist parallel zur Dipolachse orientiert und die magnetische Feldstärke **B** normal dazu. Die Ebene, die **E** enthält, heißt Schwingungsebene, die Ebene, in der **B** schwingt, heißt Polarisationsebene. Bei fixer Orientierung der Feldstärken einer elektromagnetischen Welle spricht man von einer polarisierten Welle, im Gegensatz zu einer unpolarisierten Welle, deren Schwingungsebene laufend ihre Lage im Raum wechselt.

II. Elektromagnetische Wellen werden von biologischem Gewebe bei hohen Frequenzen hauptsächlich durch Orientierungspolarisation der Wassermoleküle absorbiert. Das elektrische Wechselfeld der Welle erzeugt einen Verschiebungsstrom, der Joulesche Stromwärme erzeugt. Die vom Gewebe absorbierte Strahlungsleistung ist:

$$P = U^2/R = \tfrac{1}{2} \cdot E_0^2 \cdot V \cdot \sigma, \tag{14.15}$$

σ = Konduktivität des Gewebes, V = Volumen. Die spezifische Absorptionsrate SAR ist:

$$SAR = P/m = \tfrac{1}{2} \cdot E_0^2 \sigma / \rho, \tag{14.16}$$

mit ρ = Massendichte des Gewebes, E_0 = Amplitude der elektrischen Feldstärke.

Die relative Verteilung der SAR im menschlichen Körper hängt zum einen von den Wechselwirkungsmöglichkeiten der Strahlung mit dem Gewebe und zum anderen von der Verteilung im Innern des Körpers ab, wobei auch die Orientierung des absorbierenden Körpers relativ zur Polarisationsebene der Strahlung eine wichtige Rolle spielt.

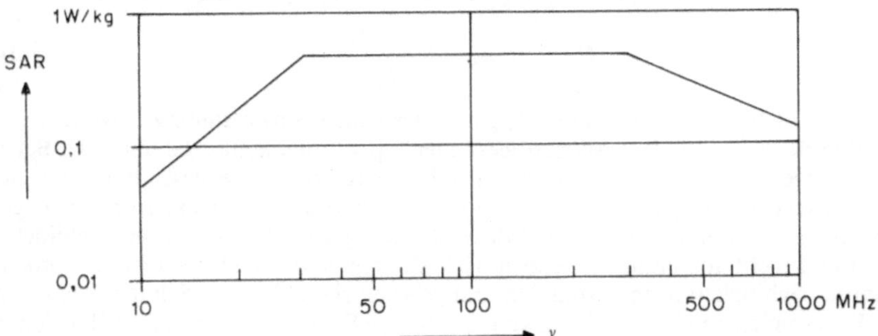

Abb. 14.26. Obergrenze der Ganzkörper-*SAR* im Menschen für eine Bestrahlungsintensität von $10\,\mathrm{W \cdot m^{-2}}$ (nach J. H. Bernhardt, 1990) in Abhängigkeit von der Frequenz ν

In der Abb. 14.26 sind maximal zu erwartende, über den ganzen Körper gemittelte *SAR*-Werte über der Frequenz aufgetragen. Dabei wurden die bei unterschiedlichen Körpergrößen (Erwachsene, Kinder, Säuglinge) auftretenden Maximalwerte und die zu maximaler Strahlungsabsorption führenden Umstände, wie Orientierung der Schwingungsebene der Welle parallel zur Körperlängsachse, angenommen. Diese Werte wurden teils aus Messungen an Modellen und teils aus Berechnungen für körperähnliche Geometrien gewonnen.

Wie Abb. 14.19 zeigt, kann in einzelnen Körperbereichen allerdings ein Mehrfaches dieser Werte auftreten.

Bei einmaliger kurzfristiger Exposition kann die Energiemenge

$$SAR \cdot \tau = SA = \text{spezifische Absorption}$$

zugeführt werden. τ = thermische Relaxationszeit des Organs bzw. des Körpers.

Die International Radiation Protection Association (IRPA) hat 1988 als Richtlinie für den Schutz der Bevölkerung einen *SAR*-Grenzwert von $0{,}08\,\mathrm{W \cdot kg^{-1}}$ angegeben.

III. Die wichtigsten Schädigungsmechanismen der Elektrizität sind die Auslösung des Herzflimmerns und die thermische Gewebeschädigung durch Verbrennung bzw. Koagulation. Die Schwelle für thermische Gewebsschädigungen ist proportional zum Quadrat der Stromdichte. Die Schwelle für die Auslösung des Herzflimmerns ist proportional zur Stromdichte. Lebensgefahr besteht bei Wechselstrom ($\nu = 50\,\mathrm{Hz}$), sobald Stromstärken von $I = 80\,\mathrm{mA}$ oder größer durch den menschlichen Körper fließen.

Sowohl die thermische Schädigung als auch der Herztod werden durch den elektrischen Strom herbeigeführt. Es sind daher nach dem Ohmschen Gesetz zwei Größen, die für die Gefährdung durch die Elektrizität gemeinsam maßgeblich sind: Spannung und Widerstand bzw. Berührungsspannung und Körperwiderstand.

Gegen das Auftreten von Berührungsspannungen an normalerweise nicht spannungsführenden Teilen durch fehlerhafte Isolation oder andere Defekte sind Schutzmaßnahmen wie Schutzisolierung, Schutztrennung, Schutzkleinspannung, Nullung, Fehlerstrom-Schutzschaltung und Schutzleitungssysteme vorzusehen. Liegt kein Berührungsschutz vor, kann es bei einem Isolationsfehler im Gerät zu Stromfluß durch den menschlichen Körper kommen, s. Abb. 14.20 a. Die Größe des auftretenden Körperstroms I_K ist nach dem Ohmschen Gesetz und der Schleifenregel (R_K = Körperwiderstand, R_E = Erdwiderstand):

$$I_K = \frac{U}{R_K + R_E}. \tag{14.17}$$

Die (Effektiv-)Spannung gegen Erde U beträgt beim 220/380-Volt-Drehstromnetz 220 Volt.

Die am Körper anliegende Spannung U_K heißt Berührungsspannung; diese ist

$$U_K = I_K \cdot R_K = U \cdot \frac{R_K}{R_K + R_E}, \tag{14.18}$$

kann also bei kleinem Erdwiderstand R_E gleich der vollen Netzspannung U werden.

Sensible Bereiche, wie Intensivstationen oder Operationsräume, die auf hohe Betriebssicherheit angewiesen sind, werden durch Schutzleitungssysteme geschützt. Alle Geräte werden hier von einem eigenen Generator oder Transformator mit Elektrizität versorgt und analog der Schutztrennung ein von Erde und Netz getrennter Stromkreis gebildet. Alle leitenden und nicht spannungsführenden Teile des Gebäudes und der Geräte werden mit sogenannten Schutzleitungen verbunden und geerdet; sie bilden das Schutzsystem, s. Abb. 14.20 e. Herzsonden und Herzkatheter können etwaige Fehlströme direkt zum Herz leiten. Es genügen daher schon die in gewöhnlichen intakten (!) Elektrogeräten auftretenden kapazitiven Leckströme, um tödliche Herzströme hervorzurufen. Weitgehend vermeiden lassen sich solche Risiken durch die Verwendung batteriegespeister Geräte und faseroptischer Übertragung der Meßsignale an die Monitoreinrichtungen.

IV. Den elektrischen Widerstand des menschlichen Körpers kann man sich aus Hautwiderstand und innerem Körperwiderstand zusammengesetzt denken. Der Hautwiderstand verhält sich deutlich anders als der innere Körperwiderstand, er ändert sich im Gegensatz zu letzterem sehr stark in Abhängigkeit von der Luftfeuchtigkeit, durch unterschiedlich starke Durchblutung, und in Abhängigkeit von der Berührungsspannung. Er verschwindet umso schneller, je höher die Berührungsspannung ist. Der innere Körperwiderstand bleibt dagegen relativ stabil.

Die Reizwirkung elektrischer Ströme geht von Potentialänderungen an Zellen aus, deren Größe von den transportierten Ladungsmengen abhängt. Oberhalb von 100 kHz bleiben Reizwirkungen völlig aus. Bei $\nu = 50$ Hz muß bei Strömen größer als 50 mA mit dem Auftreten von Herzkammerflimmern gerechnet werden. Als Sicherheitsgrenze für längere Durchströmungen (ab etwa 1 Sekunde) wird eine Stromstärke von $I_{\text{eff}} = 40$ mA angenommen. Für Kurzzeitdurchströmungen ($< 0{,}1$ s) gilt ein Wert von $I_{\text{eff}} = 400$ mA als sicher.

Herzflimmern kann ausgelöst werden, wenn im Herzmuskel eine Extrasystole oder ein elektrischer Reiz so früh auf einen normalen Reiz folgt, daß erst vereinzelte Muskelareale wiedererregbar geworden sind. Dies trifft während der relativen Refraktärzeit des Herzmuskels zu, der sogenannten vulnerablen Phase, die im aufsteigenden Teil der T-Welle des EKG liegt. Dauert Herzflimmern länger als 3 bis 4 Minuten an, wird das Gehirn irreversibel geschädigt. Ohne Herzmassage und Mund-zu-Mund-Beatmung tritt der Tod nach wenigen Minuten ein. Eine sehr erfolgreiche Hilfe ist in diesem Fall die Elektrodefibrillation. Hierbei werden durch einen starken Elektroschock außerhalb der vulnerablen Phase alle Muskelfasern zur selben Zeit kontrahiert und die Herzmuskeltätigkeit wieder synchronisiert.

V. Zum Schutz vor akuten Wirkungen der elektromagnetischen Felder unserer Energieversorgung—deren Gefährlichkeit übrigens strittig ist—empfiehlt die Internationale Gesellschaft für Strahlenschutz IRPA die Begrenzung der von diesen Feldern im Körper erzeugten Stromdichten auf Werte unter $10\,\text{mA}\cdot\text{m}^{-2}$, für die Dauerexposition auf Werte unter

$$2\,\text{mA}\cdot\text{m}^{-2}.$$

(Die Stromdichten der physiologischen Ströme in den wichtigsten Organen wie Herz und Hirn betragen rund $1\,\text{mA}\cdot\text{m}^{-2}$.) Für die elektromagnetischen Felder der Energieversorgung empfiehlt die IRPA Grenzwerte von

$$5\,\text{kV}\cdot\text{m}^{-1} \quad \text{bzw.} \quad 10^{-4}\,\text{T}.$$

Beispiel 14.6. Die vom Herzmuskelgewebe bei $\nu = 100$ kHz ($\sigma = 0{,}2\,\Omega^{-1}\cdot\text{m}^{-1}$) absorbierte spezifische Strahlungsleistung (SAR) beträgt bei einer Feldstärke von $E_0 = 10\,\text{V}\cdot\text{m}^{-1}$.

Nach Gleichung 14.16 $SAR = \frac{1}{2}\cdot E_0^2\cdot\sigma/\rho = \frac{1}{2}\cdot 100\,\text{V}^2\cdot\text{m}^{-2}\cdot 0{,}2\,\Omega^{-1}\cdot\text{m}^{-1}/10^3\,\text{kg}\cdot\text{m}^{-3} = 10\,\text{mW}\cdot\text{kg}^{-1}$.

Beispiel 14.7. Kapazität eines Defibrillationskondensators ($U = 3\,\mathrm{kV}$; Defibrillationsenergie $W = 360\,\mathrm{J}$). Aus Gleichung 14.13 ist $W = C \cdot U^2/2$ oder $C = 2 \cdot W/U^2 = 2 \cdot 360\,\mathrm{J}/(9 \cdot 10^6\,\mathrm{V}^2) = 80\,\mu F$.

Beispiel 14.8. Berechnung des Körperstroms I von der rechten Hand zum Gesäß bei einer Spannung von 220 V nach Zusammenbrechen des Hautwiderstands mit den Werten aus Abb. 14.23. $R = 350\,\Omega + 140\,\Omega + 210\,\Omega = 700\,\Omega$; $I = 314\,\mathrm{mA}$.

Aufgabe 14.3. SAR von Fettgewebe bei $\nu = 100\,\mathrm{kHz}$ ($\sigma = 0{,}05\,\Omega^{-1} \cdot \mathrm{m}^{-1}$) bei einer Feldstärke von $E_0 = 10\,\mathrm{V} \cdot \mathrm{m}^{-1}$.

Aufgabe 14.4. Kapazitiver Leckstrom. Dieser Strom entsteht aufgrund der immer vorhandenen elektrischen Kapazität der aktiven, stromführenden Leiter gegenüber den passiven, nicht stromführenden Leitern des Geräts. Die Größe dieser Kapazität hängt von der Größe der aktiven Leiter und deren Abstand von den passiven Leitern ab. Typische Werte für Haushaltsgeräte liegen bei $C = 10\,\mathrm{nF}$. Wie groß ist der effektive kapazitive Strom, der über Gehäuse und Nulleiter fließt ($U_{eff} = 220\,\mathrm{V}$; $\nu = 50\,\mathrm{Hz}$)?

ATOM- UND MOLEKÜLPHYSIK

Die Theorie bestimmt,
was wir beobachten können.
Albert Einstein

15. Atome

Abgesehen von spekulativen Betrachtungen griechischer Naturphilosophen sind die ersten Hinweise auf eine atomare Natur der Materie aus der Chemie gekommen. Das griechische „atomos" bedeutet „unzerschneidbar" und im Sinne der Chemie sind Atome tatsächlich unzerschneidbar: Zerlegt man sie in ihre Bestandteile, zerstört man ihre chemischen Eigenschaften.

Die ersten naturwissenschaftlichen Hinweise auf die atomare Struktur der Stoffe lieferten die stöchiometrischen Gesetze, die ab 1800 von Prout, Dalton und anderen formuliert worden sind. Die Tatsache, daß sich die chemischen Elemente in ganz bestimmten Gewichtsverhältnissen verbinden, ist vom Standpunkt einer beliebig unterteilbaren Materie aus nicht verständlich. Nimmt man jedoch an, daß die Elemente atomar aufgebaut sind und Verbindungen durch Zusammenfügung von Atomen der sie bildenden Elemente entstehen, folgt daraus von selbst, daß dies zu ganz bestimmten Gewichtsverhältnissen führen muß. Die Beobachtung von Gay-Lussac 1808, daß nicht nur die Gewichte, sondern auch die Volumina von Gasen bei chemischen Reaktionen in festen Zahlenverhältnissen auftreten, führte Avogadro 1811 zu der Hypothese, daß gleiche Volumina verschiedener Gase (bei gleicher Temperatur und gleichem Druck) gleich viele Moleküle enthalten.

Ein weiterer wichtiger Schritt in der Erkenntnis der atomaren Natur der Materie waren die Einsichten der kinetischen Gastheorie, s. Kapitel 6.3. In der Brownschen Bewegung war schließlich die Wärmebewegung der Moleküle indirekt sogar sichtbar geworden. J. Loschmidt hat dann 1865 die Anzahl der Moleküle eines Gases in 1 ml mit Hilfe der kinetischen Gastheorie bestimmt. Die Anzahl der Teilchen in der Stoffmenge $n = 1\,\text{mol}$ heißt Loschmidtsche Zahl oder (international vereinbart) Avogadro-Konstante und hat den Wert

$$N_A = 6{,}02252 \cdot 10^{23}\,\text{mol}^{-1}.$$

Man muß sich fragen, was man sich unter dieser Zahl vorstellen kann. Die folgende

Abschätzung mag hier helfen: Gießt man ein Mol einer Flüssigkeit in das Weltmeer und verteilt diese Moleküle gleichmäßig, enthält jeder Liter Meerwasser ca. 7000 Moleküle!

Die Faradayschen Gesetze der Elektrolyse zeigten ferner, daß auch die elektrische Ladung in elementaren Teilen existiert, also „atomistisch" ist. Daß die elektrolytisch abgeschiedenen Stoffmengen in einem festen Verhältnis zu den transportierten Ladungen stehen, kann ja nur bedeuten, daß der im Elektrolyten wandernde Stoff je Atom eine feste Ladungsmenge (e) trägt (Helmholtz 1881). Mit der Loschmidt-Zahl bzw. Avogadro-Konstanten N_A erhält man für diese elementare elektrische Ladungsmenge aus der Faraday-Konstanten F (s. auch Beispiel 11.16):

$$e = \frac{F}{N_A} = 1{,}602 \cdot 10^{-19}\,\mathrm{C}.$$

15.1 Das Elektron

a) Kathoden- und Kanalstrahlen

Entscheidende Einblicke in die Struktur der Materie vermittelten Experimente zur Elektrizitätsleitung in Gasen, sog. Gasentladungen, wie der Stromfluß durch Gase seit der Ära der Elektrostatik genannt wird. Im Mittelpunkt des Interesses standen dabei verschiedene auftretende Leuchtphänomene. Bereits M. Faraday hatte 1833 festgestellt, daß eine „Verdünnung" der Luft diese Phänomene begünstigt. J. Plücker in Bonn experimentierte ebenfalls mit Gasen niedrigen Drucks. Er beobachtete verschiedene Phänomene beim Stromdurchgang in den gasgefüllten Glasrohren, die ihm sein geschickter Glasbläser Geißler fertigte. Das Augenmerk lag dabei auf den bunten Leuchterscheinungen, die in dem Gasvolumen auftraten. Diese werden ja heute noch vielfach zu Reklamezwecken in den „Geißler-Röhren" benutzt. Man erhält je nach Gasfüllung (bei Drücken zwischen 1 Torr und 20 Torr) unterschiedliche Farben. Plücker konnte darüberhinaus auch schon feststellen, daß diese Leuchterscheinungen durch ein Magnetfeld beeinflußbar sind.

Plückers Schüler J. W. Hittorf standen bereits Quecksilberpumpen zur Verfügung, so daß er ein etwas besseres „Vakuum" als sein Lehrer erzielen konnte. Dabei stellte er fest, daß die Leuchterscheinungen in dem Gas zurück gingen und die Glaswand gegenüber der Kathode grün zu fluoreszieren begann. Er konnte schließlich durch ein einfaches Experiment zeigen, daß die Gasentladung offenbar von der Kathode ausging, da ein Gegenstand vor ihr einen Schatten warf, s. Abb. 15.1. E. Goldstein hat dafür den Namen „Kathodenstrahlen" geprägt.

1886 hat dann E. Goldstein die von ihm als Kanalstrahlen bezeichneten Strahlen entdeckt. Der Name kommt daher, daß sie hinter einer durchbohrten Kathode auftreten, also anscheinend durch diese Bohrung (Kanal) hindurchgehen, s. Abb. 15.2.

Die Natur aller dieser Strahlen wurde erst nach und nach aufgeklärt. Zunächst war z. B. völlig unklar, ob es sich bei den Kathodenstrahlen um elektromagnetische Wellen handelte—was H. Hertz 1892 behauptete—oder um Teilchenstrahlen. 1895 richtete J. B. Perrin Kathodenstrahlen auf einen im Glaskolben eingeschmolzenen Faraday-Becher und konnte mit Hilfe eines angeschlossenen Elektrometers feststel-

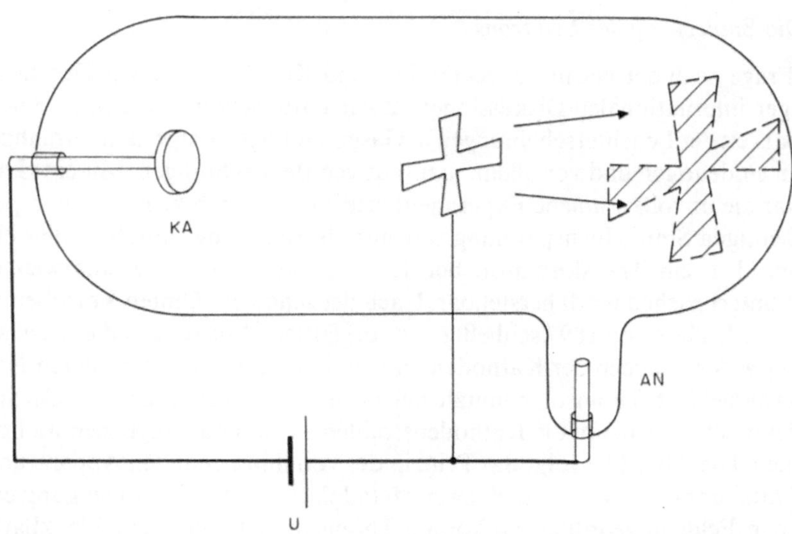

Abb. 15.1. Hittorfscher Nachweis der Kathodenstrahlen. Das Metallkreuz erzeugt einen Schatten (schraffiert) in der gegenüber der Kathode *KA* am Glaskolben auftretenden Fluoreszenzerscheinung. *AN* = Anode

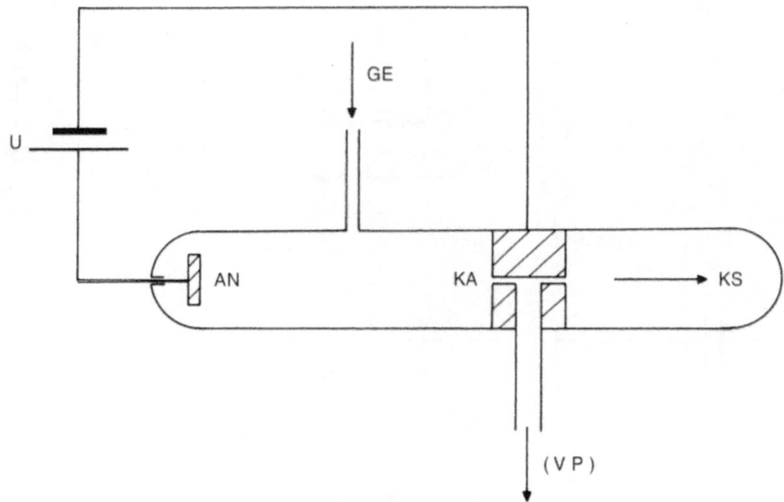

Abb. 15.2. Kanalstrahlen *KS* treten auf der der Anode *AN* abgewandten Seite der Kathode *KA* auf. Dargestellt ist die Durchströmungsmethode von W. Wien. In den Raum zwischen der Anode und der durchbohrten Kathode erfolgt eine gedrosselte Gaszufuhr. *GE* = Gaseinlaß. Das Gas wird von einer Vakuumpumpe *VP* durch eine seitliche Öffnung des Kathodenkanals abgesaugt, so daß sich ein konstanter Gasdruck einstellt

len, daß diese Strahlen negative elektrische Ladungen tragen. Damit waren Wellen als Erklärung für die Kathodenstrahlen weitgehend ausgeschlossen. Endgültig geklärt wurde diese Frage, ebenso wie die nach der Natur der Kanalstrahlen, erst durch J. J. Thomson, siehe nächster Abschnitt.

b) Die Entdeckung des Elektrons

Die Frage nach der Natur der Kathoden- und Kanalstrahlen war Gegenstand jahrelanger internationaler Diskussionen. Zwar hatte schon J. Plücker 1858 die Ablenkbarkeit der Leuchterscheinungen in Gasentladungen festgestellt, es mangelte jedoch an eindeutigen und vor allem quantitativen Beobachtungen. Mit ein Grund hierzu war die unvollkommene Experimentiertechnik. Es gab keine Vakuumpumpen im heutigen Sinn, Hochspannung war nur als Spannungsimpuls mittels eines Induktors (d. i. ein Transformator, bei dem der Strom in der Primärwicklung plötzlich unterbrochen wird) herstellbar. Nach der schon erwähnten Vorarbeit von Perrin hat J. J. Thomson 1897 schließlich in sorgfältigen Messungen die spezifische Ladung Q/m der Teilchen der Kathodenstrahlen bestimmt und damit deren Natur endgültig aufgeklärt. Thomson benutzte neben einem magnetischen Feld gleichzeitig ein elektrisches Feld, um die Kathodenstrahlen aus ihrer anfänglichen Richtung abzulenken. Die Abb. 15.3 zeigt das Prinzip der von ihm benutzten Apparatur.

Im Entladungsrohr waren auch zwei Metallplatten (*MP*) zur Erzeugung eines elektrischen Felds angeordnet. So konnte Thomson erstmalig die Ablenkbarkeit

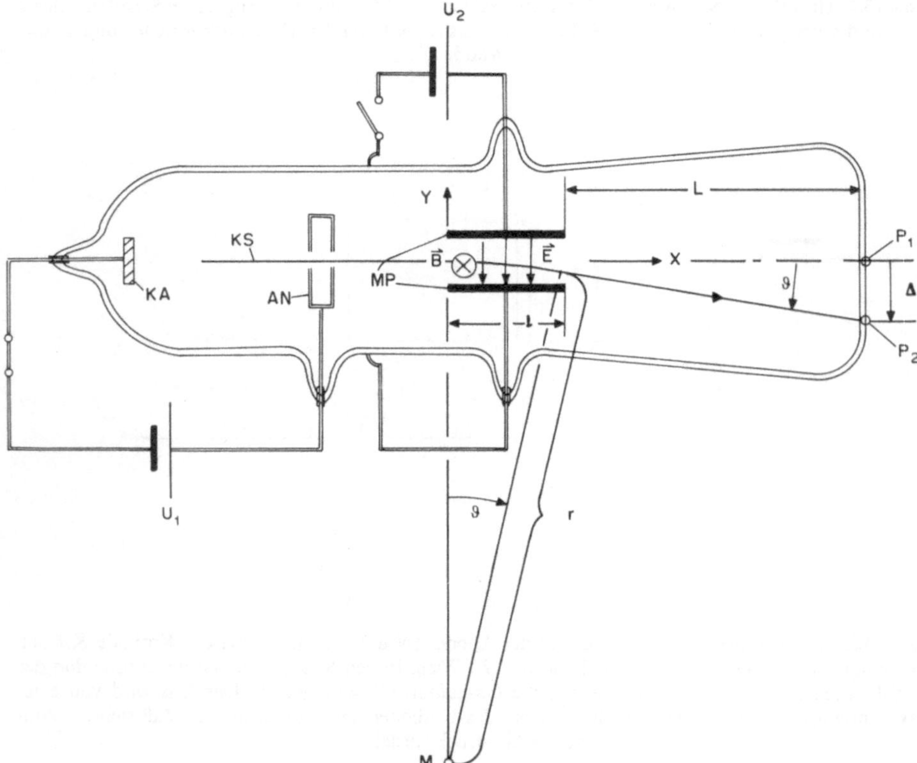

Abb. 15.3. Gasentladungsrohr zur Methode der gekreuzten Felder von J. J. Thomson (= Prinzip eines Massenspektrographen). Die Anode *AN* besitzt zwei normal zueinander angeordnete Schlitze, so daß nur ein schmaler Strahl der von der Kathode *KA* her kommenden Teilchen hindurch kann. Normal zur Zeichenebene ist ein Magnetfeld **B** gerichtet, welches durch außen angeordnete Spulen erzeugt wird. Die Kathodenstrahlen *KS* treffen (in P_1 bzw. P_2) gegen die Endfläche des Glaskolbens und erzeugen dort eine Leuchterscheinung

der Kathodenstrahlen durch ein elektrisches Feld **E** messen. Durch außerhalb angebrachte Magnetspulen war es möglich, zusätzlich zum elektrischen Feld auch ein Magnetfeld **B** normal zur Richtung des elektrischen Felds zu erzeugen. Mit diesen gekreuzten Feldern konnten somit Strahlablenkungen in derselben Ebene (= Zeichenebene der Abbildung) hervorgerufen werden.

In einem ersten Schritt stellte Thomson zunächst fest, wo der Kathodenstrahl auf die Glaswand auftraf, wenn keines der beiden Felder wirksam war (Punkt P_1). Ist nur das magnetische Feld **B** eingeschaltet, bewegen sich die mit der elektrischen Ladung Q geladenen Teilchen der Kathodenstrahlen (ihre Masse sei m) auf einer Kreisbahn (mit dem Mittelpunkt M, s. Abb. 15.3), deren Radius r durch die Bedingung Zentrifugalkraft = Zentripetalkraft (= Lorentzkraft) festgelegt ist:

$$m \cdot \frac{v^2}{r} = Q \cdot v \cdot B.$$

Der Kathodenstrahl verläßt das Magnetfeld unter einem Winkel $\vartheta = \frac{l}{r}$ zur ursprünglichen Strahlrichtung und trifft in P_2 im Abstand $\Delta = L \cdot \vartheta$ vom ursprünglichen Auftreffort auf die Glaswand (Punkt P_2). Den Krümmungsradius r des Kathodenstrahls im Magnetfeld erhält man aus $\vartheta = \frac{\Delta}{L} = \frac{l}{r}$ bzw.

$$r = \frac{l \cdot L}{\Delta}.$$

Also ist die spezifische Ladung der Teilchen der Kathodenstrahlen

$$\frac{Q}{m} = \frac{v}{r \cdot B} = \frac{v \cdot \Delta}{l \cdot L \cdot B}$$

Die Geschwindigkeit dieser Teilchen fand Thomson durch Kompensation der eben beschriebenen magnetischen Ablenkung durch die elektrische Ablenkung: Δ wird Null, wenn die elektrische Kraft $E \cdot Q$ gleich der Lorentzkraft $Q \cdot v \cdot B$ ist:

$$E \cdot Q = Q \cdot v \cdot B,$$

woraus $v = \frac{E}{B}$ folgt.

Thomsons Messungen ergaben erstens Geschwindigkeiten v, die deutlich unterhalb der Lichtgeschwindigkeit lagen, was endgültig bewies, daß es sich bei den Kathodenstrahlen nicht um elektromagnetische Wellen handeln konnte. Zweitens erhielt Thomson für die spezifische Ladung der Teilchen

$$\frac{Q}{m} = 1{,}7 \cdot 10^{11}\,\mathrm{C \cdot kg^{-1}}.$$

Vergleicht man dies mit den spezifischen Ladungen der Ionen, die bei der Elektrolyse beobachtet werden, sieht man, daß die Teilchen der Kathodenstrahlen mit keinem bekannten Atom identisch sein können. Selbst die spezifische Ladung der Wasserstoff-Ions, des bis dato leichtesten bekannten Teilchens, ist noch etwa 1836 mal kleiner. Die Teilchen der Kathodenstrahlen mußten also entweder eine vergleichsweise riesige Ladung besitzen oder sehr leicht sein. Nimmt man an, was naheliegend ist, daß diese Teilchen denselben Ladungsbetrag tragen, wie die Ionen bei der Elektrolyse, nämlich e, dann erhält man für die Masse dieser Partikel

$$m = 9{,}1091 \cdot 10^{-31}\,\mathrm{kg}.$$

In jedem Fall war aber damit ein neues Teilchen entdeckt, nämlich das (freie) Elektron; dieser Name wurde erst ab etwa 1910 gebräuchlich. Übrigens hatte schon H. A. Lorentz ein Teilchen mit genau derselben spezifischen Ladung bei seiner Deutung des Zeeman-Effekts (s. Kapitel 17.2) im Innern von Atomen nachgewiesen. Daß das Elektron tatsächlich die Ladung $-e$ trägt, hat Thomson noch in einem anderen Experiment gemeinsam mit seinem Schüler C. T. R. Wilson durch Ladungsmessungen an Nebeltröpfchen nachgewiesen. Diese Methode wurde später von R. A. Millikan weiter verfeinert; das Prinzip dieser Methode wurde schon in Beispiel 11.16 beschrieben. Ähnliche Messungen mit anderen Gasen als Luft in dem „evakuierten" Gasentladungsrohr und mit den verschiedensten Metallen für Anode und Kathode ergaben immer dieselbe spezifische Ladung. Es gab keinen Zweifel, daß hier ein neues und sehr elementares Teilchen entdeckt worden war.

Völlig andere Werte für die spezifischen Ladungen hingegen beobachtete 1898 W. Wien an Kanalstrahlen. Er fand die schon von der Elektrolyse her bekannten spezifischen Ladungen $\frac{Q}{m}$ und darüberhinaus auch ganzzahlige Vielfache davon. Es gab keinen Zweifel, daß die Teilchen der Kanalstrahlen geladene Atome, d. h. Ionen sein mußten. Die Vielfachen der spezifischen Ladungen waren offenbar darauf zurückzuführen, daß den betreffenden Atomen entsprechend mehrere Elektronen entzogen worden waren. Damit war gleichzeitig auch die Existenz einzelner Ionen bzw. Atome nachgewiesen.

15.2 Erste Atommodelle

Schon 1825 hatte der englische Arzt W. Prout die Hypothese aufgestellt, daß alle chemischen Elemente aus dem leichtesten Element, dem Wasserstoff, aufgebaut seien. Als sich dann durch Messung der an den chemischen Reaktionen beteiligten Stoffmassen herausstellte, daß nur wenige Elemente ein (auf Wasserstoff bezogenes) ganzzahliges Atomgewicht besitzen, wurde diese Ansicht wieder fallen gelassen.

Mit der Entdeckung des Elektrons konnten zunächst die Vorstellungen über den Aufbau der Atome konkreter werden. Elektronen waren offenbar als Bestandteile der Atome anzusehen. J. J. Thomson schlug nach seiner Entdeckung ein Atommodell vor, in welchem die Elektronen sich mit einer das Atomvolumen ausfüllenden positiven Ladung im statischen Gleichgewicht befinden sollten.

Einen weiteren Einblick in die Struktur der Atome lieferten Streuexperimente. Wir klären zunächst einige ganz allgemeine Begriffe, die bei Streuexperimenten eine Rolle spielen. Streuexperimente sind auch heute noch ein sehr wichtiges Hilfsmittel der experimentellen Physik. Vor allem aber treten Streuprozesse bei allen

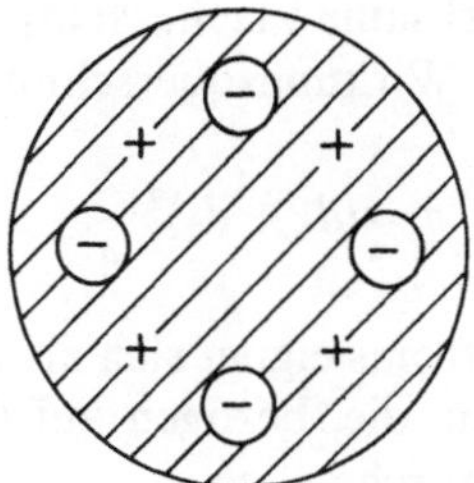

Abb. 15.4. J. J. Thomsons statisches „plum-pudding"-Modell des Atoms. Die negativen Elektronen werden durch eine das Atomvolumen ausfüllende positive Ladung (schraffiert) zusammengehalten

Wechselwirkungen von Strahlen mit Gewebe bzw. dem menschlichen Körper in der Diagnostik und Strahlentherapie auf, so daß auch zur adäquaten Beschreibung medizinischer Fragen entsprechende Begriffe erforderlich sind.

a) Wirkungsquerschnitte

Bestrahlt man Materie bzw. Gewebe mit einem Strom irgendwelcher Teilchen, beispielsweise den Elektronen eines Kathodenstrahls, kommt es zu verschiedenen Wechselwirkungen. Bei den im folgenden geschilderten Streuexperimenten betrachten wir lediglich die Ablenkung der Teilchen aus der ursprünglichen Richtung, also sogenannte Streuprozesse. Aus der Verteilung der Teilchen nach dem Streuvorgang lassen sich wichtige Aussagen über Eigenschaften der bestrahlten Objekte machen. Nehmen wir zunächst an, die bestrahlte Materie bestehe aus harten Kugeln mit dem Durchmesser d_2 und werde von harten Teilchen mit dem Durchmesser d_1 beschossen; dies ist in der Abb. 15.5 dargestellt.

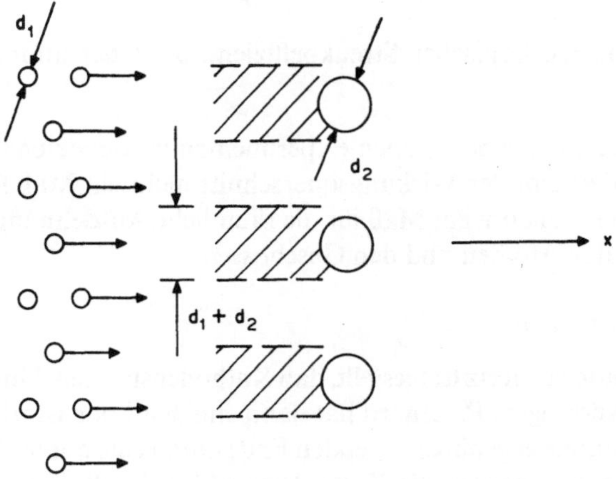

Abb. 15.5. Streuung von Geschossen mit dem Durchmesser d_1 an Materieteilchen (Atomen) mit dem Durchmesser d_2. Alle Geschosse, deren Mittelpunkte sich innerhalb der schraffierten Bereiche (Durchmesser $d_1 + d_2$) bewegen, kollidieren mit den Atomen und werden gestreut

Die für den Streuvorgang wirksame Fläche ist $(d_1 + d_2)^2 \cdot \pi/4$. Diese Größe heißt mikroskopischer bzw. atomarer Wirkungsquerschnitt σ:

$$\sigma = (d_1 + d_2)^2 \cdot \frac{\pi}{4}.$$

Für die Intensität des Teilchenstroms eignet sich als Maß die Teilchenstromdichte J, d.i. Anzahl ΔN von Teilchen, die, bezogen auf die Zeit Δt, durch die Querschnittsfläche A des Strahls hindurchgehen:

$$J = \frac{\Delta N}{A \cdot \Delta t}.$$

Durch die Streuung werden Teilchen aus der ursprünglichen Richtung abgelenkt, der Teilchenstrom J nimmt dadurch entlang einer Strecke Δx um den Betrag ΔJ ab. Die Abnahme des Teilchenstroms wird daher denselben Bruchteil ausmachen, wie der von den Hindernissen von der Fläche A entlang der Strecke Δx abgedeckte Bruchteil:

$$\frac{\Delta J}{J} = \frac{\text{Summe der wirksamen Flächen in } A}{\text{Querschnittsfläche } A \text{ des Strahls}} = \frac{\text{Anzahl Atome in } A \text{ mal } \sigma}{A}$$

Legt der Teilchenstrahl mit dem Querschnitt A eine Strecke Δx zurück, hat er ein Volumen $V = A \cdot \Delta x$ durchstrahlt. In diesem Volumen befinden sich N Atome. Die für Streuvorgänge wirksame Fläche aller Atome in diesem Volumen beträgt daher $N \cdot \sigma$. Also ist die relative Abnahme des Teilchenstroms auf einer Strecke Δx gleich

$$\frac{\Delta J}{J} = -\frac{N \cdot \sigma}{A} = -\frac{N \cdot \sigma \cdot \Delta x}{V},$$

was integriert

$$J(x) = J(0) \cdot \exp\left(-\frac{N}{V} \cdot \sigma \cdot x\right)$$

gibt. $\frac{N}{V} \cdot \sigma$ heißt makroskopischer Streukoeffizient, σ ist der atomare Wirkungsquerschnitt.

Weder Atome noch die bei solchen Experimenten verwendeten Geschosse sind harte Kugeln. Daher gibt der Wirkungsquerschnitt nicht ein Maß für den Durchmesser der Teilchen, sondern ein Maß für die räumliche Ausdehnung der Kraftwirkungen zwischen den Atomen und den Geschossen.

b) Elektronenstreuung

Bereits 1892 hatte H. Hertz festgestellt, daß Kathodenstrahlen dünne Metallfolien zu durchdringen vermögen. P. Lenard hat dann eine Kathodenstrahlröhre gebaut, die an dem der Kathode gegenüber liegenden Ende durch eine dünne Aluminiumfolie abgeschlossen war. So konnten die Kathodenstrahlen durch diese Folie hindurch aus der Kathodenstrahlröhre austreten. Die angrenzende Luft wurde von den Kathodenstrahlen, ähnlich wie schon am Glaskolben beobachtet, zum Leuchten angeregt. Ferner ließen sich photographische Schichten von Kathodenstrahlen schwärzen. Quantitative Untersuchungen ergaben eine mit der Foliendicke exponentiell abnehmende Durchdringungsfähigkeit. Ferner stellte Lenard fest, daß der Streuwirkungsquerschnitt in verschiedenen Materialien zur Massendichte des betreffenden Stoffs proportional war. Sehr wesentlich war auch die Einsicht, daß die Atome offenbar nicht den ganzen Raum ausfüllen. Denn in diesem Fall wäre die große Durchdringungsfähigkeit der Kathodenstrahlen kaum verständlich.

Weiters zeigte sich, daß die Wirkungsquerschnitte aller Stoffe mit zunehmender Elektronengeschwindigkeit stark abnehmen, u. zw. etwa indirekt proportional zur 4. Potenz der Geschwindigkeit. Der Streukoeffizient stellte sich als mit großer Genauigkeit proportional zur Massendichte ρ heraus und unabhängig von der Stoffart oder dem Aggregatzustand des Stoffs, d. h. $\frac{N}{V}\cdot\frac{\sigma}{\rho}$ ist unabhängig von der Stoffart und nur abhängig von der Elektronengeschwindigkeit v: $\frac{N}{V}\cdot\frac{\sigma}{\rho} \propto \frac{1}{v^4}$. So beträgt σ/ρ bei $v = 0{,}04\cdot c$ (c = Lichtgeschwindigkeit) etwa $6\cdot 10^6\,\mathrm{cm}^2\cdot\mathrm{g}^{-1}$ und bei $v = 0{,}9\cdot c$ nur mehr etwa $6\,\mathrm{cm}^2\cdot\mathrm{g}^{-1}$. Offenbar sind die wirklich materiellen Teilchen sehr viel kleiner als die Atome selbst, was Lenard mit „leer wie das Weltall" beschrieb.

c) Streuung von α-Teilchen und Rutherfordsches Atommodell

Streuexperimente mit α-Teilchen gewährten schließlich noch genauere Einsichten in die Struktur der Atome. α-Teilchen werden von vielen radioaktiven Substanzen emittiert (s. Kapitel 19). E. Rutherford und T. Royds haben 1900 nachgewiesen, daß

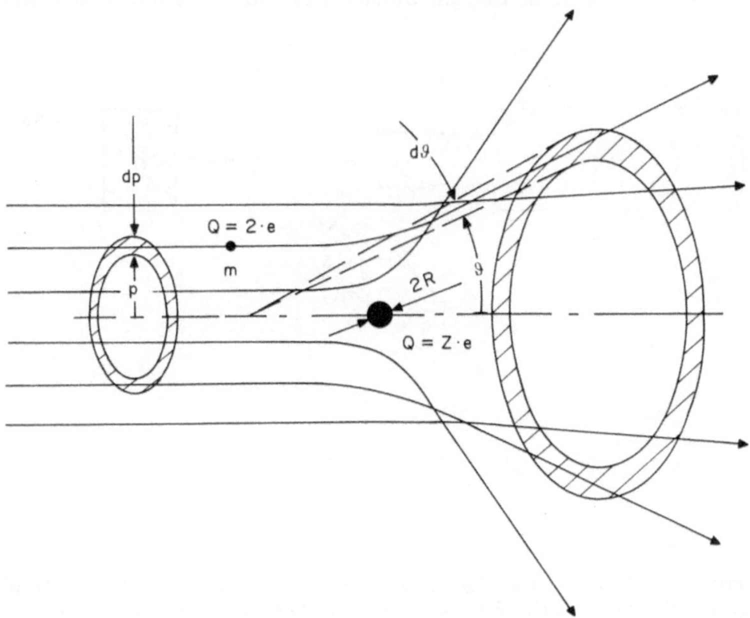

Abb. 15.6. Rutherford-Streuung. α-Teilchen (Ladung $+2\cdot e$) mit Stoßparameter zwischen p und $p+dp$ werden am Atomkern (Ladung $+Z\cdot e$) in das Winkelintervall zwischen ϑ und $\vartheta + d\vartheta$ gestreut

diese Teilchen identisch mit ionisiertem Helium sind. Sie durchdringen, ähnlich wie Kathodenstrahlen, auch dünne Metallfolien. Einem Mitarbeiter Rutherfords, E. Marsden, war bei solchen Experimenten aufgefallen, daß beim Durchgang der α-Teilchen durch Materie manchmal extrem große Ablenkwinkel auftraten. Mit dem Thomsonschen Atommodell war dies nicht erklärbar. Man muß bedenken, daß die α-Teilchen rund 7000 mal schwerer als Elektronen sind. Rutherford verglich das mit einer 15-Zoll-Granate, die von einem Blatt Papier abprallen sollte. Nach Rutherfords Überlegungen mußte das α-Teilchen auf einen (relativ) sehr schweren Körper mit einem starken elektrischen Feld gestoßen sein. Dies war möglich, wenn man annahm, daß das gesamte Atom, mit Ausnahme der Elektronen, in einem winzigen positiv geladenen Körper, von Rutherford „Nucleus“, d. h. Kern, genannt, konzentriert war: Abb. 15.6.

Rutherford berechnete den Streuwinkel ϑ in Abhängigkeit von dem sogenannten Stoßparameter p unter der Annahme, daß zwischen dem Kern und dem α-Teilchen die von der Elektrostatik her bekannte Coulombkraft wirkt. Berücksichtigt man noch, daß die relative Anzahl von α-Teilchen, die mit einem Stoßparameter p eintreffen, proportional zur schraffierten Kreisringfläche $2 \cdot \pi \cdot p \cdot dp$ in der Abb. 15.6 ist, erhält man die berühmte Rutherfordsche Streuformel (Herleitung z. B. in H. Haken und H. C. Wolf, 1980):

$$\frac{dN}{N} = \frac{Z^2 \cdot e^4 \cdot d \cdot n}{(4 \cdot \pi \cdot \varepsilon_0)^2 \cdot m^2 \cdot v^4 \cdot \sin^4 \frac{\vartheta}{2}} \cdot 2 \cdot \pi \cdot \sin \vartheta \cdot d\vartheta.$$

Diese gibt den relativen Anteil dN/N von α-Teilchen, die in ein Streuwinkelintervall zwischen ϑ und $\vartheta + d\vartheta$ gestreut werden. v ist die Geschwindigkeit der α-Teilchen und m deren Masse; $Z \cdot e$ ist die Ladung und n die Dichte der Atome in der Metallfolie,

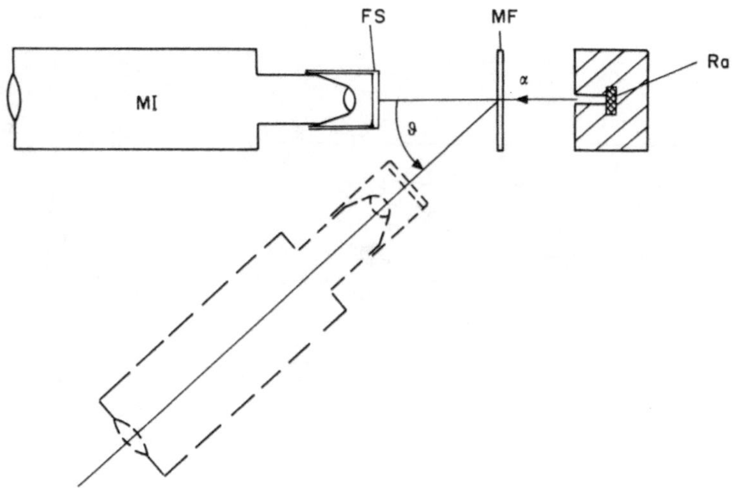

Abb. 15.7. Prinzip der Apparatur zur Messung der Streuung von α-Teilchen an einer Metallfolie MF von H. Geiger und E. Marsden (1913). Ra = Radium (= Strahlenquelle), FS = Fluoreszenzschirm, MI = Mikroskop, zur Einstellung unterschiedlicher Beobachtungswinkel ϑ drehbar gelagert

d ist die Foliendicke. Zur Messung von dN/N wurde die in der Abb. 15.7 skizzierte Apparatur benutzt.

Die α-Strahlen treten durch einen schmalen Spalt eines Bleibehälters der Quelle aus und treffen auf eine Metallfolie (s. Abb. 15.7). Die gestreuten α-Teilchen wurden mittels einer Beobachtungseinrichtung, bestehend aus Fluoreszenzschirm und Mikroskop, visuell beobachtet und gezählt. So konnte die von der Rutherfordformel vorhergesagte Abhängigkeit von dN/N vom Streuwinkel ϑ nachgeprüft werden.

Die Ergebnisse dieser Messungen waren:

1. Bis herab zu Stoßparametern von $p \sim 6 \cdot 10^{-15}$ m (dazu gehören bei 5-MeV-α-Teilchen Streuwinkel von etwa $\vartheta = 150°$) ist keine Abweichung von der Streuformel festzustellen. D.h. bis zu so kleinen Abständen gilt jedenfalls das Coulombsche Gesetz, und das bedeutet hier für die räumliche Ausdehnung des Kerns des Goldatoms (bei den ersten Messungen war eine Goldfolie benutzt worden):

$$R < 6 \cdot 10^{-15}\,\mathrm{m}.$$

2. Bei kleiner werdenden Stoßparametern, d.h. bei den noch größeren Streuwinkeln, treten zunehmend Abweichungen von der Rutherfordschen Streuformel auf: ein erster Hinweis auf die Kernkräfte (s. Kapitel 20).

3. Bei sehr großen Stoßparametern von

$$p > 10^{-10}\,\mathrm{m}$$

(dazu gehören Streuwinkel von einigen Bogensekunden) treten ebenfalls Abweichungen von der Streuformel auf. Hier schirmen die negativen Elektronen die positive Kernladung bereits teilweise ab.

Im Jahre 1920 konnte J. Chadwick die bis dahin als „Atomzahl" bezeichnete Größe Z verschiedener Metalle bestimmen. Dazu genügte es nicht, bloß die Winkelabhängigkeit der relativen Verteilung dN/N der gestreuten α-Teilchen zu messen, es mußte auch die Gesamtzahl N der eintreffenden Teilchen bestimmt und dN/N für einen gegebenen Streuwinkel ϑ berechnet werden. So fand Chadwick für Platin $Z = 77{,}4$, für Silber $Z = 46{,}3$ und für Kupfer 29,3. Diese Zahlen stimmten überraschend gut mit den Ordnungszahlen dieser Elemente im Periodensystem der Elemente

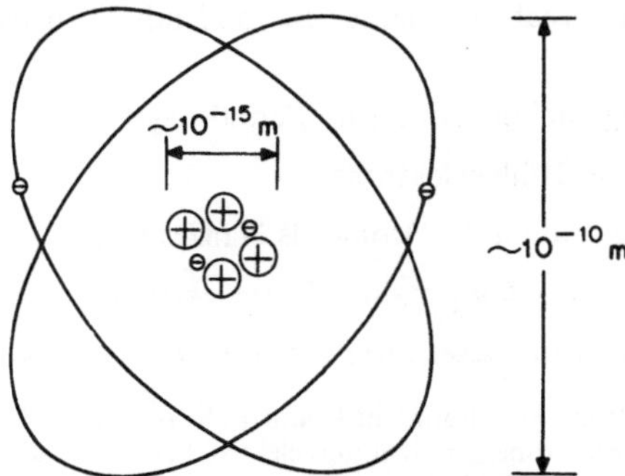

Abb. 15.8. Rutherfordsches Atommodell für das Element He: 4 Protonen werden durch 2 Kernelektronen zusammengehalten. Zwei Hüllenelektronen umkreisen den Kern. Man beachte den in der Zeichnung nicht maßstäblich dargestellten Größenunterschied zwischen Atom und Kern

(78, 47 und 29) überein. Das Ergebnis dieser und vieler weiterer analoger Messungen ist: Z = Ordnungszahl des Atoms im PSE = Anzahl der Hüllenelektronen.

Damit waren die Voraussetzungen für eine völlig neue Vorstellung der Atomstruktur gegeben. Entsprechend der Proutschen Hypothese sollte sich der Atomkern aus Kernen des einfachsten Elements, des Wasserstoffs, zusammensetzen. Daher mußte ein Kern eines Atoms mit der Massenzahl A eben A Wasserstoffkerne (die Rutherford als Protonen bezeichnete) enthalten. Wegen der elektrischen Neutralität der Atome als ganzes mußte jedes Atom auch A Elektronen enthalten, u. zw. sollte der Kern daher noch $A - Z$ Elektronen enthalten, die diesen durch ihre Coulombkraft mit den Protonen zusammenhalten. Die verbleibenden Z Elektronen bildeten somit die „Hülle“ des Atomkerns, sie umkreisten diesen nach Rutherfords Vorstellung etwa so, wie die Planeten die Sonne umkreisen, mit der Coulombkraft als Zentripetalkraft, s. Abb. 15.8.

Zusammenfassung 15

Ein Maß für die Intensität eines Teilchenstroms ist die Teilchenstromdichte J

$$J = \frac{\Delta N}{A \cdot \Delta t}. \tag{15.1}$$

Trifft ein Teilchenstrom auf Materie, werden Teilchen durch Streuung aus der ursprünglichen Richtung abgelenkt; die Abnahme des Teilchenstroms ist proportional zur Größe des eintreffenden Teilchenstroms, was zu einer exponentiellen Abhängigkeit in Ausbreitungsrichtung x führt:

$$J(x) = J(0) \cdot \exp\left(-\frac{N}{V} \cdot \sigma \cdot x\right) \tag{15.2}$$

$\frac{N}{V} \cdot \sigma$ heißt makroskopischer Streukoeffizient. σ ist der atomare Wirkungsquerschnitt, er gibt ein Maß für die räumliche Ausdehnung der Kraftwirkungen zwischen den Atomen der Materie und den Geschossen.

Rutherfords Streuexperimente haben gezeigt, daß die räumliche Ausdehnung von Atomkernen in der Größenordnung von

$$10^{-15}\,\mathrm{m}$$

liegt. Chadwicks Messungen ergaben ferner für die von Rutherford als Atomzahl bezeichnete Ladungszahl Z des Kerns:

$$\begin{aligned} Z &= \text{Ordnungszahl des Atoms im Periodensystem der Elemente} \\ &= \text{Anzahl der Hüllenelektronen.} \end{aligned}$$

Wegen der elektrischen Neutralität der Atome als Ganzes mußte der Kern daher noch

$$A - Z \text{ sogenannte Kernelektronen}$$

enthalten. Abb. 15.8 zeigt das auf dieser Basis entworfene Modell des Heliumatoms.

Beispiel 15.1. Kathodenstrahlrohr oder Braunsche Röhre (F. K. Braun, 1897). Hier wird ein gebündelter und elektrisch beschleunigter Elektronenstrahl mittels elektrischer Felder abgelenkt und zur Erzeugung eines Lumineszenz-Bildes auf einem Bildschirm benutzt. Der Elektronenstrahl wird von einer Elektronenkanone (= Kathode mit Wehneltzylinder und Beschleunigungsanode, s. Abb. 15.9) erzeugt, durch eine Fokussieranode gebündelt und durch zwei um 90° zueinander orientierte Plattenpaare abgelenkt. Dieser Elektronenstrahl bringt die auf dem Bildschirm aufgebrachte Lumineszenzschicht durch Stoß-

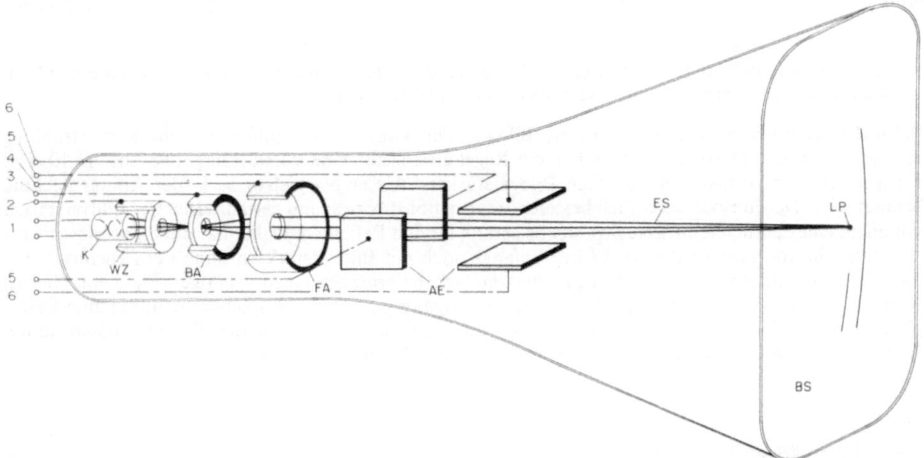

Abb. 15.9. Prinzip des Kathodenstrahlrohrs. K = Kathode, elektrisch (Anschlüsse 1) beheizt. WZ = Wehneltzylinder (Anschluß 2), fokussiert, gegenüber der Kathode elektrisch negativ geladen, den Elektronenstrahl in der Ebene der Beschleunigungsanode BA. BA ist (Anschluß 3) auf einige $+10^3$ V gegenüber der Kathode geladen; durch Veränderung dieser Spannung läßt sich die Stärke des Elektronenstrahls und damit die Helligkeit des Bilds steuern. FA = Fokussieranode; gegenüber der Kathode auf noch höherem Potential (Anschluß 4) als BA, fokussiert diese Anode den Elektronenstrahl ES im Leuchtpunkt LP auf dem Bildschirm BS. Durch entsprechende Spannungen an den Anschlüssen 5 und 6 der Ablenkplatten AE kann der Elektronenstrahl horizontal und vertikal abgelenkt werden. Die am Bildschirm aufgebrachte Lumineszenzschicht wird oft noch mit einem dünnen Metallfilm beschichtet, der, auf einige $+10$ kV aufgeladen, die Elektronen noch weiter beschleunigt

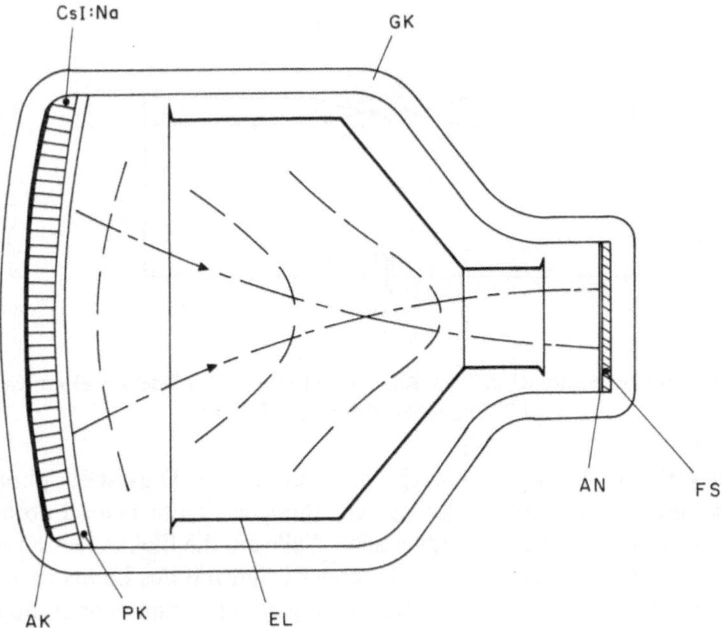

Abb. 15.10. Bildverstärker. GK = evakuierter Glaskolben. AK = dünne, für die Röntgenstrahlung durchlässige Aluminium-Schicht als Kathode; diese dient gleichzeitig zur Abschirmung sichtbaren Lichts. CsI:Na = Natrium-dotiertes Cäsiumiodid in Form parallelstehender polykristalliner Nadeln; absorbierte Röntgenstrahlung erzeugt hierin Fluoreszenzlicht, welches, von den Nadeln zur Photokathode PK weitergeleitet, dort Photoelektronen frei setzt. EL = elektrostatische Linse; ihr elektrisches Feld (gestrichelte Linien = Äquipotentiallinien) bildet die Photoelektronen auf den Fluoreszenz-Ausgangsschirm FS ab. Die Beschleunigungsspannung (einige 10^4 V) für die Photoelektronen liegt zwischen der Kathode AK und der Anode AN

ionisation zum Leuchten. Die Braunsche Röhre bildet das Grundprinzip der elektronischen Bildröhren von Oszilloskopen, Fernsehern und verschiedenen Bild-Monitoren.

Beispiel 15.2. Bildverstärker/Bildwandler. Bildwandler konvertieren Bilder unsichtbarer Strahlung in sichtbare Bilder. Dabei erreicht man in der Regel gleichzeitig eine Verstärkung. Die Abb. 15.10 zeigt den prinzipiellen Aufbau eines solchen Bildverstärkers, wie er beispielsweise in der Röntgentechnik benutzt wird. Neben einer wesentlich besseren Informationsübertragung gewährleistet der Bildverstärker vor allem eine deutlich reduzierte Strahlenbelastung für den Patienten. Daher hat diese Technologie die veraltete Fluoroskopie verdrängt. Wurde anfangs noch mit Bildverstärkern ohne Fernseheinrichtung durchleuchtet, nimmt heute das Röntgen-Bildverstärker-Fernsehen einen wichtigen Platz ein. Hierbei wird eine Fernsehkamera mit dem Bildverstärkerausgang gekoppelt, beispielsweise durch eine Faserplatte, bestehend aus parallel zueinander angeordneten Lichtleitfasern, die den Fluoreszenzschirm des Bildverstärkers direkt mit der Photokathode der Fernsehkamera verbindet.

16. Photonen und Teilchen

16.1 Photoeffekt

1887 bemerkte H. Hertz, daß die von ihm zur Erzeugung hochfrequenter elektromagnetischer Wellen benutzten Funkenstrecken leichter zünden, wenn die Kathode mit ultraviolettem Licht (UV-Licht) bestrahlt wird.

1888 stellte sein Schüler W. Hallwachs fest, daß Licht aus Metallen negative Ladungen loslöst, so daß in dem Stromkreis der Abb. 16.1 ein elektrischer Strom

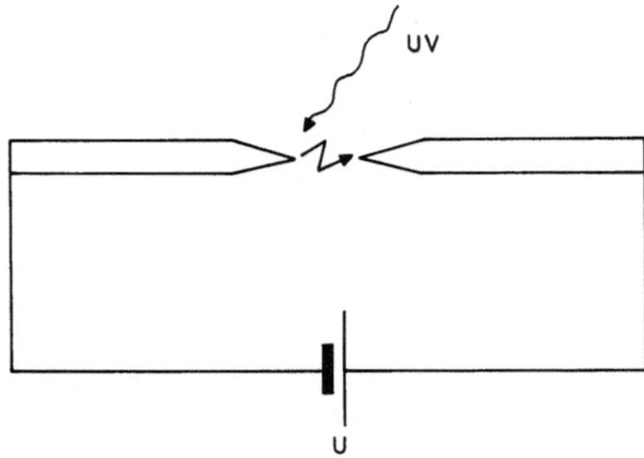

Abb. 16.1. Funkenstrecke. Beleuchtet man die Kathode mit UV-Licht, zündet der elektrische Funke in der Luftstrecke bei kleinerer Spannung U

auch ohne elektrischen Funken und auch im Vakuum fließt. Dies ist der photoelektrische Effekt oder kurz Photoeffekt; der entstandene Strom heißt Photostrom. Offenbar übt das Licht als elektromagnetische Welle auf die Elektronen Kräfte aus und entreißt diese dem Metall. Mit zunehmender Intensität des Lichts nahm zwar auch der Photostrom zu, die nähere Untersuchung dieses Phänomens ergab jedoch einen zunächst unerklärbaren Aspekt. Es stellte sich nämlich heraus, daß das Auftreten des Photostroms von der Lichtwellenlänge bzw. -frequenz ν abhängig ist und nur dessen Größe durch die Lichtintensität beeinflußt wird. Je nach Metall war ein Photostrom nämlich erst dann nachzuweisen, wenn die Frequenz ν des Lichts einen Mindestwert hatte. Unterhalb einer Grenzfrequenz ν_G war ein Photostrom auch mit größter Lichtintensität nicht auslösbar. Ferner begann ein Photostrom auch ohne Spannungsquelle zu fließen.

Das alles war lange bekannt, ohne daß es eine einleuchtende Erklärung hierfür gegeben hätte. Erst A. Einstein hat diese Beobachtungen 1905 deuten können. Besonders sorgfältige Messungen zu dem photoelektrischen Effekt hat R. A. Millikan 1916 ausgeführt, anhand dessen Meßanordnung im folgenden auch die Einsteinsche Erklärung beschrieben wird.

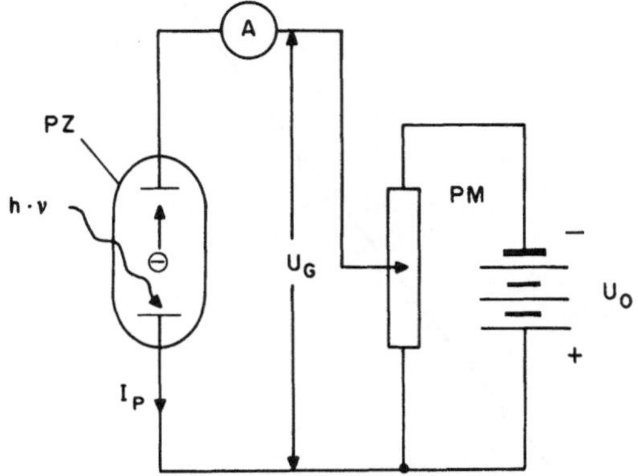

Abb. 16.2. Prinzip der Messungen von R. A. Millikan zum photoelektrischen Effekt. Die Kathode einer Vakuumphotozelle *PZ* (= 2 Metallelektroden in evakuiertem Glaskolben) wird von Licht bestrahlt. Die an die Photozelle angelegte Spannung ist hier in Sperrichtung gepolt und unterdrückt den Photostrom I_P. h = Plancksches Wirkungsquantum, ν = Lichtfrequenz, A = Amperemeter, PM = Potentiometerschaltung, U_G = Gegenspannung

Millikan läßt monochromatisches Licht, also Licht einer einheitlichen Frequenz ν auf die Photokathode treffen. Die dort losgelösten Elektronen erzeugen den Photostrom I_P, der mit dem Amperemeter nachgewiesen wird. Dieser Strom wird durch eine Gegenspannung, die von einer Potentiometerschaltung erzeugt wird, unterdrückt. Millikan mißt jene Gegenspannung U_G, die bei verschiedenen Lichtfrequenzen ν gerade hinreicht, den Photostrom I_P zu unterdrücken. Dabei erhielt er die in der Abb. 16.3 dargestellte Graphik.

Millikans Meßergebnisse liegen auf einer Geraden, die man zunächst rein mathematisch durch

$$U_G = \nu \cdot \tan\alpha - C$$

beschreiben kann. Die Einsteinsche Deutung ergibt sich, wenn man beide Gleichungsseiten mit der Elementarladung e multipliziert:

$$e \cdot U_G = e \cdot \nu \cdot \tan\alpha - e \cdot C,$$

was Einstein so deutet: $e \cdot U_G$ ist die maximale Energie der durch den Photoeffekt aus der Kathode austretenden Elektronen. Diese Energie ist gleich jener Energie, die die Elektronen vom Licht erhalten, also $e \cdot \nu \cdot \tan\alpha$, vermindert um die Austrittsarbeit $e \cdot C$ aus dem Kathodenmetall. Das Revolutionäre hieran ist die Behauptung Einsteins, daß die Elektronen die Energie von dem Licht in Form von einheitlichen Portionen oder Quanten bekommen, deren Größe $h \cdot \nu$ ist, wobei h das Plancksche

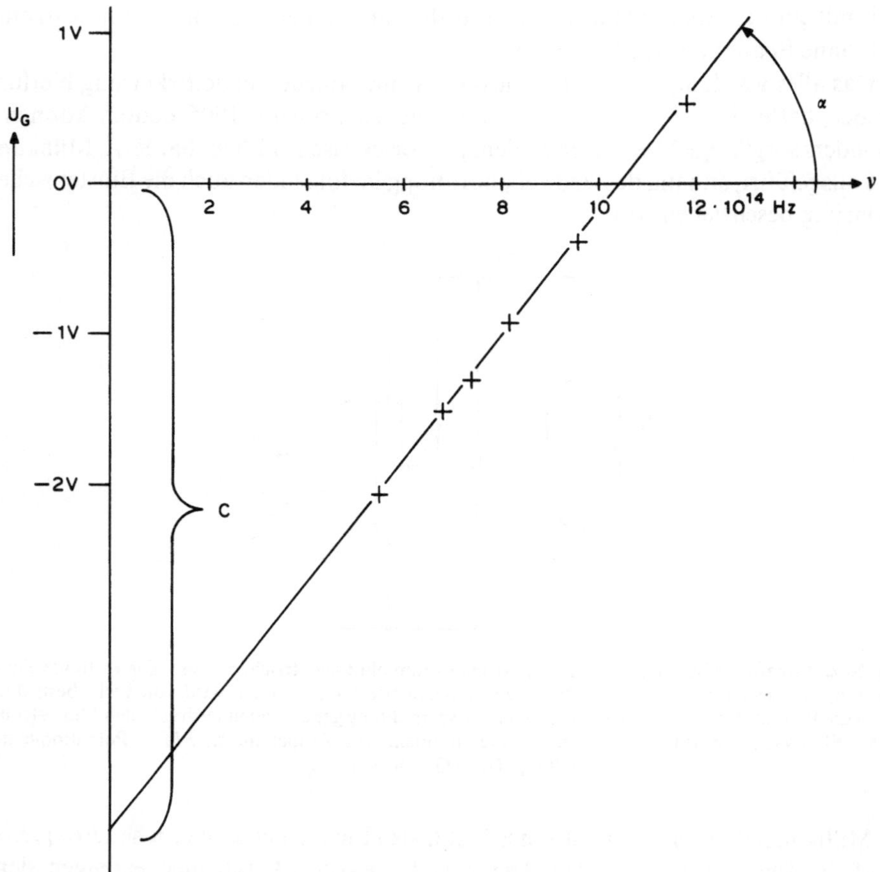

Abb. 16.3. Millikans Meßergebnisse beim Photoeffekt. Aus der Steigung tan α des Graphen erhält man das Plancksche Wirkungsquantum $h = e \cdot \tan \alpha$. Der Ordinatenabschnitt C gibt die Größe der Austrittsarbeit $W_A = e \cdot C$ für Elektronen aus dem Metall der Kathode an

Wirkungsquantum ist. Somit lautet die Einsteinsche Gleichung des Photoeffekts (1905):

$$e \cdot U_G = h \cdot \nu - W_A.$$

W_A ist die Austrittsarbeit der Elektronen. Hier scheint sich also Licht wie ein Teilchenstrahl zu verhalten, dessen Teilchen Energieportionen der Größe $h \cdot \nu$ sind. Diese Teilchen wurden später als „Photonen" bezeichnet.

Dieser „äußere" Photoeffekt hat große technische Bedeutung zur Messung von Licht- bzw. Strahlungsintensitäten. Legt man an eine Vakuumphotozelle eine Spannung in Durchlaßrichtung, also entgegengesetzt gepolt als in der Abb. 16.2, dann fließt ein Strom, der proportional zu der auf die Kathode auftreffenden Strahlungs- bzw. Lichtintensität ist. Der „innere Photoeffekt" tritt in Halbleitern und Isolatoren auf. Dieser wird bei den Photoleitern, Halbleiter-Photodioden, Halbleiter-Photozellen (s. Kapitel 12.2) und Halbleiter-Strahlungsdetektoren (s. Kapitel 19.1) ausgenutzt. Der Photoeffekt in Gasen wird in der Nebelkammer und in der Ionisationskammer zum Nachweis bzw. zur Messung ionisierender Strahlung benutzt. Sehr energiereiche Photonenstrahlung (harte γ-Strahlung) führt beim sogenannten Kernphotoeffekt (s. Kapitel 20.4) zur Freisetzung von Kernteilchen.

Schließlich sei noch der thermoelektrische Effekt (Richardson-Effekt) erwähnt: Auch mittels Wärme kann den Elektronen so viel Energie zugeführt werden, daß sie aus Metallen (und anderen Stoffen) austreten können. Man spricht dabei auch von Glühemission. Dieses Phänomen wird zur Erzeugung intensiver Elektronenstrahlen (Röntgenröhre, Fernsehbildröhre u. a.) eingesetzt.

16.2 Röntgenstrahlung

a) Entstehung der Röntgenstrahlung

W. C. Röntgen machte seine für Physik und Medizin gleichermaßen bedeutende Entdeckung 1895, als er Kathodenstrahlen untersuchte. Dabei bemerkte er, daß ein zum Nachweis der Kathodenstrahlen benutzter Bariumplatinzyanid-Fluoreszenzschirm aufleuchtete, obwohl dieser beiseite stand und das Kathodenstrahlrohr so abgedeckt war, daß die Kathodenstrahlen als Ursache ausscheiden mußten. Als Röntgen diesem Phänomen auf den Grund ging, stellte er fest, daß verschiedene Gegenstände, die er zwischen Röhre und Schirm brachte, durchsichtig zu sein schienen. Schließlich beobachtete er noch zu seinem Erstaunen, daß er die Knochen seiner Hand auf dem Schirm erkennen konnte, wenn er die Hand zwischen Röhre und Schirm hielt. Die Entdeckung dieser „neuen Art von Strahlen“ oder „X-Strahlen“, wie sie Röntgen bezeichnete, trug ihm im Jahre 1901 den ersten überhaupt verliehenen Nobelpreis für Physik ein. Die Natur der „X-Strahlen“ vermochte Röntgen selbst nicht aufzuklären. Erst 1911 zeigten W. Friedrich und P. Knipping durch Beugung der Röntgenstrahlung an Kristallen zweifelsfrei, daß es sich um elektromagnetische Wellen sehr kurzer Wellenlänge handeln mußte.

Röntgenstrahlung entsteht beim Aufprall von Kathodenstrahlen, d. h. von Elektronen auf die Atome der Anode. Die anfangs benutzten Röhren mit kalten Kathoden wurden später (Coolidge, 1915) durch die leistungsstärkeren Glühkathodenröhren ersetzt. Das Prinzip einer solchen Röhre zeigt die Abb. 16.4.

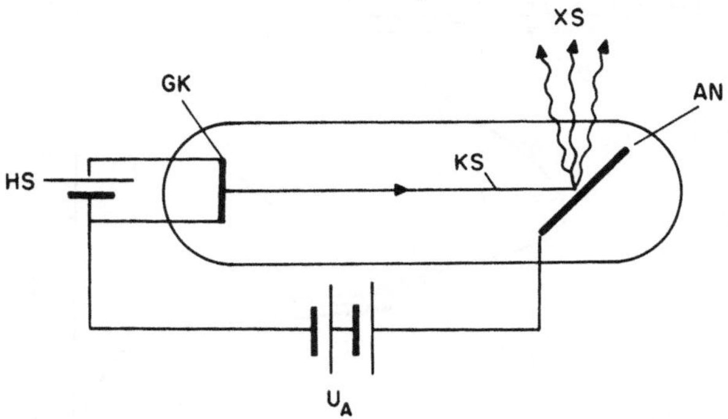

Abb. 16.4. Schema der Entstehung von Röntgenstrahlung (*XS*). *GK* = Glühkathode mit Heizstromquelle *HS*, *KS* = Kathodenstrahl, *AN* = Anode, U_A = Anodenspannung („Röhrenspannung“)

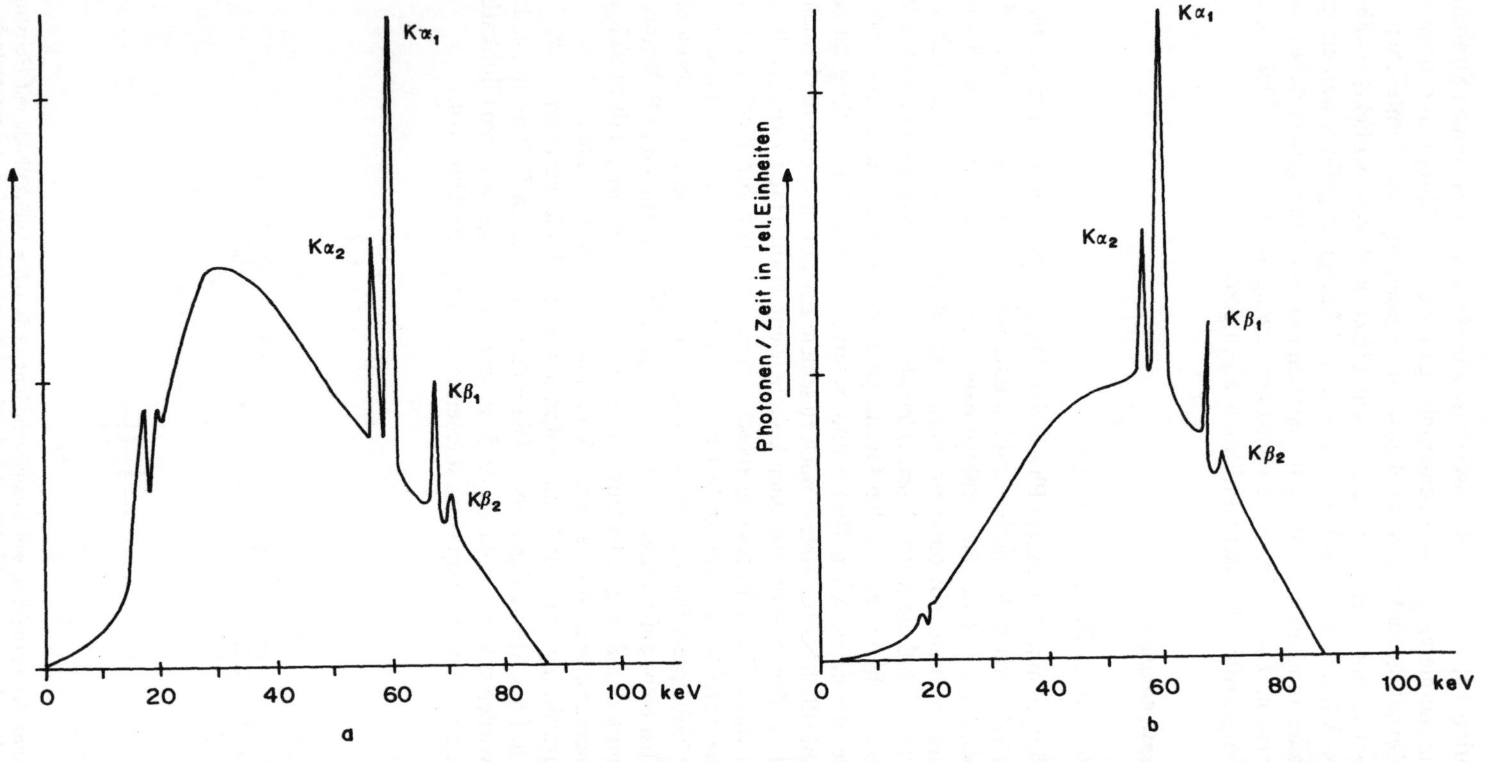

Abb. 16.5. Photonenstrom (Photonenzahl bezogen auf die Zeit) in Abhängigkeit von der Photonenenergie. *W*-Anode; Amplitude der Anoden-Wechselspannung 87 kV. Die mit $K\alpha$ bzw. $K\beta$ bezeichneten Anteile sind die charakteristische Strahlung (aufgespalten in die mit den Indizes 1 und 2 bezeichneten, eng benachbarten Feinstrukturkomponenten); **a** ohne (nach Cameron und Skofronick, 1978), **b** mit Aluminium-Filter von 6 mm Dicke. Der Photonenstrom bei den niedrigen Energien (<30 keV) ist auch durch Absorption im Röhrenfenster stark abgeschwächt

Das elektrische Feld zwischen Kathode und Anode beschleunigt die von der elektrisch geheizten Glühkathode freigesetzten Elektronen. Die Elektronen prallen mit der kinetischen Energie $e \cdot U_A$ gegen die Anode und werden dort abgebremst (= beschleunigt). Eine elektrische Ladung, die eine beschleunigte Bewegung ausführt, strahlt elektromagnetische Wellen ab, s. Kapitel 14.2. Ein Teil der kinetischen Energie $e \cdot U_A$ der Elektronen wird beim Aufprall in Energie der elektromagnetischen Strahlung $h \cdot \nu$ (Photonen), der Rest in Wärme Q umgewandelt:

$$e \cdot U_A = h \cdot \nu + Q.$$

Es kann daher, je nach Aufteilung der Energie zwischen Photonen und Wärme, Röntgenstrahlung sehr unterschiedlicher Photonenenergie entstehen. Abb. 16.5 zeigt das Photonen-Energiespektrum einer bei 87 kV Wechselspannungs-Amplitude betriebenen Wolfram-Röntgenröhre.

Das Spektrum der Röntgenstrahlen hat 2 Komponenten: das durch Bremsung entstehende kontinuierliche Spektrum der Bremsstrahlung und die für das Anodenmaterial charakteristische Strahlung. Die Entstehung der charakteristischen Strahlung hat W. Kossel geklärt. Danach durchdringen die von der Kathode kommenden Elektronen die äußeren Elektronenorbitale (s. Kapitel 17) und ionisieren die Anodenatome durch Herausschlagen von Elektronen aus den innersten Orbitalen. Die so durch Stoßionisation z. B. in der K-Schale entstandene Lücke wird durch Übergang eines Elektrons der L-, M- oder N-Schale in die K-Schale unter Emission der Differenzenergie als Photon (sog. K-Strahlung, L-Strahlung etc.) wieder aufgefüllt. Die in den höheren Schalen entstandenen Lücken werden analog durch weitere Elektronenübergänge aufgefüllt. So entsteht ein u. U. sehr linienreiches Spektrum.

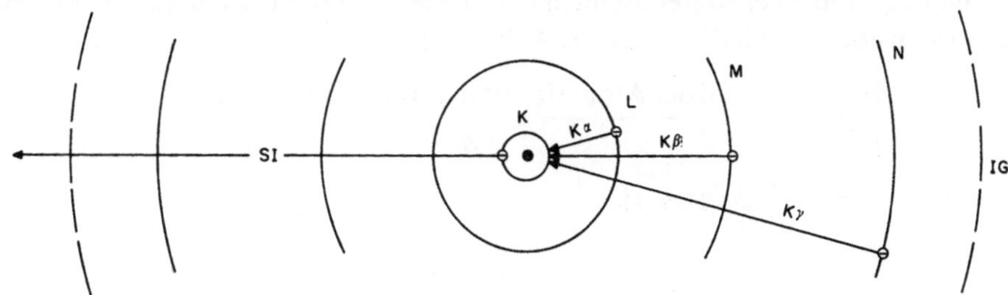

Abb. 16.6. Energieschalenschema zur Entstehung der charakteristischen Röntgenstrahlung. K, L, M,... Energieschalen; IG = Ionisierungsgrenze; SI = Vorgang der (Stoß-)Ionisation

Bremsstrahlung entsteht durch Abbremsung der Elektronen, u. zw. umso effektiver, je stärker die (Brems-) Beschleunigung der Elektronen ist. Das ist besonders im Coulombfeld schwerer Atomkerne der Fall. Bei den für Durchleuchtungszwecke benutzten Röntgenröhren besteht die Anode (auch wegen des hohen Schmelzpunkts) deshalb meist aus Wolfram.

Das Bremsspektrum reicht auf der niederenergetischen Seite bis nahe zur Energie Null; die Grenze der Photonenenergien nach oben hin ist durch den Energieerhaltungssatz bedingt. Diese Grenzenergie tritt auf, wenn die gesamte kinetische Energie $e \cdot U_A$ eines gegen die Anode prallenden Elektrons in Strahlungsenergie $h \cdot \nu$ umgewandelt wird. Dieser (maximalen) Grenzenergie der Röntgenstrahlung entspricht eine minimale Wellenlänge $\lambda_{\min}$ im Röntgenspektrum:

$$h\cdot\nu_{\max} = h\cdot c/\lambda_{\min} = e\cdot U_A,$$

woraus

$$\lambda_{\min} = \frac{h\cdot c}{e\cdot U_A}$$

folgt.

b) Schwächungsgesetz

Hier betrachten wir das Gesetz, nach dem Röntgenstrahlung, die in Materie eindringt, verschwindet oder gestreut wird. Die Strahlungsintensität I von Röntgenstrahlung (und anderen elektromagnetischen Strahlungsarten) oder Energiestromdichte ist gleich Teilchenstromdichte J mal Energie pro Teilchen (Photon) $h\cdot\nu$:

$$I = J\cdot h\cdot\nu.$$

Dies gilt für monoenergetische Strahlungsteilchen. Im allgemeinen Fall ist bei Photonenstrahlung

$$I = \sum_i J_i\cdot h\cdot\nu_i,$$

wobei J_i die Teilchenstromdichte der Photonen mit der Frequenz ν_i ist. Gegenüber dem Wirkungsquerschnitt der (echten) Teilchen gibt es bei den Photonen noch die Möglichkeit, daß diese absorbiert werden, also verschwinden (Photoeffekt). Eine Intensitätsabnahme im Röntgenstrahl ist daher sowohl durch Streuung als auch durch Absorption möglich. Im allgemeinen tritt auch beides auf. Die Intensitätsabnahme ΔI in einer Materieschicht der Dicke Δx verhält sich dann zur eintreffenden Intensität I wie ($\Delta V = A\cdot\Delta x$, s. Abb. 16.7)

$$\frac{\Delta I}{I} = -\frac{\text{Anzahl der Atome in } \Delta V \text{ mal Wirkungsquerschnitt}}{A}$$

$$= -\frac{N}{V}\cdot\Delta x\cdot(\tau + \sigma).$$

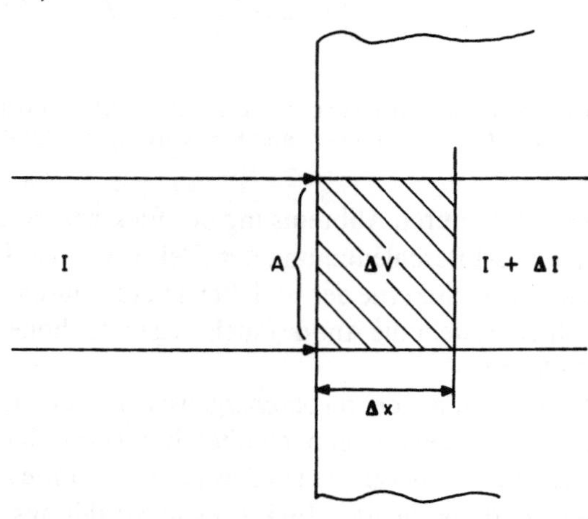

Abb. 16.7. Zur Herleitung des Schwächungsgesetzes für Röngenstrahlung

Das Minuszeichen trägt der Tatsache Rechnung, daß I abnimmt. τ ist der atomare Wirkungsquerschnitt für die Absorption eines Röntgen-Photons, σ ist der atomare Wirkungsquerschnitt für die Streuung. N = Anzahl der Atome in dem Volumen V.

Daraus erhält man durch Integration das Schwächungsgesetz

$$I = I(0)\cdot\exp(-(\sigma+\tau)\cdot x\cdot N/V) = I(0)\cdot\exp(-\mu\cdot x);$$

μ heißt linearer Schwächungskoeffizient.

Für den atomaren Absorptionskoeffizienten für Röntgenstrahlung τ wurde empirisch die Proportionalität $\tau \propto Z^4\cdot\lambda^3$ gefunden. Der atomare Streukoeffizient hingegen ist bei Röntgenstrahlung unabhängig von der Wellenlänge und direkt proportional zur Ordnungszahl Z: $\sigma \propto Z$. Die Abhängigkeit des atomaren Absorptionskoeffizienten von der 4. Potenz der Ordnungszahl ist die Basis für die Röntgen-Durchleuchtungstechnik.

c) Röntgenographie

Röntgenbilder entstehen nicht auf die in der Optik übliche Weise durch Abbildung, sondern durch Schattenwurf unterschiedlich stark absorbierender Bereiche des abzubildenden Objekts, s. Abb. 16.8.

Unterschiedliche Schwächungskoeffizienten der verschiedenen Gewebearten sind daher Voraussetzung für die Röntgenographie. Diese Unterschiede sind umso größer, je geringer die Photonenenergie ist. Da aber andererseits auch die Absorption mit abnehmender Photonenenenergie zunimmt, muß ein Kompromiß gefunden werden zwischen hinreichendem Kontrast und akzeptierbarer Strahlenbelastung. Deutliche Unterschiede bestehen allerdings nur bis etwa 50 keV Photonenenergie, wo noch der Photoeffekt dominiert, dessen Größe von der Ordnungszahl abhängt. Bei größeren Photonenenergien tritt zunehmend der Compton-Effekt in den Vordergrund (s. Kapitel 21.1). Die Strahlenschwächung ist dann nur mehr abhängig von der Massendichte ρ, die für die verschiedenen Gewebearten vergleichsweise geringe Unterschiede zeigt.

Für die konventionelle Röntgenradiographie liegen die optimalen Photonenenergien bei etwa 30 keV (Röhrenspannung bei 80 kV bis 100 kV). In diesem Bereich dominiert der Photoeffekt; der Massenschwächungskoeffizient $\frac{\mu}{\rho}$ ist hier etwa proportional zur 3. Potenz der Ordnungszahl Z der Atome im Absorber. Schwere Elemente absorbieren hier also deutlich stärker. Knochen (Ca!) zeichnen sich daher gegenüber den Weichteilen im Röntgenbild besonders deutlich ab. Als Röntgenkontrastmittel eignen sich daher einerseits vergleichsweise schwere Elemente (z. B. $BaSO_4$ und verschiedene Jodverbindungen), die stärker absorbieren als Gewebe, oder andererseits Gase, die wegen ihrer geringen Massendichte weniger stark absorbieren als Gewebe. (Allerdings ist das Einbringen von Gasen in Gewebe immer mit der Gefahr des Übertritts in das Gefäßsystem und dadurch mit der Gefahr einer Embolie verbunden.)

Bei der Hartstrahlenaufnahme-Technik werden hingegen höhere Anodenspannungen (125 kV bis 150 kV) benutzt. Wegen der geringeren Absorption dieser Strahlung im Gewebe erzielt man dadurch sowohl geringere Strahlungsbelastung als

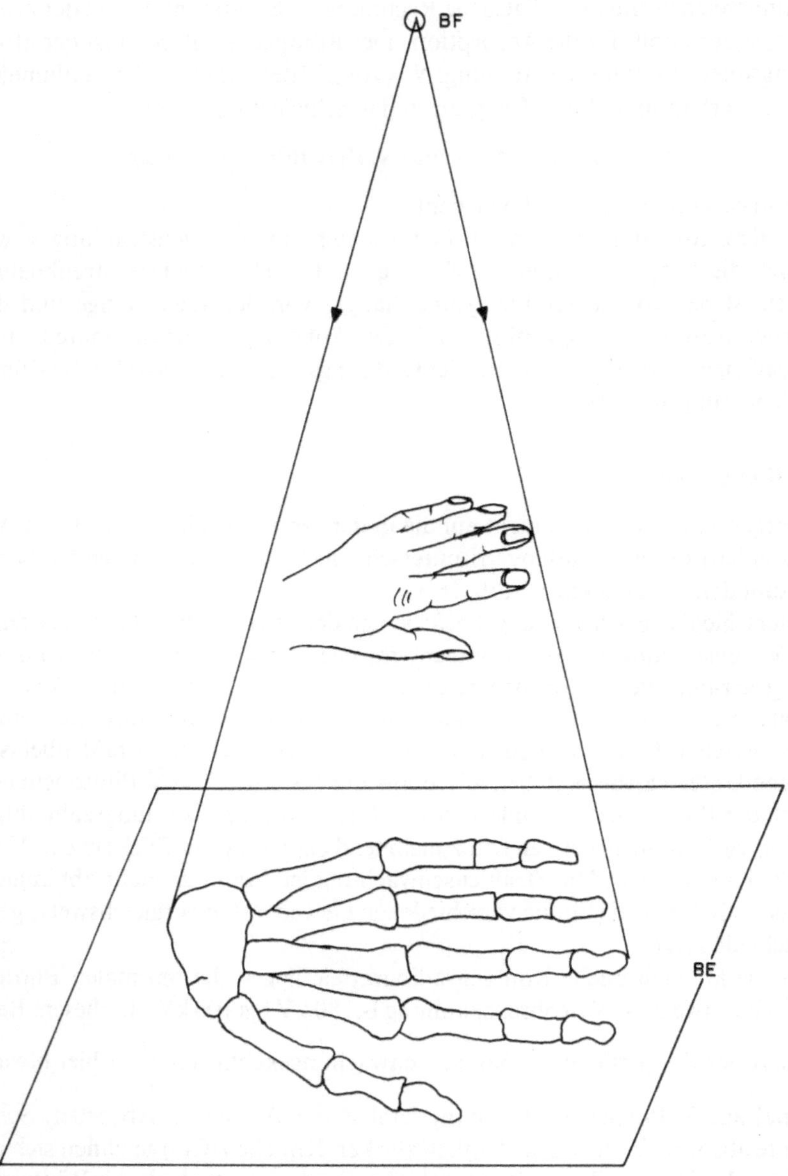

Abb. 16.8. Entstehung eines Röntgenbilds durch Schattenwurf. *BF* = Brennfleck (s. Abb. 16.9), *BE* = Bildebene

auch kürzere Belichtungszeiten, d. h. verminderte Bewegungsunschärfe. Den damit auch einher gehenden Kontrastverlust im Röntgenbild kann man durch Verwendung von Röntgenfilm mit hohem Kontrastfaktor („hartes Filmmaterial") teilweise ausgleichen. Höhere Photonenenergien werden auch beim therapeutischen Einsatz von Röntgenstrahlung benutzt, s. Kapitel 21.

Die für Durchleuchtungszwecke benutzten Röntgenröhren haben meist Anoden aus Wolfram oder Wolfram legiert mit Rhenium. Für Sonderzwecke, s. Beispiel 16.6, kommen auch andere Anodenmaterialien zum Einsatz.

Die Intensität I der Röntgenstrahlung ist proportional zum Anodenstrom I_A (s. Abb. 16.9). I_A kann bei konstanter Anodenspannung durch die Größe des Kathoden-Heizstroms I_H geregelt werden. Zur Erzielung optimaler Bildkontraste ist „richtige Belichtung" erforderlich, die man hier als Produkt aus Anodenstrom I_A (in mA gemessen) mal Belichtungszeit T_B (in s gemessen) als sog. mA·s-Produkt ausdrückt ($= I_A \cdot T_B$).

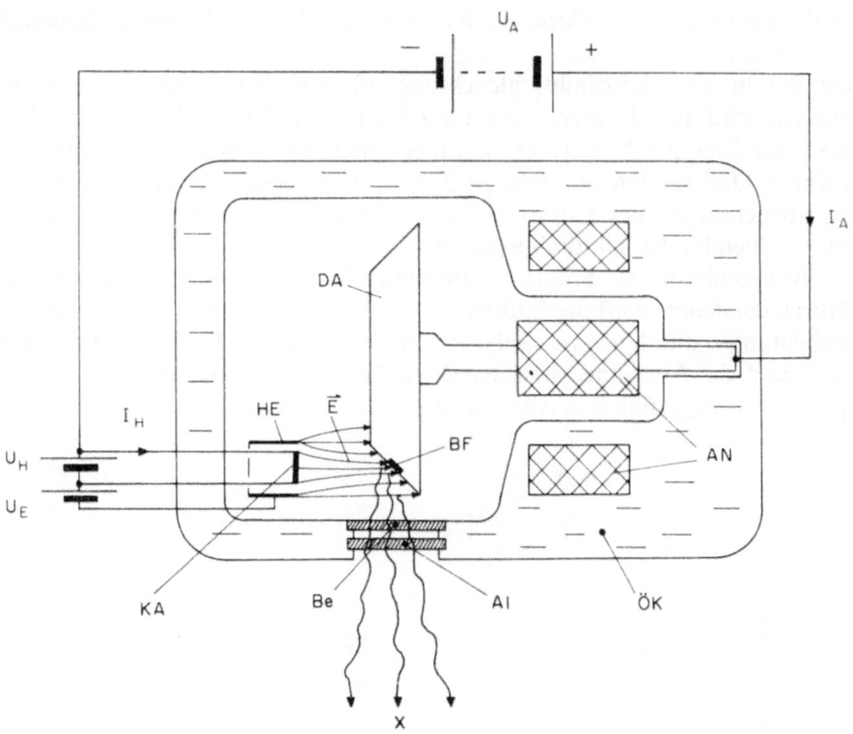

Abb. 16.9. Röntgenröhre: Drehanodenröhre mit Ölkühlung *ÖK*. **E** = elektrisches Feld zwischen Anode und Kathode, *KA* = Kathode, *DA* = Drehanode, *AN* = Stator und Rotor des Anodenantriebs, *HE* = Hilfselektroden zur Fokussierung der Elektronen auf die Anode; U_A = Anodenspannung (Röhrenspannung), U_H = Heizspannung, U_E = Spannung für die Hilfselektrode, I_A = Anodenstrom, I_H = Kathoden-Heizstrom. Die Röntgenstrahlung *X* entsteht im Brennfleck *BF* auf der Anode, tritt durch ein Berylliumfenster (Be) aus und wird durch ein Al-Filter „aufgehärtet"

Da die Röntgenröhre selbst als Gleichrichterdiode wirkt, könnte die Anodenspannung grundsätzlich auch eine Wechselspannung sein. Da sich die Anode im Betrieb jedoch sehr stark erhitzt, könnte sie ebenfalls als Glühkathode fungieren, es käme zur sogenannten Rückzündung mit einem starken Strom, der die Kathode zerstören würde. Deshalb werden Röntgenröhren mit unipolarer Wechselspannung oder mit Gleichspannung betrieben. Da Strahlungsintensität und -wellenlänge sehr empfindlich von der Anodenspannung abhängen, wird diese Spannung in speziellen Röntgengeneratoren hergestellt. Dabei wird die Netzspannung nach Umformung in eine Spannung mit einer Frequenz von einigen kHz durch einen Transformator hochgespannt und anschließend gleichgerichtet. Die Größe der Anodenspannungen ist abhängig von der Art der Durchleuchtung. In der Mammographie, wo nur weiches Gewebe vorliegt, werden zur Kontraststeigerung je nach zu durchstrahlender Strecke 25 kV bis 40 kV benutzt. Bei der Durchleuchtung des Oberkörpers hingegen werden Spannungen bis etwa 150 kV benutzt. Dabei treten Anodenströme bis zu 1 A auf. Die hiermit verbundene elektrische Leistung ist also ganz erheblich. Da diese Leistung zu weniger als 1% in Röntgenstrahlung verwandelt wird, treten die restlichen gut 99% als Wärme an der Anode auf. Die Röntgenröhre muß daher gekühlt werden.

Um den für die Röntgendurchleuchtung erforderlichen kleinen Röntgenfokus zu erhalten, wird der Elektronenstrahl durch ein zusätzliches elektrisches Feld auf einen kleinen Brennfleck fokussiert. Die hier auftretende konzentrierte Erwärmung wird durch Drehanoden auf eine größere Fläche verteilt. Damit dies auch für Kurzzeitbelichtungen der Fall ist, wurden spezielle Hochgeschwindigkeitsanoden mit Drehzahlen bis 10^4 Umdrehungen pro Minute entwickelt.

Da Röntgenbilder als Schatten unterschiedlich stark absorbierender Körperstrukturen entstehen, wird die Bildschärfe—abgesehen von Bewegungen während der Belichtung—durch geometrische Parameter bestimmt: Durch die Brennfleckgröße F und die Abstände zwischen Brennfleck und Körper D sowie zwischen Körper und Röntgenfilm d, s. Abb. 16.10.

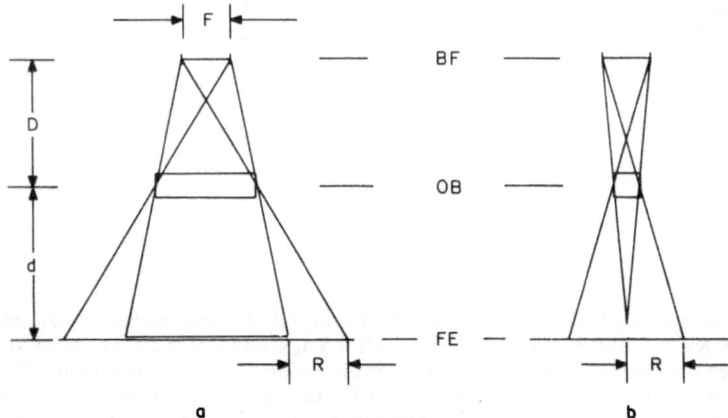

Abb. 16.10. Die Größe R des Randschattens ist abhängig von der Brennfleckgröße F und den Abständen zwischen Brennfleck BF, Objekt OB und Filmebene FE. **a** Unschärfe der Objektkontur durch den Randschatten R; **b** durch den Randschatten bedingte Unsichtbarkeit eines Objekts

Die Konturen der absorbierenden Körperstrukturen werden im Röntgenbild durch den Randschatten wiedergegeben. Die Größe des Randschattens ist

$$R = F \cdot \frac{d}{D}.$$

Je näher das Objekt der Filmebene ist und je kleiner der Brennfleck ist, desto schärfer begrenzt erscheinen im Röntgenbild die Strukturen. Strukturen, die im Röntgenbild kleiner sind als die Randschattengröße, werden nicht sichtbar.

Neben diesen geometrischen Parametern begrenzt vor allem die Streustrahlung die Qualität von Röntgenbildern, weil diese in alle Richtungen strahlt. Der Einfluß der Streustrahlung kann durch die Verwendung von Kollimatoren reduziert werden. Diese bestehen z. B. aus einem Raster von Bleifolien, deren Zwischenräume mit Kunststoff ausgegossen sind. Die Bleifolien sind parallel zu den direkt vom Brennfleck kommenden Strahlen orientiert und lassen diese daher durch. Streulicht wird weitgehend absorbiert. Damit dieser Streustrahlenraster nicht auch selbst abgebildet wird, wird er während der Belichtung motorisch bewegt.

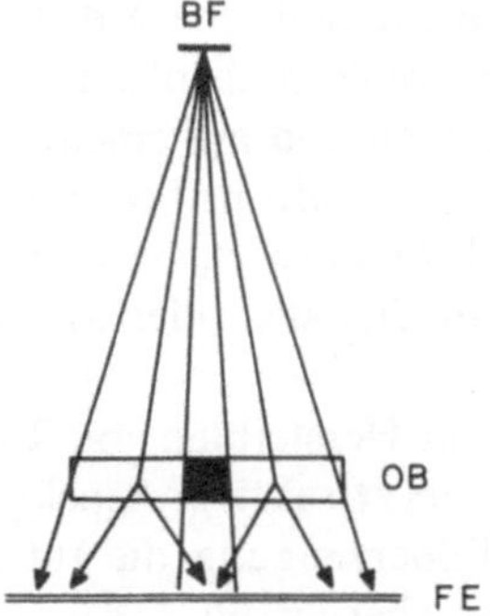

Abb. 16.11. Kontrastverlust im Röntgenbild durch Streustrahlung. Diese hellt den von stärker absorbierenden Objektteilen geworfenen Schatten auf. *BF* = Brennfleck, *OB* = Objekt, *FE* = Filmebene

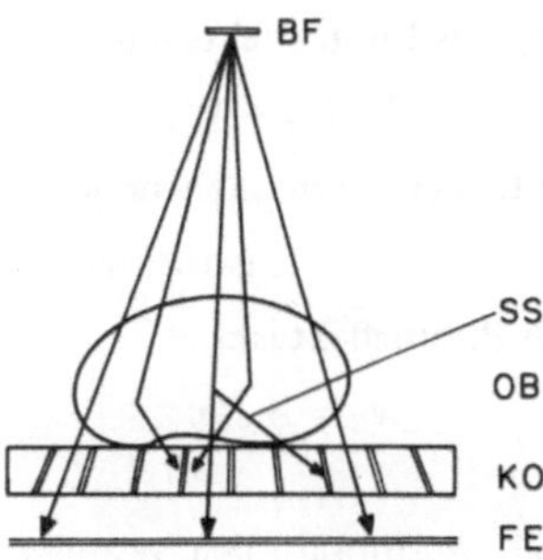

Abb. 16.12. Rasteraufnahmetechnik: Verwendung eines Pb-Kollimators *KO* (Streustrahlenraster) zur Abschirmung der Streustrahlung *SS*. *BF* = Brennfleck der Röntgenröhre, *OB* = Objekt, *FE* = Filmebene

Die schon von Röntgen benutzte Aufzeichnung der Röntgenographien mittels photographischer Substanzen erfordert relativ hohe Strahlungsdosen zur Filmbelichtung. Um die Strahlenbelastung der Patienten zu reduzieren, werden Verstärkerfolien benutzt. Diese enthalten z. B. Calciumwolframat ($CaWO_4$) oder andere sogenannte Leuchtstoffe und werden in der Röntgenfilmkassette durch Anpressen in möglichst engen Kontakt mit dem Röntgenfilm gebracht. $CaWO_4$ fluoresziert bei Röntgenbestrahlung in blauviolettem Licht von etwa 440 nm Wellenlänge und belichtet ebenfalls den Röntgenfilm. Dadurch wird die zum Belichten des Films erforderliche Röntgenstrahlendosis etwa um einen Faktor 20 verkleinert.

Neben der Aufzeichnung der Röntgenographien mittels photographischer Substanzen werden auch andere Verfahren zur Sichtbarmachung der Röntgenstrahlung benutzt. Beim Fluoroskop fällt die Strahlung auf einen Fluoreszenzschirm und wird von diesem in sichtbares Licht umgewandelt. Dieses Verfahren ist jedoch veraltet und wegen der damit verbundenen hohen Strahlenbelastung nicht mehr gebräuchlich. Beim Röntgenbildverstärker (Abb. 15.10) trifft die Röntgenstrahlung auf eine Photokathode und erzeugt Photoelektronen, die, durch ein elektrisches Feld beschleunigt, auf einen Fluoreszenzschirm treffen und dort ein sehr helles Bild erzeugen. Die dadurch mögliche Verkleinerung der Röntgenstrahlintensität führt zu einer Verminderung der Strahlenbelastung des Patienten (etwa um einen Faktor 3 im Vergleich zur Fluoroskopie). Bildverstärker werden in der Regel mit einer Fernsehkamera gekoppelt (sog. „Röntgenfernsehen"), d. h. das verstärkte Bild wird von einer Fernsehkamera aufgenommen und auf einem Monitor wiedergegeben. Das ermöglicht auch den Einsatz von Bildverarbeitungs- und Bildspeicherverfahren (s. Kapitel 24.2). Das Bild wird digitalisiert, unterschiedlichen Bildverarbeitungs-Prozeduren unterworfen und in digitaler oder analoger Form gespeichert bzw. wiedergegeben.

Auch die Xerographie wird zur Herstellung von Röntgenographien (Xeroradiographien) eingesetzt. Ein besonders attraktiver Aspekt dieses Verfahrens ist, daß die Eigenart der xerographischen Bilderzeugung, die auf das Bild wie ein Gradientenfilter wirkt, eine Kantenanhebung hervorruft, s. Kapitel 24. Dadurch werden Konturen verstärkt wiedergegeben.

Zusammenfassung 16.A

I. Die Einsteinsche Gleichung des Photoeffekts lautet:

$$E = h \cdot \nu - W_A. \tag{16.1}$$

Kinetische Energie der Photoelektronen = Quantenenergie des Lichts –

– Austrittsarbeit aus der Kathode

Die Grenzfrequenz ν_G für den Photoeffekt ist:

$$\nu_G = W_A/h. \tag{16.2}$$

Tabelle 16.1. Austrittsarbeiten W_A und Grenzwellenlängen $\lambda_G = \frac{\nu_G}{c}$ von Elektronen aus verschiedenen Metallen

Metall	W_A	λ_G
Li	2,5 eV	496 nm
Na	2,3 eV	539 nm
Cs	2 eV	620 nm
Cu	4,5 eV	276 nm
Pt	5,4 eV	230 nm

II. Röntgenstrahlung entsteht als Bremsstrahlung oder als charakteristische Strahlung. Die Grenzenergie der Photonen im Röntgenspektrum ist bei der Anodenspannung (Röhrenspannung) U_A:

$$(h\cdot\nu)_G = e\cdot U_A. \tag{16.3}$$

Die Strahlungsintensität von Röntgenstrahlung ist die Energiestromdichte

$$I = J\cdot h\cdot\nu \tag{16.4}$$

bzw. im allgemeinen Fall

$$I = \sum_i J_i\cdot h\cdot\nu_i, \tag{16.5}$$

wobei J_i die Teilchenstromdichte der Photonen mit der Frequenz ν_i ist.

Das Schwächungsgesetz für Röntgenstrahlung lautet:

$$I = I(0)\cdot\exp\left(-\frac{(\sigma+\tau)\cdot x\cdot N}{V}\right) = I(0)\cdot\exp(-\mu\cdot x) \tag{16.6}$$

$\sigma + \tau$ ist der atomare Schwächungskoeffizient. Der lineare Schwächungskoeffizient ist

$$\mu = \frac{N}{V}\cdot(\sigma+\tau). \tag{16.7}$$

Aus der Gleichung 16.6 folgt für die Schichtdicke, die die Strahlungsintensität I auf die Hälfte schwächt (meist kurz „Halbwertsdicke" genannt):

$$x_{1/2} = \frac{\ln 2}{\mu}. \tag{16.8}$$

Empirisch gilt für den atomaren Absorptionskoeffizienten für Röntgenstrahlung

$$\tau \propto Z^4\cdot\lambda^3 \tag{16.9}$$

und für den atomaren Streukoeffizienten

$$\sigma \propto Z. \tag{16.10}$$

Die Absorption von Röntgenstrahlung ist ausschließlich durch die atomare Zusammensetzung der Stoffe festgelegt, unabhängig von der Art der chemischen Bindung, in der sie vorliegen. Der molekulare Absorptionskoeffizient ist gleich der Summe aus den atomaren Absorptionskoeffizienten der das Molekül bildenden Atome (dies ist anders bei der Absorption im optischen Spektralbereich).

Konventionelle Röntgenbilder sind Schattenwürfe. Optimaler Bildkontrast entsteht bei Photonenenergien um 30 keV (Photoeffekt). Bildkonturen werden im Röntgenbild durch den Randschatten wiedergegeben. Die Breite des Randschattens ist proportional zur Brennfleckgröße F und dem Abstand d zur Filmebene sowie indirekt proportional zum Abstand D vom Brennfleck:

$$R = F\cdot\frac{d}{D}. \tag{16.11}$$

Anmerkungen

1. Der lineare Schwächungskoeffizient μ ist zur Massendichte des Stoffs proportional. Um diese Abhängigkeit für Vergleichszwecke verschiedener Materialien auszuschalten, wird der „Massenschwächungskoeffizient" μ/ρ benutzt. Dann lautet das Schwächungsgesetz:

$$I = I(0)\cdot\exp\left(-\frac{\mu}{\rho}\cdot\rho\cdot x\right), \tag{16.12}$$

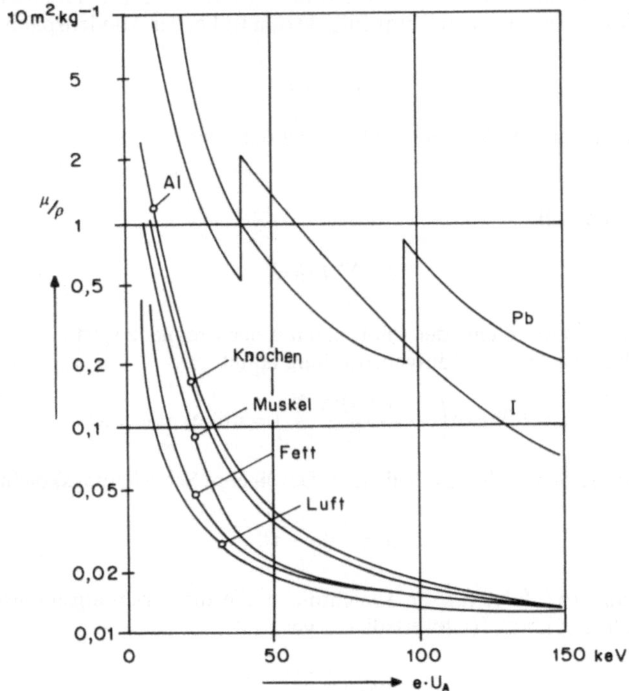

Abb. 16.13. Massenschwächungskoeffizient μ/ρ von Fett- und Muskelgewebe, sowie Knochen, Luft, Aluminium, Blei und Iod. Die bei I und Pb auftretenden Sprünge heißen Absorptionskanten und werden in Kapitel 21.1 erläutert

Da die Massendichte ρ proportional zur Ordnungszahl Z ist, ist der Massenschwächungskoeffizient etwa zur 3. Potenz der Ordnungszahl proportional. Wie die Abb. 16.13 zeigt, nimmt der Massenschwächungskoeffizient mit zunehmender Photonenenergie ab, die Strahlung wird durchdringender (härter).

2. Zur eindeutigen Charakterisierung von Röntgenstrahlung ist erforderlich:

(a) Die Anodenspannung; diese definiert die Photonengrenzenergie.
(b) Das Anodenmaterial; dieses definiert die Wellenlängen der charakteristischen Strahlung.
(c) Material und Dicke des Filters; dadurch ist die Aufhärtung der Strahlung definiert.

3. Eine oft ausreichende Charakterisierung der Röntgenstrahlung wird auch durch die sogenannte Äquivalentenergie erreicht. Dies ist jene Photonenenergie eines monoenergetischen Photonenstrahls, der die gleiche Halbwertsdicke besitzt.

Beispiel 16.1. Das Verhältnis der Absorptionskoeffizienten von $Ca_3(PO_4)_2$ (Bestandteil von Knochen) zu dem von H_2O (entspricht etwa weichem Gewebe) beträgt nach Gleichung 16.9:

$$\frac{\tau(\text{Calciumphosphat})}{\tau(H_2O)} = \frac{3\cdot 20^4 + 2\cdot 15^4 + 8\cdot 8^4}{2 + 8^4} = 150.$$

Im Körper ist allerdings die Moleküldichte für das Calciumphosphat sehr viel kleiner als jene für das Wasser, so daß die Absorptionsunterschiede entsprechend gering sind.

Beispiel 16.2. Nach welcher Strecke ist die Intensität einer 100 keV-Röntgenstrahlung im Weichteilgewebe ($\rho \sim 10^3\,\text{kg}\cdot\text{m}^{-3}$) auf 1% abgesunken.

Aus Abb. 16.13: $\mu/\rho = 0{,}015\,\text{m}^2\cdot\text{kg}^{-1}$.

Aus Gleichung 16.12: $I/I_0 = 0{,}01 = \exp(-(\mu/\rho)\cdot\rho\cdot x)$ folgt: $\ln(0{,}01) = -4{,}6 = -0{,}015\,\mathrm{m^2 \cdot kg^{-1}} \cdot 10^3\,\mathrm{kg \cdot m^{-3}} \cdot x$, woraus $x = 0{,}3\,\mathrm{m}$ folgt.

Beispiel 16.3. *Filter für Röntgenstrahlung.* Für den sogenannten Strahlungskontrast in der Röntgenographie, d. i. der Unterschied der Strahlungsintensitäten in der Röntgenbildebene, sind Photonen mit Energien in der Größenordnung von 30 keV optimal, weil diese bei noch deutlichen Unterschieden im Schwächungskoeffizienten für die verschiedenen Gewebearten schon hinreichend großes Durchdringungsvermögen besitzen. Photonen mit deutlich geringerer Energie würden im Körper weitgehend absorbiert und den Röntgenfilm nicht schwärzen. Röntgenstrahlung entsteht jedoch immer mit einem breiten Spektrum von Photonenenergien. Man versucht daher, die energieärmeren Photonen aus der Strahlung zu filtern. Dies gelingt mittels Metallplatten, beispielsweise aus Aluminium von einigen Millimetern Dicke. Wegen der Proportionalität des Massenschwächungskoeffizienten zu λ^3 werden insbesondere energiearme Photonen absorbiert, die energiereicheren vorwiegend transmittiert. Es kommt zu einer sogenannten „Aufhärtung" der Strahlung. Ein Beispiel zeigt die Abb. 16.5.

Folgende Anodenspannungen U_A und Filter finden in der Röntgenographie häufige Anwendung (nach T. Laubenberger, 1990):

Aufnahmeobjekt	U_A	Filter
Schwangerschaftsaufnahme	90–120 kV	4 mm Al und mehr
Bariumkontrastuntersuchung	100–125 kV	4 mm Al
Urogramm, Cholegramm u. ä.	60–90 kV	4 mm Al
Extremitäten-Knochen	60–80 kV	4 mm Al
Weichteilaufnahmen	50–60 kV	2–3 mm Al
Mammographie	25–40 kV	0,5–1 mm Al

Beispiel 16.4. (Nach J. R. Cameron und J. G. Skofronick; 1978.) Ein typisches Röntgengerät mit 80 kV Wechselspannungsamplitude und einem 3 mm Al-Filter liefert Strahlung mit einer Halbwertsdicke von (ebenfalls) 3 mm in Al ($\rho = 2{,}72 \cdot 10^3\,\mathrm{kg \cdot m^{-3}}$). Wie groß ist die Photonen-Äquivalentenergie E dieser Strahlung in Knochen? Aus Gleichung 16.8: $\mu = \ln 2/x_{1/2} = 0{,}693/0{,}003\,\mathrm{m} = 231\,\mathrm{m^{-1}} \cdot \mu/\rho = 8{,}5 \cdot 10^{-2}\,\mathrm{m^2 \cdot kg^{-1}}$.

Aus Abb. 16.13: $E = 30\,\mathrm{keV}$.

Beispiel 16.5. Röntgenuntersuchung (Abb. 16.14). Etwa 30% aller heute anfallenden Röntgenuntersuchungen entfallen auf Thoraxaufnahmen. Hierzu werden in größeren Kliniken spezielle vollautomatisierte Thoraxaufnahmegeräte eingesetzt. Die Lunge ist ein vorwiegend lufthaltiges Organ, weshalb sie im Vergleich etwa zum Abdomen wenig Strahlung absorbiert.

Beispiel 16.6. *Mammographie* (Abb. 16.15). Dies ist die derzeit sicherste diagnostische Methode zur Erkennung eines Mammakarzinoms. Sie beruht auf dem röntgenographischen Nachweis von Mikrokalzifikationen. Wegen der sehr geringen Absorptionsunterschiede zwischen dem Drüsen-, Haut- und Fettgewebe der weiblichen Brust und kleinen Verkalkungsbereichen muß sehr weiche Röntgenstrahlung benutzt werden. Als geeignete Strahlung bot sich u. a. die charakteristische K-Strahlung des Molybdäns (17,5 keV und 19,6 keV) an. Ein dünner (ca. 0,03 mm) Mo-Filter absorbiert den energieärmeren Anteil der Bremsstrahlung.

Beispiel 16.7. Schichttechnik (lineare *Tomographie*; Abb. 16.16). Die konventionellen Röntgenaufnahmen (z. B. Abb. 16.14 b) sind Projektionen der dreidimensionalen Körperstruktur in die Filmebene. Dabei werden verschiedene Objektstrukturen übereinander abgebildet. Manche krankhaften Veränderungen können dann nicht mehr erkannt werden. Durch tomographische Verfahren gelingt es, Objektstrukturen in bestimmten Ebenen überlagerungsfrei abzubilden, also Schnittbilder herzustellen. Das einfachste Verfahren dieser Art ist die lineare Tomographie. Hierbei werden Röntgenröhre und Filmkassette während der Belichtung gegenläufig bewegt.

Bei dieser linearen Verwischung können sehr kontrastreiche Strukturen immer noch störende Schatten erzeugen. Diese lassen sich mit etwas größerem Aufwand durch komplexere Verwischungsbewegungen noch weiter unterdrücken.

Beispiel 16.8. *Digitale Subtraktionsangiographie* (Abb. 16.17). Dieses Verfahren liefert Gefäßbilder ohne störenden Hintergrund. Das wird dadurch erreicht, daß von der betreffenden Körperregion je eine Röntgenaufnahme vor (sog. „Leerbild") und nach (sog. „Füllungsbild") der Kontrastmittelinjektion

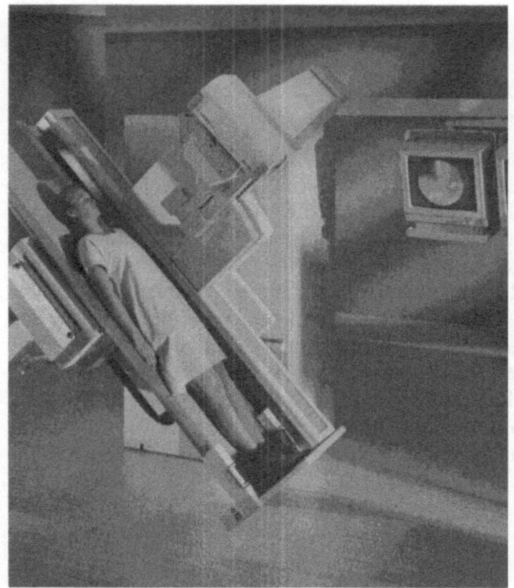

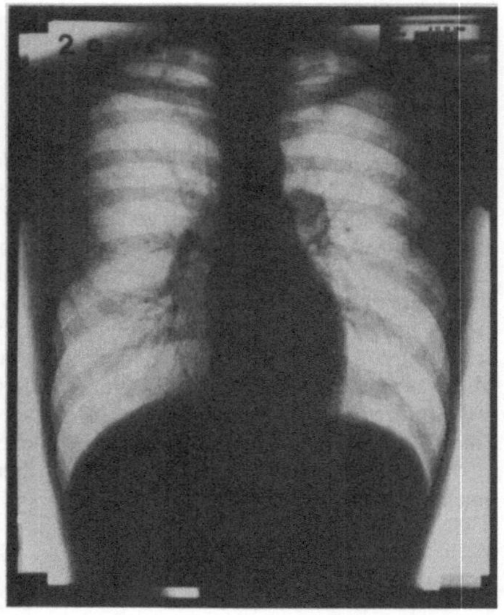

Abb. 16.14. **a** Universelles Röntgen-Untersuchungsgerät. Der Untersucher sitzt (hier nicht abgebildet) hinter einer Strahlenschutzwand aus Bleiglas. Das Gerät wird ferngesteuert, der Patientenlagerungstisch erlaubt unterschiedliche Durchstrahlungsrichtungen und Untersuchungslagen. Digitale Bildverarbeitung ermöglicht Rauschunterdrückung und Kantenanhebung zur Optimierung von Bildschärfe und Bildkontrast. Die Röntgenröhre befindet sich im Gehäuse über dem Patienten, der Röntgenfilm direkt unter dem Patienten im Lagerungstisch. Der Abstand zwischen Röntgenfokus und Film ist variabel und kann den geforderten Aufnahmebedingungen angepaßt werden. Foto: Philips Medizin Systeme GmbH. **b** Thorax-Röntgenographie p.a. (= Durchstrahlungsrichtung posterior-anterior; der Patient steht hierbei, mit seinem ventralen Thorax der Filmkassette anliegend) zur Untersuchung der Thoraxorgane. Anodenspannung 117 kV. $I_A \cdot T_B = 2\,\mathrm{mA \cdot s}$ (= mA·s-Produkt). Film-Fokus-Abstand 2 m. Unauffälliger Befund bei einem asthenischen Patienten (ein Qualitätskriterium für solche Aufnahmen ist die Beurteilbarkeit des retrocardialen Abschnittes des linken Unterlappens—die hier allerdings drucktechnisch bedingt etwas eingeschränkt ist). Aufnahme: Universitätsklinik für Radiodiagnostik, Wien

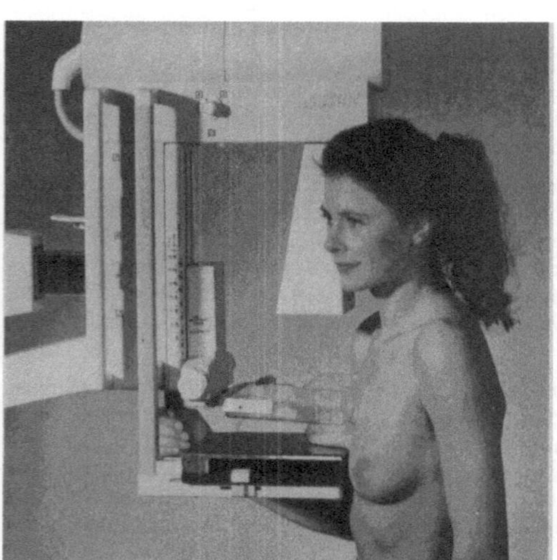

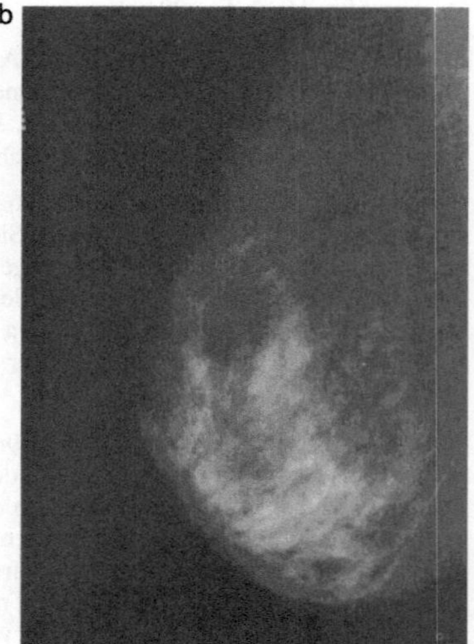

Abb. 16.15. Mammographie. **a** Durch Kompression der Mamma wird die Projektionsunschärfe vermindert und eine möglichst konstante zu durchleuchtende Gewebedicke erreicht. Es werden Anodenspannungen um 30 kV benutzt. **b** Mammogramm (medio-lateral rechts; unten befindet sich die Körpermitte, oben die rechte Körperseite). Die hellen Strukturen sind Mikroverkalkungen, die auf einen Tumor hinweisen können. Bilder: Philips Medizin Systeme GmbH

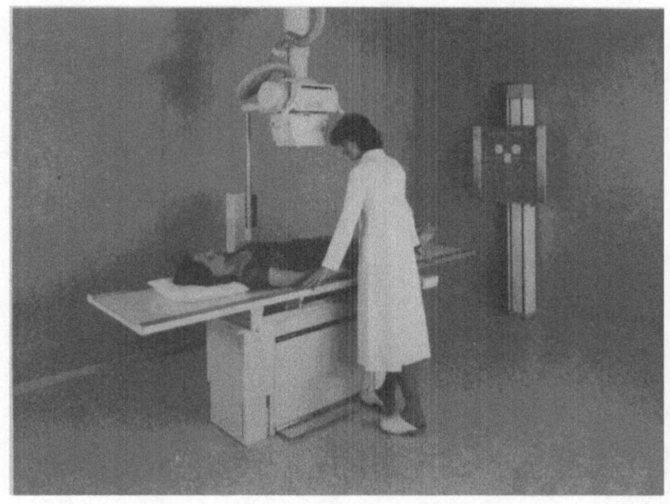

a

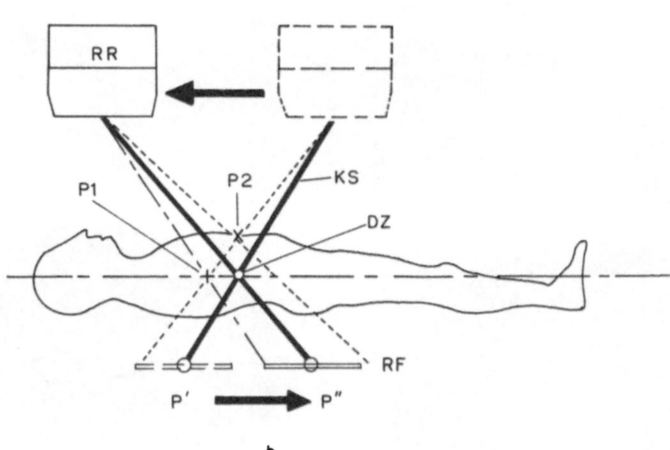

b

Abb. 16.16. Röntgentomographie. **a** Die Röntgenröhre befindet sich über dem hier liegenden Patienten, der Röntgenfilm in der Liege unmittelbar unter dem Patienten. Röntgenröhre und Filmkassette sind durch die hier vertikal stehende Kupplungsstange miteinander gekoppelt. **b** Durch synchrones gegenläufiges Bewegen von Röntgenröhre (*RR*) und Röntgenfilm (*RF*) kommen nur Punkte (z. B. P_1) in jener Schichtebene—hier eine Frontalebene—unverwischt zur Abbildung, die das Drehzentrum *DZ* der Kupplungsstange *KS* enthält. Außerhalb liegende Punkte, wie P_2, werden verwischt abgebildet. Foto: Philips Medizin Systeme GmbH

mittels Videokamera aufgenommen und in digitaler Form gespeichert wird. Die beiden Bilder werden voneinander subtrahiert, man erhält als Differenz reine Gefäßbilder. Die erzielbare Kontrastverstärkung erlaubt, bis zu 80% des (den Patienten u. U. sehr belastenden) Kontrastmittels einzusparen.

Beispiel 16.9. *Computer-Tomographie* (CT). Konventionelle Röntgenaufnahmen liefern einerseits keine Tiefenauflösung und leiden andererseits darunter, daß die weichen Gewebe nur geringe Unterschiede im Schwächungskoeffizienten besitzen. Entsprechend gering ist die Erkennbarkeit der anatomischen Strukturen der Weichteile. Zwar kann man die Blutgefäße und den Verdauungskanal mit Hilfe von Kontrastmitteln deutlich sichtbar machen, bei anderen Organen stößt ein solches Verfahren jedoch auf Grenzen. Die Computer-Tomographie ermöglicht hingegen eine sehr empfindliche Unterscheidung von Gewebearten aufgrund ihrer unterschiedlichen Schwächungskoeffizienten.

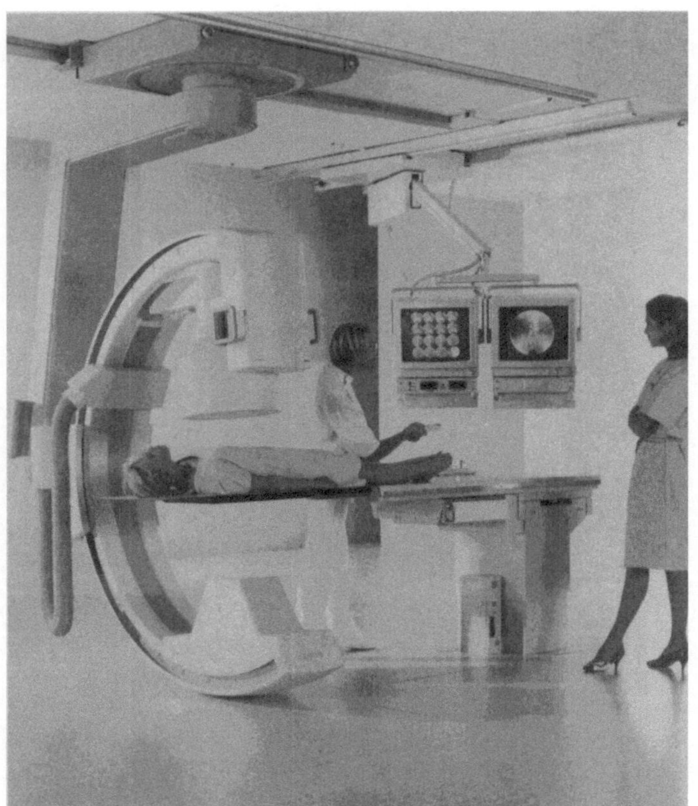

a

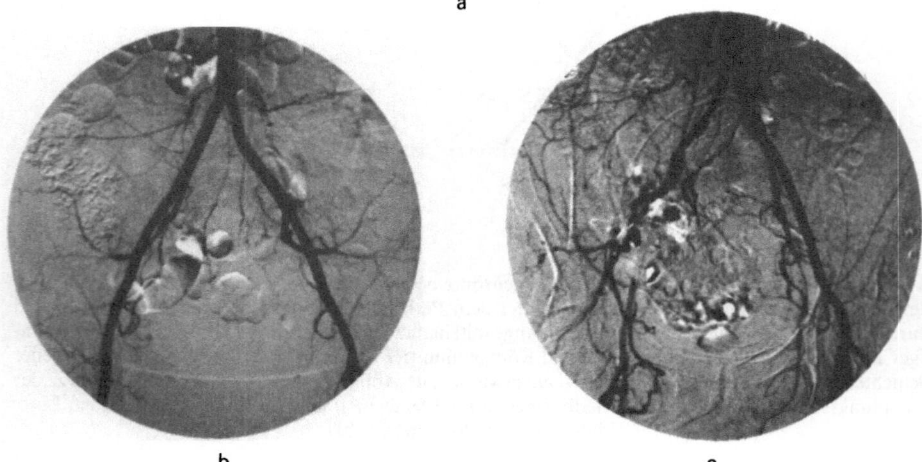

b c

Abb. 16.17. a Angiographiesystem mit digitaler Bildverarbeitung zur Subtraktionsangiographie und Trace-Subtraktions-Durchleuchtung (TSD) für interventionelle Verfahren. Bei der TSD wird das Maximum eines kleinen Kontrastmittelbolus auf seiner Bahn entlang der Gefäße aufgezeichnet und für nachfolgende Subtraktionen festgehalten. Röntgenröhre und Filmkassette befinden sich an den Enden des C-förmigen Bogens, der in beliebige Stellung gebracht werden kann. Foto: Philips Medizin Systeme GmbH. **b** und **c** zeigen die Bifurkation der Aorta abdominalis. Bei **b** Normalbefund, bei **c** mit einem Verschluß der Arteria iliaca externa rechts. Iodhaltiges nichtionisches Kontrastmittel; Applikation über eine periphere Armvene mittels einer Venenkanüle. Aufnahmen: Universitätsklinik für Radiodiagnostik, Wien

Die Computer-Tomographie ist ein röntgenologisches Verfahren zur Herstellung von transversalen Schnittbildern des menschlichen Körpers. Die interessierende Schnittebene wird hierbei aus verschiedenen Richtungen durchstrahlt und die Schwächung der Röntgenstrahlung von Gasdetektoren oder Szintillationsdetektoren ortsaufgelöst registriert. Aus den so erhaltenen Projektionen wird durch gefilterte Rückprojektion (s. Kapitel 23) die räumliche Struktur der Dichtewerte in der Schnittebene berechnet.

Da das CT-Bild aus mehreren Projektionen ermittelt wird, besitzt es im Vergleich zu den konventionellen Röntgenbildern, bedingt durch Bewegungen des Körpers, geringere Strukturauflösung. Was das CT-Bild jedoch auszeichnet, ist, neben der Tiefenauflösung, die extrem hohe Kontrastauflösung, die eine sehr empfindliche Weichteilunterscheidung ermöglicht.

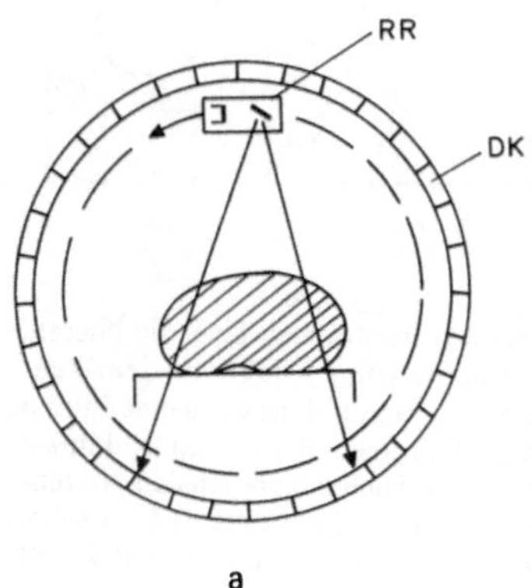

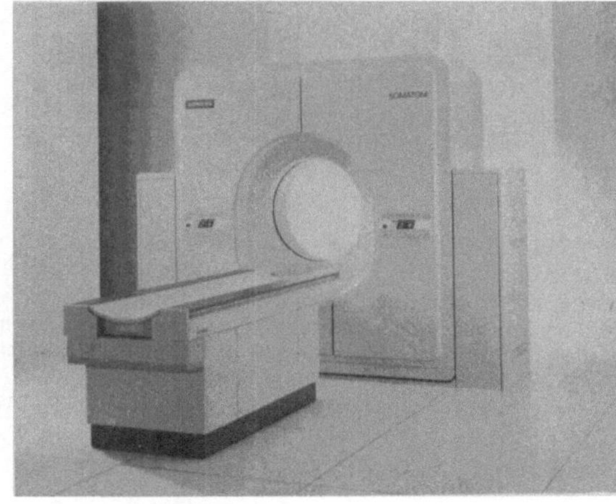

Abb. 16.18. **a** Prinzip der CT-Systeme der sogenannten 4. Generation. Die Röntgenröhre rotiert um den Körper. Mehr als 1000 feststehende Detektoren registrieren die Projektionen. *DK* = Detektorkranz, *RR* = Röntgenröhre. **b** Ansicht eines CT-Systems mit Volumenscan-Einrichtung (Spiral-CT). Vorne der Patientenlagerungstisch, hinten die portalförmige „Gantry", die ein rotierendes Röhren-Detektorsystem enthält. Foto: Siemens *AG*, Medizintechnik

In der Computer-Tomographie werden Anodenspannungen zwischen 125 kV und 150 kV verwendet. Trotz des natürlich auch hier gültigen exponentiellen Schwächungsgesetzes (Gleichung 16.12) ergibt sich wegen der geringen Strahlschwächung ein linearer Zusammenhang zwischen der Strahlschwächung $I/I(0)$ und dem linearen Schwächungskoeffizienten μ. Die vom Rechner ermittelten Schwächungswerte der Körpergewebe werden als relative Abweichung zum Schwächungswert des Wassers in Promille als CT-Zahl angegeben:

$$\text{CT-Zahl} = \frac{\mu_{\text{Gewebe}} - \mu_{\text{Wasser}}}{\mu_{\text{Wasser}}} \cdot 1000\,\text{HU}$$

[CT-Zahl] = 1 = 1 HU = Hounsfield-Unit (nach G. N. Hounsfield, der 1972 das CT-Prinzip als erster beschrieben hat).

In der Hounsfield-Skala hat Wasser den Wert 0 HU und Luft den Wert − 1000 HU. Fettgewebe liegt dicht unter Wasser, die meisten Weichteilgewebe haben CT-Zahlen größer als 0 HU. Sehr dichtes Knochengewebe reicht bis + 3000 HU.

Aus den Daten mehrerer benachbarter Transversalschichten („Volumenscan") können beliebig liegende Schichtebenen des Körpers rekonstruiert werden (s. Abb. 16.19) oder die dreidimensionalen Oberflächen einzelner Organe berechnet und räumlich (s. Kapitel 24) dargestellt werden. Schnellste Aufnahmefolgen werden durch kontinuierlichen Vorschub des rotierenden Detektorsystems oder des Patiententisches erreicht, s. Abb. 16.20.

Aufgabe 16.1. Bestimmen Sie die Austrittsarbeit W_A für Elektronen aus der Graphik von Abb. 16.3. Welches Metall kommt diesem Wert am nächsten (s. Tabelle 16.1)?

Aufgabe 16.2. Bei welchem Abstand Patient/Bildebene wird die Breite des Randschattens R minimal?

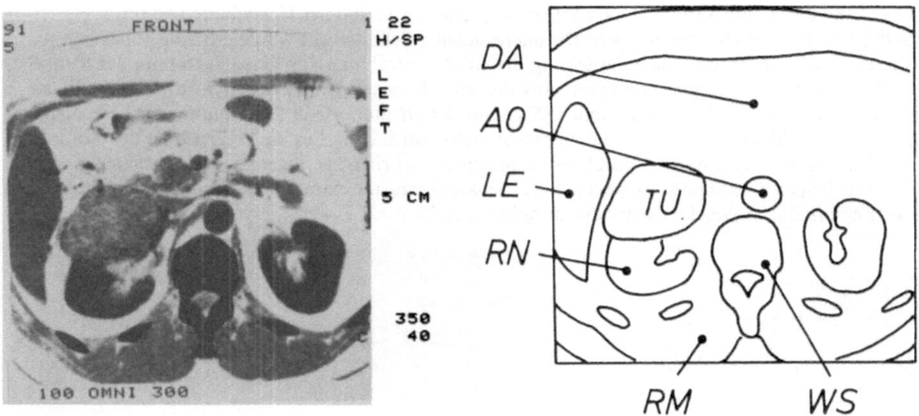

Abb. 16.19. CT-Bild des Abdomens in Höhe der Nieren, gezoomt auf das Peritoneum bzw. die Nieren. Anodenspannung 125 kV. Fenstertechnik: Weichteilfenster mit einer Breite von 350 HU und dem Zentrum bei 40 HU. Iodhältiges Kontrastmittel wurde intravenös verabreicht. Dadurch ist es zu einer guten Kontrastierung des Nierenparenchyms an der normalen linken Niere gekommen. Rechts (im Bild links) findet sich ventral an der Niere ein großer Tumor *TU*, der durch die im Vergleich zum normalen Nierenparenchym deutlich geringere Kontrastierung gut differenziert werden kann. *AO* = Aorta, *DA* = Darm, *LE* = Leber, *RM* = Rückenmuskel, *RN* = rechte Niere, *WS* = Wirbelsäule. Aufnahme: Universitätsklinik für Radiodiagnostik, Wien

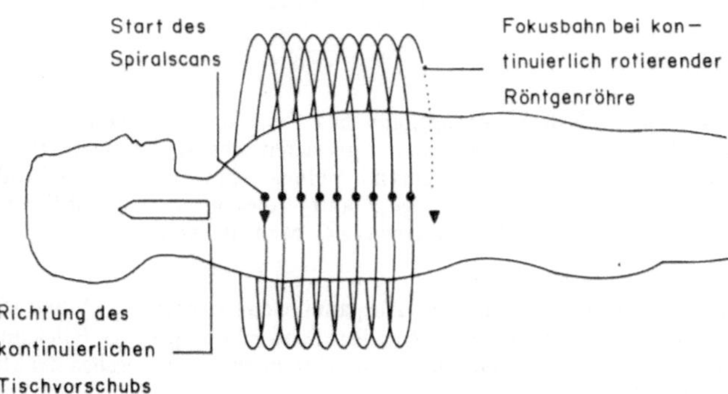

a

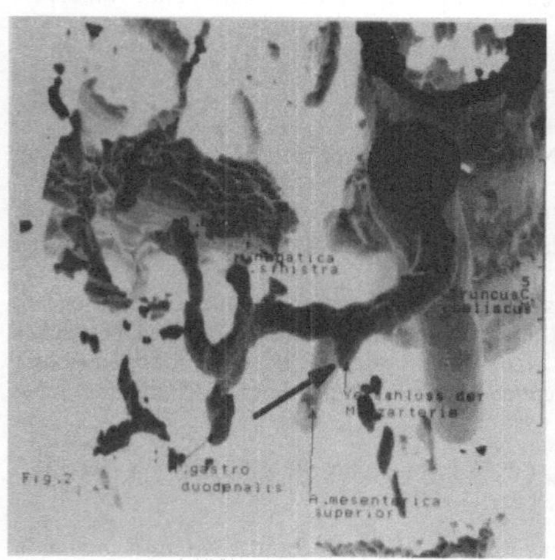

b

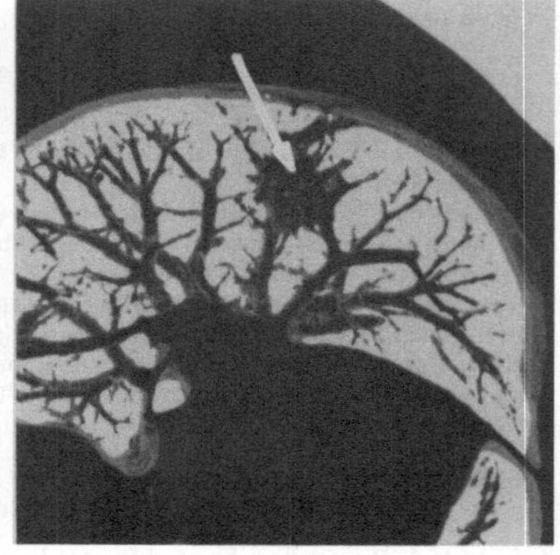

c

Aufgabe 16.3. Berechnen Sie die Wellenlänge jener Röntgenstrahlung, die in Gewebe optimalen Bildkontrast liefert (Photonenenergie $E = 30\,\text{keV}$).

Aufgabe 16.4. Berechnen Sie die Halbwertsdicke von 30 keV-Photonenstrahlung in Knochen ($\mu/\rho = 0{,}08\,\text{m}^2\cdot\text{kg}^{-1}$; $\rho = 1{,}5\cdot 10^3\,\text{kg}\cdot\text{m}^{-3}$).

Aufgabe 16.5. Berechnen Sie die Halbwertsdicke $x_{1/2}$ von Weichteilgewebe für 100 keV-Photonen.

Aufgabe 16.6. Berechnen Sie die Halbwertsdicke $x_{1/2}$ von Blei ($\rho = 11{,}34\cdot 10^3\,\text{kg}\cdot\text{m}^{-3}$) für 100 keV-Photonen.

16.3 Energie-Masse-Äquivalenz und Welle-Teilchen-Dualismus

a) Energie-Masse-Äquivalenz

Schon sehr früh war eine Zunahme der Elektronenmasse mit zunehmender Geschwindigkeit beobachtet worden. Bei diesen ersten Experimenten war den Elektronen einer Kathodenstrahlröhre mit der Anodenspannung U die kinetische Energie

$$\frac{m\cdot v^2}{2} = e\cdot U$$

erteilt worden. Aus dem Krümmungsradius r der Elektronenbahn in einem Magnetfeld B (Gleichgewicht für $m\cdot v^2/r = e\cdot v\cdot B$, s. Thomsons Methode) konnte die Masse bestimmt werden:

$$m = r\cdot e\cdot B/v.$$

Diese Messungen wurden später von W. Kaufmann (1901) bei der Untersuchung von hochenergetischen Elektronen aus β-Strahlern ergänzt. Dazu ließ Kaufmann die Elektronen gleichzeitig durch je ein normal zur Strahlrichtung orientiertes elektrisches und magnetisches Feld laufen. Die Felder selbst waren parallel zueinander orientiert, weshalb die Ablenkungen der Elektronen in orthogonalen Richtungen x und y erfolgten. Das ist in der Abb. 16.21 dargestellt.

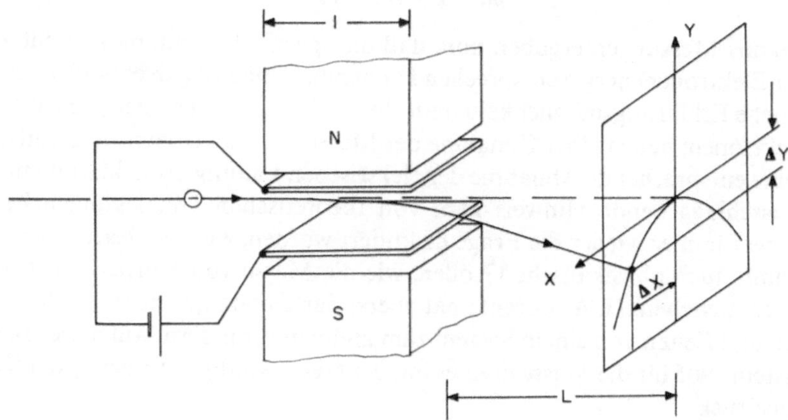

Abb. 16.21. Kaufmanns Methode zur Bestimmung der spezifischen Ladungen von Elektronen

Abb. 16.20. Prinzip der Spiral-CT **a** und berechnete 3D-Oberflächenrekonstruktionen eines Milzarterienverschlusses **b** und eines peripheren Bronchialkarzinoms **c**. Aufnahmen: Siemens AG, Medizintechnik

Die Ablenkung durch das magnetische Feld erfolgt hier in x-Richtung; die Größe der Ablenkung Δx im Abstand L von den Magneten ist wie bei der Thomsonschen Methode der gekreuzten Felder

$$\Delta x = L \cdot \frac{l}{r} \qquad \text{mit} \qquad r = \frac{m \cdot v}{e \cdot B}.$$

Die Ablenkung durch das elektrische Feld erfolgt hingegen nur in y-Richtung. Aus dem 2. Newtonschen Gesetz erhält man

$$m \cdot \frac{d^2 y}{dt^2} = -e \cdot E,$$

woraus sich die Neigung $\frac{dy}{dt}$ der Bahn des Elektrons bei Verlassen des elektrischen Felds zu

$$\frac{dy}{dt} = -\frac{e \cdot E}{m} \cdot \Delta t = -e \cdot \frac{E}{m} \cdot \frac{l}{v}$$

ergibt und daraus die Ablenkung in y-Richtung zu

$$\Delta y = -\frac{e \cdot E}{m} \cdot \frac{l}{v} \cdot \frac{L}{v}.$$

Eliminiert man aus den Gleichungen für Δx und Δy die Geschwindigkeit v, erhält man

$$\Delta y = \frac{E \cdot m}{L \cdot l \cdot B^2 \cdot e} \cdot (\Delta x)^2,$$

d. h. falls sich e/m nicht ändert, liegen alle Auftreffpunkte auf einer Parabel. Andererseits erhält man aus diesem Ausdruck

$$\frac{e}{m} = \frac{E}{L \cdot l \cdot B^2} \cdot \frac{(\Delta x)^2}{\Delta y}.$$

Kaufmanns Messungen ergaben nun, daß die spezifische Ladung e/m mit zunehmender Elektronenenergie entsprechend abnahm. Zunächst gab es noch zwei unterschiedliche Erklärungsmöglichkeiten für die Veränderung der spezifischen Ladung der Elektronen; neben einer Zunahme der Masse der Elektronen ist grundsätzlich auch eine entsprechende Abnahme der elektrischen Ladung als Erklärung möglich. Der ausschlaggebende Hinweis kam von theoretischen Überlegungen her: Seit Galilei war immer wieder die Frage diskutiert worden, wie die Gesetze der Physik und damit auch physikalische Größen, wie die Masse von Körpern, in bewegten Systemen aussehen. H. A. Lorentz hat zuerst das Gesetz gefunden, nach dem sich Längen und Zeiten von einem System zum anderen verändern. Auf dieser Basis hat A. Einstein 1905 für die Masse m eines mit der Geschwindigkeit v bewegten Körpers den Ausdruck

$$m = \frac{m_0}{\sqrt{1 - \left(\frac{v}{c}\right)^2}}$$

hergeleitet (m_0 ist die Ruhemasse des Körpers, c ist die Lichtgeschwindigkeit). Dieser Ausdruck gibt die in der Tabelle 16.2 beschriebene Massenveränderung genau wieder.

Die obige Gleichung für die Masse eines bewegten Körpers hat eine faszinierende Konsequenz. Entwickelt man nämlich diesen Ausdruck in eine Reihe, so erhält man

$$m = m_0 \cdot \left(1 + \frac{1}{2} \cdot \left(\frac{v}{c}\right)^2 - \frac{1}{8} \cdot \left(\frac{v}{c}\right)^4 + \cdots\right)$$

Für „gewöhnliche" Geschwindigkeiten $v \ll c$, was durchaus auch die Geschwindigkeiten der heutigen Weltraumfahrt einschließt, ist

$$m = m_0 + \underbrace{\frac{m_0}{2} \cdot v^2}_{} \cdot \frac{1}{c^2}$$

$\frac{m_0}{2} \cdot v^2$ → kinetische Energie des Körpers

m_0 → Ruhemasse des Körpers

m → Masse des bewegten Körpers (sog. „relativistische" Masse)

d. h. die kinetische Energie des Körpers erhöht seine Masse:

$$\text{Körpermasse} = \text{Ruhemasse} + \frac{1}{c^2} \cdot \text{Energie des Körpers.}$$

Multiplizieren wir die letzte Gleichung auf beiden Seiten mit c^2, erhalten wir:

$$m \cdot c^2 = m_0 \cdot c^2 + \frac{m_0}{2} v^2.$$

Da einer der beiden Summanden rechts zweifelsfrei eine Energie darstellt, müssen auch die anderen Größen in dieser Gleichung Energien sein, d. h. ein ruhender Körper mit der Masse m_0 stellt eine Energie $m_0 \cdot c^2$ dar; durch die Bewegung erhöht sich die Energie dieses Körpers um den Betrag der kinetischen Energie.

Die letzten beiden Gleichungen beschreiben Einsteins Prinzip von der Äquivalenz von Energie und Masse:

Energie und Masse sind äquivalent (nicht gleich!):

$$E = m \cdot c^2$$

$m \cdot c^2$ heißt relativistische Energie, sie enthält auch die kinetische und alle potentiellen Energien des Körpers.

b) Welle-Teilchen-Dualismus bei Licht

Die Geschichte der Vorstellungen über die Natur des Lichts zeigt deutlich, wie eng Wellenvorstellung und Teilchenvorstellung miteinander verknüpft sind. Am Beginn der naturwissenschaftlichen Optik stand das Teilchenbild. I. Newton beschrieb 1704 Licht als einen Strom winziger Teilchen großer Geschwindigkeit. Die geradlinige Ausbreitung von Licht und Streuprozesse konnte man sich aufgrund dieses Bilds gut vorstellen. Die später, ab etwa 1800, beobachteten Beugungs- und Interferenzerscheinungen waren nur mit Hilfe des Wellenbilds verständlich. Schließlich hat die Entdeckung des Photoeffekts durch W. Hallwachs 1888 den Grundstein zur Einsteinschen Lichtquantenhypothese (1905) gelegt und damit das anfängliche Teilchenbild wieder in den Vordergrund gerückt. Während man beim Photoeffekt noch annehmen könnte, daß es die Elektronen sind, die die Lichtenergie nur quantenhaft aufnehmen können, zeigt der Compton-Effekt, daß die Photonen, wie echte Teilchen, dem Impulssatz gehorchen.

Compton-Effekt. Da den Photonen aufgrund der Einsteinschen Energie-Masse-Äquivalenz neben ihrem Energiebetrag $h\cdot\nu$ auch eine Masse $m = h\cdot\nu/c^2$ zukommt, kann man erwarten, daß Photonen auch einen Impuls p besitzen. Wenn man hierfür den aus der Mechanik bekannten Zusammenhang der Gleichung 3.12 benutzt, erhält man für Photonen

$$p = m\cdot c = h\cdot\frac{\nu}{c} = \frac{h}{\lambda}.$$

Bestrahlt man Materie mit elektromagnetischer Strahlung, wird ein Teil aus der ursprünglichen Richtung abgelenkt, es entsteht Streustrahlung. Wenn die Streustrahlung dieselbe Wellenlänge hat wie die Primärstrahlung, handelt es sich um Rayleighsche Streustrahlung, die an den Atomelektronen entsteht.

H. A. Compton beobachtete 1921, daß kurzwellige Röntgen- und γ-Strahlung neben der Rayleighschen Streustrahlung noch eine weitere Streustrahlung hervorruft, die sich in ihrer Wellenlänge um einen vom Streuwinkel ϑ abhängigen Betrag von der Wellenlänge der Primärstrahlung unterscheidet. Diese als Compton-Effekt bekannte Veränderung der Wellenlänge der gestreuten Strahlung im Vergleich zur Primärstrahlung konnte im Gegensatz zur Rayleigh-Streuung nicht als Wellenphänomen (z. B. als Doppler-Verschiebung) erklärt werden. Hingegen gelang eine mit den experimentellen Messungen quantitativ übereinstimmende Erklärung im Teilchenbild. Danach stößt das Photon der Primärstrahlung gegen ein Elektron und überträgt diesem entsprechend den Stoßgesetzen einen Teil seiner Energie, s. Abb. 16.22. Das am Elektron gestreute Photon besitzt nun einen geringeren Energiebetrag, d. h. eine größere Wellenlänge. Die entsprechende Wellenlängenänderung bzw. der zugehörige Energieverlust läßt sich wie beim Stoß zwischen harten Kugeln aus Energie- und Impulserhaltungssatz berechnen.

Nach dem Energiesatz gilt:

$$h\cdot\nu_0 = h\cdot\nu + \frac{m}{2}\cdot v^2;$$

m ist die Elektronenmasse. Nach dem Impulssatz gilt für die

$$x\text{-Komponente:} \quad \frac{h}{\lambda_0} = \frac{h}{\lambda}\cdot\cos\vartheta + m\cdot v\cdot\cos\varphi$$

und für die

$$y\text{-Komponente:} \quad 0 = \frac{h}{\lambda}\cdot\sin\vartheta + m\cdot v\cdot\sin\varphi.$$

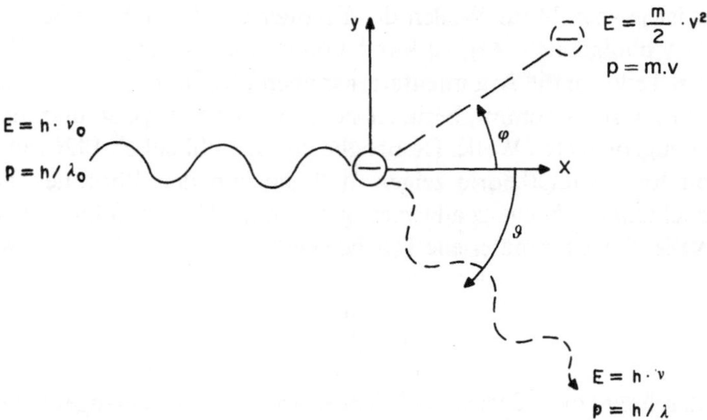

Abb. 16.22. Stoßvorgang beim Compton-Effekt. Gestrichelt: Elektron und Photon nach dem Stoß. Energie $h \cdot \nu_0$ und Impuls $\frac{h}{\lambda_0}$ des ankommenden Photons verteilen sich auf Elektron und gestreutes Photon

Eliminiert man aus diesen Gleichungen die hier nicht interessierende Elektronengeschwindigkeit v und den Elektronenstreuwinkel φ, erhält man (der Rechengang findet sich in den meisten Lehrbüchern der Atomphysik) für $\Delta\lambda$:

$$\Delta\lambda = \lambda_0 - \lambda = \lambda_c \cdot (1 - \cos\vartheta)$$

mit der sogenannten Compton-Wellenlänge λ_c:

$$\lambda_c = \frac{h}{m \cdot c} = 0{,}0024\,\text{nm}.$$

λ_c und damit auch die Wellenlängenänderung $\Delta\lambda$ sind unabhängig vom Streumaterial; $\Delta\lambda$ ist nur abhängig vom Streuwinkel. Wegen der Kleinheit von $\Delta\lambda$ ist der Compton-Effekt nur bei kurzen Wellenlängen, d. h. im Bereich der Röntgenstrahlung und γ-Strahlung deutlich bemerkbar; außerdem ist sein Wirkungsquerschnitt (s. Kapitel 21) bei größeren Wellenlängen vernachlässigbar klein.

Das Ergebnis der oben skizzierten Rechnung steht in perfekter Übereinstimmung mit den experimentell gemessenen Wellenlängenänderungen gestreuter Röntgen- und γ-Strahlung. Das Photon verhält sich also hier wie ein Teilchen, das wie eine harte Kugel beim Stoß Impuls und Energie mit dem Stoßpartner austauscht.

c) Materiewellen

Die Doppelnatur des Lichts war nach der Entdeckung des Compton-Effekts unabweisbar geworden. Mit der reziproken Frage der Doppelnatur der Materie beschäftigte sich L. de Broglie. Dabei wandte er sich auch dem Problem der stabilen Elektronenbahnen im Atom zu. Hinter diesem Problem vermutete er Wellenphänomene wie Interferenzen und stehende Wellen einer mit den Elektronen verknüpften Welle. In seiner Doktorarbeit, die er 1924 an der Sorbonne vortrug, beschreibt er erstmalig den Wellenaspekt von Materie. Er geht dabei von der Einsteinschen Energie-Masse-Äquivalenz und dem Einsteinschen Ausdruck für die Energie $E = h \cdot \nu$

aus; letzterer ist ja sowohl für Wellen der Frequenz ν als auch für Schwingungen der Frequenz ν maßgeblich. Arg verkürzt könnte man sagen, daß de Broglie für die materiellen Teilchen die Argumentationsreihenfolge umkehrt: Weil materiellen Teilchen eine Energie zukommt, besitzen sie auch eine Frequenz, und diese ist die Frequenz der zugeordneten Welle. De Broglie konnte schließlich 1926 mit Hilfe der Einsteinschen Relativitätstheorie zeigen, daß die von den Photonen her schon bekannte Beziehung $p = h/\lambda$ ganz allgemein gelten muß. Hieraus folgt die sogenannte de Broglie-Wellenlänge für materielle Teilchen der Masse m mit der Geschwindigkeit v:

$$\lambda = \frac{h}{m \cdot v}.$$

Grundsätzlich schreibt diese Gleichung jedem Körper eine Wellenlänge zu. Bemerkbar macht sich die Welleneigenschaft materieller Körper allerdings nur in atomaren und subatomaren Bereichen; für makroskopische Körper ergeben sich extrem kleine Wellenlängen, deren Bedeutung unklar ist.

Bei atomaren Teilchen hingegen sind die Welleneigenschaften deutlich zu beobachten. Tatsächlich waren Interferenzen von Elektronenstrahlen sogar schon vor de Broglies Arbeiten beobachtet worden, ohne daß sie als solche allerdings erkannt worden wären. Gezielte Experimente zum Nachweis der Welleneigenschaften von Elektronen wurden erstmals 1927 von C. J. Davisson und L. H. Germer durchgeführt, die bei der Reflexion von Elektronen an einem Nickel-Kristall auch tatsächlich Beugungserscheinungen nachweisen konnten. 1931 beobachteten dann O. Stern, O. R. Frisch und I. Estermann Interferenzerscheinungen bei der Reflexion von He-Atomstrahlen an der Oberfläche eines LiF-Kristalls. Abbildung 16.23 a zeigt Interferenzen von Elektronen.

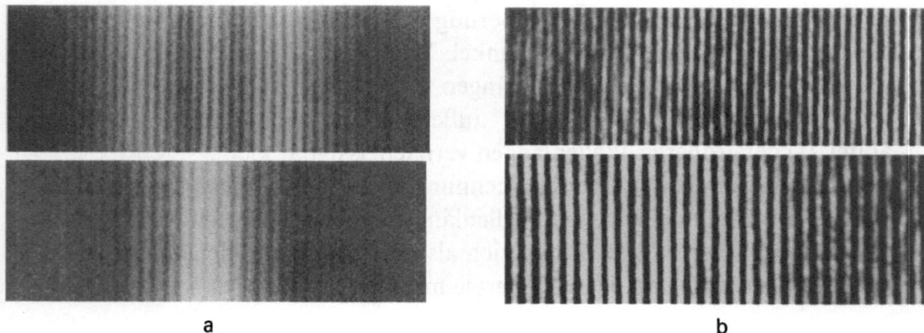

Abb. 16.23. Interferenzen mit unterschiedlichem Streifenabstand durch Überlagerung zweier Wellen von **a** Elektronen (Möllenstedt und Düker, 1956) und **b** Laserlicht

Mit dem Wellenbild der Elektronen konnte nun de Broglie zeigen, daß die von Bohr ziemlich willkürlich eingeführte Quantenbedingung nichts anderes ist, als die Forderung, daß das Elektron auf seiner Bahn um den Atomkern eine stehende Welle bildet. Mit anderen Worten: nach einem vollständigen Umlauf muß die Welle mit sich selbst in Phase sein, sich also durch konstruktive Interferenz verstärken. Andernfalls kommt es zu destruktiver Interferenz, und die Welle löscht sich aus, das zugehörige Elektron kann nicht existieren. Es muß also für eine Kreisbahn mit Radius r_n der Umfang gleich einem ganzzahligen Vielfachen der Wellenlänge λ sein:

$$2 \cdot \pi \cdot r_n = n \cdot \lambda, \qquad n = 1, 2, 3, \ldots .$$

Dies gibt mit der de Broglie-Wellenlänge genau die Bohrsche Quantenbedingung (Kapitel 17.1).

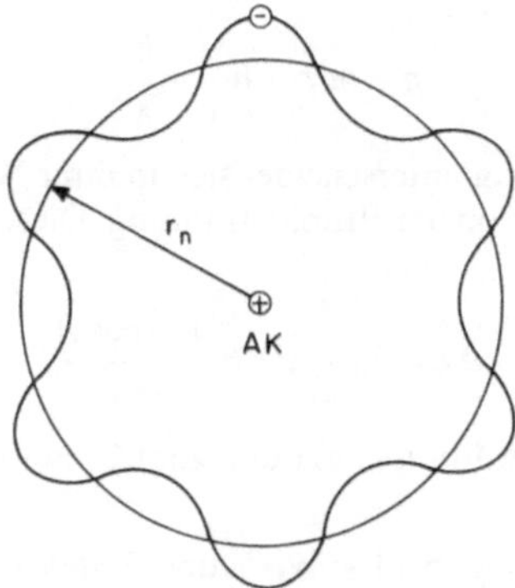

Abb. 16.24. De Brogliesches Atommodell. Die Bohrschen Elektronenbahnen sind stehende de Broglie-Wellen. AK = Atomkern

Zusammenfassung 16.B

I. Nach Einsteins Prinzip von der Äquivalenz von Energie und Masse entspricht der Masse m eines Körpers eine Energie $m \cdot c^2$:

Energie und Masse sind äquivalent

$$E = m \cdot c^2. \qquad (16.13)$$

$m \cdot c^2$ heißt relativistische Energie, sie enthält auch die kinetische und alle potentiellen Energien des Körpers.

$$m = \frac{m_0}{\sqrt{1 - \left(\frac{v}{c}\right)^2}} \qquad (16.14)$$

ist die relativistische Masse eines Körpers mit der Ruhemasse m_0 und der Geschwindigkeit v. Tabelle 16.2 zeigt die Veränderung der Elektronenmasse in Abhängigkeit von der Geschwindigkeit.

Tabelle 16.2. Relativistische Massenzunahme von Elektronen der Geschwindigkeit v. m_0 = Ruhemasse

E	$\frac{v}{c}$	$\frac{m}{m_0}$
0,1 MeV	0,55	1,20
0,5 MeV	0,86	1,96
1 MeV	0.94	2,93
5 MeV	0,999	22,37

Der Energieerhaltungssatz lautet nun: In einem abgeschlossenen System ist die Summe aller relativistischen Energien eine Konstante. Oder: Die Summe aller relativistischen Massen ist in einem abgeschlossenen System konstant:

$$\sum_i m_i = \text{konstant.} \tag{16.15}$$

II. Aufgrund der Einsteinschen Energie-Masse-Äquivalenz kommt auch den Photonen neben ihrem Energiebetrag $h \cdot \nu$ eine Masse $m = h \cdot \nu / c^2$ zu. Sie besitzen daher auch einen Impuls p:

$$p = m \cdot c = h \cdot \frac{\nu}{c} = \frac{h}{\lambda}. \tag{16.16}$$

Die Comptonsche Streustrahlung unterscheidet sich in ihrer Wellenlänge, im Gegensatz zur Rayleighschen Streustrahlung, von der Primärstrahlung. Diese Wellenlängendifferenz $\Delta\lambda$ ist vom Streuwinkel ϑ abhängig:

$$\Delta\lambda = \lambda_0 - \lambda = h \cdot \frac{1 - \cos\vartheta}{m \cdot c} \tag{16.17}$$

Das Fazit der Experimente zum Photoeffekt und zum Compton-Effekt (und vielen anderen Experimenten) lautet:

Das *Photon* ist beides: *Welle* und *Teilchen* in einem.

Schließlich hat de Broglie 1926 mit Hilfe der Einsteinschen Relativitätstheorie gezeigt, daß die von den Photonen her schon bekannte Beziehung $p = h/\lambda$ ganz allgemein gelten muß, woraus die sogenannte de Broglie-Wellenlänge für materielle Teilchen der Masse m mit der Geschwindigkeit v folgt:

$$\lambda = \frac{h}{m \cdot v}. \tag{16.18}$$

Beispiel 16.10. Ein mittelgroßes Kraftwerk hat eine Leistung von 500 MW. Welcher Masse m entspricht die von diesem Kraftwerk bei einer Einschaltquote von 80% in einem Jahr produzierte Energie E?

$$E = 500\,\text{MW} \cdot 0{,}8 \cdot 3{,}1536 \cdot 10^7\,\text{s} = 1{,}26144 \cdot 10^{16}\,\text{N} \cdot \text{m}.$$

Aus Gleichung 16.13:

$$m = E/c^2 = 1{,}26144 \cdot 10^{16}\,\text{kg} \cdot \text{m}^2 \cdot \text{s}^{-2}/(2{,}9979 \cdot 10^8\,\text{m} \cdot \text{s}^{-1})^2 = 0{,}14\,\text{kg}.$$

Beispiel 16.11. Typische Geschwindigkeiten von Raumschiffen heutiger Technik liegen bei 30000 km·h^{-1}. Um welchen Betrag Δm nimmt die Masse eines Raumschiffs (Ruhemasse 10 t) hierbei zu?

$$E = (m/2) \cdot v^2 = (10^4\,\text{kg}/2) \cdot (3 \cdot 10^7\,\text{m}/3600\,\text{s})^2 = 0{,}386 \cdot 10^{12}\,\text{kg} \cdot \text{m}^2 \cdot \text{s}^{-2}.$$

Aus Gleichung 16.13:

$$\Delta m = E/c^2 = 3{,}86 \cdot 10^{11}\,\text{kg} \cdot \text{m} \cdot \text{s}^{-2}/(2{,}9979 \cdot 10^8\,\text{m} \cdot \text{s}^{-1})^2 = 4{,}3\,\text{mg}.$$

Beispiel 16.12. De Broglie-Wellenlänge von 100-eV-Elektronen ($m_0 = 9{,}11 \cdot 10^{-31}$ kg).
Aus Gleichung 16.18:

$$\lambda = h/p = h/\sqrt{2 \cdot m_0 \cdot E_{kin}} = 6{,}6256 \cdot 10^{-34}\,\text{J} \cdot \text{s}/\sqrt{2 \cdot 9{,}11 \cdot 10^{-34}\,\text{kg} \cdot 100\,\text{eV} \cdot 1{,}6 \cdot 10^{-19}\,\text{J} \cdot \text{eV}^{-1}} = 0{,}13\,\text{nm}.$$

Beispiel 16.13. Elektronenmikroskop. Die Lichtmikroskopie ist hinsichtlich ihrer Auflösung durch Beugungsphänomene auf Abmessungen von der Größe der Wellenlänge des benutzten Lichts begrenzt, s. Kapitel 24. Zur Verbesserung der Auflösung ist Licht entsprechend kurzer Wellenlänge erforderlich. Da der Brechungsindex für elektromagnetische Wellen mit Wellenlängen sehr viel kürzer als die sichtbaren Lichts jedoch praktisch Eins ist, lassen sich hier keine Linsen realisieren. Einen Ausweg bieten Elektronenstrahlen; allerdings müssen geeignete Linsen hierfür mit Hilfe elektrischer oder magnetischer Felder verwirklicht werden. Entsprechende magnetische Elektronenlinsen wurden 1931 erstmals von M. Knoll und E. Ruska beschrieben. Während für Bildwandler und Bildverstärker auch elektrostatische Linsen benutzt werden, kommen in der Elektronenmikroskopie ausschließlich magnetische Linsen zum Einsatz. Eine solche magnetische Linse besteht grundsätzlich aus einer Spule, s. Abb. 16.25 a.

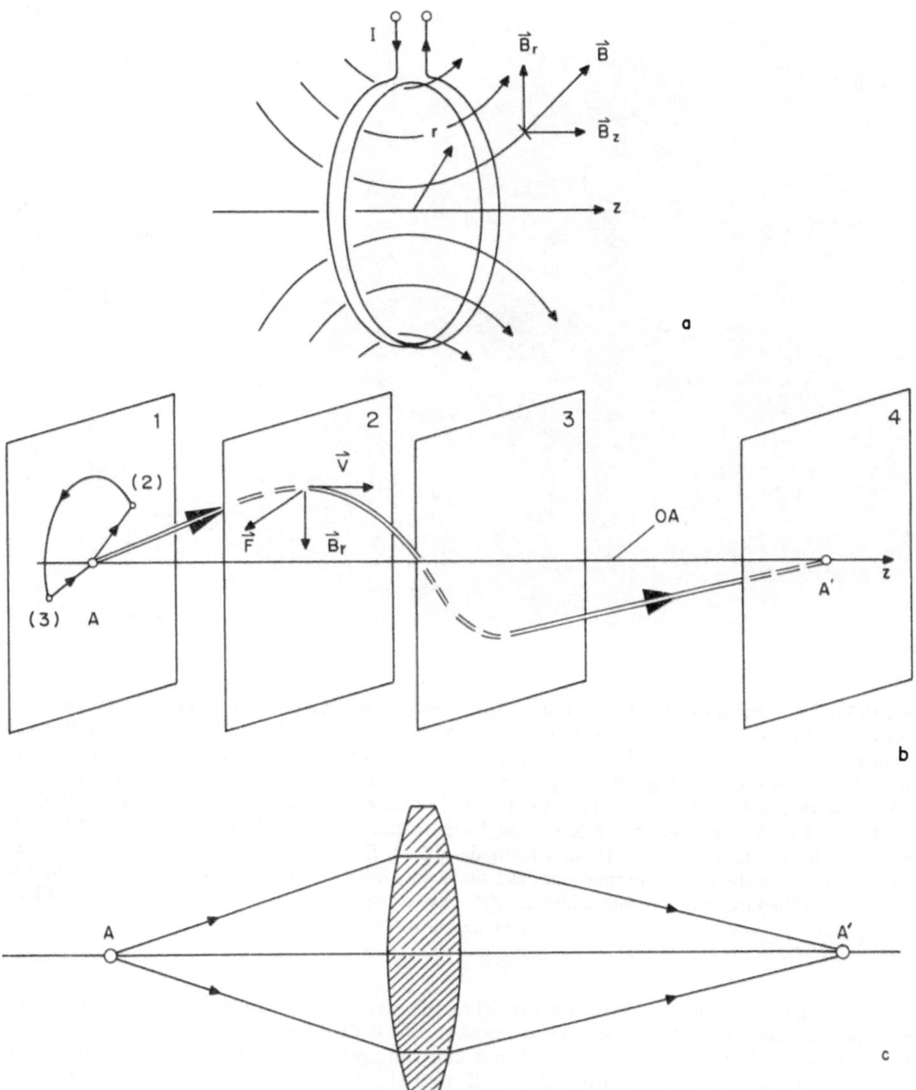

Abb. 16.25. Prinzip der magnetischen Elektronenlinse. **a** Eine stromdurchflossene Spule (hier durch nur 2 Windungen angedeutet) erzeugt ein Magnetfeld **B**. **b** Bahn eines Elektrons (Geschwindigkeit **v**), welches aus dem Objektpunkt A auf der optischen Achse OA kommend vom Magnetfeld (Lorentzkraft **F**) abgelenkt wird und in A' wieder auf die optische Achse trifft. In der Objektebene 1 ist die Projektion dieser Bahn (von A über (2) und (3) zurück nach A) eingetragen, nähere Erläuterung s. Text. Die Spule der Elektronenlinse befindet sich in der Mitte zwischen den Ebenen 2 und 3. **c** Optisches Analogon

Außerhalb der Reichweite des Magnetfelds bewegt sich ein aus dem Punkt A kommendes Elektron geradlinig. In der Ebene 2 vor der Magnetlinse dominiert der Radialteil B_r des Magnetfelds, seine Lorentzkraft **F** bewirkt eine Ablenkung des Elektrons nach rechts, aus der Zeicheneben heraus. Die hierzu gehörige Geschwindigkeitskomponente bewirkt mit der axialen Magnetfeldkomponente B_z, daß das Elektron wieder zur optischen Achse hin abgelenkt wird. Hinter der Linse, zur Ebene 3 hin, wiederholt sich der Ablauf in umgekehrter Reihenfolge, und das Elektron trifft in A' wieder auf die optische Achse. Analog verläuft die Bahn anderer aus A startender Elektronen; so ergibt sich eine Abbildung von Gegenstandspunkten A in Bildpunkte A'.

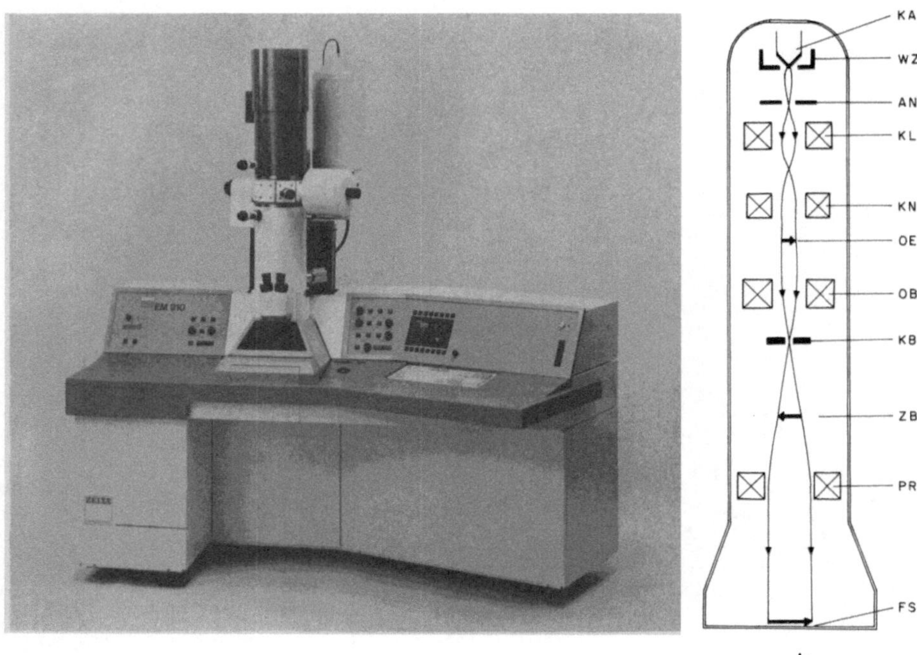

Abb. 16.26. Transmissions-Elektronenmikroskop. **a** Ansicht eines Geräts mit Elektronenenergien von 20 keV bis 120 keV. Foto: Carl Zeiss, Oberkochen. **b** Grundsätzlicher Strahlengang mit Köhlerscher Beleuchtung (s. Beispiel 23.13). KA = elektrisch geheizte V-förmige Glühkathode; WZ = Wehneltzylinder, dieser bewirkt, auf einige 10^1 V gegenüber der Kathode negativ geladen, eine Fokussierung der Elektronen in der Anodenebene; AN = Anode mit Bohrung für den Durchtritt der beschleunigten Elektronen. Die Anode liegt in der Regel auf Erdpotential. Die Beschleunigungsspannung für die Elektronen liegt zwischen Anode AN und Kathode KA an. KL = Kollektorlinse, diese fokussiert den Elektronenstrahl in die vordere Brennebene des Kondensors KN (= Köhlersches Prinzip); OE = Objektebene; OB = Objektiv; KB = Kontrastblende; ZB = Zwischenbild; PR = Projektionslinse; FS = Fluoreszenzschirm

Es gibt einige wesentliche Unterschiede der elektronenmikroskopischen Abbildung im Vergleich zur optischen. Zum einen entsteht der elektronenmikroskopische Bildkontrast hauptsächlich durch Streuung der Elektronen. Elektronenabsorption spielt nur eine untergeordnete Rolle. Schwere Atome (hohe Ordnungszahl) haben größeres Streuvermögen, s. Kapitel 21.1. Daher erscheinen Strukturen, die Atome hoher Ordnungszahlen enthalten, wie beispielsweise die Phosphor-hältigen Biomembranen, in der Elektronen-Mikrographie dunkler als andere Strukturen. Dieser durch Streuung bedingte Bildkontrast wird durch eine Kontrastblende in der hinteren Brennebene des Objektivs verstärkt. (Die Kontrastblende blockiert die vom Objekt aus der ursprünglichen Richtung gestreuten Elektronen.) Ferner muß der Elektronenstrahl in Vakuum verlaufen, weil er in Luft zu stark zerstreut würde. Entsprechend müssen auch die zu untersuchenden Objekte ins Vakuum gebracht werden. Schließlich muß das elektronenmikroskopische Bild in ein sichtbares umgewandelt werden. Dem dient der Fluoreszenzschirm, auf dem die Projektionslinse das vergrößerte elektronische Bild entwirft. Das Fluoreszenzbild kann schließlich mit Hilfe von Okularen betrachtet werden.

Beim *Rasterelektronenmikroskop* wird der von der Elektronenkanone (= Glühkathode mit Wehneltzylinder und Anode) erzeugte Elektronenstrahl durch eine Objektivlinse auf die Objektoberfläche fokussiert. Zwischen Objektoberfläche und der Objektivlinse befinden sich noch zwei normal zueinander angeordnete Spulenpaare, die den Elektronenstrahl rasterförmig über einen rechteckigen Objektbereich steuern. Im Auftreffpunkt des Elektronenstrahls entstehen durch die Wechselwirkung mit dem Objekt verschiedene Emissionsprodukte, beispielsweise Ionen, rückgestreute Elektronen, charakteristische Röntgenstrahlung und Lumineszenz-Photonen, die von speziellen Detektoren aufgefangen werden und

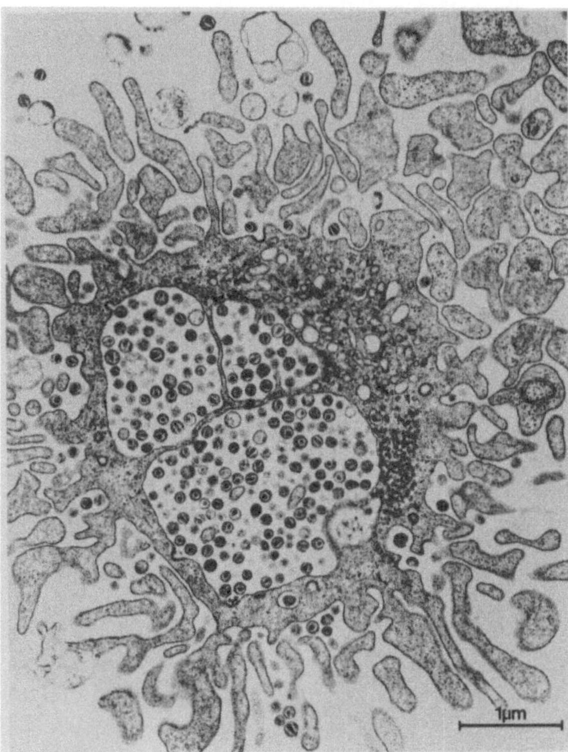

Abb. 16.27. Elektronenmikroskopische Aufnahme von AIDS-Viren. Das Bild zeigt einen Ultradünnschnitt einer Zelle, die mit dem AIDS-Virus HIV-1 infiziert wurde. (Wird das HIV-Genom in die Chromosomen eines T-Helfer-Lymphozyten integriert, kann das Virus von dieser Wirtszelle nicht eliminiert werden. Nach Aktivierung produzieren solche Zellen Viren und sterben. Weitere T-Helfer-Zellen werden infiziert. Die Ausrottung dieser Zellen, die eine zentrale Funktion bei der Immunabwehr haben, führt zu einer zunehmenden Schutzlosigkeit gegen viele Infektionserreger und gegen Tumoren. Das Acquired Immuno Deficiency Syndrome (AIDS) ist der Endzustand der HIV-Infektion.) Die AIDS-Viren sind 0,12 μm groß und finden sich im Bild in großer Zahl in den zytoplasmatischen Vakuolen. Foto: Carl Zeiss, Oberkochen

ein elektrisches Signal erzeugen. Dieses wird zur Oberflächenanalyse oder zur Helligkeitssteuerung des Bildschirmstrahls eines Fernsehmonitors benutzt.

Beispiel 16.14. *Rastertunnelmikroskop.* Zwar läßt sich die Wellenlänge von Elektronenstrahlen relativ problemlos auf Werte weit unterhalb eines Atomdurchmessers verkleinern, die Abbildungsfehler der Elektronenlinsen begrenzen jedoch den kleinsten auflösbaren Punktabstand so, daß die Abbildung einzelner Atome (noch) nicht möglich ist. Dies aber schafft das Rastertunnelmikroskop. Bei diesem von G. Binnig und H. Rohrer 1981 entwickelten Mikroskoptyp wird die Objektoberfläche von einer spitzen Elektrode rasterförmig abgetastet. Die Elektrode wird dabei in einem Abstand von etwa 0,5 nm an der Oberfläche entlang geführt. Durch positive Aufladung dieser Elektrode auf etwa 0,1 V wird ein Tunnelstrom von einigen nA hervorgerufen. Hierbei durch„tunneln" Elektronen den Potentialberg zwischen Probenoberfläche und Nadelspitze ähnlich, wie die α-Teilchen beim α-Zerfall der Kerne (s. Kapitel 20.3)— daher der Name. Dieser Tunnelstrom hängt exponentiell vom Abstand der Elektrode zur Objektoberfläche ab, was zur Nachsteuerung der Elektrodenspitze entsprechend dem Oberflächenprofil benutzt wird, s. Abb. 16.28.

Es sei noch erwähnt, daß es inzwischen weitere Variationen dieses Mikroskopprinzips gibt. So wird im Atomic-Force-Microscope eine feine Abtastspitze direkt an die Objektoberfläche angedrückt und die Spitzenbewegung in z-Richtung mittels eines Laserstrahls registriert.

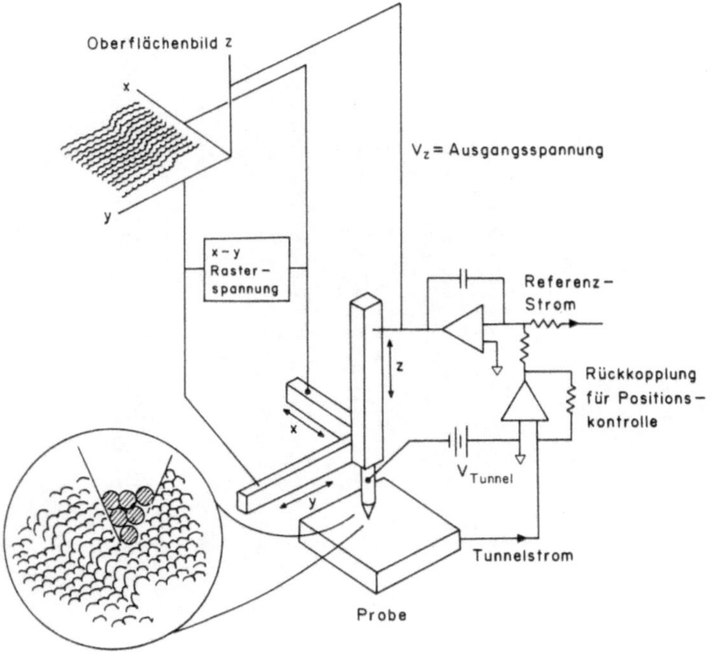

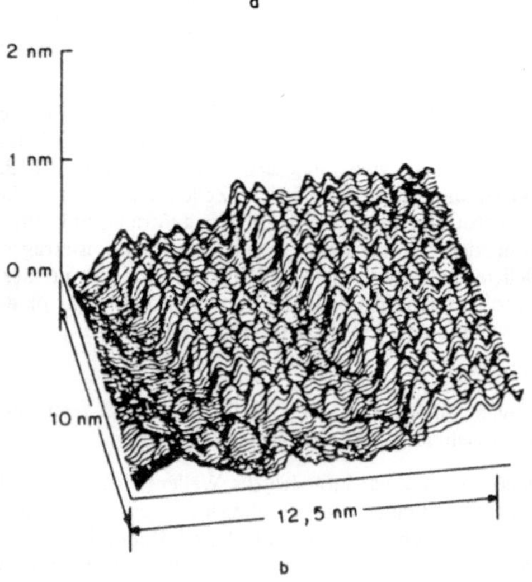

Abb. 16.28. Rastertunnelmikroskop. **a** Prinzip: Die Elektrodenspitze (im Ausschnitt mit einzelnen Atomen als schraffierte Kreise angedeutet) wird durch drei piezoelektrische Stellelemente, die an ihren anderen Enden fixiert sind, über die Objektoberfläche geführt. Die x- und y-Bewegung wird durch die Rasterspannung erzeugt. Der Tunnelstrom wird durch ein elektronisches Rückkopplungssystem, welches die z-Verschiebung der Elektrode steuert, konstant gehalten. Die hierzu erforderliche Spannung (V_z) ist ein Maß für die Abweichung z der Objektoberfläche von der x–y-Ebene und dient zur Herstellung des Oberflächenbilds. **b** Beispiel eines Tunnelmikroskop-Bilds einer Si-Oberfläche mit terrassenförmiger Atomanordnung (deren Stufen von besonderer Bedeutung für die Molekularstrahl-Epitaxie sind). Bilder: VCH-Verlag, nach Golovchenko, 1986

Beim optischen Nahfeldmikroskop (optisches Rastermikroskop) hingegen, wird die Abtastelektrode durch die Spitze einer Lichtleitfaser ersetzt. Solche Spitzen werden durch Auseinanderziehen einer erwärmten Glasfaser erzeugt. Man erzielt Spitzen mit Durchmessern bis herab zu etwa 20 nm. Diese Spitzen werden—mit Ausnahme des äußersten Endes—mit Al beschichtet. In die Faser eingekoppeltes Licht kann dann nur am winzigen äußersten Ende der Spitze austreten. Diese Lichtsonden-Spitze wird rasterförmig über das Objekt geführt; ein Detektor unter dem Objekt registriert die durchtretende Strahlung. Damit wird eine optische Auflösung weit jenseits der für die konventionelle Abbildung gültigen Beugungsgrenze (Kapitel 24.1) erreicht.

Aufgabe 16.7. Berechnen Sie die der Ruhemasse des Elektrons ($m_0 = 9{,}1091 \cdot 10^{-31}$ kg) entsprechende relativistische Energie.

17. Bohrsches und quantenmechanisches Atommodell

Rutherfords Überlegungen und die Messungen von Geiger und Marsden hatten zwar die „kernige“ Struktur der Atome klargestellt, jedoch gleichzeitig weitere Fragen aufgeworfen. Beispielsweise war völlig unklar, wodurch die Atomgröße bzw. die Durchmesser der Elektronenbahnen bestimmt sein sollten. Die um den Kern kreisenden Elektronen bildeten sogar einen eklatanten Widerspruch zur bekannten Physik: diese Elektronen bilden nämlich aufgrund ihrer Kreisbewegung um den positiv geladenen Kern einen Hertzschen Dipol und sollten daher laufend Energie abstrahlen, dadurch langsamer werden und schließlich auf den Kern stürzen. Diese Probleme konnten erst durch das Bohrsche Atommodell in einem ersten Schritt und endgültig durch die Quantenphysik behoben werden. Wichtige Hinweise sind hierzu vor allem von P. Zeemans Experimenten gekommen (Kapitel 17.2). Deren Interpretation durch H. A. Lorentz hatte bereits gezeigt, daß für die Lichtabstrahlung durch Atome ein negativ geladenes Teilchen im Atom verantwortlich ist, dessen spezifische Ladung e/m ein Vielfaches jener der negativen Ionen der Elektrolyse beträgt.

Ein entscheidender Fortschritt in der Physik der atomaren und subatomaren Struktur der Materie war schon 1900 durch M. Planck erzielt worden. Planck hatte sich etwa ab 1897 mit dem Problem der Strahlung des schwarzen Körpers auseinandergesetzt (s. Kapitel 7.2). Dieses Problem war deshalb sehr grundsätzlich, weil sich experimentell gezeigt hatte, daß die vom schwarzen Körper emittierte Strahlung nicht von dem Material der Wände, sondern nur von deren Temperatur abhängt. So konnte Planck einen schwarzen Körper annehmen, dessen Wände aus elektrischen Dipolen oder Oszillatoren bestanden, deren Energie er vorgeben konnte. Plancks Ziel war es, die damals schon sehr präzise experimentell vermessene spektrale Verteilung der Strahlungsintensität des schwarzen Körpers zu erklären. Dies gelang ihm auch schließlich, jedoch nur unter der zunächst unverständlichen Annahme, daß die die Strahlung erzeugenden Hertzschen Dipole diese Strahlung nur in Portionen oder Quanten der Größe

$$h \cdot \nu$$

aufnehmen bzw. abgeben können sollten. Dies war sozusagen die Geburt der Quantenphysik. ν ist die Frequenz der Strahlung, h ist eine Konstante, die heute Plancks Namen trägt (s. Kapitel 16.1).

17.1 Das Bohrsche Atommodell

Es hat zu Beginn des 20. Jahrhunderts viele Versuche gegeben, die Mängel des Rutherfordschen Atommodells zu beheben. Nachdem M. Planck und A. Einstein die fundamentale Bedeutung der Naturkonstanten h aufgezeigt hatten, wurde vielfach auch eine grundlegende Bedeutung dieser Größe für die Atomstruktur vermutet. Insbesondere versuchte man, einen Zusammenhang mit der Atomgröße zu finden; so meinte z. B. A. Haas, daß der Atomradius die grundlegende Naturkonstante sei und das Plancksche Wirkungsquantum dadurch festgelegt sei. N. Bohr fand nach eigener Aussage 1913 den entscheidenden Zugang zur Lösung dieser Fragen durch einen Hinweis eines Kollegen auf die sogenannte Balmerformel. Der Mathematiker J. J. Balmer hatte 1885 bei der Analyse des Wasserstoffspektrums ein erstaunlich einfaches mathematisches Gesetz für die Frequenzen ν des von Wasserstoff emittierten Lichts gefunden:

$$\nu = R \cdot \left(\frac{1}{n_1^2} - \frac{1}{n_2^2} \right).$$

In dieser Formel ist R eine nach J. R. Rydberg benannte Konstante mit dem Wert $R = 3{,}287 \cdot 10^{15}\,\mathrm{s}^{-1}$; n_1 und n_2 sind natürliche Zahlen, u. zw. ist $n_2 > n_1$. Die Abb. 17.1 b zeigt dieses Spektrum.

Bohrs Überlegungen gipfelten schließlich in folgenden Aussagen (Bohrsche Postulate):

I. Atome können auf Dauer—entgegen der klassischen Physik—in bestimmten Zuständen, den sogenannten stationären Zuständen, existieren. Diese stationären Zustände sind durch stabile atomare Elektronenbahnen gekennzeichnet, deren Bahndrehimpuls gleich einem ganzzahligen Vielfachen von $h/(2 \cdot \pi)$ ist:

$$L_n = m_e \cdot v_n \cdot r_n = n \cdot \frac{h}{2 \cdot \pi};$$

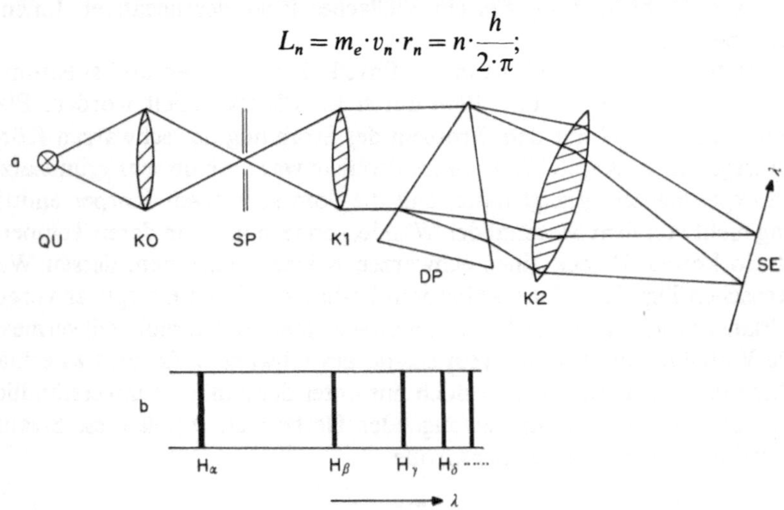

Abb. 17.1. a Spektralanalyse des Lichts einer Lichtquelle *QU* mittels eines Prismenspektrographen. *KO* = Kondensor, dieser bildet die Lichtquelle *QU* auf den Spalt *SP* des Spektrographen ab. *K*1 und *K*2 sind Kollimationsoptiken, *DP* = Dispersionsprisma, *SE* = Spektralebene, in der das Spektrum z. B. photographisch registriert wird. **b** Beispiel eines Linienspektrums: Balmer-Serie von Wasserstoff. Die Frequenzen der Linien H_α, H_β etc. ergeben sich aus der obigen Gleichung für $n_1 = 2$ und $n_2 = 3, 4, 5$ etc.

m_e ist die Elektronenmasse, n heißt Quantenzahl und kennzeichnet die verschiedenen stabilen Elektronenbahnen (Bahndrehimpulse L_n, Radien r_n und Geschwindigkeiten v_n).

II. Bei Strahlungsemission geht ein Elektron von einer energetisch höheren Bahn (Energie E_m) auf eine energetisch niedrigere (Energie E_n) über. Bei Strahlungsabsorption erfolgt ein Übergang in umgekehrter Richtung. Die Energiedifferenz

$$E_m - E_n$$

wird dabei abgegeben bzw. aufgenommen, beispielsweise in Form eines Photons:

$$E_m - E_n = h \cdot \nu.$$

Auf der Basis dieser Bohrschen Postulate lassen sich die Bahnradien der verschiedenen Elektronenbahnen berechnen.

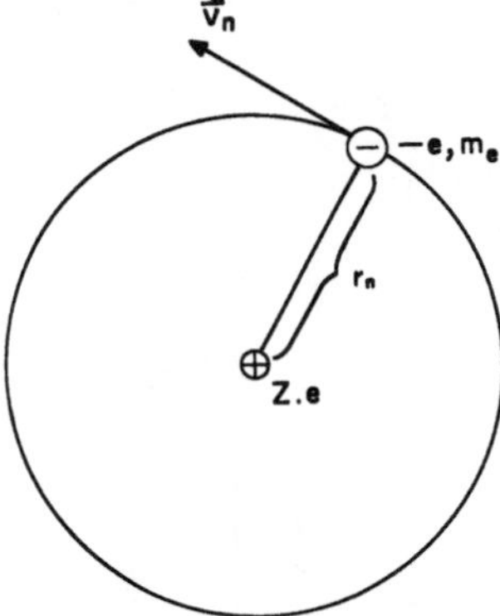

Abb. 17.2. Bohrsches Atommodell. Wie beim Rutherfordschen Modell werden die Elektronen durch die Coulombkraft des Kerns auf einer Kreisbahn gehalten

Wir berechnen zunächst den Bahnradius r_n aus der Gleichgewichtsbedingung für die Kreisbahn des Elektrons:

$$\text{Zentripetalkraft} = \text{Zentrifugalkraft}$$

$$Z \cdot e^2/(4 \cdot \pi \cdot \varepsilon \cdot r_n^2) = m_e \cdot \omega_n^2 \cdot r_n$$

Aus dem I. Postulat folgt $\left(\text{mit } \hbar = \dfrac{h}{2 \cdot \pi}\right)$:

$$n \cdot \hbar = m_e \cdot \omega_n \cdot r_n^2.$$

Eliminiert man aus diesen zwei Gleichungen zunächst ω_n, erhält man

$$r_n = 4 \cdot \pi \cdot \varepsilon \cdot n^2 \cdot \hbar^2/(Z \cdot e^2 \cdot m_e)$$

und damit aus einer der obigen Gleichungen

$$\omega_n = \frac{1}{(4 \cdot \pi \cdot \varepsilon)^2} \cdot Z^2 \cdot e^4 \cdot \frac{m_e}{(\hbar \cdot n)^3}.$$

Für Wasserstoff ($Z = 1$) erhält man mit der schon bekannten Ladung und Masse des Elektrons für $n = 1$:

$$r_1 = 0{,}529 \cdot 10^{-10}\,\text{m}.$$

Dies ist der Bohrsche Radius des H-Atoms im Grundzustand. Er stimmt mit dem auf andere Weise ermittelten Radius (beispielsweise aus dem molaren Volumen von flüssigem Wasserstoff) erstaunlich gut überein.

Die Energien der zu den Quantenzahlen n gehörigen Quantenzustände des H-Atoms setzen sich zusammen aus der kinetischen Energie des kreisenden Elektrons und seiner potentiellen Energie im elektrischen Feld des Kerns. Die kinetische Energie ist:

$$E_{\text{kin}} = \frac{m_e}{2} \cdot v_e^2 = \frac{m_e}{2} \cdot \left(\frac{n \cdot \hbar}{m_e \cdot r_n} \right)^2$$

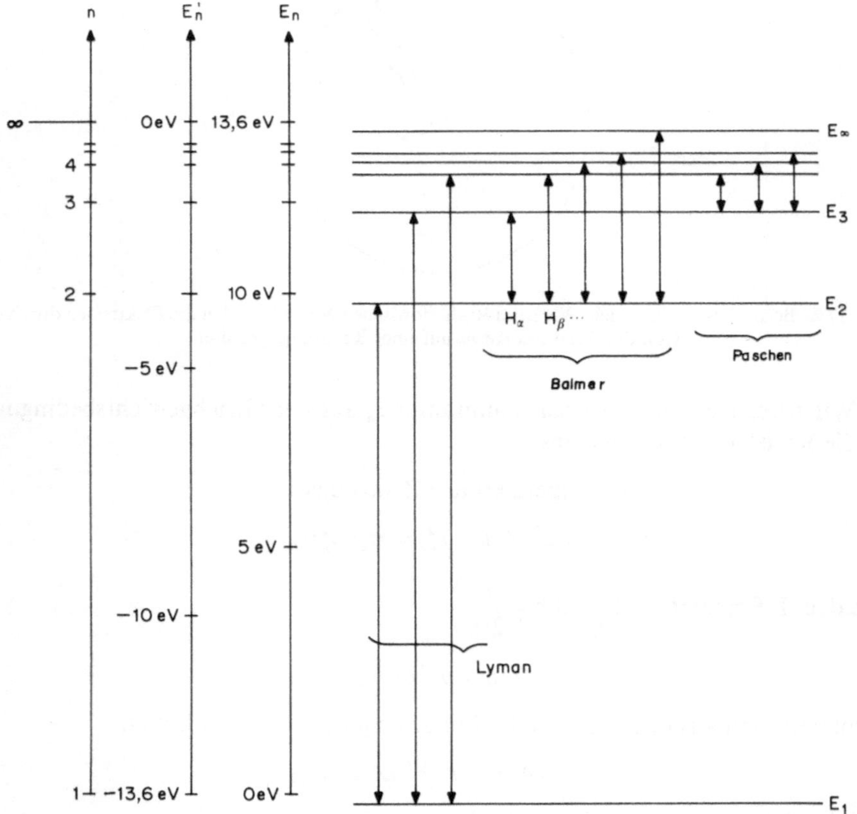

Abb. 17.3. Energieschema des H-Atoms. n = Quantenzahl der Energiewerte. Wird der niedrigste Energiewert (E_1) als Nullpunkt gewählt, ergibt sich die Skala E_n. Neben den der Balmer-Serie entsprechenden Übergängen sind auch zwei der später noch an H beobachteten Übergänge, nämlich die Lyman- (im ultravioletten Spektralbereich) und die Paschen-Serie (im infraroten Spektralbereich) eingezeichnet

und die potentielle Energie ist (s. Gleichung 11.5)

$$E_{\text{pot}} = -\frac{Z \cdot e^2}{4 \cdot \pi \cdot \varepsilon \cdot r_n}.$$

Die Summe dieser beiden Energien ist die Energie des Atoms im Quantenzustand n:

$$E'_n = -\frac{Z^2 \cdot e^4 \cdot m_e}{32 \cdot \pi \cdot \varepsilon^2 \cdot \hbar^2 \cdot n^2} = -\frac{K}{n^2}.$$

Für Wasserstoff ist $K = 13{,}59\,\text{eV}$. Wird der niedrigste Energiewert als Nullpunkt gewählt, ist

$$E_n = E'_n + K = K \cdot \left(1 - \frac{1}{n^2}\right).$$

Die Energiewerte dieser Quantenzustände des Wasserstoffatoms sind in der Abb. 17.3 dargestellt.

Bei der Emission von Strahlung durch das Atom gilt aufgrund des Energiesatzes:

$$E_m - E_n = h \cdot \nu$$

oder

$$\nu = (E_m - E_n)/h = \frac{K}{h} \cdot \left(\frac{1}{n^2} - \frac{1}{m^2}\right).$$

Diese Gleichung entspricht offenbar der Balmer-Formel. Die vorzügliche Übereinstimmung von $K/h = 3{,}286 \cdot 10^{15}\,\text{s}^{-1}$ mit der Rydberg-Konstanten R ist ein außerordentlich starker Beweis für die Richtigkeit des Bohrschen Atommodells für den Wasserstoff.

17.2 Zeeman-Effekt

a) Bahnmagnetismus

Nachdem H. Hertz 1887 nachgewiesen hatte, daß ein schwingender elektrischer Dipol elektromagnetische Wellen abstrahlt, die sich mit Lichtgeschwindigkeit ausbreiten, lag die Vermutung nahe, daß auch Licht eine elektromagnetische Welle sei und durch bewegte elektrische Ladungen in Atomen hervorgerufen werde. Faraday hatte schon um 1862 versucht, eine Wechselwirkung zwischen magnetischen Feldern und dem von Na-Atomen emittierten Licht nachzuweisen. Gelungen ist dies erst P. Zeeman 1896. Zeeman konnte zeigen, daß die Wellenlänge λ des von einer Na-Dampflampe emittierten Lichts in charakteristischer Weise verändert wird.

Übersichtlicher als beim Na ist dieses Phänomen beim Cd. Eine Cd-Dampflampe strahlt in Richtung des Magnetfelds drei verschiedene Wellenlängen ab: einmal Licht mit derselben Wellenlänge λ_0 wie ohne Magnetfeld, ferner zwei Lichtanteile, deren Wellenlänge um Beträge $\pm\Delta\lambda$ größer bzw. kleiner sind als λ_0, wobei $\Delta\lambda$ proportional zur Magnetfeldstärke B ist.

H. A. Lorentz hat dies durch die Annahme gedeutet, daß die Abstrahlung von Licht durch Atome bewerkstelligt wird, in welchen eine kreisförmige Bewegung von geladenen Teilchen (mit der Masse m und der schon bekannten Elementarladung $-e$) erfolgt. Ein solches Teilchen—J. G. Stoney hatte dafür schon 1894 die Bezeichnung „Elektron" geprägt—hat auf einer Kreisbahn mit dem Radius r und der Kreisfrequenz ω erstens einen Drehimpuls **L** mit dem Betrag

$$L = m \cdot v \cdot r = m \cdot \omega^2 \cdot r$$

und zweitens ein zugehöriges magnetisches Dipolmoment $\boldsymbol{\mu}_L$. (Da hier keine Gefahr der Verwechslung mit der Permeabilität mehr besteht, wird ab hier für elektrische Dipolmomente, wie üblich, das Symbol μ benutzt—im Gegensatz zum Kapitel 13.) Der Betrag von $\boldsymbol{\mu}_L$ ergibt sich aus folgender Überlegung: da das Elektron die Kreisbahn $\omega/(2 \cdot \pi)$ mal je Sekunde durchläuft, entspricht ihm ein Kreisstrom $I = dQ/dt = -e \cdot \omega/(2 \cdot \pi)$. Also ist (s. Gleichung 13.12)

$$\mu_L = I \cdot r^2 \cdot \pi = -\tfrac{1}{2} \cdot e \cdot \omega \cdot r^2$$

bzw.

$$\boldsymbol{\mu}_L = -\frac{e}{2 \cdot m_e} \cdot \mathbf{L}.$$

Nun übt ein Magnetfeld **B** auf ein solches magnetisches Dipolmoment ein Drehmoment **M** aus, welches normal zu $\boldsymbol{\mu}_L$ und **B** orientiert ist (Gleichung 13.13). Die Folge ist eine Präzessionsbewegung des kreisenden Elektrons um **B**, s. Beispiel 3.29.

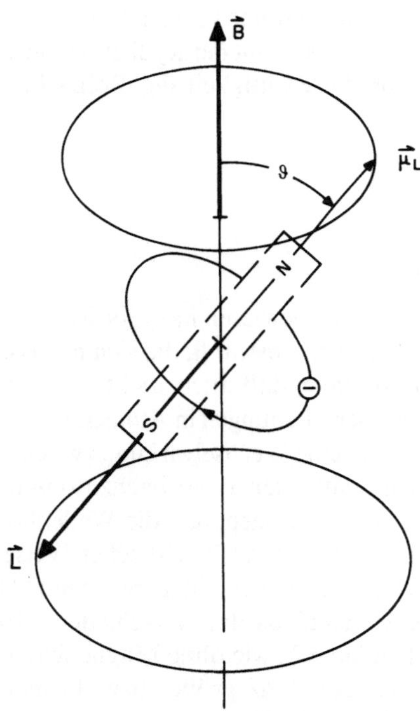

Abb. 17.4. Präzession eines kreisenden Elektrons in einem Magnetfeld **B**. Das kreisende Elektron besitzt ein magnetisches Dipolmoment $\boldsymbol{\mu}_L$ wie ein (gestrichelt angedeuteter) Stabmagnet

Der präzessierende Elektronenkreisel hat in dem magnetischen Feld aufgrund seines Dipolmoments $\boldsymbol{\mu}_L$ auch eine potentielle Energie E_{Pot} (gleich jener Arbeit, die erforderlich ist, ihn in die Richtung ϑ zu drehen). Legt man den Nullpunkt dieser potentiellen Energie für die mittlere Stellung mit $\vartheta = \pi/2$ fest, dann ist (Arbeit = Drehmoment mal Drehwinkel, s. Gleichung 3.3)

$$E_{\text{Pot}} = \int_{\pi/2}^{\vartheta} B \cdot \mu_L \cdot \sin\vartheta \cdot d\vartheta = -B \cdot \mu_L \cdot \cos\vartheta = -\mathbf{B} \cdot \boldsymbol{\mu}_L.$$

Überträgt man diese Vorstellung auf das Bohrsche Atommodell, ergibt sich eine entsprechende Veränderung der Energiewerte der Elektronenbahnen durch E_{Pot}. Die von Zeeman beobachteten drei unterschiedlichen Wellenlängen werden nun verständlich, wenn man annimmt, daß die Elektronenbahnen des angeregten Zustands des Cd-Atoms drei unterschiedliche Orientierungen in bezug auf das Magnetfeld annehmen. Dann entstehen die in der Abb. 17.5 dargestellten Energieniveaus.

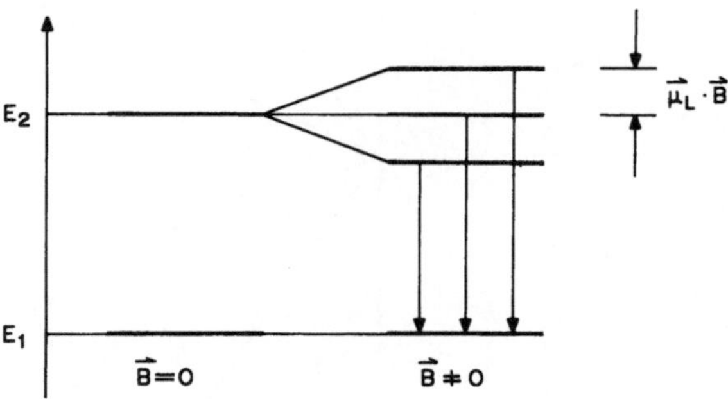

Abb. 17.5. Erklärung des (normalen) Zeeman-Effekts des Cd durch „Aufspaltung" eines Energieniveaus im Magnetfeld **B**. Den drei eingezeichneten Übergängen vom angeregten Zustand E_2 in den Grundzustand E_1 entsprechen drei verschiedene Wellenlängen

Bei dieser Erklärung bleiben jedoch zwei Fragen offen: Erstens, warum kommt es nicht auch im Grundzustand zu drei verschiedenen Orientierungen, und zweitens, warum orientieren sich die Elektronenbahnen in drei diskrete Richtungen und nicht in alle möglichen Richtungen. Die Antwort auf die erste Frage folgt im Kapitel 17.3 (Beispiel 17.4). Die Antwort auf die zweite Frage klingt sehr ungewöhnlich und besteht aus 2 Teilen:

(1) Die Beträge von Bahndrehimpulsen **L** können nicht beliebige Werte annehmen, sondern nur solche, für die

$$|\mathbf{L}|^2 = L^2 = l(l+1) \cdot \hbar^2, \quad l = 0, 1, 2, \ldots$$

ist. l heißt Bahndrehimpulsquantenzahl.

(2) Eigentlich noch ungewöhnlicher ist, daß ein Bahndrehimpuls in seiner Richtung „gequantelt" ist, d. h. daß er im Raum gar nicht beliebige Orientierungen annehmen kann, sondern nur solche, für die die Komponenten L_z in eine vorgegebene Richtung z ganzzahlige Vielfache von $\hbar$ sind:

$$L_z = m_l \cdot \hbar; \quad m_l = 0, \pm 1, \pm 2, \ldots, \pm l.$$

Das sind $2 \cdot l + 1$ verschiedene Werte. Es gibt also für den Bahndrehimpuls im Raum nur $2 \cdot l + 1$ verschiedene Orientierungsmöglichkeiten. m_l heißt Richtungsquantenzahl (oft auch magnetische Quantenzahl).

Diese Aussagen sind in der Abb. 17.6 anhand eines Beispiels zusammengefaßt. Dort ist die z-Achse die vorgegebene Richtung—definiert beispielsweise durch ein Magnetfeld **B** in z-Richtung.

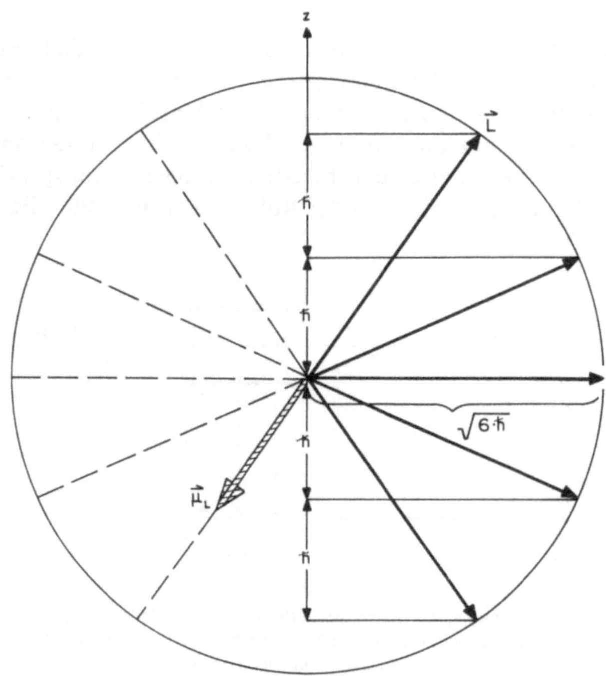

Abb. 17.6. Richtungsquantelung. Mögliche Orientierungen eines Bahndrehimpulses **L** der Größe $L = \sqrt{6} \cdot \hbar$ ($l = 2$) und des zugehörigen magnetischen Moments $\boldsymbol{\mu}_L$ (nur in einem Fall eingezeichnet) eines Elektrons bezüglich der z-Richtung. Da physikalisch immer nur die Komponenten von **L** auf die vorgegebene Richtung feststellbar sind, sind die gestrichelt gezeichneten Möglichkeiten für **L** bedeutungslos

Die beiden zuletzt angeführten Formeln ergeben sich zwar zwanglos aus der quantenphysikalischen Rechnung als Eigenwerte der Schrödinger-Gleichung. Dennoch bleibt das Faktum, daß nämlich eine physikalische Größe (hier der Drehimpuls) nur diskrete Orientierungen im Raum annehmen kann, höchst befremdend. Genau dieses Faktum jedoch beweist der Zeeman-Effekt experimentell.

Entsprechend den Orientierungen des Bahndrehimpulses gibt es auch für das magnetische Moment nur $2 \cdot l + 1$ diskrete Orientierungen, u. zw. mit den z-Komponenten

$$\mu_{Lz} = -\frac{e}{2 \cdot m_e} \cdot L_z = -\frac{e \cdot \hbar}{2 \cdot m_e} \cdot m_l = -\mu_B \cdot m_l,$$

$\mu_B = \dfrac{e \cdot \hbar}{2 \cdot m_e}$ heißt Bohrsches Magneton.

b) Spinmagnetismus

Ein zweiter experimenteller Nachweis zur Richtungsquantelung und gleichzeitig ein weiteres mit der klassischen Physik nicht verständliches Phänomen fanden 1925 G. E. Uhlenbeck und S. A. Goudsmit. Aus der Analyse von Atomspektren erkannten sie, daß das Elektron auch an sich schon einen Drehimpuls und ein magnetisches Moment haben müßte. Das war zunächst ziemlich gewagt und wurde auch von prominenten Physikern bestritten, weil man sich das Elektron damals (wie auch heute wieder) als Punktladung vorstellte, und ein Punkt kann nicht um sich selbst rotieren. Schließlich setzte sich die Einsicht von Uhlenbeck und Goudsmit dennoch durch, und man stellte sich das Elektron vorübergehend als rotierendes („spinning") Gebilde vor. Man geht heute aus vielen Gründen wieder davon aus, daß das Elektron punktförmig ist, von einer Rotation also keine Rede sein kann. Nichtsdestoweniger aber besitzt es einen Drehimpuls **S** (kurz „Spin" genannt) u. zw. mit dem Betragsquadrat

$$S^2 = s \cdot (s+1) \cdot \hbar^2 = \tfrac{3}{4} \cdot \hbar^2,$$

mit der Spinquantenzahl $s = \frac{1}{2}$. Das magnetische Moment des Elektrons ist

$$\boldsymbol{\mu}_s = -g_s \cdot \frac{e}{2 \cdot m_e} \cdot \mathbf{S},$$

wobei m_e die Elektronenmasse und $g_s = 2{,}0024$ das sogenannte gyromagnetische Verhältnis des Elektrons sind.

Auch der Spin des Elektrons kann, beispielsweise in einem äußeren Magnetfeld **B**, nur diskrete Orientierungen einnehmen, u. zw. analog zum Bahndrehimpuls so,

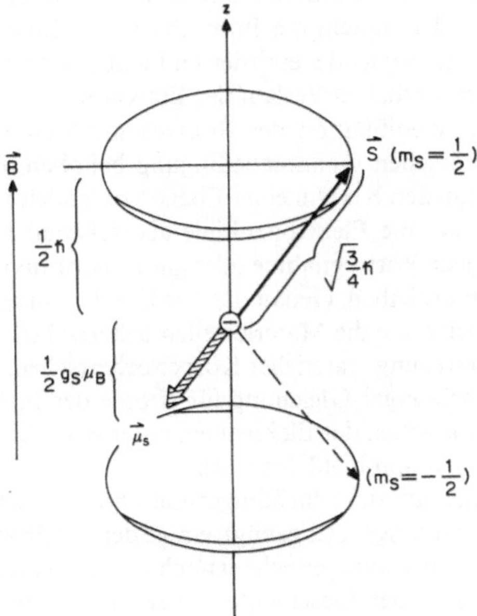

Abb. 17.7. Präzession des Elektronenspins **S** und des zugehörigen magnetischen Spinmoments $\boldsymbol{\mu}_s$ um ein Magnetfeld **B**

daß die zu **B** parallelen Komponenten

$$+\frac{\hbar}{2} \quad \text{oder} \quad -\frac{\hbar}{2}$$

betragen:

$$S_z = m_s \cdot \hbar, \quad m_s = \pm \tfrac{1}{2}.$$

Es gibt also für den Spin nur 2 Orientierungen: parallel und antiparallel zu einer vorgegebenen Richtung. Entsprechend gibt es auch für das magnetische Moment $\boldsymbol{\mu}_s$ nur 2 Orientierungen mit den z-Komponenten

$$\mu_{sz} = \pm \frac{g_s}{2} \cdot \frac{e \cdot \hbar}{2 \cdot m_e}.$$

Abschließend sei noch erwähnt, daß beim Zeeman-Effekt i. a. Spin- und Bahnmagnetismus gemeinsam eine Rolle spielen. Dies führt beim sogenannten „anomalen“ Zeeman-Effekt (z.B. beim Na) zu einer größeren Linienzahl im Spektrum als bei dem unter a) beschriebenen sogenannten „normalen“ Zeeman-Effekt (beim Cd hebt sich der Spinmagnetismus der beiden äußeren Elektronen auf).

17.3 Quantenphysikalisches Atommodell

Das Bohrsche Atommodell hat eine Reihe von Mängel, die auch durch die de Brogliesche Modifikation nicht behoben werden. Das völlige Versagen bei der Berechnung der Energiewerte von Mehrelektronensystemen zählt hierzu. Ferner gibt das Bohrsche Atommodell keinerlei Auskunft über die Richtungsabhängigkeit chemischer Bindungen, die ja offenbar mit der Struktur der Elektronenhülle zusammenhängen muß. Außerdem macht die Bohrsche Vorstellung nur Angaben über die Frequenzen des absorbierten oder emittierten Lichts, sagt jedoch nichts aus über die Intensitäten und den zeitlichen Verlauf der Emission.

Die de Brogliesche Modifikation des Bohrschen Atommodells hat zwar die Willkürlichkeit der Bohrschen Quantenbedingung behoben, hat jedoch die sehr simple Auffassung des um den Kern in einer Ebene kreisenden Elektrons unangetastet gelassen. Wenn schon die Elektronenhülle als stehende Materiewelle erklärt werden soll, muß auch jede Vorwegnahme oder gar Einschränkung der Elektronenbahn auf eine Ebene unterbleiben. Genau das hat E. Schrödinger 1926 getan, als er eine Gleichung formulierte, die die Materiewellen beherrscht, analog wie die Newtonschen Gesetze die Bewegung materieller Körper beherrschen. Etwas oberflächlich ausgedrückt ist die Schrödinger-Gleichung für Atome der Energieerhaltungssatz, formuliert für die Materiewellen der Elektronen, unter Berücksichtigung von deren potentieller Energie im Coulombfeld des Kerns.

Ein näheres Eingehen auf die Schrödinger-Gleichung würde den Rahmen des vorliegenden Lehrbuchs sprengen. Es genügt, einige der mit dieser Gleichung erzielten Ergebnisse zu verstehen. Zuvor jedoch sei noch kurz auf einen erkenntnistheoretisch interessanten Aspekt der Geschichte dieser Gleichung eingegangen. Eine einfache eindimensionale Version einer solchen Materiewelle, die sich in x-Richtung ausbreitet, hat die Form (analog zu Gleichung 4.9):

$$\psi(x,t) = \cos(k \cdot x - \omega \cdot t)$$

oder in der üblichen komplexen Schreibweise

$$\psi(x,t) = \exp(i \cdot k \cdot x - i \cdot \omega \cdot t), \text{ mit } i = \sqrt{-1}.$$

Schrödinger selbst hat erheblich damit gekämpft, diese von ihm so grandios beherrschten de Broglieschen Materiewellen richtig zu deuten. Er war mit anderen lange der Meinung, daß die Größe $\psi(x,t)$ der elektrischen Ladungsdichte gleichzusetzen sei, so als würde das Elektron sich auf die gesamte Welle verteilen, was jedoch zu Widersprüchen führte. Diese Schwierigkeiten veranlaßten den damals noch jungen Physiker E. Hückel zu dem Vers (nach E. Segré, 1988):

Erwin kann mit seinem ψ
kalkulieren wie noch nie.
Doch wird jeder leicht einsehen,
ψ läßt sich nicht recht verstehen.

Gelöst wurde dieses Problem schließlich von M. Born. Demnach hat das Betragsquadrat von ψ die Bedeutung einer Wahrscheinlichkeits-Dichte. In dem obigen eindimensionalen Beispiel ist also $|\psi(x,t)|^2 \cdot dx$ die Wahrscheinlichkeit dafür, das Elektron zum Zeitpunkt t am Ort x innerhalb der Strecke dx anzutreffen. Der Wellenfunktion ψ selbst kommt die Bedeutung einer Wahrscheinlichkeitsfunktion zu. (Allerdings entspricht nicht ψ selbst, sondern $|\psi|^2$ der in der Wahrscheinlichkeitslehre wohlbekannten Wahrscheinlichkeitsdichtefunktion.)

a) Wasserstoffatom

Wegen der Kugelsymmetrie der potentiellen Energie der Elektronen im Coulombfeld des Kerns ist es vorteilhaft, die Schrödinger-Gleichung in Kugelkoordinaten zu lösen, s. Abb. 17.8.

Damit lassen sich die der Schrödinger-Gleichung entsprechenden ψ-Wellen der Elektronen um den Atomkern mathematisch als Produkte von Kugelfunktionen

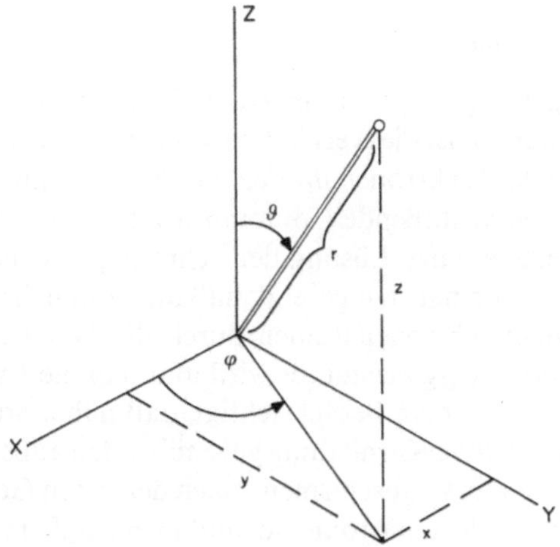

Abb. 17.8. Kartesische (x, y, z) und Kugelkoordinaten (r, ϑ, φ) im dreidimensionalen Raum

$Y(\vartheta, \varphi)$, die die Winkelabhängigkeit von ψ beschreiben, mit Polynomen, die den radialen Verlauf beschreiben, darstellen:

$$\psi(r, \vartheta, \varphi) = R(r) \cdot Y(\vartheta \cdot \varphi).$$

Dabei zeigt sich, daß die winkelabhängigen Kugelfunktionen Y nur vom Betrag $L = \sqrt{l \cdot (l+1)} \cdot \hbar$ und der z-Komponente $L_z = m_l \cdot \hbar$ des Bahndrehimpulses, d. h. von der magnetischen Quantenzahl m_l abhängen. Der radiale Anteil von R hängt hingegen von der Energie des Elektrons und damit von der sogenannten Hauptquantenzahl n ab, sowie ebenfalls vom Betrag des Bahndrehimpulses, also von der Drehimpulsquantenzahl l. Die Wellenfunktion bzw. Elektronenwelle ψ kann je nach den Werten der Parameter n, l und m_l sehr unterschiedlich aussehen und wird daher mit den entsprechenden Parametern als Indizes geschrieben:

$$\psi_{nlm_l}(r, \vartheta, \varphi) = R_{nl}(r) \cdot Y_{lm_l}(\vartheta, \varphi)$$

mit $n = 1, 2, \ldots$ und den Einschränkungen

$$0 \leqq l \leqq n-1 \qquad \text{und} \qquad -l \leqq m_l \leqq l.$$

ψ_{nlm_l} beschreibt also nun die Bewegung eines Elektrons um den Atomkern. Wir nennen ψ_{nlm_l} im folgenden Elektronenorbital oder kurz „Orbital". Die verschiedenen durch die Nebenquantenzahl l charakterisierten Elektronenorbitale werden — historisch bedingt — als

s-Orbital für $l = 0$
p-Orbital für $l = 1$
d-Orbital für $l = 2$
f-Orbital für $l = 3$ etc.

bezeichnet.

In der Abb. 17.9 sind einige Kugelfunktionen dargestellt und in der Abb. 17.10 einige Radialteile der Elektronen-Wellenfunktion des H-Atoms.

b) Mehrelektronenatome

Zwei Veränderungen ergeben sich für Atome höherer Ordnungszahlen gegenüber dem Wasserstoffatom: 1. ist die Kernladungszahl entsprechend größer, wodurch die potentielle Energie der Elektronen im Feld des Kerns zunimmt, und 2. herrscht zwischen den Elektronen abstoßende Coulombwechselwirkung. Für diesen allgemeinen Fall gibt es keine strenge Lösung der Schrödinger-Gleichung, man ist auf Näherungen angewiesen. Es hat sich gezeigt, daß die räumliche Struktur der Elektronenorbitale von Mehrelektronenatomen durch die Wechselwirkung zwischen den Elektronen nur geringfügig beeinflußt wird und daß die Energiewerte einigermaßen richtig werden, wenn man berücksichtigt, daß näher am Kern verlaufende Elektronenorbitale die positive Kernladung gegenüber den außen liegenden Orbitalen teilweise kompensieren bzw. abschirmen. Nach dem eben Gesagten könnte man in Gedanken die verschiedenen Atome so aufbauen, daß man schrittweise die Kernladung oder Ordnungszahl Z erhöht und im selben Maße die Orbitale der

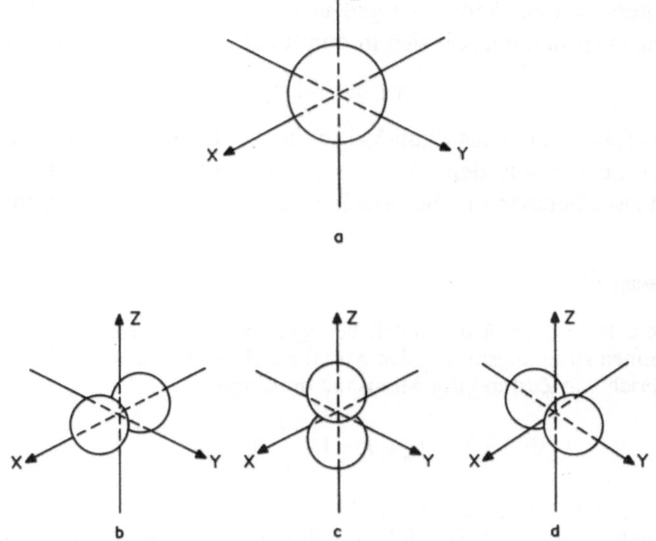

Abb. 17.9. Zur Illustration der Kugelfunktionen Y_{lm_l} für: **a** *s*-Orbitale ($l = 0$); **b, c** und **d** *p*-Orbitale ($l = 1$). Aufgetragen sind jeweils vom Koordinatenursprung aus Orte konstanter Elektronendichte, d. h. konstanter Betragsquadrate $|Y_{lm_l}|^2$

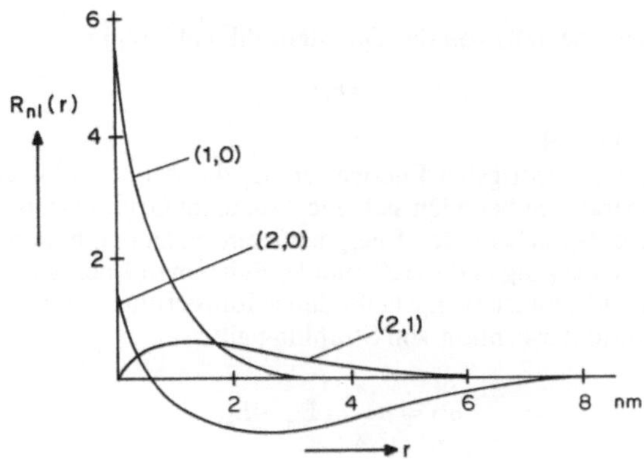

Abb. 17.10. Radialteil $R_{nl}(r)$ der Wellenfunktion ψ eines H-Atoms. Ordinate in relativen Einheiten

Elektronenhülle, die durch die Quantenzahlen

$$n, l \text{ und } m_l$$

gekennzeichnet sind, auffüllt. Dabei stellt sich die Frage, wieviele Elektronen ein Orbital besetzen können. Aus der Analyse von Atomspektren und aus den im PSE (=periodisches System der Elemente) gesetzmäßig wiederkehrenden chemischen Eigenschaften der Elemente hat W. Pauli 1925 das nach ihm benannte Pauli–Prinzip formuliert. Es besagt, daß durch n, l und m_l gekennzeichnete Elektronenorbitale maximal von zwei Elektronen besetzt werden können. Jedoch können zwei Elektronen ein und dasselbe Orbital nur dann besetzen, wenn sie sich in ihrer Spinquantenzahl m_s unterscheiden. Anders ausgedrückt lautet das Pauli-Prinzip also:

Die Atomelektronen müssen sich in mindestens einer der Quantenzahlen

$$n, l, m_l \text{ und } m_s$$

unterscheiden. (Dieses auch als Pauli-Verbot bekannte Gesetz ist die atomphysikalische Analogie zu der aus dem Alltag wohlbekannten und selbstverständlichen Aussage, daß zwei Personen nicht dasselbe Paar Schuhe anhaben können.)

Zusammenfassung 17

I. Nach dem Bohrschen Atommodell bewegen sich die Elektronen auf sogenannten stationären Bahnen strahlungslos um den Atomkern. Jeder Elektronenbahn mit der Quantenzahl n entspricht ein Zustand des Atoms mit der Energie

$$E_n = K \cdot \left(1 - \frac{1}{n^2}\right). \tag{17.1}$$

Für das Wasserstoffatom ist $K = 13{,}59\,\text{eV}$.

Energieaufnahme bzw. -abgabe erfolgt durch Übergänge der Elektronen zwischen den verschiedenen Elektronenbahnen. Die Größe ΔE der aufgenommenen bzw. abgegebenen Energiebeträge ist gleich der Differenz der Energien des Atoms in den beiden Zuständen:

$$\Delta E = E_m - E_n = K \cdot \left(\frac{1}{n^2} - \frac{1}{m^2}\right). \tag{17.2}$$

Die Atomradien r_n sind ebenfalls von der Quantenzahl n abhängig:

$$r_n = r_1 \cdot n^2 \tag{17.3}$$

mit $r_1 = 0{,}529 \cdot 10^{-10}\,\text{m}$ für H.

Der Zustand mit dem niedrigsten Energiewert E_1 des Atoms heißt Grundzustand. Bei nicht zu großen Temperaturen befinden sich alle Atome im Grundzustand. Führt man dem Atom Energiebeträge entsprechend den Energiedifferenzen zu den höheren stationären Zuständen zu, erfolgt ein Übergang in diese Zustände. Führt man Energiebeträge $\geqq K$ zu, wird $r \to \infty$, d. h. das Atom wird ionisiert. E_∞ heißt daher Ionisierungsgrenze.

Für die Emission und Absorption von Strahlung gilt

$$h \cdot \nu = h \cdot \frac{c}{\lambda} = E_m - E_n. \tag{17.4}$$

Diese Bedingung legt die Wellenlänge jener Strahlung fest, die absorbiert bzw. emittiert werden kann.

Anmerkungen

1. Atome und Moleküle können durch eine Vielzahl von Prozessen angeregt und zum Leuchten gebracht werden. Man spricht bei allen nicht durch Wärme hervorgerufenen Leuchtvorgängen von

Lumineszenz (= kaltes Leuchten). Dazu gehören: Photolumineszenz = Anregung mittels Photonen, z. B. in Leuchtstoffröhren. Chemolumineszenz = Anregung mittels chemischer Energie, z. B. bei der Oxydation von Phosphor. Biolumineszenz = Anregung durch Energie aus biochemischen Prozessen, z. B. Oxydation von Luziferin (Glühwürmchen, Fische und Bakterien).

Leuchtet ein Stoff nur während der Anregung, spricht man von *Fluoreszenz*. Die Verweildauer im angeregten Zustand beträgt im Normalfall nur etwa 10^{-8} s, in Sonderfällen bis zu etwa 10^{-3} s. In Molekülen und Kristallen (z. B. ZnS, CdS und Sulfide der Erdalkalien) kann die Lebensdauer angeregter Zustände bis zu Monaten betragen. Dann spricht man von *Phosphoreszenz*.

2. Erfolgt die Energiezufuhr durch Wärme, dann ist im thermischen Gleichgewicht der Prozentsatz von Atomen, die sich in angeregten Zuständen befinden, durch das Boltzmann-Theorem (Kapitel 6.4) gegeben. Den Leuchtvorgang bezeichnet man hier als Glühen (z. B. leuchtende Flammen).

3. Das Bohrsche Atommodell gibt auch für Einelektronenatome mit $Z > 1$, also entsprechend ionisierte Atome, die Energiewerte exakt wieder. Allerdings versagt es schon beim nächstkomplizierteren mit 2 Elektronen, dem Helium. Bestehen bleibt jedoch die Tatsache der stationären Zustände; deren Energiewerte muß man sich experimentell oder durch quantenmechanische Rechnung beschaffen.

Die Abb. 17.11 gibt einen Überblick über die grundsätzlichen Übergänge an Atomen. Dieselben Möglichkeiten bestehen auch an Molekülen.

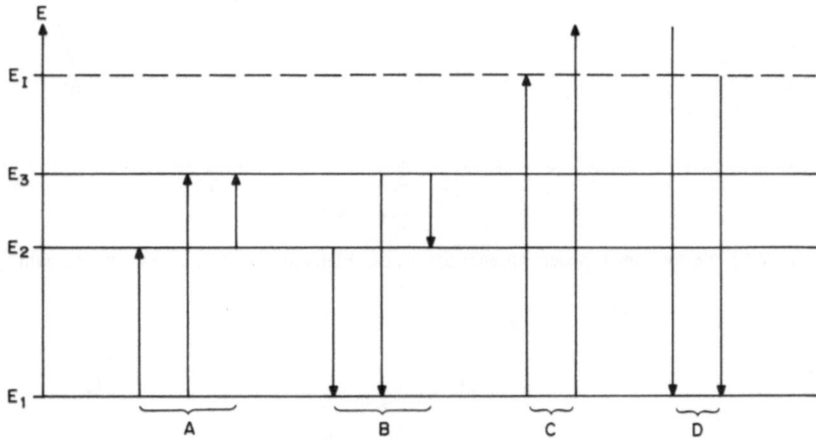

Abb. 17.11. Allgemeines Energieniveauschema eines Atoms oder Moleküls. E_1 = Grundzustand; E_2, E_3 etc. = angeregte Zustände; E_I = Ionisierungsgrenze; A = Anregung durch Absorption von Energie u. zw. optische Anregung durch Absorption von Photonen oder Stoßanregung durch unelastische Stöße; B = Emission von Energie, Lumineszenz bei Emission von Photonen, sogenannte Stöße 2. Art bei unelastischen Stößen. C = Ionisierung; D = Rekombination

4. Die Atome im Periodensystem der Elemente (PSE) tragen nach Chadwick (Kapitel 15.2) eine Kernladung $Z \cdot e$, wobei Z gleich der Ordnungszahl im PSE ist. Entsprechend ist auch die Anzahl der Elektronen in der Hülle neutraler Atome gleich Z. Man kann sich den Aufbau der schwereren Atome vom H-Atom ausgehend so vorstellen, daß durch schrittweises Anfügen weiterer Kernladungen und entsprechende Ergänzung der Elektronenhülle das gesamte PSE entsteht. Dabei kommt es zu einer erheblichen Veränderung der Energiewerte der Elektronenhülle. Das zeigt der Verlauf der Ionisierungsenergien, s. Abb. 17.12.

Beachtenswert ist die ausgeprägte Periodizität im Verlauf der Ionisierungsenergien in Abhängigkeit von der Ordnungszahl. Maxima treten jeweils bei den chemisch besonders trägen Edelgasen an den Enden einer Periode des PSE auf, Minima bei den chemisch besonders aktiven Alkalimetallen also am Beginn des PSE. Man hat das zunächst so interpretiert, daß man jeder Periode des PSE eine atomare Elektronenschale zuordnete. Die Alkalimetalle haben demnach jeweils ein Elektron in einer neuen Schale, die bei den Edelgasen abgeschlossen wird. Diese verschiedenen Schalen werden mit $K, L, M, \dots$ bezeichnet, s. Abb. 17.13.

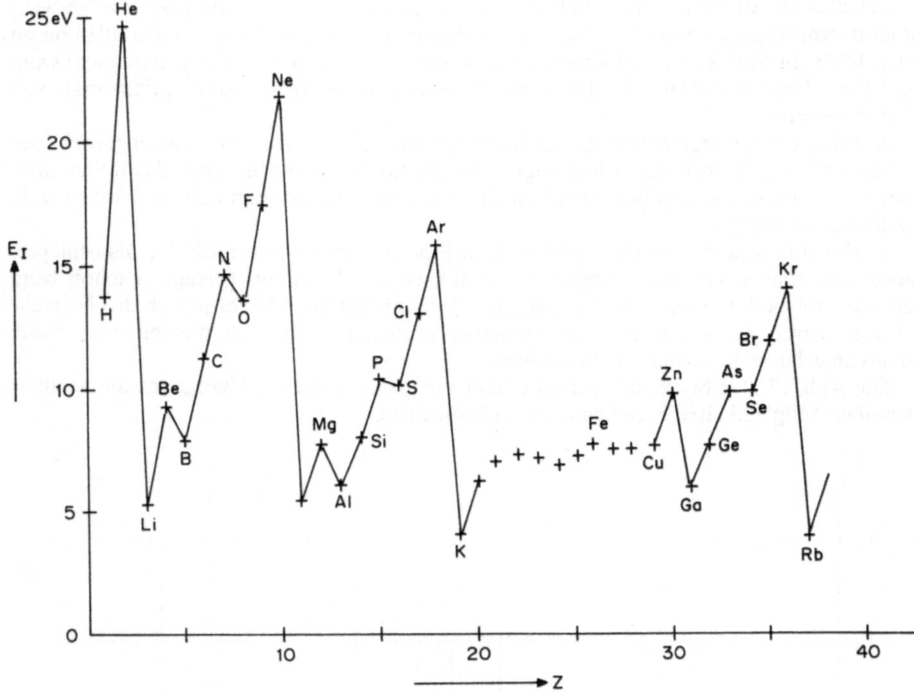

Abb. 17.12. Verlauf der Ionisierungsenergien E_I der Elemente im PSE. Z = Ordnungszahl

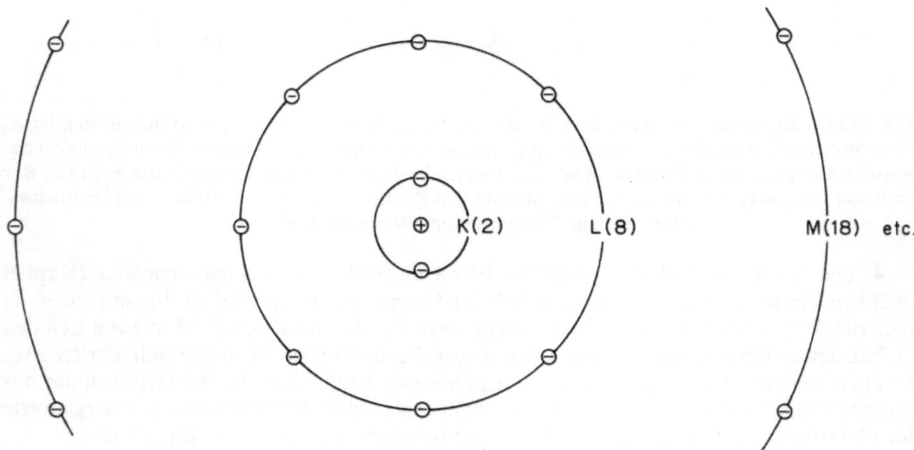

Abb. 17.13. Schalenmodell der Atome. Jeder Schale entspricht eine Periode im PSE. In Klammern sind die maximal möglichen Elektronenzahlen angegeben

Dieses Schalenmodell spielte historisch bei der Erklärung der charakteristischen Röntgenstrahlung eine wichtige Rolle, s. Abb. 16.6. W. Kossel hat aus dem Fehlen der Absorption bei den Wellenlängen der charakteristischen Strahlung bereits 1914 auf die Existenz abgeschlossener, d. h. aufgefüllter Elektronenschalen geschlossen.

II. Bahn- und Spinmagnetismus: Ein um den Atomkern kreisendes Elektron (Ladung e, Masse m_e, Bahndrehimpuls **L**) besitzt ein magnetisches Bahnmoment der Größe

$$\boldsymbol{\mu}_L = -\frac{e}{2\cdot m_e}\cdot \mathbf{L}. \tag{17.5}$$

Auf ein solches magnetisches Dipolmoment übt ein Magnetfeld **B** ein Drehmoment **M** aus, welches normal zu $\boldsymbol{\mu}_L$ und **L** orientiert ist. Die Folge ist eine Präzessionsbewegung des kreisenden Elektrons um **B**.

Der präzessierende Elektronenkreisel hat in dem magnetischen Feld aufgrund seines Dipolmoments $\boldsymbol{\mu}_L$ auch eine potentielle Energie E_{Pot}:

$$E_{\text{Pot}} = \int_{\pi/2}^{\vartheta} B\cdot\mu_L\cdot\sin\vartheta\cdot d\vartheta = -B\cdot\mu_L\cdot\cos\vartheta = -\mathbf{B}\cdot\boldsymbol{\mu}_L. \tag{17.6}$$

Die Beträge von Bahndrehimpulsen **L** können nur solche Werte annehmen, für die

$$|\mathbf{L}|^2 = L^2 = l(l+1)\cdot\hbar^2, \qquad l = 0, 1, 2, \ldots \tag{17.7}$$

ist. l heißt Bahndrehimpulsquantenzahl.

Ein Bahndrehimpuls kann im Raum nur Orientierungen annehmen, für die die Komponenten L_z in eine vorgegebene Richtung z ganzzahlige Vielfache von $\hbar$ sind:

$$L_z = m_l\cdot\hbar, \qquad m_l = 0, \pm 1, \pm 2, \ldots, \pm l; \tag{17.8}$$

er hat im Raum nur $2\cdot l + 1$ verschiedene Orientierungsmöglichkeiten. m_l heißt Richtungsquantenzahl oder magnetische Quantenzahl.

Wie der Bahndrehimpuls hat auch das magnetische Moment nur $2\cdot l + 1$ diskrete Orientierungen, u. zw. mit den z-Komponenten

$$\mu_{Lz} = -\frac{e}{2\cdot m_e}\cdot L_z = -\mu_B\cdot m_l \tag{17.9}$$

$\mu_B = \dfrac{e\cdot\hbar}{2\cdot m_e}$ heißt Bohrsches Magneton.

Das Elektron besitzt einen Drehimpuls **S** oder „Spin", u. zw. mit dem Betragsquadrat

$$S^2 = s\cdot(s+1)\cdot\hbar^2 = \tfrac{3}{4}\cdot\hbar^2, \tag{17.10}$$

mit der Spinquantenzahl $s = \frac{1}{2}$.

Das magnetische Moment des Elektrons ist

$$\boldsymbol{\mu}_s = -g_s\cdot\mathbf{S}\cdot\frac{e}{2\cdot m_e}, \tag{17.11}$$

mit dem gyromagnetischen Verhältnis des Elektrons $g_s = 2{,}0024$.

Der Spin des Elektrons kann in eine (beliebige) z-Richtung nur Komponenten

$$+\frac{\hbar}{2} \quad \text{oder} \quad -\frac{\hbar}{2}$$

einnehmen:

$$S_z = m_s\cdot\hbar, \qquad m_s = \pm\tfrac{1}{2}. \tag{17.12}$$

Es gibt also für den Spin nur 2 Orientierungen: parallel und antiparallel zu einer vorgegebenen Richtung. Daher gibt es auch für das magnetische Moment des Elektrons $\boldsymbol{\mu}_s$ nur 2 Orientierungen mit den z-Komponenten

$$\mu_{sz} = \pm g_s\cdot e\cdot\frac{\hbar}{2\cdot m_e}. \tag{17.13}$$

III. Quantenmechanisches Atommodell. Die räumliche Verteilung der Elektronen in der Atomhülle ist durch die zugehörigen Elektronenwellen festgelegt. Deren Struktur ergibt sich als Lösung der Schrödinger-Gleichung. In Kugelkoordinaten (r, ϑ, φ) hat diese die Form

$$\psi_{nlm_l}(r, \vartheta, \varphi) = R_{nl}(r) \cdot Y_{lm_l}(\vartheta, \varphi) \tag{17.14}$$

mit $n = 1, 2, \ldots$ und $0 \leqq l \leqq n-1$ und $-l \leqq m_l \leqq l$.

Die verschiedenen durch die Nebenquantenzahl l charakterisierten Elektronenorbitale sind

das s-Orbital für $l = 0$,
das p-Orbital für $l = 1$,
das d-Orbital für $l = 2$,
das f-Orbital für $l = 3$ etc.

Das Pauli-Verbot fordert, daß sich Atomelektronen in mindestens einer der Quantenzahlen

$$n, l, m_l \text{ und } m_s$$

unterscheiden müssen. Füllt man unter Berücksichtigung des Pauli-Verbots die Elektronenorbitale auf, ergibt sich das folgende Bild: Je Hauptquantenzahl n gibt es Elektronenorbitale mit Nebenquantenzahlen von 0 bis $n-1$:

Hauptquantenzahl n	Nebenquantenzahlen l	Orbitalsymbole
1	0	s
2	0, 1	s, p
3	0, 1, 2	s, p, d
4	0, 1, 2, 3	s, p, d, f
etc.		

Je Nebenquantenzahl l gibt es $2 \cdot l + 1$ Elektronenorbitale, s. Gleichung 17.14, die maximal 2 Elektronen mit $m_s = \pm\frac{1}{2}$ besetzt werden können:

Nebenquantenzahl l	Magnetquantenzahlen m_l	Elektronenanzahl
0	0	2
1	$-1, 0, 1$	6
2	$-2, -1, 0, 1, 2$	10
3	$-3, -2, -1, 0, 1, 2, 3$	14
etc.		

Sind alle zu einer Nebenquantenzahl l gehörigen Orbitale besetzt, ist die Summe der Bahndrehimpulse Null (die Summe aller Richtungsquantenzahlen ist Null). Die Summe aller magnetischen Momente ist dann ebenfalls Null; eine solche maximal besetzte Teilschale besitzt daher Kugelsymmetrie und ist diamagnetisch.

Anmerkung

Die Reihenfolge, in der die verschiedenen Elektronenorbitale aufgefüllt werden, kann man weitgehend aus dem PSE ablesen. Größere Energiedifferenzen treten immer dann auf, wenn ein neuer Orbitaltyp besetzt wird. Da im Grundzustand immer zuerst die energetisch tiefer liegenden Orbitale besetzt werden, ergibt sich die in der Abb. 17.14 dargestellte Energieschalenstrukur.

Beispiel 17.1. Bruchteil von H-Atomen, die sich bei $T = 300\,\text{K}$ im (angeregten) Zustand E_2 befinden.

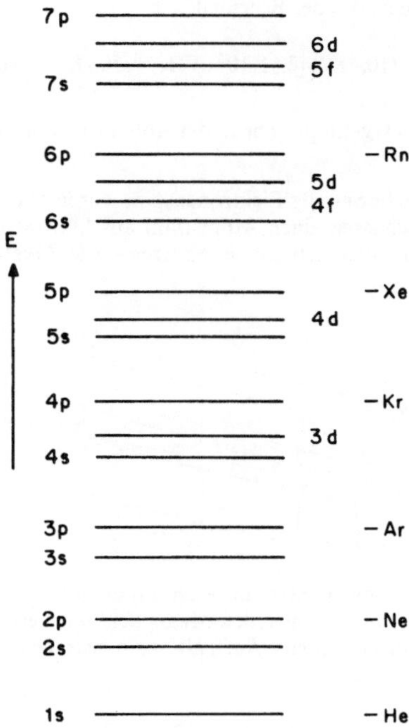

Abb. 17.14. Qualitative Energieschalenstruktur der Atome. Bei einzelnen Elementen gibt es geringe Abweichungen hiervon (nach M. Alonso u. E. J. Finn, 1975)

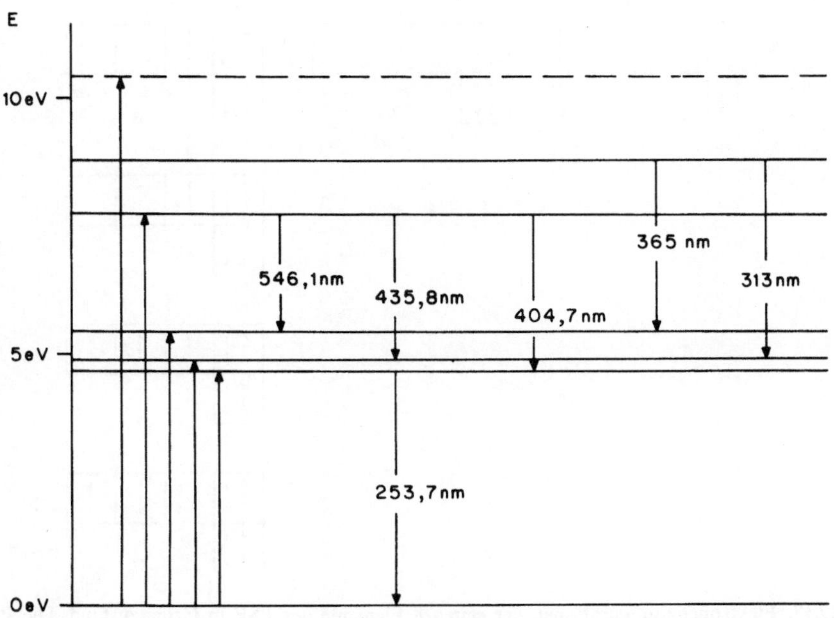

Abb. 17.15. Anregungs- und Fluoreszenz-Übergänge beim Hg-Atom

Nach Boltzmann (Gleichung 6.8) ist das der Bruchteil

$$\exp\left(-\frac{E_2-E_1}{k\cdot T}\right)=\exp-(10{,}2\,\mathrm{eV})/(8{,}61\cdot 10^5\,\mathrm{eV}\cdot\mathrm{K}^{-1}\cdot 300\,\mathrm{K})=\exp(-293)=10^{-170}=0.$$

Beispiel 17.2. Energieschema des Hg-Atoms. Die in der Abb. 17.15 angedeuteten Übergänge werden in Hg-Lampen beobachtet.

Beispiel 17.3. Der experimentelle Beweis des Elektronenspins wurde eigentlich schon 1921 von O. Stern und W. Gerlach geliefert. Sie schossen einen Atomstrahl aus Silberatomen durch ein inhomogenes Magnetfeld. Silberatome sind paramagnetisch; sie besitzen—wie Alkaliatome—eine abgeschlossene

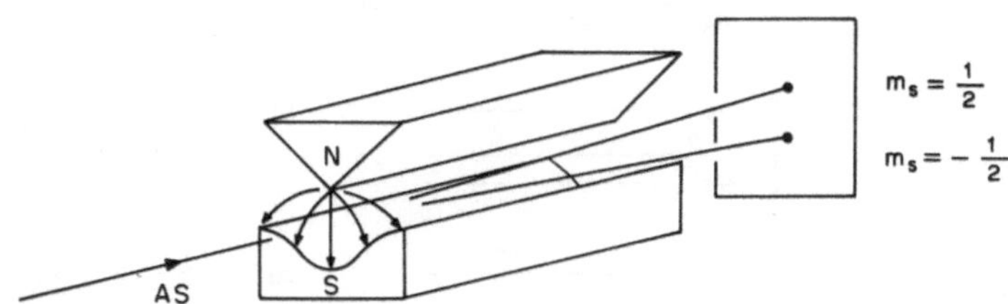

Abb. 17.16. Stern-Gerlach-Experiment (1921) zur Richtungsquantelung. Ohne Richtungsquantelung sollte sich der Ag-Atomstrahl *AS* im inhomogenen Magnetfeld nur verbreitern. Durch die Richtungsquantelung erfolgt eine Aufspaltung in zwei Teilstrahlen

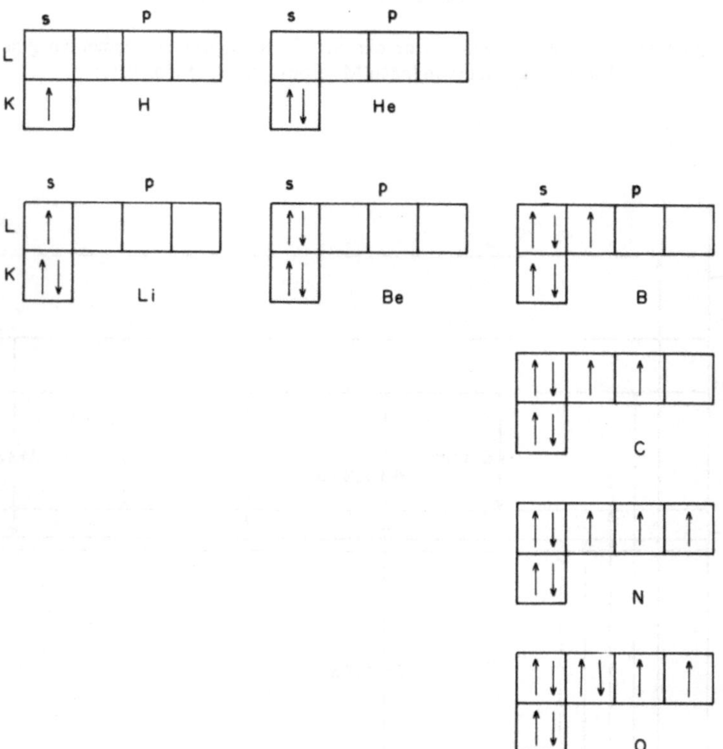

Abb. 17.17. Elektronenkonfigurationen der ersten 8 Elemente des PSE in Grundzustand. Die Pfeile bedeuten Elektronen mit entsprechenden Spinrichtungen

Elektronenhülle plus ein s-Elektron, welches keinen Bahndrehimpuls **L** hat. Es verbleibt daher nur das mit dem Elektronenspin verknüpfte magnetische Moment $\boldsymbol{\mu}_s$ der Elektronen. In einem Magnetfeld **B** können die Ag-Atome somit nur 2 Orientierungen einnehmen: parallel und antiparallel zu **B**. In einem inhomogenen Magnetfeld wirkt auf die parallel orientierten magnetischen Dipole eine Kraft in Richtung größerer Feldstärke, auf die antiparallel orientierten eine Kraft in entgegengesetzter Richtung. Ein Ag-Atomstrahl wird daher in 2 Teilstrahlen aufgespalten. Genau dies konnten Stern und Gerlach beobachten, s. Abb. 17.16.

Beispiel 17.4. Im Grundzustand des H-Atoms, d.h. für $n = 1$, gibt es nur das kugelsymmetrische s-Orbital mit $l = 0$. Dieses Orbital besitzt daher keinen Bahndrehimpuls und damit auch kein magnetisches (Bahn-) Moment—ganz im Gegensatz zum Grundzustand des Bohrschen H-Modells. Im energetisch niedrigsten angeregten Zustand des H-Atoms ($n = 2$) stehen bereits vier verschiedene Orbitale ($l = 0$ und $l = 1$ mit $m_l = -1, 0$ und $+1$) zur Verfügung. Bei $n = 3$ gibt es neben den s- und p-Orbitalen noch $5d$-Orbitale etc.

Beispiel 17.5. Die Aufteilung der Elektronen auf die verschiedenen Orbitale ist in der Abb. 17.17 für die ersten 2 Perioden im PSE dargestellt. Dabei wurden nach der quantenphysikalisch begründbaren Hundschen Regel die Elektronen der p-Orbitale so angeordnet, daß ein maximales magnetisches Spinmoment resultiert.

Aufgabe 17.1. Welcher Bruchteil $\Delta N/N$ von H-Atomen befindet sich auf der Sonnenoberfläche ($T = 5700$ K) im angeregten Zustand E_2?

Aufgabe 17.2. Zeichnen Sie die Elektronenkonfiguration von Ne.

18. Moleküle

Am Beginn allen Lebens steht der Aufbau komplexer Biomoleküle aus den chemischen Elementen. Sowohl die zur Weitergabe des biologisch-physiologischen Lebens erforderliche Information als auch ethologische und abstrakt-geistige Qualitäten werden, letztere zumindest teilweise, genetisch codiert. Diese Codierung erfolgt in der Reihenfolge der Purin- und Pyrimidinbasen im DNS-Molekül. Durch Kombination von Teilen der elterlichen Erbanlagen in den Nachkommen wird die genetische Variabilität einer Population sichergestellt, die, zusammen mit der Selektion, die Evolution vorantreibt.

Genkarten, die die Lage der einzelnen Gene auf einem Chromosom festhalten, spielen schon heute bei dem Verständnis verschiedener Erbkrankheiten eine wichtige Rolle. Wieweit eine zukünftige gezielte Veränderung von Genen zu einer kausal bedingten Heilung von Krankheiten wie Krebs oder Aids führen kann, ist noch offen. Erschwert wird eine solche Entwicklung durch die ungeheure Menge der menschlichen Erbinformation. (Immerhin hat das internationale Genom-Projekt zum Ziel, die vermutlich 100000 als Basentripletts der DNS kodierten Gene des menschlichen Erbguts bis zum Jahre 2000 zu identifizieren und zu lokalisieren.)

Basis jeden höheren Lebens ist die Zelle. Jeder Austausch von Energie und Stoff erfolgt durch die Zellmembran. Elektrische und chemische Signale werden durch Na-, K-, Ca- und Cl-Ionen übertragen, u. zw. sowohl zwischen den Zellen als auch innerhalb der Zellen. Als Schleusen hierzu dienen Zigtausende in die Zellmembran eingelagerte Transport-Proteine. Bei den hierzugehörigen Ionenkanälen handelt es sich um Proteine mit winzigen wassergefüllten Poren. Hiervon gibt es eine ganze Reihe für die verschiedenen Ionenarten. Sogar für ein- und dieselbe Ionenart findet man verschiedene Kanalformen. So gibt es allein in den Herzmuskelzellen mehrere

Ca- und Na-Kanäle sowie mindestens fünf verschiedene K-Kanäle. Das Öffnen bzw. Aktivieren dieser Ionenkanäle erfolgt durch unterschiedliche Reize. So gibt es botenstoffaktivierte Ionenkanäle, die von z. B. Neurotransmittern geöffnet werden, spannungsabhängige Ionenkanäle, die auf Potentialdifferenz-Änderungen reagieren, und mechanosensitive Ionenkanäle, die auf mechanische Spannungen in der Membran reagieren. Beispielsweise führt ein zunächst durch elektrische Reizung aktivierter Ca-Einstrom durch die äußere Zellmembran in die Muskelzelle zur Aktivierung eines weiteren Ca-Kanaltyps, durch den dann massiv Ca aus dem endoplasmatischen Retikulum (dem „*L*-System") ausströmt und durch Anbindung an die Kontraktionsproteine die Verkürzung der Muskelzelle hervorruft.

Nicht nur normale Lebensabläufe der Zelle werden von Membranproteinen gesteuert. Viele Krankheiten lassen sich auf Störungen des Ionenflusses durch die Zellmembran zurückführen. Beispielsweise dürfte ein Cl-Kanaldefekt für die Mukoviszidose verantwortlich sein und ein Ca-Kanaldefekt für die maligne Hyperthermie. Durch die Messung der Ionenströme einzelner Kanäle kann deren Bedeutung für die Auswirkung von Pharmaka untersucht werden. So hemmen beispielsweise Ca-Antagonisten den Ca-Einstrom durch die Zellmembran der Gefäß- und Herzmuskelzellen und wirken dadurch vasal relaxierend auf die Blutgefäße und negativ introp auf den Herzmuskel, worauf deren Wirkung bei Bluthochdruck und Angina pectoris beruht.

Das Verständnis der Funktion der Membranproteine gibt einen neuen Zugang zur gezielten Entwicklung wirkungsvoller Medikamente. Außerdem zeichnet sich hier eine sehr grundsätzliche Tendenz in Richtung eines molekular bedingten Verständnisses von gesunden und pathologischen Lebensvorgängen ab, welches eine wichtige Grundlage für die Medizin in der nächsten Zukunft sein dürfte.

18.1 Hauptvalenzbindungen

a) σ-Bindung und π-Bindung

Nähern sich zwei gleiche Atome einander, werden sich zunächst die äußeren Bereiche der Elektronenhüllen überlappen. Die erhöhte Elektronendichte zwischen den beiden Kernen führt zur Atombindung. Dies ist in der Abb. 18.1 für den einfachen Fall zweier H-Atome dargestellt.

Genau genommen ändern sich natürlich die Orbitale der Elektronen durch die Anwesenheit des zweiten Atomkerns. Es bildet sich ein für das gesamte Molekül gemeinsames Elektronenorbital oder Molekülorbital. Die dabei auftretenden Interferenzen zwischen den beiden atomaren Elektronenorbitalen bzw. zwischen deren Wahrscheinlichkeitsfunktionen ψ führen zu einer zusätzlichen Bindungskraft zwischen den beiden Kernen; auf diese gehen wir jedoch nicht näher ein.

Ein anderer Aspekt ist hier von größerer Bedeutung: Das entstandene Molekülorbital ist im obigen Beispiel von 2 Elektronen besetzt. Dies ist—wie bei Atomorbitalen—nur möglich, wenn die Spindrehimpulse der zwei Elektronen entgegengesetzt orientiert sind. Es können daher auch nur je 2 einfach besetzte Atomorbitale ein Molekülorbital und damit eine chemische Bindung bilden. Die entsprechenden Elektronen werden in der Chemie Valenzelektronen genannt. Dop-

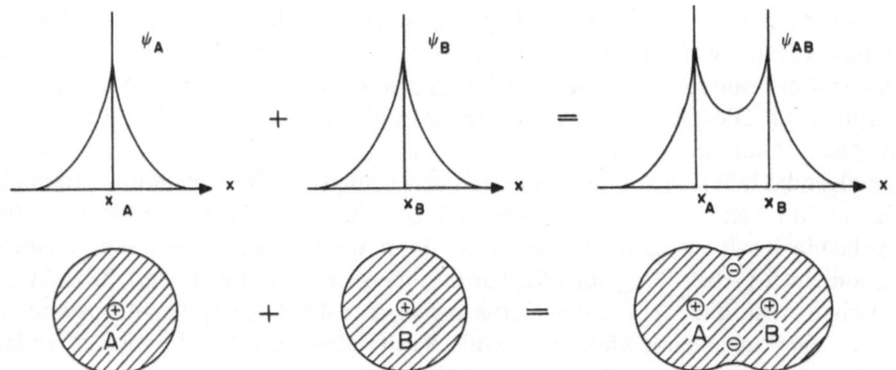

Abb. 18.1. σ-Bindung zweier H-Atome. **a** Die Wahrscheinlichkeitsfunktionen ψ der s-Elektronen zweier benachbarter H-Atome (Kerne bei x_A bzw. bei x_B) überlappen einander und führen zu einer Erhöhung der Elektronendichte zwischen den beiden Kernen. **b** Veranschaulichung der Atombindung durch elektrostatische Coulombkräfte zwischen Kernen und Atomhüllen

pelt besetzte Atomorbitale können keine chemische Bindung bilden. Da ferner das entstandene Molekülorbital hier, wie die zugrunde liegenden s-Orbitale, keinen Bahndrehimpuls in Richtung der Molekülachse (= Verbindungslinie der beiden Kerne) haben kann, werden seine Elektronen—in Analogie zur Nomenklatur der Atomelektronen—als σ-Elektronen bezeichnet, die Bindung heißt σ-Bindung. Während die Elektronenhülle des Moleküls bei der σ-Bindung keinen Drehimpuls in Richtung der Molekülachse besitzt, kann das Molekül durchaus einen Drehimpuls um die 2 normal hierzu orientierten Achsen besitzen, beispielsweise aufgrund der Wärmebewegung, s. Kapitel 7.1.

Erwähnt sei schließlich noch, daß die Überlagerung zweier ψ-Funktionen auch zu destruktiver Interferenz führen kann. Dies bedeutet eine Verminderung oder Auslöschung der Aufenthaltswahrscheinlichkeit der Elektronen und führt zu keinerlei Bindungswirkung.

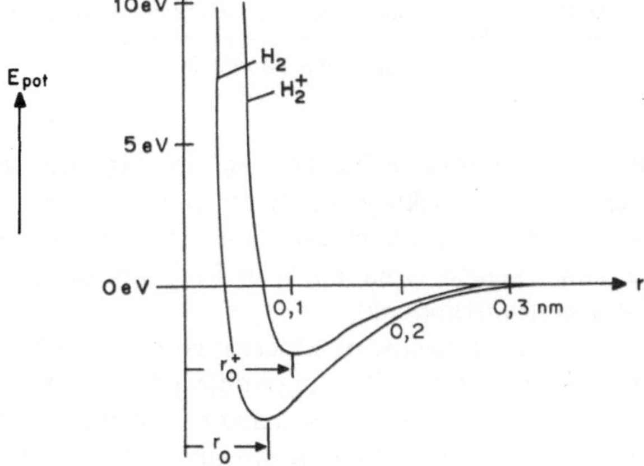

Abb. 18.2. Potentialkurven für das H-Molekül. r ist der Abstand zwischen den beiden Atomkernen. r_0 und r_0^+ sind die Atomabstände im H_2- bzw. H_2^+-Molekül

Bei einfachen Molekülen kann man die Bindungskräfte auch sehr genau berechnen. Abbildung 18.2 zeigt das Ergebnis solcher Rechnungen für das Wasserstoffmolekül, u. zw. ist dort die potentielle Energie E_{Pot} des Moleküls über dem Atomabstand r aufgetragen. Die Anziehungskraft F zwischen den beiden Atomen ist (entsprechend Gleichung 3.10) $F = -dE_{Pot}/dr$, also gleich dem Gefälle der eingezeichneten Potentialkurven.

Folgendes läßt sich aus den Potentialkurven aufgrund der Gleichung 3.10 noch ablesen. Mit kleiner werdendem Abstand zwischen zwei H-Atomen nimmt die anziehende Kraft zunächst zu und wird dann wieder kleiner. Bei sehr kleinen Abständen tritt Abstoßung auf; offenbar machen sich dann zunehmend die elektrostatischen Abstoßungskräfte der Kerne bemerkbar. Im Gleichgewichtsabstand r_0 bzw. r_0^+ sind anziehende und abstoßende Kräfte gleich groß und heben einander auf; die potentielle Energie hat dort ein Minimum.

Sind die äußeren Orbitale der Elektronen der Bindungspartner p-Orbitale, gibt es zwei unterschiedliche Überlagerungsmöglichkeiten; nämlich die σ-Bindung und die π-Bindung, s. die Abb. 18.3 und 18.4.

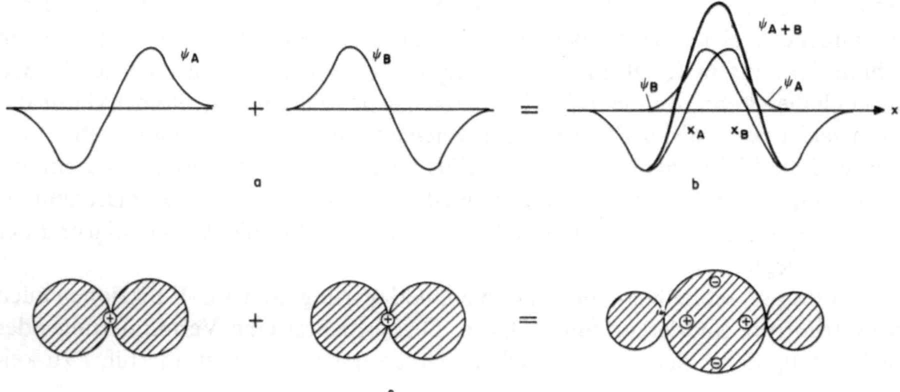

Abb. 18.3. σ-Bindung durch p-Orbitale ψ_A und ψ_B auf der Molekülachse (= Verbindungslinie der beiden Kerne). **a** Wahrscheinlichkeitsfunktionen ψ_A und ψ_B der zwei p-Orbitale zweier getrennter Atome A und B. **b** Summe ψ_{A+B} der Wahrscheinlichkeitsfunktionen ψ_A und ψ_B im Molekül. **c** Veranschaulichung der Atombindung durch p-Orbitale

Die p-Orbitale auf der Molekülachse können am stärksten überlappen und zwischen den Kernen eine große Elektronendichte erzeugen, was eine starke Bindung zur Folge hat. Ferner sind diese Molekülorbitale rotationssymmetrisch um die Molekülachse, sie haben keinen Drehimpuls in Richtung dieser Achse, d. h. es handelt sich um σ-Orbitale (σ-Bindung).

Auch die normal zur Molekülachse orientierten p-Orbitale können überlappen und bewirken ebenfalls entsprechende Bindungskräfte. Da sich diese Orbitale jedoch selbst bei denselben Kernabständen nicht so nahe kommen können, wie im Falle der σ-Bindung, s. Abb. 18.4, ist deren Bindungswirkung geringer. Diese Molekülorbitale besitzen eine Bahndrehimpulskomponente in Richtung der Molekülachse; sie werden daher als π-Orbitale, die zugehörigen Bindungen als π-Bindungen bezeichnet.

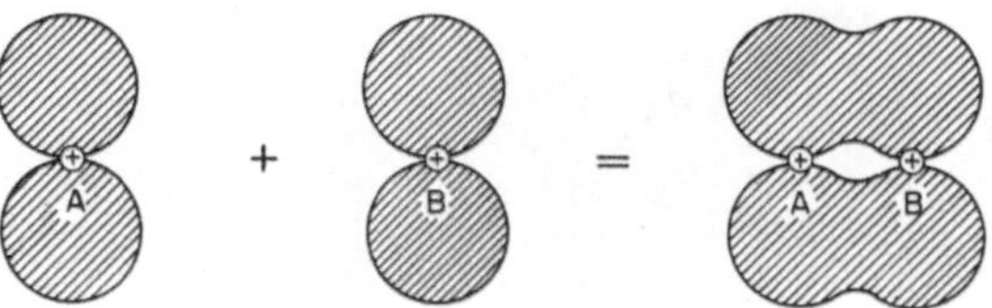

Abb. 18.4. Struktur der Elektronenhülle bei π-Bindung

Bei heteronuklearen Molekülen, also Molekülen, die aus zwei ungleichen Atomen aufgebaut sind, gibt es noch einen weiteren wichtigen Aspekt. Wie man aus den Ionisierungsenergien erkennt, sind die Elektronen unterschiedlich stark an die Atome gebunden. Die geringsten Ionisierungsenergien findet man bei den Alkalimetallen, die größten bei den Halogenen, s. Abb. 17.12. Überlappen sich nun die Elektronenorbitale, beispielsweise eines Alkaliatoms wie Na, mit jenen eines Halogens wie Cl, wird das Elektronenorbital des Moleküls weitgehend zum Cl hinübergezogen. Eine solche Bindung nimmt dann den Charakter der *Ionenbindung* an (s. Kapitel 5.1).

Das andere Extrem hierzu ist gewissermaßen die *metallische Bindung*. Metalle sind Elemente, deren äußerste Elektronen relativ schwach an das Atom gebunden sind. Es handelt sich um Elemente aus der linken Hälfte des PSE oder um Übergangselemente. Diese äußersten Elektronen wirken auch hier als Kitt zwischen den Atomen im Sinne der Atombindung. Sie werden jedoch, im Gegensatz zu den Elektronen der obigen Fälle der Atombindung, vom Ursprungsatom weitgehend frei. Diese beweglichen Elektronen sind für die metalltypischen Eigenschaften, wie gute elektrische Leitfähigkeit und gute Wärmeleitfähigkeit, verantwortlich.

b) Hybridisierung von Atomorbitalen

Wenn zwischen den verschiedenen Elektronenorbitalen eines Atoms große Energiedifferenzen bestehen, werden sich die Atomelektronen stets in den energetisch tiefsten Orbitalen aufhalten. Sind die betreffenden Energiedifferenzen kleiner als die thermische Energie ($k \cdot T$), kann ein Elektron zwischen diesen Orbitalen hin und her wechseln. Es entsteht also eine Mischung zweier Orbitale, die man als Hybri-

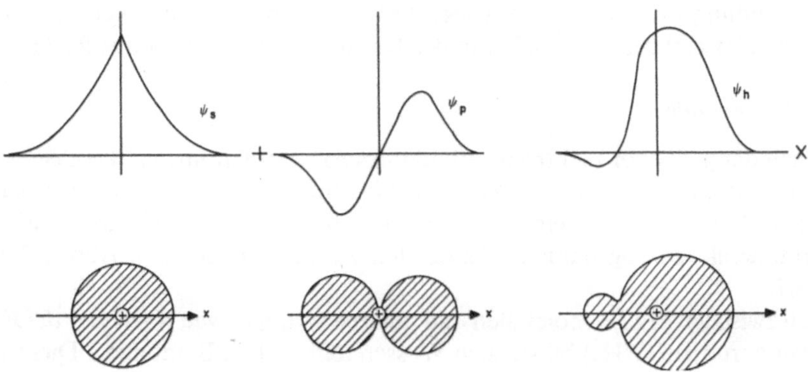

Abb. 18.5. Hybridisierung der s- und p-Orbitale eines Atoms

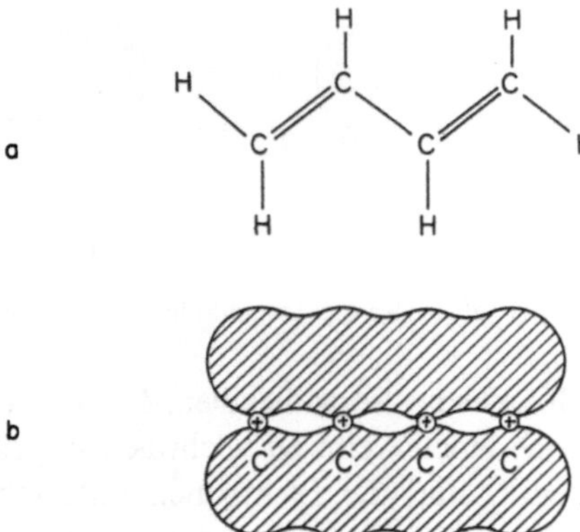

Abb. 18.6. Strukturformel **a** und Veranschaulichung **b** des π-Elektronen-Orbitals von Butadien C_4H_6; das π-Orbital erstreckt sich über die ganze Länge der Kohlenstoffkette

disierung bezeichnet. Dasselbe ist selbst bei größeren Energiedifferenzen dann möglich, wenn die hybridisierenden Orbitale bei der Bildung einer Bindung zu größerer Überlappung und damit zu einem entsprechenden Gewinn an Bindungsenergie führen. Dieser Mechanismus spielt eine sehr große Rolle in der organischen Chemie. Abbildung 18.5 zeigt die Entstehung eines *s*-*p*-Hybridorbitals.

In der organischen Chemie spielen konjugierte Doppelbindungen eine große Rolle. Hierbei werden zwei durch Doppelbindungen verbundene (Kohlenstoff-) Atompaare durch eine Einfachbindung verbunden. Die π-Elektronen sind nun—schon aus Symmetriegründen—nicht mehr auf die jeweilige Doppelbindung beschränkt, sondern bilden ein ausgedehntes π-Elektronen-Orbital, s. Abb. 18.6. Die große Ausdehnung des π-Orbitals hat eine besonders starke Polarisierbarkeit des Moleküls zur Folge. Auch die optischen Eigenschaften werden hierdurch geprägt (s. Kapitel 27.4).

18.2 Nebenvalenzbindungen

Auch zwischen Atomen und Molekülen, die keine freien Valenzelektronen haben, können Bindungskräfte auftreten. Diese Kräfte sind zwar i. a. deutlich kleiner als die Hauptvalenzkräfte, spielen aber in der Natur eine ebenso wichtige Rolle.

a) Wasserstoffbrücken

Wegen der größeren Elektronegativität des Sauerstoffatoms im Vergleich zum H-Atom, besitzen beispielsweise Wassermoleküle auf der Sauerstoffseite eine negative und auf der Wasserstoffseite eine positive Überschußladung. Die Folge ist, daß sich Wassermoleküle zu sogenannten Assoziaten zusammenlagern. S. Abb. 5.2 und Abb. 18.7.

Auch zwischen Wassermolekülen und polaren Gruppen wie Karboxyl-(COOH) und Aminogruppen (NH_3) bilden sich Wasserstoffbrücken-Bindungen. Diese Bindungen sind auch für die Sekundärstruktur der Proteine (z. B. α-Helix) verantwortlich.

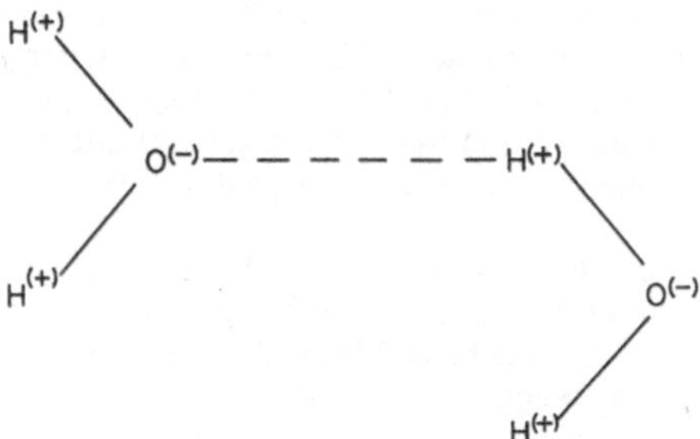

Abb. 18.7. Wasserstoffbrücken-Bindung (gestrichelt) zwischen Wassermolekülen. Der Abstand zwischen dem O- und dem H-Atom der Wasserstoffbrücke beträgt (im zeitlichen Mittel) etwa 0,26 nm, der Abstand zwischen Sauerstoff und Wasserstoff innerhalb des Moleküls beträgt hingegen nur etwa 0,1 nm

b) Van der Waals-Wechselwirkung

Diese Bindungskraft tritt zwischen allen Atomen auf, allerdings wird sie oft durch stärkere Kräfte überdeckt. Man kann sich die Entstehung dieser Bindungskraft als Folge der Elektronenbewegung um den Kern vorstellen. Dadurch kommt es kurzfristig zu elektrischen Dipolen, die benachbarte Atome oder Moleküle ebenfalls polarisieren. Es resultiert eine anziehende Wechselwirkung. Van der Waals-Kräfte haben wie die Wasserstoffbrücken-Bindungen keinerlei Richtwirkung. S. auch die Kapitel 5.1 und 12.2 sowie Beispiel 18.4.

Zusammenfassung 18

I. Hauptvalenzbindungen. Eine chemische Hauptvalenzbindung entsteht, wenn sich Atomorbitale der Bindungspartner überlappen und ein Molekülorbital bilden können. Voraussetzung hierzu ist, daß entsprechende Atomorbitale nur einfach besetzt sind (ungepaarte Valenzelektronen). Die entstehenden Molekülorbitale sind von 2 Elektronen besetzt, deren Spindrehimpulse wegen des Pauli-Verbots entgegengesetzt orientiert sind. Es können daher nur einfach besetzte Atomorbitale der Bindungspartner ein Molekülorbital und damit eine chemische Bindung bilden.

Die p-Orbitale auf der Molekülachse können am stärksten überlappen und zwischen den Kernen eine große Elektronendichte erzeugen, was eine starke Bindung zur Folge hat (σ-Bindung). Die normal zur Molekülachse orientierten p-Orbitale hingegen können nicht so gut überlappen, daher ist deren Bindungswirkung geringer (π-Bindung). Atome können gleichzeitig σ- und π-Bindungen eingehen. Es entstehen dann besonders stabile Mehrfachbindungen. C-Atome können konjugierte Doppelbindungen mit großen π-Orbitalen bilden. Diese zeichnen sich durch große elektrische Polarisierbarkeit und spezifische optische Eigenschaften aus, beispielsweise die Absorption sichtbaren Lichts.

Bei heteronuklearen Molekülen kommt es, je nach Ionisierungsenergie der Bindungspartner, zu einer mehr oder weniger stark ausgeprägten Verschiebung des Molekülorbitals zu einem der Bindungspartner hin. Eine solche Bindung nimmt den Charakter der Ionenbindung an.

Bestehen zwischen den verschiedenen Elektronenorbitalen eines Atoms nicht zu große Energiedifferenzen, kann ein Elektron zwischen diesen Orbitalen hin und her wechseln. Es entsteht eine Mischung zweier Orbitale, die man als Hybridisierung bezeichnet (s. Abb. 18.5).

II. Nebenvalenzbindungen. Zwischen Atomen und Molekülen, die keine freien Valenzelektronen haben, können Nebenvalenz-Bindungskräfte auftreten. Diese sind zwar i. a. deutlich kleiner als bei Hauptvalenzen, spielen aber in der Natur eine ebenso wichtige Rolle. Das bekannteste Beispiel hierzu sind die Wasserstoffbrücken. Wegen der größeren Elektronegativität des Sauerstoffatoms im Vergleich zum H-Atom, besitzen beispielsweise Wassermoleküle auf der Sauerstoffseite eine negative und auf der Wasserstoffseite eine positive Überschußladung, sie stellen elektrische Dipole dar. Die Folge ist, daß sich Wassermoleküle zu Assoziaten zusammenlagern.

Die van der Waals-Kräfte treten zwischen allen Atomen auf, sie werden allerdings oft durch stärkere Kräfte überdeckt. Durch die Elektronenbewegung um den Kern kommt es kurzfristig zu elektrischen Dipolen, die benachbarte Atome oder Moleküle ebenfalls polarisieren und zu einer anziehenden Wechselwirkung führen.

Van der Waals-Kräfte haben wie die Wasserstoffbrückenbindungen keinerlei Richtwirkung.

Tabelle 18.1. Ungefähre Bindungsenergien von Haupt- und Nebenvalenzbindungen

Bindungsart	Bindungsenergie
Hauptvalenzbindungen:	
C—C-Einfachbindung (σ-Bindung von s-p^3-Hybrid)	3,6 eV
C—C-Zweifachbindung (σ-Bindung von s-p^2-Hybrid + eine π-Bindung)	6,3 eV
C—C-Dreifachbindung (σ-Bindung von s-p-Hybrid + zwei π-Bindungen)	8,6 eV
H—H-Einfachbindung (σ-Bindung)	4,5 eV
O—O-Zweifachbindung (σ-Bindung)	5,1 eV
NaCl (Energie je Molekül, bezogen auf freie Ionen)	7,9 eV
NaI (Energie je Molekül, bezogen auf freie Ionen)	6,9 eV
LiF (Energie je Molekül, bezogen auf freie Ionen)	10,7 eV
Nebenvalenzbindungen:	0,02 bis 0,2 eV

Beispiel 18.1. Wassermoleküle. Das Sauerstoffatom besitzt die Elektronenkonfiguration $1s^2, 2s^2, 2p^4$. Da einer der $2p$-Zustände schon mit 2 Elektronen besetzt ist (s. Abb. 17.17), verbleiben nur mehr zwei $2p$-Elektronen für Bindungen. Mit diesen beiden Orbitalen kann die Elektronenhülle je eines H-Atoms überlappen.

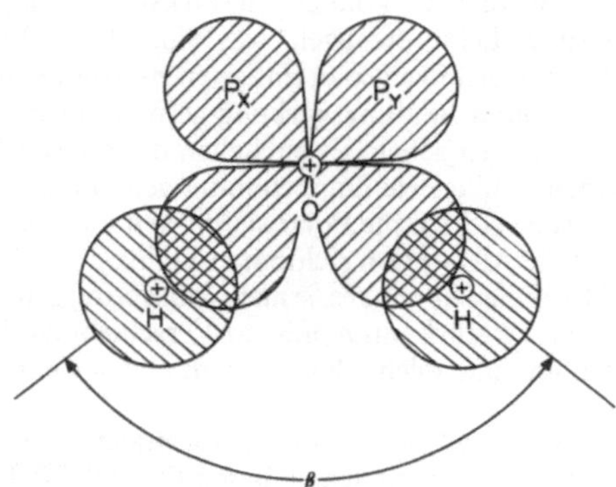

Abb. 18.8. Struktur des Wassermoleküls. Wegen der s-p-Hybridisierung kommt es zu einer positiven Überschußladung bei den H-Atomen und dadurch zu einer Aufweitung des Bindungswinkels β auf etwa 105°

Beispiel 18.2. Vierwertigkeit des C-Atoms. Die Elektronenkonfiguration im Grundzustand ist $1s^2, 2s^2, 2p_x^1, 2p_y^1$. Das C-Atom hat also zunächst nur 2 ungepaarte Elektronen und ist in dieser Konfiguration chemisch zweiwertig. Mischung des $2s$-Orbitals mit den $2p$-Orbitalen führt zu einer räumlichen Orbitalstruktur, deren Orbitale in die 4 Ecken eines Tetraeders zeigen. Das CH_4-Molekül besitzt Tetraederform.

Beispiel 18.3. Eigenschaften von *Zellmembranen*. Für den Zusammenhalt und die speziellen Eigenschaften von Zellmembranen sind weitgehend Nebenvalenz-Kräfte verantwortlich. Die elementaren Bausteine vieler Zellmembranen sind amphiphatische Phospholipide. Phospholipide bestehen aus einer polaren „Kopfgruppe", die Phosphorsäure und den dreiwertigen Alkohol Glycerol enthält (in Abb. 18.9 durch kleine Kreise angedeutet), und einem hydrophoben Schwanz, bestehend aus 2 Fettsäuren (in Abb. 18.9 durch zwei Striche angedeutet). Fettsäuren sind langkettige Kohlenwasserstoff-Verbindungen mit 14 bis 20 C-Atomen. Bringt man Phospholipid in Wasser, löst es sich nicht auf, sondern verteilt sich auf der Wasseroberfläche. Wegen der elektrostatischen Wechselwirkung zwischen den Wasserdipolen und den polaren Kopfgruppen tauchen letztere in das Wasser, die unpolaren hydrophoben Enden hingegen ragen in die Luft. Dadurch wird die Oberflächenspannung von Wasser herabgesetzt. Darauf beruht die Wirkung der Phospholipide als Emulgator bzw. Waschmittel.

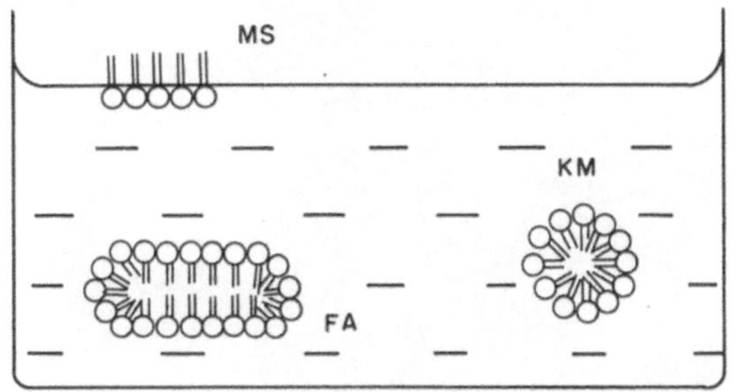

Abb. 18.9. Phospholipid in Wasser: *MS* = Monoschicht auf der Wasseroberfläche, *KM* = kugelförmige Mizelle, *FA* = flächenförmiges Doppelschicht-Aggregat

Im Innern des Wassers bilden sich spontan kugelförmige oder zylindrische Fetttröpfchen, sogenannte Mizellen, aber auch flächenförmige Aggregate, d. h. Doppelschichten. In den Mizellen und den Doppelschichten sind die polaren Köpfe nach außen zum Wasser hin orientiert, die unpolaren Schwänze liegen im Innern.

Nach dem „Fluid Mosaic Model" von S. J. Singer und G. L. Nicolson bestehen Zellmembranen aus Lipid-Doppelschichten, in welche zusätzlich Proteine in unterschiedlicher Anzahl eingelagert sind, s. Abb. 18.10. Dabei gibt es Proteine, die nur in der Außenhälfte der Membran oder nur in der Innenhälfte eingebaut sind, und sogenannte penetrierende Proteine oder Transmembran-Proteine, die die gesamte Membran durchdringen. Die Transmembran-Proteine sind, wie ihre Phospholipid-Nachbarn, amphiphatisch. Ihre hydrophoben Bereiche treten mit den Lipidmolekülen im Innern der Membran in Nebenvalenz-Wechselwirkung, ihre hydrophilen Bereiche ragen auf beiden Membranseiten in das dortige wäßrige Milieu. Zusammengehalten wird die Lipidmembran durch van der Waals-Kräfte zwischen den zahlreichen C- und H-Atomen der Fettsäuren sowie durch elektrostatische Kräfte zwischen den polaren Köpfen. Da diese Kräfte ungerichtet sind, ergibt sich die typische Fluidität der Membran, d. h. sie besitzt hohe mechanische Flexibilität und läßt bei physiologischen Temperaturen die Lipidmoleküle lateral diffundieren.

Aufgrund der Wärmebewegung kann zwar grundsätzlich jedes Molekül durch die Lipid-Doppelschicht hindurchdiffundieren, die Diffusionsgeschwindigkeit jedoch hängt stark von seiner Größe und Löslichkeit in Öl ab. Vor allem kleine unpolare Moleküle wie O_2 können die Zellmembran sehr schnell passieren. Auch ungeladene polare Moleküle wie CO_2 und H_2O diffundieren noch relativ schnell, während die Zellmembran für größere Moleküle wie Glukose und für Ionen mit ihrer großen Hydratationshülle so gut wie undurchlässig ist. Letztere sind daher auf andere Transportmechanismen angewiesen, die von speziellen Membran-Transportproteinen realisiert werden. Davon gibt es zwei Hauptklassen: die Carrier-Proteine und die Kanalproteine.

Die Carrierproteine binden die zu transportierenden Moleküle an spezielle Bindungsstellen und exponieren diese Bindungsstellen zusammen mit dem Molekül durch eine Konformationsänderung, d. h. eine Änderung ihrer räumlichen Struktur, auf der anderen Membranseite. Dies kann auch aktiv unter

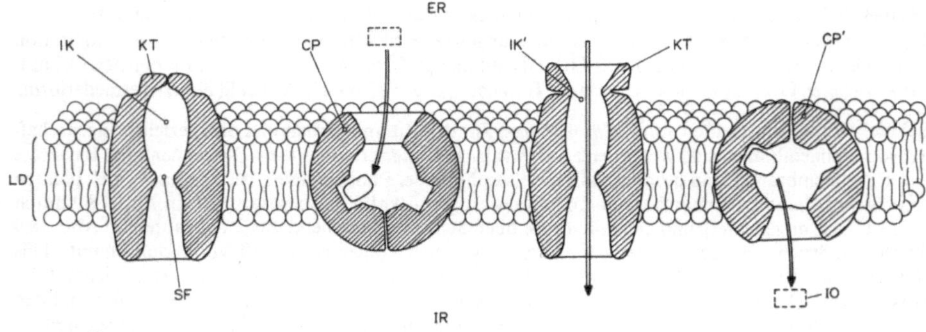

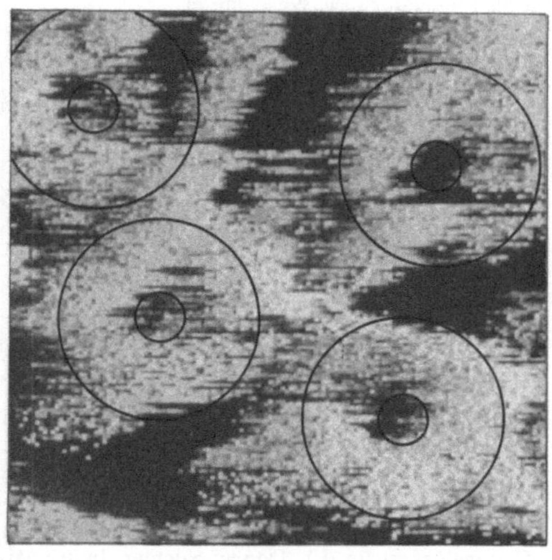

Abb. 18.10. **a** Ausschnitt aus einer Zellmembran mit Membran-Transportproteinen (schematisch; die molekulare Struktur der Membranproteine ist noch nicht in allen Details bekannt): *ER* = Extrazellularraum, *IR* = Intrazellularraum, *LD* = Lipid-Doppelschicht, *IK* und *IK'* = Ionenkanal geschlossen bzw. offen, *CP* und *CP'* = Carrier-Protein in zwei unterschiedlichen Konformationen. Angedeutet sind noch der Selektivitätsfilter *SF*, der die Wirksamkeit des Ionenkanals auf bestimmte Ionen begrenzt, das Kanaltor *KT* sowie ein vom Carrier-Protein transportiertes Ion (*IO*). Weitere Komponenten wären Spannungsfühler und Rezeptoren für Botenstoffe. **b** Rastertunnelmikroskopische Aufnahme von Azetylcholinrezeptoren aus dem elektrischen Organ des Zitterrochen Torpedo californica. (Azetylcholinrezeptoren sind Kationenkanäle, die sich nach Anlagerung von zwei Molekülen Acetylcholin kurzfristig öffnen und vor allem Na^+-Ionen in die Zelle fließen lassen.) Man erkennt ringförmige Strukturen mit einem Durchmesser von etwa 8 nm und einem zentralen Fleck von rund 2 nm Durchmesser, der wahrscheinlich die Kanalpore darstellt. Aufnahme: Max-Planck-Institut für Medizinische Forschung, Heidelberg

Energieaufwand gegen einen chemischen Potentialgradienten erfolgen. Beispielsweise werden die Na^+- und K^+-Gradienten in tierischen Zellen von einem Carrier-Protein, das die erforderliche Energie durch ATP-Hydrolyse gewinnt, aufrecht erhalten (sogenannte Na-K-Ionenpumpe).

Kanalproteine hingegen bilden wassergefüllte Poren, die einen passiven Transport von Molekülen in Richtung des elektrochemischen Potentialgradienten ermöglichen. Spezielle Kanalproteine, die sogenannten Ionenkanäle, bewerkstelligen einen hochselektiven Ionentransport. Diese Ionenkanäle sind nicht immer geöffnet, sondern bilden Schleusen, die durch verschiedene Reize geöffnet und geschlossen werden können. Beispielsweise sind spannungskontrollierte Ionenkanäle vom Membranpotential abhängig, rezeptorgesteuerte Ionenkanäle hingegen werden von Botenstoffen (wie Azetylcholin) beeinflußt. Man kennt bereits mehr als 50 verschiedene Ionenkanäle (für Na^+, Ca^{++}, K^+, Cl^- etc.), es gibt sogar für jedes Ion offenbar mehrere verschiedene Kanaltypen.

Beispiel 18.4. *Eigenschaften von Wasser.* Der für Nebenvalenzen sehr hohe Wert seiner Bindungsenergie von etwa 0,4 eV ist die Ursache für einige hervorstechende Eigenschaften von Wasser. Dazu zählen seine vergleichsweise hohe Oberflächenspannung sowie seine hohen Schmelz- und Siedepunkte, die um etwa 100 K höher liegen, als bei vergleichbaren Flüssigkeiten wie H_2S oder NH_3. Im gewöhnlichen Eis bilden die Wassermoleküle eine Tetraederstruktur, wie in Abb. 18.11 dargestellt.

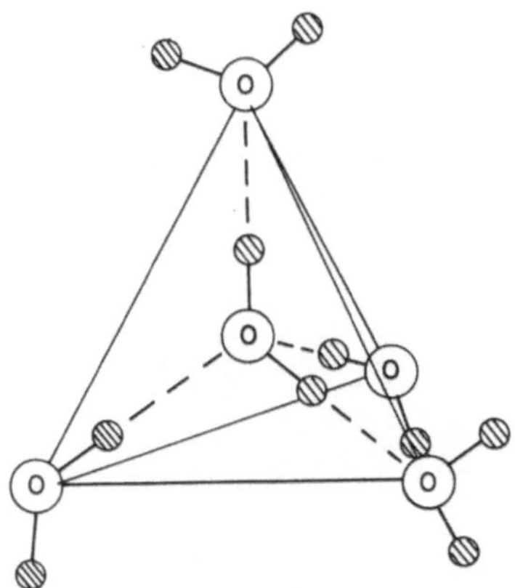

Abb. 18.11. Tetraederstruktur von gefrorenem Wasser. Schraffiert = H-Atome

Die Schmelzwärme von Eis beträgt 1,43 kcal/Mol oder etwa 0,06 eV je H_2O-Molekül; d. h. es wird beim Schmelzen zunächst nur ein Teil der Wasserstoffbrücken aufgelöst. Auch im flüssigen Wasser machen sich Wasserstoffbrücken bemerkbar, allerdings bewirken sie keine statische Bindung mehr. Aufgrund der Wärmebewegung lösen sich diese Bindungen etwa 10^{11} mal pro Sekunde und bilden sich neu. Die auch im flüssigen Wasser vorhandenen tetraedrischen Strukturen, die auch für die Anomalie des Wassers verantwortlich sind, darf man sich also nicht statisch vorstellen. Außerdem herrscht nur eine Nahordnung, d. h. mit zunehmendem Abstand verliert sich die räumliche Zuordnung. Allerdings besteht nach wie vor Unklarheit über die genaue Ausdehnung bzw. den Grad dieser Ordnungsstrukturen im Wasser.

Im Wasser gelöste Ionen üben ebenfalls Kräfte auf die Wassermoleküle aus, es kommt zur Hydratation. Damit verbunden ist eine mehr oder weniger stark ausgeprägte Zerstörung der Tetraederstruktur des Wassers. Direkt um die Ionen kommt es zu einer relativ starren Anlagerung von Wassermolekülen durch das elektrische Feld des Ions; an diese innerste Region schließt sich ein Bereich an, in dem die Zentralkraft des Ions mit den intermolekularen Kräften in Wettbewerb liegt, und außen anschließend liegt die normale tetraedrische Wasserstruktur vor.

Weiters haben Oberflächen erheblichen Einfluß auf die Temperaturabhängigkeit der Oberflächenspannung und Viskosität von Wasser. Offenbar verändern von den Oberflächen ausgehende Nebenvalenzkräfte die Wasserstruktur und verändern so seine Eigenschaften. Da Wasser in Gewebe, welches Proteinen anliegt, ebenfalls dem Einfluß von Nebenvalenzen und Ionenfeldern ausgesetzt ist, muß auch hier mit Abweichungen von den normalen Eigenschaften gerechnet werden.

KERN- UND STRAHLENPHYSIK

Unser Entscheiden
reicht weiter als
unser Erkennen.
Immanuel Kant

Die Existenz eines Atomkerns war erst durch die Experimente von Marsden und Geiger bzw. deren Interpretation durch Rutherford gesichert worden. Ähnlich wie die Struktur der Atomhülle weitgehend aus Beobachtungen der von ihr emittierten Strahlung aufgeklärt werden konnte, lieferte auch die von den Atomkernen ausgehende radioaktive Strahlung die wohl wichtigsten Hinweise auf deren Struktur. Während jedoch die Röntgenstrahlung sofort höchstes Interesse auch von medizinischer Seite her erfuhr, rief H. Becquerels Entdeckung 1896 weder bei Physikern noch bei Medizinern eine solche Aufregung hervor, wie gerade ein Jahr zuvor Röntgens Entdeckung. Das lag zum einen daran, daß Physiker und Mediziner noch voll damit beschäftigt waren, die Eigenschaften und Möglichkeiten der Röntgenstrahlen auszuloten; im Zentrum des Interesses stand die Röntgendurchleuchtung, die entsprechend schnelle Fortschritte machte. Zum anderen aber war die neue Strahlung zunächst sehr viel schwieriger zugänglich, und es erforderte viel Mühe, strahlungsstarke Quellen zu bekommen. Zudem war das Phänomen der radioaktiven Strahlung deutlich komplexer als die Röntgenstrahlung: Manche radioaktive Substanzen wirkten offenbar auch auf größere Entfernung, andere wiederum nur in der Nähe. Man wußte ja zu Beginn noch nicht, daß man es gleich mit mehreren verschiedenen Strahlenarten mit recht unterschiedlicher Reichweite und Wirkung zu tun hatte.

Die biologische Wirkung von Röntgenstrahlung war schnell bemerkt und auch therapeutisch eingesetzt worden—so behandelte T. Steenbeck bereits 1899 erfolgreich ein Hautkarzinom—hingegen war die Schädlichkeit der ionisierenden Strahlung bis in die vierziger Jahre des 20. Jahrhunderts nicht sehr ernst genommen worden. Immerhin wurden schon Marie und Pierre Curie im Verlaufe ihrer Forschungsarbeiten mit radioaktiven Substanzen mehr und mehr von Krankheiten heimgesucht, die schwer zu diagnostizieren waren. Marie Curie starb denn auch 1934 an aplastischer Anämie. Zwar hatte M. Curie schon in ihrer Doktorarbeit darüber berichtet, daß ein Radiumpräparat, welches sie für einige Stunden auf den

Arm ihres Mannes gelegt hatte, ein schlecht heilendes Geschwür hervorrief. Diese Beobachtung wurde auch die Basis der noch heute angewandten Brachytherapie. Wegen der geringen Verfügbarkeit radioaktiver Substanzen blieb jedoch der therapeutische Einsatz der Radioaktivität zunächst marginal. Vielleicht ist dadurch auch das öffentliche Bewußtsein über die Gefährlichkeit der Radioaktivität so gering geblieben, daß beispielsweise bei den amerikanischen Atombombenversuchen in den vierziger Jahren Soldaten bewußt enormen Strahlungsdosen ausgesetzt werden konnten. Auch die Röntgendurchleuchtung der Füße zum Anpassen der Schuhe, die noch in den fünfziger Jahren üblich war, zeugt von einer Leichtfertigkeit im Umgang mit ionisierender Strahlung, die uns heute unbegreiflich erscheint. Schließlich hatte H. J. Müller schon im Jahre 1922 entdeckt, daß Röntgenstrahlung Mutationen auslösen kann.

Die entscheidende Wende bei der Anwendung radioaktiver Substanzen in der Medizin kam durch den Kernreaktor. Nun war die Produktion verschiedenster radioaktiver Isotope in großen Mengen möglich geworden. Die von G. de Hevesy und A. Paneth schon 1913 entwickelte Indikatorentechnik trat einen etwas späten Siegeszug an. Anfangs noch hauptsächlich in der biochemischen und physiologischen Forschung eingesetzt, ist daraus eines der wichtigsten medizinischen Fachgebiete geworden, die Nuklearmedizin. Mehr als 30 verschiedene nuklearmedizinische Verfahren stehen heute routinemäßig zur Verfügung. Ein weiterer, sehr wesentlicher Fortschritt war die Entwicklung der Szintillationskamera (Gammakamera) durch H. O. Anger 1958. Damit wurde es möglich, die momentane örtliche Verteilung eines Radionuklids im Körper abzubilden. Schließlich wurde auch die Labordiagnostik durch die Einführung der Radioassays revolutioniert. Dabei werden Eiweißfraktionen in Blut oder Urin durch Wechselwirkung mit radioaktiv markierten Eiweißkörpern nach dem Massenwirkungsgesetz (Proteinbindungsmethode) oder durch Antigen-Antikörper-Reaktion (Radioimmunassay) nachgewiesen.

Auch der Einsatz der Röntgenstrahlung hat sich seit dem 2. Weltkrieg stark geändert. Zwar war Röntgenstrahlung, wie schon erwähnt, bereits früh für therapeutische Zwecke eingesetzt worden. Man hatte auch bald Wege gefunden, den Einsatz zu optimieren: schon 1913 führte H. Meyer die auch heute noch benutzte Pendelbestrahlung ein. Dennoch blieb die massive Schädigung auch gesunden Gewebes bei der Tiefentherapie ein ungelöstes Problem. Da man für die Therapie nur die prinzipiell gleichen Röntgengeräte zur Verfügung hatte, wie für die Röntgendurchleuchtung, blieb die erreichbare Anodenspannung auf etwa 300 kV begrenzt. Die bei dieser sogenannten Orthovolttherapie benutzte Röntgenstrahlung ist für die Tiefentherapie jedoch zu wenig hart.

Mit der Einführung des Betatrons in die medizinische Therapie in den frühen vierziger Jahren, begann sich auch hier die Situation zu ändern. Energiereiche Elektronen konnten nun direkt zur Oberflächentherapie eingesetzt werden oder über ein Bremstarget entsprechend harte Röntgenstrahlung erzeugen. Dies markiert den Beginn der Therapie mit ultraharter Strahlung von Photonen- bzw. Teilchenenergien >1 MeV, der sogenannten Supervolttherapie oder Megavolttherapie. Die konventionellen Röntgentherapiegeräte (Orthovolttherapie) hatten damit weitgehend ihre Bedeutung verloren. Eine weitere Verbesserung der Tiefentherapie wird mittels schwerer Teilchen erzielt. Protonen, Deuteronen und α-Teilchen, im Synchrozyklotron beschleunigt und magnetisch fokussiert, erzielen bei sehr kleiner Oberflächendosis ein stark ausgeprägtes Dosismaximum am Ende ihrer Bahn. Damit ist die derzeit wohl optimalste Tiefentherapie möglich. Allerdings stehen entsprechende Einrichtungen heute erst wenigen medizinischen Zentren zur Verfügung. Ob die theoretisch noch günstigeren π-Mesonen zu einer praktikablen Therapie führen, ist immer noch offen. Ebenso ist die Entwicklung der Neutronentherapie noch lange nicht abgeschlossen. Hier zeigen sich sehr interessante Ansatzpunkte, beispielsweise bei der Behandlung von Hirntumoren.

Der Einsatz der radioaktiven Substanzen bzw. Strahlen in der Therapie erfuhr durch den Kernreaktor eine Wende. Heute werden radioaktive Substanzen in der Therapie auf drei grundsätzlich verschiedene Weisen verwendet: zunächst als Strahlungsquelle in der Telegammatherapie. Dabei werden Kobaltquellen (^{60}Co, früher auch ^{137}Cs) mit Aktivitäten bis etwa 400 TBq benutzt. Ferner als sogenannte umschlossene radioaktive Quellen in der Brachytherapie. Dabei wird der radioaktive Stoff von einer festen Hülle umgeben, die die Handhabung erleichtert. Der Strahler wird in direkten Kontakt mit dem zu bestrahlenden Gewebe gebracht; beispielsweise bei ophthalmologischen Bestrahlungen mit ^{90}Sr. Schließlich werden radioaktive Substanzen als Radiopharmaka in Form von Lösungen gespritzt oder peroral verabreicht. Im Idealfall kommt es durch metabolische Vorgänge zur Anreicherung der inkorporierten strahlenden Substanz und damit zu maximaler Strahlungsdosis am Krankheitsherd. Ein Beispiel hierzu ist die Radioiodtherapie bei Hyperthyreose.

Einen sehr erheblichen Fortschritt in der medizinischen Diagnostik wiederum hat die Anwendung der erst 1946 von F. Bloch und G. M. Purcell entdeckten Kernspinresonanz gebracht. Die auf dieser Basis von P. C. Lauterbur entwickelte Magnetresonanz-Tomographie liefert dreidimensionale Bilddaten des Körpers ohne Strahlenbelastung. Die erforderlichen starken Magnetfelder führen nach heutigem Wissen zu keinerlei negativen Nebenwirkungen. Die Entwicklung auf diesem Gebiet ist bei weitem noch nicht abgeschlossen. Sie wird vielleicht in Zukunft einerseits einen erheblichen Teil der röntgendiagnostischen Methoden ersetzen und andererseits aber auch völlig neue Verfahren, wie die funktionsspezifische Bildkontrastierung, ermöglichen. Wegen der fehlenden Strahlenbelastung sollte die Magnetresonanz-Tomographie bereits heute am Beginn der bildgebenden Verfahren in den Untersuchungsprotokollen stehen.

19. Radioaktivität

H. Becquerel arbeitete an der Pariser Ecole Polytechnique über Phosphoreszenz und Fluoreszenz, als er hörte, daß die von Röntgen entdeckten Strahlen aus jenem Bereich der Kathodenstrahlröhre zu kommen schienen, wo auch die stärksten Fluoreszenzerscheinungen auftraten. Er vermutete sofort einen Zusammenhang zwischen Fluoreszenz und Röntgenstrahlung. Becquerel arbeitete u. a. mit Uranylkaliumphosphat, welches nach Bestrahlung mit Sonnenlicht intensive Fluoreszenz zeigte. Zunächst konnte er feststellen, daß dieses Mineral nach Sonnenbestrahlung tatsächlich auch eine lichtdicht verpackte Photoplatte schwärzte, analog wie es von der Röntgenstrahlung her bekannt war. Als er dann allerdings mehr per Zufall feststellte, daß die Photoplatte auch beim Ausbleiben einer Sonnenbestrahlung des Minerals geschwärzt wurde, war ihm klar, daß diese Strahlung nichts mit Fluoreszenz zu tun haben konnte: die radioaktive Strahlung war entdeckt (1896).

Bald stellte Becquerel auch fest, daß die emittierte Strahlung nicht nur photographische Platten schwärzt, sondern auch die Luft ionisiert, also elektrisch leitfähig macht, was mittels eines Elektroskops einfach nachzuweisen war. Damit war auch eine im Vergleich zur Schwärzungsmessung an photographischen Platten viel schnellere Methode gefunden, die „Aktivität" einer radioaktiven Substanz zu messen.

Den nächsten großen Schritt tat das Ehepaar Marie und Pierre Curie. M. Curie wählte 1897 als Thema ihrer Doktorarbeit die von Becquerel entdeckten Strahlen. Als erstes verifizierte sie Becquerels Befund, nach dem die Strahlungsintensität proportional zum Urangehalt des Minerals und unabhängig von der jeweiligen chemischen Verbindung ist. Als nächstes stellte sie fest, daß von den damals bekannten Elementen neben Uran nur Thorium das von ihr nun als „Radioaktivität" bezeichnete Phänomen zeigte. Schließlich untersuchte sie systematisch die Mineraliensammlung des Musée d'Histoire Naturelle, an dem Becquerel lehrte, und fand zu ihrer Überraschung, daß die Radioaktivität bei einigen Mineralien, insbesondere bei Pechblende, ein Mehrfaches dessen betrug, was aufgrund ihres Thorium- oder Urangehaltes zu erwarten war. In einer Sisyphusarbeit ohnegleichen analysierte sie an die 100 kg Pechblende mit den üblichen Methoden der analytischen Chemie und stieß auch sehr bald (1898) auf ein neues Element (^{218}Po), das sie nach ihrer Heimat „Polonium" nannte. Wenige Monate später fand sie dann gemeinsam mit ihrem Mann ein weiteres, besonders stark radioaktives Element (^{226}Ra), das sie „Radium" nannte.

Inzwischen hatte es auch Fortschritte bei der Untersuchung der Natur der radioaktiven Strahlung gegeben. Becquerel hatte festgestellt, daß zumindest ein Teil der radioaktiven Strahlung der Kathodenstrahlung gleicht. Rutherford wies 1898 zwei aufgrund ihres Absorptionsverhaltens unterscheidbare Komponenten nach, die er mit α- bzw. β-Strahlung bezeichnete. Schließlich entdeckte P. V. Villard eine im Vergleich mit der α- und β-Strahlung sehr viel durchdringendere Strahlungskomponente, die der Röntgenstrahlung gleicht und als γ-Strahlung bezeichnet wurde. Über die Natur der β-Strahlung war man sich bald einig; sie entsprach tatsächlich der Kathodenstrahlung. Daß die α-Strahlung aus He-Kernen besteht, wurde erst 1900 von E. Rutherford und T. Royds aufgeklärt. Sie konnten zeigen, daß genügend viele in einem Glasgefäß eingefangene α-Teilchen Heliumgas bilden.

Das Wissen um die Radioaktivität im Jahre 1904 läßt sich kurz mit einer Abbildung aus der Dissertation von M. Curie festhalten. Dieses Bild zeigt die Bahnen der drei Strahlungstypen α, β und γ im Magnetfeld $\mathbf{B}$: Abb. 19.1.

Lange war unklar geblieben, woher die radioaktive Strahlung kommt und woher ihre Energie stammt. Zwar hatten schon die Curies festgestellt, daß es sich offenbar um eine „atomare" und nicht um eine „molekulare", also chemische Eigenschaft handeln mußte. Der Ursprung der schier unerschöpflichen Energie, die diese Strahlung abtransportierte, blieb jedoch für längere Zeit ein Rätsel. Zunächst konnten E. Rutherford und F. Soddy in den Jahren 1900 bis 1903 die grundlegenden Vorgänge der Radioaktivität aufklären. Nach ihren revolutionären Vorstellungen sollte es bei der Radioaktivität zu einer Umwandlung des strahlenden Elements kommen. So etwas hatte man allerdings bis dahin nur in Alchemistenkreisen dis-

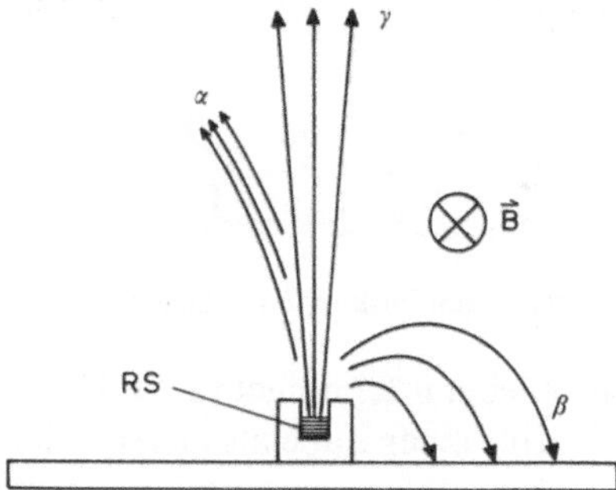

Abb. 19.1. Die drei Typen der radioaktiven Strahlung im Magnetfeld **B** nach M. Curies Dissertation aus dem Jahr 1904. *RS* = radioaktive Substanz

kutiert. Entsprechend groß war zunächst auch die Aufregung über diese Theorie, die sich jedoch schnell als richtig erwies und durchsetzte.

Ab etwa 1906 wurde immer deutlicher, daß es unter den radioaktiven Substanzen welche gibt, die sich durch keine noch so ausgeklügelten chemischen Methoden trennen lassen. F. Soddy führte für diese Substanzen den Namen „Isotope" ein, da sie offenbar an dieselbe Stelle im PSE gehören. Später (1912) zeigte J. J. Thomson mit Hilfe seines Massenspektrometers (Abb. 15.3), daß es z. B. zwei Arten von Neon gibt, nämlich mit den Atomgewichten 20 und 22; d. h. auch bei den stabilen Elementen mußte es Isotope geben.

Nachdem 1932 J. Chadwick das Neutron entdeckt hatte, war auch die Zusammensetzung des Atomkerns aus Protonen und Neutronen klar geworden. Der Ordnungszahl Z entsprach offenbar die Anzahl der Protonen, der Differenz zur Massenzahl A entsprach offenbar die Anzahl der Neutronen $N = A - Z$.

19.1 Detektoren für ionisierende Strahlung

Ionisierend ist Strahlung, deren Teilchen- bzw. Photonenenergie E hinreicht, Atome oder Moleküle zu ionisieren, also Strahlung mit $E \geqq 4\,\mathrm{eV}$. Hierzu zählen insbesondere Röntgen- und radioaktive Strahlung. Der Mensch hat kein Sinnesorgan für diese Strahlung, obwohl sie Bestandteil der Umwelt ist. Indirekt kann der Mensch allerdings ionisierende Strahlung sehr wohl registrieren: Man kann diese Strahlung aufgrund von Fluoreszenzerscheinungen, die sie in der Netzhaut auslöst, sehen; allerdings erst bei sehr hoher Strahlungsintensität. Man ist daher zum Nachweis ionisierender Strahlung grundsätzlich auf technische Hilfsmittel angewiesen.

Die ersten Detektoren für ionisierende Strahlung waren Fluoreszenzschirme und Photoplatten. Beide spielen in weiter entwickelter Form auch heute noch eine wichtige Rolle. Fluoreszenzschirme beispielsweise in Form der Verstärkerfolien in der Röntgenographie, Photoplatten als Aufzeichnungsmedium.

Die älteste und einfachste Methode, die es erlaubt, ionisierende Teilchen nachzuweisen, ist das Crookesche Spinthariskop oder Szintilloskop. Es beruht auf Fluoreszenz. Pulver aus Kristallphosphoren wie ZnS werden auf einem dünnen

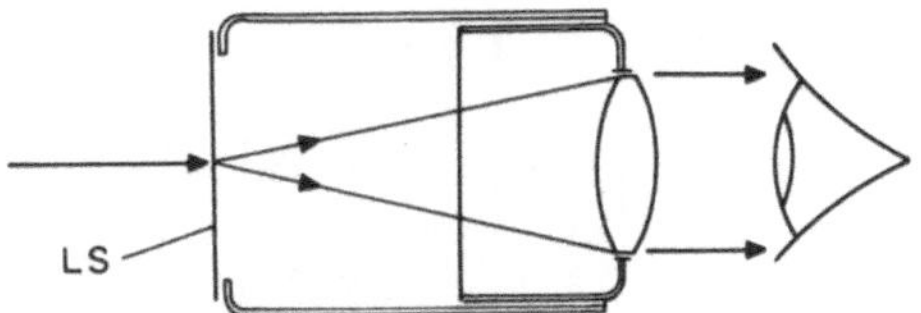

Abb. 19.2. Szintilloskop. *LS* = Leuchtschirm

Träger wie Seide mit einem Klebemittel aufgebracht. Der Aufprall einzelner ionisierender Teilchen kann mit Hilfe einer Lupe als kleiner Lichtblitz wahrgenommen werden.

a) Sichtbarmachung der Teilchenbahn

Photographische Emulsionen auf Filmen werden noch heute in großem Umfang in der Röntgenographie (s. Kapitel 16.2) eingesetzt. Emulsionen mit unterschiedlichen Dicken und Konzentrationen der lichtempfindlichen Silberhalogenidkörner wurden auch in der Anfangszeit der Kernforschung intensiv genutzt. Vor allem für die schweren, dicht ionisierenden Teilchen reichen Emulsionsdicken von 100 μm, um deren gesamte Bremsstrecke aufzuzeichnen. Die Größe der Energie erhielt man hierbei durch Abzählen der Ionisierungsprozesse, also der geschwärzten Silberhalogenidkörner. Benutzt man zusätzlich ein Magnetfeld, erhält man neben der Teilchenenergie aus der Krümmung der Teilchenbahn auch das Vorzeichen der Ladung.

Lange Zeit war die *Wilsonsche Nebelkammer* eines der wichtigsten Instrumente der Kernphysik. Nebelbildung tritt auf, wenn die Luft mit Wasserdampf übersättigt ist. Übersättigung kann man durch eine adiabatische Expansion feuchter Luft von einem Anfangsvolumen V_1 auf ein größeres Volumen V_2 erreichen. Voraussetzung ist die Anwesenheit von Kondensationskernen, beispielsweise Staub in der Luft. C. T. R. Wilson hat 1896/1897 nachgewiesen, daß Nebelbildung ohne Staub erst einsetzt, wenn $V_2/V_1 > 1{,}38$ wird. Bis zu etwa $V_2/V_1 = 1{,}25$ hingegen ist keinerlei Nebelbildung zu beobachten. Mit zunehmender Expansion treten zuerst negative Ionen und bei weiterer Expansion auch positive Ionen als Kondensationskeime auf. Auf dieser Basis hat Wilson 1910 die erste Nebelkammer realisiert. Anstelle von Wasser wurden auch Alkohole und Gemische aus Wasser und Alkohol benutzt. Da die Nebelspuren der Teilchenbahnen immer nur sehr kurze Zeit beobachtbar sind, mußten sie zur eingehenden Vermessung photographiert werden.

Wegen der geringen Stoffdichte in der Nebelkammer sind locker ionisierende Teilchen wie Elektronen und Photonen, aber auch alle sehr energiereichen harten Teilchen, nicht beobachtbar. Das hat zur Entwicklung der Blasenkammer durch D. Glaser (1952) geführt, einer logisch konsequenten Weiterführung des Prinzips der Nebelkammer. In der Blasenkammer wird eine leicht siedende Flüssigkeit, z. B. Äther oder H_2, als absorbierendes Medium benutzt; das Prinzip der Nebelkammer wird also gewissermaßen umgekehrt. Die Flüssigkeit wird bei Temperaturen um den Siedepunkt durch plötzliche Druckabsenkung in den überhitzten Zustand gebracht. Dann entsteht entlang der Teilchenbahn eine Blasenspur, die, wie bei der Nebelkammer, durch Dunkelfeldbeleuchtung gut sichtbar wird. Es sei noch bemerkt,

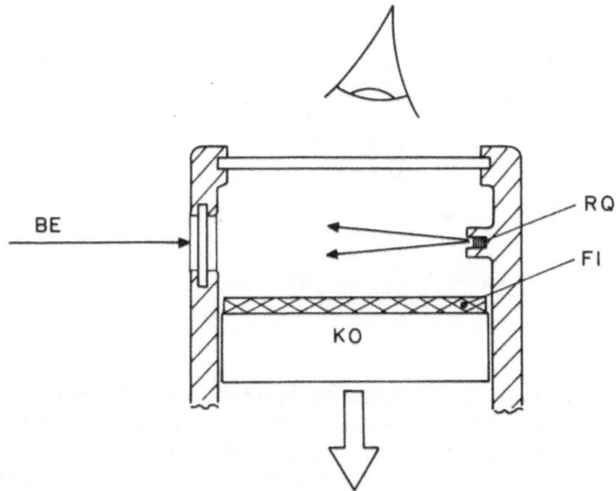

Abb. 19.3. Wilson-Nebelkammer. RQ = radioaktive Quelle. Der Filz FI ist mit Flüssigkeit getränkt. Übersättigung wird durch plötzliche Expansion durch den Kolben KO erreicht. Die seitliche Beleuchtung BE wirkt als Dunkelfeldbeleuchtung: Beobachtung von oben zeigt helle Teilchenbahnen auf dunklem Untergrund, s. Abb. 19.8

daß in der Kernphysik und der daraus hervorgegangenen Elementarteilchenphysik noch eine enorme Weiterentwicklung solcher Nachweismethoden stattgefunden hat, auf die hier nicht eingegangen werden kann.

b) Zählung und Energiemessung

Gasgefüllte elektrische Detektoren. Neben der Fluoreszenz und der Schwärzung photographischer Substanzen war die Ionisierung der Luft eines der ersten Phänomene, das bei ionisierender Strahlung beobachtet wurde und ihr auch den heute üblichen Namen gegeben hat. Schon M. Curie benutzte praktisch für ihre gesamte Forschungstätigkeit die Ionisierung der Luft als Maß für die Radioaktivität. Diese Wirkung ist auch die Basis für viele moderne Nachweisgeräte für ionisierende Strahlung.

Schlüssel zum Verständnis dieser Geräte ist das Verhalten der Leitfähigkeit von Gasen bei unterschiedlichen elektrischen Feldstärken bzw. Spannungen. In der Abb. 19.4 ist der prinzipielle Aufbau elektrischer Zählgeräte bzw. einiger Ionisationskammertypen dargestellt: Ein zylindrisches Gasvolumen ist in einem Glaskolben eingeschlossen. Dem Glaskolben liegt innen eine dünne zylindrische Metallelektrode (Kathode) an. Die Anode wird von einem Draht in der Kolbenachse gebildet. Die Gasfüllung besteht meist aus Edelgasen mit einem Zusatz von organischen Gasen zur Funkenlöschung.

An die Elektroden wird über einen Widerstand R eine Spannung U angelegt. U ist für jeden Gerätetyp eine fixe Spannung. Eine Änderung der Leitfähigkeit des Gases im Kolben durch die eintreffenden Strahlungsteilchen erzeugt Stromimpulse $\Delta I = dQ/dt$. Deren Spannungsabfälle $U_A = R \cdot \Delta I$ am Widerstand R werden von der nachgeschalteten Elektronik verstärkt und weiter verarbeitet, z. B. nach der Größe sortiert und gezählt. Die im Gas primär von der einfallenden Strahlung erzeugte elektrische Ladungsmenge Q_P ist i. a. sehr klein und schwer zu messen. Erhöht man

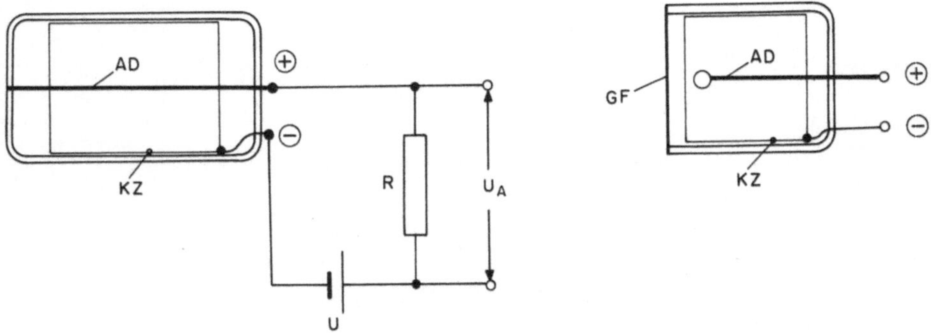

Abb. 19.4. Grundsätzliche Bauformen von Geiger-Müller-Zählrohren, Proportionalzählrohren und geschlossenen Ionisationskammern. *AD* = Anodendraht; *KZ* = Kathodenzylinder. Für energiearme Elektronenstrahlung und weiche Röntgenstrahlung wird im Kolbenmantel oder am Kolbenende (rechtes Bild) ein dünnes Glimmerfenster *GF* angeordnet. U_A = Ausgangsspannung

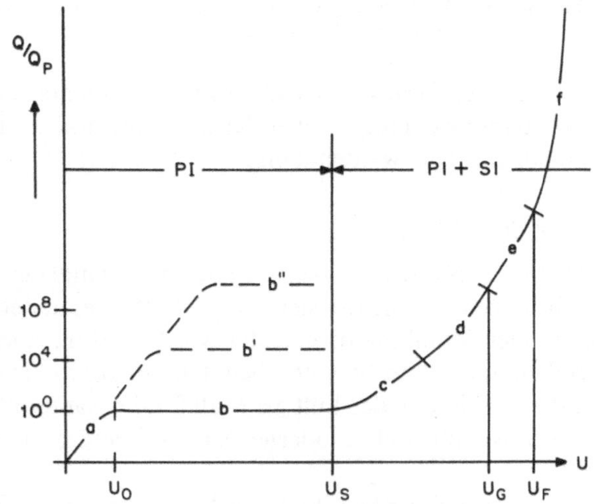

Abb. 19.5. Aus dem Gas abfließende elektrische Ladung Q pro primär von der ionisierenden Strahlung erzeugte Ladung Q_P. Bis zur Spannung U_S gibt es nur Primärionisation (*PI*), oberhalb von U_S gibt es zusätzliche Ladungen durch Sekundärionisation (*SI*). Nähere Erläuterung im Text

die Spannung U über einen bestimmten Wert (U_S in Abb. 19.5), kommt es durch Stoßionisation zu einer zusätzlichen, sekundär erzeugten Ladungsmenge Q_S. In Abb. 19.5 ist die aus dem Gasvolumen abfließende Ladungsmenge $Q = Q_P + Q_S$, bezogen auf die primär erzeugte Ladungsmenge Q_P, in Abhängigkeit von der Spannung U dargestellt.

Es gibt hier einige charakteristische Bereiche:

Abschnitt a: Bei kleinen Spannungen U verhält sich das Gas wie ein ohmscher Widerstand, allerdings mit extrem hohem Widerstandswert. Daß es hier überhaupt eine elektrische Leitfähigkeit gibt, liegt an der Strahlungsbelastung durch die Umwelt: Bei durchschnittlichen Umständen entstehen in Luft

2 Ionenpaare $cm^{-3} \cdot s^{-1}$ durch Höhenstrahlung und

8 Ionenpaare $cm^{-3} \cdot s^{-1}$ durch terrestrische Strahlung.

Bis zur Rekombination vergehen in Luft (STP) etwa 70 s, d. h. im Durchschnitt gibt es etwa 700 Ionenpaare cm^{-3}. Durch die Spannung U bilden diese Ionenpaare einen elektrischen Strom dQ/dt. Bei kleineren Spannungen rekombinieren allerdings einige Ionenpaare schon vor dem Erreichen der Elektroden. Dies verkleinert den auftretenden Strom. Erst bei der Sättigungsspannung U_0 erreichen alle primär entstandenen Ladungen auch die Elektroden.

Abschnitt b: Die Stromstärke ist nun unabhängig von der Spannung U und nur durch die Rate dQ_P/dt, mit der neue Ionenpaare entstehen, festgelegt: dies ist der Sättigungsbereich, gleichzeitig der Betriebsbereich der Ionisationskammer, s. Kapitel 22.1. Der Strom $I = dQ/dt = dQ_P/dt$ ist ein direktes Maß für die aus der ionisierenden Strahlung vom Gasvolumen absorbierte Leistung. Nimmt diese zu, nimmt auch der Sättigungsstrom zu. Dies ist in Abb. 19.5 durch die Graphen b' und b'' angedeutet.

Abschnitt c: Bei der Spannung $U = U_S$ beginnt die Stoßionisation. Es kommt zu einer Verstärkung der abfließenden elektrischen Ladung Q. Diese sogenannte Gasverstärkung—im Gegensatz zu einer etwaigen nachfolgenden elektronischen Verstärkung—kann je nach Spannung U so groß werden, daß sogar einzelne Ionisierungsakte als elektrische Impulse nachgewiesen werden können. Q ist hier proportional zur primär erzeugten Ladung Q_P. Daher können Impulse unterschiedlich stark ionisierender Teilchen unterschieden und getrennt gezählt werden. Das ist der Betriebsbereich des Proportionalzählers. Er eignet sich sowohl für Energiemessungen (Spekrometrie und Dosimetrie) als auch zur Impulszählung. Allerdings ist der Strom dieses Geräts nur annähernd proportional zur Leistung der absorbierten Strahlung. Es reicht daher nur für geringere Ansprüche an die Meßgenauigkeit.

Abschnitt d: Mit weiter zunehmender Spannung U geht die Proportionalität zwischen Q_P und Q zunehmend verloren, bis ab U_G, im sogenannten Auslösebereich des

Abschnitts e bzw. des sogenannten Geiger-Müller-Bereichs, Q unabhängig von Q_P wird. Die einzelnen Ionisierungsakte lösen nun elektrische Impulse aus, die von der primären Ionisierung unabhängig sind. Streng genommen ist nun nur mehr eine Ereigniszählung möglich. Energie und Art der ionisierenden Teilchen können nicht mehr ermittelt werden. (Man kann daher mit dem Geiger-Müller-Zähler Dosismessungen nur dann ausführen, wenn die Energie der ionisierenden Teilchen von vorneherein schon bekannt ist.)

Abschnitt f: Wird U weiter erhöht, kommt es ab U_F zur Ausbildung einer Dauerentladung, die auch nach Ausbleiben der ionisierenden Strahlung bestehen bleibt. Das ist der Betriebsbereich der Gasentladungslampen. Bei größeren Stromstärken entsteht ein Lichtbogen, der ohne Strombegrenzung durch einen äußeren Widerstand (R in Abb. 19.4) das Entladungsrohr zerstört. Dieser Lichtbogen bildet die Basis für die Bogenlampen (Xenonlampen, Quecksilberlampen etc., s. Kapitel 25.1).

Gasdetektoren haben geringe Dichte des Detektormaterials. Für Photonenstrahlung und sehr energiereiche Teilchen ist die Nachweiswahrscheinlichkeit sehr klein. Dies läßt sich durch Festkörper als Detektormaterial entscheidend verbessern; deren Massendichte ist rund 2000 × größer als die des Gases im Geiger-Müller-Zähler.

Szintillationszähler. Der Detektor dieses Zählers besteht aus einem Szintillator, das ist ein Kristall, in dem die eintreffende Strahlung Fluoreszenz-Lichtblitze erzeugt, die in einem angeschlossenen Sekundärelektronen-Vervielfacher (SEV) oder Photomultiplier in elektrische Impulse umgewandelt und verstärkt werden, s. Abb. 19.6.

Szintillator und Glaskolben befinden sich in einem lichtdichten Gehäuse. Als Szintillatoren werden verschiedene anorganische Kristalle und Gläser, aber auch organische Kristalle wie Anthrazen und Kunststoffe benutzt. Die anorganischen Stoffe erhalten erst durch Aktivierung, d. h. durch Dotierung mit Fremdatomen, ihre Fluoreszenzfähigkeit. Der wichtigste Szintillator in der Nuklearmedizin ist nach wie vor der mit Thallium aktivierte Natriumiodid-Kristall (NaI:Tl), der sich besonders für Photonenstrahlung eignet. Für schwere geladene Teilchen hingegen eignen sich dünne Schichten aus ZnS, aktiviert mit Ag-Atomen. Organische Szintillatoren benötigen hingegen keine Aktivierung. Ihr Fluoreszenzvermögen beruht auf den π-Elektronen ihrer konjugierten Doppelbindungen. Diese Szintillatoren zeichnen sich durch hohe Zeitauflösung aus, ihr Wirkungsgrad ist jedoch kleiner als jener der anorganischen Szintillatoren.

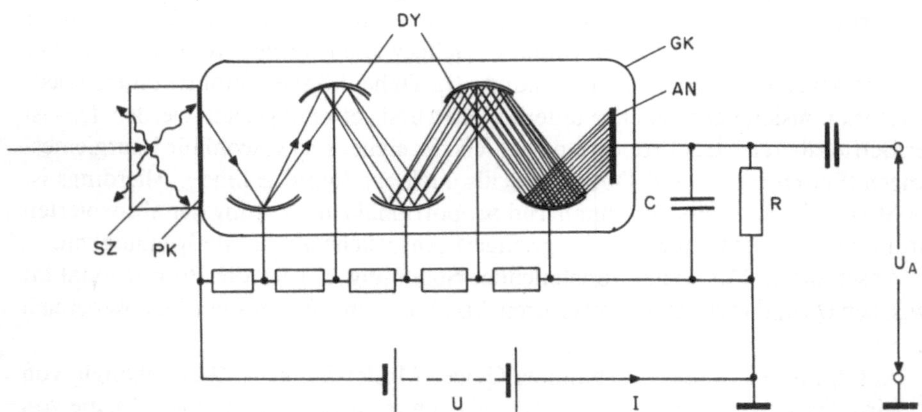

Abb. 19.6. Szintillationszählrohr. *GK* = evakuierter Glaskolben, *SZ* = Szintillator, *PK* = Photokathode, *DY* = Dynoden für die Sekundärelektronen-Verstärkung, *AN* = Anode, U_A = Ausgangsspannung, $U \doteq 1$ kV

Die vom Szintillator kommenden Photonen treffen auf die Photokathode und setzen per Photoeffekt Elektronen frei, die in der nachfolgenden Dynodenkette durch Elektronenstoß an der Dynodenoberfläche Sekundärelektronen auslösen und so vervielfältigt werden. Es ergibt sich ein lawinenartiges Anwachsen des Stroms; Verstärkungen bis zu 10^{10} werden erreicht. Der Gesamtstrom fließt über den Widerstand *R* und liefert am Ausgang eine entsprechende Ausgangsspannung U_A.

Anstelle der voluminösen Sekundärelektronen-Vervielfacher werden auch Halbleiter-Photodetektoren und Lawinendioden an den Szintillator angeschlossen (s. Beispiel 12.16).

Halbleiterdetektoren. Ionisierende Strahlung erzeugt in Halbleitern (durch inneren Photoeffekt) Elektronen-Löcher-Paare. Zur Bildung eines solchen Ladungsträger-Paares ist beispielsweise in Si eine Energie von etwa 3,7 eV erforderlich. Das ist nur ein Bruchteil der in Luft zur Erzeugung eines Ladungsträgerpaars notwendigen Energie.

Ein einfacher Halbleiterkristall, mit zwei Kontaktelektroden versehen, kann bereits als Festkörper-Ionisationskammer verwendet werden. Wegen der Ordnungszahl-Abhängigkeit des Photoeffekts werden für Photonenstrahlung Kristalle mit großer Ordnungszahl, wie z. B. CdS oder CdSe, benutzt. Allerdings ist die Leitfähigkeitsänderung bei Halbleitern nicht bloß von der Dosisleistung, sondern auch von der Photonenenergie abhängig.

Für Messungen von Teilchenstrahlen eignen sich Sperrschichtdetektoren mit dünnen, an der Oberfläche aufgebrachten p-n-Übergängen, z. B. aus Si. Bei den Sperrschicht-Detektoren ist auch eine gleichzeitige Verstärkung des ausgelösten elektrischen Signals möglich. Die durch Ionisierung freigesetzten Ladungsträger entsprechen dem Emitterstrom im Transistor, s. Beispiel 12.15. Zur Messung energiereicher Strahlung sind möglichst dicke Sperrschichten erforderlich. Man erreicht mit speziellen Produktionsverfahren, wie dem Ionendriftverfahren, Schichtdicken bis 20 mm Dicke.

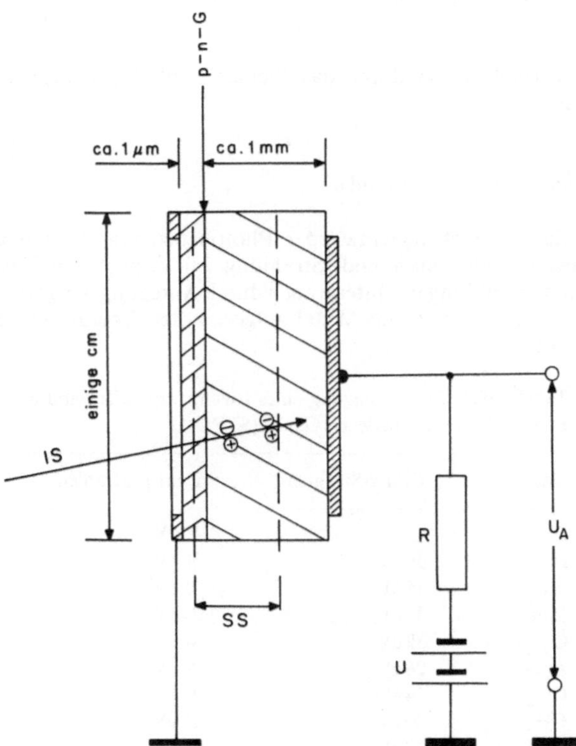

Abb. 19.7. Halbleiter-Sperrschicht-Detektor. *p-n-G* = p-n-Grenzschicht, *SS* = Sperrschicht, *IS* = ionisierende Strahlung, U_A = Ausgangsspannung, U = Diodenspannung

Zusammenfassung 19.A

I.

ELEMENT = Atome mit bestimmter Protonenzahl oder Ordnungszahl Z.
NUKLID = Atomkern mit bestimmter Protonenzahl Z und Neutronenzahl N.
ISOTOP = Atome oder Nuklide mit gleicher Ordnungszahl Z (ungleiche A).
ISOBAR = Nuklide mit gleicher Nukleonenzahl $A = N + Z$ (verschiedene Z).
ISOMER = Nuklide mit gleicher Protonenzahl Z und gleicher Nukleonenzahl A (aber in unterschiedlichen Anregungszuständen des Kerns).

Relative Atommasse A_R = Atommasse,

gemessen mit der Einheit $[A_R] = 1$ amu (= atomic mass unit) = $1\,u = \frac{1}{12}$ Masse eines neutralen Atoms des Isotops $^{12}C = 1{,}66043 \cdot 10^{-27}$ kg:

$$\{A_R\} = \text{Atommasse}/1\,\text{amu} \tag{19.1}$$

$\{A_R\}$ ist für Nuklide ziemlich genau gleich einer ganzen Zahl, der Massenzahl A; die Massenzahl A ist der Zahlenwert von A_R, gerundet auf eine ganze Zahl. Es gilt

$$A = Z + N. \tag{19.2}$$

Die im Periodensystem der Elemente (PSE) angegebene relative Atommasse A_R eines Elements ist je nach Isotopie dieses Elements u. U. weit entfernt von einer ganzen Zahl.

Analog ist M_R die relative Molekülmasse, gemessen mit der Einheit 1 amu.

Ein Nuklid ist festgelegt durch die Angabe seines chemischen Elementsymbols, was der Angabe der Ordnungszahl im PSE entspricht, plus der Angabe seiner Nukleonenzahl A; z. B. das Kohlenstoff-Nuklid mit $A = 14$:

$$^{14}_{6}C.$$

Da die Ordnungszahl bereits durch das Elementsymbol festgelegt ist, kann sie auch weggelassen werden:

$$^{14}C$$

reicht zur Kennzeichnung dieses Nuklids.

II. Strahlung, deren Teilchenenergie oder Photonenenergie E hinreicht, Atome oder Moleküle zu ionisieren, heißt ionisierende Strahlung. Für Atome liegt E zwischen 4 eV und 14 eV. Da ionisierende Strahlung in Materie auch durch Anregungsvorgänge Energie verliert, sind die pro erzeugtem Ionenpaar im Mittel aufgewandten Energiebeträge meist deutlich größer, s. Tabelle 19.1.

Tabelle 19.1. Zur Erzeugung eines Ionenpaars aufgewandte Energie E in verschiedenen Gasen (STPD)

Gas	E für α-Strahlen	E für β-Strahlen
He	—	42 eV
H_2	36 eV	36 eV
N_2	36 eV	35 eV
Luft	35 eV	34 eV
O_2	32 eV	31 eV
Ar	26 eV	26 eV
CO_2	34 eV	33 eV
CH_4	30 eV	27 eV
C_2H_6	27 eV	25 eV

Detektoren für ionisierende Strahlung messen die absorbierte Strahlungsenergie und/oder zählen die Ionisierungsprozesse. Die Intensität der Strahlung ist die auf die Zeit Δt bezogene, die Strahlquerschnittfläche A durchsetzende Strahlungsenergie ΔE (s. Gleichungen 15.1 und 16.4):

$$I = \frac{\Delta E}{A \cdot \Delta t}. \tag{19.3}$$

Da im Detektor nur die absorbierten Energiebeträge gemessen werden und oft ein erheblicher Teil der Strahlung den Detektor durchsetzt, ohne absorbiert zu werden, ist zur Messung von I die Kenntnis der Ansprech- oder Absorptionswahrscheinlichkeit im Meßvolumen erforderlich.

Die Energiedosis D ist die absorbierte Energie ΔE, bezogen auf die Masse Δm des absorbierenden Materials:

$$D = \frac{\Delta E}{\Delta m}. \tag{19.4}$$

Beispiel 19.1. Nebelkammerbilder von α-Teilchen.

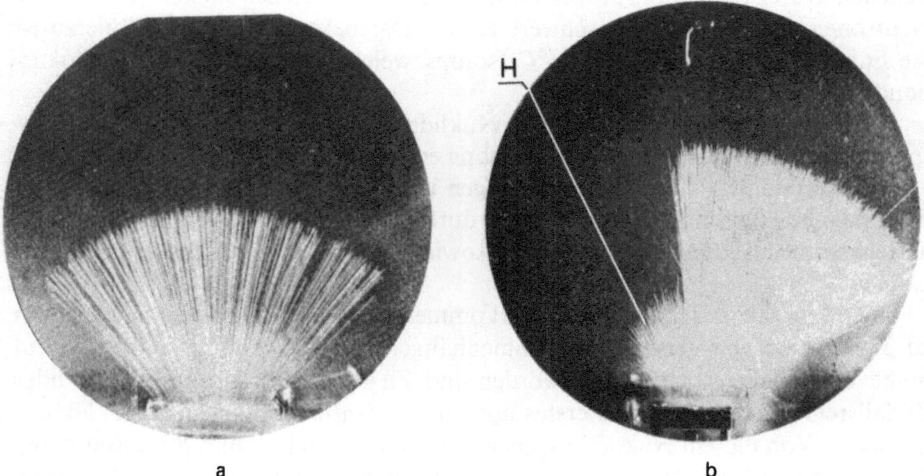

Abb. 19.8. Nebelkammeraufnahmen. **a** α-Teilchen in CO_2-Atmosphäre. Die Strahlungsquelle (^{226}Ra) befindet sich unten, etwas außerhalb des kreisförmigen Bilds (s. auch Abb. 19.3). Wegen der einheitlichen Energie der α-Teilchen sind die Nebelspuren fast gleich lang. Bei genauem Hinsehen erkennt man noch eine zweite, weniger als halb so lange Gruppe von Nebelspuren, die von einem zweiten α-Strahler stammt. **b** Hier wurde die α-Quelle in der linken Hälfte durch eine dünne H-reiche Folie abgedeckt. Die α-Teilchen werden durch die Folie abgebremst, ihre restliche Reichweite in der Nebelkammer ist entsprechend kleiner. Ein H-Kern ist zentral getroffen worden, er hat eine dem Massenverhältnis entsprechend (s. Beispiel 3.18) größere Geschwindigkeit erteilt bekommen und erzeugt eine entsprechend lange Nebelspur (mit „*H*" gekennzeichnet). Bilder: L. Meitner, 1927

19.2 Radioaktive Umwandlung

a) Natürliche Radioaktivität

Die in der Natur vorkommenden radioaktiven Nuklide sind unterschiedlichen Ursprungs: Zunächst sind da radioaktive Urnuklide, die seit ihrer Entstehung aufgrund ihrer großen Halbwertszeiten noch immer in der Natur vorhanden sind (sog. primordiale Nuklide). Dazu zählen einerseits die Mitglieder der natürlichen

Umwandlungsreihen und andererseits die sog. isolierten radioaktiven Urnuklide. Zu den letzteren zählen das auch im menschlichen Körper anzutreffende ^{40}K (zu 0,0117% im natürlichen K enthalten), sowie ^{87}Rb und mehrere Schwermetalle, z. B. ^{204}Pb mit der extrem großen Halbwertszeit von $1{,}4\cdot 10^{17}$ a.

Ferner gibt es noch die sog. nacherzeugten radioaktiven Nuklide. Dazu zählen die kosmogenen radioaktiven Nuklide, die von der kosmischen Strahlung in den oberen Atmosphärenschichten erzeugt werden. Die kosmische Strahlung stammt aus Kernreaktionen auf der Sonne (solare Komponente) und wahrscheinlich hauptsächlich von Supernovae in der Milchstraße (galaktische Komponente). Beide Komponenten bestehen zum Großteil aus energiereichen Protonen (etwa 90%) und α-Teilchen. Die Protonen der galaktischen Komponente besitzen ein breites Energiespektrum, das ein Maximum bei etwa 300 MeV aufweist und bis 10^{14} MeV reicht. Daneben werden noch α-Teilchen und wenige schwere Ionen bis zum Fe beobachtet. Die solare Komponente besteht aus Protonen mit Energien bis etwa 40 MeV und α-Teilchen. Durch Spallationsprozesse mit den Luftbestandteilen entstehen Protonen, Neutronen und verschiedene schwere Kerne. Das bekannteste Beispiel hierzu ist die Entstehung des radioaktiven ^{14}C-Isotops, welches die Basis für die Radiokarbondatierung bildet (s. Beispiel 19.3).

Geringfügige Mengen radioaktiver Nuklide entstehen auch durch die Spontanspaltung des ^{238}U; durch Neutroneneinfang entstehen ferner aus ^{238}U auch Spuren von ^{239}Np und ^{239}Pu. Zusätzlich gelangen künstliche radioaktive Nuklide durch die friedliche Nutzung der Kernenergie, durch die Erzeugung von Radionukliden für technische und medizinische Zwecke sowie durch die Kernwaffenversuche in die Umwelt.

Die Mehrzahl der in der Natur vorkommenden radioaktiven Nuklide gehören zu 3 verschiedenen genetisch zusammenhängenden Umwandlungsreihen, die in mühevoller Kleinarbeit erforscht worden sind. Zu jeder dieser Umwandlungs- oder Zerfallsreihen gibt es ein schwerstes noch in der Natur vorhandenes Nuklid, das Urnuklid. Von diesem Nuklid ausgehend entstehen durch α- und β-Umwandlung die einzelnen Mitglieder, bis am Schluß ein stabiles Nuklid auftritt. Wie man leicht einsieht, ändern sich die Massenzahl A und die Ordnungszahl Z bei der α-Umwandlung um -4 bzw. -2, bei der β-Umwandlung ändert sich nur die Ordnungszahl Z, u. zw. bei der β^--Umwandlung um $+1$ und bei der β^+-Umwand-

Tabelle 19.2. Urnuklide und stabile Endnuklide der 3 (4) natürlichen Umwandlungsreihen. n = ganze Zahl

Name der Umwandlungsreihe	Urnuklid	Endnuklid	Massenzahlformel
Uraniumreihe	^{238}U	^{206}Pb	$A = 4\cdot n + 2$
Actiniumreihe	^{235}U	^{207}Pb	$A = 4\cdot n + 3$
Thoriumreihe	^{232}Th	^{208}Pb	$A = 4\cdot n + 4$
Neptuniumreihe	^{237}Np (^{241}Pu?)	^{209}Bi	$A = 4\cdot n + 1$

lung um -1. Die Emission von γ-Strahlung ist weder mit einer Veränderung der Massenzahl A noch der Ordnungszahl Z verbunden.

Tatsächlich hat man in der Natur nur die ersten drei Umwandlungsreihen der Tabelle 19.2 angetroffen. Da sich die Massenzahlen A bei den radioaktiven Umwandlungen entweder um 4 oder nicht ändern, kann man A durch die in der letzten Spalte dieser Tabelle angegebene allgemeine Formel ausdrücken, wobei n eine natürliche Zahl ist. In der Natur fehlte offenbar eine Umwandlungsreihe mit der Massenzahl $4 \cdot n + 1$. Die Existenz dieser Umwandlungsreihe wurde erst 1942 aufgrund von künstlich im Reaktor hergestellten Nukliden nachgewiesen. Da das langlebigste Mitglied dieser Reihe, das ^{237}Np, nur eine im Vergleich zum Erdalter sehr kurze Halbwertszeit von $2{,}14 \cdot 10^{+6}$ a hat, ist diese Reihe in der Natur offenbar ausgestorben.

b) Umwandlungsgesetz

Schon M. und P. Curie hatten (1898) beobachtet, daß radioaktiv strahlende Substanzen spontan, d. h. ohne äußere Einwirkung, mit einer für sie charakteristischen Halbwertszeit „verschwanden" (sich umwandelten). Sie untersuchten auch die Frage, ob sich die Radioaktivität durch Erwärmen oder Abkühlen des Stoffs oder durch andere Maßnahmen beeinflussen ließe, jedoch ohne Erfolg. Auch die Art der chemischen Bindung, in der das radioaktive Nuklid vorlag, war für die Halbwertszeit völlig belanglos. Dies und die hohen Energien der emittierten Teilchen wiesen von Anfang an klar darauf hin, daß man es mit Vorgängen im Atomkern, nicht in der Atomhülle zu tun hatte. (Erst E. Segré und C. Wiegand gelang es, die Halbwertszeit durch chemische Prozesse, die die Elektronendichte am Kern verändern, geringfügig zu beeinflussen.)

Die von den Curies beobachtete Umwandlung eines Radionuklids mit einer charakteristischen Halbwertszeit bedeutet eine exponentielle Abnahme. Ein solches Gesetz erhält man schon aus der simplen Annahme, daß die Wahrscheinlichkeit für eine radioaktive Umwandlung für jeden Kern einer homogenen Substanz gleich groß ist und nur proportional zur Größe des betrachteten Zeitintervalls ist — völlig unabhängig davon, wie lange der Kern vorher schon existierte. Liegt also zum Zeitpunkt t eine Anzahl $N(t)$ von Kernen vor, wandeln sich davon im Zeitintervall dt

$$dN = -K \cdot N(t) \cdot dt$$

um. Die Proportionalitätskonstante K heißt Umwandlungskonstante. Das negative Vorzeichen stellt $dN < 0$ sicher, also ein Abnahme der vorhandenen Anzahl $N(t)$. Integriert gibt das

$$N(t) = N(0) \cdot \exp(-K \cdot t).$$

Dies ist das Zeitgesetz der radioaktiven Umwandlung. Die Zeitspanne Δt, in der N von $N(0)$ auf den Bruchteil $N(0)/e$ abnimmt, heißt die mittlere Lebensdauer des Nuklids. Diese beträgt

$$\Delta t = \frac{1}{K}.$$

Die Halbwertszeit $T_{1/2}$ ist die Zeitspanne, nach der 50% der anfangs vorliegenden Atome umgewandelt sind:

$$N(T_{1/2}) = \frac{N(0)}{2} = N(0)\cdot\exp(-K\cdot T_{1/2}),$$

woraus

$$T_{1/2} = \frac{\ln 2}{K} = \frac{0{,}693}{K}.$$

folgt.

Die Halbwertszeiten der bekannten Radionuklide reichen von etwa 10^{-16} s (^{8}Be) bis zu $2\cdot 10^{18}$ a (^{209}Bi).

Daß die obigen einfachen Überlegungen zum richtigen Umwandlungsgesetz geführt haben, hat zwei wichtige Konsequenzen, nämlich 1., daß über die Umwandlung eines konkreten Kerns nur eine statistische Aussage möglich ist, und 2., daß die radioaktive Umwandlung unabhängig vom Alter des Kerns ist. Zur Illustration: ein einzelner Iodkern (^{123}I, $T_{1/2} = 13$ h), der eben erst im Zyklotron produziert worden ist, kann sich bereits innerhalb der nächsten Sekunde in ^{123}Te umwandeln (K-Einfang), er kann ebensogut noch nach einem Jahr vorhanden sein: radioaktive Umwandlung ist kein Alterungsprozeß!

c) Aktivität

Ein wichtiges Maß für die Strahlungsstärke eines radioaktiven Präparats ist die Aktivität a. Darunter versteht man die Umwandlungsrate dieser Stoffmenge oder die Häufigkeit, mit der sich in einem aus N Atomen bestehenden Präparat Umwandlungen ereignen:

$$a = -\frac{dN}{dt}.$$

Die Einheit von a ist:

$$[a] = 1\,\text{s}^{-1} = 1\,\text{Bq}\;(= 1\;\text{Becquerel}).$$

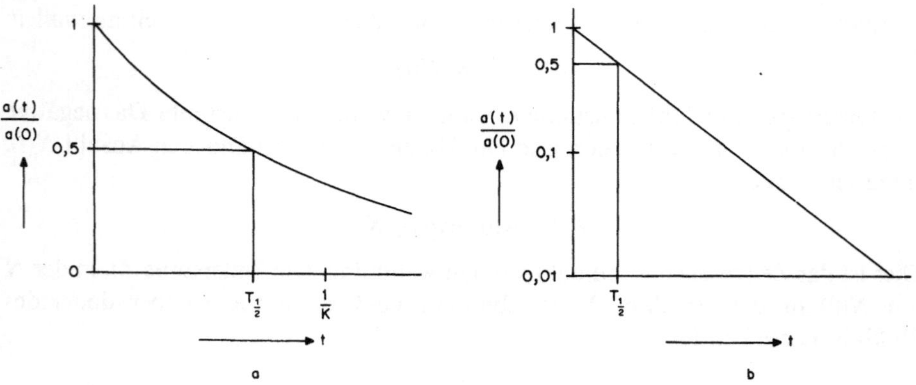

Abb. 19.9. Zeitlicher Verlauf der Aktivität $a(t)$ einer radioaktiven Substanz. $T_{1/2}$ = Halbwertszeit, K = Zerfallskonstante. **a** Lineare Ordinate. **b** Logarithmische Ordinate

Da N abnimmt, ist $dN/dt < 0$; das Minuszeichen stellt einen positiven Zahlenwert für a sicher. Wegen der exponentiellen Abnahme von $N(t)$, s. das obige Umwandlungsgesetz, nimmt bei einem einzelnen radioaktiven Nuklid auch dessen Aktivität exponentiell ab:

$$a(t) = -\frac{dN}{dt} = K \cdot N(0) \cdot \exp(-K \cdot t) = a(0) \cdot \exp(-K \cdot t)$$

mit $a(0) = K \cdot N(0)$. Abbildung 19.9 a zeigt den entsprechenden zeitlichen Verlauf. In einem halblogarithmischen Koordinatensystem (Abb. 19.9 b) ist der Graph eine Gerade, aus deren Verlauf die Halbwertszeit leicht bestimmt werden kann.

d) Radioaktives Gleichgewicht

Bei Radionukliden, die genetisch aufeinander folgen, gibt es einen engen Zusammenhang zwischen den Aktivitäten der Mutter-, Tochter-, Enkelnuklide etc. Wir betrachten im folgenden nur Mutter- und Tochtersubstanz und nehmen zunächst vereinfachend an, daß die Muttersubstanz eine sehr große Halbwertszeit besitzt. Dann gilt für die Anzahl der Atome N_M und N_T von Mutter- und Tochtersubstanz die folgende Bilanz:

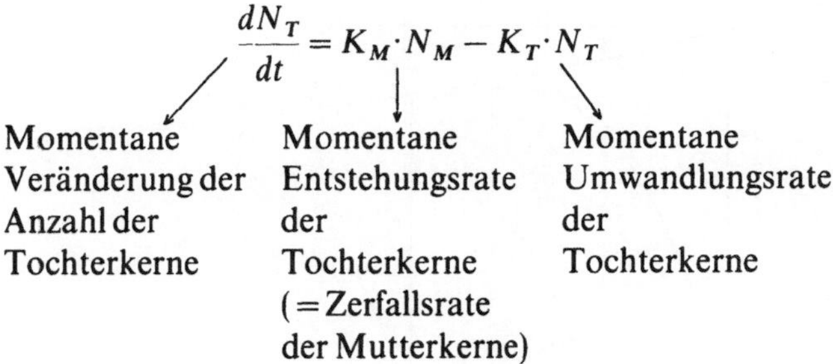

Mit Gleichung 19.10 wird daraus

$$\frac{1}{K_T} \cdot \frac{da_T}{dt} = a_M - a_T$$

bzw.

$$\frac{da_T}{a_M - a_T} = K_T \cdot dt$$

und integriert (mit a_M = konstant)

$$(a_M - a_T)\Big|_{\text{Zeitpunkt } t} = (a_M - a_T)\Big|_{\text{Zeitpunkt } 0} \cdot \exp(-K_T \cdot t).$$

Wir nehmen noch an, daß anfangs keine Tochtersubstanz vorliegt, d. h. $a_T(t = 0) = 0$. Dann ist

$$a_M - a_T = a_M \cdot \exp(-K_T \cdot t)$$

oder

$$a_T(t) = a_M \cdot (1 - \exp(-K_T \cdot t)).$$

Dieser Aktivitätsverlauf ist in der Abb. 19.10 a dargestellt. Genau genommen nimmt natürlich die Aktivität der Muttersubstanz ab, und man erhält den in der Abb. 19.10 b dargestellten Kurvenverlauf für die Aktivitäten von Mutter- und Tochtersubstanz. Hier wird $a_T(t)$ mathematisch durch eine *Bateman-Funktion* beschrieben. (Solche Zeitverläufe treten auch bei der Konzentration eines Wirkstoffs im Blut nach oraler Einnahme auf, weil der Wirkstoff erst über den Verdauungsapparat in die Blutbahn gelangt, was, analog wie die oben beschriebene Entstehung der Tochtersubstanz, exponentiell erfolgt.)

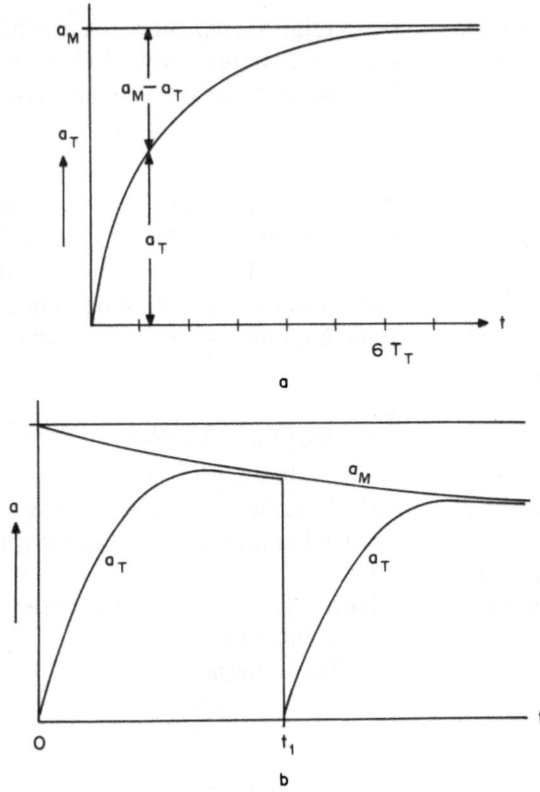

Abb. 19.10. **a** Vereinfachter Aktivitätsverlauf einer Tochtersubstanz (a_T) mit der Anfangsaktivität Null und (annähernd) konstanter Aktivität a_M der Muttersubstanz. Nach 6 Halbwertszeiten der Tochtersubstanz ($6T$) hat deren Aktivität 98,4% der Aktivität der Muttersubstanz erreicht, es herrscht praktisch radioaktives Gleichgewicht. **b** Aktivitätsverlauf eines Mutter-Tochter-Systems. Bei t_1 Entnahme der gesamten, seit $t = 0$ entstandenen Tochtersubstanz aus dem System

Zusammenfassung 19.B

I. Nukleonenzahl A und Protonenzahl Z ändern sich in einer radioaktiven Umwandlungsreihe nach dem Verschiebungssatz nach Fajans und Soddy:

	ΔA	ΔZ
α	-4	-2
β^-	0	$+1$
β^+	0	-1
γ	0	0

Da die Umwandlungsrate dN/dt proportional zur noch vorhandenen Anzahl $N(t)$ nicht umgewandelter Kerne ist, ergibt sich als Zeitgesetz der radioaktiven Umwandlung ein Exponentialgesetz:

$$N(t) = N(0) \cdot \exp(-K \cdot t). \tag{19.5}$$

Die Zeitspanne Δt, in der N von einem Wert $N(t)$ auf den Bruchteil $N(t)/e$ abnimmt, heißt die mittlere Lebensdauer des Nuklids. Diese beträgt

$$\Delta t = \frac{1}{K}. \tag{19.6}$$

Die Zeitspanne, nach der 50% der anfangs vorliegenden Kerne umgewandelt sind, heißt Halbwertszeit $T_{1/2}$:

$$T_{1/2} = \frac{\ln 2}{K} = \frac{0{,}693}{K}. \tag{19.7}$$

Trägt man den Graphen von Gleichung 19.5 in einem linearen Koordinatensystem auf, bekommt man die Exponentialkurve von Abb. 19.11.

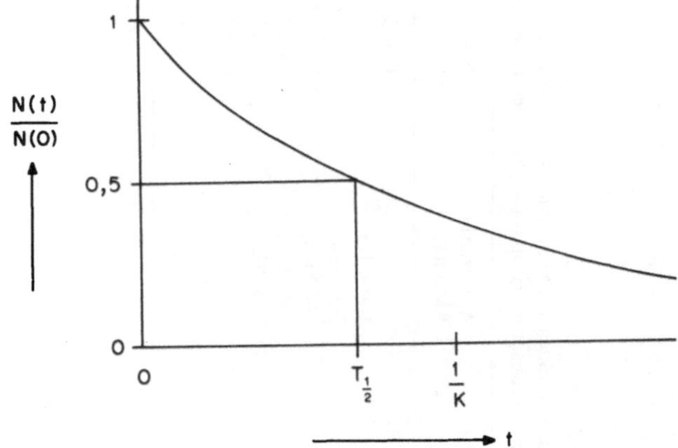

Abb. 19.11. Umwandlungskurve radioaktiver Nuklide. $N(t)$ = Anzahl der nicht umgewandelten Kerne. T = Halbwertszeit, $1/K$ = mittlere Lebensdauer

II. Die Aktivität a ist die Umwandlungsrate (= Anzahl der Umwandlungen dN bezogen auf die Zeit dt) einer radioaktiven Substanz oder die Häufigkeit, mit der sich in einem aus N Atomen bestehenden Radionuklid-Präparat Umwandlungen ereignen:

$$a = -\frac{dN}{dt}. \tag{19.8}$$

Die SI-Einheit von a ist:

$$[a] = 1\,\text{s}^{-1} = 1\,\text{Bq}\,(= 1\ \text{Becquerel}).$$

Die Aktivität eines radioaktiven Nuklids nimmt exponentiell (mit gleicher Umwandlungskonstanten K und gleicher Halbwertszeit $T_{1/2}$ wie die Zahl der vorhandenen Kerne) ab:

$$a(t) = -\frac{dN(t)}{dt} = a(0) \cdot \exp(-K \cdot t) \tag{19.9}$$

oder

$$a(t) = K \cdot N(t). \tag{19.10}$$

Tabelle 19.3. Einige Beispiele für Radionuklide, die in der Nuklearmedizin eingesetzt werden. Die angegebenen Aktivitäten sind Durchschnittswerte. *MAA* = makroaggregiertes Albumin, *MDP* = Methylen-Diphosphonsäure, Hippuran = Salz der Iodhippursäure

Nuklid	$T_{1/2}$	Hauptsächliche Photonenenergien	Applizierte Aktivität	Radiopharmakon	Untersuchungsverfahren
^{67}Ga	78 h	0,093; 0,184; 0,296; 0,388 MeV	100 MBq	Ga-Zitrat	Tumorszintigraphie
^{99m}Tc	6,03 h	0,14 MeV	500 MBq	Tc-Pertechnetat	Hirnszintigraphie
^{99m}Tc	6,03 h	0,14 MeV	40 MBq	Tc-MAA	Angioszintigraphie
^{99m}Tc	6,03 h	0,14 MeV	500 MBq	Tc-MDP	Knochenszintigraphie
^{123}I	13 h	0,159 MeV	8 MBq	I gelöst in H_2O	Schilddrüsen-Szintigraphie
^{131}I	8 d	0,364 MeV	1 MBq	I-Hippuran	Nephrographie
^{133}Xe	5,3 d	0,081 MeV	1 GBq	Luftgemisch	Lungenventilation
^{201}Tl	73 h	0,081; 0,135; 0,167 MeV	50 MBq	Tl-Chlorid	Myokardszintigraphie

Zwischen den Aktivitäten a_M und a_T von Mutter- bzw. Tochtersubstanz gilt für den Fall, daß anfangs keine Tochtersubstanz vorliegt, d. h. $a_T(t=0)=0$, und $a_M=$ konstant ist

$$a_T(t) = a_M \cdot (1 - \exp(-K \cdot t)). \tag{19.11}$$

(Abbildung 19.10 b zeigt den Aktivitätsverlauf eines solchen Mutter-Tochter-Systems).

Anmerkungen

1. Da die Stoffmasse $m = N \cdot A_R = n \cdot N_A \cdot A_R$ bzw. bei Molekülen $m = N \cdot M_R = n \cdot N_A \cdot M_R$ ist (s. Gleichung 6.5), gilt die Gleichung 19.5 auch, wenn man anstelle N die Stoffmenge n oder die Masse m des Radionuklids einsetzt:

$$n(t) = n(0) \cdot \exp(-K \cdot t) \tag{19.12}$$

$$m(t) = m(0) \cdot \exp(-K \cdot t). \tag{19.13}$$

2. Gibt es für ein Nuklid mehrere Umwandlungsmöglichkeiten, etwa mit den Umwandlungskonstanten $K_1, K_2, \ldots$, dann ist die Zahl der Umwandlungen im Zeitintervall dt:

$$dN = -K_1 \cdot N(t) \cdot dt - K_2 \cdot N(t) \cdot dt - \cdots$$
$$= -(K_1 + K_2 + \cdots) \cdot N(t) \cdot dt,$$

d. h. die Umwandlungskonstante ist hier die Summe aus den Umwandlungskonstanten der Teilprozesse.

$$K = K_1 + K_2 + \cdots. \tag{19.14}$$

3. Bis 1975 war die Einheit der Radioaktivität das Curie (Ci):

$$[a] = 1\,\mathrm{Ci} = 3{,}7 \cdot 10^{10}\ \text{Umwandlungen je } 1\,\mathrm{s} = 37\,\mathrm{GBq}.$$

Diese Einheit entspricht der Aktivität von 1 Gramm ^{226}Ra mit allen Folgeprodukten.

4. Wenn die Halbwertszeiten von Mutter- und Tochternuklid etwa gleich groß sind, ist die obige Überlegung nicht mehr gültig. Die Nacherzeugung des Tochternuklids erfolgt dann nämlich aus einem sich ähnlich schnell umwandelnden Mutternuklid. Es stellt sich ein sogenanntes „laufendes Gleichgewicht" ein, bei dem die Aktivität a_T der Tochter um den Faktor $K_T/(K_T - K_M)$ größer ist als die Aktivität der Mutter:

$$a_T = \frac{K_T}{K_T - K_M} \cdot a_M. \tag{19.15}$$

5. Ist die Halbwertszeit des Mutternuklids deutlich größer als die des Tochternuklids, dann sind im radioaktiven Gleichgewicht die Aktivitäten von Mutter- und Tochtersubstanzen gleich; dieser Zustand heißt Dauergleichgewicht. Wegen der Gleichungen 19.10 und 6.5 verhalten sich die Stoffmengen einer Zerfallsreihe im radioaktiven Gleichgewicht wie die Halbwertszeiten:

$$n_1(t=\infty) : n_2(t=\infty) : \cdots = T_{1/2,1} : T_{1/2,2} : \cdots. \tag{19.16}$$

Die beschriebenen Zusammenhänge zwischen den Aktivitäten spielen eine wichtige Rolle bei den Mutter-Tochter-Systemen der Nuklearmedizin.

Beispiel 19.2. Die Abb. 19.12 gibt einen Überblick über die Uraniumreihe. Da sich die Kerne einiger Nuklide durch Emission entweder von α- oder von β-Teilchen umwandeln können, treten bei diesen Verzweigungen auf. Ferner gibt es beim Thorium-Isotop ^{234}Th zwei unterschiedliche β-Zerfälle; das Ergebnis sind zwei Isomere des ^{234}Pa. Auch die künstlich hergestellten radioaktiven Nuklide können Zerfallsreihen besitzen. Ein Beispiel hierzu ist in der Abb. 19.12 ebenfalls eingetragen.

Beispiel 19.3. *Radiokarbondatierung* archäologischer Funde. Das in höheren Schichten der Atmosphäre entstehende ^{14}C-Isotop (β^--Strahler) gelangt im CO_2 zur Erdoberfläche. Es zerfällt mit einer Halbwertszeit von 5730 a. Da es laufend nachgebildet wird, stellt sich ein stabiles Verhältnis von ^{14}C- zu ^{12}C-Atomen in der Atmosphäre und damit auch (durch Assimilation) in den Pflanzen ein. Über die Nahrungskette gelangt das ^{14}C im selben Verhältnis auch in den Stoffwechsel tierischer und menschlicher Körper.

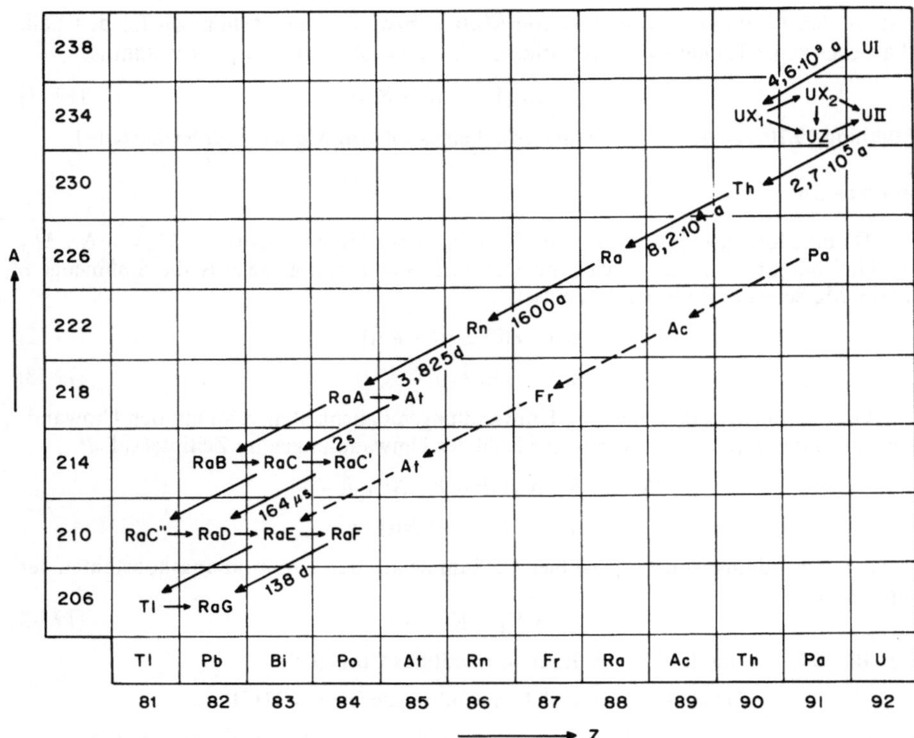

Abb. 19.12. Uranium-Umwandlungsreihe. In dem Diagramm sind einige historische Bezeichnungen der Nuklide und einige Halbwertszeiten eingetragen. Die gestrichelte Zerfallsreihe gehört zu dem künstlichen Nuklid ^{226}Pa

Mit dem Tod eines Lebewesens jedoch endet der Stoffwechsel, die Zahl der stabilen ^{12}C-Atome bleibt unverändert, die der radioaktiven ^{14}C-Atome nimmt mit der Halbwertszeit von 5730 a ab. Das Alter der zu datierenden Stoffprobe wird aus dem Vergleich der Aktivität des ^{14}C mit der eines entsprechenden Stoffs der Gegenwart ermittelt.

Es gibt allerdings eine ganze Reihe von Einflüssen, die die Radiokarbondatierung erschweren. Dazu zählen u. a. die zeitliche Veränderung der Intensität der auf die Erdatmosphäre einwirkenden kosmischen Strahlung, die durch den Kernwaffen-Effekt bedingte Erhöhung der ^{14}C-Konzentration in der Atmosphäre und die seit Mitte des 19. Jahrhunderts durch die Verbrennung von fossilem Kohlenstoff erfolgende Erniedrigung des ^{14}C-Gehalts im atmosphärischen CO_2.

Beispiel 19.4. Das von M. Curie entdeckte Polonium-Isotop ^{210}Po hat eine Halbwertszeit von $T_{1/2} =$ 138,4 d. 1 Jahr später ist von einer gegebenen Anfangsmenge nur mehr der Bruchteil $\exp(-K\cdot t) = \exp(-0{,}693\cdot t/T) = \exp(-0{,}693\cdot 365/138{,}4) = \exp(-1{,}828) = 0{,}16$ vorhanden.

Beispiel 19.5. Bei der *Strahlenbehandlung der Hyperthyreose* werden bei fraktionierter Bestrahlung mehrere kleine Radioiodfraktionen (^{131}I) mit Aktivitäten $a(0)$ von je etwa 3 mCi oral in Form von NaI verabreicht. Wie groß ist die Masse m des NaI für eine Fraktion (die Halbwertszeit von ^{131}I beträgt 8,02 d)?

Zunächst berechnen wir die erforderliche Anzahl $N(0)$ der ^{131}I-Atome aus der Aktivität $a(0)$:

Aus Gleichung 19.7:

$$K = \ln 2/T_{1/2} = 0{,}693/(8{,}02\cdot 24\cdot 3600\,\mathrm{s}) = 1\cdot 10^{-6}\,\mathrm{s}^{-1}.$$

Aus Gleichung 19.10:

$$N(0) = a(0)/K = 3\cdot 10^{-3}\cdot 3{,}7\cdot 10^{10}\,\mathrm{Bq}/10^{-6}\,\mathrm{s}^{-1} = 1{,}11\cdot 10^{14}.$$

Die erforderliche Stoffmenge n ist somit:

Aus Gleichung 6.5: $n = N(0)/N_A = 1{,}11\cdot 10^{14}/6{,}02\cdot 10^{23}\,\mathrm{mol}^{-1} = 0{,}184\cdot 10^{-9}\,\mathrm{mol}.$

$n = 1$ mol NaI hat die Masse $m = (23 + 131)\,g = 154\,g$.
Die obige Stoffmenge NaI hat daher die Masse

$$m = 154\,g \cdot mol^{-1} \cdot 0{,}184 \cdot 10^{-9}\,mol = 28{,}3\,ng.$$

Beispiel 19.6. *Radionuklidgenerator*. In der Nuklearmedizin werden kurzlebige Radionuklide hauptsächlich für diagnostische Zwecke benötigt. Kurzlebige Radionuklide haben den Vorteil, daß für die betreffende Untersuchung nur eine geringe Menge in den Körper eingebracht (appliziert) werden muß, weil sie sehr aktiv sind. Außerdem verschwinden sie auch wieder entsprechend schnell, was die Strahlenbelastung des Körpers klein hält. Allerdings kann man aus diesen Gründen kurzlebige Radionuklide auch nicht auf Vorrat halten. Um dennoch jederzeit über diese Substanzen verfügen zu können, benutzt man sogenannte Mutter-Tochter-Systeme bzw. Radionuklidgeneratoren. Ein sehr viel benutztes Mutter-Tochter-System ist der Technetium-Radionuklidgenerator (Abb. 19.13). In ihm wird aus der radioaktiven Muttersubstanz ^{99}Mo, einem Betastrahler, das Technetium-Isomer ^{99m}Tc gewonnen.

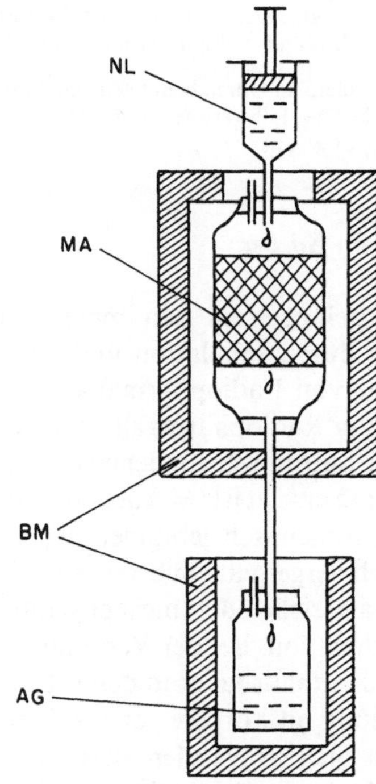

Abb. 19.13. Generatorsystem zur Gewinnung von ^{99m}Tc durch Elution mit NaCl-Lösung. Die langlebige Muttersubstanz ist auf einem Ionenaustauscher (Al_2O_3) adsorbiert. Die entstandene Tochtersubstanz kann mit isotoner Kochsalzlösung eluiert und entnommen werden. *NL* = sterile physiologische NaCl-Lösung, *MA* = ^{99}Mo auf Al_2O_3, *BM* = Bleimantel, *AG* = Auffanggefäß für ^{99m}Tc-Lösung

Beispiel 19.7. Aus einem ^{99m}Tc-Radioisotopengenerator kann (beispielsweise) am ersten Tag um 9 Uhr noch eine Tc-Menge mit einer Aktivität von $a(0) = 5$ GBq eluiert werden. Welche maximale Aktivität $a(1d)$ kann einen Tag später um 9 Uhr noch eluiert werden? Die Halbwertszeit von ^{99}Mo beträgt $2{,}8d$.

$$a(1d) = a(0) \cdot \exp(-0{,}693 \cdot 1d/2{,}8d) = 5\,GBq \cdot \exp(-0{,}2475) = 3{,}9\,GBq.$$

Aufgabe 19.1. Welcher Bruchteil eines Radionuklids ist nach 4 Halbwertszeiten noch vorhanden.

Aufgabe 19.2. Zur geologischen Altersbestimmung von Gesteinen kann die Kalium-Argon-Methode benutzt werden, da K in den meisten Mineralen enthalten ist. Im Element K kommt das Nuklid ^{40}K (heute) mit einer relativen Häufigkeit von 0,0117% vor. ^{40}K wandelt sich mit einer Halbwertszeit von $1{,}23 \cdot 10^9$ a in stabiles ^{40}Ar um. Durch Bestimmung des Verhältnisses der Konzentrationen von ^{40}K und ^{40}Ar kann das Alter des betreffenden Gesteins bestimmt werden.

Angenommen, das Verhältnis der Konzentrationen von ^{40}K zu ^{40}Ar beträgt in einem Gestein genau $c(^{40}K):c(^{40}Ar) = 1:1$, wie alt ist das Gestein?

Aufgabe 19.3. In Uranerzen befindet sich ^{238}U (Halbwertszeit $T_{1/2} = 4{,}6\cdot 10^9$ a; $A_R = 238{,}03$u) mit den Folgenukliden im radioaktiven Gleichgewicht. Welche Masse ^{226}Ra (Halbwertszeit $T_{1/2} = 1600$ a; $A_R = 226{,}025$) ist in 1 kg reinem Uran enthalten?

Anleitung:

1. Die Stoffmengen verhalten sich nach Gleichung 19.16 wie die Halbwertszeiten (T):

$$n_{\mathrm{Uran}}:n_{\mathrm{Radium}} = T_{\mathrm{Uran}}:T_{\mathrm{Radium}}$$

2. Die Stoffmassen sind

$$m_{\mathrm{Uran}} = n_{\mathrm{Uran}}\cdot A_{\mathrm{R,\,Uran}}\cdot 1\,\mathrm{g}$$
$$m_{\mathrm{Radium}} = n_{\mathrm{Radium}}\cdot A_{\mathrm{R,\,Radium}}\cdot 1\,\mathrm{g}.$$

Aufgabe 19.4. Welche radioaktiven Nuklide hätte M. Curie—bei Verfügbarkeit beliebig empfindlicher Nachweismethoden—neben ^{230}Th, ^{218}Po und ^{226}Ra im Uranerz noch finden können?

Aufgabe 19.5. Die (veralteten) Leuchtziffern an Uhren benutzten eine Mischung aus ZnS als Fluoreszenzfarbstoff und ^{147}Pm als Strahlenquelle. Die Halbwertszeit von ^{147}Pm beträgt 2,5 a. Nach wieviel Jahren ist die Leuchtstärke der Ziffern auf $\frac{1}{16}$ abgesunken?

19.3 Radioaktive Substanzen im Körper

Radioaktive Substanzen gelangen in den menschlichen Körper ungewollt (akzidentell) aus der Umwelt durch Inhalation und/oder Ingestion oder gewollt (intentional), durch Aufnahme von Radiopharmaka in der nuklearmedizinischen Diagnostik und Therapie. Unter Radiopharmaka versteht man die in der Medizin genutzten Radionuklide sowie Substanzen, in denen ein stabiles Atom seiner Moleküle durch ein Radionuklidatom ersetzt ist (= Austauschmarkierung) oder an deren Moleküle ein Radionuklidatom chemisch gebunden ist (= Fremdmarkierung), aber auch entsprechende synthetisch hergestellte Substanzen. Die Applikation der Radiopharmaka erfolgt durch intraarterielle oder (meistens) intravenöse Injektion, sowie subkutan, oral oder durch Inhalation. Bei der Verteilung radioaktiver Substanzen im Organismus spielen die Aufenthaltsdauer in den extrazellulären und intrazellulären Flüssigkeiten, die Bindung an körpereigene Vehikel wie Erythrozyten und Serumproteine, die Diffusion im extravasalen Bereich und aktive biochemische Transportvorgänge eine Rolle. Radiopharmaka unterliegen meist qualitativ und quantitativ denselben Prozessen, wie das entsprechende stabile Isotop. Bei der nuklearmedizinischen Anwendung ist u. a. eine ausreichende Affinität oder Anreicherungsneigung des Radiopharmakons zu bestimmten Organen oder Krankheitsprozessen erwünscht.

Nach der Verteilung eines Radiopharmakons im Organismus wird es in der Regel Bestandteil metabolischer Vorgänge, z. B. in der Leber und schließlich über die Galle oder über die Nieren ausgeschieden, wobei es vorher in der Blase und v. a. im Dickdarm längere Zeit als lokale Strahlungsquelle wirken kann. In der Pulmologie benutzte radioaktive Gase werden hauptsächlich über die Lunge ausgeschieden.

In der in vivo-Diagnostik werden überwiegend Substanzen benutzt, die mit γ-strahlenden Radionukliden markiert sind. Die Verteilung dieser Radiopharmaka im Körper oder innerhalb verschiedener Organe kann dann von außen über die emittierte γ-Strahlung, ohne Eingriff am Patienten, erfolgen. Dies ist einer der wesentlichsten Vorteile der nuklearmedizinischen Indikatortechnik. Dabei sind präzise Angaben sowohl über die räumliche Verteilung (*Lokalisationsanalyse*) als auch über die zeitliche Veränderung (*Pharmakokinetik*) möglich. Wenn die Grenzen homogener Konzentrationen, also die Grenzen sogenannter Kompartimente, mit Organgrenzen zusammenfallen, ist auch eine *Funktionsanalyse* möglich.

Die Herstellung von künstlichen Radionukliden erfolgt durch Bestrahlung von stabilen oder radioaktiven Nukliden oder durch Abtrennung radioaktiver Nuklide aus den Spaltprodukten eines Kernreaktors. Die Bestrahlung in Reaktoren erfolgt durch die dort herrschenden hohen Neutronenflüsse; es entstehen neutronenreiche Isotope (β^--Strahler dominieren, s. Abb. 20.22). Die Bestrahlung in Beschleunigern erfolgt durch geladene Teilchen, meist Protonen oder Deuteronen; es entstehen neutronenarme Isotope (β^+-Strahler dominieren). Von den über 2000 bekannten Radionukliden haben nur einige Dutzend Bedeutung in der Medizin erlangt. Für die meisten körpereigenen Substanzen wäre eine Markierung mit Radioisotopen der Elemente C, N und O das Natürliche. Leider haben die γ-strahlenden Isotope dieser Elemente sehr kurze Halbwertszeiten. Sie stehen daher nur bei direktem Zugriff zu einem Beschleuniger zur Verfügung.

Wegen der erforderlichen Reichweite finden für diagnostische Zwecke hauptsächlich γ-Strahler Verwendung. Wegen der ebenfalls geforderten Nachweisbarkeit mittels Detektoren (wo diese Strahlung ja absorbiert werden muß), sind Photonenenergien zwischen 100 keV und 500 keV optimal. Höhere Photonenenergien gäben zwar eine durchdringendere Strahlung, würden jedoch durch einen Detektor schlechter nachweisbar. β-Strahler kommen in der in vivo-Diagnostik nur ausnahmsweise, beispielsweise ^{32}P in der ophthalmologischen Tumordiagnostik, zum Einsatz.

Da die verwendeten Radionuklide durchwegs kleine Halbwertszeiten besitzen und außerdem vergleichsweise geringe Aktivitäten benötigt werden, sind die in der Nuklearmedizin benutzten radioaktiven Stoffmassen meist unwägbar klein. Deshalb werden diese Stoffe oft mit einer inaktiven Trägersubstanz vermischt. Der Quotient a/m aus Aktivität a durch die gesamte Stoffmasse m heißt spezifische Aktivität.

a) Radionuklidverteilung im Körper

Wird ein Radiopharmakon zum Zeitpunkt $t = 0$ vom Organismus aufgenommen, wird es sich zu einem Zeitpunkt $t > 0$ im Körper und auf Ausscheidungen verteilt haben. Dabei wird diese Substanz in den verschiedenen Bereichen unterschiedliche Konzentrationen annehmen. Jene Bereiche, in welchen das Radiopharmakon in homogener Konzentration vorliegt, werden als Kompartimente bezeichnet. Solche Kompartimente sind häufig das Blut, der Liquor, Intra- und Extrazellularraum, Harn und Darminhalt. Sogenannte organaffine Radiopharmaka reichern sich überwiegend in einem bestimmten Organ an. Beispiele hierzu sind die verschiedenen I-Radionuklide (Schilddrüse), Fe-Zitrat (rotes Knochenmark), Tc-Polyphosphat (Knochen) oder Tl-Chlorid (funktionsfähiger Myokard). Erwünscht sind natürlich auch Radiopharmaka mit spezifischer Affinität für erkrankte Organe. Damit wäre nämlich zusätzlich zur Diagnostik auch eine gezielte Strahlentherapie möglich, wie etwa bei der ^{131}I-Therapie differenzierter Schilddrüsenkarzinome.

Leider gibt es derzeit (1991) noch kein Radiopharmakon, welches sich spezifisch beispielsweise in bösartigen Tumoren anreichert. Immerhin gibt es erste Erfolge beim Aufspüren von Rezidiven mit radioaktiv markierten Antikörpern.

Manche Malignome produzieren verstärkt tumor-assoziierte Substanzen, sogenannte Tumormarker, die sich auch im Blut nachweisen lassen. Beispiele sind das karzinoembryonale Antigen (CEA) bei Darmkrebs, Lungenkrebs und Brustkrebs oder das Human-Thyreoglobulin bei Schilddrüsenkrebs. Diese Antigene können von spezifischen Antikörpern erkannt werden. In der Immunszintigraphie benutzt man monoklonale Antikörper, also Antikörper, die auf spezifische Determinanten des Antigens ansprechen, und markiert sie mit Radionukliden wie ^{131}I, ^{123}I, ^{111}In und ^{99m}Tc. Damit erreicht man vor allem dann bemerkenswerte diagnostische Erfolge, wenn nach einer Krebsoperation der Gehalt an Tumormarkern im Blut steigt und ein Wiederaufleben oder eine Metastasierung des Tumors zu befürchten ist.

Kinetik der Radiopharmaka. Nehmen wir zunächst an, dem Körper werde zum Zeitpunkt $t = 0$ die Stoffmenge $\underline{n}(0)$ eines *stabilen* Isotops des infrage stehenden Radiopharmakons zugeführt. (Im folgenden sind Stoffmengen der *stabilen* Isotope unterstrichen). Ein stabiles Isotop verteilt sich bis zum Zeitpunkt t auf l verschiedene Kompartimente, die wir von 1 bis l numerieren. Dann ist, aufgrund der Stoffwechselvorgänge, im Körper zum Zeitpunkt t noch die Stoffmenge

$$\underline{n}(t) = \underline{n}_1(t) + \underline{n}_2(t) + \cdots + \underline{n}_l(t)$$

vorhanden. Der relative Stoffmengenanteil eines Kompartiments mit der Nummer i ist:

$$\frac{\underline{n}_i(t)}{\underline{n}(t)}$$

und deren Summe ist, wie aus der darüber stehenden Gleichung ohne weiteres ablesbar, zu jedem Zeitpunkt t gleich Eins:

$$\frac{\underline{n}_1(t)}{\underline{n}(t)} + \frac{\underline{n}_2(t)}{\underline{n}(t)} + \cdots + \frac{\underline{n}_l(t)}{\underline{n}(t)} = 1$$

wobei $\underline{n}_i(t)$ für ein stabiles Isotop nur von den biologischen Verteilungs- und Ausscheidungsvorgängen abhängt.

Führen wir dem Körper hingegen ein *Radioisotop* dieses Elements zu, dann verringern sich alle angegebenen Stoffmengen zusätzlich durch die radioaktive Umwandlung nach Gleichung 19.12, also im gleichen Zeitmaß, mit derselben Halbwertszeit. Im Kompartiment i befindet sich nun zum Zeitpunkt t nicht mehr die Stoffmenge $\underline{n}_i(t)$, sondern nur noch

$$\underline{n}_i(t) \cdot \exp(-K \cdot t);$$

insgesamt liegt noch die Stoffmenge

$$n(t) = \underline{n}(t) \cdot \exp(-K \cdot t)$$

vor. Die relativen Stoffmengenanteile (auch „anteilige Verteilungsfunktion" genannt) der Kompartimente hingegen

$$\frac{n_i(t)}{n(t)} = \underline{n}_i(t)\cdot\exp(-K\cdot t)/(\underline{n}(t)\cdot\exp(-K\cdot t)) = \frac{\underline{n}_i(t)}{\underline{n}(t)}$$

bleiben davon unberührt, sie verhalten sich genau wie beim stabilen Isotop. Wegen Gleichung 6.5 ist $N = n\cdot N_A$, und mit Gleichung 19.10 sind die relativen Aktivitäten (auch „anteilige Aktivitäten" genannt)

$$\frac{a_i(t)}{a(t)} = \frac{K\cdot N_A\cdot n_i(t)}{K\cdot N_A\cdot n(t)} = \frac{n_i(t)}{n(t)} = \frac{\underline{n}_i(t)}{\underline{n}(t)}$$

gleich den relativen Stoffmengenanteilen des Radiopharmakons in den betreffenden Kompartimenten. Messung der relativen Aktivitäten gibt somit Aufschluß über die relativen Stoffmengenanteile eines Radiopharmakons in den verschiedenen Kompartimenten. Die fortschreitende radioaktive Umwandlung verändert die relative Verteilung im Körper nicht.

b) Abklingvorgang einer Organaktivität

Wir betrachten hier nur den einfachsten Fall eines Abklingvorgangs einer Organaktivität. Er führt auf einen exponentiellen Zeitverlauf. Allgemeinere Zeitverläufe einer Organaktivität, wie sie in dem Beispiel 19.8 dargestellt sind, sind aus mehreren exponentiellen Verläufen zusammengesetzt. Im einfachsten Fall ist die Abnahme (Ausscheidung) eines in ein Organ eingebrachten Stoffs proportional zu der im Organ vorhandenen Stoffmenge n:

$$\frac{dn}{dt} = -K_b\cdot n.$$

K_b ist die Ausscheidungskonstante. Handelt es sich um ein Radiopharmakon, nimmt dessen Stoffmenge zusätzlich durch radioaktive Umwandlung ab, u. zw. ebenfalls proportional zur noch vorhandenen Stoffmenge n. Also ist

$$\frac{dn}{dt} = -K\cdot n - K_b\cdot n = -(K+K_b)\cdot n$$

oder

$$n(t) = n(0)\cdot\exp(-(K+K_b)\cdot t).$$

K ist die (physikalische) Umwandlungskonstante. Entsprechend Gleichung 19.7 ist neben der physikalischen Halbwertszeit $T_{1/2}$ auch eine biologische Halbwertszeit

$$T_{1/2b} = \frac{\ln 2}{K_b}$$

und eine effektive Halbwertszeit

$$T_{1/2\text{eff}} = \frac{\ln 2}{K+K_b}$$

definiert. Es gilt offenbar

$$\frac{1}{T_{1/2\mathrm{eff}}} = \frac{1}{T_{1/2}} + \frac{1}{T_{1/2b}}$$

oder

$$T_{1/2\mathrm{eff}} = \frac{T_{1/2} \cdot T_{1/2b}}{T_{1/2} + T_{1/2b}}.$$

Sind die zwei Halbwertszeiten sehr verschieden, wird der Abklingvorgang vom schnelleren Prozeß mit der kleineren Halbwertszeit dominiert.

c) *Aktivitätsmessungen*

In der Nuklearmedizin fallen vier grundsätzliche Aktivitätsmessungen an: die Messung der Aktivität einer Meßprobe im Reagenzglas, die Messung der Aktivität in einem Organ, die Messung der Aktivität des gesamten Körpers und die Messung der örtlichen Aktivitätsverteilung $a(x, y)$, also die Herstellung einer bildlichen Darstellung der Aktivitätsverteilung (= Szintigraphie und andere Verfahren) eines Radiopharmakons im Körper oder in einem Organ. Die Messung des zeitlichen Verlaufs $a(t)$ der Aktivitäten führt zu Funktionsuntersuchungen, im Falle der Szintigraphie spricht man von Funktionsszintigraphie.

Aktivitätsmessungen an einer Meßprobe werden im sogenannten Bohrloch-Kristallzähler ausgeführt. Dies ist im wesentlichen ein Szintillationszähler (Abb. 19.14), dessen Szintillatorkristall eine Bohrung zur Aufnahme des Reagenzglases enthält.

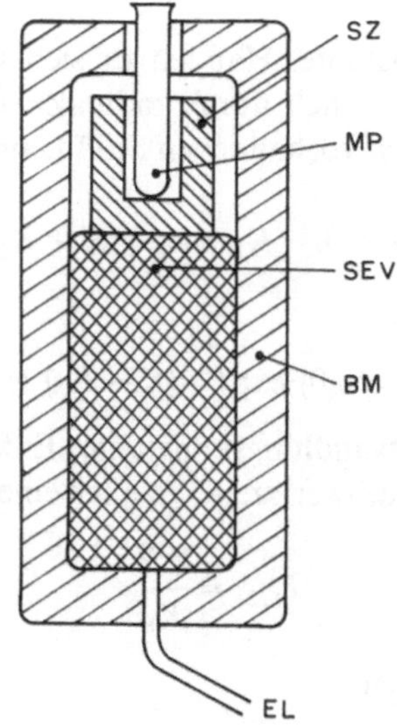

Abb. 19.14. Bohrloch-Szintillationszähler. *MP* = Meßprobe, *SZ* = Szintillatorkristall, *SEV* = Sekundärelektronen-Vervielfacher, *BM* = Bleimantel, *EL* = Elektrische Leitung zum Meßverstärker und elektronischen Zähler

Hierbei werden meist Zählraten definierter Probenvolumina gemessen:

$$\text{Zählrate} = \text{Zählerergebnis } \Delta z/\text{Zählzeit } \Delta t.$$

Zur Zählung energiearmer β-Strahlung werden Flüssigkeits-Szintillatoren benutzt. Dabei werden die radioaktiven Proben direkt im Szintillator gelöst bzw. mit ihm vermischt; Absorptionsverluste bleiben dadurch minimal. Das entstehende Fluoreszenzlicht wird mittels SEV gemessen.

Die Messung der Aktivität in einem Organ erfolgt z. B. beim Radioiodtest. Mit dessen Hilfe sind Funktionsstörungen der Schilddrüse nachweisbar, weil diese sich in einer charakteristischen Veränderung des Iodstoffwechsels manifestieren. (Dies ist eines der ältesten nuklearmedizinischen Untersuchungsverfahren. Es wird jedoch heute, u. a. wegen der damit verbundenen relativ hohen Strahlenbelastung, fast nur mehr in der Therapieplanung eingesetzt. Bei diesem sogenannten Radioiod-Zweiphasentest wird bestimmt, mit welcher Geschwindigkeit die Schilddrüse in der sogenannten anorganischen Phase zugeführtes Iod aufnimmt und anschließend in der organischen Phase wieder abgibt.) Für eine solche in vivo-Messung soll ein Detektor möglichst nur das Volumen der Schilddrüse, dieses aber vollständig, erfassen. Dazu wird ein Szintillationszähler mit einem vorgeschalteten Kollimator mit großem Meßfeld benutzt (Abb. 19.15 a).

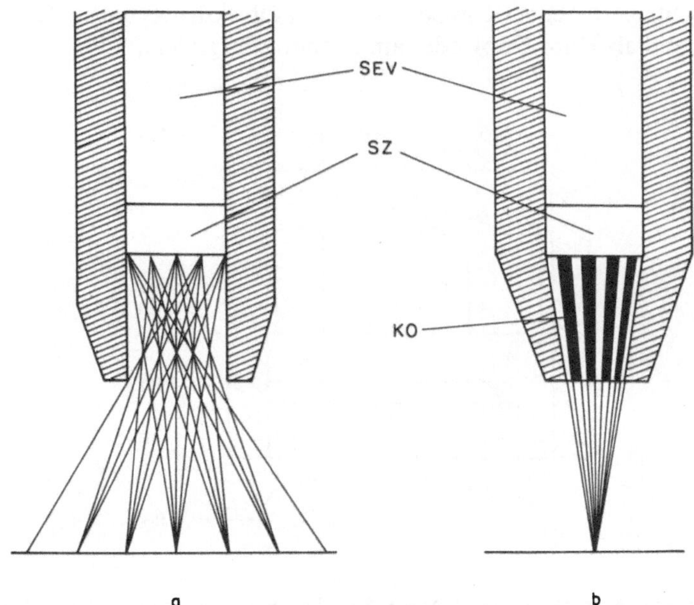

Abb. 19.15. Szintillationszähler: **a** offener Kollimator mit großem Meßfeld, **b** fokussierender Kollimator mit hoher Transversalauflösung in der Fokusebene. SZ = Szintillator, KO = Kollimator, SEV = Sekundärelektronen-Vervielfacher

Ziel der *Szintigraphie* ist die bildliche Darstellung der Radioaktivitätsverteilung $a(x, y)$ in einem Körper oder Organ. Dies erfolgt mittels des „Scanners“ durch mäanderförmiges Abtasten (= Scanning) mit einem motorisch über die betreffende Körperregion bewegten Szintillationsdetektor. Die Registrierung kann durch einen angeschlossenen zwei-Koordinaten-Schreiber erfolgen, der die Aktivitätsverteilung z. B. durch variable Strichedichte kodiert. Digitalisiert man die gemessene Aktivitätsverteilung $a(x, y)$, kann die Speicherung, Verarbeitung und Wiedergabe mittels Computer erfolgen.

Scanner benutzen fokussierende Kollimatoren. Der Scanvorgang dauert meist sehr lange und kann für (kranke!) Patienten sehr belastend sein. Deshalb bedeutete die sehr viel schneller arbeitende, nach dem Erfinder benannte Anger-Kamera (Gammakamera), einen ganz wesentlichen Fortschritt in der nuklearmedizinischen Diagnostik. Eine Anger-Kamera enthält einen einzigen großen Szintillatorkristall (etwa 1 cm dick und bis 45 cm Durchmesser) und dahinter bis zu 37 SEVs. Wenn ein ionisierendes Teilchen irgendwo eine Szintillation auslöst, sprechen viele SEVs gleichzeitig an. Die am nächsten liegenden werden das stärkste Signal abgeben, weiter weg liegende entsprechend schwächere Signale. Aus diesen Signalgrößen ermittelt eine nachgeschaltete Elektronik die x–y-Position der Szintillation im Kristall. Parallellochkollimatoren sorgen für die Zuordnung der x–y-Position im Szintillator zur entsprechenden x–y-Position im Körper. Diese Kollimatoren haben bis zu 20000 Bohrungen. Die errechneten x–y-Positionen stellen mit den Signalgrößen S der nächstliegenden SEVs das szintigraphische Bild $S(x, y)$ dar, welches die Aktivitätsverteilung $a(x, y)$ im Körper wiedergibt. Dieses wird, wie beim Scanner, mittels eines zweidimensionalen Schreibers („Plotter") gezeichnet oder im Computer gespeichert, weiterverarbeitet (Kompensation von Objektbewegungen, Kontrastanhebung u. a.) und als Hard-Copy oder am Monitor dargestellt.

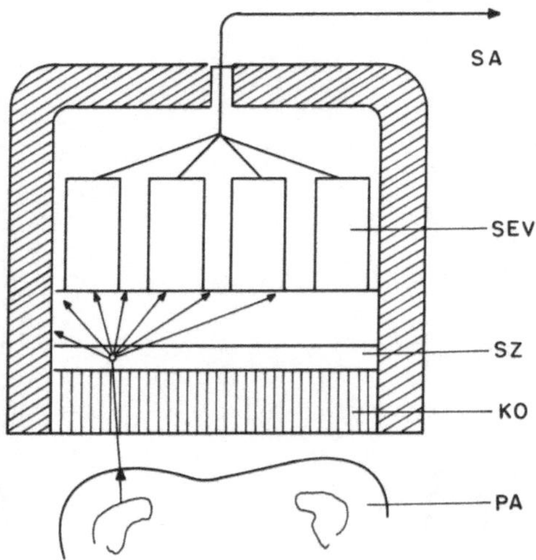

Abb. 19.16. Gamma-Kamera nach H. O. Anger. PA = Patient, KO = Kollimator, SZ = Szintillatorkristall, SEV = Sekundärelektronen-Vervielfacher, SA = Signalausgang

Zusammenfassung 19.C

Die nuklearmedizinische in vivo-Diagnostik verwendet hauptsächlich γ-strahlende Radiopharmaka. Deren räumliche Verteilung (Lokalisationsanalyse) und/oder zeitliche Verteilung (Pharmakokinetik) im Körper oder innerhalb verschiedener Organe wird von außen über die emittierte Strahlung, ohne Eingriff am Patienten, gemessen.

Ein zum Zeitpunkt $t = 0$ vom Organismus aufgenommenes Radiopharmakon verteilt sich im Körper und auf Ausscheidungen. Bereiche, in welchen das Radiopharmakon in homogener Konzentration vorliegt, werden als Kompartimente bezeichnet. Die relativen Stoffmengenanteile $n_i(t)/n(t)$ des Radiopharmakons der Kompartimente sind gleich den relativen Aktivitäten:

$$\frac{n_i(t)}{n(t)} = \frac{a_i(t)}{a(t)}. \tag{19.17}$$

Der einfachste Fall eines Abklingvorgangs einer Organaktivität, bei dem die im Organ vorhandene Stoffmenge keine weitere Zufuhr mehr erhält, sondern bloß durch Ausscheidung und radioaktive Umwandlung abnimmt, führt auf einen exponentiellen Zeitverlauf:

$$n(t) = n(0)\cdot \exp(-(K + K_b)\cdot t). \tag{19.18}$$

K ist die (physikalische) Umwandlungskonstante und K_b die (biologische) Ausscheidungskonstante. Die biologische Halbwertszeit ist

$$T_{1/2,b} = \frac{\ln 2}{K_b} \tag{19.19}$$

und die effektive Halbwertszeit ist

$$T_{1/2,\mathrm{eff}} = \frac{\ln 2}{K + K_b}. \tag{19.20}$$

Ferner ist

$$1/T_{1/2,\mathrm{eff}} = 1/T_{1/2} + 1/T_{1/2,b}. \tag{19.21}$$

In der Nuklearmedizin fallen vier grundsätzliche Aktivitätsmessungen an:

1. Die Messung der Aktivität a einer Meßprobe im Reagenzglas; dies erfolgt mittels Bohrloch-Zählers bzw. bei β-Strahlern unter Zuhilfenahme von Flüssigkeits-Szintillatoren.
2. Die Messung der Aktivität a in einem Organ; hierzu werden Szintillationszähler mit geeigneten Kollimatoren benutzt.
3. Die Messung der Aktivität a des gesamten Körpers; dies erfolgt mit sogenannten Ganzkörperzählern.
4. Die Messung der örtlichen Aktivitätsverteilung $a(x, y)$ mittels Scannern, mit der Gammakamera, mittels PET, SPECT oder anderer Verfahren, s. die folgenden Beispiele.

Beispiel 19.8. Zeitliche Verteilung der relativen Aktivität von Na-Pertechnetat im menschlichen Körper. Wie aus der Abb. 19.17 ersichtlich ist, ändern sich die relativen Aktivitäten eines Pharmakons im Organismus auf recht unterschiedliche Weise mit der Zeit. In dem dargestellten Bereich kommt es zu einer Umverteilung zwischen den Kompartimenten und einer zeitlich vorübergehenden Anreicherung des Nuklids in Magen und Darm. Die mathematische Analyse solcher komplexer Zeit-Aktivitäts-Abläufe ist die Basis für präzise Aussagen über die Strahlungsbelastung einzelner Organe.

Beispiel 19.9. Blutvolumenmessung nach der Verdünnungsmethode mit ^{99m}Tc-Serumalbumin. Das Blutvolumen wird aus dem Grad der Verdünnung bestimmt, den das injizierte Serumalbumin erleidet. Dazu erfolgt:

1. Eine Injektion von $V = 5$ ml mit ^{99m}Tc markiertem Serumalbumin in den Blutkreislauf.
2. Die Herstellung eines Standards aus demselben Serumalbumin mit einer Verdünnung von (z. B.) 1:200.
3. Nach 15-minütiger Durchmischung des Serumalbumins im Kreislauf wird (a) 5 ml Blut entnommen und die Zählrate z_B (mittels Bohrlochzählers) gemessen, z. B. ist $z_B = 10^3\,\mathrm{s}^{-1}$. Ferner wird (b) die Zählrate z_S von 5 ml Standardlösung gemessen, z. B. ist $z_S = 5\cdot 10^{-3}\,\mathrm{s}^{-1}$. Das Blutvolumen ist $V_B = 200\cdot V\cdot a_S/a_B =$ 5000 ml.

Beispiel 19.10. Knochen-Ganzkörperszintigraphie. Hier wird die Gamma-Kamera über den liegenden Patienten bewegt oder der Patient auf einer motorisch bewegten Liege unter der Kamera durchgefahren. Dies ermöglicht Übersichtsaufnahmen und quantitative Vergleiche verschiedener Körperregionen. Als

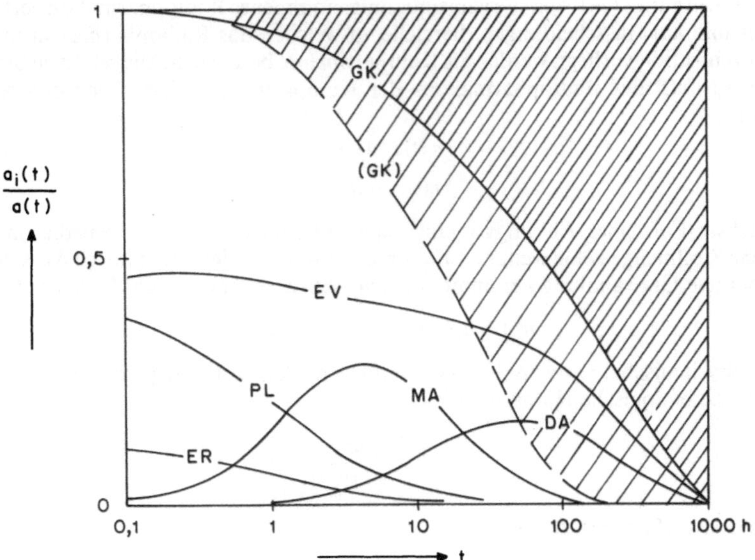

Abb. 19.17. Zeitverlauf und Verteilung der relativen Aktivität $a_i(t)/a(t)$ von Na-Pertechnetat (^{99m}Tc) auf verschiedene Kompartimente für Personen mit bewegungsarmer Lebensweise nach intravenöser Bolusinjektion bei $t = 0$. ER = Erythrozyten, PL = Plasma, EV = extravasal, MA = Magen, DA = Darm, GK = Gesamtkörper. GK gestrichelt = Gesamtkörper für Personen mit bewegungsreicher Lebensweise. Schraffiert = ausgeschiedene relative Aktivität. (Nach G. F. Fueger u. W. Schreiner, basierend auf MIRD Dose Estimate Report No. 8.)

Radiopharmaka werden in der Knochenszintigraphie beispielsweise mit ^{99m}Tc markierte knochenaffine Phosphate benutzt. Phosphate werden vom Körper bei der lokalen Osteogenese in den Knochen eingebaut und geben so Hinweis auf entsprechende Knochenbildungsaktivitäten (z. B. auf Wachstumszonen, aber auch auf Knochentumoren). S. Abb. 19.18.

Beispiel 19.11. PET (Positronen-Emissions-Tomographie) und SPECT (Single Photon Emission Computed Tomography) sind weitere wichtige Verfahren der nuklearmedizinischen Diagnostik. Bei PET werden Positronenstrahler wie ^{11}C, ^{13}N, ^{15}O oder ^{18}F als Indikatoren zur Markierung von Glukose, Aminosäuren, Fettsäuren und anderen Biomolekülen eingesetzt. (Die in organischen Molekülen am häufigsten vorkommenden Atome C, N, O haben keine anderen, für die Nuklearmedizin geeigneten, radioaktiven Isotope.) Die emittierten Positronen haben wegen der dichten umgebenden Materie nur Reichweiten von wenigen 0,1 mm und zerstrahlen dann mit einem Elektron. Hierbei treten zwei in entgegengesetzte Richtung ausgesandte Paarvernichtungsphotonen mit einer Energie von je etwa 500 keV auf.

Mit Hilfe von gegenüberstehenden Szintillationsdetektoren ohne Kollimatoren, die elektronisch auf Koinzidenz ihrer Signale abgefragt werden, erhält man zunächst eine Aussage über die Lage einer Geraden—nämlich der Verbindungslinie jener zwei Detektoren, auf welchen der Positronenstrahler liegt (Abb. 19.19). Mit ringförmigen Anordnungen von Detektoren um den Patienten herum wird eine Vielzahl solcher zu Positronenemissionen gehörigen Geraden registriert. Mit Hilfe mathematischer Algorithmen (Radon-Transformation) läßt sich dann die Verteilung der Quellen in verschiedenen Schnitten berechnen. So können verschiedene physiologische Parameter in ihrer dreidimensionalen Verteilung im Gewebe gemessen werden. Beispielsweise läßt sich die Ausdehnung eines ischämischen Insults (= Schlaganfall) schon von Anbeginn an in PET-Aufnahmen erkennen; s. Abb. 19.20. (CT-Aufnahmen hingegen zeigen erst etwa am 4. Tag Veränderungen im Vergleich zum Normalbefund.)

Das in der Abb. 19.19 dargestellte Verfahren erlaubt viele Variationen in der Anordnung der Strahlungsempfänger. Im Extrem könnte man auch zwei einzelne diametral gegenüberliegende Detek-

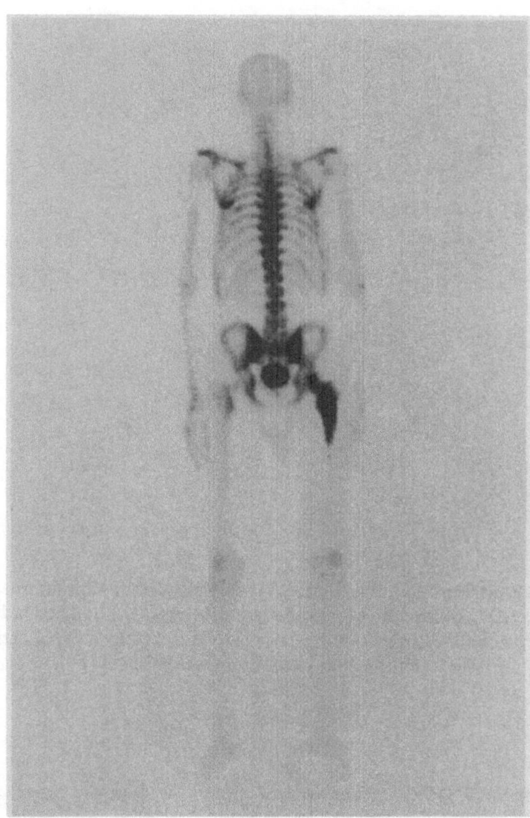

Abb. 19.18. Ganzkörper-Knochenszintigraphie mit ^{99m}Tc-Pyrophosphat. Aufnahme: R. Höfer, II. Medizinische Universitätsklinik, Wien

toren um den Körper rotieren lassen. In jedem Fall jedoch ist man bei diesem Prinzip auf Positronen-Strahler angewiesen.

Die weitaus größere Menge der in der medizinischen Diagnostik benutzten Radionuklide sind Gammastrahler, die nur einzelne Photonen emittieren. Nichtsdestoweniger läßt sich auch die Verteilung dieser Strahler im Körper tomographisch bestimmen. Dazu wird eine Gammakamera mit Parallelloch-Kollimator benutzt, die schrittweise um den Patienten rotiert. Bei dieser „Single Photon Emission Computed Tomography" (SPECT) definiert der Parallelloch-Kollimator die Geraden, auf denen die Quellen der von der Gammakamera registrierten Photonen liegen, s. Abb. 19.21. Die Berechnung der Verteilung der Strahlungsquellen im Körper erfolgt weitgehend wie bei der PET.

Aufgabe 19.6. Berechnen Sie die Zerfallskonstante K von ^{99m}Tc (Halbwertszeit $T_{1/2} = 6{,}03$ h).

Aufgabe 19.7. Warum sind die im Beispiel 19.9 benutzten „Zählraten" nicht identisch mit den Aktivitäten der Proben?

Aufgabe 19.8. Berechnen Sie die effektive Halbwertszeit von ^{131}I in der Schilddrüse. $T_{1/2,b} = 15\,d$, $T_{1/2} = 8{,}1\,d$.

Aufgabe 19.9. Die effektive Halbwertszeit des Fluor-Isotops ^{18}F in Knochen ist $T_{1/2,\text{eff}} = 107$ min, die physikalische Halbwertszeit ist $T_{1/2} = 1{,}8$ h. Wie groß ist die biologische Halbwertszeit $T_{1/2,b}$?

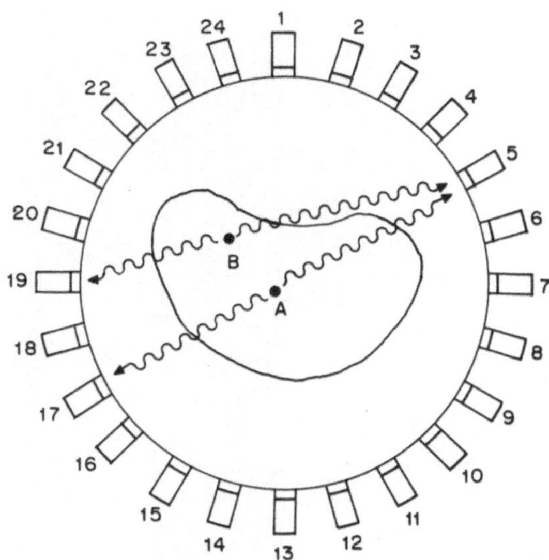

Abb. 19.19. Positronen-Emissions-Tomographie. 24 (beispielsweise) Szintillationsdetektoren sind hier in einem Detektorring untereinander durch Koinzidenzschaltungen verbunden. Dadurch wird festgestellt, auf welchen Detektor-Verbindungslinien sich Positronen-Vernichtungen (*A*, *B*) ereignen (z. B. *A* auf der Verbindungslinie der Detektoren 5 und 17)

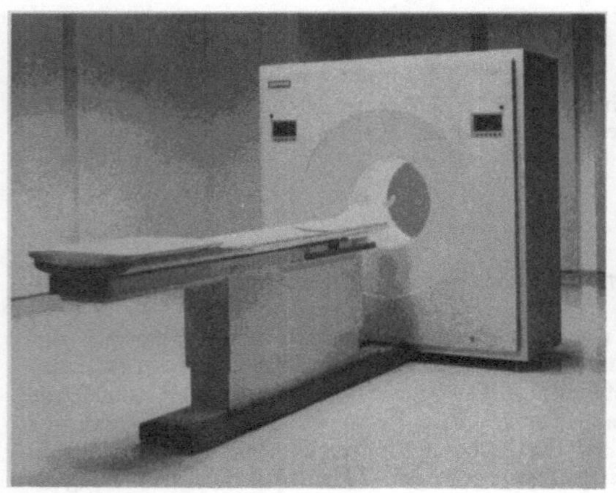

a

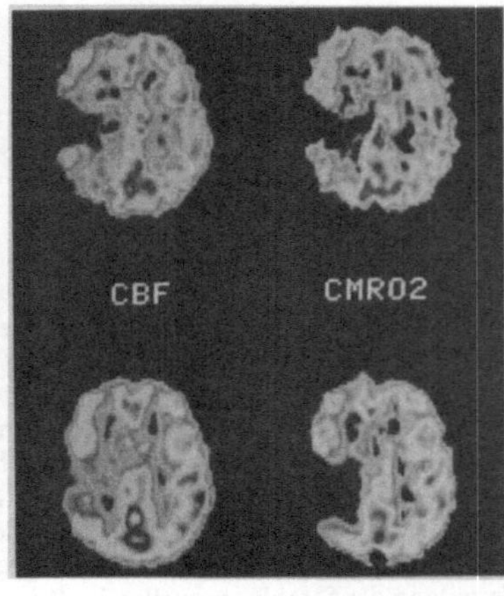

b

Abb. 19.20. **a** PET-Scanner; im Vordergrund die Patientenliege. **b** Positronen-Emissions-Tomogramme nach intravenöser Injektion von ^{15}O-markiertem Wasser. Abgebildet sind die zerebrale Durchblutung (CBF) und die zerebrale metabolische Sauerstoffrate (CMR02) nach einem ischämischen zerebralen Insult. Obere Reihe = 1. Tag; untere Reihe = 15. Tag. Deutlich erkennbar ist eine keilförmige Ausdehnung der Erniedrigung der CBF und der CMR02 (in den Bildern links) bereits am 1. Tag. Ferner sieht man, daß sich der Bereich mit vermindertem Sauerstoffverbrauch bis zum 15. Tag noch weiter vergrößert hat, obwohl sich die Durchblutung nicht weiter verschlechterte, was einen Hinweis für mögliche Therapien darstellt. Aufnahme: W.-D. Heiss et al., MPI für neurologische Forschung und Klinik für Neurologie der Universität zu Köln

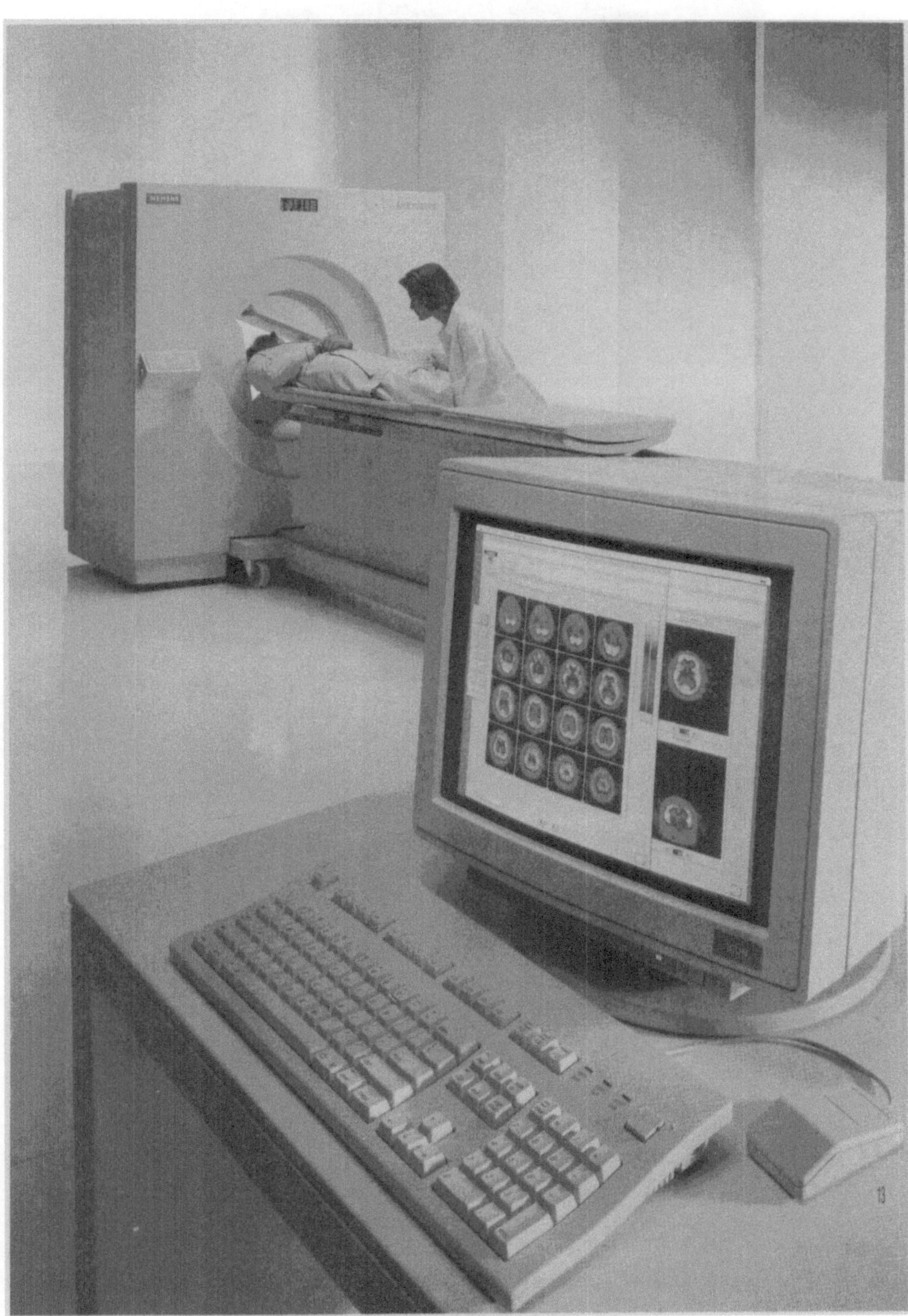

Abb. 19.21a

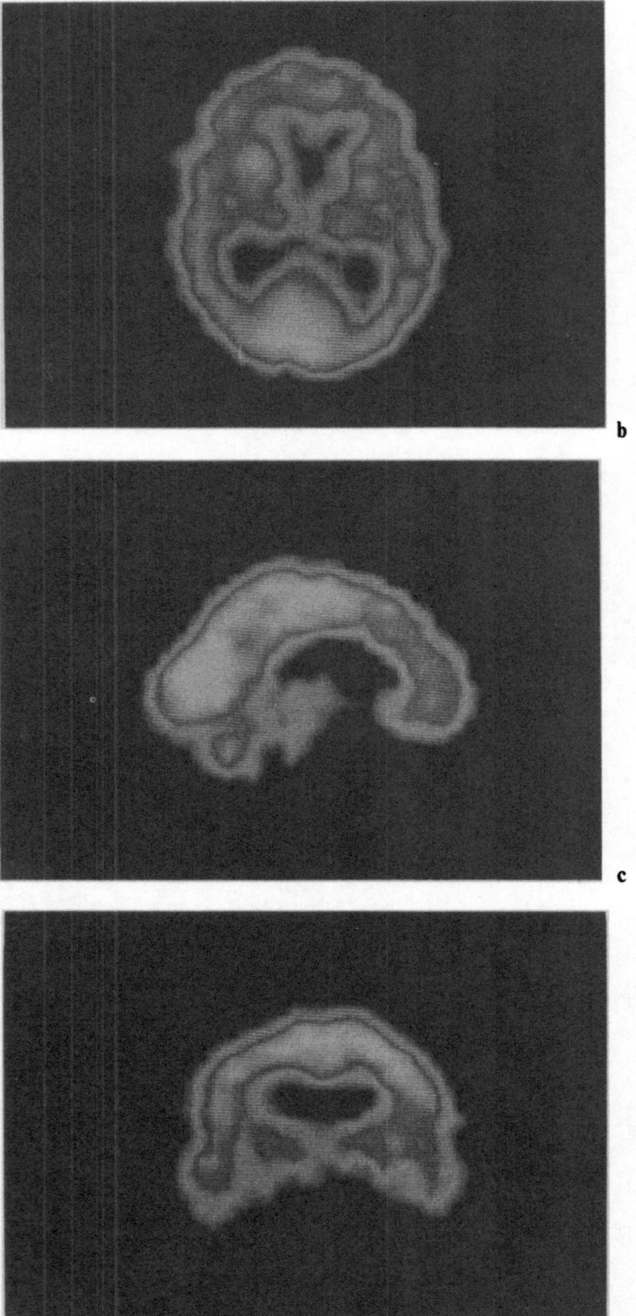

Abb. 19.21. **a** 3-Kopf-SPECT-Anlage (Seite 609). Drei Detektor-Kameras im Innern des Geräts rotieren hier gleichzeitig um den Patienten, was die Meßzeit entsprechend verkürzt. Da ein großer Abstand zwischen Meßobjekt und Meßkopf die Auflösung verschlechtert, werden die Meßköpfe nicht kreisförmig um den Körper, sondern möglichst nahe an der Körperoberfläche bewegt; die dazu erforderliche Registrierung der Körperkontur erfolgt hier automatisch. **b** Transversal-, **c** Sagittal- und **d** Frontal-Bild der Hirndurchblutung mit ^{99m}Tc-HMPAO (Hexamethylpropylenaminoxim); Defekt in der rechten Stirnbein-Scheitelbein-Gegend aufgrund eines Hirnschlags. Bilder: Siemens AG, Medizintechnik

20. Atomkerne

J. Chadwick konnte 1920 bei einer verbesserten Wiederholung des Marsden-Geiger-Experiments (Abb. 15.7) durch Zählung sowohl der gestreuten (dN) als auch der eintreffenden (N) α-Teilchen aus der Rutherfordschen Streuformel auch die „Atomzahl“ Z bestimmen. Diese Zahl mußte ja gleich der Anzahl der Elektronen in der Hülle des elektrisch neutralen Atoms sein. Nun konnte jedem Element eine ganze Zahl zugeordnet werden, die der Elektronenzahl in der Hülle entsprach, also auch einen klaren Bezug zu den chemischen Eigenschaften haben mußte. A. van den Broek ordnete auf dieser Basis das von D. Mendeleev 1869 nach Atomgewichten bzw. relativen Atommassen gereihte Periodensystem der Elemente (PSE) neu. Dieses hatte ja einige Unstimmigkeiten gezeigt; so war beispielsweise Ar schwerer als K und sollte daher in der Reihenfolge des PSE nach und nicht vor dem K gereiht werden, was aber allen chemischen Eigenschaften widersprach. Van den Broek ergänzte das PSE auch durch einige kurz zuvor entdeckte radioaktive Elemente und numerierte alle Elemente mit einer fortlaufenden „Ordnungszahl“ Z (= Rutherfords Atomzahl = Kernladungszahl).

Wie sich nun zeigte, verhielten sich die relativen Atommassen in mehrfacher Hinsicht unregelmäßig: Zum einen gab es Atommassen, die keine ganzen Zahlen waren—das wurde von F. Soddy bzw. J. J. Thomson 1912 durch die Isotopie erklärt. Zum anderen aber nahmen die Atommassen in anderem Maße zu als die Ordnungszahlen. Beispielsweise hat das nach Wasserstoff im PSE folgende Element Helium bereits die 4-fache, das darauf folgende Lithium die 7-fache relative Atommasse im Vergleich zum Wasserstoff—dieses Problem führte zur Vorstellung der Kernelektronen und konnte erst 1932 durch die Entdeckung des Neutrons geklärt werden. Schließlich gab es noch eine kleine, aber sehr wichtige Diskrepanz bezüglich der relativen Atommassen, den sogenannten Massendefekt.

20.1 Kernmodelle

a) Kernkräfte

Geht man von der Proutschen Hypothese aus (W. Prout, 1815), daß die chemischen Elemente aus dem leichtesten Element, dem Wasserstoff, aufgebaut seien, muß man annehmen, daß Helium aufgrund seines Atomgewichts vier Wasserstoffkerne, Lithium deren sieben etc. enthält. Dann muß aber die im Vergleich zur Ordnungszahl zu große positive Kernladungszahl durch eine entsprechende Anzahl von negativen Elementarladungen neutralisiert sein. Das führte zu der Hypothese der Kernelektronen. Dies war auch lange die gängige Vorstellung, s. Abb. 20.1. Diese Hypothese wurde einerseits gestützt durch die Notwendigkeit eines „Bindemittels“ für die Kerne, die ja sonst aufgrund ihrer Coulombschen Abstoßungskräfte auseinander platzen müßten. Andererseits gab es Argumente für die Zuordnung der bei der β^--Umwandlung emittierten Elektronen zum Kern, beispielsweise deren im Vergleich zur Energie der Hüllenelektronen hohe Energien. Man unterschied also zwischen den „Atomelektronen“ und den „Kernelektronen“.

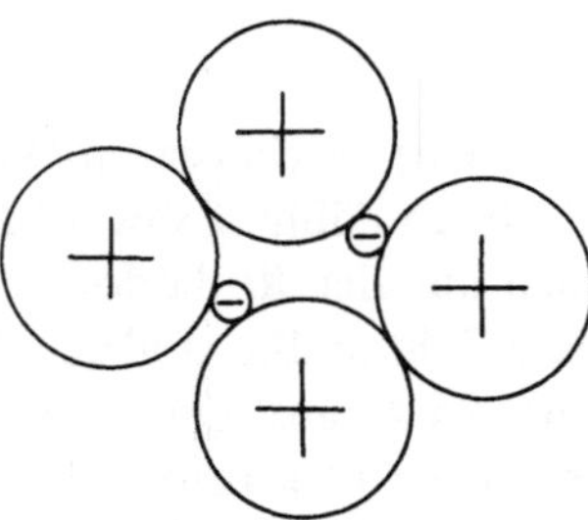

Abb. 20.1. Frühes Modell des Atomkerns von Helium aus 4 Wasserstoffkernen—von Rutherford „Protonen" genannt—und 2 Kernelektronen

Es gab allerdings eine zunehmend größer werdende Reihe von Unstimmigkeiten im Zusammenhang mit der Kernelektronen-Hypothese. Beispielsweise waren die an Kernen beobachtbaren magnetischen Momente (s. Abschnitt d) sehr viel kleiner als die von Elektronen; ferner sollte aufgrund der Heisenbergschen Unschärferelation ein auf so engem Raum wie das Kernvolumen begrenztes Elektron eine außerordentlich hohe Energie von etwa 10^9 eV besitzen, was wiederum an der β^--Strahlung nicht beobachtet wird. Heisenberg hat daher sofort nach der Entdeckung des Neutrons durch J. Chadwick im Jahr 1932 darauf hingewiesen, daß mit der Annahme eines aus Protonen und Neutronen aufgebauten Kerns alle diese Schwierigkeiten behoben wären. Ein solcher Kern war aber nun wiederum nicht stabil—also mußte man die Existenz besonderer Kernkräfte annehmen, die den Kern gegen die Coulombkräfte zusammenhalten.

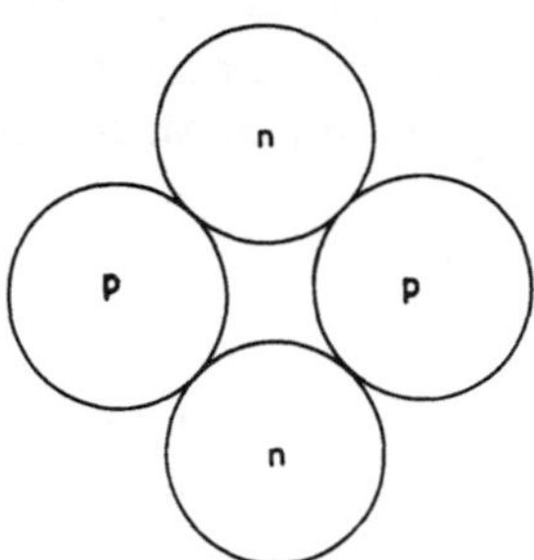

Abb. 20.2. Heute gültiges Modell des Heliumkerns aus 2 Protonen (p) und 2 Neutronen (n). Der Kern wird durch die Kernkräfte zusammengehalten

In den fünfziger Jahren haben Messungen nach dem Prinzip der Rutherford-Streuung (Abb. 15.6) gezeigt, daß die Kernradien r_K der verschiedenen Nuklide weitgehend durch

$$r_K = r_0 \cdot A^{1/3}$$

richtig wiedergegeben werden. r_0 hat je nach Bestimmungsmethode (α-Teilchen-Streuung, Elektronen-Streuung) Werte zwischen 1,2 fm und 1,5 fm. Die obige Formel bedeutet, daß das Kernvolumen proportional zur Massenzahl ist und daher die Massendichte des Atomkerns unabhängig von der Kerngröße ist. Man kann also vermuten, daß die Kernteilchen Protonen und Neutronen, die sogenannten „Nukleonen", im Kerninnern homogen verteilt sind. Dies wurde auch durch Messungen der Ladungsverteilung mittels Streuexperimenten mit hochenergetischen Elektronen durch R. L. Hofstadter 1956 bestätigt. Die Ladungsdichte ist im Innern der Kerne weitgehend konstant, an der Oberfläche der Kerne nimmt sie kontinuierlich auf Null ab. Der Kernrand ist also nicht scharf definiert. Abgesehen vom Kernrand kann man sich den Kern also wie einen Flüssigkeitstropfen vorstellen, nämlich von homogener Struktur, ganz im Gegensatz zur „kernigen" Struktur des Atoms. Anders als bei der Struktur der Atomhülle, wo der Kern als zentrale Kraftquelle auf die Elektronen wirkt, gibt es im Kerninnern kein solches Kraftzentrum; die Nukleonen im Kerninnern sind offenbar alle in gleicher Weise an den Kräften beteiligt, die den Kern zusammenhalten.

Mit Hilfe der Massenspektroskopie—F. W. Aston und später J. Mattauch haben daraus Präzisionsverfahren gemacht—wurde sehr bald eine weitere scheinbare Diskrepanz der Proutschen Hypothese bemerkt, nämlich der sogenannte Massendefekt. Darunter versteht man die Tatsache, daß—im Gegensatz zum Gesetz der Massenkonstanz in der Chemie—die Masse eines Kerns stets um einen Betrag ΔA_R kleiner ist als die Summe der Massen seiner Bausteine. Man hat die Ursache des Massendefekts sehr bald nach seiner Entdeckung erkannt. Nach dem Gesetz der Energie-Masse-Äquivalenz entspricht ΔA_R ein Energiebetrag, der durch Gleichung 16.13 festgelegt ist. Dieser Energiebetrag kann nur folgend gedeutet werden:

Bei der Bildung eines Kerns aus seinen Bestandteilen wird ein Energiebetrag frei, der gleich der Arbeit ist, die man aufwenden müßte, um den Kern gegen die Kernkräfte wieder in seine Bestandteile zu zerlegen. Dies ist die Bindungsenergie E_B des Kerns. Um diesen Betrag ist also die Energie des Kerns kleiner als die Energie seiner Bestandteile. Diesem Energiebetrag entspricht nach Gleichung 16.13 die Masse E_B/c^2. Um diesen Betrag ist daher auch die Kernmasse kleiner als die seiner Bestandteile; dies ist der Massendefekt. E_B läßt sich somit aus dem Massendefekt bestimmen (s. Beispiel 20.1).

Bezieht man die Bindungsenergie auf die Nukleonenzahl, erhält man ein sinnvolles Maß für die Stabilität eines Kerns. Diese auf die Nukleonenzahl bezogene Bindungsenergie zeigt bei den sehr leichten Elementen große Unterschiede, erreicht mit zunehmender Massenzahl ein Maximum bei Eisen und nimmt dann wieder leicht ab: Abb. 20.3. Die Elemente in der Umgebung des Eisens sind daher am stabilsten.

Im Mittel beträgt die Bindungsenergie etwa 8 MeV pro Nukleon. Vergleicht man diesen Energiebetrag, der zum Loslösen eines Nukleons etwa erforderlich ist, mit der Ionisierungsenergie der Atomhülle, die für die äußeren Elektronen in der Größenordnung von 10 eV liegt, so sieht man, daß die Kernenergie je Atom etwa 10^6-mal größer ist als die Atomenergie (= chemische Energie).

Bemerkenswert ist, daß etwa ab $A = 10$ die Bindungsenergie pro Nukleon kaum mehr zunimmt. Das läßt sich vom Standpunkt des Flüssigkeitströpfchen-Modells, bei dem Bindungskräfte nur zwischen unmittelbar benachbarten Nukleonen existieren, gut verstehen: Nehmen wir an, wir fügen einem sehr leichten Kern weitere Nukleonen zu. Während bei $A < 10$ jedes neu hinzu gekommene Nukleon die Anzahl der Nachbarn auch für alle schon vorhandenen Nukleonen erhöht, ändert

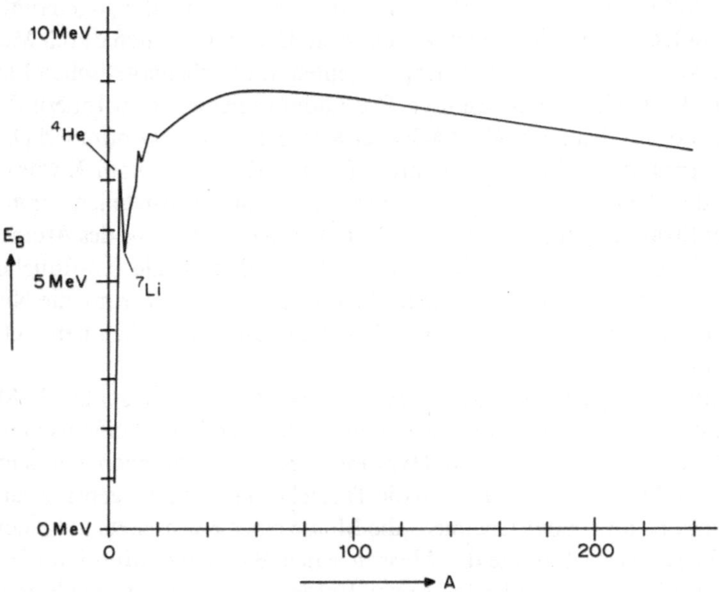

Abb. 20.3. Bindungsenergiekurve. Bindungsenergie E_B je Nukleon in Abhängigkeit von der Massenzahl A (= Nukleonenzahl)

sich ab etwa 10 Nukleonen nichts mehr an der Zahl der direkten Nachbarn. Jedes neu hinzu gekommene Nukleon bindet etwa mit derselben Anzahl von Nachbarn, d. h. die durch neu hinzu kommende Nukleonen auch hinzu kommenden Bindungsenergien sind gleich groß.

b) Tröpfchenmodell

Man hat vielfach versucht, die aus dem Massendefekt gewonnene Bindungsenergiekurve der Abb. 20.3 zu erklären. Durchgesetzt hatte sich zunächst die Formel von H. A. Bethe und C. F. Weizsäcker (1935). Nach deren Vorstellung setzt sich die Bindungsenergie aus den folgenden Beiträgen zusammen:

(1) Ein Energiebetrag $a_1 \cdot A$, welcher berücksichtigt, daß jedes Nukleon annähernd gleich stark gebunden ist—mit Ausnahme der Nukleonen an der Oberfläche.

(2) Ein Energiebetrag $-a_2 \cdot A^{2/3}$, der berücksichtigt, daß die Nukleonen an der Oberfläche schwächer gebunden sind. (Da das Kernvolumen proportional zur Nukleonenanzahl (A) ist, ist der Kernradius proportional zu $A^{1/3}$ und die Oberfläche proportional zu $A^{2/3}$.)

(3) Ein Energiebetrag $-a_3 \cdot Z^2 \cdot A^{-1/3}$, der ebenfalls die Bindungsenergie verkleinert. Dies ist der Beitrag der Coulombabstoßung zwischen den Protonen. (Die zugehörige potentielle Energie ist proportional zum Produkt der einander abstoßenden Ladungen, also proportional Z^2 und indirekt proportional zum Abstand zwischen ihnen, d. h. zu $A^{-1/3}$.)

Mit $a_1 = 15{,}8$ MeV, $a_2 = 17{,}8$ MeV und $a_3 = 0{,}71$ MeV läßt sich der Verlauf der Bindungsenergiekurve schon recht gut wiedergeben:

$$E_B = a_1 \cdot A - a_2 \cdot A^{2/3} - a_3 \cdot Z^2 \cdot A^{-1/3}.$$

Dieser Ausdruck wird noch genauer durch weitere Summanden:

Ein Summand zur Berücksichtigung der Tatsache, daß die Nukleonen (wegen des Pauli-Verbots) auch im Grundzustand des Kerns eine gewisse kinetische Energie besitzen müssen—darauf gehen wir nicht näher ein.

Ferner ein Summand zur Berücksichtigung der Spinabhängigkeit der Bindungsenergie. Hierzu ein paar Bemerkungen. Die Ursache hierfür ist nicht endgültig geklärt. Jedenfalls beobachtet man einen eindeutigen Zusammenhang zwischen der Bindungsenergie und der Möglichkeit der Nukleonen, Paare zu bilden. So ist die Bindungsenergie pro Nukleon immer dann besonders groß, wenn sich alle Protonen und Neutronen für sich paarweise mit entgegengesetzten Spins anordnen können. In diesem Fall heben sich die magnetischen Momente der Nukleonen gegenseitig auf. Wichtige Beispiele hierzu sind: ^4He, ^{12}C, ^{16}O. Diese Nuklide besitzen daher kein Kernmagnetfeld.

Teilt man die Atomkerne danach ein, ob sie eine gerade (g) oder ungerade (u) Protonen- und Neutronenzahl besitzen, stellt man fest, daß etwa 60% der stabilen Nuklide vom Typ (g, g) sind, d. h. sowohl gerade Protonen- als auch gerade Neutronenzahl besitzen. Nur etwa 2% hingegen sind vom Typ (u, u):

Kerntyp (n, p)	Anzahl stabiler Nuklide
(g, g)	162
(g, u)	55
(u, g)	50
(u, u)	5

c) Schalenmodell des Atomkerns

W. Bothe und H. Becker haben 1930 beim Beschuß verschiedener Kerne mit α-Teilchen das Auftreten von γ-Strahlung beobachtet. Das konnte als Anregung höherer Energieniveaus des Kerns analog zur Stoßanregung der Elektronenhülle gedeutet werden. Dies bestätigte sich, als dieselben Kernzustände auch durch andere Kernreaktionen angeregt werden konnten. Die Existenz von Anregungszuständen beim Kern steht zwar außer Zweifel, eine übersichtliche Beschreibung ist jedoch kaum möglich. Immerhin gibt es einige empirisch gefundene Regelmäßigkeiten. Beispielsweise die sogenannten „magischen Zahlen" 2, 8, 20, 28, 50, 82 und 126. Wenn entweder die Neutronenzahl $N = A - Z$ oder die Protonenzahl Z diese Werte annimmt, liegen besonders hohe Werte der Anregungsenergie für den ersten Anregungszustand vor (2 bis etwa 7 MeV; ansonsten meist unterhalb von 1 MeV). Man konnte diese magischen Nukleonenzahlen auch einigermaßen erklären. Sie werden durch Spin-Bahn-Wechselwirkungen der Kernkräfte bedingt, die bei diesen Nukleonenzahlen besonders große Energielücken verursachen—ähnlich wie nach einer abgeschlossenen Elektronenschale eine größere Energielücke in der Energiestruktur der Atomhülle auftritt.

d) Magnetisches Moment des Atomkerns

Der Zeeman-Effekt hat gezeigt, daß das magnetische Dipolmoment der Elektronenhülle in einem Magnetfeld nur diskrete Orientierungen haben kann, was zu der bekannten „Aufspaltung" von Energieniveaus (s. Abb. 17.5) führt, bzw. auch die Wellenlänge des von den Atomen emittierten Lichts in mehrere diskrete Wellenlängen aufspaltet. Mit zunehmender Verbesserung des Auflösungsvermögens der benutzten Spektralapparate (s. Abb. 17.1) stellte man eine weitere, allerdings viel kleinere Aufspaltung der Wellenlängen auch ohne äußeres Magnetfeld fest, die sogenannte Hyperfeinstruktur. Diese wird durch das Magnetfeld hervorgerufen, welches der Atomkern erzeugt. (Es gibt auch eine Hyperfeinstruktur, die durch die Isotopie bedingt ist.)

Ein direkter Nachweis des magnetischen Moments von Atomkernen gelang O. Stern, I. Estermann und O. Frisch 1933. Sie wiederholten das Stern-Gerlach-Experiment aus dem Jahr 1921 (s. Abb. 17.16), aber nun mit Wasserstoffmolekülen (H_2), deren Elektronenmagnetismus Null ist. Wenn man die Überlegungen zum Magnetismus der Elektronen auf die Atomkerne überträgt, ergibt sich für den Wasserstoffkern entsprechend dem Bohrschen Magneton (s. Gleichung 17.9) wegen der gegenüber dem Elektron um den Faktor 1836 größeren Protonenmasse m_P ein um diesen Faktor kleineres „Kernmagneton":

$$\mu_K = \frac{e \cdot \hbar}{2 \cdot m_P}$$

(Wie im Kapitel 17 wird hier für das magnetische Moment das Symbol μ benutzt.) Allerdings zeigte sich, daß das magnetische Moment des Protons

$$\mu_P = 2{,}79 \cdot \frac{e \cdot \hbar}{2 \cdot m_P}$$

ist, also rund 3 × größer als man erwarten würde. Noch erstaunlicher ist eigentlich, daß auch das elektrisch neutrale Neutron ein magnetisches Moment besitzt, nämlich

$$\mu_N = -1{,}91 \frac{e \cdot \hbar}{2 \cdot m_N}.$$

Das negative Vorzeichen bedeutet, daß der Drehimpuls des Neutrons und sein magnetisches Moment, wie beim Elektron, entgegengesetzt gerichtet sind. Dies waren erste Hinweise auf die komplexe Struktur der Nukleonen.

Nukleonen besitzen wie die Elektronen einen Eigendrehimpuls oder Spin **S** vom Betrag

$$|\mathbf{S}| = \sqrt{s \cdot (s+1)} \cdot \hbar$$

mit der Spinquantenzahl $s = \frac{1}{2}$. Wegen des damit verbundenen magnetischen Moments orientiert sich der Spin in einem Magnetfeld **B** so, daß seine Komponenten

S_z in Feldrichtung

$$S_z = \pm \tfrac{1}{2} \cdot \hbar$$

betragen. Zusätzlich zum Spin **S** besitzen auch die Nukleonen noch einen Drehimpuls **L** aufgrund ihrer Bewegung im Kern, den Bahndrehimpuls.

Die Summe aus Spin und Bahndrehimpuls

$$\mathbf{j} = \mathbf{L} + \mathbf{S}$$

gibt den Gesamtdrehimpuls eines Nukleons mit der sogenannten inneren Quantenzahl $j = l \pm \frac{1}{2}$. Der Gesamtdrehimpuls **I** eines Atomkerns ist gleich der Summe aller Nukleonendrehimpulse:

$$\mathbf{I} = \sum_{i=1}^{A} \mathbf{j}_i.$$

Die Quantenzahl des Gesamtdrehimpulses ist

$$I = \sum_{i=1}^{A} j_i$$

und der Betrag des Kerndrehimpulses ist

$$|\mathbf{I}| = \sqrt{I \cdot (I+1)} \cdot \hbar.$$

Zu beachten ist, daß sich—etwas irreführend—für den Gesamtdrehimpuls des Atomkerns **I** die Bezeichnung *Kernspin* und entsprechend für die Quantenzahl I des Gesamtdrehimpulses die Bezeichnung Kernspinquantenzahl eingebürgert hat.

Bezüglich einer vorgegebenen Richtung hat **I** die Komponenten

$$I_z = m_I \cdot \hbar$$

mit $m_I = \pm I, \pm (I-1), \pm (I-2), \ldots, \pm \frac{1}{2}$ oder 0. m_I ist die Orientierungsquantenzahl des Kernspins.

Alle (g, g)-Kerne haben im Grundzustand die (Gesamt-) Kernspinquantenzahl $I = 0$. Beispiele sind:

$$^{4}\text{He},\ ^{12}\text{C},\ ^{16}\text{O},\ ^{40}\text{Ca},\ ^{56}\text{Fe},\ ^{88}\text{Sr},\ ^{114}\text{Cd},\ ^{180}\text{Hf},\ ^{208}\text{Pb},\ ^{238}\text{U}.$$

Auch die Kernspinquantenzahlen der anderen Kerne bleiben selbst noch bei großen Nukleonenzahlen relativ klein. Offenbar besteht für die Drehimpulse eine Tendenz zur gegenseitigen Kompensation.

Das magnetische Moment des Kerns, $\boldsymbol{\mu}$, erhält man, analog wie bei den Elektronen, aus dem (Kern-) Spin:

$$\boldsymbol{\mu} = g_I \cdot \mathbf{I} \cdot e/(2 \cdot m_P) = \gamma \cdot \mathbf{I}.$$

Die Komponente in eine definierte Richtung ist

$$\mu_z = g_I \cdot \mu_K \cdot m_I = \gamma \cdot \hbar \cdot m_I,$$

mit γ = magnetogyrisches Verhältnis (es verknüpft die mechanische Größe **I** mit der magnetischen Größe $\boldsymbol{\mu}$). Für Protonen ist $\gamma = 2{,}79 \cdot e/m_P$ $(= \mu_P/S_z)$; m_P ist die Masse des Protons, seine Richtungsquantenzahl ist $m_I = \pm \frac{1}{2}$.

Anders aber als bei den Elektronen, läßt sich der Zusammenhang zwischen den magnetischen Dipolmomenten der Kerne und den Drehimpulsen hier nicht durch einen festen Faktor angeben. g_I, der Kern-g-Faktor, hat praktisch für jeden Kern einen anderen Wert. Die magnetischen Momente konkreter Kerne muß man daher Messungen entnehmen. Eine befriedigende Theorie, d. h. Erklärung der magnetischen Kerndipolmomente, steht dzt. noch aus.

20.2 Kernspinresonanz

Die medizinische Anwendung der Kernspinresonanz begann etwa um 1955 in Schweden. E. Odeblad und G. Lindstrom benutzten NMR-Spektrometer um u. a. den Austausch zwischen D_2O und H_2O in roten Blutkörperchen zu studieren. 1959 begann J. R. Singer mit Arbeiten, in deren Verlauf er zeigte, daß die an einem Ort in einer strömenden Flüssigkeit erzeugte Anregung von Protonen an einer anderen Stelle mittels einer Empfangsspule nachgewiesen werden konnte und so die Volumenstromstärke dieser Strömung meßbar ist. Dieses Prinzip wird heute in der MR-Tomographie zur Durchblutungsmessung benutzt. 1965 bemerkten C. B. Bratton, A. L. Hopkins und J. W. Weinberg bei der Untersuchung der Linienbreite von Protonen, daß sich die Eigenschaften von Zellwasser besser verstehen lassen, wenn man annimmt, daß ein Teil davon sich anders verhält als gewöhnliches Wasser (nämlich als sogenanntes „gebundenes“ Wasser). Den für die Entwicklung der Kernspinresonanz-Technik in Richtung auf ein medizinisches Diagnoseverfahren wohl markantesten Meilenstein setzte 1971 R. Damadian. Er hatte festgestellt, daß normales und Tumorgewebe von Ratten unterschiedliche Relaxationszeiten hat, was sofort an die Möglichkeit der Krebsdiagnostik denken ließ. Schließlich hat P. Lauterbur 1973 gezeigt, wie man mit Hilfe von Gradientenfeldern aus Projektionen ein zweidimensionales Schnittbild gewinnen kann. R. R. Ernst hat dieses Abbildungsverfahren schließlich (1975) auf alle drei Dimensionen erweitert, so daß beliebige Schnitte durch den im MR-Tomographen ruhig liegenden Körper gelegt werden können (s. Beispiel 20.2).

a) Kerne im Magnetfeld

Kerne haben einen Drehimpuls vom Betrag $|\mathbf{I}| = \sqrt{I\cdot(I+1)}\cdot\hbar$. In einem magnetischen Feld $\mathbf{B}_0$ (in z-Richtung) hat dies zweierlei Konsequenzen:

1. Orientieren sich die Kerne so, daß ihre Drehimpuls-Komponenten in Feldrichtung die Werte $I_z = m_I\cdot\hbar$ annehmen. Dies ist für das Proton in der Abb. 20.4 skizziert.

Den verschiedenen Orientierungen des Kerns entsprechen unterschiedliche potentielle Energien E im magnetischen Feld. Diese sind nach Gleichung 17.6

$$E(B_0) = -\mathbf{B}_0\cdot\boldsymbol{\mu} = -g_I\cdot\mu_K\cdot m_I\cdot B_0 = -\gamma\cdot\hbar\cdot m_I\cdot B_0.$$

2. Da sich die Kerne nicht streng parallel zur Feldrichtung orientieren, s. Abb. 20.4, wirkt auf sie im Magnetfeld ein Drehmoment. Die Kerne präzessieren daher mit der Larmorfrequenz ν_L (s. weiter unten) um die Richtung des Magnetfelds,

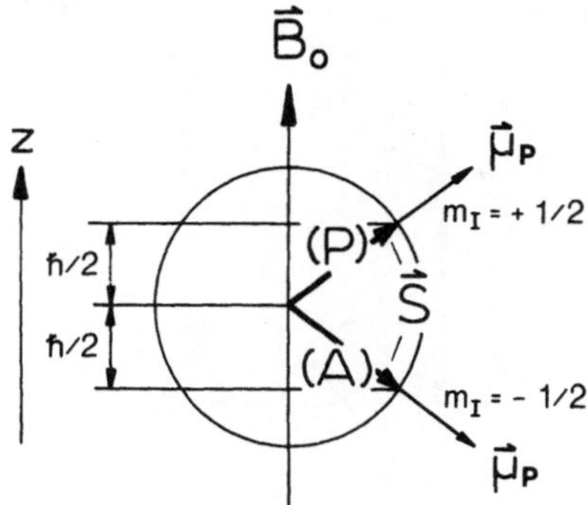

Abb. 20.4. Parallele (*P*) und antiparallele (*A*) Orientierung des magnetischen Moments $\boldsymbol{\mu}_P$ eines Protons mit dem Drehimpuls **S** im Magnetfeld $\mathbf{B}_0$. Diese beiden Orientierungen sind streng genommen gar nicht parallel bzw. antiparallel zum Magnetfeld, sondern besitzen lediglich Komponenten in und gegen die Richtung des Magnetfelds

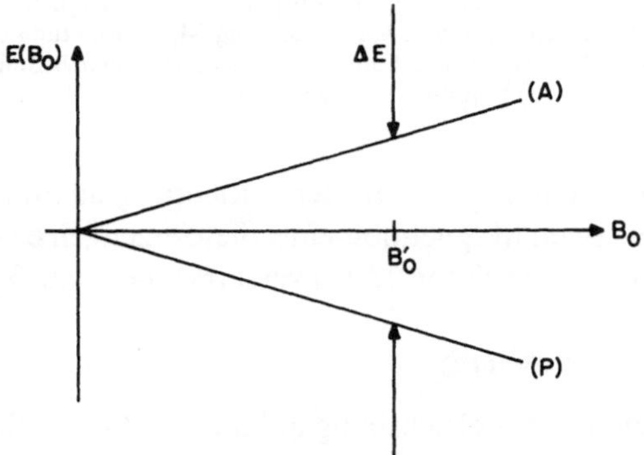

Abb. 20.5. Zusätzliche Energie $E(B_0)$ eines Protons aufgrund paralleler (*P*) bzw. antiparalleler (*A*) Orientierung im Magnetfeld $\mathbf{B}_0$. ΔE ist die Energiedifferenz der beiden Orientierungen bei der Magnetfeldstärke B'_0

genau wie ein Kreisel um die Richtung der auf ihn wirkenden Gewichtskraft präzessiert (s. Abb. 3.22 und Kapitel 17.2).

Die vielen Kerne in einem Stoff präzessieren unabhängig voneinander um die Richtung des Magnetfelds. Da sich benachbarte Orientierungen eines Kerns um den Energiebetrag $\Delta E = g_I \cdot \mu_K \cdot B_0$ unterscheiden, gibt es entsprechend dem Boltzmann-Theorem um den Faktor

$$\exp\left(\frac{\Delta E}{k \cdot T}\right)$$

mehr Kerne in der energetisch niedrigeren Orientierung. So orientieren sich beispielsweise um diesen Faktor mehr Protonen in paralleler Orientierung als in antiparalleler. Die Folge ist, daß die Protonen das Magnetfeld $\mathbf{B}_0$ mit der z-Komponente ihres eigenen Magnetfelds (geringfügig) verstärken. Da die Protonen voneinander unabhängig präzessieren, heben sich die oszillierenden x- und y-Komponenten ihrer

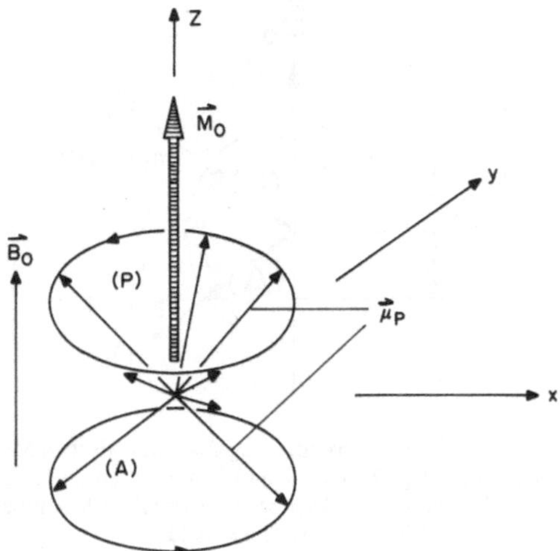

Abb. 20.6. Präzessionsbewegung paralleler (*P*) und antiparalleler (*A*) magnetischer Momente $\boldsymbol{\mu}_P$ von Protonen im Magnetfeld $\mathbf{B}_0$. Es entsteht eine Magnetisierung $\mathbf{M}_0$ in Richtung des Magnetfelds $\mathbf{B}_0$ in *z*-Richtung. (Magnetisierung $\mathbf{M}$ = vektorielle Summe aller magnetischen Momente, bezogen auf das Volumen, s. Abschnitt 13.3 b)

Magnetfelder jedoch gegenseitig auf. In der *z*-Richtung allerdings verbleibt eine Wirkung der überschüssigen Magnetmomente; diese erzeugen eine Magnetisierung $\mathbf{M}_0$, ihr Magnetfeld (nach Gleichung 13.17) verstärkt das Feld $\mathbf{B}_0$.

b) Anregung der Kernresonanz

Läßt man ein Drehmoment gleichsinnig auf die im Magnetfeld präzessierenden Kerne wirken, kann man die Magnetisierung $\mathbf{M}_0$ aus ihrer anfänglichen Orientierungsrichtung herausdrehen. Das läßt sich durch das Magnetfeld $\mathbf{B}_W$ einer elektromagnetischen Welle erreichen, wie in der Abb. 20.7 für Protonen angedeutet. Allerdings sind hier die quantenphysikalischen Eigenschaften der Kernspins zu berücksichtigen: So können sich die einzelnen Protonen nur parallel oder antiparallel zu $\mathbf{B}_0$ einstellen. Es kommt daher nicht zu einer kontinuierlichen Drehung einzelner Protonenmomente, sondern zum Umklappen aus der parallelen in die antiparallele Orientierung oder umgekehrt. Die resultierende Magnetisierung hingegen dreht sich, wie in der Abb. 20.7 angedeutet, kontinuierlich aus der *z-Richtung in die* *x*–*y*-Ebene ($\mathbf{M}''$). Da die Protonenmomente um $\mathbf{B}_0$ präzessieren, präzessiert auch die aus der *z*-Richtung herausgedrehte Magnetisierung $\mathbf{M}''$ um $\mathbf{B}_0$.

Wenn also, s. Abb. 20.7 a, eine elektromagnetische Welle ihre eigene Magnetfeldrichtung synchron mit der Rotation der magnetischen Dipole ändert, wirkt auf die präzessierende Magnetisierung ein gleichsinniges Drehmoment, und diese wird mit zunehmender Einwirkungsdauer immer weiter in eine Richtung parallel zur *x*–*y*-Ebene gedreht. Zur Synchronisierung ist offenbar erforderlich, daß die Frequenz der elektromagnetischen Welle mit der Präzessionsfrequenz (nach J. Larmor „Larmorfrequenz" genannt) der Kerne bzw. Protonen übereinstimmt. Da die aus der *z*-Richtung herausgedrehte Magnetisierung $\mathbf{M}'$ ebenfalls in der *x*–*y*-Ebene mit der

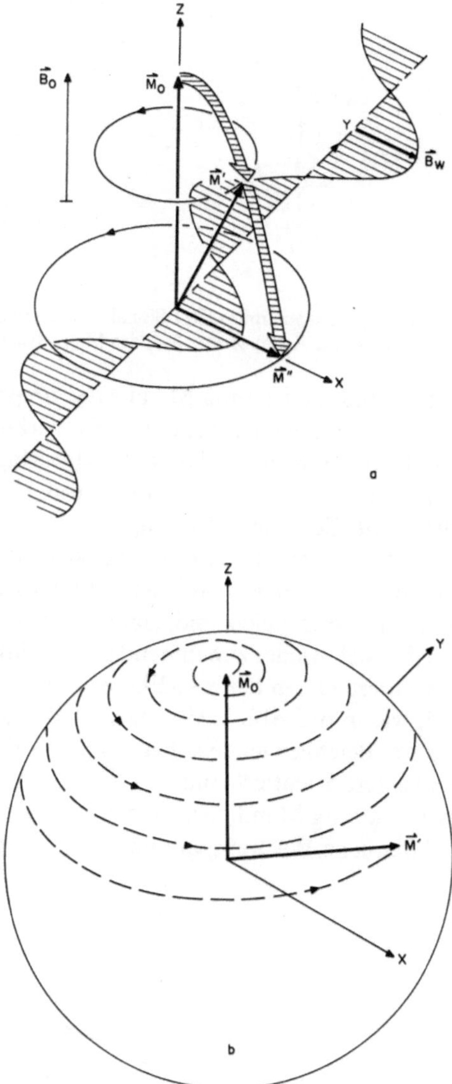

Abb. 20.7. Umklappen der Magnetisierung $\mathbf{M}_0$. Da die Magnetmomente der Protonen mit der Larmorfrequenz ν_L um die Richtung von $\mathbf{B}_0$ präzessieren, muß eine synchron oszillierende magnetische Feldstärke wirken. Dies wird durch eine elektromagnetische Welle der Frequenz ν_L in Richtung der y-Achse erreicht, deren Magnetfeldvektor $\mathbf{B}_W$ in der x–y-Ebene liegt. Dadurch wird die synchron mit den Protonenmomenten umlaufende Magnetisierung zunehmend aus der ursprünglichen z-Richtung ($\mathbf{M}_0$) über $\mathbf{M}'$ in die x–y-Ebene gedreht ($\mathbf{M}''$). Die Spitze des hierbei präzessierenden Magnetisierungsvektors beschreibt eine räumliche Spirale (Teilbild **b**)

Larmorfrequenz rotiert, wird in einer entsprechend aufgestellten Spule (s. Abb. 20.8) aufgrund des Induktionsgesetzes eine Wechselspannung U induziert. U ist bei gegebener Stärke der eingestrahlten Welle proportional zur Dichte der Kerne in dem bestrahlten Stoff und wird in der MR-Tomographie beispielsweise zur Darstellung der Protonendichte benutzt.

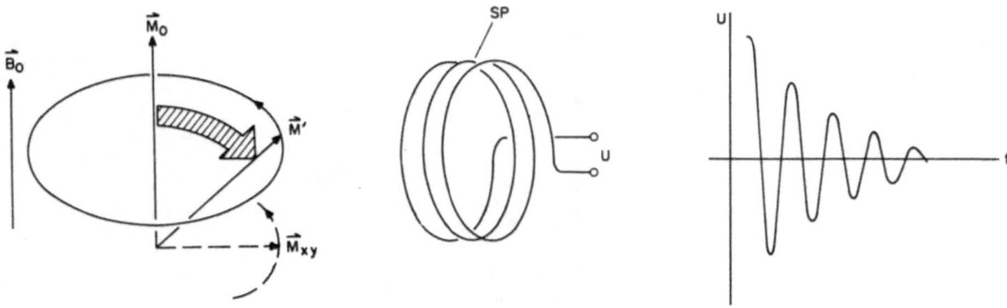

Abb. 20.8. Induktion einer Spannung U (sogenanntes FID-Signal, s. Text) in der Spule SP durch die in der x–y-Ebene rotierende Komponente $\mathbf{M}_{xy}$ der Magnetisierung $\mathbf{M}'$

Der Winkel, um den die Magnetisierung $\mathbf{M}_0$ aus der ursprünglichen Richtung gedreht wird, wächst mit zunehmender Stärke und Einwirkungszeit der elektromagnetischen Welle. Wirkt diese Welle so lange, bis die Magnetisierung um 45° gedreht wird, spricht man von einem „45°-Impuls" (oder $\pi/4$-Impuls) etc. Ein 90°-Impuls ($\pi/2$-Impuls) dreht die Magnetisierung parallel zur x–y-Ebene. Diese Situation ist in der Abb. 20.9 a dargestellt. Die Magnetisierung $\mathbf{M}$ ist die vektorielle Summe der Protonenmomente $\boldsymbol{\mu}_P$ (bezogen auf das Volumen). Da die Umlaufzeiten der Protonenmomente nicht streng gleich sind, „laufen sie auseinander", d. h. ihre x–y-Komponenten verteilen sich wieder zunehmend gleichmäßig in der x–y-Ebene. Die Folge ist, daß die resultierende, in der x–y-Ebene umlaufende Magnetisierung $\mathbf{M}'_{xy}$ immer kleiner wird, wie in der Abb. 20.9 b dargestellt. Gleichzeitig stellt sich auch wieder das thermische Gleichgewicht ein, bei dem mehr Protonen parallel zum Magnetfeld als entgegengesetzt orientiert sind.

Die rotierende Magnetisierung $\mathbf{M}$ induziert in der Empfangspule SP (Abb. 20.8) eine entsprechende Hochfrequenz-Wechselspannung U, das sogenannte MR-Signal,

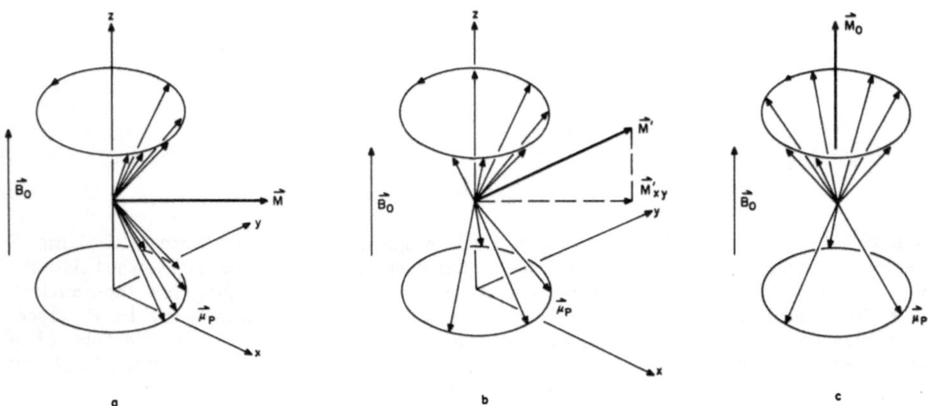

Abb. 20.9. **a** Momentanbilder der Lage der mit Larmorfrequenz v_L umlaufenden Protonenmomente $\boldsymbol{\mu}_P$, aus denen sich die Magnetisierung $\mathbf{M}$ vektoriell zusammensetzt, nach einem 90°-Impuls. Wegen der unterschiedlichen Umlaufzeiten der Protonenmomente „laufen sie auseinander" (Teilbild **b**), gleichzeitig stellt sich wieder das thermische Gleichgewicht ein, bei dem mehr Protonen parallel zum Magnetfeld als entgegengesetzt orientiert sind; die Magnetisierung in der x–y-Ebene verschwindet, und die Magnetisierung in der z-Richtung entsteht wiederum (Teilbild **c**)

dessen Größe mit der Zeit exponentiell abnimmt (Gleichung 20.19). Dieses direkteste MR-Signal heißt aus naheliegenden Gründen FID (= Free Induction Decay = freier Induktionszerfall). Es ist die unmittelbar als Folge der Anregung abgestrahlte elektromagnetische Welle bzw. die von ihr induzierte Spannung in der Empfängerspule. Dies ist die Basis für die Kern-Spin-Resonanz-Methode von E. M. Purcell und F. Bloch. Die bisherigen Überlegungen gelten sinngemäß auch für andere Kerne.

Larmorfrequenz. Die Größe der Larmorfrequenz erhalten wir aus folgender Überlegung: Einer Änderung der (makroskopischen) Magnetisierung entspricht quantenphysikalisch das Umklappen vieler Kerne. Zum Umklappen in benachbarte Orientierungen muß den Kernen durch die elektromagnetische Welle der Energiebetrag $h \cdot \nu_L$ zugeführt werden:

$$\hbar \cdot \omega_L = \Delta E = \boldsymbol{\mu} \cdot \mathbf{B}_0 = g_I \cdot \mu_K \cdot B_0.$$

Hieraus folgt direkt für die Larmorfrequenz ν_L;

$$\nu_L = g_I \cdot \mu_K \cdot B_0 / h$$

bzw. mit $\gamma = g_I \cdot \mu_K / \hbar$ die Resonanzbedingung:

$$\omega_L = \gamma \cdot B_0.$$

Ursprünglich wurde mit dieser Methode die Größe der magnetischen Momente $\boldsymbol{\mu}$ der Atomkerne gemessen. Dazu wurden B_0 und die Resonanzfrequenz (= Larmorfrequenz) ν_L gemessen und μ_P z. B. aus der vorletzten Gleichung bestimmt. Inzwischen sind aber die magnetischen Dipolmomente der verschiedenen Atomkerne mit großer Genauigkeit bekannt. Man benutzt dieses Verfahren jetzt zur Präzisionsmessung von Magnetfeldern oder—was von viel größerer Bedeutung ist—in der Chemie und Festkörperphysik zur Messung der genauen Werte der Larmorfrequenzen. Es hat sich nämlich gezeigt, daß ν_L durch die chemische Bindung des betreffenden Atoms in charakteristischer Weise verändert wird (sogenannter „Chemical Shift" oder „chemische Verschiebung" von ν_L). Die Kernresonanz hat so zur Erforschung der Struktur von chemischen Verbindungen und Festkörpern große Bedeutung erlangt.

In Analogie hierzu wird die Kernresonanz heute auch in der Medizin eingesetzt. Dabei werden in der Magnetresonanz-Tomographie nicht nur die Verteilungen der Dichten der Protonen oder anderen Atomkerne im Körper zur Bildgewinnung benutzt, sondern auch die Relaxationszeiten und die chemische Verschiebung. Über die Abbildung der anatomischen Strukturen hinaus kann damit auch auf physiologische und biochemische Vorgänge geschlossen werden. Hierbei wird die in den Abb. 20.8 und 20.16 skizzierte Anordnung von Magnetfeld $\mathbf{B}_0$ und Hochfrequenzspule SP benutzt.

c) Relaxationszeiten

Im folgenden werden die z-Richtung (= Richtung des Magnetfelds $\mathbf{B}_0$) als „longitudinale" Richtung und die Richtungen senkrecht dazu als „transversale" Richtungen bezeichnet. Nehmen wir nun an, die anfangs longitudinale Magnetisierung $\mathbf{M}_0$ sei durch einen 90°-Impuls in die Transversalebene gedreht worden. Die nun in der

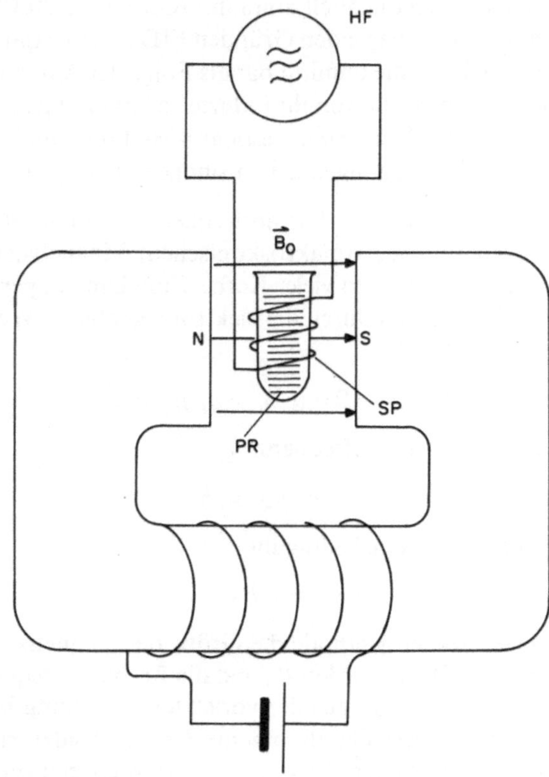

Abb. 20.10. Magnetresonanz-Apparatur zur Bestimmung der Resonanzfrequenz ν_L einer Stoffprobe *PR*. Die Probe befindet sich im Magnetfeld $\mathbf{B}_0$, das hochfrequente $\mathbf{B}_W$-Feld wird von einem Hochfrequenz-Sender *HF* mittels der Spule *SP* eingestrahlt. Das Auftreten der Resonanz wird durch verstärkte Leistungsaufnahme der Probe, d. h. Ansteigen der Verlustleistung in der Spule *SP*, nachweisbar

x–y-Ebene präzessierende Magnetisierung $\mathbf{M}_{xy}$ wird durch zwei Relaxationsmechanismen, wie schon im Zusammenhang mit der Abb. 20.9 beschrieben, schwächer. Zum einen kommt es zur sogenannten longitudinalen Relaxation, d. h. die ursprüngliche (longitudinale) Magnetisierung $\mathbf{M}_0$ in $\mathbf{B}_0$-Richtung stellt sich wieder ein. Zum anderen kommt es durch das Auseinanderlaufen der präzessierenden Spins zu einem relativ schnellen Abklingen der umlaufenden Transversal-Magnetisierung ($\mathbf{M}_{xy}$).

Die longitudinale Relaxation wird durch Störungen der Präzessionsbewegung durch Kräfte aus der Umgebung (dem „Gitter“ bei Festkörpern) bewirkt. Diese Kräfte müssen, ähnlich wie die das Umklappen bei der Anregung verursachende Kraft, mit der Larmorfrequenz oszillieren, was durch die thermische Bewegung immer in gewissem Maße gegeben ist. Die Kerne kehren durch diese „Spin-Gitter-Wechselwirkung“ wieder in das thermische Gleichgewicht, d. h. die der Boltzmann-Verteilung entsprechenden Orientierungen, zurück. Man kann diesen Prozeß auch als Temperaturausgleich zwischen Kernen und Gitter ansehen: Die Kerne sind aufgrund der absorbierten Anregungsenergie wärmer als die Umgebung. Die energiereicheren Kerne geben die überschüssige Energie, entsprechend dem Newtonschen

Abkühlungsgesetz (Beispiel 7.10), nach einem Exponentialgesetz mit der Relaxationszeit $T1$ an die Umgebung ab. (Daher rührt auch die Temperaturabhängigkeit der $T1$-Relaxationszeit.) Entsprechend nimmt die longitudinale Magnetisierung M_L exponentiell zu:

$$M_L = M_0 \cdot \left(1 - \exp\left(-\frac{t}{T1}\right)\right).$$

Das Abklingen der präzessierenden Magnetisierung hingegen bzw. der Spulenspannung U wird außerdem noch durch die sogenannte transversale oder Spin-Spin-Relaxation bewirkt. Hierbei handelt es sich um das Auseinanderlaufen der anfangs synchron umlaufenden Kernspins, wodurch der resultierende präzessierende Magnetisierungsvektor kleiner wird. Ein Grund hierfür sind die Kräfte, die die Kernspins benachbarter Kerne wegen ihres Magnetfelds aufeinander ausüben („Spin-Spin-Wechselwirkung"). Da außerdem das Magnetfeld B_0 durch dia- oder paramagnetische Moleküle im Gewebe von Ort zu Ort leicht unterschiedlich ist, variiert auch die Präzessionsfrequenz der Kerne örtlich, wodurch die Kerne zunehmend außer Phase geraten (die Entropie nimmt zu) und die resultierende umlaufende Magnetisierung abnimmt (Abb. 20.9 b). Analoges passiert durch die Abschirmung der Protonen durch die Elektronenwolken der Moleküle, weshalb auch lokale Schwankungen des pH-Werts zur Relaxation beitragen. Zeitlich nicht fluktuierende Magnetfelder können übrigens nur die Spin-Spin-Relaxation beschleunigen, nicht jedoch die Spin-Gitter-Relaxation. Deshalb ist $T2$ immer kleiner oder höchstens gleich groß wie $T1$:

$$T2 \leqq T1.$$

Da die Abnahme der präzessierenden (transversalen) Magnetisierung M_{xy} umso schneller erfolgen wird, je stärker M_{xy} zu Beginn ist, erfolgt sie exponentiell, also nimmt auch die in der Empfängerspule induzierte Spannung exponentiell ab:

$$U = U_0 \cdot \exp\left(-\frac{t}{T2}\right)$$

u. zw. mit einer charakteristischen Relaxationszeit $T2$. Dieser Prozeß ist besonders effektiv bei räumlich festen Strukturen, wie der Substantia compacta des Knochens, weil dann die räumlichen Magnetfeld-Inhomogenitäten voll zur Wirkung kommen können. Da aber auch das von den Magnetspulen erzeugte longitudinale Magnetfeld $\mathbf{B}_0$ Inhomogenitäten besitzt, erfolgt die Abnahme der Spannung in der Empfängerspule noch schneller, u. zw. mit der Relaxationszeit $T2^*$:

$$U = U_0 \cdot \exp\left(-\frac{t}{T2^*}\right).$$

Wie man sieht, macht sich die transversale Relaxation $T2^*$ im zeitlichen Verlauf der in der Empfängerspule induzierten Spannung U bemerkbar. Je kleiner $T2^*$ ist, desto schneller wird U kleiner. Die longitudinale Relaxation hingegen wirkt sich auf die Amplitude des MR-Signals (U_0) aus, wenn, wie bei der MR-Tomographie üblich, mit einer (zeitlichen) Folge von Anregungsimpulsen gearbeitet wird; s. weiter unten den Absatz „Impulssequenzen".

Gewebswasser. Für die $T2$-Relaxation sind somit Spin-Spin-Wechselwirkungen und räumliche Inhomogenitäten im Magnetfeld ausschlaggebend. Letztere werden auch von Kernen und Elektronen der Umgebung hervorgerufen. Wenn sich diese Inhomogenitäten jedoch schnell verändern, wird die Auswirkung auf die Präzessionsfrequenz für die einzelnen Spins im zeitlichen Mittel etwa gleich groß. Das in der Abb. 20.9 beschriebene Auseinanderlaufen der Spins erfolgt dann sehr langsam, und die $T2$-Relaxationszeiten werden groß. Für die $T1$-Relaxation hingegen ist es erforderlich, daß die energetisch angeregten Kernspins in die energetisch niedrigere longitudinale Orientierung zurückkehren können (d. h. Energie abgeben können). Das ist möglich, wenn, s. Abb. 20.7, die einwirkenden Kräfte bzw. Felder mit der Larmorfrequenz ν_L oszillieren.

Wasser ist im Gewebe unterschiedlich stark an Gewebeproteine und andere Moleküle assoziiert (s. auch Beispiel 18.4). Die direkt der Proteinoberfläche benachbarten H_2O-Moleküle führen die geringste Wärmebewegung aus. Die vorhandenen B-Inhomogenitäten fluktuieren daher langsam, $T2$ ist kurz, $T1$ groß. Mit zunehmender Entfernung von der Gewebeoberfläche nimmt die Beweglichkeit der Moleküle zu: $T2$ wird länger, $T1$ kürzer. Freie H_2O-Moleküle haben wiederum längere $T1$-Relaxationszeiten, weil sich die zeitlichen Magnetfeld-Fluktuationen auf ein breites Frequenzspektrum verteilen und auf die Resonanzfrequenz ν_L daher nur ein entsprechend kleiner Anteil entfällt. Die $T2$-Relaxationszeit hingegen nimmt mit zunehmender Bewegung kontinuierlich zu:

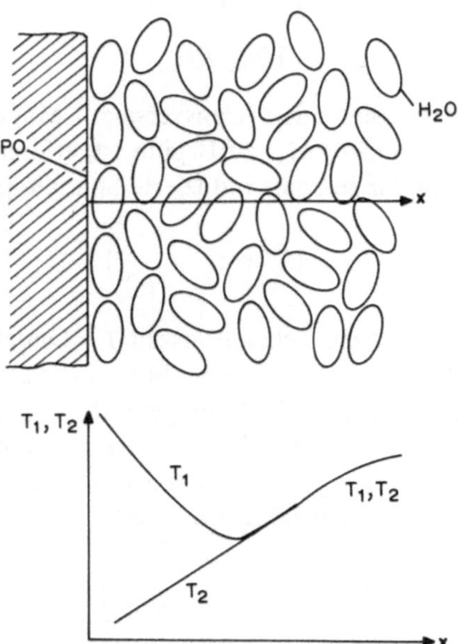

Abb. 20.11. Qualitativer Verlauf der Relaxationszeiten $T1$ und $T2$ für Zellwasser oder Gewebswasser in Abhängigkeit vom Abstand x von der (als glatte Linie gezeichneten) Proteinoberfläche *PO*. Nahe *PO* besitzen die Wassermoleküle die geringste Beweglichkeit (durch regelmäßige Anordnung angedeutet)

Zwar stand am Beginn der medizinischen Anwendung der Kern-Magnetresonanz Damadians Beobachtung verlängerter $T1$- und $T2$-Relaxationszeiten in

Tumoren. Dennoch steckt eine quantitative Gewebecharakterisierung mittels der Relaxationszeiten noch in den Kinderschuhen. Die Relaxationszeiten werden bis dato vielmehr bloß qualitativ zur Gewebekontrastierung bei der MR-Bildgewinnung benutzt. Wichtige Gründe hierfür sind die schon von vorneherein vorliegende Variabilität der Relaxationszeiten in normalen und pathologischen Geweben, die große Inhomogenität neoplastischen Gewebes, sowie die Schwierigkeit, im klinischen Betrieb hinreichend hohe Meßgenauigkeiten zu erreichen. Immerhin gibt es schon Ansätze zur Tumordifferenzierung auf Basis der Relaxationszeiten beispielsweise bei Lipomen, Liposarkomen und Melanomen. Weitere erfolgversprechende Ansätze basieren auf Texturanalysen von Protonenrelaxationszeit-Bildern. Hierbei werden abstrakte Bildmerkmale wie die Mittelwerte und Varianzen der räumlichen Verteilung des MR-Signals und seiner Gradienten zur Gewebecharakterisierung benutzt.

Weitere Bereiche, wo die Messung der Relaxationszeiten, also die „MR-Relaxometrie", wertvolle Informationen liefert, sind die Therapie-Verlaufskontrolle und die medizinisch-experimentelle Forschung.

d) Impulssequenzen. Spinecho

Durch eine besondere Technik gelingt es, den Einfluß der räumlichen Inhomogenitäten des Magnetfelds $\mathbf{B}_0$, der ja nicht gewebespezifisch ist, weitgehend zu kompensieren: Läßt man zunächst einen 90°-Impuls einwirken, klappt die Magnetisierung in die x–y-Ebene. Diese nun in der x–y-Ebene präzessierende Magnetisierung wird wegen des Auseinanderlaufens der einzelnen Kernmomente schnell kleiner. Dies ist in der Abb. 20.12 a durch drei in der x–y-Ebene liegende Magnetisierungs-Komponenten $\mathbf{M}'_1$, $\mathbf{M}'_2$ und $\mathbf{M}'_3$ dargestellt.

Klappt man diese Magnetisierungskomponenten eine Zeitspanne τ nach dem 90°-Impuls um 180° um die y-Achse, kommen die langsamer präzessierenden Komponenten vorne zu liegen und werden von den schnelleren eingeholt, u. zw. genau nach derselben Zeitspanne τ, die sie zum Auseinanderlaufen benötigt haben. Nach einer Zeitspanne von insgesamt $2\cdot\tau$ nach dem 90°-Impuls kommt es zur sogenannten Refokussierung der Magnetisierung, und es wird erneut eine Spannung in der Empfängerspule induziert, das sogenannte Spinecho; die Zeitspanne $2\cdot\tau = TE$ heißt Echozeit. Abb. 20.13 zeigt die Spannungsverläufe in der Spule SP.

Bei der MR-tomographischen Bildgewinnung wird eine ganze Reihe von Messungen in kurzem Zeitabstand TR (= Repetitionszeit) hintereinander ausgeführt. Es hat sich ferner eine ganze Reihe unterschiedlicher Typen von Impulssequenzen, die jeweils für bestimmte Bildkontrastierungen günstig sind, herauskristallisiert. Am häufigsten wird die oben beschriebene *Spin-Echo-Sequenz* benutzt, weil sie gegenüber Ungenauigkeiten des Meßsystems relativ unempfindlich ist und die Bedeutung des Bildkontrastes leicht durchschaubar ist. Weitere wichtige Impulssequenzen sind die sogenannte Inversion-Recovery-Sequenz und die Saturation-Recovery-Sequenz, auf die wir hier jedoch nicht näher eingehen. Bei der Spin-Echo-Sequenz ist die vom ersten Anregungsimpuls angetroffene Magnetisierung M (in longitudinaler Richtung)

$$M = M_0\cdot\left(1 - \exp\left(-\frac{TR}{T1}\right)\right).$$

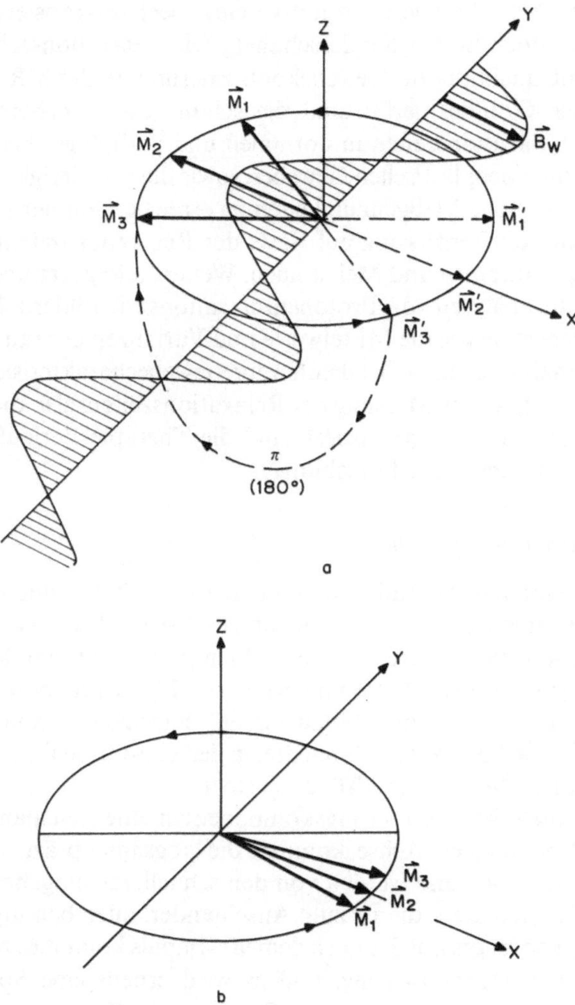

Abb. 20.12. Spinecho. **a** Die schneller präzessierende Magnetisierungskomponente $\mathbf{M}_1'$ läßt die langsameren Komponenten $\mathbf{M}_2'$ und $\mathbf{M}_3'$ hinter sich. Ein 180°-Impuls im Zeitabstand τ nach dem 90°-Impuls durch eine in y-Richtung laufende elektromagnetische Welle (Magnetfeldstärke $\mathbf{B}_W$) klappt diese Komponenten, wie für $\mathbf{M}_3'$ angedeutet, um 180° um die y-Achse. Nun sind die langsamen Komponenten vorne. **b** Nach der Echozeit $TE = 2 \cdot \tau$ laufen alle Komponenten für einen kurzen Moment wiederum synchron um

Ferner verstreicht zwischen dem 90°-Impuls, der die longitudinale Magnetisierung in die Transversalebene klappt, und dem Zeitpunkt, zu dem das Spin-Echo in der Empfängerspule registriert wird, die Zeitspanne TE. Die Spannung U in der Empfängerspule ist daher:

$$U(TE) \propto p \cdot \left(1 - \exp\left(-\frac{TR}{T1}\right)\right) \cdot \exp\left(-\frac{TE}{T2}\right)$$

mit p = Spindichte (Dichte der Resonanzkerne, z. B. Protonen).

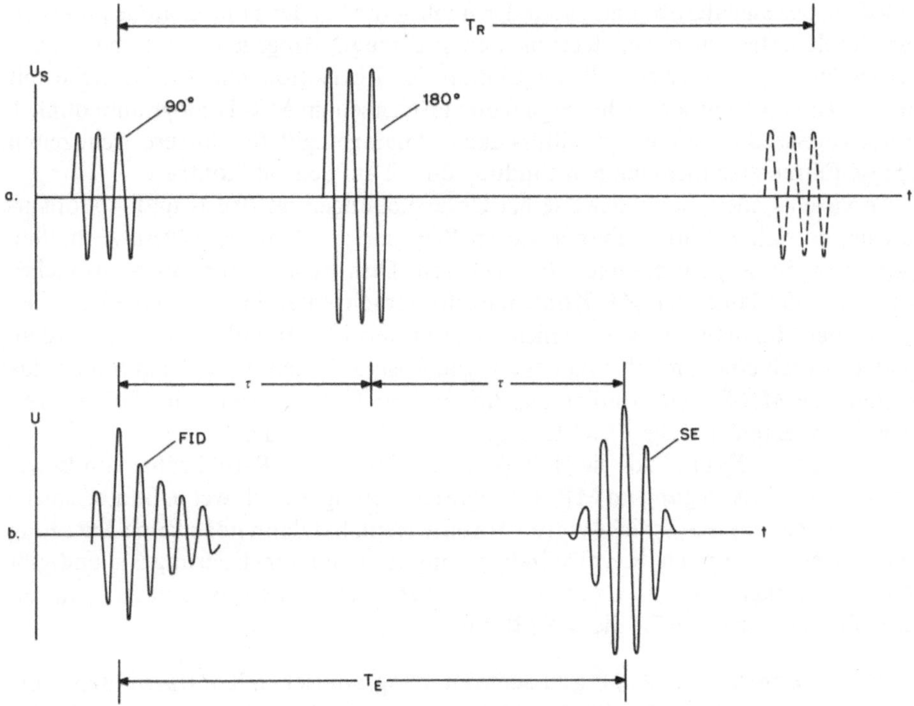

Abb. 20.13. HF-Signale bei der Spinecho-Technik nach E. L. Hahn. **a** Anregungsimpulse (an die Sende- bzw. Empfangsspule *SP*, s. Abb. 20.14, angelegte *HF*-Spannung U_S): auf einen 90°-Impuls folgt nach τ ein 180°-Impuls. Der gestrichelt gezeichnete 90°-Impuls gehört zur nächsten Spin-Echo-Impulsfolge. **b** In der Spule *SP* von der präzessierenden Magnetisierung induzierte Spannung *U*. *FID* = Freies Induktionssignal, *SE* = Spinecho. $TE = 2 \cdot \tau$ = Echozeit, *TR* = Repetitionszeit

Zunächst wird hier also die Helligkeitsverteilung bzw. die Signalgröße im *MR*-Bild von der Kerndichte p bestimmt. Protonenbilder von Knochen beispielsweise geben wegen deren niedrigen Wassergehalts ein schwaches Signal (Spannung *U*), erscheinen im MR-Bild also grundsätzlich dunkel. Fetthältiges Gewebe und Knochenmark erscheinen wegen des hohen *H*-Gehalts der Lipide wiederum heller, als es ihrem Wassergehalt entspricht.

Ferner sieht man aus der letzten Gleichung, daß das Magnetresonanz-Signal *U* neben der Kerndichte p auch von den Relaxationszeiten $T1$ und $T2$ und darüber hinaus aber auch von den Geräteparametern *TR* und *TE* (sogenannte „extrinsische" Parameter im Gegensatz zu den „intrinsischen" Gewebeparametern) beeinflußt wird. Man kann durch entsprechende Wahl der Geräteparameter, selbst bei unverändertem Typ der Impulsfolgesequenz, daher sehr unterschiedliche Gewebekontraste erzielen. Dies läßt sich für das Spin-Echo-Verfahren aus den letzten beiden Gleichungen ablesen: Benutzt man beispielsweise sehr lange Repetitionszeiten *TR*, dann trifft der Anregungsimpuls auf die praktisch vollständig wiederhergestellte Magnetisierung M_0 in z-Richtung. Die Relaxationszeit $T1$ bleibt ohne Einfluß. Der Bildkontrast wird nun durch die Kerndichte p und die Relaxationszeit $T2$ determiniert. Verwendet man weiters noch sehr kurze Spin-Echo-Zeiten *TE*, werden Unterschiede in der Signalgröße und damit der Bildkontrast in der Tomographie praktisch nur durch unterschiedliche Kerndichten p erzeugt. Hingegen steigt mit kürzer werdender Repetitionszeit TR der Einfluß der Relaxationszeit $T1$: Bereiche mit langem $T1$ geben ein schwaches Signal und erscheinen im MR-Tomogramm dunkel, beispielsweise die Zerebrospinalflüssigkeit. Analoges gilt für längere Echozeiten TE: sie führen zu zunehmendem Einfluß von $T2$ auf den Bildkontrast.

In vielen Fällen, beispielsweise bei Untersuchungen im Brust- und Abdomenbereich, entstehen Bildunschärfen durch Bewegungen. Um diese klein zu halten, kann man die Repetitionszeit TR verkürzen. Dies ist auch für interventionelles Arbeiten unter laufender *MR*-Kontrolle erforderlich. Allerdings kann die Refokussierung der Magnetisierung dann nicht mehr mittels 180°-Impulsen erreicht werden, sondern durch eine Umkehrung des Magnetfeldgradienten. Daher nennt man das entstehende *MR*-Signal Gradientenecho (andere Techniken mit ebenfalls kurzen Repetitionszeiten sind die FLASH-Sequenz, die FISP-Sequenz u. a.).

Ein weiterer Einfluß auf die Helligkeitsverteilung im MR-Bild rührt von Bewegungen her. Die Anregung im MR-Tomographen erfolgt schichtweise. Blut beispielsweise, welches in diese Schicht von außen einströmt, hat dann noch keine Anregung erfahren, es besitzt noch die vollständige Longitudinalmagnetisierung $\mathbf{M}_0$ und gibt daher ein stärkeres Signal, als aufgrund der benutzten Repetitionszeit zu erwarten wäre. Dies ist die Basis für die MR-Blutflußmessung.

MR-Kontrastmittel. Analog zu den röntgenographischen Kontrastmitteln werden hier zur Erhöhung der Bildkontraste paramagnetische Substanzen oral oder intravenös in den Körper gebracht, die die Relaxationszeiten beeinflussen. Hierzu gehören paramagnetische Moleküle wie Magnetit (Fe_3O_4) und Atome wie Gd, die an Trägermoleküle gebunden sind, wie beispielsweise im Falle des Gadolinium-DTPA das Gd an Diäthylentriaminpentaessigsäure. Gd-DTPA reichert sich beispielsweise in infarziertem Herzmuskelgewebe und anderen Läsionen an und verändert dort die Relaxationszeiten.

Andere Kerne. Die dominierende Verwendung von Protonenbildern beruht vor allem auf der großen Häufigkeit von Wasserstoff in den Körpergeweben, was vergleichsweise starke MR-Signale ergibt. Grundsätzlich kann jedoch jedes Nuklid mit Kernspin, so es im Körpergewebe vorhanden ist, zur Bildgebung benutzt werden. Hierzu zählen vor allem ^{14}N, ^{31}P, ^{13}C, ^{23}Na, ^{17}O und ^{19}F (s. Tabelle 20.1). Von besonderem Interesse sind hier ^{31}P als Bestandteil der energieliefernden Verbindungen des Zellmetabolismus, ^{13}C im Zusammenhang mit dem Kohlenhydrat- und Lipidstoffwechsel, ^{23}Na wegen seiner Bedeutung für Erregungsvorgänge an Zellen und ^{19}F als Bestandteil von künstlichem Blut sowie von Inhalationsnarkotika und Tumorpharmaka. Wegen der sehr niedrigen Konzentrationen dieser Isotope müssen zur Messung allerdings größere Meßvolumina („Voxel") herangezogen werden; s. Beispiel 20.6.

e) *MR-Spektroskopie (Chemical-Shift-Spektroskopie)*

Die Atomkerne liegen in Materie bzw. Gewebe nicht nackt vor, sondern sind von den zugehörigen Elektronen des Atomrumpfs und den die Molekülbindung bewirkenden Valenzelektronen umgeben. Diese Elektronen erzeugen aufgrund ihrer Bewegung und ihres Spins (Dia- bzw. Paramagnetismus) ein zusätzliches Magnetfeld $\mathbf{B}_e$, dessen Stärke und Richtung von der Struktur der Elektronenorbitale abhängt. Je nach der räumlichen Position eines Kerns in einem Molekül hat das auf ihn einwirkende resultierende Magnetfeld $\mathbf{B}_0 + \mathbf{B}_e$ deshalb eine andere Größe. Die Folge ist, daß die Resonanzfrequenz ν_L für ein- und dieselbe Kernsorte—auch bei überall gleich starkem longitudinalem Magnetfeld—von der Position des Kerns innerhalb der Moleküle abhängt. Weitere Einflüsse kommen vom Dia- bzw. Paramagnetismus der Nachbarmoleküle sowie von der Wechselwirkung zwischen den magnetischen Momenten der Kerne untereinander.

Atomkerne in Molekülen zeigen daher eine für die jeweilige Bindung charakteristische Veränderung der Resonanzfrequenz. Dies ist die Basis für den Einsatz dieses Verfahrens zur Strukturaufklärung in Chemie und Festkörperphysik, sowie für die „Chemical-Shift-Spektroskopie" in der Medizin. $\mathbf{B}_e$ wird durch den Para- bzw. Diamagnetismus der betroffenen Moleküle hervorgerufen. Entsprechend ist $\mathbf{B}_e \ll \mathbf{B}_0$, d. h. die chemische Verschiebung δ ist relativ klein und wird daher in ppm (= parts per million), bezogen auf eine Referenzfrequenz ν_{Ref} (desselben Kerns), gemessen:

$$\delta = \frac{\nu_{\mathrm{Ref}} - \nu_L}{\nu_{\mathrm{Ref}}} \cdot 10^6 \,\mathrm{ppm}.$$

Beispielsweise beträgt die Verschiebung der Resonanzfrequenz von ^{1}H in Aldehyden 9,5 bis 10,5 ppm, in Methylgruppen an Doppelbindungen 3 bis 3,5 ppm und in Aromaten 1,5 bis 2,5 ppm. Dies ist die Basis zur Strukturaufklärung von Molekülen organischer Verbindungen durch die MR-Spektroskopie.

Durch die chemische Verschiebung erhält man direkten Einblick in die Biochemie des Gewebes. Dabei steht nicht so sehr die chemische Zusammensetzung des Gewebes im Vordergrund als vielmehr die Biochemie des Stoffwechsels. So lassen sich aus Protonenspektren beispielsweise im Hirn Stoffwechselprodukte wie Lactat und *N*-Acetyl-Aspartat nachweisen, die auf das Vorliegen von Hypoxie oder Ischämie (bedingt etwa durch Schlaganfall, Infarkt oder einen Tumor) schließen lassen. ^{31}P-Spektren wiederum geben Einblick in die zelluläre Energiebilanz, weil die Resonanzfrequenz des ^{31}P im energiereichen ATP einen anderen Wert hat, als im energieärmeren ADP oder im anorganischen Phosphat, den Reaktionsprodukten des ATP-Abbaus.

In der MR-Tomographie hat bisher nur die chemische Verschiebung zwischen den im Wassermolekül gebundenen und den im Fettgewebe aliphatisch gebundenen Wasserstoffatomen bzw. -kernen Bedeutung. Durch spezielle Impulsfolgen läßt sich so eine Fett-Wasser-Trennung auch spektroskopisch erreichen.

f) Sicherheitsfragen

In Kernspintomographen und deren Umgebung treten elektromagnetische Wellen und sehr starke Magnetfelder auf. Statische Magnetfelder verändern beispielsweise durch hydrodynamische Effekte (s. Hall-Effekt und Lenzsche Regel) das EKG. Dynamische Magnetfelder, wie sie beim Schalten der Feldgradienten auftreten, induzieren Ströme. Als sicher gelten dzt. Feldänderungen bis $20\,\mathrm{T \cdot s^{-1}}$. Besonders gefährdet sind Personen mit lebenserhaltenden elektronischen Implantaten. Ihnen ist der Zutritt zum MR-Tomographieraum untersagt. Der Bereich, in welchem Streufelder mit Stärken > 0,5 mT auftreten, ist durch Warnschilder gekennzeichnet.

Die eingestrahlte elektromagnetische Welle erwärmt den Patienten. Dies ist die eigentliche kritische Belastung bei der MR-Tomographie. Die spezifische Absorptionsrate (SAR, s. Kapitel 14.2 und Zusammenfassung 14.B) sollte den Wert des thermischen Grundumsatzes (ca. $1{,}2\,\mathrm{W\cdot kg^{-1}}$) nicht übersteigen.

Zusammenfassung 20.A

I. Atomkerne sind aus Protonen und Neutronen (= Nukleonen) aufgebaut und werden von den Kernkräften oder starken Wechselwirkungskräften zusammengehalten. Die Größe der Bindungsenergie E_B läßt sich an dem Massendefekt Δm des betreffenden Kerns ablesen:

$$E_B = \Delta m \cdot c^2. \tag{20.1}$$

Ein Maß für die Stabilität eines Atomkerns ist die auf die Nukleonenzahl bezogene Bindungsenergie. Diese erreicht mit zunehmender Massenzahl ein Maximum bei Eisen und nimmt dann wieder leicht ab, s. Abb. 20.3. Die Elemente in der Umgebung des Eisens sind daher am stabilsten.

Auch Kerne besitzen einen energetischen Grundzustand und Anregungszustände mit definierten Energiewerten. Nehmen entweder die Neutronenzahl $N = A - Z$ oder die Protonenzahl Z Werte der sogenannten „magischen Zahlen" 2, 8, 20, 28, 50, 82 und 126 an, liegen besonders hohe Werte der Anregungsenergie für den ersten Anregungszustand vor (2 bis etwa 7 MeV; ansonsten meist unterhalb von 1 MeV).

II. Überträgt man die Überlegungen zum Magnetismus der Elektronen (Gleichung 17.9) auf den Wasserstoffkern, ergibt sich wegen der größeren Protonenmasse m_P ein entsprechend kleineres „Kernmagneton":

$$\mu_K = \frac{e \cdot \hbar}{2 \cdot m_P} = 5{,}0504 \cdot 10^{-27}\,\mathrm{J \cdot T^{-1}}. \tag{20.2}$$

Das magnetische Moment des Protons ist größer:

$$\mu_P = 2{,}79 \cdot \frac{e \cdot \hbar}{2 \cdot m_P} \tag{20.3}$$

und das magnetische Moment des Neutrons ist

$$\mu_N = -1{,}91 \cdot \frac{e \cdot \hbar}{2 \cdot m_N}. \tag{20.4}$$

Der Drehimpuls des Neutrons und sein magnetisches Moment sind entgegengesetzt gerichtet.

Der Eigendrehimpuls oder Spin **S** eines Nukleons hat den Betrag

$$|\mathbf{S}| = \sqrt{s \cdot (s+1)} \cdot \hbar \tag{20.5}$$

mit der Spinquantenzahl $s = \frac{1}{2}$. Bezüglich einer definierten z-Richtung hat der Spin **S** die z-Komponenten

$$S_z = \pm \tfrac{1}{2} \cdot \hbar. \tag{20.6}$$

Zusätzlich zum Spin **S** besitzen die Nukleonen noch einen Drehimpuls **L** aufgrund ihrer Bewegung im Kern.

Die Summe aus Spin und Bahndrehimpuls

$$\mathbf{j} = \mathbf{L} + \mathbf{S} \tag{20.7}$$

gibt den Gesamtdrehimpuls eines Nukleons mit der sogenannten inneren Quantenzahl $j = l \pm \frac{1}{2}$.

III. Der Gesamtdrehimpuls **I** eines Atomkerns ist gleich der Summe aller Nukleonendrehimpulse:

$$\mathbf{I} = \sum_{i=1}^{A} \mathbf{j}_i. \tag{20.8}$$

Die Quantenzahl des Gesamtdrehimpulses ist

$$I = \sum_{i=1}^{A} j_i \tag{20.9}$$

und der Betrag des Kerndrehimpulses ist

$$|\mathbf{I}| = \sqrt{I \cdot (I+1)} \cdot \hbar. \tag{20.10}$$

I heißt Kernspin (= Gesamtdrehimpuls des Atomkerns) und I heißt Kernspinquantenzahl (= Quantenzahl des Kern-Gesamtdrehimpulses).

Bezüglich einer vorgegebenen Richtung hat **I** die Komponenten

$$I_z = m_I \cdot \hbar \tag{20.11}$$

Tabelle 20.1. Relative Atommassen A_R. Spinquantenzahlen I und Kern-g-Faktor (= g_I) einiger leichterer Nuklide sowie Larmorfrequenz (bei B_0 = 1 T) und %-Gehalt im zugehörigen Element und im menschlichen Körper für einige klinisch wichtige Nuklide

Nuklid	Atommasse A_R	Kernspin-Quantenzahl I	$g_I \cdot I$	Larmor-Frequenz ν_L	Gehalt %	Gehalt im Körper %
^{1}n	1,008665	1/2	−1,9131	29,17 MHz		
^{1}H	1,007825	1/2	2,7927	42,58 MHz	99,98	10
^{2}H	2,014102	1	0,8574	6,53 MHz	0,015	
^{3}H	3,016050	1/2	2,9789	45,41 MHz		
^{3}He	3,016989	1/2	−2,1275	32,24 MHz		
^{4}He	4,002603	0	0	—		
^{7}Li	7,016004	3/2	3,2563	16,55 MHz		
^{10}B	10,012939	3	1,8007	4,58 MHz		
^{11}B	11,009305	3/2	2,6880	43,41 MHz		
^{12}C	12,000000	0	0	—		
^{13}C	13,00335	1/2	0,7024	10,71 MHz	1,11	0,001
^{14}N	14,00307	1	0,4036	3,1 MHz	99,63	3,4
^{15}N	15,00011	1/2	−0,2831	4,3 MHz	0,37	
^{16}O	15,99492	0	0	—		
^{17}O	16,99913	5/2	−1,8937	5,77 MHz	0,037	0,06
^{19}F	18,9984	1/2	2,6273	40,04 MHz	100	0,0007
^{21}Na	20,99395	3/2	−0,6618	3,36 MHz		
^{23}Na	22,9898	3/2	2,2162	11,26 MHz	100	
^{31}P	30,9738	1/2	1,1316	17,24 MHz	0,066	1,2
^{35}Cl	34,96885	3/2	0,8218	4,18 MHz		
^{39}K	38,96371	3/2	0,3916	1,99 MHz	93,1	0,3
^{40}Ca	39,96260	0	0	—		
^{43}Ca	42,98578	7/2	−1,3172	2,87 MHz		
^{56}Fe	55,9349	0	0	—		
^{57}Fe	56,9354	1/2	0,0905	1,38 MHz		

mit der Orientierungsquantenzahl des Kernspins

$$m_I = \pm I, \pm(I-1), \pm(I-2), \ldots, \pm\tfrac{1}{2} \text{ oder } 0.$$

Die Kernspinquantenzahlen I bleiben selbst bei großen Nukleonenzahlen relativ klein, s. Tabelle 20.1.

Das magnetische Moment $\boldsymbol{\mu}$ eines Kerns ist:

$$\boldsymbol{\mu} = \gamma \cdot \mathbf{I} \tag{20.12}$$

und die zu einer definierten z-Richtung parallele Komponente ist

$$\mu_z = \gamma \cdot m_I \cdot \hbar. \tag{20.13}$$

γ ist das gyromagnetische Verhältnis des Kerns. Drückt man das magnetische Kernmoment $\boldsymbol{\mu}$ durch das Kernmagneton μ_K aus, ist

$$\mu_z = g_I \cdot \mu_K \cdot m_I \tag{20.14}$$

mit $g_I = \gamma \cdot \hbar / \mu_K$, dem sogenannten Kern-$g$-Faktor, einer reinen Zahl.

Das magnetogyrische Verhältnis γ hat praktisch für jeden Kern einen anderen Wert und muß empirisch bestimmt werden (s. Tabelle 20.1).

IV. Kernspinresonanz. Der Drehimpuls der Atomkerne hat in einem magnetischen Feld $\mathbf{B}_0$ dreierlei Konsequenzen:

1. Orientieren sich die Kerne so, daß ihre Drehimpulskomponenten in Feldrichtung die Werte $m_I \cdot \hbar$ annehmen (Abb. 20.4 und Gleichung 20.11). Diesen Orientierungen entsprechen zusätzliche Energien $E(B_0)$:

$$E(B_0) = -\gamma \cdot m_I \cdot \hbar \cdot B_0. \tag{20.15}$$

m_I ist die Orientierungsquantenzahl.

2. Benachbarte Orientierungen ($\Delta m_I = \pm 1$) besitzen eine Energiedifferenz von (Abb. 20.5)

$$\Delta E = \gamma \cdot \hbar \cdot B_0. \tag{20.16}$$

Daher gibt es entsprechend dem Boltzmann-Theorem mehr Kerne in paralleler Orientierung als in antiparalleler.

3. Die Kerne präzessieren (Abb. 20.6) mit der Larmorfrequenz (Resonanzfrequenz) $\nu_L = \omega_L/(2\cdot\pi)$ um das Magnetfeld:

$$\omega_L = \gamma \cdot B_0 = g_I \cdot \mu_K \cdot B_0/\hbar. \tag{20.17}$$

Strahlt man eine elektromagnetische Welle mit Photonen der Energie $h \cdot \nu_L = \Delta E$ ein, nimmt die Zahl der Kerne mit höheren Energien im Vergleich zum thermischen Gleichgewicht zu. D. h. es kommt zur zusätzlichen „Anregung“ des höheren Energieniveaus in der Abb. 20.5. Nach Abschaltung der Welle werden diese Energiebeträge wieder abgestrahlt und geben ein Maß für die Anzahl N bzw. Dichte N/V der betreffenden Kerne in dem Volumen V. Da die Larmorfrequenz (Resonanzfrequenz) sehr empfindlich von der am Kernort herrschenden Magnetfeldstärke abhängt, lassen sich aus Veränderungen dieser Frequenz Rückschlüsse auf die chemischen Bindungsverhältnisse der betreffenden Atome ziehen.

4. Der zeitliche Verlauf der in der Empfängerspule induzierten Spannung wird im wesentlichen durch zwei Relaxationsmechanismen determiniert. Zum einen durch die longitudinale Relaxation. Diese wird durch zeitlich fluktuierende Kräfte bzw. Magnetfelder hervorgerufen, die von benachbarten Molekülen („Gitter“) auf die präzessierenden Kerne einwirken. Dies ist die sogenannte Spin-Gitter-Relaxation. Dadurch erholt sich die longitudinale Magnetisierung wieder:

$$M = M_0 \cdot \left(1 - \exp\left(-\frac{TR}{T1}\right)\right). \tag{20.18}$$

$T1$ ist die longitudinale Relaxationszeit, TR die Repetitionszeit. Von besonderem Interesse ist in der Biologie und Medizin hier die thermische Bewegung von Wassermolekülen, die unterschiedlich stark an Proteine gebunden sind.

Das Abklingen der Empfängerspulenspannung hingegen wird von der meist schnelleren Spin-Spin-Relaxation mit der Relaxationszeit $T2$ determiniert. Diese wird durch Wechselwirkungen zwischen den Spins der präzessierenden Kerne bewirkt. Beim Spin-Echo-Verfahren (Abb. 20.12) ergibt sich der folgende Verlauf der Spannung in der Empfängerspule (= MR-Signal):

$$U \propto p \cdot \left(1 - \exp\left(-\frac{TR}{T1}\right)\right) \cdot \exp\left(-\frac{TE}{T2}\right). \tag{20.19}$$

TE ist die Echozeit. Physikalisch ist $T2$ ein Maß dafür, wie lange der betreffende Stoff die transversale Magnetisierung aufrecht hält.

5. Bei der MR-Tomographie werden durch die Rückprojektion, s. Beispiel 20.2, die aus kleineren Teilvolumina ΔV—den sogenannten „Voxels" (= volume elements)—abgestrahlten Wellen separat registriert. Die in jedem Voxel ablaufenden Vorgänge sind in der Abb. 20.14 zusammengefaßt.

6. Die chemische Verschiebung δ ist die relative Veränderung der Resonanzfrequenz bezüglich einer Referenzfrequenz aufgrund der molekularen Position des Kerns:

$$\delta = \frac{\nu_L - \nu_{\mathrm{Ref}}}{\nu_{\mathrm{Ref}}} \cdot 10^6\,\mathrm{ppm}. \tag{20.20}$$

7. Die Helligkeit der einzelnen Voxel in einem MR-Bild ist bedingt durch—s. Gleichung 20.19—folgende Gewebeparameter:

1. Kerndichte p (Protonendichte = Wassergehalt).
2. Longitudinale Relaxationszeit $T1$.
3. Transversale Relaxationszeit $T2$.
4. Chemical Shift (verändert die Resonanzfrequenz).
5. Bewegung (Fließgeschwindigkeit, Diffusion).

Der Einfluß dieser Parameter auf das MR-Bild ist von Geräteparametern wie TR und TE sowie von der verwendeten Anregungs-Impulsfolge (z. B. 90°-Impuls: *FID*; oder 90°-Impuls gefolgt von 180°-Impuls: Spin-Echo) und den Zeitintervallen TR und TE abhängig.

Grob vereinfachend kann man die weichen Gewebearten als Flüssigkeiten auffassen, in welchen Moleküle unterschiedlicher Größe gelöst sind. Größerer Wassergehalt und kleine Moleküle führen tendenziell zu großen Relaxationszeiten ($T1$ *und* $T2$).

8. In der klinischen Praxis werden MR-Bilder mit unterschiedlichem Gewicht der Gewebeparameter p, $T1$ und $T2$ verwendet. Meist wird mit $T2$-betonten Aufnahmen begonnen, weil diese besonders pathologisch veränderte Strukturen (Entzündungen, Ödeme, Tumoren und Nekrosen) gut erkennen lassen. Daran schließt sich in der Regel eine $T1$-gewichtete Aufnahme an, und bei Verdacht auf Tumoren u. a. folgt noch eine $T1$-gewichtete Aufnahme mit einem entsprechenden Kontrastmittel.

Die unterschiedliche Gewichtung der Gewebeparameter wird durch die Art der verwendeten Impuls-Sequenzen und deren Parameter erreicht. Für Spin-Echo-Sequenzen gilt etwa folgendes Schema (entsprechend Gleichung 20.19):

Im MR-Bild-Kontrast dominierende Gewebe-Parameter		TR kurz	TR lang (> 1s)
TE	kurz (< 30 ms)	$p, T1$	p
TE	lang (variabel)	$p, T1, T2$	$p, T2$

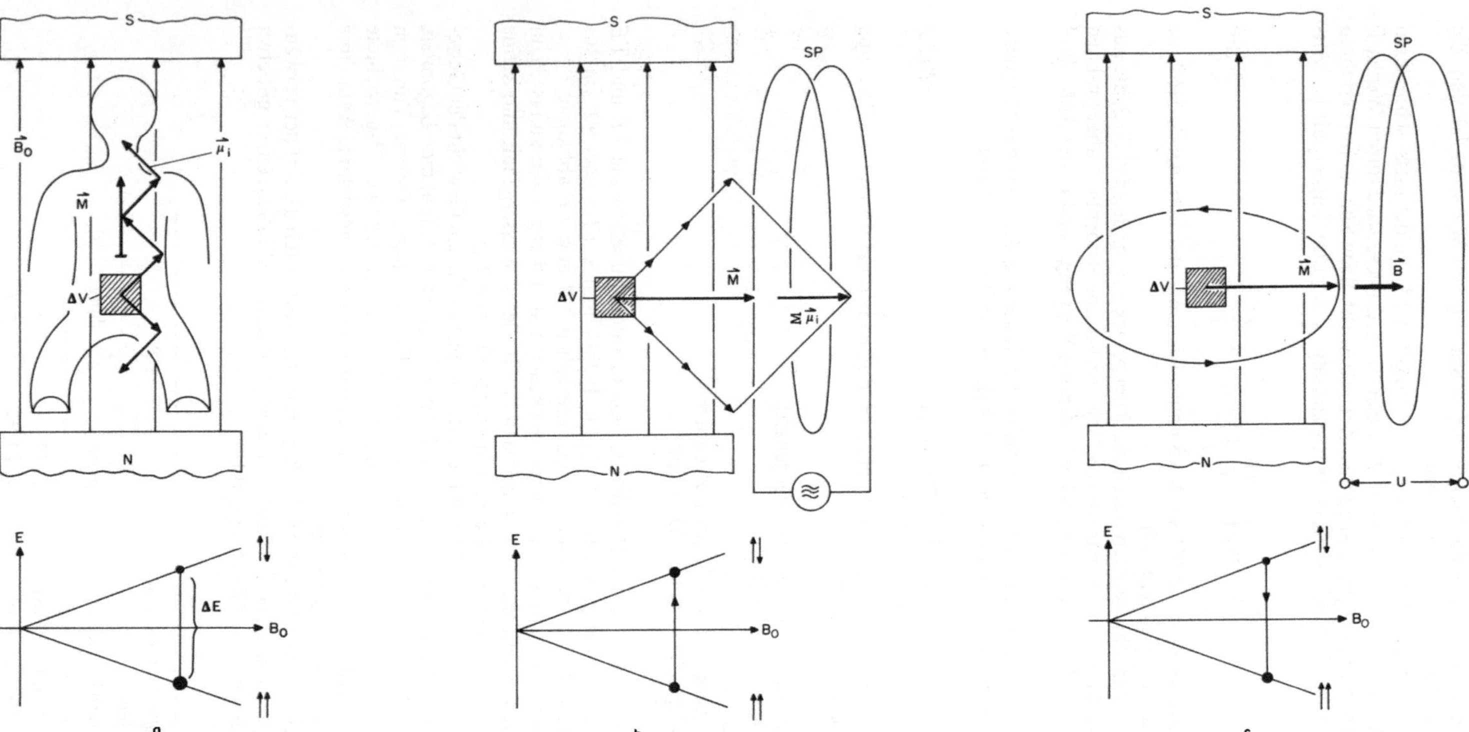

Abb. 20.14. Vorgänge bei der MR-Tomographie in einem einzelnen Voxel mit dem Volumen ΔV—zur Vereinfachung mit nur 6 Protonen dargestellt. **a** Im thermischen Gleichgewicht stellen sich mehr Protonenmomente $\boldsymbol{\mu}_i$ parallel zum longitudinalen Magnetfeld $\mathbf{B}_0$: Der energetisch tiefere parallele (↑↑) Energiezustand ist stärker besetzt. Die resultierende Magnetisierung $\mathbf{M} = (\boldsymbol{\mu}_1 + \boldsymbol{\mu}_2 + \boldsymbol{\mu}_3 + \boldsymbol{\mu}_4 + \boldsymbol{\mu}_5 + \boldsymbol{\mu}_6)/\Delta V$ ist parallel zu $\mathbf{B}_0$. **b** Durch Einstrahlung einer elektromagnetischen Welle (Anregungsimpuls) mit Larmorfrequenz ν_L klappt (z. B.) ein Proton in die antiparallele Orientierung (↑↓) um. Die beiden Energiezustände sind nun von je 3 Protonen besetzt. Die resultierende Magnetisierung $\mathbf{M}$ und das zugehörige Magnetfeld $\mathbf{B} = \mu_0 \cdot \mathbf{M}$ rotieren mit Larmorfrequenz um $\mathbf{B}_0$. **c** Nach Abschalten des Anregungsimpulses wird die überschüssige Energie abgestrahlt und induziert in der Empfangsspule *SP* die Spannung *U*. Es stellt sich schließlich wieder der Zustand des thermischen Gleichgewichts (**a**) ein

Je nach Geräteparameter (*TR* und *TE*) gibt ein- und dasselbe Gewebe ein starkes oder ein schwaches Signal:

MR-Bild	*TE* kurz	*TE* lang
Freies H_2O, Liquor, Ödeme:	schwach	stark
Fettgewebe, weiße Hirnsubstanz:	stark	schwach

Grundsätzlicher Informationsgehalt der MR-Verfahren *MRI* (= Magnetresonanz-Imaging d. h. *MR*-Abbildung oder *MR*-Tomographie), *MRS* (= Magnetresonanz-Spektroskopie) und *MRR* (= Magnetresonanz-Relaxometrie):

MRI: Anatomie
MRS: Biochemie
MRR: Biophysik (Temperatur, Viskosität, Molekülbeweglichkeit und Molekülgröße).

Je nach Impulssequenz enthalten die *MR*-Bilder zusätzlich zur Anatomie noch Information biochemischer und biophysikalischer Art.

Relaxationszeiten biologischer Gewebe, wie die in der Tabelle 20.2 angegebenen, besitzen keine präzisen Zahlenwerte, sondern zeigen ganz erhebliche Streuung: Die Relaxationszeiten von freiem Wasser sind weitgehend frequenzunabhängig. Die Relaxationszeiten von Gewebswasser hingegen sind erheblich kleiner und, wie die anderer Substanzen, frequenzabhängig bzw. wegen Gleichung 20.17 abhängig von der Größe des longitudinalen Magnetfelds.

Der markanteste Unterschied der *MR*-Technik im Vergleich zu den anderen bildgebenden Verfahren ist, daß die *MR*-Signalgröße nicht nur von den gewebespezifischen Parametern abhängt, sondern ganz entscheidend auch von den Geräte-Parametern wie *TR*, *TE* u. a.

Tabelle 20.2. Relaxationszeiten verschiedener menschlicher Gewebe in vivo (nach $T1$ geordnet) und reinen Wassers bei $B_0 = 0{,}5\,T$. Der H_2O-Gehalt wurde an Rattengewebe bestimmt, liefert also nur Anhaltswerte für die Protonendichte im menschlichen Gewebe (in vivo!). Nach verschiedenen Quellen, teilweise gerundet

Gewebeart	$T1$	$T2$	H_2O-Gehalt
Normale Gewebe:			
Milz	860 ms	60 ms	68%
Graue Hirnsubstanz	660 ms	88 ms	85%
Beinmuskulatur	570 ms	37 ms	77%
Weiße Hirnsubstanz	490 ms	85 ms	71%
Leber	340 ms	38 ms	71%
Pankreas	290 ms	60 ms	
Knochenmark	190 ms	44 ms	
Fettgewebe	185 ms	54 ms	10%
Knochen	100 ms	28 ms	13%
Pathologische Gewebe:			
Lymphom	650 ms	110 ms	
Lebermetastasen	570 ms	40 ms	
Pankreatitis	300 ms	150 ms	
Wasser (20 °C)	3,2 s	1,7 s	

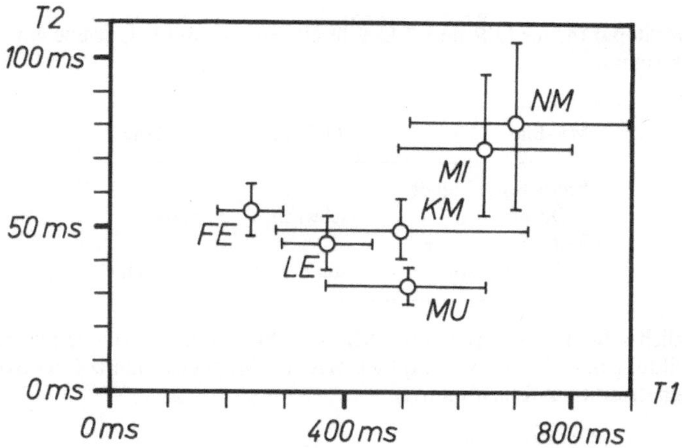

Abb. 20.15. Relaxationszeiten $T1$ und $T2$ verschiedener Gewebe bei $B_0 = 0{,}35\,\mathrm{T}$. Der Kreis markiert den Mittelwert, die Balken geben die Größe je einer Standardabweichung nach beiden Richtungen vom Mittelwert aus an. FE = Fettgewebe, KM = Knochenmark, LE = Leber, MI = Milz, MU = Skelettmuskel, NM = Nierenmark. Aus: W. Koops, 1990

Tabelle 20.3. Vergleich dreier bildgebender Verfahren der medizinischen Diagnostik (nach D. Schlaps u. W. Schlegel, 1986)

	Magnetresonanz	Röntgen	Ultraschall
Bildgebende physikalische Größe	Kern- (Protonen-) Dichte, Relaxationszeiten, chemische Verschiebung, Geschwindigkeit	Ordnungszahl Massendichte	Impedanzunterschied, Absorption, Streuung Geschwindigkeit
Ortsauflösung	<0,5 mm	<0,1 mm	1 mm
Zeitauflösung	10 s	<0,1 s	<0,1 s
Basis für die Bild-Interpretation	Impulsfolge-Parameter wie TR und TE, Winkel	Röhren- (Anoden-) Spannung	bei Doppler der Winkel zur Geschwindigkeit, Frequenz
Kriterien für die Diagnose	Form und Größe der MR-Signale bzw. Bild-Grauwerte	Form und Stärke der Schatten	Form und Stärke der Schallechos
Kritische Belastung des Patienten	Erwärmung	Strahlenbelastung	Erwärmung, Kavitation

abhängt. Während beispielsweise Hirnsubstanz die Röntgenstrahlung immer stärker absorbiert als Wasser und im Röntgenbild daher vergleichsweise dunkler erscheint, ist dies bei MR anders. Wasser beispielsweise kann je nach Geräteparameter sowohl heller als auch dunkler als Hirngewebe erscheinen; s. auch Abb. 20.18.

Beispiel 20.1. Massendefekt von ^{4}He. Die relative Atommasse von ^{4}He beträgt

$$A_R(\mathrm{He}) = 4{,}002603\,\mathrm{amu}.$$

Die relativen Atommassen von Proton, Neutron und Elektron sind:

$$A_R(p) = 1{,}007825\,\mathrm{amu}$$

$$A_R(n) = 1{,}008665\,\mathrm{amu}$$

$$A_R(e) = 0{,}0005486\,\mathrm{amu}.$$

Der Massendefekt beträgt somit:

$$\Delta A_R(\mathrm{He}) = 2\cdot 1{,}007825\,\mathrm{amu} + 2\cdot 1{,}008665\,\mathrm{amu} - 4{,}002603\,\mathrm{amu} = 0{,}030377\,\mathrm{amu}$$

bzw.

$$\Delta m = 0{,}030377\,\mathrm{amu}\cdot 1{,}66043\cdot 10^{-27}\,\mathrm{kg}\cdot\mathrm{amu}^{-1} = 0{,}050438\cdot 10^{-27}\,\mathrm{kg}.$$

Nach Gleichung 20.1 ist die Bindungsenergie für den ^{4}He-Kern

$$E_B = \Delta m\cdot c^2 = 0{,}050443\cdot 10^{-27}\,\mathrm{kg}\cdot(2{,}9979\cdot 10^8\,\mathrm{m}\cdot\mathrm{s}^{-1})^2 = 0{,}4533\cdot 10^{-11}\,\mathrm{N}\cdot\mathrm{m} = 28{,}3\,\mathrm{MeV}.$$

Beispiel 20.2. *MR-Tomographie* mittels selektiver Anregung und Rückprojektion. Hier wird die Verteilung von bestimmten Atomkernen, z. B. Protonen, im Körperinnern bestimmt. Dazu wird der Körper in ein Magnetfeld gebracht. Durch Einstrahlung einer elektromagnetischen Welle mit der Larmorfrequenz der betreffenden Kernsorte wird Kernresonanz angeregt.

In einem homogenen Magnetfeld würden alle Kerne dieser Sorte angeregt werden. Eine für die Rückprojektion erforderliche selektive Anregung in nur einer Ebene wird durch Verwendung eines Magnetfelds mit einem Gradienten erreicht. D. h. die Magnetfeldstärke nimmt entlang einer Richtung zu. Resonanz wird dann nur in jener Ebene angeregt, wo die Magnetfeldstärke und die Frequenz der eingestrahlten Welle die Resonanzbedingung (20.17) erfüllen. In der Abb. 20.16 ist dies z. B. bei z_0 der Fall.

Für die Projektion muß allerdings innerhalb der ausgewählten Schicht, also in der x–y-Ebene bei $z = z_0$, noch ein weiterer Magnetfeldgradient erzeugt werden, beispielsweise in x-Richtung. Dann präzessiert die Magnetisierung bei jeder x-Koordinate mit anderer Frequenz, und die in der Empfangspule induzierte Wechselspannung U enthält viele Frequenzen, die jeweils zu einer bestimmten x-Koordinate gehören. Die Wechselspannung U bei einer bestimmten Frequenz ν ist daher proportional zur Zahl der

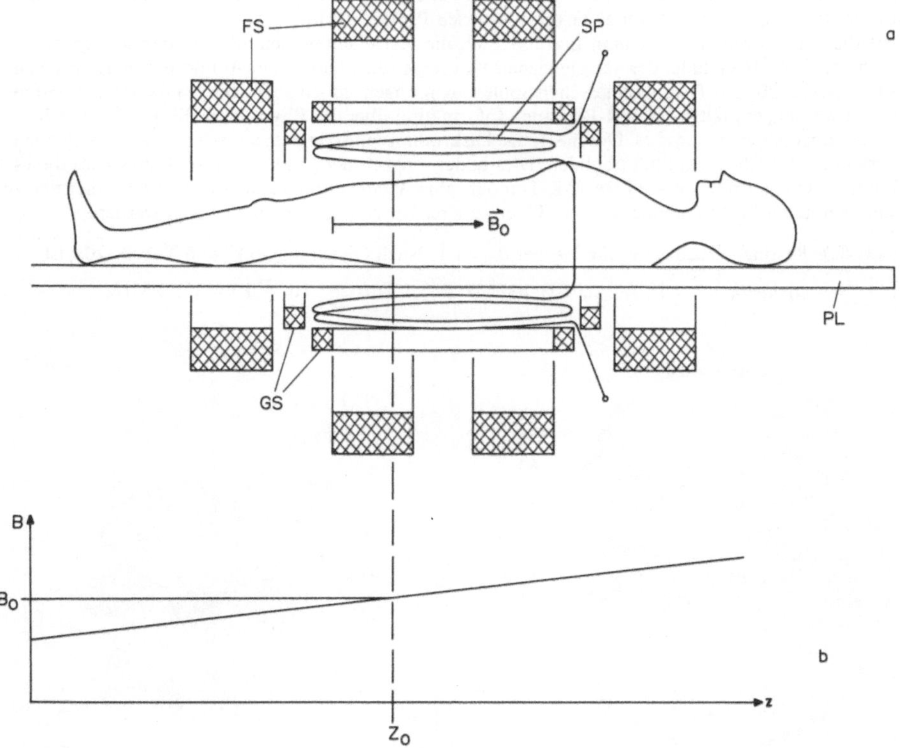

Abb. 20.16. **a** Kernspin-Tomograph schematisch. *FS* = Feldspulen; sie erzeugen das longitudinale Magnetfeld $\mathbf{B}_0$. *GS* = Gradientenspulen, *SP* = Hochfrequenz-Sende-und-Empfangspule, *PL* = Patientenliege. **b** Verlauf des Magnetfelds mit longitudinalem Gradienten. **c** Schnittebene bei $z = z_0$ und Empfangsspulenspannung U

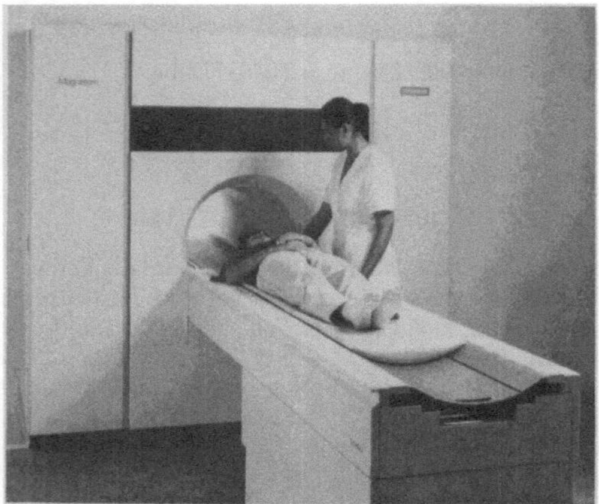

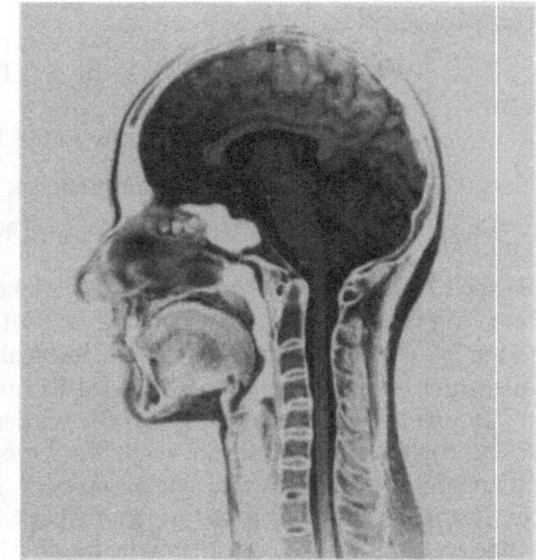

Abb. 20.17. MR-Tomograph und MR-Tomogramm (Sagittalschnitt durch den Kopf). Die Differenzierung der verschiedenen Weichteilgewebe ist – bis auf spezifische Unterschiede – ähnlich der CT; hier jedoch mit keinerlei Strahlenbelastung verbunden. Bilder: Siemens AG; Medizintechnik

Kerne bei der betreffenden x-Koordinate. Sie ist somit gleichbedeutend mit einer Projektion auf die x-Achse. Durch Magnetfeldgradienten in verschiedene Richtungen innerhalb der x–y-Ebene erhält man die für die Rückprojektion, s. Kapitel 23, erforderlichen Projektionen.

Mit diesem Verfahren erhält man grundsätzlich die Kerndichteverteilung und damit, wegen des unterschiedlichen ^{1}H-Gehalts der verschiedenen Körpergewebe, bereits ein Abbild der anatomischen Strukturen (Abb. 20.18a). Da die gemessenen Spulenspannungen jedoch auch von den Relaxationszeiten beeinflußt werden, enthält jedes MR-Bild auch Information über die Physiologie, Biophysik und Biochemie des abgebildeten Gewebes. Durch strenge Diskriminierung der Resonanzfrequenz läßt sich auch die Verteilung des Chemical Shift abbilden. Dies bildet—neben der gefahrlosen Wirkungsweise dieses Verfahrens—einen großen Vorteil der MR-Tomographie. Weiters können, analog zu den bisher überwiegend benutzten Protonenbildern, auch Bilder anderer Kerne mit Kernspin erzeugt werden.

Beispiel 20.3. Resonanzfrequenz ν_L für ^{31}P bei $B_0 = 1$ T. Nach Gleichung 20.17 und Tabelle 20.1 ist

$$\nu_L = g_I \cdot \mu_K \cdot B_0/g = 1{,}1316 \cdot 2 \cdot 5{,}0508 \cdot 10^{-27}\,\mathrm{J \cdot T^{-1}} \cdot 1\,\mathrm{T}/6{,}6262 \cdot 10^{-34}\,\mathrm{J \cdot s} = 17{,}25\,\mathrm{MHz}.$$

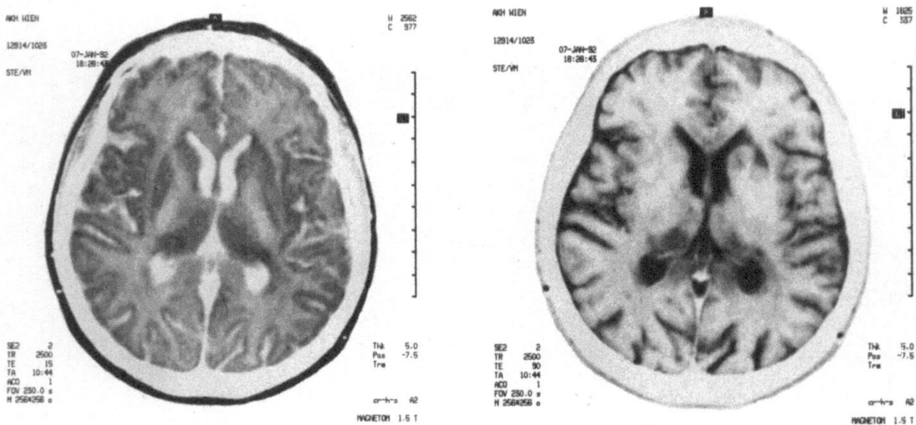

Abb. 20.18. Hirn in Höhe der Basalganglien. **a** Protonendichtebild. $B_0 = 1{,}5$ T; $TR = 2{,}5$ s; $TE = 15$ ms. **b** $T2$-gewichtetes Bild. $B_0 = 1{,}5$ T; $TR = 2{,}5$ s; $TE = 90$ ms. Aufnahmen: Universitätsklinik für Radiodiagnostik, Wien

Beispiel 20.4. Spin-Echo-MR-Schnittbilder durch den Kopf mit verschiedenen Gewichtungen (selektive Anregung).

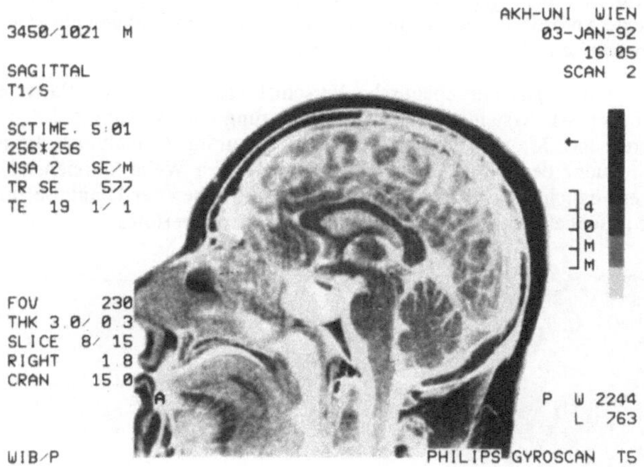

Abb. 20.19. Sagittaler Schnitt durch den Kopf in der Medianebene. $B_0 = 0{,}5$ T; $TR = 0{,}577$ s; $TE = 19$ ms. Aufnahme: Universitätsklinik für Radiodiagnostik, Wien

Beispiel 20.5. Volumen-MR-Tomographie. Während bei der selektiven Anregung nur eine dünne Gewebsschicht zum Signal beiträgt, wird hier das gesamte Volumen vor der Anwendung eines Gradienten durch einen HF-Impuls angeregt. Die Zuordnung der z-Richtung (zusätzlich zur y-Richtung) erfolgt

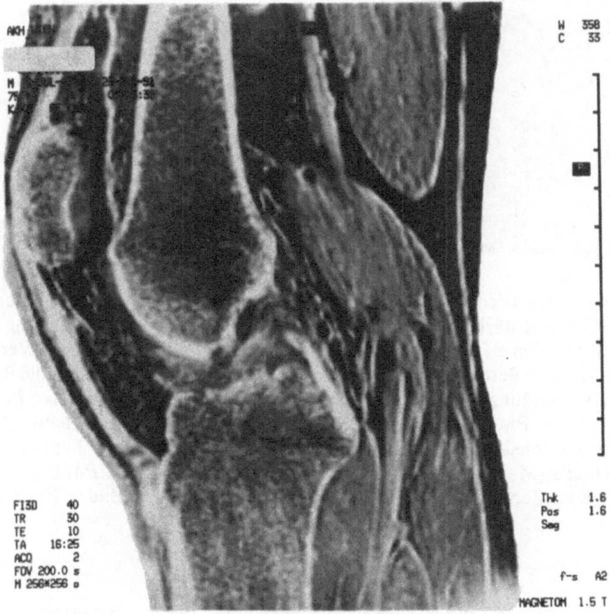

Abb. 20.20. Volumen-MR-Tomographie. Sagittaler Schnitt durch das Kniegelenk. $B_0 = 1{,}5$ T, $TR = 40$ ms; $TE = 10$ ms. Gradienten-Echo (= Spin-Echo durch Umkehrung des Magnetfeldgradienten; kompensiert die positionsabhängigen Phasenverschiebungen im MR-Signal). Aufnahme: Universitätsklinik für Radiodiagnostik, Wien

durch phasenkodierende Gradienten, worauf wir hier jedoch nicht näher eingehen. Jedenfalls erfolgt hier die Signalaufnahme aus einem großen Volumen des Körpers, was zu einer Verbesserung des Signal-Rausch-Verhältnisses der Meßsignale führt. Allerdings nimmt die Datenaufnahme sehr viel mehr Zeit in Anspruch, erfordert mehr Speicherplatz, und die Berechnung der Schnittbilder stellt vor allem erhebliche rechnerische Anforderungen. Ist die Datenaufnahme jedoch abgeschlossen, können Schnittbilder in beliebig orientierten Ebenen berechnet werden.

Beispiel 20.6. *MR-Spektroskopie.* Die chemische Verschiebung läßt sich an Patienten auch in vivo messen. Bei Ganzkörper-MR-Systemen wird die Eingrenzung der Messung auf den interessierenden Bereich durch entsprechende Magnetfeldgradienten erreicht (nur im Meßvolumen stimmt die Resonanzfrequenz mit der Frequenz der anregenden elektromagnetischen Welle hinreichend überein). In der Tumorbehandlung ermöglicht die MR-in-vivo-Spektroskopie neben der Diagnose zur Ermittlung der optimalen Therapie anschließend auch eine Kontrolle des Therapieerfolgs.

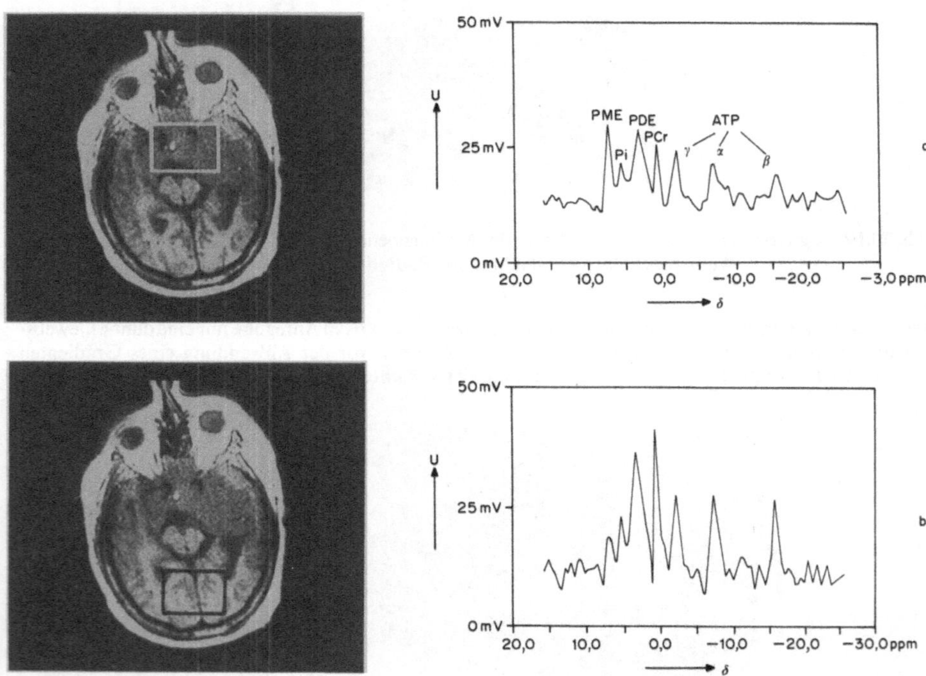

Abb. 20.21. ^{31}P-Spektren aus dem Hirn eines Patienten mit einem invasiven Prolaktinom. Rechts jeweils das Spektrum, d. i. die Signalstärke in Abhängigkeit von der chemischen Verschiebung δ. Das Rechteck in den linken Bildern gibt den erfaßten Bereich an, **a** aus dem Befundbereich, **b** zum Vergleich aus einem nicht infiltrierten (gesunden) Bereich. Aufgrund der chemischen Verschiebung sind die Resonanzfrequenzen der folgenden *P*-Verbindungen getrennt erkennbar: *PME* = Phosphomonoester, *Pi* = anorganisches Phosphat (= PO_4), *PDE* = Phosphodiester, *PCr* = Phosphokreatin, *ATP* = Adenosintriphosphat, α, β, γ stehen für räumlich verschiedene Positionen der P-Atome im ATP-Molekül. Typisch für viele Tumoren sind starke Signalanteile (Maxima im Spektrum) bei *PME* und bei *PDE*. *PME* wird als Vorprodukt beim Zellaufbau, *PDE* als Zerfallsprodukt beim Zelluntergang angesehen. Bilder: Philips Medizinsysteme GmbH

Aufgabe 20.1. Berechnen Sie die Bindungsenergie von Deuterium ($A_R = 2{,}014102\,\text{amu}$) unter Verwendung der Massenzahlen aus Beispiel 20.1.

Aufgabe 20.2. Resonanzfrequenz ν_L für Protonen bei $B_0 = 1\,\text{T}$.

Aufgabe 20.3. Für Lebergewebe betragen die Relaxationszeiten bzw. die Protonendichte *p* (normiert auf

1 für Tumorgewebe) etwa:

	Gesunde Leber	Tumor
$T1$	518 ms	903 ms
$T2$	43 ms	56 ms
p	0,83	1

Mit welcher Relaxationszeit-Gewichtung erhält man maximale Helligkeitsunterschiede zwischen gesundem Gewebe und Lebertumor.

Aufgabe 20.4. Resonanzfrequenz (Larmorfrequenz) ν_L für Protonen bei $B_0 = 4$ T.

Aufgabe 20.5. Die Protonendichten p und die Relaxationszeiten $T2$ sind in grauer und weißer Hirnsubstanz praktisch gleich groß, hingegen unterscheiden sich die Relaxationszeiten $T1$ erheblich: Bei $B_0 = 1{,}5$ T ist $T1 = 630$ ms für die weiße und $T1 = 920$ ms für die graue Hirnsubstanz. Mit welchen Geräteparametern erhält man optimale Helligkeitsunterschiede zwischen den beiden Gewebearten.

20.3 Radioaktive Kernumwandlung

Trägt man alle bekannten Nuklide in ein Diagramm mit der Protonenzahl (= Ordnungszahl Z) als Abszisse und der Neutronenzahl N als Ordinate ein, erhält man folgendes Bild:

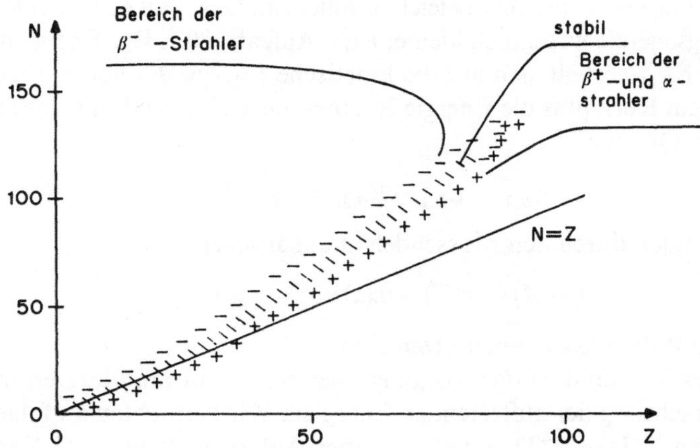

Abb. 20.22. Neutronen- und Protonenzahlen stabiler und radioaktiver Nuklide. \ = Bereich der stabilen Nuklide, – = Bereich der β^--Strahler, + = Bereich der β^+-Strahler, Elektronen-Einfänger und α-Strahler

Bei den leichten Nukliden dominieren Kerne mit $N = Z$. Ab ^{40}Ca gibt es stabile Nuklide nur mehr für $N > Z$, mit zunehmender Ordnungszahl werden die Nuklide—stabile und radioaktive—immer neutronenreicher. Wie man ferner sieht, sind (mit sehr wenigen Ausnahmen) die relativ zu den stabilen Nukliden neutronenreichen Nuklide β^--Strahler, die neutronenarmen Nuklide β^+-Strahler, Elektronen-Einfänger oder α-Strahler. Es besteht offenbar die Tendenz, durch radioaktive Umwandlung eine stabile Kernstruktur zu erreichen.

a) α-Umwandlung

Bei dieser Umwandlung wird ein ^{4}He-Kern emittiert. Massenzahl A und Ordnungszahl Z des Mutternuklids ändern sich entsprechend:

$$\Delta A = -4; \quad \Delta Z = -2.$$

Eine erste Bedingung für die α-Umwandlung liefert der Energieerhaltungssatz. Danach kann eine α-Umwandlung nur dann spontan, also ohne Energiezufuhr von außen erfolgen, wenn die Bindungsenergie des Mutterkerns ($E_{B,M}$) kleiner ist, als die Summe der Bindungsenergien von Tochterkern ($E_{B,T}$) und α-Teilchen ($E_{B,\alpha}$).

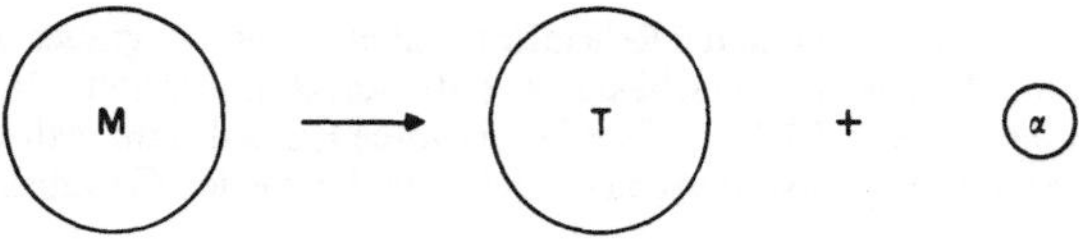

Abb. 20.23. α-Umwandlung schematisch. M = Mutterkern, T = Tochterkern, α = emittiertes α-Teilchen

Der Energieerhaltungssatz verlangt für die Bindungsenergien

$$E_{B,M} \leqq E_{B,T} + E_{B,\alpha}$$

α-Teilchen haben eine relativ hohe Bindungsenergie, s. Abb. 20.3; sie können den Energieerhaltungssatz daher relativ leicht erfüllen, im Gegensatz zu den Deuteronen, deren Bindungsenergie wesentlich kleiner ist, s. Aufgabe 20.1. Der Energieüberschuß $E_{B,T} + E_{B,\alpha} - E_{B,M}$ verteilt sich auf die kinetische Energie E_K von α-Teilchen und rückgestoßenem Kern plus die Energie E_γ eines die α-Umwandlung gegebenenfalls begleitenden γ-Quants:

$$E_{B,T} + E_{B,\alpha} - E_{B,M} = E_K + E_\gamma.$$

Dies läßt sich auch durch den Massendefekt ausdrücken:

$$(m(M) - m(T) - m(\alpha)) \cdot c^2 = E_K + E_\gamma,$$

wobei hier die Ruhemassen einzusetzen sind.

Ein tieferes Verständnis der Vorgänge bei der α-Umwandlung erfordert eine genauere Betrachtung der auftretenden Energien. Wir betrachten im folgenden die α-Umwandlung $^{238}\text{U} \to {}^{234}\text{Th} + \alpha$ etwas näher: Auf das noch im ^{238}U-Kern befindliche α-Teilchen wirkt die Coulombabstoßung des Restkerns bzw. Tochterkerns. Die Coulombenergie E_C beträgt beispielsweise bei der α-Umwandlung des ^{238}U auf der Oberfläche des ^{234}Th-Kerns nach Gleichung 11.5 mit einem Kernradius von $r_K = 9{,}2\,\text{fm}$:

$$E_C = \frac{Z \cdot e^2}{2 \cdot \pi \cdot \varepsilon \cdot r_K} = 28{,}2\,\text{MeV}.$$

Außerdem wirken auf das α-Teilchen die kurzreichweitigen Kernkräfte. Da die Kernkräfte im Innern des Kerns von allen Seiten auf das α-Teilchen wirken, heben sie sich dort auf. Nur an der Kernoberfläche bleibt netto eine nach innen wirkende Komponente zwischen α-Teilchen und Restkern. Diesem Verhalten der Kernkraft entspricht ein Verlauf der zugehörigen potentiellen Energie, der einem Topf gleicht

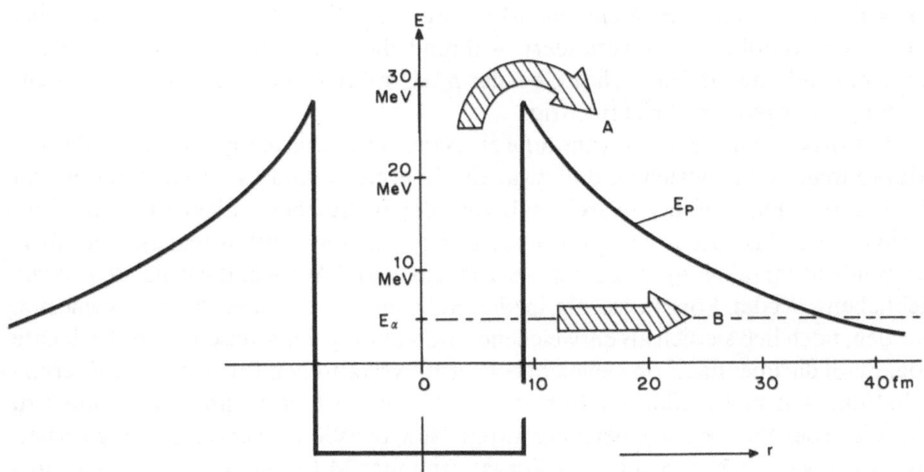

Abb. 20.24. Potentielle Energie E_P eines α-Teilchens im ^{238}U-Kern in Abhängigkeit von der Entfernung r vom Mittelpunkt des Restkerns ^{234}Th mit dem Kernradius $r_K = 9{,}2$ fm. Es gibt prinzipiell zwei Wege für das α-Teilchen aus dem Kern: *A* über den Potentialwall und *B* durch den Potentialwall: Tunneleffekt. $E_\alpha = 4{,}8$ MeV

(E_P in Abb. 20.24), man spricht daher auch davon, daß sich die Nukleonen im Potentialtopf der Kernkräfte befinden.

Man kann sich nun die α-Umwandlung so vorstellen, daß die ein α-Teilchen bildenden Nukleonen im Kern—auf Kosten der anderen Nukleonen—kurzfristig soviel kinetische Energie bekommen, daß sie die Kernkraft überwinden, d.h. den Potentialwall überschreiten können. Dann würde dieses α-Teilchen natürlich außerhalb des Kerns durch die Coulombabstoßung beschleunigt und schließlich eine kinetische Energie von 28,2 MeV besitzen. Beobachtet wird jedoch nur ein Wert E_α von 4,8 MeV. Wie kommt dieses α-Teilchen heraus?

Diese Diskrepanz wurde erst aufgelöst, als man lernte, daß, analog wie Lichtwellen sich unter bestimmten Bedingungen wie materielle Teilchen verhalten, auch materielle Teilchen sich wie Wellen verhalten können (s. Kapitel 16.3). Ähnlich wie Photonen durch dünne Metallfolien durchtreten können, können auch Materieteilchen aufgrund ihrer Welleneigenschaft einen Potentialwall durchtunneln. Je niedriger und dünner dieser Potentialwall ist, desto leichter können die α-Teilchen hindurch. Dieses Phänomen heißt „Tunneleffekt".

Die Beobachtung, daß die austretenden α-Teilchen sehr präzise ein- und dieselbe Energie besitzen, lehrt ferner, daß auch im Innern des Kerns die α-Teilchen alle mit ein- und derselben Energie gegen den Potentialwall laufen. Hier manifestiert sich wiederum die Schalenstruktur der Kerne. Übrigens findet man bei manchen α-Strahlern auch mehrere, immer aber genau eingehaltene Energien der emittierten Teilchen.

b) β-Umwandlungen

Während man beim α-Prozeß auch von einem Zerfall sprechen kann, handelt es sich bei den β-Prozessen eindeutig um Umwandlungen. Es gibt drei Arten: Die β^--Umwandlung mit Emission eines Elektrons, die β^+-Umwandlung mit Emission eines Positrons und den Elektronen-Einfang (*EE*). Die Massenzahl A bleibt bei diesen Umwandlungen unverändert, während die Ordnungszahl Z sich bei der β^--Umwandlung um Eins erhöht, bei der β^+-Umwandlung und beim Elektronen-Einfang hingegen um Eins erniedrigt.

Historisch war die β-Umwandlung eines der schwierigsten Rätsel in der Physik. Mußte man doch feststellen, daß zwar die Energiezustände von Mutterkern und Tochterkern klar definiert waren, daß aber die austretenden Elektronen nur zum geringsten Teil genau die entsprechende Energiedifferenz mitführten, die weit überwiegende Mehrzahl hingegen einen viel zu kleinen Teil. Wo war die fehlende Energie geblieben? Weder konnte sie als in der Substanz verbliebene Wärme gemessen werden, noch ließ sie sich als entweichende γ-Strahlung nachweisen. N. Bohr dachte sogar laut darüber nach, ob vielleicht bei kernphysikalischen Prozessen der Energieerhaltungssatz nicht erfüllt sei. Immerhin hatte man es hier offenbar mit Kräften zu tun, die in der Physik völlig neuartig waren. Newtons Gesetze und der Energieerhaltungssatz waren weitgehendst aus Vorgängen unter Mitwirkung von Gravitationskräften und elektromagnetischen Kräften gewonnen worden. Erst ab 1930 begann sich der Nebel zu lichten, als W. Pauli die Meinung äußerte, es könnte bei der β^--Umwandlung ein weiteres, elektrisch neutrales Teilchen entstehen, welches die Differenzenergie abtransportierte. Es mußte natürlich auch eine entsprechend schwache Wechselwirkung mit der Materie besitzen. Diese Hypothese hat sich dann als richtig herausgestellt. 1953 gelang es F. Reines und C. L. Cowan sogar, dieses hypothetische, von Fermi „Neutrino" getaufte Teilchen, direkt nachzuweisen.

Nach der von E. Fermi entwickelten Vorstellung erfolgen die Emission eines β-Teilchens und des entsprechenden Neutrinos aufgrund eines neuen fundamentalen Kraftgesetzes. Diese neue Naturkraft heißt Fermische oder schwache Wechselwirkung; „schwach" deshalb, weil die zugehörigen Kräfte klein im Vergleich zur starken und elektromagnetischen Wechselwirkung sind. Durch die schwache Wechselwirkung zwischen den Nukleonen im Kern kommt es zur Umwandlung eines Neutrons in ein Proton oder umgekehrt, wobei in jedem Fall neben dem Elektron bzw. Positron auch noch das entsprechende Neutrino auftritt. Es gibt drei Arten von Neutrinos. Jedes Neutrino besitzt auch ein sogenanntes Antiteilchen, d. i. ein Teilchen mit entgegengesetzter Ladung und entgegengesetzt gerichtetem Drehimpuls. Bei den β-Umwandlungen entstehen Elektronen-Neutrinos u. zw.

bei der β^+-Umwandlung das Elektronen-Neutrino ν_e und
bei der β^--Umwandlung das Elektronen-Antineutrino $\bar{\nu}_e$.

Die Neutrinos waren wegen ihrer außerordentlich geringen Wechselwirkung mit Materie anfangs nicht bemerkt worden; die mittlere Weglänge in Materie beträgt etwa 10^{17} km, d. h. sie durchdringen selbst die Erdkugel (Durchmesser rund 10^4 km) ohne nennenswerte Wechselwirkung. Derzeit ist noch unklar, ob Neutrinos eine Ruhemasse besitzen. Sie ist jedenfalls kleiner als $30\,\mathrm{eV}/c^2$.

Die β-Umwandlungen erfolgen nach Fermi bzw. Pauli in folgender Weise (in Anlehnung an die Schreibweise chemischer Gleichungen; am Teilchensymbol rechts oben steht die elektrische Ladungszahl):

$$\beta^-: \quad {}^1n^0 \rightarrow {}^1p^1 + {}^0e^{-1} + {}^0\bar{\nu}_e^0.$$

D. h. aus einem Neutron entstehen ein Proton, ein Elektron und ein Elektronen-Antineutrino.

$$\beta^+: \quad {}^1p^1 \rightarrow {}^1n^0 + {}^0e^1 + {}^0\nu_e^0.$$

D. h. aus einem Proton entstehen ein Neutron, ein Positron (= Antiteilchen des Elektrons) und ein Elektronen-Neutrino.

$$EE: \quad {}^1p^1 + {}^0e^{-1} \rightarrow {}^1n^0 + {}^0\nu_e^0.$$

Hier wird ein Hüllenelektron (meist aus der K-Schale) vom Kern absorbiert und ein Elektronen-Neutrino emittiert.

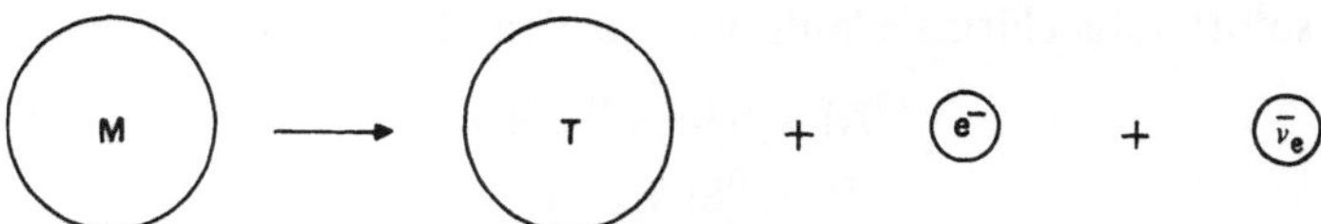

Abb. 20.25. β^--Umwandlung schematisch. M = Mutterkern, T = Tochterkern, e^- = Elektron, $\bar{\nu}_e$ = Elektronen-Antineutrino

Die β^--*Umwandlung* tritt stets bei relativ neutronenreichen Nukliden auf. Mit dem Energieerhaltungssatz läßt sich noch folgendes über die β^--Umwandlung aussagen: Da diese Umwandlung spontan erfolgt, ist sie nur möglich, wenn die Masse des Mutterkerns (m_M) die Massen von Tochterkern (m_T) plus Elektron (m_e) plus Antineutrino (m_ν) übertrifft:

$$m_M \geqq m_T + m_e + m_\nu.$$

Der Energieüberschuß $(m_M - (m_T + m_e + m_\nu)) \cdot c^2$ verteilt sich auf die kinetischen Energien von Elektron und Neutrino plus rückgestoßenem Tochterkern. Die Verteilung dieser Energien erfolgt nach einem aus der Fermi-Theorie folgenden Wahrscheinlichkeitsgesetz. Den typischen Verlauf zeigt die Abb. 20.26.

Oft treten mehrere Gruppen von β-Teilchen mit unterschiedlichen Energien auf. Der Grund hiefür findet sich darin, daß manche β^--Umwandlungen in verschieden angeregte Zustände des Tochterkerns erfolgen, s. Beispiel 20.7.

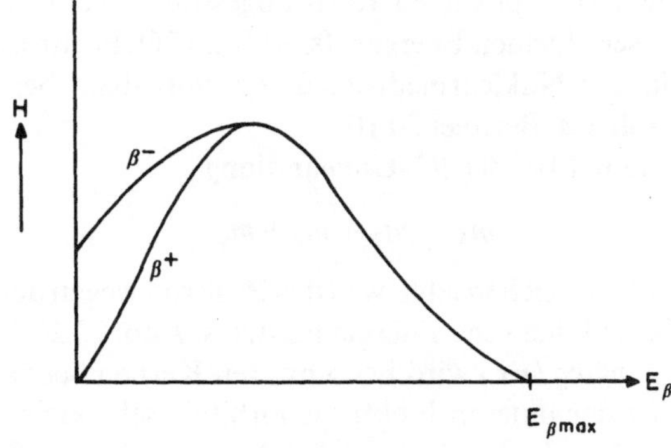

Abb. 20.26. β-Energiespektren. Relative Häufigkeit H der Elektronen-Energien. Wegen der Coulombabstoßung durch den Kern fehlen bei den β^+-Teilchen die niedrigen Energien

Die β^+-*Umwandlung* tritt stets bei neutronenarmen Nukliden auf, s. Abb. 20.22. Diese Umwandlungsart wurde erst 1934 entdeckt, u. zw. von I. Curie und F. Joliot. Sie hatten eine Aluminiumfolie mit α-Teilchen aus einem Poloniumpräparat bestrahlt und dabei Positronen nachgewiesen. Die Existenz der Positronen war schon seit 1932 bekannt, als C. D. Anderson sie erstmalig als Bestandteil der Höhenstrahlung beobachtete. Positronen haben gleiche Masse und Spin wie Elektronen, ihre elektrische Ladung ist hingegen positiv. Das Aufregende an dem Joliot-Curieschen Experiment war jedoch die Tatsache, daß die Positronenemission auch nach Entfernung der α-Strahlenquelle noch anhielt und mit einer Halbwertszeit von etwa 200 s abklang: die erste künstlich hervorgerufene Radioaktivität war entdeckt. Diese erste künstlich radioaktive Umwandlung wurde von dem Ehepaar Joliot-Curie auch sofort aufgeklärt; sie läuft in folgenden Schritten ab:

$$^{27}\mathrm{Al} + {}^{4}\mathrm{He} \rightarrow {}^{30}\mathrm{P} + n$$

$$^{30}\mathrm{P} \rightarrow {}^{30}\mathrm{Si} + e^{1} + \nu_e.$$

Hier mag sich die Frage erheben, wie man die geringen Mengen von P bzw. Si, die bei der Bestrahlung entstehen (man könnte sie auch heute noch nicht abwiegen), in dem Aluminium nachweisen kann. Im Prinzip ist das überraschend einfach: Man mischt chemisch leicht nachweisbare Mengen stabiler Isotope (der vermuteten Elemente) dazu und macht eine normale chemische Analyse. Aufgrund der Radioaktivität läßt sich dann leicht feststellen, wohin, also zu welchem Element das strahlende Isotop gegangen ist.

Beim β^+-Prozeß erfolgt eine Umwandlung eines Kernprotons in ein Neutron:

$$^{1}p^{1} \rightarrow {}^{1}n^{0} + {}^{0}e^{1} + {}^{0}\nu_e^{0}.$$

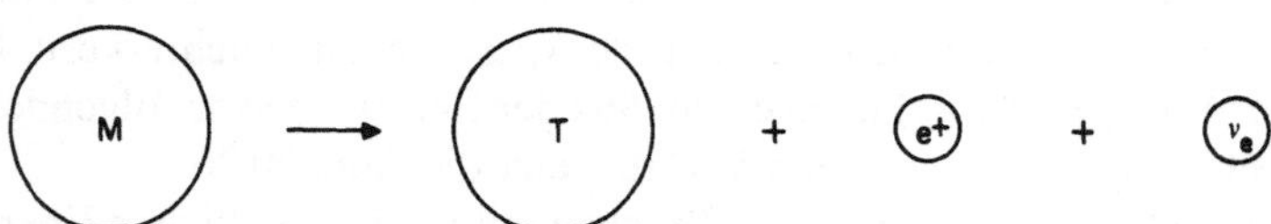

Abb. 20.27. β^+-Umwandlung schematisch. M = Mutterkern, T = Tochterkern, e^+ = Positron, ν_e = Elektronen-Neutrino

Da die Positronen vom positiven Kern abgestoßen werden, fehlen in ihrem Energiespektrum die sehr kleinen Energien (s. Abb. 20.26). Positronenstrahler haben einige Bedeutung in der Nuklearmedizin, u. zw. vor allem bei der Positronen-Emissions-Tomographie, s. Beispiel 20.10.

Der Energiesatz lautet bei der β^+-Umwandlung

$$m_M > m_T + m_e + m_\nu,$$

wobei hier das Gleichheitszeichen fehlt, weil das Positron wegen der Coulombabstoßung in jedem Fall eine kinetische Energie besitzt, s. Abb. 20.26.

Der *Elektronen-Einfang* (*EE*) wird bei schweren Kernen beobachtet. Bei diesen sind die Durchmesser der inneren Elektronenorbitale sehr klein, die Aufenthaltswahrscheinlichkeiten der s-Elektronen werden dann am Ort des Kerns relativ groß. Schon 1936 hatten H. Yukawa und S. Sakata auf die Möglichkeit hingewiesen, daß sich ein wegen zu großer Protonenzahl instabiler Kern auch durch Einfang eines s-Elektrons umwandeln könne. L. W. Alvarez hat dies 1938 an einem Vanadium-Isotop nachweisen können:

$$^{48}V^{23} + {}^{0}e^{-1} \rightarrow {}^{48}Ti^{22} + {}^{0}\nu_e^0.$$

Hier wird übrigens keine nachweisbare Kernstrahlung emittiert, außer wenn der Tochterkern in einem angeregten Zustand entsteht und dann γ-Strahlung emittiert. Eine Sekundärstrahlung tritt hingegen immer auf: die charakteristische Röntgenstrahlung des Folgeatoms, weil die Elektronenlücke in der K-Schale aufgefüllt wird. Eventuell kann die entsprechende Energie statt zur Emission eines Röntgenphotons auch zur Loslösung von Hüllenelektronen, d. h. zur Emission sogenannter Auger-Elektronen, führen. Erst diese Sekundärphänomene lassen den Elektroneneinfang nachweisen.

Der Energiesatz lautet hier:

$$m_M \geqq m_T - m_e + m_\nu.$$

Wenn der Energiesatz für die β^+-Umwandlung erfüllt ist, ist er das offenbar auch für den Elektronen-Einfang. Es wird daher Kerne geben, die sich sowohl durch e^+-Emission als auch durch e^--Einfang umwandeln.

c) γ-Übergänge

Angeregte Zustände von Atomkernen liegen meist 10^4 bis 10^7 eV über dem Grundzustand. Ein Kern kann seine Anregungsenergie entweder durch Emission eines Nukleons oder durch Emission eines γ-Quants abgeben. Meist ist die Lebensdauer der angeregten Zustände extrem kurz ($< 10^{-14}$ s). Der genaue Wert der Lebensdauer ist abhängig von der Energiedifferenz zu dem zugehörigen nächstniedrigeren Zustand, der Massenzahl des Kerns und der Differenz der Kernspins der beiden Kernzustände. In wenigen Fällen erreicht die Lebensdauer angeregter Zustände Stunden, Tage und sogar Jahre. In solche metastabile Zustände angeregte Kerne werden als Isomere bezeichnet und durch ein „m" an der Massenzahl gekennzeichnet (z. B. ^{99m}Tc).

Angeregte Kerne können ihre Energie auch direkt auf Hüllenelektronen übertragen. Man spricht dann von „innerer Konversion". Es werden, im Gegensatz zur β-Strahlung, monoenergetische Konversionselektronen emittiert; γ-Strahlung tritt keine auf. Hingegen führt die entstandene Lücke in der Elektronenhülle, wie beim Elektronen-Einfang, zur Emission von charakteristischer Röntgenstrahlung oder zur Emission von Auger-Elektronen.

In seltenen Fällen, nämlich wenn die Anregungsenergie eines Kerns $2 \cdot m_e \cdot c^2$ ($= -1{,}02$ MeV, m_e = Elektronenmasse, s. Aufgabe 16.7) übersteigt, kann auch ein Elektron-Positron-Paar emittiert werden; dies ist die sogenannte innere Paarbildung.

Zusammenfassung 20.B

I. Bei der α-Umwandlung wird ein He-Kern emittiert. Dies ist aufgrund der Welleneigenschaft von Materieteilchen möglich, d. h. das α-Teilchen durchtunnelt aufgrund seiner Welleneigenschaft den Potentialwall des Kerns.

Die β-Umwandlungen erfolgen nach der von E. Fermi entwickelten Vorstellung aufgrund eines fundamentalen Kraftgesetzes, der sogenannten schwachen Wechselwirkung. In den 60er Jahren ist es S. L. Glashow, A. Salam und S. Weinberg gelungen, eine für die elektromagnetische und die schwache Wechselwirkung gemeinsame Theorie zu entwickeln. Danach werden die schwachen Wechselwirkungen durch den Austausch von sehr schweren virtuellen Teilchen, sogenannten Weakonen, bewirkt.

Von den drei verschiedenen Neutrinoarten treten bei den β-Umwandlungen nur das Elektronen-Neutrino und sein Antiteilchen auf, u. zw. beim Elektronen-Einfang (*EE*), und bei der β^+-Umwandlung das Elektronen-Neutrino ν_e und bei der β^--Umwandlung das Elektronen-Antineutrino $\bar{\nu}_e$:

$$\beta^-: \quad {}^1n^0 \to {}^1p^1 + {}^0e^{-1} + {}^0\bar{\nu}_e^0 \tag{20.20}$$

$$\beta^+: \quad {}^1p^1 \to {}^1n^0 + {}^0e^1 + {}^0\nu_e^0 \tag{20.21}$$

$$EE: \quad {}^1p^1 + {}^0e^{-1} \to {}^1n^0 + {}^0\nu_e^0. \tag{20.22}$$

Die β^--Umwandlung tritt stets bei relativ neutronenreichen Nukliden auf, die β^+-Umwandlung bei neutronenarmen Nukliden, ebenso der Elektronen-Einfang. Beim Elektronen-Einfang wird keine Kernstrahlung emittiert, außer der Tochterkern entsteht in einem angeregten Zustand. Hingegen tritt die charakteristische Röntgenstrahlung des Folgeatoms auf, oder es werden Auger-Elektronen emittiert.

Entstehen Folgekerne im angeregten Zustand, können sie ihre Anregungsenergie entweder durch Emission eines Nukleons, durch Emission eines γ-Quants oder durch innere Konversion abgeben. Angeregte Kernzustände mit großen Lebensdauern werden als Isomere bezeichnet (z. B. ^{99m}Tc). Bei der inneren Konversion übertragen angeregte Kerne ihre Energie direkt auf Hüllenelektronen, die anschließend als monoenergetische Konversionselektronen emittiert werden. Die entstandene Lücke in der Elektronenhülle führt wie beim Elektronen-Einfang zur Emission von charakteristischer Röntgenstrahlung und gegebenenfalls zur Emission von Auger-Elektronen.

Bei der selteneren inneren Paarbildung wird ein Elektronen-Positronen-Paar emittiert.

II. Drückt man die Energieerhaltungssätze für die drei β^--Umwandlungen durch Atommassen aus, die wir im folgenden mit Großbuchstaben schreiben:

$$M_z = m + Z \cdot m_e, \tag{20.23}$$

erhält man folgende Aussagen (die obigen Ungleichungen bleiben unverändert, wenn man auf beiden Seiten die entsprechenden Elektronenmassen addiert; das ergibt)

$$\beta^-: \quad m_M + Z \cdot m_e \geqq m_T + m_e + Z \cdot m_e + m_\nu$$

oder

$$M_z \geqq M_{z+1} + m_\nu$$

$$\beta^+: \quad m_M + Z \cdot m_e > m_T + Z \cdot m_e + m_e + m_\nu$$

oder (20.24)

$$M_z > M_{z-1} + 2 \cdot m_e + m_\nu$$

$$EE: \quad m_M + Z \cdot m_e \geqq m_T + Z \cdot m_e - m_e + m_\nu$$

oder

$$M_z \geqq M_{z-1} + m_\nu.$$

Vernachlässigt man die winzige Neutrinomasse m_ν, so ergibt sich das folgende Fazit: Ist die (auch relative) Atommasse M_z eines Nuklids größer als die der zwei nächsten Isobare (M_{z-1} und M_{z+1}), kommt es entweder zur β^--Umwandlung oder zum Elektronen-Einfang. Für eine β^+-Umwandlung müssen sich die erwähnten Massen jedoch um mindestens 2 Elektronenmassen unterscheiden.

Mit diesen Überlegungen lassen sich auch die folgenden, mit sehr wenigen Ausnahmen gültigen Aussagen über die Art der Umwandlung eines Nuklids verstehen:

Das Nuklid hat im Vergleich mit einem stabilen Isotop	Umwandlungsart
Neutronenüberschuß	β^-
Neutronendefizit	β^+, EE, α

Die α-Umwandlungen treten allerdings erst bei schwereren Kernen ab Neutronenzahlen $N = A - Z = 84$ auf.

Anmerkungen

1. Analog zum α-Zerfall läßt sich auch die 1940 von G. N. Flerov und K. A. Petrzak entdeckte spontane Kernspaltung des Urans verstehen. Der Zerfall eines Kerns in zwei Teile vom Grundzustand aus ist nur möglich, wenn die entsprechende Potentialbarriere überwunden wird. Dies ist nur durch den Tunneleffekt möglich. Bemerkbar wird die spontane Kernspaltung allerdings erst bei den Transuranen. Beim ^{238}U ist die Halbwertszeit für spontane Spaltung mit $8 \cdot 10^{15}$ a noch um einen Faktor von fast 10^6 mal größer als die Halbwertszeit für den α-Zerfall.

2. Das Radionuklid ^{252}Cf, ein Transuran, ist im wesentlichen ein α-Strahler mit einer Halbwertszeit von $T_{1/2} = 2{,}65$ a. Immerhin 3% der Zerfälle erfolgen jedoch bereits durch spontane Kernspaltung, wobei im Mittel 3,8 Neutronen frei werden, deren Energiespektrum, wie für Spaltneutronen typisch, einen weiten Bereich überstreicht. ^{252}Cf dient als Neutronenquelle ($2{,}3 \cdot 10^{12}$ Neutronen$\cdot$s$^{-1}\cdot$g^{-1}).

3. Die Energien der α-Teilchen bei den etwa 450 bekannten α-Strahlern liegen im Bereich zwischen 4 MeV und 9 MeV.

4. Während Neutronen in allen stabilen Nukliden ebenfalls stabil sind, gilt dies nicht für freie Neutronen: 1948 hat A. H. Snell erstmalig die β^--Umwandlung freier Neutronen beobachtet. Daß die spontane Umwandlung freier Neutronen möglich ist, zeigt der Energieerhaltungssatz. Es ist nämlich

$$m_n \geqq m_p + m_e + m_{\bar{\nu}}.$$

Die Halbwertszeit dieser Umwandlung beträgt $888\,\text{s} \pm 3\,\text{s}$.

Die Instabilität des freien Neutrons ist auch der Grund, weshalb die aus dem Weltraum bei uns eintreffende kosmische Strahlung keine Neutronen enthält.

Im Gegensatz zum Neutron ist das freie Proton offenbar stabil; jedenfalls ist eine β-Umwandlung aus Gründen der Energieerhaltung ausgeschlossen. Derzeit wird zwar auch eine mögliche Instabilität des Protons diskutiert, die bisher abgeschätzten Halbwertszeiten liegen jedoch oberhalb von 10^{27} a.

5. 1984 haben H. J. Rose und G. A. Jones eine neue Art von Radioaktivität, die sogenannten „exotischen" radioaktiven Zerfälle, entdeckt. Sie fanden, daß ^{223}Ra nicht nur α-Teilchen, sondern auch ^{14}C-Kerne aussendet. Später wurden auch noch schwerere Kerne wie ^{24}Ne und ^{28}Mg nachgewiesen. Diese neuen Zerfallsarten lassen sich gut mit einem von W. Greiner entwickelten Zwei-Zentren-Schalenmodell verstehen, nach dem sich in einem schweren Kern kurzzeitig Klumpen (Cluster) bilden, deren Größe durch das Schalenmodell erklärbar ist.

Beispiel 20.7. α-Zerfall von ^{222}Ra (Halbwertszeit $T_{1/2} = 22$ s). ^{222}Ra emittiert 2 Gruppen von α-Teilchen mit den Energien 4,8 MeV und 4,6 MeV. In beiden Fällen entsteht aus ^{222}Ra das Radioisotop ^{218}Rn. Wo bleibt die Energiedifferenz?

Genauere Analysen haben gezeigt, daß das durch den 4,6 MeV-Zerfall entstehende Radon eine α-Strahlung mit einer Photonenenergie von 0,2 MeV emittiert. Die Energiebilanz der ^{222} Ra-Umwandlung sieht somit wie in Abb. 20.28 dargestellt aus. Die maximale γ-Energie tritt immer dann auf, wenn die Umwandlung in den Grundzustand des Tochterkerns erfolgt. (Dieser Umwandlungsprozeß dominiert bei (g, g)-Kernen, während bei den anderen Kernarten häufig Tochterkerne im angeregten Zustand auftreten, also γ-Strahlung zu beobachten ist.)

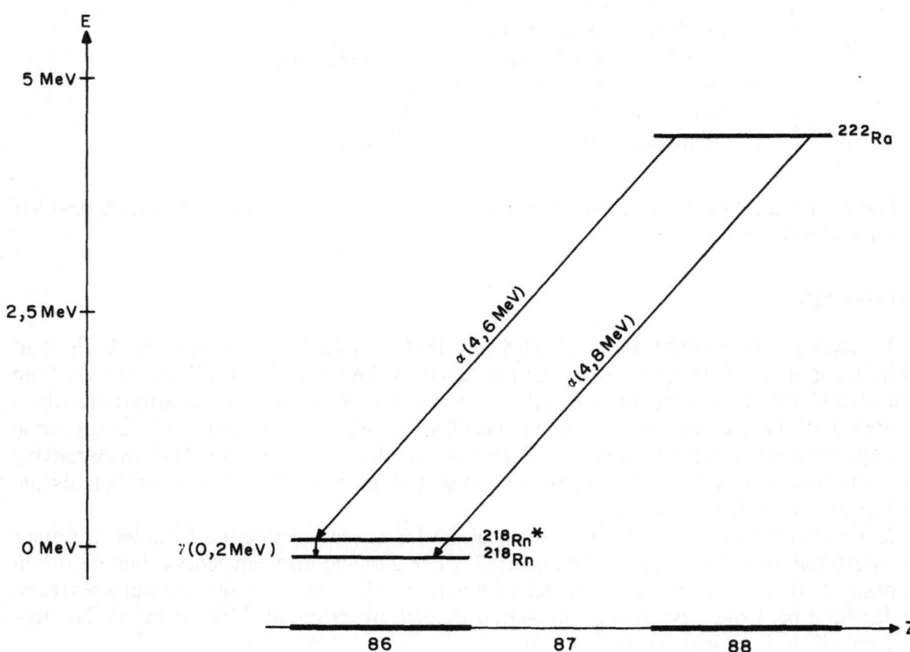

Abb. 20.28. Energieniveauschema der α-Umwandlung $^{222}\text{Ra} \rightarrow {}^{218}\text{Rn} + \alpha$. Rn* = Rn im angeregten Zustand

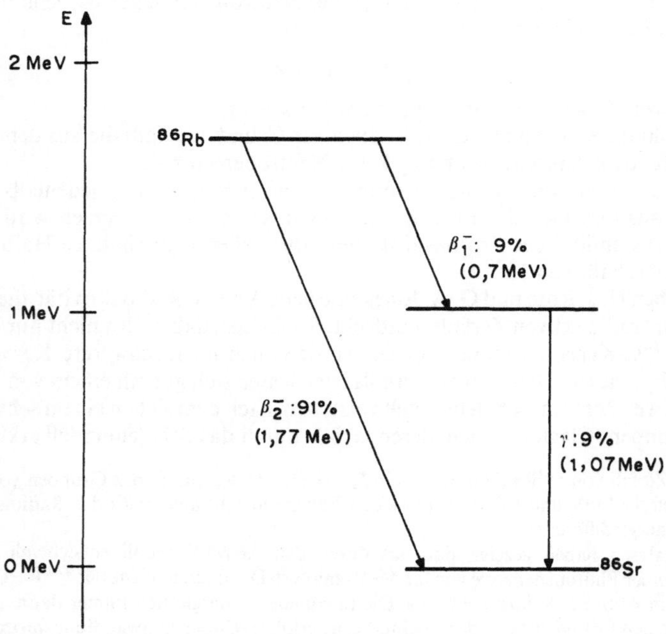

Abb. 20.29. Umwandlungsschema von ^{86}Rb ($T_{1/2} = 18{,}7\,d$). Die angegebenen β-Energien sind die Maximalwerte

Beispiel 20.8. β^--Umwandlung von ^{86}Rb (gelegentlich zur Untersuchung der Myokarddurchblutung eingesetzt).

Etwa 91% der Umwandlungen erfolgen in den Grundzustand des (stabilen) ^{86}Sr; die maximale Energie der Elektronen beträgt hierbei 1,77 MeV, die mittlere 0,71 MeV. Etwa 9% der Umwandlungen erfolgen in den 1. angeregten Zustand des ^{86}Sr; die maximale Energie der Elektronen beträgt hier 0,7 MeV. Der ^{86}Sr-Kern geht sofort in den Grundzustand über und emittiert ein γ-Quant mit der Energie 1,07 MeV.

Beispiel 20.9. Maximale kinetische Energie des beim Zerfall des freien Neutrons frei werdenden β-Teilchens.

Der Massendefekt ist

$$\Delta m = m_n - m_p - m_e(-m_\nu) = 1{,}6748 \cdot 10^{-2}\,\mathrm{kg} - 1{,}6725 \cdot 10^{-27}\,\mathrm{kg} - 9{,}1091 \cdot 10^{-31}\,\mathrm{kg} = 0{,}0014 \cdot 10^{-27}\,\mathrm{kg}.$$

Die maximale Energie des β-Teilchens beträgt nach Gleichung 16.13 somit etwa (der kleine durch den Rückstoß auf das Neutron übertragene Anteil wäre noch abzuziehen):

$$E = \Delta m \cdot c^2 = 0{,}0014 \cdot 10^{-27}\,\mathrm{kg} \cdot (2{,}9979 \cdot 10^8\,\mathrm{m \cdot s^{-1}})^2 = 0{,}0126 \cdot 10^{-11}\,\mathrm{N \cdot m} = 0{,}785\,\mathrm{MeV}.$$

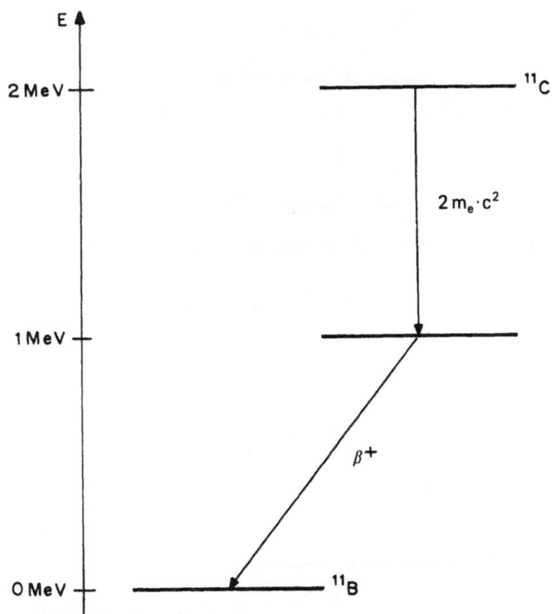

Abb. 20.30. Umwandlungsschema von ^{11}C. Die ablesbare β^+-Energie ist der Maximalwert

Beispiel 20.10. β^+-Umwandlung von ^{11}C (wird in der Positronen-Emission-Tomographie benutzt).

Da der Tochterkern eine um Eins kleinere Kernladungszahl hat, wird zusätzlich zum β^+-Teilchen ein Hüllenelektron abgegeben. Insgesamt also verliert das Atom zwei Elektronen; diesen entspricht der im Umwandlungsschema angegebene Energiebetrag von $2 \cdot m_e \cdot c^2$ (Abb. 20.30).

Beispiel 20.11. Umwandlung der in der Strahlentherapie als γ-Strahlenquellen benutzten Radioisotope ^{137}Cs und ^{60}Co (Abb. 20.31).

Beispiel 20.12. Isomere Übergänge von ^{99m}Tc zu ^{99}Tc (Abb. 20.32).

Die beim Ubergang in den Grundzustand frei werdende Energie wird teilweise auch strahlungslos auf die Elektronenhülle übertragen. Es treten daher neben der erwünschten γ-Strahlung auch Röntgenphotonen, Auger-Elektronen und Konversionselektronen auf. Zwar beträgt die von den verschiedenen Elektronen frei gesetzte Energie weniger als 10% der γ-Energie, jedoch haben die (langsamen) Auger-Elektronen und Konversionselektronen relativ hohe Ionisierungsdichten, so daß ihre biologische Wirksamkeit leicht unterschätzt wird.

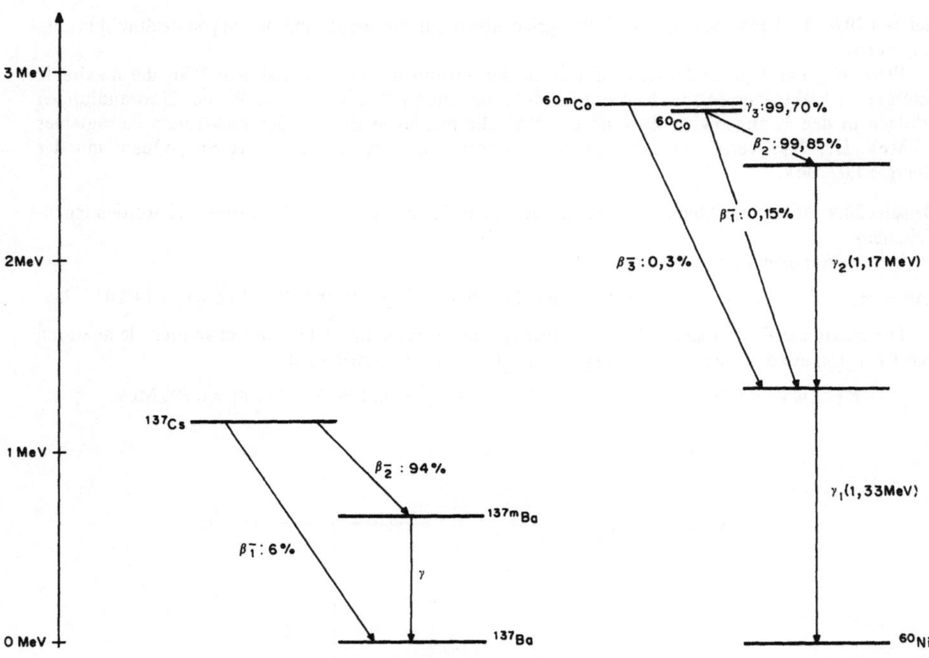

Abb. 20.31. Umwandlungsschemata von ^{137}Cs und ^{60}Co

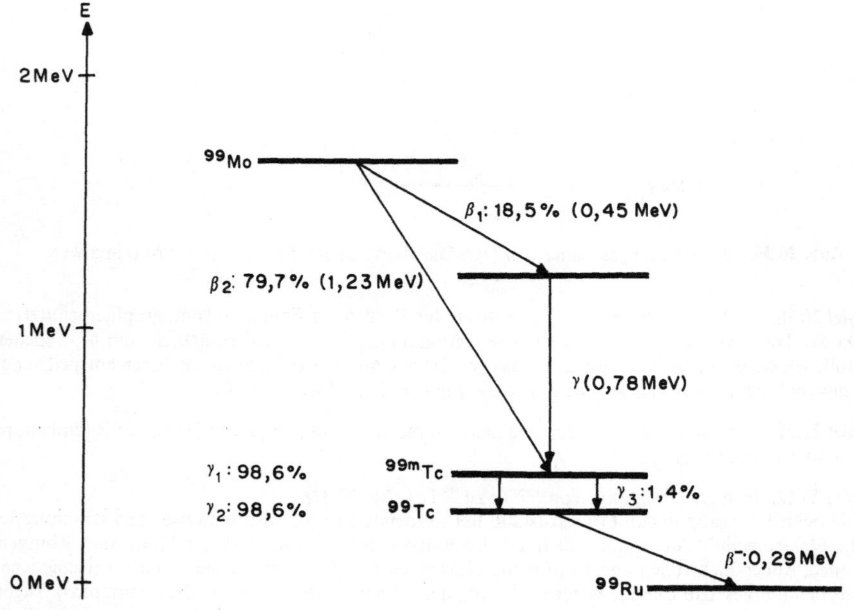

Abb. 20.32a

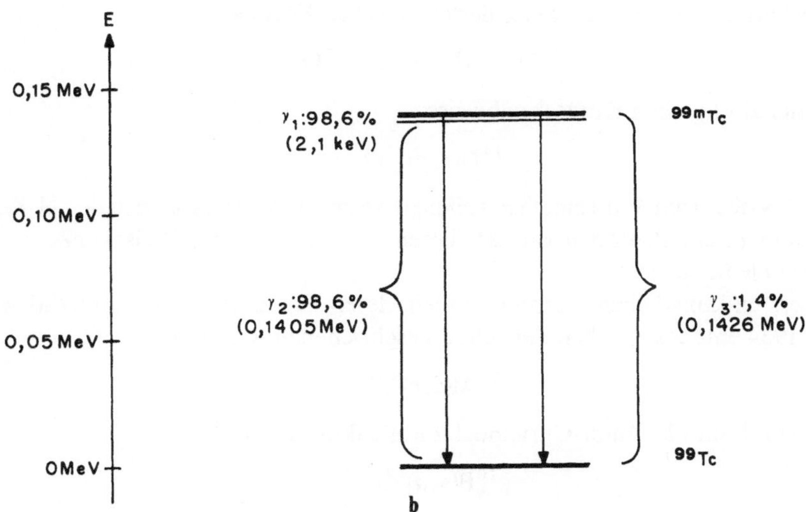

Abb. 20.32. Energieniveauschema des ^{99}Tc. **a** Mutter- und Tochterkerne des ^{99}Tc. **b** Es gibt drei isomere γ-Übergänge, wobei γ_1 und γ_2 bei weitem dominieren (der γ_1-Übergang ist wegen des geringen Energieniveauabstands nicht eingezeichnet). ^{99}Tc ist ein β^--Strahler mit einer Halbwertszeit von $T_{1/2} = 2{,}1 \cdot 10^5$ a

20.4 Kernreaktionen

a) Reaktionstypen

Eine chemische Reaktion, wie die Entstehung eines Moleküls, kommt zustande, wenn sich geeignete Atome aufgrund ihrer Wärmebewegung so nahe kommen, daß die Bindungskräfte wirksam werden. Wegen der Coulombabstoßung kommen sich hingegen Atomkerne nicht ohne weiteres so nahe, daß die Kernkräfte wirksam werden können. Hierzu bedarf es außerordentlich hoher kinetischer Energien; für einen He-Kern beispielsweise, der sich einem Th-Kern nähert, liegt diese Energie bei 28,2 MeV, s. Kapitel 20.3. Neutronen hingegen können sich ohne Wechselwirkung mit der Elektronenhülle auch dem Kern beliebig nähern, bis sie von den Kernkräften festgehalten werden. Photonen wiederum erfahren zwar keine Coulombabstoßung, sie wechselwirken jedoch aufgrund ihrer elektromagnetischen Feldstärken sowohl mit der Elektronenhülle als auch mit dem Kern.

Die einfachsten Wechselwirkungen mit Kernen sind die elastische und die unelastische Streuung. Während bei der elastischen Streuung die Summe der kinetischen Energien der wechselwirkenden Partikel unverändert bleibt, ändert sich bei der unelastischen Streuung der Zustand des Kerns aufgrund der mit dem stoßenden Teilchen ausgetauschten Energie.

Die erste künstliche Kernreaktion hat E. Rutherford entdeckt. Schon 1915 hatte sein Mitarbeiter E. Marsden bei der Bestrahlung von Luft mit α-Teilchen in Nebelkammeraufnahmen beobachtet, daß einige Teilchen von außergewöhnlicher Reichweite auftraten. Rutherford hat in etwa 3-jähriger Arbeit alle anderen Möglichkeiten, wie etwa vom α-Teilchen durch Stoß beschleunigte Wasserstoffkerne (sog. Rückstoßkerne), ausgeschlossen. Die von Rutherford 1919 schließlich beschriebene Kernreaktion lautet in der Schreibweise der chemischen Formeln:

$$^{14}N + {}^{4}He \rightarrow {}^{1}H + {}^{17}O$$

oder in der Botheschen Kurzschreibweise:

$$^{14}N(\alpha, p)^{17}O,$$

d. h. ein ^{14}N-Kern wird von einem α-Teilchen beschossen, dieses wird in den N-Kern aufgenommen, ein Proton p verläßt diesen „Verbund-“ oder Zwischenkern, ein ^{17}O-Kern bleibt zurück.

Die ersten künstlichen Kernreaktionen, deren Ergebnis ein Radionuklid war, wurden 1934 entdeckt. Neben der schon beschriebenen Reaktion

$$^{27}Al(\alpha, n)^{30}P$$

wurden von I. und F. Joliot-Curie noch die Reaktionen

$$^{10}B(\alpha, n)^{13}N$$

und

$$^{24}Mg(\alpha, n)^{27}Si$$

entdeckt.

Die Bothesche Schreibweise, d. h. das Klammersymbol, unterstreicht den Reaktionstyp: vorne steht das Symbol für das stoßende Teilchen, hinter dem Komma das emittierte. Bei den Joliot-Curieschen Reaktionen handelt es sich z. B. um sogenannte α-n-Reaktionen.

Es gibt eine ganze Reihe verschiedener Kernreaktionen; einige Beispiele sind im folgenden aufgelistet:

Art der Reaktion	Kennzeichen	Beispiel bzw. Kurzschreibweise
Austausch	Das stoßende Teilchen bleibt im Kern; ein anderes Teilchen wird emittiert. Geschoßteilchen können auch schwerere Kerne als α-Teilchen sein	(α, n), (α, p), (n, p), (n, α), (p, n), (p, α)
Einfang	Das stoßende Teilchen bleibt im Kern, nur die Bindungsenergie wird als γ-Quant emittiert	(n, γ), (p, γ)
Kernphotoeffekt	Ein Photon wird vom Kern absorbiert, ein Nukleon wird emittiert	(γ, n), (γ, p)
Kernspaltung	Tritt beim Beschuß schwerer Kerne mit Neutronen oder energiereichen geladenen Partikeln auf. Der Kern zerfällt in zwei meist unterschiedlich große Bruchstücke plus 2 oder 3 Neutronen plus Energie (Kernreaktor, Kernspaltungsbombe)	(n, f) (f = fission = Spaltung)
Spallation	Bei sehr energiereichen Geschoßteilchen kann es zu einer Zersplitterung des Kerns kommen, bei welcher eine größere Anzahl von Nukleonen freigesetzt wird. Dies ist die Basis sehr intensiver Neutronenquellen	(p, s) (s = spallation)
Fusion	Verschmelzung zweier kollidierender Kerne zu einem größeren. Bei der Fusion leichter Kerne wird Energie frei. (Energieliefernder Prozeß in Sternen, Fusionsreaktor)	$^{1}H + n \rightarrow {}^{2}H +$ 2,226 MeV

Neutronenquellen. Radioaktive Neutronenquellen nutzen neben (γ, n)-Reaktionen vor allem (α, n)-Reaktionen des Be. Hierbei werden natürliche oder künstliche α-Strahler mit Berylliumpulver innig vermischt, zu kompakten Preßkörpern verarbeitet und in Edelstahlzylinder eingeschweißt. Die erreichbaren Quellstärken sind auf etwa 10^7 Neutronen$\cdot s^{-1}$ beschränkt. Mit dem spontan spaltenden ^{252}Cf werden spezifische Quellstärken von $2{,}3 \cdot 10^{12}$ Neutronen$\cdot s^{-1} \cdot g^{-1}$ erreicht.

Mit Neutronengeneratoren erreicht man 10^{12} Neutronen$\cdot s^{-1}$ mit in weiten Bereichen wählbarer Energie. Hierbei werden Deuteronen (d) oder andere Ionen von Beschleunigern (Beispiel 21.8) auf leichte Targetmaterialien geschossen. Bei der neben der (p, n)- und der (d, n)-Reaktion vielbenutzten Deuterium-Tritium-Reaktion

$$^{3}\mathrm{T}(d,n)^{4}\mathrm{He}$$

entstehen monoenergetische Neutronen mit Energien von etwa 14 MeV.

Die stärksten Neutronenquellen sind Kernreaktoren. Sie erreichen Quellstärken in der Größenordnung von 10^{14} Neutronen$\cdot s^{-1}$ je 1 kW Reaktorleistung. Die größten Neutronenstromdichten, u. zw. (Spalt-)Neutronen mit Stromdichten bis zu $J = 10^{17}\,s^{-1} \cdot m^{-2}$ liefern thermische Reaktoren (auf Basis ^{235}U). Die maximalen Stromdichten (= „Flußdichten") treten bei Neutronenenergien um 2 MeV (= primäre Spaltneutronen) und bei thermischen Neutronen um 0,05 MeV auf.

b) Herstellung radioaktiver Nuklide

Radioaktive Nuklide können im Kernreaktor oder durch Bestrahlung (Aktivierung) mittels Beschleunigermaschinen produziert werden. Im Reaktor erfolgt die Herstellung entweder gezielt ebenfalls durch Bestrahlung eingebrachter Substanzen mit den bei der Kernspaltung frei werdenden Neutronen oder durch Abtrennung radioaktiver Nuklide aus den Spaltprodukten. Die Gewinnung aus Spaltprodukten erfolgt durch chemische Trennung bei der Aufarbeitung der Brennelemente oder aus besonderen Uraniumtargets, die nur kurzfristig im Reaktor bleiben. Sowohl auf dem Weg über die Kernspaltung als auch bei der Bestrahlung im Reaktor entstehen neutronenreiche Nuklide, also überwiegend β^--Strahler.

Bei der Bestrahlung einer stabilen Substanz im Reaktor kommen meist die (n, γ)- oder die (n, p)-Reaktionen zum Tragen, seltener die (n, α)-Reaktion. Schnelle Neutronen führen vorwiegend zur (n, p)-Reaktion. Die (n, γ)-Reaktion dominiert bei thermischen Neutronen. Ein Beispiel hierzu ist die Herstellung des in der Strahlentherapie als γ-Quelle genutzten ^{60}Co-Isotops durch Bestrahlung von stabilem Kobalt im Kernreaktor:

$$^{59}\mathrm{Co}(n, \gamma)^{60}\mathrm{Co}.$$

Beim (n, γ)-Prozeß entsteht ein Isotop des bestrahlten Elements. Das hat zur Folge, daß das radioaktive Nuklid chemisch nicht von dem stabilen getrennt werden kann. Das erzeugte Radionuklid ist daher grundsätzlich nicht trägerfrei. Es gibt jedoch zwei Möglichkeiten, auch beim (n, γ)-Prozeß trägerfreie Radionuklide herzustellen: den Szilard-Chalmers-Effekt, auf den wir hier jedoch nicht eingehen, und den Weg über β-Strahler. Wenn der durch die (n, γ)-Reaktion erzeugte Kern ein kurzlebiger β-Strahler ist, dessen Tochter das gewünschte Radionuklid darstellt, kann die Tochtersubstanz chemisch von dem ursprünglichen Stoff getrennt werden. Ein

Beispiel hierzu ist die Herstellung des ^{131}I-Isotops durch Neutronen-Bestrahlung von Tellur:

$$^{130}\mathrm{Te}(n,\gamma)^{131}\mathrm{Te} \xrightarrow[25\,\mathrm{min}]{\beta^-} {}^{131}\mathrm{I}.$$

I und Te können aufgrund ihrer unterschiedlichen chemischen Eigenschaften leicht getrennt werden. Darauf beruht auch die Gewinnung von ^{99m}Tc. Hierzu wird entweder ^{96}Mo im Reaktor mit Neutronen bestrahlt—es entsteht ^{99}Mo—oder ^{99}Mo wird aus den Spaltprodukten eines Reaktors abgetrennt. Das bei der nachfolgenden β^--Umwandlung entstehende ^{99m}Tc läßt sich dann leicht vom ^{99}Mo trennen.

Noch einfacher ist die Gewinnung trägerfreier Radionuklide beim (n,p)-Prozeß: Da hier von vorneherein ein Nuklid mit einer anderen Ordnungszahl entsteht, ist eine chemische Abtrennung von der Ausgangssubstanz problemlos. Ein Beispiel hierzu ist die Herstellung des in der Nuklearmedizin z. B. zur Thrombozytenmarkierung benutzten ^{32}P-Radionuklids:

$$^{32}\mathrm{S}(n,p)^{32}\mathrm{P}.$$

Hier wird der verbleibende Schwefel durch Extraktion mit chlorierten Kohlenwasserstoffen entfernt.

Bei der Herstellung radioaktiver Nuklide im Zyklotron lassen sich trägerfreie radioaktive Nuklide, also Nuklide ohne Beimengung nichtaktiver Substanzen, deshalb leicht gewinnen, weil die meisten Reaktionen mit den geladenen Geschossen, beispielsweise (p,n) oder (d,n) u. a., zu einer Änderung der Ordnungszahl führen. Aus der Natur der Reaktionen ergibt sich auch, daß vergleichsweise neutronenarme Radionuklide entstehen. Die Flexibilität eines Zyklotrons bei der Auswahl der Geschoßenergie kann dazu benutzt werden, beim Beschuß mit ein und derselben Teilchenart zwischen mehreren konkurrierenden Reaktionen zu wählen. Benutzt man z. B. zum Beschuß von ^{63}Cu Deuteronen mit Energien kleiner als 5 MeV, entsteht das Radionuklid ^{64}Cu. Bei höheren Deuteronenenergien entstehen auch andere Radionuklide, beispielsweise ^{63}Zn.

c) Energiegewinnung aus Kernreaktionen

1938 bemerkten O. Hahn und F. Strassmann bei der Bestrahlung von Uran mit langsamen Neutronen, daß dabei nicht, wie man zunächst vermutete, sogenannte Transurane (= Elemente mit Ordnungszahl über 92) entstanden. Vielmehr stellten sie Kerntrümmer mittlerer Atommasse fest, die nur durch Spaltung des Urankerns entstanden sein konnten. L. Meitner und O. Frisch haben dieses Phänomen näher untersucht und gefunden, daß diese Spaltung sehr unterschiedlich verlaufen kann, je nachdem sie durch thermische oder durch schnelle Neutronen ausgelöst wird.

Daß bei jeder Spaltung schwerer Kerne ein erheblicher Energiebetrag frei wird, sieht man aus Abb. 20.3: Die Bindungsenergie pro Nukleon ist bei den mittelschweren Kernen größer als bei den schweren. Durch ungefähre Halbierung der schweren Kerne (Massenzahlen $A > 100$) ist daher ein Energiegewinn möglich. Warum aber spalten solche Kerne nicht spontan? Analog zu den chemischen Reaktionen muß erst eine Aktivierungsenergie aufgebracht werden. Diese ist erforderlich, um die

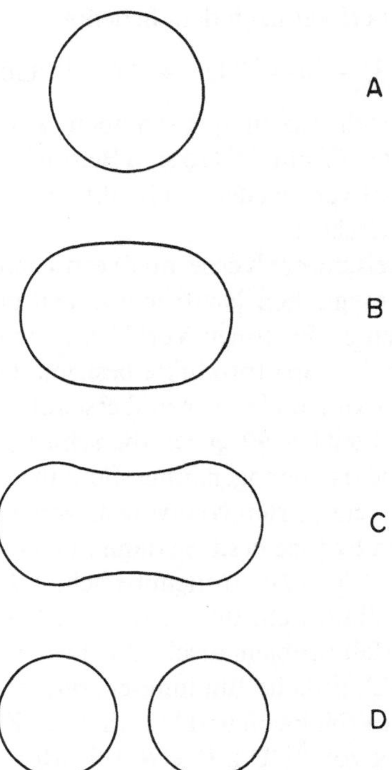

Abb. 20.33. Vier Phasen eines schwingenden Atomkerns als Modell zur Kernspaltung. A = maximale Coulombenergie und minimale Oberflächenenergie der Kernkräfte; B und C = etwas kleinere Coulombenergie, jedoch zunehmend größere Oberflächenenergie der Kernkräfte. D = Coulombenergie etwa wie bei C, jedoch deutlich kleinere Oberflächenenergie

beiden Hälften erst einmal soweit zu separieren, daß sie aufgrund der Coulombabstoßung auseinanderfliegen. Führt man nun einem Atomkern Energie zu, kommt es teils zu erhöhter ungeordneter Bewegung der Nukleonen. Dies nennt man aus naheliegenden Gründen Aufheizen des Kerns. Zusätzlich jedoch tritt auch eine geordnete kollektive Bewegung in Form von Schwingungen auf, s. Abb. 20.33. Dort sind verschiedene Phasen eines schwingenden Atomkerns dargestellt. Der Zustand D ist gegenüber dem Zustand C, der zwar eine etwas verkleinerte Coulombenergie, jedoch sehr große Oberflächenenergie bedeutet, energetisch günstiger. Wie man sieht, führt dieser Vorgang über den energetisch zunächst ungünstigeren Zustand C, der die Aktivierungsenergie erfordert, zur Spaltung. Die hierzu notwendige Energiezufuhr kann an sich beliebig erfolgen. Sehr effektiv ist der

Neutroneneinfang. Hierbei wird die Bindungsenergie für das Neutron frei. In manchen Fällen (^{231}Pa, ^{233}U, ^{235}U, ^{238}Np und ^{239}Pu) genügt schon diese Energie zur Spaltung, weil die betreffende Aktivierungsenergie kleiner ist. Übrigens kann der Kern diese Energie auch durch Emission eines γ-Quants wieder los werden; dies ist der Strahlungseinfang eines Neutrons. Bei ^{238}U ((g, g)-Kern) reicht diese Energie nicht zur Spaltung aus, das Neutron muß zusätzlich noch etwa 1 MeV an (kinetischer) Energie mitbringen. ^{238}U spaltet daher nur mit entsprechend schnellen Neutronen.

Die Spaltung von ^{235}U erfolgt nach dem Schema:

$$^{235}U + {}^{1}n \rightarrow {}^{236}U^{*} \rightarrow {}^{89}Y + {}^{146}Gd.$$

$^{236}U^{*}$ ist der zunächst entstehende energetisch hoch angeregte Zwischenkern. Die angegebenen Spaltprodukte ^{89}Y und ^{146}Gd sind Beispiele; tatsächlich entstehen bei der Spaltung einige Hundert verschiedene radioaktive Isotope.

Durch die Spaltung entstehen:

1. Spaltprodukte: Mittelschwere Kerne mit überwiegend ungleicher Masse (weil hauptsächlich Kerne mit magischen Neutronenzahlen entstehen). Mittelschwere Kerne haben ein Neutronen-zu-Protonen-Verhältnis von etwa $N/Z = 1{,}3$, schwere hingegen haben $N/Z = 1{,}5$. Die Spaltprodukte besitzen daher im Vergleich zu den entsprechenden stabilen Nukliden Neutronenüberschuß.

2. Neutronen: Der Großteil (ca. 99%) der überschüssigen Neutronen der Spaltprodukte wird sofort frei, dies ist die sogenannte spontane Emission von Neutronen. Der Rest, die sogenannten verzögerten Neutronen, werden nach einigen Sekunden emittiert. Die verbleibenden Isotope besitzen dann immer noch im Vergleich zu den entsprechenden stabilen Isotopen Neutronenüberschuß. Es kommt zu insgesamt 4 bis 5 radioaktiven Umwandlungsschritten. Aus dieser Umwandlungsreihe stammt die im Kernkraftwerk-Störfall problematische Nachwärme.

3. Energie. Die durchschnittliche Bindungsenergie beträgt bei mittelschweren Kernen (s. Abb. 20.3) 8,4 MeV/Nukleon und bei schweren Kernen 7,5 MeV/Nukleon. So werden bei der Spaltung von ^{235}U z. B. etwa 200 MeV je Atom frei.

Kettenreaktion im Kernreaktor. Die bei der Spaltung frei werdenden Neutronen können weitere Kerne zur Spaltung anregen, es kommt zur Kettenreaktion.

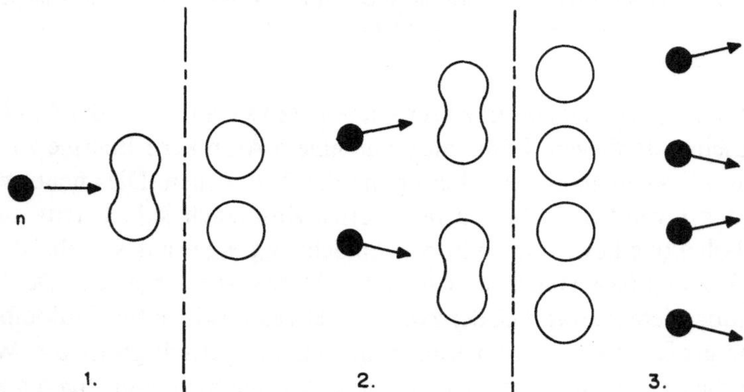

Abb. 20.34. 1., 2. und 3. Generation einer explosionsartigen Kettenreaktion bei der Kernspaltung für Multiplikationsfaktor $k = 2$. n = Neutron

Im Kernreaktor sorgt man dafür, daß im Durchschnitt je erfolgter Spaltung nur 1 Neutron eine neue Spaltung herbeiführt. D. h. der Multiplikationsfaktor k für die Neutronen ist von Generation zu Generation Eins. $k > 1$ bedeutet explosionsartiges Anwachsen der Kettenreaktion, was nur in der Kernspaltungsbombe beabsichtigt wird. Zwar entstehen bei der Spaltung von Natururan im Mittel 2,5 Neutronen pro ^{235}U-Kern, dennoch kommt eine Kettenreaktion nicht ohne weiteres zustande, weil diese primären sogenannten *Spaltneutronen* schnell sind und vom viel häufigeren (über 99%), nicht spaltbaren ^{238}U eingefangen werden, u. zw. meist ohne eine Kernspaltung auszulösen (dabei entsteht ^{239}Pu). Um dennoch zu einer Kettenreaktion zu kommen, gibt es zwei Möglichkeiten: Entweder das zunächst zu weniger als 1% im Natururan enthaltene spaltbare ^{235}U anreichern oder die Spaltneutronen mittels Moderatoren, d. h. durch elastische Stöße mit leichten Kernen abbremsen. Man erhält so die sogenannten *thermischen Neutronen.* Durch Neutronenabsorption in Verunreinigungen, im Kühlmittel und in der Behälterwand sowie durch nach außen wegdiffundierende Neutronen entstehen allerdings weitere Verluste, so daß selbst bei Verwendung von Moderatoren das ^{235}U auf etwa 3% angereichert werden muß.

Hat man $k = 1$ erreicht, läßt sich der Reaktor auch regeln. Jede Vergrößerung des Multiplikationsfaktors erfolgt ja zunächst über die zeitlich verzögerten Neutronen. Die Regelung muß deshalb innerhalb einer Zeitspanne von einigen Sekunden ansprechen, beispielsweise durch Einfahren von neutronenabsorbierenden Stoffen wie Cd oder B.

Kernfusion. Der Zusammenbau von leichten Kernen zu Kernen mittlerer Masse bringt ebenfalls Energiegewinn, s. Abb. 20.3. Die einfachste Reaktion wäre offenbar

$$^{1}H + n \rightarrow {}^{2}H + 2{,}226\,\text{MeV}.$$

Leider müßte man die für eine Energiegewinnung im technischen Maßstab erforderlichen Neutronenflüsse erst mit Hilfe eines Reaktors erzeugen; die anderen Neutronenquellen sind zu schwach, oder verbrauchen selbst sehr viel mehr Energie pro Neutron, z. B. die auf Beschleunigern basierenden Neutronengeneratoren, als die obige Reaktion dann liefert.

Die Alternative wäre der Beschuß von leichten Kernen (Ordnungszahl Z_2) mit anderen leichten Kernen (Ordnungszahl Z_1), die in Beschleunigern auf hinreichend hohe Energie gebracht wurden, so daß sie die Coulombabstoßung überwinden können. Dazu ist nach dem Coulombgesetz Gleichung 11.5 eine Energie von etwa $E = 0{,}15 \cdot Z_1 \cdot Z_2$ MeV erforderlich. Ein tatsächlicher Energiegewinn ist dabei jedoch nicht zu erwarten, weil die meisten Geschosse durch elastische Streuung an den Targetkernen und damit auch ihre Energie verloren gehen würden.

Man versucht daher, die Atome, deren Kerne miteinander fusionieren sollen, in einen Behälter einzuschließen und ihnen die entsprechende Energie durch Erwärmung zu geben. Allerdings sind hierzu Temperaturen um 10^8 K erforderlich. Bei so hohen Temperaturen kann man diese Teilchen nicht mehr in ein materielles Gefäß einschließen, sondern muß geeignet geformte Magnetfelder anwenden. Da die Atome bei diesen Temperaturen praktisch vollständig ionisiert sind, spricht man von einem „Plasma".

Neben der Frage des optimalen Einschlusses (neben dem erwähnten Magneteinschluß gibt es noch den auf Trägheitskräften beruhenden Trägheitseinschluß) bildet die Frage nach der geeigneten Aufheizung einen wichtigen Schwerpunkt der gegenwärtigen Fusionsforschung.

Eine der erfolgversprechendsten Fusionsreaktionen ist neben der Deuterium-Deuterium-Reaktion

$$^{2}H + {}^{2}H \begin{cases} \nearrow {}^{3}He + n + 3{,}3\,\text{MeV} \\ \searrow {}^{3}T + p + 4\,\text{MeV} \end{cases}$$

vor allem die Deuterium-Tritium-Reaktion:

$$^{2}H + {}^{3}T \rightarrow {}^{4}He + n + 17{,}6\,MeV.$$

Diese liefert deutlich mehr Energie und benötigt nur eine Reaktionstemperatur von etwa 10^8 K, die Deuterium-Deuterium-Reaktion hingegen etwa 10^9 K.

Ein weiterer sehr entscheidender Aspekt jeder terrestrischen Energiegewinnung ist die Brennstofffrage. Deuterium kann aus dem Meerwasser gewonnen werden. Es ist Bestandteil des schweren Wassers, welches im normalen Wasser etwa im Verhältnis 1:6000 vorkommt. ^{3}T hingegen müßte erst durch Beschuß von ^{6}Li mit Neutronen erzeugt werden, beispielsweise dadurch, daß das Reaktionsvolumen von einem Lithiummantel umgeben wird:

$$^{6}Li + n \rightarrow {}^{4}He + {}^{3}T + 4{,}8\,MeV.$$

Eine wichtige Alternative zu jeder terrestrischen Energiegewinnung stellt die solare Energiegewinnung dar. Darunter versteht man die Energiegewinnung aus der der Erde von der Sonne zugestrahlten Energie, beispielsweise mittels Solarzellen (s. Kapitel 12.2). Die energieliefernden Prozesse der Sterne sind Kernfusionen. Der derzeit wahrscheinlich in unserer Sonne und ähnlich schweren Sternen vergleichbaren Alters dominierende Prozeß ist der Proton-Proton-Zyklus:

$$4\,{}^{1}H \rightarrow {}^{4}He + 2e^{+} + 2\nu + 26{,}7\,MeV,$$

das sind etwa $6{,}6\cdot 10^{14}$ J je 1 kg ^{1}H.

Die Tatsache, daß in der Sonne und anderen Sternen ^{12}C-Kerne spektroskopisch nachweisbar sind, führte H. Bethe und C. F. Weizsäcker zur Annahme eines weiteren Zyklus, bei dem insgesamt ebenfalls 4 Protonen zu ^{4}He fusioniert werden und ^{12}C die Rolle eines Katalysators spielt. Wahrscheinlich ist dieser „Bethe-Weizsäcker-Zyklus" in jüngeren Sternen der dominierende.

Spallation. Beschießt man Kerne mit energiereichen ($\geqq 200$ MeV) Teilchen, dann zersplittern sie in mehrere Bruchstücke. Gleichzeitig erhöht sich die Neutronenausbeute auf bis zu 50 je Treffer. Dies ist eine wichtige Möglichkeit zur Erzeugung höchster Neutronenflußdichten.

20.5 Teilchenphysik

Die vielleicht erfolgreichste Methode der Wissenschaft besteht darin, das Komplexe auf das Einfache zurückzuführen. Dahinter verbirgt sich die—vielfach bestätigte—Annahme, daß die leichter durchschaubaren Gesetze des Einfachen auch die Beherrschung des Komplexen ermöglichen. Dies ist auch die Triebfeder, die hinter der Suche nach den elementaren Bausteinen der Natur steht.

Die verschiedenen, bei Experimenten der Kern- und Elementarteilchenphysik entdeckten subatomaren Partikel, lassen sich zunächst einmal in zwei große Gruppen gliedern: Teilchen und zugehörige Antiteilchen (z. B. Elektron und Positron). Teilchen und Antiteilchen—letztere werden meist durch einen Querstrich über dem Symbol des zugehörigen Teilchens gekennzeichnet—können sich paarweise vollständig in Energie umwandeln. Antiteilchen haben gleiche Masse und Spin wie das zugehörige

Teilchen, unterscheiden sich aber von den zugehörigen Teilchen (u. a.) durch entgegengesetzte elektromagnetische Eigenschaften: sie besitzen

entgegengesetzte elektrische Ladung und
entgegengesetztes magnetisches Moment.

Weiters gibt es markante Unterschiede zwischen einer Gruppe von Teilchen, die wegen ihrer tendenziell kleinen Massen als Leptonen bezeichnet werden, und den im allgemeinen deutlich schwereren Hadronen. Die Leptonen sind teils elektrisch geladen und teils elektrisch neutral. Nur die ersteren nehmen an der elektromagnetischen Wechselwirkung teil. Alle Leptonen jedoch nehmen an der schwachen Wechselwirkung teil. Zu den Leptonen zählen die negativ geladenen Elektronen (e^-), Myonen (μ^-) und Taus (T^-) sowie drei verschiedene Neutrinos, die elektrisch neutral sind. Daß die Leptonen eine zusammengehörige Gruppe von Teilchen bilden, erkennt man auch daran, daß für sie spezielle „Leptonen-Erhaltungssätze" gelten, die besagen, daß jeweils die Summe aus Teilchen minus zugehörigem Antiteilchen konstant bleibt. Nach heutigem Wissen sind die Leptonen elementare Teilchen, d. h. nicht aus kleineren Teilchen zusammengesetzt.

Die Hadronen nehmen im Gegensatz zu den Leptonen nicht nur an der schwachen und der elektromagnetischen Wechselwirkung teil, sondern auch an der starken Wechselwirkung bzw. Kernkraft. Die zunehmende Anzahl experimentell beobachteter—man kennt mittlerweile einige hundert verschiedener—Hadronen, hat sehr bald den Gedanken nahegelegt, daß es sich hierbei nicht um elementare Teilchen handelt. Streuexperimente nach dem Marsden-Geiger-Rutherfordschen Schema mit sehr energiereichen Elektronen (20 GeV) haben in den sechziger Jahren gezeigt, daß beispielsweise die elektrische Ladung im Innern von Protonen nicht homogen verteilt ist, sondern in drei getrennte winzige Bereiche konzentriert ist. Diese anfangs als „Partonen" bezeichneten Teilchen wurden von M. Gell-Mann, der diesen experimentellen Befund zeitgleich mit G. Zweig erklären konnte, als „Quarks" bezeichnet. Ein wesentlicher Punkt dieser Erklärung besteht darin, daß zwischen den Quarks eine neue Kraft, die sogenannte „Farbkraft" wirkt. Diese Quarkkräfte stellen die stärksten bekannten Kräfte dar; die Kernkraft ist bloß eine Nebenwirkung der Farbkraft—ähnlich wie die van der Waals-Kräfte Nebenwirkungen der elektromagnetischen Kräfte sind. Außerdem sind die Quarks wahrscheinlich um den Faktor 10^{-3} kleiner als der Durchmesser eines Nukleons.

Man geht heute davon aus, daß die elementaren Bausteine der Materie Leptonen und Quarks sind, wenn da auch noch einige Fragen ungeklärt sind (beispielsweise im Zusammenhang mit dem Higgs-Teilchen). Abbildung 20.35 gibt einen Überblick über die Größenverhältnisse der Partikel, die die Materie aufbauen.

Die Quarks haben sehr seltsame Eigenschaften. Da ist zunächst ihre elektrische Ladung, die nicht ganzahlig ist. Vielmehr tragen Quarks elektrische Ladungen der Größen $\pm\frac{1}{3}\cdot e$ und $\pm\frac{2}{3}\cdot e$. Ferner scheinen die Quarks nicht frei auftreten zu können. Sie verbinden sich außerdem stets so, daß die resultierende elektrische Ladung ganzzahlig ist. Die zwischen ihnen wirkende Farbkraft hat die seltsame Eigenschaft, mit zunehmendem Abstand der Quarks, wie die Kraft eines Gummibands, zuzunehmen. Außerdem lassen sich die Farbkräfte nicht auf bloß zwei zugehörige Farbladungen, wie im Falle der elektrischen Kräfte, zurückführen. Vielmehr existie-

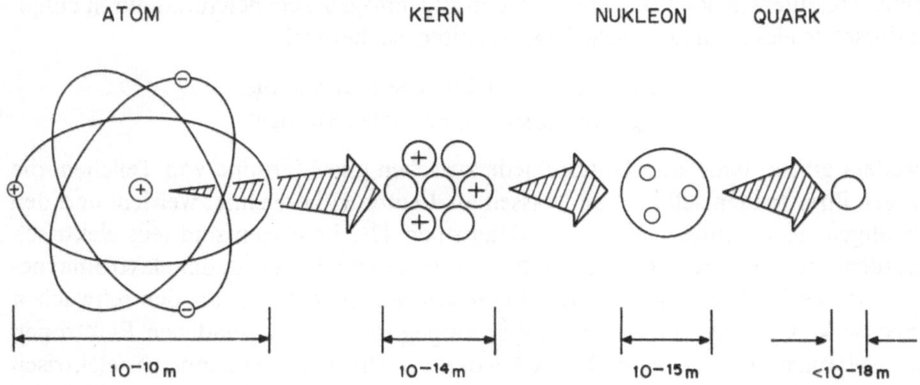

Abb. 20.35. Größenverhältnisse der Materiebausteine

ren offenbar drei unterschiedliche „Farbladungen", was auch die Bezeichnung dieser Ladungen in Analogie zur Farbenlehre suggeriert hat.

Hadronen bestehen aus Quarks; insbesondere bestehen die Nukleonen aus *u*-Quarks und *d*-Quarks. Die *u*-Quarks (*u* von „up") tragen die elektrische Ladung

Tabelle 20.4. Leptonen. Die Masse ist in Vielfachen der Elektronen-Ruhemasse angegeben (s. auch Tabelle 2.3)

Teilchen	elektrische Ladung	Ruhemasse
Elektron e^-	$-e$	1
Myon μ^-	$-e$	207
Tau T^-	$-e$	3500
Elektron-Neutrino ν_e	0	$<2\cdot10^{-5}$
Myon-Neutrino ν_μ	0	$<5\cdot10^{-1}$
Tau-Neutrino ν_T	0	<70

Tabelle 20.5. Hadronen. Die Ruhemasse ist in Vielfachen der Elektronen-Ruhemasse angegeben

Teilchen	elektrische Ladung	Ruhemasse
a) Mesonen		
Pion π^+	$+e$	273,9
π^0	0	264,2
Kaon K^+	$+e$	966,7
K^0	0	974,6
b) Baryonen		
Proton p^+	$+1$	1836,2
Neutron n^0	0	1838,7
Lambda Λ^0	0	2184
Sigma Σ^+ u. a.	$+1$	2327

$+\frac{2}{3}\cdot e$, die d-Quarks (d von „down") tragen die elektrische Ladung $-\frac{1}{3}\cdot e$. Daraus ergibt sich für das Proton: $p = u + u + d$ und für das Neutron: $n = u + d + d$.

Zusammenfassung 20.C

I. Die wichtigsten Kernreaktionen sind:

Art der Reaktion	Beispiele bzw. Kurzschreibweise
Austausch	(α, n), (α, p), (n, p), (n, α), (p, n), (p, α)
Einfang	(n, γ), (p, γ)
Kernphotoeffekt	(γ, n), (γ, p)
Kernspaltung	(n, f)
Spallation	(p, s)
Fusion	${}^1H + n \rightarrow {}^2H + 2{,}226\,MeV$

Die Kernspaltung, z. B. die Spaltung von ${}^{235}U$:

$$ {}^{235}U(n, f){}^{89}Y + {}^{146}Gd \tag{20.25} $$

wird in den heutigen Kernkraftwerken als Energiequelle genutzt. Hierbei entstehen: 1. Radioaktive Spaltprodukte, 2. Neutronen und 3. Energie (z. B. bei ${}^{235}U$ etwa 200 MeV je Atom). Der Neutronen-Multiplikationsfaktor wird im Kernreaktor auf den Wert $k = 1$ geregelt. $k > 1$ bedeutet explosionsartiges Anwachsen der Kettenreaktion.

Eine mögliche zukünftige Energiequelle ist die Kernfusion. Eine der hierbei erfolgversprechendsten Reaktionen ist die Deuterium-Tritium-Reaktion:

$$ {}^2H + {}^3T \rightarrow {}^4He + n + 17{,}6\,MeV. \tag{20.26} $$

Diese liefert im Vergleich zu anderen Fusionsreaktionen deutlich mehr Energie und benötigt „nur" eine Reaktionstemperatur von etwa 10^8 K, die Deuterium-Deuterium-Reaktion hingegen etwa 10^9 K.

Kernfusionen sind die energieliefernden Prozesse der Sterne. In der Sonne und ähnlich schweren Sternen vergleichbaren Alters dominiert wahrscheinlich der Proton-Proton-Zyklus:

$$ 4\,{}^1H \rightarrow {}^4He + 2e^+ + 2\nu + 26{,}7\,MeV, \tag{20.27} $$

der etwa $6{,}6\cdot 10^{14}$ J je 1 kg ${}^1H$ liefert.

II. Neutronenquellen basieren auf Kernreaktionen. In den radioaktiven Neutronenquellen und den Neutronengeneratoren werden Targetmaterialien mit Ionen aus radioaktiven Quellen bzw. aus Beschleunigern beschossen. Die stärksten Neutronenquellen sind Kernreaktoren; sie liefern thermische Neutronen und—mittels Konverter—Spaltneutronen.

III. Subatomare Teilchen lassen sich in zwei große Gruppen teilen: Teilchen und Antiteilchen. Diese haben jeweils gleiche Masse und Spin, unterscheiden sich aber durch entgegengesetzte elektromagnetische Eigenschaften.

Das heute gültige *Standard-Modell* der materiellen Welt umfaßt folgende Aussagen:

1. Die Materie besteht aus Quarks und Leptonen.
2. Diese Teilchen sind Träger verschiedener Eigenschaften (Masse, elektrische Ladung, schwache Ladung und Farbladung).
3. Kraftwirkungen zwischen diesen Teilchen kommen durch den Austausch der entsprechenden Bindeteilchen (Gravitonen, Photonen, Weakonen oder intermediäre Bosonen und Gluonen) zustande.

Tabelle 20.6. Quarks. Die Ruhemasse ist in Vielfachen der Elektronen-Ruhemasse angegeben

Teilchen	elektrische Ladung	Ruhemasse
u-Quark *u*	+2/3	10
d-Quark *d*	−1/3	20
s-Quark *s*	−1/3	400
c-Quark *c*	+2/3	2,8 k
b-Quark *b*	−1/3	10 k
t-Quark *t*	+2/3	160 k–400 k

Tabelle 20.7. Quarkstruktur einiger Hadronen. Die unterstrichenen Symbole sind die entsprechenden Antiquarks

Hadron	Struktur
p^+	*uud*
n	*ddu*
π^+	$u\underline{d}$
π^-	$d\underline{u}$

Beispiel 20.13. $^{123}\mathrm{I}(T_{1/2} = 13.2\,\mathrm{h})$ wird im Zyklotron aus $^{122}\mathrm{Te}$ hergestellt. Dabei wird ein TeO_2-Target mit Deuteronen bestrahlt:

$$^{122}\mathrm{Te}\,(d, n)^{123}\mathrm{I}.$$

Beispiel 20.14. Krebstherapie mit negativen Pi-Mesonen (π-Mesonen oder Pionen). Beschießt man Materie mit energiereichen Protonen, entsteht eine ganze Reihe von Teilchen, darunter auch Pi-Mesonen. Besonders viele Pi-Mesonen entstehen, wenn man Protonen mit einer Energie von etwa 500 MeV auf Materie, beispielsweise Kupfer, schießt. Ein Teil der kinetischen Energie des Protons verwandelt sich hierbei in Materie, der Rest in kinetische Energie des getroffenen Kerns und des entstandenen Pions. Trifft das Proton auf ein Neutron, wird letzteres in ein Proton verwandelt, die frei werdende negative Ladung geht auf das Pion über. Pi-Mesonen von 50 MeV Energie haben im Gewebe eine mittlere Reichweite von rund 10 cm. Dann werden sie von einem Kern eingefangen. Dabei verwandeln sich die Pionen wiederum in Energie, was zu einer Spaltung des einfangenden Kerns führt. Die entstehenden Kernbruchstücke—hauptsächlich α-Teilchen—haben extrem hohe Ionisierungsdichte.

Ein sehr wesentlicher Vorteil dieser Methode besteht in der extrem großen Zunahme der Ionisierungsdichte gegen Ende der Bahn des Pions, s. Abb. 21.20. Dies ermöglicht eine sehr schonende Tiefentherapie. Allerdings steht dem als gravierender Nachteil gegenüber, daß die hierfür erforderliche Beschleunigeranlage extrem teuer ist.

Beispiel 20.15. (In vitro-) Aktivierungsanalyse. Dies ist eines der empfindlichsten Bestimmungsverfahren für Spurengehalte. Es hat sowohl in der Technik als auch in der Toxikologie, Gerichtsmedizin, Biologie und Umweltanalytik große Bedeutung erlangt. Das Grundprinzip besteht darin, durch Bestrahlung der Proben Kernreaktionen auszulösen und deren Reaktionsprodukte aufgrund der emittierten ionisierenden Strahlung nachzuweisen. Die häufigste Methode ist die *Neutronenaktivierung*, die auf neutroneninduzierten Kernreaktionen wie der (n, γ)-Reaktion beruht. Art und Menge der nachzuweisenden Nuklide werden dann aus Halbwertszeit, Strahlungsart und Strahlungsenergie der entstandenen Reaktionsprodukte ermittelt. Besonders hohe Trennschärfe erreicht man bei den (n, γ)-Reaktionen mittels spektraler Analyse der emittierten Gammastrahlung.

Die Bestimmung der Konzentration des nachzuweisenden Nuklids erfordert die genaue Kenntnis seines Wirkungsquerschnitts für die benutzte Aktivierungsstrahlung und der bei der Bestrahlung benutzten Teilchenflußdichte. Da vor allem letzteres oft nicht mit hinreichender Genauigkeit bekannt ist, wird ein Relativverfahren benutzt, bei dem eine Standardprobe mit genau bekanntem Gehalt des gefragten Nuklids derselben Bestrahlung wie die Analysenprobe ausgesetzt wird. Die Massen des gesuchten Nuklids in der Analysenprobe m_A und in der Standardprobe m_S verhalten sich dann wie die erzeugten Aktivitäten a_A bzw. a_S und es ist

$$m_A = m_S \cdot a_A / a_S.$$

Neben der Neutronenaktivierungsmethode finden vor allem noch die Aktivierung mittels geladener Teilchen (bei leichten Elementen wie C, N und O) sowie mittels Photonen (u. zw. Bremsstrahlung von Betatron- und Linearbeschleunigerstrahlung) Anwendung.

Aufgabe 20.6. Schreiben Sie die Gleichung für die Kernreaktion auf, nach der im Zyklotron das Radionuklid ^{63}Zn aus ^{63}Cu entsteht.

21. Strahlenphysik

Die Wechselwirkung der eindringenden ionisierenden Strahlung mit den Atomen bzw. Molekülen des bestrahlten Gewebes bildet den 1. Schritt in einem sehr komplexen Vorgang (s. Abb. 22.1), an dessen Ende Untergang, Entartung oder Reparatur der Zelle steht. Der dominierende physikalische Prozeß ist dabei die Ionisierung. Die auch auftretenden Anregungsvorgänge scheinen eine untergeordnete Rolle zu spielen, obwohl sie sogar zahlreicher sind. Allerdings sind hier noch viele Fragen offen. Bei der Ionisierung durch die eindringende Strahlung spricht man von primärer oder direkter Ionisierung. Die dabei hervorgerufenen energiereichen Teilchen können auch ihrerseits ionisieren: dies ist die sekundäre oder indirekte Ionisierung.

Da diese physikalische Phase am Beginn jeder Bestrahlungsbehandlung steht, werden hier die für das Behandlungsergebnis entscheidenden Parameter fixiert. Art der Strahlung, zeitliche und räumliche Dosierung, Energie der ionisierenden Teilchen und die Kombination mit anderen Maßnahmen bilden die entscheidende Weichenstellung für den Ablauf der darauf folgenden Prozesse auf zytologischer, somatischer und organischer Ebene. Ein Einblick in die grundsätzlichen Vorgänge der physikalischen Phase ist daher zur Ausschöpfung aller vorhandenen Möglichkeiten für die Therapie unabdinglich.

Massenwirkungskoeffizient (Massenschwächungskoeffizient bzw. Massenabsorptionskoeffizient, falls die Strahlschwächung allein durch Absorption erfolgt). Neben dem Wirkungsquerschnitt, s. Kapitel 15.2 und 16.2, wird zur Charakterisierung von Absorption und Streuung vielfach der Massenwirkungskoeffizient benutzt. In vielen Fällen, z. B. bei der Streuung von Elektronen, sind Absorption und Streuung proportional zur durchstrahlten Masse. Das ist dann der Fall, wenn die Wechselwirkung mit den Hüllenelektronen des durchstrahlten Stoffs dominiert. Da die Elektronenzahl der Elektronenhüllen annähernd proportional zur Atommasse ist, ist die Strahlabschwächung durch die Masse des durchstrahlten Stoffs determiniert und unabhängig von dessen Aggregatzustand oder Dichte.

Die Teilchenstromdichte J einer Strahlung ist auf die Strahlquerschnittfläche A bezogen (Gleichung 15.1). Daher kommt auch für die den Strahl schwächende

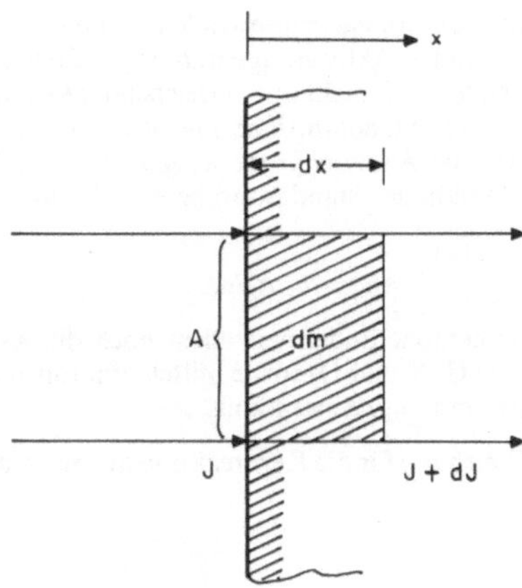

Abb. 21.1. Zur Herleitung des Massenschwächungskoeffizienten γ: $\frac{\mu}{\rho}\cdot dm = \sigma\cdot A\cdot dx$

Masse nur der auf A entfallende Anteil in Betracht. Die Abnahme dJ der Teilchenstromdichte ist somit (s. auch Kapitel 15.2):

$$dJ = -J\cdot\gamma\cdot\frac{dm}{A}.$$

γ ist nicht von der Massendichte des Stoffs abhängig, sondern nur von der Stoffart, der Strahlteilchenart und der Teilchenenergie. Da $dm/A = \rho\cdot dx$, ist

$$dJ = -J\cdot\gamma\cdot\rho\cdot dx$$

und integriert

$$J(x) = J(0)\cdot\exp(-\gamma\cdot\rho\cdot x) = J(0)\cdot\exp(-\mu\cdot x);$$

γ heißt Massenwirkungskoeffizient. $\rho\cdot x$ kann man als Flächendichte der durchstrahlten Masse auffassen.

$\mu = \gamma\cdot\rho$ ist der lineare Wirkungskoeffizient. Er stimmt mit dem makroskopischen Schwächungskoeffizienten in der Gleichung 16.7 überein:

$$\mu = \gamma\cdot\rho = \frac{N}{V}\cdot(\sigma + \tau).$$

Der Massenwirkungskoeffizient ist somit

$$\gamma = \frac{\mu}{\rho}.$$

Bei Photonenstrahlung erhält man die Strahlungsintensität I (= Energiestromdichte) durch Multiplikation von J mit der Photonenenergie $h\cdot\nu$. Entsprechend gilt auch für I:

$$I(x) = I(0)\cdot\exp(-\gamma\cdot\rho\cdot x).$$

21.1 Ionisierende Photonenstrahlung

Hierbei handelt es sich um energiereiche elektromagnetische Strahlung wie Röntgen- und γ-Strahlung. Je nach Photonenenergie dieser Strahlung dominieren verschiedene physikalische Prozesse. Die Wellenlänge der Röntgenstrahlung ist grundsätzlich durch die Anodenspannung U_A festgelegt. Aus Gleichung 16.3 erhält man für die sogenannte Grenzwellenlänge der Röntgenstrahlung, also die kleinste in der Strahlung enthaltene Wellenlänge

$$\lambda_{\min} = \frac{1{,}24}{U_A} (U_A \text{ in kV}; \lambda \text{ in nm}).$$

Je nach Durchdringungsfähigkeit der Röntgenstrahlung unterscheidet man:

weiche Röntgenstrahlung: $U_A = 20\,\text{kV}$ bis $100\,\text{kV}$
harte Röntgenstrahlung: $U_A = 100\,\text{kV}$ bis $250\,\text{kV}$
überharte Röntgenstrahlung: $U_A > 250\,\text{kV}$.

Die für die Wechselwirkung entscheidendere Photonenenergie E_P ist ebenfalls durch die Anodenspannung festgelegt. Ihr Maximalwert ist

$$E_{P,\max} = e \cdot U_A.$$

Allerdings liegt die mittlere Photonenenergie deutlich darunter, nämlich bei etwa 30% von $E_{P,\max}$:

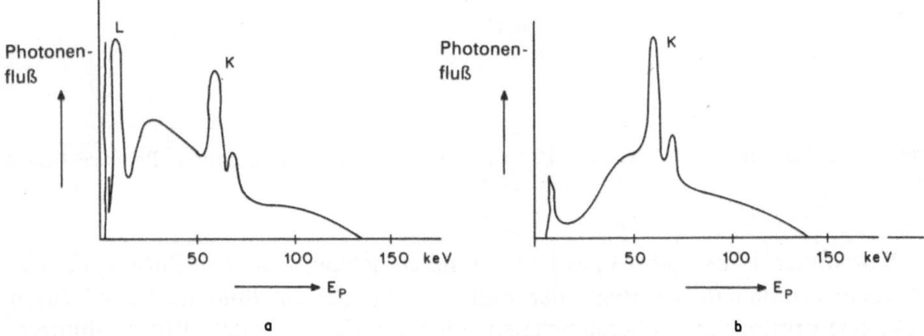

Abb. 21.2. Spektren von 140 kV-Röntgenstrahlung aus einer Röntgenröhre mit Wolfram-Anode (U_A = 140 kV). Ordinate = emittierte Photonenzahl, bezogen auf die Zeit; Abszisse = Photonenenergie E_P. *K*, *L* = charakteristische Strahlung der *K*- bzw. *L*-Schale. *a* = ungefiltertes Spektrum, *b* = Spektrum nach 6 mm Al-Filter. S. auch Abb. 16.5

Die Wellenlänge bzw. Photonenenergie von γ-Strahlung ist durch das verwendete Radionuklid festgelegt, s. Kapitel 19.2 und 20.3. Abhängig von der Photonenenergie dominieren bei der Wechselwirkung mit Materie bzw. Gewebe unterschiedliche Prozesse. Bei kleinen Photonenenergien bis etwa 10 keV dominiert noch die kohärente Streuung.

a) Kohärente Streuung

Die Atome werden hierbei von der einfallenden Strahlung zu Schwingungen angeregt und strahlen ihrerseits wie Hertzsche Dipole elektromagnetische Strahlung derselben Frequenz nach allen Richtungen ab. Bezüglich des eintreffenden Photons bedeutet das, daß es ohne Energieverlust aus seiner ursprünglichen Richtung abgelenkt wird. Man spricht daher auch von elastischer Streuung. Andere Bezeichnungen sind „Rayleigh-Streuung", nach Lord Rayleigh, der 1871 die blaue Himmelsfarbe durch diese Streuung erklärt hat, s. Kapitel 25.1 und „Thomson-Streuung", nach Lord Thomson, der den Wirkungsquerschnitt dieser Streuung für Röntgenstrahlung berechnet hat. Mit zunehmender Photonenenergie beginnt der Photoeffekt zu dominieren.

b) Photoeffekt

Hierbei (s. Kapitel 16.1) verschwindet das eintreffende Photon. Die Energie des Photons $h \cdot \nu$ wird—abzüglich der Ionisierungsenergie—auf die entstandenen Photoelektronen (und zu einem sehr geringen Anteil auf das zurückbleibende Ion) übertragen.

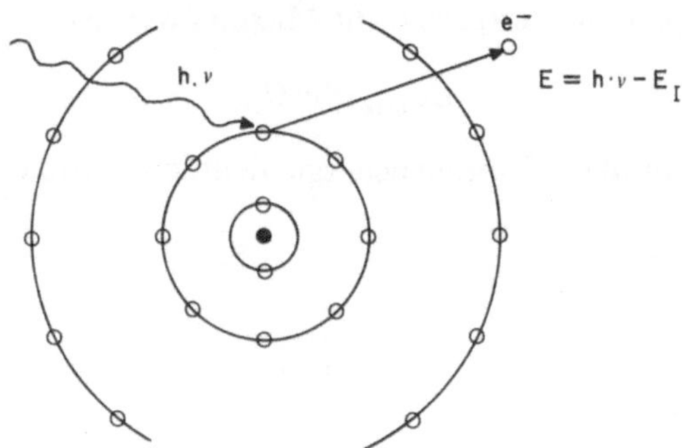

Abb. 21.3. Schema des Photoeffekts: Das Photon wird absorbiert. Ein oder mehrere Photoelektronen treten auf. E_I = Ionisierungsenergie

Kommt ein Photoelektron aus einer inneren Schale, was beim Photoeffekt der Röntgenstrahlung in der Regel der Fall ist, wird die entstandene Lücke durch Elektronensprünge aus äußeren Schalen aufgefüllt. Dabei entsteht Röntgenfluoreszenzstrahlung, deren Wellenlänge für die absorbierenden Atome charakteristisch ist. Der Übergang eines äußeren Elektrons auf eine freie innere Schale kann auch strahlungslos erfolgen. Anstelle eines Röntgenquants wird dann ein sogenanntes Auger-Elektron emittiert, das die betreffende Energiedifferenz, abzüglich seiner Ionisierungsenergie, mitnimmt.

Der atomare Wirkungsquerschnitt des Photoeffekts hängt sowohl von der Ordnungszahl Z der Atome des durchstrahlten Stoffs ab, als auch von der Photonenenergie; er dominiert bei schweren Elementen und niedrigen Photonenenergien, s. Kapitel 16.2. Wenn die Photonenenergie mit der Bindungsenergie eines Hüllenelektrons aus einer Energieschale K, L, M etc. übereinstimmt, kommt es bevorzugt zur Ionisierung, und der Wirkungsquerschnitt für den Photoeffekt wird dann sprungartig größer; dies ist an den sogenannten Absorptionskanten im Verlauf des Wirkungsquerschnitts bzw. Wirkungskoeffizienten erkennbar, s. Abb. 16.13.

Mit zunehmender Energie der Photonen nimmt auch deren Impuls zu, und die Teilchenqualität der Photonen wird immer deutlicher. Das äußert sich zum einen darin, daß die ausgelösten Photoelektronen zunehmend nach vorne in Strahlrichtung austreten, und zum anderen darin, daß zunehmend ein anderer Absorptionsmechanismus zu wirken beginnt, nämlich der Compton-Effekt.

c) Compton-Effekt

Hier überträgt das Photon einen Teil seiner Energie auf ein freies oder locker gebundenes (äußeres) Elektron und erfährt eine Richtungsänderung (s. Kapitel 16.3).

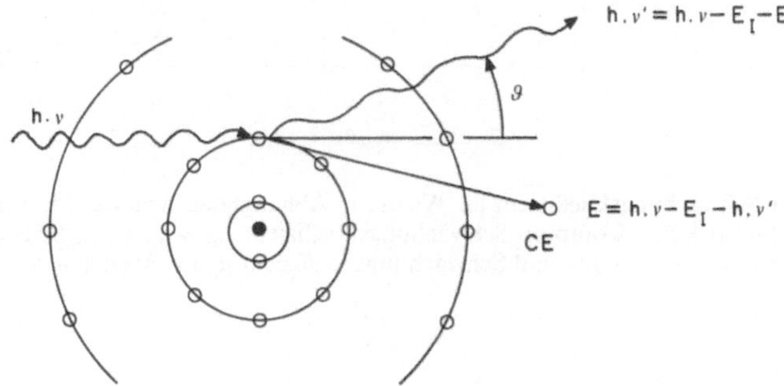

Abb. 21.4. Schema des Compton-Effekts. Es entsteht ein sogenanntes Compton-Elektron oder Rückstoßelektron (CE). E_I = Ionisierungsenergie des Compton-Elektrons. Das gestreute Photon ist energieärmer (= weicher) geworden

Eine Strahlabschwächung wird hier durch zwei Prozesse bewirkt: durch die Energieabgabe an die Materie und dadurch, daß ein Teil der gestreuten Photonen die ursprüngliche Strahlrichtung verläßt. Die Größe dieser beiden Anteile am linearen Schwächungskoeffizienten μ_c des Compton-Effekts ist in der Abb. 21.5 dargestellt.

Bei kleinerer Primärenergie $h \cdot \nu$ verteilen sich die gestreuten Photonen symmetrisch um den Streuwinkel $\vartheta = \pm \pi/2$, d.h. Vor- und Rückwärtsstreuung sind gleich groß. Mit zunehmender Energie der eingestrahlten Photonen dominiert mehr und mehr die Vorwärtsstreuung (in Richtung $\vartheta = 0$), die ohne Energieverlust erfolgt. Die Strahlung wird zunehmend durchdringender oder härter.

d) Paarbildungseffekt

Wenn die Photonenenergie größer wird als die doppelte relativistische Ruheenergie eines Elektrons (= 511 keV; s. Aufgabe 16.7), kann ein Elektron-Positron-Paar entstehen.

Dieser Prozeß wurde 1934 in Nebelkammeraufnahmen entdeckt. Er demonstriert wie kein anderer die Einsteinsche Energie-Masse-Äquivalenz: Hier entsteht

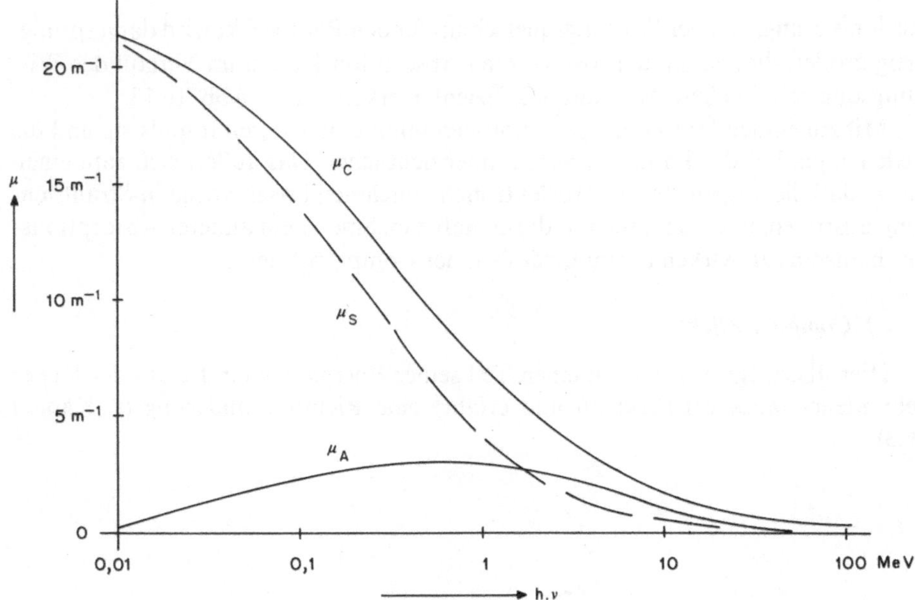

Abb. 21.5. Linearer Schwächungskoeffizient für Wasser in Abhängigkeit von der Photonenenergie $h \cdot \nu$ für Compton-Wechselwirkung. Compton-Schwächungskoeffizient $\mu_C (= \mu_A + \mu_S)$, Schwächungskoeffizient μ_S für Streuung und Schwächungskoeffizient μ_A für Absorption

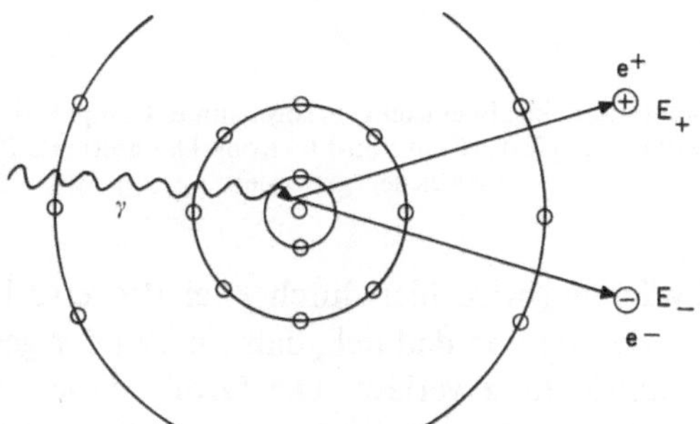

Abb. 21.6. Schema des Paarbildungseffekts. Aus einem energiereichen Photon entstehen im Coulombfeld eines Atomkerns ein Positron und ein Elektron: $\gamma \rightarrow e^+ + e^-$

aus Strahlungsenergie Materie. Daß sich das Photon in zwei entgegengesetzt geladene Teilchen umwandelt, ist eine Folge der elektrischen Ladungsbilanz. Das elektrisch ungeladene Photon kann offenbar keine elektrische Ladung produzieren (die Summe der elektrischen Ladungen der erzeugten Teilchen ist ebenfalls Null). Der Energiesatz lautet hier:

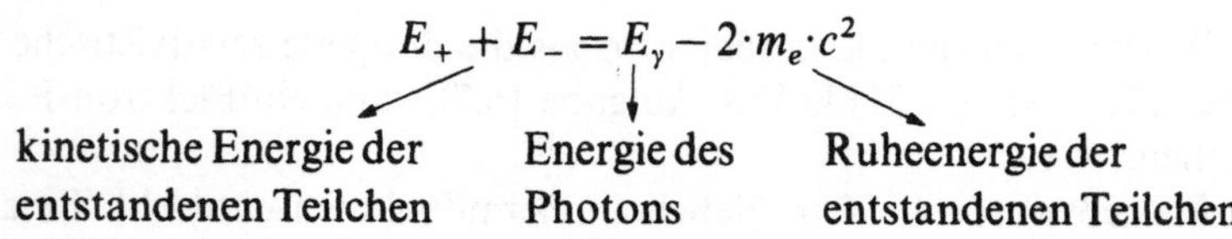

Da neben dem Energiesatz auch der Impulssatz erfüllt sein muß, kann die Teilchenentstehung nur mit einem Stoßpartner erfolgen. Denn die sich aus den kinetischen Energien E_+ und E_- der entstandenen Teilchen ergebenden Impulse $2 \cdot m_e \cdot v$ sind kleiner als der Impuls (s. Gleichung 16.16) des Photons E_γ/c:

$$2 \cdot m_e \cdot v < \frac{E_\gamma}{c^2} \cdot v = \frac{E_\gamma}{c} \cdot \frac{v}{c} < \frac{E_\gamma}{c}.$$

Für die erforderliche Impulsübertragung eignen sich besonders die starken Coulombfelder und großen Massen der Atomkerne, weshalb der Paarbildungsprozeß bevorzugt dort stattfindet. Mit sehr geringer Häufigkeit tritt Paarbildung auch im Coulombfeld eines Elektrons auf. Dies wird als Triplettbildung bezeichnet, weil neben den Paarteilchen auch das beteiligte Elektron durch die Impulsübertragung Energie erhält.

Übrigens konnten E. Segré und Mitarbeiter 1955 und 1956 in völliger Analogie zur beschriebenen Paarerzeugung mit entsprechend energiereichen Protonen (über 2 GeV) aus dem Bevatron Nukleon-Antinukleon-Paare erzeugen. Damit war der Nachweis der Möglichkeit von Antimaterie (= Atome aus Antiproton, Antineutron und Positron) erbracht. Ob es entsprechende Antiwelten gibt, ist allerdings ungewiß.

Der zur Paarerzeugung reziproke Prozeß ist die Paarzerstrahlung:

e) Paarzerstrahlung

In Materie existiert das entstandene Positron nicht sehr lange. Es gibt seine Energie zunächst durch Stöße ab und fängt sich wegen seiner positiven elektrischen Ladung gegenseitig mit einem Elektron. Mit diesem bildet es, um den gemeinsamen Schwerpunkt rotierend, vorübergehend ein wasserstoffähnliches Gebilde, das sogenannte Positroniumatom. Je nach Orientierung des Spins seiner Teilchen gibt es zwei unterschiedliche Positroniumatome: eines mit entgegengesetzten Spins und eines mit parallelen Spins. Das erstere zerstrahlt nach etwa 10^{-8} s in zwei Photonen, das letztere nach etwa 10^{-5} s in drei Photonen (bei der analogen Nukleon-Antinukleon-Zerstrahlung entstehen Mesonen).

Diese Zerstrahlung erfolgt erst, wenn die Positronen vergleichsweise langsam geworden sind, weil sie erst dann den Elektronen im Positroniumatom hinreichend nahe kommen. Dann kann man für den Zerstrahlungsprozeß den Impuls von Positron und Elektron näherungsweise als Null annehmen. Die entstehenden Photonen jedoch besitzen die Impulsbeträge $h \cdot \nu/c$, und der Impulssatz fordert (für die Zerstrahlung in zwei Photonen):

$$\mathbf{p}_1 + \mathbf{p}_2 = 0,$$

d. h. die beiden Photonen dieser sogenannten Vernichtungsstrahlung werden in entgegengesetzte Richtungen emittiert. Analoges gilt für die Zerstrahlung in drei Photonen.

Insgesamt wird bei einem Paarbildungsprozeß von der absorbierenden Materie nur die kinetische Energie des Elektron-Positron-Paars $E_+ + E_-$ aufgenommen, d. h. nur der Überschuß über die den Teilchenmassen entsprechende Energie von 1,02 MeV. Der Wirkungsquerschnitt für diesen Effekt nimmt nur ungefähr mit

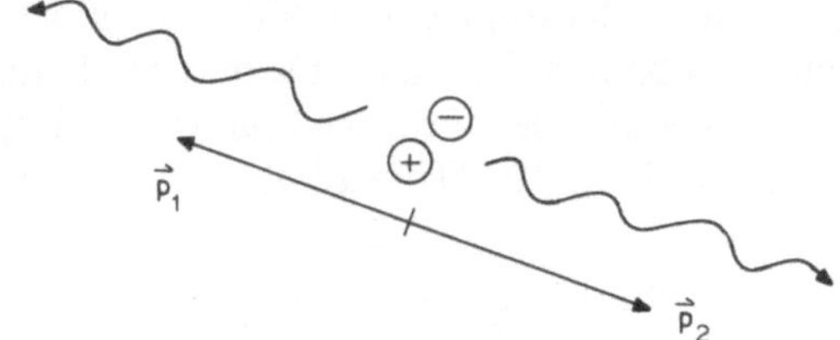

Abb. 21.7. Zerstrahlung eines Positroniumatoms in zwei Photonen mit den Impulsen $|\mathbf{p}_1| = |\mathbf{p}_2| = h \cdot \nu / c$

dem Logarithmus der Photonenenergie zu. Der Paarbildungsprozeß dominiert daher erst bei relativ hohen Photonenenergien, d. h. ab etwa 10 MeV.

f) Kernphotoeffekt

Zur Loslösung eines Nukleons vom Kern muß grundsätzlich dessen Bindungsenergie aufgebracht werden, d. h. 7 bis 8 MeV, s. Abb. 20.3. Kleinere Photonenenergien können nur in Ausnahmefällen einen Kernphotoeffekt auslösen. Zwei wichtige solche Ausnahmen sind:

$$^2\mathrm{H}(\gamma, n)^1\mathrm{H} \quad \text{mit } 2{,}23\ \mathrm{MeV}$$

und

$$^9\mathrm{Be}(\gamma, n)^8\mathrm{Be} \quad \text{mit } 1{,}67\ \mathrm{MeV}.$$

Der Kernphotoeffekt kann in der Radiologie im Vergleich zu den anderen Mechanismen i. a. vernachlässigt werden.

Zusammenfassung 21.A

Die Schwächung von Photonenstrahlung kommt bei den in der Strahlentherapie benutzten Photonenenergien hauptsächlich durch

elastische Streuung,
Photoeffekt,
Compton-Effekt und
Paarbildungseffekt

zustande.

Wirken gleichzeitig mehrere Strahlschwächungsprozesse, addieren sich deren Auswirkungen. Die Abnahme der Strahlungsintensität I ist somit durch die Summe der betreffenden Schwächungskoeffizienten gegeben:

$$dI = -I \cdot \mu_P \cdot dx - I \cdot \mu_C \cdot dx - I \cdot \mu_{\mathrm{Paar}} \cdot dx.$$

Der gesamte Massenschwächungskoeffizient μ/ρ ist daher gleich der Summe der Massenschwächungskoeffizienten der verschiedenen Prozesse. Faßt man die kohärente Streuung mit dem Compton-Effekt zusammen, der ja ohnehin auch einen Streuanteil enthält, ist

$$\mu/\rho = \mu_P/\rho + \mu_C/\rho + \mu_{\mathrm{Paar}}/\rho \tag{21.1}$$

und

$$I(x) = I(0) \cdot \exp(-(\mu/\rho) \cdot \rho \cdot x). \tag{21.2}$$

Für die biologische Wirkung ist nach dem *Glockerschen Grundgesetz* nur die kinetische Energie der von der Photonenstrahlung erzeugten Sekundärteilchen maßgeblich. Entsprechend ist für die biologische Strahlenwirkung μ_P um jenen Anteil zu verkleinern, der—insbesondere bei schweren Elementen ab $Z = 13$—der erzeugten charakteristischen Röntgenstrahlung entspricht, und μ_{Paar} um die Ruheenergie des erzeugten Elektron-Positron-Paars.

Die Halbwertschichtdicke $d_{1/2}$ ist jene Dicke, bei der $I(x)$ auf $I(0)/2$ abgesunken ist. Wie man leicht nachprüft, ist

$$d_{1/2} = \frac{\ln 2}{\mu}. \tag{21.3}$$

In Abb. 21.8 ist der Verlauf des Massenschwächungskoeffizienten μ/ρ von Wasser in Abhängigkeit von der Photonenenergie dargestellt.

Der Compton-Effekt dominiert bei den leichteren Elementen, die das biologische Gewebe aufbauen, schon ab etwa 30 keV Photonenenergie bis etwa 30 MeV Photonenenergie, s. Abb. 21.8. Er ist der in der Strahlentherapie mittels Photonenstrahlung derzeit bei weitem dominierende Effekt.

Einen Überblick über die verschiedenen Wechselwirkungen, denen Photonen in Materie unterworfen sind, gibt die Abb. 21.9.

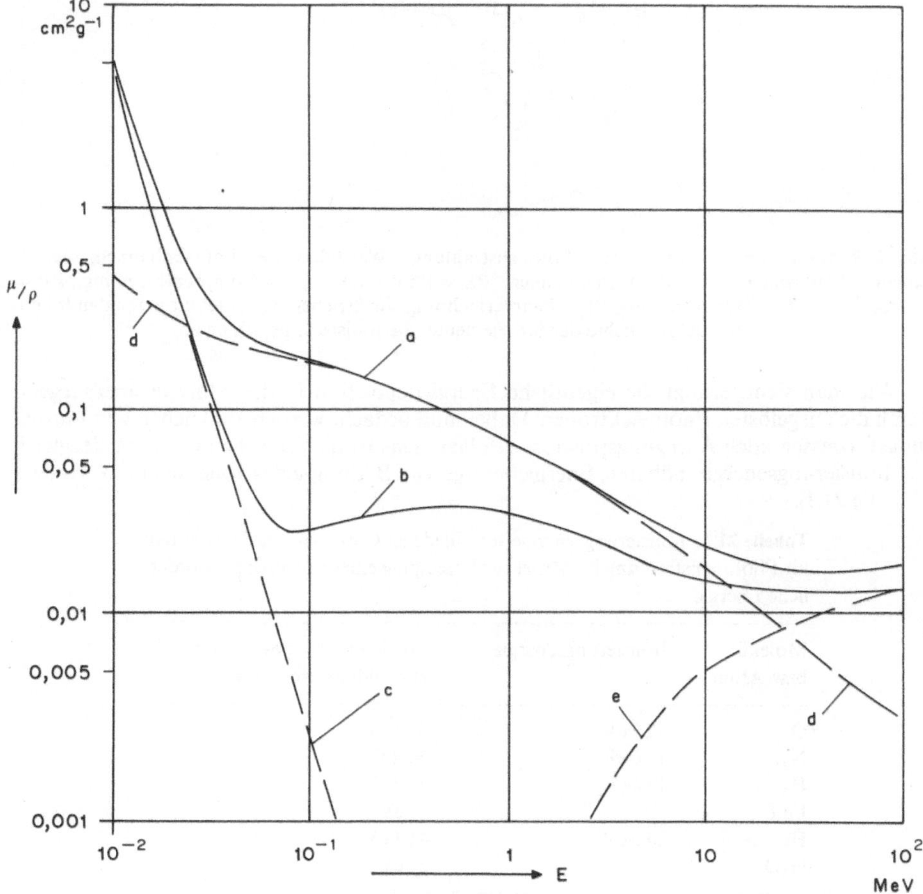

Abb. 21.8. Massenschwächungskoeffizient μ/ρ für Photonenstrahlung mit der Photonenenergie E in Wasser. a = Gesamtschwächung μ/ρ, b = Gesamtabsorption, c = Photoeffekt, d = Streuung (Compton- und kohärente Streuung), e = Paarbildung

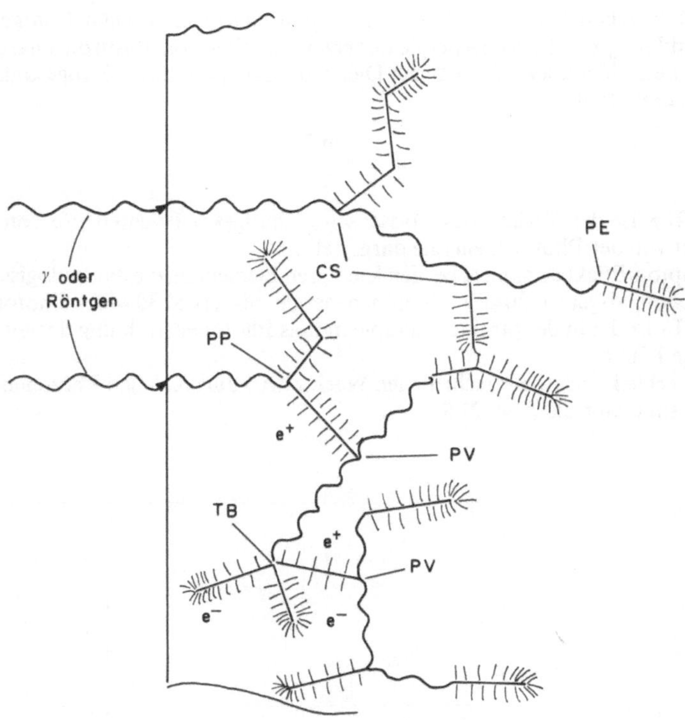

Abb. 21.9. Ionisierungsprozesse bei Photonenstrahlung. Wellenlinien = Photonenbahnen; gerade Linien = Elektronen- bzw. Positronenbahnen; *PE* = Photoeffekt, *CS* = Compton-Streuung, *PP* = Paarbildung, *TB* = Triplettbildung; *PV* = Paarvernichtung; die Strichelung deutet die erzeugten Ionenpaare an, die Dichte der Striche deutet die Ionisierungsdichten an

Wie man sieht, erfolgt die eigentliche Energiedeposition in der Materie überwiegend durch die ausgelösten Photoelektronen. Dabei muß bedacht werden, daß neben den Ionisierungsprozessen auch Anregungsprozesse erfolgen. Das ist die Ursache für die im Vergleich zur Ionisierungsenergie höheren Energiebeträge zur Bildung eines Ionenpaars in Materie (Tabelle 21.1).

Tabelle 21.1. Ionisierungsenergie verschiedener Gase bzw. von Wasser und für Photonenstrahlung im Mittel zur Erzeugung eines Ionenpaars erforderliche Energie

Molekül bzw. Atom	Ionisierungsenergie	Mittlerer Energieaufwand zur Bildung eines Ionenpaars
O_2	12,2 eV	31,1 eV
N_2	15,6 eV	34,7 eV
H_2	15,4 eV	36,3 eV
Luft		34 eV
He	24,5 eV	41,1 eV
H_2O		35 eV

Beispiel 21.1. Berechnung der Dicke der Halbwertschicht für Photonen von 25 keV in Knochen ($\rho = 1{,}5 \cdot 10^3\,\mathrm{kg \cdot m^{-3}}$):

Aus Abb. 16.13: $\mu/\rho = 0{,}13\,\mathrm{m^2 \cdot kg^{-1}}$.

Aus Gleichung 21.3: $I(x) = I(0)/2$ wenn $x = \ln 2/\mu_P = 0{,}693/(0{,}13\,\mathrm{m}^2 \cdot \mathrm{kg}^{-1} \cdot 1{,}5 \cdot 10^3\,\mathrm{kg} \cdot \mathrm{m}^{-3}) = 0{,}00355\,\mathrm{m}$.

Beispiel 21.2. Linearer Schwächungskoeffizient μ für Photonen von 0,15 MeV in Muskelgewebe ($\rho = 10^3\,\mathrm{kg} \cdot \mathrm{m}^{-3}$):
Aus Abb. 16.13: $\mu/\rho = 0{,}013\,\mathrm{m}^2 \cdot \mathrm{kg}^{-1}$; $\mu = 13\,\mathrm{m}^{-1}$.

Beispiel 21.3. Dicke der Halbwertschicht für Photonen von 1 MeV in weichem Gewebe (≙ Wasser):
Aus Abb. 21.5: $\mu = 7\,\mathrm{m}^{-1}$.
Mit Gleichung 21.3: $d_{1/2} = \ln 2/\mu = 0{,}693/7\,\mathrm{m}^{-1} = 9{,}9\,\mathrm{cm}$.

Beispiel 21.4. *Telekobalt*-Therapieanlage zur Bewegungsbestrahlung (Rotation oder Pendelung um Teilkreisbahn).

Durch Rotation der Strahlungsquelle um den Tumor (*TU* in der Abb. 21.10) wird erreicht, daß der Tumor dauernd, das umliegende gesunde Gewebe jedoch nur vorübergehend bestrahlt wird. Dadurch erreicht man maximale Strahlendosis—s. Kapitel 22.22—im Tumor (obwohl die insgesamt absorbierte Energie im gesunden Gewebe größer sein kann).

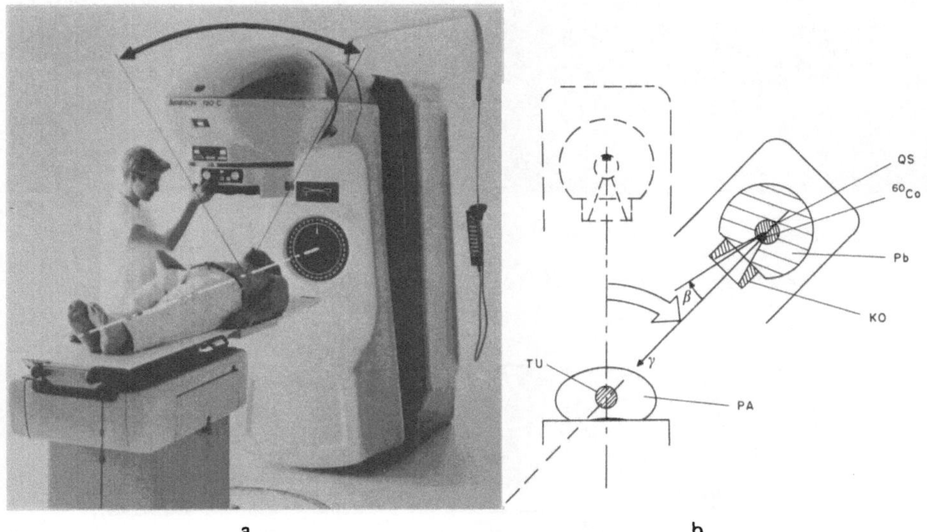

Abb. 21.10. **a** Ansicht eines Telekobalt-γ-Bestrahlungsgeräts. Der Strahlerkopf ist, wie durch den Doppelpfeil angedeutet, um die strichpunktiert eingezeichnete Drehachse schwenkbar. Als Strahlungsquelle wird ^{60}Co mit Quellenstärken von einigen 10^2 TBq benutzt. Auf der Drehachse werden Dosisleistungen von bis etwa 3 $\mathrm{Gy} \cdot \mathrm{min}^{-1}$ erreicht. Die Halbwertszeit des ^{60}Co von 5,3 a führt zu einer Abnahme der Dosisleistung um etwa 1% je Monat. Foto: Philips Medizin Systeme GmbH. **b** Schema eines Telekobalt-Bestrahlungsgeräts. Die Kobaltquelle (^{60}Co) befindet sich in einem Quellenschieber (*QS*) aus Schwermetall, der zum Abschalten um 180° gedreht und axial in die äußere Umhüllung zurückgezogen wird. Die äußere Abschirmung zum Schutz gegen die γ-Strahlung erfolgt meist mittels einer Bleiumhüllung (*Pb*). In der gezeichneten Position ist die Quelle zur Öffnung gedreht und bestrahlt den Patienten (*PA*). Zur seitlichen Begrenzung des γ-Strahls dienen Kollimatorblenden (*KO*) aus Blei oder anderen Schwermetallen. Der gesamte Strahlerkopf läßt sich für Bewegungsbestrahlung um den Patienten schwenken (breiter Pfeil). Außerdem kann der γ-Strahl, beispielsweise für Brustwandbestrahlungen, tangential (Winkel β) ausgelenkt werden

Beispiel 21.5. *Gamma-Knife* nach L. Leksell. Hierbei handelt es sich um eine Vorrichtung zur stereotaktischen Radiochirurgie. Dieses Verfahren findet in der Neurochirurgie Anwendung; es erlaubt die gezielte Ausschaltung spezifischer Hirnareale insbesondere von Tumoren wie Akustikusneurinomen, Hypophysen-Adenomen, zerebralen Neoplasmen, und die Behandlung des Parkinson-Syndroms, der Trigeminusneuralgie und arteriovenöser Mißbildungen, ohne den Schädel öffnen zu müssen. Hierzu wird ^{60}Co-Strahlung benutzt, die aus einer Vielzahl von Quellen durch entsprechende Kollimatoren konzentrisch auf das Behandlungsgebiet gerichtet wird.

a

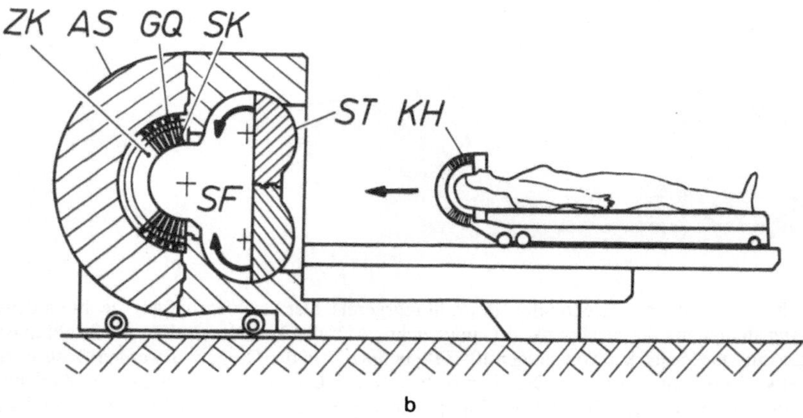

b

Abb. 21.11. **a** Ansicht des Gamma-Knife (Foto: Elekta Instruments Inc., USA). **b** Schema des Gamma-Knife. *GQ* = Gamma-Quellen, *SF* = Strahlenfokus, *SK* = Strahlungskollimatoren, *ZK* = Zentralkörper, *AS* = Außenschild, *KH* = Kollimator-Helm, *ST* = Strahlungsschutz-Tür

Die Abb. 21.11 zeigt die Ansicht und das Funktionsprinzip eines solchen Geräts. 201 einzelne Gamma-Quellen (*GQ*) sind an der Außenfläche des sogenannten Zentralkörpers angeordnet. Jede einzelne Quelle besteht aus 20 in radialer Richtung übereinander gestapelten ^{60}Co-Pellets von 1 mm Durchmesser. Nach innen, zum Bestrahlungsort (Strahlfokus *SF*) hin, wird die von den Quellen emittierte Strahlung durch Kollimatoren auf ein dünnes Bündel begrenzt. Hierzu besitzt der Zentralkörper Bohrungen mit je einem etwa 60 mm dicken Bohrloch-Kollimator aus einer Wolfram-Legierung und einem etwa 90 mm starken Bohrloch-Kollimator aus Blei. Es kann ein Strahlfokus (*SF*) von 4 bis 18 mm Durchmesser erzeugt werden. Mit frisch geladenen Strahlungsquellen (*SQ*) wird im Strahlfokus eine Energiedosisleistung von etwa 4 $Gy \cdot min^{-1}$ erreicht. Nach außen hin wird die Strahlung durch einen etwa 40 cm dicken hemisphärischen Schild aus Gußeisen abgeschirmt.

Der Kopf des Patienten wird in einem Kollimator-Helm (KH) fixiert. Hierzu dient ein stereotaktischer Rahmen; dieser wird durch vier Dorne an der Außenfläche des Schädels festgeschraubt. Dieser am Schädel befestigte stereotaktische Rahmen dient einerseits als Bezugssystem für die Bestrahlungsplanung auf der Basis von CT-, MR- oder subtraktionsangiographischen Aufnahmen und anderseits zur Einjustierung und Fixierung des Schädels im Kollimator-Helm bezüglich des Strahlfokus.

Der Kollimator-Helm rastet—nach Öffnen der Bestrahlungseinheit und Einfahren der Patientenliege—im Zentralkörper ein. Der Kollimator-Helm besteht aus 6 cm dickem Gußeisen und hat 201 Bohrungen konzentrisch zu den Kollimatoren des Zentralkörpers. In diese Bohrungen können weitere Bohrloch-Kollimatoren unterschiedlicher Innenradien—je nach gewünschter Fokusgröße am Bestrahlungsort—gesteckt werden, sie können jedoch auch geschlossen werden, entweder um besonders strahlungsempfindliche Bereiche, wie die Augenlinsen, zu schützen oder um bestimmte Strahlungsverteilungen zu realisieren. Die Behandlung ist in der Regel nach einer Bestrahlung von 5 bis 20 Minuten Dauer abgeschlossen, die Patienten werden meist nach 24-stündigem Klinikaufenthalt entlassen.

Aufgabe 21.1. Berechnen Sie die Dicke der Halbwertschicht für Photonen von 0,15 MeV in Knochen ($\rho = 1{,}5 \cdot 10^3\,\mathrm{kg \cdot m^{-3}}$).

Aufgabe 21.2. Blei ist ein effektives Abschirmmaterial gegen ionisierende Strahlung. Seine Massendichte beträgt $\rho = 11{,}3 \cdot 10^3\,\mathrm{kg \cdot m^{-3}}$. Wie groß ist die Halbwertsdicke für 0,1 MeV-Photonen.

Aufgabe 21.3. Berechnen Sie die Halbwertschichtdicke für Photonen von 10 MeV in weichem Gewebe ($\hat{=}$ Wasser).

21.2 Strahlung geladener Teilchen

a) Wechselwirkungsmechanismen

Die verschiedenen Strahlungsarten aus geladenen Teilchen zeigen qualitativ weitgehend analoge Phänomene. Quantitativ gibt es allerdings erhebliche Unterschiede, bedingt durch die unterschiedlichen Massen der Strahlungsteilchen, vor allem zwischen den leichten β-Teilchen einerseits und den schweren Teilchen wie Protonen, Deuteronen, α-Teilchen und schweren Ionen andererseits. Die grundsätzlichen Phänomene sind: Elastische Streuung, Stoßbremsung, Strahlungsbremsung und Kernreaktionen.

Elastische Streuung. Elastische Stöße mit Hüllenelektronen bzw. mit den von Hüllenelektronen teilweise abgeschirmten Coulombfeldern der Kerne, spielen nur bei sehr kleinen Teilchenenergien eine Rolle. Die leichten β-Teilchen werden natürlich auch hiervon schon abgelenkt, während sich die schweren Teilchen, davon unbeeinträchtigt, geradeaus weiter bewegen, s. Abb. 19.8. Die schweren Teilchen werden nur dann merklich aus ihrer Bahn abgelenkt, wenn sie einem Kern nahe kommen.

Bei den unelastischen Wechselwirkungen erleiden die Strahlteilchen Richtungsänderungen und/oder Energieverluste. Mit letzteren ist eine Verlangsamung verbunden. Der auf die Weglänge Δx bezogene Energieverlust ΔE heißt lineares Bremsvermögen S des Stoffs:

$$S = -\frac{\Delta E}{\Delta x}.$$

Das Bremsvermögen eines Stoffs ist unabhängig davon, in welchem Aggregatzustand er sich befindet, sondern nur—analog zu den Wirkungskoeffizienten der Photonenstrahlung—abhängig von der durchstrahlten Masse. Dies berücksichtigt das Massen-Bremsvermögen

$$\frac{S}{\rho},$$

welches für eine gegebene Strahlungsart und Stoffart eine Konstante ist. S setzt sich zusammen aus Stoßbremsvermögen, Strahlungsbremsvermögen und Bremsvermögen aufgrund von Kernreaktionen. Kernreaktionen sind bei Bestrahlung von Gewebe nur in Ausnahmefällen von Bedeutung (z. B. bei Neutronen). Energieverluste durch Strahlungsbremsung (= Entstehung von Röntgenstrahlung) erreichen selbst für Elektronen bei den relativ leichten Atomen biologischer Gewebe erst bei Energien um 90 MeV dieselbe Größe wie jene durch Stoßbremsung.

Stoßbremsung. Hierzu zählen Energieverluste durch Ionisationsstöße und Anregungsstöße. Die Energieübertragung von einem vorbeifliegenden Teilchen auf ein Atom oder Molekül kann man sich näherungsweise durch einen

$$\text{Kraftstoß } \mathbf{F}\cdot\Delta t$$

bewirkt vorstellen. **F** ist die Coulombkraft zwischen dem Teilchen und der Atomhülle, Δt ist die Dauer der Krafteinwirkung (Aufenthaltsdauer des Teilchens in Atomnähe):

$$\Delta t = \frac{d}{v},$$

wobei d eine Strecke ist, entlang der das Teilchen eine merkbare Kraft auf das Atom ausübt (etwa die Größe eines Atomdurchmessers, s. Abb. 21.12). Entscheidend

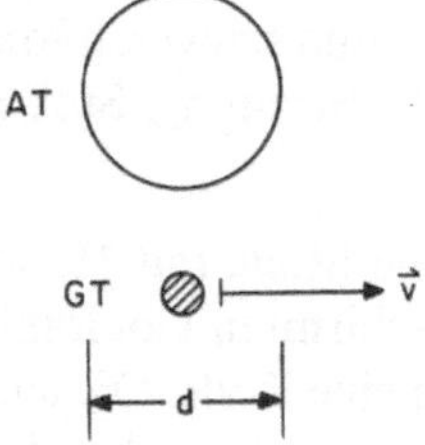

Abb. 21.12. Zur Energieübertragung von einem geladenen Teilchen (*GT*) auf ein Atom (*AT*). Die Aufenthaltsdauer des geladenen Teilchens in Atomnähe ist von der Größenordnung d/v

ist jedenfalls, daß die Dauer der Krafteinwirkung und damit die Größe des Kraftstoßes indirekt proportional zu v sind. Die auf das Atom übertragene Energie läßt sich durch den übertragenen Impuls **p** abschätzen:

$$\mathbf{p} = \mathbf{F}\cdot\Delta t$$

mit dem Betrag $p = F\cdot d/v$. Je länger die Kraft einwirkt, desto größer sind der übertragene Impuls und die entsprechende auf das Atom übertragene Energie E:

$$E = \frac{p^2}{2\cdot m} \propto \frac{1}{v^2}.$$

Das Massen-Bremsvermögen sollte also proportional zu $\frac{1}{v^2}$ sein.

Man sieht: je schneller (energiereicher) das Teilchen ist, desto weniger Energie wird übertragen. Dies läßt zumindest qualitativ den Verlauf des Massen-Bremsvermögens verstehen. Die Abhängigkeit von $1/v^2$ stimmt für kleine Geschwindigkeiten recht gut. Ausführliche Berechnungen für die verschiedenen Teilchen wurden von mehreren Autoren ausgeführt; diese zeigen Unterschiede im Massen-Bremsvermögen der verschiedenen Elemente. Wir gehen darauf jedoch nicht näher ein. Die Abb. 21.13 zeigt die über größere Energiebereiche etwas kompliziertere Abhängigkeit des Massen-Bremsvermögens von der Teilchengeschwindigkeit bzw. ihrer Energie.

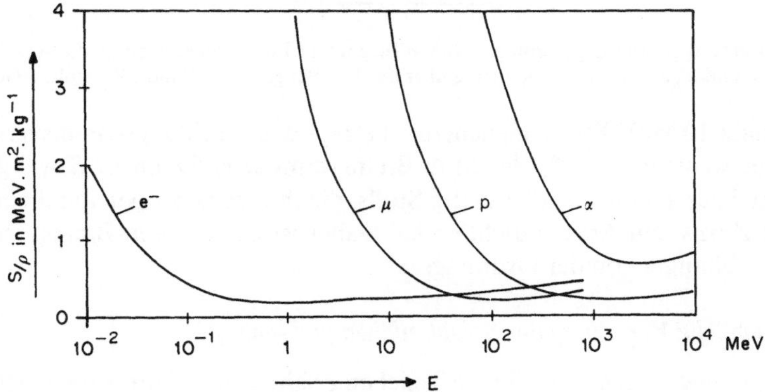

Abb. 21.13. Massen-Bremsvermögen S/ρ für Ionisationsbremsung in Luft. E = Teilchenenergie, e^- = Elektronen, μ = μ-Mesonen, p = Protonen, α = α-Teilchen (aus: W. Stolz, 1990)

Da die Elemente in Wasser und weichem Gewebe ähnliche Quotienten Z/A_R haben wie Luft, gibt die Abb. 21.13 mit nur geringer Abweichung auch das Massen-Bremsvermögen dieser Stoffe wieder. Bei sehr kleinen Teilchenenergien gelten die beschriebenen Überlegungen nicht mehr. Bei positiven Ionen treten sogenannte Umladungen auf, d. h. das langsam gewordene Teilchen fängt sich Elektronen ein und verringert dadurch seine wirksame Ladung.

Die Abhängigkeit des Massen-Bremsvermögens von der Teilchen-Geschwindigkeit hat zur Folge, daß die Zahl der auf die Bahnlänge bezogenen Ionenpaare, das sogenannte lineare Ionisierungsvermögen, mit abnehmender Geschwindigkeit zunimmt: Bragg-Effekt. (Das ist in der Abb. 21.9 bereits angedeutet). Abb. 21.14 zeigt die starke Zunahme der Ionisierungsdichte gegen Ende der Bahn (d.i. bei $l = 30$ mm) am Beispiel der α-Teilchen.

Strahlungsbremsung. Diese ist besonders effektiv bei leichten Strahlungsteilchen in schweren Elementen. So erreicht beispielsweise das Massen-Strahlungsbremsvermögen für Elektronen in Blei bereits bei einer Energie von etwa 8 MeV die Größe des Massen-Stoßbremsvermögens, in Wasser hingegen erst bei einer Elektronenenergie von etwa 90 MeV.

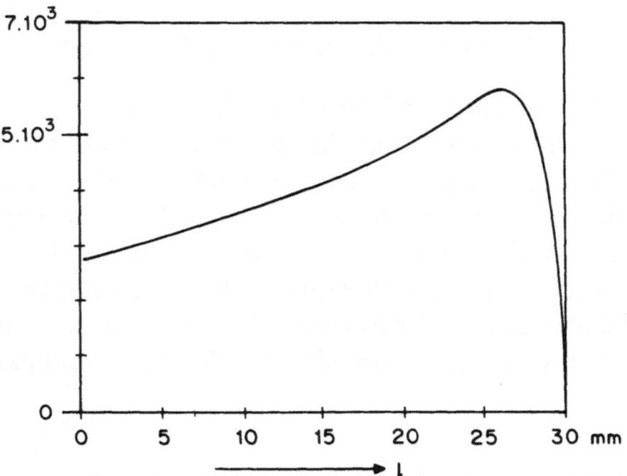

Abb. 21.14. Lineares Ionisierungsvermögen von α-Teilchen in Luft. Aufgetragen ist die Anzahl der je 1 mm Bahnlänge erzeugten Ionenpaare über der Bahnlänge *l* in Luft (aus: W. Stolz, 1990)

Unterhalb 10 MeV Elektronenenergie beträgt das Strahlungs-Bremsvermögen von Wasser weniger als 10% des Stoß-Bremsvermögens. Dann ist S weitgehend proportional zur Elektronendichte des Stoffs, die ihrerseits proportional zur Ordnungszahl Z bzw. zur Massendichte ρ ist. Daher ist das Massen-Bremsvermögen S/ρ hier unabhängig von der Ordnungszahl.

b) Räumliche Verteilung der Strahlteilchen und -energie

Ionen-, p- und α-Strahlung. Diese Teilchen erfahren nur dann eine Ablenkung, wenn sie einem Kern sehr nahe kommen. Ihre Bahnen sind daher weitgehend geradlinig. Wegen ihrer großen Masse bewegen sich diese Teilchen bei gleicher Energie im Vergleich zu Elektronen sehr langsam, was zu hoher Ionisierungsdichte führt. Da der Energieverlust je Ionisierung relativ klein ist, erreichen diese Teilchen auch weitgehend dieselbe Bahnlänge, die wegen der Geradlinigkeit mit der Reichweite der Strahlung übereinstimmt. Die verbleibende Streuung in der Reichweite ist statistisch bedingt (Quadratwurzelgesetz). Es ergibt sich das Bild der Abb. 21.15 (s. auch die Abb. 19.8).

β-Strahlen und Elektronenstrahlen. Elektronenstrahlen (aus nichtradioaktiven Quellen) haben in der Regel monoenergetische Elektronen, während β-Strahlen (= Elektronenstrahlen aus radioaktiven Quellen) das für sie charakteristische Energiespektrum der Abb. 20.26 besitzen. Im Gegensatz zu den schweren Ionen werden Elektronen in Materie sehr stark abgelenkt, u. zw. hauptsächlich durch elastische Streuung im Coulombfeld des Kerns, welches von der Elektronenhülle mehr oder weniger abgeschirmt sein kann, sowie durch Strahlungsbremsung.

Die Richtungsverteilung der (anfangs kollimiert eintretenden) Elektronen in Materie ändert sich und geht mit wachsender Schichtdicke in eine Gaußverteilung

Abb. 21.16. Zerstreuung eines Elektronenstrahlbündels in Materie. **a** Exponentialgesetz für $J(x)$. **b** Tatsächlicher Verlauf von $J(x)$: R_m = mittlere Reichweite, R_p = praktische Reichweite, ϑ = Streuwinkel

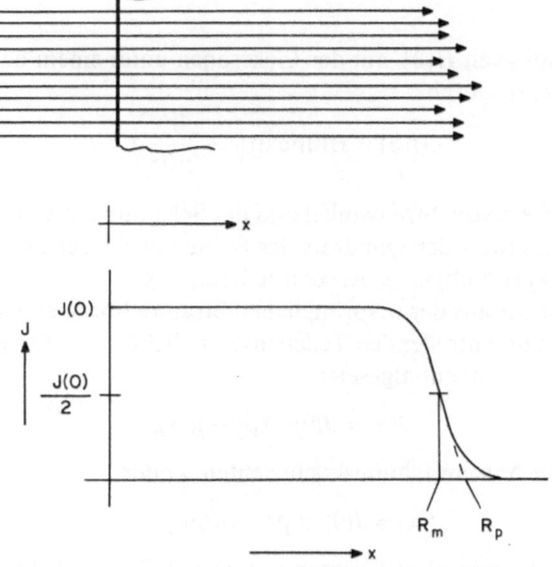

Abb. 21.15. Bahnlänge x schwerer Teilchen in Materie. J = Teilchenstromdichte; R_m = mittlere Reichweite; R_p = praktische Reichweite

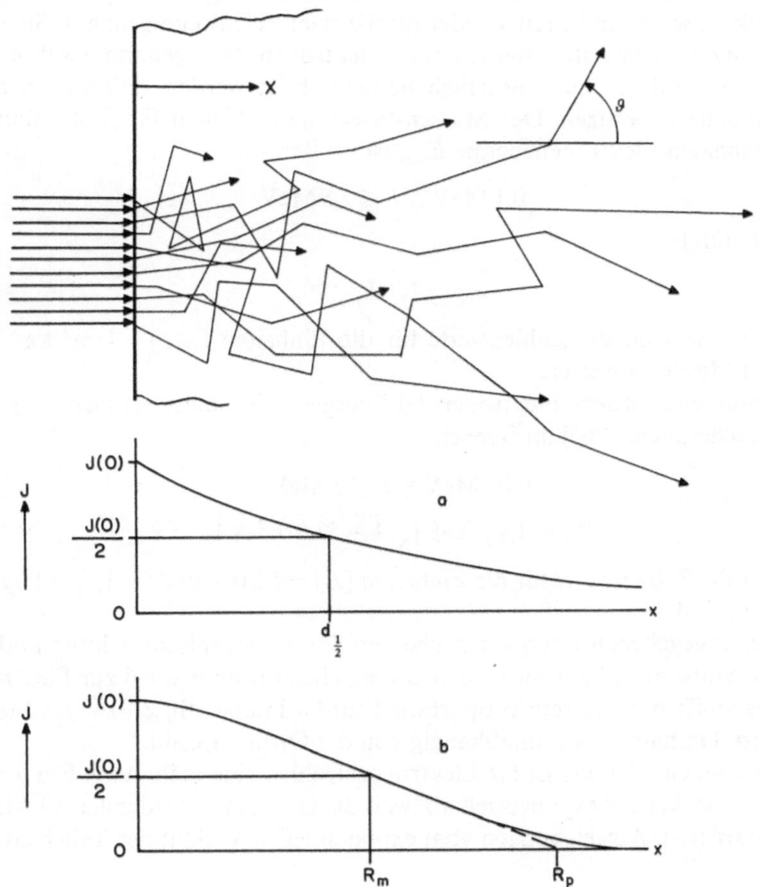

über, d. h. die Häufigkeit $H(\vartheta)$, mit der Elektronen unter einem bestimmten Streuwinkel ϑ auftreten, ist durch

$$H(\vartheta) = H(0) \cdot \exp\left(-\frac{\vartheta^2}{2 \cdot \vartheta_m^2}\right)$$

gegeben, wobei ϑ_m^2 ein vom Streuwinkel und der Schichtdicke abhängiger Quadrat-Mittelwert (= Mittelwert des Quadrats des Streuwinkels; der Streuwinkel ϑ selbst hat ja den Mittelwert Null) ist; s. Abschnitt 1.1d.

Da die Anzahl der aus der ursprünglichen Strahlrichtung abgelenkten Elektronen proportional zur eintreffenden Teilchenstromdichte J ist, erfolgt die Abschwächung nach einem Exponentialgesetz:

$$J(x) = J(0) \cdot \exp(-\mu \cdot x),$$

mit einem linearen Abschwächungskoeffizienten μ oder

$$J(x) = J(0) \cdot \exp(-(\mu/\rho) \cdot \rho \cdot x),$$

mit dem Massen-Wirkungskoeffizienten μ/ρ. Die Halbwertsdicke ist

$$d_{1/2} = \ln 2/\mu.$$

Die hier vom Elektronenstrahlenbündel in der Anfangsrichtung zurückgelegte Wegstrecke x wird Eindringtiefe oder (projizierte) Reichweite genannt. Sie ist wesentlich kürzer als die Bahnlänge einzelner Elektronen, die sogenannte wahre Reichweite. Bei β-Strahlen muß zusätzlich berücksichtigt werden, daß sie ein breites Energiespektrum besitzen. Der Massen-Wirkungskoeffizient für β-Strahlung mit einer maximalen Elektronenenergie E_{max} ist im Bereich

$$0{,}1\,\text{MeV} \leqq E \leqq 3{,}5\,\text{MeV}$$

empirisch durch

$$\mu/\rho = 1{,}7 \cdot E_{max}^{-1{,}43}$$

gegeben, u. zw. sind die Zahlenwerte für die Einheiten $[\mu/\rho] = 1 \cdot \text{m}^2 \cdot \text{kg}^{-1}$ und $[E_{max}] = 1\,\text{MeV}$ einzusetzen.

Für monoenergetische Elektronen der Energie E gilt hingegen (nach R. Glocker und E. Macherauch, 1965) im Bereich

$$0{,}01\,\text{MeV} \leqq E \leqq 3\,\text{MeV}:$$

$$R_p = (1/\rho) \cdot 0{,}65 \cdot (\sqrt{1 + 53{,}6 \cdot E^2} - 1),$$

wobei hier die Zahlenwerte für die Einheiten $[E] = 1\,\text{MeV}$ und für $[\rho] = 1\,\text{kg} \cdot \text{m}^{-3}$ einzusetzen sind.

In den angegebenen Energiebereichen erfolgt die Strahlschwächung praktisch nur durch Stöße mit Elektronen, ist also weitgehend proportional zur Elektronendichte des Stoffs, die ihrerseits proportional zur Ordnungszahl Z bzw. zur Massendichte ρ ist. Deshalb ist μ/ρ unabhängig von der Ordnungszahl.

Das Exponentialgesetz ist für Elektronenstrahlen eine Näherung. Für $x > d_{1/2}$ nimmt $J(x)$ stärker als exponentiell ab, weil die langsamer werdenden Elektronen dichter ionisieren. Abweichungen vom exponentiellen Verlauf der Teilchenstromdichte J gibt es weiters bei breiten Strahlenbündeln am Beginn der Ausbreitung im Medium, weil die Zerstreuung zuerst nur an den Rändern erfolgen kann, s. Abb. 21.16.

Eine weitere Abweichung vom einfachen Exponentialgesetz kommt durch Rückstreuung zustande. Die Rückstreuung nimmt mit der Dicke D des Streukörpers zu und erreicht etwa ab $D = d_{1/2}$ einen Sättigungswert. Die rückgestreuten Elektronen sind in jedem Fall energieärmer als die Primärstrahlung. Die Größe der Rückstreuung ist von der Ordnungszahl des Stoffs abhängig.

21.3 Neutronenstrahlung

Neutronen tragen keine elektrische Ladung; sie können daher nur über die starke Wechselwirkung auf Materie einwirken (die magnetische Wechselwirkung ist vernachlässigbar klein). Ionisation und Anregung sind daher erst in einem sekundären Schritt möglich. Folgende Prozesse treten beim Durchgang durch Materie auf: Elastische Streuung, unelastische Streuung und Kernreaktionen.

Für schnelle Neutronen (Energie > 0,5 MeV) ist der Wirkungsquerschnitt σ (s. Kapitel 15.2) für alle Prozesse zusammen ziemlich genau gleich dem geometrischen Querschnitt des Kerns; es dominieren die Streuprozesse. Bei kleineren Energien dominieren Einfangprozesse, die proportional zur Aufenthaltsdauer des Neutrons in Kernnähe, also indirekt proportional zur Neutronengeschwindigkeit sind. Im mittleren Energiebereich gibt es kein einfaches Gesetz für den Wirkungsquerschnitt der Kerne. Es treten aufgrund der Wellennatur der Neutronen Resonanzerscheinungen auf, die bei bestimmten Energiewerten der Neutronen und der Energiezustände der Kerne auch zu außerordentlich großen Wirkungsquerschnitten führen. Die Abb. 21.17 zeigt einige Beispiele.

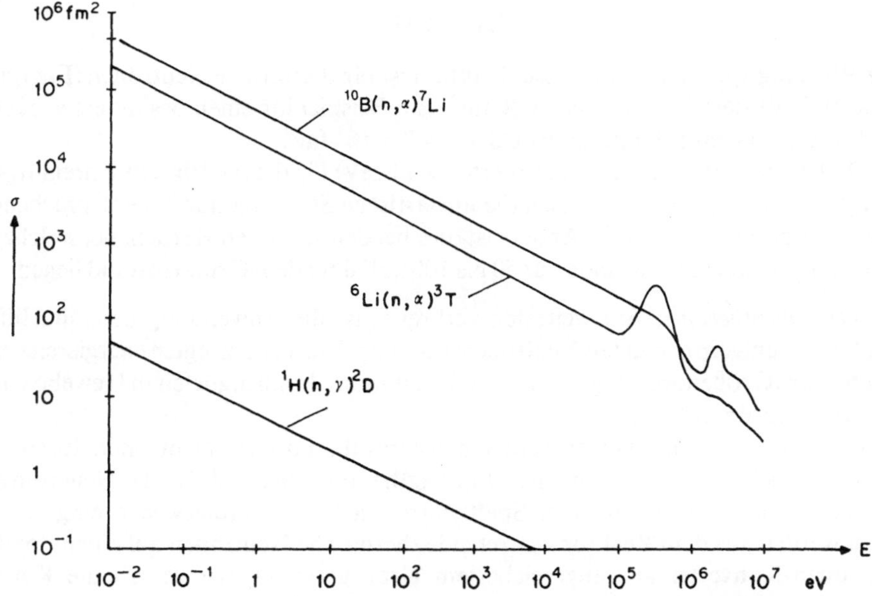

Abb. 21.17. Atomare Wirkungsquerschnitte σ für Kernreaktionen mit Neutronen

a) Elastische Streuung

Die Summe der kinetischen Energien von Kern und Neutron bleibt hierbei unverändert. Es ändern sich jedoch Bewegungsrichtung und Energie E der Neutronen. Für die Energieübertragung ΔE beim zentralen Stoß geben die Stoßgesetze (s. Beispiel 3.20):

$$\Delta E = 4 \cdot E \cdot m_{\text{Neutron}} \cdot m_{\text{Kern}} / (m_{\text{Neutron}} + m_{\text{Kern}})^2.$$

Ein wichtiges Beispiel hierzu ist die elastische Streuung von Neutronen an H-Kernen. Wegen der guten Übereinstimmung der beiden Massen ist die Energieübertragung auf die H-Kerne besonders effektiv. Trifft das Neutron das Proton genau zentral, gibt es die gesamte kinetische Energie an das Proton ab. Allerdings ist ein genau zentraler Stoß selten. Im Mittel führt jedoch jeder Stoß mit einem H-Kern zu einem Energieverlust von 50%.

b) Unelastische Streuung

Hierbei ändern sich ebenfalls Energie und Richtung des Neutrons. Ein Teil der Energie des Neutrons wird nun zur Anregung des getroffenen Kerns verbraucht.

c) Kernreaktionen

Da jedes Neutron neben seiner kinetischen Energie auch eine Bindungsenergie von 7 bis 8 MeV mitbringt, kommt es zu einer erheblichen Anregung des Zwischenkerns. Die Folge sind verschiedene Umwandlungen bzw. Kernreaktionen, bis hin zur Kernspaltung, s. Kapitel 20.4.

Eine der einfachsten dieser Reaktionen ist die (n, γ)-Reaktion, ein Neutronen-Einfang mit Wasserstoff:

$$^1\text{H}(n, \gamma)^2\text{H}.$$

Der Wirkungsquerschnitt für diese Reaktion ist für thermische Neutronen (Energie etwa 0,05 eV) ziemlich klein: etwa 30 fm^2. Ein Beispiel für einen besonders großen Wirkungsquerschnitt hingegen ist Cd: etwa $2{,}5 \cdot 10^5\ \text{fm}^2$.

Da leichte Kerne relativ hohe Werte (> 1 MeV) für die niedrigsten Anregungsenergien besitzen, spielt bei diesen die unelastische Streuung nur bei entsprechend hohen n-Energien eine Rolle. Anders ist dies bei den schweren Kernen, bei welchen die ersten angeregten Zustände nur 50 bis 100 keV über dem Grundzustand liegen.

Neutronentherapie. Am weitesten verbreitet ist die Anwendung der mit Hilfe von Beschleunigern erzeugten Neutronenstrahlung. Die hier erzeugten energiereichen Neutronen (Größenordnung 10 MeV) haben mittlere Eindringtiefen in Gewebe von der Größenordnung 10 cm.

Bestrahlungen am Reaktor werden meist mit thermischen Neutronen durchgeführt, beispielsweise die Neutronen-Einfangtherapie (Beispiel 21.11). Neuerdings werden auch die energiereichen Spaltneutronen für Therapiezwecke eingesetzt. Dazu werden aus dem Reaktor austretende thermische Neutronen auf einen Spaltneutronen-Konverter aus angereichertem Uran gerichtet, wo sie erneute Kernspaltungen und damit Spaltneutronen auslösen. Diese Spaltneutronen besitzen eine mittlere Energie von 2 MeV. Wegen ihrer relativ geringen Eindringtiefe in Gewebe (ca. 5 cm) ist dieses Verfahren auf oberflächennahe Tumoren und Hauttumoren beschränkt.

Zusammenfassung 21.B

I. Die Wechselwirkung geladener Teilchen mit Materie umfaßt

elastische Streuung,
Stoßbremsung,
Strahlungsbremsung und
Kernreaktionen.

Neben den seltener genutzten Kernreaktionen sind in der medizinischen Strahlentherapie hauptsächlich die durch Anregungs- und Ionisierungsprozesse bedingte Stoßbremsung und die Strahlungsbremsung von Bedeutung.

Das lineare Bremsvermögen S eines Stoffs ist

$$S = -\frac{dE}{dx}. \tag{21.4}$$

Das Massen-Bremsvermögen eines Stoffs setzt sich aus dem Massen-Stoßbremsvermögen $(S/\rho)_{\text{Stoß}}$ und dem Massen-Strahlungsbremsvermögen $(S/\rho)_{\text{Str}}$ zusammen:

$$\frac{S}{\rho} = \left(\frac{S}{\rho}\right)_{\text{Stoß}} + \left(\frac{S}{\rho}\right)_{\text{Str}}. \tag{21.5}$$

Bei der Bremsung schwerer Teilchen dominieren i. a. Energieverluste durch Ionisationsstöße und Anregungsstöße; diese sind proportional zu $1/v^2$.

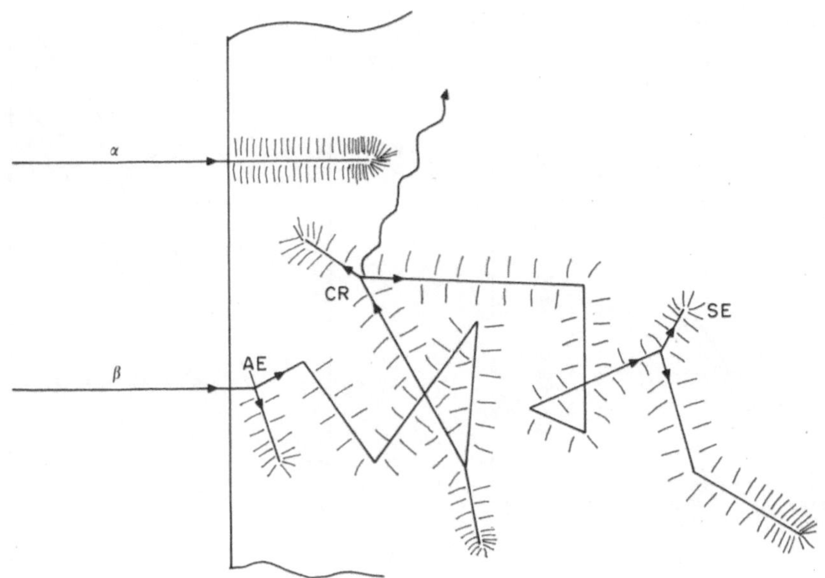

Abb. 21.18. Ionisierungsprozesse und Teilchenbahnen schwerer und leichter geladener Teilchen in Materie. AE = Entstehung eines Auger-Elektrons, CR = Entstehung charakteristischer Röntgenstrahlung plus losgelöstes K-Elektron, SE = bei Ionisierung entstandenes Sekundärelektron. Die Strichelung deutet die erzeugten Ionenpaare an

Tabelle 21.2. Beispiele für die pro Teilchenbahnlänge erzeugte Anzahl von Ionenpaaren

Teilchenart und -energie	Ionisationsdichte in Luft (STPD)	Ionisationsdichte in Muskelgewebe
α (1 MeV)	20000 cm^{-1}	5200 μm^{-1}
β (0,5 MeV)	70 cm^{-1}	2 μm^{-1}

II. β-Strahlen erfahren in Materie eine sehr starke Zerstreuung; die Richtungsverteilung eines anfangs kollimierten Elektronenstrahls geht mit zunehmender Eindringtiefe in Materie in eine Gaußverteilung über. Die Energieverluste werden durch Stoßbremsung und durch Strahlungsbremsung bedingt. Die Teilchenstromdichte J nimmt nach einem Exponentialgesetz ab:

$$J(x) = J(0) \cdot \exp(-\mu \cdot x), \tag{21.6}$$

mit dem linearen Schwächungskoeffizienten μ. Die Halbwertsdicke ist

$$d_{1/2} = \frac{\ln 2}{\mu}; \tag{21.7}$$

sie ist wesentlich kürzer als die Bahnlänge einzelner Elektronen.

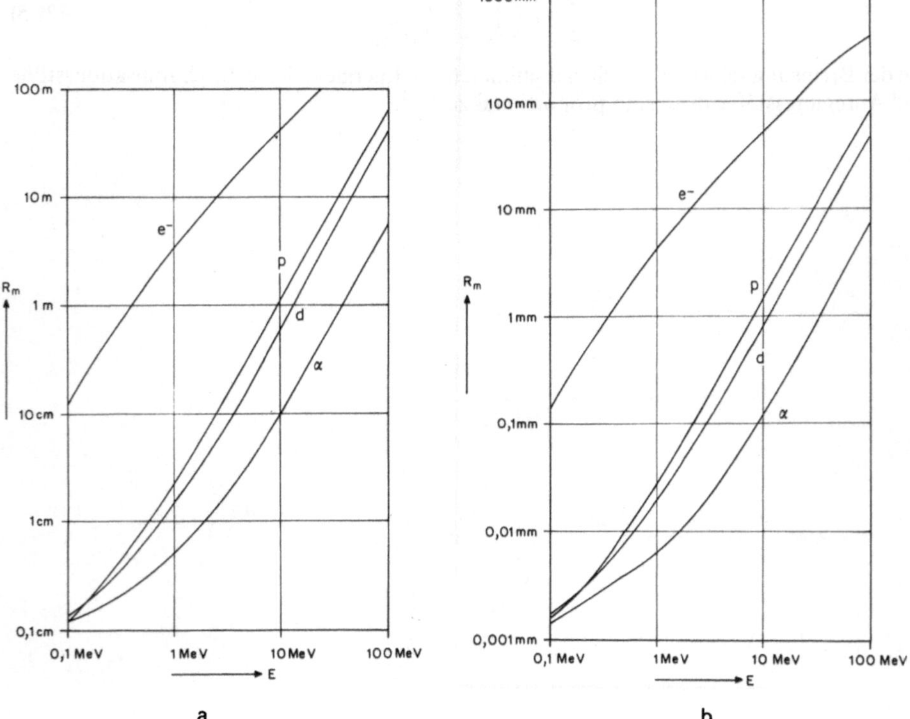

Abb. 21.19. Mittlere Reichweiten R_m (s. Abb. 21.15) von Elektronen (e^-), Protonen (p), Deuteronen (d) und α-Teilchen (α): **a** in Luft (15 °C), 10^5 Pa, **b** in Wasser oder Weichteilgewebe, in Abhängigkeit von der Teilchenenergie E. Nach: R. G. Jaeger u. W. Hübner, 1974

Der Einsatz von Protonen und schweren Ionen bringt erhebliche Vorteile für die Strahlentherapie mit sich. Da diese Strahlen praktisch keine Seiten-Streuung und Reichweiten-Streuung besitzen, läßt sich die Strahlendosis außerordentlich präzise lokalisieren. Es können kleinste Volumina beispielsweise im Gehirn oder am Auge bestrahlt werden, ohne benachbartes Gewebe in Mitleidenschaft zu ziehen. Wegen der hohen Dosiszunahme am Ende der Bahn gilt dies auch weitgehend für die Tiefenbestrahlung. Abb. 21.20 zeigt den relativen Dosisverlauf D/D_{max} (s. Kapitel 22) für verschiedene Strahlenarten in Abhängigkeit von der Eindringtiefe t in Wasser oder weiches Gewebe.

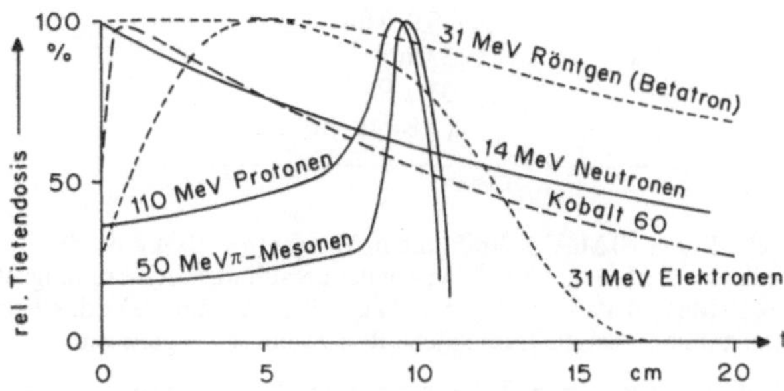

Abb. 21.20. Relativer Dosisverlauf bei Bestrahlung von weichem Gewebe mit verschiedenen Strahlenarten (nach W. Horst und B. Conrad, 1966)

III. Beim Eindringen eines kollimierten monoenergetischen Neutronenstrahls in Materie werden diesem durch verschiedene Prozesse Neutronen entzogen, u. zw. proportional zur Teilchenstromdichte J, der zurückgelegten Strecke Δx und einem Wirkungsquerschnitt σ für die betreffenden Prozesse. Entsprechend nimmt die Neutronenstromdichte J exponentiell mit x ab:

$$J(x) = J(0)\cdot\exp(-n_k\cdot\sigma\cdot x); \qquad (21.8)$$

n_k = Anzahldichte der Kerne in dem durchstrahlten Stoff. Dieser einfache Zusammenhang wird bei größerer Eindringtiefe x durch gestreute Neutronen verändert.

Neutronen können in Materie nur mit Kernen in Wechselwirkung treten; sie wirken sekundär ionisierend. Folgende Prozesse treten beim Durchgang von Neutronen durch Materie auf:

Elastische Streuung (n, n),
Unelastische Streuung (n, n') und
Kernreaktionen (n, x).

Für schnelle Neutronen (Energie > 0,5 MeV) gilt für alle Prozesse zusammen ziemlich genau (r_K = Kernradius):

$$\sigma = 4\cdot\pi\cdot r_K^2, \qquad (21.9)$$

wobei die Streuprozesse dominieren. Bei kleineren Energien dominieren Einfangprozesse, die proportional zur Aufenthaltsdauer Δt des Neutrons in Kernnähe sind:

$$\Delta t \propto \frac{1}{v} \qquad (21.10)$$

(v = Neutronengeschwindigkeit). Im mittleren Energiebereich treten Resonanzerscheinungen auf.

Beispiel 21.6. Reichweite R_p monoenergetischer 0,6 MeV-Elektronenstrahlung in H_2O.

$$R_p = (1/\rho)\cdot 0{,}65\cdot(\sqrt{1+53{,}6\cdot E^2}-1) = 10^{-3}\cdot 0{,}65\cdot(\sqrt{1+53{,}6\cdot(0{,}6)^2}-1) = 2{,}3\,\text{mm}.$$

Tabelle 21.3. Einfangquerschnitte σ für thermische Neutronen

Element	Einfangquerschnitt für thermische Neutronen
N	$1{,}83 \cdot 10^2\,\mathrm{fm}^2$
H	$0{,}33 \cdot 10^2\,\mathrm{fm}^2$
C	$0{,}35\,\mathrm{fm}^2$
O	$0{,}027\,\mathrm{fm}^2$
Na	$53\,\mathrm{fm}^2$
Cl	$33 \cdot 10^2\,\mathrm{fm}^2$
B	$3{,}84 \cdot 10^5\,\mathrm{fm}^2$

Beispiel 21.7. Reichweite R von 10 MeV p-Strahlung in Wasser ($\rho = 10^3\,\mathrm{kg \cdot m^{-3}}$).
Nach Abb. 21.13 ist $S/\rho = 4\,\mathrm{MeV \cdot m^2 \cdot kg^{-1}}$. Wegen der geradlinigen Ausbreitung ist nach Gleichung 21.4 $R = \Delta x = \Delta E/S = 10\,\mathrm{MeV}/(4\,\mathrm{MeV \cdot m^2 \cdot kg^{-1}} \cdot 10^3\,\mathrm{kg \cdot m^{-3}}) = 2{,}5\,\mathrm{mm}$. (Da das Bremsvermögen gegen Ende der Flugbahn zunimmt, ist die tatsächliche Reichweite etwas geringer.)

Beispiel 21.8. *Zyklotron und Synchrotron.* Zyklotrone (Abb. 21.21) dienen vor allem zur Herstellung radioaktiver Nuklide, s. Kapitel 20.4. Höhere Teilchenenergien werden mit Hilfe von Synchrotronen erreicht. Das Vakuumgefäß, in dem die Teilchen beschleunigt werden, ist hier kreisringförmig. Die Beschleunigung erfolgt durch ebenfalls kreisringförmig angeordnete Elektroden bzw. elektrische Felder. Synchron mit den immer schneller umlaufenden Teilchen werden die Frequenz des beschleunigenden elektrischen Felds und die Stärke des Magnetfelds vergrößert. Solche Beschleuniger werden mit sehr großen Durchmessern (Meter bis Kilometer) gebaut.

Wenn elektrisch geladene Teilchen hoher Energie ein transversales Magnetfeld durchqueren, entsteht Synchrotronstrahlung. Dies ist eine elektromagnetische Strahlung mit einem Spektrum, das von den Radiowellen bis zur Röntgenstrahlung reicht. Die hohe erreichbare spektrale Intensität und Bündelung—ähnlich wie Laserstrahlung—hat diese Strahlung in den letzten Jahren zu einem attraktiven Forschungswerkzeug werden lassen.

Beispiel 21.9. *Supervolt-Therapie (Hochvolt-Therapie, Megavolt-Therapie).* In der Strahlentherapie werden zur Schonung des gesunden Gewebes sowie insbesondere der blutbildenden Gewebe in den Knochen Photonen mit Energien > 1 MeV benutzt. Konventionelle Röntgenröhren können aus technischen Gründen bei den hier erforderlichen hohen Spannungen (Anodenspannungen größer als 2 MV) nicht betrieben werden. Radionuklide (Gammastrahler) wie $^{60}\mathrm{Co}$ stellen zwar eine kostengünstige Lösung dar, sind jedoch hinsichtlich Photonenenergie wenig flexibel.

Daher benutzt man zunehmend Beschleuniger für Elektronen und verwendet die Elektronen entweder direkt—zur Oberflächentherapie—oder beschießt mit den Elektronen ein Wolfram-Target (= Metallplatte analog zur Anode in der Röntgenröhre) und verwendet die entstehenden Photonen zur Tiefentherapie. Neben dem schon in der Vergangenheit hierzu eingesetzten Betatron werden heute zunehmend Linearbeschleuniger benutzt. Bei diesen Geräten werden die Elektronen durch eine elektromagnetische Hochfrequenzwelle geradlinig beschleunigt. Das Elektron reitet sozusagen auf dieser Welle mit. Eingebaute Irisblenden passen die Ausbreitungsgeschwindigkeit der Hochfrequenzwelle an die der Elektronen an (Abb. 21.22).

Beispiel 21.10. (n, α)-Reaktionen gibt es mit langsamen Neutronen nur bei einigen leichten Kernen, wie $^{10}\mathrm{B}$:

$$^{10}\mathrm{B}(n, \alpha)^{7}\mathrm{Li}.$$

Diese Reaktion hat für 25 keV-Neutronen sogar den großen Wirkungsquerschnitt von $\sigma = 4 \cdot 10^4\,\mathrm{fm}^2$. $^{10}\mathrm{B}$ wird als BF_3 zur Füllung von Zählrohren für langsame Neutronen benutzt—nachgewiesen wird das α-Teilchen.

Beispiel 21.11. *Neutroneneinfang-Therapie* auf Basis der Reaktion $^{10}\mathrm{B}(n, \alpha)^{7}\mathrm{Li} + 3{,}4\,\mathrm{MeV}$. Die Wirkung thermischer Neutronen in normalem Gewebe wird wegen seiner Häufigkeit vom Wasserstoff determiniert. Wie man der Tabelle 21.3 entnehmen kann, beträgt der Einfangquerschnitt von Bor für thermische Neutronen das 10^4-fache des Werts von H. Gelingt es also, B in malignem Gewebe hinreichend anzureichern, läßt sich dieses Gewebe mit thermischen Neutronen selektiv schädigen.

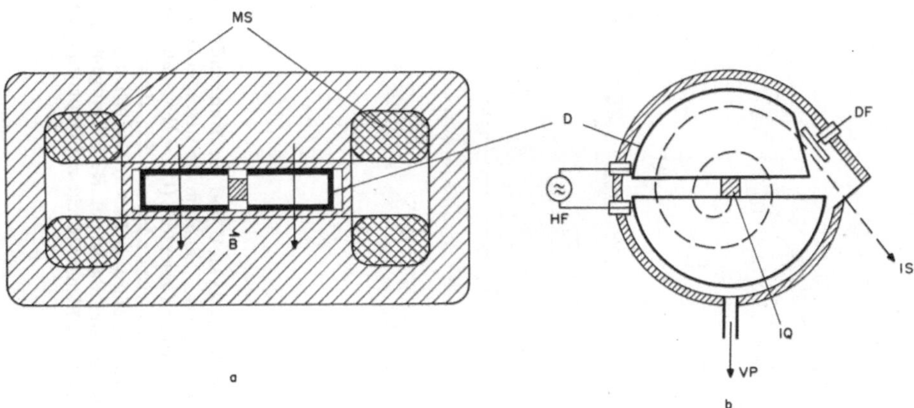

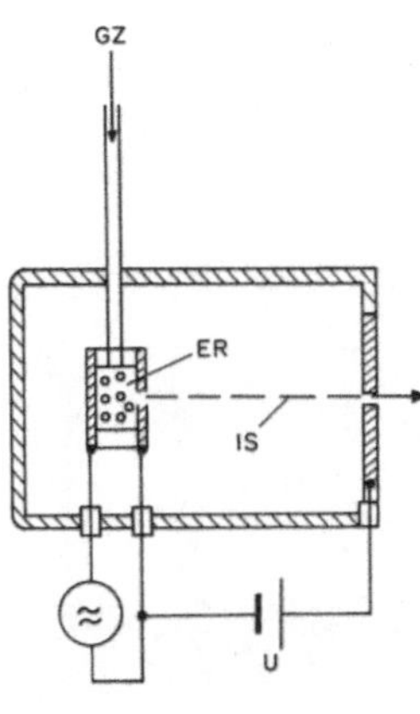

Abb. 21.21. Erzeugung eines Ionenstrahls (*IS*) mittels eines Zyklotrons. **a** Querschnitt: Das von den Magnetspulen *MS* erzeugte Magnetfeld **B** zwingt geladene Teilchen (konstanter Geschwindigkeit) auf eine Kreisbahn. **b** Beschleunigungseinheit von oben, bestehend aus zwei *D*-förmigen Elektronen (*D*), die an einer Hochfrequenz-Spannungsquelle (*HF*) liegen. Die aus der Ionenquelle *IQ* austretenden Ionen werden zunehmend schneller und beschreiben eine Spiralbahn. Sie werden durch einen Spannungsimpuls an der Deflektor-Elektrode *DF* aus dem Beschleuniger gelenkt. Das Innere des Beschleunigers wird mittels einer Vakuumpumpe (*VP*) evakuiert. **c** Ionenquelle: *GZ* = Gaszufuhr. Die Gasmoleküle werden durch ein hochfrequentes elektrisches Feld im Entladungsraum *ER* zwischen zwei Elektroden ionisiert. Durch die zwischen den zwei durchbohrten Elektroden anliegende Spannung *U* werden die Ionen beschleunigt und als Ionenstrahl *IS* in das Zyklotron geschossen

Die Einfangreaktion von Bor ist mit 3,4 MeV sehr energiereich. Dieser Energiebetrag verteilt sich auf die schweren Bruchstücke ^{7}Li und ^{4}He, deren Reichweite in Gewebe nur etwa 10 μm beträgt, also etwa den Durchmesser einer Zelle. Die Wirkung bleibt also auf die unmittelbare Umgebung der Bor-Ablagerung begrenzt. Für eine sinnvolle Therapie muß also erstens B in dem betreffenden Gewebe eine Mindestkonzentration erreichen, die bei etwa 50 μg je 1 g Gewebe liegt, und darf im umliegenden Gewebe höchstens etwa 20% dieses Werts erreichen. Zweitens müssen die thermischen Neutronen in genügender Flußdichte auch bis in dieses Gewebe vordringen. Beide Bedingungen konnten in der Vergangenheit nur unvollständig erfüllt werden und hatten in den fünfziger Jahren die Neutroneneinfang-Therapie zunächst zu einem Mißerfolg werden lassen.

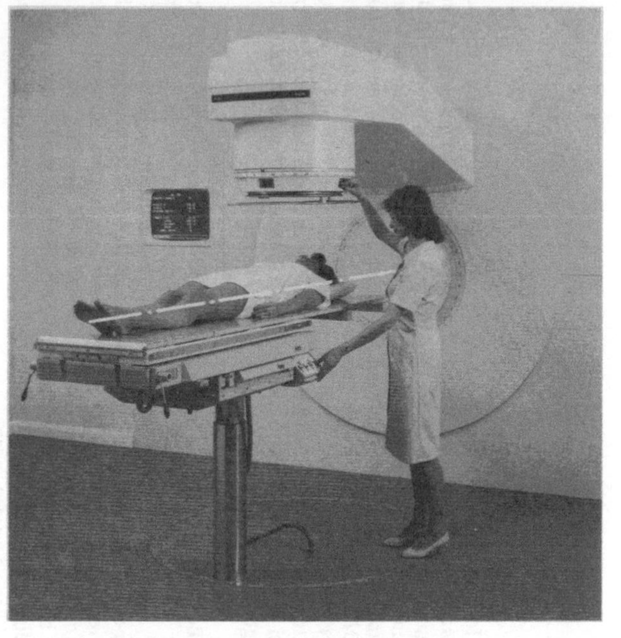

a

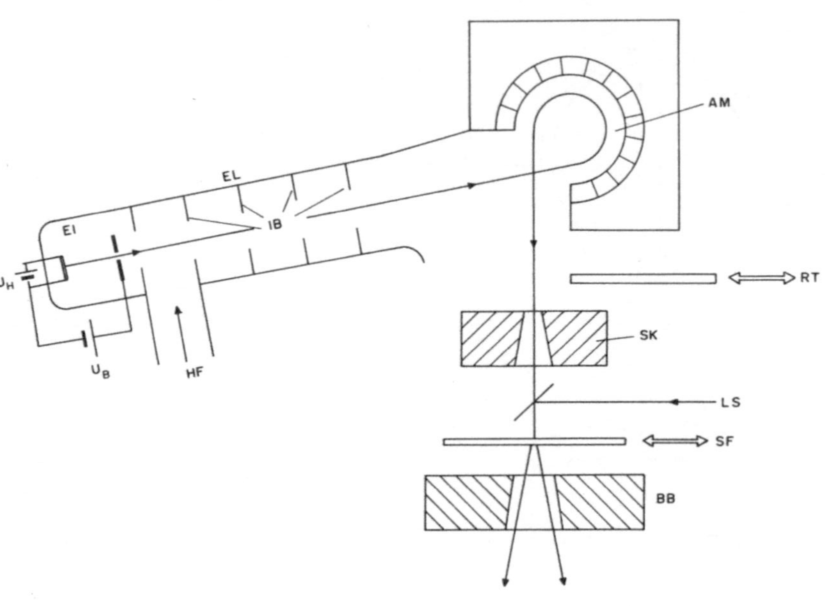

b

Abb. 21.22. Supervolt-Therapieanlage mit Linearbeschleuniger. **a** Ansicht eines Geräts mit Photonenenergien von 6 MeV bis 25 MeV und Elektronenenergien von 4 MeV bis 22 MeV. Dosisleistung bis etwa 5 Gy·min^{-1} in beiden Betriebsarten. Der aus der Wand ragende Beschleunigerarm kann um die strichpunktierte Achse pendeln oder rotieren. Foto: Philips Medizin Systeme GmbH. **b** Grundsätzliches Prinzip. *EI* = Elektronen-Injektor (U_H = Heizspannung, U_B = Beschleunigungsspannung des Injektors); *EL* = Elektronen-Linac (= Linear Accelerator = Linearer Beschleuniger), *IB* = Irisblenden des *EL*, *HF* = Hochfrequenzwelle, *AM* = Ablenkmagnet; dient zur Umlenkung der Elektronen in Richtung Bestrahlungsfeld und zur Ausblendung von Elektronen gleich großer Energie. (*AM* ist bei dem in der Ansicht abgebildeten Gerät zur Erzielung eines kleinen Elektronenfokus von aufwendigerer Bauweise), *RT* = Röntgentarget, *SK* = Strahlkollimator, *LS* = Laserstrahl als Ziel- und Justierhilfe, *SF* = Streufolie zur Aufweitung des Elektronenstrahls, *BB* = Blendenblöcke zur Begrenzung des Bestrahlungsfelds

In der Zwischenzeit sind verschiedene B-Verbindungen gefunden worden, die sich speziell in malignen Tumoren anreichern; beispielsweise das Boranat $Na_2B_{12}H_{11}SH$, das sich bevorzugt in Gliomen anreichert. Hinreichend starke Neutronenflüsse auch im Körperinnern lassen sich mit Hilfe epithermischer Neutronen (= Neutronen mit Energien bis 0,5 eV) erzielen. Damit hätte man ein fast ideales Therapieverfahren zur Verfügung, nämlich ein Verfahren, das selbständig die entarteten Zellen aufsucht und nur diese zerstört. Es gibt allerdings noch einige offene Fragen, wie die Auswirkung der epithermischen Neutronen auf das gesunde Gewebe.

Aufgabe 21.4. Nach wie vielen elastischen Stößen mit H-Kernen hat ein Neutron von anfangs 1 MeV kinetischer Energie nur mehr die kinetische Energie von 1 eV (gemittelt über zentrale und nichtzentrale Stöße werden im Mittel je Stoß 50% der Energie abgegeben).

22. Wechselwirkung ionisierender Strahlung mit Gewebe

Sehr bald nach der Entdeckung der Röntgenstrahlung und der radioaktiven Strahlung wurden auch die biologischen Wirkungen dieser neuen Strahlenarten registriert. In erster Linie von jenen Röntgenologen, die die eigene Hand dazu benutzten, um aus ihrem Röntgenbild die oft schwankende Leistung ihres Röntgengeräts zu beurteilen. Die Folge war, daß sich die sogenannte „Röntgenhand“ bildete, die durch krebsige Geschwüre gekennzeichnet war und oft genug amputiert werden mußte. Viele prominente Röntgenologen der Frühzeit teilten dieses Schicksal.

Der therapeutische Einsatz der Röntgenstrahlung setzte sehr bald ein. Ausgehend von Beobachtungen, daß längerer Umgang mit Röntgenstrahlen zu Haarausfall führt, unternahm bereits 1896 L. Freund einen ersten, allerdings erfolglosen Versuch, ein Mädchen von entstellendem Tierfellnävus (Naevus pilosus) zu befreien. Erfolgreicher war schon T. Stenbeck, der 1899 erstmals über die gelungene Behandlung von Hautkarzinomen berichten konnte. Die therapeutische Anwendung ionisierender Strahlung war lange durch reine Empirie gekennzeichnet. Erst spät wurde mit der Erforschung der biophysikalischen und biologischen Grundlagen begonnen. Hier bestehen auch heute noch neben gesichertem Wissen viele Lücken. Erst in der jüngsten Vergangenheit ist das theoretische Grundlagenwissen so weit gediehen, daß auch wissenschaftlich fundierte Ansätze zur Strahlentherapie erfolgen können.

Radioaktive Strahlung ist älter als das Leben auf der Erde. Man muß davon ausgehen, daß sich Leben in einer strahlenden Umwelt entwickelt hat. Es ist allerdings unklar, inwiefern die während der Erdentwicklung vielfach stärkere Strahlung eine entsprechend größere Mutationsrate bedingt und damit Anpassungsprozesse in der Evolution erleichtert oder auch erschwert hat. Tatsache ist, daß die Evolution zu einem Gleichgewicht zwischen Leben und Umwelt geführt hat, dessen Veränderung schwer abzuschätzende Konsequenzen hat. Daraus folgt umgekehrt nicht, daß niedrige Strahlungsdosen, wie sie bei natürlicher Strahlenbelastung auftreten, einen biopositiven Einfluß haben müssen. Es ist nur eben weitgehend unklar, welche Bedeutung eine bestimmte Strahlungsbelastung für Bestehen und Gedeihen der Art Mensch hat. Übrigens sind wahrscheinlich sogar die meisten für die Evolution wirksamen Mutationen (man schätzt 95%) durch einfache „copy errors“, also Übertragungsfehler bei der DNS-Replikation bedingt und nicht durch Strahleneinwirkung. Außerdem muß man bei der Bewertung von Erbschäden davon ausgehen, daß die weit überwiegende Zahl schädlich ist, d. h. für das betroffene Individuum eine Katastrophe bedeutet.

Ionisierende Strahlung hat zwei grundsätzliche Auswirkungen auf Gewebe: Somatische und genetische. Somatische Veränderungen betreffen das bestrahlte Individuum direkt. Die Folgen, z. B. Erythembildung, Haarausfall, Veränderungen des Blutbilds, Schädigung des Immunsystems, Tumorentwicklung etc. sind abhängig von dem bestrahlten Körperteil und dem Alter der Person. Genetische Veränderungen betreffen die nachfolgenden Generationen. Sie entstehen durch Bestrahlung der Fortpflanzungsorgane.

Das Ausmaß sowohl der somatischen als auch der genetischen Veränderungen ist abhängig von der absorbierten Strahlungsdosis, wobei die genetischen Schäden und die malignen Neoplasmen zusätzlich noch von Zufallsgesetzen abhängig sind.

Für alle Strahlungswirkungen gilt das Grotthuß-Drapersche Prinzip: Nur die im Gewebe absorbierte Strahlungsenergie, nicht die hindurchgehende, wird wirksam. Die Energieübertragung erfolgt zunächst von der Strahlung auf Moleküle; dies ist ein rein physikalischer Prozeß, der nach den Gesetzen der Quantenphysik abläuft. Hier macht sich auch bereits die Strahlenqualität bemerkbar, d. h. die einzelnen Strahlenarten unterscheiden sich in der Art und Weise der Energieübertragung, was Konsequenzen für die nachfolgende biologische Auswirkung und die weiteren Reaktionen des Organismus hat. Das nachfolgende Diagramm gibt einen

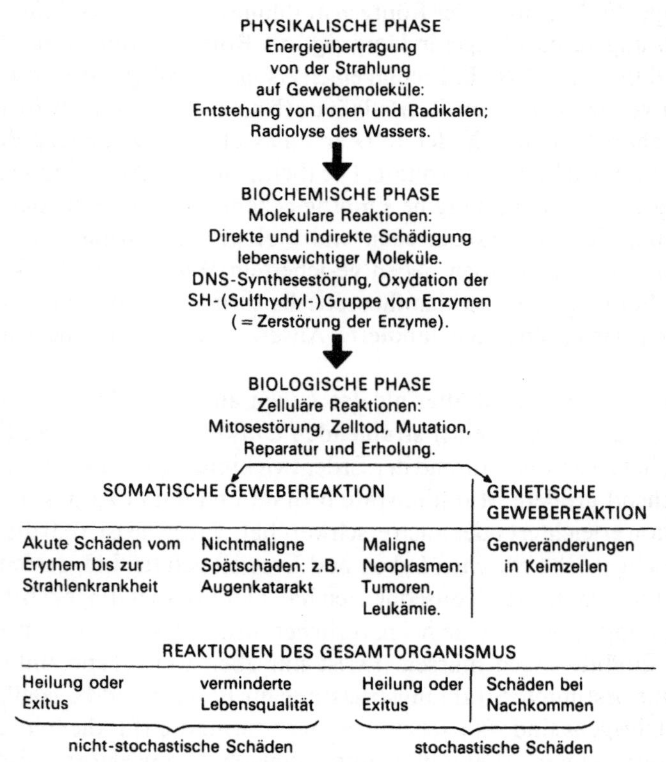

Abb. 22.1. Schema der Wechselwirkung Strahlung/Lebewesen. Die entscheidende Beeinflussungsmöglichkeit besteht am Beginn: Schutz vor Strahlung und gezielter Einsatz von Strahlung

Überblick über die einzelnen von Strahlung ausgelösten Reaktionsschritte im Organismus.

Bei jeder Strahlenexposition lassen sich zwei sehr unterschiedliche Klassen von Strahlungswirkungen unterscheiden: Zum einen stochastische Wirkungen. Bei diesen gibt es nur eine gewisse Wahrscheinlichkeit für das Auftreten von Schäden. Hierbei handelt es sich um die Auswirkung von strahleninduzierten Schäden an einzelnen Zellen, wie Genmutationen, somatische Chromosomenaberrationen und maligne Transformationen. Bei diesen Strahlungswirkungen nimmt mit zunehmender Strahlungsdosis (Äquivalentdosis, s. Kapitel 22.2) „bloß" die Wahrscheinlichkeit für eine biologische Wirkung zu (sie muß nicht eintreten!).

Zum anderen gibt es nicht-stochastische Strahlungswirkungen. Das sind solche, die ab einer gewissen (individuell unterschiedlichen) Dosis immer auftreten. Hierzu gehören jene Strahlungsschäden, die auf der Vernichtung einer größeren Anzahl von Zellen in den betroffenen Organen beruhen, beispielsweise die Schädigung der Blutbildungsorgane, des Immunsystems oder der Fortpflanzungsorgane. Diese Strahlungsschäden können eine Schwelle haben; ihr Schweregrad nimmt mit zunehmender Strahlungsdosis zu.

In der Abb. 22.2 sind die grundsätzlich möglichen Zusammenhänge zwischen Dosis (s. Kapitel 22.2) und der biologischen Wirkung der Strahlung dargestellt. Bei den stochastischen Wirkungen ist eine Schwelle nicht nachweisbar, weil zum statistisch gesicherten Nachweis der Wirkung sehr kleiner Strahlungsdosen (gestrichelte Kurventeile der Abb. 22.2 a) unverantwortlich viele Tierexperimente erforderlich

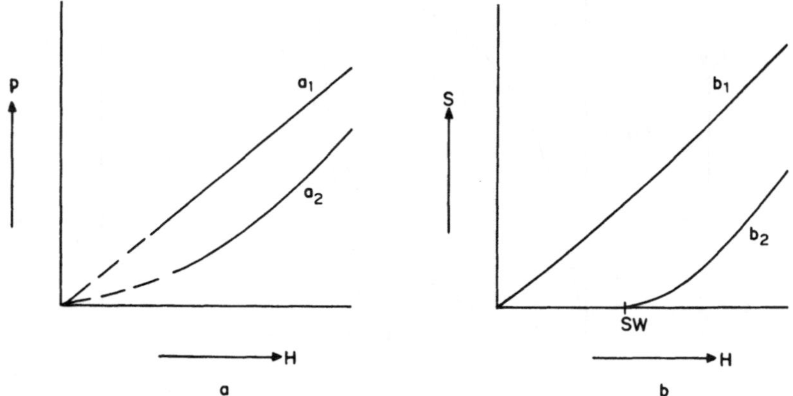

Abb. 22.2. Biologische Wirkungskurven (Dosis-Effekt-Kurven); H = Äquivalentdosis. **a** 2 Beispiele für die stochastische Wirkung; p = Wahrscheinlichkeit des Auftretens einer biologischen Wirkung. Die gestrichelt gezeichneten Teile der Graphen sind (aus statistischen Gründen) nicht meßbar. **b** 2 Beispiele für die nicht-stochastische Wirkung; S = Schweregrad des biologischen Schadens; SW = Schwelle. Nähere Erläuterung im Text

wären. Die Dosis-Effekt-Kurven können unterschiedliche Verläufe aufweisen. Sie können sowohl linear (a_1 in Abb. 22.2) als auch nichtlinear (a_2) verlaufen. Die nicht-stochastischen Wirkungen können eine Schwelle (b_2) besitzen, wie beispielsweise das Erythem. Bei manchen nichtstochastischen Spätschäden, z. B. Katarakt, gibt es keine Schwelle (b_1).

Strahlentherapie ist im wesentlichen Tumortherapie. Die Indikationen zur Strahlentherapie benigner Erkrankungen, wie die Entzündungsbestrahlung bei Gesichtsfurunkeln, die Schmerzbestrahlung zur Behandlung degenerativer Veränderungen am Skelett, die Bestrahlung gutartiger Tumore, wie Hämangiome, und die Bestrahlung zur Immundepression sind zunehmend fragwürdig und umstritten. Völlig anders ist die Situation bei malignen Tumoren. Zu deren Behandlung gibt es kaum effektive chemotherapeutische oder antibiotische Angriffspunkte. Im Gegensatz nämlich zu den Bakterien, die, durch die Evolution bedingt, erhebliche Unterschiede in der Zellchemie und -biologie im Vergleich zu Körperzellen besitzen, handelt es sich bei den Krebszellen um körpereigene Zellen. Es gibt daher keine Stoffe, die, analog zu Chemotherapeutika und Antibiotika bei den Bakterien, für die Krebszellen toxisch wirken und dies nicht auch gleichzeitig für die Körperzellen sind.

Ziel der Strahlungstherapie ist der Tod der Tumorzellen. In der Strahlenbiologie hat sich aus Gründen der Nachweisbarkeit eingebürgert, schon die nicht mehr teilungsfähige Zelle als tot zu bezeichnen. Dies ist natürlich nur bedingt richtig, weil andere Funktionen der Zelle noch erhalten sein können. Trägt man die Zahl der durch Bestrahlung nicht mehr teilungsfähigen Zellen über der verabreichten Strahlungsdosis (s. Kapitel 22.2) auf, erhält man Graphiken wie in der Abb. 22.3. Dort ist die Anzahl nicht mehr teilungsfähiger Zellen bezogen auf die Gesamtzahl der Zellen als „Dosiswirkung" über der Strahlungsdosis aufgetragen.

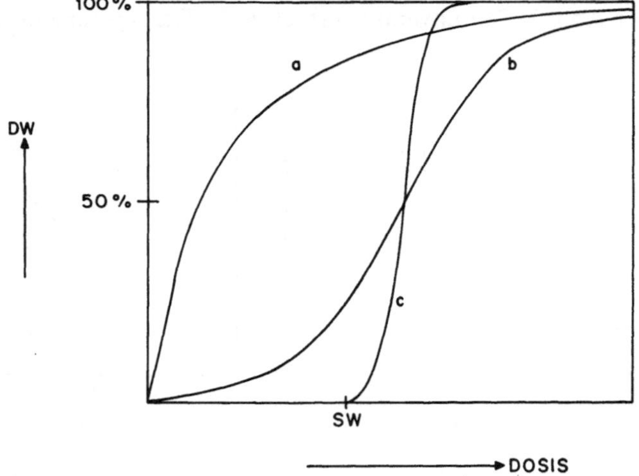

Abb. 22.3. Dosiswirkung: DW = Anzahl nicht mehr teilungsfähiger Zellen bezogen auf die Gesamtzahl der Zellen. Graphen a und b = Beispiele für ionisierende Strahlung. Graph c = Pharmakon

Zwischen einer durch Pharmaka bedingten und einer strahlungsbedingten Dosiswirkung gibt es einen grundsätzlichen Unterschied: die erstere hat eine mehr oder weniger deutliche Schwellendosis und erreicht schnell 100% Wirkung. Die Strahlungswirkung hat keine klare Schwelle und erreicht 100% Wirkung nur asymptotisch.

Die ideale Strahlentherapie sollte eine Strahlendosis nur im Tumor applizieren und das umliegende gesunde Gewebe aussparen. Genau darin besteht das Hauptproblem der Strahlentherapie: es ist zwar immer möglich, den Tumor durch Strahlung zu sterilisieren, die Schonung des umliegenden Gewebes allerdings gelingt oft nur sehr bedingt, weil die Strahlung nur in Ausnahmefällen auf den Tumor allein beschränkt werden kann. Diesem Problem sind viele Anstrengungen gegenwärtiger Forschungsarbeiten gewidmet. Bewegungsbestrahlung, Strahlungssensibilisierung und Kombinationstherapie sind Methoden, dem Idealfall näher zu kommen. Besondere Bedeutung kommt hierbei auch der Einführung neuer Strahlenarten, wie Protonen- und Ionenstrahlen, zu.

22.1 Dosimetrie

Das Ziel der Strahlentherapie ist die rezidivfreie Zerstörung eines Tumors, ohne gleichzeitig die umgebenden Gewebe ernstlich zu schädigen. H. Holthusen hat dies 1936 etwa folgend verdeutlicht: Trägt man auf der Abszisse eines rechtwinkeligen Koordinatensystems die Strahlendosis D auf und auf der Ordinate die Wahrscheinlichkeit dafür, den Tumor unter Kontrolle zu bekommen, bzw. die Wahrscheinlichkeit für im gesunden Gewebe auftretende Komplikationen, erhält man Abb. 22.4. Zur

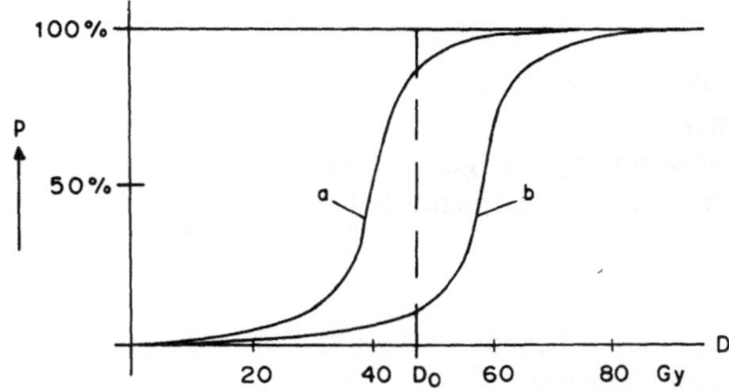

Abb. 22.4. a = Tumorheilungskurve, d. h. Wahrscheinlichkeit p für Heilung. b = Kurve für die Wahrscheinlichkeit p von ernsten Strahlungsschäden am gesunden Gewebe. Die Abszissenwerte illustrieren nur die typischen Größenordnungen der erforderlichen Strahlungsdosen D. Abstand und Steigung der beiden Kurven sind im konkreten Fall stark von der Tumorart und -größe abhängig. D_0 ist die optimale Therapiedosis; sie kann von Fall zu Fall sehr unterschiedlich sein und hängt auch von der Strahlenart ab, s. Kapitel 22.2

sicheren Tumorheilung sind Strahlungsdosen erforderlich, die das Gewebe massiv schädigen. Davon ist immer auch gesundes Gewebe mit betroffen. Es muß daher ein Kompromiß gefunden werden zwischen hinreichender Tumorschädigung und tolerierbarer Belastung des gesunden Gewebes. Durch sorgfältige Auswahl der Strahlungsart, genaue Ermittlung der erforderlichen Strahlungsdosen sowie präzise Begrenzung der zu bestrahlenden Bereiche und die Verwendung der Bewegungsbestrahlung (s. Abb. 21.10 und 21.22) läßt sich zwar die Strahlenschädigung des Tumors relativ zu jener des gesunden Gewebes optimieren, dennoch verbleibt die Abwägung zwischen heilender und schädigender Wirkung der Bestrahlung. Je präziser die Ermittlung und Einhaltung der optimalen Therapiedosis D erfolgt, desto größer sind Überlebenschance und -qualität für den Patienten.

Ziel der Dosimetrie ist es, den durch Strahlung hervorgerufenen medizinisch relevanten Effekt quantitativ zu erfassen. Die erste Maßeinheit für die medizinische

Strahlendosis war das Auftreten eines Erythems. Das wäre zwar grundsätzlich eine vorzügliche Einheit, weil sie bereits die Gewebereaktion berücksichtigt; für die in der Therapie und im Strahlenschutz erforderliche Empfindlichkeit und Präzision reicht jedoch ein solches qualitatives Meßverfahren nicht aus.

Grundsätzlich sollte man ja erwarten, daß, wie in nichtbiologischen Werkstoffen, die Strahlenwirkung von der auf das Volumen oder die Masse bezogenen absorbierten Strahlungsenergie abhängt. Es hat sich jedoch gezeigt, daß die biologische Gewebeschädigung nicht nur von der deponierten Energie, sondern auch von ihrer mikroskopischen räumlichen Verteilung abhängt, was eine spezielle Dosisgröße für die biologische Wirkung erforderlich macht. Die Schwierigkeiten schließlich, die relevanten Energiebeträge direkt, z. B. durch die verursachte Erwärmung, zu messen— selbst die für den Menschen absolut letale (Ganzkörper-) Energiedosis von 15 Gray führt bloß zu einer Erwärmung von etwa 0,004 K—hat noch eine weitere Dosisgröße erforderlich gemacht, die Ionendosis.

a) Energiedosis

Auf ein bestrahltes Gewebevolumen ΔV werden die folgenden Energiebeträge übertragen:

Energie der eintretenden Teilchen
(inklusive Photonen): $+E_{\text{ein}}$
Frei werdende Umwandlungsenergien (chemische Reaktionen, Kernreaktionen, Elementarteilchen-Prozesse wie Zerstrahlung): $+E_U$
abzüglich:
Energie der austretenden Teilchen: $-E_{\text{aus}}$
Endogene Umwandlungsenergien
(z. B. Paarbildung): $-E_{U'}$

Energiebilanz:

$$\Delta E = E_{\text{ein}} + E_U - E_{\text{aus}} - E_{U'}.$$

Die Energiedosis D ist definiert als

$$D = \frac{\Delta E}{\Delta m} = \frac{1}{\rho} \cdot \frac{\Delta E}{\Delta V},$$

wobei ΔV so groß angenommen wird, daß über viele Absorptionsstellen gemittelt wird.

Die SI-Einheit der Energiedosis ist das „Gray“, benannt nach dem Entdecker des Sauerstoffeffekts, L. H. Gray:

$$[D] = 1\,\text{Gy} = 1\,\text{J}\cdot\text{kg}^{-1} = 100\,\text{rad} = 6{,}242\cdot 10^7\,\text{MeV}\cdot\text{g}^{-1}.$$

Die Einheit 1 rad (radiation absorbed dose) ist veraltet. Der Differentialquotient aus Energiedosis durch Zeit heißt Energiedosisleistung: $\frac{dD}{dt}$.

b) Ionendosis

Die ältesten und einfachsten sowie auch genauesten physikalischen Dosismeßmethoden beruhen auf der Ionisierung von Gasen. Die verschiedenen hierzu geeigneten Meßgeräte (Ionisationskammern) sind im Prinzip Kondensatoren mit Luft als Dielektrikum (s. Kapitel 11 und 19). Dabei wird Luft nicht nur wegen deren leichter Verfügbarkeit benutzt, sondern auch, weil die organischen Gewebe aus Elementen von im Durchschnitt gleicher Atommasse wie Luft zusammengesetzt sind. Die eintreffende Strahlung ionisiert die Luft, wobei die entstehenden Ladungspaare ein Maß für die von der Luft aufgenommene Strahlungsenergie sind. Für Neutronen eignet sich Luft nicht; man benutzt BF_3 oder wasserstoffhaltige Gase wie Äthylen.

Die Ionendosis ist definiert als:

$$J = \frac{\Delta Q}{\Delta m} = \frac{1}{\rho} \cdot \frac{\Delta Q}{\Delta V},$$

wobei ΔQ die elektrische Ladung der Ionen eines Vorzeichens ist und ΔV so groß sein muß, daß über viele Ionisierungsprozesse gemittelt wird.

Die SI-Einheit der Ionendosis ist

$$[J] = 1\,\mathrm{C \cdot kg^{-1}}.$$

Die alte Einheit ist $[J] = 1\,\mathrm{R}$ (Röntgen; $= 2{,}58 \cdot 10^{-4}\,\mathrm{C \cdot kg^{-1}}$). Der Differentialquotient aus Ionendosis und Zeit heißt Ionendosisleistung: $\frac{dJ}{dt}$.

Ionendosis J und Ionendosisleistung $\frac{dJ}{dt}$ können mit denselben Meßkammern gemessen werden; diese beiden Meßverfahren unterscheiden sich nur in der elektrischen Messung: Der entstehende Ionisationsstrom I ist ein Maß für die Ionendosisleistung; bildet man das Integral aus Ionisationsstrom mal Zeit, erhält man die während der Integrationszeit T durch die Strahlung ausgelöste Ladungsmenge Q, also ein Maß für die Ionendosis; s. Abb. 22.5.

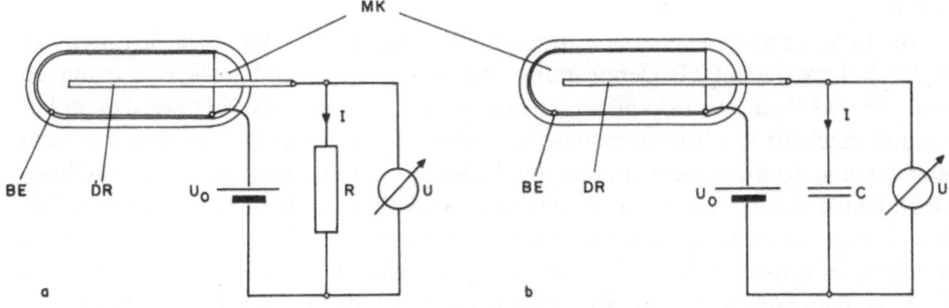

Abb. 22.5. Einsatz von Ionisationskammern zur Messung von: **a** Ionendosisleistung $dJ/dt \propto I = U/R$ und **b** Ionendosis $J \propto Q = C \cdot U$. Die Elektroden der Meßkammer MK sind ein Draht DR und ein leitender Belag BE auf der Innenseite der Kammerwand. U_0 ist > Sättigungsspannung (s. Abb. 19.5)

Gleichgewichtsionendosis. Die in einem Volumen ΔV durch ionisierende Strahlung entstandene Ladungsmenge ΔQ verläßt dieses wegen der Impulsübertragung von der Strahlung auf die losgelösten Photo- und Comptonelektronen zu einem erheblichen Anteil. Dies ist in der Abb. 22.6 an einer sogenannten Freiluft-Ionisationskammer dargestellt, tritt aber auch an anderen Ionisationskammern auf.

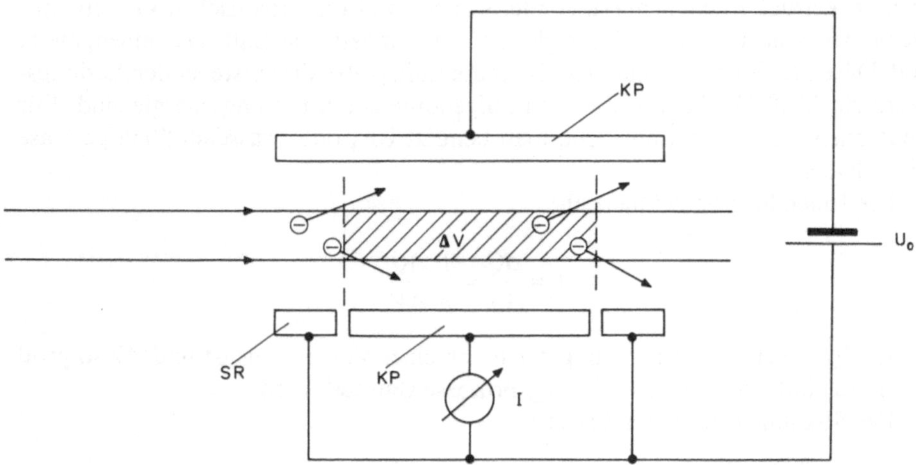

Abb. 22.6. Freiluft-Ionisationskammer. Das Meßvolumen ΔV (schraffiert) ist durch die Kondensatorplatten KP und die gestrichelt angedeuteten Feldgrenzen festgelegt. SR = Schutzring; dies ist eine Elektrode, die ein homogenes elektrisches Feld im Meßvolumen und gleiche Verhältnisse für die Sekundärelektronen innerhalb und außerhalb des Meßvolumens gewährleistet

Für eine präzise Messung ist es erforderlich, daß die auf der Strahlaustrittseite verlorengehenden Elektronen durch Sekundärelektronen aus dem bestrahlten Luftvolumen vor der Strahleintrittseite kompensiert werden. Dabei kommt es nicht so sehr auf die Anzahl der Sekundärelektronen an, als vielmehr auf deren kinetische Energie, die für weitere Ionisationsvorgänge zur Verfügung steht. Ist die Summe der kinetischen Energien der in das Meßvolumen eintretenden Sekundärteilchen gleich der Summe der kinetischen Energien der austretenden Sekundärteilchen, spricht man von „Sekundärelektronengleichgewicht" (SEG). Dieses ist Voraussetzung für eine richtige Dosismessung insbesondere im Falle indirekt ionisierender Strahlung.

Bei hohen Photonenenergien treten hochenergetische Sekundärelektronen mit großer Reichweite auf (Größenordnung 1 m), was entsprechend große Abmessungen einer Freiluft-Ionisationskammer erfordern würde. Diese Geräte werden daher hauptsächlich für Kalibrierzwecke benutzt. Für die praktische Dosismessung werden geschlossene Ionisationskammern mit kleinem Luftvolumen und der jeweiligen Meßaufgabe angepaßten Formen benutzt (Flachkammern, Kompaktkammern). Die Wandungen dieser Kammern müssen aus sogenanntem luftäquivalentem Material bestehen, ansonsten gibt es im Meßvolumen kein SEG. SEG ist übrigens auch Voraussetzung dafür, daß die Energiedosis D gleich der Kerma K (s. Kapitel 22.2) ist. Luftäquivalenz ist dann gegeben, wenn der Massenschwächungskoeffizient μ/ρ mit jenem von Luft übereinstimmt. Da der Massenschwächungskoeffizient je nach

Wechselwirkungsmechanismus in unterschiedlicher Weise von der Ordnungszahl der den Stoff aufbauenden Elemente abhängt, ist Luftäquivalenz nicht für alle Energiebereiche erfüllbar. Analoges gilt für die Gewebeäquivalenz von Materialien. Außerdem muß die Wanddicke so groß sein, daß etwaige außerhalb der Meßkammer an bestrahlten Teilen entstandene Sekundärelektronen das Meßvolumen nicht erreichen. Schließlich muß die Ausdehnung der Meßkammer in Strahlrichtung klein sein im Vergleich zur Halbwertsdicke des Füllgases, sonst ist die gemessene Strahlungsstärke nicht definiert.

Aus der gemessenen Ionendosis J erhält man die Energiedosis D für die verschiedenen Gewebearten durch Multiplikation mit dem Faktor D/J aus Abb. 22.7.

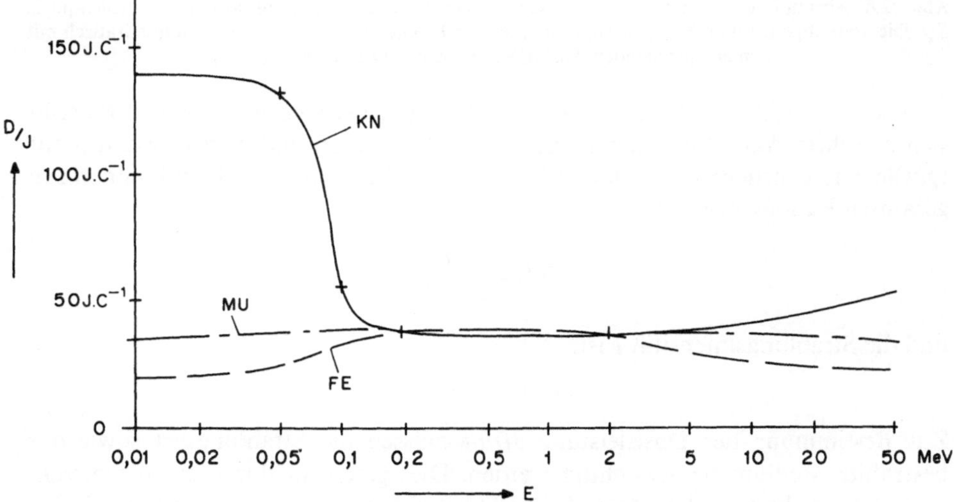

Abb. 22.7. Empirisch ermittelter Zusammenhang zwischen Energiedosis D und Gleichgewichtsionendosis oder Standardionendosis J(= Ionendosis bei SEG) für Photonen der Energie E. KN = Knochen, MU = Muskel und Wasser, FE = Fettgewebe

Für punktförmige Strahlungsquellen gilt aus geometrischen Gründen—analog zum Schall, s. Abb. 4.9—ein invers-quadratisches Abstandsgesetz für Teilchenstromdichte $J(r)$ und Strahlungsintensität $I(r)$, weil die durchstrahlte Fläche mit dem Abstandsquadrat zunimmt, s. Abb. 22.8:

$$\frac{J(r_1)}{J(r_2)} = \left(\frac{r_1}{r_2}\right)^{-2}.$$

(Man beachte, daß der Buchstabe J auch die Bedeutung „Ionendosis" haben kann.) Alle wirklichen Strahlungsquellen sind natürlich nicht punktförmig; dann gilt das invers-quadratische Abstandsgesetz nur näherungsweise, u. zw. umso genauer, je größer der Abstand im Vergleich zu den linearen Abmessungen der Strahlenquelle ist. Bei Röntgenquellen ist die Strahlenquelle der Elektronenfokus (Brennfleck) auf der Anode (Abb. 16.9) bzw. auf dem Röntgentarget bei der Supervolttherapie (Abb. 21.22). Zusätzlich treten Abweichungen von diesem geometrischen Abstandsgesetz durch Streuung auf, oder wenn die lineare Energieübertragung nicht konstant ist.

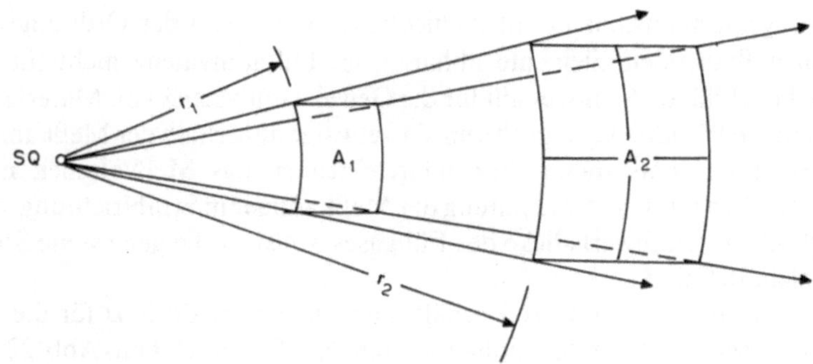

Abb. 22.8. Abstandsgesetz für die Intensität geradliniger Strahlen einer punktförmigen Strahlenquelle *SQ*. Die vom abgestrahlten Energiestrom durchsetzten Flächen (A_1 bzw. A_2) nehmen quadratisch mit den entsprechenden Abständen (r_1 bzw. r_2) zu: $A_2/A_1 = (r_2/r_1)^2$

Die Intensität I der Strahlung einer radioaktiven Quelle an einem Ort P ergibt sich aus ihrer Aktivität a, der Energie E ihrer Teilchen und dem Abstand d zur Quelle. Die Teilchenstromdichte ist im Abstand d bei isotroper Abstrahlung in den gesamten Raumwinkel $4 \cdot \pi$:

$$J(d) = \frac{a}{4 \cdot \pi \cdot d^2}$$

und die Strahlungsintensität I ist:

$$I(d) = E \cdot J(d).$$

Zur Bestimmung der Dosisleistung dD/dt müssen die Strahlungsart sowie das bestrahlte Medium berücksichtigt werden. Dies geschieht durch einen Umrechnungsfaktor, die Dosiskonstante k. Die Dosisleistung einer (annähernd) punktförmigen Strahlungsquelle im Abstand d ist:

$$\frac{dD}{dt} = k \cdot \frac{a}{d^2},$$

k heißt auch Punktquellen-Dosiskonstante; einige Beispiele sind in der Tabelle 22.3 enthalten.

Bei ausgedehnten Strahlungsquellen muß deren Geometrie sowie die Strahlungsabsorption in der Quelle selbst berücksichtigt werden. Ionisationskammer und andere Detektoren zur Dosismessung wurden schon in Kapitel 19.1 beschrieben. Für Zwecke des Strahlenschutzes und in der Strahlentherapie werden u. a. noch die folgenden Vorrichtungen eingesetzt.

Thermolumineszenz-Dosimeter. Hierbei handelt es sich um ein besonders empfindliches Dosimeter mit einem sehr großen Meßbereich. Diese Dosimeter basieren auf dem Thermolumineszenz-Phänomen verschiedener Kristalle wie Kalziumfluorid (CaF_2), die durch Dotierung mit bestimmten Stoffen, beispielsweise Mangan, aktiviert werden. Dadurch entstehen im Kristall, ähnlich wie bei p-Halbleitern, Störstellen, die jene Elektronen einfangen, die durch die ionisierende Strahlung frei gesetzt worden sind. Zur Messung der aufgenommenen Strahlungsdosis werden diese Kristalle erwärmt. Hierbei werden die Elektronen aus den Störstellen wieder frei, rekombinieren und geben ihre überschüssige Energie in Form sichtbarer Strahlung ab. Letztere ist sehr genau proportional zur absorbierten Strahlungsdosis. Der Dosismeßbereich dieser Geräte reicht von μGy bis kGy.

Filmdosimeter sind lichtdicht verpackte photographische Filme. Sie werden als Filmplaketten sichtbar auf der Kleidung in Brusthöhe getragen. Die Plakette ist in fünf Felder unterteilt, von denen eines nur gegen Belichtung durch Licht abgedeckt ist und energiearme ionisierende Strahlung durchläßt; die anderen Felder sind von unterschiedlich dicken Metallfolien bedeckt, so daß aus der Filmschwärzung auch Rückschlüsse auf die Strahlenqualität gezogen werden können. Die untere Nachweisgrenze für die Strahlungsdosis liegt bei 0,2 mGy.

Besonders für kurzfristige Dosisüberwachungsaufgaben geeignet ist das *Stabdosimeter*, Abb. 22.9. Bei diesem Gerät befindet sich in einer isolierten Ionisationskammer ein Metallbügel, der, zusammen mit einem aufgesetzten, leicht verformbaren

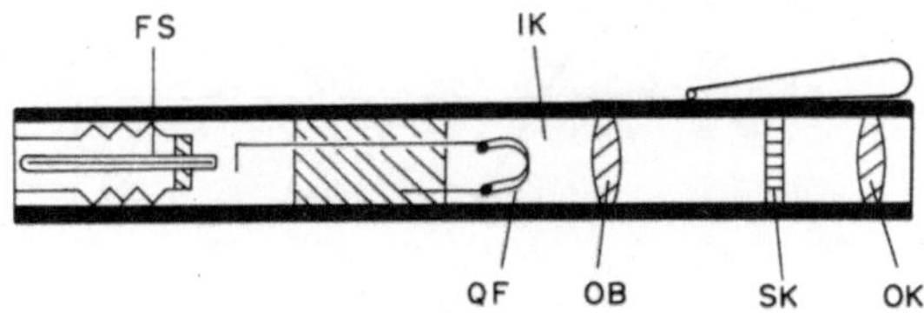

Abb. 22.9. Stabdosimeter. *OK* = Okular, *OB* = Objektiv und *SK* = Skala des Ablesemikroskops. *QF* = Quarzfaden, *IK* = Ionisationskammer, *FS* = Federbalgschalter zur Aufladung

Quarzfaden, auf etwa 150 V aufgeladen wird. Die elektrische Aufladung bewirkt eine Abstoßung des Quarzfadens vom Metallbügel analog zur Spreizung der Metallfolien beim Blättchen-Elektroskop (Abb. 11.2). Durch die Ionisierung der Luft in der Ionisationskammer wird diese entladen. Der Quarzfaden wird mittels eines kleinen eingebauten Mikroskops und einer Skala in der Zwischenbildebene beobachtet und läßt die registrierte Strahlungsdosis ablesen. Da diese Geräte sich auch ohne Bestrahlung entladen, ist tägliches Ablesen und Aufladen erforderlich.

Eine direkte Messung der in der Strahlentherapie applizierten Strahlendosis ist mit Hilfe von *Glasfaser-Strahlendosimetern* möglich. Hier wird die von ionisierender Strahlung hervorgerufene Trübung einer Glasfaser zur Dosismessung benutzt. Die Glasfaser befindet sich in einem Katheter oder wird im Gewebe implantiert. Ein besonders interessanter Aspekt dieser Technik ist die Speicherfunktion der Faser: Die durch die Strahlung hervorgerufenen Trübungen bleiben erhalten und addieren sich bei mehreren Anwendungen.

22.2 Energieübertragung auf das Gewebe

Die Basisgröße für eine Quantifizierung der biologischen Wirkungen von Strahlung ist die Energiedosis:

$$D = \frac{\Delta E}{\Delta m}.$$

In der Strahlenbiologie hat man jedoch schon sehr bald festgestellt, daß die biologischen Wirkungen bei gleicher Energiedosis je nach Art der ionisierenden Strahlung erhebliche Unterschiede aufweisen. Man hat daher versucht, andere physikalische Größen zu finden, die die biologischen und medizinischen Effekte besser beschreiben.

a) Linearer Energietransfer: LET

Ionisierende Strahlen übertragen ihre Energie auf das Gewebe durch Anregungs- und Ionisierungsprozesse, die sie selbst sowie die entstehenden Sekundärteilchen („δ-Teilchen"), beispielsweise Sekundärelektronen, hervorrufen, s. Abb. 22.10. Die Energie der δ-Teilchen liegt meist im Bereich von 10^2 eV bis 10^3 eV.

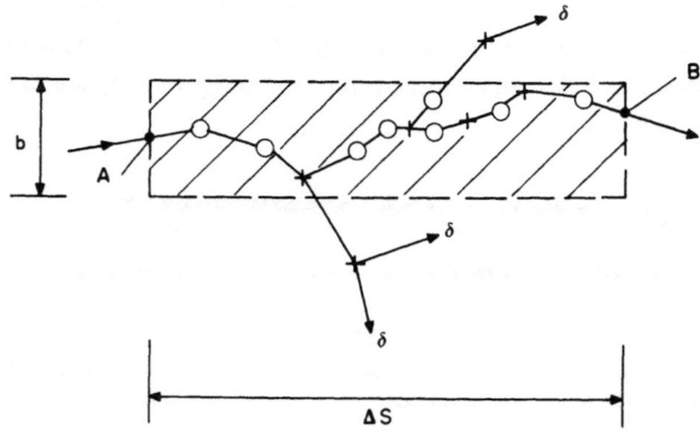

Abb. 22.10. Ein primäres, von links kommendes geladenes Teilchen, erzeugt Anregungen (○), Ionisationsprozesse (+) und Sekundärelektronen (δ). Es hat bei A die Energie E_A und bei B die Energie E_B. Die Energiedifferenz ist offensichtlich nur teilweise in dem schraffierten Bereich deponiert worden

Da die δ-Teilchen einen Teil der Energie in die Umgebung abtransportieren, ist die auf der Strecke Δs von A nach B an das Gewebe abgegebene Energie $\Delta E_L < \Delta E = E_A - E_B$. Als lineares Energie-Übertragungsvermögen oder linearer Energie-Transfer ist die Größe L definiert:

$$L = \frac{\Delta E_L}{\Delta s}; \qquad [L] = 1\,\mathrm{J \cdot m^{-1}}.$$

Offenbar ist L i. a. kleiner als das Bremsvermögen $S = \Delta E / \Delta s$, weil in S sämtliche Energieverluste des primären Teilchens auf der Strecke Δs enthalten sind:

$$L \leqq S.$$

In L sind dagegen nur die Energieverluste innerhalb eines Bereichs der Breite b enthalten. b wäre noch festzulegen; wir gehen darauf jedoch nicht näher ein. Der LET wird jedenfalls weitgehendst durch Teilchenenergie und Strahlenart bestimmt. Strahlung mit hohem LET, wie schwere Ionen, zeigen eine entsprechend große Ionisierungsdichte. Auch die langsamen δ-Teilchen haben übrigens eine relativ hohe Ionisierungsdichte. Leichte Teilchen hingegen, wie Elektronen, haben kleinen LET, d. h. relativ geringe Ionisierungsdichte. Der Quotient aus den kinetischen Anfangsenergien aller durch indirekt ionisierende Strahlung freigesetzten Teilchen durch die Masse des betroffenen Volumens heißt Kerma (= Akronym von „Kinetic energy

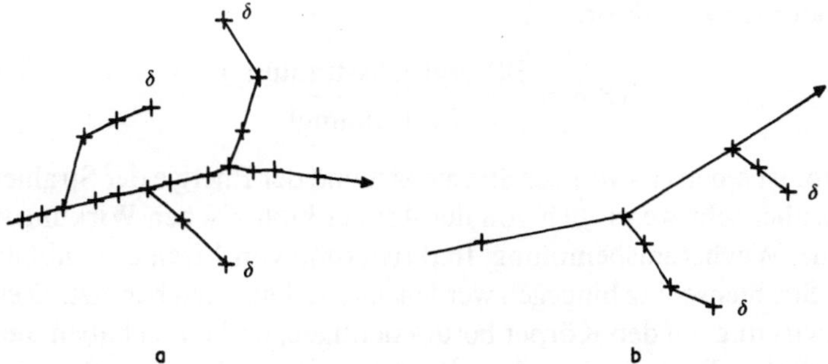

Abb. 22.11. Teilchen mit hohem **a** und niedrigem **b** LET unterscheiden sich durch ihre Ionisierungsdichte entlang ihrer Bahn. Qualitativ unterscheidet man auf dieser Basis zwischen locker und dicht ionisierender Strahlung

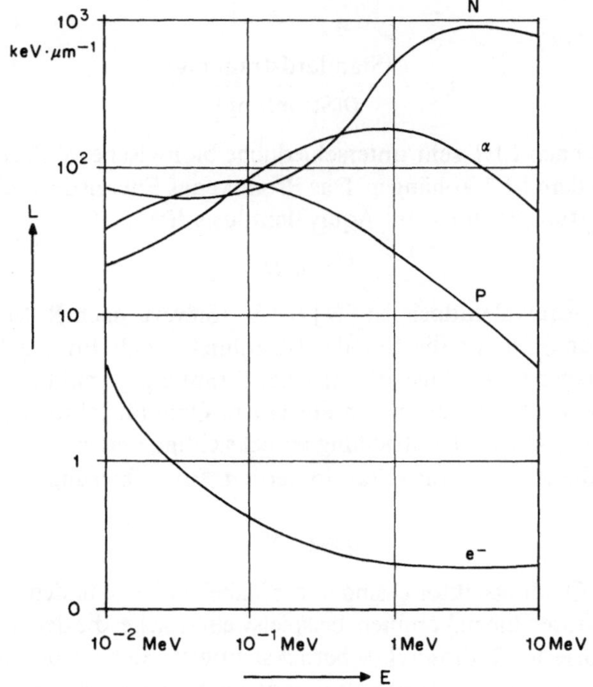

Abb. 22.12. LET (= L) für Elektronen, Protonen, α-Teilchen und N-Ionen in Abhängigkeit von der Teilchenenergie E

released in material") K:

$$K = \frac{\Delta E}{\Delta m}.$$

b) Äquivalentdosis

Das Verhältnis des Energiedosiswerts einer Vergleichsstrahlung—üblicherweise 200 kV-Röntgenstrahlung oder ^{60}Co-γ-Strahlung—zur Energiedosis D einer beliebigen Strahlung bei gleicher biologischer Wirkung heißt „Relative Biologische

Wirkung" oder RBW-Faktor:

$$\mathrm{RBW} = \frac{D(\text{Vergleichsstrahlung})}{D(\text{Strahlung})}.$$

Dieser Faktor ist einerseits von der Strahlenart und der Energie der Strahlenteilchen, andererseits aber sehr wesentlich von der Art der biologischen Wirkung (Chromosomenbrüche, Wachstumshemmung, Inaktivierung von Viren u. a.) abhängig.

Für den Strahlenschutz hingegen werden andere Faktoren benutzt. Diese müssen die Gesamtwirkung auf den Körper berücksichtigen, und dabei haben die verschiedenen biologischen Wirkungen in den unterschiedlichen Organen sehr verschiedenes Gewicht. Es wird deshalb ein „Bewertungsfaktor" q definiert; dieser ist für eine bestimmte Strahlungsart gleich dem Quotienten aus der Strahlungsdosis einer Standardstrahlung (200 kV-Röntgenstrahlung; in manchen Ländern 250 kV-Röntgenstrahlung) durch die Strahlungsdosis der betreffenden Strahlung bei gleicher Wirkung:

$$q = \frac{D(\text{Standardstrahlung})}{D(\text{Strahlung})}.$$

Da Strahlung je nach LET sehr unterschiedliche biologische Wirkungen hat, wird auch q stark von dem LET abhängen. Das Produkt aus Energiedosis einer Strahlung mal ihrem Bewertungsfaktor heißt Äquivalentdosis H:

$$H = q \cdot D.$$

Die Einheit der Äquivalentdosis ist $[H] = 1\,\mathrm{Sv}$ (Sievert, nach R. M. Sievert). Der Bewertungsfaktor q ist für die Standardstrahlung gleich Eins. q berücksichtigt somit Abweichungen in der Auswirkung einer Strahlung gegenüber jener der Standardstrahlung. q setzt sich zusammen aus einem Qualitätsfaktor Q, der den LET bzw. die Ionisierungsdichte der Strahlung berücksichtigt, und einem modifizierenden Faktor N, der die Zeitstruktur (Fraktionierung, Protrahierung) der Bestrahlung berücksichtigt:

$$q = Q \cdot N.$$

Beispiele für den Qualitätsfaktor Q sind in der Tabelle 22.4 zu finden. Es können hier noch andere Faktoren hinzu kommen, beispielsweise solche, die den Verteilungsgrad im Falle inkorporierter Radionuklide berücksichtigen, oder solche, die eine Abhängigkeit von weiteren Bestrahlungsbedingungen wie besonderer körperlicher Streß o. ä. berücksichtigen.

22.3 Strahlungswirkung

a) Somatische und genetische Wirkung

Stochastische Schäden. Das Auftreten nicht-stochastischer somatischer Gewebereaktionen nach entsprechender Strahlenbelastung steht außer Zweifel. Deutlich schwieriger ist jedoch der Nachweis von stochastischen Schäden und ganz besonders problematisch ist der Nachweis genetischer Schäden. Zwar zeigten Experimente an Mäusen eine Verdopplung von Erbschäden nach einer einmaligen Energiedosis von $D = 2\,\text{Gy}$, entsprechende Experimente sind am Menschen aber natürlich nicht durchführbar. Obwohl unter den Überlebenden von Hiroshima beispielsweise einige hundert Personen ähnlich großen Strahlungsdosen ausgesetzt waren, ist ein zweifelsfreier Nachweis von Erbschäden am Menschen bisher nicht gelungen. Daraus darf man allerdings auch nicht auf ein etwaiges Ausbleiben von Erbschäden beim Menschen schließen. Vielmehr läßt sich eine Erhöhung der Erbschadensrate am Menschen schon deshalb schwer statistisch gesichert belegen, weil die Spontanrate für Erbschäden relativ hoch ist und stark von anderen Parametern, wie z. B. dem Alter der Eltern, abhängig ist.

Bestrahlung mit ionisierender Strahlung war sehr lange gar nicht als potentielle ontogenetische und phylogenetische Gefährdung des Menschen angesehen worden. Obwohl schon sehr früh eindeutige Gewebeschäden beobachtet wurden, herrschte praktisch ein halbes Jahrhundert lang nach ihrer Entdeckung eine ausgesprochen unwissenschaftliche, ja leichtsinnige Einstellung gegenüber der Röntgenstrahlung und der Radioaktivität. Das reichte vom naiven Heilmittel-für-alles-Glauben bis zur hartnäckigen Leugnung eindeutiger Strahlenschäden im Falle der Leuchtzifferblatt-Malerinnen. Ein heute fast unglaubliches Beispiel hierzu ist auch die Verabreichung von Thorotrast, einem radioaktives Thorium enthaltenden Kontrastmittel bei Röntgen-Untersuchungen. Ferner wurden in der Vergangenheit sogar verschiedene entzündliche Prozesse, wie die Bechterewsche Krankheit, Mastitis und Angina, aber auch TBC, Akne u. a. lokal mit hohen Strahlungsdosen „behandelt“. Noch 20 Jahre später traten z. B. bei Patienten, die im Kindesalter wegen Angina mit Röntgenstrahlen behandelt worden waren, erhöhte Häufigkeiten von Schilddrüsentumoren auf.

Erst die Folgen der Atombombenabwürfe auf Hiroshima und Nagasaki änderten die Einschätzung der Strahlungsbelastung. Die sorgfältige Analyse des Schicksals der Atombombenopfer durch verschiedene internationale Kommissionen hat die wichtigsten quantitativen Anhaltspunkte für die Risikoabschätzung von Strahlenbelastungen geliefert. Die Analyse von deren Krebsmortalität (zuletzt 1986) hat die in der Abb. 22.13 dargestellten, durch Strahlung bedingten, *zusätzlichen* Mortalitätsraten ergeben.

Wie man aus der Graphik sieht, zeigen Leukämie einerseits und die soliden Tumoren andererseits völlig unterschiedliches Zeitverhalten. Während die Leukämierate nach wenigen Jahren ein Maximum erreicht und dann wieder abklingt, nimmt die Rate der soliden Tumoren stetig zu. Diese Zunahme der strahleninduzierten soliden Tumoren mit zunehmendem Alter verläuft ähnlich, wie auch die Zunahme der spontanen altersspezifischen Tumoren. Das führt zu dem sogenannten „Modell des relativen Risikos“ für solide Tumoren. Danach ist die Zunahme der Tumorrate nicht von der Zeit abhängig, die seit der Strahlenexposition verstrichen ist. Vielmehr erhöht Bestrahlung—nach einer anfänglichen Latenzzeit—die dem jeweiligen Alter entsprechende Häufigkeit um einen festen Faktor. Dieser Faktor ist zwar von der Dosis, von der Tumorart, dem Geschlecht und dem Alter bei der Strahlungsexposition abhängig, er ändert sich jedoch dann nicht mehr. D. h. der Strahlenexponierte trägt innerhalb seiner Altersgruppe ein immer um denselben Faktor erhöhtes Risiko.

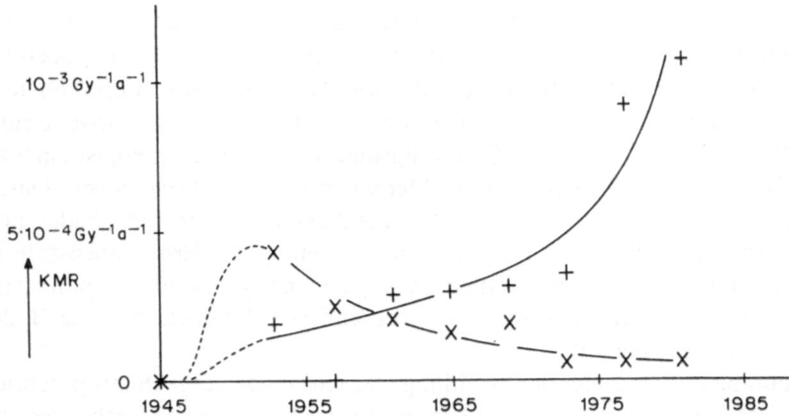

Abb. 22.13. Zusätzliche Krebsmortalitätsrate KMR bei Atombombenüberlebenden. × = Leukämie, + = solide Tumoren. (Nach W. K. Sinclair, 1987.)

Demgegenüber gilt für die Leukämie offenbar das „Modell des absoluten Risikos", nach welchem die durch Strahlung zusätzlich bedingten Leukämieraten unabhängig von dem spontanen Auftreten der Leukämie sind. Es kommt nach einer anfänglichen Latenzzeit zu einem Maximum des Leukämierisikos, u. zw. unabhängig vom Alter.

Es muß jedoch betont werden, daß es hier auch noch offene Fragen gibt. So hat man nach der Tschernobyl-Katastrophe (1986) ein unerwartetes Emporschnellen von Schilddrüsenkrebs bei Kindern beobachtet. Ob die Zunahme dieses bei Kindern an sich sehr seltenen Tumors in Weißrußland auf den dort notorischen Iodmangel, auf die Wirkung sehr kurzlebiger Iodisotope (^{132}I und ^{133}I) oder schlicht auf die geschärft selektive Wahrnehmung im Zuge kollektiver Besorgnis zurückzuführen ist, ist zunächst (1992) noch unklar.

Nichtstochastische Schäden. Bei Bestrahlung des Körpers mit supraletalen Strahlungsdosen treten sofortiger Durchfall, Fieber und Bluthochdruck auf. Bei Bestrahlung mit Dosen, die noch eine Überlebenschance gewähren, treten weniger dramatische Symptome wie Appetitlosigkeit, Übelkeit und Müdigkeit auf. Eine markante Reaktion auf Bestrahlung zeigt die Haut. Während der ersten zwei Tage tritt das sogenannte Früherythem auf, welches dann wieder verschwindet. Ein bis drei Wochen später erscheint das sogenannte Haupterythem, welches in den späteren Phasen von einer Pigmentierung der Haut begleitet wird. Nach einigen Wochen stellt sich Haarausfall ein. Bei größeren Strahlungsdosen kommt es darnach zur Ödembildung sowie zu trockener Esquamation und Kolliquationsnekrose der Haut. Eine einigermaßen vollständige Aufzählung der wichtigsten Symptome bei Strahlungsschäden geht jedoch weit über den Rahmen der vorliegenden Einführung hinaus. Erwähnt seien noch charakteristische dosisabhängige Veränderungen des Blutbilds: Sinkt beispielsweise die Lymphozytenzahl in der ersten Woche nach der Bestrahlung unter 1000 pro 1 mm^3, ist mit einem lebensbedrohenden akuten Strahlensyndrom zu rechnen. Eine Besonderheit zeichnet die Strahlenkatarakt aus: sie akkumuliert kleinste Strahlungsdosen über Jahre hinweg.

b) Zelluläre Strahlenwirkung

Bestrahlt man eine Zellkultur mit einer bestimmten Strahlendosis D und bringt die bestrahlten Zellen—nach entsprechender Verdünnung—auf ein Nährmedium, läßt sich durch einfaches Abzählen feststellen, welcher Prozentsatz der ursprünglichen Zellen seine Teilungsfähigkeit verloren hat, d. h. sterilisiert worden ist. (Es werden nur die unbegrenzt teilungsfähigen Zellen als Überlebende bezeichnet.) Trägt man nun den relativen Anteil der Überlebenden im logarithmischen Maßstab über der applizierten Strahlungsdosis auf, erhält man die sogenannte Überlebenskurve, Abb. 22.14.

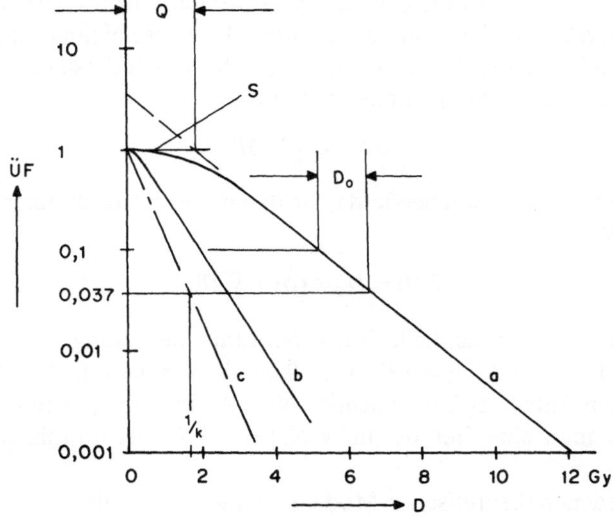

Abb. 22.14. Überlebenskurven von Zellen. Überlebensfraktion $ÜF$ = relativer Anteil der überlebenden Zellen in Abhängigkeit von der Energiedosis D. a = Strahlung mit kleinem LET; der Graph zeigt eine ausgeprägte „Schulter" (S). b = Strahlung mit hohem LET. c = rein exponentielle Sterilisierung. Q = Quasischwellendosis; D_0 = Dosis, die den Anteil überlebender Zellen auf $1/e = 37\%$ reduziert

Bei niedrigem LET bekommt man ausgeprägte sogenannte „Schulterkurven" (Graph a in der Abb. 22.14), bei hohem LET weitgehend exponentielle Verläufe. Da ein Teil der therapeutischen Bestrahlungen auch in Zukunft mit Strahlung von kleinem LET durchgeführt werden dürfte, aber auch wegen der akzidentellen Bestrahlung, kommt der „Schulterkurve" einige Bedeutung zu. Der gerade Teil bedeutet exponentielle Abnahme der Überlebensfraktion. Würde der als „Schulter" bezeichnete Teil bei den kleinsten Dosiswerten horizontal verlaufen, würde für diese Strahlungswirkung eine Schwelle bestehen. Das würde für die Abschätzung des Strahlungsrisikos bei kleinsten Strahlungsdosen weitreichende Konsequenzen haben. Die derzeit vorliegenden experimentellen Daten reichen für eine Klarstellung nicht hin. Allgemein herrscht jedoch Übereinstimmung, daß es eine solche Schwellendosis für Strahlenschäden nicht gibt.

Wegen der hierzu erforderlichen großen Anzahl von Experimenten an Versuchstieren werden auch in Zukunft kaum relevante experimentelle Werte zur Beurteilung von Strahlungsschäden bei kleinsten Strahlendosen vorliegen. Da aber auch Anhaltspunkte für Situationen benötigt werden, wo überhaupt keine experimentellen Befunde vorliegen, versucht die Strahlenbiologie, ein theoretisches Modell für die Mechanismen der Strahlenschädigung und die beobachteten Überlebenskurven zu finden, welches die zugrundeliegenden Vorgänge zu erklären vermag. Dabei werden zwei grundsätzlich unterschiedliche Wege beschritten, nämlich zum einen auf Basis der räumlichen Verteilung der initialen Energiedeposition (Treffertheorie) und zum anderen auf der Basis des Reparaturvermögens der Zellen. Wir betrachten im folgenden nur die allerersten grundsätzlichen Schritte der Treffertheorie.

Treffertheorie der zellulären Strahlenwirkung. Wir machen zunächst die plausible und einfache Annahme, daß die einer Zellkultur (oder einem Gewebe) zugeführte Strahlungsdosis ΔD einen bestimmten Bruchteil $\Delta N/N$ der N noch lebenden Zellen sterilisiert. Dann ist die relative Abnahme $-\Delta N/N$ an Überlebenden proportiona' zu ΔD (mit der Proportionalitätskonstanten k):

$$-\Delta N/N = k \cdot \Delta D.$$

Sind anfangs noch N_0 Überlebende da, ist deren Anzahl nach einer zugeführten Strahlendosis D

$$N(D) = N_0 \cdot \exp(-k \cdot D),$$

d. h. wir erhalten eine exponentielle Dosis-Wirkungs-Beziehung. Für eine Energiedosis $D = 1/k$ ist $N(D) = N_0/e = 0{,}37 \cdot N_0$; $1/k$ ist die sogenannte 37%-Dosis. Trägt man den relativen Anteil der Überlebenden $N(D)/N_0$ in halblogarithmischem Maßstab auf, erhält man eine Gerade ($\ln(N/N_0) = -k \cdot D$) als Graph, s. Abb. 22.14 (Graph c).

Die verschiedenen theoretischen Modelle versuchen nun, den Verlauf der Dosis-Wirkungs-Beziehung der Graphen b und c in der Abb. 22.14, d. h. insbesondere das Auftreten der Schulter, zu erklären. Neben den Erklärungsversuchen, die annehmen, daß zur Sterilisierung einer Zelle mehrere Treffer erforderlich sind, spielen vor allem die Reparatur-Modelle eine wichtige Rolle. Letztere berücksichtigen die wichtigen Reparatur-Prozesse, die strahlungsinduzierte molekulare Veränderungen wieder rückgängig machen. Diese Reparaturprozesse benötigen Zeit, was erklärt, daß neben der Strahlungsdosis auch die Dosisleistung maßgeblich für die Strahlenwirkung ist. Insgesamt ist man von einer quantitativen Beschreibung der Strahlenwirkung auf Zellen allerdings noch weit entfernt.

c) Molekulare Strahlenwirkung (Radiolyse)

Energiereiche Teilchen ionisieren mehr oder weniger zufällig in der Zelle enthaltene Moleküle. Der auf den Ionisierungsakt unmittelbar folgende Schritt ist chemischer Natur. Es kommt zu einer Reihe von Reaktionen, die die biochemischen Prozesse in der Zelle auf unterschiedliche Weise stören. Zur Charakterisierung und Quantifizierung bzw. zum Vergleich der verschiedenen möglichen Prozesse benutzt man den sogenannten G-Wert. Dieser ist definiert als:

$$G = \text{Zahl der entstandenen Produkte je } 100\,\text{eV absorbierter Energie.}$$

Die G-Werte liegen i. a. unter 10, z. B. für locker ionisierende Strahlung in H_2O bei pH = 7:

Hydratisierte Elektronen	$G = 2{,}65$
H-Radikal	$G = 0{,}55$
OH-Radikal	$G = 2{,}70$
H_2	$G = 0{,}45$
H_2O_2	$G = 0{,}70$

Dieser Parameter ist allerdings keine für das betreffende Molekül charakteristische Konstante: Unmittelbar nach dem Ionisationsprozeß nämlich kommt es noch zu Reaktionen zwischen den entstandenen Bruchstücken, u. zw. bevor diese in die Umgebung diffundieren. Die Ausbeute an Radiolyseprodukten wird daher z. B. stark von der Ionisationsdichte abhängen und in gewissem Maße auch vom pH-Wert sowie der Temperatur.

Strahlung kann an biologisch wichtigen Molekülen (DNS, Enzyme) entweder direkt einen Schaden setzen oder indirekt, nämlich durch Radikale aus der Zerstörung anderer Moleküle, hauptsächlich aus dem Lösungsmittel Wasser. Wir vergleichen im folgenden diese beiden Schädigungsabläufe miteinander.

Nehmen wir zunächst an, im Zellvolumen V—oder einem beliebigen anderen Volumen—gibt es N_0 gelöste Moleküle mit der Konzentration $c = N_0/V$ und M_0 Lösungsmittelmoleküle. Dann wird durch Bestrahlung mit der Dosis ΔD ein Bruchteil $\Delta N = w \cdot N \cdot \Delta D$ der gelösten Moleküle *direkt* geschädigt. Das führt auf bekanntem Weg zu einer negativen Exponentialfunktion für die Überlebensfraktion der gelösten Moleküle:

$$\frac{N}{N_0} = \exp(-w \cdot D) \quad \text{bzw.} \quad N = c \cdot V \cdot \exp(-w \cdot D).$$

Eine Strahlungsdosis $D_0 = 1/w$ reduziert die Überlebensfraktion der gelösten Moleküle auf den Bruchteil $1/e$, u. zw. *unabhängig* von der Konzentration c.

Nun betrachten wir das Lösungsmittel und nehmen an, daß jedes getroffene Lösungsmittelmolekül ein Radikalmolekül liefert, welches ein gelöstes Molekül inaktiviert. Dies ist der Vorgang der *indirekten* Schädigung. Die Anzahl nicht getroffener Lösungsmittelmoleküle ist

$$M = M_0 \cdot \exp(-w \cdot D)$$

und die Anzahl getroffener Lösungsmittelmoleküle ist die Differenz zur Gesamtzahl M_0:

$$M_0 - M = M_0 \cdot (1 - \exp(-w \cdot D)).$$

Um nun auf indirektem Weg eine gleich große Anzahl von gelösten Molekülen (z. B. N_0/e) zu schädigen, wie auf dem direkten Weg, müssen (nach obiger Annahme) ebenso viele Lösungsmittelmoleküle getroffen werden:

$$M_0 \cdot (1 - \exp(-w \cdot D_0)) = N_0/e,$$

woraus

$$1 - \exp(-w \cdot D_0) = c \cdot V/(M_0 \cdot e).$$

Die linke Gleichungsseite der letzten Gleichung nimmt anfangs etwa linear mit D_0 zu, d. h. es ist $c \cdot V/(M_0 \cdot e)$ proportional zu D_0. Man sieht: Die zur indirekten Inaktivierung von N_0/e gelösten Molekülen erforderliche Dosis D_0 ist direkt *proportional* zur Konzentration *c*. Fazit: Bei kleinen Konzentrationen *c* ist auch die zur Inaktivierung der gelösten Moleküle erforderliche Dosis klein. Der indirekte Effekt wird daher das Schädigungsgeschehen bei allen Molekülen mit geringer intrazellulärer Konzentration dominieren; es ergibt sich das in der Abb. 22.15 qualitativ skizzierte Verhalten.

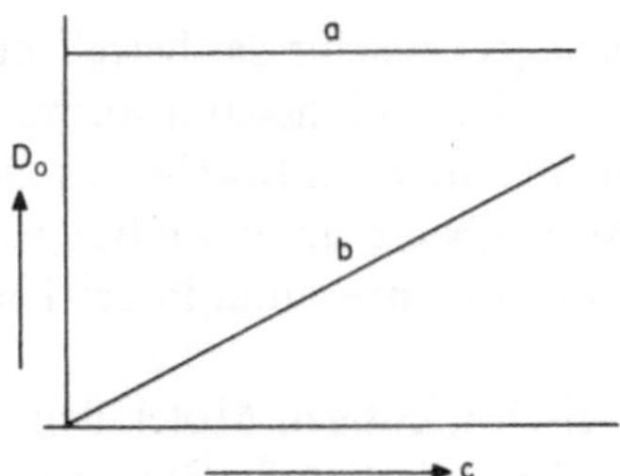

Abb. 22.15. D_0-Werte bei direktem **a** und indirektem **b** Schädigungseffekt an gelösten Molekülen in Abhängigkeit von deren Konzentration *c*

Daraus folgt natürlich auch, daß selbst kleinste Strahlungsdosen über die indirekte Inaktivierung Schäden erzeugen, was gegen das Vorhandensein einer Schwellendosis bei Strahlungsschäden spricht.

Bei massiver Bestrahlung von Zellen mit Energiedosen oberhalb der für den Menschen i. a. letalen (Ganzkörper-) Dosis von etwa 5 Gy findet man Strahlenschäden an den verschiedenen Membranen der Zellen. Die Folgen sind Zusammenbruch des Elektrolythaushalts und Zerstörung der Zelle durch unkontrollierte Freisetzung von Enzymen. Bei geringen Strahlendosen hingegen sind die Ursachen für Zellschäden schwieriger zu erkennen. Am empfindlichsten reagieren Zellen auf ionisierende Strahlung mit einer Änderung der Mitoserate. Es gibt viele weitere Belege dafür, daß Insulte an den Chromosomen bzw. an der DNS von besonderer Bedeutung sind. Direkte Wirkungen ionisierender Strahlung auf die DNS können sehr vielfältig sein, s. Abb. 22.16.

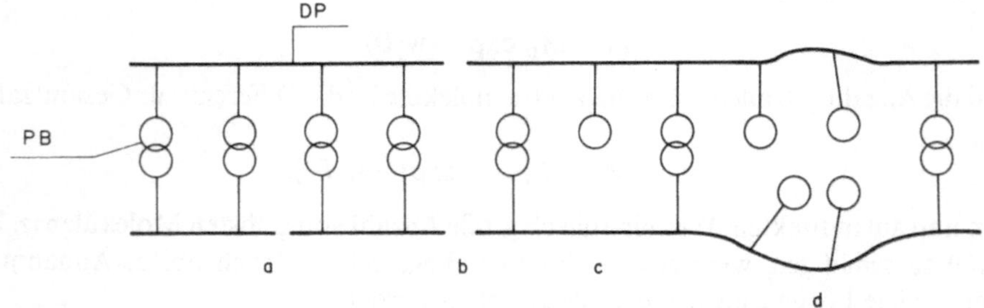

Abb. 22.16. Verschiedene Wirkungen ionisierender Strahlung auf Desoxyribonukleinsäure (DNS). *DP* = Kette der Desoxyribose- und Phosphatgruppen, *PB* = durch Wasserstoffbrücken verbundene Purin- und Pyrimidinbasen. *a* = Einzelstrangbruch, *b* = Doppelstrangbruch, *c* = Basenverlust, *d* = Denaturierung. (Nach J. Kiefer, 1989)

Von besonderer Wichtigkeit sind die Doppelstrangbrüche. Hier versagt nämlich der biochemische Reparaturmechanismus, weil die DNS-Polymerase keine Matrize mehr vorfindet, nach der sie die fehlenden Nukleotide einfügen kann. Es handelt sich also um einen irreparablen Schaden. Solche Doppelstrangbrüche werden natürlich bei hohem LET häufiger auftreten als bei niedrigem, weil hier die Häufigkeit von zwei entsprechend nahe benachbarten Ionisierungsprozessen eben größer ist. Sie machen jedoch bei jeder Strahlenart einen festen Anteil aller anderen Schäden aus. Deshalb gibt es irreparable Schäden auch bei kleinsten Strahlungsdosen; eine Schwelle, unterhalb der ionisierende Strahlung unschädlich ist, dürfte es daher auch aus diesem Grund nicht geben.

Die skizzierten Zusammenhänge sind zwar plausibel, es ist allerdings noch nicht gelungen, ein bestimmtes Reaktionsprodukt als Ergebnis der Radiolyse der DNS auch nachzuweisen oder eine experimentell begründete Gewichtung der möglichen Schäden vorzunehmen. Es ist nicht einmal eindeutig nachgewiesen, daß Doppelstrangbrüche die ausschlaggebenden Schäden sind. Hinzu kommt noch eine gewisse Unsicherheit bezüglich der Rolle der bisher nur in Bakterien beobachteten Reparaturmechanismen für Säugerzellen, obwohl gerade hier die meisten Fortschritte der letzten Jahre zu verzeichnen sind.

Da Wasser den Hauptbestandteil aller biologischen Systeme bildet, dominiert es bei der indirekten Wirkung ionisierender Strahlung. Die im Wasser ablaufenden chemischen Prozesse nach der Radiolyse sind weitgehend bekannt. Wir beschränken uns auf die allerersten Schritte dieses insgesamt sehr komplexen Geschehens. Die primären, von der ionisierenden Strahlung am Wassermolekül bewirkten Reaktionen sind die Ionisation und die Spaltung:

$$H_2O \rightarrow H_2O^{\dot{+}} + e^{\dot{-}}$$

und

$$H_2O \rightarrow H\cdot + OH\cdot$$

Alle vier Reaktionsprodukte sind Radikale (hier und im folgenden durch einen Punkt hinter dem chemischen Symbol gekennzeichnet), d. h. sie besitzen ein ungepaartes Elektron und sind deshalb chemisch hoch reaktiv. Das Elektron ($e^{\dot{-}}$) liegt nicht frei vor, sondern ist von einer Hydrathülle umgeben. Die weiteren Reaktionen laufen nun in zwei grundsätzlich verschiedene Richtungen: Einerseits kommt es durch die entstandenen Radikale zu einer ganzen Kette von Folgereaktionen, bis chemisch stabile Endprodukte entstehen. Dabei reagieren die entstandenen Radikale sowohl mit den Wassermolekülen als auch mit den biologischen Molekülen in der Zelle und verursachen entsprechende Schäden an Zellorganellen. Andererseits können die entstandenen Radikale wieder rekombinieren und die Radiolyse aufheben.

Eine besondere Rolle kommt bei diesen Reaktionen dem Sauerstoff zu. Das Sauerstoffmolekül hat als einziges einfaches Molekül schon im Grundzustand zwei ungepaarte Elektronenspins und wirkt daher wie ein Radikal mit zwei Elektronen (unten durch einen Doppelpunkt angedeutet). Wegen seiner hohen Elektronenaffinität bindet der Sauerstoff die primär entstandenen Elektronen, es entsteht:

$$e^{\dot{-}} + O_2{:} \rightarrow O_2^{\dot{-}}.$$

Ferner reagiert das H-Radikal mit O_2:

$$H\cdot + O_2\colon \rightarrow HO_2^{\cdot}$$

und es tritt—neben anderen Reaktionen—die Folgereaktion

$$HO_2^{\cdot} + HO_2^{\cdot} \rightarrow H_2O_2 + O_2$$

auf. Es entsteht Wasserstoffperoxyd, welches sich laufend zersetzt und OH-Radikale frei setzt, welchen erhebliche biologische Wirkung zugeschrieben wird:

$$e^{\cdot -} + H_2O_2 \rightarrow OH\cdot + OH^- .$$

Anwesenheit von Sauerstoff im Gewebe verhindert also die Rekombination der entstandenen Ionen und fördert die Entstehung von OH-Radikalen. Daher spielt die Sauerstoffversorgung des bestrahlten Gewebes eine besondere Rolle: O_2 ist einer der stärksten Sensibilisatoren für Strahlungsschäden. Bei Zellpopulationen mit 20% freiem O_2 (entspricht arteriellem Blut) beispielsweise benötigt man nur 30 bis 50% der Energiedosis zur Sterilisierung im Vergleich zum Fall mit nur 0,1% freiem O_2. Viele Tumoren sind schlecht mit Blut versorgt und daher hypoxisch und dadurch sehr strahlenresistent im Vergleich zu normalem Gewebe.

22.4 Strahlenschutz

Die von der Internationalen Kommission für Strahlenschutz ausgesprochenen Empfehlungen werden in den verschiedenen Staaten in die nationale Gesetzgebung mehr oder weniger unverändert übernommen. Dies findet in der Folge seinen Niederschlag in Röntgenverordnungen bzw. Strahlenschutzverordnungen. Diese regeln die Verantwortlichkeiten für Strahlenschutzmaßnahmen, die Abgrenzung der Bereiche, in welchen ionisierende Strahlung auftreten kann, die über die natürliche Umgebungsstrahlung hinausgeht, sowie die Pflichten des Betreibers solcher Anlagen. Zur Überwachung des Umgangs mit radioaktiven Stoffen bzw. den Betrieb von Strahlenanlagen sind von den Besitzern bzw. Betreibern Strahlenschutzbeauftragte zu bestellen, die die Einhaltung der einschlägigen Vorschriften zu überwachen haben. Strahlenschutzbeauftragte müssen i.a. neben einer einschlägigen Hochschulausbildung den Besuch einer besonderen Strahlenschutzausbildung nachweisen. Darüberhinaus sind alle im Kontrollbereich (= Bereich, in dem zusätzliche Strahlenbelastung—hauptsächlich durch Streustrahlung—größer als 15 mSv/a möglich ist) Tätigen regelmäßig über die benutzten Arbeitsmethoden, mögliche Gefahren und anzuwendende Schutzmaßnahmen zu belehren.

In den entwickelten Ländern liefert die Anwendung der Röntgenstrahlung in der medizinische Diagnostik den Hauptbeitrag zur Strahlenbelastung der Bevölkerung. Bereits einzelne Röntgenuntersuchungen können Ganzkörperdosen von mehr als 5 mSv erzeugen. Röntgenuntersuchungen sind daher grundsätzlich so zu gestalten, daß der angestrebte diagnostische Informationsgewinn mit der kleinstmöglichen Strahlexposition der Patienten erreicht wird. Auch diesem Ziel dienen die Vorschriften des Strahlenschutzes.

Berechnung der Äquivalentdosis in der Röntgendiagnostik. Bei Röntgenuntersuchungen wird bis zu 80% der auftreffenden Strahlungsenergie im Körper des

Patienten absorbiert. Die absorbierte Strahlungsenergie E läßt sich aus dem Flächendosisprodukt $D \cdot A$ (D = Energiedosis der einfallenden Strahlung, A = Fläche des auf den Körper entfallenden Strahlquerschnitts) berechnen:

$$E = K \cdot D \cdot A.$$

K ist der sogenannte Konversionskoeffizient, der für unterschiedliche Bestrahlungsbedingungen durch Rechnung und Messungen ermittelt worden ist, s. Tabelle 22.1.

Tabelle 22.1. Konversionskoeffizienten für Röntgenstrahlung im menschlichen Körper. (Auszug aus: L. Ebermann u. a., 1991)

U_A und Filterung	K in $mJ \cdot Gy^{-1} \cdot cm^{-2}$ bei Patientendicke		
	12 cm	20 cm	30 cm
120 kV/4 mm Al	12,8	16,0	17,1
100 kV/4 mm Al	12,0	14,6	15,4
100 kV/2 mm Al	9,7	11,7	12,2
80 kV/2 mm Al	8,2	9,5	10,0
60 kV/2 mm Al	6,2	6,7	6,9

Effektive Äquivalentdosis. Für geringe Strahlenbelastung bis zu mittleren Organdosen von einigen 10 mGy, wie sie bei Röntgenuntersuchungen auftreten, wurde als Maß für das Risiko stochastischer Strahlenschäden die effektive Äquivalentdosis HE eingeführt. Bei homogener Strahlenbelastung des gesamten Körpers—die bei medizinischer Bestrahlung eher selten vorkommt—ist die effektive Äquivalentdosis HE gleich der über den gesamten Körper gemittelten Äquivalentdosis, der sogenannten Ganzkörperdosis HK. Bei Röntgenuntersuchungen am Körperstamm und am Kopf kann die effektive Äquivalentdosis HE etwa gleich der Ganzkörperdosis HK gesetzt werden, wenn man HK als Quotient der im bestrahlten Körperbereich absorbierten Energie E durch die Masse m des gesamten Körpers (multipliziert mit dem betreffenden Qualitätsfaktor Q) berechnet:

$$HK = Q \cdot E/m = Q \cdot K \cdot D \cdot A/m.$$

Andernfalls sind für das Verhältnis HE/HK Werte von 0,5 bis 2,0 zu erwarten.

Tabelle 22.2. Mittelwerte für die effektive Äquivalentdosis bei Röntgenuntersuchungen (Rasteraufnahmen mit Verstärkerfolie) unter folgenden Bedingungen: Thorax: U_A = 100 kV, 4 mm Al-Filter. Magen: Durchleuchtung für 2,5 min bei U_A = 80–90 kV mit 3 mm Al-Filter; 6 bis 8 Aufnahmen bei U_A = 100–120 kV mit 3 mm Al-Filter. Schädel-CT: U_A = 120 kV, 25 Schichten, 8 mm Schichtdicke. (Nach L. Ebermann u. a., 1991)

Untersuchung	Strahlenexposition HE
Thorax	0,2 mSv
Magen	22 mSv
Schädel-CT	0,8 mSv

Tabelle 22.2 gibt einen Überblick über die bei einigen Röntgenuntersuchungen mit modernem Gerät zu erwartenden effektiven Äquivalentdosen *HE*.

Zusammenfassung 22

I. Ionisierende Strahlung löst im Organismus Reaktionen in verschiedenen Ebenen aus:

PHYSIKALISCHE PHASE
↓
BIOCHEMISCHE PHASE
↓
BIOLOGISCHE PHASE
↓
SOMATISCHE bzw. GENETISCHE GEWEBEREAKTIONEN
↓
REAKTIONEN DES GESAMTORGANISMUS
↙ ↘
NICHTSTOCHASTISCHE SCHÄDEN STOCHASTISCHE SCHÄDEN

Für punktförmige Strahlungsquellen verhalten sich die Teilchenstromdichten $J(r)$ (ACHTUNG: der Buchstabe J tritt in diesem Abschnitt in drei unterschiedlichen Bedeutungen auf: als Symbol der Energieeinheit „Joule“, als physikalische Größe „Teilchenstromdichte“ und als physikalische Größe „Ionendosis“) umgekehrt wie die Abstandsquadrate:

$$J(r_2) = J(r_1) \cdot \left(\frac{r_1}{r_2}\right)^2. \tag{22.1}$$

Dieses geometrische Abstandsgesetz gilt nur bei Abständen $r \gg$ Quellenabmessung. Abweichungen hiervon werden durch Streuung und nichtkonstante lineare Energieübertragung verursacht.

Die Teilchenstromdichte einer radioaktiven Quelle ist im Abstand r:

$$J(r) = \frac{a}{4 \cdot \pi \cdot r^2} \tag{22.2}$$

(a ist die Aktivität der Quelle), und die Energiestromdichte (Strahlungsintensität) I ist:

$$I(d) = E_T \cdot J(r), \tag{22.3}$$

wobei E_T die Teilchenenergie ist.

Im Gewebe kommt nur der aus der Strahlung aufgenommene Energiebetrag ΔE zur Wirkung. Der ausgelöste physikalische Effekt ist proportional zur Energiedosis D:

$$D = \frac{\Delta E}{\Delta m} = \frac{1}{\rho} \cdot \frac{\Delta E}{\Delta V} \tag{22.4}$$

mit

$$\Delta E = E_{\text{ein}} + E_U - E_{\text{aus}} - E_{U'}, \tag{22.5}$$

$$[D] = 1\,\text{Gy} = 1\,\text{J} \cdot \text{kg}^{-1} = 100\,\text{rad} = 6{,}242 \cdot 10^7\,\text{MeV} \cdot \text{g}^{-1}.$$

Die Dosisleistung einer (annähernd) punktförmigen Strahlungsquelle im Abstand d ist für biologisches Gewebe:

$$\frac{dD}{dt} = k \cdot \frac{a}{r^2}, \tag{22.6}$$

k heißt Punktquellen-Dosiskonstante. Diese Größe ist noch von der Strahlungsart abhängig; einige Beispiele sind in der Tabelle 22.3 enthalten.

Die Charakterisierung des biologischen Effekts bzw. Schadens von ionisierender Strahlung erfolgt durch die Energiedosis D und (für die Belange des Strahlenschutzes) die Äquivalent-

Tabelle 22.3. Dosiskonstanten k einiger γ- und β^--Strahler

	Radionuklid	Dosiskonstante k
γ-Strahler	^{60}Co	$3{,}36\cdot 10^{-13}\,Gy\cdot m^2/(h\cdot Bq)$
	^{99m}Tc	$1{,}56\cdot 10^{-14}$
	^{137}Cs	$8{,}47\cdot 10^{-14}$
	^{226}Ra	$2{,}14\cdot 10^{-13}$
β^--Strahler	^{90}Sr	$2{,}0\cdot 10^{-11}$
	^{90}Y	$7{,}8\cdot 19^{-12}$
	^{131}J	$1{,}7\cdot 10^{-11}$
	^{137}Cs	$1{,}6\cdot 10^{-11}$
	^{192}Ir	$1{,}6\cdot 10^{-11}$
	^{198}Au	$1{,}2\cdot 10^{-11}$

dosis H:

IONENDOSIS J
↓
mit Abb. 22.7
↓
ENERGIEDOSIS D
↓
mit Gleichung 22.12
↓
ÄQUIVALENTDOSIS H.

Dosismeßmethoden beruhen grundsätzlich auf der Ionisierung von Gasen wie Luft. Für Neutronen eignen sich BF_3 oder wasserstoffhaltige Gase wie Äthylen. Die Ionendosis ist definiert als:

$$J = \frac{\Delta Q}{\Delta m} = \frac{1}{\rho}\cdot\frac{\Delta Q}{\Delta V}, \tag{22.7}$$

$$[J] = 1\,C\cdot kg^{-1} = 3976\,R\ (\text{Röntgen})$$

$$\frac{dJ}{dt} = \text{Ionendosisleistung}.$$

ΔQ ist die elektrische Ladung der Ionen eines Vorzeichens. ΔV muß so groß sein, daß über viele Ionisierungsprozesse gemittelt wird. Zur Dosismessung eignen sich:

Gas-, Festkörper- oder Halbleiter-Ionisationskammern,
Chemische Dosimeter (z. B. auf Eisensulfat-Basis),
Teilchenzähler (mit Einschränkungen, s. Kapitel 19.1),
Filmdosimeter (Schwärzung von photographischem Film),
Thermolumineszenz-Dosimeter oder
Glasfaser-Dosimeter.

Die biologischen Wirkungen der ionisierenden Strahlung weisen je nach linearem Energie-Transfer L erhebliche Unterschiede auf. L ist die entlang einer Teilchenbahn der Länge Δs auf das Gewebe übertragene Energie ΔE_L, bezogen auf Δs:

$$L = \Delta E_L/\Delta s \tag{22.8}$$

$$[L] = 1\,J\cdot m^{-1}.$$

L ist kleiner als das Bremsvermögen $S = \Delta E/\Delta s$, weil ein Teil der zunächst deponierten Energie durch δ-Teilchen abtransportiert wird:

$$L \leqq S. \tag{22.9}$$

Die biologische Wirkung wird mit Hilfe der sogenannten „relativen biologischen Wirkung" definiert, diese ist der Quotient

$$\mathrm{RBW} = \frac{D\,(\text{für Vergleichsstrahlung})}{D\,(\text{Strahlung})} \tag{22.10}$$

bei „Isoeffekt", d. h. bei gleicher biologischer Wirkung: Die Wirkung einer beliebigen Strahlung wird auf die Wirkung einer Vergleichsstrahlung bezogen. Der RBW-Faktor ist neben anderen Einflußgrößen sehr wesentlich von der betrachteten biologischen Wirkung (Chromosomenbrüche, Wachstumshemmung, Inaktivierung von Viren u. a.) abhängig.

II. Im Strahlenschutz muß die Wirkung auf den gesamten Körper berücksichtigt werden. Hier wird ein „Bewertungsfaktor" q definiert. Dieser ist gleich dem Quotienten aus der maximal zulässigen Strahlungsdosis einer Standardstrahlung durch die maximal zulässige Strahlungsdosis der betreffenden Strahlung:

$$q = \frac{D(\text{Standardstrahlung})}{D(\text{Strahlung})}. \tag{22.11}$$

q hängt stark von dem LET der betreffenden Strahlung ab, s. Tabelle 22.4.

Tabelle 22.4. Qualitätsfaktoren Q verschiedener ionisierender Strahlenarten und Teilchenenergien E für den Strahlenschutz

Strahlenart	Teilchenenergie E	Qualitätsfaktor Q
1. Röntgen-, γ- und β-Strahlen	Maximalenergie	
	bis 30 keV	1,7
	größer als 30 keV	1,0
2. Protonen	bis 10 MeV	10
3. Neutronen	thermisch	3,0
	10 keV	3,8
	100 keV	8,0
	1 MeV	10,5
	10 MeV	6,5
	100 MeV	4,7
	1 GeV	3,4
4. α-Teilchen, Spaltungsbruchstücke und schwere Rückstoßkerne		20 und größer

Das Produkt aus Energiedosis einer Strahlung mal ihrem Bewertungsfaktor heißt Äquivalentdosis H:

$$H = q \cdot D \tag{22.12}$$

$$[H] = 1\,\mathrm{Sv}\ (\text{Sievert}).$$

Der Bewertungsfaktor q ist für die Standardstrahlung gleich Eins. q setzt sich zusammen aus einem Qualitätsfaktor Q, der den LET bzw. die Ionisierungsdichte der Strahlung berücksichtigt, und einem modifizierenden Faktor N, der die Zeitstruktur (Fraktionierung, Protrahierung) der Bestrahlung berücksichtigt:

$$q = Q \cdot N. \tag{22.13}$$

Es können hier noch andere Faktoren hinzu kommen, die den Verteilungsgrad im Falle inkorporierter Radionuklide berücksichtigen, oder solche, die eine Abhängigkeit von den weiteren Bestrahlungsbedingungen, wie körperlichen Streß o. ä., berücksichtigen. Fehlen nähere Angaben, wird $N = 1$ gesetzt.

Die durchschnittliche natürliche Strahlenbelastung aus äußerer Bestrahlung (kosmische Strahlung und Höhenstrahlung) und terrestrischer Strahlung sowie innerer Bestrahlung (hauptsächlich ^{40}K in der Muskulatur) beträgt rund

$$\frac{\Delta H}{\Delta t} = 1\,\mathrm{mSv/a} \tag{22.14}$$

(oder rund $9\,\mu R/h$).

Nach den Empfehlungen der Internationalen Strahlenschutz-Kommission (ICRP) soll die genetische Dosis der Gesamtbevölkerung aus allen Strahlenquellen zusätzlich zur natürlichen Strahlenbelastung den Wert von

$$50\,\mathrm{mSv}$$

in 30 Jahren (für die genetische Belastung ist nur die Bevölkerungsgruppe im generationsfähigen Alter bis zum 30. Lebensjahr von Bedeutung) nicht überschreiten.

III. Leukämie und solide Tumoren besitzen deutlich unterschiedliches Zeitverhalten. Die Leukämierate erreicht nach wenigen Jahren ein Maximum und klingt dann wieder ab. Hingegen nimmt die Rate der soliden Tumoren stetig zu. Für solide Tumoren gilt das „Modell des relativen Risikos“, für die Leukämie gilt das „Modell des absoluten Risikos“.

Das UN Scientific Committee on the Effects of Atomic Radiation berichtete 1982 an die UN-Generalversammlung: „The risk of fatal cancer induced by ionizing radiation is 0,01 per 1 Sv“. Inzwischen (1990) hat man aufgrund neuer Daten und Interpretationen der Auswirkungen der Atombomben von Hiroshima und Nagasaki feststellen müssen, daß das Strahlenrisiko vermutlich dreimal größer als bisher angenommen ist.

IV. Ein Ansatz zur Erklärung der quantitativen Zusammenhänge zwischen Energiedosis und der zellulären Strahlenschädigung basiert auf der sogenannten Treffertheorie. Unter der Voraussetzung, daß ein einziger Treffer zur Sterilisierung genügt, ist der Bruchteil sterilisierter Zellen $\Delta N/N$ direkt proportional zur Strahlungsdosis ΔD, was zu einem Exponentialgesetz für die Anzahl der Überlebenden führt:

$$N(D) = N_0 \cdot \exp(-w \cdot D). \tag{22.15}$$

Die Energiedosis $D = 1/w$ ist die sogenannte 37%-Dosis. Trägt man den relativen Anteil der Überlebenden $N(D)/N_0$ in halblogarithmischem Maßstab auf, erhält man eine Gerade als Graph, s. Abb. 22.14 (Graph c).

V. Strahlung kann an biologisch wichtigen Molekülen (DNS, Enzyme) entweder direkt einen Schaden setzen oder indirekt über erzeugte chemische Radikale. Der indirekte Effekt bestimmt das Schädigungsgeschehen bei allen Molekülen mit geringer intrazellulärer Konzentration.

Wasser dominiert als Hauptbestandteil aller biologischen Systeme bei der indirekten Wirkung ionisierender Strahlung und bei geringen Strahlungsdosen. Bei der Wasserradiolyse entstehen primär folgende Produkte:

$$H_2O \rightarrow H_2O^{\dot{+}} + e^{\dot{-}}$$

und

$$H_2O \rightarrow H\cdot + OH\cdot$$

Alle vier Reaktionsprodukte sind chemische Radikale.

Sauerstoffeffekt. Das Sauerstoffmolekül ist ein Bi-Radikal. Es reagiert wegen seiner hohen Elektronenaffinität besonders schnell mit den reduzierenden Produkten der Radiolyse:

$$e^{\dot{-}} + O_2\!: \rightarrow O_2^{\dot{-}}$$

$$H\cdot + O_2\!: \rightarrow HO_2^{\cdot}$$

Sauerstoff verhindert somit die Rekombination der entstandenen Ionen, was sich in einer

Erhöhung der Strahlungsempfindlichkeit von Gewebe gegenüber locker ionisierender Strahlung um einen Faktor von 2 bis 3 niederschlägt. Mit steigendem LET nimmt der Sauerstoffeffekt ab. Die Ursachen hierfür sind noch nicht geklärt.

VI. Der Schutz vor somatischen und genetischen Strahlenschäden erfolgt international koordiniert aufgrund von Empfehlungen der Internationalen Kommission für Strahlenschutz (= ICRP = International Commission on Radiological Protection). Die einzelnen Staaten treffen hierzu weitgehend vergleichbare gesetzliche Regelungen betreffend die mit dem Strahlenschutz zu betrauenden Institutionen und Personen, die Festlegung von Überwachungsbereichen und Überwachungsverfahren sowie die für verschiedene Personengruppen zulässigen Dosiswerte. Betriebe, die Röntgenanlagen betreiben oder mit radioaktiven Stoffen arbeiten,

Tabelle 22.5. Jährlich höchstzulässige Aktivitätsaufnahmen aus Atemluft und Wasser (HZAA/*a*), höchstzulässige Konzentrationen radioaktiver Stoffe in der Atemluft bei 40-stündiger (HZK 40) und bei 168-stündiger (HZK 168) Exposition je Woche und höchstzulässige Konzentration radioaktiver Stoffe in Wasser (HZK 168) nach Anlage 5 der österreichischen Strahlenschutz-Verordnung (auf Basis einer höchstzulässigen Strahlenbelastung von 50 mSv/a)

	HZAA/*a*	HZK 40	HZK 168
Luft	$1{,}1 \cdot 10^3$ Bq/a	$4{,}5 \cdot 10^{-8}$ Bq/cm^3	$1{,}5 \cdot 10^{-8}$ Bq/cm^3
Wasser	$3{,}0 \cdot 10^4$ Bq/a		$3{,}7 \cdot 10^{-3}$ Bq/cm^3

Tabelle 22.6. Auszug aus der deutschen Röntgenverordnung, Anlage IV. Kategorie *A* = Personen, die in Kontrollbereichen tätig sind; Kategorie *B* = Personen, die sich i. a. nicht in Kontrollbereichen aufhalten

Körperbereich	Grenzwerte der Körperdosen für beruflich strahlenexponierte Personen im Kalenderjahr der Kategorie *A*	Kategorie *B*
1. Keimdrüsen, Gebärmutter, rotes Knochenmark	50 mSv	15 mSv
2. Hände, Unterarme, Füße, Unterschenkel, Knöchel, einschl. dazugehöriger Haut	500 mSv	150 mSv
3. Schilddrüse, Knochenoberfläche, Haut, soweit nicht unter 2 angeführt	300 mSv	90 mSv
4. alle nicht unter 1, 2, und 3 genannten	150 mSv	45 mSv

Tabelle 22.7. Beispiele für durchschnittliche zivilisatorische Ganzkörper-Strahlenexpositionen pro Jahr in Mitteleuropa

Quelle	Belastung
kerntechnische Anlagen	< 0,01 mSv
Röntgendiagnostik	0,5 mSv
Strahlentherapie	< 0,01 mSv
Nuklearmedizin	< 0,01 mSv
Fall-Out von Kernwaffenversuchen	< 0,02 mSv

Tabelle 22.8. Beispiel für Ganzkörper-Strahlenexpositionen aus verschiedenen Quellen. Zum Vergleich: Ein erheblicher Teil der radioaktiven Niederschläge der Katastrophe von Tschernobyl ist etwa 500 km entfernt in Weißrußland niedergegangen. Rund 80 000 Kinder der Großstadt Gomel wurden in den ersten 5 Jahren nach der Katastrophe einer kumulierten Strahlenbelastung von mehr als 2 Sv durch ^{131}J an der Schilddrüse ausgesetzt. Bei 70% dieser Kinder hat sich (1991) die Schilddrüse vergrößert, viele leiden unter Atemwegserkrankungen, Anämie und Veränderungen des Immunsystems

Strahlenbelastung durch	Mittelwert
a) Kosmische Strahlung (40° geographische Breite)	
Seehöhe 0 bis 500 m	0,40 mSv/a
1000 m	0,45 mSv/a
2000 m	0,70 mSv/a
5000 m	3,60 mSv/a
8000 m	8,00 mSv/a
b) Umwelt:	
^{238}U, ^{40}K und ^{232}Th und Umwandlungsprodukte im Boden	0,47 mSv/a
^{220}Rn und ^{222}Rn in der Luft	0,02 mSv/a
Extremwerte:	
Kerala/Indien	13 mSv/a (Monazitsand)
NO-Küste Brasiliens	5 mSv/a bis über 100 mSv/a

Tabelle 22.9. Berufsbedingte durchschnittliche Ganzkörperdosis pro Jahr in der BRD 1988

Berufsgruppe	Äquivalentdosis
Radiologen	1,4 mSv/a
Beschäftigte in Kernkraftwerken	3,4 mSv/a

Tabelle 22.10. Folgen von kurzzeitiger Ganzkörper-Strahlenexposition mit Strahlung kleinen LETs unterschiedlicher Äquivalentdosen (stochastische Wirkungen treten in jedem Fall auf)

Äquivalentdosis	Folgen
0 bis 0,25 Sv	nur stochastische Wirkungen
1 Sv = kritische Dosis	Strahlenkrankheit: Schwere Knochenmarkschädigung, Erholung innerhalb einiger Monate wahrscheinlich
um 4 Sv	Übelkeit, Erbrechen und Durchfall nach wenigen Stunden; 50% Todesfälle
ab 15 Sv	100% Todesfälle

Tabelle 22.11. Historische Entwicklung der Einschätzung des Strahlenrisikos. BEIR = Committee on the Biological Effects of Ionizing Radiation. NRC = National Research Committee, Washington. UNSCEAR = UN Scientific Committee on the Effects of Atomic Radiation. Nach A. C. Upton, 1991

Abschätzung durch	Zusätzliche Todesfälle je 10000 Personen durch 1 Gy kurzfristiger Bestrahlung mit Strahlung kleinen LETs nach dem Modell des relativen Risikos
BEIR I, 1972	620
BEIR III, 1980	230–500
NRC, 1985	520
UNSCEAR, 1988	700–1100
BEIR V, 1990	885

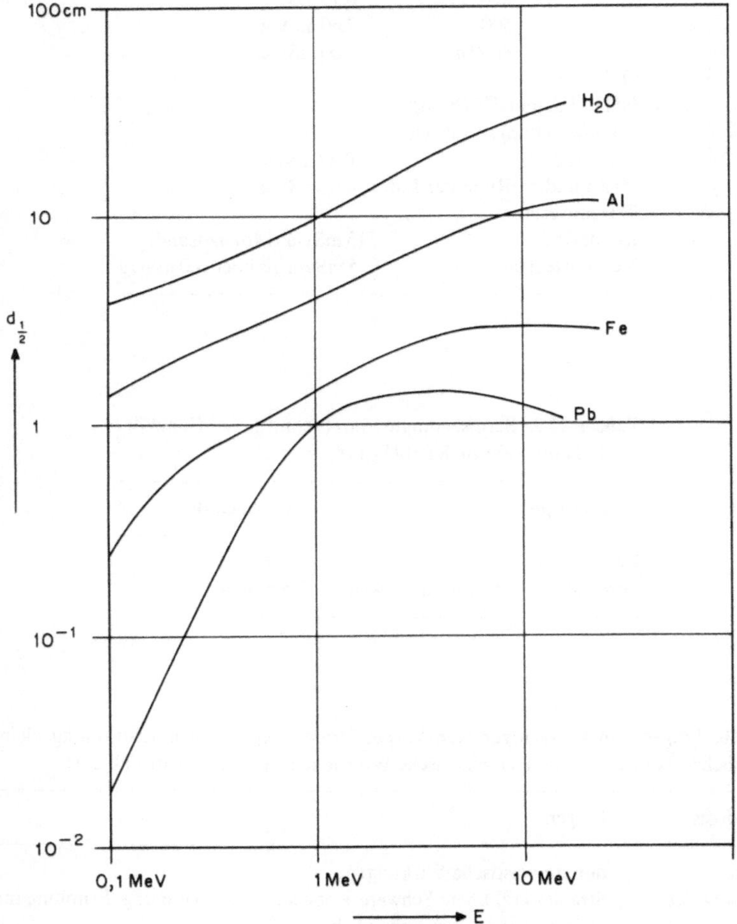

Abb. 22.17. Halbwertsdicken $d_{1/2}$ verschiedener Materialien für Photonenstrahlung der Photonenenergie E

müssen i. a. besonders ausgebildete Personen mit der Überwachung der entsprechenden Strahlenschutzvorschriften betrauen.

Zu den allgemeinen Grundregeln des Strahlenschutzes zur Vermeidung von Strahlungsschäden gehört:

1. Die Vermeidung jeder unnötigen Strahlenexposition.
2. Die Verwendung von Strahlenquellen möglichst kleiner Quellenstärke.
3. Die Beschränkung der Aufenthaltsdauer im Strahlenfeld auf die kürzestmögliche Zeitspanne.
4. Die Einhaltung möglichst großer Abstände von den Strahlungsquellen.
5. Die Verwendung von Abschirmwänden.

Die medizinische Röntgendiagnostik verursacht bei Untersuchungen am Körperstamm und am Kopf eine effektive Äquivalentdosis HE von annähernd:

$$HE = Q \cdot K \cdot D \cdot A/m \tag{22.16}$$

Q = Qualitätsfaktor; K = Konversionskoeffizient, s. Tabelle 22.1; D = Energiedosis der einfallenden Strahlung auf der Körperoberfläche; A = auf den Körper entfallende Strahlquerschnittsfläche; m = Körpermasse. (Bei anderen Untersuchungen sind Abweichungen bis 100% möglich.)

VII. Begriffsbestimmungen und Definitionen sind besonders im Bereich der Strahlenwirkungen einer ständigen Weiterentwicklung und Verfeinerung unterworfen. Hier sei auf die Definitionsänderungen des DIN-Entwurfs 6814 (Luftkerma für die Röntgendiagnostik, Wasser-Energiedosis für die Strahlentherapie; Ortsdosis und Personendosis) hingewiesen.

Anmerkung

Die Einheiten 1 rad („radiation absorbed dose"; $= 10^{-2}$ Gy) für die Energiedosis und 1 rem („radiation equivalent man"; $= 10^{-2}$ Sv) für die Äquivalentdosis sind veraltet.

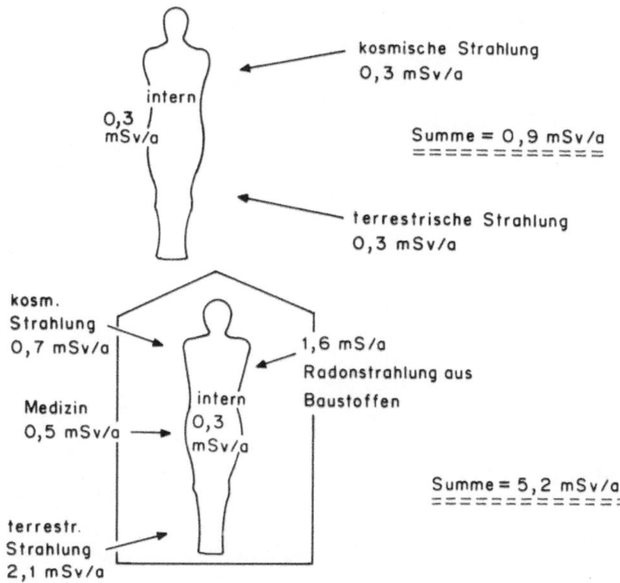

Abb. 22.18. Typische Ganzkörper-Äquivalentdosisleistungen für Mitteleuropa in Abhängigkeit von der Lebensweise bzw. dem dominierenden Aufenthaltsort. **a** Auf 200 m Seehöhe, auf Sedimentgestein, hauptsächlich im Freien, ohne medizinische Strahlenexposition. **b** In 1800 m Seehöhe, auf Urgestein, in betoniertem Gebäude, mit durchschnittlicher medizinischer Strahlenbelastung

Beispiel 22.1. Natürliche Strahlenbelastung des Menschen. Diese setzt sich zusammen aus

(a) äußerer Strahlenexposition (terrestrische Strahlung des Untergrunds, des Mauerwerks und der Luft sowie aus der Höhenstrahlung bzw. kosmischen Strahlung) und

(b) interner Strahlenexposition (Radionuklide in der eingeatmeten Luft, im Trinkwasser, in den Nahrungsmitteln und inkorporierte Radionuklide). Typische Werte, wie sie in Mitteleuropa auftreten können, sind in der Abb. 22.18 zusammengefaßt.

Beispiel 22.2. Dosisleistung einer ^{60}Co-Quelle mit einer Quellenstärke von 300 TBq im Abstand von $D = 1$ m. Nach Gleichung 22.6 ist

$$dD/dt = k \cdot a/r^2 = 3{,}36 \cdot 10^{-13}\,\mathrm{Gy \cdot m^2/(h \cdot Bq)} \cdot 3 \cdot 10^{14}\,\mathrm{Bq}/1\,\mathrm{m}^2 = 101\,\mathrm{Gy/h}.$$

Beispiel 22.3. Dicke D der Bleiabschirmung für eine ^{60}Co-Quelle mit 300 TBq Quellenstärke, um die Dosisleistung in 1 m Abstand auf 0,4 μGy/h zu reduzieren. Erforderlicher Abschwächungsfaktor $= 4 \cdot 10^{-9} = 2^{-28}$; d. h. 28 Halbwertsdicken. Aus Abb. 22.17 für ^{60}Co-Strahlung (s. Abb. 20.31): $d_{1/2} = 1{,}1$ cm. $D = 31$ cm.

Beispiel 22.4. Äquivalentdosis H in 1,5 m Abstand von einer ^{137}Cs-Strahlenquelle mit der Aktivität $a = 1$ GBq innerhalb $\Delta t = 2$ h.

$$H = k \cdot \Delta t \cdot a/r^2 = 8{,}47 \cdot 10^{-14}\,\mathrm{Gy \cdot m^2 (h \cdot Bq)^{-1}} \cdot 10^9\,\mathrm{Bq} \cdot 2\,\mathrm{h}/2{,}25\,\mathrm{m}^2 = 7{,}5 \cdot 10^{-2}\,\mathrm{mSv}.$$

Beispiel 22.5. Ionendosisleistung dJ/dt, die bei konstanter Größe während eines Jahres zu einer Äquivalentdosis von 1 mSv (locker ionisierender Strahlung) führt:

$$dH/dt = 1\,\mathrm{mSv}/a = 3{,}2 \cdot 10^{-11}\,\mathrm{Sv \cdot s^{-1}};\; dJ/dt = (dD/dt)/37\,\mathrm{J \cdot C^{-1}} = 0{,}86 \cdot 10^{-11}\,\mathrm{C \cdot kg^{-1} \cdot s^{-1}} = 3{,}4\,\mathrm{nR \cdot s^{-1}}.$$

Aufgabe 22.1. In 3 Meter Entfernung von einer radioaktiven Strahlenquelle wird eine Energiedosisleistung von $dD/dt = 1$ mGy/h gemessen. Wie groß ist die Dosisleistung in 0,5 Meter Abstand (unter Vernachlässigung der Luftabsorption)?

Aufgabe 22.2. Wie groß ist die Äquivalentdosis H, die eine Person im Abstand von 1 Meter von einer ^{137}Cs-Strahlenquelle mit einer Aktivität von $a = 1$ GBq bei einem Aufenthalt von 3 h empfängt?

OPTIK

Wenn du fragst,
was rechtes Wissen sei,
so antworte ich,
das,
was zum Handeln befähigt.
Hermann Ludwig von Helmholtz

Optik ist die Lehre vom sichtbaren Licht und den angrenzenden Spektralbereichen. Dabei befaßt sich die Optik einerseits mit der Entstehung von Licht und andererseits mit der Wechselwirkung von Licht mit Materie, d. h. Ausbreitung und Absorption von Licht. Weiters ist Optik die Lehre von der Entstehung, Verarbeitung und Übertragung von Bildern. Hier überschreiten optische Methoden einerseits den Bereich der elektromagnetischen Strahlung zu anderen Strahlungsarten hin. Andererseits haben sich Methoden der Bildverarbeitung zu einem eigenständigen Zweig der Informatik entwickelt.

Licht ist die physikalische Basis des Gesichtssinns und damit des wahrscheinlich wichtigsten Sinnes des Menschen. Jedenfalls ist das visuelle System jenes mit dem weitaus größten Informationsfluß. Das gesunde menschliche Auge kann rund 400 000 Bildpunkte und etwa 250 Helligkeitsstufen trennen, die durch einen Code mit 8 Bit beschrieben werden können. Berücksichtigt man noch, daß bei hinreichender Helligkeit 50 aufeinanderfolgende Bilder je Sekunde getrennt wahrgenommen werden können, kommt man auf einen Informationsfluß von $160 \cdot 10^6$ bit$\cdot$s^{-1}. Dieser enorme Informationsfluß wird allerdings innerhalb der Netzhaut noch reduziert, so daß der Informationsfluß im visuellen System in der Größenordnung von 10^6 bit$\cdot$s^{-1} liegen dürfte. Im Gegensatz dazu liegt die Kapazität des Gehörsinns unter 10^5 bit$\cdot$s^{-1}.

Die Wirkung des Lichts auf den Menschen beschränkt sich jedoch nicht allein auf die Vermittlung eines Bilds der Umgebung. Vielmehr wirkt die periodische Belichtung der Netzhaut offenbar auch als Taktgeber der inneren Uhr und synchronisiert die biologischen Rhythmen verschiedener Körperfunktionen, die ohne diesen Taktgeber langsamer, nämlich mit einer Periodendauer von etwa 25 Stunden ablaufen würden. Ähnlich wie der vom Sinusknoten ausgehende Erregungsimpuls die langsamere autonome Erregungsbildung im Herzmuskel überspielt, überspielt die mit kürzerer Periodendauer erfolgende Netzhautbelichtung die autonomen Rhythmen der Körperfunktionen und synchronisiert sie untereinander und mit dem 24-Stunden-Tag. Nach C. A. Czeisler (1978) sind hierzu mindestens etwa 200 lx Beleuchtungsstärke der Umgebung erforderlich.

Nicht nur die Periodizität der Netzhautbelichtung ist wirksam, auch der insgesamt registrierte Lichtstrom ist von Bedeutung. So führt die in den Wintermonaten reduzierte Netzhautbestrahlung zur Winterdepression. Diese saisonale Depression läßt sich durch ein regelmäßiges tägliches etwa einstündiges Lichtbad mit Beleuchtungsstärken über 2500 lx heilen. Auch eine lichtstimulierte Beeinflussung von Stoffwechsel und Hormonausschüttung scheint mittlerweile erwiesen. Wahrscheinlich erfolgt diese Stimulierung über den retino-hypothalamischen Teil der Sehbahn.

Für die Wirkung von Licht auf den Menschen ist die Haut mindestens so wichtig wie das Auge. Eine orientierende Abschätzung der zu erwartenden Effekte bekommt man aus der Größe der Photonenenergie von Licht, welche nur am kurzwelligen Ende des UV-C-Bereichs die zur Ionisierung erforderlichen Beträge erreicht. Sichtbares Licht bewirkt daher an den Elektronenhüllen der Moleküle nur Anregungsvorgänge, die allerdings je nach Stärke der Bindung auch zur Zerstörung eines Moleküls führen. Insbesondere erreicht die Photonenenergie von kurzwelligerem Licht die Bindungsenergie der biologisch sehr wichtigen Nebenvalenzbindungen. Entsprechend gibt es große qualitative Unterschiede in der photobiologischen Wirkung von UV-Licht und sichtbarem bzw. infrarotem Licht.

Während im infraroten Bereich die Wärmewirkung dominiert, treten bei UV-Bestrahlung ernstere Effekte, die vom Erythem über Photoallergien und vorzeitiges Altern der Haut bis zum Hautkrebs reichen, auf. Begünstigt werden vor allem bösartige Spinaliome und Basaliome sowie Lentigo-maligna-Melanome. Zumindest für das Spinaliom scheint der Schädigungsmechanismus inzwischen auch erkannt worden zu sein. Durch UV-Bestrahlung kommt es zu charakteristischen Mutationen in der Erbsubstanz der Hautzellen, u. zw. wird offenbar das Tumor-Unterdrückungs-Gen p53 verändert. Ziemlich unklar hingegen ist derzeit noch die Ursache des (häufigsten) knotigen Melanoms. Vor allem Sonnenbrände im Kinder- und Jugendalter scheinen das Melanom-Risiko wesentlich zu erhöhen. Im Gegensatz zu vielen anderen Strahlenarten gibt es bei Licht jedoch auch gesicherte biopositive Einwirkungen, etwa die Vitamin-D3-Bildung bei der UV-B-Bestrahlung der Haut.

Einige neuere Therapiemethoden benutzen die photochemische Wirkung von Licht auf Medikamente. Hierbei handelt es sich um phototoxische Substanzen, die durch Lichtbestrahlung zu Zellgiften werden. Dazu zählen beispielsweise Furocoumarine wie Psoralen, die sich bei der Behandlung einer therapieresistenten Leukämieform oder zur palliativen Behandlung von Psoriasis bewähren. Ferner Hämatoporphyrin-Derivate, die eine neue Form der Krebstherapie, die photodynamische Therapie, ermöglichen.

Auch in der medizinischen Diagnostik spielen lichtoptische Methoden eine große Rolle. Das beginnt schon bei der Erhebung des physikalischen Status eines Patienten. Hier gibt bereits die Hautfarbe wichtige Hinweise, weil sie das Ergebnis von Absorptionsprozessen durch die Haut und ihre Chromophore, wie Melanin, Hämoglobin, Bilirubin u. a., ist. Dies gibt erste Hinweise auf das etwaige Vorliegen von Anämie, Zyanose oder Ikterus. Insbesondere die dermatologische Diagnostik beruht ganz wesentlich auf dem optischen Aussehen von Veränderungen an der Haut, nämlich der Ausdehnung, Morphologie, Pigmentierung und anatomischen Verteilung der Hautschäden. Durch Veränderung der spektralen Zusammensetzung der Beleuchtung lassen sich häufig zusätzliche diagnostische Merkmale gewinnen. Beispielsweise gelingt es mittels Infrarotlichts mit einer Wellenlänge von 940 nm, die Hautdurchblutung bis in eine Tiefe von etwa 2 mm quantitativ zu erfassen. Damit wird eine nichtinvasive Quantifizierung der mit einem Venenschaden in der Haut eng korrelierten venösen Abflußstörung in den tiefen Beinvenen möglich. Auch innere Körperoberflächen sind einer visuellen Betrachtung und damit der Beurteilung optischer Veränderungen zugänglich; ohne Eingriff können an der Retina neben verschiedenen Netzhauterkrankungen auch charakteristische Veränderungen bei Bluthochdruck und bei Diabetes registriert werden. Die Oberfläche von Körperhöhlen und Hohlorganen kann mit Hilfe von Endoskopen oder analogen Instrumenten visuell beurteilt werden.

Mit starken Lichtquellen können Organwandungen auch optisch durchleuchtet werden. Diese Transillumination oder Diaphanoskopie ist besonders bei Kleinkindern und Neugeborenen möglich. So können beispielsweise Hydrocephalus oder eine kollabierte Lunge bei Neugeborenen auf sehr schonende und einfache Weise diagnostiziert werden. Ein neues Gebiet für optische Verfahren ist die Hirnforschung. Während die bisherigen Einblicke in die Organisation des Hirns weitgehend mittels der Elektro- und Magnetoenzephalographie bei entsprechend geringer räumlicher Auflösung oder mit Hilfe von Mikroelektroden gewonnen worden sind, die nur die Aktivität weniger Zellgruppen zu registrieren gestatten, lassen sich mittels spannungsempfindlicher Fluoreszenzfarbstoffe die elektrischen Aktivitäten größerer Areale optisch verfolgen. Außerdem spiegeln sich Hirnaktivitäten auch in Veränderungen der Remission von Infrarotlicht wider, was möglicherweise mit Veränderungen der Durchblutungsverhältnisse zusammenhängt.

Auf die große Bedeutung photometrischer Bestimmungsverfahren in der klinischen Chemie und Mikroskopie sei hier ebenfalls hingewiesen. Die Photometrie an Geweben hat durch den Einsatz von Laserstrahlung in Diagnostik und Therapie erhebliche Bedeutung erlangt. Neuerdings gibt es auch erfolgversprechende Ansätze zur Krebsdiagnostik mittels der IR-Spektroskopie. Schließlich sei noch der optische Lumineszenz-Immunoassay erwähnt, der den Radioimmunoassay in der klinisch-chemischen Diagnostik zunehmend ersetzt. Bei diesem optischen Verfahren wird die radioaktive Markierung des Antigens durch Markierung mit fluoreszierenden Farbstoffmolekülen ersetzt. Einige Aspekte dieser Entwicklungen sind in den folgenden Kapiteln zu finden.

Die Geschichte der physikalischen Optik zeigt in zeitlicher Reihenfolge etwa die folgenden Fragestellungen:

Wie breitet sich Licht aus?
Was ist Licht?
Wie entsteht und vergeht Licht?

Während das Reflexionsgesetz offenbar schon den Griechen bekannt war, wurde das Brechungsgesetz erst 1621 von W. Snell experimentell gefunden. Eine Erklärung für das „Wie" der Lichtbrechung gab P. de Fermat: Das Licht nimmt den Weg, der

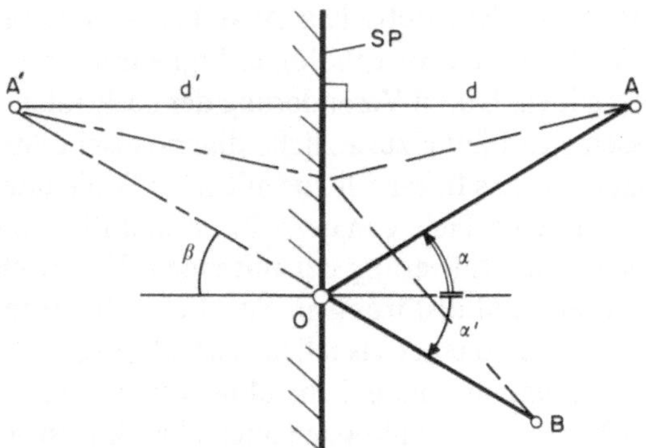

Abb. 23.1. Reflexionsgesetz. A' ist der Spiegelpunkt zu A ($d = d'$). Der kürzeste Weg von A über die Spiegelfläche SP nach B führt durch den Punkt O, als käme der Lichtstrahl LS aus A'. Die Strecke AOB ist, unabhängig von der Position des Punktes O auf der Spiegelfläche, immer so lang, wie die über denselben Punkt O führende Strecke von A' nach B. Daher sind alle anderen Wege (einer ist gestrichelt angedeutet) länger. Die Winkel α' und β sind Scheitelwinkel und daher gleich groß. Aus Symmetriegründen gilt daher auch $\alpha = -\alpha'$, das Reflexionsgesetz

es am schnellsten ans Ziel bringt. Das ist, nach einem elementaren Lehrsatz der Geometrie, für ein homogenes Medium eine Gerade. Auch das Reflexionsgesetz läßt sich rein geometrisch begründen: In der Abb. 23.1 können Lichtstrahlen von einem Punkt A zu einem Punkt B entweder auf geradem Weg gelangen oder durch Reflexion an der Spiegelfläche SP. Der kürzeste Weg über den Spiegel führt über den Punkt O.

So erfolgreich die geometrisch begründete Optik anfangs auch war, es zeigten sich bald Fragezeichen. Mit der Beobachtung von Interferenzerscheinungen durch F. M. Grimaldi 1665 und andere sowie der Beugung durch R. Hooke, trat die Vorstellung in den Vordergrund, daß Licht sich wie eine Welle ausbreite. C. Huygens hat diese Vorstellung zur Äthertheorie ausgebaut. Danach sollte als Träger der Lichtwellen ein Lichtäther fungieren, der das gesamte Weltall ausfüllt und alle Körper durchdringt. Jeder von der Lichtwelle getroffene Punkt sollte als Zentrum einer neuen, sekundär von ihm ausgehenden Welle aufgefaßt werden. Mit Hilfe dieses Prinzips gelang es Huygens ebenfalls, Reflexionsgesetz und Brechungsgesetz zu begründen. Diese Wellentheorie setzte sich jedoch erst zu Anfang des 19. Jahrhunderts gegen die von I. Newton begründete Korpuskulartheorie durch, nach welcher Licht aus Teilchen bestehen sollte, die von Lichtquellen mit hoher Geschwindigkeit emittiert werden. Wichtige Schritte hierzu waren die Erklärung der (Interferenz-)Farben dünner Blättchen mit Hilfe der Wellenvorstellung durch T. Young und die Erklärung der Beugung durch A. J. Fresnel. Ein weiteres bis dahin ungeklärtes Fragezeichen waren Polarisationserscheinungen. Nachdem die damit zusammenhängenden Fragen—beispielsweise interferieren senkrecht zueinander polarisierte Wellen nicht—durch die Annahme transversaler Ätherschwingungen geklärt werden konnten, schien die auf mechanischen Ätherschwingungen beruhende Lichttheorie gesichert.

Einen ersten Versuch, die Ausbreitungsgeschwindigkeit von Licht zu messen, unternahm Galilei im Jahre 1607 mit Laternen, die mit Verschlüssen versehen waren. Er stellte einen Gehilfen mit einer solchen Laterne auf einen gegenüberliegenden Hügel. Der Gehilfe sollte auf ein mit einer Laterne gegebenes Lichtsignal so schnell wie möglich ebenfalls ein Laternensignal geben. Aus der Zeitspanne Δt zwischen dem ersten Laternensignal bis zum Eintreffen des Signals vom Gehilfen und aus dem Abstand L der beiden Laternen wollte Galilei die Geschwindigkeit $c = 2 \cdot L/\Delta t$ des Lichts bestimmen. Es stellte sich allerdings heraus, daß Δt offenbar sehr viel kleiner war als die Zeit, die der Gehilfe benötigte, den Verschluß der Laterne zu öffnen. Die Lichtgeschwindigkeit war offenbar sehr groß.

Die genauesten Werte der älteren Messungen stammen von L. Foucault, der die Drehspiegelmethode einführte. Diese ist in der Abb. 23.2 skizziert. Der von der

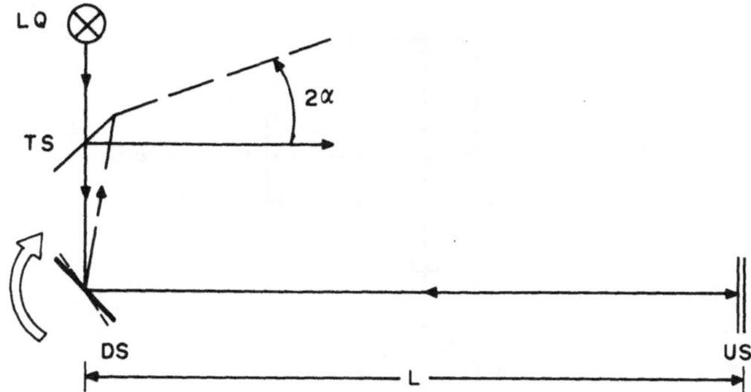

Abb. 23.2. Drehspiegelmethode zur Bestimmung der Lichtgeschwindigkeit nach L. Foucault. LQ = Lichtquelle, TS = teildurchlässiger Spiegel, DS = Drehspiegel, US = Umlenkspiegel. Bei endlicher Lichtgeschwindigkeit wird die Richtung des reflektierten Strahls (gestrichelt eingezeichnet) vom Drehspiegel um den Winkel $2 \cdot \alpha$ gedreht

Lichtquelle LQ ausgehende Lichtstrahl durchsetzt einen teildurchlässigen Spiegel TS, trifft auf den schnell rotierenden Drehspiegel DS und wird in Richtung Umlenkspiegel US reflektiert. Der von US zurückkommende Lichtstrahl hat die Strecke $2 \cdot L$ zurückgelegt und trifft daher den Drehspiegel TS um einen kleinen Winkel $\alpha = \omega \cdot \Delta t$ weiter gedreht an. ω ist die Winkelgeschwindigkeit des Drehspiegels und $\Delta t = 2 \cdot L/c$ ist die Laufzeit des Lichtstrahls. Aus der hierdurch bedingten Ablenkung $2 \cdot \alpha$ des reflektierten Strahls läßt sich die Lichtgeschwindigkeit c bestimmen:

$$c = 2 \cdot \frac{L}{\Delta t} = 2 \cdot L \cdot \frac{\omega}{\alpha}.$$

Foucaults Meßergebnis war $c = 298\,000\ \mathrm{km \cdot s^{-1}}$; heute ist die Lichtgeschwindigkeit im Vakuum mit dem genauesten bekannten Wert $c = 299\,792\,458\ \mathrm{m \cdot s^{-1}}$ definiert und bildet umgekehrt die Basis für die Meterdefinition (1 Meter ist seit 1983 international definiert als „die Länge der Strecke, die das Licht im Vakuum während einer 1/299 792 458 Sekunde zurücklegt").

Die Auffassung, daß es sich bei Licht um eine transversale elastische Ätherschwingung handle, blieb fast bis ans Ende des 19. Jahrhunderts bestehen. Zwar konnten viele Phänomene (Reflexion, Brechung, Interferenz und Beugung) mit diesem Modell befriedigend erklärt werden, die etwas seltsame Basis dieser Vorstellung, nämlich der von Huygens postulierte Äther, verursachte jedoch einiges

Unbehagen. Beispielsweise kannte man mechanische Transversalwellen sonst nur in festen Stoffen, Äther sollte aber so etwas wie eine superfluide Substanz sein. Es wurden daher viele Experimente angestellt, um die Äthertheorie entweder weiter zu bestätigen oder sie zu widerlegen.

Das entscheidende Experiment, welches die Äthertheorie schließlich stürzte, war das Michelson-Morley-Experiment im Jahr 1881: A. A. Michelson und E. W. Morley bestimmten die Lichtgeschwindigkeit in Richtung der Erdbewegung und gegen diese Richtung. Wenn es sich bei Licht um eine elastische Ätherschwingung handeln sollte, mußte sich die Lichtgeschwindigkeit in diesen beiden Richtungen um die doppelte Geschwindigkeit der Erde unterscheiden. Das Prinzip des hierzu aufgebauten Interferometers ist in der Abb. 23.3 dargestellt. Das von der Lichtquelle

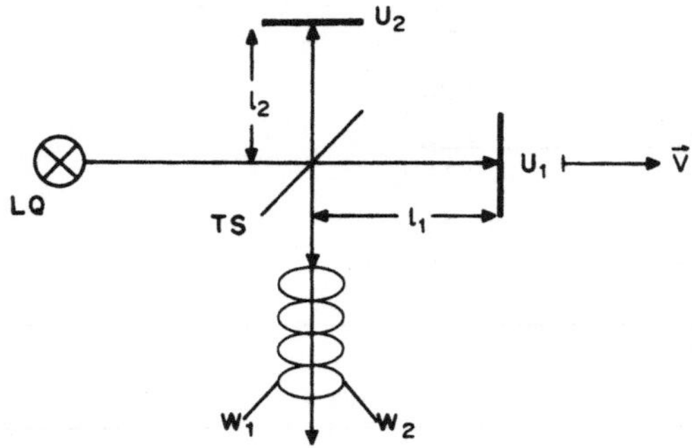

Abb. 23.3. Michelson-Morley-Experiment zur Prüfung der Äthertheorie. *LQ* = Lichtquelle, *TS* = Teilerspiegel, U_1 und U_2 = Umlenkspiegel, **v** = Erdgeschwindigkeit. Am Interferometerausgang ist destruktive Interferenz der beiden Teilwellen W_1 und W_2 angedeutet

LQ kommende Lichtbündel wird von einem unter 45° aufgestellten halbdurchlässigen Spiegel *TS* in zwei Teilwellen geteilt. Diese treffen auf die Umlenkspiegel U_1 bzw. U_2 und werden vom Spiegel *TS* zum Interferometerausgang gespiegelt. Dort geben sie je nach der Differenz der Laufzeiten durch die beiden Interferometerarme konstruktive oder destruktive (s. Kapitel 4.3) Interferenzerscheinungen. Das Interferometer war auf einer Granitplatte aufgebaut, die in einem Quecksilberbad schwamm. So konnte das Interferometer stoßfrei in unterschiedliche Orientierungen gedreht werden. Zeigt beispielsweise der zum Umlenkspiegel U_1 gehörige Interferometerarm in die Bewegungsrichtung der Erde, s. Abb. 23.3, dann bewegt sich die Lichtwelle relativ zu dem Interferometer mit der um die Erdgeschwindigkeit v verkleinerten Lichtgeschwindigkeit $(c - v)$ zum Umlenkspiegel U_1 hin und mit $c + v$ vom Umlenkspiegel zurück. Die Laufzeit dieser Lichtwelle durch diesen Interferometerarm ist daher

$$\Delta t_1 = \frac{l_1}{c+v} + \frac{l_1}{c-v} = l_1 \cdot \frac{2 \cdot c}{c^2 - v^2},$$

also von v abhängig. Analoges passiert, wenn man den zweiten Interferometerarm in Richtung der Erdgeschwindigkeit dreht: man erhält eine jeweils andere Laufzeitdifferenz zwischen den beiden Interferometerarmen. Entsprechend sollte sich auch die Interferenzerscheinung verändern. Nichts dergleichen wurde jedoch beobachtet. Das Ergebnis dieses Experiments war eindeutig und vernichtend: es gab keinen

Tabelle 23.1. Spektrum elektromagnetischer Wellen und dominierende Auswirkung auf biologisches Gewebe. International übliche Bezeichnungen sind: *VHF* = Very High Frequency, *LF* = Low Frequency, *VLF* = Very Low Frequency, *VF* = Voice Frequency, *ELF* = Extremely Low Frequency. Die Bereiche der deutschsprachigen Bezeichnungen Niederfrequenz (0 Hz bis 300 Hz), Mittelfrequenz (100 Hz bis 300 kHz) und Hochfrequenz (10 kHz bis 3 GHz) überlappen sich teilweise. Die Unterteilung der UV-Bereiche folgt der CIE (Internationale Beleuchtungskommission). Die WHO (World Health Organization) unterteilt anders: von 200 nm bis 280 nm UV-C, von 280 nm bis 320 nm UV-B und von 320 nm bis 400 nm UV-A

Strahlungsart	Frequenz	Wellenlänge	Photonen-energie	Dominierende Wirkung
Höhenstrahlung;				I
Ultraharte				O
X- u. γ-Strahlung				N
	242 EHz	1,24 pm	1 MeV	I
harte und weiche				S
X-Strahlung				I
	242 PHz	1240 pm	1 keV	E
Vakuum-UV				R
	3 PHz	100 nm	12,40 eV	U
UV-C				N P
	1,07 PHz	280 nm	4,43 eV	G H
UV-B				O
	0,95 PHz	315 nm	3,94 eV	T
UV-A				O
	0,75 PHz	400 nm	3,10 eV	C
Licht				H
	0,39 PHz	780 nm	1,59 eV	E E
IR-A				M
	0,21 PHz	1400 nm	0,89 eV	I R
IR-B				E
	0,10 PHz	3000 nm	0,41 eV	W
IR-C				
	0,3 THz	1 mm	1,24 meV	Ä
Mikrowellen				
	0,3 GHz	1 m	1,24 μeV	R
UKW (VHF)				
	0,03 GHz	10 m	124 neV	M
Kurzwelle				
	3 MHz	100 m	12,4 neV	U
Mittelwelle				
	0,3 MHz	1000 m	1,24 neV	N R
Langwelle (LF)				E
	0,03 MHz	10 km	124 peV	G I
VLF				Z
	3 kHz	100 km	12,4 peV	W
VF				I K
	300 Hz	1000 km	1,24 peV	R R
ELF				K Ä
	30 Hz	10^4 km	124 feV	U F
Sub ELF und				N T
statische Felder	0	—	0	G E

Unterschied in der Lichtgeschwindigkeit. Die Äthertheorie war damit unhaltbar geworden.

Inzwischen hatte sich, unabhängig von den Entwicklungen in der Optik, die Elektrizitätslehre weiter entwickelt. Nachdem J. C. Maxwell die Möglichkeit elektromagnetischer Wellen aufgrund theoretischer Überlegungen bereits vorausgesagt hatte und 1887 H. Hertz für die Ausbreitungsgeschwindigkeit von Wellen, die er mittels Antennen erzeugt hatte, die Lichtgeschwindigkeit ermittelte, zweifelte niemand mehr daran, daß es sich bei Licht ebenfalls um eine elektromagnetische Welle (s. Kapitel 14.2) oder Strahlung handeln mußte. Im 20. Jahrhundert feierte schließlich die alte Newtonsche Korpuskulartheorie des Lichts eine Wiederauferstehung, allerdings nur in einer sehr abstrakten Weise, als sich zeigte, daß die Lichtenergie sich wie Teilchen verhält (Kapitel 16).

23. Abbildung

Die Welt ist dreidimensional, Bilder sind in der Regel zweidimensional. Die Frage ist also einerseits, wie gewinnt man zweidimensionale Bilder von dreidimensionalen Objekten, und andererseits vor allem, was sagen zweidimensionale Bilder über dreidimensionale Objekte aus. Dazu ist ein gewisser Einblick in die Physik der Bildentstehung erforderlich.

Bildgebende Verfahren haben in den letzten Jahren in der Medizin eine erhebliche Bedeutung gewonnen. Hierzu hat die Entwicklung in der Mikroelektronik geführt, die in zunehmendem Maße den Einsatz von Computern in Bilderzeugungssystemen und zur Rekonstruktion und Verbesserung von Bildern ermöglichte. In vielen wichtigen Fällen werden Bilder auch quantitativ ausgewertet, u. zw. bis hin zu einer automatisierten Bildmustererkennung.

Die Bearbeitung in Digitalrechnern macht es erforderlich, Bilder in einzelne Zahlen aufzulösen, d. h. man zerlegt das Bild in Bildpunkte und ordnet jedem Punkt eine Zahl zu, die seine Helligkeit kodiert (Abb. 23.4). Dazu denkt man sich einen schachbrettartigen Raster über das Bild gelegt und numeriert die einzelnen entstandenen Bildelemente, kurz „Pixel" genannt (als Akronym für „picture element"), in den beiden Koordinatenrichtungen. Das Bild wird dann durch ein Zahlenschema oder eine Matrix repräsentiert. Die einzelnen Elemente dieses Schemas sind die Helligkeitswerte des Bilds. Gibt man diese im binären Zahlensystem wieder, stehen 2^n Stufen zur Verfügung; n ist die Zahl der „bits" (von „binary digit") je Pixel (s. Kapitel 24).

Bildgebende Verfahren benutzen in der Medizin sehr unterschiedliche physikalische Methoden. Das reicht von der Röntgenographie über die Szintigraphie, Optik, Thermographie, Ultraschalltechnik, elektrische Impedanz- und Potentialabbildung bis zur Magnetresonanz-Tomographie. Im folgenden werden einige diesen Verfahren zugrunde liegende Prinzipien beschrieben.

a) Abbildung durch Strahlvereinigung

Dies ist das Prinzip der geometrisch-optischen Abbildung (Abb. 23.5). Es gilt zwar grundsätzlich auch für andere Strahlen- bzw. Wellenarten, spielt jedoch außerhalb der Lichtoptik kaum eine Rolle.

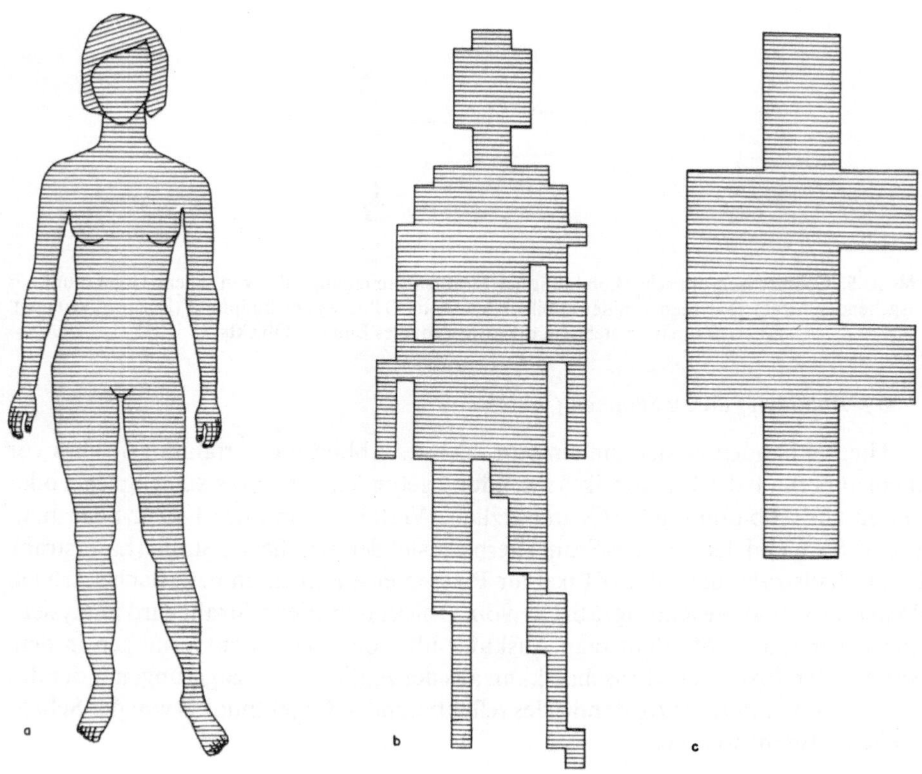

Abb. 23.4. Digitalisierung eines Bilds mit zwei Helligkeitswerten. Anzahl der Pixel: in **a** durch den Druckraster gegeben, etwa 10^6; in **b** $16 \cdot 40 = 940$; in **c** $4 \cdot 10 = 40$. Je mehr Pixel benutzt werden, desto besser ist die Bilderkennbarkeit

Die geometrische Optik basiert physikalisch auf dem Reflexionsgesetz (Abb. 23.1)

$$\alpha + \alpha' = 0$$

und dem Brechungsgesetz (Abb. 23.9)

$$n \cdot \sin \alpha = n' \cdot \sin \alpha',$$

der Rest ist Geometrie. Dies wird im einzelnen im Kapitel 23.1 dargestellt. n sind die Brechungsindizes der betreffenden Medien. Diese sind als Quotienten der Lichtgeschwindigkeit v in den Medien durch die Vakuum-Lichtgeschwindigkeit c definiert: $n = c/v$. Abbildung liegt dann vor, wenn sich die von den verschiedenen Objektpunkten ausgehenden Strahlen in den zugehörigen Bildpunkten treffen. Ist dies nicht der Fall, liegt keine Abbildung vor.

An sich entsteht bei der optischen Abbildung auch ein dreidimensionales Bild, das sogenannte Luftbild des Objekts. Durch die zweidimensionale Aufzeichnung mittels eines photographischen Films oder durch die Photokathode einer Videokamera jedoch, geht die dritte Dimension verloren: Solche Bilder sind zweidimensionale Projektionen des Objekts.

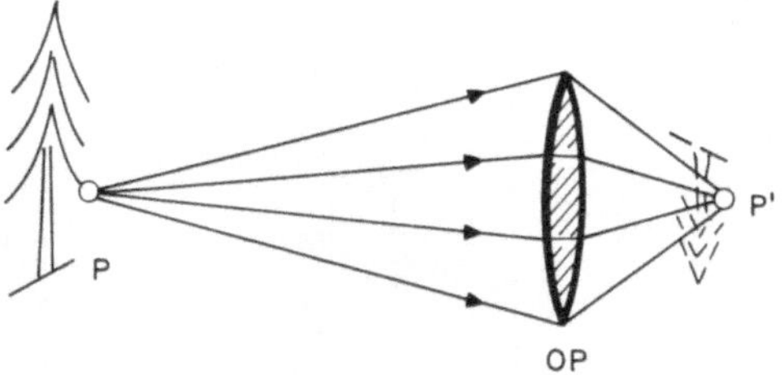

Abb. 23.5. Geometrisch-optische Abbildung ist Strahlenvereinigung: alle von einem Objektpunkt P ausgehenden Strahlen werden von der abbildenden Optik OP in einem Bildpunkt (Pixel) P' vereinigt. Primär entsteht ein dreidimensionales Bild des Objekts

b) Abbildung durch Scannen (Abtasten)

Hierbei handelt es sich um ein sehr flexibles Abbildungsverfahren, welches vor allem außerhalb der Lichtoptik Anwendung gefunden hat, wo es keine Spiegel oder Linsen zur Abbildung gibt. Grundsätzliche Verfahren sind der Linear-Scan bzw. Sektor-Scan und der Flächen-Scan. Hierbei tastet der betreffende Strahl (Laserstrahl, Ultraschallstrahl) das Objekt Pixel für Pixel in einem linearen bzw. flächenartigen Raster (in x- und y-Richtung) ab. Der vom Objekt remittierte Strahl wird analysiert. Aus seiner Intensität erhält man Auskunft über das Remissionsvermögen in dem betreffenden Pixel. Bei Ultraschall kann aus der zeitlichen Verzögerung, mit der das Schallecho kommt, der Abstand z des reflektierenden Objektpunkts von der Schallquelle bestimmt werden.

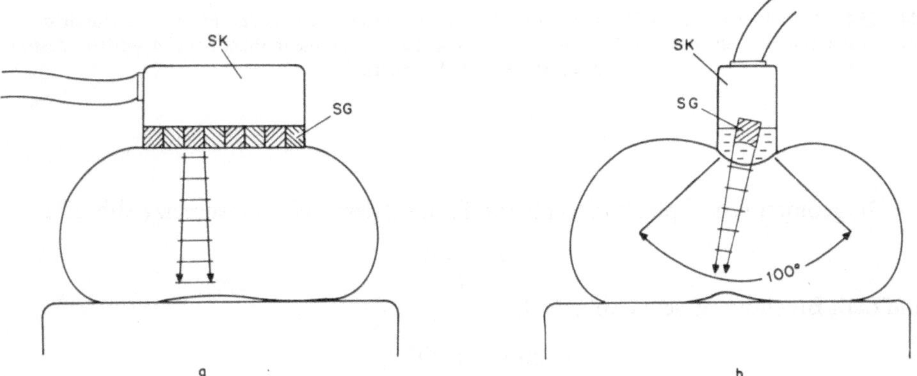

Abb. 23.6. Lineares Scannen. **a** Array-Schallkopf SK (bestehend aus einer Gruppe von benachbarten Schallgeber-Elementen SG). **b** Sektorschallkopf SK mit 100° Bildfeld. Der Schallgeber führt eine Pendelbewegung aus (sog. Wobblerprinzip). Die Schallgeber-Elemente SG fungieren als Schall-Sender und -Empfänger

Das Bild wird bei der linearen Abtastung beispielsweise einem Fernsehbild entsprechend zeilenweise aufgebaut. Dabei entspricht jedem Schallgeber eine Bildzeile. Die Dauer bis zum Eintreffen der Schallechos bestimmt die Position des Bildpunkts auf der betreffenden Zeile, die Größe des Schallechos bestimmt die Helligkeit des Bildpunkts; s. Kapitel 4.

c) Abbildung durch Projektion und Rückprojektion

Im Kapitel 16.2 wurde die konventionelle Röntgenographie als Schattenwurf beschrieben. Da die mittels Röntgenstrahlung durchleuchteten Objekte durchwegs dreidimensionale Objekte sind, kommt es bei der Durchleuchtung genau genommen zu einer Projektion der gesamten dreidimensionalen Objektstruktur in die zweidimensionale Ebene des Röntgenogramms. Mit anderen Worten, im Röntgenbild werden Körperstrukturen, die in Beleuchtungsrichtung hintereinander liegen, aufeinander projiziert, die dritte Dimension geht verloren. Die Strukturen aus verschiedenen Körpertiefen überdecken sich gegenseitig und erschweren dadurch ihre Erkennbarkeit. Andererseits kann man diese an sich in den Projektionen vorhandene dreidimensionale Objektstruktur auch wieder zurückgewinnen. Allerdings bedarf es hierzu einer ganzen Reihe von Projektionen aus unterschiedlichen Richtungen. Dies ist die Idee der Rückprojektion, eines Verfahrens, das nicht nur in der Röntgentechnik benutzt wird. Es besteht aus zwei Schritten: im ersten Schritt erfolgt die Aufnahme einer Reihe von Projektionen, im zweiten Schritt wird aus den Projektionen die zugrundeliegende dreidimensionale Struktur errechnet. Das sei im folgenden an einem einfachen Beispiel erläutert.

In der Abb. 23.7 ist die Entstehung einiger Projektionen 1, 2 und 3 eines einfachen, zwei unterschiedlich große Details *A* und *B* enthaltenden Objekts angedeutet. Bei

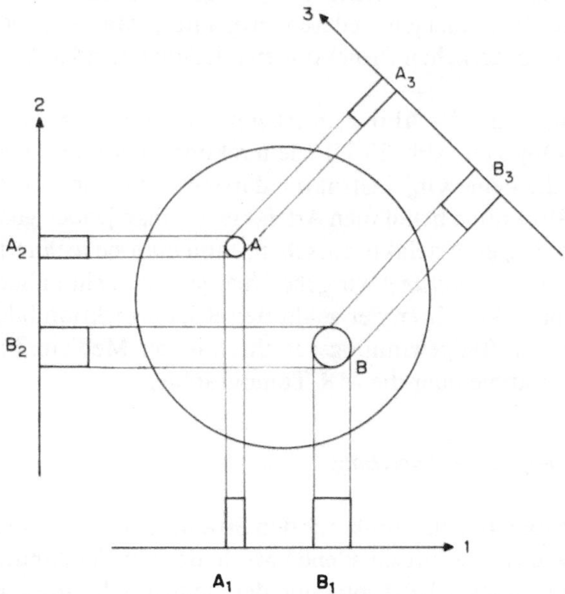

Abb. 23.7. Projektionen 1, 2 und 3 eines Objekts mit den Details *A* und *B*

der Rückprojektion werden aus den gemessenen Projektionswerten entlang den verschiedenen Projektionsachsen rechnerisch die *x*- und *y*-Werte der Objektstruktur ermittelt, die diese Projektionen hervorgerufen hat. Beginnt man hierbei zunächst, wie in der Abb. 23.8 a angedeutet, mit nur zwei Projektionen, so sieht man, daß dies nicht zu einem eindeutigen Ergebnis führt.

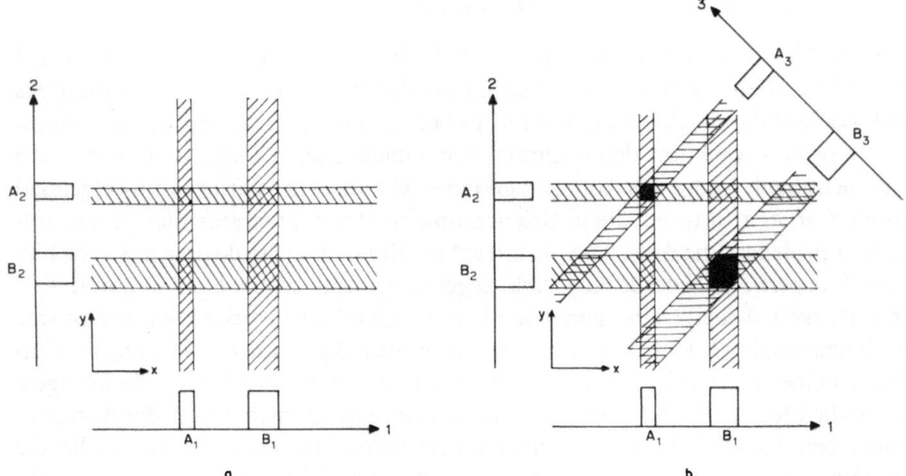

Abb. 23.8. Rekonstruktion des Objekts durch Rückprojektion; **a** unter Verwendung zweier Projektionen; **b** unter Verwendung von drei Projektionen: Objektdetails liegen nur dort vor, wo alle drei Projektionen überlappen

Für eine eindeutige Rekonstruktion müssen noch weitere Projektionen zu Hilfe genommen werden. In dem einfachen Beispiel der Abb. 23.7 genügt hierzu schon die Zuhilfenahme einer einzigen weiteren Projektion. Man sieht jedoch leicht ein, daß die Zahl der erforderlichen Projektionen mit zunehmender Anzahl der Objektdetails zunimmt.

Wie man weiters aus der Abb. 23.8 erkennt, entspricht das so gewonnene Bild nicht exakt dem Objekt in Abb. 23.7. In dem rekonstruierten Bild gibt es streifenartige Strukturen, die keine Objektstruktur darstellen. Solche durch das Verfahren erzeugte falsche Strukturen nennt man Artefakte. Da man jedoch genau weiß, wie die zu einem Pixel gehörigen Artefakte aussehen, kann man sie rechnerisch eliminieren. Diese Korrektur heißt *Filterung*; wir gehen hier jedoch nicht näher darauf ein.

Das beschriebene Verfahren der gefilterten Rückprojektion bildet die Basis für eine ganze Reihe von Bildgewinnungsverfahren in der Medizin, beispielsweise die Computer-Tomographie oder die MR-Tomographie.

23.1 Geometrisch-optische Abbildung

Obwohl die geometrische Optik nur den Strahlenaspekt des Lichts berücksichtigt, ist sie nach wie vor die entscheidende Methode zum Verständnis der optischen Abbildung, der physiologischen Optik und der medizinisch-optischen Geräte. Auch zur Berechnung von Abbildungsoptiken sowie praktisch aller technisch-optischen Instrumente bildet die geometrische Optik das wichtigste Werkzeug.

Die Vielfalt optisch-medizinischer Instrumente ist natürlich nach wie vor in der Ophthalmologie am größten. Dennoch hat sich der Einsatz optischer Verfahren durch die Entwicklung der Operationsmikroskopie, der Endoskopie und der Lasertechnik in der Medizin entscheidend gewandelt. Die Lasertechnik insbesondere hat Licht auch zum Schneidwerkzeug des Chirurgen werden lassen (s. Kapitel 24).

Ein für optische Instrumente wichtiges Phänomen ist, neben Lichtbrechung und Reflexion, die Totalreflexion. Diese tritt an der Grenze zwischen zwei Medien für Lichtstrahlen auf, die vom optisch dichteren Medium in das optisch dünnere Medium zielen, s. Abb. 23.9.

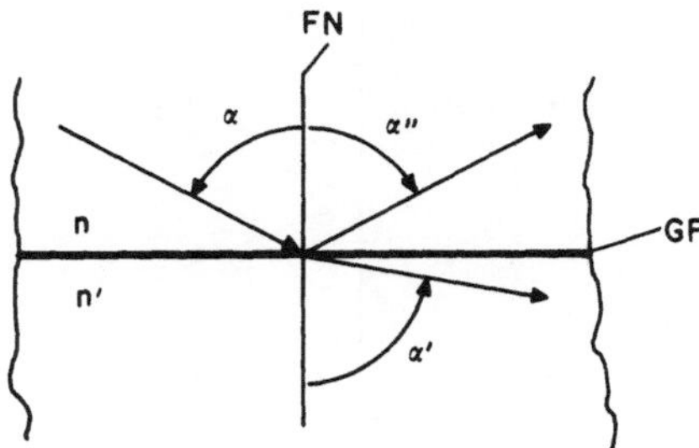

Abb. 23.9. Zur Totalreflexion. Überschreitet der Einfallswinkel α den Grenzwert α_G, gibt es keinen gebrochenen Strahl mehr. FN = Flächennormale auf die Grenzfläche GF

Das Brechungsgesetz gibt für den Winkel α':

$$\sin\alpha' = \frac{n}{n'} \cdot \sin\alpha.$$

Ist $n > n'$, dann wird $\sin\alpha' = 1$, wenn $\sin\alpha = \frac{n'}{n}$ ist bzw.

$$\alpha_G = \arcsin\left(\frac{n'}{n}\right).$$

Dieser Winkel heißt Grenzwinkel der Totalreflexion. Der gebrochene Strahl hat die Richtung der Grenzfläche zwischen den beiden Medien. Wird der Einfallswinkel $\alpha > \alpha_G$, gibt es keinen gebrochenen Strahl mehr, nur den reflektierten; dies ist der Fall der Totalreflexion.

a) Abbildung durch Reflexion (Spiegelung)

Spiegelung am ebenen Spiegel. Hierbei kommt es, vom Beobachter aus betrachtet, zu einer Vertauschung von rechts und links, s. Abb. 23.10. Ein Beobachter B, der den Gegenstand GS direkt beobachtet, sieht die Punkte L und R links bzw. rechts. Ein Beobachter B', der das Spiegelbild GS' beobachtet, sieht L' rechts und R' links. Vergleicht man Bild mit Gegenstand, sieht man, daß auch vorne und hinten vertauscht wurden.

Auch ein (rechtwinkeliges) Prisma kann zur Seitenvertauschung benutzt werden, s. Abb. 23.11. Kombiniert man zwei solche Prismen, gegenseitig um 90° gedreht („Porro-Prismen"), erhält man sowohl eine Vertauschung von oben mit unten als auch von rechts mit links. Eine solche Prismenkombination wird in verschiedenen optischen Instrumenten, beispielsweise in Prismenfeldstechern und Stereomikroskopen, zur Aufrichtung des umgekehrten Zwischenbilds benutzt.

Konkaver sphärischer Spiegel. Achsenparallele Strahlen schneiden bzw. vereinigen sich nach Reflexion an der Spiegelfläche im Brennpunkt des Spiegels. Für paraxiale

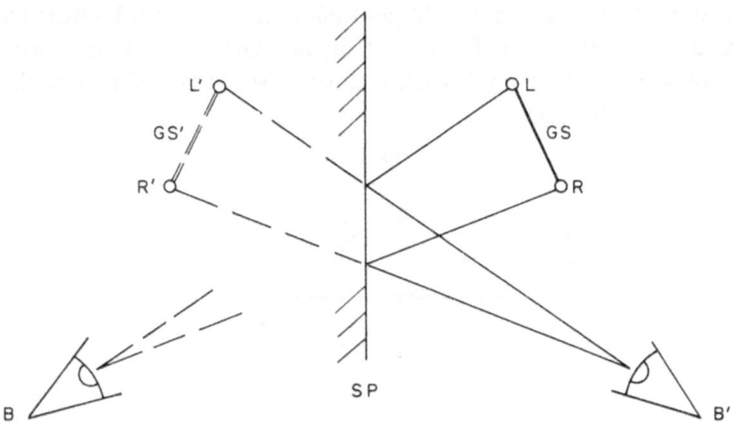

Abb. 23.10. Spiegelung am ebenen Spiegel *SP*. *GS* = Gegenstand; *B* = Beobachter, der *GS* direkt, *B'* = Beobachter, der das Spiegelbild *GS'* sieht

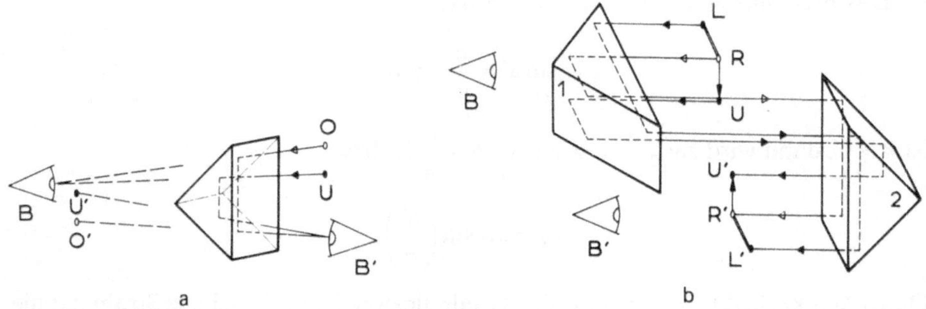

Abb. 23.11. a Einseitige Bildumkehrung durch ein rechtwinkliges Prisma. Der Beobachter *B* sieht die Punkte *O* und *U* direkt, der Beobachter *B'* sieht die (oben mit unten vertauschten) Spiegelbilder *O'* und *U'*. **b** Prismenanordnung nach Porro: Zweiseitige Bildumkehrung durch 2 rechtwinklige Prismen, die um die Strahlrichtung um 90° gegeneinander verdreht sind. Prisma 1 vertauscht rechts mit links, Prisma 2 oben mit unten

Strahlen, also Strahlen, die nahe der optischen Achse auf den Spiegel treffen, ist der Einfallswinkel α klein, d. h. es ist $\tan\alpha = \sin\alpha = \alpha$. Damit gilt (s. Abb. 23.12) für die Strahlhöhe h

$$h = r\cdot\sin\alpha = r\cdot\alpha$$

und für den Abstand x des Schnittpunkts des reflektierten Strahls mit der x-Achse vom Scheitel S (= Schnitt der optischen Achse mit der reflektierenden Fläche),

$$x = h/\tan(2\cdot\alpha) = h/(2\cdot\alpha) = r/2.$$

D. h. der unendlich ferne Punkt auf der optischen Achse (von ihm kommen achsparallele Strahlen) wird in den Brennpunkt F (bei $x = r/2$) abgebildet.

In der Abb. 23.12 sind nur zwei Strahlen 1 und 2 eingezeichnet. Man kann sich jedoch leicht davon überzeugen, daß auch alle anderen Paraxialstrahlen, die parallel zu den eingezeichneten Strahlen 1 und 2 verlaufen, in den Fokus F reflektiert werden. Man erhält ein reelles Bild des unendlich fernen Punkts, d. h. das Bild

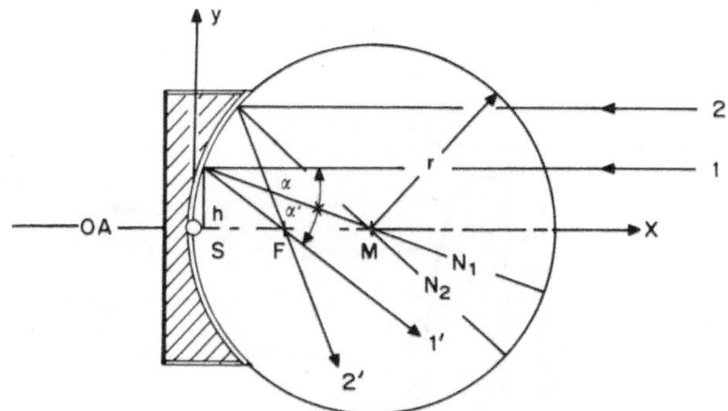

Abb. 23.12. Sphärischer Konkavspiegel. Achsenparallele paraxiale Strahlen (1 und 2) treffen im Brennpunkt F auf die optische Achse OA (OA geht durch den Kugelmittelpunkt M und die Spiegelmitte). S = Scheitelpunkt = Ursprung des x-y-Koordinatensystems, r = Krümmungsradius der Kugelfläche, h = Strahlhöhe, N_1 und N_2 sind Normalen auf die Spiegelfläche

existiert als Helligkeitsverteilung im Raum. Diese kann mit Hilfe eines Schirms am Ort des Bilds, d. h. in der Ebene des Brennpunkts, aufgefangen werden.

Analog gewinnt man beim *sphärischen Konvexspiegel* den Brennpunkt mit Hilfe des Reflexionsgesetzes. Er liegt hier ebenfalls in der Mitte zwischen Scheitelpunkt S und Mittelpunkt M, d. h. $f = r/2$.

Wir gehen nun in der Abb. 23.13 einen Schritt weiter und betrachten einen im Endlichen liegenden Objektpunkt P. Der zu diesem Punkt gehörige Bildpunkt P' läßt sich ebenfalls mit Hilfe des Reflexionsgesetzes gewinnen. Dazu stehen vier Strahlen zur Verfügung, deren Verlauf leicht anzugeben ist:

1 ist ein Parallelstrahl; er wird so reflektiert, als käme er aus dem Brennpunkt F;
2 ist ein Mittelpunktstrahl; er wird in sich reflektiert;
3 ist ein Brennpunktstrahl; er verläuft nach der Reflexion parallel zur optischen Achse;
4 ist ein Scheitelpunktstrahl; er wird symmetrisch zur optischen Achse reflektiert.

Der Bildpunkt P' liegt dort, wo sich diese Strahlen vereinigen. Wie man sieht, schneiden sich die Strahlen beim konvexen Kugelspiegel nicht wirklich, sondern nur virtuell: Es schneiden sich nur die Verlängerungen nach hinten. Man spricht daher von einem virtuellen Bild. Dieses Bild kann nicht auf einem Schirm aufgefangen werden, im Gegensatz zu einem reellen Bild, wie in Abb. 23.12.

Das Abbildungsgesetz findet man (mit Hilfe des Strahls 4) aus der Ähnlichkeit der Dreiecke $MG'P'$ und MGP in Abb. 23.13: es ist

$$MG'/MG = b/g = (2 \cdot f - b)/(2 \cdot f + g),$$

woraus

$$1/g + 1/b = 1/f$$

folgt.

b) Abbildung durch Refraktion

Lichtbrechung an Kugelfläche. Dies ist der elementare Vorgang bei der Abbildung durch Linsen. Jede Abbildung durch Linsen, ebenso wie die Abbildung durch

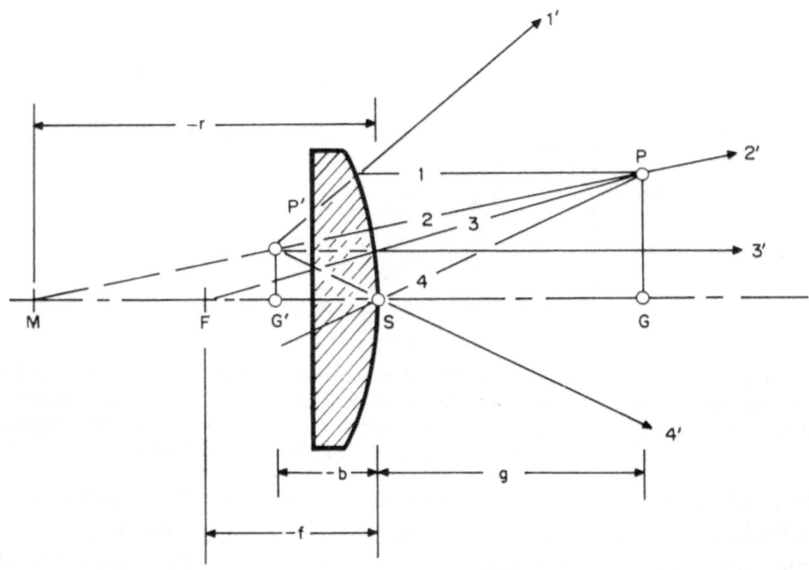

Abb. 23.13. Abbildung eines Punkts P am konvexen sphärischen Spiegel. P' = Bildpunkt, M = Mittelpunkt der Sphäre, F = Brennpunkt des Spiegels, S = Scheitelpunkt, 1, 2, 3 und 4 = Lichtstrahlen vor bzw. nach (1′, 2′, 3′ und 4′) Reflexion. g = Gegenstandweite, b = Bildweite, f = Brennweite

zusammengesetzte Systeme, besteht aus einer Aufeinanderfolge von Abbildungen durch die einzelnen brechenden Flächen. Wir betrachten als erstes daher den Abbildungsvorgang an einer einzelnen brechenden Fläche. Dabei wird die folgende Vorzeichenkonvention benutzt: Als Ursprung des Koordinatensystems wird der Scheitel der brechenden Fläche benutzt. Ortskoordinaten werden nach rechts u. oben positiv, Winkel gegen den Uhrzeigersinn positiv gezählt. Ebenso werden Krümmungsradien vom Scheitel (= Durchstoßpunkt der optischen Achse durch die brechende Fläche) aus zum Mittelpunkt nach rechts positiv und nach links negativ gezählt. Außerdem werden alle Größen nach der Lichtbrechung mit einem Apostroph (′) versehen.

Das Brechungsgesetz lautet für Paraxialstrahlen

$$n \cdot \alpha = n' \cdot \alpha'$$

bzw.

$$n \cdot (-\varphi + u) = n' \cdot (-\varphi - (-u')).$$

Das gibt mit

$$\begin{aligned} -\varphi &= h/r \\ u &= h/(-s) \\ -u' &= h/s' \end{aligned}$$

als Zwischenergebnis

$$n \cdot (h/r - h/s) = n' \cdot (h/r - h/s'),$$

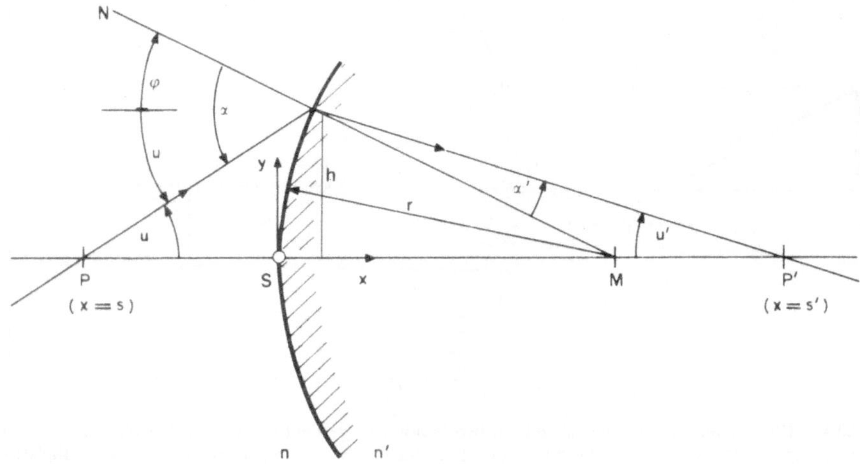

Abb. 23.14. Lichtbrechung an der Kugelfläche. Der Koordinatenursprung liegt im Scheitelpunkt S. Der von einem Punkt P bei $x = s$ auf der optischen Achse ausgehende Strahl wird an der Kugelfläche gebrochen und schneidet die optische Achse wiederum in P' bei $x = s'$ (die Größen s bzw. s' heißen Schnittweiten)

was nach geringfügiger Umordnung das Abbildungsgesetz für die Kugelfläche liefert:

$$n'/s' - n/s = (n' - n)/r = B$$

mit

$$B = \text{Brechkraft der Kugelfläche}$$

$$[B] = 1\,\text{m}^{-1} = 1\,\text{dpt} = 1\,\textit{Dioptrie}.$$

Die Bedeutung der hier auftretenden sogenannten Brechkraft B wird klar, wenn wir einzelne Strahlen betrachten: Dazu gehen wir mit P bzw. P' nach − bzw. + Unendlich und erhalten die entsprechende Brennweite:

(1) für $s = -\infty$ (gegenstandseitiger Parallelstrahl) erhalten wir $s' = \frac{n'}{B}$ = bildseitige Brennweite;

(2) für $s' = \infty$ (gegenstandseitiger Brennpunktstrahl) erhalten wir $s = -\frac{n}{B}$ = gegenstandseitige Brennweite.

Um den Bildpunkt G' eines gegebenen Gegenstandpunkts G zu finden, geht man nun so vor, daß man den Verlauf eines von G ausgehenden Parallelstrahls und eines Brennpunktstrahls verfolgt. Das ist in der Abb. 23.15 angedeutet. Der Schnittpunkt dieser zwei Strahlen nach der Brechung liefert den Bildpunkt G' eines Gegenstandpunkts G. Auch alle anderen von G ausgehenden Paraxialstrahlen vereinigen sich im Punkt G'. Behandelt man auf gleiche Weise die von weiteren Gegenstandspunkten $G_1, G_2, \ldots$ ausgehenden Strahlen, so findet man, daß diese sich in den entsprechenden Bildpunkten G'_1, $G'_2, \ldots$ vereinigen. Man kann so das Bild punktweise finden. In

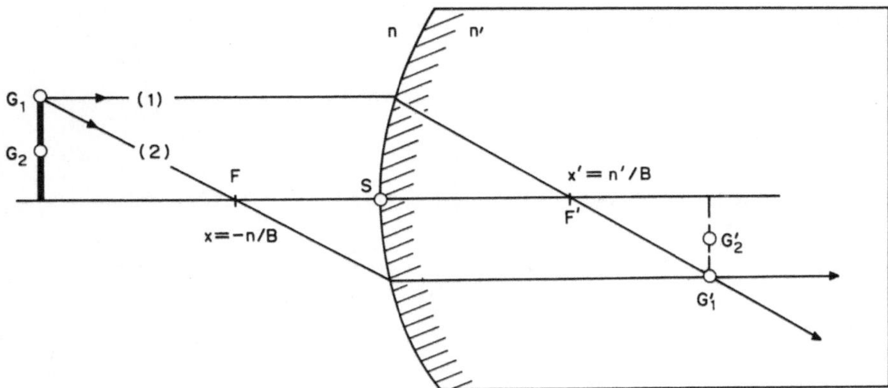

Abb. 23.15. Bildentstehung an einer einzelnen brechenden Kugelfläche. Der Parallelstrahl 1 wird nach der Brechung zum Brennpunktstrahl, der Brennpunktstrahl 2 wird nach der Brechung zum Parallelstrahl

dem einfachen Fall, daß der Gegenstand, wie in der Abb. 23.15 dargestellt, nur aus einem Strich normal zur optischen Achse besteht, genügt allerdings, wie man leicht einsieht, die Kenntnis der Position eines einzigen Bildpunkts, um das gesamte Bild angeben zu können.

Der in der Abb. 23.15 dargestellte Fall einer einzigen brechenden Fläche kommt selten vor. Er ist näherungsweise am aphaken Auge gegeben. Die meisten lichtbrechenden optischen Elemente, wie Linsen, besitzen hingegen wenigstens zwei brechende Flächen. In diesen Fällen kommt es zu einer mehrfachen Abbildung: jede Fläche erzeugt ein Bild, wobei das von der jeweils davor liegenden Fläche erzeugte Bild für die nachfolgende als Gegenstand fungiert. Wir betrachten dies am Beispiel einer Einzellinse näher.

Linse. Die Abbildung mittels Linsen oder zusammengesetzten Systemen läßt sich durch Zusammenfassung aller brechenden Flächen zu einem Gesamtsystem vereinfachen: Die Abbildung läßt sich dann mit Hilfe der sogenannten Kardinalelemente des Gesamtsystems beschreiben. Wir werden im folgenden die beiden brechenden Flächen einer Linse zu einem Gesamtsystem „Linse" zusammenfassen.

An einer Linse erfolgt die Abbildung grundsätzlich in zwei Schritten. Das von der ersten brechenden Fläche erzeugte Bild P'_1 eines Gegenstandpunkts P_1 bildet den Gegenstand P_2 für die zweite brechende Fläche. Die zweite brechende Fläche erzeugt den Bildpunkt P'_2. Dies ist somit der Bildpunkt, den die Linse von dem Gegenstandpunkt P_1 erzeugt.

Für die an den beiden Linsenflächen erfolgenden Abbildungen gilt:

1. Fläche: $\quad n'_1/s'_1 - n_1/s_1 = (n'_1 - n_1)/r_1,$

   daraus folgt s'_1.
2. Fläche: für diese ist P'_1 der Gegenstandpunkt, dieser liegt bei $s_2 = s'_1 - d$ (x-Koordinate, von S_2 aus gemessen). Also ist:

$$n'_2/s'_2 - n_2/s_2 = (n'_2 - n_2)/r_2$$

   daraus folgt s'_2.

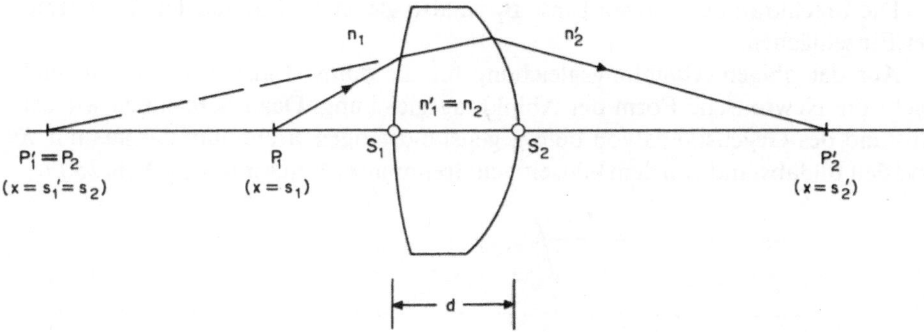

Abb. 23.16. Die Abbildung durch eine Linse ist eine Folge von zwei Abbildungsvorgängen an den brechenden Flächen: Die erste Fläche bildet P_1 nach P'_1 (virtuell) ab. P_1 ist der Gegenstandspunkt P_2 für die zweite Fläche, die diesen Punkt nach P'_2 abbildet

Wir lösen im folgenden diese zwei Gleichungen nur für den Fall der sogenannten „dünnen" Linse mit der Brechzahl n_L in einem Medium mit der Brechzahl n_M. Bei der dünnen Linse kann die Dicke d gegenüber den Brennweiten und Schnittweiten vernachlässigt werden. Dann ist:

$$s_2 = s'_1$$

und

$$n_1 = n'_2 = n_M \text{ und } n'_1 = n_2 = n_L.$$

Setzt man dies in die obigen zwei Gleichungen ein, erhält man die Gleichungen

$$n_L/s'_1 - n_M/s_1 = (n_L - n_M)/r_1$$

$$n_M/s'_2 - n_L/s'_1 = (n_M - n_L)/r_2.$$

Summiert man diese zwei Gleichungen, erhält man das Abbildungsgesetz für die dünne Linse:

$$\frac{n_M}{s'_2} - \frac{n_M}{s_1} = \frac{n_L - n_M}{r_1} + \frac{n_M - n_L}{r_2} = B_1 + B_2 = B_L.$$

B_L hat also dieselbe Bedeutung wie die Brechkräfte der Einzelflächen:

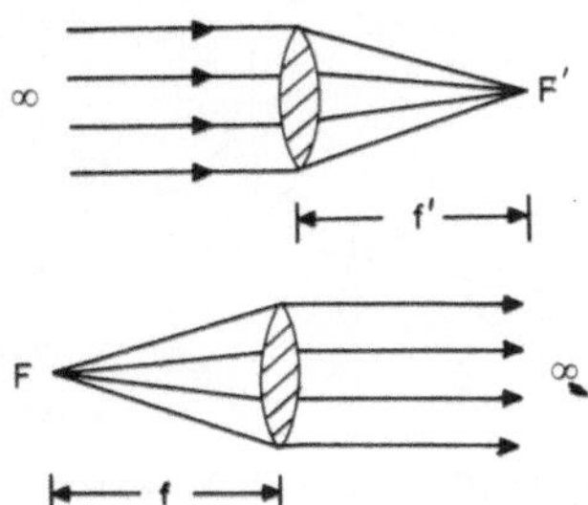

Für $s_1 \to -\infty$ erhalten wir $s'_2 = n_M/B_L = f'$, die bildseitige Brennweite bzw. die Lage des bildseitigen Brennpunkts F'.

Für $s'_2 \to \infty$ erhalten wir $s_1 = -n_M/B_L = f$, die gegenstandseitige Brennweite bzw. die Lage des gegenstandseitigen Brennpunkts F.

Die Brechkraft der dünnen Linse B_L ist also gleich der Summe der Brechkräfte der Einzelflächen.

Aus der obigen Abbildungsgleichung für die dünne Linse erhalten wir auch leicht die Newtonsche Form der Abbildungsgleichung. Dazu bezeichnen wir den Abstand des Gegenstands von dem gegenstandseitigen Brennpunkt F aus mit X und den Bildabstand von dem bildseitigen Brennpunkt F' aus mit X', s. Abb. 23.17.

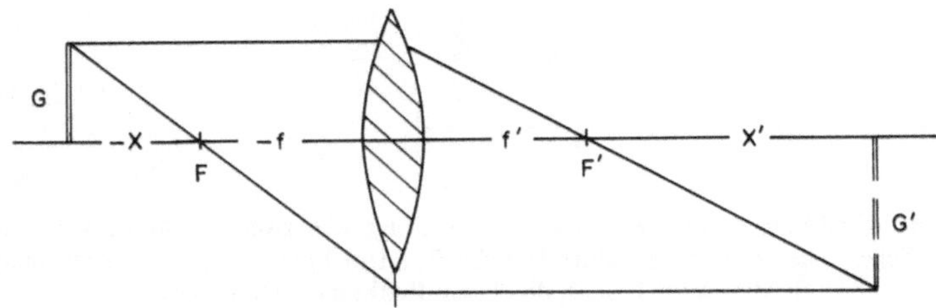

Abb. 23.17. Zur Bezeichnung der Abstände für die Newtonsche Abbildungsgleichung

Das obige Abbildungsgesetz für die dünne Linse bzw. Gleichung 23.10 geben $f'/s' + f/s = 1$. Daraus wird mit

$$s = f + X$$

und

$$s' = f' + X'$$

$$f'/(f' + X') + f/(f + X) = 1$$

oder

$$f \cdot f' = X \cdot X',$$

die Newtonsche Form der optischen Abbildungsgleichung.

c) Bildübertragung mit Lichtleitern

Lichtleitung durch Glasfasern beruht auf dem Phänomen der Totalreflexion; Lichtstrahlen, die unter größerem Winkel α als dem Grenzwinkel der Totalreflexion α_G (s. Abb. 23.18) auf die Oberfläche der Faser treffen, treten nicht aus, sondern werden vollständig reflektiert. Solche Lichtleitfasern werden in der optischen Nachrichten-Übertragungstechnik benutzt; sie sind andererseits auch die Basis für

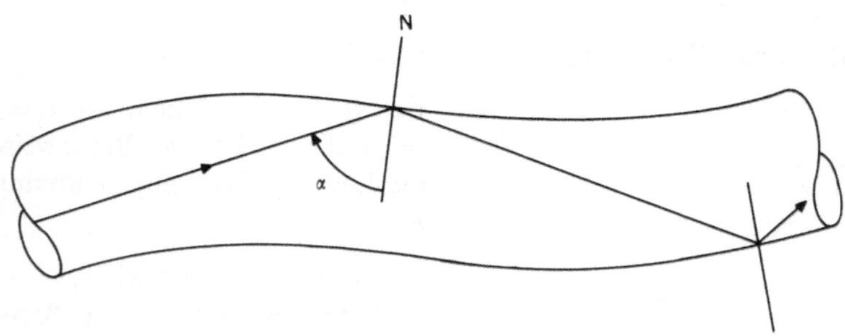

Abb. 23.18. Lichtleitung durch eine Glasfaser. N = Normale auf die Oberfläche, α = Einfallswinkel

die Übertragung von intensivem Laserlicht für chirurgische Zwecke sowie für die Bildübertragung durch geordnete Faserbündel in Endoskopen.

Um ungewollten Lichtaustritt bei Kontakt mit anderen Fasern oder Gegenständen zu vermeiden, werden die Fasern mit einem Mantel aus einem Material mit kleinerem Brechungsindex versehen. Der Grenzwinkel der Totalreflexion ist in diesen sogenannten Stufenindexfasern durch die Brechzahlen von Faserkern n_K und Fasermantel n_M festgelegt:

$$\alpha_G = \arcsin(n_M/n_K).$$

Das Licht wird an einem Faserende eingestrahlt oder „eingekoppelt" und tritt am anderen Ende der Faser aus. Wegen des Grenzwinkels haben Fasern einen Akzeptanzwinkel, d. i. jener maximale Winkel β, unter dem Licht auf die Eintrittsfläche der Lichtleitfaser treffen kann. Licht, welches unter größerem Winkel auftrifft, wird von der Faser nicht geleitet, sondern tritt aus, weil es unter einem kleineren Winkel als dem Grenzwinkel auf die Faseroberfläche trifft. Nur Licht, das mit der Faserachse einen kleineren Winkel als β einschließt, wird von der Faser weiter

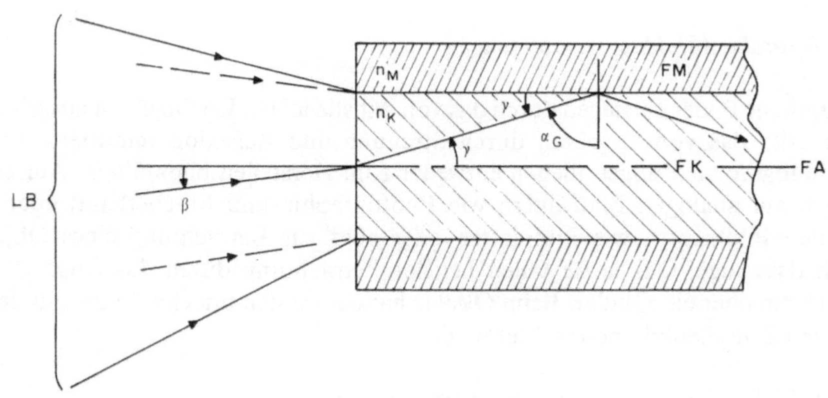

Abb. 23.19. Akzeptanzwinkel β einer Stufenindexfaser. FM = Fasermantel, FK = Faserkern. Von einem schräg zur Faserachse FA einfallenden Lichtstrahlenbündel LB werden nur Strahlen innerhalb der gestrichelt angedeuteten Strahlrichtungen mit einem Winkel von $\pm\beta$ zur Faserachse weitergeleitet, der Rest geht verloren

geleitet. Für β gilt:

$$\sin\beta = n_K \cdot \sin\gamma, \quad \text{mit } \gamma = \pi/2 - \alpha_G$$

d. h.

$$\sin\beta = n_K \cdot \cos\alpha_G$$

und mit

$$\cos\alpha_G = \sqrt{1 - (\sin\alpha_G)^2}$$

ist

$$\sin\beta = n_K \cdot \sqrt{1 - (n_M/n_K)^2}$$

bzw. der Akzeptanzwinkel ist

$$\beta = \arcsin(\sqrt{n_K^2 - n_M^2}).$$

Zur Bildübertragung müssen die einzelnen Fasern eines Bündels geordnet sein. Dann erscheint die Helligkeitsverteilung, die am Bündeleingang auf die Fasern projiziert wird, am Bündelausgang in der richtigen Zuordnung, s. Abb. 23.20.

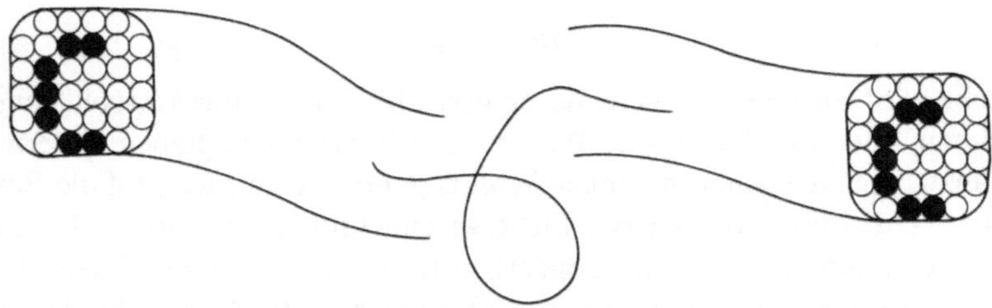

Abb. 23.20. Ein geordnetes Faserbündel überträgt die am Bündeleingang vorliegende Helligkeitsverteilung unverzerrt zum Bündelausgang

23.2 *Optische Abbildungsvorrichtungen*

Optische Bilder entstehen durch das von selbstleuchtenden Objekten ausgehende Licht oder das von Objekten durch Streuung und Reflexion remittierte Licht. Abbildungsvorrichtungen dienen entweder zum Herstellen bildmäßiger Aufzeichnungen auf analogen Bildträgern wie Photographie und Magnetband oder auf digitalen Bildträgern wie Bildplatten oder aber zur Betrachtung eines Objekts durch das Auge. Das letzte Glied bei der Betrachtung durch das Auge ist ein Bildschirm oder ein Okular. Beim Okular handelt es sich um eine Lupe, mit deren Hilfe ein Zwischenbild beobachtet wird.

a) Dicke Linse und zusammengesetzte Systeme

Wir ermitteln zunächst die Gesamtbrechkraft zweier brechender Elemente im Abstand d voneinander. Es kann sich hierbei um die zwei brechenden Flächen

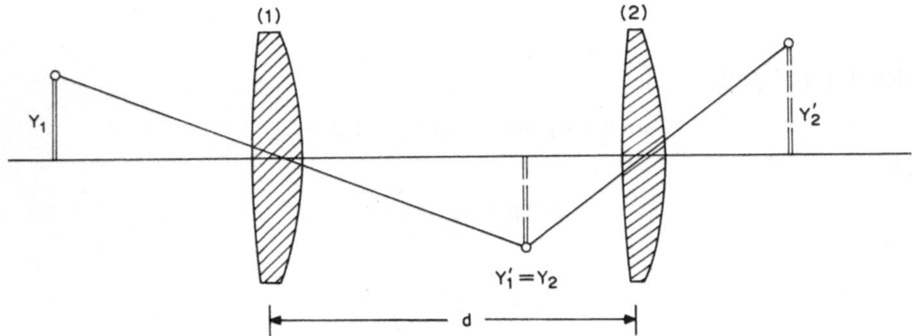

Abb. 23.21. Zur Bestimmung der Brechkraft zweier brechender Elemente 1 und 2 im Abstand d

einer dicken Linse handeln, aber auch um zwei dünne Linsen, wie in der Abb. 23.21 angedeutet.

Zunächst gilt für die transversalen Abbildungsmaßstäbe:

$$Y'_1/Y_1 = -b_1/a_1 \quad \text{und} \quad Y'_2/Y_2 = -b_2/a_2.$$

Derselbe Zusammenhang muß auch für die Kombination gelten, nämlich:

$$Y'_2/Y_1 = (Y'_2/Y_2)\cdot(Y'_1/Y_1) = b_1\cdot b_2/(a_1\cdot a_2) = -b/a,$$

wobei a und b Gegenstandweite bzw. Bildweite der Kombination sind.

Im folgenden betrachten wir den Grenzfall, daß sich der Gegenstand in $-\infty$ befindet: mit $a_1 \to -\infty$ wird

auch $a \to -\infty$ und folglich

wird $b \to f'$ und $b_1 \to f'_1$,

wobei f' die Brennweite der Kombination ist. Also ist, unter Beachtung des oben dargelegten Zusammenhangs zwischen den Abbildungsmaßstäben und den Bild- bzw. Gegenstandsweiten:

$$b = -\underbrace{(a/a_1)}_{\to 1 \text{ für } a_1 \text{ und } a \to \infty}\cdot b_1\cdot b_2/a_2 \to -b_1\cdot b_2/a_2 = f' \text{ für } a_1 \text{ und } a \to \infty$$

Somit ist

$$f' = -f'_1\cdot b_2/a_2$$

und mit

$$b_2 = a_2\cdot f'_2/(a_2 - f'_2)$$

(aus Gleichung 23.13) wird

$$f' = -f'_1\cdot f'_2/(a_2 - f'_2).$$

Wir erhalten zunächst für den betrachteten Grenzfall mit $a_2 = d - b_1' = d - f'_1$ als Ergebnis

$$f' = -f'_1\cdot f'_2/(d - f'_1 - f'_2) = f'_1\cdot f'_2/(f'_1 + f'_2 - d).$$

Dieses Ergebnis ist aber unabhängig von der Position des Gegenstands und gilt daher allgemein. Es läßt sich übersichtlicher durch die Brechkräfte B_1 und B_2 der einzelnen brechenden Flächen (oder der beiden Linsen) und die Brechkraft B der Kombination ausdrücken:

$$B = B_1 + B_2 - d\cdot B_1\cdot B_2.$$

Für den Fall, daß der Abstand zwischen den beiden brechenden Elementen sehr klein ist ($d \to 0$), vereinfacht sich dieses Ergebnis noch weiter:

$$B = B_1 + B_2.$$

Dies entspricht dem Ergebnis, das wir schon für die dünne Linse erhalten haben. Im Falle einer Linsenkombination mit vernachlässigbarem Abstand d ist die Gesamtbrechkraft somit ebenfalls gleich der Summe der Einzelbrechkräfte.

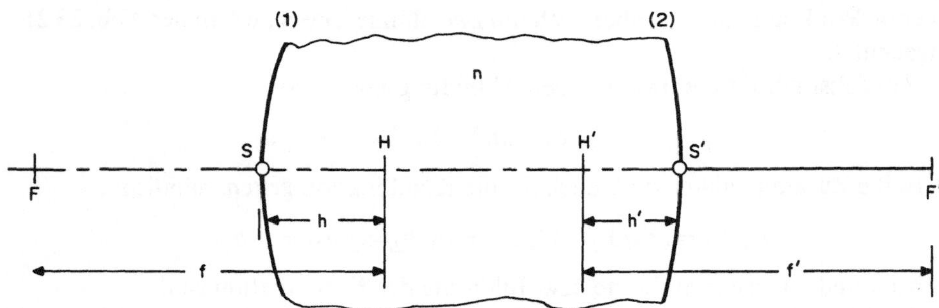

Abb. 23.22. Kardinalpunkte und -strecken eines aus zwei brechenden Elementen 1 und 2 (= brechende Flächen oder dünne Linsen) bestehenden Systems

Wir kennen nun zwar die Brennweite des zusammengesetzten Systems, jedoch ist die Position des Brennpunkts auf der optischen Achse noch unbekannt. Wir gehen wie schon oben vor: die Position des bildseitigen Brennpunkts ist bei s_2', berechnet für $s_1 = -\infty$; die Position des gegenstandseitigen Brennpunkts liegt analog bei s_1, berechnet für $s_2' = \infty$; dann findet man, daß die Brennweiten der Linse von Punkten H bzw. H', den sogenannten Hauptpunkten, zu rechnen sind, die von den zugehörigen Scheitelpunkten S und S' im Abstand h bzw. h' entfernt liegen (s. Abb. 23.22):

$$h = r_1 \cdot (1-n) \cdot d/N$$

und

$$h' = r_2 \cdot (n-1) \cdot d/N$$

mit

$$N = (n-1) \cdot (1-n) \cdot d - n \cdot r_1 \cdot (1-n) - n \cdot r_2 \cdot (n-1).$$

Bei der konstruktiven Bildbestimmung muß nun berücksichtigt werden, daß die Brechung der Parallelstrahlen an den jeweiligen Ebenen durch die Hauptpunkte, d. h. an den sogenannten Hauptebenen, erfolgt, wie in der Abb. 23.23 dargestellt.

Wie man weiters aus der Abb. 23.23 sieht, entspricht jedem Punkt auf der einen Hauptebene (z. B. Q) ein gleich weit von der optischen Achse entfernter Punkt (Q') auf der anderen Hauptebene. M. a. W. von einer Hauptebene zur anderen erfolgt eine Abbildung im Maßstab $\beta = 1$.

Schließlich bestimmen wir noch die Lage der sogenannten Knotenpunkte K auf der Seite des Gegenstands und auf der Bildseite K'. Diese Punkte sind dadurch ausgezeichnet, daß die Strahlneigung aller vom Gegenstand ausgehenden Strahlen durch K gleich ist der Strahlneigung, mit der diese Strahlen auf der Bildseite durch K' gehen: Abb. 23.24. Wir betrachten hierzu zunächst die beiden durch Abbildung einander zugeordneten Punkte P and P' in der Abb. 23.23 und einen zugehörigen, gestrichelt gezeichneten Lichtstrahl von P nach Q bzw. von P' nach Q'. Wegen $\beta = 1$ müssen die beiden Punkte Q und Q' gleich weit von der optischen Achse entfernt sein, ansonsten können sie beliebig liegen. Für die zwei in der Abb. 23.23

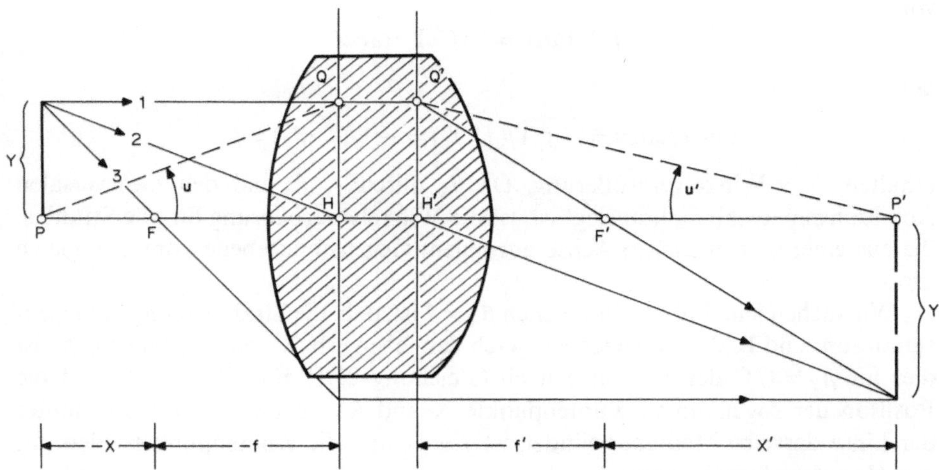

Abb. 23.23. Bildkonstruktion im Falle einer dicken Linse. Die durch die Hauptpunkte H und H' gehenden achsennormalen Ebenen heißen Hauptebenen. Die Brechung von Brennpunkt- bzw. Parallelstrahl findet an der zum betreffenden Brennpunkt gehörigen Hauptebene statt. Die gezeichneten Strahlen dienen nur zum Auffinden des Bilds; der tatsächliche Strahlenverlauf ist anders

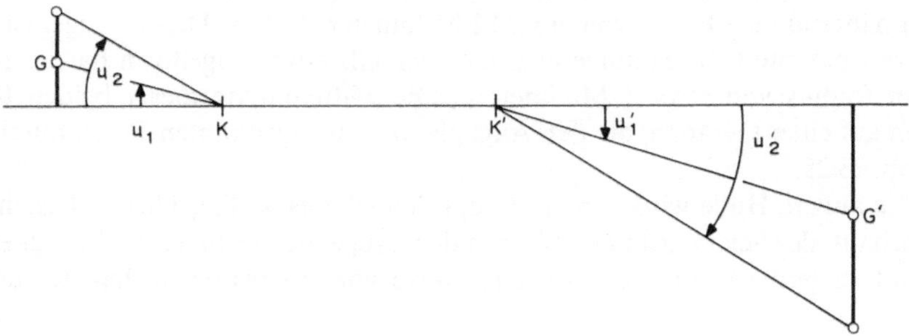

Abb. 23.24. In den Knotenpunkten K und K' ist die Strahlneigung aller vom Objekt ausgehenden Strahlen tan u_i im Bildraum gleich der Strahlneigung tan u_i' im Gegenstandsraum ($u_i = u_i'$)

eingezeichneten Punkte Q und Q' gilt offensichtlich:

$$\tan u = -Y/(X+f) \qquad \text{und} \qquad \tan u' = -Y/(X'+f').$$

Aus der Newtonschen Abbildungsgleichung 23.14 erhält man

$$f/X = X'/f'$$

und durch Addition von 1 auf beiden Seiten

$$(f+X)/X = (X'+f')/f'.$$

Damit wird

$$X \cdot \tan u = f' \cdot \tan u'.$$

Weiters kann man aus der Abb. 23.23 $X/f = -Y/Y'$ ablesen (Strahlensatz), womit wir

$$f \cdot Y \cdot \tan u = -f' \cdot Y' \cdot \tan u'$$

oder

$$\tan u'/\tan u = -f \cdot Y/(f' \cdot Y') = -f/(f' \cdot \beta_T) = \beta_w$$

erhalten; β_w = Winkelvergrößerung. Da β_w durch f, f' und den transversalen Abbildungsmaßstab β_T festgelegt ist, ist die Winkelvergrößerung für alle Strahlen, die aus einer (zur optischen Achse normalen) Gegenstandsebene kommen, gleich groß.

Wir suchen jene Punkte, in welchen $\beta_w = 1$ ist, d. h. die Strahlneigung in Gegenstandraum und Bildraum gleich ist. Nach dem eben erhaltenen Ergebnis für β_w ist dies für $\beta_T = f/f'$ der Fall, also nach Gleichung 23.15 für $X' = f'$. Dies ist die Position der sogenannten Knotenpunkte K and K'. Wenn sich vor und hinter der Linse dasselbe Medium befindet, ist $f = f'$, und die Knotenpunkte fallen mit den Hauptpunkten zusammen.

b) Das Auge

Das menschliche Auge besteht aus dem äußeren Auge (Augenmuskel, Tränendrüse und Augenwimpern) und dem Augapfel. Die geometrische Form des Augapfels ist annähernd eine Kugel von etwa 12 Millimeter Radius. Dieser Kugel ist vorne die transparente Cornea aufgesetzt, die ebenfalls etwa Kugelform hat, u. zw. mit einem Radius von etwa 8 Millimetern. Die Mittelpunkte dieser beiden Kugeln liegen auf einer Geraden, die den Augapfel in den sogenannten Polen durchstößt, s. Abb. 23.25.

Die äußere Hülle wird von der hauptsächlich aus Kollagenfasern bestehenden Lederhaut, der Sclera, gebildet. Sie gibt dem Auge die mechanische Festigkeit. Die gesunde Sclera hat am Äquator eine Dicke von 0,3 bis 0,9 Millimeter und am

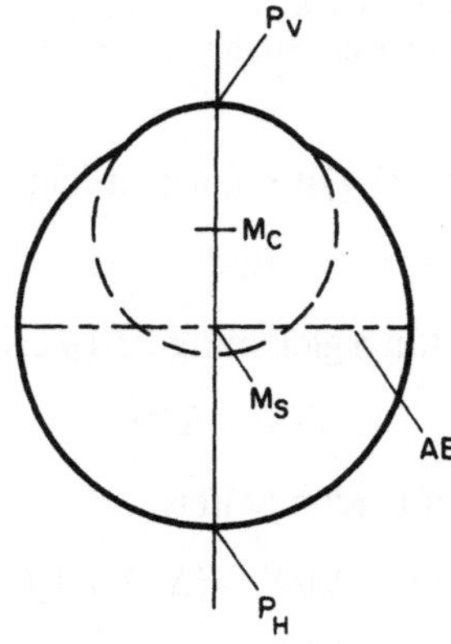

Abb. 23.25. Die Geometrie des Augapfels entspricht annähernd der zweier sich durchdringender Kugeln mit Krümmungsradien von 8 (Cornea) und 12 (Sclera) Millimeter. Die Mittelpunkte MC und MS dieser beiden Kugeln definieren die geometrische Achse des Auges. Diese Achse durchstößt den Augapfel im vorderen (PV) und hinteren (PH) Augenpol. AE = Äquator

hinteren Pol von 0,9 bis 1,8 Millimeter. Vorne besitzt die Sclera eine Öffnung von etwa 11 Millimeter Durchmesser, die von der transparenten Hornhaut (Cornea) abgeschlossen wird. Die Cornea hat eine Dicke von etwa 0,5 Millimeter. Nach innen hin liegt der Sclera die gefäßreiche Aderhaut (Dicke ca. 0,2 mm) an. Diese versorgt einerseits den direkt anliegenden Teil der Retina, die Pars optica retinae, mit Blutgefäßen und andererseits den vorderen Augenabschnitt, insbesondere Strahlenkörper, Ziliarkörper und Ziliarfortsätze. Außerdem hat die Aderhaut eine wichtige Funktion im Hinblick auf die Temperaturkonstanz der Retina. Während das Pigmentepithel fest an der Aderhaut haftet, ist es mit der Netzhaut—entwicklungsgeschichtlich bedingt—nur locker verbunden. Löst sich die Netzhaut vom Pigmentepithel, ist die Stoffversorgung von der Aderhaut her unterbrochen, der abgelöste Netzhautteil geht schnell zugrunde („Netzhautablösung").

Die lichtempfindliche Retina liegt der Aderhaut innen an und ist von ihr nur durch das Pigmentepithel mit seiner Basalmembran, der Bruchschen Membran,

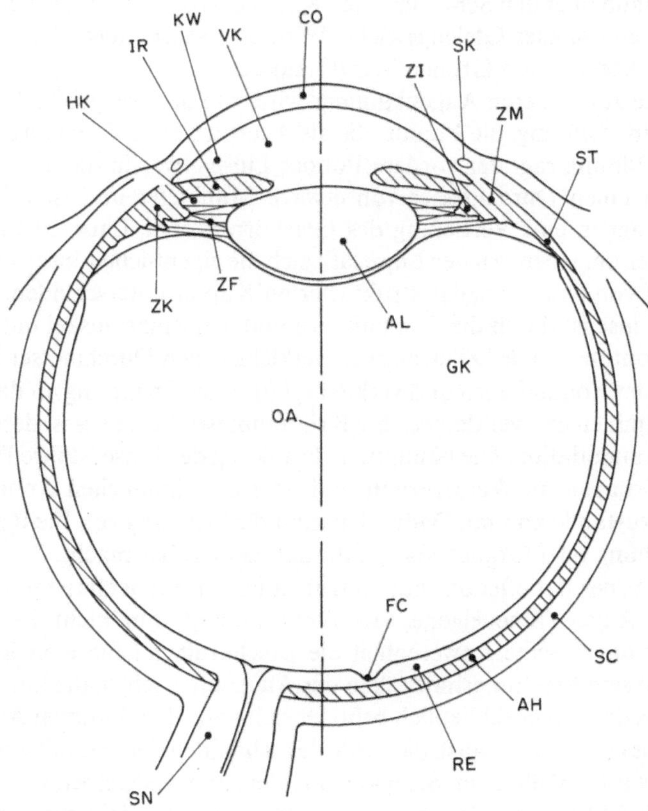

Abb. 23.26. Horizontaler Schnitt durch das rechte menschliche Auge, von oben gesehen. *AH* = Aderhaut, *AL* = Augenlinse, *CO* = Cornea, *FC* = Fovea centralis, *GK* = Glaskörper, *HK* = hintere Augenkammer, *IR* = Iris, *KW* = Kammerwinkel, *OA* = optische Achse, *RE* = Retina, *SC* = Sclera, *SK* = Schlemmscher Kanal, *SN* = Sehnerv, *ST* = Strahlenkörper, *VK* = Vordere Augenkammer, *ZF* = Zonulafasern, *ZI* = Ziliarfortsatz, *ZK* = Ziliarkörper, *ZM* = Ziliarmuskel

getrennt. Die Retina ist hochdifferenziert. Direkt an das Pigmentepithel anliegend finden sich die nach außen zur Aderhaut gerichteten Photorezeptoren (Stäbchen und Zäpfchen) des Neuroepithels. Diesem liegen innen das 2. und 3. Neuron der Sehbahn an. Die Retina hat am Rand eine Dicke von etwa 0,15 Millimeter und in der Umgebung der Fovea centralis eine Dicke von etwa 0,4 Millimeter. Die innere Grenzmembran schließlich begrenzt die Retina zum Glaskörper hin. Der Glaskörper selbst hat keine Grenzmembran. Er besteht zu 98% aus Wasser in einer Mucopolysaccharid-Matrix und bildet die Hauptmasse des Augapfels.

Von vorne nach hinten gehend, trifft man am Auge zunächst auf die durchsichtige Cornea. Sie hat mit etwa 8 Millimetern einen kleineren Krümmungsradius als die Sclera und repräsentiert den größten Teil der Brechkraft des Auges, s. Tabelle 23.2. Nach innen hin folgt die vordere Augenkammer. Diese ist mit Kammerwasser gefüllt, das von den Ziliarfortsätzen in der hinteren Augenkammer produziert wird, zwischen Iris und Augenlinse nach vorne fließt und im Kammerwinkel zum Schlemmschen Kanal abfließt. Zwischen der Kammerwasserproduktion und dem Abflußwiderstand über den Schlemmschen Kanal und das davorliegende Trabekelwerk besteht ein diffiziles Gleichgewicht. Wird es gestört, steigt der intraokuläre Druck, und es kommt zum Grünen Star (Glaukom).

Die Grenze zur hinteren Augenkammer wird von der Iris gebildet. Sie enthält in der Mitte eine Öffnung, die Pupille, die als Aperturblende für das Auge fungiert. Durch diese Öffnung ragt der vordere Pol der Linse etwas in die Vorderkammer. Die Linse hat einen Durchmesser von etwa 8 Millimeter und ist bikonvex; ihr hinterer Pol ragt in eine Vertiefung des Glaskörpers. Die Linse ist rundum von Kammerwasser umgeben. An der Linse läßt sich die eigentliche Linsensubstanz mit ihrem Epithel von einer lamellär strukturierten Kapsel unterscheiden, in welcher sie ruht. Die Linse ist durch die Zonulafasern und den Ziliarmuskel mit der Sklera verbunden. Kontraktion des Ziliarmuskels verkleinert den Durchmesser der Befestigungspunkte der Zonulafasern und verkleinert (!) so die Spannung an der Linse; sie zieht sich zusammen und verkleinert ihre Krümmungsradien. Dies ist der Mechanismus der Akkommodation. Die häufigste Erkrankung der Linse ist ihre Eintrübung, die durch Störungen im Wassergehalt und/oder der räumlichen Anordnung der Linsenfasern zustande kommt. Dadurch nimmt die Streuung von Licht zu, was sich als Linsentrübung oder Grauer Star (Katarakt) bemerkbar macht.

Der Glaskörper hat offenbar nur Aufgaben im Zusammenhang mit der Formstabilität des Auges. Eine eigene Brechkraft kommt ihm nicht zu. Allerdings vermindert er durch seine Anwesenheit die Brechkraft der hinteren Linsenfläche erheblich, weil sein Brechungsindex dem der Augenlinse sehr nahe kommt.

Im Fundus des Auges schließlich befindet sich nahe dem hinteren Augenpol die Netzhautgrube (Fovea centralis), die Stelle des schärfsten Sehens, mit einem Durchmesser von etwa 1,5 Millimeter. Sie bildet das Zentrum des Gelben Flecks (Macula lutea) von 3 bis 5 Millimeter Durchmesser, in dem die hauptsächlichen Sehvorgänge stattfinden. In der Fovea centralis ist die Netzhaut verdünnt, die Sinneszellen sind hier nicht von Neuronen der Sehbahn überdeckt. Das lichtempfindliche Neuroepithel enthält zwei Typen von Photorezeptoren: Stäbchenzellen und Zapfenzellen. Die Stäbchenzellen sind um rund zwei Größenordnungen lichtempfindlicher als die

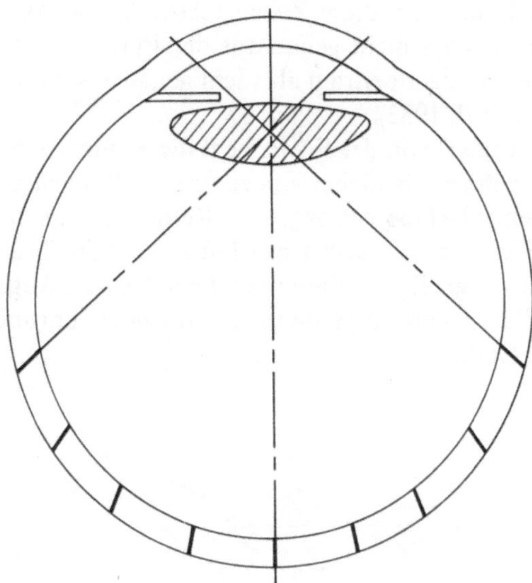

Abb. 23.27. Orientierung der lichtempfindlichen Zellen in der Retina

Zäpfchenzellen, lediglich im roten Spektralbereich erreicht die Empfindlichkeit der Zäpfchen jene der Stäbchen. Die Zäpfchen können jedoch Farben unterscheiden, u. zw. gibt es nach der auch heute noch weitgehend gültigen Young-Helmholtzschen Theorie drei Typen von Zapfen, die je für eine der drei Primärfarben (Blau, Grün und Rot) empfindlich sind. Die Zapfen und Stäbchen sind mit ihrer Längsachse zur Pupillenmitte orientiert, s. Abb. 23.27. Sie leiten das auftreffende Licht ähnlich wie Lichtleiter. Dadurch wird einerseits ein Verwischen der Helligkeitsverteilung durch Lichtstreuung vermieden und andererseits das auftreffende Licht den lichtabsorbierenden Strukturen innerhalb der Zellen zugeführt. Ein Bereich von etwa 0,5 mm Durchmesser im Zentrum der Sehgrube enthält nur Zapfenzellen. Wegen der kleinen

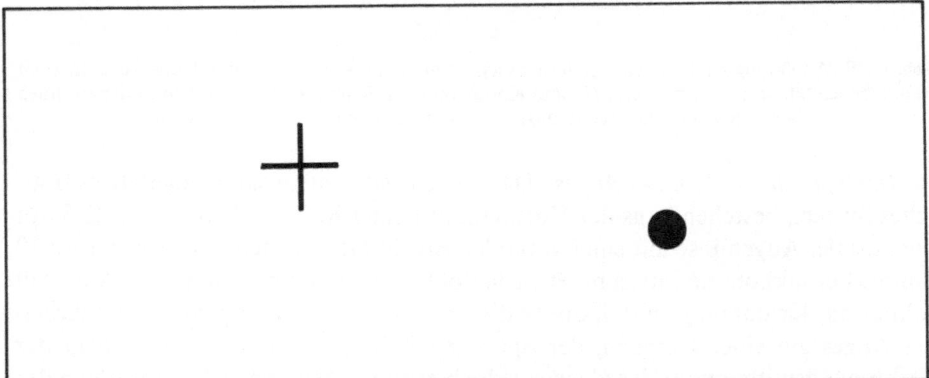

Abb. 23.28. Hilfe zum Aufsuchen des blinden Flecks im rechten Auge

Brechzahlunterschiede besitzen diese Zellen relativ kleine Akzeptanzwinkel. Die Folge ist, daß Licht, welches nicht genau aus der Pupillenmitte auf die Netzhaut trifft, zum Sehvorgang weniger beiträgt als Licht genau aus der Pupillenmitte (W. S. Stiles und B. H. Crawford, 1933).

Etwa 4 Millimeter nasal von der Fovea liegt die Sehnervpapille oder der blinde Fleck. Hier tritt der Sehnerv, begleitet von zentralen Blutgefäßen der Netzhaut, in das Auge ein. Die Zentralgefäße versorgen die Retina von innen her mit Blut. Man kann den blinden Fleck an sich selbst mit Hilfe der Abb. 23.28 leicht feststellen. Fixiert man das dort abgebildete Kreuz mit dem rechten Auge und variiert den Abstand dieser Abbildung vom Auge, dann verschwindet der runde schwarze Fleck, wenn er auf die Papille fällt.

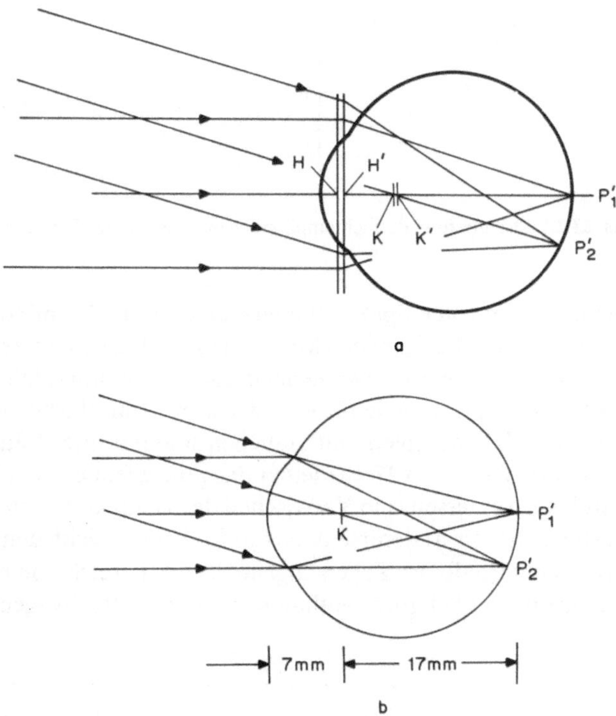

Abb. 23.29. Abbildung zweier unendlich ferner Gegenstandpunkte P_1 und P_2 durch das Auge: In **a** mit Hauptebenen (Hauptpunkten H und H') und Knotenpunkten K und K', in **b** mit dem in diesem Buch benutzten vereinfachten (reduzierten) Auge (Knotenpunkt K) dargestellt

Das optische System des Auges. Das Auge besitzt ein zusammengesetztes optisches System, bestehend aus der Hornhaut mit einer Brechkraft von etwa 42,5 dpt und aus der Augenlinse mit einer variablen Brechkraft. Letztere reicht von etwa 19 dpt bei Fernakkommodation bis etwa 34 dpt bei Nahakkommodation. Im Idealfall sollten die Krümmungsmittelpunkte dieser drei wichtigsten brechenden Flächen des Auges auf einer Geraden, der optischen Achse, liegen. Tatsächlich liegt der Krümmungsmittelpunkt der Cornea jedoch etwa 0,1 Millimeter temporal von der optischen Achse der Augenlinse.

Tabelle 23.2. Daten des schematischen Gullstrand-Auges und eines neueren theoretischen Auges (Le Grand und El Hage, 1980). Längenangaben in Millimetern, Brechkräfte in Dioptrien. *akk.* = im akkommodierten Zustand, *n. akk.* = im nicht akkommodierten Zustand

	Gullstrand		Le Grand	
	n. akk.	*akk.*	*n. akk.*	*akk.*
BRECHZAHLEN				
Cornea	1,376	1,376	1,3771	1,3771
Kammerwasser	1,336	1,336	1,3374	1,3374
Linse	1,386	1,386	1,42	1,427
Glaskörper	1,336	1,336	1,336	1,336
X-KOORDINATEN (vom Corneascheitel aus auf der optischen Achse)				
FLÄCHEN				
Linsenvorderfläche	3,6	3,2	3,6	3,2
Linsenrückfläche	7,2	7,2	7,6	7,7
HAUPTPUNKTE				
objektseitig	1,348	1,772	1,59	1,82
bildseitig	1,602	2,086	1,91	2,19
KNOTENPUNKTE				
objektseitig	7,078	6,533	7,20	6,78
bildseitig	7,332	6,847	7,51	7,19
FOVEA CENTRALIS	24	24	24	24
KRÜMMUNGSRADIEN				
Cornea-Vorderfl.	7,7	7,7	7,8	7,8
Cornea-Rückfl.	6,8	6,8	6,5	6,5
Linsen-Vorderfl.	10	5,33	10,2	6,0
Linsen-Rückfl.	−6	−5,33	−6	−5,5
BRENNWEITEN				
objektseitig	−17,055	−14,169	−16,68	−14,78
bildseitig	22,785	18,930	22,29	19,74
BRECHKRÄFTE				
Cornea	43,053	43,053	42,36	42,36
Linse	19,11	33,06	21,78	30,70
Auge gesamt	58,636	70,57	59,94	67,68

Die Abmessungen der Augen streuen in weiten Bereichen. Beispielsweise hat Strenström 1946 an 1000 Zwanzig- bis Dreißigjährigen einen Mittelwert der Augenlänge von 24,0 mm bei einer Streuung von 1,1 mm festgestellt. A. Gullstrand hat aus vielen Einzelmessungen ein (theoretisches) Durchschnittsauge definiert, das sogenannte Gullstrandsche schematische Auge. Die geometrischen Abmessungen und Brechzahlen dieses Auges sind so zusammengestellt, daß sie ein übersichtiges Auge mit einer axialen Refraktion (s. Abschnitt 23.3a) von + 1 dpt, entsprechend dem statistischen Dominieren der Übersichtigkeit, ergeben. Einige Werte dieses vielfach für theoretische Überlegungen benutzten schematischen Auges sind in der Tabelle 23.2 aufgelistet.

Wie man aus der Tabelle 23.2 auch sieht, liegen beide Knotenpunkte in allen Fällen auf wenige Zehntelmillimeter genau 7 mm hinter dem Hornhautscheitel. Im folgenden wird daher in diesem Buch das Auge stark vereinfacht durch seine äußere

Kontur und einen gemeinsamen bildseitigen und gegenstandseitigen Knotenpunkt (K) dargestellt (Abb. 23.29).

c) Lupe und Okular

Die einfachste Möglichkeit, einen Gegenstand „vergrößert" betrachten zu können, besteht darin, diesen möglichst nahe an das Auge zu bringen. So gelingt es auf einfache Weise, den Sehwinkel w zu vergrößern.

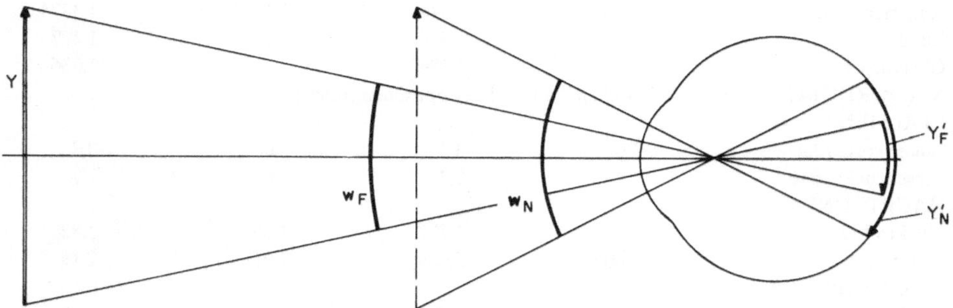

Abb. 23.30. Verkleinern des Betrachtungsabstands vergrößert den Sehwinkel von w_F auf w_N und entsprechend die Größe des Netzhautbilds von Y'_F auf Y'_N

Dem Heranrücken an den Gegenstand ist jedoch einerseits eine Grenze bei weit entfernten Objekten (z. B. Sternen) gesetzt. Man behilft sich hier mit Fernrohren, welche ein reelles Bild des Gegenstands in der Nähe erzeugen, das dann mittels Lupe betrachtet wird. Andererseits ist diesem Verfahren auch bei nahen Objekten eine Grenze dadurch gesetzt, daß zu nahe Gegenstände von dem Auge wegen der Akkommodationsgrenze nicht mehr scharf gesehen werden können. Auch hier hilft die Lupe weiter. Um die Lupenvergrößerung definieren zu können, ist der Vergleich mit einem standardisierten Betrachtungsabstand notwendig. Man hat für die Grenze

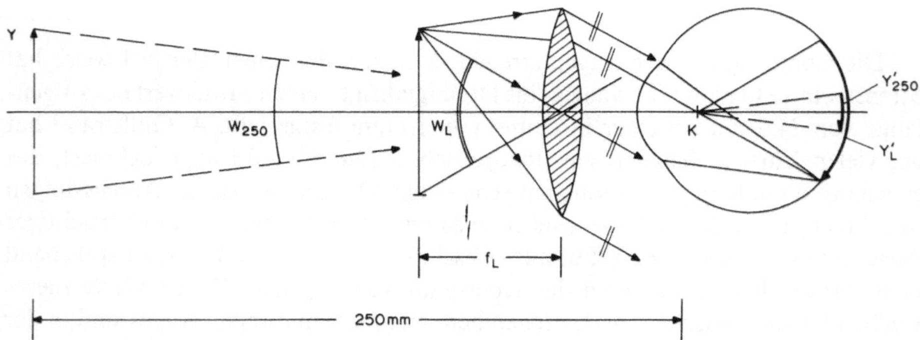

Abb. 23.31. Vergrößerung durch eine Lupe. Die von einem Objektpunkt ausgehenden Strahlen sind rechts von der Lupe alle parallel zueinander. Einer dieser Strahlen zielt auf den Knotenpunkt K des reduzierten Auges und geht daher gerade weiter zur Netzhaut. Damit ist der entsprechende Bildpunkt auf der Netzhaut gefunden

des bequemen Sehens eine sogenannte Bezugssehweite bei 250 mm festgelegt. Beim richtigen Gebrauch der Lupe befindet sich der Gegenstand in der vorderen Brennebene, weil das Auge dann entspannt beobachten kann: es sieht den betrachteten Gegenstand im Unendlichen, s. Abb. 23.31.

Die Lupenvergrößerung ist gleich dem Quotienten aus den Größen der Netzhautbilder mit Lupe und ohne Lupe (bei 250 mm Abstand):

$$V = Y'_L/Y'_{250} = \tan w_L/\tan w_{250} = (Y/f_L)/(Y/0{,}25\,\text{m}) = 0{,}25\,\text{m}/f_L = 0{,}25\,\text{m}\cdot B.$$

Häufig wird das von einem optischen Instrument erzeugte Zwischenbild mit Hilfe einer Lupe betrachtet. Dann bezeichnet man die Lupe als „Okular", weil sie das letzte optische Glied unmittelbar vor dem Auge bildet.

d) Aperturblenden und Feldblenden

In allen optischen Strahlengängen gibt es zwei zueinander in einem komplementären Verhältnis stehende Ebenen. Es sind dies die Ebene der Feldblende und die Ebene der Aperturblende. Eine Feldblende begrenzt die Ausdehnung des abgebildeten Objekts oder Felds, eine Aperturblende begrenzt den Öffnungswinkel der von den Objektpunkten ausgehenden und das Bild erreichenden Strahlen. Die Aperturblende bestimmt somit die Helligkeit dieser Abbildung, d. h. sie wirkt als Pupille, beispielsweise die Öffnung in der Iris des menschlichen Auges oder die „Blende" eines Photoapparats.

Beide Blendenebenen werden im Strahlengang auch abgebildet; die zugehörigen sogenannten abbildungsmäßig konjugierten Ebenen haben dieselben Eigenschaften. Man kann also die Größe des abgebildeten Felds auch durch eine Blende begrenzen, die sich gar nicht in der Objektebene befindet, sondern in einer hierzu abbildungsmäßig konjugierten Ebene, beispielsweise in der Zwischenbildebene des Mikroskops

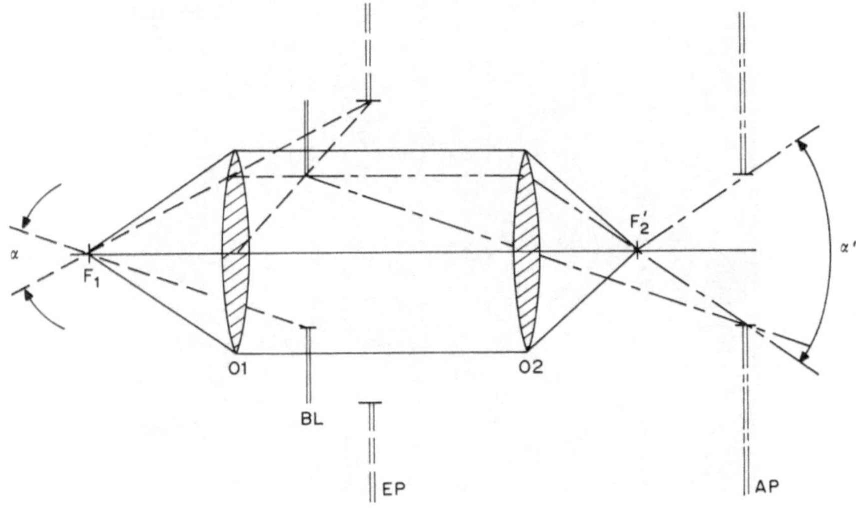

Abb. 23.32. Pupillen eines aus den Optiken *O1* und *O2* bestehenden Abbildungssystems. *BL* = strahlenbegrenzende Blende, *EP* = Eintrittspupille, *AP* = Austrittspupille

(s. z. B. Abb. 23.49 und 23.50). Ebenso läßt sich die Helligkeit einer Abbildung nicht nur durch den Durchmesser der ersten abbildenden Optik begrenzen, sondern auch durch Blenden, die sich in einer hierzu abbildungsmäßig konjugierten Ebene befinden. Von diesen Möglichkeiten wird in allen optischen Instrumenten Gebrauch gemacht.

Während Feldblenden in der Objektebene oder einer dazu abbildungsmäßig konjugierten Ebene liegen, wird als Aperturblende jene Blende wirksam, die den Durchmesser der Strahlenbündel im Verlaufe des Strahlengangs am stärksten begrenzt. Als Beispiel hierzu ist in der Abb. 23.32 eine aus zwei Optiken $O1$ und $O2$ bestehende Abbildungsvorrichtung dargestellt. Als strahlenbegrenzende Blende ist hier die Blende BL rechts von $O1$ aufgestellt. Ihr von der Optik $O1$ entworfenes Bild ist die Eintrittspupille EP; das Bild, das die Optik $O2$ entwirft, ist die Austrittspupille. Der Öffnungswinkel der an der Abbildung teilnehmenden Strahlen wird vor $O1$ (α) durch die Eintrittspupille begrenzt, nach $O2$ (α') durch die Austrittspupille.

23.3 Fehlsichtiges Auge und Brille

a) Sehvermögen

Das visuelle System besteht aus dem Auge, der Sehbahn und den Sehzentren im Gehirn. Störungen an einer oder mehrerer dieser Komponenten führen zur Verminderung der Sehleistung. Liegen die Mängel nicht am optischen System des Auges,

Abb. 23.33. Optische Täuschung der Fraserschen Spirale—die keine ist—(nach H. Schober und I. Rentschler, 1972)

spricht man von Amblyopie, ansonsten handelt es sich um Fehlsichtigkeit. Fehler in der Sehleistung treten auch bei intaktem visuellem System auf, bedingt offenbar durch Eigenheiten der Bildverarbeitung im Gehirn. Bekannte Beispiele hierzu sind die verschiedenen optischen Täuschungen, von welchen die Abb. 23.33 eine zeigt.

Das Sehvermögen des menschlichen Auges wird bestimmt durch das Farben- und Dunkelsehen, die Größe des Gesichtsfelds und die Sehschärfe. Während Farben- und Dunkelsehen sowie die Sehfeldgröße im wesentlichen durch die Retina allein bestimmt werden, wird die Sehschärfe vom optischen Apparat des Auges entscheidend mit beeinflußt. Die Sehschärfe ist ein wichtiges Kriterium zur Beurteilung der Notwendigkeit von Sehhilfen wie Brillen oder anderen Maßnahmen, beispielsweise einer Kataraktoperation. Unter *Sehschärfe oder Visus* versteht man üblicherweise die anguläre Sehschärfe. Dies ist die Fähigkeit, zwei Objekte als getrennt wahrzunehmen, quantifiziert durch das sogenannte Minimum separabile. Die Messung dieser Größe erfolgt in der augenärztlichen Praxis nach Normvorschriften (z. B. DIN 58220).

Das Minimum separabile beträgt bei normalsichtigen Erwachsenen etwa 1 Winkelminute. Zur Feststellung des Visus werden Testfiguren benutzt, deren entscheidende Strukturen bei der Prüfentfernung unter verschieden großen Sehwinkeln erscheinen. Bei der Snellenschen Sehprobe sind dies die Linienbreiten der zu erkennenden (Groß-)Buchstaben, beim Landolt-Ring sind es Linienbreite und Spaltbreite in einem Kreisring. Die Meßgröße Visus ist dann gleich dem Quotienten aus dem Abstand d, unter dem der Proband die Testfigur in 60% der Fälle schon erkennt, gebrochen durch den Abstand (D), bei dem die Teststruktur mit einem Sehwinkel von 1 Winkelminute erscheint:

$$\text{Visuswert} = \frac{d}{D}.$$

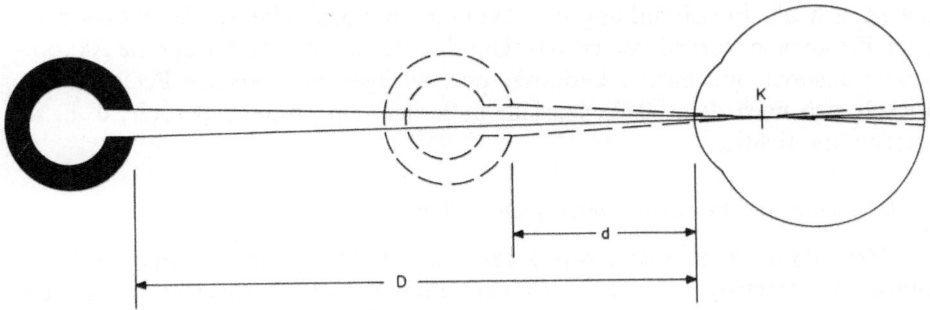

Abb. 23.34. Sehtest mit dem Landolt-Ring (Ringabmessungen nach DIN 58220)

Ein Auge ist dann *rechtsichtig oder emmetrop*, wenn der bildseitige Brennpunkt F' im akkommodationslosen Zustand des Auges in der Netzhautgrube liegt. Dies ist nicht immer der Fall. Abweichungen hiervon sind jedoch natürlich und nur in speziellen Fällen als pathologisch anzusehen, beispielsweise bei der progressiven Myopie.

Zur Kennzeichnung des Refraktionszustands des Auges wird die Lage des Fernpunkts P_F verwendet. Darunter versteht man jenen Punkt, der im akkommodationslosen Zustand scharf in die Netzhautgrube abgebildet wird. Beim rechtsichtigen Auge liegt der Fernpunkt offenbar im Unendlichen, d. h. das emmetrope Auge sieht weit entfernte Gegenstände scharf. Der Abstand a_F vom Auge (genauer: vom dingseitigen Hauptpunkt H) zum Fernpunkt P_F heißt Fernpunktabstand. Sein reziproker Wert heißt Fernpunktrefraktion oder axiale Refraktion:

$$B_F = \frac{1}{a_F}.$$

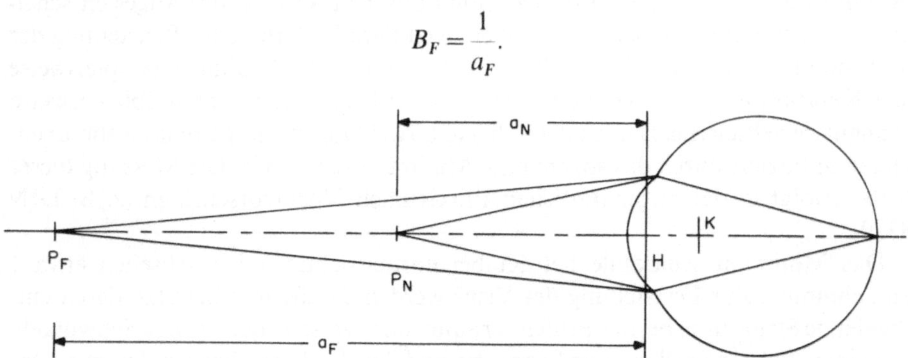

Abb. 23.35. Fernpunkt P_F und Nahpunkt P_N eines (kurzsichtigen) Auges. Zwischen P_F und P_N befindet sich der Akkommodationsbereich des Auges

Der bei stärkster Akkommodation noch scharf vom Auge abgebildete Punkt heißt Nahpunkt P_N, sein Abstand zum dingseitigen Hauptpunkt des Auges heißt Nahpunktweite a_N. Der reziproke Wert der Nahpunktweite heißt Nahpunktrefraktion B_N. Die Differenz zwischen Fernpunktrefraktion und Nahpunktrefraktion heißt *Akkommodationsbreite.* Die Akkommodationsbreite ist am größten im Kindesalter (um 15 Dioptrien) und nimmt dann ständig ab. Ab etwa dem vierten Lebensjahrzehnt macht sich die Einschränkung der Akkommodationsbreite als Alterssichtigkeit oder Presbyopie störend bemerkbar. Um das 60. Lebensjahr beträgt die Akkommodationsbreite nur mehr 2 Dioptrien oder weniger. Bei manchen Personen entwickelt sich nach dem 50. Lebensjahr außerdem eine Altershyperopie, d. h. sie werden übersichtig.

b) Achsensymmetrische Ametropien. Brillen

Achsensymmetrische Ametropien besitzen Rotationssymmetrie um die optische Achse. Die Ametropie oder Fehlsichtigkeit kommt zustande (meistens!) durch ein im Vergleich mit Durchschnittsaugen zu lang oder zu kurz gebautes Auge, die sogenannte Achsenametropie oder/und durch Abweichung der Brechkraft vom Durchschnittswert, die sogenannte Brechungsametropie.

Das *kurzsichtige oder myope* Auge ist dadurch gekennzeichnet, daß sein Fernpunkt P_F im Endlichen liegt bzw. sein Fernpunktabstand $a_F < \infty$ ist. Man kann ein kurzsichtiges Auge auffassen als ein emmetropes Auge mit der Brechkraft B_e welches nach Gleichung 23.19 eine überschüssige Brechkraft $B_ü$ besitzt:

$$B_{\text{Auge}} = B_e + B_{ü},$$

mit

$$B_{ü} = 1/a_F.$$

Die Brechkraft eines Auges kann auf drei grundsätzliche Weisen verändert (korrigiert) werden: durch ein vor dem Auge angeordnetes Brillenglas, durch Veränderung der Brechkraft der Cornea und durch Veränderung der Brechkraft der Augenlinse (= Akkommodation). Brechkraftveränderungen der Cornea können durch eine Kontaktlinse (nach Gleichung 23.19) oder durch operative Veränderung der Krümmung der Hornhaut erzielt werden. Dazu zählt die Keratomileusis, bei der mit Hilfe eines Keratoms eine dünne Lamelle von der Hornhaut abgetragen, diese im tiefgefrorenen Zustand geschliffen und dann wieder reimplantiert wird. Bei der Keratotomie hingegen werden mittels eines speziellen Skalpells oder mittels Laser-

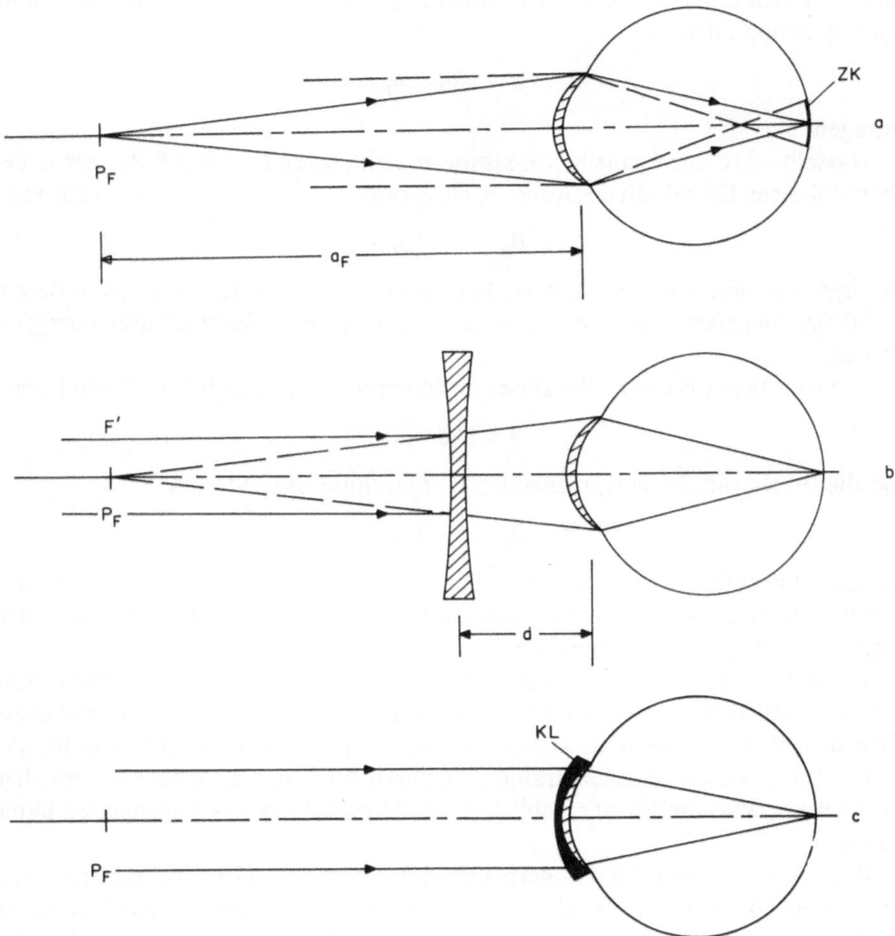

Abb. 23.36. Myopes Auge. Die gegenüber dem emmetropen Auge überschüssige Brechkraft ist durch eine schraffierte Sammellinse angedeutet, die dem emmetropen Auge anliegt. **a** Im akkommodationslosen Zustand; die gestrichelten Strahlen kommen aus dem Unendlichen. ZK = Zerstreuungskreis. **b** Korrektur durch ein Brillenglas. **c** Korrektur durch eine Kontaktlinse KL. P_F = Fernpunkt

strahlung radiäre Einschnitte in die Cornea gesetzt, die beim Verheilen zu einer Abflachung der Corneakrümmung führen („Radiale Keratotomie"). Mittels Laser-Photoablation („Photorefraktive Keratotomie") erreicht man sogar eine direkte Hornhautabtragung bis zur Sollform bzw. Emmetropie.

Grundsätzlich gibt es noch die Möglichkeit zur Behebung von Fehlsichtigkeit durch eine Veränderung der Länge des Augapfels; verschiedentlich wird eine entsprechend verformende Einwirkung der Augenmuskel auch vermutet.

In Abb. 23.36 ist ein myopes Auge im akkommodationslosen Zustand dargestellt. Es fokussiert Strahlen aus dem Fernpunkt P_F auf der Netzhaut. Strahlen aus einem unendlich fernen Punkt werden vor der Netzhaut fokussiert, ergeben also keinen Bildpunkt sondern einen Zerstreuungskreis. Ordnet man vor dem Auge ein Brillenglas mit negativer Brechkraft so an, daß sein bildseitiger Brennpunkt F' mit dem Fernpunkt P_F zusammenfällt, dann fokussiert das Auge Strahlen aus dem Unendlichen auf der Netzhaut. Die Brechkraft B dieses Brillenglases muß für diese sogenannte Vollkorrektion offenbar

$$B = 1/(d - a_F)$$

betragen.

Dasselbe wird durch eine Kontaktlinse erreicht, deren Brechkraft B_{KL} genau der überschüssigen Brechkraft des Auges $B_ü$ entgegengesetzt ist, diese also kompensiert:

$$B_{KL} = -1/a_F.$$

Das *hyperope oder übersichtige* Auge kann als emmetropes Auge mit einem Brechkraftdefizit aufgefaßt werden. Entsprechend kann es mittels Sammellinsen korrigiert werden.

Die Brechkraft B des Brillenglases für hyperope Augen ist bei Vollkorrektion

$$B = 1/(d - a_F)$$

und die Brechkraft der entsprechenden Kontaktlinse ist wiederum

$$B_{KL} = -1/a_F.$$

Für die vollständige Korrektion einer achsensymmetrischen Ametropie muß auch hier der bildseitige Brennpunkt des Korrektionsglases mit dem Fernpunkt des nicht korrigierten Auges übereinstimmen.

Es sei noch erwähnt, daß Brillengläser mit einer sogenannten Durchbiegung versehen werden. Beispielsweise wird ein sammelndes Brillenglas nicht als bikonvexe Linse ausgeführt, sondern als konkav-konvexe Linse. Dadurch wird erreicht, daß die Brechungswinkel der Lichtstrahlen, die durch den Linsenrand gehen, nicht allzu groß werden, was nämlich zu erheblichen Abbildungsfehlern des Brillenglases führen würde.

Beim Tragen von Brillen ändern sich einige vertraute Größenverhältnisse der Umwelt, was bei stärkeren Brechkräften eine Gewöhnungsphase erforderlich macht: Ein myoper Brillenträger beispielsweise, betrachtet die Umgebung durch ein umgekehrtes Galilei-Fernrohr, s. Abb. 23.36, Teilbild b. Das entspricht dem Fall des emmetropen Auges, mit einem (schraffiert angedeutet) umgekehrten Galilei-Fernrohr vor dem Auge. Er sieht daher die Umgebung in ihrer Ausdehnung normal zur

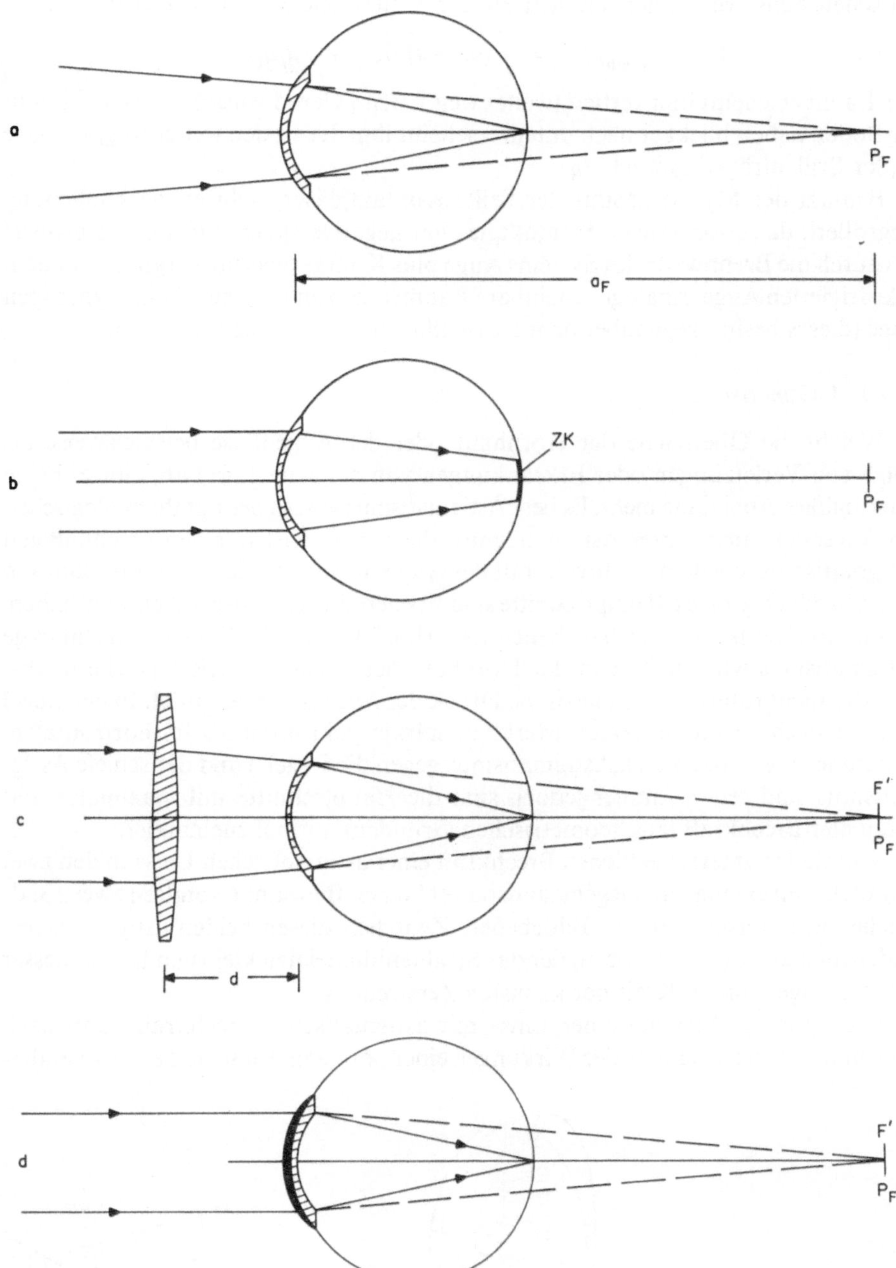

Abb. 23.37. Hyperopes Auge: Die gegenüber dem emmetropen Auge fehlende Brechkraft ist durch eine (dem emmetropen Auge aufgelegte) schraffierte Zerstreuungslinse angedeutet. **a** Im akkommodationslosen Zustand erfolgt eine Fokussierung nur dann, wenn die eintreffenden Strahlen auf den hinter dem Auge liegenden Fernpunkt P_F zielen. **b** Strahlen von einem entfernten Punkt werden nicht fokussiert, sondern erzeugen einen Zerstreuungskreis ZK. Ein Brillenglas **c** oder ein Kontaktglas **d** mit sammelnder Wirkung kann diese Fehlsichtigkeit beheben, wenn der bildseitige Brennpunkt der Korrektionslinse mit dem Fernpunkt P_F des Auges zusammenfällt

optischen Achse verkleinert um den Faktor (s. Beispiele 23.11 und 23.12):

$$V = -f'_{OB}/f'_{OK} = -(a_F - d)/a_F = 1 - d/a_F < 1.$$

Der Raum erscheint ihm vertieft (weiter weg!). Beim Geradeaussehen erscheint ihm der Boden näher; blickt er nach unten, erscheint ihm der Boden weiter weg, als wäre er (der Brillenträger) gewachsen.

Benutzt der Myope anstatt der Brille Kontaktgläser, sieht er die Umgebung vergrößert: das erforderliche Kontaktglas hat negative Brechkraft und vergrößert hierdurch die Brennweite des Systems Auge plus Kontaktglas im Vergleich mit dem unkorrigierten Auge. Analoge scheinbare Raumverzerrungen treten beim hyperopen Auge (dieses besitzt gegenüber dem Normalfall zu kleine Brechkraft) auf.

c) *Astigmatismus*

Weicht die Oberfläche der Hornhaut oder der Augenlinse beispielsweise als Folge von Verletzungen oder Erkrankungen von der Kugelform ab, gibt es keine punktmäßige Abbildung mehr. Es liegt Astigmatismus vor. In der ophthalmologischen Optik versteht man unter Astigmatismus allerdings meist nur den regelmäßigen Astigmatismus, bei dem die Brechkraft des Auges in verschiedenen Hauptschnitten unterschiedlich groß ist. (Hauptschnitte sind Ebenen, die die optische Achse enthalten, also beispielsweise die Zeichenebenen der Abb. 23.34 bis 23.37.) Der regelmäßige Astigmatismus wird meist von der Hornhaut hervorgerufen. Als Ursache hierfür wird der nicht rotationssymmetrische Druck der Augenlider vermutet. In der Regel ist die Hornhaut im vertikalen Meridian stärker gekrümmt als im horizontalen. Der entgegengesetzte Fall („Astigmatismus gegen die Regel") und der schiefe Astigmatismus sind selten. Immer jedoch sind die Hauptschnitte mit maximaler und minimaler Brechkraft (aus geometrischen Gründen) normal zueinander.

Wegen der unterschiedlichen Brechkraft einer astigmatischen Linse in den zwei Hauptebenen erzeugt ein Gegenstandspunkt keinen Bildpunkt, sondern zwei „Bildstriche" in unterschiedlichen Bildebenen. Zwischen diesen beiden astigmatischen Bildebenen gibt es eine Stelle, in der das Strahlenbündel den kleinsten Durchmesser hat, den sogenannten Kreis der kleinsten Zerstreuung.

Die optische Wirkung einer Linse mit astigmatischer Brechkraft kann nach Gleichung 23.19 als Summe der Wirkungen einer normalen Linse und einer Zylinder-

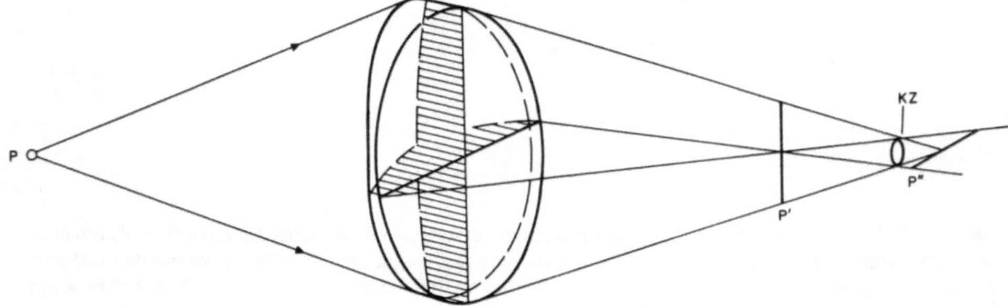

Abb. 23.38. Astigmatische Abbildung durch eine Linse mit torischer Oberfläche. Ein Gegenstandspunkt P erzeugt zwei Bildstriche P' und P''. Dazwischen befindet sich ein Kreis kleinster Zerstreuung (KZ)

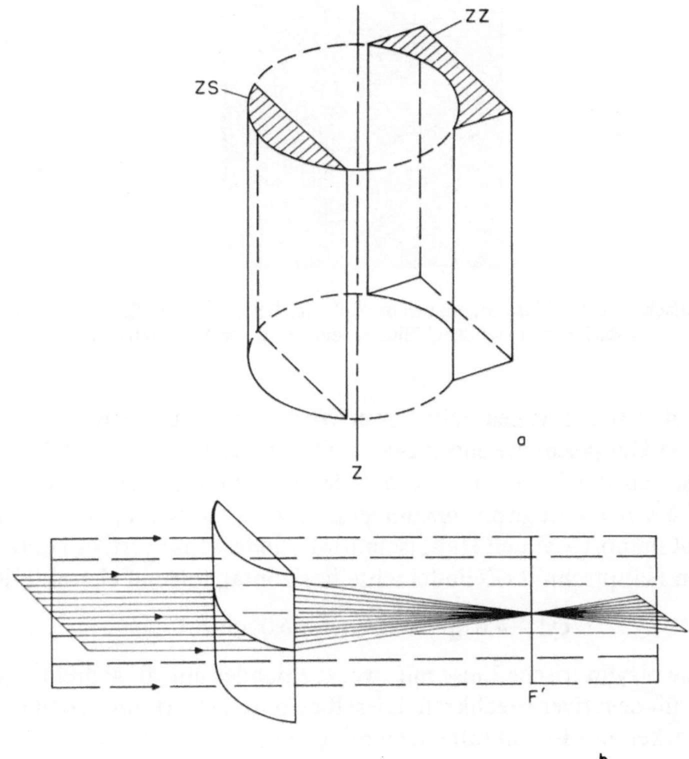

Abb. 23.39. **a** Zylindersammel- (*ZS*) und -zerstreuungslinse (*ZZ*). **b** Für Strahlen in Ebenen parallel zur Zylinderachse *Z* haben Zylinderlinsen Brechkraft Null (gestrichelte Strahlen). Strahlen in der normal dazu liegenden Ebene werden fokussiert. Es entsteht eine Brennlinie *F'*

linse angesehen werden. Eine Zylinderlinse hat maximale Brechkraft in dem einen Hauptschnitt und Brechkraft Null in dem Hauptschnitt parallel zur Zylinderachse, s. Abb. 23.39 b.

Beim einfachsten Astigmatismus, dem Astigmatismus simplex, ist das Auge in einem Hauptschnitt emmetrop und im dazu normalen Hauptschnitt ametrop. Je nach dieser Ametropie spricht man von Astigmatismus myopicus simplex oder Astigmatismus hyperopicus simplex. Ein solches Auge besitzt einen Fernpunkt im Unendlichen und einen weiteren Fernpunkt in endlicher Entfernung vor bzw. hinter dem Auge. Beim zusammengesetzten Astigmatismus liegen gleichartige, jedoch unterschiedlich große Ametropien in den beiden Hauptschnitten vor (Astigmatismus myopicus bzw. hyperopicus compositus).

Man kann einen Astigmatismus an den eigenen Augen mit Hilfe eines einfachen Testbilds nachprüfen. Da das Bild beim astigmatischen Auge aus Bildstrichen anstelle von Bildpunkten aufgebaut wird, erscheinen Kanten, die in der betreffenden astigmatischen Bildebene parallel zu den Bildstrichen stehen, scharf, solche normal dazu hingegen unscharf.

Abb. 23.40. Einfaches Testbild für Astigmatismus. Sieht der Betrachter deutliche Kontrastunterschiede zwischen den vier Strichbildern, leidet er unter Astigmatismus

Alle astigmatischen Augen haben zwei Werte für die axiale Refraktion. Ferner ist die Lage der Hauptschnitte entscheidend. Deren Orientierung wird durch Angabe des Winkels, den die Zylinderachse mit der Horizontalen einschließt, definiert. Beispielsweise wird ein Auge mit zusammengesetztem kurzsichtigem Astigmatismus von −4,0 dpt im horizontalen Hauptschnitt (Zylinderachse vertikal) und −6,0 dpt im vertikalen Hauptschnitt (Zylinderachse horizontal) folgend charakterisiert:

$$\text{cyl} - 4{,}0\,\text{dpt A } 90^\circ \text{ cyl} - 6{,}0\,\text{dpt A } 0^\circ.$$

Das wäre eine bizylindrische Linse mit zwei zueinander um 90° gedrehten Zylinderflächen (cyl) mit negativer Brechkraft. Dieselbe optische Wirkung erzielt man wegen der Addierbarkeit der Brechkräfte auch mit einer Linse der Art:

$$\text{sph} - 4{,}0\,\text{dpt cyl} - 2{,}0\,\text{dpt A } 0^\circ,$$

also einer Linse mit einer sphärischen (sph) Fläche mit negativer Brechkraft und nur einer zylindrischen Fläche von −2,0 dpt Brechkraft. Es lassen sich beliebige weitere Kombinationen, die zur erforderlichen Wirkung mit −4 dpt für 0° und −6 dpt für 90° führen, angeben.

In der modernen Brillenoptik werden anstelle zylindrischer Flächen torische Flächen benutzt, weil diese zu günstigeren Abbildungseigenschaften führen. Torische Flächen besitzen in zwei zueinander normalen Hauptschnitten unterschiedliche Krümmungsradien. Ein bekanntes Beispiel hierzu ist ein Autoreifen. Die Oberfläche einer astigmatischen Cornea ist ebenfalls torisch. Das obige Beispiel kann dann auch folgend gelöst werden:

Hauptschnittlage	0°	90°
1. Fläche	+ 3,0 dpt	+ 3,0 dpt
2. Fläche	− 7,0 dpt	− 9,0 dpt
Resultierende optische Wirkung	− 4,0 dpt	− 6,0 dpt

Es sei noch erwähnt, daß an moderne Brillengläser noch eine ganze Reihe weiterer Anforderungen gestellt werden. Beispielsweise erfolgt der Sehvorgang weitgehend durch eine abtastende Bewegung des Auges, das sich also gegenüber dem Brillenglas dreht. Es muß daher die Lage der jeweiligen Pupillen berücksichtigt werden. Ferner tritt bei der Sicht durch die Randzonen des Brillenglases der Astigmatismus schiefer Bündel auf, dem durch einen gegenläufigen Astigmatismus des Brillenglases begegnet wird.

Weitere Anforderungen an die Form der brechenden Flächen der Brillengläser ergeben sich aus dem Bedarf presbyoper Brillenträger, mit ein und derselben Brille in der Nähe und in der Ferne scharf sehen zu können. Das hat zunächst zur Entwicklung von Bifokal- und Trifokal-Gläsern mit zwei bzw. drei unterschiedlichen Brechkräften geführt. Die bei diesen Gläsern unangenehmen Bildsprünge konnten durch die sogenannten Gleitsichtgläser, deren Brechkraft sich je nach Durchblickstelle kontinuierlich verändert und damit einen gleitenden Übergang vom Sehen in der Nähe zum Sehen in die Ferne ermöglichen, behoben werden. Die Oberflächen dieser Gläser bestehen aus einer Folge von Kegelschnitten mit unterschiedlichen Exzentrizitäten, die kontinuierlich ineinander übergehen. (Die Entwicklung solcher moderner Brillengläser erfordert die Lösung von Gleichungssystemen mit bis zu 1000 (!) Gleichungen und mehreren hundert Unbekannten.)

Zusammenfassung 23

I. Basis für die geometrische Optik sind das Reflexionsgesetz

$$\alpha + \alpha' = 0 \tag{23.1}$$

und das Brechungsgesetz

$$n \cdot \sin \alpha = n' \cdot \sin \alpha'. \tag{23.2}$$

Für Lichtstrahlen, die vom optisch dichteren Medium (Brechzahl n) in das optisch dünnere (Brechzahl $n' < n$) zielen, tritt ab dem Grenzwinkel der Totalreflexion

$$\alpha_G = \arcsin\left(\frac{n'}{n}\right) \tag{23.3}$$

kein gebrochener Strahl mehr auf.

Anmerkung

Setzt man die Brechzahl für Vakuum gleich Eins, kann die Gleichung 23.2 als Definitionsgleichung für die Brechzahlen der Stoffe gelten. (Alternativ ist die Brechzahl auch das Verhältnis der Phasengeschwindigkeit des Lichts im Vakuum zu der in dem Stoff; s. Brechungsgesetz für Schallwellen, Kapitel 4.2).

Die Brennweite f eines sphärischen Spiegels mit dem Krümmungsradius r beträgt

$$f = \frac{r}{2}. \tag{23.4}$$

Das Abbildungsgesetz für Spiegel lautet

$$\frac{1}{g} + \frac{1}{b} = \frac{1}{f} \tag{23.5}$$

mit g = Gegenstandweite und b = Bildweite. Alle Größen werden vom Spiegelscheitel nach rechts positiv und nach links negativ gezählt. Der reziproke Wert der Brennweite heißt

Brechkraft B:

$$B = \frac{1}{f} \qquad (23.6)$$

mit der Einheit

$$[B] = 1\,\mathrm{m}^{-1} = 1\ \text{Dioptrie} = 1\ \text{dpt}. \qquad (23.7)$$

Eine einzelne *brechende Fläche* hat die Brechkraft

$$B = \frac{n' - n}{r} \qquad (23.8)$$

mit n = Brechungsindex vor und n' = Brechungsindex hinter der brechenden Fläche mit dem Krümmungsradius r. Die Abbildungsgleichung für eine einzelne brechende Fläche lautet:

$$\frac{n'}{s'} - \frac{n}{s} = B \qquad (23.9)$$

mit s = Schnittweite zum Gegenstandpunkt, s' = Schnittweite zum Bildpunkt.

II. Die Abbildungsgleichung der dünnen Linse lautet:

$$\frac{n_M}{s'} - \frac{n_M}{s} = \frac{n_M}{f'} = -\frac{n_M}{f} = B_L; \qquad (23.10)$$

s und s' sind gegenstandseitige und bildseitige Schnittweite, f und f' sind gegenstandseitige und bildseitige Brennweite, B_L ist die Brechkraft der Linse. (n_M = Brechungsindex des umgebenden Mediums; n_L = Brechungsindex der Linse.) Bei der dünnen Linse ist B_L gleich der Summe der Brechkräfte der Einzelflächen:

$$B_L = B_1 + B_2 = \frac{n_M}{f'} = \frac{(n_L - n_M)\cdot(r_2 - r_1)}{r_1 \cdot r_2}. \qquad (23.11)$$

In Luft ist die Brechkraft einer Linse gleich dem reziproken Wert der Brennweite:

$$B_L = \frac{1}{f'}. \qquad (23.12)$$

Die Abbildung durch eine dünne Linse ist durch vier Kardinalelemente festgelegt, nämlich die zwei Brennweiten f und f' sowie die zwei Brennpunkte F und F', s. Abb. 23.41.

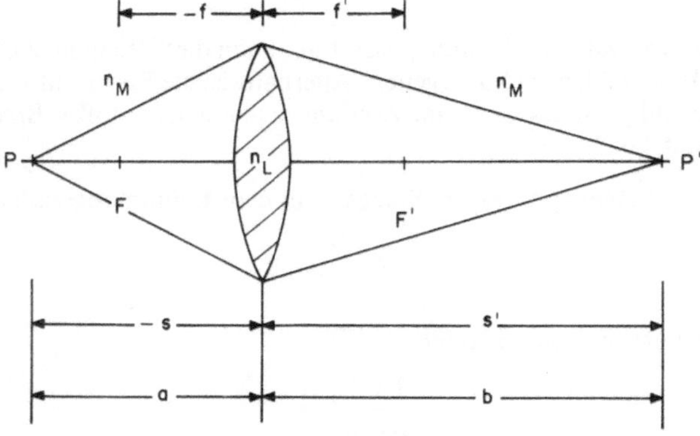

Abb. 23.41. Kardinalelemente der dünnen Linse. Anstelle der Schnittweiten s und s' werden häufig die sogenannte Gegenstandweite a und die Bildweite b benutzt

Mit Gegenstandweite a und Bildweite b erhält die Abbildungsgleichung der dünnen Linse die Form

$$\frac{1}{a}+\frac{1}{b}=\frac{1}{f'}=B_L. \tag{23.13}$$

Das Bild eines Gegenstandpunkts kann auch durch zeichnerische Konstruktion, mit Hilfe der drei in der Abb. 23.42 gezeichneten Strahlen, gefunden werden.

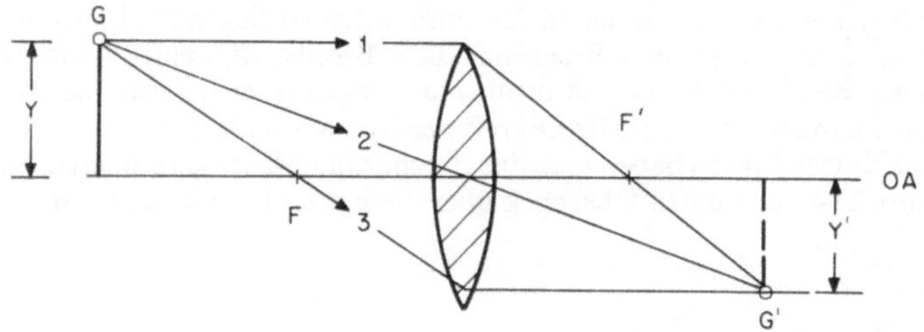

Abb. 23.42. Konstruktive Beschreibung der optischen Abbildung eines Gegenstandpunkts G durch Parallelstrahl (1), Hauptstrahl (2) und Brennpunktstrahl (3). OA = optische Achse

Manchmal ist die Newtonsche Form der Abbildungsgleichung vorteilhaft:

$$X\cdot X'=f\cdot f'. \tag{23.14}$$

Anmerkungen

1. *Abbildungsmaßstab.* Mit der optischen Abbildung ist eine Größenveränderung des Bilds im Vergleich zum Gegenstand verbunden. Diese wird durch den Abbildungsmaßstab β beschrieben. Da diese Größenveränderung normal und in Richtung zur optischen Achse in unterschiedlichem Maße erfolgt, müssen zwei Abbildungsmaßstäbe unterschieden werden: der transversale Abbildungsmaßstab β_T in Richtung normal zur optischen Achse und der longitudinale Abbildungsmaßstab β_L in Richtung der optischen Achse.

Der transversale Abbildungsmaßstab β_T ist der Quotient aus Bildgröße Y' durch Gegenstandsgröße Y; β_T läßt sich aus den Abb. 23.23 und 23.42 ohne weiteres mit Hilfe des Strahlensatzes, angewandt auf die optische Achse, und den Hauptstrahl bzw. Brennpunktstrahl ablesen:

$$\beta_T=\frac{Y'}{Y}=\frac{s'}{s}=-\frac{b}{a}=-\frac{X}{f}=-\frac{X'}{f'}. \tag{23.15}$$

Der longitudinale Abbildungsmaßstab β_L läßt sich auf folgende Weise gewinnen: Wir betrachten einen Gegenstandpunkt P bei der Gegenstandweite a auf der optischen Achse. Verschieben wir diesen Punkt von a nach $a+\Delta a$, dann verschiebt sich auch der zugehörige Bildpunkt von b nach $b+\Delta b$. Aus Gleichung 23.13 erhält man:

$$b=\left(\frac{1}{f'}-\frac{1}{a}\right)^{-1}$$

bzw. durch Differenzieren nach a:

$$\Delta b/\Delta a=-\left(\frac{1}{f'}-\frac{1}{a}\right)^{-2}\cdot\left(\frac{1}{a^2}\right)$$

oder

$$\beta_L=\Delta b/\Delta a=-\left(\frac{a}{f'}-1\right)^{-2}=-\left(\frac{b}{a}\right)^2$$

oder

$$\beta_L = -(\beta_T)^2. \tag{23.16}$$

2. Wie man weiters sieht, ist der Quotient $\Delta b/\Delta a$ negativ, d. h., daß einer Zunahme von a (der Gegenstand rückt nach links) eine Abnahme von b (das Bild rückt ebenfalls nach links) entspricht und umgekehrt. Gegenstand und Bild bewegen sich also entlang der optischen Achse gleichsinnig.

3. Nach der eingangs eingeführten Vorzeichenkonvention erhält man je nach Größe der Krümmungsradien r_1 und r_2 der Linsenoberflächen aus Gleichung 23.8 Brennweiten mit unterschiedlichen Vorzeichen. Für den in der Optik meist vorliegenden Fall, daß $n_L > n_M$ ist, ergibt sich immer dann eine positive Brennweite bzw. Brechkraft, wenn die Linse in der Mitte dicker ist als am Rand. Solche Linsen nennt man wegen ihrer lichtsammelnden Wirkung „Sammellinsen". Umgekehrt ist die Brechkraft negativ, wenn die Linse in der Mitte dünner ist als am Rand. Solche Linsen haben negative Brechkraft und heißen entsprechend Zerstreuungslinsen. Abb. 23.43 gibt einen Überblick über diese grundsätzlichen Linsentypen.

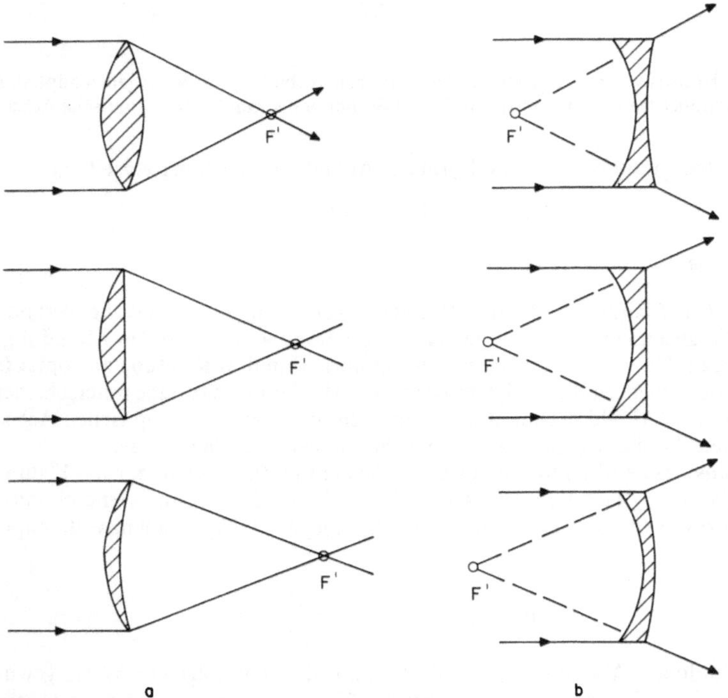

Abb. 23.43. Grundsätzliche Linsentypen. **a** Sammellinsen (bikonvex, plankonvex und konkavkonvex), **b** Zerstreuungslinsen (bikonkav, plankonkav und konvexkonkav)

III. Lichtleitung durch Glasfasern beruht auf dem Phänomen der Totalreflexion. Aus praktischen Gründen werden die Fasern mit einem Mantel aus einem Material mit kleinerem Brechungsindex versehen. Dann ist der Grenzwinkel der Totalreflexion durch die Brechzahlen von Faserkern n_K und Fasermantel n_M festgelegt:

$$\alpha_G = \arcsin\left(\frac{n_M}{n_K}\right). \tag{23.17}$$

Auf der Lichteintrittseite haben Fasern einen Akzeptanzwinkel, d. i. jener maximale Winkel

Tabelle 23.3. Brechzahlen einiger Stoffe bei Standard-Temperatur und Druck (STP) sowie der Wellenlänge $\lambda = 546\,\text{nm}$

Stoff	Brechzahl
Vakuum	1
Luft	1,0003
Wasser	1,3329
Äthylalkohol	1,3605
Quarzglas	1,4588
Plexiglas	1,50 bis 1,52
Borkron-Glas (BK 7)	1,5187
Schwerflint (SF 58)	1,9176
Diamant	2,4173
Chalkogenidgläser (SiO_2 dotiert mit Ge, Sb, Se, As oder Te)	2,5 bis 3,2

β, unter dem Licht auf die Eintrittfläche der Lichtleitfaser treffen kann:

$$\beta = \arcsin(\sqrt{n_K^2 - n_M^2}). \tag{23.18}$$

Bei dicken Linsen oder aus dünnen Linsen zusammengesetzten Systemen ist die Brechkraft B der Kombination

$$B = B_1 + B_2 - d \cdot B_1 \cdot B_2 \tag{23.19}$$

B_1 und B_2 sind die Brechkräfte der Einzelflächen bzw. Einzellinsen, d ihr gegenseitiger Abstand. Es gelten dieselben Abbildungsgesetze wie im Falle der dünnen Linse. Jedoch sind hier Gegenstandweite, Bildweite und die Brennweiten von den sogenannten Hauptpunkten H und H' aus zu rechnen, die von den zugehörigen Scheitelpunkten S und S' im Abstand h bzw. h' entfernt liegen, s. Abb. 23.44:

$$h = r_1 \cdot (1 - n) \cdot d/N \tag{23.20}$$

und

$$h' = r_2 \cdot (n - 1) \cdot d/N \tag{23.21}$$

mit

$$N = (n - 1) \cdot (1 - n) \cdot d - n \cdot r_1 \cdot (1 - n) - n \cdot r_2 \cdot (n - 1). \tag{23.22}$$

Die Lupenvergrößerung ist $V = 0{,}25\,\text{m} \cdot B$. (23.23)

IV. Feldblenden definieren die Ausdehnung des abgebildeten Objektfelds, Aperturblenden (Pupillen) definieren die Helligkeit der Abbildung. Beim Zusammenschalten von optischen Instrumenten bleiben diese Blendenfunktionen nur dann getrennt, wenn die jeweiligen Blenden der beiden Instrumente ineinander abgebildet werden.

V. Die Brechkraft des Auges ergibt sich durch das Zusammenwirken der Brechkräfte der Grenzflächen Luft/Hornhaut, Hornhaut/Kammerwasser, Kammerwasser/Vorderfläche der Linse und Rückfläche der Linse/Glaskörper. Die Gesamtbrechkraft der Hornhaut beträgt etwa 42,5 dpt, die der Augenlinse 19 dpt bis etwa 34 dpt, je nach Akkommodation. Die anguläre Sehschärfe oder der Visus ist der Quotient aus dem Abstand d, unter dem der Proband eine Testfigur in 60% der Fälle schon erkennt, gebrochen durch den Abstand (D), bei dem die Teststruktur mit einem Sehwinkel von 1 Winkelminute erscheint:

$$\text{Visuswert} = \frac{d}{D}. \tag{23.24}$$

Der Refraktionszustand des Auges wird durch die Lage des Fernpunkts beschrieben.

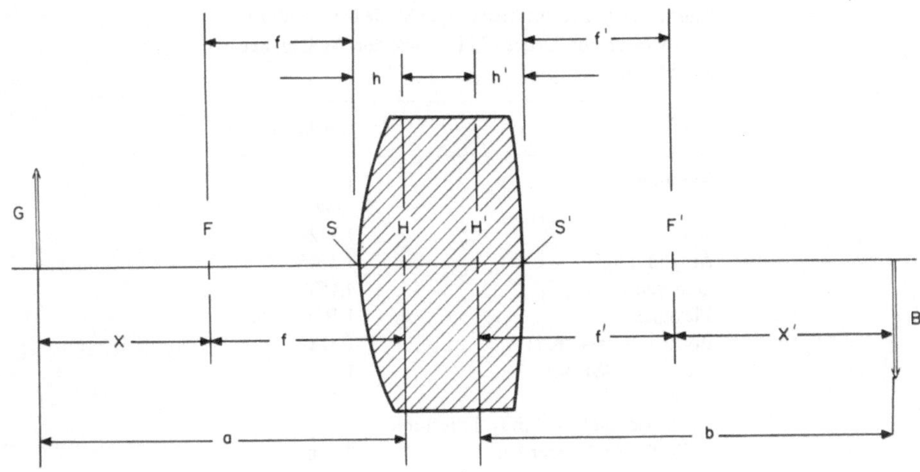

Abb. 23.44. Kardinalpunkte und -strecken der dicken Linse

Der reziproke Wert des Fernpunktabstands a_F heißt Fernpunktrefraktion:

$$B_F = \frac{1}{a_F}. \tag{23.25}$$

Die *Refraktionsformel der Brillenoptik* für die Vollkorrektion eines ametropen Auges lautet:

Der bildseitige Brennpunkt der Korrektionslinse
muß
mit dem Fernpunkt zusammenfallen.

Die Brechkraft der Brille bei Fernkorrektion beträgt:

$$B = \frac{1}{d - a_F}. \tag{23.26}$$

d ist der Abstand vom Knotenpunkt K des Auges zur Brillenglasmitte.

Ein hyperoper/myoper Brillenträger sieht die Umgebung in ihrer Ausdehnung zur optischen Achse vergrößert/verkleinert um den Faktor:

$$-\frac{f'_{OB}}{f'_{OK}} = 1 - \frac{d}{a_F}. \tag{23.27}$$

Beispiel 23.1. Lichtbrechung an einer Planplatte (Brechzahl n) in Luft. Nach dem Brechungsgesetz Gleichung 23.2 ist (wir setzen die Brechzahl von Luft gleich Eins): $\sin\alpha_1 = n\cdot\sin\alpha'_1 = n\cdot\sin\alpha_2 = \sin\alpha'_2$, woraus man leicht $\alpha_1 = \alpha'_2$ abliest. Ergebnis: Die Strahlen vor und hinter der Planplatte sind zueinander parallel.

Beispiel 23.2. Winkel der Totalreflexion α_G für gewöhnliches (Fenster-) Glas gegen Luft.

$$\alpha_G = \arcsin(n'/n) = \arcsin(1/1{,}52) = 0{,}718\,\text{rad} = 41{,}14°.$$

Beispiel 23.3. Brechkraft B der vorderen Corneafläche des schematischen Auges ($r = 7{,}8$ mm; $n_{\text{Cornea}} = 1{,}376$):

$$B = (n' - n)/r = (1{,}376 - 1)/0{,}0078\,\text{m} = 48{,}20\,\text{dpt}.$$

Beispiel 23.4. Akzeptanzwinkel einer Stufenindexfaser mit (typischen) Brechzahlen von Kern bzw. Mantel:

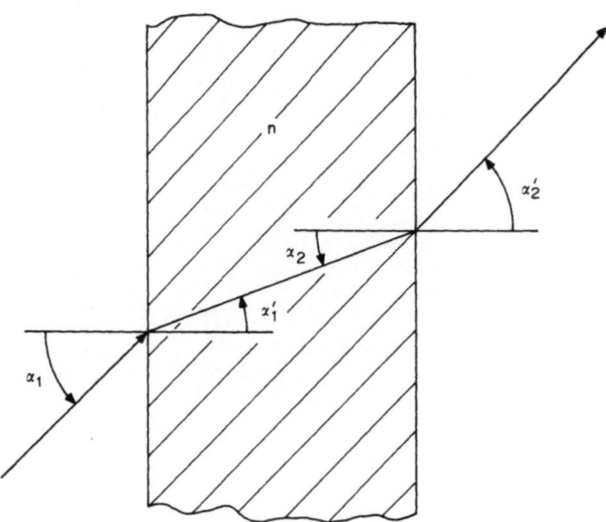

Abb. 23.45. Lichtbrechung an einer Planplatte

$n_K = 1{,}527$ und $n_M = 1{,}517$.

$$\beta = \arcsin(\sqrt{n_K^2 - n_M^2}) = \arcsin(\sqrt{1{,}527^2 - 1{,}517^2}) = \arcsin(0{,}1745) = 0{,}1754 = 10{,}05°$$

Beispiel 23.5. Abbildung durch eine dünne Linse mit der Brechkraft $B = 20$ dpt.; Gegenstandweite $s = -10$ cm. $\beta_T = ?$.

Wir berechnen zunächst die Bildweite a: Aus Gleichung 23.13 folgt

$$a = (1/f' - 1/b)^{-1} = (1/0{,}05\,\text{m} - 1/0{,}1\,\text{m})^{-1} = 0{,}1\,\text{m}.$$

Der transversale Abbildungsmaßstab ist nach Gleichung 23.15:

$$\beta_T = -b/a = -1.$$

Die Bildgröße ist gleich der Objektgröße, die Abbildung erfolgt jedoch umgekehrt.

Beispiel 23.6. Ein weit entferntes Objekt erscheint unter einem Sehwinkel von $w = 3°$. Wie groß ist das Bild auf der Netzhaut des (vereinfachten) Auges (Abb. 23.29).

$$Y' = 0{,}017\,\text{m} \cdot \tan w = 8{,}9 \cdot 10^{-4}\,\text{m}.$$

Beispiel 23.7. Ein Würfel von 10 cm Kantenlänge befindet sich in $a = 3$ m Entfernung von einer Linse mit $f' = 5$ cm Brennweite. Wie groß sind transversaler und longitudinaler Abbildungsmaßstab. Aus Gleichung 23.13: $b = (1/f' = 1/a)^{-1} = (1/0{,}05\,\text{m} - 1/3\,\text{m})^{-1} = 0{,}0508$ m.

Aus den Gleichungen 23.15 und 23.16:

$$\beta_T = -b/a = -0{,}0508\,\text{m}/3\,\text{m} = -0{,}017$$

und

$$\beta_L = -(\beta_T)^2 = -0{,}00029.$$

Beispiel 23.8. Augenrefraktometer (Optometer). Zur Brillendimensionierung ist die Messung der Refraktion des Auges erforderlich. Hierzu werden verschiedene Augenrefraktometer benutzt. Die klassischen manuellen Refraktometer benutzen eine verschiebbare Testmarke hinter der Optometerlinse, durch die der Proband blickt (Abb. 23.46). Um die Akkommodation des Probanden auszuschalten, wird die Testmarke von außerhalb der Brennweite auf die Optometerlinse hin bewegt, bis der Proband die Testmarke scharf sehen kann. Bei Astigmatismus trifft man hierbei immer zuerst auf den stärker hypermetropen Hauptschnitt. Um präzise Ergebnisse zu erzielen, bedarf es einiger Erfahrung des Untersuchers. Außerdem haben diese Geräte den Nachteil, daß der Proband aktiv mitwirken muß, d. h. es handelt sich um ein subjektives Verfahren. Es wurden daher automatisch arbeitende Refraktometer entwickelt, die teils auf der Verwendung von Infrarotlicht beruhen, was die Akkommodation des Probanden neutralisiert, teils werden aber auch ganz andere Prinzipien, als hier beschrieben, benutzt.

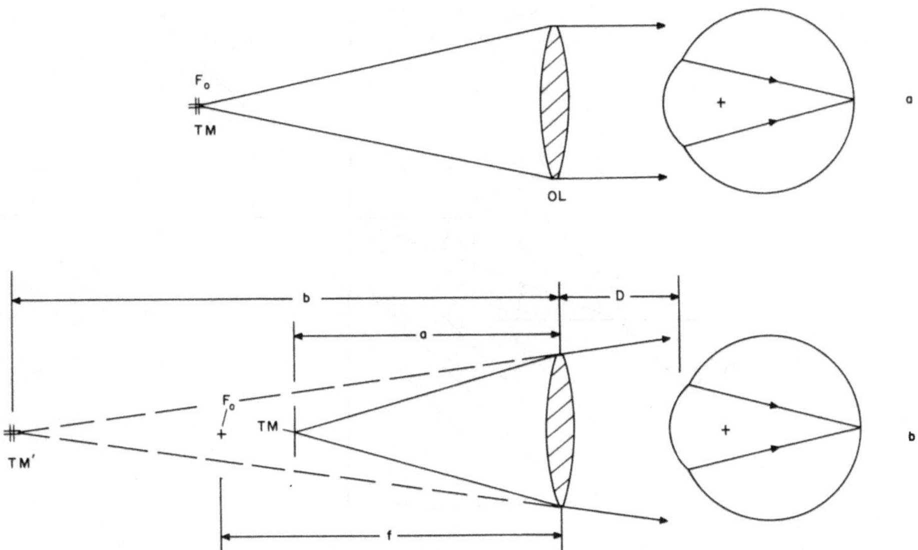

Abb. 23.46. Einfaches Augenrefraktometer. **a** Ein emmetropes Auge sieht die Testmarke TM erstmalig scharf, wenn sie (von links kommend) die Brennebene der Optometerlinse OL erreicht. **b** Beim myopen Auge muß die Testmarke innerhalb der Brennweite der Optometerlinse zu liegen kommen. Dann ist $a_F = -b + D$ mit b aus Gleichung 23.13

Beispiel 23.9. Beim Kurzsichtigen läßt sich leicht überschlagsmäßig die Brechkraft der für ihn erforderlichen Brillengläser ermitteln. Angenommen, er kann nur bis 1/2 m Entfernung scharf sehen. Das läßt sich leicht durch Vergleich mit einem Normalsichtigen feststellen. Dann liegt sein Fernpunkt bei $a_F = 0{,}5$ m, d. h. nach $B = -1/(a_F - d)$ ist die erforderliche Brechkraft etwa −2 dpt.

Beispiel 23.10. Ein myoper Brillenträger mit einer Brille von $B = -5$ dpt Brechkraft in $d = 20$ mm vor dem Auge sieht die Umwelt nach Gleichung 23.27 um den Faktor $f'_{OB}/f_{OK} = 1 + 0{,}02\,\text{m}/0{,}2\,\text{m} = 1{,}1$ verkleinert, also um 10% kleiner!

Beispiel 23.11. Astronomisches oder Keplersches Fernrohr. Das Objektiv erzeugt hier zunächst ein reelles Zwischenbild, das mit Hilfe des Okulars vergrößert wird. Das Okular fungiert als Lupe.

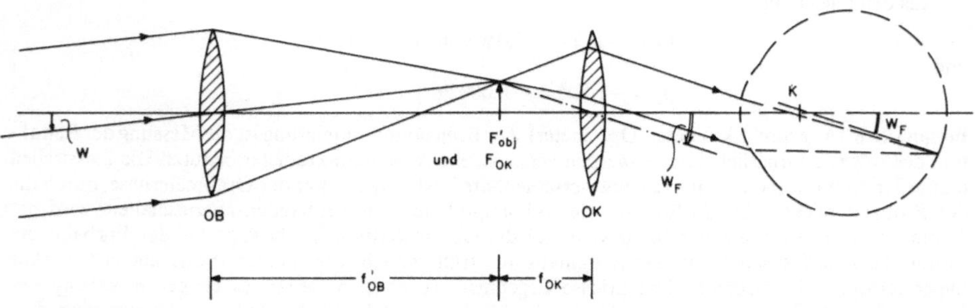

Abb. 23.47. Prinzip des Keplerschen Fernrohrs. OB = Objektiv, OK = Okular. Nach der Brechung durch das Okular verlaufen die Strahlen parallel zum strichpunktiert eingezeichneten Hauptstrahl. Der Strahlenverlauf im (reduzierten) Auge ist gestrichelt gezeichnet

Der entfernte Gegenstand wird ohne Fernrohr unter dem Sehwinkel w gesehen. Mit Hilfe des Fernrohrs vergrößert sich der Sehwinkel auf w_F. Die Fernrohrvergrößerung ist

$$V = \tan w_F/\tan w = -f'_{OB}/f'_{OK}.$$

Wie aus dem Strahlengang ersichtlich, erzeugt dieses Fernrohr zunächst ein umgekehrtes Bild, was für astronomische Beobachtungen bedeutungslos ist. Für den terrestrischen Gebrauch dieses Fernrohrtyps wird durch eine weitere Abbildung im Fernrohr das Bild aufgerichtet. Dadurch erhält man jedoch ein sehr langes „Rohr". Eine andere Möglichkeit besteht in der Bildumkehr durch zweifache Spiegelung mittels verschiedener Prismen, z. B. nach Porro (Abb. 23.11).

Beispiel 23.12. Galileisches oder Holländisches Fernrohr. Hier kommt das vom Objekt erzeugte reelle Bild erst gar nicht zustande. Vielmehr dient es dem zerstreuend wirkenden Okular als virtuelles Objekt. Es erfolgt hier somit eine zweimalige Bildumkehr, so daß nun im Gegensatz zum Keplerschen Fernrohr keine zusätzliche Bildumkehr erforderlich ist. Dieser Fernrohrtyp ist als Opern- oder Theaterglas bekannt.

Hier ist die Fernrohrvergrößerung V ebenfalls:

$$V = \tan w_F/\tan w = -f'_{OB}/f'_{OK};$$

wegen $f'_{OK} < 0$ ist V hier positiv, man sieht ein aufrechtes Bild.

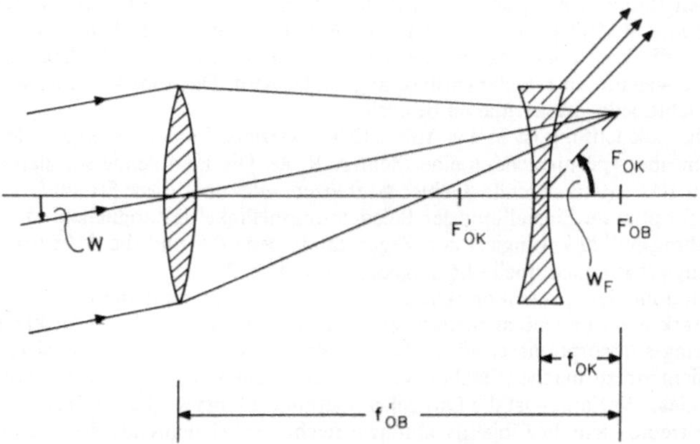

Abb. 23.48. Strahlengang des Galileischen oder Holländischen Fernrohrs

Beispiel 23.13. Mikroskopie. Die mittels einer Lupe—auch einfaches Mikroskop genannt—erzielbare Vergrößerung läßt sich scheinbar beliebig steigern, wenn man die Lupenbrennweite f'_L hinreichend klein macht. Wegen der dann zunehmenden Linsendicke und dem Auftreten von Reflexionen an der Linsenoberfläche bei dem dann streifenden Lichteinfall ist dies jedoch nicht möglich. Deshalb ist man auf einen zweistufigen Vergrößerungsvorgang angewiesen, der mittels des zusammengesetzten Mikroskops—oder Mikroskop schlechthin—realisiert wird: Das Objektiv erzeugt im ersten Schritt ein Zwischenbild.

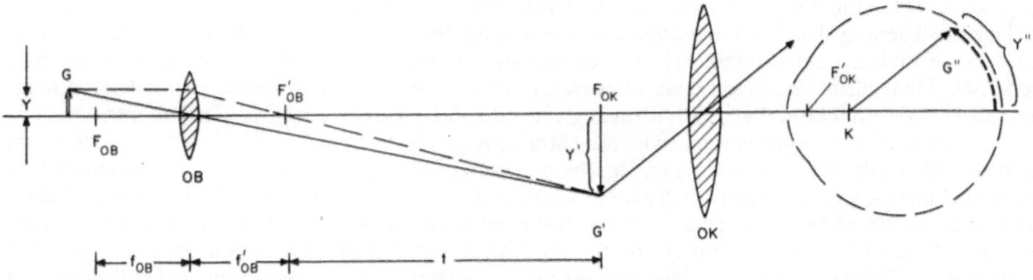

Abb. 23.49. Abbildungsstrahlengang im Mikroskop. Der Übersichtlichkeit wegen sind hier neben einem gestrichelten Parallelstrahl vom Objekt G zum Zwischenbild G' nur die Hauptstrahlen eingezeichnet. t = optische Tubuslänge des Mikroskops

Anders als beim Fernrohr jedoch ist dieses Zwischenbild bereits ein vergrößertes Abbild des Objekts. Mit dem Okular, welches als Lupe fungiert, wird dieses Zwischenbild betrachtet und hierbei noch einmal vergrößert.

Die Vergrößerung durch die reelle Abbildung durch das Objektiv ist

$$V_{OB} = \beta_T = Y'/Y = t/f_{OB}.$$

Die darauffolgende Abbildung durch das Okular bewirkt eine weitere Vergrößerung nach Gleichung 23.23:

$$V_{OK} = 0{,}25\,\mathrm{m}/f_{OK}.$$

Insgesamt ist die Vergrößerung im Mikroskop somit:

$$V_M = t\cdot 0{,}25\,\mathrm{m}/(f_{OB}\cdot f_{OK}).$$

Die meisten Objekte in der Mikroskopie leuchten nicht selbständig. Eine grundlegende Voraussetzung für das Mikroskopieren ist daher neben einer geeigneten Vergrößerung noch eine ausreichende Beleuchtung. Am einfachsten wäre es natürlich, eine entsprechende Lichtquelle möglichst nahe an das Objekt zu bringen. Da dies jedoch vor allem wegen der Wärmeentwicklung der meisten Lichtquellen nicht möglich ist, verwendet man anstelle der Lichtquelle deren Bild. Eine mögliche Beleuchtungstechnik besteht einfach darin, die Lichtquelle in das Objekt abzubilden. Hierzu sind jedoch nur sehr homogen leuchtende Quellen (Sonne!) geeignet, weil sich hierbei das Bild der Lichtquelle dem des Objekts überlagert. Daher wird in Mikroskopen meist die von A. Köhler 1893 angegebene Beleuchtungsmethode verwendet, bei der die Lichtquelle durch eine lichtsammelnde Linse, den Kollektor, in die vordere Brennebene einer sogenannten Kondensorlinse abgebildet wird. Das Objekt selbst wird dadurch von allen Teilen der Lichtquelle gleichermaßen beleuchtet.

Die Köhlersche Beleuchtung ist in der Abb. 23.50 b skizziert. Für die richtige Beleuchtung spielen ferner Feldblenden und Aperturblenden eine wichtige Rolle. Die Feldblende soll den ausgeleuchteten Objektbereich auf das interessierende Gebiet begrenzen und unnötiges Streulicht verhindern. Die Aperturblende soll optimale Einstellung der Beleuchtungshelligkeit ermöglichen. Die Feldblende *FB* wird daher abbildungsmäßig konjugiert zur Gegenstandsebene *GE* und die Aperturblende *AB* abbildungsmäßig konjugiert zur Lichtquelle *LQ* angeordnet, s. Abb. 23.50 b.

Im einfachsten Fall der mikroskopischen Hellfeld-Abbildung sieht man im Bild die das Licht unterschiedlich stark absorbierenden Strukturen. Die meisten biologischen Objekte besitzen jedoch ausgesprochen geringes Absorptionsvermögen. Nicht immer ist es möglich, die interessierenden Strukturen durch Färbung sichtbar zu machen. Daher wurden verschiedene optische Kontrastierungsverfahren entwickelt. Eines dieser Verfahren ist die Dunkelfeldmethode. Dabei wird das Objekt so beleuchtet, daß nur das an ihm gestreute Licht die Objektivöffnung erreicht, die beleuchtende Welle jedoch am Objektiv vorbei geht, s. Abb. 23.5c. Bei der Polarisationsmikroskopie werden doppelbrechende Objektstrukturen, die die Polarisationsebene des einfallenden polarisierten Lichts ändern, durch einen nachgeschalteten Analysator sichtbar gemacht. Die Phasenkontrastmikroskopie und die Interferenzkontrastmikroskopie machen die durch unterschiedliche Brechungsindizes im Objekt bedingten unterschiedlichen optischen Weglängen durch Interferenz sichtbar.

Stereomikroskopie. Für das Arbeiten unter mikroskopischer Beobachtung ist stereomikroskopische Sicht erforderlich. Dazu ist für linkes und rechtes Auge ein separater Abbildungsstrahlengang erforderlich. Weiters ist dazu ein großer Abstand zwischen Objektebene und Objektiv (= Schnittweite) erforderlich. Um wie gewohnt hantieren zu können, wird das Bild durch Umkehrprismen aufgerichtet, s. Abb. 23.51.

Beim *Laser-Scan-Mikroskop* (LSM) oder Laser-Rastermikroskop wird der Gegenstand—ähnlich wie beim Elektronen-Rastermikroskop—von einem fokussierten Laserstrahl Punkt für Punkt rasterförmig abgetastet. Das vom Objekt remittierte Licht wird von Photomultipiliern detektiert und dient zur Helligkeitssteuerung eines zur Laserstrahl-Rasterbewegung synchronisierten Bildschirms. Das eigentliche Laser-Scan-Bild entsteht also rein elektronisch. Neben den üblichen mikroskopischen Kontrastierungsverfahren (Dunkelfeld, Phasenkontrast, Interferenzkontrast und Differential-Interferenzkontrast) ermöglicht das LSM durch konfokalen Strahlengang eine erhebliche Verbesserung des Tiefenkontrastes.

Abbildung 23.52 a zeigt den grundsätzlichen Strahlenverlauf. Der vom Laser *LA* emittierte Lichtstrahl wird von der Strahl-Aufweitoptik *SA* im Durchmesser zunächst vergrößert und dann von dem teildurchlässigen Umlenkspiegel *US* zum Scan-System *SS* gelenkt. Das Scan-System besteht aus zwei Kippspiegeln, die hintereinander mit normal zueinander angeordneten Kippachsen angeordnet sind (in der Abbildung ist nur einer dieser Spiegel angedeutet). Das Scan-System bewegt den vom Objektiv in der (strichpunktiert gezeichneten) Fokusebene *FE* fokussierten Laserstrahl rasterartig über den abzubildenden Gegenstand *GS*. Das remittierte Licht gelangt über das Objektiv *OB* und das Scan-System *SS* zur fokussierenden Optik *FO*. Im konfokal zum Objektivfokus liegenden Brennpunkt von *FO* ist eine Lochblende positioniert, die nur Licht, welches aus der Fokusebene *FE* kommt, ungehindert hindurch läßt. Das Ergebnis ist

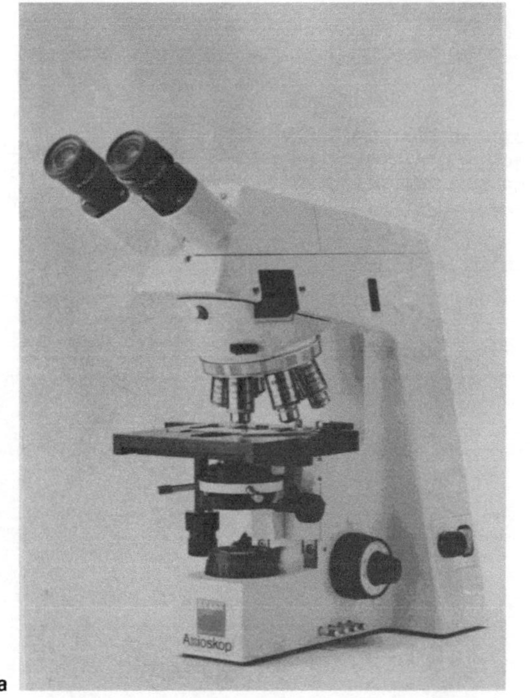

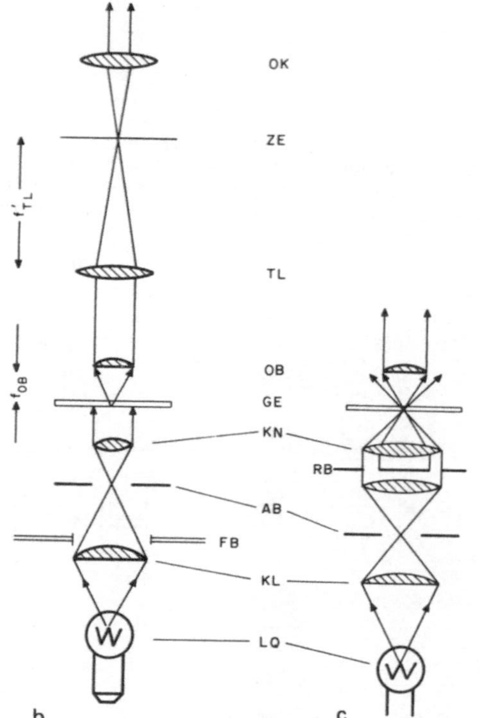

Abb. 23.50. **a** Lichtmikroskop mit Köhlerscher Beleuchtung und unendlicher Bildweite. Die Gegenstandsebene liegt bei diesem Mikroskoptyp in der gegenstandseitigen Objektivbrennebene, der Gegenstand wird daher vom Objektiv zunächst nach „Unendlich" abgebildet. Das Zwischenbild entsteht in der bildseitigen Brennebene der Tubuslinse. Zwischen Objektiv und Tubuslinse liegt paralleler Strahlengang vor; dort können die Einsätze für die verschiedenen optischen Kontrastierungsverfahren eingefügt werden, ohne die Abbildungsqualität zu beeinträchtigen. **b** Strahlengang bei Hellfeldbeleuchtung. *LQ* = Lichtquelle (mit angedeutetem Glühfaden), *KL* = Kollektoroptik, *FB* = Feldblende, *AB* = Aperturblende, *KN* = Kondensoroptik, *GE* = Gegenstandsebene des Mikroskops, *OB* = Objektiv, *TL* = Tubuslinse, *ZE* = Zwischenbildebene, *OK* = Okular. **c** Strahlengang bei Dunkelfeldbeleuchtung. *RB* = Ringblende. Hier entsteht das Bild—im Gegensatz zur Hellfeldbeleuchtung—nur durch das am Objekt gestreute oder gebeugte Licht. Das direkt von der Lichtquelle kommende Licht geht (wie angedeutet) am Objektiv vorbei. Foto: Carl Zeiss, Oberkochen

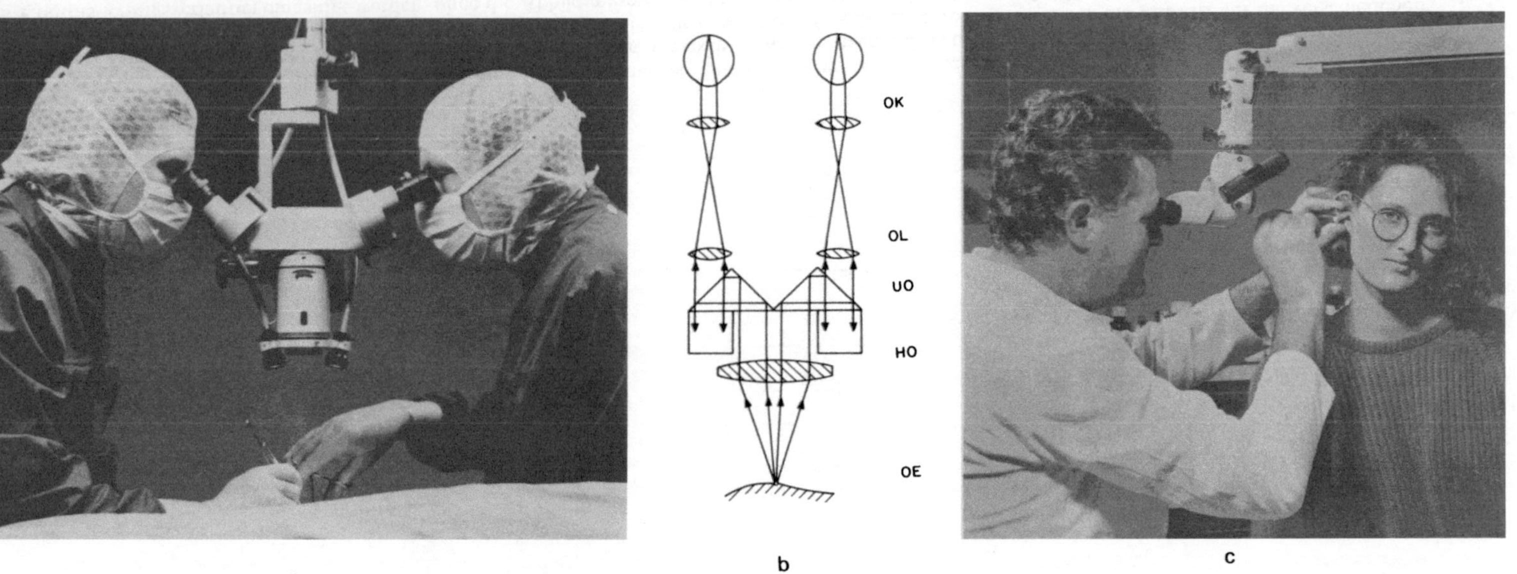

Abb. 23.51. Stereomikroskopie. **a** Zwei Stereomikroskope (Operationsmikroskope) mit gemeinsamem Hauptobjektiv: durch einen Strahlenteiler gibt es hier zwei stereoskopische Einblicke für die Kooperation zweier Operateure. **b** Strahlengang eines Stereomikroskops mit einem Hauptobjektiv *HO* und separaten Beobachtungskanälen für die beiden Augen. *OE* = Objektebene, *UO* = Umkehroptik (Porro-Prismen), *OL* = Objektivlinsen, *OK* = Okular. **c** Stereomikroskop als Untersuchungsmikroskop. Bilder: Carl Zeiss, Oberkochen

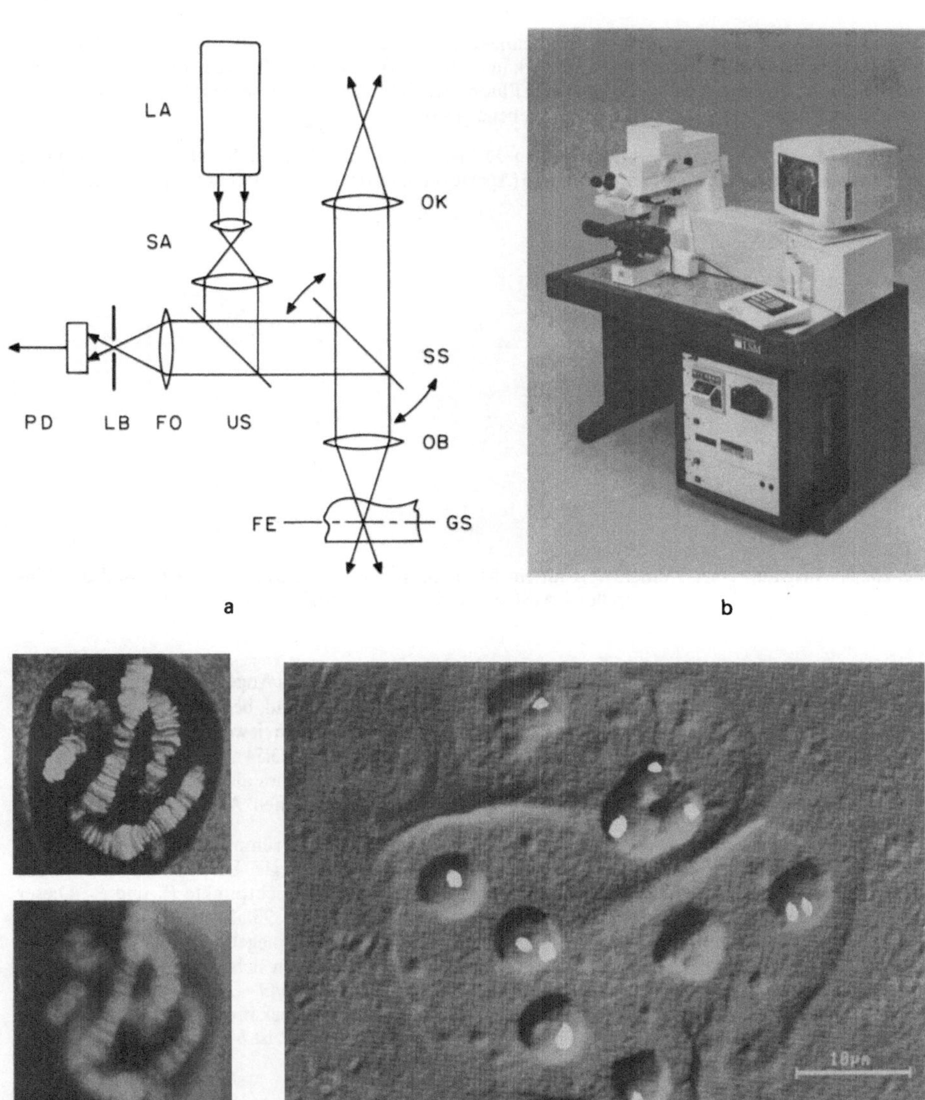

Abb. 23.52. Laser-Scan-Mikroskop. **a** Prinzipieller konfokaler Strahlengang. *LA* = Laser; *SA* = Strahlaufweitoptik; *US* = Umlenkspiegel; *SS* = Scan-System; *OB* = Objektiv; *GS* = Gegenstand; *FE* = Fokusebene; *FO* = fokussierende Optik; *LB* = Lochblende; *PD* = Photodetektor; *OK* = Okular zur konventionellen Mikroskopie. **b** Ansicht. Auf der Tischplatte befinden sich Mikroskop, Bedienpult, Laser und Monitor, unterhalb der Tischplatte befinden sich Videoprinter und Photoeinrichtung. **c** Durch Bestrahlung mit Laserlicht von $\lambda = 488$ nm erzeugtes Fluoreszenzbild (Fluoreszenz bei $\lambda = 515$ nm) von Chironomus thummi Polytänchromosomen. Oben konfokal, unten nichtkonfokal aufgenommen. Nur das konfokale Bild läßt die Chromosomen-Querbänderung deutlich erkennen. **d** Im Bildoverlay-Verfahren gewonnenes Bild. Hierbei wurde das Mikroskop gleichzeitig im Durchlichtbetrieb (Differential-Interferenzkontrast) und im konfokalen Fluoreszenzbetrieb eingesetzt. Die beiden Teilbilder werden am Bildschirm elektronisch in richtiger Zuordnung zusammengesetzt. Das Bild zeigt einen Xenopus-Oozytenkern im frühen Stadium 2 der Oozytendifferenzierung. Die kleinen hellen Flecke sind durch Fluoreszenz sichtbar gemachte nukleoläre DNA im zugeordneten differentiellen Interferenzkontrastbild. Fotos: Carl Zeiss, Oberkochen

Tiefenkontrast bzw. sogenanntes optisches Schneiden („Optical sectioning"). Licht, welches nicht aus der Fokusebene des Objektivs kommt, wird stark unterdrückt. Abbildung 23.52 c zeigt oben das konfokale Fluoreszenzbild und unten das nichtkonfokale Fluoreszenzbild von Chromosomen. Das nichtkonfokale Bild ist durch Licht von außerhalb der Fokusebene gestört.

Beispiel 23.14. Anschluß einer Kamera an ein Mikroskop. Damit die Blenden ihre komplementäre Funktion beibehalten, muß die Eintrittspupille (Aperturblende) der Kamera mit der Austrittspupille des Mikroskops zur Deckung kommen.

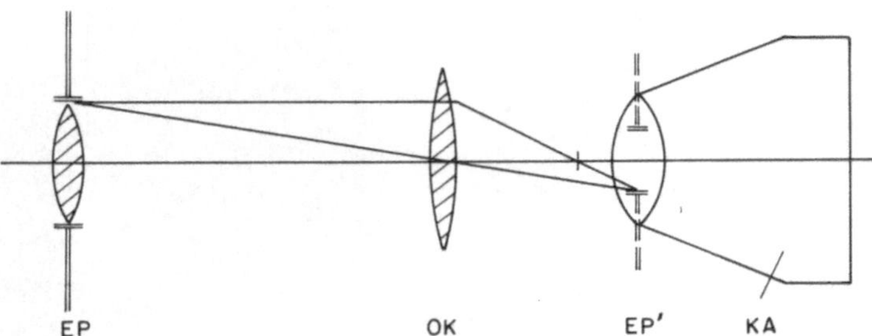

Abb. 23.53. Anschluß einer Kamera *KA* an ein Mikroskop. *EP* = Eintrittspupille, *EP'* (Bild der Eintrittspupille) = Austrittspupille des Mikroskops

Beispiel 23.15. Ophthalmoskop. Wenn der Augenarzt dem Patienten in das Auge blickt, sieht er zunächst nur die finstere Öffnung in der Pupille. Wenn beider Augen entspannt sind, befindet sich die Netzhaut jeweils in der Brennebene der Optik des Auges. Sie wird also für den jeweiligen Betrachter nach Unendlich abgebildet und mit entspanntem Auge beobachtbar: Abb. 23.54 a. Zur Beobachtung der Netzhaut fehlt lediglich eine geeignete Beleuchtung. G. Helmholtz hat dies als erster erkannt und die erforderliche Beleuchtung durch den nach ihm benannten Spiegel geschaffen: Abb. 23.54 b.

Beispiel 23.16. Keratometer. Dieses Instrument dient zur Messung des Krümmungsradius der Cornea, beispielsweise zur Kontaktlinsenanpassung oder für die Kataraktchirurgie. Das Prinzip ist denkbar einfach: man mißt den Abstand d zweier sich in der Cornea spiegelnder Lichtpunkte P_1 und P_2. Dieser Abstand wird mit Hilfe eines Beobachtungsmikroskops gemessen, s. Abb. 23.55.

Die paraxiale Näherung für die Abbildung am sphärischen Konvexspiegel, s. Gleichung 23.5, gibt $f = g \cdot b/(b+g)$. Mit Hilfe der am Scheitel der Cornea reflektierten Strahlen sieht man, daß $d/D = -b/g$. Aus diesen beiden Zusammenhängen folgt ohne weiteres $r = 2 \cdot f = 2 \cdot g \cdot d/(d-D)$. g ist allerdings auch von der Position des Patientenauges abhängig und daher nie präzise bekannt. Verlegt man P_1 und P_2 jedoch—mittels einer Linse vor dem Patientenauge—nach Unendlich, ist $b = -r/2$ und $r = d/\tan\alpha$, unabhängig von der Position des Patientenauges.

Beispiel 23.17. Endoskope. Dies sind Geräte zur Diagnose und Therapie unter Sichtkontrolle im Innern von Körperhöhlen und Hohlorganen. Diese Geräte gibt es für die verschiedenen Einsatzbereiche in unterschiedlichen Längen und Durchmessern und außerdem als einfache starre oder als flexible Geräte. Sie enthalten immer ein Beleuchtungssystem und ein optisches Übertragungssystem zur Führung eines Bilds aus dem Körperinnern nach außen. Darüberhinaus können Endoskope noch eine ganze Reihe von Zusatzinstrumenten besitzen, die es gestatten, im Körperinnern erforderliche therapeutische Maßnahmen bis hin zu operativen Eingriffen (Endoskopische bzw. laparoskopische etc. Chirurgie) zu setzen. Dazu besitzt der Schaft des Endoskops verschiedene Kanäle: z. B. einen Kanal zur Luftinsufflation, um das zu inspizierende Organ dehnen zu können, einen Kanal zur Wasserspülung zwecks Reinigung des Objektivfensters, einen Kanal zur Absaugung von Flüssigkeiten sowie einen Kanal zum Einführen von Hilfsinstrumenten wie Biopsiezangen, Laserstrahl-Lichtleiter, Katheter, Polypektomieschlingen u. a. In Abb. 23.56 ist nur die optische Einrichtung eines flexiblen Lichtfaser-Endoskops dargestellt.

Aufgabe 23.1. Wie groß ist der Winkel der Totalreflexion α_G für (Fenster-) Glas mit einem Brechungsindex von $n = 1{,}52$ gegen Wasser?

Aufgabe 23.2. Man berechne die Brechkraft B'_C der hinteren Corneafläche des schematischen Auges ($n = 1{,}376$; $n' = 1{,}336$; $r = 6{,}8$ mm).

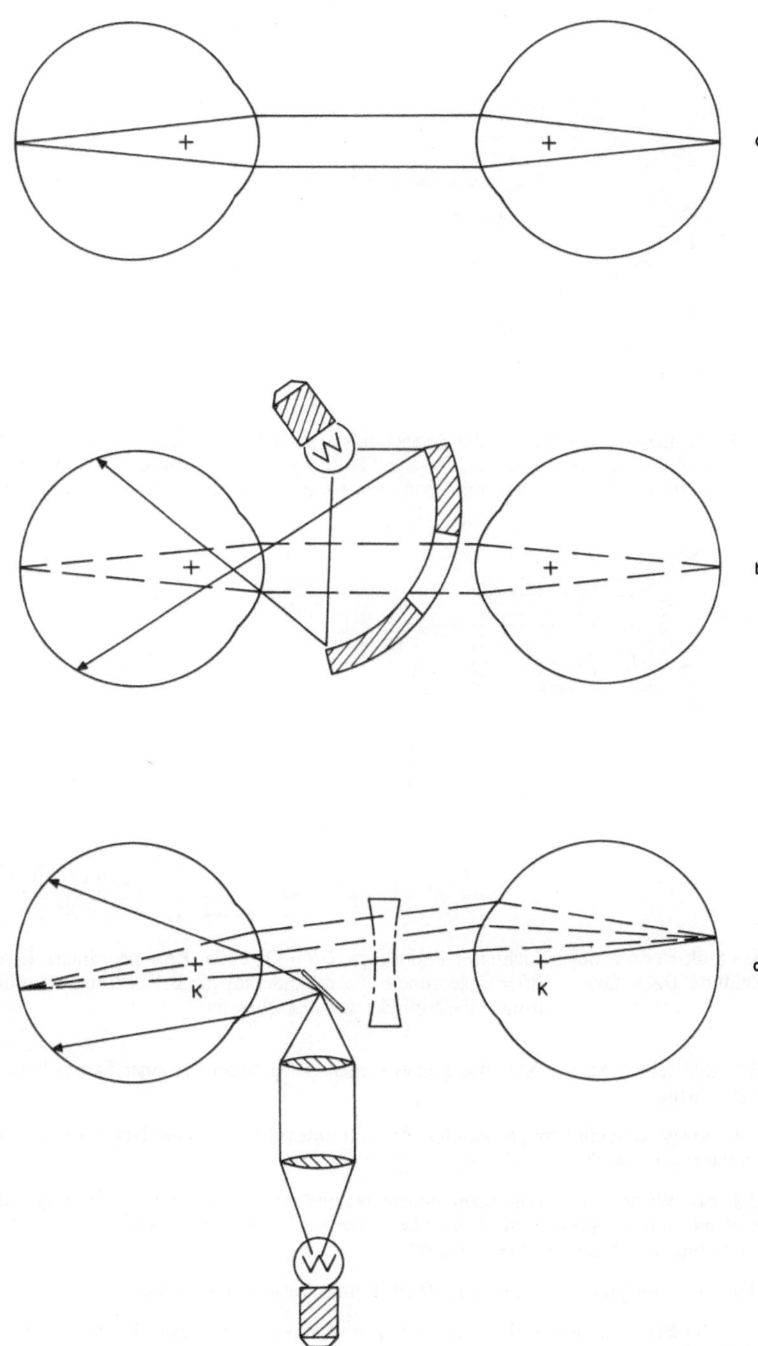

Abb. 23.54. Ophthalmoskopie. **a** Auge von Patient (links) und Arzt (rechts) können grundsätzlich die Netzhaut des Gegenübers sehen. Es fehlt nur die Beleuchtung. **b** Helmholtzscher Augenspiegel. **c** Prinzip eines modernen Augenspiegels; zur Kompensation von Ametropien des Patienten sowie auch des Beobachters lassen sich Linsen verschiedener Brechkraft in den Beobachtungsstrahlengang klappen (strichpunktiert angedeutet)

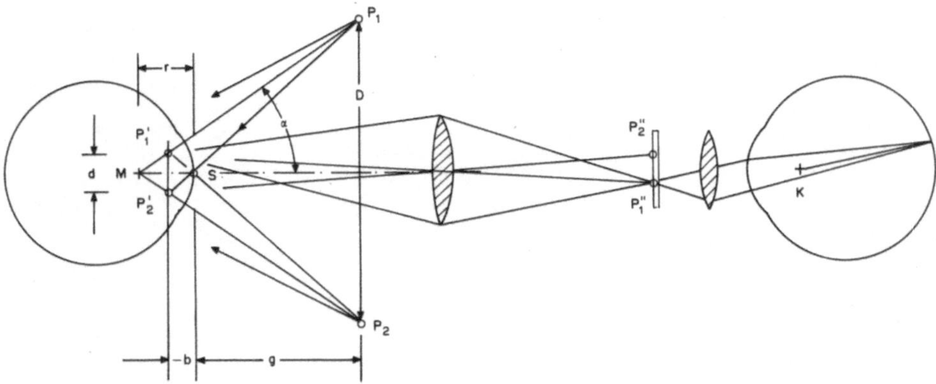

Abb. 23.55. Keratometer. Die Abstände der Spiegelbilder zweier Lichtpunkte P_1 und P_2 werden in der Zwischenbildebene des Keratometer-Mikroskops mit Hilfe eines Okular-Mikrometers, also eines transparenten Strichmaßstabs in der Zwischenbildebene, gemessen. M = Krümmungsmittelpunkt der Cornea

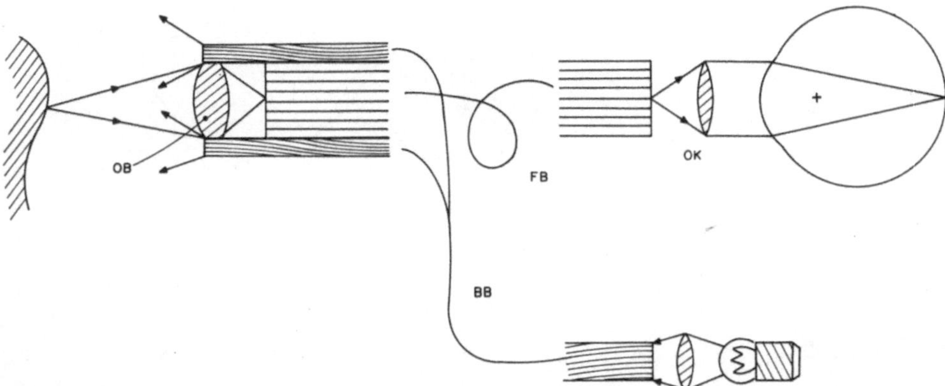

Abb. 23.56. Optik eines flexiblen Lichtfaser-Endoskops. OB = Objektiv, FB = geordnetes Faserbündel für die Abbildung, OK = Okular, BB = ungeordnetes Faserbündel für die Beleuchtung. Es umhüllt das geordnete Faserbündel und das Objektiv

Aufgabe 23.3. Bildweite b bei der Abbildung eines Gegenstands 10 cm vor einer Sammellinse mit der Brechkraft $B = 20$ dpt.

Aufgabe 23.4. Wie groß ist ein 1 cm großes und 10 m entferntes Objekt auf der Netzhaut des (nach Abb. 23.29 b vereinfachten) Auges?

Aufgabe 23.5. Ein Würfel von 10 cm Kantenlänge befindet sich in $a = 5$ m Entfernung von einem Photoapparat mit einem Objektiv mit 50 mm Brennweite. Um welchen Faktor ist das Luftbild des Würfels longitudinal und transversal verkleinert?

Aufgabe 23.6. Man berechne die Lupenvergrößerung einer Linse von 5 cm Brennweite.

Aufgabe 23.7. Der Fernpunktabstand a_F eines Myopen liege bei 0,5 m. Welche Brechkraft B muß seine Brille für die Fernkorrektion besitzen ($d = 2$ cm).

Aufgabe 23.8. Um welchen Faktor sieht ein hyperoper Brillenträger mit einer Brillenbrechkraft von $B = +5$ dpt die Umwelt vergrößert?

Aufgabe 23.9. Geben Sie einen Ausdruck für die Objektivvergrößerung des Mikroskops in Abb. 23.50 an.

24. Bilder

Bilder spielen in der Medizin eine hervorragende Rolle, weil die anatomischen, physiologischen und pathologischen Strukturen für eine bloß formale Beschreibung zu komplex sind. Ein erheblicher Teil der medizinischen Kommunikation erfolgt daher immer schon über Bilder. Durch die Entwicklung der modernen bildgebenden Verfahren wie Ultraschallabbildung und MR-Tomographie hat die Bedeutung von Bildern noch zugenommen. Dem entsprechen auch moderne Entwicklungen auf dem Gebiet der Bildspeicherung, Bildverarbeitung und Bildpräsentation.

Bilder weichen immer mehr oder weniger von dem Objekt ab, welches sie wiedergeben. Dafür sind zum einen Eigenschaften der Strahlung, die die Bilder erzeugen, verantwortlich, zum anderen sind es die Abbildungsvorrichtungen, die das Aussehen der Bilder stark mitbestimmen. Dabei sind grundsätzlich unvermeidbare Einflüsse von solchen zu unterscheiden, die auf unvollkommenen Einsatz oder unvollkommene Qualität der Abbildungsvorrichtungen zurückzuführen sind. Zu den grundsätzlich unvermeidlichen Einflüssen zählt z. B. die durch die optische Beugung hervorgerufene Auflösungsbegrenzung. Hingegen sind die optischen Abbildungsfehler technische Unvollkommenheiten, die zwar vermeidbar sind, jedoch oft nur unter unvernünftig großem Aufwand. Unvollkommenheiten der Abbildung durch das Auge werden zwar von der Bildverarbeitung im visuellen Kanal weitgehend kompensiert, ab einer gewissen Grenze jedoch bedarf das Auge der Unterstützung durch Brillen. Durch Bildverarbeitung kann man Unvollkommenheiten von Abbildungsverfahren kompensieren, bestimmte Bildinhalte herausheben oder sogar Bildinhalte automatisch erkennen.

24.1 Abbildungsfehler und Auflösungsvermögen

a) Abbildungsfehler

Öffnungsfehler von Linsen. Dieser Fehler wird auch als Fehler weit geöffneter Lichtbündel bezeichnet, was seine Ursache bereits andeutet: dieser Abbildungsfehler tritt bei nicht paraxialen Strahlen auf. Das läßt sich mit Hilfe einer plankonvexen Linse leicht verstehen, s. Abb. 24.1.

Für paraxiale Strahlen gilt:

$$n \cdot \alpha = \alpha'.$$

Exakt hingegen ist:

$$n \cdot \sin \alpha = \sin \alpha''.$$

Der tatsächlich auftretende Brechungswinkel ist der exakte, nämlich α''. Da der Sinus eines Winkels mit zunehmendem Winkel schwächer zunimmt als der Winkel selbst, wird

$$\alpha'' > \alpha',$$

d. h. der von der optischen Achse weiter entfernte Strahl wird stärker gebrochen, als es die paraxiale Näherung angibt. Die Strahlen schneiden sich nicht mehr in einem einzigen Bildpunkt.

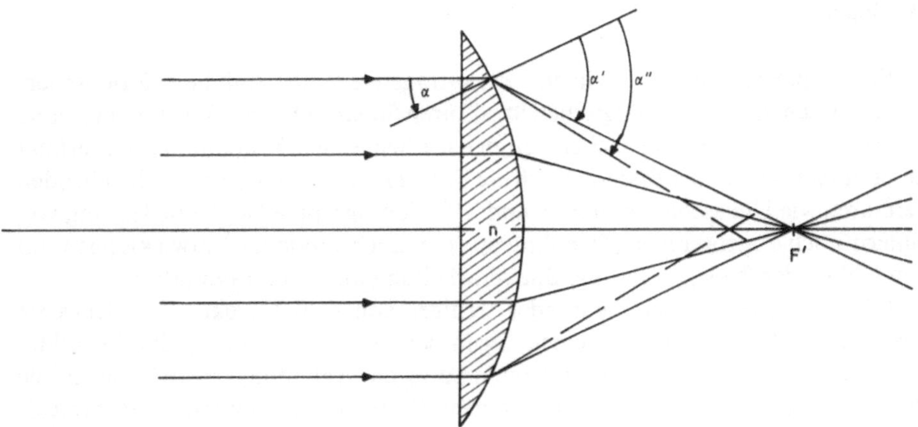

Abb. 24.1. Öffnungsfehler einer (plankonvexen) Linse. Nichtparaxiale Strahlen werden, wie gestrichelt angedeutet, stärker gebrochen. Diese Strahlen weichen daher von dem Schnittpunkt der paraxialen Strahlen—hier der Brennpunkt F'—ab

Dieser Fehler kann durch Verwendung möglichst achsnah verlaufender Strahlen, also „Abblenden“, klein gehalten werden. Das hat jedoch eine Vergrößerung der durch Beugung bedingten Unschärfe zur Folge, s. Kapitel 24.2.

Farbfehler oder chromatische Aberration. Dieser Fehler ist mit Hilfe des Ausdrucks für die Brechkraft einer Linse, Gleichung 23.8, leicht verständlich. Da der Brechungsindex n von der Wellenlänge, d. h. von der Farbe des Lichts abhängig ist, ist auch die Brennweite einer Linse von der Lichtfarbe abhängig. Der Brechungsindex von Gläsern und anderen transparenten Stoffen ist für kurzwelliges (blaues) Licht größer als für langwelliges (rotes) Licht. Da der Brechungsindex in der Gleichung 23.8 im Zähler steht, hat eine Einzellinse für rotes Licht eine kleinere Brechkraft (größere Brennweite) als für blaues. Rotes Licht erzeugt somit ein größeres Bild in größerem Abstand von der Linse als blaues.

Man kann diesen Farbfehler auf relativ einfache Weise kompensieren: Kombiniert man eine Sammel- mit einer Zerstreuungslinse aus zwei verschiedenen Gläsern mit möglichst gleicher Dispersion aber unterschiedlichem Brechungsindex, kann man erreichen, daß sich die Brechkraftunterschiede für zwei Wellenlängen aufheben, die Summe der Brechkräfte jedoch nicht Null wird. Eine solche Optik heißt dann „Achromat“. Bei Verwendung weiterer Linsen können noch für weitere Wellenlängen exakt dieselben Brechkräfte bzw. Brennweiten realisiert werden (beim „Apochromat“ stimmen die Brennweiten für drei Wellenlängen überein).

Sphärische und chromatische Aberration reduzieren die optische Auflösung bzw. die Pixelzahl (Gleichung 24.3) in der gesamten Bildebene in gleicher Weise. Die folgenden Fehler wirken sich besonders an den achsferneren Bildteilen aus.

Bildfeldkrümmung und Astigmatismus schiefer Bündel. Für Punkte, die außerhalb der optischen Achse liegen, sind zwei weitere Aspekt wirksam: nämlich zum einen die Tatsache, daß mit zunehmender Entfernung von der optischen Achse auch der Abstand zur abbildenden Linse größer wird, und zum anderen, daß Lichtstrahlen aus achsfernen Punkten auf unterschiedliche Krümmungsradien der Linsenoberfläche treffen.

Wir betrachten zunächst zwei Punkte P und Q in einer normal zur optischen Achse orientierten Ebene E, s. Abb. 24.2. Da der Abstand s_Q des Punktes Q zur Linse größer ist als der Abstand s_P des Punkts P, rückt sein Bild Q' näher an die Linse als das Bild des Punkts P. Die Folge ist, daß in einer Ebene liegende Gegenstandpunkte in eine gekrümmte Fläche oder „Bildschale" (E') abgebildet werden. Man spricht daher von „Bildfeldkrümmung".

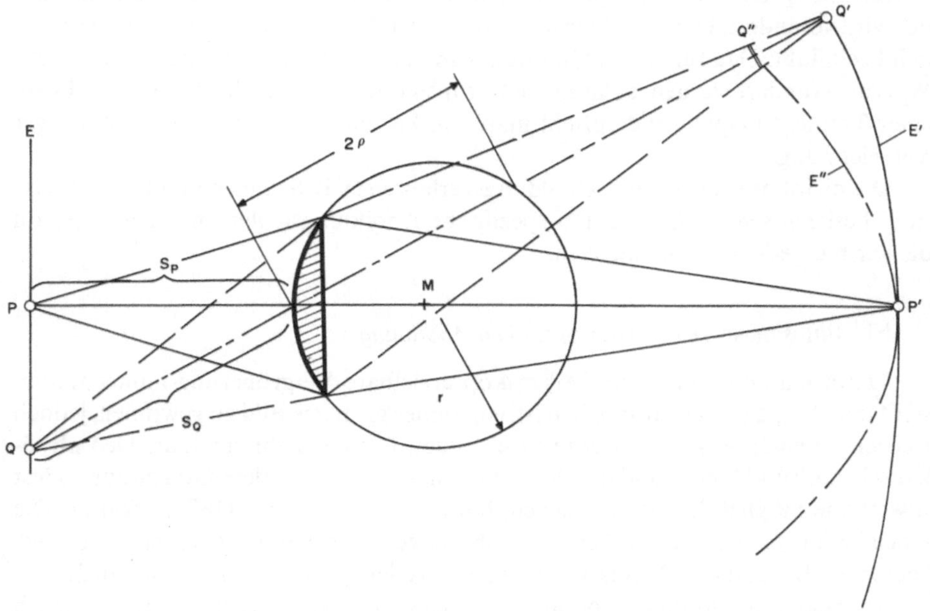

Abb. 24.2. Bildfeldkrümmung und Astigmatismus schiefer Lichtbündel. Anstelle einer Bildebene treten zwei sogenannte Bildschalen E' und E'' auf; anstelle von Bildpunkten Bildlinien Q' und Q''

Nun betrachten wir die vom Gegenstandpunkt Q ausgehenden Strahlen näher. Diese treffen auf der Linse unterschiedliche Krümmungsradien an. Strahlen in der Zeichenebene (Meridionalebene) treffen offenbar den Krümmungsradius r der Kugelfläche (Mittelpunkt M) an. Strahlen hingegen, die in einer zur Zeichenebene normalen Ebene durch den strichpunktiert gezeichneten Hauptstrahl liegen (Sagittalebene), treffen einen kleineren Krümmungsradius an, nämlich ρ. Man stelle sich dazu die Kugel durch die Ebene, in der diese Strahlen liegen, geschnitten vor. Dann ist die Schnittlinie ein Kreis mit dem Radius ρ. Dem kleineren Krümmungsradius entspricht nach Gleichung 23.8 eine größere Brechkraft. Die Folge ist, daß diese Sagittalstrahlen ihren Bildpunkt noch näher an der Linse haben (Q'' in Abb. 24.2) als die Meridionalstrahlen. Es existiert also für die Sagittalstrahlen eine weitere sogenannte Bildschale E''. Das hat zur Folge, daß nun keine punktförmige Abbildung mehr erfolgt („Astigmatismus"). Vielmehr gibt es in den beiden Bildschalen anstelle von Bildpunkten zwei normal zueinander orientierte Bildlinien. Etwa in der Mitte zwischen den beiden Bildschalen gibt es den sogenannten „Kreis kleinster Zerstreuung", vgl. Abb. 23.38.

Mit *Koma* schließlich wird ein weiterer Symmetriemangel bei schiefen Lichtbündeln bezeichnet, der dadurch bedingt ist, daß die Lichtstrahlen beispielsweise an den beiden Rändern des Meridionalstrahlenbündels mit unterschiedlichen Winkeln auf die Linsenfläche auftreffen. Astigmatismus und Koma führen vor allem an den Bildrändern zur Verschlechterung der Auflösung bzw. einer Verminderung der Anzahl unabhängiger Pixel im Bild. Wir gehen darauf jedoch nicht näher ein.

Die bisher angeführten Abbildungsfehler sind sogenannte *Schärfefehler*, weil sie nur die Bildschärfe beeinträchtigen, nicht aber die Bildform. Anders ist dies bei der Verzeichnung. Diese ist ein *Lagefehler*, d. h. die relative Lage der Bildpunkte zueinander wird verändert. Dieser Fehler wird durch Blenden im Strahlengang sehr wesentlich beeinflußt. Das Bild eines Quadrats kann auf zwei grundsätzlich verschiedene Weisen verändert werden: es kann die Form eine Kissens annehmen oder die Form einer Tonne. Entsprechend spricht man von kissenförmiger oder tonnenförmiger Verzeichnung.

Die nichtkonventionellen Abbildungsverfahren (z. B. Scannen und Rückprojektion) besitzen sehr vielfältige und spezifische Abbildungsfehler und Artefakte, auf die wir hier jedoch nicht eingehen.

b) *Auflösungsvermögen der optischen Abbildung*

Treibt man die mit einem Mikroskop erzielbare Vergrößerung immer weiter, stellt man fest, daß es zwar möglich ist, ein immer größeres Bild zu gewinnen, jedoch werden ab einer gewissen Grenze keine neuen Details mehr sichtbar. Den physikalischen Grund hierzu und damit die Bedingungen dafür, diese Grenze zumindest soweit wie möglich hinauszuschieben, hat als erster E. Abbe (1873) erkannt. Die Ursache für die bei sehr starken Vergrößerungen auftretende „Leervergrößerung" liegt in der Beugung des Lichts, ist also in der Welleneigenschaft des Lichts zu finden.

An jeder Linsenöffnung kommt es zu Beugung. Der Beugungswinkel ist nach Gleichung 4.22 $\sin\alpha = \lambda/(2\cdot R)$. Entsprechend ist die Größe des Hauptmaximums des Beugungsbilds eines Objektpunkts im Bild (s. Abb. 24.3) $\Delta = b\cdot\lambda/R$. Damit zwei Punkte P und Q getrennt wahrgenommen werden können, müssen deren Bilder P' und Q' etwa um die Strecke Δ auseinander liegen. Dem Abstand Δ im Bild entspricht

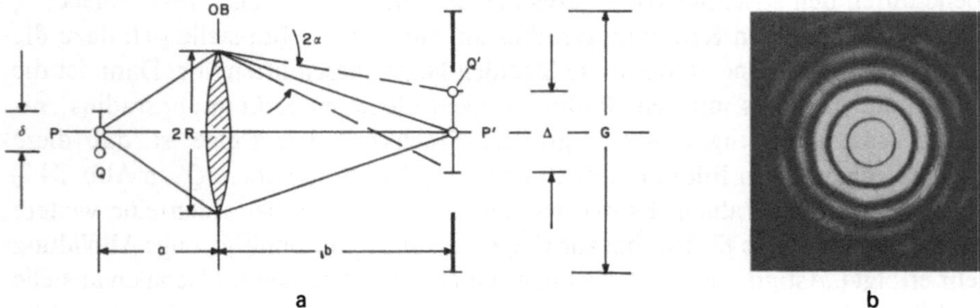

Abb. 24.3. a Abbildung durch das Objektiv (*OB*). Anstelle eines Punktes tritt in der Zwischenbildebene ein „Airy"-Beugungsscheibchen auf, s. Teilbild **b**

in der Objektebene der Abstand

$$\delta = \Delta \cdot a/b = a \cdot \lambda/R = \lambda/A,$$

mit

$$A = R/a,$$

der Apertur der abbildenden Optik. δ ist der auflösbare Punktabstand im Objekt oder das Auflösungsvermögen. Beim Mikroskop wird das Auflösungsvermögen durch das Objektiv begrenzt, weil das Okular nur mehr das schon vergrößerte Zwischenbild „auflösen“ muß.

Befindet sich im Objektraum (Dingraum) statt Luft ein Medium mit Brechungsindex n, verkleinert sich die Wellenlänge des Lichts um den Faktor n. Das Auflösungsvermögen ist nun

$$1/\delta = \frac{n \cdot A}{\lambda}$$

mit $n \cdot A$ = numerische Apertur.

Anzahl der Pixel im Bild. Die beugungsbedingte Begrenzung des Auflösungsvermögens tritt bei jeder Abbildung mit Wellen auf. In manchen Fällen allerdings ist die Auswirkung der Beugung sehr viel kleiner als andere, beispielsweise durch technische Unvollkommenheiten bedingte Abbildungsfehler. Dies gilt in besonderem Maße für das Elektronenmikroskop (Beispiel 16.13). Abgesehen davon gelten die oben zum Lichtmikroskop angestellten Überlegungen allgemein. Wir berechnen nun, aus wieviel voneinander unabhängigen Bildpunkten oder Pixels ein durch Beugung begrenztes Bild besteht:

Das Auflösungsvermögen (= Pixelgröße) im Bild ist

$$\Delta = b \cdot \lambda/R,$$

und bei einer Bildabmessung $G \cdot G$ ist die Anzahl der Pixel:

$$(G/\Delta)^2 = (G \cdot A/\lambda)^2,$$

wobei hier A die Apertur (R/b) auf der Bildseite ist.

24.2 Bild-Informationsgehalt und digitale Bildverarbeitung

a) Informationsgehalt

Information ist ein Maß für eine Nachricht. Nachrichten sind irgendwelche Signale, die den Empfänger in seinem Verhalten beeinflussen können. Nachrichten können als gesprochene oder geschriebene Worte, als Bilder oder als abstrakte Signale, etwa Verkehrszeichen oder Morsezeichen, einem Empfänger übermittelt werden.

Nachrichten können wir als wertvoll oder wertlos, gut oder schlecht, nützlich oder schädlich bezeichnen. Das alles ist nicht Gegenstand des Begriffs Information. Vielmehr mißt die Größe „Information“ lediglich den Grad, zu dem die betreffende Nachricht das Wissen über den Gegenstand dieser Nachricht vergrößert, unabhängig von der Bedeutung oder dem Sinn dieser Nachricht. Anders ausgedrückt: eine

Nachricht, deren Eintreffen sehr hohe Wahrscheinlichkeit besitzt, enthält wenig Information und umgekehrt. Diese Wahrscheinlichkeit hat C. Shannon als Basis für die Größe „Informationsgehalt einer Nachricht" benutzt.

Wir betrachten im folgenden den Informationsgehalt von Bildern. Dazu müssen wir herausfinden, wie viele Angaben erforderlich sind, ein Bild zu beschreiben. Beginnen wir mit dem allereinfachsten Fall, daß ein Bild aus nur einem einzigen Pixel besteht, welches 2 Zustände, z. B. „weiß" oder „schwarz" aufweisen kann. Da wir weiters nichts über dieses Pixel wissen, sind beide Zustände gleich wahrscheinlich. Es reicht hier eine einzige Nachricht, um einen Empfänger über den Zustand dieses Pixel zu informieren. Eine solche binäre, das heißt aus nur 2 Alternativen bestehende Auskunft, ist offenbar die kleinstmögliche Menge an Information; sie wird als Einheit benutzt und heißt „1 bit" (von „binary digit").

Der nächst komplexere Fall wäre, daß das Pixel mit m verschiedenen Grauwerten auftreten kann. Wieviele bit sind nun erforderlich? Nun sind genau

$$\log_2(m)$$

binäre Auskünfte erforderlich, um m Alternativen eindeutig zu definieren, denn

1 binäre Auskunft definiert 2 Alternativen:

$$(1)\,(0)$$

2 binäre Auskünfte deren 4:

$$(1,1)\,(1,0)\,(0,1)\,(0,0)$$

3 binäre Auskünfte deren 8:

$$(1,1,1)\,(1,1,0)\,(1,0,1)\,(1,0,0)\,(0,1,1)\,(0,1,0)\,(0,0,1)\,(0,0,0)$$

etc.

Also definieren j binäre Auskünfte

$$m = 2^j$$

alternative Nachrichten. Es ist also der Informationsgehalt eines Pixels mit m Grauwerten:

$$J = \log_2(m) = \log_2(1/p) = -\log_2(p),$$

wobei hier mit $p = 1/m$ die Wahrscheinlichkeit (bzw. relative Häufigkeit) für das Auftreten einer der m Nachrichten für alle als gleich groß angenommen worden ist.

Im allgemeinen werden m verschiedene Nachrichten nicht mit gleicher Wahrscheinlichkeit auftreten, sondern die Nachricht mit dem i-ten Grauwert mit der Wahrscheinlichkeit p_i etc.; dann ist der Informationsgehalt der Nachricht mit dem i-ten Grauwert

$$J_i = -\log_2(p_i)$$

und der gesamte mittlere Informationsgehalt der m Nachrichten ist

$$J = -\sum_{i=1}^{m} p_i \cdot \log_2(p_i).$$

Wir beschränken uns wiederum auf m mögliche Nachrichten mit gleicher Wahrscheinlichkeit $p_i = 1/m$; dann ist die in den m Nachrichten insgesamt (im Mittel) enthaltene Information maximal, vgl. Beispiel 24.1 und Aufgabe 24.2, u.zw. ist

$$J = -\sum_{i=1}^{m} p_i \cdot \log_2(p_i) = \sum_{i=1}^{m} (1/m) \cdot \log_2(m)$$

$$= \log_2(m) \text{ bit.}$$

Informationsgehalt eines Bilds. Wenn pro Pixel m Grauwerte möglich sind, gibt es pro Pixel m Nachrichten (eine Nachricht = Mitteilung des Grauwerts dieses Pixels), also haben wir je Pixel einen mittleren Informationsgehalt von $\log_2(m)$ bit. Ein Bild mit n mal n Pixel hat daher einen mittleren Informationsgehalt von

$$J = n^2 \cdot \log_2(m) \text{ bit.}$$

Die folgende Liste gibt Beispiele für die Größenordnung von Speicherkapazitäten von Informationsträgern aus der Medizin und dem Alltag wieder (1 B = 1 Byte = 8 bit).

1 Schreibmaschinenseite DIN A4:	1 kB
1 Computer-Tomogramm oder MR-Tomogramm	
(512 × 512 Pixel zu je 1 Byte = 250 kB):	1 MB
Floppy Disk	4 MB
Schallplatte	1 GB
Hard Disk	1 GB
Optische Platte	bis 10 GB
Optisches Band	> 1 TB

b) Digitale Bildmatrix

Bildverarbeitung hat in der Medizin vier Ziele: (1) die Synthese von Bildern aus Meßdaten, wie beispielsweise im Falle der gefilterten Rückprojektion, (2) die Verstärkung der Aussagekraft von Bildern, wie etwa bei der digitalen Subtraktionsangiographie, (3) die Gewinnung quantitativer Daten, beispielsweise Knochenabmessungen für die Dimensionierung von Prothesen und (4) die automatische Erkennung von Bildern. Das letzte angeführte Ziel ist, abgesehen von Sonderfällen wie der automatischen Blutbildanalyse, noch weitgehend Gegenstand der Forschung. Methoden zur Erhöhung der Aussagekraft von Bildern jedoch haben schon heute ganz erhebliche Bedeutung, weil sie die Sicherheit der Diagnose erhöhen und therapeutische Maßnahmen zielgerichteter gestalten helfen.

Kodierung. Ganz allgemein verstehen wir unter Kodierung die Übersetzung einer Nachricht in Zeichen, die durch einen Übertragungskanal, beispielsweise eine elektrische Leitung, übertragen und/oder von einer Maschine verarbeitet werden können. Solche Kodierungen finden auch in allen Lebewesen bei der Übertragung von Nachrichten durch die Nervenbahnen statt. Der auf Rezeptorzellen der Sinnesorgane einwirkende Reiz wird in eine Folge von Aktionspotentialen kodiert, deren Pulsfrequenz logarithmisch mit der Größe des Sinnesreizes zunimmt. In der zentralen Endstation (Thalamus, Hirnrinde) erfolgt die Dekodierung, reziprok zur Kodierung im Rezeptor, in eine zur Reizstärke proportionale Membrandepolarisation der Hirnzellen.

Die Verarbeitung medizinischer Bilder erfolgt überwiegend digital mittels Computer. Der erste Schritt in der Bildverarbeitung ist daher die Digitalisierung des Bilds. Dieser Kodierungsschritt erfolgt entweder schon bei der Gewinnung der Bilddaten mittels Rechner und Scanner oder durch Abtastung optischer Bilder, beispielsweise mittels einer Videokamera. Die Helligkeitswerte werden hierbei durch Zahlen kodiert. Abbildung 24.4 b ist beispielsweise ein digital kodiertes Bild des Buchstabens *T*.

Im Rechner wird ein Bild durch Zahlen im Dualzahlensystem (Binärsystem) dargestellt. Dualzahlen haben Ziffern, die beispielsweise nur die Werte 0 und 1 kennen. Beginnen wir wieder mit einem einzigen Pixel. Wenn es nur 2 Helligkeitswerte haben kann, beispielsweise „hell" und „dunkel", kann man das mit einer einzigen Stelle beschreiben, z. B.:

1 für hell
0 für dunkel.

Hat der Bildpunkt 4 Helligkeitswerte, benötigen wir 2 Stellen, z. B.:

11 für sehr hell
10 für hell
01 für dunkel
00 für sehr dunkel.

Man sieht, daß man mit *n* Stellen (*n* bit)

$$2^n \text{ Helligkeitswerte (Graustufen)}$$

beschreiben kann. Eine solche Dualzahl wird als Wort bezeichnet, eine Stelle als Binärzeichen oder auch kurz „bit". Worte von 8 bit Länge werden als 1 Byte bezeichnet.

Bildmatrix. Jedes Bild besteht aus einem Raster (Matrix) einzelner Pixel. Wie viele Pixel im konkreten Fall zur Erkennbarkeit des abgebildeten Objekts mindestens erforderlich sind, ist nicht immer leicht zu entscheiden (vgl. hierzu Abb. 23.4). Jedenfalls folgt aus den Überlegungen zur optischen Auflösung, daß zur verlustlosen Wiedergabe eines Bilds die Abmessung eines Pixels etwa von der Größe des Auflösungsvermögens sein muß. (Nach dem Shannonschen Abtasttheorem muß zur verlustlosen Wiedergabe der vorhandenen Bildinformation die räumliche Abtastrate doppelt so groß sein wie die maximale, im Bild enthaltene Raumfrequenz; letztere

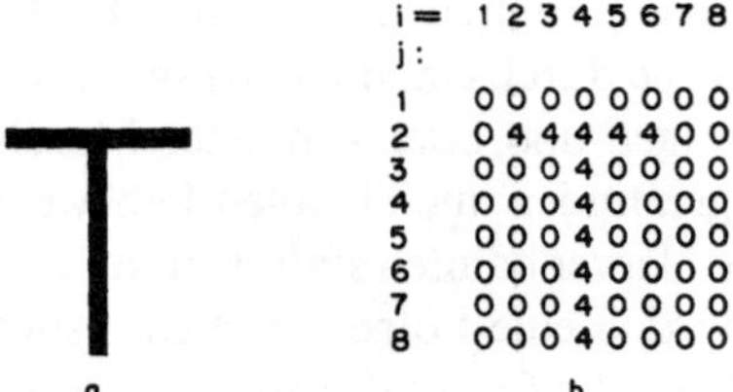

Abb. 24.4. Bild **a** und Bildmatrix **b** des Buchstabens T. Die Matrix besteht aus Elementen, deren Lage mit den Spalten-Indizes *i* und den Zeilen-Indizes *j* gekennzeichnet ist

entspricht etwa $1/\delta$.) Bei Farbbildern macht man drei separate Bilder in den Farben Rot, Grün und Blau und kodiert diese wie Schwarz-Weiß-Bilder. Abbildung 24.4 b zeigt die Bildmatrix eines Schwarz-Weiß-Bilds des Buchstaben „T".

Ein Element der Bildmatrix hat also die Form

$$B(i, j).$$

Z. B. ist in Abb. 24.4 $B(2,1) = 0$, $B(2,2) = 4$ etc.

Jedes Pixel $B(i, j)$ ist durch seine Zeilennummer i und die Spaltennummer j identifiziert. Derzeit übliche Matrixgrößen sind $2^{10} \times 2^{10} = 1024 \times 1024$ Pixel, was kurz als $1k \times 1k$ angegeben wird ($1024 \doteq 1000 = 1k$). Zur Beschreibung einer Bildmatrix mit $2l \times 2l$ Pixel sind also ebenso viele Worte bzw. ein entsprechender Speicher erforderlich. Die für die Wiedergabe der einzelnen Helligkeitswerte erforderliche Bit-Zahl wird als Speichertiefe bezeichnet.

Im Rechner kann man nun die Bildstruktur durch verschiedene Rechenoperationen an den $B(i, j)$-Werten sehr schnell bearbeiten und das bearbeitete Bild am Monitor darstellen. Es gibt dazu eine ganze Reihe von nützlichen Operationen. Wir betrachten im folgenden zur Illustration einige einfachere Operationen an den Bilddaten.

c) Punktoperationen

Diese verändern nur die Grauwerte der Pixel, u. zw. spricht man von einer homogenen Punktoperation, wenn dies nur in Abhängigkeit vom anfangs vorliegenden Grauwert erfolgt, und von einer inhomogenen Punktoperation, wenn der neue Grauwert auch von der Position der Pixel abhängt. Eine homogene Punktoperation kann beispielsweise zur Anpassung des Grauwerteumfangs der Bilder an die begrenzten Möglichkeiten von Bildschirmen erforderlich sein. Bei der einfachsten Form, der sogenannten linearen Skalierung, werden neue Grauwerte unabhängig von den Grauwerten in der Umgebung des betreffenden Punkts erzeugt:

$$B'(i, j) = a \cdot B(i, j) + b$$

$b > 0$: Bild wird heller
$b < 0$: Bild wird dunkler
$a > 1$: Kontrasterhöhung
$a < 1$: Kontrastverkleinerung

Weiters kann mit Punktoperationen eine Positiv-Negativ-Umkehr, die Ausblendung häufiger Grauwerte zur Betonung versteckter Strukturen, die stückweise lineare Skalierung der Grauwerte zur Betonung oder Dämpfung bestimmter Helligkeitsregionen oder zur Erzielung spezieller graphischer Effekte erreicht werden.

Eine wichtige nichtlineare Skalierungstechnik ist die sogenannte *Fenstertechnik:* Dabei werden enge Bildhelligkeitsbereiche selektiert und durch Multiplikation der $B(i, j)$-Werte mit einer Konstanten hervorgehoben. So kann ein kontrastarmer Bildausschnitt auf dem Monitor kontrastreich dargestellt werden, und zunächst unbemerkt gebliebene Strukturen können sichtbar werden. (Der Mensch vermag nämlich nur etwa 20 Graustufen und 30 bis 40 Farbstufen zu unterscheiden.) Dieses Verfahren findet besonders in der Computer-Tomographie (s. Beispiel 16.9) Anwendung, um die geringen Helligkeitsunterschiede der Weichteilgewebe in den CT-Bildern zu verstärken und sichtbar zu machen.

Bildverschiebung. Z. B. zur Justierung eines Bilds vor der Addition oder der Subtraktion mit einem anderen Bild:

$$B'(i,j) = B(i-r, j-s)$$

verschiebt das Bild $B(i,j)$ um r Pixel in Zeilenrichtung und um s Pixel in Spaltenrichtung. Neben dieser bloß linearen Verschiebung sind natürlich auch Rotation und nichtlineare, ortsabhängige Verschiebungen zur Kompensation von Verzerrungen möglich.

Zoomen = Vergrößerung von Bildern bzw. von Bildausschnitten. Im einfachsten Fall einer linearen Vergrößerung um den Faktor 2 erzeugt man zu jedem Pixel $B(i,j)$ drei zusätzliche mit gleichem Grauwert. Aus jedem Pixel im Ausgangsbild

$B(i-1,j-1)$	$B(i-1,j)$	$B(i-1,j+1)$
$B(i,j-1)$	$B(i,j)$	$B(i,j+1)$
$B(i+1,j-1)$	$B(i+1,j)$	$B(i+1,j+1)$

werden vier Pixel gleichen Grauwerts:

$B(i-1,j-1)$	$B(i-1,j)$	$B(i-1,j)$	$B(i-1,j+1)$
$B(i,j-1)$ $B(i,j-1)$	$B(i,j)$ $B(i,j)$	$B(i,j)$ $B(i,j)$	$B(i,j+1)$ $B(i,j+1)$
$B(i+1,j-1)$	$B(i+1,j)$	$B(i+1,j)$	$B(i+1,j+1)$

Bei diesem Verfahren entsteht eine grobe rasterartig wirkende Bildstruktur. Einen glatteren Verlauf der Bildstruktur erhält man mit der etwas aufwendigeren Interpolation, bei der die zusätzlichen Pixel den Mittelwert der Grauwerte benachbarter Pixel bekommen.

Während bei der homogenen Punktoperation alle Punkte nach dem gleichen Gesetz behandelt werden, erfolgt bei der inhomogenen Punktoperation eine ortsabhängige Veränderung der Grauwerte. Ein Beispiel hierzu ist die Kalibrierung. Hierbei werden z. B. Empfindlichkeitsstreuungen in den Scannerelementen von CCD-Kameras mit Hilfe einer gespeicherten Kalibrierungsmatrix korrigiert. Ebenso können Nichtlinearitäten, wie die Filmgradation bei photographischen Aufzeichnungsmedien, kompensiert werden oder eine Anpassung an die Display-Grauwertskala erreicht werden.

d) Lokale Operationen

Hier hängt die Veränderung an den Pixelwerten $B(i,j)$ auch von den Pixelwerten in der Umgebung ab. Aus Symmetriegründen wird meist eine quadratische Umgebung mit 3×3, 5×5 oder mehr Bildpunkten benutzt. Wichtige Beispiele für lokale Operationen sind Integral- und Differential-Operationen:

Summen-(Integral-)Operationen. Diese Operationen vermindern im allgemeinen vorhandenes Bildrauschen. Das wird beispielsweise durch

Mittelwertbildung erreicht: Die neuen Pixelwerte $B'(i, j)$ werden als Mittelwerte $M(i, j)$ der Grauwerte $B(i, j)$ der Punkte aus einer abgegrenzten Umgebung errechnet:

$$M(i,j) = \frac{1}{(2 \cdot n + 1)^2} \sum_{r=-n}^{+n} \sum_{s=-n}^{+n} B(i-r, j-s).$$

Das erzeugt eine Glättung der Grauwerte. Die Bilder werden unscharf („weich“).

Man kann sich diese (und andere) Bildverarbeitungsoperationen so veranschaulichen, daß man sich vorstellt, eine Maske (oder mathematisch: ein Operator) wird Pixel für Pixel über das Bild geschoben, jedes unter einem Maskenwert liegende Pixel wird mit dem Maskenwert multipliziert und die Summe gebildet (= mathematische Faltungsoperation). Für die oben beschriebene Mittelwertbildung hat dieser Operator—für $n = 1$—die Form:

$$\begin{pmatrix} \frac{1}{9} & \frac{1}{9} & \frac{1}{9} \\ \frac{1}{9} & \frac{1}{9} & \frac{1}{9} \\ \frac{1}{9} & \frac{1}{9} & \frac{1}{9} \end{pmatrix}$$

Beim Tukey-Medianfilter wird der Grauwert in der Mitte einer abgegrenzten Umgebung durch den Median der Grauwerte der Umgebung ersetzt. Dieses Verfahren eliminiert einzelne, bei der Bildgewinnung fehlerhaft aufgenommene Pixel. Auch die richtigen Bildpunkte werden verändert; dies läßt sich durch die Benutzung von Schwellwerten vermeiden.

Den im Vergleich zu den Integral-Operationen gegenteiligen Effekt erreicht man durch *Differenzen- (bzw. Differential-) Operationen*. Diese betonen Helligkeitsunterschiede, sie verstärken aber auch vorhandene Bildstörungen (Bildrauschen). Da die Integration den Bildinhalt verwischt, mag die Differentiation als natürliche Methode zur Rekonstruktion verwischter Bildinhalte erscheinen. Man muß jedoch bedenken, daß diese Operation natürlich nur solche Bildinhalte zu verstärken vermag, die grundsätzlich noch im Bild vorhanden sind.

Die *Gradientenbildung* ist die Differentiation bzw. Differenzenbildung in eine bestimmte Richtung im Bild (sogenannte Richtungsableitung), beispielsweise in Spaltenrichtung:

$$B'(i,j) = B(i,j) - B(i-1,j).$$

Der zugehörige Operator hat die Form (für $n = 1$):

$$\begin{pmatrix} 0 & -1 & 0 \\ 0 & 1 & 0 \\ 0 & 0 & 0 \end{pmatrix}.$$

Gradientenbildung führt zu einer Betonung von Grauwertkanten („Kantenanhebung“) im Bild bzw. von Linien in bestimmten Richtungen.

Eine andere Differentiationsoperation ist die Bildung der *Standardabweichung* von $f(x, y)$ in einer bestimmten Umgebung:

$$B'(i,j) = \frac{1}{2 \cdot n} \cdot \sqrt{\sum_{r=-n}^{+n} \sum_{s=-n}^{+n} (B(i-r, j-s) - M(i,j))^2}.$$

e) Verarbeitung von Bildsequenzen (Funktionsbilder)

Bei der Summierung von (N) Funktionsbildern aus den Zeitpunkten $t = 0, 1 \cdot \Delta t, 2 \cdot \Delta t, \ldots, N \cdot \Delta t$ werden zufällige Bildstörungen (sogenanntes Bildrauschen) eliminiert:

$$B'(i,j) = \frac{1}{N} \sum_{t=0}^{N \cdot \Delta t} B(i,j,t).$$

Bei der Bildakkumulation werden Bilder über unterschiedlich lange Zeitintervalle summiert. Dieses Verfahren wird beispielsweise zur Darstellung von Kontrastmittelkonzentrationen benutzt.

Ein klassisches Verfahren der digitalen Bildverarbeitung ist die Bildung der Differenz von Bildern zu Zeitpunkten t und $t + \Delta t$ (sogenannte „Zeitsubtraktion"):

$$B'(i,j) = B(i,j,t + \Delta t) - B(i,j,t).$$

Damit erreicht man den Nachweis bzw. die Analyse von Bewegungen. In der Angiographie benutzt man dieses Verfahren zur Darstellung der Ausbreitung von Kontrastmittel (z. B. bei der digitalen Subtraktionsangiographie, s. Beispiel 16.8). Man erhält eine Kontrastverstärkung im Bild, die die Anwendung kleinerer Katheter und geringerer Kontrastmittelmengen erlaubt.

f) Auch das Problem der *Präsentation dreidimensionaler Objektstrukturen* läßt sich durch Bildverarbeitung einer Lösung näherbringen. Man kann zusammengehörende Konturen in tomographischen Bildern, beispielsweise die Oberflächenpunkte eines Knochens, durch Polygonoberflächen verbinden. Versieht man die entstehenden Oberflächenbilder mit einer geeigneten Schattierung, erhält man einen verblüffend dreidimensionalen Eindruck, s. Beispiel 24.4. Solche „3D-Rekonstruktionen" sind ein wertvolles Hilfsmittel bei der Operationsplanung. Beispielsweise lassen sich bei Trümmerbrüchen einzelne Knochenteile überlagerungsfrei einfach dadurch abbilden, daß man die davor liegenden Knochen oder Knochenteile rechnerisch entfernt.

Es sei noch erwähnt, daß eine weitere Klasse von Bildoperationen darauf beruht, die Bildstruktur zunächst einer Fourier-Transformation zu unterziehen, was die Durchführung von Filteroperationen erleichtert.

Zusammenfassung 24

I. Die optische Abbildung ist mit verschiedenen Fehlern behaftet. Schärfefehler beeinträchtigen die Bildschärfe, Lagefehler hingegen die Abmessungen innerhalb des Bilds.

Durch Schärfefehler und durch Beugung an der Linsenöffnung bedingt, werden entsprechend nahe benachbarte Gegenstandspunkte, die zwar nach den Regeln der geometrischen Optik noch separate Bildpunkte besitzen, nicht mehr als getrennte Punkte abgebildet. Das Auflösungsvermögen δ ist der Abstand zweier Punkte im Gegenstand, die im Bild gerade noch getrennt abgebildet werden. Liegen keine Schärfefehler vor, ist

$$\delta = \lambda/(n \cdot A), \tag{24.1}$$

mit

$$A = R/a, \tag{24.2}$$

der Apertur; $n \cdot A$ heißt „numerische Apertur".

Ein optisches Bild der Größe $G \times G$ enthält

$$\left(\frac{G}{\Delta}\right)^2 = \left(\frac{G \cdot A}{\lambda}\right)^2. \tag{24.3}$$

Pixel, wenn die Auflösung nur durch Beugung begrenzt wird. Hier ist A die Apertur auf der Bildseite der Abbildungsvorrichtung. Der Pixelzahl sind durch die geometrisch-optischen Schärfefehler zusätzliche Grenzen gesetzt.

II. Das Shannonsche Maß für den Informationsgehalt eines Pixels mit n möglichen Grauwerten ist—wenn der i-te Grauwert die Wahrscheinlichkeit p_i besitzt—

$$J = -\sum_{i=1}^{n} p_i \cdot \log_2(p_i). \tag{24.4}$$

Die Einheit des Informationsgehalts ist

$$[J] = 1 = 1 \text{ bit} = 1 \text{ binary digit}.$$

Der maximale Informationsgehalt eines Bilds aus $n \cdot n$ Pixel mit m gleich wahrscheinlichen Grauwerten pro Pixel beträgt

$$J = n^2 \cdot \log_2(m) \text{ bit}. \tag{24.5}$$

Digitalisierung eines Bilds bedeutet Darstellung durch Zahlen. Das Bild besteht dann aus einer Matrix mit den Elementen (Zahlen)

$$B(i,j).$$

i ist Zeilennummer eines Pixels und j die Spaltennummer.

Bei der digitalen Bildverarbeitung werden die $B(i,j)$-Werte verschiedenen Rechenoperationen unterzogen, mit dem Ziel, entweder den Bildinhalt für den Betrachter deutlich erkennbar zu machen oder aus dem Bild quantitative Merkmale und Größen zu gewinnen.

Solche Operationen sind: Bildverschiebung für die nachfolgende Addition oder Subtraktion zweier Bilder. Kontrasterhöhung und Kontrastverkleinerung durch Skalierung der Grauwerte. Betonung bestimmter Bildhelligkeits-Bereiche. Summen-(bzw. Integral-)Operationen zur Verminderung von Bildrauschen. Differenzen-(bzw. Differential-)Operationen zur Betonung von Grauwertkanten („Kantenanhebung") im Bild. Ferner die Verarbeitung von Bildsequenzen oder Funktionsbildern: Bildakkumulation und Zeitsubtraktion.

Anmerkung

1. Gleichung 24.1 folgt aus der vereinfachten Herleitung nach Abb. 24.3. Strenger erhält man—bei kreisförmigen Strahlquerschnitten $-\delta$ als Abstand der 1. Nullstellen einer Besselfunktion zu $\delta = 1{,}22 \cdot \lambda / A$. Wenn die Wahrscheinlichkeiten p_i der einzelnen Nachrichten ungleich sind, ergibt sich ein insgesamt kleinerer Informationsgehalt als nach Gleichung 24.5, s. Beispiel 24.1 und Aufgabe 24.2. Die Differenz zwischen dem tatsächlichen und dem maximalen Informationsgehalt heißt Redundanz.

Beispiel 24.1. Mittlerer Informationsgehalt eines Bilds aus 2 Pixel mit 2 Grauwerten ($m = 2$) und gleicher Wahrscheinlichkeit der Grauwerte ($p_1 = p_2 = \frac{1}{2}$).

$$J = -\tfrac{1}{2} \cdot \log_2 \cdot \tfrac{1}{2} - \tfrac{1}{2} \cdot \log_2 \cdot \tfrac{1}{2} = 1 \text{ bit}.$$

Beispiel 24.2. Auflösungsvermögen beim Lichtmikroskop. Die numerische Apertur erreicht Werte von der Größenordnung $A = 1$. Für grünes Licht mit $\lambda = 0{,}5\ \mu$m gibt das $\delta = 0{,}5\ \mu$m. Eine weitere geringfügige Steigerung der Auflösung ist möglich, wenn der Objektraum mit einem Tropfen Immersionsöl (z. B. Zedernholzöl mit $n = 1{,}52$) ausgefüllt wird, wodurch sich die numerische Apertur A entsprechend vergrößert.

Beim Elektronenmikroskop werden Elektronenstrahlen mit sehr kurzer Wellenlänge benutzt, s. Beispiel 16.13. Damit werden Detailauflösungen von $\delta = 0{,}0001\ \mu$m erreicht, was knapp an der Sichtbarkeitsgrenze einzelner Atome (Größe etwa 10^{-10} m) liegt.

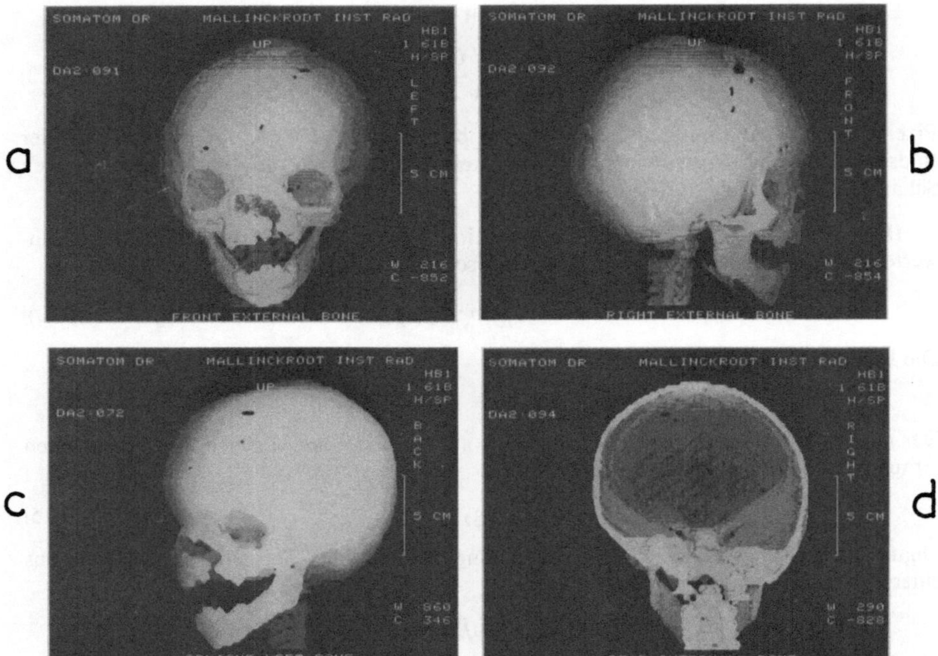

Abb. 24.5. 3D-CT-Oberflächenbild des Schädels eines Säuglings mit vergrößertem Augenabstand (Hypertelorismus), verbreitertem Nasenrücken, einer links paramedian gelegenen Spaltbildung, einer Synostose der rechten Koronarnaht mit einem Harlekin-Syndrom der rechten Orbita und hochgezogenem rechtem Keilbeinflügel. Die Stufung in der oberen Schädelkalotte beruht auf der Verwendung dicker Schichten in diesem Bereich. Die Bilder **a** und **b** zeigen Oberflächendarstellungen des Schädels aus zwei verschiedenen Blickwinkeln, in Bild **c** ohne Schattenfilter und in Teilbild **d** wurden Teile des Scheitelbeins und des Schläfenbeins sowie die Hinterhauptschuppe „rechnerisch entfernt". Aufnahme: M. V. Vannier. Mallinckrodt Institute of Technology, St. Louis, Mo., USA

Beispiel 24.3. Anzahl N der Pixel im Bild einer Kleinbildkamera mit einem Öffnungsverhältnis von $2 \cdot R/f' = 1$ (Abb. 24.3 a).

Nach Gleichung 24.3: mit $G^2 = 24\,\text{mm} \times 36\,\text{mm} = 864\,\text{mm}^2$ und $A = R/b = 1/2$ ist $N = 864\ \text{mm}^2 \cdot (1/2)/0{,}5\,\mu\text{m} = 864 \cdot 10^6$ Pixel.

Beispiel 24.4. Dreidimensionale Oberflächendarstellung. Die schnelle hochauflösende CT-Durchleuchtung ermöglicht eine räumliche Registrierung dreidimensionaler anatomischer Strukturen. Die CT-Schichtbilder kann man durch Interpolation im Rechner in die vertrautere objektbezogene Oberflächendarstellung umsetzen. Dazu werden zunächst im Rechner alle Raumpunkte mit einem für das betreffende Gewebe repräsentativen CT-Dichtewert ausgewählt. Dann werden die Abstände dieser Punkte von einer angenommenen Betrachterebene bestimmt. Diese Abstände werden zur Bemessung der Wiedergabehelligkeit der Bildpunkte benutzt, d. h. deren Helligkeit wird (z. B.) indirekt proportional zum Betrachterabstand gemacht. Modifiziert man diese Darstellung noch mit einem Schattenfilter, der beispielsweise eine Vergrößerung bzw. Verkleinerung der Grauwerte proportional zur örtlichen Neigung (bzw. einem Gradienten) der Oberfläche bewirkt, erhält man einen sehr wirklichkeitsnahen, plastischen Eindruck.

Beispiel 24.5. Herzbinnenraum-Szintigraphie. Ziel der digitalen Bildverarbeitung ist es hier, zur Berechnung der linksventrikulären Auswurffraktion eine möglichst genaue Abgrenzung des linken Ventrikels vom übrigen Herzen zu erhalten. Dies wird grundsätzlich durch Differenzenbildung mit den benachbarten Pixel in Zeilen- und Spaltenrichtung erreicht. Durch diese Differenzenbildung werden Grauwertkanten und Linien hervorgehoben bzw. markanter dargestellt. Die einfache Differenzenbildung zu nur einem benachbarten Pixel ist in der Regel gegenüber den immer vorhandenen Bildstörungen zu anfällig. Bildet

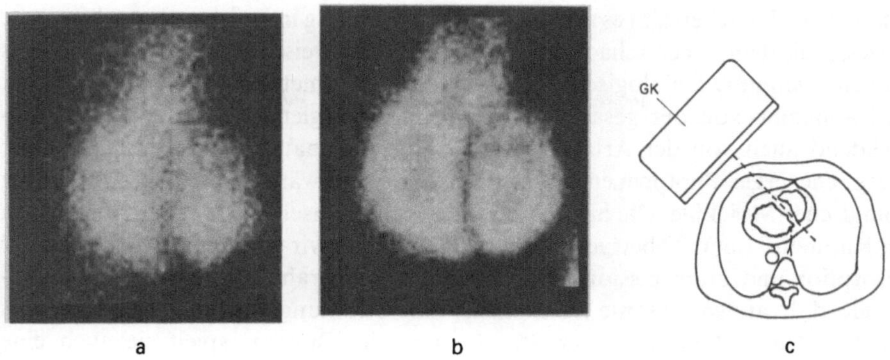

Abb. 24.6. **a** Herz-Szintigramm von vorne in linksschräger Position. **b** Herz-Szintigramm wie in Teilbild **a**, jedoch nach Anwendung des Sobel-Operators; man beachte die hier verschärft auftretende, etwa von oben nach unten verlaufende Trennlinie zwischen linkem und rechtem Herzventrikel. **c** Aufnahmegeometrie; GK = Gammakamera. Aufnahmen: H. Bergmann, Institut für biomedizinische Technik und Physik der Universität Wien

man jedoch die Differenz zu mehreren benachbarten Bildelementen, werden Störungen in einzelnen Pixel ausgeglichen. Darauf beruht der Sobel-Operator. Dieser bildet die Differenz zwischen der jeweils vorhergehenden und folgenden Zeile bzw. Spalte. In Zeilenrichtung hat er die Form:

$$\begin{pmatrix} 1 & 0 & -1 \\ 2 & 0 & -2 \\ 1 & 0 & -1 \end{pmatrix}.$$

Aufgabe 24.1. Wieviele Helligkeitswerte eines Pixels kann 1 Byte beschreiben.

Aufgabe 24.2. Man berechne den mittleren Informationsgehalt eines Bilds aus 2 Pixel mit 2 Grauwerten ($m = 2$) und den Wahrscheinlichkeiten $p_1 = \frac{1}{3}$ und $p_2 = \frac{2}{3}$ für die Grauwerte.

Aufgabe 24.3. Man berechne den maximalen Informationsgehalt eines Bilds einer Kleinbildkamera auf Basis der Daten von Beispiel 24.3 und für 64 Grauwerte (gleicher Wahrscheinlichkeit).

Aufgabe 24.4. Geben Sie einen Operator (für $n = 1$) für die Differentiation eines Bilds in Zeilenrichtung an.

25. Physikalische Optik

Entstehung und Eigenschaften von optischen Bildern sind weitgehend Gegenstand der geometrischen Optik. Zu deren Verständnis genügen im wesentlichen Kenntnisse aus der Geometrie, ergänzt durch einfache optische Gesetze, wie das Reflexionsgesetz und das Brechungsgesetz. Gegenstand der physikalischen Optik sind die Wechselwirkung zwischen Licht und Materie sowie die Lichtausbreitung unter Berücksichtigung der Wellennatur und der Quantennatur des Lichts.

Wechselwirkungen zwischen Materie und Strahlung gehören zu den fundamentalen Prozessen in der Natur. Sämtliches höhere Leben auf der Erde basiert auf Energiezufuhr durch Strahlung, beispielsweise für den Wärmehaushalt der Lebewesen aber auch ganz grundlegend für den Aufbau der für Struktur und Funktion der Zellen notwendigen Moleküle mit Hilfe der Photosynthese. Die Photosynthese ist jedoch nur einer von vielen photochemischen Prozessen, die für Lebensfunktionen wichtig sind. Daneben gibt es aber auch durch Strahlung induzierte photochemische Prozesse, die dem Leben schaden. Hautkrebs beispielsweise wird durch übermäßiges Sonnen erzeugt. Die biologische Wirkung elektromagnetischer Strahlung ist nicht bloß abhängig von der gesamten zugeführten Energiemenge sondern sehr entscheidend auch von der Art der Strahlung oder, genauer ausgedrückt, von der Photonenenergie. Photonenenergien von etwa 8 eV aufwärts reichen zur Ionisierung biologischer Moleküle. Die hier auftretenden physikalischen Prozesse haben wir in den Kapiteln 21 und 22 betrachtet. Nun beschränken wir uns auf Mechanismen der Absorption und Transmission elektromagnetischer Strahlung kleinerer Photonenenergie, d. h. auf sogenannte nichtionisierende Strahlung. Neben der oben bereits angedeuteten Bedeutung dieser Strahlung in der Biologie spielt sie auch eine herausragende Rolle in der Medizin, u. zw. von der Laserchirurgie über die Photomedizin bis hin zur Lichttherapie chronischer Depressionen. Im folgenden werden die physikalischen Eigenschaften von Licht und die Prozesse bei der Wechselwirkung nichtionisierender Strahlung mit Materie erläutert. Kenntnis dieser Prozesse bildet die Voraussetzung für ein Verständnis der Wirkung dieser Strahlung auf lebendes Gewebe.

Licht entsteht beim Übergang von Atomen oder Molekülen von energetisch höheren oder angeregten Zuständen in energetisch niedrigere Zustände, s. Kapitel 17. Die zuvor erforderliche Energiezufuhr kann auf sehr unterschiedliche Weise erfolgen. Bei den thermischen Lichtquellen erfolgt die Energiezufuhr in Form von Wärme; deren Leuchten bezeichnet man als Glühen. Bei den Gasentladungslampen erfolgt die Energiezufuhr durch Stöße in einer Gasentladung; ihr Leuchten ist Lumineszenz bzw. Fluoreszenz. Die Wellenlänge des von Gasentladungen emittierten Lichts wird weitgehend durch die Energieniveaustruktur der Gasatome bestimmt. Hingegen gilt für glühende feste Körper und Gase grundsätzlich das Plancksche Strahlungsgesetz, s. Kapitel 7.2.

Der Mensch hat sich in einer Umwelt entwickelt, deren optische Strahlung vom Sonnenlicht dominiert wird. Sonnenlicht entspricht etwa der Strahlung eines schwarzen Körpers mit einer Temperatur von $T = 6000\,\mathrm{K}$. Die auf die Erde im Mittel treffende Energiestromdichte der Sonnenstrahlung, die sogenannte Solarkonstante, beträgt außerhalb der Atmosphäre etwa $1400\ \mathrm{W \cdot m^{-2}}$, u. zw. entfallen rund 50% auf den infraroten Spektralbereich, etwa 45% auf den sichtbaren und 5% auf den ultravioletten Spektralbereich. Die auf der Erdoberfläche auftreffende Strahlung ist durch Streuung und Absorption in der Atmosphäre erheblich abgeschwächt und beträgt in Mitteleuropa im Jahresdurchschnitt nur etwa $125\ \mathrm{W \cdot m^{-2}}$.

Wegen der unterschiedlich langen Wege des Lichts durch die Atmosphäre variiert besonders der biologisch sehr wirksame UV-Anteil im Licht sowohl mit der geographischen Breite, als auch mit der Jahreszeit und der Tageszeit. Die Abb. 25.2 gibt ein Beispiel für den jahreszeitlichen Verlauf der UV-Anteile A plus B auf der Erde (UV-C erreicht nirgends die Erdoberfläche).

Wegen der geringen Eindringtiefe beschränkt sich die photochemische Wirkung von Licht am menschlichen Körper hauptsächlich auf die Augen und die Haut. Ansonsten verbleibt als Wirkung auf den Körper noch die Wärmewirkung. Diese kann allerdings unter ungünstigen Umständen zum gefährlichen Hitzschlag führen, nämlich dann, wenn der Körper die zugeführte und von ihm selbst produzierte

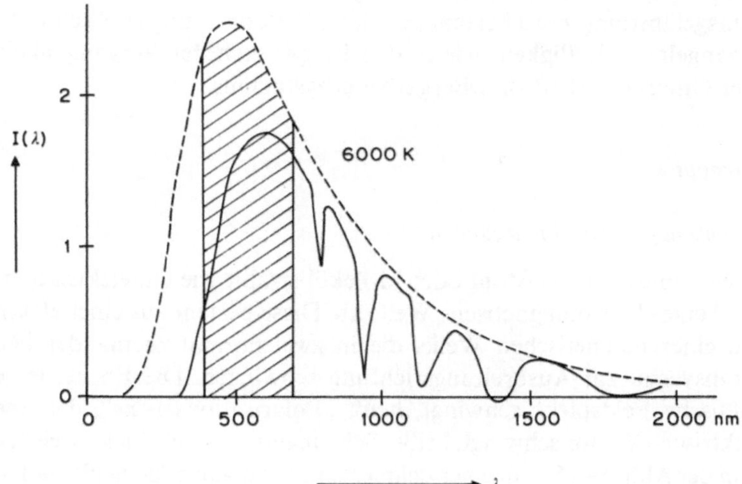

Abb. 25.1. Intensitätsspektrum (kontinuierliches Spektrum) $I(\lambda)$ der Sonnenstrahlung in relativen Einheiten auf der Erdoberfläche. Die gestrichelte Kurve gibt den Verlauf der Intensität für einen schwarzen Strahler bei der Temperatur von $T = 6000$ K nach dem Planckschen Strahlungsgesetz wieder. Schraffiert = Bereich des sichtbaren Lichts

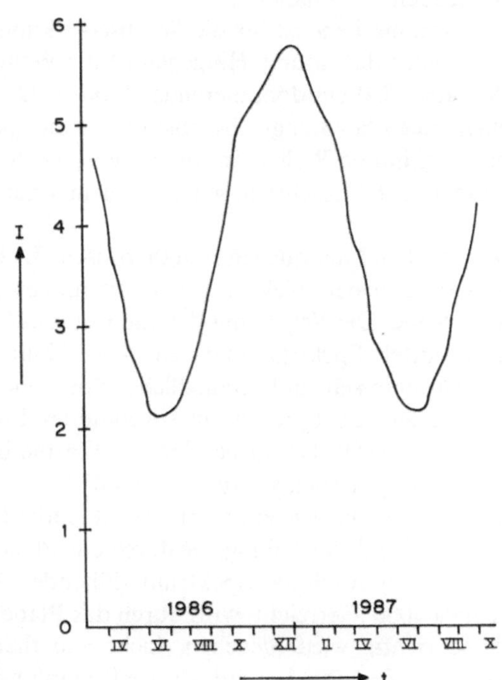

Abb. 25.2. Jahreszeitlicher Verlauf der Intensität I des UV-Anteils im Sonnenlicht in relativen Einheiten für Yallambie/Australien (37,8° südliche Breite). Nach C. R. Roy, in: M. H. Repacholi, 1988

Wärme nicht mehr abführen kann. Mangelnde Bestrahlung führt ebenfalls zu Gesundheitsgefährdung, etwa bei mangelnder UV-Bestrahlung zu Rachitis und, bei generell mangelnder Helligkeit, wie in den Bergwerken der Vergangenheit, nach jahrelanger Untertagearbeit zum Bergarbeiternystagmus.

25.1 Wellenoptik

a) Eigenschaften von Lichtquellen

Ein Licht emittierendes Atom oder Molekül strahlt wie ein elektrischer Dipol (Abb. 14.15) eine elektromagnetische Welle ab. Diese besteht aus einer elektrischen Welle und einer magnetischen Welle, die in zwei normal zueinander liegenden Ebenen transversal zur Ausbreitungsrichtung schwingen. Die Ebene, in welcher die magnetische Feldstärke schwingt, heißt „Polarisationsebene", die Ebene, in der der elektrische Vektor schwingt, heißt „Schwingungsebene". Licht, welches—wie die Welle in der Abb. 14.15 —in einer definierten Ebene schwingt, heißt „polarisiert". Da in leuchtenden Gasen keine Vorzugsorientierung der emittierenden Atome oder Moleküle vorliegt, ist das aus solchen Lichtquellen stammende Licht „unpolarisiert", seine Polarisationsebene nimmt alle möglichen Richtungen an. Hingegen ist Licht von glühenden Festkörpern und Flüssigkeiten teilweise polarisiert. Linear polarisierte Wellen unterschiedlicher Polarisationsrichtungen können durch Überlagerung noch weitere Polarisationszustände, wie elliptische und zirkulare Polarisation, bilden. Darauf gehen wir hier jedoch nicht näher ein.

Die Lage der Polarisationsebene ist für die Wechselwirkung mit Materie und Gewebe von untergeordneter Bedeutung. Hingegen ist die Wellenlänge neben der Leistungsdichte (s. Kapitel 27.4) ein dominierender Faktor. Da viele Stoffe Licht bei bestimmten Wellenlängen bevorzugt absorbieren, ist die spektrale Intensität, also die Intensität bei bestimmten Wellenlängen, das entscheidende Kriterium bei der Beurteilung von Licht auch hinsichtlich seiner medizinischen und biologischen Wirkungen.

Die wichtigsten künstlichen Lichtquellen sind thermische Lichtquellen, Gasentladungslampen und Laser. Daneben spielen noch Glimmlampen und Leuchtdioden für Anzeigezwecke eine Rolle. Die Verteilung der Intensität auf die verschiedenen Wellenlängen läßt sich mittels Spektralapparaten (Abb. 7.7 und 17.1) feststellen. Je nach Lichtquelle erhält man sehr unterschiedliche „Spektren", nämlich bei den auf Lumineszenz beruhenden Lichtquellen ein sogenanntes Linienspektrum mit diskreten Wellenlängen (s. Abb. 17.1) und bei den auf Wärme beruhenden Lichtquellen ein kontinuierliches Spektrum, s. Abb. 7.9 und 25.1.

Das von *thermischen Lichtquellen* emittierte Licht enthält im Idealfall des schwarzen Strahlers eine spektrale Verteilung, die durch das Plancksche Strahlungsgesetz gegeben ist (s. Abb. 7.9). Auch das Spektrum glühender Wolframdrähte (in Glühlampen werden etwa 4000 K erreicht) wird durch das Plancksche Strahlungsgesetz noch weitgehend richtig wiedergegeben. Licht von thermischen Quellen mit einer Temperatur von $T = 6000$ K wird als weiß empfunden. Da sich entsprechend dem Wienschen Verschiebungsgesetz (Gleichung 7.18) die dominierende Wellenlänge bei niedrigeren Temperaturen vergrößert, wird Licht aus Wolfram-Glühlampen vergleichsweise gelblich empfunden.

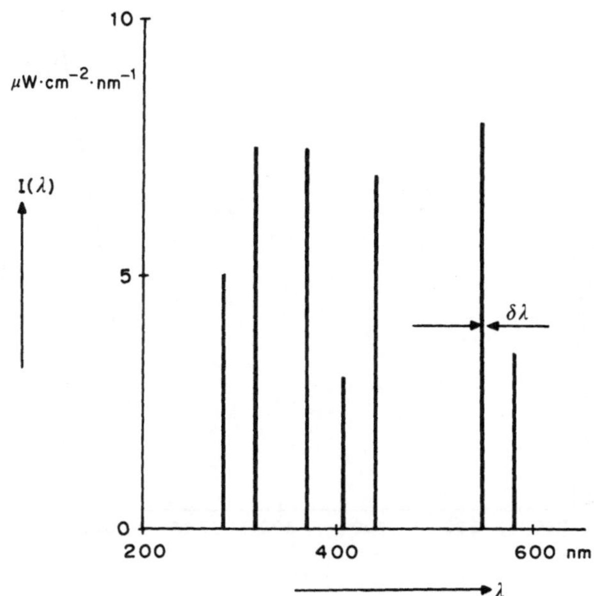

Abb. 25.3. Linienspektrum einer Quecksilberdampf-Niederdruck-Spektrallampe. Die Linienbreite $\delta\lambda$ beträgt etwa 0,01 nm und ist schmäler als die Linienstärke in der Abbildung

Licht aus Gasentladungen enthält die den betreffenden Übergängen der Gasatome entsprechenden Wellenlängen (Gleichung 17.4). Je nach Gasfüllung erhält man entsprechend farbige Lichtquellen, wie sie in der Reklametechnik benutzt werden. UV-Licht für Sterilisierungszwecke, beispielsweise mit $\lambda = 254$ nm, erhält man aus Hg-Lampen; die längerwelligen Anteile werden mit Hilfe von Absorptionsfiltern entfernt. Für Beleuchtungszwecke beschichtet man die Oberfläche der mit Quecksilberdampf arbeitenden Leuchtstofflampen („Leuchtröhren") mit sogenannten Leuchtstoffen. Dabei handelt es sich um Stoffe bzw. Stoffgemische (Zinksulfid, Halogen-Phosphate und Silikate), die die aus der Gasentladung stammende, UV enthaltende Strahlung (s. Abb. 17.15) teilweise absorbieren und Lumineszenzstrahlung anderer Wellenlänge emittieren. So erhält man Licht mit einer für das Auge angenehmen spektralen Zusammensetzung für Beleuchtungszwecke oder spezielle Spektralverteilungen, etwa für optimalen Pflanzenwuchs oder UVA-Strahlung für Solarien.

Sehr hohe Lichtleistungen erreicht man mit Gasentladungs-Hochdrucklampen, beispielsweise mit Hg oder Xe gefüllt. In diesen Lampen „brennt", nach Zündung der Entladung mittels eines Spannungsimpulses von einigen kV, eine Gasentladung bei sehr hoher Temperatur (= „Lichtbogen"); der Betriebsbereich entspricht dem Abschnitt f im Graphen der Abb. 19.5. Wegen der hohen Temperaturen enthält das Spektrum dieser Lampen neben charakteristischen Spektrallinien einen kontinuierlichen Anteil entsprechend dem thermischer Lichtquellen. Abbildung 25.5 gibt Spektren einiger solcher Lampenarten wieder.

Auf die auch in der Medizin außerordentlich wichtigen Laserlichtquellen wird im Kapitel 26 eingegangen.

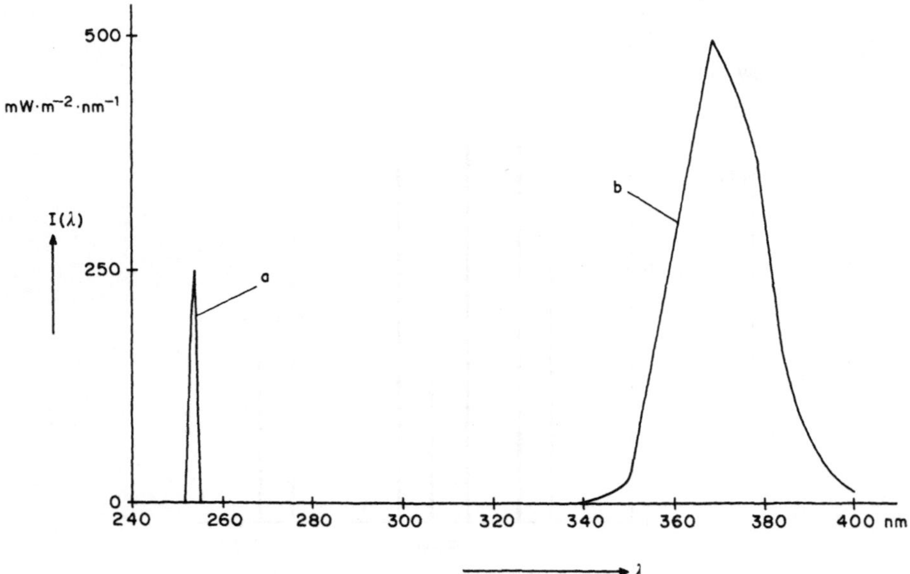

Abb. 25.4. Spektren einer Sterilisierungslampe **a** und einer UV-A-Solarienlampe **b**. Auf der Ordinate ist die spektrale Intensität $I(\lambda)$ aufgetragen

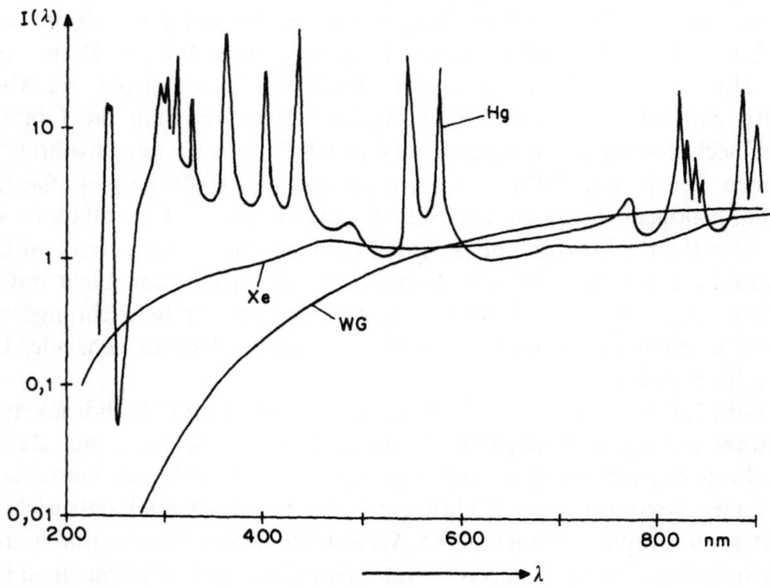

Abb. 25.5. Spektren zweier Hochdrucklampen (Hg = Quecksilberlampe 200 W; Xe = Xenonlampe 200 W) und einer Halogen-Wolfram-Glühlampe (WG; 100 W). Die angegebenen Watt-Zahlen sind die elektrischen Leistungen. Die spektralen Intensitäten $I(\lambda)$ sind in relativer Größe angegeben

Eine monochromatische Lichtquelle, die im Zeitintervall Δt insgesamt ΔN Photonen (Energie $h \cdot \nu$) emittiert, strahlt mit einer Strahlungsleistung von $P = \Delta N \cdot h \cdot \nu / \Delta t$. Bei polychromatischen Lichtquellen ist die Strahlungsleistung die Summe (Integral) der spektralen Strahlungsleistungen aller Wellenlängen. Die Strahlungsintensität I ist die Strahlungsleistung P, bezogen auf die Querschnittfläche A des Lichtbündels.

Bei punktförmigen Lichtquellen (PQ in Abb. 25.6), die ihr Licht divergent abstrahlen, nimmt die Intensität I aus geometrischen Gründen indirekt proportional zum Quadrat des Abstands R ab:

$$I = \frac{P}{\Omega_Q \cdot R^2},$$

mit Ω_Q = Raumwinkel des abgestrahlten Lichts. Eine Lichtquelle ist dann als punktförmig anzusehen, wenn ihre Größe bei Abbildung nicht mehr aufgelöst, d. h. die Größe ihres Bilds allein durch Beugung bestimmt wird. Punktförmige Lichtquellen sind mit sehr guter Näherung fokussierte Laserstrahlungs-Moden oder sehr weit entfernte Lichtquellen, wie Sterne. Alle konventionellen Lichtquellen, wie leuchtende Gase und glühende Festkörper, stellen ausgedehnte Lichtquellen dar.

Die Leistungsfähigkeit ausgedehnter Lichtquellen wird durch die sogenannte Strahldichte J definiert:

$$J = \frac{1}{A_Q} \cdot \frac{dP}{d\Omega_Q}.$$

Ω_Q ist der Raumwinkel, in welchen die Lichtquelle die Strahlungsenergie abstrahlt. A_Q ist die Fläche der Lichtquelle, normal zur Strahlrichtung gemessen.

Im Abstand R trifft der Energiestrom

$$J \cdot A_Q \cdot \Omega_Q$$

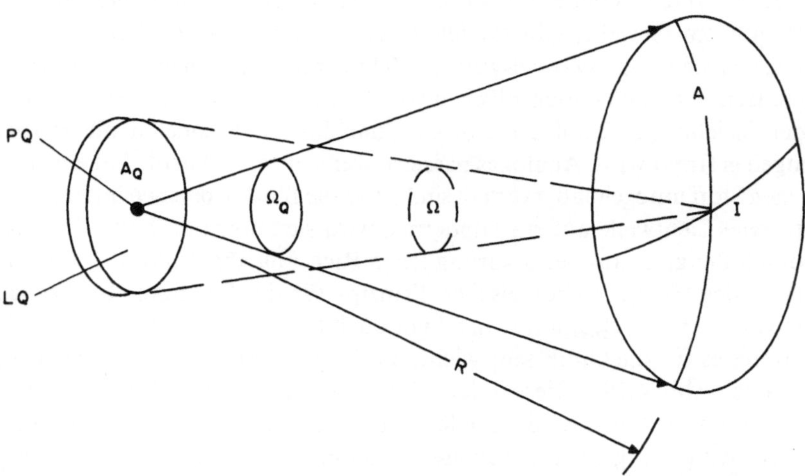

Abb. 25.6. Die Strahlungsintensität I im Abstand R von einer punktförmigen Lichtquelle PQ ist $P/(R^2 \cdot \Omega_Q)$, im Falle einer ausgedehnten Lichtquelle LQ mit der Strahldichte J ist die Intensität $I = J \cdot \Omega$

auf eine Fläche A. Dort ist demnach die Lichtintensität

$$I = \frac{J A_Q \cdot \Omega_Q}{A} = \frac{J \cdot A_Q \cdot \Omega_Q}{R^2 \cdot \Omega_Q} = \frac{J \cdot A_Q}{R^2} = J \cdot \Omega.$$

Eine ausgedehnte Lichtquelle erzeugt somit eine Lichtintensität, die ebenfalls indirekt proportional zum Quadrat des Abstands R ist (oder proportional zu dem Raumwinkel Ω, unter dem die Lichtquelle von der bestrahlten Fläche aus erscheint) und proportional zur Strahldichte J der Lichtquelle; s. auch Abb. 7.9.

b) Dispersion, Lichtbeugung und -streuung

Die Ausbreitung von Licht in einem Medium ist ein komplexer Vorgang. Die einfallende elektromagnetische Welle induziert in den Molekülen des Stoffs Hertzsche Dipole, die ihrerseits elektromagnetische Wellen abstrahlen. Die Welle im Medium setzt sich dann zusammen aus der einfallenden Welle plus den von den Moleküldipolen abgestrahlten Wellen. Wir belassen es hier bei dieser etwas oberflächlichen Feststellung. Jedenfalls wird daraus klar, daß die Ausbreitung einer Lichtwelle in einem Medium sehr wesentlich von den Eigenschaften der betreffenden Moleküle mitbestimmt wird. Eine Konsequenz hiervon ist, daß die Ausbreitungsgeschwindigkeit einer Lichtwelle in dem Stoff einen anderen Wert hat als im Vakuum, u. zw. abhängig von der Frequenz bzw. Wellenlänge. Dies ist das Phänomen der *Dispersion.* In Frequenzbereichen, wo ein Stoff transparent ist, liegt die sogenannte normale Dispersion vor, bei welcher die Brechzahl mit zunehmender Frequenz der Lichtwelle größer wird. Entgegengesetztes Verhalten, nämlich die sogenannte anomale Dispersion, ist bei Frequenzen anzutreffen, bei welchen der Stoff das Licht absorbiert.

In homogen aufgebauten Stoffen, wo die Moleküle den Raum regelmäßig ausfüllen, erfolgt eine—abgesehen von der Lichtbrechung an der Eintrittstelle—weitgehend ungestörte Ausbreitung des Lichts. Das läßt sich mit dem Huygens-Fresnelschen Prinzip analog zur Abb. 4.15 verstehen. In inhomogenen Stoffen, wie biologischem Gewebe, gibt es viele Grenzflächen zwischen Bereichen unterschiedlicher Brechzahlen. Beispielsweise an Zellmembranen, Bindegewebsfasern oder Organgrenzen. An allen diesen Flächen tritt Lichtbrechung nach dem Brechungsgesetz der Gleichung 23.2 auf. Die Folge ist, daß das Licht schnell in alle möglichen Richtungen gestreut wird. Analoges passiert, wenn einzelne Partikel in einem sonst homogenen Stoff unregelmäßig verteilt sind, etwa die Blutkörperchen im Blutplasma.

Trifft eine Lichtwelle auf ein Hindernis, wird sie aufgrund ihrer Welleneigenschaft durch Beugung aus der ursprünglichen Richtung abgelenkt. Der im Kapitel 4 mit Hilfe des Huygens-Fresnelschen Prinzips für die Beugung von Wellen an Öffnungen berechnete Beugungswinkel gilt auch für Hindernisse, s. Abb. 25.7.

Ein weiteres für die Optik sehr wichtiges Beugungsphänomen ist die Beugung am Gitter (s. Abb. 4.19). Diese bildet die Basis für wichtige Spektralapparate, wobei sich dann das Gitter an der Stelle des Prismas (Abb. 17.1) befindet. Beugung wird durch Begrenzung des Lichtbündels und durch Hindernisse im Strahlengang hervorgerufen. Trifft Licht auf Partikel mit Abmessungen in der Größenordnung der Wellenlänge oder kleiner, tritt Lichtstreuung auf: Tyndalleffekt (J. Tyndall,

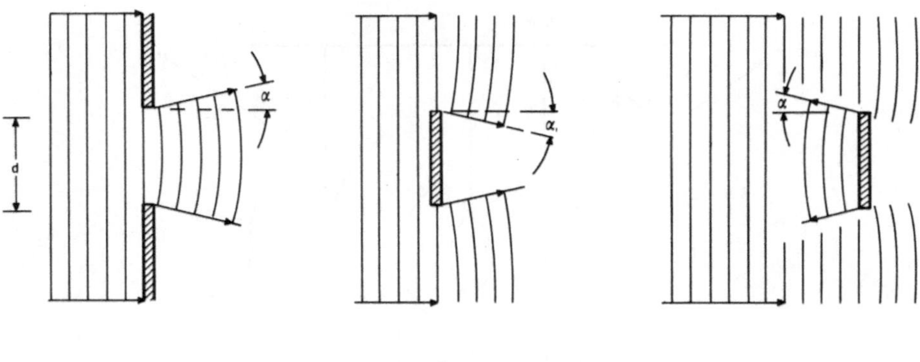

Abb. 25.7. Beugung; **a** an einer Öffnung, **b** und **c** an einem Hindernis. $\sin \alpha = \lambda/d$

1969). Die Teilchen wirken ihrerseits als Strahlungsquellen, weil die eintreffende elektromagnetische Welle elektrische Ladungen periodisch beschleunigt und so in ihnen Hertzsche Dipole induziert.

Streuteilchen, die sehr viel kleiner als die Wellenlänge sind, kommen Hertzschen Dipolen sehr nahe, sie strahlen hauptsächlich normal zur Schwingungsrichtung des in ihnen induzierten elektrischen Dipols, u. zw. mit gleicher Intensität nach vorwärts und rückwärts in bezug auf die Richtung des primär eintreffenden Lichts. Ihre Streucharakteristik zeigt also je ein Maximum nach vorne und nach rückwärts. Mit zunehmender Größe der Streuteilchen wird zunehmend mehr Licht nach vorne, also in Richtung der Primärstrahlung abgestrahlt.

Eine analoge Streuung von Licht erfolgt an allen rauhen Oberflächen, deren Struktur man sich aus lauter kleinen Streuzentren zusammengesetzt denken kann. Lichtstreuung spielt deshalb auch eine hervorragende Rolle im Alltag; wir können übrigens die meisten Gegenstände in unserer Umwelt nur aufgrund des an ihrer Oberfläche gestreuten Lichts bzw. des Lichts, das aus den äußersten Schichten zurück gestreut wird, erkennen. Ohne Lichtstreuung wären wir weitgehend „blind".

Eine einfache Überlegung führt zum richtigen Gesetz für die Wellenlängenabhängigkeit der Lichtstreuung: Die von einem elektrischen Dipol erzeugte elektrische Feldstärke ist proportional zu seinem Dipolmoment, d. h. zu dem Produkt aus Ladung Q mal Abstand d, s. Aufgabe 11.4. Bei dem Hertzschen Dipol in Abb. 25.8 ändert sich das Dipolmoment offenbar mit der Frequenz der eintreffenden Welle: $Q \cdot d \cdot \sin(\omega \cdot t)$ (= Ladung mal momentaner Abstand). Diesem schwingenden Dipol entspricht ein schwingender Strom (= Ladung Q mal Geschwindigkeit) $I = Q \cdot d \cdot \omega \cdot \cos(\omega \cdot t)$. Nach dem Faradayschen Induktionsgesetz ist die von einem Strom induzierte elektrische Spannung (bzw. Feldstärke) proportional zu (s. Gleichung 13.8)

$$E \propto dI/dt = -Q \cdot d \cdot \omega^2 \cdot \sin(\omega \cdot t).$$

Da die Lichtintensität eine Energiestromdichte ist und deshalb proportional zum Quadrat der induzierten elektrischen Feldstärke sein muß (s. Gleichung 14.15), ist schließlich die Intensität im Streulicht proportional zu ω^4, bzw. mit Gleichung

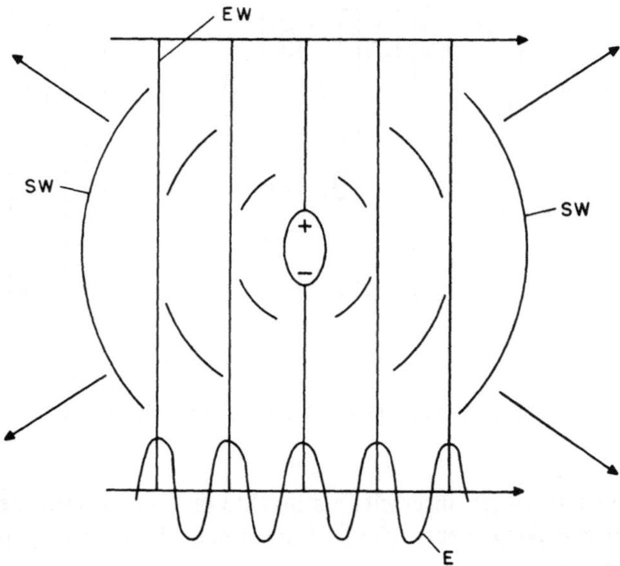

Abb. 25.8. Streuung von Licht an einem kleinen Teilchen. Als Schwingungsebene ist hier die Zeichenebene angenommen worden. Der Hertzsche Dipol strahlt hauptsächlich normal zu seiner Schwingungsrichtung, vgl. Abb. 14.15. *EW* = eintreffende Welle; *SW* = gestreute Welle

4.11 proportional zu $1/\lambda^4$; dies ist das Rayleighsche Gesetz für die Intensität des Streulichts. Es besagt, daß kurzwelliges Licht sehr viel stärker gestreut wird als langwelliges. Dieser Zusammenhang liefert u. a. eine zwanglose Erklärung des Himmelsblaus und der roten Farbe von Morgen- und Abendsonne.

c) Polarisation und Doppelbrechung von Licht

In manchen Stoffen ist die Brechzahl abhängig von der Schwingungsrichtung der Feldstärken der elektromagnetischen Welle. Beispielsweise in Stoffen, deren Moleküle nicht isotrop, also beispielsweise nicht nach allen Richtungen gleich groß sind. Wenn diese Moleküle alle dieselbe Orientierung im Raum haben, wie das bei Kristallen der Fall ist, gibt es zwei verschiedene Brechzahlen für Licht, abhängig von der Lage der Polarisationsebene bezüglich des Kristalls: Doppelbrechung. Entdeckt hat die Doppelbrechung des Lichts E. Bartholinus im Jahre 1669 an isländischem Kalkspat ($CaCO_3$). Doppelbrechung tritt auch auf, wenn auf normalerweise isotrope Stoffe mechanische Spannungen oder elektrische und magnetische Felder einwirken. Schließlich gibt es Doppelbrechung auch bei den sogenannten flüssigen Kristallen. Dazu zählen verschiedene organische Stoffe mit langgestreckten Molekülen, die auch im flüssigen Zustand eine geordnete Ausrichtung besitzen. (Man spricht daher auch von einem Zwischenzustand, einer Mesophase, zwischen der festen Phase der Kristalle und der flüssigen Phase. Dieser flüssig-kristalline Zustand der Mesophase spielt bei den modernen Flüssigkristall-Anzeigen eine wichtige Rolle. Dort nutzt man die Beeinflußbarkeit der optischen Eigenschaften des Flüssigkristalls durch ein elektrisches Feld aus, s. Beispiel 25.6.)

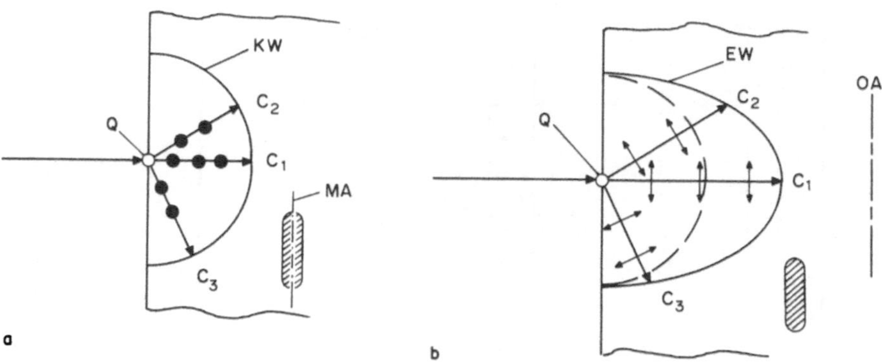

Abb. 25.9. Doppelbrechung durch Vorzugsorientierung langgestreckter Moleküle (schraffiert angedeutet). Dargestellt ist die von einem in Q eintreffenden Lichtstrahl erzeugte Huygens-Fresnelsche Elementarwelle. Eine normal zur Zeichenebene schwingende Welle (Teilbild **a**) ist durch Punkte, eine in der Zeichenebene schwingende Welle (Teilbild **b**) ist durch kleine Doppelpfeile gekennzeichnet. Die Richtung verschiedener Strahlen ist durch C_1, C_2 etc. gekennzeichnet. KW = Huygens-Fresnelsche Kugelwelle des ordentlichen Strahls, EW = Ellipsoidwelle des außerordentlichen Strahls. OA = optische Achse; MA = Molekülachse

Nehmen wir z. B. an, daß die Doppelbrechung durch eine Parallelorientierung langgestreckter Moleküle zustande kommt, s. Abb. 25.9. Licht mit einer Schwingungsebene parallel zur Richtung der Molekülachsen hat dann die größte Ausbreitungsgeschwindigkeit und Licht, das normal hierzu schwingt, die kleinste. Wie man aus der Abb. 25.9 ablesen kann, wird eine Lichtwelle, deren Schwingungsebene normal zur Zeichenebene liegt, unabhängig von ihrer Richtung C_1, C_2 etc. immer normal zur Molekülachse schwingen (Teilbild a). Ihre Ausbreitungsgeschwindigkeit wird also richtungsunabhängig sein, wie im Normalfall; ein so polarisierter Lichtstrahl heißt daher „ordentlicher Strahl". Hingegen ändert sich für eine in der Zeichenebene schwingende Welle die Schwingungsrichtung bezüglich der Molekülachsen auch in Abhängigkeit von der Strahlrichtung. Beispielsweise schwingt diese Welle, wenn sie sich in Richtung C_1 ausbreitet, parallel zur Molekülachse, wenn sie sich hingegen in Richtung C_3 ausbreitet, fast normal zur Molekülachse (Teilbild b). Entsprechend ändert sich die Ausbreitungsgeschwindigkeit hier auch in Abhängigkeit von der Richtung des Lichtstrahls. Beim ordentlichen Strahl ergibt sich als Huygens-Fresnelsche Elementarwelle daher eine Kugelwelle, beim außerordentlichen jedoch eine Ellipsoidwelle.

Die Richtung, in welcher keine Unterschiede für Wellen unterschiedlicher Schwingungsrichtungen bestehen, ist die Richtung der sogenannten „optischen Achse" (genau genommen also eine Richtung und keine Achse). Im Beispiel der Abb. 25.9 ist dies die Richtung der Molekülachse.

Je nach Lage der optischen Achse und der Richtung eines eintreffenden Lichtstrahls ergeben sich unterschiedliche Brechungswinkel für den ordentlichen und den außerordentlichen Strahl. Wenn die Oberfläche nicht parallel (oder normal) zur optischen Achse verläuft, erfährt der außerordentliche Strahl auch bei Einfallswinkel Null eine Brechung: er gehorcht also nicht dem Snelliusschen Brechungsgesetz, s. Abb. 25.10 b.

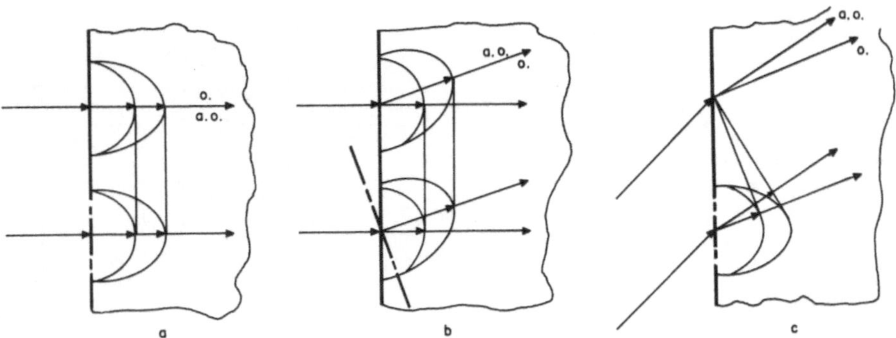

Abb. 25.10. Doppelbrechung bei unterschiedlicher Orientierung der optischen Achse (= strichpunktierte Linie). Die gebrochene Welle erhält man als Einhüllende der Huygens-Fresnelschen Elementarwellen. **a** Ordentlicher (o.) und außerordentlicher (a. o.) Strahl bleiben ungebrochen. **b** Der ordentliche Strahl bleibt ungebrochen, der außerordentliche wird trotz Einfallswinkels Null gebrochen. **c** Beide Strahlen werden gebrochen

Dichroismus. Bei manchen Stoffen ist neben dem Brechungsindex auch das Absorptionsvermögen von der Schwingungsrichtung abhängig. Dazu zählt beispielsweise Turmalin. Eine Kristallplatte aus Turmalin, deren Oberfläche parallel zur optischen Achse liegt, absorbiert bereits bei Dicken von 1 mm den ordentlichen Strahl fast vollständig. Das von einem solchen Polarisator durchgelassene Licht ist dann linear polarisiert, es schwingt nur in einer Ebene. Stellt man zwei Polarisatoren in paralleler Orientierung hintereinander auf, lassen sie maximal Licht durch, gekreuzte Polarisatoren hingegen blockieren vollständig.

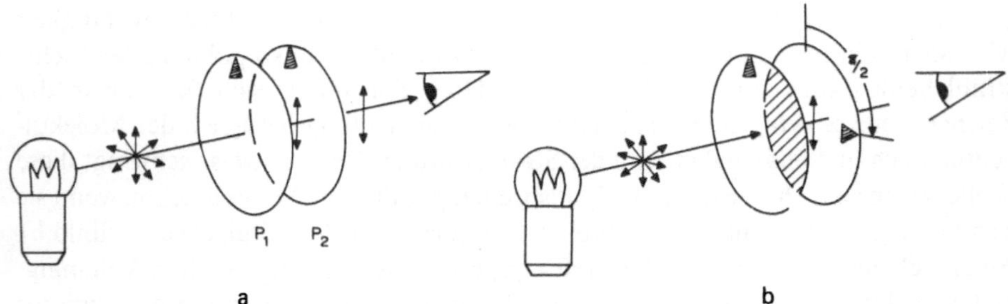

Abb. 25.11. a Parallel orientierte und **b** gekreuzte Polarisatoren. Hinter P_1 ist das Licht linear polarisiert. Dreht man P_2 gegenüber P_1 um $\pi/2$, wird auch diese Komponente absorbiert (**b**)

Meist werden Polarisatoren aus hochpolymeren Kunststoffolien hergestellt, deren Kettenmoleküle durch mechanisches Dehnen ausgerichtet werden, wodurch sie doppelbrechend werden. Diese Folien werden mit einem dichroitischen Farbstoff gefärbt, wodurch die beiden Polarisationsrichtungen unterschiedlich stark absorbiert werden.

Auch Reflexion führt zu Polarisation. Dieses Phänomen wurde 1808 von E. L. Malus entdeckt. D. Brewster hat 1813 gezeigt, daß für maximale Polarisation gebrochener und reflektierter Strahl normal aufeinander stehen. Dies läßt sich aufgrund der Strahlungscharakteristik der im Stoff induzierten elektrischen Dipole verstehen. Wenn gebrochener und reflektierter Strahl aufeinander normal stehen, bedeutet das auch, daß die im Stoff induzierten Dipole in einer Ebene schwingen, die parallel zur Richtung des reflektierten Strahls liegt. Die elektrische Feldstärke des reflektierten Strahls kann daher auch nur in dieser Ebene schwingen, d. h. er ist linear polarisiert, s. Abb. 25.12.

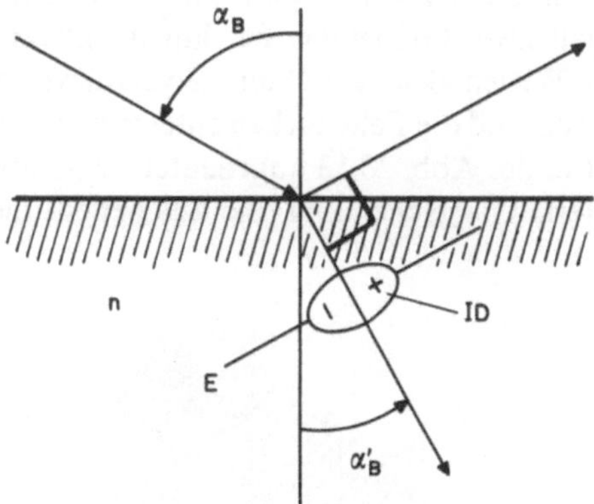

Abb. 25.12. Polarisation durch Reflexion. Die im Stoff induzierten Dipole *ID* schwingen in einer Ebene (*E*) normal zur Strahlrichtung in dem Stoff. In Richtung des reflektierten Strahls kann ebenfalls nur eine Welle abgestrahlt werden, die in dieser Ebene schwingt (d. h. normal zur Zeichnungsebene)

Aus dem Brechungsgesetz folgt dann:

$$\sin \alpha_B = n \cdot \sin \alpha'_B$$

oder mit $\sin \alpha'_B = \cos \alpha_B$ auch

$$\tan \alpha_B = n,$$

das Brewstersche Gesetz: Licht, welches unter dem Winkel α_B reflektiert wird, ist linear polarisiert (dies macht man sich—beispielsweise in der Photographie—zur Elimination störender Lichtreflexe zunutze).

Optische Aktivität. In Richtung der optischen Achse erfolgt die Lichtausbreitung in Kristallen normalerweise wie in einem isotropen Stoff. Bei Quarz jedoch beobachtet man ein weiteres Phänomen: es kommt zu einer Drehung der Schwingungsebene des Lichts im (rechtsdrehend) oder gegen den (linksdrehend) Uhrzeigersinn (wenn man gegen den Strahl blickt). Dieses Drehvermögen findet sich noch bei anderen Kristallen, in kristallinem Zucker sowie bei verschiedenen Flüssigkeiten, beispielsweise bei Zuckerlösungen, Terpentin und Weinsäure. Meist gibt es sowohl eine rechtsdrehende als auch eine linksdrehende Modifikation des betreffenden Stoffs, wobei deren biochemische Eigenschaften u. U. erhebliche Unterschiede zeigen können.

Da die Größe des Drehwinkels in Zuckerlösungen proportional zur Zuckerkonzentration ist, hat man dessen Messung früher in der klinischen Chemie u. a. zum Zuckernachweis im Harn benutzt: Polarimetrie. Heute wird diese Methode noch von Weinbauern zur Bestimmung des Zuckergehalts der Weintrauben eingesetzt.

d) Interferenz und Kohärenz

Zwei zueinander parallel polarisierte Wellen gleicher Frequenz bzw. Wellenlänge interferieren, d. h. ihre Feldstärken summieren sich so, daß eine charakteristische Interferenzerscheinung entsteht. Zwischen solchen Wellen besteht Kohärenz. Dabei gibt es wie beim Schall zwei Grenzfälle: bei konstruktiver Interferenz sind die Feldstärken der beiden Wellen gleichgerichtet, sie verstärken einander; bei destruktiver Interferenz hingegen sind die Feldstärken entgegengesetzt gerichtet, sie schwächen einander. Das ist in der Abb. 25.13 angedeutet. Dort überlagern zwei Wellen und erzeugen eine Interferenzerscheinung, die aus hellen und dunklen Zonen im Raum besteht.

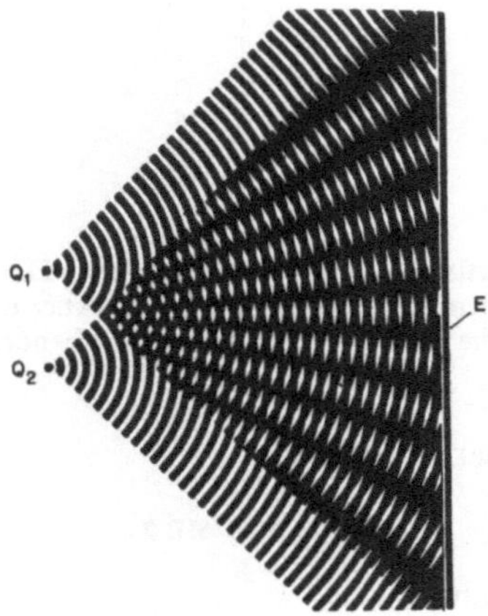

Abb. 25.13. Interferenz zweier Lichtwellen aus den Quellen Q_1 und Q_2. In einer Ebene (E) normal zur Bildebene beobachtet man ein Streifenmuster wie in Abb. 16.23

Optische Interferenz ist die Basis für viele wichtige Längenmeßverfahren. Das läßt sich am Michelson-Interferometer am leichtesten verstehen, s. Abb. 23.3. Je nach Phasenlage der beiden Teilwellen W_1 und W_2 kommt es zu destruktiver (in der Abb. 23.3 am Interferometerausgang angedeutet) oder konstruktiver Interferenz. Verschiebt man nun einen der beiden Umlenkspiegel (U_1 oder U_2) um $\lambda/4$ in Strahlrichtung, ändert sich die Interferenzerscheinung von destruktiv auf konstruktiv oder umgekehrt, weil sich dadurch die eine Welle gegenüber der anderen am Interferometerausgang um $\lambda/2$ verschiebt. Die Folge ist eine der Spiegelverschiebung entsprechende Anzahl N von Hell-Dunkel-Wechsel am Interferometerausgang, u. zw. gibt es bei einer Spiegelverschiebung um die Strecke D

$$N = \frac{D}{\lambda/2}$$

Hell-Dunkel-Wechsel, d. h. $D = N \cdot \lambda/2$.

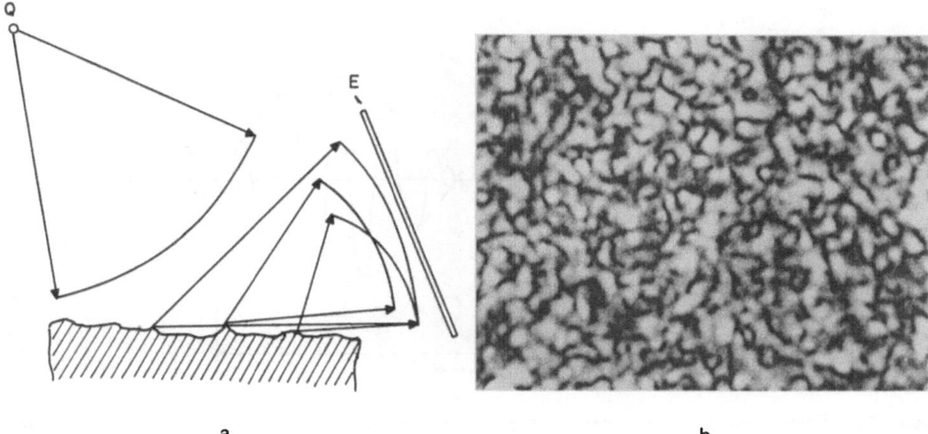

Abb. 25.14. **a** Entstehung von Speckle in der Ebene E durch Reflexion kohärenten Lichts einer Lichtquelle Q an einer rauhen Oberfläche. **b** Speckle

Beleuchtet man eine rauhe Oberfläche mit kohärentem Licht, werden von den einzelnen Streuzentren einzelne Wellen mit untereinander zufälligen Phasendifferenzen reflektiert. Es entsteht ein zufälliges Interferenzmuster, welches als Speckle (= Flecken) bezeichnet wird. Speckle lassen sich besonders gut mit Hilfe monochromatischen Laserlichts beobachten. Verwendet man polychromatisches Licht von ausgedehnten Lichtquellen, erhält man eine Vielzahl verschiedener Speckle gleichzeitig, die sich überlagern und mehr oder weniger ausmitteln. Solches Licht ist inkohärent.

Schwebung. Interferieren zwei Wellen mit unterschiedlichen Frequenzen ω_1 und ω_2, dann kommt es zur Schwebungserscheinung: die Summe der beiden Wellen schwingt periodisch mit der Schwebungsfrequenz. Wir können die Lichtwelle wie die Schallwelle im Kapitel 4 durch eine harmonische Funktion beschreiben; sie hat dann die Form:

$$E = a \cdot \cos(\omega \cdot t - k \cdot x),$$

mit der Wellenzahl $k = 2 \cdot \pi / \lambda$. Die Summe zweier (es genügt die elektrische Welle E allein zu betrachten, weil die magnetische Welle dieselbe Frequenz besitzt) solcher Lichtwellen mit den Frequenzen ω_1 und ω_2 ist unter Benutzung der Additionstheoreme der trigonometrischen Funktionen (der Einfachheit halber wählen wir den Ort $x = 0$):

$$\begin{aligned} E_1 + E_2 &= a \cdot \cos(\omega_1 \cdot t) + a \cdot \cos(\omega_2 \cdot t) \\ &= \underbrace{2 \cdot a \cdot \cos((\omega_1 - \omega_2) \cdot t/2)}_{\text{Amplitude}} \cdot \cos((\omega_1 + \omega_2) \cdot t/2). \end{aligned}$$

Das ist eine neue Welle, deren Frequenz gleich der mittleren Frequenz der Einzelwellen ist und deren Amplitude mit der Differenzfrequenz $(\omega_1 - \omega_2)/2$, der Schwebungsfrequenz, moduliert ist. Solche Schwebungserscheinungen treten in jedem Lichtbündel auf, welches Licht mehrerer Wellenlängen enthält, s. z. B. Abb. 26.11.

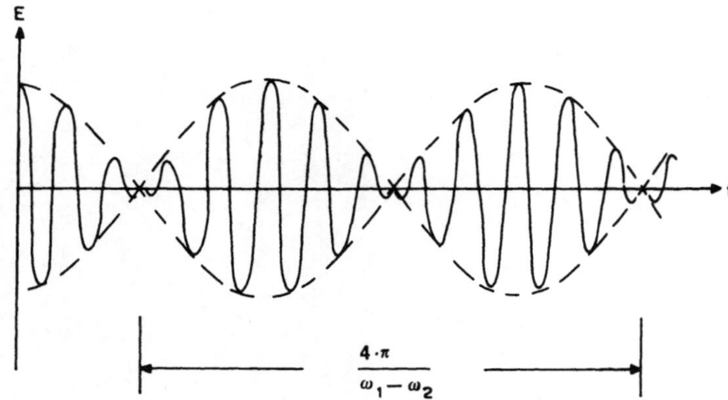

Abb. 25.15. Schwebung. Die Überlagerung zweier Wellen mit den Frequenzen ω_1 und ω_2 ergibt eine Welle, deren Amplitude mit der halben Differenzfrequenz moduliert ist

e) Doppler-Effekt von Licht

Erfolgt Lichtstreuung an bewegten Strukturen, führt dies zum Doppler-Effekt. Während in der Akustik die Relativgeschwindigkeit von Quelle und Empfänger bezüglich des Schalleiters maßgeblich war, läßt sich in der Optik eine solche Geschwindigkeit nicht angeben (es gibt keinen Äther). Es kommt hier nur auf die Relativgeschwindigkeit v von Sender und Empfänger relativ zueinander an. Die Einsteinsche Relativitätstheorie bzw. die Lorentzschen Transformationen geben für die Frequenzänderung $\Delta\nu$ folgenden Ausdruck:

$$\Delta\nu = \nu\cdot\frac{1 \pm \dfrac{v}{c}}{\sqrt{1-\left(\dfrac{v}{c}\right)^2}} - \nu = \pm\,\nu\cdot\frac{v}{c} \quad \text{für} \quad v \ll c.$$

Das positive Vorzeichen gilt für den Fall, daß der Abstand zwischen Sender (Quelle mit der Frequenz ν) und Empfänger (Detektor) abnimmt, das negative Vorzeichen für den entgegengesetzten Fall. Diese Dopplerverschiebung spielt in verschiedenen Bereichen eine wichtige Rolle. 1929 entdeckte der amerikanische Astronom E. Hubble, daß die Rotverschiebung (= Veränderung der Wellenlänge bekannter Spektrallinien in Richtung größerer Wellenlängen) des Lichts, das uns von Galaxien erreicht, etwa proportional zu deren Entfernung zu uns zunimmt. Dies war der Anstoß zur heute gültigen Hypothese von der Expansion des Universums. In der Technik wird die Dopplerverschiebung der Wellenlänge von Laserstreulicht zur Geschwindigkeitsmessung in Strömungskanälen benutzt (Laser-Doppler-Anemometrie). In der biophysikalischen Forschung werden mittels der Dopplerverschiebung gestreuten Laserlichts Beweglichkeiten von Zellen, Molekulargewichte und Diffusionskonstanten von Biomolekülen, Viren u. a. gemessen (Laser-Doppler-Spektroskopie). In der Medizin wird die Laser-Doppler-Spektroskopie zur Messung beispielsweise von Blutströmungsgeschwindigkeiten eingesetzt. Dies ist in der Abb. 25.16 erläutert.

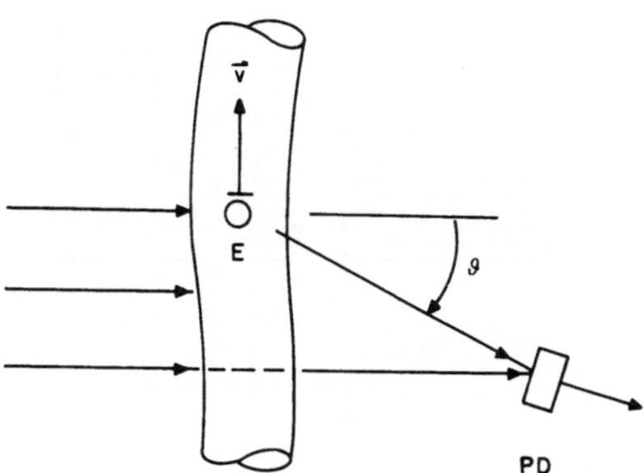

Abb. 25.16. Ein lichtstreuender Erythrozyt E wird von links normal zur Bewegungsrichtung (Geschwindigkeitsvektor **v**) beleuchtet. Das Streulicht interferiert mit nichtgestreutem Licht, die entstehende Schwebungserscheinung wird von einem Photodetektor PD registriert

Für den in der Abb. 25.16 dargestellten Fall beträgt die Relativgeschwindigkeit v_R in Beobachtungsrichtung ϑ zwischen E und PD:

$$v_R = v \cdot \sin \vartheta.$$

Der Photodetektor registriert eine Dopplerverschiebung der Größe

$$\Delta \nu = \frac{v}{c} \cdot \nu \cdot \sin \vartheta,$$

die als Schwebungsfrequenz im elektrischen Signal des Photodetektors auftritt, woraus bei bekanntem Beobachtungswinkel ϑ die Geschwindigkeit v folgt.

25.2 Absorption und Emission von Licht

a) Extinktion

Der Verlauf der Intensität I in einem Lichtbündel wird entlang seiner Ausbreitungsrichtung durch drei wichtige Phänomene bestimmt:

1. nimmt die Intensität ab, weil sich die von der Lichtquelle mit der Leistung P emittierte Strahlungsleistung auf eine zunehmend größere Fläche A verteilt;
2. nimmt die Intensität ab, wenn Licht aus der ursprünglichen Richtung abgelenkt (gestreut) wird;
3. nimmt die Lichtintensität durch Absorption ab. Dabei werden Photonen durch Atome oder Moleküle absorbiert.

Für die durch Absorption und Streuung hervorgerufene Intensitätsänderung findet man ein Exponentialgesetz. Dieses Gesetz ergibt sich bereits aus der plausiblen Annahme, daß die von dem Stoff absorbierte Lichtintensität ΔI proportional ist zur einfallenden Lichtintensität I und zur Dicke Δx der vom Lichtbündel durchsetzten Stoffschicht:

$$\Delta I = -\alpha \cdot I(x) \cdot \Delta x.$$

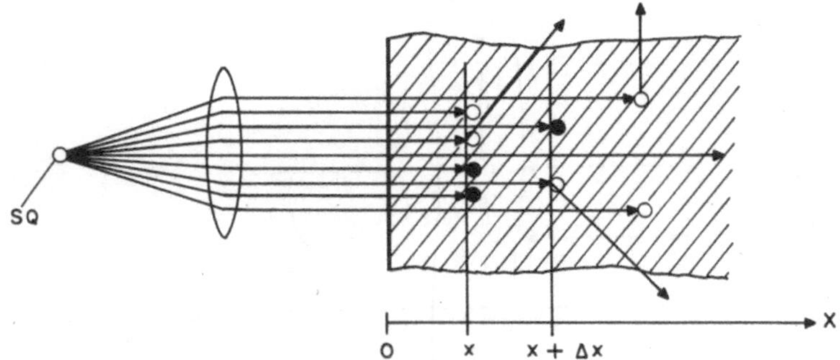

Abb. 25.17. Abnahme der Lichtintensität $I(x)$ in einem kollimierten Lichtbündel durch Absorption (●) und Streuung (○), angedeutet durch die abnehmende Anzahl von Strahlen

α ist eine stoffcharakteristische Konstante (Absorptionskoeffizient), das Minuszeichen bedeutet, daß die Intensität entlang der x-Achse abnimmt. Hier besteht allerdings noch eine gewisse Unklarheit, welcher Wert $I(x)$ gelten soll, weil ja $I(x)$ voraussetzungsgemäß im Intervall Δx nicht konstant ist. Geht man jedoch zu einer infinitesimal dünnen Schicht dx über, ist dies behoben, und es gilt streng:

$$dI(x) = -\alpha \cdot I(x) \cdot dx.$$

Durch Integration erhält man:

$$I(x) = I(0) \cdot \exp(-\alpha \cdot x).$$

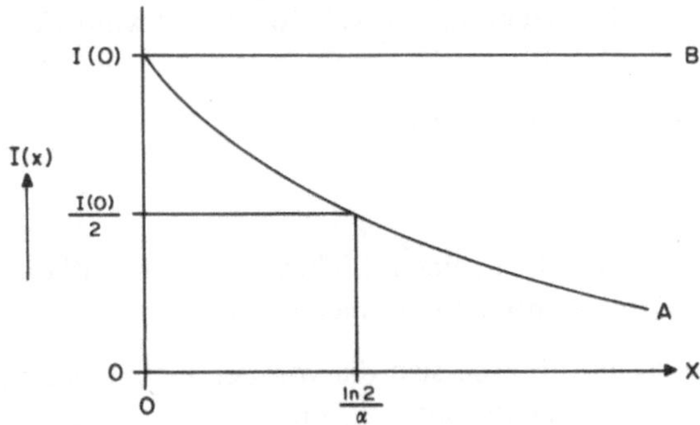

Abb. 25.18. Verlauf der Lichtintensität $I(x)$ in einem kollimierten Lichtbündel mit (Graph A) und ohne (Graph B) Absorption

Der Absorptionskoeffizient α hat die Einheit $[\alpha] = 1\,\mathrm{m}^{-1}$. Nach einer Strecke von $\Delta x = \ln 2/\alpha$ ist die Lichtintensität nur mehr halb so groß wie am Anfang. Die Strecke $x = 1/\alpha$, nach der die Intensität auf den Bruchteil $1/e = 37\%$ des Anfangswerts abgesunken ist, heißt Eindringtiefe.

Wenn zusätzlich Streuung auftritt, erfährt das Lichtbündel dadurch zusätzliche Verluste:

$$dI = -s \cdot I(x) \cdot dx,$$

also insgesamt

$$dI = -(s+\alpha)\cdot I(x)\cdot dx$$

und integriert

$$I(x) = I(0)\cdot \exp(-(s+\alpha)\cdot x);$$

s heißt Streukoeffizient. Durch Streuung geht dem Lichtbündel zwar Strahlungsenergie verloren, sie wird jedoch nicht in eine andere Energieform umgewandelt, sondern bleibt als Strahlungsenergie erhalten. Im allgemeinen wird jedenfalls ein Lichtbündel sowohl durch Absorption als auch durch Streuung geschwächt, daher nennt man $E = (s+\alpha)\cdot x$ Extinktion. E läßt sich aus zwei Intensitätsmessungen bestimmen, beispielsweise der Lichtintensität $I(0)$ an der Eintrittstelle der Strahlung und der Lichtintensität $I(d)$ nach einer Strecke d:

$$E = \ln(I(0)/I(d)).$$

Die Extinktion E ist für verschiedene Stoffe in charakteristischer Weise von der Wellenlänge abhängig. Der Grund hierfür findet sich in der Energieniveaustruktur der Elektronenhüllen der Stoffmoleküle. Dies ist die Basis für eines der wichtigsten Meßverfahren der klinischen Chemie, nämlich die Spektralphotometrie, s. Abb. 25.19.

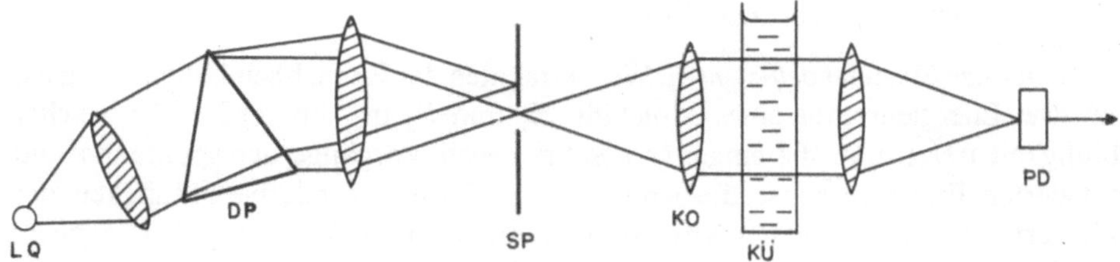

Abb. 25.19. Einfaches Spektralphotometer. LQ = Lichtquelle, DP = Dispersionsprisma, SP = Spalt zur Ausblendung eines monochromatischen Meßlichtbündels, KO = Kollimator zur Parallelrichtung der Lichtstrahlen, $K\ddot{U}$ = Küvette mit der Meßlösung, PD = Photodetektor

b) Stimulierte Emission von Licht

Licht ist eine transversale elektromagnetische Welle. Elektrische und magnetische Feldstärke schwingen zeitlich periodisch etwa nach einer harmonischen Funktion. Wenn die elektrische Feldstärke E synchron zur Bewegung eines Elektrons schwingt, kann sie die Bewegung des Elektrons in einem Atom oder Molekül beschleunigen—falls die beiden Vorgänge in Phase sind—oder bremsen—falls die elektrische Feldstärke gegenphasig zur Elektronenbewegung schwingt (die Wirkung von B ist vernachlässigbar klein), s. Abb. 25.20.

Beim Bremsvorgang verliert das Atom Energie, d. h. es gibt ein Photon an die Welle ab; beim Beschleunigungsvorgang nimmt das Atom Energie auf, d. h. es absorbiert ein Photon. Da die beiden Schwingungen (Welle und Atom) voneinander unabhängig sind, trifft eine Welle in einem Stoff grundsätzlich gleich oft auf Atome, zu deren Elektronenbewegung sie in Gegenphase wie in Phase ist. M. a. W. Absorption

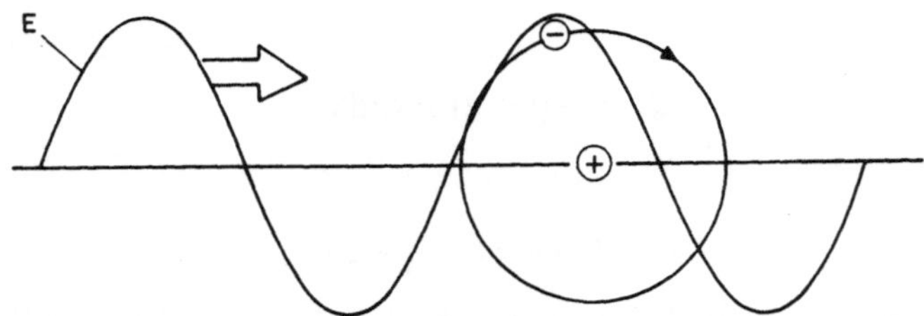

Abb. 25.20. Um den Atomkern kreisendes Elektron als einfaches Modell für die stimulierte Absorption und Emission von Licht

und Emission sollten gleich häufig sein. Daß man normalerweise nur Lichtabsorption beobachtet, hängt damit zusammen, daß sich unter normalen Bedingungen alle Atome bzw. Moleküle im niedrigsten Energiezustand, dem Grundzustand, befinden, so daß sie keine Energie abgeben können.

Sowohl der Absorptionsvorgang als auch der hier beschriebene Emissionsvorgang werden von der einwirkenden elektromagnetischen Welle hervorgerufen oder „stimuliert". Emission von Strahlung tritt allerdings auch auf, ohne daß sie durch eine einfallende Welle induziert wird, nämlich als spontane Emission bzw. spontaner Übergang beispielsweise vom angeregten Zustand in den Grundzustand. Dieser Vorgang bildet die Basis für alle konventionellen Lichtquellen (Kapitel 25.1). Der Laser beruht hingegen auf der induzierten Emission, die spontane Emission spielt beim Laser eine untergeordnete Rolle.

Größe der Einsteinkoeffizienten. Wir betrachten der Einfachheit halber zunächst nur zwei Energieniveaus eines Moleküls: E_1 und E_2 in Abb. 25.21. Mit welcher Häufigkeit treten nun die eingangs beschriebenen Vorgänge der spontanen und induzierten Emission sowie die Absorption auf. Für die relative Häufigkeit der induzierten Emission und der Absorption können wir die Antwort gleich angeben: da beide Prozesse von den zufälligen Phasenlagen der elektromagnetischen Welle relativ zu dem schwingenden System abhängen, müssen beide Vorgänge grundsätzlich gleich wahrscheinlich sein. Allerdings ergeben sich gravierende Unterschiede in der Häufigkeit des Auftretens dieser Vorgänge dadurch, daß die oberen Energieniveaus in der Regel praktisch leer sind (s. Beispiel 17.1). Wie aber verhält sich die Häufigkeit der spontanen Emission hierzu? Einstein hat diese Zusammenhänge bereits 1917 im Zusammenhang mit Betrachtungen zu einer alternativen Herleitung

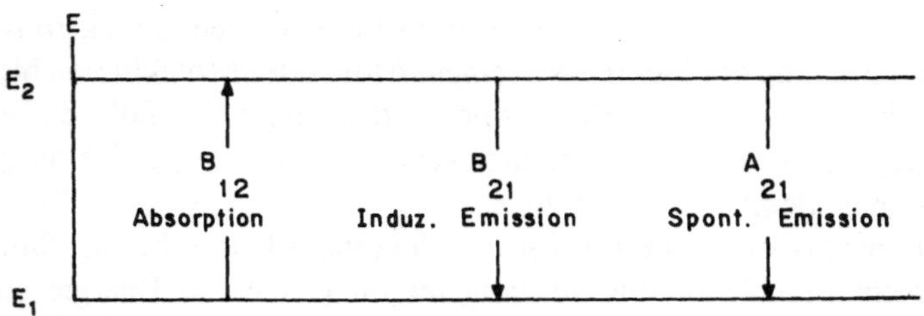

Abb. 25.21. Einstein-Koeffizienten für Absorption, induzierte und spontane Emission von Photonen der Energie $h \cdot \nu_{21} = E_2 - E_1$

der Planckschen Strahlungsformel geklärt. Er ordnet den betreffenden Vorgängen Übergangswahrscheinlichkeiten, nämlich die nach ihm benannten „Einsteinkoeffizienten" A_{21}, B_{21} und B_{12} zu. Wir folgen seinen Überlegungen hier kurz und betrachten einen Stoff mit zwei Energieniveaus im thermodynamischen Gleichgewicht mit einem Strahlungsfeld der Intensität $I(\nu_{12})$ bei der Frequenz $\nu_{12} = (E_2 - E_1)/h$:

$A_{21} \cdot \Delta t$ ist die Wahrscheinlichkeit dafür, daß ein angeregtes Molekül im Zeitintervall Δt spontan in den Grundzustand zurückkehrt.

$I(\nu_{12}) \cdot B_{12} \cdot \Delta t$ ist die Wahrscheinlichkeit dafür, daß ein Molekül im Zeitintervall Δt vom Grundzustand in den angeregten Zustand übergeht. $I(\nu_{12})$ ist die Intensität der Strahlung, die auf dieses Molekül einwirkt.

$I(\nu_{12}) \cdot B_{21} \cdot \Delta t$ ist die Wahrscheinlichkeit dafür, daß ein angeregtes Molekül im Zeitintervall Δt durch induzierte Emission in den Grundzustand übergeht.

Die zwei letzteren Vorgänge werden von der Strahlung hervorgerufen oder induziert. Man spricht deshalb im Falle der Absorption auch von „induzierter" Absorption.

Befindet sich nun ein Stoff im thermischen Gleichgewicht mit seiner Umgebung, d. h. seine Temperatur ändere sich nicht, dann müssen die ihm zu- und die von ihm abgeführten Strahlungsleistungen im Zeitintervall Δt gleich groß sein. Anders ausgedrückt, es müssen gleich viele Photonen absorbiert wie emittiert werden, bzw. für die auf Δt bezogenen Übergänge (= Übergangsraten) gilt:

Übergangsrate		Übergangsrate		Übergangsrate
Absorption	=	induz. Em.	+	spont. Em.
$n_1 \cdot B_{12} \cdot I_{12}$	=	$n_2 \cdot B_{21} \cdot I_{12}$	+	$n_2 \cdot A_{21}$

n_1 bzw. n_2 sind die Besetzungszahldichten, d. h. die Anzahldichten der Moleküle im Grundzustand bzw. im angeregten Zustand. I_{12} ist die spektrale Intensität bei der Frequenz

$$\nu_{12} = (E_2 - E_1)/h.$$

Aus der vorhergehenden Gleichung erhalten wir für den Quotienten der Besetzungszahldichten:

$$n_1/n_2 = (B_{12} \cdot I_{12} + A_{21})/(B_{21} \cdot I_{12})$$

und dieser muß wegen des Boltzmann-Gesetzes

$$\frac{n_2}{n_1} = \exp\left(-\frac{E_2 - E_1}{k \cdot T}\right) = \exp\left(-\frac{h \cdot \nu_{12}}{k \cdot T}\right)$$

sein.

Aus den letzten zwei Gleichungen läßt sich die Intensität I bei der Temperatur T berechnen. Diese ist uns aber von dem Planckschen Strahlungsgesetz her bekannt und wir können die Einsteinkoeffizienten berechnen. Zunächst erhalten wir aus den obigen zwei letzten Gleichungen:

$$I_{12} = \frac{A_{21}}{B_{12} \cdot \exp(h \cdot \nu_{12}/(k \cdot T)) - B_{21}}.$$

Die Einsteinkoeffizienten finden wir folgend:

1. muß wegen des Stefan-Boltzmann-Gesetzes (Gleichung 7.16) für $T \to \infty$ auch $I_{12} \to \infty$; das tut die eben erhaltene Gleichung nur für $B_{12} = B_{21} = B$. Die Einsteinkoeffizienten für die induzierten Übergänge zwischen zwei Zuständen sind gleich groß.

2. Vergleicht man die obige Gleichung mit dem Planckschen Strahlungsgesetz, so findet man

$$A_{21} = \frac{8 \cdot \pi \cdot h}{\lambda^3} \cdot B.$$

Man sieht, daß der Einsteinkoeffizient für spontane Emission mit der dritten Potenz der Wellenlänge im Vergleich zur induzierten Emission kleiner wird. Die spontane Emission überwiegt also bei kurzen Wellenlängen von der γ-Strahlung bis ins Infrarote. Bei den großen Wellenlängen, beispielsweise der Mikro- und Radiowellen jedoch, spielt die spontane Emission keine Rolle mehr; dort gibt es praktisch nur mehr induzierte Emission (und Absorption). (Einstein war 1917 übrigens umgekehrt vorgegangen; er hat gezeigt, daß die obigen Überlegungen direkt das Plancksche Strahlungsgesetz geben.)

Lambert-Gesetz aufgrund der Übergangsraten. Wegen des Boltzmann-Gesetzes befinden sich Moleküle bei üblichen Temperaturen im energetisch niedrigsten Zustand, dem Grundzustand E_1. Das hat zur Folge, daß normalerweise beim Durchgang von Licht durch Materie nur Absorption beobachtet wird; die Intensität I nimmt ab:

$$dI/dt = -I(x) \cdot n_1 \cdot B$$

und mit $dx = c \cdot dt$

$$dI/dx = -I(x) \cdot n_1 \cdot B/c.$$

Gleichzeitig erfolgt Verstärkung durch die induzierte Emission:

$$dI/dx = I(x) \cdot n_2 \cdot B/c.$$

Beide Vorgänge zusammen ergeben:

$$dI/dx = I(x) \cdot (n_2 - n_1) \cdot B/c.$$

Woraus man durch Integration das Lambert-Gesetz erhält:

$$I(x) = I(0) \cdot \exp(B \cdot (n_2 - n_1) \cdot x/c).$$

Da normalerweise $n_1 \gg n_2$ ist, überwiegt die Absorption.

25.3 Lichttechnische Größen

Zur Messung der Strahlungsintensität von Licht können verschiedene Effekte herangezogen werden. Die wichtigsten sind die Umwandlung der absorbierten Strahlungsenergie in Wärme und der photoelektrische Effekt (Photoeffekt). Zu den thermischen Detektoren zählen die Thermosäule, die aus einer Reihenschaltung thermoelektrischer Elemente (s. Kapitel 11.3) besteht, und das Bolometer, das auf der Änderung des elektrischen Widerstands beruht. Die thermischen Detektoren messen primär die von der absorbierten Strahlung hervorgerufene Temperaturerhöhung. Da die Lichtabsorption bei entsprechender Schwärzung der Empfängerfläche weitgehend unabhängig von der Wellenlänge gemacht werden kann, lassen sich diese Empfänger über einen weiten Spektralbereich verwenden.

Photoelektrische Empfänger beruhen entweder auf dem inneren photoelektrischen Effekt oder auf dem äußeren Photoeffekt. Der innere Photoeffekt wird in Photoleitern, Photodioden und Photoelementen genutzt, s. Kapitel 12.2. Der äußere Photoeffekt wird in Vakuum-Dioden und in Photovervielfachern (Abb. 19.6) genutzt. Diese Empfänger besitzen wegen der quantenhaften Energieabsorption eine deutlich ausgeprägte spektrale Empfindlichkeit.

Neben diesen im Grunde für alle Strahlenarten anwendbaren Meßmethoden sind zur Beurteilung von Beleuchtungseinrichtungen subjektive, die Empfindlichkeit des Auges berücksichtigende Verfahren erforderlich. Bei Beleuchtungseinrichtungen interessiert natürlich die Stärke des Sinneseindrucks, den eine bestimmte Art von Strahlung auf die Augen macht. Das menschliche Auge ist aber ein sehr selektiver Detektor, d. h. seine Empfindlichkeit ist sehr stark wellenlängenabhängig, s. Abb. 25.22. Diese physiologisch ausgerichtete Strahlungsmessung basiert daher auf einem von der physikalischen Strahlungsmessung unabhängigen Einheitensystem. Die Basisgröße dieser in der Lichttechnik benutzten Photometrie (auch „subjektive Photometrie“ genannt) ist die Lichtstärke L mit der Basiseinheit 1 Candela:

$$[L] = 1 \text{ cd} = 1 \text{ Candela}.$$

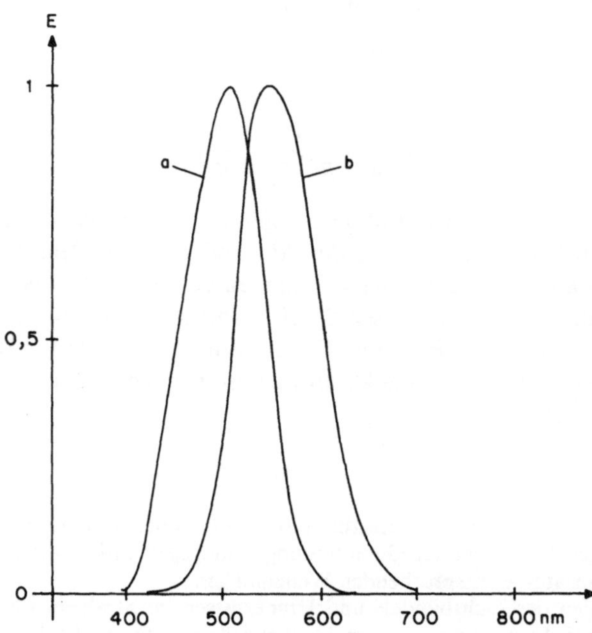

Abb. 25.22. Mittlere spektrale Empfindlichkeit menschlicher Augen. Auf der Ordinate ist der Kehrwert jener Strahlungsintensität in relativen Einheiten aufgetragen, die zur Wahrnehmung „gleich hell“ wie bei der Wellenlänge der maximalen Empfindlichkeit erforderlich ist. a = Skotopische Hellempfindlichkeitskurve (Dunkeladaptation), b = Photopische Hellempfindlichkeitskurve (= Helladaptation)

Diese Einheit ist über die Lichtstärke eines 1 cm^2 großen Lochs eines Hohlraumstrahlers bei der Temperatur $T = 2046$ K (= Erstarrungstemperatur von Platin bei Standarddruck), senkrecht zur Öffnung beobachtet, festgelegt: diese beträgt 60 cd. Lichtquellen, die dem Auge gleich hell erscheinen, haben unabhängig von der spektralen Zusammensetzung ihres Lichts per definitionem gleich große Lichtstärke. Die Bewertung erfolgt mit der spektralen Empfindlichkeit des hell adaptierten Auges (Graph b in Abb. 25.22). Zur subjektiven Photometrie für des Nachtsehen muß die spektrale Empfindlichkeit des dunkel adaptierten Auges (Graph a in Abb. 25.22) herangezogen werden.

Die Messung der Lichtstärke von Lichtquellen erfolgt durch einen Vergleich von Beleuchtungsstärken. Darunter ist folgendes zu verstehen: Wenn eine Lichtquelle bei Beobachtung innerhalb eines Raumwinkels Ω_Q eine konstante Lichtstärke L besitzt, so strahlt sie in diesen Raumwinkel den Lichtstrom Φ ab:

$$\Phi = L \cdot \Omega_Q$$

Die Einheit des Lichtstroms ist das Lumen:

$$[\Phi] = 1\,\text{cd} \cdot \text{sr} = 1\ \text{Lumen} = 1\,\text{lm}.$$

(Ist L abhängig vom Abstrahlwinkel, muß über den Raumwinkel integriert werden.) Trifft der Lichtstrom L auf eine Fläche der Größe A im Abstand R von der Lichtquelle (s. Abb. 25.6), so beleuchtet er diese mit der Beleuchtungsstärke B:

$$B = \Phi/A.$$

Die Einheit der Beleuchtungsstärke ist das Lux:

$$[B] = 1\,\text{lm/m}^2 = 1\ \text{Lux} = 1\,\text{lx}.$$

Für B gilt

$$B = \frac{\Phi}{A} = \frac{\Phi}{R^2 \cdot \Omega_Q} = \frac{L}{R^2}.$$

Dieses invers-quadratische Abstandsgesetz gilt nur, wenn die Abmessungen der Lichtquelle deutlich kleiner sind, als der Abstand R. Zwei Beleuchtungsstärken sind—unabhängig von der spektralen Zusammensetzung des Lichts—gleich, wenn sie dem Auge denselben Helligkeitseindruck vermitteln. (Für die Dunkelbeleuchtungsstärke gilt die Einheit $[B] = 1$ nx (Nox).) Einige Beispiele für Leuchtdichten und Lichtströme üblicher Lichtquellen sowie von Beleuchtungsstärken sind in der Tabelle 25.1 zu finden.

Zusammenfassung 25

I. Die spektrale Verteilung des Lichts thermischer Lichtquellen ist durch das Plancksche Strahlungsgesetz gegeben. Licht aus Gasentladungen hingegen enthält die den betreffenden Übergängen der Gasatome entsprechenden Wellenlängen.

An Begrenzungen des Lichtbündels und Hindernissen im Strahlengang tritt Beugung auf. Hindernisse mit Abmessungen in der Größenordnung der Wellenlänge oder kleiner verursachen Lichtstreuung. Die Intensität von Streulicht ist im Falle kleiner Streuzentren ($\ll \lambda$) proportional zu ω^4 bzw. proportional (Rayleighsches Streuungsgesetz) zu

$$\frac{1}{\lambda^4}.$$

II. Transparente Stoffe besitzen normale Dispersion. Bei Doppelbrechung ist die Brechzahl auch abhängig von der Schwingungsrichtung der Feldstärken der elektromagnetischen Welle. In Richtung der optischen Achse sind die Brechzahlen für ordentliche und außerordentliche Strahlen gleich. Der außerordentliche Strahl gehorcht nicht dem Snelliusschen Brechungsgesetz. Beim Dichroismus ist das Absorptionsvermögen von der Schwingungsrichtung abhängig.

Nach Brewster tritt maximale Polarisation bei Reflexion dann auf, wenn gebrochener und reflektierter Strahl normal aufeinander stehen. Hieraus folgt das Brewstersche Gesetz:

$$\tan \alpha_B = n. \tag{25.1}$$

Bei Quarz und anderen Stoffen kommt es zu einer Drehung der Schwingungsebene des Lichts im (rechtsdrehend) oder gegen (linksdrehend) den Uhrzeigersinn. Dieses Phänomen heißt optische Aktivität.

III. Überlagern sich zwei zueinander parallel polarisierte Wellen, so interferieren sie. Interferieren zwei Wellen mit unterschiedlichen Frequenzen ω_1 und ω_2, beobachtet man eine Schwebungserscheinung:

$$E_1 + E_2 = \underbrace{2 \cdot a \cdot \cos((\omega_1 - \omega_2) \cdot t/2)}_{\text{Amplitude}} \cdot \cos((\omega_1 + \omega_2) \cdot t/2). \tag{25.2}$$

Da die Amplitude zweimal je Schwebungsperiode maximal wird, sind die beiden Teilwellen jeweils nach einer Zeitspanne

$$\Delta t = \frac{1}{\nu_1 - \nu_2} \tag{25.3}$$

wieder in Phase.

IV. Lichtstreuung oder Lichtreflexion an bewegten Strukturen führt zum Doppler-Effekt. Bei Licht kommt es, im Gegensatz zum Schall, nur auf die Relativgeschwindigkeit von Sender und Empfänger zueinander an. Die Frequenzänderung ist:

$$\Delta \nu = \nu \cdot \frac{1 \pm \frac{v}{c}}{\sqrt{1 - (v/c)^2}} - \nu \tag{25.4}$$

$$= \pm \nu \cdot \frac{v}{c} \quad \text{für} \quad v \ll c. \tag{25.5}$$

Das positive Vorzeichen gilt bei abnehmendem, das negative Vorzeichen für zunehmenden Abstand zwischen Sender (Quelle) und Empfänger (Detektor). v ist die Komponente der Relativgeschwindigkeit in Richtung der Verbindungslinie zwischen Quelle und Empfänger. Das obere Vorzeichen gilt für Abstandsverkleinerung, das untere für Abstandsvergrößerung.

V. Die Strahlungsintensität I des Lichts ausgedehnter Lichtquellen mit der Strahldichte J ist proportional zu dem Raumwinkel, unter dem die Lichtquelle erscheint:

$$I = J \cdot \Omega. \tag{25.6}$$

Bei Punktlichtquellen mit der Strahlungsleistung P ist—neben dem Abstand R zur Quelle—der Raumwinkel Ω_Q maßgeblich, unter dem die Energie abgestrahlt wird:

$$I = \frac{P}{R^2 \cdot \Omega_Q} \tag{25.7}$$

VI. Das Lambert-Gesetz lautet bei Absorption und Streuung

$$I(x) = I(0) \cdot \exp(-(s + \alpha) \cdot x); \tag{25.8}$$

s ist der Streukoeffizient, α der Absorptionskoeffizient; s und α haben die Dimension einer reziproken Länge. Der Exponent des Lambert-Gesetzes wird in der klinischen Photometrie—meist für eine feste Schichtdicke d, (z. B. $d = 1$ cm)—zur *Extinktion* E zusammengefaßt: $E = -\ln(I/I(0))$.

Die Eindringtiefe von Licht ist

$$\Delta x = \frac{1}{s+\alpha}. \tag{25.9}$$

VII. Zwischen elektromagnetischer Strahlung und Atomen oder Molekülen gibt es drei Möglichkeiten des Energieaustausches: (1) Spontane Emission und (2) induzierte Emission von einem angeregten Zustand aus, sowie (3) Absorption. Da sich unter normalen Bedingungen alle Atome bzw. Moleküle im niedrigsten Energiezustand, dem Grundzustand, befinden, wird beim Durchlaufen einer Lichtwelle durch Materie nur Absorption beobachtet. Energieabgabe der Materie an die Lichtwelle ist so nicht möglich.

Während die natürlichen Lichtquellen auf spontaner Emission beruhen, entsteht Laserlicht durch induzierte Emission; die immer auch vorhandene spontane Emission spielt beim Laser eine untergeordnete Rolle.

Die Einsteinkoeffizienten für induzierte und spontane Übergänge sind

$$B_{12} = B_{21} = B \tag{25.10}$$

und

$$A_{21} = B \cdot \frac{8 \cdot \pi \cdot h}{\lambda^3}. \tag{25.11}$$

Tabelle 25.1. Ungefähre Werte für einige lichttechnische Größen. Die angegebenen Lichtstromwerte gelten für Lampen ohne Reflektoren. Reflektoren bündeln den Lichtstrom in kleinere Raumwinkel

Leuchtdichten = Lichtstärke/Fläche der Lichtquelle	
Sonne durch die Atmosphäre hindurch	$160\,000\ \mathrm{cd \cdot cm^{-2}}$
Sonne außerhalb der Atmosphäre	$220\,000\ \mathrm{cd \cdot cm^{-2}}$
Lichtbogen einer Kohlebogenlampe	$100\,000\ \mathrm{cd \cdot cm^{-2}}$
Glühlampenwendel	bis $3\,000\ \mathrm{cd \cdot cm^{-2}}$
Leuchtstofflampe	bis $0{,}7\ \mathrm{cd \cdot cm^{-2}}$
Mond	$3 \cdot 10^{-8}\ \mathrm{cd \cdot cm^{-2}}$
Nachthimmel	$< 10^{-15}\ \mathrm{cd \cdot cm^{-2}}$

Lichtstrom Φ		
Glühlampe	220 V 25 W	215 lm
Glühlampe	220 V 200 W	2900 lm
Leuchtstofflampe	220 V 25W	1350 lm

Beleuchtungsstärken B	
Heller Sonnenschein im Sommer	70 000 lx
im Winter	6 000 lx
Tageslicht bei bedecktem Himmel	900 bis 2 000 lx
Sollwerte am Arbeitsplatz:	
bei grober Arbeit	50 bis 100 lx
bei sehr feiner Arbeit	1 000 bis 4 000 lx

Der Einsteinkoeffizient für spontane Emission nimmt im Vergleich zur induzierten Emission mit der dritten Potenz der Wellenlänge ab. Bei kurzen Wellenlängen bis ins Infrarote überwiegt die spontane Emission, bei den großen Wellenlängen, beispielsweise der Mikro- und Radiowellen jedoch, dominiert induzierte Emission (und Absorption).

VIII. Die Stärke des Sinneseindrucks, den eine bestimmte Art von Strahlung auf die Augen macht, wird mit (lichttechnischen) photometrischen Größen gemessen. Die Basisgröße dieser subjektiven Photometrie ist die Lichtstärke L mit der Basiseinheit 1 Candela:

$$[L] = 1\,\mathrm{cd} = 1\,\mathrm{Candela}.$$

Der von einer Lichtquelle in den Raumwinkel Ω abgestrahlte Lichtstrom Φ ist:

$$\Phi = L \cdot \Omega. \tag{25.12}$$

Die Einheit des Lichtstroms ist das Lumen:

$$[\Phi] = 1\,\mathrm{cd \cdot sr} = 1\,\mathrm{Lumen} = 1\,\mathrm{lm}.$$

Die Beleuchtungsstärke ist

$$B = \Phi/A \tag{25.13}$$

mit der Einheit

$$[B] = 1\,\mathrm{lm/m^2} = 1\,\mathrm{Lux} = 1\,\mathrm{lx}$$

(bzw. 1 nx für die Dunkelbeleuchtungsstärke).

Gegenüberstellung einander entsprechender physikalischer und lichttechnischer photometrischer Größen und Bezeichnungen (s. Abb. 25.6):

	punktförmige Lichtquellen	ausgedehnte Lichtquellen	lichttechnische Photometrie
Energiestrom Strahlungsfluß Strahlungsleistung	P	P	Lichtstrom ϕ
Strahldichte	—	$J = \dfrac{P}{A_Q \cdot \Omega_Q}$	Leuchtdichte $\dfrac{L}{A_Q}$
Strahlungsintensität Lichtintensität Bestrahlungsstärke	$I = \dfrac{P}{R^2 \cdot \Omega_Q}$	$I = J \cdot \Omega$	Beleuchtungsstärke $B = L/R^2$

Beispiel 25.1. Lambert-Beersches Gesetz. Das Lambertsche Gesetz spielt eine wichtige Rolle in der klinischen Chemie, wo es zur photometrischen Bestimmung von Konzentrationen in Gasen und Lösungen benutzt wird. Oft ist der Extinktionskoeffizient k eines gelösten Stoffs zur Konzentration c oder zum Partialdruck p einer gelösten Komponente proportional. Dann kann das Lambertsche Gesetz in der Form

$$I(x) = I(0) \cdot \exp(-k_c \cdot c \cdot x) \text{ oder } I(x) = I(0) \cdot \exp(-k_p \cdot p \cdot x)$$

mit neuen Konstanten k_c bzw. k_p geschrieben werden. In dieser Form heißt dieses Gesetz Lambert-Beersches Gesetz.

Mit dieser Methode lassen sich auch die Konzentrationen mehrerer gelöster Stoffe durch Messung ihrer Extinktionskoeffizienten bei verschiedenen Wellenlängen bestimmen. Enthält eine Lösung n gelöste Stoffe, so sind zu ihrer Ermittlung mindestens n Messungen bei n verschiedenen Wellenlängen erforderlich. Wir betrachten hier nur den Fall zweier gelöster Komponenten mit den Extinktionskoeffizienten k_A und

k_B. Dann ist die Extinktion $E = \ln(I(d)/I(0))$ der Lösung:

$$E = k_A \cdot c_A \cdot d + k_B \cdot c_B \cdot d.$$

c_A bzw. c_B sind die Konzentrationen der Komponenten A und B; d ist die Schichtdicke der Küvetten in der Richtung des Lichtstrahls. Mißt man nun bei zwei Wellenlängen λ_1 und λ_2, so erhält man:

$$E(\lambda_1) = k_A(\lambda_1) \cdot c_A \cdot d + k_B(\lambda_1) \cdot c_B \cdot d$$

$$E(\lambda_1) = k_A(\lambda_2) \cdot c_A \cdot d + k_B(\lambda_2) \cdot c_B \cdot d$$

woraus man z. B. für die Konzentration c_A der Komponente A

$$c_A = \frac{k_B(\lambda_1) - k_B(\lambda_2) \cdot E(\lambda_1)/E(\lambda_2)}{(k_A(\lambda_2) - k_B(\lambda_2)) \cdot E(\lambda_1)/E(\lambda_2) + k_B(\lambda_1) - k_A(\lambda_1)}$$

erhält. Der kritische Punkt hierbei ist, daß im Nenner die Differenzen der Extinktionskoeffizienten k_A und k_B der Einzelkomponenten bei jeweils derselben Wellenlänge stehen. Diese müssen also möglichst unterschiedlich sein, weil sonst als Differenz nur der bei jeder Messung vorhandene Fehler übrig bleibt. Daher mißt man mit Licht jener Wellenlängen, die von den betreffenden Substanzen spezifisch absorbiert werden.

Beispiel 25.2. Photometrische Bestimmung von Carboxy-Hämoglobin im Blut. Da Kohlenmonoxyd bei der unvollständigen Verbrennung fast aller organischen Materialien entsteht, ist die Kohlenmonoxyd-Vergiftung eine sehr häufige Intoxikationsart. CO diffundiert von den Alveolen ins Blutplasma und verbindet sich mit dem Hämoglobin zu Carboxyhämoglobin (CO-Hb). Die Affinität des CO ist zu Hb rund 240-mal stärker als die des O_2. Dadurch wird die O_2-Transportkapazität des Bluts reduziert, der Vergiftete erstickt. Da die spektrale Absorption des CO-Hb im Bereich des sichtbaren Lichts weitgehend der des Oxyhämoglobins gleicht, unterscheiden sich diese beiden Hämoglobinarten farblich nur wenig. Da aber das CO-Hb im Gegensatz zum O_2-Hb nicht reduzierbar ist, bleiben bei Leichen CO-Vergifteter Totenflecken aus sowie Muskel- und Organfarben oft hellrot, im Gegensatz zu normalen Leichen.

Ein einfacher Nachweis von CO-Hb besteht in der Photometrie einer Blutprobe (nach Pufferung und Hämolyse) bei den (Hg-) Wellenlängen 578 nm und 546 nm. Aus den gemessenen Extinktionen bestimmt man nach der im Beispiel 25.1 gewonnenen Bestimmungsgleichung die Konzentration des CO-Hb im Blut.

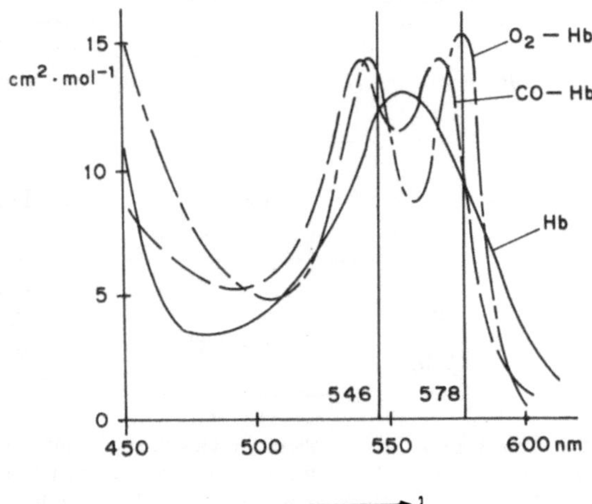

Abb. 25.23. Extinktionskoeffizient k von Hämoglobin (Hb), Oxy-Hämoglobin (O_2-Hb) und Carboxy-Hämoglobin (CO-Hb). Angedeutet sind ferner die beiden oft benutzten Quecksilber-Spektrallinien bei 546 nm und 578 nm

Beispiel 25.3. Lichtintensität I im Abstand $r = 1$ m einer isotrop nach allen Richtungen abstrahlenden Lichtquelle mit der Lichtleistung $P = 50$ W.

$$I = P/A = P/(\Omega \cdot r^2) = 50\,\mathrm{W}/(4 \cdot \pi \cdot 1 \cdot \mathrm{m}^2) = 3{,}98\,\mathrm{W} \cdot \mathrm{m}^{-2}.$$

Beispiel 25.4. Brewster-Winkel von Fensterglas (BK7, $n = 1{,}52$): $\tan\alpha_B = n = 1{,}52$.

$$\alpha_B = 56{,}66° = 0{,}99\,\text{rad}.$$

Beispiel 25.5. Eine 200-W-Glühlampe—ohne Reflektoren—erzeugt in einem Abstand von 1 m eine Beleuchtungsstärke B von (Gleichung 25.13):

$$B = 2900\,\text{lm}/(4\cdot\pi\cdot 1\,\text{m}^2) = 231\,\text{lx}.$$

Beispiel 25.6. Flüssigkristall-Bildschirm (Liquid-Crystal-Display = LCD). Hierbei handelt es sich um flache, elektrisch gesteuerte Bildschirme, die auf speziellen Eigenschaften der Flüssigkristalle basieren. Flüssigkristalle sind Stoffe, die sich in einem Zwischenzustand, der sogenannten Mesophase, zwischen fest und flüssig befinden. Sie werden von Stoffen gebildet, deren Moleküle eine längliche Form haben. Das Phänomen des flüssigkristallinen Zustands wurde von F. Reinitzer 1888 am Cholesterinbenzoat entdeckt. Es gibt mehrere unterschiedliche Flüssigkristall-Phasen.

Die heute üblichen LCDs basieren auf der von M. Schadt und W. Helfrich 1971 patentierten nematischen Drehzelle. Dabei befindet sich der nematische Flüssigkristall zwischen zwei Glasplatten, auf die durchsichtige elektrisch leitende Schichten aufgedampft sind. In diese Schichten werden vor dem Zusammenbau mikroskopisch kleine Rillen eingekratzt. Gibt man einen Tropfen Flüssigkristall auf die eine Platte und deckt sie mit der zweiten zu, ordnen sich die Flüssigkristallmoleküle mit ihrer Längsachse parallel zu den Mikrorillen. Dreht man nun die zweite Platte gegenüber der ersten um 90°, so bleiben die direkt anliegenden Moleküle in ihrer Orientierung zu den Mikrorillen unverändert, die dazwischen liegenden Flüssigkristallmoleküle bilden eine wendeltreppenartige Struktur, s. Abb. 25.24.

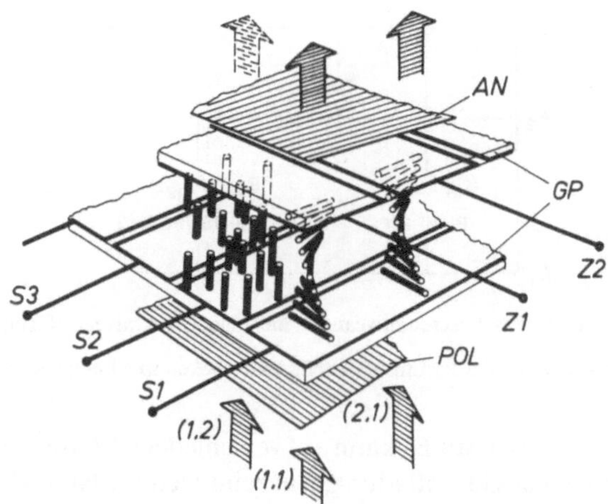

Abb. 25.24. Grundsätzliche Funktion eines Flüssigkristall-Bildschirms. Die Flüssigkristall-Moleküle sind durch schwarze Stäbchen zwischen den Glasplatten *GP* angedeutet. *POL* = Polarisator, *AN* = Analysator. Die Glasplatten sind mit den Zeilen- und Spalten-Elektroden und den entsprechenden Anschlüssen Z_1, Z_2 etc. bzw. S_1, S_2 etc. versehen. Zwischen Z_1 und S_2 ist eine elektrische Spannung angelegt (im Bild nicht angedeutet), daher sind die Moleküle dort nicht wendeltreppenförmig, sondern normal zu den Glasplatten orientiert. Von unten eintreffendes Licht wird bei Z_1/S_1, Z_2/S_1, etc. transmittiert, bei Z_1/S_2 jedoch blockiert. Durch eine geeignete elektrische Schaltung können so beliebige Bildpunkte von hell auf dunkel geschalten werden

Bringt man eine solche Sandwich-Zelle zwischen gekreuzte Polarisatoren (*POL* und *AN* in Abb. 25.24), so lassen sie Licht gut passieren, weil sich die Polarisationsebene des Lichts durch die „Molekülwendeltreppen" um 90° dreht. Erzeugt man jedoch zwischen den Platten ein elektrisches Feld, stellen sich die Moleküle in dessen Richtung, das eintreffende polarisierte Licht wird nicht mehr gedreht und daher durch den Analysator blockiert. Ein LCD besteht aus sehr vielen solchen Zellen.

Aufgabe 25.1. Um welchen Faktor wird blaues Licht der Wellenlänge $\lambda = 470\,\text{nm}$ stärker gestreut als rotes Licht einer Wellenlänge von $\lambda = 700\,\text{nm}$.

Aufgabe 25.2. Auf welchen Abstand d muß eine 200-W-Glühlampe—ohne Reflektoren—für sehr feine Arbeit mindestens an die Arbeitsebene gebracht werden.

26. Laser

26.1 Laserprinzip

a) Lichtverstärkung durch Besetzungsinversion

Da im thermischen Gleichgewicht die niedrigeren Energieniveaus immer stärker besetzt sind als die höheren ($n_1 \gg n_2$), überwiegt die Absorption. Um Lichtverstärkung zu erhalten, müßte $n_2 > n_1$ gemacht werden, d. h. eine Besetzungsinversion erreicht werden. Da die Einsteinkoeffizienten für die induzierten Übergänge gleich groß sind, kann man mit bloß zwei Energieniveaus bestenfalls z. B. durch Einstrahlen sehr hoher Lichtintensitäten beide Niveaus gleich besetzen. Der Stoff wird dann transparent. Dieses Phänomen („Ausbleichen von Farbstoffen") wird beispielsweise dazu benutzt, schnelle Lichtschalter zu realisieren. Mit wenigstens drei Energieniveaus jedoch läßt sich eine Besetzungsinversion bereits erreichen, s. Abb. 26.1.

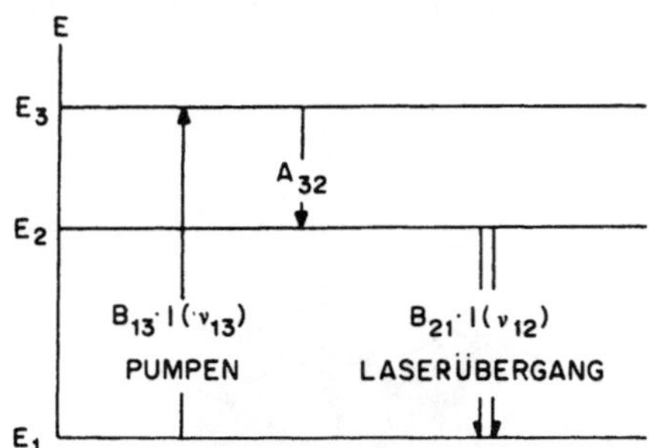

Abb. 26.1. Dreiniveausystem. Das Laserendniveau ist hier das Grundniveau (Grundzustand). Die verschiedenen Übergänge sind mit Hilfe der Einsteinkoeffizienten gekennzeichnet; s. Kapitel 25. $\nu_{kl} = \frac{E_k - E_l}{h}$

Die Anregung in das Niveau E_3 kann auf verschiedene Weise erfolgen. Beispielsweise durch Stöße in einer Gasentladung, wie beim Helium-Neon-Laser oder durch Einstrahlen von Licht, wie beim Rubin-Laser. Man spricht entsprechend vom elektrischen oder optischen „Pumpen". Die Besetzungsinversion entsteht zwischen den beiden „Laserniveaus" E_1 und E_2. Der Zustand E_2 muß hier möglichst große Lebensdauer besitzen, damit sich die Atome bzw. Moleküle hier „versammeln" können. Durch die immer vorhandene spontane Emission treten Photonen der Frequenz ν_{21} auf, die dann durch induzierte Emission verstärkt werden. Diese Strahlung ist verstärkte spontane Emission und wird oft als „Superstrahlung" bezeichnet (es gibt noch eine andere Art Superstrahlung), sie ist jedenfalls keine Laserstrahlung. Laserstrahlung kommt erst durch das Zusammenwirken der induzierten Emission mit dem Laserresonator zustande.

Ein Beispiel für einen „Dreiniveaulaser" ist der 1960 von T. Maiman erstmalig realisierte Laser, der Rubinlaser. Problematisch ist bei diesen Lasern, daß das Laserendniveau dem Grundzustand entspricht. Wegen der starken Besetzung dieses Zustands sind zur Erreichung einer Besetzungsinversion erhebliche Pumpleistungen erforderlich. Außerdem befindet sich ein Stoff mit invertierter Besetzung der Ener-

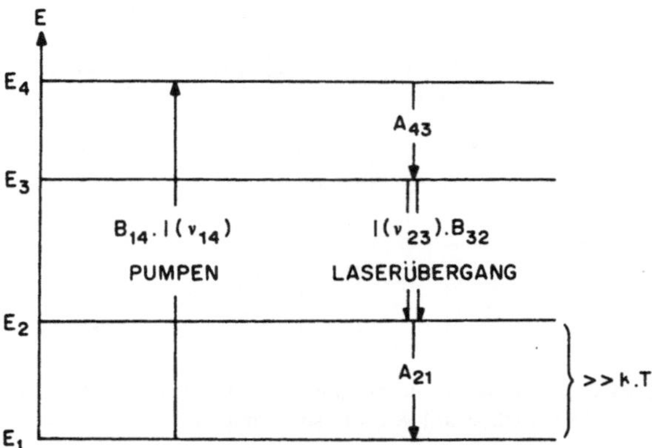

Abb. 26.2. Vierniveausystem. Die Energiedifferenz $E_2 - E_1$ zwischen dem Grundzustand und dem unteren Laserniveau muß $\gg k \cdot T$ sein

gieniveaus, d. h. bei dem sich mehr Atome oder Moleküle in einem höheren Energiezustand befinden als im Grundzustand, nicht im thermodynamischen Gleichgewicht. Er wird sehr schnell wieder in den durch das Boltzmann-Theorem beschriebenen Zustand zurückkehren. Solche Laser können daher in der Regel nur im Pulsbetrieb arbeiten. Wesentlich günstiger ist es daher, als Laserendniveau nicht das Grundniveau, sondern ein höher liegendes Niveau zu benutzen. Dann hat man mindestens vier Energieniveaus im Spiel, ein sogenanntes *Vierniveausystem.*

Voraussetzung ist hier, daß das Laserendniveau um deutlich mehr als die mittlere thermische Energie $k \cdot T$ über dem Grundniveau liegt, ansonsten erfolgt eine Besetzung dieses Niveaus direkt vom Grundzustand her und behindert das Erreichen der Besetzungsinversion. Ferner sollte das Laserendniveau im Vergleich zum Laserausgangsniveau möglichst kurze Lebensdauer haben, damit es sich schnell durch Übergang in den Grundzustand entleert und die Besetzungsinversion nicht zerstört. Die meisten wichtigen Laser sind von diesem Typus. Bekanntere Vertreter sind der Neodym-YAG-Laser und der CO_2-Laser.

b) Laserresonatoren

Im Gegensatz zu den geschlossenen Resonatoren der Akustik sind die Resonatoren der Optik in der Regel (seitlich) offen. Die optischen Resonatoren bedingen zusammen mit dem laseraktiven Medium (= Medium mit der Besetzungsinversion) die zeitlichen und räumlichen Kohärenzeigenschaften der Laserstrahlung sowie ihre statistischen Eigenschaften. Dabei spielt der Resonatortyp eine untergeordnete Rolle. Dieser ist hauptsächlich von technischer Bedeutung, beispielsweise hinsichtlich der Justierbarkeit und der Ausnutzung des aktiven Mediums.

Geometrische Optik von Resonatoren. Wir betrachten im folgenden ein paar Eigenschaften von Resonatoren, u. zw. zunächst etwas vereinfacht mit den Methoden der geometrischen Optik, ergänzt durch Welleneigenschaften des Lichts („Geometrische Wellenoptik“) und anschließend unter Berücksichtigung der Welleneigenschaften (Wellengleichung) mit Hilfe der gaußschen Wellen.

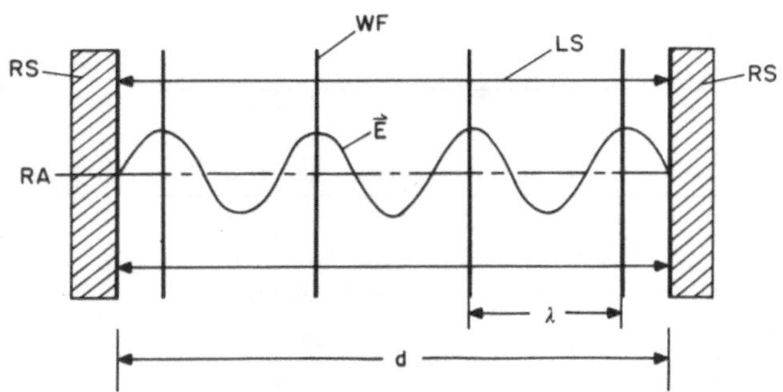

Abb. 26.3. Planparalleler Laserresonator und hin und her laufende ebene Welle (Feldstärke **E**): WF = Wellenfläche, LS = Lichtstrahl, RS = Resonatorspiegel, RA = Resonatorachse

Optische Resonatoren sind Spiegelanordnungen, zwischen denen Strahlen hin und her reflektiert werden. Das einfachste Beispiel hierzu ist der planparallele Resonator. Dieser besteht aus zwei ebenen Spiegeln, die sich parallel zueinander gegenüberstehen.

Wellen bzw. Strahlen, die sich in Richtung der Resonatorachse bewegen, bleiben zwischen den beiden Spiegeln eingeschlossen. Es können jedoch nur solche Wellen in diesem Resonator existieren, die sich nicht durch destruktive Interferenz selbst auslöschen. Dies ist der Fall für Wellen, die sich jeweils beim Hinlauf bzw. genauso beim Rücklauf konstruktiv, also phasengleich, überlagern. D. h. die zweifache Resonatorlänge muß ein ganzzahliges Vielfaches der Wellenlänge betragen:

$$2 \cdot d = N \cdot \lambda;$$

N ist eine ganze Zahl. Diese Resonanzbedingung hat zur Folge, daß nur Wellen ganz bestimmter Wellenlängen im Resonator existieren bzw. hin und her laufen können, nämlich Wellen der Wellenlänge

$$\lambda = \frac{2 \cdot d}{N},$$

bzw. mit der Frequenz

$$\nu = \frac{N \cdot c}{2 \cdot d}.$$

Da d bei den meisten Lasern in der Größenordnung von 10 cm liegt und die Lichtwellenlänge $< 1\,\mu\text{m}$ ist, ist $N = 2 \cdot d/\lambda$ eine sehr große Zahl, d. h. die Resonanzbedingung ist für sehr viele, eng benachbarte Wellenlängen erfüllt. Das Spektrum der (Longitudinal-) Wellen oder Moden eines planparallelen offenen Resonators besteht daher aus sehr eng benachbarten äquidistanten Linien, s. Abb. 26.4. Die hin- und zurücklaufenden Wellen überlagern zu einer stehenden Welle (s. Kapitel 4.3).

Wellen, die nicht in Richtung der Resonatorachse verlaufen, heißen Transversal-Moden. Die Resonanz-Bedingung lautet hier:

$$2 \cdot d \cdot \tan \alpha \cdot \sin \alpha = N \cdot \lambda.$$

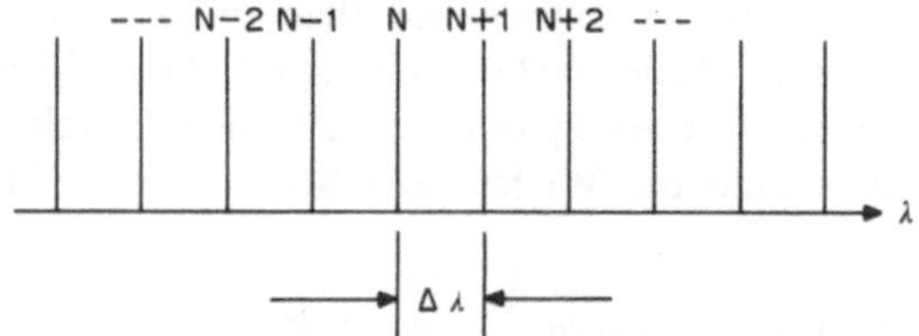

Abb. 26.4. Spektrum der Longitudinal-Moden (= Wellen, die parallel zur Resonatorachse laufen) eines planparallelen Laserresonators. Jede Mode ist auf der Wellenlängenskala durch eine vertikale Linie angedeutet. Für benachbarte Wellen ist $\Delta N = 1$, womit $\Delta\lambda = \dfrac{d\lambda}{dN} \cdot \Delta N = \dfrac{\lambda}{N}$

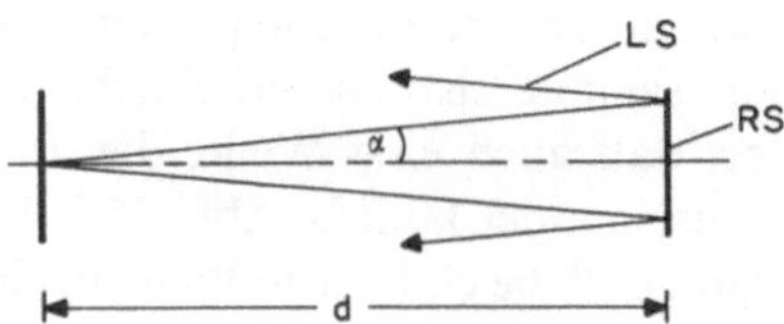

Abb. 26.5. Transversal-Moden in einem planparallelen Laserresonator. LS = Lichtstrahl, RS = Resonatorspiegel

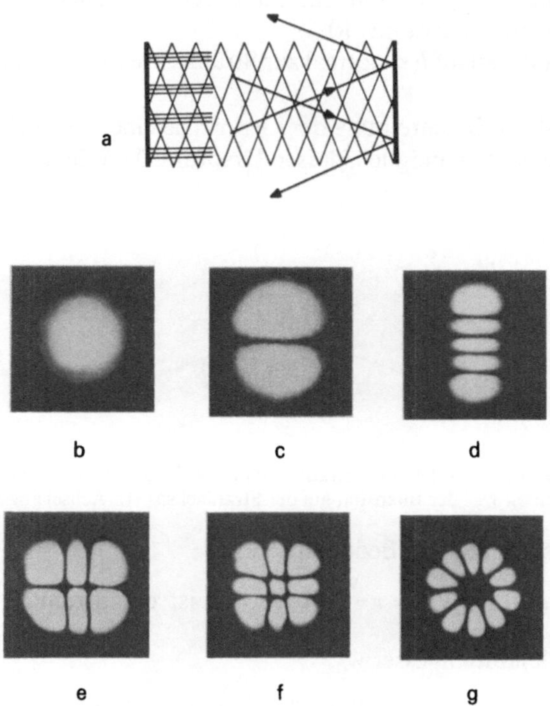

Abb. 26.6. Durch Interferenz **a** entstehen typische Modenbilder **c** bis **g** der Transversal-Moden. Die dunklen Zonen destruktiver Interferenz sind im Teilbild **a** durch drei horizontale Linien angedeutet

Diese Transversal-Moden treten seitlich aus dem (offenen) Resonator aus. Sie werden daher in geringerem Maße verstärkt als longitudinale Moden. Dies ist eine der Ursachen für die starke Bündelung der Laserstrahlen. Durch Interferenz der in verschiedene Richtungen laufenden Wellen entsteht das typische Modenbild, s. Abb. 26.6.

Beugungsoptik von Laserresonatoren. Die geometrische Optik eines planparallelen Laserresonators ist denkbar einfach: Alle parallel zur optischen Achse verlaufenden Strahlen erfüllen sozusagen die Resonanzbedingung. Wir haben dieses allereinfachste Bild eines optischen Resonators durch Berücksichtigung der Interferenz der im Resonator eingeschlossenen Wellen etwas ergänzt. Dennoch vernachlässigen diese Überlegungen zur Resonanz-Bedingung noch einen für Licht sehr wesentlichen Aspekt, nämlich die Beugung an den Resonatorspiegeln. Diese verändert die Wellenfläche bei jeder Reflexion, sie muß also von erheblichem Einfluß sein.

Beugung hat zur Folge, daß auch eine Welle, die an einem ebenen Spiegel reflektiert wird, divergent auseinander läuft, s. Abb. 25.7. Unter Berücksichtigung der Beugung stellt sich heraus, daß die einfachste Welle in einem zylindersymmetrischen Resonator streng nicht die in der Abb. 26.3 angedeutete ebene Welle ist (diese ist nur als Näherung zu betrachten), sondern eine sogenannte gaußsche Elementarwelle. Diese hat folgende Eigenschaften:

1. Jede gaußsche Elementarwelle hat eine Strahltaille, d. h. eine Stelle kleinsten Durchmessers.

2. Die gaußsche Welle hat—mit Ausnahme der Strahltaille—überall sphärische Wellenflächen (Krümmungsradius R).

3. Der Intensitätsverlauf $I(x)$ normal zur Strahlachse ist eine Gaußsche Glockenkurve.

Eine übersichtliche Beschreibung der Geometrie einer gaußschen Welle ist mit einem Koordinatensystem möglich, dessen Ursprung 0 im Zentrum der Strahltaille liegt: Abb. 26.7.

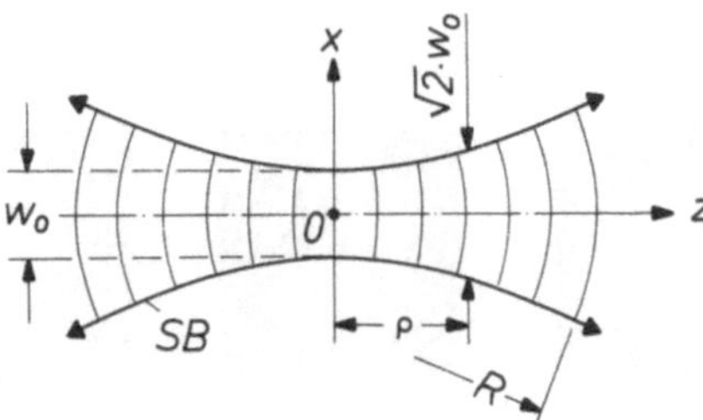

Abb. 26.7. Gaußsche Elementarwelle. SB = Strahlbegrenzung, d. i. jene Stelle, an der die Strahlintensität auf den Bruchteil $1/e^2$ der Intensität auf der Strahlachse ($=z$-Achse) abgesunken ist

Drei Größen sind hier von Bedeutung:

1. Die Rayleigh-Länge $\rho = \pi \cdot \frac{w_0^2}{\lambda}$; bei $z = \rho$ ist der Strahldurchmesser gleich $\sqrt{2}$ mal dem Taillendurchmesser w_0.

2. Der Strahlradius: $w^2(z) = w_0^2\left(1 + \left(\frac{z}{\rho}\right)^2\right)$ ist der Radius bis zu jener Stelle, wo die Strahlintensität auf den $1/e^2$-Wert der Intensität auf der Strahlachse abgesunken ist.

3. Der Krümmungsradius der Wellenfläche ist $R(z) = z \cdot (1 + (\rho/z)^2)$.

Besonders der Verlauf des Krümmungsradius $R(z)$ entlang der z-Achse macht gravierende Abweichungen vom geometrisch-optischen Verhalten aus: R ist bei $z = 0$ unendlich groß, d. h. dort ist die Welle eben. Mit zunehmendem Abstand z wird R zunächst kleiner, erreicht bei $z = \rho$ ein Minimum, um anschließend wieder zuzunehmen. Als Resonator kann jedes Spiegelpaar fungieren, dessen Oberflächen mit den Phasenflächen der gaußschen Welle zusammenfallen. Es ergeben sich u. a. die in Abb. 26.8 skizzierten Resonatorkonfigurationen.

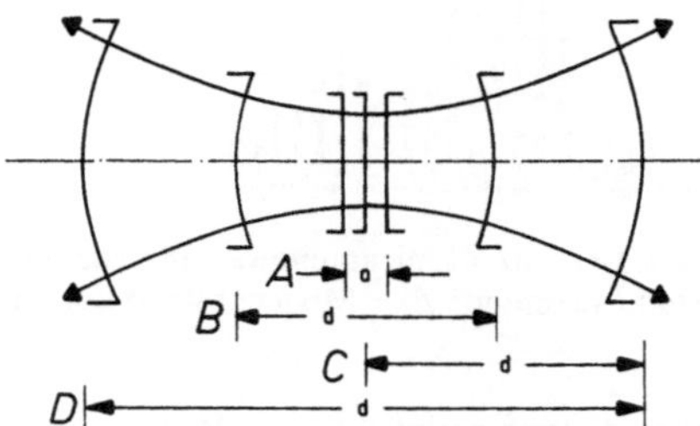

Abb. 26.8. Resonatorkonfigurationen aufgrund der Geometrie der gaußschen Welle. A = planparalleler Resonator (streng nur für $d = 0$ möglich). B = Konfokaler Resonator ($d = \rho$). C = hemisphärischer Resonator (d beliebig). D = Konzentrischer Resonator (streng nur für $d \gg \rho$ möglich)

Voraussetzung für einen Laser ist nach dem oben Gesagten, daß sich ein invertiertes („laseraktives") Medium in einem optischen Resonator befindet. Dann genügt die immer vorhandene spontane Emission, um den Laser sozusagen zu starten. Der Anteil von spontan emittiertem Licht, der zufällig in Richtung einer Lasermode läuft, führt sofort zum Aufbau einer starken Welle.

26.2 Eigenschaften von Laserlicht

Licht thermischer Lichtquellen ist im allgemeinen polychromatisch, d. h. es enthält viele Wellenlängen. Monochromatisches Licht erhält man aus Spektrallampen durch Ausfiltern einer einzigen Spektrallinie beispielsweise mittels eines geeigneten Absorptionsfilters. Aber auch eine solche isolierte Spektrallinie ist nicht ideal monochromatisch, sondern hat eine bestimmte Linienbreite, die bei Hg-Spektrallampen z. B. in der Größenordnung von $\delta\lambda = 0{,}01$ nm liegt (Abb. 25.3). Diese Linienbreite kann je nach Stoff und Art des „Übergangs" auch deutlich andere Werte annehmen.

Für die Laserstrahlung ist die Linienbreite jenes Übergangs im aktiven Medium maßgeblich, der die Lasermoden verstärkt. Zwar wird das Spektrum der Laserstrahlung noch vom Resonator entscheidend mitbestimmt, aber die Linienbreite des laseraktiven invertierten Mediums legt letztlich fest, welche Resonatormoden in einem Laser entstehen können. Es ergibt sich das folgende grundsätzliche Bild:

a) Monochromatisches Laserlicht

Wie man sieht, besteht Laserlicht (im allgemeinen) aus einer Vielzahl von Moden, d. h. aus polychromatischem Licht. Man kann allerdings durch besondere

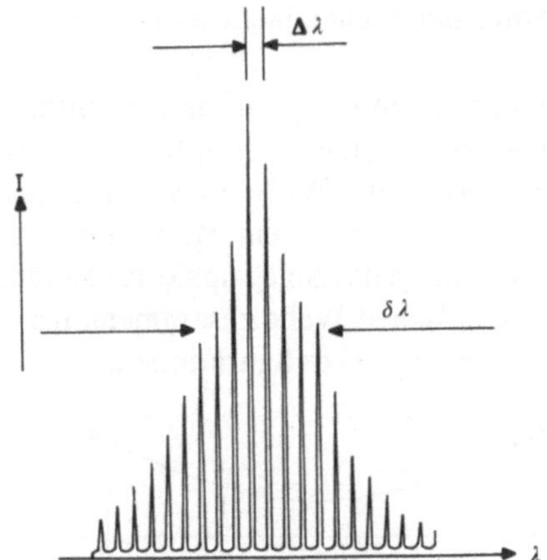

Abb. 26.9. Modenspektrum eines Lasers. $\delta\lambda$ = Linienbreite des invertierten Mediums, sog. FWHM-Breite (Full Width Half Maximum). $\Delta\lambda$ = Modenabstand des Laserresonators

Kunstgriffe (z. B. mit einem Interferenzfilter im Resonator) eine einzelne Mode isolieren. Dann hat man die physikalisch beste Näherung an eine harmonische Lichtwelle. Da jede Welle nur endlich lang sein kann, kann sie allerdings (nach dem Fourierschen Unschärfetheorem, auf das wir hier nicht näher eingehen) nicht streng monochromatisch sein. Abgesehen von der endlichen Dauer dieser Welle wird ihre Monochromasie noch durch Phasenfluktuationen begrenzt: zum einen durch Infraschall sowie Wärmebewegung der Resonatorspiegel, wodurch Sprünge in der Resonatorlänge d auftreten, die sich wegen Gleichung 26.3 auf die Wellenlänge auswirken,

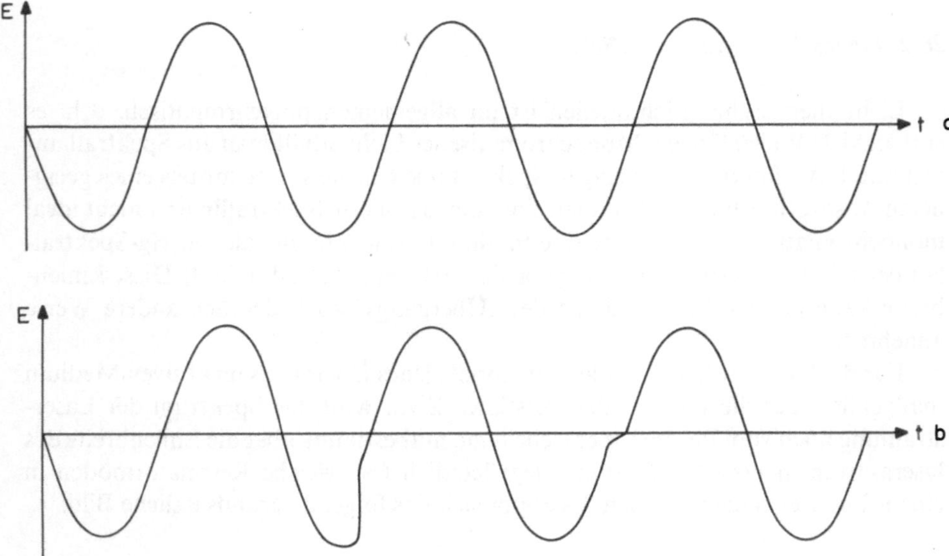

Abb. 26.10. Monochromatische Welle, **a** ohne und **b** mit Phasenschwankungen

und zum anderen durch Licht der spontanen Emission, welches mit dem induzierten Licht interferiert. Eine solche Welle kann durch

$$E(r,t) = a(r) \cdot \cos(k \cdot r - \omega \cdot t + \varphi)$$

beschrieben werden, wobei φ zufällige Werte haben kann (zwischen 0 und 2π) und r die Ortskoordinate in Ausbreitungsrichtung der Welle ist.

Normalerweise jedoch besteht eine Laserwelle aus mehreren monochromatischen Komponenten (Lasermoden) mit unterschiedlichen Frequenzen, die miteinander interferieren und Schwebungen erzeugen. Die Folge ist also, daß die Feldstärke der Laserwelle durch Schwebungsvorgänge zeitlich moduliert wird (analog zu Abb. 25.15). Analoges gilt, da $I \propto E^2$, für die Intensität I der Laserwelle. Die hier auftretende Schwebungsdauer Δt läßt sich folgend abschätzen: da sie durch Interferenz von Lasermoden unterschiedlicher Frequenzen zustande kommt, ist sie, wie im Falle der Schwebung (Abb. 25.15) $2 \cdot \pi / \Delta\omega$, d. h. indirekt proportional zur Differenz der Frequenzen ihrer monochromatischen Komponenten. Mit Gleichung 4.11 wird $\Delta\nu = (d\nu/d\lambda) \cdot \Delta\lambda = -(c/\lambda^2) \cdot \Delta\lambda$ und damit ist $\Delta t = 2 \cdot \pi / \Delta\omega = 1/\Delta\nu = (1/c) \cdot (\lambda^2/\Delta\lambda)$ (das Vorzeichen ist hier bedeutungslos).

Man sieht: je größer die Wellenlängendifferenz $\Delta\lambda$ interferierender Wellen ist, desto schneller schwankt oder fluktuiert die Intensität. Da außerdem die relative Phasenlage der interferierenden Moden zufällig schwankt, ist die entstehende Schwebungserscheinung ebenfalls sehr unregelmäßig (im Gegensatz zu der regelmäßigen Schwebungserscheinung in Abb. 25.15); sie besteht hier aus einer Folge von Schwebungsmaxima schwankender Größe und Dauer. Da die maximale Wellenlängendifferenz in der emittierten Laserstrahlung aber durch $\delta\lambda$ (s. Abb. 26.9) festgelegt ist, beträgt die minimale Dauer eines Schwebungsmaximums bzw. einer Intensitätsspitze der emittierten Laserstrahlung $\delta t = (1/c) \cdot \lambda^2/\delta\lambda$, und man erhält Intensitätsfluktuationen, etwa wie in Abb. 26.11 angedeutet.

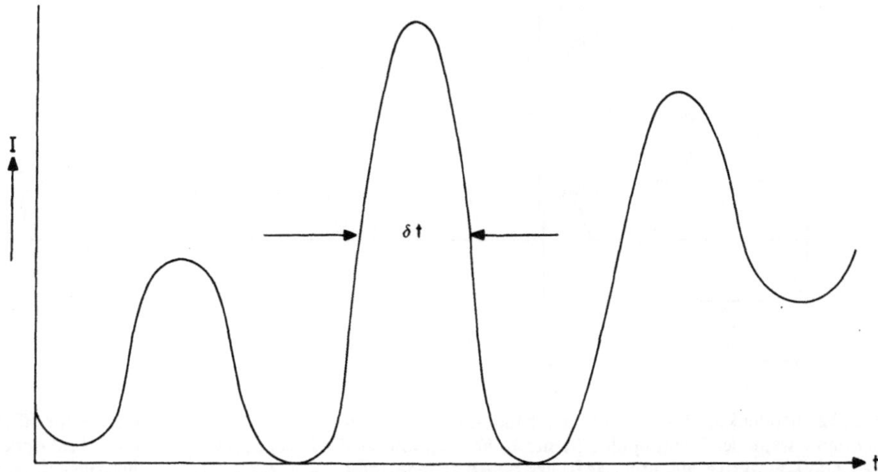

Abb. 26.11. Zufälliger zeitlicher Verlauf der Intensität in einem quasimonochromatischen Lichtbündel

b) Modenkopplung: Mode-Lock-Licht

Die Intensitätsfluktuationen im Laserlicht kommen durch Lasermoden zustande, die in ihren relativen Phasen zueinander fluktuieren. Das Ergebnis sind zufällige Intensitätsspitzen sehr kurzer Dauer (δt) zu zufälligen Zeitpunkten, s. Abb. 26.11. Bringt man diese Phasen in eine feste Relation zueinander, lassen sich bei denselben kurzen Zeitdauern außerordentlich hohe Intensitätsspitzen erzeugen. Das läßt sich beispielsweise durch einen Verschluß im Resonator erreichen, der sich periodisch öffnet und schließt. Mit welcher Periodendauer muß nun der Verschluß arbeiten, damit die Moden immer wieder konstruktiv interferieren? Wenn zwei Moden einmal in Phase waren, dann sind sie (s. Gleichung (25.3)) nach einer Zeitspanne $\Delta t = 1/(\nu_1 - \nu_2)$ wieder in Phase. $\nu_1 - \nu_2$ ist wegen der Resonanzbedingung gleich $c/(2 \cdot d)$. Also ist $\Delta t = 2 \cdot d/c$, d. h. genau die Zeitspanne, die ein Lichtimpuls braucht, den Laserresonator einmal vollständig (hin und her) zu durchlaufen. Man kann sich das Modenkopplungsverfahren daher auch so vorstellen, daß ein kurzer Lichtimpuls durch den Resonator hin- und herläuft und der Verschluß dann jeweils aufmacht, wenn der Impuls bei ihm eintrifft. Die übrige Zeit ist der Verschluß zu; die Besetzungsinversion steht nun hauptsächlich zur Verstärkung dieses einen hin- und herlaufenden Impulses zur Verfügung. Dieser Impuls entsteht durch konstruktive Interferenz aller Lasermoden, was nur möglich ist, wenn diese am Ort des Impulses alle in Phase sind; daher der Name „Modenkopplung".

Wegen der großen Geschwindigkeit des Lichts können allerdings keine mechanischen Verschlüsse zum Einsatz im Resonator kommen, sondern nur entsprechend schnelle elektrooptische oder akustooptische Schalter. Für besonders schnelles Schalten werden auch sättigbare Absorber benutzt. Wir gehen hier jedoch nicht

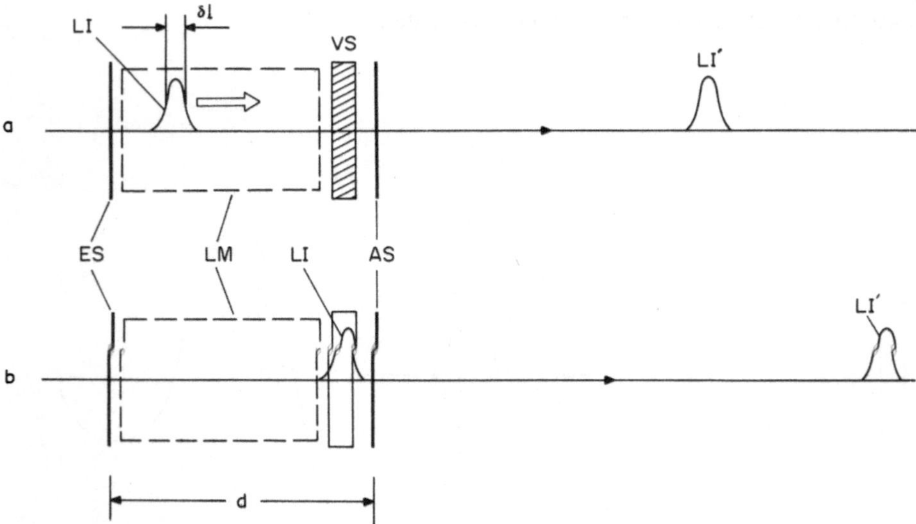

Abb. 26.12. Modenkopplungsverfahren („Mode-Locking"). Ein Verschluß *VS* im Laserresonator öffnet immer dann, wenn der Lichtimpuls *LI* eintrifft. *ES* = Resonator-Endspiegel, *AS* = Resonator-Auskoppelspiegel. Das laseraktive Medium *LM* ist gestrichelt angedeutet. *LI′* = durch den teildurchlässigen Spiegel ausgetretener Anteil des im Resonator hin und her laufenden Lichtimpulses

näher darauf ein. Die erzielbaren Impulsdauern betragen $\delta t = 1$ fs und weniger, sie hängen nach Gleichung 26.7 von der Linienbreite $\delta\lambda$ des laseraktiven Materials ab. Die erreichbaren Impulsleistungen betragen das 10^5-fache und mehr der Leistung, die der betreffende Laser im Dauerbetrieb ohne Modenkopplung abgeben würde. Beide Größen werden von der zur Verfügung stehenden Modenzahl bestimmt.

Die Modenzahl M erhält man als Quotient der Linienbreite des invertierten Mediums $\delta\lambda$ durch den Modenabstand $\Delta\lambda$ des Laserresonators $M = \delta\lambda/\Delta\lambda$, was mit $\delta\lambda = \lambda^2/\delta l$ aus den Gleichungen 26.7 und 26.8 und mit $\Delta\lambda = \lambda^2/(2\cdot d)$ aus Gleichung 26.3 $M = 2\cdot d/\delta l$ gibt.

Die Modenzahl ist also gleich dem Quotienten aus der doppelten Resonatorlänge durch die Länge der Lichtimpulse δl. Oder: Die Länge des im Resonator hin und her laufenden Lichtimpulses ist $\delta l = 2\cdot d/M$, d.h. die Strahlungsenergie verteilt sich anstatt über die ganze Resonatorlänge nun auf den Bruchteil $1/M$. Es kommt daher zu einer M-fachen Erhöhung der Intensität in den Modenkopplungsimpulsen. Abbildung 26.13 zeigt den Intensitätsverlauf bei 7 miteinander gekoppelten Lasermoden. (Entsprechend ist die Strahlungsleistung in den Impulsen hier gleich dem 7-fachen Wert der Leistung im Laserstrahl bei Dauerbetrieb.)

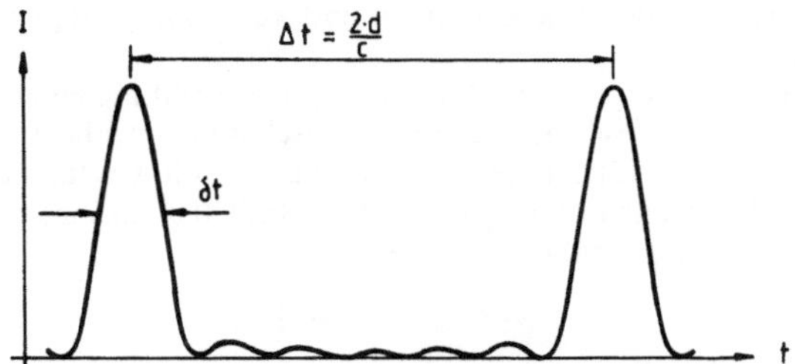

Abb. 26.13. Intensitätsverlauf bei 7 miteinander gekoppelten Lasermoden (nach: O. Svelto, 1986)

c) Q-switch-Betrieb: Riesenimpulse

Beim Modenkopplungsverfahren läuft ein Lichtimpuls im Resonator periodisch hin und her. Er wird durch jene Besetzungsinversion verstärkt, die sich während einer Periodendauer $T = 2\cdot d/c$ durch das Pumpen aufbaut. Diese Zeitspanne ist sehr kurz, weshalb die Energie einzelner Impulse nicht allzu groß werden kann. Läßt man hingegen einen Lichtimpuls nur ein einziges Mal durch den Resonator laufen, kann für diesen eine erheblich größere Besetzungsinversion zur Verfügung gestellt werden. Dies ist das Prinzip des Riesenimpulsbetriebs oder „Q-switch"-Betriebs (auch: „Güteschaltung") von Lasern. (Der Name kommt vom Begriff des Gütefaktors Q = Energie im Resonator/Energieverlust pro Umlauf.)

Verhindert man die Lasertätigkeit durch einen Verschluß im Resonator (kleines Q) kann man durch fortlaufendes Pumpen eine hohe Besetzungsinversion der Laserniveaus erzielen, ohne daß eine Laserwelle auftritt. Erhöht man dann die Resonatorgüte Q plötzlich durch Öffnen des Verschlusses, entsteht ein starker Laserimpuls, ein „Riesenimpuls". Man erreicht Impulslängen von ca. 10 ns und Impulsenergien bis 20 mJ (Nd-YAG-Laser).

Zusammenfassung 26

I. Mit den Einsteinkoeffizienten lautet das Lambert-Beer-Gesetz (siehe Kapitel 25)

$$I(x) = I(0)\cdot \exp(B\cdot(n_2 - n_1)\cdot x/c). \tag{26.1}$$

Da normalerweise $n_2 < n_1$ ist, überwiegt Absorption.

Für Lichtverstärkung ist

$$n_2 > n_1 \tag{26.2}$$

d. h. Besetzungsinversion erforderlich.

Besetzungsinversion erreicht man im Normalfall mit Hilfe dreier Energieniveaus (Dreiniveaulaser). Wegen der starken Besetzung des Grundzustands können solche Laser in der Regel nur im Pulsbetrieb arbeiten. Benutzt man als Laserendniveau nicht das Grundniveau, sondern ein höher liegendes Niveau, umgeht man diese Schwierigkeit (Vierniveau-Laser).

II. Laserresonator. In einem Resonator können nur solche Wellen (Moden) existieren, die sich beim Hinlauf und beim Rücklauf phasengleich überlagern, d. h. die Resonatorlänge d muß ein ganzzahliges Vielfaches der halben Wellenlänge betragen:

$$d = N\cdot\frac{\lambda}{2}. \tag{26.3}$$

Transversalmoden erleiden einen Wanderverlust und werden in geringerem Maße verstärkt als longitudinale Moden.

Durch Beugung kommt es im Laser-Resonator zur Ausbildung einer charakteristischen Welle, der gaußschen Welle. Diese hat folgende Eigenschaften: (1) gibt es eine Stelle kleinsten Durchmessers, die Strahltaille; (2) hat die gaußsche Welle—mit Ausnahme der Strahltaille—überall sphärische Wellenflächen und (3) ist die Intensität $I(x)$ normal zur Strahlachse eine Gaußsche Glockenkurve. Der Strahlradius ist $w(z)$:

$$w^2(z) = w_0^2\cdot(1 + (z/\rho)^2). \tag{26.4}$$

Ihr Krümmungsradius $R(z)$ ist:

$$R(z) = z\cdot(1 + (\rho/z)^2) \tag{26.5}$$

mit der Rayleigh-Länge ρ:

$$\rho = \pi\cdot w_0^2/\lambda. \tag{26.6}$$

Als Resonator kann grundsätzlich jedes Spiegelpaar fungieren, dessen Oberflächen mit den Wellenflächen des Gaußstrahls zusammenfallen. Der Intensitätsverlauf normal zur Strahlrichtung ist durch eine Gaußfunktion gegeben.

III. Drei Aspekte machen den Laser aus: (1) Durch optisches oder elektrisches Pumpen wird in einem Stoff eine Besetzungsinversion erzeugt. In einem solchen invertierten Medium erfolgt Lichtverstärkung. Stellt man das invertierte Medium in einen optischen Resonator, kommt es (2) zur Rückkopplung, d. h. es werden jene Wellen verstärkt, die der Resonanzbedingung genügen. Der Resonator bewirkt außerdem (3) eine Wellenselektion, die für die starke Bündelung des Laserlichts verantwortlich ist.

Ein Laserstrahl besteht im allgemeinen aus mehreren Lasermoden, die miteinander interferieren und Schwebungen erzeugen. Die minimale Dauer δt der so entstehenden Intensitätsimpulse beträgt

$$\delta t = \frac{1}{c}\cdot\frac{\lambda^2}{\delta\lambda}. \tag{26.7}$$

Da die relative Phasenlage der interferierenden Moden zufällig schwankt, ist die entstehende Schwebungserscheinung ebenfalls zufällig. Die Länge dieser Lichtimpulse (die sog. „Kohä-

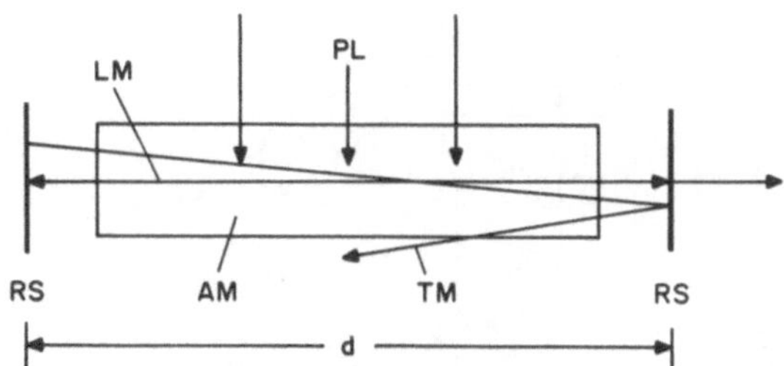

Abb. 26.14. Laserprinzip. (1) Lichtverstärkung durch Besetzungsinversion mit Hilfe des Pumplichts *PL*. (2) Rückkopplung und (3) Wellenselektion durch den optischen Resonator (RS = Resonatorspiegel). LM = Longitudinal-Mode, TM = Transversal-Mode, AM = aktives Medium

renzlänge") ist

$$\delta l = c \cdot \delta t. \tag{26.8}$$

Die Anzahl der Moden eines Lasers ist gleich dem Quotienten aus der Linienbreite des invertierten Mediums $\delta\lambda$ durch den Modenabstand $\Delta\lambda$ des Laserresonators:

$$M = \delta\lambda / \Delta\lambda \tag{26.9}$$

oder

$$M = 2 \cdot d / \delta l. \tag{26.10}$$

Die Modenzahl ist also gleich dem Quotienten aus der doppelten Resonatorlänge durch die Länge der Lichtimpulse δl.

Beim Modenkopplungsverfahren verteilt sich die Strahlungsenergie anstatt auf die ganze Resonatorlänge auf einen Bruchteil $1/M$ dieser Länge. Es kommt zu einer M-fachen Erhöhung der Intensität in den Modenkopplungsimpulsen. Beim Q-switch-Verfahren wird durch Unterdrückung der Lasertätigkeit die Pumpenergie über einen längeren Zeitraum (z. B. 1 μs) gesammelt und steht dann für einen einzigen Riesenimpuls zur Verfügung. Erzielt werden (mit dem Nd-YAG-Laser) etwa folgende Impulsdauern δt und Impulsleistungen P:

Güteschaltung: $\delta t = 10^{-8}$ s $\quad P = 10^{9}$ W.
Modenkopplung: $\delta t = 10^{-15}$ s $\quad P = 10^{11}$ W.

Beispiel 26.1. Abstand $\Delta\lambda$ der Moden eines Laserresonators von der Länge $d = 50$ cm für Licht von der Wellenlänge $\lambda = 0{,}5\,\mu$m auf der Wellenlängenskala (Abb. 26.4).

Durch Differenzieren von $\lambda = 2 \cdot d/N$ aus Gleichung 26.3 erhalten wir

$$\Delta\lambda / \Delta N = -2 \cdot d / N^2$$

und für $\Delta N = 1$ mit $N = 2 \cdot d/\lambda$

$$\Delta\lambda = \lambda^2/(2 \cdot d) = (5 \cdot 10^{-7}\,\text{m})^2/(2 \cdot 5 \cdot 10^{-2}\,\text{m}) = 0{,}0025\,\text{nm}.$$

Beispiel 26.2. Neodym-YAG-Laser. Dieser Laser gleicht sehr dem ersten, von T. Maiman 1960 realisierten (Rubin-) Laser. Es handelt sich auch hier um einen Festkörperlaser. Dieser ist jedoch, im Gegensatz zum Rubinlaser (= Dreiniveau-Laser), ein Vierniveau-Laser. Als Lasermaterial wird Yttrium-Aluminium-Granat (YAG), ein sehr harter und spröder synthetischer Kristall, dotiert mit Nd, benutzt:

$$Y_3Al_5O_{12}.$$

Dabei werden Al^{3+}-Ionen durch Nd^{3+}-Ionen ersetzt. Das Nd-Ion hat drei $4f$-Elektronen. Diese Elektronen sind beim Laserbetrieb optisch aktiv. Die vollen $5s$ und $5p$-Schalen sind optisch nicht aktiv und schirmen die $4f$-Schale nach außen hin ab, weshalb relativ scharfe Spektrallinien auftreten. Der Nd-YAG-Laser wird optisch gepumpt. Die angeregten Zustände, z. B. $4f^2\,5d^1$, bilden eine sehr große Anzahl von Energieniveaus, so daß Absorption bei vielen Wellenlängen möglich ist.

Wegen der großen Lebensdauer des oberen Laserniveaus kann dieser Laser erheblich Energie speichern und eignet sich daher zum Q-switch-Betrieb. Einzelimpulse bis zu 500 mJ werden mit Laserstäben von ca. 10 mm Durchmesser und 10 cm Länge möglich, und damit optischer Durchbruch bzw. Photodisruption. Als Pumplicht werden Kr-Gasentladungslampen („Blitzlampe") mit starker Emissionslinie bei $\lambda = 810$ nm und Halbleiterlaser benutzt.

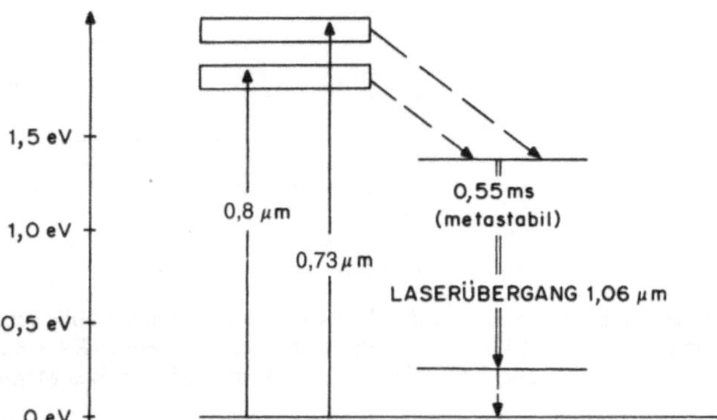

Abb. 26.15. Energieniveau-Diagramm des Nd^{3+}-Ions beim Nd-YAG-Laser. Die breiten Energieniveaus bestehen aus vielen Einzelniveaus einzelner Nd-Ionen, die aufgrund der Einwirkung von elektromagnetischen Feldern benachbarter Ionen leicht unterschiedliche Energiewerte besitzen

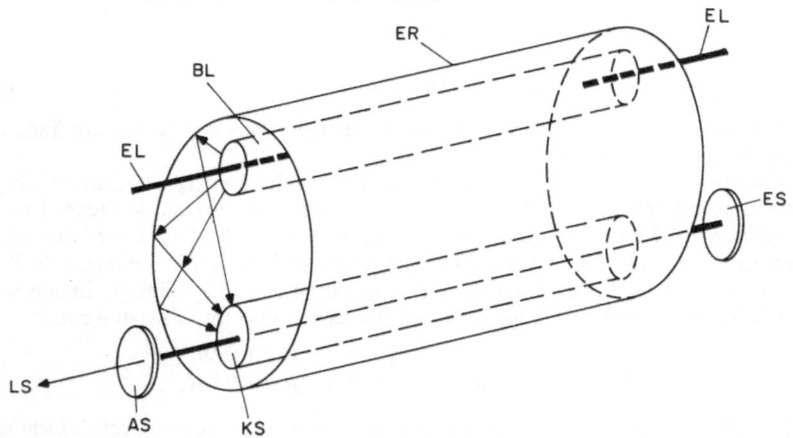

Abb. 26.16. Prinzipieller Aufbau eines optisch gepumpten Festkörperlasers. *KS* = Kristallstab, *BL* = Blitzlampe mit Elektroden *EL*, *ER* = elliptischer Reflektor, *ES* = Resonator-Endspiegel, *AS* = Resonator-Auskoppelspiegel, *LS* = Laserstrahl. Der Kristall befindet sich meist in einer Quarzröhre und wird zur Kühlung von Wasser umspült. Lampe und Kristall befinden sich in den Brennlinien des elliptischen Reflektors. Der Laser-Endspiegel wird oft einfach durch Verspiegelung der Kristall-Endfläche realisiert

Wegen der relativ großen Eindringtiefe des infraroten Nd-YAG-Laserlichts in das Gewebe kommt es zur Erwärmung eines größeren Volumenbereichs und dadurch zu Koalgulation bzw. guter Blutstillung. Dieser Laser ist daher überwiegend zur Koagulation und zum Schneiden stark durchbluteter Gewebe geeignet, s. Beispiel 27.5. Im *Q*-Switch-Betrieb kommt er zur Beseitigung des Nachstars, in der Laser-Lithotripsie und der Angioplastie zum Einsatz.

Beispiel 26.3. CO_2-Laser. Wegen der starken Absorption in Wasser ist infrarotes Licht von besonderem Interesse für die Chirurgie. Zwar haben auch Atome Übergänge im Infraroten, nämlich nahe der Ionisationsgrenze, jedoch sind diese Übergänge aus 2 Gründen sehr ungünstig: (1) muß mit Photonenenergien gepumpt werden, die nahe an der Ionisierungsgrenze liegen (was schnell zur tatsächlichen Ionisierung führt) und (2) ist die erforderliche Pumpenergie dadurch sehr hoch, d. h. der energetische Wirkungsgrad klein, bzw. es muß viel Wärmeenergie abgeführt werden.

Demgegenüber haben Moleküle im allgemeinen auch innerhalb ihrer elektronischen Grundzustände Infrarotübergänge, nämlich aufgrund ihrer Rotations- und Schwingungsfreiheitsgrade, s. Abb. 27.5. Die Energien der Molekülschwingungen liegen in der Größenordung von 0,1 eV, jene der Molekülrotationen liegen in der Größenordnung von 0,001 eV.

Während zweiatomige Moleküle nur einen einzigen Schwingungstyp kennen, gibt es bei dem CO_2-Molekül drei verschiedene Schwingungsmöglichkeiten, s. Kapitel 27.2:

	Quantenzahlen
1. Mode = symmetrische Streckschwingung	v_1
2. Mode = Knickschwingung	v_2
3. Mode = asymmetrische Streckschwingung	v_3

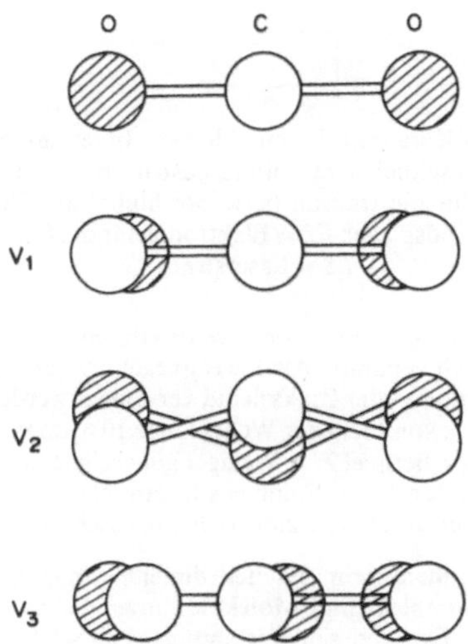

Abb. 26.17. Schwingungsmoden des CO_2-Moleküls

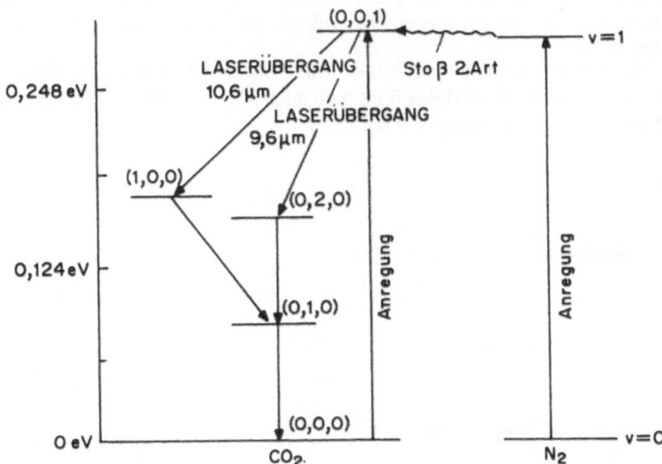

Abb. 26.18. Energieniveauschema des CO_2-Laser. Die Schwingungsmoden des CO_2-Moleküls sind durch Angabe der Quantenzahlen (v_1, v_2, v_3) gekennzeichnet. Dem CO_2 beigemischter Stickstoff verbessert die Anregungsrate; er überträgt seine aus der Gasentladung durch Stöße gewonnene Anregungsenergie durch sogenannte Stöße 2. Art auf die CO_2-Moleküle. (Außerdem noch beigemischtes Helium erhöht die Wärmeleitung des Gasgemisches)

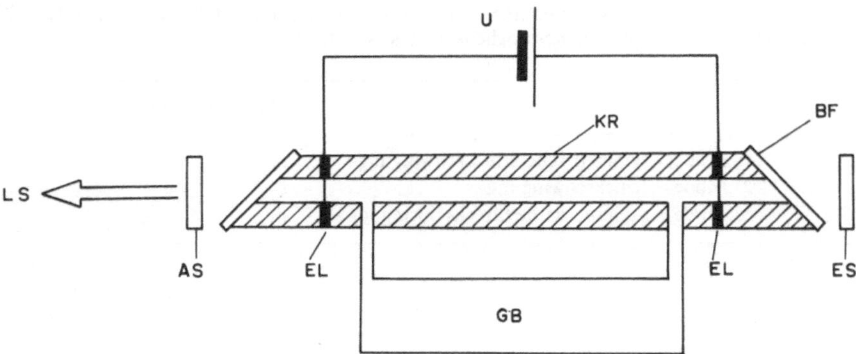

Abb. 26.19. CO_2-Gaslaser. *KR* = Keramikrohr mit kleinem Innendurchmesser (ca. 2 mm), wirkt als hohler Wellenleiter und verhindert seitlichen Strahlungsaustritt; *BF* = „Brewster-Fenster" (im Brewster-Winkel ohne Reflexionsverluste für die transmittierte Strahlung) aus ZnSe als Rohrverschluß; *AS* = Ausgangsspiegel aus ZnSe; *ES* = Endspiegel; *EL* = Elektroden für die Gasentladung; *GB* = Gasbehälter; *LS* = Laserstrahl

CO_2-Laser, die in der Medizin angewandt werden, werden durch Gasentladung, d. h. durch Stromfluß durch das laseraktive Gas hindurch gepumpt. Als Laserspiegel müssen wegen der großen Wellenlänge (z. B. 10,6 μm) Spiegel aus Germanium oder Zinkselenid verwendet werden.

Wegen der kleinen Eindringtiefe von Licht der Wellenlänge 10,6 μm in Wasser ist dies der (fast) ideale Laser zum Schneiden von Gewebe; s. Beispiel 27.4. Weniger gut geeignet ist dieser Laser zum Koagulieren, weil es hierzu der Erwärmung eines größeren Volumens bedarf. Nachteilig ist die (unsichtbare) Infrarotstrahlung; auch deshalb, weil sie nur durch Reflexion, d. h. praktisch nur mittels Hohlleiter zuführbar ist.

Beispiel 26.4. Excimer-Laser. Excimere (von „Excited dimer" = angeregtes Dimer; genauer wäre der Ausdruck „Exciplex" = Excited complex) sind Moleküle kurzer Lebensdauer, die nur im angeregten Zustand existieren. Die wichtigsten Excimere sind Verbindungen zwischen einem angeregten Edelgasatom und einem Halogen. Da sich bei einem angeregten Edelgasatom offenbar ein Elektron ungepaart außerhalb der Edelgasschale befindet, kann es ähnliche Bindungen eingehen, wie die einwertigen Alkaliatome, also bevorzugt mit Halogenen. Ein solches Molekül befindet sich daher schon im kleinstmöglichen Energiezustand in einem angeregten elektronischen Zustand. Geht es in den Grundzustand, gewinnt das Edelgasatom seine chemische Trägheit wieder, das Molekül zerfällt. Ein echter Grundzustand existiert also gar nicht (Abb. 26.20).

Es ist daher sehr einfach, die zur Lasertätigkeit notwendige Besetzungsinversion zu erreichen. Allerdings muß das Edelgas-Halogen-Molekül deshalb auch immer wieder neu gebildet werden. Das erreicht man mit Hilfe einer Gasentladung, s. Abb. 26.21.

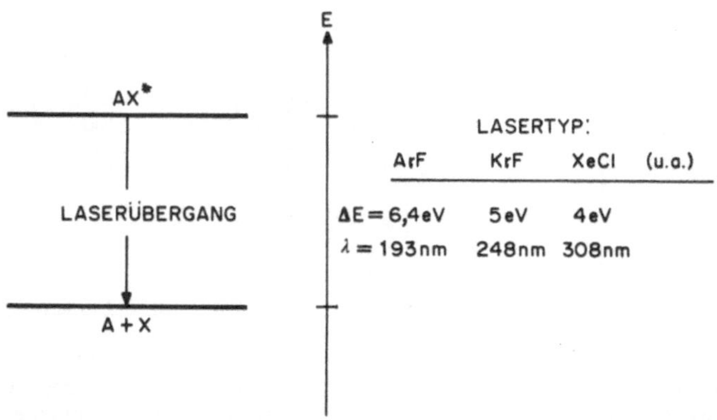

Abb. 26.20. Energieniveau-Schema der Excimer-Laser. *AX** = angeregtes Excimer-Molekül. *A* = Halogen-Atom, *X* = Edelgas-Atom

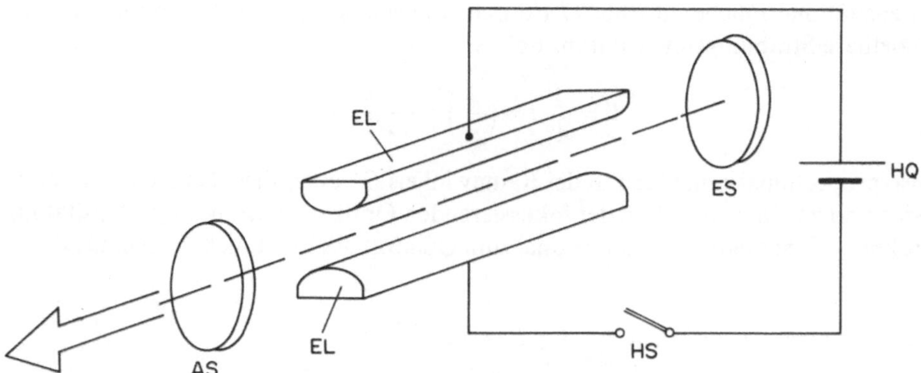

Abb. 26.21. Technisches Prinzip des Excimer-Lasers. HQ = Hochspannungsquelle, HS = Hochspannungsschalter, ES = Endspiegel, AS = Ausgangsspiegel, EL = Elektroden für die Gasentladung. Die Elektroden und das Gasgemisch, bestehend aus einem Edelgas und einem (giftigen) Halogen, befinden sich in einem hermetisch abgeschlossenen Behälter, dem Laserrohr

27. Wechselwirkung von Licht mit Materie und Gewebe

27.1 Fokussierung von Licht

Beim Einsatz von Licht in der Laserchirurgie sowie bei Abbildung und beim Sehen wird das Licht durch eine Optik fokussiert. Wir berechnen im folgenden die im Fokus einer Welle bzw. im Bild der Lichtquelle auftretenden Lichtintensitäten.

Für punktförmige Lichtquellen und Lasermoden ist die Ausdehnung des fokussierten Lichtflecks durch die Beugung gegeben. Da der Energiestrom (= Strahlungs-

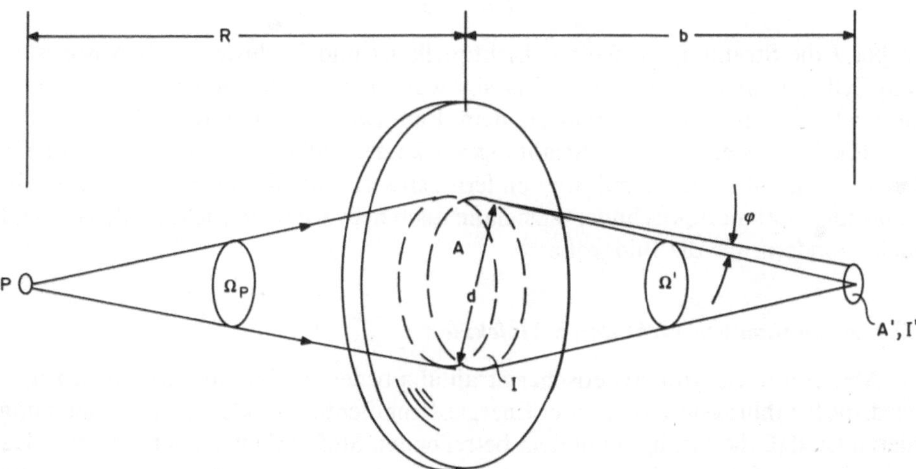

Abb. 27.1. Fokussierung des Lichts einer Punktlichtquelle P bzw. einer Lasermode (Krümmungsradius R). Beugungswinkel $\varphi \doteq \lambda/d$. A = (homogen angenommen) ausgeleuchtete Fläche auf der fokussierenden Optik, A' = Fokusfläche

intensität mal Fläche) in Abb. 27.1 durch A gleich dem durch A' sein muß, ist die erzielbare Strahlungsintensität im Fokus

$$I' = \frac{A}{A'} \cdot I = \left(\frac{2}{\pi}\right)^2 \cdot \frac{\Omega'^2 \cdot b^2}{\lambda^2} \cdot I,$$

also proportional zum Quadrat des Raumwinkels Ω', unter dem das Licht fokussiert wird und zur Intensität I an der fokussierenden Optik. Die Strahlungsintensität im Fokus ist daher indirekt proportional zum Quadrat des Lichtquellenabstands R.

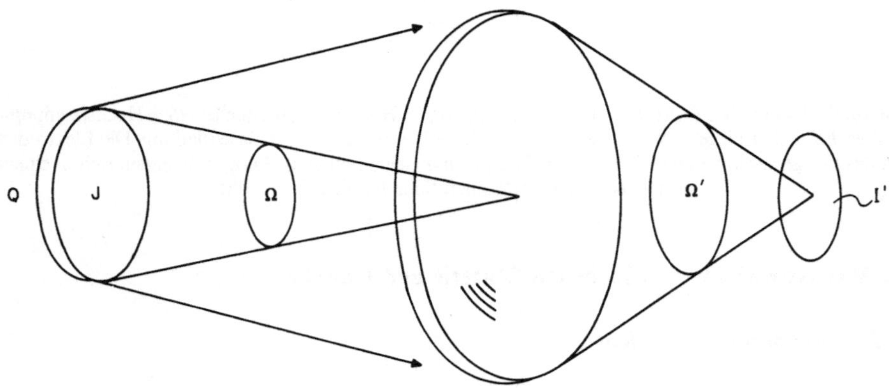

Abb. 27.2. Abbildung einer ausgedehnten Lichtquelle Q

Im Falle der ausgedehnten Lichtquelle, s. Abb. 27.2, wirkt die fokussierende Linse als (sekundäre) Lichtquelle. Entsprechend ist die Lichtintensität im Bild

$$I' = J \cdot \Omega',$$

wobei J die Strahlungsstärke der Lichtquelle ist und Verluste durch Absorption und Reflexion an der Linse vernachlässigt wurden. Die erzielbare Strahlungsintensität ist hier also proportional zu dem Raumwinkel, unter dem das Bild der Lichtquelle entsteht, und zur Strahlungsstärke der Lichtquelle. Ist die Lichtquelle Q von der abbildenden Optik weit entfernt, entsteht ihr Bild im Fokus. Die Strahlungsintensität im Fokus ändert sich dann auch bei variablem Lichtquellenabstand nicht, sondern nur die Bildgröße.

27.2 Absorption von Licht durch Moleküle

Absorption elektromagnetischer Strahlung bedeutet, daß ihr Energie entzogen wird: die Strahlungsintensität oder Energiestromdichte wird kleiner. Voraussetzung hierzu ist, daß die Strahlung in dem betreffenden Stoff Arbeit verrichten kann. Da es in allen Stoffen elektrische Ladungen Q in Form von Elektronen oder Ionen gibt, ist dies grundsätzlich immer der Fall. Die elektrische Feldstärke $\mathbf{E}$ der Strahlung übt auf diese Ladungen nämlich Kräfte $\mathbf{F} = Q \cdot \mathbf{E}$ aus. Diese Feldstärke ist in der Regel eine harmonische Welle, daher wirkt auf Ladungen Q eine harmonische

Kraft F:

$$F = Q \cdot E \cdot \cos(\omega \cdot t).$$

Kräfte alleine bedeuten noch keine Arbeit. Es hängt im einzelnen von der Frequenz der Strahlung und den Massen der betreffenden Ladungsträger ab, inwieweit diese von der elektrischen Feldstärke der Strahlung bewegt werden können, es also tatsächlich zur Verrichtung von Arbeit kommt.

Ionen und Elektronen führen i. a. bereits eine schwingende Bewegung aus (Kapitel 7.1 und Kapitel 17). Einem schwingenden Körper kann man Energie besonders gut zuführen, wenn die Kraft mit der Eigenfrequenz des Oszillators auf diesen einwirkt (Resonanz). Dies führt zu einer Vergrößerung der *Schwingungsamplitude*, s. Kapitel 4.1. Quantenphysikalisch hingegen muß *die Frequenz* einer Schwingung verändert werden, was wir schon beim Bohrschen Atommodell kennengelernt haben, wo Energieaufnahme und Energieabgabe die Schwingungsfrequenz bzw. Rotationsfrequenz des Elektrons um den Kern verändert. Daher muß die Kraft bzw. Feldstärke hier mit der Schwebungsfrequenz bzw. der Differenzfrequenz jener beiden Schwingungen einwirken, zwischen welchen ein Übergang erzeugt werden soll, s. auch Abschnitt 27.4a. In jedem Fall jedoch gibt die Schwingungsfrequenz des betreffenden Teilchens (Elektron, Ion) ein Maß für den Frequenz- und damit Wellenlängen-Bereich einer möglichen Wechselwirkung mit elektromagnetischer Strahlung. Man erhält für Elektronen Wellenlängen im UV-Bereich und für Ionen Wellenlängen im IR-Bereich. D. h. im UV-Bereich wird elektromagnetische Strahlung meist durch Elektronenübergänge absorbiert und im IR-Bereich durch Molekülschwingungen.

Damit jedoch Molekülschwingungen von einer elektromagnetischen Welle überhaupt angeregt werden können, müssen die betreffenden Moleküle ein elektrisches Moment besitzen, d. h. die das Molekül bildenden Atome müssen elektrische Überschußladungen tragen. Beispielsweise ist dies bei zweiatomigen Molekülen mit zwei gleichen Kernen, wie O_2 oder N_2, nicht der Fall. Solche Moleküle absorbieren kein Infrarotlicht. CO_2 hingegen, ebenso wie H_2O, absorbieren infrarotes Licht. Diese Tatsache ist von einiger Bedeutung für die Absorption von Licht durch das menschliche Gewebe.

Das hier benutzte einfache Modell für die Wechselwirkung zwischen dem elektromagnetischen Feld und Materie vermag die grundsätzlichen Eigenschaften—eben die Tatsache, daß Absorption elektromagnetischer Strahlung nur bei einer bestimmten Frequenz auftritt—plausibel zu machen. Auch das Auftreten von Vielfachen dieser Frequenzen kann man mit diesem Modell zumindest qualitativ verständlich machen, wir gehen hier jedoch auf weitere Details nicht ein, sondern betrachten im folgenden die Ergebnisse der quantenphysikalischen Analyse.

Die Energie der Schwingungen der Atome bzw. Ionen gegeneinander besitzt die Werte

$$E_v = (v + \tfrac{1}{2}) \cdot \hbar \cdot \omega_0,$$

wobei $v = 0, 1, 2, 3$, etc. sein kann, d. h. die Energiewerte voneinander den Abstand $\hbar \cdot \omega_0$ haben.

Der Summand $\frac{1}{2}$ in der Klammer gibt die Nullpunktsenergie ($= \frac{1}{2} \cdot \hbar \cdot \omega_0$) dieser Schwingung an. Dies ist die zwar sehr interessante, aber für uns im folgenden

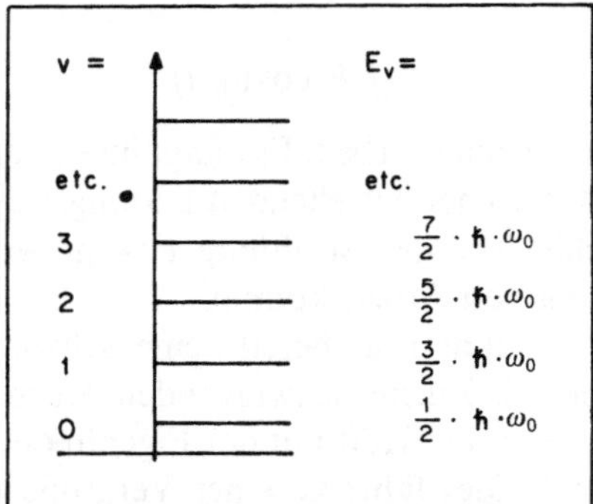

Abb. 27.3. Schwingungsenergien E_v eines zweiatomigen Moleküls. v = Schwingungs-Quantenzahl; ω_0 = Kreisfrequenz der Grundschwingung des Moleküls

unwichtige Tatsache, daß ein schwingungsfähiges Gebilde nie den Energiewert Null haben kann, also, anschaulich gesagt, nie zur Ruhe kommt.

Eine weitere Möglichkeit zur Energieaufnahme besteht für Moleküle im Rotationsfreiheitsgrad. Wenn das Molekül ein elektrischer Dipol ist, übt die elektrische Feldstärke einer elektromagnetischen Welle auf dieses ein Drehmoment aus. Auch die Rotationsenergie E_R ist quantisiert:

$$E_R = l \cdot (l+1) \cdot \frac{\hbar^2}{2 \cdot I}$$

mit $l = 0, 1, 2, 3$, etc. Hier ist I das Trägheitsmoment des Moleküls. $\frac{\hbar^2}{2 \cdot I}$ ist von der Größenordnung 10^{-4} eV und damit sehr viel kleiner als $\hbar \cdot \omega_0$ mit einer Größenordnung von 10^{-1} eV. Demgegenüber haben die Energien der atomaren und molekularen Elektronenbahnen eine Größenordnung von einigen eV (bis zu vielen 10^3 eV auf den inneren Orbitalen schwerer Atome).

Während die Energieabstände zwischen verschiedenen Schwingungszuständen eines Moleküls konstant sind, nehmen diese Abstände bei den Rotationszuständen mit zunehmender Rotationsquantenzahl l zu:

$$\Delta E_R = 2 \cdot (l+1) \cdot \frac{\hbar^2}{2 \cdot I}.$$

Die Rotationsenergien eines zweiatomigen Moleküls mit dem Trägheitsmoment I ergeben das Bild der Abb. 27.4.

Nicht zwischen allen Zuständen sind Übergänge, induziert durch elektromagnetische Strahlung, möglich. Beispielsweise gibt es für homonukleäre zweiatomige Moleküle, wie schon erwähnt, keine Übergänge zwischen reinen Rotationszuständen; gleiches gilt für Übergänge zwischen Schwingungszuständen. Ansonsten gilt

$$\Delta v = \pm 1 \qquad \text{und} \qquad \Delta l = \pm 1.$$

Auf weitere Hintergründe dieser u. a. mit dem Drehimpulserhaltungssatz zusammenhängenden „Auswahlregeln“ gehen wir nicht näher ein.

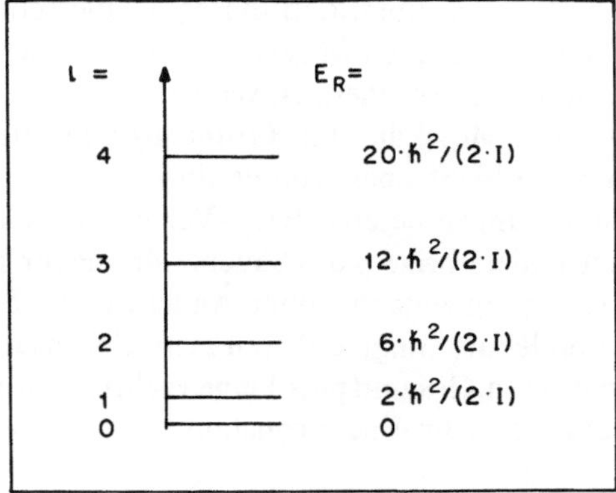

Abb. 27.4. Energiewerte E_R der Rotationszustände eines zweiatomigen Moleküls. l = Rotations-Quantenzahl; I = Trägheitsmoment des Moleküls

Wenn ein Molekül Strahlungsenergie absorbiert, kann sich diese sowohl primär als auch in den nachfolgenden Schritten auf die elektronische Anregung und die anderen Energieformen des Moleküls verteilen. Wegen der starken Besetzung des Grundzustands (analog zu Beispiel 17.1) erfolgt Lichtabsorption in erster Linie von diesem Zustand aus. Für photochemische Prozesse hingegen ist der erste angeregte elektronische Zustand maßgeblich; die Lebensdauern der höheren

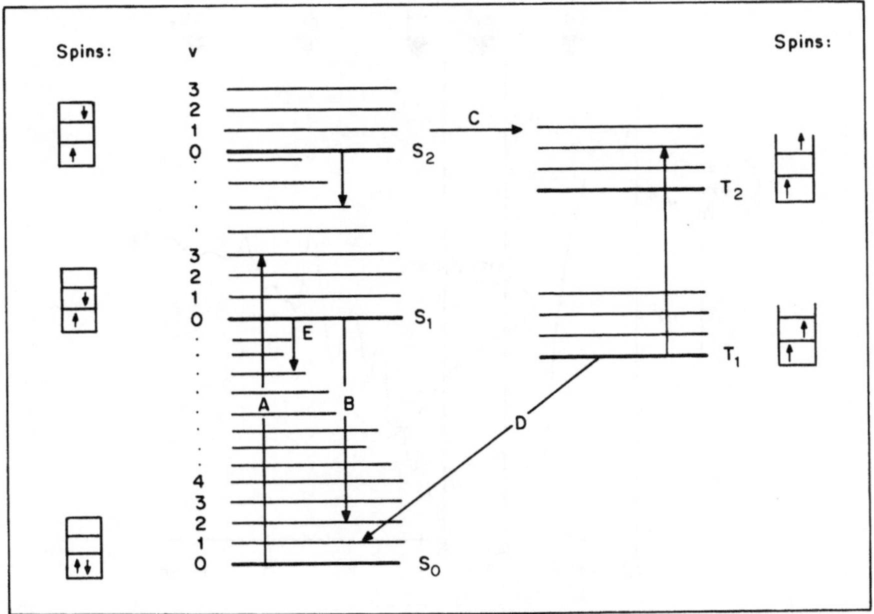

Abb. 27.5. Energie-Diagramm eines Moleküls (Jablonski-Diagramm); links Singulett-Zustände (S), rechts Triplett-Zustände (T), s. Text. A = Absorption, B = Fluoreszenz, C = Übergang in Triplett-Zustand, D = Phosphoreszenz, E = interne Konversion der Anregungsenergie in Wärmeenergie. Am linken und rechten Bildrand sind die entsprechenden Spinzustände des Moleküls angedeutet (s. Kapitel 17)

angeregten Zustände sind i. a. so kurz, daß die Moleküle sehr schnell in diesen Zustand übergehen. Die verschiedenen Möglichkeiten des Energieaustauschs von Molekülen lassen sich mittels eines Energieniveau-Diagramms überblicken.

Im allgemeinen haben Moleküle im Grundzustand durchwegs gepaarte Elektronen, d. h. die äußeren Elektronenorbitale sind von jeweils 2 Elektronen mit entgegengesetzten Spinrichtungen besetzt (Pauli-Verbot), ihr Gesamtspin ist Null. Eine wichtige Ausnahme bildet übrigens das Sauerstoffmolekül. Bei der Absorption eines Photons erfolgt Anregung zunächst ohne Änderung der Spinorientierungen. Das angeregte Singulettmolekül („Singulett" weil es im Gegensatz zu dem „Triplettmolekül" wegen des fehlenden Gesamtspins keine mehrfachen Elektronenniveaus bildet) hat vier Möglichkeiten zum Energieaustausch:

1. Fluoreszenz
2. Interne Konversion der Energie in Wärme
3. Initiierung einer photochemischen Reaktion (Aktivierungsenergie)
4. Übergang in Triplett-Zustand: Phosphoreszenz oder photochemische Reaktion.

Eine wichtige Rolle spielen die Triplett-Zustände („Triplett", weil die parallelen Spins der Elektronen eine Gesamtspinquantenzahl s_G von 1 ergeben und damit $2 \cdot s_G + 1 = 3$ mögliche Orientierungen in einem Magnetfeld erlauben, s. Kapitel 17). Diese Triplettzustände haben relativ große Lebensdauer, weil für den Übergang in den Grundzustand ein Umklappen des Elektronenspins erforderlich ist, was ohne äußere Einwirkung wegen des Drehimpulserhaltungssatzes nicht möglich ist.

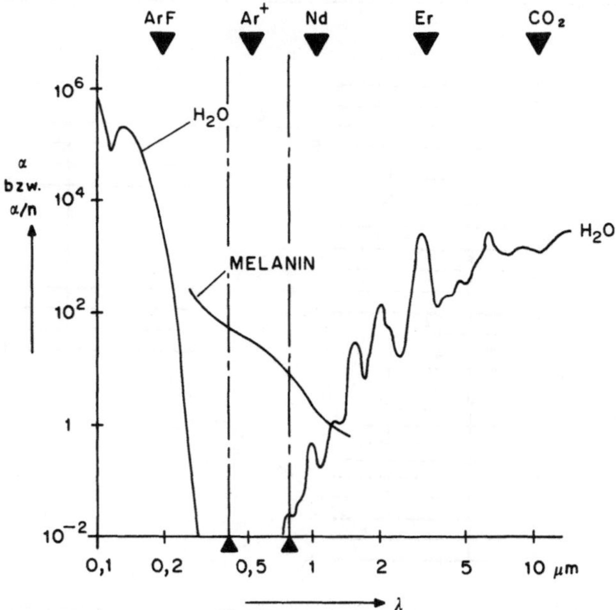

Abb. 27.6. Extinktionskoeffizient α (Einheit $1\,cm^{-1}$) für Wasser und molarer Extinktionskoeffizient α/n für Melanin (mit der Einheit $[\alpha/n] = 10^{-3}\,mol^{-1} \cdot cm^{-1}$). Die strichpunktierten Linien begrenzen den Bereich sichtbarer Strahlung. Ferner sind die Wellenlängen einiger in der Medizin benutzter Laser (ArF-Excimerlaser, Ar^+-Ionenlaser, Nd-YAG-Laser, Er-YAG-Laser und CO_2-Laser) markiert

Diese Moleküle werden also relativ lange im angeregten Zustand verweilen. Da die für jede photochemische Reaktion erforderliche Aktivierungsenergie einer elektronischen Anregung des Moleküls bedarf, wird eine solche Reaktion daher meist von einem Triplettzustand ausgehen.

Für die primäre Energieaufnahme ist bei niedrigen bis mittleren Intensitäten der Absorptionskoeffizient α maßgeblich. Der wichtigste Gewebebestandteil Wasser absorbiert sehr stark im UV-Bereich und im IR-Bereich, ist jedoch im sichtbaren Spektralbereich weitgehend transparent (α fast durchwegs kleiner als $10^{-2}\,\mathrm{cm}^{-1}$, s. Abb. 27.6). Proteine haben durchwegs hohe Absorption bei etwa 280 nm und insbesondere bei 195 nm (= bedingt durch die Peptidbindung). Hämoglobin hat zusätzlich starke Absorption bei einigen Wellenlängen im Sichtbaren (s. Abb. 25.23). Nukleinsäuren haben, ähnlich wie die Proteine, vor allem bei zwei Wellenlängen im UV sehr starke Absorption, u. zw. bei 260 nm und etwas unterhalb von 230 nm. Der bei weitem wichtigste farbgebende Bestandteil der Haut ist das Melanin. Sein Absorptionsspektrum ist eine mit zunehmender Wellenlänge monoton fallende Kurve.

27.3 Absorption von Licht durch Gewebe

a) Gewebeeigenschaften

Dem Eindringen von Licht in den Körper stellt sich als erstes die Haut entgegen. Im ultravioletten und sichtbaren Spektralbereich wird die Transparenz der Haut weitgehend durch das Melanin bestimmt. Die Transparenz ist daher stark von der Hautfarbe und der Bräunung abhängig und kann zwischen Weißen und Schwarzen um 3 Größenordnungen unterschiedlich sein. Im IR ab etwa 1100 nm spielt die Absorption durch das Melanin keine Rolle mehr, es dominiert die Absorption von Wasser.

Hautbräunung ist das Ergebnis zweier meist parallel ablaufender Prozesse. Zum einen bewirkt UV-A-Bestrahlung eine instantane Bräunung durch Umverteilung des in der Haut vorhandenen Melanins, die allerdings meist nach wenigen Stunden wieder verblaßt. Zum anderen kommt es, hauptsächlich durch die Absorption von UV-B-Strahlung hervorgerufen, zur Neubildung von Melanin durch die vorhandenen Melanozyten. Das Melanin erscheint nach einer Latenzzeit von 4 bis 6 Tagen in der Hornhautschicht und führt zu einer beständigeren Bräunung.

Ein besondere Rolle bei der Lichtabsorption im Gewebe spielt das Blut. Dessen Absorptionskoeffizient nimmt nach größeren Wellenlängen hin ab, mit zwei ausgeprägten Nebenmaxima bei rund 540 nm und 570 nm (Abb. 25.23). Entsprechend beträgt die Eindringtiefe von rotem Licht in Gewebe bei 700 nm etwa das 10-fache des Werts bei 500 nm.

Die Transmission des Auges ist in allen Spektralbereichen weitgehend von seinem hohen Wassergehalt bestimmt. Hingegen wird die Absorption im Fundus durch die Melaningranula des Pigmentepithels determiniert, s. Abb. 27.7. Wie ein Vergleich mit der Abb. 25.22 zeigt, gibt es auf der langwelligen Seite etwa bei 800 nm bis 950 nm einen Bereich, wo Licht die Retina zu erreichen vermag, ohne wahrgenommen zu werden. Hier kann es unbemerkt zu Strahlenschäden am Auge

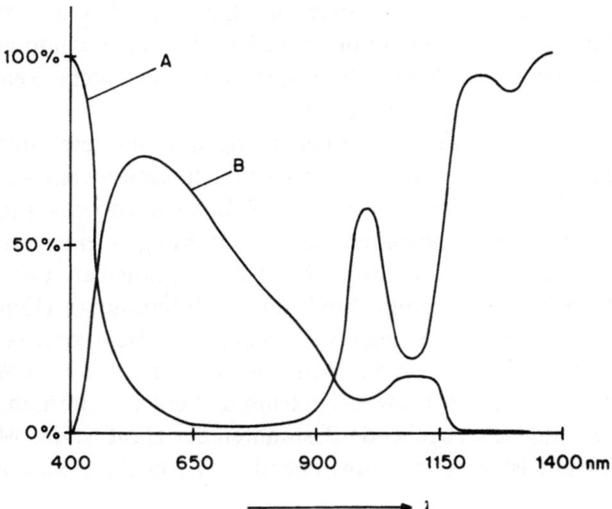

Abb. 27.7. Prozentuale Absorption der transparenten Medien des menschlichen Auges (Graph A) und des Pigmentepithels (Graph B). Nach Geeraets und Berry, 1968

kommen. Dies ist von besonderer Wichtigkeit im Hinblick auf Unfallgefahren mit IR-Lasern.

b) Räumliche Verteilung der absorbierten Energie

Nehmen wir zunächst an, daß die in das Gewebe eindringende Strahlung hauptsächlich absorbiert wird. Dann gilt für den Verlauf der Intensität $I(x)$ entlang der Ausbreitungsrichtung x im Gewebeinnern das Lambertsche Gesetz:

$$I(x) = I(0) \cdot \exp(-\alpha \cdot x)$$

α ist der lineare Absorptionskoeffizient des Gewebes, s. Kapitel 25.2.

Die im Gewebe absorbierte Energiestromdichte ist proportional zur Abnahme der Intensität, d. h. zu

$$-dI/dx = \alpha \cdot I(x).$$

In diesem einfachen Fall wird also die meiste Strahlungsenergie an der Eintrittstelle (= meist die Oberfläche) absorbiert.

c) Einfluß der Streuung

Bei reiner Absorption tritt die maximale Erwärmung direkt an der Gewebeoberfläche auf. Im allgemeinen jedoch liegen im Gewebe Absorption und Streuung gleichzeitig vor. Dann lautet das Lambertsche Gesetz:

$$I(x) = I(0) \cdot \exp(-(\alpha + s) \cdot x)$$

mit s = Streukoeffizient.

Für den Fall, daß die Streuung die Absorption dominiert, gibt es zwei Konsequenzen: Zum einen führt Streuung zu einer Vergrößerung der tatsächlichen

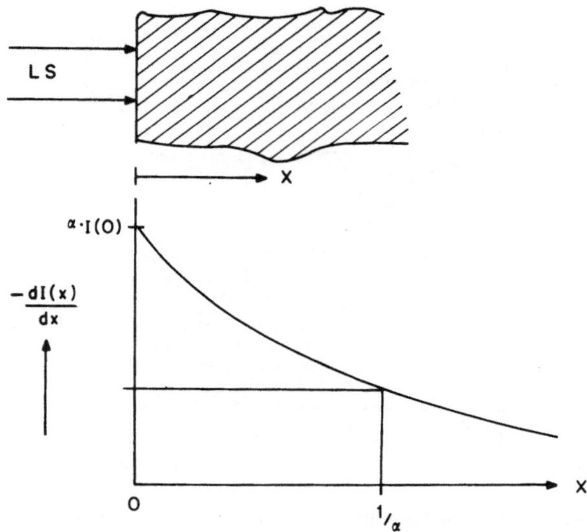

Abb. 27.8. Räumliche Verteilung der absorbierten Energiestromdichte bei reiner Absorption der Strahlung im Gewebe. *LS* = Lichtstrahl. Die Gewebeoberfläche befindet sich bei $x = 0$

Weglänge des Lichts durch das Gewebe. Die Folge ist, daß die Eindringtiefe sehr viel kleiner wird, als aus dem Absorptionskoeffizienten folgen würde. Zum anderen führt starke Streuung zu einer Abweichung der absorbierten Energiestromdichte von der aus dem Lambertschen Gesetz folgenden Verteilung. Die Strahlungsintensität und damit auch die absorbierte Strahlungsleistungsdichte erreicht dann nämlich erst etwas unterhalb der Oberfläche den Maximalwert. Der Grund hiefür liegt in der Mehrfachstreuung des Lichts. Dadurch setzt sich nämlich die Strahlungsintensität im Innern des Gewebes aus der direkt, d. h. ungestreut einfallenden Strahlungsintensität plus der aus der Umgebung gestreuten Strahlungsintensität zusammen. So erhält im Gewebeinnern jede Stelle Streulicht von den davor und den dahinter liegenden Stellen, an der Gewebeoberfläche hingegen nur von den dahinter liegenden Stellen. Die genaue räumliche Verteilung dieser gesamten Strahlungsintensität hängt stark von der Streucharakteristik des Gewebes ab.

27.4 Wirkungsmechanismen im Gewebe

Je nach eingestrahlter Leistungsdichte gibt es im Gewebe recht unterschiedliche Wirkungsmechanismen. Das reicht von photochemischen Wirkungen, die schon bei den kleinsten Leistungsdichten auftreten, über thermische Wirkungen bis zum optischen Durchbruch bei den höchsten Leistungsdichten. Dabei ist es weitgehend gleichgültig, wieviel Energie eingestrahlt wird. Letztere ist allerdings maßgeblich für die Größe des Effekts, also beispielsweise für die Menge des koagulierten oder abgetragenen Gewebes. Die folgende Abbildung 27.9 gibt einen Überblick.

Auch *Fluoreszenz* läßt sich am Gewebe beobachten. Verantwortlich hierfür (z. B. Anregung bei etwa 280 nm und Fluoreszenz im Bereich von 330 nm bis

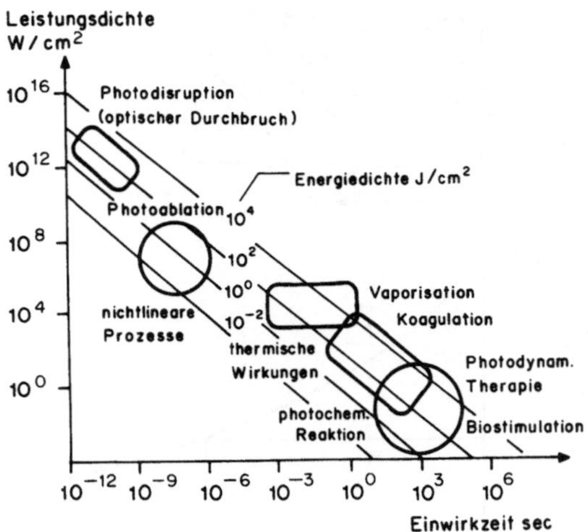

Abb. 27.9. Wechselwirkungsarten von Laserlicht mit Gewebe in Abhängigkeit von absorbierter Leistungsdichte und der Einstrahlungszeit (aus: H.-P. Berlien, G. Müller; 1989)

360 nm) dürften die Gewebefarbstoffe und Proteinbausteine Tryptophan und Tyrosin sein.

a) Photochemische Wirkungen

Die grundsätzliche Energiestruktur der Moleküle zeigt die Abb. 27.5. Eine Abschätzung der Wellenlänge, bei der Absorption durch Elektronenanregung erfolgt, erhält man auf folgendem Weg: Die Lichtabsorption der Moleküle wird weitgehend von den Elektronen der π-Orbitale bestimmt. Bei konjugierten Doppelbindungen können sich deren Elektronen praktisch über das ganze Molekül der Länge L hinweg bewegen. Die Energie eines solchen Elektronenorbitals läßt sich nicht mit Hilfe des Bohrschen Atommodells bestimmen, weil dieses Elektron gar nicht um einen Kern kreist. Vielmehr erhält man eine quantitative Abschätzung unter Berücksichtigung der Welleneigenschaft der π-Elektronen. Dem π-Orbital entspricht eine stehende Elektronenwelle. Für die Wellenlänge dieser Welle gibt es die Bedingung (vgl. Kapitel 4.3 und 26.1): $L = N \cdot \lambda/2$, mit $N =$ ganze Zahl, bzw. $\lambda = 2 \cdot L/N$. Ähnlich, wie eine eingespannte Saite bei Verlängerung mit niedrigerer Frequenz bei größerer Wellenlänge schwingt, tut dies auch das Elektronenorbital.

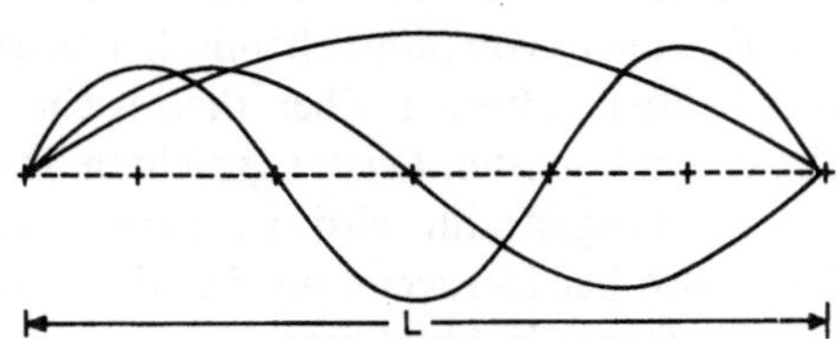

Abb. 27.10. Stehende Elektronenwellen von π-Elektronen in einem Molekül mit konjugierten Doppelbindungen der Länge L

Die kinetische Energie des Elektrons ist $E = (m/2)\cdot v^2 = p^2/(2\cdot m)$. Also kann die Energie der Grundschwingung (mit $\lambda = 2\cdot L$ und Gleichung 16.16) mit

$$E_0 = \frac{h^2}{8\cdot m\cdot L^2}$$

und die der ersten Oberschwingung ($\lambda = L$) mit

$$E_1 = \frac{h^2}{2\cdot m\cdot L^2}$$

abgeschätzt werden. Die in dem π-Orbital auftretenden Energiedifferenzen unterschiedlicher Elektronenzustände sind also von der Größe $h^2/(2\cdot m\cdot L^2)$, ($m =$ Elektronenmasse) entsprechend einer maximalen Absorptionswellenlänge von

$$\lambda_{max} = 2\cdot m\cdot c\cdot L^2/h.$$

Die Absorptionswellenlänge ist also proportional zum Quadrat der Länge der betreffenden π-Bindung. So beobachtet man etwa folgende Absorptionswellenlängen:

Peptidbindungen	190 nm,
Basen der Nukleinsäuren	260 nm,
β-Carotin	400 bis 500 nm,
Chlorophylle	400 bis 700 nm.

In der Medizin spielen photochemische Prozesse wichtige Rollen:

1. Als Bestandteil lebenserhaltender Prozesse, wie bei der Vitamin-D-Synthese in der Haut.
2. Als pathogene Prozesse, wie z. B. bei der Entstehung von Hautkrebs und Photodermatosen (Porphyria cutanea tarda).
3. In der Phototherapie und der Photochemotherapie.
4. Bei der ablativen Photodissoziation: hier diffundieren die entstandenen niedrigmolekularen Dissoziationsprodukte weg. Inwieweit ein solcher Prozeß bei der UV-Laserchirurgie eine Rolle spielt, ist noch unklar.
5. (Bei der Biostimulation: hier handelt es sich um therapeutische Anwendungen leistungsschwacher Laserstrahlen direkt auf das Gewebe, ohne Vermittlung eines Sensibilisators. Die verschiedenen denkbaren Wirkungsmechanismen müssen noch untersucht und bestätigt werden.)

b) Thermische Wechselwirkung

Die im bestrahlten Gewebe erreichte Erwärmung bzw. Temperaturzunahme ist einerseits abhängig von der eingestrahlten Energiedichte und Bestrahlungsdauer sowie andererseits von:

1. der Wärmekapazität des bestrahlten Gewebes (= meist gleich der von Wasser),
2. der Wärmeleitfähigkeit des Gewebes,
3. der Wärmekonvektion und
4. der Wärmeabstrahlung.

Das Gewicht, mit dem diese Prozesse beteiligt sind, hängt ab von: Eindringtiefe der Strahlung, Gewebeart, Gewebetemperatur, Gewebedurchblutung, Umgebungstemperatur und (gegebenenfalls) Art der Schnittspülung. Bezüglich der eingestrahlten Leistungsdichten gibt es zwei Schranken für die thermische Wechselwirkung im Gewebe:

oberhalb von etwa 10^6 W·cm^{-2} beginnt die Photoablation, unterhalb von etwa 10 W·cm^{-2} kommt es zu keiner nennenswerten Erwärmung mehr, es dominieren photochemische Effekte.

Die Erwärmung des Gewebes führt je nach erreichter Temperatur und Einwirkungsdauer zunächst

ab etwa 45 °C zu einer Beeinträchtigung der Zellenzyme und

ab etwa 60 °C zur Koagulation. Hierbei kommt es zur Denaturierung von Proteinen und des Kollagens. Kollagen besteht aus drei linksgängigen α-Helices, die zu einer rechtsgängigen Tripelhelix verdrillt sind. Bei Erwärmung wird die geordnete Struktur der Tripelhelix zerstört. Neben einer erheblichen Zunahme der Lichtstreuung hat dies vor allem eine Retraktion (Schrumpfung) des betreffenden Bindegewebes bzw. der Blutgefäße zur Folge.

Ab 100,25 °C kommt es zur Verdampfung des Zellwassers. Hierdurch wird ein erheblicher Betrag an Wärme verbraucht (Haltepunkt). Die Zellen zerplatzen und das Gewebe kann aufgetrennt werden (Disruption, Schneiden von Gewebe).

Ab etwa 150 °C tritt Karbonisation (Verkohlung des Gewebes) auf und

ab 300 °C Pyrolyse (mit Rauchentwicklung verbunden).

Karbonisation und Pyrolyse führen schließlich zur Abtragung auch der festen Gewebekomponenten.

Die Anwendung des Lasers in der Chirurgie beruht hauptsächlich auf der Wärmewirkung zur Koagulation und zum Schneiden von Gewebe. Die absorbierte Lichtenergie wird über verschiedene Mechanismen in Wärme verwandelt. Letztlich wird die Energie auf die Freiheitsgrade (Translation, Schwingung und Rotation) der Moleküle verteilt.

Die Schneidwirkung kommt durch das Zerplatzen der Zellen und die Gewebeabtragung durch Verdampfungsprozesse zustande. Dabei kommt es durch Wärmeleitung auch zu erheblicher Wärmewirkung auf das benachbarte stehenbleibende Gewebe. Das ist in der chirurgischen Anwendung u. U. erwünscht, weil die damit verbundene Koagulation der Schnittflächen hämostatisch wirkt und einen aseptischen Schutz der Wunde gewährleistet. Wird die zur Abtragung führende Energie sehr rasch zugeführt, wird sie verbraucht, ohne daß ein merklicher Anteil an Wärme auf das benachbarte Gewebe einwirkt. Dieser Prozeß wird als Photoablation bezeichnet.

c) Thermomechanische Wirkungen

Zunächst wird ab einer Leistungsdichte von etwa 1 MW·cm^{-2} das bestrahlte Gewebsvolumen explosionsartig weggeschleudert, und die Abtragungsrate nimmt stark zu. Dies ist der Bereich der Photoablation. Mit weiter steigender Leistungsdichte beginnt ab etwa 100 GW·cm^{-2} und Energiedichten um 100 J·cm^{-2} der optische Durchbruch. Hierbei kommt es durch Mehrphotonenabsorption zur Ionisierung und Bildung eines Plasmas (= ionisiertes Gas).

Eine Bedingung für die nichtthermische Wirkung von Laserimpulsen ist, daß die eingestrahlte Energie nicht als Wärme an die Umgebung abfließt. Inwieferne dies der Fall ist, läßt sich mit Hilfe der thermischen Relaxationszeit τ abschätzen.

Zeitliche Struktur von Bestrahlung und Wirkung. Laserbestrahlung erfolgt mit einer bestimmten Intensität (Energiestromdichte) I während einer Zeitspanne Δt. Die örtlich absorbierte Strahlungsenergiedichte ist $\alpha \cdot I(x) \cdot \Delta t$. Die durch Wärmetransport während Δt abfließende Wärmemenge sei ΔQ. Die zeitliche Bilanz zwischen der vom Gewebe in einem begrenzten Volumen aus dem Laserimpuls absorbierten Strahlungsenergie und der durch Wärmetransport aus diesem Volumen abfließenden Wärmemenge bestimmt die auftretende Erwärmung. Eine charakteristische Größe hierbei ist die thermische Relaxationszeit τ. τ ist die Zeitspanne, in der das Gewebe von einer um ΔT erhöhten Temperatur wieder abkühlt (genau genommen sinkt ΔT in dieser Zeitspanne auf $\Delta T/e$; s. Newtonsches Abkühlungsgesetz, Kapitel 7.2).

Bei kontinuierlicher Energiezufuhr (durch Bestrahlung) in das Gewebe nimmt dessen Temperatur so lange zu, bis der aufgrund der Erwärmung ΔT auftretende Wärmeabfluß dQ/dt gleich dem zufließenden Energiestrom dE/dt ist:

$$\frac{dE}{dt} = \frac{dQ}{dt}.$$

Erfolgt die Energiezufuhr hingegen in Zeiten $< \tau$, tritt kein nennenswerter Wärmeabfluß auf. Die Temperaturzunahme ΔT des Gewebes läßt sich hier abschätzen aus der absorbierten und in Wärme umgewandelten Strahlungsenergie ΔE, gebrochen durch die Wärmekapazität C des bestrahlten Gewebes:

$$\Delta T = \frac{\Delta E}{C}.$$

Die Größe der thermischen Relaxationszeit läßt sich nun folgend abschätzen: Der Laserstrahlfokus bestrahle einen (der Einfachheit halber angenommenen) Gewebswürfel der Kantenlänge L. Die pro Impuls absorbierte Energie ΔE führt zur Erwärmung um ΔT = zugeführte Energie/Wärmekapazität (Gleichung 7.1):

$$\Delta T = \Delta E/(L^3 \cdot \rho \cdot c_s),$$

woraus

$$\Delta E = L^3 \cdot \rho \cdot c_s \cdot \Delta T.$$

Der aus diesem Würfel (über den Würfelmantel, s. Abb. 27.11) abfließende Wärmestrom ist

$$\frac{\Delta Q}{\Delta t} = 4 \cdot L^2 \cdot \Lambda \cdot \Delta T/L;$$

ρ ist die Massendichte des Gewebes,

c_s ist die spezifische Wärmekapazität des Gewebes,
ΔT ist die Temperaturdifferenz zum umgebenden Gewebe,
$\Delta T/L$ ist das Temperaturgefälle zur Umgebung und
Λ ist die Wärmeleitfähigkeit des Gewebes.
$4 \cdot L^2$ ist die Fläche des Würfelmantels.

Da in der obigen Bilanz das Temperaturgefälle für den Wärmeabfluß auf eine Strecke L bezogen wurde, ist diese Länge nicht beliebig. Für kleine Absorptionskoeffizienten kann L gleich dem Laserstrahldurchmesser am Fokus gesetzt werden: Der Wärmeabfluß erfolgt hier normal zur Strahlrichtung über den Mantel des Fokus (hier als aus 4 Quadraten der Größe L^2 bestehend angenommen). Für große Absorptionskoeffizienten hingegen ist L gleich der mittleren Eindringtiefe der Strahlung in das Gewebe, also gleich dem reziproken Wert des linearen Absorptionskoeffizienten α. Wegen der dann geringen Tiefe des Fokus erfolgt nun der Wärmeabfluß hauptsächlich in Strahlrichtung (außerdem nur über eine einzige Fläche der Größe L^2).

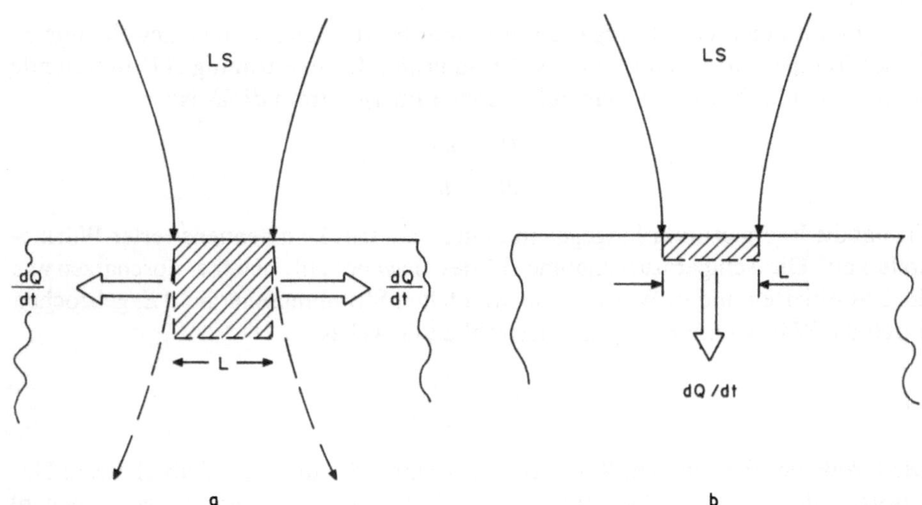

Abb. 27.11. Wärmestrom dQ/dt im Gewebe **a** bei schwacher und **b** bei starker Gewebeabsorption. LS = Laserstrahl

Der Quotient aus der pro Impuls absorbierten Energie ΔE gebrochen durch den abfließenden Wärmestrom $\Delta Q/\Delta t$ gibt jene Zeitspanne, während der—unter der vereinfachenden Annahme konstanter Temperaturdifferenz ΔT—die gesamte absorbierte Energie an die Umgebung abgegeben würde. Dies ist ein Maß für die Relaxationszeit τ. Also ist (bei schwacher Absorption):

$$\tau = \Delta t = \Delta E/(\Delta Q/\Delta t) = L^2 \cdot \rho \cdot c_s/(4 \cdot \Lambda).$$

Es sind nun folgende Bestrahlungsfälle zu unterscheiden:

I. Es wird keine Erwärmung beabsichtigt, wie bei der photodynamischen Therapie und bei der Heilbestrahlung. Dann darf die innerhalb der Relaxationszeit des bestrahlten Bereichs zugeführte Strahlungsenergie nicht größer werden als die entsprechenden SAR-Werte der HF-Therapie (s. Kapitel 14.2).

II. Es wird Erwärmung beabsichtigt. Dann sind zwei weitere Fälle zu unterscheiden:

A. Eine Einzelbestrahlung reicht nicht hin, eine Phasenumwandlung des Zellmaterials hervorzurufen: Ist bei gepulstem Laserbetrieb die Impulsfolgefrequenz größer als $1/\tau$, so ist die Energie des vorhergehenden Impulses noch nicht vollständig abgeflossen. Es kommt von Impuls zu Impuls zumindest anfangs noch zu einer Temperaturzunahme.

B. Ein Einzelimpuls führt bereits zur Phasenumwandlung im Absorptionsbereich: Dauert der Laserimpuls länger als τ, fließt bereits während der Einstrahlung Wärme an die Umgebung ab. Dauert der Laserimpuls kürzer als τ, wird die eingebrachte Energie überwiegend für das Verdampfen und—bei höheren Energiedichten—zur Plasmabildung verbraucht, und die Wärmeabgabe an die Umgebung wird minimal.

Analoges gilt bei bewegtem Dauerstrahl. Die „Impuls"-Dauer ist dann Strahlbreite gebrochen durch die Geschwindigkeit der Strahlführung.

Um Photoablation zu erreichen, muß neben einer Impulsdauer, die kleiner ist als die thermische Relaxationszeit, auch hinreichend Energie pro Impuls deponiert werden. Dies gelingt am leichtesten bei Wellenlängen, die von Wasser stark absorbiert werden, also unterhalb von etwa 300 nm und oberhalb von etwa 2500 nm.

Bei weiterer Erhöhung der Intensität wird Licht auch von an sich völlig transparentem Gewebe absorbiert. Oberhalb einer Intensitätsschwelle von etwa $10^{10}\ \mathrm{W \cdot cm^{-2}}$ kommt es zur sogenannten nichtlinearen Absorption. „Nichtlinear" deshalb, weil nun eine Verdopplung der Intensität nicht mehr eine Verdopplung, sondern z. B. eine Vervierfachung der absorbierten Energie zur Folge hat. Bei diesen hohen Leistungsdichten tritt in transparenten Medien der optische Durchbruch auf, der in Gewebe zur Photodisruption führt. Die bei Mode-Lock-Impulsen erreichbaren Intensitätsspitzen von etwa $10^{12}\ \mathrm{W \cdot cm^{-2}}$ führen über Mehrphotonenabsorption zur Ionisierung. Die gebildeten freien Elektronen können aus der Lichtwelle beliebige Photonenenergien absorbieren und führen so schnell zu einer weiteren Aufheizung auf sehr hohe Temperaturen (Größenordnung 10^4 K). Es entsteht ein Plasma, d. h. ein Gas aus freien Elektronen und Ionen. Bei den Q-switch-Impulsen mit Intensitätsspitzen im Bereich von etwa $10^{10}\ \mathrm{W \cdot cm^{-2}}$ wird der optische Durchbruch wahrscheinlich durch Absorption an kleinsten Chromophorkonzentrationen eingeleitet. (Eine endgültige Klärung aller dieser Phänomene steht derzeit noch aus.)

Während es bei der Photoablation lediglich zu einer explosionsartigen Gewebeabtragung kommt (= „Kaltes Schneiden"), kommt es ab etwa $100\ \mathrm{GW \cdot cm^{-2}}$ zur Photodisruption, verbunden mit einem plötzlichen Druckanstieg auf mehrere 100 MPa. Die Folge ist das Auftreten einer Stoßwelle, die sich, bedingt durch die Änderung der Schallgeschwindigkeit durch die Welle selbst, mit größerer Geschwindigkeit als im ungestörten Medium ausbreitet.

Die Photodisruption hat zwei wesentliche Wirkungen:

(1) Eine explosionsähnliche, gewebezerreißende Wirkung am Ort der Entstehung.

(2) Eine stoßähnliche, zerstörende Wirkung der entstandenen Stoßwelle, wenn diese mit hinreichender Intensität auf Objekte trifft, deren Abmessung größer ist als die räumliche Ausdehnung der Stoßwelle (s. Kapitel 4.2).

27.5 Lichtschutz und Laser-Strahlenschutz

Nicht-Laser-Licht hat wegen der zu geringen erreichbaren Leistungsdichte nur photochemische und thermische Wirkungen. Die Gefährlichkeit dieses natürlichen Lichts beschränkt sich weitgehend auf die Gefährdung der Retina durch die thermische Wirkung und die Gefährdung durch die photochemische Wirkung ultravioletten Lichts. Bei Laserlicht kommen wegen der hohen erreichbaren Intensitäten noch thermomechanische Wirkungen hinzu.

(a) UV-Strahlung besitzt zwei wichtige Gefährdungswege: durch akute Schäden und durch Langzeitschäden. Beide betreffen Haut und Augen. Die wichtigsten akuten Schäden sind Sonnenbrand (Erythem) und Schneeblindheit. Die wichtigsten Langzeitschäden sind Katarakt, Hautalterung und Hautkrebs.

Das Erythem wird durch photochemische Wirkung der Bestrahlung hervorgerufen. Es kommt zu einer Erweiterung und vermehrten Füllung hauptsächlich der kleinen subpapillären Blutgefäße. Die beim UV-B-Erythem beobachtbare größere Hauterwärmung dürfte mit stärkerer Beteiligung der Arterien zusammenhängen. Auch bei UV-A und UV-C scheint die photochemische Wirkung direkt an den Gefäßen anzugreifen.

Bei UV-B und UV-C genügen zur Erythemerzeugung—je nach Pigmentierung der Haut—Strahlungsdosen (SD = absorbierte Lichtintensität mal Zeit = $\int I \cdot dt$) von

$$SD = 60 \text{ bis } 300\,\mathrm{J \cdot m^{-2}};$$

bei UV-A wären hingegen etwa $100\,\mathrm{kJ \cdot m^{-2}}$ erforderlich. Man beachte, daß die Strahlungsdosis SD (= absorbierte Energie/Fläche) hier anders definiert ist, als bei ionisierender Strahlung.

Schneeblindheit (Photo-Kerato-Konjunktivitis) wird von Licht im Bereich von 200 nm bis 400 nm hervorgerufen, bei $SD = 40$ bis $140\,\mathrm{J \cdot m^{-2}}$ (UV-A: $100\,\mathrm{kJ \cdot m^{-2}}$). Charakteristisch ist eine Latenzzeit von 0,5 bis 24 h, abhängig von der SD.

Hautalterung und Hautkrebs werden durch chronische Bestrahlung v. a. mit UV-B hervorgerufen. Hautkrebs ist einer der häufigsten menschlichen Tumoren, die Mortalitätsrate ist allerdings gering. Eine ernste Ausnahme hiervon ist allerdings das Melanom; dieses besitzt wegen der sehr frühzeitig erfolgenden Metastasierung eine 50%-ige Mortalitätsrate (es macht etwa 3% aller Hautkrebs-Erkrankungen aus).

In der Abb. 27.12 ist der relative Verlauf der Schwellendosis für die Aktivierung von Erythem, lichtinduzierter Bindehautentzündung, Hautkrebs und Hautbräunung dargestellt. Auffallend ist, daß die spektralen Abhängigkeiten weitgehend analog verlaufen.

In Abb. 27.13 sind spektrale Transmittanzwerte (= durchgelassene spektrale Lichtintensität $I(\lambda)$ bezogen auf die auftreffende Intensität $I_0(\lambda)$) für einige Lichtschutzmittel dargestellt.

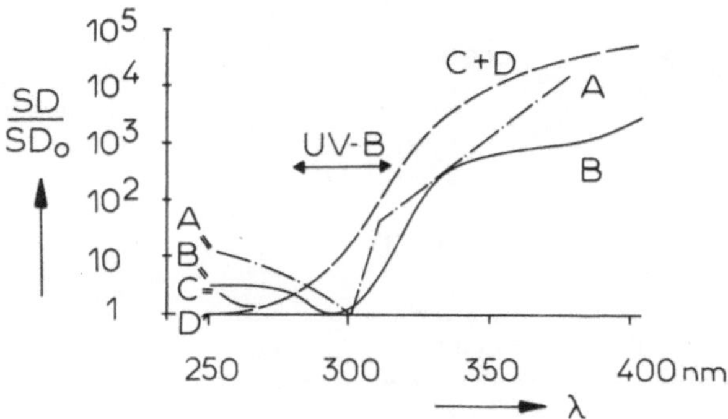

Abb. 27.12. Aktivierungsspektren: Relativer spektraler Verlauf der Strahlungsdosis *SD* für die Auslösung von *A* Hautkrebs (aus Tierversuchen), *B* Bräunung, *C* Bindehautentzündung und *D* Erythem. Für *B* und *C* beträgt SD_0 etwa 30 J·m^{-2}. Nach M. H. Repacholi, 1988

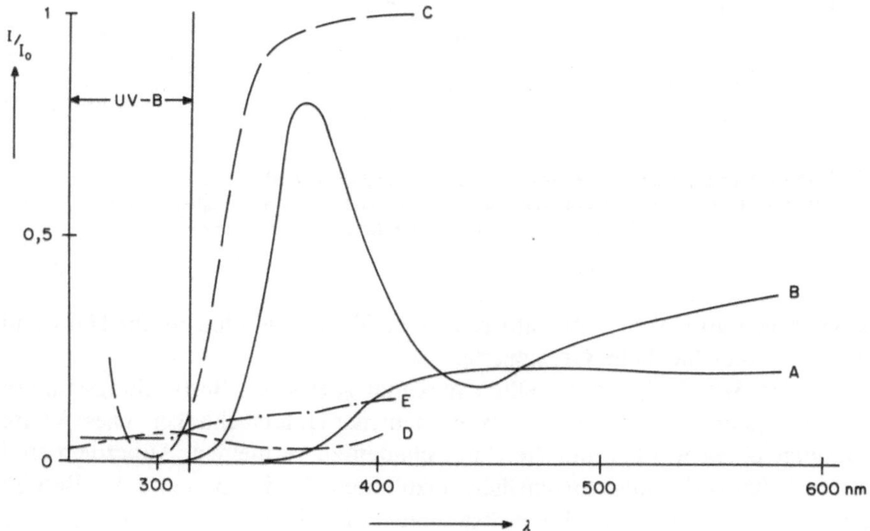

Abb. 27.13. Beispiele für die spektrale Transmittanz $I(\lambda)/I_0(\lambda)$ von zwei Sonnenschutzbrillen (*A* aus Kunststoff, *B* aus gewöhnlichem Brillenglas), einer Sonnenschutzcreme (Schutzfaktor SF 6, Graph *C*), Baumwollstoff (*D*) und Baumwoll-Polyester-Mischgewebe (*E*). (Die Werte für die Graphen *C*, *D* und *E* sind auch von der Schichtdicke bzw. der Gewebedichte abhängig). Nach M. H. Repacholi, 1988

(b) Strahlung mit Wellenlänge $\geqq 400$ nm gefährdet die Retina. Zum Schutz gegenüber natürlichen Lichtquellen reicht der Lidschlußreflex (Ansprechzeit etwa 0,15 s). So lange man also nicht gewollt z. B. in die Sonne blickt, kommt es zu keinem akuten Schaden an der Retina. Anders ist dies mit Lasern.

In der Abb. 27.14 ist auch ein Beispiel für die von den Sicherheitsvorschriften zugelassene maximale Bestrahlungsstärke der Retina (*BR*) eingetragen. Nur sehr leistungsschwache Laser liegen darunter. Wegen der Fokussierungswirkung der

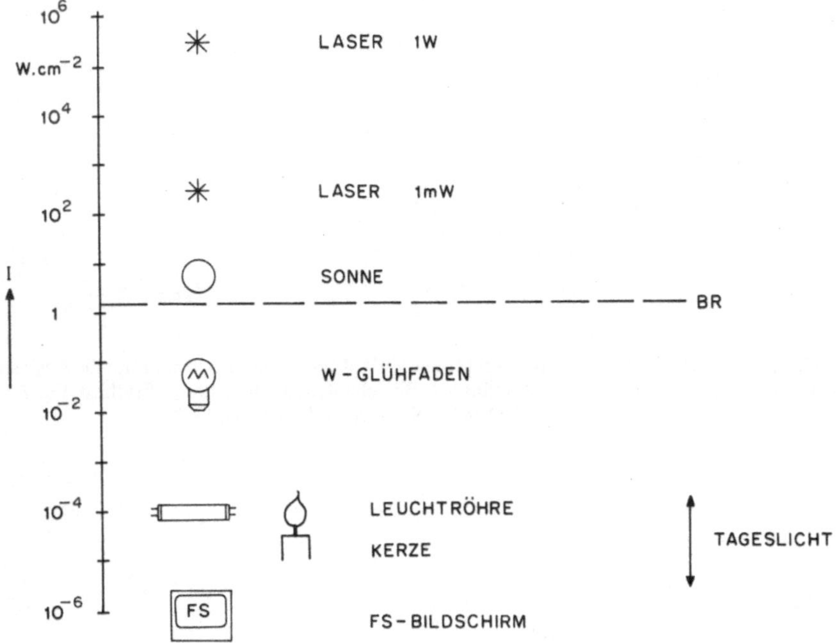

Abb. 27.14. Bestrahlungsstärke der Retina durch verschiedene Lichtquellen. *BR* = von der laut Sicherheitsvorschriften (rotes Licht bei Bestrahlungsdauer $\leqslant 0{,}15$ s) zugelassenen maximalen Bestrahlungsstärke der Hornhaut erzeugte Bestrahlungsstärke auf der Retina

Optik des Auges gibt es im Spektralbereich von 400 nm bis 1400 nm für Haut und Augen sehr unterschiedliche Grenzwerte.

Die in der Abb. 27.15 dargestellten maximal zulässigen Bestrahlungsstärken (MZB) sind Ergebnisse umfangreicher experimenteller Untersuchungen. Diese Werte müssen eingehalten werden, um Netzhautschäden zu vermeiden. Außerdem sind bei Lasern Unfallverhütungsvorschriften einzuhalten, die den Bau und den Betrieb von Lasern, Laseranlagen und Versuchsaufbauten regeln. Um die Anwendung der verschiedenen Sicherheitsregeln übersichtlicher zu gestalten, werden die Laser fünf verschiedenen Laserklassen (1, 2, 3A, 3B und 4) zugeordnet. Die Klassennummer nimmt dabei mit zunehmender, vom Laser ausgehender Gefährdung zu. Die folgende Abbildung gibt (u. a.) als Beispiel die Abgrenzung der Laserklasse 1, die keinerlei besonderer Schutzmaßnahmen bedarf, gegen Laser höherer Klassen und die Abgrenzung der Laserklasse 4, deren Strahlung selbst nach diffuser Reflexion für Augen und Haut gefährlich ist.

Betreiber von leistungsstarken Lasern (der Klassen 3B und 4) müssen schriftlich Laserschutzbeauftragte bestellen, die Anlaufstelle für alle Laser-Sicherheitsfragen sind.

Abb. 27.16. Grenzen der Laserklassen. Die Klassen 2 und 3A befinden sich im eng schraffierten Bereich; die Grenze zwischen diesen beiden Klassen ist wegen des komplexen Verlaufs hier nicht eingezeichnet

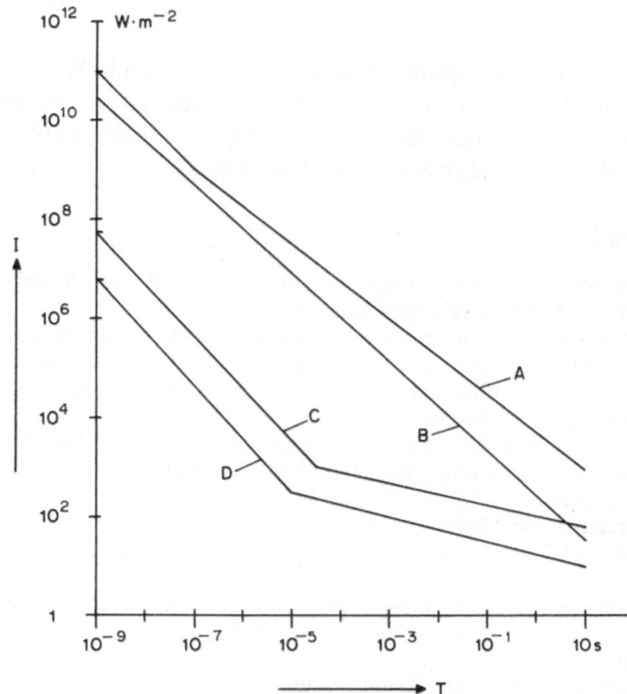

Abb. 27.15. Maximal zulässige Bestrahlungsstärke für die Hornhaut des Auges bei verschiedenen Wellenlängen: *A* für 1,4 μm bis 1 mm, *B* für 200 nm bis 302,5 nm, C für 1,05 μm bis 1,4 μm, *D* für 400 nm bis 700 nm. *T* = Bestrahlungsdauer (vereinfachter Auszug aus der für Deutschland gültigen VDE-Vorschrift 0837)

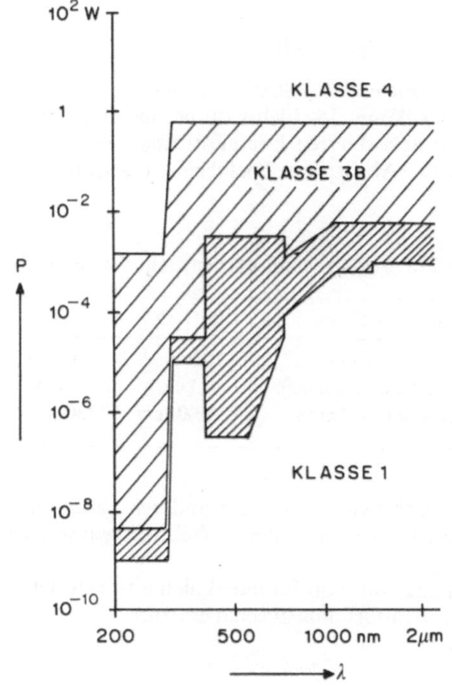

Bei der Bestrahlung von Haut gibt es keine fokussierende Wirkung wie beim Auge. Daher sind die MZB-Werte im sichtbaren und nahen IR entsprechend größer. Im UV und im fernen IR, wo die Optik des Auges nicht fokussierend wirkt, sind die MZB-Werte für Haut und Augen gleich.

Zusammenfassung 27

I. Molekulare Stoffe können Energie aus elektromagnetischer Strahlung über die folgenden grundsätzlichen Mechanismen aufnehmen:

1. Durch Ionisierung, ab Photonenenergien von etwa 8 eV, s. Kapitel 21.
2. Durch Anregung von Elektronenzuständen. Hierzu sind Energiequanten in der Größe einiger eV erforderlich. Die Wellenlänge der absorbierbaren Strahlung liegt daher im Bereich vom Sichtbaren bis ins Ultraviolette.
3. Durch Anregung von Molekülschwingungen. Die erforderlichen Energiequanten liegen hier in der Größenordnung einiger 10^{-1} eV, die Wellenlänge der absorbierbaren Strahlung im Infraroten.
4. Durch Anregung von Molekülrotationen. Durch Energiequanten in der Größenordnung einiger 10^{-4} eV. Wellenlänge der absorbierbaren Strahlung im Bereich der Mikrowellen.

Angeregte Singulettmoleküle haben sehr kurze Lebensdauer. Es treten folgende Vorgänge auf:

1. Fluoreszenz.
2. Interne Konversion (IK) der Energie in Wärme.
3. Initiierung einer photochemischen Reaktion.
4. Übergang in den Triplett-Zustand: Phosphoreszenz oder photochemische Reaktion.

Die Lichtabsorption in Gewebe wird weitgehend durch die spektrale Absorption von Wasser, Melanin und Hämoglobin determiniert. Das sogenannte „therapeutische Fenster“, ein einigermaßen transparenter Bereich, liegt im Bereich zwischen 600 nm und 1200 nm.

Im Gewebe liegen Absorption und Streuung gleichzeitig vor. Hier lautet das Lambertsche Gesetz:

$$I(x) = I(0) \cdot \exp(-(\alpha + s) \cdot x) \tag{27.1}$$

mit α = Absorptionskoeffizient und s = Streukoeffizient.

Streuung erhöht die Weglänge des Lichts durch das Gewebe und verändert den sonst exponentiellen Verlauf der absorbierten Energiestromdichte.

Die Eindringtiefen bzw. Absorptionskoeffizienten zeigen in IR und im Sichtbaren erhebliche Unterschiede:

Tabelle 27.1. Absorptionskoeffizienten in Wasser und Blut

Absorptionskoeffizient	in H_2O	in Blut
CO_2-Laser (10,6 μm):	$10^3\,cm^{-1}$	$10^3\,cm^{-1}$
Nd-YAG-Laser (1,06 μm):	$0{,}1\,cm^{-1}$	$4\,cm^{-1}$
Ar-Ionenlaser (514 nm):	$0{,}001\,cm^{-1}$	$330\,cm^{-1}$

CO_2-Laserlicht eignet sich (wie auch Licht anderer Laser mit $\lambda > 2\,\mu m$, s. Abb. 27.6) besonders gut zum Gewebeschneiden, die anderen Wellenlängen von Tabelle 27.1 gewährleisten gute Koagulationswirkung.

Die maximale Wellenlänge des von Biomolekülen absorbierten Lichts läßt sich aus der Ausdehnung der π-Elektronen-Orbitals abschätzen zu:

$$\lambda_{max} = 2 \cdot m \cdot c \cdot L^2/h. \tag{27.2}$$

m = Elektronenmasse, c = Lichtgeschwindigkeit, h = Plancksches Wirkungsquantum, L = Länge des π-Elektronen-Orbitals. Die Absorptionswellenlänge ist also proportional zum Quadrat der Länge der betreffenden π-Bindung.

In der Medizin spielen photochemische Prozesse dreierlei Rollen:

1. Als Bestandteil lebenserhaltender Prozesse, wie bei der Vitamin-D-Synthese in der Haut.
2. Als pathogene Prozesse, wie z. B. bei der Entstehung von Hautkrebs und Photodermatosen.
3. In der Phototherapie und der Photochemotherapie.

II. Bei der Wechselwirkung von Licht mit Gewebe wird der weitaus größte Teil der absorbierten Strahlungsenergie durch interne Konversion und direkte Anregung der Schwingungs- und Rotations-Freiheitsgrade der Moleküle in Wärme umgewandelt. Die hierbei erreichte Erwärmung und die auftretenden Phänomene sind neben verschiedenen Gewebeeigenschaften auch von der Geschwindigkeit abhängig, mit der die Energie eingebracht wird, d. h. also von der Größe der Energiestromdichte (= Lichtintensität).

Unterhalb von etwa $10\,\mathrm{W\cdot cm^{-2}}$ dominieren photochemische Effekte. Oberhalb von etwa $10^6\,\mathrm{W\cdot cm^{-2}}$ beginnen thermomechanische Effekte zu dominieren. Dazwischen herrschen thermische Wirkungen vor. Dauert die Energieeinstrahlung kürzer als die thermische Relaxationszeit τ, bleiben thermische Wirkungen auf die Umgebung weitgehend aus:

$$\tau = \frac{L^2 \cdot \rho \cdot c_s}{4 \cdot \Lambda}. \tag{27.3}$$

L ist die Kantenlänge eines würfelförmig angenommenen bestrahlten Volumens, c_s die

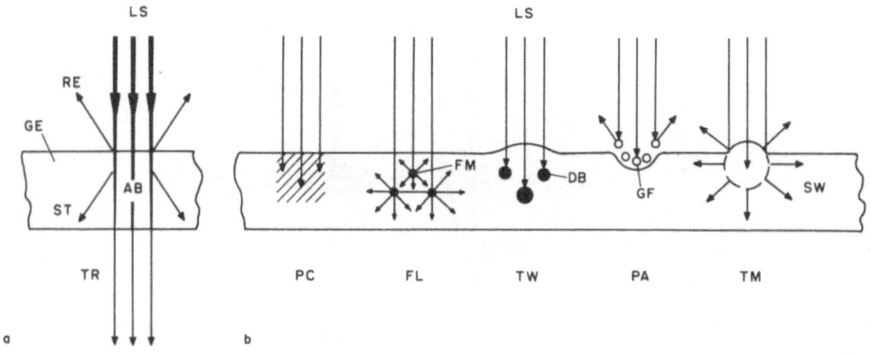

Abb. 27.17. Wechselwirkung von Licht (Laserstrahl LS) mit Gewebe (*GE*). **a** Absorption (*AB*), Transmission (*TR*), Streuung (*ST*) und Reflexion (*RE*). **b** Photochemische Wirkung (*PC*), Fluoreszenz (*FL*), Thermische Wirkung (*TW*), Photoablation (*PA*) und thermomechanische Wirkung (*TM*). *FM* = fluoreszierendes Molekül, *DB* = Dampfblase, *GF* = Gewebefragmente, *SW* = Stoßwelle

spezifische Wärmekapazität, ρ die Massendichte und Λ die Wärmeleitfähigkeit des Gewebes (s. Tabelle 7.6).

Oberhalb einer Intensitätsschwelle von etwa $10^{10}\,\mathrm{W\cdot cm^{-2}}$ bis $10^{12}\,\mathrm{W\cdot cm^{-2}}$ kommt es auch in völlig transparentem Gewebe zur Absorption von Licht, bedingt durch den sogenannten „optischen Durchbruch" („Photodisruption"). Es kommt neben einer explosionsähnlichen, gewebezerreißenden Wirkung am Ort des Durchbruchs auch zu einer stoßähnlichen, zerstörenden Wirkung der entstandenen Stoßwelle (z. B. durch Kavitationswirkung) in der Umgebung.

III. Die Gefährdung des Menschen durch Licht erfolgt einerseits durch den kurzwelligen Anteil des Sonnenlichts und andererseits durch die Strahlung künstlicher Lichtquellen, insbesondere Laser. Besonders gefährdet ist die Retina, weil die Optik des Auges die eintreffende Strahlung fokussiert. Im Falle ausgedehnter Lichtquellen ist die Strahlungsintensität im Fokus proportional zu deren Strahlungsstärke J, im Falle von Lasermoden proportional zu deren Strahlungsintensität I.

Nicht-Laser-Licht hat wegen der zu geringen erreichbaren Leistungsdichten nur photochemische und thermische Wirkungen. Bei Laserlicht kommen wegen der hohen erreichbaren Intensitäten noch thermomechanische Wirkungen hinzu. UV-Strahlung verursacht in Haut und Augen akute Schäden (Erythem und Schneeblindheit) und Langzeitschäden (Katarakt, Hautalterung und Hautkrebs).

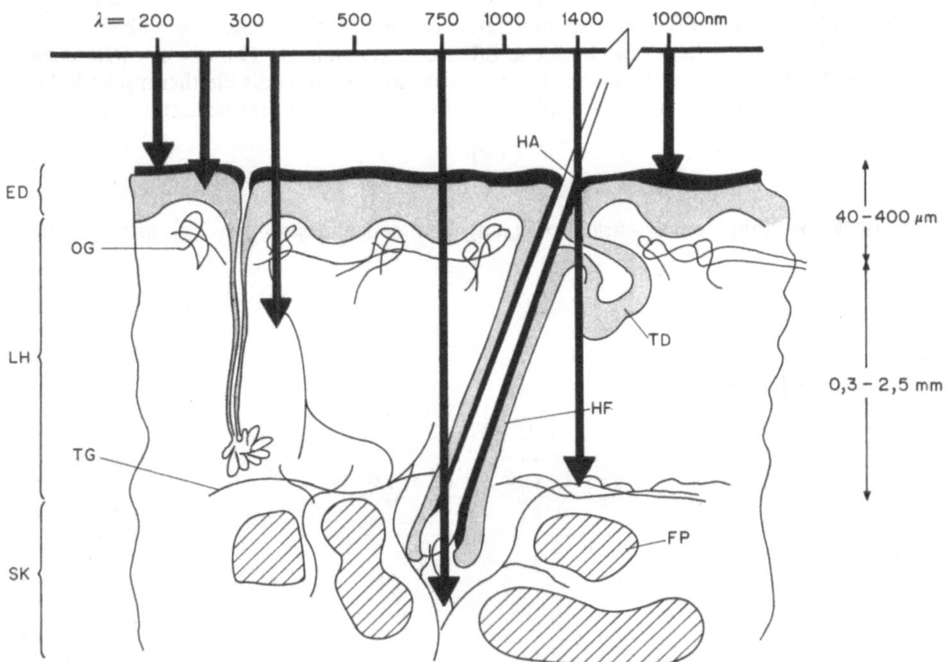

UV-C (100 nm–280 nm)	Erythem, Alterungsprozesse
UV-B (280 nm–315 nm)	Verstärkte Pigmentierung, photosensitive Reaktionen
UV-A (315 nm–400 nm)	Pigmentierung, Photochemische Verbrennung
Sichtbares Licht IR-A (780 nm–1400 nm) IR-B (1400 nm–3000 nm) IR-C (3000 nm–1 mm)	Thermische Schädigungen (Verbrennungen)

Abb. 27.18. Eindringtiefe von Licht und pathologische Effekte von übermäßiger Lichteinwirkung auf die Haut. ED = Epidermis, FP = Fettpolster des Unterhautgewebes, HA = Haar, HF = Haarfollikel, LH = Lederhaut, OG = oberflächliches Gefäßnetz, SK = Subkutis, TD = Talgdrüse, TG = tiefes Gefäßnetz. Die angegebenen Abmessungen können je nach Hautregion stark variieren

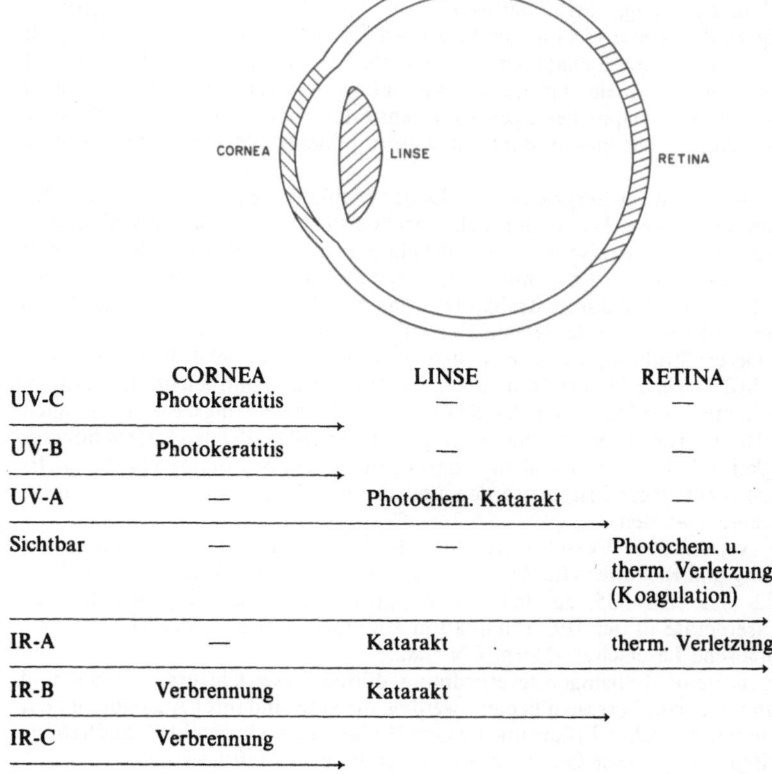

Abb. 27.19. Eindringtiefen von Licht und pathologische Effekte bei übermäßiger Lichteinwirkung auf das Auge in Abhängigkeit von der Wellenlänge (nach J. Eichler u. T. Seiler, 1991)

Tabelle 27.2. Für die Gefährdung durch Licht maßgebliche Größen: I = Lichtintensität auf der Haut bzw. Cornea, J = Strahldichte der Lichtquelle

	Maßgebliche Größe für	
	Retina	Cornea und Haut
Punktförmige Lichtquellen und Lasermoden	I	I
Ausgedehnte Lichtquellen	J	I

IV. *Laser-Strahlenschutz.* Vor allem zum Schutz des Sehvermögens, aber auch generell zur Vermeidung von Unfällen mit Lasern, wurden durch umfangreiche experimentelle Untersuchungen Grenzwerte für die ungefährliche Bestrahlung ermittelt und entsprechende Schutzvorkehrungen in Unfallverhütungs-Vorschriften festgelegt. Wichtiger Bestandteil dieser Vorschriften sind die Klassifizierung der Laserlichtquellen aufgrund ihres Gefährdungspotentials sowie die beim Betrieb von Lasern dieser Klassen einzuhaltenden Schutzvorkehrungen.

Laser werden 5 verschiedenen Laserklassen (1, 2, 3A, 3B und 4) zugeordnet, wobei die Klassennummer mit zunehmender, vom Laser ausgehender Gefährdung zunimmt. Die

Laserklasse 1 beispielsweise umfaßt schwache Dauerstrichlaser (= Laser mit zeitlich konstanter Strahlungsleistung, im Gegensatz zu gepulsten Lasern) so geringer Strahlungsleistung P, daß keine Gefahr für die Augen entstehen kann, s. Abb. 27.16; für diese Laser sind keine Schutzmaßnahmen erforderlich. Dabei muß allerdings beachtet werden, daß es sich hierbei meist um Laser einer höheren Klasse handelt, die durch sogenannte Kapselung nur entsprechend geringe Intensitäten nach außen austreten lassen. Entfernt man das Gehäuse, hat man es dann mit Lasern höherer Klassenzugehörigkeit zu tun.

Laser der Klasse 2 sind leistungsschwache Dauerstrichlaser mit Strahlleistungen bis $P = 1\,\text{mW}$ im Sichtbaren. Diese Laser sind nicht wirklich sicher—nur der Lidschlußreflex verhindert Schädigungen. Er darf also nicht unterdrückt oder durch Medikamente verlängert werden. Laser der Klasse 3A sind Laser mit Dauerstrich-Strahlleistungen bis zu $P = 5\,\text{mW}$, wenn gleichzeitig, beispielsweise durch Strahlaufweitung mittels Linsen, die Leistungsdichte kleiner als $25\,\text{W}\cdot\text{m}^{-2}$ bleibt. Laser der Klasse 3B sind Dauerstrichlaser mit Strahlleistungen bis $P = 500\,\text{mW}$. Deren Strahlung ist für das Auge praktisch immer gefährlich. Außerdem können auch die MZB-Werte für die Haut überschritten werden, und leicht entzündbare Stoffe können entflammt werden. Laser der Klasse 4 sind Hochleistungslaser; sie können Verletzungen der Haut verursachen und eine Feuergefahr darstellen. Bei den Lasern höherer Klassenzugehörigkeit (ab 3A) ist grundsätzlich darauf zu achten, daß die zulässigen MZB-Werte (Abb. 27.15) nicht überschritten werden und die einschlägigen Unfallverhütungsvorschriften eingehalten werden.

International vereinbarte Vorschriften zur Strahlensicherheit von Lasern, zur Geräteklassifizierung und Richtlinien für Anwender sind in den IEC-Publikationen IEC/DIS-(Central Office)22 und IEC 825, zu den Sonderanforderungen für diagnostische und therapeutische Lasergeräte in der IEC-Publikation IEC/DIS(Central Office)21 enthalten. (S. auch die europäische Laserschutz-Norm EN 60825.)

Nach der (deutschen) Medizingeräteverordnung dürfen Laser-Chirurgie-Geräte und Laser-Koagulatoren nur von Personen bedient werden, die aufgrund ihrer Ausbildung oder ihrer Kenntnisse und praktischen Erfahrung die Gewähr für eine sachgerechte Handhabung geben. Über die Benutzung dieser Geräte muß ein Gerätebuch geführt werden.

Als Faustregel für den Schutz gegen Schädigung durch Laserstrahlung kann etwa folgendes Schema gelten:

Tabelle 27.3. Maßnahmen zum Schutz gegen Laserstrahlung. Brillenbenutzung ist insbesondere auch für die Laserchirurgie vorgeschrieben. Wird der Laserstrahl mittels Handstücks eingesetzt, müssen Arzt, Patient und Helfer Laserschutzbrillen tragen

Klasse	Vorsichtsmaßnahme	Schutzmaßnahme
1	(ungefährlich)	
2, 3A	nicht in den Strahl blicken	Schutzbrillen* (3A)
3B, 4	Körper nicht dem Strahl aussetzen	Schutzbrillen + Schutzkleidung

* In Deutschland nur Brillen nach DIN 58215 und DIN 58219

Beispiel 27.1. Relaxationszeit τ für einen Fokusdurchmesser von $L = 0{,}1\,\text{mm}$ in Wasser. Nach Gleichung 27.3 ist:

$$\tau = (10^{-4}\,\text{m})^2 \cdot 10^3\,\text{kg}\cdot\text{m}^{-3} \cdot 4{,}2\,\text{kJ}\cdot\text{kg}^{-1}\cdot\text{K}^{-1}/(4\cdot 0{,}6\,\text{W}\cdot\text{m}^{-1}\cdot\text{K}^{-1}) = 17{,}5\,\text{ms}.$$

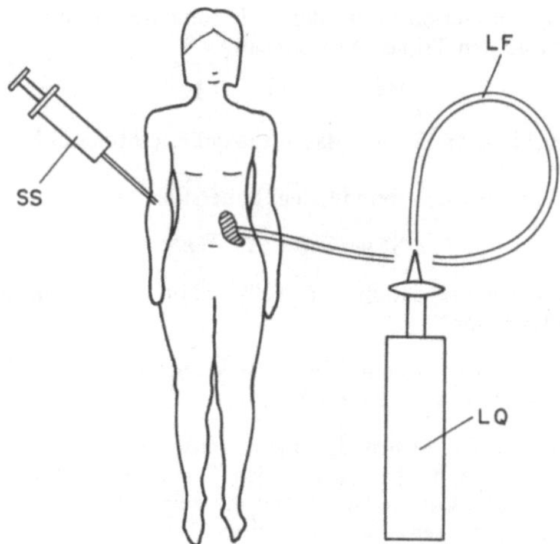

Abb. 27.20. Schema der photodynamischen Krebstherapie. Schraffiert = Tumor, *SS* = Sensibilisator-Spritze, *LF* = Lichtleitfaser, *LQ* = Laser-Lichtquelle

Beispiel 27.2. *Photodynamische Therapie (PDT)* mit Photosensibilisatoren. Im Unterschied zur konventionellen Photochemotherapie, wo eine unmittelbare photochemische Umsetzung der applizierten Substanz erfolgt, werden bei der photodynamischen Therapie Farbstoffe benutzt, die als Katalysator in einer auf die Belichtung nachfolgenden „Dunkelreaktion" zytotoxisch wirken. Zwar gibt es derzeit noch keine Photosensibilisatoren, die sich selektiv allein im Tumorgewebe anreichern und dieses dadurch gegenüber Bestrahlung mit Licht sensibilisieren, jedoch werden einige der bekannten Stoffe offenbar vom Tumorstoffwechsel langsamer befördert als von gesundem Gewebe. Man kann daher eine stärkere Anreicherung im neoplastischen Gewebe erzielen.

Der dieser Therapie zugrunde liegende Mechanismus dürfte die Energieübertragung · vom Triplettzustand des Sensibilisators auf molekularen Sauerstoff unter Bildung von Singulett-Sauerstoff sein. Dieser Singulett-Sauerstoff ist chemisch besonders reaktiv und besitzt eine relativ große Lebensdauer (5 bis 50 μs je nach Lösungsmittel), weil der Grundzustand des molekularen Sauerstoffs ein Triplettzustand ist. Neben einer Reihe neu entwickelter und untersuchter Sensibilisatoren hat dzt. Hämato-Porphyrin-Derivat (HPD) die größte Bedeutung. Hierbei handelt es sich um ein Gemisch verschiedener Porphyrine, d. s. vom Porphin abgeleitete natürliche Farbstoffe, und kovalent gebundenen Dimeren. In den meisten Fällen scheinen die Photosensibilisatoren die biologischen Membranen, insbesondere die von Mitochondrien, zu schädigen.

Als erster Schritt der PDT erfolgt die Applikation des Photosensibilisators z. B. durch intravenöse Injektion. Der zweite Schritt besteht in der Anregung des Farbstoffs (Sensibilisators). Das beim Übergang in den Grundzustand emittierte Fluoreszenzlicht kann auch zur Bestimmung der Farbstoffkonzentration und damit zur Diagnose von Tumoren benutzt werden: Beispielsweise erfolgt beim HPD die Anregung bei 407 nm in den 2. angeregten Zustand und Beobachtung der Fluoreszenz im Roten (vom 1. angeregten Zustand in den Grundzustand).

In der therapeutischen Anwendung werden diese zunächst harmlosen Photosensibilisator-Substanzen durch Bestrahlung mit Licht zytotoxisch und haben wahrscheinlich auch eine gefäßzerstörende Wirkung. Es werden etwa 3 mg HPD pro 1 kg Körpermasse intravenös injiziert. Nach etwa drei Tagen liegt eine mehr oder weniger selektive Retention im Tumorgewebe vor. Vor allem der höhermolekulare Anteil des HPD wird in Tumorgewebe angereichert. Die Bestrahlung erfolgt mit Licht um $\lambda = 630$ nm. Dieses Verfahren scheint bei kutanen und subkutanen metastasierenden Tumoren besonders effektiv zu sein. Diese können durch die Haut hindurch, tiefer liegende Tumoren nur durch Lichtzufuhr mit Hilfe einer in das Gewebe eingeführten Lichtfaser, bestrahlt werden.

Die therapeutische Wirkung dürfte, wie erwähnt, wegen dessen relativ langer Lebensdauer überwiegend vom Triplettzustand des Sensibilisator-Moleküls ausgehen. Es sind folgende Reaktionswege denkbar:

(1) Direkte Wechselwirkung mit Gewebemolekülen: z. B. Redox-Reaktion durch Elektronen-Transfer vom Gewebemolekül M an den Triplett-Sensibilisator ^3S:

$$^3S^* + M = {}^1S^{\cdot -} + M^{\cdot +}$$

Der semireduzierte Sensibilisator $^1S^{\cdot -}$ und das semioxydierte Molekül $M^{\cdot +}$ sind freie Radikale, die weiter reagieren.

(2) Indirekte Wechselwirkung über den (biradikalen) Sauerstoff:

$$^3S^* + {}^3O{:}_2 = {}^1S + {}^1O{:}_2^*$$

Es kommt zur irreversiblen Oxydation von Zellkomponenten. Man spricht daher auch von „photosensibilisierter Oxydation".

Nachteile der PDT (u. a.): bis zu 1 Monat Schutz vor Sonnenlicht erforderlich. Haut, Leber, Nieren und Milz reichern HPD stärker als andere Gewebe an.

Beispiel 27.3. *Phototherapie mit Psoralenen.* Psoralene sind eine Gruppe von Substanzen, die bei Belichtung solche Zellen schädigen, die sich rasch teilen. Das 8-Methoxypsoralen beispielsweise wird durch UV-Bestrahlung chemisch aktiv und verbindet die beiden Stränge der DNS-Doppelhelix fest miteinander. Die sich teilende Zelle geht zugrunde. Diese Form der Lichttherapie wird eingesetzt bei der Behandlung von Psoriasis, Akne und bei einer therapieresistenten Leukämieform.

Beispiel 27.4. *Medizinischer CO_2-Laser.* Dies ist das typische Lasermesser. Schon der unfokussierte CO_2-Laserstrahl kann zur Gewebeabtragung an der Oberfläche eingesetzt werden. Auf Leistungsdichten $\geqq 1\,\mathrm{kW\cdot cm^{-2}}$ fokussiert, wirkt der Strahl als vaporisierendes Schneidinstrument. Die geringe

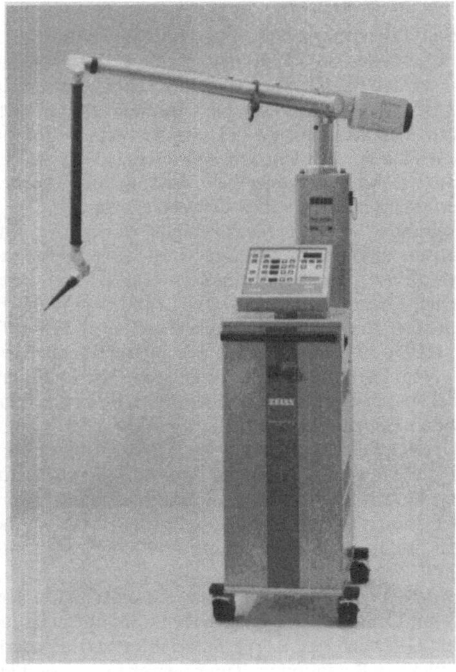

Abb. 27.21. Medizinischer CO_2-Laser. Vorne sieht man die Stromversorgung und das Bedienpult zur Einstellung der Strahlparameter. Der eigentliche Laser ist im Hintergrund vertikal angeordnet und trägt am oberen Ende den Spiegelgelenkarm. Die maximale Strahlungsleistung des abgebildeten Geräts beträgt 50 W. Da die CO_2-Laserstrahlung unsichtbar ist, wird ein zusätzlicher koaxialer Helium-Neon-Laserstrahl als Zielstrahl benutzt. Der Fokus des CO_2-Laserstrahls liegt etwa 25 mm vor dem distalen Ende des Handapplikators. Foto: Carl Zeiss, Oberkochen

Eindringtiefe der langwelligen CO_2-Laserstrahlung führt zur Gewebeabtragung direkt an der bestrahlten Oberfläche und zu einer relativ geringen Schädigung des an die Schnittfläche angrenzenden Gewebes. Durch gepulsten Betrieb kann die thermische Schädigung des umgebenden Gewebes noch weiter reduziert werden. Mit Strahlleistungen im mW-Bereich kann auch sogenanntes *Gewebeschweißen* (Gewebefusion) durchgeführt werden. Hierbei werden Gewebeteile durch milde Erhitzung im Temperaturbereich der Koagulation miteinander verbunden.

Wichtige Einsatzbereiche des CO_2-Lasers sind neben der Abtragung von Tumorgewebe und voluminösen (Larynxpapillome, Tätowierungen) sowie flächigen (Leukoplakien, Morbus Bowen) intraepithelialen Strukturen, mikrochirurgische Eingriffe.

Der CO_2-Laserstrahl wird im Innern eines mehrgliedrigen Gelenkarms aus Rohren mit Hilfe von Spiegeln in den Armgelenken geführt. An das Ende des Gelenkarms können Operationsmikroskope, Endoskope oder Handapplikatoren angeschlossen werden. Fokussierende Applikatoren enthalten Infrarot-Linsen mit unterschiedlichen Brennweiten, die den Laserstrahl fokussieren. Aufsetzbare Abstandshalter erleichtern das Arbeiten mit dem Strahlfokus. Für schwer zugängliche Operationsgebiete kann der Laserstrahl durch aufsetzbare Spiegel umgelenkt werden. Bei der Vaporisierung entstehender Dampf und Rauch wird durch eine Luft-Spülung weggeblasen.

Beispiel 27.5. *Medizinischer Neodym-YAG-Laser.* Die im nahen Infrarot ($\lambda = 1{,}06\,\mu m$) liegende Strahlung dieses Lasers hat in Wasser einen Extinktionskoeffizienten von etwa $10^{-1}\,cm^{-1}$ (s. Abb. 27.6), was einer Eindringtiefe von etwa 10 cm entspricht. In Gewebe dringt diese Strahlung wegen der starken Streuung hingegen nur wenige Millimeter ein. Wegen des Dominierens der Streuung weicht die Intensitätsverteilung der eindringenden Strahlung erheblich vom Lambertschen Gesetz ab, das Intensitätsmaximum tritt einige 0,1 mm unterhalb der Oberfläche auf.

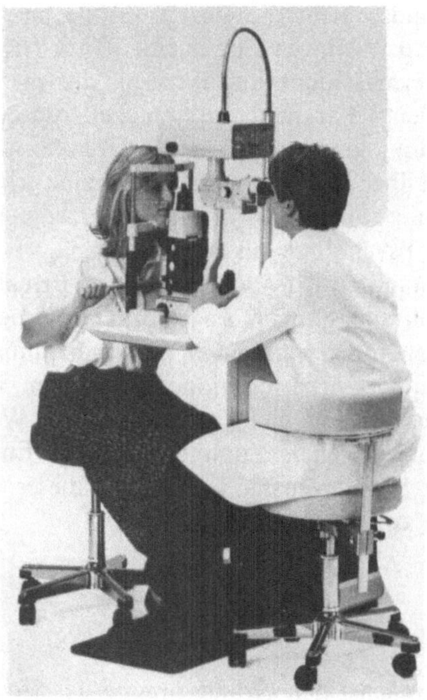

Abb. 27.22. Medizinischer blitzlampengepumpter Q-switch Neodym-YAG-Laser für die Mikrochirurgie und die Kapsulotomie. Impulsdauer 7 ns, mittlere Impulsenergie bis 10 mJ. Die Stromversorgung befindet sich in der Tischsäule (unterhalb der Tischplatte). Der Laserstab befindet sich in dem Gehäuse über dem Stereomikroskop, die Laserstrahlung wird koaxial in den Mikroskopstrahlengang eingekoppelt. Zur Führung des unsichtbaren Neodym-YAG-Laserstrahls dient ein koaxialer Helium-Neon-Laserstrahl. Foto: Carl Zeiss, Oberkochen

Da sich die ins Gewebe eindringende Strahlung selbst bei Fokussierung auf ein größeres Volumen verteilt, eignet sich diese Strahlung vor allem zum Koagulieren und insbesondere zum Schneiden von stark durchblutetem Gewebe. Die Koagulationszone kann je nach Bestrahlungsdauer bzw. Schneidgeschwindigkeit bis zu 5 mm Tiefe erreichen. Beispiele für Koagulationsanwendungen sind die laparoskopische Sterilisationschirurgie, wo die Eileiter auf etwa 1 cm Länge koaguliert werden, die Koagulation von Harnblasentumoren und stark vaskularisierten Meningeomen sowie die Behandlung von Gefäßanomalien wie etwa Hämangiome und die verschiedenen Naevi.

Da mit dem Q-switch Neodym-YAG-Laser optischer Durchbruch erreicht werden kann, eignet sich dieser Laser zur Chirurgie an den transparenten Strukturen des Auges. Das Zertrennen von Glaskörpersträngen und -membranen sowie die Kapsulotomie sind Beispiele hierzu.

Aufgabe 27.1. Welche der beiden Sonnenschutzbrillen aus Abb. 27.13 bietet effektiveren Schutz gegen UV-A-Strahlung.

28. Steuerung und Regelung

Der Mensch ist mit anderen Säugetieren und Vögeln gegenüber weniger hoch entwickelten Tieren u. a. dadurch ausgezeichnet, daß seine Körperkerntemperatur weitgehend konstant gehalten wird. Damit ist unabhängig von der Umgebungstemperatur eine optimale Funktion von Gehirn, Herz und anderen Organen gewährleistet, was einen erheblichen Selektionsvorteil bedeutet. Die Regelung der Körperkerntemperatur setzt bereits wenige Stunden nach der Geburt ein. Die Kerntemperatur ist indes nicht die einzige Größe im Organismus, die zeitlich konstant gehalten wird. Vielmehr gibt es eine ganze Hierarchie von miteinander wechselwirkenden (vermaschten) Regelkreisen, die die Homöostase, d. h. die Einstellung verschiedener Parameter (Blutzucker, osmotischer Druck u. a.), auf Werte innerhalb der biologisch erforderlichen Grenzen gewährleisten. Regelkreise spielen aber noch weit über die Physiologie hinaus eine große Rolle, etwa beginnend beim Sprechen, wo eine ständige Kontrolle der erzeugten Sprechlaute durch das Ohr erfolgt, über die Psychologie bis zur Soziologie.

Ein wichtiger Bestandteil jeder Regelung ist die Rückführung der Stellgröße. Dies geschieht bei physiologischen Regelvorgängen meist unbewußt, d. h. die Abweichungen der Stellgrößen werden von dem Individuum nicht bemerkt. Gelingt es jedoch, entsprechende Körperfunktionen zu messen, kann man deren Veränderungen dem Individuum rückmelden und auf diese Weise eine Selbstkontrolle von Körperfunktionen erreichen. Zumindest bei der Entspannungstherapie und der Behandlung von Schmerzzuständen scheint dieses „Biofeedback" genannte Verfahren erfolgreich zu sein.

28.1 Steuerung

Wir betrachten zunächst den Grundvorgang der Steuerung am Beispiel einer elektrischen Raumheizung. Es soll eine bestimmte Raumtemperatur, die Solltemperatur T_S, gewährleistet sein. Durch eine Störung, wie den Wärmeabfluß nach außen, kommt es jedoch zu einer Abweichung der Raumtemperatur T vom Sollwert T_S: $\Delta T = T - T_S$. Durch Einschalten einer Heizung wird von einem Elektroofen Wärme produziert, die den Raum heizt.

Die gewünschte Raumtemperatur (Sollwert) T_S wird durch eine entsprechende Einschaltdauer Δt der Heizung erzielt. Diese ergibt sich aus der Wärmekapazität C des Raums, der Abweichung der Raumtemperatur T vom Sollwert T_S und der elektrischen Leistung P des Ofens:

$$\Delta t = C \cdot (T_S - T)/P.$$

Das Einschalten kann von Hand aus erfolgen oder mit Hilfe eines Steuerglieds. Bei der Handregelung liest man die Temperatur ab und schaltet die Heizung von Hand aus (im Prinzip) für die Zeitdauer Δt ein. Das Steuerglied (Stellglied) SG führt dies selbsttätig durch, d. h. es mißt beispielsweise periodisch die Raumtemperatur mit einem Thermometer und schaltet die Heizung beim Erreichen einer unteren Temperaturschwelle T_U während einer Zeitspanne Δt lang ein, wobei sich Δt aus der obigen Vorschrift mit $T = T_U$ ergibt.

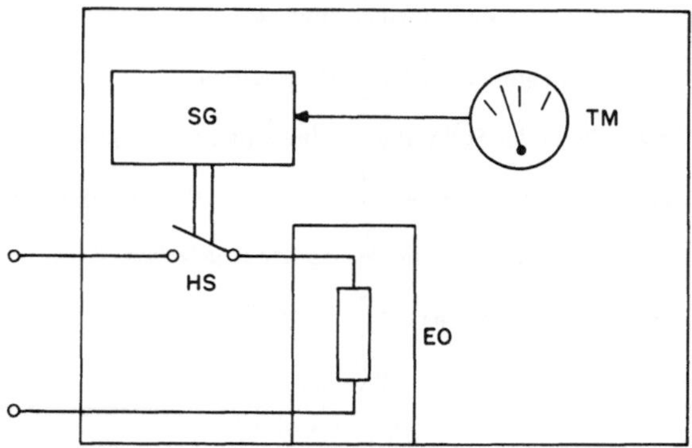

Abb. 28.1. Gesteuerte Heizung. EO = Elektroofen, HS = Heizungsschalter, SG = Stellglied, TM = Thermometer

Dies wäre das Prinzip einer gesteuerten Heizung. Ihr Nachteil ist, daß bei einer Veränderung der Größe der Störung, beispielsweise weil sich eine größere Anzahl von Personen in dem Raum befindet, die ihrerseits Wärme produzieren, die bei der festgelegten Einschaltdauer erzielte Temperatur falsch wird. Dies läßt sich beheben, wenn man die Temperatur laufend mißt, mit dem Sollwert vergleicht und beim Erreichen des Sollwerts abschaltet. Dann hat man einen geschlossenen Wirkungskreis, einen sogenannten Regelkreis.

28.2 Regelung

Regelung hat zum Ziel, eine gegebene Vorschrift, also im obigen Beispiel das Aufrechterhalten einer bestimmten Temperatur (Soll-Temperatur T_S), trotz veränderlicher Größe der Störung und der Veränderung sonstiger Umstände einzuhalten. Dies erreicht man beispielsweise manuell dadurch, daß man die zu regelnde Größe (Raumtemperatur T) laufend beobachtet und die Einschaltdauer des Heizstroms nicht nach einer festen Vorschrift bemißt, sondern beim Erreichen des Sollwerts (oder etwas darunter) den Heizstrom ausschaltet. Ersetzen wir den Menschen wiederum durch ein Stellglied, lautet dieser Regelvorgang: Das Stellglied muß die sogenannte Stellgröße (die vom Ofen erzeugte Wärmemenge) so lange verändern, bis die Sollwertabweichung der Regelgröße $T_S - T$ verschwindet. Dazu ist es erforderlich, daß die Sollwertabweichung der Regelgröße in eine geeignete Stellgröße umgewandelt wird. Dies geschieht im obigen Beispiel über ein Thermometer, welches die Raumtemperatur feststellt, und einen Vergleicher (= Rechner), welcher die Sollwertabweichung feststellt, sowie einen Schalter, der den Heizstrom einschaltet und bei Verschwinden der Sollwertabweichung ausschaltet. Wir haben einen geschlossenen Ablauf der Vorgänge vor uns, einen Regelkreis:

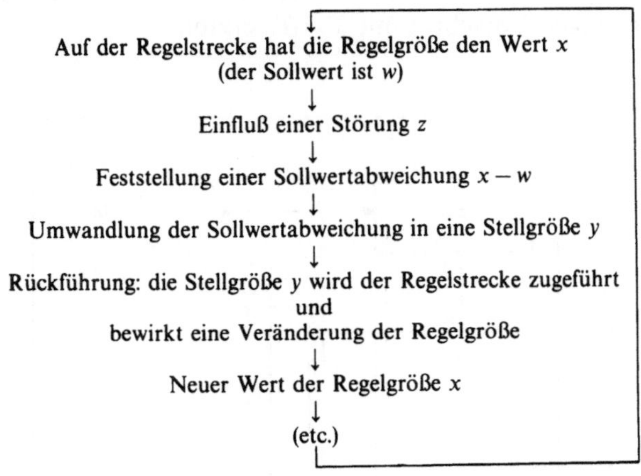

Wie diesem Schema zu entnehmen ist, werden die einzelnen Regelschritte immer wieder von neuem durchlaufen. Wir haben einen Wirkungskreis vor uns. Dabei ist es für eine Regelung entscheidend, daß die Stellgröße y die Sollwertabweichung

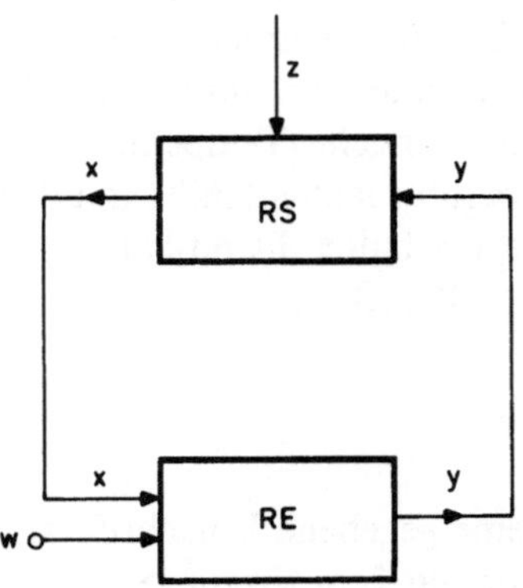

Abb. 28.2. Blockschaltbild eines Regelkreises. RE = Regler, RS = Regelstrecke, x = Regelgröße, w = Sollwert, y = Stellgröße, z = Störgröße. Durch die Rückführung der Regelgröße (über den Regler in die Stellgröße y umgesetzt) zur Regelstrecke entsteht ein Wirkungskreis

$x - w$ verkleinert, also die Rückführung negativ ist. Man nennt dies eine negative Rückkopplung oder Gegenkopplung.

Man kann jeden Regelkreis in zwei Teilsysteme aufteilen: den Regler und die Regelstrecke. Die Regelstrecke ist die zu regelnde Anlage, die Einrichtung zur Durchführung der Regelung heißt Regler.

Besonders instruktiv ist es, den Regelkreis „aufzuschneiden" und Regler und Regelstrecke getrennt zu betrachten.

Regler. Dieser registriert den Sollwert w und den Istwert der Regelgröße x und errechnet daraus die Stellgröße y (im obigen Beispiel die erforderliche Heizwärmemenge). Im einfachsten Fall ist die Stellgröße y konstant (und Null, wenn $|x - w| \leqq$ Schwellwert). Oder y ist proportional zur Sollwertabweichung $x - w$:

$y \propto x - w \rightarrow$ Proportional-Regler (P-Regler). Dieser macht also die Stellgröße proportional zur Sollwertabweichung.

$y \propto \int (x - w) \cdot dt \rightarrow$ Integral-Regler (I-Regler). Die Stellgröße ist hier proportional zu dem Produkt aus Sollwertabweichung mal Zeit.

$y \propto \frac{d(x - w)}{dt} \rightarrow$ Differential-Regler (D-Regler). Hier ist die Stellgröße proportional zur Geschwindigkeit der Sollwertabweichung. Je schneller also die Abweichung erfolgt, desto stärker wird nachgeregelt.

Regelstrecke. In einfachen Fällen ist hier die Regelgröße x proportional zur Stellgröße y. In Anlehnung an die in der Regelungstechnik übliche Schreibweise gilt für eine solche *P-Strecke*:

$$a_0 \cdot x = V \cdot y \text{ oder } x = \frac{V}{a_0}$$

mit $V =$ Verstärkung der Regelstrecke.

Hingegen ist bei der *I-Strecke*:

$$a_1 \cdot \frac{dx}{dt} = V \cdot y,$$

was gleichbedeutend ist mit:

$$x = \frac{V}{a_1} \cdot \int y \cdot dt.$$

Wir betrachten noch die P-Strecken mit Verzögerung etwas näher. P-Strecken mit Verzögerung 1. Ordnung (PT_1-Strecken) haben die Eigenschaft

$$a_1 \cdot dx/dt + a_0 \cdot x = V \cdot y;$$

P-Strecken mit Verzögerung 2. Ordnung (PT_2-Strecken) sind gekennzeichnet durch einen Zusammenhang zwischen Stellgröße y und Regelgröße x wie:

$$a_2 \cdot \frac{d^2x}{dt^2} + a_1 \cdot \frac{dx}{dt} + a_0 \cdot x = V \cdot y.$$

Das ist die Gleichung einer erzwungenen Schwingung, s. Kapitel 4.1, die die

Resonanzfrequenz $\omega_0 = \sqrt{\frac{a_0}{a_2}}$ besitzt. (Die P-Strecke 2. Ordnung enthält also jene 1. Ordnung als Sonderfall für $\omega_0 = \infty$.)

Eine eingehende Analyse dieser Gleichung—für eine feste Stellgröße y—gibt 3 grundsätzlich unterschiedliche Lösungen, die in Abb. 28.3 (Graphen A, B sowie C und D) dargestellt sind.

A: Für $a_1 > 2 \cdot \sqrt{a_0 \cdot a_2}$ gibt die obige Gleichung einen sogenannten Kriechvorgang, d. h. die Regelgröße nähert sich nur sehr langsam dem der Stellgröße y zugehörigen Wert x_∞ an.

B: Für $a_1 = 2 \cdot \sqrt{a_0 \cdot a_2}$ hat man den sogenannten aperiodischen Grenzfall. Hier nähert sich die Regelgröße dem zu erreichenden Wert x_∞ am schnellsten, ohne ihn zu überschreiten.

C: Für $0 < a_1 < 2 \cdot \sqrt{a_0 \cdot a_2}$ überschreitet die Regelgröße beim Erreichen von x_∞ diesen Wert, es kommt zu gedämpftem periodischen Überschwingen.

D: Für $a_1 = 0$ schließlich tritt eine ungedämpfte Schwingung auf.

Falls sich die Stellgröße y zeitlich periodisch ändert—was bei entsprechender periodischer Störung zu erwarten ist—kann es zu Resonanzerscheinungen mit unbegrenzt anwachsender Schwingungsamplitude der Regelgröße kommen, analog zur erzwungenen Schwingung, s. Kapitel 4.1.

Wie man aus der Abb. 28.3 sieht, reagiert die Regelgröße nicht sofort bei $t = 0$, sondern erst mit einer gewissen Verzögerung auf eine Änderung der Stellgröße. Das ist sicher auch bei dem obigen Raumheizbeispiel der Fall, weil die vom Ofen produzierte Wärme ja einige Zeit braucht, erstens produziert zu werden und sich zweitens im Raum zu verteilen. Offenbar handelt es sich hierbei um eine Regelstrecke mit Verzögerung.

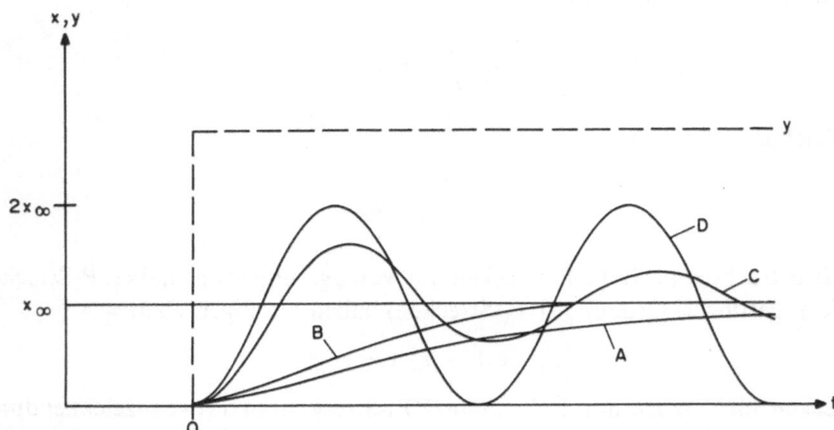

Abb. 28.3. Sogenannte Sprungantwort einer PT_2-Regelstrecke. Verhalten der Regelgröße x bei sprungartiger Veränderung der Stellgröße y. A = Kriechen, B = Grenzfall zwischen periodischem und aperiodischem Verlauf, C = Überschwingen, D = ungedämpfte Schwingung. Wie man sieht, erfolgt die Regelung von x mit einer zeitlichen Verzögerung gegenüber der Stellgröße y

Für eine Regelung muß jedenfalls die Stellgröße y verkleinernd auf die Sollwertabweichung wirken. Diese sogenannte negative Rückkopplung heißt auch Gegenkopplung. Bei Mitkopplung, wenn also die Stellgröße y die Sollwertabweichung vergrößert, versagt die Regelung, es kommt zur Katastrophe durch unbegrenztes Anwachsen oder Abnehmen von x. Wird die Veränderung der Regelgröße hingegen anderweitig begrenzt, treten hier ebenfalls Schwingungen auf. In dieser Form wird Rückkopplung in verschiedenen Oszillatoren zur Schwingungserzeugung benutzt.

Zusammenfassung 28

Steuerung ist die Beeinflussung einer Regelgröße x (z. B. die Geschwindigkeit eines Kraftfahrzeugs) durch eine Stellgröße y (z. B. die Stellung des Gaspedals). Regelung liegt dann vor, wenn die Einstellung der Stellgröße unter Berücksichtigung des aktuellen Werts der Regelgröße erfolgt (beim Kfz. z. B. tut das der Fahrer)—man spricht dann von einem geschlossenen Wirkungskreis oder Regelkreis. Dabei ist entscheidend, daß das Stellglied der Störung bzw. Abweichung entgegen wirkt („Wirkungsumkehr").

Man kann jeden Regelkreis in zwei Teilsysteme aufteilen: den

Regler und die Regelstrecke.

Die Regelstrecke ist die Einrichtung oder das Organ, an dem eine bestimmte Größe x, die Regelgröße, gemessen und durch ein Stellglied beeinflußt wird. Der Regler registriert den Sollwert w und den Istwert der Regelgröße x und errechnet daraus die Stellgröße y. Je nach dem Zusammenhang zwischen der Regelgröße x und der Stellgröße y unterscheidet man Proportional-, Integral- und Differentialregler.

Je nach Art der Sollgröße unterscheidet man Festwertregler, bei welchen die Sollgröße x_S einen festen Wert hat, von Folgereglern, deren Sollwert x_S einen bestimmten Zeitverlauf nimmt.

Eine weitere wichtige Unterscheidung betrifft die Art und Weise, wie die Rückführung der Stellgröße erfolgt. Sie kann so erfolgen, daß der Einfluß der Störung vermindert wird —das ist das Ziel der Regelung; sie kann aber auch so erfolgen, daß die Störung verstärkt wird—das ist der Circulus vitiosus. Im ersten Fall spricht man auch von Gegenkopplung oder negativer Rückkopplung, im zweiten Fall von Mitkopplung oder positiver Rückkopplung. Positive Rückkopplung führt grundsätzlich zur Katastrophe, d.h. zum Anwachsen der zu regelnden Größe über alle Grenzen oder zu ihrem Verschwinden. Wird die zu regelnde Größe hierbei durch andere Einflüsse begrenzt, können Schwingungen auftreten.

Beispiel 28.1. Kombination einer P-Regelstrecke ohne Verzögerung mit einem I-Regler.

Beim Integralregler ist die Stellgröße

$$y = -V \cdot \int (x - w) \cdot dt,$$

und für die P-Regelstrecke gilt

$$y = a_0 \cdot x.$$

Also ist

$$dy/dt = -V \cdot (x - w)$$

oder

$$a_0 \cdot dx/dt = -V \cdot (x - w)$$

bzw.

$$dx/(x - w) = -(V/a_0) \cdot dt,$$

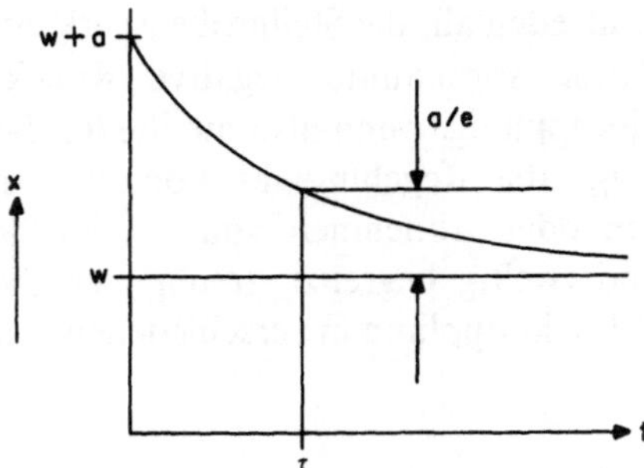

Abb. 28.4. Reglerverhalten einer P-Regelstrecke ohne Verzögerung kombiniert mit einem I-Regler. x = Regelgröße, w = Sollwert der Regelgröße. Die Störung (a) wird mit der Zeitkonstanten τ ausgeregelt

was integriert (für die Störung a, d. h. $x = w + a$ zum Zeitpunkt $t = 0$)

$$x = a + w \cdot \exp(-t \cdot V/a_0) = a + w \cdot \exp(-t/\tau)$$

gibt. Nach $t = \tau$ beträgt die Abweichung der Regelgröße x vom Sollwert w nur mehr den Bruchteil $1/\tau$, s. Abb. 28.4.

Beispiel 28.2. Hitzschlag im heißen Bad (Temperatur > 37 °C). Zunächst steigt die Körpertemperatur. Demzufolge erweitert der Körper die peripheren Gefäße. Das Blut, von dem die Temperaturregelung des Körpers annimmt, daß es an der Oberfläche gekühlt wird, wird dort stattdessen erwärmt. Es kommt zu einer weiteren Erwärmung des Körpers, die ihrerseits eine zusätzliche Erweiterung der Gefäße (es entsteht ein Regelkreis mit Mitkopplung) bis auf ein Maximum bewirkt. Durch das starke Abfließen des Bluts in die peripheren Gefäße fällt der Druck im Kreislauf und es kommt zu einer Unterversorgung lebenswichtiger Organe, insbesondere des Herzens selbst, das aber gerade jetzt zu Höchstleistung getrieben wird. Sinkt die Blutversorgung des Gehirns auf weniger als 40% des Normalwerts, tritt Bewußtlosigkeit ein → Hitzschlag (verkürzt dargestellt nach A. A. Bartlett und T. J. Braun, 1983). Analoges passiert beim Sonnenbaden in großer Hitze, wenn die Kühlung durch Schwitzen mangels ausreichender Getränkezufuhr unterbunden wird.

LITERATUR

1. Mathematik und allgemeine Grundlagen

Cohen, E. R., Giacomo, P.: 1987. Symbols, Units, Nomenclature and Fundamental Constants in Physics. Document IUPAP-25.
Feller, W.: 1968. An Introduction to Probability Theory and Its Applications.
Freudenthal, H.: 1963. Wahrscheinlichkeit und Statistik. Oldenbourg.
Fuchs, G.: 1979. Mathematik für Mediziner und Biologen. Springer.
Harms, V.: 1988. Biomathematik, Statistik und Dokumentation. Harms.
Harten, H.-U., Nägerl, H., Schulte, H.-D.: 1987. Mathematik für Mediziner. VCH.
Kamke, D., Krämer, K.: 1977. Physikalische Grundlagen der Maßeinheiten. Teubner.
Kreyszig, E.: 1975. Statistische Methoden und ihre Anwendungen. Vandenhoeck & Ruprecht.
Lorenz, R.: 1988. Grundbegriffe der Biometrie. Fischer.
Saunders, P. T.: 1986. Katastrophentheorie. Vieweg.
Schmetterer, L.: 1966. Einführung in die mathematische Statistik. Springer.
Seifritz, W.: 1989. Wachstum, Rückkopplung und Chaos. Hanser.
Phillips, J. L.: 1973. Statistical Thinking. Freeman.
Vickery, B. L.: 1979. Computing Principles and Techniques. Hilger.
Walter, E.: 1988. Biomathematik für Mediziner. Teubner.
Westphal, W. H.: 1971. Die Grundlagen des physikalischen Begriffssystems. Vieweg.
Wingert, F.: 1979. Medizinische Informatik. Teubner.

2. Mechanik

Agostini, E.: 1972. Mechanics of Pleural Space. Phys. Rev. **52**, 57–128.
Appell, H.-J., Stand-Voss, C.: 1990. Funktionelle Anatomie. Springer.
Bergmann, L.: 1954. Der Ultraschall. Hirzel.
Biamino, G.: Die Echokardiographie. Boehringer Mannheim.
Bleifeld, W., Hamm, Ch. W.: 1988. Herz und Kreislauf. Springer.
Bock, K. D.: 1975. Hochdruck. Thieme.
Bom, N., Roelandt, J. (Hrsg.): 1989. Intravascular Ultrasound. Kluwer.
Braun, B., Günther, R., Schwerk, W. B. (Hrsg.): 1990. Ultraschalldiagnostik. Ecomed.
Caro, C. G., Pedley, T. J., Schroter, R. C., Seed, W. A.: 1978. The Mechanics of Circulation. Oxford University Press.
Duffin, J.: 1976. Physics for Anaesthesists. Thomas.
Easton, D. M.: 1974. Mechanics of Body Functions. Prentice-Hall.
Fung, Y. C. (Hrsg.): 1966. Biomechanics. ASME.
Fung, Y. C., Perrone, N., Anliker, M.: 1972. Biomechanics: Its Foundations and Objectives. Prentice-Hall.
Gersten, K.: 1991. Einführung in die Strömungsmechanik. Vieweg.

Griefahn, B.: 1988. Audiometrie. Enke.
Griffiths, D. J.: 1980. Urodynamics. Hilger.
Haugton, P. M.: 1980. Physical Principles of Audiology. Hilger.
Hellige, G., Spieckermann, P. G.: 1985. Grundlagen der arteriellen Hämodynamik. Casella-Riedel.
Hellige, G., Spieckermann, P. G.: 1986. Arteriolen und Blutdruckregulation. Casella-Riedel.
Hellige, G., Spieckermann, P. G.: 1987. Chronischer Bluthochdruck—Mechanismen und Folgen. Casella-Riedel.
Hellige, G. Spieckermann, P. G.: 1988. Diagnostik und Therapie der arteriellen Hypertonie. Casella-Riedel.
Hellige, G., Spieckermann, P. G.: 1982. Pathophysiologie der Herzinsuffizienz. Casella-Riedel.
Hellige, G., Spieckermann, P. G.: 1983. Klinik und Diagnostik der Herzinsuffizienz. Casella-Riedel.
Hellige, G., Spieckermann, P. G.: 1984. Therapie der Herzinsuffizienz. Casella-Riedel.
Hellige, G., Leitz, K. H., Spieckermann, P. G.: 1985. Invasive Therapie der koronaren Herzkrankheit. Casella-Riedel.
Hellige, G., Spieckermann, P. G., Stauch, M.: 1987. Medikamentöse Therapie der Angina Pectoris. Casella-Riedel.
Hellige, G., Spieckermann, P. G.: 1990. Endothel und Thrombozyt bei der koronaren Herzkrankheit. Casella-Riedel.
Holldack, K.: 1979. Lehrbuch der Auskultation und Perkussion. Thieme.
Kummer, B.: 1985. Einführung in die Biomechanik des Hüftgelenks. Springer.
Labovitz, A., Williams, G. A.: 1988. Doppler Echocardiography. Lea & Febiger.
Maquet, P. G. J.: 1976. Biomechanics of the Knee. Springer.
Marshall, M.: 1988. Doppler-Sonographie. Springer.
Massey, B. S.: 1979. Mechanics of Fluids. Van Nostrand.
Pauwels, F.: Gesammelte Abhandlungen zur funktionellen Anatomie des Bewegungsapparates. Springer.
Rohen, J. W.: 1984. Funktionelle Anatomie des Menschen. Schattauer.
Rolfe, P. (Hrsg.): 1979. Non-Invasive Physiological Measurements. Academic Press.
Rowan, J. O.: 1981. Physics and the Circulation. Hilger.
Rushmer, R. F.: 1970. Cardiovascular Dynamics. Saunders.
Stegemann, J.: 1991. Leistungsphysiologie. Thieme.
Stevens, J. C., Elliott, C.: 1987. An Introduction to Audiology. IPSM.
Tempest, W. (Hrsg.): 1976. Infrasound and Low Frequency Vibration. Academic Press.
Ulmer, W. T., Reichel, G., Nolte, D.: 1976. Die Lungenfunktion. Thieme.
Wagner, M., Schabus, R.: 1982. Funktionelle Anatomie des Kniegelenks. Springer.
Wells, P. N. T.: 1977. Biomedical Ultrasonics. Academic Press.
WHO: 1982. Environmental Health Criteria 22, Ultrasound.
WHO: Environmental Health Criteria 12, Noise.
Williams, A. R.: 1983. Ultrasound: Biological Effects and Potential Hazards. Academic Press.
Williams, W., Lissner, H. R.: 1962. Biomechanics of Human Motion. Saunders.
Wirhed, R.: 1988. Sport-Anatomie und Bewegungslehre. Schattauer.
Woodcock, J. P.: 1979. Ultrasonics. Hilger.
Zierep, J., Bühler, K.: 1991. Strömungsmechanik. Springer.

3. Wärmelehre

Kortüm, G., Lachmann, H.: Einführung in die chemische Thermodynamik, VCH.
Mather, J. R.: 1974. Climatology: Fundamentals and Applications. McGraw-Hill.
Mayer, E.: 1989. Physik der thermischen Behaglichkeit. PHUZ **20**, 97–103.
Paton, W., Elliott, D. H., Smith, E. B.: 1984. Diving and live at high pressures. Phil. Trans. Roy. Soc. London **304**, 1–197.

Shitzer, A., Eberhart, R. C.: 1985. Heat Transfer in Medicine and Biology, Vol. 1. Plenum Press.
Shitzer, A., Eberhart, R. C.: 1985. Heat Transfer in Medicine and Biology, Vol. 2. Plenum Press.
Zemansky, M. W.: 1957. Heat and Thermodynamics. McGraw-Hill.

4. Elektrizitätslehre

Adey, W. R.: 1981. Tissue Interactions with Nonionizing Electromagnetic Fields. Physiol. Rev. **61**, 435–514.
Barnothy, M. F.: 1969. Biological Effects of Magnetic Fields. Plenum Press.
Brinkmann, K., Schaefer, H.: 1982. Der Elektrounfall. Springer.
Deecke, L., Weinberg, H., Brickett, P.: 1982. Magnetic Fields of the Human Brain Accompanying Voluntary Movement: Bereitschaftsmagnetfeld. Exp. Brain Res. **48**, 144–148.
Frucht, A.-H., Krause, N., Nimtz, G., Schaefer, H.: 1984. Die Wirkung hochfrequenter elektromagnetischer Felder auf den Menschen. Berufsgenossenschaft der Feinmechanik und Elektrotechnik, Köln.
Goldschlager, N., Goldman, M. J.: 1989. Principles of Clinical Electrocardiography. Prentice-Hall.
Hill, D. W.: Electronic Techniques in Anaesthesia and Surgery. Butterworths.
Irnich, W.: 1975. Einführung in die Bioelektronik. Thieme.
IRPA: 1988. Guidelines on Limits of Exposure to RF Electromagnetic Fields in the Frequency Range from 100 kHz to 300 GHz.
IRPA: 1990. Interim Guidelines on Limits of Exposure to 50/60 Hz Electric and Magnetic Fields. Health Physics **58**, 113–122.
Jantsch, H., Schuhfried, F.: 1981. Niederfrequente Ströme zur Diagnostik und Therapie. Maudrich.
Koenig, W.: 1972. Klinisch-physiologische Untersuchungsmethoden. Thieme.
Lin, J. C. (Hrsg.): 1989. Electromagnetic Interaction with Biological Systems. Plenum Press.
Meyer-Waarden, K.: 1975. Einführung in die biologische und medizinische Meßtechnik. Schattauer.
Nernst, W.: 1908. Zur Theorie des elektrischen Reizes. Pflügers Arch. Physiol. **122**, 275–314.
Newi, G.: 1983. Biologische Wirkungen elektrischer, magnetischer und elektromagnetischer Felder. Expert.
Patzel, H. G.: 1987. Iontophorese. Springer.
Reidenbach, H.-D.: 1983. Hochfrequenz- und Lasertechnik in der Medizin. Springer.
Schittenhelm, R., Oppelt, A.: 1990. Biomagnetische Diagnostik. PHUZ **21**, 161–171.
Schliephake, E.: 1960. Kurzwellentherapie. Fischer.
Schley, G.: 1986. Elektrokardiographie. Springer.
Schriftenreihe Umweltschutz Nr. 121: 1990. Biologische Auswirkungen nichtionisierender elektromagnetischer Strahlung auf den Menschen und seine Umwelt. Bundesamt für Umwelt, Wald and Landschaft, Bern.
Senn, E.: 1990. Elektrotherapie. Thieme.
Tenforde, T. S.: 1979. Magnetic Field Effects on Biological Systems. Plenum Press.
U. S. Congress, Office of Technology Assessment: 1989. Biological Effects of Power Frequency Electric and Magnetic Fields—Background Paper, OTA-BP-E-53. U.S. Government Printing Office.
Veröffentlichungen der Strahlenschutzkommission, Band 16: 1990. Nichtionisierende Strahlung. Fischer.
Webster, J. G.: 1990. Electrical Impedance Tomography. Hilger.
WHO: 1981. Environmental Health Criteria 16, Radiofrequency and Microwaves.

5. Atom-, Kern-, Strahlen- und Elementarteilchenphysik

Alberts, B., Bray, D., Lewis, J., Raff, M., Roberts, K., Watson, J. D.: 1990. Molekularbiologie der Zelle. VCH.

Breitmair, E.: 1990. Vom NMR-Spektrum zur Strukturformel organischer Verbindungen. Teubner.

Duff, B. G.: 1986. Fundamental Particles. Taylor & Francis.

Dykes, J., Delpy, D. T. (Hrsg.): 1989. Clinical NMR-Spectroscopy. Physics in Diagnostic Radiology. IPSM.

Ebermann, L., Menzel, B., Neßler, J., Petrasch, G., Steuer, J.: 1991. Ermittlung der Strahlenexposition des Patienten in der Röntgendiagnostik aus dem Flächendosisprodukt. Med. Physik **1**, 178–182.

Faulkner, K., Cranley, K., Starritt, H. C., Wankling, P. F. (Hrsg.): 1990. Physics in Diagnostic Radiology. IPSM.

Foster, M. A., Hutchinson, J. M. S.: 1987. NMR Imaging. IRL Press.

Fowler, J. F.: 1981. Nuclear Particles in Cancer Treatment. Hilger.

Fricke, J.: 1986. Physik in unserer Zeit **17**, 188–191.

Friedmann, G., Bücheler, E., Thurn, P.: 1981. Ganzkörper-Computertomographie. Thieme.

Fueger, G. F., Schreiner, W.: 1900. Dosimetrie offener Radionuklide.

Geyh, M. A.: 1980. Einführung in die Methoden der physikalischen und chemischen Altersbestimmung. Wiss. Buchges.

Glocker, R., Macherauch, E.: 1965. Röntgen- und Kernphysik für Mediziner und Biophysiker. Thieme.

Greening, J. R.: 1981. Fundamentals of Radiation Dosimetry. Hilger.

Grivet, P.: 1972. Electron Optics. Pergamon Press.

Haken, H., Wolf, H. C.: 1980. Atom- und Quantenphysik. Springer.

Harder, D.: 1964. Die Biophysik der relativen biologischen Wirksamkeit. Biophysik **1**, 225–258.

Harder, D.: 1987. Röntgen's discovery—how and why it happened. Int. J. Radiat. Biol. **51**, 815–839.

Hausser, K. H., Kalbitzer, H. R.: 1989. NMR für Mediziner und Biologen. Springer.

Hermann, H. J.: 1989. Nuklearmedizin. Urban & Schwarzenberg.

Hille, B.: 1984. Ion Channels of Excitabel Membranes. Sinauer.

Horst, W., Conrad, B.: 1966. Radiotherapie des Krebses mit negativen Pi-Mesonen. Fortschr. i. d. Röntgenforschg. **105**, 299–321.

Horton. P. W.: 1982. Radionuclide Techniques in Clinical Investigation. Hilger.

Jaeger, R. G., Hübner, W.: 1974. Dosimetrie und Strahlenschutz. Thieme.

Kiefer, J.: 1989. Biologische Strahlenwirkungen. Birkhäuser.

Kogelnik, H. D., Dimopoulos, J.: 1983. Einführung in die klinische Strahlentherapie. Wiss. Buchges.

Koops, W.: 1990. MR Imaging Compendium. Philips Medical Systems.

Laubenberger, T.: 1990. Technik der medizinischen Radiologie. Deutscher Ärzte-Verlag.

Lehninger, A. L.: 1965. Bioenergetics. The Molecular Basis of Biological Energy Transformations. Benjamin.

Maurer, H.-J., Zieler, E.: 1984. Physik der bildgebenden Verfahren in der Medizin. Springer.

McKinley, A. F.: 1981. Thermo-Luminescence Dosimetry. Hilger.

Meitner, L.: 1927. Über den Aufbau des Atominnern. Die Naturwissenschaften **15**, 369.

Mould, R. F.: 1981. Radiotherapy Treatment Planning. Hilger.

Picht, J., Heidenreich, J.: 1975. Einführung in die Elektronenmikroskopie. VEB Verlag Technik.

Sauter, E.: 1971. Grundlagen des Strahlenschutzes. Thiemig.

Schaps, D., Schlegel, W.: 1986. Bildgebende Verfahren für die medizinische Diagnostik. Deutsches Ärzteblatt **83**, 461–468.

Schlungenbaum, W.: 1979. Medizinische Strahlenkunde. De Gruyter.

Schpolski, E. W.: 1979. Atomphysik I, II. DVW.

Schrödinger, E.: 1944: Was ist Leben? Piper.
Schultz, E.: 1985. Computertomographie-Verfahren. Thieme.
Schultz, H., Vogt, H.-G.: 1977. Grundzüge des praktischen Strahlenschutzes. Thiemig.
Sinclair, W. K.: 1987. Risk, Radiation, and Radiation Protection. Radiation Res. **112**, 119–216.
Stolz, W.: 1990. Radioaktivität. Hanser.
Upton, A. C.: 1991. Health Effects of Low-Level Ionizing Radiation. Physics Today **1991**, 34–39.
Wall, B. F., Harrison, R. M., Spiers, F. W.: 1988. IPSM.
Webb, S. (Hrsg.): 1988. The Physics of Medical Imaging. Hilger.
Wehrli, F. W., Shaw, D., Kneeland, J. B.: 1988. Biomedical Magnetic Resonance Imaging. VCH.
Wu, A.: 1992. Physics and Dosimetry of the Gamma Knife. Stereotactic Radiosurgery 3, 35–50.
Young, S. W.: 1984. Magnetic Resonance Imaging. Raven Press.

6. Optik

Ben-Hur, E., Rosenthal, I.: 1987. Photomedicine, Vols. I, II, III. CRC Press.
Berlien, H.-P. Müller, G.: 1989. Angewandte Lasermedizin. Ecomed.
Born, M.: 1972. Optik. Springer.
Born, M., Wolf, E.: 1980. Principles of Optics. Pergamon.
Breinin, G. M., Siegel, I. M.: 1983. Advances in Diagnostic Visual Optics. Springer.
Carruth, J. A. S., McKenzie, A. L.: 1986. Medical Lasers. Hilger.
Casey, E. J.: 1962. Biophysics: Concepts and Mechanisms. Reinhold.
Diffey, B. L.: 1982. Ultraviolet Radiation in Medicine. Hilger.
Duane, T. D., Jaeger, E. A.: 1988. Biomedical Foundations of Ophthalmology. Lippincott.
Eichler, J., Eichler, H.-J.: 1991. Laser. Springer.
Eichler, J., Seiler, T.: 1991. Lasertechnik in der Medizin. Springer.
Enoch, J. M., Tobey, Jr., F. L.: 1981. Vertebrate Photoreceptor Optics. Springer.
Evans, A. L.; 1981. The Evaluation of Medical Images. Hilger.
Geeraets, W. J., Berry, B. S.: 1968. Ocular Spectral Characteristics as Related to Hazards from Lasers and Other Light Sources. Am. J. Ophthalmol. **66**, 15–20.
Gonzalez, R. C., Wintz, P.: 1987. Digital Image Processing. Addison-Wesley.
Haferkorn, H.: 1981. Optik. Deutsch.
Henson, D. B.: 1983. Optometric Instrumentation. Butterworths.
Herrmann, J., Wilhelmi, B.: 1984. Laser für ultrakurze Lichtimpulse. Physik-Verlag.
Jähne, B.: 1991. Digitale Bildverarbeitung. Springer.
Katsaggelos, A. K.: 1991. Digital Image Restoration. Springer.
Kiefer, J.: 1989. Biologische Strahlenwirkungen. Birkhäuser.
Klein, M. V., Furtak, T. E.: 1986. Optik. Springer.
Kneubühl, F. K., Sigrist, M. W.: 1988. Laser. Teubner.
Lange, W.: 1983. Einführung in die Laserphysik. Wiss. Buchges.
Le Grand, Y., El Hage, S. G.: 1980. Physiological Optics. Springer.
McKinlay, A. F., Whillock, M., Harlen, F.: 1988. Hazards of Optical Radiation. Hilger.
Moseley, H.: 1988. Non-Ionising Radiation. Hilger.
Müller, G. J., Sliney, D. H.: 1989. Dosimetry of Laser Radiation in Medicine and Biology. SPIE Opt. Eng. Press.
Mütze, K., Foitzik, L., Krug, W., Schreiber, G.: 1961. ABC der Optik. Dausien.
Rassow, B. (Hrsg.): 1987. Ophthalmologisch-optische Instrumente. Enke.
Reiner, J.: 1982. Grundlagen der ophthalmologischen Optik. Enke.
Repacholi, M. H. (Hrsg.): 1988. Non-Ionizing Radiations. IRPA.
Rick, W.: 1974. Klinische Chemie und Mikroskopie. Springer.

Rosenfeld, A.: 1969. Picture Processing by Computer. Academic Press.
Sadun, A. A., Brandt, J. D.: 1987. Optics for Ophthalmologists. Springer.
Schober, H., Rentschler, I.: 1972. Optische Täuschungen in Wissenschaft und Kunst. Moos.
Schütz, H., Machbert, G.: 1988. Photometrische Bestimmung von Carboxy-Hämoglobin. VCH.
Steiner, R., Kaufmann, R., Landthaler, M., Braun-Falco, O. (Hrsg.): 1991. Lasers in Dermatology. Springer.
Sutter, E., Schreiber, P., Ott, G.: 1989. Handbuch Laser-Strahlenschutz. Springer.
Svelto, O.: 1986. Principles of Lasers. Plenum.
Vaughan, D., Asbury, T.: 1983. General Ophthalmology. Lange.
WHO: 1979. Environmental Health Criteria 14. Ultraviolet Radiation.
WHO: 1982. Environmental Health Criteria 23, Lasers and Optical Radiation.
Winnacker, A.: 1986. Physik von Maser und Laser. BI.
Wollensack, J. (Hrsg.): 1988. Laser in der Ophthalmologie. Enke.
Wolff, K., Gschnait, F., Hönigsmann, H., Konrad, K., Parrish, J. A., Fitzpatrick, T. B.: 1977. Phototesting and dosimetry for photochemotherapy. Brit. J. Derm. **96**, 1.

7. Regelung

Bartlett, A. A., Brown, T. J.: 1983. Am. J. Phys. **51**, 127–132.
Hassenstein, B.: 1967. Biologische Kybernetik. Quelle & Meyer.
Seefeldt, D., König, W.: 1989. Z. Ärztl. Fortbildg. **83**, 613–616.
Schmidt, G.: 1984. Grundlagen der Regelungstechnik. Springer.
Unger, J.: 1990. Einführung in die Regelungstechnik. Teubner.

8. Physikalische Medizin

Gillmann, H.: 1981. Physikalische Therapie. Thieme.
Günther, R., Jantsch, H.: 1986. Physikalische Medizin. Springer.
Senn, E.: 1990. Elektrotherapie. Thieme.
Weber, G.: 1978. Photochemotherapie. Thieme

9. Biophysik

Beier, W.: 1968. Biophysik. Thieme.
Casey, E. J.: 1962. Biophysics: Concepts and Mechanisms. Reinhold.
Glaser, R.: 1986. Biophysik. Fischer.
Hoppe, W., Lohmann, W., Markl, H., Ziegler, H.: 1978. Biophysik. Springer.
Mielczarek, E. V., Greenbaum, E., Knox, R. S. (Hrsg.): 1992. Biological Physics. Hilger.
Numberger, M., Draguhn, A.: 1991. Biologie in unserer Zeit **21**, 148–155.
Ronto, G., Tarjan, I.: 1989. Einführung in die Biophysik. Ungar. Akad. Wiss.
Volkenstein, M. V. (Hrsg.): 1991. Biophysics. Hilger.

10. Physikpraktika

Glass, K., Pliquett, F., Rödenbeck, M., Wiegel, D., Wunderlich, S.: 1991. Biophysikalisches Praktikum. Thieme.
Institut für Medizinische Physik der Universität Wien (Hrsg.): 1991. Physikpraktikum für Mediziner. Facultas.

Van Calker, J., Kleinhanß, H.-R.: 1989. Physikalisches Kurspraktikum für Mediziner und Naturwissenschaftler. Schattauer.
Walcher, W.: 1974. Praktikum der Physik. Teubner.

11. Physik für Mediziner und medizinische Physik

Cameron, J. R., Skofronick, J. G.: 1978. Medical Physics. Wiley.
Gonsior, B.: 1984. Physik für Mediziner. Schattauer.
Haas, U.: 1988. Physik für Pharmazeuten und Mediziner. WVG.
Harten, H.-U.: 1987. Physik für Mediziner. Springer.
Hellenthal, W.: 1988. Physik. Thieme.
Jahrreiss, H.: 1985. Einführung in die Physik. DÄV.
Kamke, D., Walcher, W.: 1982. Physik für Mediziner. Teubner.
Lecher, E.: 1928. Lehrbuch der Physik für Mediziner, Biologen und Psychologen. Teubner.
McAinsh, T. F. (Hrsg.): 1986. Physics in Medicine & Biology Encyclopedia. Pergamon Press.
Pope, J. A.: 1984. Medical Physics. Heinemann.
Rotblat, J.: 1966. Aspects of Medical Physics. Taylor & Francis.
Ruch, T. C., Patton, H. D. (Hrsg.): 1973. Physiology and Biophysics, Vols. I, II, III. Saunders.
Seibt, W.: 1987. Physik für Mediziner. VCH.
Trautwein, A., Kreibig, U., Oberhausen, E.: 1987. Physik für Mediziner. De Gruyter.
Villars, F. M. H., Benedek, G. B.: 1974. Physics with Illustrative Examples from Medicine and Biology, Vols. 1, 2, 3. Addison-Wesley.

12. Lehrbücher der Schulphysik

Grehn, J., Harbeck, G., Wessels, P.: 1974. PSSC-Physik (deutsche Fassung der College-Physik des „Physical Science Study Committee" in den USA). Vieweg.
Kane, J., Sternheim, M.: 1986. Physique. Inter Editions.
Nelkon, M., Parker, P.: 1988. Advanced Level Physics. Heinemann.
Sexl, Raab, Streeruwitz: 1980. Physik. Ueberreuter.

13. Lehrbücher der Hochschulphysik

Alonso, M., Finn, E. J.: 1980. Fundamental University Physics, Vols. 1, 2, 3. Addison-Wesley.
Berkeley Physik-Kurs, Band 1 bis 6: 1979. Vieweg.
Bergmann-Schaefer: 1975. Lehrbuch der Physik, Band I bis IV. De Gruyter.
Dransfeld, K., Kienle, P., Vonach, H.: 1974. Physik I und II. Oldenbourg.
Feynman, R. P.: 1970. The Feynman Lectures on Physics. Addison Wesley.
Grimsehl, E.: 1968. Lehrbuch der Physik I, II, III, IV. Teubner.
Hänsel, H., Neumann, W.: 1977. Physik I bis VII. Deutsch.
Lerner, R. G., Trigg, G. L.: 1991. Encyclopedia of Physics. VCH.
Orear, J.: 1979. Physik. Hanser.
Pohl, R. W.: 1960. Einführung in die Physik, 1., 2., 3. Band, Springer.
Resnick, R., Halliday, D.; Physics, Parts 1, 2. Wiley.

14. Physikalische Gewebeeigenschaften

Duck, F. A.: 1990. Physical Properties of Tissue. Academic Press.
Yamada, H.: 1970. Strength of Biological Materials. Williams & Wilkins.
Pethig, R.: 1979. Dielectric and Electronic Properties of Biological Materials. Wiley.

Pethig, R.: 1984. Dielectric Properties of Biological Materials: Biophysical and Medical Applications, IEEE Trans. El. Insulation **19**, 53–474.
Freytag, G.: 1908. Die Brechungsindices der Linse und der flüssigen Augenmedien. Bergmann.

15. Geschichte der Physik

Segrè, E.: 1984. Von den fallenden Körpern zu den elektromagnetischen Wellen. Piper.
Segrè, E.: 1984. Die großen Physiker und ihre Entdeckungen. Piper.
Geddes, L. A.: 1984. A Short History of the Electrical Stimulation of Excitable Tissue. The Physiologist **27**(1), Supplement, 48.
Fraunberger, F.: 1900. Illustrierte Geschichte der Elektrizität. Aulis Verlag Deubner.
Schrödinger, E.: 1944. Was ist Leben? Piper.
Willer, J.: 1990. Physik und menschliche Bildung. Wiss. Buchgesellschaft.

Die Aphorismen am Beginn der Buchabschnitte wurden größtenteils entnommen aus:

Quadbeck-Seeger, H.-J.: 1988. Zwischen den Zeichen, Aphorismen über und aus Natur und Wissenschaft. VCH.

ANHANG

Für das Können
gibt es
nur einen Beweis,
das Tun.
Marie von Ebner-Eschenbach

A.1 Schlüssel zum deutschen Gegenstandskatalog

In der folgenden Übersicht bedeutet:

ZUS = Zusammenfassung in diesem Lehrbuch
MAT = Lehrbücher der Mathematik für Mediziner, s. Literatur.
PRA = Lehrbücher der Physikalischen Praktika für Mediziner, s. Literatur.

Angaben zur Häufigkeit, mit der die verschiedenen Lernziele in der Vergangenheit gefragt worden sind, sind z. B. enthalten in: Gegenstandskatalog 1. Jungjohann Verlagsgesellschaft, Neckarsulm, München. 1988.

Gegenstandskatalog	Kapitel in diesem Lehrbuch (oder andere Quellen)
1. Grundbegriffe des Messens und der quantitativen Beschreibung	
1.1 Physikalische Größe Begriff der physikalischen Größe; Darstellung mittels Einheit und Maßzahl. Untersuchung von Formeln bzw. Gleichungen mit Hilfe der benutzten Größen und Einheiten; Vektorielle und skalare physikalische Größen; Vektoren: Addition, Komponenten-Zerlegung.	1.1, 1.8, PRA
1.2 Internationales Einheitensystem Kenntnis der Basisgrößen und Basiseinheiten des SI.	1.1
1.3 Abgeleitete Größen und Einheiten Herleitung abgeleiteter Einheiten aus den Basiseinheiten mit Hilfe der Definitionsgleichungen der abgeleiteten Größen (Beispiele). Angabe der dezimalen Vielfachen und Teile von Einheiten durch Vorsilben.	1.1

Gegenstandskatalog	Kapitel in diesem Lehrbuch (oder andere Quellen)
Weitere in der Literatur und Praxis verbreitete Einheiten; mmHg (= Torr), cal. Ci, rad, *R*	
1.4 Messen und Fehler beim Messen	1.1, PRA, MAT
Begriff der Messung und des Meßfehlers; analoge und digitale Messungen; Begriff der Meßunsicherheit; absolute und relative Meßunsicherheit; systematische und zufällige Fehler; Unsicherheiten bei Zählungen statistischer Prozesse (z. B. Radioaktivität); Häufigkeitsverteilung (Streuung) der Meßwerte in einer Meßreihe; Standardabweichung des Einzel- und des Mittelwerts und deren Bedeutung. Gaußsche Normalverteilung (Glockenkurve); Fehlerfortpfanzung; Begriff der gesamten Meßunsicherheit; Größtfehler bei der Addition, Subtraktion, Multiplikation, Division und Potenzierung von physikalischen Größen. Sinnvolle Anzahl von Dezimalstellen.	
1.5 Meßgeräte und ihr Gebrauch	PRA
Gebrauch von Maßstäben, Schieblehren, Mikrometerschrauben, Uhren, Zählern, Thermometern, Manometern, Meßgeräten für elektrische Stromstärke und Spannung, Oszilloskopen; Anwendung des Nonius.	
1.6 Geometrie, Stereometrie	1.2
Ebener Winkel und Raumwinkel: Definition und Einheiten, Bogenmaß.	
1.7 Funktionen	1.5, 1.10
Kenntnis und Umgang mit Potenzfunktionen für ganze und gebrochene Exponenten Exponentialfunktion Logarithmische Funktionen (dekadischer, binärer, natürlicher Logarithmus) Trigonometrische Funktionen (Sinus, Cosinus, Tangens, Cotangens).	
1.8 Graphische Darstellungen	1.1, 1.3
Koordinatensystem mit linear oder logarithmisch geteilter Ordinate und Abszisse. Analyse von graphischen Darstellungen auf diesen Papieren, d. h. Entnehmen charakteristischer Werte (z. B. Steigung einer Geraden bzw. Kurve in einem Punkt) Graphischer Ausgleich der Meßfehler durch eine an die Meßpunkte bestangepaßte glatte Kurve (Ausgleichskurve, Ausgleichsgerade); graphische Darstellung mit Unsicherheitsbalken.	
1.9 Differential- und Integral-Rechnung	1.7
Anschauliche Bedeutung des Differentialquotienten und des bestimmten	

Gegenstandskatalog		Kapitel in diesem Lehrbuch (oder andere Quellen)
	Integrals in graphischen Darstellungen, Grundzüge der graphischen Differentiation	
2	**Mechanik**	
2.1	**Raum, Zeit**	1.2, 1.4
	Meßverfahren der Länge und der Zeit	
	Stroboskopie	
2.2	**Bewegung in Raum und Zeit (Kinematik)**	1.6, 1.9
	Definition und Einheit: Geschwindigkeit, Beschleunigung	
	Analyse von Weg-Zeit-Diagrammen: Momentangeschwindigkeit und Momentanbeschleunigung; Zusammenhang von Weg-Zeit-Diagramm, Geschwindigkeit-Zeit-Diagramm und Beschleunigung-Zeit-Diagramm	
	Bewegungsarten: gleichförmige, ungleichförmige, gleichförmig beschleunigte Bewegung; Beispiele hierfür.	
	Beschleunigung beim freien Fall	
	Kreisbewegung: Bahngeschwindigkeit, Winkelgeschwindigkeit, Radialbeschleunigung	
2.3	**Materieller Körper unter dem Einfluß von Kräften**	2.1, 2.2, 3.1, 3.5
	Trägheitsgesetz (I. Newtonsches Axiom), Kraft als Ursache der Beschleunigung.	
	Definition und Einheit der Kraft (II. Newtonsches Axiom)	
	Beispiele von Kräften: Gravitationskraft, Gewichtskraft, elektromagnetische Wechselwirkung	
	Reibungskraft, Gleitreibung, Haftreibung	
	Flüssigkeitsreibung	
	Zentrifugalkraft bei der Kreisbewegung: Zentrifuge	
	Definition und Einheit des Drehmoments, Hebelgesetz, Anwendung auf einfache Fälle	
	Begriff des Trägheitsmoments; stabiles, labiles, indifferentes Gleichgewicht. Schwerpunkt, seine Lage bei einfachen und vereinfachten Figuren (z. B. menschlicher Körper in verschiedenen Haltungen), seine Bewegung.	
	Standfestigkeit.	
2.4	**Arbeit, Energie, Leistung, Impuls**	3.2, 3.3, 3.4, 3.5
	Definition und Einheit der Arbeit. Beispel: Hubarbeit	
	Druck-Volumen-Arbeit (z. B. des menschlichen Herzens)	
	Potentielle Energie, kinetische Energie	
	Satz von der Erhaltung der Energie: Anwendung auf einfache Vorgänge (z. B. freier Fall, Pendel)	
	Definition und Einheit: Leistung, Impuls, Impulserhaltung, Kraftstoß	

Gegenstandskatalog	Kapitel in diesem Lehrbuch (oder andere Quellen)
Beschreibung der Änderung des Bewegungszustandes bei Stoßvorgängen	
2.5 Mengenbegriffe, bezogene Größen	ZUS 6.B, ZUS 6.C
Definition und Einheiten der Mengengrössen: Volumen, Masse, Teilchenzahl und Stoffmenge	
Definitionen und Einheiten der volumenbezogenen Größen	
Beispiele: Dichte, Teilchenanzahldichte	
Definitionen und Einheiten der massenbezogenen Größen = spezifische Größen (Beispiel: spezifische Wärmekapazität)	
Definitionen und Einheiten der stoffmengenbezogenen Größen = molare Größen (Beispiel: molare Masse)	
Definitionen und Einheiten der Größen „Gehalt" (Massengehalt, Volumengehalt, Stoffmengengehalt) und „Konzentration" (Massenkonzentration, Stoffmengenkonzentration = Molarität) von Stoffgemischen	
2.6 Verformung fester Körper unter dem Einfluß von Kräften im Gleichgewicht	2.3, 5.2, 6.1, 6.2
Mechanische Spannung (Zug-, Druck-, Schubspannung), Definition und Einheit	
Kenntnis der Arten der Formänderung: Dehnung, Stauchung, Volumenänderung, Scherung, Torsion	
Verformungsbereiche und deren Grenzen im Spannungs-Dehnungs-Diagramm: Proportionalitätsbereich (Hookesches Gesetz), Elastizitätsgrenze, plastische Verformung (Fließbereich), Bruch	
Kenngrößen der elastischen Verformung für feste Körper und Fluide: Elastizitätsmodul, Volumenelastizitätskoeffizient, Kompressibilität, Kompressionsmodul (in der Physiologie Volumenelastizitätsmodul genannt)	
2.7 Fluide (Flüssigkeiten, Gase) unter dem Einfluß von Kräften	5.2
Definition und Einheit: Druck;	
Stempeldruck und Schweredruck, Abhängigkeit des Schweredruckes von der Eintauchtiefe	
Druckmessung durch Flüssigkeitsmanometer und Membranmanometer; Blutdruckmessung	
Auftrieb, Schwimmen, Sinken, Schweben. Auftriebskraft	
Druckerzeugung durch Stempel und elastische Wand (Gummiblase, Herz)	
2.8 Kräfte an Grenzflächen	5.2
Oberflächenspannung (Grenzflächenspannung)	
Kapillarwirkung; Benetzung; Kohäsion und Adhäsion.	

Gegenstandskatalog	Kapitel in diesem Lehrbuch (oder andere Quellen)
2.9 Strömung von Fluiden (Flüssigkeiten, Gase) Möglichkeit der Darstellung des Strömungsfelds durch Stromlinien Definition und Einheit der Stromstärke Konstanz der Stromstärke in einem Strömungskanal (Kontinuitätsgleichung) Druckverteilung in einer reibungsfreien Strömung (Bernoullische Gleichung). Beispiel: Strömung durch eine Einschnürung des Strömungkanals Druckverteilung in einer reibungsbehafteten (zähen) Strömung Definition und Einheit: Zähigkeit (dynamische Viskosität) Einfluß der Temperatur auf die Zähigkeit (qualitativ) Definition und Einheit: Strömungswiderstand, Strömungsleitwert Druckdifferenz-Stromstärkediagramm, Bestimmung des Strömungswiderstandes Kennzeichen Newtonscher und Nichtnewtonscher Flüssigkeiten im Druckdifferenz-Stromstärke-Diagramm Kirchhoffsche Gesetze; Anwendung auf hintereinander- und parallelgeschaltete Kapillaren (Blutkreislauf); Hagen-Poiseuillesches Gesetz: Bedeutung der 4. Potenz des Radius für den Leitwert bzw. Strömungswiderstand einer Kapillaren; Abhängigkeit des Strömungswiderstandes von der Zähigkeit Bedeutung für den Blutkreislauf. Kenntnis des Unterschieds zwischen laminarer und turbulenter Strömung; Kriterien des Übergangs. Qualitativer Vergleich des Strömungswiderstandes eines Strömungskanals bei turbulenter und laminarer Strömung.	5.3
3 Struktur der Materie	
3.1 Aufbau der Atomkerne und Atome Bausteine des Atoms: Proton, Neutron, Elektron Relative Masse der drei Teilchen (Größenordnung); Ladung der drei Teilchen (Größenordnung) Aufbau des Kerns aus Nukleonen. Kenntnis der Begriffe Nukleonenzahl (früher Massenzahl), Protonenzahl (Ordnungszahl im Periodensystem) Aufbau des Wasserstoffatoms aus Proton und Elektron; Bohrsches Modell; Orbitale als diskrete Energiezustände (Gesamtenergie = Potentielle + Kinetische Energie);	2.3, 5.1, 15.1, 15.2, 17.1, 17.3

	Gegenstandskatalog	Kapitel in diesem Lehrbuch (oder andere Quellen)
	Schalenaufbau der Atome, Äußere Schale: Begriff der Edelgaskonfiguration, Valenzelektronen. Begriffe Nuklid, Isotop, Ion; relative Atommasse, Ionisierungsenergie	
3.2	**Aufbau der Körper, Grundbegriffe der kinetischen Theorie**	5.1, 6.3
	Molekulares Bild vom Aufbau der festen, flüssigen, gasförmigen Körper (in Grundzügen) Thermische Molekularbewegung in den Aggregatzuständen (qualitativ). Proportionalität zwischen mittlerer kinetischer Energie der Moleküle und thermodynamischer (absoluter) Temperatur Qualitative Erklärung des Gasdrucks auf die Gefäßwand als Folge der Molekularbewegung	
4	**Wärmelehre**	6.1, 6.2
4.1	**Temperatur-Begriff**	
	Stoffeigenschaften, die von der Temperatur abhängen und zur Temperaturmessung geeignet sind (z. B. Längen-Volumenausdehnung; elektrischer Widerstand). Thermoelement, Ausdehnungsthermometer, Arbeitsweise und Einsatzgebiete Besondere Kennzeichen der Fieberthermometer. Fixpunkte der Celsiusskala	
4.2	**Wärme und Energie**	7.1
	Wärme als Energieform Erster Hauptsatz der Wärmelehre Zufuhr (Abfuhr) von Wärme zu (von) einem Körper als Erhöhung (Erniedrigung) der mittleren kinetischen Energie seiner Molekularbewegung Definition, Einheit und Meßverfahren der Wärmekapazität eines Körpers und der spezifischen bzw. molaren Wärmekapazität eines Stoffes	
4.3	**Gaszustand**	6.3, 6.4, 6.6, 8.1, 8.2
	Unterscheidung von idealen und realen Gasen im molekularen Bild Thermische Zustandsgrößen (Druck, Volumen, Temperatur) und deren Einheiten Zustandsgleichungen der idealen Gase, allgemeine Gaskonstante, Rechnen mit der Zustandsgleichung Qualitative Kenntnis der Graphen von Isothermen, Isobaren und Isochoren eines idealen Gases. Zustandsgleichung von Gasgemischen: Berechnung des Partialdruckes einer Komponente aus deren Gehalt (z. B. Volumengehalt) und dem Gesamtdruck Kenntnis der Zusammensetzung der	

Gegenstandskatalog	Kapitel in diesem Lehrbuch (oder andere Quellen)
atmosphärischen Luft (N_2, O_2, CO_2). Begriff des Normalzustandes eines Gases (Normalbedingungen). Exponentielle Abhängigkeit des Luftdrucks von der Höhe (qualitativ); Barometer	
4.4 Änderung des Aggregatszustands. Gleichgewicht zwischen Aggregatzuständen Beschreibung der Aggregatzustände unter dem Gesichtspunkt von Struktur und Formbeständigkeit Kenntnis der Umwandlung der Aggregatzustände (Schmelzen, Verdampfen, Sublimieren). Qualitative Kenntnis des p-T-Diagramms von Wasser Umwandlungswärmen. Beschreibung des Sättigungsdampfdrucks als dynamisches Gleichgewicht Abhängigkeit des Sättigungsdampfdrucks von der Temperatur (qualitativ); Modellvorstellungen des dynamischen Gleichgewichts; qualitativer Verlauf der Dampfdruckkurve Begriff des gesättigten, ungesättigten Dampfes; absolute und relative Luftfeuchte, Wasserdampfpartialdruck	6.5, 6.6, ZUS6.B, ZUS6.C
4.5 Wärmetransport Qualitative Kenntnis der Prozesse Wärmeleitung, Konvektion, Strahlung Abhängigkeit des Wärmeübergangs von der Beschaffenheit der Oberfläche und den Strömungsverhältnissen im angrenzenden Medium. Proportionalität der Strahlungsleistung zur 4. Potenz der thermodynamischen Temperatur im Idealfall	7.2
4.6 Stoffgemische Definitionen, Einheiten und Umrechnung von Massengehalt und Stoffmengengehalt (s.a. 2.6) Definitionen, Einheiten und Umrechnung von Massenkonzentration und Stoffmengenkonzentration (Molarität) Lösung von Gasen in Flüssigkeiten. Proportionalität zwischen Partialdruck des gelösten Gases über der Flüssigkeit und Teilchenanzahldichte (Massenkonzentration, Stoffmengenkonzentration) des Gases in Lösung. (Henry-Daltonsches Gesetz) Abhängigkeit dieses Lösungsgleichgewichts von der Temperatur. Angabe des Partialdruckes als Maß für Anzahldichte bzw. Konzentration Osmotischer Druck: Modellvorstellungen, formale Analogie zwischen van t'Hoffschem	6.5, 6.6, ZUS6.B, ZUS6.C

Gegenstandskatalog	Kapitel in diesem Lehrbuch (oder andere Quellen)
Gesetz und Zustandsgleichung idealer Gase Zustandekommen des Diffusionsvorgangs in Flüssigkeiten und Gasen aufgrund der Molekularbewegung; Konzentrationsgefälle als Voraussetzung des Diffusionsstromes, Erstes Ficksches Gesetz der Diffusion, Diffusionskoeffizient.	
5 Elektrizitätslehre	
5.1 Elektrischer Strom	12.1, 14.1
Einheit der Stromstärke. Wirkungen des elektrischen Stromes. Stromstärke-Zeit-Diagramm für Gleich- und Wechselstrom, Scheitelwert und Frequenz der Stromstärke bei Wechselstrom Strommessung: Schaltung von Strommeßgeräten in Stromkreisen, Funktion des Bereichsumschalters, Messung von Gleich- und Wechselstrom, Bedeutung des Innenwiderstandes eines Strommeßgerätes. Stromdichte, Strömungsfeld in ausgedehnten Leitern	
5.2 Elektrische Ladung	11.1, 11.2, 12.1, 12.1
Definition und Einheiten der elektrischen Ladung Bedeutung des elektrischen Stromes als Bewegung positiver und negativer Ladungsträger (Ionen, Elektronen); Größenordnung der elektrischen Elementarladung	
5.3 Elektrische Spannung	11.2, 11.3, 14.3
Definition und Einheit der elektrischen Spannung Begriff der Spannung als Potentialdifferenz Spannungsquellen, Größenordnung und Art (Gleichspannung, Wechselspannung) der erzeugten Spannungen: Galvanisches Element, Bleiakkumulator, städtisches Netz. Bedeutung des Innenwiderstands von Spannungsquellen Spannungsmessung: Schaltung von Spannungsmeßgeräten in Stromkreisen, Bedeutung des Innenwiderstandes eines Spannungsmeßgerätes, Verwendung des Elektronenstrahl-Oszillographen zur Messung von Spannungs-Zeit-Verläufen	
5.4 Elektrische Feldstärke	11.2, 11.4
Begriff des elektrischen Feldes. Zusammenhang zwischen Kraft, Ladung und Feldstärke, Coulombsches Gesetz. Definition und Einheit der elektrischen Feldstärke: Darstellbarkeit elektrischer Felder durch Feldlinien und Äquipotentialflächen. Beispiele für Anwendungen des Feldbegriffs in der Medizin: EKG, EEG (s. GK Physiologie, 2.4 und 22.2). Definition der Kapazität eines Kondensators Kapazitätseinheit	

Gegenstandskatalog	Kapitel in diesem Lehrbuch (oder andere Quellen)
Kondensator als Ladungsspeicher, Energieinhalt. Begriff der Influenz. Wirkungsweise eines Faraday-Käfigs. Elektrische Dipole, Polarisationsvorgänge im Dielektrikum (Verschiebungs- und Orientierungspolarisation, Dielektrizitätszahl); Kapazität eines Plattenkondensators, Abhängigkeit von Plattenfläche, Plattenabstand, Dielektrikum.	
5.5 Widerstand	12.1, 12.2, 14.1, 14.2
Definition und Einheit des elektrischen Widerstandes und Leitwertes. Strom-Spannungs-Kennlinie, insbesondere bei Gültigkeit des Ohmschen Gesetzes. Resistivität (= spezifischer Widerstand) und Leitfähigkeit; Unterscheidung Leiter, Halbleiter und Isolatoren. Gesetzmäßigkeiten für Spannung und Stromstärke bei einfachen Netzwerken (Kirchhoffsche Regeln). Serien- und Parallelschaltung von Leitern. Potentiometer- und Wheatstonesche Brückenschaltung. Verfahren der Widerstandsmessung (Brückenschaltung oder durch Messung von Strom und Spannung). Auf- und Entladung eines Kondensators über einen Widerstand: Zeitlicher Verlauf von Stromstärke und Spannung, Zeitkonstante $\tau = 1/(R \cdot C)$. Zusammenhang von Leerlaufspannung, Innenwiderstand und Klemmenspannung einer Spannungsquelle, Begriff der Belastbarkeit, Begriff der Jouleschen Wärme, Wärmeleistung (Wirkleistung) des Stromes beim Durchgang durch einen Ohmschen Leiter bei gegebener Stromstärke und bei gegebener Spannung: Leistungseinheit. Berechnung des Energieumsatzes aus Leistung und Zeit; Energieeinheit Kilowattstunde.	
5.6 Vorgänge der Elektrizitätsleitung	12.2, 14.3, 16.2, 19.1
Grundzüge der Elektrizitätsleitung im Vakuum: Glühemission, Photoemission, Energiegewinn der Elektronen; Anwendung: Prinzip der Elektronenstrahlröhre Grundzüge der Elektrizitätsleitung in Gasen: Ionisation, Elektronenlawine, Gasentladung; Anwendung: Prinzip der Ionisationskammer, Zählrohr Grundzüge der Elektrizitätsleitung in Flüssigkeiten: Dissoziation, Faradaysche Gesetze der Elektrolyse (Verknüpfung mit Materietransport); chemische Vorgänge an den	

Gegenstandskatalog	Kapitel in diesem Lehrbuch (oder andere Quellen)
Elektroden Anwendungen: Elektrizitätsleitung im menschlichen Körper, Wirkung von Gleich- und Wechselstrom auf den Körper Größenordnungen gefährlicher Werte von Gleich- und Wechselstrom bzw. -spannung. Sicherheitsaspekte: Schutzkontaktsteckdose, Erdung, Schutzleiter, Nulleiter, Fehlerstromschutzschaltung Grundzüge der Elektrizitätsleitung in Festkörpern; Anwendung der Temperaturabhängigkeit des Widerstandes: Widerstandsthermometer	
5.7 Entstehung von Spannung an Grenzflächen Entstehung einer Diffusionsspannung (Diffusionspotential) an der Grenzfläche zwischen zwei Stoffen: Kontaktspannung (Kontaktpotential); Anwendung: Thermoelement. Entstehung einer Membranspannung (Membranpotential); Begriff des Gleichgewichtspotentials, Berechnung aus der Nernstschen Gleichung	10.2, 11.3
5.8 Magnetische Vorgänge Begriff des Magnetfeldes als Raumzustand, in dem auf einen magnetischen Dipol ein Drehmoment ausgeübt wird; magnetische Feldlinien eines stromdurchflossenen Leiters (Beispiel: langer gerader Draht und lange gestreckte Spule) Kraft auf stromdurchflossenen Leiter im Magnetfeld, Elektromotor, Drehspulmeßwerk Induktion: Entstehung von Spannungen bei Magnetfeldänderungen. Selbstinduktion. Prinzip von Transformator und Generator	13.1, 13.2
5.9 Wechselstrom, elektrische Schwingungen und Wellen Zeitlicher Mittelwert der Wechselstromleistung (Wirkleistung), Effektivwerte von sinusförmigen Strömen und Spannungen Prinzip des elektrischen Schwingungskreises (s.a. 6.1) Vorgang der Wechselstromleitung durch Kondensator und Spule, Phasenverschiebung zwischen Strom und Spannung, Frequenzabhängigkeit des Wechselstromwiderstandes (Impedanz) von Kondensator und Spule	14.1, 14.2
6 Schwingungen und Wellen	
6.1 Einfache schwingungsfähige Systeme (Pendel, Schwinger) Fadenpendel, Federpendel, Drehpendel, elektrischer Schwingungskreis und ihre	1.10, 4.1, 4.2, 14.2

Gegenstandskatalog	Kapitel in diesem Lehrbuch (oder andere Quellen)
Kenngrößen Ungedämpfter und gedämpfter Schwingungsvorgang unter dem Aspekt des Energiesatzes. Definitionen und Einheiten von Schwingungsdauer und Frequenz. Begriffe Eigenschwingungsdauer und Eigenfrequenz. Kenntnis der Begriffe der Amplitude, Momentanwert, Kreisfrequenz, Phase Zusammenhang zwischen Kreisfrequenz, Frequenz und Schwingungsdauer Graphische Darstellung der ungedämpften und gedämpften Schwingung Grundzüge des Vorgangs der erzwungenen Schwingung. Resonanz, Phasendifferenz zwischen Erreger und Resonator Nichtsinusförmige periodische Vorgänge, z. B. Kippschwingungen Prinzip der Möglichkeit, beliebige periodische Vorgänge durch harmonische Anteile darzustellen (Fourieranalyse)	
6.2 Ausbreitung von Schwingungen, Wellen Zusammenhang von Ausbreitungsgeschwindigkeit, Wellenlänge und Frequenz Unterschied zwischen transversaler und longitudinaler Welle Stehende Welle	4.2, 4.3, 14.2
6.3 Schallwellen Schallausbreitung in Materie. Kenntnis der Kenngrößen des Schallfeldes: Auslenkungsamplitude, Schallwechseldruck, Schallwechselstärke Anwendbarkeit des Ultraschalls in der Medizin (z. B. Echolaufzeit, Dopplereffekt). Definition der Schallpegelskala und der Lautstärkenskala sowie deren Einheiten, insbesondere Umgang damit bei Addition von Schallpegeln	4.2, 4.3, 4.4, 4.5
6.4 Elektromagnetische Wellen Ausbreitung elektromagnetischer Wellen Spektrum elektromagnetischer Wellen	14.2, Tabelle 23.1
6.5 Interferenz und Beugung Huygenssches Prinzip. Verständnis der Interferenz als Addition von Schwingungszuständen, insbesondere von Vektoren bei elektromagnetischen Wellen Begriff der Kohärenz. Interferenzfeld zweier Punkt-Quellen, Interferenz bei Spalt, Doppelspalt, Beugungsgitter	4.3, 25.1
7 Optik	
7.1 Licht als Energieströmung, Photometrie Licht als elektromagnetische Strahlung. Begriffe: Lichtstrom, Lichtstärke, Beleuchtungsstärke,	25.2, 25.3, 26, 27

Gegenstandskatalog	Kapitel in diesem Lehrbuch (oder andere Quellen)
quadratisches Abstandsgesetz bei punktförmigen Strahlern Laser: Möglichkeiten der medizinischen Anwendung Begriff der Extinktion, Zusammenhang Transmission-Extinktion; Lambert-Beersches Gesetz; prinzipieller Aufbau eines Photometers	
7.2 Geometrische Optik Vorgänge der Reflexion, Brechung und Totalreflexion; Brechzahl, Anwendung der Brechung bei Prisma, Sammel- und Zerstreuungslinse; Anwendung der Totalreflexion bei der Faseroptik Abbildung durch Spiegel und Linsen: Begriff der optischen Abbildung; reelles und virtuelles Bild, Brennweite, $\text{Brechkraft} = \frac{\text{Brechzahl}}{\text{Brennweite}}$ Kardinalelemente; zeichnerische Bildkonstruktion, Abbildungsgleichung Anwendungen der Abbildung durch Spiegel und Linsen: Linsenkombination, Brillengläser, Linsenfehler (sphärischer und chromatischer Fehler), Zylinderlinse, Hohlspiegel, Lupe, Mikroskop, Kamera, Vergrößerung, Abbildungsmaßstab, numerische Apertur Optischer Apparat des Auges: (s.a. GK Anatomie Kap. 18 GK Physiologie 17.1)	23
7.3 Optische Spektren Licht als Welle und Photon; Energie des Photons; Zusammenhang von Energie und Frequenz. Dispersion der Brechzahl (Abhängigkeit von der Wellenlänge); spektrale Zerlegung des Lichts mit Prismen und Gittern, Farbe und Wellenlänge, Filterung mit Farbfiltern und Interferenzfiltern (Unterschiede der Extinktionskurven) Emissions- und Absorptionsspektren, Zusammenhang zwischen Atombau und Spektrallinien, Anwendung: Spektralanalyse	25.1, 25.2, 16.1, 17.1
7.4 Wellenoptik Interferenzerscheinungen: Prinzipien s. 6.5; Streuung des Lichtes an kleinen Teilchen numerische Apertur und Auflösungsvermögen beim Lichtmikroskop Prinzip des Elektronenmikroskops, Größenordnung seines Auflösungsvermögens	16, 25.1

	Gegenstandskatalog	Kapitel in diesem Lehrbuch (oder andere Quellen)
	Kenntnis der Polarisierbarkeit des Lichtes durch Streuung, Reflexion, Doppelbrechung und Dichroismus; Drehung der Polarisationsebene („optische Aktivität")	
8	**Ionisierende Strahlung**	
8.1	**Radioaktivität**	19.1, 19.2, 19.3, 21.2, 21.2, 21.3
	Begriffe der stabilen und radioaktiven Nuklide: Arten des radioaktiven Zerfalls (α-, β-, γ-Strahlung) Natürliche radioaktive Nuklide (Beispiele ^{226}Ra, ^{40}K). Möglichkeiten zur Herstellung künstlich radioaktiver Nuklide (Neutronenaktivierung) Zerfallsgesetz, Halbwertzeit, Begriff der Zerfallsreihe; quadratisches Abstandsgesetz bei punktförmigen Strahlern Definition der Aktivität einer radioaktiven Substanz als Umwandlungsrate; Aktivitätseinheiten; quadratisches Abstandsgesetz bei punktförmigen Strahlern Grundzüge der Wechselwirkungen energiereicher geladener Teilchen mit Materie: Ionisation, Anregung, elastische Streuung; Reichweite, Nulleffekt. Prinzipien der Teilchenzählung und Teilchenenergiemessung: Zählrohr, Szintillationszähler, Halbleiterdetektor	
8.2	**Röntgenstrahlung**	19.1, 19.2, 21.1
	Aufbau und Funktionsweise der Röntgenröhre, Entstehung von Bremsstrahlung und Röntgen-Linienstrahlung, Röntgenspektrum, Grenzenergie Strahlungsleistung der Röntgenröhre in Abhängigkeit von Röhrenstrom und -spannung; Wirkungsgrad einer Röntgenröhre (Größenordnung) Wechselwirkungen energiereicher Photonen mit Materie: Photoeffekt, Comptoneffekt, Paarbildung; Schwächungsgesetz, Schwächungskoeffizient, Halbwertdicke Nachweis von Röntgenstrahlung durch Ionisation, photographische, chemische und Fluoreszenzwirkung	
8.3	**Dosimetrie**	22.1, 22.2, 22.3, 22.4
	Definitionen und Einheiten: Ionendosis und Energiedosis, physikalische Grundlagen des Strahlenschutzes	
9	**Grundbegriffe der Regelung**	1.5, 28.1, 28.2
	Unterscheidung zwischen Steuerung und Regelung Schema eines einfachen Regelkreises. Kenntnis der Begriffe: Regelstrecke, Regelgröße, Regler, Stellgröße, Störgröße, Führungsgröße	

Gegenstandskatalog	Kapitel in diesem Lehrbuch (oder andere Quellen)
Positive Rückkopplung (Mitkopplung), negative Rückkopplung (Gegenkopplung) und deren Auswirkungen	

A.2 Ebenen- und Richtungsbezeichnungen am menschlichen Körper

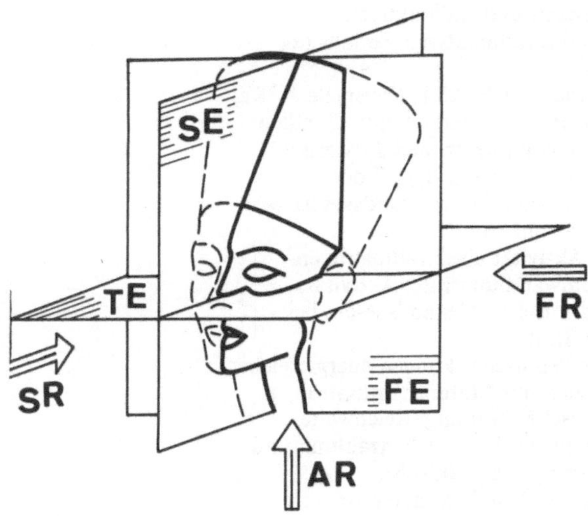

Abb. A.1. Ebenen: SE und alle parallel dazu liegenden Ebenen = Sagittalebenen; gezeichnet ist die sagittale Medianebene. TE und alle parallel dazu liegenden Ebenen = Transversalebenen. FE und parallel dazu liegende Ebenen = Frontalebene, Koronalebene. Richtungen: SR = Sagittalrichtung (dorsal; entgegengesetzt = ventral). FR = Frontalrichtung (medial; entgegengesetzt = lateral). AR = axiale Richtung

A.3 Glossar benutzter medizinischer Fachausdrücke

Dieses Glossar erklärt die benutzten medizinischen Fachausdrücke ohne systematische Erläuterungen und nur im Hinblick auf die in diesem Buch angesprochene Bedeutung. Für eine systematische Einführung in die Begriffsbildung und -formulierung in der Medizin seien die Lehrbücher der medizinischen Terminologie empfohlen, beispielsweise:

Kümmel, W. F., Siefert, H.: 1988. Kursus der medizinischen Terminologie. Schattauer.
Porep, R., Steudel, W.: 1983. Medizinische Terminologie. Thieme.

Erläuterungen der Fachausdrücke sind ferner zu finden in:

David, H.: 1990. Wörterbuch der Medizin. Verlag Gesundheit.
Duden: 1985. Wörterbuch medizinischer Fachausdrücke. Dudenverlag.
Pschyrembel, W.: 1990. Klinisches Wörterbuch. De Gruyter.
Roche-Lexikon Medizin. 1987. Urban & Schwarzenberg.
Schaldach, H. (Hrsg.): 1980. Wörterbuch der Medizin. Thieme.

Abdomen	Bauch
Adenom	gutartige Geschwulst in drüsenbildendem Epithel
Acetyl-	Essigsäurerest

ADP	Adenosindiphosphat. Baustein der ATP
α-Helix	schraubenförmige Struktur eines Proteins, die 3,6 Aminosäurereste pro Windung enthält
Alveolen	Alveoli pulmonalis; die dünnwandigen Lungenbläschen
Anämie	Verminderung der Anzahl und/oder des Hämoglobingehalts der roten Blutkörperchen
Anastomosen	angeborene, erworbene oder operativ angelegte Verbindung zweier Hohlorganräume
Aneurysma	Krankhafte Wandausbuchtung eines Blutgefäßes
Angioszintigraphie	Szintigraphie der Hirngefäße
Antagonist	Gegenspieler des Agonisten eines Funktionspaars
anterior	vorderer, -es
Aorta abdominalis	Bauchaorta
aphakes Auge	Auge ohne Augenlinse; angeboren, unfallbedingt oder nach Star-Operation
aplastische Anämie	durch unzureichende Erythrozytenbildung bedingte Anämie
Applikation	Verabfolgung einer physikalischen Maßnahme oder eines Arzneimittels
Arteria iliaca externa	äußere Hüftschlagader
Aspartase	Enzym (z. B. in der Darmflora)
ATP	Adenosintriphosphat. Hauptenergielieferant der Zelle (wird beispielsweise bei der Kontraktion der Muskelzelle in ADP und anorganisches Phosphat gespalten)
Atrioventrikularknoten	Teil des Reizleitungssystems des Herzens
Atrium	Vorhof des Herzens
Auskultation	diagnostisches Abhorchen von Organen auf Schallphänomene
Basaliom	Karzinom aus primären Keimzellen des Hautepithels
Bechterewsche Krankheit	Chronisch entzündliche Wirbelsäulenerkrankung
Befund	Ergebnis einer diagnostischen Untersuchung
Bergarbeiter-Nystagmus	Augenzittern
Biopsie	Untersuchung einer dem lebenden Organismus entnommenen Gewebeprobe
Bolus	(u. a.) ein momentan in hoher Konzentration injiziertes Kontrastmittel
bradytrophes Gewebe	Gewebe mit herabgesetztem Stoffwechsel
Bulbus (oculi)	Augapfel
cardial, kardial	das Herz betreffend
Cholegraphie	Gallen-Röntgenographie
Cochlea	Gehörgangschnecke
Colon	der längste Teil des Dickdarms
Corium	Lederhaut
Corneozyten	kernlose Zellen der Hornschicht der Epidermis
Cornea	Hornhaut des Auges
dermatologisch	Haut- und Geschlechtskrankheiten betreffend
Diagnose	Schluß von den Symptomen auf die Art der Erkrankung
Dialyse	Trennung von gelösten Teilchen mittels einer semipermeablen Membran
Diastole	Bewegungsphase der Erschlaffung eines Hohlorgans
DNS	Desoxyribonucleinsäure. Zu einer Doppel-Helix verdrillte komplementäre Polynucleotidketten, deren Basensequenz den genetischen Code der Erbmerkmale darstellt
Elastin	hauptsächliches Eiweiß des elastischen Bindegewebes

Elektromyographie	Erfassung der Aktionspotentiale der Muskeln
Elektrookulographie	Erfassung von Potentialänderungen aufgrund der Bewegung des Augapfels
Elektroretinogramm	Registierung von durch Belichtung des Auges hervorgerufenen Potentialschwankungen
Embolie	Verschluß eines Blutgefäßes durch verschlepptes Material (auch Luft)
endoplasmatisches Retikulum	im Zellplasma gelegenes, von einer Membran begrenztes Zellorganell
Epidermis	aus verhorntem Plattenepithel bestehende äußerste Schicht der Körperhaut (Cutis)
Epithel	Deckgewebe aus Epithelzellen ohne Gefäße mit wenig Interzellularsubstanz
Erythem	Hautrötung infolge Erweiterung und vermehrter Füllung der Blutgefäße; verschwindet unter Druck
Esquamation	Schuppung
Exitus (letalis)	Tod
Exspiration	Ausatmung
Extrasystole	vorzeitige Kontraktion des Herzmuskels
extravasal	außerhalb der Blutgefäße
extrazelluläre Flüssigkeit	Körperflüssigkeiten außerhalb der Zellen
Extrazellularraum	Gesamtheit der Körperflüssigkeits-Räume außerhalb der Zellen
Fibronisierung	Bildung von Bindegewebe
Gaumensegel	zapfenförmige herabhängende Fortsetzung des harten Gaumens
Gene	im Erbversuch erfaßbare Erbeinheiten
Genom	Erbgut
Gliom	vom interstitiellen Zellgewebe des Nervensystems ausgehende Geschwulst
Glomerulusfiltrat	Primärharn, gebildet an der Basalmembran des Glomerulus
Glottis	stimmbildender Teil des Kehlkopfes
Haarfollikel	äußere Haarscheide
Hämangiom	gutartige Geschwulst durch Wucherung von Blutgefäßen
Hämodialyse	die Nierenfunktion ersetzende Blutwäsche durch Dialyse
Hämoglobin	roter Blutfarbstoff
Hämostase	spontane oder künstlich herbeigeführte Blutstillung
Haptoglobin	Eiweißkomponente des Blutplasmas
Harninkontinenz	unwillkürlicher Harnabgang
Heparin	die Blutgerinnung hemmender Wirkstoff
Herzinsuffizienz	Unvermögen des Herzens, die für den Stoffwechsel erforderliche Pumpleistung zu erbringen, d.h. die erforderliche Volumenstromstärke einerseits in die Aorta zu pumpen und/oder andererseits aus der Hohlvene aufzunehmen
Herzklappeninsuffizienz	Schließunfähigkeit der Herzklappen
His-Bündel	Teil des Reizleitungssystems des Herzens
Hypertelorismus	überweiter Abstand
Hyperthermie	Überwärmung des Körpers gegen die Regelung durch das Wärmeregulationszentrum
Hyperthyreose	Überfunktion der Schilddrüse
Hypophyse	Hirnanhangdrüse am Boden des Zwischenhirns
Hypoproteinämie	verminderter Plasmaproteingehalt im Blut

Hypothalamus	unterhalb des Thalamus gelegener Teil des Zwischenhirns; enthält das Temperaturregelzentrum
Hypoxie	unzureichende Sauerstoffversorgung der Gewebe
Ikterus	Gelbsucht; durch Übertritt von Gallenfarbstoff in das Blut bedingte Gelbfärbung der Haut, der Schleimhaut, der meisten inneren Organe, Körperflüssigkeiten und Ausscheidungen
inotrop	mit Wirkung auf die Kontraktilität des Herzmuskels
Inspiration	Einatmung
Interkostalraum	Zwischenrippenraum
Interstitialraum	interstitieller Raum, Interzellularraum
interstitielle Flüssigkeit	Flüssigkeit im interstitiellen Raum
Interzellularraum	spaltförmiger Raum zwischen den Gewebezellen
Intima	glatte innere Endothelschicht der Arterien, Venen und Lymphgefäße
intrathorakal	im oder in den Brustkorb
intrazelluläre Flüssigkeit	Flüssigkeit im Intrazellularraum
Intrazellularraum	gesamter von Zellmembranen umschlossener Zellraum des Körpers
invasives Diagnoseverfahren	Diagnostik unter Verletzung des Körpers
in vitro	im Reagenzglas
in vivo	im lebenden Organismus
Ischämie	Blutleere oder Minderdurchblutung
Kalzifikation, Kalzifizierung	krankhafte Kalkablagerung
Kapillarbett	Gefäßbereich zwischen Arteriolen und Venolen
Kapsulotomie	Zerschneiden der (eingetrübten) hinteren Linsenkapsel
kardial, cardial	das Herz betreffend
Kardiomyoplastie	Ummantelung des Herzmuskels mit einem flachen Rückenmuskel, dem Latissimus dorsi, zur Unterstützung der Pumpfunktion bei schweren Herzerkrankungen
kardiovaskulär	Herz und Gefäße betreffend
Katarakt	grauer Star; Transparenzverlust der Augenlinse oder ihrer Kapsel
Keratin	hochpolymeres Protein in Hornsubstanzen wie Haaren und Nägeln
Kerntemperatur	Körpertemperatur im Innern homoiothermer Lebewesen (= Lebewesen mit konstanter Kerntemperatur)
Koagulation	Gewebsgerinnung, z. B. durch Säuren oder Wärme
Kollagen	Gerüsteiweißkörper der Bindegewebe, Sehnen, Knochen u. a
Kolliquation	Gewebsverflüssigung, z. B. durch Laugen
Kondylom	Feigwarze; virusbedingte Warzen, besonders an den Genitalien und im Analbereich
Kontraktilität	Fähigkeit biologischer Strukturen zum Zusammenziehen
Korotkow-Geräusch	pulssynchrones Strömungsgeräusch bei der Manschetten-Blutdruckmessung
Lactat	Salz der Milchsäure
Laparoskop	Endoskop für den Bauchraum
Larynx	Kehlkopf
lateral	seitlich
Lentigo-maligna-Melanome	malignes Melanom, das sich z. B. im Alter aus stark pigmentierten Flecken im Gesicht und am Hals entwickelt
Leukämie	maligne Entartungen und Reifestörungen weißer Blutzellen
Liquor	L. cerebrospinalis = Gehirn-Rückenmarks-Flüssigkeit

Liquorraum	liquorgefüllter Raum in Gehirn und Rückenmark
Lymphom	Lymphknotenschwellung
Lymphozyten	in den Lymphknoten gebildete weiße Blutkörperchen
Lithotripsie	Steinzertrümmerung
maligne Transformation	bösartige Veränderung von Zellen
Malignom	bösartiger Tumor
Mastitis	Entzündung der weiblichen Brustdrüse
medio	Mitte, mittlerer
Melanin	braunes bis schwarzes Pigment der Melanoblasten und Melanozyten
Melanom	von pigmentbildendem Gewebe ausgehende Geschwulst
Meningeom, Meningiom	Geschwulst des Hirn- oder Rückenmarkgewebes
Metastasen	Sekundärer Krankheitsherd infolge Verschleppung (meist von Tumorzellen)
Mitose	Teilungsvorgang einer Zelle in zwei erbgleiche Tochterzellen
Mitralsegel	Mitralklappenteil
Morbus Bowen	Vorstadium eines Hauttumors
Mukoviszidose	erbliche Störung der Ausscheidung von Drüsenabsonderungen
Musculus glutaeus medius	mittlerer Gesäßmuskel
Musculus glutaeus minimus	kleiner Gesäßmuskel
Myokard	Herzmuskel
nasal	nasenseitig
Nävus (Naevus)	auf embryonaler Entwicklungsstörung beruhende flächenhafte Haut- oder Schleimhautfehlbildung
Nekrose	lokaler Gewebstod als Folge einer örtlichen Stoffwechselstörung
Neoplasma	unregulierte Neubildung von Körpergewebe
Nephrographie	Röntgenographie des aktiven Nierenparenchyms
Neuralgie	attackenweise Nervenschmerzen ohne nachweisbare Ursachen
Neurom	gutartiges Neoplasma aus Nervenzellen und -fasern
Neurotransmitter	Überträgerstoffe, die an Nervenenden freigesetzt werden
Neutraltemperaturen	Temperaturen, bei welchen die Körpertemperatur ohne zusätzliche Wärmebildung und ohne Schweißdrüsenaktivität konstant gehalten werden kann; beim Unbekleideten zwischen 26 °C und 30 °C
Nystagmus	unwillkürliche rhythmische Bewegung eines Organs
Ödem	Gewebswassersucht
Orbita	Augenhöhle
Ösophagus	Speiseröhre
Osteosynthese	Künstliche Vereinigung reponierter Knochenfragmente
Oxyhämoglobin	durch reversible Anlagerungsverbindung von molekularem O_2 mit dem 2-wertigen Häm-Eisen sauerstoffbeladenes Hämoglobin
Pankreatitis	Entzündung des Pankreas (= Bauchspeicheldrüse)
Palpation	Tastuntersuchung der Körperoberfläche und zugänglicher Körperhöhlen
Papillenkörper	Verzahnung der Ober- und Lederhaut. Im Hohlhand- und Fußsohlenbereich zu Hautleisten angeordnet
Papillom	meist gutartige Haut- oder Schleimhautwucherung
Parenchym	spezifisches Gewebe eines Organs
Parkinson-Krankheit	Degeneration der Substantia nigra

Pathophysiologie	Lehre von den krankhaften Lebensvorgängen und deren Entstehung
Periost	den Knochen umhüllende, gefäß- und nervenreiche Beinhaut oder Knochenhaut
Peritonealdialyse	Dialyse-Verfahren mittels Dialysierflüssigkeit in der Bauchhöhle und Gefäßwände als Trennmembran
Peritoneum	Bauchfell
Phakoemulsifikation	Linsenzerstörung bei der Staroperation
Photodermatose	lichtinduzierte Hauterkrankung
Phosphokreatin (Kreatinphosphat)	Energiereserve und Energie-Sofortlieferant für die Zelle. Baut mit Hilfe seiner energiereichen N-P-Bindung aus ADP das energiereichere ATP auf
Plethysmographie	Aufzeichnung der durchblutungsbedingten Volumenschwankungen eines Körperteils
Polypektomie	Entfernung von Polypen
Porphyria cutanea tarda	Stoffwechselstörung mit gestörter Porphyrinsynthese im blutbildenden System mit symptomatischer Photodermatose
posterior	hinterer, rückwärtiger
pränatal	vor der Geburt
Prolaktinom	Prolaktin produzierender Hypophysentumor
Pseudoarthrose	Ausbleiben der Verknöcherung einer Fraktur
Rektaltemperatur	mit Hilfe eines in den Afterkanal eingeführten Thermometers gemessene Körpertemperatur
Retikulumzellen	Zellen des retikulären Bindegewebes
retro	zurück, rückwärts
Rezidiv	Wiederauftreten einer Krankheit nach völliger Abheilung
Sclera	Lederhaut des Auges
Septum	Scheidewand
Sinusknoten	als physiologischer Schrittmacher des Herzens fungierendes spezifisches Herzmuskelgewebe
Skoliose	seitliche Krümmung der Körperachse
solide Tumoren	alle Tumoren außer Leukämie
somatische Chromosomenaberration	durch Strahlung oder andere Einwirkungen entstandene Chromosomenabweichungen in Körperzellen
spongiös	schwammartig
Spinaliom	Plattenepithelkarzinom der Haut oder Schleimhaut
Spirometrie	Messung der Atemvolumina
Stenose	dauerhafte Einengung eines Kanals oder einer Mündung
Stethoskop	Gerät zur Untersuchung der Schallphänomene von Organtätigkeiten
Stratum corneum	Hornschicht der Epidermis
Subcutis	Unterhautgewebe
Substantia compacta	dichtes Knochengewebe
Substantia nigra	paariger grauer Kern des Mittelhirns
Substantia spongiosa	vom Knochenmark ausgefülltes Gerüst der Knochenbälkchen
Synostose	knöcherne Verwachsung benachbarter Knochen
Systole	Bewegungsphase der Kontraktion eines Hohlorgans, z. B. des Herzens
Spongiosa	= Substantia spongiosa
Tawara-Schenkel	Teile des Reizleitungssystems im Herzen
Thalamus	Assoziationskerne mit Verbindungen zu Assoziationsarealen der Hirnrinde

temporal	schläfenseitig
transmural	durch eine Organ- oder Gefäßwand hindurch
Thorax	Brustkorb
Tibia	Schienbein
teratogen	Mißbildungen erzeugend
Tokometrie	Wehenmessung
Trachea	Luftröhre
Trigeminus (Nervus trigeminus)	aus 3 großen Ästen bestehender Empfindungs- und Bewegungsnerv am Kopf
Urographie	Röntgenographie der Nieren- und Harnwege
ventral	vorder- oder bauchwärts
Ventrikel	Kammer
Zyanose	bläuliche Verfärbung der Haut infolge relativer Vermehrung reduzierten Hämoglobins im Kapillarblut

A.4 Lösungen der Aufgaben

1.1 0,0676
1.2 $1500 \mu l^{-1}$ und $12\,500 \mu l^{-1}$
1.3 Nein
1.4 $\pi/6$ rad, $\pi/4$ rad, $\pi/2$ rad, π rad
1.5 $299\,792\,458 \mathrm{~m \cdot s^{-1}}$
1.6 chaotisch
1.7 (Zeichnung)
1.8 30%
1.9 $4{,}91 \mathrm{~m \cdot s^{-1}}$
1.10 $c + \cos(t)$
1.11 $a_x = -r \cdot \omega^2 \cdot \cos(\omega \cdot t)$; $a_y = -r \cdot \omega^2 \cdot \sin(\omega \cdot t)$
1.12 $-\sin(\varphi)$; $\sin(\varphi)$
1.13 $M = 0$
1.14 entfällt
1.15 (Zeichnung)

2.1 $R = 4{,}2 \cdot 10^7 \mathrm{~m}$
2.2 Beschleunigung in Richtung der dominierenden Kraft
2.3 $F_B = 1131 \mathrm{~N}$
2.4 $R = 640 \mathrm{~N}$
2.5 Der zugehörige Hebelarm ist Null
2.6 $F_B = 1520 \mathrm{~N}$
2.7 $R = 0{,}645 \cdot G$

3.1 $F = 168 \mathrm{~N}$
3.2 $F = 50 \mathrm{~N}$
3.3 (Zeichnung)
3.4 $\omega = 6263 \mathrm{~s^{-1}}$; 200 000 mal
3.5 $g = 9{,}79851 \mathrm{~m \cdot s^{-1}}$
3.6 $F = 80 \mathrm{~N}$
3.7 $v = 28 \mathrm{~m \cdot s^{-1}}$
3.8 $R = 386 \mathrm{~N}$
3.9 weil $h \gg R$
3.10 v wie bei Fallhöhe h
3.11 $\Delta v = 944 \mathrm{~km \cdot h^{-1}}$
3.12 $z = 8/9$
3.13 $h = 5 \mathrm{~m}$
3.14 $F = 6530 \mathrm{~N}$
3.15 $F = 9877 \mathrm{~N}$
3.16 $F = 400 \mathrm{~N}$

4.1 $v = a \cdot \omega_0 \cdot \cos(\omega_0 \cdot t)$
4.2 $v = 0{,}98 \mathrm{~m \cdot s^{-1}}$
4.3 $I = 4{,}8 \mathrm{~W \cdot m^{-2}}$
4.4 $a = 1{,}85 \cdot 10^{-12} \mathrm{~m}$
4.5 $\lambda = 17{,}15 \mathrm{~mm}$
4.6 $L_2 = 88 \mathrm{~dB}$
4.7 $r = 700 \mathrm{~m}$
4.8 $b = 2{,}22 \mathrm{~cm}$
4.9 $L = 24 \mathrm{~mm}$
4.10 $R = 0{,}013$; $T = 0{,}987$
4.11 um 26 dB
4.12 ganzzahlig
4.13 74, 5°
4.14 zerstreuend
4.15 $d = 0{,}23 \mathrm{~cm}$
4.16 $\Delta T = 0{,}2 \mathrm{~°C}$
4.17 $a = 1{,}57 \mu\mathrm{m}$

5.1 $\Delta p = 7{,}4$ Torr
5.2 $h = 13{,}5$ cm bzw. $= 162$ cm
5.3 wegen Gleichung 5.7
5.4 Wasser
5.5 $p_B = 933$ pa
5.6 $p = \zeta/r$
5.7 $I = 8{,}33 \cdot 10^{-5} \mathrm{~m^3 \cdot s^{-1}}$
5.8 $v = 0{,}16 \mathrm{~m \cdot s^{-1}}$ bzw. $= 0{,}28 \mathrm{~mm \cdot s^{-1}}$
5.9 $H = 0{,}85 \mathrm{~m}$
5.10 $P = 0{,}167 \mathrm{~W}$
5.11 $R = 1{,}07 \cdot 10^7 \mathrm{~Pa \cdot s \cdot m^{-3}}$
5.12 $R = 5{,}73 \cdot 10^9 \mathrm{~Pa \cdot s \cdot m^{-3}}$
5.13 $\Delta p = 57{,}3 \mathrm{~Pa}$
5.14 $v = 0{,}55 \mathrm{~m \cdot s^{-1}}$
5.15 $\mathrm{Re} = 236$
5.16 $[v] = 1 \mathrm{~m \cdot s^{-1}}$

6.1 $t_F = 98{,}6 \mathrm{~°F}$
6.2 $v = 1838 \mathrm{~m \cdot s^{-1}}$
6.3 $511 \mathrm{~m \cdot s^{-1}}$
6.4 $V = 44{,}837 \mathrm{~l}$
6.5 $\alpha = 2{,}68 \cdot 10^{-3} \mathrm{~K^{-1}}$
6.6 $p = 54\,235 \mathrm{~Pa}$

6.7 $p = 5{,}07 \cdot 10^5$ Pa
6.8 $p_S = 18{,}3$ kPa
6.9 $V = 0{,}011$ l
6.10 $p = 12{,}5$ kPa
6.11 5,2%

7.1 $Q = 385\,802$ J
7.2 $Q = 2084$ kJ
7.3 $6{,}7 \cdot 10^{-23}$ kJ = 0,418 eV
7.4 0,714 eV
7.5 36 g
7.6 12,34 h
7.7 asymptotisch gegen T_0
7.8 $\Delta Q/\Delta t = 8{,}3$ W
7.9 $\Delta m = 0{,}3$ kg
7.10 $dQ/dt = 159$ W
7.11 rund 18%
7.12 um rund 8%

8.1 etwa 20 km
8.2 In Form von Eis. Das Eis sublimiert
8.3 SDD bei Körpertemperatur höher als 100 kPa; T_S bei 100 kPa kleiner als Körpertemperatur

9.1 $\Delta S = +Q/T$ im Reservoir und $= 0$ in der Maschine
9.2 $\Delta S = -m \cdot c_S \cdot (T_2 - T_1)/T_2$

10.1 $\Delta S = -6{,}046$ kJ$\cdot$K^{-1}
10.2 weil $(T_1 + T_2)/(2 \cdot \sqrt{T_1 \cdot T_2})$ immer $\geqq 1$

11.1 $F = 9000$ N
11.2 $F = 230$ N
11.3 $\varphi = 0$
11.4 $E(P) = \dfrac{Q \cdot d \cdot \cos\beta}{2 \cdot \pi \cdot \varepsilon \cdot r^3}$
11.5 $e = 1{,}60210 \cdot 10^{-19}$ C
11.6 $E = 2{,}5$ kV$\cdot$m^{-1}
11.7 $C/A = 8{,}854 \cdot 10^{-9}$ F$\cdot$m^{-2}

12.1 $R = 25{,}5 \cdot 10^{-4}\,\Omega$ (transversal zur Faserrichtung)
12.2 $I = 0{,}45$ A
12.3 $R_P = 4{,}5\,\Omega$; $R_G = 12\,\Omega$; $I_G = 1$ A; $U_K = 10{,}5$ V; $U_1 = 3$ V; $U_4 = 3$ V; $U_2 = U_3 = 4{,}5$ V; $I_2 = 0{,}25$ A; $I_3 = 0{,}75$ A
12.4 $R_P = 1{,}67\,\Omega$; $R_G = 2{,}17\,\Omega$; $I_G = 21{,}2$ A; $U_K = 35{,}4$ V; $P_1 = 125{,}3$ W; $P_2 = 501$ W; $P_3 = 125{,}3$ W
12.5 Wegen $P = U^2/R$ in den Blutbahnen und im Muskelgewebe
12.6 $\Delta R/R = +34\%$
12.7 $n = 0{,}57 \cdot 10^{-5}$ mol H_2

13.1 $B = 20\,\mu$T
13.2 $B = (\mu_0/2) \cdot \omega \cdot I$
13.3 $L = 79$ H
13.4 $U_0 = 0{,}0247$ V

14.1 $U_0 = 311$ V
14.2 $Q = 0$
14.3 $SAR = 2{,}5$ mW$\cdot$kg^{-1}
14.4 $I = 0{,}69$ mA

16.1 $W_A = 4{,}4$ eV; Kupfer
16.2 für $d = 0$
16.3 $\lambda = 0{,}04$ nm
16.4 $x_{1/2} = 0{,}0058$ m
16.5 $x_{1/2} = 0{,}046$ m
16.6 $x_{1/2} = 0{,}1$ mm
16.7 $E = 511{,}02$ keV

17.1 $\Delta N/N = 10^{-9}$
17.2 (Zeichnung)

19.1 0,0625
19.2 $1{,}23 \cdot 10^9$ a
19.3 $m_{\text{Radium}} = 3{,}3 \cdot 10^{-4}$ g
19.4 alle in der Abb. 19.13 enthaltenen
19.5 nach 10 a
19.6 $K = 0{,}115\,\text{h}^{-1}$
19.7 ein Teil der Strahlung entweicht durch die Öffnung
19.8 $T_{1/2,\text{eff}} = 5{,}3$ d
19.9 $T_{1/2,b} = 8$ d

20.1 $E_B = 2{,}22$ MeV
20.2 $\nu_L = 42{,}57$ MHz
20.3 mit T_1
20.4 $\nu_L = 170{,}3$ MHz
20.5 TR kurz und TE kurz
20.6 $Cu(d, 2n)^{63}Zn$

21.1 $d_{1/2} = 0{,}0355$ m
21.2 $d_{1/2} = 0{,}088$ mm
21.3 $\mu = 35$ cm
21.4 nach 20 Stößen

22.1 $dD/dt = 36$ mGy/h
22.2 $H = 25{,}5 \cdot 10^{-5}$ Sv

23.1 $\alpha_G = 61{,}28°$
23.2 $B_C' = -5{,}88$ dpt
23.2 $b = 10$ cm
23.4 $Y' = 17\,\mu$m
23.5 $\beta_T = -0{,}0101$; $\beta_L = -0{,}0001$
23.6 $V = 5$
23.7 rund -2 dpt
23.8 1,11-fach

24.1 256
24.2 $J = 0{,}92$ bit
24.3 $J = 5{,}2 \cdot 10^9$ bit
24.4 $\begin{pmatrix} 0 & 0 & 0 \\ 0 & 1 & -1 \\ 0 & 0 & 0 \end{pmatrix}$

25.1 4,92-fach
25.2 $d = 48$ cm

27.1 A

SACHVERZEICHNIS